高等代数

学习指导书 第二版

下册

丘维声◎编著

清华大学出版社
北京

内容简介

本套书是大学"高等代数"课程的辅导教材，是作者从事教学、科研工作38年的经验和心得的结晶，也是作者在北京大学进行"高等代数"课程建设和教学改革的成果。本套书按照数学思维方式编写，着重培养数学思维能力，内容丰富、全面、深刻，阐述清晰、详尽、严谨，可以使读者在高等代数理论上和科学思考能力上都达到相当的高度。

本套书以研究线性空间和多项式环的结构及其态射(线性映射，多项式环的通用性质)为主线，遵循高等代数知识的内在规律和学生的认知规律安排内容结构。上册内容包括线性方程组，行列式，n 维向量空间 K^n，矩阵的运算，欧几里得空间 $\mathbf{R}^n$，矩阵的相抵和相似，以及矩阵的合同与二次型。下册内容包括一元和 n 元多项式环，环和域的概念；域上的线性空间，线性映射(包括线性变换和线性函数)；具有度量的线性空间(欧几里得空间、酉空间、正交空间和辛空间)及其上的线性变换(正交变换、对称变换、酉变换、Hermite 变换、辛变换)，群的概念(介绍正交群、酉群、辛群)；多重线性代数(包括线性空间的张量积，线性空间 V 上的张量代数和外代数)。书中每节均包括内容精华、典型例题、习题3部分，每章末(除第11章外)有补充题。下册总计有1239道题，可从中选择一部分作为习题课上的题目和课外作业。

本套书可作为综合大学、高等师范院校和理工科大学的"高等代数"课程的教材，也可作为"高等代数"或"线性代数"课程的教学参考书，是想把高等代数学得更好的学生的必备书籍，也是数学教师和数学工作者高质量的参考书。

图书在版编目(CIP)数据

高等代数学习指导书. 下册/丘维声编著. —2版 —北京：清华大学出版社，2016（2025. 2重印）
ISBN 978-7-302-44604-0

Ⅰ. ①高… Ⅱ. ①丘… Ⅲ. ①高等代数-高等学校-教学参考资料 Ⅳ. ①O15

中国版本图书馆CIP数据核字（2016）第175389号

责任编辑：苏明芳
封面设计：刘　超
版式设计：文森时代
责任校对：马军令
责任印制：刘　菲

出版发行：清华大学出版社
网　　址：https://www.tup.com.cn，https://www.wqxuetang.com
地　　址：北京清华大学学研大厦A座　　邮　　编：100084
社 总 机：010-83470000　　邮　　购：010-62786544
投稿与读者服务：010-62776969，c-service@tup.tsinghua.edu.cn
质量反馈：010-62772015，zhiliang@tup.tsinghua.edu.cn
印 装 者：北京同文印刷有限责任公司
经　　销：全国新华书店
开　　本：185mm×230mm　**印　　张**：62　**字　　数**：1270千字
版　　次：2009年5月第1版　2016年8月第2版　**印　　次**：2025年2月第17次印刷
印　　数：30501～32500
定　　价：165.00元

产品编号：057028-04

第二版前言

这次主要在以下几个方面进行修订：

1. 进一步强化了“高等代数”课程的主线：研究线性空间及其态射(即线性映射)

“高等代数”课程包括线性代数，一元和 n 元多项式的理论，群、环、域的基本概念三部分，作者把这三部分整合成了一条主线——研究线性空间和线性映射。

从我们生活的客观世界抽象出几何空间，它是以定点 O 为起点的所有向量组成的集合。向量有加法和数量乘法运算，并且加法满足交换律、结合律、有零元、每个元素有负元；数量乘法满足 4 条法则。几何空间中取定三个不共面的向量 $\boldsymbol{d}_1,\boldsymbol{d}_2,\boldsymbol{d}_3$，则每一个向量 $\boldsymbol{\alpha}$ 可以唯一地表示成 $\boldsymbol{d}_1,\boldsymbol{d}_2,\boldsymbol{d}_3$ 的线性组合：$\boldsymbol{\alpha}=a_1\boldsymbol{d}_1+a_2\boldsymbol{d}_2+a_3\boldsymbol{d}_3$。把 $(a_1,a_2,a_3)'$ 称为 $\boldsymbol{\alpha}$ 在基 $\boldsymbol{d}_1,\boldsymbol{d}_2,\boldsymbol{d}_3$ 下的坐标。几何空间中向量的坐标是 3 元有序实数组，所有 3 元有序实数组组成的集合记作 $\mathbf{R}^3$。为了用坐标来做向量的加法和数量乘法运算，自然而然地应当在 $\mathbf{R}^3$ 中定义加法和数量乘法运算，这样定义的运算满足 8 条法则。设一个质点在 t 时刻位于点 $P(x,y,z)'$，则 (t,x,y,z) 称为这个质点的时-空坐标，于是考虑所有 4 元有序实数值组成的集合 $\mathbf{R}^4$，类似于 $\mathbf{R}^3$ 可定义加法数量乘法运算，并且满足 8 条运算法则。从数学的角度讲，自然可以推广到在 n 元有序实数组组成的集合 $\mathbf{R}^n$ 中定义加法和数量乘法运算，它们满足 8 条运算法则。但是这样做的动力何在？动力之一是为了研究 n 元一次方程组，即 n 元线性方程组能够直接从它的系数和常数项判断其是否有解，以及研究解集的结构。我们把定义了加法和数量乘法运算，且满足 8 条运算法则的 $\mathbf{R}^n$ 称为实数域 $\mathbf{R}$ 上的 n 维向量空间。闭区间 $[a,b]$ 上两个连续函数的和还是连续函数，实数 c 与连续函数 f 的乘积 cf 仍是连续函数，于是由 $[a,b]$ 上所有连续函数组成的集合 $C[a,b]$ 有加法和数量乘法运算，并且它们满足 8 条运算法则。从上述这些具体的对象我们抽象出数域 K 上线性空间的概念：设 V 是一个非空集合，如果 V 上定义了一个加法运算，在数域 K 与 V 之间定义了数量乘法运算，且加法满足 4 条法则，数量乘法满足 4 条法则，那么 V 称为数域 K 上的一个线性空间。从上述抽象出线性空间概念的具体例子中看到，线性空间提供了一个广阔的天地。

平面上绕定点 O 的转角为 θ 的旋转 σ 具有如下性质：$\sigma(\alpha+\beta)=\sigma(\alpha)+\sigma(\beta)$，$\sigma(k\alpha)=k\sigma(\alpha)$，其中 α,β 是平面上任意两个以 O 为起点的向量，k 是任意实数。几何空间在过定点 O 的平面 π 上的正投影 $\boldsymbol{P}_\pi$ 也具有如下性质：$\boldsymbol{P}_\pi(\alpha+\beta)=\boldsymbol{P}_\pi(\alpha)+\boldsymbol{P}_\pi(\beta)$，$\boldsymbol{P}_\pi(k\alpha)=k\boldsymbol{P}_\pi(\alpha)$。

由此抽象出数域 K 上线性空间 V 到 V' 的一个映射 $\mathbf{A}$ 如果满足:

$$\mathbf{A}(\alpha+\beta)=\mathbf{A}(\alpha)+\mathbf{A}(\beta),\mathbf{A}(k\alpha)=k\mathbf{A}(\alpha),$$

其中 $\alpha,\beta\in V,k\in K$,那么称 $\mathbf{A}$ 是 V 到 V' 的一个线性映射。于是平面上绕定点 O 的旋转是平面到自身的线性映射,几何空间到过定点 O 的平面 π 上的正投影 $\boldsymbol{P}_\pi$ 是几何空间到自身的线性映射。根据定积分的性质,对于 $f(x)\in C[a,b]$,令 $\boldsymbol{J}(f)=\int_a^b f(x)\mathrm{d}x$,则 $\boldsymbol{J}$ 是实数域上的线性空间 $C[a,b]$ 到 $\mathbf{R}$ 的线性映射。由此看出,线性映射好比是在线性空间这个广阔天地里驰骋的一匹匹骏马。

从以上看到,只要我们把线性空间的结构搞清楚了,把线性映射的性质研究清楚了,那么我们就可以解决数学中和众多领域中的线性问题。为了解决度量问题,我们讲述了具有度量的线性空间,以及与度量有关的变换,它们都是线性变换。

数域 K 上所有一元多项式组成的集合 $K[x]$ 有加法和乘法运算,加法满足 4 条法则,乘法也满足 4 条法则。$K[x]$,整数集 $\mathbf{Z}$,偶数集 $2\mathbf{Z}$,数域 K 上所有 n 级矩阵组成的集合 $M_n(K)$,它们都有加法和乘法运算,并且加法满足 4 条法则,乘法满足结合律,左、右分配律。由此抽象出环的概念。$K[x]$ 是一个环,且有单位元,还满足乘法交换律。$K[x]$ 对于加法和数量乘法成为数域 K 上的一个线性空间。$K[x]$ 具有通用性质,这使得我们可以用 $K[x]$ 的通用性质来研究数域 K 上 n 维线性空间 V 上的线性变换 $\mathbf{A}$ 的最简单形式的矩阵表示。这样我们把研究一元多项式环的结构及其态射(即一元多项式环的通用性质)纳入到"高等代数"课程的主线——研究线性空间和线性映射中。

从星期这一司空见惯的现象,我们引出了模 7 剩余类环 $\mathbf{Z}_7$ 的概念。$\mathbf{Z}_7$ 中每个非零元都是可逆元,且 $\mathbf{Z}_7$ 是有单位元的交换环。由此抽象出域的概念。从这以后,我们讲述的线性空间拓宽成域 F 上的线性空间,线性映射拓宽成域 F 上线性空间 V 到 V' 的线性映射。

n 维欧几里得空间 V 上所有正交变换组成的集合具有这些性质:正交变换的乘积还是正交变换,恒等变换是正交变换,正交变换是可逆的并且它的逆变换还是正交变换。由此抽象出群的概念,本书中介绍了域 F 上的 n 级一般线性群 $GL(n,F)$,n 级特殊线性群 $SL(n,F)$;实数域上的 n 级正交群 $O(n)$,n 级特殊正交群 $SO(n)$;n 级酉群 $U(n)$,n 级特殊酉群 $SU(n)$ 等。

从上面所述,我们把环、域、群的基本概念也纳入到了"高等代数"课程的主线——研究线性空间和线性映射中。

这次修订通过增加一些定理、例题或习题,进一步强化了主线。

下册的 8.1 节我们增加了一个例题:例 46,设递推方程 $u(n)=au(n-1)+bu(n-2)$,$n\geqslant 2$,其中 $a\neq 0,b\neq 0$,它们都是复数,一元多项式 $f(x)=x^2-ax-b$ 称为这个递推方程的特征多项式。我们运用线性空间的基的知识证明了:若 $f(x)$ 有两个不同的复根 α_1 和 α_2,则上述递推方程的每一个解 $u(n)$ 可以唯一地表示成 $u(n)=C_1\alpha_1^n+C_2\alpha_2^n$,其中 C_1,C_2 是常数;若 $f(x)$ 有二重根 α,则上述递推方程的每一个解 $u(n)$ 可以唯一地表示成 $u(n)=C_1\alpha^n+C_2n\alpha^n$,其中 C_1,C_2 是常数。

下册的 8.3 节增加了例 19,设 $A\in M_n(K)$,令 $AM_n(K)=\{AB\mid B\in M_n(K)\}$。我们运用线性空间同构的知识证明了:$\dim[AM_n(K)]=\operatorname{rank}(A)\cdot n$。然后在 9.3 节把原来的例 17、例 18、例 19 换成了新的例 17、例 18、例 19。在例 17 中,我们运用了 8.3 节的例 19 和线性空间的子空间的直和的知识证明了:设 $A=A_1+A_2+\cdots+A_s$,其中 $A_i\in M_n(K)$,$i=1,2,\cdots,s$。如果 $\operatorname{rank}(A)=\operatorname{rank}(A_1)+\operatorname{rank}(A_2)+\cdots+\operatorname{rank}(A_s)$,那么 $AM_n(K)=A_1M_n(K)\oplus A_2M_n(K)\oplus\cdots\oplus A_sM_n(K)$。接着在例 18 中,证明了:设 $A_i\in M_n(K)$,$i=1,2,\cdots,s$,令 $A=A_1+A_2+\cdots+A_s$,则 $A_1,A_2,\cdots,A_s$ 是两两正交的幂等矩阵,当且仅当 A 是幂等矩阵,且 $\operatorname{rank}(A)=\operatorname{rank}(A_1)+\operatorname{rank}(A_2)+\cdots+\operatorname{rank}(A_s)$。其中充分性的证明用到了例 17 的结论,以及子空间的直和的性质;必要性的证明用到了幂等矩阵的秩等于它的迹。在例 19 中,利用数域 K 上的 n 维线性空间 V 上的线性变换代数 $\operatorname{Hom}(V,V)$ 与数域 K 上 n 级矩阵代数 $M_n(K)$ 的同构,从例 18 立即得到:设 $\boldsymbol{A}_1,\boldsymbol{A}_2,\cdots,\boldsymbol{A}_s$ 是 V 上的线性变换,$\boldsymbol{A}=\boldsymbol{A}_1+\boldsymbol{A}_2+\cdots+\boldsymbol{A}_s$,则 $\boldsymbol{A}_1,\boldsymbol{A}_2,\cdots,\boldsymbol{A}_s$ 是两两正交的幂等变换当且仅当 $\boldsymbol{A}$ 是幂等变换,并且 $\operatorname{rank}(\boldsymbol{A})=\sum_{i=1}^{s}\operatorname{rank}(\boldsymbol{A}_i)$。

在 8.4 节商空间的命题 1 之后,我们写了一段话:"命题 1 表明,如果知道了商空间 V/W 的一个基 $\widetilde{S}=\{\alpha_i+W\mid i\in I\}$,其中 I 是指标集,令 U 是 V 中由子集 $S=\{\alpha_i\mid i\in I\}$ 生成的子空间,那么 S 是 U 的一个基,并且有 $V=W\oplus U$。这样 V 就有了一个直和分解式,这是可以利用商空间研究线性空间结构的道理之三。"这个结论在研究幂零变换的最简单形式的矩阵表示中起了重要作用。

在 10.1 节第五部分的最后,我们增加了特征为 2 的域 F 上 n 维线性空间 V 上的对称双线性函数 $f(\neq 0)$ 的度量矩阵的最简单形式的内容,从而把本节例 11 的结论推广到特征为 2 的域 F 上仍然成立,并且运用到 10.6 节的正交空间中。

在 10.2 节第三部分的最后,我们增加了无限维实内积空间 V 有标准正交基(即极大正交规范集)的充分必要条件的内容。

2. 力求使高等代数的概念有直观的几何例子

域 F 上的线性空间 V 上的对称双线性函数有几何空间中向量的内积这个具体例子,那么斜对称双线性函数有没有直观的几何例子呢?我们在 10.1 节的定理 4 之前增加了如下一个例子:在平面上取一个右手直角坐标系 $[O;\boldsymbol{e}_1,\boldsymbol{e}_2]$,设 σ 是绕定点 O 转角为 $-\frac{\pi}{2}$ 的旋转。令 $f(\boldsymbol{\alpha},\boldsymbol{\beta})=\boldsymbol{\alpha}\cdot\sigma(\boldsymbol{\beta})$,则易验证 f 是平面上的一个斜对称双线性函数。这个例子还可以帮助理解 10.4 节的例 37 的结论。

3. 加强了高等代数的应用天地的内容

我们对于第 10 章最后的应用天地——酉空间在量子力学中的应用,增加了以下内容:为什么粒子的动量、动能、角动量的概率波的波幅都可以由粒子的位置概率波的波幅 $\psi(\boldsymbol{r})$ 决定?为什么粒子在处于波函数 $\psi(\boldsymbol{r})$ 描述的状态下,测量其动量 $\boldsymbol{p}$,动能 D,角动量 $\boldsymbol{L}$ 所得结果的平均值(即数学期望)分别为

$$\bar{\boldsymbol{p}}=(\psi,\hat{\boldsymbol{p}}\psi),\bar{D}=(\psi,\hat{D}\psi),\bar{\boldsymbol{L}}=(\psi,\hat{\boldsymbol{L}}\psi)$$

其中 $\hat{\boldsymbol{p}}$ 是动量算符,$\hat{\boldsymbol{p}}=-\mathrm{i}\hbar\nabla$;$\hat{D}$ 是动能算符,$\hat{D}=-\frac{\hbar^2}{2m}\Delta$;$\hat{\boldsymbol{L}}$ 是角动量算符,$\hat{\boldsymbol{L}}=\hat{\boldsymbol{r}}\times\hat{\boldsymbol{p}}$,这里$\hbar=\frac{h}{2\pi}$,$h$ 是普适常数,∇是 Nabla 算子,Δ 是 Laplace 算子。为什么粒子处于波函数 $\psi(\boldsymbol{r})$ 描述的状态下,测量力学量 A 所得结果的方差$\overline{\Delta A^2}$为$\overline{\Delta A^2}=(\psi,(\hat{A}-\bar{A}\boldsymbol{I})^2\psi)$?其中 $\hat{A}$ 是力学量 A 相应的算符。我们把这些结论的道理讲清楚了,其中需要用到高等代数的酉空间及其上的 Hermite 变换的知识,还需要用到数学分析的 Fourier 变换和 Fourier 逆变换,δ-函数,Nabla 算子∇,以及 Laplace 算子 Δ 等知识。由此看到,为了解决自然科学和工程中问题,需要把高等代数和数学分析学扎实,还需要把数学的其他分支的知识学好。

这次修订,增加了 3 道例题,59 道习题,从而总计有 1239 道题。

这次修订,我们删去了定理、命题、推论的证明。这些可以在作者写的《高等代数(上册、下册)(第三版)》(高等教育出版社,2015 年)中找到,或者在作者写的《高等代数(上册、下册)——大学高等代数课程创新教材》(清华大学出版社,2010 年)中找到。

感谢本套书的责任编辑苏明芳,她为本书的编辑出版付出了辛勤的劳动。

真诚欢迎广大读者对本套书提出宝贵意见。

丘维声
北京大学数学科学学院
2016 年 7 月

第一版前言

高等代数是大学数学科学学院(或数学系,应用数学系)最主要的基础课程之一。"高等代数"课程的教学内容包含三个方面:线性代数,多项式理论,群、环、域的基本概念。线性代数占的比重最大,它研究线性空间及其线性映射(包括具有度量的线性空间及与度量有关的线性变换)。多项式理论是研究一元和多元多项式环。群、环、域的基本概念是紧密结合多项式理论和线性变换(包括与度量有关的线性变换)理论,水到渠成地介绍一元(多元)多项式环、矩阵环、线性变换环、模 p 剩余类域、正交群、酉群和辛群。

本套书(分上、下册)以研究线性空间和多项式环的结构及其态射(线性映射,多项式环的通用性质)为主线。自从 1832 年伽罗瓦(Galois)利用一元高次方程的根的置换群给出了方程有求根公式的充分必要条件之后,代数学的研究对象发生了根本性的转变。研究各种代数系统的结构及其态射(即保持运算的映射)成为现代代数学研究的中心问题。20 世纪,代数学研究结构及其态射的观点已经渗透到现代数学的各个分支中。因此,在高等代数课程的教学中贯穿研究线性空间和多项式环的结构及其态射这条主线,就是把握住了代数学的精髓。

本套书的内容结构遵循高等代数知识的内在规律和学生的认知规律进行安排。

线性代数是研究客观世界中的线性问题,即研究数量关系中的均匀变化的关系,以及空间形式中的直线、平面和平面的推广。这些都与线性方程组密切相关,于是线性方程组成为线性代数研究的第一个对象。为了用统一的方法求解线性方程组,自然地引出了矩阵的概念和矩阵的初等行变换。为了从线性方程组的系数和常数项判断方程组有无解、有多少解,对于方程个数与未知量个数相等的线性方程组,引进了行列式的概念,并且通过研究行列式的性质得出了克拉默(Cramer)法则(n 个方程的 n 元线性方程组有唯一解的充分必要条件是它的系数矩阵的行列式不等于 0)。为了彻底解决从线性方程组的系数和常数项判定方程组有无解以及研究解集的结构问题,自然而然地引出了 n 维向量空间 K^n 的概念,这是要研究维数大于 4 的向量空间的最自然的背景和动力。为了研究上述问题,就需要研究 K^n 中由向量组生成的子空间的结构,自然引出了线性相关的向量组和线性无关的向量组,以及子空间的基和维数的概念。为了研究子空间的维数,自然引出了向量组的秩的概念,进而引出了矩阵的秩的概念,得到 n 元线性方程组有解的充分必要条件是它的系数矩阵与增广矩阵有相同的秩,并且得到了 n 元齐次线性方程组的解集 W 形成的子空间(称为解空间)的维数公式:$\dim W=n-\mathrm{rank}(A)$,其中 A 是系数矩阵。研究线性方程组和 n 维向量空间 K^n 及其子空间的结构,就是本套书上册的第一部分的内容,它贯穿了研究 n 维向量空间 K^n 及其子空间的结构这条主线。线性方程组是数学中最基础、最有用的知识,n 维向量空间 K^n 是 n 维线性空间的一个具体模型,n 元齐次线性方程组的解空间 W 的维数公式本质上是线性映射的核与值域的维数公式,因此,把线性方程组和 n 维向量空间 K^n 作为"高等代数"课程的第一部分内容,既是高等代数知识的内在规律的体现,又符合学生的认知规律。

在研究线性方程组的统一解法时引出的矩阵是一个新的数学对象,自然要研究矩阵可以做哪些运算。矩阵的加法和数量乘法可以从实际生活中很自然地抽象出来。矩阵的乘法可以从平面上绕定点 O 的两个旋转的合成(乘积)仍是一个旋转这一几何事实出发,自然地引出矩阵的乘法的定义。由于矩阵的乘法很独特,因此,需要研究矩阵乘法满足哪些运算法则;研究与矩阵乘法密切相关的内容,包括矩阵乘积的秩与行列式,可逆矩阵,分块矩阵的乘法,正交矩阵和欧几里得空间 $\mathbf{R}^n$ 等。研究矩阵的运算及与乘法相关的内容,就是本套书上册的第二部分内容。由于有限维线性空间之间的线性映射可以用矩阵来表示,因此,研究矩阵的运算就为研究线性映射打下了基础。本套书加强了矩阵分块的训练,这是因为它在生物统计等领域有重要应用。

建立集合 S 上的一个等价关系,所有等价类组成的集合便给出了集合 S 的一个划分,这一现代代数学的观点到处有用。数域 K 上所有 $s\times n$ 矩阵组成的集合 $M_{s\times n}(K)$ 上的相抵关系就是一个等价关系。所有等价类(称为相抵类)组成的集合给出了 $M_{s\times n}(K)$ 的一个划分,两个 $s\times n$ 矩阵属于同一个相抵类当且仅当它们的秩相等。因此,矩阵的秩是相抵关系下的完全不变量。集合 $M_n(K)$ 上的相似关系是一个等价关系,所有等价类(称为相似类)组成的集合给出了 $M_n(K)$ 的一个划分。两个 n 级矩阵属于同一个相似类的必要条件是:它们有相同的行列式、秩、迹,有相同的特征多项式,有相同的特征值(包括重数相同)。但是这些都不是充分条件,即,n 级矩阵的行列式、秩、迹、特征多项式、特征值都是相似关系下的不变量,但是它们没有构成一组完全不变量。在矩阵 A 的相似类里寻找具有最简单形式的矩阵(称它为 A 的相似标准形)是线性代数的一个重要研究课题,其中一个特殊情形是 A 的相似标准形为对角矩阵的情形,这时称 A 可对角化。n 级矩阵 A 可对角化的充分必要条件是 A 有 n 个线性无关的特征向量;实对称矩阵一定可对角化。与实对称矩阵密切联系的是实数域上的二次型。一般地,数域 K 上的 n 元二次型可以利用它的矩阵(对称矩阵)A 表示成 $\boldsymbol{X}'A\boldsymbol{X}$。研究二次型 $\boldsymbol{X}'A\boldsymbol{X}$ 经过非退化线性替换 $\boldsymbol{X}=C\boldsymbol{Y}$,化成一个标准形(即平方和形式),等价于研究对称矩阵 A 合同于一个对角矩阵。合同关系是 $M_n(K)$ 上的又一个等价关系，其等价类称为合同类。两个 n 级实对称矩阵属于同一个合同类当且仅当它们的秩相等，且正惯性指数也相等，因此，实对称矩阵的秩和正惯性指数是合同关系下的一组完全不变量。秩和正惯性指数都等于 n 的合同类是最重要的一个合同类，这个合同类由所有正定矩阵组成。研究矩阵的相抵、相似、合同及与它们有关的矩阵的特征值和特征向量、二次型等就是本套书上册的第三部分内容。矩阵的相抵关系在解决有关矩阵的秩的问题中起着重要作用，而矩阵的秩本质上是相应的线性映射的值域的维数。研究矩阵的相似关系的强大动力是：线性空间 V 上的同一个线性变换在 V 的不同基下的矩阵是相似的。研究矩阵的相似标准形问题也就是研究在 V 中寻找一个合适的基，使得线性变换 $\mathbf{A}$ 在此基下的矩阵具有最简单的形式。研究对称矩阵的合同标准形与研究二次型的化简密切相关，而二次型与线性空间 V 上的双线性函数有密切的联系。因此，研究矩阵的相抵、相似和合同为研究线性映射、线性变换和双线性函数打下了基础。

一元高次多项式的求根曾经是代数学研究的中心问题，但是自从伽罗瓦证明了一般的五次和五次以上的方程没有求根公式以后，代数学发生了革命性的变革。研究各种代数系统的结构及其态射成了代数学研究的中心问题。因此“高等代数”课程中的多项式理论应当以研究一元(多元)多项式环的结构及其态射为主线。从带余除法入手，引出最大公因式和互素的概念，以及不可约多项式的概念，进而得出唯一因式分解定理。这就解决了一元多项式环 $K[x]$的结构问题：$K[x]$中每一个次数大于 0 的多项式都能唯一地分解成数域 K 上有限多个不可约多项式的乘积。下一步的任务就是分别去研究复数域、实数域、有理数域上的不可约多项式有哪些。复数域上和实数域上的不可约多项式可以完全决定；而有理数域上有任意次数的不可约多项式，从而要研究有理数域上不可约多项式的判定。数域 K 上所有一元多项式组成的集合 $K[x]$、整数集 $\mathbf{Z}$ 以及数域 K 上所有 n 级矩阵组成的集合 $M_n(K)$都有加法和乘法两种运算，并且加法满足交换律、结合律、有零元，每个元素有负元，乘法满足结合律、分配律，由此水到渠成地抽象出环的概念。我们在“高等代数”课程中只介绍一元(多元)多项式环、整数环 $\mathbf{Z}$、全矩阵环 $M_n(K)$、模 m 剩余类环、线性变换环以及给出子环的概念、零因子的概念，而不对抽象的一般环展开讨论。在介绍了模 m 剩余类环之后，特别地，对于素数 p，模 p 剩余类环 $\mathbf{Z}_p$ 中每个非零元都可逆，从而自然而然地引出了域的概念。我们在“高等代数”课程中只介绍模 p 剩余类域，以及域的特征的概念，不对一般的域展开讨论。在初中数学里讲了完全平方公式

$$(x+a)^2 = x^2 + 2ax + a^2.$$

利用完全平方公式(当 $a=1$)可以简便地计算

$$101^2 = (100+1)^2 = 100^2 + 2 \times 1 \times 100 + 1^2 = 10201.$$

这实际上是在$(x+1)^2=x^2+2x+1$ 中，x 用 100 代入，而左右两边仍保持相等。设 A 是数

域 K 上的 n 级矩阵,I 是单位矩阵,利用矩阵乘法的分配律,得

$$\begin{aligned}(A+aI)^2 &= (A+aI)(A+aI) = A^2 + A(aI) + (aI)A + (aI)(aI) \\ &= A^2 + 2aA + a^2 I.\end{aligned}$$

从这发现,在完全平方公式中,x 可以用矩阵 A 代入(此时 a 要换或 aI,a^2 要换成 $a^2 I$),左右两边保持相等。由此猜测:在数域 K 上的一元多项式环 $K[x]$ 中,有关加法和乘法的等式,在 x 用矩阵 A 代入后,左右两边保持相等。由此进一步抽象并且经过论证得出一元多项式环 $K[x]$ 的通用性质:设 R 是有单位元 $1'$ 的交换环,它的一个子环 R_1 有单位元 $1'$,且 K 到 R_1 有一个双射 τ 保持加法和乘法运算,则任给 $t \in R$,在 $K[x]$ 中有关加法与乘法的等式中,把 x 用 t 代入后,左右两边保持相等(即成为环 R 中的等式)。一元多项式环的通用性质本质上就是:任给 $t \in R$,从 $K[x]$ 到 R 的一个映射 σ_t:$\sum\limits_{i=0}^{n} a_i x^i \longmapsto \sum\limits_{i=0}^{n} \tau(a_i) t^i$ 是一个态射(保持加法和乘法运算的映射),称 σ_t 是 x 用 t 代入。一元多项式环的通用性质是非常有用的,它使得在 $K[x]$ 的有关加法与乘法的等式中,x 可以用矩阵 A 代入,可以用 $K[x]$ 中的任一多项式代入,也可以用线性变换 $\mathbf{A}$ 代入,而左右两边仍然保持相等。这在寻找线性空间 V 的一个基,使得 V 上的线性变换 $\mathbf{A}$ 在此基下的矩阵具有最简单的形式中,发挥着至关重要的作用。正因为如此,我们把一元(多元) 多项式环放在抽象的线性空间及其线性映射之前,作为本套书下册的第一部分,这体现了高等代数知识的内在规律。讲述一元多项式环的通用性质并且运用到全书各个相关问题中,这是本套书的一个亮点。在多元多项式环中,我们着重讲对称多项式组成的子环的结构(即对称多项式基本定理) 及其应用(包括数域 K 上一元多项式的判别式,两个一元多项式的结式)。

有了几何空间,数域 K 上 n 维向量空间 K^n,以及 $M_{s\times n}(K)$ 和 $K[x]$ 有加法和数乘运算且满足 8 条运算法则,自然而然可抽象出域 F 上的线性空间的概念。研究线性空间的结构是本套书下册的第二部分内容。研究线性空间的结构有四条途径:(1)从元素的角度,为了使线性空间 V 的每个向量能够用有限多个向量唯一地线性表出,引出基和维数的概念;(2)从子集的角度,引进子空间的概念,利用 V 的子空间的直和来研究线性空间 V 的结构;(3)从商集的角度,为了简化对线性空间 V 的结构的研究,利用 V 的一个子空间 W 建立一个等价关系,在等价类组成的集合中规定加法和纯量乘法运算,形成商空间 V/W;(4)从线性空间之间的关系的角度,为了研究域 F 上众多的线性空间中哪些有相同的结构,引出了线性空间同构的概念,研究域 F 上两个有限维线性空间同构的充分必要条件。把抽象的线性空间放在大学一年级下学期讲授,就可以深入地研究线性空间的结构,而不至于停留在线性空间的定义,子空间及其交与和、直和的概念,商空间的概念,线性空间同构的概念上。这符合学生的认知规律,使得所有同学对于线性空间的理论可以学得更深刻,掌握得更好。

我们不只是讲数域上的线性空间，而且讲任意域上的线性空间，因为当今信息时代需要二元域上的线性空间理论；我们不只是讲有限维线性空间，而是对线性空间许多地方都不加有限维的限制，因为许多概念和结论不只是对有限维线性空间成立，对无限维线性空间也成立。函数论中的函数空间，量子力学中的状态空间往往都是无限维线性空间。

线性空间为研究客观世界的线性问题构建了一个广阔的舞台，研究线性空间之间的线性映射(即保持加法和纯量乘法的映射)就好比是在这舞台上驰骋的骏马。研究线性映射(包括线性变换和线性函数)是本套书下册的第三部分内容。从以下几方面来研究：(1)研究线性映射的运算。线性映射作为映射，自然可以做乘法，且乘积仍是线性映射。由于线性空间有加法和纯量乘法运算，因此可以定义线性映射的加法和纯量乘法。(2)研究线性映射的整体结构。设 V 和 V' 都是域 F 上的线性空间，则从 V 到 V' 的所有线性映射组成的集合，记作 $\mathrm{Hom}(V,V')$，是域 F 上的一个线性空间。V 上的所有线性变换(即 V 到自身的线性映射)组成的集合 $\mathrm{Hom}(V,V)$ 既是域 F 上的线性空间，又是一个有单位元的环，从而它是域 F 上的一个代数。(3)研究线性映射的核和象，这是用线性映射来研究线性空间的结构的一条重要途径：从 V 到 V' 的线性映射 $\boldsymbol{A}$ 的核 $\mathrm{Ker}\,\boldsymbol{A}$ 是 V 的一个子空间，$\boldsymbol{A}$ 的象 $\mathrm{Im}\,\boldsymbol{A}$ 是 V' 的一个子空间。若 $\dim V=n$，则 $\dim \mathrm{Ker}\,\boldsymbol{A}+\dim \mathrm{Im}\,\boldsymbol{A}=n$。(4)研究线性映射和线性变换的矩阵表示。设 V 和 V' 的维数分别为 n、s，在 V 和 V' 中分别取一个基，V 到 V' 的线性映射 $\boldsymbol{A}$ 有矩阵表示。V 上的线性变换也有矩阵表示。V 上的线性变换 $\boldsymbol{A}$ 在 V 的不同基下的矩阵是相似的。从而可以把 $\boldsymbol{A}$ 的矩阵 A 的行列式、迹、特征多项式分别叫做线性变换 $\boldsymbol{A}$ 的行列式、迹、特征多项式。把 V 到 V' 的线性映射 $\boldsymbol{A}$ 对应于它的矩阵 A，这是 $\mathrm{Hom}(V,V')$ 到 $M_{s\times n}(F)$ 的一个同构映射，从而 $\dim \mathrm{Hom}(V,V')=ns=(\dim V)(\dim V')$。把 V 上的线性变换 $\boldsymbol{A}$ 对应于它在一个基下的矩阵 A，是 $\mathrm{Hom}(V,V)$ 到 $M_n(F)$ 的线性同构，也是环同构。这些使得研究线性映射和线性变换的问题与相应的矩阵问题可以互相转化。(5)研究线性变换的最简单形式的矩阵表示。即在 n 维线性空间 V 上寻找一个基，使得 V 上的线性变换 $\boldsymbol{A}$ 在这个基下的矩阵具有最简单的形式。为此先要引出线性变换的特征值和特征向量的概念。从而得出：在 V 中存在一个基，使得线性变换 $\boldsymbol{A}$ 在此基下的矩阵为对角矩阵(此时称 $\boldsymbol{A}$ 可对角化)当且仅当 $\boldsymbol{A}$ 有 n 个线性无关的特征向量。于是 $\boldsymbol{A}$ 可对角化当且仅当 V 可以分解成 $\boldsymbol{A}$ 的特征子空间的直和。对于不可对角化的线性变换，解决这个问题的思路是什么？从 α 属于 $\boldsymbol{A}$ 的一个特征子空间 V_{λ_i} 可推出 $\boldsymbol{A}\alpha=\lambda_i\alpha\in V_{\lambda_i}$，由此受到启发，引出线性变换 $\boldsymbol{A}$ 的不变子空间的概念，于是从 $\boldsymbol{A}$ 可对角化的上述充分必要条件想到去研究 V 分解成 $\boldsymbol{A}$ 的不变子空间的直和。如何寻找 $\boldsymbol{A}$ 的不变子空间呢？由于对于任意 $f(x)\in F[x]$，都有 $f(\boldsymbol{A})$ 与 $\boldsymbol{A}$ 可交换，因此 $\mathrm{Ker}\,f(\boldsymbol{A})$ 是 $\boldsymbol{A}$ 的不变子空间。从而想到去找一些多项式 $f_1(x)$，$\cdots$，$f_s(x)\in F[x]$，使得 $V=\mathrm{Ker}\,f_1(\boldsymbol{A})\oplus\cdots\oplus\mathrm{Ker}\,f_s(\boldsymbol{A})$。设 $f(x)=f_1(x)\cdots f_s(x)$，如果

$f_1(x),\cdots,f_s(x)$两两互素,那么

$$\operatorname{Ker} f(\boldsymbol{A})=\operatorname{Ker} f_1(\boldsymbol{A})\oplus\cdots\oplus\operatorname{Ker} f_s(\boldsymbol{A})$$

由于 $\operatorname{Ker}\mathbf{0}=V$,因此若能找到一个多项式 $f(x)$,使得 $f(\boldsymbol{A})=0$,那么只要把 $f(x)$分解成不同的不可约多项式方幂的乘积,就可以把 V 分解成 $\boldsymbol{A}$ 的不变子空间的直和。由此引出 $\boldsymbol{A}$ 的零化多项式的概念。由 Hamilton-Cayley 定理,$\boldsymbol{A}$ 的特征多项式 $f(\lambda)$是 $\boldsymbol{A}$ 的一个零化多项式。在 $\boldsymbol{A}$ 的所有非零的零化多项式中,次数最低的首项系数为 1 的多项式称为 $\boldsymbol{A}$ 的最小多项式。$\boldsymbol{A}$ 的最小多项式 $m(\lambda)$与 $\boldsymbol{A}$ 的特征多项式 $f(\lambda)$在 F(以及在域 $E\supseteq F$)中有相同的根(重数可以不同)。线性变换的最小多项式在研究线性变换的最简单形式的矩阵表示时起着十分重要的作用。V 上的线性变换 $\boldsymbol{A}$ 可对角化当且仅当 $\boldsymbol{A}$ 的最小多项式 $m(\lambda)$在 $F[\lambda]$中能分解成不同的一次因式的乘积。若 $m(\lambda)$在 $F[\lambda]$中能分解成

$$m(\lambda)=(\lambda-\lambda_1)^{l_1}\cdots(\lambda-\lambda_s)^{l_s},$$

其中 $\lambda_1,\cdots,\lambda_s$ 是域 F 中两两不等的元素,则

$$V=\operatorname{Ker}(\boldsymbol{A}-\lambda_1\boldsymbol{I})^{l_1}\oplus\cdots\oplus\operatorname{Ker}(\boldsymbol{A}-\lambda_s\boldsymbol{I})^{l_s}$$

记 $W_j=\operatorname{Ker}(\boldsymbol{A}-\lambda_j\boldsymbol{I})^{l_j},j=1,2,\cdots,s$。则 $W_j(j=1,\cdots,s)$都是 $\boldsymbol{A}$ 的不变子空间。在 $W_1,\cdots,W_s$ 中分别取一个基,把它们合起来就是 V 的一个基,$\boldsymbol{A}$ 在这个基下的矩阵是分块对角矩阵 $A=\operatorname{diag}\{A_1,A_2,\cdots,A_s\}$,其中 A_j 是 $\boldsymbol{A}$ 在 W_j 上的限制 $\boldsymbol{A}|W_j$ 在 W_j 的上述基下的矩阵。为了使 A 的形式最简单,就应当使每个子矩阵 A_j 的形式最简单。$\boldsymbol{A}|W_j$ 的最小多项式 $m_j(\lambda)=(\lambda-\lambda_j)^{l_j}$,令 $\boldsymbol{B}_j=\boldsymbol{A}|W_j-\lambda_j(\boldsymbol{I}|W_j)$,则 $\boldsymbol{B}_j$ 是 W_j 上的幂零变换,$\boldsymbol{B}_j$ 在 W_j 的上述基下的矩阵 $B_j=A_j-\lambda_jI$。于是为了使 A_j 的形式最简单,就应当使 B_j 的形式最简单。这样把问题归结为研究幂零变换的最简单形式的矩阵表示。我们证明了幂零变换的最简单形式的矩阵是 Jordan 形矩阵,从而得出 $\boldsymbol{A}$ 的最简单形式的矩阵是 Jordan 形矩阵,称它为 $\boldsymbol{A}$ 的 Jordan 标准形。如果 $\boldsymbol{A}$ 的最小多项式 $m(\lambda)$在 $F[\lambda]$中不能分解成一次因式方幂的乘积,我们证明了在 V 中存在一个基,使得 $\boldsymbol{A}$ 在此基下的矩阵是由有理块组成的分块对角矩阵,称它为 $\boldsymbol{A}$ 的有理标准形(见本套书下册第 9 章 9.9 节)。综上所述,我们用线性变换的最小多项式解决了线性变换的最简单形式的矩阵表示问题,这是本套书中的又一个亮点。(6)研究 V 上的线性函数(它可以看成 V 到 F 的线性映射),以及 V 的对偶空间 V^*(它是 V 上所有线性函数组成的线性空间)和 V 的双重对偶空间 V^{**}。这既对研究 V 上的双线性函数有用,又在研究线性空间的张量积中发挥着重要作用。

线性空间和线性映射都只涉及加法和纯量乘法运算,需要进一步引进度量概念,使它们的作用更大。本套书下册的第四部分内容就是研究具有度量的线性空间及其与度量有关的线性变换。(1)为了在线性空间中引进度量概念,首先研究线性空间上的双线性函数,特别是对称双线性函数和斜对称双线性函数。对称双线性函数与二次型有密切关系。(2)

在实数域上的线性空间 V 中引进度量概念的办法是:在 V 上定义一个正定的对称双线性函数,称为内积,这时 V 称为一个实内积空间。有限维的实内积空间称为欧几里得空间。在实内积空间中可定义向量的长度,两个非零向量的夹角,正交,距离等度量概念;研究欧几里得空间的结构应当利用标准正交基,它可以使内积的计算简洁,它可以用内积来计算向量的坐标。实内积空间 V 到 V' 如果有一个线性同构,且保持内积,那么称它为一个保距同构,简称为同构。两个欧几里得空间同构的充分必要条件是它们的维数相同。研究实内积空间 V 的结构的又一条途径是:利用它的有限维子空间 U,有 $V=U\oplus U^{\perp}$。这时平行于 $U^{\perp}$ 在 U 上的投影称为 V 在 U 上的正交投影。实内积空间 V 到自身的满射 $\boldsymbol{A}$ 如果保持内积不变,那么称 $\boldsymbol{A}$ 是 V 上的一个正交变换。正交变换一定是线性变换,且是可逆的。n 维欧几里得空间 V 上的变换 $\boldsymbol{A}$ 是正交变换当且仅当 $\boldsymbol{A}$ 在 V 的标准正交基下的矩阵是正交矩阵。实内积空间 V 上的线性变换 $\boldsymbol{A}$ 如果满足:$\forall\alpha,\beta\in V$,有 $(\boldsymbol{A}\alpha,\beta)=(\alpha,\boldsymbol{A}\beta)$,那么称 $\boldsymbol{A}$ 是 V 上的一个对称变换。n 维欧几里得空间 V 上的线性变换 $\boldsymbol{A}$ 是对称变换当且仅当 $\boldsymbol{A}$ 在 V 的标准正交基下的矩阵是对称矩阵。(3)在复数域上的线性空间 V 中引进度量概念的方法与实数域不同,这是因为复线性空间 V 上的双线性函数不可能满足正定性。复线性空间 V 上的内积的定义为:V 上的一个二元函数如果满足 Hermite 性、对第一个变量线性、正定性,那么这个二元函数称为 V 上的一个内积,此时称 V 是酉空间。在酉空间中利用内积可定义向量的长度,两个非零向量的夹角,正交,距离等度量概念。研究有限维酉空间的结构的第一条途径是利用标准正交基。研究酉空间的结构的第二条途径是:利用有限维子空间 U,有 $V=U\oplus U^{\perp}$。第三条途径是:保距同构的两个酉空间有相同的结构。酉空间 V 到自身的满射 $\boldsymbol{A}$ 如果保持内积不变,那么称 $\boldsymbol{A}$ 是 V 上的一个酉变换。酉变换一定是可逆线性变换。酉空间 V 上的一个变换 $\boldsymbol{A}$ 如果满足:$(\boldsymbol{A}\alpha,\beta)=(\alpha,\boldsymbol{A}\beta)$,$\forall\alpha,\beta\in V$,那么 $\boldsymbol{A}$ 称为 V 上的一个 Hermite 变换。Hermite 变换一定是线性变换。(4)设 $\boldsymbol{A}$ 是复(实)内积空间 V 上的一个线性变换,如果存在 V 上的一个线性变换,记作 $\boldsymbol{A}^*$,使得 $\forall\alpha,\beta\in V$,有 $(\boldsymbol{A}\alpha,\beta)=(\alpha,\boldsymbol{A}^*\beta)$,那么称 $\boldsymbol{A}^*$ 是 $\boldsymbol{A}$ 的一个伴随变换。如果 $\boldsymbol{A}$ 有伴随变换 $\boldsymbol{A}^*$,且 $\boldsymbol{A}^*\boldsymbol{A}=\boldsymbol{A}\boldsymbol{A}^*$,那么称 A 是正规变换。有限维酉空间 V 上的线性变换 $\boldsymbol{A}$ 是正规变换当且仅当 V 中存在一个标准正交基,使得 $\boldsymbol{A}$ 在此基下的矩阵是对角矩阵。(5)对于任意一个域 F 上的线性空间 V,能不能引进度量概念?关键是要有内积的概念。由于在一般的域中,没有“正”元素的概念,因此不可能谈论正定性,于是长度、角度、距离的概念也就没有了。但是正交这个概念还是可以推广到任意域上线性空间中。内积应当是 V 上的一个二元函数 f,为了能充分利用线性空间有加法和纯量乘法的特性,f 应当是 V 上的双线性函数。由于两个向量 α 与 β 正交应当是相互的,因此 f 应当是对称或斜对称的。从而 V 上可以指定一个对称双线性函数 f 作为内积,此时 (V,f) 称为**正交空间**。V 上也可以指定一个斜对称双

线性函数 g 作为内积,此时(V,g)称为**辛空间**。即使在实数域上的线性空间中,在某些问题里,也不用正定的对称双线性函数作为内积,而指定一个非退化的对称双线性函数作为内积。例如,在爱因斯坦的狭义相对论中,从光速不变原理导出了时间-空间的新的坐标变换公式,称它为**洛伦兹(Lorentz)变换**。爱因斯坦的**狭义相对性原理**指出:"所有的基本物理规律都应在任一惯性系中具有相同的形式。"一个点 P 在给定的惯性系 $Oxyz$ 中的时间-空间坐标$(t,x,y,z)'$是 4 维实线性空间 $\mathbf{R}^4$ 的一个向量。类比欧几里得空间中,$(\alpha-\beta,\alpha-\beta)$是 α 与 β 的距离的平方,如果在 $\mathbf{R}^4$ 中指定一个非退化的对称双线性函数 f,那么把 $f(\alpha-\beta,\alpha-\beta)$称为 α 与 β 的**时-空间隔的平方**。根据狭义相对性原理,洛伦兹变换 σ 保持任意两个向量的时-空间隔的平方不变。若令

$$f(\alpha,\beta)=-c^2t_1t_2+x_1x_2+y_1y_2+z_1z_2$$

其中 c 是光速,$\alpha=(t_1,x_1,y_1,z_1)'$,$\beta=(t_2,x_2,y_2,z_2)$。则可以证明 $f(\sigma(\alpha),\sigma(\alpha))=f(\alpha,\alpha)$。从而

$$f(\sigma(\alpha)-\sigma(\beta),\sigma(\alpha)-\sigma(\beta))=f(\alpha-\beta,\alpha-\beta)$$

因此在 $\mathbf{R}^4$ 中把上述非退化的对称双线性函数 f 作为内积,此时称$(\mathbf{R}^4,f)$是一个**闵柯夫斯基(Minkowski)空间**。假如在 $\mathbf{R}^4$ 中指定一个正定的对称双线性函数作为内积,那么洛伦兹变换不可能保持任意两个向量的距离的平方不变。因此在 $\mathbf{R}^4$ 中应当指定上述非退化的对称双线性函数 f 作为内积。闵柯夫斯基空间就是一个正交空间。这是需要讨论正交空间的物理背景。本套书下册的第 10 章 10.6 节研究了正交空间的结构及其上保持内积不变的线性变换(称为正交变换)的性质;研究了辛空间的结构及其上保持内积不变的线性变换(称为辛变换)的性质。(6)从 n 维欧几里得空间 V 上所有正交变换组成的集合 $\mathrm{O}(V)$,n 维酉空间 V 上所有酉变换组成的集合 $\mathrm{U}(V)$,域 F 上 n 维正则的正交空间(V,f)上所有正交变换组成的集合 $\mathrm{O}(V,f)$,特征不为 2 的域 F 上 $2r$ 维正则辛空间(V,f)上所有辛变换组成的集合 $\mathrm{Sp}(V,f)$都只有一种运算:乘法,且满足结合律,有单位元,每个元素可逆,由此水到渠成地引出了群的概念,着重介绍了正交群、酉群和辛群,以及图形的对称群。

本套书下册的第五部分内容是研究多重线性代数。其主要工具是线性空间的张量积的概念,这是从小的线性空间构造大的线性空间的一种奇特的方法(线性空间的外直和也是从小的线性空间构造大的线性空间的一种方法,外直和这种方法是很自然的,易于理解的)。利用线性空间的张量积,我们引出了线性空间 V 上的 q 秩反变张量,p 秩协变张量,p 秩协变且 q 秩反变的混合张量(简称(p,q)型张量)的概念;进而研究(p,q)型张量的加法和纯量乘法运算,以及(p,q)型张量与(r,s)型张量的乘法运算,从而引出了线性空间 V 上的张量代数的概念。设 V 是特征为 0 的域 F 上 n 维线性空间。通过研究 $T^q(V)=V\otimes\cdots\otimes V$ 上的交错化变换及其象集(它是 $T^q(V)$中的所有斜对称张量组成的子空间 $\Lambda^q(V)$),规定

$\Lambda^q(V)$与$\Lambda^s(V)$的元素之间的外乘运算，进而引出线性空间 V 上的外代数（或格拉斯曼(Grassmann)代数）的概念。线性空间的张量积，线性空间 V 上的张量代数、外代数在微分几何、现代分析、群表示论和量子力学等领域中有重要应用。

本套书按照数学的思维方式编写，着重培养数学思维能力。我们把数学的思维方式概括成：观察客观世界的现象，抓住其主要特征，抽象出概念或者建立模型；通过直觉判断、归纳推理、类比推理、联想推理和逻辑推理等进行探索，作出猜测；然后经过深入分析、逻辑推理和计算等进行论证，揭示出事物的内在规律，从而使纷繁复杂的现象变得井然有序。按照"观察——抽象——探索——猜测——论证"的思维方式编写教学内容，就使得数学比较容易学，而且读者从中受到的数学思维方式的熏陶，可以使其终身受益。

例如，一元多项式环的通用性质是很深刻的数学内容，而我们从简便计算 101^2 引出：在完全平方公式$(x+a)^2=x^2+2ax+a^2$ 中，x 也可以用 n 级矩阵 A 代入（根据矩阵乘法的分配律直接计算得出）。由此猜测：在数域 K 上的一元多项式环 $K[x]$中，有关加法和乘法的等式，在 x 用矩阵 A 代入后，左右两边保持相等。由此进一步抽象并且经过论证得出一元多项式环的通用性质。这样做就使得一元多项式环的通用性质比较容易理解了。又如，不可约多项式是数域 K 上一元多项式环 $K[x]$的结构中的基本建筑块，复系数不可约多项式只有一次多项式；实系数不可约多项式只有一次多项式和判别式小于零的二次多项式。有理系数不可约多项式有哪些？如何判别？思路是什么呢？我们首先举了一个有理系数多项式的具体例子，把它的各项系数分母的最小公倍数作为分母，提出一个分数，使得括号内的多项式的各项系数都为整数，并且把这些整数的公因数也提出去，这时括号内的多项式的各项系数的最大公因数只有 1 和 −1。这种整系数多项式称为本原多项式。这就自然而然地引出了本原多项式的概念。任何一个有理系数多项式都可以表示成一个本原多项式与一个有理数的乘积，于是一个有理数系数多项式是否不可约与相应的本原多项式是否不可约是一致的。这样我们就找到了思路：去研究本原多项式的不可约的判定。为此需要探索本原多项式的性质。由于本原多项式的各项系数的最大公因数只有 1 和 −1，因此直觉判断两个本原多项式如果能够互相整除（此时称它们相伴），那么它们只相差一个正负号；然后证明这一猜测是正确的。由于因式分解涉及乘法，因此自然要问：两个本原多项式的乘积是否还是本原多项式？这在直观上不容易看出，可以尝试假设两个本原多项式的乘积不是本原多项式，去进行逻辑推理，得出了矛盾，因此两个本原多项式的乘积仍是本原多项式。这就自然而然地得出了高斯引理。想寻找本原多项式不可约的充分条件，这犹如大海捞针，我们可以反过来思考：如果一个次数大于 0 的本原多项式可约，那么它可以分解成两个次数较低的有理系数多项式的乘积，从高斯引理我们可以进一步直觉判断它可以分解成两个次数较低的本原多项式的乘积。经过证明，这个猜测是正确的。由于任何一个素数都不可能整除本原多项式的各项系数,因此为了从一个本原多项式可约推出进一步的结论,我们考虑这样一种情形:对于一个次数大于 0 的本原多项式 $f(x)$,存在一个素数 p,p 能够整除$f(x)$的首项系数以外的其他各项系数,但是 p 不能整除首项系数,如果 $f(x)$可约,那么它可以分解成两个次数较低的本原多项式的乘积。由此经过逻辑推理,得出:p 的平方能整除$f(x)$的常数项。因此对于这种本原多项式 $f(x)$,如果 p 的平方不能整除常数项,那么$f(x)$不可约。这就自然而然地得出了本原多项式不可约的充分条件:存在一个素数 p 满足上述三个条件。这就是著名的 Eisenstein 判别法。我们经过探索和论证得出 Eisenstein 判别法,不仅使同学们对于素数 p 满足的三个条件印象很深刻,而且让他们知道了 Eisenstein 判别法是怎么来的,受到了数学思维方式的熏陶。

我们不仅在每一节的内容精华部分按照数学思维方式编写,而且在典型例题部分也着力于培养数学思维能力。我们在例题的解法或点评中,讲清楚关键的想法,以及这个想法是怎么想出来的,让学生从中学习怎样科学地思考。我们还编写了一些由内容精华拓展而来的例题,让学生从中学会提出问题。例如,实内积空间 V 上的正交变换一定保持向量的长度不变,保持向量间的距离不变,保持正交性不变等。那么反过来,V 到自身的满射 $\mathbf{A}$ 如果保持向量的长度不变,那么 $\mathbf{A}$ 是不是正交变换?保持向量间的距离不变呢?保持正交性不变呢?这些在第 10 章 10.4 节典型例题的例 3、例 28、例 27 中进行了讨论。

本套书的内容丰富,全面,深刻。从前面所讲的内容结构安排中可以看到本套书对于"高等代数"课程的基础内容讲得深刻。例如,在讲线性空间时,以研究线性空间的结构为主线,从元素的角度、子集的角度、商集的角度、线性空间之间的关系的角度这四条途径来研究。本套书所讲的高等代数内容丰富、全面。例如,通常的《高等代数》教材只讲有限维线性空间的基、直和等概念和相关结论,而本套书讲了任意线性空间的基的概念;讲了任意线性空间 V 的两个子空间 V_1,V_2(它们可以是无限维的)的和是直和当且仅当 V_1 的一个基与 V_2 的一个基合起来是 V_1+V_2 的一个基;讲了任意线性空间 V(可以是无限维的)的任一子空间 U 都有补空间。又如,设域 F 包含域 E,我们不仅讲了如何把一个域 F(譬如复数域)上的 n 维线性空间 V 看作域 E(譬如实数域)上的 $2n$ 维数线性空间(见第 8 章 8.1 节的例 39),而且讲了如何从域 E(譬如实数域)上的 n 维线性空间 V 构造出域 F(譬如复数域)上的 n 维线性空间(这是 F 与 V 的张量积 $F\otimes V$,见第 11 章 11.2 节的定理 8 和定理 9)。本套书的第 10 章 10.1 节在讲对称双线性函数与二次型的关系时,讲了 Witt 消去定理。本套书的典型例题、习题和补充题包含了丰富、深刻的内容。这样使得读者在学习了每节的内容精华部分,初步掌握了高等代数的概念和理论后,通过解答适当数量的例题和习题,能够深刻理解高等代数的概念,熟练掌握和运用高等代数的基本理论和基本方法,培养出数学思维能力,拓宽知识面,在高等代数理论上和科学思考能力上都达到相当的高度。本套书下册的典型例题共有780道，习题共有335道，补充题共有62道，总计有1177道题。本书的许多题是为高等代数的基础内容配备的，也有一部分题是高等代数的研究型课题。例如，设$\boldsymbol{A}$是域F上n维线性空间V上的线性变换，$\mathrm{Hom}(V,V)$中与$\boldsymbol{A}$可交换的所有线性变换组成的子空间$C(\boldsymbol{A})$的结构如何？$C(\boldsymbol{A})$的维数是多少？在第9章9.9节例16中解决了当$\boldsymbol{A}$的最小多项式$m(\lambda)$在$F[\lambda]$中能分解成不同的不可约多项式的乘积的情形(9.6节的例25是其中的特殊情形)；在9.8节例11中解决了$\boldsymbol{A}$的最小多项式$m(\lambda)$在$F[\lambda]$中能分解成一次因式方幂的乘积，且$\boldsymbol{A}$的Jordan标准形J中各个Jordan块的主对角元两两不同的情形(9.6节的例14是其中的特殊情形)；在9.9节例7中解决了$\boldsymbol{A}$的有理标准形中各个有理块的最小多项式两两互素的情形；对于剩下的情形，归结为当$\boldsymbol{A}$的最小多项式$m(\lambda)$等于一个不可约多项式方幂时求$C(\boldsymbol{A})$的问题。在9.9节例10中对于这种情形解决了$C^2(\boldsymbol{A})$的结构问题。又如，特征不为2的域F上两个n级对称矩阵A、B可一齐合同对角化的充分必要条件是什么？第10章10.1节的例29、例30讨论了这个问题。迄今为止，所有的高等代数教材只讨论两个n级实对称矩阵可一齐合同对角化的充分条件，而本套书给出了特征不为2的域上两个n级对称矩阵可一齐合同对角化的充分必要条件。在第10章10.5节酉空间的典型例题中，我们编写了94道题，内容相当丰富。我们希望读者根据自己的时间和精力，选择书中一部分例题和习题来做，不用看完和做完所有的题，有些题以后需要时再看、再做。做题时先自己独立思考，然后再看解答。

本套书阐述清晰，详尽，严谨。例如，第9章9.5节～9.9节研究域F上n维线性空间V上线性变换$\boldsymbol{A}$的最简单形式的矩阵表示，从$\boldsymbol{A}$可对角化的充分必要条件是V能分解成$\boldsymbol{A}$的特征子空间的直和，引出$\boldsymbol{A}$的不变子空间的概念，为了寻找$\boldsymbol{A}$的不变子空间，引出了$\boldsymbol{A}$的零化多项式和最小多项式的概念，利用$\boldsymbol{A}$的最小多项式$m(\lambda)$在$F[\lambda]$中的分解式讨论$\boldsymbol{A}$的最简单形式的矩阵表示。若$m(\lambda)$能分解成一次因式方幂的乘积，则$\boldsymbol{A}$有Jordan标准形；若$m(\lambda)$不能分解成一次因式方幂的乘积，则$\boldsymbol{A}$有有理标准形，脉络非常清晰。又如，在讲复数域上的线性空间的内积的概念时，我们首先指出，对复线性空间V上的双线性函数不可能满足正定性，因此不能照搬实数域上线性空间的内积的定义，而应当把对称性改成Hermite性，于是复线性空间的内积对第二个变量不是线性的，而是半线性的。再如，关于线性空间的张量积，通常讲这部分内容的高等代数教材(许多教材不讲这部分内容)都是一开始就给出线性空间的张量积的定义，读者并不知道为什么如此定义张量积。而本套书下册第11章先在11.1节例5的点评中指出，设V,U分别是域F上n维、m维线性空间，用$\mathscr{P}(V^*,U^*)$表示$V^*\times U^*$上的所有双线性函数组成的线性空间，则存在$V\times U$到$\mathscr{P}(V^*,U^*)$的一个双线性映射τ(可具体写出)。在11.2节中深入分析$\mathscr{P}(V^*,U^*)$和τ的性质，发现从$V\times U$到域F上任一线性空间W的任一双线性映射$\boldsymbol{A}$，存在$\mathscr{P}(V^*,U^*)$到W

的唯一的线性映射 Φ,使得 $\mathbf{A}=\Phi\tau$。由此引出了线性空间 V 和 U 的张量积的概念,这时水到渠成地写出了 V 与 U 的张量积的定义。这就使得张量积这一原本深奥难懂的概念变得清晰,成为学生较易把握的一个概念,因为($\mathscr{P}(V^*,U^*)$,τ)就是 V 与 U 的一个张量积。无论是在每一节的内容精华部分,还是典型例题部分,阐述都很详尽。这样做增强了本套书的可读性,也是想给读者一个示范:一道题应当怎样写证明(或解答)才是讲道理的,又不啰嗦。本套书无论是对内容的阐述,还是对典型例题、习题和补充题的解答都是严谨的。例如,设 $\mathbf{A}$ 是域 F 上线性空间 V 上的线性变换,在 $F[x]$ 中,$f_1(x)$ 与 $f_2(x)$ 互素,于是存在 $u_1(x),u_2(x)\in F[x]$,使得 $u_1(x)f_1(x)+u_2(x)f_2(x)=1$。$x$ 用 $\mathbf{A}$ 代入,从上式得,$u_1(\mathbf{A})f_1(\mathbf{A})+u_2(\mathbf{A})f_2(\mathbf{A})=\mathbf{I}$。通常的高等代数教材事前都没有讲为什么 x 可以用 $\mathbf{A}$ 代入,左右两边仍保持相等。而本套书在第 7 章 7.1 节讲了一元多项式环的通用性质,正好回答了 x 可以用 $\mathbf{A}$ 代入的理由。本套书内容体系的严谨表现在:后面要用到的结论在前面都作了铺垫,使得全书内容严丝合缝。

本套书开辟了“应用天地”栏目。同学们常问:学习高等代数有什么具体应用?为了让读者了解高等代数知识的应用,一方面,我们在有的章节中列举一些应用的例子。例如,第 8 章的补充题八的第 8、9、10 题是关于线性空间在编码中的应用;在第 9 章 9.4 节内容精华的第三部分,写了特征值在实际问题中的应用。另一方面,本书开辟了“应用天地”栏目,较详细地阐述高等代数知识的一些重要的应用。20 世纪物理学取得的两个划时代的进展是建立了相对论和量子力学。我们在第 10 章 10.6 节讲了由爱因斯坦的狭义相对性原理引出了闵柯夫斯基空间。在第 10 章的“应用天地”栏目里写了“酉空间在量子力学中的应用”,详细介绍了历史上量子力学的建立过程,阐述了一个量子体系的所有量子态(可归一化)组成的集合 $\mathscr{H}$ 可形成一个酉空间,与这个量子体系的力学量 A(例如,位置、动量、角动量、动能和势能等)相应的算符 $\hat{A}$ 都是酉空间 $\mathscr{H}$ 上的线性变换,而且一定是 Hermite 变换。当量子体系处于一个量子态,人们去测量力学量 A 时,一般说来,可能出现不同的结果,各有一定的概率。如果量子体系处于一种特殊的状态下,那么测量力学量 A 所得的结果是唯一确定的,这种特殊的状态称为力学量 A 的本征态。可以证明:ψ 是力学量 A 的本征态当且仅当 ψ 是相应算符 $\hat{A}$ 的一个特征向量,其所属的特征值就是测量 A 所得的唯一结果。第 11 章的“应用天地”栏目里编写了“张量积在量子隐形传态中的应用”。发送者要把一个具有自旋的粒子 1 的自旋状态传送给接收者,而粒子 1 本身不传给接收者,这能办到吗?1993 年 C. H. Bennett 等人提出了一个传递方案,关键是把粒子 2 和 3 制备成为 EPR 对处于纠缠态,然后把粒子 2 传递给发送者,同时把粒子 3 传送给接收者,最终粒子 1 的自旋态传送给了粒子 3,实现了量子隐形传态,这在量子信息论中起着重要作用。之所以能把粒子 1 的自旋态隐形传送给粒子 3,关键是利用了张量积,本书详细阐述了其中的道理。

本套书注重从几何直观引出高等代数的概念，猜测高等代数的结论，然后进行证明；运用几何知识论证高等代数的某些结论；运用高等代数知识解决几何问题和函数论中的问题。例如，从几何空间中两个过原点的平面 V_1、V_2，引出线性空间的子空间的交与和的概念，猜测子空间的维数公式，然后进行证明；运用解析几何中二次曲线的不变量理论求出实数域上二元二次多项式可约的充分必要条件（见第 7 章 7.9 节例 10）。又如，运用正交变换的不变子空间和空间分解的方法，证明几何空间中保持一个点不动的第一类正交点变换一定是绕过这个定点的一条直线的旋转，保持一个点不动的第二类正交点变换是一个镜面反射，或者一个镜面反射与绕过这个定点的一条直线的旋转的乘积。再如，运用实对称矩阵能够正交相似于一个对角矩阵的结论，简洁地证明了对于 n 维欧几里得空间 V 上的对称变换 $\boldsymbol{A}$，函数 $F(\alpha)=\dfrac{(\alpha,\boldsymbol{A}\alpha)}{(\alpha,\alpha)}$（$\forall\alpha\in V$ 且 $\alpha\neq 0$）的最小（大）值就是 $\boldsymbol{A}$ 的最小（大）特征值，且 $F(\alpha)$ 在 $\boldsymbol{A}$ 的属于最小（大）特征值的一个单位特征向量处达到最小（大）值（见第 10 章的 10.4 节例 36）。

本套书作为“高等代数”课程的辅导教材，上册供第一学期使用，下册供第二学期使用。每一节的内容精华用宋体字排印的，是大课讲授的内容；用楷体字排印的，是供有兴趣的学生课外阅读的内容。每一节的典型例题和习题中，可选择一部分作为习题课的题目，一部分作为课外作业的题目，其余的题供有兴趣的学生自己挑选一部分来做。各章末的补充题供有兴趣的学生思考。打 * 的章节不作为教学要求，是选学内容。

感谢本套书的组稿编辑吴颖华，她为本书的编辑出版付出了辛勤的劳动。

我们坦诚欢迎广大读者对本套书提出宝贵意见。

丘维声
北京大学数学科学学院
2009 年 3 月

目　　录

第 7 章　一元和 n 元多项式环

一元多项式由于其形式简洁，且有加法和乘法运算，因此在许多领域都有重要应用。譬如，在数学分析中，用多项式函数逼近一般的 n 阶可微函数。在当今信息时代，多项式在计算机科学、现代通信、编码和密码等领域都有应用。

古典代数学研究的中心问题是一元多项式的求根；近世代数学研究的中心问题是各种代数系统的结构及其之间的态射（保持运算的映射）。本章以研究数域 K 上一元多项式环的结构及其态射（一元多项式环的通用性质）为主线，此外还介绍了 n 元多项式环的结构。

7.1　一元多项式环

7.1.1　内容精华

一、一元多项式的概念和运算

1. **数域 K 上一元多项式**的定义包含两点：

(1) 数域 K 上的一元多项式是一个形如下述的表达式：

$$a_n x^n + a_{n-1} x^{n-1} + \cdots + a_1 x + a_0, \tag{1}$$

其中 x 是一个符号（它不属于 K），n 是非负整数，$a_i \in K(i=0,1,\cdots,n)$，称为**系数**，$a_i x^i$ 称为 **i 次项**$(i=1,2,\cdots,n)$，规定 $x^0=1$，a_0 称为**零次项**或**常数项**。

(2) 两个这种形式的表达式相等当且仅当它们含有完全相同的项（除去系数为 0 的项外，系数为 0 的项允许任意删去和添加）。此时，符号 x 称为**不定元**。（这一条意味着一元多项式的表示方法是唯一的。）

系数全为 0 的多项式称为**零多项式**，记作 0。

从定义立即得出：数域 K 上两个一元多项式相等当且仅当它们的同次项的系数都对应相等。

我们常常用 $f(x), g(x), h(x), \cdots$ 或 $f, g, h, \cdots$ 表示一元多项式。

2. 一元多项式的重要特点是它有"次数"的概念。

设 $f(x)=a_nx^n+a_{n-1}x^{n-1}+\cdots+a_1x+a_0$，如果 $a_n\neq 0$，那么称 a_nx^n 是 $f(x)$ 的**首项**，称 n 是 $f(x)$ 的**次数**，记作 $\deg f(x)$ 或 $\deg f$。

零多项式的次数定义为 $-\infty$，并且规定：

$$(-\infty)+(-\infty):=-\infty,$$
$$(-\infty)+n:=-\infty,\ \forall\, n\in \mathbf{N},$$
$$-\infty< n,\ \forall\, n\in \mathbf{N}.$$

其中 $\mathbf{N}$ 表示自然数集(注意：$0\in\mathbf{N}$)。

注意：不要混淆零多项式与零次多项式，零次多项式形如 a，其中 $a\in K^*$。我们用 K^* 表示 K 中所有非零数组成的集合。

3. 数域 K 上所有一元多项式组成的集合记作 $K[x]$。在 $K[x]$ 中可以定义加法和乘法运算：

设 $f(x)=\sum\limits_{i=0}^{n}a_ix^i$，$g(x)=\sum\limits_{i=0}^{m}b_ix^i$，不妨设 $m\leqslant n$，令

$$f(x)+g(x):=\sum_{i=0}^{n}(a_i+b_i)x^i, \tag{2}$$

$$f(x)g(x):=\sum_{s=0}^{n+m}\Big(\sum_{i+j=s}a_ib_j\Big)x^s. \tag{3}$$

称 $f(x)+g(x)$ 是 $f(x)$ 与 $g(x)$ 的**和**，称 $f(x)g(x)$ 是 $f(x)$ 与 $g(x)$ 的**积**。

容易验证：一元多项式的加法满足交换律、结合律，且

$$f(x)+0=0+f(x)=f(x),\ \forall\, f(x)\in K[x];$$
$$f(x)+[-f(x)]=[-f(x)]+f(x)=0,\ \forall\, f(x)\in K[x].$$

其中 $-f(x)=\sum\limits_{i=0}^{n}(-a_i)x^i$。

容易验证：一元多项式的乘法满足交换律、结合律，以及对于加法的分配律，且

$$1\cdot f(x)=f(x)\cdot 1=f(x),\ \forall\, f(x)\in K[x].$$

$K[x]$ 中还可定义减法：

$$f(x)-g(x):=f(x)+[-g(x)]. \tag{4}$$

4. 一元多项式的和与积的次数公式：

命题 1　设 $f(x),g(x)\in K[x]$，则

$$\deg(f\pm g)\leqslant \max\{\deg f,\deg g\}, \tag{5}$$

$$\deg(fg)=\deg f+\deg g. \tag{6}$$

从命题 1 的证明过程看出，一元多项式具有下述性质：

$$f(x) \neq 0 \text{ 且 } g(x) \neq 0 \Rightarrow f(x)g(x) \neq 0. \tag{7}$$

由此得出,一元多项式的乘法适合**消去律**,即

$$f(x)g(x) = f(x)h(x), \text{且 } f(x) \neq 0 \quad \Rightarrow \quad g(x) = h(x).$$

从命题 1 的证明过程还可看出:两个非零多项式乘积的首项系数等于这两个多项式的首项系数的乘积。

二、环的基本概念

整数集 $\mathbf{Z}$,偶数集 $2\mathbf{Z}$,$K[x]$,$M_n[K]$的共同性质:都有加法和乘法运算,并且加法满足交换律、结合律,有零元,每个元素有负元,乘法满足结合律和对于加法的左、右分配律,抽象出环的概念。

1. 环的定义包含两点:

(1) 环 R 是具有加法和乘法两种代数运算的非空集合。所谓 R 上的一个**代数运算**,是指 $R\times R$ 到 R 的一个映射。

(2) 环 R 的加法满足交换律、结合律,有一个元素,记作 0,它使得

$$a + 0 = a, \forall a \in R,$$

称这个元素 0 是 R 的零元;

对于 $a\in R$,有 $d\in R$,使得 $a+d=0$,称 d 是 a 的负元,记作 $-a$。

环 R 的乘法满足结合律,以及对于加法的左、右分配律。

容易证明,环 R 中的零元是唯一的;R 中元素 a 的负元是唯一的;$-(-a)=a$。

环 R 中可以定义减法:

$$a - b := a + (-b). \tag{8}$$

$\mathbf{Z}$,$2\mathbf{Z}$,$K[x]$,$M_n[K]$都是环,它们分别称为**整数环**,**偶数环**,**数域 K 上一元多项式环**,**数域 K 上 n 级全矩阵环**。任意一个数域 K 也是环。

2. 常见的特殊类型的环:

若环 R 中的乘法还满足交换律,则称 R 为**交换环**。

若环 R 中有一个元素 e 具有性质:

$$ea = ae = a, \forall a \in R,$$

则称 e 是 R 的**单位元**,此时称 R 是**有单位元的环**。容易证明,在有单位元的环 R 中,单位元是唯一的,通常把单位元记成 1。

如果环 R 中有元素 $a,b,b\neq 0$,若 $ab=0$ ($ba=0$)则 a 称为一个**左零因子**(**右零因子**)。左零因子和右零因子都简称为**零因子**。根据本节例 7,$0a=a0=0$,$\forall a\in R$,因此,0 既是左零因子,又是右零因子,称 0 是**平凡的零因子**;其余的零因子称为**非平凡的零因子**。

如果环 R 没有非平凡的零因子，那么称 R 是**无零因子环**。有单位元 $1(\neq 0)$ 的无零因子的交换环称为**整环**。$\mathbf{Z}$，K，$K[x]$ 都是整环。$M_n(K)$ 不是整环，因为它不满足乘法交换律，且它有非平凡的零因子。$2\mathbf{Z}$ 不是整环，因为它没有单位元。

3. 子环的定义如下：

如果环 R 的一个非空子集 R_1 对于 R 的加法和乘法也成为一个环，那么称 R_1 是 R 的一个**子环**。由子环的定义立即得出：子环 R_1 对于 R 的加法和乘法都封闭，即

$$a,b \in R_1 \ \ \Rightarrow \ \ a+b \in R_1, ab \in R_1.$$

反过来，需要把 R_1"对加法封闭"改成"对减法封闭"，R_1 才能成为 R 的一个子环。见下面的命题：

命题 2　环 R 的一个非空子集 R_1 为一个子环的充分必要条件是 R_1 对于 R 的减法与乘法都封闭，即

$$a,b \in R_1 \ \ \Rightarrow \ \ a-b \in R_1, ab \in R_1.$$

证明　必要性。由于 R_1 是环，因此 R_1 有零元 $0'$，从而 $0'+0'=0'$，两边加上 $0'$ 在 R 中的负元 $-0'$，得 $0'+0=0$。于是 $0'=0$，即 R 的零元 0 是 R' 的零元。任给 $b\in R_1$，设 b 在 R_1 中的负元为 b'，则 $b+b'=0$。在 R 中看此式得 $b'=-b$，因此 $-b\in R_1$。任给 $a,b\in R_1$，有 $a-b=a+(-b)\in R_1$，$ab\in R_1$。

充分性。由于 R_1 非空集，因此存在 $c\in R_1$。由已知条件得，$c-c\in R_1$，于是 $0\in R_1$。

任给 $b\in R_1$，由已知条件得，$0-b\in R_1$，于是 $-b\in R_1$。

任给 $a,b\in R_1$，则 $-b\in R_1$，由已知条件得

$$a+b=a-(-b) \in R_1, ab \in R_1.$$

因此 R 的加法和乘法限制到 R_1 上是 R_1 的加法和乘法，显然 R_1 的加法满足交换律、结合律，上面已证 $0\in R_1$；对于任意 $b\in R_1$，有 $-b\in R_1$。显然 R_1 的乘法满足结合律，以及对于加法的左、右分配律，所以 R_1 成为一个环，从而 R_1 是 R 的一个子环。 ■

$K[x]$ 中所有零次多项式添上零多项式组成的集合 S，对于一元多项式的减法与乘法封闭，因此 S 是 $K[x]$ 的一个子环。显然 $K[x]$ 中的单位元 $1\in S$。数域 K 到 S 有一个对应法则 τ：非零数 a 对应到零次多项式 a，数 0 对应到零多项式 0。显然 τ 是双射，且 τ 保持加法与乘法运算，即

$$\tau(a+b)=\tau(a)+\tau(b), \forall a,b \in K;$$
$$\tau(ab)=\tau(a)\tau(b), \forall a,b \in K.$$

给定 $A\in M_n(K)$，形如下述的表达式称为数域 K 上矩阵 A 的多项式：

$$a_m A^m + a_{m-1}A^{m-1} + \cdots + a_1 A + a_0 I,$$

其中 $m\in \mathbf{N}$，$a_i\in K$，$i=0,1,\cdots,m$。把数域 K 上矩阵 A 的所有多项式组成的集合记作

$K[A]$。易证 $K[A]$对于矩阵的减法和乘法封闭，因此 $K[A]$是 $M_n(K)$的一个子环，显然 $I\in K[A]$，易看出 $K[A]$是交换环。

$K[A]$中所有数量矩阵组成的集合 W，对于矩阵的减法和乘法封闭，因此 W 是 $K[A]$的一个子环，显然 $I\in W$。数域 K 到 W 有一个对应法则 $\tau: a\longmapsto aI$，显然 τ 是双射，且 τ 保持加法与乘法运算。

由上面的例子抽象出下述概念：

设 R 是有单位元 $1'$的交换环，如果 R 有一个子环 R_1 满足下列条件：

(i) $1'\in R_1$；

(ii) 数域 K 到 R_1 有一个双射 τ，且 τ 保持加法与乘法运算，

那么 ***R* 可看成是 *K* 的一个扩环**。

如果有单位元 $1'$的交换环 R 可看成是数域 K 的扩环，那么 K 到子环 R_1 的上述双射 τ 具有性质：$\tau(1)=1'$。理由如下：

任取 $b\in R_1$，由于 τ 是满射，因此存在 $k\in K$，使得 $\tau(k)=b$。于是

$$\tau(1)b=\tau(1)\tau(k)=\tau(1k)=\tau(k)=b.$$

从而 $\tau(1)$是交换环 R_1 的单位元。由于 R 的单位元 $1'\in R_1$，因此 $\tau(1)=1'$。

三、一元多项式环 $K[x]$的通用性质

在 $K[x]$中有完全平方公式：

$$(x+a)^2=x^2+2ax+a^2.$$

利用完全平方公式(当 $a=1$)可以简便地计算 101^2：

$$101^2=(100+1)^2=100^2+2\times 1\times 100+1^2=10201.$$

这是在完全平方公式(当 $a=1$)中，x 用 100 代入，而左右两边仍保持相等。

设 A 是数域 K 上的 n 级矩阵，利用矩阵乘法的分配律，得

$$\begin{aligned}(A+aI)^2&=(A+aI)(A+aI)=A^2+A(aI)+(aI)A+(aI)(aI)\\&=A^2+2aA+a^2I.\end{aligned}$$

从这发现，在完全平方公式中，x 可以用矩阵 A 代入(此时 a 换成 aI)，左右两边保持相等。由此猜测，$K[x]$中有关加法和乘法的等式，x 可以用矩阵 A 代入，左右两边保持相等。由此抽象出一元多项式环 $K[x]$的通用性质：在数域 K 上一元多项式的有关加法和乘法的等式中，不定元 x 可以用环 R(它可以看成是 K 的一个扩环)中任一元素代入，从而得到环 R 中相应的等式，即下面的定理 1。

定理 1 设 K 是一个数域，R 是一个有单位元 $1'$的交换环，它可以看成是 K 的一个扩环，其中 K 到 R 的子环 R_1 的保持加法和乘法运算的双射记作 τ。任意给定 $t\in R$，令

$$\sigma_t : K[x] \longrightarrow R$$

$$f(x) = \sum_{i=0}^{n} a_i x^i \longmapsto \sum_{i=0}^{n} \tau(a_i) t^i =: f(t),$$

则 σ_t 是 $K[x]$ 到 R 的一个映射，且 σ_t 保持加法和乘法运算，即如果在 $K[x]$ 中，有

$$f(x) + g(x) = h(x), f(x)g(x) = p(x),$$

那么在 R 中，有

$$f(t) + g(t) = h(t), f(t)g(t) = p(t);$$

还有，$\sigma_t(x) = t$。映射 σ_t 称为 **x 用 t 代入**。

证明 由于 $K[x]$ 中每个元素 $f(x)$ 写成 $\sum_{i=0}^{n} a_i x^i$ 的表法唯一（除了系数为 0 的项以外），并且 τ 是 K 到 R_1 的双射，因此 σ_t 是 $K[x]$ 到 R 的一个映射。

据 σ_t 的定义，得

$$\sigma_t(x) = \sigma_t(1x) = \tau(1)t = 1't = t$$

设 $f(x) = \sum_{i=0}^{n} a_i x^i, g(x) = \sum_{i=0}^{m} b_i x^i$，不妨设 $n \geqslant m$。则

$$h(x) = f(x) + g(x) = \sum_{i=0}^{n} (a_i + b_i) x^i,$$

$$p(x) = f(x)g(x) = \sum_{s=0}^{n+m} \Big(\sum_{i+j=s} a_i b_j \Big) x^s.$$

据 σ_t 的定义，得

$$\begin{aligned} h(t) &= \sum_{i=0}^{n} \tau(a_i + b_i) t^i = \sum_{i=0}^{n} [\tau(a_i) + \tau(b_i)] t^i \\ &= \sum_{i=0}^{n} \tau(a_i) t^i + \sum_{i=0}^{n} \tau(b_i) t^i = f(t) + g(t); \end{aligned}$$

$$p(t) = \sum_{s=0}^{n+m} \tau\Big(\sum_{i+j=s} a_i b_j \Big) t^s = \sum_{s=0}^{n+m} \Big[\sum_{i+j=s} \tau(a_i)\tau(b_j) j \Big] t^s;$$

$$\begin{aligned} f(t)g(t) &= \Big[\sum_{i=0}^{n} \tau(a_i) t^i \Big] \Big[\sum_{j=0}^{m} \tau(b_j) t^j \Big] \\ &= \sum_{i=0}^{n} \sum_{j=0}^{m} \tau(a_i)\tau(b_j) t^{i+j} \\ &= \sum_{s=0}^{n+m} \Big[\sum_{i+j=s} \tau(a_i)\tau(b_j) j \Big] t^s \\ &= p(t). \end{aligned}$$

因此 σ_t 保持加法与乘法运算。 ■

定理 1 证明的关键是：一元多项式 $f(x)$ 的表法唯一，从而 σ_t 是 $K[x]$ 到 R 的一个映射。至于 σ_t 保持加法和乘法运算，这是自然的，因为 $K[x]$ 和 R 都是交换环，都遵从交换环的运算法则。

定理 1 表明：只要把一元多项式环 $K[x]$ 中有关加法与乘法的等式研究清楚了，那么对于可看成是 K 的扩环的任一交换环 R，通过把不定元 x 用 R 的任一元素代入，就可以得到 R 中有关加法和乘法的相应等式。

从前面的讨论知道，$K[x]$，$K[A]$（其中 A 是 K 上任意给定的一个 n 级矩阵）都可看成是 K 的扩环，因此不定元 x 既可以用 $K[x]$ 中任一多项式代入，又可以用矩阵 A 的任一多项式代入，还可以用可看成 K 的扩环的任一交换环 R 的任一元素代入。这就是为什么把符号 x 叫做不定元的缘由，并且由此看到 x 的确不属于 K。

综上所述，本章的主要任务是探讨一元多项式环 $K[x]$ 中有关加法与乘法的若干重要等式。这些等式在本章及后续几章中将发挥重要作用。探讨 $K[x]$ 中有关加法和乘法的等式本质上就是研究一元多项式环 $K[x]$ 的结构，这是本章的主线。

学习高等代数一定要抓住研究结构这条主线。在本套书上册中，研究了数域 K 上 n 元齐次线性方程组的解集的结构，非齐次线性方程组的解集的结构；数域 K 上 n 元有序数组形成的 n 维向量空间 K^n 及其子空间的结构，n 维欧几里得空间 $\mathbf{R}^n$ 的结构；以及通过建立等价关系（相抵、相似、合同）研究了数域 K 上 $s\times n$ 矩阵的集合 $M_{s\times n}(K)$ 的相抵分类，n 级矩阵的集合 $M_n(K)$ 的相似分类和合同分类，继而解决了实（复）数域上 n 元二次型的分类，这些都是在研究结构。在本套书下册中，我们将继续贯穿研究结构这条主线。

7.1.2 典型例题

例 1 证明：在 $K[x]$ 中，如果 $f(x)=c\,g(x)$，$c\in K^*$，那么

$$\deg f(x) = \deg g(x).$$

证明 若 $g(x)=0$，则 $f(x)=c\cdot 0=0$，从而

$$\deg f(x) = \deg g(x).$$

下面设 $g(x)\neq 0$，由于 $f(x)=c\,g(x)$，$c\in K^*$，因此 $f(x)\neq 0$，并且

$$\deg f(x) = \deg c + \deg g(x) = \deg g(x).$$ ■

例 2 证明：在 $K[x]$ 中，如果 $f(x)=h(x)g(x)$，且 $f(x)\neq 0$，那么

$$\deg g(x) \leqslant \deg f(x).$$

证明 由于 $f(x)=h(x)g(x)$，且 $f(x)\neq 0$，因此 $h(x)\neq 0$，$g(x)\neq 0$；并且

$$\deg f(x) = \deg h(x) + \deg g(x) \geqslant \deg g(x). \quad \blacksquare$$

例 3　证明:在 $K[x]$中,如果 $c \in K^*$ 且 $c = f(x)g(x)$,那么 $\deg f(x) = \deg g(x) = 0$。

证明　由于 $c = f(x)g(x)$,且 $c \in K^*$,因此

$$0 = \deg c = \deg f(x) + \deg g(x).$$

由此推出,$\deg f(x) = \deg g(x) = 0$。 ■

例 4　设 R 是一个有单位元 $1(\neq 0)$的环。对于 $a \in R$,如果存在 $b \in R$,使得

$$ab = ba = 1,$$

那么称 a 是**可逆元**(或**单位**),称 b 是 a 的**逆元**,记作 a^{-1}。证明:如果 a 是可逆元,那么 a 的逆元唯一。

证明　假设 b_1, b_2 都是 a 的逆元,则

$$b_1 a b_2 = (b_1 a) b_2 = 1 b_2 = b_2,$$

$$b_1 a b_2 = b_1 (a b_2) = b_1 1 = b_1,$$

因此

$$b_1 = b_2. \quad \blacksquare$$

例 5　证明:在整数环 **Z** 中,a 为可逆元当且仅当 $a = \pm 1$。

证明　必要性。设 a 是可逆元,则存在 $b \in \mathbf{Z}$,使得

$$ab = 1.$$

从而 $a \neq 0$,假如 $a \neq \pm 1$,则 $|a| > 1$,从而在整数环 **Z** 中有带余除法:

$$1 = 0a + 1, 0 \leqslant 1 < |a|.$$

又有

$$1 = ba + 0,$$

比较上面两个式子,据带余除法中余数的唯一性,得

$$1 = 0,$$

矛盾,因此 $a = \pm 1$。

充分性。由于 $1 \cdot 1 = 1$,$(-1)(-1) = 1$,因此 1 和 -1 都是 **Z** 中的可逆元。 ■

例 6　证明:在 $K[x]$中,$f(x)$是可逆元当且仅当 $f(x)$是零次多项式,即它是 K 中非零数。

证明　必要性。在 $K[x]$中,

$f(x)$是可逆元

$\Leftrightarrow$　存在 $g(x) \in K[x]$,使得 $f(x)g(x) = 1$

$\Rightarrow$　$\deg f(x) = \deg g(x) = 0$。

充分性。对于任意 $c \in K^*$,都有 $cc^{-1} = 1$,因此 c 是可逆元。 ■

例 7　设 R 是任意一个环,证明:

(1) $0a = a0 = 0, \forall a \in R$;

(2) $\forall a,b\in R$,有 $a(-b)=-ab,(-a)b=-ab,(-a)(-b)=ab$。

证明 (1)对任意 $a\in R$,有

$$0a=(0+0)a=0a+0a.$$

上式两边加上$(-0a)$,得

$$0a+(-0a)=(0a+0a)+(-0a),$$

从而

$$0=0a+0,$$

于是

$$0=0a.$$

同理可证

$$a0=0.$$

(2) 任取 $a,b\in R$,由于

$$ab+a(-b)=a[b+(-b)]=a0=0,$$

因此

$$a(-b)=-ab.$$

同理可证

$$(-a)b=-ab.$$

从而

$$(-a)(-b)=-[a(-b)]=-(-ab)=ab.$$ ■

例 8 设 R 是环,对于 $a\in R,n\in\mathbf{N}^*$,其中 $\mathbf{N}^*$ 表示正整数集。令

$$na:=\underbrace{a+a+\cdots+a}_{n\text{ 个}}.$$

对于 $0\in\mathbf{N}$,令 $0a:=0$,其中等号右边的 $0\in R$。证明:对任意 $a,b\in R$,任意 $m,n\in\mathbf{N}$,有

$$(m+n)a=ma+na,$$

$$(mn)a=m(na),$$

$$n(a+b)=na+nb,$$

$$n(ab)=(na)b=a(nb).$$

证明 若 m,n 中有一个为 0,则第一、二式显然成立;若 $n=0$,则第三、四式显然成立。

下面设 $m\neq0$ 且 $n\neq0$。由定义立即得到第一、二式。由定义及环的加法的交换律、结合律立即得到第三式。

$$n(ab)=\underbrace{ab+ab+\cdots+ab}_{n\text{ 个}}=(\underbrace{a+a+\cdots+a}_{n\text{ 个}})b$$

$$=(na)b.$$

同理可证

$$n(ab)=a(nb).$$ ■

在环 R 中,对于 $a\in R,n\in\mathbf{N}^*$,令

$$(-n)a:=n(-a).$$

可以证明例 8 中的四个等式对于任意 $m,n\in\mathbf{Z}$ 仍然成立。

例 9　设 R 是环,对于 $a\in R,n\in\mathbf{N}^*$,令

$$a^n := \underbrace{a\,a\cdots a}_{n\text{ 个}}.$$

证明:对于任意 $m,n\in\mathbf{N}^*$,有

$$a^m a^n = a^{m+n},$$
$$(a^m)^n = a^{mn}.$$

证明　由定义和环的乘法结合律立即得到。■

例 10　设数域 K 上的 n 级矩阵 A 为

$$A=\begin{pmatrix} k & c & 0 & 0 & \cdots & 0 & 0\\ 0 & k & c & 0 & \cdots & 0 & 0\\ \vdots & \vdots & \vdots & \vdots & & \vdots & \vdots\\ 0 & 0 & 0 & 0 & \cdots & k & c\\ 0 & 0 & 0 & 0 & \cdots & 0 & k \end{pmatrix},$$

其中 $k,c\in K^*$,说明 A 可逆,并且求 A^{-1}。

解　令

$$H=\begin{pmatrix} 0 & 1 & 0 & \cdots & 0 & 0 & 0\\ 0 & 0 & 1 & \cdots & 0 & 0 & 0\\ \vdots & \vdots & \vdots & & \vdots & \vdots & \vdots\\ 0 & 0 & 0 & \cdots & 0 & 1 & 0\\ 0 & 0 & 0 & \cdots & 0 & 0 & 1\\ 0 & 0 & 0 & \cdots & 0 & 0 & 0 \end{pmatrix},$$

则 $A=kI+cH$。我们知道 $H^n=0$。

在 $K[x]$中直接计算可得

$$(1-x)(1+x+\cdots+x^{n-1})=1-x^n. \tag{9}$$

$K[H]$可看成是 K 的一个扩环。于是 x 用 $-\frac{c}{k}H$ 代入,从(9)式得

$$\left[I-\left(-\frac{c}{k}H\right)\right]\left[I+\left(-\frac{c}{k}H\right)+\left(-\frac{c}{k}H\right)^2+\cdots+\left(-\frac{c}{k}H\right)^{n-1}\right]$$
$$=I-\left(-\frac{c}{k}H\right)^n. \tag{10}$$

由于 $H^n=0$,因此(10)式可写成

$$\left(I+\frac{c}{k}H\right)\left(I-\frac{c}{k}H+\frac{c^2}{k^2}H^2+\cdots+(-1)^{n-1}\frac{c^{n-1}}{k^{n-1}}H^{n-1}\right)=I.$$

从而

$$(kI+cH)\left(\frac{1}{k}I-\frac{c}{k^2}H+\frac{c^2}{k^3}H^2+\cdots+(-1)^{n-1}\frac{c^{n-1}}{k^n}H^{n-1}\right)=I.$$

这表明 $A=kI+cH$ 是可逆矩阵,并且

$$A^{-1}=\frac{1}{k}I-\frac{c}{k^2}H+\frac{c^2}{k^3}H^2+\cdots+(-1)^{n-1}\frac{c^{n-1}}{k^n}H^{n-1}.$$

点评 在例 10 中,利用一元多项式环 $K[x]$的通用性质,求出了 n 级矩阵 A 的逆矩阵,这比用初等变换法求逆矩阵更为简便,这是求逆矩阵的第 6 种方法。其他 5 种方法在本套书上册讲过,它们分别是:伴随矩阵法,“凑”矩阵法,初等变换法,转化为解线性方程组的方法,分块求逆法。

例 11 设 $A\in M_n(K)$,并且设 A 的特征多项式为

$$|\lambda I-A|=(\lambda-\lambda_1)^{l_1}(\lambda-\lambda_2)^{l_2}\cdots(\lambda-\lambda_s)^{l_s},$$

其中 $\lambda_1,\lambda_2,\cdots,\lambda_s$ 是两两不等的复数,$l_1+l_2+\cdots+l_s=n$。证明:对于 $k\in K^*$,矩阵 kA 的特征多项式为

$$|\lambda I-kA|=(\lambda-k\lambda_1)^{l_1}(\lambda-k\lambda_2)^{l_2}\cdots(\lambda-k\lambda_s)^{l_s}.$$

由此得出,如果 λ_i 是 A 的 l_i 重特征值,那么 $k\lambda_i$ 是 kA 的 l_i 重特征值。

证明 设 $A=(a_{ij})$,则

$$|\lambda I-A|=\begin{vmatrix}\lambda-a_{11} & -a_{12} & \cdots & -a_{1n}\\ -a_{21} & \lambda-a_{22} & \cdots & -a_{2n}\\ \vdots & \vdots & & \vdots\\ -a_{n1} & -a_{n2} & \cdots & \lambda-a_{nn}\end{vmatrix}$$
$$=\sum_{j_1j_2\cdots j_n}(-1)^{\tau(j_1j_2\cdots j_n)}(\lambda\delta_{1j_1}-a_{1j_1})\cdots(\lambda\delta_{nj_n}-a_{nj_n}).$$

其中 δ_{ij} 是 Kronecker 记号,由已知条件得

$$\sum_{j_1j_2\cdots j_n}(-1)^{\tau(j_1j_2\cdots j_n)}(\lambda\delta_{1j_1}-a_{1j_1})\cdots(\lambda\delta_{nj_n}-a_{nj_n})$$
$$=(\lambda-\lambda_1)^{l_1}(\lambda-\lambda_2)^{l_2}\cdots(\lambda-\lambda_s)^{l_s}. \tag{11}$$

由于 $K[\lambda]$可看成是 K 的一个扩环,因此不定元 λ 用$\frac{\lambda}{k}$代入,从(11)式得

$$\sum_{j_1j_2\cdots j_n}(-1)^{\tau(j_1j_2\cdots j_n)}\left(\frac{\lambda}{k}\delta_{1j_1}-a_{1j_1}\right)\cdots\left(\frac{\lambda}{k}\delta_{nj_n}-a_{nj_n}\right)$$
$$=\left(\frac{\lambda}{k}-\lambda_1\right)^{l_1}\left(\frac{\lambda}{k}-\lambda_2\right)^{l_2}\cdots\left(\frac{\lambda}{k}-\lambda_s\right)^{l_s}. \tag{12}$$

据行列式的定义，(12)式左端是 $\frac{\lambda}{k}I-A$ 的行列式，于是(12)式可写成

$$\left|\frac{\lambda}{k}I-A\right|=\left(\frac{\lambda}{k}-\lambda_1\right)^{l_1}\left(\frac{\lambda}{k}-\lambda_2\right)^{l_2}\cdots\left(\frac{\lambda}{k}-\lambda_s\right)^{l_s}. \tag{13}$$

(13)式两边同乘以 k^n，得

$$|\lambda I-kA|=(\lambda-k\lambda_1)^{l_1}(\lambda-k\lambda_2)^{l_2}\cdots(\lambda-k\lambda_s)^{l_s}. \tag{14}$$

若 λ_i 是 A 的 l_i 重特征值，则从(14)式看出，$k\lambda_i$ 是 kA 的 l_i 重特征值。■

例 12　设数域 K 上 n 级矩阵 A 的特征多项式为

$$|\lambda I-A|=(\lambda-\lambda_1)^{l_1}(\lambda-\lambda_2)^{l_2}\cdots(\lambda-\lambda_s)^{l_s}. \tag{15}$$

其中 $\lambda_1,\lambda_2,\cdots,\lambda_s$ 是两两不等的复数，证明：A^2 的特征多项式为

$$|\lambda I-A^2|=(\lambda-\lambda_1^2)^{l_1}(\lambda-\lambda_2^2)^{l_2}\cdots(\lambda-\lambda_s^2)^{l_s}.$$

由此得出，如果 λ_i 是 A 的 l_i 重特征值，那么 λ_i^2 是 A^2 的至少 l_i 重特征值。

证明　在例 11 中取 $k=-1$，得 $-A$ 的特征多项式为

$$|\lambda I-(-A)|=[\lambda-(-1)\lambda_1]^{l_1}[\lambda-(-1)\lambda_2]^{l_2}\cdots[\lambda-(-1)\lambda_s]^{l_s},$$

即

$$|\lambda I+A|=(\lambda+\lambda_1)^{l_1}(\lambda+\lambda_2)^{l_2}\cdots(\lambda+\lambda_s)^{l_s}. \tag{16}$$

把(15)式与(16)式相乘，得

$$|\lambda^2 I-A^2|=(\lambda^2-\lambda_1^2)^{l_1}(\lambda^2-\lambda_2^2)^{l_2}\cdots(\lambda^2-\lambda_s^2)^{l_s}. \tag{17}$$

据行列式的定义，(17)式左端完全展开后是 λ^2 的多项式，因此(17)式是 $K[\lambda^2]$ 中的一个等式。由于 $K[\lambda]$ 可看成是 K 的一个扩环，因此 $K[\lambda^2]$ 的不定元 λ^2 可用 $K[\lambda]$ 中元素 λ 代入，把(17)式左端展开成 λ^2 的多项式后，从此式得到

$$|\lambda I-A^2|=(\lambda-\lambda_1^2)^{l_1}(\lambda-\lambda_2^2)^{l_2}\cdots(\lambda-\lambda_s^2)^{l_s}. \tag{18}$$

若 λ_i 是 A 的 l_i 重特征值，则从(18)式看出，λ_i^2 是 A^2 的至少 l_i 重特征值(注意，当 $i\neq j$，有可能 $\lambda_i^2=\lambda_j^2$)。■

点评　在例 11 和例 12 中，分别要先把行列式 $|\lambda I-A|$ 或 $|\lambda^2 I-A^2|$ 完全展开成 λ 的多项式或 λ^2 的多项式后，才能运用一元多项式环 $K[\lambda]$ 或 $K[\lambda^2]$ 的通用性质。这一点要特别注意。

习题 7.1

1. 在 $K[x]$ 中，如果 $f(x)$ 与 $g(x)$ 的次数都是 3，试问：$f(x)+g(x)$ 的次数一定是 3 吗？请举例说明。

2. 设 R 是有单位元 $1(\neq 0)$ 的环，证明：R 中的可逆元不可能是零因子。

3. 设数域 K 上 n 级矩阵 A 为

$$A=\begin{pmatrix}1 & b & b^2 & \cdots & b^{n-2} & b^{n-1}\\0 & 1 & b & \cdots & b^{n-3} & b^{n-2}\\\vdots & \vdots & \vdots & & \vdots & \vdots\\0 & 0 & 0 & \cdots & 1 & b\\0 & 0 & 0 & \cdots & 0 & 1\end{pmatrix}.$$

说明 A 可逆,并且求 A^{-1}。

4. 设 B 是数域 K 上的 n 级幂零矩阵,其幂零指数为 l,令 $A=aI+kB,a,k\in K^*$。说明 A 可逆,并且求 A^{-1}。

5. 设 A 是数域 K 上的 n 级矩阵。证明:对任意 $m\in\mathbf{N}^*$,有

$$(I+A)^m=I+C_m^1A+C_m^2A^2+\cdots+C_m^mA^m.$$

6. 设数域 K 上的 n 级矩阵 A 的特征多项式为

$$|\lambda I-A|=(\lambda-\lambda_1)^{l_1}(\lambda-\lambda_2)^{l_2}\cdots(\lambda-\lambda_s)^{l_s},$$

其中 $\lambda_1,\lambda_2,\cdots,\lambda_s$ 是两两不等的复数。证明:A^3 的特征多项式为

$$|\lambda I-A^3|=(\lambda-\lambda_1^3)^{l_1}(\lambda-\lambda_2^3)^{l_2}\cdots(\lambda-\lambda_s^3)^{l_s}.$$

由此得出,如果 λ_i 是 A 的 l_i 重特征值,那么 λ_i^3 是 A^3 的至少 l_i 重特征值。

7. 设数域 K 上的 n 级矩阵 A 的特征多项式同第 6 题所给出的,对于任一正整数 m,证明:A^m 的特征多项式为

$$|\lambda I-A^m|=(\lambda-\lambda_1^m)^{l_1}(\lambda-\lambda_2^m)^{l_2}\cdots(\lambda-\lambda_s^m)^{l_s}.$$

由此得出,如果 λ_i 是 A 的 l_i 重特征值,那么 λ_i^m 是 A^m 的至少 l_i 重特征值。

7.2 整除关系,带余除法

7.2.1 内容精华

为了研究一元多项式环 $K[x]$的结构,我们从乘法运算入手,首先从乘法运算引出整除的概念,然后对于没有整除关系的两个多项式,探索带余除法。

一、整除关系

定义 1 设 $f(x),g(x)\in K[x]$,如果存在 $h(x)\in K[x]$,使得 $f(x)=h(x)g(x)$,那么称 $g(x)$**整除** $f(x)$,记作 $g(x)\mid f(x)$;否则,称 $g(x)$不能整除 $f(x)$,记作 $g(x)\nmid f(x)$。

在定义 1 中要注意 $h(x)\in K[x]$这个条件。

当 $g(x)$整除 $f(x)$时，称 $g(x)$是 $f(x)$的一个**因式**，称 $f(x)$是 $g(x)$的一个**倍式**。

从整除的定义容易推导出下列事实：

(1) $0\mid f(x) \quad \Leftrightarrow \quad f(x)=0$；

(2) $f(x)\mid 0, \forall f(x)\in K[x]$；

(3) $b\mid f(x),\ \forall b\in K^*, \forall f(x)\in K[x]$。

整除是集合 $K[x]$中的一个二元关系，它具有：

(1) 反身性，即 $f(x)\mid f(x), \forall f(x)\in K[x]$；

(2) 传递性，即若 $f(x)\mid g(x)$，且 $g(x)\mid h(x)$，则 $f(x)\mid h(x)$。

注意整除关系不具有对称性，即从 $g(x)\mid f(x)$不能推出 $f(x)\mid g(x)$。

定义 2　在 $K[x]$中，如果 $g(x)\mid f(x)$且 $f(x)\mid g(x)$，那么称 $f(x)$与 $g(x)$**相伴**，记作 $f(x)\sim g(x)$。

命题 1　在 $K[x]$中，$f(x)\sim g(x)$当且仅当存在 $c\in K^*$，使得

$$f(x) = c\,g(x).$$

命题 2　在 $K[x]$中，如果 $g(x)\mid f_i(x), i=1,2,\cdots,s$，那么对于任意 $u_1(x),\cdots,u_s(x)\in K[x]$，都有

$$g(x)\mid [u_1(x)f_1(x)+\cdots+u_s(x)f_s(x)].$$

二、带余除法

在 $K[x]$中，如果 $g(x)$不能整除 $f(x)$，那么能有什么样的结论呢？例如，设 $f(x)=x^2, g(x)=x-1$，则

$$f(x) = x^2-1+1 = (x+1)g(x)+1.$$

由此受到启发，猜测有下述结论：

定理 1(带余除法)　设 $f(x), g(x)\in K[x]$，且 $g(x)\neq 0$，则在 $K[x]$中存在唯一的一对多项式 $h(x), r(x)$，使得

$$f(x) = h(x)g(x)+r(x), \deg r(x) < \deg g(x), \tag{1}$$

其中 $f(x)$、$g(x)$分别叫做**被除式**、**除式**，$h(x)$、$r(x)$分别叫做**商式**、**余式**。(1)式称为**除法算式**。

定理 1 表明，数域 K 上的一元多项式环 $K[x]$是具有除法算式的环。除法算式是 $K[x]$中有关加法和乘法的第一个重要等式，它非常有用。

利用带余除法可以证明：

推论 1　设 $f(x), g(x)\in K[x]$，且 $g(x)\neq 0$，则 $g(x)\mid f(x)$当且仅当 $g(x)$除 $f(x)$的余式为 0。

命题 3 设 $f(x),g(x)\in K[x]$,数域 $F\supseteq K$,则

在 $K[x]$中,$g(x)\mid f(x)$ $\Leftrightarrow$ 在 $F(x)$中,$g(x)\mid f(x)$。

命题 3 表明,整除性不随数域的扩大而改变。

利用带余除法还可以得到用一次多项式 $x-c$ 去除一个多项式的**综合除法**:

设 $f(x)=\sum\limits_{i=0}^{n}a_ix^i,a_n\neq 0,n\geqslant 1$,则由带余除法得

$$f(x)=h(x)(x-c)+r,r\in K. \tag{2}$$

从(2)式得

$$1\leqslant \deg f(x)\leqslant \max\{\deg h(x)(x-c),\deg r\},$$

由此得出,

$$\begin{aligned}\deg f(x)&=\deg h(x)(x-c)\\&=\deg h(x)+\deg (x-c)\\&=\deg h(x)+1.\end{aligned}$$

因此 $\deg h(x)=n-1$,从而可设 $h(x)=\sum\limits_{i=0}^{n-1}b_ix^i$。

比较(2)式两边的首项系数,得

$$a_n=b_{n-1}. \tag{3}$$

比较(2)式两边的 s 次项的系数($s=1,2,\cdots,n-1$),得

$$a_s=-cb_s+b_{s-1},$$

从而

$$a_s+cb_s=b_{s-1},s=1,2,\cdots,n-1. \tag{4}$$

比较(2)式两边的常数项,得

$$a_0=-cb_0+r.$$

从而

$$a_0+cb_0=r. \tag{5}$$

从(3)、(4)、(5)式得

$$\begin{array}{ccccc|c}
a_n & a_{n-1} & \cdots & a_1 & a_0 & c\\
 & b_{n-1}c & \cdots & b_1c & b_0c & \\
\hline
a_n & a_{n-1}+b_{n-1}c & \cdots & a_1+b_1c & a_0+b_0c & \\
\| & \| & & \| & \| & \\
b_{n-1} & b_{n-2} & \cdots & b_0 & r &
\end{array}$$

于是求出了商式 $h(x)=b_{n-1}x^{n-1}+b_{n-2}x^{n-2}+\cdots+b_0$,余式 r。

整数环 **Z** 中也有带余除法:

定理 2　任给 $a,b\in\mathbf{Z},b\neq 0$,则存在唯一的一对整数 q,r,使得

$$a=qb+r,0\leqslant r<|b|.\tag{6}$$

关于整数环 $\mathbf{Z}$ 中的整除关系及其性质,我们把它们放在本节习题的第 5 题中。

*三、带余除法的应用之一:λ-矩阵的相抵标准形

本套书上册中,我们讲了数域 K 上的矩阵,现在我们把它推广成整环 R 上的矩阵。

定义 3　设 R 是一个整环,由 R 中 $s\times n$ 个元素排成的 s 行 n 列的一张表称为 R 上的一个 $s\times n$ **矩阵**。

可以像数域 K 上的矩阵那样,定义 R 上矩阵的加法、纯量乘法(用 R 中元素乘矩阵)、乘法这三种运算,这些运算满足与数域 K 上矩阵一样的运算法则;还可以定义 R 上矩阵的三种初等行(列)变换(其中,3°型初等行(列)变换应当是用 R 中的可逆元乘某一行(列))。可以像数域 K 上 n 级矩阵的行列式那样,定义 R 上 n 级矩阵的行列式,而且同样有行列式的 7 条性质以及行列式按一行(列)展开定理。对于整环 R 上的 n 级矩阵 A,同样可以有可逆矩阵的概念。但是要注意:R 上 n 级矩阵 A 可逆的充分必要条件是 $|A|$ 为 R 中的可逆元。整环 R 上的矩阵的秩的概念通过子式来定义:

定义 4　设 A 是整环 R 上的一个非零矩阵,如果 A 有一个 r 阶子式不为 0,而所有 $r+1$阶子式(如果有的话)全为 0,那么称 A 的**秩**为 r。零矩阵的秩规定为 0。

设 K 是数域,整环 $K[\lambda]$上的矩阵称为 **λ-矩阵**。用 $A(\lambda),B(\lambda),\cdots$来记 λ-矩阵。注意 $K[\lambda]$中的可逆元都是 K 中非零数,因此 λ-矩阵的 3°型初等行(列)变换可叙述成:用 K 中一个非零数乘某一行(列)。

对于 λ-矩阵 $A(\lambda),B(\lambda)$,如果可以通过一系列的初等行(列)变换把 $A(\lambda)$变成 $B(\lambda)$,那么称 $A(\lambda)$与 $B(\lambda)$**相抵**。

利用 $K[\lambda]$中的带余除法可以证明下述关于 λ-矩阵的相抵标准形的定理。

定理 3　任意一个非零的 n 级 λ-矩阵 $A(\lambda)$一定相抵于对角 λ-矩阵:

$$\operatorname{diag}\{d_1(\lambda),d_2(\lambda),\cdots,d_n(\lambda)\},\tag{7}$$

其中 $d_i(\lambda)\mid d_{i+1}(\lambda),i=1,2,\cdots,n-1$,并且对于非零的 $d_i(\lambda)$,其首项系数为 1。满足这些要求的 λ-矩阵(7)称为 $A(\lambda)$的一个**相抵标准形**或 **Smith 标准形**。

关于 λ-矩阵 $A(\lambda)$的相抵标准形的唯一性问题,我们把它留在下一节讨论。

定理 3 是对于 λ-矩阵来叙述并且证明的。我们可以把它的叙述略加修改,并且类似地证明整数环 $\mathbf{Z}$ 上的 n 级矩阵的相应定理。

定理 4　整数环 $\mathbf{Z}$ 上任一非零的 n 级矩阵 A 一定相抵于 $\mathbf{Z}$ 上的对角矩阵:

$$\operatorname{diag}\{d_1,d_2,\cdots,d_n\},\tag{8}$$

其中 $d_j \in \mathbf{N}(j=1,2,\cdots,n)$，并且 $d_i \mid d_{i+1}, i=1,2,\cdots,n-1$，满足这些要求的矩阵(8)称为 A 的一个**相抵标准形**或 **Smith 标准形**。

定理 4 的证明与定理 3 类似，只要把“首项系数为 1”改成“正整数”，把“次数”改成“绝对值”即可。

7.2.2 典型例题

例 1 证明整除关系具有传递性，即在 $K[x]$ 中，如果 $f(x) \mid g(x)$ 且 $g(x) \mid h(x)$，那么 $f(x) \mid h(x)$。

证明 由已知条件得，存在 $u(x), v(x) \in K[x]$，使得

$$g(x) = u(x)f(x), h(x) = v(x)g(x).$$

从而

$$h(x)=v(x)u(x)f(x).$$

因此

$$f(x) \mid h(x).$$ ■

例 2 证明：在 $K[x]$ 中，如果 $g(x) \mid f_i(x), i=1,2,\cdots,s$，那么对于任意 $u_1(x),\cdots,u_s(x) \in K[x]$，有

$$g(x) \mid [u_1(x)f_1(x)+\cdots+u_s(x)f_s(x)].$$

证明 由已知条件得，存在 $h_i(x) \in K[x]$，使得

$$f_i(x) = h_i(x)g(x), i = 1,2,\cdots,s.$$

从而

$$\begin{aligned} & u_1(x)f_1(x)+\cdots+u_s(x)f_s(x) \\ =& u_1(x)h_1(x)g(x)+\cdots+u_s(x)h_s(x)g(x) \\ =& [u_1(x)h_1(x)+\cdots+u_s(x)h_s(x)]g(x). \end{aligned}$$

因此

$$g(x) \mid [u_1(x)f_1(x)+\cdots+u_s(x)f_s(x)].$$ ■

例 3 设 $f(x)=x^4+2x^3-5x+7, g(x)=x^2-3x+1$。用 $g(x)$ 去除 $f(x)$，求商式和余式。

解

$$\begin{array}{r|l|l} x^2-3x+1 & x^4+2x^3 \qquad -5x+7 & x^2+5x+14 \\ & x^4-3x^3+x^2 & \\ \hline & \quad 5x^3-x^2-5x+7 & \\ & \quad 5x^3-15x^2+5x & \\ \hline & \qquad 14x^2-10x+7 & \\ & \qquad 14x^2-42x+14 & \\ \hline & \qquad\qquad 32x-7 & \end{array}$$

因此，商式为 $x^2+5x+14$，余式为 $32x-7$。即

$$f(x)=(x^2+5x+14)g(x)+(32x-7).$$

例 4　设 $f(x)=x^4-x^3+4x^2+a_1x+a_0$，$g(x)=x^2+2x-3$。求 $g(x)$ 整除 $f(x)$ 的充分必要条件。

解

$$\begin{array}{r|l|l}
x^2+2x-3 & x^4-x^3+4x^2+a_1x+a_0 & x^2-3x+13 \\
 & x^4+2x^3-3x^2 & \\ \hline
 & -3x^3+7x^2+a_1x+a_0 & \\
 & -3x^3-6x^2+9x & \\ \hline
 & 13x^2+(a_1-9)x+a_0 & \\
 & 13x^2+26x-39 & \\ \hline
 & (a_1-35)x+(a_0+39) &
\end{array}$$

因此，
$$\begin{aligned}
g(x)\mid f(x) &\Leftrightarrow (a_1-35)x+(a_0+39)=0\\
&\Leftrightarrow a_1-35=0 \text{ 且 } a_0+39=0\\
&\Leftrightarrow a_1=35 \text{ 且 } a_0=-39.
\end{aligned}$$

例 5　用综合除法求 $x+3$ 除 $f(x)=2x^4-x^3+5x-3$ 所得的商式与余式。

解

$$\begin{array}{rrrrr|r}
2 & -1 & 0 & 5 & -3 & -3 \\
 & -6 & 21 & -63 & 174 & \\ \hline
2 & -7 & 21 & -58 & 171 &
\end{array}$$

因此，商式为 $2x^3-7x^2+21x-58$，余式为 171。

例 6　在例 5 中，用 $x+3$ 除 $f(x)$ 所得的商式记作 $h_1(x)$，接着用 $x+3$ 除 $h_1(x)$ 所得的商式记作 $h_2(x)$，…，如此进行下去，得到 $f(x)$ 的一个表达式，称它为 $x+3$ 的幂和。把 $f(x)$ 表示成 $x+3$ 的幂和。

解　在例 5 中已求出 $h_1(x)=2x^3-7x^2+21x-58$，余式为 171。

$$\begin{array}{rrrr|r}
2 & -7 & 21 & -58 & -3 \\
 & -6 & 39 & -180 & \\ \hline
2 & -13 & 60 & -238 &
\end{array}$$

于是商式为 $h_2(x)=2x^2-13x+60$，余式为 -238。

$$\begin{array}{rrr|r} 2 & -13 & 60 & -3 \\ & -6 & 57 & \\ \hline 2 & -19 & 117 & \end{array}$$

于是商式为 $h_3(x)=2x-19$，余式为 117。

$$\begin{array}{rr|r} 2 & -19 & -3 \\ & -6 & \\ \hline 2 & -25 & \end{array}$$

于是商式为 $h_4(x)=2$，余式为 -25，从而

$$\begin{aligned} f(x) &= h_1(x)(x+3)+171 \\ &= [h_2(x)(x+3)-238](x+3)+171 \\ &= [(2x-19)(x+3)+117](x+3)^2-238(x+3)+171 \\ &= [2(x+3)-25](x+3)^3+117(x+3)^2-238(x+3)+171 \\ &= 2(x+3)^4-25(x+3)^3+117(x+3)^2-238(x+3)+171. \end{aligned}$$

点评 例 6 利用综合除法把 $f(x)$ 表示成了 $x+3$ 的幂和的形式，从而给出了多项式函数 $f(x)$ 在 $x=-3$ 处的展开式，这与数学分析课中用泰勒级数公式求出的 $f(x)$ 在 $x=-3$ 处的展开式一致。

例 7 证明：设 $d,n\in\mathbf{N}^*$，则在 $K[x]$ 中，$x^d-1\mid x^n-1\Leftrightarrow d\mid n$。

证明 充分性。设 $d\mid n$，则 $n=sd$，$s\in\mathbf{N}^*$。显然有

$$x^s-1=(x-1)(x^{s-1}+x^{s-2}+\cdots+x+1).$$

由于 $K[x]$ 可看成是 K 的一个扩环，因此不定元 x 可用 x^d 代入，从上式得

$$(x^d)^s-1=(x^d-1)(x^{d(s-1)}+x^{d(s-2)}+\cdots+x^d+1).$$

由此得出，

$$x^d-1\mid x^n-1.$$

必要性。在整数环 $\mathbf{Z}$ 中，作带余除法：

$$n=sd+r,0\leqslant r<d,$$

假如 $r\neq 0$，则

$$\begin{aligned} x^n-1 &= x^{sd+r}-1 \\ &= x^{sd}\cdot x^r-x^r+x^r-1 \\ &= x^r(x^{sd}-1)+(x^r-1). \end{aligned} \tag{9}$$

由充分性所证的结论得， $x^d-1\mid x^{sd}-1.$

又由已知条件得， $x^d-1\mid x^n-1.$

因此从(9)式得， $x^d-1\mid x^r-1.$

由此推出 $d\leqslant r.$

这与 $r<d$ 矛盾。因此 $r=0$。从而 $d\mid n$。 ■

例 8 证明：设 d,n 都是正整数，则对任一不等于 ±1 的整数 a，有 $a^d-1\mid a^n-1\Leftrightarrow d\mid n$。

证明 充分性。设 $d\mid n$，则 $n=sd,s\in\mathbf{N}^*$。在 $K[x]$ 中显然有

$$x^s-1=(x-1)(x^{s-1}+s^{s-2}+\cdots+x+1).$$

x 用 a^d 代入，从上式得

$$a^{ds}-1=(a^d-1)(a^{d(s-1)}+a^{d(s-2)}+\cdots+a^d+1).$$

由此得出， $a^d-1\mid a^n-1.$

必要性的证明与例 7 的必要性证明类似。 ■

***例 9** 求下述 λ-矩阵的一个相抵标准形。

$$A(\lambda)=\begin{bmatrix}\lambda-1 & 3 & -4\\ -4 & \lambda+7 & -8\\ -6 & 7 & \lambda-7\end{bmatrix}.$$

解 首先要使 λ-矩阵的(1,1)元变成能整除该矩阵的所有元素，从而可把第 1 行和第 1 列的其他元素变成 0。然后把右下角矩阵的(1,1)元也变成能整除该矩阵的所有元素，依次进行下去。

$$A(\lambda)\xrightarrow[\text{③}+\text{②}]{}\begin{bmatrix}\lambda-1 & 3 & -1\\ -4 & \lambda+7 & \lambda-1\\ -6 & 7 & \lambda\end{bmatrix}\xrightarrow[(\text{①},\text{③})]{}\begin{bmatrix}-1 & 3 & \lambda-1\\ \lambda-1 & \lambda+7 & -4\\ \lambda & 7 & -6\end{bmatrix}$$

$$\xrightarrow[]{\substack{\text{②}+\text{①}\cdot(\lambda-1)\\ \text{③}+\text{①}\lambda}}\begin{bmatrix}-1 & 3 & \lambda-1\\ 0 & 4\lambda+4 & \lambda^2-2\lambda-3\\ 0 & 3\lambda+7 & \lambda^2-\lambda-6\end{bmatrix}\longrightarrow\begin{bmatrix}-1 & 0 & 0\\ 0 & \lambda+1 & \dfrac{1}{4}(\lambda-3)(\lambda+1)\\ 0 & 3\lambda+7 & \lambda^2-\lambda-6\end{bmatrix}$$

$$\xrightarrow[\text{③}+\text{②}\left[-\frac{1}{4}(\lambda-3)\right]]{}\begin{bmatrix}1 & 0 & 0\\ 0 & \lambda+1 & 0\\ 0 & 3\lambda+7 & \dfrac{1}{4}(\lambda-3)(\lambda+1)\end{bmatrix}$$

$$\xrightarrow{③+②(-3)}\begin{pmatrix}1&0&0\\0&\lambda+1&0\\0&4&\frac{1}{4}(\lambda-3)(\lambda+1)\end{pmatrix}\longrightarrow\begin{pmatrix}1&0&0\\0&1&(\lambda-3)(\lambda+1)\\0&\lambda+1&0\end{pmatrix}$$

$$\longrightarrow\begin{pmatrix}1&0&0\\0&1&(\lambda-3)(\lambda+1)\\0&0&-(\lambda-3)(\lambda+1)^2\end{pmatrix}\longrightarrow\begin{pmatrix}1&0&0\\0&1&0\\0&0&(\lambda-3)(\lambda+1)^2\end{pmatrix}.$$

最后一个 λ-矩阵就是 $A(\lambda)$的一个相抵标准形。其中,$d_1(\lambda)=1$,$d_2(\lambda)=1$,$d_3(\lambda)=(\lambda-3)(\lambda+1)^2$。

* **例 10** 一元多项式环 $K[x]$的一个非空子集 J 如果对减法封闭,并且满足

$$f(x)\in K[x] \text{ 且 } g(x)\in J \quad\Rightarrow\quad f(x)g(x)\in J,$$

那么称 J 是 $K[x]$的一个**理想子环**,简称为**理想**。证明:$K[x]$的任一理想 J 是由某一个多项式的倍式组成的集合。

证明 若 $J=\{0\}$,则 J 是由 0 的倍式组成的集合。

下设 $J\neq\{0\}$。在 J 的所有非零多项式中取一个次数最低的多项式 $m(x)$,任取 $f(x)\in J$。作带余除法:

$$f(x)=h(x)m(x)+r(x),\deg r(x)<\deg m(x).$$

由于 J 是理想,因此

$$r(x)=f(x)-h(x)m(x)\in J.$$

假如 $r(x)\neq 0$,则这与 $m(x)$的取法矛盾。因此 $r(x)=0$,从而 $f(x)=h(x)m(x)$。又显然 $m(x)$的任一倍式属于 J。因此 J 是由 $m(x)$的所有倍式组成的集合。

点评 从例 10 的证明看出,带余除法起了关键作用。

习题 7.2

1. 用 $g(x)$除 $f(x)$,求商式与余式:

(1) $f(x)=x^4-3x^2-2x-1$,$g(x)=x^2-2x+5$;

(2) $f(x)=x^4+x^3-2x+3$,$g(x)=3x^2-x+2$。

2. 设 $f(x)=x^4-3x^3+a_1x+a_0$,$g(x)=x^2-3x+1$,求 $g(x)$整除 $f(x)$的充分必要条件。

3. 用综合除法求一次多项式 $g(x)$ 除 $f(x)$ 所得的商式与余式。

(1) $f(x)=3x^4-5x^2+2x-1, g(x)=x-4$；

(2) $f(x)=5x^3-3x+4, g(x)=x+2$。

4. 把第 3 题的第(2)小题中的 $f(x)$ 表示成 $x+2$ 的幂和。

5. 设 $a,b\in\mathbf{Z}$，如果有 $h\in\mathbf{Z}$，使得 $a=hb$，那么称 b 整除 a，记作 $b|a$。此时称 b 是 a 的因数(或因子)，称 a 是 b 的倍数。证明：

(1) 如果 $a|b$ 且 $b|a$(此时称 a 与 b 相伴)，那么 $a=\pm b$，反之也成立；

(2) 如果 $a|b$ 且 $b|c$，那么 $a|c$；

(3) 如果 $b|a_i, i=1,2,\cdots,s$，那么对任意 $u_1,\cdots,u_s\in\mathbf{Z}$，有 $b|u_1a_1+u_2a_2+\cdots+u_sa_s$；

(4) 如果 $b|a$ 且 $a\neq 0$，那么 $|b|\leqslant|a|$。

6. 设 A 是数域 K 上的 n 级矩阵，

$$f(A)=A^3-4A^2+7A-I, g(A)=A-2I.$$

求 $h(A), r(A)$，使得 $f(A)=h(A)g(A)+r(A)$。

*7. 求下列 λ-矩阵的相抵标准形：

(1) $\begin{bmatrix}\lambda & -1 & 0\\ 4 & \lambda-4 & 0\\ 2 & -1 & \lambda-2\end{bmatrix}$；　(2) $\begin{bmatrix}\lambda-4 & 5 & -2\\ -5 & \lambda+7 & -3\\ -6 & 9 & \lambda-4\end{bmatrix}$。

8. 设 $m\in\mathbf{N}^*, a\in K^*$，证明：在 $K[x]$中，$x-a|x^m-a^m$，并且求商式。

9. 设 $m\in\mathbf{N}^*, a\in K^*$，证明：在 $K[x]$中，$x+a|x^{2m+1}+a^{2m+1}$，并且求商式。

7.3 最大公因式

7.3.1 内容精华

利用带余除法和整除的性质，本节要推导出一元多项式环 $K[x]$中有关加法和乘法的又一些重要等式。

一、最大公因式

定义 1　$K[x]$中多项式 $f(x)$与 $g(x)$的一个公因式 $d(x)$如果满足下述条件：对于$f(x)$与 $g(x)$的任一公因式 $c(x)$，都有 $c(x)|d(x)$，那么称 $d(x)$是 $f(x)$与 $g(x)$的一个**最大公因式**。

定义 1 中的条件刻画了 $d(x)$是 $f(x)$与 $g(x)$的公因式中的“最大者”。另一种自然的想法是把 $f(x)$与 $g(x)$的公因式组成的集合中,次数最高的多项式定义为 $f(x)$与 $g(x)$的最大公因式。但是这样定义最大公因式就不容易求两个多项式的最大公因式,也无法确定 0 与 0 的最大公因式(因为任一多项式都是 0 与 0 的公因式)。而采用定义 1 所述的条件就比较容易求出两个多项式的最大公因式。例如,用定义 1 立即得到:$f(x)$是 $f(x)$与 0 的一个最大公因式。特别地,0 是 0 与 0 的最大公因式。从定义 1 还可看出,对于不全为 0 的两个多项式 $f(x)$与 $g(x)$,它们的最大公因式是次数最高的公因式。

由最大公因式的定义容易看出:如果 $f(x)$与 $g(x)$的最大公因式存在,那么 $f(x)$与 $g(x)$的任意两个最大公因式 $d_1(x)$与 $d_2(x)$是相伴的,即它们相差一个非零数因子(由于 $d_1(x)$是 $f(x)$与 $g(x)$的一个最大公因式,因此 $d_2(x)\mid d_1(x)$;同理 $d_1(x)\mid d_2(x)$,从而 $d_1(x)$与 $d_2(x)$相伴)。如果 $f(x)$与 $g(x)$不全为 0,那么它们的最大公因式不是 0,于是我们用$(f(x),g(x))$(或者 $g.c.d(f(x),g(x))$)表示首项系数为 1 的最大公因式,简称为 $f(x)$与 $g(x)$的**首一最大公因式**。

在 $K[x]$中,如果

$$\{f(x)\text{ 与 }g(x)\text{ 的公因式}\}=\{p(x)\text{ 与 }q(x)\text{ 的公因式}\},$$

那么$\{f(x)$与 $g(x)$的最大公因式$\}=\{p(x)$与 $q(x)$的最大公因式$\}$.

由此结论立即得到:若 $a,b\in K^*$,则

$$\{f(x)\text{与 }g(x)\text{的最大公因式}\}=\{af(x)\text{与 }bg(x)\text{的最大公因式}\}.$$

还可得到:

引理 1 在 $K[x]$中,如果有等式

$$f(x)=h(x)g(x)+r(x)$$

成立,那么

$$\{f(x)\text{ 与 }g(x)\text{ 的最大公因式}\}=\{g(x)\text{ 与 }r(x)\text{ 的最大公因式}\}.$$

由于 $K[x]$中有除法算式,因此根据引理可以用**辗转相除法**求出 $f(x)$与 $g(x)$的最大公因式,其中 $g(x)\neq0$。即,我们可以证明:

定理 1 对于 $K[x]$中任意两个多项式 $f(x)$与 $g(x)$,存在它们的一个最大公因式 $d(x)$,并且存在 $u(x),v(x)\in K[x]$,使得

$$d(x)=u(x)f(x)+v(x)g(x). \tag{1}$$

定理 1 的证明中给出了求 $f(x)$与 $g(x)$的最大公因式的方法,称它为**辗转相除法**。它是求任意两个多项式的最大公因式的统一的、机械的方法,非常有用。

(1)式是 $K[x]$中关于加法和乘法的第二个重要等式,很有用。

二、互素

定义 2　设 $f(x),g(x)\in K[x]$,如果$(f(x),g(x))=1$,那么称 $f(x)$与 $g(x)$**互素**。

由定义 2 立即得出,$K[x]$中 $f(x)$与 $g(x)$互素当且仅当它们的公因式都是 K 中非零数。

由定义 2 和定理 1 以及上述结论可以推导出:

定理 2　$K[x]$中两个多项式 $f(x)$与 $g(x)$互素的充分必要条件是,存在 $u(x),v(x)\in K[x]$,使得

$$u(x)f(x)+v(x)g(x)=1. \tag{2}$$

定理 2 是十分重要的结论,(2)式是 $K[x]$中关于加法与乘法的第三个重要等式。

利用辗转相除法可以证明:

命题 1　设 $f(x)$与 $g(x)\in K[x]$,数域 $F\supseteq K$,则 $f(x)$与 $g(x)$在 $K[x]$中的首一最大公因式等于它们在 $F(x)$中的首一最大公因式,即 $f(x)$与 $g(x)$的首一最大公因式不随数域的扩大而改变。

由命题 1 立即得到:

推论 1　设 $f(x),g(x)\in K[x]$,数域 $F\supseteq K$,则 $f(x)$与 $g(x)$在 $K[x]$中互素当且仅当 $f(x)$与 $g(x)$在 $F[x]$中互素,即互素性不随数域的扩大而改变。

在 $K[x]$中,两个多项式互素当且仅当它们的公因式都是 K 中非零数。由此可以直观地猜测并且可以证明有关互素的一些性质:

性质 1　在 $K[x]$中,如果

$$f(x)\mid g(x)h(x),\text{且}(f(x),g(x))=1,$$

那么

$$f(x)\mid h(x).$$

性质 2　在 $K[x]$中,如果 $f(x)\mid h(x),g(x)\mid h(x)$,且$(f(x),g(x))=1$,那么 $f(x)g(x)\mid h(x)$。

性质 3　在 $K[x]$中,如果

$$(f(x),h(x))=1,(g(x),h(x))=1,$$

那么

$$(f(x)g(x),h(x))=1.$$

性质 3 可以用定理 2 证明。性质 3 可以推广成:若$(f_i(x),h(x))=1,i=1,2,\cdots,s$,则$(f_1(x)f_2(x)\cdots f_s(x),h(x))=1$。

三、多个多项式的最大公因式和互素

在 $K[x]$中,多个多项式的最大公因式的概念与两个多项式的最大公因式类似。在

$K[x]$中,$f_1(x),f_2(x),\cdots,f_s(x)$的一个公因式$d(x)$如果满足下述条件:$f_1(x),f_2(x),\cdots,f_s(x)$的任一公因式$c(x)$都能整除$d(x)$,那么$d(x)$称为$f_1(x),f_2(x),\cdots,f_s(x)$的**一个最大公因式**。

从多个多项式的最大公因式的定义立即得到:在$K[x]$中,s个多项式$f_1(x),f_2(x),\cdots,f_s(x)$的最大公因式如果存在,那么它在相伴的意义下是唯一的。对于s个不全为0的多项式$f_1(x),\cdots,f_s(x)$,它们的最大公因式不是0,从而我们用$(f_1(x),\cdots,f_s(x))$表示首项系数为1的最大公因式,简称为首一最大公因式。

用数学归纳法可以证明:在$K[x]$中,任意s个($s\geqslant 2$)多项式$f_1(x),f_2(x),\cdots,f_s(x)$的最大公因式存在。

从上述结论的证明立即得出:对于s个不全为0的多项式$f_1(x),f_2(x),\cdots,f_s(x)$,有

$$(f_1(x),f_2(x),\cdots,f_s(x))=((f_1(x),\cdots,f_{s-1}(x)),f_s(x)).\tag{3}$$

从而有$K[x]$中多项式$u_i(x),i=1,2,\cdots,s$,使得

$$\begin{aligned}&u_1(x)f_1(x)+u_2(x)f_2(x)+\cdots+u_s(x)f_s(x)\\=&(f_1(x),f_2(x),\cdots,f_s(x)).\end{aligned}\tag{4}$$

定义3 在$K[x]$中,s个多项式$f_1(x),f_2(x),\cdots,f_s(x)$如果满足$(f_1(x),f_2(x),\cdots,f_s(x))=1$,那么称$f_1(x),f_2(x),\cdots,f_s(x)$**互素**。

定理3 在$K[x]$中,$f_1(x),f_2(x),\cdots,f_s(x)$互素的充分必要条件是,存在$u_1(x),u_2(x),\cdots,u_s(x)\in K[x]$,使得

$$u_1(x)f_1(x)+u_2(x)f_2(x)+\cdots+u_s(x)f_s(x)=1.\tag{5}$$

注意:$s(s\geqslant 3)$个多项式互素时,它们不一定两两互素。

在整数环$\mathbf{Z}$中,类似地可讨论最大公因数和互素的概念,以及它们的性质。下面把它们列举出来,证明留给读者。

定义4 整数a与b的一个公因数d如果满足下述条件:a与b的任一公因数c都能整除d,那么称d是a与b的一个**最大公因数**。

定理4 任给两个整数a与b,都存在它们的一个最大公因数d,并且存在整数u,v,使得

$$ua+vb=d.\tag{6}$$

从定义4得出,若d_1,d_2都是整数a与b的最大公因数,则$d_1=\pm d_2$。若a与b不全为0,则a与b的最大公因数恰有两个,它们互为相反数。用(a,b)表示正的那个最大公因数,或者记作$g.c.d(a,b)$。

定义5 设$a,b\in\mathbf{Z}$,如果$(a,b)=1$,那么a与b**互素**。

定理5 两个整数a与b互素当且仅当存在$u,v\in\mathbf{Z}$,使得

$$ua+vb=1.\tag{7}$$

互素的整数的性质:在 **Z** 中,

(1) 若 $a|bc$,且 $(a,b)=1$,则 $a|c$;

(2) 若 $a|c, b|c$,且 $(a,b)=1$,则 $ab|c$;

(3) 若 $(a,c)=1,(b,c)=1$,则 $(ab,c)=1$。

性质 3 可以推广成:若 $(a_i,c)=1, i=1,2,\cdots,s$,则 $(a_1a_2\cdots a_s,c)=1$。

在 **Z** 中,$a_1,a_2,\cdots,a_s$ 的一个公因数 d 如果满足下述条件:$a_1,a_2,\cdots,a_s$ 的任一公因数 c 能整除 d,那么称 d 是 $a_1,a_2,\cdots,a_s$ 的一个**最大公因数**。

从多个整数的最大公因数的定义得出,不全为 0 的整数 $a_1,a_2,\cdots,a_s$ 的最大公因数恰有两个,它们互为相反数。我们约定用 $(a_1,a_2,\cdots,a_s)$ 表示正的那个最大公因数,或者记作 $g.c.d(a_1,a_2,\cdots,a_s)$。

用数学归纳法可以证明,任意 $s(s\geqslant 2)$ 个整数都有最大公因数。由此得出,对于不全为 0 的整数 $a_1,a_2,\cdots,a_s$,有

$$(a_1,a_2,\cdots,a_s)=((a_1,a_2,\cdots,a_{s-1}),a_s).$$

从而存在 $u_1,u_2,\cdots,u_s\in\mathbf{Z}$,使得

$$u_1a_1+u_2a_2+\cdots+u_sa_s=(a_1,a_2,\cdots,a_s).$$

对于 s 个整数 $a_1,a_2,\cdots,a_s$,如果 $(a_1,a_2,\cdots,a_s)=1$,那么称 $a_1,a_2,\cdots,a_s$ **互素**。

$a_1,a_2,\cdots,a_s$ 互素当且仅当存在 $u_1,u_2,\cdots,u_s\in\mathbf{Z}$,使得

$$u_1a_1+u_2a_2+\cdots+u_sa_s=1.$$

整数 m 称为整数 a 与 b 的**最小公倍数**,如果

1° $a|m, b|m$;

2° 从 $a|l, b|l$ 可推出 $m|l$。

可以证明,任意两个整数都有最小公倍数,若 a 与 b 全不为 0,则 a 与 b 的最小公倍数恰有两个,且它们互为相反数。用 $[a,b]$ 表示正的那个最小公倍数,若 $a>0, b>0$,则

$$[a,b]=\frac{ab}{(a,b)}.$$

*四、最大公因式的应用之一:λ-矩阵的行列式因子

定义 6 设 $A(\lambda)$ 是一个 $s\times n$ λ-矩阵,对于正整数 $k(1\leqslant k\leqslant\min\{s,n\})$,$A(\lambda)$ 的所有 k 阶子式的首一最大公因式 $D_k(\lambda)$ 称为 $A(\lambda)$ 的 k 阶**行列式因子**。

定理 6 相抵的 λ-矩阵,它们的秩相等,并且各阶行列式因子也对应相等。

据 7.2 节的内容精华中的定理 3 得,任一非零的 n 级 λ-矩阵 $A(\lambda)$ 相抵于下述对角 λ-矩阵:

$$\operatorname{diag}\{d_1(\lambda),d_2(\lambda),\cdots,d_n(\lambda)\},\tag{8}$$

其中 $d_i(\lambda)|d_{i+1}(\lambda), i=1,2,\cdots,n-1$,并且非零的 $d_i(\lambda)$ 的首项系数为 1。现在来计算 λ-矩

阵(8)的各阶行列式因子。设

$$d_i(\lambda)\neq 0, i=1,2,\cdots,r; d_{r+1}(\lambda)=\cdots=d_n(\lambda)=0.$$

则

$$D_1(\lambda)=(d_1(\lambda),d_2(\lambda),\cdots,d_r(\lambda),0,\cdots,0)=d_1(\lambda),$$

$$D_2(\lambda)=(d_1(\lambda)d_2(\lambda),d_1(\lambda)d_3(\lambda),\cdots,d_{r-1}(\lambda)d_r(\lambda),0,\cdots,0)$$
$$=d_1(\lambda)d_2(\lambda),$$
$$\cdots$$
$$D_r(\lambda)=d_1(\lambda)d_2(\lambda)\cdots d_r(\lambda), \tag{9}$$
$$D_{r+1}(\lambda)=\cdots=D_n(\lambda)=0.$$

根据定理 6，$D_1(\lambda),D_2(\lambda),\cdots,D_n(\lambda)$也是$A(\lambda)$的各阶行列式因子。由上述式子得到

$$d_1(\lambda)=D_1(\lambda), d_2(\lambda)=\frac{D_2(\lambda)}{D_1(\lambda)},\cdots,d_r(\lambda)=\frac{D_r(\lambda)}{D_{r-1}(\lambda)}. \tag{10}$$

这表明$A(\lambda)$的相抵标准形中主对角线上的非零元可以用$A(\lambda)$的行列式因子计算出，因此$A(\lambda)$的相抵标准形中主对角线上的非零元是唯一确定的，其个数等于$A(\lambda)$的秩。这样我们证明了下面的定理：

定理 7 n 级λ-矩阵$A(\lambda)$的相抵标准形是唯一的。 ■

定义 7 n 级λ-矩阵$A(\lambda)$的相抵标准形中主对角线上的非零元$d_1(\lambda),d_2(\lambda),\cdots,d_r(\lambda)$称为$A(\lambda)$的**不变因子**。

定理 8 两个 n 级λ-矩阵相抵的充分必要条件是它们有相同的不变因子，或者有相同的各阶行列式因子。

从(9)式立即得出，$D_i(\lambda)\mid D_{i+1}(\lambda), i=1,2,\cdots,n-1$。因此在求$A(\lambda)$的各阶行列式因子时，往往先求出最高阶的行列式因子，较为简便。

设A是数域K上的n阶矩阵，$\lambda I-A$称为A的**特征矩阵**，由于$|\lambda I-A|$是λ的n次多项式，因此$\lambda I-A$的n阶行列式因子$D_n(\lambda)=|\lambda I-A|\neq 0$。由于$D_n(\lambda)=d_1(\lambda)d_2(\lambda)\cdots d_n(\lambda)$，因此$\lambda I-A$的不变因子有$n$个，并且

$$d_1(\lambda)d_2(\lambda)\cdots d_n(\lambda)=D_n(\lambda)=|\lambda I-A|.$$

即$\lambda I-A$的n个不变因子的乘积等于A的特征多项式。

设$A(\lambda)$是n级可逆的λ-矩阵，则$|A(\lambda)|$是K中非零数。于是$D_n(\lambda)=1$，从而

$$D_i(\lambda)=1, i=1,2,\cdots,n.$$

因此

$$d_i(\lambda)=1, i=1,2,\cdots,n.$$

这证明了：n级可逆的λ-矩阵的相抵标准形为单位矩阵I。于是n级可逆的λ-矩阵经过一系列初等行(列)变换能变成单位矩阵I。

由单位矩阵I经过一次λ-矩阵的初等行(列)变换得到的矩阵称为初等λ-矩阵。容易

看出，初等 λ-矩阵都是可逆的。对 λ-矩阵 $A(\lambda)$ 作一次初等行(列)变换就相当于用一个相应的初等 λ-矩阵左(右)乘 $A(\lambda)$。于是容易推出下列结论：

n 级 λ-矩阵可逆当且仅当它可以表示成一系列初等 λ-矩阵的乘积。

两个 n 级 λ-矩阵 $A(\lambda)$ 与 $B(\lambda)$ 相抵当且仅当存在可逆的 λ-矩阵 $P(\lambda)$ 和 $Q(\lambda)$，使得 $B(\lambda)=P(\lambda)A(\lambda)Q(\lambda)$。

7.3.2 典型例题

例 1 求 $f(x)$ 与 $g(x)$ 的首一最大公因式，并且把它表示成 $f(x)$ 与 $g(x)$ 的倍式和：

$$f(x)=x^4+3x-2, g(x)=3x^3-x^2-7x+4.$$

解

	$g(x)$	$3f(x)$	
$3x-4$	$3x^3-x^2-7x+4$	$3x^4\qquad+9x-6$	$x+\frac{1}{3}$
	$3x^3+3x^2-3x$	$3x^4-x^3-7x^2+4x$	
	$-4x^2-4x+4$	x^3+7x^2+5x-6	
	$-4x^2-4x+4$	$x^3-\frac{1}{3}x^2-\frac{7}{3}x+\frac{4}{3}$	
	0		
		$r_1(x)=\frac{22}{3}x^2+\frac{22}{3}x-\frac{22}{3}$	
		$\frac{3}{22}r_1(x)=x^2+x-1$	

因此
$$(f(x),g(x))=(3f(x),g(x))=x^2+x-1.$$

由于

$$3f(x)=\left(x+\frac{1}{3}\right)g(x)+r_1(x),$$

$$g(x)=(3x-4)\left[\frac{3}{22}r_1(x)\right]+0,$$

因此

$$\begin{aligned}(f(x),g(x))&=\frac{3}{22}r_1(x)=\frac{3}{22}\left[3f(x)-\left(x+\frac{1}{3}\right)g(x)\right]\\&=\frac{9}{22}f(x)-\left(\frac{3}{22}x+\frac{1}{22}\right)g(x).\end{aligned}$$

例 2 证明：在 $K[x]$ 中，如果 $f(x)$ 与 $g(x)$ 不全为 0，那么

$$\left(\frac{f(x)}{(f(x),g(x))},\frac{g(x)}{(f(x),g(x))}\right)=1.$$

证明 设 $f(x)=f_1(x)(f(x),g(x)),g(x)=g_1(x)(f(x),g(x))$.
据定理1,存在 $u(x),v(x)\in K[x]$,使得

$$u(x)f(x)+v(x)g(x)=(f(x),g(x)).$$

即 $u(x)f_1(x)(f(x),g(x))+v(x)g_1(x)(f(x),g(x))=(f(x),g(x))$.
由消去律,得

$$u(x)f_1(x)+v(x)g_1(x)=1.$$

因此 $(f_1(x),g_1(x))=1$. ■

例 3 设 $f(x),g(x)\in K[x]$,$a,b,c,d\in K$,使得 $ad-bc\neq 0$。证明:

$$(af(x)+bg(x),cf(x)+dg(x))=(f(x),g(x)).$$

证明 若 $c(x)\mid f(x)$ 且 $c(x)\mid g(x)$,则

$$c(x)\mid af(x)+bg(x),c(x)\mid cf(x)+dg(x).$$

设 $p(x)=af(x)+bg(x),q(x)=cf(x)+dg(x)$,
由于 $ad-bc\neq 0$,因此可解得

$$f(x)=\frac{d}{ad-bc}p(x)-\frac{b}{ad-bc}q(x),$$

$$g(x)=-\frac{c}{ad-bc}p(x)+\frac{a}{ad-bc}q(x).$$

若 $h(x)\mid p(x)$ 且 $h(x)\mid q(x)$,则 $h(x)\mid f(x)$ 且 $h(x)\mid g(x)$。
因此 $\{p(x)$与$q(x)$的公因式$\}=\{f(x)$与$g(x)$的公因式$\}$.
由此得出,$(af(x)+bg(x),cf(x)+dg(x))=(f(x),g(x))$。 ■

例 4 证明:在 $K[x]$ 中,如果 $(f,g)=1$,那么

(1) $(f,f+g)=1,(g,f+g)=1$;

(2) $(fg,f+g)=1$。

证明 (1) 据例3的结论得

$$(f,f+g)=(1f+0g,1f+1g)=(f,g)=1,$$

$$(g,f+g)=(0f+1g,1f+1g)=(f,g)=1.$$

(2) 由第(1)小题结论和性质3立即得到

$$(fg,f+g)=1.$$ ■

例 5 证明:在 $K[x]$ 中,如果 $(f(x),g(x))=1$,那么对任意正整数 m,有

$$(f(x^m),g(x^m))=1.$$

证明 由于 $(f(x),g(x))=1$,因此存在 $u(x),v(x)\in K[x]$,使得

$$u(x)f(x)+v(x)g(x)=1. \tag{11}$$

由于 $K[x]$可看成是 K 的一个扩环，因此不定元 x 可用 x^m 代入，从(11)式得

$$u(x^m)f(x^m)+v(x^m)g(x^m)=1. \tag{12}$$

由于 $u(x^m),v(x^m)\in K[x]$，因此由(12)式得

$$(f(x^m),g(x^m))=1.$$ ■

点评　在例 5 中，运用一元多项式环 $K[x]$的通用性质很容易地证明了$(f(x^m),g(x^m))=1$，并且把道理讲清楚了。如果没有讲一元多项式环的通用性质，那么例 5 的证明或者比较繁琐，或者没有把(11)式中用 x^m 代替 x 的道理讲清楚。

例 6　设 $A\in M_n(K)$，$f(x),g(x)\in K[x]$。证明：如果 $d(x)$是 $f(x)$与 $g(x)$的一个最大公因式，那么齐次线性方程组 $d(A)\boldsymbol{x}=\boldsymbol{0}$ 的解空间 W_3 等于 $f(A)\boldsymbol{x}=\boldsymbol{0}$ 的解空间 W_1 与 $g(A)\boldsymbol{x}=\boldsymbol{0}$ 的解空间 W_2 的交。

证明　由定理 1，存在 $u(x),v(x)\in K[x]$，使得

$$d(x)=u(x)f(x)+v(x)g(x). \tag{13}$$

由于 $K[A]$可看成是 K 的一个扩环，因此 x 可用 A 代入，从(13)式得

$$d(A)=u(A)f(A)+v(A)g(A). \tag{14}$$

任取 $\boldsymbol{\eta}\in W_1\cap W_2$，则 $f(A)\boldsymbol{\eta}=\boldsymbol{0}$ 且 $g(A)\boldsymbol{\eta}=\boldsymbol{0}$。于是

$$d(A)\boldsymbol{\eta}=u(A)f(A)\boldsymbol{\eta}+v(A)g(A)\boldsymbol{\eta}=\boldsymbol{0}.$$

因此 $\boldsymbol{\eta}\in W_3$，从而 $W_1\cap W_2\subseteq W_3$。

设　$$f(x)=f_1(x)d(x),g(x)=g_1(x)d(x),$$

则 x 用 A 代入，从上面两式得，

$$f(A)=f_1(A)d(A),g(A)=g_1(A)d(A).$$

任取 $\boldsymbol{\delta}\in W_3$，则 $d(A)\boldsymbol{\delta}=\boldsymbol{0}$，从而

$$f(A)\boldsymbol{\delta}=f_1(A)d(A)\boldsymbol{\delta}=\boldsymbol{0},g(A)\boldsymbol{\delta}=g_1(A)d(A)\boldsymbol{\delta}=\boldsymbol{0}.$$

因此 $\boldsymbol{\delta}\in W_1\cap W_2$，从而 $W_3\subseteq W_1\cap W_2$。

综上所述得，　$$W_3=W_1\cap W_2.$$ ■

例 7　设 $A\in M_n(K)$，$f_1(x),f_2(x)\in K[x]$，记 $f(x)=f_1(x)f_2(x)$。证明：如果 $(f_1(x),f_2(x))=1$，那么 $f(A)\boldsymbol{x}=\boldsymbol{0}$ 的任一个解可以唯一地表示成 $f_1(A)\boldsymbol{x}=\boldsymbol{0}$ 的一个解与 $f_2(A)\boldsymbol{x}=\boldsymbol{0}$ 的一个解的和。

证明　可表性。由于$(f_1(x),f_2(x))=1$，因此存在 $u(x),v(x)\in K[x]$，使得

$$u(x)f_1(x)+v(x)f_2(x)=1. \tag{15}$$

不定元 x 用 A 代入，从(15)式得

$$u(A)f_1(A)+v(A)f_2(A)=I. \tag{16}$$

任取 $f(A)\boldsymbol{x}=\boldsymbol{0}$ 的一个解 $\boldsymbol{\eta}$,则 $f(A)\boldsymbol{\eta}=\boldsymbol{0}$,从(16)式得

$$\boldsymbol{\eta}=I\boldsymbol{\eta}=u(A)f_1(A)\boldsymbol{\eta}+v(A)f_2(A)\boldsymbol{\eta}.$$

记 $\boldsymbol{\eta}_1=v(A)f_2(A)\boldsymbol{\eta}$,$\boldsymbol{\eta}_2=u(A)f_1(A)\boldsymbol{\eta}$,则 $\boldsymbol{\eta}=\boldsymbol{\eta}_2+\boldsymbol{\eta}_1$。

由于 $f(x)=f_1(x)f_2(x)$,因此 $f(A)=f_1(A)f_2(A)$,从而

$$\begin{aligned}f_1(A)\boldsymbol{\eta}_1&=f_1(A)v(A)f_2(A)\boldsymbol{\eta}\\&=v(A)f_1(A)f_2(A)\boldsymbol{\eta}\\&=v(A)f(A)\boldsymbol{\eta}\\&=v(A)\boldsymbol{0}\\&=\boldsymbol{0},\\f_2(A)\boldsymbol{\eta}_2&=f_2(A)u(A)f_1(A)\boldsymbol{\eta}\\&=u(A)f(A)\boldsymbol{\eta}\\&=\boldsymbol{0}.\end{aligned}$$

因此 $\boldsymbol{\eta}_1,\boldsymbol{\eta}_2$ 分别是 $f_1(A)\boldsymbol{x}=\boldsymbol{0}$,$f_2(A)\boldsymbol{x}=\boldsymbol{0}$的一个解。

唯一性。任取 $f(A)\boldsymbol{x}=\boldsymbol{0}$ 的一个解 $\boldsymbol{\eta}$,设

$$\boldsymbol{\eta}=\boldsymbol{\eta}_1+\boldsymbol{\eta}_2,\boldsymbol{\eta}=\boldsymbol{\delta}_1+\boldsymbol{\delta}_2,$$

其中 $\boldsymbol{\eta}_i,\boldsymbol{\delta}_i$ 是 $f_i(A)\boldsymbol{x}=\boldsymbol{0}$ 的解,$i=1,2$,则

$$\boldsymbol{\eta}_1-\boldsymbol{\delta}_1=\boldsymbol{\delta}_2-\boldsymbol{\eta}_2.$$

用 W_i 表示 $f_i(A)\boldsymbol{x}=\boldsymbol{0}$ 的解空间,$i=1,2$,则 $\boldsymbol{\eta}_1-\boldsymbol{\delta}_1\in W_1\cap W_2$。

由于$(f_1(x),f_2(x))=1$,因此用例 6 的结论得,$I\boldsymbol{X}=\boldsymbol{0}$ 的解空间 $W_3=W_1\cap W_2$。显然 $W_3=\{\boldsymbol{0}\}$。因此 $W_1\cap W_2=\{\boldsymbol{0}\}$。从而 $\boldsymbol{\eta}_1-\boldsymbol{\delta}_1=\boldsymbol{0}$,即 $\boldsymbol{\eta}_1=\boldsymbol{\delta}_1$。于是 $\boldsymbol{\eta}_2=\boldsymbol{\delta}_2$。 ■

点评 从例 6 和例 7 的证明中看到:运用一元多项式环 $K[x]$的通用性质,把 x 用矩阵 A 代入,从 $K[x]$中关于最大公因式的等式和关于互素的多项式的等式,便得到关于矩阵 A 的多项式的等式,而这些等式在证明中起了关键作用。例如,在例 7 中,把 $f(A)\boldsymbol{x}=\boldsymbol{0}$ 的一个解 $\boldsymbol{\eta}$ 表示成 $f_1(A)\boldsymbol{x}=\boldsymbol{0}$ 的一个解 $\boldsymbol{\eta}_1$ 与 $f_2(A)\boldsymbol{x}=\boldsymbol{0}$ 的一个解 $\boldsymbol{\eta}_2$ 的和,等式(16)起了关键作用。

例 8 证明:在 $K[x]$中,如果$(f(x),g(x))=1$,并且 $\deg f(x)>0$,$\deg g(x)>0$,那么在 $K[x]$中存在唯一的一对多项式 $u(x)$,$v(x)$,使得

$$u(x)f(x)+v(x)g(x)=1,$$

且 $\deg u(x)<\deg g(x)$,$\deg v(x)<\deg f(x)$。

证明 由于$(f(x),g(x))=1$,因此存在 $p(x),q(x)\in K[x]$,使得

$$p(x)f(x)+q(x)g(x)=1. \tag{17}$$

用 $g(x)$去除 $p(x)$,有 $h(x),r(x)\in K[x]$,使得

$$p(x)=h(x)g(x)+r(x), \deg r(x)<\deg g(x). \tag{18}$$

把(18)式代入(17)式，得

$$r(x)f(x)+[h(x)f(x)+q(x)]g(x)=1. \tag{19}$$

令 $u(x)=r(x), v(x)=h(x)f(x)+q(x)$，则(19)式成为

$$u(x)f(x)+v(x)g(x)=1, \tag{20}$$

其中 $\deg u(x)=\deg r(x)<\deg g(x)$。由于 $\deg g(x)>0$，因此从(20)式看出 $u(x)\neq 0$。

假如 $\deg v(x)\geqslant \deg f(x)$，则

$$\begin{aligned}\deg[v(x)g(x)]&=\deg v(x)+\deg g(x)\geqslant \deg f(x)+\deg g(x)\\&>\deg f(x)+\deg u(x)=\deg[u(x)f(x)].\end{aligned}$$

从而

$$\begin{aligned}\deg[u(x)f(x)+v(x)g(x)]&=\deg[v(x)g(x)]\\&\geqslant \deg f(x)+\deg g(x)>0.\end{aligned}$$

这与(20)式矛盾，因此 $\deg v(x)<\deg f(x)$。存在性得证。

唯一性。假设 $K[x]$中还有一对多项式 $u_1(x), v_1(x)$，使得

$$u_1(x)f(x)+v_1(x)g(x)=1,$$

且 $\deg u_1(x)<\deg g(x), \deg v_1(x)<\deg f(x)$，则

$$[u_1(x)-u(x)]f(x)=[v(x)-v_1(x)]g(x). \tag{21}$$

由于$(f(x), g(x))=1$，因此从(21)式得

$$g(x)\mid[u_1(x)-u(x)].$$

假如 $u_1(x)-u(x)\neq 0$，则 $\deg g(x)\leqslant \deg[u_1(x)-u(x)]<\deg g(x)$。矛盾，因此 $u_1(x)-u(x)=0$，从而 $v(x)-v_1(x)=0$。即

$$u(x)=u_1(x), v(x)=v_1(x).$$ ■

例 9 设 $m, n\in \mathbf{N}^*$，证明：在 $K[x]$中，

$$(x^m-1, x^n-1)=x^{(m,n)}-1. \tag{22}$$

证明 当 $m=n$ 时，$(m,n)=m$，显然有

$$(x^m-1, x^m-1)=x^m-1.$$

下面设 $m>n$，对幂指数 m 和 n 的最大值作第二数学归纳法。

当 $\max\{m,n\}=2$ 时，$m=2, n=1, (m,n)=1$。

显然有

$$(x^2-1, x-1)=x-1.$$

假设幂指数的最大值小于 m 时，命题为真，现在来看 $\max\{m,n\}=m$ 的情形。

$$\begin{aligned}(x^m-1, x^n-1)&=(x^m-x^{m-n}+x^{m-n}-1, x^n-1)\\&=(x^{m-n}(x^n-1)+x^{m-n}-1, x^n-1).\end{aligned}$$

由于 $\{x^{m-n}(x^n-1)+x^{m-n}-1$ 与 x^n-1 的公因式$\}$

$=\{x^n-1$ 与 $x^{m-n}-1$ 的公因式$\}$，

因此 $$(x^{m-n}(x^n-1)+x^{m-n}-1,x^n-1)=(x^n-1,x^{m-n}-1).$$

由于 $\max\{n,m-n\}<m$，且 $(n,m-n)=(m,n)$，因此据归纳假设得

$$(x^n-1,x^{m-n}-1)=x^{(n,m-n)}-1=x^{(m,n)}-1.$$

从而 $$(x^m-1,x^n-1)=x^{(m,n)}-1.$$

据数学归纳法原理，对一切正整数 m,n，命题为真。 ■

例 10 给定一个正整数 m，对于 $a,b\in\mathbf{Z}$，如果 m 能整除 $a-b$，那么称 a 与 b **模 m 同余**，记作

$$a\equiv b \pmod{m}.$$

设 $a_i,b_i\in\mathbf{Z}$，$i=1,2$。证明：如果 $a_i\equiv b_i \pmod{m}$，$i=1,2$，那么

$$a_1+a_2\equiv b_1+b_2 \pmod{m},\ a_1a_2\equiv b_1b_2 \pmod{m}.$$

证明 由已知条件得，$m|a_i-b_i$，$i=1,2$。由于

$$(a_1+a_2)-(b_1+b_2)=(a_1-b_1)+(a_2-b_2),$$

因此 $m|(a_1+a_2)-(b_1+b_2)$，从而 $a_1+a_2\equiv b_1+b_2 \pmod{m}$。

$$\begin{aligned}a_1a_2-b_1b_2&=a_1a_2-b_1a_2+b_1a_2-b_1b_2\\&=(a_1-b_1)a_2+b_1(a_2-b_2).\end{aligned}$$

于是 $m|a_1a_2-b_1b_2$。因此 $a_1a_2\equiv b_1b_2 \pmod{m}$。 ■

例 11 设 $a,n\in\mathbf{N}^*$，且 $a\geqslant 2$，证明：

$$(a^n+a^{n-1}+\cdots+a+1,a-1)=(n+1,a-1). \tag{23}$$

证明
$$\begin{aligned}&a^n+a^{n-1}+\cdots+a+1\\&=(a-1+1)^n+(a-1+1)^{n-1}+\cdots+(a-1+1)+1\\&\equiv n+1 \pmod{a-1}.\end{aligned}$$

因此 $$a-1|(a^n+a^{n-1}+\cdots+a+1)-(n+1).$$

从而 $$a^n+a^{n-1}+\cdots+a+1=l(a-1)+(n+1),$$

其中 l 是某个整数，根据整数环中类似于 7.3.1 节引理的结论，得

$$(a^n+a^{n-1}+\cdots+a+1,a-1)=(a-1,n+1).$$ ■

例 12 设 $a,n\in\mathbf{N}^*$，且 $a\geqslant 2$，$n\geqslant 2$。令

$$M=a^{n-2}+a^{n-3}+\cdots+a+1,$$

证明：
$$(a^n-1,M)=(a-1,n-1). \tag{24}$$

证明 据例 11 的结论，得

$$(M,a-1)=(n-1,a-1).$$

由于

$$\begin{aligned} a^n-1&=(a-1)(a^{n-1}+a^{n-2}+\cdots+a+1)\\ &=(a-1)(a^{n-1}+M)\\ &=(a-1)a^{n-1}+(a-1)M. \end{aligned}$$

因此,若 c 是 $a-1$ 与 M 的公因数,则 c 也是 a^n-1 与 M 的公因数;反之,若 e 是 a^n-1 与 M 的公因数,则 $e|a^n-1$。从而 $a^n-1=be$,对于某个整数 b,即

$$aa^{n-1}-be=1.$$

因此$(a^{n-1},e)=1$。由于 $e|(a-1)a^{n-1}$,因此 $e|a-1$。从而 e 是 $a-1$ 与 M 的公因数。所以

$$(a-1,M)=(a^n-1,M).$$

综上所述,得

$$(a^n-1,M)=(n-1,a-1).$$ ■

例 13 设 $f(x),g(x)\in K[x]$,$K[x]$中一个多项式 $m(x)$称为 $f(x)$与 $g(x)$的一个最小公倍式,如果

1° $f(x)|m(x),g(x)|m(x)$;

2° $f(x)|u(x),g(x)|u(x)\Rightarrow m(x)|u(x)$。

(1) 证明:$K[x]$中任意两个多项式都有最小公倍式,并且 $f(x)$与 $g(x)$的最小公倍式在相伴的意义下是唯一的;

(2) 用$[f(x),g(x)]$表示首项系数是 1 的最小公倍式,证明:如果 $f(x),g(x)$的首项系数都是 1,那么

$$[f(x),g(x)]=\frac{f(x)g(x)}{(f(x),g(x))}.$$

证明 (1) 由于 0 的倍式只有 0,因此任一多项式 $f(x)$与 0 的最小公倍式是 0。

设 $f(x),g(x)$是 $K[x]$中全不为 0 的多项式,则

$$f(x)=f_1(x)(f(x),g(x)),g(x)=g_1(x)(f(x),g(x)).$$

令
$$m(x)=f_1(x)g_1(x)(f(x),g(x)),$$

则
$$f(x)|m(x),g(x)|m(x).$$

假设 $f(x)|u(x),g(x)|u(x)$,则存在 $p(x),q(x)\in K[x]$,使得

$$u(x)=p(x)f(x),u(x)=q(x)g(x).$$

从而
$$p(x)f(x)=q(x)g(x).$$

于是
$$p(x)f_1(x)(f(x),g(x))=q(x)g_1(x)(f(x),g(x)).$$

因此
$$p(x)f_1(x)=q(x)g_1(x).$$

由于$(f_1(x),g_1(x))=1$,因此 $f_1(x)|q(x)$。

从而存在 $h(x)\in K[x]$,使得 $q(x)=h(x)f_1(x)$。

于是
$$u(x)=h(x)f_1(x)g(x)=h(x)m(x).$$
因此 $m(x)\mid u(x)$。从而 $m(x)$是 $f(x)$与 $g(x)$的最小公倍式。

设 $m_1(x),m_2(x)$都是 $f(x)$与 $g(x)$的最小公倍式,则
$$m_1(x)\mid m_2(x),m_2(x)\mid m_1(x).$$
因此
$$m_1(x)\sim m_2(x).$$

(2) 设 $f(x)$与 $g(x)$都是首项系数为 1 的多项式,则从第(1)小题的证明看出
$$[f(x),g(x)]=f_1(x)g_1(x)(f(x)g(x))=\frac{f(x)g(x)}{(f(x),g(x))}.$$
■

习题 7.3

1. 求 $f(x)$与 $g(x)$的首一最大公因式,并且把它表示成 $f(x)$与 $g(x)$的倍式和:

(1) $f(x)=x^4+3x^3-x^2-4x-3$,

$g(x)=3x^3+10x^2+2x-3$;

(2) $f(x)=x^4+6x^3-6x^2+6x-7$,

$g(x)=x^3+x^2-7x+5$。

2. 证明:在 $K[x]$中,如果 $d(x)$是 $f(x)$与 $g(x)$的倍式和,并且 $d(x)$是 $f(x)$与$g(x)$的一个公因式,那么 $d(x)$是 $f(x)$与 $g(x)$的一个最大公因式。

3. 证明:在 $K[x]$中,$(f(x),g(x))h(x)$是 $f(x)h(x)$与 $g(x)h(x)$的一个最大公因式;特别地,若 $h(x)$的首项系数为 1,则
$$(f(x)h(x),g(x)h(x))=(f(x),g(x))h(x).$$

4. 证明:在 $K[x]$中,如果 $f(x),g(x)$不全为零,并且
$$u(x)f(x)+v(x)g(x)=(f(x),g(x)),$$
那么
$$(u(x),v(x))=1.$$

5. 设 $f_i(x),g_j(x)\in K[x]$,$i=1,2,\cdots,s$;$j=1,2,\cdots,m$。证明:如果$(f_i(x),g_j(x))=1$,$i=1,2,\cdots,s$;$j=1,2,\cdots,m$,那么
$$(f_1(x)f_2(x)\cdots f_s(x),g_1(x)g_2(x)\cdots g_m(x))=1.$$

6. 证明:在 $K[x]$中两个非零多项式 $f(x)$与 $g(x)$不互素的充分必要条件是,存在两个非零多项式 $u(x),v(x)$,使得 $u(x)f(x)=v(x)g(x)$,$\deg u(x)<\deg g(x)$,$\deg v(x)<\deg f(x)$。

7. 证明:在 $K[x]$中,设 $f(x)$与 $g(x)$不全为零。如果 $f(x)|h(x)$,$g(x)|h(x)$,那么

$$f(x)g(x) \mid h(x)(f(x),g(x)).$$

8. 在 $K[x]$ 中,给定一个多项式 $h(x)$,对于 $f(x),g(x)\in K[x]$,如果 $h(x)|f(x)-g(x)$,那么称 $f(x)$与 $g(x)$模 $h(x)$**同余**,记作 $f(x)\equiv g(x) \pmod{h(x)}$。设 $f_i(x),g_1(x)\in K[x]$,$i=1,2$。证明:如果

$$f_i(x) \equiv g_i(x) \pmod{h(x)}, i=1,2,$$

那么

$$f_1(x)+f_2(x)\equiv g_1(x)+g_2(x) \pmod{h(x)},$$

$$f_1(x)f_2(x)\equiv g_1(x)g_2(x) \pmod{h(x)}.$$

9. 在 $K[x]$中,设 $f_1(x),f_2(x),\cdots,f_s(x)$两两互素,任意给定 $r_1(x),r_2(x),\cdots,r_s(x)\in K[x]$,则同余方程组

$$\begin{cases} g(x)\equiv r_1(x) \pmod{f_1(x)} \\ g(x)\equiv r_2(x) \pmod{f_2(x)} \\ \cdots \\ g(x)\equiv r_s(x) \pmod{f_s(x)} \end{cases}$$

在 $K[x]$中必有解,并且如果 $c(x)$和 $d(x)$都是这个同余方程组的解,那么

$$c(x)\equiv d(x) \pmod{f_1(x)f_2(x)\cdots f_s(x)}.$$

*10. 求下述 λ-矩阵的行列式因子和不变因子:

(1) $A(\lambda)=\begin{pmatrix} \lambda-2 & 0 & 0 \\ 0 & \lambda-2 & -1 \\ 0 & 0 & \lambda-2 \end{pmatrix}$;

(2) $B(\lambda)=\begin{pmatrix} \lambda-1 & 0 & 0 \\ 0 & \lambda-5 & -1 \\ 0 & 0 & \lambda-5 \end{pmatrix}$。

11. 在 $K[x]$中,设 $d(x)$是 $f(x)$与 $g(x)$的最大公因式且 $\deg g(x)>\deg d(x)$,证明:在 $K[x]$中存在唯一的一对多项式 $u(x),v(x)$使得

$$u(x)f(x)+v(x)g(x)=d(x),$$

其中,$\deg u(x)<\deg g(x)-\deg d(x)$,$\deg v(x)<\deg f(x)-\deg d(x)$。

7.4 不可约多项式,唯一因式分解定理

7.4.1 内容精华

本节要利用最大公因式和互素的知识揭示数域 K 上一元多项式环 $K[x]$的结构。

从直觉判断,一个多项式,如果它的因式最少,那么它是最简单的多项式,从而它在研究 $K[x]$的结构中将起基本建筑块的作用。由于 $K[x]$中零次多项式是任一多项式的因式,又 $f(x)$的相伴元是 $f(x)$的因式,因此因式最少的多项式应当是因式只有零次多项式和相伴元这样的多项式,即下面要研究的不可约多项式。

一、不可约多项式

定义 1 $K[x]$中一个次数大于 0 的多项式 $f(x)$,如果它在 $K[x]$中的因式只有零次多项式和 $f(x)$的相伴元,那么称 $f(x)$是数域 K 上的一个**不可约多项式**;否则称 $f(x)$是**可约的**。

不可约多项式在研究数域 K 上一元多项式环 $K[x]$的结构中起着基本建筑块的作用。

定理 1 设 $p(x)$是 $K[x]$中一个次数大于 0 的多项式,则下列命题等价:

(1) $p(x)$是不可约多项式;

(2) $\forall f(x)\in K[x]$,有 $p(x)\mid f(x)$或$(p(x),f(x))=1$;

(3)在 $K[x]$中,从 $p(x)\mid f(x)g(x)$可推出

$$p(x) \mid f(x) \text{ 或 } p(x) \mid g(x);$$

(4) $p(x)$不能分解成两个次数较 $p(x)$的次数低的多项式的乘积。

上述是分别从因式的角度,从与任一多项式的关系的角度,从整除关系的角度,以及从因式分解的角度对不可约多项式的刻画。

从上述的命题(3)与不可约多项式的定义等价,运用数学归纳法可证得:在 $K[x]$中,如果 $p(x)$不可约,且

$$p(x) \mid f_1(x)f_2(x)\cdots f_s(x),$$

那么 $p(x)\mid f_j(x)$,对于某个 $j\in\{1,2,\cdots,s\}$。

从上述的命题(4)与不可约多项式的定义等价,立即得出,$K[x]$中一次多项式都是不可约的。

二、唯一因式分解定理

从不可约多项式的等价条件(4)猜测有下述定理 2，它揭示了数域 K 上一元多项式环 $K[x]$ 的结构。

定理 2(唯一因式分解定理) $K[x]$ 中任一次数大于 0 的多项式 $f(x)$ 能够唯一地分解成数域 K 上有限多个不可约多项式的乘积。所谓唯一性是指，如果 $f(x)$ 有两个这样的分解式：

$$f(x) = p_1(x)p_2(x)\cdots p_s(x) = q_1(x)q_2(x)\cdots q_t(x), \tag{1}$$

那么一定有 $s=t$，且适当排列因式的次序后有

$$p_i(x) \sim q_i(x), i = 1,2,\cdots,s.$$

从唯一性的证明中可以看出，$f(x)$ 的任一不可约因式一定与 $f(x)$ 的分解式中某一个不可约因式相伴，因此 $f(x)$ 的分解式给出了它的全部不可约因式(在相伴意义下)。

研究 $K[x]$ 的结构的途径如图 7-1 所示。

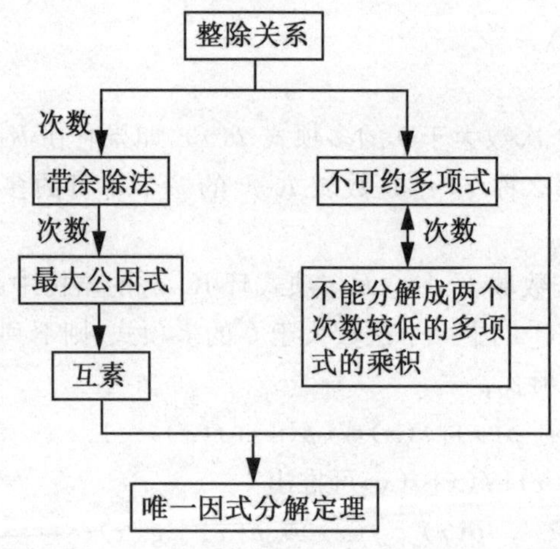

图 7-1

$K[x]$ 中次数大于 0 的多项式 $f(x)$ 的标准分解式为

$$f(x) = ap_1^{l_1}(x)p_2^{l_2}(x)\cdots p_s^{l_s}(x), \tag{2}$$

其中 a 是 $f(x)$ 的首项系数，$p_1(x),p_2(x),\cdots,p_s(x)$ 是 K 上两两不等的首一不可约多项式，$l_i>0,i=1,2,\cdots,s$。$f(x)$ 的标准分解式是 $K[x]$ 中有关乘法的第四个重要等式，它有许多用处。

如果知道 $K[x]$ 中两个次数大于 0 的多项式 $f(x),g(x)$ 的标准分解式：

$$f(x) = ap_1^{l_1}(x)p_2^{l_2}(x)\cdots p_s^{l_s}(x),$$

$$g(x) = bp_1^{r_1}(x)p_2^{r_2}(x)\cdots p_m^{r_m}(x)q_1^{t_1}(x)\cdots q_n^{t_n}(x), m \leqslant s,$$

那么

$$(f(x),g(x)) = p_1^{\min\{l_1,r_1\}}(x)\cdots p_m^{\min\{l_m,r_m\}}(x); \tag{3}$$

$$[f(x),g(x)] = p_1^{\max\{l_1,r_1\}}(x)\cdots p_m^{\max\{l_m,r_m\}}(x)p_{m+1}^{l_{m+1}}(x)\cdots p_s^{l_s}(x)q_1^{t_1}(x)\cdots q_n^{t_n}(x). \tag{4}$$

在整数环 **Z** 中也有唯一因子分解定理,下面列举出有关概念和结论。证明留给读者。

定义 2 一个大于 1 的整数 m,如果它的正因数只有 1 和它自身,那么称 m 是一个**素数**;否则称 m 是**合数**。

素数在整数环 **Z** 的结构中起着基本建筑块的作用。

定理 3 设 p 是大于 1 的整数,则下列命题等价:

(1) p 是素数;

(2) 对任意整数 a,都有 $p|a$ 或$(p,a)=1$;

(3) 在 **Z** 中,从 $p|ab$ 可推出 $p|a$ 或 $p|b$;

(4) p 不能分解成两个较小的正整数的乘积。

素数的等价条件(3)可推广为:若素数 p 能整除一些整数 $a_1,a_2,\cdots,a_s$ 的乘积,则 p 能整除其中的一个。

定理 4(算术基本定理) 任一大于 1 的整数 a 都能唯一地分解成有限多个素数的乘积。所谓唯一性是指,如果 a 有两个这样的分解式:

$$a = p_1p_2\cdots p_s = q_1q_2\cdots q_t,$$

那么 $s=t$,且适当排列因数的次序后,有

$$p_i = q_i, i = 1,2,\cdots,s.$$

算术基本定理揭示了整数环 **Z** 的结构。

任一大于 1 的整数 a 的标准分解式为:

$$a = p_1^{r_1}p_2^{r_2}\cdots p_m^{r_m},$$

其中 $p_1,p_2,\cdots,p_m$ 是两两不等的素数,r_i 是正整数,$i=1,2,\cdots,m$。

在 **Z** 中,设

$$a = p_1^{r_1}p_2^{r_2}\cdots p_t^{r_t}p_{t+1}^{r_{t+1}}\cdots p_m^{r_m},$$

$$b = p_1^{k_1}p_2^{k_2}\cdots p_t^{k_t}q_{t+1}^{k_{t+1}}\cdots q_s^{k_s},$$

则

$$(a,b)= p_1^{\min\{r_1,k_1\}}p_2^{\min\{r_2,k_2\}}\cdots p_t^{\min\{r_t,k_t\}},$$

$$[a,b]= p_1^{\max\{r_1,k_1\}}p_2^{\max\{r_2,k_2\}}\cdots p_t^{\max\{r_t,k_t\}}p_{t+1}^{r_{t+1}}\cdots p_m^{r_m}q_{t+1}^{k_{t+1}}\cdots q_s^{k_s}.$$

7.4.2 典型例题

例 1 设 $f(x)\in K[x]$,且 $\deg f(x)>0$。证明下列命题等价:

(1) $f(x)$与$K[x]$中某一个不可约多项式的方幂相伴；

(2) $\forall g(x)\in K[x]$，有$(f(x),g(x))=1$，或者$f(x)\mid g^m(x)$对于某一个正整数m；

(3) $\forall g(x),h(x)\in K[x]$，从$f(x)\mid g(x)h(x)$可以推出$f(x)\mid g(x)$或者$f(x)\mid h^m(x)$对于某一个正整数$m$。

证明　(1)⇒(2)　设$f(x)\sim p^l(x)$，其中$p(x)$不可约，$l\in\mathbf{N}^*$，则$f(x)=ap^l(x)$，对某个$a\in K^*$。任取$g(x)\in K[x]$，有$(p(x),g(x))=1$或$p(x)\mid g(x)$，于是$(p^l(x),g(x))=1$或$p^l(x)\mid g^l(x)$。从而$(f(x),g(x))=1$或$f(x)\mid g^l(x)$。

(2)⇒(3)　设$f(x)\mid g(x)h(x)$，如果$\forall m\in\mathbf{N}^*$都有$f(x)\nmid h^m(x)$，那么据命题(2)得，$(f(x),h(x))=1$。从而$f(x)\mid g(x)$。

(3)⇒(1)　假如$f(x)$不与某一个不可约多项式的方幂相伴，则$f(x)$的标准分解式为

$$f(x)=ap_1^{l_1}(x)p_2^{l_2}(x)\cdots p_s^{l_s}(x),$$

其中$s\geqslant 2$。取$g(x)=ap_1^{l_1}(x)$，$h(x)=p_2^{l_2}(x)\cdots p_s^{l_s}(x)$，则$f(x)=g(x)h(x)$。从而$f(x)\mid g(x)h(x)$。据命题(3)得，$f(x)\mid g(x)$或者$f(x)\mid h^m(x)$对于某一个正整数$m$，从而

$$\deg f(x)\leqslant\deg g(x)\ 或\ p_1(x)\mid p_2^{l_2m}(x)\cdots p_s^{l_sm}(x).$$

前者是不可能的。后者推出$p_1(x)\mid p_j(x)$对某个$j\in\{2,\cdots,s\}$。由于$p_j(x)$不可约，因此$p_1(x)\sim p_j(x)$。由于它们的首项系数都为1，因此$p_1(x)=p_j(x)$。矛盾，所以$f(x)=ap_1^{l_1}(x)$，即$f(x)$与某一个不可约多项式的方幂相伴。■

例 2　在$K[x]$中，设$(f,g_i)=1$，$i=1,2$，证明：

$$(fg_1,g_2)=(g_1,g_2).$$

证法一　设$g_1(x)$，$g_2(x)$的标准分解式为

$$g_1(x)=b_1q_1^{r_1}(x)\cdots q_m^{r_m}(x)q_{m+1}^{r_{m+1}}(x)\cdots q_t^{r_t}(x),$$
$$g_2(x)=b_2q_1^{k_1}(x)\cdots q_m^{k_m}(x)u_1^{e_1}(x)\cdots u_n^{e_n}(x).$$

由于$(f,g_i)=1$，$i=1,2$，因此$f(x)$的标准分解式为

$$f(x)=ap_1^{l_1}(x)p_2^{l_2}(x)\cdots p_s^{l_s}(x).$$

其中$p_i(x)(i=1,2,\cdots,s)$在$g_1(x)$，$g_2(x)$的标准分解式中不出现。

于是

$$(fg_1,g_2)=q_1^{\min\{r_1,k_1\}}(x)\cdots q_m^{\min\{r_m,k_m\}}=(g_1,g_2).$$ ■

证法二　显然，若$c_1(x)\mid g_1(x)$且$c_1(x)\mid g_2(x)$，则$c_1(x)\mid f(x)g_1(x)$且$c_1(x)\mid g_2(x)$。

反之，若$c_2(x)\mid f(x)g_1(x)$且$c_2(x)\mid g_2(x)$，由于$(f,g_i)=1$，$i=1,2$，因此$(f,g_1g_2)=1$。于是存在$u(x),v(x)\in K[x]$，使得$u(x)f(x)+v(x)g_1(x)g_2(x)=1$。从而

$$u(x)f(x)g_1(x)+v(x)g_1^2(x)g_2(x)=g_1(x).$$

因此$c_2(x)\mid g_1(x)$。由上述推出，$(fg_1,g_2)=(g_1,g_2)$。■

例 3 设 $f(x),g(x)\in K[x]$,其中 $g(x)=kx+b,k\neq 0$。证明:对任意给定的正整数 m,有

$$g(x)\mid f^m(x)\quad\Leftrightarrow\quad g(x)\mid f(x).$$

证明 充分性是显然的。下面证必要性。由于一次多项式 $g(x)=kx+b,k\neq 0$ 是不可约的,因此从 $g(x)\mid f^m(x)$ 可推出 $g(x)\mid f(x)$。 ■

点评 从证明过程看出,只要 $g(x)$ 是 K 上不可约多项式,就有 $g(x)\mid f^m(x)\Leftrightarrow g(x)\mid f(x)$。

例 4 在 $K[\lambda]$中,设 $f(\lambda)=\lambda^n+a_{n-1}\lambda^{n-1}+\cdots+a_1\lambda+a_0$。令

$$A=\begin{pmatrix}0&0&\cdots&0&0&-a_0\\1&0&\cdots&0&0&-a_1\\0&1&\cdots&0&0&-a_2\\\vdots&\vdots&&\vdots&\vdots&\vdots\\0&0&\cdots&1&0&-a_{n-2}\\0&0&\cdots&0&1&-a_{n-1}\end{pmatrix},$$

称 A 是 $f(\lambda)$的**友矩阵**。

(1) 求 $f(\lambda)$的友矩阵 A 的特征多项式;

*(2) 如果 $f(\lambda)$不可约,求 $f(\lambda)$的友矩阵 A 的特征矩阵 $\lambda I-A$ 的行列式因子和不变因子,以及相抵标准形。

解 (1)

$$|\lambda I-A|=\begin{vmatrix}\lambda&0&\cdots&0&0&a_0\\-1&\lambda&\cdots&0&0&a_1\\\vdots&\vdots&&\vdots&\vdots&\vdots\\0&0&\cdots&-1&\lambda&a_{n-2}\\0&0&\cdots&0&-1&\lambda+a_{n-1}\end{vmatrix}.$$

按最后一行展开,然后对于$(n,n-1)$元的余子式也按最后一行展开,依次下去,可得

$$\begin{aligned}|\lambda I-A|&=(\lambda+a_{n-1})\lambda^{n-1}+(-1)(-1)^{n+(n-1)}[a_{n-2}\lambda^{n-2}+\cdots]\\&=\lambda^n+a_{n-1}\lambda^{n-1}+a_{n-2}\lambda^{n-2}+\cdots+a_1\lambda+a_0.\end{aligned}$$

于是得出,$f(\lambda)$的友矩阵 A 的特征多项式等于 $f(\lambda)$。

(2) $f(\lambda)$的友矩阵 A 的特征矩阵 $\lambda I-A$ 的 n 阶行列式因子 $D_n(\lambda)=|\lambda I-A|=f(\lambda)$。由于 $D_{n-1}(\lambda)\mid D_n(\lambda)$,且 $f(\lambda)$不可约,因此 $D_{n-1}(\lambda)=1$ 或 $D_{n-1}(\lambda)=D_n(\lambda)$。由于 $\lambda I-A$ 的 $n-1$ 阶子式至多是 $n-1$ 次多项式,因此 $D_{n-1}(\lambda)$至多是 $n-1$ 次多项式,从而 $D_{n-1}(\lambda)\neq D_n(\lambda)$。于是 $D_{n-1}(\lambda)=1$,由此推出 $D_{n-2}(\lambda)=\cdots=D_1(\lambda)=1$。于是

$$d_1(\lambda)=d_2(\lambda)=\cdots=d_{n-1}(\lambda)=1,$$

$$d_n(\lambda)=\frac{D_n(\lambda)}{D_{n-1}(\lambda)}=f(\lambda).$$

因此，$\lambda I-A$ 的相抵标准形为

$$\operatorname{diag}\{1,\cdots,1,f(\lambda)\}.$$

* **例 5** 已知条件同例 4，如果 $f(\lambda)=p^3(\lambda)$，其中 $p(\lambda)$ 是 K 上首一不可约多项式，且 $n\geqslant 3$，求 $f(\lambda)$ 的友矩阵 A 的特征矩阵 $\lambda I-A$ 的行列式因子和不变因子；并且求 $\lambda I-A$ 的相抵标准形。

解 $f(\lambda)$ 的友矩阵 A 的特征矩阵 $\lambda I-A$ 的 n 阶行列式因子 $D_n(\lambda)=|\lambda I-A|=f(\lambda)=p^3(\lambda)$。由于 $D_{n-1}(\lambda)\mid D_n(\lambda)$，$\deg D_{n-1}(\lambda)\leqslant n-1$，且 $p(\lambda)$ 不可约，因此 $D_{n-1}(\lambda)$ 有且只有三种可能：$1,p(\lambda),p^2(\lambda)$。

情形 1 $D_{n-1}(\lambda)=1$。此时 $D_{n-2}(\lambda)=\cdots=D_1(\lambda)=1$。

从而 $d_1(\lambda)=d_2(\lambda)=\cdots=d_{n-1}(\lambda)=1,d_n(\lambda)=D_n(\lambda)=p^3(\lambda)$。此时 $\lambda I-A$ 的相抵标准形为

$$\operatorname{diag}\{1,\cdots,1,p^3(\lambda)\}.$$

情形 2 $D_{n-1}(\lambda)=p(\lambda)$，此时 $d_n(\lambda)=\dfrac{D_n(\lambda)}{D_{n-1}(\lambda)}=p^2(\lambda)$。

由于 $d_i(\lambda)\mid d_{i+1}(\lambda),i=1,2,\cdots,n-1$，且

$$d_1(\lambda)d_2(\lambda)\cdots d_n(\lambda)=|\lambda I-A|=p^3(\lambda),$$

因此 $d_{n-1}(\lambda)=p(\lambda)$。从而 $d_{n-2}(\lambda)=\cdots=d_1(\lambda)=1$。

此时，$\lambda I-A$ 的相抵标准形为

$$\operatorname{diag}\{1,\cdots,1,p(\lambda),p^2(\lambda)\}.$$

$$D_{n-2}(\lambda)=\frac{D_{n-1}(\lambda)}{d_{n-1}(\lambda)}=1,D_{n-3}(\lambda)=\cdots=D_1(\lambda)=1.$$

情形 3 $D_{n-1}(\lambda)=p^2(\lambda)$，此时 $d_n(\lambda)=\dfrac{D_n(\lambda)}{D_{n-1}(\lambda)}=p(\lambda)$。

由于 $d_i(\lambda)\mid d_{i+1}(\lambda),i=1,2,\cdots,n-1$，且

$$d_1(\lambda)d_2(\lambda)\cdots d_n(\lambda)=|\lambda I-A|=p^3(\lambda),$$

因此 $d_{n-1}(\lambda)=p(\lambda),d_{n-2}(\lambda)=p(\lambda),d_{n-3}(\lambda)=\cdots=d_1(\lambda)=1$，此时 $\lambda I-A$ 的相抵标准形为

$$\operatorname{diag}\{1,\cdots,1,p(\lambda),p(\lambda),p(\lambda)\}.$$

$$D_{n-2}(\lambda)=\frac{D_{n-1}(\lambda)}{d_{n-1}(\lambda)}=p(\lambda),D_{n-3}(\lambda)=\frac{D_{n-2}(\lambda)}{d_{n-2}(\lambda)}=1,$$

$$D_{n-4}(\lambda)=\cdots=D_1(\lambda)=1.$$

习题 7.4

1. 证明下列多项式在实数域和有理数域上都不可约：

(1) x^2+1；

(2) x^2+x+1。

2. 分别在复数域、实数域和有理数域上分解下列多项式为不可约因式的乘积：

(1) x^4+1；

(2) x^4+4。

3. 证明：在 $K[x]$中，$g^2(x)\mid f^2(x)$当且仅当 $g(x)\mid f(x)$。

4. 证明：在 $K[x]$中，对任意正整数 m 有

$$(f^m(x),g^m(x))=(f(x),g(x))^m.$$

5. 设 m 为正整数，

(1) 在 $\mathbf{R}[x]$中，x^4+m 是否可约？如果可约，请写出它的标准分解式；

(2) 在 $\mathbf{Q}[x]$中，求出 x^4+m 可约的充分必要条件；当 x^4+m 在 $\mathbf{Q}$ 上可约时，写出它的标准分解式。

*6. $K[\lambda]$中，$f(\lambda)=p^4(\lambda)$，其中 $p(\lambda)$是 K 上首一不可约多项式，$\deg f(\lambda)=n\geqslant 4$。$f(\lambda)$的友矩阵记作 A，求 $\lambda I-A$ 的行列式因子和不变因子，并且求 $\lambda I-A$ 的相抵标准形。

7.5 重 因 式

7.5.1 内容精华

唯一因式分解定理揭示了数域 K 上一元多项式环的结构：每一个次数大于 0 的多项式 $f(x)$都可以唯一地分解成有限多个不可约多项式的乘积。在 $f(x)$的标准分解式中，如果一个不可约因式 $p_j(x)$的幂指数为 l_j，那么自然可以把 $p_j(x)$叫做 $f(x)$的 l_j 重因式。此时 $p_j^{l_j}(x)\mid f(x)$，但是 $p_j^{l_j+1}(x)\nmid f(x)$。由此引出下述定义：

定义 1 $K[x]$中，不可约多项式 $p(x)$称为 $f(x)$的 $\boldsymbol{k}$ **重因式**，如果 $p^k(x)\mid f(x)$，而 $p^{k+1}(x)\nmid f(x)$。

在上述定义中，如果 $k=0$，那么 $p(x)$不是 $f(x)$的因式；如果 $k=1$，那么称 $p(x)$是 $f(x)$的**单因式**；如果 $k>1$，那么称 $p(x)$是 $f(x)$的**重因式**。

显然，如果 $f(x)$ 的标准分解式为

$$f(x) = a p_1^{l_1}(x) p_2^{l_2}(x) \cdots p_s^{l_s}(x), \tag{1}$$

那么 $p_i(x)$ 是 $f(x)$ 的 l_i 重因式，$i=1,2,\cdots,s$。在(1)式中如果 $l_1=l_2=\cdots=l_s=1$，那么称 $f(x)$ 没有重因式。

如何判别一个多项式有没有重因式呢？由于没有一般的方法求一个多项式的标准分解式，因此我们必须寻找别的方法来判断一个多项式有没有重因式。下面先看一个简单的例子，以便从中受到启发。

设 $f(x)=(x+1)^3 \in \mathbf{R}[x]$。显然 $f(x)$ 有重因式 $x+1$。如果把 $f(x)$ 看成多项式函数，那么对 $f(x)$ 可以求导数，得 $f'(x)=3(x+1)^2$。于是

$$(f(x), f'(x)) = (x+1)^2.$$

由此受到启发，有可能运用导数概念以及求最大公因式的方法来讨论一个多项式有没有重因式的问题。我们模仿实变量多项式函数的求导公式，对于任意数域 K 上的一元多项式给出导数的定义：

定义 2 对于 $K[x]$ 中的多项式

$$f(x) = a_n x^n + a_{n-1} x^{n-1} + \cdots + a_1 x + a_0,$$

我们把多项式

$$n a_n x^{n-1} + (n-1) a_{n-1} x^{n-2} + \cdots + a_1$$

称为 $f(x)$ 的**导数**(或**一阶导数**)，记作 $f'(x)$。

$f'(x)$ 的导数叫做 $f(x)$ 的二阶导数，记作 $f''(x)$；$f''(x)$ 的导数叫做 $f(x)$ 的三阶导数，记作 $f'''(x)$，等等。$f(x)$ 的 k 阶导数记作 $f^{(k)}(x)$。

从定义 2 立即得出，一个 n 次多项式的导数是一个 $n-1$ 次多项式；它的 n 阶导数是 K 中一个非零数；它的 $n+1$ 阶导数是零多项式。零多项式的导数是零多项式。

根据定义 2，通过直接验证，得

$$[f(x)+g(x)]' = f'(x) + g'(x),$$

$$[c f(x)]' = c f'(x), c \in K,$$

$$[f(x)g(x)]' = f'(x)g(x) + f(x)g'(x),$$

$$[f^m(x)]' = m f^{m-1}(x) f'(x), m \in \mathbf{N}^*$$

从前面的例子，$f(x)=(x+1)^3$，$f'(x)=3(x+1)^2$，受到启发，猜测且可证明有下述结论：

定理 1 设 K 是数域，在 $K[x]$ 中，如果不可约多项式 $p(x)$ 是 $f(x)$ 的一个 $k(k\geqslant 1)$ 重因式，那么 $p(x)$ 是 $f'(x)$ 的一个 $k-1$ 重因式。特别地，$f(x)$ 的单因式不是 $f'(x)$ 的因式。

推论 1 设 K 是数域，在 $K[x]$ 中，不可约多项式 $p(x)$ 是 $f(x)$ 的一个重因式，当且仅当 $p(x)$ 是 $f(x)$ 与 $f'(x)$ 的一个公因式。

从推论 1 立即得到：

推论 2 设 K 是数域，在 $K[x]$ 中，次数大于 0 的多项式 $f(x)$ 有重因式当且仅当 $f(x)$ 与 $f'(x)$ 有次数大于 0 的公因式。 ■

从推论 2 立即得到：

推论 3 设 K 是数域，在 $K[x]$ 中，次数大于 0 的多项式 $f(x)$ 没有重因式当且仅当 $f(x)$ 与 $f'(x)$ 互素。 ■

推论 3 表明，判断数域 K 上一个次数大于 0 的多项式 $f(x)$ 有没有重因式，只要计算 $(f(x),f'(x))$，而求最大公因式有统一的方法——辗转相除法。所以我们有统一的方法——辗转相除法判断一个多项式有没有重因式。

由于在数域扩大时，两个多项式的互素性不改变，一个多项式的导数也不改变，因此从推论 3 立即得到：

推论 4 设数域 F 包含数域 K，对于 $K[x]$ 中次数大于 0 的多项式 $f(x)$，$f(x)$ 在 $K[x]$ 中没有重因式当且仅当 $f(x)$ 在 $F[x]$ 中没有重因式。即 $f(x)$ 有无重因式不会随数域的扩大而改变。 ■

一个多项式如果没有重因式，那么它的结构比较简单，便于研究它的性质。如果数域 K 上次数大于 0 的多项式 $f(x)$ 有重因式，我们可以想办法求出一个多项式 $g(x)$，它与 $f(x)$ 含有完全相同的不可约因式（不计重数），但是 $g(x)$ 没有重因式。如何求这个多项式 $g(x)$ 呢？设

$$f(x) = ap_1^{l_1}(x)p_2^{l_2}(x)\cdots p_s^{l_s}(x),$$

其中 $p_1(x),p_2(x),\cdots,p_s(x)$ 是两两不等的首一不可约多项式。据定理 1 得

$$f'(x) = p_1^{l_1-1}(x)p_2^{l_2-1}(x)\cdots p_s^{l_s-1}(x)h(x),$$

其中 $h(x)$ 不能被任何 $p_i(x)$ 整除，$i=1,2,\cdots,s$。于是

$$(f(x),f'(x)) = p_1^{l_1-1}(x)p_2^{l_2-1}(x)\cdots p_s^{l_s-1}(x).$$

因此用 $(f(x),f'(x))$ 去除 $f(x)$ 所得商式是

$$a\,p_1(x)p_2(x)\cdots p_s(x),$$

这就是我们要求的 $g(x)$，它没有重因式，且与 $f(x)$ 含有完全相同的不可约因式（不计重数）。这表明去掉 $f(x)$ 的不可约因式的重数的方法是：先用辗转相除法求出 $f(x)$ 与 $f'(x)$ 的首一最大公因式 $(f(x),f'(x))$，然后对 $f(x)$ 与 $(f(x),f'(x))$ 作带余除法，所得商式 $g(x)$ 即为所求的没有重因式的多项式。

7.5.2 典型例题

例 1 判断下述有理系数多项式有无重因式。如果有重因式，试求出一个多项式与它有完全相同的不可约因式（不计重数），且这个多项式没有重因式。

$$f(x) = x^3 + x^2 - 16x + 20.$$

解　$f'(x)=3x^2+2x-16$

用辗转相除法求出$(f(x),f'(x))=x-2$。因此 $f(x)$有重因式。

用$(f(x),f'(x))$去除 $f(x)$得商式为 $x^2+3x-10$，它没有重因式，且它与 $f(x)$有完全相同的不可约因式(不计重数)。

例 2　求例 1 中的多项式 $f(x)$在 $\mathbf{Q}[x]$中的标准分解式。

解　例 1 中已求出用 $x-2$ 去除 $f(x)$所得商式为 $x^2+3x-10$，余式为 0，因此

$$\begin{aligned} f(x) &= (x^2+3x-10)(x-2) \\ &= (x+5)(x-2)^2. \end{aligned}$$

例 3　设 K 是数域，在 $K(x)$中，$f(x)=x^3+ax+b$，求 $f(x)$有重因式的充分必要条件。

解　$f'(x)=3x^2+a$

设 $a\neq 0$，用辗转相除法求 $f(x)$与 $f'(x)$的最大公因式：

$h_2(x)=3x-\frac{9b}{2a}$	$f'(x)$ $3x^2 \quad +a$ $3x^2+\frac{9b}{2a}x$	$3f(x)$ $3x^3 \quad +3ax+3b$ $3x^3 \quad +ax$	$h_1(x)$ x
	$-\frac{9b}{2a}x+a$ $-\frac{9b}{2a}x-\frac{27b^2}{4a^2}$	$r_1(x)=2ax+3b$ $\frac{1}{2a}r_1(x)=x+\frac{3b}{2a}$	
	$r_2(x)=\frac{4a^3+27b^2}{4a^2}$		

$f(x)$有重因式

$\Leftrightarrow$　$(f(x),f'(x))\neq 1$

$\Leftrightarrow$　$4a^3+27b^2=0$。

当 $a=0$ 时，上述结论仍然成立。

例 4　$K[x]$中，$f(x)$的次数大于 0，令

$$g(x) := f(x+b), b \in K.$$

证明：$f(x)$在 K 上不可约当且仅当 $g(x)$在 K 上不可约。

证明　充分性。易知 $\deg g(x)=\deg f(x)$。假如 $f(x)$在 K 上可约，则在 $K[x]$中，有

$$f(x) = f_1(x)f_2(x), \deg f_i(x) < \deg f(x), i = 1,2.$$

x 用 $x+b$ 代入，从上式得

$$f(x+b) = f_1(x+b)f_2(x+b).$$

令 $g_i(x):=f_i(x+b)$,显然 $\deg g_i(x)=\deg f_i(x)$,$i=1,2$. 于是在 $K[x]$中,有

$$g(x)=g_1(x)g_2(x), \deg g_i(x)<\deg g(x), i=1,2.$$

这与 $g(x)$在 K 上不可约矛盾,因此 $f(x)$在 K 上不可约。

必要性。x 用 $x-b$ 代入,则从 $g(x)=f(x+b)$得 $g(x-b)=f(x)$,从充分性证得的结论知,如果 $f(x)$在 K 上不可约,那么 $g(x)$在 K 上不可约。 ■

例 5 $K[x]$中,$f(x)$的次数大于 0,令

$$g(x):=f(x+b).$$

证明:$f(x)$有重因式当且仅当 $g(x)$有重因式。

证明 设 $f(x)$在 $K[x]$中的标准分解式为

$$f(x)=ap_1^{l_1}(x)p_2^{l_2}(x)\cdots p_s^{l_s}(x). \tag{2}$$

x 用 $x+b$ 代入,从上式得

$$f(x+b)=ap_1^{l_1}(x+b)p_2^{l_2}(x+b)\cdots p_s^{l_s}(x+b).$$

令 $q_i(x)=p_i(x+b)$,$i=1,2,\cdots,s$,由于 $p_i(x)$在 K 上不可约,因此据例 4 得,$q_i(x)$在 K 上也不可约,$i=1,2,\cdots,s$。于是 $g(x)$在 $K[x]$中的标准分解式为

$$g(x)=aq_1^{l_1}(x)q_2^{l_2}(x)\cdots q_s^{l_s}(x). \tag{3}$$

$f(x)$有重因式 $\Leftrightarrow$ (2) 式中有某个 $l_j>1$

$\Leftrightarrow$ (3) 式中有某个 $l_j>1$

$\Leftrightarrow$ $g(x)$有重因式。 ■

例 6 设 K 是数域,在 $K[x]$中,

$$f(x)=x^3+a_2x^2+a_1x+a_0.$$

求 $f(x)$有重因式的充分必要条件。

解 令

$$\begin{aligned} g(x) &:= f\left(x-\frac{a_2}{3}\right) \\ &= \left(x-\frac{a_2}{3}\right)^3+a_2\left(x-\frac{a_2}{3}\right)^2+a_1\left(x-\frac{a_2}{3}\right)+a_0 \\ &= x^3+\left(a_1-\frac{1}{3}a_2^2\right)x+\frac{2}{27}a_2^3-\frac{a_1a_2}{3}+a_0 \end{aligned}$$

运用例 5 和例 3 的结论得,$f(x)$有重因式当且仅当

$$\begin{aligned} 0 &= 4\left(a_1-\frac{1}{3}a_2^2\right)^3+27\left(\frac{2}{27}a_2^3-\frac{a_1a_2}{3}+a_0\right)^2 \\ &= 4a_2^3a_0-a_2^2a_1^2-18a_2a_1a_0+4a_1^3+27a_0^2. \end{aligned}$$

点评 研究数域 K 上的 3 次多项式没有重因式的充分必要条件是有实际应用的。例如,在密码学中,可以利用平面上的下述曲线:

$$y^2 = x^3 + ax + b,$$

其中 $4a^3+27b^2\neq 0$，来建立公钥密码体系。据例 3 的结论知道，这里关于 a,b 的条件正是 3 次多项式 $f(x)=x^3+ax+b$ 没有重因式的充分必要条件。

例 7　设 K 是数域，在 $K[x]$ 中，$f(x)$ 是 4 次多项式。如果 $x-2$ 是 $f(x)+5$ 的三重因式，$x+3$ 是 $f(x)-2$ 的二重因式，求 $f(x)$。

解　由已知条件得，$x-2$ 是 $(f(x)+5)'=f'(x)$ 的二重因式，$x+3$ 是 $(f(x)-2)'=f'(x)$ 的单因式。

由于 $\deg f(x)=4$，因此 $\deg f'(x)=3$。从而 $f'(x)$ 的标准分解式为

$$f'(x) = a(x-2)^2(x+3).$$

于是

$$f'(x)=a(x^3-x^2-8x+12).$$

根据 $K[x]$ 中多项式的导数的定义，得

$$f(x) = a\left(\frac{1}{4}x^4 - \frac{1}{3}x^3 - 4x^2 + 12x\right) + b.$$

由于 $x-2$ 整除 $f(x)+5$，用综合除法得

$$\frac{28}{3}a + b + 5 = 0. \tag{4}$$

由于 $x+3$ 整除 $f(x)-2$，用综合除法得

$$-\frac{171}{4}a + b - 2 = 0. \tag{5}$$

联立(4)和(5)式，解得

$$a = -\frac{84}{625}, b = -\frac{2341}{625}.$$

因此

$$f(x)=-\frac{21}{625}x^4+\frac{28}{625}x^3+\frac{336}{625}x^2-\frac{1008}{625}x-\frac{2341}{625}.$$

例 8　设 K 是数域，证明：$K[x]$ 中一个 n 次$(n\geqslant 1)$多项式 $f(x)$ 能被它的导数整除的充分必要条件是它与一个一次因式的 n 次幂相伴。

证明　充分性。设 $f(x)=a(cx+b)^n$，则

$$f'(x) = na(cx+b)^{n-1}c.$$

从而

$$f'(x)\mid f(x).$$

必要性。设 $f'(x)\mid f(x)$，则 $(f(x),f'(x))=cf'(x)$，其中 c^{-1} 是 $f'(x)$ 的首项系数。由于用 $(f(x),f'(x))$ 去除 $f(x)$ 所得的商式 $g(x)$ 与 $f(x)$ 有完全相同的不可约因式(不计重数)，且 $g(x)$ 没有重因式，因此

$$f(x) = cg(x)f'(x).$$

由于 $\deg f(x)=n$,$\deg f'(x)=n-1$,因此 $g(x)=a(x+b)$.

从而
$$f(x)=a(x+b)^n.$$
■

习题 7.5

1. 判别下列有理系数多项式有无重因式?如果有重因式,试求出一个多项式与它有完全相同的不可约因式(不计重数),且这个多项式没有重因式。

(1) $f(x)=x^3-3x^2+4$;

(2) $f(x)=x^3+2x^2-11x-12$。

2. 对于第1题中有重因式的多项式 $f(x)$,求出它在 $\mathbf{Q}[x]$中的标准分解式。

3. 在 $\mathbf{Q}[x]$中,$f(x)=x^5-3x^4+2x^3+2x^2-3x+1$。

(1) 求一个没有重因式的多项式 $g(x)$,使它与 $f(x)$含有完全相同的不可约因式(不计重数);

(2) 求 $f(x)$的标准分解式。

4. 举例说明:在数域 K 上的一元多项式环 $K[x]$中,一个不可约多项式 $p(x)$是 $f(x)$的导数 $f'(x)$的 $k-1$ 重因式($k\geqslant 2$),但是 $p(x)$不是 $f(x)$的 k 重因式。

5. 设 K 是数域,证明:在 $K[x]$中,若不可约多项式 $p(x)$是 $f(x)$的导数 $f'(x)$的 $k-1$ 重因式($k\geqslant 1$),并且 $p(x)$是 $f(x)$的因式,则 $p(x)$是 $f(x)$的 k 重因式。

6. 设 K 是数域,证明:在 $K[x]$中,不可约多项式 $p(x)$是 $f(x)$的 k 重因式($k\geqslant 1$)的充分必要条件为:$p(x)$是 $f(x),f'(x),\cdots,f^{(k-1)}(x)$的因式,但不是 $f^{(k)}(x)$的因式。

7. 设 K 是数域,$K[x]$中,$f(x)$如下所述,求 $f(x)$有重因式的充分必要条件。

(1) $f(x)=x^4+ax^2+b$;

(2) $f(x)=x^4+cx+d$;

(3) $f(x)=x^4+cx^3+d$。

7.6 一元多项式的根,复数域上的不可约多项式

7.6.1 内容精华

唯一因式分解定理揭示了数域 K 上一元多项式环 $K[x]$的结构:每一个次数大于0的多项式都可以唯一地分解成有限多个不可约多项式的乘积。下一步的任务就是要决定

$K[x]$中的所有不可约多项式。由于一次因式都是不可约的，因此我们要进一步在次数大于 1 的多项式中寻找不可约多项式。次数大于 1 的多项式如果有一次因式，那么它是可约的；如果没有一次因式，那么它可能是不可约的，也可能是可约的。于是次数大于 1 的多项式不可约的必要条件是它没有一次因式，但这不是充分条件。为此要研究 $K[x]$中的多项式 $f(x)$有一次因式的充分必要条件，首先研究用一次多项式 $x-a$ 去除 $f(x)$得到的余式是什么样子。

定理 1(余数定理)　在 $K[x]$中，用 $x-a$ 去除 $f(x)$所得的余式是 $f(a)$。

由定理 1 立即得到：

推论 1　在 $K[x]$中，$x-a \mid f(x) \quad \Leftrightarrow \quad f(a)=0$。 ■

从推论 1 看出，需要引进多项式的根的概念：

定义 1　设 K 是数域，R 是一个有单位元的交换环，且 R 可看成是 K 的一个扩环。对于 $f(x) \in K[x]$，如果有 $c \in R$，使得 $f(c)=0$，那么称 c 是 $f(x)$在 R 中的一个**根**。

$f(x)$在复数域和实数域中的根分别称为复根和实根。若 $f(x) \in \mathbf{Q}[x]$，则 $f(x)$在 $\mathbf{Q}$ 中的根(如果有的话)称为有理根。

从定义 1 和推论 1 立即得出：

定理 2(Bezout 定理)　在 $K[x]$中，$x-a$ 是 $f(x)$的一次因式当且仅当 a 是 $f(x)$在 K 中的一个根。 ■

于是 $K[x]$中的多项式 $f(x)$有一次因式的充分必要条件是它在 K 中有根。如果 $x-a$ 是 $f(x)$的 k 重因式($k \geqslant 0$)，那么称 a 是 $f(x)$的 ***k* 重根**。当 $k \geqslant 2$ 时，a 称为重根；当 $k=1$ 时，a 称为单根；当 $k=0$ 时，a 不是根。

对于 $K[x]$中的 n 次($n>0$)多项式 $f(x)$，设

$$f(x)=a(x-c_1)^{r_1}(x-c_2)^{r_2}\cdots(x-c_m)^{r_m}p_{m+1}^{r_{m+1}}(x)\cdots p_s^{r_s}(x),$$

其中 $c_1,c_2,\cdots,c_m$ 是 K 中两两不等的数，$p_{m+1}(x),\cdots,p_s(x)$是次数大于 1 的首一不可约多项式，它们两两不等，$r_i \geqslant 0, i=1,2,\cdots,s$。由于 $r_1+r_2+\cdots+r_m \leqslant n$，因此有：

定理 3　$K[x]$中 n 次($n>0$)多项式 $f(x)$在 K 中至多有 n 个根(重根按重数计算)。 ■

显然，当 $n=0$ 时，定理 3 也成立。

从定理 3 得出：如果一个次数不超过 n 的多项式在 K 中有 $n+1$ 个根，那么它必为零多项式，由此立即得出：

定理 4　在 $K[x]$中，设 $f(x)$与 $g(x)$的次数都不超过 n，如果 K 中有 $n+1$ 个不同的数 $c_1,c_2,\cdots,c_{n+1}$，使得

$$f(c_i)=g(c_i), i=1,2,\cdots,n+1, \tag{1}$$

那么 $f(x)=g(x)$。

定理4使我们可以把数域 K 上的一元多项式 $f(x)$ 与一元多项式函数 f 等同看待。理由如下：

任意给定 $f(x)\in K[x]$，可以得到 K 到自身的一个映射 $f: a\longmapsto f(a)$，$\forall a\in K$。这个映射 f 称为由多项式 $f(x)$ 诱导的**多项式函数**，也称为 **K 上的一元多项式函数**。

把数域 K 上的所有一元多项式函数组成的集合记作 K_{pol}，在此集合中规定

$$(f+g)(a):=f(a)+g(a),\forall a\in K, \tag{2}$$

$$(fg)(a):=f(a)g(a)\ \forall a\in K. \tag{3}$$

从(2)、(3)式看出，$f+g$，fg 分别是由多项式

$$h(x)=f(x)+g(x),p(x)=f(x)g(x)$$

诱导的多项式函数，因此(2)、(3)式定义了集合 K_{pol} 上的加法运算和乘法运算。易看出，零函数是 K_{pol} 中的零元，常值函数1是 K_{pol} 中的单位元；易验证 K_{pol} 是一个有单位元的交换环，称它为 K 上的**一元多项式函数环**。

定理5　数域 K 上的两个多项式 $f(x)$ 与 $g(x)$ 如果不相等，那么它们诱导的多项式函数 f 与 g 也不相等。

证明　设 $f(x)\neq g(x)$。假如 $f=g$，则 $\forall a\in K$，有 $f(a)=g(a)$。由于 K 是数域，它有无穷多个元素，于是根据定理4得，$f(x)=g(x)$，矛盾。因此 $f\neq g$。 ■

注意，定理5证明中的关键是 K 中有无穷多个元素。

设 K 是数域，把多项式 $f(x)$ 对应到它诱导的多项式函数 f，这是 $K[x]$ 到 K_{pol} 的一个映射，显然它是满射；从定理5得出，这个映射是单射，从而它是双射。由于多项式 $f(x)+g(x)$ 对应的多项式函数是 $f+g$，多项式 $f(x)g(x)$ 对应的多项式函数是 fg，因此这个映射保持加法运算和乘法运算。

定义2　设 R 和 R' 是两个环，如果存在从 R 到 R' 的一个双射 σ，它保持加法和乘法运算，即对 $\forall a,b\in R$，有

$$\sigma(a+b)=\sigma(a)+\sigma(b),$$

$$\sigma(ab)=\sigma(a)\sigma(b),$$

那么称 σ 是环 R 到 R' 的一个**同构映射**，此时称环 R 与 R' 是**同构**的，记作 $R\cong R'$。

从上面的讨论立即得到：设 K 是数域，则

$$K[x]\cong K_{pol}.$$

从而可以把数域 K 上的一元多项式 $f(x)$（这是一个表达式）与数域 K 上的一元多项式函数 f（这是一个映射）等同起来。

由 Bezout 定理立即得到：在 $K[x]$ 中，$x-a$ 是 $f(x)$ 的一次因式当且仅当多项式函数 f 在 a 处的函数值 $f(a)=0$。这使得我们可以运用函数论的知识来研究数域 K 上的不可约多项式。

现在来研究复数域上的不可约多项式有哪些。设

$$f(x)=a_nx^n+\cdots+a_1x+a_0\in\mathbf{C}[x]$$

且 $\deg f(x)=n>0$。假如 $f(x)$ 没有复根，则 $\forall z\in\mathbf{C}$，有 $f(z)\neq 0$。于是函数

$$\Phi(z)=\frac{1}{f(z)}$$

的定义域为 $\mathbf{C}$。类似于实变量函数，复变量的多项式函数有导数，且复变量函数的导数与四则运算的关系，以及复合函数的求导法则，都像实变量函数那样，因此，$\Phi(z)$ 在复平面 $\mathbf{C}$ 的每一个点处都有导数，此时称 $\Phi(z)$ 在复平面 $\mathbf{C}$ 上**解析**。

当 $|z|\to+\infty$ 时，$|\Phi(z)|$ 的变化趋势如何？我们有

$$\begin{aligned}|f(z)|&=|a_nz^n+a_{n-1}z^{n-1}+\cdots+a_1z+a_0|\\&\geqslant|a_nz^n|-|a_{n-1}z^{n-1}+\cdots+a_1z+a_0|\\&\geqslant|a_n||z|^n-(|a_{n-1}||z|^{n-1}+\cdots+|a_1||z|+|a_0|).\end{aligned}$$

直觉猜测：当 $|z|$ 充分大时，有

$$|a_n||z|^n-(|a_{n-1}||z|^{n-1}+\cdots+|a_1||z|+|a_0|)>0.$$

为了论证这一猜测是真的，令

$$M=\max\{|a_{n-1}|,\cdots,|a_1|,|a_0|\}.$$

于是当 $|z|-1>0$ 时，有

$$\begin{aligned}&|a_{n-1}||z|^{n-1}+\cdots+|a_1||z|+|a_0|\\&\leqslant M(|z|^{n-1}+\cdots+|z|+1)\\&=M\frac{1-|z|^n}{1-|z|}=M\frac{|z|^n-1}{|z|-1}<M\frac{|z|^n}{|z|-1}.\end{aligned}$$

又当 $|z|-1>0$ 时，有

$$\frac{M|z|^n}{|z|-1}\leqslant|a_n||z|^n\quad\Leftrightarrow\quad|z|\geqslant1+\frac{M}{|a_n|}.$$

因此，当 $|z|\geqslant1+\frac{M}{|a_n|}$ 时，有

$$\begin{aligned}|f(z)|&\geqslant|a_n||z|^n-(|a_{n-1}||z|^{n-1}+\cdots+|a_1||z|+|a_0|)\\&>|a_n||z|^n-M\frac{|z|^n}{|z|-1}\geqslant0.\end{aligned}$$

于是，当 $|z|\geqslant1+\frac{M}{|a_n|}$ 时，有

$$|\Phi(z)|=\frac{1}{|f(z)|}\leqslant\frac{1}{|a_n||z|^n-(|a_{n-1}||z|^{n-1}+\cdots+|a_1||z|+|a_0|)}$$

$$=\frac{\frac{1}{|z|^n}}{|a_n|-\left(|a_{n-1}|\frac{1}{|z|}+\cdots+|a_1|\frac{1}{|z|^{n-1}}+|a_0|\frac{1}{|z|^n}\right)}$$

$\to 0$，当 $|z|\to+\infty$.

所以
$$\lim_{|z|\to+\infty}|\Phi(z)|=0.$$
于是存在 $r>0, M_1>0$，使得当 $|z|>r$ 时，有
$$|\Phi(z)|\leqslant M_1.$$

显然 $\Phi(z)$ 在圆盘 $|z|\leqslant r$ 上连续。根据"有界闭集上的连续函数必有界(指它的模)"，因此 $\Phi(z)$ 在 $|z|\leqslant r$ 上有界，即存在 $M_2>0$，使得当 $|z|\leqslant r$ 时，有
$$|\Phi(z)|\leqslant M_2$$
综上所述得，$\forall z\in \mathbf{C}$，有
$$|\Phi(z)|\leqslant \max\{M_1, M_2\}.$$
这表明 $\Phi(z)$ 在复平面 $\mathbf{C}$ 上有界。

根据复变函数论的 Liouville 定理：在复平面 $\mathbf{C}$ 上解析且有界的函数必为常值函数，得
$$\Phi(z)=b, \forall z\in\mathbf{C},$$
其中 b 是某个非零复数，从而
$$f(z)=\frac{1}{b}, \forall z\in\mathbf{C}.$$

由此得出，$f(x)=\frac{1}{b}$。这与 $\deg f(x)=n>0$ 矛盾。因此 $f(x)$ 必有复根。于是我们证明了：

定理 6(代数基本定理) 每一个次数大于 0 的复系数多项式至少有一个复根。 ■

定理 6 被称为"代数基本定理"是因为在 19 世纪以前求代数方程的根是代数学的最重要课题，这个定理的第一个严格证明是高斯(Gauss)于 1799 年给出的，后来他又给出了四个证明；Jordan，Weyl 等人也给过证明。

由定理 6 立即得到：每一个次数大于 0 的复系数多项式都有一次因式，从而次数大于 1 的复系数多项式都是可约的。于是得到：

推论 2 复数域上的不可约多项式只有一次多项式。 ■

定理 7(复系数多项式唯一因式分解定理) 每一个次数大于 0 的复系数多项式在复数域上都可以唯一地分解成一次因式的乘积。 ■

因此次数大于 0 的复系数多项式 $f(x)$ 的标准分解式为
$$f(x)=a(x-c_1)^{l_1}(x-c_2)^{l_2}\cdots(x-c_s)^{l_s}. \tag{4}$$
于是立即得出：

推论 3　每一个 n 次($n>0$)复系数多项式恰有 n 个复根(重根按重数计算)。 ■

显然,当 $n=0$ 时,推论 3 也成立。

至此我们完全决定了复数域上的不可约多项式(见推论 2),从而细化了复系数多项式的唯一因式分解定理。

利用复系数多项式唯一因式分解定理,可以得出数域 K 上的 n 次($n>0$)多项式 $f(x)$ 的复根与它的系数之间的关系:

设 $f(x)=x^n+a_{n-1}x^{n-1}+\cdots+a_1x+a_0\in K[x]$,$n>0$。把 $f(x)$ 看成复系数多项式,设它的 n 个复根为 $c_1,c_2,\cdots,c_n$(它们可能有相同的),则 $f(x)$ 在复数域上有因式分解:

$$f(x)=(x-c_1)(x-c_2)\cdots(x-c_n).\tag{5}$$

把(5)式的右端展开,并且比较各项系数得

$$\begin{aligned}a_{n-1}&=-(c_1+c_2+\cdots+c_n),\\ &\cdots\\ a_{n-k}&=(-1)^k\sum_{1\leqslant i_1<\cdots<i_k\leqslant n}c_{i_1}c_{i_2}\cdots c_{i_k},\\ &\cdots\\ a_0&=(-1)^nc_1c_2\cdots c_n.\end{aligned}\tag{6}$$

公式(6)称为 **Vieta 公式**。

* 复系数多项式唯一因式分解定理在 λ-矩阵相抵的判定上也有应用。

定义 3　设 $A(\lambda)$ 是 $\mathbf{C}[\lambda]$ 上的 n 级非零矩阵,$A(\lambda)$ 的每个次数大于 0 的不变因子的标准分解式中,出现的所有一次因式的方幂(相同的必须按出现的次数计算)称为 $A(\lambda)$ 的**初等因子**。

从定义 3 看出,如果知道了 $A(\lambda)$ 的不变因子,那么可以唯一确定出 $A(\lambda)$ 的初等因子;反之,如果知道了 $A(\lambda)$ 的初等因子,也可以唯一确定出 $A(\lambda)$ 的不变因子。考虑到以后的应用,假定 $A(\lambda)$ 的秩为 n。于是 $A(\lambda)$ 的不变因子有 n 个。我们把 $A(\lambda)$ 的初等因子中同一个一次因式的方幂按降幂排列,并且当同一个一次因式的方幂不到 n 个时,就在后面补上适当个数的 1,以便凑齐 n 个方幂。于是有

$$\begin{matrix}(\lambda-\lambda_1)^{k_{11}}, & (\lambda-\lambda_1)^{k_{12}}, & \cdots, & (\lambda-\lambda_1)^{k_{1n}}\\ (\lambda-\lambda_2)^{k_{21}}, & (\lambda-\lambda_2)^{k_{22}}, & \cdots, & (\lambda-\lambda_2)^{k_{2n}}\\ \vdots & \vdots & & \vdots\\ (\lambda-\lambda_s)^{k_{s1}}, & (\lambda-\lambda_s)^{k_{s2}}, & \cdots, & (\lambda-\lambda_s)^{k_{sn}}.\end{matrix}\tag{7}$$

由于(7)式中出现的一次因式的方幂(除去零次幂以外)就是 $A(\lambda)$ 的全部次数大于 0 的不变因子的标准分解式中的一次因式方幂,因此(7)式中的一次因式方幂应当分别属于 $A(\lambda)$

的各个不变因子。注意到 $A(\lambda)$ 的不变因子具有性质：

$$d_i(\lambda) \mid d_{i+1}(\lambda), i=1,2,\cdots,n-1.$$

因此 $d_n(\lambda)$ 应当包含(7)式中每个一次因式的最高方幂，$d_{n-1}(\lambda)$ 应当包含(7)式中每个一次因式的次高方幂。如此下去，换句话说，(7)式中第 1 列的一次因式方幂的乘积就是 $d_n(\lambda)$，第 2 列的一次因式方幂的乘积就是 $d_{n-1}(\lambda)$，…，第 n 列的一次因式方幂(可能是零次幂)的乘积就是 $d_1(\lambda)$。这样从 $A(\lambda)$ 的初等因子便唯一确定出了 $A(\lambda)$ 的不变因子。由此立即得出：

定理 8 $\mathbf{C}[\lambda]$ 上两个满秩 n 级矩阵相抵的充分必要条件是它们有相同的初等因子。 ■

对于数域 K 上的 n 级矩阵 A，它的特征矩阵 $\lambda I-A$ 是满秩的 n 级 λ-矩阵(因为 $|\lambda I-A|\neq 0$)。由于 $\lambda I-A$ 的 n 个不变因子的乘积等于 $|\lambda I-A|$，因此如果 $|\lambda I-A|$ 在 $K[\lambda]$ 中的标准分解式是一次因式方幂的乘积，那么 $\lambda I-A$ 的每个不变因子在 $K[\lambda]$ 中的标准分解式也都是一次因式方幂的乘积，这时所有这些一次因式的方幂(相同的必须按出现的次数计算)是 $\lambda I-A$ 的初等因子。按照上面一段的议论，$\lambda I-A$ 的不变因子与初等因子互相唯一确定。因此与定理 8 一样，有下述结论：

定理 9 设 A,B 是数域 K 上的 n 级矩阵，如果它们的特征多项式在 $K[\lambda]$ 中都能分解成一次因式方幂的乘积，那么 $\lambda I-A$ 与 $\lambda I-B$ 相抵的充分必要条件是它们有相同的初等因子。

今后我们把数域 K 上 n 级矩阵 A 的特征矩阵 $\lambda I-A$ 的不变因子叫做 A 的**不变因子**。如果 A 的特征多项式 $|\lambda I-A|$ 在 $K[\lambda]$ 中能分解成一次因式方幂的乘积，那么我们把 $\lambda I-A$ 的初等因子叫做 A 的**初等因子**。

设 $A(\lambda)$ 是 $\mathbf{C}[\lambda]$ 上的 n 级满秩矩阵，$A(\lambda)$ 的初等因子比起不变因子较容易求出。

定理 10 设 $A(\lambda)$ 是 $\mathbf{C}[\lambda]$ 上的 n 级满秩矩阵，通过初等变换把 $A(\lambda)$ 化成对角矩阵，然后把主对角线上每个次数大于 0 的多项式分解成互不相同的一次因式方幂的乘积，那么所有这些一次因式的方幂(相同的按出现的次数计算)就是 $A(\lambda)$ 的初等因子。

设 A 是数域 K 上的 n 级矩阵，如果它的特征多项式 $|\lambda I-A|$ 在 $K[\lambda]$ 中能分解成一次因式的方幂的乘积，那么可以按照定理 10 所讲的方法求出 A 的特征矩阵 $\lambda I-A$ 的初等因子。

前面指出，可以把数域 K 上的一元多项式与一元多项式函数等同看待。从而我们利用函数论的知识证明了代数基本定理，进而决定了复数域上的所有不可约多项式。现在我们反过来要运用多项式的理论来解决函数论中的一些问题。定理 4 表明：数域 K 上一个次数不超过 n 的多项式，被它在 K 的 $n+1$ 个不同元素的值所唯一确定。于是在实际问题中，如果变量 y 与变量 x 之间有确定的依赖关系(即函数关系)，并且通过观测得到当 x 取 $n+1$ 个不同的值 $c_0,c_1,\cdots,c_n$ 时，y 的对应值为 $d_0,d_1,\cdots,d_n$。那么我们可以找一个次数不

超过 n 的多项式 $f(x)$，满足 $f(c_i)=d_i, i=0,1,\cdots,n$，用多项式函数 $y=f(x)$ 来近似地描述 y 与 x 的函数关系。此时把这个多项式函数 $y=f(x)$ 称为原来函数的**插值函数**，或**插值多项式**。求插值函数的问题称为插值问题。下面介绍求插值多项式的一些方法。

定理 11 设 $c_0,c_1,\cdots,c_n$ 是数域 K 中 $n+1$ 个不同的数 $d_0,d_1,\cdots,d_n\in K$，则 $K[x]$ 中存在唯一的一个次数不超过 n 的多项式 $f(x)$，使得

$$f(c_i)=d_i, i=0,1,2,\cdots,n. \tag{8}$$

证明 据定理 4 得，满足(8)式的次数不超过 n 的多项式 $f(x)$ 如果存在，那么它是唯一的。现在来证存在性。

先看一个特殊情形：任意取定 $i\in\{0,1,\cdots,n\}$，设

$$d_0=\cdots=d_{i-1}=d_{i+1}=\cdots=d_n=0.$$

如果存在一个次数不超过 n 的多项式 $f_i(x)$，使得

$$f_i(c_j)=d_j=0, j\neq i; f_i(c_i)=d_i. \tag{9}$$

那么 $f_i(x)$ 有 n 个不同的根 $c_0,\cdots,c_{i-1},c_{i+1},\cdots,c_n$。由于 $\deg f_i(x)\leqslant n$，因此

$$f_i(x)=a_i(x-c_0)\cdots(x-c_{i-1})(x-c_{i+1})\cdots(x-c_n). \tag{10}$$

由于 $f_i(c_i)=d_i$，因此由(10)式得

$$a_i=\frac{d_i}{(c_i-c_0)\cdots(c_i-c_{i-1})(c_i-c_{i+1})\cdots(c_i-c_n)}. \tag{11}$$

把(11)式代入(10)式得

$$f_i(x)=d_i\frac{(x-c_0)\cdots(x-c_{i-1})(x-c_{i+1})\cdots(x-c_n)}{(c_i-c_0)\cdots(c_i-c_{i+1})(c_i-c_{i+1})\cdots(c_i-c_n)}. \tag{12}$$

显然(12)式给出的 $f_i(x)$ 是次数不超过 n 的多项式，且满足(9)式。

现在看一般情形。令

$$f(x)=\sum_{i=0}^{n}d_i\frac{(x-c_0)\cdots(x-c_{i-1})(x-c_{i+1})\cdots(x-c_n)}{(c_i-c_0)\cdots(c_i-c_{i-1})(c_i-c_{i+1})\cdots(c_i-c_n)}. \tag{13}$$

则 $\deg f(x)\leqslant n$，且满足

$$\begin{aligned}f(c_j)&=\sum_{i=0}^{n}d_i\frac{(c_j-c_0)\cdots(c_j-c_{i-1})(c_j-c_{i+1})\cdots(c_j-c_n)}{(c_i-c_0)\cdots(c_i-c_{i-1})(c_i-c_{i+1})\cdots(c_i-c_n)}\\&=d_j.\end{aligned}$$

■

(13)式给出的多项式称为**拉格朗日(Lagrange)插值公式**。

定理 11 中求插值多项式 $f(x)$ 还可以用**牛顿(Newton)插值公式**：

$$\begin{aligned}f(x)=&u_0+u_1(x-c_0)+u_2(x-c_0)(x-c_1)+\cdots\\&+u_n(x-c_0)(x-c_1)\cdots(x-c_{n-1}).\end{aligned} \tag{14}$$

其中系数 $u_0,u_1,\cdots,u_n$ 可以通过把 x 逐次用 $c_0,c_1,\cdots,c_n$ 代入而从(14)式求出。

定理 11 中求插值多项式 $f(x)$ 还可以用**待定系数法**，设

$$f(x) = a_n x^n + a_{n-1} x^{n-1} + \cdots + a_1 x + a_0, \tag{15}$$

由于要求 $f(c_i)=d_i, i=0,1,\cdots,n$，因此可以得到一个含未知数 $a_n, a_{n-1}, \cdots, a_0$ 的 $n+1$ 个方程组成的线性方程组，它的系数行列式是范德蒙行列式，这个行列式不等于 0，因此方程组有唯一解。

7.6.2 典型例题

例 1 在 $\mathbf{Q}[x]$ 中，$f(x)=x^3-3x^2+ax+4$。求 a 的值，使 $f(x)$ 在 $\mathbf{Q}$ 中有重根，并且求出相应的重根及其重数。

解法一 $c\in\mathbf{Q}$ 是 $f(x)$ 的重根

$\Leftrightarrow$ $x-c$ 是 $f(x)$ 的重因式

$\Leftrightarrow$ $x-c$ 是 $(f(x),f'(x))$ 的因式。

用辗转相除法求 $(f(x),f'(x))$，当 $a\neq 3$ 时，

c 是 $f(x)$ 在 $\mathbf{Q}$ 中的重根

$\Leftrightarrow$ $4a^3-9a^2+216a=0(a\in\mathbf{Q})$ 且 $x-c$ 是 $x+\dfrac{12+a}{2a-6}$ 的因式

$\Leftrightarrow$ $a=0$ 且 $c=2$。

当 $a=3$ 时，$(f(x),f'(x))=1$，从而 $f(x)$ 没有重因式，因此 $f(x)$ 在 $\mathbf{Q}$ 中没有重根。

综上所述，$f(x)$ 在 $\mathbf{Q}$ 中有重根当且仅当 $a=0$，此时 2 是 $f(x)$ 的重根。用 $x-2$ 去除 $f(x)$，采用综合除法，易求出 2 是 $f(x)$ 的二重根。

解法二 $f(x)$ 在 $\mathbf{Q}$ 中有重根

$\Rightarrow$ $f(x)$ 在 $\mathbf{Q}[x]$ 中有重因式

$\Leftrightarrow$ $4\cdot(-3)^3\cdot 4-(-3)^2a^2-18\cdot(-3)\cdot a\cdot 4+4a^3+27\cdot 4^2=0$

$\Leftrightarrow$ $4\cdot a^3-9a^2+216a=0$

$\Leftrightarrow$ $a=0$ 或 $4a^2-9a+216=0$（舍去）。

因此 $f(x)$ 在 $\mathbf{Q}$ 中有重根的必要条件是 $a=0$，再看它是否为充分条件。当 $a=0$ 时，

$$\begin{aligned}
f(x) &= x^3-3x^2+4 \\
&= x^3-2x^2-x^2+4 \\
&= x^2(x-2)-(x+2)(x-2) \\
&= (x-2)(x^2-x-2) \\
&= (x-2)^2(x+1).
\end{aligned}$$

因此 $f(x)$ 在 $\mathbf{Q}$ 中有重根当且仅当 $a=0$，此时 2 是 $f(x)$ 的二重根。

点评　解法一具有普遍性，解法二针对 $f(x)$ 是 3 次多项式，利用了 7.5 节例 6 中关于 3 次多项式有重因式的充分必要条件，从而变得比较简捷。

需要注意：$K[x]$ 中的多项式 $f(x)$ 在 K 中有重根的必要条件是 $f(x)$ 在 $K[x]$ 中有重因式，但这不是充分条件。即，可能 $f(x)$ 在 $K[x]$ 中有重因式，但是 $f(x)$ 在 K 中没有重根。例如，$\mathbf{Q}[x]$ 中，$f(x)=(x^2-2)^2$ 有二重因式 x^2-2，但是 $f(x)$ 在 $\mathbf{Q}$ 中没有根，当然也就没有重根。当 K 是复数域时，$\mathbf{C}[x]$ 中的多项式 $f(x)$ 在 $\mathbf{C}$ 中有重根当且仅当 $f(x)$ 有重因式。

例 2　设 K 是数域，证明：$K[x]$ 中两个次数大于 0 的多项式没有公共复根的充分必要条件是它们互素。

证明　设 $f(x), g(x) \in K[x]$，则

$$
\begin{aligned}
& f(x) \text{ 与 } g(x) \text{ 有公共复根} \\
\Leftrightarrow\ & f(x) \text{ 与 } g(x) \text{ 在 } \mathbf{C}[x] \text{ 中有公共的一次因式} \\
\Leftrightarrow\ & f(x) \text{ 与 } g(x) \text{ 在 } \mathbf{C}[x] \text{ 中不互素} \\
\Leftrightarrow\ & f(x) \text{ 与 } g(x) \text{ 在 } K[x] \text{ 中不互素。}
\end{aligned}
$$

从而 $f(x)$ 与 $g(x)$ 没有公共复根当且仅当 $f(x)$ 与 $g(x)$ 在 $K[x]$ 中互素。 ■

点评　在例 2 证明过程的第二步的充分性利用了复数域上每一个次数大于 0 的多项式都可以分解成一次因式的乘积。例 2 的结论使我们可以利用辗转相除法判断 $K[x]$ 中两个多项式有无公共复根，并且如果有的话，把公共复根求出来：c 是 $f(x)$ 与 $g(x)$ 的公共复根当且仅当 $x-c$ 是 $(f(x), g(x))$ 的因式。

例 3　$\mathbf{Q}[x]$ 中，$f(x)=x^3-3x^2+x-3$，$g(x)=x^4-x^3+2x^2-x+1$。$f(x)$ 与 $g(x)$ 有无公共复根？如果有，试把它求出来。

解法一　用辗转相除法求出：

$$(f(x), g(x)) = x^2+1 = (x-\mathrm{i})(x+\mathrm{i}).$$

因此 i 和 −i 是 $f(x)$ 与 $g(x)$ 的公共复根。

解法二

$$
\begin{aligned}
f(x) &= x^3-3x^2+x-3 \\
&= x^2(x-3)+(x-3) \\
&= (x^2+1)(x-3), \\
g(x) &= x^4-x^3+2x^2-x+1 \\
&= (x^4+2x^2+1)-x^3-x \\
&= (x^2+1)^2-x(x^2+1) \\
&= (x^2+1)(x^2+1-x).
\end{aligned}
$$

于是 $$(f(x),g(x))=x^2+1=(x-\mathrm{i})(x+\mathrm{i}).$$
因此 i 和 $-\mathrm{i}$ 是 $f(x)$ 与 $g(x)$ 的公共复根。

点评 例 3 的解法一用辗转相除法求 $(f(x),g(x))$ 是普遍适用的方法。解法二通过因式分解来求 $(f(x),g(x))$,只对一些特殊的多项式适用,因为没有一个通法来把 $K[x]$ 中任意一个次数大于 0 的多项式分解成不可约多项式的乘积。

例 4 证明:在 $K[x]$ 中,如果 $x-a\mid f(x^m)$,其中 m 是任一正整数,那么
$$x^m-a^m\mid f(x^m).$$

证明 令 $g(x)=f(x^m)$,由于 $x-a\mid f(x^m)$,即 $x-a\mid g(x)$,因此 a 是 $g(x)$ 在 K 中的根,从而 $g(a)=0$,于是 $f(a^m)=g(a)=0$。这表明 a^m 是 $f(x)$ 在 K 中的根。因此 $x-a^m\mid f(x)$。从而有 $h(x)\in K[x]$,使得 $f(x)=h(x)(x-a^m)$。不定元 x 用 x^m 代入,从上式得 $f(x^m)=h(x^m)(x^m-a^m)$,于是 $x^m-a^m\mid f(x^m)$。■

点评 例 4 的证明主要是利用了根与一次因式的关系,以及一元多项式环的通用性质。如果不用一元多项式环的通用性质,就很难把道理讲清楚。

例 5 证明:在 $\mathbf{Q}[x]$ 中,有
$$x^2+x+1\mid x^{3m}+x^{3n+1}+x^{3l+2},$$
其中 $m,n,l\in\mathbf{N}^*$。

证明 把上述多项式看成复数域上的多项式,记 $w=\dfrac{-1+\sqrt{3}\mathrm{i}}{2}$。由于 $w^3=1$,因此有
$$1+w+w^2=0,$$
$$w^{3m}+w^{3n+1}+w^{3l+2}=1+w+w^2=0.$$
从而 w 是 x^2+x+1 与 $x^{3m}+x^{3n+1}+x^{3l+2}$ 的公共复根。据 Bezout 定理得,$x-w$ 是它们的公因式,从而它们不互素。由于互素性不随数域的扩大而改变,因此 x^2+x+1 与 $x^{3m}+x^{3n+1}+x^{3l+2}$ 在 $\mathbf{Q}[x]$ 中也不互素。又由于二次多项式 x^2+x+1 在 $\mathbf{Q}[x]$ 中没有一次因式,因此它在 $\mathbf{Q}$ 上不可约。于是在 $\mathbf{Q}[x]$ 中,有
$$x^2+x+1\mid x^{3m}+x^{3n+1}+x^{3l+2}.$$
■

点评 例 5 的证明充分显示了掌握理论的重要性。利用根与一次因式的关系,互素性不随数域的扩大而改变,$\mathbf{Q}[x]$ 中不可约多项式与任一多项式的关系要么互素,要么能整除它,就证明了结论。几乎不用什么计算,也不需要什么特殊技巧。

例 6 证明:在 $\mathbf{Q}[x]$ 中,如果
$$x^2+x+1\mid f_1(x^3)+xf_2(x^3),$$
那么 1 是 $f_i(x)$ 的根,$i=1,2$。

证明 由已知条件得,存在 $h(x)\in\mathbf{Q}[x]$,使得

$$f_1(x^3)+xf_2(x^3)=h(x)(x^2+x+1). \tag{16}$$

记 $w=\dfrac{-1+\sqrt{3}\mathrm{i}}{2}$,则 $w^2+w+1=0,(w^2)^2+w^2+1=w+w^2+1=0$。

x 分别用 w,w^2 代入,从(1)式得

$$f_1(1)+wf_2(1)=0,$$
$$f_1(1)+w^2f_2(1)=0.$$

联立解得,$f_1(1)=0,f_2(1)=0$。

因此 1 是 $f_i(x)$的根,$i=1,2$。 ■

点评 例 6 的证题思路是为了求 $f_1(1)$、$f_2(1)$,需要列出两个方程,利用已知的整除关系可写出关于整除的等式(16)。从(16)式的具体情形看出,应当把 x 用三次单位根 w,w^2 代入,才能得到关于 $f_1(1)$、$f_2(1)$的两个方程。

例 7 设 K 是一个数域,$f(x)\in K[x]$且 $f(x)$的次数 n 大于 0。证明:如果在 $K[x]$ 中,$f(x)\mid f(x^m)$,m 是一个大于 1 的整数,那么 $f(x)$的复根只能是 0 或单位根。

证明 任取 $f(x)$的一个复根 c,则 $f(c)=0$。

由于在 $K[x]$中,$f(x)\mid f(x^m)$,因此存在 $h(x)\in K[x]$,使得

$$f(x^m)=h(x)f(x). \tag{17}$$

x 用 c 代入,从(17)式得 $f(c^m)=h(c)f(c)=0$。于是 c^m 是 $f(x)$的一个复根。

x 用 c^m 代入,从(17)式得 $f(c^{m^2})=h(c^m)f(c^m)=0$。于是 c^{m^2} 也是 $f(x)$的一个复根。依次下去可得,$c,c^m,c^{m^2},c^{m^3},\cdots$都是 $f(x)$的复根。把 $f(x)$看成 $\mathbf{C}[x]$中的多项式,由于 $\deg f(x)=n$,因此 $f(x)$恰有 n 个复根(重根按重数计算)。于是必存在正整数 j,使得 $c^{m^j}=c^{m^i}$ 对于某个正整数 $i<j$。由此得出 $c^{m^i}(c^{m^j-m^i}-1)=0$。因此 $c^{m^i}=0$ 或 $c^{m^j-m^i}=1$。从而 $c=0$ 或 c 是单位根。 ■

点评 从例 7 的证明过程看出,运用一元多项式环的通用性质才能把从 c 是 $f(x)$的复根推导出 $c^m,c^{m^2},c^{m^3},\cdots$都是 $f(x)$的复根的道理讲清楚。否则,不仅道理说不清楚,而且容易产生差错。

例 8 设 K 是一个数域,$f(x)\in K[x]$且 $\deg f(x)=n>0$。证明:c 是 $f(x)$的 k 重复根($k\geqslant 1$)的充分必要条件是:

$$f(c)=f'(c)=\cdots=f^{(k-1)}(c)=0,f^{(k)}(c)\neq 0. \tag{18}$$

证明 必要性。设 c 是 $f(x)$的 k 重复根($k\geqslant 1$),则在 $\mathbf{C}[x]$中,$x-c$ 是 $f(x)$的 k 重因式,从而 $x-c$ 是 $f'(x)$的 $k-1$ 重因式,于是 $x-c$ 是 $f''(x)$的$(k-1)-1=k-2$ 重因式。依次下去可得,$x-c$ 是 $f'''(x)$的 $k-3$ 重因式,…,$x-c$ 是 $f^{(k-1)}(x)$的 1 重因式,$x-c$ 不是 $f^{(k)}(x)$的因式,因此

$$f(c) = f'(c) = \cdots = f^{(k-1)}(c) = 0, f^{(k)}(c) \neq 0.$$

充分性。设复数 c 使得(18)式成立，则 c 是 $f(x), f'(x), \cdots, f^{(k-1)}(x)$ 的复根，c 不是 $f^{(k)}(x)$ 的复根。从而在 $\mathbf{C}[x]$ 中，$x-c$ 是 $f^{(k-1)}(x)$ 的单因式。于是 $x-c$ 是 $f^{(k-2)}(x)$ 的 2 重因式。依此类推可得，$x-c$ 分别是 $f^{(k-3)}(x), \cdots, f'(x), f(x)$ 的 3 重，…，$k-1$ 重，k 重因式，因此 c 是 $f(x)$ 的 k 重复根。 ■

例 9　设 $f(x)=x^4+5x^3+ax^2+bx+c\in\mathbf{Q}[x]$，如果 -2 是 $f(x)$ 的 3 重根，求 a,b,c。

解　据例 8 的结论，-2 是 $f(x)$ 的 3 重根当且仅当

$$f(-2) = f'(-2) = f''(-2) = 0, f'''(-2) \neq 0$$

$$f'(x) = 4x^3 + 15x^2 + 2ax + b,$$

$$f''(x) = 12x^2 + 30x + 2a,$$

$$f'''(x) = 24x + 30.$$

解关于 a,b,c 的方程组

$$\begin{cases}(-2)^4 + 5\times(-2)^3 + a(-2)^2 + b(-2) + c = 0,\\ 4\times(-2)^3 + 15\times(-2)^2 + 2a(-2) + b = 0,\\ 12\times(-2)^2 + 30\times(-2) + 2a = 0,\end{cases}$$

得，$a=6, b=-4, c=-8$。

例 10　证明：数域 K 上任意一个不可约多项式在复数域内没有重根。

证明　设 $p(x)$ 是 $K[x]$ 中的不可约多项式，它在 $K[x]$ 中的标准分解式为 $p(x)=a\cdot\dfrac{1}{a}p(x)$，其中 a 是 $p(x)$ 的首项系数。由此看出 $p(x)$ 在 $K[x]$ 中没有重因式。从而 $p(x)$ 在 $\mathbf{C}[x]$ 中没有重因式，于是 $p(x)$ 在复数域内没有重根。 ■

点评　例 10 的证明的关键是利用了"有无重因式不随数域的扩大而改变"这个结论。

例 11　证明：在 $K[x]$ 中，如果 $f(x)$ 与一个不可约多项式 $p(x)$ 有公共复根，那么 $p(x)\mid f(x)$。

证明　由已知条件得，$f(x)$ 与 $p(x)$ 在 $\mathbf{C}[x]$ 中有公共的一次因式，因此在 $\mathbf{C}[x]$ 中，$(f(x), p(x))\neq 1$。从而在 $K[x]$ 中，$(f(x), p(x))\neq 1$。由于 $p(x)$ 是 K 上不可约多项式，因此 $p(x)\mid f(x)$。 ■

点评　例 11 证明的关键有两点：第一，互素性不随数域的扩大而改变；第二，$K[x]$ 中，不可约多项式 $p(x)$ 与任一多项式 $f(x)$ 的关系或者互素，或者 $p(x)\mid f(x)$。

从例 5、例 6、例 7、例 10、例 11 等题目看出，掌握一元多项式环的通用性质，掌握"整除关系，首一最大公因式，互素性，有无重因式都不随数域的扩大而改变"，掌握 $K[x]$ 中不可约多项式与任一多项式的关系等理论，可以比较容易找到解题思路，而且能把解题过程写

得清楚明白，不至于含糊不清。

例 12　在 $\mathbf{C}[x]$中，求 x^n-1 的标准分解式。

解　c 是 x^n-1 的复根 $\Leftrightarrow$ $c^n-1=0$

$\Leftrightarrow$ c 是 n 次单位根。

由于恰有 n 个两两不等的 n 次单位根：$1,\xi,\xi^2,\cdots,\xi^{n-1}$，其中 $\xi=e^{i\frac{2\pi}{n}}$，因此 x^n-1 在 $\mathbf{C}[x]$中的标准分解式为

$$x^n-1=(x-1)(x-\xi)(x-\xi^2)\cdots(x-\xi^{n-1}).\tag{19}$$

例 13　设 x^n-a^n 是数域 K 上的多项式($a\neq 0$)，求 x^n-a^n 在 $\mathbf{C}[x]$中的标准分解式。

解　$x^n-a^n=a^n\left[\left(\dfrac{x}{a}\right)^n-1\right]$.

x 用$\dfrac{x}{a}$代入，从例 12 的 x^n-1 的标准分解式(19)得

$$\left(\frac{x}{a}\right)^n-1=\left(\frac{x}{a}-1\right)\left(\frac{x}{a}-\xi\right)\left(\frac{x}{a}-\xi^2\right)\cdots\left(\frac{x}{a}-\xi^{n-1}\right).$$

从而

$$x^n-a^n=(x-a)(x-a\xi)(x-a\xi^2)\cdots(x-a\xi^{n-1}).\tag{20}$$

例 14　设 K 是一个数域，R 是一个有单位元的交换环，且 R 可看成是 K 的一个扩环，设$a\in R$，令

$$J_a=\{f(x)\in K[x]\mid f(a)=0\},\tag{21}$$

设 $J_a\neq\{0\}$，证明：

(1) J_a 中存在唯一的首一多项式 $m(x)$，使得

$$J_a=\{h(x)m(x)\mid h(x)\in K[x]\};\tag{22}$$

(2) 如果 R 是无零因子环，那么第(1)小题中的 $m(x)$在 $K[x]$中不可约。

证明　(1) 在 J_a 中取一个次数最低的首一多项式，记作 $m(x)$，任取 $f(x)\in J_a$，在 $K[x]$中，用 $m(x)$去除 $f(x)$，作带余除法：

$$f(x)=h(x)m(x)+r(x),\deg r(x)<\deg m(x).$$

假如 $r(x)\neq 0$，x 用a 代入，从上式得

$$f(a)=h(a)m(a)+r(a).$$

由此得出，$r(a)=0$，从而 $r(x)\in J_a$，这与 $m(x)$的取法矛盾，因此 $r(x)=0$。即$f(x)=h(x)m(x)$，从而(22)式成立。

设首一多项式 $m_1(x)$也使得

$$J_a=\{h(x)m_1(x)\mid h(x)\in K[x]\},$$

则 $m(x)\mid m_1(x)$且 $m_1(x)\mid m(x)$。从而 $m(x)\sim m_1(x)$。又由于它们首一，因此 $m(x)=m_1(x)$。

(2) 假如 $m(x)$在 $K[x]$中可约,则在 $K[x]$中有

$$m(x) = m_1(x)m_2(x), \deg m_i(x) < \deg m(x), i = 1,2.$$

x 用 a 代入,从上式得

$$m(a) = m_1(a)m_2(a).$$

由于 $m(a)=0$,且 R 是无零因子环,因此 $m_1(a)=0$ 或者 $m_2(a)=0$。从而 $m_1(x)\in J_a$ 或者 $m_2(x)\in J_a$,这与 $m(x)$是 J_a 中次数最低的多项式矛盾。所以 $m(x)$在 $K[x]$中不可约。■

例 15 在例 14 中,取 K 为复数域 $\mathbf{C}$,取 R 为 $\mathbf{C}[A]$,其中

$$A = \begin{pmatrix} 1 & -1 \\ 1 & 1 \end{pmatrix}.$$

求 J_A 中次数最低的首一多项式 $m(x)$。

解 $A^2 = \begin{pmatrix} 1 & -1 \\ 1 & 1 \end{pmatrix}\begin{pmatrix} 1 & -1 \\ 1 & 1 \end{pmatrix} = \begin{pmatrix} 0 & -2 \\ 2 & 0 \end{pmatrix}$

$$= 2\begin{pmatrix} 0 & -1 \\ 1 & 0 \end{pmatrix} = 2(A-I).$$

因此

$$A^2-2A+2I=0.$$

令

$$f(x)=x^2-2x+2,$$

则

$$f(A)=A^2-2A+2I=0.$$

从而 $f(x)\in J_A$。由例 14 的第(1)小题知道,$m(x)\mid f(x)$。在 $\mathbf{C}[x]$中,

$$f(x) = [x-(1+\mathrm{i})][x-(1-\mathrm{i})].$$

显然,$x-(1\pm\mathrm{i})\notin J_A$,因此 $m(x)=f(x)$。即

$$m(x) = x^2-2x+2.$$

点评 例 15 的 J_A 中次数最低的首一多项式 $m(x)$在 $\mathbf{C}[x]$中可约,这是因为 $\mathbf{C}[A]$是有零因子的环。例如,$A-(1+\mathrm{i})I\neq 0$,$A-(1-\mathrm{i})I\neq 0$,但是

$$[A-(1+\mathrm{i})I][A-(1-\mathrm{i})I] = A^2-2A+2I = 0.$$

因此 $A-(1\pm\mathrm{i})I$ 都是 $\mathbf{C}[A]$中非平凡的零因子。

例 16 设 A 是数域 K 上的 n 级矩阵,证明:A 的特征多项式的 n 个复根的和等于 $\mathrm{tr}(A)$,n 个复根的乘积等于 $|A|$。

证明 A 的特征多项式 $f(\lambda)$为

$$f(\lambda) = |\lambda I - A| = \lambda^n - \mathrm{tr}(A)\lambda^{n-1} + \cdots + (-1)^n|A|.$$

设 $f(\lambda)$的 n 个复根为 $c_1,c_2,\cdots,c_n$,据 Vieta 公式得

$$-\mathrm{tr}(A) = -(c_1+c_2+\cdots+c_n),$$

$$(-1)^n|A| = (-1)^n c_1c_2\cdots c_n.$$

因此 $$c_1+c_2+\cdots+c_n=\operatorname{tr}(A),\ c_1c_2\cdots c_n=|A|.$$ ■

例 17　设 $\xi=e^{i\frac{2\pi}{n}}$，其中 n 是大于 1 的正整数，证明：对于 $0<k<n$，有

$$\sum_{0\leqslant j_1<j_2<\cdots<j_k<n}\xi^{j_1}\xi^{j_2}\cdots\xi^{j_k}=0. \tag{23}$$

证明　在 $\mathbf{C}[x]$ 中，

$$x^n-1=(x-1)(x-\xi)(x-\xi^2)\cdots(x-\xi^{n-1}).$$

当 $0<k<n$ 时，x^n-1 中 x^{n-k} 的系数 $a_{n-k}=0$。由 Vieta 公式得，(23)式成立。 ■

* **例 18**　设 A 是有理数域上的 3 级矩阵：

$$A=\begin{pmatrix}2&3&2\\1&8&2\\-2&-14&-3\end{pmatrix},$$

A 有无初等因子？如果有，试求出 A 的初等因子。

解

$$\lambda I-A=\begin{pmatrix}\lambda-2&-3&-2\\-1&\lambda-8&-2\\2&14&\lambda+3\end{pmatrix}\longrightarrow\begin{pmatrix}-1&\lambda-8&-2\\0&\lambda^2-10\lambda+13&-2\lambda+2\\0&2\lambda-2&\lambda-1\end{pmatrix}$$

$$\longrightarrow\begin{pmatrix}1&0&0\\0&\lambda^2-10\lambda+13&-2(\lambda-1)\\0&2(\lambda-1)&\lambda-1\end{pmatrix}\longrightarrow\begin{pmatrix}1&0&0\\0&\lambda^2-6\lambda+9&0\\0&2(\lambda-1)&\lambda-1\end{pmatrix}$$

$$\longrightarrow\begin{pmatrix}1&0&0\\0&(\lambda-3)^2&0\\0&0&\lambda-1\end{pmatrix}.$$

因此 A 的初等因子为 $\lambda-1,(\lambda-3)^2$。

例 19　求一个次数不超过 3 的多项式 $f(x)\in\mathbf{Q}[x]$，使得 $f(0)=5, f(1)=7, f(-1)=9, f(-2)=13$。

解法一　用拉格朗日插值公式，得

$$\begin{aligned}f(x)=&5\frac{(x-1)(x+1)(x+2)}{(0-1)(0+1)(0+2)}+7\frac{(x-0)(x+1)(x+2)}{(1-0)(1+1)(1+2)}\\&+9\frac{(x-0)(x-1)(x+2)}{(-1-0)(-1-1)(-1+2)}+13\frac{(x-0)(x-1)(x+1)}{(-2-0)(-2-1)(-2+1)}\\=&x^3+3x^2-2x+5.\end{aligned}$$

解法二 用牛顿插值公式,得

$$f(x)=u_0+u_1x+u_2x(x-1)+u_3x(x-1)(x+1).$$

因为 $f(0)=5$,所以 $u_0=5$。因为 $f(1)=7$,所以

$$7=5+u_1\cdot 1.$$

从而 $u_1=2$。因为 $f(-1)=9$,所以

$$9=5+2(-1)+u_2(-1)(-1-1).$$

从而 $u_2=3$。因为 $f(-2)=13$,所以

$$13=5+2(-2)+3(-2)(-2-1)+u_3(-2)(-2-1)(-2+1).$$

从而 $u_3=1$。因此

$$\begin{aligned}f(x)&=5+2x+3x(x-1)+x(x-1)(x+1)\\&=x^3+3x^2-2x+5.\end{aligned}$$

解法三 设 $f(x)=a_3x^3+a_2x^2+a_1x+a_0$。

用待定系数法求出 $a_3=1,a_2=3,a_1=-2,a_0=5$。细节留给读者自己做。

例 20 设 $c_0,c_1,\cdots,c_n$ 是数域 K 的 $n+1$ 个两两不等的元素,令

$$F(x)=(x-c_0)(x-c_1)\cdots(x-c_n).$$

把拉格朗日插值公式用 $F(x)$ 以及 $F'(c_i)(i=0,1,\cdots,n)$ 来表示。

解 $F'(x)=\prod\limits_{j=1}^{n}(x-c_j)+\prod\limits_{j\neq 1}(x-c_j)+\cdots+\prod\limits_{j\neq n}(x-c_j)$

于是 $F'(c_i)=\prod\limits_{j\neq i}(c_i-c_j)$。从而拉格朗日插值公式可写成

$$f(x)=\sum_{i=0}^{n}d_i\frac{F(x)}{F'(c_i)(x-c_i)}.$$

例 21 求所有 4 次多项式,使它在任意自然数上的值都是整数。

解 设 $f(x)=u_0+u_1x+u_2x(x-1)+u_3x(x-1)(x-2)+u_4x(x-1)(x-2)(x-3)$,$u_4\neq 0$,如果 $f(x)$ 在任意自然数上的值都是整数,那么

(1) $u_0=f(0)\in\mathbf{Z}$,$u_1=f(1)-u_0\in\mathbf{Z}$;

(2) $2!u_2=f(2)-u_0-2u_1\in\mathbf{Z}$;

(3) $3!u_3=f(3)-u_0-3u_1-6u_2\in\mathbf{Z}$;

(4) $4!u_4=f(4)-u_0-4u_1-12u_2-24u_3\in\mathbf{Z}$。

记 $a_0=u_0,a_1=u_1,a_2=2!u_2,a_3=3!u_3,a_4=4!u_4$,则

$$\begin{aligned}f(x)=&a_0+a_1x+\frac{1}{2!}a_2x(x-1)+\frac{1}{3!}a_3x(x-1)(x-2)\\&+\frac{1}{4!}a_4x(x-1)(x-2)(x-3).\end{aligned}\tag{24}$$

其中 $a_0,a_1,a_2,a_3,a_4\in\mathbf{Z}$,且 $a_4\neq 0$。

任取正整数 n,有

$$f(n)=a_0+a_1n+\frac{a_2}{2!}n(n-1)+\frac{a_3}{3!}n(n-1)(n-2)+\frac{a_4}{4!}n(n-1)(n-2)(n-3)$$
$$=a_0+a_1n+C_n^2a_2+C_n^3a_3+C_n^4a_4\in\mathbf{Z}.$$

因此所求的所有 4 次多项式都是形如(24)式,其中 $a_i\in\mathbf{Z},i=0,1,2,3,4$ 且 $a_4\neq 0$。

例 22 设 $f(x),g(x)\in\mathbf{C}[x]$,且 $f(x)$ 与 $g(x)$ 的次数都大于 0。证明:如果 $f^{-1}(0)=g^{-1}(0)$,且 $f^{-1}(1)=g^{-1}(1)$,那么 $f(x)=g(x)$。

证明 设 $\max\{\deg f(x),\deg g(x)\}=n$,不妨设 $f(x)$ 的次数为 n,显然 $f^{-1}(0)\cap f^{-1}(1)=\varnothing$,如果能证明

$$|f^{-1}(0)\cup f^{-1}(1)|\geqslant n+1.$$

那么由于 $f^{-1}(0)=g^{-1}(0)$且 $f^{-1}(1)=g^{-1}(1)$,因此 $f(x)=g(x)$。

设 $f(x),f(x)-1$ 的标准分解式分别为

$$f(x)=a\prod_{i=1}^{m}(x-c_i)^{r_i},$$

$$f(x)-1=a\prod_{j=1}^{s}(x-d_j)^{t_j}.$$

其中 $\sum\limits_{i=1}^{m}r_i=n=\sum\limits_{j=1}^{s}t_j$ 。显然

$$f^{-1}(0)=\{c_1,c_2,\cdots,c_m\},f^{-1}(1)=\{d_1,d_2,\cdots,d_s\}.$$

因此

$$|f^{-1}(0)\cup f^{-1}(1)|=m+s.$$

根据 7.5 节的定理 1,有

$$f'(x)=(f(x)-1)'$$
$$=\prod_{i=1}^{m}(x-c_i)^{r_i-1}\cdot\prod_{j=1}^{s}(x-d_j)^{t_j-1}\cdot h(x),$$

其中 $h(x)$不能被 $x-c_i$ 整除,$i=1,2,\cdots,m$;也不能被 $x-d_j$ 整除,$j=1,2,\cdots,s$。于是

$$\sum_{i=1}^{m}(r_i-1)+\sum_{j=1}^{s}(t_j-1)\leqslant\deg f'(x)=n-1.$$

另一方面,有

$$\sum_{i=1}^{m}(r_i-1)+\sum_{j=1}^{s}(t_j-1)=\sum_{i=1}^{m}r_i-m+\sum_{j=1}^{s}t_j-s$$
$$=2n-(m+s).$$

因此 $2n-(m+s)\leqslant n-1$。由此得出 $m+s\geqslant n+1$。即

$$|f^{-1}(0)\cup f^{-1}(1)|\geqslant n+1.$$

从而
$$f(x)=g(x).$$
■

例 23 求复系数 2 次多项式 $ax^2+bx+c(a\neq0)$ 的全部复根。

解 $ax^2+bx+c=a\left[\left(x+\dfrac{b}{2a}\right)^2-\dfrac{b^2-4ac}{4a^2}\right].$

$x^2-(b^2-4ac)$恰有两个复根(重根按重数计算),其中一个记作$\sqrt{b^2-4ac}$,则$(\sqrt{b^2-4ac})^2=b^2-4ac$。从而

$$x^2-\frac{b^2-4ac}{4a^2}=x^2-\left(\frac{\sqrt{b^2-4ac}}{2a}\right)^2=\left(x+\frac{\sqrt{b^2-4ac}}{2a}\right)\left(x-\frac{\sqrt{b^2-4ac}}{2a}\right).$$

x 用 $x+\dfrac{b}{2a}$ 代入,从上式得

$$\left(x+\frac{b}{2a}\right)^2-\frac{b^2-4ac}{4a^2}=\left(x+\frac{b}{2a}+\frac{\sqrt{b^2-4ac}}{2a}\right)\left(x+\frac{b}{2a}-\frac{\sqrt{b^2-4ac}}{2a}\right).$$

于是$\left(x+\dfrac{b}{2a}\right)^2-\dfrac{\sqrt{b^2-4ac}}{4a^2}$的全部复根是$\dfrac{-b\pm\sqrt{b^2-4ac}}{2a}$,这也就是 ax^2+bx+c 的全部复根。

习题 7.6

1. 设 $f(x)=x^5+7x^4+19x^3+26x^2+20x+8\in\mathbf{Q}[x]$,判断 -2 是不是 $f(x)$的根,如果是,它是几重根?

2. 在 $\mathbf{Q}[x]$中,$f(x)=2x^3-7x^2+4x+a$,求 a 的值,使 $f(x)$在 $\mathbf{Q}$ 中有重根,并且求出相应的重根及其重数。

3. $\mathbf{Q}[x]$中,$f(x)=x^3-x^2-x-2$,$g(x)=x^4-2x^3+2x^2-3x-2$。$f(x)$与 $g(x)$有无公共复根?如果有,试把它求出来。

4. 设 $f(x)=x^4-5x^3+ax^2+bx+9\in\mathbf{Q}[x]$,如果 3 是 $f(x)$的二重根,求 a,b。

5. 证明:在 $K[x]$中,如果 $x+1\mid f(x^{2k+1})$,那么 $x^{2k+1}+1\mid f(x^{2k+1})$,其中 k 是任意自然数。

6. 证明:在 $\mathbf{Q}[x]$中,如果 $x^2+1\mid f_1(x^4)+xf_2(x^4)$,那么 1 是 $f_i(x)$的根,$i=1,2$。

7. 证明:如果数域 K 上两个首一不可约多项式 $f(x)$与 $g(x)$有一个公共复根,那么 $f(x)=g(x)$。

8. 设 $K[x]$中 n 次多项式

$$f(x)=a_nx^n+a_{n-1}x^{n-1}+\cdots+a_1x+a_0$$

的 n 个复根是 $c_1,c_2,\cdots,c_n$，对于 $b\in K$，求数域 K 上以 $bc_1,bc_2,\cdots,bc_n$ 为复根的多项式。

9. 设 $A\in M_n(K)$，A 的不等于零的主子式的最高阶数称为 A 的**主秩**，记作 $\mathrm{pr}(A)$。证明：A 的非零特征值的个数(重根按重数计算)不超过 $\mathrm{pr}(A)$，也不超过 $\mathrm{rank}(A)$。

10. 证明：如果 n 级实矩阵 A 的主对角元全为正数，那么 A 的特征多项式的复根中至少有一个其实部为正数。

*11. 下列有理数域上的矩阵 A 有无初等因子？如果有，试求出 A 的初等因子。

(1) $A=\begin{pmatrix}0&1&0\\-4&4&0\\-2&1&2\end{pmatrix}$；(2) $A=\begin{pmatrix}1&-3&3\\-2&-6&13\\-1&-4&8\end{pmatrix}$。

12. 求有理数域上一个次数不超过3的多项式 $f(x)$，使得

$$f(1)=2,f(2)=-3,f(3)=1,f(4)=3.$$

13. 求有理数域上一个次数尽可能低的多项式 $f(x)$，使得

$$f(0)=3,f(1)=4,f(2)=9,f(3)=18.$$

7.7 实数域上的不可约多项式，实系数多项式的实根

7.7.1 内容精华

由于把实数域扩充成复数域比较容易实现，因此找出实数域上的所有不可约多项式，可以利用复数域上多项式的信息。

定理1 设 $f(x)$是实系数多项式，如果 c 是 $f(x)$的一个复根，那么 $\bar{c}$ 也是 $f(x)$的一个复根。

定理2 实数域上的不可约多项式只有一次多项式和判别式小于0的二次多项式。

从定理2和唯一因式分解定理立即得出：

定理3(实系数多项式唯一因式分解定理) 每一个次数大于0的实系数多项式 $f(x)$ 在实数域上都可以唯一地分解成一次因式与判别式小于0的二次因式的乘积。即

$$f(x)=a(x-c_1)^{r_1}\cdots(x-c_s)^{r_s}(x^2+p_1x+q_1)^{k_1}\cdots(x^2+p_tx+q_t)^{k_t}. \tag{1}$$

其中 a 是 $f(x)$的首项系数；$c_1,\cdots,c_s$ 是两两不等的实数；$(p_1,q_1),(p_2,q_2),\cdots,(p_t,q_t)$是不同的实数对，且满足 $p_i^2-4q_i<0,i=1,2,\cdots,t$；$r_1,\cdots,r_s,k_1,\cdots,k_t$ 都是非负整数。 ■

从实系数多项式的分解式看出,如果虚数 z 是 $f(x)$的一个复根,那么 $\bar{z}$ 也是 $f(x)$的一个复根,且它们的重数相同。因此通常我们说:"实系数多项式的虚根共轭成对出现。"由此立即得到:

推论 1 实系数的奇次多项式至少有一个实根。 ■

下面我们来研究:一个实系数多项式 $f(x)$有多少个不同的实根? $f(x)$的所有实根在哪个区间内?(即实根的界的问题)。对每一个实根能否找一个区间包含这个根而不包含其他根?(即把实根分离开),然后我们再去求每个实根的近似值。

先看实系数多项式 $f(x)$的实根的界的问题,我们可以更一般地讨论复系数多项式的复根的范围,再由此得出实系数多项式的实根的界。

定理 4 设 $f(x)=a_nx^n+a_{n-1}x^{n-1}+\cdots+a_1x+a_0$ 是一个复系数多项式,其次数 $n\geqslant 1$。令

$$M=\max\{|a_{n-1}|,|a_{n-2}|,\cdots,|a_0|\},\tag{2}$$

则当 $|z|\geqslant 1+\dfrac{M}{|a_n|}$时,有

$$|a_nz^n|>|a_{n-1}z^{n-1}+\cdots+a_1z+a_0|.\tag{3}$$

证明 当 $M=0$ 时,结论显然成立。下设 $M\neq 0$。当 $|z|\geqslant 1+\dfrac{M}{|a_n|}$时,有 $|z|>1$ 且 $|a_n|\geqslant\dfrac{M}{|z|-1}$。从而有

$$\begin{aligned}|a_nz^n|&=|a_n||z|^n\geqslant\frac{M|z|^n}{|z|-1}>\frac{M(|z|^n-1)}{|z|-1}\\&=M(|z|^{n-1}+\cdots+|z|+1)\\&\geqslant|a_{n-1}||z|^{n-1}+\cdots+|a_1||z|+|a_0|\\&=|a_{n-1}z^{n-1}|+\cdots+|a_1z|+|a_0|\\&\geqslant|a_{n-1}z^{n-1}+\cdots+a_1z+a_0|.\end{aligned}$$ ■

从定理 4 得出,当 $|z|\geqslant 1+\dfrac{M}{|a_n|}$时,有

$$\begin{aligned}|f(z)|&=|a_nz^n+a_{n-1}z^{n-1}+\cdots+a_1z+a_0|\\&\geqslant|a_nz^n|-|a_{n-1}z^{n-1}+\cdots+a_1z+a_0|>0.\end{aligned}$$

因此 $f(x)$的复根全都在以原点为圆心,以 $1+\dfrac{M}{|a_n|}$为半径的圆内。把这一结论用到实系数多项式上,便得到:

推论 2　设 $f(x)=a_nx^n+a_{n-1}x^{n-1}+\cdots+a_1x+a_0$ 是一个实系数多项式，其次数 $n\geqslant 1$。令

$$M=\max\{|a_{n-1}|,|a_{n-2}|,\cdots,|a_1|,|a_0|\},$$

则 $f(x)$ 的实根全都在区间 $\left(-1-\dfrac{M}{|a_n|},1+\dfrac{M}{|a_n|}\right)$ 内。■

从定理 4 还可以得到：

推论 3　设 $f(x)=a_nx^n+a_{n-1}x^{n-1}+\cdots+a_1x+a_0$ 是一个次数大于 0 的实系数多项式，则对一切充分大的正数 r，$f(r)$ 的符号与 a_nr^n 的符号一样。■

例如，设 $f(x)=x^3-x+1$，我们有 $M=1,1+\dfrac{M}{|a_n|}=2$。因此 $f(x)$ 的实根全都在区间 $(-2,2)$ 内。

注意： 求出了一个实系数多项式 $f(x)$ 的实根的界只是表明：如果 $f(x)$ 有实根，那么它的所有实根都在这个区间内，但是不能肯定 $f(x)$ 一定有实根。

如何知道 $f(x)$ 有没有实根？如果有，实根的个数（不计重数）是多少？如何把实根分离开？对这些问题的第一个令人满意的回答是在 1829 年由 Sturm 给出的。下面我们介绍 Sturm 的方法。先给出一个概念：

定义 1　设 $c_1,c_2,\cdots,c_m$ 是一个非零实数的有限序列。如果 $c_ic_{i+1}<0$，那么我们说，在第 $i+1$ 项有一个**变号**。这个序列中变号的总数称为它的**变号数**。一个有限的实数序列的变号数定义为去掉这个序列中的 0 以后得到的序列的变号数。

例如，序列 $-2,0,1,0,0,3,-4,5$ 的变号数是 3。

定理 5(Sturm 定理)　设 $f(x)$ 是一个次数大于 0 的实系数多项式，对 $f(x)$ 与 $f'(x)$ 作下述略微修改的辗转相除法：

$$\begin{aligned}&f(x)=q_1(x)f'(x)-f_2(x),\ \deg f_2(x)<\deg f'(x),\\&f'(x)=q_2(x)f_2(x)-f_3(x),\deg f_3(x)<\deg f_2(x),\\&\cdots\\&f_{s-1}(x)=q_s(x)f_s(x).\end{aligned}\tag{4}$$

由此得到一个多项式序列：

$$f_0=f,f_1=f',f_2,\cdots,f_s.\tag{5}$$

称序列(5)是 $f(x)$ 的**标准序列**。假设区间 $[a,b]$ 使得 $f(a)\neq 0,f(b)\neq 0$，则 $f(x)$ 在区间 (a,b) 内的不同实根的个数等于 V_a-V_b，其中 V_c 表示序列 $f_0(c),f_1(c),\cdots,f_s(c)$ 的变号数。

Sturm 定理既能求出一个实系数多项式 $f(x)$的不同的实根的个数，又能把实根分离开(见本节典型例题的例 8、例 9 和例 10)。当我们把实根分离开后，如果想进一步求出实根的近似值，那么可以用计算机来计算。有关求实根近似值的算法在计算数学的书中可以找到，这里就不赘述了。

7.7.2　典型例题

例 1　求多项式 x^n-1 在实数域上的标准分解式。

解　记 $\xi=\mathrm{e}^{\mathrm{i}\frac{2\pi}{n}}$。据 7.6 节的例 12，在 $\mathbf{C}[x]$中，有

$$x^n-1=(x-1)(x-\xi)(x-\xi^2)\cdots(x-\xi^{n-1}). \tag{6}$$

当 $0<k<n$ 时，有 $\xi^k\xi^{n-k}=1$，由于 $\xi^k\overline{\xi^k}=|\xi^k|^2=1$，因此$\overline{\xi^k}=\xi^{n-k}$。从而 $\xi^k+\xi^{n-k}=2\cos\dfrac{2k\pi}{n}$。

情形 1　$n=2m+1$。此时有

$$\begin{aligned}x^{2m+1}-1&=(x-1)(x-\xi)(x-\xi^{2m})\cdots(x-\xi^m)(x-\xi^{m+1})\\&=(x-1)\left(x^2-2x\cos\frac{2\pi}{2m+1}+1\right)\cdots\left(x^2-2x\cos\frac{2m\pi}{2m+1}+1\right)\\&=(x-1)\prod_{k=1}^{m}\left(x^2-2x\cos\frac{2k\pi}{2m+1}+1\right).\end{aligned} \tag{7}$$

情形 2　$n=2m$。此时有 $\xi^m=\mathrm{e}^{\mathrm{i}\frac{2m\pi}{2m}}=\mathrm{e}^{\mathrm{i}\pi}=-1$。从而

$$\begin{aligned}x^{2m}-1&=(x-1)(x-\xi)(x-\xi^{2m-1})\cdots(x-\xi^{m-1})(x-\xi^{m+1})(x-\xi^m)\\&=(x-1)\left(x^2-2x\cos\frac{2\pi}{2m}+1\right)\cdots\left(x^2-2x\cos\frac{2(m-1)\pi}{2m}+1\right)(x+1)\\&=(x-1)(x+1)\prod_{k=1}^{m-1}\left(x^2-2x\cos\frac{k\pi}{m}+1\right).\end{aligned} \tag{8}$$

例 2　求多项式 x^n+1 分别在复数域和实数域上的标准分解式。

解　先求 x^n+1 的全部复根。

$z=r(\cos\theta+\mathrm{i}\sin\theta)$是 x^n+1 的复根

$\Leftrightarrow$　$r^n(\cos n\theta+\mathrm{i}\sin n\theta)=\cos\pi+\mathrm{i}\sin\pi$，

$\Leftrightarrow$　$r^n=1$ 且 $n\theta=\pi+2k\pi, k\in\mathbf{Z}$

$\Leftrightarrow$　$r=1$ 且 $\theta=\dfrac{(2k+1)\pi}{n}, k\in\mathbf{Z}$。

$\Leftrightarrow \quad z=\cos\frac{(2k+1)\pi}{n}+\mathrm{i}\sin\frac{(2k+1)\pi}{n}, k\in\mathbf{Z}.$

令

$$w_k = \mathrm{e}^{\mathrm{i}\frac{(2k+1)\pi}{n}}, k = 0,1,2,\cdots,n-1.$$

易证 $w_0, w_1, \cdots, w_{n-1}$ 两两不等,从而它们是 x^n+1 的全部复根,因此 x^n+1 在 $\mathbf{C}[x]$中的标准分解式为

$$x^n + 1 = (x - w_0)(x - w_1)\cdots(x - w_{n-1}). \tag{9}$$

当 $0\leqslant k<n$ 时,有

$$w_k w_{n-k-1} = \mathrm{e}^{\mathrm{i}\frac{(2k+1)\pi+[2(n-k-1)+1]\pi}{n}} = 1.$$

从而$\overline{w_k}=w_{n-k-1}$。于是

$$w_k + w_{n-k-1} = 2\cos\frac{(2k+1)\pi}{n}.$$

情形 1　$n=2m+1$。此时有

$$w_m = \mathrm{e}^{\mathrm{i}\frac{(2m+1)\pi}{2m+1}} = -1.$$

从而在 $\mathbf{R}[x]$中 $x^{2m+1}+1$ 的标准分解式为

$$\begin{aligned}x^{2m+1}+1 &= (x-w_0)(x-w_{2m})\cdots(x-w_{m-1})(x-w_{m+1})(x-w_m)\\&= \left(x^2-2x\cos\frac{\pi}{2m+1}+1\right)\cdots\left(x^2-2x\cos\frac{(2m-1)\pi}{2m+1}+1\right)(x+1)\\&= (x+1)\prod_{k=1}^{m}\left(x^2-2x\cos\frac{(2k-1)\pi}{2m+1}+1\right).\end{aligned}\tag{10}$$

情形 2　$n=2m$。此时在 $\mathbf{R}[x]$中 $x^{2m}+1$ 的标准分解式为

$$\begin{aligned}x^{2m}+1 &= (x-w_0)(x-w_{2m-1})\cdots(x-w_{m-2})(x-w_{m+1})(x-w_{m-1})(x-w_m)\\&= \left(x^2-2x\cos\frac{\pi}{2m}+1\right)\cdots\left(x^2-2x\cos\frac{(2m-3)\pi}{2m}+1\right)\\&\quad\cdot\left(x^2-2x\cos\frac{(2m-1)\pi}{2m}+1\right)\\&= \prod_{k=1}^{m}\left(x^2-2x\cos\frac{(2k-1)\pi}{2m}+1\right).\end{aligned}\tag{11}$$

例 3　证明:

$$\cos\frac{\pi}{2m+1}\cos\frac{2\pi}{2m+1}\cdots\cos\frac{m\pi}{2m+1} = \frac{1}{2^m}. \tag{12}$$

证明 在例 1 的公式(7)中,x 用 -1 代入,得

$$-2=-2\prod_{k=1}^{m}\left(2+2\cos\frac{2k\pi}{2m+1}\right).$$

从而

$$\begin{aligned}\frac{1}{2^m}&=\prod_{k=1}^{m}\left(1+\cos\frac{2k\pi}{2m+1}\right)\\&=\prod_{k=1}^{m}2\cos^2\frac{k\pi}{2m+1}\end{aligned}$$

由此得出

$$\frac{1}{2^m}=\prod_{k=1}^{m}\cos\frac{k\pi}{2m+1}.$$ ■

例 4 证明:

$$\sin\frac{\pi}{2m}\sin\frac{2\pi}{2m}\cdots\sin\frac{(m-1)\pi}{2m}=\frac{\sqrt{m}}{2^{m-1}}. \tag{13}$$

证明 从例 1 的公式(8)以及下式

$$x^{2m}-1=(x^2-1)(x^{2(m-1)}+x^{2(m-2)}+\cdots+x^4+x^2+1)$$

得

$$x^{2(m-1)}+x^{2(m-2)}+\cdots+x^4+x^2+1=\prod_{k=1}^{m-1}\left(x^2-2x\cos\frac{k\pi}{m}+1\right).$$

x 用 1 代入,从上式得

$$m=\prod_{k=1}^{m-1}\left(2-2\cos\frac{k\pi}{m}\right).$$

于是

$$\begin{aligned}\frac{m}{2^{m-1}}&=\prod_{k=1}^{m-1}\left(1-\cos\frac{k\pi}{m}\right)\\&=\prod_{k=1}^{m-1}2\sin^2\frac{k\pi}{2m}.\end{aligned}$$

由此得出

$$\frac{\sqrt{m}}{2^{m-1}}=\prod_{k=1}^{m-1}\sin\frac{k\pi}{2m}.$$ ■

例 5 设 A 是实数域上的 n 级斜对称矩阵，证明：如果 A 可逆，那么 A 的特征多项式 $f(\lambda)$ 的不可约因式都是二次的。

证明 根据《高等代数学习指导书（上册）》第 5 章 5.7 节的例 7，$f(\lambda)$ 的复根是 0 或纯虚数。如果 A 可逆，那么 $f(\lambda)$ 的复根都是纯虚数。因此 $f(\lambda)$ 的不可约因式都是二次的。 ■

例 6 设 $f(x)=a_nx^n+a_{n-1}x^{n-1}+\cdots+a_1x+a_0\in\mathbf{R}[x]$，证明：

(1) 若 $a_i(i=0,1,\cdots,n)$ 全是正数或全是负数，则 $f(x)$ 没有正实根；

(2) 若 $(-1)^ia_i(i=0,1,\cdots,n)$ 全是正数或全是负数，则 $f(x)$ 没有负实根。

证明 (1) 设 $a_i(i=0,1,\cdots,n)$ 全是正数。假如 c 是 $f(x)$ 的正实根，则

$$f(c)=a_nc^n+a_{n-1}c^{n-1}+\cdots+a_1c+a_0>0.$$

这与 c 是 $f(x)$ 的根矛盾。因此 $f(x)$ 没有正实根。

设 $a_i(i=0,1,\cdots,n)$ 全是负数。假如 c 是 $f(x)$ 的正实根，则 $f(c)=a_nc^n+a_{n-1}c^{n-1}+\cdots+a_1c+a_0<0$，矛盾。因此 $f(x)$ 没有正实根。

(2) 类似于(1)的证法，请读者自己写出。 ■

例 7 设实系数多项式 $f(x)=x^3+a_2x^2+a_1x+a_0$ 的 3 个复根都是实数，证明：$a_2^2\geqslant 3a_1$。

证明 设 $f(x)$ 的 3 个复根为实数 c_1,c_2,c_3，则

$$\begin{aligned}0&\leqslant(c_1-c_2)^2+(c_2-c_3)^2+(c_3-c_1)^2\\&=2(c_1^2+c_2^2+c_3^2)-2(c_1c_2+c_2c_3+c_3c_1)\\&=2[(c_1+c_2+c_3)^2-2c_1c_2-2c_1c_3-2c_2c_3]-2(c_1c_2+c_2c_3+c_3c_1)\\&=2(c_1+c_2+c_3)^2-6(c_1c_2+c_1c_3+c_2c_3)\\&=2(-a_2)^2-6a_1.\end{aligned}$$

从而 $a_2^2\geqslant 3a_1$。 ■

例 8 求 $f(x)=x^3-x+1$ 的不同的实根的个数。

解 在 7.7.1 节推论 3 后面，我们已求出了 $f(x)$ 的实根都在区间 $(-2,2)$ 内。因此只要去求 $f(x)$ 在 $(-2,2)$ 内有多少个不同的实根即可。

对 $f(x)$ 和 $f'(x)=3x^2-1$ 作略微修改的辗转相除法，即把每次得到的余式反号以后去除除式：

$\frac{9}{2}x+\frac{27}{4}$	$f'(x)$ $3x^2 \quad -1$ $3x^2-\frac{9}{2}x$	$f(x)$ $x^3 \quad -x+1$ $x^3 \quad -\frac{1}{3}x$	$\frac{1}{3}x$
	$\frac{9}{2}x-1$ $\frac{9}{2}x-\frac{27}{4}$	$-\frac{2}{3}x+1$ $f_2(x)=\frac{2}{3}x-1$	
	$\frac{23}{4}$ $f_3(x)=-\frac{23}{4}$		

于是 $f(x)$的标准序列为

$$f_0=x^3-x+1, f_1=3x^2-1, f_2=\frac{2}{3}x-1, f_3=-\frac{23}{4}.$$

从 $f_3=-\frac{23}{4}$知道，$(f(x),f'(x))=1$。因此 $f(x)$没有重根。现在来计算 $f(x)$的标准序列在-2 与 2 处的变号数：

	f_0	f_1	f_2	f_3
-2	$-$	$+$	$-$	$-$
2	$+$	$+$	$+$	$-$

于是 $V_{-2}=2, V_2=1$，从而 $f(x)$在$(-2,2)$内的不同的实根的个数为 $V_{-2}-V_2=1$。由于 $f(x)$没有重根，因此 $f(x)$的实根的总数为 1。

例 9 对于例 8 的 $f(x)$，求出它的实根所在的区间，使区间的长度小于$\frac{1}{2}$。

解 从例 8 知道，$f(x)$的唯一的实根在$(-2,2)$内。先求 $f(x)$的标准序列在此区间的中点处的变号数：$V_0=1$。于是 $f(x)$的实根在$(-2,0)$内，接着求 $f(x)$的标准序列在$(-2,0)$的中点处的变号数：$V_{-1}=1$。于是 $f(x)$的实根在$(-2,-1)$内，再求 $f(x)$的标准序列在区间$(-2,-1)$的中点处的变号数：$V_{-\frac{3}{2}}=2$，因此 $f(x)$的唯一实根在$\left(-\frac{3}{2},-1\right)$内。

例 10 求 $f(x)=x^3-7x-7$ 的不同的实根的个数，并且把这些实根分离开，使得每个实根所在的区间的长度小于$\frac{1}{2}$。

解 $M=\max\{0,7,7\}=7,-1-\frac{M}{|a_3|}=-8,1+\frac{M}{|a_3|}=8$。于是 $f(x)$的实根都在区间$(-8,8)$内。

对 $f(x)$和 $f'(x)=3x^2-7$ 作略加修改的辗转相除法，得到 $f(x)$的标准序列：

$$f_0=x^3-7x-7,f_1=3x^2-7,f_2=\frac{14}{3}x+7,f_3=\frac{1}{4}.$$

从 $f_3=\frac{1}{4}$知道，$(f(x),f'(x))=1$。因此 $f(x)$没有重根。

	f_0	f_1	f_2	f_3	变号数
-8	$-$	$+$	$-$	$+$	3
8	$+$	$+$	$+$	$+$	0

于是 $V_{-8}=3,V_8=0$，从而 $f(x)$有 3 个不同的实根。

为了把 $f(x)$的 3 个实根分离开，我们相继求 $f(x)$的标准序列在区间中点处的变号数，每求一次，都要选择合适的小区间。

	f_0	f_1	f_2	f_3	变号数
0	$-$	$-$	$+$	$+$	1
4	$+$	$+$	$+$	$+$	0
2	$-$	$+$	$+$	$+$	1
3	$-$	$+$	$+$	$+$	1
$\frac{7}{2}$	$+$	$+$	$+$	$+$	0

于是在$(3,\frac{7}{2})$有 $f(x)$的一个实根。

	f_0	f_1	f_2	f_3	变号数
-4	$-$	$+$	$-$	$+$	3
-2	$-$	$+$	$-$	$+$	3
-1	$-$	$-$	$+$	$+$	1

$-\frac{3}{2}$	$-$	$-$	0	$+$	1
$-\frac{7}{4}$	$-$	$+$	$-$	$+$	3
$-\frac{13}{8}$	$+$	$+$	$-$	$+$	2

于是 $f(x)$的另外两个实根分别在$\left(-\frac{7}{4},-\frac{13}{8}\right)$,$\left(-\frac{13}{8},-\frac{3}{2}\right)$内。

例 11 设 $f(x)$是实系数多项式,它的次数 $n\geqslant 2$,证明:如果对任意 $t\in\mathbf{R}$ 都有 $f(t)\geqslant 0$,那么存在两个实系数多项式 $g(x)$,$h(x)$,使得

$$f(x)=g^2(x)+h^2(x).$$

证明 把 $f(x)$因式分解,得

$$f(x)=a(x-c_1)^{r_1}\cdots(x-c_s)^{r_s}(x^2+p_1x+q_1)^{k_1}\cdots(x^2+p_mx+q_m)^{k_m}. \tag{14}$$

其中 $c_1,\cdots,c_s$ 是两两不等的实数,$(p_1,q_1),\cdots,(p_m,q_m)$是不同的实数对,且满足$p_i^2-4q_i<0,i=1,2,\cdots,m;r_1,\cdots,r_s,k_1,\cdots,k_m$ 都是非负整数。由于 $f(t)\geqslant 0,\forall t\in\mathbf{R}$,因此 $a>0$,且 $r_1,\cdots,r_s$ 都是偶数(假如有 r_j 是奇数,则可以找到 t 使得 $f(t)<0$ 矛盾)。设$r_i=2r_i'$,则

$$f(x)=a(x^2-2c_1x+c_1^2)^{r_1'}\cdots(x^2-2c_sx+c_s^2)^{r_s'}\cdot$$
$$(x^2+p_1x+q_1)^{k_1}\cdots(x^2+p_mx+q_m)^{k_m}. \tag{15}$$

则(15)式中出现的二次多项式都形如 x^2+bx+c,其中 $b^2-4c\leqslant 0$。用待定系数法可以证明这种二次多项式可以表示成

$$x^2+bx+c=(d_1x+e_1)^2+(d_2x+e_2)^2. \tag{16}$$

分别比较二次项、一次项的系数以及常数项,得

$$1=d_1^2+d_2^2, \tag{17}$$

$$b=2d_1e_1+2d_2e_2, \tag{18}$$

$$c=e_1^2+e_2^2. \tag{19}$$

取 $d_1=\frac{1}{2},d_2=\frac{\sqrt{3}}{2}$,则 $d_1^2+d_2^2=1$,代入(18)式,得

$$b=e_1+\sqrt{3}e_2. \tag{20}$$

从(20)式得,$e_1=b-\sqrt{3}e_2$,代入(19)式得

$$c=b^2-2\sqrt{3}be_2+4e_2^2. \tag{21}$$

从(21)式看出,e_2 应当是二次方程

$$4y^2-2\sqrt{3}by+b^2-c=0 \tag{22}$$

的实根，由于二次方程(22)的判别式

$$\begin{aligned}\Delta &= (-2\sqrt{3}b)^2 - 4\cdot 4(b^2-c)\\ &= 4(3b^2-4b^2+4c)\\ &= 4(4c-b^2)\geqslant 0,\end{aligned}$$

因此方程(22)有实根，从而可解得 e_2，进而可求出 e_1。所以(16)式的确成立。

设 $f_1(x)=g_1^2(x)+h_1^2(x)$，$f_2(x)=g_2^2(x)+h_2^2(x)$，则

$$\begin{aligned} f_1(x)f_2(x) &= [g_1^2(x)+h_1^2(x)][g_2^2(x)+h_2^2(x)]\\ &= \begin{vmatrix} g_1(x) & -h_1(x)\\ h_1(x) & g_1(x)\end{vmatrix}\cdot\begin{vmatrix} g_2(x) & -h_2(x)\\ h_2(x) & g_2(x)\end{vmatrix}\\ &= \begin{vmatrix} g_1(x)g_2(x)-h_1(x)h_2(x) & -g_1(x)h_2(x)-h_1(x)g_2(x)\\ h_1(x)g_2(x)+g_1(x)h_2(x) & -h_1(x)h_2(x)+g_1(x)g_2(x)\end{vmatrix}\\ &= [g_1(x)g_2(x)-h_1(x)h_2(x)]^2+[g_1(x)h_2(x)+h_1(x)g_2(x)]^2.\end{aligned}$$

用数学归纳法可以证明：若 $f_i(x)=g_i^2(x)+h_i^2(x)$，$i=1,2,\cdots,v$，则存在 $g(x),h(x)\in\mathbf{R}[x]$，使得

$$f_1(x)f_2(x)\cdots f_v(x)=g^2(x)+h^2(x).$$

于是由(15)式和(16)式得，存在 $g(x),h(x)\in\mathbf{R}[x]$，使得

$$f(x)=g^2(x)+h^2(x).$$ ■

点评　证明例 11 的关键想法是把 $f(x)$ 分解成实系数不可约多项式的乘积，并且从已知条件可推出 $f(x)$ 的一次因式的幂指数应当都是偶数，从而 $f(x)$ 可分解成二次多项式的方幂的乘积，其中每个二次因式都形如 x^2+bx+c，且满足 $b^2-4c\leqslant 0$。然后对 x^2+bx+c（其中 $b^2-4c\leqslant 0$）容易用待定系数法证明它可以表示成两个一次多项式的平方和，最后可证得所要求的结论。

习题 7.7

1. 设 $a\in\mathbf{R}^*$，求多项式 x^n-a^n 在实数域上的标准分解式。
2. 设 $a\in\mathbf{R}^*$，求多项式 x^n+a^n 在实数域上的标准分解式。
3. 证明：$\prod\limits_{k=1}^{m-1}\cos\dfrac{k\pi}{2m}=\dfrac{\sqrt{m}}{2^{m-1}}$。
4. 证明：$\prod\limits_{k=1}^{m}\sin\dfrac{(2k-1)\pi}{2(2m+1)}=\dfrac{1}{2^m}$。

5. 证明：$\prod_{k=1}^{m}\sin\frac{k\pi}{2m+1}=\frac{\sqrt{2m+1}}{2^m}$。

6. 证明：$\prod_{k=1}^{m}\cos\frac{(2k-1)\pi}{2(2m+1)}=\frac{\sqrt{2m+1}}{2^m}$。

7. 证明：$\prod_{k=1}^{m}\sin\frac{(2k-1)\pi}{4m}=\frac{\sqrt{2}}{2^m}$。

8. 证明：$\prod_{k=1}^{m}\cos\frac{(2k-1)\pi}{4m}=\frac{\sqrt{2}}{2^m}$。

9. 求 $f(x)=x^4+12x^2+5x-9$ 的不同的实根的个数，并且把这些实根分离开，使得每个实根所在的区间的长度小于 1。

10. 求 $f(x)=x^3-5x^2+8x-8$ 的不同的实根的个数，以及这些根在哪些相邻的整数之间。

11. 证明：如果实数域上的 n 级矩阵 A 与 B 不相似，那么把它们看成复数域上的矩阵后仍然不相似。

12. $f(x)=x^5+20x+16$ 在 $\mathbf{C}$ 中有无重根？求 $f(x)$ 的不同的实根的个数。

13. 构造次数最小的实系数多项式，它有

(1) 2 重根 1，单根 2 和 $1+\mathrm{i}$；

(2) 2 重根 i，单根 $-1-\mathrm{i}$。

7.8 有理数域上的不可约多项式

7.8.1 内容精华

有理数域上的不可约多项式有哪些？如何判别一个有理系数多项式是否不可约？本节将对此予以讨论。

设 $f(x)\in\mathbf{Q}[x]$，由于 $f(x)$ 与它的相伴元只相差一个非零有理数因子，因此 $f(x)$ 与它的相伴元在有理数域上有相同的因式，从而 $f(x)$ 在 $\mathbf{Q}$ 上不可约当且仅当它的相伴元在 $\mathbf{Q}$ 上不可约。这样我们可以从 $f(x)$ 的相伴元中选择一个最简单的多项式作为代表研究它的不可约性。这个代表很自然地可以如下选取：例如，$f(x)=\frac{1}{2}x^3+\frac{1}{3}x^2-2x+1=\frac{1}{6}(3x^3+2x^2-12x+6)$，显然，$3x^3+2x^2-12x+6$ 就是与 $f(x)$ 相伴的最简单的多项式。一般地，设 $f(x)$ 的各项系数的分母的最小公倍数为 m，则 $f(x)=\frac{1}{m}mf(x)$，其中 $mf(x)$ 的各项系

数都为整数。设 $mf(x)$ 的各项系数的最大公因数为 d，则 $mf(x)=d\dfrac{m}{d}f(x)$，其中 $\dfrac{m}{d}f(x)$ 的各项系数的最大公因数为 ±1。于是 $\dfrac{m}{d}f(x)$ 就是与 $f(x)$ 相伴的最简单的多项式。由此抽象出本原多项式的概念。

一、本原多项式

定义1 一个非零的整系数多项式 $g(x)$，如果它的各项系数的最大公因数只有 ±1，那么称 $g(x)$ 是一个**本原多项式**。

从前面一段知道，任何一个非零的有理系数多项式 $f(x)$ 都与一个本原多项式相伴（$\dfrac{m}{d}f(x)$ 就是一个本原多项式）。进一步可以证明：与 $f(x)$ 相伴的本原多项式在相差一个正负号下是唯一的。证明如下：

设 $f(x)=rg(x)=sh(x)$，其中 $g(x),h(x)$ 都是本原多项式，$r,s\in\mathbf{Q}^*$，则 $g(x)=\dfrac{s}{r}h(x)$。设 $\dfrac{s}{r}=\dfrac{q}{p}$，其中 $p,q\in\mathbf{Z}$，且 $(p,q)=1$。

则
$$pg(x)=qh(x).$$
设
$$g(x)=\sum_{i=0}^{n}b_ix^i,h(x)=\sum_{i=0}^{n}c_ix^i,$$
则
$$p\sum_{i=0}^{n}b_ix^i=q\sum_{i=0}^{n}c_ix^i.$$
从而
$$pb_i=qc_i,i=0,1,\cdots,n,$$
于是
$$q\mid pb_i,i=0,1,\cdots,n,$$
由于 $(q,p)=1$，因此
$$q\mid b_i,i=0,1,\cdots,n.$$
由于 $g(x)$ 本原，因此 $q=\pm1$。同理可证 $p=\pm1$。于是 $g(x)=\pm h(x)$。

从上述结论立即得到本原多项式的第一条性质：

性质1 两个本原多项式 $g(x)$ 与 $h(x)$ 在 $\mathbf{Q}[x]$ 中相伴当且仅当 $g(x)=\pm h(x)$。

由于任何一个次数大于0的有理系数多项式都与一个本原多项式相伴，因此我们只需要去研究本原多项式是否不可约。由于因式分解涉及乘法，因此自然要问：两个本原多项式的乘积是否还是本原多项式？下面的性质2回答了这个问题。

性质2(高斯(Gauss)引理) 两个本原多项式的乘积还是本原多项式。

我们想寻找本原多项式不可约的充分条件，这不容易直接找出。我们可以反过来思考：从一个本原多项式可约能够推出什么样的结论？从不可约多项式的等价条件得出，如果一个次数大于0的本原多项式可约，那么它可以分解成两个次数较低的有理系数多项式的乘积。从高斯引理可以进一步直觉判断它可以分解成两个次数较低的本原多项式的乘积。于是我们猜测并且可以证明有下述性质 3：

性质 3 一个次数大于 0 的本原多项式 $g(x)$在 $\mathbf{Q}$ 上可约当且仅当 $g(x)$能分解成两个次数较低的本原多项式的乘积。

下述性质 4 给出了本原多项式组成的集合的结构。

性质 4 每一个次数大于 0 的本原多项式 $g(x)$可以唯一地分解成 $\mathbf{Q}$ 上不可约的本原多项式的乘积。唯一性是指，假如 $g(x)$有两个这样的分解式：

$$g(x) = p_1(x)p_2(x)\cdots p_s(x), g(x) = q_1(x)q_2(x)\cdots q_t(x),$$

则 $s=t$，且适当排列因式的次序后，有

$$p_i(x) = \pm q_i(x), i = 1,2,\cdots,s.$$

可分解性由性质 3 得到。唯一性由 $\mathbf{Q}[x]$中的唯一因式分解定理的唯一性以及性质 1 立即得到。

利用性质 3 可以得到整系数多项式在 $\mathbf{Q}$ 上可约的充分必要条件：

推论 1 一个次数大于 0 的整系数多项式 $f(x)$在 $\mathbf{Q}$ 上可约当且仅当 $f(x)$能分解成两个次数较低的整系数多项式的乘积。

二、整系数多项式的有理根

一个次数大于 1 的整系数多项式 $f(x)$如果有一次因式，那么 $f(x)$可约。因此次数大于 1 的整系数多项式 $f(x)$在 $\mathbf{Q}[x]$上不可约的必要条件是 $f(x)$没有一次因式，而 $f(x)$有一次因式当且仅当 $f(x)$在 $\mathbf{Q}$ 中有根。于是我们先来研究一个整系数多项式在 $\mathbf{Q}$ 中有根的必要条件。

定理 1 设 $f(x)=a_nx^n+a_{n-1}x^{n-1}+\cdots+a_1x+a_0$ 是一个次数 n 大于 0 的整系数多项式，如果$\frac{q}{p}$是 $f(x)$的一个有理根，其中 p,q 是互素的整数，那么 $p|a_n, q|a_0$。

从定理 1 的证明过程看到，如果$\frac{q}{p}$是$f(x)$的一个有理根，且$(p,q)=1$，那么存在一个整系数多项式 $g(x)$，使得 $f(x)=(px-q)g(x)$。当± 1 不是 $f(x)$的根时，可推出

$$\frac{f(1)}{p-q} \in \mathbf{Z}, \frac{f(-1)}{p+q} \in \mathbf{Z}.$$

因此如果计算出$\frac{f(1)}{p-q}\notin \mathbf{Z}$ 或$\frac{f(-1)}{p+q}\notin \mathbf{Z}$，那么$\frac{q}{p}$不是 $f(x)$的根，这个判断方法在求整系数多项式的有理根时有用。

三、整系数多项式在 Q 上不可约的判别方法

利用定理1可以判断一个二次或三次整系数多项式是否在 **Q** 上不可约：二次或三次整系数多项式在 **Q** 上不可约当且仅当它没有有理根。

注意：对于四次或四次以上的整系数多项式 $f(x)$，如果它没有有理根，那么只能说明 $f(x)$ 没有一次因式，还不能说明 $f(x)$ 在 **Q** 上不可约，因为 $f(x)$ 可能有二次因式或次数大于2的因式。这表明，对于四次或四次以上的整系数多项式 $f(x)$，没有有理根只是 $f(x)$ 在 **Q** 上不可约的必要条件，但不是充分条件。

下面来探索本原多项式 $f(x)$ 在 **Q** 上不可约的充分条件。

设 $f(x)=a_nx^n+a_{n-1}x^{n-1}+\cdots+a_1x+a_0$ 是一个次数 n 大于0的本原多项式，为了探索 $f(x)$ 在 **Q** 上不可约的充分条件，我们来分析如果 $f(x)$ 可约，那么能推导出什么结论。由于本原多项式的各项系数的最大公因数只有 ±1，因此任何一个素数都不能整除它的各项系数。我们考虑这样一类的本原多项式：存在一个素数 p 能整除首项系数以外的一切系数，但是 p 不能整除首项系数。即 $p\mid a_i, i=0,1,\cdots,n-1$；而 $p\nmid a_n$。假如 $f(x)$ 在 **Q** 上可约，据性质3得

$$f(x)=(b_mx^m+\cdots+b_1x+b_0)(c_lx^l+\cdots+c_1x+c_0). \tag{1}$$

其中 $b_i(i=0,1,\cdots,m)$，$c_j(j=0,1,\cdots,l)$ 都是整数，且 $b_m\neq0, c_l\neq0, m<n, l<n, m+l=n$。由(1)式得

$$a_n=b_mc_l, a_0=b_0c_0.$$

已知 $p\mid a_0$，因此 $p\mid b_0$ 或 $p\mid c_0$。不妨设 $p\mid b_0$。又已知 $p\nmid a_n$，因此 $p\nmid b_m$ 且 $p\nmid c_l$。于是存在 $k(0<k\leqslant m)$ 使得

$$p\mid b_0, p\mid b_1, \cdots, p\mid b_{k-1}, p\nmid b_k.$$

由于 $a_k=b_0c_k+b_1c_{k-1}+\cdots+b_{k-1}c_1+b_kc_0$，且 $p\mid a_k$，因此 $p\mid b_kc_0$。由于 $p\nmid b_k$，因此 $p\mid c_0$，又 $p\mid b_0$，从而 $p^2\mid a_0$。于是只要 $p^2\nmid a_0$，那么 $f(x)$ 在 **Q** 上不可约。这样我们探索出了 $f(x)$ 在 **Q** 上不可约的充分条件，这就是著名的 Eisenstein 判别法：

定理 2(Eisenstein 判别法)　设

$$f(x)=a_nx^n+a_{n-1}x^{n-1}+\cdots+a_1x+a_0$$

是一个次数 n 大于0的本原多项式。如果存在一个素数 p，使得

(1) $p\mid a_i, i=0,1,\cdots,n-1$；

(2) $p\nmid a_n$；

(3) $p^2\nmid a_0$。

那么 $f(x)$ 在 **Q** 上不可约。 ■

注:定理 2 中的 $f(x)$是一个次数大于 0 的整系数多项式时,利用推论 1,从 $f(x)$可约得出(1)式,因此在定理 2 中,把"$f(x)$是本原多项式"换成"$f(x)$是整系数多项式"仍然成立。

利用定理 2 可以证明:

推论 2 在 $\mathbf{Q}[x]$中存在任意次数的不可约多项式。

证明 任取正整数 n,设 $f(x)=x^n+3$。素数 3 符合定理 2 的所有条件,因此 $f(x)$在 $\mathbf{Q}$ 上不可约。 ■

有时直接用 Eisenstein 判别法无法判断 $f(x)$在 $\mathbf{Q}$ 上是否不可约,这时可尝试利用 7.5 节的例 4,选择一个有理数 b(通常取 $b=1$,或 -1),如果用 Eisenstein 判别法能判断 $g(x)=f(x+b)$在 $\mathbf{Q}$ 上不可约,那么 $f(x)$在 $\mathbf{Q}$ 上不可约。

对于 Eisenstein 判别法中的 3 个条件,很自然地会想:如果改成存在素数 p,使得

$$p \mid a_i, i=1,2,\cdots,n, \quad p \nmid a_0, p^2 \nmid a_n,$$

那么 $f(x)$是否在 $\mathbf{Q}$ 上不可约?为了回答这个问题,我们考虑由数域 K 上的分式组成的集合 $K(x)$,它有加法和乘法运算,成为一个有单位元的交换环(我们将在本章 7.12 节详细讨论这个环)。显然,$K(x)$可以看成 K 的一个扩环。利用数域 K 上一元多项式环的通用性质可以证明下述结论:

* **定理 3** 设 $f(x)=a_nx^n+a_{n-1}x^{n-1}+\cdots+a_1x+a_0$ 是一个次数 n 大于 0 的整系数多项式,如果存在一个素数 p,使得

$$p \mid a_i, i=1,2,\cdots,n, \quad p \nmid a_0, p^2 \nmid a_n,$$

那么 $f(x)$在 $\mathbf{Q}$ 上不可约。

证明 假如 $f(x)$在 $\mathbf{Q}$ 上可约,则存在两个次数分别为 $n_1,n_2(n_i<n,i=1,2)$的整系数多项式 $f_1(x),f_2(x)$,使得

$$f(x)=f_1(x)f_2(x). \tag{2}$$

不定元 x 用 $\mathbf{Q}(x)$中的元素$\dfrac{1}{x}$代入,从(2)式得

$$f\left(\frac{1}{x}\right)=f_1\left(\frac{1}{x}\right)f_2\left(\frac{1}{x}\right). \tag{3}$$

在(3)式两边乘以 x^n,得

$$x^nf\left(\frac{1}{x}\right)=x^{n_1}f_1\left(\frac{1}{x}\right)x^{n_2}f_2\left(\frac{1}{x}\right). \tag{4}$$

显然 $x^{n_i}f_i(\dfrac{1}{x})$是整系数多项式,且次数为 $n_i,i=1,2$。

$$x^nf\left(\frac{1}{x}\right)=a_n+a_{n-1}x+\cdots+a_1x^{n-1}+a_0x^n.$$

由已知条件，据 Eisenstein 判别法得，$x^n f\left(\frac{1}{x}\right)$在 $\mathbf{Q}$ 上不可约，这与(4)式矛盾。因此 $f(x)$ 在 $\mathbf{Q}$ 上不可约。■

定理 3 的证明很简洁，这得益于利用了数域 K 上一元多项式环的通用性质。

在本章 7.12 节的典型例题中，我们将介绍判断整系数多项式在 $\mathbf{Q}$ 上不可约的又一种方法。

7.8.2　典型例题

例 1　求 $f(x)=3x^4+8x^3+6x^2+3x-2$ 的全部有理根。

解　$a_4=3$ 的因子只有 $\pm1,\pm3$；$a_0=-2$ 的因子只有 $\pm1,\pm2$。于是 $f(x)$的有理根只可能是：

$$\pm1,\pm2,\pm\frac{1}{3},\pm\frac{2}{3}.$$

因为 $f(1)=18\neq0,f(-1)=-4\neq0$，所以$\pm1$ 不是 $f(x)$的根。

考虑 2，因为

$$\frac{f(-1)}{p+q}=\frac{-4}{1+2}=-\frac{4}{3}\notin\mathbf{Z},$$

所以 2 不是 $f(x)$的根。

考虑-2，因为

$$\frac{f(1)}{p-q}=\frac{18}{3}=6,\frac{f(-1)}{p+q}=\frac{-4}{-1}=4,$$

所以需要进一步用综合除法来判断-2 是不是 $f(x)$的根。

3	8	6	3	−2	−2
	−6	−4	−4	2	
3	2	2	−1	0	
	−6	8	−20		
3	−4	10	−21		

这表明-2 是 $f(x)$的单根。于是

$$f(x)=(x+2)(3x^3+2x^2+2x-1)$$

考虑$\frac{1}{3}$，因为

$$\frac{f(1)}{p-q}=\frac{18}{3-1}=9,\frac{f(-1)}{p+q}=\frac{-4}{3+1}=-1,$$

所以需要作综合除法。用 $x-\frac{1}{3}$去除 $3x^3+2x^2+2x-1$,可得出$\frac{1}{3}$是 $f(x)$的单根,且得出

$$f(x)=(x+2)\left(x-\frac{1}{3}\right)(3x^2+3x+3).$$

显然 x^2+x+1 没有有理根(因为± 1 都不是它的根),因此 $f(x)$的全部有理根是-2 和$\frac{1}{3}$,它们都是单根。

例 2 判断 $f(x)=x^3+2x^2-x+1$ 在 $\mathbf{Q}$ 上是否不可约。

解 $f(x)$的有理根只可能是± 1。由于

$$f(1)=1+2-1+1\neq 0, f(-1)=-1+2+1+1\neq 0,$$

因此 $f(x)$没有有理根,又由于 $\deg f(x)=3$,因此 $f(x)$在 $\mathbf{Q}$ 上不可约。

例 3 判断 $f(x)=4x^5-27x^4+12x^3-15x+21$ 在 $\mathbf{Q}$ 上是否不可约。

解 素数 3 能整除首项系数以外的一切系数,但不能整除首项系数 4,且 $3^2\nmid 21$,因此 $f(x)$在 $\mathbf{Q}$ 上不可约。

例 4 判断 $f(x)=x^4+2x-1$ 在 $\mathbf{Q}$ 上是否不可约。

解 x 用 $x+1$ 代入,得

$$\begin{aligned}g(x):=f(x+1)&=(x+1)^4+2(x+1)-1\\&=x^4+4x^3+6x^2+4x+1+2x+2-1\\&=x^4+4x^3+6x^2+6x+2.\end{aligned}$$

素数 2 能整除 $g(x)$的首项系数以外的一切系数,但不能整除首项系数 1,且 $2^2\nmid 2$,因此 $g(x)$在 $\mathbf{Q}$ 上不可约,从而 $f(x)$在 $\mathbf{Q}$ 上不可约。

例 5 设 p 是一个素数,多项式

$$f_p(x)=x^{p-1}+x^{p-2}+\cdots+x+1$$

称为 p 阶**分圆多项式**。证明 $f_p(x)$在 $\mathbf{Q}$ 上不可约。

证明 我们有

$$(x-1)f_p(x)=x^p-1.$$

x 用 $x+1$ 代入,从上式得

$$\begin{aligned}x f_p(x+1)&=(x+1)^p-1\\&=x^p+px^{p-1}+\cdots+C_p^k x^{p-k}+\cdots+px.\end{aligned}$$

于是 $$g(x):=f_p(x+1)=x^{p-1}+px^{p-2}+\cdots+C_p^k x^{p-k-1}+\cdots+p.$$

我们知道

$$C_p^k = \frac{p(p-1)\cdots(p-k+1)}{k!}, 1 \leqslant k < p.$$

由于$(p,k!)=1$,因此

$$k! \mid (p-1)\cdots(p-k+1).$$

从而 $p \mid C_p^k, 1\leqslant k<p$,又 $p \nmid 1, p^2 \nmid p$,因此 $g(x)$在 $\mathbf{Q}$ 上不可约,从而 $f_p(x)$在 $\mathbf{Q}$ 上不可约。 ■

点评 据 7.6 节的例 12 以及 $x^p-1=(x-1)(x^{p-1}+\cdots+x+1)$,可得 $x^{p-1}+x^{p-2}+\cdots+x+1=(x-\xi)(x-\xi^2)\cdots(x-\xi^{p-1})$,其中 $\xi=\mathrm{e}^{\mathrm{i}\frac{2\pi}{p}}$。由于 p 是素数,因此对任意 $j(1\leqslant j<p)$,都有$(\xi^j)^l\neq 1$,其中 $1\leqslant l<p$,即 $\xi,\xi^2,\cdots,\xi^{p-1}$ 都是本原 p 次单位根,显然它们是全部本原 p 次单位根,因此 $x^{p-1}+x^{p-2}+\cdots+x+1$ 是分圆多项式。(关于本原 n 次单位根和分圆多项式的定义可参看《高等代数(下册)——大学高等代数课程创新教材》(丘维声著)第 57 页例 14 和第 78 页的倒数第 4 行至倒数第 2 行。)

例 6 判断 $f(x)=x^4+3x+1$ 在 $\mathbf{Q}$ 上是否不可约。

解 $f(x)$的有理根只可能是± 1,由于 $f(1)=5\neq 0, f(-1)=1-3+1\neq 0$,因此 $f(x)$没有有理根,从而 $f(x)$没有一次因式。假如 $f(x)$在 $\mathbf{Q}$ 上可约,则

$$f(x) = (a_2x^2+a_1x+a_0)(b_2x^2+b_1x+b_0). \tag{5}$$

其中 $a_i(i=0,1,2), b_j(j=0,1,2)$都是整数,比较(5)式的首项系数得,$a_2b_2=1$。于是 a_2 与 b_2 同为 1,或同为-1。不妨设 $a_2=b_2=1$。比较(5)式的其他系数得

$$\begin{cases} a_1+b_1=0, \\ a_0+a_1b_1+b_0=0, \\ a_0b_1+a_1b_0=3, \\ a_0b_0=1. \end{cases}$$

由第一式得,$b_1=-a_1$,代入第三式得,$a_1(b_0-a_0)=3$。由第四式得,a_0 与 b_0 同为 1,或同为-1。从而 $b_0-a_0=0$,这与 $a_1(b_0-a_0)=3$ 矛盾,因此 $f(x)$在 $\mathbf{Q}$ 上不可约。

例 7 证明:如果 $p_1,p_2,\cdots,p_t$ 是两两不等的素数$(t\geqslant 1)$,那么对于任意大于 1 的整数 n,都有 $\sqrt[n]{p_1p_2\cdots p_t}$ 是无理数。

证明 由于$(\sqrt[n]{p_1p_2\cdots p_t})^n=p_1p_2\cdots p_t$,因此 $\sqrt[n]{p_1p_2\cdots p_t}$ 是多项式 $x^n-p_1p_2\cdots p_t$ 的一个实根。假如 $\sqrt[n]{p_1p_2\cdots p_t}$ 是有理数,那么 $x^n-p_1p_2\cdots p_t$ 在 $\mathbf{Q}[x]$中有一次因式。由于 $n>1$,因此 $x^n-p_1p_2\cdots p_t$ 在 $\mathbf{Q}$ 上可约。又由于素数 p_1 能整除 $x^n-p_1p_2\cdots p_t$ 的首项系数以外的所有系数,但是 p_1 不能整除首项系数 1,且 $p_1^2\nmid p_1p_2\cdots p_t$,因此 $x^n-p_1p_2\cdots p_t$ 在 $\mathbf{Q}$ 上不可约,矛盾。所以 $\sqrt[n]{p_1p_2\cdots p_t}$ 是无理数。 ■

例 8 设 m,n 都是正整数，且 $m<n$，证明：如果 $f(x)$ 是 $\mathbf{Q}$ 上的 m 次多项式，那么对任意素数 p，都有 $\sqrt[n]{p}$ 不是 $f(x)$ 的实根。

证明 假如 $\sqrt[n]{p}$ 是 $f(x)$ 的实根，则 $f(x)$ 作为实数域上的多项式有一次因式 $x-\sqrt[n]{p}$。由于 $(\sqrt[n]{p})^n=p$，因此 $\sqrt[n]{p}$ 是多项式 $g(x)=x^n-p$ 的一个实根。从而 $g(x)$ 作为实数域上的多项式有一次因式 $x-\sqrt[n]{p}$。于是在 $\mathbf{R}[x]$ 中，$f(x)$ 与 $g(x)$ 不互素。由于互素性不随数域的扩大而改变，因此在 $\mathbf{Q}[x]$ 中，$f(x)$ 与 $g(x)$ 也不互素。又由于素数 p 能整除 $g(x)$ 的首项系数以外的一切系数，但不能整除首项系数 1，且 $p^2\nmid p$，因此 $g(x)$ 在 $\mathbf{Q}$ 上不可约。从而 $g(x)$ 能整除 $f(x)$。由此得出，$n\leqslant m$。这与 $m<n$ 矛盾。因此 $\sqrt[n]{p}$ 不是 $f(x)$ 的实根。 ■

点评 在例 8 的证明中，关键是要考虑多项式 $g(x)$，以及利用互素性不随数域的扩大而改变，利用 $\mathbf{Q}[x]$ 中不可约多项式与任一多项式的关系的结论。由此体会到掌握理论的重要性，要善于运用理论去解决问题。

例 9 设 c 是某个首一整系数多项式的复根，$f(x)$ 是以 c 为复根的次数最低的首一整系数多项式，证明 $f(x)$ 在 $\mathbf{Q}$ 上不可约。

证明 假如 $f(x)$ 在 $\mathbf{Q}$ 上可约，则 $f(x)=f_1(x)f_2(x)$，其中 $f_i(x)$ 是首一整系数多项式，且 $\deg f_i(x)<\deg f(x)$，$i=1,2$。由于 $0=f(c)=f_1(c)f_2(c)$，因此 c 是 $f_1(x)$ 的复根或者 c 是 $f_2(x)$ 的复根。这与 $f(x)$ 是以 c 为复根的次数最低的首一整系数多项式矛盾。因此 $f(x)$ 在 $\mathbf{Q}$ 上不可约。 ■

例 10 设 $p(x)$ 是首一整系数多项式，且 $p(x)$ 在 $\mathbf{Q}$ 上不可约。证明：如果首一整系数多项式 $f(x)$ 与 $p(x)$ 有公共复根，那么存在首一整系数多项式 $g(x)$，使得

$$f(x)=g(x)p(x).$$

证明 由于 $f(x)$ 与 $p(x)$ 有公共复根，因此在 $\mathbf{C}[x]$ 中，$f(x)$ 与 $p(x)$ 有公共的一次因式，从而在 $\mathbf{C}[x]$ 中，$f(x)$ 与 $p(x)$ 不互素。于是在 $\mathbf{Q}[x]$ 中，$f(x)$ 与 $p(x)$ 也不互素。由于 $p(x)$ 在 $\mathbf{Q}$ 上不可约，因此 $p(x)\mid f(x)$，即 $p(x)$ 是 $f(x)$ 的一个不可约因式。又由于 $f(x)$ 与 $p(x)$ 的首项系数都为 1，因此 $f(x)$ 与 $p(x)$ 都是本原多项式。据本原多项式在 $\mathbf{Q}[x]$ 中的唯一因式分解定理得，存在整系数多项式 $g(x)$，使得

$$f(x)=p(x)g(x).$$

由于 $f(x)$ 与 $p(x)$ 的首项系数为 1，因此 $g(x)$ 的首项系数为 1。 ■

例 11 设 $f(x)=a_nx^n+\cdots+a_1x+a_0$ 是一个次数大于 0 的整系数多项式。证明：如果 $a_n+a_{n-1}+\cdots+a_1+a_0$ 是一个奇数，那么 1 和 -1 都不是 $f(x)$ 的根。

证明 由于 $f(1)=a_n+a_{n-1}+\cdots+a_1+a_0$ 是奇数，因此 1 不是 $f(x)$ 的根，设 $f(x)=mg(x)$，其中 $g(x)$ 是本原多项式，$m\in\mathbf{Z}^*$。假如 -1 是 $f(x)$ 的根，则 $0=f(-1)=$

$mg(-1)$，从而 $g(-1)=0$。于是 $g(x)$ 有一次因式 $x+1$。据本原多项式在 $\mathbf{Q}[x]$ 中的唯一因式分解定理得，存在整系数多项式 $h(x)$，使得 $g(x)=(x+1)h(x)$，于是有

$$f(x)=m(x+1)h(x).$$

x 用 1 代入，从上式得，$f(1)=2mh(1)$。这与 $f(1)$ 是奇数矛盾。因此 -1 不是 $f(x)$ 的根。 ■

点评　例 11 的证明由于运用了本原多项式在 $\mathbf{Q}[x]$ 中的唯一因式分解定理，因此不需要什么计算就证明了 -1 不是 $f(x)$ 的根。也可以采用下述方法证明这一结论：假如 -1 是 $f(x)$ 的根，则

$$0=f(-1)=a_n(-1)^n+a_{n-1}(-1)^{n-1}+\cdots+a_1(-1)+a_0.$$

当 n 是奇数时，从上式得

$$a_n+a_{n-2}+\cdots+a_1=a_{n-1}+a_{n-3}+\cdots+a_2+a_0.$$

于是

$$a_n+a_{n-1}+\cdots+a_1+a_0=2(a_n+a_{n-2}+\cdots+a_1).$$

这与已知条件矛盾。当 n 是偶数时，类似的计算可得出与已知条件矛盾。因此 -1 不是 $f(x)$ 的根。

例 12　设 $f(x)$ 是一个次数大于 0 的首一整系数多项式，证明：如果 $f(0)$ 与 $f(1)$ 都是奇数，那么 $f(x)$ 没有有理根。

证明　假如 $f(x)$ 有一个有理根 b，由于 $f(x)$ 的首项系数为 1，因此 b 必为整数。于是 $x-b$ 是本原多项式，且 $x-b$ 是 $f(x)$ 的一个因式。又由于 $f(x)$ 也是本原多项式，因此据本原多项式在 $\mathbf{Q}[x]$ 中的唯一因式分解定理得，存在整系数多项式 $h(x)$，使得

$$f(x)=(x-b)h(x).$$

x 分别用 0 和 1 代入，从上式得

$$f(0)=(-b)h(0),f(1)=(1-b)h(1).$$

由于 $-b$ 和 $-b+1$ 必有一个是偶数，因此 $f(0)$ 和 $f(1)$ 必有一个是偶数。这与已知条件矛盾，所以 $f(x)$ 没有有理根。 ■

例 13　设 $f(x)=(x-a_1)(x-a_2)\cdots(x-a_n)-1$，其中 $a_1,a_2,\cdots,a_n$ 是两两不等的整数。证明 $f(x)$ 在 $\mathbf{Q}$ 上不可约。

证明　假如 $f(x)$ 在 $\mathbf{Q}$ 上可约，则

$$f(x)=g_1(x)g_2(x),\deg g_i(x)<n,g_i(x)\in\mathbf{Z}[x],i=1,2.$$

x 用 a_j 代入，从上式得

$$-1=f(a_j)=g_1(a_j)g_2(a_j),j=1,2,\cdots,n.$$

从而 $g_1(a_j)$ 与 $g_2(a_j)$ 一个为 1，另一个为 -1。于是 $g_1(a_j)+g_2(a_j)=0,j=1,2,\cdots,n$。这表明多项式 $g_1(x)+g_2(x)$ 有 n 个不同的根 $a_1,a_2,\cdots,a_n$。但是 $g_1(x)+g_2(x)$ 的次数小于

n，因此，$g_1(x)+g_2(x)=0$，从而 $f(x)=-g_1^2(x)$。$f(x)$的首项系数为1，这与$-g_1^2(x)$的首项系数为负数矛盾。因此 $f(x)$在 $\mathbf{Q}$ 上不可约。 ■

例 14 设 $f(x)=(x-a_1)(x-a_2)\cdots(x-a_n)+1$，其中 $a_1,a_2,\cdots,a_n$ 是两两不等的整数。

(1) 证明：当 n 是奇数时，$f(x)$在 $\mathbf{Q}$ 上不可约；

(2) 证明：当 n 是偶数且 $n\geqslant 6$ 时，$f(x)$在 $\mathbf{Q}$ 上不可约；

(3) 当 $n=2$ 或 4 时，$f(x)$在 $\mathbf{Q}$ 上是否不可约？

(1) **证明** 假如 $f(x)$在 $\mathbf{Q}$ 上可约，则

$$f(x)=g_1(x)g_2(x),\deg g_i(x)<n,g_i(x)\in\mathbf{Z}[x],i=1,2.$$

x 用 a_j 代入，从上式得

$$1=f(a_j)-g_1(a_j)g_2(a_j),j=1,2,\cdots,n.$$

于是 $g_1(a_j)$与 $g_2(a_j)$同为1，或同为-1。从而

$$g_1(a_j)-g_2(a_j)=0,j=1,2,\cdots,n.$$

这表明多项式 $g_1(x)-g_2(x)$有 n 个不同的根 $a_1,a_2,\cdots,a_n$。但是 $g_1(x)-g_2(x)$的次数小于 n，因此 $g_1(x)-g_2(x)=0$。从而 $f(x)=g_1^2(x)$，于是 $\deg f(x)=2\deg g_1(x)$。这与已知 n 是奇数矛盾，因此 $f(x)$在 $\mathbf{Q}$ 上不可约。 ■

(2) **证明** 假如 $f(x)$在 $\mathbf{Q}$ 上可约，由第(1)小题的证明过程得，$f(x)=g_1^2(x)$。从而对一切 $t\in\mathbf{R}$，有 $f(t)=g_1^2(t)\geqslant 0$。不妨设

$$a_1<a_2<a_3<a_4<a_5<a_6<\cdots<a_n.$$

x 用 $a_1+\frac{1}{2}$代入，由 $f(x)$的表达式得

$$\begin{aligned}f\left(a_1+\frac{1}{2}\right)&=\frac{1}{2}\left(a_1+\frac{1}{2}-a_2\right)\cdots\left(a_1+\frac{1}{2}-a_n\right)+1\\&=(-1)^{n-1}\frac{1}{2}\left(a_2-a_1-\frac{1}{2}\right)\cdots\left(a_n-a_1-\frac{1}{2}\right)+1.\end{aligned}$$

由于

$$a_2-a_1-\frac{1}{2}\geqslant 1-\frac{1}{2}=\frac{1}{2},\cdots,$$

$$a_j-a_1-\frac{1}{2}\geqslant(j-1)-\frac{1}{2}=\frac{2j-3}{2},\cdots,$$

$$a_n-a_1-\frac{1}{2}\geqslant(n-1)-\frac{1}{2}=\frac{2n-3}{2},$$

且 $n\geqslant 6$，因此

$$\begin{aligned}\frac{1}{2}\left(a_2-a_1-\frac{1}{2}\right)\cdots\left(a_n-a_1-\frac{1}{2}\right)&\geqslant\frac{1}{2}\cdot\frac{1}{2}\cdot\frac{3}{2}\cdot\frac{5}{2}\cdot\frac{7}{2}\cdot\frac{9}{2}\cdot\cdots\cdot\frac{2n-3}{2}\\&\geqslant\frac{1}{2}\cdot\frac{1}{2}\cdot\frac{3}{2}\cdot\frac{5}{2}\cdot\frac{7}{2}\cdot\frac{9}{2}\\&=\frac{15\times 63}{64}>1.\end{aligned}$$

由于 n 是偶数，因此

$$f\left(a_1+\frac{1}{2}\right)=-\frac{1}{2}\left(a_2-a_1-\frac{1}{2}\right)\cdots\left(a_n-a_1-\frac{1}{2}\right)+1<-1+1=0,$$

矛盾，因此当 n 为偶数且 $n\geqslant 6$ 时，$f(x)$ 在 $\mathbf{Q}$ 上不可约。■

(3) **解**　当 $n=2$ 或 4 时，$f(x)$ 有可能在 $\mathbf{Q}$ 上可约。例如，$(x-1)(x+1)+1=x^2$，

$$\begin{aligned}x(x-1)(x+1)(x+2)+1&=x^4+2x^3-x^2-2x+1\\&=(x^2+x-1)^2.\end{aligned}$$

例 15　设 $f(x)=(x-a_1)^2(x-a_2)^2\cdots(x-a_n)^2+1$，其中 $a_1,a_2,\cdots,a_n$ 是两两不等的整数。证明 $f(x)$ 在 $\mathbf{Q}$ 上不可约。

证明　假如 $f(x)$ 在 $\mathbf{Q}$ 上可约，则

$$f(x)=g_1(x)g_2(x),\deg g_i(x)<2n,g_i(x)\in\mathbf{Z}[x],i=1,2.$$

x 用 a_j 代入，从上式得

$$1=f(a_j)=g_1(a_j)g_2(a_j),j=1,2,\cdots,n.$$

于是 $g_1(a_j)$ 与 $g_2(a_j)$ 同为 1，或同为 -1。

由于 $f(x)$ 没有实根，因此 $g_1(x)$ 和 $g_2(x)$ 都没有实根。从而 $g_i(a_1),g_i(a_2),\cdots,g_i(a_n)$ 同号，$i=1,2$。于是不妨设 $g_i(a_1)=g_i(a_2)=\cdots=g_i(a_n)=1,i=1,2$。

情形 1　$g_1(x)$ 与 $g_2(x)$ 中有一个的次数小于 n。不妨设 $\deg g_1(x)<n$，由于 $g_1(a_j)-1=0,j=1,2,\cdots,n$，因此多项式 $g_1(x)-1$ 有 n 个不同的根。于是 $g_1(x)-1=0$。从而 $f(x)=g_2(x)$，这与 $\deg g_2(x)<2n$ 矛盾。

情形 2　$g_1(x)$ 与 $g_2(x)$ 的次数都等于 n。由于 $a_1,a_2,\cdots,a_n$ 都是 $g_i(x)-1$ 的根，且 $g_i(x)-1$ 的首项系数为 1，因此

$$g_i(x)-1=(x-a_1)(x-a_2)\cdots(x-a_n),i=1,2.$$

从而

$$\begin{aligned}f(x)&=[(x-a_1)(x-a_2)\cdots(x-a_n)+1]^2\\&=(x-a_1)^2(x-a_2)^2\cdots(x-a_n)^2+1+2(x-a_1)(x-a_2)\cdots(x-a_n).\end{aligned}$$

由此推出，$2(x-a_1)(x-a_2)\cdots(x-a_n)=0$，矛盾。

由于 $\deg g_1(x)+\deg g_2(x)=\deg f(x)=2n$，因此只有上述两种可能的情形。从而

$f(x)$在 **Q** 上不可约。 ■

例 16 有理系数多项式 $f(x)=x^4+ux^2+v$ 何时在 **Q** 上可约?

解 先寻找 $f(x)$在 **Q** 上可约的必要条件,设 $f(x)$在 **Q** 上可约,则 $f(x)$有一次因式或者有两个二次因式。

情形 1 $f(x)$有一次因式。此时 $f(x)$有一个有理根 t,从而 t^2 是二次多项式 x^2+ux+v 的有理根。于是判别式 u^2-4v 是一个有理数的平方。

情形 2 $f(x)$有两个二次因式。此时

$$f(x)=(a_2x^2+a_1x+a_0)(b_2x^2+b_1x+b_0),a_2\neq 0,b_2\neq 0.$$

比较系数,得

$$\begin{cases}1=a_2b_2,\\0=a_2b_1+a_1b_2,\\u=a_2b_0+a_1b_1+a_0b_2,\\0=a_1b_0+a_0b_1,\\v=a_0b_0.\end{cases}$$

不妨取 $a_2=1,b_2=1$。于是 $b_1=-a_1,u=b_0-a_1^2+a_0,a_1(b_0-a_0)=0,v=a_0b_0$。

若 $a_1=0$,则 $b_1=0,u=b_0+a_0,v=a_0b_0$。于是

$$u^2-4v=(b_0+a_0)^2-4a_0b_0=(b_0-a_0)^2.$$

若 $a_1\neq 0$,则 $b_0=a_0,u=2a_0-a_1^2,v=a_0^2$。于是

$$\pm 2\sqrt{v}-u=a_1^2.$$

综上所述,$f(x)$在 **Q** 上可约的必要条件是:u^2-4v 是一个有理数的平方;或者 v 是一个有理数的平方,且$\pm 2\sqrt{v}-u$ 是有理数的平方。

下面来证上述条件是 $f(x)$在 **Q** 上可约的充分条件。

若 $u^2-4v=d^2$,则 $4v=u^2-d^2=(u+d)(u-d)$。从而

$$\begin{aligned}f(x)&=x^4+ux^2+\frac{u+d}{2}\cdot\frac{u-d}{2}\\&=\left(x^2+\frac{u+d}{2}\right)\left(x^2+\frac{u-d}{2}\right).\end{aligned}$$

因此 $f(x)$在 **Q** 上可约。

若 $v=a_0^2$,且$\pm 2\sqrt{v}-u=a_1^2$,则 $2a_0-a_1^2=u$,从而

$$\begin{aligned}(x^2+a_1x+a_0)(x^2-a_1x+a_0)&=x^4+(2a_0-a_1^2)x^2+a_0^2\\&=x^4+ux^2+v.\end{aligned}$$

因此 $f(x)$在 **Q** 上可约。

至此我们得到了 $f(x)$在 $\mathbf{Q}$ 上可约的充分必要条件是：u^2-4v 是一个有理数的平方；或者 v 是一个有理数的平方，且 $\pm 2\sqrt{v}-u$ 是有理数的平方。

例 17　设 $p(x)$是 n 次有理系数多项式，n 为大于 1 的奇数，且 $p(x)$在 $\mathbf{Q}$ 上不可约。证明：如果 c_1 和 c_2 是 $p(x)$的两个不同的复根，那么 c_1+c_2 不是有理数。

证明　记 $c_1+c_2=c$。假设 c 是有理数，由于

$$0=p(c_2)=p(c-c_1).$$

因此 c_1 是多项式 $g(x):=p(c-x)$的一个复根，由于 c 是有理数，因此 $g(x)$是有理系数多项式。由于 $g(x)$与 $p(x)$有公共复根 c_1，因此它们在 $\mathbf{C}[x]$中有公共的一次因式 $x-c_1$，从而不互素。于是它们在 $\mathbf{Q}[x]$中也不互素，由于 $p(x)$在 $\mathbf{Q}$ 上不可约，因此 $p(x)\mid g(x)$。从而存在有理系数多项式 $h(x)$使得 $g(x)=p(x)h(x)$。由于 $g(x)$与 $p(x)$的次数相等，因此 $h(x)$是非零有理数。由于 n 是奇数，因此 $g(x)$的首项系数是 $p(x)$的首项系数的相反数。从而 $h(x)=-1$，于是 $g(x)=-p(x)$。x 用$\frac{c}{2}$代入得，$g\left(\frac{c}{2}\right)=-p\left(\frac{c}{2}\right)$。又 $g\left(\frac{c}{2}\right)=p\left(c-\frac{c}{2}\right)=p\left(\frac{c}{2}\right)$，从而 $p\left(\frac{c}{2}\right)=0$。于是 $p(x)$在 $\mathbf{Q}[x]$中有一次因式 $x-\frac{c}{2}$。由于 $\deg p(x)=n>1$，因此 $p(x)$在 $\mathbf{Q}$ 上可约，矛盾。所以 c 不是有理数。 ■

点评　例 17 的证明的思路是利用 c_2 是 $p(x)$的复根，得出 $0=p(c_2)=p(c-c_1)$，由此受到启发去考虑多项式 $g(x):=p(c-x)$，使得 c_1 是 $g(x)$的一个复根，从而 c_1 是 $p(x)$与 $g(x)$的一个公共复根。

* **例 18**　用 $\mathbf{Z}[x]$表示所有整系数多项式组成的集合，证明：对于多项式的加法和乘法，$\mathbf{Z}[x]$成为一个环，且它是整环。

证明　$\mathbf{Z}[x]$是 $\mathbf{Q}[x]$的非空子集。显然 $\mathbf{Z}[x]$对于多项式的减法和乘法都封闭，因此$\mathbf{Z}[x]$是 $\mathbf{Q}[x]$的子环。显然 $\mathbf{Q}[x]$的单位元 1 也是 $\mathbf{Z}[x]$的单位元。由于 $\mathbf{Q}[x]$是交换环，且没有非平凡的零因子，因此 $\mathbf{Z}[x]$也是交换环，且没有非平凡的零因子。从而 $\mathbf{Z}[x]$是整环。 ■

* **例 19**　证明：$\mathbf{Z}[x]$的可逆元只有± 1。

证明　设 $g(x)$是 $\mathbf{Z}[x]$的可逆元，则存在 $h(x)\in\mathbf{Z}[x]$，使得 $g(x)h(x)=1$。从而$g(x)$是非零整数 a，$h(x)$是非零整数 b。从 $ab=1$ 得出 $a=\pm 1$。 ■

* **例 20**　证明：在 $\mathbf{Z}[x]$中，$f(x)$与 $g(x)$相伴的充分必要条件是 $f(x)=\pm g(x)$。

证明　充分性是显然的。下面证必要性，由于 $f(x)$与 $g(x)$相伴，因此存在 $h_i(x)\in\mathbf{Z}[x]$，$i=1,2$，使得

$$f(x)=h_1(x)g(x),\quad g(x)=h_2(x)f(x).$$

从而有

$$f(x)=h_1(x)h_2(x)f(x).$$

若 $f(x)=0$，则 $g(x)=0$，于是结论成立。

若 $f(x)\neq 0$，则 $1=h_1(x)h_2(x)$。于是 $h_1(x)$ 是 $\mathbf{Z}[x]$ 的可逆元，从而 $h_1(x)=\pm 1$。因此 $f(x)=\pm g(x)$。 ■

* **例 21** 一个整系数多项式 $p(x)$（$p(x)\neq 0$，且 $p(x)\neq\pm 1$），如果在 $\mathbf{Z}[x]$ 中的因式只有 ± 1（即 $\mathbf{Z}[x]$ 的可逆元）和 $\pm p(x)$（即 $p(x)$ 的相伴元），那么称 $p(x)$ 是 $\mathbf{Z}$ 上的**不可约多项式**；否则称它在 $\mathbf{Z}$ 上**可约**。试问：$\mathbf{Z}[x]$ 中的一次多项式是否一定在 $\mathbf{Z}$ 上不可约？

解 不一定。例如，$x-3$ 在 $\mathbf{Z}$ 上是不可约的，而 $2x-6$ 的因式 2 和 $x-3$ 都既不等于 ± 1，也不等于 $\pm(2x-6)$，因此 $2x-6$ 在 $\mathbf{Z}$ 上可约。

点评 从例 21 看到，一次多项式 $2x-6$ 虽然不能分解成两个次数较低的多项式的乘积，但它在 $\mathbf{Z}$ 上是可约的。这表明虽然在数域 K 上的一元多项式环 $K[x]$ 中，$p(x)$ 不可约的充分必要条件是它不能分解成两个次数较低的多项式的乘积，但是不宜把"不能分解成两个次数较低的多项式的乘积"作为不可约多项式的定义，否则很容易误认为 $\mathbf{Z}[x]$ 中的不可约多项式的定义也是不能分解成两个次数较低的多项式的乘积。"因式只有可逆元和相伴元"才是不可约多项式的本质。一般地，在整环 R 中，一个元素 a（$a\neq 0$，且 a 不是可逆元），如果它的因子只有可逆元和 a 的相伴元，那么称 a 是**不可约**的；否则称 a 是**可约**的。这个定义可参看《抽象代数基础（第二版）》（丘维声编著）第 115 页。

* **例 22** 证明：一个次数大于 0 的整系数多项式 $p(x)$ 如果在 $\mathbf{Z}$ 上不可约，那么它在 $\mathbf{Q}$ 上也不可约。

证明 假如 $p(x)$ 在 $\mathbf{Q}$ 上可约，则据本节的推论 1 得，$p(x)=g_1(x)g_2(x)$，$\deg g_i(x)<\deg p(x)$，$g_i(x)\in\mathbf{Z}[x]$，$i=1,2$。$p(x)$ 的因式 $g_1(x)$ 既不等于 $\pm p(x)$，也不等于 ± 1（否则 $g_2(x)$ 等于 $\pm p(x)$，这不可能），于是 $p(x)$ 在 $\mathbf{Z}$ 上可约，矛盾。因此 $p(x)$ 在 $\mathbf{Q}$ 上不可约。 ■

点评 例 22 的逆命题不成立。例如，一次多项式 $2x-6$ 在 $\mathbf{Q}$ 上是不可约的，但它在 $\mathbf{Z}$ 上可约。对于本原多项式，逆命题才成立，见下面的例 23。

* **例 23** 证明：一个次数大于 0 的本原多项式 $p(x)$ 在 $\mathbf{Q}$ 上不可约当且仅当它在 $\mathbf{Z}$ 上不可约。

证明 充分性由例 22 立即得到。下面来证必要性。

假如 $p(x)$ 在 $\mathbf{Z}$ 上可约，则 $p(x)$ 在 $\mathbf{Z}[x]$ 中有因式 $g(x)$，它既不等于 ± 1，也不等于 $\pm p(x)$。设 $p(x)=g(x)h(x)$，其中 $h(x)\in\mathbf{Z}[x]$。由于 $p(x)$ 是本原多项式，因此 $\deg g(x)>0$。从而

$$\deg h(x)<\deg p(x).$$

同理，$\deg h(x)>0$，从而 $\deg g(x)<\deg p(x)$。于是 $p(x)$ 在 $\mathbf{Q}$ 上可约，矛盾。因此 $p(x)$ 在 $\mathbf{Z}$ 上不可约。 ■

* **例 24**　证明：一个次数大于 0 的整系数多项式 $p(x)$ 如果在 $\mathbf{Z}$ 上不可约，那么它一定是本原多项式。

证明　假如 $p(x)$ 不是本原多项式，则它的各项系数有异于 ±1 的公因数 m，于是 $p(x)=mg(x)$，又由于 $\deg p(x)>0$，因此 $m\neq\pm p(x)$。于是 $p(x)$ 在 $\mathbf{Z}$ 上可约，矛盾。因此 $p(x)$ 是本原多项式。■

习题 7.8

1. 求下列多项式的全部有理根：

(1) $2x^3+x^2-3x+1$；　(2) $2x^4-x^3-19x^2+9x+9$。

2. 判断下列整系数多项式在有理数域上是否不可约：

(1) $x^4-6x^3+2x^2+10$；　(2) x^3-5x^2+4x+3；

(3) x^3+x^2-3x+2；　(4) $2x^3-x^2+x+1$；

(5) $7x^5+18x^4+6x-6$；　(6) x^4-2x^3+2x-3；

(7) x^5+5x^3+1；　(8) x^p+px^2+1，p 为奇素数；

(9) x^p+px^r+1，p 为奇素数，$0\leqslant r\leqslant p$；　(10) x^4-5x+1。

3. 设 $n>1$，证明：n 个两两不等的素数的几何平均数一定是无理数。

4. 设 m,n 都是正整数，且 $m<n$；$p_1,p_2,\cdots,p_t$ 是两两不等的素数，$t\geqslant1$。证明：如果 $f(x)$ 是 $\mathbf{Q}$ 上的 m 次多项式，那么 $\sqrt[n]{p_1p_2\cdots p_t}$ 不是 $f(x)$ 的实根。

5. 设 $f(x)=x^3+ax^2+bx+c$ 是整系数多项式，证明：如果 $(a+b)c$ 是奇数，那么 $f(x)$ 在有理数域上不可约。

6. 设 $f(x)=a_nx^n+\cdots+a_1x+a_0$ 是一个次数大于 0 的整系数多项式，证明：如果存在一个素数 p，使得

$$p\mid a_0,p\mid a_1,\cdots,p\mid a_{r-1},p\nmid a_r,p\nmid a_n,$$

且 $p^2\nmid a_0$，那么 $f(x)$ 有一个次数大于或等于 r 的在 $\mathbf{Q}$ 上不可约的因式。

*7. 设 $f(x)=a_{2n+1}x^{2n+1}+\cdots+a_1x+a_0$ 是一个次数为 $2n+1$ 的整系数多项式。证明：如果存在一个素数 p，使得

$$p^2\mid a_0,\cdots,p^2\mid a_n,p\mid a_{n+1},\cdots,p\mid a_{2n},p\nmid a_{2n+1},$$

且 $p^3\nmid a_0$，那么 $f(x)$ 在 $\mathbf{Q}$ 上不可约。

8. 设 $f(x)=a_nx^n+\cdots+a_1x+a_0$ 是一个次数为 n 的整系数多项式。证明：如果 a_0，$a_n+\cdots+a_1+a_0$，$(-1)^na_n+\cdots-a_1+a_0$ 都不能被 3 整除，那么 $f(x)$ 没有整数根。

9. 在 $\mathbf{Q}[x]$ 中把 $g(x)=x^8+x^7+x^6+x^5+x^4+x^3+x^2+x+1$ 因式分解。

10. 设 n 是大于 1 的整数，$g(x)=\sum_{i=0}^{n-1}x^i$。证明：若 n 不是素数，则 $g(x)$ 在 $\mathbf{Q}$ 上可约。

11. 证明：$x^{105}-9$ 在有理数域上不可约。

7.9 n 元多项式环

7.9.1 内容精华

一、n 元多项式的概念

定义 1 设 K 是一个数域，用不属于 K 的 n 个符号 $x_1,x_2,\cdots,x_n$ 作表达式

$$\sum_{i_1,i_2,\cdots,i_n}a_{i_1i_2\cdots i_n}x_1^{i_1}x_2^{i_2}\cdots x_n^{i_n},\tag{1}$$

其中 $a_{i_1i_2\cdots i_n}\in K$，$i_1,i_2,\cdots,i_n$ 是非负整数，(1)式中的每一项称为一个**单项式**，$a_{i_1i_2\cdots i_n}$ 称为**系数**；如果只有有限多个单项式的系数不为 0，并且两个这种形式的表达式相等当且仅当它们除去系数为 0 的单项式外含有完全相同的单项式，那么称表达式(1)是**数域 K 上的 n 元多项式**，把符号 $x_1,x_2,\cdots,x_n$ 称为 **n 个无关不定元**。

关于 n 元多项式的定义应当把握两点：它是具有形式(1)的表达式；两个 n 元多项式相等当且仅当它们含有完全相同的单项式(除去系数为 0 的单项式)。第二点使得 n 元多项式成为最基本的概念。

在数域 K 上的 n 元多项式中，如果两个单项式的 $x_j(j=1,2,\cdots,n)$ 的幂指数都对应相等，那么这两个单项式称为**同类项**。在 n 元多项式中，我们把同类项合并成一项，从而各个单项式都是不同类的。

数域 K 上有一个 n 元多项式，如果它的所有系数全为 0，那么称它为**零多项式**，记为 0。

n 元多项式的重要特点之一是它有次数的概念。对于单项式，把它的各个不定元的幂指数之和称为这个单项式的**次数**。对于一个 n 元多项式 $f(x_1,x_2,\cdots,x_n)$，把它的系数不为 0 的单项式的次数的最大值称为这个 n 元多项式的**次数**，记作 $\deg f$，零多项式的次数规定为 $-\infty$。

设一个 n 元多项式 $f(x_1,x_2,\cdots,x_n)$ 的次数为 m，有可能有几个单项式的次数都为 m，因此无法利用单项式的次数来给单项式排序。从字典的排序方法受到启发，把每一个单项式的各个不定元的幂指数写成一个 n 元有序数组，对于 n 元有序非负整数组规定一个先后顺序：

$(i_1,i_2,\cdots,i_n)$ **先于** $(j_1,j_2,\cdots,j_n)$ 当且仅当

$$i_1=j_1,\cdots,i_{s-1}=j_{s-1},i_s>j_s,$$

记作 $(i_1,i_2,\cdots,i_n)>(j_1,j_2,\cdots,j_n)$。

显然，n 元有序非负整数组的先于关系具有传递性。于是利用这个先于关系就可以给一个 n 元多项式的各个单项式排序：

单项式 $a_{i_1\cdots i_n}x_1^{i_1}x_2^{i_2}\cdots x_n^{i_n}$ 排在单项式 $b_{j_1\cdots j_n}x_1^{j_1}x_2^{j_2}\cdots x_n^{j_n}$ 的前面当且仅当 $(i_1,i_2,\cdots,i_n)>(j_1,j_2,\cdots,j_n)$。这种排序方法称为**字典排列法**。按字典排列法写出来的第一个系数不为 0 的单项式称为 n 元多项式的**首项**。要注意，首项不一定具有最大的次数。

二、n 元多项式的运算

数域 K 上所有 n 元多项式组成的集合记作 $K[x_1,x_2,\cdots,x_n]$。在这个集合中规定加法运算为把同类项的系数相加，规定乘法运算为

$$\Big(\sum_{i_1,i_2,\cdots,i_n}a_{i_1i_2\cdots i_n}x_1^{i_1}x_2^{i_2}\cdots x_n^{i_n}\Big)\Big(\sum_{j_1,j_2,\cdots,j_n}b_{j_1j_2\cdots j_n}x_1^{j_1}x_2^{j_2}\cdots x_n^{j_n}\Big)$$
$$:=\sum_{s_1,s_2,\cdots,s_n}c_{s_1s_2\cdots s_n}x_1^{s_1}x_2^{s_2}\cdots x_n^{s_n},\tag{2}$$

其中
$$c_{s_1s_2\cdots s_n}=\sum_{i_1+j_1=s_1}\sum_{i_2+j_2=s_2}\cdots\sum_{i_n+j_n=s_n}a_{i_1i_2\cdots i_n}b_{j_1j_2\cdots j_n}.$$

容易验证 $K[x_1,x_2,\cdots,x_n]$ 成为一个环，它有单位元 1，它是交换环，称它为数域 K 上 n 元多项式环。

n 元多项式的运算与次数有什么关系？显然有

$$\deg(f+g)\leqslant\max\{\deg f,\deg g\}.\tag{3}$$

乘法运算与次数的关系是什么？在数域 K 上的一元多项式环 $K[x]$ 中，有 $\deg(fg)=\deg f+\deg g$。证明此等式成立的关键是先证明 fg 的首项等于 f 的首项与 g 的首项的乘积。由此受到启发，在 $K[x_1,x_2,\cdots,x_n]$ 中，先证明下述结论：

定理 1 在 $K[x_1,x_2,\cdots,x_n]$ 中，两个非零多项式的乘积的首项等于它们的首项的乘积，从而两个非零多项式的乘积仍是非零多项式，即 $K[x_1,x_2,\cdots,x_n]$ 是无零因子环。

其次我们要引进齐次多项式的概念：

定义 2 如果数域 K 上的 n 元多项式 $g(x_1,x_2,\cdots,x_n)$ 的每个系数不为 0 的单项式都是 m 次的，则称该多项式为 **m 次齐次多项式**。

由定义 2 得，零多项式可以看成是任意次数的齐次多项式。

第 6 章 6.1 节讲的数域 K 上的 n 元二次型就是数域 K 上的 n 元二次齐次多项式。

显然，$K[x_1,x_2,\cdots,x_n]$ 中两个齐次多项式的乘积仍是齐次多项式，它的次数等于这两个多项式的次数的和。

对于任何一个 n 元多项式 $f(x_1,x_2,\cdots,x_n)$，如果把 f 中次数相同的单项式写在一起，

那么 f 可以唯一地表示成

$$f(x_1,x_2,\cdots,x_n)=\sum_{i=0}^{m} f_i(x_1,x_2,\cdots,x_n). \tag{4}$$

其中 $m=\deg f$，$f_i(x_1,x_2,\cdots,x_n)$是 i 次齐次多项式，称它为 $f(x_1,x_2,\cdots,x_n)$的 **i 次齐次成分**。

利用(4)式可以证明下述结论：

定理 2 在 $K[x_1,x_2,\cdots,x_n]$中， $\deg fg=\deg f+\deg g.$ (5)

三、数域 K 上 n 元多项式环 $K[x_1,x_2,\cdots,x_n]$的通用性质

n 元多项式之所以成为最基本的概念，是因为 n 元多项式环 $K[x_1,x_2,\cdots,x_n]$具有通用性质。即

定理 3 设 K 是一个数域，R 是一个有单位元的交换环，并且 R 可以看成是 K 的一个扩环(即 R 有一个子环 R_1 与 K 同构，且 R 的单位元是 R_1 的单位元)，K 到 R_1 的同构映射记作 τ，设 $t_1,t_2,\cdots,t_n$ 是 R 的元素，令

$$\sigma_{t_1,t_2,\cdots,t_n}: K[x_1,x_2,\cdots,x_n]\longrightarrow R$$

$$f(x_1,x_2,\cdots,x_n)=\sum_{i_1,\cdots,i_n} a_{i_1\cdots i_n}x_1^{i_1}\cdots x_n^{i_n}\longmapsto \sum_{i_1,\cdots,i_n}\tau(a_{i_1\cdots i_n})t_1^{i_1}\cdots t_n^{i_n},$$

则 $\sigma_{t_1,t_2,\cdots,t_n}$是 $K[x_1,x_2,\cdots,x_n]$到 R 的一个映射，它使得

$$\sigma_{t_1,t_2,\cdots,t_n}(x_i)=t_i,\ i=1,2,\cdots,n;$$

把 $f(x_1,x_2,\cdots,x_n)$在此映射下的象记作 $f(t_1,t_2,\cdots,t_n)$，如果

$$f(x_1,x_2,\cdots,x_n)+g(x_1,x_2,\cdots,x_n)=h(x_1,x_2,\cdots,x_n),$$

$$f(x_1,x_2,\cdots,x_n)g(x_1,x_2,\cdots,x_n)=p(x_1,x_2,\cdots,x_n),$$

那么

$$f(t_1,t_2,\cdots,t_n)+g(t_1,t_2,\cdots,t_n)=h(t_1,t_2,\cdots,t_n),$$

$$f(t_1,t_2,\cdots,t_n)g(t_1,t_2,\cdots,t_n)=p(t_1,t_2,\cdots,t_n),$$

即映射 $\sigma_{t_1,t_2,\cdots,t_n}$ 保持加法和乘法运算。映射 $\sigma_{t_1,t_2,\cdots,t_n}$ 称为 $x_1,x_2,\cdots,x_n$ 用 $t_1,t_2,\cdots,t_n$ **代入**。

证明的关键是由于 $K[x_1,x_2,\cdots,x_n]$中一个 n 元多项式 $f(x_1,x_2,\cdots,x_n)$的表法唯一，因此上述定义的由 $K[x_1,x_2,\cdots,x_n]$到 R 的对应法则 $\sigma_{t_1,t_2,\cdots,t_n}$ 是一个映射。定理 3 的其余结论的证明都是很容易的。

定理 3 的意义在于：只要把数域 K 上 n 元多项式环 $K[x_1,x_2,\cdots,x_n]$的结构研究清楚了，那么对于任意一个可以看成 K 的扩环的有单位元的交换环 R，从 $K[x_1,x_2,\cdots,x_n]$中有关加法与乘法的等式可以得到 R 中许多有关加法与乘法的等式，达到事半功倍的效果。

特别地，$K[x_1,x_2,\cdots,x_n]$中所有零次多项式添上零多项式组成的子集 S 是

$K[x_1,x_2,\cdots,x_n]$的一个子环,显然,$\tau: a\longmapsto a$ 是 K 到 S 的一个同构映射,因此 $K[x_1,x_2,\cdots,x_n]$可看成是 K 的一个扩环,从而 $x_1,x_2,\cdots,x_n$ 可以用环 $K[x_1,x_2,\cdots,x_n]$中任意 n 个元素代入,且这种代入是保持加法与乘法运算的。

四、n 元多项式函数

设 $f(x_1,x_2,\cdots,x_n)\in K[x_1,x_2,\cdots,x_n]$,对于数域 K 中任意 n 个元素 $c_1,c_2,\cdots,c_n$,将 $x_1,x_2,\cdots,x_n$ 用 $c_1,c_2,\cdots,c_n$ 代入,得到 $f(c_1,c_2,\cdots,c_n)\in K$。于是 n 元多项式 $f(x_1,x_2,\cdots,x_n)$诱导了集合 K^n 到 K 的一个映射:

$$f: K^n \longrightarrow K$$
$$(c_1,c_2,\cdots,c_n)\longmapsto f(c_1,c_2,\cdots,c_n). \tag{6}$$

把这个映射 f 称为**数域 K 上的一个 n 元多项式函数**。

显然,零多项式确定的函数是零函数,自然要问:非零多项式诱导的函数是否一定不是零函数? 这对于数域 K 上的 n 元非零多项式,回答是肯定的。

定理 4 设 $h(x_1,x_2,\cdots,x_n)$是数域 K 上的 n 元非零多项式,则它诱导的 n 元多项式函数 h 不是零函数。

利用定理 4 立即得到:

定理 5 设 K 是数域,在 $K[x_1,x_2,\cdots,x_n]$中,两个 n 元多项式 $f(x_1,x_2,\cdots,x_n)$与 $g(x_1,x_2,\cdots,x_n)$相等,当且仅当它们诱导的多项式函数 f 与 g 相等。

我们把数域 K 上所有 n 元多项式函数组成的集合记作 K_{npol},在这个集合中规定加法运算是函数的加法,规定乘法运算是函数的乘法,即 $\forall (c_1,c_2,\cdots,c_n)\in K^n$,令

$$(f+g)(c_1,c_2,\cdots,c_n):=f(c_1,c_2,\cdots,c_n)+g(c_1,c_2,\cdots,c_n),$$
$$(fg)(c_1,c_2,\cdots,c_n):=f(c_1,c_2,\cdots,c_n)g(c_1,c_2,\cdots,c_n),$$

如果

$$f(x_1,x_2,\cdots,x_n)+g(x_1,x_2,\cdots,x_n)=h(x_1,x_2,\cdots,x_n),$$
$$f(x_1,x_2,\cdots,x_n)g(x_1,x_2,\cdots,x_n)=p(x_1,x_2,\cdots,x_n),$$

那么有

$$f(c_1,c_2,\cdots,c_n)+g(c_1,c_2,\cdots,c_n)=h(c_1,c_2,\cdots,c_n),$$
$$f(c_1,c_2,\cdots,c_n)g(c_1,c_2,\cdots,c_n)=p(c_1,c_2,\cdots,c_n),$$

因此上述定义的 $f+g$ 是由多项式 $h(x_1,x_2,\cdots,x_n)$诱导的 n 元多项式函数,fg 是由多项式 $p(x_1,x_2,\cdots,x_n)$诱导的 n 元多项式函数,从而上述定义的加法和乘法的确是 K_{npol}的两种运算。容易验证,K_{npol}成为一个有单位元的交换环,称它为**数域 K 上的 n 元多项式函数环**。由 n 元多项式 $f(x_1,x_2,\cdots,x_n)$对应到它诱导的 n 元多项式函数 f,这个对应法则 σ 是 $K[x_1,x_2,\cdots,x_n]$到 K_{npol}的一个映射,显然它是满射;由定理 5 得出,σ 也是单射,从而 σ 是双射。由上述内容知道,σ 保持加法与乘法,因此 σ 是一个同构映射,从而环 $K[x_1,x_2,\cdots,x_n]$与

环 K_{npol}是同构的。于是我们可以把数域 K 上的 n 元多项式 $f(x_1,x_2,\cdots,x_n)$与 n 元多项式函数 f 等同看待。注意：n 元多项式是指表达式，n 元多项式函数是指映射，只有在证明了数域 K 上的 n 元多项式环 $K[x_1,x_2,\cdots,x_n]$与 K 上的 n 元多项式函数环 K_{npol}同构之后，才能把 n 元多项式 $f(x_1,x_2,\cdots,x_n)$与由它诱导的 n 元多项式函数 f 等同看待。

设 $f(x_1,x_2,\cdots,x_n)\in K[x_1,x_2,\cdots,x_n]$，$K$ 是数域。如果有$(c_1,c_2,\cdots,c_n)\in K^n$ 使得 $f(c_1,c_2,\cdots,c_n)=0$，那么称$(c_1,c_2,\cdots,c_n)$是 n 元多项式$f(x_1,x_2,\cdots,x_n)$的一个**零点**。当 K 取实数域，若 $n=2$，则二元多项式 $f(x,y)$的零点组成的集合就是平面上的一条**代数曲线**，它也就是方程 $f(x,y)=0$ 表示的曲线；若 $n=3$，则三元多项式 $f(x,y,z)$的零点组成的集合是空间中的一个**代数曲面**，它也就是方程 $f(x,y,z)=0$ 表示的曲面。一般地，数域 K 上一组 n 元多项式，它们的公共零点组成的集合称为**代数簇**(algebraic variety)。研究代数簇是代数几何的一个基本内容。

五、数域 K 上 n 元多项式环的结构

研究数域 K 上一元多项式环 $K[x]$的结构，我们是以带余除法为出发点的。利用带余除法证明了 $K[x]$中两个多项式的最大公因式存在(可以用辗转相除法求出)，并且最大公因式可以表示成这两个多项式的倍式和，进而得到两个多项式互素的充分必要条件是 1 可以表示成这两个多项式的倍式和，利用这个结论证明了不可约多项式的几个等价条件，最后证明了 $K[x]$中每一个次数大于 0 的多项式都能唯一地分解成有限多个不可约多项式的乘积，即证明了 $K[x]$中有唯一因式分解定理。从而把 $K[x]$的结构搞清楚了。

研究 $K[x]$的结构的上述途径是否适用于研究数域 K 上 n 元多项式环$K[x_1,x_2,\cdots,x_n]$的结构呢？其中 $n>1$。

对于数域 K 上的一元多项式 $f(x)$，它的首项就是次数最高的项，因此把 $f(x)$的首项消去后，它的次数就降下来了。从而可以对作为被除式的多项式的次数作数学归纳法，证出 $K[x]$中有带余除法。

对于数域 K 上的 n 元多项式 $f(x_1,x_2,\cdots,x_n)$，当 $n>1$ 时，它的首项不一定是次数最高的项，因此把 $f(x_1,x_2,\cdots,x_n)$的首项消去后，它的次数不一定能降下来。从而当$n>1$ 时，$K[x_1,x_2,\cdots,x_n]$没有带余除法。1964 年，H. Hironaka 引进了 n 元多项式的除法算法。1965 年，B. Buchberger 使用除法算法对于 $K[x_1,x_2,\cdots,x_n]$中由单项式组成的乘法封闭集中，引进了项序的概念，使得多项式相除后所得的余式唯一确定。

由于当 $n>1$ 时，$K[x_1,x_2,\cdots,x_n]$中没有带余除法，因此研究它的结构就不能从带余除法出发。在 $K[x_1,x_2,\cdots,x_n]$中，整除的概念、不可约多项式的概念仍然是有的。

定义 3 在 $K[x_1,x_2,\cdots,x_n]$中，对于 f,g，如果有 h 使得 $f=hg$，那么称 g **整除** f，记

作 $g|f$；否则称 g **不能整除** f，记作 $g\nmid f$。当 g 整除 f 时，称 g 是 f 的一个**因式**，称 f 是 g 的一个**倍式**。

容易看出，在 $K[x_1,x_2,\cdots,x_n]$ 中，整除关系具有反身性、传递性，但是不具有对称性。

定义 4　在 $K[x_1,x_2,\cdots,x_n]$ 中，如果 $f|g$，且 $g|f$，那么称 f 与 g 是**相伴**的，记作 $f\sim g$。

利用 $K[x_1,x_2,\cdots,x_n]$ 中多项式乘积的次数公式容易证明：$f\sim g$ 当且仅当存在 $c\in K^*$ 使得 $f=cg$。

$K[x_1,x_2,\cdots,x_n]$ 中有了因式的概念，当然也就有两个多项式 f 与 g 的**公因式**的概念。类似于 $K[x]$，我们可以在 $K[x_1,x_2,\cdots,x_n]$ 中定义两个多项式 f 与 g 的**最大公因式**的概念，但是由于 $K[x_1,x_2,\cdots,x_n]$ 中没有带余除法，因此不可能有辗转相除法，从而暂时还不知道任意两个多项式是否一定有最大公因式存在，到后面我们再来回答这个问题。$K[x_1,x_2,\cdots,x_n]$ 中两个多项式的最大公因式如果是 K 中的非零数，那么称这两个多项式**互素**。

定义 5　$K[x_1,x_2,\cdots,x_n]$ 中次数大于 0 的 n 元多项式 $p(x_1,x_2,\cdots,x_n)$，如果它的因式只有 K 中的非零数以及它的相伴元，那么称 $p(x_1,x_2,\cdots,x_n)$ 是 **K 上的不可约多项式**；否则称 $p(x_1,x_2,\cdots,x_n)$ 是**可约的**。

由定义 5 和乘积多项式的次数公式立即得到：一次多项式都是不可约的。

命题 1　$K[x_1,x_2,\cdots,x_n]$ 中，次数大于 0 的多项式 $p(x_1,x_2,\cdots,x_n)$ 不可约当且仅当它不能分解成两个次数较低的多项式的乘积。

由命题 1 的充分性立即得到，$K[x_1,x_2,\cdots,x_n]$ 中次数大于 0 的多项式 $f(x_1,x_2,\cdots,x_n)$ 如果可约，那么它能分解成两个次数较低的多项式的乘积。如此下去，可得出：$f(x_1,x_2,\cdots,x_n)$ 能分解成有限多个不可约多项式的乘积。进一步可证明这种分解是唯一的，即如果 $f(x_1,x_2,\cdots,x_n)$ 有两种方式分解成不可约多项式的乘积：

$$f(x_1,x_2,\cdots,x_n)=p_1(x_1,x_2,\cdots,x_n)\cdots p_s(x_1,x_2,\cdots,x_n),$$

$$f(x_1,x_2,\cdots,x_n)=q_1(x_1,x_2,\cdots,x_n)\cdots q_t(x_1,x_2,\cdots,x_n),$$

那么 $s=t$，且经过适当排列因式的次序可使得

$$p_i(x_1,x_2,\cdots,x_n)\sim q_i(x_1,x_2,\cdots,x_n),\ i=1,2,\cdots,s.$$

于是在 $K[x_1,x_2,\cdots,x_n]$ 中也有唯一因式分解定理：

定理 6(唯一因式分解定理)　$K[x_1,x_2,\cdots,x_n]$ 中每一个次数大于 0 的多项式 $f(x_1,x_2,\cdots,x_n)$ 都能唯一地分解成数域 K 上有限多个不可约多项式的乘积，所谓唯一性如上所述。

定理 6 可以从参考文献 21 的第三章 § 3.2 的推论 4 立即得到。

在 n 元多项式 $f(x_1,x_2,\cdots,x_n)$ 的分解式中，可以把每一个不可约因式的首项系数提出来，使它们成为首项系数为 1 的多项式，再把相同的不可约因式的乘积写成乘幂的形式，

于是 $f(x_1,x_2\cdots,x_n)$的分解式成为

$$f(x_1,\cdots,x_n)=ap_1^{r_1}(x_1,\cdots,x_n)\cdots p_m^{r_m}(x_1,\cdots,x_n),\tag{7}$$

其中 a 是 $f(x_1,\cdots,x_n)$的首项系数,$p_1(x_1,\cdots,x_n),\cdots,p_m(x_1,\cdots,x_n)$是两两不等的首项系数为 1 的不可约多项式,$r_1,\cdots,r_m$ 是正整数。分解式(7)称为 $f(x_1,x_2\cdots,x_n)$的**标准分解式**。

现在设 $f(x_1,\cdots,x_n),g(x_1,\cdots,x_n)$的标准分解式分别为

$$f(x_1,\cdots,x_n)=ap_1^{r_1}(x_1,\cdots,x_n)\cdots p_l^{r_l}(x_1,\cdots,x_n)p_{l+1}^{r_{l+1}}(x_1,\cdots,x_n)\cdots p_m^{r_m}(x_1,\cdots,x_n),$$

$$g(x_1,\cdots,x_n)=bp_1^{t_1}(x_1,\cdots,x_n)\cdots p_l^{t_l}(x_1,\cdots,x_n)q_{l+1}^{t_{l+1}}(x_1,\cdots,x_n)\cdots q_s^{t_s}(x_1,\cdots,x_n).$$

令

$$d(x_1,\cdots,x_n)=p_1^{u_1}(x_1,\cdots,x_n)\cdots p_l^{u_l}(x_1,\cdots,x_n),$$

其中 $u_i=\min\{r_i,t_i\},i=1,2,\cdots,l$。显然 $d(x_1,\cdots,x_n)$是 $f(x_1,\cdots,x_n)$与 $g(x_1,\cdots,x_n)$的一个公因式。任取 f 与 g 的一个次数大于 0 的公因式 $c(x_1,\cdots,x_n)$,在 $c(x_1,\cdots,x_n)$的标准分解式中任取一个不可约因式 $v(x_1,\cdots,x_n)$。由于 $v(x_1,\cdots,x_n)$是 f 与 g 的公共的不可约因式,因此 $v(x_1,\cdots,x_n)$必然等于某个 $p_j(x_1,\cdots,x_n)$,其中 $j\in\{1,2,\cdots,l\}$;并且 $v(x_1,\cdots,x_n)$在 $c(x_1,\cdots,x_n)$的标准分解式中的幂指数不超过 u_j。于是 $c(x_1,\cdots,x_n)\mid d(x_1,\cdots,x_n)$。这证明了 $d(x_1,\cdots,x_n)$是 $f(x_1,\cdots,x_n)$与 $g(x_1,\cdots,x_n)$的一个最大公因式,它的首项系数为 1,把它记作$(f(x_1,\cdots,x_n),g(x_1,\cdots,x_n))$。这也肯定地回答了前面提出的 $K[x_1,\cdots,x_n]$中任意两个多项式都存在最大公因式的问题。

由于把 n 元多项式分解成不可约因式的乘积没有统一的方法,因此求两个 n 元多项式的最大公因式是不容易的。

7.9.2 典型例题

例 1 将下列三元多项式按字典排列法排列各单项式的顺序。

(1) $f(x_1,x_2,x_3)=4x_1x_2^5x_3^2+5x_1^2x_2x_3-x_1^3x_3^4+x_1^3x_2+x_1x_2^4$;

(2) $g(x_1,x_2,x_3)=x_1^2x_2^3+x_2^2x_3^3+x_1^3x_3^2+x_1^4+x_1^2x_2^4+x_3^4$。

解 (1) $f(x_1,x_2,x_3)=x_1^3x_2-x_1^3x_3^4+5x_1^2x_2x_3+4x_1x_2^5x_3^2+x_1x_2^4$;

(2) $g(x_1,x_2,x_3)=x_1^4+x_1^3x_3^2+x_1^2x_2^4+x_1^2x_2^3+x_2^2x_3^3+x_3^4$。

例 2 把下述三元齐次多项式分解成两个三元齐次多项式的乘积。

$$f(x_1,x_2,x_3)=x_1^3+3x_1^2x_2+4x_1^2x_3+3x_1x_2^2+6x_1x_2x_3+4x_1x_3^2+2x_2^3+5x_2^2x_3+5x_2x_3^2+3x_3^3.$$

解 $f(x_1,x_2,x_3)$是三次齐次多项式,把它分解成两个齐次多项式的乘积,必然一个是

一次齐次多项式,另一个是二次齐次多项式。于是可设

$$f(x_1,x_2,x_3)=(x_1+ax_2+bx_3)(x_1^2+cx_2^2+dx_3^2+ex_1x_2+ux_1x_3+vx_2x_3).$$

比较系数得

$$\begin{aligned}
&3=e+a, && 4=u+b, && 3=c+ae,\\
&6=v+au+be, && 4=d+bu, && 2=ac,\\
&5=av+bc, && 5=ad+bv, && 3=bd.
\end{aligned}$$

取 $c=1$,则 $a=2$;取 $d=1$,则 $b=3$。从而

$$e=1,\ u=1,\ c=1,\ v=1,\ d=1.$$

因此

$$f(x_1,x_2,x_3)=(x_1+2x_2+3x_3)(x_1^2+x_2^2+x_3^2+x_1x_2+x_1x_3+x_2x_3).$$

例 3　设 $f(x_1,x_2,\cdots,x_n)$是数域 K 上一个齐次多项式。证明:如果在 $K[x_1,x_2,\cdots,x_n]$中有

$$f(x_1,x_2,\cdots,x_n)=g(x_1,x_2,\cdots,x_n)h(x_1,x_2,\cdots,x_n),$$

那么 $g(x_1,x_2,\cdots,x_n)$和 $h(x_1,x_2,\cdots,x_n)$都是齐次多项式。

证明　假如 g 与 h 不全是齐次多项式,则不妨设 g 不是齐次多项式,于是有 $g=g_l+g_{l+1}+\cdots+g_r$,其中 $g_i(i=l,l+1,\cdots,r)$是 g 的 i 次齐次成分,且 $g_l\neq 0,g_r\neq 0,r>l$。设 $h=h_t+h_{t+1}+\cdots+h_s$,其中 $h_j(j=t,t+1,\cdots,s)$是 h 的 j 次齐次成分,且 $h_t\neq 0,h_s\neq 0$(有可能$s=t$,此时 h 是 t 次齐次多项式)。由已知条件得

$$f=gh=\Big(\sum_{i=l}^{r}g_i\Big)\Big(\sum_{j=t}^{s}h_j\Big)=\sum_{i=l}^{r}\sum_{j=t}^{s}g_ih_j,$$

其中 $g_lh_t\neq 0,g_rh_s\neq 0$。由于 g_lh_t 是 gh 的次数最低的齐次成分,因此 g_lh_t 不会与其他 g_ih_j 相消。又由于 g_rh_s 是 gh 的次数最高的齐次成分,因此 g_rh_s 也不会与其他 g_ih_j 相消。由于 $l<r,t\leqslant s$,因此 $l+t<r+s$。于是 gh 至少有两个非零的齐次成分,这与 f 是齐次多项式矛盾。所以 g 与 h 都是齐次多项式。■

点评　例 3 表明:在 $K[x_1,x_2,\cdots,x_n]$中,一个齐次多项式如果能分解成两个多项式的乘积,那么这两个多项式也都是齐次多项式。

例 4　证明:在数域 K 上的 n 元多项式环 $K[x_1,x_2,\cdots,x_n]$中,一个非零多项式 $f(x_1,x_2,\cdots,x_n)$是 m 次齐次多项式的充分必要条件为对一切 $t\in K$,有

$$f(tx_1,tx_2,\cdots,tx_n)=t^mf(x_1,x_2,\cdots,x_n).\tag{8}$$

证明　必要性。设 $f(x_1,x_2,\cdots,x_n)$是 m 次齐次多项式,即

$$f(x_1,x_2,\cdots,x_n)=\sum_{i_1,i_2,\cdots,i_n}a_{i_1i_2\cdots i_n}x_1^{i_1}x_2^{i_2}\cdots x_n^{i_n},$$

其中 $i_1+i_2+\cdots+i_n=m$。任取 $t\in K$,不定元 $x_1,x_2,\cdots,x_n$ 用 $tx_1,tx_2,\cdots,tx_n$ 代入,从上式得

$$f(tx_1,tx_2,\cdots,tx_n)=\sum_{i_1,\cdots,i_n}a_{i_1i_2\cdots i_n}(tx_1)^{i_1}(tx_2)^{i_2}\cdots(tx_n)^{i_n}$$
$$=t^mf(x_1,x_2,\cdots,x_n).$$

充分性。设对一切 $t\in K$,有(8)式成立。将 $f(x_1,\cdots,x_n)$写成 $f=f_0+f_1+\cdots+f_s$,其中 f_i 是 f 的 i 次齐次成分,$i=0,1,\cdots,s$。任取 $t\in K$,$x_1,x_2,\cdots,x_n$ 用 $tx_1,tx_2,\cdots,tx_n$ 代入,从上式得

$$f(tx_1,\cdots,tx_n)=f_0(tx_1,\cdots,tx_n)+f_1(tx_1,\cdots,tx_n)+\cdots+f_s(tx_1,\cdots,tx_n).$$

根据刚证的必要性以及充分性的假设得

$$t^mf(x_1,\cdots,x_n)=f_0(tx_1,\cdots,tx_n)+tf_1(x_1,\cdots,x_n)+\cdots+t^sf_s(x_1,\cdots,x_n).\qquad(9)$$

将 $f=f_0+f_1+\cdots+f_s$ 代入(9)式的左端,并且根据两个 n 元多项式相等的定义,得到

$$t^mf_i(x_1,\cdots,x_n)=t^if_i(x_1,\cdots,x_n),\quad i=0,1,\cdots,s.\qquad(10)$$

任取 $i\in\{0,1,\cdots,s\}$,且 $i\neq m$,如果 $f_i\neq0$,那么从(10)式两边消去 f_i 得,$t^m=t^i$,$\forall t\in K$。由于 K 是数域,因此有 $x^m=x^i$。这与 $i\neq m$ 矛盾。因此当 $i\neq m$ 时,$f_i=0$。从而 $f=f_m$,于是 f 是 m 次齐次多项式。■

点评 例 4 给出了数域 K 上 m 次齐次多项式(或 m 次齐次多项式函数)的一个刻画,它很有用。

例 5 设 $f(x,y,z)$,$g(x,y,z)$都是实数域上的三元多项式,且 $g(x,y,z)$不是零多项式,证明:如果 $g(x,y,z)$的任一非零点都是 $f(x,y,z)$的零点,那么 $f(x,y,z)$是零多项式。

证法一 对于 $g(x,y,z)$的任一非零点(b_1,b_2,b_3),有

$$fg(b_1,b_2,b_3)=f(b_1,b_2,b_3)g(b_1,b_2,b_3)=0.$$

对于 $g(x,y,z)$的任一零点(c_1,c_2,c_3),有

$$fg(c_1,c_2,c_3)=f(c_1,c_2,c_3)g(c_1,c_2,c_3)=0.$$

从而对一切$(a_1,a_2,a_3)\in\mathbf{R}^3$,有 $fg(a_1,a_2,a_3)=0$。于是 fg 是零函数,从而$f(x,y,z)g(x,y,z)$是零多项式。由于 $g(x,y,z)$不是零多项式,因此 $f(x,y,z)$是零多项式。■

证法二 假如 $f(x,y,z)$不是零多项式,又由已知条件,$g(x,y,z)$不是零多项式,于是 $f(x,y,z)g(x,y,z)$不是零多项式,从而 fg 不是零函数。因此存在$(c_1,c_2,c_3)\in\mathbf{R}^3$,使得 $fg(c_1,c_2,c_3)\neq0$,即 $f(c_1,c_2,c_3)g(c_1,c_2,c_3)\neq0$,由此得出,$f(c_1,c_2,c_3)\neq0$ 且 $g(c_1,c_2,c_3)\neq0$,这与已知条件矛盾。■

点评 例 5 的证明主要用到两个结论:数域 K 上的 n 元多项式环是无零因子环;数域 K 上的 n 元多项式环 $K[x_1,x_2,\cdots,x_n]$与数域 K 上的 n 元多项式函数环 K_{npol}是同构的。例 5 的结论从直观上容易猜测到,但是要想讲出道理证明它就需要用到上述两个结论。这又一次表明:只有掌握理论,才能把道理讲清楚。

例 6　证明:在复数域上的二元多项式环中,下述二次多项式是不可约的:

$$f(x,y)=x^2-2xy+y^2+y.$$

证明　假如 $f(x,y)$ 在复数域上可约,则

$$f(x,y)=(x+ay+b)(x+cy+d),$$

其中 $a,b,c,d\in\mathbf{C}$。比较系数得

$$a+c=-2,ac=1,d+b=0,ad+bc=1,bd=0.$$

由 $d+b=0$ 且 $bd=0$ 推出 $b=d=0$,这与 $ad+bc=1$ 矛盾。因此 $f(x,y)=x^2-2xy+y^2+y$ 在 $\mathbf{C}$ 上是不可约的。 ■

点评　我们已经知道,在复数域上的一元多项式环中,不可约多项式都是一次的。而例 6 表明,在复数域上的二元多项式环中,存在二次的不可约多项式。在数域 K 上的一元多项式环中,$f(x)$ 有一次因式 $x-a$ 当且仅当 $f(x)$ 在 K 中有根 a。而例 6 表明,在复数域上的二元多项式环中,$f(x,y)=x^2-2xy+y^2+y$ 虽然有许多零点,例如 $(0,0)$,$(0,-1)$,$\left(1,\frac{1\pm\sqrt{3}\mathrm{i}}{2}\right)$ 等,但是 $f(x,y)$ 没有一次因式。这些表明,当 $n>1$ 时,数域 K 上的 n 元多项式环有许多与一元多项式环不同的性质。

例 7　探索并且论证实数域上 n 元二次齐次多项式可约的充分必要条件。

解　实数域上 n 元二次齐次多项式 $f(x_1,x_2,\cdots,x_n)$ 可约当且仅当 $f(x_1,x_2,\cdots,x_n)$ 能分解成两个实系数一次多项式的乘积,根据例 3 的结论可知,这两个一次多项式都是齐次的。根据《高等代数学习指导书(上册)》6.2 节的例 5,一个 n 元实二次型可以分解成两个实系数一次齐次多项式的乘积当且仅当它的秩等于 2 且符号差为 0,或者它的秩等于 1。于是这就是实系数 n 元二次齐次多项式可约的充分必要条件。 ■

例 8　当 $n>1$ 时,在 $K[x_1,x_2,\cdots,x_n]$ 中是否有下述结论:两个多项式互素的充分必要条件为它们有倍式和等于 1?

解　充分性。设数域 K 上的 n 元多项式 $f(x_1,x_2,\cdots,x_n)$ 与 $g(x_1,x_2,\cdots,x_n)$ 具有性质:存在 $u(x_1,\cdots,x_n),v(x_1,\cdots,x_n)\in K[x_1,\cdots,x_n]$ 使得

$$u(x_1,\cdots,x_n)f(x_1,\cdots,x_n)+v(x_1,\cdots,x_n)g(x_1,\cdots,x_n)=1.$$

设 $d(x_1,\cdots,x_n)$ 是 $f(x_1,\cdots,x_n)$ 与 $g(x_1,\cdots,x_n)$ 的一个最大公因式,则从上式得,$d(x_1,\cdots,x_n)\mid 1$。由乘积多项式的次数公式得,$d(x_1,\cdots,x_n)$ 的次数为 0,从而它是 K 中一个非零数。因此 $f(x_1,\cdots,x_n)$ 与 $g(x_1,\cdots,x_n)$ 互素,即充分性是成立的。

必要性。从例 6 中知道,复数域上的二元多项式 $f(x,y)=x^2-2xy+y^2+y$ 不可约。从而 $f(x,y)$ 与 $g(x,y)=x$ 的公因式只有 K 中的非零数,因此 $f(x,y)$ 与 $g(x,y)$ 互素。对于 $\mathbf{C}[x,y]$ 中的任意多项式 $u(x,y)$,$v(x,y)$,都有 $u(x,y)f(x,y)$ 没有常数项,

$v(x,y)g(x,y)$也没有常数项，从而

$$u(x,y)f(x,y)+v(x,y)g(x,y)\neq 1.$$

这个例子表明必要性是不成立的。

点评 在数域 K 上的一元多项式环 $K[x]$中，两个多项式互素的充分必要条件是它们有倍式和等于 1。而当 $n>1$ 时，$K[x_1,\cdots,x_n]$中两个多项式互素的充分条件是它们有倍式和等于 1，但这不是必要条件，其根源在于 $K[x]$中有带余除法，从而求两个多项式的最大公因式有辗转相除法；而当 $n>1$ 时，在 $K[x_1,x_2,\cdots,x_n]$中没有带余除法，从而求两个多项式的最大公因式没有辗转相除法，因此两个多项式的最大公因式无法表示成它们的倍式和。

例 9 把下述有理数域上的二元二次多项式因式分解：

$$f(x,y)=2x^2+xy-y^2+5x+2y+3.$$

解法一 $f(x,y)=2(x^2+\frac{5+y}{2}x+\frac{-y^2+2y+3}{2})$

可暂时把 y 看成常数，括号内的 x 的二次三项式的判别式

$$\Delta=\left(\frac{5+y}{2}\right)^2-2(-y^2+2y+3)=\frac{9y^2-6y+1}{4}=\left(\frac{3y-1}{2}\right)^2.$$

从而

$$\begin{aligned}f(x,y)&=2\left(x-\frac{-\frac{1}{2}(5+y)+\frac{1}{2}(3y-1)}{2}\right)\left(x-\frac{-\frac{1}{2}(5+y)-\frac{1}{2}(3y-1)}{2}\right)\\&=(2x-y+3)(x+y+1).\end{aligned}$$

解法二 设 $f(x,y)=(x+ay+b)(2x+cy+d)$，

比较系数得

$$1=c+2a,\ -1=ac,\ 5=d+2b,\ 2=ad+bc,\ 3=bd.$$

解得 $a=1$ 或 $-\frac{1}{2}$，$c=-1$ 或 2，$b=1$ 或 3，$d=3$ 或 1。

当 $a=1$ 时，$c=-1$，只有 $b=1,d=3$才能满足 $2=ad+bc$。当 $a=-\frac{1}{2}$时，无法满足 $2=ad+bc$，应当舍去。因此

$$f(x,y)=(x+y+1)(2x-y+3).$$

例 10 求实数域上二元二次多项式可约的充分必要条件。

解 设 $f(x,y)=a_{11}x^2+2a_{12}xy+a_{22}y^2+2a_1x+2a_2y+a_0$，则 $f(x,y)=0$ 是平面上的二次曲线，运用二次曲线的不变量理论(参看《解析几何(第三版)》第 5 章第 2 节)，得

实数域上二元二次多项式 $f(x,y)$可约

$\Leftrightarrow$ $f(x,y)=0$ 为两条相交直线或一对平行直线或两条重合直线；

$\Leftrightarrow \quad I_2<0$ 且 $I_3=0$，或 $I_2=I_3=0$ 且 $K_1\leqslant 0$。

例 11 下列实数域上的二元二次多项式是否可约？如果可约，把它因式分解。

(1) $f(x,y)=2x^2+8xy+8y^2-x-2y-1$；

(2) $g(x,y)=x^2-2xy+y^2-2x-4y+3$。

解 (1) $I_2=\begin{vmatrix}2 & 4\\ 4 & 8\end{vmatrix}=0$，

$$I_3=\begin{vmatrix}2 & 4 & -\frac{1}{2}\\ 4 & 8 & -1\\ -\frac{1}{2} & -1 & -1\end{vmatrix}=0,$$

$$K_1=\begin{vmatrix}2 & -\frac{1}{2}\\ -\frac{1}{2} & -1\end{vmatrix}+\begin{vmatrix}8 & -1\\ -1 & -1\end{vmatrix}=\left(-2-\frac{1}{4}\right)+(-8-1)<0.$$

据例 10 的结论得，$f(x,y)$可约。

$$f(x,y)=2\left[x^2+\left(4y-\frac{1}{2}\right)x+4y^2-y-\frac{1}{2}\right].$$

把括号内看成 x 的二次三项式，它的判别式为

$$\Delta=\left(4y-\frac{1}{2}\right)^2-4\left(4y^2-y-\frac{1}{2}\right)=\frac{9}{4}.$$

于是

$$\begin{aligned}f(x,y)&=2\left(x-\frac{\frac{1}{2}-4y+\frac{3}{2}}{2}\right)\left(x-\frac{\frac{1}{2}-4y-\frac{3}{2}}{2}\right)\\&=(x+2y-1)(2x+4y+1).\end{aligned}$$

(2) $I_2=\begin{vmatrix}1 & -1\\ -1 & 1\end{vmatrix}=0$，$\quad I_3=\begin{vmatrix}1 & -1 & -1\\ -1 & 1 & -2\\ -1 & -2 & 3\end{vmatrix}=-9\neq 0.$

据例 10 的结论得，$g(x,y)$不可约。

点评 由于利用了例 10 的结论，在例 11 中判别实数域上二元二次多项式是否可约变得很容易，而例 10 的结论是运用了解析几何中二次曲线的不变量理论推导出来的。由此可见，数学是一个统一的整体，要善于把代数与几何以及数学分析联系起来。

例 12 设 $f(x,y)=y^2-x^3+x-1\in \mathbf{R}[x,y]$，在平面直角坐标系 Oxy 中画出曲线$f(x,y)=0$。

解 由于用$-y$代y方程不变,因此曲线$f(x,y)=0$关于x轴对称。只要先画出x轴上方的曲线以及x轴与曲线的交点。

点$M(x_0,0)$是曲线$f(x,y)=0$与x轴的交点当且仅当$x_0^3-x_0+1=0$,即x_0是$g(x)=x^3-x+1$的实根,用Sturm定理可以求出$g(x)=x^3-x+1$的唯一实根在$\left(-\frac{3}{2},-1\right)$内(参看7.7节中典型例题的例9),把这个实根记作x_0。

在x轴的上方,$y=\sqrt{x^3-x+1}$,此函数的定义域为不等式$x^3-x+1\geqslant 0$的解集。由于$g'(x)=3x^2-1$,因此

$$g'(x)=0 \quad\Leftrightarrow\quad 3x^2-1=0 \quad\Leftrightarrow\quad x=\pm\frac{\sqrt{3}}{3};$$

$$g'(x)>0 \quad\Leftrightarrow\quad 3x^2-1>0 \quad\Leftrightarrow\quad x<-\frac{\sqrt{3}}{3}\text{ 或 }x>\frac{\sqrt{3}}{3};$$

$$g'(x)<0 \quad\Leftrightarrow\quad 3x^2-1<0 \quad\Leftrightarrow\quad -\frac{\sqrt{3}}{3}<x<\frac{\sqrt{3}}{3}.$$

从而$g(x)$在$\left(-\infty,-\frac{\sqrt{3}}{3}\right)$内单调上升,在$\left(-\frac{\sqrt{3}}{3},\frac{\sqrt{3}}{3}\right)$内单调下降,在$\left(\frac{\sqrt{3}}{3},+\infty\right)$内单调上升,于是$g(x)$在$x=-\frac{\sqrt{3}}{3}$处达到极大值,在$x=\frac{\sqrt{3}}{3}$处达到极小值;并且$g(x)\geqslant 0$当且仅当$x\geqslant x_0$。这表明函数$y=\sqrt{x^3-x+1}$的定义域是$[x_0,+\infty)$。

由于函数$h(u)=\sqrt{u}$在它的定义域$[0,+\infty)$内单调上升,因此从$g(x)$的上述性质可以推出,$y=\sqrt{x^3-x+1}$在$\left[x_0,-\frac{\sqrt{3}}{3}\right)$内单调上升,在$\left(-\frac{\sqrt{3}}{3},\frac{\sqrt{3}}{3}\right)$内单调下降,在$\left(\frac{\sqrt{3}}{3},+\infty\right)$内单调上升,在$x=-\frac{\sqrt{3}}{3}$处达到极大值,在$x=\frac{\sqrt{3}}{3}$处达到极小值。现在可以来画曲线$f(x,y)=0$。先找几个关键点列表和描点,然后用一条光滑曲线把它们连接起来,最后利用对称性画出x轴下方的曲线,如表7-1和图7-2所示。

表7-1

x	x_0	$-\frac{\sqrt{3}}{3}\approx -0.58$	0	$\frac{\sqrt{3}}{3}\approx 0.58$	1	2
y	0	$\sqrt{\frac{2}{9}\sqrt{3}+1}\approx 1.18$	1	$\sqrt{1-\frac{1}{9}\sqrt{3}}\approx 0.90$	1	$\sqrt{7}\approx 2.65$

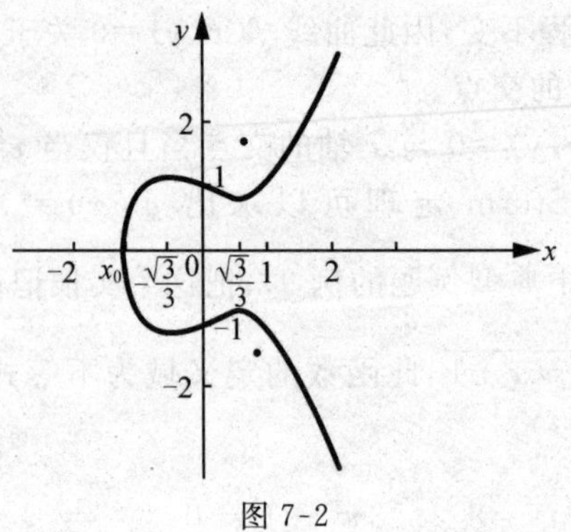

图 7-2

点评　例 12 中的曲线 $y^2=x^3-x+1$ 是一条椭圆曲线，它在公开密钥密码学中有用。

习题 7.9

1. 将下列四元多项式按字典排列法排列各单项式的顺序：

(1) $f(x_1,x_2,x_3,x_4)=x_3^4x_4-x_1^3x_2+5x_2x_3x_4+2x_2^4x_3x_4$；

(2) $f(x_1,x_2,x_3,x_4)=x_1^3+x_3^3+3x_1x_2^2x_4-5x_1^2x_3x_4^2-2x_2^3x_3$。

2. 把三元齐次多项式 $f(x_1,x_2,x_3)=x_1^3+x_2^3+x_3^3-3x_1x_2x_3$ 写成两个三元齐次多项式的乘积。

3. 设 $f(x_1,\cdots,x_n),g(x_1,\cdots,x_n)\in K[x_1,\cdots,x_n]$，且 $g(x_1,\cdots,x_n)\neq 0$，其中 K 是数域。证明：如果对于使得 $g(c_1,\cdots,c_n)\neq 0$ 的任意一组元素 $c_1,c_2,\cdots,c_n\in K$，都有 $f(c_1,\cdots,c_n)=0$，那么 $f(x_1,\cdots,x_n)=0$。

4. 证明：在 $K[x_1,\cdots,x_n]$ 中，如果 $g\mid f_i,i=1,2,\cdots,s$，那么对任意 $u_i(x_1,\cdots,x_n)\in K[x_1,\cdots,x_n],i=1,2,\cdots,s$，都有

$$g\mid u_1f_1+u_2f_2+\cdots+u_sf_s.$$

5. 证明：在 $K[x_1,\cdots,x_n]$ 中，f 与 g 相伴当且仅当存在 $c\in K^*$ 使得 $f=cg$。

6. 证明：在 $K[x,y]$ 中，多项式 x^2-y 是不可约的。

7. 证明：在复数域上的二元多项式环中，x^3+y 是不可约的。

8. 下列实数域上的三元二次齐次多项式是否可约？如果可约，把它因式分解。

(1) $f(x,y,z)=3x^2-2y^2+5xy+3xz-yz$；

(2) $g(x,y,z)=x^2+2y^2+z^2+2xy+2xz$。

9. 下列实数域上的二元二次多项式是否可约？如果可约，把它因式分解。

(1) $f(x,y)=2x^2+5xy-3y^2+x+10y-3$；

(2) $g(x,y)=17x^2+22xy-23y^2+10x+14y-4$。

10. 设 $p(x_1,\cdots,x_n)$是 $K[x_1,\cdots,x_n]$中的不可约多项式，证明：$p(x_1,\cdots,x_n)$与 $K[x_1,\cdots,x_n]$中任一多项式 $f(x_1,\cdots,x_n)$的关系只有两种可能，即

$p(x_1,\cdots,x_n)\mid f(x_1,\cdots,x_n)$，或者 $p(x_1,\cdots,x_n)$与 $f(x_1,\cdots,x_n)$互素。

11. 在 $\mathbf{R}[x,y]$中，$f(x,y)=x^2-4xy+4y^2-6x+10y-1$ 与 $g(x,y)=3x-y+5$ 是否互素？

7.10　n元对称多项式

7.10.1　内容精华

观察下述三元多项式 $f(x_1,x_2,x_3)$有什么特点。

$$f(x_1,x_2,x_3)=x_1^3+x_2^3+x_3^3+x_1^2x_2+x_1^2x_3+x_2^2x_3+x_1x_2^2+x_1x_3^2+x_2x_3^2.$$

不定元 x_1,x_2,x_3 的下标分别是 1,2,3。对于自然数 1,2,3 的任意一个三元排列，譬如 231，把不定元 x_1,x_2,x_3 分别用 x_2,x_3,x_1 代入，则上式可写成

$$f(x_2,x_3,x_1)=x_2^3+x_3^3+x_1^3+x_2^2x_3+x_2^2x_1+x_3^2x_1+x_2x_3^2+x_2x_1^2+x_3x_1^2.$$

发现 $f(x_2,x_3,x_1)$的表达式与 $f(x_1,x_2,x_3)$的表达式相等，因此 $f(x_2,x_3,x_1)=f(x_1,x_2,x_3)$。对于自然数 1,2,3 的其他 5 个三元排列，也有类似的结论。这在直观上可以这么说，在三元多项式 $f(x_1,x_2,x_3)$中，不定元 x_1,x_2,x_3 的地位是对称的。于是我们可以把$f(x_1,x_2,x_3)$称为对称多项式。

一、n元对称多项式的定义和例子

定义 1　设 $f(x_1,x_2,\cdots,x_n)\in K[x_1,x_2,\cdots,x_n]$，$K$ 是数域，如果对于任意一个 n 元排列 $j_1j_2\cdots j_n$ 都有

$$f(x_{j_1},x_{j_2},\cdots,x_{j_n})=f(x_1,x_2,\cdots,x_n),$$

那么称 $f(x_1,x_2,\cdots,x_n)$是数域 K 上的一个 **n 元对称多项式**。

从定义 1 得出，如果一个 n 元对称多项式 $f(x_1,x_2,\cdots,x_n)$含有一项 $ax_1^{i_1}x_2^{i_2}\cdots x_n^{i_n}$，那么它也含有项

$$ax_{j_1}^{i_1}x_{j_2}^{i_2}\cdots x_{j_n}^{i_n},$$

其中 $j_1j_2\cdots j_n$ 是任意一个 n 元排列。(注意：相等的项只写一次。)

例如,若三元对称多项式 $f(x_1,x_2,x_3)$含有一项 $x_1^2x_2$,即 $x_1^2x_2x_3^0$,则它也会有如下 5 项:

$$x_1^2x_3x_2^0,\ x_2^2x_1x_3^0,\ x_2^2x_3x_1^0,\ x_3^2x_1x_2^0,\ x_3^2x_2x_1^0.$$

即会有如下 5 项:

$$x_1^2x_3,\ x_1x_2^2,\ x_2^2x_3,\ x_1x_3^2,\ x_2x_3^2.$$

从定义 1 还得出,零多项式和零次多项式都是对称多项式。

一个 n 元对称多项式如果含有一项 x_1,那么它一定含有项 $x_2,x_3,\cdots,x_n$。因此,$x_1+x_2+\cdots+x_n$是一个 n 元对称多项式,把它用 $\sigma_1(x_1,x_2,\cdots,x_n)$表示。即

$$\sigma_1(x_1,x_2,\cdots,x_n)=x_1+x_2+\cdots+x_n.$$

一个 n 元对称多项式如果含有一项 x_1x_2,那么它一定含有项 x_ix_j,其中 $1\leqslant i<j\leqslant n$。因此下述多项式是一个 n 元对称多项式:

$$\begin{aligned}\sigma_2(x_1,x_2,\cdots,x_n)=&x_1x_2+x_1x_3+\cdots+x_1x_n\\&+x_2x_3+\cdots+x_2x_n\\&+\cdots\\&+x_{n-1}x_n\\=&\sum_{1\leqslant i<j\leqslant n}x_ix_j.\end{aligned}$$

同理,对于任给 $k\in\{2,\cdots,n-1\}$,下述多项式是一个 n 元对称多项式:

$$\sigma_k(x_1,x_2,\cdots,x_n)=\sum_{1\leqslant j_1<j_2<\cdots<j_k\leqslant n}x_{j_1}x_{j_2}\cdots x_{j_k}.$$

显然,下述多项式也是一个 n 元对称多项式:

$$\sigma_n(x_1,x_2,\cdots,x_n)=x_1x_2\cdots x_n.$$

上述 n 个 n 元对称多项式 $\sigma_i(x_1,x_2,\cdots,x_n)$,$i=1,2,\cdots,n$,统称为 **$n$ 元初等对称多项式**。

二、数域 K 上 n 元对称多项式组成的集合的结构

数域 K 上所有 n 元对称多项式组成的集合 W 的结构如何?

设 $f(x_1,x_2,\cdots,x_n),g(x_1,x_2,\cdots,x_n)\in W$。如果

$$f(x_1,x_2,\cdots,x_n)+g(x_1,x_2,\cdots,x_n)=h(x_1,x_2,\cdots,x_n),$$
$$f(x_1,x_2,\cdots,x_n)g(x_1,x_2,\cdots,x_n)=p(x_1,x_2,\cdots,x_n).$$

那么对任一 n 元排列 $j_1j_2\cdots j_n$,把不定元 $x_1,x_2,\cdots,x_n$ 分别用 $x_{j_1},x_{j_2},\cdots,x_{j_n}$ 代入,从上两式得

$$f(x_{j_1},x_{j_2},\cdots,x_{j_n})+g(x_{j_1},x_{j_2},\cdots,x_{j_n})=h(x_{j_1},x_{j_2},\cdots,x_{j_n}),$$
$$f(x_{j_1},x_{j_2},\cdots,x_{j_n})g(x_{j_1},x_{j_2},\cdots,x_{j_n})=p(x_{j_1},x_{j_2},\cdots,x_{j_n}).$$

由于 $f(x_1,x_2,\cdots,x_n),g(x_1,x_2,\cdots,x_n)$都是对称多项式,

因此 $$f(x_{j_1},x_{j_2},\cdots,x_{j_n})=f(x_1,x_2,\cdots,x_n),$$

$$g(x_{j_1},x_{j_2},\cdots,x_{j_n})=g(x_1,x_2,\cdots,x_n).$$

由此推出

$$\begin{aligned}h(x_1,x_2,\cdots,x_n)&=f(x_1,x_2,\cdots,x_n)+g(x_1,x_2,\cdots,x_n)\\&=f(x_{j_1},x_{j_2},\cdots,x_{j_n})+g(x_{j_1},x_{j_2},\cdots,x_{j_n})\\&=h(x_{j_1},x_{j_2},\cdots,x_{j_n}).\end{aligned}$$

因此 $h(x_1,x_2,\cdots,x_n)\in W$。同理 $p(x_1,x_2,\cdots,x_n)\in W$。这表明 W 对加法和乘法封闭。又由于 $-g(x_{j_1},x_{j_2},\cdots,x_{j_n})=-g(x_1,x_2,\cdots,x_n)$，因此 W 对减法也封闭。于是我们证明了下述命题：

命题 1 W 是 $K[x_1,x_2,\cdots,x_n]$的一个子环。 ■

由命题 1 立即得到：

命题 2 设 $f_1,f_2,\cdots,f_n\in W$，则对于 $K[x_1,x_2,\cdots,x_n]$ 中任意一个多项式 $g(x_1,x_2,\cdots,x_n)=\sum\limits_{i_1,\cdots,i_n}b_{i_1\cdots i_n}x_1^{i_1}x_2^{i_2}\cdots x_n^{i_n}$，有

$$g(f_1,f_2,\cdots,f_n)=\sum_{i_1,\cdots,i_n}b_{i_1\cdots i_n}f_1^{i_1}f_2^{i_2}\cdots f_n^{i_n}\in W.$$ ■

特别有

$$g(\sigma_1,\sigma_2,\cdots,\sigma_n)\in W.$$

即初等对称多项式 $\sigma_1,\sigma_2,\cdots,\sigma_n$ 的多项式仍是对称多项式。反之，数域 K 上任一 n 元对称多项式是否都可表示成初等对称多项式 $\sigma_1,\sigma_2,\cdots,\sigma_n$ 的多项式？回答是肯定的，即我们有下述重要定理：

定理 1（对称多项式基本定理） 对于数域 K 上任意一个 n 元对称多项式 $f(x_1,x_2,\cdots,x_n)$，都存在数域 K 上唯一的一个 n 元多项式 $g(x_1,x_2,\cdots,x_n)$，使得

$$f(x_1,x_2,\cdots,x_n)=g(\sigma_1,\sigma_2,\cdots,\sigma_n).$$

三、数域 K 上一元多项式的判别式

对称多项式基本定理的一个重要应用是，研究数域 K 上的一元多项式在复数域中有无重根。

设数域 K 上首项系数为 1 的一元多项式

$$f(x)=x^n+a_{n-1}x^{n-1}+\cdots+a_1x+a_0$$

在复数域中的 n 个根为 $c_1,c_2,\cdots,c_n$，则

$$f(x)\text{ 在复数域中有重根}\quad\Leftrightarrow\quad\prod_{1\leqslant j<i\leqslant n}(c_i-c_j)^2=0.$$

据 Vieta 公式

$$-a_{n-1}=c_1+c_2+\cdots+c_n=\sigma_1(c_1,c_2,\cdots,c_n)$$

$$\cdots$$

$$(-1)^k a_{n-k}=\sum_{1\leqslant j_1<\cdots<j_k\leqslant n} c_{j_1}c_{j_2}\cdots c_{j_k}=\sigma_k(c_1,c_2,\cdots,c_n),$$

$$\cdots$$

$$(-1)^n a_0=c_1c_2\cdots c_n=\sigma_n(c_1,c_2,\cdots,c_n).$$

考虑 K 上 n 元多项式:

$$D(x_1,x_2,\cdots,x_n):=\prod_{1\leqslant j<i\leqslant n}(x_i-x_j)^2,$$

显然它是对称多项式。于是存在唯一的 n 元多项式 $g(x_1,x_2,\cdots,x_n)$ 使得

$$D(x_1,x_2,\cdots,x_n)=g(\sigma_1,\sigma_2,\cdots,\sigma_n).$$

$x_1,x_2,\cdots,x_n$ 分别用 $c_1,c_2,\cdots,c_n$ 代入,由上式得

$$D(c_1,c_2,\cdots,c_n)=g(\sigma_1(c_1,\cdots,c_n),\sigma_2(c_1,\cdots,c_n),\cdots,\sigma_n(c_1,\cdots,c_n)).$$

于是

$$\prod_{1\leqslant i<j\leqslant n}(c_i-c_j)^2=g(-a_{n-1},a_{n-2},\cdots,(-1)^n a_0).$$

这样我们证明了下述命题:

命题 3 数域 K 上首项系数为 1 的一元多项式

$$f(x)=x^n+a_{n-1}x^{n-1}+\cdots+a_1x+a_0$$

在复数域中有重根的充分必要条件为:$g(-a_{n-1},a_{n-2},\cdots,(-1)^n a_0)=0$. ■

我们把 $f(x)$ 的系数 $a_{n-1},a_{n-2},\cdots,a_0$ 的多项式 $g(-a_{n-1},a_{n-2},\cdots,(-1)^n a_0)$ 称为 $f(x)$ 的**判别式**,记作 $D(f)$。利用它可以判断 $f(x)$ 在复数域中有没有重根:$f(x)$ 有重根当且仅当 $D(f)=0$。

如何求出 $f(x)$ 的判别式 $D(f)$ 呢?

$$\begin{aligned}D(f)&=g(-a_{n-1},a_{n-2},\cdots,(-1)^n a_0)\\&=\prod_{1\leqslant j<i\leqslant n}(c_i-c_j)^2\\&=\begin{vmatrix}1&1&\cdots&1\\c_1&c_2&\cdots&c_n\\c_1^2&c_2^2&\cdots&c_n^2\\\vdots&\vdots&&\vdots\\c_1^{n-1}&c_2^{n-1}&\cdots&c_n^{n-1}\end{vmatrix}\begin{vmatrix}1&c_1&c_1^2&\cdots&c_1^{n-1}\\1&c_2&c_2^2&\cdots&c_2^{n-1}\\\vdots&\vdots&\vdots&&\vdots\\1&c_n&c_n^2&\cdots&c_n^{n-1}\end{vmatrix}\end{aligned}$$

$$
=\begin{vmatrix} n & \sum_{i=1}^{n} c_i & \cdots & \sum_{i=1}^{n} c_i^{n-1} \\ \sum_{i=1}^{n} c_i & \sum_{i=1}^{n} c_i^2 & \cdots & \sum_{i=1}^{n} c_i^n \\ \vdots & \vdots & & \vdots \\ \sum_{i=1}^{n} c_i^{n-1} & \sum_{i=1}^{n} c_i^n & \cdots & \sum_{i=1}^{n} c_i^{2n-2} \end{vmatrix}. \tag{1}
$$

于是考虑下列 n 元对称多项式：

$$
s_k(x_1,x_2,\cdots,x_n)=\sum_{i=0}^{n} x_i^k,\ k=0,1,2,\cdots. \tag{2}
$$

称它们为**幂和**。

根据对称多项式基本定理，s_k 能表示成 $\sigma_1,\sigma_2,\cdots,\sigma_n$ 的多项式，从而通过把 $x_1,x_2,\cdots,x_n$用 $c_1,c_2,\cdots,c_n$ 代入，可以把(1)的行列式中出现的

$$
\sum_{i=1}^{n} c_i^k = s_k(c_1,c_2,\cdots,c_n)
$$

用 $\sigma_1(c_1,c_2,\cdots,c_n),\cdots,\sigma_n(c_1,c_2,\cdots,c_n)$表示出来，也就是可以通过 $f(x)$的系数 $a_{n-1},\cdots,a_1,a_0$ 计算出来，从而可以求出判别式 $D(f)$。

下述牛顿公式解决了把幂和 s_k 表示成$\sigma_1,\sigma_2,\cdots,\sigma_n$ 的多项式的问题。

牛顿(Newton)公式 当 $1\leqslant k\leqslant n$ 时，有

$$
s_k-\sigma_1 s_{k-1}+\sigma_2 s_{k-2}+\cdots+(-1)^{k-1}\sigma_{k-1}s_1+(-1)^k k\sigma_k=0; \tag{3}
$$

当 $k>n$ 时，有

$$
s_k-\sigma_1 s_{k-1}+\sigma_2 s_{k-2}+\cdots+(-1)^{n-1}\sigma_{n-1}s_{k-n+1}+(-1)^n\sigma_n s_{k-n}=0. \tag{4}
$$

注意：在上述讨论中，$f(x)$的首项系数为 1，如果 $f(x)$的首项系数为 a_n，那么可以先对 $a_n^{-1}f(x)$运用上述方法求出它的判别式 $D(a_n^{-1}f)$，然后规定 $f(x)$的判别式为

$$
D(f):=a_n^{2n-2}D(a_n^{-1}f).
$$

7.10.2 典型例题

例 1 下述数域 K 上的三元多项式是不是对称多项式？

$$
f(x_1,x_2,x_3)=(x_1^2+x_1x_2+x_2^2)(x_2^2+x_2x_3+x_3^2)(x_3^2+x_3x_1+x_1^2).
$$

解 对于三元排列 132,213,231,312,321，分别有

$$
f(x_1,x_3,x_2)=(x_1^2+x_1x_3+x_3^2)(x_3^2+x_3x_2+x_2^2)(x_2^2+x_2x_1+x_1^2)
$$

$$
\begin{aligned}
&= f(x_1,x_2,x_3),\\
f(x_2,x_1,x_3) &= (x_2^2+x_2x_1+x_1^2)(x_1^2+x_1x_3+x_3^2)(x_3^2+x_3x_2+x_2^2)\\
&= f(x_1,x_2,x_3),\\
f(x_2,x_3,x_1) &= (x_2^2+x_2x_3+x_3^2)(x_3^2+x_3x_1+x_1^2)(x_1^2+x_1x_2+x_2^2)\\
&= f(x_1,x_2,x_3),\\
f(x_3,x_1,x_2) &= (x_3^2+x_3x_1+x_1^2)(x_1^2+x_1x_2+x_2^2)(x_2^2+x_2x_3+x_3^2)\\
&= f(x_1,x_2,x_3),\\
f(x_3,x_2,x_1) &= (x_3^2+x_3x_2+x_2^2)(x_2^2+x_2x_1+x_1^2)(x_1^2+x_1x_3+x_3^2)\\
&= f(x_1,x_2,x_3),
\end{aligned}
$$

因此 $f(x_1,x_2,x_3)$是一个对称多项式。

例 2 写出下述三元对称多项式的首项和首项的幂指数组，求它的次数，它是不是齐次多项式？

$$f(x_1,x_2,x_3)=(x_1^2-x_2x_3)(x_2^2-x_3x_1)(x_3^2-x_1x_2).$$

解 由于多项式的乘积的首项等于它们的首项的乘积，因此 $f(x_1,x_2,x_3)$的首项等于 $x_1^2(-x_3x_1)(-x_1x_2)=x_1^4x_2x_3$，从而首项的幂指数组为(4,1,1)。

根据乘积多项式的次数公式得

$$\deg f = 2+2+2=6.$$

每个因式是齐次多项式，它们的乘积仍是齐次多项式，因此 $f(x_1,x_2,x_3)$是六次齐次多项式。

例 3 在 $K[x_1,x_2,x_3]$中，用初等对称多项式表出下述对称多项式：

$$f(x_1,x_2,x_3)=x_1^2x_2^2+x_1^2x_3^2+x_2^2x_3^2.$$

解法一 $f(x_1,x_2,x_3)$的首项为 $x_1^2x_2^2$，首项的幂指数组为(2,2,0)，构造对称多项式 $\Phi_1(x_1,x_2,x_3)$如下：

$$\Phi_1(x_1,x_2,x_3)=\sigma_1^{2-2}\sigma_2^{2-0}\sigma_3^0=\sigma_2^2=(x_1x_2+x_1x_3+x_2x_3)^2.$$

令

$$
\begin{aligned}
f_1 &= f-\Phi_1\\
&= (x_1^2x_2^2+x_1^2x_3^2+x_2^2x_3^2)-(x_1x_2+x_1x_3+x_2x_3)^2\\
&= -2(x_1^2x_2x_3+x_1x_2^2x_3+x_1x_2x_3^2)\\
&= -2x_1x_2x_3(x_1+x_2+x_3)\\
&= -2\sigma_3\sigma_1.
\end{aligned}
$$

因此

$$f=\Phi_1+f_1=\sigma_2^2-2\sigma_1\sigma_3.$$

解法二 $f(x_1,x_2,x_3)$是四次齐次对称多项式，其首项为 $x_1^2x_2^2$，首项的幂指数组为$(2,2,0)$，构造的 $\Phi_1(x_1,x_2,x_3)$与 $f(x_1,x_2,x_3)$有相同的首项，因此 $\Phi_1(x_1,x_2,x_3)$也是四次多项式。由于 $\Phi_1(x_1,x_2,x_3)=\sigma_1^{2-2}\sigma_2^{2-0}\sigma_3^0=\sigma_2^2$，因此 $\Phi_1(x_1,x_2,x_3)$也是齐次对称多项式，从而 $f_1=f-\Phi_1$ 也是四次齐次对称多项式。同理，$f_2,\cdots,f_s(s\geqslant 2)$都是四次齐次对称多项式。于是 $f_i(i=1,2,\cdots,s)$如果不是零多项式，那么它的首项幂指数(p_1,p_2,p_3)应当满足 $p_1+p_2+p_3=4$。又由于 f 的首项幂指数组先于 $f_i(i=1,2,\cdots,s)$的首项幂指数组，因此 $2\geqslant p_1\geqslant p_2\geqslant p_3$。满足这些条件的非负整数组只有$(2,2,0)$，$(2,1,1)$。于是 f_1 的首项为 $ax_1^2x_2x_3$，f_2 为零多项式，从而 $\Phi_2(x_1,x_2,x_3)=a\sigma_1^{2-1}\sigma_2^{1-1}\sigma_3^1=a\sigma_1\sigma_3$。因此

$$f(x_1,x_2,x_3)=f_1+\Phi_1=f_2+\Phi_2+\Phi_1=\Phi_2+\Phi_1=a\sigma_1\sigma_3+\sigma_2^2.$$

为了确定 a 的值，x_1,x_2,x_3 分别用 1,1,1 代入，由上式得

$$3=a\cdot 3\cdot 1+3^2.$$

解得 $a=-2$，因此 $f(x_1,x_2,x_3)=-2\sigma_1\sigma_3+\sigma_2^2$。

例 4 在 $K[x_1,x_2,\cdots,x_n]$中，用初等对称多项式表出下述对称多项式：

$$f(x_1,x_2,\cdots,x_n)=\sum x_1^2x_2^2.$$

这里 $\sum x_1^2x_2^2$ 表示含有项 $x_1^2x_2^2$ 的项数最少的对称多项式。

解 $f(x_1,x_2,\cdots,x_n)$的首项为 $x_1^2x_2^2$，首项的幂指数组为$(2,2,0,\cdots,0)$。$f(x_1,x_2,\cdots,x_n)$是四次齐次对称多项式，$f_i(i=1,2,\cdots,s)$也是四次齐次对称多项式，它们的首项幂指数组$(p_1,p_2,\cdots,p_n)$应当满足：

$$p_1+p_2+\cdots+p_n=4,\ 2\geqslant p_1\geqslant p_2\geqslant\cdots\geqslant p_n.$$

满足这两个条件的非负整数 n 元组$(p_1,p_2,\cdots,p_n)$只可能是

$$(2,2,0,\cdots,0),(2,1,1,0,\cdots0),(1,1,1,1,0,\cdots,0).$$

它们分别是 f,f_1,f_2 的首项幂指数组，于是 $f_3=0$，且

$$\Phi_1(x_1,\cdots,x_n)=\sigma_1^{2-2}\sigma_2^{2-0}\sigma_3^0\cdots\sigma_n^0=\sigma_2^2,$$

$$\Phi_2(x_1,\cdots,x_n)=a\sigma_1^{2-1}\sigma_2^{1-1}\sigma_3^1\sigma_4^{0-0}\cdots\sigma_n^0=a\sigma_1\sigma_3,$$

$$\Phi_3(x_1,\cdots,x_n)=b\sigma_1^{1-1}\sigma_2^{1-1}\sigma_3^{1-1}\sigma_4^{1-0}\sigma_5^{0-0}\cdots\sigma_n^0=b\sigma_4,$$

于是

$$\begin{aligned}f(x_1,\cdots,x_n)&=f_1+\Phi_1=f_2+\Phi_2+\Phi_1=f_3+\Phi_3+\Phi_2+\Phi_1\\&=\Phi_3+\Phi_2+\Phi_1=b\sigma_4+a\sigma_1\sigma_3+\sigma_2^2.\end{aligned}$$

为了确定 a,b 的值，$x_1,x_2,\cdots,x_n$ 分别用 1,1,1,0,…,0 代入，以及用 1,1,1,1,0,…,0 代入，得

$$\begin{cases}3=a\cdot 3\cdot 1+3^2,\\6=b\cdot 1+a\cdot 4\cdot 4+6^2.\end{cases}$$

解得 $a=-2,b=2$,因此

$$f(x_1,\cdots,x_n)=-2\sigma_1\sigma_3+\sigma_2^2+2\sigma_4.$$

例 5 在 $K[x_1,x_2,x_3]$中,用初等对称多项式表出下述对称多项式:

$$f(x_1,x_2,x_3)=(2x_1x_2+x_3^2)(2x_2x_3+x_1^2)(2x_3x_1+x_2^2).$$

解 $f(x_1,x_2,x_3)$的首项是 $2x_1x_2\cdot x_1^2\cdot 2x_3x_1=4x_1^4x_2x_3$;首项的幂指数组为 $(4,1,1)$,$f(x_1,x_2,x_3)$是六次齐次对称多项式。满足

$$p_1+p_2+p_3=6,4\geqslant p_1\geqslant p_2\geqslant p_3$$

的非负整数组(p_1,p_2,p_3)只可能是

$$(4,2,0),(4,1,1),(3,3,0),(3,2,1)(2,2,2).$$

除第一组外,后面 4 个分别是 f,f_1,f_2,f_3 的首项幂指数组,于是 $f_4=0$,且

$$\Phi_1=4\sigma_1^{4-1}\sigma_2^{1-1}\sigma_3^1=4\sigma_1^3\sigma_3,\Phi_2=a\sigma_1^{3-3}\sigma_2^{3-0}\sigma_3^0=a\sigma_2^3,$$

$$\Phi_3=b\sigma_1^{3-2}\sigma_2^{2-1}\sigma_3^1=b\sigma_1\sigma_2\sigma_3,\Phi_4=c\sigma_1^{2-2}\sigma_2^{2-2}\sigma_3^2=c\sigma_3^2.$$

因此

$$\begin{aligned}f(x_1,x_2,x_3)&=f_1+\Phi_1=f_2+\Phi_2+\Phi_1=f_3+\Phi_3+\Phi_2+\Phi_1=f_4+\Phi_4+\Phi_3+\Phi_2+\Phi_1\\&=\Phi_4+\Phi_3+\Phi_2+\Phi_1=c\sigma_3^2+b\sigma_1\sigma_2\sigma_3+a\sigma_2^3+4\sigma_1^3\sigma_3.\end{aligned}$$

为了确定 a,b,c 的值,x_1,x_2,x_3 分别用 $1,1,0;1,1,1;1,1,-1$ 代入,得

$$\begin{cases}2\cdot 1^2\cdot 1^2=a\cdot 1^3,\\(2+1^2)^3=c+b\cdot 3\cdot 3\cdot 1+a\cdot 3^3+4\cdot 3^3\cdot 1,\\[2+(-1)^2](-2+1^2)(-2+1^2)=c+b\cdot 1\cdot(-1)\cdot(-1)+a\cdot(-1)^3+\\\qquad 4\cdot 1^3\cdot(-1).\end{cases}$$

解得 $a=2,b=-18,c=27$,因此

$$f(x_1,x_2,x_3)=4\sigma_1^3\sigma_3-18\sigma_1\sigma_2\sigma_3+2\sigma_2^3+27\sigma_3^2.$$

例 6 在 $K[x_1,x_2,x_3]$中,用初等对称多项式表出下述对称多项式:

$$f(x_1,x_2,x_3)=(2x_1-x_2-x_3)(2x_2-x_3-x_1)(2x_3-x_1-x_2).$$

解 $f(x_1,x_2,x_3)$的首项是 $2x_1(-x_1)(-x_1)=2x_1^3$,首项的幂指数组为$(3,0,0)$;$f(x_1,x_2,x_3)$是三次齐次对称多项式。满足 $p_1+p_2+p_3=3$ 且 $3\geqslant p_1\geqslant p_2\geqslant p_3$ 的非负整数组(p_1,p_2,p_3)只可能是

$$(3,0,0),(2,1,0),(1,1,1).$$

令

$$\Phi_1=2\sigma_1^{3-0}\sigma_2^{0-0}\sigma_3^0=2\sigma_1^3,\Phi_2=a\sigma_1^{2-1}\sigma_2^{1-0}\sigma_3^0=a\sigma_1\sigma_2,\Phi_3=b\sigma_1^{1-1}\sigma_2^{1-1}\sigma_3^1=b\sigma_3.$$

因此

$$f(x_1,x_2,x_3)=\Phi_1+\Phi_2+\Phi_3=2\sigma_1^3+a\sigma_1\sigma_2+b\sigma_3.$$

把 x_1,x_2,x_3 分别用 $1,1,0$ 和 $1,1,1$ 代入,得

$$\begin{cases}(2-1-0)(2-0-1)(0-1-1)=2\cdot 2^3+a\cdot 2\cdot 1\\(2-1-1)^3=2\cdot 3^3+a\cdot 3\cdot 3+b\cdot 1\end{cases}$$

解得 $a=-9,b=27$，因此

$$f(x_1,x_2,x_3)=2\sigma_1^3-9\sigma_1\sigma_2+27\sigma_3.$$

例 7　证明：数域 K 上三次方程 $x^3+a_2x^2+a_1x+a_0=0$ 的 3 个复根成等差数列的充分必要条件为

$$2a_2^3-9a_1a_2+27a_0=0.$$

证明　设 $x^3+a_2x^2+a_1x+a_0=0$ 的 3 个复根为 c_1,c_2,c_3，则这 3 个复根成等差数列当且仅当下式成立：

$$(2c_1-c_2-c_3)(2c_2-c_1-c_3)(2c_3-c_1-c_2)=0.$$

据例 6 的结论，有

$$(2x_1-x_2-x_3)(2x_2-x_3-x_1)(2x_3-x_1-x_2)=2\sigma_1^3-9\sigma_1\sigma_2+27\sigma_3.$$

x_1,x_2,x_3 分别用 c_1,c_2,c_3 代入，且利用 Vieta 公式，从上式得

$$\begin{aligned}&(2c_1-c_2-c_3)(2c_2-c_3-c_1)(2c_3-c_1-c_2)\\=&2(-a_2)^3-9(-a_2)a_1+27(-a_0)\\=&-2a_2^3+9a_1a_2-27a_0.\end{aligned}$$

因此 $x^3+a_2x^2+a_1x+a_0=0$ 的 3 个复根成等差数列当且仅当

$$2a_2^3-9a_1a_2+27a_0=0.$$

■

例 8　设数域 K 上三次方程 $x^3+a_2x^2+a_1x+a_0=0$ 的 3 个复根为 c_1,c_2,c_3，求它的某一复根的平方等于其他两个复根的平方和的充分必要条件。

解　上述三次方程的某一复根的平方等于其他两个复根的平方和当且仅当下式成立：

$$(c_1^2-c_2^2-c_3^2)(c_2^2-c_3^2-c_1^2)(c_3^2-c_1^2-c_2^2)=0.$$

由此受到启发，考虑下述对称多项式：

$$f(x_1,x_2,x_3)=(x_1^2-x_2^2-x_3^2)(x_2^2-x_3^2-x_1^2)(x_3^2-x_1^2-x_2^2).$$

它的首项是 $x_1^2(-x_1^2)(-x_1^2)=x_1^6$，首项幂指数组为(6,0,0)，它是六次齐次多项式。满足 $p_1+p_2+p_3=6$ 且 $6\geqslant p_1\geqslant p_2\geqslant p_3$ 的非负整数组(p_1,p_2,p_3)只可能是

(6,0,0),(5,1,0),(4,2,0),(4,1,1),(3,3,0),(3,2,1),(2,2,2).

于是

$$f(x_1,x_2,x_3)=\sigma_1^6+a\sigma_1^4\sigma_2^1+b\sigma_1^2\sigma_2^2+c\sigma_1^3\sigma_3+d\sigma_2^3+e\sigma_1\sigma_2\sigma_3+h\sigma_3^2.$$

把 x_1,x_2,x_3 分别用 1,1,0;1,−1,0;1,2,0;1,1,1;1,1,−1;1,1,2 代入，得

$$0=2^6+a2^4+b2^2+d,\ 0=d(-1)^3,$$

$$
\begin{aligned}
(-3)\cdot 3\cdot(-5) &= 3^6+a\cdot 3^4\cdot 2+b\cdot 3^2\cdot 2^2+d\cdot 2^3,\\
(-1)(-1)(-1) &= 3^6+a\cdot 3^4\cdot 3+b\cdot 3^2\cdot 3^2+c\cdot 3^3\cdot 1,\\
&\quad +d\cdot 3^3+e\cdot 3\cdot 3\cdot 1+h\cdot 1^2,\\
(-1)(-1)(-1) &= 1^6+a\cdot 1^4(-1)+b\cdot 1^2(-1)^2+c\cdot 1^3(-1)\\
&\quad +d(-1)^3+e\cdot 1\cdot(-1)(-1)+h(-1)^2,\\
(-4)(-4)\cdot 2 &= 4^6+a\cdot 4^4\cdot 5+b\cdot 4^2\cdot 5^2+c\cdot 4^3\cdot 2\\
&\quad +d\cdot 5^3+e\cdot 4\cdot 5\cdot 2+h\cdot 2^2,
\end{aligned}
$$

解得 $a=-6,b=8,d=0,c=8,e=-16,h=8$。

因此 $f(x_1,x_2,x_3)=\sigma_1^6-6\sigma_1^4\sigma_2+8\sigma_1^2\sigma_2^2+8\sigma_1^3\sigma_3-16\sigma_1\sigma_2\sigma_3+8\sigma_3^2$.

x_1,x_2,x_3 用 c_1,c_2,c_3 代入，且用 Vieta 公式，得

$$
\begin{aligned}
&(c_1^2-c_2^2-c_3^2)(c_2^2-c_3^2-c_1^2)(c_3^2-c_1^2-c_2^2)\\
&=(-a_2)^6-6(-a_2)^4a_1+8(-a_2)^2a_1^2+8(-a_2)^3(-a_0)\\
&\quad -16(-a_2)a_1(-a_0)+8(-a_2)^2\\
&=a_2^6-6a_2^4a_1+8a_2^2a_1^2+8a_2^3a_0-16a_2a_1a_0+8a_0^2.
\end{aligned}
$$

因此 $x^3+a_2x^2+a_1x+a_0=0$ 的某一复根平方等于其他两个复根的平方和当且仅当

$$a_2^6-6a_2^4a_1+8a_2^2a_1^2+8a_2^3a_0-16a_2a_1a_0+8a_0^2=0.$$

例 9 设 $1\leqslant k\leqslant n$，把幂和 $s_k(x_1,x_2,\cdots,x_n)$ 用初等对称多项式 $\sigma_1(x_1,x_2,\cdots,x_n)$，$\sigma_2(x_1,x_2,\cdots,x_n),\cdots,\sigma_k(x_1,x_2,\cdots,x_n)$ 表示。

解 根据牛顿公式，当 $1\leqslant k\leqslant n$ 时，有

$$s_k-\sigma_1s_{k-1}+\sigma_2s_{k-2}+\cdots+(-1)^{k-1}\sigma_{k-1}s_1+(-1)^kk\sigma_k=0.$$

于是有

$$
\begin{aligned}
&s_1-\sigma_1=0,\\
&s_2-\sigma_1s_1+2\sigma_2=0,\\
&s_3-\sigma_1s_2+\sigma_2s_1-3\sigma_3=0,\\
&\cdots\\
&s_k-\sigma_1s_{k-1}+\sigma_2s_{k-2}+\cdots+(-1)^{k-1}\sigma_{k-1}s_1+(-1)^kk\sigma_k=0.
\end{aligned}
$$

由此得出

$$
\begin{aligned}
s_1&=\sigma_1,\\
s_2&=\sigma_1s_1-2\sigma_2=\sigma_1^2-2\sigma_2\\
&=\begin{vmatrix}\sigma_1 & 1\\ 2\sigma_2 & \sigma_1\end{vmatrix},
\end{aligned}
$$

$$s_3 = \sigma_1 s_2 - \sigma_2 s_1 + 3\sigma_3 = \begin{vmatrix} \sigma_1 & 1 & 0 \\ 2\sigma_2 & \sigma_1 & 1 \\ 3\sigma_3 & \sigma_2 & \sigma_1 \end{vmatrix}.$$

由此受到启发，猜想

$$s_k = \begin{vmatrix} \sigma_1 & 1 & 0 & 0 & 0 & 0 & \cdots & 0 & 0 \\ 2\sigma_2 & \sigma_1 & 1 & 0 & 0 & 0 & \cdots & 0 & 0 \\ 3\sigma_3 & \sigma_2 & \sigma_1 & 1 & 0 & 0 & \cdots & 0 & 0 \\ 4\sigma_4 & \sigma_3 & \sigma_2 & \sigma_1 & 1 & 0 & \cdots & 0 & 0 \\ \vdots & \vdots & \vdots & \vdots & \vdots & \vdots & & \vdots & \vdots \\ (k-1)\sigma_{k-1} & \sigma_{k-2} & \sigma_{k-3} & \sigma_{k-4} & \sigma_{k-5} & \sigma_{k-6} & \cdots & \sigma_1 & 1 \\ k\sigma_k & \sigma_{k-1} & \sigma_{k-2} & \sigma_{k-3} & \sigma_{k-4} & \sigma_{k-5} & \cdots & \sigma_2 & \sigma_1 \end{vmatrix}.$$

先对 $k=4$ 验证一下这个猜想，按第 4 行展开下述行列式：

$$\begin{vmatrix} \sigma_1 & 1 & 0 & 0 \\ 2\sigma_2 & \sigma_1 & 1 & 0 \\ 3\sigma_3 & \sigma_2 & \sigma_1 & 1 \\ 4\sigma_4 & \sigma_3 & \sigma_2 & \sigma_1 \end{vmatrix} = -4\sigma_4 + \sigma_3 \begin{vmatrix} \sigma_1 & 0 & 0 \\ 2\sigma_2 & 1 & 0 \\ 3\sigma_3 & \sigma_1 & 1 \end{vmatrix} - \sigma_2 s_2 + \sigma_1 s_3$$

$$= -4\sigma_4 + \sigma_3\sigma_1 - \sigma_2 s_2 + \sigma_1 s_3 = s_4.$$

由此受到鼓舞，也促使我们用第二数学归纳法证明上述猜想。

$k=1$ 时，$|\sigma_1| = \sigma_1 = s_1$，因此命题成立。

假设当小于 k 时命题成立$(1<k\leqslant n)$，现在来看 k 的情形。对于上述 k 阶行列式按第 k 行展开，得

$$(-1)^{k+1}k\sigma_k + (-1)^{k+2}\sigma_{k-1}\sigma_1 + (-1)^{k+3}\sigma_{k-2} \begin{vmatrix} \sigma_1 & 1 & 0 & 0 & \cdots & 0 & 0 \\ 2\sigma_2 & \sigma_1 & 0 & 0 & \cdots & 0 & 0 \\ 3\sigma_3 & \sigma_2 & 1 & 0 & \cdots & 0 & 0 \\ \vdots & \vdots & \vdots & \vdots & & \vdots & \vdots \\ (k-1)\sigma_{k-1} & \sigma_{k-2} & \sigma_{k-4} & \sigma_{k-5} & \cdots & \sigma_1 & 1 \end{vmatrix}$$

$$+ \cdots + (-1)^{k+(k-1)}\sigma_2 s_{k-2} + (-1)^{k+k}\sigma_1 s_{k-1}$$

$$= (-1)^{k+1}k\sigma_k + (-1)^k\sigma_{k-1}s_1 + (-1)^{k-1}\sigma_{k-2}s_{k-2} + \cdots + (-1)\sigma_2 s_{k-2} + \sigma_1 s_{k-1} = s_k.$$

由第二数学归纳法原理得，当 $1\leqslant k\leqslant n$ 时有

$$s_k=\begin{vmatrix}\sigma_1 & 1 & 0 & 0 & 0 & \cdots & 0 & 0\\ 2\sigma_2 & \sigma_1 & 1 & 0 & 0 & \cdots & 0 & 0\\ 3\sigma_3 & \sigma_2 & \sigma_1 & 1 & 0 & \cdots & 0 & 0\\ \vdots & \vdots & \vdots & \vdots & \vdots & & \vdots & \vdots\\ k\sigma_k & \sigma_{k-1} & \sigma_{k-2} & \sigma_{k-3} & \sigma_{k-4} & \cdots & \sigma_2 & \sigma_1\end{vmatrix}. \tag{5}$$

例 10　设 $1\leqslant k\leqslant n$，把初等对称多项式 $\sigma_k(x_1,x_2,\cdots,x_n)$ 用幂和 $s_1(x_1,x_2,\cdots,x_n)$，$s_2(x_1,x_2,\cdots,x_n)$，$\cdots$，$s_k(x_1,x_2,\cdots,x_n)$ 表示。

解　根据牛顿公式，当 $1\leqslant k\leqslant n$ 时，可得

$$\sigma_1=s_1,$$

$$\sigma_2=\frac{1}{2}(\sigma_1s_1-s_2)=\frac{1}{2}(s_1^2-s_2)=\frac{1}{2}\begin{vmatrix}s_1 & 1\\ s_2 & s_1\end{vmatrix},$$

$$\sigma_3=\frac{1}{3}(s_3-\sigma_1s_2+\sigma_2s_1)=\frac{1}{3}\left(s_3-s_1s_2+s_1\frac{1}{2}\begin{vmatrix}s_1 & 1\\ s_2 & s_1\end{vmatrix}\right)$$

$$=\frac{1}{6}\begin{vmatrix}s_1 & 1 & 0\\ s_2 & s_1 & 2\\ s_3 & s_2 & s_1\end{vmatrix}.$$

由此受到启发，猜想

$$\sigma_k=\frac{1}{k!}\begin{vmatrix}s_1 & 1 & 0 & 0 & \cdots & 0 & 0\\ s_2 & s_1 & 2 & 0 & \cdots & 0 & 0\\ s_3 & s_2 & s_1 & 3 & \cdots & 0 & 0\\ \vdots & \vdots & \vdots & \vdots & & \vdots & \vdots\\ s_{k-1} & s_{k-2} & s_{k-3} & s_{k-4} & \cdots & s_1 & k-1\\ s_k & s_{k-1} & s_{k-2} & s_{k-3} & \cdots & s_2 & s_1\end{vmatrix}.$$

我们用第二数学归纳法证明这个猜想。

$k=1$ 时，$|s_1|=s_1=\sigma_1$，命题为真。

假设当小于 k 时命题为真（$1<k\leqslant n$），现在来看 k 的情形。把上述右端的行列式按最后一行展开，得

$$(-1)^{k+1}s_k(k-1)!+(-1)^{k+2}s_{k-1}\begin{vmatrix}s_1 & 0 & 0 & \cdots & 0 & 0\\ s_2 & 2 & 0 & \cdots & 0 & 0\\ s_3 & s_1 & 3 & \cdots & 0 & 0\\ \vdots & \vdots & \vdots & & \vdots & \vdots\\ s_{k-1} & s_{k-3} & s_{k-4} & \cdots & s_1 & k-1\end{vmatrix}$$

$$+(-1)^{k+3}s_{k-2}\begin{vmatrix} s_1 & 1 & 0 & \cdots & 0 & 0 \\ s_2 & s_1 & 0 & \cdots & 0 & 0 \\ s_3 & s_2 & 3 & \cdots & 0 & 0 \\ \vdots & \vdots & \vdots & & \vdots & \vdots \\ s_{k-1} & s_{k-2} & s_{k-4} & \cdots & s_1 & k-1 \end{vmatrix}$$

$$+\cdots+(-1)^{k+(k-1)}s_2(k-1)(k-2)!\sigma_{k-2}+(-1)^{k+k}s_1(k-1)!\sigma_{k-1}$$

$$=(-1)^{k+1}(k-1)!s_k+(-1)^k s_{k-1}(k-1)!s_1+(-1)^{k-1}s_{k-2}(k-1)!\sigma_2$$

$$+\cdots+(-1)(k-1)!s_2\sigma_{k-2}+(k-1)!s_1\sigma_{k-1}$$

$$=\frac{k!}{k}[(-1)^{k+1}s_k+(-1)^k s_{k-1}\sigma_1+(-1)^{k-1}s_{k-2}\sigma_2+\cdots+(-1)s_2\sigma_{k-2}+s_1\sigma_{k-1}]$$

$$=k!\sigma_k.$$

根据第二数学归纳法原理得，当 $1\leqslant k\leqslant n$ 时，有

$$\sigma_k=\frac{1}{k!}\begin{vmatrix} s_1 & 1 & 0 & 0 & \cdots & 0 & 0 \\ s_2 & s_1 & 2 & 0 & \cdots & 0 & 0 \\ s_3 & s_2 & s_1 & 3 & \cdots & 0 & 0 \\ \vdots & \vdots & \vdots & \vdots & & \vdots & \vdots \\ s_k & s_{k-1} & s_{k-2} & s_{k-3} & \cdots & s_2 & s_1 \end{vmatrix}. \tag{6}$$

点评 例 9 和例 10 分别是把幂和 $s_k(1\leqslant k\leqslant n)$ 用初等对称多项式 $\sigma_1,\sigma_2,\cdots,\sigma_k$ 表示，以及把初等对称多项式 $\sigma_k(1\leqslant k\leqslant n)$ 用幂和 $s_1,s_2,\cdots,s_k$ 表示，所得到公式(5)和(6)都有用。公式(5)可以用来求一元 n 次多项式的判别式。公式(6)在本节例 16 中有用。

例 9 和例 10 的解法体现了数学的思维方式，从观察 $k=1,2,3$ 的情形，猜想对一般的 k 有什么结论，然后给予证明。如果在题目中就把公式(5)和(6)写出来，那么就不知道这两个公式是怎么想出来的。学习数学和搞数学科研一样，关键是想法(idea)。

例 11 求数域 K 上不完全三次方程 $x^3+a_1x+a_0=0$ 的判别式。

解 记 $f(x)=x^3+a_1x+a_0$。三次方程 $x^3+a_1x+a_0$ 的判别式也就是 $f(x)$ 的判别式 $D(f)$，记 $f(x)$ 的 3 个复根为 c_1,c_2,c_3，则

$$D(f)=\begin{vmatrix} 3 & s_1(c_1,c_2,c_3) & s_2(c_1,c_2,c_3) \\ s_1(c_1,c_2,c_3) & s_2(c_1,c_2,c_3) & s_3(c_1,c_2,c_3) \\ s_2(c_1,c_2,c_3) & s_3(c_1,c_2,c_3) & s_4(c_1,c_2,c_3) \end{vmatrix}$$

根据牛顿(Newton)公式得

$$s_1=\sigma_1,\ s_2=\sigma_1s_1-2\sigma_2,\ s_3=\sigma_1s_2-\sigma_2s_1+3\sigma_3.$$

x_1,x_2,x_3 用 c_1,c_2,c_3 代入，结合 Vieta 公式，得 $\sigma_1(c_1,c_2,c_3)=0$，$\sigma_2(c_1,c_2,c_3)=a_1$，

$\sigma_3(c_1,c_2,c_3)=-a_0$。从而

$$
\begin{aligned}
s_1(c_1,c_2,c_3)&=\sigma_1(c_1,c_2,c_3)\\
&=0,\\
s_2(c_1,c_2,c_3)&=\sigma_1(c_1,c_2,c_3)s_1(c_1,c_2,c_3)-2\sigma_2(c_1,c_2,c_3)\\
&=-2a_1,\\
s_3(c_1,c_2,c_3)&=\sigma_1(c_1,c_2,c_3)s_2(c_1,c_2,c_3)-\sigma_2(c_1,c_2,c_3)s_1(c_1,c_2,c_3)\\
&\quad+3\sigma_3(c_1,c_2,c_3)\\
&=3(-a_0)=-3a_0,\\
s_4(c_1,c_2,c_3)&=\sigma_1(c_1,c_2,c_3)s_3(c_1,c_2,c_3)-\sigma_2(c_1,c_2,c_3)s_2(c_1,c_2,c_3)\\
&\quad+\sigma_3(c_1,c_2,c_3)s_1(c_1,c_2,c_3)\\
&=-a_1(-2a_1)=2a_1^2.
\end{aligned}
$$

因此

$$
\begin{aligned}
D(f)&=\begin{vmatrix} 3 & 0 & -2a_1\\ 0 & -2a_1 & -3a_0\\ -2a_1 & -3a_0 & 2a_1^2\end{vmatrix}\\
&=3\begin{vmatrix} -2a_1 & -3a_0\\ -3a_0 & 2a_1^2\end{vmatrix}-2a_1\begin{vmatrix} 0 & -2a_1\\ -2a_1 & -3a_0\end{vmatrix}\\
&=3(-4a_1^3-9a_0^2)-2a_1(-4a_1^2)\\
&=-4a_1^3-27a_0^2.
\end{aligned}
\tag{7}
$$

例 12　设 $f(x)=x^3-x+1$,求 $f(x)$的判别式 $D(f)$,$f(x)$有没有重根?

解　$a_1=-1,a_0=1$。由例 11 的结论得

$$D(f)=-4\cdot(-1)^3-27\cdot 1^2=-23.$$

$D(f)\neq 0$,因此 $f(x)$没有重根。

例 13　设 $f(x)$是实系数三次多项式,讨论 $D(f)=0,D(f)>0,D(f)<0$ 时,$f(x)$的根的情况。

解　$D(f)=0$ 时,$f(x)$有重根,$D(f)>0$ 或 $D(f)<0$ 时,$f(x)$没有重根,由于 $\deg f(x)=3$,因此 $f(x)$至少有一个实根 c_1,设 $f(x)$的另外两个复根为 c_2,c_3。

当 $D(f)=0$ 时,由于 $f(x)$有重根,因此 $c_1=c_2$(或 c_3),或 $c_2=c_3$。若 $c_1=c_2$(或 c_3),则 $f(x)$有两个实根。由于实系数多项式的虚根共轭成对出现,因此 c_3(或 c_2)也必为实根。从而 $f(x)$有 3 个实根,若 $c_2=c_3$,同理 c_2 与 c_3 都是实根,从而 $f(x)$有 3 个实根。总之,当 $D(f)=0$ 时,$f(x)$有重根,且 3 个复根都是实数。

当 $D(f)>0$ 或 $D(f)<0$ 时,$f(x)$有 3 个不同的复根 c_1,c_2,c_3,其中 c_1 是实根。由于

$$D(f)=(c_1-c_2)^2(c_1-c_3)^2(c_2-c_3)^2,$$

因此当 c_2,c_3 都是实数时，有 $D(f)>0$；当 c_2,c_3 是一对共轭虚数时，设 $c_2=a+b\mathrm{i},c_3=a-b\mathrm{i}$，则

$$\begin{aligned}D(f)&=[c_1^2-c_1(c_3+c_2)+c_2c_3]^2(2b\mathrm{i})^2\\&=(c_1^2-c_12a+a^2+b^2)^2(-4b^2)\\&=-4[(c_1-a)^2+b^2]^2b^2<0.\end{aligned}$$

因此当 $D(f)>0$ 时，$f(x)$有 3 个互不相同的实根；当 $D(f)<0$ 时，$f(x)$有一个实根和一对共轭虚根。

点评 例 12 中的 $f(x)=x^3-x+1$，它的判别式 $D(f)<0$。据例 13 的结论，它有一个实根和一对共轭虚根。在 7.9 节的例 12 中我们用 Sturm 定理已经求出 x^3-x+1 有唯一实根。平面曲线 $y^2=x^3+a_1x+a_0$ 如果满足 $4a_1^3+27a_0^2>0$，那么它是一条椭圆曲线。这也就是多项式 $f(x)=x^3+a_1x+a_0$ 的判别式满足 $D(f)<0$。从而 $f(x)$只有一个实根。此时 $y^2=x^3+a_1x+a_0$ 的图形与 7.9 节中例 12 的图 7-2 类似。这样的曲线在公开密钥密码学中有用。

例 14 求数域 K 上完全三次方程

$$f(x)=x^3+a_2x^2+a_1x+a_0=0$$

的判别式。

解 设 $f(x)$的 3 个复根为 c_1,c_2,c_3，由 Vieta 公式得

$$\sigma_1(c_1,c_2,c_3)=-a_2,\sigma_2(c_1,c_2,c_3)=a_1,\sigma_3(c_1,c_2,c_3)=-a_0.$$

根据例 9 的公式(5)，x_1,x_2,x_3 分别用 c_1,c_2,c_3 代入，得

$$\begin{aligned}s_1(c_1,c_2,c_3)&=\sigma_1(c_1,c_2,c_3)=-a_2,\\s_2(c_1,c_2,c_3)&=[\sigma_1(c_1,c_2,c_3)]^2-2\sigma_2(c_1,c_2,c_3)\\&=(-a_2)^2-2a_1=a_2^2-2a_1,\\s_3(c_1,c_2,c_3)&=\begin{vmatrix}-a_2&1&0\\2a_1&-a_2&1\\-3a_0&a_1&-a_2\end{vmatrix}\\&=-a_2^3+3a_1a_2-3a_0.\end{aligned}$$

根据牛顿公式，x_1,x_2,x_3 分别用 c_1,c_2,c_3 代入得

$$\begin{aligned}s_4&=(c_1,c_2,c_3)\\&=(-a_2)(-a_2^3+3a_1a_2-3a_0)-a_1(a_2^2-2a_1)+(-a_0)(-a_2)\\&=a_2^4-4a_1a_2^2+4a_2a_0+2a_1^2.\end{aligned}$$

于是

$$D(f)=\begin{vmatrix} 3 & -a_2 & a_2^2-2a_1 \\ -a_2 & a_2^2-2a_1 & -a_2^3+3a_1a_2-3a_0 \\ a_2^2-2a_1 & -a_2^3+3a_1a_2-3a_0 & a_2^4-4a_1a_2^2+4a_2a_0+2a_1^2 \end{vmatrix}$$

$$=\begin{vmatrix} 3 & -a_2 & a_2^2-2a_1 \\ -a_2 & a_2^2-2a_1 & -a_2^3+3a_1a_2-3a_0 \\ -2a_1 & a_1a_2-3a_0 & -a_2^2a_1+a_2a_0+2a_1^2 \end{vmatrix}$$

$$=\begin{vmatrix} 3 & -a_2 & -2a_1 \\ -a_2 & a_2^2-2a_1 & a_1a_2-3a_0 \\ -2a_1 & a_1a_2-3a_0 & -2a_2a_0+2a_1^2 \end{vmatrix}$$

$$=\begin{vmatrix} 3 & -a_2 & -2a_1 \\ 0 & \dfrac{2}{3}a_2^2-2a_1 & \dfrac{1}{3}a_1a_2-3a_0 \\ 0 & \dfrac{1}{3}a_1a_2-3a_0 & -2a_2a_0+\dfrac{2}{3}a_1^2 \end{vmatrix}$$

$$=3\left[\left(-\frac{4}{3}a_2^3a_0+\frac{4}{9}a_2^2a_1^2+4a_2a_1a_0-\frac{4}{3}a_1^3\right)-\left(\frac{1}{9}a_1^2a_2^2-2a_2a_1a_0+9a_0^2\right)\right]$$

$$=-4a_2^3a_0+a_2^2a_1^2+18a_2a_1a_0-4a_1^3-27a_0^2. \tag{8}$$

例 15　求数域 K 上 n 次多项式 $f(x)=x^n+a$ 的判别式。

解　设 $f(x)$ 的 n 个复根为 $c_1,c_2,\cdots,c_n$。由 Vieta 公式，得

$$\sigma_1(c_1,c_2,\cdots,c_n)=\sigma_2(c_1,c_2,\cdots,c_n)=\cdots=\sigma_{n-1}(c_1,c_2,\cdots,c_n)=0,$$

$$\sigma_n(c_1,c_2,\cdots,c_n)=(-1)^na.$$

当 $1\leqslant k<n$ 时，根据例 9 的公式(5)，$x_1,x_2,\cdots,x_n$ 分别用 $c_1,c_2,\cdots,c_n$ 代入，得

$$s_k(c_1,c_2,\cdots,c_n)=\begin{vmatrix} 0 & 1 & 0 & 0 & 0 & \cdots & 0 \\ 0 & 0 & 1 & 0 & 0 & \cdots & 0 \\ 0 & 0 & 0 & 1 & 0 & \cdots & 0 \\ \vdots & \vdots & \vdots & \vdots & \vdots & & \vdots \\ 0 & 0 & 0 & 0 & 0 & \cdots & 0 \end{vmatrix}=0.$$

当 $k=n$ 时，有

$$s_n(c_1,c_2,\cdots,c_n)=\begin{vmatrix} 0 & 1 & 0 & \cdots & 0 & 0 \\ 0 & 0 & 1 & \cdots & 0 & 0 \\ \vdots & \vdots & \vdots & & \vdots & \vdots \\ 0 & 0 & 0 & \cdots & 0 & 1 \\ n(-1)^na & 0 & 0 & \cdots & 0 & 0 \end{vmatrix}$$

$$= (-1)^{n-1}(-1)^n na = -na.$$

当 $n<k<2n$ 时，根据牛顿公式，$x_1,x_2,\cdots,x_n$ 分别用 $c_1,c_2,\cdots,c_n$ 代入，得

$$s_k(c_1,c_2,\cdots,c_n) = 0.$$

于是

$$D(f) = \begin{vmatrix} n & 0 & 0 & \cdots & 0 & 0 \\ 0 & 0 & 0 & \cdots & 0 & -na \\ 0 & 0 & 0 & \cdots & -na & 0 \\ \vdots & \vdots & \vdots & & \vdots & \vdots \\ 0 & -na & 0 & \cdots & 0 & 0 \end{vmatrix}$$

$$= (-1)^{\tau(1n(n-1)\cdots 2)} n(-na)^{n-1}$$

$$= (-1)^{\frac{n(n-1)}{2}} n^n a^{n-1}.$$

例 16 求数域 K 上的 n 次多项式 $f(x)=x^n+a_{n-1}x^{n-1}+\cdots+a_0$，使得它的 n 个复根的 k 次幂的和等于 0，其中 $1\leqslant k<n$。

解 设 $f(x)$ 的 n 个复根为 $c_1,c_2,\cdots,c_n$，则由已知条件得

$$s_1(c_1,\cdots,c_n) = s_2(c_1,\cdots,c_n) = \cdots = s_{n-1}(c_1,\cdots,c_n) = 0.$$

为了求 $f(x)$ 的各项系数的值，只要先求 $\sigma_1(c_1,\cdots,c_n),\cdots,\sigma_{n-1}(c_1,\cdots,c_n),\sigma_n(c_1,\cdots,c_n)$。利用例 10 的公式(6)，$x_1,x_2,\cdots,x_n$ 分别用 $c_1,c_2,\cdots,c_n$ 代入，当 $1\leqslant k\leqslant n-1$ 时，有

$$\sigma_k(c_1,\cdots,c_n) = \frac{1}{k!}\begin{vmatrix} 0 & 1 & 0 & 0 & \cdots & 0 \\ 0 & 0 & 2 & 0 & \cdots & 0 \\ 0 & 0 & 0 & 3 & \cdots & 0 \\ \vdots & \vdots & \vdots & \vdots & & \vdots \\ 0 & 0 & 0 & 0 & \cdots & 0 \end{vmatrix} = 0,$$

而

$$\sigma_n(c_1,\cdots,c_n) = \frac{1}{n!}\begin{vmatrix} 0 & 1 & 0 & 0 & \cdots & 0 & 0 \\ 0 & 0 & 2 & 0 & \cdots & 0 & 0 \\ \vdots & \vdots & \vdots & \vdots & & \vdots & \vdots \\ 0 & 0 & 0 & 0 & \cdots & 0 & n-1 \\ b & 0 & 0 & 0 & \cdots & 0 & 0 \end{vmatrix}$$

$$= (-1)^{n+1}\frac{b}{n},$$

其中 $b=s_n(c_1,c_2,\cdots,c_n)$，根据 Vieta 公式得

$$a_{n-1} = a_{n-2} = \cdots = a_1 = 0,\ a_0 = (-1)^n(-1)^{n+1}\frac{b}{n} = -\frac{b}{n}.$$

因此所求的多项式 $f(x)=x^n-\dfrac{b}{n}$。

点评　从例15的解题过程和例16的结论看出,数域 K 上首项系数为1的 n 次多项式 $f(x)$,它的 n 个复根的 k 次幂的和($1\leqslant k<n$)都等于0当且仅当 $f(x)=x^n-\dfrac{b}{n}$,其中 b 是 $f(x)$ 的 n 个复根的 n 次幂的和,这个命题的必要性在9.7节的例4中有用。

习题 7.10

1. 设 $f(x_1,x_2,x_3)$ 是数域 K 上的一个三元多项式:

$$f(x_1,x_2,x_3)=x_1^3x_2^2+x_1^3x_3^2+x_1^2x_2^3+x_1^2x_3^3+x_2^3x_3^2+x_2^2x_3^3.$$

证明 $f(x_1,x_2,x_3)$ 是对称多项式。

2. 在 $K[x_1,x_2,x_3]$ 的含有项 $x_1^3x_2$ 的对称多项式中,写出项数最少的那个对称多项式。

3. 在 $K[x_1,x_2,x_3]$ 中,用初等对称多项式表出下列对称多项式:

(1) $x_1^3x_2+x_1^3x_3+x_1x_2^3+x_1x_3^3+x_2^3x_3+x_2x_3^3$;

(2) $x_1^4+x_2^4+x_3^4$;

(3) $(x_1x_2+x_3^2)(x_2x_3+x_1^2)(x_3x_1+x_2^2)$。

4. 在 $K[x_1,x_2,\cdots,x_n]$ 中,用初等对称多项式表出下列对称多项式($n\geqslant 3$):

(1) $\sum x_1^3$;

(2) $\sum x_1^2x_2^2x_3$。

5. 证明:数域 K 上三次方程 $x^3+a_2x^2+a_1x+a_0=0$ 的3个复根成等比数列的充分必要条件为 $a_2^3a_0-a_1^3=0$。

6. 设 c_1,c_2,c_3 是 $x^3+a_2x^2+a_1x+a_0$ 的3个复根,计算

$$(c_1^2+c_1c_2+c_2^2)(c_2^2+c_2c_3+c_3^2)(c_3^2+c_3c_1+c_1^2).$$

7. 在 $K[x_1,x_2,x_3]$ 中,把幂和 s_2,s_3,s_4 表示成初等对称多项式 $\sigma_1,\sigma_2,\sigma_3$ 的多项式。

8. 求数域 K 上四次多项式 $f(x)=x^4+a_1x+a_0$ 的判别式。

9. 设 $f(x)$ 是实系数 n 次多项式,其中 $n\geqslant 4$。证明:如果 $D(f)>0$,那么 $f(x)$ 无重根且有偶数对虚根;如果 $D(f)<0$,那么 $f(x)$ 无重根且有奇数对虚根。

10. 求数域 K 上的 n 次多项式 $f(x)=x^n+a_{n-1}x^{n-1}+\cdots+a_0$,使得它的 n 个复根的 k 次幂的和等于0,其中 $2\leqslant k\leqslant n$。

11. 设 $f(x)$是数域 K 上首项系数为 1 的 n 次多项式，$a\in K$，$g(x)=(x-a)f(x)$。证明：$D(g)=D(f)f(a)^2$。

12. 设 $f(x_1,x_2,\cdots,x_n)\in K[x_1,x_2,\cdots,x_n]$，其中 K 是数域。证明：如果 $f(\sigma_1,\sigma_2,\cdots,\sigma_n)=0$，那么 $f(x_1,x_2,\cdots,x_n)=0$。

*7.11 结　式

7.11.1 内容精华

7.10 节讨论的求数域 K 上一元 n 次多项式 $f(x)$的判别式 $D(f)$，首先要求出 $f(x)$的 n 个复根 $c_1,c_2,\cdots,c_n$ 的 k 次幂的和 $s_k(c_1,c_2,\cdots,c_n)$，其中 $1\leqslant k\leqslant 2n-2$，然后再计算由这些幂和排成的 n 阶行列式。当 n 较大时，计算量是较大的。有没有其他方法求 $D(f)$呢？引进一元多项式 $f(x)$的判别式 $D(f)$这个概念是为了判断 $f(x)$在复数域中有没有重根。我们知道 $f(x)$在复数域中有重根当且仅当 $f(x)$在 $\mathbf{C}[x]$中有重因式。由于 $f(x)$有无重因式不随数域的扩大而改变，因此 $f(x)$在 $\mathbf{C}[x]$中有重因式当且仅当 $f(x)$在 $K[x]$中有重因式，而 $f(x)$在 $K[x]$中有重因式当且仅当 $f(x)$与 $f'(x)$不互素。于是我们可以用辗转相除法求 $f(x)$与 $f'(x)$的最大公因式。$f(x)$在复数域中有重根当且仅当$(f(x),f'(x))\neq 1$。我们在 7.6 节的典型例题和习题中曾经用辗转相除法讨论过一些多项式在复数域中有重根的充分必要条件。把判别 $f(x)$在复数域中有没有重根的这两种方法结合起来就得出，$f(x)$的判别式 $D(f)=0$ 当且仅当$(f(x),f'(x))\neq 1$，而 $f(x)$与 $f'(x)$不互素当且仅当 $f(x)$与 $f'(x)$在复数域中有公共根。由此受到启发，如果我们能研究出 $K[x]$中两个多项式$f(x)$与 $g(x)$在复数域有没有公共根的新的判别方法，那么就能给出求 $f(x)$的判别式 $D(f)$的又一种方法，而且还可以用来求两个二元多项式的公共零点，进一步可以用来求 n 个 n 元多项式的公共零点，达到一箭三雕的效果。

设

$$f(x)=a_0x^n+a_1x^{n-1}+\cdots+a_{n-1}x+a_n,$$
$$g(x)=b_0x^m+b_1x^{m-1}+\cdots+b_{m-1}x+b_m$$

是 $K[x]$中两个非零多项式，其中 $n>0$，$m>0$，并且允许 $a_0=0$ 或 $b_0=0$(包括 $a_0=b_0=0$)这些可能性。

首先我们来求 $f(x)$与 $g(x)$有公共复根(即 $f(x)$与 $g(x)$不互素)的必要条件。设 $f(x)$与 $g(x)$有次数大于 0 的公因式 $d(x)$，则存在 $f_1(x)$，$g_1(x)\in K[x]$，使得

$$f(x)=f_1(x)d(x),\ g(x)=g_1(x)d(x). \tag{1}$$

由于 $\deg d(x)>0$,因此

$$\deg f_1(x)<\deg f(x)\leqslant n,\ \deg g_1(x)<\deg g(x)\leqslant m.$$

从(1)式得

$$g_1(x)f(x)=f_1(x)g(x). \tag{2}$$

设

$$f_1(x)=u_0x^{n-1}+u_1x^{n-2}+\cdots+u_{n-1}, \tag{3}$$

$$g_1(x)=v_0x^{m-1}+v_1x^{m-2}+\cdots+v_{m-1}. \tag{4}$$

比较(2)式两边多项式的各次项的系数,得

$$\begin{cases} a_0v_0 = b_0u_0 \\ a_1v_0+a_0v_1 = b_1u_0+b_0u_1 \\ \cdots\ \cdots\ \cdots\ \cdots\ \cdots\ \cdots\ \cdots\ \cdots\ \cdots \\ a_nv_{m-2}+a_{n-1}v_{m-1} = b_mu_{n-2}+b_{m-1}u_{n-1} \\ a_nv_{m-1} = b_mu_{n-1}. \end{cases} \tag{5}$$

由于 $f(x)\neq 0, g(x)\neq 0$,因此 $f_1(x)\neq 0, g_1(x)\neq 0$,从而

$$(u_0,u_1,\cdots,u_{n-1})\neq 0,\ (v_0,v_1,\cdots,v_{m-1})\neq 0.$$

于是(5)式表明相应的 $m+n$ 元齐次线性方程组有非零解:

$$(v_0,v_1,\cdots,v_{m-1},-u_0,-u_1,\cdots,-u_{n-1}). \tag{6}$$

因此它的系数矩阵 A 的行列式等于零,从而 $|A'|=0$,即

$$\begin{matrix} m\text{ 行}\left\{\begin{matrix}\\ \\ \\ \\ \end{matrix}\right. \\ n\text{ 行}\left\{\begin{matrix}\\ \\ \\ \\ \end{matrix}\right. \end{matrix}\begin{vmatrix} a_0 & a_1 & \cdots & \cdots & \cdots & \cdots & a_n & & & & & \\ & a_0 & a_1 & \cdots & \cdots & \cdots & \cdots & a_n & & & & \\ & & & \cdots & \cdots & \cdots & \cdots & \cdots & & & & \\ & & & & a_0 & a_1 & \cdots & \cdots & \cdots & \cdots & a_n \\ b_0 & b_1 & \cdots & \cdots & \cdots & b_m & & & & & \\ & b_0 & b_1 & \cdots & \cdots & \cdots & b_m & & & & \\ & & & \cdots & \cdots & \cdots & \cdots & \cdots & \cdots & & \\ & & & & & b_0 & b_1 & \cdots & \cdots & \cdots & b_m \end{vmatrix}=0. \tag{7}$$

由此受到启发,引进下述概念:

定义 1　设

$$f(x)=a_0x^n+a_1x^{n-1}+\cdots+a_n,$$

$$g(x)=b_0x^m+b_1x^{m-1}+\cdots+b_m$$

是数域 K 上两个多项式，其中 $n>0,m>0$，(7)式左端的行列式称为 $f(x)$ 与 $g(x)$ 的**结式**，记作 $\mathrm{Res}(f,g)$。

上面的讨论表明：$K[x]$ 中两个非零多项式 $f(x)$ 与 $g(x)$ 有公共复根的必要条件是它们的结式 $\mathrm{Res}(f,g)=0$。现在来看这是不是充分条件。

设 $\mathrm{Res}(f,g)=0$，则上述与(5)式相应的齐次线性方程组有非零解(6)，从而(5)式成立。令 $f_1(x),g_1(x)$ 分别如(3)、(4)式，则(2)式成立，并且有 $\deg f_1<n,\deg g_1<m$。现在我们增加一个条件：a_0 与 b_0 不全为 0，不妨设 $a_0\neq 0$，则 $\deg f=n$。从(2)式得 $f(x)\mid f_1(x)g(x)$。假如 $(f(x),g(x))=1$，则 $f(x)\mid f_1(x)$，从而 $\deg f\leqslant\deg f_1<n$，矛盾。因此 $f(x)$ 与 $g(x)$ 不互素，从而 $f(x)$ 与 $g(x)$ 有公共复根。

综合上述讨论，我们可以得到下面的结论：

定理 1　设

$$f(x)=a_0x^n+a_1x^{n-1}+\cdots+a_n,$$
$$g(x)=b_0x^m+b_1x^{m-1}+\cdots+b_m$$

是 $K[x]$ 中两个多项式，其中 $n>0$ 且 $m>0$，则 $f(x)$ 与 $g(x)$ 的结式 $\mathrm{Res}(f,g)=0$ 的充分必要条件是 $a_0=b_0=0$，或者 $f(x)$ 与 $g(x)$ 有公共复根。

证明　如果 $f(x)$ 与 $g(x)$ 都是零多项式，那么命题显然成立。

如果 $f(x)$ 与 $g(x)$ 有且只有一个是零多项式，不妨设 $g(x)=0,f(x)\neq 0$，此时 $\mathrm{Res}(f,g)=0$。若 $a_0\neq 0$，则 $f(x)$ 的次数为 $n>0$。此时 $f(x)$ 的 n 个复根都是 $f(x)$ 与 $g(x)$ 的公共复根。

下面设 $f(x)$ 与 $g(x)$ 都是非零多项式，设 $\mathrm{Res}(f,g)=0$，如果 a_0 与 b_0 不全为 0，那么上面已证 $f(x)$ 与 $g(x)$ 有公共复根，因此必要性得证。充分性有一半已证(即从 $f(x)$ 与 $g(x)$ 有公共复根已经推导出 $\mathrm{Res}(f,g)=0$)。现在证另一半：若 $a_0=b_0=0$，则 $\mathrm{Res}(f,g)$ 的第 1 列全为 0，从而 $\mathrm{Res}(f,g)=0$。 ■

定理 1 的第一个用处是给出了判别数域 K 上两个非零多项式有没有公共复根的新方法：n 次和 m 次多项式 $f(x)$ 与 $g(x)$ 有公共复根当且仅当 $\mathrm{Res}(f,g)=0$。

定理 1 的第二个用处是可以用来求数域 K 上两个二元多项式在 $\mathbf{C}^2$ 中的公共零点。设 $f(x,y),g(x,y)\in K[x,y]$，把它们都按 x 的降幂排列写出：

$$f(x,y)=a_0(y)x^n+a_1(y)x^{n-1}+\cdots+a_n(y),\tag{8}$$
$$g(x,y)=b_0(y)x^m+b_1(y)x^{m-1}+\cdots+b_m(y),\tag{9}$$

其中 $a_i(y),b_j(y),i=0,1,\cdots,n,j=0,1,\cdots,m$，都是 y 的多项式，且 $a_0(y)$ 与 $b_0(y)$ 不全为 0。

如果 (x_0,y_0) 是 $f(x,y)$ 与 $g(x,y)$ 在 $\mathbf{C}^2$ 中的一个公共零点，那么 $f(x_0,y_0)=0$，$g(x_0,y_0)=0$，从而 x_0 是 x 的复系数多项式 $f(x,y_0)$ 与 $g(x,y_0)$ 的一个公共根，据定理 1

得，$f(x,y_0)$ 与 $g(x,y_0)$ 的结式 $\text{Res}(f(x,y_0),g(x,y_0))=0$。由此受到启发，我们考虑下述 $m+n$ 阶行列式，并且把它记作 $R_x(f,g)$，即

$$R_x(f,g)=\begin{vmatrix} a_0(y) & a_1(y) & \cdots & \cdots & \cdots & \cdots & a_n(y) & & & \\ & a_0(y) & a_1(y) & \cdots & \cdots & \cdots & \cdots & a_n(y) & & \\ & & & \cdots & \cdots & \cdots & \cdots & \cdots & \cdots & \cdots \\ & & & & a_0(y) & a_1(y) & \cdots & \cdots & \cdots & a_n(y) \\ b_0(y) & b_1(y) & \cdots & \cdots & \cdots & b_m(y) & & & & \\ & b_0(y) & b_1(y) & \cdots & \cdots & \cdots & b_m(y) & & & \\ & & & \cdots & \cdots & \cdots & \cdots & \cdots & \cdots & \cdots \\ & & & & & b_0(y) & b_1(y) & \cdots & \cdots & b_m(y) \end{vmatrix} \begin{matrix} \left.\begin{matrix} \\ \\ \\ \\ \end{matrix}\right\} m\text{ 行} \\ \left.\begin{matrix} \\ \\ \\ \\ \end{matrix}\right\} n\text{ 行} \end{matrix} \tag{10}$$

$R_x(f,g)$ 是 y 的一个多项式，不定元 y 用 y_0 代入，$R_x(f,g)$ 的象就是 $\text{Res}(f(x,y_0),g(x,y_0))$。因此如果 (x_0,y_0) 是 $f(x,y)$ 与 $g(x,y)$ 在 $\mathbf{C}^2$ 中的一个公共零点，那么 y_0 就是多项式 $R_x(f,g)$ 的一个复根，而 x_0 是 $f(x,y_0)$ 与 $g(x,y_0)$ 的一个公共复根。

反之，如果 y_0 是多项式 $R_x(f,g)$ 的一个复根，那么

$$\text{Res}(f(x,y_0),g(x,y_0))=0.$$

根据定理1得，$f(x,y_0)$ 与 $g(x,y_0)$ 有公共复根。任取 $f(x,y_0)$ 与 $g(x,y_0)$ 的一个公共复根 x_0，都有 (x_0,y_0) 是 $f(x,y)$ 与 $g(x,y)$ 在 $\mathbf{C}^2$ 中的公共零点。

上述讨论给出了求数域 K 上两个二元多项式 $f(x,y)$ 与 $g(x,y)$ 在 $\mathbf{C}^2$ 中的公共零点的方法：第一步，计算 $R_x(f,g)$；第二步，求 $R_x(f,g)$ 的所有复根；第三步，对于 $R_x(f,g)$ 的每一个复根 y_0，求 $f(x,y_0)$ 与 $g(x,y_0)$ 的所有公共复根；第四步，写出 $f(x,y)$ 与 $g(x,y)$ 在 $\mathbf{C}^2$ 中的所有公共零点。

由于 x 与 y 的地位是对称的，因此也可以类似地定义 $R_y(f,g)$，先求 $R_y(f,g)$ 的所有复根，然后对于 $R_y(f,g)$ 的每一个复根 x_0，去求 $f(x_0,y)$ 与 $g(x_0,y)$ 的所有公共复根，最后就可以写出 $f(x,y)$ 与 $g(x,y)$ 在 $\mathbf{C}^2$ 中的所有公共零点。

上述方法也适用于解二元高次方程组：

$$\begin{cases} f(x,y)=0, \\ g(x,y)=0. \end{cases} \tag{11}$$

解方程组(11)就是求 $f(x,y)$ 与 $g(x,y)$ 的公共零点。

进一步可以用类似于上述方法求 n 个 n 元多项式在 $\mathbf{C}^n$ 中的所有公共零点。参看本节习题的第8题及书末的习题解答。

定理 1 的第三个用处是可以通过计算 $f(x)$与 $f'(x)$的结式 $\mathrm{Res}(f,f')$来求 $f(x)$的判别式 $D(f)$。这个想法是自然的，因为 $\mathrm{Res}(f,f')=0$ 当且仅当 $f(x)$与 $f'(x)$有公共复根，而 $f(x)$与 $f'(x)$有公共复根当且仅当 $D(f)=0$，由此看出 $\mathrm{Res}(f,f')$与 $D(f)$必然有联系。为了找出它们之间的内在联系，我们注意到 $D(f)$是用 $f(x)$的 n 个复根的表达式来定义的，从而探索的思路是去寻找 $\mathrm{Res}(f,f')$与 $f(x)$的复根之间的关系。一般地，就是要去寻找 $\mathrm{Res}(f,g)$与 $f(x)$的复根(或 $g(x)$的复根)之间的关系。

设 $f(x)$，$g(x)$是定义 1 中给出的数域 K 上的两个多项式，且 $a_0\neq 0$，$b_0\neq 0$，设 $f(x)$的 n 个复根为 $c_1,c_2,\cdots,c_n$；$g(x)$的 m 个复根为 $d_1,d_2,\cdots,d_m$，于是

$$f(x)=a_0(x-c_1)(x-c_2)\cdots(x-c_n),\tag{12}$$

$$g(x)=b_0(x-d_1)(x-d_2)\cdots(x-d_m).\tag{13}$$

根据 Vieta 公式得，$f(x)$的 $n-k$ 次项的系数 a_k 为

$$a_k=(-1)^k a_0\sigma_k(c_1,c_2,\cdots,c_n),k=1,2,\cdots,n.\tag{14}$$

$g(x)$的 $m-k$ 次项的系数 b_k 为

$$b_k=(-1)^k b_0\sigma_k(d_1,d_2,\cdots,d_m),k=1,2,\cdots,m.\tag{15}$$

$f(x)$与 $g(x)$的结式 $\mathrm{Res}(f,g)$是由它们的系数 $a_0,a_1,\cdots,a_n,b_0,b_1,\cdots,b_m$ 排列成的一个 $m+n$ 阶行列式，想研究 $\mathrm{Res}(f,g)$与 $f(x)$的复根(或 $g(x)$的复根)之间的关系，自然要利用(14)式和(15)式。为了能利用多项式的理论来研究这个问题，我们在数域 K 上的$n+m+1$ 元多项式环

$$K[x,y_1,\cdots,y_n,z_1,\cdots,z_m]$$

中，令

$$\tilde{f}(x,y_1,\cdots,y_n)=a_0(x-y_1)(x-y_2)\cdots(x-y_n),\tag{16}$$

$$\tilde{g}(x,z_1,\cdots,z_m)=b_0(x-z_1)(x-z_2)\cdots(x-z_m).\tag{17}$$

把 $\tilde{f}$ 按 x 的降幂排列，则 x^n 的系数为 a_0，x^{n-k}的系数为

$$a_k(y_1,\cdots,y_n)=(-1)^k a_0\sigma_k(y_1,\cdots,y_n),k=1,2,\cdots,n.\tag{18}$$

同理，把 $\tilde{g}$ 按 x 的降幂排列，则 x^m 的系数为 b_0，x^{m-k}的系数为

$$b_k(z_1,\cdots,z_m)=(-1)^k b_0\sigma_k(z_1,\cdots,z_m),k=1,2,\cdots,m.\tag{19}$$

仿照定义 1，规定 $\tilde{f}$ 与 $\tilde{g}$ 对 x 的结式为

$$\operatorname{Res}_x(\widetilde{f},\widetilde{g}) = \begin{vmatrix} a_0 & a_1(y_1,\cdots,y_n) & \cdots & \cdots & a_n(y_1,\cdots,y_n) & & & \\ & a_0 & a_1(y_1,\cdots,y_n) & \cdots & \cdots & a_n(y_1,\cdots,y_n) & & \\ & & \cdots & \cdots & \cdots & \cdots & & \\ & & a_0 & a_1(y_1,\cdots,y_n) & \cdots & \cdots & a_n(y_1,\cdots,y_n) & \\ b_0 & b_1(z_1,\cdots,z_m) & \cdots & b_m(z_1,\cdots,z_m) & & & & \\ & b_0 & b_1(z_1,\cdots,z_m) & \cdots & b_m(z_1,\cdots,z_m) & & & \\ & & \cdots & \cdots & \cdots & \cdots & & \\ & & & b_0 & b_1(z_1,\cdots,z_m) & \cdots & b_m(z_1,\cdots,z_m) & \end{vmatrix} \tag{20}$$

显然，$\operatorname{Res}_x(\widetilde{f},\widetilde{g})\in K[y_1,\cdots,y_n,z_1,\cdots,z_m]$。把不定元 $y_1,y_2,\cdots,y_n,z_1,\cdots,z_m$ 分别用 $c_1,c_2,\cdots,c_n,d_1,\cdots,d_m$ 代入，结合(14)、(15)、(18)和(19)式便知道，$\operatorname{Res}_x(\widetilde{f},\widetilde{g})$ 的象就是 $\operatorname{Res}(f,g)$。于是如果我们能求出 $\operatorname{Res}_x(\widetilde{f},\widetilde{g})$ 的一个明显的表达式，那么就能得到 $\operatorname{Res}(f,g)$ 的一个明显的表达式。

从(18)式看出，$a_k(y_1,\cdots,y_n)$ 是 k 次齐次多项式，其中 $k=1,2,\cdots,n$；从(19)式看出，$b_k(z_1,\cdots,z_m)$ 是 k 次齐次多项式，其中 $k=1,2,\cdots,m$。由此受到启发，把(20)式右端的行列式 D 的第1行乘 y_1，第2行乘 y_1^2，…，第 m 行乘 y_1^m，第 $m+1$ 行乘 y_1，第 $m+2$ 行乘 y_1^2，…，第 $m+n$ 行乘 y_1^n，得到一个行列式 $\widetilde{D}$，则 $\widetilde{D}$ 的第1列元素都是一次齐次多项式，第2列元素都是二次齐次多项式，…，第 $m+n$ 列元素都是 $m+n$ 次齐次多项式。由于 $\widetilde{D}$ 的每一项是从 $\widetilde{D}$ 的第 $1,2,\cdots,m+n$ 列各取一个元素(它们位于不同行)作成的乘积，因此 $\widetilde{D}$ 的每一个非零项的次数为

$$1+2+\cdots+(n+m)=\frac{1}{2}(n+m+1)(n+m).$$

把 $\widetilde{D}$ 的第1行提出 y_1，…，第 m 行提出 y_1^m，第 $m+1$ 行提出 y_1，…，第 $m+n$ 行提出 y_1^n，得

$$\widetilde{D}=y_1y_1^2\cdots y_1^my_1y_1^2\cdots y_1^nD=y_1^{\frac{m(m+1)+n(n+1)}{2}}D.$$

从而 D 的每一个非零项的次数是

$$\frac{1}{2}(n+m+1)(n+m)-\frac{1}{2}[m(m+1)+n(n+1)]=mn.$$

这证明了 $\operatorname{Res}_x(\widetilde{f},\widetilde{g})$ 是 $y_1,\cdots,y_n,z_1,\cdots,z_m$ 的 mn 次齐次多项式。

从(17)式和(16)式分别得出：

$$\widetilde{g}(x,z_1,\cdots,z_m)=b_0x^m+\cdots+b_k(z_1,\cdots,z_m)x^{m-k}+\cdots+b_m(z_1,\cdots,z_m), \tag{21}$$

$$\widetilde{f}(x,y_1,\cdots,y_n)=a_0x^n+\cdots+a_k(y_1,\cdots,y_n)x^{n-k}+\cdots+a_n(y_1,\cdots,y_n). \tag{22}$$

把 x 用 y_i 代入($i=1,2,\cdots,n$)，从(21)、(16)式分别得到

$$\widetilde{g}(y_i, z_1, \cdots, z_m) = b_0 y_i^m + \cdots + b_k(z_1, \cdots, z_m) y_i^{m-k} + \cdots + b_m(z_1, \cdots, z_m), \tag{23}$$

$$\widetilde{f}(y_i, y_1, \cdots, y_n) = 0. \tag{24}$$

把(22)式代入(24)式，得

$$a_0 y_i^n + \cdots + a_k(y_1, \cdots, y_n) y_i^{n-k} + \cdots + a_n(y_1, \cdots, y_n) = 0. \tag{25}$$

由此受到启发，我们把 D 的第 1 列乘 y_i^{n+m-1}，第 2 列乘 y_i^{n+m-2}，…，第 $n+m-1$ 列乘 y_i，然后把它们都加到第 $n+m$ 列上，得到一个行列式 D^*，则 $D=D^*$。利用(23)式和(25)式可得出 D^* 的第 $n+m$ 列为

$$\begin{pmatrix} y_i^{m-1} 0 \\ y_i^{m-2} 0 \\ \vdots \\ 0 \\ y_i^{n-1} \widetilde{g}(y_i, z_1, \cdots, z_m) \\ y_i^{n-2} \widetilde{g}(y_i, z_1, \cdots, z_m) \\ \vdots \\ \widetilde{g}(y_i, z_1, \cdots, z_m) \end{pmatrix}.$$

从 D^* 的第 $n+m$ 列提出公因子 $\widetilde{g}(y_i, z_1, \cdots, z_m)$，由此得出

$$\widetilde{g}(y_i, z_1, \cdots, z_m) \mid \mathrm{Res}_x(\widetilde{f}, \widetilde{g}), \tag{26}$$

其中 $i=1,2,\cdots,n$。由于

$$\widetilde{g}(y_i, z_1, \cdots, z_m) = b_0(y_i - z_1)(y_i - z_2)\cdots(y_i - z_m),$$

$$\widetilde{g}(y_j, z_1, \cdots, z_m) = b_0(y_j - z_1)(y_j - z_2)\cdots(y_j - z_m),$$

因此当 $i \neq j$ 时，$\widetilde{g}(y_i, z_1, \cdots, z_m)$ 与 $\widetilde{g}(y_j, z_1, \cdots, z_m)$ 没有公共的一次因式。据唯一因式分解定理得

$$\prod_{i=1}^{n} \widetilde{g}(y_i, z_1, \cdots, z_m) \,\Big|\, \mathrm{Res}_x(\widetilde{f}, \widetilde{g}). \tag{27}$$

由于 $\prod\limits_{i=1}^{n} \widetilde{g}(y_i, z_1, \cdots, z_m)$ 的次数为 mn，与 $\mathrm{Res}_x(\widetilde{f}, \widetilde{g})$ 的次数相等，因此从(27)式得

$$\mathrm{Res}_x(\widetilde{f}, \widetilde{g}) = r \prod_{i=1}^{n} \widetilde{g}(y_i, z_1, \cdots, z_m). \tag{28}$$

对于某个 $r \in K^*$，为了确定 r 的值，把 $y_1, \cdots, y_n, z_1, \cdots, z_m$ 分别用 $0, \cdots, 0, 1, \cdots, 1$ 代入，从(18)和(19)式得到(20)式右端的行列式为下述下三角形行列式：

$$
\begin{vmatrix}
a_0 & & & & & & & \\
 & a_0 & & & & & & \\
 & & \cdots & \cdots & \cdots & \cdots & \cdots & \\
 & & & a_0 & & & & \\
b_0 & -b_0 m & \cdots & (-1)^{m-1}b_0 m & (-1)^m b_0 & (-1)^m b_0 & & \\
 & b_0 & \cdots & \cdots & (-1)^{m-1}b_0 m & & & \\
 & & \cdots & \cdots & \cdots & \cdots & \cdots & \\
 & & & b_0 & -b_0 m & \cdots & (-1)^{m-1}b_0 m & (-1)^m b_0
\end{vmatrix}
$$

$$= a_0^m(-1)^{mn}b_0^n. \tag{29}$$

由(23)和(19)式得

$$\widetilde{g}(0,1,\cdots,1) = b_m(1,\cdots,1) = (-1)^m b_0. \tag{30}$$

由(28)、(29)和(30)式得

$$(-1)^{mn}a_0^m b_0^n = r\prod_{i=1}^{n}(-1)^m b_0. \tag{31}$$

从(31)式得出，$r=a_0^m$。因此(28)式可写成

$$\mathrm{Res}_x(\widetilde{f},\widetilde{g}) = a_0^m\prod_{i=1}^{n}\widetilde{g}(y_i,z_1,\cdots,z_m). \tag{32}$$

把 $y_1,\cdots,y_n,z_1,\cdots,z_m$ 分别用 $c_1,\cdots,c_n,d_1,\cdots,d_m$ 代入，从(17)式和(13)式得

$$
\begin{aligned}
\widetilde{g}(c_i,d_1,\cdots,d_m,) &= b_0(c_i-d_1)(c_i-d_2)\cdots(c_i-d_m) \\
&= g(c_i).
\end{aligned} \tag{33}
$$

于是从(32)式得

$$\mathrm{Res}(f,g) = a_0^m\prod_{i=1}^{n}g(c_i). \tag{34}$$

由定义 1 和行列式的性质容易推出

$$\mathrm{Res}(f,g) = (-1)^{mn}\mathrm{Res}(g,f). \tag{35}$$

因此据刚才证得的(34)式以及(35)式，得

$$\mathrm{Res}(f,g) = (-1)^{mn}b_0^n\prod_{j=1}^{m}f(d_j). \tag{36}$$

这样我们证明了下述定理 2：

定理 2　设 $f(x),g(x)$ 如定义 1 中所设，且 $a_0\neq 0,b_0\neq 0$。设 $f(x)$ 的 n 个复根为 $c_1,c_2,\cdots,c_n$，$g(x)$ 的 m 个复根为 $d_1,d_2,\cdots,d_m$，则

$$\begin{aligned}\operatorname{Res}(f,g) &= a_0^m \prod_{i=1}^{n} g(c_i) \\ &= (-1)^{mn} b_0^n \prod_{j=1}^{m} f(d_j).\end{aligned}$$ ■

定理 2 给出了求 $\operatorname{Res}(f,g)$ 的另一种方法：如果 $f(x)$ 的复根容易求出，那么用公式(34)可以很容易地求出 $\operatorname{Res}(f,g)$；如果 $g(x)$ 的复根容易求出，那么可用公式(36)很快地求出 $\operatorname{Res}(f,g)$。

根据定理 2 可以利用 $f(x)$ 与 $f'(x)$ 的结式 $\operatorname{Res}(f,f')$ 来求 $f(x)$ 的判别式 $D(f)$。$f(x)$ 的首项系数为 a_0，我们规定 $f(x)$ 的判别式 $D(f)$ 为

$$\begin{aligned}D(f) &:= a_0^{2n-2} \prod_{1\leqslant j<i\leqslant n} (c_i - c_j)^2 \\ &= \left[a_0^{n-1} \prod_{1\leqslant j<i\leqslant n} (c_i - c_j)\right]^2,\end{aligned} \tag{37}$$

其中 $c_1, c_2, \cdots, c_n$ 是 $f(x)$ 的 n 个复根。由于

$$f(x) = a_0(x-c_1)(x-c_2)\cdots(x-c_n),$$

因此
$$f'(x) = a_0 \sum_{j=1}^{n} (x-c_1)\cdots(x-c_{j-1})(x-c_{j+1})\cdots(x-c_n).$$

从而

$$\begin{aligned}f'(c_i) &= a_0(c_i-c_1)\cdots(c_i-c_{i-1})(c_i-c_{i+1})\cdots(c_i-c_n). \\ &= a_0 \prod_{j\neq i} (c_i - c_j).\end{aligned} \tag{38}$$

于是

$$\begin{aligned}\operatorname{Res}(f,f') &= a_0^{n-1} \prod_{i=1}^{n} f'(c_i) \\ &= a_0^{n-1} \prod_{i=1}^{n} \left[a_0 \prod_{j\neq i} (c_i - c_j)\right] \\ &= a_0^{2n-1} \prod_{i=1}^{n} \prod_{j\neq i} (c_i - c_j).\end{aligned} \tag{39}$$

由于

$$\begin{aligned}\prod_{i=1}^{n} \prod_{j\neq i} (c_i - c_j) = &(c_1-c_2)(c_1-c_3)\cdots(c_1-c_n) \\ &\cdot (c_2-c_1)(c_2-c_3)\cdots(c_2-c_n) \\ &\cdot (c_3-c_1)(c_3-c_2)(c_3-c_4)\cdots(c_3-c_n) \\ &\cdots \quad \cdots \quad \cdots \quad \cdots\end{aligned}$$

$$
\begin{aligned}
&\cdot (c_n - c_1)(c_n - c_2)\cdots(c_n - c_{n-1}) \\
&= (-1)^{\frac{n(n-1)}{2}}(c_2 - c_1)^2(c_3 - c_1)^2\cdots(c_n - c_1)^2 \\
&\cdot (c_3 - c_2)^2(c_4 - c_2)^2\cdots(c_n - c_2)^2 \\
&\cdots \quad \cdots \quad \cdots \quad \cdot (c_n - c_{n-1})^2.
\end{aligned}
$$

因此

$$
\begin{aligned}
\operatorname{Res}(f, f') &= a_0^{2n-1}(-1)^{\frac{n(n-1)}{2}} \prod_{1 \leqslant j < i \leqslant n} (c_i - c_j)^2 \\
&= a_0(-1)^{\frac{n(n-1)}{2}} D(f).
\end{aligned} \tag{40}
$$

于是我们证明了下述结论：

定理 3　设 $f(x)$是数域 K 上 n 次多项式，首项系数为 a_0，则

$$
D(f) = (-1)^{\frac{n(n-1)}{2}} a_0^{-1} \operatorname{Res}(f, f'). \tag{41}
$$

利用定理 3，通过求 $\operatorname{Res}(f, f')$来求 $D(f)$，比 7.10 节讲的方法较简便一些。

如果 $f(x)$的首项系数为 1，那么 $D(f)$与 $\operatorname{Res}(f, f')$或者相等，或者相差一个负号（即它们互为相反数）。

定理 1 的第四个用处是化曲线的参数方程为直角坐标方程，详见本节典型例题的例 9。

7.11.2　典型例题

例 1　设 $f(x) = x^3 - x + 2$，$g(x) = x^4 + x - 1$，判断 $f(x)$与 $g(x)$有没有公共复根。

解

$$
\operatorname{Res}(f, g) = \begin{vmatrix}
1 & 0 & -1 & 2 & 0 & 0 & 0 \\
0 & 1 & 0 & -1 & 2 & 0 & 0 \\
0 & 0 & 1 & 0 & -1 & 2 & 0 \\
0 & 0 & 0 & 1 & 0 & -1 & 2 \\
1 & 0 & 0 & 1 & -1 & 0 & 0 \\
0 & 1 & 0 & 0 & 1 & -1 & 0 \\
0 & 0 & 1 & 0 & 0 & 1 & -1
\end{vmatrix} = 11.
$$

因此 $f(x)$与 $g(x)$没有公共复根。

例 2　解方程组

$$
\begin{cases}
x^2 - 7xy + 4y^2 + 6y - 4 = 0, \\
x^2 - 14xy + 9y^2 - 2x + 14y - 8 = 0.
\end{cases} \tag{42}
$$

解　把(42)式左端的两个多项式 $f(x, y)$，$g(x, y)$分别按 x 的降幂排列写出：

$$f(x,y)=x^2-7xy+(4y^2+6y-4), \tag{43}$$

$$g(x,y)=x^2-(14y+2)x+(9y^2+14y-8). \tag{44}$$

$$R_x(f,g)=\begin{vmatrix} 1 & -7y & 4y^2+6y-4 & 0 \\ 0 & 1 & -7y & 4y^2+6y-4 \\ 1 & -14y-2 & 9y^2+14y-8 & 0 \\ 0 & 1 & -14y-2 & 9y^2+14y-8 \end{vmatrix}$$

$$=(5y^2+8y-4)^2-(7y+2)(7y^3+6y^2-12y+8)$$

$$=-24y(y-1)(y-2)(y+2). \tag{45}$$

于是 $R_x(f,g)$ 的 4 个根是 0,1,2,−2。对于 $y=0$,解方程组

$$\begin{cases} x^2-4=0, \\ x^2-2x-8=0, \end{cases}$$

第一个方程减去第二个方程,得

$$2x+4=0.$$

从而 $x=-2$。对于 $y=1$,解方程组

$$\begin{cases} x^2-7x+6=0, \\ x^2-16x+15=0, \end{cases}$$

得 $x=1$。对于 $y=2$,解方程组

$$\begin{cases} x^2-14x+24=0, \\ x^2-30x+56=0, \end{cases}$$

得 $x=2$。对于 $y=-2$,解方程组

$$\begin{cases} x^2+14x=0, \\ x^2+26x=0, \end{cases}$$

得 $x=0$。因此方程组(42)的全部解是:

$$\begin{cases} x=-2 \\ y=0; \end{cases} \quad \begin{cases} x=1 \\ y=1; \end{cases} \quad \begin{cases} x=2 \\ y=2; \end{cases} \quad \begin{cases} x=0 \\ y=-2. \end{cases}$$

方程组(42)的全部解也可以写成(−2,0),(1,1),(2,2),(0,−2)。

例 3　设 $f(x)=x^4+a_1x+a_0\in K[x]$,求 $f(x)$ 的判别式 $D(f)$。

解　$f'(x)=4x^3+a_1$

$$
\operatorname{Res}(f,f')=\begin{vmatrix}
1 & 0 & 0 & a_1 & a_0 & 0 & 0\\
0 & 1 & 0 & 0 & a_1 & a_0 & 0\\
0 & 0 & 1 & 0 & 0 & a_1 & a_0\\
4 & 0 & 0 & a_1 & 0 & 0 & 0\\
0 & 4 & 0 & 0 & a_1 & 0 & 0\\
0 & 0 & 4 & 0 & 0 & a_1 & 0\\
0 & 0 & 0 & 4 & 0 & 0 & a_1
\end{vmatrix}=-27a_1^4+256a_0^3.
$$

于是

$$
D(f)=(-1)^{\frac{4(4-1)}{2}}\operatorname{Res}(f,f')=-27a_1^4+256a_0^3. \tag{46}
$$

点评 7.10 节习题的第 8 题也求过 $f(x)=x^4+a_1x+a_0$ 的判别式 $D(f)$，现在例 3 用 $\operatorname{Res}(f,f')$ 来求 $D(f)$，比较简便一些。在 7.6 节用辗转相除法求出过 $f(x)=x^4+a_1x+a_0$ 有重根的充分必要条件，这与 $f(x)$ 的判别式 $D(f)$ 有关系。显然，现在例 3 求 $D(f)$ 的方法较简便一些。

例 4 求数域 K 上 n 次多项式 $f(x)=x^n+a_1x+a_0$ 的判别式。

解 $f'(x)=nx^{n-1}+a_1$

$$
\operatorname{Res}(f,f')=\begin{vmatrix}
1 & 0 & 0 & \cdots & 0 & a_1 & a_0 & 0 & 0 & \cdots & 0 & 0 & 0\\
0 & 1 & 0 & \cdots & 0 & 0 & a_1 & a_0 & 0 & \cdots & 0 & 0 & 0\\
\vdots & \vdots & \vdots & & \vdots & \vdots & \vdots & \vdots & \vdots & & \vdots & \vdots & \vdots\\
0 & 0 & 0 & \cdots & 1 & 0 & 0 & 0 & 0 & \cdots & 0 & a_1 & a_0\\
n & 0 & 0 & \cdots & 0 & a_1 & 0 & 0 & 0 & \cdots & 0 & 0 & 0\\
0 & n & 0 & \cdots & 0 & 0 & a_1 & 0 & 0 & \cdots & 0 & 0 & 0\\
\vdots & \vdots & \vdots & & \vdots & \vdots & \vdots & \vdots & \vdots & & \vdots & \vdots & \vdots\\
0 & 0 & 0 & \cdots & 0 & n & 0 & 0 & 0 & \cdots & 0 & 0 & a_1
\end{vmatrix}.
$$

每一次都把第 1 行的 $(-n)$ 倍加到第 n 行上，接着按第 1 列展开，这样做 $n-1$ 次，便得到下述 n 阶行列式：

$$
\begin{vmatrix}
(1-n)a_1 & -na_0 & 0 & 0 & \cdots & 0 & 0\\
0 & (1-n)a_1 & -na_0 & 0 & \cdots & 0 & 0\\
0 & 0 & (1-n)a_1 & -na_0 & \cdots & 0 & 0\\
\vdots & \vdots & \vdots & \vdots & & \vdots & \vdots\\
0 & 0 & 0 & 0 & \cdots & (1-n)a_1 & -na_0\\
n & 0 & 0 & 0 & \cdots & 0 & a_1
\end{vmatrix}
$$

$$=n(-1)^{n+1}(-na_0)^{n-1}+a_1(-1)^{n+n}[(1-n)a_1]^{n-1}$$
$$=n^n a_0^{n-1}+(-1)^{n-1}(n-1)^{n-1}a_1^n.$$

于是

$$D(f)=(-1)^{\frac{n(n-1)}{2}}[n^n a_0^{n-1}+(-1)^{n-1}(n-1)^{n-1}a_1^n]. \tag{47}$$

点评　例 4 通过先计算 $\mathrm{Res}(f,f')$，然后求 $D(f)$，这比起 7.10 节讲的求 $D(f)$的方法要简便得多。例 4 求得的 $D(f)$的(47)式对一切 $n\geqslant 2$ 都成立，如表 7-2 所示。

表 7-2

n	$f(x)$	$D(f)$
2	$x^2+a_1x+a_0$	$a_1^2-4a_0$
3	$x^3+a_1x+a_0$	$-4a_1^3-27a_0^2$
4	$x^4+a_1x+a_0$	$-27a_1^4+256a_0^3$
5	$x^5+a_1x+a_0$	$256a_1^5+3125a_0^4$

例 5　设 $f(x)=x^{n-1}+x^{n-2}+\cdots+x+1$，求 $D(f)$。

解　令 $g(x)=(x-1)f(x)=x^n-1$。

根据 7.10 节中典型例题的例 15 的结论，得

$$D(g)=(-1)^{\frac{n(n-1)}{2}}n^n(-1)^{n-1}=(-1)^{\frac{(n-2)(n-1)}{2}}n^n.$$

根据 7.10 节习题第 11 题的结论，得

$$D(g)=D(f)f(1)^2=n^2D(f).$$

因此

$$D(f)=(-1)^{\frac{(n-2)(n-1)}{2}}n^{n-2}. \tag{48}$$

例 6　设 $f(x)=a_0x^n+a_1x^{n-1}+\cdots+a_n$，$g(x)=b_0x^m+b_1x^{m-1}+\cdots+b_m$，其中 $a_0\neq 0$，$b_0\neq 0$。设 $f(x)$的 n 个复根为 $c_1,c_2,\cdots,c_n$，$g(x)$的 m 个复根为 $d_1,d_2,\cdots,d_m$，证明：

$$\mathrm{Res}(f,g)=a_0^m b_0^n\prod_{i=1}^{n}\prod_{j=1}^{m}(c_i-d_j). \tag{49}$$

证明　由于 $g(c_i)=b_0(c_i-d_1)(c_i-d_2)\cdots(c_i-d_m)=b_0\prod\limits_{j=1}^{m}(c_i-d_j)$，因此

$$\mathrm{Res}(f,g)=a_0^m\prod_{i=1}^{n}b_0\prod_{j=1}^{m}(c_i-d_j)$$
$$=a_0^m b_0^n\prod_{i=1}^{n}\prod_{j=1}^{m}(c_i-d_j).$$

■

例 7　设 $f(x)$和 $g(x)$分别是数域 K 上 n 次、m 次多项式,且 $n>1,m>1$。证明:

$$D(fg)=D(f)D(g)[\mathrm{Res}(f,g)]^2. \tag{50}$$

证明　设 $f(x),g(x)$的首项系数分别是 a_0,b_0, $f(x)$的 n 个复根为 $c_1,c_2,\cdots,c_n$, $g(x)$的m 个复根为 $d_1,d_2,\cdots,d_m$。则

$$f(x)=a_0(x-c_1)(x-c_2)\cdots(x-c_n),$$
$$g(x)=b_0(x-d_1)(x-d_2)\cdots(x-d_m).$$

从而

$$f(x)g(x)=a_0b_0(x-c_1)(x-c_2)\cdots(x-c_n)(x-d_1)\cdots(x-d_m).$$

于是

$$\begin{aligned}D(fg)&=(a_0b_0)^{2(n+m)-2}\prod_{1\leqslant j<i\leqslant n}(c_i-c_j)^2\cdot\prod_{1\leqslant k<l\leqslant m}(d_l-d_k)^2\\&\quad\cdot\prod_{i=1}^{n}\prod_{j=1}^{m}(d_j-c_i)^2\\&=D(f)D(g)[\mathrm{Res}(f,g)]^2.\end{aligned}$$

■

例 8　设 $f(x),g_1(x),g_2(x)\in K[x]$,证明:

$$\mathrm{Res}(f,g_1g_2)=\mathrm{Res}(f,g_1)\mathrm{Res}(f,g_2).$$

证明　设 $f(x)$的次数为 n,首项系数为 a_0, n 个复根为 $c_1,c_2,\cdots,c_n$, $g_1(x),g_2(x)$的次数分别为 m_1,m_2。则

$$\begin{aligned}\mathrm{Res}(f,g_1g_2)&=a_0^{m_1+m_2}\prod_{i=1}^{n}g_1g_2(c_i)\\&=a_0^{m_1}a_0^{m_2}\prod_{i=1}^{n}g_1(c_i)g_2(c_i)\\&=\left[a_0^{m_1}\prod_{i=1}^{m}g_1(c_i)\right]\left[a_0^{m_2}\prod_{i=1}^{n}g_2(c_i)\right]\\&=\mathrm{Res}(f,g_1)\mathrm{Res}(f,g_2).\end{aligned}$$

■

例 9　求下述曲线的直角坐标方程:

$$x=\frac{-t^2+2t}{t^2+1},y=\frac{2t^2+2t}{t^2+1}.$$

解　在所给曲线 S 上任取一点 $P(x,y)$,则存在 $t_0\in\mathbf{R}$,使得

$$x=\frac{-t_0^2+2t_0}{t_0^2+1},y=\frac{2t_0^2+2t_0}{t_0^2+1}.$$

即

$$(t_0^2+1)x+t_0^2-2t_0=0,$$

$$(t_0^2+1)y-2t_0^2-2t_0=0.$$

令
$$f(t)=(t^2+1)x+t^2-2t,g(t)=(t^2+1)y-2t^2-2t.$$

则 $f(t)$ 与 $g(t)$ 有公共根 t_0，从而 $\operatorname{Res}(f,g)=0$。

反之，考虑坐标适合方程 $\operatorname{Res}(f,g)=0$ 的点 $Q(x,y)$，因为 $\operatorname{Res}(f,g)=0$，所以 $x+1=0=y-2$，或者 $f(t)$ 与 $g(t)$ 不互素。在前一情形，直接验证可知点 $M(-1,2)$ 不是曲线 S 上的点；在后一情形，由于 $f(t)$ 与 $g(t)$ 的次数至多为 2，且它们不相伴，因此 $f(t)$ 与 $g(t)$ 有公共的一次因式，从而 $f(t)$ 与 $g(t)$ 有公共的实根 t_1。于是点 $Q(x,y)$ 在曲线 S 上。

综上所述，$\operatorname{Res}(f,g)=0$（排除点 $M(-1,2)$）就是所求的直角坐标方程。计算 $\operatorname{Res}(f,g)$。由于

$$f(t)=(x+1)t^2-2t+x,g(t)=(y-2)t^2-2t+y.$$

因此

$$\operatorname{Res}(f,g)=\begin{vmatrix} x+1 & -2 & x & 0 \\ 0 & x+1 & -2 & x \\ y-2 & -2 & y & 0 \\ 0 & y-2 & -2 & y \end{vmatrix}$$
$$=8x^2-4xy+5y^2+12x-12y.$$

于是所给曲线 S 的直角坐标方程为

$$8x^2-4xy+5y^2+12x-12y=0,$$

并且 $(x,y)\neq(-1,2)$。

点评　例 9 表明结式可以用于在解析几何中化平面曲线的参数方程为直角坐标方程，这是本节定理 1 的第四个用处。

习题 7.11

1. 判断 $f(x)=2x^3+3x^2-8x+3$ 与 $g(x)=4x^2+7x-15$ 有无公共复根。

2. 解下列方程组：

(1) $\begin{cases} 2x^2-xy+y^2-2x+y-4=0, \\ 5x^2-6xy+5y^2-6x+10y-11=0; \end{cases}$

(2) $\begin{cases} x^2+y^2+4x+2=0, \\ x^2+4xy-y^2+4x+8y=0. \end{cases}$

3. 求多项式 $f(x)$ 与 $g(x)$ 的结式：

(1) $f(x)=x^4+x^3+x^2+1,g(x)=x^6+x^5+x^4+x^3+x^2+x+1$；

(2) $f(x)=x^n+2x+1, g(x)=x^2-x-6$;

(3) $f(x)=x^n+2, g(x)=(x-1)^n$;

(4) $f(x)=x^4+x^3+x^2+x+1, g(x)=x^6+x^5+x^4+x^3+x^2+x+1$.

4. 设 $f(x), x-a\in K[x]$，且 $\deg f(x)=n$，求 $\mathrm{Res}(f,x-a)$。

5. 设数域 K 上三次多项式 $f(x)=a_0x^3+a_1x^2+a_2x+a_3$，求 $D(f)$。

6. 讨论数域 K 上的多项式 $f(x)=x^2+1$ 与 $g(x)=x^{2m}+1$ 是否互素。

7. 求下列曲线的直角坐标方程：

(1) $x=t^2-t, y=2t^2+t-2$;

(2) $x=\dfrac{2t+1}{t^2+1}, y=\dfrac{t^2+2t-1}{t^2+1}$.

8. 在实数域中解方程组：

$$\begin{cases} y^2+z^2+2yz-x-y+z+3=0, \\ x^2+z^2+xz+x-y+z+1=0, \\ x^2-y^2+xy-x+y-z-1=0. \end{cases}$$

7.12　域与域上的一元多项式环

7.12.1　内容精华

一、分式域

数域 K 上的一元多项式环 $K[x]$ 中有加法和乘法运算，进而有减法运算：$f(x)-g(x):=f(x)+(-g(x))$，但是没有除法运算。设 $g(x)\neq 0$，当 $g(x)$ 不能整除 $f(x)$ 时，$f(x)$ 除以 $g(x)$ 不是多项式，此时可以引进分式的概念，把 $f(x)$ 除以 $g(x)$ 记作 $\dfrac{f(x)}{g(x)}$，称它为分式。规定分式的基本性质：分子与分母乘以同一个非零多项式，所得分式与原分式相等。为了说明分式的基本性质是怎么来的，我们用现代数学的观点来阐述分式的概念。从分式 $\dfrac{f(x)}{g(x)}$ 联想到有序多项式对 $(f(x),g(x))$，其中 $g(x)\neq 0$，它是 $K[x]\times K[x]^*$ 中的元素，这里用 $K[x]^*$ 表示 $K[x]$ 中所有非零多项式组成的集合，令 $T=K[x]\times K[x]^*$。在 T 中规定一个二元关系～，如下：

$$(f_1,g_1)\sim(f_2,g_2)\quad\Leftrightarrow\quad f_1g_2=g_1f_2. \tag{1}$$

显然，$(f,g)\sim(f,g)$，$\forall (f,g)\in T$，即$\sim$具有反身性。

若$(f_1,g_1)\sim(f_2,g_2)$，则 $f_1g_2=g_1f_2$。由此推出，$(f_2,g_2)\sim(f_1,g_1)$，即$\sim$具有对称性。

若$(f_1,g_1)\sim(f_2,g_2)$且$(f_2,g_2)\sim(f_3,g_3)$，则

$$f_1g_2 = g_1f_2, f_2g_3 = g_2f_3$$

从而
$$f_1g_2g_3=g_1f_2g_3=g_1g_2f_3.$$

由于 $g_2\neq 0$，因此 $f_1g_3=g_1f_3$，于是$(f_1,g_1)\sim(f_3,g_3)$。这表明$\sim$具有传递性。

上述证明了$\sim$是 T 中的一个等价关系，我们把(f,g)确定的等价类记作$\frac{f}{g}$。于是

$$\frac{f_1}{g_1}=\frac{f_2}{g_2} \quad\Leftrightarrow\quad (f_1,g_1)\sim(f_2,g_2) \quad\Leftrightarrow\quad f_1g_2=g_1f_2. \tag{2}$$

把所有等价类组成的集合记作 $K(x)$（注意这里是圆括号），$K(x)$称为 T 对于等价关系$\sim$的商集（参看丘维声. 高等代数（上册）. 第 3 版. 北京：高等教育出版社，2015 年，第161 页）。

在 $K(x)$中，规定加法和乘法运算如下：

$$\frac{f_1}{g_1}+\frac{f_2}{g_2}:=\frac{f_1g_2+g_1f_2}{g_1g_2}, \tag{3}$$

$$\frac{f_1}{g_1}\cdot\frac{f_2}{g_2}:=\frac{f_1f_2}{g_1g_2}. \tag{4}$$

不难验证，(3)式和(4)式不依赖于等价类中代表的选择。

容易验证，上述定义的加法和乘法都满足交换律、结合律和分配律。$\frac{0}{1}$是 $K(x)$中的零元，把$\frac{0}{1}$记作 0。$\frac{f}{g}$的负元是$\frac{-f}{g}$，记作$-\frac{f}{g}$。$\frac{1}{1}$是 $K(x)$的单位元，记作 1。因此$K(x)$成为一个有单位元的交换环。

对于 $K(x)$中每一个非零元$\frac{f}{g}$，都存在$\frac{g}{f}\in K(x)$，使得

$$\frac{f}{g}\cdot\frac{g}{f}=\frac{fg}{gf}=\frac{1}{1}=1, \frac{g}{f}\cdot\frac{f}{g}=\frac{gf}{fg}=\frac{1}{1}=1.$$

这表明$\frac{f}{g}$是可逆的，$\frac{g}{f}$是$\frac{f}{g}$的逆元，记作$\left(\frac{f}{g}\right)^{-1}$。即

$$\left(\frac{f}{g}\right)^{-1}=\frac{g}{f}. \tag{5}$$

由于 $K(x)$的每个非零元都可逆，因此可以在 $K(x)$中定义除法如下：

设$\frac{f_2}{g_2}\neq 0$，对于任意$\frac{f_1}{g_1}\in K(x)$，规定

$$\frac{f_1}{g_1}\div\frac{f_2}{g_2}\xlongequal{\text{def}}\frac{f_1}{g_1}\cdot\left(\frac{f_2}{g_2}\right)^{-1}. \tag{6}$$

$K(x)$中的减法运算的定义跟环中的减法定义一样。

综上所述，$K(x)$中有加、减、乘、除四种运算（除式不为 0），并且满足与实数域一样的运算规律。由此受到启发，引进下述重要概念：

定义 1　一个有单位元 $1(\neq 0)$的交换环 F，如果它的每个非零元都可逆，那么称 F 是一个**域**。

例如，$K(x)$是一个域，称它为数域 K 上的**一元分式域**。把 $K(x)$中的元素$\frac{f}{g}$称为K 上的**一元分式**（或者**分式**），其中 f 称为**分子**，g 称为**分母**。

分式的基本性质现在可以证明如下：

设$\frac{f}{g}\in K(x)$。任取 $h(x)\in K[x]^*$，由于 $fgh=gfh$，因此

$$\frac{f}{g}=\frac{fh}{gh}. \tag{7}$$

将(7)式从右到左看：分子与分母可以消去同一个非零公因式。

对于一个非零的一元分式$\frac{f}{g}$，分子的次数减去分母的次数所得的差 $\deg f-\deg g$ 不依赖于等价类的代表的选取。证明如下：设$\frac{f}{g}=\frac{f_1}{g_1}$，则 $fg_1=gf_1$，从而 $\deg f+\deg g_1=\deg g+\deg f_1$。因此

$$\deg f-\deg g=\deg f_1-\deg g_1. \tag{8}$$

把 $\deg f-\deg g$ 称为一元分式$\frac{f}{g}$的**次数**。一元分式 0 是$\frac{0}{1}$，它的次数为$-\infty$。

一个一元分式，如果它的分子与分母是互素的，那么称它为**既约分式**。

由于$(0,1)=1$，因此$\frac{0}{1}$是既约分式，即一元分式 0 是既约分式。

类似于一元分式域的构造方法，我们还可以构造出数域 K 上的 n 元分式域，记作$K(x_1,x_2,\cdots,x_n)$。

一元分式域与 n 元分式域都是域，任一数域也是域。注意：数域的元素是数；而一元或 n 元分式域的元素不是数，是分式。

命题 1　域 F 中没有非平凡的零因子，从而域一定是整环。

二、模 p(p 是素数)剩余类域与模 m 剩余类环

读者都非常熟悉“星期几”这个词。在时间的长河中,我们可以把每一天对应于一个整数,于是时间的长河可以用整数集 $\mathbf{Z}$ 来刻画,星期日可以看成是被 7 除后余数为 0 的所有整数组成的子集,星期一可以看成是被 7 除后余数为 1 的所有整数组成的子集,…,星期六可以看成是被 7 除后余数为 6 的所有整数组成的子集。由此受到启发,在整数集 $\mathbf{Z}$ 中规定一个二元关系~,如下:

$$a \sim b \quad \Leftrightarrow \quad a \text{ 与 } b \text{ 被 7 除所得余数相同}$$

也就是

$$a \sim b \quad \Leftrightarrow \quad 7 \mid a-b. \tag{9}$$

容易看出,~具有反身性、对称性和传递性。因此~是 $\mathbf{Z}$ 上的一个等价关系,把它称为**模 7 同余关系**,把 $a\sim b$ 记作

$$a \equiv b \pmod 7,$$

读作“a 模 7 同余 b”。于是

$$a \equiv b \pmod 7 \quad \Leftrightarrow \quad 7 \mid a-b. \tag{10}$$

模 7 同余关系有下述性质:

命题 2 若 $a\equiv b \pmod 7$,$c\equiv d \pmod 7$,则

$$a+c \equiv b+d \pmod 7,\ ac \equiv bd \pmod 7. \tag{11}$$

在模 7 同余关系下的等价类称为**模 7 剩余类**。

$$\bar{i} = \{a \in \mathbf{Z} \mid a \equiv i \pmod 7\} = \{7k+i \mid k \in \mathbf{Z}\}. \tag{12}$$

其中 $i=0,1,2,3,4,5,6$。$\bar{i}$ 里的任一元素都可以作为代表,例如 $8,-6$ 都可以作为 $\bar{1}$ 的代表(注意 $-6=(-1)\times 7+1$),因此 $\bar{8}=\bar{1}$,$\overline{-6}=\bar{1}$。类似地,$\bar{9}=\bar{2}$,$\overline{-5}=\bar{2}$,…;$\overline{10}=\bar{3}$,$\overline{-4}=\bar{3}$,…;$\overline{11}=\bar{4}$,$\overline{-3}=\bar{4}$,…;$\overline{12}=\bar{5}$,$\overline{-2}=\bar{5}$,…;$\overline{13}=\bar{6}$,$\overline{-1}=\bar{6}$,…。

由模 7 剩余类组成的集合称为 $\mathbf{Z}$ 对于模 7 同余关系的商集,记作 $\mathbf{Z}_7$ 或 $\mathbf{Z}/(7)$,即

$$\mathbf{Z}_7 = \{\bar{0},\bar{1},\bar{2},\bar{3},\bar{4},\bar{5},\bar{6}\}. \tag{13}$$

在 $\mathbf{Z}_7$ 中可以规定加法和乘法运算:

$$\bar{i}+\bar{j} \xlongequal{\text{def}} \overline{i+j},\ \bar{i}\cdot\bar{j} \xlongequal{\text{def}} \overline{ij}. \tag{14}$$

(14)式定义的加法和乘法运算是合理的,即与剩余类的代表的选取无关。

容易看出,$\bar{0}$ 是 $\mathbf{Z}_7$ 的零元,$\bar{i}$ 有负元 $\overline{-i}$。$\bar{1}$ 是 $\mathbf{Z}_7$ 的单位元,容易验证 $\mathbf{Z}_7$ 是一个有单位元的交换环。由于

$$\bar{1}\cdot\bar{1}=\bar{1},\ \bar{2}\cdot\bar{4}=\bar{1},\ \bar{3}\cdot\bar{5}=\bar{1},\ \bar{6}\cdot\bar{6}=\bar{1},$$

因此 $\mathbf{Z}_7$ 的每个非零元都可逆,从而 $\mathbf{Z}_7$ 是一个域,称它为**模 7 剩余类域**,它只含有 7 个元素。

只含有限多个元素的域称为**有限域**,否则称为**无限域**。

数域 K,K 上的一元分式域,n 元分式域都是无限域;$\mathbf{Z}_7$ 是一个有限域。

一般地,设 m 是大于1的正整数。在 $\mathbf{Z}$ 中规定

$$a \equiv b \pmod{m} \quad \Leftrightarrow \quad m \mid a-b. \tag{15}$$

这给出了 $\mathbf{Z}$ 上的一个二元关系,它是一个等价关系,称它为模 m 同余关系,模 m 同余关系具有类似于命题2的性质:

若 $a\equiv b \pmod{m}$,$c\equiv d \pmod{m}$,则

$$a+c \equiv b+d \pmod{m}, ac \equiv bd \pmod{m}. \tag{16}$$

模 m 同余关系下的等价类称为**模 m 剩余类**。

$$\bar{i} = \{a \in \mathbf{Z} \mid a \equiv i \pmod{m}\} = \{km+i \mid k \in \mathbf{Z}\}, \tag{17}$$

其中 $i=0,1,2,\cdots,m-1$。

由模 m 剩余类组成的集合称为 $\mathbf{Z}$ 对于模 m 同余关系的商集,记作 $\mathbf{Z}_m$ 或 $\mathbf{Z}/(m)$,即

$$\mathbf{Z}_m = \{\bar{0},\bar{1},\bar{2},\cdots,\overline{m-1}\}. \tag{18}$$

在 $\mathbf{Z}_m$ 中可以规定加法和乘法运算:

$$\bar{i}+\bar{j} \xlongequal{\text{def}} \overline{i+j}, \bar{i}\,\bar{j} \xlongequal{\text{def}} \overline{ij}. \tag{19}$$

利用(16)式容易证明(19)式规定的加法和乘法运算是合理的,在 $\mathbf{Z}_m$ 中规定减法运算为

$$\bar{i}-\bar{j} \xlongequal{\text{def}} \bar{i}+(-\bar{j}). \tag{20}$$

容易验证,$\mathbf{Z}_m$ 对于加法和乘法运算成为一个有单位元 $\bar{1}(\neq\bar{0})$ 的交换环,称它为**模 m 剩余类环**。

$\mathbf{Z}_m$ 是不是域?例如,$\mathbf{Z}_4$,由于 $\bar{2}\cdot\bar{2}=\bar{0}$,因此 $\mathbf{Z}_4$ 有非平凡的零因子,从而 $\mathbf{Z}_4$ 不是域(根据命题1)。由于 $\bar{1}\cdot\bar{1}=\bar{1}$,因此 $\mathbf{Z}_2=\{\bar{0},\bar{1}\}$ 是域。由于在 $\mathbf{Z}_3$ 中,

$$\bar{1}\cdot\bar{1}=\bar{1}, \quad \bar{2}\cdot\bar{2}=\bar{1},$$

因此 $\mathbf{Z}_3$ 的每个非零元都可逆,从而 $\mathbf{Z}_3$ 是一个域,猜想并且可以证明有下述结论:

定理1 若 p 是素数,则 $\mathbf{Z}_p$ 是一个域。

当 p 是素数时,$\mathbf{Z}_p$ 称为**模 p 剩余类域**。$\mathbf{Z}_p$ 含有 p 个元素,因此 $\mathbf{Z}_p$ 是一个有限域。

若 m 是合数,则 $\mathbf{Z}_m$ 不是一个域,理由如下:若 m 是合数,则 $m=m_1m_2$,其中 $0<m_i<m$,$i=1,2$。于是有 $\overline{m_1}\,\overline{m_2}=\overline{m_1m_2}=\bar{m}=\bar{0}$,从而 $\mathbf{Z}_m$ 有非平凡的零因子 $\overline{m_1}$。因此 $\mathbf{Z}_m$ 不是域。

三、域的特征

设 p 是素数,在模 p 剩余类域 $\mathbf{Z}_p$ 中,有

$$p\,\bar{1} = \underbrace{\bar{1}+\bar{1}+\cdots+\bar{1}}_{p\text{个}} = \bar{p} = \bar{0}. \tag{21}$$

当 $0<l<p$ 时，

$$l\,\overline{1}=\underbrace{\overline{1}+\overline{1}+\cdots+\overline{1}}_{l\text{个}}=\overline{l}\neq\overline{0}. \tag{22}$$

在数域 K 中,对于任意正整数 n,都有

$$n1=\underbrace{1+1+\cdots+1}_{n\text{个}}=n\neq 0.$$

在任一域 F 中,它的单位元 e 的正整数倍是否等于零元有什么规律?

情形 1　对任意正整数 n 都有 $ne\neq 0$。

情形 2　不是情形 1,则存在正整数 n 使得 $ne=0$。设 n 是使 $ne=0$ 成立的最小正整数。假如 n 是合数,则

$$n=n_1n_2,\quad 0<n_i<n,\quad i=1,2.$$

于是

$$\begin{aligned}(n_1e)(n_2e)&=n_1[e(n_2e)]=n_1[n_2(ee)]=n_1(n_2e)\\&=(n_1n_2)e=ne=0.\end{aligned}$$

由于 $n_i<n$,因此根据 n 的选择得,$n_1e\neq 0$ 且 $n_2e\neq 0$。于是 n_1e 是零因子。从而 n_1e 不是可逆元,又 $n_1e\neq 0$,这与域 F 中非零元都可逆矛盾。所以 n 是素数。这样我们证明了下述定理:

定理 2　设 F 是一个域,它的单位元为 e,则或者对任意正整数 n 都有 $ne\neq 0$,或者存在一个素数 p,使得 $pe=0$,而对于 $0<l<p$ 有 $le\neq 0$。 ■

从定理 2 受到启发,引出下述概念:

定义 2　设 F 是一个域,它的单位元为 e,如果对任意正整数 n 都有 $ne\neq 0$,那么称域 F 的**特征**为 0;如果存在一个素数 p,使得 $pe=0$,而对于 $0<l<p$ 有 $le\neq 0$,那么称域 F 的**特征**为 p。把域 F 的特征记作 char F。

根据定理 2 得,域 F 的特征或者为 0,或者为一个素数。

从上面所说的事实知道,模 p 剩余类域的特征为 p。任一数域的特征为 0。数域 K 上的一元分式域和 n 元分式域的特征都为 0。

有限域的特征一定是一个素数,理由如下:设域 F 是一个有限域。假如 F 的特征为 0,则对一切正整数 n 都有 $ne\neq 0$,其中 e 是域 F 的单位元。于是 $e,2e,3e,\cdots,ne,\cdots$ 中任两个元素都不相等,从而域 F 会有无穷多个元素,这与 F 是有限域矛盾,因此有限域 F 的特征一定是一个素数。

无限域有没有特征为素数的呢?考虑模 p 剩余类域 $\mathbf{Z}_p$ 上的一元分式域 $\mathbf{Z}_p(x)$,它的一个子集是 $\mathbf{Z}_p[x]$。由于 $\mathbf{Z}_p[x]$ 中非零多项式的次数 n 可以是任意非负整数,因此 $\mathbf{Z}_p[x]$

含有无穷多个元素。从而 $\mathbf{Z}_p(x)$ 含有无穷多个元素。由于 $p\overline{1}=\overline{p}=\overline{0}$，而当 $0<l<p$ 时，$l\overline{1}=\overline{l}\neq\overline{0}$。因此域 $\mathbf{Z}_p(x)$ 的特征为素数 p。从而 $\mathbf{Z}_p(x)$ 是特征为素数 p 的无限域。

命题 3　设域 F 的特征为素数 p，则

$$ne = 0 \quad \Leftrightarrow \quad p \mid n.$$

命题 4　设域 F 的特征为素数 p，任取 $a\in F^*$（我们用 F^* 表示 F 中所有非零元组成的集合），则

$$na = 0 \quad \Leftrightarrow \quad p \mid n.$$

命题 4 告诉我们，在特征为素数 p 的域 F 中，要注意识别零元素：若 $p\mid n$，则对于任一元素 a 有 $na=0$。

四、域 F 上的一元多项式环

类似于数域 K 上的一元多项式，我们可以定义任一域 F 上的一元多项式，并且得出域 F 上的一元多项式环 $F[x]$。不难看出，有关数域 K 上的一元多项式环 $K[x]$ 的结论，只要在它的证明中没有用到这个域含有无穷多个元素，并且还要注意识别零元素，那么这些结论在任一域 F 上的一元多项式环 $F[x]$ 仍然成立。

例如，在数域 K 上的一元多项式环 $K[x]$ 中，两个多项式如果不相等，那么它们诱导的多项式函数也不相等。这个结论的证明需要用到数域 K 含有无穷多个元素，因此这个结论对于有限域上的一元多项式环就不成立。譬如，在 $\mathbf{Z}_3[x]$ 中，设

$$f(x) = x^3 + \overline{2}x^2 + \overline{2}, g(x) = \overline{2}x^2 + x + \overline{2}.$$

显然，$f(x)\neq g(x)$。由于

$$f(\overline{0}) = \overline{2}, f(\overline{1}) = \overline{2}, f(\overline{2}) = \overline{0},$$
$$g(\overline{0}) = \overline{2}, g(\overline{1}) = \overline{2}, g(\overline{2}) = \overline{0},$$

因此 $f=g$，即多项式函数 f 与 g 相等。

在特征为素数 p 的域中，若 $p\mid n$，则任一元素的 n 倍为零元，例如，在 $\mathbf{Z}_p[x]$ 中，设 $f(x)=x^p+\overline{1}$，则 $f'(x)=px^{p-1}=p(\overline{1}x^{p-1})=(p\overline{1})x^{p-1}=\overline{0}x^{p-1}=0$。

在数域 K 上的一元多项式环 $K[x]$ 中，如果不可约多项式 $p(x)$ 是 $f(x)$ 的一个 $k(k\geqslant 1)$ 重因式，那么 $p(x)$ 是 $f'(x)$ 的 $k-1$ 重因式。此结论的证明中关键一步是 $p(x)\nmid kp'(x)$。现在设 F 是特征为素数 p 的域。在 $F[x]$ 中，若 $p\mid k$ 或 $p'(x)=0$，则 $p(x)\mid kp'(x)$。从而 $p(x)$ 是 $f'(x)$ 的至少 k 重因式。若 $p\nmid k$ 且 $p'(x)\neq 0$，则 $p(x)\nmid kp'(x)$，从而 $p(x)$ 是 $f'(x)$ 的 $k-1$ 重因式。于是若 $f(x)$ 有重因式，则 $f(x)$ 与 $f'(x)$ 有次数大于 0 的公因式，从而 $(f(x),f'(x))\neq 1$。也就是说，若 $(f(x),f'(x))=1$，则 $f(x)$ 没有重因式；反之不成立。可以证明：若 $f(x)$ 没有重因式，则 $(f(x),f'(x))=1$ 或者 $f(x)$ 有一个单因式 $p(x)$，使得

$p'(x)=0$（详见本章补充题七的第 17 题）。

下面我们给出判断整系数多项式在有理数域 $\mathbf{Q}$ 上不可约的另一种方法。

命题 5　设 $f(x)=a_nx^n+a_{n-1}x^{n-1}+\cdots+a_1x+a_0$ 是一个整系数多项式，p 是一个素数，$p\nmid a_n$。把 $f(x)$ 的各项系数模 p 变成 $\mathbf{Z}_p$ 的元素，得到 $\mathbf{Z}_p$ 上的一个多项式，记作 $\tilde{f}(x)$，即

$$\tilde{f}(x)=\overline{a_n}x^n+\overline{a_{n-1}}x^{n-1}+\cdots+\overline{a_1}x+\overline{a_0}. \tag{23}$$

如果 $\tilde{f}(x)$ 在 $\mathbf{Z}_p$ 上不可约，那么 $f(x)$ 在 $\mathbf{Q}$ 上不可约。

注意：如果 $\tilde{f}(x)$ 在 $\mathbf{Z}_p$ 上可约，那么 $f(x)$ 在 $\mathbf{Q}$ 上可能不可约，也可能可约，需要具体问题具体分析。

为简便起见，对于首项系数为奇数的整系数多项式 $f(x)$，把它的各项系数模 2 得到 $\mathbf{Z}_2$ 上的多项式 $\tilde{f}(x)$。若 $\tilde{f}(x)$ 在 $\mathbf{Z}_2$ 上不可约，则 $f(x)$ 在 $\mathbf{Q}$ 上不可约。

若整系数多项式 $f(x)$ 的首项系数为偶数，但不是 3 的倍数，则把 $f(x)$ 的各项系数模 3 得到 $\mathbf{Z}_3$ 上的多项式。若 $\tilde{f}(x)$ 在 $\mathbf{Z}_3$ 上不可约，则 $f(x)$ 在 $\mathbf{Q}$ 上不可约。

若整系数多项式 $f(x)$ 的首项系数是偶数，且是 3 的倍数，则把 $f(x)$ 的系数模 5 得到 $\mathbf{Z}_5$ 上的多项式。依此类推，选择素数 p。

命题 5 给出了判断整系数多项式在 $\mathbf{Q}$ 上是否不可约的一个新的方法。

类似于数域上的 n 元多项式，可以定义任一域 F 上的 n 元多项式，并且得出域 F 上的 n 元多项式环 $F[x_1,\cdots,x_n]$。$K[x_1,\cdots,x_n]$ 中的结论，只要在它的证明中没有用到数域 K 含有无穷多个元素，那么它在 $F[x_1,\cdots,x_n]$ 中仍成立，还需注意识别 F 中的零元。

五、中国剩余定理

整数环 $\mathbf{Z}$ 与数域 K 上一元多项式环 $K[x]$ 的结构很相似。现在我们利用整数环的结构来证明著名的中国剩余定理（或孙子定理）。

定理 3（中国剩余定理）　设 $m_1,m_2,\cdots,m_s$ 是两两互素的正整数，$b_1,b_2,\cdots,b_s$ 是任意给定的 s 个整数。则同余方程组

$$\begin{cases} x\equiv b_1 \pmod{m_1} \\ x\equiv b_2 \pmod{m_2} \\ \cdots \quad \cdots \\ x\equiv b_s \pmod{m_s} \end{cases} \tag{24}$$

在 $\mathbf{Z}$ 中必有解，并且如果 c 和 d 是两个解，那么

$$c\equiv d \pmod{m_1m_2\cdots m_s}. \tag{25}$$

它的一个解是

$$c=\sum_{i=1}^{s} b_i(v_i\prod_{j\neq i} m_i) \tag{26}$$

其中 v_i 满足

$$u_i m_i + v_i \prod_{j \neq i} m_j = 1. \tag{27}$$

从(27)式知道，v_i 可以对 m_i 和 $\prod\limits_{j \neq i} m_j$ 作辗转相除法求出。

六、默比乌斯(Möbius)函数

Möbius 函数是定义在正整数集合上的函数 $\mu(n)$，它满足：

(i) $\mu(1)=1$；

(ii) $\mu(n)=0$，当 n 能被一个素数的平方整除；

(iii) $\mu(n)=(-1)^k$，当 n 是 k 个不同的素数的乘积。

定理 4　q 元有限域 F 上的 n 次首一不可约多项式的个数为

$$N_q(n)=\frac{1}{n}\sum_{d \mid n}\mu\left(\frac{n}{d}\right)q^d,$$

其中 $\sum\limits_{d \mid n}$ 表示对 n 的所有正因数求和.

证明可看 Rudolf Lidl, Harald Niederreiter, *Introduction to finite fields and their applications*, Revised edition, Cambridge University Press, 1994，第 86 页的 *Theorem* 3.25。

7.12.2　典型例题

例 1　证明：在 $K(x)$ 中，如果一个分式有两个既约分式：$\frac{f_1}{g_1}$ 与 $\frac{f_2}{g_2}$，那么 f_1 与 f_2 相伴，且 g_1 与 g_2 相伴。

证明　由已知条件得，$\frac{f_1}{g_1}=\frac{f_2}{g_2}$。于是 $f_1 g_2 = g_1 f_2$。由于 $\frac{f_1}{g_1}$ 是既约分式，因此 $(f_1, g_1)=1$，于是从 $f_1 \mid g_1 f_2$ 可以推出 $f_1 \mid f_2$。同理，由于 $(f_2, g_2)=1$，因此从 $f_2 \mid f_1 g_2$ 可以推出 $f_2 \mid f_1$，从而 f_1 与 f_2 相伴。类似可证 $g_1 \sim g_2$。 ■

例 2　如果一元分式 $\frac{f}{g}$ 的次数小于 0，并且它是既约分式，那么称它为**真分式**。证明：$K(x)$ 中每一个分式都可以唯一地表示成一个多项式与一个真分式的和。

证明　设 $\frac{f}{g}$ 是一个既约分式，对 f 与 g 作带余除法得

$$f = gh + r, \deg r < \deg g. \tag{28}$$

于是

$$\frac{f}{g}=\frac{gh+r}{g}=\frac{gh}{g}+\frac{r}{g}=\frac{h}{1}+\frac{r}{g}=h+\frac{r}{g}.\tag{29}$$

由于$(f,g)=1$,因此从(28)式得,$(g,r)=(f,g)=1$。于是$\frac{r}{g}$是一个既约分式,又由于$\deg\frac{r}{g}=\deg r-\deg g<0$,因此$\frac{r}{g}$是一个真分式。可表性证毕。

唯一性。假设还有$\frac{f}{g}=h_1+\frac{r_1}{g_1}$,其中$h_1,r_1,g_1\in K[x]$,$\deg r_1<\deg g_1$,且$(r_1,g_1)=1$,则

$$h-h_1=\frac{r_1}{g_1}-\frac{r}{g}=\frac{r_1g-rg_1}{g_1g}.$$

假如$h\neq h_1$,则$\deg(h-h_1)\geqslant 0$。然而

$$\deg\frac{r_1g-rg_1}{g_1g}=\deg(r_1g-rg_1)-\deg(g_1g)<0,$$

矛盾。因此$h=h_1$,从而$r_1g-rg_1=0$。由此得出,$\frac{r}{g}=\frac{r_1}{g_1}$。唯一性证毕。 ■

例 3 设$K(x)$中的非零既约分式$\frac{f}{g}$满足方程

$$a_0(x)y^n+a_1(x)y^{n-1}+\cdots+a_{n-1}(x)y+a_n(x)=0.\tag{30}$$

其中$a_i(x)\in K[x]$,$i=0,1,\cdots,n$,且$a_0(x)\neq 0$。证明:

$$f(x)\mid a_n(x),\ g(x)\mid a_0(x).$$

证明 由已知条件得

$$a_0(x)\frac{f^n}{g^n}+a_1(x)\frac{f^{n-1}}{g^{n-1}}+\cdots+a_{n-1}(x)\frac{f}{g}+a_n(x)=0.$$

于是

$$a_0(x)f^n+a_1(x)f^{n-1}g+\cdots+a_{n-1}(x)fg^{n-1}+a_n(x)g^n=0.\tag{31}$$

由此得出

$$a_0(x)f^n=-[a_1(x)f^{n-1}+\cdots+a_{n-1}(x)fg^{n-2}+a_n(x)g^{n-1}]g.\tag{32}$$

于是$g\mid a_0(x)f^n$。由于$(f,g)=1$,因此$(f^n,g)=1$,从而$g\mid a_0(x)$。

从(31)式又可得出

$$f[a_0(x)f^{n-1}+a_1(x)f^{n-2}g+\cdots+a_{n-1}(x)g^{n-1}]=-a_n(x)g^n.\tag{33}$$

于是$f\mid a_n(x)g^n$。由于$(f,g)=1$,因此$(f,g^n)=1$,从而$f\mid a_n(x)$。 ■

点评 例 3 的结论类似于"如果一个既约分数$\frac{q}{p}$是整系数多项式的根,那么分子q整除常数项,分母p整除首项系数。"

例 4　设 $K(x)$ 中的非零既约分式 $\frac{f}{g}$ 满足方程

$$y^n + a_1(x)y^{n-1} + \cdots + a_{n-1}(x)y + a_n(x) = 0, \tag{34}$$

其中 $a_i(x) \in K[x], i=1,2,\cdots,n; n \geqslant 1$。证明：$\frac{f}{g} \in K[x]$。

证明　据例 3 的结论得，$g \mid 1$，又 $1 \mid g$，因此 $g \sim 1$。从而 $g = c$ 对某个 $c \in K^*$。于是 $\frac{f}{g} = c^{-1}f \in K[x]$。■

* **例 5**　设 $f(x), p(x) \in K[x]$，且 $p(x)$ 不可约。证明：如果 $\deg f(x) < \deg p^l(x)$。那么存在 $r_i(x) \in K[x]$，且 $\deg r_i(x) < \deg p(x), i=1,2,\cdots,l$，使得

$$\frac{f(x)}{p^l(x)} = \frac{r_l(x)}{p(x)} + \frac{r_{l-1}(x)}{p^2(x)} + \cdots + \frac{r_2(x)}{p^{l-1}(x)} + \frac{r_1(x)}{p^l(x)}. \tag{35}$$

证明　若 $\deg f(x) < \deg p(x)$，则取 $r_1(x) = f(x), r_2(x) = \cdots = r_l(x) = 0$，有

$$\frac{f(x)}{p^l(x)} = \frac{0}{p(x)} + \cdots + \frac{0}{p^{l-1}(x)} + \frac{f(x)}{p^l(x)}.$$

下面设 $\deg f(x) \geqslant \deg p(x)$，对于 $f(x)$ 与 $p(x)$ 作带余除法得

$$f(x) = h_1(x)p(x) + r_1(x),\ \deg r_1(x) < \deg p(x).$$

于是 $\deg f(x) = \deg h_1(x)p(x) = \deg h_1(x) + \deg p(x)$。从而

$$\deg h_1(x) < \deg f(x).$$

若 $\deg h_1(x) \geqslant \deg p(x)$，对于 $h_1(x)$ 与 $p(x)$ 作带余除法得

$$h_1(x) = h_2(x)p(x) + r_2(x),\ \deg r_2(x) < \deg p(x).$$

同理可得，$\deg h_2(x) < \deg h_1(x)$。

依此类推，$h_i(x)$ 的次数不断降低，从而经有限步后，此过程必终止。设到第 s 步时终止，即

$$h_{s-1}(x) = h_s(x)p(x) + r_s(x),\ \deg r_s(x) < \deg p(x).$$

且 $0 \leqslant \deg h_s(x) < \deg p(x)$。于是

$$\begin{aligned}
f(x) &= [h_2(x)p(x) + r_2(x)]p(x) + r_1(x) \\
&= h_2(x)p^2(x) + r_2(x)p(x) + r_1(x) \\
&= \cdots = [h_s(x)p(x) + r_s(x)]p^{s-1}(x) + r_{s-1}(x)p^{s-2}(x) + \cdots + r_2(x)p(x) + r_1(x) \\
&= h_s(x)p^s(x) + r_s(x)p^{s-1}(x) + r_{s-1}(x)p^{s-2}(x) + \cdots + r_2(x)p(x) + r_1(x).
\end{aligned}$$

把 $h_s(x)$ 记成 $r_{s+1}(x)$，则

$$\frac{f(x)}{p^s(x)} = r_{s+1}(x) + \frac{r_s(x)}{p(x)} + \frac{r_{s-1}(x)}{p^2(x)} + \cdots + \frac{r_2(x)}{p^{s-1}(x)} + \frac{r_1(x)}{p^s(x)}. \tag{36}$$

已知 $\deg f(x)<\deg p^l(x)$，于是 $\deg \dfrac{f(x)}{p^l(x)}<0$。不妨设 $p(x)$ 与 $f(x)$ 互素（否则 $p(x) \mid f(x)$，设 $p^t(x) \mid f(x)$，但是 $p^{t+1}(x) \nmid f(x)$，则 $f(x)=f_1(x)p^t(x)$，$p(x)\nmid f_1(x)$。于是 $\dfrac{f(x)}{p^l(x)}=\dfrac{f_1(x)}{p^{l-t}(x)}$。我们可以一开始就考虑 $\dfrac{f_1(x)}{p^{l-t}(x)}$），从而 $\dfrac{f(x)}{p^l(x)}$ 是真分式。据本节例 2 的唯一性，从(36)式可以推导出 $l>s$，于是在(36)式两边乘以 $\dfrac{1}{p^{l-s}(x)}$，得

$$\frac{f(x)}{p^l(x)}=\frac{r_{s+1}(x)}{p^{l-s}(x)}+\frac{r_s(x)}{p^{l-s+1}(x)}+\cdots+\frac{r_2(x)}{p^{l-1}(x)}+\frac{r_1(x)}{p^l(x)}. \tag{37}$$

令 $r_{s+2}(x)=\cdots=r_l(x)=0$，得

$$\frac{f(x)}{p^l(x)}=\frac{r_l(x)}{p(x)}+\cdots+\frac{r_{s+2}(x)}{p^{l-s-1}(x)}+\frac{r_{s+1}(x)}{p^{l-s}(x)}+\cdots+\frac{r_2(x)}{p^{l-1}(x)}+\frac{r_1(x)}{p^l(x)}. \tag{38}$$

■

***例 6** 设 $f(x),g(x)\in K[x]$，且 $\deg g(x)>0$，设

$$g(x)=p_1^{l_1}(x)p_2^{l_2}(x)\cdots p_m^{l_m}(x), \tag{39}$$

其中 $p_1(x),p_2(x),\cdots,p_m(x)$ 是两两不等的不可约多项式，$l_i\in \mathbf{Z}^+$，$i=1,2,\cdots,m$。证明：如果 $\deg f(x)<\deg g(x)$，那么存在 $A_{ij_i}(x)\in K[x]$，且 $\deg A_{ij_i}(x)<\deg p_i(x)$，$i=1,2,\cdots,m$；$j_i=1,2,\cdots,l_i$，使得

$$\frac{f(x)}{g(x)}=\sum_{i=1}^{m}\sum_{j_i=1}^{l_i}\frac{A_{ij_i}(x)}{p_i^{j_i}(x)}. \tag{40}$$

证明 令

$$B_i(x)=p_1^{l_1}(x)\cdots p_{i-1}^{l_{i-1}}(x)p_{i+1}^{l_{i+1}}(x)\cdots p_m^{l_m}(x), \tag{41}$$

其中 $i=1,2,\cdots,m$。则 $(B_1(x),B_2(x),\cdots,B_m(x))=1$。从而存在 $u_i(x)\in K[x]$，$i=1,2,\cdots,m$，使得

$$u_1(x)B_1(x)+\cdots+u_m(x)B_m(x)=1. \tag{42}$$

在(42)式两边乘 $f(x)$，得

$$f(x)u_1(x)B_1(x)+\cdots+f(x)u_m(x)B_m(x)=f(x). \tag{43}$$

令 $\tilde{u}_i(x)=f(x)u_i(x)$，$i=1,2,\cdots,m$。则

$$\tilde{u}_1(x)B_1(x)+\cdots+\tilde{u}_m(x)B_m(x)=f(x). \tag{44}$$

对 $\tilde{u}_i(x)$ 和 $p_i^{l_i}(x)$ 作带余除法，得

$$\tilde{u}_i(x)=h_i(x)p_i^{l_i}(x)+r_i(x),\deg r_i(x)<\deg p_i^{l_i}(x).$$

其中 $i=1,2,\cdots,m$。代入(44)式，得

$$\sum_{i=1}^{m}[h_i(x)p_i^{l_i}(x)B_i(x)+r_i(x)B_i(x)]=f(x). \tag{45}$$

即

$$\left[\sum_{i=1}^{m} h_i(x)\right]g(x) + \sum_{i=1}^{m} r_i(x)B_i(x) = f(x). \tag{46}$$

(46)式两边同除以 $g(x)$,得

$$\frac{f(x)}{g(x)} = \sum_{i=1}^{m} h_i(x) + \sum_{i=1}^{m} \frac{r_i(x)}{p_i^{l_i}(x)}. \tag{47}$$

由于 $\deg f(x) < \deg g(x)$,且不妨设 $f(x)$ 与 $g(x)$ 互素,因此$\dfrac{f(x)}{g(x)}$是真分式,据本节例 2 的唯一性,从(47)式得

$$\sum_{i=1}^{m} h_i(x) = 0.$$

从而

$$\frac{f(x)}{g(x)} = \sum_{i=1}^{m} \frac{r_i(x)}{p_i^{l_i}(x)}. \tag{48}$$

由于 $\deg r_i(x) < \deg p_i^{l_i}(x)$,因此据本节例 5 的结论得,存在 $A_{ij_i}(x) \in K[x]$,且 $\deg A_{ij_i}(x) < \deg p_i(x)$,$j_i = 1,2,\cdots,l_i$,使得

$$\frac{r_i(x)}{p_i^{l_i}(x)} = \sum_{j_i=1}^{l_i} \frac{A_{ij_i}(x)}{p_i^{j_i}(x)}, i = 1,2,\cdots,m. \tag{49}$$

因此

$$\frac{f(x)}{g(x)} = \sum_{i=1}^{m}\sum_{j_i=1}^{l_i} \frac{A_{ij_i}(x)}{p_i^{j_i}(x)}. \tag{50}$$

■

点评 例 6 的本质是给出了真分式可以表示成若干个形如$\dfrac{A_{ij_i}(x)}{p_i^{j_i}(x)}$的真分式的和,其中分子的次数小于分母中不可约多项式 $p_i(x)$ 的次数。这通常称为把一个真分式表示成部分分式的和。当 K 是实数域 $\mathbf{R}$ 时,就得到下述例 7。

***例 7** 设 $f(x),g(x) \in \mathbf{R}[x]$,$g(x)$ 的首次系数为 1,且 $\deg g(x) > 0$。设

$$g(x) = \prod_{i=1}^{m}(x-a_i)^{l_i} \prod_{j=1}^{s}(x^2+p_jx+q_j)^{t_j}, \tag{51}$$

其中 $a_1,a_2,\cdots,a_m$ 是两两不等的实数,$p_j^2 - 4q_j < 0$,$j=1,\cdots,s$;$(p_1,q_1),\cdots,(p_s,q_s)$是两两不等的实数对,$l_i,t_j \in \mathbf{N}$,$i=1,2,\cdots,m$;$j=1,2,\cdots,s$。证明:如果 $\deg f(x) < \deg g(x)$,那么存在 $A_{ik_i},B_{jv_j},C_{jv_j} \in \mathbf{R}$,$i=1,2,\cdots,m$;$k_i=1,\cdots,l_i$;$j=1,\cdots,s$;$v_j=1,\cdots,t_j$,使得

$$\frac{f(x)}{g(x)} = \sum_{i=1}^{m}\sum_{k_i=1}^{l_i} \frac{A_{ik_i}}{(x-a_i)^{k_i}} + \sum_{j=1}^{s}\sum_{v_j=1}^{t_j} \frac{B_{jv_j}x + C_{jv_j}}{(x^2+p_jx+q_j)^{v_j}}. \tag{52}$$

证明 由于实数域上的不可约多项式只有一次多项式和判别式小于 0 的二次多项式，因此从例 6 立即得到例 7。 ■

点评 例 7 的结论在数学分析课程中求有理函数的不定积分时有重要应用。例 7 告诉我们，一个真分式可以表示成(52)式右端所示的若干个真分式的和，它们的分子是常数，而分母是一次多项式的方幂，或者分子是一次多项式，而分母是二次不可约多项式的方幂。有了这个结论，在具体求各个真分式的分子时可以用待定系数法。在数学中往往是这样：有了明确的方向后，具体计算就不难了，明确方向是关键。

例 8 下列模 m 剩余类环中，哪些是域？哪些不是域？写出其中的可逆元，并且求出每个可逆元的逆元。

$$\mathbf{Z}_4, \mathbf{Z}_6, \mathbf{Z}_8, \mathbf{Z}_9, \mathbf{Z}_{11}, \mathbf{Z}_{13}.$$

解 由于 11 和 13 是素数，因此 $\mathbf{Z}_{11}, \mathbf{Z}_{13}$ 是域；由于 4,6,8,9 是合数，因此 $\mathbf{Z}_4, \mathbf{Z}_6, \mathbf{Z}_8, \mathbf{Z}_9$ 不是域。

$\mathbf{Z}_4$ 中，$\bar{1}\cdot\bar{1}=\bar{1}, \bar{2}\cdot\bar{2}=\bar{0}, \bar{3}\cdot\bar{3}=\bar{1}$，因此 $\bar{1}, \bar{3}$ 是可逆元，$\bar{1}^{-1}=\bar{1}, \bar{3}^{-1}=\bar{3}$，$\bar{2}$ 不是可逆元。

$\mathbf{Z}_6$ 中，$\bar{1}\cdot\bar{1}=\bar{1}, \bar{2}\cdot\bar{3}=\bar{0}, \bar{4}\cdot\bar{3}=\bar{0}, \bar{5}\cdot\bar{5}=\bar{1}, \bar{6}\cdot\bar{2}=\bar{0}$，因此 $\bar{1}, \bar{5}$ 是可逆元，$\bar{1}^{-1}=\bar{1}, \bar{5}^{-1}=\bar{5}$，其余元素不是可逆元。

$\mathbf{Z}_8$ 中，$\bar{1}\cdot\bar{1}=\bar{1}, \bar{2}\cdot\bar{4}=\bar{0}, \bar{3}\cdot\bar{3}=\bar{1}, \bar{5}\cdot\bar{5}=\bar{1}, \bar{6}\cdot\bar{4}=\bar{0}, \bar{7}\cdot\bar{7}=\bar{1}$，因此 $\bar{1}, \bar{3}, \bar{5}, \bar{7}$ 是可逆元，$\bar{1}^{-1}=\bar{1}, \bar{3}^{-1}=\bar{3}, \bar{5}^{-1}=\bar{5}, \bar{7}^{-1}=\bar{7}$，其余元素不是可逆元。

$\mathbf{Z}_9$ 中，$\bar{1}\cdot\bar{1}=\bar{1}, \bar{2}\cdot\bar{5}=\bar{1}, \bar{3}\cdot\bar{3}=\bar{0}, \bar{4}\cdot\bar{7}=\bar{1}, \bar{6}\cdot\bar{3}=\bar{0}, \bar{8}\cdot\bar{8}=\bar{1}$，因此 $\bar{1}, \bar{2}, \bar{4}, \bar{5}, \bar{7}, \bar{8}$ 是可逆元，$\bar{1}^{-1}=\bar{1}, \bar{2}^{-1}=\bar{5}, \bar{5}^{-1}=\bar{2}, \bar{4}^{-1}=\bar{7}, \bar{7}^{-1}=\bar{4}, \bar{8}^{-1}=\bar{8}$，其余元素不是可逆元。

$\mathbf{Z}_{11}$ 中每个非零元都可逆，由于 $\bar{1}\cdot\bar{1}=\bar{1}, \bar{2}\cdot\bar{6}=\bar{1}, \bar{3}\cdot\bar{4}=\bar{1}, \bar{5}\cdot\bar{9}=\bar{1}, \bar{7}\cdot\bar{8}=\bar{1}, \overline{10}\cdot\overline{10}=\bar{1}$，因此 $\bar{1}^{-1}=\bar{1}, \bar{2}^{-1}=\bar{6}, \bar{6}^{-1}=\bar{2}, \bar{3}^{-1}=\bar{4}, \bar{4}^{-1}=\bar{3}, \bar{5}^{-1}=\bar{9}, \bar{9}^{-1}=\bar{5}, \bar{7}^{-1}=\bar{8}, \bar{8}^{-1}=\bar{7}, \overline{10}^{-1}=\overline{10}$。

$\mathbf{Z}_{13}$ 中每个非零元都可逆，由于 $\bar{1}\cdot\bar{1}=\bar{1}, \bar{2}\cdot\bar{7}=\bar{1}, \bar{3}\cdot\bar{9}=\bar{1}, \bar{4}\cdot\overline{10}=\bar{1}, \bar{5}\cdot\bar{8}=\bar{1}, \bar{6}\cdot\overline{11}=\bar{1}, \overline{12}\cdot\overline{12}=\bar{1}$，因此 $\bar{1}^{-1}=\bar{1}, \bar{2}^{-1}=\bar{7}, \bar{7}^{-1}=\bar{2}, \bar{3}^{-1}=\bar{9}, \bar{9}^{-1}=\bar{3}, \bar{4}^{-1}=\overline{10}, \overline{10}^{-1}=\bar{4}, \bar{5}^{-1}=\bar{8}, \bar{8}^{-1}=\bar{5}, \bar{6}^{-1}=\overline{11}, \overline{11}^{-1}=\bar{6}, \overline{12}^{-1}=\overline{12}$。

例 9 从例 8 等例子，你能猜测 $\mathbf{Z}_m$ 中，$\bar{a}$ 是可逆元的充分必要条件是什么吗？你能给予证明吗？

解 猜测 $\mathbf{Z}_m$ 中 $\bar{a}$ 是可逆元当且仅当 a 与 m 互素。

证明：充分性。设 a 与 m 互素，则存在 $u, v\in\mathbf{Z}$，使得

$$ua + vm = 1.$$

从而 $\bar{1}=\overline{ua+vm}=\bar{u}\,\bar{a}+\bar{v}\,\bar{m}=\bar{u}\,\bar{a}$。因此 $\bar{a}$ 可逆。

必要性。设 a 与 m 不互素，且 $0<a<m$，则 $(a,m)=d$，其中 $d>1$。于是 $a=db, m=dl$，其中 $b, l\in\mathbf{Z}^+$。由于 $d>1$，因此 $l<m$。由于 $la=ldb=mb$，因此

$$\bar{l}\,\bar{a}=\overline{m}\,\bar{b}=\bar{0}.$$

假如 $\bar{a}$ 可逆，则在上式两边乘 $\bar{a}^{-1}$ 得，$\bar{l}=\bar{0}$。矛盾。因此 $\bar{a}$ 不可逆。 ■

点评　从例 9 的必要性的证明还看出：当 a 与 m 不互素时(其中 $0<a<m$)，$\bar{a}$是 $\mathbf{Z}_m$ 中的零因子。由此可见：$\mathbf{Z}_m$ 中的元素或者是可逆元，或者是零因子，二者必居其一且只居其一。

例 10　令

$$F=\left\{\begin{pmatrix} a & b \\ -b & a\end{pmatrix}\middle|\, a,b\in\mathbf{Z}_3\right\},\tag{53}$$

证明：F 是一个有 9 个元素的域，并且 char $F=3$。

证明　由于

$$\begin{pmatrix} a_1 & b_1 \\ -b_1 & a_1\end{pmatrix}+\begin{pmatrix} a_2 & b_2 \\ -b_2 & a_2\end{pmatrix}=\begin{pmatrix} a_1+a_2 & b_1+b_2 \\ -(b_1+b_2) & a_1+a_2\end{pmatrix},\tag{54}$$

$$\begin{pmatrix} a_1 & b_1 \\ -b_1 & a_1\end{pmatrix}\begin{pmatrix} a_2 & b_2 \\ -b_2 & a_2\end{pmatrix}=\begin{pmatrix} a_1a_2-b_1b_2 & a_1b_2+b_1a_2 \\ -(a_1b_2+b_1a_2) & a_1a_2-b_1b_2\end{pmatrix},\tag{55}$$

因此 F 有加法和乘法运算，显然，加法满足交换律，结合律，有零元$\begin{pmatrix} 0 & 0 \\ 0 & 0\end{pmatrix}$，每个元素有负元；乘法满足结合律，以及乘法对于加法的分配律。因此 F 是一个环，又$\begin{pmatrix} \bar{1} & \bar{0} \\ \bar{0} & \bar{1}\end{pmatrix}$是 F 的单位元。由于

$$\begin{pmatrix} a_2 & b_2 \\ -b_2 & a_2\end{pmatrix}\begin{pmatrix} a_1 & b_1 \\ -b_1 & a_1\end{pmatrix}=\begin{pmatrix} a_2a_1-b_2b_1 & a_2b_1+b_2a_1 \\ -(a_2b_1+b_2a_1) & a_2a_1-b_2b_1\end{pmatrix},\tag{56}$$

由(55)、(56)式得出，F 的乘法满足交换律，因此 F 是一个有单位元的交换环。

$$\begin{vmatrix} a & b \\ -b & a\end{vmatrix}=a^2+b^2,\tag{57}$$

$$a^2+b^2=0\quad\Leftrightarrow\quad a^2=-b^2.$$

当 $b=\bar{0}$ 时，$a=\bar{0}$。当 $b=\bar{1}$ 时，$a^2=-\bar{1}=\bar{2}$。由于 $\bar{1}^2=\bar{1},\bar{2}^2=\bar{1}$，因此在 $\mathbf{Z}_3$ 中 $a^2=\bar{2}$ 无解。当 $b=\bar{2}$ 时，$a^2=-\bar{1}=\bar{2}$，无解。这证明了 $a^2+b^2=0\quad\Leftrightarrow\quad a=b=0$。因此 F 中每个非零矩阵都可逆。从而 F 是一个域。

由于 a 可取 $\bar{0},\bar{1},\bar{2}$；b 也可取 $\bar{0},\bar{1},\bar{2}$，因此 F 有 9 个元素。由于

$$3\begin{pmatrix} \bar{1} & \bar{0} \\ \bar{0} & \bar{1}\end{pmatrix}=\begin{pmatrix} \bar{0} & \bar{0} \\ \bar{0} & \bar{0}\end{pmatrix};$$

$$2\begin{pmatrix}\overline{1} & \overline{0}\\ \overline{0} & \overline{1}\end{pmatrix}=\begin{pmatrix}\overline{2} & \overline{0}\\ \overline{0} & \overline{2}\end{pmatrix},$$

因此域 F 的特征为 3。■

例 11　证明:在特征为 p 的域 F 中,下式成立:

$$(a+b)^p=a^p+b^p. \tag{58}$$

证明　$(a+b)^p=a^p+pa^{p-1}b+C_p^2a^{p-2}b^2+\cdots+C_p^ka^{p-k}b^k+\cdots+b^p$。我们已经证明 $p\mid C_p^k,1\leqslant k<p$。因此 $C_p^ka^{p-k}b^k=0,1\leqslant k<p$。从而$(a+b)^p=a^p+b^p$。■

例 12　证明**费马小定理**:设 p 是素数,则对任意整数 a 都有

$$a^p\equiv a \pmod p. \tag{59}$$

证明　设 $a=hp+r,0<r<p$,则$\overline{a}=\overline{r}$。于是

$$\overline{a^p}=\overline{a}^p=\overline{r}^p=(\underbrace{\overline{1}+\cdots+\overline{1}}_{r\text{个}})^p=\underbrace{\overline{1}^p+\cdots+\overline{1}^p}_{r\text{个}}=\overline{r}=\overline{a}.$$

因此 $a^p\equiv a \pmod p$。若 $p\mid a$,则(59)式显然成立。■

例 13　写出 $\mathbf{Z}_2[x]$中所有一次多项式和二次不可约多项式。

解　一次多项式有 $x,x+\overline{1}$。

二次多项式有 $x^2,x^2+x,x^2+\overline{1},x^2+x+\overline{1}$。由于 $x^2+x=x(x+1),x^2+\overline{1}=(x+\overline{1})^2$,因此 $x^2,x^2+x,x^2+\overline{1}$ 都可约。由于 $\overline{0}$ 和 $\overline{1}$ 都不是 $x^2+x+\overline{1}$ 的根,因此 $x^2+x+\overline{1}$ 没有一次因式,从而它不可约。

例 14　设 $f(x)=3x^5+11x^2+7\in\mathbf{Z}[x]$,判断 $f(x)$在 $\mathbf{Q}$ 上是否不可约。

解　把 $f(x)$的各项系数模 2 以后得到 $\mathbf{Z}_2$ 上的多项式:

$$\begin{aligned}\widetilde{f}(x)&=x^5+x^2+\overline{1}\\&=x^2(x^3+\overline{1})+\overline{1}\\&=x^2(x+\overline{1})(x^2-x\cdot\overline{1}+\overline{1}^2)+\overline{1}\\&=x^2(x+\overline{1})(x^2+x+\overline{1})+\overline{1}.\end{aligned} \tag{60}$$

$\widetilde{f}(x)$是 $\mathbf{Z}_2$ 上的五次多项式,如果它在 $\mathbf{Z}_2$ 上可约,那么它必有一次因式或二次不可约因式。但是 $\mathbf{Z}_2$ 上的一次多项式只有 $x,x+\overline{1}$;二次不可约多项式只有 $x^2+x+\overline{1}$。从(60)式看出,它们都不是 $\widetilde{f}(x)$的因式。因此 $\widetilde{f}(x)$在 $\mathbf{Z}_2$ 上不可约。据本节命题 5 得,$f(x)$在 $\mathbf{Q}$ 上不可约。

例 15　设 $f(x)=8x^3-5x^2+22x+28\in\mathbf{Z}[x]$,判断 $f(x)$在 $\mathbf{Q}$ 上是否不可约。

解　$f(x)$的首项系数 8 是偶数,但不能被 3 整除,因此把 $f(x)$的各项系数模 3 得到 $\mathbf{Z}_3$ 上的多项式:

$$\tilde{f}(x) = \bar{2}x^3 + x^2 + x + \bar{1}.$$

由于 $\tilde{f}(\bar{0})=\bar{1}\neq\bar{0}$，$\tilde{f}(\bar{1})=\bar{2}\neq\bar{0}$，$\tilde{f}(\bar{2})=\bar{2}\neq\bar{0}$，因此 $\bar{0},\bar{1},\bar{2}$ 都不是 $\tilde{f}(x)$的根，从而$\tilde{f}(x)$在 $\mathbf{Z}_3[x]$中没有一次因式。由于 $\tilde{f}(x)$是三次多项式，因此 $\tilde{f}(x)$在 $\mathbf{Z}_3$ 上不可约，据本节命题 5 得，$f(x)$在 $\mathbf{Q}$ 上不可约。

点评　$f(x)$是三次整系数多项式，也可以判断 $f(x)$没有有理根，从而证明 $f(x)$在 $\mathbf{Q}$ 上不可约。但是由于 $f(x)$的首项系数为 8，常数项为 28，因此 $f(x)$可能的有理根较多，一个一个地筛选，计算量较大。把 $f(x)$的各项系数模 3 得到 $\mathbf{Z}_3$ 上的多项式 $\tilde{f}(x)$，只需计算 $\tilde{f}(\bar{0})$，$\tilde{f}(\bar{1})$，$\tilde{f}(\bar{2})$就可判断 $\tilde{f}(x)$在 $\mathbf{Z}_3$ 中没有根，从而 $\tilde{f}(x)$在 $\mathbf{Z}_3$ 上不可约。计算量减少了许多。从例 14 和例 15 都看出，把一个整系数多项式的各项系数模 2(或模 3，…)得到 $\mathbf{Z}_2$(或 $\mathbf{Z}_3$，…)上的多项式，起着简化问题的作用。

例 16　设 $f(x)=5x^4+17x^3-9x^2+3\in\mathbf{Z}[x]$，判断 $f(x)$在 $\mathbf{Q}$ 上是否不可约。

解　把 $f(x)$的各项系数模 2 得到 $\mathbf{Z}_2$ 上的多项式：

$$\begin{aligned}\tilde{f}(x) &= x^4 + x^3 + x^2 + \bar{1}\\ &= x^3(x+\bar{1}) + (x+\bar{1})^2\\ &= (x+\bar{1})(x^3+x+\bar{1}).\end{aligned} \tag{61}$$

由于 $\bar{0}$ 和 $\bar{1}$ 都不是 $x^3+x+\bar{1}$ 的根，因此三次多项式 $x^3+x+\bar{1}$ 在 $\mathbf{Z}_2$ 上不可约。从而(61)式是 $\tilde{f}(x)$在 $\mathbf{Z}_2[x]$中的唯一因式分解式。

假如 $f(x)$在 $\mathbf{Q}$ 上可约，则

$$f(x) = f_1(x)f_2(x),\ \deg f_i(x) < \deg f(x), i = 1,2.$$

把上式的每一个多项式的各项系数模 2 得到

$$\tilde{f}(x) = \tilde{f}_1(x)\tilde{f}_2(x).$$

由于 $f(x)$的首项系数 5 是奇数，因此 $f_i(x)$的首项系数必为奇数，$i=1,2$。从而 $\deg\tilde{f}_i(x)=\deg f_i(x)<\deg f(x)=\deg\tilde{f}(x)$，$i=1,2$。从(61)式看出，$\tilde{f}_1(x)$与 $\tilde{f}_2(x)$中必有一个是一次因式。从而 $f_1(x)$与 $f_2(x)$中必有一个是一次因式。由此推出 $f(x)$有有理根。$f(x)$的有理根只可能是$\pm1,\pm3,\pm\frac{1}{5},\pm\frac{3}{5}$。由于

$$f(1) = 16, f(-1) = -18,$$

$$\frac{f(-1)}{1+3} = \frac{-18}{4}\notin\mathbf{Z},$$

因此 1，−1，3 都不是 $f(x)$的根。由于

$$\begin{array}{ccccc|c} 5 & 17 & -9 & 0 & 3 & -3 \\ & -15 & -6 & 45 & -135 & \\ \hline 5 & 2 & -15 & 45 & -132 & \end{array}$$

因此-3不是$f(x)$的根，由于

$$\frac{f(1)}{5-(-1)}=\frac{16}{6}\notin \mathbf{Z},\frac{f(-1)}{5+3}=\frac{18}{8}\notin \mathbf{Z},$$

因此$-\frac{1}{5}$，$\frac{3}{5}$都不是$f(x)$的根。

用综合除法可以知道$\frac{1}{5}$，$-\frac{3}{5}$不是$f(x)$的根。

综上所述，$f(x)$没有有理根，矛盾。因此$f(x)$在$\mathbf{Q}$上不可约。

点评　例16中，$f(x)$的系数模2得到的多项式$\tilde{f}(x)$在$\mathbf{Z}_2$上可约。运用$\mathbf{Z}_2[x]$中唯一因式分解定理，用反证法证明了$f(x)$在$\mathbf{Q}$上不可约。这表明当$\tilde{f}(x)$在$\mathbf{Z}_2$上可约时，$f(x)$是否在$\mathbf{Q}$上可约必须具体问题具体分析。

例17　设p是素数。

(1) $\mathbf{Z}_p$上的一元函数(即$\mathbf{Z}_p$到$\mathbf{Z}_p$的映射)有多少个？

(2) 证明$\mathbf{Z}_p$上的一元函数都是$\mathbf{Z}_p$上的一元多项式函数，并且$\mathbf{Z}_p$上的每一个一元函数都可以唯一地表示成$\mathbf{Z}_p$上的次数小于p的一元多项式诱导的函数。

(1)**解**　任取$\mathbf{Z}_p$上的一个一元函数f，f完全被p元有序组$(f(\bar{0}),f(\bar{1}),f(\bar{2}),\cdots,f(\overline{p-1}))$决定。即存在由$\mathbf{Z}_p$上的一元函数组成的集合$S$到$\mathbf{Z}_p$上的$p$元有序组形成的集合$\mathbf{Z}_p^p$的一个映射$\sigma: f\longmapsto(f(\bar{0}),f(\bar{1}),\cdots,f(\overline{p-1}))$，显然$\sigma$是单射。易知$\sigma$是满射，从而$\sigma$是双射。由于$\mathbf{Z}_p^p$共有$\underbrace{pp\cdots p}_{p\text{个}}=p^p$个元素，因此$S$有$p^p$个元素。即$\mathbf{Z}_p$上的一元函数共有$p^p$个。

(2) **证明**　$\mathbf{Z}_p$上的一元多项式函数是由$\mathbf{Z}_p$上的一元多项式诱导的函数，考虑$\mathbf{Z}_p$上次数小于p的一元多项式组成的集合。

$$W=\{a_0+a_1x+\cdots+a_{p-1}x^{p-1}\mid a_i\in\mathbf{Z}_p,i=0,1,2,\cdots,p-1\}.$$

由于$a_0,a_1,\cdots,a_{p-1}$各有p种取法，因此$|W|=p^p$。设

$$f(x)=a_0+a_1x+\cdots+a_{p-1}x^{p-1},g(x)=b_0+b_1x+\cdots+b_{p-1}x^{p-1}.$$

假如$f(x)$诱导的一元多项式函数f与$g(x)$诱导的一元多项式函数g相等，则$f(\bar{i})=g(\bar{i})$，$i=0,1,2,\cdots,p-1$。令$h(x)=f(x)-g(x)$，则$\deg h(x)\leqslant p-1$。如果$h(x)\neq 0$，那

么 $h(x)$ 在 $\mathbf{Z}_p$ 中的根至多有 $p-1$ 个。现在 $h(\bar{i})=f(\bar{i})-g(\bar{i})=\bar{0}, i=0,1,\cdots,p-1$，这表明 $h(x)$ 在 $\mathbf{Z}_p$ 中的根有 p 个。因此 $h(x)=0$。从而 $f(x)=g(x)$。这证明了 W 中不相等的多项式诱导的多项式函数也不相等。因此 $\mathbf{Z}_p$ 上次数小于 p 的一元多项式诱导的函数组成的集合 S_1 的元素个数等于 $|W|=p^p$。由于 S_1 是 S 的子集，且 $|S_1|=p^p=|S|$，因此 $S_1=S$。这证明了 $\mathbf{Z}_p$ 上的一元函数可以唯一地表示成 $\mathbf{Z}_p$ 上次数小于 p 的一元多项式诱导的函数，从而 $\mathbf{Z}_p$ 上的一元函数都是 $\mathbf{Z}_p$ 上的一元多项式函数。 ■

点评　例 17 表明 $\mathbf{Z}_p$ 上的一元函数只有多项式函数，而实数域上的一元函数有多项式函数、指数函数、正弦函数、余弦函数等。这开拓了读者的视野。同时 $\mathbf{Z}_p$ 上的一元函数都是多项式函数这个结论在信息时代有重要应用。例 17 第(2)小题的证明体现了数学思维方式的严谨性：证明了 $\mathbf{Z}_p$ 上次数小于 p 的两个多项式 $f(x)$ 与 $g(x)$ 如果不相等，那么它们诱导的一元多项式函数 f 与 g 也不相等。从而 $\mathbf{Z}_p$ 上次数小于 p 的一元多项式组成的集合 W 与它们诱导的一元多项式函数组成的集合 S_1 的元素个数相等。于是 $|S_1|=|W|=p^p$。

例 18　令 $F=K(x)$，其中 K 是数域，$F[y]$ 中的非零多项式

$$g_x(y)=b_n(x)y^n+\cdots+b_1(x)y+b_0(x), \tag{62}$$

其中 $b_i(x)\in K[x], i=0,1,\cdots,n$。如果 $(b_n(x),\cdots,b_1(x),b_0(x))=1$，那么称 $g_x(y)$ 是 F 上的一个**本原多项式**。证明：F 上的任意一个非零多项式 $f_x(y)$ 都与 F 上的一个本原多项式相伴。

证明　设

$$f_x(y)=\frac{q_n(x)}{p_n(x)}y^n+\cdots+\frac{q_1(x)}{p_1(x)}y+\frac{q_0(x)}{p_0(x)},$$

其中 $\frac{q_n(x)}{p_n(x)},\cdots,\frac{q_0(x)}{p_0(x)}$ 不全为 0，令

$$m(x)=[p_n(x),\cdots,p_1(x),p_0(x)],$$

则

$$m(x)=h_i(x)p_i(x), h_i(x)\in K[x], i=0,1,\cdots,n.$$

于是

$$f_x(y)=\frac{1}{m(x)}[q_n(x)h_n(x)y^n+\cdots+q_1(x)h_1(x)y+q_0(x)h_0(x)].$$

令

$$d(x)=(q_n(x)h_n(x),\cdots,q_1(x)h_1(x),q_0(x)h_0(x)).$$

则

$$q_i(x)h_i(x)=b_i(x)d(x), i=0,1,\cdots,n.$$

于是

$$f_x(y)=\frac{d(x)}{m(x)}[b_n(x)y^n+\cdots+b_1(x)y+b_0(x)].$$

记 $g_x(y)=b_n(x)y^n+\cdots+b_1(x)y+b_0(x)$，则 $g_x(y)$ 是 F 上的一个本原多项式，且 $f_x(y)\sim g_x(y)$。 ■

例 19 令 $F=K(x)$，其中 K 是数域，证明：F 上的两个本原多项式 $g_x(y)$ 与 $h_x(y)$ 在 $F[y]$ 中相伴当且仅当 $g_x(y)=c\,h_x(y)$，其中 $c\in K^*$。

证明 设 $g_x(y)$ 与 $h_x(y)$ 是 F 上的两个本原多项式。

必要性。设 $g_x(y)$ 与 $h_x(y)$ 在 $F[y]$ 中相伴，则存在 F 中的非零元 $\dfrac{q(x)}{p(x)}$，使得 $g_x(y)=\dfrac{q(x)}{p(x)}h_x(y)$，其中 $q(x)$ 与 $p(x)$ 互素。假如 $\dfrac{q(x)}{p(x)}$ 不是 K 中的非零数，则 $q(x)$ 与 $p(x)$ 中至少有一个不是 K 中的非零数。不妨设 $p(x)$ 不是 K 中的非零数，则 $p(x)$ 的次数大于 0。设 $g_x(y)=\sum\limits_{i=0}^{n}b_i(x)y^i, h_x(y)=\sum\limits_{i=0}^{n}c_i(x)y^i$，其中 $b_i(x),c_i(x)\in K[x], i=0,1,\cdots,n$。由于 $p(x)g_x(y)=q(x)h_x(y)$，因此通过比较 y^i 的系数得

$$p(x)b_i(x)=q(x)c_i(x). \tag{63}$$

于是 $p(x)\mid q(x)c_i(x)$。由于 $(p(x),q(x))=1$，因此

$$p(x)\mid c_i(x), i=0,1,\cdots,n. \tag{64}$$

于是 $(c_0(x),c_1(x),\cdots,c_n(x))\neq 1$，这与 $h_x(y)$ 是 F 上的本原多项式矛盾。因此 $\dfrac{q(x)}{p(x)}=c$，其中 $c\in K^*$，从而 $g_x(y)=c\,h_x(y)$。

充分性是显然的。 ■

例 20 设 $F=K(x)$，其中 K 是数域。证明：F 上两个本原多项式的乘积还是本原多项式。

证明 设

$$f_x(y)=a_n(x)y^n+\cdots+a_1(x)y+a_0(x), \tag{65}$$

$$g_x(y)=b_m(x)y^m+\cdots+b_1(x)y+b_0(x) \tag{66}$$

是 F 上的两个本原多项式，令

$$h_x(y)=f_x(y)g_x(y)=c_{n+m}(x)y^{n+m}+\cdots+c_1(x)y+c_0(x). \tag{67}$$

其中

$$c_s(x)=\sum_{i+j=s}a_i(x)b_j(x), s=0,1,\cdots,n+m.$$

假如 $h_x(y)$ 不是 F 上的本原多项式，则存在 $K[x]$ 中的一个不可约多项式 $p(x)$，使得 $p(x)\mid c_s(x), s=0,1,\cdots,n+m$。因为 $f_x(y)$ 是 F 上本原的，所以 $p(x)$ 不能同时整除 $f_x(y)$ 的每一项系数。于是存在 $k(0\leqslant k\leqslant n)$ 满足

$$p(x)\mid a_0(x),\cdots,p(x)\mid a_{k-1}(x),p(x)\nmid a_k(x). \tag{68}$$

同理，存在 $l(0\leqslant l\leqslant m)$ 满足

$$p(x)\mid b_0(x),\cdots,p(x)\mid b_{l-1}(x),p(x)\nmid b_l(x). \tag{69}$$

考虑 $h_x(y)$ 的 $k+l$ 次项的系数：

$$\begin{aligned}c_{k+l}(x)=&a_{k+l}(x)b_0(x)+a_{k+l-1}(x)b_1(x)+\cdots+a_{k+1}(x)b_{l-1}(x)\\&+a_k(x)b_l(x)+a_{k-1}(x)b_{l+1}(x)+\cdots+a_0(x)b_{k+l}(x).\end{aligned} \tag{70}$$

由(68)、(69)、(70)式得 $p(x)\nmid c_{k+l}(x)$，矛盾。因此 $h_x(y)$ 是 F 上的本原多项式。■

例 21　设 $F=K(x)$，其中 K 是数域，证明：F 上的一个次数大于 0 的本原多项式 $g_x(y)$ 在 F 上可约当且仅当 $g_x(y)$ 可以分解成两个次数较低的 F 上的本原多项式的乘积。

证明　充分性是显然的，下面证必要性。

设 F 上的本原多项式 $g_x(y)$ 在 F 上可约，则存在 $p_x(y),q_x(y)\in F[y]$，使得

$$g_x(y)=p_x(y)q_x(y),\deg p_x(y)<\deg g_x(y),\deg q_x(y)<\deg g_x(y).$$

设 $p_x(y)=\dfrac{u_1(x)}{u_2(x)}\tilde{p}_x(y),q_x(y)=\dfrac{v_1(x)}{v_2(x)}\tilde{q}_x(y)$，其中 $\tilde{p}_x(y),\tilde{q}_x(y)$ 是 F 上的本原多项式，$\dfrac{u_1(x)}{u_2(x)},\dfrac{v_1(x)}{v_2(x)}$ 是 F 中的非零元，则

$$g_x(y)=\frac{u_1(x)}{u_2(x)}\frac{v_1(x)}{v_2(x)}\tilde{p}_x(y)\tilde{q}_x(y). \tag{71}$$

(71)式表明 $g_x(y)$ 与 $\tilde{p}_x(y)\tilde{q}_x(y)$ 在 $F[y]$ 中相伴，根据例 20 得，$\tilde{p}_x(y)\tilde{q}_x(y)$ 仍是 F 上的本原多项式；根据例 19 得，存在 $c\in K^*$ 使得 $g_x(y)=c\,\tilde{p}_x(y)\tilde{q}_x(y)$。由于

$$\deg\tilde{p}_x(y)=\deg p_x(y)<\deg g_x(y),\deg\tilde{q}_x(y)=\deg q_x(y)<\deg g_x(y),$$

因此 $g_x(y)$ 分解成了两个次数较低的 F 上的本原多项式 $c\,\tilde{p}_x(y)$ 与 $\tilde{q}_x(y)$ 的乘积。■

例 22　设 $F=K(x)$，其中 K 是数域。证明：$F[y]$ 中的次数大于 0 且系数属于 $K[x]$ 的多项式 $f_x(y)$ 在 F 上可约当且仅当 $f_x(y)$ 可以分解成两个次数较低的系数属于 $K[x]$ 的多项式的乘积。

证明　必要性。设 $f_x(y)=c(x)g_x(y)$，其中 $g_x(y)$ 是 F 上的本原多项式，$c(x)\in K[x]$，且 $c(x)\neq 0$。由于 $f_x(y)$ 在 F 上可约，因此 $g_x(y)$ 也在 F 上可约，根据例 21 得，

$$g_x(y)=p_x(y)q_x(y),\deg p_x(y)<\deg g_x(y),\deg q_x(y)<\deg g_x(y),$$

其中 $p_x(y),q_x(y)$ 是 F 上的两个本原多项式。从而

$$f_x(y)=[c(x)p_x(y)]q_x(y).$$

这表明 $f_x(y)$ 分解成了两个次数较低的系数属于 $K[x]$ 的多项式 $c(x)p_x(y)$ 与 $q_x(y)$ 的乘积。

充分性是显然的。■

例 23　设 $F=K(x)$，其中 K 是数域，设

$$f_x(y)=a_n(x)y^n+\cdots+a_1(x)y+a_0(x)$$

是 $F[y]$ 中一个次数 n 大于 0 的系数属于 $K[x]$ 的多项式。证明：如果存在 K 上一个不可约多项式 $p(x)$，使得

$$p(x)\nmid a_n(x),p(x)\mid a_i(x),i=0,1,\cdots,n-1;p^2(x)\nmid a_0(x),$$

那么 $f_x(y)$ 在 $F[y]$ 中是不可约的。

证明　假如 $f_x(y)$ 在 F 上可约，则根据例 22 得

$$f_x(y)=[b_m(x)y^m+\cdots+b_1(x)y+b_0(x)][c_l(x)y^l+\cdots+c_1(x)y+c_0(x)],\tag{72}$$

其中 $b_i(x),c_j(x)\in K[x],i=0,1,\cdots,m;j=0,1,\cdots,l,b_m(x)\neq 0,c_l(x)\neq 0$。$m<n,l<n$，且 $m+l=n$。分别比较(72)式两边 y 的多项式的首项系数和常数项得

$$a_n(x)=b_m(x)c_l(x),a_0(x)=b_0(x)c_0(x).\tag{73}$$

已知不可约多项式 $p(x)\mid a_0(x)$，因此 $p(x)\mid b_0(x)$ 或 $p(x)\mid c_0(x)$。又因为 $p^2(x)\nmid a_0(x)$，所以 $p(x)$ 不能同时整除 $b_0(x)$ 和 $c_0(x)$。不妨设 $p(x)\mid b_0(x)$，但是 $p(x)\nmid c_0(x)$。由于 $p(x)\nmid a_n(x)$，因此 $p(x)\nmid b_m(x)$。假设 $b_0(x),b_1(x),\cdots,b_m(x)$ 中第一个不能被 $p(x)$ 整除的是 $b_k(x)$，即

$$p(x)\mid b_0(x),\cdots,p(x)\mid b_{k-1}(x),p(x)\nmid b_k(x),0<k\leqslant m.\tag{74}$$

比较(72)式两边 y^k 的系数，得

$$a_k(x)=b_k(x)c_0(x)+b_{k-1}(x)c_1(x)+\cdots+b_0(x)c_k(x).\tag{75}$$

因为 $k\leqslant m<n$，所以 $p(x)\mid a_k(x)$。于是从(74)、(75)式得

$$p(x)\mid b_k(x)c_0(x).\tag{76}$$

由此推出 $p(x)\mid b_k(x)$ 或 $p(x)\mid c_0(x)$，矛盾。因此 $f_x(y)$ 在 F 上不可约。■

例 24　设 $F=K(x)$，其中 K 是数域，证明：在 $F[y]$ 中存在任意次数的不可约多项式。

证明　对任意的正整数 n，设

$$f_x(y)=y^n+x.\tag{77}$$

x 是 K 上的不可约多项式，x 符合例 23 的 3 个条件，因此 y^n+x 在 F 上不可约。■

例 25　设 $F=K(x)$，其中 K 是数域，设 $f_x(y)$ 是 $F[y]$ 中次数 n 大于 0 的本原多项式。证明：$f_x(y)$ 在 $F[y]$ 中不可约当且仅当把 $f_x(y)$ 看成 K 上二元多项式时在 $K[x,y]$ 中不可约。

证明　必要性。设 $f_x(y)$ 在 $F[y]$ 中不可约。假如把 $f_x(y)$ 看成 K 上二元多项式时在 $K[x,y]$ 中可约，那么在 $K[x,y]$ 中 $f_x(y)$ 可以分解成

$$f_x(y)=g(x,y)h(x,y),\deg g(x,y)<\deg f_x(y),\deg h(x,y)<\deg f_x(y).\tag{78}$$

于是 $g(x,y)$ 和 $h(x,y)$ 都不是 K 中的非零数。把它们按照 y 的降幂排列写出，设 $g(x,y)$

中 y 的最高次幂为 m，$h(x,y)$ 中 y 的最高次幂为 l，则 $m+l=n$。假如 m 或 l 中有一个为 0，譬如 $m=0$，则 $g(x,y)=b_0(x)$。于是

$$f_x(y)=b_0(x)h(x,y).$$

由于 $b_0(x)$ 不是 K 中的非零数，因此 $b_0(x)$ 的次数大于 0。于是 $f_x(y)$ 的各项系数的首一最大公因式不等于 1，这与 $f_x(y)$ 是 $F[y]$ 中的本原多项式矛盾。所以 $m\neq 0$。同理，$l\neq 0$，于是 $m<n$ 且 $l<n$。这表明在 $F[y]$ 中 $f_x(y)$ 能分解成两个次数较低的多项式 $g(x,y)$ 与 $h(x,y)$ 的乘积。这与 $f_x(y)$ 在 $F[y]$ 中不可约矛盾。因此，把 $f_x(y)$ 看成 K 上的二元多项式时在 $K[x,y]$ 中不可约。

充分性。设把 $f_x(y)$ 看成 K 上二元多项式时在 $K[x,y]$ 中不可约。假如 $f_x(y)$ 在 $F[y]$ 中可约，则在 $F[y]$ 中 $f_x(y)$ 可分解成

$$f_x(y)=g_x(y)h_x(y),\deg g_x(y)<\deg f_x(y),\deg h_x(y)<\deg f_x(y), \tag{79}$$

其中 $g_x(y)$，$h_x(y)$ 都是系数属于 $K[x]$ 的多项式。记 $\deg g_x(y)=m$，$\deg h_x(y)=l$，由(79)式得，$n=m+l$。由于 $m<n$，且 $l<n$，因此 $m>0$ 且 $l>0$。把 $f_x(y)$，$g_x(y)$，$h_x(y)$ 看成 $K[x,y]$ 中的多项式，则由(79)式得，

$$\deg f_x(y)=\deg g_x(y)+\deg h_x(y). \tag{80}$$

由于在 $K[x,y]$ 中，$\deg g_x(y)\geqslant m>0$，$\deg h_x(y)\geqslant l>0$，因此在 $K[x,y]$ 中，$\deg g_x(y)<\deg f_x(y)$，$\deg h_x(y)<\deg f_x(y)$。这表明在 $K[x,y]$ 中，$f_x(y)$ 分解成了两个次数较低的多项式的乘积，于是 $f_x(y)$ 在 $K[x,y]$ 中可约，矛盾。因此 $f_x(y)$ 在 $F[y]$ 中不可约。 ■

例 26　设 K 是任一数域。证明：在 $K[x,y]$ 中存在任意次数的不可约多项式。

证明　对于任一正整数 n，设 $f(x,y)=y^n+x$。令 $F=K(x)$。在例 24 中已证 y^n+x 在 $F[y]$ 中不可约。显然 y^n+x 是 $F[y]$ 中的本原多项式。于是据例 25 的必要性得，y^n+x 在 $K[x,y]$ 中不可约。 ■

点评　例 26 的结论表明，在数域 K 上的二元多项式环 $K[x,y]$ 中存在任意次数的不可约多项式，即使 K 取复数域时也是这样。而复数域上的一元多项式环 $K[x]$ 中，不可约多项式全都是一次多项式。这显示了二元多项式环与一元多项式环有明显的不同。证明任一数域 K 上的二元多项式环 $K[x,y]$ 中有任意次数的不可约多项式，即使猜测到了对任意正整数 n 有 y^n+x 在 $K[x,y]$ 中不可约，如果想直接证明它是相当麻烦的。我们另辟蹊径：首先把 $f(x,y)$ 按 y 的降幂排列写出，把 $f(x,y)$ 看成系数属于 $K[x]$ 的 y 的多项式，这一步是容易想到的。其次我们把系数所取的范围从 $K[x]$ 扩大到一元有理函数域 $K(x)$，把 $K(x)$ 记作 F；考虑域 F 上的一元多项式环 $F[y]$，然后类比有理数域上的一元多项式环 $\mathbf{Q}[x]$，在 $F[y]$ 中引进本原多项式的概念，证明了类似于 Eisenstein 判别法的结果(即例

23)，从而很容易地证明了 y^n+x 在 $F[y]$ 中不可约。最后我们证明对于 $F[y]$ 中的次数大于 0 的本原多项式 $f_x(y)$ 而言，$f_x(y)$ 在 $F[y]$ 中不可约与把 $f_x(y)$ 看成 K 上的二元多项式在 $K[x,y]$ 中不可约是等价的，从而本原多项式 y^n+x 在 $K[x,y]$ 中不可约。

从例 18～例 26，我们看到了有趣的类比关系：

(1) 数域 K 上的一元多项式环 $K[x]$ 类比于整数环 $\mathbf{Z}$；

(2) $K[x]$ 中的不可约多项式类比于 $\mathbf{Z}$ 中的素数；

(3) 系数属于 $K[x]$ 的 y 的多项式环类比于 $\mathbf{Z}[x]$；

(4) 一元分式域 $F=K(x)$ 上的一元多项式环 $F[y]$ 类比于 $\mathbf{Q}[x]$；

(5) $F[y]$ 中的不可约多项式类比于 $\mathbf{Q}[x]$ 中的不可约多项式；

(6) $K[x,y]$ 中的不可约多项式类比于 $\mathbf{Z}[x]$ 中的不可约多项式。

例 27 给出 7.9 节典型例题中例 6 的另一种证法。即证明复数域上的二元二次多项式 $f(x,y)=x^2-2xy+y^2+y$ 是不可约的。

证明 令 $F=\mathbf{C}(y)$，把 $f(x,y)$ 按照 x 的降幂排列写出：$f(x,y)=x^2-2yx+(y^2+y)$，取 y，显然 y 是 $\mathbf{C}[y]$ 中的不可约多项式，且

$$y\mid(y^2+y),\ y\mid(-2y),\ y\nmid 1,\ y^2\nmid(y^2+y).$$

于是根据例 23 得，$f(x,y)$ 在 $F[x]$ 中不可约。由于 $f(x,y)$ 是 $F[x]$ 中的本原多项式，因此 $f(x,y)$ 在 $\mathbf{C}[x,y]$ 中不可约。■

例 28 设 $F=K(x)$，其中 K 是数域。设

$$f_x(y)=a_n(x)y^n+\cdots+a_1(x)y+a_0(x),$$

其中 $a_i(x)\in K[x]$，$i=0,1,\cdots,n$，且 $a_n(x)\neq 0$，$n>0$。令

$$\tilde{f}_x(y)=f_x(y+b(x)),$$

其中 $b(x)\in K[x]$。证明：如果 $\tilde{f}_x(y)$ 在 $F[y]$ 中不可约，那么 $f_x(y)$ 也在 $F[y]$ 中不可约。

证明 假如 $f_x(y)$ 在 $F[y]$ 中可约，则

$$f_x(y)=g_x(y)h_x(y),\deg g_x(y)<\deg f_x(y),\deg h_x(y)<\deg f_x(y),\qquad(81)$$

其中 $g_x(y)$，$h_x(y)$ 的系数都属于 $K[x]$，y 用 $y+b(x)$ 代入，由(81)式得

$$f_x(y+b(x))=g_x(y+b(x))h_x(y+b(x)).\qquad(82)$$

显然 $\deg f_x(y+b(x))=\deg f_x(y)$，$\deg g_x(y+b(x))=\deg g_x(y)$，$\deg h_x(y+b(x))=\deg h_x(y)$，因此(82)式表明 $\tilde{f}_x(y)$ 在 $F[y]$ 中可约，矛盾。所以 $f_x(y)$ 在 $F[y]$ 中不可约。■

点评 例 28 的结论使得有些 $f_x(y)$ 虽然不能直接用例 23 的结论判定它是否不可约，但可以通过把 y 用 $y+b(x)$（适当选取 $b(x)\in K[x]$）代入，再用例 23 的结论证明 $f_x(y+b(x))$ 在 $F[y]$ 中不可约，从而 $f_x(y)$ 在 $F[y]$ 中不可约。

例 29 判断 $\mathbf{R}[x,y]$中的多项式 $f(x,y)=x^2-2xy+y^2-2x-4y+3$ 是否不可约。

解 令 $F=\mathbf{R}(x)$。把 $f(x,y)$按照 y 的降幂排列写出：

$$f(x,y) = y^2 - 2(x+2)y + (x^2 - 2x + 3)$$

y 用 $y+x+2$ 代入，得

$$\begin{aligned} f(x,y+x+2) &= (y+x+2)^2 - 2(x+2)(y+x+2) + (x^2-2x+3) \\ &= y^2 + 2(x+2)y + (x+2)^2 - 2(x+2)y - 2(x+2)^2 + x^2 - 2x + 3 \\ &= y^2 - (6x+1). \end{aligned}$$

取 $6x+1$，它是 $\mathbf{R}[x]$中的不可约多项式，且满足例 23 的条件，因此 $f(x,y+x+2)$在 $F[y]$中不可约，从而 $f(x,y)$在 $F[y]$中不可约。显然 $f(x,y)$是 $F[y]$中的本原多项式，因此 $f(x,y)$在 $\mathbf{R}[x,y]$中不可约。

点评 例 29 中 y 用 $y+x+2$ 代入，怎么想到取 $b(x)=x+2$ 呢？先把 y 用 $y+b(x)$代入，计算$f(x,y+b(x))$；然后为了容易满足例 23 的条件，让 y 的系数为 0，从而知道应当取 $b(x)=x+2$。

例 30 有一个连的士兵，三三数余 2，五五数余 1，七七数余 4。问:这个连的士兵有多少人?

解 设这个连的士兵有 x 人，则由已知条件得

$$\begin{cases} x \equiv 2 \pmod 3, \\ x \equiv 1 \pmod 5, \\ x \equiv 4 \pmod 7. \end{cases} \tag{83}$$

对于 3 和 $5\times7=35$ 作辗转相除法：

$$35 = 11\times3+2, \qquad 3 = 1\times2+1.$$

于是 $$1=3-1\times2=3-1\times(35-11\times3)=(-1)\times35+12\times3.$$

对于 5 和 $3\times7=21$ 作辗转相除法：

$$21 = 4\times5+1.$$

于是 $$1=21-4\times5=1\times21+(-4)\times5.$$

对于 7 和 $3\times5=15$ 作辗转相除法：

$$15 = 2\times7+1.$$

于是 $$1=15-2\times7=1\times15+(-2)\times7.$$

令

$$c = 2\times(-1)\times35+1\times1\times21+4\times1\times15 = 11.$$

因此同余方程组(83)的全部解是

$$11+(3\times5\times7)k,k\in\mathbf{Z}.$$

一个连的士兵大约是一百多人，因此取 $k=1$，得 116。即这个连的士兵有 116 人。

例 31 设 m_1、m_2 是互素的正整数，b 是任一整数。证明：

$$\begin{cases} a\equiv b & (\bmod\ m_1) \\ a\equiv b & (\bmod\ m_2) \end{cases}$$

当且仅当 $$a\equiv b \quad (\bmod\ m_1m_2).$$

证明 必要性。由已知条件得，a 是同余方程组

$$\begin{cases} x\equiv b & (\bmod\ m_1) \\ x\equiv b & (\bmod\ m_2) \end{cases} \tag{84}$$

的一个解，显然 b 也是同余方程组(84)的一个解，因此根据中国剩余定理得，$a\equiv b\ \ (\bmod\ m_1m_2)$。

充分性是显然的。 ■

例 32 在 $\mathbf{Z}_{91}$ 中，求 $\bar{1}$ 的平方根。

解 $91=7\times13$。由于 7 和 13 是素数，因此 $\mathbf{Z}_7$，$\mathbf{Z}_{13}$ 都是域。从而在 $\mathbf{Z}_7$(或 $\mathbf{Z}_{13}$)中，$\bar{1}$ 的平方根有且只有两个：$\bar{1}$，$-\bar{1}$。在 $\mathbf{Z}_{91}$ 中，设 $\bar{a}$ 是 $\bar{1}$ 的平方根，则

$$\begin{aligned}
\bar{a}^2=\bar{1} \quad &\Leftrightarrow \quad \overline{a^2}=\bar{1} \\
&\Leftrightarrow \quad a^2\equiv 1 \quad (\bmod\ 91) \\
&\Leftrightarrow \quad \begin{cases} a^2\equiv 1 & (\bmod\ 7) \\ a^2\equiv 1 & (\bmod\ 13) \end{cases} \\
&\Leftrightarrow \quad \begin{cases} a\equiv\pm 1 & (\bmod\ 7) \\ a\equiv\pm 1 & (\bmod\ 13) \end{cases} \\
&\Leftrightarrow \quad \begin{cases} a\equiv 1 & (\bmod\ 7) \\ a\equiv 1 & (\bmod\ 13) \end{cases} \text{或} \begin{cases} a\equiv 1 & (\bmod\ 7) \\ a\equiv -1 & (\bmod\ 13) \end{cases} \\
&\Leftrightarrow \quad \begin{cases} a\equiv -1 & (\bmod\ 7) \\ a\equiv 1 & (\bmod\ 13) \end{cases} \text{或} \begin{cases} a\equiv -1 & (\bmod\ 7) \\ a\equiv -1 & (\bmod\ 13). \end{cases}
\end{aligned}$$

由于 $13=1\times7+6$，$7=1\times6+1$，因此

$$1=7-1\times6=7-1\times(13-1\times7)=(-1)\times13+2\times7.$$

于是

$$\begin{aligned}
a&=\pm1\times(-1)\times13\pm1\times2\times7+91k \\
&=\mp13\pm14+91k
\end{aligned}$$

从而 $\bar{a}=\bar{1}$ 或 $\overline{-27}$ 或 $\overline{27}$ 或 $\overline{-1}$，即在 $\mathbf{Z}_{91}$ 中，$\bar{1}$ 的平方根有且只有下列 4 个：

$$\bar{1},\quad \overline{64},\quad \overline{27},\quad \overline{90}.$$

也就是 $\pm\bar{1}$，$\pm\overline{27}$。

点评　在公开密钥密码学中，选取两个大的素数 p 和 q，它们不相等，令 $n=pq$，需要在 $\mathbf{Z}_n$ 中考虑一个元素 $\bar{a}$ 有没有平方根，如果有，要把它的全部平方根求出来。运用例 31 的结论，类似于例 32 的方法可以做这件事情。

习题 7.12

1. 验证 $K(x)$ 中加法、乘法分别满足交换律和结合律，还满足乘法对于加法的分配律。

2. 在 $\mathbf{R}(x)$ 中把下述真分式表示成部分分式的和：

$$\frac{x^3+x-1}{x^4-3x^3+4x^2-3x+1}.$$

3. 下列模 m 剩余类环中，哪些是域？哪些不是域？写出其中的可逆元，并且求出每个可逆元的逆元：

$$\mathbf{Z}_5,\mathbf{Z}_{10},\mathbf{Z}_{12},\mathbf{Z}_{17}.$$

4. 令

$$F=\left\{\begin{pmatrix} a & b \\ -b & a \end{pmatrix} \middle| a,b\in\mathbf{R}\right\}.$$

证明：F 对于矩阵的加法与乘法成为一个域，并且域 F 与复数域同构。

5. 求小于 7 的自然数 x，使得 $x\equiv 2007^7 \pmod 7$。

6. 设 $f(x)=x^5-x^2+1\in\mathbf{Z}[x]$，判断 $f(x)$ 在 $\mathbf{Q}$ 上是否不可约。

7. 设 $f(x)=x^4-5x+1\in\mathbf{Z}[x]$，判断 $f(x)$ 在 $\mathbf{Q}$ 上是否不可约。

8. 设 $f(x)=11x^3+4x^2+10x+34\in\mathbf{Z}[x]$，判断 $f(x)$ 在 $\mathbf{Q}$ 上是否不可约。

9. 设 $f(x)=x^4+3x^3+3x^2-5\in\mathbf{Z}[x]$，判断 $f(x)$ 在 $\mathbf{Q}$ 上是否不可约。

10. $\mathbf{Z}_3[x]$ 中，$f(x)=\bar{2}x^5-x^4+\bar{2}x^2+x-\bar{2}$，求一个次数小于 3 的多项式 $g(x)$，使得 $f=g$。

11. 设 $F=K(x)$，其中 K 是数域，设 $f_x(y)$ 是 $F[y]$ 中次数 n 大于 0 且系数属于 $K[x]$ 的多项式。证明：如果把 $f_x(y)$ 看成 K 上二元多项式时在 $K[x,y]$ 中不可约，那么 $f_x(y)$ 在 $F[y]$ 中不可约。

12. 第 11 题的逆命题成立吗？即如果 $f_x(y)$ 在 $F[y]$ 中不可约，那么把 $f_x(y)$ 看成 K

上二元多项式时在 $K[x,y]$ 中一定不可约吗？

13. 设 K 是数域，判断 $f(x,y)=x^2+xy+y^3-y$ 在 $K[x,y]$ 中是否不可约。

14. 判断 $f(x,y)=y^2-x^3+x-1$ 在 $\mathbf{R}[x,y]$ 中是否不可约。

15. 判断 $f(x,y)=x^2-4xy+2y^2-6x+8y-5$ 在 $\mathbf{R}[x,y]$ 中是否不可约。

16. 有一个连的士兵，三三数余 1，五五数余 2，七七数余 1。问：这个连的士兵有多少人？

17. 在 $\mathbf{Z}_{143}$ 中，分别求 $\overline{1}$ 的平方根和 $\overline{3}$ 的平方根。

18. 在 $\mathbf{Z}_{143}$ 中，$\overline{2}$ 的平方根存在吗？

19. 设 $f(x)=x^5+20x+16\in\mathbf{Z}[x]$，判断 $f(x)$ 在 $\mathbf{Q}$ 上是否不可约。

20. 证明对于 Möbius 函数 $\mu(n)$ 有

$$\sum_{d\mid n}\mu(d)=\begin{cases}1, \text{当 } n=1;\\ 0, \text{当 } n>1.\end{cases}$$

21. 证明 Möbius 反演定理：设 $f(n)$ 和 $g(n)$ 是 $\mathbf{N}^*$ 到 $\mathbf{Z}$ 的两个函数，则

$$g(n)=\sum_{d\mid n}f(d)\Leftrightarrow f(n)=\sum_{d\mid n}\mu(d)g\left(\frac{n}{d}\right).$$

22. 分别求 q 元有限域 F 上的二次和三次首一不可约多项式的个数。

23. 分别求 $\mathbf{Z}_2$ 和 $\mathbf{Z}_3$ 上的二次和三次首一不可约多项式的个数。

补充题七

1. 设 F 是一个域，证明：在域 F 上的一元多项式环 $F[x]$ 中，有带余除法。

2. 设 F 是一个域，证明：在 $F[x]$ 中整除关系具有反身性和传递性。

3. 设 F 是一个域，证明：在 $F[x]$ 中如果 $g(x)\mid f_i(x)$，$i=1,2,\cdots,s$，那么对于任意 $u_i(x)\in F[x]$，$i=1,2,\cdots,s$，都有

$$g(x)\mid u_1(x)f_1(x)+u_2(x)f_2(x)+\cdots+u_s(x)f_s(x).$$

4. 设 F 是一个域，证明：在 $F[x]$ 中，$f(x)$ 与 $g(x)$ 相伴的充分必要条件是存在 F 中的非零元 c 使得 $f(x)=c\,g(x)$。

5. 设 F 是一个域，证明：在 $F[x]$ 中，对于任意两个多项式 $f(x)$ 与 $g(x)$，存在它们的一个最大公因式 $d(x)$，并且 $d(x)$ 可以表示成 $f(x)$ 与 $g(x)$ 的倍式和，即 $F[x]$ 中有多项式 $u(x)$，$v(x)$，使得

$$u(x)f(x)+v(x)g(x)=d(x).$$

6. 设 F 是一个域，证明：在 $F[x]$ 中，两个多项式 $f(x)$ 与 $g(x)$ 互素的充分必要条件是

在 $F[x]$中存在多项式 $u(x),v(x)$,使得

$$u(x)f(x)+v(x)g(x)=1.$$

7. 设 F 是一个域,证明:在 $F[x]$中如果 $f(x)\mid g(x)h(x)$,且$(f(x),g(x))=1$,那么 $f(x)\mid h(x)$。

8. 设 F 是一个域,证明:在 $F[x]$中,如果

$$f(x)\mid h(x),g(x)\mid h(x),(f(x),g(x))=1,$$

那么 $f(x)g(x)\mid h(x)$。

9. 设 F 是一个域,证明:在 $F[x]$中,如果

$$(f(x),h(x))=1,(g(x),h(x))=1,$$

那么$(f(x)g(x),h(x))=1$。

10. 设 F 是一个域,$F[x]$中一个次数大于 0 的多项式 $p(x)$如果在 $F[x]$中的因式只有零次多项式和 $p(x)$的相伴元,那么称 $p(x)$在 F 上是**不可约**的;否则称它为**可约**的。证明下列命题等价:

(1) $p(x)$在 F 上是不可约的;

(2) $p(x)$与 $F[x]$中任一多项式 $f(x)$的关系只有两种可能:$p(x)\mid f(x)$,或$(p(x),f(x))=1$;

(3) 在 $F[x]$中如果 $p(x)\mid f(x)g(x)$,那么 $p(x)\mid f(x)$或者 $p(x)\mid g(x)$;

(4) $p(x)$在 $F[x]$中不能分解成两个次数较 $p(x)$的次数低的多项式的乘积。

11. 设 F 是一个域,证明:在 $F[x]$中有唯一因式分解定理。

12. 设 F 是一个域,L 也是一个域,且 $L\supseteq F$。证明:对于 $F[x]$中两个多项式 $f(x)$与$g(x)$,有

(1) 在 $F[x]$中 $g(x)\mid f(x)$当且仅当在 $L[x]$中 $g(x)\mid f(x)$;

(2) $f(x)$和 $g(x)$在 $F[x]$中的首项系数为 1 的最大公因式与它们在 $L[x]$中的首项系数为 1 的最大公因式相等;

(3) $f(x)$与 $g(x)$在 $F[x]$中互素当且仅当 $f(x)$与 $g(x)$在 $L[x]$中互素。

即整除性,首一最大公因式和互素性不随域的扩大而改变。

13. 设 F 是一个域,$f(x)$是 $F[x]$中的 n 次多项式:

$$f(x)=a_nx^n+a_{n-1}x^{n-1}+\cdots+a_1x+a_0.$$

证明:(1) 如果 $\operatorname{char} F\nmid n$,那么 $f'(x)$是 $n-1$ 次多项式;

(2) 如果 $\operatorname{char} F\mid n$,那么 $f'(x)$的次数小于 $n-1$。

14. 设 F 是一个域,不可约多项式 $p(x)$是 $f(x)$的一个 k 重因式($k\geqslant 1$)。证明:

(1) 如果 $\operatorname{char} F=0$,那么 $p(x)$是 $f'(x)$的 $k-1$ 重因式,特别地,$f(x)$的单因式不是

$f'(x)$的因式；

(2) 如果 char $F\neq 0$,那么 $p(x)$是 $f'(x)$的至少 $k-1$ 重因式。其中当 char $F\nmid k$ 且$p'(x)\neq 0$ 时,$p(x)$是 $f'(x)$的 $k-1$ 重因式;当 char $F|k$ 或 $p'(x)=0$ 时,$p(x)$是 $f'(x)$的至少 k 重因式。

15. 设 F 是一个域,证明:在 $F[x]$中,一个次数大于 0 的多项式 $f(x)$如果满足

$$(f(x),f'(x)) = 1,$$

那么 $f(x)$没有重因式。

16. 设 F 是特征为 0 的域,证明:在 $F[x]$中一个次数大于 0 的多项式 $f(x)$如果没有重因式,那么

$$(f(x),f'(x)) = 1.$$

17. 设 F 是特征不等于 0 的域,证明:在 $F[x]$中一个次数大于 0 的多项式 $f(x)$如果没有重因式,那么$(f(x),f'(x))=1$ 或者 $f(x)$有一个单因式 $p(x)$使得 $p'(x)=0$。

18. 设域 F 的特征为素数 p,举一个例子说明:在 $F[x]$中次数大于 0 的多项式 $f(x)$没有重因式,但是 $f(x)$与 $f'(x)$不互素。

19. 设 F 是一个域,证明:在 $F[x]$中,用一次多项式 $x-a$ 去除 $f(x)$,所得的余式是 F 中一个元素 $f(a)$。

20. 设 F 是一个域,$f(x)\in F[x]$。证明:在 $F[x]$中 $x-a$ 整除 $f(x)$当且仅当 a 是 $f(x)$在 F 中的根。

21. 设 F 是一个域,证明:$F[x]$中的 $n(n\geqslant 0)$次多项式 $f(x)$在 F 中至多有 n 个根(重根按重数计算)。

22. 设 L 是一个域,证明:在 7.12 节的典型例题中把数域 K 换成域 L 后,例 18～例 26 的结论仍然成立。

23. 设 F 是一个域,证明:F 上的 n 元多项式环 $F[x_1,x_2,\cdots,x_n]$是无零因子环,从而消去律成立。

24. 设 F 是一个域,证明:在 $F[x_1,x_2,\cdots,x_n]$中,有

$$\deg fg = \deg f + \deg g.$$

25. 设 F 是一个域,证明:$F[x_1,x_2,\cdots,x_n]$也有通用性质,即设 R 是一个有单位元的交换环,且 R 可以看成 F 的一个扩环(即 F 与 R 的一个子环 R_1 同构,且 R 的单位元是 R_1 的单位元),则不定元 $x_1,x_2,\cdots,x_n$ 可以用 R 中的任意 n 个元素 $t_1,t_2,\cdots,t_n$ 代入,并且这种代入保持加法运算和乘法运算。

26. 设 F 是一个域,$F[x_1,x_2,\cdots,x_n]$中每一个 n 元多项式 $f(x_1,x_2,\cdots,x_n)$诱导了 F^n 到 F 的一个映射 f:

$$f: F^n \longrightarrow F$$
$$(c_1, c_2, \cdots, c_n) \longmapsto f(c_1, c_2, \cdots, c_n).$$

称 f 是域 F 上的 n 元多项式函数。举例说明，$\mathbf{Z}_p$ 上的两个 n 元多项式不相等，但是它们诱导的 n 元多项式函数相等。

27. 设 p 是素数，在 $\mathbf{Z}_p[x_1, x_2, \cdots, x_n]$ 中，用 S 表示由每个单项式中每个不定元的次数小于 p 的多项式组成的集合。证明：如果 $h(x_1, x_2, \cdots, x_n)$ 是 S 中的非零多项式，那么它诱导的 n 元多项式函数 h 不是零函数。

28. 证明：$\mathbf{Z}_2$ 上的每一个 n 元函数(即 $\mathbf{Z}_2^n$ 到 $\mathbf{Z}_2$ 的一个映射)都是 $\mathbf{Z}_2$ 上的 n 元多项式函数，且 $\mathbf{Z}_2$ 上的每一个 n 元函数都可以唯一地表示成 $\mathbf{Z}_2$ 上每个变量的次数都小于 2 的 n 元多项式函数。

29. 设 F 是一个域，在 $F[x_1, x_2, \cdots, x_n]$ 中与数域 K 上的 n 元多项式环 $K[x_1, x_2, \cdots, x_n]$ 一样，有整除的概念，因式和倍式的概念，相伴的概念，最大公因式的概念，不可约多项式的概念。证明：在 $F[x_1, x_2, \cdots, x_n]$ 中，一个次数大于 0 的多项式 $p(x_1, x_2, \cdots, x_n)$ 不可约当且仅当它不能分解成两个次数较低的多项式的乘积。

30. 设 F 是一个域，证明：在 $F[x_1, x_2, \cdots, x_n]$ 中有唯一因式分解定理。

31. 设 F 是一个域，仿照 7.12 节数域 K 上一元分式域的构造方法，可以构造出域 F 上的一元分式域，记作 $F(x)$，它的元素记作 $\dfrac{f(x)}{g(x)}$，其中 $f(x), g(x) \in F[x]$，且 $g(x) \neq 0$。证明：如果 char $F = p$(p 是素数)，那么 $F(x)$ 是一个特征为 p 的无限域。

32. 设 F 是一个域，类似于 F 上一元分式域的构造方法可构造出域 F 上的 n 元分式域，记作 $F(x_1, x_2, \cdots, x_n)$，它的元素记作 $\dfrac{f(x_1, x_2, \cdots, x_n)}{g(x_1, x_2, \cdots, x_n)}$，其中 $f(x_1, x_2, \cdots, x_n)$，$g(x_1, x_2, \cdots, x_n) \in F[x_1, x_2, \cdots, x_n]$，且 $g(x_1, x_2, \cdots, x_n) \neq 0$。证明：如果 char $F = p$(p 是素数)，那么 $F(x_1, x_2, \cdots, x_n)$ 是一个特征为 p 的无限域。

33. 设 K 是一个数域，$L = K(x_1, \cdots, x_{n-2})$，$F = L(x_{n-1})$，设 $f(x_1, \cdots, x_{n-1}, y) = y^m + x_1 x_2 \cdots x_{n-1}$，其中 m 是任一正整数，证明：$f(x_1, \cdots, x_{n-1}, y)$ 在 $F[y]$ 中不可约。

34. 设 K 是一个数域，证明：在 $K[x_1, x_2, \cdots, x_{n-1}, x_n]$ 中存在任意次数的不可约多项式。

第8章 线性空间

现实世界纷繁复杂，从空间形式看，有直线和曲线，平面和曲面。曲线中很短的一小段可以用直线段近似代替，曲面(譬如足球的球面)的很小的一部分可以用平面的一部分近似代替，所以直线和平面是最基本的图形。平面上的直线方程是 x, y 的一次方程，空间中平面的方程是 x, y, z 的一次方程，因此直线和平面可以看成是具有“线性”的图形。

现实世界的数量关系最简单的是均匀变化的关系。设变量 y 依赖于变量 x 而变化，自变量 x 从 x_1 变到 x_2，相应地因变量 y 从 y_1 变到 y_2。如果$\frac{y_2-y_1}{x_2-x_1}$是一个常数 k，那么 y 依赖于 x 是均匀变化的关系，此时 y 作为 x 的函数的解析表达式为 $y=kx+b$，即一次函数。设变量 y 依赖于 n 个变量 $x_1, x_2, \cdots, x_n$ 而变化，设自变量 x_1 从 x_{11}变到 x_{12}，其余自变量不变，相应地因变量 y 从 y_{11}变到 y_{12}。如果$\frac{y_{12}-y_{11}}{x_{12}-x_{11}}$是一个常数 a_1，那么 y 依赖于 x_1 是均匀变化的关系，如果 y 依赖于每一个自变量 x_i 都是均匀变化的关系，那么 y 作为 $x_1, x_2, \cdots x_n$ 的函数的解析表达式为 $y=a_1x_1+a_2x_2+\cdots+a_nx_n+b$，即 y 是 $x_1, x_2, \cdots, x_n$ 的一次函数。所以均匀变化的数量关系可以用一次函数或线性方程组来刻画。从而均匀变化的数量关系可以说成是线性关系。对于非均匀变化的数量关系，在每个局部的一小段可以近似看成均匀变化的，所以线性关系是最基本的数量关系。

既然线性关系是现实世界中最基本的关系，自然而然地需要建立一个模型来研究它们。解析几何课程中研究直线和平面的强有力的工具是向量，而向量具有加法和数量乘法两种运算，并且满足加法交换律、结合律等 8 条运算法则。“高等代数”课程第一学期的内容中，研究线性方程组的工具是 n 维向量(即 n 元有序数组)，而数域 K 上的 n 元有序数组具有加法和数量乘法两种运算，并且满足加法交换律、结合律等 8 条运算法则。由这些受到启发，用于研究线性关系的模型是一个抽象的集合 V，它有加法运算，并且域 F 的元素与 V 的元素有纯量乘法(当 F 为数域时，称为数量乘法)运算，并且它们满足加法交换律、结合律等 8 条运算法则，这时称 V 是域 F 上的一个线性空间，这就是说，域 F 上的线性空间是研究线性关系的数学模型。即使对于非线性关系，经过局部化后，就可以运用线性空间的模型,或者用线性空间的模型研究非线性关系的某一侧面,因此研究线性空间的结构具有非常重要的意义,它是线性代数的主要研究对象之一。

本章主要研究抽象的线性空间的结构,阐述了研究线性空间的结构的 4 条途径:

(1) 从元素的角度。为了使线性空间 V 中的每个元素(借用几何语言称它为向量)能用 V 中有限多个向量唯一地线性表出,引进基和维数的概念。

(2) 从子集的角度。为了容易找到 V 的一个基,引进子空间与子空间的直和的概念。

(3) 从商集的角度。为了简化对整个线性空间 V 的结构的研究,给出 V 的一个划分,把一个等价类看成一个元素,引进商空间的概念。

(4) 从线性空间之间的关系的角度。为了研究域 F 上的众多的线性空间,哪些有相同的结构,引进线性空间同构的概念。

在第 9 章我们将从研究线性空间之间保持加法和纯量乘法运算的映射(称它为线性映射)的角度进一步研究线性空间的结构。

线性代数就是研究线性空间和线性映射的理论。我们在《高等代数学习指导书(上册)》中,在研究线性方程组有解的充分必要条件和解集的结构时,研究了具体的线性空间——数域 K 上 n 元有序数组形成的 n 维向量空间;研究了线性映射的矩阵表示。在《高等代数学习指导书(下册)》再来研究抽象的线性空间和线性映射的理论。这样安排教学内容,既使所有同学能适应大学第一学期的学习,又使所有同学对抽象的线性空间和线性映射理论能理解得更深刻,掌握得更好。如果在大学一年级上学期讲高等代数课时就讲抽象的线性空间和线性映射,那么只能讲数域上的线性空间和线性映射。我们在下学期讲抽象的线性空间和线性映射时,讲的是任意一个域上的线性空间和线性映射的理论。这不仅在理论上提升了相当的高度,而且在当今信息时代有重要应用。

8.1 域 F 上线性空间的基与维数

8.1.1 内容精华

一、域 F 上线性空间的定义、例子和简单性质

域 F 上线性空间是一个抽象的数学模型,它的定义如下:

定义 1 一个非空集合 V,如果它有加法运算(即 $V\times V$ 到 V 的一个映射),它的元素与域 F 的元素之间有纯量乘法运算(即 $F\times V$ 到 V 的一个映射),并且满足下述 8 条运算法

则：$\forall\alpha,\beta,\gamma\in V$，$\forall k,l\in F$，有

1° $\alpha+\beta=\beta+\alpha$ （加法交换律）；

2° $(\alpha+\beta)+\gamma=\alpha+(\beta+\gamma)$ （加法结合律）；

3° V 中有一个元素，记作 0，它使得

$$\alpha+0=\alpha,\ \forall\alpha\in V,$$

具有这个性质的元素 0 称为 V 的**零元**；

4° 对于 $\alpha\in V$，存在 $\beta\in V$，使得

$$\alpha+\beta=0,$$

具有这个性质的元素 β 称为 α 的**负元**；

5° $1\alpha=\alpha$，其中 1 是 F 的单位元；

6° $(kl)\alpha=k(l\alpha)$；

7° $(k+l)\alpha=k\alpha+l\alpha$；

8° $k(\alpha+\beta)=k\alpha+k\beta$，

那么称 V 是**域** F 上的**一个线性空间**。

借助几何语言，把线性空间的元素称为向量，线性空间又可称为向量空间。习惯上把线性空间 V 的加法运算，以及域 F 的元素与 V 的元素之间的纯量乘法运算说成是 V 的加法运算与纯量乘法运算，统称为 V 的线性运算。

线性空间的例子有很多。例如：

几何空间中以原点为起点的所有向量组成的集合，对于向量的加法与数量乘法，成为实数域 $\mathbf{R}$ 上的一个线性空间。

域 F 上所有 n 元有序组组成的集合 F^n，对于有序组的加法（把对应分量相加）与纯量乘法（把 F 的元素 k 乘每一个分量），成为域 F 上的一个线性空间，称它为域 F 上的 n 维向量空间。

数域 K 上所有 $s\times n$ 矩阵组成的集合，对于矩阵的加法与数量乘法，成为数域 K 上的一个线性空间，记作 $M_{s\times n}(K)$。

数域 K 上所有一元多项式组成的集合 $K[x]$，对于多项式的加法，以及 K 中元素与多项式的数量乘法，成为数域 K 上的一个线性空间。

数域 K 上所有次数小于 n 的一元多项式组成的集合，对于多项式的加法（两个次数小于 n 的多项式之和仍然是次数小于 n 的多项式），以及数量乘法（任一数乘任一次数小于 n 的多项式所得结果仍是次数小于 n 的多项式），成为数域 K 上的一个线性空间，记作 $K[x]_n$。

复数域 $\mathbf{C}$ 可以看成是实数域 $\mathbf{R}$ 上的一个线性空间，其加法是复数的加法，其数量乘法

是实数 a 与复数 z 相乘。

域 F 可以看成是自身上的线性空间，其加法就是域 F 中的加法，其纯量乘法就是域 F 中的乘法。

设 X 为任一非空集合，F 是一个域，定义域为 X 的所有 F 值函数（即 X 到 F 的映射）组成的集合记作 F^X，它对于函数的加法（即 $(f+g)(x)=f(x)+g(x)$）和纯量乘法（即 $(kf)(x)=kf(x)$），成为域 F 上的一个线性空间。它的零元是零函数，记作 0，即 $0(x)=0$，$\forall x\in X$。

上述例子表明，线性空间这一数学模型适用性很广。我们研究抽象的线性空间的结构，只能从线性空间的定义（有加法和纯量乘法两种运算，并且满足 8 条运算法则）出发，做逻辑推理，深入揭示线性空间的性质和结构。在做探索时，要善于从熟悉的具体模型（例如，几何空间或者数域 K 上的 n 维向量空间 K^n）的性质和结构受到启发，做出猜测，但这不能代替证明。如果 K^n 的性质和结构的证明只用到加法和数量乘法及其满足的 8 条运算法则，没有用到 n 元有序数组的具体性质，那么这些证明可以照搬到抽象的线性空间中来；否则，就要重新证明。

从域 F 上线性空间 V 满足的 8 条运算法则可以推导出线性空间 V 的一些简单性质：

性质 1 V 中零元是唯一的。

性质 2 V 中每个元素 α 的负元是唯一的。

今后把 V 中元素 α 的唯一的负元记作 $-\alpha$。利用负元，可以在 V 中定义**减法**如下：

$$\alpha-\beta \xlongequal{\text{def}} \alpha+(-\beta).$$

性质 3 $0\alpha=0$，$\forall \alpha\in V$。

性质 4 $k0=0$，$\forall k\in F$。

性质 5 如果 $k\alpha=0$，那么 $k=0$ 或 $\alpha=0$。

性质 6 $(-1)\alpha=-\alpha$，$\forall \alpha\in V$。

二、向量集的线性相关与线性无关，向量组的秩

为了研究域 F 上线性空间 V 的结构，自然是从 V 有加法和纯量乘法两种运算出发。对于 V 中的一组向量 $\alpha_1,\alpha_2,\cdots,\alpha_s$，域 F 中的一组元素 $k_1,k_2,\cdots,k_s$，作纯量乘法和加法便得到

$$k_1\alpha_1+k_2\alpha_2+\cdots+k_s\alpha_s,$$

根据 V 中加法和纯量乘法的定义知道，$k_1\alpha_1+k_2\alpha_2+\cdots+k_s\alpha_s$ 仍然是 V 中的一个向量，称这

个向量是 $\alpha_1,\alpha_2,\cdots,\alpha_s$ 的一个**线性组合**。

像 $\alpha_1,\alpha_2,\cdots,\alpha_s$ 这样按照一定顺序写出的有限多个向量(其中允许有相同的向量)称为 V 的一个**向量组**。

V 中的一个向量 β 如果能够表示成向量组 $\alpha_1,\alpha_2,\cdots,\alpha_s$ 的一个线性组合,那么称 β 可以由向量组 $\alpha_1,\alpha_2,\cdots,\alpha_s$ **线性表出**。

在数域 K 上 n 维向量空间 K^n 中,设 $\alpha_1,\alpha_2,\cdots,\alpha_n$ 是 n 个线性无关的向量,则 K^n 中任一向量 β 都可以由向量组 $\alpha_1,\alpha_2,\cdots,\alpha_n$ 唯一地线性表出。由此受到启发,自然要问:在域 F 上的线性空间 V 中,能不能找到一组向量,使得 V 中任一向量都可以由这组向量唯一地线性表出?从 K^n 中上述结论的推导过程受到启发,首先需要引出向量组线性相关和向量组线性无关的概念。为了使线性相关和线性无关的概念有更广泛的适用范围,我们还给出 V 的子集(有限子集或无限子集)线性相关或线性无关的概念。

定义 2　设 V 是域 F 上的线性空间,则如表 8-1 所示。

表 8-1

研究的对象	线性相关	线性无关
向量组 $\alpha_1,\cdots,\alpha_s$ $(s\geqslant 1)$	F 中有不全为 0 的元素 $k_1,\cdots,k_s$,使得 $k_1\alpha_1+\cdots+k_s\alpha_s=0$	从 $k_1\alpha_1+\cdots+k_s\alpha_s=0$ 可以推出 $k_1=\cdots=k_s=0$
V 的非空有限子集	给这个子集的元素一种编号所得的向量组线性相关	给这个子集的元素一种编号所得的向量组线性无关
V 的无限子集 W	W 有一个有限子集线性相关	W 的任一有限子集都线性无关

空集(作为 V 的子集)定义成是线性无关的。

单个向量 α 组成的子集 $\{\alpha\}$ 何时线性无关?

$$
\begin{aligned}
\{\alpha\}\text{线性无关} &\Leftrightarrow \text{向量组 } \alpha \text{ 线性无关}\\
&\Leftrightarrow \text{从 } k\alpha=0 \text{ 可以推出 } k=0\\
&\Leftrightarrow \alpha\neq 0。
\end{aligned}
$$

最后一步是根据性质 5 得出的。

从向量组线性相关的定义容易得出:

命题 1　在域 F 上线性空间 V 中,如果向量组的一个部分组线性相关,那么这个向量组线性相关。

从 V 中向量集线性相关的定义和命题1立即得到：

命题2 在域 F 上线性空间 V 中，包含零向量的向量集是线性相关的。

从线性相关的定义立即得到：

命题3 在域 F 上线性空间 V 中，元素个数大于1的向量集 W 线性相关当且仅当 W 中至少有一个向量可以由其余向量中的有限多个线性表出。

从命题3看到，向量集线性相关的概念使我们能研究一个向量能不能由有限多个向量线性表出的问题。

如果向量 β 可以由向量集 W 中有限多个向量线性表出，那么称 **β 可以由向量集 W 线性表出**。

为什么要有向量集线性无关的概念，这从下述命题可以看出：

命题4 在域 F 上线性空间 V 中，设非零向量 β 可以由向量集 W 线性表出，则表法唯一的充分必要条件是向量集 W 线性无关。

从命题4看出，引进向量集线性无关的概念是为了使能由这样的向量集线性表出的向量其表法唯一。由于向量 β 由向量集 W 线性表出的定义是 β 可以由 W 中有限多个向量线性表出，因此今后我们集中精力讨论一个向量由一个向量组线性表出的问题。

首先讨论一个向量可以由一个线性无关的向量组线性表出的条件。

命题5 在域 F 上线性空间 V 中，设向量组 $\alpha_1,\cdots,\alpha_s$ 线性无关，则向量 β 可以由向量组 $\alpha_1,\cdots,\alpha_s$ 线性表出的充分必要条件是 $\alpha_1,\cdots,\alpha_s,\beta$ 线性相关。

其次讨论一个向量是否可以由一个线性相关的向量组线性表出的问题。由于命题5给出了一个向量可以由一个线性无关的向量组线性表出的条件，因此思路自然是在一个线性相关的向量组里取一个部分组是线性无关的，而从向量组的其余向量中任取一个添进去得到的新的部分组却线性相关。自然而然把这个部分组叫做向量组的极大线性无关组，即

定义3 在域 F 上线性空间 V 中，向量组 $\alpha_1,\cdots,\alpha_s$ 的一个部分组称为一个**极大线性无关组**，如果这个部分组本身是线性无关的，但是从这个向量组的其余向量（如果还有的话）中任取一个添进去，得到的新的部分组都线性相关。

设向量组 $\alpha_1,\cdots,\alpha_s$ 的一个极大线性无关组是 $\alpha_{i_1},\cdots,\alpha_{i_r}$，由于 $\alpha_{i_1}=1\cdot\alpha_{i_1}+0\cdot\alpha_{i_2}+\cdots+0\cdot\alpha_{i_r}$，因此 α_{i_1} 可以由 $\alpha_{i_1},\cdots,\alpha_{i_r}$ 线性表出。同理，$\alpha_{i_2},\cdots,\alpha_{i_r}$ 中每一个向量都可以由 $\alpha_{i_1},\cdots,\alpha_{i_r}$ 线性表出。若 $\alpha_j\notin\{\alpha_{i_1},\cdots,\alpha_{i_r}\}$，则根据极大线性无关组的定义，$\alpha_{i_1},\cdots,\alpha_{i_r},\alpha_j$ 线性相关。从而由命题5得到，α_j 可以由 $\alpha_{i_1},\cdots,\alpha_{i_r}$ 线性表出。因此向量组 $\alpha_1,\cdots,\alpha_s$ 中每一个向量都可以由它的一个极大线性无关组 $\alpha_{i_1},\cdots,\alpha_{i_r}$ 线性表出。反之，显然有极大线性无关组 $\alpha_{i_1},\cdots,\alpha_{i_r}$ 中每一个向量都可以由向量组 $\alpha_1,\cdots,\alpha_s$ 线性表出。由此受到启发，引出两个向量组等价的概念：

定义 4 如果向量组 $\alpha_1,\cdots,\alpha_s$ 的每一个向量都可以由向量组 $\beta_1,\cdots,\beta_r$ 线性表出，那么称**向量组 $\boldsymbol{\alpha}_1,\cdots,\boldsymbol{\alpha}_s$ 可以由向量组 $\boldsymbol{\beta}_1,\cdots,\boldsymbol{\beta}_r$ 线性表出**。如果向量组 $\alpha_1,\cdots,\alpha_s$ 与向量组 $\beta_1,\cdots,\beta_r$ 可以互相线性表出，那么称这**两个向量组等价**，记作

$$\{\alpha_1,\cdots,\alpha_s\}\cong\{\beta_1,\cdots,\beta_r\}.$$

上一段的讨论表明：一个向量组与它的任意一个极大线性无关组等价。

显然，每一个向量组与自身等价，即向量组的等价具有反身性。从向量组等价的定义立即看出，它具有对称性。容易证明：若向量组 $\alpha_1,\cdots,\alpha_s$ 可以由向量组 $\beta_1,\cdots,\beta_r$ 线性表出，且向量组 $\beta_1,\cdots,\beta_r$ 可以由向量组 $\gamma_1,\cdots,\gamma_t$ 线性表出，则向量组 $\alpha_1,\cdots,\alpha_s$ 可以由向量组 $\gamma_1,\cdots,\gamma_t$ 线性表出。即向量组的线性表出有传递性，从而向量组的等价有传递性。因此，向量组的等价是 V 中向量组之间的一个等价关系。

从向量组等价的对称性和传递性可以得出：一个向量组的任意两个极大线性无关组等价。

进一步想问：一个向量组的任意两个极大线性无关组所含向量的个数是否相等？为了解决这个问题，先放宽条件一般地考虑：如果一个向量组可以由另一个向量组线性表出，那么它们所含向量的个数之间有什么关系？从几何空间中的例子(参看丘维声.高等代数(上册).第 3 版.北京：高等教育出版社，2015 年，第 73 页)受到启发，猜想有下述结论：

引理 1 在域 F 上线性空间 V 中，设向量组 $\beta_1,\cdots,\beta_r$ 可以由向量组 $\alpha_1,\cdots,\alpha_s$ 线性表出，如果 $r>s$，那么向量组 $\beta_1,\cdots,\beta_r$ 线性相关。

引理 1 的证明与《高等代数(上册)(第 3 版)》第 74 页的引理 1 的证明一样。关于数域 K 上线性方程组的理论(除了用到 K 含有无穷多个数的结论)在把数域 K 换成任意域 F 以后仍然成立。

引理 1 的逆否命题自然也成立，即

推论 1 在域 F 上的线性空间 V 中，设向量组 $\beta_1,\cdots,\beta_r$ 可以由向量组 $\alpha_1,\cdots,\alpha_s$ 线性表出，如果 $\beta_1,\cdots,\beta_r$ 线性无关，那么 $r\leqslant s$。

从推论 1 立即得出：

推论 2 等价的线性无关的向量组所含向量的个数相等。

从推论 2 立即得出：

推论 3 一个向量组的任意两个极大线性无关组所含向量的个数相等。

从推论 3 受到启发，引出下述重要概念：

定义 5 向量组的极大线性无关组所含向量的个数称为这个**向量组的秩**。把向量组 $\alpha_1,\cdots,\alpha_s$ 的秩记作 $\mathrm{rank}\{\alpha_1,\cdots,\alpha_s\}$。

全由零向量组成的向量组的秩规定为 0。

向量组的秩是一个非常深刻的重要概念。例如，用向量组的秩可以刻画向量组是否线性无关，即从向量组的秩的定义可以推出下述命题：

命题6 在域 F 上的线性空间 V 中，向量组 $\alpha_1,\cdots,\alpha_s$ 线性无关的充分必要条件是它的秩等于它所含向量的个数。

比较两个向量组的秩的大小的常用方法有：

命题7 如果向量组 $\alpha_1,\cdots,\alpha_s$ 可以由向量组 $\beta_1,\cdots,\beta_r$ 线性表出，那么 $\text{rank}\{\alpha_1,\cdots,\alpha_s\}\leqslant\text{rank}\{\beta_1,\cdots,\beta_r\}$。

命题7的证明只要分别取这两个向量组的一个极大线性无关组，然后运用推论1便可得出结论。

从命题7立即得出：

命题8 等价的向量组有相同的秩。

三、基与维数

从几何空间的结构、数域 K 上 n 维向量空间 K^n 的结构等受到启发，研究域 F 上线性空间 V 的结构同样需要有基的概念。

定义6 设 V 是域 F 上的线性空间，V 中的向量集 S 如果满足下述两个条件：

1° 向量集 S 是线性无关的；

2° V 中每一个向量可以由向量集 S 中有限多个向量线性表出，

那么称 S 是 V 的一个**基**。当 S 是有限集时，把 S 的元素排序得到一个向量组，此时称这个向量组是 V 的一个有序基，简称为基。

只含有零向量的线性空间的基规定为空集。

任一域上的任一线性空间都存在一个基吗？回答是肯定的。证明需要用到偏序集的概念和Zorn引理。现在介绍如下：

设 W 是一个集合，S 是由 W 的一些子集组成的集合。在 S 中任取两个元素，它们可能有包含关系，也可能没有包含关系。W 的子集的包含关系"$\subseteq$"称为 S 的一个**偏序**，并且把 S 称为**偏序集**。偏序集 S 的一个元素 A 称为 S 的一个**极大元素**，如果不存在 $B\in S$ 使得 $A\subseteq B$ 且 $A\neq B$。偏序集 S 的一个子集 T 称为 S 的一条**链**，如果 T 中任意两个元素都有包含关系。设 U 是偏序集 S 的一个子集，如果 S 中有一个元素 B，使得对所有的 $X\in U$ 都有 $X\subseteq B$，那么称 B 是 U 的一个**上界**。

Zorn引理 若一个偏序集 S 的每条链都有上界，则 S 有一个极大元素。

定理1 任一域 F 上的任一线性空间 V 都有一个基。

既然任一域 F 上的任一线性空间都有一个基，因此我们引出下述概念：

定义 7 设 V 是域 F 上的线性空间，如果 V 有一个基是由有限多个向量组成，那么称 V 是**有限维的**；如果 V 有一个基含有无穷多个向量，那么称 V 是**无限维的**。

例如，数域 K 上的 n 维向量空间 K^n 是有限维的；$K[x]$是无限维的，因为容易看出它有一个基是

$$\{1, x, x^2, \cdots, x^n, \cdots\}.$$

定理 2 如果域 F 上的线性空间 V 是有限维的，那么 V 的任意两个基所含向量的个数相等。

推论 4 如果域 F 上的线性空间 V 是无限维的，那么 V 的任意一个基都含有无穷多个向量。

证明 假如 V 有一个基为 $\alpha_1, \cdots, \alpha_n$，那么从定理 2 的证明中看出，$V$ 的任意一个基都含有 n 个向量，这与 V 是无限维的线性空间矛盾。因此，V 的任意一个基都含有无穷多个向量。 ■

从定理 2 和推论 4，可以给出下述重要概念：

定义 8 设 V 是域 F 上的线性空间，如果 V 是有限维的，那么把 V 的一个基所含向量的个数称为 V 的**维数**，记作 $\dim_F V$，简记作 $\dim V$；如果 V 是无限维的，那么记 $\dim V=\infty$。

由定义 8 知道，只含零向量的线性空间的维数为 0。

从基的定义看出，对于线性空间 V，只要知道了它的一个基，那么 V 的结构就完全清楚了。对于有限维的线性空间 V，它的维数对于研究 V 的结构起着重要的作用。

命题 9 设 V 是域 F 上的 n 维线性空间，则 V 中任意 $n+1$ 个向量都线性相关。

命题 10 设 V 是域 F 上的 n 维线性空间，则 V 中任意 n 个线性无关的向量都是 V 的一个基。

命题 11 设 V 是域 F 上的 n 维线性空间，如果 V 中的每一个向量都可以由向量组 $\alpha_1, \alpha_2, \cdots, \alpha_n$ 线性表出，那么 $\alpha_1, \alpha_2, \cdots, \alpha_n$ 是 V 的一个基。

命题 12 设 V 是域 F 上的 n 维线性空间，则 V 中任意一个线性无关的向量组都可以扩充成 V 的一个基。

设 V 是域 F 上的 n 维线性空间，$\alpha_1, \alpha_2, \cdots, \alpha_n$ 是 V 的一个基。根据命题 4 得，V 中任一向量 α 由基 $\alpha_1, \alpha_2, \cdots, \alpha_n$ 线性表出的方式唯一：

$$\alpha = a_1\alpha_1 + a_2\alpha_2 + \cdots + a_n\alpha_n,$$

我们把系数组成的 n 元有序组（写成列向量的形式）$(a_1, a_2, \cdots, a_n)'$ 称为 α 在基 $\alpha_1, \alpha_2, \cdots, \alpha_n$ 下的**坐标**。

四、基变换和坐标变换

设V是域F上的n维线性空间，给定V的两个基：

$$\alpha_1,\alpha_2,\cdots,\alpha_n;\ \beta_1,\beta_2,\cdots,\beta_n.$$

设V中向量α分别在这两个基下的坐标为

$$\boldsymbol{x}=(x_1,x_2,\cdots,x_n)',\ \boldsymbol{y}=(y_1,y_2,\cdots,y_n)'.$$

试问：$\boldsymbol{x}$与$\boldsymbol{y}$之间有什么关系？

首先需要把上述两个基之间的关系搞清楚。由于$\alpha_1,\alpha_2,\cdots,\alpha_n$是$V$的一个基，因此有

$$\begin{cases}\beta_1=a_{11}\alpha_1+a_{21}\alpha_2+\cdots+a_{n1}\alpha_n,\\ \beta_2=a_{12}\alpha_1+a_{22}\alpha_2+\cdots+a_{n2}\alpha_n,\\ \cdots\\ \beta_n=a_{1n}\alpha_1+a_{2n}\alpha_2+\cdots+a_{nn}\alpha_n.\end{cases}\tag{1}$$

为了使推导过程简洁，我们引进一种形式写法：

$$x_1\alpha_1+x_2\alpha_2+\cdots+x_n\alpha_n=(\alpha_1,\alpha_2,\cdots,\alpha_n)\begin{pmatrix}x_1\\x_2\\\vdots\\x_n\end{pmatrix}.\tag{2}$$

进而把(1)式写成

$$(\beta_1,\beta_2,\cdots,\beta_n)=(\alpha_1,\alpha_2,\cdots,\alpha_n)\begin{pmatrix}a_{11}&a_{12}&\cdots&a_{1n}\\a_{21}&a_{22}&\cdots&a_{2n}\\\vdots&\vdots&&\vdots\\a_{n1}&a_{n2}&\cdots&a_{nn}\end{pmatrix}.\tag{3}$$

我们把(3)式右端的矩阵记作A，称它是基$\alpha_1,\alpha_2,\cdots,\alpha_n$到基$\beta_1,\beta_2,\cdots,\beta_n$的**过渡矩阵**。于是(3)式可以写成

$$(\beta_1,\beta_2,\cdots,\beta_n)=(\alpha_1,\alpha_2,\cdots,\alpha_n)A.\tag{4}$$

引进形式写法的好处不仅在于使表达方式简洁，而且由于形式写法是模仿矩阵乘法的定义，因此矩阵乘法所满足的运算法则对于形式写法可以类似地证明其成立。还可以定义：

$$(\alpha_1,\alpha_2,\cdots,\alpha_n)+(\beta_1,\beta_2,\cdots,\beta_n):=(\alpha_1+\beta_1,\alpha_2+\beta_2,\cdots,\alpha_n+\beta_n),\tag{5}$$

$$k(\alpha_1,\alpha_2,\cdots,\alpha_n):=(k\alpha_1,k\alpha_2,\cdots,k\alpha_n).\tag{6}$$

它们分别类似于n元有序组的加法和纯量乘法。因此形式写法满足下列运算法则：

$$[(\alpha_1,\alpha_2,\cdots,\alpha_n)A]B=(\alpha_1,\alpha_2,\cdots,\alpha_n)(AB),\tag{7}$$

$$(\alpha_1,\alpha_2,\cdots,\alpha_n)A+(\alpha_1,\alpha_2,\cdots,\alpha_n)B=(\alpha_1,\alpha_2,\cdots,\alpha_n)(A+B),\tag{8}$$

$$(\alpha_1,\alpha_2,\cdots,\alpha_n)A+(\beta_1,\beta_2,\cdots,\beta_n)A=(\alpha_1+\beta_1,\alpha_2+\beta_2,\cdots,\alpha_n+\beta_n)A,\tag{9}$$

$$[k(\alpha_1,\alpha_2,\cdots,\alpha_n)]A=(\alpha_1,\alpha_2,\cdots,\alpha_n)(kA)=k[(\alpha_1,\alpha_2,\cdots,\alpha_n)A]. \tag{10}$$

利用形式写法满足的运算法则,可证明下述命题:

命题 13 设 $\alpha_1,\alpha_2,\cdots,\alpha_n$ 是 V 的一个基,且向量组 $\beta_1,\beta_2,\cdots,\beta_n$ 满足

$$(\beta_1,\beta_2,\cdots,\beta_n)=(\alpha_1,\alpha_2,\cdots,\alpha_n)A, \tag{11}$$

则 $\beta_1,\beta_2,\cdots,\beta_n$ 是 V 的一个基当且仅当 A 是可逆矩阵。

现在来回答 α 在不同基下的坐标之间的关系是什么的问题。由于

$$\alpha=(\alpha_1,\alpha_2,\cdots,\alpha_n)\boldsymbol{x},\alpha=(\beta_1,\beta_2,\cdots,\beta_n)\boldsymbol{y}$$

$$(\beta_1,\beta_2,\cdots,\beta_n)=(\alpha_1,\alpha_2,\cdots,\alpha_n)A,$$

所以

$$(\alpha_1,\alpha_2,\cdots,\alpha_n)\boldsymbol{x}=(\beta_1,\beta_2,\cdots,\beta_n)\boldsymbol{y}=(\alpha_1,\alpha_2,\cdots,\alpha_n)A\boldsymbol{y}.$$

由此得出

$$\boldsymbol{x}=A\boldsymbol{y}. \tag{12}$$

从(12)式得出

$$\boldsymbol{y}=A^{-1}\boldsymbol{x}. \tag{13}$$

8.1.2 典型例题

例 1 检验下列集合对于所指的加法和数量乘法是否构成实数域 $\mathbf{R}$ 上的线性空间:

(1) 所有正实数组成的集合为 $\mathbf{R}^+$,加法与数量乘法的定义为

$$a\oplus b=ab,\forall a,b\in\mathbf{R}^+, \tag{14}$$

$$k\odot a=a^k,\forall a\in\mathbf{R}^+,k\in\mathbf{R}; \tag{15}$$

(2) 定义域为开区间(a,b),陪域为实数集 $\mathbf{R}$ 的所有函数组成的集合 $\mathbf{R}^{(a,b)}$,对于函数的加法与数量乘法,即

$$(f+g)(x)\xlongequal{\text{def}}f(x)+g(x),\forall f,g\in\mathbf{R}^{(a,b)},x\in(a,b),$$

$$(kf)(x)\xlongequal{\text{def}}kf(x),\forall f\in\mathbf{R}^{(a,b)},k\in\mathbf{R},x\in(a,b);$$

(3) 定义域为开区间(a,b),陪域为正实数集 $\mathbf{R}^+$ 的所有函数组成的集合 ${\mathbf{R}^+}^{(a,b)}$,加法和数量乘法的定义为

$$(f\oplus g)(x)\xlongequal{\text{def}}f(x)g(x),\forall f,g\in{\mathbf{R}^+}^{(a,b)},x\in(a,b), \tag{16}$$

$$(k\odot f)(x)\xlongequal{\text{def}}[f(x)]^k,\forall f\in{\mathbf{R}^+}^{(a,b)},k\in\mathbf{R},x\in(a,b); \tag{17}$$

(4) 区间(a,b)上的所有 n 次可微函数组成的集合,记作 $C^{(n)}(a,b)$,对于函数的加法与数量乘法。

解　(1) 由于对任意 $a,b\in\mathbf{R}^+$，$k\in\mathbf{R}$，有 $ab\in\mathbf{R}^+$，$a^k\in\mathbf{R}^+$，因此用(14)、(15)式定义的加法和数量乘法的确是 $\mathbf{R}^+$ 的运算。由于对任意 $a,b,c\in\mathbf{R}^+$，有

$$a\oplus b=ab=ba=b\oplus a,$$
$$(a\oplus b)\oplus c=(ab)c=a(bc)=a\oplus(b\oplus c),$$

因此 $\mathbf{R}^+$ 里用(14)式定义的加法满足交换律和结合律。

由于对任意 $a\in\mathbf{R}^+$，有

$$a\oplus 1=a1=a,$$

因此 1 是 $\mathbf{R}^+$ 里对于用(14)式定义的加法的零元。又由于

$$a\oplus\frac{1}{a}=a\,\frac{1}{a}=1,$$

因此 $\mathbf{R}^+$ 里每个元素 a 都有对于用(14)式定义的加法的负元 $\frac{1}{a}$。

对任意 $a,b\in\mathbf{R}^+$，$k,l\in\mathbf{R}$，有

$$1\odot a=a^1=a,$$
$$(kl)\odot a=a^{kl}=(a^l)^k=(l\odot a)^k=k\odot(l\odot a),$$
$$(k+l)\odot a=a^{k+l}=a^ka^l=(k\odot a)\oplus(l\odot a),$$
$$k\odot(a\oplus b)=k\odot(ab)=(ab)^k=a^kb^k=(k\odot a)\oplus(k\odot b).$$

因此 $\mathbf{R}^+$ 对于用(14)、(15)式定义的加法与数量乘法成为 $\mathbf{R}$ 上的一个线性空间。

(2) 任取 $f,g,h\in\mathbf{R}^{(a,b)}$，有

$$\begin{aligned}
(f+g)(x)&=f(x)+g(x)\\
&=g(x)+f(x)\\
&=(g+f)(x),\ \forall\, x\in(a,b),\\
[(f+g)+h](x)&=(f+g)(x)+h(x)\\
&=f(x)+g(x)+h(x)\\
&=f(x)+(g+h)(x)\\
&=[f+(g+h)](x),\ \forall\, x\in(a,b),\\
(f+0)(x)&=f(x)+0(x)\\
&=f(x),\ \forall\, x\in(a,b),
\end{aligned}$$

因此

$$f+g=g+f,\ (f+g)+h=f+(g+h),$$

且零函数 0 是 $\mathbf{R}^{(a,b)}$ 对于函数加法的零元。

对于 $f\in\mathbf{R}^{(a,b)}$，规定 $(-f)(x)\xlongequal{\text{def}}-f(x)$，$\forall\, x\in(a,b)$。显然有

$$[f+(-f)](x)=f(x)+(-f)(x)=0, \forall x \in (a,b).$$

因此

$$f+(-f)=0.$$

关于数量乘法的 4 条运算法则也容易验证成立。因此，$\mathbf{R}^{(a,b)}$ 是 $\mathbf{R}$ 上的一个线性空间。

(3) 任取 $f,g,h\in {\mathbf{R}^+}^{(a,b)}$，$\forall x\in(a,b)$，有

$$\begin{aligned}(f\oplus g)(x)&=f(x)g(x)\\&=g(x)f(x)\\&=(g\oplus f)(x),\\ [(f\oplus g)\oplus h](x)&=(f\oplus g)(x)h(x)\\&=f(x)g(x)h(x)\\&=f(x)(g\oplus h)(x)\\&=[f\oplus(g\oplus h)](x),\\ (f\oplus 1)(x)&=f(x)1(x)\\&=f(x)\cdot 1=f(x),\end{aligned}$$

因此

$$f\oplus g=g\oplus f,(f\oplus g)\oplus h=f\oplus(g\oplus h),f\oplus 1=f.$$

于是常值函数 1 是关于加法的零元。

对于 $f\in {\mathbf{R}^+}^{(a,b)}$，令 $g(x)=\dfrac{1}{f(x)}$，$\forall x\in(a,b)$，则

$$(f\oplus g)(x)=f(x)g(x)=1, \forall x\in(a,b).$$

因此 g 是 f 关于加法的负元。

任取 $f,g\in {\mathbf{R}^+}^{(a,b)}$，$k,l\in\mathbf{R}$，$\forall x\in(a,b)$有

$$\begin{aligned}(1\odot f)(x)&=[f(x)]^1=f(x),\\ [(kl)\odot f](x)&=[f(x)]^{kl}\\&=[(f(x))^l]^k\\&=[(l\odot f)(x)]^k\\&=[k\odot(l\odot f)](x),\\ [(k\oplus l)\odot f](x)&=[f(x)]^{k+l}\\&=f(x)^k f(x)^l\\&=[(k\odot f)(x)][(l\odot f)(x)]\\&=[(k\odot f)\oplus(l\odot f)](x),\\ [k\odot(f\oplus g)](x)&=[(f\oplus g)(x)]^k\end{aligned}$$

$$
\begin{aligned}
&= [f(x)g(x)]^k \\
&= (f(x))^k(g(x))^k \\
&= [(k\odot f)(x)][(k\odot g)(x)] \\
&= [(k\odot f)\oplus(k\odot g)](x),
\end{aligned}
$$

因此

$$
\begin{gathered}
1\odot f = f,(kl)\odot f = k\odot(l\odot f), \\
(k+l)\odot f = (k\odot f)\oplus(l\odot f), \\
k\odot(f\oplus g) = (k\odot f)\oplus(k\odot g).
\end{gathered}
$$

综上所述，$\mathbf{R}^{+^{(a,b)}}$ 对于用(16)、(17)式分别定义的加法和数量乘法成为 **R** 上的一个线性空间。

(4) 设 $f,g\in C^{(n)}(a,b)$，由数学分析课程的结论知道，$f+g,kf\in C^{(n)}(a,b)$，其中 $k\in\mathbf{R}$。因此，函数的加法与数量乘法的确是 $C^{(n)}(a,b)$ 的运算。

由第(2)小题的证明过程看出，$C^{(n)}(a,b)$ 中，满足关于加法与数量乘法的 8 条运算法则。因此，$C^{(n)}(a,b)$ 对于函数的加法与数量乘法形成 **R** 上的一个线性空间。

点评　例 1 的第(1)小题中，1 是 $\mathbf{R}^+$ 对于用(14)式定义的加法的零元，$\dfrac{1}{a}$ 是 a 对于此加法的负元。第(3)小题中，常值函数 1 是 $\mathbf{R}^{+^{(a,b)}}$ 对于用(16)式定义的加法的零元，$g(x)=\dfrac{1}{f(x)}$ 是 $f(x)$ 对于此加法的负元。由此看出，线性空间中的“零元”，一个元素的“负元”是由该空间中定义的加法来决定的。

例 1 的第(1)小题中，$\mathbf{R}^+$ 是实数域 **R** 上的线性空间，因此在做数量乘法 $k\odot a$ 时，k 是实数，而 a 是正实数。这一点要加以注意。即若 V 是域 F 上的线性空间，则做纯量乘法时，是把域 F 中的元素与 V 中的元素相乘。因此对于线性空间一定要明确它是哪个域上的线性空间。

例 2　设 V 是复数域 **C** 上的一个线性空间，如果加法保持不变，而数量乘法改成：

$$
k\cdot\alpha = \bar{k}\alpha,\forall k\in\mathbf{C},\alpha\in V, \tag{18}
$$

其中 $\bar{k}$ 是 k 的共轭复数。试问：集合 V 对于原来的加法和用(18)式定义的数量乘法是否构成复数域 **C** 上的一个线性空间？

解　V 对于原来的加法当然满足 4 条运算法则。又由于

$$
\begin{gathered}
1\cdot\alpha = \bar{1}\alpha = 1\alpha = \alpha, \\
(kl)\cdot\alpha = \overline{kl}\alpha = \bar{k}\,\bar{l}\alpha = \bar{k}(l\cdot\alpha) = k\cdot(l\cdot\alpha), \\
(k+l)\cdot\alpha = \overline{k+l}\alpha = (\bar{k}+\bar{l})\alpha = \bar{k}\alpha+\bar{l}\alpha = k\cdot\alpha+l\cdot\alpha, \\
k\cdot(\alpha+\beta) = \bar{k}(\alpha+\beta) = \bar{k}\alpha+\bar{k}\beta = k\cdot\alpha+k\cdot\beta,
\end{gathered}
$$

其中 $\alpha,\beta\in V,k,l\in\mathbf{C}$,因此 V 对于原来的加法和用(18)式定义的数量乘法构成复数域上的一个线性空间。

点评　从例 2 的解法看到,关键是复数的共轭具有保持加法和保持乘法的性质:$\overline{k+l}=\overline{k}+\overline{l},\overline{kl}=\overline{k}\,\overline{l}$,因此复数域上的线性空间 V 对于原来的加法和用(18)式定义的数量乘法也成为复数域上的一个线性空间。虽然这两个线性空间作为集合是同一个集合,而且它们是对于同一个域而言,但是其中的数量乘法却不一样,因此它们是复数域上的不同的线性空间。由此受到启发,对于域 F 上的线性空间 V,如果加法保持不变,但是纯量乘法改为

$$k\cdot\alpha=\sigma(k)\alpha,\ \forall\, k\in F,\alpha\in V,\tag{19}$$

其中 σ 是域 F 到自身的一个非零映射,且 σ 保持域 F 的加法和乘法(此时称 σ 是域 F 的一个非零**自同态**),那么 V 对于原来的加法和用(19)式定义的纯量乘法也成为域 F 上的一个线性空间,这是与原来的 V 不同的线性空间。

例 3　实数集 $\mathbf{R}$ 的下列子集对于实数的加法以及有理数和实数的乘法是否形成有理数域 $\mathbf{Q}$ 上的一个线性空间?

(1) 全体正实数 $\mathbf{R}^+$;(2) $\mathbf{Q}(\sqrt{2})=\{a+b\sqrt{2}\mid a,b\in\mathbf{Q}\}$。

解　(1) 由于$(-1)\sqrt{3}=-\sqrt{3}\notin\mathbf{R}^+$,因此有理数和实数的乘法不是 $\mathbf{R}^+$ 的数量乘法。从而 $\mathbf{R}^+$ 对于实数的加法以及有理数和实数的乘法不是 $\mathbf{Q}$ 上的线性空间。

(2) $\mathbf{Q}(\sqrt{2})$是一个数域,因此 $\mathbf{Q}(\sqrt{2})$对于实数的加法以及有理数和实数的乘法封闭,并且满足线性空间定义中的 8 条运算法则。从而 $\mathbf{Q}(\sqrt{2})$是 $\mathbf{Q}$ 上的一个线性空间。

点评　从例 3 的第(2)小题看到,一般地,若域 E 包含域 F,则 E 对于域 E 的加法以及 F 中元素与 E 中元素的乘法形成域 F 上的一个线性空间。

例 4　设 F 是一个域,m 是一个正整数,$F[x_1,x_2,\cdots,x_n]$中所有 m 次齐次多项式组成的集合记作 U,对于 n 元多项式的加法以及域 F 中元素与 n 元多项式的乘法,U 是否形成域 F 上的一个线性空间?

解　由于两个 m 次齐次多项式的和仍是 m 次齐次多项式,零多项式可看成是任意次数的齐次多项式,域 F 中元素与 m 次齐次多项式的乘积仍是 m 次齐次多项式,因此 U 对于 n 元多项式的加法以及 F 中元素与 n 元多项式的乘法封闭。显然 U 满足线性空间定义中的 8 条运算法则,因此 U 成为域 F 上的一个线性空间。

例 5　用 F^∞ 表示域 F 上所有无限序列组成的集合,即

$$F^\infty=\{(a_1,a_2,a_3,\cdots)\mid a_i\in F,i=1,2,3,\cdots\}$$

在 F^{∞} 中定义加法与纯量乘法如下：

$$(a_1,a_2,a_3,\cdots)+(b_1,b_2,b_3,\cdots)\xlongequal{\text{def}}(a_1+b_1,a_2+b_2,a_3+b_3,\cdots), \tag{20}$$

$$k(a_1,a_2,a_3,\cdots)\xlongequal{\text{def}}(ka_1,ka_2,ka_3,\cdots). \tag{21}$$

试问：F^{∞} 是否为域 F 上的一个线性空间？

解 容易验证 F^{∞} 中由(20)式定义的加法满足交换律和结合律，$(0,0,0,\cdots)$ 是零元，$(-a_1,-a_2,\cdots)$ 是 $(a_1,a_2,\cdots)$ 的负元素。也容易验证关于纯量乘法的 4 条运算法则。因此 F^{∞} 成为域 F 上的一个线性空间。

* **例 6** 在 $\mathbf{R}^{\infty}$ 中，序列 $(a_1,a_2,a_3,\cdots)$ 称为满足 Cauchy 条件，如果任给 $\varepsilon>0$，都存在正整数 N，使得只要 $m,n>N$，就有 $|a_m-a_n|<\varepsilon$。试问：$\mathbf{R}^{\infty}$ 中所有满足 Cauchy 条件的序列组成的子集 W 对于用(20)、(21)式分别定义的加法和数量乘法，是否成为实数域 $\mathbf{R}$ 上的一个线性空间？

解 设 $(a_1,a_2,a_3,\cdots)$ 与 $(b_1,b_2,b_3,\cdots)$ 都满足 Cauchy 条件，则任给 $\varepsilon>0$，存在正整数 N_1,N_2，使得只要 $m,n>N_1,m,n>N_2$，就有

$$|a_m-a_n|<\frac{\varepsilon}{2},\ |b_m-b_n|<\frac{\varepsilon}{2}.$$

取 $N=\max\{N_1,N_2\}$，则只要 $m,n>N$，就有

$$|(a_m+b_m)-(a_n+b_n)|\leqslant|(a_m-a_n)|+|(b_m-b_n)|<\varepsilon.$$

因此 $(a_1+b_1,a_2+b_2,a_3+b_3,\cdots)$ 也满足 Cauchy 条件，即 W 对于加法封闭。

设 $(a_1,a_2,a_3,\cdots)$ 满足 Cauchy 条件，对于 $k\in\mathbf{R}^*$，任给 $\varepsilon>0$，存在正整数 N，使得只要 $m,n>N$，就有

$$|a_m-a_n|<\frac{\varepsilon}{|k|}.$$

从而

$$|ka_m-ka_n|=|k||a_m-a_n|<\varepsilon.$$

于是 $(ka_1,ka_2,\cdots)$ 也满足 Cauchy 条件。又显然 $0(a_1,a_2,a_3,\cdots)=(0,0,0,\cdots)\in W$。因此 W 对于数量乘法封闭。

由于 $\mathbf{R}^{\infty}$ 是 $\mathbf{R}$ 上的一个线性空间，因此 $\mathbf{R}^{\infty}$ 的子集 W 也满足加法的交换律、结合律，以及有关数量乘法的 4 条运算法则。显然，$(0,0,0,\cdots)$ 是 W 中的零元。若 $(a_1,a_2,a_3,\cdots)$ 满足 Cauchy 条件，则显然，$(-a_1,-a_2,\cdots)$ 也满足 Cauchy 条件。因此 W 满足线性空间定义的 8 条运算法则，从而 W 是 $\mathbf{R}$ 上的一个线性空间。

例 7 $M_n(K)$ 的下列子集对于矩阵的加法与数量乘法是否形成数域 K 上的线性空间？

(1) 数域 K 上所有 n 级对称矩阵组成的集合 V_1；

(2) 数域 K 上所有 n 级斜对称矩阵组成的集合 V_2；

(3) 数域 K 上所有 n 级上三角矩阵组成的集合 V_3。

解 (1) 由于两个 n 级对称矩阵的和仍是 n 级对称矩阵，数 k 与 n 级对称矩阵的乘积仍是 n 级对称矩阵，因此 V_1 对于矩阵的加法与数量乘法封闭。由于 $M_n(K)$ 是数域 K 上的线性空间，因此它的子集 V_1 当然也满足加法交换律和结合律，以及关于数量乘法的 4 条运算法则。显然，零矩阵是对称矩阵；若 A 是对称矩阵，则 $-A$ 也是对称矩阵。因此 V_1 成为数域 K 上的一个线性空间。

(2) 类似于(1)的解法，数域 K 上 n 级斜对称矩阵组成的集合 V_2 也是数域 K 上的一个线性空间。

(3) 类似于(1)的解法，数域 K 上 n 级上三角矩阵组成的集合 V_3 也是数域 K 上的一个线性空间。

点评 从例 4～例 7 看到，线性空间这一模型概括了许多数学对象。因此，抽象地研究线性空间的结构是很有必要的。

* **例 8** 证明:线性空间定义中加法交换律可以由定义中的其他运算法则推出。

分析 设 V 是域 F 上的线性空间，任取 $\alpha,\beta\in V$，要证 $\alpha+\beta=\beta+\alpha$。两边加上 $-(\beta+\alpha)$，得

$$(\alpha+\beta)+[-(\beta+\alpha)]=(\beta+\alpha)+[-(\beta+\alpha)]=0. \tag{22}$$

这启发我们去证(22)式成立。如果能证明(22)式成立，那么在(22)式两边加上$(\beta+\alpha)$，得

$$(\alpha+\beta)+[-(\beta+\alpha)]+(\beta+\alpha)=0+(\beta+\alpha). \tag{23}$$

为了从(23)式得出 $\alpha+\beta=\beta+\alpha$，需要证明下述两个式子：

$$-(\beta+\alpha)+(\beta+\alpha)=0,\ 0+(\beta+\alpha)=\beta+\alpha,$$

并且要证明 V 中零元唯一，每个元素的负元唯一。在证明(22)式成立时，拟采取的思路是

$$\begin{aligned}(\alpha+\beta)+[-(\beta+\alpha)]&=(\alpha+\beta)+[(-1)(\beta+\alpha)]\\&=\alpha+\beta+(-1)\beta+(-1)\alpha\\&=\alpha+\beta+(-\beta)+(-\alpha)\\&=\alpha+0+(-\alpha)\\&=0.\end{aligned}$$

为此需要证明 $\forall\,\gamma\in V$，有$(-1)\gamma=-\gamma$。而为了证明这一点，需要证 $0\gamma=0$。这样证明的思路就清楚了。

证明 设 V 是域 F 上的线性空间，任取 $\alpha,\beta\in V$。

第一步 设 δ 是 α 的一个负元，则

$\alpha+\delta=0$，从而 $\delta+(\alpha+\delta)=\delta+0$。根据加法结合律和零元的定义，得

$$(\delta+\alpha)+\delta=\delta. \tag{24}$$

设 η 是 δ 的一个负元，则从(24)式得

$$(\delta+\alpha)+\delta+\eta=\delta+\eta. \tag{25}$$

根据加法结合律和负元的定义，得

$$(\delta+\alpha)+0=0.$$

根据零元的定义得，$\delta+\alpha=0$。

第二步　根据负元和零元的定义、加法结合律，以及第一步证得的结论，得

$$0+\alpha=(\alpha+\delta)+\alpha=\alpha+(\delta+\alpha)=\alpha+0=\alpha.$$

第三步　若 0_1 也是 V 的一个零元，则根据零元的定义，以及第二步证得的结论，得

$$0=0+0_1=0_1.$$

因此 V 中的零元唯一。

第四步　若 δ_1 也是 α 的负元，则

$$\delta_1=0+\delta_1=(\delta+\alpha)+\delta_1=\delta+(\alpha+\delta_1)=\delta+0=\delta.$$

因此 α 的负元唯一。由于 α 是 V 中任一元素，因此 V 中每个元素的负元唯一。

第五步　根据纯量乘法的运算法则 7°，得

$$0\alpha+0\alpha=(0+0)\alpha=0\alpha,$$

两边加上 -0α，得

$$(0\alpha+0\alpha)+(-0\alpha)=0\alpha+(-0\alpha).$$

根据结合律和负元，零元的定义得

$$0\alpha=0.$$

第六步　根据纯量乘法的运算法则 5°、7°和第五步证得的结论，得

$$\alpha+(-1)\alpha=1\alpha+(-1)\alpha=[1+(-1)]\alpha=0\alpha=0.$$

根据负元的定义以及负元的唯一性得

$$(-1)\alpha=-\alpha.$$

第七步　根据运算法则 5°、8°、第六步的结果、结合律，以及零元和负元的定义，得

$$\begin{aligned}(\alpha+\beta)+[-(\beta+\alpha)]&=(\alpha+\beta)+[(-1)(\beta+\alpha)]\\&=(\alpha+\beta)+[(-1)\beta+(-1)\alpha]\\&=(\alpha+\beta)+[(-\beta)+(-\alpha)]\\&=\alpha+[\beta+(-\beta)]+(-\alpha)\\&=(\alpha+0)+(-\alpha)\\&=\alpha+(-\alpha)=0.\end{aligned} \tag{26}$$

根据第二步的结论、(26)式、结合律,以及第一步的结论,得

$$\begin{aligned}\beta+\alpha &= 0+(\beta+\alpha)\\ &= \{(\alpha+\beta)+[-(\beta+\alpha)]\}+(\beta+\alpha)\\ &= (\alpha+\beta)+\{[-(\beta+\alpha)]+(\beta+\alpha)\}\\ &= (\alpha+\beta)+0=\alpha+\beta.\end{aligned}$$

因此 V 中加法交换律成立。 ■

例 9 在定义域为实数集 $\mathbf{R}$ 的所有实值函数形成的 $\mathbf{R}$ 上的线性空间 $\mathbf{R}^{\mathbf{R}}$ 中,$\sin x$,$\cos x$,$e^x\sin x$ 是否线性无关?

解 设

$$k_1\sin x+k_2\cos x+k_3e^x\sin x=0. \tag{27}$$

让 x 分别取值 $0,\frac{\pi}{2},-\frac{\pi}{2}$,从(27)式得

$$\begin{cases} k_2 = 0,\\ k_1+k_3e^{\frac{\pi}{2}} = 0,\\ -k_1-k_3e^{-\frac{\pi}{2}} = 0.\end{cases} \tag{28}$$

解得,

$$k_2=0,k_3=0,k_1=0.$$

因此 $\sin x,\cos x,e^x\sin x$ 线性无关。

点评 在线性空间 V 中,判断向量组 $\alpha_1,\cdots,\alpha_s$ 是否线性无关的基本方法是根据定义。即,设

$$k_1\alpha_1+\cdots+k_s\alpha_s=0,$$

如果能推出 $k_1=\cdots=k_s=0$,那么 $\alpha_1,\cdots,\alpha_s$ 线性无关。在例 9 中,(27)式右端的 0 是零函数,为了从(27)式解出 k_1,k_2,k_3,需要列出 3 个方程,因此需要让自变量 x 分别取 3 个值,代入(27)式。要注意如果让 x 分别取 $0,\frac{\pi}{2},\pi$,那么所得到的三元一次方程组有非零解。但不能由此推断 $\sin x,\cos x,e^x\sin x$ 线性相关,这是因为所得到的非零解只是在 x 取值 $0,\frac{\pi}{2},\pi$ 时,能使 $k_1\sin x+k_2\cos x+k_3e^x\sin x=0$,却无法在 x 取任意实数值时,都使 $k_1\sin x+k_2\cos x+k_3e^x\sin x=0$。因此所得到的非零解不能使(27)式成立,从而推不出 $\sin x$,$\cos x,e^x\sin x$ 线性相关。

例 10 在定义域为正实数集 $\mathbf{R}^+$ 的所有实值函数形成的 $\mathbf{R}$ 上的线性空间 $\mathbf{R}^{\mathbf{R}^+}$ 中,x^{t_1},$x^{t_2},\cdots,x^{t_n}$ 是否线性无关?其中 $t_1,t_2,\cdots,t_n$ 是两两不等的实数。

解 设

$$k_1x^{t_1}+k_2x^{t_2}+\cdots+k_nx^{t_n}=0. \tag{29}$$

让 x 分别取值 $1,2,2^2,\cdots,2^{n-1}$,从(29)式得

$$\begin{cases} k_1 + k_2 + \cdots + k_n = 0, \\ k_1 2^{t_1} + k_2 2^{t_2} + \cdots + k_n 2^{t_n} = 0, \\ k_1 2^{2t_1} + k_2 2^{2t_2} + \cdots + k_n 2^{2t_n} = 0, \\ \cdots \\ k_1 2^{(n-1)t_1} + k_2 2^{(n-1)t_2} + \cdots + k_n 2^{(n-1)t_n} = 0. \end{cases} \tag{30}$$

由于 $t_1,t_2,\cdots,t_n$ 两两不等,因此 $2^{t_1},2^{t_2},\cdots,2^{t_n}$ 两两不等,从而 n 元齐次线性方程组(30)的系数矩阵的行列式(即范德蒙行列式)

$$\begin{vmatrix} 1 & 1 & \cdots & 1 \\ 2^{t_1} & 2^{t_2} & \cdots & 2^{t_n} \\ 2^{2t_1} & 2^{2t_2} & \cdots & 2^{2t_n} \\ \vdots & \vdots & & \vdots \\ 2^{(n-1)t_1} & 2^{(n-1)t_2} & \cdots & 2^{(n-1)t_n} \end{vmatrix} \neq 0.$$

于是方程组(30)只有零解,即 $k_1=k_2=\cdots=k_n=0$。所以 $x^{t_1},x^{t_2},\cdots,x^{t_n}$ 线性无关,其中 $t_1,t_2,\cdots,t_n$ 两两不等。

点评 例10的解题关键是观察函数组 $x^{t_1},x^{t_2},\cdots,x^{t_n}$ 的特点,联想到有可能让 x 分别取的 n 个值使所得到的线性方程组的系数行列式为范德蒙德行列式,最简单的选取法是让 x 分别取 $1,2,2^2,\cdots,2^{n-1}$。当然,也可以让 x 分别取 $1,3,3^2,\cdots,3^{n-1}$ 等。

例11 设 $f_1(x),f_2(x),\cdots,f_n(x)\in C^{(n-1)}[a,b]$,令

$$W(x)=\begin{vmatrix} f_1(x) & f_2(x) & \cdots & f_n(x) \\ f_1'(x) & f_2'(x) & \cdots & f_n'(x) \\ \vdots & \vdots & & \vdots \\ f_1^{(n-1)}(x) & f_2^{(n-1)}(x) & \cdots & f_n^{(n-1)}(x) \end{vmatrix}, \tag{31}$$

称 $W(x)$ 是 $f_1(x),f_2(x),\cdots,f_n(x)$ 的 **Wronsky(朗斯基)行列式**。证明:如果存在 $x_0\in[a,b]$,使得 $W(x_0)\neq0$,那么 $f_1(x),f_2(x),\cdots,f_n(x)$ 线性无关。

证明 设

$$k_1f_1(x)+k_2f_2(x)+\cdots+k_nf_n(x)=0. \tag{32}$$

在(32)式两边分别求1阶,2阶,$\cdots$,$n-1$ 阶导数,得

$$\begin{cases} k_1f_1'(x)+k_2f_2'(x)+\cdots+k_nf_n'(x)=0, \\ k_1f_1''(x)+k_2f_2''(x)+\cdots+k_nf_n''(x)=0, \\ \cdots \\ k_1f_1^{(n-1)}(x)+k_2f_2^{(n-1)}(x)+\cdots+k_nf_n^{(n-1)}(x)=0. \end{cases} \tag{33}$$

让 x 取值 x_0，从(32)和(33)式得到

$$\begin{cases} k_1 f_1(x_0) + k_2 f_2(x_0) + \cdots + k_n f_n(x_0) = 0, \\ k_1 f_1'(x_0) + k_2 f_2'(x_0) + \cdots + k_n f_n'(x_0) = 0, \\ k_1 f_1''(x_0) + k_2 f_2''(x_0) + \cdots + k_n f_n''(x_0) = 0, \\ \cdots \\ k_1 f_1^{(n-1)}(x_0) + k_2 f_2^{(n-1)}(x_0) + \cdots + k_n f_n^{(n-1)}(x_0) = 0. \end{cases} \tag{34}$$

n 元齐次线性方程组(34)的系数行列式正好是 $W(x_0)$。由已知条件，$W(x_0)\neq 0$，从而方程组(34)只有零解。即

$$k_1 = k_2 = \cdots = k_n = 0.$$

因此 $f_1(x), f_2(x), \cdots, f_n(x)$ 线性无关。 ■

点评　例 11 给出了 $[a,b]$ 上 n 个 $n-1$ 次可微函数 $f_1(x), f_2(x), \cdots, f_n(x)$ 线性无关的一个充分条件：存在 $x_0\in[a,b]$，使得 $W(x_0)\neq 0$。注意这个条件不是必要条件，即从 $f_1(x), f_2(x), \cdots, f_n(x)$ 线性无关推不出“存在 $x_0\in[a,b]$，使得 $W(x_0)\neq 0$”。换句话说，从“$\forall x\in[a,b]$ 都有 $W(x)=0$”推不出 $f_1(x), f_2(x), \cdots, f_n(x)$ 线性相关，可参看下面的例 13。其原因是，虽然 $\forall x\in[a,b]$ 都有 $W(x)=0$，从而相应的齐次线性方程组有非零解，但是这个非零解是依赖于 x 的，即对于 $x_1, x_2\in[a,b]$ 且 $x_1\neq x_2$，相应的齐次线性方程组的非零解可能不成比例。因此无法找到公共的一个非零解 $(k_1, k_2, \cdots, k_n)'$，使得 $\forall x\in[a,b]$ 都有 $k_1f_1(x)+k_2f_2(x)+\cdots+k_nf_n(x)=0$。从而无法判断 $f_1(x), f_2(x), \cdots, f_n(x)$ 线性相关。在“$\forall x\in[a,b]$ 都有 $W(x)=0$”的情形，需要用定义去判断 $f_1(x), f_2(x), \cdots, f_n(x)$ 是线性相关还是线性无关。此外，如果 $f_1(x), f_2(x), \cdots, f_n(x)$ 的 Wronsky 行列式 $W(x)$ 不容易计算，那么可以用定义去判断。

例 12　在实数域上的线性空间 $\mathbf{R}^{\mathbf{R}}$ 中，$e^{ax}\sin bx, e^{ax}\cos bx$(其中 $b\neq 0$)是否线性无关？

解　$e^{ax}\sin bx, e^{ax}\cos bx$ 的 Wronsky 行列式是

$$W(x) = \begin{vmatrix} e^{ax}\sin bx & e^{ax}\cos bx \\ ae^{ax}\sin bx + be^{ax}\cos bx & ae^{ax}\cos bx - be^{ax}\sin bx \end{vmatrix}.$$

由于

$$W(0) = \begin{vmatrix} 0 & 1 \\ b & a \end{vmatrix} = -b \neq 0,$$

因此 $e^{ax}\sin bx, e^{ax}\cos bx$ 线性无关。

例 13　在实数域上的线性空间 $\mathbf{R}^{\mathbf{R}}$ 中，$x^2, x|x|$ 是否线性无关？

解　设

$$k_1x^2 + k_2x|x| = 0. \tag{35}$$

让 x 分别取值 $1, -1$，从(35)式得

$$\begin{cases} k_1 + k_2 = 0, \\ k_1 - k_2 = 0. \end{cases}$$

解得，$k_1=0$，$k_2=0$。因此 x^2，$x|x|$ 线性无关。

点评　例13中的函数 $f_2(x)=x|x|$ 在 $(-\infty,+\infty)$ 有一阶导数，因此 x^2，$x|x|$ 有 Wronsky 行列式：

$$W(x)=\begin{vmatrix} x^2 & x|x| \\ 2x & 2|x| \end{vmatrix}=0,\ \forall x\in(-\infty,+\infty).$$

由此看到，虽然 x^2，$x|x|$ 的 Wronsky 行列式 $W(x)=0$，$\forall x\in\mathbf{R}$，但是 x^2，$x|x|$ 线性无关。

例 14　在实数域上的线性空间 $\mathbf{R}^{\mathbf{R}}$ 中，$e^{\lambda_1 x}$，$e^{\lambda_2 x}$，…，$e^{\lambda_n x}$ 是否线性无关？其中 λ_1，λ_2，…，λ_n 是两两不等的实数。

解　$e^{\lambda_1 x}$，$e^{\lambda_2 x}$，…，$e^{\lambda_n x}$ 的 Wronsky 行列式为

$$W(x)=\begin{vmatrix} e^{\lambda_1 x} & e^{\lambda_2 x} & \cdots & e^{\lambda_n x} \\ \lambda_1 e^{\lambda_1 x} & \lambda_2 e^{\lambda_2 x} & \cdots & \lambda_n e^{\lambda_n x} \\ \lambda_1^2 e^{\lambda_1 x} & \lambda_2^2 e^{\lambda_2 x} & \cdots & \lambda_n^2 e^{\lambda_n x} \\ \vdots & \vdots & & \vdots \\ \lambda_1^{n-1} e^{\lambda_1 x} & \lambda_2^{n-1} e^{\lambda_2 x} & \cdots & \lambda_n^{n-1} e^{\lambda_n x} \end{vmatrix}.$$

让 x 取值0，得

$$W(0)=\begin{vmatrix} 1 & 1 & \cdots & 1 \\ \lambda_1 & \lambda_2 & \cdots & \lambda_n \\ \lambda_1^2 & \lambda_2^2 & \cdots & \lambda_n^2 \\ \vdots & \vdots & & \vdots \\ \lambda_1^{n-1} & \lambda_2^{n-1} & \cdots & \lambda_n^{n-1} \end{vmatrix}.$$

由于 λ_1，λ_2，…，λ_n 两两不等，因此范德蒙德行列式 $W(0)\neq 0$。从而 $e^{\lambda_1 x}$，$e^{\lambda_2 x}$，…，$e^{\lambda_n x}$ 线性无关。

例 15　在实数域上的线性空间 $\mathbf{R}^{\mathbf{R}}$ 中，$\sin x$，$\cos x$，$\sin^2 x$，$\cos^2 x$，是否线性无关？

解　$\sin x$，$\cos x$，$\sin^2 x$，$\cos^2 x$ 的 Wronsky 行列式为

$$W(x)=\begin{vmatrix} \sin x & \cos x & \sin^2 x & \cos^2 x \\ \cos x & -\sin x & 2\sin x\cos x & -2\cos x\sin x \\ -\sin x & -\cos x & 2\cos 2x & -2\cos 2x \\ -\cos x & \sin x & -4\sin 2x & 4\sin 2x \end{vmatrix}.$$

让 x 取值 $\frac{\pi}{6}$ 得

$$W\left(\frac{\pi}{6}\right)=\begin{vmatrix} \frac{1}{2} & \frac{\sqrt{3}}{2} & \frac{1}{4} & \frac{3}{4} \\ \frac{\sqrt{3}}{2} & -\frac{1}{2} & \frac{\sqrt{3}}{2} & -\frac{\sqrt{3}}{2} \\ -\frac{1}{2} & -\frac{\sqrt{3}}{2} & 1 & -1 \\ -\frac{\sqrt{3}}{2} & \frac{1}{2} & -2\sqrt{3} & 2\sqrt{3} \end{vmatrix}$$

$$=\begin{vmatrix} \frac{1}{2} & \frac{\sqrt{3}}{2} & \frac{1}{4} & \frac{3}{4} \\ \frac{\sqrt{3}}{2} & -\frac{1}{2} & \frac{\sqrt{3}}{2} & -\frac{\sqrt{3}}{2} \\ 0 & 0 & \frac{5}{4} & -\frac{1}{4} \\ 0 & 0 & -\frac{3}{2}\sqrt{3} & \frac{3}{2}\sqrt{3} \end{vmatrix}$$

$$=\left(-\frac{1}{4}-\frac{3}{4}\right)\left(\frac{15}{8}\sqrt{3}-\frac{3}{8}\sqrt{3}\right)$$

$$=-\frac{3}{2}\sqrt{3}\neq 0.$$

因此 $\sin x,\cos x,\sin^2 x,\cos^2 x$ 线性无关。

例 16 证明:在实数域上的线性空间 $\mathbf{R}^{\mathbf{R}}$ 中,对任意自然数 n,有 $1,\cos x,\cos 2x,\cdots,\cos nx$ 线性无关。

证明 对 n 作数学归纳法。$n=0$ 时,1 线性无关。假设 $n-1$ 时命题为真,来看 n 的情形。设

$$k_0 1+k_1\cos x+k_2\cos 2x+\cdots+k_n\cos nx=0. \tag{36}$$

在(36)式两边求 1 阶导数和 2 阶导数,得

$$-k_1\sin x-2k_2\sin 2x-\cdots-nk_n\sin nx=0, \tag{37}$$

$$-k_1\cos x-4k_2\cos 2x-\cdots-n^2k_n\cos nx=0. \tag{38}$$

(36)式两边乘 n^2,与(38)式相加得

$$n^2k_0 1+(n^2-1)k_1\cos x+(n^2-4)k_2\cos 2x+\cdots+[n^2-(n-1)^2]k_{n-1}\cos(n-1)x=0.$$

根据归纳假设得

$$n^2k_0=0,(n^2-1)k_1=0,(n^2-4)k_2=0,\cdots,[n^2-(n-1)^2]k_{n-1}=0.$$

从而 $k_0=k_1=k_2=\cdots=k_{n-1}=0$。代入(36)式得

$$k_n \cos nx = 0. \tag{39}$$

由于 $\cos nx$ 不是零函数,因此 $k_n=0$,从而 $1,\cos x,\cos 2x,\cdots,\cos(n-1)x,\cos nx$ 线性无关。

根据数学归纳法原理,对一切自然数 n,命题为真。■

例 17 证明:在实数域上的线性空间 $\mathbf{R}^{\mathbf{R}}$ 中,对任意自然数 n,有

$$1,\sin x,\sin^2 x,\cdots,\sin^n x$$

线性无关。

证明 设

$$k_0 1 + k_1 \sin x + k_2 \sin^2 x + \cdots + k_n \sin^n x = 0. \tag{40}$$

让 x 分别取值 $\frac{1}{n+1}\frac{\pi}{2},\frac{2}{n+1}\frac{\pi}{2},\cdots,\frac{n+1}{n+1}\frac{\pi}{2}$,从(40)式得

$$\begin{cases} k_0 1 + k_1 \sin\frac{1}{n+1}\frac{\pi}{2} + k_2 \sin^2\frac{1}{n+1}\frac{\pi}{2} + \cdots + k_n \sin^n \frac{1}{n+1}\frac{\pi}{2} = 0, \\ k_0 1 + k_1 \sin\frac{2}{n+1}\frac{\pi}{2} + k_2 \sin^2\frac{2}{n+1}\frac{\pi}{2} + \cdots + k_n \sin^n \frac{2}{n+1}\frac{\pi}{2} = 0, \\ \cdots \\ k_0 1 + k_1 \sin\frac{n+1}{n+1}\frac{\pi}{2} + k_2 \sin^2\frac{n+1}{n+1}\frac{\pi}{2} + \cdots + k_n \sin^n \frac{n+1}{n+1}\frac{\pi}{2} = 0. \end{cases} \tag{41}$$

$n+1$ 元齐次线性方程组(41)的系数行列式为

$$\begin{vmatrix} 1 & \sin\frac{1}{n+1}\frac{\pi}{2} & \sin^2\frac{1}{n+1}\frac{\pi}{2} & \cdots & \sin^n\frac{1}{n+1}\frac{\pi}{2} \\ 1 & \sin\frac{2}{n+1}\frac{\pi}{2} & \sin^2\frac{2}{n+1}\frac{\pi}{2} & \cdots & \sin^n\frac{2}{n+1}\frac{\pi}{2} \\ \vdots & \vdots & \vdots & & \vdots \\ 1 & \sin\frac{n+1}{n+1}\frac{\pi}{2} & \sin^2\frac{n+1}{n+1}\frac{\pi}{2} & \cdots & \sin^n\frac{n+1}{n+1}\frac{\pi}{2} \end{vmatrix}. \tag{42}$$

(42)式是 $n+1$ 阶范德蒙德行列式的转置。由于 $\sin x$ 在 $[0,\frac{\pi}{2}]$ 是增函数,因此 $\sin\frac{1}{n+1}\frac{\pi}{2},\sin\frac{2}{n+1}\frac{\pi}{2},\cdots,\sin\frac{n+1}{n+1}\frac{\pi}{2}$ 两两不等,从而这个范德蒙德行列式的值不为 0。于是方程组(41)只有零解,即 $k_0=k_1=k_2=\cdots=k_n=0$。因此 $1,\sin x,\sin^2 x,\cdots,\sin^n x$ 线性无关。■

例 18 在实数域上的线性空间 $\mathbf{R}^{\mathbf{R}}$ 中,对于正整数 n,

$$1,\sin x,\cos x,\sin^2 x,\cos^2 x,\cdots,\sin^n x,\cos^n x$$

是否线性无关?

解 $n=1$ 时,$1,\sin x,\cos x$ 的 Wronsky 行列式为

$$W(x)=\begin{vmatrix}1 & \sin x & \cos x\\ 0 & \cos x & -\sin x\\ 0 & -\sin x & -\cos x\end{vmatrix}=-\cos^2 x-\sin^2 x=-1.$$

因此 $1,\sin x,\cos x$ 线性无关。

当 $n\geqslant 2$ 时,由于 $\sin^2 x+\cos^2 x=1$,即

$$(-1)\cdot 1+1\sin^2 x+1\cos^2 x=0,$$

因此 $1,\sin^2 x,\cos^2 x$ 线性相关。从而

$$1,\sin x,\cos x,\sin^2 x,\cos^2 x,\cdots,\sin^n x,\cos^n x$$

线性相关。

例 19 在实数域上的线性空间 $\mathbf{R}^{\mathbf{R}}$ 中,对于正整数 n,

$$\sin x,\cos x,\sin^2 x,\cos^2 x,\cdots,\sin^n x,\cos^n x$$

是否线性无关?

解 情形 1 $n\leqslant 3$。设

$$k_1\sin x+k_2\cos x+k_3\sin^2 x+k_4\cos^2 x+k_5\sin^3 x+k_6\cos^3 x=0. \tag{43}$$

让 x 分别取值 $0,\frac{\pi}{2},\pi,-\frac{\pi}{2},\frac{\pi}{6},\frac{\pi}{3}$,从(43)式得到下述齐次线性方程组:

$$\begin{cases} k_2+k_4+k_6=0,\\ k_1+k_3+k_5=0,\\ -k_2+k_4-k_6=0,\\ -k_1+k_3-k_5=0,\\ \frac{1}{2}k_1+\frac{\sqrt{3}}{2}k_2+\frac{1}{4}k_3+\frac{3}{4}k_4+\frac{1}{8}k_5+\frac{3\sqrt{3}}{8}k_6=0,\\ \frac{\sqrt{3}}{2}k_1+\frac{1}{2}k_2+\frac{3}{4}k_3+\frac{1}{4}k_4+\frac{3\sqrt{3}}{8}k_5+\frac{1}{8}k_6=0. \end{cases} \tag{44}$$

解得,$k_4=0,k_6=-k_2,k_3=0,k_5=-k_1$。代入到最后两个方程得

$$\begin{cases} \frac{1}{2}k_1+\frac{\sqrt{3}}{2}k_2-\frac{1}{8}k_1-\frac{3\sqrt{3}}{8}k_2=0,\\ \frac{\sqrt{3}}{2}k_1+\frac{1}{2}k_2-\frac{3\sqrt{3}}{8}k_1-\frac{1}{8}k_2=0. \end{cases}$$

解得,$k_1=0,k_2=0$,从而 $k_5=0,k_6=0$。

因此 $\sin x,\cos x,\sin^2 x,\cos^2 x,\sin^3 x,\cos^3 x$ 线性无关。从而当 $n\leqslant 3$ 时,$\sin x,\cos x,\sin^2 x,\cos^2 x,\cdots,\sin^n x,\cos^n x$ 线性无关。

情形 2 $n\geqslant 4$。由于 $\sin^2 x+\cos^2 x=1$,因此

$$\sin^4 x + 2\sin^2 x\cos^2 x + \cos^4 x = 1.$$

于是
$$\sin^4 x+2\sin^2 x(1-\sin^2 x)+\cos^4 x=1.$$

从而
$$\sin^4 x+2\sin^2 x-2\sin^4 x+\cos^4 x=\sin^2 x+\cos^2 x.$$

整理得
$$\sin^2 x-\cos^2 x-\sin^4 x+\cos^4 x=0.$$

因此 $\sin^2 x,\cos^2 x,\sin^4 x,\cos^4 x$ 线性相关。从而当 $n\geqslant 4$ 时，$\sin x,\cos x,\sin^2 x,\cos^2 x,\cdots,\sin^n x,\cos^n x$ 线性相关。

例 20　把实数域 **R** 看成有理数域 **Q** 上的线性空间。证明：对于任意大于 1 的正整数 n，有

$$1,\sqrt[n]{3},\sqrt[n]{3^2},\cdots,\sqrt[n]{3^{n-1}}$$

线性无关。

证明　假如，$1,\sqrt[n]{3},\sqrt[n]{3^2},\cdots,\sqrt[n]{3^{n-1}}$ 线性相关，则有不全为 0 的有理数 $a_0,a_1,\cdots,a_{n-1}$，使得

$$a_0 + a_1\sqrt[n]{3} + a_2\sqrt[n]{3^2} + \cdots + a_{n-1}\sqrt[n]{3^{n-1}} = 0. \tag{45}$$

从而 $\sqrt[n]{3}$ 是有理系数多项式 $f(x)=a_0+a_1x+a_2x^2+\cdots+a_{n-1}x^{n-1}$ 的一个实根，又显然 $\sqrt[n]{3}$ 是有理系数多项式 $g(x)=x^n-3$ 的一个实根，因此把 $f(x),g(x)$ 看成实系数多项式时，它们有公共的一次因式 $x-\sqrt[n]{3}$，从而它们不互素。由于互素性不随数域的扩大而改变，因此在 $\mathbf{Q}[x]$ 中，$f(x)$ 与 $g(x)$ 也不互素。根据 Eisenstein 判别法知道，$g(x)=x^n-3$ 是 **Q** 上的不可约多项式。于是在 $\mathbf{Q}[x]$ 中，$g(x)\mid f(x)$。从而 $\deg g(x)\leqslant \deg f(x)$。由此得出，$n\leqslant n-1$，矛盾。因此 $1,\sqrt[n]{3},\sqrt[n]{3^2},\cdots,\sqrt[n]{3^{n-1}}$ 线性无关。■

点评　例 20 的证题关键是从(45)式联想到 $\sqrt[n]{3}$ 是多项式 $f(x)=a_0+a_1x+\cdots+a_{n-1}x^{n-1}$ 的一个实根，并且联想到 $\sqrt[n]{3}$ 是 $g(x)=x^n-3$ 的一个实根。从而在 $\mathbf{R}[x]$ 中，$f(x)$ 与 $g(x)$ 不互素。然后利用互素性不随数域的扩大而改变，以及不可约多项式与任一多项式的关系只有两种可能，推出矛盾，完成了反证法。由此体会到：掌握理论和善于联想是解题的关键所在。

例 21　证明：实数域 **R** 作为有理数域 **Q** 上的线性空间是无限维的。

证明　假如 **R** 作为 **Q** 上的线性空间是有限维的，维数为 n，则 **R** 中任意 $n+1$ 个数都线性相关。但是据例 20 的结论得：$1,\sqrt[n+1]{3},\sqrt[n+1]{3^2},\cdots,\sqrt[n+1]{3^n}$ 线性无关，矛盾。因此 **R** 作为 **Q** 上的线性空间是无限维的。■

例 22　设 C 是数域 K 上的 n 级循环移位矩阵，即 $C=(\boldsymbol{\varepsilon}_n,\boldsymbol{\varepsilon}_1,\boldsymbol{\varepsilon}_2,\cdots,\boldsymbol{\varepsilon}_{n-1})$。证明：在数域 K 上的线性空间 $M_n(K)$ 中，$I,C,C^2,\cdots,C^{n-1}$ 线性无关。

证明　根据《高等代数学习指导书(上册)》4.2 节例 11 的结论(或直接计算)得

$$a_1I+a_2C+a_3C^2+\cdots+a_nC^{n-1}=\begin{pmatrix}a_1&a_2&a_3&\cdots&a_n\\a_n&a_1&a_2&\cdots&a_{n-1}\\\vdots&\vdots&\vdots&&\vdots\\a_2&a_3&a_4&\cdots&a_1\end{pmatrix}.$$

从而由 $a_1I+a_2C+a_3C^2+\cdots+a_nC^{n-1}=0$ 可以推出

$$a_1=a_2=\cdots=a_n=0.$$

因此 $I,C,C^2,\cdots,C^{n-1}$ 线性无关。 ■

例 23 求下列数域 K 上线性空间的一个基和维数：

(1) 数域 K 上所有 $s\times n$ 矩阵组成的线性空间 $M_{s\times n}(K)$；

(2) 数域 K 上所有 n 级对称矩阵组成的线性空间 V_1；

(3) 数域 K 上所有 n 级斜对称矩阵组成的线性空间 V_2；

(4) 数域 K 上所有 n 级上三角矩阵组成的线性空间 V_3。

解 (1) 任取 $A=(a_{ij})\in M_{s\times n}(K)$，有

$$A=\sum_{i=1}^{s}\sum_{j=1}^{n}a_{ij}E_{ij}, \tag{46}$$

其中 E_{ij} 是只有 (i,j) 元为 1，其余元素都为 0 的 $s\times n$ 矩阵(称为基本矩阵)。假设

$$\sum_{i=1}^{s}\sum_{j=1}^{n}k_{ij}E_{ij}=0, \tag{47}$$

由于(47)式左端等于 (i,j) 元为 k_{ij} 的 $s\times n$ 矩阵，因此从(47)式得，$k_{ij}=0,1\leqslant i\leqslant s,1\leqslant j\leqslant n$。从而

$$E_{11},E_{12},\cdots,E_{1n},E_{21},\cdots,E_{2n},\cdots,E_{s1},\cdots,E_{sn} \tag{48}$$

线性无关，结合(46)式得，(48)式给出的 sn 个基本矩阵是线性空间 $M_{s\times n}(K)$ 的一个基。从而

$$\dim M_{s\times n}(K)=sn. \tag{49}$$

(2) 数域 K 上任一 n 级对称矩阵 A 具有形式

$$A=\begin{pmatrix}a_{11}&a_{12}&a_{13}&\cdots&a_{1n}\\a_{12}&a_{22}&a_{23}&\cdots&a_{2n}\\a_{13}&a_{23}&a_{33}&\cdots&a_{3n}\\\vdots&\vdots&\vdots&&\vdots\\a_{1n}&a_{2n}&a_{3n}&\cdots&a_{nn}\end{pmatrix}. \tag{50}$$

从而

$$A = a_{11}E_{11} + a_{12}(E_{12}+E_{21}) + a_{13}(E_{13}+E_{31}) + \cdots + a_{1n}(E_{1n}+E_{n1}) \\ + a_{22}E_{22} + a_{23}(E_{23}+E_{32}) + \cdots + a_{2n}(E_{2n}+E_{n2}) + \cdots + a_{nn}E_{nn}.$$

假设

$$k_{11}E_{11} + k_{12}(E_{12}+E_{21}) + k_{13}(E_{13}+E_{31}) + \cdots + k_{1n}(E_{1n}+E_{n1}) \\ + k_{22}E_{22} + k_{23}(E_{23}+E_{32}) + \cdots + k_{2n}(E_{2n}+E_{n2}) + \cdots + k_{nn}E_{nn} = 0. \tag{51}$$

由于$\{E_{ij} \mid i=1,2,\cdots,n; j=1,2,\cdots,n\}$是$M_{s\times n}(K)$的一个基，因此从(51)式得，

$$k_{11} = k_{12} = k_{13} = \cdots = k_{1n} = k_{22} = k_{23} = \cdots = k_{2n} = \cdots = k_{nn} = 0.$$

从而

$$E_{11}, E_{12}+E_{21}, E_{13}+E_{31}, \cdots, E_{1n}+E_{n1}, E_{22}, E_{23}+E_{32}, \cdots, E_{2n}+E_{n2}, \cdots, E_{nn} \tag{52}$$

线性无关。又它们都是 n 级对称矩阵，因此它们是 V_1 的一个基。于是

$$\dim V_1 = n + (n-1) + \cdots + 2 + 1 = \frac{n(n+1)}{2}. \tag{53}$$

(3) 数域 K 上任一 n 级斜对称矩阵 A 具有形式

$$A = \begin{pmatrix} 0 & a_{12} & \cdots & a_{1n} \\ -a_{12} & 0 & \cdots & a_{2n} \\ \vdots & \vdots & & \vdots \\ -a_{1n} & -a_{2n} & \cdots & 0 \end{pmatrix}. \tag{54}$$

从而

$$A = a_{12}(E_{12}-E_{21}) + a_{13}(E_{13}-E_{31}) + \cdots + a_{1n}(E_{1n}-E_{n1}) \\ + a_{23}(E_{23}-E_{32}) + \cdots + a_{2n}(E_{2n}-E_{n2}) + \cdots + a_{n-1,n}(E_{n-1,n}-E_{n,n-1}). \tag{55}$$

假设

$$k_{12}(E_{12}-E_{21}) + k_{13}(E_{13}-E_{31}) + \cdots + k_{1n}(E_{1n}-E_{n1}) \\ + k_{23}(E_{23}-E_{32}) + \cdots + k_{2n}(E_{2n}-E_{n2}) + \cdots + k_{n-1,n}(E_{n-1,n}-E_{n,n-1}) = 0, \tag{56}$$

由于$\{E_{ij} \mid i=1,2,\cdots,n; j=1,2,\cdots,n\}$是$M_{s\times n}(K)$的一个基，因此从(56)式推出

$$k_{12} = k_{13} = \cdots = k_{1n} = k_{23} = \cdots = k_{2n} = \cdots = k_{n-1,n} = 0.$$

从而

$$E_{12}-E_{21}, E_{13}-E_{31}, \cdots, E_{1n}-E_{n1}, E_{23}-E_{32}, \cdots, E_{2n}-E_{n2}, \cdots, E_{n-1,n}-E_{n,n-1}$$

线性无关。由于它们都是斜对称矩阵，因此它们是 V_2 的一个基。于是

$$\dim V_2 = (n-1) + (n-2) + \cdots + 1 = \frac{n(n-1)}{2}. \tag{57}$$

(4) 数域 K 上任一 n 级上三角矩阵 A 具有形式

$$A=\begin{pmatrix} a_{11} & a_{12} & \cdots & a_{1n} \\ 0 & a_{22} & \cdots & a_{2n} \\ \vdots & \vdots & & \vdots \\ 0 & 0 & \cdots & a_{nn} \end{pmatrix}. \tag{58}$$

从而

$$A=a_{11}E_{11}+a_{12}E_{12}+\cdots+a_{1n}E_{1n}+a_{22}E_{22}+\cdots+a_{2n}E_{2n}+\cdots+a_{nn}E_{nn}.$$

显然,$E_{11},E_{12},\cdots,E_{1n},E_{22},\cdots,E_{2n},\cdots,E_{nn}$ 线性无关。且它们都是 n 级上三角矩阵,因此它们是 V_3 的一个基。于是

$$\dim V_3=n+(n-1)+\cdots+1=\frac{n(n+1)}{2}. \tag{59}$$

例 24 求例 1 第(1)小题中的实数域上的线性空间 $\mathbf{R}^+$ 的一个基和维数。

解 任取一个正实数 a,有

$$a=\mathrm{e}^{\ln a}=\ln a\odot \mathrm{e},$$

这表明 a 可以由 e 线性表出。

设 $k\odot \mathrm{e}=1$,则 $\mathrm{e}^k=1$。由此推出 $k=0$。因此 e 线性无关。从而 e 是实线性空间 $\mathbf{R}^+$ 的一个基。于是

$$\dim \mathbf{R}^+=1.$$

点评 从例 23 和例 24 看到,在求线性空间 V 的一个基和维数时,通常是先把 V 中任一向量 α 表示成某个向量组 $\alpha_1,\alpha_2,\cdots,\alpha_n$ 的线性组合,然后去证明 $\alpha_1,\alpha_2,\cdots,\alpha_n$ 线性无关,于是 $\alpha_1,\alpha_2,\cdots,\alpha_n$ 是 V 的一个基,从而 $\dim V=n$。

例 25 求数域 K 上线性空间 $K[x]_n$ 的一个基和维数。

解 $K[x]_n$ 中任一多项式 $f(x)$ 可以表示成

$$f(x)=a_0+a_1x+a_2x^2+\cdots+a_{n-1}x^{n-1}.$$

假设 $k_0 1+k_1x+k_2x^2+\cdots+k_{n-1}x^{n-1}=0$,则由一元多项式的定义得,$k_0=k_1=k_2=\cdots=k_{n-1}=0$。因此

$$1,x,x^2,\cdots,x^{n-1}$$

线性无关,于是这就是 $K[x]_n$ 的一个基。从而

$$\dim K[x]_n=n.$$

例 26 求数域 K 上线性空间 $K[x]_n$ 的 3 个基。

解 例 25 已求出了 $K[x]_n$ 的一个基。

从数学分析中的泰勒公式受到启发，考虑

$$1, x-a, (x-a)^2, \cdots, (x-a)^{n-1},$$

其中 a 是 K 中任一非零数。假设

$$k_0 \cdot 1 + k_1(x-a) + k_2(x-a)^2 + \cdots + k_{n-1}(x-a)^{n-1} = 0.$$

不定元 x 用 $x+a$ 代入，从上式得

$$k_0 \cdot 1 + k_1 x + k_2 x^2 + \cdots + k_{n-1} x^{n-1} = 0.$$

由此得出

$$k_0 = k_1 = k_2 = \cdots = k_{n-1} = 0.$$

因此 $1, x-a, (x-a)^2, \cdots, (x-a)^{n-1}$ 线性无关。又由于 $\dim K[x]_n = n$，因此根据命题 10 得，这就是 $K[x]_n$ 的一个基。

根据 7.6 节的拉格朗日插值公式，任意给定 K 中 n 个不同的数 $c_1, c_2, \cdots, c_n$，对于 $K[x]_n$ 中任一多项式 $f(x)$，有

$$f(x) = \sum_{i=1}^{n} f(c_i) \frac{(x-c_1)\cdots(x-c_{i-1})(x-c_{i+1})\cdots(x-c_n)}{(c_i-c_1)\cdots(c_i-c_{i-1})(c_i-c_{i+1})\cdots(c_i-c_n)}. \tag{60}$$

记　$g_i(x) = \prod_{j \neq i} (x-c_j)(c_i-c_j)^{-1}, i = 1, 2, \cdots, n$，则

$$f(x) = \sum_{i=1}^{n} f(c_i) g_i(x). \tag{61}$$

又由于 $\dim K[x]_n = n$，因此根据命题 11 得，$g_1(x), g_2(x), \cdots, g_n(x)$ 是 $K[x]_n$ 的一个基。

点评　从例 26 看到，联想在解题思路中起着关键的作用。联想到泰勒公式，去探讨 $1, x-a, (x-a)^2, \cdots, (x-a)^{n-1}$ 是否为 $K[x]_n$ 的一个基。联想到拉格朗日插值公式，找出了 $g_1(x), g_2(x), \cdots, g_n(x)$，其中 $g_i(x) = \prod_{j \neq i} (x-c_j)(c_i-c_j)^{-1}$，$i=1,2,\cdots,n$；然后去说明这就是 $K[x]_n$ 的一个基。从例 26 还看到，当知道了线性空间 V 的维数为 n 时，就可以运用命题 10 或命题 11 去求 V 的一个基，这简便得多。

例 27　分别求实线性空间 $\mathbf{R}[x]_n$ 的元素 $f(x) = a_0 + a_1 x + \cdots + a_{n-1} x^{n-1}$ 在例 26 的 3 个基下的坐标。

解　显然，$f(x) = a_0 + a_1 x + \cdots + a_{n-1} x^{n-1}$ 在基 $1, x, \cdots, x^{n-1}$ 下的坐标为

$$(a_0, a_1, \cdots, a_{n-1})'.$$

根据泰勒公式(注意 $f^{(n)}(x) = 0$)，得

$$f(x) = f(a) + f'(a)(x-a) + \frac{1}{2!} f''(a)(x-a)^2 + \cdots + \frac{f^{(n-1)}(a)}{(n-1)!}(x-a)^{n-1}.$$

因此 $f(x)$ 在基 $1, x-a, (x-a)^2, \cdots, (x-a)^{n-1}$ 下的坐标为

$$\left(f(a), f'(a), \frac{1}{2!} f''(a), \cdots, \frac{1}{(n-1)!} f^{n-1}(a) \right)'.$$

从例 26 的解题过程的(60)式知道，$f(x)$在基 $g_1(x),g_2(x),\cdots,g_n(x)$下的坐标为

$$(f(c_1),f(c_2),\cdots,f(c_n))'.$$

例 28 把域 F 看成自身上的线性空间，求它的一个基和维数。

解 设 e 是域 F 的单位元，任取 $a\in F$，都有

$$a = ae.$$

由于 $e\neq 0$，因此 e 线性无关。从而 e 是域 F 上线性空间 F 的一个基。于是

$$\dim_F F = 1.$$

例 29 把复数域 $\mathbf{C}$ 看成实数域 $\mathbf{R}$ 上的线性空间，求它的一个基和维数，并且求复数 $z=a+b\mathrm{i}$在此基下的坐标。

解 任取一个复数 z，有 $z=a+b\mathrm{i}$，其中 $a,b\in\mathbf{R}$。假设 $k_0\cdot 1+k_1\mathrm{i}=0$，则根据两个复数相等的定义得

$$k_0 = 0,\ k_1 = 0.$$

从而 $1,\mathrm{i}$ 线性无关。因此 $1,\mathrm{i}$ 是实线性空间 $\mathbf{C}$ 的一个基。从而 $\dim_{\mathbf{R}}\mathbf{C}=2$，并且 $z=a+b\mathrm{i}$ 在基 $1,\mathrm{i}$ 下的坐标为$(a,b)'$。

例 30 求有理数域 $\mathbf{Q}$ 上的线性空间 $\mathbf{Q}(\sqrt{2})$的一个基和维数，并且求 $a+b\sqrt{2}$在此基下的坐标。

解 $\mathbf{Q}(\sqrt{2})$中任一元素形如 $a+b\sqrt{2}$，其中 $a,b\in\mathbf{Q}$，假设 $k_0 1+k_1\sqrt{2}=0$。如果 $k_1\neq 0$，那么由所设可推出$\sqrt{2}=-\dfrac{k_0}{k_1}$。此式右边是有理数，而左边是无理数，矛盾。因此 $k_1=0$，从而 $k_0=0$。这证明了 $1,\sqrt{2}$线性无关。于是 $1,\sqrt{2}$是 $\mathbf{Q}(\sqrt{2})$的一个基。因此 $\dim_{\mathbf{Q}}\mathbf{Q}(\sqrt{2})=2$。显然 $a+b\sqrt{2}$在此基下的坐标为$(a,b)'$。

例 31 $[a,b]$上所有连续函数组成的集合记作 $C[a,b]$，它是实数域上的一个线性空间。证明 $C[a,b]$是无限维的。

证明 假如 $C[a,b]$是有限维的，设它的维数为 n，则$[a,b]$上任意 $n+1$ 个连续函数都线性相关。但是据例 14 的结论，当 $\lambda_1,\lambda_2,\cdots,\lambda_{n+1}$是两两不等的实数时，$\mathrm{e}^{\lambda_1 x},\mathrm{e}^{\lambda_2 x},\cdots,\mathrm{e}^{\lambda_{n+1} x}$线性无关，矛盾。因此 $C[a,b]$是无限维的。 ■

点评 在用反证法证明例 31 的命题为真时，也可以根据例 16 的结论，$1,\cos x,\cos 2x,\cdots,\cos nx$ 线性无关，从而得出矛盾。还可以根据例 17 的结论，$1,\sin x,\sin^2 x,\cdots,\sin^n x$ 线性无关，得出矛盾。

例 32 数域 K 上一个给定的 n 级矩阵 A 的所有多项式组成的集合记作 $K[A]$。

(1) 证明 $K[A]$是 K 上的一个线性空间；

(2) 取 3 级矩阵 A 为

$$A=\begin{pmatrix}1&0&0\\0&\omega&0\\0&0&\omega^2\end{pmatrix},$$

其中 $\omega=\dfrac{-1+\sqrt{3}\mathrm{i}}{2}$。求 $K[A]$的一个基和维数。

(1) **证明** 7.1 节已经证明 $K[A]$是一个环。于是 $K[A]$有加法运算，且满足加法的 4 条运算法则。从 $K[A]$的乘法特别地可以得出 $K[A]$的数量乘法，且满足关于数量乘法的 4 条运算法则。因此 $K[A]$是 K 上的一个线性空间。 ■

(2) **解** 由于 $\omega^3=1$，因此

$$A^3=\begin{pmatrix}1&0&0\\0&\omega^3&0\\0&0&(\omega^2)^3\end{pmatrix}=\begin{pmatrix}1&0&0\\0&1&0\\0&0&1\end{pmatrix}=I.$$

从而 $K[A]$中任一元素可表示成

$$b_0I+b_1A+b_2A^2.$$

假设 $k_0I+k_1A+k_2A^2=0$。比较主对角元得

$$\begin{cases}k_0+k_1+k_2=0,\\k_0+k_1\omega+k_2\omega^2=0,\\k_0+k_1\omega^2+k_2\omega^4=0.\end{cases}\tag{62}$$

齐次线性方程组(62)的系数矩阵的行列式是 3 阶范德蒙德行列式，由于 $1,\omega,\omega^2$ 两两不等，因此这个行列式的值不等于 0。从而方程组(62)只有零解。于是

$$k_0=k_1=k_2=0.$$

从而 I,A,A^2 线性无关，因此它是 $K[A]$的一个基。于是 $\dim K[A]=3$。

例 33 数域 K 上的 n 级矩阵

$$A=\begin{pmatrix}a_1&a_2&a_3&\cdots&a_n\\a_n&a_1&a_2&\cdots&a_{n-1}\\\vdots&\vdots&\vdots&&\vdots\\a_2&a_3&a_4&\cdots&a_1\end{pmatrix}$$

称为**循环矩阵**。把数域 K 上所有 n 级循环矩阵组成的集合记作 V。

(1) 证明：V 对于矩阵的加法和数量乘法成为数域 K 上的一个线性空间；

(2) 求 V 的一个基和维数，并且求循环矩阵 A 在这个基下的坐标。

(1) **证明** 设 A,B 分别是由 $a_1,a_2,\cdots,a_n$ 和 $b_1,b_2,\cdots,b_n$ 形成的 n 级循环矩阵，则 $A+B$是由 $a_1+b_1,a_2+b_2,\cdots,a_n+b_n$ 形成的循环矩阵，kA 是由 $ka_1,ka_2,\cdots,ka_n$ 形成的循

环矩阵,因此矩阵的加法和数量乘法分别是 V 的加法和数量乘法。显然它们满足线性空间定义中的 8 条运算法则,从而 V 是数域 K 上的一个线性空间。 ■

(2) **解** 用 C 表示 n 级循环移位矩阵(见例 22),则根据例 22 的证明过程知道,

$$A = a_1 I + a_2 C + a_3 C^2 + \cdots + a_n C^{n-1}.$$

又例 22 已证 $I, C, C^2, \cdots, C^{n-1}$ 线性无关,因此这就是 V 的一个基。从而 $\dim V = n$,并且 A 在基 $I, C, C^2, \cdots, C^{n-1}$ 下的坐标为 $(a_1, a_2, a_3, \cdots, a_n)'$。

点评 根据《高等代数学习指导书(上册)》4.2 节的例 12,两个 n 级循环矩阵的乘积仍是循环矩阵,因此 V 中还有乘法运算,且它满足结合律和左、右分配律,于是 V 对于矩阵的加法和乘法成为一个环。

例 34 求 $K[x,y]$ 中 m 次齐次多项式组成的线性空间 U 的一个基和维数。

解 $K[x,y]$ 中任一 m 次齐次多项式 $f(x,y)$ 可表示成

$$f(x,y) = a_{m0}x^m + a_{m-1,1}x^{m-1}y + \cdots + a_{1,m-1}xy^{m-1} + a_{0m}y^m.$$

假设

$$k_{m0}x^m + k_{m-1,1}x^{m-1}y + \cdots + k_{1,m-1}xy^{m-1} + k_{0m}y^m = 0,$$

根据 n 元多项式的定义得,

$$k_{m0} = k_{m-1,1} = \cdots = k_{1,m-1} = k_{0m} = 0.$$

从而 $x^m, x^{m-1}y, \cdots, xy^{m-1}, y^m$ 线性无关,因此它就是 U 的一个基。于是

$$\dim U = m + 1.$$

例 35 求 $K[x_1, x_2, \cdots, x_n]$ 中 m 次齐次多项式组成的线性空间 W 的一个基和维数。

解 $K[x_1, x_2, \cdots, x_n]$ 中任一 m 次齐次多项式形如

$$\sum_{i_1+i_2+\cdots+i_n=m} a_{i_1 i_2 \cdots i_n} x_1^{i_1} x_2^{i_2} \cdots x_n^{i_n}.$$

根据 n 元多项式的定义可得出,集合

$$\{x_1^{i_1} x_2^{i_2} \cdots x_n^{i_n} \mid i_1 + i_2 + \cdots + i_n = m\} \tag{63}$$

线性无关,因此这就是 W 的一个基。

为了计算(63)式给出的集合中元素的个数,把这个集合的每一个元素对应于由 m 个小球和 n 根小棍排成的一行:

$$\underbrace{\bigcirc\cdots\bigcirc}_{i_1} \underset{x_1}{|} \underbrace{\bigcirc\cdots\bigcirc}_{i_2} \underset{x_2}{|} \cdots \underset{x_{n-1}}{|} \underbrace{\bigcirc\cdots\bigcirc}_{i_n} \underset{x_n}{|}, \tag{64}$$

其中最后一根小棍的位置是固定的。显然,集合(63)中不同的元素对应于(64)式中不同的排法;(64)式中每一种排法对应于集合(63)中一个元素。因此集合(63)的元素的个数等于形如(64)式的排法的总数。而后者等于 C_{m+n-1}^{n-1}(或 C_{m+n-1}^{m}),从而

$$\dim W = \mathrm{C}_{m+n-1}^{n-1}.$$

* **例 36** 求 $K[x_1,x_2,\cdots,x_n]$中次数小于或等于 m 的多项式组成的线性空间 V 的一个基和维数。

解 $K[x_1,x_2,\cdots,x_n]$中任一次数小于或等于 m 的多项式形如

$$\sum_{i_1+i_2+\cdots+i_n\leqslant m} a_{i_1i_2\cdots i_n}x_1^{i_1}x_2^{i_2}\cdots x_n^{i_n}.$$

根据 n 元多项式的定义可得出,集合

$$\{x_1^{i_1}x_2^{i_2}\cdots x_n^{i_n}\mid i_1+i_2+\cdots+i_n\leqslant m\} \tag{65}$$

线性无关,因此这就是 V 的一个基。

集合(65)中每一个元素对应于由 m 个小球和 $n+1$ 根小棍排成的一行:

$$\underbrace{\bigcirc\cdots\bigcirc}_{i_1}\ \underset{x_1}{|}\ \underbrace{\bigcirc\cdots\bigcirc}_{i_2}\ \underset{x_2}{|}\ \cdots\ \underset{x_{n-1}}{|}\ \underbrace{\bigcirc\cdots\bigcirc}_{i_n}\ \underset{x_n}{|}\ \underbrace{\bigcirc\cdots\bigcirc}_{m-(i_1+\cdots+i_n)}\ \underset{x_{n+1}}{|}, \tag{66}$$

其中最后一根小棍的位置是固定的,与例 35 的解法类似,集合(65)的元素个数等于形如(66)式的排法的总数。而后者等于 C_{m+n}^n,因此

$$\dim V=\mathrm{C}_{m+n}^n.$$

例 37 设

$$V=\left\{\begin{pmatrix}x_1 & x_2+\mathrm{i}x_3\\ x_2-\mathrm{i}x_3 & -x_1\end{pmatrix}\middle|\, x_1,x_2,x_3\in\mathbf{R}\right\}.$$

(1) 证明:V 对于矩阵的加法和数量乘法成为实数域 $\mathbf{R}$ 上的一个线性空间;

(2) 求 V 的一个基和维数;

(3) 求 V 中元素

$$\begin{pmatrix}x_1 & x_2+\mathrm{i}x_3\\ x_2-\mathrm{i}x_3 & -x_1\end{pmatrix}$$

在第(2)小题求出的一个基下的坐标。

(1) **证明** 显然 V 中两个矩阵的和仍属于 V,任一实数与 V 中矩阵的乘积仍属于 V,且满足线性空间定义中的 8 条运算法则,因此 V 是实数域上的一个线性空间。 ■

(2) **解** V 中任一矩阵可表示成

$$\begin{pmatrix}x_1 & x_2+\mathrm{i}x_3\\ x_2-\mathrm{i}x_3 & -x_1\end{pmatrix}=x_1\begin{pmatrix}1 & 0\\ 0 & -1\end{pmatrix}+x_2\begin{pmatrix}0 & 1\\ 1 & 0\end{pmatrix}+x_3\begin{pmatrix}0 & \mathrm{i}\\ -\mathrm{i} & 0\end{pmatrix}, \tag{67}$$

其中等号右端的 3 个矩阵都属于 V。假设

$$k_1\begin{pmatrix}1 & 0\\ 0 & -1\end{pmatrix}+k_2\begin{pmatrix}0 & 1\\ 1 & 0\end{pmatrix}+k_3\begin{pmatrix}0 & \mathrm{i}\\ -\mathrm{i} & 0\end{pmatrix}=\begin{pmatrix}0 & 0\\ 0 & 0\end{pmatrix},$$

则

$$\begin{pmatrix} k_1 & k_2+\mathrm{i}k_3 \\ k_2-\mathrm{i}k_3 & -k_1 \end{pmatrix} = \begin{pmatrix} 0 & 0 \\ 0 & 0 \end{pmatrix}.$$

由此推出，$k_1=0,k_2=0,k_3=0$。因此

$$\begin{pmatrix} 1 & 0 \\ 0 & -1 \end{pmatrix},\begin{pmatrix} 0 & 1 \\ 1 & 0 \end{pmatrix},\begin{pmatrix} 0 & \mathrm{i} \\ -\mathrm{i} & 0 \end{pmatrix}$$

线性无关。从而这就是 V 的一个基，于是 $\dim V=3$。

(3) **解** 从(67)式得出，所给的矩阵在第(2)小题求出的 V 的一个基下的坐标为$(x_1,x_2,x_3)'$。

例 38 设集合 $X=\{x_1,x_2,\cdots,x_n\}$，F 是一个域，求域 F 上线性空间 F^X 的一个基和维数；设 $f\in F^X$，求 f 在这个基下的坐标。

解 任取 $f\in F^X$。函数 f 的定义域是 X，陪域是 F。于是 f 完全被 n 元有序组$(f(x_1),f(x_2),\cdots,f(x_n))'$决定。由于$(f(x_1),f(x_2),\cdots,f(x_n))'\in F^n$，且域 F 上线性空间 F^n 的一个基为 $\boldsymbol{\varepsilon}_1,\boldsymbol{\varepsilon}_2,\cdots,\boldsymbol{\varepsilon}_n$，其中 $\boldsymbol{\varepsilon}_i$ 是第 i 个分量为 1，其余分量为 0 的列向量，$i=1,2,\cdots,n$。由此受到启发，考虑 F^X 中的 n 个函数：$f_1,f_2,\cdots,f_n$，其中

$$(f_i(x_1),f_i(x_2),\cdots,f_i(x_n))' = \boldsymbol{\varepsilon}_i, i=1,2,\cdots,n,$$

即

$$f_i(x_j)=\delta_{ij}, i,j=1,2,\cdots,n. \tag{68}$$

假设 $k_1f_1+k_2f_2+\cdots+k_nf_n=0$，则

$$\begin{pmatrix} k_1f_1(x_1)+k_2f_2(x_1)+\cdots+k_nf_n(x_1) \\ k_1f_1(x_2)+k_2f_2(x_2)+\cdots+k_nf_n(x_2) \\ \cdots \\ k_1f_1(x_n)+k_2f_2(x_n)+\cdots+k_nf_n(x_n) \end{pmatrix} = \begin{pmatrix} 0 \\ 0 \\ \vdots \\ 0 \end{pmatrix}. \tag{69}$$

由(68)和(69)式得，$k_1=0,k_2=0,\cdots,k_n=0$，从而 $f_1,f_2,\cdots,f_n$ 线性无关。由于对任意 $j\in\{1,2,\cdots,n\}$，有

$$\begin{aligned} &[f(x_1)f_1+f(x_2)f_2+\cdots+f(x_n)f_n](x_j) \\ =&f(x_1)f_1(x_j)+f(x_2)f_2(x_j)+\cdots+f(x_n)f_n(x_j) \\ =&f(x_j)f_j(x_j)=f(x_j). \end{aligned}$$

因此 $f=f(x_1)f_1+f(x_2)f_2+\cdots+f(x_n)f_n$。从而 $f_1,f_2,\cdots,f_n$ 是 F^X 的一个基。于是 $\dim F^X=n$，并且 f 在此基下的坐标是$(f(x_1),f(x_2),\cdots,f(x_n))'$。

例 39 设 V 是域 F 上的一个 n 维线性空间，域 F 包含域 E，F 可看作域 E 上的线性空间(它的加法是域 F 的加法，纯量乘法是 E 中元素与 F 中元素在域 F 中做乘法)，设 $\dim_E F=m$。

(1) 证明：V 可成为域 E 上的一个线性空间；

(2) 求 V 作为域 E 上线性空间的维数。

(1) **证明** 由于 $E\subseteq F$，因此 E 中元素与 V 中向量可以按照 F 与 V 的纯量乘法来做 E 与 V 的纯量乘法。V 对于原来的加法以及 E 与 V 的纯量乘法显然满足线性空间定义中的 8 条运算法则，因此 V 成为域 E 上的一个线性空间。 ■

(2) **解** V 作为域 F 上的 n 维线性空间取一个基：$\alpha_1,\alpha_2,\cdots,\alpha_n$。$F$ 作为域 E 上的 m 维线性空间取一个基：$f_1,f_2,\cdots,f_m$。对于 V 中任一向量 α，有

$$\alpha=k_1\alpha_1+k_2\alpha_2+\cdots+k_n\alpha_n,k_i\in F,i=1,2,\cdots,n.$$

对于 F 中元素 $k_i(i\in\{1,2,\cdots,n\})$，有

$$k_i=e_{i1}f_1+e_{i2}f_2+\cdots+e_{im}f_m,e_{ij}\in E,j=1,2,\cdots,m.$$

因此

$$\alpha=\sum_{i=1}^{n}k_i\alpha_i=\sum_{i=1}^{n}\Big(\sum_{j=1}^{m}e_{ij}f_j\Big)\alpha_i=\sum_{i=1}^{n}\sum_{j=1}^{m}e_{ij}(f_j\alpha_i).$$

这表明V中任一向量α可以由$f_1\alpha_1,f_2\alpha_1,\cdots,f_m\alpha_1,\cdots,f_1\alpha_n,f_2\alpha_n,\cdots,f_m\alpha_n$ E-线性表出。假设

$$\sum_{i=1}^{n}\sum_{j=1}^{m}l_{ij}(f_j\alpha_i)=0,$$

其中 $l_{ij}\in E,i=1,2,\cdots,n;j=1,2,\cdots,m$。则

$$\sum_{i=1}^{n}\Big(\sum_{j=1}^{m}l_{ij}f_j\Big)\alpha_i=0.$$

由于 $\alpha_1,\alpha_2,\cdots,\alpha_n$ 在 F 上线性无关，因此从上式得

$$\sum_{j=1}^{m}l_{ij}f_j=0,\qquad i=1,2,\cdots,n.$$

由于 $f_1,f_2,\cdots,f_m$ 在 E 上线性无关，因此从上式得

$$l_{ij}=0,\quad i=1,2,\cdots,n;\quad j=1,2,\cdots,m.$$

从而$\{f_j\alpha_i\mid i=1,2,\cdots,n;j=1,2,\cdots,m\}$在 E 上线性无关。于是它就是域 E 上线性空间 V 的一个基。因此

$$\dim_E V=nm=(\dim_F V)(\dim_E F).$$

点评　利用例 39 的结论，复数域 **C** 上任一 n 维线性空间 V 都可看成是实数域 **R** 上的 $2n$ 维线性空间，这是因为 **C** 作为 **R** 上的线性空间是二维的。从例 39 第(2)小题的解题过程看出，设 n 维复线性空间 V 的一个基是 $\alpha_1,\alpha_2,\cdots,\alpha_n$，则 $2n$ 维实线性空间 V 的一个基为

$$\alpha_1,\mathrm{i}\alpha_1,\alpha_2,\mathrm{i}\alpha_2,\cdots,\alpha_n,\mathrm{i}\alpha_n.$$

例如，取 $V=\mathbf{C}^n$，则复数域上线性空间 $\mathbf{C}^n$ 的一个基为 $\boldsymbol{\varepsilon}_1,\boldsymbol{\varepsilon}_2,\cdots,\boldsymbol{\varepsilon}_n$(其中 $\boldsymbol{\varepsilon}_i$ 是第 i 个分量为 1，其余分量为 0 的 n 维列向量)。把 $\mathbf{C}^n$ 作为实数域上的线性空间，它的一个基为

$$\boldsymbol{\varepsilon}_1,\mathrm{i}\boldsymbol{\varepsilon}_1,\boldsymbol{\varepsilon}_2,\mathrm{i}\boldsymbol{\varepsilon}_2,\cdots,\boldsymbol{\varepsilon}_n,\mathrm{i}\boldsymbol{\varepsilon}_n.$$

又如，复数域上的线性空间 $M_n(\mathbf{C})$ 是 n^2 维的，它的一个基为 $E_{11},\cdots,E_{1n},\cdots,E_{n1},\cdots,E_{nn}$；而把 $M_n(\mathbf{C})$ 作为实数域上的线性空间是 $2n^2$ 维的，它的一个基为

$$E_{11},\mathrm{i}E_{11},\cdots,E_{1n},\mathrm{i}E_{1n},\cdots,E_{n1},\mathrm{i}E_{n1},\cdots,E_{nn},\mathrm{i}E_{nn}.$$

* **例 40**　设 V 是数域 K 上的 n 维线性空间，考虑复数域 **C** 上的线性空间 $\mathbf{C}^V$ 中具有下述性质的函数组成的子集 W：

$$f(\alpha+\beta)=f(\alpha)+f(\beta),\ \forall\,\alpha,\ \beta\in V; \tag{70}$$

$$f(k\alpha)=kf(\alpha),\ \forall\,\alpha\in V,\ k\in K. \tag{71}$$

(1) 证明：W 是复数域上的线性空间；

(2) 求 W 的一个基和维数；设 $f\in W$，求 f 在这个基下的坐标。

(1) **证明**　任取 $f,g\in W$，任取 $c\in\mathbf{C}$，$\forall\,\alpha,\beta\in V,k\in K$，有

$$\begin{aligned}(f+g)(\alpha+\beta)&=f(\alpha+\beta)+g(\alpha+\beta)\\&=f(\alpha)+f(\beta)+g(\alpha)+g(\beta)\\&=(f+g)\alpha+(f+g)\beta,\\(f+g)(k\alpha)&=f(k\alpha)+g(k\alpha)\\&=kf(\alpha)+kg(\alpha)\\&=k(f+g)(\alpha);\\(cf)(\alpha+\beta)&=cf(\alpha+\beta)\\&=c[f(\alpha)+f(\beta)]\\&=cf(\alpha)+cf(\beta)\\&=(cf)(\alpha)+(cf)(\beta),\\(cf)(k\alpha)&=cf(k\alpha)\\&=ckf(\alpha)\\&=kcf(\alpha)\\&=k(cf)(\alpha).\end{aligned}$$

因此 $f+g,cf\in W$。从而函数的加法是 W 的加法，复数与函数的乘法是 W 的数量乘法。

易知 W 的加法与数量乘法满足线性空间定义中的 8 条运算法则,因此 W 是复数域上的线性空间。■

(2) **解** 取 V 的一个基 $\alpha_1,\alpha_2,\cdots,\alpha_n$,则 V 中任一向量 $\alpha=a_1\alpha_1+a_2\alpha_2+\cdots+a_n\alpha_n$,其中 $a_1,a_2,\cdots,a_n\in K$。任取 $f\in W$,则

$$f(\alpha)=a_1f(\alpha_1)+a_2f(\alpha_2)+\cdots+a_nf(\alpha_n).$$

于是在取定 V 的一个基 $\alpha_1,\alpha_2,\cdots,\alpha_n$ 之后,W 中的函数 f 完全被 n 元有序复数组($f(\alpha_1)$,$f(\alpha_2)$,$\cdots$,$f(\alpha_n)$)决定。由此受到启发,考虑 n 个函数 $f_1,f_2,\cdots,f_n$,其中

$$(f_i(\alpha_1),f_i(\alpha_2),\cdots,f_i(\alpha_n))'=\boldsymbol{\varepsilon}_i,\ i=1,2,\cdots,n.$$

即

$$f_i(\alpha_j)=\delta_{ij},\ i,j=1,2,\cdots,n. \tag{72}$$

并且对于 $\alpha=\sum_{j=1}^{n}a_j\alpha_j$,规定

$$f_i(\alpha)=\sum_{j=1}^{n}a_jf_i(\alpha_j)=a_i,i=1,2,\cdots,n. \tag{73}$$

任取 $\beta=\sum_{j=1}^{n}b_j\alpha_j$,有 $\alpha+\beta=\sum_{j=1}^{n}(a_j+b_j)\alpha_j$,于是根据(73)式得

$$f_i(\alpha+\beta)=a_i+b_i=f_i(\alpha)+f_i(\beta),$$

$$f_i(k\alpha)=f_i\Big(\sum_{j=1}^{n}(ka_j)\alpha_j\Big)=ka_i=kf_i(\alpha),\forall\, k\in K.$$

因此 $f_i\in W$, $i=1,2,\cdots,n$。

假设 $k_1f_1+k_2f_2+\cdots+k_nf_n=0$,则

$$\begin{cases}k_1f_1(\alpha_1)+k_2f_2(\alpha_1)+\cdots+k_nf_n(\alpha_1)=0,\\ k_1f_1(\alpha_2)+k_2f_2(\alpha_2)+\cdots+k_nf_n(\alpha_2)=0,\\ \cdots\\ k_1f_1(\alpha_n)+k_2f_2(\alpha_n)+\cdots+k_nf_n(\alpha_n)=0.\end{cases} \tag{74}$$

从(73)和(74)式得,$k_1=0,k_2=0,\cdots,k_n=0$。从而 $f_1,f_2,\cdots,f_n$ 线性无关。由于对任意 $\alpha=\sum_{j=1}^{n}a_j\alpha_j$,有

$$\begin{aligned}[f(\alpha_1)f_1+\cdots+f(\alpha_n)f_n](\alpha)&=f(\alpha_1)f_1(\alpha)+\cdots+f(\alpha_n)f_n(\alpha)\\&=f(\alpha_1)a_1+\cdots+f(\alpha_n)a_n\\&=f(a_1\alpha_1+\cdots+a_n\alpha_n)=f(\alpha),\end{aligned}$$

因此 $f=f(\alpha_1)f_1+\cdots+f(\alpha_n)f_n$。从而 $f_1,f_2,\cdots,f_n$ 是 W 的一个基。于是 $\dim_{\mathbf{C}}W=n$,并且 f 在这个基下的坐标是$(f(\alpha_1),f(\alpha_2),\cdots,f(\alpha_n))'$。

点评 例 38 和例 40 有相似之处：例 38 中 X 是 n 元集合，域 F 上线性空间 F^X 的一个基为 $f_1,f_2,\cdots,f_n$，其中 $f_i(x_j)=\delta_{ij}$，$i,j=1,2,\cdots,n$。从而 $\dim F^X=n$，且 f 在基 $f_1,f_2,\cdots,f_n$ 下的坐标为 $(f(x_1),f(x_2),\cdots,f(x_n))'$。例 40 中 V 是数域 K 上的 n 维线性空间，取它的一个基为 $\alpha_1,\alpha_2,\cdots,\alpha_n$，在复数域 $\mathbf{C}$ 上线性空间 $\mathbf{C}^V$ 中考虑具有(70)和(71)式所表示的性质的函数组成的子集 W，它是 $\mathbf{C}$ 上的线性空间，W 的一个基为 $f_1,f_2,\cdots,f_n$，其中

$$f_i(\alpha_j)=\delta_{ij}\,,\ i,j=1,2,\cdots,n,$$

且

$$f_i\Big(\sum_{j=1}^{n}a_j\alpha_j\Big)=\sum_{j=1}^{n}a_jf_i(\alpha_j)=a_i,i=1,2,\cdots,n.$$

于是 $\dim_{\mathbf{C}}W=n$，且 W 中的函数 f 在基 $f_1,f_2,\cdots,f_n$ 下的坐标为 $(f(\alpha_1),f(\alpha_2),\cdots,f(\alpha_n))'$。

例 41 设 K 是一个数域，在 K^3 中，设

$$\boldsymbol{\alpha}_1=(1,0,-1)',\boldsymbol{\alpha}_2=(2,1,1)',\boldsymbol{\alpha}_3=(1,1,1)',$$
$$\boldsymbol{\beta}_1=(0,1,1)',\boldsymbol{\beta}_2=(-1,1,0)',\boldsymbol{\beta}_3=(1,2,1)',$$
$$\boldsymbol{\alpha}=(2,5,3)'.$$

求基 $\boldsymbol{\alpha}_1,\boldsymbol{\alpha}_2,\boldsymbol{\alpha}_3$ 到基 $\boldsymbol{\beta}_1,\boldsymbol{\beta}_2,\boldsymbol{\beta}_3$ 的过渡矩阵 T，并且求 $\boldsymbol{\alpha}$ 分别在这两个基下的坐标。

解 设 $A=(\boldsymbol{\alpha}_1,\boldsymbol{\alpha}_2,\boldsymbol{\alpha}_3)$，$B=(\boldsymbol{\beta}_1,\boldsymbol{\beta}_2,\boldsymbol{\beta}_3)$。由已知条件得

$$(\boldsymbol{\beta}_1,\boldsymbol{\beta}_2,\boldsymbol{\beta}_3)=(\boldsymbol{\alpha}_1,\boldsymbol{\alpha}_2,\boldsymbol{\alpha}_3)T,$$

即

$$B=AT \tag{75}$$

为了解矩阵方程(75)，我们对 (A,B) 作初等行变换，当左半边为单位矩阵时，右半边就是 $A^{-1}B=T$。

$$\begin{pmatrix}1&2&1&0&-1&1\\0&1&1&1&1&2\\-1&1&1&1&0&1\end{pmatrix}\xrightarrow{\text{初等行变换}}\begin{pmatrix}1&0&0&0&1&1\\0&1&0&-1&-3&-2\\0&0&1&2&4&4\end{pmatrix},$$

则

$$T=\begin{pmatrix}0&1&1\\-1&-3&-2\\2&4&4\end{pmatrix}.$$

先求 $\boldsymbol{\alpha}$ 在基 $\boldsymbol{\beta}_1,\boldsymbol{\beta}_2,\boldsymbol{\beta}_3$ 下的坐标 $(y_1,y_2,y_3)'$。从

$$\boldsymbol{\alpha}=(\boldsymbol{\beta}_1,\boldsymbol{\beta}_2,\boldsymbol{\beta}_3)\begin{pmatrix}y_1\\y_2\\y_3\end{pmatrix}$$

得

$$B\begin{pmatrix}y_1\\y_2\\y_3\end{pmatrix}=\begin{pmatrix}2\\5\\3\end{pmatrix}. \tag{76}$$

解线性方程组(76)：

$$\begin{pmatrix}0 & -1 & 1 & 2\\1 & 1 & 2 & 5\\1 & 0 & 1 & 3\end{pmatrix}\xrightarrow{\text{初等行变换}}\begin{pmatrix}1 & 0 & 0 & 1\\0 & 1 & 0 & 0\\0 & 0 & 1 & 2\end{pmatrix},$$

于是
$$\begin{pmatrix}y_1\\y_2\\y_3\end{pmatrix}=\begin{pmatrix}1\\0\\2\end{pmatrix}.$$

$\boldsymbol{\alpha}$ 在基 $\boldsymbol{\alpha}_1,\boldsymbol{\alpha}_2,\boldsymbol{\alpha}_3$ 下的坐标 $(x_1,x_2,x_3)'$ 为

$$\begin{pmatrix}x_1\\x_2\\x_3\end{pmatrix}=T\begin{pmatrix}y_1\\y_2\\y_3\end{pmatrix}=\begin{pmatrix}0 & 1 & 1\\-1 & -3 & -2\\2 & 4 & 4\end{pmatrix}\begin{pmatrix}1\\0\\2\end{pmatrix}=\begin{pmatrix}2\\-5\\10\end{pmatrix}.$$

例 42 在例 41 中，求一个非零向量 $\boldsymbol{\gamma}$，它在基 $\boldsymbol{\alpha}_1,\boldsymbol{\alpha}_2,\boldsymbol{\alpha}_3$ 与基 $\boldsymbol{\beta}_1,\boldsymbol{\beta}_2,\boldsymbol{\beta}_3$ 下有相同的坐标。

解 设 $\boldsymbol{\gamma}$ 在基 $\boldsymbol{\alpha}_1,\boldsymbol{\alpha}_2,\boldsymbol{\alpha}_3$ 和基 $\boldsymbol{\beta}_1,\boldsymbol{\beta}_2,\boldsymbol{\beta}_3$ 下的坐标都为 $(x_1,x_2,x_3)'$，则

$$\boldsymbol{\gamma}=(\boldsymbol{\alpha}_1,\boldsymbol{\alpha}_2,\boldsymbol{\alpha}_3)\begin{pmatrix}x_1\\x_2\\x_3\end{pmatrix}=(\boldsymbol{\beta}_1,\boldsymbol{\beta}_2,\boldsymbol{\beta}_3)\begin{pmatrix}x_1\\x_2\\x_3\end{pmatrix}. \tag{77}$$

由(77)式得

$$(A-B)\begin{pmatrix}x_1\\x_2\\x_3\end{pmatrix}=0. \tag{78}$$

解齐次线性方程组(78)：

$$\begin{pmatrix}1 & 3 & 0\\-1 & 0 & -1\\-2 & 1 & 0\end{pmatrix}\xrightarrow{\text{初等行变换}}\begin{pmatrix}1 & 3 & 0\\0 & 1 & 2\\0 & 0 & -7\end{pmatrix}.$$

齐次线性方程组(78)的系数矩阵 $A-B$ 的秩为 3，因此它只有零解。从而 $x_1=x_2=x_3=0$。于是 $\boldsymbol{\gamma}=(0,0,0)'$。

例 43 (1)证明：在 $K[x]_n$ 中，多项式组

$$f_i(x)=(x-a_1)\cdots(x-a_{i-1})(x-a_{i+1})\cdots(x-a_n),i=1,2,\cdots,n$$

是数域 K 上线性空间 $K[x]_n$ 的一个基，其中 $a_1,a_2,\cdots,a_n$ 是 K 中两两不等的数；

(2) 在第(1)小题中，取 K 为复数域 $\mathbf{C}$，且取 $a_1,a_2,\cdots,a_n$ 为全体 n 次单位根 $1,\xi,\xi^2,\cdots,\xi^{n-1}$，其中 $\xi=\mathrm{e}^{\mathrm{i}\frac{2\pi}{n}}$，求 $\mathbf{C}[x]_n$ 的基 $1,x,\cdots,x^{n-1}$ 到基 $f_1,f_2,\cdots,f_n$ 的过渡矩阵。

(1) **证明** 在例 26 中，由拉格朗日插值公式已求出 $g_1,g_2,\cdots,g_n$ 是 $K[x]_n$ 的一个基，其中

$$g_i(x)=\prod_{j\neq i}(x-c_j)(c_i-c_j)^{-1},\quad i=1,2,\cdots,n.$$

且对于任意 $f(x)\in K[x]_n$，有

$$f(x)=\sum_{i=1}^{n}f(c_i)g_i(x).$$

现在把 $c_1,c_2,\cdots,c_n$ 换成 $a_1,a_2,\cdots,a_n$，有

$$\begin{aligned}f(x)&=\sum_{i=1}^{n}f(a_i)\prod_{j\neq i}(x-a_j)(a_i-a_j)^{-1}\\&=\sum_{i=1}^{n}\frac{f(a_i)}{(a_i-a_1)\cdots(a_i-a_{i-1})(a_i-a_{i+1})\cdots(a_i-a_n)}f_i(x).\end{aligned}$$

这表明 f 可以由 $f_1,f_2,\cdots,f_n$ 线性表出。又已知 $\dim K[x]_n=n$，因此 $f_1,f_2,\cdots,f_n$ 是 $K[x]_n$ 的一个基。■

(2) **解**

由于

$$x^n-1=(x-1)(x-\xi)(x-\xi^2)\cdots(x-\xi^{n-1}),$$

因此

$$f_i(x)=\frac{x^n-1}{x-\xi^{i-1}},i=1,2,\cdots,n.$$

用 $x-\xi^{i-1}$ 去除 x^n-1，作综合除法：

$$\begin{array}{cccccc|c}1 & 0 & 0 & \cdots & 0 & -1 & \xi^{i-1}\\ & \xi^{i-1} & (\xi^{i-1})^2 & \cdots & (\xi^{i-1})^{n-1} & 1 & \\ \hline 1 & \xi^{i-1} & (\xi^{i-1})^2 & \cdots & (\xi^{i-1})^{n-1} & 0 & \end{array}$$

于是

$$f_i(x)=x^{n-1}+\xi^{i-1}x^{n-2}+\cdots+(\xi^{i-1})^{n-1},\quad i=1,2,\cdots,n.$$

从而

$$(f_1,f_2,\cdots,f_n)=(1,x,\cdots,x^{n-1})\begin{pmatrix}1 & \xi^{n-1} & \xi^{2(n-1)} & \cdots & \xi^{(n-1)^2}\\ 1 & \xi^{n-2} & \xi^{2(n-2)} & \cdots & \xi^{(n-1)(n-2)}\\ \vdots & \vdots & \vdots & & \vdots\\ 1 & \xi & \xi^2 & \cdots & \xi^{n-1}\\ 1 & 1 & 1 & \cdots & 1\end{pmatrix}.$$

因此 $\mathbf{C}[x]_n$ 的基 $1,x,\cdots,x^{n-1}$ 到基 $f_1,f_2,\cdots,f_n$ 的过渡矩阵 T 为

$$T=\begin{pmatrix}1 & \xi^{n-1} & \xi^{2(n-1)} & \cdots & \xi^{(n-1)^2}\\ 1 & \xi^{n-2} & \xi^{2(n-2)} & \cdots & \xi^{(n-1)(n-2)}\\ \vdots & \vdots & \vdots & & \vdots\\ 1 & \xi & \xi^2 & \cdots & \xi^{n-1}\\ 1 & 1 & 1 & \cdots & 1\end{pmatrix}.$$

例 44 设 A 是数域 K 上一个 n 级矩阵($A\neq 0$)，把 A 的所有多项式组成的集合记作 $K[A]$，它是 K 上的一个线性空间，$K[A]$是不是有限维的？如果是，那么如何求出$K[A]$的一个基和维数？

解 数域 K 上所有 n 级矩阵组成的集合 $M_n(K)$ 是 K 上的一个 n^2 维线性空间。由于 $K[A]\subseteq M_n(K)$，因此 $K[A]$必定是有限维的(否则，$K[A]$中有无限子集线性无关，这与 $M_n(K)$是有限维的线性空间矛盾)。由于 $\dim M_n(K)=n^2$，因此下述 n^2+1 个矩阵

$$I,A,A^2,\cdots,A^{n^2}$$

必定线性相关。从而 K 中存在不全为 0 的数 $b_0,b_1,\cdots,b_{n^2}$ 使得

$$b_0I+b_1A+b_2A^2+\cdots+b_{n^2}A^{n^2}=0. \tag{79}$$

令
$$g(x)=b_0+b_1x+b_2x^2+\cdots+b_{n^2}x^{n^2}\in K[x],$$

x 用 A 代入，据(79)式得，$g(A)=0$。由此受到启发，$K[x]$中一个多项式 $g(x)$如果使得 $g(A)=0$，那么把 $g(x)$称为矩阵 A 的一个**零化多项式**。在 A 的所有非零的零化多项式中，次数最低的且首项系数为 1 的零化多项式称为 A 的**最小多项式**。假如 $m_1(x)$和 $m_2(x)$都是 A 的最小多项式，则 $m_1(x)$和 $m_2(x)$的次数相同且首项系数都为 1。于是 $h(x)=m_1(x)-m_2(x)$的次数比 $m_1(x)$的次数低。由于 $h(A)=m_1(A)-m_2(A)=0$，因此 $h(x)$也是 A 的一个零化多项式，据最小多项式的定义得，$h(x)=0$。从而 $m_1(x)=m_2(x)$。这证明了 A 的最小多项式是唯一的。设 A 的最小多项式 $m(x)=x^r+c_{r-1}x^{r-1}+\cdots+c_1x+c_0$，则

$$A^r+c_{r-1}A^{r-1}+\cdots+c_1A+c_0I=0. \tag{80}$$

于是

$$A^r=-c_{r-1}A^{r-1}-\cdots-c_1A-c_0I. \tag{81}$$

从而 $K[A]$中任一元素可表示成

$$a_0I+a_1A+\cdots+a_{r-1}A^{r-1}. \tag{82}$$

假设 $k_0I+k_1A+\cdots+k_{r-1}A^{r-1}=0$，则 $k_0+k_1x+\cdots+k_{r-1}x^{r-1}$也是 A 的一个零化多项式。根据最小多项式的定义得出 $k_0+k_1x+\cdots+k_{r-1}x^{r-1}=0$。从而 $k_0=k_1=\cdots=k_{r-1}=0$。因此 $I,A,\cdots,A^{r-1}$线性无关。于是这就是 $K[A]$的一个基。所以 $\dim K[A]=r$，即 $K[A]$的维数等于 A 的最小多项式的次数 r。

点评 在探索 $K[A]$ 的一个基时，从 $\dim M_n(K)=n^2$ 得出 $I,A,A^2,\cdots,A^{n^2}$ 线性相关。于是在 K 中有不全为 0 的数 $b_0,b_1,\cdots,b_{n^2}$ 使得

$$b_0I+b_1A+b_2A^2+\cdots+b_{n^2}A^{n^2}=0.$$

考虑多项式 $g(x)=b_0+b_1x+b_2x^2+\cdots+b_{n^2}x^{n^2}$，由此引出 A 的零化多项式的概念。进一步考虑极端情况：A 的次数最低且首项系数为 1 的零化多项式，称它为 A 的最小多项式。引出 A 的最小多项式的概念是求 $K[A]$ 的一个基的关键。

** 例 45* 设 A 是数域 K 上一个 n 级矩阵，探索线性空间 $K[A]$ 的第二个基，并且求基 $I,A,A^2,\cdots,A^{r-1}$ 到这第二个基的过渡矩阵，其中 r 是 A 的最小多项式的次数。

解 从 $K[A]$ 的一个基为 $I,A,A^2,\cdots,A^{r-1}$，类比 $K[x]_r$ 的一个基 $1,x,x^2,\cdots,x^{r-1}$。我们在例 26 中求出了 $K[x]_r$ 的第二个基：$1,x-a,(x-a)^2,\cdots,(x-a)^{r-1}$，类比猜想 $K[A]$ 的第二个基为 $I,A-aI,(A-aI)^2,\cdots,(A-aI)^{r-1}$，其中 a 是 K 中任一非零数。现在来证明这一猜想为真。假设

$$k_0I+k_1(A-aI)+k_2(A-aI)^2+\cdots+k_{r-1}(A-aI)^{r-1}=0.$$

则 $k_0+k_1(x-a)+k_2(x-a)^2+\cdots+k_{r-1}(x-a)^{r-1}$ 是 A 的一个零化多项式。由于 A 的最小多项式的次数为 r，因此

$$k_0+k_1(x-a)+k_2(x-a)^2+\cdots+k_{r-1}(x-a)^{r-1}=0. \tag{83}$$

不定元 x 用 $x+a$ 代入，从(83)式得

$$k_0+k_1x+k_2x^2+\cdots+k_{r-1}x^{r-1}=0. \tag{84}$$

根据一元多项式的定义得，$k_0=k_1=\cdots=k_{r-1}=0$，因此

$$I,A-aI,(A-aI)^2,\cdots,(A-aI)^{r-1} \tag{85}$$

线性无关。又由于 $\dim K[A]=r$，因此(85)式给出的 A 的多项式组是 $K[A]$ 的一个基。

由于 A 与 aI 可交换，因此 $(A-aI)^l$ 可以按二项式定理展开，得

$$\begin{aligned}(A-aI)^l&=A^l+C_l^1A^{l-1}(-aI)+C_l^2A^{l-2}(-aI)^2+\cdots\\&\quad+C_l^iA^{l-i}(-aI)^i+\cdots+C_l^{l-1}A(-aI)^{l-1}+(-aI)^l\\&=A^l-laA^{l-1}+C_l^2a^2A^{l-2}+\cdots+C_l^i(-1)^ia^iA^{l-i}+\cdots\\&\quad+C_l^1(-1)^{l-1}a^{l-1}A+(-1)^la^lI,\end{aligned}$$

于是 $(A-aI)^l$ 在基 $I,A,\cdots,A^{r-1}$ 下的坐标为

$$((-1)^la^l,(-1)^{l-1}la^{l-1},\cdots,(-1)^iC_l^ia^i,\cdots,-la,1,\underbrace{0,\cdots,0}_{(r-1-l)\text{个}})',$$

其中 $l=1,2,\cdots,r-1$。

因此基 $I,A,A^2,\cdots,A^{r-1}$ 到基 $I,A-aI,(A-aI)^2,\cdots,(A-aI)^{r-1}$ 的过渡矩阵为

$$\begin{pmatrix} 1 & -a & a^2 & \cdots & (-1)^{r-1}a^{r-1} \\ 0 & 1 & -2a & \cdots & (-1)^{r-2}(r-1)a^{r-2} \\ 0 & 0 & 1 & \cdots & (-1)^{r-3}\mathrm{C}_{r-1}^2 a^{r-3} \\ \vdots & \vdots & \vdots & & \vdots \\ 0 & 0 & 0 & \cdots & \mathrm{C}_{r-1}^2 a^2 \\ 0 & 0 & 0 & \cdots & -(r-1)a \\ 0 & 0 & 0 & \cdots & 1 \end{pmatrix}.$$

例 46　设递推方程

$$u(n)=au(n-1)+bu(n-2), n\geqslant 2, \tag{86}$$

其中 a,b 都是不为 0 的复数。若 $\mathbf{N}$ 上的一个复值函数 $u(n)$ 满足(86)式，则称 $u(n)$ 为方程(86)的一个解。一元多项式 $f(x)=x^2-ax-b$ 称为递推方程(86)的特征多项式。证明：

(1) 递推方程(86)的解集 W 是复数域上的一个线性空间；

(2) 设 $\alpha\in\mathbf{C}^*$，则函数 $\alpha^n\in W$ 当且仅当 α 是 $f(x)$ 的一个复根；

(3) 设 $\alpha\in\mathbf{C}^*$，则函数 $n\alpha^n\in W$ 当且仅当 α 是 $f(x)$ 的二重根；

(4) 若 $f(x)$ 有不同的根 α_1 和 α_2，则 α_1^n,α_2^n 是 W 的一个基，从而递推方程(86)的每一个解 $u(n)$ 都可以唯一地表示成

$$u(n)=C_1\alpha_1^n+C_2\alpha_2^n,$$

其中 C_1,C_2 是常数；

(5) 若 $f(x)$ 有二重根 α，则 $\alpha^n,n\alpha^n$ 是 W 的一个基，从而递推方程(86)的每一个解 $u(n)$ 都可以唯一地表示成

$$u(n)=C_1\alpha^n+C_2 n\alpha^n,$$

其中 C_1,C_2 都是常数。

证明　(1)递推方程(86)的每一个解是 $\mathbf{N}$ 上的一个复值函数，因此它的解集 $W\in\mathbf{C}^{\mathbf{N}}$。由第(2)小题知，$W$ 非空集。任取 $u(n),v(n)\in W$，则

$$u(n)=au(n-1)+bu(n-2), v(n)=av(n-1)+bv(n-2).$$

从而

$$u(n)+v(n)=a[u(n-1)+v(n-1)]+b[u(n-2)+v(n-2)].$$

因此 $u(n)+v(n)\in W$。任取 $u(n)\in W, k\in\mathbf{C}$，有

$$ku(n)=a[ku(n-1)]+b[ku(n-2)],$$

因此 $ku(n)\in W$。综上所述得，W 是 $\mathbf{C}^{\mathbf{N}}$ 的一个子空间，从而 W 是复数域 $\mathbf{C}$ 上的一个线性空间。

(2) 设 $\alpha\in\mathbf{C}^*$,则 $\alpha^n\in W\Leftrightarrow\ \alpha^n=a\alpha^{n-1}+b\alpha^{n-2},n\geqslant 2$

$\Leftrightarrow\ \alpha^2=a\alpha+b$

$\Leftrightarrow\ \alpha$ 是 $f(x)$ 的一个复根。

(3) 必要性。设 $\alpha\in\mathbf{C}^*$,则

$$n\alpha^n\in W\Leftrightarrow\ n\alpha^n=a(n-1)\alpha^{n-1}+b(n-2)\alpha^{n-2},n\geqslant 2$$

$$\Rightarrow\ 2\alpha^2=a\alpha,3\alpha^3=2a\alpha^2+b\alpha$$

$$\Rightarrow\ \alpha=\frac{a}{2},b=-\frac{a^2}{4}$$

$\Rightarrow\ \alpha=\dfrac{a}{2}$ 是 $f(x)$ 的二重根。

充分性。设 $\alpha\in\mathbf{C}^*$ 是 $f(x)$ 的二重根,则 $a^2+4b=0$。
从而 $b=-\dfrac{a^2}{4},\alpha=\dfrac{a}{2}$,此时递推方程(86)为

$$u(n)=au(n-1)-\frac{a^2}{4}u(n-2) \tag{87}$$

考虑函数 $n(\dfrac{a}{2})^n$,由于

$$a(n-1)(\frac{a}{2})^{n-1}-\frac{a^2}{4}(n-2)(\frac{a}{2})^{n-2}=2(n-1)(\frac{a}{2})^n-(n-2)(\frac{a}{2})^n$$

$$=[2(n-1)-(n-2)](\frac{a}{2})^n=n(\frac{a}{2})^n,$$

因此 $n(\dfrac{a}{2})^n$ 是递推方程(87)的一个解,从而 $n(\dfrac{a}{2})^n\in W$。

(4) 设 $f(x)$ 有不同的根 α_1 和 α_2,由于 $b\neq 0$,因此 $\alpha_1\neq 0$ 且 $\alpha_2\neq 0$。从而 $\alpha_1^n,\alpha_2^n\in W$。设

$$k_1\alpha_1^n+k_2\alpha_2^n=0,$$

当 n 分别取 0 和 1 时,从上式得

$$\begin{cases}k_1+k_2=0,\\ k_1\alpha_1+k_2\alpha_2=0.\end{cases}$$

由于 $\alpha_1\neq\alpha_2$,因此上述齐次线性方程组只有零解,从而 $k_1=k_2=0$,于是 α_1^n,α_2^n 线性无关。

任取 $u(n)\in W$,由于 $\alpha_1+\alpha_2=a,\alpha_1\alpha_2=-b$,因此

$$u(n)=(\alpha_1+\alpha_2)u(n-1)-\alpha_1\alpha_2u(n-2),n\geqslant 2. \tag{88}$$

从而

$$u(n)-\alpha_1u(n-1)=\alpha_2[u(n-1)-\alpha_1u(n-2)],n\geqslant 2;$$

$$u(n)-\alpha_2u(n-1)=\alpha_1[u(n-1)-\alpha_2u(n-2)],n\geqslant 2.$$

于是

$$u(n)-\alpha_1 u(n-1)=[u(1)-\alpha_1 u(0)]\alpha_2^{n-1},$$

$$u(n)-\alpha_2 u(n-1)=[u(1)-\alpha_2 u(0)]\alpha_1^{n-1}.$$

解得

$$u(n)=\frac{u(1)-\alpha_2 u(0)}{\alpha_1-\alpha_2}\alpha_1{}^n-\frac{u(1)-\alpha_1 u(0)}{\alpha_1-\alpha_2}\alpha_2{}^n.$$

因此 $u(n)$ 可以由 α_1^n,α_2^n 线性表出。

综上所述得，α_1^n,α_2^n 是 W 的一个基。

(5) 设 $f(x)$ 有二重根 α，由于 $a\neq 0$ 且 $b\neq 0$，因此 $\alpha\neq 0$。于是 $\alpha^n\in W$，$n\alpha^n\in W$。设

$$k_1\alpha^n+k_2 n\alpha^n=0.$$

当 n 分别取 0 和 1 时，从上式得

$$k_1=0, k_1\alpha+k_2\alpha=0.$$

解得，$k_1=0,k_2=0$。因此 $\alpha^n,n\alpha^n$ 线性无关。

任取 $u(n)\in W$，由于 $\alpha+\alpha=a,\alpha^2=-b$，因此

$$u(n)=(\alpha+\alpha)u(n-1)-\alpha^2 u(n-2), n\geqslant 2.$$

从而

$$u(n)-\alpha u(n-1)=\alpha[u(n-1)-\alpha u(n-2)], n\geqslant 2.$$

于是

$$u(n)-\alpha u(n-1)=[u(1)-\alpha u(0)]\alpha^{n-1}, n\geqslant 2. \tag{89}$$

由(89)式得

$$u(n-1)-\alpha u(n-2)=[u(1)-\alpha u(0)]\alpha^{n-2},$$

$$u(n-2)-\alpha u(n-3)=[u(1)-\alpha u(0)]\alpha^{n-3},$$

$$\cdots$$

$$u(2)-\alpha u(1)=[u(1)-\alpha u(0)]\alpha.$$

把上述一组等式的第 1 式乘 α，第 2 式乘 α^2，…，最后一个式子乘以 α^{n-2}，再把它们与(89)式相加得，

$$u(n)-\alpha^{n-1}u(1)=(n-1)[u(1)-\alpha u(0)]\alpha^{n-1}.$$

因此

$$u(n)=u(0)\alpha^n+\frac{u(1)-\alpha u(0)}{\alpha}n\alpha^n.$$

■

综上所述得，$\alpha^n,n\alpha^n$ 是 W 的一个基。

习题 8.1

1. 回答下列问题，并写出理由：

(1) $K[x]$中所有 n 次多项式组成的集合 Ω，对于多项式的加法和数量乘法是否成为 K 上的一个线性空间？

(2) $K[x_1,x_2,\cdots,x_n](n\geqslant 2)$中所有对称多项式组成的集合 W，对于多项式的加法和数量乘法是否成为 K 上的一个线性空间？

(3) $[a,b]$上所有连续函数组成的集合 $C[a,b]$，对于函数的加法(即$(f+g)(x)=f(x)+g(x)$, $\forall x\in[a,b]$)和数量乘法(即$(kf)(x)=kf(x)$, $\forall x\in[a,b]$)是否成为实数域上的一个线性空间？

(4) 所有负实数组成的集合 $\mathbf{R}^-$，对于实数的加法以及有理数和实数的乘法，是否成为有理数域上的一个线性空间？

(5) 集合 $\mathbf{Q}(\pi)\xlongequal{\text{def}}\{a+b\pi\mid a,b\in\mathbf{Q}\}$，对于实数的加法以及有理数和实数的乘法，是否成为有理数域上的一个线性空间？

2. F^∞ 的下列子集对于 F^∞ 的加法与纯量乘法是否构成域 F 上的线性空间？

(1) 只有有限多个分量不为 0 的无限序列组成的子集；

*(2) 只有有限多个分量为 0 的无限序列组成的子集；

*(3) 没有分量等于 e 的无限序列组成的子集，e 是域 F 的单位元。

*3. $\mathbf{R}^\infty$ 或 $\mathbf{C}^\infty$ 的下列子集对于加法与纯量乘法是否构成 $\mathbf{R}$ 或 $\mathbf{C}$ 上的线性空间？

(1) 有界的无限序列组成的子集(一个无限序列$(a_1,a_2,a_3,\cdots)$称为有界，如果存在一个实数 b，使得$|a_i|<b$, $\forall i$)；

(2) 满足 Hilbert 条件的无限序列组成的子集(Hilbert 条件是：级数$\sum\limits_{n=1}^{\infty}|a_n|^2$收敛)。

4. 设 X 是任一集合，F 是一个域，F^X 的下列子集对于函数的加法以及 F 的元素与函数的纯量乘法，是否构成域 F 上的线性空间？

(1) 给定 $a\in X$，集合$\{f\in F^X\mid f(a)=0\}$；

*(2) 给定 $a\in X$，给定 $k\in F$ 且 $k\neq 0$，集合$\{f\in F^X\mid f(a)=k\}$；

*(3) 给定 $X_0\subseteq X$，集合$\{f\in F^X\mid f(x)=0, \forall x\in X_0\}$；

*(4) 给定 $X_0\subseteq X$，且$|X_0|>1$，集合$\{f\in F^X\mid f$ 在 X_0 的至少一个点上的值为 $0\}$。

*5. $\mathbf{R}^{\mathbf{R}}$ 的下列子集对于函数的加法以及实数与函数的数量乘法，是否构成实数域上的线性空间？

(1) $\{f\in \mathbf{R}^{\mathbf{R}} \mid \lim\limits_{|x|\to\infty} f(x)=0\}$；

(2) $\{f\in \mathbf{R}^{\mathbf{R}} \mid \lim\limits_{|x|\to\infty} f(x)=1\}$；

(3) $\{f\in \mathbf{R}^{\mathbf{R}} \mid f$ 只有有限多个间断点$\}$。

6. $\mathbf{R}\times\mathbf{R}$ 对于下面定义的加法和数量乘法，是否构成实数域上的线性空间？

$$(a_1,b_1)\oplus(a_2,b_2)=(a_1+a_2,b_1+b_2+a_1a_2),$$

$$k\circ(a,b)=\left(ka,kb+\frac{k(k-1)}{2}a^2\right).$$

7. 设 V 是数域 K 上的一个线性空间，把 K 与 V 的数量乘法改成：若 $k\neq 0$，则 $k\circ\alpha=k^{-1}\alpha$；若 $k=0$，则 $k\circ\alpha=0$。试问：V 对于原来的加法与现在定义的数量乘法是否构成数域 K 上的一个线性空间？

8. 判断实数域上的线性空间 $\mathbf{R}^{\mathbf{R}}$ 中的下列函数组是否线性无关，并且求它的秩。

(1) $1,\cos^2 x,\cos 2x$；

(2) $1,\cos x,\cos 2x,\cos 3x$；

(3) $\sin x,\sin 2x,\cdots,\sin nx$；

(4) $1,\cos x,\sin x,\cos 2x,\sin 2x,\cdots,\cos nx,\sin nx$；

(5) $1,\cos x,\cos^2 x,\cdots,\cos^n x$。

9. 在数域 K 上的线性空间 $K[x]$ 中，$f_1(x),f_2(x),f_3(x)$ 互素，但是其中任意两个都不互素，判断 $f_1(x),f_2(x),f_3(x)$ 是否线性无关。

10. 在域 F 上的线性空间 V 中，设向量组 $\alpha_1,\cdots,\alpha_s$ 线性无关，且 $\beta=b_1\alpha_1+\cdots+b_s\alpha_s$。证明：如果对于某个 $i(1\leqslant i\leqslant s)$ 有 $b_i\neq 0$，那么用 β 替换 α_i 以后得到的向量组 $\alpha_1,\cdots,\alpha_{i-1},\beta,\alpha_{i+1},\cdots,\alpha_s$ 也线性无关。

11. 在实数域上的线性空间 $\mathbf{R}^{\mathbf{R}}$ 中，函数组

$$e^x\cos x,e^x\sin x,xe^x\cos x,xe^x\sin x$$

是否线性无关？

12. 设 $b=pq^2$，其中 p,q 是不同的素数，n 是大于1的正整数。把实数域 $\mathbf{R}$ 看成有理数域 $\mathbf{Q}$ 上的线性空间。判断

$$1,\sqrt[n]{b},\sqrt[n]{b^2},\cdots,\sqrt[n]{b^{n-1}}$$

是否线性无关。

13. 令 $\mathbf{Q}(\omega)\overset{\text{def}}{=\!=}\{a+b\omega\mid a,b\in\mathbf{Q}\}$，其中 $\omega=\dfrac{-1+\sqrt{3}\mathrm{i}}{2}$。

(1) 证明：$\mathbf{Q}(\omega)$ 对于复数的加法以及有理数和复数的乘法构成有理数域 $\mathbf{Q}$ 上的一个线性空间；

(2) 求 $\mathbf{Q}(\omega)$的一个基和维数；

(3) $\overline{\omega}$，$-\sqrt{3}\mathrm{i}$ 是否属于 $\mathbf{Q}(\omega)$？如果是，ω，$\overline{\omega}$，$-\sqrt{3}\mathrm{i}$ 是否线性相关？并且求 ω，$\overline{\omega}$，$-\sqrt{3}\mathrm{i}$ 的秩。

14. 在 K^4 中，设 $\boldsymbol{\alpha}_1=(1,1,1,1)'$，$\boldsymbol{\alpha}_2=(1,1,1,0)'$，$\boldsymbol{\alpha}_3=(1,1,0,0)'$，$\boldsymbol{\alpha}_4=(1,0,0,0)'$，$\boldsymbol{\alpha}=(2,-1,3,4)'$，求 $\boldsymbol{\alpha}$ 在基 $\boldsymbol{\alpha}_1,\boldsymbol{\alpha}_2,\boldsymbol{\alpha}_3,\boldsymbol{\alpha}_4$ 下的坐标。

15. 令

$$V=\left\{\left.\begin{pmatrix} a+b\mathrm{i} & c+d\mathrm{i} \\ -c+d\mathrm{i} & a-b\mathrm{i} \end{pmatrix}\right| a,b,c,d\in\mathbf{R}\right\},$$

(1) 证明：V 对于矩阵的加法以及实数与矩阵的数量乘法构成实数域 $\mathbf{R}$ 上的一个线性空间；

(2) 求 V 的一个基和维数，并且求 V 中的矩阵在这个基下的坐标。

16. 在 K^4 中，求由基 $\boldsymbol{\alpha}_1,\boldsymbol{\alpha}_2,\boldsymbol{\alpha}_3,\boldsymbol{\alpha}_4$ 到基 $\boldsymbol{\beta}_1,\boldsymbol{\beta}_2,\boldsymbol{\beta}_3,\boldsymbol{\beta}_4$ 的过渡矩阵，并且求 $\boldsymbol{\alpha}$ 在所指定的基下的坐标：

(1) $\boldsymbol{\alpha}_1=(1,0,0,0)'$，　　$\boldsymbol{\beta}_1=(1,1,-1,1)'$，
$\boldsymbol{\alpha}_2=(0,1,0,0)'$，　　$\boldsymbol{\beta}_2=(2,3,1,1)'$，
$\boldsymbol{\alpha}_3=(0,0,1,0)'$，　　$\boldsymbol{\beta}_3=(3,1,-2,0)'$，
$\boldsymbol{\alpha}_4=(0,0,0,1)'$，　　$\boldsymbol{\beta}_4=(0,1,-1,2)'$，
$\boldsymbol{\alpha}=(x_1,x_2,x_3,x_4)'$在基 $\boldsymbol{\beta}_1,\boldsymbol{\beta}_2,\boldsymbol{\beta}_3,\boldsymbol{\beta}_4$ 下的坐标；

(2) $\boldsymbol{\alpha}_1=(1,0,0,0)'$，　　$\boldsymbol{\beta}_1=(1,1,8,3)'$，
$\boldsymbol{\alpha}_2=(4,1,0,0)'$，　　$\boldsymbol{\beta}_2=(0,3,7,2)'$，
$\boldsymbol{\alpha}_3=(-3,2,1,0)'$，　　$\boldsymbol{\beta}_3=(1,1,6,2)'$，
$\boldsymbol{\alpha}_4=(2,-3,2,1)'$，　　$\boldsymbol{\beta}_4=(-1,4,-1,-1)'$，
$\boldsymbol{\alpha}=(1,4,2,3)'$在基 $\boldsymbol{\alpha}_1,\boldsymbol{\alpha}_2,\boldsymbol{\alpha}_3,\boldsymbol{\alpha}_4$ 下的坐标；

(3) $\boldsymbol{\alpha}_1=(1,1,1,1)'$，　　$\boldsymbol{\beta}_1=(1,1,0,1)'$，
$\boldsymbol{\alpha}_2=(1,1,-1,-1)'$，　　$\boldsymbol{\beta}_2=(2,1,3,1)'$，
$\boldsymbol{\alpha}_3=(1,-1,1,-1)'$，　　$\boldsymbol{\beta}_3=(1,1,0,0)'$，
$\boldsymbol{\alpha}_4=(1,-1,-1,1)'$，　　$\boldsymbol{\beta}_4=(0,1,-1,-1)'$，
$\boldsymbol{\alpha}=(1,0,0,-1)'$在基 $\boldsymbol{\beta}_1,\boldsymbol{\beta}_2,\boldsymbol{\beta}_3,\boldsymbol{\beta}_4$ 下的坐标。

17. 在第 16 题的第(1)小题中，求一非零向量 $\boldsymbol{\alpha}$，它在基 $\boldsymbol{\alpha}_1,\boldsymbol{\alpha}_2,\boldsymbol{\alpha}_3,\boldsymbol{\alpha}_4$ 与基 $\boldsymbol{\beta}_1,\boldsymbol{\beta}_2,\boldsymbol{\beta}_3,\boldsymbol{\beta}_4$ 下有相同的坐标。

18. 在数域 K 上的线性空间 $K[x]_n$ 中，求基 $1,x,x^2,\cdots,x^{n-1}$ 到基 $1,x-a,(x-a)^2,\cdots,(x-a)^{n-1}$ 的过渡矩阵，其中 a 是 K 中任一非零数。

19. 解递推方程：

(1) $u(n)=3u(n-1)-2u(n-2),n\geqslant 2,u(0)=-2,u(1)=1$；

(2) $u(n)=-2u(n-1)-u(n-2),n\geqslant 2,u(0)=-1,u(1)=-1$。

20. 证明：在实数域 $\mathbf{R}$ 上的线性空间 $\mathbf{R}^X$（X 是 $\mathbf{R}$ 的一个子集）中，函数组 $f_1,\cdots,f_n$ 线性无关当且仅当存在 $a_1,\cdots,a_n\in X$ 使得 (i,j) 元为 $f_j(a_i)$ 的矩阵 A 的行列式不等于 0。

8.2　子空间及其交与和，子空间的直和

8.2.1　内容精华

研究域 F 上线性空间 V 的结构的第二条途径是：研究 V 的这样的非空子集 U，它对于 V 的加法与纯量乘法也构成域 F 上的一个线性空间，称 U 是 V 的一个**线性子空间**，简称为**子空间**。通过引进 V 的子空间之间的运算，来研究 V 能不能通过它的若干个子空间来构筑。

一、线性子空间

设 V 是域 F 上的一个线性空间。如果 U 是 V 的一个子空间，那么由于 V 的加法和纯量乘法限制到 U 上后，分别是 U 的加法与纯量乘法，因此有

$$\alpha,\beta\in U \quad\Longrightarrow\quad \alpha+\beta\in U(\text{即 } U \text{ 对 } V \text{ 的加法封闭});$$

$$\alpha\in U,k\in F \quad\Longrightarrow\quad k\alpha\in U(\text{即 } U \text{ 对 } V \text{ 的纯量乘法封闭}).$$

反之，若 V 的非空子集 U 对 V 的加法和纯量乘法都封闭，U 是不是 V 的一个子空间？此时 V 的加法和纯量乘法限制到 U 上后，分别是 U 的加法和纯量乘法。显然在 U 中加法交换律、结合律以及纯量乘法的 4 条运算法则都成立。现在来看 U 中有没有零元。对于 U 中每一个元素 α，在 U 中有没有 α 的负元？凭直觉猜测 V 中的零元 $0\in U$。论证如下：由于 U 不是空集，因此有 $\gamma\in U$。由于 U 对纯量乘法封闭，因此 $0\gamma\in U$。从而 $0\in U$。于是 U 中有零元 0。任给 $\alpha\in U$，则 $(-1)\alpha\in U$。于是 $-\alpha\in U$，由于 $\alpha+(-\alpha)=0$，且 V 的加法限制到 U 上是 U 的加法，因此 $-\alpha$ 是 α 在 U 中的负元。综上所述，U 是域 F 上的一个线性空间。因此 U 是 V 的一个子空间。这样我们证明了下述定理 1。

定理 1　设 U 是域 F 上线性空间 V 的一个非空子集，则 U 是 V 的一个子空间的充分必要条件是：U 对于 V 的加法和纯量乘法都封闭，即

$$\alpha,\beta\in U \quad\Longrightarrow\quad \alpha+\beta\in U,$$

$$\alpha\in U,k\in F \quad\Longrightarrow\quad k\alpha\in U.$$

■

根据定理1，判断 V 的一个子集 U 是 V 的一个子空间，需要验证3条：U 非空集，U 对加法封闭，U 对纯量乘法封闭。

显然，$\{0\}$，V 都是 V 的子空间，称它们是 V 的平凡子空间，$\{0\}$ 称为**零子空间**，可记作0。

设 V 是有限维的线性空间，试问：V 的子空间的基和维数与 V 的基和维数之间有什么关系？

设 U 是 V 的任一子空间。根据8.1节的命题12得，U 的一个基可以扩充成 V 的一个基。从而

$$\dim U \leqslant \dim V. \tag{1}$$

(1)式中等号成立当且仅当 $U=V$（充分性是显然的。必要性：当 $\dim U=\dim V$ 时，U 的一个基已经是 V 的一个基，因此 V 的任一向量可由 U 的这个基线性表出，从而 $V\subseteq U$。于是 $V=U$）。

设 V 是域 F 上的一个线性空间，给出 V 的一个向量组 $\alpha_1,\cdots,\alpha_s$，如何构造一个包含 $\alpha_1,\cdots,\alpha_s$ 的最小的子空间？由于子空间对 V 的加法和纯量乘法封闭，因此包含 $\alpha_1,\cdots,\alpha_s$ 的子空间一定包含 $\alpha_1,\cdots,\alpha_s$ 的所有线性组合组成的集合：

$$\{k_1\alpha_1+\cdots+k_s\alpha_s \mid k_i\in F, i=1,\cdots,s\}. \tag{2}$$

把这个集合记作 W。显然 W 非空集，且 W 对于 V 的加法和纯量乘法都封闭，因此 W 是 V 的一个子空间。从以上论述知道，W 就是包含 $\alpha_1,\cdots,\alpha_s$ 的最小的子空间，把 W 称为由 $\alpha_1,\cdots,\alpha_s$ **生成（或张成）的线性子空间**，记作 $\langle\alpha_1,\cdots,\alpha_s\rangle$ 或者 $L(\alpha_1,\cdots,\alpha_s)$，即

$$\langle\alpha_1,\cdots,\alpha_s\rangle=\{k_1\alpha_1+\cdots+k_s\alpha_s \mid k_i\in F, i=1,\cdots,s\}. \tag{3}$$

在有限维线性空间 V 中，任何一个线性子空间 U 都可以用上述方法得到，这是因为只要取 U 的一个基 $\alpha_1,\cdots,\alpha_m$，则 $U=\langle\alpha_1,\cdots,\alpha_m\rangle$。

对于 V 中向量组 $\alpha_1,\cdots,\alpha_s$ 生成的线性子空间 $\langle\alpha_1,\cdots,\alpha_s\rangle$，从(3)式看出，向量组 $\alpha_1,\cdots,\alpha_s$ 的一个极大线性无关组就是 $\langle\alpha_1,\cdots,\alpha_s\rangle$ 的一个基，从而

$$\dim\langle\alpha_1,\cdots,\alpha_s\rangle=\operatorname{rank}\{\alpha_1,\cdots,\alpha_s\}. \tag{4}$$

从(3)式还可得出，对于 V 中两个向量组 $\alpha_1,\cdots,\alpha_s$ 和 $\beta_1,\cdots,\beta_t$，有

$$\begin{aligned}&\langle\alpha_1,\cdots,\alpha_s\rangle=\langle\beta_1,\cdots,\beta_t\rangle\\ \Leftrightarrow\quad &\{\alpha_1,\cdots,\alpha_s\}\cong\{\beta_1,\cdots,\beta_t\}.\end{aligned} \tag{5}$$

二、子空间的交与和

为了利用线性空间 V 的若干个子空间来构筑整个空间 V，需要引进子空间的运算。

设 V 是域 F 上的线性空间，V_1 和 V_2 都是 V 的子空间。V_1 和 V_2 作为 V 的子集可以

求交集 $V_1 \cap V_2$。自然会问：交集 $V_1 \cap V_2$ 是不是 V 的一个子空间？

由于 $0 \in V_1 \cap V_2$，因此 $V_1 \cap V_2$ 非空集。任取 $\alpha, \beta \in V_1 \cap V_2$，则 $\alpha, \beta \in V_1$，且 $\alpha, \beta \in V_2$。由于 V_1 和 V_2 都对 V 的加法封闭，因此 $\alpha+\beta \in V_1$ 且 $\alpha+\beta \in V_2$。从而 $\alpha+\beta \in V_1 \cap V_2$。任取 $k \in F$，由于 V_1 和 V_2 都对 V 的纯量乘法封闭，因此 $k\alpha \in V_1$ 且 $k\alpha \in V_2$。从而 $k\alpha \in V_1 \cap V_2$。据定理 1 得，$V_1 \cap V_2$ 是 V 的一个子空间。于是我们证明了下述定理 2：

定理 2 设 V_1, V_2 都是域 F 上线性空间 V 的子空间，则 $V_1 \cap V_2$ 也是 V 的子空间。 ■

由集合的交的定义可得出，子空间的交适合下列运算法则：

(i) 交换律：$V_1 \cap V_2 = V_2 \cap V_1$；

(ii) 结合律：$(V_1 \cap V_2) \cap V_3 = V_1 \cap (V_2 \cap V_3)$。

由结合律，我们可以定义多个子空间的交：

$$V_1 \cap V_2 \cap \cdots \cap V_s$$

记作 $\bigcap_{i=1}^{s} V_i$。用数学归纳法易证 $\bigcap_{i=1}^{s} V_i$ 也是 V 的一个子空间。

类似地可以证明：设 I 是一个指标集，若对于每个 $i \in I$，都有 V_i 是 V 的一个子空间，则 $\bigcap_{i \in I} V_i$ 也是 V 的一个子空间，其中 $\bigcap_{i \in I} V_i \xlongequal{\text{def}} \{\alpha \mid \alpha \in V_i, \forall i \in I\}$。

自然还会问：V_1 与 V_2 的并集 $V_1 \cup V_2$ 是不是 V 的一个子空间？不是。例如，设 V 是几何空间(即以原点为起点的所有向量组成的三维实线性空间)，V_1, V_2 是过原点的两个不同的平面，从而它们都是 V 的子空间。在 $V_1 \cup V_2$ 中取两个向量 α_1, α_2，其中 $\alpha_1 \in V_1$，$\alpha_1 \notin V_2$，$\alpha_2 \in V_2$，$\alpha_2 \notin V_1$，则 $\alpha_1 + \alpha_2 \notin V_1 \cup V_2$，如图 8-1 所示。因此 $V_1 \cup V_2$ 不是 V 的一个子空间。

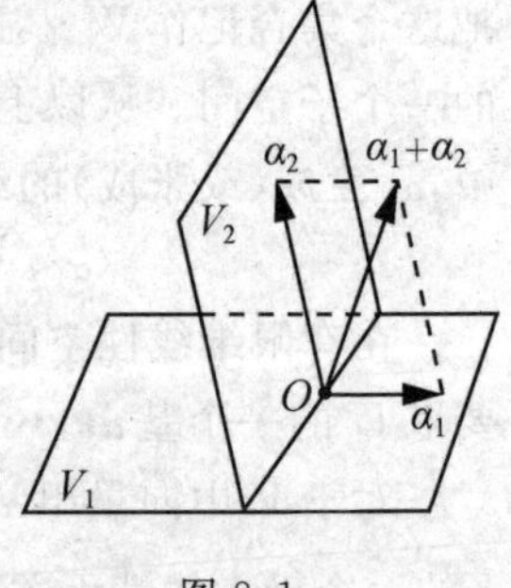

图 8-1

如果我们想构造包含 $V_1 \cup V_2$ 的一个子空间，那么这个子空间应当包含下述集合

$$\{\alpha_1 + \alpha_2 \mid \alpha_1 \in V_1, \alpha_2 \in V_2\}.$$

把这个集合记作 $V_1 + V_2$。容易证明这个集合是 V 的一个子空间，称 $V_1 + V_2$ 是 V_1 与 V_2 的和，其中

$$V_1 + V_2 \xlongequal{\text{def}} \{\alpha_1 + \alpha_2 \mid \alpha_1 \in V_1, \alpha_2 \in V_2\}. \tag{6}$$

这样我们证明了下述定理 3：

定理 3 设 V_1, V_2 都是域 F 上线性空间 V 的子空间，则 $V_1 + V_2$ 是 V 的子空间。 ■

从以上论述知道，$V_1 + V_2$ 是包含 $V_1 \cup V_2$ 的最小子空间。

从(6)式容易看出，子空间的和适合下列运算法则：

(i) 交换律:$V_1+V_2=V_2+V_1$;

(ii) 结合律:$(V_1+V_2)+V_3=V_1+(V_2+V_3)$。

由结合律,我们可以定义多个子空间的和:

$$V_1+V_2+\cdots+V_s$$

记作$\sum_{i=1}^{s}V_i$。用数学归纳法易证$\sum_{i=1}^{s}V_i$仍是V的一个子空间,并且

$$\sum_{i=1}^{s}V_i=\{\alpha_1+\cdots+\alpha_s \mid \alpha_i\in V_i, i=1,\cdots,s\}. \tag{7}$$

我们知道,集合的交与并适合分配律,即

$$A\cap(B\cup C)=(A\cap B)\cup(A\cap C), \tag{8}$$

$$A\cup(B\cap C)=(A\cup B)\cap(A\cup C). \tag{9}$$

我们自然要问:子空间的交与和是不是适合分配律呢?

设V_1,V_2,V_3都是域F上线性空间V的子空间。首先探讨$V_1\cap(V_2+V_3)$与$(V_1\cap V_2)+(V_1\cap V_3)$之间有什么关系。从几何空间$V$可以受到启发。如图8-2所示,$V_1$是过原点$O$的一条直线,$V_2$和$V_3$是过原点$O$的两个不重合的平面,$V_1$不在$V_2$上,也不在$V_3$上。显然,有

$$V_1\cap V_2=0, V_1\cap V_3=0, V_2+V_3=V, V_1\cap(V_2+V_3)=V_1.$$

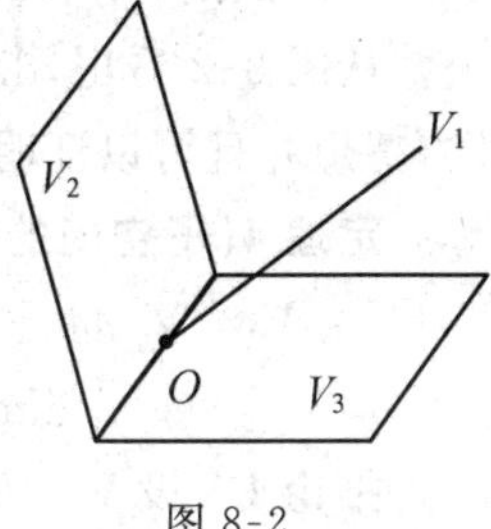

图 8-2

由此受到启发,猜想

$$V_1\cap(V_2+V_3)\supseteq(V_1\cap V_2)+(V_1\cap V_3). \tag{10}$$

可以证明(10)式的确成立。

上述几何空间的例子表明,$(V_1\cap V_2)+(V_1\cap V_3)$有可能是$V_1\cap(V_2+V_3)$的真子集。在加上一定条件后,它们也有可能相等。例如,当$V_1\subseteq V_2$时,任取$\alpha\in V_1\cap(V_2+V_3)$,则$\alpha\in V_1$,从而$\alpha\in V_1\cap V_2$。于是$\alpha=\alpha+0\in(V_1\cap V_2)+(V_1\cap V_3)$。所以此时,(10)式取等号。

现在来探讨$V_1+(V_2\cap V_3)$与$(V_1+V_2)\cap(V_1+V_3)$之间的关系。从图8-2可看出,$V_2\cap V_3$是过原点O的一条直线,记作V_4。于是$V_1+(V_2\cap V_3)$是由两条相交直线V_1和V_4决定的平面,而$V_1+V_2=V, V_1+V_3=V$,于是$(V_1+V_2)\cap(V_1+V_3)=V$。在这个例子里,$V_1+(V_2\cap V_3)\subsetneqq(V_1+V_2)\cap(V_1+V_3)$。由此受到启发,猜测

$$V_1+(V_2\cap V_3)\subseteq(V_1+V_2)\cap(V_1+V_3). \tag{11}$$

可以证明(11)式的确成立。

加上一定条件后,(11)式有可能取等号。例如$V_1\subseteq V_2$时,任取$\alpha\in(V_1+V_2)\cap(V_1+V_3)$,则$\alpha\in V_1+V_2, \alpha\in V_1+V_3$。于是$\alpha\in V_2$,且$\alpha=\beta_1+\beta_3$,其中$\beta_1\in V_1, \beta_3\in V_3$。由此

得出，$\beta_3=\alpha-\beta_1\in V_2$。因此 $\beta_3\in V_2\cap V_3$，从而 $\alpha=\beta_1+\beta_3\in V_1+(V_2\cap V_3)$。所以 $(V_1+V_2)\cap(V_1+V_3)\subseteq V_1+(V_2\cap V_3)$。即在 $V_1\subseteq V_2$ 时，(11)式的等号成立。

我们把上面证得的结论写成一个命题：

命题 1 设 V_1，V_2 和 V_3 都是域 F 上线性空间 V 的子空间，则

$$V_1\cap(V_2+V_3)\supseteq(V_1\cap V_2)+(V_1\cap V_3),$$
$$V_1+(V_2\cap V_3)\subseteq(V_1+V_2)\cap(V_1+V_3).$$ ■

根据向量组生成的子空间的定义以及子空间的和的定义，立即得到下述命题：

命题 2 设 $\alpha_1,\cdots,\alpha_s$ 和 $\beta_1,\cdots,\beta_t$ 是域 F 上线性空间 V 的两个向量组，则

$$\langle\alpha_1,\cdots,\alpha_s\rangle+\langle\beta_1,\cdots,\beta_t\rangle$$
$$=\langle\alpha_1,\cdots,\alpha_s,\beta_1,\cdots,\beta_t\rangle.$$ ■

设 V_1 和 V_2 都是域 F 上线性空间 V 的有限维子空间，则 $V_1\cap V_2$，V_1+V_2 也都是 V 的子空间。试问，V_1，V_2，$V_1\cap V_2$，V_1+V_2 的维数之间有什么联系？

从图 8-2 看出，$\dim V_2=\dim V_3=2$，$\dim(V_2\cap V_3)=1$，$\dim(V_2+V_3)=3$。由此受到启发，猜想并且可以证明下述定理：

定理 4(子空间的维数公式) 设 V_1，V_2 都是域 F 上线性空间 V 的有限维子空间，则 $V_1\cap V_2$，V_1+V_2 也是有限维的，并且

$$\dim V_1+\dim V_2=\dim(V_1+V_2)+\dim(V_1\cap V_2). \tag{12}$$

推论 1 设 V_1，V_2 都是域 F 上线性空间 V 的有限维子空间，则

$$\dim(V_1+V_2)=\dim V_1+\dim V_2\iff V_1\cap V_2=0.$$ ■

例如，在图 8-2 中，$V_1\cap V_2=0$。此时 $\dim(V_1+V_2)=\dim V_1+\dim V_2$。容易看出，几何空间 V 中任一向量 α 可以唯一地表示成 $\alpha=\alpha_1+\alpha_2$，其中 $\alpha_1\in V_1$，$\alpha_2\in V_2$。由此受到启发，讨论子空间之间一种特殊的和，即子空间的直和。

三、子空间的直和

定义 1 设 V_1，V_2 都是域 F 上线性空间 V 的子空间，如果 V_1+V_2 中每个向量 α 都能唯一地表示成

$$\alpha=\alpha_1+\alpha_2,\alpha_1\in V_1,\alpha_2\in V_2,$$

那么和 V_1+V_2 称为**直和**，记作 $V_1\oplus V_2$。

从图 8-2 看到，$V_1\cap V_2=0$，V_1+V_2 是直和。这两件事情之间有必然联系吗？

定理 5 设 V_1，V_2 都是域 F 上线性空间 V 的子空间，则下列命题互相等价：

(i) 和 V_1+V_2 是直和；

(ii) 和 V_1+V_2 中零向量的表法唯一；

(iii) $V_1 \cap V_2 = 0$。

对于 V 的有限维子空间 V_1,V_2 来说,$V_1 \cap V_2 = 0$ 当且仅当 $\dim(V_1+V_2) = \dim V_1 + \dim V_2$。由此可得出下述定理:

定理 6 设 V_1,V_2 都是域 F 上线性空间 V 的有限维子空间,则下列命题等价:

(i) 和 V_1+V_2 是直和;

(ii) $\dim(V_1+V_2) = \dim V_1 + \dim V_2$;

(iii) V_1 的一个基与 V_2 的一个基合起来是 V_1+V_2 的一个基。

设 V_1,V_2 都是域 F 上线性空间 V 的子空间,如果满足:

1° $V_1+V_2=V$;

2° V_1+V_2 是直和,

那么称 V 是 V_1 与 V_2 的直和,记作 $V-V_1 \oplus V_2$。此时称 V_2 是 V_1 的一个**补空间**,也称 V_1 是 V_2 的一个补空间。

命题 3 设 V 是域 F 上 n 维线性空间,则 V 的每一个子空间 U 都有补空间。

由于把 U 的一个基扩充成 V 的一个基可以有不同的方式,因此 U 的补空间不唯一。例如,在图 8-2 中,V_1 是 V_2 的一个补空间,过原点 O 且不在 V_2 上的任意一条直线都是 V_2 的补空间。

定理 6 的(i)与(iii)等价可以推广到无限维的情形:

* **定理 7** 设 V_1,V_2 都是域 F 上线性空间 V 的子空间(可以是无限维的),则下列命题等价:

(i) 和 V_1+V_2 是直和;

(ii) V_1 的一个基与 V_2 的一个基合起来是 V_1+V_2 的一个基。

命题 3 也可以推广到无限维的情形,即有下述命题:

* **命题 4** 域 F 上无限维线性空间 V 的任一子空间 U 都有补空间。

证明放在 8.4 节。

子空间的直和的概念可以推广到多个子空间的情形。

定义 2 设 $V_1,V_2,\cdots,V_s$ 都是域 F 上线性空间 V 的子空间。如果和 $V_1+V_2+\cdots+V_s$ 中每个向量 α 都能唯一地表示成

$$\alpha = \alpha_1 + \alpha_2 + \cdots + \alpha_s, \alpha_i \in V_i, i = 1,2,\cdots,s,$$

那么和 $V_1+V_2+\cdots+V_s$ 称为**直和**,记作 $V_1 \oplus V_2 \oplus \cdots \oplus V_s$,或 $\bigoplus\limits_{i=1}^{s} V_i$。

定理 8 设 $V_1,V_2,\cdots,V_s$ 都是域 F 上线性空间 V 的子空间,则下列命题互相等价:

(i) 和 $V_1+V_2+\cdots+V_s$ 是直和;

(ii) 和 $\sum\limits_{i=1}^{s} V_i$ 中零向量的表法唯一;

(iii) $V_i \cap (\sum_{j\neq i} V_j) = 0, i = 1,2,\cdots,s$。

定理 9 设 $V_1,V_2,\cdots,V_s$ 都是域 F 上线性空间 V 的有限维子空间，则下列命题互相等价：

(i) 和 $V_1 + V_2 + \cdots + V_s$ 是直和；

(ii) $\dim(V_1 + V_2 + \cdots + V_s) = \dim V_1 + \dim V_2 + \cdots + \dim V_s$；

(iii) V_1 的一个基，V_2 的一个基，…，V_s 的一个基，它们合起来是 $V_1 + V_2 + \cdots + V_s$ 的一个基。

定理 9 揭示了可利用子空间的运算来研究线性空间 V 的结构：V 等于它的若干个子空间的直和，即 $V = V_1 \oplus V_2 \oplus \cdots \oplus V_s$，当且仅当 V_1 的一个基，V_2 的一个基，…，V_s 的一个基合起来是 V 的一个基(必要性从定理 9 立即得到。充分性，由已知条件得，$V = V_1 + V_2 + \cdots + V_s$，结合定理 9 得，$V_1 + V_2 + \cdots + V_s$ 是直和，从而 $V = V_1 \oplus V_2 \oplus \cdots \oplus V_s$)。这个结论非常重要，很有用。

8.2.2 典型例题

例 1 判断数域 K 上下列 n 元方程的解集是否为 K^n 的子空间：

(1) $\sum_{i=1}^{n} a_i x_i = 0$； (2) $\sum_{i=1}^{n} a_i x_i = 1$；

(3) $\sum_{i=1}^{n} x_i^2 = 0$； (4) $x_1^2 - \sum_{i=2}^{n} x_i^2 = 0$。

解 (1) 若 $a_1,a_2,\cdots,a_n$ 不全为 0，则 $\sum_{i=1}^{n} a_i x_i = 0$ 是 n 元齐次线性方程组，它的解集是 K^n 的一个子空间。

若 $a_1 = a_2 = \cdots = a_n = 0$，则 $\sum_{i=0}^{n} a_i x_i = 0$ 的解集是 K^n，它也是 K^n 的一个子空间。

(2) 若 $a_1,a_2,\cdots,a_n$ 不全为 0，则 $\sum_{i=1}^{n} a_i x_i = 1$ 是 n 元非齐次线性方程组，它的解集不是 K^n 的子空间。

若 $a_1 = a_2 = \cdots = a_n = 0$，则 $\sum_{i=1}^{n} a_i x_i = 1$ 的解集是空集，它不是 K^n 的子空间。

(3) 当 $K \subseteq \mathbf{R}$ 时，$\sum_{i=1}^{n} x_i^2 = 0$ 的解集是 $\{(0,0,\cdots,0)'\}$，它是 K^n 的一个子空间，即零子空间。

当 $K \supsetneqq \mathbf{R}$ 时，K 中含有虚数 $a + b\mathrm{i}(b \neq 0)$。从而 $\mathrm{i} = b^{-1}[(a + b\mathrm{i}) - a] \in K$。当 $n \geqslant 2$

时,$\boldsymbol{\alpha}=(1,\mathrm{i},0,\cdots,0)'$ 和 $\boldsymbol{\beta}=(\mathrm{i},1,0,\cdots,0)'$ 都是 $\sum_{i=1}^{n}x_i^2=0$ 的解,而 $\boldsymbol{\alpha}+\boldsymbol{\beta}=(1+\mathrm{i},1+\mathrm{i},0,\cdots,0)'$,由于 $(1+\mathrm{i})^2+(1+\mathrm{i})^2=4\mathrm{i}\neq 0$。因此 $\boldsymbol{\alpha}+\boldsymbol{\beta}$ 不是 $\sum_{i=1}^{n}x_i^2=0$ 的解。从而 $\sum_{i=1}^{n}x_i^2=0$ 的解集不是 K^n 的子空间。当 $n=1$ 时,$x_1^2=0$ 的解集是 $\{0\}$,它是 K 的一个子空间,即零子空间。

(4) $\boldsymbol{\alpha}=(1,1,0,\cdots,0)'$ 与 $\boldsymbol{\beta}=(1,-1,0,\cdots,0)'$ 都是方程 $x_1^2-\sum_{i=2}^{n}x_i^2=0$ 的解,而 $\boldsymbol{\alpha}+\boldsymbol{\beta}=(2,0,0,\cdots,0)'$,由于 $2^2-(0^2+0^2+\cdots+0^2)=4\neq 0$,因此 $\boldsymbol{\alpha}+\boldsymbol{\beta}$ 不是方程 $x_1^2-\sum_{i=2}^{n}x_i^2=0$ 的解。从而这个方程的解集不是 K^n 的子空间。

例 2 判断模 2 剩余类域 $\mathbf{Z}_2$ 上下列 n 元方程的解集是否为 $\mathbf{Z}_2^n$ 的子空间:

(1) $\sum_{i=1}^{n}a_ix_i=\bar{0}$; (2) $\sum_{i=1}^{n}a_ix_i=\bar{1}$;

(3) $\sum_{i=1}^{n}x_i^2=\bar{0}$; (4) $x_1^2-\sum_{i=2}^{n}x_i^2=\bar{0}$。

解 (1) 显然 $(0,0,\cdots,0)'$ 是 $\sum_{i=1}^{n}a_ix_i=0$ 的一个解。设 $\boldsymbol{\alpha}=(c_1,c_2,\cdots,c_n)'$,$\boldsymbol{\beta}=(d_1,d_2,\cdots,d_n)'$ 都是 $\sum_{i=1}^{n}a_ix_i=\bar{0}$ 的解,则 $\sum_{i=1}^{n}a_ic_i=\bar{0}$,$\sum_{i=1}^{n}a_id_i=\bar{0}$。于是

$$\sum_{i=1}^{n}a_i(c_i+d_i)=\sum_{i=1}^{n}a_ic_i+\sum_{i=1}^{n}a_id_i=\bar{0}+\bar{0}=\bar{0}.$$

从而 $\boldsymbol{\alpha}+\boldsymbol{\beta}=(c_1+d_1,c_2+d_2,\cdots,c_n+d_n)'$ 也是 $\sum_{i=1}^{n}a_ix_i=\bar{0}$ 的解。由于

$$\sum_{i=1}^{n}a_i(kc_i)=k\sum_{i=1}^{n}a_ic_i=k\bar{0}=\bar{0},$$

因此 $k\boldsymbol{\alpha}=(kc_1,kc_2,\cdots,kc_n)'$ 也是 $\sum_{i=1}^{n}a_ix_i=\bar{0}$ 的解。于是 $\sum_{i=1}^{n}a_ix_i=\bar{0}$ 的解集对于 $\mathbf{Z}_2^n$ 的加法和纯量乘法封闭。从而这个解集是 $\mathbf{Z}_2^n$ 的一个子空间。

(2) 设 $a_1,a_2,\cdots,a_n$ 不全为 $\bar{0}$,设 $\boldsymbol{\alpha}=(c_1,c_2,\cdots,c_n)'$,$\boldsymbol{\beta}=(d_1,d_2,\cdots,d_n)'$ 都是 $\sum_{i=1}^{n}a_ix_i=\bar{1}$ 的解,则 $\sum_{i=1}^{n}a_ic_i=\bar{1}$,$\sum_{i=1}^{n}a_id_i=\bar{1}$,从而

$$\sum_{i=1}^{n}a_i(c_i+d_i)=\sum_{i=1}^{n}a_ic_i+\sum_{i=1}^{n}a_id_i=\bar{1}+\bar{1}=\bar{0}.$$

因此 $\boldsymbol{\alpha}+\boldsymbol{\beta}=(c_1+d_1,c_2+d_2,\cdots,c_n+d_n)'$ 不是 $\sum_{i=1}^{n} a_i x_i=\overline{1}$ 的解，从而这个方程的解集不是 $\mathbf{Z}_2^n$ 的子空间。

若 $a_1=a_2=\cdots=a_n=\overline{0}$，则 $\sum_{i=0}^{n} a_i x_i=\overline{1}$ 的解集是空集，它不是 $\mathbf{Z}_2^n$ 的子空间。

(3) 设 $\boldsymbol{\alpha}=(a_1,a_2,\cdots,a_n)'$，$\boldsymbol{\beta}=(b_1,b_2,\cdots,b_n)'$ 都是方程 $\sum_{i=1}^{n} x_i^2=\overline{0}$ 的解，则 $\sum_{i=1}^{n} a_i^2=\overline{0}$，$\sum_{i=1}^{n} b_i^2=\overline{0}$。由于

$$\sum_{i=1}^{n}(a_i+b_i)^2=\sum_{i=1}^{n}(a_i^2+b_i^2)=\sum_{i=1}^{n}a_i^2+\sum_{i=1}^{n}b_i^2=\overline{0}+\overline{0}=\overline{0},$$

因此 $\alpha+\beta=(a_1+b_1,a_2+b_2,\cdots,a_n+b_n)'$ 也是 $\sum_{i=1}^{n} x_i^2=0$ 的一个解。由于

$$\sum_{i=1}^{n}(ka_i)^2=k^2\sum_{i=1}^{n}a_i^2=k^2\overline{0}=\overline{0},$$

因此 $k\alpha=(ka_1,\cdots,ka_n)$ 也是 $\sum_{i=1}^{n} x_i^2=\overline{0}$ 的一个解。从而 $\sum_{i=1}^{n} x_1^2=\overline{0}$ 的解集对于 $\mathbf{Z}_2^n$ 的加法和纯量乘法封闭。又 $(\overline{0},\overline{0},\cdots,\overline{0})'$ 是 $\sum_{i=1}^{n} x_i^2=\overline{0}$ 的解，因此 $\sum_{i=1}^{n} x_i^2=\overline{0}$ 的解集是 $\mathbf{Z}_2^n$ 的一个子空间。

(4) 由于在 $\mathbf{Z}_2$ 中，$a-b=a+b$，因此方程 $x_1^2-\sum_{i=2}^{n} x_i^2=\overline{0}$ 也就是方程 $x_1^2+\sum_{i=2}^{n} x_i^2=\overline{0}$。在第(3)小题已证明它的解集是 $\mathbf{Z}_2^n$ 的一个子空间。

点评 从例2的第(1)、(2)小题的解题过程看到，域 F 上 n 元齐次线性方程组的解集是 F^n 的一个子空间；而域 F 上 n 元非齐次线性方程组的解集不是 F^n 的子空间。这分别与数域 K 上 n 元齐次、非齐次线性方程组的解集的性质一样。例2的第(3)、(4)小题，关键是用到了模2剩余类域 $\mathbf{Z}_2$ 的特征为2，因此在 $\mathbf{Z}_2$ 中有 $(a+b)^2=a^2+b^2$，也有 $-b=b$。

例3 求 $\mathbf{Z}_2$ 上的3元方程 $\sum_{i=1}^{3} x_i^2=\overline{0}$ 的解集。

解 $\mathbf{Z}_2$ 上3元方程 $\sum_{i=1}^{3} x_i^2=\overline{0}$ 的解集 W 是 $\mathbf{Z}_2^3$ 的一个子空间，可以直接求出这个方程的解集 W 为

$$W=\{(\overline{0},\overline{0},\overline{0}),(\overline{0},\overline{1},\overline{1}),(\overline{1},\overline{0},\overline{1}),(\overline{1},\overline{1},\overline{0})\}.$$

点评 实数域 $\mathbf{R}$ 上 3 元方程 $\sum_{i=1}^{3} x_i^2=0$ 的解集为 $\{(0,0,0)\}$,而例 3 告诉我们,$\mathbf{Z}_2$ 上的 3 元方程 $\sum_{i=1}^{3} x_i^2=\bar{0}$ 的解集 W 含有 4 个向量,这是由于 $\mathbf{Z}_2$ 的特征为 2 的缘故。

例 4 设 A 是数域 K 上的一个 n 级矩阵,证明:数域 K 上所有与 A 可交换的矩阵组成的集合是 $M_n(K)$ 的一个子空间,把它记作 $\mathrm{C}(A)$。

证明 由于 I 与 A 可交换,因此 $\mathrm{C}(A)$ 非空集。设 $B_1,B_2\in\mathrm{C}(A)$,则 $B_1A=AB_1$,$B_2A=AB_2$。从而

$$(B_1+B_2)A=B_1A+B_2A=AB_1+AB_2=A(B_1+B_2),$$

$$(kB_1)A=k(B_1A)=k(AB_1)=A(kB_1),\ \forall\, k\in K.$$

因此 $\mathrm{C}(A)$对于矩阵的加法和数量乘法封闭。于是 $\mathrm{C}(A)$是 $M_n(K)$的 ·个子空间。 ■

例 5 设 $A=\mathrm{diag}\{a_1,a_2,\cdots,a_n\}$,其中 $a_1,a_2,\cdots,a_n$ 是数域 K 中两两不等的数,求 $\mathrm{C}(A)$的一个基和维数。

解 由于与主对角元两两不等的对角矩阵可交换的矩阵一定是对角矩阵(参看《高等代数学习指导书(上册)》4.2 节例 1),且反之亦然,因此 $\mathrm{C}(A)$是由数域 K 上所有 n 级对角矩阵组成的集合,由于 K 上任一 n 级对角矩阵 $\mathrm{diag}\{b_1,b_2,\cdots,b_n\}$可以表示成

$$b_1E_{11}+b_2E_{22}+\cdots+b_nE_{nn},$$

且 $E_{11},E_{22},\cdots,E_{nn}$线性无关,因此 $E_{11},E_{22},\cdots,E_{nn}$是 $\mathrm{C}(A)$的一个基,从而 $\dim \mathrm{C}(A)=n$。

例 6 设数域 K 上 3 级矩阵 A 为

$$A=\begin{pmatrix}0&0&1\\1&0&0\\4&-2&1\end{pmatrix}.$$

求 $\mathrm{C}(A)$的一个基和维数。

解 $X=(x_{ij})_{3\times3}$与 A 可交换当且仅当

$$\begin{pmatrix}0&0&1\\1&0&0\\4&-2&1\end{pmatrix}\begin{pmatrix}x_{11}&x_{12}&x_{13}\\x_{21}&x_{22}&x_{23}\\x_{31}&x_{32}&x_{33}\end{pmatrix}=\begin{pmatrix}x_{11}&x_{12}&x_{13}\\x_{21}&x_{22}&x_{23}\\x_{31}&x_{32}&x_{33}\end{pmatrix}\begin{pmatrix}0&0&1\\1&0&0\\4&-2&1\end{pmatrix},$$

即

$$\begin{pmatrix}x_{31}&x_{32}&x_{33}\\x_{11}&x_{12}&x_{13}\\4x_{11}-2x_{21}+x_{31}&4x_{12}-2x_{22}+x_{32}&4x_{13}-2x_{23}+x_{33}\end{pmatrix}$$

$$=\begin{pmatrix} x_{12}+4x_{13} & -2x_{13} & x_{11}+x_{13} \\ x_{22}+4x_{23} & -2x_{23} & x_{21}+x_{23} \\ x_{32}+4x_{33} & -2x_{33} & x_{31}+x_{33} \end{pmatrix}.$$

由此得出

$$x_{31}=x_{12}+4x_{13},\quad x_{32}=-2x_{13},\quad x_{33}=x_{11}+x_{13},$$
$$x_{11}=x_{22}+4x_{23},\quad x_{12}=-2x_{23},\quad x_{13}=x_{21}+x_{23},$$
$$4x_{11}-2x_{21}+x_{31}=x_{32}+4x_{33},\quad 4x_{12}-2x_{22}+x_{32}=-2x_{33},$$
$$4x_{13}-2x_{23}+x_{33}=x_{31}+x_{33}.$$

把前 6 个式子代入到最后 3 个式子中，得

$$\begin{aligned} &4(x_{22}+4x_{23})-2x_{21}+[-2x_{23}+4(x_{21}+x_{23})] \\ &=-2(x_{21}+x_{23})+4[(x_{22}+4x_{23})+(x_{21}+x_{23})], \\ &4(-2x_{23})-2x_{22}+[-2x_{21}+x_{23}] \\ &=-2[(x_{22}+4x_{23})+(x_{21}+x_{23})], \\ &4(x_{21}+x_{23})-2x_{23}+[(x_{22}+4x_{23})+(x_{21}+x_{23})] \\ &=[(-2x_{23})+4(x_{21}+x_{23})]+[(x_{22}+4x_{23})+(x_{21}+x_{23})]. \end{aligned}$$

整理得　$0=0,0=0,0=0$。

这说明 x_{21},x_{22},x_{23} 可以取数域 K 中任意数，即 x_{21},x_{22},x_{23} 是自由未知量，由前 6 个式子得

$$x_{11}=x_{22}+4x_{23},\quad x_{12}=-2x_{23},\quad x_{13}=x_{21}+x_{23},$$
$$x_{31}=4x_{21}+2x_{23},\quad x_{32}=-2x_{21}-2x_{23},\quad x_{33}=x_{21}+x_{22}+5x_{23}.$$

因此 $X=(x_{ij})_{3\times 3}$ 与 A 可交换当且仅当

$$\begin{aligned} X&=\begin{pmatrix} x_{22}+4x_{23} & -2x_{23} & x_{21}+x_{23} \\ x_{21} & x_{22} & x_{23} \\ 4x_{21}+2x_{23} & -2x_{21}-2x_{23} & x_{21}+x_{22}+5x_{23} \end{pmatrix} \\ &=x_{21}\begin{pmatrix} 0 & 0 & 1 \\ 1 & 0 & 0 \\ 4 & -2 & 1 \end{pmatrix}+x_{22}\begin{pmatrix} 1 & 0 & 0 \\ 0 & 1 & 0 \\ 0 & 0 & 1 \end{pmatrix}+x_{23}\begin{pmatrix} 4 & -2 & 1 \\ 0 & 0 & 1 \\ 2 & -2 & 5 \end{pmatrix} \\ &=x_{21}A+x_{22}I+x_{23}B, \end{aligned}$$

其中 B 是上面等式中第 3 个矩阵。于是 $C(A)$ 中每一个矩阵 X 可由 A,I,B 线性表出。由于 A,I,B 可看成是向量组 $(1,0,0),(0,1,0),(0,0,1)$ 的延伸组，因此 A,I,B 线性无关，从而 A,I,B 是 $C(A)$ 的一个基。于是 $\dim C(A)=3$。

点评 例 6 的解题过程中,也可以把 $x_{31},x_{32},x_{33},x_{21},x_{22},x_{23}$ 都用 x_{11},x_{12},x_{13} 的代数式表示,去说明 x_{11},x_{12},x_{13} 是自由未知量,然后类似地可得出:A,I,H 是 $C(A)$ 的一个基,其中

$$H=\begin{pmatrix}0 & 2 & 0\\1 & 4 & -1\\2 & 0 & 0\end{pmatrix}.$$

我们将在习题 9.9 第 4 题的解答中给出例 6 更简捷的解法。

例 7 设 A 是数域 K 上的 n 级矩阵,证明:如果 A 有 n 个不同的特征值,那么 $\dim C(A)=n$。

证明 设 A 有 n 个不同的特征值 $\lambda_1,\lambda_2,\cdots,\lambda_n$,则 A 可对角化。从而存在数域 K 上的 n 级可逆矩阵 P,使得 $P^{-1}AP=D$,其中 $D=\mathrm{diag}\{\lambda_1,\lambda_2,\cdots,\lambda_n\}$。于是对于数域 K 上的 n 级矩阵 X,有

$$\begin{aligned}XA=AX \quad &\Leftrightarrow \quad (P^{-1}XP)(P^{-1}AP)=(P^{-1}AP)(P^{-1}XP)\\&\Leftrightarrow \quad (P^{-1}XP)D=D(P^{-1}XP)\\&\Leftrightarrow \quad P^{-1}XP=\mathrm{diag}\{b_1,b_2,\cdots,b_n\}\\&\Leftrightarrow \quad X=P\mathrm{diag}\{b_1,b_2,\cdots,b_n\}P^{-1}\\&\qquad\quad =P(b_1E_{11}+b_2E_{22}+\cdots+b_nE_{nn})P^{-1}\\&\qquad\quad =b_1(PE_{11}P^{-1})+b_2(PE_{22}P^{-1})+\cdots+b_n(PE_{nn}P^{-1}).\end{aligned}$$

由于 $E_{11},E_{22},\cdots,E_{nn}$ 线性无关,因此容易证明 $PE_{11}P^{-1},PE_{22}P^{-1},\cdots,PE_{nn}P^{-1}$ 也线性无关,从而 $PE_{11}P^{-1},PE_{22}P^{-1},\cdots,PE_{nn}P^{-1}$ 是 $C(A)$ 的一个基,于是 $\dim C(A)=n$。 ■

例 8 用 $M_n^0(F)$ 表示域 F 上所有迹为 0 的 n 级矩阵组成的集合。

(1) 证明:$M_n^0(F)$ 是 $M_n(F)$ 的一个子空间;

(2) 求 $M_n^0(F)$ 的一个基和维数。

(1) **证明** 显然 $0\in M_n^0(F)$,因此 $M_n^0(F)$ 非空集。任取 $A,B\in M_n^0(F)$,则 $\mathrm{tr}(A)=0$,$\mathrm{tr}(B)=0$。从而

$$\mathrm{tr}(A+B)=\mathrm{tr}(A)+\mathrm{tr}(B)=0,$$
$$\mathrm{tr}(kA)=k\mathrm{tr}(A)=0,\ \forall\, k\in F.$$

因此 $M_n^0(F)$ 对于矩阵的加法和纯量乘法封闭,于是 $M_n^0(F)$ 是 $M_n(F)$ 的一个子空间。 ■

(2) **解** $X=(x_{ij})\in M_n^0(F)$

$$\begin{aligned}&\Leftrightarrow \quad x_{11}+x_{22}+\cdots+x_{nn}=0\\&\Leftrightarrow \quad X=x_{11}E_{11}+x_{12}E_{12}+\cdots+x_{1n}E_{1n}\\&\qquad\qquad +x_{21}E_{11}+x_{22}E_{22}+\cdots+x_{2n}E_{2n}\end{aligned}$$

$$
\begin{aligned}
&+\cdots\\
&+x_{n1}E_{n1}+x_{n2}E_{n2}+\cdots-(x_{11}+x_{22}+\cdots+x_{n-1,n-1})E_{nn}\\
\Leftrightarrow\quad X=&\ x_{11}(E_{11}-E_{nn})+x_{12}E_{12}+\cdots+x_{1n}E_{1n}\\
&+x_{21}E_{21}+x_{22}(E_{22}-E_{nn})+\cdots+x_{2n}E_{2n}\\
&+\cdots\\
&+x_{n1}E_{n1}+x_{n2}E_{n2}+\cdots+x_{n,n-1}E_{n,n-1}.
\end{aligned}
$$

又容易验证 $E_{11}-E_{nn},E_{12},\cdots,E_{1n},E_{21},E_{22}-E_{nn},E_{23},\cdots,E_{2n},\cdots,E_{n-1,1},\cdots,E_{n-1,n-1}-E_{nn}$，$E_{n-1,n},E_{n1},E_{n2},\cdots,E_{n,n-1}$ 线性无关。因此它们就是 $M_n^0(F)$ 的一个基，从而

$$\dim M_n^0(F)=n^2-1.$$

例 9 证明：域 F 上 n 维线性空间 F^n 的任一子空间 U 是域 F 上某个齐次线性方程组的解空间。

证明 U 中取一个基：$\boldsymbol{\eta}_1,\boldsymbol{\eta}_2,\cdots,\boldsymbol{\eta}_m$。令

$$H=(\boldsymbol{\eta}_1,\boldsymbol{\eta}_2,\cdots,\boldsymbol{\eta}_m).$$

考虑 n 元齐次线性方程组 $H'\boldsymbol{y}=0$。它的解空间 W 的维数等于 $n-\operatorname{rank}(H')=n-m$，取 W 的一个基：$\boldsymbol{\alpha}_1,\boldsymbol{\alpha}_2,\cdots,\boldsymbol{\alpha}_{n-m}$。令 $A=(\boldsymbol{\alpha}_1,\boldsymbol{\alpha}_2,\cdots,\boldsymbol{\alpha}_{n-m})$，则

$$H'A=H'(\boldsymbol{\alpha}_1,\boldsymbol{\alpha}_2,\cdots,\boldsymbol{\alpha}_{n-m})=(H'\boldsymbol{\alpha}_1,H'\boldsymbol{\alpha}_2,\cdots,H'\boldsymbol{\alpha}_{n-m})=0.$$

从而 $A'H=0$。因此 $\boldsymbol{\eta}_1,\boldsymbol{\eta}_2,\cdots,\boldsymbol{\eta}_m$ 都是 n 元齐次线性方程组 $A'\boldsymbol{x}=0$ 的解。由于 $A'\boldsymbol{x}=0$ 的解空间的维数等于 $n-\operatorname{rank}(A')=n-(n-m)=m$，因此 $\boldsymbol{\eta}_1,\boldsymbol{\eta}_2,\cdots,\boldsymbol{\eta}_m$ 是 $A'\boldsymbol{x}=0$ 的解空间的一个基，从而 $U=\langle\boldsymbol{\eta}_1,\boldsymbol{\eta}_2,\cdots,\boldsymbol{\eta}_m\rangle$ 就是 $A'\boldsymbol{x}=0$ 的解空间。 ■

例 10 在实数域上的线性空间 $\mathbf{R}^{\mathbf{R}}$ 中，求由函数组 $1,\sin x,\cos x,\sin^2x,\cos^2x$ 生成的子空间的一个基和维数。

解 在 8.1 节的例 18 中已证 $1,\sin x,\cos x,\sin^2x,\cos^2x$ 线性相关；$1,\sin x,\cos x$ 线性无关。现在考虑 $1,\sin x,\cos x,\sin^2x$ 是否线性无关。

设

$$k_1+k_2\sin x+k_3\cos x+k_4\sin^2x=0. \tag{13}$$

让 x 分别取值 $0,\frac{\pi}{2},\pi,-\frac{\pi}{2}$，从(13)式得

$$
\begin{cases}
k_1+k_3=0,\\
k_1+k_2+k_4=0,\\
k_1-k_3=0,\\
k_1-k_2+k_4=0.
\end{cases}
$$

解得 $k_1=0,k_3=0,k_2=0,k_4=0.$

因此 $1,\sin x,\cos x,\sin^2 x$ 线性无关。从而它是函数组 $1,\sin x,\cos x,\sin^2 x,\cos^2 x$ 的一个极大线性无关组。因此 $1,\sin x,\cos x,\sin^2 x$ 是 $\langle 1,\sin x,\cos x,\sin^2 x,\cos^2 x\rangle$ 的一个基，从而 $\dim\langle 1,\sin x,\cos x,\sin^2 x,\cos^2 x\rangle=4$。

例 11 设 V 是域 F 上的一个 n 维线性空间，$\alpha_1,\alpha_2,\cdots,\alpha_n$ 是 V 的一个基，$\beta_1,\beta_2,\cdots,\beta_s$ 是 V 的一个向量组，且

$$(\beta_1,\beta_2,\cdots,\beta_s)=(\alpha_1,\alpha_2,\cdots,\alpha_n)A.$$

证明：$\dim\langle\beta_1,\beta_2,\cdots,\beta_s\rangle=\operatorname{rank}(A)$。

证明 设 A 的列向量组 $\boldsymbol{\gamma}_1,\boldsymbol{\gamma}_2,\cdots,\boldsymbol{\gamma}_s$ 的一个极大线性无关组为 $\boldsymbol{\gamma}_{j_1},\boldsymbol{\gamma}_{j_2},\cdots,\boldsymbol{\gamma}_{j_r}$，设

$$k_1\beta_{j_1}+k_2\beta_{j_2}+\cdots+k_r\beta_{j_r}=0 \tag{14}$$

由于

$$\begin{aligned}k_1\beta_{j_1}+k_2\beta_{j_2}+\cdots+k_r\beta_{j_r}&=(\beta_{j_1},\beta_{j_2},\cdots,\beta_{j_r})\begin{pmatrix}k_1\\k_2\\\vdots\\k_r\end{pmatrix}\\&=[(\alpha_1,\alpha_2,\cdots,\alpha_n)(\boldsymbol{\gamma}_{j_1},\boldsymbol{\gamma}_{j_2},\cdots,\boldsymbol{\gamma}_{j_r})]\begin{pmatrix}k_1\\k_2\\\vdots\\k_r\end{pmatrix}\\&=(\alpha_1,\alpha_2,\cdots,\alpha_n)(k_1\boldsymbol{\gamma}_{j_1}+k_2\boldsymbol{\gamma}_{j_2}+\cdots+k_r\boldsymbol{\gamma}_{j_r}),\end{aligned}$$

因此从(14)式得

$$(\alpha_1,\alpha_2,\cdots,\alpha_n)(k_1\boldsymbol{\gamma}_{j_1}+k_2\boldsymbol{\gamma}_{j_2}+\cdots+k_r\boldsymbol{\gamma}_{j_r})=0. \tag{15}$$

由于 $\alpha_1,\alpha_2,\cdots,\alpha_n$ 线性无关，因此从(15)式得

$$k_1\boldsymbol{\gamma}_{j_1}+k_2\boldsymbol{\gamma}_{j_2}+\cdots+k_r\boldsymbol{\gamma}_{j_r}=0. \tag{16}$$

由于 $\boldsymbol{\gamma}_{j_1},\boldsymbol{\gamma}_{j_2},\cdots,\boldsymbol{\gamma}_{j_r}$ 线性无关，因此从(16)式得

$$k_1=k_2=\cdots=k_r=0.$$

从而 $\beta_{j_1},\beta_{j_2},\cdots,\beta_{j_r}$ 线性无关。

从 $\beta_1,\beta_2,\cdots,\beta_s$ 中任取 β_l，其中 $l\notin\{j_1,j_2,\cdots,j_r\}$。类似于上面的推导过程得

$$\begin{aligned}&k_1\beta_{j_1}+k_2\beta_{j_2}+\cdots+k_r\beta_{j_r}+k_{r+1}\beta_l\\&=(\alpha_1,\alpha_2,\cdots,\alpha_n)(k_1\boldsymbol{\gamma}_{j_1}+k_2\boldsymbol{\gamma}_{j_2}+\cdots+k_r\boldsymbol{\gamma}_{j_r}+k_{r+1}\boldsymbol{\gamma}_l).\end{aligned} \tag{17}$$

由于 $\boldsymbol{\gamma}_{j_1},\boldsymbol{\gamma}_{j_2},\cdots,\boldsymbol{\gamma}_{j_r},\boldsymbol{\gamma}_l$ 线性相关，因此在 F 中有不全为 0 的元素 $k_1,k_2,\cdots,k_r,k_{r+1}$，使得

$$k_1\boldsymbol{\gamma}_{j_1}+k_2\boldsymbol{\gamma}_{j_2}+\cdots+k_r\boldsymbol{\gamma}_{j_r}+k_{r+1}\boldsymbol{\gamma}_l=0. \tag{18}$$

把(18)式代入(17)式，得

$$k_1\beta_{j_1}+k_2\beta_{j_2}+\cdots+k_r\beta_{j_r}+k_{r+1}\beta_l=0. \tag{19}$$

于是 $\beta_{j_1},\beta_{j_2},\cdots,\beta_{j_r},\beta_l$ 线性相关。从而 $\beta_{j_1},\beta_{j_2},\cdots,\beta_{j_r}$ 是 $\beta_1,\beta_2,\cdots,\beta_s$ 的一个极大线性无关组。因此

$$\dim\langle\beta_1,\beta_2,\cdots,\beta_s\rangle=r=\operatorname{rank}(A).$$ ■

例 12 设 n 元实二次型

$$f(x_1,x_2,\cdots,x_n)=x_1^2+\cdots+x_p^2-x_{p+1}^2-\cdots-x_r^2$$

的符号差 $s\geqslant 0$。证明：在方程 $f(x_1,x_2,\cdots,x_n)=0$ 的解集 W 中有一个子集 W_1 是 $\mathbf{R}^n$ 的一个线性子空间，并且 $\dim W_1=n-p$。

证明 $s=p-(r-p)$。由于 $s\geqslant 0$，因此 $p\geqslant r-p$。显然

$$\begin{aligned}
\boldsymbol{\alpha}_1&=(1,0,0,\cdots,\underset{\text{第}p+1\text{位}}{0,1},0,0,\cdots,0),\\
\boldsymbol{\alpha}_2&=(0,1,0,\cdots,0,0,1,0,\cdots,0),\\
&\cdots\\
\boldsymbol{\alpha}_{r-p}&=(0,0,0,\cdots,\underset{\text{第}r-p\text{位}}{0,1},0,\cdots,\underset{\text{第}r\text{位}}{0,1},0,\cdots,0),\\
\boldsymbol{\alpha}_{r-p+1}&=(0,\cdots,\underset{\text{第}r+1\text{位}}{0,1},0,0,\cdots,\cdots,0,0),\\
\boldsymbol{\alpha}_{r-p+2}&=(0,\cdots,0,0,1,0,\cdots,\cdots,0,0),\\
&\cdots\\
\boldsymbol{\alpha}_{n-p}&=(0,\cdots,0,0,0,0,\cdots,0,1),
\end{aligned}$$

都是 $f(x_1,x_2,\cdots,x_n)=0$ 的解。

$$\begin{aligned}
&k_1\boldsymbol{\alpha}_1+k_2\boldsymbol{\alpha}_2+\cdots+k_{r-p}\boldsymbol{\alpha}_{r-p}+k_{r-p+1}\boldsymbol{\alpha}_{r-p+1}+\cdots+k_{n-p}\boldsymbol{\alpha}_{n-p}\\
&=(k_1,k_2,\cdots,k_{r-p},0,\cdots,\underset{\text{第}p+1\text{位}}{0,k_1},k_2,\cdots,k_{r-p},k_{r-p+1},\cdots,k_{n-p})
\end{aligned} \tag{20}$$

仍是 $f(x_1,x_2,\cdots,x_n)=0$ 的解，因此

$$W_1=\langle\boldsymbol{\alpha}_1,\boldsymbol{\alpha}_2,\cdots,\boldsymbol{\alpha}_{r-p},\boldsymbol{\alpha}_{r-p+1},\cdots,\boldsymbol{\alpha}_{n-p}\rangle\subseteq W.$$

从(20)式可看出，$\boldsymbol{\alpha}_1,\boldsymbol{\alpha}_2,\cdots,\boldsymbol{\alpha}_{r-p},\boldsymbol{\alpha}_{r-p+1},\cdots,\boldsymbol{\alpha}_{n-p}$ 线性无关。

因此

$$\dim W_1=n-p.$$ ■

例 13 用 J 表示元素全为 1 的矩阵，把 n 元实二次型 $\boldsymbol{x}'(nI-J)\boldsymbol{x}$ 的所有零点组成的集合记作 U。试问：U 是不是 $\mathbf{R}^n$ 的一个子空间？如果是子空间，那么求 U 的一个基和维数。

解 先把 n 元实二次型 $\boldsymbol{x}'(nI-J)\boldsymbol{x}$ 化成规范形。由于 $nI-J$ 是实对称矩阵，因此可以用正交替换把 n 元实二次型 $\boldsymbol{x}'(nI-J)\boldsymbol{x}$ 化成标准形。

由于 J 的特征值为 $n,0(n-1$ 重)(参看《高等代数学习指导书(上册)》5.5 节的例 10)，因此 $nI-J$ 的特征值为 $0,n(n-1$ 重)。于是存在 n 级正交矩阵 T 使得

$$T^{-1}(nI-J)T=\mathrm{diag}\{n,\cdots,n,0\}.$$

从而作正交替换 $\boldsymbol{x}=T\boldsymbol{y}$,可得到 $\boldsymbol{x}'(nI-J)\boldsymbol{x}$ 的一个标准形为

$$ny_1^2+\cdots+ny_{n-1}^2 \tag{21}$$

再作非退化线性替换:

$$y_1=\frac{1}{\sqrt{n}}z_1,\cdots,y_{n-1}=\frac{1}{\sqrt{n}}z_{n-1},y_n=z_n,$$

可把标准形(21)化成规范形:

$$z_1^2+\cdots+z_{n-1}^2. \tag{22}$$

由于 $z_1^2+\cdots+z_{n-1}^2=0$ 当且仅当 $z_1=0,z_2=0,\cdots,z_{n-1}=0$,因此 $z_1^2+\cdots+z_{n-1}^2=0$ 的解集 W 是

$$W=\{(0,\cdots,0,a)'\mid a\in\mathbf{R}\}.$$

显然 W 对于 $\mathbf{R}^n$ 的加法和数量乘法封闭,且非空集,因此 W 是 $\mathbf{R}^n$ 的一个子空间。显然它的一个基是$(0,\cdots,0,1)'$,于是 $\dim W=1$,即 $W=\langle\boldsymbol{\varepsilon}_n\rangle$。

记 $D=\mathrm{diag}\left\{\frac{1}{\sqrt{n}},\cdots,\frac{1}{\sqrt{n}},1\right\}$,则上面所作的总的非退化线性替换为 $\boldsymbol{x}=T\boldsymbol{y}=T(D\boldsymbol{z})=(TD)\boldsymbol{z}$。于是

$$\begin{aligned}\boldsymbol{x}'(nI-J)\boldsymbol{x}=0 \quad&\Leftrightarrow\quad [(TD)\boldsymbol{z}]'(nI-J)[(TD)\boldsymbol{z}]=0,\\ &\Leftrightarrow\quad z_1^2+\cdots+z_{n-1}^2=0.\end{aligned}$$

从而

$$\boldsymbol{\gamma}\in W\quad\Leftrightarrow\quad\boldsymbol{\alpha}=(TD)\boldsymbol{\gamma}\in U.$$

由于 $W=\langle\boldsymbol{\varepsilon}_n\rangle$。因此 W 中任一向量 $\boldsymbol{\gamma}=a\boldsymbol{\varepsilon}_n,a\in\mathbf{R}$。从而 U 中任一向量 $\boldsymbol{\alpha}=(TD)a\boldsymbol{\varepsilon}_n=a(TD)\boldsymbol{\varepsilon}_n,a\in\mathbf{R}$。于是 $U=\langle(TD)\boldsymbol{\varepsilon}_n\rangle$。因此 U 是 $\mathbf{R}^n$ 的一个子空间,且 $\dim U=1$。

由于 $D\boldsymbol{\varepsilon}_n=\boldsymbol{\varepsilon}_n$,因此$(TD)\boldsymbol{\varepsilon}_n=T\boldsymbol{\varepsilon}_n=\boldsymbol{\eta}_n$,其中 $\boldsymbol{\eta}_n$ 是 T 的第 n 列,它是 $nI-J$ 的属于特征值 0 的一个特征向量,且是单位向量。由于

$$(nI-J)\mathbf{1}_n=n\mathbf{1}_n-J\mathbf{1}_n=n\mathbf{1}_n-n\mathbf{1}_n=0=0\mathbf{1}_n,$$

因此全一列 $\mathbf{1}_n$ 是 $nI-J$ 的属于特征值 0 的一个特征向量。把 $\mathbf{1}_n$ 单位化得$\frac{1}{\sqrt{n}}\mathbf{1}_n$,于是 $\boldsymbol{\eta}_n=\frac{1}{\sqrt{n}}\mathbf{1}_n$。从而$(TD)\boldsymbol{\varepsilon}_n=\frac{1}{\sqrt{n}}\mathbf{1}_n$。因此 $U=\langle\frac{1}{\sqrt{n}}\mathbf{1}_n\rangle=\langle\mathbf{1}_n\rangle$。即 $\mathbf{1}_n$ 是 U 的一个基。

例 14 用 U 表示数域 K 上所有 n 级上三角幂零矩阵组成的集合。

(1) 证明:U 是 $M_n(K)$的一个子空间;

(2) 求 U 的一个基和维数。

(1) **证明** 显然,$0\in U$,任取 $A,B\in U$,根据《高等代数学习指导书(上册)》4.2节例 9

的结论，上三角矩阵是幂零矩阵当且仅当它的主对角元全为0，于是 A,B 是主对角元全为0的上三角矩阵，从而 $A+B$ 也是主对角元全为0的上三角矩阵。因此 $A+B$ 是幂零矩阵。由此得出，$A+B\in U$。设 A 的幂零指数为 l，则对任意 $k\in K$ 有 $(kA)^l=k^lA^l=0$。因此 kA 也是幂零矩阵，且显然 kA 是上三角矩阵，由此得出，$kA\in U$。所以 U 是 $M_n(K)$ 的一个子空间。■

(2) **解**　根据上面的结论知道，U 中任一矩阵 A 可以写成

$$A=\begin{pmatrix} 0 & a_{12} & a_{13} & \cdots & a_{1,n-1} & a_{1n} \\ 0 & 0 & a_{23} & \cdots & a_{2,n-1} & a_{2n} \\ \vdots & \vdots & \vdots & & \vdots & \vdots \\ 0 & 0 & 0 & \cdots & 0 & a_{n-1,n} \\ 0 & 0 & 0 & \cdots & 0 & 0 \end{pmatrix}$$

$$=a_{12}E_{12}+a_{13}E_{13}+\cdots+a_{1n}E_{1n}+a_{23}E_{23}+\cdots+a_{2n}E_{2n}+\cdots+a_{n-1,n}E_{n-1,n}.$$

显然，$E_{12},E_{13},\cdots,E_{1n},E_{23},\cdots,E_{2n},\cdots,E_{n-1,n}$ 线性无关，因此它们就是 U 的一个基。从而

$$\dim U=(n-1)+(n-2)+\cdots+1=\frac{n(n-1)}{2}.$$

点评　例14的解题关键是利用《高等代数学习指导书(上册)》4.2节例9揭示的上三角幂零矩阵的特性。

例15　设 V_1,V_2 是域 F 上线性空间 V 的两个真子空间(即 $V_i\neq V,i=1,2$)，证明：$V_1\cup V_2\neq V$。

证明　由于 $V_1\neq V$，因此存在 $\alpha\notin V_1$。若 $\alpha\notin V_2$，则 $\alpha\notin V_1\cup V_2$。若 $\alpha\in V_2$，由于 $V_2\neq V$，因此存在 $\beta\notin V_2$。若 $\beta\notin V_1$，则 $\beta\notin V_1\cup V_2$。若 $\beta\in V_1$，则我们断言 $\alpha+\beta\notin V_1\cup V_2$。这是因为假如 $\alpha+\beta\in V_1\cup V_2$，当 $\alpha+\beta\in V_1$ 时，有 $(\alpha+\beta)-\beta\in V_1$，即 $\alpha\in V_1$，矛盾；当 $\alpha+\beta\in V_2$ 时，有 $(\alpha+\beta)-\alpha\in V_2$，即 $\beta\in V_2$，矛盾。所以 $\alpha+\beta\notin V_1\cup V_2$，于是 $V_1\cup V_2\neq V$。■

例16　设 $V_1,V_2,\cdots,V_s$ 都是域 F 上线性空间 V 的真子空间，证明：如果域 F 的特征为0，那么

$$V_1\cup V_2\cup\cdots\cup V_s\neq V.$$

证明　对真子空间的个数 s 作数学归纳法。当 $s=1$ 时，由于 V_1 是 V 的真子空间，因此 $V_1\neq V$。假设命题对于 $s-1$ 的情形为真。现在来看 s 的情形，根据归纳假设得

$$V_1\cup V_2\cup\cdots\cup V_{s-1}\neq V,$$

因此 V 中存在 $\alpha\notin V_1\cup V_2\cup\cdots\cup V_{s-1}$。若 $\alpha\notin V_s$，则 $\alpha\notin V_1\cup V_2\cup\cdots\cup V_{s-1}\cup V_s$。下面设 $\alpha\in V_s$。由于 $V_s\neq V$，因此存在 $\beta\notin V_s$。若 $\beta\notin V_1\cup V_2\cup\cdots\cup V_{s-1}$，则

$$\beta\notin V_1\cup V_2\cup\cdots\cup V_{s-1}\cup V_s.$$

下面设 $\beta\in V_1\cup V_2\cup\cdots\cup V_{s-1}$。由于 $V_1\cup V_2\cup\cdots\cup V_{s-1}$ 不是 V 的子空间，因此不能像例 15的证明那样推出 $\alpha+\beta$ 不属于 $V_1\cup V_2\cup\cdots\cup V_{s-1}\cup V_s$。放宽考虑 V 的下述子集 W：

$$W=\{k\alpha+\beta\mid k\in F\}.$$

我们断言 $\forall\, k\in F$，都有 $k\alpha+\beta\notin V_s$。这是因为假如有某个 $k\in F$ 使得 $k\alpha+\beta\in V_s$，则由于 $\alpha\in V_s$，且 V_s 是 V 的一个子空间，因此有$(k\alpha+\beta)-k\alpha\in V_s$，即 $\beta\in V_s$，矛盾。下面我们想说明存在 $k_0\in F$，使得 $k_0\alpha+\beta\notin V_1\cup V_2\cup\cdots\cup V_{s-1}$。论证的途径是我们来看每个 $V_i(i=1,2,\cdots,s-1)$中含有多少个形如 $k\alpha+\beta$ 的向量。假如 $k_1\alpha+\beta,k_2\alpha+\beta\in V_i(i\in\{1,2,\cdots,s-1\})$，且 $k_1\neq k_2$，则$(k_1\alpha+\beta)-(k_2\alpha+\beta)\in V_i$，即$(k_1-k_2)\alpha\in V_i$。由于 $k_1-k_2\neq 0$，因此 $\alpha=(k_1-k_2)^{-1}(k_1-k_2)\alpha\in V_i$。从而 $\alpha\in V_1\cup V_2\cup\cdots\cup V_{s-1}$，矛盾。所以 $V_i(i=1,2,\cdots,s-1)$中至多含有 W 中一个向量，从而 $V_1\cup V_2\cup\cdots\cup V_{s-1}$ 中至多含有 W 中 $s-1$ 个向量。但是由于域 F 的特征为 0，因此域 F 含有无穷多个元素。又由于 $k_1\alpha+\beta=k_2\alpha+\beta$ 当且仅当 $(k_1-k_2)\alpha=0$，且 $\alpha\neq 0$，因此$(k_1-k_2)\alpha=0$ 当且仅当 $k_1=k_2$。于是 W 中含有无穷多个向量，从而 W 中存在一个向量 $k_0\alpha+\beta\notin V_1\cup V_2\cup\cdots\cup V_{s-1}$。又由于 $k_0\alpha+\beta\notin V_s$，因此

$$k_0\alpha+\beta\notin V_1\cup V_2\cup\cdots\cup V_{s-1}\cup V_s.$$

于是

$$V_1\cup V_2\cup\cdots\cup V_{s-1}\cup V_s\neq V.$$

根据数学归纳法原理，对一切正整数 s，命题为真。 ■

点评 在例 16 的证明过程中，域 F 含有无穷多个元素起着关键作用。如果域 F 是特征为素数 p 的有限域，那么例 16 的结论不一定成立。例如，在域 $\mathbf{Z}_2$ 上的线性空间$\mathbf{Z}_2^3$中，考虑下述真子空间：

$$V_1=\langle(1,0,0)'\rangle,\quad V_2=\langle(0,1,0)'\rangle,\quad V_3=\langle(0,0,1)'\rangle,\quad V_4=\langle(1,1,0)'\rangle,$$
$$V_5=\langle(1,0,1)'\rangle,\ V_6=\langle(0,1,1)'\rangle,\ V_7=\langle(1,1,1)'\rangle.$$

显然有 $V_1\cup V_2\cup V_3\cup V_4\cup V_5\cup V_6\cup V_7=\mathbf{Z}_2^3$。如果域 F 是特征为素数 p 的无限域，那么例 16 的结论仍然成立。

例 17 在数域 K 上的线性空间 K^4 中，$V_1=\langle\boldsymbol{\alpha}_1,\boldsymbol{\alpha}_2,\boldsymbol{\alpha}_3\rangle$，$V_2=\langle\boldsymbol{\beta}_1,\boldsymbol{\beta}_2\rangle$，其中

$$\boldsymbol{\alpha}_1=\begin{pmatrix}1\\2\\1\\0\end{pmatrix},\quad \boldsymbol{\alpha}_2=\begin{pmatrix}-1\\1\\1\\1\end{pmatrix},\quad \boldsymbol{\alpha}_3=\begin{pmatrix}0\\3\\2\\1\end{pmatrix},\quad \boldsymbol{\beta}_1=\begin{pmatrix}2\\-1\\0\\1\end{pmatrix},\quad \boldsymbol{\beta}_2=\begin{pmatrix}1\\-1\\3\\7\end{pmatrix}.$$

分别求 V_1+V_2，$V_1\cap V_2$ 的一个基和维数。

解 因为

$$V_1+V_2=\langle\boldsymbol{\alpha}_1,\boldsymbol{\alpha}_2,\boldsymbol{\alpha}_3\rangle+\langle\boldsymbol{\beta}_1,\boldsymbol{\beta}_2\rangle=\langle\boldsymbol{\alpha}_1,\boldsymbol{\alpha}_2,\boldsymbol{\alpha}_3,\boldsymbol{\beta}_1,\boldsymbol{\beta}_2\rangle,$$

所以向量组 $\boldsymbol{\alpha}_1,\boldsymbol{\alpha}_2,\boldsymbol{\alpha}_3,\boldsymbol{\beta}_1,\boldsymbol{\beta}_2$ 的一个极大线性无关组就是 V_1+V_2 的一个基，这个向量组的秩就是 V_1+V_2 的维数。为此令 $A=(\boldsymbol{\alpha}_1,\boldsymbol{\alpha}_2,\boldsymbol{\alpha}_3,\boldsymbol{\beta}_1,\boldsymbol{\beta}_2)$，对 A 作一系列初等行变换，化成简化行阶梯形矩阵。

$$A=\begin{pmatrix}1 & -1 & 0 & 2 & 1\\ 2 & 1 & 3 & -1 & -1\\ 1 & 1 & 2 & 0 & 3\\ 0 & 1 & 1 & 1 & 7\end{pmatrix}\longrightarrow\begin{pmatrix}1 & 0 & 1 & 0 & -1\\ 0 & 1 & 1 & 0 & 4\\ 0 & 0 & 0 & 1 & 3\\ 0 & 0 & 0 & 0 & 0\end{pmatrix}. \tag{23}$$

由此得出，$\boldsymbol{\alpha}_1,\boldsymbol{\alpha}_2,\boldsymbol{\beta}_1$ 是 $\boldsymbol{\alpha}_1,\boldsymbol{\alpha}_2,\boldsymbol{\alpha}_3,\boldsymbol{\beta}_1,\boldsymbol{\beta}_2$ 的一个极大线性无关组，从而 $\boldsymbol{\alpha}_1,\boldsymbol{\alpha}_2,\boldsymbol{\beta}_1$ 是 V_1+V_2 的一个基。因此

$$\dim(V_1+V_2)=3.$$

从(23)式的简化行阶梯形矩阵的前3列可看出：$\boldsymbol{\alpha}_1,\boldsymbol{\alpha}_2$ 是 $\boldsymbol{\alpha}_1,\boldsymbol{\alpha}_2,\boldsymbol{\alpha}_3$ 的一个极大线性无关组；从后2列看出，它的第2,3行组成的2阶子式不为0，从而 $\boldsymbol{\beta}_1,\boldsymbol{\beta}_2$ 线性无关。因此 $\dim V_1=2,\dim V_2=2$。从而

$$\dim(V_1\cap V_2)=\dim V_1+\dim V_2-\dim(V_1+V_2)=2+2-3=1.$$

为了求 $V_1\cap V_2$ 的一个基，只需要求出 $V_1\cap V_2$ 的一个非零向量。由于 $\boldsymbol{\alpha}_1,\boldsymbol{\alpha}_2,\boldsymbol{\beta}_1$ 是 V_1+V_2 的一个基，因此 $\boldsymbol{\beta}_2$ 可以由 $\boldsymbol{\alpha}_1,\boldsymbol{\alpha}_2,\boldsymbol{\beta}_1$ 线性表出，其系数就是线性方程组

$$x_1\boldsymbol{\alpha}_1+x_2\boldsymbol{\alpha}_2+x_3\boldsymbol{\beta}_1=\boldsymbol{\beta}_2$$

的解。从(23)式的简化行阶梯形矩阵的第1,2,4,5列看出，这个方程组的解是 $(-1,4,3)'$。因此

$$-\boldsymbol{\alpha}_1+4\boldsymbol{\alpha}_2+3\boldsymbol{\beta}_1=\boldsymbol{\beta}_2.$$

由此得出
$$-\boldsymbol{\alpha}_1+4\boldsymbol{\alpha}_2=-3\boldsymbol{\beta}_1+\boldsymbol{\beta}_2\in V_1\cap V_2.$$

计算
$$-\boldsymbol{\alpha}_1+4\boldsymbol{\alpha}_2=(-5,2,3,4)'.$$

因此 $V_1\cap V_2$ 的一个基是 $(-5,2,3,4)'$。

点评　从例17的解题过程看到，在 K^n 中，分别求子空间 $V_1=\langle\boldsymbol{\alpha}_1,\boldsymbol{\alpha}_2,\cdots,\boldsymbol{\alpha}_s\rangle$ 与 $V_2=\langle\boldsymbol{\beta}_1,\boldsymbol{\beta}_2,\cdots,\boldsymbol{\beta}_t\rangle$ 的和与交的一个基和维数时，先令 $A=(\boldsymbol{\alpha}_1,\boldsymbol{\alpha}_2,\cdots,\boldsymbol{\alpha}_s,\boldsymbol{\beta}_1,\boldsymbol{\beta}_2,\cdots,\boldsymbol{\beta}_t)$，把 A 经过一系列的初等行变换，化成简化行阶梯形矩阵 G。再从 G 的主元所在列的序号可以找出 V_1+V_2 的一个基，从而得出 V_1+V_2 的维数。从 G 的前 s 列还可找出 V_1 的一个基；从 G 的后 t 列(找出最高阶非0子式)可找出 V_2 的一个基。于是通过子空间的维数公式可求出 $V_1\cap V_2$ 的维数。利用已经求出的 V_1+V_2 的一个基，可以把 V_2 中不是 V_1+V_2 的这个基里的向量表示成 V_1+V_2 的这个基的线性组合，其系数从 G 里给的相应的列可以找到，由线性组合的表达式可求出 $V_1\cap V_2$ 的向量。当找到了 $\dim(V_1\cap V_2)$ 个线性无关的向量时，便求出了 $V_1\cap V_2$ 的一个基。

例 18 在 K^4 中,$V_1=\langle\boldsymbol{\alpha}_1,\boldsymbol{\alpha}_2,\boldsymbol{\alpha}_3\rangle$,$V_2=\langle\boldsymbol{\beta}_1,\boldsymbol{\beta}_2,\boldsymbol{\beta}_3\rangle$,其中

$$\boldsymbol{\alpha}_1=\begin{pmatrix}1\\1\\0\\2\end{pmatrix},\quad \boldsymbol{\alpha}_2=\begin{pmatrix}1\\1\\-1\\3\end{pmatrix},\quad \boldsymbol{\alpha}_3=\begin{pmatrix}1\\2\\1\\-2\end{pmatrix},\quad \boldsymbol{\beta}_1=\begin{pmatrix}1\\2\\0\\-6\end{pmatrix},\quad \boldsymbol{\beta}_2=\begin{pmatrix}1\\-2\\2\\4\end{pmatrix},\quad \boldsymbol{\beta}_3=\begin{pmatrix}2\\3\\1\\-5\end{pmatrix}.$$

分别求 V_1+V_2,$V_1\cap V_2$ 的一个基和维数。

解 $V_1+V_2=\langle\boldsymbol{\alpha}_1,\boldsymbol{\alpha}_2,\boldsymbol{\alpha}_3,\boldsymbol{\beta}_1,\boldsymbol{\beta}_2,\boldsymbol{\beta}_3\rangle$

$$A=\begin{pmatrix}1&1&1&1&1&2\\1&1&2&2&-2&3\\0&-1&1&0&2&1\\2&3&2&-6&4&-5\end{pmatrix}\longrightarrow\begin{pmatrix}1&0&0&0&10&2\\0&1&0&0&-6&-1\\0&0&1&0&-4&0\\0&0&0&1&1&1\end{pmatrix}.\tag{24}$$

从(24)式的简化行阶梯形矩阵看出:$\boldsymbol{\alpha}_1,\boldsymbol{\alpha}_2,\boldsymbol{\alpha}_3,\boldsymbol{\beta}_1$ 是 V_1+V_2 的一个基,从而 $\dim(V_1+V_2)=4$。

从(24)式的简化行阶梯形矩阵的前 3 列看出,$\boldsymbol{\alpha}_1,\boldsymbol{\alpha}_2,\boldsymbol{\alpha}_3$ 是 V_1 的一个基,从而 $\dim V_1=3$。从后 3 列看出,它的第 2,3,4 行组成的 3 阶子式不为 0,因此 $\boldsymbol{\beta}_1,\boldsymbol{\beta}_2,\boldsymbol{\beta}_3$ 线性无关。于是 $\dim V_2=3$。从而 $\dim(V_1\cap V_2)=\dim V_1+\dim V_2-\dim(V_1+V_2)=3+3-4=2$。

从(24)式的简化行阶梯形矩阵的第 1,2,3,4,5 列与第 1,2,3,4,6 列分别看出

$$\boldsymbol{\beta}_2=10\boldsymbol{\alpha}_1-6\boldsymbol{\alpha}_2-4\boldsymbol{\alpha}_3+\boldsymbol{\beta}_1,$$
$$\boldsymbol{\beta}_3=2\boldsymbol{\alpha}_1-\boldsymbol{\alpha}_2+\boldsymbol{\beta}_1.$$

于是
$$10\boldsymbol{\alpha}_1-6\boldsymbol{\alpha}_2-4\boldsymbol{\alpha}_3=-\boldsymbol{\beta}_1+\boldsymbol{\beta}_2\in V_1\cap V_2,$$
$$2\boldsymbol{\alpha}_1-\boldsymbol{\alpha}_2=-\boldsymbol{\beta}_1+\boldsymbol{\beta}_3\in V_1\cap V_2.$$

计算
$$-\boldsymbol{\beta}_1+\boldsymbol{\beta}_2=(0,-4,2,10)'.$$
$$-\boldsymbol{\beta}_1+\boldsymbol{\beta}_3=(1,1,1,1)'.$$

显然$(0,-4,2,10)'$,$(1,1,1,1)'$线性无关,因此它就是 $V_1\cap V_2$ 的一个基。

例 19 设 $V=M_n(K)$,其中 K 是数域,分别用 V_1,V_2 表示 K 上所有 n 级对称、斜对称矩阵组成的子空间,证明:$V=V_1\oplus V_2$。

证明 第一步,证明 $V_1+V_2=V$。显然 $V_1+V_2\subseteq V$。关键要证 $V\subseteq V_1+V_2$。任取 $A\in V=M_n(K)$,有

$$(A+A')'=A'+A,(A-A')'=A'-A=-(A-A'),$$

因此 $A+A'\in V_1$,$A-A'\in V_2$。由于

$$A=\frac{A+A'}{2}+\frac{A-A'}{2},$$

因此 $A\in V_1+V_2$,从而 $V\subseteq V_1+V_2$,因此 $V=V_1+V_2$。

第二步，证明和 V_1+V_2 是直和，为此只要证 $V_1\cap V_2=0$。任取 $B\in V_1\cap V_2$，则 $B'=B$，且 $B'=-B$。于是 $B=-B$。即 $2B=0$，从而 $B=0$。因此 $V_1\cap V_2=0$。

综上所述，$V=V_1\oplus V_2$。 ■

例 20 在 K^n 中，V_1 与 V_2 分别是齐次线性方程组

$$x_1+x_2+\cdots+x_n=0,$$
$$x_1=x_2=\cdots=x_n$$

的解空间，证明：$K^n=V_1\oplus V_2$。

证明 第一步，证明 $K^n=V_1+V_2$。任取 $\boldsymbol{\alpha}=(a_1,a_2,\cdots,a_n)'\in K^n$，想把 $\boldsymbol{\alpha}$ 表示成 $\boldsymbol{\alpha}_1+\boldsymbol{\alpha}_2$，其中 $\boldsymbol{\alpha}_1\in V_1$，$\boldsymbol{\alpha}_2\in V_2$。由于 V_2 是齐次线性方程组 $x_1=x_2=\cdots=x_n$ 的解空间，因此 $\boldsymbol{\alpha}_2$ 的各个分量应相等，又由于 V_1 是 $x_1+x_2+\cdots+x_n=0$ 的解空间，因此 $\boldsymbol{\alpha}_1$ 的各个分量的和应等于 0。设 $\boldsymbol{\alpha}_2=(b,b,\cdots,b)'$，则 $\boldsymbol{\alpha}_1=\boldsymbol{\alpha}-\boldsymbol{\alpha}_2=(a_1-b,a_2-b,\cdots,a_n-b)'$，它应满足

$$(a_1-b)+(a_2-b)+\cdots+(a_n-b)=0.$$

由此得到，$b=\dfrac{1}{n}(a_1+a_2+\cdots+a_n)$。这样取的 $\boldsymbol{\alpha}_2$ 与 $\boldsymbol{\alpha}_1$ 就使得 $\boldsymbol{\alpha}=\boldsymbol{\alpha}_1+\boldsymbol{\alpha}_2$。因此 $\boldsymbol{\alpha}\in V_1+V_2$。从而 $K^n\subseteq V_1+V_2$。于是 $K^n=V_1+V_2$。

第二步，证明和 V_1+V_2 是直和。只要证 $V_1\cap V_2=0$。任取 $\boldsymbol{\beta}=(b_1,b_2,\cdots,b_n)'\in V_1\cap V_2$，则

$$b_1+b_2+\cdots+b_n=0, b_1=b_2=\cdots=b_n.$$

由此得出，$b_1=b_2=\cdots=b_n=0$。即 $\boldsymbol{\beta}=\mathbf{0}$，从而 $V_1\cap V_2=0$。

综上所述，$K^n=V_1\oplus V_2$。 ■

例 21 用 $M_n^0(F)$ 表示域 F 上所有迹为 0 的 n 级矩阵组成的集合，它是 $M_n(F)$ 的一个子空间。证明：如果域 F 的特征为 0，那么 $M_n(F)=\langle I\rangle\oplus M_n^0(F)$。

证明 第一步，证明 $M_n(F)=\langle I\rangle+M_n^0(F)$。任取 $A=(a_{ij})\in M_n(F)$，想把 A 表示成 A_1+A_2，其中 $A_1\in\langle I\rangle$，$A_2\in M_n^0(F)$。设 $A_1=kI$，令 $A_2=A-A_1$，它应满足 $\mathrm{tr}(A_2)=0$，即 $(a_{11}+a_{22}+\cdots+a_{nn})-nk=0$。

由于 $\mathrm{char}\,F=0$，因此 $ne\neq0$，其中 e 是域 F 的单位元。于是 $k=(ne)^{-1}(a_{11}+a_{22}+\cdots+a_{nn})$。由此构造的 A_1 与 A_2 就满足 $A=A_1+A_2$。于是 $A\in\langle I\rangle+M_n^0(F)$。从而得出

$$M_n(F)=\langle I\rangle+M_n^0(F).$$

第二步，证明和 $\langle I\rangle\oplus M_n^0(F)$ 是直和，可以去证明 $\langle I\rangle\cap M_n^0(F)=0$。也可以这么证：在例 8 中已求出 $\dim M_n^0(F)=n^2-1$。于是

$$\begin{aligned}\dim\langle I\rangle+\dim M_n^0(F)&=1+(n^2-1)=n^2=\dim M_n(F)\\&=\dim(\langle I\rangle+M_n^0(F)).\end{aligned}$$

从而和$\langle I\rangle+M_n^0(F)$是直和。

综上所述,$M_n(F)=\langle I\rangle\oplus M_n^0(F)$。 ■

点评 例 21 的证明的第二步需要论证:

$$\dim\langle I\rangle+\dim M_n^0(F)=\dim(\langle I\rangle+M_n^0(F)),$$

才能得出和$\langle I\rangle+M_n^0(F)$是直和,在论证中用到了第一步证得的结论:$M_n(F)=\langle I\rangle+M_n^0(F)$,从而

$$\dim M_n(F)=\dim(\langle I\rangle+M_n^0(F)).$$

需要特别注意的是:仅从 $\dim V_1+\dim V_2=\dim V$,不能得出 $V=V_1\oplus V_2$ 这个结论,而应当首先证 $V=V_1+V_2$,然后才能从 $\dim V_1+\dim V_2=\dim V$ 得出 $\dim V_1+\dim V_2=\dim(V_1+V_2)$,于是和 V_1+V_2 是直和,再结合已证的 $V=V_1+V_2$,得出 $V=V_1\oplus V_2$。举一个例子:几何空间 V 中,设 V_1 是过原点的一个平面,V_2 是在平面 V_1 上且过原点的一条直线。虽然有 $\dim V_1+\dim V_2=2+1=3=\dim V$,但是 $V_1+V_2\neq V$,而且和 V_1+V_2 也不是直和(因为 $V_1\cap V_2=V_2\neq 0$),所以没有 $V=V_1\oplus V_2$ 这个结论。

例 22 证明:域 F 上任一 n 维线性空间 V 可以表示成 n 个 1 维子空间的直和。

证明 在 V 中取一个基 $\alpha_1,\alpha_2,\cdots,\alpha_n$。由于$\langle\alpha_1\rangle$的一个基 α_1,$\langle\alpha_2\rangle$的一个基 α_2,$\cdots$,$\langle\alpha_n\rangle$的一个基 α_n 合起来是 V 的一个基,因此

$$V=\langle\alpha_1\rangle\oplus\langle\alpha_2\rangle\oplus\cdots\oplus\langle\alpha_n\rangle.$$ ■

例 23 设 A 是数域 K 上的一个 n 级矩阵,$\lambda_1,\lambda_2,\cdots,\lambda_s$ 是 A 的全部不同的特征值,用 V_{λ_i} 表示 A 的属于 λ_i 的特征子空间。证明:A 可对角化的充分必要条件是

$$K^n=V_{\lambda_1}\oplus V_{\lambda_2}\oplus\cdots\oplus V_{\lambda_s}.$$

证明 V_{λ_i} 是由 A 的属于特征值 λ_i 的全部特征向量加上零向量组成的子空间。根据丘维声.高等代数(上册).第 3 版.北京:高等教育出版社,2015 年,第 5 章§6 的定理 3 和定理 5 得:

数域 K 上的 n 级矩阵 A 可对角化

$\Leftrightarrow$ $\dim V_{\lambda_1}+\dim V_{\lambda_2}+\cdots+\dim V_{\lambda_s}=n$

$\Leftrightarrow$ V_{λ_1} 的一个基,V_{λ_2} 的一个基,$\cdots$,V_{λ_s} 的一个基,它们合起来是 n 个线性无关的向量

$\Leftrightarrow$ V_{λ_1} 的一个基,V_{λ_2} 的一个基,$\cdots$,V_{λ_s} 的一个基,它们合起来是 K^n 的一个基

$\Leftrightarrow$ $K^n=V_{\lambda_1}\oplus V_{\lambda_2}\oplus\cdots\oplus V_{\lambda_s}$。 ■

点评 在上述推导过程中,第二个"$\Leftrightarrow$"的"$\Rightarrow$"用到了上面指出的教材的第 5 章§6 的定理 3,这是矩阵 A 的属于不同特征值的特征向量特有的性质。一般情形,对于 n 维线性空间 V 的子空间 $V_1,V_2,\cdots,V_s$,从 $\dim V_1+\dim V_2+\cdots+\dim V_s=n$,不能推出 V_1 的一个基,V_2 的一个基,$\cdots$,V_s 的一个基合起来的 n 个向量线性无关。

例 24 设 A 是域 F 上的一个 n 级矩阵，在 $F[x]$ 中，$f(x)=f_1(x)f_2(x)$，用 W,W_1,W_2 分别表示齐次线性方程组

$$f(A)\boldsymbol{x}=\boldsymbol{0},f_1(A)\boldsymbol{x}=\boldsymbol{0},f_2(A)\boldsymbol{x}=\boldsymbol{0}$$

的解空间。证明：如果 $(f_1(x),f_2(x))=1$，那么 $W=W_1\oplus W_2$。

证明 第一步，证明 $W=W_1+W_2$。

因为 $f(x)=f_1(x)f_2(x)$，所以 $f(A)=f_1(A)f_2(A)$。任取 $\boldsymbol{\alpha}_1\in W_1$，则 $f_1(A)\boldsymbol{\alpha}_1=\boldsymbol{0}$。从而

$$f(A)\boldsymbol{\alpha}_1=[f_1(A)f_2(A)]\boldsymbol{\alpha}_1=f_2(A)[f_1(A)\boldsymbol{\alpha}_1]=f_2(A)\boldsymbol{0}=\boldsymbol{0}.$$

因此 $\boldsymbol{\alpha}_1\in W$。于是 $W_1\subseteq W$。同理可证：任取 $\boldsymbol{\alpha}_2\in W_2$，有 $\boldsymbol{\alpha}_2\in W$。因此 $W_2\subseteq W$。从而 $W_1+W_2\subseteq W$。

由于 $(f_1(x),f_2(x))=1$，因此存在 $u_1(x),u_2(x)\in F[x]$，使得

$$u_1(x)f_1(x)+u_2(x)f_2(x)=1. \tag{25}$$

不定元 x 用 A 代入，从(25)式得

$$u_1(A)f_1(A)+u_2(A)f_2(A)=I. \tag{26}$$

任取 $\boldsymbol{\alpha}\in W$，则 $f(A)\boldsymbol{\alpha}=\boldsymbol{0}$。从(26)式得

$$\boldsymbol{\alpha}=I\boldsymbol{\alpha}=u_1(A)f_1(A)\boldsymbol{\alpha}+u_2(A)f_2(A)\boldsymbol{\alpha}. \tag{27}$$

令 $\boldsymbol{\alpha}_1=u_2(A)f_2(A)\boldsymbol{\alpha},\boldsymbol{\alpha}_2=u_1(A)f_1(A)\boldsymbol{\alpha}$。则从(27)式得

$$\boldsymbol{\alpha}=\boldsymbol{\alpha}_1+\boldsymbol{\alpha}_2. \tag{28}$$

由于 $f_1(A)\boldsymbol{\alpha}_1=f_1(A)[u_2(A)f_2(A)\boldsymbol{\alpha}]=u_2(A)f_1(A)f_2(A)\boldsymbol{\alpha}=u_2(A)f(A)\boldsymbol{\alpha}=\boldsymbol{0}$，

因此 $\boldsymbol{\alpha}_1\in W_1$。同理可证：$\boldsymbol{\alpha}_2\in W_2$，于是从(28)式得 $\boldsymbol{\alpha}\in W_1+W_2$。从而 $W\subseteq W_1+W_2$。

因此 $W=W_1+W_2$。

第二步，证明和 W_1+W_2 是直和，只要证 $W_1\cap W_2=0$。任取 $\boldsymbol{\beta}\in W_1\cap W_2$。则 $f_1(A)\boldsymbol{\beta}=\boldsymbol{0},f_2(A)\boldsymbol{\beta}=\boldsymbol{0}$。从(26)式得

$$\boldsymbol{\beta}=I\boldsymbol{\beta}=u_1(A)f_1(A)\boldsymbol{\beta}+u_2(A)f_2(A)\boldsymbol{\beta}=\boldsymbol{0}.$$

因此 $$W_1\cap W_2=0.$$

综上所述，$W=W_1\oplus W_2$。 ■

点评 例 24 中，无论是证明 $W\subseteq W_1+W_2$，还是证明 $W_1\cap W_2=0$，关键是利用了 $f_1(x)$ 与 $f_2(x)$ 互素的性质，有 $u_1(x)f_1(x)+u_2(x)f_2(x)=1$；然后不定元 x 用矩阵 A 代入，便得到 $u_1(A)f_1(A)+u_2(A)f_2(A)=I$。有了单位矩阵 I 的分解式，事情就好办了，因为 $\boldsymbol{\alpha}$ 可以写成 $\boldsymbol{\alpha}=I\boldsymbol{\alpha}$。由此体会到两点：一是遇到两个一元多项式互素，就应联想到它们有倍式和等于 1；二是不定元 x 可以用 n 级矩阵 A 代入，于是从一元多项式的有关加法和乘法的等式可得到 A 的多项式满足的等式，这是根据一元多项式环的通用性质。7.1 节讲了一元多项式环的通用性质，这就把为什么不定元 x 可以用 n 级矩阵 A 代入的道理讲清

楚了。而读者在中学阶段学习多项式时，只是把 x 用数代入。如果在大学的“高等代数”课程里不讲一元多项式环的通用性质，那么当遇到需要把不定元 x 用 n 级矩阵 A 代入时，就不知道是什么道理。

例 25 用 U,W 分别表示域 F 上所有上三角矩阵、下三角矩阵组成的集合，它们都是域 F 上线性空间 $M_n(F)$ 的子空间。试问：是否有 $M_n(F)=U+W$？是否有和 $U+W$ 是直和？是否有 $M_n(F)=U\oplus W$？

解 任给 $A=(a_{ij})\in M_n(F)$，有

$$A=\begin{pmatrix} a_{11} & a_{12} & \cdots & a_{1n} \\ 0 & a_{22} & \cdots & a_{2n} \\ \vdots & \vdots & & \vdots \\ 0 & 0 & \cdots & a_{nn} \end{pmatrix}+\begin{pmatrix} 0 & 0 & \cdots & 0 \\ a_{21} & 0 & \cdots & 0 \\ \vdots & \vdots & & \vdots \\ a_{n1} & a_{n2} & \cdots & 0 \end{pmatrix}. \tag{29}$$

(29)式右边第一个矩阵是上三角矩阵，第二个矩阵是下三角矩阵，因此 $A\in U+W$，从而 $M_n(F)\subseteq U+W$。于是有 $M_n(F)=U+W$。

由于 $I\in U\cap W$，因此 $U\cap W\neq 0$。从而和 $U+W$ 不是直和。

由于和 $U+W$ 不是直和，因此 $M_n(F)\neq U\oplus W$。

例 26 设 $V_1,V_2,\cdots,V_s$ 都是域 F 上线性空间 V 的子空间，证明：和 $\sum\limits_{i=1}^{s}V_i$ 是直和的充分必要条件是 V 中有一个向量 α 可以唯一地表示成

$$\alpha=\alpha_1+\alpha_2+\cdots+\alpha_s,\alpha_i\in V_i,i=1,2,\cdots,s. \tag{30}$$

证明 必要性。设和 $\sum\limits_{i=1}^{s}V_i$ 是直和，则和 $\sum\limits_{i=1}^{s}V_i$ 中每个向量 α 都能唯一地表示成(30)式，因此必要性显然成立。

充分性。设 V 中有一个向量 α 可以唯一地表示成(30)式。假如零向量在和 $\sum\limits_{i=1}^{s}V_i$ 中的表法不唯一，则它还有一种方式表示成

$$0=\delta_1+\delta_2+\cdots+\delta_s,\delta_i\in V_i,i=1,2,\cdots,s,$$

其中至少有一个 $\delta_j\neq 0$。由于

$$\alpha=\alpha+0=(\alpha_1+\delta_1)+(\alpha_2+\delta_2)+\cdots+(\alpha_s+\delta_s),$$

且 $\alpha_j+\delta_j\neq\alpha_j$，因此 α 表示成 $\sum\limits_{i=1}^{s}V_i$ 中向量的方式不唯一，与已知条件矛盾。所以零向量在和 $\sum\limits_{i=1}^{s}V_i$ 中的表法唯一，从而和 $\sum\limits_{i=1}^{s}V_i$ 是直和。 ■

例 27 设 $V_1, V_2, \cdots, V_s$ 都是域 F 上线性空间 V 的子空间，证明：和 $\sum_{i=1}^{s} V_i$ 是直和的充分必要条件是

$$V_i \cap \left(\sum_{j=i+1}^{s} V_j\right) = 0, i = 1, 2, \cdots, s-1. \tag{31}$$

证明 必要性。设和 $\sum_{i=1}^{s} V_i$ 是直和，则

$$V_i \cap \left(\sum_{j \neq i} V_j\right) = 0, i = 1, 2, \cdots, s.$$

由于
$$V_i \cap \left(\sum_{j=i+1}^{s} V_j\right) \subseteq V_i \cap \left(\sum_{j \neq i} V_j\right), i = 1, 2, \cdots, s-1,$$

因此
$$V_i \cap \left(\sum_{j=i+1}^{s} V_j\right) = 0, i = 1, 2, \cdots, s-1.$$

充分性。设(31) 式成立，在和 $\sum_{i=1}^{s} V_i$ 中，

$$0 = \delta_1 + \delta_2 + \cdots + \delta_s, \delta_i \in V_i, i = 1, 2, \cdots, s,$$

则 $\delta_1 = -\sum_{j=2}^{s} \delta_j \in V_1 \cap \left(\sum_{j=2}^{s} V_j\right)$。由(31) 式得，$\delta_1 = 0$，且 $\sum_{j=2}^{s} \delta_j = 0$。于是 $\delta_2 = -\sum_{j=3}^{s} \delta_j \in V_2 \cap \left(\sum_{j=3}^{s} V_j\right)$。仍由(31) 式得，$\delta_2 = 0$，且 $\sum_{j=3}^{s} \delta_j = 0$，依此类推，利用(31) 式可推出，$\delta_3 = 0$，$\cdots$，$\delta_{n-1} = 0$，$\delta_n = 0$。因此在和 $\sum_{i=1}^{s} V_i$ 中，零向量的表法唯一，从而和 $\sum_{i=1}^{s} V_i$ 是直和。 ■

点评 在例 27 中，把(31)式改成

$$V_i \cap \left(\sum_{j=1}^{i-1} V_i\right) = 0, i = 2, 3, \cdots, s. \tag{32}$$

则类似可证明：和 $\sum_{i=1}^{s} V_i$ 是直和的充分必要条件为(32) 式成立。

例 28 设 A 是域 F 上的 n 级可逆矩阵，把 A 分块：

$$A = \begin{pmatrix} A_1 \\ A_2 \end{pmatrix} \begin{matrix} \}r\text{行} \\ \}n-r\text{行} \end{matrix}$$

用 W_1，W_2 分别表示齐次线性方程组 $A_1\boldsymbol{X} = \boldsymbol{0}$，$A_2\boldsymbol{X} = \boldsymbol{0}$ 的解空间，探索是否有 $F^n = W_1 \oplus W_2$。

解 先看和 $W_1 + W_2$ 是否为直和。任取 $\boldsymbol{\eta} \in W_1 \cap W_2$，则 $A_1\boldsymbol{\eta} = \boldsymbol{0}$，$A_2\boldsymbol{\eta} = \boldsymbol{0}$。从而

$$A\boldsymbol{\eta} = \begin{pmatrix} A_1 \\ A_2 \end{pmatrix} \boldsymbol{\eta} = \begin{pmatrix} A_1\boldsymbol{\eta} \\ A_2\boldsymbol{\eta} \end{pmatrix} = \boldsymbol{0}. \tag{33}$$

由于 A 可逆,在(33)式两边左乘 A^{-1} 得,$\boldsymbol{\eta}=\mathbf{0}$。因此 $W_1 \cap W_2=0$。从而和 W_1+W_2 是直和。

再看 F^n 是否等于 W_1+W_2。由于 A 可逆,因此 A_1, A_2 的行向量组都线性无关,从而 $\operatorname{rank}(A_1)=r, \operatorname{rank}(A_2)=n-r$。于是

$$\dim W_1=n-\operatorname{rank}(A_1)=n-r, \dim W_2=n-\operatorname{rank}(A_2)=r.$$

由此得出,$\dim W_1+\dim W_2=(n-r)+r=n$。又由于和 W_1+W_2 是直和,因此 $\dim(W_1+W_2)=\dim W_1+\dim W_2=n$,从而 $W_1+W_2=F^n$。

综上所述,$F^n=W_1 \oplus W_2$。

例 29 设 V 是域 F 上的线性空间,V_1, V_2 都是 V 的子空间,V_{11}, V_{12} 都是 V_1 的子空间(从而它们也都是 V 的子空间)。证明:如果 $V=V_1 \oplus V_2$,且 $V_1=V_{11} \oplus V_{12}$,那么

$$V=V_{11} \oplus V_{12} \oplus V_2.$$

证明 任取 $\alpha \in V$,由已知条件得,$\alpha=\alpha_1+\alpha_2$,其中 $\alpha_1 \in V_1, \alpha_2 \in V_2$。由于 $V_1=V_{11} \oplus V_{12}$,因此 $\alpha_1=\alpha_{11}+\alpha_{12}$,其中 $\alpha_{11} \in V_{11}, \alpha_{12} \in V_{12}$。于是 $\alpha=\alpha_{11}+\alpha_{12}+\alpha_2 \in V_{11}+V_{12}+V_2$。从而 $V \subseteq V_{11}+V_{12}+V_2$。因此 $V=V_{11}+V_{12}+V_2$。

由于和 $V_{11}+V_{12}$ 是直和,因此 $V_{11} \cap V_{12}=0$。由于和 V_1+V_2 是直和,因此 $V_1 \cap V_2=0$。从而有 $(V_{11}+V_{12}) \cap V_2=0$。根据例 27 点评中的结论得,和 $V_{11}+V_{12}+V_2$ 是直和。

综上所述,$V=V_{11} \oplus V_{12} \oplus V_2$。 ■

例 30 设 V_1, V_2, W 都是域 F 上线性空间 V 的子空间,并且 $W \subseteq V_1+V_2$。试问:$W=(W \cap V_1)+(W \cap V_2)$ 是否总是成立?如果 $V_1 \subseteq W$,那么上式是否一定成立?

解 由于 $W \subseteq V_1+V_2$,因此 $W=W \cap (V_1+V_2)$。根据本节内容精华的命题 1 得,

$$W=W \cap (V_1+V_2) \supseteq (W \cap V_1)+(W \cap V_2),$$

并且的确有不相等的例子。例如,在几何空间 V 中,设 V_1, V_2, W 是过原点的 3 个平面,且它们相交于同一条直线 L,如图 8-3 所示。由于 $V_1+V_2=V$,因此 $W \subseteq V_1+V_2$。由于 W, V_1, V_2 相交于同一条直线 L,因此 $(W \cap V_1)+(W \cap V_2)=L$,而 $W \supsetneqq L$。

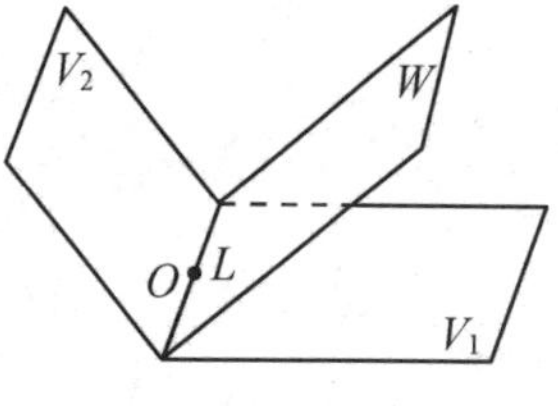

图 8-3

如果 $V_1 \subseteq W$,那么有 $W=(W \cap V_1)+(W \cap V_2)$。理由如下:任取 $\alpha \in W$,由于 $W \subseteq V_1+V_2$,因此 $\alpha \in V_1+V_2$。从而有

$$\alpha=\alpha_1+\alpha_2, \alpha_1 \in V_1, \alpha_2 \in V_2.$$

由于 $V_1 \subseteq W$,因此 $\alpha_1 \in W$。从而 $\alpha_2=\alpha-\alpha_1 \in W$。于是 $\alpha_2 \in W \cap V_2$。由此得出,$\alpha=\alpha_1+\alpha_2 \in (W \cap V_1)+(W \cap V_2)$。因此 $W \subseteq (W \cap V_1)+(W \cap V_2)$。又由于 $W \supseteq (W \cap V_1)+(W \cap V_2)$,所以 $W=(W \cap V_1)+(W \cap V_2)$。

例 31 设 V_1, W 都是域 F 上线性空间 V 的子空间，且 $V_1 \subseteq W$，设 V_2 是 V_1 在 V 中的一个补空间，证明：

$$W = V_1 \oplus (V_2 \cap W).$$

证明 由于 V_2 是 V_1 在 V 中的一个补空间，因此 $V = V_1 \oplus V_2$。于是 $W \subseteq V_1 + V_2$。又已知 $V_1 \subseteq W$，根据例 30 的后半部分的结论得，

$$W = (W \cap V_1) + (W \cap V_2) = V_1 + (V_2 \cap W)$$

由于和 $V_1 + V_2$ 是直和，因此 $V_1 \cap V_2 = 0$。从而

$$V_1 \cap (V_2 \cap W) = (V_1 \cap V_2) \cap W = 0 \cap W = 0.$$

综上所述

$$W = V_1 \oplus (V_2 \cap W).$$

■

例 32 在实数域 $\mathbf{R}$ 上的线性空间 $\mathbf{R}^{\mathbf{R}}$ 中，用 V_1, V_2 分别表示偶函数和奇函数组成的集合，证明：

(1) V_1, V_2 都是 $\mathbf{R}^{\mathbf{R}}$ 的子空间；

(2) $\mathbf{R}^{\mathbf{R}} = V_1 \oplus V_2$。

证明 (1) 设 $f(x), g(x) \in V_1$，则

$$(f+g)(-x) = f(-x) + g(-x) = f(x) + g(x) = (f+g)(x), \forall x \in \mathbf{R},$$

$$(kf)(-x) = kf(-x) = kf(x) = (kf)(x), \forall x \in \mathbf{R}, k \in \mathbf{R}.$$

又 $y = x^2$ 是偶函数，因此 V_1 非空集。从而 V_1 是 $\mathbf{R}^{\mathbf{R}}$ 的一个子空间。

类似地，可证 V_2 是 $\mathbf{R}^{\mathbf{R}}$ 的一个子空间。

(2) 任给 $f(x) \in \mathbf{R}^{\mathbf{R}}$，令 $g(x) = f(-x)$，$\forall x \in \mathbf{R}$。则 $\forall x \in \mathbf{R}$，有

$$\begin{aligned}(f+g)(-x) &= f(-x) + g(-x) \\ &= g(x) + f(-(-x)) \\ &= g(x) + f(x) \\ &= (f+g)(x), \\ (f-g)(-x) &= f(-x) - g(-x) \\ &= g(x) - f(-(-x)) \\ &= g(x) - f(x) \\ &= (g-f)(x) \\ &= -(f-g)(x),\end{aligned}$$

因此 $f+g \in V_1$，$f-g \in V_2$。由于

$$f = \frac{1}{2}(f+g) + \frac{1}{2}(f-g),$$

因此 $f \in V_1 + V_2$，从而 $\mathbf{R}^{\mathbf{R}} \subseteq V_1 + V_2$。于是 $\mathbf{R}^{\mathbf{R}} = V_1 + V_2$。

设 $h(x)\in V_1\cap V_2$，则 $\forall x\in\mathbf{R}$，有 $h(-x)=h(x)$，且 $h(-x)=-h(x)$，从而有 $h(x)=-h(x)$，于是有 $2h(x)=0$。由此得出，$\forall x\in\mathbf{R}$，有 $h(x)=0$。因此 $h(x)$ 是零函数 0，于是 $V_1\cap V_2=0$。从而和 V_1+V_2 是直和。

综上所述，$\mathbf{R}^{\mathbf{R}}=V_1\oplus V_2$。 ■

* **例 33** 在数域 K 上的线性空间 $K^{M_n(K)}$ 中，如果 f 满足：对于 K 上任一 n 级矩阵 $A=(\boldsymbol{\alpha}_1,\boldsymbol{\alpha}_2,\cdots,\boldsymbol{\alpha}_n)$，任一 n 维列向量 $\boldsymbol{\alpha}$，任一数 k，以及任意 $j\in\{1,2,\cdots,n\}$，有

$$\begin{aligned}&f(\boldsymbol{\alpha}_1,\cdots,\boldsymbol{\alpha}_{j-1},\boldsymbol{\alpha}_j+\boldsymbol{\alpha},\boldsymbol{\alpha}_{j+1},\cdots,\boldsymbol{\alpha}_n)\\=&f(\boldsymbol{\alpha}_1,\cdots,\boldsymbol{\alpha}_{j-1},\boldsymbol{\alpha}_j,\boldsymbol{\alpha}_{j+1},\cdots,\boldsymbol{\alpha}_n)+f(\boldsymbol{\alpha}_1,\cdots,\boldsymbol{\alpha}_{j-1},\boldsymbol{\alpha},\boldsymbol{\alpha}_{j+1},\cdots,\boldsymbol{\alpha}_n),\\&f(\boldsymbol{\alpha}_1,\cdots,\boldsymbol{\alpha}_{j-1},k\boldsymbol{\alpha}_j,\boldsymbol{\alpha}_{j+1},\cdots,\boldsymbol{\alpha}_n)\\=&kf(\boldsymbol{\alpha}_1,\cdots,\boldsymbol{\alpha}_{j-1},\boldsymbol{\alpha}_j,\boldsymbol{\alpha}_{j+1},\cdots,\boldsymbol{\alpha}_n),\end{aligned}$$

那么称 f 是 $M_n(K)$ 上的一个**列线性函数**。如果 g 满足：对于 K 上任一 n 级矩阵 $A=\begin{pmatrix}\boldsymbol{\gamma}_1\\\boldsymbol{\gamma}_2\\\vdots\\\boldsymbol{\gamma}_n\end{pmatrix}$，任一 n 维行向量 $\boldsymbol{\gamma}$，任一数 k，以及任意 $i\in\{1,2,\cdots,n\}$，有

$$g\begin{pmatrix}\boldsymbol{\gamma}_1\\\vdots\\\boldsymbol{\gamma}_{i-1}\\\boldsymbol{\gamma}_i+\boldsymbol{\gamma}\\\boldsymbol{\gamma}_{i+1}\\\vdots\\\boldsymbol{\gamma}_n\end{pmatrix}=g\begin{pmatrix}\boldsymbol{\gamma}_1\\\vdots\\\boldsymbol{\gamma}_{i-1}\\\boldsymbol{\gamma}_i\\\boldsymbol{\gamma}_{i+1}\\\vdots\\\boldsymbol{\gamma}_n\end{pmatrix}+g\begin{pmatrix}\boldsymbol{\gamma}_1\\\vdots\\\boldsymbol{\gamma}_{i-1}\\\boldsymbol{\gamma}\\\boldsymbol{\gamma}_{i+1}\\\vdots\\\boldsymbol{\gamma}_n\end{pmatrix},$$

$$g\begin{pmatrix}\boldsymbol{\gamma}_1\\\vdots\\\boldsymbol{\gamma}_{i-1}\\k\boldsymbol{\gamma}_i\\\boldsymbol{\gamma}_{i+1}\\\vdots\\\boldsymbol{\gamma}_n\end{pmatrix}=kg\begin{pmatrix}\boldsymbol{\gamma}_1\\\vdots\\\boldsymbol{\gamma}_{i-1}\\\boldsymbol{\gamma}_i\\\boldsymbol{\gamma}_{i+1}\\\vdots\\\boldsymbol{\gamma}_n\end{pmatrix},$$

那么称 g 是 $M_n(K)$ 上的一个**行线性函数**。把 $M_n(K)$ 上的所有列线性函数组成的集合记作 V_1，所有行线性函数组成的集合记作 V_2。

(1) 证明:V_1 和 V_2 都是 $K^{M_n(K)}$ 的子空间;

(2) 分别求 V_1 和 V_2 的一个基和维数;

(3) 分别求 $V_1 \cap V_2$,V_1+V_2 的一个基和维数。

(1) **证明** 任给数域 K 上的一个 n 级矩阵 A,都有它的行列式 $|A|$,于是把 A 对应到 $|A|$ 是 $M_n(K)$ 到 K 的一个映射,称它为行列式函数,记作 det。根据行列式的性质 3 和性质 2 立即得到,det 是行线性函数;再根据行列式的性质 1 便得到,det 是列线性函数。从而 V_1 和 V_2 都是非空集。

任给 $f_1,f_2\in V_1$,则对任意 $A=(\boldsymbol{\alpha}_1,\boldsymbol{\alpha}_2,\cdots,\boldsymbol{\alpha}_n)\in M_n(K)$,$\boldsymbol{\alpha}\in K^n$,$l,k\in K$,$j\in\{1,2,\cdots,n\}$,有

$$
\begin{aligned}
&(f_1+f_2)(\boldsymbol{\alpha}_1,\cdots,\boldsymbol{\alpha}_{j-1},\boldsymbol{\alpha}_j+\boldsymbol{\alpha},\boldsymbol{\alpha}_{j+1},\cdots,\boldsymbol{\alpha}_n)\\
&=f_1(\boldsymbol{\alpha}_1,\cdots,\boldsymbol{\alpha}_{j-1},\boldsymbol{\alpha}_j+\boldsymbol{\alpha},\boldsymbol{\alpha}_{j+1},\cdots,\boldsymbol{\alpha}_n)+f_2(\boldsymbol{\alpha}_1,\cdots,\boldsymbol{\alpha}_{j-1},\boldsymbol{\alpha}_j+\boldsymbol{\alpha},\boldsymbol{\alpha}_{j+1},\cdots,\boldsymbol{\alpha}_n)\\
&=f_1(\boldsymbol{\alpha}_1,\cdots,\boldsymbol{\alpha}_{j-1},\boldsymbol{\alpha}_j,\boldsymbol{\alpha}_{j+1},\cdots,\boldsymbol{\alpha}_n)+f_1(\boldsymbol{\alpha}_1,\cdots,\boldsymbol{\alpha}_{j-1},\boldsymbol{\alpha},\boldsymbol{\alpha}_{j+1},\cdots,\boldsymbol{\alpha}_n)\\
&\quad+f_2(\boldsymbol{\alpha}_1,\cdots,\boldsymbol{\alpha}_{j-1},\boldsymbol{\alpha}_j,\boldsymbol{\alpha}_{j+1},\cdots,\boldsymbol{\alpha}_n)+f_2(\boldsymbol{\alpha}_1,\cdots,\boldsymbol{\alpha}_{j-1},\boldsymbol{\alpha},\boldsymbol{\alpha}_{j+1},\cdots,\boldsymbol{\alpha}_n)\\
&=(f_1+f_2)(\boldsymbol{\alpha}_1,\cdots,\boldsymbol{\alpha}_{j-1},\boldsymbol{\alpha}_j,\boldsymbol{\alpha}_{j+1},\cdots,\boldsymbol{\alpha}_n)+(f_1+f_2)(\boldsymbol{\alpha}_1,\cdots,\boldsymbol{\alpha}_{j-1},\boldsymbol{\alpha},\boldsymbol{\alpha}_{j+1},\cdots,\boldsymbol{\alpha}_n)
\end{aligned}
$$

$$
\begin{aligned}
&(lf_1)(\boldsymbol{\alpha}_1,\cdots,\boldsymbol{\alpha}_{j-1},k\boldsymbol{\alpha}_j,\boldsymbol{\alpha}_{j+1},\cdots,\boldsymbol{\alpha}_n)\\
&=lf_1(\boldsymbol{\alpha}_1,\cdots,\boldsymbol{\alpha}_{j-1},k\boldsymbol{\alpha}_j,\boldsymbol{\alpha}_{j+1},\cdots,\boldsymbol{\alpha}_n)\\
&=lkf_1(\boldsymbol{\alpha}_1,\cdots,\boldsymbol{\alpha}_{j-1},\boldsymbol{\alpha}_j,\boldsymbol{\alpha}_{j+1},\cdots,\boldsymbol{\alpha}_n)\\
&=k(lf_1)(\boldsymbol{\alpha}_1,\cdots,\boldsymbol{\alpha}_{j-1},\boldsymbol{\alpha}_j,\boldsymbol{\alpha}_{j+1},\cdots,\boldsymbol{\alpha}_n).
\end{aligned}
$$

因此 $f_1+f_2\in V_1$,$lf_1\in V_1$,从而 V_1 是 $K^{M_n(K)}$ 的一个子空间。

类似地,可以证明 V_2 也是 $K^{M_n(K)}$ 的一个子空间。 ■

(2) **解** 任给 $f\in V_1$,任取数域 K 上的一个 n 级矩阵 $A=(a_{ij})$。A 的第 j 列 $\boldsymbol{\alpha}_j$ 可以表示成

$$\boldsymbol{\alpha}_j=a_{1j}\boldsymbol{\varepsilon}_1+a_{2j}\boldsymbol{\varepsilon}_2+\cdots+a_{nj}\boldsymbol{\varepsilon}_n,$$

其中 $\boldsymbol{\varepsilon}_i$ 是第 i 个分量为 1 而其余分量全为 0 的 n 维列向量,$i=1,2,\cdots,n$。由于 f 是列线性函数,因此有

$$
\begin{aligned}
f(A)&=f(a_{11}\boldsymbol{\varepsilon}_1+a_{21}\boldsymbol{\varepsilon}_2+\cdots+a_{n1}\boldsymbol{\varepsilon}_n,\cdots,a_{1n}\boldsymbol{\varepsilon}_1+a_{2n}\boldsymbol{\varepsilon}_2+\cdots+a_{nn}\boldsymbol{\varepsilon}_n)\\
&=a_{11}a_{12}\cdots a_{1n}f(\boldsymbol{\varepsilon}_1,\boldsymbol{\varepsilon}_1,\cdots,\boldsymbol{\varepsilon}_1)+a_{11}a_{22}a_{13}\cdots a_{1n}f(\boldsymbol{\varepsilon}_1,\boldsymbol{\varepsilon}_2,\boldsymbol{\varepsilon}_1,\cdots,\boldsymbol{\varepsilon}_1)\\
&\quad+\cdots+a_{11}a_{12}\cdots a_{1,n-1}a_{2n}f(\boldsymbol{\varepsilon}_1,\boldsymbol{\varepsilon}_1,\cdots\boldsymbol{\varepsilon}_1,\boldsymbol{\varepsilon}_2)+a_{21}a_{12}\cdots a_{1n}f(\boldsymbol{\varepsilon}_2,\boldsymbol{\varepsilon}_1,\cdots,\boldsymbol{\varepsilon}_1)\\
&\quad+\cdots+a_{n1}a_{n2}\cdots a_{nn}f(\boldsymbol{\varepsilon}_n,\boldsymbol{\varepsilon}_n,\cdots,\boldsymbol{\varepsilon}_n).
\end{aligned}\tag{34}
$$

从而 f 完全被下述 n^n 元有序数组决定:

$$
\begin{aligned}
&(f(\boldsymbol{\varepsilon}_1,\boldsymbol{\varepsilon}_1,\cdots,\boldsymbol{\varepsilon}_1),f(\boldsymbol{\varepsilon}_1,\boldsymbol{\varepsilon}_2,\boldsymbol{\varepsilon}_1,\cdots,\boldsymbol{\varepsilon}_1),\cdots,f(\boldsymbol{\varepsilon}_1,\boldsymbol{\varepsilon}_1,\cdots,\boldsymbol{\varepsilon}_1,\boldsymbol{\varepsilon}_2),\\
&\ f(\boldsymbol{\varepsilon}_2,\boldsymbol{\varepsilon}_1,\cdots,\boldsymbol{\varepsilon}_1),f(\boldsymbol{\varepsilon}_2,\boldsymbol{\varepsilon}_2,\boldsymbol{\varepsilon}_1,\cdots,\boldsymbol{\varepsilon}_1),\cdots,f(\boldsymbol{\varepsilon}_n,\boldsymbol{\varepsilon}_n,\cdots,\boldsymbol{\varepsilon}_n)).
\end{aligned}
$$

类比 8.1 节典型例题的例 40 受到启发，考虑 $M_n(K)$上的 n^n 个函数 $f_{j_1,j_2,\cdots,j_n}$，$j_1j_2\cdots j_n$ 是 $1,2,\cdots,n$ 的可重复的排列，其中

$$f_{j_1,j_2,\cdots,j_n}(\boldsymbol{\varepsilon}_{l_1},\boldsymbol{\varepsilon}_{l_2},\cdots,\boldsymbol{\varepsilon}_{l_n})=\begin{cases}1,当(l_1,l_2,\cdots,l_n)=(j_1,j_2,\cdots,j_n),\\0,其他情形；\end{cases}$$

并且规定 $f_{j_1,j_2,\cdots,j_n}$ 是列线性的，于是对于 $M_n(K)$中任意 $A=(a_{ij})$，有

$$\begin{aligned}&[f(\boldsymbol{\varepsilon}_1,\boldsymbol{\varepsilon}_1,\cdots,\boldsymbol{\varepsilon}_1)f_{11\cdots1}+f(\boldsymbol{\varepsilon}_1,\boldsymbol{\varepsilon}_2,\boldsymbol{\varepsilon}_1,\cdots,\boldsymbol{\varepsilon}_1)f_{121\cdots1}+\cdots+f(\boldsymbol{\varepsilon}_1,\boldsymbol{\varepsilon}_1,\cdots,\boldsymbol{\varepsilon}_1,\boldsymbol{\varepsilon}_2)f_{11\cdots12}\\&\quad+f(\boldsymbol{\varepsilon}_2,\boldsymbol{\varepsilon}_1,\cdots,\boldsymbol{\varepsilon}_1)f_{21\cdots1}+\cdots+f(\boldsymbol{\varepsilon}_n,\boldsymbol{\varepsilon}_n,\cdots,\boldsymbol{\varepsilon}_n)f_{nn\cdots n}](A)\\&=f(\boldsymbol{\varepsilon}_1,\boldsymbol{\varepsilon}_1,\cdots,\boldsymbol{\varepsilon}_1)f_{11\cdots1}(A)+f(\boldsymbol{\varepsilon}_1,\boldsymbol{\varepsilon}_2,\boldsymbol{\varepsilon}_1,\cdots,\boldsymbol{\varepsilon}_1)f_{121\cdots1}(A)\\&\quad+\cdots+f(\boldsymbol{\varepsilon}_1,\cdots,\boldsymbol{\varepsilon}_1,\boldsymbol{\varepsilon}_2)f_{11\cdots12}(A)\\&\quad+f(\boldsymbol{\varepsilon}_2,\boldsymbol{\varepsilon}_1,\cdots,\boldsymbol{\varepsilon}_1)f_{21\cdots1}(A)+\cdots+f(\boldsymbol{\varepsilon}_n,\boldsymbol{\varepsilon}_n,\cdots,\boldsymbol{\varepsilon}_n)f_{nn\cdots n}(A)\\&=f(\boldsymbol{\varepsilon}_1,\boldsymbol{\varepsilon}_1,\cdots,\boldsymbol{\varepsilon}_1)a_{11}a_{12}\cdots a_{1n}+f(\boldsymbol{\varepsilon}_1,\boldsymbol{\varepsilon}_2,\boldsymbol{\varepsilon}_1,\cdots,\boldsymbol{\varepsilon}_1)a_{11}a_{22}a_{13}\cdots a_{1n}+\cdots\\&\quad+f(\boldsymbol{\varepsilon}_1,\cdots,\boldsymbol{\varepsilon}_1,\boldsymbol{\varepsilon}_2)a_{11}a_{12}\cdots a_{1,n-1}a_{2n}+f(\boldsymbol{\varepsilon}_2,\boldsymbol{\varepsilon}_1,\cdots,\boldsymbol{\varepsilon}_1)a_{21}a_{12}\cdots a_{1n}\\&\quad+\cdots+f(\boldsymbol{\varepsilon}_n,\boldsymbol{\varepsilon}_n,\cdots,\boldsymbol{\varepsilon}_n)a_{n1}a_{n2}\cdots a_{nn}.\end{aligned}\tag{35}$$

与(34)式比较便得出

$$\begin{aligned}f=&f(\boldsymbol{\varepsilon}_1,\boldsymbol{\varepsilon}_1,\cdots,\boldsymbol{\varepsilon}_1)f_{11\cdots1}+f(\boldsymbol{\varepsilon}_1,\boldsymbol{\varepsilon}_2,\boldsymbol{\varepsilon}_1,\cdots,\boldsymbol{\varepsilon}_1)f_{121\cdots1}+\cdots+f(\boldsymbol{\varepsilon}_1,\cdots,\boldsymbol{\varepsilon}_1,\boldsymbol{\varepsilon}_2)f_{11\cdots12}\\&+f(\boldsymbol{\varepsilon}_2,\boldsymbol{\varepsilon}_1,\cdots,\boldsymbol{\varepsilon}_1)f_{21\cdots1}+\cdots+f(\boldsymbol{\varepsilon}_n,\boldsymbol{\varepsilon}_n,\cdots,\boldsymbol{\varepsilon}_n)f_{nn\cdots n}.\end{aligned}\tag{36}$$

假设

$$k_{11\cdots1}f_{11\cdots1}+k_{121\cdots1}f_{121\cdots1}+\cdots+k_{nn\cdots n}f_{nn\cdots n}=0.\tag{37}$$

考虑(37)式两边的函数分别在 n 组矩阵$(\boldsymbol{\varepsilon}_1,\boldsymbol{\varepsilon}_1,\cdots,\boldsymbol{\varepsilon}_1)$，$(\boldsymbol{\varepsilon}_1,\boldsymbol{\varepsilon}_2,\boldsymbol{\varepsilon}_1,\cdots,\boldsymbol{\varepsilon}_1)$，$\cdots$，$(\boldsymbol{\varepsilon}_n,\boldsymbol{\varepsilon}_n,\cdots,\boldsymbol{\varepsilon}_n)$上的函数值，得出

$$k_{11\cdots1}=0,k_{121\cdots1}=0,\cdots,k_{nn\cdots n}=0.$$

因此 $f_{11\cdots1},f_{121\cdots1},\cdots,f_{nn\cdots n}$线性无关。从而它是 V_1 的一个基，于是 $\dim V_1=n^n$。

类似地，考虑 $M_n(K)$上的 n^n 个函数 $g_{i_1,i_2,\cdots,i_n}$，$i_1i_2\cdots i_n$ 是 $1,2,\cdots,n$ 的可重复的排列，其中

$$g_{i_1,i_2,\cdots,i_n}\begin{pmatrix}\boldsymbol{\varepsilon}_{l_1}'\\\boldsymbol{\varepsilon}_{l_2}'\\\vdots\\\boldsymbol{\varepsilon}_{l_n}'\end{pmatrix}=\begin{cases}1,当(l_1,l_2,\cdots,l_n)=(i_1,i_2,\cdots,i_n),\\0,其他情形；\end{cases}$$

并且规定 $g_{i_1,i_2,\cdots,i_n}$是行线性的，同理

$$g_{11\cdots1},g_{121\cdots1},g_{11\cdots12},g_{21\cdots1},\cdots,g_{nn\cdots n}$$

是 V_2 的一个基。因此 $\dim V_2=n^n$。

(3) **解** 根据第(2)小题的结论得

$$V_1=\langle f_{11\cdots 1},f_{121\cdots 1},\cdots,f_{m\cdots n}\rangle,V_2=\langle g_{11\cdots 1},g_{121\cdots 1},\cdots,g_{m\cdots n}\rangle.$$

于是 $$V_1\cap V_2=\langle f_{11\cdots 1},f_{121\cdots 1},\cdots,f_{m\cdots n}\rangle\cap\langle g_{11\cdots 1},g_{121\cdots 1},\cdots,g_{m\cdots n}\rangle.$$

$f\in V_1\cap V_2$ 当且仅当下式成立：

$$f(\boldsymbol{\varepsilon}_1,\boldsymbol{\varepsilon}_1,\cdots,\boldsymbol{\varepsilon}_1)f_{11\cdots 1}+f(\boldsymbol{\varepsilon}_1,\boldsymbol{\varepsilon}_2,\boldsymbol{\varepsilon}_1,\cdots,\boldsymbol{\varepsilon}_1)f_{121\cdots 1}+\cdots+f(\boldsymbol{\varepsilon}_n,\boldsymbol{\varepsilon}_n,\cdots,\boldsymbol{\varepsilon}_n)f_{m\cdots n}$$

$$=f\begin{pmatrix}\boldsymbol{\varepsilon}_1'\\ \boldsymbol{\varepsilon}_1'\\ \vdots\\ \boldsymbol{\varepsilon}_1'\end{pmatrix}g_{11\cdots 1}+f\begin{pmatrix}\boldsymbol{\varepsilon}_1'\\ \boldsymbol{\varepsilon}_2'\\ \boldsymbol{\varepsilon}_1'\\ \vdots\\ \boldsymbol{\varepsilon}_1'\end{pmatrix}g_{121\cdots 1}+\cdots+f\begin{pmatrix}\boldsymbol{\varepsilon}_n'\\ \boldsymbol{\varepsilon}_n'\\ \vdots\\ \boldsymbol{\varepsilon}_n'\end{pmatrix}g_{m\cdots n}. \tag{38}$$

令 $P_{l_1l_2\cdots l_n}=(\boldsymbol{\varepsilon}_{l_1},\boldsymbol{\varepsilon}_{l_2},\cdots,\boldsymbol{\varepsilon}_{l_n})$。当 $l_u=l_v$ 时，$P_{l_1l_2\cdots l_n}$ 的第 u 列和第 v 列的1位于同一行。由于 $P_{l_1l_2\cdots l_n}$ 恰有 n 个元素是1，其余元素全为0，因此 $P_{l_1l_2\cdots l_n}$ 必有一行为零行。由于对一切可重复的排列 $i_1i_2\cdots i_n$，都有 $g_{i_1i_2\cdots i_n}$ 是行线性函数，因此 $g_{i_1i_2\cdots i_n}(P_{l_1l_2\cdots l_n})=0$。从而由(38)式两边的函数在矩阵 $P_{l_1l_2\cdots l_n}$ 上的值便得出，$f(\boldsymbol{\varepsilon}_{l_1},\boldsymbol{\varepsilon}_{l_2},\cdots,\boldsymbol{\varepsilon}_{l_n})=0$。这证明了：

当 $l_1l_2\cdots l_n$ 是有重排列(即至少有两个元素相等的排列)时，$f(\boldsymbol{\varepsilon}_{l_1},\boldsymbol{\varepsilon}_{l_2},\cdots,\boldsymbol{\varepsilon}_{l_n})=0$。

从而(38)式左边的函数等于

$$\sum_{j_1j_2\cdots j_n}f(\boldsymbol{\varepsilon}_{j_1},\boldsymbol{\varepsilon}_{j_2},\cdots,\boldsymbol{\varepsilon}_{j_n})f_{j_1j_2\cdots j_n}, \tag{39}$$

其中求和号跑遍所有 n 元排列 $j_1j_2\cdots j_n$。

同理可证，当 $l_1l_2\cdots l_n$ 是有重排列时，

$$f\begin{pmatrix}\boldsymbol{\varepsilon}_{l_1}'\\ \boldsymbol{\varepsilon}_{l_2}'\\ \vdots\\ \boldsymbol{\varepsilon}_{l_n}'\end{pmatrix}=0.$$

从而(38)式右边的函数等于

$$\sum_{t_1t_2\cdots t_n}f\begin{pmatrix}\boldsymbol{\varepsilon}_{t_1}'\\ \boldsymbol{\varepsilon}_{t_2}'\\ \vdots\\ \boldsymbol{\varepsilon}_{t_n}'\end{pmatrix}g_{t_1t_2\cdots t_n}, \tag{40}$$

其中求和号跑遍所有 n 元排列 $t_1t_2\cdots t_n$。因此(38)式可写成

$$\sum_{j_1j_2\cdots j_n} f(\boldsymbol{\varepsilon}_{j_1},\boldsymbol{\varepsilon}_{j_2},\cdots,\boldsymbol{\varepsilon}_{j_n}) f_{j_1j_2\cdots j_n} = \sum_{t_1t_2\cdots t_n} f\begin{pmatrix}\boldsymbol{\varepsilon}_{t_1}' \\ \boldsymbol{\varepsilon}_{t_2}' \\ \vdots \\ \boldsymbol{\varepsilon}_{t_n}'\end{pmatrix} g_{t_1t_2\cdots t_n}. \tag{41}$$

从而 $f\in V_1\cap V_2$ 当且仅当(41)式成立,由此得出

$$\{f_{j_1j_2\cdots j_n} \mid j_1j_2\cdots j_n \text{ 是 } n \text{ 元排列}\}$$

是 $V_1\cap V_2$ 的一个基。也有

$$\{g_{t_1t_2\cdots t_n} \mid t_1t_2\cdots t_n \text{ 是 } n \text{ 元排列}\}$$

是 $V_1\cap V_2$ 的一个基,因此 $\dim V_1\cap V_2=n!$。从而

$$\dim(V_1+V_2)=\dim V_1+\dim V_2-\dim V_1\cap V_2=2n^n-n!.$$

由于

$$V_1+V_2=\langle f_{11\cdots 1},f_{121\cdots 1},\cdots,f_{nn\cdots n},g_{11\cdots 1},g_{121\cdots 1},\cdots,g_{nn\cdots n}\rangle,$$

因此

$$\{f_{11\cdots 1},f_{121\cdots 1},\cdots,f_{nn\cdots n},g_{11\cdots 1},g_{121\cdots 1},\cdots,g_{nn\cdots n}\}\backslash\{g_{t_1t_2\cdots t_n} \mid t_1t_2\cdots t_n \text{ 是 } n \text{ 元排列}\}$$

是 V_1+V_2 的一个基。

例 34 设 V_1,V_2,V_3 都是域 F 上线性空间 V 的有限维子空间,证明:

$$\begin{aligned}&\dim V_1+\dim V_2+\dim V_3\\ \geqslant &\dim(V_1+V_2+V_3)+\dim(V_1\cap V_2)+\dim(V_1\cap V_3)\\ &+\dim(V_2\cap V_3)-\dim(V_1\cap V_2\cap V_3).\end{aligned} \tag{42}$$

证明

$$\begin{aligned}\dim(V_1+V_2+V_3)&=\dim V_1+\dim(V_2+V_3)-\dim[V_1\cap(V_2+V_3)]\\ &=\dim V_1+\dim V_2+\dim V_3-\dim(V_2\cap V_3)\\ &\quad-\dim[V_1\cap(V_2+V_3)]\\ &\quad\leqslant \dim V_1+\dim V_2+\dim V_3\\ &\quad-\dim(V_2\cap V_3)-\dim[(V_1\cap V_2)+(V_1\cap V_3)]\\ &=\dim V_1+\dim V_2+\dim V_3-\dim(V_2\cap V_3)\\ &\quad-\dim(V_1\cap V_2)-\dim(V_1\cap V_3)\\ &\quad+\dim[(V_1\cap V_2)\cap(V_1\cap V_3)].\end{aligned}$$

由此得出(42)式成立。 ■

点评 在例 34 的证明过程中,第三步利用了本节命题 1 的结论:$V_1\cap(V_2+V_3)\supseteq(V_1\cap V_2)+(V_1\cap V_3)$。

有兴趣的读者可以思考:对于(42)式取“$>$”和“$=$”的情形分别举出具体例子。

例 35 用 F_q 表示 q 个元素的有限域，设 V 是域 F_q 上的 n 维线性空间，V_1,V_2,V_3 都是 V 的 $n-1$ 维子空间，且 V_1,V_2,V_3 两两不等。

(1) 求 $\dim(V_1+V_2)$，$\dim(V_1\cap V_2)$，$|V_1\cap V_2|$；

(2) 求 $|V_1\cap V_2\cap V_3|$。

解 (1) 由于 $V_1\neq V_2$，因此 $V_1\not\subseteq V_2$ 或 $V_2\not\subseteq V_1$。不妨设 $V_1\not\subseteq V_2$。于是存在 $\alpha_1\in V_1$ 但是 $\alpha_1\notin V_2$，显然 $\alpha_1\in V_1+V_2$。因此 $V_1+V_2\supsetneqq V_2$。从而 $\dim(V_1+V_2)>\dim V_2$。由于 $\dim V_2=n-1$，$\dim V=n$，因此 $\dim(V_1+V_2)=n$。

$$\begin{aligned}\dim(V_1\cap V_2)&=\dim V_1+\dim V_2-\dim(V_1+V_2)\\&=(n-1)+(n-1)-n\\&=n-2.\end{aligned}$$

在 $V_1\cap V_2$ 中取一个基 $\alpha_1,\alpha_2,\cdots,\alpha_{n-2}$，则 $V_1\cap V_2$ 中任一向量 α 可以唯一地表示成

$$\alpha=a_1\alpha_1+a_2\alpha_2+\cdots+a_{n-2}\alpha_{n-2},$$

其中 $a_1,a_2,\cdots,a_{n-2}\in F_q$。于是把 α 映到 $(a_1,a_2,\cdots,a_{n-2})'$ 是 $V_1\cap V_2$ 到 F_q^{n-2} 的一个映射，显然它是满射和单射，因此它是双射，从而

$$|V_1\cap V_2|=|F_q^{n-2}|=q^{n-2}.$$

(2) 由于 V_1,V_2,V_3 都是 V 的 $n-1$ 维子空间，且它们两两不等，因此从第(1)小题求得的结果可以得到

$$\dim(V_1\cap V_3)=\dim(V_2\cap V_3)=n-2,\dim(V_1+V_2+V_3)=n.$$

于是根据例 34 的结果，得

$$\begin{aligned}\dim(V_1\cap V_2\cap V_3)\geqslant&\dim(V_1+V_2+V_3)+\dim(V_1\cap V_2)+\dim(V_1\cap V_3)\\&+\dim(V_2\cap V_3)-\dim V_1-\dim V_2-\dim V_3\\=&n+3(n-2)-3(n-1)=n-3.\end{aligned}$$

记 $\dim(V_1\cap V_2\cap V_3)=m$。类似于第(1)小题的分析得，$V_1\cap V_2\cap V_3$ 到 F_q^m 有一个双射。从而

$$|V_1\cap V_2\cap V_3|=|F_q^m|=q^m\geqslant q^{n-3}.$$

又由于 $V_1\cap V_2\cap V_3\subseteq V_1\cap V_2$，因此

$$|V_1\cap V_2\cap V_3|\leqslant|V_1\cap V_2|=q^{n-2}.$$

综上所述，$|V_1\cap V_2\cap V_3|=q^{n-3}$ 或 q^{n-2}。

点评 例 35 的第(2)小题的答案为 q^{n-3} 或 q^{n-2}。例如，当 $q=2,n=3$ 时，令 $V=\mathbf{Z}_2^3$。设 $V_1=\langle\boldsymbol{\varepsilon}_1,\boldsymbol{\varepsilon}_2\rangle$，$V_2=\langle\boldsymbol{\varepsilon}_1,\boldsymbol{\varepsilon}_3\rangle$，$V_3=\langle\boldsymbol{\varepsilon}_2,\boldsymbol{\varepsilon}_3\rangle$，其中 $\boldsymbol{\varepsilon}_1=(1,0,0)'$，$\boldsymbol{\varepsilon}_2=(0,1,0)'$，$\boldsymbol{\varepsilon}_3=(0,0,1)'$，则 $V_1\cap V_2=\langle\boldsymbol{\varepsilon}_1\rangle$，从而 $V_1\cap V_2\cap V_3=\{(0,0,0)'\}$。于是 $|V_1\cap V_2\cap V_3|=1=2^{3-3}$。设 $V_4=\langle\boldsymbol{\varepsilon}_1,\boldsymbol{\varepsilon}_1+\boldsymbol{\varepsilon}_2+\boldsymbol{\varepsilon}_3\rangle$，则 $V_1\cap V_2\cap V_4=\langle\boldsymbol{\varepsilon}_1\rangle$。于是 $|V_1\cap V_2\cap V_4|=2=2^{3-2}$。

例 36 设 $\boldsymbol{x}'A\boldsymbol{x}$ 是 n 元满秩不定实二次型，探索实数域 $\mathbf{R}$ 上的 n 维向量空间 $\mathbf{R}^n$ 能否分解成两个子空间 V_1,V_2 的直和，使得对任意 $\boldsymbol{\alpha}_i\in V_i$ 且 $\boldsymbol{\alpha}_i\neq 0(i=1,2)$ 有

$$\boldsymbol{\alpha}_1'A\boldsymbol{\alpha}_1>0,\quad \boldsymbol{\alpha}_2'A\boldsymbol{\alpha}_2<0. \tag{43}$$

如果 $\mathbf{R}^n$ 可以这样分解，试求出 V_1 的维数；这样的分解唯一吗？

解 遇到 n 元实二次型的问题，通常都要把它化成规范形，以便从这简洁的形式中受到启迪。作非退化线性替换 $\boldsymbol{x}=C\boldsymbol{y}$，把 $\boldsymbol{x}'A\boldsymbol{x}$ 化成规范形(注意 $\boldsymbol{x}'A\boldsymbol{x}$ 的秩为 n)：

$$\boldsymbol{x}'A\boldsymbol{x}\xlongequal{\boldsymbol{x}=C\boldsymbol{y}}y_1^2+\cdots+y_p^2-y_{p+1}^2-\cdots-y_n^2=\boldsymbol{y}'(C'AC)\boldsymbol{y}.$$

由于 $\boldsymbol{x}'A\boldsymbol{x}$ 是不定二次型，因此 $0<p<n$。

任取 $\boldsymbol{\alpha}\in\mathbf{R}^n$，记 $\boldsymbol{\beta}=C^{-1}\boldsymbol{\alpha}$，且设 $\boldsymbol{\beta}=(b_1,b_2,\cdots,b_n)'$。令 $\boldsymbol{\beta}_1=(b_1,\cdots,b_p,0,\cdots,0)'$，$\boldsymbol{\beta}_2=(0,\cdots,0,b_{p+1},\cdots,b_n)'$，$\boldsymbol{\alpha}_1=C\boldsymbol{\beta}_1$，$\boldsymbol{\alpha}_2=C\boldsymbol{\beta}_2$。则 $\boldsymbol{\alpha}=C\boldsymbol{\beta}=C(\boldsymbol{\beta}_1+\boldsymbol{\beta}_2)=C\boldsymbol{\beta}_1+C\boldsymbol{\beta}_2=\boldsymbol{\alpha}_1+\boldsymbol{\alpha}_2$，且

$$\boldsymbol{\alpha}_1'A\boldsymbol{\alpha}_1=(C\boldsymbol{\beta}_1)'A(C\boldsymbol{\beta}_1)=\boldsymbol{\beta}_1'(C'AC)\boldsymbol{\beta}_1=b_1^2+\cdots+b_p^2,$$
$$\boldsymbol{\alpha}_2'A\boldsymbol{\alpha}_2=(C\boldsymbol{\beta}_2)'A(C\boldsymbol{\beta}_2)=\boldsymbol{\beta}_2'(C'AC)\boldsymbol{\beta}_2=-b_{p+1}^2-\cdots-b_n^2.$$

于是当 $\boldsymbol{\alpha}_1\neq 0$ 时，有 $\boldsymbol{\beta}_1\neq 0$，从而 $\boldsymbol{\alpha}_1'A\boldsymbol{\alpha}_1>0$；当 $\boldsymbol{\alpha}_2\neq 0$ 时，有 $\boldsymbol{\beta}_2\neq 0$，从而 $\boldsymbol{\alpha}_2'A\boldsymbol{\alpha}_2<0$。由此受到启发，令

$$V_1=\{C\boldsymbol{\beta}_1\mid\boldsymbol{\beta}_1=(b_1,\cdots,b_p,0,\cdots,0)',b_i\in\mathbf{R},i=1,\cdots,p\},$$
$$V_2=\{C\boldsymbol{\beta}_2\mid\boldsymbol{\beta}_2=(0,\cdots,0,b_{p+1},\cdots,b_n)',b_j\in\mathbf{R},j=p+1,\cdots,n\}.$$

容易看出，V_1 和 V_2 都对加法和数乘封闭，且都包含零向量，因此 V_1 和 V_2 都是 $\mathbf{R}^n$ 的子空间。从上面的议论得，$\mathbf{R}^n=V_1+V_2$，且满足(43)式。现在来证和 V_1+V_2 是直和，任取 $\boldsymbol{\gamma}\in V_1\cap V_2$，则 $\boldsymbol{\gamma}'A\boldsymbol{\gamma}\geqslant 0$ 且 $\boldsymbol{\gamma}'A\boldsymbol{\gamma}\leqslant 0$，于是 $\boldsymbol{\gamma}'A\boldsymbol{\gamma}=0$。由于据(43)式，$\forall\,\boldsymbol{\alpha}_1\in V_1$ 且 $\boldsymbol{\alpha}_1\neq 0$ 有 $\boldsymbol{\alpha}_1'A\boldsymbol{\alpha}_1>0$，现在 $\boldsymbol{\gamma}\in V_1$ 且 $\boldsymbol{\gamma}'A\boldsymbol{\gamma}=0$，因此 $\boldsymbol{\gamma}=0$，从而 $V_1\cap V_2=0$。因此

$$\mathbf{R}^n=V_1\oplus V_2. \tag{44}$$

V_1 中任一向量 $\boldsymbol{\alpha}_1$ 可以表示成

$$\boldsymbol{\alpha}_1=C\boldsymbol{\beta}_1=C(b_1\boldsymbol{\varepsilon}_1+\cdots+b_p\boldsymbol{\varepsilon}_p)=b_1(C\boldsymbol{\varepsilon}_1)+\cdots+b_p(C\boldsymbol{\varepsilon}_p).$$

由于 $\boldsymbol{\varepsilon}_1,\cdots,\boldsymbol{\varepsilon}_p$ 线性无关，因此易知 $C\boldsymbol{\varepsilon}_1,\cdots,C\boldsymbol{\varepsilon}_p$ 也线性无关。从而 $C\boldsymbol{\varepsilon}_1,\cdots,C\boldsymbol{\varepsilon}_p$ 是 V_1 的一个基。于是

$$\dim V_1=p,$$

其中 p 是二次型 $\boldsymbol{x}'A\boldsymbol{x}$ 的正惯性指数。

由于作非退化线性替换把 $\boldsymbol{x}'A\boldsymbol{x}$ 化成规范形时，可逆矩阵 C 的取法不唯一，因此在 $\mathbf{R}^n$ 的直和分解式(44)中，V_1 的取法不唯一。

点评 例 36 中通过把 $\boldsymbol{x}'A\boldsymbol{x}$ 化成规范形后，就很容易把 $\boldsymbol{\beta}=(b_1,b_2,\cdots,b_n)'$ 分解成

$$\begin{aligned}\boldsymbol{\beta}&=(b_1,b_2,\cdots,b_n)'\\&=(b_1,\cdots,b_p,0,\cdots,0)'+(0,\cdots,0,b_{p+1},\cdots,b_n)'\\&=\boldsymbol{\beta}_1+\boldsymbol{\beta}_2.\end{aligned}$$

从而把任意 $\boldsymbol{\alpha}\in\mathbf{R}^n$ 分解成

$$\boldsymbol{\alpha}=C\boldsymbol{\beta}=C(\boldsymbol{\beta}_1+\boldsymbol{\beta}_2)=C\boldsymbol{\beta}_1+C\boldsymbol{\beta}_2=\boldsymbol{\alpha}_1+\boldsymbol{\alpha}_2,$$

于是得到 $\mathbf{R}^n=V_1+V_2$，且 $\boldsymbol{\alpha}_1,\boldsymbol{\alpha}_2$ 满足(43)式。

注意:在例 36 中如果令

$$U_1=\{\boldsymbol{\alpha}_1\in\mathbf{R}^n\mid\boldsymbol{\alpha}_1'A\boldsymbol{\alpha}_1>0\}\cup\{0\},$$

那么 U_1 对加法不封闭，从而 U_1 不是 $\mathbf{R}^n$ 的子空间。

例如，考虑三元实二次型

$$\boldsymbol{x}'A\boldsymbol{x}=x_1^2-x_2^2-x_3^2.$$

取 $\boldsymbol{\alpha}_1=(2,1,0)'$，$\boldsymbol{\delta}_1=(-2,0,1)$，则 $\boldsymbol{\alpha}_1+\boldsymbol{\delta}_1=(0,1,1)'$；

$$\boldsymbol{\alpha}_1'A\boldsymbol{\alpha}_1=3>0,\boldsymbol{\delta}_1'A\boldsymbol{\delta}_1=3>0;$$
$$(\boldsymbol{\alpha}_1+\boldsymbol{\delta}_1)'A(\boldsymbol{\alpha}_1+\boldsymbol{\delta}_1)=-2<0.$$

这表明 $\boldsymbol{\alpha}_1\in U_1$，$\boldsymbol{\delta}_1\in U_1$ 但是 $\boldsymbol{\alpha}_1+\boldsymbol{\delta}_1\notin U_1$。

例 37　设 $\boldsymbol{x}'A\boldsymbol{x}$ 是 n 元满秩不定实二次型，令

$$W=\{\boldsymbol{\alpha}\in\mathbf{R}^n\mid\boldsymbol{\alpha}'A\boldsymbol{\alpha}=0\}.$$

试问:W 是否包含一个 $n-p+1$ 维子空间(其中 p 是二次型 $\boldsymbol{x}'A\boldsymbol{x}$ 的正惯性指数)。

解　假如 W 包含一个 $n-p+1$ 维子空间 W_1，据例 36 得，$\mathbf{R}^n=V_1\oplus V_2$，其中 $\forall\boldsymbol{\alpha}_1\in V_1$ 且 $\boldsymbol{\alpha}_1\neq0$ 有 $\boldsymbol{\alpha}_1'A\boldsymbol{\alpha}_1>0$。于是 $W_1\cap V_1=0$。由此得出

$$\begin{aligned}\dim(W_1+V_1)&=\dim W_1+\dim V_1\\&=(n-p+1)+p=n+1.\end{aligned}$$

这与 W_1+V_1 是 $\mathbf{R}^n$ 的一个子空间矛盾。因此 W 不包含一个 $n-p+1$ 维子空间。

习题 8.2

1. 判断数域 K 上下列 n 元方程的解集是否为 K^n 的子空间:

(1) $x_1^2+x_2^2+\cdots+x_{n-1}^2-x_n^2=0$；　　(2) $x_3=2x_4,n\geqslant4$。

2. 设 V_1,V_2 都是域 F 上线性空间 V 的有限维子空间，且 $V_1\subseteq V_2$。证明:

(1) $\dim V_1\leqslant\dim V_2$；

(2) 如果 $\dim V_1=\dim V_2$，那么 $V_1=V_2$。

3. 在域 F 上的线性空间 V 中,设

$$k_1\alpha+k_2\beta+k_3\gamma=0, \text{且 } k_1k_2\neq 0,$$

证明:$\langle\alpha,\gamma\rangle=\langle\beta,\gamma\rangle$。

4. 在 K^4 中(K 是数域),求向量组 $\boldsymbol{\alpha}_1,\boldsymbol{\alpha}_2,\boldsymbol{\alpha}_3,\boldsymbol{\alpha}_4$ 生成的子空间的维数和一个基。设

$$\boldsymbol{\alpha}_1=(1,-3,2,-1)', \qquad \boldsymbol{\alpha}_2=(-2,1,5,3)',$$
$$\boldsymbol{\alpha}_3=(4,-3,7,1)', \qquad \boldsymbol{\alpha}_4=(-1,-11,8,-3)'.$$

*5. 设 p 是素数。域 $\mathbf{Z}_p$ 上 n 元方程 $\sum_{i=1}^{n}x_i^p=0$ 的解集是否为 $\mathbf{Z}_p^n$ 的一个子空间?写出 $\mathbf{Z}_3$ 上二元方程 $\sum_{i=1}^{2}x_i^3=0$ 的解集,它是否为 $\mathbf{Z}_3^2$ 的一个子空间?如果是,它的维数是多少?

6. 设数域 K 上的 3 级矩阵

$$A=\begin{pmatrix}1&0&4\\0&1&2\\0&1&2\end{pmatrix},$$

求 $C(A)$ 的一个基和维数。

7. 在实数域上的线性空间 $\mathbf{R}^{\mathbf{R}}$ 中,求由函数组

$$\sin x,\cos x,\sin^2 x,\cos^2 x,\sin^3 x,\cos^3 x$$

生成的子空间的一个基和维数。

8. 设 A 是数域 K 上的 n 级矩阵,证明:A 是幂等矩阵的充分必要条件是

$$\operatorname{rank}(A)+\operatorname{rank}(I-A)=n.$$

9. 证明:数域 K 上 n 级矩阵 A 是对合矩阵(即 $A^2=I$)的充分必要条件是

$$\operatorname{rank}(I+A)+\operatorname{rank}(I-A)=n.$$

10. 设 A 是数域 K 上的 n 级幂等矩阵,且 $\operatorname{rank}(A)=r$,其中 $0<r<n$。求 n 元齐次线性方程组 $(I-A)\boldsymbol{x}=\boldsymbol{0}$ 的解空间的维数。

11. 设 A,B 分别是域 F 上 $s\times n,m\times n$ 矩阵。证明:n 元齐次线性方程组 $A\boldsymbol{x}=\boldsymbol{0}$ 的解集 W_1 与 $B\boldsymbol{x}=\boldsymbol{0}$ 的解集 W_2 相等当且仅当 A 的行向量组与 B 的行向量组等价。

12. 求数域 K 上的 4 元齐次线性方程组,使得它的解空间为 $U=\langle\boldsymbol{\alpha}_1,\boldsymbol{\alpha}_2,\boldsymbol{\alpha}_3\rangle$,其中

$$\boldsymbol{\alpha}_1=(1,0,-1,1)',\boldsymbol{\alpha}_2=(1,1,-1,1)',\boldsymbol{\alpha}_3=(1,-2,-1,1)'.$$

13. 设 $V_1,V_2,\cdots,V_s$ 都是域 F 上 n 维线性空间 V 的真子空间,证明:如果域 F 的特征为 0,那么可以找到 V 的一个基,使得其中每个向量都不在 $V_1,V_2,\cdots,V_s$ 中。

14. 在 K^4 中,$V_1=\langle\boldsymbol{\alpha}_1,\boldsymbol{\alpha}_2\rangle$,$V_2=\langle\boldsymbol{\beta}_1,\boldsymbol{\beta}_2\rangle$,其中

$$\boldsymbol{\alpha}_1=(1,-1,0,1)', \qquad \boldsymbol{\alpha}_2=(-2,3,1,-3)',$$
$$\boldsymbol{\beta}_1=(1,2,0,-2)', \qquad \boldsymbol{\beta}_2=(1,3,1,-3)'.$$

分别求 V_1+V_2,$V_1\cap V_2$ 的一个基和维数。

15. 在 K^4 中,$V_1=\langle \boldsymbol{\alpha}_1,\boldsymbol{\alpha}_2,\boldsymbol{\alpha}_3\rangle$,$V_2=\langle \boldsymbol{\beta}_1,\boldsymbol{\beta}_2\rangle$,其中

$$\boldsymbol{\alpha}_1=(1,1,-1,2)',\qquad \boldsymbol{\alpha}_2=(2,-1,3,0)',\qquad \boldsymbol{\alpha}_3=(0,-3,5,-4)',$$
$$\boldsymbol{\beta}_1=(1,2,2,1)',\qquad \boldsymbol{\beta}_2=(4,-3,3,1)'.$$

分别求 V_1+V_2,$V_1\cap V_2$ 的一个基和维数。

16. 在 K^4 中,$V_1=\langle \boldsymbol{\alpha}_1,\boldsymbol{\alpha}_2,\boldsymbol{\alpha}_3\rangle$,$V_2=\langle \boldsymbol{\beta}_1,\boldsymbol{\beta}_2,\boldsymbol{\beta}_3\rangle$,其中

$$\boldsymbol{\alpha}_1=(1,0,-1,0)',\qquad \boldsymbol{\alpha}_2=(0,0,1,-1)',\qquad \boldsymbol{\alpha}_3=(1,-1,0,0)',$$
$$\boldsymbol{\beta}_1=(1,2,-1,2)',\qquad \boldsymbol{\beta}_2=(0,1,-1,0)',\qquad \boldsymbol{\beta}_3=(0,2,1,-1)'.$$

分别求 V_1+V_2,$V_1\cap V_2$ 的一个基和维数。

17. 设 U,W_1,W_2 都是域 F 上线性空间 V 的子空间,证明:$(U+W_1)\cap(U+W_2)=U+(U+W_1)\cap W_2$。

18. 设 A,B 都是域 F 上的 n 级矩阵,用 W_1,W_2 分别表示 n 元齐次线性方程组 $A\boldsymbol{x}=\boldsymbol{0}$,$B\boldsymbol{x}=\boldsymbol{0}$的解空间,它们的维数分别为 n_1,n_2。证明:如果 $A\boldsymbol{x}=\boldsymbol{0}$ 和 $B\boldsymbol{x}=\boldsymbol{0}$没有公共的非零解向量,且 $n_1+n_2=n$,那么 F^n 中任一向量 $\boldsymbol{\alpha}$ 可唯一表示成 $\boldsymbol{\alpha}=\boldsymbol{\alpha}_1+\boldsymbol{\alpha}_2$,其中 $\boldsymbol{\alpha}_1\in W_1$,$\boldsymbol{\alpha}_2\in W_2$。

19. 在 K^3 中,$V_1=\langle \boldsymbol{\alpha}_1,\boldsymbol{\alpha}_2\rangle$,其中

$$\boldsymbol{\alpha}_1=(1,2,3)',\qquad \boldsymbol{\alpha}_2=(3,2,1)',$$

求 V_1 在 K^3 中的一个补空间。

20. 设 V 是数域 K 上的一个 n 维线性空间,$\alpha_1,\alpha_2,\cdots,\alpha_n$ 是 V 的一个基。令

$$V_1=\langle \alpha_1+\alpha_2+\cdots+\alpha_n\rangle,$$
$$V_2=\left\{\sum_{i=1}^n k_i\alpha_i \,\middle|\, \sum_{i=1}^n k_i=0,k_i\in K,i=1,2,\cdots,n\right\}.$$

证明:(1) V_2 是 V 的一个子空间;

(2) $V=V_1\oplus V_2$。

8.3 域 F 上线性空间的同构

8.3.1 内容精华

域 F 上的线性空间有很多,它们中哪些在本质上是一样的呢?所谓本质上一样,粗略地说就是:尽管这些线性空间的元素不同,加法与纯量乘法的定义也可能不同,但是它们的

元素之间存在一一对应，使得对应的元素关于加法和纯量乘法的性质完全一样；也就是从代数运算的观点来看，它们的结构完全相同。我们用"同构"这一术语表达这些线性空间之间的关系。这样就可以在彼此同构的线性空间中，取一个最熟悉的具体的线性空间来研究。这是研究线性空间结构的第三条途径。

一、线性空间同构的定义、性质和判定

定义 1 设 V 与 V' 都是域 F 上的线性空间，如果存在 V 到 V' 的一个双射 σ，并且 σ 保持加法与纯量乘法两种运算，即使得对于任意 $\alpha,\beta\in V,k\in F$，有

$$\sigma(\alpha+\beta)=\sigma(\alpha)+\sigma(\beta),$$
$$\sigma(k\alpha)=k\sigma(\alpha),$$

那么称 σ 是 V 到 V' 的一个**同构映射**(简称为**同构**)；此时称 V 与 V' 是**同构的**，记作 $V\cong V'$。

从定义看出，如果域 F 上的两个线性空间 V 与 V' 是同构的，那么 V 与 V' 的元素之间存在一一对应：$\alpha\longmapsto\sigma(\alpha)$；并且这个映射 σ 保持加法与纯量乘法两种运算。由此可推导出 σ 具有下列性质：

性质 1 $\sigma(0)$ 是 V' 的零元 $0'$。

性质 2 对于任意 $\alpha\in V$，有 $\sigma(-\alpha)=-\sigma(\alpha)$。

性质 3 对于 V 中任一向量组 $\alpha_1,\alpha_2,\cdots,\alpha_s$，$F$ 中任意一组元素 $k_1,k_2,\cdots,k_s$，有

$$\sigma(k_1\alpha_1+k_2\alpha_2+\cdots+k_s\alpha_s)=k_1\sigma(\alpha_1)+k_2\sigma(\alpha_2)+\cdots+k_s\sigma(\alpha_s).$$

性质 4 V 中的向量组 $\alpha_1,\alpha_2,\cdots,\alpha_s$ 线性相关当且仅当 $\sigma(\alpha_1),\sigma(\alpha_2),\cdots,\sigma(\alpha_s)$ 是 V' 中线性相关的向量组。

性质 5 如果 $\alpha_1,\alpha_2,\cdots,\alpha_n$ 是 V 的一个基，那么 $\sigma(\alpha_1),\sigma(\alpha_2),\cdots,\sigma(\alpha_n)$ 是 V' 的一个基。

从性质 5 立即得到，若 $\dim V=n$，且 $V\cong V'$，则 $\dim V'=n=\dim V$。反之是否成立？回答是肯定的。

定理 1 域 F 上两个有限维线性空间同构的充分必要条件是它们的维数相等。

从定理 1 立即得出，域 F 上任一 n 维线性空间 V 都与 F^n 同构，并且可以如下建立 V 到 F^n 的一个同构映射：取 V 的一个基 $\alpha_1,\alpha_2,\cdots,\alpha_n$，取 F^n 的标准基 $\boldsymbol{\varepsilon}_1,\boldsymbol{\varepsilon}_2,\cdots,\boldsymbol{\varepsilon}_n$。令 $\sigma:\alpha=\sum_{i=1}^{n}a_i\alpha_i\longmapsto\sum_{i=1}^{n}a_i\boldsymbol{\varepsilon}_i=(a_1,a_2,\cdots,a_n)'$，即把 V 中每一个向量 α 对应到它在 V 的一个基下的坐标，这就是 V 到 F^n 的一个同构映射。由于域 F 上任一 n 维线性空间 V 都与 F^n 同构，因此可以利用 F^n 的性质来研究 V 的性质，这是研究域 F 上有限维线性空间的重要途径。

从定理 1 的证明过程可看出，若 σ 是 V 到 V' 的一个同构映射，则 V 中向量 α 在基 α_1，$\alpha_2,\cdots,\alpha_n$ 下的坐标 $(a_1,a_2,\cdots,a_n)'$ 也就是 V' 中向量 $\sigma(\alpha)$ 在基 $\sigma(\alpha_1),\sigma(\alpha_2),\cdots,\sigma(\alpha_n)$ 下的坐

标。这个结论今后可以使用。

域 F 上线性空间 V 的子空间 U 是 V 的非空子集，且 U 对于 V 的加法和纯量乘法也成为域 F 上的线性空间。如果 V 到域 F 上的线性空间 V' 有一个同构映射 σ，那么容易凭直觉猜测 U 在 σ 下的象（记作 $\sigma(U)$）是 V' 的一个子空间，并且 $\dim\sigma(U)=\dim U$。可以证明这个猜测是对的：

命题 1　设 σ 是域 F 上线性空间 V 到 V' 的一个同构映射，如果 U 是 V 的一个子空间，那么 $\sigma(U)$ 是 V' 的一个子空间；如果 U 是有限维的，那么 $\sigma(U)$ 也是有限维的，并且 $\dim\sigma(U)=\dim U$。

上述结论很有用，特别是由于域 F 上 n 维线性空间 V 到 F^n 有一个同构映射 σ（把 V 中向量 α 映成它的坐标），因此 σ 把 V 的子空间 U 映成 F^n 的子空间 $\sigma(U)$，且 $\dim U=\dim\sigma(U)$。今后我们会经常用到这个结论。

同构是域 F 上线性空间之间的一个关系，它具有反身性（因为 V 上的恒等映射是 V 到 V 的一个同构映射）、对称性和传递性（因为容易证明：域 F 上线性空间 V 到 V' 的一个同构映射的逆映射是 V' 到 V 的同构映射，V 到 V' 的同构映射 σ 与 V' 到 V'' 的同构映射 τ 的乘积 $\tau\sigma$ 是 V 到 V'' 的同构映射），因此同构关系是域 F 上所有线性空间组成的集合的一个等价关系，等价类称为同构类。

定理 1 表明，对于域 F 上所有有限维线性空间组成的集合 S 来说，维数为 0 的线性空间（即 $\{0\}$）恰好组成一个同构类，所有 1 维线性空间恰好组成一个同构类，所有 2 维线性空间恰好组成一个同构类，…，即维数完全决定了同构类。于是域 F 上有限维线性空间的同构类与非负整数之间有一个一一对应关系。从这个意义上讲，有限维线性空间的结构是如此简单！

二、有限域的元素个数

利用线性空间同构的理论，可以解决有限域的元素个数究竟是多少的问题。

设 F 是一个有限域，它的单位元为 e，假如域 F 的特征为 0，则 $e,2e,3e,\cdots$ 是 F 中两两不等的元素，从而 F 有无穷多个元素，矛盾。因此有限域 F 的特征一定是一个素数。设域 F 的特征为素数 p，令

$$F_p=\{0,e,2e,3e,\cdots,(p-1)e\}.$$

容易证明 F_p 对于 F 的减法、乘法封闭，因此 F_p 是 F 的一个子环。显然 e 是 F_p 的单位元，且 F_p 为交换环，任取 F_p 的一个非零元 ie。由于 $p\nmid i$，因此 $(i,p)=1$。从而存在 $u,v\in\mathbf{Z}$，使得 $ui+vp=1$。于是

$$e=1e=(ui+vp)e=uie+vpe=(ue)(ie).$$

设 $u=lp+r,0\leqslant r<p$。则

$$ue=(lp+r)e=lpe+re=re\in F_p.$$

因此 ie 在 F_p 中有逆元 re。从而 F_p 是一个域。于是 F 可以看成是域 F_p 上的线性空间，其中加法是域 F 的加法，纯量乘法是 F_p 中元素与 F 中元素做 F 的乘法。由于 F 只含有限多个元素，因此 F 作为域 F_p 上的线性空间一定是有限维的，设为 n 维，则 $F \cong F_p^n$。于是 F 到 F_p^n 有一个双射 σ。从而 $|F| = |F_p^n|$。由于

$$F_p^n = \{(a_1, a_2, \cdots, a_n) \mid a_i \in F_p, i = 1, 2, \cdots, n\},$$

因此 $|F_p^n| = p \cdot p \cdot \cdots \cdot p = p^n$。从而 $|F| = p^n$。这样我们证明了：

定理 2 设 F 是任一有限域，则 F 的元素个数是一个素数 p 的方幂，其中 p 是域 F 的特征。 ■

进一步可以证明：任给一个素数 p，任给一个正整数 n，记 $q = p^n$，则 q 元有限域一定存在，并且任意两个 q 元有限域都是同构的(证明可以参看丘维声. 抽象代数基础. 第二版. 北京：高等教育出版社，2015 年，第 132 页定理 7)。于是我们可以用 F_q 表示 q 元有限域，或者记作 $GF(q)$。有限域也称为伽罗瓦域(Galois fields)，因为有限域是由伽罗瓦首先提出的。

*三、线性空间的外直和

设 U 和 W 是域 F 上任意两个线性空间，考虑集合 U 与 W 的笛卡儿积 $U \times W$，即

$$U \times W = \{(\alpha, \beta) \mid \alpha \in U, \beta \in W\}.$$

在 $U \times W$ 中规定加法运算和纯量乘法运算如下：

$$(\alpha_1, \beta_1) + (\alpha_2, \beta_2) \xlongequal{\text{def}} (\alpha_1 + \alpha_2, \beta_1 + \beta_2),$$

$$k(\alpha, \beta) \xlongequal{\text{def}} (k\alpha, k\beta),$$

其中 $\alpha_1, \alpha_2, \alpha \in U$；$\beta_1, \beta_2, \beta \in W$，容易看出，这样定义的加法满足交换律和结合律，$(0,0)$ 是零元，(α, β) 有负元 $(-\alpha, -\beta)$。这样定义的纯量乘法满足线性空间定义中关于纯量乘法的 4 条运算法则，因此 $U \times W$ 成为域 F 上的一个线性空间，称它是 U 与 W 的**外直和**，记作 $U \dot{+} W$。

设 U 和 W 分别是域 F 上 n 维、m 维线性空间，U 中取一个基 $\alpha_1, \alpha_2, \cdots, \alpha_n$；$W$ 中取一个基 $\beta_1, \beta_2, \cdots, \beta_m$。则 $U \dot{+} W$ 中任一向量 (α, β) 可以表示成

$$\begin{aligned}(\alpha, \beta) &= \Big(\sum_{i=1}^{n} a_i \alpha_i, \sum_{j=1}^{m} b_j \beta_j\Big) \\ &= \Big(\sum_{i=1}^{n} a_i \alpha_i, 0\Big) + \Big(0, \sum_{j=1}^{m} b_j \beta_j\Big) \\ &= \sum_{i=1}^{n} a_i (\alpha_i, 0) + \sum_{j=1}^{m} b_j (0, \beta_j).\end{aligned}$$

容易证明：$(\alpha_1, 0), (\alpha_2, 0), \cdots, (\alpha_n, 0), (0, \beta_1), \cdots, (0, \beta_m)$ 线性无关。因此它们是 $U \dot{+} W$ 的一个基。从而

$$\dim(U \dot{+} W) = n + m = \dim U + \dim W.$$

由此看出,线性空间的外直和是由小的线性空间构造大的线性空间的一种方法。

在$U\dot{+}W$中分别考虑子集:

$$\{(\alpha,0) \mid \alpha \in U, 0 \in W\}, \quad \{(0,\beta) \mid 0 \in U, \beta \in W\}.$$

显然这两个子集都非空,而且对加法和纯量乘法都封闭,因此它们都是$U\dot{+}W$的子空间,分别记作$U\dot{+}0$,$0\dot{+}W$。

由于$U\dot{+}W$中任一向量(α,β)可以表示成

$$(\alpha,\beta) = (\alpha,0) + (0,\beta),$$

因此$U\dot{+}W=(U\dot{+}0)+(0\dot{+}W)$。又显然有

$$(U \dot{+} 0) \cap (0 \dot{+} W) = 0,$$

因此$U\dot{+}W=(U\dot{+}0)\oplus(0\dot{+}W)$。

即,$U\dot{+}W$是它的两个子空间$U\dot{+}0$与$0\dot{+}W$的直和。

考虑$U\dot{+}0$到U的一个映射σ:$(\alpha,0)\longmapsto\alpha$。显然$\sigma$是单射和满射,因此$\sigma$是双射,又显然$\sigma$保持加法与纯量乘法运算,因此$\sigma$是$U\dot{+}0$到$U$的一个同构映射。从而$U\dot{+}0\cong U$。同理可证$0\dot{+}W\cong W$。于是我们证明了:

定理3 设U和W是域F上的两个线性空间,则U与W的外直和$U\dot{+}W$是它的两个子空间$U\dot{+}0$与$0\dot{+}W$的直和,其中$U\dot{+}0\cong U$,$0\dot{+}W\cong W$;如果U和W都是域F上有限维线性空间,那么

$$\dim(U \dot{+} W) = \dim U + \dim W. \quad \blacksquare$$

类似地,可以考虑域F上线性空间$V_1,V_2,\cdots,V_s$的外直和:在集合$V_1\times V_2\times\cdots\times V_s$上定义加法与纯量乘法运算如下:

$$(\alpha_1,\alpha_2,\cdots,\alpha_s)+(\beta_1,\beta_2,\cdots,\beta_s) \xlongequal{\text{def}} (\alpha_1+\beta_1,\alpha_2+\beta_2,\cdots,\alpha_s+\beta_s),$$

$$k(\alpha_1,\alpha_2,\cdots,\alpha_s) \xlongequal{\text{def}} (k\alpha_1,k\alpha_2,\cdots,k\alpha_s).$$

容易验证此时$V_1\times V_2\times\cdots\times V_s$成为域$F$上的一个线性空间,称它是$V_1,V_2,\cdots,V_s$的外直和,记作$V_1\dot{+}V_2\dot{+}\cdots\dot{+}V_s$。如果$V_1,V_2,\cdots,V_s$都是有限维的,那么

$$\dim(V_1 \dot{+} V_2 \dot{+} \cdots \dot{+} V_s) = \dim V_1 + \dim V_2 + \cdots + \dim V_s.$$

域F上线性空间$V_1,V_2,\cdots,V_s$的外直和$V_1\dot{+}V_2\dot{+}\cdots\dot{+}V_s$是它的子空间$V_1\dot{+}0\dot{+}\cdots\dot{+}0$,$0\dot{+}V_2\dot{+}\cdots\dot{+}0$,$\cdots$,$0\dot{+}0\dot{+}\cdots\dot{+}V_s$的直和,其中

$$V_1 \dot{+} 0 \dot{+} \cdots \dot{+} 0 = \{(\alpha_1,0_2,\cdots,0_s) \mid \alpha_1 \in V_1, 0_2 \in V_2, \cdots, 0_s \in V_s\}, \cdots,$$

$$0 \dot{+} 0 \dot{+} \cdots \dot{+} V_s = \{(0_1,0_2,\cdots,0_{s-1},\alpha_s) \mid 0_1 \in V_1, 0_2 \in V_2, \cdots, 0_{s-1} \in V_{s-1}, \alpha_s \in V_s\},$$

并且$V_1\dot{+}0\dot{+}\cdots\dot{+}0\cong V_1$,$\cdots$,$0\dot{+}0\dot{+}\cdots\dot{+}V_s\cong V_s$。

8.3.2 典型例题

例 1 证明:实数域 $\mathbf{R}$ 作为自身上的线性空间与 8.1 节例 1 第(1)小题中的线性空间 $\mathbf{R}^+$ 同构,并且写出 $\mathbf{R}$ 到 $\mathbf{R}^+$ 的一个同构映射。

证明 考虑 $\mathbf{R}$ 到 $\mathbf{R}^+$ 的一个映射 $\sigma: x \longmapsto \mathrm{e}^x$。由于指数函数 $y=\mathrm{e}^x$ 在$(-\infty,+\infty)$上是增函数,因此 σ 是单射。由于 $y=\mathrm{e}^x$ 的值域是 $\mathbf{R}^+$,因此 σ 是满射。从而 σ 是双射。$\forall a,b\in\mathbf{R},k\in\mathbf{R}$,有

$$\sigma(a+b)=\mathrm{e}^{a+b}=\mathrm{e}^a\mathrm{e}^b=\sigma(a)\sigma(b)=\sigma(a)\oplus\sigma(b),$$
$$\sigma(ka)=\mathrm{e}^{ka}=(\mathrm{e}^a)^k=(\sigma(a))^k=k\odot\sigma(a),$$

因此 σ 是 $\mathbf{R}$ 到 $\mathbf{R}^+$ 的一个同构映射。从而 $\mathbf{R}\cong\mathbf{R}^+$。■

点评 例 1 证明中的 σ 是双射表明:$\mathbf{R}$ 与 $\mathbf{R}^+$ 之间有一个一一对应,尽管 $\mathbf{R}^+$ 是 $\mathbf{R}$ 的真子集。例 1 还可以如下证明:

根据 8.1 节例 24 知道,$\dim\mathbf{R}^+=1$,e 是 $\mathbf{R}^+$ 的一个基,正实数 a 在基 e 下的坐标为 $\ln a$。于是 $\mathbf{R}^+\cong\mathbf{R}$,且 $\tau: a\longmapsto \ln a$ 是 $\mathbf{R}^+$ 到 $\mathbf{R}$ 的一个同构映射。从而 $\tau^{-1}: b\longmapsto \mathrm{e}^b$ 是 $\mathbf{R}$ 到 $\mathbf{R}^+$ 的一个同构映射。

例 2 证明:域 F 上的线性空间 $M_{s\times n}(F)$与F^{sn}同构,并且写出 $M_{s\times n}(F)$到F^{sn}的一个同构映射。

证明 由于 $\dim M_{s\times n}(F)=sn=\dim F^{sn}$,因此,$M_{s\times n}(F)\cong F^{sn}$。

在 $M_{s\times n}(F)$中取一个基 $E_{11},\cdots,E_{1n},\cdots,E_{s1},\cdots,E_{sn}$。任意 $A=(a_{ij})$在此基下的坐标为

$$(a_{11},\cdots,a_{1n},\cdots,a_{s1},\cdots,a_{sn})'.$$

于是 $\sigma: A=(a_{ij})\longmapsto(a_{11},\cdots,a_{1n},\cdots,a_{s1},\cdots,a_{sn})'$是 $M_{s\times n}(F)$到 F^{sn} 的一个同构映射。■

例 3 令

$$L=\left\{\begin{pmatrix} a & b \\ -b & a\end{pmatrix}\middle| a,b\in\mathbf{R}\right\},$$

(1) 证明:L 是实线性空间 $M_2(\mathbf{R})$的一个子空间,求 L 的一个基和维数;

(2) 证明:复数域 $\mathbf{C}$ 作为实数域 $\mathbf{R}$ 上的线性空间与 L 同构,并且写出 $\mathbf{C}$ 到 L 的一个同构映射。

(1) **证明** 显然 $0\in L$,且 L 对于矩阵的加法和数量乘法封闭,因此 L 是实线性空间 $M_2(\mathbf{R})$的一个子空间。由于

$$\begin{pmatrix} a & b \\ -b & a\end{pmatrix}=a\begin{pmatrix} 1 & 0 \\ 0 & 1\end{pmatrix}+b\begin{pmatrix} 0 & 1 \\ -1 & 0\end{pmatrix},$$

且易证$\begin{pmatrix}1&0\\0&1\end{pmatrix}$，$\begin{pmatrix}0&1\\-1&0\end{pmatrix}$线性无关，因此它们是 L 的一个基。从而 $\dim L=2$。

(2) **证明**　由于 $\dim_{\mathbf{R}}\mathbf{C}=2=\dim_{\mathbf{R}}L$，因此 $\mathbf{C}\cong L$。$z=a+b\mathrm{i}$ 在 $\mathbf{C}$ 的一个基 $1,\mathrm{i}$ 下的坐标为 $(a,b)'$，$\begin{pmatrix}a&b\\-b&a\end{pmatrix}$在 L 的一个基$\begin{pmatrix}1&0\\0&1\end{pmatrix}$，$\begin{pmatrix}0&1\\-1&0\end{pmatrix}$下的坐标为 $(a,b)'$。由于 $\mathbf{C}\cong\mathbf{R}^2$，$\mathbf{R}^2\cong L$，因此 $a+b\mathrm{i}\longmapsto(a,b)'$是 $\mathbf{C}$ 到 $\mathbf{R}^2$ 的一个同构映射；$(a,b)'\longmapsto\begin{pmatrix}a&b\\-b&a\end{pmatrix}$是 $\mathbf{R}^2$ 到 L 的一个同构映射。从而 $\sigma: a+b\mathrm{i}\longmapsto\begin{pmatrix}a&b\\-b&a\end{pmatrix}$是 $\mathbf{C}$ 到 L 的一个同构映射。■

点评　例 3 表明：把复数 $a+b\mathrm{i}$ 对应到 2 级实矩阵$\begin{pmatrix}a&b\\-b&a\end{pmatrix}$是 $\mathbf{C}$ 到 L 的一个双射且保持加法和数量乘法运算，还可以证明这个映射保持乘法运算：

$$(a+b\mathrm{i})(c+d\mathrm{i})=(ac-bd)+(ad+bc)\mathrm{i},$$

$$\begin{pmatrix}a&b\\-b&a\end{pmatrix}\begin{pmatrix}c&d\\-d&c\end{pmatrix}=\begin{pmatrix}ac-bd&ad+bc\\-(ad+bc)&ac-bd\end{pmatrix},$$

由此看出，上述映射保持乘法运算。综上所述表明：从代数运算的角度看，复数 $a+b\mathrm{i}$ 与 2 级实矩阵$\begin{pmatrix}a&b\\-b&a\end{pmatrix}$在本质上是一样的，只是书写的形式不同而已。

例 4　令

$$H=\left\{\begin{pmatrix}z_1&z_2\\-\overline{z_2}&\overline{z_1}\end{pmatrix}\middle|\, z_1,z_2\in\mathbf{C}\right\},$$

(1) 证明：H 对于矩阵的加法，以及实数与矩阵的数量乘法构成实数域上的一个线性空间；

(2) 求 H 的一个基和维数；

(3) 证明：H 与 $\mathbf{R}^4$ 同构，并且写出 H 到 $\mathbf{R}^4$ 的一个同构映射。

(1) **证明**　显然 $0\in H$，根据共轭复数的性质，容易证明 H 对于矩阵的加法封闭，且对于实数与矩阵的数量乘法封闭。显然加法满足交换律、结合律，有零元(即零矩阵)，H 中每个元素在 H 中有负元；实数与矩阵的数量乘法满足线性空间定义中关于数量乘法的 4 条运算法则。因此 H 是实数域上的一个线性空间。■

(2) **解**　设 $z_1=a_1+b_1\mathrm{i}$，$z_2=a_2+b_2\mathrm{i}$，则

$$\begin{pmatrix}z_1&z_2\\-\overline{z_2}&\overline{z_1}\end{pmatrix}=\begin{pmatrix}a_1+b_1\mathrm{i}&a_2+b_2\mathrm{i}\\-a_2+b_2\mathrm{i}&a_1-b_1\mathrm{i}\end{pmatrix}$$

$$=a_1\begin{pmatrix}1&0\\0&1\end{pmatrix}+b_1\begin{pmatrix}\mathrm{i}&0\\0&-\mathrm{i}\end{pmatrix}+a_2\begin{pmatrix}0&1\\-1&0\end{pmatrix}+b_2\begin{pmatrix}0&\mathrm{i}\\\mathrm{i}&0\end{pmatrix}.$$

易证

$$\begin{pmatrix}1&0\\0&1\end{pmatrix},\begin{pmatrix}\mathrm{i}&0\\0&-\mathrm{i}\end{pmatrix},\begin{pmatrix}0&1\\-1&0\end{pmatrix},\begin{pmatrix}0&\mathrm{i}\\\mathrm{i}&0\end{pmatrix}$$

线性无关,从而它们是 H 的一个基。于是 $\dim H=4$。

(3) **证明** 由于 $\dim H=4$,因此 $H\cong\mathbf{R}^4$。

设 $z_1=a_1+b_1\mathrm{i}, z_2=a_2+b_2\mathrm{i}$,从第(2)小题看出,$H$ 中元素 $\begin{bmatrix}z_1&z_2\\-\overline{z_2}&\overline{z_1}\end{bmatrix}$ 在第(2)小题所求出的一个基下的坐标为

$$(a_1,b_1,a_2,b_2)'.$$

因此 σ:$\begin{bmatrix}z_1&z_2\\-\overline{z_2}&\overline{z_1}\end{bmatrix}\longmapsto(a_1,b_1,a_2,b_2)'$是 H 到 $\mathbf{R}^4$ 的一个同构映射。 ■

***点评**:

把例 4 第(2)小题求出的一个基的后三个矩阵依次记作 G,J,K。则 H 中的每一个元素可以唯一地表示成

$$a_1I+b_1G+a_2J+b_2K. \tag{1}$$

直接计算可得

$$G^2=-I,J^2=-I,K^2=-I; \tag{2}$$

$$GJ=K=-JG,JK=G=-KJ,KG=J=-GK. \tag{3}$$

由于 H 还有乘法运算(矩阵的乘法),且乘法满足结合律,以及对于加法的左、右分配律,因此 H 对于加法和乘法成为一个环,它有单位元 I。由于矩阵的乘法不满足交换律,因此 H 是非交换环(这从(3)式可明显看出)。由于

$$\begin{vmatrix}z_1&z_2\\-\overline{z_2}&\overline{z_1}\end{vmatrix}=z_1\overline{z_1}+z_2\overline{z_2}=a_1^2+b_1^2+a_2^2+b_2^2,$$

因此 H 中每个非零元都可逆。一个有单位元的非交换环如果每个非零元都可逆,那么称它为一个**体**。于是 H 成为一个体。

哈密顿(Hamilton)于 1843 年发现了新的数,它形如

$$a+b\mathbf{i}+c\mathbf{j}+d\mathbf{k}, \tag{4}$$

其中 a,b,c,d 都是实数,$\mathbf{i},\mathbf{j},\mathbf{k}$ 满足

$$\mathbf{i}^2=\mathbf{j}^2=\mathbf{k}^2=-1, \tag{5}$$

$$\mathbf{ij}=-\mathbf{ji}=\mathbf{k},\mathbf{jk}=-\mathbf{kj}=\mathbf{i},\mathbf{ki}=-\mathbf{ik}=\mathbf{j}. \tag{6}$$

哈密顿把形如(4)的数命名为**四元数**(quaternion)。四元数有加法运算(类似于合并同类项),乘法运算(类似于多项式的乘法,且利用(5)式和(6)式进行化简)。易证所有四元数组成的集合 **H** 成为一个有单位元的非交换环,可以证明 **H** 的每个非零元都可逆,从而 **H** 成为一个体,称 **H** 是**四元数体**。例 4 的 H 到四元数体 **H** 有一个双射:

$$\tau: a_1 I + b_1 G + a_2 J + b_2 K \longmapsto a_1 + b_1\mathbf{i} + a_2\mathbf{j} + b_2\mathbf{k}.$$

从(2)、(3)式与(5)、(6)式看出,τ 保持乘法运算。显然 τ 也保持加法运算。因此 τ 是 H 到 **H** 的一个环同构。于是体 H 与四元数体 **H** 同构。这表明:从代数运算的角度看,四元数 $a+b\mathbf{i}+c\mathbf{j}+d\mathbf{k}$ 与矩阵 $\begin{pmatrix} a+b\mathrm{i} & c+d\mathrm{i} \\ -c+d\mathrm{i} & a-b\mathrm{i} \end{pmatrix}$ 在本质上是一样的,只是书写的形式不同而已。

例 5 证明:域 F 上次数小于 n 的一元多项式组成的线性空间 $F[x]_n$ 与 F^n 同构,并且写出 $F[x]_n$ 到 F^n 的一个同构映射。

证明 已经知道 $\dim F[x]_n = n$,因此 $F[x]_n \cong F^n$。$1, x, x^2, \cdots, x^{n-1}$ 是 $F[x]_n$ 的一个基,$f(x) = \sum_{i=0}^{n-1} a_i x^i$ 在此基下的坐标为$(a_0, a_1, a_2, \cdots, a_{n-1})'$,因此映射

$$\sigma: f(x) = \sum_{i=0}^{n-1} a_i x^i \longmapsto (a_0, a_1, \cdots, a_{n-1})'$$

是 $F[x]_n$ 到 F^n 的一个同构映射。 ■

例 6 设 $c_1, c_2, \cdots, c_k$ 是给定的 k 个不同的实数,$k<n$。在 $\mathbf{R}[x]_n$ 中以 $c_1, c_2, \cdots, c_k$ 为根的多项式组成的集合记作 W,即

$$W = \{f(x) \in \mathbf{R}[x]_n \mid f(c_i) = 0, i = 1, 2, \cdots, k\}.$$

证明:W 是 $\mathbf{R}[x]_n$ 的一个子空间,并且求 $\dim W$。

证明 显然 $0 \in W$。易证 W 对于多项式的加法封闭,对于实数与多项式的数量乘法也封闭,因此 W 是 $\mathbf{R}[x]_n$ 的一个子空间。 ■

据例 5 得,$\mathbf{R}[x]_n \cong \mathbf{R}^n$,映射

$$\sigma: f(x) = a_0 + a_1 x + \cdots + a_{n-1} x^{n-1} \longmapsto (a_0, a_1, \cdots, a_{n-1})'$$

是 $\mathbf{R}[x]_n$ 到 $\mathbf{R}^n$ 的一个同构映射。

$$f(x) = a_0 + a_1 x + \cdots + a_{n-1} x^{n-1} \in W$$

$$\Leftrightarrow \begin{cases} a_0 + a_1 c_1 + \cdots + a_{n-1} c_1^{n-1} = 0, \\ a_0 + a_1 c_2 + \cdots + a_{n-1} c_2^{n-1} = 0, \\ \cdots \\ a_0 + a_1 c_k + \cdots + a_{n-1} c_k^{n-1} = 0 \end{cases} \tag{7}$$

$$\Leftrightarrow \quad (a_0, a_1, \cdots, a_{n-1})' \text{是 } n \text{ 元齐次线性方程组}$$

$$\begin{cases} x_0 + c_1 x_1 + \cdots + c_1^{n-1} x_{n-1} = 0, \\ x_0 + c_2 x_1 + \cdots + c_2^{n-1} x_{n-1} = 0, \\ \cdots \\ x_0 + c_k x_1 + \cdots + c_k^{n-1} x_{n-1} = 0 \end{cases} \tag{8}$$

的一个解。

因此 $f(x) \in W$ 当且仅当 $\sigma(f(x))$ 属于 n 元齐次线性方程组(8)的解空间。于是 $\sigma(W)$ 是方程组(8)的解空间。从而

$$\dim W = \dim \sigma(W) = n - \text{rank}(A).$$

其中 A 是方程组(8)的系数矩阵。由于 $c_1, c_2, \cdots, c_k$ 两两不等,因此 A 的前 k 列组成的子矩阵的行列式(它是 k 阶范德蒙行列式的转置)不等于 0。从而 $\text{rank}(A) = k$。因此

$$\dim W = n - k.$$

点评 例 6 的解题的关键想法是利用 $\mathbf{R}[x]_n$ 到 $\mathbf{R}^n$ 的一个同构映射 σ。容易推导出:$f(x) \in W$ 当且仅当 $\sigma(f(x))$ 属于 n 元齐次线性方程组(8)的解空间。于是 $\sigma(W)$ 是方程组(8)的解空间。从而 $\dim W = \dim \sigma(W)$。而齐次线性方程组(8)的解空间 $\sigma(W)$ 的维数容易计算:$\dim \sigma(W) = n - \text{rank}(A)$。

例 7 设 $\alpha_1, \alpha_2, \cdots, \alpha_n$ 是域 F 上 n 维线性空间 V 的一个基,$\beta_1, \beta_2, \cdots, \beta_s$ 是 V 的一个向量组,并且

$$(\beta_1, \beta_2, \cdots, \beta_s) = (\alpha_1, \alpha_2, \cdots, \alpha_n) A. \tag{9}$$

证明:$\dim\langle \beta_1, \beta_2, \cdots, \beta_s \rangle = \text{rank}(A)$.

证明 由于 $\dim V = n$,因此 $V \cong F^n$。映射

$$\sigma: \alpha = \sum_{i=1}^{n} a_i \alpha_i \longmapsto (a_1, a_2, \cdots, a_n)'$$

是 V 到 F^n 的一个同构映射。从(9)式得出,β_j 在基 $\alpha_1, \alpha_2, \cdots, \alpha_n$ 下的坐标是矩阵 A 的第 j 列 A_j。因此 $\sigma(\beta_j) = A_j, j = 1, 2, \cdots, s$。从而 $\sigma\langle \beta_1, \beta_2, \cdots, \beta_s \rangle = \langle A_1, A_2, \cdots, A_s \rangle$。于是

$$\begin{aligned} \dim\langle \beta_1, \beta_2, \cdots, \beta_s \rangle &= \dim \sigma\langle \beta_1, \beta_2, \cdots, \beta_s \rangle \\ &= \dim\langle A_1, A_2, \cdots, A_s \rangle \\ &= \text{rank}(A). \end{aligned}$$

■

点评 例 7 就是 8.2 节典型例题例 11。现在利用 V 到 F^n 的一个同构映射 σ 简捷地证出了结论。这说明多掌握一些深刻的理论就能站得更高一些,看得更透彻一些,从而解题可以更简捷。

例 8 设集合 $X=\{x_1,x_2,\cdots,x_n\}$，X 到域 F 所有映射组成的集合记作 F^X，它是域 F 上的一个线性空间，求 F^X 的一个基和维数；设 $f\in F^X$，求 f 在这个基下的坐标。

解 任取 $f\in F^X$，f 完全被 n 元有序组

$$(f(x_1),f(x_2),\cdots,f(x_n))$$

决定。于是 $\sigma: f\longmapsto(f(x_1),f(x_2),\cdots,f(x_n))'$ 是 F^X 到 F^n 的一个映射。显然 σ 是满射，且 σ 是单射。因此 σ 是双射。由于 $(f+g)(x_i)=f(x_i)+g(x_i)$，$(kf)(x_i)=kf(x_i)$，$i=1,2,\cdots,n$，因此容易看出，σ 保持加法和纯量乘法运算。从而 σ 是 F^X 到 F^n 的一个同构映射，于是 $F^X\cong F^n$。因此 $\dim F^X=\dim F^n=n$。

由于 σ^{-1} 是 F^n 到 F^X 的一个同构映射，且 $\boldsymbol{\varepsilon}_1,\boldsymbol{\varepsilon}_2,\cdots,\boldsymbol{\varepsilon}_n$ 是 F^n 的一个基，因此 $\sigma^{-1}(\boldsymbol{\varepsilon}_1)$，$\sigma^{-1}(\boldsymbol{\varepsilon}_2),\cdots,\sigma^{-1}(\boldsymbol{\varepsilon}_n)$ 是 F^X 的一个基。记 $\sigma^{-1}(\boldsymbol{\varepsilon}_i)=f_i$，$i=1,2,\cdots,n$。则 $\sigma(f_i)=\boldsymbol{\varepsilon}_i$，即

$$(f_i(x_1),f_i(x_2),\cdots,f_i(x_n))'=(0,\cdots,0,\underset{\text{第}i\text{个}}{1},0,\cdots,0)',$$

也就是

$$f_i(x_j)=\delta_{ij},j=1,2,\cdots,n,$$

其中 $i=1,2,\cdots,n$。于是 $f_1,f_2,\cdots,f_n$ 是 F^X 的一个基。

由于 $(f(x_1),f(x_2),\cdots,f(x_n))'$ 在基 $\boldsymbol{\varepsilon}_1,\boldsymbol{\varepsilon}_2,\cdots,\boldsymbol{\varepsilon}_n$ 下的坐标为它自身，因此 f 在基 f_1，$f_2,\cdots,f_n$ 下的坐标为

$$(f(x_1),f(x_2),\cdots,f(x_n))'.$$

点评 例 8 就是 8.1 节典型例题例 38。由于运用了线性空间同构的观点，因此在求 F^X 的一个基以及求 f 在此基下的坐标时都比 8.1 节例 38 的解法容易得多。

例 9 $\mathbf{Z}_2^n$ 到 $\mathbf{Z}_2$ 的所有映射组成的集合 ${\mathbf{Z}_2}^{\mathbf{Z}_2^n}$ 是域 $\mathbf{Z}_2$ 上的一个线性空间，求 ${\mathbf{Z}_2}^{\mathbf{Z}_2^n}$ 的维数，以及它的元素个数。

解 由于 $\mathbf{Z}_2^n=\{(a_1,a_2,\cdots,a_n)'\,|\,a_i\in\mathbf{Z}_2,i=1,2,\cdots,n\}$，因此 $|\mathbf{Z}_2^n|=2^n$。把 $\mathbf{Z}_2^n$ 的所有向量记成 $\boldsymbol{\alpha}_1,\boldsymbol{\alpha}_2,\cdots,\boldsymbol{\alpha}_{2^n}$。据例 8(此时 $X=\mathbf{Z}_2^n=\{\boldsymbol{\alpha}_1,\boldsymbol{\alpha}_2,\cdots,\boldsymbol{\alpha}_{2^n}\}$)得，${\mathbf{Z}_2}^{\mathbf{Z}_2^n}\cong{\mathbf{Z}_2}^{2^n}$。从而

$$\dim {\mathbf{Z}_2}^{\mathbf{Z}_2^n}=\dim {\mathbf{Z}_2}^{2^n}=2^n,$$

$$|{\mathbf{Z}_2}^{\mathbf{Z}_2^n}|=|{\mathbf{Z}_2}^{2^n}|=2^{2^n}.$$

点评 例 9 运用线性空间同构的观点，很容易地求出了 $\mathbf{Z}_2^n$ 到 $\mathbf{Z}_2$ 的所有映射组成的集合 ${\mathbf{Z}_2}^{\mathbf{Z}_2^n}$ 的元素个数。

* **例 10** 设 A,B 都是数域 K 上的 n 级对称矩阵。证明：如果存在 K^n 到自身的一个同构映射 σ，使得

$$(\sigma(\boldsymbol{\alpha}))'B(\sigma(\boldsymbol{\alpha}))=\boldsymbol{\alpha}'A\boldsymbol{\alpha},\forall\,\boldsymbol{\alpha}\in K^n,$$

那么 $A\simeq B$。

证明 在 K^n 中取标准基 $\boldsymbol{\varepsilon}_1,\boldsymbol{\varepsilon}_2,\cdots,\boldsymbol{\varepsilon}_n$。由于 σ 是 K^n 到自身的一个同构映射，因此 $\sigma(\boldsymbol{\varepsilon}_1),\sigma(\boldsymbol{\varepsilon}_2),\cdots,\sigma(\boldsymbol{\varepsilon}_n)$ 也是 K^n 的一个基。设 $(\sigma(\boldsymbol{\varepsilon}_1),\sigma(\boldsymbol{\varepsilon}_2),\cdots,\sigma(\boldsymbol{\varepsilon}_n))=(\boldsymbol{\varepsilon}_1,\boldsymbol{\varepsilon}_2,\cdots,\boldsymbol{\varepsilon}_n)P$，则 P 是可逆矩阵。

任取 $\boldsymbol{\alpha}=(x_1,x_2,\cdots,x_n)'\in K^n$。则

$$\begin{aligned}\sigma(\boldsymbol{\alpha})&=\sigma\Big(\sum_{i=1}^{n}x_i\boldsymbol{\varepsilon}_i\Big)=\sum_{i=1}^{n}x_i\sigma(\boldsymbol{\varepsilon}_i)=(\sigma(\boldsymbol{\varepsilon}_1),\sigma(\boldsymbol{\varepsilon}_2),\cdots,\sigma(\boldsymbol{\varepsilon}_n))\boldsymbol{\alpha}\\&=(\boldsymbol{\varepsilon}_1,\boldsymbol{\varepsilon}_2,\cdots,\boldsymbol{\varepsilon}_n)P\boldsymbol{\alpha}=IP\boldsymbol{\alpha}=P\boldsymbol{\alpha}.\end{aligned}$$

因此 $\boldsymbol{\alpha}=P^{-1}\sigma(\boldsymbol{\alpha})$。由于 $(\sigma(\boldsymbol{\alpha}))'B(\sigma(\boldsymbol{\alpha}))=\boldsymbol{\alpha}'A\boldsymbol{\alpha}$，因此二次型 $\boldsymbol{\alpha}'A\boldsymbol{\alpha}$ 与 $(\sigma(\boldsymbol{\alpha}))'B(\sigma(\boldsymbol{\alpha}))$ 等价。又由于 A,B 都是对称矩阵，因此 $A\simeq B$，且 $B=(P^{-1})'A(P^{-1})$。 ■

例 11 设 A,B 都是域 F 上的 $s\times n$ 矩阵，且 $\operatorname{rank}(A)=\operatorname{rank}(B)$。用 U,W 分别表示 n 元齐次线性方程组 $A\boldsymbol{X}=\boldsymbol{0}$，$B\boldsymbol{X}=\boldsymbol{0}$ 的解空间，证明：

(1) $U\cong W$；

(2) 存在域 F 上的一个 n 级矩阵 H，使得 $\sigma(\boldsymbol{\eta})=H\boldsymbol{\eta}(\forall\,\boldsymbol{\eta}\in U)$ 是 U 到 W 的一个同构映射。

证明 (1) 由于 $\dim U=n-\operatorname{rank}(A)=n-\operatorname{rank}(B)=\dim W$，因此 $U\cong W$。

(2) 由于 $\operatorname{rank}(A)=\operatorname{rank}(B)$，因此 A 与 B 相抵，从而存在 s 级可逆矩阵 P 与 n 级可逆矩阵 Q，使得 $B=PAQ$。任取 $\boldsymbol{\eta}\in U$，则 $A\boldsymbol{\eta}=\boldsymbol{0}$，从而 $P^{-1}BQ^{-1}\boldsymbol{\eta}=\boldsymbol{0}$。于是 $B(Q^{-1}\boldsymbol{\eta})=\boldsymbol{0}$。因此 $Q^{-1}\boldsymbol{\eta}\in W$。记 $H=Q^{-1}$，则 $H\boldsymbol{\eta}\in W$，从而 $\sigma(\boldsymbol{\eta})=H\boldsymbol{\eta}$ 是 U 到 W 的一个映射。由于 H 可逆，因此 σ 是单射。任取 $\boldsymbol{\delta}\in W$，令 $\boldsymbol{\eta}=H^{-1}\boldsymbol{\delta}$。由于

$$PA\boldsymbol{\eta}=PA(H^{-1}\boldsymbol{\delta})=PA(Q\boldsymbol{\delta})=B\boldsymbol{\delta}=\boldsymbol{0},$$

因此 $A\boldsymbol{\eta}=\boldsymbol{0}$，从而 $\boldsymbol{\eta}\in U$。由于

$$\sigma(\boldsymbol{\eta})=\sigma(H^{-1}\boldsymbol{\delta})=H(H^{-1}\boldsymbol{\delta})=\boldsymbol{\delta},$$

因此 σ 是满射，显然 σ 保持加法和纯量乘法运算，因此 σ 是 U 到 W 的一个同构映射。 ■

例 12 有理数域 $\mathbf{Q}$ 上的线性空间 $\mathbf{Q}(\sqrt{2})$ 与 $\mathbf{Q}(\sqrt{3})$ 是否同构？如果同构，写出 $\mathbf{Q}(\sqrt{2})$ 到 $\mathbf{Q}(\sqrt{3})$ 的一个同构映射。

解 在 8.1 节典型例题例 30 中，已证 $1,\sqrt{2}$ 是 $\mathbf{Q}(\sqrt{2})$ 的一个基，$\dim_{\mathbf{Q}}\mathbf{Q}(\sqrt{2})=2$。

$\mathbf{Q}(\sqrt{3})$ 中任一元素形如 $a+b\sqrt{3}$，其中 $a,b\in\mathbf{Q}$。类似地可证：$1,\sqrt{3}$ 是 $\mathbf{Q}(\sqrt{3})$ 的一个基，从而 $\dim_{\mathbf{Q}}\mathbf{Q}(\sqrt{3})=2$。

由于 $\dim_{\mathbf{Q}}\mathbf{Q}(\sqrt{2})=\dim_{\mathbf{Q}}\mathbf{Q}(\sqrt{3})$，因此 $\mathbf{Q}(\sqrt{2})\cong\mathbf{Q}(\sqrt{3})$。

根据本节定理 1 的证明过程知道，

$$\sigma:a+b\sqrt{2}\longrightarrow a+b\sqrt{3}$$

是 $\mathbf{Q}\sqrt{2}$ 到 $\mathbf{Q}\sqrt{3}$ 的一个同构映射。

例 13　令 $\mathbf{Q}(\sqrt[3]{2}):=\{a_0+a_1\sqrt[3]{2}+a_2\sqrt[3]{2^2}\mid a_0,a_1,a_2\in\mathbf{Q}\}$，它是有理数域 $\mathbf{Q}$ 上的线性空间。请问：它是否与 $\mathbf{Q}(\sqrt{2})$ 同构？

解　$\mathbf{Q}(\sqrt[3]{2})$ 中任一元素可以表示成 $a_0\cdot 1+a_1\sqrt[3]{2}+a_2\sqrt[3]{2^2}$。与 8.1 节典型例题例 20 的证法类似，可证 $1,\sqrt[3]{2},\sqrt[3]{2^2}$ 线性无关。从而 $1,\sqrt[3]{2},\sqrt[3]{2^2}$ 是 $\mathbf{Q}(\sqrt[3]{2})$ 的一个基，因此 $\dim_{\mathbf{Q}}\mathbf{Q}(\sqrt[3]{2})=3$，而 $\dim_{\mathbf{Q}}\mathbf{Q}(\sqrt{2})=2$，所以 $\mathbf{Q}(\sqrt[3]{2})$ 与 $\mathbf{Q}(\sqrt{2})$ 不同构。

例 14　设 V_1,V_2 都是域 F 上线性空间 V 的子空间，σ 是 V 到自身的一个同构映射，证明：如果 $V=V_1\oplus V_2$，那么 $V=\sigma(V_1)\oplus\sigma(V_2)$。

证明　先证 $V=\sigma(V_1)+\sigma(V_2)$。任取 $\alpha\in V$，由于 σ 是满射，因此存在 $\beta\in V$ 使得 $\alpha=\sigma(\beta)$。由于 $V=V_1+V_2$，因此存在 $\beta_1\in V_1,\beta_2\in V_2$，使得 $\beta=\beta_1+\beta_2$. 从而

$$\alpha=\sigma(\beta)=\sigma(\beta_1+\beta_2)=\sigma(\beta_1)+\sigma(\beta_2)\in\sigma(V_1)+\sigma(V_2).$$

因此 $V\subseteq\sigma(V_1)+\sigma(V_2)$，于是 $V=\sigma(V_1)+\sigma(V_2)$。

再证 $\sigma(V_1)\cap\sigma(V_2)=0$，任取 $\gamma\in\sigma(V_1)\cap\sigma(V_2)$，则 $\gamma\in\sigma(V_1)$ 且 $\gamma\in\sigma(V_2)$。于是存在 $\delta_1\in V_1,\delta_2\in V_2$，使得 $\gamma=\sigma(\delta_1)$ 且 $\gamma=\sigma(\delta_2)$。从而 $\sigma(\delta_1)=\sigma(\delta_2)$。由于 σ 是 V 到自身的单射，因此 $\delta_1=\delta_2$，于是 $\delta_1\in V_1\cap V_2$。由于 V_1+V_2 是直和，因此 $V_1\cap V_2=0$，从而 $\delta_1=0$，于是 $\gamma=\sigma(\delta_1)=\sigma(0)=0$。所以 $\sigma(V_1)\cap\sigma(V_2)=0$。

综上所述，$V=\sigma(V_1)\oplus\sigma(V_2)$。 ■

例 15　设 P、Q 分别是域 F 上的 s 级、n 级可逆矩阵，令 $\sigma(A)=PAQ$, $\forall A\in M_{s\times n}(F)$，试问：$\sigma$ 是不是域 F 上线性空间 $M_{s\times n}(F)$ 到自身的一个同构映射？

解　显然 σ 是 $M_{s\times n}(F)$ 到自身的一个映射，任取 $B\in M_{s\times n}(F)$，令 $A=P^{-1}BQ^{-1}$，显然 $A\in M_{s\times n}(F)$，且

$$\sigma(A)=PAQ=P(P^{-1}BQ^{-1})Q=B.$$

因此 σ 是满射。设 $A_1,A_2\in M_{s\times n}(F)$ 有 $\sigma(A_1)=\sigma(A_2)$，则 $PA_1Q=PA_2Q$，从而 $P^{-1}(PA_1Q)Q^{-1}=P^{-1}(PA_2Q)Q^{-1}$。即 $A_1=A_2$。因此 σ 是单射。从而 σ 是双射，显然 σ 保持加法和纯量乘法运算。因此 σ 是 $M_{s\times n}(F)$ 到自身的一个同构映射。

点评　在例 15 中，如果 P 或 Q 不是可逆矩阵，那么 $\sigma(A)=PAQ$ 不是 $M_{s\times n}(F)$ 到自身的一个同构映射。理由如下：若 P 不可逆，则根据《高等代数学习指导书(上册)》4.5 节习题中的第 1 题得，存在 $A\in M_{s\times n}(F)$ 且 $A\neq 0$，使得 $PA=0$。于是 $\sigma(A)=PAQ=0$，又有 $\sigma(0)=P0Q=0$。因此 σ 不是单射。从而 σ 不是同构映射。若 Q 不可逆，则同理存在 $C\in M_{s\times n}(F)$ 且 $C\neq 0$，使得 $Q'C=0$，于是 $C'Q=0$。从而 $\sigma(C')=PC'Q=0$。因此 σ 不是单射，从而 σ 不是同构映射。

*例 16 实数域 **R** 上的线性空间 $M_{s\times n}(\mathbf{C})$ 与 $M_{s\times 2n}(\mathbf{R})$ 是否同构？如果同构，写出一个同构映射。

解 $M_{s\times n}(\mathbf{C})$ 作为复数域上的线性空间是 sn 维的。据 8.1 节典型例题例 39 后面的点评，$M_{s\times n}(\mathbf{C})$ 看成实数域上的线性空间是 $2sn$ 维的。又由于 $M_{s\times 2n}(\mathbf{R})$ 是实数域上的 $2sn$ 维线性空间，因此 $\dim_{\mathbf{R}} M_{s\times n}(\mathbf{C})=\dim_{\mathbf{R}} M_{s\times 2n}(\mathbf{R})$。从而 $M_{s\times n}(\mathbf{C})\cong M_{s\times 2n}(\mathbf{R})$。

$M_{s\times n}(\mathbf{C})$ 作为复数域上的线性空间，它的一个基是 $E_{11},E_{12},\cdots,E_{1n},\cdots,E_{s1},\cdots,E_{sn}$。它作为实数域上的线性空间，一个基是

$$E_{11},\mathrm{i}E_{11},\cdots,E_{1n},\mathrm{i}E_{1n},\cdots,E_{s1},\mathrm{i}E_{s1},\cdots,E_{sn},\mathrm{i}E_{sn}.$$

$M_{s\times 2n}(\mathbf{R})$ 作为 **R** 上的线性空间，它的一个基为

$$E_{11},E_{12},\cdots,E_{1,2n},\cdots,E_{s1},\cdots,E_{s,2n}.$$

任取 $A=(a_{kj}+\mathrm{i}b_{kj})\in M_{s\times n}(\mathbf{C})$，据本节定理 1 的证明过程知道，令

$$\begin{aligned}\sigma(A)&=\sigma[(a_{11}+\mathrm{i}b_{11})E_{11}+\cdots+(a_{sn}+\mathrm{i}b_{sn})E_{sn}]\\&=\sigma(a_{11}E_{11}+b_{11}\mathrm{i}E_{11}+\cdots+a_{sn}E_{sn}+b_{sn}\mathrm{i}E_{sn})\\&=a_{11}E_{11}+b_{11}E_{12}+\cdots+a_{sn}E_{s,2n-1}+b_{sn}E_{s,2n}\\&=\begin{pmatrix}a_{11}&b_{11}&\cdots&a_{1n}&b_{1n}\\\vdots&\vdots&&\vdots&\vdots\\a_{s1}&b_{s1}&\cdots&a_{sn}&b_{sn}\end{pmatrix},\end{aligned}$$

则 σ 是 **R** 上的线性空间 $M_{s\times n}(\mathbf{C})$ 到 $M_{s\times 2n}(\mathbf{R})$ 的一个同构映射。

点评 例 16 在求 $M_{s\times n}(\mathbf{C})$ 到 $M_{s\times 2n}(\mathbf{R})$ 的一个同构映射时，也可以凭直觉猜测，令

$$\sigma:\begin{pmatrix}a_{11}+\mathrm{i}b_{11}&\cdots&a_{1n}+\mathrm{i}b_{1n}\\\vdots&&\vdots\\a_{s1}+\mathrm{i}b_{s1}&\cdots&a_{sn}+\mathrm{i}b_{sn}\end{pmatrix}\longmapsto\begin{pmatrix}a_{11}&b_{11}&\cdots&a_{1n}&b_{1n}\\\vdots&\vdots&&\vdots&\vdots\\a_{s1}&b_{s1}&\cdots&a_{sn}&b_{sn}\end{pmatrix},$$

去证 σ 是单射、满射，以及保持加法和数量乘法运算。从而 σ 是 **R** 上线性空间 $M_{s\times n}(\mathbf{C})$ 到 $M_{s\times 2n}(\mathbf{R})$ 的一个同构映射。

例 17 设 V 和 V' 都是域 F 上的 n 维线性空间，σ 是 V 到 V' 的一个映射，它保持加法和纯量乘法运算，证明：σ 是单射当且仅当 σ 是满射，从而只要 σ 是单射（或满射），就有 σ 是 V 到 V' 的一个同构映射。

证明 必要性。设 σ 是单射。从本节同构映射性质 4 的证明过程看到，只要 σ 保持加法和纯量乘法运算且 σ 是单射，就有结论："V 中向量组 $\alpha_1,\alpha_2,\cdots,\alpha_s$ 线性相关当且仅当 $\sigma(\alpha_1),\sigma(\alpha_2),\cdots,\sigma(\alpha_s)$ 是 V' 中线性相关的向量组。"于是在 V 中取一个基 $\alpha_1,\alpha_2,\cdots,\alpha_n$ 就有 $\sigma(\alpha_1),\sigma(\alpha_2),\cdots,\sigma(\alpha_n)$ 线性无关。又由于 $\dim V'=n$，因此 $\sigma(\alpha_1),\sigma(\alpha_2),\cdots,\sigma(\alpha_n)$ 是 V' 的一个基。于是对于任意 $\beta\in V'$，有 $\beta=b_1\sigma(\alpha_1)+b_2\sigma(\alpha_2)+\cdots+b_n\sigma(\alpha_n)=\sigma(b_1\alpha_1+b_2\alpha_2+\cdots+b_n\alpha_n)$。

由于 $b_1\alpha_1+b_2\alpha_2+\cdots+b_n\alpha_n\in V$,因此 σ 是满射。

充分性。设 σ 是满射。V 中取一个基 $\alpha_1,\alpha_2,\cdots,\alpha_n$。则 $\sigma(\alpha_1),\sigma(\alpha_2),\cdots,\sigma(\alpha_n)$ 是 V' 中一个向量组。任取 $\beta\in V'$。由于 σ 是满射,因此存在 $\alpha\in V$,使得 $\beta=\sigma(\alpha)$。设 $\alpha=\sum_{i=1}^{n}a_i\alpha_i$,则 $\beta=\sigma(\alpha)=\sigma(\sum_{i=1}^{n}a_i\alpha_i)=\sum_{i=1}^{n}a_i\sigma(\alpha_i)$。又由于 $\dim V'=n$,因此 $\sigma(\alpha_1),\sigma(\alpha_2),\cdots,\sigma(\alpha_n)$ 是 V' 的一个基。设 $\alpha,\gamma\in V$,则 $\alpha=\sum_{i=1}^{n}a_i\alpha_i,\gamma=\sum_{i=1}^{n}c_i\alpha_i$。如果 $\sigma(\alpha)=\sigma(\gamma)$,那么 $\sigma(\sum_{i=1}^{n}a_i\alpha_i)=\sigma(\sum_{i=1}^{n}c_i\alpha_i)$,从而 $\sum_{i=1}^{n}a_i\sigma(\alpha_i)=\sum_{i=1}^{n}c_i\sigma(\alpha_i)$。由于 $\sigma(\alpha_1),\sigma(\alpha_2),\cdots,\sigma(\alpha_n)$ 是 V' 的一个基。因此 $a_i=c_i,i=1,2,\cdots,n$。从而 $\alpha=\gamma$。于是 σ 是单射。 ■

点评 在9.2节的内容精华中,我们将更简捷地证明例17的结论。例17的用处之一是:在维数相等的线性空间 V 和 V' 中,除了用定理1证明中的方法构造 V 到 V' 的一个同构映射外,还可以根据具体问题的需要构造出 V 到 V' 的保持加法和纯量乘法的一个映射 σ,然后证明 σ 是单射(或者满射),就可得出 σ 是 V 到 V' 的一个同构映射,见下面的例18。

例18 设 $c_0,c_1,\cdots,c_n$ 是数域 K 中 $n+1$ 个不同的数,$d_0,d_1,\cdots,d_n\in K$。证明:在 $K[x]$ 中存在唯一的一个次数不超过 n 的多项式 $f(x)$,使得

$$f(c_i)=d_i,i=0,1,2,\cdots,n;$$

并且写出 $f(x)$ 的表达式。

证明 $\dim K[x]_{n+1}=n+1=\dim K^{n+1}$。

根据7.6节的定理4得,$K[x]_{n+1}$ 到 K^{n+1} 的下述映射

$$\sigma: f(x)\longmapsto (f(c_0),f(c_1),\cdots,f(c_n))' \tag{10}$$

是单射。设 $f(x)+g(x)=h(x)$,则

$$f(c_i)+g(c_i)=h(c_i),i=0,1,\cdots,n.$$

由此可得出 σ 保持加法运算。显然 σ 保持数量乘法运算。于是根据例17得,σ 是满射,从而 σ 是 $K[x]_{n+1}$ 到 K^{n+1} 的一个同构映射。因此对于 $(d_0,d_1,\cdots,d_n)'\in K^{n+1}$,在 $K[x]_{n+1}$ 中存在唯一的多项式 $f(x)$,使得 $\sigma(f(x))=(d_0,d_1,\cdots,d_n)'$。即

$$f(c_i)=d_i,i=0,1,2,\cdots,n. \tag{11}$$

在 K^{n+1} 中取标准基 $\boldsymbol{\varepsilon}_1,\boldsymbol{\varepsilon}_2,\cdots,\boldsymbol{\varepsilon}_{n+1}$。由于 σ^{-1} 是 K^{n+1} 到 $K[x]_{n+1}$ 的一个同构映射,因此 $\sigma^{-1}(\boldsymbol{\varepsilon}_1),\sigma^{-1}(\boldsymbol{\varepsilon}_2),\cdots,\sigma^{-1}(\boldsymbol{\varepsilon}_{n+1})$ 是 $K[x]_{n+1}$ 的一个基。记 $f_i(x)=\sigma^{-1}(\boldsymbol{\varepsilon}_{i+1}),i=0,1,\cdots,n$,则 $\sigma(f_i(x))=\boldsymbol{\varepsilon}_{i+1}$,即

$$(f_i(c_0),f_i(c_1),\cdots,f_i(c_n))'=(0,\cdots,\underset{\text{第}i+1\text{个}}{0,1,0},\cdots,0)'$$

也就是

$$f_i(c_j)=\delta_{ij},j=0,1,2,\cdots,n.$$

从而 $c_0,c_1,\cdots,c_{i-1},c_{i+1},\cdots,c_n$ 是 $f_i(x)$ 在 K 中的 n 个不同的根。于是 $\deg f_i(x)\geqslant n$。又 $f_i(x)\in K[x]_{n+1}$，因此 $\deg f_i(x)=n$。又由于 $f_i(c_i)=1$，因此

$$f_i(x)=\frac{(x-c_0)(x-c_1)\cdots(x-c_{i-1})(x-c_{i+1})\cdots(x-c_n)}{(c_i-c_0)(c_i-c_1)\cdots(c_i-c_{i-1})(c_i-c_{i+1})\cdots(c_i-c_n)},\tag{12}$$

其中 $i=0,1,2,\cdots,n$。

根据(11)式和(10)式得，$\sigma(f(x))=(d_0,d_1,\cdots,d_n)'$。由于 $(d_0,d_1,\cdots,d_n)'$ 在 $\boldsymbol{\varepsilon}_1,\boldsymbol{\varepsilon}_2,\cdots,\boldsymbol{\varepsilon}_{n+1}$ 下的坐标为自身，且 $\sigma(f_i(x))=\boldsymbol{\varepsilon}_{i+1}(i=0,1,2,\cdots,n)$，因此 $f(x)$ 在基 $f_0(x),f_1(x),\cdots,f_n(x)$ 下的坐标等于 $(d_0,d_1,\cdots,d_n)'$。于是

$$\begin{aligned}f(x)&=d_0f_0(x)+d_1f_1(x)+\cdots+d_nf_n(x)\\&=\sum_{i=0}^{n}d_i\frac{(x-c_0)\cdots(x-c_{i-1})(x-c_{i+1})\cdots(x-c_n)}{(c_i-c_0)\cdots(c_i-c_{i-1})(c_i-c_{i+1})\cdots(c_i-c_n)}.\end{aligned}\tag{13}$$

点评 公式(13)就是拉格朗日插值公式。例 18 是运用线性空间同构的观点给出了 7.6节定理 10 的又一种证法(证明见参考文献 18 的 7.6 节定理 11)。从这种证法会很自然地想到要先求 $\boldsymbol{\varepsilon}_{i+1}$ 的原象 $f_i(x)$，$i=0,1,2,\cdots,n$。这比 7.6 节定理 10 的证法中"先看一个特殊情形"更容易想到，更透明。对拉格朗日插值公式的理解也更深入一步：给定数域 K 中 $n+1$ 个不同数 $c_0,c_1,\cdots,c_n$，对于 K 中任意 $n+1$ 个数 $d_0,d_1,\cdots,d_n$，要寻找次数不超过 n 的多项式 $f(x)$ 满足 $f(c_i)=d_i$，$i=0,1,\cdots,n$，就是要在 $K[x]_{n+1}$ 到 K^{n+1} 的一个同构映射 σ：$g(x)\longmapsto(g(c_0),g(c_1),\cdots,g(c_n))'$ 下，求出 $(d_0,d_1,\cdots,d_n)'$ 的原象 $f(x)$。为此先求出 K^{n+1} 的标准基 $\boldsymbol{\varepsilon}_1,\boldsymbol{\varepsilon}_2,\cdots,\boldsymbol{\varepsilon}_{n+1}$ 的原象 $f_0(x),f_1(x),\cdots,f_n(x)$，然后 $d_0f_0(x)+d_1f_1(x)+\cdots+d_nf_n(x)$ 就是所要寻找的次数不超过 n 的多项式 $f(x)$，这是因为 $f(x)$ 在 $K[x]_{n+1}$ 的基 $f_0(x),f_1(x),\cdots,f_n(x)$ 下的坐标就是 $f(x)$ 在 σ 下的象 $(d_0,d_1,\cdots,d_n)'$ 在 K^{n+1} 的基 $\boldsymbol{\varepsilon}_1,\boldsymbol{\varepsilon}_2,\cdots,\boldsymbol{\varepsilon}_{n+1}$ 下的坐标 $(d_0,d_1,\cdots,d_n)'$。

例 19 设 $A\in M_n(K)$，令 $AM_n(K)=\{AB\mid B\in M_n(K)\}$。

(1) 证明 $AM_n(K)$ 是数域 K 上线性空间 $M_n(K)$ 的子空间；

(2) 设 A 的列向量组 $\boldsymbol{\alpha}_1,\cdots,\boldsymbol{\alpha}_n$ 的一个极大线性无关组为 $\boldsymbol{\alpha}_{j_1},\cdots\boldsymbol{\alpha}_{j_r}$，证明 $AM_n(K)\cong M_{r\times n}(K)$，写出一个同构映射；

(3) 证明 $\dim[AM_n(K)]=\operatorname{rank}(A)\cdot n$。

证明 (1) $A=AI\in AM_n(K)$。任给 $AB,AC\in AM_n(K)$，

$$AB+AC=A(B+C)\in AM_n(K),k(AB)=A(kB)\in AM_n(K),$$

因此 $AM_n(K)$ 是 $M_n(K)$ 的一个子空间。

(2)由于 $\boldsymbol{\alpha}_{j_1},\cdots\boldsymbol{\alpha}_{j_r}$ 是 $\boldsymbol{\alpha}_1,\cdots,\boldsymbol{\alpha}_n$ 的一个极大线性无关组，因此

$$A=(\boldsymbol{\alpha}_1,\cdots,\boldsymbol{\alpha}_n)=(\boldsymbol{\alpha}_{j_1},\cdots\boldsymbol{\alpha}_{j_r})A_1,$$

其中 A_1 是 $r\times n$ 矩阵,令

$$\sigma: AM_n(K)\longrightarrow M_{r\times n}(K)$$
$$AB\longmapsto A_1B.$$

由于 $\mathrm{rank}(\boldsymbol{\alpha}_{j_1},\cdots,\boldsymbol{\alpha}_{j_r})=r$,因此 r 元齐次线性方程组 $(\boldsymbol{\alpha}_{j_1},\cdots,\boldsymbol{\alpha}_{j_r})\boldsymbol{X}=\boldsymbol{0}$ 只有零解。结合《高等代数学习指导书(上册)》4.5 节的推论 1,得

$$\begin{aligned}AB=AC &\Leftrightarrow (\boldsymbol{\alpha}_{j_1},\cdots,\boldsymbol{\alpha}_{j_r})A_1B=(\boldsymbol{\alpha}_{j_1},\cdots,\boldsymbol{\alpha}_{j_r})A_1C\\ &\Leftrightarrow (\boldsymbol{\alpha}_{j_1},\cdots,\boldsymbol{\alpha}_{j_r})(A_1B-A_1C)=0\\ &\Leftrightarrow A_1B-A_1C=0\\ &\Leftrightarrow A_1B=A_1C.\end{aligned}$$

从而 σ 是 $AM_n(K)$ 到 $M_{r\times n}(K)$ 的一个映射,且 σ 是单射。

任取 $H\in M_{r\times n}(K)$。由于

$$r=\mathrm{rank}(A)=\mathrm{rank}\{(\boldsymbol{\alpha}_{j_1},\cdots,\boldsymbol{\alpha}_{j_r})A_1\}\leqslant \mathrm{rank}(A_1)\leqslant r,$$

因此 $\mathrm{rank}(A_1)=r$。从而 A_1 是 $r\times n$ 行满秩矩阵。根据《高等代数学习指导书(上册)》的习题 4.5 的第 6 题得,矩阵方程 $A_1X=H$ 有解,取它的一个解 B,则 $A_1B=H$,从而 $\sigma(AB)=H$。因此 σ 是满射。于是 σ 是双射。

任给 $AB,AC\in AM_n(K)$,任给 $k\in K$,有

$$\sigma(AB+AC)=\sigma(A(B+C))=A_1(B+C)=A_1B+A_1C=\sigma(AB)+\sigma(AC),$$
$$\sigma[k(AB)]=\sigma[A(kB)]=A_1(kB)=k(A_1B)=k\sigma(AB),$$

综上所述得,σ 是 $AM_n(K)$ 到 $M_{r\times n}(K)$ 的一个同构映射。从而 $AM_n(K)\cong M_{r\times n}(K)$。

(3)由第(2)小题得,

$$\dim[AM_n(K)]=\dim M_{r\times n}(K)=rn=\mathrm{rank}(A)\cdot n.$$

习题 8.3

1. 设域 F 上线性空间 V 中的向量组 $\alpha_1,\alpha_2,\alpha_3,\alpha_4$ 线性无关。试问:向量组 $\alpha_1+\alpha_2,\alpha_2+\alpha_3,\alpha_3+\alpha_4,\alpha_4+\alpha_1$ 是否线性无关? 令

$$W=\langle\alpha_1+\alpha_2,\alpha_2+\alpha_3,\alpha_3+\alpha_4,\alpha_4+\alpha_1\rangle,$$

求 W 的一个基和维数。

2. 设 σ 是域 F 上线性空间 V 到 V' 的一个同构映射,证明:σ^{-1} 是 V' 到 V 的一个同构映射。

3. 设 σ 和 τ 分别是域 F 上线性空间 V 到 V' 与 V' 到 V'' 的一个同构映射。证明:$\tau\sigma$ 是 V 到 V'' 的一个同构映射。

*4. 证明:有限域 F_q 上的一元函数(即 F_q 到自身的映射)都是一元多项式函数(即由 F_q

上的一元多项式诱导的函数),且 F_q 上每个一元函数都可以唯一地表示成 F_q 上次数小于 q 的一元多项式函数。

5. 对于正整数 n,令

$$\mathbf{Q}(\sqrt[n]{3}) = \left\{a_0 + a_1\sqrt[n]{3} + \cdots + a_{n-1}\sqrt[n]{3^{n-1}} \,\middle|\, a_i \in \mathbf{Q}, i = 0,1,\cdots,n-1\right\}.$$

设 n 与 m 是不同的正整数,试问:$\mathbf{Q}$ 上的线性空间 $\mathbf{Q}(\sqrt[n]{3})$ 与 $\mathbf{Q}(\sqrt[m]{3})$ 是否同构?

6. 令 $\mathbf{Q}(\mathrm{i})=\{a+b\mathrm{i} \mid a,b\in\mathbf{Q}\}$,它是 $\mathbf{Q}$ 上的一个线性空间,试问:$\mathbf{Q}(\mathrm{i})$ 与 $\mathbf{Q}(\sqrt{2})$ 是否同构?如果同构,写出 $\mathbf{Q}(\mathrm{i})$ 到 $\mathbf{Q}(\sqrt{2})$ 的一个同构映射。

7. 设 A,B 都是 n 级实对称矩阵,证明:如果 A 与 B 有相同的特征多项式,那么存在 $\mathbf{R}^n$ 到自身的一个同构映射 σ,使得

$$(\sigma(\boldsymbol{\alpha}))'B(\sigma(\boldsymbol{\alpha})) = \boldsymbol{\alpha}'A\boldsymbol{\alpha}, \forall\, \boldsymbol{\alpha} \in \mathbf{R}^n.$$

*8. 设 V 是域 F 上的线性空间,V_1,V_2 是 V 的子空间。证明:如果 $V=V_1\oplus V_2$,那么 $V\cong V_1\dotplus V_2$。

9. 设 V 是 q 元有限域 F 上的 n 维线性空间。求 V 的向量个数,以及 V 的基的个数。

8.4 商 空 间

8.4.1 内容精华

北京大学数学科学学院的新生入校后,分别编进一班、二班、三班、四班,这样便于以班为单位安排各种活动。编班就是把新生组成的集合 S 作一个划分,把其中每一个子集看成新集合的一个元素。由此受到启发,在研究域 F 上线性空间 V 的结构时,可以把集合 V 作一个划分,为此可以在 V 中建立一个二元关系"$\sim$",且使它是一个等价关系,这时所有等价类组成的集合就给出了集合 V 的一个划分。V 的所有等价类组成的集合称为 V 对于关系"$\sim$"的商集,记作 $V/\sim$。于是 V 的一个子集(等价类)是商集 $V/\sim$ 的一个元素。问题在于:如何建立 V 上的一个二元关系使它具有反身性、对称性和传递性,从而成为一个等价关系?在商集 $V/\sim$ 中能否规定加法运算和纯量乘法运算,使它成为域 F 上的一个线性空间?如果这些都能办到的话,那么这将是研究线性空间 V 的结构的第四条途径。

一、商空间

如何建立 V 上的一个二元关系使它是一个等价关系?让我们先看几何空间(以原点 O

为起点的所有向量组成的实线性空间)V。设 W 是过原点 O 的一个平面,则与 W 平行的所有平面以及 W 给出了几何空间 V 的一个划分,如图 8-4 所示。设 π 是平行于 W 的一个平面,γ_1 与 γ_2 都属于 π 当且仅当 $\gamma_2-\gamma_1=\eta\in W$。由此受到启发,为了在域 F 上的线性空间 V 上建立一个二元关系且使它是一个等价关系,可以先取 V 的一个子空间 W,然后规定:

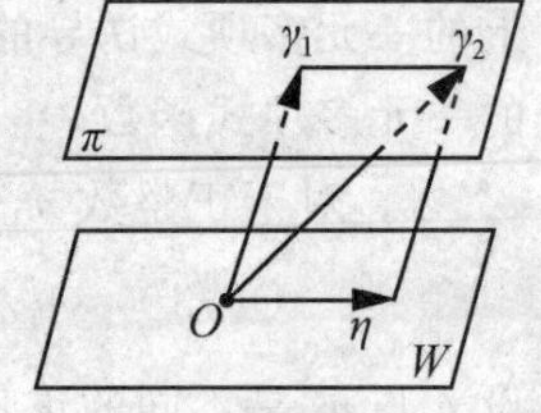

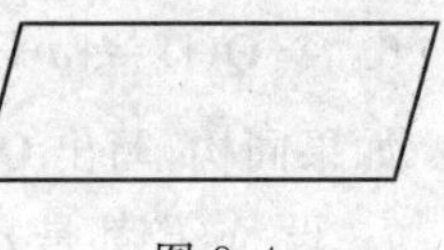

图 8-4

$$\alpha\sim\beta \iff \alpha-\beta\in W. \tag{1}$$

这样就建立了 V 上的一个二元关系"$\sim$"。由于 $\alpha-\alpha=0\in W$,因此$\alpha\sim\alpha$,$\forall\,\alpha\in W$,即"$\sim$"具有反身性。若 $\alpha\sim\beta$,则 $\alpha-\beta\in W$,从而 $\beta-\alpha=-(\alpha-\beta)\in W$,于是 $\beta\sim\alpha$,即"$\sim$"具有对称性。若 $\alpha\sim\beta$ 且 $\beta\sim\gamma$,则 $\alpha-\beta\in W$,且 $\beta-\gamma\in W$。从而 $\alpha-\gamma=(\alpha-\beta)+(\beta-\gamma)\in W$,即"$\sim$"具有传递性。从而由(1) 式定义的二元关系"$\sim$"是 V 上的一个等价关系。对于 $\alpha\in V$,α 的等价类 $\bar{\alpha}$ 为

$$\begin{aligned}\bar{\alpha}&=\{\beta\in V\mid\beta\sim\alpha\}\\&=\{\beta\in V\mid\beta-\alpha\in W\}\\&=\{\beta\in V\mid\beta=\alpha+\gamma,\gamma\in W\}\\&=\{\alpha+\gamma\mid\gamma\in W\}.\end{aligned} \tag{2}$$

把(2)式最后一个集合记作 $\alpha+W$,称它为 W 的一个**陪集**,α 称为这个陪集的代表。于是 $\bar{\alpha}=\alpha+W$。从而

$$\beta\in\alpha+W \iff \beta\sim\alpha \iff \beta-\alpha\in W. \tag{3}$$

据等价类的性质:$\bar{\alpha}=\bar{\beta} \iff \alpha\sim\beta$,得出

$$\alpha+W=\beta+W \iff \alpha\sim\beta \iff \alpha-\beta\in W. \tag{4}$$

由(4)式看出,一个陪集 $\alpha+W$ 的代表不唯一。如果 $\alpha-\beta\in W$,那么 β 也可以作为这个陪集的代表。

对于上述等价关系"$\sim$",商集 $V/\sim$ 记成 V/W,称它是 **V 对于子空间 W 的商集**,即

$$V/W=\{\alpha+W\mid\alpha\in V\}. \tag{5}$$

如何在商集 V/W 中规定加法与纯量乘法运算?容易想到尝试如下规定:

$$(\alpha+W)+(\beta+W)\xlongequal{\text{def}}(\alpha+\beta)+W, \tag{6}$$

$$k(\alpha+W)\xlongequal{\text{def}}k\alpha+W. \tag{7}$$

这样规定是否合理?需要证明它们与陪集代表的选择无关。设 $\alpha_1+W=\alpha+W$,$\beta_1+W=\beta+W$,则 $\alpha_1-\alpha\in W$,$\beta_1-\beta\in W$。从而

$$(\alpha_1+\beta_1)-(\alpha+\beta)=(\alpha_1-\alpha)+(\beta_1-\beta)\in W,$$

$$k\alpha_1-k\alpha=k(\alpha_1-\alpha)\in W.$$

因此$(\alpha_1+\beta_1)+W=(\alpha+\beta)+W$，$k\alpha_1+W=k\alpha+W$。这证明了上述规定与陪集代表的选取无关，从而是合理的。容易验证上述加法满足交换律和结合律，$0+W$(即W)是V/W的零元，$(-\alpha)+W$是$\alpha+W$的负元；上述纯量乘法满足线性空间定义中关于纯量乘法的4条运算法则，从而V/W成为域F上的一个线性空间，称它是V对于W的**商空间**。注意商空间V/W的元素是V的一个等价类，而不是V的一个向量。

例如上面列举的几何空间V的例子，V对于W的商空间V/W的一个元素是平行于W的一个平面或者W自身，而不是几何空间V中的向量。容易直观地猜测商空间V/W是1维的，即$\dim V/W=\dim V-\dim W$。可以证明这个猜测是对的，而且这个结论可以推广到域F上任一有限维线性空间V对于子空间W的商空间V/W中。即

定理1 设V是域F上一个有限维线性空间，W是V的一个子空间，则

$$\dim(V/W)=\dim V-\dim W. \tag{8}$$

从定理1看出，当W是V的非零子空间时，商空间V/W的维数比原来的线性空间V的维数小。如果线性空间的某些性质是被商空间继承的，那么就可以对维数作数学归纳法证明有关这些性质的结论。这就是可以利用商空间的结构研究线性空间结构的道理之一。

二、余维数

数学中会遇到线性空间V和它的子空间W都是无限维，而商空间V/W却是有限维的情形。例如，给定正整数n，考虑数域K上一元多项式环$K[x]$的子集：

$$W=\{k_nx^n+k_{n+1}x^{n+1}+\cdots+k_{n+m}x^{n+m}\mid m\in\mathbf{N},k_i\in K\\ i=n,n+1,\cdots,n+m\},$$

由于W对于加法和数量乘法都封闭，因此W是$K[x]$的一个子空间，容易看出，$x^n,x^{n+1},\cdots,x^{n+m},\cdots$是$W$的一个基，因此$W$是无限维的。商空间$K[x]/W$的任一元素形如

$$\begin{aligned}&(a_0+a_1x+\cdots+a_{n-1}x^{n-1}+a_nx^n+a_{n+1}x^{n+1}+\cdots+a_{n+s}x^{n+s})+W\\ =&a_0(1+W)+a_1(x+W)+\cdots+a_{n-1}(x^{n-1}+W)+(a_nx^n+\cdots+a_{n+s}x^{n+s})+W\\ =&a_0(1+W)+a_1(x+W)+\cdots+a_{n-1}(x^{n-1}+W)+W\\ =&a_0(1+W)+a_1(x+W)+\cdots+a_{n-1}(x^{n-1}+W).\end{aligned}$$

假如$k_0(1+W)+k_1(x+W)+\cdots+k_{n-1}(x^{n-1}+W)=W$，则

$$k_0+k_1x+\cdots+k_{n-1}x^{n-1}\in W.$$

从W中元素的形式可推出$k_0=k_1=\cdots=k_{n-1}=0$。因此

$$1+W,x+W,\cdots,x^{n-1}+W$$

线性无关。从而它们是商空间$K[x]/W$的一个基。于是

$$\dim K[x]/W=n.$$

定义1 设 W 是域 F 上线性空间 V 的一个子空间，如果 V 对 W 的商空间 V/W 是有限维的，那么 $\dim(V/W)$ 称为子空间 W 在 V 中的**余维数**(codimension)，记作

$$\mathrm{codim}_V W \text{ 或 } \mathrm{codim}\, W.$$

三、标准映射

设 W 是域 F 上线性空间 V 的一个子空间，则 V 到商空间 V/W 有一个很自然的映射：

$$\pi: \alpha \longmapsto \alpha + W,$$

称它为**标准映射**或**典范映射**(canonical mapping)。显然它是满射。当 W 不是零子空间时，π 不是单射。商空间 V/W 的一个元素 $\alpha+W$ 在 π 下的原象集是 W 的一个陪集 $\alpha+W$，这是因为

$$\begin{aligned}
&\beta \in \pi^{-1}(\alpha + W) \\
\Leftrightarrow\ & \pi(\beta) = \alpha + W \quad \Leftrightarrow\ \beta + W = \alpha + W \\
\Leftrightarrow\ & \beta - \alpha \in W \quad \Leftrightarrow\ \beta \sim \alpha \\
\Leftrightarrow\ & \beta \in \bar{\alpha} = \alpha + W.
\end{aligned}$$

这表明：在 V 到商空间 V/W 的标准映射下，V 的一个子集 $\alpha+W$ 映成商空间的一个元素 $\alpha+W$。进一步可证明标准映射 π 保持加法和纯量乘法运算，证明如下：

对于任意 $\alpha,\beta\in V$，$k\in F$，有

$$\pi(\alpha+\beta) = (\alpha+\beta) + W = (\alpha + W) + (\beta + W) = \pi(\alpha) + \pi(\beta),$$
$$\pi(k\alpha) = k\alpha + W = k(\alpha + W) = k\pi(\alpha).$$

因此 V 到商空间 V/W 的标准映射 π 保持加法和纯量乘法运算，这是我们可以利用商空间 V/W 的结构研究线性空间 V 的结构的道理之二。

例如，容易证明 V 到 V/W 的标准映射 π 把 V 中线性相关的向量集映成 V/W 中线性相关的向量集。从而如果 V/W 中向量集 $\tilde{S}=\{\alpha_i+W\,|\,i\in I\}$(其中 I 是指标集)线性无关，那么 $S=\{\alpha_i\,|\,i\in I\}$ 是 V 中线性无关的向量集。利用这个结论，我们可以证明8.2节的命题4，即下述命题1。

命题1 域 F 上线性空间 V 的任一子空间 W 都有补空间。

证明 考虑商空间 V/W，设它的一个基为

$$\tilde{S} = \{\alpha_i + W \mid \alpha_i \in V, i \in I\},$$

其中 I 是指标集，则 $S=\{\alpha_i\,|\,i\in I\}$ 是 V 中线性无关的向量集，令 U 是由 S 生成的子空间，即

$$U = \left\{ \sum_{j=1}^{r} k_j \alpha_{i_j} \,\middle|\, \alpha_{i_j} \in S, k_j \in F, j = 1,2,\cdots,r; r \in \mathbf{N}^* \right\}.$$

于是 S 是 U 的一个基，我们来证 U 是 W 在 V 中的补空间。

任取 $\alpha \in V$,由于 $\widetilde{S}$ 是 V/W 的一个基,因此有

$$\alpha + W = \sum_{j=1}^{t} l_j(\alpha_{i_j} + W) = (\sum_{j=1}^{t} l_j \alpha_{v_j}) + W.$$

从而 $\alpha - \sum_{j=1}^{t} l_j \alpha_{i_j} \in W$。记 $\gamma = \sum_{j=1}^{t} l_j \alpha_{i_j}$,则 $\gamma \in U$,且 $\alpha - \gamma \in W$。于是存在 $\delta \in W$,使得 $\alpha - \gamma = \delta$。即 $\alpha = \delta + \gamma$。由此推出,$V = W + U$。

任取 $\beta \in W \cap U$,由于 $\beta \in U$,因此 $\beta = \sum_{j=1}^{r} k_j \alpha_{i_j}$。又由于 $\beta \in W$,因此有

$$W = \beta + W = \sum_{j=1}^{r} k_j \alpha_{i_j} + W = \sum_{j=1}^{r} k_j(\alpha_{i_j} + W).$$

由于 $\widetilde{S}$ 线性无关,因此 $k_1 = k_2 = \cdots = k_r = 0$。从而 $\beta = 0$。因此 $W \cap U = 0$。

综上所述,$V = W \oplus U$。即 U 是 W 的一个补空间。 ■

命题 1 表明,如果知道了商空间 V/W 的一个基 $\widetilde{S} = \{\alpha_i + W \mid i \in I\}$,其中 I 是指标集,令 U 是 V 中由子集 $S = \{\alpha_i \mid i \in I\}$ 生成的子空间,那么 S 是 U 的一个基,并且有 $V = W \oplus U$。这样 V 就有了一个直和分解式,这是可以利用商空间研究线性空间结构的道理之三。

四、商空间在信息时代中的应用

信息时代有大量的消息需要传递,在传送消息过程中有可能发生差错,能否检查出有无差错?查出有错后,能否纠正差错?利用线性空间的子空间,可以构造出一种码,称为线性码,它可以用来检查差错。在纠正差错时,还需要用到商空间的理论。有兴趣的读者可以阅读本章末补充题八的第 8~10 题。

8.4.2 典型例题

例 1 设 V 是域 F 上的线性空间,U 和 W 都是 V 的子空间,证明:如果 $V = U \oplus W$,那么

$$U \cong V/W.$$

证明 令

$$\sigma: U \longrightarrow V/W$$
$$\gamma \longmapsto \gamma + W.$$

设 $\eta \in U$,使得 $\gamma + W = \eta + W$,则 $\gamma - \eta \in W$。又有 $\gamma - \eta \in U$,从而 $\gamma - \eta \in W \cap U$。由于 $U + W$ 是直和,因此 $W \cap U = 0$。于是 $\gamma - \eta = 0$,即 $\gamma = \eta$,从而 σ 是单射。任给 $\alpha + W \in V/W$。由于 $V = U + W$,因此 $\alpha = \gamma + \delta$,其中 $\gamma \in U, \delta \in W$。于是

$$\begin{aligned}\sigma(\gamma) &= \gamma + W = (\alpha - \delta) + W = (\alpha + W) - (\delta + W) \\ &= (\alpha + W) - W = \alpha + W.\end{aligned}$$

这证明了 σ 是满射，从而 σ 是双射。

由于 σ 是 V 到 V/W 的标准映射 π 在 U 上的限制，因此 σ 保持加法和纯量乘法运算。从而 σ 是 U 到 V/W 的一个同构映射，所以 $U\cong V/W$。■

例 2 设 V 是几何空间，U 是过原点的一条直线。商空间 V/U 由哪些元素组成？求 V/U的一个基和维数。

解 商空间 V/U 的任一元素为

$$\alpha+U=\{\alpha+\gamma \mid \gamma\in U\}.$$

当 $\alpha\notin U$ 时，由向量加法的平行四边形法则知道，$\alpha+\gamma$ 的终点在过 α 的终点 A 且与 U 平行的直线上；反之，终点在这条直线上的向量可以表示成 $\alpha+\gamma$ 的形式，其中 $\gamma\in U$。因此 $\alpha+U$ 是平行于 U 的一条直线。从而商空间由平行于 U 的所有直线以及 U 本身组成，如图 8-5 所示。

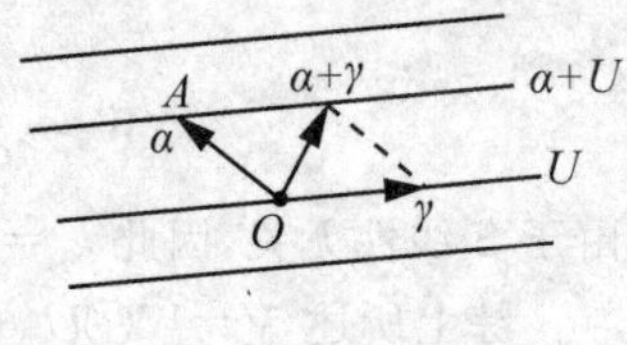

图 8-5

在 U 中取一个基 γ_1，把它扩充成 V 的一个基：$\gamma_1,\alpha_1,\alpha_2$。根据定理 1 的证明得，$\alpha_1+U$，$\alpha_2+U$ 是商空间 V/U 的一个基。于是

$$\dim(V/U)=2.$$

$\dim(V/U)$的另一求法为

$$\dim(V/U)=\dim V-\dim U=3-1=2.$$

例 3 设 V 是几何空间，W 是过原点 O 的一个平面，求 V/W 的一个基和维数。

解 从本节内容精华知道，商空间 V/W 由平行于 W 的所有平面以及 W 本身组成，如图 8-4 所示。

$$\dim(V/W)=\dim V-\dim W=3-2=1.$$

在 V 中取一个向量 $\gamma\notin W$，则 $\gamma+W\neq W$，从而 $\gamma+W$ 是商空间 V/W 中的一个非零向量，于是 $\gamma+W$ 线性无关。又由于 $\dim(V/W)=1$，因此 $\gamma+W$ 是商空间 V/W 的一个基。

例 4 设 V 是几何空间，W 是过原点 O 的一个平面，U 是过原点 O 的一条直线，且直线 U 不在平面 W 上。

(1) 证明：$V=W\oplus U$；

(2) 写出 U 到 V/W 的一个同构映射；

(3) 写出 W 到 V/U 的一个同构映射。

(1) **证明** 显然 V 中任一向量 α 可以表示成 $\alpha=\delta+\gamma$，其中 $\delta\in W,\gamma\in U$，因此 $V=W+U$。又显然 $W\cap U=0$。因此 $V=W\oplus U$。■

(2) **解** 根据例 1 的证明过程知道，$\sigma: \gamma\longmapsto\gamma+W$ 是 U 到V/W的一个同构映射，如图 8-6 所示。

(3)**解** 仍据例 1 的证明过程可以看出,$\tau:\delta\longmapsto\delta+U$ 是 W 到 V/U 的一个同构映射,如图 8-6 所示。

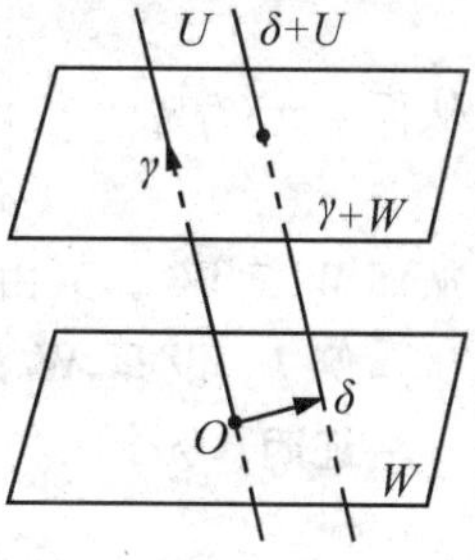

图 8-6

例 5 设 A 是数域 K 上的一个 $s\times n$ 非零矩阵,W 是 n 元齐次线性方程组 $A\boldsymbol{X}=\boldsymbol{0}$的解空间,记 $V=K^n$。

(1) 证明:商空间 V/W 的任一元素是以 A 为系数矩阵的某个 n 元线性方程组的解集;

(2) 设 $\mathrm{rank}(A)=r$,求商空间 V/W 的维数。

(1) **证明** 任取 $\boldsymbol{\alpha}+W\in V/W$。记 $\boldsymbol{\beta}=A\boldsymbol{\alpha}$。则 $\boldsymbol{\alpha}$ 是 n 元线性方程组 $A\boldsymbol{X}=\boldsymbol{\beta}$ 的一个解。据《高等代数学习指导书(上册)》3.8 节的定理 1 得,线性方程组 $A\boldsymbol{X}=\boldsymbol{\beta}$ 的解集为$\boldsymbol{\alpha}+W$。 ■

(2) **解** 由于 $\dim W=n-\mathrm{rank}(A)-n-r$,因此

$$\dim(V/W)=\dim V-\dim W=n-(n-r)=r.$$

例 6 设 V 是域 F 上的一个 n 维线性空间,$n\geqslant 3$。U 是 V 的一个 2 维子空间。用 Ω_1 表示 V 中包含 U 的所有 $n-1$ 维子空间组成的集合,用 Ω_2 表示商空间 V/U 的所有 $n-3$ 维子空间组成的集合,令

$$\begin{aligned}\sigma:\Omega_1&\longrightarrow\Omega_2\\ W&\longmapsto W/U.\end{aligned}$$

证明:σ 是双射。

证明 任取 Ω_2 的一个元素 W/U,则

$$\dim W=\dim U+\dim(W/U)=2+n-3=n-1.$$

从而 W 是 V 的 $n-1$ 维子空间,且 W 包含 U。于是 $W\in\Omega_1$。从而 σ 是满射。

假设 Ω_2 中,$W_1/U=W_2/U$。分别在 $W_1/U,W_2/U$ 中取一个基:$\alpha_1+U,\cdots,\alpha_{n-3}+U$;$\beta_1+U,\cdots,\beta_{n-3}+U$。在 U 中取一个基 γ_1,γ_2。任取 $\delta_1\in W_1$,则 $\delta_1+U\in W_1/U$。从而

$$\begin{aligned}\delta_1+U&=a_1(\alpha_1+U)+\cdots+a_{n-3}(\alpha_{n-3}+U)\\&=(a_1\alpha_1+\cdots+a_{n-3}\alpha_{n-3})+U.\end{aligned}$$

于是 $\delta_1-(a_1\alpha_1+\cdots+a_{n-3}\alpha_{n-3})\in U$。因此

$$\delta_1-(a_1\alpha_1+\cdots+a_{n-3}\alpha_{n-3})=k_1\gamma_1+k_2\gamma_2.$$

从而 $\delta_1=a_1\alpha_1+\cdots+a_{n-3}\alpha_{n-3}+k_1\gamma_1+k_2\gamma_2$.

因此 $W_1=\langle\alpha_1,\cdots,\alpha_{n-3},\gamma_1,\gamma_2\rangle$. 同理 $W_2=\langle\beta_1,\cdots,\beta_{n-3},\gamma_1,\gamma_2\rangle$。

由于 $W_1/U=W_2/U$,因此 $\alpha_i+U\in W_2/U,i=1,2,\cdots,n-3$。

于是

$$\alpha_i+U=l_1(\beta_1+U)+\cdots+l_{n-3}(\beta_{n-3}+U)$$

$$=(l_1\beta_1+\cdots+l_{n-3}\beta_{n-3})+U.$$

从而 $\alpha_i-(l_1\beta_1+\cdots+l_{n-3}\beta_{n-3})\in U$。由此推出

$$\alpha_i\in\langle\beta_1,\cdots,\beta_{n-3},\gamma_1,\gamma_2\rangle=W_2,i=1,2,\cdots,n-3.$$

从而 $W_1\subseteq W_2$。又由于 $\dim W_1=\dim W_2=n-1$，因此 $W_1=W_2$。这证明了 σ 是单射。■

例 7　设 U,W 都是域 F 上线性空间 V 的子空间，证明：$(U+W)/W\cong U/U\cap W$。

证明　令

$$\sigma:(U+W)/W\longrightarrow U/U\cap W$$
$$(\gamma+\delta)+W\longmapsto\gamma+U\cap W.$$

其中 $\gamma\in U,\delta\in W$。

$$\begin{aligned}
&(\gamma_1+\delta_1)+W=(\gamma_2+\delta_2)+W,\gamma_1,\gamma_2\in U,\delta_1,\delta_2\in W\\
\Leftrightarrow\ &(\gamma_1+\delta_1)-(\gamma_2+\delta_2)\in W,\gamma_1,\gamma_2\in U,\delta_1,\delta_2\in W\\
\Leftrightarrow\ &(\gamma_1-\gamma_2)+(\delta_1-\delta_2)\in W,\gamma_1,\gamma_2\in U,\delta_1,\delta_2\in W\\
\Leftrightarrow\ &\gamma_1-\gamma_2\in W,\gamma_1,\gamma_2\in U\\
\Leftrightarrow\ &\gamma_1-\gamma_2\in U\cap W\\
\Leftrightarrow\ &\gamma_1+U\cap W=\gamma_2+U\cap W.
\end{aligned}$$

因此 σ 是 $(U+W)/W$ 到 $U/U\cap W$ 的一个映射，且 σ 是单射。显然 σ 是满射，从而 σ 是双射。

任取 $(\gamma_1+\delta_1)+W,(\gamma_2+\delta_2)+W\in(U+W)/W$，其中 $\gamma_1,\gamma_2\in U,\delta_1,\delta_2\in W$，则

$$\begin{aligned}
\sigma[((\gamma_1+\delta_1)+W)+((\gamma_2+\delta_2)+W)]&=\sigma[(\gamma_1+\gamma_2+\delta_1+\delta_2)+W]\\
&=(\gamma_1+\gamma_2)+U\cap W\\
&=(\gamma_1+U\cap W)+(\gamma_2+U\cap W)\\
&=\sigma((\gamma_1+\delta_1)+W)+\sigma((\gamma_2+\delta_2)+W);\\
\sigma[k((\gamma_1+\delta_1)+W)]&=\sigma((k\gamma_1+k\delta_1)+W)\\
&=k\gamma_1+U\cap W\\
&=k(\gamma_1+U\cap W)\\
&=k\sigma((\gamma_1+\delta_1)+W).
\end{aligned}$$

因此，σ 保持加法和纯量乘法运算，从而 σ 是一个同构映射。因此，$(U+W)/W\cong U/U\cap W$。■

***例 8**　设 V 是 q 元有限域 F_q 上的 n 维线性空间，$n\geqslant 3$。V_1 和 V_2 都是 V 的 $n-1$ 维子空间，且 $V_1\neq V_2$。

(1) 任给 $\alpha\in V$，求 $|V_1\cap(\alpha+V_2)|$。

(2) 任给 $\alpha\in V$，能否把 α 分解成 $\alpha=\alpha_1-\alpha_2$（其中 $\alpha_1\in V_1,\alpha_2\in V_2$）？如果 α 可以这样分解，那么把 α 这样分解的方式有多少种？

解 (1) 由于 $V_1\neq V_2$,因此 $V_1+V_2\supsetneqq V_1$。又由于 $\dim V_1=n-1$,因此 $\dim(V_1+V_2)=n$。从而

$$\dim(V_1\cap V_2)=\dim V_1+\dim V_2-\dim(V_1+V_2)=n-2.$$

由于 $V_1+V_2=V$,因此对于 $\alpha\in V$,存在 $\alpha_1\in V_1,\alpha_2\in V_2$,使得 $\alpha=\alpha_1+\alpha_2$。

任取 $\eta\in V_1\cap V_2$,则 $\eta+\alpha_1\in V_1,\eta+\alpha_1=\eta+\alpha-\alpha_2\in\alpha+V_2$。从而 $\eta+\alpha_1\in V_1\cap(\alpha+V_2)$。于是 $\sigma:\eta\longmapsto\eta+\alpha_1$ 是 $V_1\cap V_2$ 到 $V_1\cap(\alpha+V_2)$的一个映射。设 $\sigma(\eta_1)=\sigma(\eta_2)$,其中,$\eta_1,\eta_2\in V_1\cap V_2$,则 $\eta_1+\alpha_1=\eta_2+\alpha_1$。从而 $\eta_1=\eta_2$。因此 σ 是单射。任取 $\beta\in V_1\cap(\alpha+V_2)$。令 $\delta=\beta-\alpha_1$,则 $\delta\in V_1$。由于 $\beta\in\alpha+V_2$,因此存在 $\gamma_2\in V_2$,使得 $\beta=\alpha+\gamma_2$。从而 $\delta=\alpha+\gamma_2-\alpha_1=\alpha_2+\gamma_2\in V_2$。因此 $\delta\in V_1\cap V_2$,且 $\sigma(\delta)=\delta+\alpha_1=(\beta-\alpha_1)+\alpha_1=\beta$。这证明了 σ 是满射。从而 σ 是双射。于是

$$|V_1\cap(\alpha+V_2)|=|V_1\cap V_2|=|F_q^{\,n-2}|=q^{n-2}.$$

(2) $\alpha=\alpha_1-\alpha_2,\alpha_1\in V_1,\alpha_2\in V_2$

$\Leftrightarrow$ $\alpha_1=\alpha+\alpha_2,\alpha_1\in V_1,\alpha_2\in V_2$

$\Leftrightarrow$ $\alpha_1\in V_1\cap(\alpha+V_2)$.

由于 $V_1\cap(\alpha+V_2)$非空集,因此 α 可以分解成 $\alpha=\alpha_1-\alpha_2$,其中 $\alpha_1\in V_1,\alpha_2\in V_2$。给定 V 中向量 α 后,α 作这样分解的方式数目等于分解式中 α_1 的取法数目。从上述推导过程知道,α_1 的取法数目等于$|V_1\cap(\alpha+V_2)|$。因此,α 作这样分解的方式数目等于 q^{n-2}。

习题 8.4

1. 设 $V=K[x]$,其中 K 是数域,令

$$W=\{a_1x+a_2x^2+\cdots+a_mx^m\mid m\in\mathbf{N}^*,a_i\in K,i=1,2,\cdots,m\}.$$

证明:W 是 V 的一个子空间;求 W 的一个基,并且求商空间 V/W 的一个基和维数。

*2. 设 V 是域 F 上 n 维线性空间,$n\geqslant 3$,V_1 和 V_2 都是 V 的 $n-1$ 维子空间,且 $V_1\neq V_2$,任给 $\alpha\in V$,能否把 α 分解成 $\alpha=\alpha_1-\alpha_2$(其中 $\alpha_1\in V_1,\alpha_2\in V_2$)? 如果 α 可以这样分解,求 α 的分解式组成的集合的基数。

3. 设 W 是域 F 上 n 维线性空间 V 的一个非平凡子空间,W 中取一个基:$\delta_1,\cdots,\delta_m$。用两种方式把它扩充成 V 的一个基:

$$\delta_1,\cdots,\delta_m,\alpha_{m+1},\cdots,\alpha_n;$$

$$\delta_1,\cdots,\delta_m,\beta_{m+1},\cdots,\beta_n.$$

设 V 的基 $\delta_1,\cdots,\delta_m,\alpha_{m+1},\cdots,\alpha_n$ 到基 $\delta_1,\cdots,\delta_m,\beta_{m+1},\cdots,\beta_n$ 的过渡矩阵为 P,求商空间V/W 的基 $\alpha_{m+1}+W,\cdots,\alpha_n+W$ 到基 $\beta_{m+1}+W,\cdots,\beta_n+W$ 的过渡矩阵。

4. 设 A 是数域 K 上的 2×3 矩阵：

$$A=\begin{pmatrix}1 & -1 & 2\\ 1 & 0 & -1\end{pmatrix}.$$

(1) 求三元齐次线性方程组 $A\boldsymbol{x}=\boldsymbol{0}$ 的解空间 W 的一个基；

(2) 求商空间 K^3/W 的维数和一个基。

5. 设 $V=\mathbf{R}[x]$，令

$$W=\{(x^2+1)h(x)\mid h(x)\in\mathbf{R}[x]\}.$$

(1) 证明：W 是 V 的一个子空间；

(2) 商空间 V/W 的元素是什么？求 V/W 的一个基和维数。

补充题八

1. 设 V 是域 F 上的线性空间，S 是 V 的任一子集。V 中包含 S 的所有子空间的交称为**由 S 生成的子空间**，记作 $\langle S\rangle$，即

$$\langle S\rangle=\bigcap W,\tag{1}$$

其中 W 取遍 V 中包含 S 的所有子空间。

(1) 证明：$S\subseteq\langle S\rangle$；

(2) 用 T 表示由 S 里的任意有限多个向量的所有线性组合组成的集合，证明：$\langle S\rangle=T$；

(3) 当 S 为有限集时，说明用(1)式定义的 $\langle S\rangle$ 与本章 8.2 节中由(3)式定义的向量组生成的子空间一致。

2. 设 V 是域 F 上的线性空间，V_1 与 V_2 是 V 的两个子空间。证明：

$$\langle V_1\cup V_2\rangle=V_1+V_2.$$

3. 由域 F 上所有 $m\times n$ 矩阵组成的集合 $M_{m\times n}(F)$ 是域 F 上的一个线性空间。令

$$V_i=\{AE_{ii}\mid A\in M_{m\times n}(F)\},\tag{2}$$

其中 E_{ii} 表示 (i,i) 元为 1，其余元为 0 的 n 级矩阵，$i=1,2,\cdots,n$。证明：

(1) V_i 是 $M_{m\times n}(F)$ 的子空间，$i=1,2,\cdots,n$；求 V_i 的一个基和维数。

(2) $M_{m\times n}(F)=V_1\oplus V_2\oplus\cdots\oplus V_n$。

4. $F[x]_n$ 在 $F[x]$ 中有没有补空间？如果有，试找出来。

5. 设 A 是 $m\times n$ 实矩阵，用 U 表示 A 的列空间，用 W 表示 AA' 的列空间，证明：$U=W$。

6. 设 A 是域 F 上的 n 级可逆矩阵，把 A 和 A^{-1} 如下分块：

$k\quad n-k\qquad\qquad l\quad n-l$

$$A=\begin{pmatrix}A_{11} & A_{12}\\ A_{21} & A_{22}\end{pmatrix}\begin{matrix}l\\ n-l\end{matrix}\quad,\qquad A^{-1}=\begin{pmatrix}B_{11} & B_{12}\\ B_{21} & B_{22}\end{pmatrix}\begin{matrix}k\\ n-k\end{matrix}\quad,\tag{3}$$

其中 k 和 l 都是小于 n 的正整数，用 W 表示 $A_{12}\boldsymbol{x}=\mathbf{0}$ 的解空间，用 U 表示 $B_{12}\boldsymbol{y}=\mathbf{0}$ 的解空间，其中 $\boldsymbol{x},\boldsymbol{y}$ 分别是$(n-k)\times 1,(n-l)\times 1$ 未知列向量。证明：

(1) $W\cong U$； (2) $\dim W=\dim U$。

7. 设 A 是域 F 上的 n 级可逆矩阵，把 A 如下分块：

$$\begin{matrix} & k & n-k & \\ A= & \begin{pmatrix}A_{11} & A_{12}\\ A_{21} & A_{22}\end{pmatrix} & \begin{matrix}n-k\\ k\end{matrix}\end{matrix}.$$

证明：如果 A_{21} 中每个元素在 A 中的余子式都等于零，那么 $k\leqslant\frac{n}{2}$；此时求 A_{12} 的秩。

8. 在信息时代，大量的消息要及时传递，通常把待发送的消息编成由 0 和 1 组成的 k 位字符串，并且把这种 k 位字符串看成是 $\mathbf{Z}_2$ 上的 k 维向量空间$\mathbf{Z}_2^k$的一个向量 $\boldsymbol{\alpha}=(a_1,a_2,\cdots,a_k)$。为了察觉在传递过程中有无发生差错，在 $\boldsymbol{\alpha}$ 的右边添上 $n-k$ 个分量，成为$\mathbf{Z}_2^n$的一个向量 $\tilde{\boldsymbol{\alpha}}=(a_1,a_2,\cdots,a_k,c_1,c_2,\cdots,c_{n-k})$。这样就给出了$\mathbf{Z}_2^k$到$\mathbf{Z}_2^n$的一个映射 $\sigma:\boldsymbol{\alpha}\longmapsto\tilde{\boldsymbol{\alpha}}$。称 σ 是一个**编码**；σ 的象 $\mathrm{Im}\sigma$ 称为一个**码**，通常记作 C；码 C 里的每一个元素称为一个**码字**；而 σ 的陪域$\mathbf{Z}_2^n$的每一个元素称为一个**字**。码字 $\tilde{\alpha}$ 的前 k 个分量称为**信息位**，后 $n-k$ 个分量称为**校验位**，如果码 C 是$\mathbf{Z}_2^n$的一个线性子空间，那么称码 C 是(n,k)**线性码**。可以如下构造线性码：令

$$(c_1,c_2,\cdots,c_{n-k})'=A\boldsymbol{\alpha}',\tag{4}$$

其中 A 是 $\mathbf{Z}_2$ 上的一个$(n-k)\times k$ 矩阵，从(4)式得

$$A\boldsymbol{\alpha}'-I(c_1,c_2,\cdots,c_{n-k})'=\mathbf{0}.\tag{5}$$

把(5)式用分块矩阵的乘法写成

$$(A\quad -I)\tilde{\boldsymbol{\alpha}}'=\mathbf{0}.\tag{6}$$

记 $H=(A\quad -I)$，从(6)式和(4)式看出

$$\tilde{\boldsymbol{\alpha}}'\in C\quad\Leftrightarrow\quad H\tilde{\boldsymbol{\alpha}}'=\mathbf{0}.\tag{7}$$

于是码 C 是 n 元齐次线性方程组 $H\boldsymbol{X}=\mathbf{0}$ 的解空间（把解向量写成行向量），从而码 C 是线性码。把$(n-k)\times n$ 矩阵 H 称为码 C 的**校验矩阵**。求码 C 的维数。

9. 利用第 8 题中的校验矩阵 H 可以察觉收到的字 $\boldsymbol{\gamma}$ 是不是码字：$\boldsymbol{\gamma}$ 是码字当且仅当 $H\boldsymbol{\gamma}'=\mathbf{0}$。当 $\boldsymbol{\gamma}$ 不是码字时，为了从 $\boldsymbol{\gamma}$ 恢复成发送的码字，需要下述概念：设 $\boldsymbol{\alpha},\boldsymbol{\beta}\in\mathbf{Z}_2^n$，$\boldsymbol{\alpha}$ 与 $\boldsymbol{\beta}$ 对应分量不同的位置的个数称为 $\boldsymbol{\alpha}$ 与 $\boldsymbol{\beta}$ 的 **Hamming 距离**，记作 $d(\boldsymbol{\alpha},\boldsymbol{\beta})$。显然 $d(\boldsymbol{\alpha},\boldsymbol{\beta})$ 等于向量 $\boldsymbol{\alpha}-\boldsymbol{\beta}$ 的非零分量的个数。把 $\boldsymbol{\alpha}$ 的非零分量的个数称为 $\boldsymbol{\alpha}$ 的 **Hamming 重量**，记作

$W(\boldsymbol{\alpha})$。如果收到的字 $\boldsymbol{\gamma}$ 不是码字，那么我们去求 C 中每一个码字与 $\boldsymbol{\gamma}$ 的 Hamming 距离，从中找出与 $\boldsymbol{\gamma}$ 的 Hamming 距离最短的码字 $\boldsymbol{\beta}$，把 $\boldsymbol{\gamma}$ 译成这个码字 $\boldsymbol{\beta}$，这种译码想法称为**极大似然译码原理**。设发送的码字为 $\tilde{\boldsymbol{\alpha}}$，收到的字为 $\boldsymbol{\gamma}$，令 $\boldsymbol{e}=\boldsymbol{\gamma}-\tilde{\boldsymbol{\alpha}}$，称 $\boldsymbol{e}$ 是**差错向量**。我们有

$$He' = H(\boldsymbol{\gamma}-\tilde{\boldsymbol{\alpha}})' = H\boldsymbol{\gamma}' - H\tilde{\boldsymbol{\alpha}}' = H\boldsymbol{\gamma}'. \tag{8}$$

一般地，对于 $\boldsymbol{\delta}\in \mathbf{Z}_2^n$，我们把 $H\boldsymbol{\delta}'$ 称为 $\boldsymbol{\delta}$ 的**校验子**。从(8)式看出，差错向量 $\boldsymbol{e}$ 与收到的字 $\boldsymbol{\gamma}$ 有相同的校验子。设 $\boldsymbol{\alpha},\boldsymbol{\beta}\in \mathbf{Z}_2^n$，求 $\boldsymbol{\alpha}$ 与 $\boldsymbol{\beta}$ 有相同的校验子的充分必要条件。

10. 从第 9 题得出，差错向量 $\boldsymbol{e}$ 属于陪集 $\boldsymbol{\gamma}+C$，其中 $\boldsymbol{\gamma}$ 是收到的字。据极大似然译码原理，陪集 $\boldsymbol{\gamma}+C$ 中重量最小的向量最有可能是差错向量 $\boldsymbol{e}$，陪集中重量最小的向量称为**陪集头**。由于 $\tilde{\boldsymbol{\alpha}}=\boldsymbol{\gamma}-\boldsymbol{e}$，因此把 $\boldsymbol{\gamma}$ 译成码字 $\boldsymbol{\gamma}-\boldsymbol{e}$。实际译码时，把码 C 的所有码字排在第一行，其余每个陪集的向量排成一行，把每一个陪集的陪集头写在该行的最左边，把陪集头的校验子写在该行的最右边，得到一张译码表，收到一个字 $\boldsymbol{\gamma}$ 后，计算它的校验字 $H\boldsymbol{\gamma}'$，从译码表的最右边一列查出该校验子，从这个校验子所在的行查出字 $\boldsymbol{\gamma}$，从 $\boldsymbol{\gamma}$ 所在的列找出第一行里的码字，则把 $\boldsymbol{\gamma}$ 译成这个码字。试问：译码表中有多少行？（即码 C 在 $\mathbf{Z}_2^n$ 中有多少个陪集？）

第9章 线性映射

我们在上一章研究了域 F 上线性空间的结构。线性空间是具有加法运算和纯量乘法运算的代数系统，很自然地需要研究域 F 上线性空间之间保持加法和纯量乘法运算的映射，称这类映射为线性映射。研究线性映射是研究线性空间结构的重要途径。同时在许多数学分支和实际问题中都会遇到线性空间之间的线性映射。因此我们在本章来系统地研究线性映射的性质、表示、运算和线性映射的整体结构。线性代数就是研究线性空间和线性映射的理论。

9.1 线性映射及其运算

9.1.1 内容精华

一、线性映射的定义、例子和性质

定义1 设 V 与 V' 是域 F 上的两个线性空间，V 到 V' 的一个映射 $\mathbf{A}$ 如果保持加法运算和纯量乘法运算，即

$$\mathbf{A}(\alpha+\beta)=\mathbf{A}(\alpha)+\mathbf{A}(\beta) \qquad \forall\, \alpha,\beta\in V; \tag{1}$$

$$\mathbf{A}(k\alpha)=k\mathbf{A}(\alpha) \qquad \forall\, \alpha\in V, k\in F, \tag{2}$$

那么称 $\mathbf{A}$ 是 V 到 V' 的一个**线性映射**。

线性空间 V 到自身的线性映射通常称为 V 上的**线性变换**。

域 F 上线性空间 V 到 F 的线性映射称为 V 上的**线性函数**。

$\mathbf{A}(\alpha)$ 也可写成 $\mathbf{A}\alpha$。

例1 用 $C^{(1)}(a,b)$ 表示区间 (a,b) 上所有一次可微函数组成的集合，它对于函数的加法与数量乘法成为实数域 $\mathbf{R}$ 上的一个线性空间。用 $\boldsymbol{D}$ 表示求导数，则 $\boldsymbol{D}$ 是 $C^{(1)}(a,b)$ 到 $\mathbf{R}^{(a,b)}$ 的一个映射：$\boldsymbol{D}(f(x))=f'(x)$。据求导数与函数的加法、数乘的关系立即得出，$\boldsymbol{D}$ 是 $C^{(1)}(a,b)$ 到 $\mathbf{R}^{(a,b)}$ 的一个线性映射。

例 2 用 $C[a,b]$ 表示 $[a,b]$ 上所有连续函数组成的集合，它对于函数的加法与数量乘法成为 $\mathbf{R}$ 上的一个线性空间，函数的定积分（记作 $\boldsymbol{J}$）是 $C[a,b]$ 到 $\mathbf{R}$ 的一个映射：$\boldsymbol{J}(f(x))=\int_a^b f(x)\mathrm{d}x$。据定积分的性质立即得出，$\boldsymbol{J}$ 是 $C[a,b]$ 到 $\mathbf{R}$ 的一个线性映射。

例 3 几何空间 V 在过原点 O 的平面 U 上的正投影 $\boldsymbol{P}_U$，它把任一向量 $\alpha=\overrightarrow{OA}$ 映成 $\alpha_1=\overrightarrow{OD}$，其中 D 是从点 A 向平面 U 作垂线的垂足，如图 9-1 所示。显然 $\boldsymbol{P}_U$ 是 V 上的一个变换，它是不是线性变换？过点 O 作直线 W 与平面 U 垂直，则 W 是 V 的一个子空间，且有

$$\alpha=\alpha_1+\alpha_2, \alpha_1\in U, \alpha_2\in W.$$

于是 $V=U+W$。又由于 $U\cap W=0$，因此 $V=U\oplus W$。设

$$\beta=\beta_1+\beta_2, \beta_1\in U, \beta_2\in W.$$

则 $\alpha+\beta=(\alpha_1+\beta_1)+(\alpha_2+\beta_2)$，由于 U 和 W 都是 V 的子空间。因此 $\alpha_1+\beta_1\in U, \alpha_2+\beta_2\in W$。从而

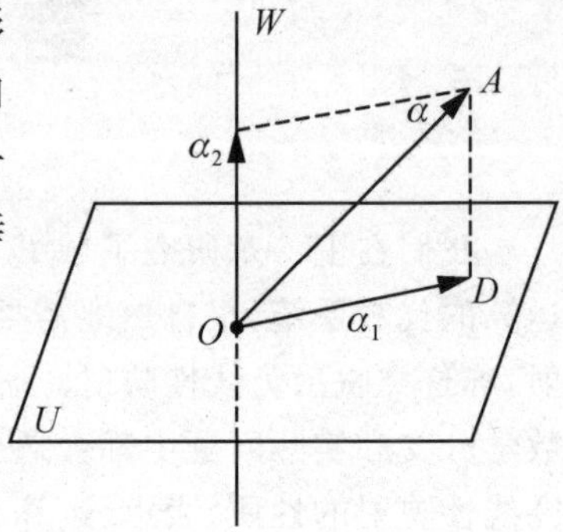

图 9-1

$$\boldsymbol{P}_U(\alpha+\beta)=\alpha_1+\beta_1=\boldsymbol{P}_U(\alpha)+\boldsymbol{P}_U(\beta),$$

即 $\boldsymbol{P}_U$ 保持加法运算。又对于任意 $k\in\mathbf{R}$，有 $k\alpha=k\alpha_1+k\alpha_2$，其中 $k\alpha_1\in U, k\alpha_2\in W$，因此

$$\boldsymbol{P}_U(k\alpha)=k\alpha_1=k\boldsymbol{P}_U(\alpha).$$

综上所述，V 在平面 U 上的正投影 $\boldsymbol{P}_U$ 是 V 上的一个线性变换。

例 4 设 A 是域 F 上的一个 $s\times n$ 矩阵，令

$$\mathbf{A}: F^n \longrightarrow F^s$$
$$\boldsymbol{\alpha} \longmapsto A\boldsymbol{\alpha}.$$

容易看出，$\mathbf{A}$ 是 F^n 到 F^s 的一个线性映射。

例 5 线性空间 V 到 V' 的一个映射如果把 V 中任一向量 α 都映成 V' 的零向量，那么称它是 V 到 V' 的**零映射**，记作 $\mathbf{0}$。显然 $\mathbf{0}$ 是 V 到 V' 的一个线性映射。

例 6 线性空间 V 上的**恒等变换**（即把任一向量 α 映成自身）是 V 上的一个线性变换，记作 $\boldsymbol{I}$。

例 7 给定 $k\in F$，域 F 上线性空间 V 到自身的映射如果把任一向量 α 映成 $k\alpha$，那么称它是 V 上由 k 决定的**数乘变换**，记作 $\boldsymbol{k}$。易验证 $\boldsymbol{k}$ 是 V 上的一个线性变换。当 $k=0$ 时，就得到 V 上的零变换；当 $k=1$ 时，就得到 V 上的恒等变换。

例 8 设 W 是域 F 上线性空间 V 的一个子空间，V 到商空间 V/W 的标准映射 $\pi: \alpha\longmapsto\alpha+W$ 是一个线性映射，因为 π 保持加法和纯量乘法运算。

例 9 域 F 上线性空间 V 到 V' 的一个同构映射 σ 是线性映射，并且是双射，从而是可逆的线性映射。反之，V 到 V' 的一个可逆的线性映射一定是同构映射。

由于线性映射只比同构映射少了双射这一条件，因此同构映射的性质中，只要它的证明没有用到单射和满射的条件，那么对于线性映射也成立。

域 F 上线性空间 V 到 V' 的线性映射 $\boldsymbol{A}$ 具有下列性质：

1° $\boldsymbol{A}(0)=0'$，其中 $0'$ 是 V' 的零向量；

2° $\boldsymbol{A}(-\alpha)=-\boldsymbol{A}(\alpha)$，$\forall\alpha\in V$；

3° $\boldsymbol{A}(k_1\alpha_1+k_2\alpha_2+\cdots+k_s\alpha_s)=k_1\boldsymbol{A}(\alpha_1)+k_2\boldsymbol{A}(\alpha_2)+\cdots+k_s\boldsymbol{A}(\alpha_s)$；　(3)

4° $\boldsymbol{A}$ 把 V 中线性相关的向量组 $\alpha_1,\cdots,\alpha_s$ 映成 V' 中线性相关的向量组 $\boldsymbol{A}(\alpha_1),\cdots,\boldsymbol{A}(\alpha_s)$（注意：$\boldsymbol{A}$ 有可能把 V 中线性无关的向量组映成线性相关的向量组）；

5° 如果 V 是有限维的，且 $\alpha_1,\alpha_2,\cdots,\alpha_n$ 是 V 的一个基，那么对于 V 中任一向量 $\alpha=a_1\alpha_1+a_2\alpha_2+\cdots+a_n\alpha_n$，有

$$\boldsymbol{A}(\alpha)=a_1\boldsymbol{A}(\alpha_1)+a_2\boldsymbol{A}(\alpha_2)+\cdots+a_n\boldsymbol{A}(\alpha_n). \tag{4}$$

这表明：只要知道了 V 的一个基 $\alpha_1,\alpha_2,\cdots,\alpha_n$ 在 $\boldsymbol{A}$ 下的象，那么 V 中任一向量在 $\boldsymbol{A}$ 下的象就都确定了。即，n 维线性空间 V 到线性空间 V' 的线性映射完全被它在 V 的一个基上的作用所决定。换句话说，如果对于线性映射 $\boldsymbol{A}$ 和 $\boldsymbol{B}$ 有

$$\boldsymbol{A}(\alpha_i)=\boldsymbol{B}(\alpha_i),i=1,2,\cdots,n. \tag{5}$$

那么 $\boldsymbol{A}=\boldsymbol{B}$。

二、线性映射的存在性，投影

定理 1 设 V 和 V' 都是域 F 上的线性空间，且 V 是有限维的。V 中取一个基 $\alpha_1,\alpha_2,\cdots,\alpha_n$；$V'$ 中任意取定 n 个向量 $\gamma_1,\gamma_2,\cdots,\gamma_n$（它们中可以有相同的），令

$$\boldsymbol{A}:V\longrightarrow V'$$

$$\alpha=\sum_{i=1}^{n}a_i\alpha_i\longmapsto\sum_{i=1}^{n}a_i\gamma_i. \tag{6}$$

则 $\boldsymbol{A}$ 是 V 到 V' 的一个线性映射，且 $\boldsymbol{A}(\alpha_i)=\gamma_i,i=1,2,\cdots,n$。

证明 由于 α 表示成基向量 $\alpha_1,\alpha_2,\cdots,\alpha_n$ 的线性组合的方式唯一，因此由(6)式定义的对应法则 $\boldsymbol{A}$ 是 V 到 V' 的一个映射。容易验证 $\boldsymbol{A}$ 保持加法和纯量乘法，因此 $\boldsymbol{A}$ 是 V 到 V' 的一个线性映射，由(6)式立即得到：$\boldsymbol{A}(\alpha_i)=\gamma_i,i=1,2,\cdots,n$。 ■

由于 V 到 V' 的线性映射完全被它在 V 的一个基上的作用所决定，因此定理 1 中满足 $\boldsymbol{A}(\alpha_i)=\gamma_i(i=1,2,\cdots,n)$ 的线性映射是唯一的。

定理 2 设 V 是域 F 上的一个线性空间，U 和 W 是 V 的两个子空间，且

$$V=U\oplus W \tag{7}$$

任取 $\alpha\in V$,设 $\alpha=\alpha_1+\alpha_2,\alpha_1\in U,\alpha_2\in W$。令

$$\begin{aligned}\boldsymbol{P}_U: V&\longrightarrow V\\ \alpha&\longmapsto\alpha_1.\end{aligned}\tag{8}$$

则 $\boldsymbol{P}_U$ 是 V 上的一个线性变换,称 $\boldsymbol{P}_U$ 是平行于 W 在 U 上的**投影**,它满足

$$\boldsymbol{P}_U(\alpha)=\begin{cases}\alpha & \text{当 } \alpha\in U,\\ 0 & \text{当 } \alpha\in W;\end{cases}\tag{9}$$

满足(9)式的 V 上的线性变换是唯一的。

证明　由于 $V=U\oplus W$,因此 V 中任一向量 α 表示成 U 的一个向量与 W 的一个向量之和的方式唯一。从而 $\boldsymbol{P}_U$ 是 V 到 V 的一个映射。直接计算可知 $\boldsymbol{P}_U$ 保持加法和纯量乘法运算,因此 $\boldsymbol{P}_U$ 是 V 上的一个线性变换。

如果 $\alpha\in U$,那么 $\alpha=\alpha+0$,从而 $\boldsymbol{P}_U(\alpha)=\alpha$。

如果 $\alpha\in W$,那么 $\alpha=0+\alpha$,从而 $\boldsymbol{P}_U(\alpha)=0$。

设 V 上的线性变换 $\boldsymbol{A}$ 也满足(9)式,任取 $\alpha\in V$,设 $\alpha=\alpha_1+\alpha_2,\alpha_1\in U,\alpha_2\in W$。则

$$\boldsymbol{A}(\alpha)=\boldsymbol{A}(\alpha_1+\alpha_2)=\boldsymbol{A}(\alpha_1)+\boldsymbol{A}(\alpha_2)=\alpha_1+0=\alpha_1=\boldsymbol{P}_U(\alpha).$$

因此 $\boldsymbol{A}=\boldsymbol{P}_U$。 ■

类似地,定义 $\boldsymbol{P}_W(\alpha)=\alpha_2$,则 $\boldsymbol{P}_W$ 也是 V 上的一个线性变换,称它为平行于 U 在 W 上的**投影**。

任取 $\alpha\in V$,设 $\alpha=\alpha_1+\alpha_2,\alpha_1\in U,\alpha_2\in W$,则

$$\begin{aligned}\boldsymbol{P}_U^2(\alpha)&=\boldsymbol{P}_U(\boldsymbol{P}_U(\alpha))=\boldsymbol{P}_U(\alpha_1)=\alpha_1=\boldsymbol{P}_U(\alpha),\\ \boldsymbol{P}_U\boldsymbol{P}_W(\alpha)&=\boldsymbol{P}_U(\boldsymbol{P}_W(\alpha))=\boldsymbol{P}_U(\alpha_2)=0,\\ \boldsymbol{P}_W\boldsymbol{P}_U(\alpha)&=\boldsymbol{P}_W(\boldsymbol{P}_U(\alpha))=\boldsymbol{P}_W(\alpha_1)=0,\\ \boldsymbol{P}_W^2(\alpha)&=\boldsymbol{P}_W(\boldsymbol{P}_W(\alpha))=\boldsymbol{P}_W(\alpha_2)=\alpha_2=\boldsymbol{P}_W(\alpha).\end{aligned}$$

由此得出

$$\boldsymbol{P}_U^2=\boldsymbol{P}_U,\qquad \boldsymbol{P}_W^2=\boldsymbol{P}_W,\qquad \boldsymbol{P}_U\boldsymbol{P}_W=\boldsymbol{P}_W\boldsymbol{P}_U=\boldsymbol{0}.\tag{10}$$

定义 2　线性空间 V 上的线性变换 $\boldsymbol{A}$ 如果满足 $\boldsymbol{A}^2=\boldsymbol{A}$,那么称 $\boldsymbol{A}$ 是**幂等变换**。

(10)式表明:投影 $\boldsymbol{P}_U,\boldsymbol{P}_W$ 都是幂等变换。

定义 3　线性空间 V 上的两个线性变换 $\boldsymbol{A},\boldsymbol{B}$ 如果满足:$\boldsymbol{AB}=\boldsymbol{BA}=\boldsymbol{0}$,那么称 $\boldsymbol{A}$ 与 $\boldsymbol{B}$ 是**正交的**。

(10)式表明:投影 $\boldsymbol{P}_U$ 和 $\boldsymbol{P}_W$ 是正交的。

投影是非常重要的一类线性变换。

三、线性映射的运算和线性映射的整体结构

设 V 和 V' 都是域 F 上的线性空间，我们把 V 到 V' 的所有线性映射组成的集合记作 $\mathrm{Hom}(V,V')$；把 V 上的所有线性变换组成的集合记作 $\mathrm{Hom}(V,V)$。我们来讨论线性映射可以做哪些运算？进而讨论 $\mathrm{Hom}(V,V')$ 以及 $\mathrm{Hom}(V,V)$ 的结构。

设 V,U,W 都是域 F 上的线性空间，$\boldsymbol{A}\in\mathrm{Hom}(V,U)$，$\boldsymbol{B}\in\mathrm{Hom}(U,W)$。线性映射作为映射，有映射的乘法，因此有乘积映射 $\boldsymbol{BA}$，由于 $\boldsymbol{A},\boldsymbol{B}$ 都保持加法和纯量乘法运算，因此直接计算可知，$\boldsymbol{BA}$ 也保持加法和纯量乘法运算，从而 $\boldsymbol{BA}$ 是 V 到 W 的一个线性映射。

由于映射的乘法适合结合律，不适合交换律，因此线性映射的乘法适合结合律，不适合交换律。

设 $\boldsymbol{A}\in\mathrm{Hom}(V,V')$，若 $\boldsymbol{A}$ 可逆，则 $\boldsymbol{A}$ 是 V 到 V' 的一同构映射。从而 A^{-1} 是 V' 到 V 的同构映射。于是 $\boldsymbol{A}^{-1}\in\mathrm{Hom}(V',V)$。

设 $\boldsymbol{A},\boldsymbol{B}\in\mathrm{Hom}(V,V')$。由于陪域 V' 是线性空间，因此可以定义加法和纯量乘法如下：

$$(\boldsymbol{A}+\boldsymbol{B})\alpha \xlongequal{\text{def}} \boldsymbol{A}\alpha+\boldsymbol{B}\alpha \qquad \forall\,\alpha\in V; \tag{11}$$

$$(k\boldsymbol{A})\alpha \xlongequal{\text{def}} k(\boldsymbol{A}\alpha) \qquad \forall\,\alpha\in V. \tag{12}$$

直接计算可知，$\boldsymbol{A}+\boldsymbol{B}$，$k\boldsymbol{A}$ 都是 V 到 V' 的线性映射。称 $\boldsymbol{A}+\boldsymbol{B}$ 是 $\boldsymbol{A}$ 与 $\boldsymbol{B}$ 的和，$k\boldsymbol{A}$ 是 k 与 $\boldsymbol{A}$ 的纯量乘积。

容易验证，$\mathrm{Hom}(V,V')$ 中，由(11)、(12)式定义的加法与纯量乘法满足线性空间定义中的 8 条运算法则，从而 $\mathrm{Hom}(V,V')$ 成为域 F 上的一个线性空间。

不难验证，线性映射的乘法对于加法有左、右分配律。即设 $\boldsymbol{A},\boldsymbol{B}\in\mathrm{Hom}(V,U)$，$\boldsymbol{C}\in\mathrm{Hom}(U,W)$，$\boldsymbol{D}\in\mathrm{Hom}(M,V)$，则

$$\boldsymbol{C}(\boldsymbol{A}+\boldsymbol{B})=\boldsymbol{CA}+\boldsymbol{CB},\ (\boldsymbol{A}+\boldsymbol{B})\boldsymbol{D}=\boldsymbol{AD}+\boldsymbol{BD}.$$

特别地，$\mathrm{Hom}(V,V)$ 成为域 F 上的线性空间，而且 $\mathrm{Hom}(V,V)$ 还有乘法运算，容易验证，$\mathrm{Hom}(V,V)$ 对于加法和乘法运算成为一个有单位元的环，还可证明线性变换的乘法与纯量乘法满足：

$$k(\boldsymbol{AB})=(k\boldsymbol{A})\boldsymbol{B}=\boldsymbol{A}(k\boldsymbol{B}). \tag{13}$$

定义 4 一个非空集合 $\mathscr{A}$ 如果有加法、乘法运算，以及域 F 与 $\mathscr{A}$ 的纯量乘法运算，并且 $\mathscr{A}$ 对于加法和纯量乘法成为域 F 上的一个线性空间，$\mathscr{A}$ 对于加法和乘法成为一个有单位元的环，$\mathscr{A}$ 的乘法与纯量乘法满足：

$$k(\alpha\beta)=(k\alpha)\beta=\alpha(k\beta),\ \forall\,k\in F,\alpha,\beta\in\mathscr{A}, \tag{14}$$

那么称 $\mathscr{A}$ 是域 F 上的一个**代数**，把线性空间 $\mathscr{A}$ 的维数称为代数 $\mathscr{A}$ 的**维数**。

从上面的讨论得出，$\mathrm{Hom}(V,V)$ 是域 F 上的一个代数。

容易看出，$M_n(F)$ 对于矩阵的加法、乘法与纯量乘法，成为域 F 上的一个代数。

在 Hom(V,V')中定义减法如下：

$$\boldsymbol{A}-\boldsymbol{B} \xlongequal{\text{def}} \boldsymbol{A}+(-\boldsymbol{B}).$$

在 Hom(V,V)中，可定义$\boldsymbol{A}$的正整数指数幂：

$$\boldsymbol{A}^m \xlongequal{\text{def}} \underbrace{\boldsymbol{A}\cdot\boldsymbol{A}\cdot\cdots\cdot\boldsymbol{A}}_{m\text{个}}. \tag{15}$$

还可以定义$\boldsymbol{A}$的零次幂：

$$\boldsymbol{A}^0 \xlongequal{\text{def}} \boldsymbol{I}. \tag{16}$$

当$\boldsymbol{A}$可逆时，还可以定义$\boldsymbol{A}$的负整数指数幂：

$$\boldsymbol{A}^{-m} \xlongequal{\text{def}} (\boldsymbol{A}^{-1})^m, m\in \mathbf{N}^*. \tag{17}$$

容易验证：

$$\boldsymbol{A}^m\cdot\boldsymbol{A}^n=\boldsymbol{A}^{m+n}, (\boldsymbol{A}^m)^n=\boldsymbol{A}^{mn}, m,n\in\mathbf{N}. \tag{18}$$

设 $f(x)=a_0+a_1x+\cdots+a_mx^m\in F[x]$，$x$ 用$\boldsymbol{A}$代入，得

$$f(\boldsymbol{A})=a_0\boldsymbol{I}+a_1\boldsymbol{A}+\cdots+a_m\boldsymbol{A}^m. \tag{19}$$

显然 $f(\boldsymbol{A})\in$ Hom(V,V)，称 $f(\boldsymbol{A})$是$\boldsymbol{A}$的一个多项式。容易验证，$f(\boldsymbol{A})g(\boldsymbol{A})=g(\boldsymbol{A})f(\boldsymbol{A})$。

把$\boldsymbol{A}$的所有多项式组成的集合记作$F[\boldsymbol{A}]$，容易验证$F[\boldsymbol{A}]$对于线性变换的减法和乘法都封闭，从而$F[\boldsymbol{A}]$是环 Hom(V,V)的一个子环，且$F[\boldsymbol{A}]$是交换环，$\boldsymbol{I}\in F[\boldsymbol{A}]$。$F[\boldsymbol{A}]$中所有数乘变换组成的集合是$F[\boldsymbol{A}]$的一个子环，并且域$F$与这个子环之间有一个双射$\tau: k\longmapsto \boldsymbol{k}$，$\tau$保持加法与乘法运算，因此$F[\boldsymbol{A}]$可以看成是$F$的一个扩环。于是域$F$上一元多项式中的不定元$x$可以用$F[\boldsymbol{A}]$中任一元素代入，并且这种代入保持加法和乘法运算。从而由$F[x]$中的有关加法和乘法的等式可以得到$F[\boldsymbol{A}]$中相应的有关加法和乘法的等式。这一点非常有用。

利用线性变换的运算，可以研究一些特殊类型的线性变换的性质，刻画一些线性变换之间的关系。下面举几个例子。

设U和W是域F上线性空间V的两个子空间，且$V=U\oplus W$，前面已指出，平行于W在U上的投影$\boldsymbol{P}_U$以及平行于U在W上的投影$\boldsymbol{P}_W$具有下述性质：

$$\boldsymbol{P}_U^2=\boldsymbol{P}_U, \boldsymbol{P}_W^2=\boldsymbol{P}_W, \boldsymbol{P}_U\boldsymbol{P}_W=\boldsymbol{P}_W\boldsymbol{P}_U=\boldsymbol{0}; \tag{20}$$

即投影$\boldsymbol{P}_U$和$\boldsymbol{P}_W$是正交的幂等变换，现在进一步利用线性变换的加法运算研究投影$\boldsymbol{P}_U$和$\boldsymbol{P}_W$的性质，任取$\alpha\in V$，设

$$\alpha=\alpha_1+\alpha_2, \alpha_1\in U, \alpha_2\in W;$$

则

$$(\boldsymbol{P}_U+\boldsymbol{P}_W)\alpha=\boldsymbol{P}_U\alpha+\boldsymbol{P}_W\alpha=\alpha_1+\alpha_2=\alpha.$$

因此

$$\boldsymbol{P}_U + \boldsymbol{P}_W = \boldsymbol{I}. \tag{21}$$

我们把有关投影的上述性质写成一个命题：

命题 1 设 U 和 W 是域 F 上线性空间 V 的两个子空间，且 $V=U \oplus W$，则平行于 W 在 U 上的投影 $\boldsymbol{P}_U$ 与平行 U 在 W 上的投影 $\boldsymbol{P}_W$ 是正交的幂等变换，且它们的和等于恒等变换。 ■

反之，如果 $\boldsymbol{A}$ 和 $\boldsymbol{B}$ 是域 F 上线性空间 V 上的正交的幂等变换，且 $\boldsymbol{A}+\boldsymbol{B}=\boldsymbol{I}$，那么 $\boldsymbol{A}$ 和 $\boldsymbol{B}$ 可不可以分别看成 V 在某两个子空间 U,W 上的投影？下面来探讨这个问题。

首先需要找出 V 的子空间 U 和 W，使得 $V=U \oplus W$。任给 $\alpha\in V$，由于 $\boldsymbol{A}+\boldsymbol{B}=\boldsymbol{I}$，因此

$$\alpha = \boldsymbol{I}\alpha = (\boldsymbol{A}+\boldsymbol{B})\alpha = \boldsymbol{A}\alpha + \boldsymbol{B}\alpha. \tag{22}$$

由(22)式受到启发，令 $U=\operatorname{Im}\boldsymbol{A}$，$W=\operatorname{Im}\boldsymbol{B}$。由于 $\boldsymbol{A}(0)=0$，$\boldsymbol{B}(0)=0$，因此 $\operatorname{Im}\boldsymbol{A}$ 和 $\operatorname{Im}\boldsymbol{B}$ 都非空集。由于 $\boldsymbol{A}\alpha+\boldsymbol{A}\gamma=\boldsymbol{A}(\alpha+\gamma)\in\operatorname{Im}\boldsymbol{A}$，因此 $\operatorname{Im}\boldsymbol{A}$ 对加法封闭。由于 $k\boldsymbol{A}\alpha=\boldsymbol{A}(k\alpha)\in\operatorname{Im}\boldsymbol{A}$，因此 $\operatorname{Im}\boldsymbol{A}$ 对纯量乘法封闭。从而 $\operatorname{Im}\boldsymbol{A}$ 是 V 的一个子空间。同理 $\operatorname{Im}\boldsymbol{B}$ 是 V 的一个子空间。由(22)式得

$$V = \operatorname{Im}\boldsymbol{A} + \operatorname{Im}\boldsymbol{B}. \tag{23}$$

任取 $\delta\in(\operatorname{Im}\boldsymbol{A})\cap(\operatorname{Im}\boldsymbol{B})$。则存在 $\alpha\in\operatorname{Im}\boldsymbol{A}$，$\beta\in\operatorname{Im}\boldsymbol{B}$，使得 $\delta=\boldsymbol{A}\alpha$，$\delta=\boldsymbol{B}\beta$。由于 $\boldsymbol{A}^2=\boldsymbol{A}$，因此

$$\delta = \boldsymbol{A}\alpha = \boldsymbol{A}^2\alpha = \boldsymbol{A}(\boldsymbol{A}\alpha) = \boldsymbol{A}\delta. \tag{24}$$

由于 $\boldsymbol{AB}=\boldsymbol{0}$，因此

$$\boldsymbol{A}\delta = \boldsymbol{A}(\boldsymbol{B}\beta) = (\boldsymbol{AB})\beta = \boldsymbol{0}\,\beta = 0. \tag{25}$$

从(24)和(25)式得，$\delta=0$，因此$(\operatorname{Im}\boldsymbol{A})\cap(\operatorname{Im}\boldsymbol{B})=0$。从而

$$V = \operatorname{Im}\boldsymbol{A} \oplus \operatorname{Im}\boldsymbol{B}. \tag{26}$$

当 $\delta\in\operatorname{Im}\boldsymbol{A}$ 时，从上面的讨论知道，$\delta=\boldsymbol{A}\delta$；当 $\delta\in\operatorname{Im}\boldsymbol{B}$ 时，从上面的讨论知道，$\boldsymbol{A}\delta=0$，据本节定理 2 得，$\boldsymbol{A}=\boldsymbol{P}_U$，其中 $U=\operatorname{Im}\boldsymbol{A}$。同理，$\boldsymbol{B}=\boldsymbol{P}_W$，其中 $W=\operatorname{Im}\boldsymbol{B}$。这证明了下述命题：

命题 2 设 V 是域 F 上的线性空间，$\boldsymbol{A}$ 和 $\boldsymbol{B}$ 是 V 上正交的幂等变换，且 $\boldsymbol{A}+\boldsymbol{B}=\boldsymbol{I}$。则 $\boldsymbol{A}$ 是平行于 $\operatorname{Im}\boldsymbol{B}$ 在 $\operatorname{Im}\boldsymbol{A}$ 上的投影，$\boldsymbol{B}$ 是平行于 $\operatorname{Im}\boldsymbol{A}$ 在 $\operatorname{Im}\boldsymbol{B}$ 上的投影。 ■

命题 1 和命题 2 结合在一起，利用线性变换的运算刻画了投影的特征性质。

利用线性变换的运算还可以刻画几何空间 V 中关于过原点 O 的平面 U 的反射(称为**镜面反射**)$\boldsymbol{R}_U$。

任给 $\alpha\in V$，从向量 α 的终点 A 向平面 U 作垂线，垂足为 D，延长 AD 至点 B，使得 $DB=DA$，则向量$\overrightarrow{OB}$就是 α 在关于平面 U 的镜面反射下的象，记 $\beta=\overrightarrow{OB}$。于是

$$\boldsymbol{R}_U(\alpha)=\beta.$$

如图 9-2 所示，向量$\overrightarrow{OA}$可以分解成$\overrightarrow{OA}=\overrightarrow{OD}+\overrightarrow{OC}$，其中 OC 与平面 U 垂直，把直线 OC 记作 W，它是 V 的一个子空间，且 $V=U\oplus W$。于是$\overrightarrow{OC}$是 α 在投影 $\boldsymbol{P}_W$ 下的象，即$\overrightarrow{OC}=\boldsymbol{P}_W(\alpha)$。由于

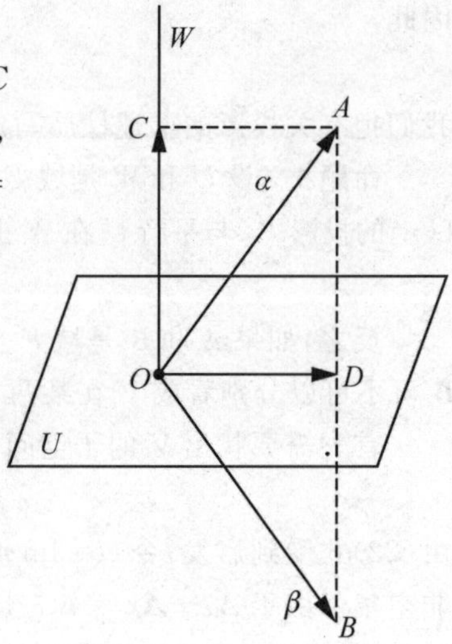

$$\begin{aligned}\beta&=\overrightarrow{OB}\\&=\overrightarrow{OA}+\overrightarrow{AB}\\&=\overrightarrow{OA}+2\,\overrightarrow{AD}\\&=\overrightarrow{OA}+2(-\overrightarrow{OC})\\&=\alpha-2\boldsymbol{P}_W(\alpha)\\&=\boldsymbol{I}(\alpha)-2\boldsymbol{P}_W(\alpha)\\&=(\boldsymbol{I}-2\boldsymbol{P}_W)\alpha.\end{aligned}$$

图 9-2

因此 $\boldsymbol{R}_U(\alpha)=(\boldsymbol{I}-2\boldsymbol{P}_W)\alpha$，$\forall\,\alpha\in V$。从而

$$\boldsymbol{R}_U=\boldsymbol{I}-2\boldsymbol{P}_W. \tag{27}$$

即关于平面 U 的镜面反射 $\boldsymbol{R}_U$ 等于恒等变换 $\boldsymbol{I}$ 减去在与平面 U 垂直的直线 OC 上的投影 $\boldsymbol{P}_W$ 的 2 倍所得的差。由此也可看出，投影起着基础的作用。

在 $\mathbf{R}[x]_n$ 中，给定 $a\in\mathbf{R}$，令

$$\begin{aligned}\boldsymbol{T}_a:\mathbf{R}[x]_n&\longrightarrow\mathbf{R}[x]_n\\f(x)&\longmapsto f(x+a).\end{aligned}\tag{28}$$

由于 $\deg f(x+a)=\deg f(x)$，因此 $\boldsymbol{T}_a$ 是 $\mathbf{R}[x]_n$ 到自身的一个映射。由于 x 用 $x+a$ 代入是保持加法和乘法运算的，因此 $\boldsymbol{T}_a$ 保持加法和数量乘法运算。从而 $\boldsymbol{T}_a$ 是 $\mathbf{R}[x]_n$ 上的一个线性变换，称它是由 a 决定的**平移**。$\boldsymbol{T}_a$ 与求导数 $\boldsymbol{D}$ 有什么关系？根据泰勒展开式，有

$$\begin{aligned}f(x+a)&=f(x)+af'(x)+\frac{a^2}{2!}f''(x)+\cdots+\frac{a^{n-1}}{(n-1)!}f^{(n-1)}(x)\\&=\boldsymbol{I}(f(x))+a\boldsymbol{D}(f(x))+\frac{a^2}{2!}\boldsymbol{D}^2(f(x))+\cdots+\frac{a^{n-1}}{(n-1)!}\boldsymbol{D}^{n-1}(f(x))\\&=\left(\boldsymbol{I}+a\boldsymbol{D}+\frac{a^2}{2!}\boldsymbol{D}^2+\cdots+\frac{a^{n-1}}{(n-1)!}\boldsymbol{D}^{n-1}\right)f(x).\end{aligned}$$

因此

$$\boldsymbol{T}_a=\boldsymbol{I}+a\boldsymbol{D}+\frac{a^2}{2!}\boldsymbol{D}^2+\cdots+\frac{a^{n-1}}{(n-1)!}\boldsymbol{D}^{n-1}. \tag{29}$$

(29)式表明：平移 $\boldsymbol{T}_a$ 是求导数 $\boldsymbol{D}$ 的一个多项式。

9.1.2　典型例题

例 1　判断下面所定义的 $\mathbf{R}^3$ 上的变换,哪些是线性变换。

(1) $\mathbf{A}\begin{pmatrix}x_1\\x_2\\x_3\end{pmatrix}=\begin{pmatrix}x_1-x_2+x_3\\2x_1+x_2-5x_3\\-x_1+3x_2+2x_3\end{pmatrix}$;　　(2) $\mathbf{A}\begin{pmatrix}x_1\\x_2\\x_3\end{pmatrix}=\begin{pmatrix}x_1+x_2\\x_1-x_2\\x_3^2\end{pmatrix}$.

解　(1) $\mathbf{A}\begin{pmatrix}x_1\\x_2\\x_3\end{pmatrix}=\begin{pmatrix}1&-1&1\\2&1&-5\\-1&3&2\end{pmatrix}\begin{pmatrix}x_1\\x_2\\x_3\end{pmatrix}$.

等号右边的 3 级矩阵记作 A,令 $\boldsymbol{\alpha}=(x_1,x_2,x_3)'$,则

$$\mathbf{A}(\boldsymbol{\alpha})=A\boldsymbol{\alpha}.$$

据本节内容精华中例 4 的结论或者直接计算得,$\mathbf{A}$ 是 $\mathbf{R}^3$ 上的一个线性变换。

(2) $\mathbf{A}\begin{pmatrix}0\\0\\1\end{pmatrix}=\begin{pmatrix}0\\0\\1\end{pmatrix}$, $\mathbf{A}\begin{pmatrix}0\\0\\2\end{pmatrix}=\begin{pmatrix}0\\0\\4\end{pmatrix}$,

$$\mathbf{A}\left[\begin{pmatrix}0\\0\\1\end{pmatrix}+\begin{pmatrix}0\\0\\2\end{pmatrix}\right]=\mathbf{A}\begin{pmatrix}0\\0\\3\end{pmatrix}=\begin{pmatrix}0\\0\\9\end{pmatrix}\neq\mathbf{A}\begin{pmatrix}0\\0\\1\end{pmatrix}+\mathbf{A}\begin{pmatrix}0\\0\\2\end{pmatrix}.$$

因此 $\mathbf{A}$ 不是 $\mathbf{R}^3$ 上的线性变换。

例 2　在 $F[x]$中,令 $\boldsymbol{T}_a: f(x)\longmapsto f(x+a)$,其中 a 是 F 中一个给定的元素。试问:$\boldsymbol{T}_a$ 是不是 $F[x]$上的一个线性变换?

解　任取 $f(x)\in F[x]$,由于不定元 x 用 $F[x]$中的元素 $x+a$ 代入是保持加法和乘法运算的,因此 $\boldsymbol{T}_a$ 保持加法和纯量乘法运算。从而 $\boldsymbol{T}_a$ 是 $F[x]$上的一个线性变换。

例 3　判断下面所定义的 $M_n(F)$上的变换,哪些是线性变换。

(1) 设 $A\in M_n(F)$,令 $\mathbf{A}(X)=XA$, $\forall X\in M_n(F)$;

(2) 设 $B,C\in M_n(F)$,令

$$\mathbf{A}(X)=BXC,\ \forall X\in M_n(F).$$

解　(1) 任取 $X_1,X_2\in M_n(F)$, $k\in F$,有

$$\mathbf{A}(X_1+X_2)=(X_1+X_2)A=X_1A+X_2A=\mathbf{A}(X_1)+\mathbf{A}(X_2),$$

$$\mathbf{A}(kX_1)=(kX_1)A=k(X_1A)=k\,\mathbf{A}(X_1).$$

因此 $\mathbf{A}$ 是 $M_n(F)$上的一个线性变换。

(2) 任取 $X_1, X_2 \in M_n(F), k \in F$,有

$$\mathbf{A}(X_1 + X_2) = B(X_1 + X_2)C = BX_1C + BX_2C = \mathbf{A}(X_1) + \mathbf{A}(X_2),$$
$$\mathbf{A}(kX_1) = B(kX_1)C = kBX_1C = k\,\mathbf{A}(X_1).$$

因此 $\mathbf{A}$ 是 $M_n(F)$ 上的一个线性变换。

例 4　设 $\mathbf{R}^+$ 是 8.1 节例 1 第(1)小题中的实线性空间,判别 $\mathbf{R}^+$ 到 $\mathbf{R}$ 的下述映射是不是线性映射。设 $a>0$ 且 $a\neq 1$,令

$$\log_a : \mathbf{R}^+ \longrightarrow \mathbf{R}$$
$$x \longmapsto \log_a x.$$

解　任取 $x_1, x_2 \in \mathbf{R}^+, k \in \mathbf{R}$,

$$\log_a(x_1 \oplus x_2) = \log_a(x_1 x_2) = \log_a x_1 + \log_a x_2$$
$$\log_a(k \odot x_1) = \log_a(x_1^k) = k\,\log_a x_1.$$

因此 $\log_a$ 是 $\mathbf{R}^+$ 到 $\mathbf{R}$ 的一个线性映射。

例 5　设 V 是 $F[x,y]$中所有 m 次齐次多项式组成的集合,它是域 F 上的一个线性空间,给定域 F 上一个 2 级矩阵 $A=(a_{ij})$,定义 V 到自身的一个映射 $\mathbf{A}$ 如下:

$$\mathbf{A}(f(x,y)) = f(a_{11}x + a_{21}y, a_{12}x + a_{22}y).$$

判断 $\mathbf{A}$ 是不是 V 上的一个线性变换。

解　任取 $f(x,y)\in V$,显然 $f(a_{11}x+a_{21}y, a_{12}x+a_{22}y)$仍是 m 次齐次多项式,因此 $\mathbf{A}$ 是 V 上的一个变换。由于不定元 x,y 分别用 $F[x,y]$中的元素 $a_{11}x+a_{21}y, a_{12}x+a_{22}y$ 代入是保持加法和乘法运算的,因此 $\mathbf{A}$ 保持加法和纯量乘法运算。从而 $\mathbf{A}$ 是 V 上的一个线性变换。

***例 6**　设 $q=p^n$, p 是素数,把 F_q 看成 F_p 上的线性空间,由 F_q 上的一元多项式 $g(x) = \sum_{i=0}^{m} b_i x^{p^i}$ 诱导的多项式函数 g 是不是 F_q 上的一个线性变换?

解　由于 F_q 的特征为 p,因此对任意 $u,v\in F_q$,有

$$(u+v)^p = u^p + v^p.$$

从而对任一正整数 r,有

$$(u+v)^{p^r} = [(u+v)^p]^{p^{r-1}} = (u^p + v^p)^{p^{r-1}} = [(u^p+v^p)^p]^{p^{r-2}}$$
$$= [(u^p)^p + (v^p)^p]^{p^{r-2}} = \cdots = u^{p^r} + v^{p^r}.$$

于是有

$$g(u+v) = \sum_{i=0}^{m} b_i (u+v)^{p^i} = \sum_{i=0}^{m} b_i (u^{p^i} + v^{p^i}) = \sum_{i=0}^{m} b_i u^{p^i} + \sum_{i=0}^{m} b_i v^{p^i}$$
$$= g(u) + g(v).$$

用 e 表示 F_q 的单位元，则

$$F_p = \{0, e, 2e, 3e, \cdots, (p-1)e\}.$$

用 F_p^* 表示 F_p 中所有非零元组成的集合，在 F_p^* 中任意取定一个元素 je，用 je 乘 F_p^* 中每一个元素，所得的乘积组成的集合记作 Ω，于是 $\Omega \subseteq F_p^*$，对于 $ae, ce \in F_p^*$，若 $(je)(ae)=(je)(ce)$，则两边乘以 $(je)^{-1}$ 得 $ae=ce$。因此

$$\Omega = \{(je)e, (je)(2e), (je)(3e), \cdots, (je)(p-1)e\}.$$

$|\Omega| = p-1$，从而 $\Omega = F_p^*$，分别把 Ω, F_p^* 中所有元素相乘得

$$[(je)e][(je)(2e)]\cdots[(je)(p-1)e] = e(2e)\cdots[(p-1)e],$$

即

$$(je)^{p-1}e(2e)\cdots[(p-1)e] = e(2e)\cdots[(p-1)e].$$

上式两边乘以 $[e(2e)\cdots(p-1)e]^{-1}$，得

$$(je)^{p-1} = e.$$

从而 $(je)^p = je, j=1,2,\cdots,p-1$，显然 $0^p=0$。

这证明了对于 F_p 中任一元素 k，有 $k^p=k$，从而有 $k^{p^r}=k, r\in \mathbf{N}$，运用这个结论，对任意 $k\in F_p$，有

$$g(ku) = \sum_{i=0}^{m} b_i (ku)^{p^i} = \sum_{i=0}^{m} b_i k^{p^i} u^{p^i} = \sum_{i=0}^{m} b_i k u^{p^i} = k\sum_{i=0}^{m} b_i u^{p^i} = k\,g(u).$$

综上所述，g 是 F_q 上的一个线性变换。

点评 例 6 中论证 $g(x) = \sum_{i=0}^{m} b_i x^{p^i}$ 诱导的多项式函数 g 是域 F_p 上的线性空间 $F_q(q=p^n)$ 上的线性变换，关键是两点：第一点，由于 $q=p^n$，因此 F_q 的特征为 p，从而对于任意 $u, v\in F_q$，有 $(u+v)^{p^r} = u^{p^r}+v^{p^r}, r\in \mathbf{N}$；第二点，对于 F_p 中任一元素 k，有 $k^p=k$，从而有 $k^{p^r}=k, r\in\mathbf{N}$。这两点对于数域 K 都不成立，因此数域 K 上任意一个次数大于 1 的多项式诱导的多项式函数都不是数域 L 上线性空间 K 上的线性变换，其中 $L\subseteq K$。

例 7 设 X 为任一集合，$x_0\in X$，域 F 上的线性空间 F^X 到 F（F 看成自身上的线性空间）的下述映射

$$\mathbf{A}(f) = f(x_0), \forall f\in F^X$$

是不是线性映射？

解 任取 $f, g\in F^X, k\in F$，有

$$\mathbf{A}(f+g) = (f+g)(x_0) = f(x_0)+g(x_0) = \mathbf{A}(f)+\mathbf{A}(g),$$

$$\mathbf{A}(kf) = (kf)(x_0) = k\,f(x_0) = k\,\mathbf{A}(f).$$

因此 $\mathbf{A}$ 是 F^X 到 F 的一个线性映射。

* **例 8** 设 S, X 是两个集合，且 $S\subseteq X$，F 是域，对于 $f\in F^X$，用 $f|S$ 表示函数 f 在 S 上的

限制，即 $f|S$ 的定义域是 S，且对任一 $s\in S$，有 $(f|S)(s)=f(s)$。试问：F^X 到 F^S 的一个映射 $\sigma: f\longmapsto f|S$ 是不是线性映射？

解 任取 $f,g\in F^X, k\in F$，有

$$\sigma(f+g)=(f+g)\mid S, \sigma(kf)=(kf)\mid S.$$

由于对任一 $s\in S$，有

$$\begin{aligned}[(f+g)\mid S](s) &= (f+g)(s)=f(s)+g(s)=(f\mid S)(s)+(g\mid S)(s)\\ &=[(f\mid S)+(g\mid S)](s),\end{aligned}$$

$$[(kf)\mid S](s)=(kf)(s)=k\,f(s)=k(f\mid S)(s).$$

因此 $$(f+g)|S=f|S+g|S, (kf)|S=k(f|S).$$

从而 $$\sigma(f+g)=f|S+g|S=\sigma(f)+\sigma(g), \sigma(kf)=k(f|S)=k\sigma(f).$$

所以 σ 是 F^X 到 F^S 的一个线性映射。

例 9 在 $\mathbf{R}^3$ 中取三个向量：

$$\boldsymbol{\gamma}_1=(1,0,1)', \boldsymbol{\gamma}_2=(2,0,2)', \boldsymbol{\gamma}_3=(1,1,0)'.$$

设 $\boldsymbol{A}$ 是满足 $\boldsymbol{A}(\boldsymbol{\varepsilon}_i)=\boldsymbol{\gamma}_i (i=1,2,3)$ 的线性变换。求向量 $\boldsymbol{\alpha}=(1,-1,2)'$ 在 $\boldsymbol{A}$ 下的象。

解 $\boldsymbol{\alpha}=\boldsymbol{\varepsilon}_1-\boldsymbol{\varepsilon}_2+2\boldsymbol{\varepsilon}_3$。于是

$$\begin{aligned}\boldsymbol{A}(\boldsymbol{\alpha}) &= \boldsymbol{A}(\boldsymbol{\varepsilon}_1)-\boldsymbol{A}(\boldsymbol{\varepsilon}_2)+2\boldsymbol{A}(\boldsymbol{\varepsilon}_3)=\boldsymbol{\gamma}_1-\boldsymbol{\gamma}_2+2\boldsymbol{\gamma}_3\\ &=(1,0,1)'-(2,0,2)'+2(1,1,0)'\\ &=(1,2,-1)'.\end{aligned}$$

例 10 设 A 是数域 K 上的 3 级矩阵：

$$A=\begin{pmatrix}1 & 0 & -1\\ -2 & 3 & 1\\ 0 & 3 & -1\end{pmatrix}.$$

用 W, W_1, W_2 分别表示 3 元齐次线性方程组

$$(A^2-I)\boldsymbol{X}=0, (A+I)\boldsymbol{X}=0, (A-I)\boldsymbol{X}=0$$

的解空间。

(1) 证明：$W=W_1\oplus W_2$；

(2) 求 $(A^2-I)\boldsymbol{X}=0$ 的一个基础解系；

(3) 求 $(A^2-I)\boldsymbol{X}=0$ 的上述基础解系中每一个解向量在投影 $\boldsymbol{P}_{W_1}$ 下的象，以及在投影 $\boldsymbol{P}_{W_2}$ 下的象。

(1) **证明** 令 $f(x)=x^2-1, f_1(x)=x+1, f_2(x)=x-1$。则 $f(x)=f_1(x)f_2(x)$，且 $(f_1(x), f_2(x))=1$，据 8.2 节典型例题的例 24 得，$W=W_1\oplus W_2$。 ■

(2) **解**

$$A^2=\begin{pmatrix}1 & -3 & 0\\ -8 & 12 & 4\\ -6 & 6 & 4\end{pmatrix},$$

$$A^2-I=\begin{pmatrix}0 & -3 & 0\\ -8 & 11 & 4\\ -6 & 6 & 3\end{pmatrix}\to\begin{pmatrix}1 & 0 & -\frac{1}{2}\\ 0 & 1 & 0\\ 0 & 0 & 0\end{pmatrix}.$$

$(A^2-I)\boldsymbol{X}=0$ 的一个基础解系是

$$\boldsymbol{\eta}=(1,0,2)'.$$

(3) **解** 由于

$$\frac{1}{2}(A+I)-\frac{1}{2}(A-I)=I,$$

因此 $$\boldsymbol{\eta}=I\boldsymbol{\eta}=\frac{1}{2}(A+I)\boldsymbol{\eta}-\frac{1}{2}(A-I)\boldsymbol{\eta}.$$

令 $$\boldsymbol{\eta}_1=-\frac{1}{2}(A-I)\boldsymbol{\eta},\boldsymbol{\eta}_2=\frac{1}{2}(A+I)\boldsymbol{\eta}.$$

则 $$(A+I)\boldsymbol{\eta}_1=-\frac{1}{2}(A^2-I)\boldsymbol{\eta}=0,(A-I)\boldsymbol{\eta}_2=\frac{1}{2}(A^2-I)\boldsymbol{\eta}=0.$$

因此 $$\boldsymbol{\eta}=\boldsymbol{\eta}_1+\boldsymbol{\eta}_2,\boldsymbol{\eta}_1\in W_1,\boldsymbol{\eta}_2\in W_2.$$

从而 $$\boldsymbol{P}_{W_1}(\boldsymbol{\eta})=\boldsymbol{\eta}_1=-\frac{1}{2}(A-I)\boldsymbol{\eta}=(1,0,2)',$$

$$\boldsymbol{P}_{W_2}(\boldsymbol{\eta})=\boldsymbol{\eta}_2=\frac{1}{2}(A+I)\boldsymbol{\eta}=(0,0,0)',$$

即 $$\boldsymbol{P}_{W_1}(\boldsymbol{\eta})=\boldsymbol{\eta},\boldsymbol{P}_{W_2}(\boldsymbol{\eta})=0.$$

点评 例 10 主要是想说明求向量 $\boldsymbol{\eta}$ 在投影 $\boldsymbol{P}_{W_1}$ 下的象的一般方法。至于这道题中的 A 由于满足 $|A-I|\neq 0$,因此 $(A-I)\boldsymbol{X}=0$ 只有零解,从而 $W_2=0$。于是 $W=W_1+0$。因此 $\boldsymbol{P}_{W_1}(\boldsymbol{\eta})=\boldsymbol{\eta}$。

例 11 在 $K[x]$中,令

$$\boldsymbol{A}(f(x))=x\,f(x),\forall f(x)\in K[x].$$

证明:(1) $\boldsymbol{A}$ 是 $K[x]$上的一个线性变换;

(2) $\boldsymbol{DA}-\boldsymbol{AD}=\boldsymbol{I}$,其中 $\boldsymbol{D}$ 是求导数。

证明 (1)任取 $f(x),g(x)\in K[x],k\in \mathbf{K}$,有

$$\begin{aligned}\boldsymbol{A}(f(x)+g(x))&=x(f(x)+g(x))=x\,f(x)+x\,g(x)\\&=\boldsymbol{A}(f(x))+\boldsymbol{A}(g(x)),\end{aligned}$$

$$\mathbf{A}(k\,f(x)) = x(k\,f(x)) = k\,x\,f(x) = k\,\mathbf{A}(f(x)).$$

因此 $\mathbf{A}$ 是 $K[x]$上的一个线性变换。

(2) 任取 $f(x)\in K[x]$,有

$$(\mathbf{D}\,\mathbf{A}-\mathbf{A}\,\mathbf{D})(f(x)) = \mathbf{D}\,\mathbf{A}(f(x)) - \mathbf{A}\,\mathbf{D}(f(x)) = \mathbf{D}(x\,f(x)) - \mathbf{A}(f'(x))$$
$$= f(x) + x\,f'(x) - x\,f'(x) = f(x).$$

因此
$$\mathbf{D}\,\mathbf{A}-\mathbf{A}\,\mathbf{D}=\mathbf{I}.$$ ■

例 12 设 V 是域 F 上的 n 维线性空间,$\alpha_1,\alpha_2,\cdots,\alpha_n$ 是 V 的一个基,$\mathbf{A}$ 是 V 上的一个线性变换。证明:$\mathbf{A}$ 可逆当且仅当 $\mathbf{A}\alpha_1,\mathbf{A}\alpha_2,\cdots,\mathbf{A}\alpha_n$ 是 V 的一个基。

证明 必要性。设 $\mathbf{A}$ 可逆,则 $\mathbf{A}$ 是 V 到自身的一个同构映射,于是从 $\alpha_1,\alpha_2,\cdots,\alpha_n$ 是 V 的一个基可得出,$\mathbf{A}\alpha_1,\mathbf{A}\alpha_2,\cdots,\mathbf{A}\alpha_n$ 是 V 的一个基。

充分性。设 $\mathbf{A}\alpha_1,\mathbf{A}\alpha_2,\cdots,\mathbf{A}\alpha_n$ 是 V 的一个基,令

$$\sigma\left(\sum_{i=1}^{n} a_i\alpha_i\right) = \sum_{i=1}^{n} a_i\mathbf{A}\alpha_i.$$

则 σ 是 V 到自身的一个同构映射(据 8.3 节定理 1 的证明)。由于 $\sigma(\alpha_i)=\mathbf{A}\alpha_i,i=1,2,\cdots,n$,且 $\alpha_1,\alpha_2,\cdots,\alpha_n$ 是 V 的一个基,因此 $\sigma=\mathbf{A}$,从而 $\mathbf{A}$ 是 V 到自身的一个同构映射,于是 $\mathbf{A}$ 可逆。 ■

点评 例 12 的充分性的证明也可以直接去证 $\mathbf{A}$ 是单射,且 $\mathbf{A}$ 是满射:设 $\alpha=\sum_{i=1}^{n} a_i\alpha_i$,$\beta=\sum_{i=1}^{n} b_i\alpha_i$。若 $\mathbf{A}\alpha=\mathbf{A}\beta$,则 $\sum_{i=1}^{n} a_i\mathbf{A}\alpha_i=\sum_{i=1}^{n} b_i\mathbf{A}\alpha_i$。由于 $\mathbf{A}\alpha_1,\mathbf{A}\alpha_2,\cdots,\mathbf{A}\alpha_n$ 是 V 的一个基,因此 $a_i=b_i,i=1,2,\cdots,n$。从而 $\alpha=\beta$。因此 $\mathbf{A}$ 是单射。任取 $\gamma\in V$。由于 $\mathbf{A}\alpha_1,\mathbf{A}\alpha_2,\cdots,\mathbf{A}\alpha_n$ 是 V 的一个基,因此

$$\gamma=\sum_{i=1}^{n} c_i\mathbf{A}\alpha_i=\mathbf{A}\left(\sum_{i=1}^{n} c_i\alpha_i\right).$$

从而 $\mathbf{A}$ 是满射,所以 $\mathbf{A}$ 是双射。于是 $\mathbf{A}$ 可逆。

例 13 设 $\mathbf{A}$ 是域 F 上线性空间 V 上的一个线性变换。证明:如果 $\mathbf{A}^{m-1}\alpha\neq 0,\mathbf{A}^m\alpha=0$ $(m\in\mathbf{N}^*)$,那么 $\alpha,\mathbf{A}\alpha,\cdots,\mathbf{A}^{m-1}\alpha$ 线性无关。

证明 设
$$k_0\alpha+k_1\mathbf{A}\alpha+\cdots+k_{m-1}\mathbf{A}^{m-1}\alpha=0. \tag{30}$$

考虑(30)式两边的向量在 $\mathbf{A}^{m-1}$ 下的象,由于 $\mathbf{A}^m\alpha=0$,因此当 $s\geqslant m$ 时,有 $\mathbf{A}^s\alpha=0$。从而

$$k_0\mathbf{A}^{m-1}\alpha=0. \tag{31}$$

由于 $\mathbf{A}^{m-1}\alpha\neq 0$,因此从(31)式得,$k_0=0$。于是从(30)式得

$$k_1\mathbf{A}\alpha+\cdots+k_{m-1}\mathbf{A}^{m-1}\alpha=0. \tag{32}$$

考虑(32)式两边的向量在 $\mathbf{A}^{m-2}$ 下的象,类似地可得出,$k_1=0$。依此类推,可证得 $k_2=0,\cdots,$

$k_{m-1}=0$。因此 $\alpha, \boldsymbol{A}\alpha, \cdots, \boldsymbol{A}^{m-1}\alpha$ 线性无关。 ■

点评 例 13 的结论是很有用的。

例 14 设 $\boldsymbol{A}, \boldsymbol{B}$ 是域 F 上线性空间 V 上的线性变换。证明:如果 $\boldsymbol{AB}-\boldsymbol{BA}=\boldsymbol{I}$,那么

$$\boldsymbol{A}^k\boldsymbol{B}-\boldsymbol{B}\boldsymbol{A}^k=k\boldsymbol{A}^{k-1}, k \geqslant 1. \tag{33}$$

证明 对 k 作数学归纳法,$k=1$ 时,

$$\text{左边}=\boldsymbol{AB}-\boldsymbol{BA}, \text{右边}=\boldsymbol{A}^0=\boldsymbol{I}。$$

由已知条件得,当 $k=1$ 时命题成立。

假设 $k-1$ 时命题成立,来看 k 的情形。

$$\begin{aligned}\boldsymbol{A}^k\boldsymbol{B}-\boldsymbol{B}\boldsymbol{A}^k &= \boldsymbol{A}^k\boldsymbol{B}-\boldsymbol{A}^{k-1}\boldsymbol{BA}+\boldsymbol{A}^{k-1}\boldsymbol{BA}-\boldsymbol{B}\boldsymbol{A}^k \\ &= \boldsymbol{A}^{k-1}(\boldsymbol{AB}-\boldsymbol{BA})+(\boldsymbol{A}^{k-1}\boldsymbol{B}-\boldsymbol{B}\boldsymbol{A}^{k-1})\boldsymbol{A} \\ &= \boldsymbol{A}^{k-1}\boldsymbol{I}+(k-1)\boldsymbol{A}^{k-2}\boldsymbol{A}-k\boldsymbol{A}^{k-1}.\end{aligned}$$

由数学归纳法原理,对一切正整数 k 命题成立。 ■

例 15 设 V 是域 F 上的线性空间,char $F\neq 2$。设 $\boldsymbol{A}, \boldsymbol{B}$ 是 V 上的幂等变换。证明:

(1) $\boldsymbol{A}+\boldsymbol{B}$ 是幂等变换当且仅当 $\boldsymbol{AB}=\boldsymbol{BA}=\boldsymbol{0}$;

(2) 如果 $\boldsymbol{AB}=\boldsymbol{BA}$,那么 $\boldsymbol{A}+\boldsymbol{B}-\boldsymbol{AB}$ 也是幂等变换。

证明 (1)充分性。设 $\boldsymbol{AB}=\boldsymbol{BA}=\boldsymbol{0}$,由于 $\boldsymbol{A}^2=\boldsymbol{A}, \boldsymbol{B}^2=\boldsymbol{B}$,因此

$$(\boldsymbol{A}+\boldsymbol{B})^2=(\boldsymbol{A}+\boldsymbol{B})(\boldsymbol{A}+\boldsymbol{B})=\boldsymbol{A}^2+\boldsymbol{AB}+\boldsymbol{BA}+\boldsymbol{B}^2=\boldsymbol{A}+\boldsymbol{B}.$$

于是 $\boldsymbol{A}+\boldsymbol{B}$ 是幂等变换。

必要性。设 $\boldsymbol{A}+\boldsymbol{B}$ 是幂等变换。由于 $\boldsymbol{A}^2=\boldsymbol{A}, \boldsymbol{B}^2=\boldsymbol{B}$,因此

$$\boldsymbol{A}+\boldsymbol{B}=(\boldsymbol{A}+\boldsymbol{B})^2=\boldsymbol{A}^2+\boldsymbol{AB}+\boldsymbol{BA}+\boldsymbol{B}^2=\boldsymbol{A}+\boldsymbol{AB}+\boldsymbol{BA}+\boldsymbol{B}.$$

由此得出

$$\boldsymbol{AB}+\boldsymbol{BA}=\boldsymbol{0}. \tag{34}$$

(34) 式两边左乘 $\boldsymbol{A}$ 得,$\boldsymbol{AB}+\boldsymbol{ABA}=\boldsymbol{0}$。 (35)

(34) 式两边右乘 $\boldsymbol{A}$ 得,$\boldsymbol{ABA}+\boldsymbol{BA}=\boldsymbol{0}$。 (36)

把上两式相加,且利用(34)式得,$2\boldsymbol{ABA}=\boldsymbol{0}$。由于 char $F\neq 2$,因此 $\boldsymbol{ABA}=\boldsymbol{0}$。从而由(35)和(36)式得

$$\boldsymbol{AB}=\boldsymbol{0}, \boldsymbol{BA}=\boldsymbol{0}.$$

(2) 设 $\boldsymbol{AB}=\boldsymbol{BA}$,则

$$\begin{aligned}(\boldsymbol{A}+\boldsymbol{B}-\boldsymbol{AB})^2 &= \boldsymbol{A}^2+\boldsymbol{B}^2+\boldsymbol{A}^2\boldsymbol{B}^2+2\boldsymbol{AB}-2\boldsymbol{A}^2\boldsymbol{B}-2\boldsymbol{BAB} \\ &= \boldsymbol{A}+\boldsymbol{B}+\boldsymbol{AB}+2\boldsymbol{AB}-2\boldsymbol{AB}-2\boldsymbol{AB} \\ &= \boldsymbol{A}+\boldsymbol{B}-\boldsymbol{AB}.\end{aligned}$$

因此 $\boldsymbol{A}+\boldsymbol{B}-\boldsymbol{AB}$ 也是幂等变换。 ■

点评 例 15 的第(1)小题告诉我们:设域 F 的特征不等于 2,如果 $\boldsymbol{A}, \boldsymbol{B}$ 是 V 上的正交的幂等

变换,那么 $\boldsymbol{A}+\boldsymbol{B}$ 也是幂等变换;如果 $\boldsymbol{A},\boldsymbol{B},\boldsymbol{A}+\boldsymbol{B}$ 都是 V 上的幂等变换,那么 $\boldsymbol{A}$ 与 $\boldsymbol{B}$ 是正交的。

例 16　设 V 是域 F 上的线性空间,$V_1,V_2,\cdots,V_s$ 都是 V 的子空间,且 $V=V_1\oplus V_2\oplus\cdots\oplus V_s$,用 $\boldsymbol{P}_i$ 表示平行于 $\sum\limits_{j\neq i}V_j$ 在 V_i 上的投影(即,设 $\alpha=\alpha_1+\alpha_2+\cdots+\alpha_s$,其中 $\alpha_1\in V_1$,$\alpha_2\in V_2,\cdots,\alpha_s\in V_s$,则 $\boldsymbol{P}_i(\alpha)=\alpha_i$)。证明:$\boldsymbol{P}_1,\boldsymbol{P}_2,\cdots,\boldsymbol{P}_s$ 是两两正交的幂等变换,且

$$\boldsymbol{P}_1+\boldsymbol{P}_2+\cdots+\boldsymbol{P}_s=\boldsymbol{I}.$$

证明　任取 $\alpha\in V$,设

$$\alpha=\alpha_1+\alpha_2+\cdots+\alpha_s,\alpha_1\in V_1,\alpha_2\in V_2,\cdots,\alpha_s\in V_s,$$

则 $\boldsymbol{P}_i(\alpha)=\alpha_i$。由于 $\alpha_i=0+\cdots+0+\alpha_i+0+\cdots+0$,因此 $\boldsymbol{P}_i(\alpha_i)=\alpha_i$。从而

$$\boldsymbol{P}_i^2(\alpha)=\boldsymbol{P}_i(\boldsymbol{P}_i(\alpha))=\boldsymbol{P}_i(\alpha_i)=\alpha_i=\boldsymbol{P}_i(\alpha).$$

因此 $\boldsymbol{P}_i^2=\boldsymbol{P}_i$,即 $\boldsymbol{P}_i$ 是幂等变换($i=1,2,\cdots,s$)。当 $j\neq i$ 时,$\boldsymbol{P}_j\boldsymbol{P}_i(\alpha)=\boldsymbol{P}_j(\alpha_i)=0$。因此 $\boldsymbol{P}_j\boldsymbol{P}_i=\boldsymbol{0}$。同理 $\boldsymbol{P}_i\boldsymbol{P}_j=\boldsymbol{0}$。即 $\boldsymbol{P}_1,\boldsymbol{P}_2,\cdots,\boldsymbol{P}_s$ 两两正交,由于

$$\begin{aligned}(\boldsymbol{P}_1+\boldsymbol{P}_2+\cdots+\boldsymbol{P}_s)(\alpha)&=\boldsymbol{P}_1(\alpha)+\boldsymbol{P}_2(\alpha)+\cdots+\boldsymbol{P}_s(\alpha)\\&=\alpha_1+\alpha_2+\cdots+\alpha_s=\alpha,\end{aligned}$$

因此

$$\boldsymbol{P}_1+\boldsymbol{P}_2+\cdots+\boldsymbol{P}_s=\boldsymbol{I}.$$ ■

例 17　设 V 是域 F 上的线性空间,$\boldsymbol{A}_1,\boldsymbol{A}_2,\cdots,\boldsymbol{A}_s$ 是 V 上的两两正交的幂等变换,且 $\boldsymbol{A}_1+\boldsymbol{A}_2+\cdots+\boldsymbol{A}_s=\boldsymbol{I}$。证明:

$$V=\operatorname{Im}\boldsymbol{A}_1\oplus\operatorname{Im}\boldsymbol{A}_2\oplus\cdots\oplus\operatorname{Im}\boldsymbol{A}_s,$$

且 $\boldsymbol{A}_i$ 是平行于 $\sum\limits_{j\neq i}\operatorname{Im}\boldsymbol{A}_j$ 在 $\operatorname{Im}\boldsymbol{A}_i$ 上的投影,$i=1,2,\cdots,s$。

证明　任取 $\alpha\in V$,由于 $\boldsymbol{A}_1+\boldsymbol{A}_2+\cdots+\boldsymbol{A}_s=\boldsymbol{I}$,因此

$$\begin{aligned}\alpha&=\boldsymbol{I}(\alpha)=(\boldsymbol{A}_1+\boldsymbol{A}_2+\cdots+\boldsymbol{A}_s)(\alpha)\\&=\boldsymbol{A}_1\alpha+\boldsymbol{A}_2\alpha+\cdots+\boldsymbol{A}_s\alpha.\end{aligned}$$

由此推出,$V=\operatorname{Im}\boldsymbol{A}_1+\operatorname{Im}\boldsymbol{A}_2+\cdots+\operatorname{Im}\boldsymbol{A}_s$。

任取 $\beta\in\left(\sum\limits_{j\neq i}\operatorname{Im}\boldsymbol{A}_j\right)\cap(\operatorname{Im}\boldsymbol{A}_i)$,由于 $\beta\in\operatorname{Im}\boldsymbol{A}_i$,因此存在 $\gamma\in V$ 使得 $\beta=\boldsymbol{A}_i(\gamma)$。由于 $\beta\in\sum\limits_{j\neq i}\operatorname{Im}\boldsymbol{A}_j$,因此 $\beta=\sum\limits_{j\neq i}\beta_j$,其中 $\beta_j\in\operatorname{Im}\boldsymbol{A}_j(j\neq i)$,从而存在 $\delta_j\in V$,使得 $\beta_j=\boldsymbol{A}_j(\delta_j)(j\neq i)$。由于 $\boldsymbol{A}_i^2=\boldsymbol{A}_i$,因此

$$\beta=\boldsymbol{A}_i(\gamma)=\boldsymbol{A}_i^2(\gamma)=\boldsymbol{A}_i(\boldsymbol{A}_i(\gamma))=\boldsymbol{A}_i(\beta).$$

由于 $\boldsymbol{A}_i\boldsymbol{A}_j=\boldsymbol{A}_j\boldsymbol{A}_i=\boldsymbol{0},j\neq i$,因此

$$\boldsymbol{A}_i(\beta)=\boldsymbol{A}_i\Big(\sum_{j\neq i}\beta_j\Big)=\boldsymbol{A}_i\Big(\sum_{j\neq i}\boldsymbol{A}_j(\delta_j)\Big)=\sum_{j\neq i}\boldsymbol{A}_i\boldsymbol{A}_j(\delta_j)=0.$$

从而 $\beta=0$。因此 $\left(\sum\limits_{j\neq i}\operatorname{Im}\boldsymbol{A}_j\right)\cap(\operatorname{Im}\boldsymbol{A}_i)=0,i=1,2,\cdots,s$。

综上所述得

$$V = \mathrm{Im}\,\boldsymbol{A}_1 \oplus \mathrm{Im}\,\boldsymbol{A}_2 \oplus \cdots \oplus \mathrm{Im}\,\boldsymbol{A}_s.$$

用 $\boldsymbol{P}_i$ 表示平行于 $\sum_{j\neq i}\mathrm{Im}\,\boldsymbol{A}_j$ 在 $\mathrm{Im}\,\boldsymbol{A}_i$ 上的投影，则

$$\boldsymbol{P}_i(\beta) = \begin{cases} \beta & \text{当 } \beta \in \mathrm{Im}\,\boldsymbol{A}_i \\ 0 & \text{当 } \beta \in \sum_{j\neq i}\mathrm{Im}\,\boldsymbol{A}_j. \end{cases}$$

当 $\beta \in \mathrm{Im}\,\boldsymbol{A}_i$ 时，从上面的讨论知道，$\boldsymbol{A}_i(\beta)=\beta$。

当 $\beta \in \sum_{j\neq i}\mathrm{Im}\,\boldsymbol{A}_j$ 时，从上面的讨论知道，$\boldsymbol{A}_i(\beta) = 0$。

据本节定理 2 得，$\boldsymbol{A}_i = \boldsymbol{P}_i, i = 1,2,\cdots,s$。 ■

例 18 设 $\boldsymbol{A}$ 是域 F 上 n 维线性空间 V 上的线性变换，证明下述两个命题等价：

(1) $\boldsymbol{A}$ 是可逆变换；

(2) 如果 V 能分解成它的子空间 V_1 与 V_2 的直和，那么 $V = \boldsymbol{A}(V_1) \oplus \boldsymbol{A}(V_2)$。

证明 (1)⇒(2) 设 $\boldsymbol{A}$ 是可逆变换，则 $\boldsymbol{A}$ 是 V 到自身的同构映射，从而 $\boldsymbol{A}(V_1)$，$\boldsymbol{A}(V_2)$ 都是 V 的子空间。任取 $\alpha \in V$，由于 $V = V_1 \oplus V_2$，因此有

$$\boldsymbol{A}^{-1}\alpha = \delta_1 + \delta_2 \quad \delta_1 \in V_1, \delta_2 \in V_2.$$

于是有 $\qquad \alpha = \boldsymbol{A}(\delta_1) + \boldsymbol{A}(\delta_2), \boldsymbol{A}(\delta_1) \in \boldsymbol{A}(V_1), \boldsymbol{A}(\delta_2) \in \boldsymbol{A}(V_2)$；

因此 $\qquad V = \boldsymbol{A}(V_1) + \boldsymbol{A}(V_2)$.

任取 $\beta \in \boldsymbol{A}(V_1) \cap \boldsymbol{A}(V_2)$。于是存在 $\gamma_1 \in V_1, \gamma_2 \in V_2$，使得

$$\beta = \boldsymbol{A}(\gamma_1), \beta = \boldsymbol{A}(\gamma_2).$$

于是 $\boldsymbol{A}^{-1}(\beta) = \gamma_1, \boldsymbol{A}^{-1}(\beta) = \gamma_2$，从而 $\gamma_1 = \gamma_2$。由于 $V_1 \cap V_2 = 0$，因此 $\gamma_1 = \gamma_2 = 0$。从而 $\beta = \boldsymbol{A}(0) = 0$。于是 $\boldsymbol{A}(V_1) \cap \boldsymbol{A}(V_2) = 0$。

综上所述，$V = \boldsymbol{A}(V_1) \oplus \boldsymbol{A}(V_2)$。

(2)⇒(1) 由于 $\boldsymbol{A}$ 是 V 上的线性变换，且 V_1 和 V_2 是 V 的子空间，因此容易看出 $\boldsymbol{A}(V_1)$ 和 $\boldsymbol{A}(V_2)$ 也是 V 的子空间。设 $V = V_1 \oplus V_2$ 且 $V = \boldsymbol{A}(V_1) \oplus \boldsymbol{A}(V_2)$。

$\boldsymbol{A}(V)$ 中任取一个向量 $\boldsymbol{A}\alpha$，由于 $V = V_1 \oplus V_2$，因此 $\alpha = \alpha_1 + \alpha_2, \alpha_1 \in V_1, \alpha_2 \in V_2$。从而 $\boldsymbol{A}\alpha = \boldsymbol{A}\alpha_1 + \boldsymbol{A}\alpha_2, \boldsymbol{A}\alpha_1 \in \boldsymbol{A}(V_1), \boldsymbol{A}\alpha_2 \in \boldsymbol{A}(V_2)$。于是 $\boldsymbol{A}(V) = \boldsymbol{A}(V_1) + \boldsymbol{A}(V_2)$。由于 $V = \boldsymbol{A}(V_1) \oplus \boldsymbol{A}(V_2)$，因此 $\boldsymbol{A}(V_1) \cap \boldsymbol{A}(V_2) = 0$。从而

$$\boldsymbol{A}(V) = \boldsymbol{A}(V_1) \oplus \boldsymbol{A}(V_2).$$

于是 $\boldsymbol{A}(V) = V$。这表明 $\boldsymbol{A}$ 是 V 到 V 的满射。

由于 V 是有限维的，因此据 8.3 节典型例题的例 17 得，$\boldsymbol{A}$ 也是单射。从而 $\boldsymbol{A}$ 是双射，因此 $\boldsymbol{A}$ 可逆。 ■

习题 9.1

1. 设 V 是域 F 上的线性空间,给定 $a\in F,\delta\in V$。令 $\boldsymbol{A}(\alpha)=a\alpha+\delta,\forall\alpha\in V$。试问:$\boldsymbol{A}$ 是不是 V 上的线性变换?

2. 把复数域 $\mathbf{C}$ 分别看作实数域 $\mathbf{R}$ 和复数域 $\mathbf{C}$ 上的线性空间。令 $\boldsymbol{A}(z)=\bar{z},\forall z\in\mathbf{C}$。试问:$\boldsymbol{A}$ 是不是 $\mathbf{C}$ 上的线性变换?

3. 判断下面所定义的 $\mathbf{R}^3$ 上的变换,哪些是线性变换。

(1) $\boldsymbol{A}=\begin{pmatrix}x_1\\x_2\\x_3\end{pmatrix}=\begin{pmatrix}x_1-x_2\\x_2+x_3\\x_3^2\end{pmatrix}$; (2) $\boldsymbol{A}=\begin{pmatrix}x_1\\x_2\\x_3\end{pmatrix}=\begin{pmatrix}2x_1-x_2\\x_2+x_3\\3x_1-x_2+x_3\end{pmatrix}$.

4. 把 F_{2^m} 看成 F_2 上的线性空间,令

$$f(x)=x^2,\forall x\in F_{2^m}.$$

判断 f 是不是 F_{2^m} 上的线性变换。

5. 实数域上的线性空间 $C[a,b]$ 到自身的一个映射 $\boldsymbol{A}:f(x)\longmapsto\int_a^x f(t)\mathrm{d}t$ 是不是 $C[a,b]$ 上的一个线性变换?

6. 在 $\mathbf{R}^3$ 中取三个向量:

$$\boldsymbol{\gamma}_1=(1,-3,2)',\boldsymbol{\gamma}_2=(-2,1,4)',\boldsymbol{\gamma}_3=(0,-5,8)',$$

设 $\boldsymbol{A}$ 是满足 $\boldsymbol{A}(\boldsymbol{\varepsilon}_i)=\boldsymbol{\gamma}_i(i=1,2,3)$ 的线性变换。求向量 $\boldsymbol{\alpha}=(-2,5,6)'$ 在 $\boldsymbol{A}$ 下的象。

7. 设 A 是数域 K 上的 3 级矩阵:

$$A=\begin{pmatrix}1&-1&-1\\0&3&0\\2&1&-2\end{pmatrix}.$$

用 W,W_1,W_2 分别表示 3 元齐次线性方程组

$$(A^2-I)\boldsymbol{X}=0,(A+I)\boldsymbol{X}=0,(A-I)\boldsymbol{X}=0$$

的解空间。求 $(A^2-I)\boldsymbol{X}=0$ 的一个基础解系,以及该基础解系中每一个解向量分别在投影 $\boldsymbol{P}_{W_1},\boldsymbol{P}_{W_2}$ 下的象。

8. 在几何空间 V 中,取右手直角坐标系 $Oxyz$。用 $\boldsymbol{A}$ 表示绕 x 轴按右手螺旋方向旋转 $90°$ 的变换,用 $\boldsymbol{B}$ 表示绕 y 轴右旋 $90°$ 的变换,用 $\boldsymbol{C}$ 表示绕 z 轴右旋 $90°$ 的变换。证明

$$\boldsymbol{A}^4=\boldsymbol{B}^4=\boldsymbol{C}^4=\boldsymbol{I},\boldsymbol{AB}\neq\boldsymbol{BA},\boldsymbol{A}^2\boldsymbol{B}^2=\boldsymbol{B}^2\boldsymbol{A}^2.$$

并且检验 $(\boldsymbol{AB})^2=\boldsymbol{A}^2\boldsymbol{B}^2$ 是否成立。

9. 设δ,γ是几何空间V的两个向量，用$\boldsymbol{P}_\delta$表示在过原点O且方向为δ的直线上的正投影，$\boldsymbol{P}_\gamma$的定义类似。证明：δ与γ互相垂直的充分必要条件为$\boldsymbol{P}_\delta\boldsymbol{P}_\gamma=\boldsymbol{0}$。

10. 求域F上的代数$M_n(F)$的维数。

11. 设V是域F上的线性空间，$\boldsymbol{A}_1,\boldsymbol{A}_2,\cdots,\boldsymbol{A}_s$都是$V$上的幂等变换，证明：如果$\boldsymbol{A}_1,\boldsymbol{A}_2,\cdots,\boldsymbol{A}_s$两两正交，那么它们的和$\boldsymbol{A}_1+\boldsymbol{A}_2+\cdots+\boldsymbol{A}_s$也是幂等变换。

12. 设f是域F上线性空间$M_n(F)$到F的一个线性映射，如果$f(AB)=f(BA)$，$\forall A,B\in M_n(F)$，那么$f=f(E_{11})\mathrm{tr}$，其中tr是迹函数。

13. 几何空间V中，U_1和U_2是过定点O的两个不同的平面，W是过定点O的一条直线，且W不在平面U_1和U_2上。对于U_1上任一点A，过点A作与W平行的直线，它与U_2交于点A'。试问：把$\overrightarrow{OA}$对应到$\overrightarrow{OA'}$的映射τ是不是U_1到U_2的一个线性映射？τ是不是可逆的？

14. 设K是数域，用V_2表示$M_n(K)$中所有斜对称矩阵组成的子空间，用U表示所有上三角矩阵组成的子空间。证明$M_n(K)=V_2\oplus U$，并且求E_{ij}分别在投影$\boldsymbol{P}_{V_2}$和$\boldsymbol{P}_U$下的象。

15. 设K是数域，用V_1表示$M_n(K)$中所有对称矩阵组成的子空间，用U表示所有上三角矩阵组成的子空间。证明$M_n(K)=V_1+U$，是否有$M_n(K)=V_1\oplus U$？

16. 设F是q元有限域，n,s都是正整数。求

(1) 从F^n到F^s的线性映射的个数；

(2) 从F^n到F^s的线性单射的个数；

(3) 从F^n到F^s的线性满射的个数。

9.2 线性映射的核与象

9.2.1 内容精华

设$\boldsymbol{A}$是域F上线性空间V到V'的一个线性映射。$\boldsymbol{A}$的象和V'的零向量在映射$\boldsymbol{A}$下的原象集（称为$\boldsymbol{A}$的核）在研究线性映射的性质，以及研究线性空间的结构中起着重要作用。

定义1 设$\boldsymbol{A}$是域F上的线性空间V到V'的一个线性映射，V'的零向量在$\boldsymbol{A}$下的原象集称为$\boldsymbol{A}$的**核**，记作Ker $\boldsymbol{A}$，即

$$\mathrm{Ker}\,\boldsymbol{A} \xlongequal{\mathrm{def}} \{\alpha\in V \mid \boldsymbol{A}\alpha=0\}; \tag{1}$$

$\boldsymbol{A}$ 的**象**(也叫做 $\boldsymbol{A}$ 的**值域**)记作 $\mathrm{Im}\,\boldsymbol{A}$ 或 $\boldsymbol{A}V$。

命题 1 设 $\boldsymbol{A}$ 是域 F 上线性空间 V 到 V' 的一个线性映射，则 $\mathrm{Ker}\,\boldsymbol{A}$ 是 V 的一个子空间，$\mathrm{Im}\,\boldsymbol{A}$ 是 V' 的一个子空间。

利用线性映射的核和象可以简捷地判断 $\boldsymbol{A}$ 是不是单射，是不是满射。

命题 2 设 $\boldsymbol{A}$ 是域 F 上线性空间 V 到 V' 的一个线性映射。则

(i) $\boldsymbol{A}$ 是单射当且仅当 $\mathrm{Ker}\,\boldsymbol{A}=0$；

(ii) $\boldsymbol{A}$ 是满射当且仅当 $\mathrm{Im}\,\boldsymbol{A}=V'$。

线性映射的核与象之间有什么联系？下面的两个定理回答了这个问题。

定理 1 设 $\boldsymbol{A}$ 是域 F 上线性空间 V 到 V' 的一个线性映射，则

$$V/\mathrm{Ker}\,\boldsymbol{A} \cong \mathrm{Im}\,\boldsymbol{A}. \tag{2}$$

定理 2 设 V 和 V' 都是域 F 上的线性空间，且 V 是有限维的。设 $\boldsymbol{A}$ 是 V 到 V' 的一个线性映射，则 $\mathrm{Ker}\,\boldsymbol{A}$ 和 $\mathrm{Im}\,\boldsymbol{A}$ 都是有限维的，且

$$\dim(\mathrm{Ker}\,\boldsymbol{A}) + \dim(\mathrm{Im}\,\boldsymbol{A}) = \dim(V). \tag{3}$$

当 V 是有限维时，V 到 V' 的线性映射 $\boldsymbol{A}$ 的核的维数也称为 $\boldsymbol{A}$ 的**零度**；$\boldsymbol{A}$ 的象 $\mathrm{Im}\,\boldsymbol{A}$ 的维数称为 $\boldsymbol{A}$ 的**秩**，记作 $\mathrm{rank}\,(\boldsymbol{A})$。

定理 2 中的维数公式(3)是非常有用的一个结果，它刻画了线性映射 $\boldsymbol{A}$ 的核与象的维数与定义域的维数之间的关系。下面进一步讨论 $\boldsymbol{A}$ 的核的一个基与 $\boldsymbol{A}$ 的象的一个基之间的联系。

设 $\boldsymbol{A}$ 是 V 到 V' 的线性映射，$\dim V=n$，在 $\mathrm{Ker}\,\boldsymbol{A}$ 中取一个基 $\alpha_1,\cdots,\alpha_m$，把它扩充成 V 的一个基：

$$\alpha_1,\cdots,\alpha_m,\alpha_{m+1},\cdots,\alpha_n. \tag{4}$$

由第 8 章 8.4 节定理 1 的证明过程知道，

$$\alpha_{m+1}+\mathrm{Ker}\,\boldsymbol{A},\cdots,\alpha_n+\mathrm{Ker}\,\boldsymbol{A} \tag{5}$$

是 $V/\mathrm{Ker}\,\boldsymbol{A}$ 的一个基，再由本节定理 1 得，

$$\boldsymbol{A}\alpha_{m+1},\cdots,\boldsymbol{A}\alpha_n \tag{6}$$

是 $\mathrm{Im}\,\boldsymbol{A}$ 的一个基。于是

$$\mathrm{Im}\,\boldsymbol{A} = \langle \boldsymbol{A}\alpha_{m+1},\cdots,\boldsymbol{A}\alpha_n \rangle. \tag{7}$$

如果 V 和 V' 都是有限维且维数相等，那么利用定理 2 中的维数公式可进一步研究线性映射的性质：

定理 3 设 V 和 V' 都是域 F 上 n 维线性空间，且 $\boldsymbol{A}$ 是 V 到 V' 的一个线性映射，则 $\boldsymbol{A}$ 是单射当且仅当 $\boldsymbol{A}$ 是满射。

推论 1 设 $\boldsymbol{A}$ 是域 F 上有限维线性空间 V 上的一个线性变换，则 $\boldsymbol{A}$ 是单射当且仅当 $\boldsymbol{A}$ 是满射。 ■

我们知道，有限集合到自身的映射 σ 是单射当且仅当 σ 是满射。现在有限维线性空间 V 上的线性变换也具有这条性质。

8.3 节的例 17 就是现在的定理 3。例 17 的证明较长，而定理 3 的证明却很简短。由此体会到线性映射的核和象的维数公式在研究线性映射的性质时的威力。

利用定理 2 中线性映射的维数公式还可以对域 F 上 n 元齐次线性方程组 $AX=\mathbf{0}$ 的解空间 W 的维数公式给出另一种证法：

设 A 是域 F 上 $s\times n$ 矩阵，它的列向量组是 $\boldsymbol{\alpha}_1,\boldsymbol{\alpha}_2,\cdots,\boldsymbol{\alpha}_n$，令

$$\begin{aligned}\boldsymbol{A}:F^n &\longrightarrow F^s\\ \boldsymbol{\alpha} &\longmapsto A\boldsymbol{\alpha}.\end{aligned}\tag{8}$$

则 $\boldsymbol{A}$ 是 F^n 到 F^s 的一个线性映射。设 $\boldsymbol{\alpha}=(a_1,a_2,\cdots,a_n)'\in F^n$。

$$\operatorname{Ker}\boldsymbol{A}=\{\boldsymbol{\alpha}\in F^n\mid \boldsymbol{A}\boldsymbol{\alpha}=\mathbf{0}\}=\{\boldsymbol{\alpha}\in F^n\mid A\boldsymbol{\alpha}=\mathbf{0}\}=W,\tag{9}$$

$$\begin{aligned}\operatorname{Im}\boldsymbol{A}&=\{\boldsymbol{A}\boldsymbol{\alpha}\mid\boldsymbol{\alpha}\in F^n\}=\{A\boldsymbol{\alpha}\mid\boldsymbol{\alpha}\in F^n\}\\&=\{a_1\boldsymbol{\alpha}_1+a_2\boldsymbol{\alpha}_2+\cdots+a_n\boldsymbol{\alpha}_n\mid a_i\in F,i=1,2,\cdots,n\}\\&=\langle\boldsymbol{\alpha}_1,\boldsymbol{\alpha}_2,\cdots,\boldsymbol{\alpha}_n\rangle.\end{aligned}\tag{10}$$

这表明 $\operatorname{Ker}\boldsymbol{A}$ 等于 $AX=\mathbf{0}$ 的解空间，$\operatorname{Im}\boldsymbol{A}$ 等于矩阵 A 的列空间，据定理 2 得

$$\dim(\operatorname{Ker}\boldsymbol{A})+\dim(\operatorname{Im}\boldsymbol{A})=\dim(F^n),$$

即

$$\dim(W)+\operatorname{rank}(A)=n.$$

从而

$$\dim(W)=n-\operatorname{rank}(A).\tag{11}$$

注意：对于有限维线性空间 V 上的线性变换 $\boldsymbol{A}$，虽然 $\operatorname{Ker}\boldsymbol{A}$ 与 $\operatorname{Im}\boldsymbol{A}$ 的维数之和等于 $\dim V$，但是 $\operatorname{Ker}\boldsymbol{A}+\operatorname{Im}\boldsymbol{A}$ 不一定等于 V。例如，在数域 K 上的线性空间 $K[x]_n$ 中，求导数 $\boldsymbol{D}$ 的象 $\operatorname{Im}\boldsymbol{D}=K[x]_{n-1}$，$\boldsymbol{D}$ 的核 $\operatorname{Ker}\boldsymbol{D}=K$，显然，$K[x]_{n-1}+K\neq K[x]_n$。

若有限维线性空间 V 上的线性变换 $\boldsymbol{A}$ 满足：$\operatorname{Ker}\boldsymbol{A}\cap\operatorname{Im}\boldsymbol{A}=0$，则 $V=\operatorname{Ker}\boldsymbol{A}\oplus\operatorname{Im}\boldsymbol{A}$。理由如下：由于 $\operatorname{Ker}\boldsymbol{A}\cap\operatorname{Im}\boldsymbol{A}=0$，因此 $\operatorname{Ker}\boldsymbol{A}+\operatorname{Im}\boldsymbol{A}$ 是直和。从而

$$\dim(\operatorname{Ker}\boldsymbol{A}\oplus\operatorname{Im}\boldsymbol{A})=\dim(\operatorname{Ker}\boldsymbol{A})+\dim(\operatorname{Im}\boldsymbol{A})=\dim V.$$

由于 $\operatorname{Ker}\boldsymbol{A}\oplus\operatorname{Im}\boldsymbol{A}$ 是 V 的子空间，因此

$$V=\operatorname{Ker}\boldsymbol{A}\oplus\operatorname{Im}\boldsymbol{A}.$$

可以利用线性空间 V 上的幂等变换来研究线性空间 V 的结构，即有下面的命题：

命题 3 设 $\boldsymbol{A}$ 是域 F 上线性空间 V 上的线性变换。如果 $\boldsymbol{A}$ 是 V 上的幂等变换，那么

$$V=\operatorname{Im}\boldsymbol{A}\oplus\operatorname{Ker}\boldsymbol{A},\tag{12}$$

并且 $\boldsymbol{A}$ 是平行于 $\operatorname{Ker}\boldsymbol{A}$ 在 $\operatorname{Im}\boldsymbol{A}$ 上的投影。

9.1 节已指出，投影是幂等变换。命题 3 表明：幂等变换是投影，由此体会数学是一个统一的整体。

推论 2　设 $V=U\oplus W$，用 $\boldsymbol{P}_U$ 表示平行于 W 在 U 上的投影。则

$$U=\operatorname{Im}\boldsymbol{P}_U, W=\operatorname{Ker}\boldsymbol{P}_U.$$

推论 2 在几何空间 V 中的情形是直观上很明显的，如图 9-3所示。

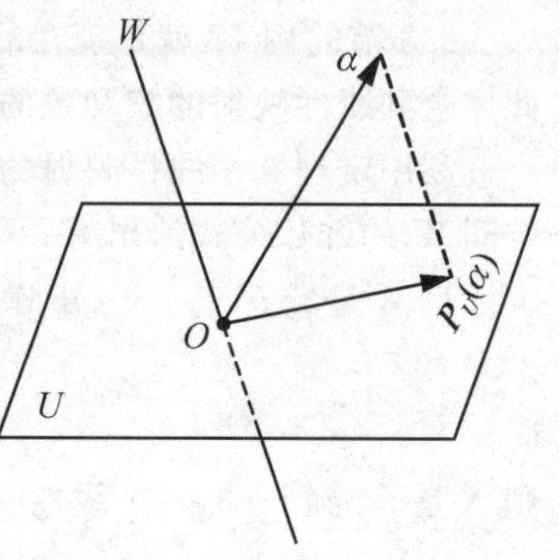

图 9-3

推论 3　设 V 是域 F 上的线性空间，则 V 的任一子空间 U 是平行于 U 的一个补空间在 U 上的投影 $\boldsymbol{P}_U$ 的象。

推论 4　设 V 是域 F 上的线性空间，则 V 的任一子空间 W 是平行于 W 在 W 的一个补空间上的投影的核。

推论 3 和推论 4 表明：线性空间 V 的任一子空间既可看成某个投影下的象，又可看成某个投影下的核。由此看到，投影在研究线性空间的结构中起着重要作用。

设 $\boldsymbol{A}$ 是域 F 上线性空间 V 到 V' 的一个线性映射，既然 $\operatorname{Im}\boldsymbol{A}$ 是 V' 的一个子空间，自然有商空间 $V'/\operatorname{Im}\boldsymbol{A}$，把它称为 $\boldsymbol{A}$ 的**余核**，记作 $\operatorname{Coker}\boldsymbol{A}$，直观上可以看出，$\operatorname{Im}\boldsymbol{A}$ 越大(含的元素越多)，$V'/\operatorname{Im}\boldsymbol{A}$ 就越小，当 $\operatorname{Im}\boldsymbol{A}$ 等于 V' 时，$V'/\operatorname{Im}\boldsymbol{A}$ 就只含一个零元了。于是有下述结论。

命题 4　设 $\boldsymbol{A}$ 是域 F 上线性空间 V 到 V' 的一个线性映射，则 $\boldsymbol{A}$ 是满射当且仅当 $\operatorname{Coker}\boldsymbol{A}=0$。

《高等代数学习指导书(上册)》3.1 节命题 1 和第 4.1 节关于线性方程组的矩阵表示结合在一起(并且把数域 K 推广成任一域 F)可得出，设 A 是域 F 上的 $s\times n$ 矩阵，它的列向量组为 $\boldsymbol{\alpha}_1,\boldsymbol{\alpha}_2,\cdots,\boldsymbol{\alpha}_n$。则 n 元线性方程组 $A\boldsymbol{X}=\boldsymbol{\beta}$ 有解的充分必要条件是 $\boldsymbol{\beta}\in\langle\boldsymbol{\alpha}_1,\boldsymbol{\alpha}_2,\cdots,\boldsymbol{\alpha}_n\rangle$。令 $\boldsymbol{A}(\boldsymbol{\alpha})=A\boldsymbol{\alpha}$，$\forall\,\boldsymbol{\alpha}\in F^n$，则 $\boldsymbol{A}$ 是 F^n 到 F^s 的一个线性映射。我们在前面已指出，$\operatorname{Im}\boldsymbol{A}$ 等于矩阵 A 的列空间 $\langle\boldsymbol{\alpha}_1,\boldsymbol{\alpha}_2,\cdots,\boldsymbol{\alpha}_n\rangle$。因此 $A\boldsymbol{X}=\boldsymbol{\beta}$ 有解当且仅当 $\boldsymbol{\beta}\in\operatorname{Im}\boldsymbol{A}$。这表明 $\operatorname{Im}\boldsymbol{A}$ 越大，就有更多的以 A 为系数矩阵的线性方程组有解。换句话说，$\operatorname{Coker}\boldsymbol{A}$ 越小，就有更多的以 A 为系数矩阵的线性方程组有解。我们在《高等代数学习指导书(上册)》4.7节已经指出：$\operatorname{Im}\boldsymbol{A}$ 的维数越大，就有更多的以 A 为系数矩阵的线性方程组有解。现在用 $\boldsymbol{A}$ 的余核的语言再次指出了这一事实。

9.2.2　典型例题

例 1　设 $\boldsymbol{A}$ 是域 F 上线性空间 V 到 V' 的一个线性映射，W 是 V 的一个子空间，令

$$\boldsymbol{A}W \xlongequal{\text{def}} \{\boldsymbol{A}\beta\mid\beta\in W\};$$

证明：(1) $\boldsymbol{A}W$ 是 V' 的一个子空间；

(2) 若 V 是有限维的,则

$$\dim(\boldsymbol{A}W)+\dim((\operatorname{Ker}\boldsymbol{A})\cap W)=\dim(W). \tag{13}$$

证明 (1) 由于 $0\in W$,因此 $\boldsymbol{A}(0)\in\boldsymbol{A}W$。对于任意 $\alpha,\beta\in W,k\in F$,有

$$\boldsymbol{A}\alpha+\boldsymbol{A}\beta=\boldsymbol{A}(\alpha+\beta)\in\boldsymbol{A}W,k\,\boldsymbol{A}\alpha=\boldsymbol{A}(k\alpha)\in\boldsymbol{A}W.$$

因此 $\boldsymbol{A}W$ 是 V' 的一个子空间。

(2) 考虑 $\boldsymbol{A}$ 在子空间 W 上的限制:$\boldsymbol{A}|W$,它是 W 到 $\boldsymbol{A}W$ 的一个线性映射。由于

$$\begin{aligned}\alpha\in\operatorname{Ker}(\boldsymbol{A}\mid W)\quad&\Leftrightarrow\quad(\boldsymbol{A}\mid W)\alpha=0\\&\Leftrightarrow\quad\boldsymbol{A}\alpha=0\text{ 且 }\alpha\in W\\&\Leftrightarrow\quad\alpha\in(\operatorname{Ker}\boldsymbol{A})\cap W,\end{aligned}$$

因此

$$\operatorname{Ker}(\boldsymbol{A}|W)=(\operatorname{Ker}\boldsymbol{A})\cap W.$$

又显然有 $\operatorname{Im}(\boldsymbol{A}|W)=\boldsymbol{A}W$,因此

$$\dim(\boldsymbol{A}W)+\dim((\operatorname{Ker}\boldsymbol{A})\cap W)=\dim W.$$ ■

例 2 设 V,U,W 都是域 F 上的线性空间,并且 V 是有限维的。设 $\boldsymbol{A}\in\operatorname{Hom}(V,U)$,$\boldsymbol{B}\in\operatorname{Hom}(U,W)$。证明:

$$\dim(\operatorname{Ker}\boldsymbol{BA})\leqslant\dim(\operatorname{Ker}\boldsymbol{A})+\dim(\operatorname{Ker}\boldsymbol{B}). \tag{14}$$

证明 $\boldsymbol{BA}\in\operatorname{Hom}(V,W)$,$(\boldsymbol{BA})V=\boldsymbol{B}(\boldsymbol{A}V)=\operatorname{Im}(\boldsymbol{B}|\boldsymbol{A}V)$,$\operatorname{Ker}(\boldsymbol{B}|\boldsymbol{A}V)\subseteq\operatorname{Ker}\boldsymbol{B}$。据线性映射的核与象的维数公式得

$$\begin{aligned}\dim(\operatorname{Ker}\boldsymbol{BA})&=\dim V-\dim((\boldsymbol{BA})V)\\&=\dim V-\dim(\operatorname{Im}(\boldsymbol{B}\mid\boldsymbol{A}V))\\&=\dim V-[\dim(\boldsymbol{A}V)-\dim(\operatorname{Ker}(\boldsymbol{B}\mid\boldsymbol{A}V))]\\&=\dim V-\dim(\boldsymbol{A}V)+\dim(\operatorname{Ker}(\boldsymbol{B}\mid\boldsymbol{A}V))\\&\leqslant\dim(\operatorname{Ker}\boldsymbol{A})+\dim(\operatorname{Ker}\boldsymbol{B}).\end{aligned}$$ ■

例 3 设 V,U,W 都是域 F 上的线性空间,并且 $\dim V=n,\dim U=m$。设 $\boldsymbol{A}\in\operatorname{Hom}(V,U)$,$\boldsymbol{B}\in\operatorname{Hom}(U,W)$。证明:

$$\operatorname{rank}(\boldsymbol{BA})\geqslant\operatorname{rank}(\boldsymbol{A})+\operatorname{rank}(\boldsymbol{B})-m. \tag{15}$$

证明

$$\begin{aligned}\operatorname{rank}(\boldsymbol{BA})&=\dim(\operatorname{Im}(\boldsymbol{BA}))\\&=\dim V-\dim(\operatorname{Ker}(\boldsymbol{BA}))\\&\geqslant n-[\dim(\operatorname{Ker}\boldsymbol{A})+\dim(\operatorname{Ker}\boldsymbol{B})]\\&=n-\dim(\operatorname{Ker}\boldsymbol{A})+m-\dim(\operatorname{Ker}\boldsymbol{B})-m\\&=\dim(\operatorname{Im}\boldsymbol{A})+\dim(\operatorname{Im}\boldsymbol{B})-m\\&=\operatorname{rank}(\boldsymbol{A})+\operatorname{rank}(\boldsymbol{B})-m.\end{aligned}$$ ■

点评 据9.3节关于线性映射的矩阵表示可知，例3实际上是《高等代数学习指导书(上册)》4.5节例2的Sylvester秩不等式。在那里讲了三种证法。现在利用线性映射的核与象的维数公式给出了第四种证法，这一证法既直观又简洁。Sylvester秩不等式是由Sylvester在1884年首先证明的。

例4 设V,U,W,M都是域F上的线性空间，并且V,U都是有限维的，设$\boldsymbol{A}\in \mathrm{Hom}(V,U)$，$\boldsymbol{B}\in \mathrm{Hom}(U,W)$，$\boldsymbol{C}\in \mathrm{Hom}(W,M)$。证明：

$$\mathrm{rank}(\boldsymbol{CBA})\geqslant \mathrm{rank}(\boldsymbol{CB})+\mathrm{rank}(\boldsymbol{BA})-\mathrm{rank}(\boldsymbol{B}). \tag{16}$$

证明 $\mathrm{rank}(\boldsymbol{CBA})=\dim((\boldsymbol{CBA})V)$，$(\boldsymbol{CBA})V=\boldsymbol{C}[(\boldsymbol{BA})V]=\mathrm{Im}(\boldsymbol{C}|(\boldsymbol{BA})V]$。由于$\boldsymbol{A}V\subseteq U$，因此$(\boldsymbol{BA})V\subseteq \boldsymbol{B}U$。从而$\mathrm{Ker}(\boldsymbol{C}|(\boldsymbol{BA})V)\subseteq \mathrm{Ker}(\boldsymbol{C}|\boldsymbol{B}U)$。于是有

$$\begin{aligned}\mathrm{rank}(\boldsymbol{CBA}) &= \dim((\boldsymbol{CBA})V)\\ &= \dim[\mathrm{Im}(\boldsymbol{C}\mid(\boldsymbol{BA})V)]\\ &= \dim((\boldsymbol{BA})V)-\dim[\mathrm{Ker}(\boldsymbol{C}\mid\boldsymbol{BA})V)]\\ &\geqslant \mathrm{rank}(\boldsymbol{BA})-\dim[\mathrm{Ker}(\boldsymbol{C}\mid\boldsymbol{B}U)]\\ &= \mathrm{rank}(\boldsymbol{BA})-[\dim(\boldsymbol{B}U)-\dim(\boldsymbol{C}(\boldsymbol{B}U))]\\ &= \mathrm{rank}(\boldsymbol{BA})-\mathrm{rank}(\boldsymbol{B})+\mathrm{rank}(\boldsymbol{CB}).\end{aligned}$$ ■

点评 例4实际上就是《高等代数学习指导书(上册)》习题4.5的第3题，在“习题答案与提示”中给出了该题的两种证法。现在利用线性映射的核与象的维数公式给出了第三种证法。这一证法较前两种证法简捷。这个不等式称为Frobenius秩不等式，它是由Frobenius在1961年首先证明的。

例5 设$\boldsymbol{A},\boldsymbol{B}$都是域$F$上线性空间$V$上的幂等变换。证明：

(1) $\boldsymbol{A}$与$\boldsymbol{B}$有相同的象当且仅当$\boldsymbol{AB}=\boldsymbol{B}$，$\boldsymbol{BA}=\boldsymbol{A}$；

(2) $\boldsymbol{A}$与$\boldsymbol{B}$有相同的核当且仅当$\boldsymbol{AB}=\boldsymbol{A}$，$\boldsymbol{BA}=\boldsymbol{B}$。

证明 (1)由于$\boldsymbol{A},\boldsymbol{B}$都是$V$上的幂等变换，因此据本节命题3得，$\boldsymbol{A}$是平行于$\mathrm{Ker}\,\boldsymbol{A}$在$\mathrm{Im}\,\boldsymbol{A}$上的投影，$\boldsymbol{B}$是平行于$\mathrm{Ker}\,\boldsymbol{B}$在$\mathrm{Im}\,\boldsymbol{B}$上的投影。

必要性。设$\mathrm{Im}\,\boldsymbol{A}=\mathrm{Im}\,\boldsymbol{B}$。任取$\alpha\in V$，有$\boldsymbol{B}\alpha\in \mathrm{Im}\,\boldsymbol{B}$，由已知条件得，$\boldsymbol{B}\alpha\in \mathrm{Im}\,\boldsymbol{A}$。据投影的性质(9.1节的定理2)得

$$\boldsymbol{A}(\boldsymbol{B}\alpha)=\boldsymbol{B}\alpha.$$

由此得出，$\boldsymbol{AB}=\boldsymbol{B}$。由于$\boldsymbol{A}$与$\boldsymbol{B}$的地位对称，因此也有$\boldsymbol{BA}=\boldsymbol{A}$。

充分性。设$\boldsymbol{AB}=\boldsymbol{B}$，$\boldsymbol{BA}=\boldsymbol{A}$。任取$\gamma\in \mathrm{Im}\,\boldsymbol{A}$。由投影的性质得，$\boldsymbol{A}\gamma=\gamma$，由已知条件得，$(\boldsymbol{BA})\gamma=\boldsymbol{A}\gamma=\gamma$。从而$\boldsymbol{B}\gamma=\gamma$。于是$\gamma\in \mathrm{Im}\,\boldsymbol{B}$。因此$\mathrm{Im}\,\boldsymbol{A}\subseteq \mathrm{Im}\,\boldsymbol{B}$。同理可证，$\mathrm{Im}\,\boldsymbol{B}\subseteq \mathrm{Im}\,\boldsymbol{A}$。于是$\mathrm{Im}\,\boldsymbol{A}=\mathrm{Im}\,\boldsymbol{B}$。

(2) 必要性。设$\mathrm{Ker}\,\boldsymbol{A}=\mathrm{Ker}\,\boldsymbol{B}$。任取$\alpha\in V$，由于$V=\mathrm{Im}\,\boldsymbol{A}\oplus \mathrm{Ker}\,\boldsymbol{A}$，因此有

$$\alpha=\alpha_1+\alpha_2,\alpha_1\in \mathrm{Im}\,\boldsymbol{A},\alpha_2\in \mathrm{Ker}\,\boldsymbol{A}.$$

于是 $\alpha-\alpha_1\in \mathrm{Ker}\,\boldsymbol{A}$。由已知条件得，$\alpha-\alpha_1\in \mathrm{Ker}\,\boldsymbol{B}$。于是 $\boldsymbol{B}(\alpha-\alpha_1)=0$。即 $\boldsymbol{B}\alpha=\boldsymbol{B}\alpha_1$。由于 $\boldsymbol{A}$ 是平行于 $\mathrm{Ker}\,\boldsymbol{A}$ 在 $\mathrm{Im}\,\boldsymbol{A}$ 上的投影，因此 $\boldsymbol{A}\alpha=\alpha_1$。从而

$$(\boldsymbol{BA})\alpha=\boldsymbol{B}(\boldsymbol{A}\alpha)=\boldsymbol{B}\alpha_1=\boldsymbol{B}\alpha.$$

由此得出，$\boldsymbol{BA}=\boldsymbol{B}$。由于 $\boldsymbol{A}$ 与 $\boldsymbol{B}$ 的地位对称，因此也有 $\boldsymbol{AB}=\boldsymbol{A}$。

充分性。设 $\boldsymbol{AB}=\boldsymbol{A},\boldsymbol{BA}=\boldsymbol{B}$。任取 $\delta\in \mathrm{Ker}\,\boldsymbol{A}$，则 $\boldsymbol{A}\delta=0$，从而 $\boldsymbol{BA}\delta=0$。由于 $\boldsymbol{BA}=\boldsymbol{B}$，因此 $\boldsymbol{B}\delta=0$。从而 $\delta\in \mathrm{Ker}\,\boldsymbol{B}$，于是 $\mathrm{Ker}\,\boldsymbol{A}\subseteq \mathrm{Ker}\,\boldsymbol{B}$。同理可证 $\mathrm{Ker}\,\boldsymbol{B}\subseteq \mathrm{Ker}\,\boldsymbol{A}$。因此 $\mathrm{Ker}\,\boldsymbol{A}=\mathrm{Ker}\,\boldsymbol{B}$。 ■

点评　例 5 中由于把幂等变换看成投影，因此证明过程显得简洁、清晰。由此体会到：在研究代数问题时有意识地运用几何的语言（它有几何空间作为直观背景），将使思路比较清晰。

例 6　设 V 和 V' 都是域 F 上的线性空间，$\boldsymbol{A}$ 是 V 到 V' 的一个线性映射。证明：存在直和分解：

$$V=\mathrm{Ker}\,\boldsymbol{A}\oplus W,V'=M\oplus N,\tag{17}$$

使得 $W\cong M$。

证明　由于 $\mathrm{Ker}\,\boldsymbol{A}$ 是 V 的一个子空间，$\mathrm{Im}\,\boldsymbol{A}$ 是 V' 的一个子空间，因此据 8.4 节命题 1 得

$$V=\mathrm{Ker}\,\boldsymbol{A}\oplus W,V'=\mathrm{Im}\,\boldsymbol{A}\oplus N.\tag{18}$$

据 8.4 节典型例题的例 1 得

$$W\cong V/\mathrm{Ker}\,\boldsymbol{A}.\tag{19}$$

据本节定理 1 得

$$V/\mathrm{Ker}\,\boldsymbol{A}\cong \mathrm{Im}\,\boldsymbol{A}.\tag{20}$$

由于线性空间的同构有传递性，因此从(19)和(20)式得，$W\cong \mathrm{Im}\,\boldsymbol{A}$。在(17)式中取 $M=\mathrm{Im}\,\boldsymbol{A}$即得所要证的结论。 ■

点评　由于我们在 8.4 节的命题 1 中证明了域 F 上线性空间 V(可以是无限维的)的任一子空间都有补空间，因此例 6 中不要求 V 和 V' 是有限维的。此外，在例 6 的证明中，本节定理 1 和 8.4 节的例 1 起了重要作用。由此体会到，尽量多掌握一些重要结论，在解决问题时可以站得更高一些，看得更清楚一些，从而解决问题更简便。

例 7　设 V 是域 F 上的一个线性空间，$\mathrm{char}\,F=0$。证明：如果 $\boldsymbol{A}_1,\boldsymbol{A}_2,\cdots,\boldsymbol{A}_s$ 是 V 上两两不等的线性变换，那么 V 中至少有一个向量 α，使得 $\boldsymbol{A}_1\alpha,\boldsymbol{A}_2\alpha,\cdots,\boldsymbol{A}_s\alpha$ 两两不等。

证明　$\boldsymbol{A}_1\alpha,\boldsymbol{A}_2\alpha,\cdots,\boldsymbol{A}_s\alpha$ 两两不等

$\Leftrightarrow$　$(\boldsymbol{A}_1-\boldsymbol{A}_2)\alpha\neq 0,(\boldsymbol{A}_1-\boldsymbol{A}_3)\alpha\neq 0,\cdots,(\boldsymbol{A}_{s-1}-\boldsymbol{A}_s)\alpha\neq 0$

$\Leftrightarrow\ \ \alpha\notin \mathrm{Ker}(\mathbf{A}_1-\mathbf{A}_2),\alpha\notin \mathrm{Ker}(\mathbf{A}_1-\mathbf{A}_3),\cdots,\alpha\notin \mathrm{Ker}(\mathbf{A}_{s-1}-\mathbf{A}_s)$。

由于 $\mathbf{A}_1,\mathbf{A}_2,\cdots,\mathbf{A}_s$ 两两不等，因此

$$\mathbf{A}_1-\mathbf{A}_2\neq\mathbf{0},\mathbf{A}_1-\mathbf{A}_3\neq\mathbf{0},\cdots,\mathbf{A}_{s-1}-\mathbf{A}_s\neq\mathbf{0}.$$

从而

$$\mathrm{Ker}(\mathbf{A}_1-\mathbf{A}_2)\neq V,\mathrm{Ker}(\mathbf{A}_1-\mathbf{A}_3)\neq V,\cdots,\mathrm{Ker}(\mathbf{A}_{s-1}-\mathbf{A}_s)\neq V.$$

由于域 F 的特征为 0，因此据 8.2 节典型例题的例 16 得

$$\mathrm{Ker}(\mathbf{A}_1-\mathbf{A}_2)\cup\mathrm{Ker}(\mathbf{A}_1-\mathbf{A}_3)\cup\cdots\cup\mathrm{Ker}(\mathbf{A}_{s-1}-\mathbf{A}_s)\neq V.$$

于是存在 $\alpha\in V$，使得

$$\alpha\notin\mathrm{Ker}(\mathbf{A}_1-\mathbf{A}_2)\cup\mathrm{Ker}(\mathbf{A}_1-\mathbf{A}_3)\cup\cdots\cup\mathrm{Ker}(\mathbf{A}_{s-1}-\mathbf{A}_s).$$

从而 $\mathbf{A}_1\alpha,\mathbf{A}_2\alpha,\cdots,\mathbf{A}_s\alpha$ 两两不等。 ■

例 8 设 A 是域 F 上一个 $s\times n$ 矩阵，令

$$\mathbf{A}(\boldsymbol{\alpha})\overset{\text{def}}{=\!=\!=}A\boldsymbol{\alpha},\forall\,\boldsymbol{\alpha}\in F^n.$$

证明：$\mathrm{rank}(\mathbf{A})=\mathrm{rank}(A)$。

证明 由于 $\mathbf{A}$ 是 F^n 到 F^s 的一个线性映射，因此 $\mathrm{Im}\,\mathbf{A}$ 等于矩阵 A 的列空间 $\langle\boldsymbol{\alpha}_1,\boldsymbol{\alpha}_2,\cdots,\boldsymbol{\alpha}_n\rangle$。从而

$$\mathrm{rank}(\mathbf{A})=\dim(\mathrm{Im}\,\mathbf{A})=\dim\langle\boldsymbol{\alpha}_1,\boldsymbol{\alpha}_2,\cdots,\boldsymbol{\alpha}_n\rangle=\mathrm{rank}(A).$$ ■

例 9 设 $q=p^m$，p 是素数，设 f 是 F_q 上的线性空间 F_q^n 到 F_q 的一个线性映射，且 $f\neq0$。

(1) 求 $|\mathrm{Ker}\,f|$；

(2) 用 e 表示 F_q 的单位元，求 $|f^{-1}(e)|$。

解 (1)由于 $\dim(\mathrm{Im}\,f)+\dim(\mathrm{Ker}\,f)=\dim(F_q^n)$，因此 $\dim(\mathrm{Ker}\,f)=n-\dim(\mathrm{Im}\,f)$。

由于 $\mathrm{Im}\,f$ 是 F_q 的子空间，且 F_q 作为自身上的线性空间是 1 维的，因此 $\dim(\mathrm{Im}\,f)\leqslant1$。由于 $f\neq0$，因此 $\mathrm{Im}\,f$ 不是零子空间，从而 $\dim(\mathrm{Im}\,f)=1$。于是

$$\dim(\mathrm{Ker}\,f)=n-1.$$

从而 $\mathrm{Ker}\,f\cong F_q^{n-1}$，因此

$$|\mathrm{Ker}\,f|=|F_q^{n-1}|=q^{n-1}.$$

(2) 令
$$\begin{aligned}\sigma:\mathrm{Ker}\,f&\longrightarrow f^{-1}(e)\\ \gamma&\longmapsto\gamma+\alpha_0,\end{aligned}$$

其中 α_0 是 $f^{-1}(e)$中一个固定的元素。由于

$$f(\gamma+\alpha_0)=f(\gamma)+f(\alpha_0)=0+e=e,$$

因此 $\gamma+\alpha_0\in f^{-1}(e)$。于是 σ 是 $\mathrm{Ker}\,f$ 到 $f^{-1}(e)$的一个映射，显然 σ 是单射。任取 $\delta\in f^{-1}(e)$，令 $\gamma=\delta-\alpha_0$，则 $f(\gamma)=f(\delta)-f(\alpha_0)=e-e=0$。因此 $\gamma\in\mathrm{Ker}\,f$，且 $\sigma(\gamma)=$

$\gamma+\alpha_0=\delta$。于是 σ 是满射，从而 σ 是双射。因此

$$|f^{-1}(e)|=|\operatorname{Ker} f|=q^{n-1}.$$

例 10 把域 F 看成自身上的一个线性空间。证明：F 上的非零线性变换一定是线性空间 F 到自身的一个同构映射。

证明 把域 F 看成是自身上的线性空间，它是 1 维的。设 σ 是线性空间 F 上的一个非零线性变换。则 $\operatorname{Ker}\sigma$ 是 F 的一个子空间。由于 $\sigma\neq 0$，因此 $\operatorname{Ker}\sigma\neq F$。由于 $\dim F=1$，因此 $\dim(\operatorname{Ker}\sigma)=0$，从而 $\operatorname{Ker}\sigma=0$。于是 σ 是单射。由于线性空间 F 是有限维的，因此 σ 也是满射，从而 σ 是双射，又 σ 保持加法和纯量乘法，因此 σ 是线性空间 F 到自身的一个同构映射。 ■

例 11 判断下面定义的 K^4 到 K^3 的映射 $\boldsymbol{A}$ 是不是线性映射。如果是，求 $\operatorname{Ker}\boldsymbol{A}$，$\operatorname{Im}\boldsymbol{A}$，$\operatorname{Coker}\boldsymbol{A}$。

$$\boldsymbol{A}\begin{pmatrix}x_1\\x_2\\x_3\\x_4\end{pmatrix}=\begin{pmatrix}x_1-3x_2+x_3-2x_4\\-x_1-11x_2+2x_3-5x_4\\3x_1+5x_2+x_4\end{pmatrix}.$$

解 由于

$$\boldsymbol{A}\begin{pmatrix}x_1\\x_2\\x_3\\x_4\end{pmatrix}=\begin{pmatrix}1&-3&1&-2\\-1&-11&2&-5\\3&5&0&1\end{pmatrix}\begin{pmatrix}x_1\\x_2\\x_3\\x_4\end{pmatrix},$$

因此 $\boldsymbol{A}$ 是 K^4 到 K^3 一个线性映射。用 A 表示上式右端的 3×4 矩阵，$\operatorname{Ker}\boldsymbol{A}$ 等于 4 元齐次线性方程组 $A\boldsymbol{X}=\boldsymbol{0}$ 的解空间，$\operatorname{Im}\boldsymbol{A}$ 等于矩阵 A 的列空间。把 A 经过初等行变换化成简化行阶梯形矩阵：

$$A\to\begin{pmatrix}1&-3&1&-2\\0&-14&3&-7\\0&14&-3&7\end{pmatrix}\to\begin{pmatrix}1&0&\frac{5}{14}&-\frac{1}{2}\\0&1&-\frac{3}{14}&\frac{1}{2}\\0&0&0&0\end{pmatrix}.$$

于是 $A\boldsymbol{X}=\boldsymbol{0}$ 的一个基础解系为

$$\boldsymbol{\eta}_1=(5,-3,-14,0)',\boldsymbol{\eta}_2=(1,-1,0,2)'.$$

从而 $\operatorname{Ker}\boldsymbol{A}=\langle\boldsymbol{\eta}_1,\boldsymbol{\eta}_2\rangle=\langle(5,-3,-14,0)',(1,-1,0,2)'\rangle$。

从 A 化成的简化行阶梯形矩阵看出，A 的列向量组的一个极大线性无关组是

$$\boldsymbol{\alpha}_1 = \begin{pmatrix} 1 \\ -1 \\ 3 \end{pmatrix}, \boldsymbol{\alpha}_2 = \begin{pmatrix} -3 \\ -11 \\ 5 \end{pmatrix}.$$

因此 A 的列空间是$\langle \boldsymbol{\alpha}_1, \boldsymbol{\alpha}_2 \rangle$，从而

$$\mathrm{Im}\, \boldsymbol{A} = \langle (1,-1,3)', (-3,-11,5)' \rangle.$$

Coker $\boldsymbol{A}=K^3/\mathrm{Im}\,\boldsymbol{A}$，把 Im $\boldsymbol{A}$ 的上述一个基扩充成 K^3 的一个基：

$$\boldsymbol{\alpha}_1 = \begin{pmatrix} 1 \\ -1 \\ 3 \end{pmatrix}, \boldsymbol{\alpha}_2 = \begin{pmatrix} -3 \\ -11 \\ 5 \end{pmatrix}, \boldsymbol{\beta} = \begin{pmatrix} 1 \\ 0 \\ 0 \end{pmatrix}.$$

由 8.4 节定理 1 的证明过程知道，$\boldsymbol{\beta}+\mathrm{Im}\,\boldsymbol{A}$ 是 $K^3/\mathrm{Im}\,\boldsymbol{A}$ 的一个基，于是 Coker $\boldsymbol{A}=\langle (1,0,0)'+\mathrm{Im}\,\boldsymbol{A} \rangle$。

点评 从例 11 的解题过程看到：若线性映射 $\boldsymbol{A}$ 是由 $\boldsymbol{A}(\boldsymbol{\alpha})=A\boldsymbol{\alpha}$，$\forall\, \boldsymbol{\alpha}\in F^n$ 给出，其中 A 是域 F 上一个 $s\times n$ 矩阵，则 Ker $\boldsymbol{A}$ 等于 n 元齐次线性方程组 $A\boldsymbol{X}=\boldsymbol{0}$ 的解空间，Im $\boldsymbol{A}$ 等于矩阵 A 的列空间。这个结论应熟练掌握。为了求 $A\boldsymbol{X}=\boldsymbol{0}$的基础解系和 A 的列向量组的一个极大线性无关组。只要先把矩阵 A 经过初等行变换化成简化行阶梯形，然后就容易写出 $A\boldsymbol{X}=\boldsymbol{0}$的一个基础解系，并且可直接看出 A 的列向量组的一个极大线性无关组。在求 Coker $\boldsymbol{A}$ 时，只要先把 Im $\boldsymbol{A}$ 的一个基 $\boldsymbol{\alpha}_1, \boldsymbol{\alpha}_2, \cdots, \boldsymbol{\alpha}_r$（上面已求出）扩充成 F^s 的一个基 $\boldsymbol{\alpha}_1, \boldsymbol{\alpha}_2, \cdots, \boldsymbol{\alpha}_r, \boldsymbol{\alpha}_{r+1}, \cdots, \boldsymbol{\alpha}_s$（以它们为列向量组的矩阵的行列式不等于 0 即可），便立即得到 $F^s/\mathrm{Im}\,\boldsymbol{A}$ 的一个基：$\boldsymbol{\alpha}_{r+1}+\mathrm{Im}\,\boldsymbol{A}, \cdots, \boldsymbol{\alpha}_s+\mathrm{Im}\,\boldsymbol{A}$。于是立即写出 Coker $\boldsymbol{A}=\langle \boldsymbol{\alpha}_{r+1}+\mathrm{Im}\,\boldsymbol{A}, \cdots, \boldsymbol{\alpha}_s+\mathrm{Im}\,\boldsymbol{A} \rangle$。

例 12 设 $\boldsymbol{A}$ 是域 F 上有限维线性空间 V 上的线性变换。证明：$\boldsymbol{A}$ 可逆当且仅当对于 V 中任意非零向量 α 有 $\boldsymbol{A}\alpha\neq 0$。

证明 由于 V 是有限维的，因此据本节推论 1 和命题 2 得，

$\boldsymbol{A}$ 可逆 $\Leftrightarrow$ $\boldsymbol{A}$ 是单射

$\Leftrightarrow$ Ker $\boldsymbol{A}=0$

$\Leftrightarrow$ 对任意 $\alpha\neq 0$ 有 $\boldsymbol{A}\alpha\neq 0$。 ■

点评 例 12 以及 9.1 节的例 12 和例 18 分别给出了有限维线性空间 V 上的线性变换 $\boldsymbol{A}$ 可逆的充分必要条件。

例 13 设 $\boldsymbol{A}, \boldsymbol{B}$ 都是域 F 上 n 维线性空间 V 上的线性变换。证明：如果 $\mathrm{rank}(\boldsymbol{AB})=\mathrm{rank}(\boldsymbol{B})$，那么对于 V 上的任意线性变换 $\boldsymbol{C}$，都有 $\mathrm{rank}(\boldsymbol{ABC})=\mathrm{rank}(\boldsymbol{BC})$。

证明 考虑 $\boldsymbol{A}|\boldsymbol{B}V$，据定理 2 得

$$\dim(\mathrm{Im}(\boldsymbol{A}\mid \boldsymbol{B}V)) + \dim \mathrm{Ker}(\boldsymbol{A}\mid \boldsymbol{B}V) = \dim \boldsymbol{B}V.$$

由于 $\mathrm{Im}(\boldsymbol{A}|\boldsymbol{B}V)=\boldsymbol{AB}V$，$\mathrm{Ker}(\boldsymbol{A}|\boldsymbol{B}V)=(\mathrm{Ker}\,\boldsymbol{A})\cap \boldsymbol{B}V$，且由已知条件有 $\dim(\boldsymbol{AB}V)=\dim(\boldsymbol{B}V)$，因此 $\dim[(\mathrm{Ker}\,\boldsymbol{A})\cap \boldsymbol{B}V]=0$。从而 $(\mathrm{Ker}\,\boldsymbol{A})\cap \boldsymbol{B}V=0$。由于 $\boldsymbol{BC}V\subseteq \boldsymbol{B}V$，因此

$(\operatorname{Ker}\boldsymbol{A})\cap\boldsymbol{BC}V=0$。考虑 $\boldsymbol{A}|\boldsymbol{BC}V$，由于 $\operatorname{Ker}(\boldsymbol{A}|\boldsymbol{BC}V)=(\operatorname{Ker}\boldsymbol{A})\cap\boldsymbol{BC}V$，因此据定理 2 得

$$\dim(\boldsymbol{BC}V)=\dim(\boldsymbol{ABC}V)+\dim\operatorname{Ker}(\boldsymbol{A}\mid\boldsymbol{BC}V)=\dim(\boldsymbol{ABC}V).$$

即

$$\operatorname{rank}(\boldsymbol{BC})=\operatorname{rank}(\boldsymbol{ABC}).$$

■

点评 例 13 也可推广到 $\boldsymbol{A},\boldsymbol{B},\boldsymbol{C}$ 是适当的线性空间之间的线性映射的情形。证明方法一样。《高等代数学习指导书（上册）》习题 4.3 的第 15 题对矩阵 A,B,C 证明了相应的结论。现在用线性映射的核与象的维数公式给出了更简便的证明。

例 14 设 $\boldsymbol{A}$ 是域 F 上 n 维线性空间 V 上的线性变换。证明：存在一个正整数 m 使得

$$\boldsymbol{A}^mV=\boldsymbol{A}^{m+k}V,k=1,2,3,\cdots. \tag{21}$$

证明 由于 $V\supseteq\boldsymbol{A}V\supseteq\boldsymbol{A}^2V\supseteq\boldsymbol{A}^3V\supseteq\cdots$，因此 $\dim V\geqslant\dim(\boldsymbol{A}V)\geqslant\dim(\boldsymbol{A}^2V)\geqslant\dim(\boldsymbol{A}^3V)\geqslant\cdots$；由于 $\dim(\boldsymbol{A}^iV)$ 都是小于或等于 n 的自然数，因此上式中从左至右的“$\geqslant$”不可能都取“$>$”，必然存在一个正整数 m 使得 $\dim(\boldsymbol{A}^mV)=\dim(\boldsymbol{A}^{m+1}V)$，即 $\operatorname{rank}(\boldsymbol{A}^m)=\operatorname{rank}(\boldsymbol{A}^{m+1})=\operatorname{rank}(\boldsymbol{A}\boldsymbol{A}^m)$，据例 13（取 $\boldsymbol{C}=\boldsymbol{A}$）得

$$\operatorname{rank}(\boldsymbol{A}^m\boldsymbol{A})=\operatorname{rank}((\boldsymbol{A}\boldsymbol{A}^m)\boldsymbol{A})，即\ \operatorname{rank}(\boldsymbol{A}^{m+1})=\operatorname{rank}(\boldsymbol{A}^{m+2}).$$

同理有 $\operatorname{rank}(\boldsymbol{A}^{m+2})=\operatorname{rank}(\boldsymbol{A}^{m+3}),\cdots$，即

$$\dim(\boldsymbol{A}^mV)=\dim(\boldsymbol{A}^{m+1}V)=\dim(\boldsymbol{A}^{m+2}V)=\dim(\boldsymbol{A}^{m+3}V)=\cdots.$$

因此 $\boldsymbol{A}^mV=\boldsymbol{A}^{m+1}V=\boldsymbol{A}^{m+2}V=\boldsymbol{A}^{m+3}V\cdots$。 ■

习题 9.2

1. 判断下面定义的 K^4 到 K^5 的映射 $\boldsymbol{A}$ 是不是线性映射。如果是，求 $\operatorname{Ker}\boldsymbol{A},\operatorname{Im}\boldsymbol{A},\operatorname{Coker}\boldsymbol{A}$。

$$\boldsymbol{A}\begin{pmatrix}x_1\\x_2\\x_3\\x_4\end{pmatrix}=\begin{pmatrix}x_1-3x_2+x_3-2x_4\\2x_1+x_2-x_3+3x_4\\-x_1+10x_2-4x_3+9x_4\\3x_1-2x_2+x_4\\4x_1+9x_2-5x_3+13x_4\end{pmatrix}.$$

2. 任意取定 $a\in F$，在 $F[x]$ 中，令 $\boldsymbol{T}_a：f(x)\longmapsto f(x+a)$。求 $\operatorname{Ker}\boldsymbol{T}_a,\operatorname{Im}\boldsymbol{T}_a,\operatorname{Coker}\boldsymbol{T}_a$。

3. 求一个原函数记作 $\boldsymbol{B}$（如下式所定义）是不是 $\mathbf{R}[x]_{n-1}$ 到 $\mathbf{R}[x]_n$ 的一个线性映射？如果是，求 $\operatorname{Ker}\boldsymbol{B},\operatorname{Im}\boldsymbol{B},\operatorname{Coker}\boldsymbol{B}$。

$$\boldsymbol{B}(a_0+a_1x+\cdots+a_{n-2}x^{n-2})=a_0x+\frac{a_1}{2}x^2+\cdots+\frac{a_{n-2}}{n-1}x^{n-1}.$$

4. 求第 1 题中商空间 $K^4/\operatorname{Ker}\boldsymbol{A}$ 的一个基。

5. $K[x]_{n-1}$ 可看成是 $K[x]_n$ 的一个子空间，求 $K[x]_{n-1}$ 在 $K[x]_n$ 中的一个补空间 W；

并且求平行于 W 在 $K[x]_{n-1}$ 上的投影 $\boldsymbol{P}$ 的象与核，以及 $\boldsymbol{P}$ 的余核。

*6. 设 $q=p^n$，p 是素数。设 $f(x)\in F_q[x]$，如果 $f(x)$ 诱导的多项式函数 f 是 F_q 到自身的一个双射，那么称 $f(x)$ 是 F_q 上的**置换多项式**。设 $g(x)=\sum_{i=0}^{m}b_ix^{p^i}\in F_q[x]$。证明：$g(x)$ 是 F_q 上的置换多项式当且仅当 $g(x)$ 在 F_q 中有且只有一个根。

7. 设 V 是域 F 上的有限维线性空间，$\boldsymbol{A}$ 是 V 上的一个线性变换，W 是 V 的一个子空间，用 $\boldsymbol{A}^{-1}W$ 表示 W 在 $\boldsymbol{A}$ 下的原象集。证明：

(1) $\dim W-\dim(\mathrm{Ker}\,\boldsymbol{A})\leqslant\dim(\boldsymbol{A}W)\leqslant\dim W$；

(2) $\boldsymbol{A}^{-1}W$ 是 V 的一个子空间，且

$$\dim(\boldsymbol{A}^{-1}W)\leqslant\dim W+\dim(\mathrm{Ker}\,\boldsymbol{A});$$

(3) 若 $W\subseteq\mathrm{Im}\,\boldsymbol{A}$，则

$$\dim(\boldsymbol{A}^{-1}W)\geqslant\dim W.$$

8. 设 V_0,V_1,V_2 都是域 F 上的有限维线性空间，$\boldsymbol{A}_1$ 是 V_0 到 V_1 的线性映射，$\boldsymbol{A}_2$ 是 V_1 到 V_2 的线性映射。证明：

$$\sum_{i=1}^{2}\dim(\mathrm{Ker}\,\boldsymbol{A}_i)-\sum_{i=1}^{2}\dim(V_i/\mathrm{Im}\,\boldsymbol{A}_i)=\dim V_0-\dim V_2.$$

9. 证明：域 F 上 n 维线性空间 V 上的两个线性变换 $\boldsymbol{A},\boldsymbol{B}$，如果它们的秩为 1 并且有相同的核和相同的象，那么它们是可交换的。

10. 设 $\boldsymbol{A}$ 是域 F 上的线性空间 V 上的线性变换。证明：$\mathrm{Ker}\,\boldsymbol{A}\subseteq\mathrm{Im}(\boldsymbol{A}-\boldsymbol{I})$。

9.3 线性映射和线性变换的矩阵表示

9.3.1 内容精华

研究线性映射的方法有两种：一种是把它作为具有特殊性质（保持加法和纯量乘法运算）的映射直接进行研究，例如上一节讨论线性映射的核与象，9.1 节讨论线性映射的运算；另一种方法是当线性空间 V 和 V' 都是有限维时，V 到 V' 的线性映射由矩阵表示，于是可以利用矩阵来研究线性映射。同时也可以利用线性映射来研究矩阵。因此，线性映射的矩阵表示既是研究线性映射的强有力的工具，又是研究矩阵的强有力的工具。

一、线性映射和线性变换的矩阵表示

设 V 和 V'都是域 F 上的有限维线性空间，$\dim V=n,\dim V'=s$。设 $\boldsymbol{A}$ 是 V 到 V'的一个线性映射。我们知道，$\boldsymbol{A}$ 被它在 V 的一个基上的作用所决定。于是取 V 的一个基 $\alpha_1,\alpha_2,\cdots,\alpha_n$，$\boldsymbol{A}$ 完全被 $\boldsymbol{A}\alpha_1,\boldsymbol{A}\alpha_2,\cdots,\boldsymbol{A}\alpha_n$ 决定。由于 $\boldsymbol{A}\alpha_i\in V'$，因此在 V' 中取一个基 $\eta_1,\eta_2,\cdots,\eta_s$，$\boldsymbol{A}\alpha_i$ 被它在基 $\eta_1,\eta_2,\cdots,\eta_s$ 下的坐标所决定，采用形式写法，有

$$(\boldsymbol{A}\alpha_1,\boldsymbol{A}\alpha_2,\cdots,\boldsymbol{A}\alpha_n)=(\eta_1,\eta_2,\cdots,\eta_s)\begin{pmatrix}a_{11}&a_{12}&\cdots&a_{1n}\\a_{21}&a_{22}&\cdots&a_{2n}\\\vdots&\vdots&&\vdots\\a_{s1}&a_{s2}&\cdots&a_{sn}\end{pmatrix}.\tag{1}$$

把(1)式右端的 $s\times n$ 矩阵记作 A，它的第 j 列就是 $\boldsymbol{A}\alpha_j$ 在 V'的基 $\eta_1,\eta_2,\cdots,\eta_s$ 下的坐标，因此矩阵 A 完全被线性映射 $\boldsymbol{A}$ 和 V 的基 $\alpha_1,\alpha_2,\cdots,\alpha_n$，$V'$的基 $\eta_1,\eta_2,\cdots,\eta_s$ 所决定，称 A 是**线性映射 $\boldsymbol{A}$ 在 V 的基 $\boldsymbol{\alpha}_1,\boldsymbol{\alpha}_2,\cdots,\boldsymbol{\alpha}_n$ 和 V'的基 $\boldsymbol{\eta}_1,\boldsymbol{\eta}_2,\cdots,\boldsymbol{\eta}_s$ 下的矩阵**。于是线性映射 $\boldsymbol{A}$ 有了矩阵表示。

通常把$(\boldsymbol{A}\alpha_1,\boldsymbol{A}\alpha_2,\cdots,\boldsymbol{A}\alpha_n)$记成 $\boldsymbol{A}(\alpha_1,\alpha_2,\cdots,\alpha_n)$，于是(1)式可以写成

$$\boldsymbol{A}(\alpha_1,\alpha_2,\cdots,\alpha_n)=(\eta_1,\eta_2,\cdots,\eta_s)A.\tag{2}$$

(2)式中的 A 就是线性映射 $\boldsymbol{A}$ 在 V 的基 $\alpha_1,\alpha_2,\cdots,\alpha_n$ 和 V'的基 $\eta_1,\eta_2,\cdots,\eta_s$ 下的矩阵。

对于 V 上的线性变换 $\boldsymbol{A}$，由于 $\boldsymbol{A}\alpha_i\in V$，因此 $\boldsymbol{A}\alpha_i$ 可以用 V 的基 $\alpha_1,\alpha_2,\cdots,\alpha_n$ 线性表出，于是有

$$(\boldsymbol{A}\alpha_1,\boldsymbol{A}\alpha_2,\cdots,\boldsymbol{A}\alpha_n)=(\alpha_1,\alpha_2,\cdots,\alpha_n)\begin{pmatrix}a_{11}&a_{12}&\cdots&a_{1n}\\a_{21}&a_{22}&\cdots&a_{2n}\\\vdots&\vdots&&\vdots\\a_{n1}&a_{n2}&\cdots&a_{nn}\end{pmatrix}.\tag{3}$$

把(3)式右端的 n 级矩阵记作 A，它的第 j 列就是 $\boldsymbol{A}\alpha_j$ 在基 $\alpha_1,\alpha_2,\cdots,\alpha_n$ 下的坐标，因此矩阵 A 完全被线性变换 $\boldsymbol{A}$ 和 V 的基 $\alpha_1,\alpha_2,\cdots,\alpha_n$ 所决定，称 A 是**线性变换 $\boldsymbol{A}$ 在基 $\boldsymbol{\alpha}_1,\boldsymbol{\alpha}_2,\cdots,\boldsymbol{\alpha}_n$ 下的矩阵**。于是线性变换 $\boldsymbol{A}$ 有了矩阵表示。(3)式可以写成

$$\boldsymbol{A}(\alpha_1,\alpha_2,\cdots,\alpha_n)=(\alpha_1,\alpha_2,\cdots,\alpha_n)A.\tag{4}$$

(4)式中的 A 就是线性变换 $\boldsymbol{A}$ 在基 $\alpha_1,\alpha_2,\cdots,\alpha_n$ 下的矩阵。

例如，设 $\boldsymbol{A}$ 是域 F 上 n 维线性空间 V 上的幂等变换，则据 9.2 节的命题 3 得

$$V=\operatorname{Im}\boldsymbol{A}\oplus\operatorname{Ker}\boldsymbol{A}.\tag{5}$$

且 $\boldsymbol{A}$ 是平行于 $\operatorname{Ker}\boldsymbol{A}$ 在 $\operatorname{Im}\boldsymbol{A}$ 上的投影，在 $\operatorname{Im}\boldsymbol{A}$ 中取一个基 $\alpha_1,\cdots,\alpha_r$；在 $\operatorname{Ker}\boldsymbol{A}$ 中取一个基 $\delta_1,\cdots,\delta_{n-r}$。则 $\alpha_1,\cdots,\alpha_r,\delta_1,\cdots,\delta_{n-r}$是 V 的一个基。由于 $\boldsymbol{A}$ 是平行于 $\operatorname{Ker}\boldsymbol{A}$ 在 $\operatorname{Im}\boldsymbol{A}$ 上的投影，因此

$$\boldsymbol{A}\alpha_i=\alpha_i,i=1,\cdots,r;\tag{6}$$

$$\boldsymbol{A}\delta_j=0,j=1,\cdots,n-r.\tag{7}$$

从而幂等变换 $\boldsymbol{A}$ 在基 $\alpha_1,\cdots,\alpha_r,\delta_1,\cdots,\delta_{n-r}$ 下的矩阵 A 为

$$A=\begin{pmatrix} I_r & 0 \\ 0 & 0 \end{pmatrix}. \tag{8}$$

其中 $r=\mathrm{rank}(A)=\dim(\mathrm{Im}\,\boldsymbol{A})=\mathrm{rank}(\boldsymbol{A})$。

一般地,我们有下述结论:

命题 1 设 $\boldsymbol{A}$ 是域 F 上 n 维线性空间 V 上的线性变换,它在 V 的一个基 $\alpha_1,\alpha_2,\cdots,\alpha_n$ 下的矩阵为 A,则

$$\mathrm{rank}(\boldsymbol{A})=\mathrm{rank}(A). \tag{9}$$

证明 把 V 中的向量对应于它在 V 的基 $\alpha_1,\alpha_2,\cdots,\alpha_n$ 下的坐标,这是 V 到 F^n 的一个同构映射。由于向量 $\boldsymbol{A}\alpha_j$ 在基 $\alpha_1,\alpha_2,\cdots,\alpha_n$ 下的坐标是矩阵 A 的第 j 列 $\boldsymbol{Y}_j$,$j=1,2,\cdots,n$,且 $\boldsymbol{A}\alpha$ 可由 $\boldsymbol{A}\alpha_1,\boldsymbol{A}\alpha_2,\cdots,\boldsymbol{A}\alpha_n$ 线性表出,因此

$$\mathrm{Im}\,\boldsymbol{A}=\langle\boldsymbol{A}\alpha_1,\boldsymbol{A}\alpha_2,\cdots,\boldsymbol{A}\alpha_n\rangle\cong\langle\boldsymbol{Y}_1,\boldsymbol{Y}_2,\cdots,\boldsymbol{Y}_n\rangle.$$

从而

$$\dim(\mathrm{Im}\,\boldsymbol{A})=\dim\langle\boldsymbol{Y}_1,\boldsymbol{Y}_2,\cdots,\boldsymbol{Y}_n\rangle.$$

于是

$$\mathrm{rank}(\boldsymbol{A})=\mathrm{rank}(A).$$ ■

二、Hom(V,V')与 $M_{s\times n}(F)$的关系,Hom(V,V)与 $M_n(F)$的关系

设 V 和 V' 都是域 F 上的有限维线性空间,$\dim V=n$,$\dim V'=s$。在 V 中取一个基 α_1,$\alpha_2,\cdots,\alpha_n$,V' 中取一个基 $\eta_1,\eta_2,\cdots,\eta_s$,则 V 到 V' 的每一个线性映射 $\boldsymbol{A}$ 都有唯一确定的 $s\times n$ 矩阵 A 与它对应,于是有 $\mathrm{Hom}(V,V')$ 到 $M_{s\times n}(F)$ 的一个映射 $\sigma:\boldsymbol{A}\longmapsto A$,其中 A 满足(2)式。任给 $C\in M_{s\times n}(F)$,设 V' 中的向量 γ_j 在基 $\eta_1,\eta_2,\cdots,\eta_s$ 下的坐标为 C 的第 j 列,$j=1,2,\cdots,n$。根据 9.1 节的定理 1 及其下面的一段话,存在 V 到 V' 的唯一的线性映射 $\boldsymbol{C}$ 使得 $\boldsymbol{C}(\alpha_j)=\gamma_j$,$j=1,2,\cdots,n$,于是

$$\boldsymbol{C}(\alpha_1,\alpha_2,\cdots,\alpha_n)=(\gamma_1,\gamma_2,\cdots,\gamma_n)=(\eta_1,\eta_2,\cdots,\eta_s)C.$$

从而 C 是线性映射 $\boldsymbol{C}$ 在 V 的基 $\alpha_1,\alpha_2,\cdots,\alpha_n$ 和 V' 的基 $\eta_1,\eta_2,\cdots,\eta_s$ 下的矩阵,因此 $\sigma(\boldsymbol{C})=C$。这表明 σ 是满射,且 σ 是单射,因此 σ 是双射。下面讨论 σ 是否保持加法和纯量乘法运算。由于

$$\begin{aligned}(\boldsymbol{A}+\boldsymbol{B})(\alpha_1,\alpha_2,\cdots,\alpha_n)&=((\boldsymbol{A}+\boldsymbol{B})\alpha_1,(\boldsymbol{A}+\boldsymbol{B})\alpha_2,\cdots,(\boldsymbol{A}+\boldsymbol{B})\alpha_n)\\&=(\boldsymbol{A}\alpha_1+\boldsymbol{B}\alpha_1,\boldsymbol{A}\alpha_2+\boldsymbol{B}\alpha_2,\cdots,\boldsymbol{A}\alpha_n+\boldsymbol{B}\alpha_n)\\&=(\boldsymbol{A}\alpha_1,\boldsymbol{A}\alpha_2,\cdots,\boldsymbol{A}\alpha_n)+(\boldsymbol{B}\alpha_1,\boldsymbol{B}\alpha_2,\cdots,\boldsymbol{B}\alpha_n)\\&=(\eta_1,\eta_2,\cdots,\eta_s)A+(\eta_1,\eta_2,\cdots,\eta_s)B\\&=(\eta_1,\eta_2,\cdots,\eta_s)(A+B),\end{aligned} \tag{10}$$

因此 $\mathbf{A}+\mathbf{B}$ 在 V 的基 $\alpha_1,\alpha_2,\cdots,\alpha_n$ 和 V' 的基 $\eta_1,\eta_2,\cdots,\eta_s$ 下的矩阵是 $A+B$。从而

$$\sigma(\mathbf{A}+\mathbf{B}) = A+B = \sigma(\mathbf{A})+\sigma(\mathbf{B}).$$

对于 $k\in F$,有

$$\begin{aligned}(k\mathbf{A})(\alpha_1,\alpha_2,\cdots,\alpha_n) &= (k\mathbf{A}\alpha_1,k\mathbf{A}\alpha_2,\cdots,k\mathbf{A}\alpha_n) = k(\mathbf{A}\alpha_1,\mathbf{A}\alpha_2,\cdots,\mathbf{A}\alpha_n)\\ &= k[(\eta_1,\eta_2,\cdots,\eta_s)A] = (\eta_1,\eta_2,\cdots,\eta_s)(kA).\end{aligned}\tag{11}$$

因此 $k\mathbf{A}$ 在 V 的基 $\alpha_1,\alpha_2,\cdots,\alpha_n$ 和 V' 的基 $\eta_1,\eta_2,\cdots,\eta_s$ 下的矩阵是 kA,从而

$$\sigma(k\mathbf{A}) = kA = k\sigma(\mathbf{A}).$$

综上所述,σ 是域 F 上线性空间 $\mathrm{Hom}(V,V')$ 到 $M_{s\times n}(F)$ 的一个同构映射。于是我们证明了下述定理:

定理 1 设 V 和 V' 分别是域 F 上 n 维、s 维线性空间,则 V 到 V' 的线性映射 $\mathbf{A}$ 与它在 V 的一个基和 V' 的一个基下的矩阵 A 的对应是线性空间 $\mathrm{Hom}(V,V')$ 到 $M_{s\times n}(F)$ 的一个同构映射,从而

$$\mathrm{Hom}(V,V') \cong M_{s\times n}(F),\tag{12}$$

$$\dim(\mathrm{Hom}(V,V')) = sn = (\dim V)(\dim V').\tag{13}$$

特别地,有

$$\mathrm{Hom}(V,V) \cong M_n(F),\tag{14}$$

$$\dim(\mathrm{Hom}(V,V)) = (\dim V)^2.\tag{15}$$

■

$\mathrm{Hom}(V,V)$ 与 $M_n(F)$ 都是域 F 上的代数,它们都有加法、纯量乘法、乘法运算。读者自然要问:V 上的线性变换 $\mathbf{A}$ 对应于它在 V 的一个基 $\alpha_1,\alpha_2,\cdots,\alpha_n$ 下的矩阵 A,是否保持乘法运算?由于

$$\begin{aligned}(\mathbf{AB})(\alpha_1,\alpha_2,\cdots,\alpha_n) &= \mathbf{A}(\mathbf{B}\alpha_1,\mathbf{B}\alpha_2,\cdots,\mathbf{B}\alpha_n)\\ &= \mathbf{A}[(\alpha_1,\alpha_2,\cdots,\alpha_n)B]\\ &= \mathbf{A}(b_{11}\alpha_1+b_{21}\alpha_2+\cdots+b_{n1}\alpha_n,\cdots,b_{1n}\alpha_1+b_{2n}\alpha_2+\cdots+b_{nn}\alpha_n)\\ &= (b_{11}\mathbf{A}\alpha_1+b_{21}\mathbf{A}\alpha_2+\cdots+b_{n1}\mathbf{A}\alpha_n,\cdots,b_{1n}\mathbf{A}\alpha_1+b_{2n}\mathbf{A}\alpha_2+\cdots+b_{nn}\mathbf{A}\alpha_n)\\ &= (\mathbf{A}\alpha_1,\mathbf{A}\alpha_2,\cdots,\mathbf{A}\alpha_n)B\\ &= [(\alpha_1,\alpha_2,\cdots,\alpha_n)A]B\\ &= (\alpha_1,\alpha_2,\cdots,\alpha_n)(AB),\end{aligned}\tag{16}$$

因此 $\mathbf{AB}$ 在基 $\alpha_1,\alpha_2,\cdots,\alpha_n$ 下的矩阵是 AB。从而

$$\sigma(\mathbf{AB}) = AB = \sigma(\mathbf{A})\sigma(\mathbf{B}).$$

因此 σ 是环 $\mathrm{Hom}(V,V)$ 到 $M_n(F)$ 的一个同构映射。

注:从上述推导过程看出

$$\boldsymbol{A}[(\alpha_1,\alpha_2,\cdots,\alpha_n)B]=(\boldsymbol{A}\alpha_1,\boldsymbol{A}\alpha_2,\cdots,\boldsymbol{A}\alpha_n)B$$
$$=[\boldsymbol{A}(\alpha_1,\alpha_2,\cdots,\alpha_n)]B. \tag{17}$$

定义 1 设$\mathcal{A}$和$\mathcal{A}'$都是域 F 上的代数，如果存在$\mathcal{A}$到$\mathcal{A}'$的一个双射 σ，使得 σ 既是线性空间$\mathcal{A}$到$\mathcal{A}'$的同构映射，又是环$\mathcal{A}$到$\mathcal{A}'$的同构映射，那么称代数$\mathcal{A}$与$\mathcal{A}'$是同构的，并且称 σ 是代数$\mathcal{A}$到$\mathcal{A}'$的一个同构映射。

上面的讨论证明了下述结论：

定理 2 设 V 是域 F 上 n 维线性空间，V 上线性变换 $\boldsymbol{A}$ 与它在 V 的一个基下的矩阵 A 的对应是代数 $\mathrm{Hom}(V,V)$ 到 $M_n(F)$ 的一个同构映射，从而代数 $\mathrm{Hom}(V,V)$ 与 $M_n(F)$ 是同构的。 ■

由于线性变换 $\boldsymbol{A}$ 与它在 V 的一个基下的矩阵 A 的对应是代数同构映射，因此 $\mathrm{Hom}(V,V)$ 与 $M_n(F)$ 的对应元素之间有关加法、纯量乘法、乘法运算的性质是一样的。例如，恒等变换 $\boldsymbol{I}$ 对应于单位矩阵 I；线性变换 $\boldsymbol{A}$ 可逆当且仅当它在 V 的一个基下的矩阵 A 可逆，且 $\boldsymbol{A}^{-1}$ 在 V 的这个基下的矩阵是 A^{-1}。

又如，$\boldsymbol{A}$ 是幂等变换当且仅当它在 V 的一个基下的矩阵 A 是幂等矩阵。

类似地，V 上的线性变换 $\boldsymbol{A}$ 是幂零指数为 l 的幂零变换（存在正整数 l，使得 $\boldsymbol{A}^l=\boldsymbol{0}$，使得此式成立的最小正整数 l 称为 $\boldsymbol{A}$ 的幂零指数）当且仅当它在 V 的一个基下的矩阵 A 是幂零指数为 l 的幂零矩阵；$\boldsymbol{A}$ 是对合变换（即 $\boldsymbol{A}^2=\boldsymbol{I}$）当且仅当 A 是对合矩阵（即 $A^2=I$）。

三、向量在线性映射（或线性变换）下的象的坐标

线性空间 V 中取一个基 $\alpha_1,\alpha_2,\cdots,\alpha_n$，$V$ 上的线性变换 $\boldsymbol{A}$ 在此基下的矩阵为 A，V 中向量 α 在此基下的坐标记作 $\boldsymbol{X}$。读者自然要问：向量 $\boldsymbol{A}\alpha$ 在此基下的坐标是什么？由于 $\alpha=(\alpha_1,\alpha_2,\cdots,\alpha_n)\boldsymbol{X}$，因此

$$\boldsymbol{A}\alpha=\boldsymbol{A}[(\alpha_1,\alpha_2,\cdots,\alpha_n)\boldsymbol{X}]=[\boldsymbol{A}(\alpha_1,\alpha_2,\cdots,\alpha_n)]\boldsymbol{X}$$
$$=[(\alpha_1,\alpha_2,\cdots,\alpha_n)A]\boldsymbol{X}=(\alpha_1,\alpha_2,\cdots,\alpha_n)A\boldsymbol{X}. \tag{18}$$

从而 $\boldsymbol{A}\alpha$ 在基 $\alpha_1,\alpha_2,\cdots,\alpha_n$ 下的坐标为 $A\boldsymbol{X}$。

由于 V 中两个向量相等当且仅当它们在 V 的一个基下的坐标相等，因此如果向量 γ 在基 $\alpha_1,\alpha_2,\cdots,\alpha_n$ 下的坐标为 $\boldsymbol{Y}$，则

$$\boldsymbol{A}\alpha=\gamma \iff A\boldsymbol{X}=\boldsymbol{Y}. \tag{19}$$

对于向量在线性映射下的象的坐标也有类似的结论：

设 $\boldsymbol{A}$ 是域 F 上 n 维线性空间 V 到 s 维线性空间 V' 的一个线性映射，它在 V 的一个基 $\alpha_1,\alpha_2,\cdots,\alpha_n$ 和 V' 的一个基 $\eta_1,\eta_2,\cdots,\eta_s$ 下的矩阵为 A，V 中向量 α 在基 $\alpha_1,\alpha_2,\cdots,\alpha_n$ 下的坐标为 $\boldsymbol{X}$，则 $\boldsymbol{A}\alpha$ 在 V' 的基 $\eta_1,\eta_2,\cdots,\eta_s$ 下的坐标为 $A\boldsymbol{X}$。证明如下：由于

$$\mathbf{A}\alpha = \mathbf{A}[(\alpha_1,\alpha_2,\cdots,\alpha_n)\boldsymbol{X}] = [\mathbf{A}(\alpha_1,\alpha_2,\cdots,\alpha_n)]\boldsymbol{X} = [(\eta_1,\eta_2,\cdots,\eta_s)A]\boldsymbol{X}$$
$$= (\eta_1,\eta_2,\cdots,\eta_s)(A\boldsymbol{X}), \tag{20}$$

因此 $\mathbf{A}\alpha$ 在 V'的一个基 $\eta_1,\eta_2,\cdots,\eta_s$ 下的坐标为 $A\boldsymbol{X}$。

设 V'中向量 γ 在基 $\eta_1,\eta_2,\cdots,\eta_s$ 下的坐标为 $\boldsymbol{Y}$,则

$$\mathbf{A}\alpha = \gamma \iff A\boldsymbol{X} = \boldsymbol{Y}. \tag{21}$$

利用上述结论可以证明下述命题。

命题 2 设 $\mathbf{A}$ 是域 F 上 n 维线性空间 V 到 s 维线性空间 V'的一个线性映射,它在 V 的一个基 $\alpha_1,\alpha_2,\cdots,\alpha_n$ 和 V'的一个基 $\eta_1,\eta_2,\cdots,\eta_s$ 下的矩阵为 A。设 σ 是 V 到 F^n 的一个同构映射,它把 V 中向量对应到它在基 $\alpha_1,\alpha_2,\cdots,\alpha_n$ 下的坐标;τ 是 V'到 F^s 的一个同构映射,它把 V'的向量对应到它在基 $\eta_1,\eta_2,\cdots,\eta_s$ 下的坐标。设 $\widetilde{\mathbf{A}}$ 是 F^n 到 F^s 的一个线性映射:$\widetilde{\mathbf{A}}(\boldsymbol{X})=A\boldsymbol{X}$。则图 9-4 可交换:

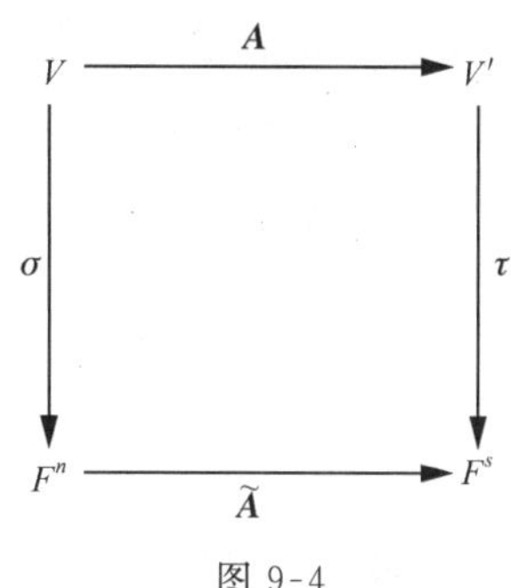

图 9-4

即
$$\tau\mathbf{A} = \widetilde{\mathbf{A}}\sigma, \tag{22}$$
也就是
$$\tau(\mathbf{A}(\alpha)) = \widetilde{\mathbf{A}}(\sigma(\alpha)),\ \forall\, \alpha \in V. \tag{23}$$

证明 设 α 在 V 的基 $\alpha_1,\alpha_2,\cdots,\alpha_n$ 下的坐标为 $\boldsymbol{X}$,则 $\mathbf{A}(\alpha)$在 V'的基 $\eta_1,\eta_2,\cdots,\eta_s$ 下的坐标为 $A\boldsymbol{X}$。从而 $\tau(\mathbf{A}(\alpha))=A\boldsymbol{X}$。

由于 $\sigma(\alpha)=\boldsymbol{X}$,因此 $\widetilde{\mathbf{A}}(\sigma(\alpha))=\widetilde{\mathbf{A}}(\boldsymbol{X})=A\boldsymbol{X}$。从而

$$\tau(\mathbf{A}(\alpha)) = \widetilde{\mathbf{A}}(\sigma(\alpha)),\ \forall\, \alpha \in V.$$ ■

四、线性变换在不同基下的矩阵之间的关系

域 F 上 n 维线性空间 V 上的线性变换 $\mathbf{A}$ 在 V 的不同基下的矩阵有什么关系?

定理 3 设 V 是域 F 上的 n 维线性空间,V 上的一个线性变换 $\mathbf{A}$ 在基 $\alpha_1,\alpha_2,\cdots,\alpha_n$ 下的矩阵为 A,在基 $\eta_1,\eta_2,\cdots,\eta_s$ 下的矩阵为 B,从基 $\alpha_1,\alpha_2,\cdots,\alpha_n$ 到基 $\eta_1,\eta_2,\cdots,\eta_n$ 的过渡矩阵为 S。则

$$B = S^{-1}AS. \tag{24}$$

定理 3 表明:同一个线性变换 **A** 在 V 的不同基下的矩阵是相似的,这就是我们在《高等代数学习指导书(上册)》第 5 章花相当多的篇幅讨论 n 级矩阵的相似关系的主要原因。

由于 n 维线性空间 V 上的线性变换 **A** 在 V 的不同基下的矩阵是相似的,而 n 级矩阵的行列式、秩、迹都是相似关系下的不变量,因此我们把 **A** 在 V 的一个基下的矩阵 A 的行列式、秩、迹分别叫做**线性变换 A 的行列式、秩、迹**,依次记作 $\det(\mathbf{A})$,$\text{rank}(\mathbf{A})$,$\text{tr}(\mathbf{A})$。这里要指出一点:在 9.2 节我们把 $\text{Im}\,\mathbf{A}$ 的维数称为 **A** 的秩,现在又把 **A** 的矩阵 A 的秩叫做 **A** 的秩,这会不会产生矛盾? 不会,因为在本节命题 1 中已证明 $\dim(\text{Im}\,\mathbf{A})=\text{rank}(A)$。

对于 n 维线性空间 V 上的线性变换 **A**,自然希望在 V 中找到一个适当的基,使 **A** 在这个基下的矩阵具有最简单的形式。由于 **A** 在 V 的不同基下的矩阵是相似的,因此我们可以先取 V 的一个基 $\alpha_1,\alpha_2,\cdots,\alpha_n$,设 **A** 在基 $\alpha_1,\alpha_2,\cdots,\alpha_n$ 下的矩阵为 A,然后寻找与 A 相似的具有最简单形式的矩阵,称它为 A 的相似标准形。由此看到:在 V 中找一个适当的基使得线性变换 **A** 在此基下的矩阵具有最简单形式这个问题,与寻找 n 级矩阵 A 的相似标准形的问题是等价的。如果我们把前一个问题解决了,那么后一个问题就随之解决了。从下一节开始我们将围绕"在 V 中找一个适当的基使得线性变换 **A** 在此基下的矩阵具有最简单形式"这个问题展开讨论。

9.3.2　典型例题

例 1　设 **A** 是 K^3 上的一个线性变换:

$$\mathbf{A}\begin{pmatrix}x_1\\x_2\\x_3\end{pmatrix}=\begin{pmatrix}x_1+2x_2\\x_3-x_2\\x_2-x_3\end{pmatrix}.$$

求 **A** 在 K^3 的标准基 $\varepsilon_1,\varepsilon_2,\varepsilon_3$ 下的矩阵。

解

$$\mathbf{A}\varepsilon_1=\mathbf{A}\begin{pmatrix}1\\0\\0\end{pmatrix}=\begin{pmatrix}1\\0\\0\end{pmatrix},\mathbf{A}\varepsilon_2=\mathbf{A}\begin{pmatrix}0\\1\\0\end{pmatrix}=\begin{pmatrix}2\\-1\\1\end{pmatrix},\mathbf{A}\varepsilon_3=\mathbf{A}\begin{pmatrix}0\\0\\1\end{pmatrix}=\begin{pmatrix}0\\1\\-1\end{pmatrix},$$

因此 **A** 在基 $\varepsilon_1,\varepsilon_2,\varepsilon_3$ 下的矩阵 A 为

$$A=\begin{pmatrix}1&2&0\\0&-1&1\\0&1&-1\end{pmatrix}.$$

例 2 在实数域 $\mathbf{R}$ 上的线性空间 $\mathbf{R}^{\mathbf{R}}$ 中，令

$$V=\langle 1,\sin x,\cos x\rangle.$$

$1,\sin x,\cos x$ 是不是 V 的一个基？求导数 $\boldsymbol{D}$ 是不是 V 上的一个线性变换？如果是，求 $\boldsymbol{D}$ 在 V 的基 $1,\sin x,\cos x$ 下的矩阵 D。

解 在 8.1 节的例 18 中已经证明了 $1,\sin x,\cos x$ 线性无关，因此 $1,\sin x,\cos x$ 是 V 的一个基。由于

$$\begin{aligned}&\boldsymbol{D}(1)=0,\\&\boldsymbol{D}(\sin x)=\cos x=0\cdot 1+0\cdot\sin x+1\cdot\cos x,\\&\boldsymbol{D}(\cos x)=-\sin x=0\cdot 1+(-1)\sin x+0\cdot\cos x,\end{aligned}$$

因此 $\boldsymbol{D}$ 是 V 到自身的一个映射，从而 $\boldsymbol{D}$ 是 V 上的一个线性变换，且从上面的三个式子得出，$\boldsymbol{D}$ 在 V 的基 $1,\sin x,\cos x$ 下的矩阵 D 为

$$D=\begin{pmatrix}0&0&0\\0&0&-1\\0&1&0\end{pmatrix}.$$

点评 例 2 中求 $\boldsymbol{D}$ 在 V 的一个基 $1,\sin x,\cos x$ 下的矩阵 D 时，要注意基向量的顺序是 $1,\sin x,\cos x$，把 $\boldsymbol{D}(\sin x)$ 按这个顺序表示成 $1,\sin x,\cos x$ 的线性组合，然后取其系数（按这个顺序）作为 D 的第 2 列。同理，把 $\boldsymbol{D}(\cos x)$ 表示成 $1,\sin x,\cos x$ 的线性组合，取其系数（按这个顺序）作为 D 的第 3 列。

例 3 在 $\mathbf{R}^{\mathbf{R}}$ 中，由下述 6 个函数

$$\begin{aligned}&f_1=\mathrm{e}^{ax}\cos bx, &&f_2=\mathrm{e}^{ax}\sin bx,\\&f_3=x\mathrm{e}^{ax}\cos bx, &&f_4=x\mathrm{e}^{ax}\sin bx,\\&f_5=\frac{1}{2}x^2\mathrm{e}^{ax}\cos bx, &&f_6=\frac{1}{2}x^2\mathrm{e}^{ax}\sin bx\end{aligned}$$

生成的子空间记作 V，其中 $b\neq 0$。f_1,f_2,f_3,f_4,f_5,f_6 是不是 V 的一个基？求导数 $\boldsymbol{D}$ 是不是 V 上的一个线性变换？如果是，求 $\boldsymbol{D}$ 在基 f_1,f_2,f_3,f_4,f_5,f_6 下的矩阵 D。

解 设 $k_1f_1+k_2f_2+k_3f_3+k_4f_4+k_5f_5+k_6f_6=0.$ (25)

x 用 0 代入，得 $k_1=0$。由于 e^{ax} 的值域是 $\boldsymbol{R}^+$，因此从(25)式和 $k_1=0$ 得

$$k_2\sin bx+k_3x\cos bx+k_4x\sin bx+k_5\frac{1}{2}x^2\cos bx+k_6\frac{1}{2}x^2\sin bx=0.$$

已知 $b\neq 0$，x 分别用 $\frac{\pi}{2b}$，$-\frac{\pi}{2b}$ 代入，得

$$\begin{cases} k_2 + k_4 \dfrac{\pi}{2b} + k_6 \dfrac{1}{2}\left(\dfrac{\pi}{2b}\right)^2 = 0, \\ -k_2 + k_4 \dfrac{\pi}{2b} - k_6 \dfrac{1}{2}\left(-\dfrac{\pi}{2b}\right)^2 = 0. \end{cases}$$

解得 $k_4=0, k_2=-\dfrac{\pi^2}{8b^2}k_6$。

x 用 $\dfrac{\pi}{b}$ 代入，得

$$-k_3 \frac{\pi}{b} - k_5 \frac{1}{2}\left(\frac{\pi}{b}\right)^2 = 0.$$

由此得出，$k_3=-\dfrac{\pi}{2b}k_5$。

x 分别用 $\dfrac{\pi}{6b}, \dfrac{\pi}{3b}$ 代入，得

$$\begin{cases} k_2 \dfrac{1}{2} + k_3 \dfrac{\pi}{6b}\dfrac{\sqrt{3}}{2} + k_5 \dfrac{1}{2}\left(\dfrac{\pi}{6b}\right)^2 \dfrac{\sqrt{3}}{2} + k_6 \dfrac{1}{2}\left(\dfrac{\pi}{6b}\right)^2 \dfrac{1}{2} = 0, \\ k_2 \dfrac{\sqrt{3}}{2} + k_3 \dfrac{\pi}{3b}\dfrac{1}{2} + k_5 \dfrac{1}{2}\left(\dfrac{\pi}{3b}\right)^2 \dfrac{1}{2} + k_6 \dfrac{1}{2}\left(\dfrac{\pi}{3b}\right)^2 \dfrac{\sqrt{3}}{2} = 0. \end{cases}$$

整理得
$$\begin{cases} k_6 = -\dfrac{5\sqrt{3}}{16}k_5, \\ k_5 = -\dfrac{5\sqrt{3}}{8}k_6. \end{cases}$$

解得 $k_5=0, k_6=0$。

从而 $k_2=0, k_3=0$。因此 $f_1, f_2, f_3, f_4, f_5, f_6$ 线性无关，从而它们是 V 的一个基。

$$\begin{aligned} \boldsymbol{D}(f_1) &= a\mathrm{e}^{ax}\cos bx - \mathrm{e}^{ax} b \sin bx, \\ \boldsymbol{D}(f_2) &= a\mathrm{e}^{ax}\sin bx + \mathrm{e}^{ax} b \cos bx, \\ \boldsymbol{D}(f_3) &= \mathrm{e}^{ax}\cos bx + ax\mathrm{e}^{ax}\cos bx - x\mathrm{e}^{ax} b \sin bx, \\ \boldsymbol{D}(f_4) &= \mathrm{e}^{ax}\sin bx + xa\mathrm{e}^{ax}\sin bx + x\mathrm{e}^{ax} b \cos bx, \\ \boldsymbol{D}(f_5) &= x\mathrm{e}^{ax}\cos bx + \frac{1}{2}x^2 a\mathrm{e}^{ax}\cos bx - \frac{1}{2}x^2\mathrm{e}^{ax} b \sin bx, \\ \boldsymbol{D}(f_6) &= x\mathrm{e}^{ax}\sin bx + \frac{1}{2}x^2 a\mathrm{e}^{ax}\sin bx + \frac{1}{2}x^2\mathrm{e}^{ax} b \cos bx. \end{aligned}$$

由于 $\boldsymbol{D}(f_i)\in V, i=1,2,\cdots,6$，因此 $\boldsymbol{D}$ 是 V 到自身的一个映射，从而 $\boldsymbol{D}$ 是 V 上的一个线性变换。从上述式子得，$\boldsymbol{D}$ 在 V 的一个基 $f_1, f_2, f_3, f_4, f_5, f_6$ 下的矩阵 D 为

$$D=\begin{pmatrix} a & b & 1 & 0 & 0 & 0 \\ -b & a & 0 & 1 & 0 & 0 \\ 0 & 0 & a & b & 1 & 0 \\ 0 & 0 & -b & a & 0 & 1 \\ 0 & 0 & 0 & 0 & a & b \\ 0 & 0 & 0 & 0 & -b & a \end{pmatrix}.$$

例 4 在数域 K 上的线性空间 $K[x]_n$ 中，求 $\boldsymbol{D}$ 在基

$$1, x-a, \frac{1}{2!}(x-a)^2, \cdots, \frac{1}{(n-1)!}(x-a)^{n-1}$$

下的矩阵 D，其中 a 是给定的实数。

解 $\boldsymbol{D}(1)=0, \boldsymbol{D}(x-a)=1, \boldsymbol{D}\left[\frac{1}{2!}(x-a)^2\right]=x-a,$

$$\boldsymbol{D}\left[\frac{1}{3!}(x-a)^3\right]=\frac{1}{2!}(x-a)^2, \boldsymbol{D}\left[\frac{1}{4!}(x-a)^4\right]=\frac{1}{3!}(x-a)^3, \cdots$$

$$\boldsymbol{D}\left[\frac{1}{(n-1)!}(x-a)^{n-1}\right]=\frac{1}{(n-2)!}(x-a)^{n-2}.$$

因此 $\boldsymbol{D}$ 在基 $1, x-a, \frac{1}{2!}(x-a)^2, \cdots, \frac{1}{(n-1)!}(x-a)^{n-1}$ 下的矩阵 D 为

$$D=\begin{pmatrix} 0 & 1 & 0 & 0 & \cdots & 0 \\ 0 & 0 & 1 & 0 & \cdots & 0 \\ 0 & 0 & 0 & 1 & \cdots & 0 \\ 0 & 0 & 0 & 0 & \cdots & 0 \\ \vdots & \vdots & \vdots & \vdots & & \vdots \\ 0 & 0 & 0 & 0 & \cdots & 0 \\ 0 & 0 & 0 & 0 & \cdots & 1 \\ 0 & 0 & 0 & 0 & \cdots & 0 \end{pmatrix}.$$

例 5 在几何空间 V 中取一个右手直角坐标系 $Oxyz$，x 轴，y 轴，z 轴上的单位向量分别为 $\vec{e}_1, \vec{e}_2, \vec{e}_3$，设 $\boldsymbol{A}$ 是在 xOz 面上的正投影，$\boldsymbol{B}$ 是在 z 轴上的正投影。分别求 $\boldsymbol{A}, \boldsymbol{B}, \boldsymbol{AB}$ 在基 $\vec{e}_1, \vec{e}_2, \vec{e}_3$ 下的矩阵。

解 $\boldsymbol{A}\vec{e}_1=\vec{e}_1 \qquad \boldsymbol{A}\vec{e}_2=0, \qquad \boldsymbol{A}\vec{e}_3=\vec{e}_3;$

$\boldsymbol{B}\vec{e}_1=0, \qquad \boldsymbol{B}\vec{e}_2=0, \qquad \boldsymbol{B}\vec{e}_3=\vec{e}_3.$

因此 $\boldsymbol{A}$ 在基 $\vec{e}_1, \vec{e}_2, \vec{e}_3$ 下的矩阵 A 为

$$A=\begin{pmatrix}1&0&0\\0&0&0\\0&0&1\end{pmatrix};$$

$\boldsymbol{B}$ 在基$\vec{e}_1,\vec{e}_2,\vec{e}_3$ 下的矩阵 B 为

$$B=\begin{pmatrix}0&0&0\\0&0&0\\0&0&1\end{pmatrix}.$$

于是 $\boldsymbol{AB}$ 在基$\vec{e}_1,\vec{e}_2,\vec{e}_3$ 下的矩阵 AB 为

$$AB=\begin{pmatrix}1&0&0\\0&0&0\\0&0&1\end{pmatrix}\begin{pmatrix}0&0&0\\0&0&0\\0&0&1\end{pmatrix}=\begin{pmatrix}0&0&0\\0&0&0\\0&0&1\end{pmatrix}.$$

例 6　在 $M_2(F)$中定义下列变换：

$$\boldsymbol{A}_1(X)=\begin{pmatrix}a&b\\c&d\end{pmatrix}X,\boldsymbol{A}_2(X)=X\begin{pmatrix}a&b\\c&d\end{pmatrix},$$

$$\boldsymbol{A}_3(X)=\begin{pmatrix}a&b\\c&d\end{pmatrix}X\begin{pmatrix}a&b\\c&d\end{pmatrix},$$

其中$\begin{pmatrix}a&b\\c&d\end{pmatrix}$是给定的一个 2 级矩阵，$\boldsymbol{A}_1,\boldsymbol{A}_2,\boldsymbol{A}_3$ 都是域 F 上线性空间 $M_2(F)$上的线性变换，分别求它们在基 $E_{11},E_{12},E_{21},E_{22}$下的矩阵。

解　$\boldsymbol{A}_1(E_{11})=\begin{pmatrix}a&b\\c&d\end{pmatrix}\begin{pmatrix}1&0\\0&0\end{pmatrix}=\begin{pmatrix}a&0\\c&0\end{pmatrix}=aE_{11}+cE_{21}$,

$$\boldsymbol{A}_1(E_{12})=\begin{pmatrix}a&b\\c&d\end{pmatrix}E_{12}=\begin{pmatrix}0&a\\0&c\end{pmatrix}=aE_{12}+cE_{22},$$

$$\boldsymbol{A}_1(E_{21})=\begin{pmatrix}a&b\\c&d\end{pmatrix}E_{21}=\begin{pmatrix}b&0\\d&0\end{pmatrix}=bE_{11}+dE_{21},$$

$$\boldsymbol{A}_1(E_{22})=\begin{pmatrix}a&b\\c&d\end{pmatrix}E_{22}=\begin{pmatrix}0&b\\0&d\end{pmatrix}=bE_{12}+dE_{22}.$$

于是 $\boldsymbol{A}_1$ 在基 $E_{11},E_{12},E_{21},E_{22}$下的矩阵 A_1 为

$$A_1=\begin{pmatrix}a&0&b&0\\0&a&0&b\\c&0&d&0\\0&c&0&d\end{pmatrix}.$$

类似地，可求出 $\mathbf{A}_2$ 在基 $E_{11}, E_{12}, E_{21}, E_{22}$ 下的矩阵 A_2 为

$$A_2 = \begin{pmatrix} a & c & 0 & 0 \\ b & d & 0 & 0 \\ 0 & 0 & a & c \\ 0 & 0 & b & d \end{pmatrix}.$$

由于
$$\mathbf{A}_3(X_1) = \begin{pmatrix} a & b \\ c & d \end{pmatrix} X \begin{pmatrix} a & b \\ c & d \end{pmatrix} = \mathbf{A}_1\mathbf{A}_2(X), \forall x \in M_2(F),$$

因此 $\mathbf{A}_3 = \mathbf{A}_1\mathbf{A}_2$。从而 $\mathbf{A}_3$ 在基 $E_{11}, E_{12}, E_{21}, E_{22}$ 下的矩阵为

$$A_1A_2 = \begin{pmatrix} a & 0 & b & 0 \\ 0 & a & 0 & b \\ c & 0 & d & 0 \\ 0 & c & 0 & d \end{pmatrix} \begin{pmatrix} a & c & 0 & 0 \\ b & d & 0 & 0 \\ 0 & 0 & a & c \\ 0 & 0 & b & d \end{pmatrix} = \begin{pmatrix} a^2 & ac & ba & bc \\ ab & ad & b^2 & bd \\ ca & c^2 & da & dc \\ cb & cd & db & d^2 \end{pmatrix}.$$

例 7 设 V 是域 F 上的 n 维线性空间，$\mathbf{A}$ 是 V 上的一个线性变换。证明：如果存在 $\alpha \in V$ 使得 $\mathbf{A}^{n-1}\alpha \neq 0$，且 $\mathbf{A}^n\alpha = 0$，那么 V 中存在一个基，使得 $\mathbf{A}$ 在此基下的矩阵为

$$\begin{pmatrix} 0 & 1 & 0 & \cdots & 0 \\ 0 & 0 & 1 & \cdots & 0 \\ \vdots & \vdots & \vdots & & \vdots \\ 0 & 0 & 0 & \cdots & 1 \\ 0 & 0 & 0 & \cdots & 0 \end{pmatrix}.$$

证明 由于 $\mathbf{A}^{n-1}\alpha \neq 0$ 且 $\mathbf{A}^n\alpha = 0$，因此据 9.1 节例 13 得，$\alpha, \mathbf{A}\alpha, \mathbf{A}^2\alpha, \cdots, \mathbf{A}^{n-1}\alpha$ 线性无关，又由于 V 的维数为 n，因此 $\alpha, \mathbf{A}\alpha, \mathbf{A}^2\alpha, \cdots, \mathbf{A}^{n-1}\alpha$ 是 V 的一个基。由于

$$\mathbf{A}(\mathbf{A}^{n-1}\alpha) = \mathbf{A}^n\alpha = 0, \mathbf{A}(\mathbf{A}^{n-2}\alpha) = \mathbf{A}^{n-1}\alpha, \cdots,$$
$$\mathbf{A}(\mathbf{A}\alpha) = \mathbf{A}^2\alpha, \mathbf{A}(\alpha) = \mathbf{A}\alpha,$$

因此 $\mathbf{A}$ 在基 $\mathbf{A}^{n-1}\alpha, \cdots, \mathbf{A}\alpha, \alpha$ 下矩阵为

$$\begin{pmatrix} 0 & 1 & 0 & \cdots & 0 \\ 0 & 0 & 1 & \cdots & 0 \\ \vdots & \vdots & \vdots & & \vdots \\ 0 & 0 & 0 & \cdots & 1 \\ 0 & 0 & 0 & \cdots & 0 \end{pmatrix}.$$ ■

例 8 设 V 是域 F 上的 n 维线性空间。证明：V 上的线性变换 $\mathbf{A}$ 如果与 V 上的所有线性变换都可交换，那么 $\mathbf{A}$ 是数乘变换。

证明 V 中取一个基 $\alpha_1, \alpha_2, \cdots, \alpha_n$，设 $\mathbf{A}$ 在此基下的矩阵为 A，任取 V 上的一个线性变

换$\boldsymbol{B}$，设$\boldsymbol{B}$在基$\alpha_1,\alpha_2,\cdots,\alpha_n$下的矩阵为$B$，则

$$\begin{aligned}&\boldsymbol{AB}=\boldsymbol{BA},\forall \boldsymbol{B}\in \mathrm{Hom}(V,V)\\ \Leftrightarrow\ & AB=BA,\forall B\in M_n(F)\ \Leftrightarrow\ A=kI\ \Leftrightarrow\ \boldsymbol{A}=k\boldsymbol{I}=\boldsymbol{k}.\end{aligned}$$ ■

例 9 证明：求导数$\boldsymbol{D}$在$K[x]_n(n>1)$的任何一个基下的矩阵都不可能是对角矩阵。

证明 假如$K[x]_n$中有一个基$f_1(x),f_2(x),\cdots,f_n(x)$使得

$$\boldsymbol{D}(f_1(x),f_2(x),\cdots,f_n(x))=(f_1(x),f_2(x),\cdots,f_n(x))\begin{pmatrix}a_1 & & & \\ & a_2 & & 0\\ 0 & & \ddots & \\ & & & a_n\end{pmatrix},$$

则$\boldsymbol{D}(f_i(x))=a_if_i(x),i=1,2,\cdots,n$。

若$a_i=0$，则$\boldsymbol{D}(f_i(x))=0$。从而$f_i(x)=b_i\in K$，在$f_1(x),f_2(x),\cdots,f_n(x)$中至多有一个$f_i(x)=b_i$，否则它们线性相关。因此存在$a_j\neq 0$使得$\boldsymbol{D}(f_j(x))=a_jf_j(x)$。由于$\boldsymbol{D}(f_j(x))$的次数比$f_j(x)$的次数少1，因此得出矛盾，从而$\boldsymbol{D}$在$K[x]_n(n>1)$的任何一个基下的矩阵都不可能是对角矩阵。 ■

例 10 设$\mathbf{A}$是域F上n维线性空间V上的一个线性变换。证明：

(1) 在$F[x]$中存在一个次数不超过n^2的非零多项式$f(x)$，使得$f(\mathbf{A})=\mathbf{0}$；

(2) 如果$f(\mathbf{A})=\mathbf{0},g(\mathbf{A})=\mathbf{0}$，那么$d(\mathbf{A})=\mathbf{0}$，这里$d(x)$是$f(x)$与$g(x)$的一个最大公因式；

(3) $\mathbf{A}$可逆当且仅当有一个常数项不为0的多项式$f(x)$，使得$f(\mathbf{A})=\mathbf{0}$。

证明 (1) 由于$\dim(\mathrm{Hom}(V,V))=(\dim V)^2=n^2$，因此下述$n^2+1$个线性变换

$$\boldsymbol{I},\mathbf{A},\mathbf{A}^2,\mathbf{A}^3,\cdots,\mathbf{A}^{n^2}$$

必定线性相关，从而在F中有不全为0的元素$k_0,k_1,\cdots,k_{n^2}$，使得

$$k_0\boldsymbol{I}+k_1\mathbf{A}+k_2\mathbf{A}^2+\cdots+k_{n^2}\mathbf{A}^{n^2}=\mathbf{0}$$

令$f(x)=k_0+k_1x+k_2x^2+\cdots+k_{n^2}x^{n^2}$，则$f(x)\neq 0$且$f(\mathbf{A})=\mathbf{0}$。

(2) 设$d(x)$是$f(x)$与$g(x)$的一个最大公因式，则存在$u(x),v(x)\in F[x]$，使得

$$d(x)=u(x)f(x)+v(x)g(x).$$

x用$\mathbf{A}$代入，从上式和已知条件得

$$d(\mathbf{A})=u(\mathbf{A})f(\mathbf{A})+v(\mathbf{A})g(\mathbf{A})=\mathbf{0}.$$

(3) 由第(1)小题得，在$F[x]$中存在一个次数$m\leqslant n^2$的非零多项式$f(x)=a_0+a_1x+\cdots+a_mx^m$，使得$f(\mathbf{A})=\mathbf{0}$。

充分性。设$a_0\neq 0$。则从$f(\mathbf{A})=\mathbf{0}$得

$$a_0^{-1}a_1\mathbf{A}+a_0^{-1}a_2\mathbf{A}^2+\cdots+a_0^{-1}a_m\mathbf{A}^m=-\boldsymbol{I}.$$

由此得出
$$\boldsymbol{A}(-a_0^{-1}a_1\boldsymbol{I}-a_0^{-1}a_2\boldsymbol{A}-\cdots-a_0^{-1}a_m\boldsymbol{A}^{m-1})=\boldsymbol{I},$$
因此 $\boldsymbol{A}$ 可逆。

必要性。设 $\boldsymbol{A}$ 可逆,在 $F[x]$ 中取一个次数最低的非零多项式 $m(x)=c_0+c_1x+\cdots+c_rx^r$ 使得 $m(\boldsymbol{A})=\boldsymbol{0}$,其中 $c_r\neq0$。假如 $c_0=0$,则
$$\boldsymbol{A}(c_1\boldsymbol{I}+c_2\boldsymbol{A}+\cdots+c_r\boldsymbol{A}^{r-1})=\boldsymbol{0}.$$
两边左乘 $\boldsymbol{A}^{-1}$,得 $c_1\boldsymbol{I}+c_2\boldsymbol{A}+\cdots+c_r\boldsymbol{A}^{r-1}=\boldsymbol{0}$。令
$$g(x)=c_1+c_2x+\cdots+c_rx^{r-1},$$
则 $g(\boldsymbol{A})=\boldsymbol{0}$。但是 $\deg g(x)\leqslant r-1<\deg m(x)$,这与 $m(x)$ 的取法矛盾,因此 $c_0\neq0$。■

点评 例 10 第(3)小题必要性的证明,关键是取一个次数最低的非零多项式 $m(x)$ 使得 $m(\boldsymbol{A})=\boldsymbol{0}$。事物的临界状态往往是量变引起质变的关键点,在数学的研究中也需要抓住临界状态。

例 11 设 V 和 V' 分别是域 F 上 n 维、s 维线性空间,$\boldsymbol{A}$ 是 V 到 V' 的一个线性映射,它在 V 的一个基 $\alpha_1,\alpha_2,\cdots,\alpha_n$ 和 V' 的一个基 $\eta_1,\eta_2,\cdots,\eta_s$ 下的矩阵是 A。证明:
$$\operatorname{rank}(\boldsymbol{A})=\operatorname{rank}(A). \tag{26}$$

证明 把 V' 中的向量对应于它在 V' 的基 $\eta_1,\eta_2,\cdots,\eta_s$ 下的坐标,这是 V' 到 F^s 的一个同构映射。由于向量 $\boldsymbol{A}\alpha_j$ 在 V' 的基 $\eta_1,\eta_2,\cdots,\eta_s$ 下的坐标是矩阵 A 的第 j 列 $\boldsymbol{Y}_j$,$j=1,2,\cdots,n$,且 $\boldsymbol{A}\alpha$ 可由 $\boldsymbol{A}\alpha_1,\boldsymbol{A}\alpha_2,\cdots,\boldsymbol{A}\alpha_n$ 线性表出,因此
$$\operatorname{Im}\boldsymbol{A}=\langle\boldsymbol{A}\alpha_1,\boldsymbol{A}\alpha_2,\cdots,\boldsymbol{A}\alpha_n\rangle\cong\langle\boldsymbol{Y}_1,\boldsymbol{Y}_2,\cdots,\boldsymbol{Y}_n\rangle.$$
从而 $\dim(\operatorname{Im}\boldsymbol{A})=\dim\langle\boldsymbol{Y}_1,\boldsymbol{Y}_2,\cdots,\boldsymbol{Y}_n\rangle$。于是
$$\operatorname{rank}(\boldsymbol{A})=\operatorname{rank}(A).$$
■

例 12 设 V 和 V' 分别是域 F 上 n 维、s 维线性空间,证明:V 到 V' 的每一个秩为 r 的线性映射 $\boldsymbol{A}$ 能表示成 r 个秩为 1 的线性映射的和。

证法一 由于 $\dim(\operatorname{Im}\boldsymbol{A})=\operatorname{rank}(\boldsymbol{A})=r$,因此
$$\dim(\operatorname{Ker}\boldsymbol{A})=\dim V-\dim(\operatorname{Im}\boldsymbol{A})=n-r.$$

在 $\operatorname{Ker}\boldsymbol{A}$ 中取一个基 $\alpha_1,\alpha_2,\cdots,\alpha_{n-r}$;把它扩充成 V 的一个基 $\alpha_1,\cdots,\alpha_{n-r},\beta_1,\cdots,\beta_r$。则 $\boldsymbol{A}\beta_1,\cdots,\boldsymbol{A}\beta_r$ 是 $\operatorname{Im}\boldsymbol{A}$ 的一个基。对于 $j\in\{1,2,\cdots,r\}$,构造 V 到 V' 的一个线性映射 $\boldsymbol{A}_j$,使它满足:
$$\boldsymbol{A}_j(\alpha_i)=0,i=1,\cdots,n-r,$$
$$\boldsymbol{A}_j(\beta_l)=\begin{cases}\boldsymbol{A}\beta_j, & \text{当 } l=j,\\ 0, & \text{当 } l\neq j.\end{cases}$$
由于 $\operatorname{Im}\boldsymbol{A}_j=\langle\boldsymbol{A}_j\alpha_1,\cdots,\boldsymbol{A}_j\alpha_{n-r},\boldsymbol{A}_j\beta_1,\cdots,\boldsymbol{A}_j\beta_r\rangle=\langle\boldsymbol{A}\beta_j\rangle$,因此 $\operatorname{rank}(\boldsymbol{A}_j)=\dim(\operatorname{Im}\boldsymbol{A}_j)=1$,$j=1,2,\cdots,r$。

由于

$$\boldsymbol{A}\alpha_i = 0 = (\boldsymbol{A}_1 + \boldsymbol{A}_2 + \cdots + \boldsymbol{A}_r)\alpha_i, i = 1, \cdots, n-r;$$

$$\begin{aligned}\boldsymbol{A}\beta_j &= \boldsymbol{A}_j(\beta_j) = \boldsymbol{A}_1(\beta_j) + \cdots + \boldsymbol{A}_j(\beta_j) + \cdots + \boldsymbol{A}_r(\beta_j)\\ &= (\boldsymbol{A}_1 + \cdots + \boldsymbol{A}_j + \cdots + \boldsymbol{A}_r)\beta_j, j = 1, 2, \cdots, r;\end{aligned}$$

因此 $\boldsymbol{A}=\boldsymbol{A}_1+\boldsymbol{A}_2+\cdots+\boldsymbol{A}_r$。 ■

证法二 设 $\boldsymbol{A}$ 在 V 的一个基 $\alpha_1,\alpha_2,\cdots,\alpha_n$ 和 V' 的一个基 $\eta_1,\eta_2,\cdots,\eta_s$ 下的矩阵为 A，则 $\operatorname{rank}(A)=\operatorname{rank}(\boldsymbol{A})=r$。据《高等代数学习指导书(上册)》5.2 节例 2 得

$$A = A_1 + A_2 + \cdots + A_r, \tag{27}$$

其中 $\operatorname{rank}(A_j)=1, j=1,2,\cdots,r$。

对于 $j\in\{1,2,\cdots,r\}$ 构造 V 到 V' 的线性映射 $\boldsymbol{A}_j$ 使得

$$\boldsymbol{A}_j(\alpha_1,\alpha_2,\cdots,\alpha_n) = (\eta_1,\eta_2,\cdots,\eta_s)A_j,$$

于是 $\operatorname{rank}(\boldsymbol{A}_j)=\operatorname{rank}(A_j)=1$。从(27)式得

$$\boldsymbol{A} = \boldsymbol{A}_1 + \boldsymbol{A}_2 + \cdots + \boldsymbol{A}_r. \quad ■$$

例 13 设 V 和 V' 分别是域 F 上 n 维、s 维线性空间，$\boldsymbol{A}$ 是 V 到 V' 的一个线性映射。证明：存在 V 的一个基和 V' 的一个基，使得 $\boldsymbol{A}$ 在这一对基下的矩阵为

$$\begin{pmatrix} I_r & 0 \\ 0 & 0 \end{pmatrix},$$

其中 $r=\operatorname{rank}(\boldsymbol{A})$。

证明 由于 $\operatorname{Ker}\boldsymbol{A}$ 是 V 的一个子空间，因此它在 V 中有补空间 W，即 $V=W\oplus\operatorname{Ker}\boldsymbol{A}$。在 W 中取一个基 $\alpha_1,\cdots,\alpha_r$，在 $\operatorname{Ker}\boldsymbol{A}$ 中取一个基 $\alpha_{r+1},\cdots,\alpha_n$，则

$$\operatorname{Im}\boldsymbol{A} = \langle \boldsymbol{A}\alpha_1,\cdots,\boldsymbol{A}\alpha_r,\boldsymbol{A}\alpha_{r+1},\cdots,\boldsymbol{A}\alpha_n\rangle = \langle \boldsymbol{A}\alpha_1,\cdots,\boldsymbol{A}\alpha_r\rangle.$$

由于 $\dim(\operatorname{Im}\boldsymbol{A})=\dim V-\dim(\operatorname{Ker}\boldsymbol{A})=n-(n-r)=r$，因此 $\boldsymbol{A}\alpha_1,\cdots,\boldsymbol{A}\alpha_r$ 是 $\operatorname{Im}\boldsymbol{A}$ 的一个基。由于 $\operatorname{Im}\boldsymbol{A}$ 是 V' 的一个子空间，因此它在 V' 中有补空间 N，即

$$V' = \operatorname{Im}\boldsymbol{A} \oplus N.$$

$\dim N=\dim V'-\dim(\operatorname{Im}\boldsymbol{A})=s-r$。在 N 中取一个基 $\eta_1,\cdots,\eta_{s-r}$，则 $\boldsymbol{A}\alpha_1,\cdots,\boldsymbol{A}\alpha_r,\eta_1,\cdots,\eta_{s-r}$ 是 V' 的一个基，于是 $\boldsymbol{A}$ 在 V 的基 $\alpha_1,\cdots,\alpha_r,\alpha_{r+1},\cdots,\alpha_n$ 和 V' 的基 $\boldsymbol{A}\alpha_1,\cdots,\boldsymbol{A}\alpha_r,\eta_1,\cdots,\eta_{s-r}$ 下的矩阵为

$$= \begin{pmatrix} 1 & 0 & \cdots & 0 & 0 & \cdots & 0 \\ 0 & 1 & \cdots & 0 & 0 & \cdots & 0 \\ \vdots & \vdots & & \vdots & \vdots & & \vdots \\ 0 & 0 & \cdots & 1 & 0 & \cdots & 0 \\ \vdots & \vdots & & \vdots & \vdots & & \vdots \\ 0 & 0 & \cdots & 0 & 0 & \cdots & 0 \end{pmatrix} = \begin{pmatrix} I_r & 0 \\ 0 & 0 \end{pmatrix}.$$

其中 $r=\dim(\operatorname{Im}\boldsymbol{A})=\operatorname{rank}(\boldsymbol{A})$。■

例 14 设 V 和 V' 分别是域 F 上 n 维、s 维线性空间，$\boldsymbol{A}$ 是 V 到 V' 的一个线性映射，它在 V 的一个基和 V' 的一个基下的矩阵为 A。证明：$\boldsymbol{A}$ 是单射当且仅当 A 是列满秩矩阵；$\boldsymbol{A}$ 是满射当且仅当 A 是行满秩矩阵。

证明 $\boldsymbol{A}$ 是单射

$$
\begin{aligned}
&\Leftrightarrow \operatorname{Ker}\boldsymbol{A}=0\\
&\Leftrightarrow \dim(\operatorname{Im}\boldsymbol{A})=\dim V-\dim(\operatorname{Ker}\boldsymbol{A})=n\\
&\Leftrightarrow \operatorname{rank}(\boldsymbol{A})=n\\
&\Leftrightarrow \operatorname{rank}(A)=n.
\end{aligned}
$$

由于 A 是 $s\times n$ 矩阵，因此 $\boldsymbol{A}$ 是单射当且仅当 A 是列满秩矩阵。

$\boldsymbol{A}$ 是满射 $\Leftrightarrow$ $\operatorname{Im}\boldsymbol{A}=V'$ $\Leftrightarrow$ $\dim(\operatorname{Im}\boldsymbol{A})=\dim V'=s$ $\Leftrightarrow$ $\operatorname{rank}(\boldsymbol{A})=s$ $\Leftrightarrow$ $\operatorname{rank}(A)=s$. 因此 $\boldsymbol{A}$ 是满射当且仅当 A 是行满秩矩阵。■

例 15 设 V 和 V' 分别是实数域上 n 维、m 维线性空间，$\boldsymbol{A}$ 是 V 到 V' 的一个线性映射，它在 V 的一个基和 V' 的一个基下的矩阵是 A。证明：如果 $\boldsymbol{A}$ 是单射，那么 A 可以分解成

$$A = QDT', \tag{28}$$

其中 Q 是列向量组为正交单位向量组的 $m\times n$ 矩阵；D 是 n 级对角矩阵，其主对角元 λ_1，$\lambda_2,\cdots,\lambda_n$ 都为正数，且 $\lambda_1^2,\lambda_2^2,\cdots,\lambda_n^2$ 是 $A'A$ 的全部特征值；$T=(\boldsymbol{\eta}_1,\boldsymbol{\eta}_2,\cdots,\boldsymbol{\eta}_s)$ 是 n 级正交矩阵，$\boldsymbol{\eta}_i$ 是 $A'A$ 的属于特征值 λ_i^2 的一个特征向量，$i=1,2,\cdots,n$。

证法一 由于 $\boldsymbol{A}$ 是单射，因此 A 是列满秩矩阵，据《高等代数学习指导书(上册)》4.6 节例 5 得，A 可以分解成

$$A = Q_1R, \tag{29}$$

其中 Q_1 是列向量组为正交单位向量组的 $m\times n$ 矩阵，R 是主对角元都为正数的 n 级上三角矩阵。据《高等代数学习指导书(上册)》补充题六的第 2 题得，存在 n 级正交矩阵 T_1 和 T_2 使得

$$R = T_1\operatorname{diag}\{\lambda_1,\lambda_2,\cdots,\lambda_n\}T_2, \tag{30}$$

其中 $\lambda_1^2,\lambda_2^2,\cdots,\lambda_n^2$ 是 $R'R$ 的全部特征值，且 $\lambda_i>0,i=1,2,\cdots,n$。于是

$$A = Q_1T_1\operatorname{diag}\{\lambda_1,\lambda_2,\cdots,\lambda_n\}T_2.$$

记 $Q=Q_1T_1,D=\operatorname{diag}\{\lambda_1,\lambda_2,\cdots,\lambda_n\},T'=T_2$，则

$$A = QDT'. \tag{31}$$

由于

$$Q'Q = (Q_1T_1)'(Q_1T_1) = T'_1Q'_1Q_1T_1 = T'_1I_nT_1 = I_n,$$

因此 Q 的列向量组是正交单位向量组。由于

$$A'A = (QDT')'(QDT') = TD'Q'QDT' = TD^2T',$$

因此 $D^2=T^{-1}(A'A)T$。由此看出，$\lambda_1^2,\lambda_2^2,\cdots,\lambda_n^2$ 是 $A'A$ 的全部特征值，且 T 的第 j 列 $\boldsymbol{\eta}_j$ 是 $A'A$ 的属于特征值 λ_j^2 的一个特征向量，$j=1,2,\cdots,n$。 ■

证法二　由于 $\boldsymbol{A}$ 是单射，因此 A 是 $m\times n$ 列满秩矩阵。据《高等代数学习指导书（上册）》习题 6.3 的第 8 题得，$A'A$ 是 n 级正定矩阵。从而 $A'A$ 的特征值全为正数。设 $A'A$ 的全部特征值为 $\lambda_1^2,\lambda_2^2,\cdots,\lambda_n^2$，其中 $\lambda_i>0,i=1,2,\cdots,n$。由于 $A'A$ 是实对称矩阵，因此存在正交矩阵 $T=(\boldsymbol{\eta}_1,\boldsymbol{\eta}_2,\cdots,\boldsymbol{\eta}_n)$，使得

$$T^{-1}(A'A)T=\begin{pmatrix}\lambda_1^2 & & & 0\\ & \lambda_2^2 & & \\ & & \ddots & \\ 0 & & & \lambda_n^2\end{pmatrix}. \tag{32}$$

于是

$$A'A=T\begin{pmatrix}\lambda_1^2 & & & 0\\ & \lambda_2^2 & & \\ & & \ddots & \\ 0 & & & \lambda_n^2\end{pmatrix}T'. \tag{33}$$

对于任意一个列向量组为正交单位向量组的 $m\times n$ 矩阵 Q 都有 $Q'Q=I_n$。从而

$$\begin{aligned}A'A&=T\begin{pmatrix}\lambda_1 & & & 0\\ & \lambda_2 & & \\ & & \ddots & \\ 0 & & & \lambda_n\end{pmatrix}Q'Q\begin{pmatrix}\lambda_1 & & & 0\\ & \lambda_2 & & \\ & & \ddots & \\ 0 & & & \lambda_n\end{pmatrix}T'\\ &=\left[Q\begin{pmatrix}\lambda_1 & & & 0\\ & \lambda_2 & & \\ & & \ddots & \\ 0 & & & \lambda_n\end{pmatrix}T'\right]'\left[Q\begin{pmatrix}\lambda_1 & & & 0\\ & \lambda_2 & & \\ & & \ddots & \\ 0 & & & \lambda_n\end{pmatrix}T'\right].\end{aligned} \tag{34}$$

想选取一个合适的列向量组为正交单位向量组的 $m\times n$ 矩阵 Q，使得

$$A=Q\begin{pmatrix}\lambda_1 & & & 0\\ & \lambda_2 & & \\ & & \ddots & \\ 0 & & & \lambda_n\end{pmatrix}T'.$$

记
$$D=\mathrm{diag}\{\boldsymbol{\lambda}_1,\boldsymbol{\lambda}_2,\cdots,\boldsymbol{\lambda}_n\}.$$

列向量组为正交单位向量组的 $m\times n$ 矩阵 $Q=(\boldsymbol{Y}_1,\boldsymbol{Y}_2,\cdots,\boldsymbol{Y}_n)$ 满足 $A=QDT'$

$\Leftrightarrow$　$AT=QD$，且 $\boldsymbol{Y}'_i\boldsymbol{Y}_j=\delta_{ij},i,j=1,2,\cdots,n$；

$\Leftrightarrow \quad (A\boldsymbol{\eta}_1, A\boldsymbol{\eta}_2, \cdots, A\boldsymbol{\eta}_n) = (\lambda_1\boldsymbol{Y}_1, \lambda_2\boldsymbol{Y}_2, \cdots, \lambda_n\boldsymbol{Y}_n)$ 且 $\boldsymbol{Y}'_i\boldsymbol{Y}_j = \delta_{ij}, i, j = 1, 2, \cdots, n$;

$\Leftrightarrow \quad \boldsymbol{Y}_i = \dfrac{1}{\lambda_i}A\boldsymbol{\eta}_i, i = 1, 2, \cdots, n$, 且 $\boldsymbol{Y}'_i\boldsymbol{Y}_j = \delta_{ij}, i, j = 1, 2, \cdots, n$.

从(32)式得

$$\begin{pmatrix} \lambda_1^2 & & & \\ & \lambda_2^2 & & 0 \\ & & \ddots & \\ 0 & & & \lambda_n^2 \end{pmatrix} = \begin{pmatrix} \boldsymbol{\eta}'_1 \\ \boldsymbol{\eta}'_2 \\ \vdots \\ \boldsymbol{\eta}'_n \end{pmatrix} A'A(\boldsymbol{\eta}_1, \boldsymbol{\eta}_2, \cdots, \boldsymbol{\eta}_n)$$

$$= \begin{pmatrix} \boldsymbol{\eta}'_1A'A\boldsymbol{\eta}_1 & \boldsymbol{\eta}'_1A'A\boldsymbol{\eta}_2 & \cdots & \boldsymbol{\eta}'_1A'A\boldsymbol{\eta}_n \\ \boldsymbol{\eta}'_2A'A\boldsymbol{\eta}_1 & \boldsymbol{\eta}'_2A'A\boldsymbol{\eta}_2 & \cdots & \boldsymbol{\eta}'_2A'A\boldsymbol{\eta}_n \\ \vdots & \vdots & & \vdots \\ \boldsymbol{\eta}'_nA'A\boldsymbol{\eta}_1 & \boldsymbol{\eta}'_nA'A\boldsymbol{\eta}_2 & \cdots & \boldsymbol{\eta}'_nA'A\boldsymbol{\eta}_n \end{pmatrix}.$$

于是

$$\boldsymbol{Y}'_i\boldsymbol{Y}_j = \frac{1}{\lambda_i\lambda_j}\boldsymbol{\eta}'_iA'A\boldsymbol{\eta}_j = \delta_{ij}, i, j = 1, 2, \cdots, n.$$

从而只要选取 $\boldsymbol{Y}_i = \dfrac{1}{\lambda_i}A\boldsymbol{\eta}_i (i, j = 1, 2, \cdots, n)$,令 $Q = (\boldsymbol{Y}_1, \boldsymbol{Y}_2, \cdots, \boldsymbol{Y}_n)$,则 Q 是列向量组为正交单位向量组的 $m \times n$ 矩阵,且使得

$$A = QDT'.$$

■

例 16 设 V 和 V' 分别是实数域上 n 维、m 维线性空间,$m \geqslant n$。$\boldsymbol{A}$ 是 V 到 V' 的一个线性映射,它在 V 的一个基和 V' 的一个基下的矩阵是 A。证明:A 可以分解成

$$A = QDT', \tag{35}$$

其中 Q 是列向量组为正交单位向量组的 $m \times n$ 矩阵;D 是主对角元 $\lambda_1, \lambda_2, \cdots, \lambda_n$ 全为非负数的 n 级对角矩阵,且 $\lambda_1^2, \lambda_2^2, \cdots, \lambda_n^2$ 是 $A'A$ 的全部特征值;T 是 n 级正交矩阵,它的第 j 列 $\boldsymbol{\eta}_j$ 是 $A'A$ 的属于特征值 λ_j^2 的一个特征向量,$j = 1, 2, \cdots, n$。

证明 由于 A 是 $m \times n$ 实矩阵,因此 $A'A$ 是 n 级实对称矩阵。由于对任意 $\boldsymbol{\alpha} \in \mathbf{R}^n$,有

$$\boldsymbol{\alpha}'(A'A)\alpha = (A\boldsymbol{\alpha})'(A\boldsymbol{\alpha}) = |A\boldsymbol{\alpha}|^2 \geqslant 0.$$

因此 $A'A$ 是半正定矩阵,从而 $A'A$ 的特征全非负,把 $A'A$ 的特征值记作 $\lambda_1^2, \lambda_2^2, \cdots, \lambda_n^2$,其中 $\lambda_i \geqslant 0, i = 1, 2, \cdots, n$。则存在 n 级正交矩阵 $T = (\boldsymbol{\eta}_1, \boldsymbol{\eta}_2, \cdots, \boldsymbol{\eta}_n)$ 使得

$$T^{-1}(A'A)T = \begin{pmatrix} \lambda_1^2 & & & \\ & \lambda_2^2 & & 0 \\ & & \ddots & \\ 0 & & & \lambda_n^2 \end{pmatrix}. \tag{36}$$

于是 T 的第 j 列 $\boldsymbol{\eta}_j$ 是 $A'A$ 的属于特征值 λ_j^2 的一个特征向量。

设 $\text{rank}(A)=r$。由于 A 是实矩阵，因此据《高等代数学习指导书(上册)》4.3 节例 3 得

$$\text{rank}(A'A)=\text{rank}(A)=r.$$

于是在(36)式中可设 $\lambda_i>0, i=1,2,\cdots,r; \lambda_j=0, j=r+1,\cdots,n$。类似于例 15 的证法二，取

$$\boldsymbol{Y}_i=\frac{1}{\lambda_i}A\boldsymbol{\eta}_i, i=1,2,\cdots,r.$$

从(36)式得

$$\begin{bmatrix}\lambda_1^2 & & & & & & \\ & \lambda_2^2 & & & & 0 & \\ & & \ddots & & & & \\ 0 & & & \lambda_r^2 & & & \\ & & & & 0 & & \\ & & & & & \ddots & \\ & & & & & & 0\end{bmatrix}=\begin{bmatrix}\boldsymbol{\eta}'_1\\ \boldsymbol{\eta}'_2\\ \vdots\\ \boldsymbol{\eta}'_n\end{bmatrix}A'A(\boldsymbol{\eta}_1,\boldsymbol{\eta}_2,\cdots,\boldsymbol{\eta}_n)$$

$$=\begin{bmatrix}\boldsymbol{\eta}'_1A'A\boldsymbol{\eta}_1 & \cdots & \boldsymbol{\eta}'_1A'A\boldsymbol{\eta}_n\\ \boldsymbol{\eta}'_2A'A\boldsymbol{\eta}_1 & \cdots & \boldsymbol{\eta}'_2A'A\boldsymbol{\eta}_n\\ \vdots & & \vdots\\ \boldsymbol{\eta}'_nA'A\boldsymbol{\eta}_1 & \cdots & \boldsymbol{\eta}'_nA'A\boldsymbol{\eta}_n\end{bmatrix}. \tag{37}$$

由此得出，当 $i,j=1,2,\cdots,r$ 时，有

$$\boldsymbol{Y}'_i\boldsymbol{Y}_j=\left(\frac{1}{\lambda_i}A\boldsymbol{\eta}_i\right)'\left(\frac{1}{\lambda_j}A\boldsymbol{\eta}_j\right)$$

$$=\frac{1}{\lambda_i\lambda_j}\boldsymbol{\eta}'_iA'A\boldsymbol{\eta}_j=\delta_{ij}.$$

这表明 $\boldsymbol{Y}_1,\boldsymbol{Y}_2,\cdots,\boldsymbol{Y}_r$ 是正交单位向量组，把它扩充成含 n 个向量的正交单位向量组 $\boldsymbol{Y}_1,\boldsymbol{Y}_2,\cdots,\boldsymbol{Y}_r,\boldsymbol{Y}_{r+1},\cdots,\boldsymbol{Y}_n$，令

$$Q=(\boldsymbol{Y}_1,\boldsymbol{Y}_2,\cdots,\boldsymbol{Y}_r,\boldsymbol{Y}_{r+1},\cdots,\boldsymbol{Y}_n),$$

则 Q 是列向量组为正交单位向量组的 $m\times n$ 矩阵。

从(37)式还可得出

$$\boldsymbol{\eta}'_jA'A\boldsymbol{\eta}_j=0, j=r+1,\cdots,n.$$

由此得出，$A\boldsymbol{\eta}_j=\mathbf{0}, j=r+1,\cdots,n$。于是

$$(A\boldsymbol{\eta}_1,A\boldsymbol{\eta}_2,\cdots,A\boldsymbol{\eta}_n)=(\lambda_1\boldsymbol{Y}_1,\lambda_2\boldsymbol{Y}_2,\cdots,\lambda_r\boldsymbol{Y}_r,\mathbf{0},\cdots,\mathbf{0})$$

$$=(\boldsymbol{Y}_1,\boldsymbol{Y}_2,\cdots,\boldsymbol{Y}_r,\boldsymbol{Y}_{r+1},\cdots,\boldsymbol{Y}_n)\begin{pmatrix}\lambda_1 & & & & & & \\ & \lambda_2 & & & & 0 & \\ & & \ddots & & & & \\ 0 & & & \lambda_r & & & \\ & & & & 0 & & \\ & & & & & \ddots & \\ & & & & & & 0\end{pmatrix}.$$

从而 $AT=QD, D=\operatorname{diag}\{\lambda_1,\lambda_2,\cdots,\lambda_r,0,\cdots,0\}$.

因此 $A=QDT'$. ■

点评 例 16 中 $m\times n$ 实矩阵 A 的分解称为 A 的奇异值分解,其中 D 的非零的主对角元 $\lambda_1,\lambda_2,\cdots,\lambda_r$ 称为 A 的奇异值。实矩阵 A 的奇异值分解在生物统计学等领域中有应用。

例 17 设 $A_i\in M_n(K), i=1,2,\cdots,s$,其中 K 是数域。令 $A=A_1+A_2+\cdots+A_s$。证明:如果

$$\operatorname{rank}(A)=\operatorname{rank}(A_1)+\operatorname{rank}(A_2)+\cdots\operatorname{rank}(A_s),$$

那么

$$AM_n(K)=A_1M_n(K)\oplus A_2M_n(K)\oplus\cdots\oplus A_sM_n(K). \tag{38}$$

证明 任取 $B\in M_n(K)$,有

$$AB=(A_1+A_2+\cdots+A_s)B=A_1B+A_2B+\cdots+A_sB,$$

因此 $$AM_n(K)\subseteq A_1M_n(K)+A_2M_n(K)+\cdots+A_sM_n(K). \tag{39}$$

从而 $$\dim(AM_n(K))\leqslant\dim[A_1M_n(K)+A_2M_n(K)+\cdots+A_sM_n(K)]. \tag{40}$$

由于 $\operatorname{rank}(A)=\operatorname{rank}(A_1)+\operatorname{rank}(A_2)+\cdots+\operatorname{rank}(A_s)$,因此两边乘 n,并且利用 8.3 节例 19 的结论得

$$\dim(AM_n(K))=\dim(A_1M_n(K))+\cdots+\dim(A_sM_n(K)). \tag{41}$$

从(39)和(40)式得

$$\dim(A_1M_n(K))+\cdots+\dim(A_sM_n(K))\leqslant\dim[A_1M_n(K)+\cdots+A_sM_n(K)] \tag{42}$$

又由于

$$\dim[A_1M_n(K)+\cdots+A_sM_n(K)]\leqslant\dim(A_1M_n(K))+\cdots+\dim(A_sM_n(K)),$$

因此

$$\dim[A_1M_n(K)+\cdots+A_sM_n(K)]=\dim(A_1M_n(K))+\cdots+\dim(A_sM_n(K)). \tag{43}$$

由(40)和(42)式得

$$\dim(AM_n(K))=\dim[A_1M_n(K)+\cdots+A_sM_n(K)]. \tag{44}$$

由(39)和(44)式得

$$AM_n(K)=A_1M_n(K)+\cdots+A_sM_n(K). \tag{45}$$

从(43)式得,$A_1M_n(K)+\cdots+A_sM_n(K)$是直和,因此

$$AM_n(K)=A_1M_n(K)\oplus\cdots\oplus A_sM_n(K).$$ ■

例 18 设 $A_i\in M_n(K)$, $i=1,2,\cdots,s$,其中 K 是数域。令 $A=A_1+A_2+\cdots+A_s$。证明:$A_1,A_2,\cdots,A_s$ 是两两正交的幂等矩阵,当且仅当 A 是幂等矩阵,并且

$$\operatorname{rank}(A)=\operatorname{rank}(A_1)+\operatorname{rank}(A_2)+\cdots+\operatorname{rank}(A_s).$$

(注:两个 n 级矩阵 A,B,如果满足 $AB=BA=0$,那么称 A 与 B 是**正交**的。)

证明 必要性。设 $A_1,\cdots,A_s$ 是两两正交的幂等矩阵,则

$$A^2=(A_1+A_2+\cdots+A_s)^2=A_1^2+A_2^2+\cdots+A_s^2=A_1+A_2+\cdots+A_s=A.$$

因此 A 是幂等矩阵。由于数域 K 上幂等矩阵的秩等于它的迹,因此

$$\begin{aligned}\operatorname{rank}(A)&=\operatorname{tr}(A)=\operatorname{tr}(A_1+\cdots+A_s)=\operatorname{tr}(A_1)+\cdots+\operatorname{tr}(A_s)\\&=\operatorname{rank}(A_1)+\cdots+\operatorname{rank}(A_s).\end{aligned}$$

充分性。设 $A=A_1+\cdots+A_s$ 是幂等矩阵,并且

$$\operatorname{rank}(A)=\operatorname{rank}(A_1)+\cdots+\operatorname{rank}(A_s).$$

则根据例 17 得

$$AM_n(K)=A_1M_n(K)\oplus\cdots\oplus A_sM_n(K). \tag{46}$$

于是对于任给 $i\in\{1,2,\cdots,s\}$,有

$$A_i=A_iI\in A_iM_n(K)\subseteq AM_n(K).$$

从而存在 $B_i\in M_n(K)$使得,$A_i=AB_i$。由于 A 是幂等矩阵,因此

$$\begin{aligned}A_i&=AB_i=A^2B_i=A(AB_i)=AA_i=(A_1+\cdots+A_s)A_i\\&=A_1A_i+\cdots+A_{i-1}A_i+A_i{}^2+A_{i+1}A_i+\cdots+A_sA_s.\end{aligned} \tag{47}$$

又有

$$A_i=0+\cdots+0+A_i+0+\cdots+0. \tag{48}$$

由于(45)式是 $AM_n(K)$的直和分解,因此 A_i 的表法唯一。从而由(46)和(47)式得

$$A_i{}^2=A_i, A_jA_i=0,\text{当 } j\neq i.$$

由此得出,$A_1,A_2,\cdots,A_s$ 是两两正交的幂等矩阵。 ■

点评 例 18 的充分性就是《高等代数学习指导书(上册)(第 2 版)》习题 5.3 的第 11 题,现在给出了第二种证法。

例 19 设 V 是数域 K 上的 n 维线性空间,$\mathbf{A}_1,\mathbf{A}_2,\cdots,\mathbf{A}_s$ 都是 V 上的线性变换。设 $\mathbf{A}=\mathbf{A}_1+\mathbf{A}_2+\cdots+\mathbf{A}_s$。证明:$\mathbf{A}_1,\mathbf{A}_2,\cdots,\mathbf{A}_s$ 是两两正交的幂等变换当且仅当 $\mathbf{A}$ 是幂等变换,并且

$$\operatorname{rank}(\mathbf{A})=\operatorname{rank}(\mathbf{A}_1)+\operatorname{rank}(\mathbf{A}_2)+\cdots+\operatorname{rank}(\mathbf{A}_s).$$

证明 在 V 中取一个基 $\alpha_1,\alpha_2,\cdots,\alpha_n$。设线性变换 $\mathbf{A}_i$ 在此基下的矩阵是 A_i, $i=1,2,\cdots,s$。则 $\mathbf{A}$ 在此基下的矩阵 $A=A_1+A_2+\cdots+A_s$。于是

$\boldsymbol{A}_1,\boldsymbol{A}_2,\cdots,\boldsymbol{A}_s$ 是两两正交的幂等变换

$\Leftrightarrow$ $A_1,A_2,\cdots,A_s$ 是两两正交的幂等矩阵

$\Leftrightarrow$ $A=A_1+A_2+\cdots+A_s$ 是幂等矩阵，且 $\text{rank}(A)=\sum\limits_{i=1}^{s}\text{rank}(A_i)$

$\Leftrightarrow$ $\boldsymbol{A}=\boldsymbol{A}_1+\boldsymbol{A}_2+\cdots+\boldsymbol{A}_s$ 是幂等变换，且 $\text{rank}(\boldsymbol{A})=\sum\limits_{i=1}^{n}\text{rank}(\boldsymbol{A}_i)$。 ■

例 20 设 $\boldsymbol{A}$ 是域 F 上 n 维线性空间 V 到 s 维线性空间 V' 的一个线性映射，它在 V 的一个基 $\alpha_1,\alpha_2,\cdots,\alpha_n$ 和 V' 的一个基 $\eta_1,\eta_2,\cdots,\eta_s$ 下的矩阵为 A。设 σ 把 V 中的向量对应到它在基 $\alpha_1,\alpha_2,\cdots,\alpha_n$ 下的坐标，τ 把 V' 中的向量对应到它在基 $\eta_1,\eta_2,\cdots,\eta_s$ 下的坐标，设 $\widetilde{\boldsymbol{A}}$ 是 F^n 到 F^s 的一个线性映射：$\widetilde{\boldsymbol{A}}(\boldsymbol{X})=A\boldsymbol{X}$。证明：

$$\sigma(\text{Ker }\boldsymbol{A})=\text{Ker }\widetilde{\boldsymbol{A}},\tau(\text{Im }\boldsymbol{A})=\text{Im }\widetilde{\boldsymbol{A}}.$$

证明 据本节命题 2，$\forall\alpha\in V$ 有 $\tau(\boldsymbol{A}(\alpha))=\widetilde{\boldsymbol{A}}(\sigma(\alpha))$。又由于 σ 是 V 到 F^n 的一个同构映射，τ 是 V' 到 F^s 的一个同构映射，因此有

$$\begin{aligned}\alpha\in\text{Ker }\boldsymbol{A}\quad&\Leftrightarrow\quad\boldsymbol{A}\alpha=0\quad\Leftrightarrow\quad\tau(\boldsymbol{A}\alpha)=0\\&\Leftrightarrow\quad\widetilde{\boldsymbol{A}}(\sigma(\alpha))=0\quad\Leftrightarrow\quad\sigma(\alpha)\in\text{Ker }\widetilde{\boldsymbol{A}}.\end{aligned}$$

从而 $$\sigma(\text{Ker }\boldsymbol{A})=\text{Ker }\widetilde{\boldsymbol{A}}.$$

$$\begin{aligned}\gamma\in\text{Im}\boldsymbol{A}\quad&\Leftrightarrow\quad\text{存在 }\alpha\in V\text{ 使得 }\gamma=\boldsymbol{A}\alpha\\&\Leftrightarrow\quad\text{存在 }\alpha\in V\text{ 使得 }\tau(\gamma)=\tau(\boldsymbol{A}\alpha)\\&\Leftrightarrow\quad\text{存在 }\alpha\in V\text{ 使得 }\tau(\gamma)=\widetilde{\boldsymbol{A}}(\sigma(\alpha))\\&\Leftrightarrow\quad\tau(\gamma)\in\text{Im }\widetilde{\boldsymbol{A}}。\end{aligned}$$

从而 $$\tau(\text{Im }\boldsymbol{A})=\text{Im }\widetilde{\boldsymbol{A}}.$$ ■

点评 例 20 告诉我们，域 F 上 n 维线性空间 V 到 s 维线性空间 V' 的一个线性映射 $\boldsymbol{A}$ 诱导了 F^n 到 F^s 的一个线性映射 $\widetilde{\boldsymbol{A}}:\boldsymbol{X}\longmapsto A\boldsymbol{X}$，其中 A 是 $\boldsymbol{A}$ 在 V 的一个基和 V' 的一个基下的矩阵，且 $\alpha\in\text{Ker }\boldsymbol{A}$ 当且仅当 α 的坐标 $\sigma(\alpha)\in\text{Ker }\widetilde{\boldsymbol{A}}$；$\gamma\in\text{Im }\boldsymbol{A}$ 当且仅当 γ 的坐标 $\tau(\gamma)\in\text{Im}\widetilde{\boldsymbol{A}}$。特别地，域 F 上 n 维线性空间 V 上的一个线性变换 $\boldsymbol{A}$ 诱导了 F^n 上的一个线性变换 $\widetilde{\boldsymbol{A}}:\boldsymbol{X}\longmapsto A\boldsymbol{X}$，其中 A 是 $\boldsymbol{A}$ 在 V 的一个基下的矩阵，且 $\alpha\in\text{Ker }\boldsymbol{A}$ 当且仅当 α 的坐标 $\sigma(\alpha)\in\text{Ker }\widetilde{\boldsymbol{A}}$；$\gamma\in\text{Im }\boldsymbol{A}$ 当且仅当 γ 的坐标 $\sigma(\gamma)\in\text{Im }\widetilde{\boldsymbol{A}}$。

例 21 已知 K^3 上的线性变换 $\boldsymbol{A}$ 在基

$$\boldsymbol{\alpha}_1=(8,-6,7)',\boldsymbol{\alpha}_2=(-16,7,-13)',\boldsymbol{\alpha}_3=(9,-3,7)'$$

下的矩阵为

$$A=\begin{pmatrix}1&-18&15\\-1&-22&20\\1&-25&22\end{pmatrix},$$

求 $\mathbf{A}$ 在基 $\boldsymbol{\eta}_1=(1,-2,1)'$，$\boldsymbol{\eta}_2=(3,-1,2)'$，$\boldsymbol{\eta}_3=(2,1,2)'$ 下的矩阵 B。

解 设 $(\boldsymbol{\eta}_1,\boldsymbol{\eta}_2,\boldsymbol{\eta}_3)=(\boldsymbol{\alpha}_1,\boldsymbol{\alpha}_2,\boldsymbol{\alpha}_3)S$。

记 $C=(\boldsymbol{\alpha}_1,\boldsymbol{\alpha}_2,\boldsymbol{\alpha}_3)$，$H=(\boldsymbol{\eta}_1,\boldsymbol{\eta}_2,\boldsymbol{\eta}_3)$，则 $H=CS$。于是

$$B = S^{-1}AS = (C^{-1}H)^{-1}A(C^{-1}H) = H^{-1}CAC^{-1}H.$$

计算得

$$H^{-1} = \begin{pmatrix} -\frac{4}{5} & -\frac{2}{5} & 1 \\ 1 & 0 & -1 \\ -\frac{3}{5} & \frac{1}{5} & 1 \end{pmatrix},$$

$$H^{-1}C = \begin{pmatrix} 3 & -3 & 1 \\ 1 & -3 & 2 \\ 1 & -2 & 1 \end{pmatrix}, C^{-1}H = (H^{-1}C)^{-1} = \begin{pmatrix} 1 & 1 & -3 \\ 1 & 2 & -5 \\ 1 & 3 & -6 \end{pmatrix}.$$

$$B = (H^{-1}C)A(C^{-1}H) = \begin{pmatrix} 1 & 2 & 2 \\ 3 & -1 & -2 \\ 2 & -3 & 1 \end{pmatrix}.$$

例 22 设 $\mathbf{A}$ 是域 F 上 n 维线性空间 V 上的一个线性变换。证明：如果 $\mathbf{A}$ 在 V 的各个基下的矩阵都相等，那么 $\mathbf{A}$ 是数乘变换。

证明 设 $\mathbf{A}$ 在 V 的一个基 $\alpha_1,\alpha_2,\cdots,\alpha_n$ 下的矩阵为 A。对于域 F 上任一 n 级可逆矩阵 P，令

$$(\beta_1,\beta_2,\cdots,\beta_n) = (\alpha_1,\alpha_2,\cdots,\alpha_n)P,$$

则 $\beta_1,\beta_2,\cdots,\beta_n$ 是 V 的一个基，且 $\mathbf{A}$ 在基 $\beta_1,\beta_2,\cdots,\beta_n$ 下的矩阵为 $P^{-1}AP$。由已知条件得，$P^{-1}AP=P$，即 $AP=PA$。据《高等代数学习指导书（上册）》补充题四的第 3 题可得，域 F 上与所有 n 级可逆矩阵可交换的矩阵一定是 n 级数量矩阵，因此 $A=kI$，对某个 $k\in F$。从而 $\mathbf{A}=k\mathbf{I}=\boldsymbol{k}$。即 $\mathbf{A}$ 是数乘变换。■

例 23 设 $\alpha_1,\alpha_2,\alpha_3,\alpha_4$ 是数域 K 上 4 维线性空间 V 的一个基，V 上的线性变换 $\mathbf{A}$ 在此基下的矩阵为

$$A = \begin{pmatrix} 1 & 0 & 2 & 1 \\ -1 & 2 & 1 & 3 \\ 1 & 2 & 5 & 5 \\ 2 & -2 & 1 & -2 \end{pmatrix},$$

(1) 求 $\mathbf{A}$ 在基 $\eta_1=\alpha_1-2\alpha_2+\alpha_4$，$\eta_2=3\alpha_2-\alpha_3-\alpha_4$，$\eta_3=\alpha_3+\alpha_4$，$\eta_4=2\alpha_4$ 下的矩阵；

(2) 求 $\mathbf{A}$ 的核与值域；

(3) 在 Ker $\boldsymbol{A}$ 中选一个基,把它扩充成 V 的一个基,并且求 $\boldsymbol{A}$ 在这个基下的矩阵;

(4) 在 Im $\boldsymbol{A}$ 中选一个基,把它扩充成 V 的一个基,并且求 $\boldsymbol{A}$ 在这个基下的矩阵。

解 (1)

$$(\eta_1,\eta_2,\eta_3,\eta_4)=(\alpha_1,\alpha_2,\alpha_3,\alpha_4)\begin{pmatrix}1&0&0&0\\-2&3&0&0\\0&-1&1&0\\1&-1&1&2\end{pmatrix}.$$

记上式右端的 4 级矩阵为 S,计算得

$$S^{-1}=\begin{pmatrix}1&0&0&0\\\frac{2}{3}&\frac{1}{3}&0&0\\\frac{2}{3}&\frac{1}{3}&1&0\\-\frac{1}{2}&0&-\frac{1}{2}&\frac{1}{2}\end{pmatrix}.$$

于是 $\boldsymbol{A}$ 在基 $\eta_1,\eta_2,\eta_3,\eta_4$ 下的矩阵 B 为

$$\begin{aligned}B&=S^{-1}AS\\&=\begin{pmatrix}2&-3&3&2\\\frac{2}{3}&-\frac{4}{3}&\frac{10}{3}&\frac{10}{3}\\\frac{8}{3}&-\frac{16}{3}&\frac{40}{3}&\frac{40}{3}\\0&1&-7&-8\end{pmatrix}.\end{aligned}$$

(2) 令 $\widetilde{\boldsymbol{A}}(\boldsymbol{X})=A\boldsymbol{X}$,则 $\widetilde{\boldsymbol{A}}$ 是 K^4 上的一个线性变换,据例 20 得,$\alpha\in$ Ker $\boldsymbol{A}$ 当且仅当 α 在基 $\alpha_1,\alpha_2,\alpha_3,\alpha_4$ 下的坐标 $\boldsymbol{X}\in$ Ker $\widetilde{\boldsymbol{A}}$;$\gamma\in$ Im $\boldsymbol{A}$ 当且仅当 γ 的坐标属于 Im $\widetilde{\boldsymbol{A}}$。在 9.2 节内容精华中已指出,Ker $\widetilde{\boldsymbol{A}}$ 等于齐次线性方程组 $A\boldsymbol{X}=\boldsymbol{0}$ 的解空间,Im $\widetilde{\boldsymbol{A}}$ 等于矩阵 A 的列空间,为此把 A 经过初等行变换化成简化行阶梯形矩阵:

$$A=\begin{pmatrix}1&0&2&1\\-1&2&1&3\\1&2&5&5\\2&-2&1&-2\end{pmatrix}\to\begin{pmatrix}1&0&2&1\\0&1&\frac{3}{2}&2\\0&0&0&0\\0&0&0&0\end{pmatrix}.$$

于是 $AX=\mathbf{0}$ 的一个基础解系是

$$\boldsymbol{X}_1=\begin{pmatrix}4\\3\\-2\\0\end{pmatrix},\boldsymbol{X}_2=\begin{pmatrix}1\\2\\0\\-1\end{pmatrix}.$$

从而 $\operatorname{Ker}\tilde{\boldsymbol{A}}=\langle\boldsymbol{X}_1,\boldsymbol{X}_2\rangle$。于是

$$\operatorname{Ker}\boldsymbol{A}=\langle 4\alpha_1+3\alpha_2-2\alpha_3,\alpha_1+2\alpha_2-\alpha_4\rangle.$$

A 的列向量组的一个极大线性无关组是

$$\boldsymbol{Y}_1=\begin{pmatrix}1\\-1\\1\\2\end{pmatrix},\boldsymbol{Y}_2=\begin{pmatrix}0\\2\\2\\-2\end{pmatrix}.$$

从而 $\operatorname{Im}\tilde{\boldsymbol{A}}=\langle\boldsymbol{Y}_1,\boldsymbol{Y}_2\rangle$。于是

$$\operatorname{Im}\boldsymbol{A}=\langle\alpha_1-\alpha_2+\alpha_3+2\alpha_4,2\alpha_2+2\alpha_3-2\alpha_4\rangle.$$

(3) 先把 $\operatorname{Ker}\tilde{\boldsymbol{A}}$ 的一个基 $\boldsymbol{X}_1,\boldsymbol{X}_2$ 扩充成 K^4 的一个基：

$$\boldsymbol{X}_1=\begin{pmatrix}4\\3\\-2\\0\end{pmatrix},\quad \boldsymbol{X}_2=\begin{pmatrix}1\\2\\0\\-1\end{pmatrix},\quad \boldsymbol{X}_3=\begin{pmatrix}0\\1\\0\\0\end{pmatrix},\quad \boldsymbol{X}_4=\begin{pmatrix}1\\0\\0\\0\end{pmatrix}.$$

于是第(2)小题中 $\operatorname{Ker}\boldsymbol{A}$ 的一个基扩充成 V 的一个基如下：

$$4\alpha_1+3\alpha_2-2\alpha_3,\alpha_1+2\alpha_2-\alpha_4,\alpha_2,\alpha_1.$$

V 的基 $\alpha_1,\alpha_2,\alpha_3,\alpha_4$ 到上述这个基的过渡矩阵 P 为

$$P=\begin{pmatrix}4&1&0&1\\3&2&1&0\\-2&0&0&0\\0&-1&0&0\end{pmatrix}.$$

从而 $\boldsymbol{A}$ 在基 $4\alpha_1+3\alpha_2-2\alpha_3,\alpha_1+2\alpha_2-\alpha_4,\alpha_2,\alpha_1$ 下的矩阵 C 为

$$C=P^{-1}AP=\begin{pmatrix}0&0&-1&-\frac{1}{2}\\0&0&2&-2\\0&0&1&\frac{9}{2}\\0&0&2&5\end{pmatrix}.$$

(4) 先把 $\operatorname{Im}\widetilde{\boldsymbol{A}}$ 的一个基扩充成 K^4 的一个基：

$$\boldsymbol{Y}_1=\begin{pmatrix}1\\-1\\1\\2\end{pmatrix},\quad \boldsymbol{Y}_2=\begin{pmatrix}0\\2\\2\\-2\end{pmatrix},\quad \boldsymbol{Y}_3=\begin{pmatrix}0\\1\\0\\0\end{pmatrix},\quad \boldsymbol{Y}_4=\begin{pmatrix}1\\0\\0\\0\end{pmatrix}.$$

于是第(2)小题中 $\operatorname{Im}\boldsymbol{A}$ 的一个基扩充成 V 的一个基如下：

$$\alpha_1-\alpha_2+\alpha_3+2\alpha_4,2\alpha_2+2\alpha_3-2\alpha_4,\alpha_2,\alpha_1.$$

V 的基 $\alpha_1,\alpha_2,\alpha_3,\alpha_4$ 到上述这个基的过渡矩阵 Q 为

$$Q=\begin{pmatrix}1&0&0&1\\-1&2&1&0\\1&2&0&0\\2&-2&0&0\end{pmatrix}.$$

于是 $\boldsymbol{A}$ 在基 $\alpha_1-\alpha_2+\alpha_3+2\alpha_4,2\alpha_2+2\alpha_3-2\alpha_4,\alpha_2,\alpha_1$ 下的矩阵 D 为

$$D=Q^{-1}AQ=\begin{pmatrix}5&2&0&1\\\frac{9}{2}&1&1&0\\0&0&0&0\\0&0&0&0\end{pmatrix}.$$

例 24　给定 K^3 的两个基 $\boldsymbol{\alpha}_1,\boldsymbol{\alpha}_2,\boldsymbol{\alpha}_3$ 与 $\boldsymbol{\eta}_1,\boldsymbol{\eta}_2,\boldsymbol{\eta}_3$ 同例 21，定义 K^3 上的一个线性变换 $\boldsymbol{B}$ 使得

$$\boldsymbol{B}\boldsymbol{\alpha}_i=\boldsymbol{\eta}_i,i=1,2,3.$$

(1) 求 $\boldsymbol{B}$ 在基 $\boldsymbol{\alpha}_1,\boldsymbol{\alpha}_2,\boldsymbol{\alpha}_3$ 下的矩阵；

(2) 求 $\boldsymbol{B}$ 在基 $\boldsymbol{\eta}_1,\boldsymbol{\eta}_2,\boldsymbol{\eta}_3$ 下的矩阵。

解　在例 21 中已求出基 $\boldsymbol{\alpha}_1,\boldsymbol{\alpha}_2,\boldsymbol{\alpha}_3$ 到基 $\boldsymbol{\eta}_1,\boldsymbol{\eta}_2,\boldsymbol{\eta}_3$ 的过渡矩阵 S 为

$$S=C^{-1}H=\begin{pmatrix}1&1&-3\\1&2&-5\\1&3&-6\end{pmatrix}.$$

即 $(\boldsymbol{\eta}_1,\boldsymbol{\eta}_2,\boldsymbol{\eta}_3)=(\boldsymbol{\alpha}_1,\boldsymbol{\alpha}_2,\boldsymbol{\alpha}_3)S$。

(1) $\boldsymbol{B}(\boldsymbol{\alpha}_1,\boldsymbol{\alpha}_2,\boldsymbol{\alpha}_3)=(\boldsymbol{\eta}_1,\boldsymbol{\eta}_2,\boldsymbol{\eta}_3)=(\boldsymbol{\alpha}_1,\boldsymbol{\alpha}_2,\boldsymbol{\alpha}_3)S$，

因此 $\boldsymbol{B}$ 在基 $\boldsymbol{\alpha}_1,\boldsymbol{\alpha}_2,\boldsymbol{\alpha}_3$ 下的矩阵为 S。

(2)
$$\begin{aligned}\boldsymbol{B}(\boldsymbol{\eta}_1,\boldsymbol{\eta}_2,\boldsymbol{\eta}_3)&=\boldsymbol{B}[(\boldsymbol{\alpha}_1,\boldsymbol{\alpha}_2,\boldsymbol{\alpha}_3)S]\\&=[\boldsymbol{B}(\boldsymbol{\alpha}_1,\boldsymbol{\alpha}_2,\boldsymbol{\alpha}_3)]S=(\boldsymbol{\eta}_1,\boldsymbol{\eta}_2,\boldsymbol{\eta}_3)S,\end{aligned}$$

因此 $\boldsymbol{B}$ 在基 $\boldsymbol{\eta}_1,\boldsymbol{\eta}_2,\boldsymbol{\eta}_3$ 下的矩阵为 S。

例 25　$\boldsymbol{A}$ 是9.2节例11所定义的 K^4 到 K^3 的一个线性映射，在 K^4 中取一个基：

$$\boldsymbol{\alpha}_1=\begin{pmatrix}1\\0\\0\\0\end{pmatrix},\quad \boldsymbol{\alpha}_2=\begin{pmatrix}1\\1\\0\\0\end{pmatrix},\quad \boldsymbol{\alpha}_3=\begin{pmatrix}1\\1\\1\\0\end{pmatrix},\quad \boldsymbol{\alpha}_4=\begin{pmatrix}1\\1\\1\\1\end{pmatrix}.$$

在 K^3 中取一个基：

$$\boldsymbol{\eta}_1=\begin{pmatrix}1\\0\\-2\end{pmatrix},\quad \boldsymbol{\eta}_2=\begin{pmatrix}1\\-1\\0\end{pmatrix},\quad \boldsymbol{\eta}_3=\begin{pmatrix}0\\0\\1\end{pmatrix}.$$

求 $\boldsymbol{A}$ 在 K^4 的基 $\boldsymbol{\alpha}_1,\boldsymbol{\alpha}_2,\boldsymbol{\alpha}_3,\boldsymbol{\alpha}_4$ 和 K^3 的基 $\boldsymbol{\eta}_1,\boldsymbol{\eta}_2,\boldsymbol{\eta}_3$ 下的矩阵 A。

解

$$\boldsymbol{A}\begin{pmatrix}x_1\\x_2\\x_3\\x_4\end{pmatrix}=\begin{pmatrix}x_1-3x_2+x_3-2x_4\\-x_1-11x_2+2x_3-5x_4\\3x_1+5x_2+x_4\end{pmatrix}$$

$$=\begin{pmatrix}1&-3&1&-2\\-1&-11&2&-5\\3&5&0&1\end{pmatrix}\begin{pmatrix}x_1\\x_2\\x_3\\x_4\end{pmatrix}.$$

于是

$$\boldsymbol{A}\boldsymbol{\alpha}_1=\begin{pmatrix}1\\-1\\3\end{pmatrix},\quad \boldsymbol{A}\boldsymbol{\alpha}_2=\begin{pmatrix}-2\\-12\\8\end{pmatrix},\quad \boldsymbol{A}\boldsymbol{\alpha}_3=\begin{pmatrix}-1\\-10\\8\end{pmatrix},\quad \boldsymbol{A}\boldsymbol{\alpha}_4=\begin{pmatrix}-3\\-15\\9\end{pmatrix}.$$

由于

$$\boldsymbol{A}(\boldsymbol{\alpha}_1,\boldsymbol{\alpha}_2,\boldsymbol{\alpha}_3,\boldsymbol{\alpha}_4)=(\boldsymbol{\eta}_1,\boldsymbol{\eta}_2,\boldsymbol{\eta}_3)A,$$

因此

$$A=\begin{pmatrix}1&1&0\\0&-1&0\\-2&0&1\end{pmatrix}^{-1}\begin{pmatrix}1&-2&-1&-3\\-1&-12&-10&-15\\3&8&8&9\end{pmatrix}$$

$$=\begin{pmatrix}0&-14&-11&-18\\1&12&10&15\\3&-20&-14&-27\end{pmatrix}.$$

例 26 在 K^2 中取一个基:$\boldsymbol{\alpha}_1=(1,-1)'$,$\boldsymbol{\alpha}_2=(0,1)'$;在 K^3 中取两个向量 $\boldsymbol{\gamma}_1=(1,0,-3)'$,$\boldsymbol{\gamma}_2=(-5,0,15)'$。定义 K^2 到 K^3 的一个线性映射 $\boldsymbol{A}$ 使得 $\boldsymbol{A\alpha}_i=\boldsymbol{\gamma}_i$,$i=1,2$。在 K^3 中取一个基 $\boldsymbol{\eta}_1=(1,1,1)'$,$\boldsymbol{\eta}_2=(0,1,1)'$,$\boldsymbol{\eta}_3=(0,0,1)'$。求 $\boldsymbol{A}$ 在 K^2 中的基 $\boldsymbol{\alpha}_1$,$\boldsymbol{\alpha}_2$ 和 K^3 中的基 $\boldsymbol{\eta}_1$,$\boldsymbol{\eta}_2$,$\boldsymbol{\eta}_3$ 下的矩阵 A。

解 $\boldsymbol{A}(\boldsymbol{\alpha}_1,\boldsymbol{\alpha}_2)=(\boldsymbol{\gamma}_1,\boldsymbol{\gamma}_2)$

设 $\boldsymbol{\gamma}_1$,$\boldsymbol{\gamma}_2$ 在 K^3 的基 $\boldsymbol{\eta}_1$,$\boldsymbol{\eta}_2$,$\boldsymbol{\eta}_3$ 下的坐标列向量分别为 $\boldsymbol{X}_1$,$\boldsymbol{X}_2$,

则

$$(\boldsymbol{\gamma}_1,\boldsymbol{\gamma}_2)=(\boldsymbol{\eta}_1,\boldsymbol{\eta}_2,\boldsymbol{\eta}_3)(\boldsymbol{X}_1,\boldsymbol{X}_2).$$

于是

$$\begin{aligned}(\boldsymbol{X}_1,\boldsymbol{X}_2)&=(\boldsymbol{\eta}_1,\boldsymbol{\eta}_2,\boldsymbol{\eta}_3)^{-1}(\boldsymbol{\gamma}_1,\boldsymbol{\gamma}_2)\\&=\begin{pmatrix}1&0&0\\1&1&0\\1&1&1\end{pmatrix}^{-1}\begin{pmatrix}1&5\\0&0\\-3&15\end{pmatrix}\\&=\begin{pmatrix}1&-5\\-1&10\\-3&5\end{pmatrix}.\end{aligned}$$

由于 $$\boldsymbol{A}(\boldsymbol{\alpha}_1,\boldsymbol{\alpha}_2)=(\boldsymbol{\eta}_1,\boldsymbol{\eta}_2,\boldsymbol{\eta}_3)(\boldsymbol{X}_1,\boldsymbol{X}_2),$$

因此 $\boldsymbol{A}$ 在 K^2 的基 $\boldsymbol{\alpha}_1$,$\boldsymbol{\alpha}_2$ 和 K^3 的基 $\boldsymbol{\eta}_1$,$\boldsymbol{\eta}_2$,$\boldsymbol{\eta}_3$ 下的矩阵 A 为

$$A=\begin{pmatrix}1&-5\\-1&10\\-3&5\end{pmatrix}.$$

例 27 设 V,V',V''分别是域 F 上 n 维,s 维,m 维的线性空间,$\boldsymbol{A}\in\mathrm{Hom}(V,V')$,$\boldsymbol{B}\in\mathrm{Hom}(V',V'')$。设 $\boldsymbol{A}$ 在 V 的基 $\alpha_1,\alpha_2,\cdots,\alpha_n$ 和 V' 的基 $\eta_1,\eta_2,\cdots,\eta_s$ 下的矩阵为 A,$\boldsymbol{B}$ 在 V' 的基 $\eta_1,\eta_2,\cdots,\eta_s$ 和 V'' 的基 $\delta_1,\delta_2,\cdots,\delta_m$ 下的矩阵为 B,则 $\boldsymbol{BA}$ 在 V 的基 $\alpha_1,\alpha_2,\cdots,\alpha_n$ 和 V'' 的基 $\delta_1,\delta_2,\cdots,\delta_m$ 下的矩阵为 BA。

证明 $$\boldsymbol{A}(\alpha_1,\alpha_2,\cdots,\alpha_n)=(\eta_1,\eta_2,\cdots,\eta_s)A,$$
$$\boldsymbol{B}(\eta_1,\eta_2,\cdots,\eta_s)=(\delta_1,\delta_2,\cdots,\delta_m)B.$$

于是

$$\begin{aligned}(\boldsymbol{BA})(\alpha_1,\alpha_2,\cdots,\alpha_n)&=\boldsymbol{B}[(\eta_1,\eta_2,\cdots,\eta_s)A]=[\boldsymbol{B}(\eta_1,\eta_2,\cdots,\eta_s)]A\\&=[(\delta_1,\delta_2,\cdots,\delta_m)B]A=(\delta_1,\delta_2,\cdots,\delta_m)(BA).\end{aligned}$$

因此 $\boldsymbol{BA}$ 在 V 的基 $\alpha_1,\alpha_2,\cdots,\alpha_n$ 和 V''的基 $\delta_1,\delta_2,\cdots,\delta_m$ 下的矩阵为 BA。 ■

例 28 设 A,B 都是域 F 上的 $s\times n$ 矩阵。证明:n 元齐次线性方程组 $AX=0$ 和 $BX=0$ 同解当且仅当存在域 F 上的 s 级可逆矩阵 C,使得 $B=CA$。

证明 充分性是显然的。下面证必要性。定义 F^n 到 F^s 的映射 $\boldsymbol{A},\boldsymbol{B}$ 分别如下:

$$\boldsymbol{A}(\boldsymbol{\alpha}) = A\boldsymbol{\alpha},\boldsymbol{B}(\boldsymbol{\alpha}) = B\boldsymbol{\alpha},\forall\,\boldsymbol{\alpha}\in F^n.$$

则 $\boldsymbol{A},\boldsymbol{B}$ 都是 F^n 到 F^s 的线性映射,且 $\mathrm{Ker}\,\boldsymbol{A}$ 等于 $A\boldsymbol{X}=\boldsymbol{0}$ 的解空间,$\mathrm{Ker}\,\boldsymbol{B}$ 等于 $B\boldsymbol{X}=0$ 的解空间,由于 $\mathrm{Ker}\,\boldsymbol{A}$ 是 F^n 的一个子空间,因此有 $F^n=\mathrm{Ker}\,\boldsymbol{A}\oplus W$。已知 $A\boldsymbol{X}=\boldsymbol{0}$ 与 $B\boldsymbol{X}=0$ 同解,因此 $\mathrm{Ker}\,\boldsymbol{A}=\mathrm{Ker}\,\boldsymbol{B}$。从而 $F^n=\mathrm{Ker}\,\boldsymbol{B}\oplus W$。设 $\mathrm{rank}(A)=r$,则 $\dim(\mathrm{Ker}\,\boldsymbol{A})=n-r$。从而 $\dim W=n-(n-r)=r$。在 W 中取一个基 $\boldsymbol{\alpha}_1,\cdots,\boldsymbol{\alpha}_r$,在 $\mathrm{Ker}\,\boldsymbol{A}$ 中取一个基 $\boldsymbol{\alpha}_{r+1},\cdots,\boldsymbol{\alpha}_n$。则 $\boldsymbol{\alpha}_1,\cdots,\boldsymbol{\alpha}_r,\boldsymbol{\alpha}_{r+1},\cdots,\boldsymbol{\alpha}_n$ 是 F^n 的一个基,于是 $\boldsymbol{A}\alpha_1,\cdots,\boldsymbol{A}\alpha_r$ 是 $\mathrm{Im}\,\boldsymbol{A}$ 的一个基,由于 $\mathrm{Ker}\,\boldsymbol{B}=\mathrm{Ker}\,\boldsymbol{A}$,因此 $\boldsymbol{B}\alpha_1,\cdots,\boldsymbol{B}\alpha_r$ 是 $\mathrm{Im}\,\boldsymbol{B}$ 的一个基,把它们分别扩充成 F^s 的一个基:

$$\boldsymbol{A}\alpha_1,\cdots,\boldsymbol{A}\alpha_r,\boldsymbol{\gamma}_1,\cdots,\boldsymbol{\gamma}_{s-r};$$
$$\boldsymbol{B}\alpha_1,\cdots,\boldsymbol{B}\alpha_r,\boldsymbol{\delta}_1,\cdots,\boldsymbol{\delta}_{s-r}.$$

定义 F^s 上的一个线性变换 $\boldsymbol{C}$,使得

$$\boldsymbol{C}(\boldsymbol{A}\boldsymbol{\alpha}_i) = \boldsymbol{B}\boldsymbol{\alpha}_i,i=1,2,\cdots,r;$$
$$\boldsymbol{C}(\boldsymbol{\gamma}_j) = \boldsymbol{\delta}_j,j=1,2,\cdots,s-r.$$

由于 $\boldsymbol{C}$ 把基映成基,因此据 9.1 节例 12 得,$\boldsymbol{C}$ 是可逆的,从而 $\boldsymbol{C}$ 在 F^s 的标准基 $\tilde{\boldsymbol{\varepsilon}}_1,\tilde{\boldsymbol{\varepsilon}}_2,\cdots,\tilde{\boldsymbol{\varepsilon}}_s$ 下的矩阵 C 是 s 级可逆矩阵。

从 $\boldsymbol{A}$ 和 $\boldsymbol{B}$ 的定义看出,$\boldsymbol{A}$ 和 $\boldsymbol{B}$ 在 F^n 的标准基 $\boldsymbol{\varepsilon}_1,\boldsymbol{\varepsilon}_2,\cdots,\boldsymbol{\varepsilon}_n$ 和 F^s 的标准基 $\tilde{\boldsymbol{\varepsilon}}_1,\tilde{\boldsymbol{\varepsilon}}_2,\cdots,\tilde{\boldsymbol{\varepsilon}}_s$ 下的矩阵分别为 A,B。于是据例 27 得,$\boldsymbol{CA}$ 在 F^n 的基 $\boldsymbol{\varepsilon}_1,\boldsymbol{\varepsilon}_2,\cdots,\boldsymbol{\varepsilon}_n$ 和 F^s 的基 $\tilde{\boldsymbol{\varepsilon}}_1,\tilde{\boldsymbol{\varepsilon}}_2,\cdots,\tilde{\boldsymbol{\varepsilon}}_s$ 下的矩阵为 CA。由于

$$(\boldsymbol{CA})\boldsymbol{\alpha}_i=\boldsymbol{C}(\boldsymbol{A}\boldsymbol{\alpha}_i)=\boldsymbol{B}\boldsymbol{\alpha}_i,i=1,2,\cdots,r;$$
$$(\boldsymbol{CA})\boldsymbol{\alpha}_j=\boldsymbol{C}(\boldsymbol{A}\boldsymbol{\alpha}_j)=\boldsymbol{C}(\boldsymbol{0})=\boldsymbol{0}=\boldsymbol{B}\boldsymbol{\alpha}_j,j=r+1,\cdots,n.$$

因此 $\boldsymbol{CA}=\boldsymbol{B}$。由此得出,$CA=B$。 ■

习题 9.3

1. 在 $\mathbf{R}^{\mathbf{R}}$ 中,由下述两个函数

$$f_1 = \mathrm{e}^{ax}\cos bx,f_2 = \mathrm{e}^{ax}\sin bx$$

生成的子空间记作 V,其中 $b\neq 0$。f_1,f_2 是不是 V 的一个基?求导数 $\boldsymbol{D}$ 是不是 V 上的一个线性变换?如果是,求 $\boldsymbol{D}$ 在 V 的一个基 f_1,f_2 下的矩阵。

2. 给定 $a\in\mathbf{R}$,定义 $\mathbf{R}[x]_n$ 到自身的一个映射 $\boldsymbol{A}$ 如下:

$$\boldsymbol{A}(f(x)) = f(x+a)-f(x).$$

$\mathbf{A}$ 是不是 $\mathbf{R}[x]_n$ 上的一个线性变换？如果是，求 $\mathbf{A}$ 在 $\mathbf{R}[x]_n$ 的一个基 $1, x-a, \frac{1}{2!}(x-a)^2, \cdots, \frac{1}{(n-1)!}(x-a)^{n-1}$ 下的矩阵。

3. 在习题 9.2 的第 3 题中指出，求一个原函数记作 $\boldsymbol{B}$，它的定义如下：

$$\boldsymbol{B}(a_0 + a_1x + \cdots + a_{n-2}x^{n-2}) = a_0x + \frac{a_1}{2}x^2 + \cdots + \frac{a_{n-2}}{n-1}x^{n-1}.$$

它是 $\mathbf{R}[x]_{n-1}$ 到 $\mathbf{R}[x]_n$ 的一个线性映射。求 $\boldsymbol{B}$ 在 $\mathbf{R}[x]_{n-1}$ 的一个基 $1, x, x^2, \cdots, x^{n-2}$ 和 $\mathbf{R}[x]_n$ 的一个基 $1, x, x^2, \cdots, x^{n-2}, x^{n-1}$ 下的矩阵 B。

4. 在 K^3 中取一个基 $\boldsymbol{\alpha}_1 = (1,1,1)', \boldsymbol{\alpha}_2 = (1,1,0)', \boldsymbol{\alpha}_3 = (1,0,0)'$；在 K^2 中取 3 个向量：$\boldsymbol{\gamma}_1 = (1,-1)', \boldsymbol{\gamma}_2 = (0,1)', \boldsymbol{\gamma}_3 = (2,-1)'$。定义 K^3 到 K^2 的一个线性映射 $\mathbf{A}$，使得

$$\mathbf{A}\boldsymbol{\alpha}_i = \boldsymbol{\gamma}_i, i = 1,2,3.$$

在 K^2 中取一个基 $\boldsymbol{\eta}_1 = (1,0)', \boldsymbol{\eta}_2 = (1,1)'$。求 $\mathbf{A}$ 在 K^3 的基 $\boldsymbol{\alpha}_1, \boldsymbol{\alpha}_2, \boldsymbol{\alpha}_3$ 和 K^2 的基 $\boldsymbol{\eta}_1, \boldsymbol{\eta}_2$ 下的矩阵。

5. 已知 K^3 上的线性变换 $\mathbf{A}$ 在标准基 $\boldsymbol{\varepsilon}_1, \boldsymbol{\varepsilon}_2, \boldsymbol{\varepsilon}_3$ 下的矩阵是

$$A = \begin{pmatrix} 15 & -11 & 5 \\ 20 & -15 & 8 \\ 8 & -7 & 6 \end{pmatrix},$$

求 $\mathbf{A}$ 在基 $\boldsymbol{\eta}_1 = (2,3,1)', \boldsymbol{\eta}_2 = (3,4,1)', \boldsymbol{\eta}_3 = (1,2,2)'$ 下的矩阵 B。

6. 设域 F 上 3 维线性空间 V 上的线性变换 $\mathbf{A}$ 在基 $\alpha_1, \alpha_2, \alpha_3$ 下的矩阵为

$$A = \begin{pmatrix} a_{11} & a_{12} & a_{13} \\ a_{21} & a_{22} & a_{23} \\ a_{31} & a_{32} & a_{33} \end{pmatrix},$$

(1) 求 $\mathbf{A}$ 在基 $\alpha_2, \alpha_3, \alpha_1$ 下的矩阵；

(2) 求 $\mathbf{A}$ 在基 $k\alpha_1, \alpha_2, \alpha_3$ 下的矩阵，其中 $k \in F$ 且 $k \neq 0$；

(3) 求 $\mathbf{A}$ 在基 $\alpha_1, \alpha_1 + \alpha_2, \alpha_3$ 下的矩阵。

7. 证明：如果域 F 上两个 n 级矩阵 A 与 B 相似，那么它们可以看成是域 F 上 n 维线性空间 V 上同一个线性变换 $\mathbf{A}$ 在 V 的不同基下的矩阵。

8. 设 $\mathbf{A}$ 是域 F 上 n 维线性空间 V 到 s 维线性空间 V' 的一个线性映射。$\mathbf{A}$ 在 V 的基 $\alpha_1, \alpha_2, \cdots, \alpha_n$ 和 V' 的基 $\eta_1, \eta_2, \cdots, \eta_s$ 下的矩阵为 A，$\mathbf{A}$ 在 V 的基 $\beta_1, \beta_2, \cdots, \beta_n$ 和 V' 的基 $\delta_1, \delta_2, \cdots, \delta_s$ 下的矩阵为 B。证明：如果 V 的基 $\alpha_1, \alpha_2, \cdots, \alpha_n$ 到基 $\beta_1, \beta_2, \cdots, \beta_n$ 的过渡矩阵为 P，V' 的基 $\eta_1, \eta_2, \cdots, \eta_s$ 到基 $\delta_1, \delta_2, \cdots, \delta_s$ 的过渡矩阵为 Q，那么

$$B = Q^{-1}AP.$$

9. 给出本节典型例题例13另一种证法：设 $\boldsymbol{A}$ 是域 F 上 n 维线性空间 V 到 s 维线性空间 V' 的一个线性映射。证明：存在 V 的一个基和 V' 的一个基，使得 $\boldsymbol{A}$ 在这一对基下的矩阵为

$$\begin{pmatrix} I_r & 0 \\ 0 & 0 \end{pmatrix},$$

其中 $r=\operatorname{rank}(\boldsymbol{A})$。

10. 设 V 是域 F 上的 n 维线性空间，$\boldsymbol{A}$ 是 V 上的一个线性变换。证明：使得 $\boldsymbol{AX}=\boldsymbol{0}$ 的线性变换 $\boldsymbol{X}$ 组成的集合 U 是域 F 上的一个线性空间，并且求 U 的维数。

9.4 线性变换的特征值和特征向量，线性变换可对角化的条件

9.4.1 内容精华

从这一节开始，我们将针对域 F 上 n 维线性空间 V 上的线性变换 $\boldsymbol{A}$，研究如何找 V 的一个适当的基，使得 $\boldsymbol{A}$ 在这个基下的矩阵具有最简单的形式。

首先研究对于线性变换 $\boldsymbol{A}$，能不能找到 V 的一个基，使得 $\boldsymbol{A}$ 在这个基下的矩阵为对角矩阵。

$\boldsymbol{A}$ 在 V 的基 $\xi_1,\xi_2,\cdots,\xi_n$ 下的矩阵为对角矩阵

$$D=\begin{pmatrix} \lambda_1 & & & 0 \\ & \lambda_2 & & \\ & & \ddots & \\ 0 & & & \lambda_n \end{pmatrix}$$

$$\begin{aligned} \Leftrightarrow \quad \boldsymbol{A}(\xi_1,\xi_2,\cdots,\xi_n) &= (\xi_1,\xi_2,\cdots,\xi_n)D \\ &= (\lambda_1\xi_1,\lambda_2\xi_2,\cdots,\lambda_n\xi_n) \end{aligned}$$

$$\Leftrightarrow \quad \boldsymbol{A}\xi_i=\lambda_i\xi_i,\ i=1,2,\cdots,n. \tag{1}$$

一、线性变换的特征值和特征向量

由(1)式受到启发，引出下述重要概念。

定义1 设 $\boldsymbol{A}$ 是域 F 上线性空间 V 上的一个线性变换，如果 V 中存在一个非零向量 ξ，F 中存在一个元素 λ_0，使得

$$\boldsymbol{A}\xi=\lambda_0\xi, \tag{2}$$

那么称 λ_0 是线性变换 $\boldsymbol{A}$ 的一个**特征值**,称 ξ 是 $\boldsymbol{A}$ 的属于特征值 λ_0 的一个**特征向量**。

对于几何空间 V,如果 ξ 是线性变换 $\boldsymbol{A}$ 的属于特征值 λ_0 的一个特征向量,那么 $\boldsymbol{A}$ 对 ξ 的作用是把 ξ 拉伸(或压缩)λ_0 倍。

定义 1 对于域 F 上无限维线性空间 V 上的线性变换 $\boldsymbol{A}$ 也适用。

对于域 F 上 n 维线性空间 V 上的线性变换 $\boldsymbol{A}$,设它在 V 的一个基 $\alpha_1,\alpha_2,\cdots,\alpha_n$ 下的矩阵为 A,向量 ξ 在基 $\alpha_1,\alpha_2,\cdots,\alpha_n$ 下的坐标是 $\boldsymbol{x}$,设 $\lambda_0\in F$,则据 9.3 节(19)式得

$$\boldsymbol{A}\xi=\lambda_0\xi \quad\Leftrightarrow\quad A\boldsymbol{x}=\lambda_0\boldsymbol{x}. \tag{3}$$

由此得出下述结论:

(1) λ_0 是 $\boldsymbol{A}$ 的一个特征值 $\Leftrightarrow$ λ_0 是 A 的一个特征值;

(2) ξ 是 $\boldsymbol{A}$ 的属于特征值 λ_0 的一个特征向量

$\Leftrightarrow$ ξ 的坐标 $\boldsymbol{x}$ 是 A 的属于特征值 λ_0 的特征向量。

上述第(1)个结论表明:线性变换 $\boldsymbol{A}$ 在 V 的一个基下的矩阵 A 的全部特征值就是线性变换 $\boldsymbol{A}$ 的全部特征值。第(2)个结论表明:对于矩阵 A 的每一个特征值 λ_i,求出齐次线性方程组 $(\lambda_i I-A)\boldsymbol{x}=\boldsymbol{0}$ 的一个基础解系 $\boldsymbol{X}_1,\boldsymbol{X}_2,\cdots,\boldsymbol{X}_t$,则分别以 $\boldsymbol{X}_1,\boldsymbol{X}_2,\cdots,\boldsymbol{X}_t$ 为坐标的向量 $\xi_1,\xi_2,\cdots,\xi_t$ 就是线性变换 $\boldsymbol{A}$ 的属于特征值 λ_i 的极大线性无关特征向量组。

二、线性变换可对角化的充分必要条件

如果 V 中存在一个基,使得线性变换 $\boldsymbol{A}$ 在这个基下的矩阵是对角矩阵,那么称 $\boldsymbol{A}$ **可对角化**。

由于线性变换 $\boldsymbol{A}$ 在 V 的不同基下的矩阵是相似的,因此线性变换 $\boldsymbol{A}$ 可对角化当且仅当 $\boldsymbol{A}$ 在 V 的基下的矩阵 A 可对角化。

(1)式的推导过程证明了下述结论:

定理 1 域 F 上 n 维线性空间 V 上的线性变换 $\boldsymbol{A}$ 可对角化当且仅当 $\boldsymbol{A}$ 有 n 个线性无关的特征向量 $\xi_1,\xi_2,\cdots,\xi_n$,此时 $\boldsymbol{A}$ 在基 $\xi_1,\xi_2,\cdots,\xi_n$ 下的矩阵为

$$\begin{pmatrix} \lambda_1 & & & \\ & \lambda_2 & & 0 \\ & & \ddots & \\ 0 & & & \lambda_n \end{pmatrix}, \tag{4}$$

其中 λ_i 是 ξ_i 所属的特征值(即 $\boldsymbol{A}\xi_i=\lambda_i\xi_i$),$i=1,2,\cdots,n$。矩阵(4)称为 $\boldsymbol{A}$ 的**标准形**,除了主对角线上元素的排列次序外,$\boldsymbol{A}$ 的标准形是由 $\boldsymbol{A}$ 唯一决定的。 ■

从定理 1 立即得到:

推论 1　域 F 上 n 维线性空间 V 上的线性变换 $\boldsymbol{A}$ 可对角化当且仅当 V 中存在由 $\boldsymbol{A}$ 的特征向量组成的一个基。■

设 $\boldsymbol{A}$ 是域 F 上线性空间 V 上的一个线性变换，λ_0 是 $\boldsymbol{A}$ 的一个特征值，令

$$V_{\lambda_0} \overset{\text{def}}{=\!=\!=} \{\alpha \in V \mid \boldsymbol{A}\alpha = \lambda_0\alpha\}. \tag{5}$$

易验证 V_{λ_0} 是 V 的一个子空间，称 V_{λ_0} 是 $\boldsymbol{A}$ 的属于特征值 λ_0 的**特征子空间**。V_{λ_0} 中全部非零向量就是 $\boldsymbol{A}$ 的属于特征值 λ_0 的全部特征向量。由于

$$\alpha \in V_{\lambda_0} \iff \boldsymbol{A}\alpha = \lambda_0\alpha \iff (\lambda_0\boldsymbol{I}-\boldsymbol{A})\alpha = 0 \iff \alpha \in \operatorname{Ker}(\lambda_0\boldsymbol{I}-\boldsymbol{A}),$$

因此

$$V_{\lambda_0} = \operatorname{Ker}(\lambda_0\boldsymbol{I}-\boldsymbol{A}). \tag{6}$$

即线性变换 $\boldsymbol{A}$ 的属于特征值 λ_0 的特征子空间等于线性变换 $\lambda_0\boldsymbol{I}-\boldsymbol{A}$ 的核。

设 V 是域 F 上 n 维线性空间，V 上线性变换 $\boldsymbol{A}$ 在 V 的一个基 $\alpha_1,\alpha_2,\cdots,\alpha_n$ 下的矩阵为 A，λ_0 是 $\boldsymbol{A}$ 的一个特征值。设 σ 是 V 到 F^n 的一个同构映射，它把 V 中向量对应于它在基 $\alpha_1,\alpha_2,\cdots,\alpha_n$ 下的坐标，则 $\sigma(V_{\lambda_0})$ 等于 n 元齐次线性方程组 $(\lambda_0 I-A)\boldsymbol{X}=\boldsymbol{0}$ 的解空间，即矩阵 A 的属于特征值 λ_0 的特征子空间。于是

$$\begin{aligned}\dim(V_{\lambda_0}) &= n - \operatorname{rank}(\lambda_0 I - A)\\ &= n - \operatorname{rank}(\lambda_0\boldsymbol{I} - \boldsymbol{A}).\end{aligned} \tag{7}$$

由于域 F 上 n 级矩阵 A 可对角化当且仅当 A 的属于不同特征值的特征子空间的维数之和等于 n，因此从上面一段话得出：

推论 2　域 F 上 n 维线性空间 V 上的线性变换 $\boldsymbol{A}$ 可对角化当且仅当 $\boldsymbol{A}$ 的属于不同特征值的特征子空间的维数之和等于 n。■

据 8.2 节例 23 可得，域 F 上 n 级矩阵 A 可对角化当且仅当 F^n 等于 A 的属于不同特征值的特征子空间的直和，因此有：

推论 3　域 F 上 n 维线性空间 V 上的线性变换 $\boldsymbol{A}$ 可对角化当且仅当下式成立：

$$V = V_{\lambda_1} \oplus V_{\lambda_2} \oplus \cdots \oplus V_{\lambda_s}, \tag{8}$$

其中 $\lambda_1,\lambda_2,\cdots,\lambda_s$ 是 $\boldsymbol{A}$ 的全部不同的特征值。■

由于 n 维线性空间 V 上线性变换 $\boldsymbol{A}$ 在 V 的不同基下的矩阵是相似的，而相似的矩阵有相等的特征多项式，因此我们把 $\boldsymbol{A}$ 在 V 的一个基下的矩阵 A 的特征多项式称为线性变换 $\boldsymbol{A}$ 的**特征多项式**。设 λ_1 是 $\boldsymbol{A}$ 的一个特征值，把 λ_1 作为 $\boldsymbol{A}$ 的特征多项式的根的重数叫做 λ_1 的**代数重数**(简称为重数)，把 $\boldsymbol{A}$ 的属于特征值 λ_1 的特征子空间 V_{λ_1} 的维数叫做 λ_1 的**几何重数**。据《高等代数学习指导书(上册)》5.5 节命题 2 可得，域 F 上 n 级矩阵 A 的特征值 λ_1 的几何重数不超过它的代数重数。因此域 F 上 n 维线性空间 V 上的线性变换 $\boldsymbol{A}$ 的特征值 λ_1 的几何重数不超过它的代数重数。

据推论 3 和定理 1 得：

域 F 上 n 维线性空间 V 上的线性变换 $\boldsymbol{A}$ 可对角化

$\Leftrightarrow$ $V=V_{\lambda_1}\oplus V_{\lambda_2}\oplus\cdots\oplus V_{\lambda_s}$,其中 $\lambda_1,\lambda_2,\cdots,\lambda_s$ 是 $\boldsymbol{A}$ 的全部不同的特征值

$\Leftrightarrow$ V_{λ_1} 中取一个基 $\xi_{11},\cdots,\xi_{1r_1}$,$V_{\lambda_2}$ 中取一个基 $\xi_{21},\cdots,\xi_{2r_2}$,$\cdots$,$V_{\lambda_s}$ 中取一个基 $\xi_{s1},\cdots,\xi_{sr_s}$,它们合起来是 V 的一个基,其中 $\lambda_1,\lambda_2,\cdots,\lambda_s$ 是 $\boldsymbol{A}$ 的全部不同的特征值,此时 $\boldsymbol{A}$ 在 V 的这个基下的矩阵为

$$\begin{pmatrix} \lambda_1 & & & & & & & & 0 \\ & \ddots & & & & & & & \\ & & \lambda_1 & & & & & & \\ & & & \lambda_2 & & & & & \\ & & & & \ddots & & & & \\ & & & & & \lambda_2 & & & \\ & & & & & & \ddots & & \\ & & & & & & & \lambda_s & \\ 0 & & & & & & & \ddots & \\ & & & & & & & & \lambda_s \end{pmatrix} \begin{matrix} \}r_1 \\ \\ \}r_2. \\ \\ \}r_s \end{matrix} \tag{9}$$

因此 $\boldsymbol{A}$ 可对角化当且仅当 $\boldsymbol{A}$ 的标准形为对角矩阵,其主对角线上的元素是 $\boldsymbol{A}$ 的全部特征值,且每个特征值 λ_i 出现的次数等于它的几何重数 r_i。于是当 $\boldsymbol{A}$ 可对角化时,$\boldsymbol{A}$ 的特征多项式为

$$(\lambda-\lambda_1)^{r_1}(\lambda-\lambda_2)^{r_2}\cdots(\lambda-\lambda_s)^{r_s}, \tag{10}$$

且 λ_i 的代数重数等于它的几何重数 r_i,$i=1,2,\cdots,s$。反之,如果 $\boldsymbol{A}$ 的特征多项式在 $F[\lambda]$ 中能分解成一次因式的方幂的乘积:

$$(\lambda-\lambda_1)^{l_1}(\lambda-\lambda_2)^{l_2}\cdots(\lambda-\lambda_s)^{l_s}, \tag{11}$$

其中 $\lambda_1,\lambda_2,\cdots,\lambda_s$ 两两不等,并且 $\boldsymbol{A}$ 的每个特征值 λ_i 的代数重数 l_i 等于它的几何重数,那么据推论 2 得,$\boldsymbol{A}$ 可对角化。于是我们证明了下述结论:

命题 1 域 F 上 n 维线性空间 V 上的线性变换 $\boldsymbol{A}$ 可对角化当且仅当 $\boldsymbol{A}$ 的特征多项式在 $F[\lambda]$ 中可分解成

$$(\lambda-\lambda_1)^{l_1}(\lambda-\lambda_2)^{l_2}\cdots(\lambda-\lambda_s)^{l_s}, \tag{12}$$

其中 $\lambda_1,\lambda_2,\cdots,\lambda_s$ 两两不等,且 $\boldsymbol{A}$ 的每个特征值 λ_i 的几何重数等于它的代数重数,$i=1,2,\cdots,s$。 ■

定理 1、推论 1、推论 2、推论 3、命题 1 给出了域 F 上 n 维线性空间 V 上的线性变换 $\boldsymbol{A}$ 可对角化的 5 个充分必要条件,在 9.7 节我们将给出 $\boldsymbol{A}$ 可对角化的第 6 个充分必要条件。希望读者熟练掌握这 6 个充分必要条件。

三、特征值在实际问题中的应用

线性变换与矩阵的特征值和特征向量不仅在研究线性变换与矩阵的可对角化问题中起着关键作用,而且在概率统计、随机过程、振动、机械压力、电子系统、量子力学、化学反应、遗传学、经济学等领域中起着重要作用。下面举一些特征值应用在实际问题中的例子。

美国在1940年建造的塔科马(Tacoma)海峡桥,一开始这座桥有小的波动。许多人好奇地在这座移动的桥上驾驶汽车,大约4个月后,振动变得更大。最后这座桥坠落到水中,对于这座桥倒塌的解释是:由于风的频率太接近这座桥的固有频率引起的振动。而这座桥的固有频率是桥的建模系统的绝对值最小的特征值。这就是特征值对于工程师分析建筑物的结构时非常重要的原因。

用各种乐器演奏乐曲时,需要调音,使它们的频率相匹配,这是我们所听到的音乐的频率。虽然音乐家为了更好地演奏他们的乐器并不学习特征值,但是学习特征值能够解释为什么某种声音使耳朵感到舒适,而其他声音是"降半音的"或"升半音的"。当两个人在和声地唱歌时,一个人的嗓音的频率是另一个人的常数倍,这是使人舒适的声音。特征值可以用于音乐的许多方面,从乐器的最初设计到演奏时的调音与和声,甚至连音乐厅的每一个座位如何接收到高品质的声音也被研究。

小汽车的设计者研究特征值是为了抑制噪声使得有一个安静的乘坐环境。特征值分析也用于小汽车的立体声系统的设计,使收听广播的声音对于司机和乘客都感到舒适,并且减少由于声音太大的音乐引起的汽车的颤动。

特征值也可用于检查固体的裂缝或缺陷,当一根梁被撞击,它的固有频率(特征值)能够被听到。如果这根梁有回响声,那么它没有裂缝。如果声音迟钝,那么这根梁有裂缝。因为裂缝或缺陷会引起特征值变化。灵敏的仪器能被用于更精确地"看见"和"听到"特征值。

石油公司把特征值分析用于勘探采掘石油的地点。石油、泥土和其他物质都会引起线性系统,它们有不同的特征值。于是分析特征值能够对查找石油储藏的地点给出一个好的预测。石油公司把探测器放在场地四周,检测来自用于使地面振动的巨大卡车的波,当波穿过地下不同的物质时会发生变化,分析这些波可以给石油公司指出可能的钻孔地点。

用收音机收听广播时,要改变谐振频率直到它与正在广播的频率相匹配。工程师在设计收音机时要利用特征值。

特征值在经济学领域中也有许多应用,读者可以参看有关的书籍。例如,在研究进口总额与国内总产值、存储量、总消费量之间的依赖关系时,首先收集数据,然后建立线性回归分析模型,对参数进行估计。一种估计方法是主成分估计,它基于特征值和特征向量。在一定条件下主成分估计比最小二乘估计有较小的均方误差。

9.4.2 典型例题

例 1 设 V 是数域 K 上 3 维线性空间,$\boldsymbol{A}$ 是 V 上的一个线性变换,它在 V 的一个基 $\alpha_1,\alpha_2,\alpha_3$ 下的矩阵 A 为

$$A=\begin{pmatrix}2 & -2 & 2\\ -2 & -1 & 4\\ 2 & 4 & -1\end{pmatrix}.$$

求 $\boldsymbol{A}$ 的全部特征值和特征向量;$\boldsymbol{A}$ 是否可对角化? 如果 $\boldsymbol{A}$ 可对角化,求 $\boldsymbol{A}$ 的标准形。

解 A 的特征多项式为

$$|\lambda I-A|=\begin{vmatrix}\lambda-2 & 2 & -2\\ 2 & \lambda+1 & -4\\ -2 & -4 & \lambda+1\end{vmatrix}=(\lambda-3)^2(\lambda+6).$$

于是 $\boldsymbol{A}$ 的全部特征值是 3(二重),-6。

对于特征值 3,解齐次线性方程组$(3I-A)\boldsymbol{x}=\boldsymbol{0}$,得到一个基础解系:

$$\begin{pmatrix}-2\\ 1\\ 0\end{pmatrix},\qquad \begin{pmatrix}2\\ 0\\ 1\end{pmatrix}.$$

于是 $\boldsymbol{A}$ 的属于特征值 3 的全部特征向量是

$$\{k_1(-2\alpha_1+\alpha_2)+k_2(2\alpha_1+\alpha_3)\mid k_1,k_2\in K,\text{且 } k_1,k_2 \text{ 不全为 } 0\}.$$

对于特征值-6,求出$(-6I-A)\boldsymbol{x}=\boldsymbol{0}$ 的一个基础解系:

$$\begin{pmatrix}1\\ 2\\ -2\end{pmatrix}.$$

于是 $\boldsymbol{A}$ 的属于特征值-6 的全部特征向量是

$$\{k(\alpha_1+2\alpha_2-2\alpha_3)\mid k\in K,\text{且 } k\neq 0\}.$$

由于矩阵 A 的属于不同特征值的特征向量是线性无关的,因此线性变换 $\boldsymbol{A}$ 的属于不同特征值的特征向量是线性无关的。从而 $\boldsymbol{A}$ 有 3 个线性无关的特征向量,于是 $\boldsymbol{A}$ 可对角化。$\boldsymbol{A}$ 的标准形为

$$\begin{pmatrix}3 & 0 & 0\\ 0 & 3 & 0\\ 0 & 0 & -6\end{pmatrix}.$$

例 2　在 $K[x]_n(n>1)$中，写出求导数 $\boldsymbol{D}$ 的特征多项式。

解　在 $K[x]_n$ 中取一个基 $1,x,x^2,\cdots,x^{n-1}$。求导数 $\boldsymbol{D}$ 在此基下的矩阵 D 为

$$D=\begin{pmatrix} 0 & 1 & 0 & \cdots & 0 \\ 0 & 0 & 2 & \cdots & 0 \\ 0 & 0 & 0 & \cdots & 0 \\ \vdots & \vdots & \vdots & & \vdots \\ 0 & 0 & 0 & \cdots & n-1 \\ 0 & 0 & 0 & \cdots & 0 \end{pmatrix}.$$

于是$|\lambda I-D|=\lambda^n$。从而 $\boldsymbol{D}$ 的特征多项式为 λ^n。

例 3　设 $\boldsymbol{A}$ 是数域 K 上 4 维线性空间 V 上的一个线性变换，它在 V 的一个基 $\alpha_1,\alpha_2,\alpha_3,\alpha_4$ 下的矩阵 A 为

$$A=\begin{pmatrix} 1 & 0 & 0 & 0 \\ 0 & 0 & 0 & 0 \\ 1 & 0 & 0 & 0 \\ 0 & 0 & 0 & 1 \end{pmatrix}.$$

(1) 求 $\boldsymbol{A}$ 的全部特征值与特征向量；

(2) 求 V 的一个基，使得 $\boldsymbol{A}$ 在这个基下的矩阵为对角矩阵，并且写出这个对角矩阵。

解　(1)

$$|\lambda I-A|=\begin{vmatrix} \lambda-1 & 0 & 0 & 0 \\ 0 & \lambda & 0 & 0 \\ -1 & 0 & \lambda & 0 \\ 0 & 0 & 0 & \lambda-1 \end{vmatrix}=\lambda^2(\lambda-1)^2.$$

于是 $\boldsymbol{A}$ 的全部特征值是 0(二重)，1(二重)。

对于特征值 0，解齐次线性方程组$(-A)\boldsymbol{x}=\boldsymbol{0}$，求出一个基础解系：

$$\begin{pmatrix} 0 \\ 1 \\ 0 \\ 0 \end{pmatrix},\qquad \begin{pmatrix} 0 \\ 0 \\ 1 \\ 0 \end{pmatrix}.$$

于是 $\boldsymbol{A}$ 的属于特征值 0 的全部特征向量是

$$\{k_1\alpha_2+k_2\alpha_3 \mid k_1,k_2\in K,\text{且 } k_1,k_2 \text{ 不全为 } 0\}.$$

对于特征值 1，解齐次线性方程组$(I-A)\boldsymbol{x}=\boldsymbol{0}$，求出一个基础解系：

$$\begin{pmatrix}1\\0\\1\\0\end{pmatrix}, \qquad \begin{pmatrix}0\\0\\0\\1\end{pmatrix}.$$

于是 $\boldsymbol{A}$ 的属于特征值 1 的全部特征向量是

$$\{l_1(\alpha_1+\alpha_3)+l_2\alpha_4 \mid l_1,l_2\in K,\text{且 } l_1,l_2 \text{ 不全为 } 0\}.$$

(2) $\boldsymbol{A}$ 在 V 的一个基 $\alpha_2,\alpha_3,\alpha_1+\alpha_3,\alpha_4$ 下的矩阵为

$$\begin{pmatrix}0&0&0&0\\0&0&0&0\\0&0&1&0\\0&0&0&1\end{pmatrix}.$$

例 4 设 V 是域 F 上的线性空间(可以是无限维的),$\boldsymbol{A}$ 是 V 上的一个线性变换。证明:$\boldsymbol{A}$ 的属于不同特征值的特征向量是线性无关的。

证明 设 λ_1,λ_2 是 $\boldsymbol{A}$ 的不同的特征值,ξ_i 是 $\boldsymbol{A}$ 的属于特征值 λ_i 的一个特征向量,$i=1,2$。假设

$$k_1\xi_1+k_2\xi_2=0. \tag{13}$$

(13)式两边用 $\boldsymbol{A}$ 作用,得

$$k_1\boldsymbol{A}\xi_1+k_2\boldsymbol{A}\xi_2=0,$$

即

$$k_1\lambda_1\xi_1+k_2\lambda_2\xi_2=0. \tag{14}$$

又由于 $\lambda_1\neq\lambda_2$,因此不妨设 $\lambda_2\neq 0$。(13)式两边乘 λ_2 得

$$k_1\lambda_2\xi_1+k_2\lambda_2\xi_2=0. \tag{15}$$

(14)式减去(15)式,得

$$k_1(\lambda_1-\lambda_2)\xi_1=0. \tag{16}$$

由于 $\xi_1\neq 0,\lambda_1\neq\lambda_2$,因此 $k_1=0$。代入(13)式得 $k_2\xi_2=0$,从而 $k_2=0$。因此 ξ_1,ξ_2 线性无关。

用数学归纳法可以推广到:设 $\lambda_1,\lambda_2,\cdots,\lambda_s$ 是 $\boldsymbol{A}$ 的不同的特征值,ξ_i 是 $\boldsymbol{A}$ 的属于 λ_i 的一个特征向量,$i=1,2,\cdots,s$。则 $\xi_1,\xi_2,\cdots,\xi_s$ 线性无关。 ■

例 5 设 V 是域 F 上的线性空间(可以是无限维的),$\boldsymbol{A}$ 是 V 上的一个线性变换,λ_1,λ_2 是 $\boldsymbol{A}$ 的两个不同的特征值,ξ_i 是 $\boldsymbol{A}$ 的属于 λ_i 的一个特征向量,$i=1,2$。证明:$\xi_1+\xi_2$ 不是 $\boldsymbol{A}$ 的特征向量。

证明 假如 $\xi_1+\xi_2$ 是 $\boldsymbol{A}$ 的属于特征值 λ_3 的特征向量，则 $\boldsymbol{A}(\xi_1+\xi_2)=\lambda_3(\xi_1+\xi_2)$。又有

$$\boldsymbol{A}(\xi_1+\xi_2)=\boldsymbol{A}\xi_1+\boldsymbol{A}\xi_2=\lambda_1\xi_1+\lambda_2\xi_2.$$

于是

$$\lambda_3\xi_1+\lambda_3\xi_2=\lambda_1\xi_1+\lambda_2\xi_2.$$

从而

$$(\lambda_3-\lambda_1)\xi_1+(\lambda_3-\lambda_2)\xi_2=0.$$

据例4得，ξ_1,ξ_2 线性无关，因此从上式得

$$\lambda_3-\lambda_1=0,\lambda_3-\lambda_2=0.$$

由此得出，$\lambda_1=\lambda_3=\lambda_2$，矛盾。因此 $\xi_1+\xi_2$ 不是 $\boldsymbol{A}$ 的特征向量。 ■

例6 设 V 是域 F 上的线性空间(可以是无限维的)，$\boldsymbol{A}$ 是 V 上的一个线性变换。证明:如果 V 中每个非零向量都是 $\boldsymbol{A}$ 的特征向量，那么 $\boldsymbol{A}$ 是数乘变换。

证明 假如 $\boldsymbol{A}$ 有两个不同的特征值 λ_1,λ_2，设 ξ_i 是属于 λ_i 的一个特征向量，$i=1,2$，则 ξ_1,ξ_2 线性无关，且 $\xi_1+\xi_2$ 不是 $\boldsymbol{A}$ 的特征向量。由于 $\xi_1+\xi_2\neq0$，因此由已知条件得，$\xi_1+\xi_2$ 是 $\boldsymbol{A}$ 的特征向量，矛盾。所以 $\boldsymbol{A}$ 只有一个特征值 λ_1。由于对任意 $\alpha\in V$ 且 $\alpha\neq0$，有 $\boldsymbol{A}\alpha=\lambda_1\alpha$，且 $\boldsymbol{A}(0)=0=\lambda_1 0$，因此 $\boldsymbol{A}=\boldsymbol{\lambda}_1$。 ■

例7 设 V 是域 F 上的线性空间(可以是无限维的)，$\boldsymbol{A}$ 是 V 上的一个可逆的线性变换。证明:

(1) 0不是 $\boldsymbol{A}$ 的特征值；

(2) 如果 λ_0 是 $\boldsymbol{A}$ 的一个特征值，那么 λ_0^{-1} 是 $\boldsymbol{A}^{-1}$ 的一个特征值。

证明 (1) 假如0是 $\boldsymbol{A}$ 的一个特征值，则存在 $\xi\in V$，且 $\xi\neq0$，使得 $\boldsymbol{A}\xi=0\xi=0$。又有 $\boldsymbol{A}(0)=0$。于是 $\boldsymbol{A}$ 不是单射。这与 $\boldsymbol{A}$ 可逆矛盾。因此0不是 $\boldsymbol{A}$ 的特征值。

(2) 设 λ_0 是 $\boldsymbol{A}$ 的一个特征值，则有 $\xi\in V$，且 $\xi\neq0$，使得 $\boldsymbol{A}\xi=\lambda_0\xi$。两边用 $\boldsymbol{A}^{-1}$ 作用，得

$$\boldsymbol{A}^{-1}(\boldsymbol{A}\xi)=\boldsymbol{A}^{-1}(\lambda_0\xi).$$

从而 $\xi=\lambda_0\boldsymbol{A}^{-1}\xi$。由于 $\lambda_0\neq0$，因此 $\boldsymbol{A}^{-1}\xi=\lambda_0^{-1}\xi$，即 λ_0^{-1} 是 $\boldsymbol{A}^{-1}$ 的一个特征值。 ■

例8 设 $\boldsymbol{A}$ 是域 F 上线性空间 V(可以是无限维的)上的线性变换。证明:

(1) 如果 $\boldsymbol{A}$ 是幂零变换，那么 $\boldsymbol{A}$ 一定有特征值，且 $\boldsymbol{A}$ 的特征值是0；

(2) 如果 $\boldsymbol{A}$ 是幂等变换，那么 $\boldsymbol{A}$ 一定有特征值，且 $\boldsymbol{A}$ 的特征值是1或者0(1是域 F 的单位元)。

证明 (1)设 $\boldsymbol{A}$ 是幂零变换，其幂零指数为 l。设 λ_1 是 $\boldsymbol{A}$ 的一个特征值，则有 $\xi\in V$ 且 $\xi\neq0$，使得

$$\boldsymbol{A}\xi=\lambda_1\xi.$$

两边用 $\boldsymbol{A}$ 作用得，$\boldsymbol{A}^2\xi=\boldsymbol{A}(\lambda_1\xi)=\lambda_1\boldsymbol{A}\xi=\lambda_1^2\xi$。依此类推，可得 $\boldsymbol{A}^l\xi=\lambda_1^l\xi$，由于 $\boldsymbol{A}^l=\boldsymbol{0}$，因此

$\lambda_1^l\xi=0$。由于 $\xi\neq 0$,因此 $\lambda_1^l=0$。从而 $\lambda_1=0$。

由于 $\boldsymbol{A}$ 的幂零指数为 l,因此 $\boldsymbol{A}^{l-1}\neq\boldsymbol{0}$。从而存在 $\alpha\in V$ 使得 $\boldsymbol{A}^{l-1}\alpha\neq 0$,又由于 $\boldsymbol{A}^l=\boldsymbol{0}$,因此

$$\boldsymbol{A}(\boldsymbol{A}^{l-1}\alpha)=\boldsymbol{A}^l\alpha=0=0(\boldsymbol{A}^{l-1}\alpha).$$

这表明 0 是 $\boldsymbol{A}$ 的一个特征值。

(2) 设 $\boldsymbol{A}$ 是幂等变换,则据 9.2 节命题 3 得

$$V=\operatorname{Im}\boldsymbol{A}\oplus\operatorname{Ker}\boldsymbol{A},$$

且 $\boldsymbol{A}$ 是平行于 $\operatorname{Ker}\boldsymbol{A}$ 在 $\operatorname{Im}\boldsymbol{A}$ 上的投影。于是当 $\xi\in\operatorname{Im}\boldsymbol{A}$ 时,

$$\boldsymbol{A}\xi=\xi=1\xi.$$

从而当 $\operatorname{Im}\boldsymbol{A}\neq 0$ 时,1 是 $\boldsymbol{A}$ 的一个特征值。

当 $\xi\in\operatorname{Ker}\boldsymbol{A}$ 时,有 $\boldsymbol{A}\xi=0=0\xi$。从而当 $\operatorname{Ker}\boldsymbol{A}\neq 0$ 时,0 是 $\boldsymbol{A}$ 的一个特征值。

由于 $\operatorname{Im}\boldsymbol{A}$ 和 $\operatorname{Ker}\boldsymbol{A}$ 不可能同时为零子空间,因此 $\boldsymbol{A}$ 有特征值 1 或 0。

设 λ_0 是 $\boldsymbol{A}$ 的一个特征值,则存在 $\xi\in V$ 且 $\xi\neq 0$,使得

$$\boldsymbol{A}\xi=\lambda_0\xi.$$

两边用 $\boldsymbol{A}$ 作用得,$\boldsymbol{A}^2\xi=\lambda_0\boldsymbol{A}\xi=\lambda_0^2\xi$。从而 $\boldsymbol{A}\xi=\lambda_0^2\xi$。于是 $\lambda_0\xi=\lambda_0^2\xi$。因此$(\lambda_0^2-\lambda_0)\xi=0$。由此推出 $\lambda_0^2-\lambda_0=0$。从而 $\lambda_0=1$ 或 $\lambda_0=0$。于是 $\boldsymbol{A}$ 的特征值只可能是 1 或 0。 ■

例 9 设 V 和 V'都是域 F 上的线性空间(都可以是无限维的),设 $\boldsymbol{A}\in\operatorname{Hom}(V,V')$,$\boldsymbol{B}\in\operatorname{Hom}(V',V)$。证明:

(1) $\boldsymbol{AB}$ 与 $\boldsymbol{BA}$ 有相同的非零特征值;

(2) 如果 ξ 是 $\boldsymbol{AB}$ 的属于非零特征值 λ_0 的一个特征向量,那么 $\boldsymbol{B}\xi$ 是 $\boldsymbol{BA}$ 的属于特征值 λ_0 的一个特征向量。

证明 (1) 设 λ_0 是 $\boldsymbol{AB}$ 的一个非零特征值,则在 V'中存在 $\xi\neq 0$,使得$(\boldsymbol{AB})\xi=\lambda_0\xi$。两边用 $\boldsymbol{B}$ 作用,得

$$\boldsymbol{B}(\boldsymbol{AB})\xi=\boldsymbol{B}(\lambda_0\xi).$$

由此得出
$$(\boldsymbol{BA})(\boldsymbol{B}\xi)=\lambda_0(\boldsymbol{B}\xi).$$

假如 $\boldsymbol{B}\xi=0$,则 $\lambda_0\xi=\boldsymbol{A}(\boldsymbol{B}\xi)=\boldsymbol{A}(0)=0$。由于 $\xi\neq 0$,因此 $\lambda_0=0$。矛盾。所以 $\boldsymbol{B}\xi\neq 0$。于是 λ_0 是 $\boldsymbol{BA}$ 的一个特征值,$\boldsymbol{B}\xi$ 是 $\boldsymbol{BA}$ 的属于特征值 λ_0 的一个特征向量。由于 $\boldsymbol{A}$ 与 $\boldsymbol{B}$ 的地位对称,因此 $\boldsymbol{BA}$ 的每一个非零特征值也是 $\boldsymbol{AB}$ 的特征值。

(2) 第(1)小题的证明过程也同时证明了第(2)小题的结论。 ■

例 10 设 V 是域 F 上 n 维线性空间,$\boldsymbol{A}$ 是 V 上的一个线性变换。证明:

(1) 如果 $\boldsymbol{A}$ 是幂零指数 $l>1$ 的幂零变换,那么 $\boldsymbol{A}$ 不可对角化;

(2) 如果 $\boldsymbol{A}$ 是幂等变换,那么 $\boldsymbol{A}$ 可对角化,且写出它的标准形。

证明 (1) 由于 $\boldsymbol{A}$ 的幂零指数 $l>1$,因此 $\boldsymbol{A}\neq\boldsymbol{0}$。从而 $\text{Ker}\,\boldsymbol{A}\subsetneqq V$。据例 8 的第(1)小题,幂零变换 $\boldsymbol{A}$ 有特征值,且特征值是 0,于是 $\boldsymbol{A}$ 有且只有一个特征子空间 V_0。由于 $V_0=\text{Ker}(0\boldsymbol{I}-\boldsymbol{A})=\text{Ker}\,\boldsymbol{A}\subsetneqq V$,因此 $\dim V_0<n$。据推论 2 得,$\boldsymbol{A}$ 不可对角化。

(2) 设 $\boldsymbol{A}$ 是幂等变换,则 $V=\text{Im}\,\boldsymbol{A}\oplus\text{Ker}\,\boldsymbol{A}$,据例 8 的第(2)小题,$\boldsymbol{A}$ 有特征值,且 $\boldsymbol{A}$ 的特征值是 1 或 0;并且从证明过程看出,$\text{Im}\,\boldsymbol{A}\subseteq V_1$,$\text{Ker}\,\boldsymbol{A}\subseteq V_0$。显然 $V_0\subseteq\text{Ker}\,\boldsymbol{A}$。因此 $V_0=\text{Ker}\,\boldsymbol{A}$。易证 $V_1\subseteq\text{Im}\,\boldsymbol{A}$,因此 $V_1=\text{Im}\,\boldsymbol{A}$。从而 $V=V_1\oplus V_0$。据推论 3 得,$\boldsymbol{A}$ 可对角化。$\boldsymbol{A}$ 的标准形是

$$\begin{pmatrix} I_r & 0 \\ 0 & 0 \end{pmatrix}.$$

其中 $r=\dim V_1=\text{rank}\,(\boldsymbol{A})$。 ■

例 11 设 V 是域 F 上的 n 维线性空间($n>1$),$\boldsymbol{A}$ 是 V 上的一个线性变换,它在 V 的一个基 $\alpha_1,\alpha_2,\cdots,\alpha_n$ 下的矩阵 A 为

$$A=\begin{pmatrix} a & 1 & 0 & \cdots & 0 & 0 \\ 0 & a & 1 & \cdots & 0 & 0 \\ \vdots & \vdots & \vdots & & \vdots & \vdots \\ 0 & 0 & 0 & \cdots & a & 1 \\ 0 & 0 & 0 & \cdots & 0 & a \end{pmatrix}.$$

证明:$\boldsymbol{A}$ 不可对角化。

证法一 由于 $|\lambda I-A|=(\lambda-a)^n$,因此 A 的全部特征值是 a(n 重)。由于 $\text{rank}(aI-A)=n-1$,因此齐次线性方程组 $(aI-A)\boldsymbol{x}=\boldsymbol{0}$ 的解空间的维数等于 $n-(n-1)=1$。由于 $n>1$,因此 A 不可对角化,从而 $\boldsymbol{A}$ 不可对角化。 ■

证法二 定义 V 上的线性变换 $\boldsymbol{B}$,它满足

$$\boldsymbol{B}(\alpha_1,\alpha_2,\cdots,\alpha_n)=(\alpha_1,\alpha_2,\cdots,\alpha_n)\begin{pmatrix} 0 & 1 & 0 & \cdots & 0 & 0 \\ 0 & 0 & 1 & \cdots & 0 & 0 \\ \vdots & \vdots & \vdots & & \vdots & \vdots \\ 0 & 0 & 0 & \cdots & 0 & 1 \\ 0 & 0 & 0 & \cdots & 0 & 0 \end{pmatrix}.$$

等号右端的 n 级矩阵记作 B。

由于 $A=aI+B$,因此 $\boldsymbol{A}=a\boldsymbol{I}+\boldsymbol{B}$。假如 $\boldsymbol{A}$ 可对角化,则 V 中存在一个基 $\beta_1,\beta_2,\cdots,\beta_n$,使得 $\boldsymbol{A}$ 在此基下的矩阵为对角矩阵 D。于是 $\boldsymbol{B}$ 在此基下的矩阵为 $D-aI$ 仍为对角矩阵,从而 $\boldsymbol{B}$

可对角化。由于 $B^n=0, B^{n-1}\neq 0$，因此 B 是幂零指数为 n 的幂零矩阵。由于 $n>1$，因此据例 10 第(1)小题得，$\boldsymbol{B}$ 不可对角化。矛盾。所以 $\mathbf{A}$ 不可对角化。■

例 12　设 $\mathbf{A}$ 是数域 K 上 n 维线性空间 V 上的**对合变换**(即 $\mathbf{A}$ 满足 $\mathbf{A}^2=\mathbf{I}$)，证明：$\mathbf{A}$ 有特征值，且 $\mathbf{A}$ 的特征值是 1 或 -1。

证明　设 $\mathbf{A}$ 在 V 的一个基下的矩阵为 A，则从 $\mathbf{A}^2=\mathbf{I}$ 得出，$A^2=I$。即 A 是数域 K 上的对合矩阵。据《高等代数学习指导书(上册)》习题 5.5 的第 3 题得，A 有特征值，且 A 的特征值是 1 或 -1，从而 $\mathbf{A}$ 有特征值，且 $\mathbf{A}$ 的特征值是 1 或 -1。■

例 13　证明：数域 K 上 n 维线性空间 V 上的对合变换一定可对角化，且写出它的标准形。

证明　设 $\mathbf{A}$ 在 V 的一个基下的矩阵为 A，则 A 为对合矩阵，据《高等代数学习指导书(上册)》习题 5.6 的第 3 题，A 可对角化，且 A 的相似标准形为

$$\begin{pmatrix} I_r & 0 \\ 0 & -I_{n-r} \end{pmatrix},$$

其中 $r=\text{rank}(I+A)$。因此 $\mathbf{A}$ 可对角化，且 $\mathbf{A}$ 的标准形如上述所示，其中 $r=\text{rank}(\mathbf{I}+\mathbf{A})$。

■

例 14　设 $\mathbf{A}$ 是域 F 上线性空间 V 上的线性变换，如果存在正整数 m，使得 $\mathbf{A}^m=\mathbf{I}$，那么称 $\mathbf{A}$ 是**周期变换**；使得 $\mathbf{A}^m=\mathbf{I}$ 成立的最小正整数 m 称为 $\mathbf{A}$ 的周期。证明：复数域上 n 维线性空间 V 上的周期为 m 的周期变换的特征值都是 m 次单位根。

证明　设 $\mathbf{A}$ 在 V 的一个基下的矩阵为 A，则 A 是周期为 m 的周期矩阵。据《高等代数学习指导书(上册)》习题 5.5 的第 4 题，A 的特征值都是 m 次单位根。从而 $\mathbf{A}$ 的特征值都是 m 次单位根。■

点评　在例 8 的第(2)小题和例 10 的第(2)小题讨论幂等变换 $\mathbf{A}$ 的特征值和可对角化问题时，采用的是几何方法。因为幂等变换有明显的几何意义：幂等变换是投影，所以用几何方法较简便，尽管对于有限维线性空间上的幂等变换，也可采用矩阵的方法，直接利用《高等代数学习指导书(上册)》5.5 节例 5 和 5.6 节例 1 关于幂等矩阵的结论，得出幂等变换的相应结论。在例 12、例 13、例 14 讨论对合变换和周期变换的问题时，采用的是矩阵的方法。

例 15　设 $\mathbf{A}$ 是数域 K 上 n 维线性空间 V 上的一个线性变换，任意给定 $g(x)\in K[x]$。证明：如果 $\lambda_1,\lambda_2,\cdots,\lambda_n$ 是 $\mathbf{A}$ 的特征多项式的全部复根(它们中可能有相同的)，那么 $g(\lambda_1)$，$g(\lambda_2),\cdots,g(\lambda_n)$ 是线性变换 $g(\mathbf{A})$ 的特征多项式的全部复根。从而若 λ_i 是 $\mathbf{A}$ 的 l_i 重特征值，那么 $g(\lambda_i)$ 是 $g(\mathbf{A})$ 的至少 l_i 重特征值。

证明 设$\boldsymbol{A}$在V的一个基下的矩阵是A，则$g(\boldsymbol{A})$在这个基下的矩阵是$g(A)$。据《高等代数学习指导书(上册)》习题5.5的第13题立即得出结论。■

例16 设$\boldsymbol{A}$是复数域上n维线性空间V上的一个线性变换($n>1$)，它在V的一个基$\alpha_1,\alpha_2,\cdots,\alpha_n$下的矩阵$A$是

$$A=\begin{bmatrix} 0 & 1 & 0 & \cdots & 0 & 0 \\ 0 & 0 & 1 & \cdots & 0 & 0 \\ \vdots & \vdots & \vdots & & \vdots & \vdots \\ 0 & 0 & 0 & \cdots & 0 & 1 \\ -a_0 & -a_1 & -a_2 & \cdots & -a_{n-2} & -a_{n-1} \end{bmatrix}, \tag{17}$$

称它是Frobenins矩阵。求$\boldsymbol{A}$的特征多项式和属于特征值λ_i的全部特征向量($i=1,2,\cdots,n$)；$\boldsymbol{A}$是否可对角化？

解 据《高等代数学习指导书(上册)》2.4节例5得

$$|\lambda I-A|=\lambda^n+a_{n-1}\lambda^{n-1}+\cdots+a_1\lambda+a_0.$$

设$\lambda_1,\lambda_2,\cdots,\lambda_n$是$|\lambda I-A|$的全部复根(它们中可能有相同的)。在《高等代数学习指导书(上册)》5.5节例14中已求出A的属于特征值λ_i的全部特征向量是

$$\{k(1,\lambda_i,\lambda_i^2,\cdots,\lambda_i^{n-1})'\mid k\in\mathbf{C},且\ k\neq 0\}.$$

从而$\boldsymbol{A}$的属于特征值λ_i的全部特征向量是

$$\{k(\alpha_1+\lambda_i\alpha_2+\lambda_i^2\alpha_3+\cdots+\lambda_i^{n-1}\alpha_n)\mid k\in\mathbf{C},且\ k\neq 0\}. \tag{18}$$

据《高等代数学习指导书(上册)》5.6节例7，当$\lambda_1,\lambda_2,\cdots,\lambda_n$两两不等时，$A$可对角化，从而$\boldsymbol{A}$可对角化；当$\lambda_1,\lambda_2,\cdots,\lambda_n$中有相等的值时，$A$不可对角化，从而$\boldsymbol{A}$不可对角化。

例17 设$\boldsymbol{A}$是数域K上n维线性空间V上的一个线性变换。证明：

(1) $\boldsymbol{A}$的特征多项式的所有复根的和等于$\mathrm{tr}(\boldsymbol{A})$；

(2) $\boldsymbol{A}$的特征多项式的所有复根的乘积等于$\det(\boldsymbol{A})$。

证明 设$\boldsymbol{A}$在V的一个基下的矩阵是A，则$|\lambda I-A|$是$\boldsymbol{A}$的特征多项式。据7.6节例16立即得到结论。■

例18 设$\boldsymbol{A}$是复数域上n维线性空间$V(n>1)$上的一个线性变换，它在V的一个基$\alpha_1,\alpha_2,\cdots,\alpha_n$下的矩阵是$A$。定义$V$上的一个线性变换$\boldsymbol{B}$，使得它在$V$的基$\alpha_1,\alpha_2,\cdots,\alpha_n$下的矩阵为$A^*$($A$的伴随矩阵)。设$\lambda_1,\lambda_2,\cdots,\lambda_n$是$\boldsymbol{A}$的全部特征值，求$\boldsymbol{B}$的全部特征值。

解 $\boldsymbol{B}$的全部特征值就是A^*的全部特征值。

情形1 $\boldsymbol{A}$可逆，此时$A^*=|A|A^{-1}$。由于$\lambda_1,\lambda_2,\cdots,\lambda_n$是$A$的全部特征值，因此$\lambda_1^{-1},\lambda_2^{-1},\cdots,\lambda_n^{-1}$是$A^{-1}$的全部特征值。从而$A^*$的全部特征值是$|A|\lambda_1^{-1},|A|\lambda_2^{-1},\cdots,|A|\lambda_n^{-1}$。

据例 17 得,$|A|=\lambda_1\lambda_2\cdots\lambda_n$。因此 A^* 的全部特征值是

$$\lambda_2\lambda_3\cdots\lambda_n,\qquad \lambda_1\lambda_3\cdots\lambda_n,\qquad \cdots,\qquad \lambda_1\lambda_2\cdots\lambda_{n-1}. \tag{19}$$

情形 2 $\boldsymbol{A}$ 不可逆,据《高等代数学习指导书(上册)》4.5 节例 7,当 $\operatorname{rank}(A)<n-1$ 时,$\operatorname{rank}(A^*)=0$,从而 $A^*=0$。于是 A^* 的全部特征值是 0(n 重)。当 $\operatorname{rank}(A)=n-1$ 时,$\operatorname{rank}(A^*)=1$。此时 0 是 A 的一个特征值。不妨设 $\lambda_n=0$。由于$(0I-A^*)\boldsymbol{X}=\boldsymbol{0}$ 的解空间的维数等于 $n-\operatorname{rank}(A^*)=n-1$,因此 0 是 A^* 的至少 $n-1$ 重特征值。设 μ 也是 A^* 的特征值,据例 17 得,$\mu=\operatorname{tr}(A^*)$。由于 $\operatorname{tr}(A^*)=A_{11}+A_{22}+\cdots+A_{nn}$,因此 μ 等于 A 的所有 $n-1$ 阶主子式的和。据《高等代数学习指导书(上册)》5.5 节命题 1 得,A 的特征多项式 $f(\lambda)$ 的一次项系数等于$(-1)^{n-1}$乘以 A 的所有 $n-1$ 阶主子式的和,又据 Vieta 公式得,$f(\lambda)$ 的一次项系数等于$(-1)^{n-1}\lambda_1\lambda_2\cdots\lambda_{n-1}$(注意 $\lambda_n=0$),因此 $\mu=\lambda_1\lambda_2\cdots\lambda_{n-1}$。于是 A^* 的全部特征是 $\lambda_1\lambda_2\cdots\lambda_{n-1}$,0(至少 $n-1$ 重)。

例 19 设 $\boldsymbol{A}$ 是数域 K 上 n 维线性空间 V 上的线性变换,它在 V 的一个基 $\alpha_1,\alpha_2,\cdots,\alpha_n$ 下的矩阵 A 为

$$A=\begin{pmatrix} 0 & & & & 1 \\ & & & 1 & \\ & & \iddots & & \\ & 1 & & & 0 \\ 1 & & & & \end{pmatrix}. \tag{20}$$

试问:$\boldsymbol{A}$ 是否可对角化?如果 $\boldsymbol{A}$ 可对角化,求 V 的一个基,使得 $\boldsymbol{A}$ 在此基下的矩阵为对角矩阵,且写出这个对角矩阵。

解 直接计算得,$A^2=I$。因此 $\boldsymbol{A}$ 是对合变换,从而 $\boldsymbol{A}$ 可对角化。

情形 1 $n=2m+1$。此时

$$I+A=\begin{pmatrix} 1 & & & & & & 1 \\ & 1 & & & & 1 & \\ & & \ddots & & \iddots & & \\ & & 1 & & 1 & & \\ & & & 2 & & & \\ & & 1 & & 1 & & \\ & & \iddots & & \ddots & & \\ & 1 & & & & 1 & \\ 1 & & & & & & 1 \end{pmatrix}. \tag{21}$$

从而 $\text{rank}(I+A)=m+1$。据例 13 得,A 的标准形为

$$D_1=\begin{pmatrix} I_{m+1} & 0 \\ 0 & -I_m \end{pmatrix}. \tag{22}$$

于是存在 $2m+1$ 级可逆矩阵 P_1,使得 $P_1^{-1}AP_1=D_1$,从而 $AP_1=P_1D$,设 $P_1=(x_{ij})$,则

$$\begin{pmatrix} x_{2m+1,1} & \cdots & x_{2m+1,m+1} & x_{2m+1,m+2} & \cdots & x_{2m+1,2m+1} \\ x_{2m,1} & \cdots & x_{2m,m+1} & x_{2m,m+2} & \cdots & x_{2m,2m+1} \\ \vdots & & \vdots & \vdots & & \vdots \\ x_{m+1,1} & \cdots & x_{m+1,m+1} & x_{m+1,m+2} & \cdots & x_{m+1,2m+1} \\ \vdots & & \vdots & \vdots & & \vdots \\ x_{21} & \cdots & x_{2,m+1} & x_{2,m+2} & \cdots & x_{2,2m+1} \\ x_{11} & \cdots & x_{1,m+1} & x_{1,m+2} & \cdots & x_{1,2m+1} \end{pmatrix}$$

$$=\begin{pmatrix} x_{11} & \cdots & x_{1,m+1} & -x_{1,m+2} & \cdots & -x_{1,2m+1} \\ x_{21} & \cdots & x_{2,m+1} & -x_{2,m+2} & \cdots & -x_{2,2m+1} \\ \vdots & & \vdots & \vdots & & \vdots \\ x_{m+1,1} & \cdots & x_{m+1,m+1} & -x_{m+1,m+2} & \cdots & -x_{m+1,2m+1} \\ \vdots & & \vdots & \vdots & & \vdots \\ x_{2m,1} & \cdots & x_{2m,m+1} & -x_{2m,m+2} & \cdots & -x_{2m,2m+1} \\ x_{2m+1,1} & \cdots & x_{2m+1,m+1} & -x_{2m+1,m+2} & \cdots & -x_{2m+1,2m+1} \end{pmatrix}.$$

由此得出

$$P_1=\begin{pmatrix} x_{11} & \cdots & x_{1,m+1} & x_{1,m+2} & \cdots & x_{1,2m+1} \\ x_{21} & \cdots & x_{2,m+1} & x_{2,m+2} & \cdots & x_{2,2m+1} \\ \vdots & & \vdots & \vdots & & \vdots \\ x_{m+1,1} & \cdots & x_{m+1,m+1} & 0 & \cdots & 0 \\ \vdots & & \vdots & \vdots & & \vdots \\ x_{21} & \cdots & x_{2,m+1} & -x_{2,m+2} & \cdots & -x_{2,2m+1} \\ x_{11} & \cdots & x_{1,m+1} & -x_{1,m+2} & \cdots & -x_{1,2m+1} \end{pmatrix}.$$

由于 P_1 可逆,因此可取

$$P_1=\begin{pmatrix}1 & & & & & & & & 1\\ & 1 & & & & & & 1 & \\ & & \ddots & & & & \iddots & & \\ & & & 1 & & 1 & & & \\ & & & & 1 & & & & \\ & & & 1 & & -1 & & & \\ & & \iddots & & & & \ddots & & \\ & 1 & & & & & & -1 & \\ 1 & & & & & & & & -1\end{pmatrix}. \tag{23}$$

于是 A 在 V 的基

$$\alpha_1+\alpha_{2m+1},\alpha_2+\alpha_{2m},\cdots,\alpha_m+\alpha_{m+2},\alpha_{m+1},\alpha_m-\alpha_{m+2},\cdots,\alpha_2-\alpha_{2m},\alpha_1-\alpha_{2m+1}$$

下的矩阵为上述对角矩阵 D_1。

情形 2 $n=2m$。此时

$$I+A=\begin{pmatrix}1 & & & & & & & 1\\ & 1 & & & & & 1 & \\ & & \ddots & & & \iddots & & \\ & & & 1 & 1 & & & \\ & & & 1 & 1 & & & \\ & & \iddots & & & \ddots & & \\ & 1 & & & & & 1 & \\ 1 & & & & & & & 1\end{pmatrix}. \tag{24}$$

于是 $\operatorname{rank}(I+A)=m$。从而 $\boldsymbol{A}$ 的标准形为

$$D_2=\begin{pmatrix}I_m & 0\\ 0 & -I_m\end{pmatrix}. \tag{25}$$

因此存在 $2m$ 级可逆矩阵 P_2,使得 $P_2^{-1}AP_2=D_2$。即 $AP_2=P_2D_2$ 类似于情形 1 的方法,经过计算,可取

$$P_2 = \begin{pmatrix} 1 & & & & & & & 1 \\ & 1 & & & & & 1 & \\ & & \ddots & & & \iddots & & \\ & & & 1 & 1 & & & \\ & & & 1 & -1 & & & \\ & & \iddots & & & \ddots & & \\ & 1 & & & & & -1 & \\ 1 & & & & & & & -1 \end{pmatrix}. \tag{26}$$

于是 $\mathbf{A}$ 在 V 的基

$$\alpha_1+\alpha_{2m},\alpha_2+\alpha_{2m-1},\cdots,\alpha_m+\alpha_{m+1},\alpha_m-\alpha_{m+1},\cdots,\alpha_2-\alpha_{2m-1},\alpha_1-\alpha_{2m}$$

下的矩阵为上述对角矩阵 D_2。

点评　例 19 由于先验证了 $A^2=I$，从而可利用例 13 的结论，很容易地写出了 $\mathbf{A}$ 的标准形，然后在已知 $\mathbf{A}$ 的标准形 D 的条件下，由 $P^{-1}AP=D$ 得出 $AP=PD$。由此求出 P 的形式。进而选取一个最简单的可逆矩阵 P。这样求可逆矩阵 P，思路很明确，很自然，对于 P 是什么样的矩阵不会感到来得突然。

例 20　设 V 是域 F 上的线性空间，W,U_1,U_2 都是 V 的子空间，且 $V=U_1\oplus W,V=U_2\oplus W$。用 $\mathbf{P}_i$ 表示平行于 W 在 U_i 上的投影，$i=1,2$。令 $\mathbf{A}=\mathbf{P}_2\mathbf{P}_1$。证明：

(1) $\mathbf{A}=\mathbf{P}_2$；

(2) 设 U_1 和 U_2 都是有限维的，则 $\mathbf{A}$ 把 U_1 的一个基映成 U_2 的一个基；

(3) 设 $\dim V=n$，则 V 中存在一个基，使得 $\mathbf{A}$ 在此基下的矩阵是对角矩阵，并且写出这个对角矩阵。

证明　(1) 任取 $\alpha\in V$，由于 $V=U_1\oplus W,V=U_2\oplus W$，因此

$$\alpha=\alpha_1+\delta_1,\qquad \alpha_1\in U_1,\qquad \delta_1\in W; \tag{27}$$

$$\alpha=\alpha_2+\delta_2,\qquad \alpha_2\in U_2,\qquad \delta_2\in W; \tag{28}$$

$$\alpha_1=\gamma_2+\beta,\qquad \gamma_2\in U_2,\qquad \beta\in W. \tag{29}$$

于是

$$\alpha=(\gamma_2+\beta)+\delta_1=\gamma_2+(\beta+\delta_1),\gamma_2\in U_2,\beta+\delta_1\in W. \tag{30}$$

由于 $V=U_2\oplus W$，因此从(28)和(30)式，得 $\alpha_2=\gamma_2$。从而有

$$\mathbf{P}_2(\alpha)=\mathbf{P}_2(\alpha_1)=\mathbf{P}_2(\mathbf{P}_1(\alpha))=(\mathbf{P}_2\mathbf{P}_1)(\alpha),\ \forall\,\alpha\in V.$$

由此得出，

$$\mathbf{P}_2=\mathbf{P}_2\mathbf{P}_1=\mathbf{A}.$$

(2) 在 U_1 中取一个基 $\eta_1,\eta_2,\cdots,\eta_s$。设

$$k_1\mathbf{P}_2(\eta_1)+k_2\mathbf{P}_2(\eta_2)+\cdots+k_s\mathbf{P}_2(\eta_s)=0, \tag{31}$$

则
$$\boldsymbol{P}_2(k_1\eta_1+k_2\eta_2+\cdots+k_s\eta_s)=0.$$
从而
$$k_1\eta_1+k_2\eta_2+\cdots+k_s\eta_s\in \operatorname{Ker}\boldsymbol{P}_2.$$
由于$V=U_2\oplus W$,因此据9.2节推论2得,$W=\operatorname{Ker}\boldsymbol{P}_2$。
于是 $k_1\eta_1+k_2\eta_2+\cdots+k_s\eta_s\in W$,又$k_1\eta_1+k_2\eta_2+\cdots+k_s\eta_s\in U_1$,由于$V=U_1\oplus W$,因此$U_1\cap W=0$。从而
$$k_1\eta_1+k_2\eta_2+\cdots+k_s\eta_s=0.$$
由于$\eta_1,\eta_2,\cdots,\eta_s$线性无关,因此
$$k_1=k_2=\cdots=k_s=0.$$
从而$\boldsymbol{P}_2(\eta_1),\boldsymbol{P}_2(\eta_2),\cdots,\boldsymbol{P}_2(\eta_s)$线性无关。

由于$V=U_1\oplus W$,$V=U_2\oplus W$,因此据8.4节典型例题的例1得,$U_1\cong V/W$,$U_2\cong V/W$。从而$U_1\cong U_2$。因此$\dim U_2=\dim U_1=s$,于是$\boldsymbol{P}_2(\eta_1),\boldsymbol{P}_2(\eta_2),\cdots,\boldsymbol{P}_2(\eta_s)$是$U_2$的一个基,由于$\boldsymbol{P}_2=\boldsymbol{A}$,因此$\boldsymbol{A}$把$U_1$的一个基$\eta_1,\eta_2,\cdots,\eta_s$映成$U_2$的一个基$\boldsymbol{A}(\eta_1),\boldsymbol{A}(\eta_2),\cdots,\boldsymbol{A}(\eta_s)$。

(3) 在U_2中取一个基$\beta_1,\beta_2,\cdots,\beta_s$,在$W$中取一个基$\delta_1,\delta_2,\cdots,\delta_t$,由于$V=U_2\oplus W$,因此
$$\beta_1,\beta_2,\cdots,\beta_s,\delta_1,\delta_2,\cdots,\delta_t$$
是V的一个基。由于
$$\boldsymbol{P}_2(\beta_i)=\beta_i,i=1,2,\cdots,s;$$
$$\boldsymbol{P}_2(\delta_i)=0,i=1,2,\cdots,t,$$
因此$\boldsymbol{P}_2$在V的一个基$\beta_1,\beta_2,\cdots,\beta_s,\delta_1,\delta_2,\cdots,\delta_t$下的矩阵为
$$D=\begin{pmatrix}I_s & 0\\ 0 & 0\end{pmatrix},\tag{32}$$
其中$s=\dim U_2=n-\dim W=n-\dim(\operatorname{Ker}\boldsymbol{P}_2)=\dim(\operatorname{Im}\boldsymbol{P}_2)=\operatorname{rank}(\boldsymbol{P}_2)$.

由于$\boldsymbol{A}=\boldsymbol{P}_2$,因此$\boldsymbol{A}$在$V$的上述基下的矩阵为对角矩阵$D$。 ■

点评 例20的证明关键是去证$\boldsymbol{P}_2\boldsymbol{P}_1=\boldsymbol{P}_2$。这时$V,W,U_1,U_2$都可以是无限维的。第(2)小题才需要假设$U_1,U_2$是有限维的。此时$V$仍可以是无限维的。第(3)小题才需要假设$V$是有限维的。

例21 设$f(x)=x^n+a_{n-1}x^{n-1}+\cdots+a_1x+a_0$是有理数域$\mathbf{Q}$上的一个不可约多项式,$n>1$,$\omega_0$是$f(x)$的一个复根。把$\mathbf{C}$看成$\mathbf{Q}$上的线性空间,令
$$\begin{aligned}\boldsymbol{B}:\mathbf{Q}[x]&\longrightarrow \mathbf{C}\\ g(x)&\longmapsto g(\omega_0).\end{aligned}$$

(1) $\boldsymbol{B}$ 是不是 $\mathbf{Q}$ 上线性空间 $\mathbf{Q}[x]$ 到 $\mathbf{C}$ 的一个线性映射？如果是，求 $\operatorname{Im}\boldsymbol{B}$ 的一个基和维数；

(2) 令 $\boldsymbol{A}(z)=\omega_0 z,\forall z\in\operatorname{Im}\boldsymbol{B}$，$\boldsymbol{A}$ 是不是 $\operatorname{Im}\boldsymbol{B}$ 上的一个线性变换？如果是，求 $\boldsymbol{A}$ 在第(1)小题中求出的 $\operatorname{Im}\boldsymbol{B}$ 的一个基下的矩阵 A；

(3) $\boldsymbol{A}$ 是否可对角化？

(4) 把 A 看成复数域上的矩阵，A 是否可对角化？

解 (1) 任取 $g_1(x),g_2(x)\in\mathbf{Q}[x],k\in\mathbf{Q}$，有

$$\begin{aligned}\boldsymbol{B}(g_1(x)+g_2(x))&=(g_1+g_2)(\omega_0)\\&=g_1(\omega_0)+g_2(\omega_0)\\&=\boldsymbol{B}(g_1(x))+\boldsymbol{B}(g_2(x)),\\ \boldsymbol{B}(kg_1(x))&=kg_1(\omega_0)=k\boldsymbol{B}(g_1(x)).\end{aligned}$$

因此 $\boldsymbol{B}$ 是 $\mathbf{Q}$ 上线性空间 $\mathbf{Q}[x]$ 到 $\mathbf{C}$ 的一个线性映射。

任取 $\operatorname{Im}\boldsymbol{B}$ 中一个元素 u，于是存在 $g(x)\in\mathbf{Q}[x]$，使得 $u=\boldsymbol{B}(g(x))=g(\omega_0)$。对 $g(x),f(x)$ 作带余除法，得

$$g(x)=h(x)f(x)+r(x),\deg r(x)<\deg f(x)=n. \tag{33}$$

设 $r(x)=c_0+c_1x+\cdots+c_{n-1}x^{n-1}\in\mathbf{Q}[x]$，$x$ 用 ω_0 代入，从(33)式得

$$u=g(\omega_0)=r(\omega_0)=c_0+c_1\omega_0+\cdots+c_{n-1}\omega_0^{n-1}, \tag{34}$$

因此 u 可以由 $1,\omega_0,\omega_0^2,\cdots,\omega_0^{n-1}$ 线性表出。设

$$k_0+k_1\omega_0+\cdots+k_{n-1}\omega_0^{n-1}=0. \tag{35}$$

假如有理数 $k_0,k_1,\cdots,k_{n-1}$ 不全为 0，令 $q(x)=k_0+k_1x+\cdots+k_{n-1}x^{n-1}$，则 $q(x)\in\mathbf{Q}[x]$，且 $q(x)\neq 0$。由(35)式得 $q(\omega_0)=0$。于是 $q(x)$ 与 $f(x)$ 有公共复根 ω_0。从而在 $\mathbf{C}[x]$ 中，$q(x)$ 与 $f(x)$ 有公因式 $x-\omega_0$，因此 $q(x)$ 与 $f(x)$ 在 $\mathbf{C}[x]$ 中不互素。由于互素性不随数域的扩大而改变，因此 $q(x)$ 与 $f(x)$ 在 $\mathbf{Q}[x]$ 中也不互素。又由于 $f(x)$ 不可约，因此 $f(x)\mid q(x)$。由此推出 $\deg f(x)\leqslant\deg q(x)\leqslant n-1$，矛盾。所以 $k_0,k_1,\cdots,k_{n-1}$ 全为 0。从而 $1,\omega_0,\omega_0^2,\cdots,\omega_0^{n-1}$ 线性无关。

综上所述，$1,\omega_0,\omega_0^2,\cdots,\omega_0^{n-1}$ 是 $\operatorname{Im}\boldsymbol{B}$ 的一个基，从而 $\dim(\operatorname{Im}\boldsymbol{B})=n$。

(2) 直接验证知道，$\boldsymbol{A}$ 是 $\mathbf{Q}$ 上线性空间 $\operatorname{Im}\boldsymbol{B}$ 上的一个线性变换。由于

$$\begin{gathered}\boldsymbol{A}(1)=\omega_0\cdot 1=\omega_0,\boldsymbol{A}(\omega_0)=\omega_0\omega_0=\omega_0^2,\cdots,\\ \boldsymbol{A}(\omega_0^{n-2})=\omega_0\omega_0^{n-2}=\omega_0^{n-1},\\ \boldsymbol{A}(\omega_0^{n-1})=\omega_0\omega_0^{n-1}=\omega_0^n=-a_0-a_1\omega_0-\cdots-a_{n-1}\omega_0^{n-1},\end{gathered}$$

因此 $\boldsymbol{A}$ 在 $\operatorname{Im}\boldsymbol{B}$ 的基 $1,\omega_0,\omega_0^2,\cdots,\omega_0^{n-1}$ 下的矩阵 A 为

$$A=\begin{pmatrix}0&0&\cdots&0&-a_0\\1&0&\cdots&0&-a_1\\0&1&\cdots&0&-a_2\\0&0&\cdots&0&-a_3\\\vdots&\vdots&&\vdots&\vdots\\0&0&\cdots&1&-a_{n-1}\end{pmatrix}.$$

(3) 据本节例 16 得

$$|\lambda I-A|=|\lambda I-A'|=\lambda^n+a_{n-1}\lambda^{n-1}+\cdots+a_1\lambda+a_0=f(\lambda).$$

由于 $f(\lambda)$在 **Q** 上不可约,且 $n>1$,因此 $f(\lambda)$在 **Q** 中没有根。从而 **A** 没有特征值,于是 **A** 不可对角化。

(4) 把 A 看成复矩阵,$|\lambda I-A|=f(\lambda)$。由于 $f(\lambda)$在 $\mathbf{Q}[\lambda]$中没有重因式,因此 $f(\lambda)$在 $\mathbf{C}[\lambda]$中也没有重因式。从而 $f(\lambda)$的 n 个复根 $\lambda_1,\lambda_2,\cdots,\lambda_n$ 两两不等,据例 16 得,复矩阵 A 可对角化。

点评 例 21 给出了线性变换 **A** 的一个具体例子,它的矩阵表示为例 16 中所说的 Frobenius 矩阵。例 21 还表明:**Q** 上线性空间 Im ***B*** 上的线性变换 **A** 不可对角化,**A** 的矩阵表示 A 作为 **Q** 上矩阵也不可对角化,但是把 A 看成复矩阵却可对角化。这说明:一个矩阵是否可对角化,是与把它看成哪个数域上的矩阵有关系的。

习题 9.4

1. 设 V 是数域 K 上的 3 维线性空间,**A** 是 V 上的一个线性变换,它在 V 的一个基 α_1,α_2,α_3 下的矩阵为 A,求 **A** 的全部特征值和特征向量;**A** 是否可对角化?如果 **A** 可对角化,写出 **A** 的标准形,并且指出 **A** 在 V 的哪个基下的矩阵是这个标准形。

(1) $A=\begin{pmatrix}2&2&-2\\2&5&-4\\-2&-4&5\end{pmatrix}$; (2) $A=\begin{pmatrix}2&3&2\\1&8&2\\-2&-14&-3\end{pmatrix}$。

2. 设 V 是域 F 上的线性空间(可以是无限维的),**A** 是 V 上的一个线性变换,$\lambda_1,\lambda_2,\cdots,\lambda_s$ 是 **A** 的不同的特征值,$\xi_{i1},\xi_{i2},\cdots,\xi_{ir_i}$ 是 **A** 的属于特征值 λ_i 的线性无关的特征向量组,证明:特征向量组

$$\xi_{11},\xi_{12},\cdots,\xi_{1r_1},\xi_{21},\cdots,\xi_{2r_2},\cdots,\xi_{s1},\cdots,\xi_{sr_s}$$

仍然线性无关。

3. 令 $\mathbf{A}: K[x]_n \longrightarrow K[x]_{n+1}$

$$f(x) \longmapsto xf(x).$$

把求导数 $\boldsymbol{D}$ 看成 $K[x]_{n+1}$ 到 $K[x]_n$ 的线性映射。试问：

(1) $\boldsymbol{DA}$ 是不是 $K[x]_n$ 上的一个线性变换？如果是，求 $\boldsymbol{DA}$ 的全部特征值；

(2) $\boldsymbol{AD}$ 是不是 $K[x]_{n+1}$ 上的一个线性变换？如果是，求 $\boldsymbol{AD}$ 的全部特征值。

4. 设 $f(x)=x^3+a_1x+a_0$ 是 $\mathbf{Q}$ 上的不可约多项式，ω_0 是 $f(x)$ 的一个复根，$\boldsymbol{B}$ 的定义与例 21 中的 $\boldsymbol{B}$ 一样。令 $\boldsymbol{A}(z)=f'(\omega_0)z$，$\forall z\in \mathrm{Im}(\boldsymbol{B})$，求 $\mathrm{Im}(\boldsymbol{B})$ 上的线性变换 $\boldsymbol{A}$ 在 $\mathrm{Im}\,\boldsymbol{B}$ 的基 $1,\omega_0,\omega_0^2$ 下的矩阵 A；把 A 看成复矩阵，A 是否可对角化？

5. 设 $f(x)$ 是数域 K 上的一个 $n-1$ 次多项式，$f(x)=a_0+a_1x+\cdots+a_{n-1}x^{n-1}$。

(1) 求 $\langle f(x)\rangle$ 在 $K[x]_n$ 中的一个补空间 U；

(2) 用 $\boldsymbol{P}_U$ 表示平行于 $\langle f(x)\rangle$ 在 U 上的投影，在 $K[x]_n$ 中选取一个基，使得 $\boldsymbol{P}_U$ 在此基下的矩阵为对角矩阵。

6. n 级复矩阵

$$A=\begin{pmatrix} 0 & a & 0 & \cdots & 0 & 0 \\ 0 & 0 & a & \cdots & 0 & 0 \\ \vdots & \vdots & \vdots & & \vdots & \vdots \\ 0 & 0 & 0 & \cdots & 0 & a \\ a & 0 & 0 & \cdots & 0 & 0 \end{pmatrix}$$

是否可对角化？如果 A 可对角化，写出它的相似标准形。

7. 设 A 是复数域上的 n 级循环矩阵，它的第一行为 $(a_1,a_2\cdots,a_n)$，求 $|A|$。

8. 求下述线性变换的全部特征值和特征向量：

(1) 实数域 $\mathbf{R}$ 上的线性空间 $M_n(\mathbf{R})$ 上的线性变换 $\boldsymbol{A}: X\longmapsto X'$；

(2) 实数域 $\mathbf{R}$ 上的线性空间 $\mathbf{R}[x]_n$ 上的线性变换 $\boldsymbol{B}: f(x)\longmapsto xf'(x)$；

(3) 实数域 $\mathbf{R}$ 上的线性空间 $\mathbf{R}[x]_n$ 上的线性变换 $\boldsymbol{C}: f(x)\longmapsto \dfrac{1}{x}\displaystyle\int_0^x f(t)\,\mathrm{d}t$.

9. 设 V 是复数域上的 n 维线性空间，$\boldsymbol{A}$ 是 V 上的一个线性变换，$\lambda_1,\cdots,\lambda_n$ 是 $\boldsymbol{A}$ 的全部特征值。V 可以看成是实数域上的 $2n$ 维线性空间(见 8.1 节例 39 的点评)，$\boldsymbol{A}$ 可以作为实数域上的线性空间 V 上的线性变换，求 $\boldsymbol{A}$ 的特征多项式的全部复根。

10. 设 $\lambda_1,\cdots,\lambda_n$ 是实数域 $\mathbf{R}$ 上的 n 级矩阵 A 的全部特征值。求实数域上的线性空间 $M_n(\mathbf{R})$ 上的下述线性变换的全部特征值：

(1) $\boldsymbol{A}: X\longmapsto A'XA$；

(2) $\boldsymbol{B}: X\longmapsto A^{-1}XA$($A$ 可逆)。

11. 设 $\boldsymbol{B}$ 是域 F 上 n 维线性空间 V 上的线性变换，如果 $\mathrm{rank}(\boldsymbol{B}-\boldsymbol{I})=1$，那么称 $\boldsymbol{B}$ 是**伪反射**。设 $\boldsymbol{B}$ 是伪反射，且 $n\geqslant 2$，证明：

(1) $\boldsymbol{B}$ 有属于特征值 1 的特征子空间,并且它是 $n-1$ 维的;

(2) $\boldsymbol{B}$ 或者是可逆变换,或者 $\dim(\mathrm{Ker}\,\boldsymbol{B})=1$。当为后者时,设 $\mathrm{Ker}\,\boldsymbol{B}=\langle\eta\rangle$,则 $\boldsymbol{B}$ 是平行于$\langle\eta\rangle$在 $\mathrm{Ker}(\boldsymbol{B}-\boldsymbol{I})$上的投影;当为前者时,$V$ 中存在一个基使得 $\boldsymbol{B}$ 在这个基下的矩阵为

$$\begin{pmatrix} I_{n-1} & \mathbf{0} \\ \mathbf{0}' & b \end{pmatrix}(b\neq 0,1),$$

或

$$\begin{pmatrix} I_{n-1} & \boldsymbol{\beta} \\ \mathbf{0}' & b \end{pmatrix}(b\neq 0;\text{并且 } b\neq 1 \text{ 或 } \beta\neq 0).$$

12. 设 V 是平面上所有向量组成的实数域上的线性空间。证明:V 上的伪反射 $\boldsymbol{B}$ 必为下列几种情况之一:在一条直线 l 上的投影;关于一条直线 l 的斜反射;向着直线 l 的压缩,其压缩系数不等于 1;一个压缩系数不等于 1 的压缩与一个斜反射的乘积;以直线 l 为轴的错切。

13. 证明:当 $n\geqslant 2$ 时,域 F 上 n 维线性空间 V 上的任一线性变换 $\boldsymbol{A}$ 是至多 n 个伪反射的乘积;并且当 $\boldsymbol{A}$ 不可逆且 $\boldsymbol{A}\neq\mathbf{0}$ 时,若 $\boldsymbol{A}$ 是 n 个伪反射的乘积,则可以使得第 n 个伪反射是可逆的。

9.5 线性变换的不变子空间,Hamilton-Cayley 定理

9.5.1 内容精华

9.4 节我们讨论了线性变换可对角化的条件,对于不可对角化的线性变换,它的最简单形式的矩阵表示是什么样子呢?解决这个问题的思路是什么?从 9.4 节推论 3 看到:V 上的线性变换 $\boldsymbol{A}$ 可对角化当且仅当 V 可以分解成 $\boldsymbol{A}$ 的特征子空间的直和:

$$V=V_{\lambda_1}\oplus V_{\lambda_2}\oplus\cdots\oplus V_{\lambda_s},$$

其中 $\lambda_1,\lambda_2,\cdots,\lambda_s$ 是 $\boldsymbol{A}$ 的所有不同的特征值,注意到:若 $\alpha\in V_{\lambda_i}$,则 $\boldsymbol{A}\alpha=\lambda_i\alpha\in V_{\lambda_i}$,这启发我们:研究不可对角化的线性变换 $\boldsymbol{A}$ 的最简单形式的矩阵表示,可以从研究 V 分解成具有性质:"若 $\alpha\in W$,则 $\boldsymbol{A}\alpha\in W$"的子空间的直和入手。

一、不变子空间的定义、例子和性质

定义 1 设 V 是域 F 上的线性空间，$\boldsymbol{A}$ 是 V 上的一个线性变换，V 的子空间 W 如果具有下述性质："对于任意 $\alpha\in W$，都有 $\boldsymbol{A}\alpha\in W$"，那么称 W 是 $\boldsymbol{A}$ 的**不变子空间**，简称为 **$\boldsymbol{A}$-子空间**。

显然，V 和零子空间 0 是 V 上任意一个线性变换 $\boldsymbol{A}$ 的不变子空间，称它们是 $\boldsymbol{A}$ 的平凡的不变子空间，$\boldsymbol{A}$ 的其余不变子空间称为 $\boldsymbol{A}$ 的非平凡的不变子空间。

命题 1 V 上线性变换 $\boldsymbol{A}$ 的核与象，$\boldsymbol{A}$ 的特征子空间都是 $\boldsymbol{A}$-子空间。

命题 2 设 $\boldsymbol{A}$ 与 $\boldsymbol{B}$ 都是 V 上的线性变换，如果 $\boldsymbol{A}$ 与 $\boldsymbol{B}$ 可交换，那么 $\operatorname{Ker}\boldsymbol{B}$，$\operatorname{Im}\boldsymbol{B}$，$\boldsymbol{B}$ 的特征子空间都是 $\boldsymbol{A}$-子空间。

推论 1 设 $\boldsymbol{A}$ 是域 F 上线性空间 V 上的线性变换，$f(x)\in F[x]$，则 $\operatorname{Ker} f(\boldsymbol{A})$，$\operatorname{Im} f(\boldsymbol{A})$，$f(\boldsymbol{A})$的特征子空间都是 $\boldsymbol{A}$-子空间。

命题 3 V 上线性变换 $\boldsymbol{A}$ 的不变子空间的和与交仍是 $\boldsymbol{A}$ 的不变子空间。

命题 4 设 A 是域 F 上线性空间 V 上的线性变换，$\xi\in V$，且 $\xi\neq 0$，则 $\langle\xi\rangle$ 是 $\boldsymbol{A}$-子空间当且仅当 ξ 是 $\boldsymbol{A}$ 的一个特征向量。

命题 5 设 $\boldsymbol{A}$ 是域 F 上线性空间 V 上的一个线性变换，$W=\langle\alpha_1,\alpha_2,\cdots,\alpha_s\rangle$ 是 V 的一个子空间，则 W 是 $\boldsymbol{A}$-子空间当且仅当 $\boldsymbol{A}\alpha_i\in W$，$i=1,2,\cdots,s$。

设 $\boldsymbol{A}$ 是域 F 上线性空间 V 上的一个线性变换。W 是 V 的一个子空间。一般来说，$\boldsymbol{A}$ 在 W 上的限制 $\boldsymbol{A}|W$ 是 W 到 V 的一个线性映射，但是若 W 是 $\boldsymbol{A}$ 的不变子空间，则 $\boldsymbol{A}|W$ 是 W 上的一个线性变换，对于任意 $\delta\in W$，有

$$(\boldsymbol{A}\mid W)\delta=\boldsymbol{A}\delta. \tag{1}$$

例如，设 V_{λ_i} 是 $\boldsymbol{A}$ 的一个特征子空间，则

$$\boldsymbol{A}\mid V_{\lambda_i}=\boldsymbol{\lambda}_i.$$

如果 W 是 $\boldsymbol{A}$ 的不变子空间，那么 $\boldsymbol{A}$ 还可诱导出商空间 V/W 上的一个线性变换 $\widetilde{\boldsymbol{A}}$，即我们规定

$$\begin{aligned}\widetilde{\boldsymbol{A}}:V/W&\longrightarrow V/W\\ \alpha+W&\longmapsto \boldsymbol{A}\alpha+W.\end{aligned} \tag{2}$$

首先需要说明，(2)式的确给出了 V/W 到自身的一个映射。设 $\alpha+W=\beta+W$，则 $\alpha-\beta\in W$。由于 W 是 $\boldsymbol{A}$-子空间，因此 $\boldsymbol{A}(\alpha-\beta)\in W$。即 $\boldsymbol{A}\alpha-\boldsymbol{A}\beta\in W$。从而 $\boldsymbol{A}\alpha+W=\boldsymbol{A}\beta+W$。这表明(2)式的定义是合理的。其次容易证明 $\widetilde{\boldsymbol{A}}$ 保持加法和纯量乘法运算。因此 $\widetilde{\boldsymbol{A}}$ 是 V/W 上的线性变换。

总而言之，如果 W 是 V 上线性变换 $\boldsymbol{A}$ 的不变子空间，那么 $\boldsymbol{A}$ 既可以诱导出子空间 W 上的线性变换 $\boldsymbol{A}|W$，又可以诱导出商空间 V/W 上的线性变换 $\widetilde{\boldsymbol{A}}$，它们分别由(1)式和(2)式定义。

二、用不变子空间研究线性变换的矩阵表示

从现在起，如果没有特别声明，我们假设 V 是域 F 上的有限维线性空间，$\dim V=n$。

设 $\boldsymbol{A}$ 是 V 上的一个线性变换，如果 $\boldsymbol{A}$ 不可对角化，那么我们在寻找 $\boldsymbol{A}$ 的最简单形式的矩阵表示时，第一步是探索 $\boldsymbol{A}$ 的矩阵表示为分块对角矩阵的充分必要条件是什么？

设 $\boldsymbol{A}$ 在 V 的一个基

$$\alpha_{11},\alpha_{12},\cdots,\alpha_{1r_1},\alpha_{21},\cdots,\alpha_{2r_2},\cdots,\alpha_{s1},\cdots,\alpha_{sr_s}$$

下的矩阵为下述分块对角矩阵 A：

$$A=\begin{pmatrix} A_1 & & & 0 \\ & A_2 & & \\ & & \ddots & \\ 0 & & & A_s \end{pmatrix}, \tag{3}$$

其中 A_i 是 r_i 级矩阵，$r_i\geqslant 1, i=1,2,\cdots,s$。令

$$W_i=\langle\alpha_{i1},\alpha_{i2},\cdots,\alpha_{ir_i}\rangle, i=1,2,\cdots,s.$$

则
$$V=W_1\oplus W_2\oplus\cdots\oplus W_s,$$

且
$$\boldsymbol{A}(\alpha_{11},\alpha_{12},\cdots,\alpha_{1r_1})=(\alpha_{11},\alpha_{12},\cdots,\alpha_{1r_1})A_1,$$
$$\boldsymbol{A}(\alpha_{21},\alpha_{22},\cdots,\alpha_{2r_2})=(\alpha_{21},\alpha_{22},\cdots,\alpha_{2r_2})A_2,$$
$$\cdots$$
$$\boldsymbol{A}(\alpha_{s1},\alpha_{s2},\cdots,\alpha_{sr_s})=(\alpha_{s1},\alpha_{s2},\cdots,\alpha_{sr_s})A_s.$$

因此 $W_1,W_2,\cdots,W_s$ 都是 $\boldsymbol{A}$ 的非平凡不变子空间，且 A_i 是 $\boldsymbol{A}|W_i$ 在 W_i 的一个基 $\alpha_{i1},\alpha_{i2},\cdots,\alpha_{ir_i}$ 下的矩阵，$i=1,2,\cdots,s$。

反之，如果 V 能分解成 $\boldsymbol{A}$ 的非平凡不变子空间的直和：$V=W_1\oplus W_2\oplus\cdots\oplus W_s$，那么在每个 W_i 中取一个基 $\alpha_{i1},\alpha_{i2},\cdots,\alpha_{ir_i}(i=1,2,\cdots,s)$，把它们合起来是 V 的一个基，由于 $\boldsymbol{A}(\alpha_{i1},\alpha_{i2},\cdots,\alpha_{ir_i})=(\alpha_{i1},\alpha_{i2},\cdots,\alpha_{ir_i})A_i, i=1,2,\cdots,s$。因此 $\boldsymbol{A}$ 在 V 的上述基下的矩阵 A 为

$$\begin{pmatrix} A_1 & & & 0 \\ & A_2 & & \\ & & \ddots & \\ 0 & & & A_s \end{pmatrix}.$$

这样我们证明了下述定理：

定理 1 设 $\boldsymbol{A}$ 是域 F 上 n 维线性空间 V 上的一个线性变换，则 $\boldsymbol{A}$ 在 V 的一个基下的矩阵为分块对角矩阵(3)当且仅当 V 能分解成 $\boldsymbol{A}$ 的非平凡不变子空间的直和：$V=W_1\oplus W_2\oplus\cdots\oplus W_s$，并且 A_i 是 $\boldsymbol{A}|W_i$ 在 W_i 的一个基下的矩阵。 ■

如何寻找 $\boldsymbol{A}$ 的一些非平凡不变子空间呢？由于对任意 $f(x)\in F(x)$，都有 $\operatorname{Ker} f(\boldsymbol{A})$ 是

$\mathbf{A}$的不变子空间,因此我们想找一些多项式 $f_1(x), f_2(x), \cdots, f_s(x) \in F[x]$,使得

$$V = \text{Ker } f_1(\mathbf{A}) \oplus \text{Ker } f_2(\mathbf{A}) \oplus \cdots \oplus \text{Ker } f_s(\mathbf{A}), \tag{4}$$

这能办到吗?首先看 $s=2$ 情形,从 8.2 节例 24 受到启发,猜测并且可以证明有下述结论:

定理 2　设 V 是域 F 上的线性空间(可以是无限维的),$\mathbf{A}$ 是 V 上的一个线性变换,在 $K[x]$中,$f(x)=f_1(x)f_2(x)$,且$(f_1(x), f_2(x))=1$,则

$$\text{Ker } f(\mathbf{A}) = \text{Ker } f_1(\mathbf{A}) \oplus \text{Ker } f_2(\mathbf{A}). \tag{5}$$

定理 3　设 V 是域 F 上的线性空间(可以是无限维的),$\mathbf{A}$ 是 V 上的一个线性变换,在 $F[x]$中,

$$f(x) = f_1(x) f_2(x) \cdots f_s(x), \tag{6}$$

其中 $f_1(x), f_2(x), \cdots, f_s(x)$两两互素,则

$$\text{Ker } f(\mathbf{A}) = \text{Ker } f_1(\mathbf{A}) \oplus \text{Ker } f_2(\mathbf{A}) \oplus \cdots \oplus \text{Ker } f_s(\mathbf{A}). \tag{7}$$

由于 $\text{Ker } \mathbf{0}=V$,因此从定理 3 受到启发,如果能找到一个多项式 $f(x)$,使得 $f(\mathbf{A})=\mathbf{0}$,那么只要把 $f(x)$分解成不同的不可约多项式方幂的乘积,就可以把 V 分解成 A 的非平凡不变子空间的直和,为此引出下述概念。

三、线性变换和矩阵的零化多项式,Hamilton-Cayley 定理

定义 2　设 V 是域 F 上的线性空间(可以是无限维的),$\mathbf{A}$ 是 V 上的一个线性变换。如果 F 上的一元多项式 $f(x)$,使得 $f(\mathbf{A})=\mathbf{0}$,那么称 $f(x)$是 $\mathbf{A}$ 的一个**零化多项式**。

设 $\dim V=n$,则 $\dim(\text{Hom}(V,V))=n^2$。从而

$$\boldsymbol{I}, \mathbf{A}, \mathbf{A}^2, \cdots, \mathbf{A}^{n^2}$$

一定线性相关。于是有 F 中不全为 0 的元素 $k_0, k_1, \cdots, k_{n^2}$,使得 $k_0\boldsymbol{I}+k_1\mathbf{A}+k_2\mathbf{A}^2+\cdots+k_{n^2}\mathbf{A}^{n^2}=\mathbf{0}$。令 $f(x)=k_0+k_1x+k_2x^2+\cdots+k_{n^2}x^{n^2}$,则 $f(\mathbf{A})=\mathbf{0}$。从而 $f(x)$是 $\mathbf{A}$ 的一个非零的零化多项式。

定义 3　设 A 是域 F 上的 n 级矩阵,如果 $F[x]$中的一个多项式 $f(x)$,使得 $f(A)=0$,那么称 $f(x)$是 A 的一个零化多项式。

设 V 是域 F 上 n 维线性空间,V 上的一个线性变换 $\mathbf{A}$ 在 V 的一个基,$\alpha_1, \alpha_2, \cdots, \alpha_n$ 下的矩阵是 A,则

$$k_0\boldsymbol{I}+k_1\mathbf{A}+\cdots+k_m\mathbf{A}^m=\mathbf{0} \quad \Leftrightarrow \quad k_0I+k_1A+\cdots+k_mA^m=0,$$

其中 $k_0, k_1, \cdots, k_m \in F$,$m$ 是非负整数,从而

$$f(\mathbf{A})=\mathbf{0} \quad \Leftrightarrow \quad f(A)=0.$$

因此 $f(x)$是 $\mathbf{A}$ 的零化多项式$\Leftrightarrow f(x)$是 A 的零化多项式。这表明:线性变换 $\mathbf{A}$ 的零化多项式与它的矩阵表示的零化多项式是一致的。

设数域 K 上的 2 级矩阵 $A=\begin{pmatrix}1 & 2\\0 & -1\end{pmatrix}$,则

$$A^2=\begin{pmatrix}1 & 2\\0 & -1\end{pmatrix}\begin{pmatrix}1 & 2\\0 & -1\end{pmatrix}=\begin{pmatrix}1 & 0\\0 & 1\end{pmatrix}=I.$$

从而 $A^2-I=0$。因此 λ^2-1 是 A 的一个零化多项式,容易看出,λ^2-1 是 A 的特征多项式。由此猜想:任一 n 级矩阵 A 的特征多项式是它的一个零化多项式。为了论证这一猜想成立,我们需要把域上的矩阵的概念推广到整环上的矩阵。

设 R 是一个整环(即有单位元的交换环,且没有非零的零因子),R 中 n^2 个元素排成的 n 行 n 列的一张表称为 R 上的一个 n 级矩阵。类似于域 F 上矩阵的加法、纯量乘法、乘法的定义,我们可以定义整环 R 上的矩阵的加法、纯量乘法、乘法,而且这些运算满足与域 F 上矩阵一样的运算法则。与域 F 上 n 级矩阵的行列式的定义类似,可以定义整环 R 上 n 级矩阵的行列式,而且同样有行列式的 7 条性质,按一行(列)展开定理,以及有下述结论:

$$AA^*=A^*A=|A|I, \tag{8}$$

其中 A^* 是 A 的伴随矩阵。

我们现在要用的是域 F 上一元多项式环 $F[\lambda]$上的矩阵,简称为 λ-矩阵,记成 $A(\lambda)$, $B(\lambda)$等,例如

$$A(\lambda)=\begin{pmatrix}2\lambda^3+\lambda^2+1 & \lambda^2-3\\ \lambda^3-1 & 2\lambda+5\end{pmatrix}$$

是一个 λ-矩阵,可以把它展开写成

$$\begin{aligned}A(\lambda)&=\begin{pmatrix}2\lambda^3 & 0\\ \lambda^3 & 0\end{pmatrix}+\begin{pmatrix}\lambda^2 & \lambda^2\\0 & 0\end{pmatrix}+\begin{pmatrix}0 & 0\\0 & 2\lambda\end{pmatrix}+\begin{pmatrix}1 & -3\\-1 & 5\end{pmatrix}\\&=\lambda^3\begin{pmatrix}2 & 0\\1 & 0\end{pmatrix}+\lambda^2\begin{pmatrix}1 & 1\\0 & 0\end{pmatrix}+\lambda\begin{pmatrix}0 & 0\\0 & 2\end{pmatrix}+\begin{pmatrix}1 & -3\\-1 & 5\end{pmatrix}.\end{aligned}$$

这表明我们可以把一个 n 级 λ-矩阵 $A(\lambda)$唯一地表示成环 $M_n(F)$上的 λ 的多项式(即多项式的"系数"是域 F 上的 n 级矩阵)。从而 $A(\lambda)$与 $B(\lambda)$相等当且仅当它们的"系数矩阵"对应相等。

Hamilton-Cayley 定理 设 A 是域 F 上的 n 级矩阵,则 A 的特征多项式 $f(\lambda)$是 A 的一个零化多项式。

用线性变换的语言叙述上述定理,即

设 $\mathbf{A}$ 是域 F 上的 n 维线性空间 V 上的一个线性变换,则 $\mathbf{A}$ 的特征多项式 $f(\lambda)$是 $\mathbf{A}$ 的一个零化多项式。 ■

运用 Hamilton-Cayley 定理,可以把 V 分解成 $\mathbf{A}$ 的非平凡不变子空间的直和:

设 $\boldsymbol{A}$ 的特征多项式 $f(\lambda)$ 在 $F[\lambda]$ 中分解成

$$f(\lambda)=p_1^{r_1}(\lambda)p_2^{r_2}(\lambda)\cdots p_s^{r_s}(\lambda),\tag{9}$$

其中 $p_1(\lambda),p_2(\lambda),\cdots,p_s(\lambda)$ 是 F 上的两两不等的首一不可约多项式，$r_i>0,i=1,2,\cdots,s$。则

$$V=\mathrm{Ker}(p_1^{r_1}(\boldsymbol{A}))\oplus\mathrm{Ker}(p_2^{r_2}(\boldsymbol{A}))\oplus\cdots\oplus\mathrm{Ker}(p_s^{r_s}(\boldsymbol{A})).\tag{10}$$

如果 $f(\lambda)$ 在 $F[\lambda]$ 中能分解成

$$f(\lambda)=(\lambda-\lambda_1)^{r_1}(\lambda-\lambda_2)^{r_2}\cdots(\lambda-\lambda_s)^{r_s},$$

其中 $\lambda_1,\lambda_2,\cdots,\lambda_s$ 是 F 中两两不等的元素，$r_i>0,i=1,2,\cdots,s$。
则

$$V=\mathrm{Ker}((\boldsymbol{A}-\lambda_1\boldsymbol{I})^{r_1})\oplus\mathrm{Ker}((\boldsymbol{A}-\lambda_2\boldsymbol{I})^{r_2})\oplus\cdots\oplus\mathrm{Ker}((\boldsymbol{A}-\lambda_s\boldsymbol{I})^{r_s}),\tag{11}$$

其中 $\mathrm{Ker}((\boldsymbol{A}-\lambda_j\boldsymbol{I})^{r_j}),j=1,2,\cdots,s$，称为 $\boldsymbol{A}$ 的**根子空间**。

9.5.2　典型例题

例1　在数域 K 上的4维向量空间 K^4 中，线性变换 $\boldsymbol{A}$ 在 K^4 的一个基 $\boldsymbol{\alpha}_1,\boldsymbol{\alpha}_2,\boldsymbol{\alpha}_3,\boldsymbol{\alpha}_4$ 下的矩阵是

$$A=\begin{pmatrix}1&0&2&-1\\0&1&4&-2\\2&-1&0&1\\2&-1&-1&2\end{pmatrix}.$$

令 $W=\langle\boldsymbol{\alpha}_1+2\boldsymbol{\alpha}_2,\boldsymbol{\alpha}_2+\boldsymbol{\alpha}_3+2\boldsymbol{\alpha}_4\rangle$，证明：$W$ 是 $\boldsymbol{A}$-子空间。

证明

$$\boldsymbol{A}\boldsymbol{\alpha}_1=\boldsymbol{\alpha}_1+2\boldsymbol{\alpha}_3+2\boldsymbol{\alpha}_4,\boldsymbol{A}\boldsymbol{\alpha}_2=\boldsymbol{\alpha}_2-\boldsymbol{\alpha}_3-\boldsymbol{\alpha}_4,$$
$$\boldsymbol{A}\boldsymbol{\alpha}_3=2\boldsymbol{\alpha}_1+4\boldsymbol{\alpha}_2-\boldsymbol{\alpha}_4,\boldsymbol{A}\boldsymbol{\alpha}_4=-\boldsymbol{\alpha}_1-2\boldsymbol{\alpha}_2+\boldsymbol{\alpha}_3+2\boldsymbol{\alpha}_4.$$

于是

$$\begin{aligned}\boldsymbol{A}(\boldsymbol{\alpha}_1+2\boldsymbol{\alpha}_2)&=(\boldsymbol{\alpha}_1+2\boldsymbol{\alpha}_3+2\boldsymbol{\alpha}_4)+2(\boldsymbol{\alpha}_2-\boldsymbol{\alpha}_3-\boldsymbol{\alpha}_4)\\&=\boldsymbol{\alpha}_1+2\boldsymbol{\alpha}_2\in W,\\\boldsymbol{A}(\boldsymbol{\alpha}_2+\boldsymbol{\alpha}_3+2\boldsymbol{\alpha}_4)&=(\boldsymbol{\alpha}_2-\boldsymbol{\alpha}_3-\boldsymbol{\alpha}_4)+(2\boldsymbol{\alpha}_1+4\boldsymbol{\alpha}_2-\boldsymbol{\alpha}_4)+2(-\boldsymbol{\alpha}_1-2\boldsymbol{\alpha}_2+\boldsymbol{\alpha}_3+2\boldsymbol{\alpha}_4)\\&=\boldsymbol{\alpha}_2+\boldsymbol{\alpha}_3+2\boldsymbol{\alpha}_4\in W.\end{aligned}$$

因此 W 是 $\boldsymbol{A}$-子空间。

例2　设 $\boldsymbol{A}$ 是域 F 上线性空间 V 上的可逆线性变换，W 是 $\boldsymbol{A}$ 的有限维不变子空间。证明：

(1) $\boldsymbol{A}|W$ 是 W 上的可逆线性变换；

(2) W 也是 $\boldsymbol{A}^{-1}$ 的不变子空间，且 $\boldsymbol{A}^{-1}|W=(\boldsymbol{A}|W)^{-1}$。

证明　(1)由于 $\boldsymbol{A}$ 是 V 上的可逆变换，因此 $\boldsymbol{A}$ 是单射，从而 $\boldsymbol{A}|W$ 是单射。由于 W 是有限维的，且 $\boldsymbol{A}|W$ 是 W 上的线性变换，因此 $\boldsymbol{A}|W$ 也是满射，从而 $\boldsymbol{A}|W$ 是双射。因此 $\boldsymbol{A}|W$ 是 W 上的可逆线性变换。

(2) 任取 $\delta\in W$，由于 $\boldsymbol{A}|W$ 是 W 到 W 的双射，因此 W 中存在唯一的向量 γ 使得 $(\boldsymbol{A}|W)\gamma=\delta$。于是 $(\boldsymbol{A}|W)^{-1}\delta=\gamma$，且 $\delta=(\boldsymbol{A}|W)\gamma=\boldsymbol{A}\gamma$。由于 $\boldsymbol{A}$ 是 V 到 V 的双射，因此 δ 在 $\boldsymbol{A}$ 下的原象唯一，就是 γ。从而 $\boldsymbol{A}^{-1}\delta=\gamma$。由于 $\gamma\in W$，因此 W 是 $\boldsymbol{A}^{-1}$ 的不变子空间。由于 $(\boldsymbol{A}^{-1}|W)\delta=\boldsymbol{A}^{-1}\delta=\gamma=(\boldsymbol{A}|W)^{-1}\delta$，$\forall\,\delta\in W$，因此 $\boldsymbol{A}^{-1}|W=(\boldsymbol{A}|W)^{-1}$。■

例 3　设 V 是复数域上的 n 维线性空间，$\boldsymbol{A},\boldsymbol{B}$ 都是 V 上的线性变换，证明：如果 $\boldsymbol{A}$ 与 $\boldsymbol{B}$ 可交换，那么 $\boldsymbol{A}$ 与 $\boldsymbol{B}$ 至少有一个公共的特征向量。

证明　取 $\boldsymbol{A}$ 的一个特征值 λ_0。由于 $\boldsymbol{AB}=\boldsymbol{BA}$，因此 $\boldsymbol{A}$ 的特征子空间 V_{λ_0} 是 $\boldsymbol{B}$ 的不变子空间。于是 $\boldsymbol{B}|V_{\lambda_0}$ 是 V_{λ_0} 上的一个线性变换。由于 V_{λ_0} 是复数域上的线性空间，因此 $\boldsymbol{B}|V_{\lambda_0}$ 有特征值，取它的一个特征值 μ_0，则在 V_{λ_0} 中存在非零向量 ξ，使得 $(\boldsymbol{B}|V_{\lambda_0})\xi=\mu_0\xi$，即 $\boldsymbol{B}\xi=\mu_0\xi$。又有 $\boldsymbol{A}\xi=\lambda_0\xi$，因此 ξ 是 $\boldsymbol{A}$ 与 $\boldsymbol{B}$ 公共的特征向量。■

例 4　设 V 是复数域上的 n 维线性空间，$\boldsymbol{A},\boldsymbol{B}$ 都是 V 上的线性变换，且 $\boldsymbol{A}$ 有 s 个不同的特征值，证明：如果 $\boldsymbol{A}$ 与 $\boldsymbol{B}$ 可交换，那么 $\boldsymbol{A}$ 与 $\boldsymbol{B}$ 至少有 s 个公共的特征向量，并且它们线性无关。

证明　设 $\lambda_1,\lambda_2,\cdots,\lambda_s$ 是 $\boldsymbol{A}$ 的不同的特征值，从例 3 的证明过程看出，在 V_{λ_i} 中存在非零向量 ξ_i，它是 $\boldsymbol{A}$ 与 $\boldsymbol{B}$ 的公共的特征向量，$i=1,2,\cdots,s$。由于属于不同特征值的特征向量是线性无关的，因此 $\xi_1,\xi_2,\cdots,\xi_s$ 线性无关。■

例 5　设 A,B 都是 n 级复矩阵。证明：如果 A 与 B 可交换，那么存在 n 级可逆复矩阵 P，使得 $P^{-1}AP$ 和 $P^{-1}BP$ 都是上三角矩阵。

证明　对复矩阵的级数 n 作数学归纳法。

$n=1$ 时，显然命题为真。假设命题对于 $n-1$ 级复矩阵成立，现在来看 n 级复矩阵的情形。设 λ_1 是 n 级复矩阵 A 的一个特征值。由于 $AB=BA$，因此据例 3 得，在 A 的特征子空间 V_{λ_1} 中存在一个非零向量 $\boldsymbol{X}_1$，使得 $B\boldsymbol{X}_1=\mu_1\boldsymbol{X}_1$，把 $\boldsymbol{X}_1$ 扩充成 $\mathbf{C}^n$ 的一个基：$\boldsymbol{X}_1,\boldsymbol{X}_2,\cdots,\boldsymbol{X}_n$，令 $P_1=(\boldsymbol{X}_1,\boldsymbol{X}_2,\cdots,\boldsymbol{X}_n)$，则 P_1 是 n 级可逆复矩阵，且

$$P_1^{-1}AP_1=P_1^{-1}(A\boldsymbol{X}_1,A\boldsymbol{X}_2,\cdots,A\boldsymbol{X}_n)=(P_1^{-1}\lambda_1\boldsymbol{X}_1,P_1^{-1}A\boldsymbol{X}_2,\cdots,P_1^{-1}A\boldsymbol{X}_n).$$

由于 $P_1^{-1}P_1=I$，因此 $P_1^{-1}\boldsymbol{X}_1=\boldsymbol{\varepsilon}_1$。从而

$$P_1^{-1}AP_1=\begin{pmatrix}\lambda_1 & \boldsymbol{\alpha}'\\ \boldsymbol{0} & A_1\end{pmatrix},$$

同理有

$$P_1^{-1}BP_1=\begin{pmatrix}\mu_1 & \boldsymbol{\beta}'\\ \boldsymbol{0} & B_1\end{pmatrix}.$$

由于 $AB=BA$,因此 $(P_1^{-1}AP_1)(P_1^{-1}BP_1)=P_1^{-1}BAP_1=(P_1^{-1}BP_1)(P_1^{-1}AP_1)$。从而

$$\begin{bmatrix}\lambda_1 & \boldsymbol{\alpha}' \\ \mathbf{0} & A_1\end{bmatrix}\begin{bmatrix}\mu_1 & \boldsymbol{\beta}' \\ \mathbf{0} & B_1\end{bmatrix}=\begin{bmatrix}\mu_1 & \boldsymbol{\beta}' \\ \mathbf{0} & B_1\end{bmatrix}\begin{bmatrix}\lambda_1 & \boldsymbol{\alpha}' \\ \mathbf{0} & A_1\end{bmatrix}.$$

由此得出,$A_1B_1=B_1A_1$。据归纳假设,存在 $n-1$ 级可逆复矩阵 P_2,使得 $P_2^{-1}A_1P_2$ 与 $P_2^{-1}B_1P_2$ 都为上三角矩阵,令

$$P=P_1\begin{pmatrix}1 & \mathbf{0}' \\ \mathbf{0} & P_2\end{pmatrix},$$

则 P 是 n 级可逆复矩阵,且

$$P^{-1}AP=\begin{pmatrix}1 & \mathbf{0}' \\ \mathbf{0} & P_2\end{pmatrix}^{-1}\begin{bmatrix}\lambda_1 & \boldsymbol{\alpha}' \\ \mathbf{0} & A_1\end{bmatrix}\begin{pmatrix}1 & \mathbf{0}' \\ \mathbf{0} & P_2\end{pmatrix}=\begin{bmatrix}\lambda_1 & \boldsymbol{\alpha}'P_2 \\ \mathbf{0} & P_2^{-1}A_1P_2\end{bmatrix},$$

$$P^{-1}BP=\begin{pmatrix}1 & \mathbf{0}' \\ \mathbf{0} & P_2\end{pmatrix}^{-1}\begin{bmatrix}\mu_1 & \boldsymbol{\beta}' \\ \mathbf{0} & B_2\end{bmatrix}\begin{pmatrix}1 & \mathbf{0}' \\ \mathbf{0} & P_2\end{pmatrix}=\begin{bmatrix}\mu_1 & \boldsymbol{\beta}'P_2 \\ \mathbf{0} & P_2^{-1}B_1P_2\end{bmatrix}.$$

因此 $P^{-1}AP$ 和 $P^{-1}BP$ 都是上三角矩阵。

根据数学归纳法原理,对一切正整数 n,此命题为真。 ■

例 6 设 V 是复数域上的 n 维线性空间,$\boldsymbol{A}_1,\boldsymbol{A}_2,\cdots,\boldsymbol{A}_s$ 都是 V 上的线性变换。证明:如果 $\boldsymbol{A}_1,\boldsymbol{A}_2,\cdots,\boldsymbol{A}_s$ 两两可交换,那么 $\boldsymbol{A}_1,\boldsymbol{A}_2,\cdots,\boldsymbol{A}_s$ 至少有一个公共的特征向量。

证明 取 $\boldsymbol{A}_1$ 的一个特征值 λ_{11},由于 $\boldsymbol{A}_1\boldsymbol{A}_2=\boldsymbol{A}_2\boldsymbol{A}_1$,因此 $\boldsymbol{A}_1$ 的特征子空间 $V_{\lambda_{11}}$ 是 $\boldsymbol{A}_2$ 的不变子空间,从而 $\boldsymbol{A}_2|V_{\lambda_{11}}$ 是 $V_{\lambda_{11}}$ 上的一个线性变换。由于 $V_{\lambda_{11}}$ 是复数域上的线性空间,因此 $\boldsymbol{A}_2|V_{\lambda_{11}}$ 有特征值,取它的一个特征值λ_{21},$\boldsymbol{A}_2|V_{\lambda_{11}}$ 的属于特征值λ_{21}的特征子空间为

$$\begin{aligned}&\{\alpha\in V_{\lambda_{11}}\mid(\boldsymbol{A}_2\mid V_{\lambda_{11}})\alpha=\lambda_{21}\alpha\}\\&=\{\alpha\in V_{\lambda_{11}}\mid\boldsymbol{A}_2\alpha=\lambda_{21}\alpha\}=\{\alpha\in V_{\lambda_{11}}\mid\alpha\in V_{\lambda_{21}}\}\\&=V_{\lambda_{11}}\cap V_{\lambda_{21}},\end{aligned}$$

其中 $V_{\lambda_{21}}$ 是 $\boldsymbol{A}_2$ 的属于特征值λ_{21} 的特征子空间。由于 $\boldsymbol{A}_2|V_{\lambda_{11}}$ 有特征向量,因此 $V_{\lambda_{11}}\cap V_{\lambda_{21}}\neq 0$。由于 $\boldsymbol{A}_3\boldsymbol{A}_1=\boldsymbol{A}_1\boldsymbol{A}_3$,$\boldsymbol{A}_3\boldsymbol{A}_2=\boldsymbol{A}_2\boldsymbol{A}_3$,因此 $V_{\lambda_{11}}$ 与 $V_{\lambda_{21}}$ 都是 $\boldsymbol{A}_3$ 的不变子空间,从而 $V_{\lambda_{11}}\cap V_{\lambda_{21}}$ 也是 $\boldsymbol{A}_3$ 的不变子空间。于是 $\boldsymbol{A}_3|V_{\lambda_{11}}\cap V_{\lambda_{21}}$ 是 $V_{\lambda_{11}}\cap V_{\lambda_{21}}$ 上的一个线性变换,它有特征值,取它的一个特征值 λ_{31},$\boldsymbol{A}_3|V_{\lambda_{11}}\cap V_{\lambda_{21}}$ 的属于特征值 λ_{31} 的特征子空间为 $(V_{\lambda_{11}}\cap V_{\lambda_{21}})\cap V_{\lambda_{31}}$(推导方法与上述类似),于是 $V_{\lambda_{11}}\cap V_{\lambda_{21}}\cap V_{\lambda_{31}}\neq 0$。依此类推,最后可得,$V_{\lambda_{11}}\cap V_{\lambda_{21}}\cap V_{\lambda_{31}}\cap\cdots\cap V_{\lambda_{s1}}\neq 0$,其中 $V_{\lambda_{j1}}$ 是 $\boldsymbol{A}_j$ 的属于特征值 λ_{j1}的特征子空间,$j=1,2,\cdots,s$。于是在这个交集中存在非零向量 ξ,从而 ξ 是 $\boldsymbol{A}_1,\boldsymbol{A}_2,\cdots,\boldsymbol{A}_s$ 的一个公共的特征向量。 ■

点评 在例 6 的证明中,我们没有一开始就写出 $V_{\lambda_{11}}\cap V_{\lambda_{21}}\cap\cdots\cap V_{\lambda_{s1}}$,而是采取以上叙述过程,就是为了说明 $V_{\lambda_{11}}\cap V_{\lambda_{21}}\cap\cdots\cap V_{\lambda_{s1}}\neq 0$。这样才能在这个交集中找到非零向量 ξ。

例 7 设 $A_1,A_2,\cdots,A_s$ 都是 n 级复矩阵，证明：如果 $A_1,A_2,\cdots,A_s$ 两两可交换，那么存在 n 级可逆复矩阵 P，使得 $P^{-1}A_1P,P^{-1}A_2P,\cdots,P^{-1}A_sP$ 都是上三角矩阵。

证明 对复矩阵的级数 n 作数学归纳法。

$n=1$ 时，显然命题为真。假设命题对于 $n-1$ 级复矩阵成立，现在来看 n 级复矩阵的情形。由于 $A_1,A_2,\cdots,A_s$ 两两可交换，因此据例 6 得，$A_1,A_2,\cdots,A_s$ 有一个公共的特征向量 $\boldsymbol{X}_1$，设 $A_j\boldsymbol{X}_1=\lambda_{j1}\boldsymbol{X}_1,j=1,2,\cdots,s$。把 $\boldsymbol{X}_1$ 扩充成 $\mathbf{C}^n$ 的一个基：$\boldsymbol{X}_1,\boldsymbol{X}_2,\cdots,\boldsymbol{X}_n$。令 $P_1=(\boldsymbol{X}_1,\boldsymbol{X}_2,\cdots,\boldsymbol{X}_n)$，则 P_1 是 n 级可逆复矩阵，与例 5 的证明类似，有

$$P_1^{-1}A_jP_1=\begin{pmatrix}\lambda_{j1} & \boldsymbol{\alpha}'_j\\ \boldsymbol{0} & B_j\end{pmatrix},j=1,2,\cdots,s.$$

由于 $A_1,A_2,\cdots,A_s$ 两两可交换，因此 $P_1^{-1}A_1P_1,P_1^{-1}A_2P_1,\cdots,P_1^{-1}A_sP_1$ 两两可交换，从而 $B_1,B_2,\cdots,B_s$ 两两可交换。据归纳假设，存在 $n-1$ 级可逆复矩阵 P_2，使得 $P_2^{-1}B_1P_2$，$P_2^{-1}B_2P_2,\cdots,P_2^{-1}B_sP_2$ 都是上三角矩阵。令

$$P=P_1\begin{pmatrix}1 & \boldsymbol{0}'\\ \boldsymbol{0} & P_2\end{pmatrix},$$

则 P 是 n 级可逆矩阵，且 $P^{-1}A_jP$ 为上三角矩阵，$j=1,2,\cdots,s$。

根据数学归纳法原理，对一切正整数 n，此命题成立。■

例 8 设 $\mathbf{A}$ 是域 F 上 n 维线性空间 V 上的一个线性变换，则 $\mathbf{A}$ 在 V 的一个基下的矩阵 A 为分块上三角矩阵

$$\begin{pmatrix}A_1 & A_3\\ 0 & A_2\end{pmatrix}$$

的充分必要条件是：$\mathbf{A}$ 有非平凡不变子空间 W，此时 A_1 是 $\mathbf{A}|W$ 在 W 的一个基下的矩阵，A_2 是 $\mathbf{A}$ 诱导的商空间 V/W 上的线性变换 $\tilde{\mathbf{A}}$ 在 V/W 的一个基下的矩阵。

证明 必要性。设 $\mathbf{A}$ 在 V 的一个基 $\alpha_1,\cdots,\alpha_r,\alpha_{r+1}\cdots,\alpha_n$ 下的矩阵 A 为

$$A=\begin{pmatrix}A_1 & A_3\\ 0 & A_2\end{pmatrix} \tag{12}$$

其中 A_1 是 r 级矩阵($0<r<n$)。令 $W=\langle\alpha_1,\alpha_2,\cdots,\alpha_r\rangle$。则

$$\mathbf{A}(\alpha_1,\alpha_2,\cdots,\alpha_r)=(\alpha_1,\alpha_2,\cdots,\alpha_r)A_1.$$

因此 W 是 $\mathbf{A}$ 的非平凡的不变子空间，且 $\mathbf{A}|W$ 在 W 的一个基 $\alpha_1,\alpha_2,\cdots,\alpha_r$ 下的矩阵是 A_1。V/W 的一个基是

$$\alpha_{r+1}+W,\cdots,\alpha_n+W.$$

设 $A=(a_{ij})$。从(12)式看出：

$$\mathbf{A}\alpha_{r+1} = a_{1,r+1}\alpha_1 + \cdots + a_{r,r+1}\alpha_r + a_{r+1,r+1}\alpha_{r+1} + \cdots + a_{n,r+1}\alpha_n,$$
$$\cdots$$
$$\mathbf{A}\alpha_n = a_{1n}\alpha_1 + \cdots + a_{rn}\alpha_r + a_{r+1,n}\alpha_{r+1} + \cdots + a_{nn}\alpha_n,$$

于是

$$\widetilde{\mathbf{A}}(\alpha_{r+1} + W) = \mathbf{A}\alpha_{r+1} + W = a_{r+1,r+1}(\alpha_{r+1} + W) + \cdots + a_{n,r+1}(\alpha_n + W),$$
$$\cdots$$
$$\widetilde{\mathbf{A}}(\alpha_n + W) = \mathbf{A}\alpha_n + W = a_{r+1,n}(\alpha_{r+1} + W) + \cdots + a_{nn}(\alpha_n + W).$$

因此 $\widetilde{\mathbf{A}}$ 在 V/W 的一个基 $\alpha_{r+1}+W,\cdots,\alpha_n+W$ 下的矩阵是

$$\begin{pmatrix} a_{r+1,r+1} & \cdots & a_{r+1,n} \\ \vdots & & \vdots \\ a_{n,r+1} & \cdots & a_{nn} \end{pmatrix} = A_2.$$

充分性。设 $\mathbf{A}$ 有一个非平凡的子空间 W。设 $\dim W=r, 0<r<n$。在 W 中取一个基 $\alpha_1,\cdots,\alpha_r$，把它扩充成 V 的一个基：$\alpha_1,\cdots,\alpha_r,\alpha_{r+1},\cdots,\alpha_n$。因为 $\mathbf{A}\alpha_i\in W, i=1,\cdots,r$。因此 $\mathbf{A}$ 在 V 的基 $\alpha_1,\cdots,\alpha_r,\alpha_{r+1},\cdots,\alpha_n$ 下的矩阵 A 具有形式

$$\begin{pmatrix} A_1 & A_3 \\ 0 & A_2 \end{pmatrix},$$

其中 A_1 是 $\mathbf{A}|W$ 在 W 的一个基 $\alpha_1,\cdots,\alpha_r$ 下的矩阵，与必要性证明的最后一步一样，可以知道 A_2 是 $\widetilde{\mathbf{A}}$ 在 V/W 的一个基 $\alpha_{r+1}+W,\cdots,\alpha_n+W$ 下的矩阵。■

例9 设 $\mathbf{A}$ 是域 F 上 n 维线性空间 V 上的一个线性变换，W 是 $\mathbf{A}$ 的一个非平凡不变子空间，$\mathbf{A}$，$\mathbf{A}|W$ 的特征多项式分别为 $f(\lambda)$，$f_1(\lambda)$；$\mathbf{A}$ 在商空间 V/W 诱导的线性变换 $\widetilde{\mathbf{A}}$ 的特征多项式为 $f_2(\lambda)$。证明：

$$f(\lambda) = f_1(\lambda)f_2(\lambda).$$

证明 在 W 中取一个基 $\alpha_1,\cdots,\alpha_r$，把它扩充成 V 的一个基 $\alpha_1,\cdots,\alpha_r,\alpha_{r+1},\cdots,\alpha_n$。则据例8得，$\mathbf{A}$ 在 V 的这个基下的矩阵 A 为

$$A = \begin{pmatrix} A_1 & A_3 \\ 0 & A_2 \end{pmatrix},$$

其中 A_1 是 $\mathbf{A}|W$ 在 W 的基 $\alpha_1,\cdots,\alpha_r$ 下的矩阵，A_2 是 $\widetilde{\mathbf{A}}$ 在商空间 V/W 的一个基 $\alpha_{r+1}+W$，$\cdots,\alpha_n+W$ 下的矩阵。由于

$$|\lambda I - A| = \begin{vmatrix} \lambda I_r - A_1 & -A_3 \\ 0 & \lambda I_{n-r} - A_2 \end{vmatrix}$$
$$= |\lambda I_r - A_1| \cdot |\lambda I_{n-r} - A_2|,$$

因此

$$f(\lambda) = f_1(\lambda)f_2(\lambda).$$

■

例 10 设 $\boldsymbol{A}$ 是域 F 上 n 维线性空间 V 上的线性变换，λ_0 是 $\boldsymbol{A}$ 的一个特征值。证明：λ_0 的几何重数不超过它的代数重数。

证法一 设 $\boldsymbol{A}$ 的矩阵表示为 A，对矩阵 A 运用已有的结论，即得 λ_0 的几何重数不超过它的代数重数。

证法二 设 λ_0 的几何重数为 r，即 $\dim V_{\lambda_0}=r$。

若 $\boldsymbol{A}$ 是数乘变换，则对于 V 中任一非零向量 α 有 $\boldsymbol{A}\alpha=\lambda_0\alpha$。从而 $V_{\lambda_0}=V$，即 $r=n$。又数乘变换 $\boldsymbol{\lambda}_0$ 的特征多项式为 $|\lambda I-\lambda_0 I|=(\lambda-\lambda_0)^n$，因此 λ_0 的代数重数为 n，从而 λ_0 的几何重数等于它的代数重数。

下设 $\boldsymbol{A}$ 不是数乘变换，则 $V_{\lambda_0}\subsetneqq V$，于是 V_{λ_0} 是 $\boldsymbol{A}$ 的一个非平凡不变子空间，据例 8 得，$\boldsymbol{A}$ 的矩阵表示 A 为

$$A=\begin{pmatrix} A_1 & A_3 \\ 0 & A_2 \end{pmatrix},$$

其中 A_1 是 $\boldsymbol{A}|V_{\lambda_0}$ 在 V_{λ_0} 的一个基下的矩阵，因此 A_1 是 r 级矩阵。由于 $\boldsymbol{A}|V_{\lambda_0}=\boldsymbol{\lambda}_0$，因此 $A_1=\lambda_0 I$。从而

$$|\lambda I-A|=|\lambda I_r-A_1|\,|\lambda I_{n-r}-A_2|=(\lambda-\lambda_0)^r\,|\lambda I_{n-r}-A_2|.$$

于是 λ_0 的代数重数至少是 r。 ■

例 11 设 $\boldsymbol{A}$ 是复数域上 n 维线性空间 V 上的线性变换，证明：$\boldsymbol{A}$ 可对角化当且仅当 $\boldsymbol{A}$ 的每一个特征值的几何重数等于它的代数重数。

证明 必要性。设 $\boldsymbol{A}$ 可对角化，则根据 9.4 节命题 1 的必要性得，$\boldsymbol{A}$ 的每个特征值的代数重数等于它的几何重数。

充分性。由于 V 是复数域上的线性空间，因此 $\boldsymbol{A}$ 的特征多项式 $f(\lambda)=(\lambda-\lambda_1)^{r_1}(\lambda-\lambda_2)^{r_2}\cdots(\lambda-\lambda_s)^{r_s}$。若 $\boldsymbol{A}$ 的每个特征值 λ_i 的代数重数等于它的几何重数 r_i，$i=1,2,\cdots,s$，则据 9.4 节命题 1 的充分性得，$\boldsymbol{A}$ 可对角化。 ■

例 12 设 V 是域 F 上的 n 维线性空间，V 上线性变换 $\boldsymbol{A}$ 在 V 的一个基 $\alpha_1,\alpha_2,\cdots,\alpha_n$ 下的矩阵 A 为

$$A=\begin{pmatrix} a & 1 & 0 & \cdots & 0 & 0 \\ 0 & a & 1 & \cdots & 0 & 0 \\ \vdots & \vdots & \vdots & & \vdots & \vdots \\ 0 & 0 & 0 & \cdots & a & 1 \\ 0 & 0 & 0 & \cdots & 0 & a \end{pmatrix}.$$

(1) 证明：若 $\boldsymbol{A}$ 的一个不变子空间 W 有向量 α_n，则 $W=V$；

(2) 证明：α_1 属于 $\boldsymbol{A}$ 的任意一个非零不变子空间；

(3) 证明：V 不能分解成 $\mathbf{A}$ 的两个非平凡不变子空间的直和；

(4) 求 $\mathbf{A}$ 的所有不变子空间。

(1) **证明**　由于 $\alpha_n \in W$，因此 $\mathbf{A}\alpha_n = \alpha_{n-1} + a\alpha_n \in W$。从而 $\alpha_{n-1} \in W$，于是 $\mathbf{A}\alpha_{n-1} = \alpha_{n-2} + a\alpha_{n-1} \in W$。从而 $\alpha_{n-2} \in W$。依此类推，可得，$\alpha_{n-3} \in W, \cdots, \alpha_1 \in W$。因此 $W = V$。

(2) **证明**　设 W 是 $\mathbf{A}$ 的任一非零不变子空间。取 $\beta \in W$，且 $\beta \neq 0$，设 $\beta = k_1\alpha_1 + k_2\alpha_2 + \cdots + k_s\alpha_s$，其中 $k_s \neq 0$。由于 $\mathbf{A}\beta \in W$，因此

$$k_1 a\alpha_1 + k_2(\alpha_1 + a\alpha_2) + \cdots + k_s(\alpha_{s-1} + a\alpha_s) = a\beta + (k_2\alpha_1 + \cdots + k_s\alpha_{s-1}) \in W.$$

由此得出，$k_2\alpha_1 + \cdots + k_s\alpha_{s-1} \in W$。用 $\mathbf{A}$ 作用，得

$$k_2 a\alpha_1 + k_3(\alpha_1 + a\alpha_2) + \cdots + k_s(\alpha_{s-2} + a\alpha_{s-1}) \in W.$$

由此得出，$k_3\alpha_1 + \cdots + k_s\alpha_{s-2} \in W$。依次用 $\mathbf{A}$ 作用，最后可得 $k_s\alpha_1 \in W$，由于 $k_s \neq 0$，因此$\alpha_1 \in W$。

(3) **证明**　由第(2)小题得，$\mathbf{A}$ 的任意两个非零不变子空间含有公共向量 α_1，从而立得结论。

(4) **解**　设 W 是 $\mathbf{A}$ 的非零不变子空间，$\dim W = m$。在 W 中取一个基 $\alpha_1, \beta_2, \cdots, \beta_m$。设

$$\begin{aligned}\beta_2 &= k_{21}\alpha_1 + k_{22}\alpha_2 + \cdots + k_{2s}\alpha_s,\\ &\cdots\\ \beta_m &= k_{m1}\alpha_1 + k_{m2}\alpha_2 + \cdots + k_{ms}\alpha_s,\end{aligned}$$

其中 $k_{2s}, \cdots, k_{ms}$ 不全为 0，不妨设 $k_{2s} \neq 0$。由于 $\alpha_1, \beta_2, \cdots, \beta_m$ 可以由 $\alpha_1, \alpha_2, \cdots, \alpha_s$ 线性表出，因此 $m \leqslant s$。由于 $\mathbf{A}\beta_2 \in W$，因此

$$\begin{aligned}&k_{21} a\alpha_1 + k_{22}(\alpha_1 + a\alpha_2) + \cdots + k_{2s}(\alpha_{s-1} + a\alpha_s)\\ &= a\beta_2 + k_{22}\alpha_1 + \cdots + k_{2s}\alpha_{s-1} \in W.\end{aligned}$$

由此推出，$k_{22}\alpha_1 + \cdots + k_{2s}\alpha_{s-1} \in W$。考虑它在 $\mathbf{A}$ 下的象，得

$$\begin{aligned}&k_{22} a\alpha_1 + k_{23}(\alpha_1 + a\alpha_2) + \cdots + k_{2s}(\alpha_{s-2} + a\alpha_{s-1})\\ &= a(k_{22}\alpha_1 + k_{23}\alpha_2 + \cdots + k_{2s}\alpha_{s-1}) + k_{23}\alpha_1 + \cdots + k_{2s}\alpha_{s-2} \in W.\end{aligned}$$

由此推出，$k_{23}\alpha_1 + \cdots + k_{2s}\alpha_{s-2} \in W$。$\mathbf{A}$ 继续作用下去，可得 $k_{2,s-1}\alpha_1 + k_{2s}\alpha_2 \in W$。于是 $k_{2s}\alpha_2 \in W$。由于 $k_{2s} \neq 0$，因此 $\alpha_2 \in W$。在上面用 $\mathbf{A}$ 作用的倒数第二步可得，$k_{2,s-2}\alpha_1 + k_{2,s-1}\alpha_2 + k_{2s}\alpha_3 \in W$，由此得出，$k_{2s}\alpha_3 \in W$，从而 $\alpha_3 \in W$。依次返回上去，可得 $\alpha_4 \in W, \cdots, \alpha_{s-1} \in W$，再从 β_2 的表达式可得 $\alpha_s \in W$。于是 $\alpha_1, \alpha_2, \cdots, \alpha_{s-1}, \alpha_s$ 可由 $\alpha_1, \beta_2, \cdots, \beta_m$ 线性表出。从而 $s \leqslant m$。又由于 $m \leqslant s$，因此 $s = m$。于是

$$W = \langle \alpha_1, \alpha_2, \cdots, \alpha_m \rangle.$$

由于 $\mathbf{A}\alpha_1 = a\alpha_1 \in W, \mathbf{A}\alpha_2 = \alpha_1 + a\alpha_2 \in W, \cdots, \mathbf{A}\alpha_m = \alpha_{m-1} + a\alpha_m \in W$，因此 $\langle \alpha_1, \alpha_2, \cdots, \alpha_m \rangle$ 的确

是 **A** 的一个不变子空间。

这证明了：若 **A** 的非零不变子空间 W 的维数为 m，则 $W=\langle\alpha_1,\alpha_2,\cdots,\alpha_m\rangle$。从而 **A** 的所有不变子空间为

$$0,\langle\alpha_1\rangle,\langle\alpha_1,\alpha_2\rangle,\cdots,\langle\alpha_1,\alpha_2,\cdots,\alpha_{n-1}\rangle,V,$$

一共有 $n+1$ 个。

点评 例 12 的第(4)小题，对于 $m\in\{1,2,\cdots,n\}$，A 可以写成分块上三角矩阵的形式：

$$\begin{pmatrix} A_1 & A_3 \\ 0 & A_2 \end{pmatrix},$$

其中

$$A_1=\begin{pmatrix} a & 1 & 0 & \cdots & 0 \\ 0 & a & 1 & \cdots & 0 \\ \vdots & \vdots & \vdots & & \vdots \\ 0 & 0 & 0 & \cdots & a \end{pmatrix}$$

是 m 级矩阵，据例 8 得，**A** 有非平凡不变子空间 $W=\langle\alpha_1,\alpha_2,\cdots,\alpha_m\rangle$。用这种方法可以很快得出 **A** 有下列不变子空间：

$$0,\langle\alpha_1\rangle,\langle\alpha_1,\alpha_2\rangle,\cdots,\langle\alpha_1,\alpha_2,\cdots,\alpha_{n-1}\rangle,V.$$

但是用这种方法尚未证明 **A** 只有这 $n+1$ 个不变子空间，因此还需要上面写的求解过程：设 W 是 **A** 的 m 维不变子空间，去证 $W=\langle\alpha_1,\alpha_2,\cdots,\alpha_m\rangle$，从而 **A** 只有上述 $n+1$ 个不变子空间。

例 13 在 $K[x]_n$ 中，求出求导数 **D** 的所有不变子空间。

解 **D** 在 $K[x]_n$ 的一个基 $1,x,\frac{1}{2!}x^2,\frac{1}{3!}x^3,\cdots,\frac{1}{(n-1)!}x^{n-1}$ 下的矩阵 D 为

$$D=\begin{pmatrix} 0 & 1 & 0 & 0 & \cdots & 0 \\ 0 & 0 & 1 & 0 & \cdots & 0 \\ 0 & 0 & 0 & 1 & \cdots & 0 \\ \vdots & \vdots & \vdots & \vdots & & \vdots \\ 0 & 0 & 0 & 0 & \cdots & 1 \\ 0 & 0 & 0 & 0 & \cdots & 0 \end{pmatrix}$$

据例 12 第(4)小题的结论得，**D** 的所有不变子空间为

$$0,\langle 1\rangle,\langle 1,x\rangle,\langle 1,x,\frac{1}{2!}x^2\rangle,\cdots,\langle 1,x,\frac{1}{2!}x^2,\cdots,\frac{1}{(n-2)!}x^{n-2}\rangle,K[x]_n,$$

一共有 $n+1$ 个。

例 14 设 V 是复数域上的 n 维线性空间，V 上的线性变换 $\mathbf{A}$ 有 n 个不同的特征值 λ_1，λ_2，…，λ_n，求 $\mathbf{A}$ 的所有不变子空间，并且求出 $\mathbf{A}$ 的不变子空间的个数。

解 由于 $\mathbf{A}$ 有 n 个不同的特征值，因此 $\mathbf{A}$ 有 n 个线性无关的特征向量，从而 $\mathbf{A}$ 可对角化，于是

$$\dim V_{\lambda_1} + \dim V_{\lambda_2} + \cdots + \dim V_{\lambda_n} = n.$$

由于 $\dim V_{\lambda_i} \geqslant 1 (i=1,2,\cdots,n)$，因此 $\dim V_{\lambda_i} = 1, i=1,2,\cdots,n$。$V_{\lambda_i} (i=1,2,\cdots,n)$ 都是 $\mathbf{A}$ 的不变子空间，由于 $\mathbf{A}$ 的不变子空间的和仍为 $\mathbf{A}$ 的不变子空间，因此

$$V_{\lambda_{j_1}} + V_{\lambda_{j_2}} + \cdots + V_{\lambda_{j_r}}$$

仍是 $\mathbf{A}$ 的不变子空间，其中 $1 \leqslant j_1 < j_2 < \cdots < j_r \leqslant n, r=1,2,\cdots,n$。由于 $\mathbf{A}$ 的属于不同特征值的特征向量线性无关，因此 $V_{\lambda_{j_1}} + V_{\lambda_{j_2}} + \cdots + V_{\lambda_{j_r}}$ 是直和，并且对于给定的 r，形如 $V_{\lambda_{j_1}} \oplus V_{\lambda_{j_2}} \oplus \cdots \oplus V_{\lambda_{j_r}} (1 \leqslant j_1 < j_2 < \cdots < j_r \leqslant n)$ 的 $\mathbf{A}$-子空间有 C_n^r 个。这样我们已经求出的 $\mathbf{A}$-子空间的个数为

$$1 + C_n^1 + C_n^2 + \cdots + C_n^n = (1+1)^n = 2^n.$$

下面我们来论证 $\mathbf{A}$ 的不变子空间只有上述 2^n 个。

任取 $\mathbf{A}$ 的一个非零不变子空间 W，设 $\dim W = m$。由于 W 是复数域上的线性空间，因此 W 上的线性变换 $\mathbf{A}|W$ 有特征值。取 $\mathbf{A}|W$ 的一个特征值 μ，则存在 $\eta \in W$ 且 $\eta \neq 0$ 使得 $(\mathbf{A}|W)\eta = \mu\eta$，即 $\mathbf{A}\eta = \mu\eta$。因此 μ 是 $\mathbf{A}$ 的一个特征值，即 μ 等于某个 λ_l。由于 $\dim V_{\lambda_l} = 1$，因此 $V_{\lambda_l} \subseteq W$。由于 $\mathbf{A}$ 的 n 个特征值两两不等，因此 $\mathbf{A}|W$ 的特征值也两两不等，由于 $\dim W = m$，因此 $\mathbf{A}|W$ 的特征多项式是 m 次多项式，从而 $\mathbf{A}|W$ 有 m 个不同的特征值 λ_{l_1}，λ_{l_2}，…，λ_{l_m}。于是 $\mathbf{A}|W$ 可对角化。因此 $W = V_{\lambda_{l_1}} \oplus V_{\lambda_{l_2}} \oplus \cdots \oplus V_{\lambda_{l_m}}$。这证明了 $\mathbf{A}$ 的任一非零不变子空间都是上面列出的 $2^n - 1$ 个非零不变子空间之一，所以 $\mathbf{A}$ 的不变子空间只有上述 2^n 个。

例 15 设 $\mathbf{A}$ 是域 F 上的线性空间 V 上的线性变换。证明：如果 W 是 $\mathbf{A}$ 的不变子空间，那么 $\mathbf{A}W$ 和 W 在 $\mathbf{A}$ 下的原象集 $\mathbf{A}^{-1}W$ 都是 $\mathbf{A}$ 的不变子空间。

证明 任取 $\gamma \in \mathbf{A}W$，则存在 $\beta \in W$ 使得 $\gamma = \mathbf{A}\beta$，由于 W 是 $\mathbf{A}$-子空间，因此 $\mathbf{A}\beta \in W$，即 $\gamma \in W$，从而 $\mathbf{A}\gamma \in \mathbf{A}W$。因此 $\mathbf{A}W$ 是 $\mathbf{A}$-子空间。

任取 $\alpha \in \mathbf{A}^{-1}W$，则 $\mathbf{A}\alpha \in W$，由于 W 是 $\mathbf{A}$-子空间，因此 $\mathbf{A}(\mathbf{A}\alpha) \in W$，从而 $\mathbf{A}\alpha \in \mathbf{A}^{-1}W$，这证明了 $\mathbf{A}^{-1}W$ 是 $\mathbf{A}$-子空间。 ■

例 16 对于例 12 中 V 上的线性变换 $\mathbf{A}$，求 $\mathbf{A}$ 的全部特征子空间；$\mathbf{A}$ 的任一非零不变子空间是否包含 $\mathbf{A}$ 的特征子空间？

解 $|\lambda I - A| = (\lambda - a)^n$。从而 $\mathbf{A}$ 的全部特征值是 a（n 重），于是 $\mathbf{A}$ 的特征子空间只有一个：V_a。

解齐次线性方程组$(aI-A)\boldsymbol{x}=\boldsymbol{0}$，求出一个基础解系为$(1,0,\cdots,0)'$，因此$\boldsymbol{A}$的属于特征值$a$的全部特征向量为$\{k\alpha_1 \mid k\in F,且 k\neq 0\}$，于是$V_a=\langle\alpha_1\rangle$。

据例 12 第(2)小题得，$\boldsymbol{A}$的任一非零不变子空间都包含V_a。

例 17 设V是实数域上的n维线性空间。证明：V上的任一线性变换$\boldsymbol{A}$必有一个 1 维不变子空间或者 2 维不变子空间。

证明 情形 1 $\boldsymbol{A}$有一个特征值λ_1，设ξ_1是$\boldsymbol{A}$的属于特征值λ_1的一个特征向量，则$\langle\xi_1\rangle$是$\boldsymbol{A}$的 1 维不变子空间。

情形 2 $\boldsymbol{A}$没有特征值，则$\boldsymbol{A}$的特征多项式$f(\lambda)$没有实根。设$\boldsymbol{A}$在V的一个基$\alpha_1,\alpha_2,\cdots,\alpha_n$下的矩阵为$A$。取$f(\lambda)$的一对共轭虚根：$z_1,\bar{z}$，其中$z_1=a+b\mathrm{i},a,b\in\mathbf{R}$。把$A$看成复数域上的矩阵，则$z_1,\bar{z}_1$都是$A$的特征值。设$\boldsymbol{X}_1=\boldsymbol{X}_{11}+\mathrm{i}\boldsymbol{X}_{12}$是$A$的属于特征值$z_1$的一个特征向量，其中$\boldsymbol{X}_{11},\boldsymbol{X}_{12}\in\mathbf{R}^n$。从$A\boldsymbol{X}_1=z_1\boldsymbol{X}_1$得

$$\begin{aligned}A\boldsymbol{X}_{11}+\mathrm{i}A\boldsymbol{X}_{12}&=(a+b\mathrm{i})(\boldsymbol{X}_{11}+\mathrm{i}\boldsymbol{X}_{12})\\&=(a\boldsymbol{X}_{11}-b\boldsymbol{X}_{12})+\mathrm{i}(b\boldsymbol{X}_{11}+a\boldsymbol{X}_{12}).\end{aligned}$$

由此推出

$$A\boldsymbol{X}_{11}=a\boldsymbol{X}_{11}-b\boldsymbol{X}_{12},A\boldsymbol{X}_{12}=b\boldsymbol{X}_{11}+a\boldsymbol{X}_{12}. \tag{13}$$

令 $\beta_1=(\alpha_1,\alpha_2,\cdots,\alpha_n)\boldsymbol{X}_{11},\beta_2=(\alpha_1,\alpha_2,\cdots,\alpha_n)\boldsymbol{X}_{12}$，

则V中向量β_1,β_2在基$\alpha_1,\alpha_2,\cdots,\alpha_n$下的坐标分别为$\boldsymbol{X}_{11},\boldsymbol{X}_{12}$，从(13)式得

$$\boldsymbol{A}\beta_1=a\beta_1-b\beta_2,\boldsymbol{A}\beta_2=b\beta_1+a\beta_2. \tag{14}$$

令$W=\langle\beta_1,\beta_2\rangle$，从(14)式看出，$\boldsymbol{A}\beta_1\in W,\boldsymbol{A}\beta_2\in W$。因此$W$是$\boldsymbol{A}$的一个不变子空间，假如$\beta_1,\beta_2$线性相关，则$\boldsymbol{X}_{11},\boldsymbol{X}_{12}$线性相关，由于特征向量$\boldsymbol{X}_1\neq\boldsymbol{0}$，因此$\boldsymbol{X}_{11},\boldsymbol{X}_{12}$不全为$\boldsymbol{0}$，不妨设$\boldsymbol{X}_{11}\neq\boldsymbol{0}$。则$\boldsymbol{X}_{12}=c\boldsymbol{X}_{11}$，由(13)式得

$$A\boldsymbol{X}_{11}=a\boldsymbol{X}_{11}-bc\boldsymbol{X}_{11}=(a-bc)\boldsymbol{X}_{11}. \tag{15}$$

于是有$\boldsymbol{A}\beta_1=(a-bc)\beta_1$，又由于$\beta_1\neq 0$，因此$\boldsymbol{A}$有特征值$a-bc$，矛盾，因此$\beta_1,\beta_2$线性无关。从而$\dim W=2$。 ■

例 18 设U是过原点O的一个平面上所有定位向量组成的线性空间，σ是这个平面绕点O转角为θ的旋转，其中$\theta\neq k\pi,k\in\mathbf{Z}$。证明：$\sigma$没有非平凡的不变子空间。

证明 U是实数域上的 2 维线性空间，由于$\theta\neq k\pi$，因此U中任一非零向量都不是旋转σ的特征向量。据本节命题 4 得，σ没有 1 维的不变子空间，因此σ没有非平凡的不变子空间。 ■

例 19 把实数域$\mathbf{R}$看成有理数域$\mathbf{Q}$上的线性空间，给定正整数$n(n>1)$，令

$$\boldsymbol{A}(x)=\sqrt[n]{3}\,x,\forall x\in\mathbf{R}.$$

求$\mathbf{R}$上的线性变换$\boldsymbol{A}$的一个非平凡有限维不变子空间W，并且求W的一个基和维数。

解　由于 $\mathbf{A}(1)=\sqrt[n]{3},\mathbf{A}(\sqrt[n]{3})=\sqrt[n]{3}\sqrt[n]{3}=\sqrt[n]{3^2},\cdots,\mathbf{A}(\sqrt[n]{3^{n-2}})=\sqrt[n]{3}\sqrt[n]{3^{n-2}}=\sqrt[n]{3^{n-1}}$,

$$\mathbf{A}(\sqrt[n]{3^{n-1}})=\sqrt[n]{3}\sqrt[n]{3^{n-1}}=\sqrt[n]{3^n}=3.$$

因此 $W=\langle 1,\sqrt[n]{3},\sqrt[n]{3^2},\cdots,\sqrt[n]{3^{n-2}},\sqrt[n]{3^{n-1}}\rangle$ 是 $\mathbf{A}$ 的一个非平凡有限维不变子空间。据 8.1 节典型例题的例 20 得，$1,\sqrt[n]{3},\sqrt[n]{3^2},\cdots,\sqrt[n]{3^{n-1}}$ 线性无关，因此它们是 W 的一个基，从而 $\dim W=n$。

例 20　设 $\mathbf{A}$ 是域 F 上 n 维线性空间 V 上的一个线性变换，$\mathbf{A}$ 在 V 的一个基 $\alpha_1,\alpha_2,\cdots,\alpha_n$ 下的矩阵 A 为

$$A=\begin{pmatrix} & & & & a_1 \\ 0 & & & a_2 & \\ & & \cdot^{\cdot^{\cdot}} & & \\ & a_{n-1} & & & 0 \\ a_n & & & & \end{pmatrix}.$$

试问：V 是否可以分解成 $\mathbf{A}$ 的 2 维或 1 维不变子空间的直和？

解　　$\mathbf{A}\alpha_1=a_n\alpha_n,\mathbf{A}\alpha_2=a_{n-1}\alpha_{n-1},\cdots,\mathbf{A}\alpha_{n-1}=a_2\alpha_2,\mathbf{A}\alpha_n=a_1\alpha_1.$

于是

$$\langle\alpha_1,\alpha_n\rangle,\langle\alpha_2,\alpha_{n-1}\rangle,\cdots,\langle\alpha_i,\alpha_{n-i+1}\rangle,\cdots$$

都是 $\mathbf{A}$ 的 2 维不变子空间。

情形 1　$n=2m$，由上述得

$$\langle\alpha_1,\alpha_{2m}\rangle,\langle\alpha_2,\alpha_{2m-1}\rangle,\cdots,\langle\alpha_m,\alpha_{m+1}\rangle$$

都是 $\mathbf{A}$ 的 2 维不变子空间，由于 $\alpha_1,\alpha_2,\cdots,\alpha_{2m}$ 是 V 的一个基，因此

$$V=\langle\alpha_1,\alpha_{2m}\rangle\oplus\langle\alpha_2,\alpha_{2m-1}\rangle\oplus\cdots\oplus\langle\alpha_m,\alpha_{m+1}\rangle.$$

情形 2　$n=2m+1$，由上述得

$$\langle\alpha_1,\alpha_{2m+1}\rangle,\langle\alpha_2,\alpha_{2m}\rangle,\cdots,\langle\alpha_m,\alpha_{m+2}\rangle,\langle\alpha_{m+1}\rangle$$

都是 $\mathbf{A}$ 的不变子空间，因此

$$V=\langle\alpha_1,\alpha_{2m+1}\rangle\oplus\langle\alpha_2,\alpha_m\rangle\oplus\cdots\oplus\langle\alpha_m,\alpha_{m+2}\rangle\oplus\langle\alpha_{m+1}\rangle.$$

例 21　设 V 是复数域上的 n 维线性空间，$\mathbf{A}$ 是 V 上的一个线性变换。证明：任给正整数 $r(1\leqslant r\leqslant n)$，$\mathbf{A}$ 有 r 维不变子空间。

证明　据《高等代数学习指导书(上册)》5.7 节例 6，任一 n 维复矩阵一定相似于一个上三角矩阵。因此存在 V 的一个基 $\alpha_1,\alpha_2,\cdots,\alpha_n$，使得 $\mathbf{A}$ 在此基下的矩阵 A 为上三角矩阵：

$$A=\begin{pmatrix}\lambda_1 & a_{12} & a_{13} & \cdots & a_{1n}\\ 0 & \lambda_2 & a_{23} & \cdots & a_{2n}\\ \vdots & \vdots & \vdots & & \vdots\\ 0 & 0 & 0 & \cdots & \lambda_n\end{pmatrix},$$

其中$\lambda_1,\lambda_2,\cdots,\lambda_n$是$\boldsymbol{A}$的全部特征值,任给$r(1\leqslant r<n)$。$A$可以写成分块矩阵形式:

$$A=\begin{pmatrix}A_1 & A_3\\ 0 & A_2\end{pmatrix},$$

其中

$$A_1=\begin{pmatrix}\lambda_1 & a_{12} & \cdots & a_{1r}\\ 0 & \lambda_2 & \cdots & a_{2r}\\ \vdots & \vdots & & \vdots\\ 0 & 0 & \cdots & \lambda_r\end{pmatrix}.$$

据本节例 8 得,$\boldsymbol{A}$有一个r维不变子空间$W=\langle\alpha_1,\alpha_2,\cdots,\alpha_r\rangle$。 ■

例 22 设V是域F上n维线性空间,$\boldsymbol{A}$是V上的一个线性变换。证明:$\boldsymbol{A}$是幂等变换的充分必要条件是

$$\operatorname{rank}(\boldsymbol{A})+\operatorname{rank}(\boldsymbol{A}-\boldsymbol{I})=n.$$

证明 V上的线性变换$\boldsymbol{A}$是幂等变换 $\Leftrightarrow$ $\boldsymbol{A}(\boldsymbol{A}-\boldsymbol{I})=\boldsymbol{0}$.

考虑域F上的一元多项式$f(x)=x(x-1)$,由于$(x,x-1)=1$,因此据本节定理 2 得,$\operatorname{Ker} f(\boldsymbol{A})=\operatorname{Ker}\boldsymbol{A}\oplus\operatorname{Ker}(\boldsymbol{A}-\boldsymbol{I})$,从而

$$\begin{aligned}\boldsymbol{A}\text{是幂等变换}\ &\Leftrightarrow\ \boldsymbol{A}(\boldsymbol{A}-\boldsymbol{I})=\boldsymbol{0}\\ &\Leftrightarrow\ f(\boldsymbol{A})=\boldsymbol{0}\\ &\Leftrightarrow\ V=\operatorname{Ker}\boldsymbol{A}\oplus\operatorname{Ker}(\boldsymbol{A}-\boldsymbol{I})\\ &\Leftrightarrow\ \dim V=\dim(\operatorname{Ker}\boldsymbol{A})+\dim(\operatorname{Ker}(\boldsymbol{A}-\boldsymbol{I}))\\ &\Leftrightarrow\ \operatorname{rank}(\boldsymbol{A})+\operatorname{rank}(\boldsymbol{A}-\boldsymbol{I})=n.\end{aligned}$$

其中倒数第二个“$\Leftrightarrow$”的“$\Leftarrow$”理由是:$\operatorname{Ker}\boldsymbol{A}+\operatorname{Ker}(\boldsymbol{A}-\boldsymbol{I})$是直和,因此$\dim(\operatorname{Ker}\boldsymbol{A}\oplus\operatorname{Ker}(\boldsymbol{A}-\boldsymbol{I}))=\dim(\operatorname{Ker}\boldsymbol{A})+\dim(\operatorname{Ker}(\boldsymbol{A}-\boldsymbol{I}))$。于是$\dim V=\dim(\operatorname{Ker}\boldsymbol{A}\oplus\operatorname{Ker}(\boldsymbol{A}-\boldsymbol{I}))$。从而$V=\operatorname{Ker}\boldsymbol{A}\oplus\operatorname{Ker}(\boldsymbol{A}-\boldsymbol{I})$。 ■

点评 例 22 用矩阵语言叙述就是:域F上的n级矩阵A是幂等矩阵当且仅当$\operatorname{rank}(A)+\operatorname{rank}(A-I)=n$。当$F$是数域时,在《高等代数学习指导书(上册)》4.5 节例 3 给出了两种证法。现在的例 22 给出了第三种证法。第三种证法最简便,这是由于利用了本节的定理 2。

例 23　设 V 是域 F 上的 n 维线性空间，$\text{char } F\neq 2$，$\boldsymbol{A}$ 是 V 上的一个线性变换。证明：$\boldsymbol{A}$ 是对合变换的充分必要条件是

$$\text{rank}(\boldsymbol{A}+\boldsymbol{I})+\text{rank}(\boldsymbol{A}-\boldsymbol{I})=n.$$

证明　在 $F[x]$ 中，令 $f(x)=(x+1)(x-1)$。由于域 F 的特征不等于 2，因此 $(x+1, x-1)=1$。据本节定理 2 得，$\text{Ker } f(\boldsymbol{A})=\text{Ker}(\boldsymbol{A}+\boldsymbol{I})\oplus\text{Ker}(\boldsymbol{A}-\boldsymbol{I})$，于是

V 上线性变换 $\boldsymbol{A}$ 是对合变换

$\Leftrightarrow\ \boldsymbol{A}^2=\boldsymbol{I}$

$\Leftrightarrow\ (\boldsymbol{A}+\boldsymbol{I})(\boldsymbol{A}-\boldsymbol{I})=\boldsymbol{0}$

$\Leftrightarrow\ f(\boldsymbol{A})=\boldsymbol{0}$

$\Leftrightarrow\ V=\text{Ker}(\boldsymbol{A}+\boldsymbol{I})\oplus\text{Ker}(\boldsymbol{A}-\boldsymbol{I})$

$\Leftrightarrow\ \dim V=\dim(\text{Ker}(\boldsymbol{A}+\boldsymbol{I}))+\dim(\text{Ker}(\boldsymbol{A}-\boldsymbol{I}))$

$\Leftrightarrow\ \text{rank}(\boldsymbol{A}+\boldsymbol{I})+\text{rank}(\boldsymbol{A}-\boldsymbol{I})=n.$ ■

例 24　求下述数域 K 上 n 级矩阵 A 的一个非零的零化多项式。

$$A=\begin{pmatrix} 0 & 1 & 0 & \cdots & 0 & 0 \\ 0 & 0 & 1 & \cdots & 0 & 0 \\ \vdots & \vdots & \vdots & & \vdots & \vdots \\ 0 & 0 & 0 & \cdots & 0 & 1 \\ 0 & 0 & 0 & \cdots & 0 & 0 \end{pmatrix}.$$

解　由于 $A^n=0$，因此 λ^n 是 A 的一个零化多项式。

例 25　证明：对于域 F 上的 n 级可逆矩阵 A，存在 F 中元素 $k_0, k_1, \cdots, k_{n-1}$，使得

$$A^{-1}=k_{n-1}A^{n-1}+\cdots+k_1A+k_0I.$$

证明　A 的特征多项式 $f(\lambda)=|\lambda I-A|$ 是 A 的一个零化多项式，设 $f(\lambda)=\lambda^n+b_{n-1}\lambda^{n-1}+\cdots+b_1\lambda+b_0$，则

$$A^n+b_{n-1}A^{n-1}+\cdots+b_1A+b_0I=0. \tag{16}$$

其中 $b_0=(-1)^n|A|$，由于 A 可逆，因此 $b_0\neq 0$，从(16)式得

$$A(-b_0^{-1}A^{n-1}-b_0^{-1}b_{n-1}A^{n-2}-\cdots-b_0^{-1}b_1I)=I. \tag{17}$$

因此　$A^{-1}=-b_0^{-1}A^{n-1}-b_0^{-1}b_{n-1}A^{n-2}-\cdots-b_0^{-1}b_1I.$ ■

例 26　设 A, B 分别是 n 级，m 级复矩阵。证明：矩阵方程 $AX-XB=0$ 只有零解的充分必要条件是 A 与 B 没有公共的特征值。

证明　必要性。假设 A 与 B 有公共的特征值 λ_0，则存在 $\boldsymbol{\alpha}\in\mathbf{C}^n$ 且 $\boldsymbol{\alpha}\neq\mathbf{0}$ 使得 $A\boldsymbol{\alpha}=\lambda_0\boldsymbol{\alpha}$。由于

$$|\lambda_0I-B'|=|(\lambda_0I-B)'|=|\lambda_0I-B|=0,$$

因此 λ_0 也是 B' 的一个特征值，从而存在 $\boldsymbol{\beta}\in\mathbf{C}^m$ 且 $\boldsymbol{\beta}\neq\mathbf{0}$，使得 $B'\boldsymbol{\beta}=\lambda_0\boldsymbol{\beta}$。于是 $\boldsymbol{\beta}'B=\lambda_0\boldsymbol{\beta}'$。从而

$$A(\boldsymbol{\alpha}\,\boldsymbol{\beta}')-(\boldsymbol{\alpha}\,\boldsymbol{\beta}')B=\lambda_0\boldsymbol{\alpha}\,\boldsymbol{\beta}'-\boldsymbol{\alpha}\,\lambda_0\,\boldsymbol{\beta}'=0.$$

因此 $\boldsymbol{\alpha\beta}'$ 是矩阵方程 $AX-XB=0$ 的一个解。

由于 $\boldsymbol{\alpha}\neq\mathbf{0}$，$\boldsymbol{\beta}\neq\mathbf{0}$，因此 $\boldsymbol{\alpha}$ 的某个分量 $a_i\neq0$，$\boldsymbol{\beta}$ 的某个分量 $b_j\neq0$。从而 $\boldsymbol{\alpha\beta}'$ 的 (i,j) 元 $a_ib_j\neq0$，因此 $\boldsymbol{\alpha\beta}'\neq0$，于是 $\boldsymbol{\alpha\beta}'$ 是 $AX-XB=0$ 的一个非零解。

充分性。设 A 与 B 没有公共的特征值，则 A 的特征多项式 $f(\lambda)$ 与 B 的特征多项式 $g(\lambda)$ 没有公共的复根，从而 $f(\lambda)$ 与 $B(\lambda)$ 在 $\mathbf{C}[\lambda]$ 中互素。于是存在 $u(\lambda),v(\lambda)\in\mathbf{C}[\lambda]$，使得 $u(\lambda)f(\lambda)+v(\lambda)g(\lambda)=1$，$x$ 用 A 代入，得

$$u(A)f(A)+v(A)g(A)=I.$$

由于 $f(A)=0$，因此 $g(A)$ 可逆。设 $n\times m$ 级复矩阵 C 是矩阵方程 $AX-XB=0$ 的一个解，则 $AC=CB$。设

$$g(\lambda)=\lambda^m+b_{m-1}\lambda^{m-1}+\cdots+b_1\lambda+b_0,$$

则

$$\begin{aligned}g(A)C&=(A^m+b_{m-1}A^{m-1}+\cdots+b_1A+b_0I)C\\&=C(B^m+b_{m-1}B^{m-1}+\cdots+b_1B+b_0I)\\&=Cg(B)=C\cdot0=0.\end{aligned}$$

两边左乘 $g(A)^{-1}$，即得 $C=0$，因此 $AX-XB=0$ 只有零解。 ■

例 27 给出 Hamilton-Cayley 定理的另一证法，即设 $\mathbf{A}$ 是域 F 上 n 维线性空间 V 上的一个线性变换，证明：$\mathbf{A}$ 的特征多项式 $f(\lambda)$ 是 $\mathbf{A}$ 的一个零化多项式。

证明 先设域 F 是一个代数封闭域(即域 F 使得 $F[x]$ 中每一个次数大于 0 的多项式在 F 中有根)，对线性空间的维数 n 作数学归纳法。

$n=1$ 时，设 $V=\langle\alpha\rangle$，则 $\mathbf{A}\alpha=k\alpha$ 对某个 $k\in F$。于是 $\mathbf{A}(l\alpha)=l\mathbf{A}\alpha=lk\alpha=k(l\alpha)$，$\forall\, l\in F$，从而 $\mathbf{A}=\boldsymbol{k}$，且 $\mathbf{A}$ 的特征多项式 $f(\lambda)=\lambda-k$。因此 $f(\mathbf{A})=\mathbf{A}-k\boldsymbol{I}=\mathbf{0}$。

假设命题对于 $n-1$ 维线性空间成立，现在来看 n 维线性空间 V 上的线性变换 $\mathbf{A}$。由于 F 是代数封闭域，因此 $\mathbf{A}$ 有特征值，取 $\mathbf{A}$ 的一个特征值 λ_1，设 ξ_1 是 $\mathbf{A}$ 的属于特征值 λ_1 的一个特征向量，令 $W=\langle\xi_1\rangle$，则 W 是 $\mathbf{A}$ 的不变子空间。用 $f(\lambda)$，$f_1(\lambda)$，$f_2(\lambda)$ 分别表示 $\mathbf{A}$，$\mathbf{A}|W$，$\widetilde{\mathbf{A}}$ 的特征多项式，其中 $\widetilde{\mathbf{A}}$ 是 $\mathbf{A}$ 在 V/W 上诱导的线性变换。据例 9 得，$f(\lambda)=f_1(\lambda)f_2(\lambda)$。根据归纳假设得，$f_2(\widetilde{\mathbf{A}})=\mathbf{0}$。

任取 $\alpha\in V$，有 $W=f_2(\widetilde{\mathbf{A}})(\alpha+W)=f_2(\mathbf{A})\alpha+W$，因此 $f_2(\mathbf{A})\alpha\in W$。由于 W 是 1 维的，因此 $f_1(\mathbf{A}|W)=\mathbf{0}$。从而

$$f(\mathbf{A})\alpha=f_1(\mathbf{A})f_2(\mathbf{A})\alpha=f_1(\mathbf{A}\mid W))(f_2(\mathbf{A})\alpha)=0.$$

由此得出，$f(\mathbf{A})=\mathbf{0}$。

根据数学归纳法原理，命题对一切正整数成立。

下面设 F 是任一域，设域 E 包含 F，且域 E 是代数封闭域，对于域 F 上 n 维线性空间 V 上的线性变换 $\boldsymbol{A}$，设 $\boldsymbol{A}$ 在 V 的一个基下的矩阵为 A，则 $\boldsymbol{A}$ 的特征多项式 $f(\lambda)$ 也就是矩阵 A 的特征多项式 $|\lambda I-A|$。把 A 看成域 E 上的矩阵，由前面证得的结论用矩阵语言叙述就得到 $f(A)=0$。把 A 仍作为域 F 上的矩阵，便得到 $f(\boldsymbol{A})=\boldsymbol{0}$。■

例 28 设 $\boldsymbol{A}$ 是域 F 上线性空间 V 上的线性变换。证明：

(1) $\boldsymbol{A}$ 是幂等变换当且仅当 x^2-x 是 $\boldsymbol{A}$ 的一个零化多项式；

(2) $\boldsymbol{A}$ 是幂零指数为 l 的幂零变换当且仅当 x^l 是 $\boldsymbol{A}$ 的一个零化多项式，而当 $r<l$ 时，x^r 不是 $\boldsymbol{A}$ 的零化多项式；

(3) $\boldsymbol{A}$ 是对合变换当且仅当 x^2-1 是 $\boldsymbol{A}$ 的一个零化多项式；

(4) $\boldsymbol{A}$ 是周期为 m 的周期变换当且仅当 x^m-1 是 $\boldsymbol{A}$ 的一个零化多项式，而当 $r<m$ 时，x^r-1 不是 $\boldsymbol{A}$ 的零化多项式。

证明 (1) $\boldsymbol{A}$ 是幂等变换 $\Leftrightarrow$ $\boldsymbol{A}^2-\boldsymbol{A}=\boldsymbol{0}$ $\Leftrightarrow$ x^2-x 是 $\boldsymbol{A}$ 的一个零化多项式。

(2) $\boldsymbol{A}$ 是幂零指数为 l 的幂零变换

$\Leftrightarrow$ $\boldsymbol{A}^l=\boldsymbol{0}$，而 $\boldsymbol{A}^r\neq\boldsymbol{0}$，$r<l$

$\Leftrightarrow$ x^l 是 $\boldsymbol{A}$ 的一个零化多项式，而当 $r<l$ 时，x^r 不是 $\boldsymbol{A}$ 的零化多项式。

(3) $\boldsymbol{A}$ 是对合变换 $\Leftrightarrow$ $\boldsymbol{A}^2-\boldsymbol{I}=\boldsymbol{0}$ $\Leftrightarrow$ x^2-1 是 $\boldsymbol{A}$ 的一个零化多项式。

(4) $\boldsymbol{A}$ 是周期为 m 的周期变换

$\Leftrightarrow$ $\boldsymbol{A}^m=\boldsymbol{I}$，而 $\boldsymbol{A}^r\neq\boldsymbol{I}$，当 $r<m$

$\Leftrightarrow$ x^m-1 是 $\boldsymbol{A}$ 的一个零化多项式，而当 $r<m$ 时，x^r-1 不是 $\boldsymbol{A}$ 的零化多项式。■

例 29 设 A 和 B 分别是数域 K 上 n 级和 m 级矩阵。证明：如果 A 与 B 有 r 个两两不等的公共特征值，$0<r\leqslant\min\{n,m\}$，那么矩阵方程 $AX-XB=0$ 有秩为 r 的矩阵解。

证明 设 $\lambda_1,\lambda_2,\cdots,\lambda_r$ 两两不等，它们是 A 和 B 的公共特征值，则它们也是 B' 的特征值，从而在 K^n 中有非零向量 $\boldsymbol{\alpha}_1,\boldsymbol{\alpha}_2,\cdots,\boldsymbol{\alpha}_r$ 使得 $A\boldsymbol{\alpha}_i=\lambda_i\boldsymbol{\alpha}_i$，$i=1,2,\cdots,r$；在 K^m 中有非零向量 $\boldsymbol{\beta}_1,\boldsymbol{\beta}_2,\cdots,\boldsymbol{\beta}_r$ 使得 $B'\boldsymbol{\beta}_i=\lambda_i\boldsymbol{\beta}_i$，于是 $\boldsymbol{\beta}'_iB=\lambda_i\boldsymbol{\beta}'_i$，$i=1,2,\cdots,r$。令

$$C=(\boldsymbol{\alpha}_1,\boldsymbol{\alpha}_2,\cdots,\boldsymbol{\alpha}_r)\begin{pmatrix}\boldsymbol{\beta}'_1\\ \boldsymbol{\beta}'_2\\ \vdots\\ \boldsymbol{\beta}'_r\end{pmatrix},$$

则 C 是 $n\times m$ 矩阵。由于 $\lambda_1,\lambda_2,\cdots,\lambda_r$ 两两不等，因此 $\boldsymbol{\alpha}_1,\boldsymbol{\alpha}_2,\cdots,\boldsymbol{\alpha}_r$ 线性无关（A 的属于不同特征值的特征向量线性无关）；同理，$\boldsymbol{\beta}_1,\boldsymbol{\beta}_2,\cdots,\boldsymbol{\beta}_r$ 线性无关。从而

$$\operatorname{rank}(C)\leqslant\operatorname{rank}(\boldsymbol{\alpha}_1,\boldsymbol{\alpha}_2,\cdots,\boldsymbol{\alpha}_r)=r.$$

又据《高等代数学习指导书(上册)》4.5 节例 2 的 Sylvester 秩不等式，得

$$\operatorname{rank}(C) \geqslant \operatorname{rank}(\boldsymbol{\alpha}_1, \boldsymbol{\alpha}_2, \cdots, \boldsymbol{\alpha}_r) + \operatorname{rank}\begin{pmatrix} \boldsymbol{\beta}'_1 \\ \boldsymbol{\beta}'_2 \\ \vdots \\ \boldsymbol{\beta}'_r \end{pmatrix} - r = r.$$

因此 $\operatorname{rank}(C)=r$，并且有

$$\begin{aligned} AC - CB &= A(\boldsymbol{\alpha}_1, \boldsymbol{\alpha}_2, \cdots, \boldsymbol{\alpha}_r)\begin{pmatrix} \boldsymbol{\beta}'_1 \\ \boldsymbol{\beta}'_2 \\ \vdots \\ \boldsymbol{\beta}'_r \end{pmatrix} - (\boldsymbol{\alpha}_1, \boldsymbol{\alpha}_2, \cdots, \boldsymbol{\alpha}_r)\begin{pmatrix} \boldsymbol{\beta}'_1 \\ \boldsymbol{\beta}'_2 \\ \vdots \\ \boldsymbol{\beta}'_r \end{pmatrix} B \\ &= (\lambda_1\boldsymbol{\alpha}_1, \lambda_2\boldsymbol{\alpha}_2, \cdots, \lambda_r\boldsymbol{\alpha}_r)\begin{pmatrix} \boldsymbol{\beta}'_1 \\ \boldsymbol{\beta}'_2 \\ \vdots \\ \boldsymbol{\beta}'_r \end{pmatrix} - (\boldsymbol{\alpha}_1, \boldsymbol{\alpha}_2, \cdots, \boldsymbol{\alpha}_r)\begin{pmatrix} \lambda_1\boldsymbol{\beta}'_1 \\ \lambda_2\boldsymbol{\beta}'_2 \\ \vdots \\ \lambda_r\boldsymbol{\beta}'_r \end{pmatrix} \\ &= (\lambda_1\boldsymbol{\alpha}_1\boldsymbol{\beta}'_1 + \lambda_2\boldsymbol{\alpha}_2\boldsymbol{\beta}'_2 + \cdots + \lambda_r\boldsymbol{\alpha}_r\boldsymbol{\beta}'_r) - (\lambda_1\boldsymbol{\alpha}_1\boldsymbol{\beta}'_1 + \lambda_2\boldsymbol{\alpha}_2\boldsymbol{\beta}'_2 + \cdots + \lambda_r\boldsymbol{\alpha}_r\boldsymbol{\beta}'_r) \\ &= 0. \end{aligned}$$

即秩为 r 的矩阵 C 是 $AX-XB=0$ 的解。 ■

例 30 设 A 和 B 分别是复数域上 n 级、m 级矩阵。证明：如果矩阵方程 $AX-XB=0$ 有秩为 r 的矩阵解，$0<r\leqslant\min\{n,m\}$，那么 A 和 B 至少有 r 个公共的特征值(重根按重数计算)。

证明 设 C 是 $AX-XB=0$ 的解，且 $\operatorname{rank}(C)=r$。根据《高等代数学习指导书(上册)》第 5.2 节的推论 1 得，存在 n 级，m 级可逆的复矩阵 P,Q 使得

$$C = P\begin{pmatrix} I_r & 0 \\ 0 & 0 \end{pmatrix}Q. \tag{18}$$

由于 $AC=CB$，因此

$$AP\begin{pmatrix} I_r & 0 \\ 0 & 0 \end{pmatrix}Q = P\begin{pmatrix} I_r & 0 \\ 0 & 0 \end{pmatrix}QB.$$

从而

$$P^{-1}AP\begin{pmatrix} I_r & 0 \\ 0 & 0 \end{pmatrix} = \begin{pmatrix} I_r & 0 \\ 0 & 0 \end{pmatrix}QBQ^{-1}. \tag{19}$$

把 $P^{-1}AP$，QBQ^{-1} 写成分块矩阵形式：

$$P^{-1}AP = \begin{pmatrix} \overbrace{A_{11}}^{r} & \overbrace{A_{12}}^{n-r} \\ A_{21} & A_{22} \end{pmatrix} \begin{matrix} \}r \\ \}n-r \end{matrix}, QBQ^{-1} = \begin{pmatrix} \overbrace{B_{11}}^{r} & \overbrace{B_{12}}^{m-r} \\ B_{21} & B_{22} \end{pmatrix} \begin{matrix} \}r \\ \}m-r \end{matrix}.$$

从(19)式得

$$\begin{pmatrix} A_{11} & 0 \\ A_{21} & 0 \end{pmatrix} = \begin{pmatrix} B_{11} & B_{12} \\ 0 & 0 \end{pmatrix}. \tag{20}$$

由此得出

$$A_{11} = B_{11}, A_{21} = 0, B_{12} = 0. \tag{21}$$

因此

$$P^{-1}AP = \begin{pmatrix} A_{11} & A_{12} \\ 0 & A_{22} \end{pmatrix}, QBQ^{-1} = \begin{pmatrix} A_{11} & 0 \\ B_{21} & B_{22} \end{pmatrix}.$$

于是 $P^{-1}AP$ 的特征多项式 $f_1(\lambda)=|\lambda I_r-A_{11}||\lambda I_{n-r}-A_{22}|$，$QBQ^{-1}$ 的特征多项式 $f_2(\lambda)=|\lambda I_r-A_{11}||\lambda I_{m-r}-B_{22}|$。$f_1(\lambda)$ 与 $f_2(\lambda)$ 有公因式 $|\lambda I_r-A_{11}|$，它的次数为 r。由于相似的矩阵有相同的特征多项式，因此 $f_1(\lambda)$，$f_2(\lambda)$ 分别是 A，B 的特征多项式。由于 A 与 B 都是复数域上的矩阵，且 $|\lambda I_r-A_{11}|$ 有 r 个复根(重根按重数计算)，因此 A 与 B 至少有 r 个公共的特征值(重根按重数计算)。 ■

点评　例 30 的证明中关键之一是要把秩为 r 的矩阵 C 表示成 $C=P\begin{pmatrix} I_r & 0 \\ 0 & 0 \end{pmatrix}Q$，这表明《高等代数学习指导书(上册)》5.2 节推论 1 是很有用的结论，我们在那时就强调了这一点。另一个关键是把 $P^{-1}AP$ 和 QBQ^{-1} 写成分块矩阵的形式，以便揭示出它们的特征多项式有公因式 $|\lambda I_r-A_{11}|$。这利用了分块上三角矩阵的行列式很容易计算这一优点。例 30 和例 29 是相互关联的两个命题。如果例 29 中把条件放宽成 A 与 B 有 r 个公共的特征值(重根按重数计算)，那么结论要改成：$AX-XB=0$ 有秩小于或等于 r 的非零解。

例 31　设 $\mathbf{A}$ 是域 F 上线性空间 V 上的一个线性变换。设 $f(x)$，$g(x)\in F[x]$，并且它们的首项系数都为 1；$(f(x),g(x))=d(x)$，$[f(x),g(x)]=m(x)$。

证明：

$$\operatorname{Ker} d(\mathbf{A})=\operatorname{Ker} f(\mathbf{A})\cap\operatorname{Ker} g(\mathbf{A}), \tag{22}$$

$$\operatorname{Ker} m(\mathbf{A})=\operatorname{Ker} f(\mathbf{A})+\operatorname{Ker} g(\mathbf{A}). \tag{23}$$

证明　设 $f(x)=f_1(x)d(x)$，$g(x)=g_1(x)d(x)$。
则 $f(\mathbf{A})=f_1(\mathbf{A})d(\mathbf{A})$，$g(\mathbf{A})=g_1(\mathbf{A})d(\mathbf{A})$。由此得出

$$\operatorname{Ker} d(\mathbf{A}) \subseteq \operatorname{Ker} f(\mathbf{A}) \cap \operatorname{Ker} g(\mathbf{A}). \tag{24}$$

反之，任取 $\alpha\in\operatorname{Ker} f(\mathbf{A})\cap\operatorname{Ker} g(\mathbf{A})$，由于 $(f(x),g(x))=d(x)$，因此存在 $u(x)$，$v(x)\in F[x]$，使得

$$u(x)f(x)+v(x)g(x)=d(x). \tag{25}$$

x 用 $\boldsymbol{A}$ 代入,从(25)式得

$$u(\boldsymbol{A})f(\boldsymbol{A})+v(\boldsymbol{A})g(\boldsymbol{A})=d(\boldsymbol{A}). \tag{26}$$

于是
$$d(\boldsymbol{A})\alpha=u(\boldsymbol{A})f(\boldsymbol{A})\alpha+v(\boldsymbol{A})g(\boldsymbol{A})\alpha=0.$$

因此 $\alpha\in\text{Ker }d(\boldsymbol{A})$,从而 $\text{Ker }f(\boldsymbol{A})\cap\text{Ker }g(\boldsymbol{A})\subseteq\text{Ker }d(\boldsymbol{A})$。

所以 $\text{Ker }d(\boldsymbol{A})=\text{Ker }f(\boldsymbol{A})\cap\text{Ker }g(\boldsymbol{A})$。

由于 $f(x)g(x)=d(x)m(x)$,因此 $m(x)=f(x)g_1(x)=f_1(x)g(x)$。

x 用 $\boldsymbol{A}$ 代入,从上式得

$$m(\boldsymbol{A})=f(\boldsymbol{A})g_1(\boldsymbol{A})=f_1(\boldsymbol{A})g(\boldsymbol{A}). \tag{27}$$

从而 $\text{Ker }f(\boldsymbol{A})\subseteq\text{Ker }m(\boldsymbol{A})$,$\text{Ker }g(\boldsymbol{A})\subseteq\text{Ker }m(\boldsymbol{A})$,因此

$$\text{Ker }f(\boldsymbol{A})+\text{Ker }g(\boldsymbol{A})\subseteq\text{Ker }m(\boldsymbol{A}). \tag{28}$$

反之,任取 $\alpha\in\text{Ker }m(\boldsymbol{A})$,由于 $(f_1(x),g_1(x))=1$,因此存在 $u_1(x),v_1(x)\in F[x]$,使得

$$u_1(x)f_1(x)+v_1(x)g_1(x)=1. \tag{29}$$

x 用 $\boldsymbol{A}$ 代入,从(29)式得

$$u_1(\boldsymbol{A})f_1(\boldsymbol{A})+v_1(\boldsymbol{A})g_1(\boldsymbol{A})=\boldsymbol{I}. \tag{30}$$

于是
$$\alpha=u_1(\boldsymbol{A})f_1(\boldsymbol{A})\alpha+v_1(\boldsymbol{A})g_1(\boldsymbol{A})\alpha.$$

设 $\alpha_1=v_1(\boldsymbol{A})g_1(\boldsymbol{A})\alpha$,$\alpha_2=u_1(\boldsymbol{A})f_1(\boldsymbol{A})\alpha$,则

$$f(\boldsymbol{A})\alpha_1=f(\boldsymbol{A})v_1(\boldsymbol{A})g_1(\boldsymbol{A})\alpha=v_1(\boldsymbol{A})m(\boldsymbol{A})\alpha=0,$$
$$g(\boldsymbol{A})\alpha_2=g(\boldsymbol{A})u_1(\boldsymbol{A})f_1(\boldsymbol{A})\alpha=u_1(\boldsymbol{A})m(\boldsymbol{A})\alpha=0,$$

从而 $\alpha_1\in\text{Ker }f(\boldsymbol{A})$,$\alpha_2\in\text{Ker }g(\boldsymbol{A})$,因此

$$\alpha=\alpha_1+\alpha_2\in\text{Ker }f(\boldsymbol{A})+\text{Ker }g(\boldsymbol{A}).$$

于是 $\text{Ker }m(\boldsymbol{A})\subseteq\text{Ker }f(\boldsymbol{A})+\text{Ker }g(\boldsymbol{A})$。所以

$$\text{Ker }m(\boldsymbol{A})=\text{Ker }f(\boldsymbol{A})+\text{Ker }g(\boldsymbol{A}).$$ ■

例 32 设 $\boldsymbol{A}$ 是域 F 上 n 维线性空间 V 上的一个线性变换,设 $f(x),g(x)\in F[x]$,并且它们的首项系数都为 1;$(f(x),g(x))=d(x)$,$[f(x),g(x)]=m(x)$。
证明:

$$\text{rank}(f(\boldsymbol{A}))+\text{rank}(g(\boldsymbol{A}))=\text{rank}(d(\boldsymbol{A}))+\text{rank}(m(\boldsymbol{A})). \tag{31}$$

证明 据例 31 得

$$\text{Ker }d(\boldsymbol{A})=\text{Ker }f(\boldsymbol{A})\cap\text{Ker }g(\boldsymbol{A}),$$
$$\text{Ker }m(\boldsymbol{A})=\text{Ker }f(\boldsymbol{A})+\text{Ker }g(\boldsymbol{A}).$$

因此

$$\dim[\text{Ker }d(\boldsymbol{A})]+\dim[\text{Ker }m(\boldsymbol{A})]$$

$$= \dim[\operatorname{Ker} f(\mathbf{A}) \cap \operatorname{Ker} g(\mathbf{A})] + \dim[\operatorname{Ker} f(\mathbf{A}) + \operatorname{Ker} g(\mathbf{A})]$$
$$= \dim[\operatorname{Ker} f(\mathbf{A})] + \dim[\operatorname{Ker} g(\mathbf{A})].$$

由此得出

$$n - \operatorname{rank}(d(\mathbf{A})) + n - \operatorname{rank}(m(\mathbf{A}))$$
$$= n - \operatorname{rank}(f(\mathbf{A})) + n - \operatorname{rank}(g(\mathbf{A})).$$

从而 $$\operatorname{rank}(f(\mathbf{A})) + \operatorname{rank}(g(\mathbf{A})) = \operatorname{rank}(d(\mathbf{A})) + \operatorname{rank}(m(\mathbf{A})).$$ ■

例 33　设 $\mathbf{A}$ 是域 F 上 n 维线性空间 V 上的一个线性变换，设 $f(x), g(x), h(x) \in F[x]$，并且它们的首项系数都为 1；且 $(f(x), h(x)) = 1$。证明：

$$\operatorname{rank}[f(\mathbf{A})g(\mathbf{A})h(\mathbf{A})] = \operatorname{rank}[f(\mathbf{A})g(\mathbf{A})] + \operatorname{rank}[g(\mathbf{A})h(\mathbf{A})] - \operatorname{rank}(g(\mathbf{A})).$$

证明　由于 $(f(x), h(x)) = 1$，因此 $(f(x)g(x), h(x)g(x)) = g(x)$，$[f(x)g(x), h(x)g(x)] = f(x)g(x)h(x)$。据例 32 得

$$\operatorname{rank}[f(\mathbf{A})g(\mathbf{A})] + \operatorname{rank}[g(\mathbf{A})h(\mathbf{A})] = \operatorname{rank}[g(\mathbf{A})] + \operatorname{rank}[(f(\mathbf{A})g(\mathbf{A})h(\mathbf{A})].$$

由此即得所要证的等式。 ■

习题 9.5

1. 对于复数域上 3 级矩阵 A，令 $\mathbf{A}(\boldsymbol{\alpha}) = A\boldsymbol{\alpha}$，$\forall\, \boldsymbol{\alpha} \in \mathbf{C}^3$，求 $\mathbf{C}^3$ 上的线性变换 $\mathbf{A}$ 的所有不变子空间：

$$A = \begin{bmatrix} 4 & 7 & -3 \\ -2 & -4 & 2 \\ -4 & -10 & 4 \end{bmatrix}.$$

2. 下述矩阵 A 分别看成实数域、复数域上的矩阵，令 $\mathbf{A}(\boldsymbol{\alpha}) = A\boldsymbol{\alpha}$，$\forall\, \boldsymbol{\alpha} \in \mathbf{R}^2$ 或 $\forall\, \boldsymbol{\alpha} \in \mathbf{C}^2$。分别求 $\mathbf{A}$ 的所有不变子空间：

$$A = \begin{pmatrix} 0 & a \\ -a & 0 \end{pmatrix},$$

其中 a 是非零实数。

3. 令 $\mathbf{A}(\boldsymbol{\alpha}) = A\boldsymbol{\alpha}$，$\forall\, \boldsymbol{\alpha} \in K^3$，其中

$$A = \begin{bmatrix} 2 & 1 & 0 \\ 0 & 2 & 1 \\ 0 & 0 & 2 \end{bmatrix},$$

求 K^3 上线性变换 $\mathbf{A}$ 的所有不变子空间。

*4. 令 $\mathbf{A}(\boldsymbol{\alpha})=A\boldsymbol{\alpha}$，$\forall\, \boldsymbol{\alpha}\in \mathbf{Z}_2{}^3$，

$$A=\begin{pmatrix} a & 0 & 0 \\ 0 & a & 0 \\ 0 & 0 & b \end{pmatrix},$$

其中 $a,b\in\mathbf{Z}_2$，且 $a\neq b$，求 $\mathbf{A}$ 的所有不变子空间。

5. 写出域 F 上线性空间 V 上的数乘变换 $\boldsymbol{k}$ 的一个非零的零化多项式。

6. 设 $\mathbf{A}$ 是域 F 上线性空间 V 上的线性变换。证明：如果 $\mathbf{A}$ 有一个 1 次的零化多项式，那么 $\mathbf{A}$ 是数乘变换。

7. 求下述数域 K 上 2 级矩阵 A 的一个非零的零化多项式：

$$A=\begin{pmatrix} 1 & 1 \\ 0 & 1 \end{pmatrix}.$$

8. 设 A,B 分别是域 F 上的 n 级，m 级矩阵。证明：如果 A 的特征多项式 $f(\lambda)$ 与 B 的特征多项式 $g(\lambda)$ 互素，那么矩阵方程 $AX-XB=0$ 只有零解。

9. 设 A,B 分别是域 F 上的 n 级，m 级矩阵。证明：如果矩阵方程 $AX-XB=0$ 只有零解，那么 A 与 B 没有公共的特征值。

10. 设 V 是域 F 上的 n 维线性空间，$\operatorname{char} F\neq 2$。$\mathbf{A}$ 是 V 上的一个线性变换。证明：

(1) $\operatorname{rank}(\mathbf{A}-\mathbf{I})+\operatorname{rank}(\mathbf{A}+\mathbf{I})=n+\operatorname{rank}(\mathbf{A}^2-\mathbf{I})$；

(2) $\operatorname{rank}(\mathbf{A}-\mathbf{I})+\operatorname{rank}(\mathbf{A}+\mathbf{I})+\operatorname{rank}(\mathbf{A}^2+\mathbf{I})=2n+\operatorname{rank}(\mathbf{A}^4-\mathbf{I})$。

11. 设 $\mathbf{A}$ 是特征不为 2 的域 F 上的线性空间 V 上的一个线性变换。证明：如果 $\mathbf{A}^2$ 有一个特征值 $\lambda_0{}^2$，那么 λ_0 或 $-\lambda_0$ 是 $\mathbf{A}$ 的一个特征值。

12. 设域 F 上的 n 维线性空间 V 上的一个线性变换 $\mathbf{A}$ 在 V 的某个基下的矩阵 A 为

$$A=\begin{pmatrix} 0 & 0 & \cdots & 0 & -a_0 \\ 1 & 0 & \cdots & 0 & -a_1 \\ 0 & 1 & \cdots & 0 & -a_2 \\ \vdots & \vdots & & \vdots & \vdots \\ 0 & 0 & \cdots & 0 & -a_{n-2} \\ 0 & 0 & \cdots & 1 & -a_{n-1} \end{pmatrix}$$

其中多项式 $x^n+a_{n-1}x^{n-1}+\cdots+a_1x+a_0$ 在 F 上不可约。证明 $\mathbf{A}$ 没有非平凡的不变子空间。

13. 设 $\mathbf{A}$ 是数域 K 上 3 维线性空间 V 上的一个线性变换，它在 V 的一个基 $\alpha_1,\alpha_2,\alpha_3$ 下的矩阵 $\boldsymbol{A}$ 为

$$A=\begin{pmatrix} 2 & -2 & 2 \\ -2 & -1 & 4 \\ 2 & 4 & -1 \end{pmatrix}.$$

求 $\mathbf{A}$ 的所有不变子空间。

9.6 线性变换和矩阵的最小多项式

9.6.1 内容精华

设 V 是域 F 上的 n 维线性空间，**A** 是 V 上的一个线性变换。为了在 V 中找一个合适的基使得 **A** 在此基下的矩阵具有最简单的形式，从 9.5 节知道，第一步是找 **A** 的一个非零的零化多项式。譬如，**A** 的特征多项式 $f(\lambda)$ 就是 **A** 的一个零化多项式，把 $f(\lambda)$ 分解成两两不等的不可约多项式方幂的乘积，则 V 就能分解成 **A** 的不变子空间的直和，在每个不变子空间取一个基，合起来成为 V 的一个基，**A** 在这个基下的矩阵是分块对角矩阵。第二步的任务自然是在每个不变子空间中取一个合适的基，使得 **A** 在这个不变子空间上的限制在此基下的矩阵具有最简单的形式。为了使进一步的讨论能比较顺利进行，凭直觉似乎应当取 **A** 的临界状态的非零的零化多项式更好，不一定取 **A** 的特征多项式。**A** 的这种临界状态的零化多项式称为 **A** 的最小多项式。本节就来研究线性变换的最小多项式的性质和求法，以及探讨它在研究线性变换 **A** 最简单形式的矩阵表示中起的重要作用。

一、最小多项式的定义和性质

定义 1 设 **A** 是域 F 上线性空间 V 的一个线性变换，在 **A** 的所有非零的零化多项式中，次数最低的首项系数为 1 的多项式称为 **A** 的**最小多项式**。

命题 1 线性空间 V 上的线性变换 **A** 的最小多项式是唯一的。

命题 2 设 **A** 是域 F 上线性空间 V 上的线性变换，$F[\lambda]$ 中的多项式 $g(\lambda)$ 是 **A** 的零化多项式当且仅当 $g(\lambda)$ 是 **A** 的最小多项式 $m(\lambda)$ 的倍式。

命题 3 设 **A** 是域 F 上有限维线性空间 V 上的线性变换，则 **A** 的最小多项式 $m(\lambda)$ 与特征多项式 $f(\lambda)$ 在 F 中有相同的根（重数可以不同）。

类似地，可以定义域 F 上 n 级矩阵 A 的最小多项式，它是 A 的所有非零的零化多项式中次数最低且首项系数为 1 的那个零化多项式。

设 **A** 是域 F 上 n 维线性空间 V 上的一个线性变换，它在 V 的一个基下的矩阵是 A。由于 $g(\lambda)$ 是 **A** 的零化多项式当且仅当 $g(\lambda)$ 是 A 的零化多项式，因此 $m(\lambda)$ 是 **A** 的最小多项式当且仅当 $m(\lambda)$ 是 A 的最小多项式。

推论 1 域 F 上 n 级矩阵 A 的最小多项式 $m(\lambda)$ 与 A 的特征多项式 $f(\lambda)$ 在 F 中有相同的根（重数可以不同）。

推论 2 相似的矩阵有相同的最小多项式。

我们可以改进推论 1 和命题 3 的结果。

命题 4 设 A 是域 F 上的 n 级矩阵，域 E 包含 F。则 A 的最小多项式 $m(\lambda)$ 与 A 的特征多项式 $f(\lambda)$ 在 E 中有相同的根(重数可以不同)。

推论 3 设 $\boldsymbol{A}$ 是域 F 上 n 维线性空间 V 上的一个线性变换，域 E 包含域 F，则 $\boldsymbol{A}$ 的最小多项式 $m(\lambda)$ 与 $\boldsymbol{A}$ 的特征多项式 $f(\lambda)$ 在 E 中有相同的根(重数可以不同)。

域 F 上 n 级矩阵 A 的特征多项式 $f(\lambda)$ 是首项系数为 1 的 n 次多项式，它的 $n-k$ 次项 $(1\leqslant k\leqslant n)$ 的系数是 A 的所有 k 阶主子式的和与 $(-1)^k$ 的乘积(参看《高等代数学习指导书(上册)》5.5 节的命题 1)，因此 $f(\lambda)$ 的系数是由 A 的元素经过加、减、乘法计算出，从而 $f(\lambda)$ 是域 F 上的多项式。设域 E 包含域 F，虽然我们可以把 A 看成域 E 上的矩阵，但是作为 E 上矩阵 A 的特征多项式仍然是 $f(\lambda)$(根据上述讨论)。这可说成 A 的特征多项式不随域的扩大而改变。读者自然要问：A 的最小多项式是否也不随域的扩大而改变呢？下面的命题回答了这个问题。

命题 5 设 A 是域 F 上的矩阵，域 E 包含域 F，则如果 $m(\lambda)$ 是域 F 上矩阵 A 的最小多项式，那么把 A 看成域 E 上的矩阵，它的最小多项式仍然是 $m(\lambda)$。

二、几类特殊线性变换或矩阵的最小多项式

设 V 是域 F 上的线性空间，$\boldsymbol{A}$ 是 V 上的一个线性变换，据 9.5 节例 28 和本节命题 2 得。

(1) $\boldsymbol{A}$ 是幂零指数为 l 的幂零变换

$\Leftrightarrow$ λ^l 是 $\boldsymbol{A}$ 的一个零化多项式，而当 $r<l$ 时，λ^r 不是 $\boldsymbol{A}$ 的零化多项式

$\Leftrightarrow$ $\boldsymbol{A}$ 的最小多项式是 λ^l。

(2) $\boldsymbol{A}$ 是幂等变换

$\Leftrightarrow$ $\lambda^2-\lambda$ 是 $\boldsymbol{A}$ 的一个零化多项式

$\Leftrightarrow$ $\boldsymbol{A}$ 的最小多项式 $m(\lambda)$ 等于 $\lambda^2-\lambda$ 或 λ 或 $\lambda-1$。

(3) $\boldsymbol{A}$ 是对合变换

$\Leftrightarrow$ λ^2-1 是 $\boldsymbol{A}$ 的一个零化多项式

$\Leftrightarrow$ $\boldsymbol{A}$ 的最小多项式 $m(\lambda)$ 等于 λ^2-1 或 $\lambda+1$ 或 $\lambda-1$。

(4) $\boldsymbol{A}$ 是周期为 m 的周期变换

$\Leftrightarrow$ λ^m-1 是 $\boldsymbol{A}$ 的一个零化多项式，而当 $r<m$ 时，λ^r-1 不是 $\boldsymbol{A}$ 的零化多项式

$\Leftrightarrow$ $\boldsymbol{A}$ 的最小多项式 $m(\lambda)$ 是 λ^m-1 的因式，但不是 λ^r-1 的因式，当 $r<m$。

当 V 是域 F 上 n 维线性空间时，设 $\boldsymbol{A}$ 在 V 的一个基下的矩阵是 A，则由上述结论可得

到幂零矩阵、幂等矩阵、对合矩阵、周期矩阵的最小多项式的相应结论。例如，幂零指数为 l 的幂零矩阵 A 的最小多项式为 λ^l。

定义 2 域 F 上的一个 r 级矩阵如果形如

$$\begin{pmatrix} a & 1 & 0 & \cdots & 0 & 0 \\ 0 & a & 1 & \cdots & 0 & 0 \\ \vdots & \vdots & \vdots & & \vdots & \vdots \\ 0 & 0 & 0 & \cdots & a & 1 \\ 0 & 0 & 0 & \cdots & 0 & a \end{pmatrix}, \tag{1}$$

那么称它为一个 r 级 **Jordan 块**，记作 $J_r(a)$，其中 a 是主对角线上的元素。

特别地，1 级 Jordan 块 $J_1(a)$ 就是 1 级矩阵 (a)。

命题 6 主对角元为 a 的 r 级 Jordan 块 $J_r(a)$ 的最小多项式 $m(\lambda)$ 等于它的特征多项式 $f(\lambda)=(\lambda-a)^r$。

定理 1 设 $\mathbf{A}$ 是域 F 上线性空间 V 上的线性变换，如果 V 能分解成 $\mathbf{A}$ 的一些非平凡不变子空间的直和：

$$V = W_1 \oplus W_2 \oplus \cdots \oplus W_s, \tag{2}$$

那么 $\mathbf{A}$ 的最小多项式 $m(\lambda)$ 为

$$m(\lambda) = [m_1(\lambda), m_2(\lambda), \cdots, m_s(\lambda)], \tag{3}$$

其中 $m_j(\lambda)$ 是 W_j 上的线性变换 $\mathbf{A}|W_j$ 的最小多项式，$j=1,2,\cdots,s$；$[m_1(\lambda), m_2(\lambda), \cdots, m_s(\lambda)]$ 是 $m_1(\lambda), m_2(\lambda), \cdots, m_s(\lambda)$ 的最小公倍式。

推论 4 设 A 是域 F 上一个 n 级分块对角矩阵，即 $A=\mathrm{diag}\{A_1, A_2, \cdots, A_s\}$，设 A_j 的最小多项式是 $m_j(\lambda)$，$j=1,2,\cdots,s$。则 A 的最小多项式 $m(\lambda)$ 为

$$m(\lambda) = [m_1(\lambda), m_2(\lambda), \cdots, m_s(\lambda)].$$

定义 3 由若干个 Jordan 块组成的分块对角矩阵称为 **Jordan 形矩阵**。

由命题 6 和推论 4 立即得到：设 A 是 Jordan 形矩阵：

$$A = \mathrm{diag}\{J_{r_1}(a), \cdots, J_{r_s}(a), J_{t_1}(b), \cdots, J_{t_m}(b)\},$$

其中 $r_1 \leqslant r_2 \leqslant \cdots \leqslant r_s$，$t_1 \leqslant t_2 \leqslant \cdots \leqslant t_m$，则 A 的最小多项式 $m(\lambda)$ 为

$$\begin{aligned} m(\lambda) &= [(\lambda-a)^{r_1}, \cdots, (\lambda-a)^{r_s}, (\lambda-b)^{t_1}, \cdots, (\lambda-b)^{t_m}] \\ &= (\lambda-a)^{r_s}(\lambda-b)^{t_m}. \end{aligned}$$

三、用最小多项式研究线性变换的矩阵表示

线性变换的最小多项式在研究线性变换的最简单形式的矩阵表示时起着十分重要的作用。

定理 2 设 $\mathbf{A}$ 是域 F 上 n 维线性空间 V 上的线性变换，则 $\mathbf{A}$ 可对角化当且仅当 $\mathbf{A}$ 的最小多项式 $m(\lambda)$ 在 $F[\lambda]$ 中能分解成不同的一次因式的乘积。

推论 5 域 F 上 n 级矩阵 A 可对角化当且仅当 A 的最小多项式 $m(\lambda)$ 在 $F[\lambda]$ 中能分解成不同的一次因式的乘积。

定理 2 是线性变换可对角化的第 6 个充分必要条件。它是强有力的。定理 2 和推论 5 使许多特殊类型的线性变换或矩阵是否可对角化的判定变得非常简捷。

命题 7 设 V 是域 F 上的线性空间，则

(1) V 上的幂等变换 $\mathbf{A}$ 一定可对角化；

(2) V 上的幂零指数 $l>1$ 的幂零变换 $\mathbf{A}$ 一定不可对角化；

(3) 当域 F 的特征不等于 2 时，V 上的对合变换 $\mathbf{A}$ 一定可对角化；当域 F 的特征等于 2 时，不等于 $\mathbf{I}$ 的对合变换 $\mathbf{A}$ 一定不可对角化；

(4) 当 F 是复数域时，V 上的周期变换一定可对角化。

命题 8 域 F 上级数 $r>1$ 的 Jordan 块 $J_r(a)$ 一定不可对角化；包含级数大于 1 的 Jordan 块的 Jordan 形矩阵一定不可对角化。

推论 6 设 $\mathbf{A}$ 是域 F 上 n 维线性空间 V 上的线性变换，如果 $\mathbf{A}$ 可对角化，那么对于 $\mathbf{A}$ 的任意一个非平凡不变子空间 W，都有 $\mathbf{A}|W$ 可对角化。

证明 设 $\mathbf{A}$ 的最小多项式为 $m(\lambda)$，$\mathbf{A}|W$ 的最小多项式为 $m_1(\lambda)$。对任意 $\gamma\in W$，有

$$m(\mathbf{A}\mid W)\gamma = m(\mathbf{A})\gamma = 0,$$

因此 $m(\mathbf{A}|W)=\mathbf{0}$。从而 $m(\lambda)$ 是 $\mathbf{A}|W$ 的一个零化多项式。于是 $m_1(\lambda)\mid m(\lambda)$。

如果 $\mathbf{A}$ 可对角化，那么据定理 2 得，$m(\lambda)$ 在 $F[\lambda]$ 中可分解成不同的一次因式的乘积。由于 $m_1(\lambda)\mid m(\lambda)$，因此 $m_1(\lambda)$ 在 $F[\lambda]$ 中可分解成不同的一次因式的乘积。于是据定理 2 得，$\mathbf{A}|W$ 可对角化。 ■

从命题 7，命题 8 和推论 6 的证明看到，用最小多项式来判定线性变换是否可对角化是非常有力的，叙述很简洁。譬如，推论 6 如果不用最小多项式，那么证明就很繁琐。

利用推论 6 可以确定可对角化的线性变换 $\mathbf{A}$ 的任一不变子空间 W 的结构：

命题 9 设 $\mathbf{A}$ 是域 F 上 n 维线性空间 V 上的线性变换，如果 $\mathbf{A}$ 可对角化，且 $\lambda_1,\lambda_2,\cdots,\lambda_s$ 是 $\mathbf{A}$ 的所有不同的特征值，那么 $\mathbf{A}$ 的任一非平凡不变子空间 W 为

$$W = (V_{\lambda_{j_1}} \cap W) \oplus (V_{\lambda_{j_2}} \cap W) \oplus \cdots \oplus (V_{\lambda_{j_r}} \cap W),$$

其中 $\lambda_{j_1},\lambda_{j_2},\cdots,\lambda_{j_r}$ 是 $\mathbf{A}$ 的 r 个不同的特征值，并且对于 $V_{\lambda_{j_i}}$ $(i=1,2,\cdots,r)$，存在 $\mathbf{A}$ 的不变子空间 U_{j_i}，使得 $V_{\lambda_{j_i}}=(V_{\lambda_{j_i}}\cap W)\oplus U_{j_i}$。

证明 由于 $\mathbf{A}$ 可对角化，因此根据推论 6 得，$\mathbf{A}|W$ 也可对角化，从而 $\mathbf{A}|W$ 有特征值。任取 $\mathbf{A}|W$ 的一个特征值 μ，则存在 $\eta_1\in W$ 且 $\eta_1\neq 0$，使得 $(\mathbf{A}|W)\eta_1=\mu\eta_1$。从而 $\mathbf{A}\eta_1=$

$(\boldsymbol{A}|W)\eta_1=\mu\eta_1$，于是 μ 是 $\boldsymbol{A}$ 的某一个特征值。这说明 $\boldsymbol{A}|W$ 的任一特征值是 $\boldsymbol{A}$ 的某一个特征值。设 $\boldsymbol{A}|W$ 的所有不同的特征值为 $\lambda_{j_1},\lambda_{j_2},\cdots,\lambda_{j_r}$。$\boldsymbol{A}|W$ 的属于特征值 λ_{j_i} 的特征子空间为

$$\begin{aligned}\{\gamma\in W \mid (\boldsymbol{A}\mid W)\gamma=\lambda_{j_i}\gamma\}&=\{\gamma\in W \mid \boldsymbol{A}\gamma=\lambda_{j_i}\gamma\}\\&=V_{\lambda_{j_i}}\cap W.\end{aligned}$$

由于 $\boldsymbol{A}|W$ 可对角化，因此

$$W=(V_{j_1}\cap W)\oplus(V_{j_2}\cap W)\oplus\cdots\oplus(V_{j_r}\cap W). \tag{4}$$

对于 $V_{\lambda_{j_i}}$ $(i=1,2,\cdots,r)$，由于 $V_{j_i}\cap W$ 是 $V_{\lambda_{j_i}}$ 的一个子空间，因此它在 $V_{\lambda_{j_i}}$ 中必有补空间，取一个补空间 U_{j_i}，则 $V_{\lambda_{j_i}}=(V_{\lambda_{j_i}}\cap W)\oplus U_{j_i}$。任取 $\delta\in U_{j_i}$，则 $\boldsymbol{A}\delta=\lambda_{j_i}\delta\in U_{j_i}$，因此 U_{j_i} 是 $\boldsymbol{A}$ 的不变子空间。(注：由此看出，$\boldsymbol{A}$ 的特征子空间的任一子空间一定是 $\boldsymbol{A}$ 的不变子空间。) ■

从 9.5 节例 12 看到，如果域 F 上 n 维$(n>1)$线性空间 V 上的线性变换 $\boldsymbol{A}$ 在 V 的一个基 $\alpha_1,\alpha_2,\cdots,\alpha_n$ 下的矩阵是 n 级 Jordan 块 $J_n(a)$，那么 $\boldsymbol{A}$ 的所有不变子空间为

$$0,\langle\alpha_1\rangle,\langle\alpha_1,\alpha_2\rangle,\cdots,\langle\alpha_1,\alpha_2,\cdots,\alpha_{n-1}\rangle,V$$

由此看出，对于 $\boldsymbol{A}$ 的任一非平凡的不变子空间 $\langle\alpha_1,\alpha_2,\cdots,\alpha_s\rangle$ 不存在 $\boldsymbol{A}$ 的不变子空间作为它的补空间。又从本节命题 8 知道，$\boldsymbol{A}$ 不可对角化。而从 9.5 节例 14 看到，如果复数域上的 n 维$(n>1)$线性空间 V 上的线性变换 $\boldsymbol{A}$ 有 n 个不同的特征值 $\lambda_1,\lambda_2,\cdots,\lambda_n$，那么 $\boldsymbol{A}$ 的所有不变子空间为

$$\begin{gathered}0;V_{\lambda_j},j=1,2,\cdots,n;V_{\lambda_{j_1}}\oplus V_{\lambda_{j_2}},1\leqslant j_1<j_2\leqslant n;\cdots;\\V_{\lambda_{j_1}}\oplus V_{\lambda_{j_2}}\oplus\cdots\oplus V_{\lambda_{j_k}},1\leqslant j_1<j_2<\cdots<j_k\leqslant n;\cdots;V\end{gathered}$$

由此看出，对于 $\boldsymbol{A}$ 的任一非平凡不变子空间 $V_{\lambda_{j_1}}\oplus V_{\lambda_{j_2}}\oplus\cdots\oplus V_{\lambda_{j_k}}$，存在 $\boldsymbol{A}$ 的不变子空间 $V_{\lambda_{l_1}}\oplus V_{\lambda_{l_2}}\oplus\cdots\oplus V_{\lambda_{l_{n-k}}}$ (其中 $l_1l_2\cdots l_{n-k}$ 与 $j_1j_2\cdots j_k$ 合在一起是 $1,2,\cdots,n$ 的一个全排列) 作为它在 V 中的补空间。即

$$V=(V_{\lambda_{j_1}}\oplus V_{\lambda_{j_2}}\oplus\cdots\oplus V_{\lambda_{j_k}})\oplus(V_{\lambda_{l_1}}\oplus V_{\lambda_{l_2}}\oplus\cdots\oplus V_{\lambda_{l_{n-k}}}).$$

由于 $\boldsymbol{A}$ 有 n 个不同的特征值，因此 $\boldsymbol{A}$ 可对角化。从这两个例子受到启发，"线性变换 $\boldsymbol{A}$ 可对角化"与"A 的任一不变子空间都有 $\boldsymbol{A}$ 的不变子空间作为它在 V 中的补空间"这两件事情之间有密切关联。我们猜想有下述命题：

命题 10 设 $\boldsymbol{A}$ 是域 F 上 n 维线性空间 V 上的线性变换，则 $\boldsymbol{A}$ 可对角化当且仅当 $\boldsymbol{A}$ 的特征多项式在包含 F 的代数封闭域中的全部 n 个根(重根按重数计算)都在 F 中，且对于 $\boldsymbol{A}$ 的任一不变子空间 W，都存在 $\boldsymbol{A}$ 的不变子空间作为 W 在 V 中的补空间。

证明 必要性。设 $\boldsymbol{A}$ 可对角化。若 W 是 $\boldsymbol{A}$ 的平凡的不变子空间，则 $V=0\oplus V$，于是

命题成立。下面设 W 是 $\boldsymbol{A}$ 的任一非平凡的不变子空间。由于 $\boldsymbol{A}$ 可对角化，因此

$$V = V_{\lambda_1} \oplus V_{\lambda_2} \oplus \cdots \oplus V_{\lambda_s}, \tag{5}$$

其中 $\lambda_1,\lambda_2,\cdots,\lambda_s$ 是 $\boldsymbol{A}$ 的所有不同的特征值。据命题 9 得

$$W = (V_{\lambda_{j_1}} \cap W) \oplus (V_{\lambda_{j_2}} \cap W) \oplus \cdots \oplus (V_{\lambda_{j_r}} \cap W), \tag{6}$$

其中 $\lambda_{j_1},\lambda_{j_2},\cdots,\lambda_{j_r}$ 是 $\boldsymbol{A}$ 的 r 个不同的特征值；且存在 $\boldsymbol{A}$ 的不变子空间 U_{j_i}，使得 $V_{\lambda_{j_i}} = (V_{\lambda_{j_i}} \cap W) \oplus U_{\lambda_{j_i}}$，$i=1,2,\cdots,r$。设 $j_1 j_2 \cdots j_r l_1 l_2 \cdots l_{s-r}$ 是 $1,2,\cdots,s$ 的一个全排列。则

$$\begin{aligned} V &= V_{\lambda_{j_1}} \oplus V_{\lambda_{j_2}} \oplus \cdots \oplus V_{\lambda_{j_r}} \oplus V_{\lambda_{l_1}} \oplus \cdots \oplus V_{\lambda_{l_{s-r}}} \\ &= [(V_{\lambda_{j_1}} \cap W) \oplus U_{j_1}] \oplus \cdots \oplus [(V_{\lambda_{j_r}} \cap W) \oplus U_{j_r}] \oplus V_{\lambda_{l_1}} \oplus \cdots \oplus V_{\lambda_{l_{s-r}}} \\ &= W \oplus U_{j_1} \oplus \cdots \oplus U_{j_r} \oplus V_{\lambda_{l_1}} \oplus \cdots \oplus V_{\lambda_{l_{s-r}}}. \end{aligned} \tag{7}$$

令

$$U = U_{j_1} \oplus \cdots \oplus U_{j_r} \oplus V_{\lambda_{l_1}} \oplus \cdots \oplus V_{\lambda_{l_{s-r}}}, \tag{8}$$

则

$$V = W \oplus U. \tag{9}$$

由于 $U_{j_1},\cdots,U_{j_r},V_{\lambda_{l_1}},\cdots,V_{\lambda_{l_{s-r}}}$ 都是 $\boldsymbol{A}$ 的不变子空间，因此 U 是 $\boldsymbol{A}$ 的不变子空间。

充分性。对线性空间的维数 n 作数学归纳法。

$n=1$ 时，$V=\langle\alpha\rangle$。于是 $\boldsymbol{A}$ 的不变子空间只有平凡的：0 和 V，由于 $V=0 \oplus V$，因此命题成立。

假设对于 $n-1$ 维线性空间命题成立。现在来看域 F 上 n 维线性空间 V 的情形。设 $\boldsymbol{A}$ 是 V 上的一个线性变换，它的特征多项式在包含 F 的代数封闭域中的全部 n 个根（重根按重数计算）都在 F 中；并且对于 $\boldsymbol{A}$ 的任一不变子空间 W，都存在 $\boldsymbol{A}$ 的不变子空间作为 W 在 V 中的补空间。取 $\boldsymbol{A}$ 的一个特征值 λ_1，设 ξ_1 是 $\boldsymbol{A}$ 的属于 λ_1 的特征向量，则 $\langle\xi_1\rangle$ 是 $\boldsymbol{A}$ 的一个不变子空间。由已知条件得，存在 $\boldsymbol{A}$ 的不变子空间 U 作为 $\langle\xi_1\rangle$ 在 V 中的补空间。即

$$V = \langle\xi_1\rangle \oplus U. \tag{10}$$

考虑 U 上的线性变换 $\boldsymbol{A}|U$，任取 $\boldsymbol{A}|U$ 的一个不变子空间 U_1，由于对任意 $\gamma_1 \in U_1$，有

$$\boldsymbol{A}\gamma_1 = (\boldsymbol{A} \mid U)\gamma_1 \in U_1,$$

因此 U_1 是 $\boldsymbol{A}$ 的不变子空间。由已知条件得，V 中存在 $\boldsymbol{A}$ 的不变子空间 Ω 作为 U_1 在 V 中的补空间，即

$$V = U_1 \oplus \Omega. \tag{11}$$

由于 $U_1 \subseteq U$，因此据 8.2 节例 31 得

$$U = U_1 \oplus (\Omega \cap U). \tag{12}$$

由于 Ω, U 都是 $\boldsymbol{A}$ 的不变子空间，因此 $\Omega\cap U$ 是 $\boldsymbol{A}$ 的不变子空间。由于 $\Omega\cap U\subseteq U$，因此 $\Omega\cap U$ 是 $\boldsymbol{A}|U$ 的不变子空间。(12)式表明：对于 $\boldsymbol{A}|U$ 的任一不变子空间 U_1，都存在 $\boldsymbol{A}|U$ 的不变子空间 $\Omega\cap U$ 作为 U_1 在 U 中的补空间。由于 U 是 $\boldsymbol{A}$ 的非平凡不变子空间，因此据9.5节的例 9 得，$\boldsymbol{A}|U$ 的特征多项式是 $\boldsymbol{A}$ 的特征多项式的一个因式。又由于 U 是 $n-1$ 维线性空间，因此据归纳假设得，$\boldsymbol{A}|U$ 可对角化。由于 $V=\langle\xi_1\rangle\oplus U$，因此 $\boldsymbol{A}$ 可对角化。

据数学归纳法原理得，对任意正整数 n，充分性成立。 ■

命题 10 也给出了线性变换 $\boldsymbol{A}$ 可对角化的一个充分必要条件，它的作用主要在于刻画了可对角化的线性变换 $\boldsymbol{A}$ 具有这样的性质：$\boldsymbol{A}$ 的任一不变子空间 W 都有 $\boldsymbol{A}$ 不变补空间。对于代数封闭域上的线性空间 V 上的线性变换来说，这是可对角化线性变换的特征性质，通常不用这个充分必要条件来判定一个线性变换 $\boldsymbol{A}$ 是否可对角化。

上面我们利用最小多项式研究了可对角化的线性变换。从现在开始，我们要利用最小多项式研究不可对角化的线性变换具有怎样的最简单形式的矩阵表示。

设 $\boldsymbol{A}$ 是域 F 上 n 维线性空间 V 上的线性变换，$\boldsymbol{A}$ 的最小多项式 $m(\lambda)$ 在 $F[\lambda]$ 中的标准分解式为

$$m(\lambda)=p_1^{r_1}(\lambda)p_2^{r_2}(\lambda)\cdots p_m^{r_m}(\lambda), \tag{13}$$

其中 $p_1(\lambda), p_2(\lambda), \cdots, p_m(\lambda)$ 是两两不等的首一不可约多项式。

我们首先讨论 $m(\lambda)$ 在 $F[\lambda]$ 中能分解成一次因式的乘积的情形，然后在 9.9 节再讨论 $m(\lambda)$ 的标准分解式为(13)式的一般情形。

设线性变换 $\boldsymbol{A}$ 的最小多项式 $m(\lambda)$ 在 $F[\lambda]$ 中能分解成

$$m(\lambda)=(\lambda-\lambda_1)^{l_1}(\lambda-\lambda_2)^{l_2}\cdots(\lambda-\lambda_s)^{l_s}, \tag{14}$$

其中 $\lambda_1, \lambda_2, \cdots, \lambda_s$ 是域 F 中两两不等的元素，则有

$$V=\operatorname{Ker}(\boldsymbol{A}-\lambda_1\boldsymbol{I})^{l_1}\oplus\operatorname{Ker}(\boldsymbol{A}-\lambda_2\boldsymbol{I})^{l_2}\oplus\cdots\oplus\operatorname{Ker}(\boldsymbol{A}-\lambda_s\boldsymbol{I})^{l_s}. \tag{15}$$

记 $W_j=\operatorname{Ker}(\boldsymbol{A}-\lambda_j\boldsymbol{I})^{l_j}, j=1,2,\cdots,s$。则(15)式可写成

$$V=W_1\oplus W_2\oplus\cdots\oplus W_s. \tag{16}$$

$W_j(j=1,2,\cdots,s)$ 都是 $\boldsymbol{A}$ 的不变子空间，在 $W_1, W_2, \cdots, W_S$ 中分别取一个基，把它们合起来就是 V 的一个基。$\boldsymbol{A}$ 在这个基下的矩阵是分块对角矩阵 A：

$$\begin{pmatrix} A_1 & & & 0 \\ & A_2 & & \\ & & \ddots & \\ 0 & & & A_s \end{pmatrix}, \tag{17}$$

其中 A_j 是 $\boldsymbol{A}|W_j$ 在 W_j 的上述基下的矩阵。为了使矩阵 A 的形式最简单，就应当使每个子矩阵 A_j 的形式最简单，$j=1,2,\cdots,s$。于是我们来研究 W_j 上的线性变换 $\boldsymbol{A}|W_j$。

任取 $\alpha_j \in W_j$，由于 $W_j = \mathrm{Ker}(\boldsymbol{A}-\lambda_j\boldsymbol{I})^{l_j}$，因此有

$$(\boldsymbol{A} \mid W_j - \lambda_j(\boldsymbol{I} \mid W_j))^{l_j}\alpha_j = (\boldsymbol{A}-\lambda_j\boldsymbol{I})^{l_s}\alpha_j = 0.$$

从而 $(\boldsymbol{A}|W_j-\lambda_j(\boldsymbol{I}|W_j))^{l_j}=\boldsymbol{0}$。于是 $(\lambda-\lambda_j)^{l_j}$ 是 $\boldsymbol{A}|W_j$ 的一个零化多项式。因此 $\boldsymbol{A}|W_j$ 的最小多项式 $m_j(\lambda)=(\lambda-\lambda_j)^{t_j}$，其中 $0<t_j\leqslant l_j$。据定理 1 得

$$m(\lambda) = (\lambda-\lambda_1)^{t_1}(\lambda-\lambda_2)^{t_2}\cdots(\lambda-\lambda_s)^{t_s}. \tag{18}$$

又 $m(\lambda)$ 在 $F[\lambda]$ 中有分解式(14)，据唯一因式分解定理得

$$t_1 = l_1, t_2 = l_2, \cdots, t_s = l_s.$$

因此 $\boldsymbol{A}|W_j$ 的最小多项式 $m_j(\lambda)=(\lambda-\lambda_j)^{l_j}$，$j=1,2,\cdots,s$。令

$$\boldsymbol{B}_j = \boldsymbol{A} \mid W_j - \lambda_j(\boldsymbol{I} \mid W_j), j = 1,2,\cdots,s. \tag{19}$$

今后我们把 $\boldsymbol{A}|W_j-\lambda_j(\boldsymbol{I}|W_j)$ 简记成 $\boldsymbol{A}|W_j-\lambda_j\boldsymbol{I}$，因为容易辨认出这里的 $\boldsymbol{I}$ 是 W_j 上的恒等变换。由于 $\boldsymbol{A}|W_j$ 的最小多项式 $m_j(\lambda)=(\lambda-\lambda_j)^{l_j}$，因此

$$\boldsymbol{B}_j^{l_j} - (\boldsymbol{A} \mid W_j - \lambda_j\boldsymbol{I})^{l_j} = \boldsymbol{0}.$$

当 $k_j<l_j$ 时，$\boldsymbol{B}_j^{k_j}=(\boldsymbol{A}|W_j-\lambda_j\boldsymbol{I})^{k_j}\neq\boldsymbol{0}$。从而 $\boldsymbol{B}_j$ 是 W_j 上的幂零变换，其幂零指数为 l_j。由于 $\boldsymbol{A}|W_j$ 在 W_j 的上述基下的矩阵为 A_j，因此 $\boldsymbol{B}_j$ 在 W_j 的上述基下的矩阵为

$$B_j = A_j - \lambda_J I. \tag{20}$$

于是为了使 A_j 的形式最简单，就应当使 B_j 的形式最简单。因此在 9.7 节我们来深入探究幂零变换的最简单形式的矩阵表示。

9.6.2 典型例题

例 1 求下述数域 K 上 3 级矩阵 A 的最小多项式，并且判断 A 是否可对角化。

$$A = \begin{pmatrix} 3 & 1 & -1 \\ 0 & 2 & 0 \\ 1 & 1 & 1 \end{pmatrix}.$$

解 先求 A 的特征多项式 $f(\lambda)$：

$$f(\lambda)=|\lambda I - A| = \begin{vmatrix} \lambda-3 & -1 & 1 \\ 0 & \lambda-2 & 0 \\ -1 & -1 & \lambda-1 \end{vmatrix}$$

$$= (\lambda-2)\begin{vmatrix} \lambda-3 & 1 \\ -1 & \lambda-1 \end{vmatrix} = (\lambda-2)^3.$$

$$(A-2I)^2 = \begin{pmatrix} 1 & 1 & -1 \\ 0 & 0 & 0 \\ 1 & 1 & -1 \end{pmatrix}^2 = 0, A-2I \neq 0.$$

因此 A 的最小多项式 $m(\lambda)=(\lambda-2)^2$。从而 A 不可对角化。

例 2 求下列数域 K 上的矩阵的最小多项式,并且判断它们是否可对角化。

(1) $A=\begin{pmatrix}1&1&0\\0&1&0\\0&0&1\end{pmatrix}$;

(2) $B=\begin{pmatrix}7&-1&-7&1\\-1&7&1&-7\\7&-1&-7&1\\-1&7&1&-7\end{pmatrix}$。

解 (1)A 是由 Jordan 块 $J_2(1)$ 和 $J_1(1)$ 组成的 Jordan 形矩阵,因此 A 的最小多项式 $m(\lambda)=[(\lambda-1)^2,(\lambda-1)]=(\lambda-1)^2$。$A$ 不可对角化。

(2) 直接计算得,$B^2=0$。但 $B\neq0$,因此 B 的最小多项式 $m(\lambda)=\lambda^2$,B 不可对角化。

例 3 求下列数域 K 上的 4 级矩阵 A 和 B 的最小多项式;A 与 B 是否相似?

$$A=\begin{pmatrix}3&1&0&0\\0&3&0&0\\0&0&5&0\\0&0&0&5\end{pmatrix},\quad B=\begin{pmatrix}3&1&0&0\\0&3&0&0\\0&0&3&0\\0&0&0&5\end{pmatrix}.$$

解 A 是由 Jordan 块 $J_2(3),J_1(5),J_1(5)$ 组成的 Jordan 形矩阵,因此 A 的最小多项式 $m_1(\lambda)$ 为

$$m_1(\lambda)=[(\lambda-3)^2,(\lambda-5),(\lambda-5)]=(\lambda-3)^2(\lambda-5).$$

B 是由 Jordan 块 $J_2(3),J_1(3),J_1(5)$ 组成的 Jordan 形矩阵,因此 B 的最小多项式 $m_2(\lambda)$ 为

$$m_2(\lambda)=[(\lambda-3)^2,(\lambda-3),(\lambda-5)]=(\lambda-3)^2(\lambda-5).$$

由于 $\operatorname{tr}(A)=3+3+5+5=16$,$\operatorname{tr}(B)=3+3+3+5=14$,因此 A 与 B 不相似。

点评 例 3 中 4 级矩阵 A 与 B 的最小多项式相等,但是它们不相似。在判断 A 与 B 不相似时,也可计算 $|A|\neq|B|$,或 $|\lambda I-A|\neq|\lambda I-B|$,从而 A 与 B 不相似。

例 4 设数域 K 上的 n 级矩阵 A 满足

$$A^3=3A^2+A-3I,$$

判断 A 是否可对角化。

解 由于 $A^3-3A^2-A+3I=0$,因此 $g(\lambda)=\lambda^3-3\lambda^2-\lambda+3$ 是 A 的一个零化多项式。由于

$$g(\lambda)=\lambda^2(\lambda-3)-(\lambda-3)=(\lambda-3)(\lambda^2-1)=(\lambda-3)(\lambda+1)(\lambda-1),$$

且 A 的最小多项式 $m(\lambda)|g(\lambda)$，因此 $m(\lambda)$ 在 $K[\lambda]$ 中可分解成不同的一次因式的乘积。从而 A 可对角化。

例 5 设 A 是有理数域 $\mathbf{Q}$ 上的 n 级非零矩阵，且 A 有一个零化多项式 $g(\lambda)$ 是 $\mathbf{Q}$ 上 r 次不可约多项式，$r>1$。判断 A 是否可对角化。如果把 A 看成复数域上的矩阵，那么 A 是否可对角化？

解 由于 A 的最小多项式 $m(\lambda)|g(\lambda)$，而 $g(\lambda)$ 在 $\mathbf{Q}$ 上不可约，因此 $m(\lambda)$ 与 $g(\lambda)$ 相伴，从而 $m(\lambda)$ 在 $\mathbf{Q}$ 上不可约。由于 $\deg m(\lambda)=r>1$，因此 A 不可对角化。

把 A 看成复矩阵，$m(\lambda)$ 在 $\mathbf{C}[\lambda]$ 中可以分解成一次因式的乘积。由于 $m(\lambda)$ 在 $\mathbf{Q}$ 上不可约，因此 $m(\lambda)$ 在 $\mathbf{Q}[\lambda]$ 中没有重因式。由于有无重因式不随数域的扩大而改变，因此 $m(\lambda)$ 在 $\mathbf{C}[\lambda]$ 中也没有重因式。从而 $m(\lambda)$ 的分解式中一次因式两两不同。所以复矩阵 A 可对角化。

例 6 设 $\boldsymbol{A}$ 是实数域上 n 维线性空间 V 上的一个线性变换，它在 V 的一个基下的矩阵 A 是对称矩阵，A 的特征多项式 $f(\lambda)$ 的所有不同的复根是 $\lambda_1,\lambda_2,\cdots,\lambda_s$。

(1) 求线性变换 $\boldsymbol{A}$ 的最小多项式 $m(\lambda)$；

(2) 根据 $m(\lambda)$ 在 $\mathbf{R}[\lambda]$ 中的标准分解式，把 V 分解成 $\boldsymbol{A}$ 的非平凡不变子空间的直和。

解 (1) 由于 A 是实对称矩阵，因此 A 的特征多项式 $f(\lambda)$ 的复根都是实数。从而 $\lambda_1,\lambda_2,\cdots,\lambda_s$ 是 $f(\lambda)$ 所有不同的实根。由于 $\boldsymbol{A}$ 的最小多项式 $m(\lambda)$ 与 $\boldsymbol{A}$ 的特征多项式 $f(\lambda)$ 在 $\mathbf{R}$ 中有相同的根。因此 $\lambda_1,\lambda_2,\cdots,\lambda_s$ 是 $m(\lambda)$ 的所有不同的实根。由于实对称矩阵能够正交相似于一个对角矩阵，因此 A 可对角化，从而 $\boldsymbol{A}$ 可对角化。于是 $\boldsymbol{A}$ 的最小多项式 $m(\lambda)$ 为

$$m(\lambda)=(\lambda-\lambda_1)(\lambda-\lambda_2)\cdots(\lambda-\lambda_s).$$

(2) 由第(1)小题中 $m(\lambda)$ 在 $\mathbf{R}[\lambda]$ 中的标准分解式得到

$$V=\mathrm{Ker}(\boldsymbol{A}-\lambda_1\boldsymbol{I})\oplus\mathrm{Ker}(\boldsymbol{A}-\lambda_2\boldsymbol{I})\oplus\cdots\oplus\mathrm{Ker}(\boldsymbol{A}-\lambda_s\boldsymbol{I}),$$

也就是

$$V=V_{\lambda_1}\oplus V_{\lambda_2}\oplus\cdots\oplus V_{\lambda_s}.$$

点评 例 6 中综合了许多知识点，有利于培养融会贯通的能力。

例 7 设 V 是数域 K 上 3 维线性空间，V 上的线性变换 $\boldsymbol{A}$ 在基 $\alpha_1,\alpha_2,\alpha_3$ 下的矩阵为

$$A=\begin{pmatrix}1&0&0\\1&2&1\\-1&0&1\end{pmatrix}.$$

(1) 求 $\boldsymbol{A}$ 的最小多项式 $m(\lambda)$。

(2) 对应于 $m(\lambda)$ 的因式分解，把 V 分解成 $\boldsymbol{A}$ 的非平凡不变子空间的直和；并且求出分解式中出现的每个子空间的一个基。

解 (1) 先求 $\boldsymbol{A}$ 的特征多项式 $f(\lambda)$：

$$f(\lambda)=|\lambda I-A|=\begin{vmatrix}\lambda-1 & 0 & 0\\ -1 & \lambda-2 & -1\\ 1 & 0 & \lambda-1\end{vmatrix}=(\lambda-1)^2(\lambda-2).$$

由于 A 的最小多项式 $m(\lambda)$ 与特征多项式 $f(\lambda)$ 有相同的根(重数可以不同)。因此 $m(\lambda)=(\lambda-1)^2(\lambda-2)$ 或 $(\lambda-1)(\lambda-2)$。由于

$$(A-I)(A-2I)=\begin{pmatrix}0 & 0 & 0\\ 1 & 1 & 1\\ -1 & 0 & 0\end{pmatrix}\begin{pmatrix}-1 & 0 & 0\\ 1 & 0 & 1\\ -1 & 0 & -1\end{pmatrix}=\begin{pmatrix}0 & 0 & 0\\ -1 & 0 & 0\\ 1 & 0 & 0\end{pmatrix},$$

因此 $m(\lambda)=(\lambda-1)^2(\lambda-2)$。

(2) $V=\mathrm{Ker}(\boldsymbol{A}-\boldsymbol{I})^2\oplus\mathrm{Ker}(\boldsymbol{A}-2\boldsymbol{I})$。

解齐次线性方程组 $(\boldsymbol{A}-I)^2\boldsymbol{x}=\boldsymbol{0}$。求出一个基础解系为

$$(1,0,0)',(0,1,-1)'.$$

因此 $\mathrm{Ker}(\boldsymbol{A}-\boldsymbol{I})^2$ 的一个基是 $\alpha_1,\alpha_2-\alpha_3$。

解齐次线性方程组 $(A-2I)\boldsymbol{x}=\boldsymbol{0}$，求出一个基础解系为

$$(0,1,0)'.$$

因此 $\mathrm{Ker}(\boldsymbol{A}-2\boldsymbol{I})$ 的一个基是 α_2。

例 8 设 $\boldsymbol{A}$ 是域 F 上 n 维线性空间 V 上的线性变换，$\boldsymbol{A}$ 在 V 的一个基 $\alpha_1,\alpha_2,\cdots,\alpha_n$ 下的矩阵 A 为

$$A=\begin{pmatrix}0 & 0 & \cdots & 0 & -a_0\\ 1 & 0 & \cdots & 0 & -a_1\\ 0 & 1 & \cdots & 0 & -a_2\\ \vdots & \vdots & & \vdots & \vdots\\ 0 & 0 & \cdots & 1 & -a_{n-1}\end{pmatrix}. \tag{21}$$

(1) 求 $\boldsymbol{A}$ 的特征多项式 $f(\lambda)$ 和最小多项式 $m(\lambda)$。

(2) 把 F 取成复数域，$\boldsymbol{A}$ 是否可对角化？

解 (1)在 9.4 节例 16 中已求出 A' 的特征多项式，从而 $\boldsymbol{A}$ 的特征多项式 $f(\lambda)$ 为

$$f(\lambda)=\lambda^n+a_{n-1}\lambda^{n-1}+\cdots+a_1\lambda+a_0.$$

假如 $\boldsymbol{A}$ 的最小多项式 $m(\lambda)$ 的次数小于 n，设

$$m(\lambda) = \lambda^r + b_{r-1}\lambda^{r-1} + \cdots + b_2\lambda^2 + b_1\lambda + b_0,$$

其中 $r<n$。由于 $\boldsymbol{A}$ 在基 $\alpha_1,\alpha_2,\cdots,\alpha_n$ 下的矩阵为 A,因此

$$\boldsymbol{A}\alpha_1 = \alpha_2, \boldsymbol{A}^2\alpha_1 = \boldsymbol{A}(\boldsymbol{A}\alpha_1) = \boldsymbol{A}\alpha_2 = \alpha_3, \cdots,$$

$$\boldsymbol{A}^{r-1}\alpha_1 = \boldsymbol{A}(\boldsymbol{A}^{r-2}\alpha_1) = \boldsymbol{A}\alpha_{r-1} = \alpha_r, \boldsymbol{A}^r\alpha_1 = \boldsymbol{A}(\boldsymbol{A}^{r-1}\alpha_1) = \boldsymbol{A}\alpha_r = \alpha_{r+1}.$$

于是

$$\begin{aligned} 0 = m(\boldsymbol{A})\alpha_1 &= (\boldsymbol{A}^r + b_{r-1}\boldsymbol{A}^{r-1} + \cdots + b_2\boldsymbol{A}^2 + b_1\boldsymbol{A} + b_0\boldsymbol{I})\alpha_1 \\ &= \alpha_{r+1} + b_{r-1}\alpha_r + \cdots + b_2\alpha_3 + b_1\alpha_2 + b_0\alpha_1. \end{aligned}$$

由此推出 $\alpha_{r+1},\alpha_r,\cdots,\alpha_3,\alpha_2,\alpha_1$ 线性相关,矛盾。因此 $m(\lambda)$ 的次数等于 n。由于 $m(\lambda)\mid f(\lambda)$。因此 $m(\lambda)\sim f(\lambda)$。又由于 $m(\lambda)$ 和 $f(\lambda)$ 的首项系数都等于 1,因此 $m(\lambda)=f(\lambda)$ 即 $m(\lambda)=\lambda^n+a_{n-1}\lambda^{n-1}+\cdots+a_1\lambda+a_0$。

(2) 在 $\mathbf{C}[\lambda]$ 中,$m(\lambda)$ 能分解成一次因式的乘积,据本节定理 2 得,$\boldsymbol{A}$ 可对角化当且仅当 $m(\lambda)$ 在复数域中没有重根,即 $\lambda^n+a_{n-1}\lambda^{n-1}+\cdots+a_1\lambda+a_0$ 在 $\mathbf{C}$ 中没有重根。

点评 在 9.4 节例 16 中,通过求 $\boldsymbol{A}$ 的特征值和特征向量,得出了 $\boldsymbol{A}$ 可对角化的充分必要条件。现在例 8 利用最小多项式很简明地给出了 $\boldsymbol{A}$ 可对角化的充分必要条件。在例 8 中,$\boldsymbol{A}$ 在基 $\alpha_1,\alpha_2,\cdots,\alpha_n$ 下的矩阵 A 是 Frobenius 矩阵,这样的线性变换 $\boldsymbol{A}$ 对基向量的作用有下述特点:

$$\boldsymbol{A}\alpha_1 = \alpha_2, \boldsymbol{A}\alpha_2 = \alpha_3, \cdots, \boldsymbol{A}\alpha_{n-1} = \alpha_n,$$

$$\boldsymbol{A}\alpha_n = -a_0\alpha_1 - a_1\alpha_2 - \cdots - a_{n-1}\alpha_n.$$

从而

$$\alpha_2 = \boldsymbol{A}\alpha_1, \alpha_3 = \boldsymbol{A}^2\alpha_1, \cdots, \alpha_n = \boldsymbol{A}^{n-1}\alpha_1,$$

即 $\alpha_1,\boldsymbol{A}\alpha_1,\boldsymbol{A}^2\alpha_1,\cdots,\boldsymbol{A}^{n-1}\alpha_1$ 组成 V 的一个基。由此抽象出一个概念:设 $\boldsymbol{A}$ 是域 F 上 n 维线性空间 V 上的一个线性变换,如果 V 中存在一个向量 ξ,使得 $\xi,\boldsymbol{A}\xi,\boldsymbol{A}^2\xi,\cdots,\boldsymbol{A}^{n-1}\xi$ 组成 V 的一个基,那么称 **V 关于线性变换 $\boldsymbol{A}$ 是循环的**,称 ξ 是 V 关于 $\boldsymbol{A}$ 的一个**循环向量**。从上面的讨论可以看出,如果 V 关于线性变换 $\boldsymbol{A}$ 是循环的,其中 ξ 是 V 关于 $\boldsymbol{A}$ 的一个循环向量,那么 $\boldsymbol{A}$ 在 V 的基 $\xi,\boldsymbol{A}\xi,\boldsymbol{A}^2\xi,\cdots,\boldsymbol{A}^{n-1}\xi$ 下的矩阵 A 是形如(21)的 Frobenius 矩阵,其中 a_0,$a_1,a_2,\cdots,a_{n-1}$ 满足:

$$\boldsymbol{A}^n\xi = -a_0\xi - a_1\boldsymbol{A}\xi - a_2\boldsymbol{A}^2\xi - \cdots - a_{n-1}\boldsymbol{A}^{n-1}\xi.$$

于是据例 8 得,$\boldsymbol{A}$ 的特征多项式 $f(\lambda)$ 与最小多项式 $m(\lambda)$ 相等,都等于 $\lambda^n+a_{n-1}\lambda^{n-1}+\cdots+a_1\lambda+a_0$。并且当 F 取复数域时,$\boldsymbol{A}$ 可对角化当且仅当 $\lambda^n+a_{n-1}\lambda^{n-1}+\cdots+a_1\lambda+a_0$ 在复数域中没有重根。

例 9 设 $\boldsymbol{A}$ 是域 F 上 n 维线性空间 V 上的一个线性变换。证明:如果 $\boldsymbol{A}$ 的最小多项式 $m(\lambda)=(\lambda-a)^n$,那么 V 中存在一个基使得 $\boldsymbol{A}$ 在此基下的矩阵是一个 n 级 Jordan 块 $J_n(a)$。

证明 由于 $\boldsymbol{A}$ 的最小多项式 $m(\lambda)=(\lambda-a)^n$,因此 $(\boldsymbol{A}-a\boldsymbol{I})^{n-1}\neq\boldsymbol{0}$。从而存在 $\xi\notin$

$\mathrm{Ker}(\boldsymbol{A}-a\boldsymbol{I})^{n-1}$。于是

$$(\boldsymbol{A}-a\boldsymbol{I})^{n-1}\xi\neq 0,(\boldsymbol{A}-a\boldsymbol{I})^{n}\xi=0.$$

据 9.1 节的例 13 得，

$$(\boldsymbol{A}-a\boldsymbol{I})^{n-1}\xi,(\boldsymbol{A}-a\boldsymbol{I})^{n-2}\xi,\cdots,(\boldsymbol{A}-a\boldsymbol{I})\xi,\xi$$

线性无关，从而它们是 V 的一个基，由于

$$\begin{aligned}&(\boldsymbol{A}-a\boldsymbol{I})[(\boldsymbol{A}-a\boldsymbol{I})^{n-1}\xi]=(\boldsymbol{A}-a\boldsymbol{I})^{n}\xi=0,\\&(\boldsymbol{A}-a\boldsymbol{I})[(\boldsymbol{A}-a\boldsymbol{I})^{n-2}\xi]=(\boldsymbol{A}-a\boldsymbol{I})^{n-1}\xi,\\&\cdots\\&(\boldsymbol{A}-a\boldsymbol{I})[(\boldsymbol{A}-a\boldsymbol{I})\xi]=(\boldsymbol{A}-a\boldsymbol{I})^{2}\xi,\\&(\boldsymbol{A}-a\boldsymbol{I})\xi=(\boldsymbol{A}-a\boldsymbol{I})\xi,\end{aligned}$$

因此 $\boldsymbol{A}-a\boldsymbol{I}$ 在基 $(\boldsymbol{A}-a\boldsymbol{I})^{n-1}\xi,\cdots,(\boldsymbol{A}-a\boldsymbol{I})\xi,\xi$ 的矩阵 B 为

$$B=\begin{pmatrix}0&1&0&\cdots&0&0\\0&0&1&\cdots&0&0\\0&0&0&\cdots&0&0\\\vdots&\vdots&\vdots&&\vdots&\vdots\\0&0&0&\cdots&1&0\\0&0&0&\cdots&0&1\\0&0&0&\cdots&0&0\end{pmatrix}.$$

设 $\boldsymbol{A}$ 在基 $(\boldsymbol{A}-a\boldsymbol{I})^{n-1}\xi,\cdots,(\boldsymbol{A}-a\boldsymbol{I})\xi,\xi$ 下的矩阵为 A，则 $B=A-aI$。从而 $A=aI+B=J_n(a)$。 ■

点评 从 $\boldsymbol{A}$ 的最小多项式是 $(\lambda-a)^n$，其中 n 是线性空间 V 的维数，就决定了 $\boldsymbol{A}$ 在 V 的一个适当基下的矩阵是 n 级 Jordan 块 $J_n(a)$；又据本节命题 6，n 级 Jordan 块 $J_n(a)$ 的最小多项式是 $(\lambda-a)^n$。两者结合起来就是：域 F 上 n 维线性空间 V 上的线性变换 $\boldsymbol{A}$ 在 V 的一个基下的矩阵是 n 级 Jordan 块 $J_n(a)$ 当且仅当 $\boldsymbol{A}$ 的最小多项式是 $(\lambda-a)^n$。

例 10 设 $\boldsymbol{B}$ 是域 F 上有限维线性空间 V 上的幂零变换，则 $\boldsymbol{B}$ 的幂零指数不超过 V 的维数。

证明 设 $\boldsymbol{B}$ 的幂零指数为 l。则 $\boldsymbol{B}^l=\boldsymbol{0}$，$\boldsymbol{B}^{l-1}\neq\boldsymbol{0}$，从而存在 $\xi\in V$ 使得 $\boldsymbol{B}^{l-1}\xi\neq 0$，$\boldsymbol{B}^l\xi=0$。据 9.1 节的例 13 得，$\xi,\boldsymbol{B}\xi,\boldsymbol{B}^2\xi,\cdots,\boldsymbol{B}^{l-1}\xi$ 线性无关，从而 $l\leqslant\dim V$。 ■

例 11 设 $\boldsymbol{A}$ 是域 F 上线性空间 V 上的线性变换。证明：如果 $\boldsymbol{A}$ 的最小多项式 $m(\lambda)$ 不可约，那么 $F[\boldsymbol{A}]$ 是一个域。

证明 从 9.1 节已经知道，$F[\boldsymbol{A}]$ 是一个有单位元的交换环。只要再证 $F[\boldsymbol{A}]$ 的每一个非零元 $g(\boldsymbol{A})$ 可逆，那么 $F[\boldsymbol{A}]$ 是一个域。由于 $g(\boldsymbol{A})\neq\boldsymbol{0}$，因此 $g(\lambda)$ 不是 $\boldsymbol{A}$ 的一个零化多项

式。从而 $\boldsymbol{A}$ 的最小多项式 $m(\lambda)\nmid g(\lambda)$。由于 $m(\lambda)$ 在 F 上不可约,因此 $(m(\lambda),g(\lambda))=1$。从而存在 $u(\lambda),v(\lambda)\in F[\lambda]$,使得 $u(\lambda)m(\lambda)+v(\lambda)g(\lambda)=1$。$\lambda$ 用 $\boldsymbol{A}$ 代入,得 $v(\boldsymbol{A})g(\boldsymbol{A})=\boldsymbol{I}$。因此 $g(\boldsymbol{A})$ 可逆。从而 $F[\boldsymbol{A}]$ 是一个域。 ■

例 12 证明:如果域 F 上的 n 级矩阵 A 与 B 都是可对角化的,且 $AB=BA$,那么存在域 F 上一个 n 级可逆矩阵 S,使得 $S^{-1}AS$ 与 $S^{-1}BS$ 都为对角矩阵。

证明 已知 A 可对角化,设 A 的所有不同的特征值为 $\lambda_1,\lambda_2,\cdots,\lambda_s$,其中 λ_i 的重数为 $n_i,i=1,2,\cdots,s$。于是存在域 F 上的一个 n 级可逆矩阵 P,使得 $P^{-1}AP=\mathrm{diag}\{\lambda_1 I_{n_1},\lambda_2 I_{n_2},\cdots,\lambda_s I_{n_s}\}$,记 $D=P^{-1}AP$。令 $G=P^{-1}BP$,由于 $AB=BA$,因此

$$DG=(P^{-1}AP)(P^{-1}BP)=P^{-1}ABP=P^{-1}BAP=(P^{-1}BP)(P^{-1}AP)=GD.$$

由于 $D=\mathrm{diag}\{\lambda_1 I_{n_1},\lambda_2 I_{n_2},\cdots,\lambda_s I_{n_s}\}$,且 $\lambda_1,\lambda_2,\cdots,\lambda_s$ 两两不等,因此据《高等代数学习指导书(上册)》习题 4.5 第 13 题得,$G=\mathrm{diag}\{B_1,B_2,\cdots,B_s\}$,其中 B_i 是 n_i 级矩阵,$i=1,2,\cdots,s$。由于 B 可对角化,因此 $G=P^{-1}BP$ 也可对角化。从而 G 的最小多项式 $m_G(\lambda)$ 在 $F[\lambda]$ 中可以分解成不同的一次因式的乘积。设 B_i 的最小多项式为 $m_i(\lambda),i=1,2,\cdots,s$,则

$$m_G(\lambda)=[m_1(\lambda),m_2(\lambda),\cdots,m_s(\lambda)].$$

于是 $m_i(\lambda)\mid m_G(\lambda)$,从而 $m_i(\lambda)$ 在 $F[\lambda]$ 中也可分解成不同的一次因式的乘积,因此 B_i 可对角化,于是存在域 F 上 n_i 级可逆矩阵 Q_i,使得 $Q_i^{-1}B_iQ_i$ 为对角矩阵,$i=1,2,\cdots,s$。令

$$Q=\mathrm{diag}\{Q_1,Q_2,\cdots,Q_s\},$$

则 $Q^{-1}GQ=\mathrm{diag}\{Q_1^{-1}B_1Q_1,Q_2^{-1}B_2Q_2,\cdots,Q_s^{-1}B_sQ_s\}$ 为对角矩阵。令 $S=PQ$,则

$$\begin{aligned}
S^{-1}BS&=Q^{-1}P^{-1}BPQ=Q^{-1}GQ,\\
S^{-1}AS&=Q^{-1}P^{-1}APQ=Q^{-1}\mathrm{diag}\{\lambda_1 I_{n_1},\lambda_2 I_{n_2},\cdots,\lambda_s I_{n_s}\}Q\\
&=\mathrm{diag}\{Q_1^{-1}(\lambda_1 I_{n_1})Q_1,Q_2^{-1}(\lambda_2 I_{n_2})Q_2,\cdots,Q_s^{-1}(\lambda_s I_{n_s})Q_s\}\\
&=\mathrm{diag}\{\lambda_1 I_{n_1},\lambda_2 I_{n_2},\cdots,\lambda_s I_{n_s}\}.
\end{aligned}$$

于是 $S^{-1}BS$ 和 $S^{-1}AS$ 都是对角矩阵。 ■

例 13 设 $\boldsymbol{A}_1,\boldsymbol{A}_2,\cdots,\boldsymbol{A}_m$ 都是域 F 上 n 维线性空间 V 上的线性变换。证明:如果 $\boldsymbol{A}_1,\boldsymbol{A}_2,\cdots,\boldsymbol{A}_m$ 都可对角化,且它们两两可交换,那么 V 中存在一个基,使得 $\boldsymbol{A}_1,\boldsymbol{A}_2,\cdots,\boldsymbol{A}_m$ 在此基下的矩阵都是对角矩阵。

证明 对线性空间的维数 n 作第二数学归纳法。

$n=1$ 时,$V=\langle\alpha\rangle$,$\boldsymbol{A}_i$ 在 V 的基 α 下的矩阵为 1 级矩阵,从而是对角矩阵,$i=1,2,\cdots,m$。因此命题为真。

假设对于维数小于 n 的线性空间命题为真,现在来看 n 维线性空间 V 的情形。由于 $\boldsymbol{A}_1$ 可对角化,因此

$$V=V_{\lambda_1}\oplus V_{\lambda_2}\oplus\cdots\oplus V_{\lambda_s},\tag{22}$$

其中 $\lambda_1,\lambda_2,\cdots,\lambda_s$ 是 $\boldsymbol{A}_1$ 的所有不同的特征值。若 $s=1$，则 $V=V_{\lambda_1}$，从而 $\boldsymbol{A}_1$ 是 V 上的数乘变换 $\boldsymbol{\lambda}_1$，它在 V 的任何一个基下的矩阵都是数量矩阵，从而可以不必考虑 $\boldsymbol{A}_1$，转而去考虑 $\boldsymbol{A}_2$。因此不妨设 $s\geqslant 2$。任给 $j\in\{1,2,\cdots,s\}$。由于 $\boldsymbol{A}_i$ 与 $\boldsymbol{A}_1$ 可交换，因此 V_{λ_j} 是 $\boldsymbol{A}_i$ 的不变子空间，从而 $\boldsymbol{A}_i|V_{\lambda_j}$ 是 V_{λ_j} 上的线性变换，$i=1,2,\cdots,m$。由于 $\boldsymbol{A}_1,\boldsymbol{A}_2,\cdots,\boldsymbol{A}_m$ 两两可交换。因此 $\boldsymbol{A}_1|V_{\lambda_j},\boldsymbol{A}_2|V_{\lambda_j},\cdots,\boldsymbol{A}_m|V_{\lambda_j}$ 两两可交换。设 $\boldsymbol{A}_i|V_{\lambda_j}$ 的最小多项式为 $m_{ij}(\lambda)$。由(22)式得，$\boldsymbol{A}_i$ 的最小多项式 $m_i(\lambda)$ 为

$$m_i(\lambda)=[m_{i1}(\lambda),m_{i2}(\lambda),\cdots,m_{is}(\lambda)].$$

由于 $\boldsymbol{A}_i$ 可对角化，因此 $\boldsymbol{A}_i$ 的最小多项式 $m_i(\lambda)$ 在 $F[\lambda]$ 中可分解成不同的一次因式的乘积，从而 $m_{ij}(\lambda)$ 在 $F[\lambda]$ 中可分解成不同的一次因式的乘积，于是 $\boldsymbol{A}_i|V_{\lambda_j}$ 可对角化，$i=1,2,\cdots,m$。由于 $\dim V_{\lambda_j}<\dim V=n$，因此对于 V_{λ_j} 上的线性变换 $\boldsymbol{A}_1|V_{\lambda_j},\boldsymbol{A}_2|V_{\lambda_j},\cdots,\boldsymbol{A}_m|V_{\lambda_j}$ 可以用归纳假设得，存在 V_{λ_j} 的一个基 $\alpha_{j1},\alpha_{j2},\cdots,\alpha_{jn_j}$，使得 $\boldsymbol{A}_1|V_{\lambda_j},\boldsymbol{A}_2|V_{\lambda_j},\cdots,\boldsymbol{A}_m|V_{\lambda_j}$ 在此基下的矩阵 $A_{1j},A_{2j},\cdots,A_{mj}$ 都为对角矩阵，于是 $\boldsymbol{A}_1,\boldsymbol{A}_2,\cdots,\boldsymbol{A}_m$ 在 V 的基

$$\alpha_{11},\alpha_{12},\cdots,\alpha_{1n_1},\alpha_{21},\alpha_{22},\cdots,\alpha_{2n_2},\cdots,\alpha_{s1},\alpha_{s2},\cdots,\alpha_{sn_s}$$

下的矩阵 $A_1,A_2,\cdots,A_m$ 分别为

$$A_1=\mathrm{diag}\{A_{11},A_{12},\cdots,A_{1s}\},A_2=\mathrm{diag}\{A_{21},A_{22},\cdots,A_{2s}\},$$
$$\cdots,A_m=\mathrm{diag}\{A_{m1},A_{m2},\cdots,A_{ms}\}.$$

由此看出，$A_1,A_2,\cdots,A_m$ 都是对角矩阵。

由第二数学归纳法原理，对一切正整数 n，命题成立。 ■

点评 从例 13 的证明中看到，例 13 的条件“$\boldsymbol{A}_1,\boldsymbol{A}_2,\cdots,\boldsymbol{A}_s$ 两两可交换”保证了 $\boldsymbol{A}_1$ 的特征子空间 $V_{\lambda_j}(j=1,2,\cdots,s)$ 是 $\boldsymbol{A}_i$ 的不变子空间，从而 $\boldsymbol{A}_i|V_{\lambda_j}$ 是 V_{λ_j} 上的线性变换，$i=1,2,\cdots,s$。这是对 V_{λ_j} 用归纳假设的一个前提条件。从证明中还看到，最小多项式的概念和性质在论证 $\boldsymbol{A}_i|V_{\lambda_j}$ 可对角化($i=1,2,\cdots,m$)时起着关键作用，而论证 $\boldsymbol{A}_i|V_{\lambda_j}$ 可对角化是对于 V_{λ_j} 上的线性变换 $\boldsymbol{A}_1|V_{\lambda_j},\boldsymbol{A}_2|V_{\lambda_j},\cdots,\boldsymbol{A}_m|V_{\lambda_j}$ 能够用归纳假设的另一个前提条件。从例 13 还看到，当 $m=2$ 时，它用矩阵语言来叙述就是例 12，因此例 13 的证明方法是例 12 的第二种证法。

例 14 设 $\boldsymbol{A}$ 是域 F 上 n 维线性空间 V 上的线性变换。证明：如果 $\boldsymbol{A}$ 有 n 个不同的特征值，那么与 $\boldsymbol{A}$ 可交换的每一个线性变换 $\boldsymbol{B}$ 能唯一地表示成 $\boldsymbol{A}$ 的一个次数小于 n 的多项式。

证明 由于 $\boldsymbol{A}$ 有 n 个不同的特征值，因此由 8.2 节例 7 可得，$\dim \mathrm{C}(\boldsymbol{A})=n$，其中 $\mathrm{C}(\boldsymbol{A})$ 表示 V 上与 $\boldsymbol{A}$ 可交换的所有线性变换组成的集合，它是 V 的一个子空间。从 $\boldsymbol{A}$ 有 n 个不同的特征值 $\lambda_1,\lambda_2,\cdots,\lambda_n$ 可知 $\boldsymbol{A}$ 可对角化。从而 $\boldsymbol{A}$ 的特征多项式 $f(\lambda)=(\lambda-\lambda_1)(\lambda-\lambda_2)\cdots(\lambda-\lambda_n)$。由于 $\boldsymbol{A}$ 的最小多项式 $m(\lambda)$ 与 $f(\lambda)$ 在 F 中有相同的根，因此

$$m(\lambda)=(\lambda-\lambda_1)(\lambda-\lambda_2)\cdots(\lambda-\lambda_n).$$

假如 $\boldsymbol{I},\boldsymbol{A},\boldsymbol{A}^2,\cdots,\boldsymbol{A}^{n-1}$ 线性相关，那么在 F 中有不全为 0 的元素 $k_0,k_1,\cdots,k_{n-1}$，使得

$$k_0\boldsymbol{I}+k_1\boldsymbol{A}+k_2\boldsymbol{A}^2+\cdots+k_{n-1}\boldsymbol{A}^{n-1}=\boldsymbol{0}.$$

从而 $g(\lambda)=k_0+k_1\lambda+k_2\lambda^2+\cdots+k_{n-1}\lambda^{n-1}$ 是 $\boldsymbol{A}$ 的一个零化多项式。于是 $m(\lambda)\mid g(\lambda)$。由此推出 $\deg m(\lambda)\leqslant\deg g(\lambda)\leqslant n-1$。这与 $\deg m(\lambda)=n$ 矛盾，因此 $\boldsymbol{I},\boldsymbol{A},\boldsymbol{A}^2,\cdots,\boldsymbol{A}^{n-1}$ 线性无关。由于 $\dim C(\boldsymbol{A})=n$，因此 $\boldsymbol{I},\boldsymbol{A},\boldsymbol{A}^2,\cdots,\boldsymbol{A}^{n-1}$ 是 $C(\boldsymbol{A})$ 的一个基，从而若 $\boldsymbol{B}\in C(\boldsymbol{A})$，则 $\boldsymbol{B}$ 可以唯一地表示成

$$\boldsymbol{B}=b_0\boldsymbol{I}+b_1\boldsymbol{A}+b_2\boldsymbol{A}^2+\cdots+b_{n-1}\boldsymbol{A}^{n-1},$$

即 $\boldsymbol{B}$ 能唯一地表示成 $\boldsymbol{A}$ 的一个次数小于 n 的多项式。 ■

点评 例 14 的证明的关键有两点：第一点先证如果 $\boldsymbol{A}$ 有 n 个不同的特征值，那么与 $\boldsymbol{A}$ 可交换的所有线性变换组成的子空间 $C(\boldsymbol{A})$ 的维数等于 n，这可从 8.2 节例 7 直接得出；第二点，去证 $\boldsymbol{I},\boldsymbol{A},\boldsymbol{A}^2,\cdots,\boldsymbol{A}^{n-1}$ 线性无关，由于利用了 $\boldsymbol{A}$ 的最小多项式 $m(\lambda)$，因此证明这一点变得很容易。

例 15 设 V 是域 F 上的 n 维线性空间，$\operatorname{char} F\neq 2$，$\boldsymbol{A},\boldsymbol{B}$ 都是 V 上的线性变换。且 $\boldsymbol{A}$ 是对合变换，$\boldsymbol{B}\neq\boldsymbol{0}$。证明：如果 $\boldsymbol{AB}+\boldsymbol{BA}=\boldsymbol{0}$，那么 V 中存在一个基使得 $\boldsymbol{A}$ 在此基下的矩阵 A 为对角矩阵，而 $\boldsymbol{B}$ 在此基下的矩阵 B 是分块对角矩阵：

$$B=\begin{pmatrix}\overbrace{0}^{r} & \overbrace{B_1}^{n-r}\\ B_2 & 0\end{pmatrix}\begin{matrix}\}r\\ \}n-r\end{matrix},\tag{23}$$

其中 $r=\operatorname{rank}(\boldsymbol{I}+\boldsymbol{A})$，$0<r<n$。

证明 由于域 F 的特征不等于 2，且 $\boldsymbol{A}$ 是对合变换，因此据本节命题 7 知，$\boldsymbol{A}$ 可对角化。据 9.4 节的例 13 得 V 中存在一个基 $\alpha_1,\alpha_2,\cdots,\alpha_n$，使得 $\boldsymbol{A}$ 在此基下的矩阵 A 为

$$A=\begin{pmatrix}I_r & 0\\ 0 & -I_{n-r}\end{pmatrix},\tag{24}$$

其中 $r=\operatorname{rank}(\boldsymbol{I}+\boldsymbol{A})$。

若 $r=n$，则 $\boldsymbol{A}=\boldsymbol{I}$。于是 $\boldsymbol{0}=\boldsymbol{I}\,\boldsymbol{B}+\boldsymbol{B}\,\boldsymbol{I}=2\boldsymbol{B}$。由此推出 $\boldsymbol{B}=\boldsymbol{0}$，矛盾。若 $r=0$，则 $\boldsymbol{A}=-\boldsymbol{I}$，类似可得矛盾。因此 $0<r<n$。

设 $\boldsymbol{B}$ 在 V 的基 $\alpha_1,\alpha_2,\cdots,\alpha_n$ 下的矩阵为 B，把 B 分块写成：

$$B=\begin{pmatrix}\overbrace{B_{11}}^{r} & \overbrace{B_{12}}^{n-r}\\ B_{21} & B_{22}\end{pmatrix}\begin{matrix}\}r\\ \}n-r\end{matrix}.$$

由于 $\boldsymbol{AB}+\boldsymbol{BA}=\boldsymbol{0}$,因此 $AB+BA=0$,即 $AB=-BA$,从而

$$\begin{pmatrix} I_r & 0 \\ 0 & -I_{n-r} \end{pmatrix}\begin{pmatrix} B_{11} & B_{12} \\ B_{21} & B_{22} \end{pmatrix}=-\begin{pmatrix} B_{11} & B_{12} \\ B_{21} & B_{22} \end{pmatrix}\begin{pmatrix} I_r & 0 \\ 0 & -I_{n-r} \end{pmatrix}.$$

由此得出,$B_{11}=-B_{11}$,$-B_{22}=B_{22}$。由于 $\text{char } F\neq 2$,因此 $B_{11}=0$,$B_{22}=0$,从而

$$B=\begin{pmatrix} 0 & B_{12} \\ B_{21} & 0 \end{pmatrix}\begin{matrix} \}r \\ \}n-r \end{matrix}.$$

(上方列宽标注:$\overbrace{\quad}^{r}$ $\overbrace{\quad}^{n-r}$) ■

例 16 在例 15 中,如果 $\boldsymbol{B}$ 也是对合变换,那么 $\boldsymbol{B}$ 的矩阵 B 中,B_1 和 B_2 有什么关系?

解 由于 $\boldsymbol{B}$ 是对合变换,因此 B 是对合矩阵。从而 $B^2=I$。于是

$$\begin{pmatrix} I_r & 0 \\ 0 & I_{n-r} \end{pmatrix}=\begin{pmatrix} 0 & B_1 \\ B_2 & 0 \end{pmatrix}^2=\begin{pmatrix} B_1B_2 & 0 \\ 0 & B_2B_1 \end{pmatrix}.$$

由此得出,$B_1B_2=I_r$,$B_2B_1=I_{n-r}$。

例 17 设 $\boldsymbol{A}$ 是域 F 上 n 维线性空间 V 上的线性变换,$\boldsymbol{A}$ 在 V 的一个基 $\alpha_1,\alpha_2,\cdots,\alpha_n$ 下的矩阵 A 为

$$\begin{pmatrix} & & & a_1 \\ 0 & & a_2 & \\ & \iddots & & \\ & a_{n-1} & & 0 \\ a_n & & & \end{pmatrix}.$$

求 $\boldsymbol{A}$ 可对角化的充分必要条件。

解 在 9.5 节例 20 中已求出 V 能分解成 $\boldsymbol{A}$ 的 2 维或 1 维不变子空间的直和:

$V=\langle\alpha_1,\alpha_{2k}\rangle\oplus\langle\alpha_2,\alpha_{2k-1}\rangle\oplus\cdots\oplus\langle\alpha_k,\alpha_{k+1}\rangle$,当 $n=2k$;

$V=\langle\alpha_1,\alpha_{2k+1}\rangle\oplus\langle\alpha_2,\alpha_{2k}\rangle\oplus\cdots\oplus\langle\alpha_k,\alpha_{k+2}\rangle\oplus\langle\alpha_{k+1}\rangle$,当 $n=2k+1$.

设 $\boldsymbol{A}|\langle\alpha_i,\alpha_{n-i+1}\rangle$ 的最小多项式为 $m_i(\lambda)$,则 $\boldsymbol{A}$ 的最小多项式 $m(\lambda)$ 为

$m(\lambda)=[m_1(\lambda),m_2(\lambda),\cdots,m_k(\lambda)]$,当 $n=2k$;

$m(\lambda)=[m_1(\lambda),m_2(\lambda),\cdots,m_k(\lambda),m_{k+1}(\lambda)]$,当 $n=2k+1$.

当 $n=2k+1$ 时,$\boldsymbol{A}|\langle\alpha_{k+1}\rangle$ 是 $\langle\alpha_{k+1}\rangle$ 上的数乘变换 $\boldsymbol{a}_{k+1}$,它的最小多项式 $m_{k+1}(\lambda)=\lambda-a_{k+1}$。于是据本节定理 2 得,$\boldsymbol{A}$ 可对角化当且仅当 $m_i(\lambda)(i=1,2,\cdots,k)$ 在 $F[\lambda]$ 中可分解成不同的一次因式的乘积。$\boldsymbol{A}|\langle\alpha_i,\alpha_{n-i+1}\rangle$ 在基 α_i,α_{n-i+1} 下的矩阵 $A_i=\begin{pmatrix} 0 & a_i \\ a_{n-i+1} & 0 \end{pmatrix}$。当 $a_i=a_{n-i+1}=0$ 时,$A_i=0$,于是 $m_i(\lambda)=\lambda$;当 a_i 与 a_{n-i+1} 不全为 0 时,A_i 不是数量矩阵,因此

$m_i(\lambda)$的次数大于1。从而$m_i(\lambda)$等于A_i的特征多项式$f_i(\lambda)=\lambda^2-a_ia_{n-i+1}$。于是我们得出，$\mathbf{A}$可对角化的充分必要条件是：当$a_i$与$a_{n-i+1}$不全为0时，$\lambda^2-a_ia_{n-i+1}$在$F[\lambda]$中能分解成不同的一次因式的乘积，其中$i=1,2,\cdots,k$。这里$k=\frac{n}{2}$或$\frac{n-1}{2}$，视$n$为偶数还是奇数而定。 ■

点评 例17由于利用了最小多项式，因此得到的$\mathbf{A}$可对角化的充分必要条件较深入，而不是停留在每个2级矩阵A_i可对角化这一步上。

例18 设$\mathbf{A}$是域F上线性空间V上的线性变换，$\mathbf{A}$的最小多项式$m(\lambda)$在$F[\lambda]$中的标准分解式为

$$m(\lambda)=p_1^{l_1}(\lambda)p_2^{l_2}(\lambda)\cdots p_s^{l_s}(\lambda), \tag{25}$$

其中$p_1(\lambda),p_2(\lambda),\cdots,p_s(\lambda)$是域$F$上两两不等的首一不可约多项式。

(1) 证明：$V=\operatorname{Ker} p_1^{l_1}(\mathbf{A})\oplus\operatorname{Ker} p_2^{l_2}(\mathbf{A})\oplus\cdots\oplus\operatorname{Ker} p_s^{l_s}(\mathbf{A})$。 (26)

(2) 证明：$\mathbf{A}|W_j$的最小多项式$m_j(\lambda)=p_j^{l_j}(\lambda)$，其中$W_j=\operatorname{Ker} p_j^{l_j}(\mathbf{A})$，$j=1,2,\cdots,s$。

(3) 令$\boldsymbol{B}_j=p_j(\mathbf{A}|W_j)$，证明：$\boldsymbol{B}_j$是$W_j$上的幂零变换，且它的幂零指数为$l_j$，$j=1,2,\cdots,s$。

证明 (1) 由于$p_1(\lambda),p_2(\lambda),\cdots,p_s(\lambda)$是域$F$上两两不等的不可约多项式，因此$p_1^{l_1}(\lambda),p_2^{l_2}(\lambda),\cdots,p_s^{l_s}(\lambda)$两两互素，于是由9.5节的定理3得到

$$V=\operatorname{Ker} p_1^{l_1}(\mathbf{A})\oplus\operatorname{Ker} p_2^{l_2}(\mathbf{A})\oplus\cdots\oplus\operatorname{Ker} p_s^{l_s}(\mathbf{A}).$$

(2) 记$W_j=\operatorname{Ker} p_j^{l_j}(\mathbf{A})$。则$W_j$是$\mathbf{A}$的一个不变子空间，从而$\mathbf{A}|W_j$是$W_j$上的一个线性变换，设$\mathbf{A}|W_j$的最小多项式是$m_j(\lambda)$。任取$\alpha_j\in W_j$，有

$$p_j^{l_j}(\mathbf{A}\mid W_j)\alpha_j=p_j^{l_j}(\mathbf{A})\alpha_j=0.$$

从而$p_j^{l_j}(\mathbf{A}|W_j)=\mathbf{0}$。于是$p_j^{l_j}(\lambda)$是$\mathbf{A}|W_j$的一个零化多项式，因此$\mathbf{A}|W_j$的最小多项式$m_j(\lambda)=p_j^{t_j}(\lambda)$，其中$0<t_j\leqslant l_j$。据定理1得

$$\begin{aligned}m(\lambda)&=[p_1^{t_1}(\lambda),p_2^{t_2}(\lambda),\cdots,p_s^{t_s}(\lambda)]\\&=p_1^{t_1}(\lambda)p_2^{t_2}(\lambda)\cdots p_s^{t_s}(\lambda).\end{aligned} \tag{27}$$

把(27)式与(25)式比较，由唯一因式分解定理得

$$t_1=l_1,t_2=l_2,\cdots,t_s=l_s.$$

因此$\mathbf{A}|W_j$的最小多项式$m_j(\lambda)=p_j^{l_j}(\lambda)$，$j=1,2,\cdots,s$。

(3) 由第(2)小题知，$\mathbf{A}|W_j$的最小多项式$m_j(\lambda)=p_j^{l_j}(\lambda)$。因此$p_j^{l_j}(\mathbf{A}|W_j)=\mathbf{0}$，而当$k_j<l_j$时，$p_j^{k_j}(\mathbf{A}|W_j)\neq\mathbf{0}$。于是$\boldsymbol{B}_j^{l_j}=\mathbf{0}$，而当$k_j<l_j$时，$\boldsymbol{B}_j^{k_j}\neq\mathbf{0}$，因此$\boldsymbol{B}_j$是$W_j$上的幂零变换，且它的幂零指数为$l_j$。 ■

例 19 设 $\mathbf{A}$ 是域 F 上 n 维线性空间 V 上的线性变换，$\mathbf{A}$ 的最小多项式 $m(\lambda)$ 在 $F[\lambda]$ 中的标准分解式为

$$m(\lambda)=p_1^{l_1}(\lambda)p_2^{l_2}(\lambda)\cdots p_s^{l_s}(\lambda), \tag{28}$$

其中 $p_1(\lambda),p_2(\lambda),\cdots,p_s(\lambda)$ 是域 F 上两两不等的首一不可约多项式，证明：

(1) 如果 $g(\lambda)=p_1^{k_1}(\lambda)p_2^{k_2}(\lambda)\cdots p_s^{k_s}(\lambda),k_i\geqslant l_i,i=1,2,\cdots,s$，那么 $\operatorname{Ker} p_j^{k_j}(\mathbf{A})=\operatorname{Ker} p_j^{l_j}(\mathbf{A}),j=1,2,\cdots,s$。

(2) 记 $W_j=\operatorname{Ker} p_j^{l_j}(\mathbf{A}),j=1,2,\cdots,s$，则对任意正整数 t，有

$$\operatorname{Ker} p_j^t(\mathbf{A}\mid W_j)=\operatorname{Ker} p_j^t(\mathbf{A}),j=1,2,\cdots,s.$$

证明 (1)由于 $g(\lambda)=p_1^{k_1}(\lambda)p_2^{k_2}(\lambda)\cdots p_s^{k_s}(\lambda),k_i\geqslant l_i,i=1,2,\cdots,s$，因此 $m(\lambda)\mid g(\lambda)$，从而 $g(\mathbf{A})=\mathbf{0}$。于是

$$V=\operatorname{Ker} p_1^{k_1}(\mathbf{A})\oplus\operatorname{Ker} p_2^{k_2}(\mathbf{A})\oplus\cdots\oplus\operatorname{Ker} p_s^{k_s}(\mathbf{A}). \tag{29}$$

从(28)式得

$$V=\operatorname{Ker} p_1^{l_1}(\mathbf{A})\oplus\operatorname{Ker} p_2^{l_2}(\mathbf{A})\oplus\cdots\oplus\operatorname{Ker} p_s^{l_s}(\mathbf{A}). \tag{30}$$

任取 $\alpha_j\in\operatorname{Ker} p_j^{l_j}(\mathbf{A})$，则 $p_j^{l_j}(\mathbf{A})\alpha_j=0$。从而

$$p_j^{k_j}(\mathbf{A})\alpha_j=p_j^{k_j-l_j}(\mathbf{A})p_j^{l_j}(\mathbf{A})\alpha_j=0.$$

于是 $\alpha_j\in\operatorname{Ker} p_j^{k_j}(\mathbf{A})$，因此 $\operatorname{Ker} p_j^{l_j}(\mathbf{A})\subseteq\operatorname{Ker} p_j^{k_j}(\mathbf{A})$。

在 $\operatorname{Ker} p_j^{l_j}(\mathbf{A})$ 中取一个基 $\alpha_{j1},\cdots,\alpha_{jn_j},j=1,2,\cdots,s$，从(30)式得，把它们合起来是 V 的一个基，把 $\alpha_{j1},\cdots,\alpha_{jn_j}$ 扩充成 $\operatorname{Ker} p_j^{k_j}(\mathbf{A})$ 的一个基，从(29)式得，把扩充后的基合起来也是 V 的一个基，因此不用扩充，即 $\alpha_{j1},\cdots,\alpha_{jn_j}$ 就是 $\operatorname{Ker} p_j^{k_j}(\mathbf{A})$ 的一个基，从而 $\dim(\operatorname{Ker} p_j^{k_j}(\mathbf{A}))=n_j=\dim(\operatorname{Ker} p_j^{l_j}(\mathbf{A}))$。因此

$$\operatorname{Ker} p_j^{k_j}(\mathbf{A})=\operatorname{Ker} p_j^{l_j}(\mathbf{A}),j=1,2,\cdots,s. \tag{31}$$

(2) $\alpha\in\operatorname{Ker} p_j^t(\mathbf{A}|W_j)\Leftrightarrow\alpha\in W_j$ 且 $p_j^t(\mathbf{A}|W_j)\alpha=0$

$\Leftrightarrow\ \alpha\in W_j$ 且 $p_j^t(\mathbf{A})\alpha=0\ \Leftrightarrow\ \alpha\in\operatorname{Ker} p_j^t(\mathbf{A})$，

其中最后一步的充分性"$\Leftarrow$"理由如下：若 $t\leqslant l_j$，则从 $p_j^t(\mathbf{A})\alpha=0$ 可推出

$$p_j^{l_j}(\mathbf{A})\alpha=p_j^{l_j-t}(\mathbf{A})p_j^t(\mathbf{A})\alpha=0,$$

于是 $\alpha\in W_j$。若 $t>l_j$，则据第(1)小题的结论得，$\operatorname{Ker} p_j^t(\mathbf{A})=\operatorname{Ker} p_j^{l_j}(\mathbf{A})$，于是从 $\alpha\in\operatorname{Ker} p_j^t(\mathbf{A})$ 立即得出 $\alpha\in W_j$。由上述推导得

$$\operatorname{Ker} p_j^t(\mathbf{A}\mid W_j)=\operatorname{Ker} p_j^t(\mathbf{A}),j=1,2,\cdots,s. \tag{32}$$ ■

点评 从例 19 立即得出下列结论：

(1) 设 $\mathbf{A}$ 的特征多项式 $f(\lambda)$ 在 $F(\lambda)$ 中的标准分解式为

$$f(\lambda)=p_1^{r_1}(\lambda)p_2^{r_2}(\lambda)\cdots p_s^{r_s}(\lambda).$$

由于 $m(\lambda)\mid f(\lambda)$，因此 $r_i\geqslant l_i,i=1,2,\cdots,s$，于是有

$$\operatorname{Ker} p_j^{r_j}(\boldsymbol{A}) = \operatorname{Ker} p_j^{l_j}(\boldsymbol{A}), j = 1,2,\cdots,s. \tag{33}$$

(2) 设 $\boldsymbol{A}$ 的最小多项式 $m(\lambda)$ 在 $F[\lambda]$ 中的标准分解式为

$$m(\lambda) = (\lambda-\lambda_1)^{l_1}(\lambda-\lambda_2)^{l_2}\cdots(\lambda-\lambda_s)^{l_s}, \tag{34}$$

其中 $\lambda_1,\lambda_2,\cdots,\lambda_s$ 是域 F 中两两不等的元素;$\boldsymbol{A}$ 的特征多项式 $f(\lambda)$ 在 $F[\lambda]$ 中的标准分解式为

$$f(\lambda) = (\lambda-\lambda_1)^{r_1}(\lambda-\lambda_2)^{r_2}\cdots(\lambda-\lambda_s)^{r_s}. \tag{35}$$

则 $\operatorname{Ker}(\boldsymbol{A}-\lambda_j\boldsymbol{I})^{r_j}=\operatorname{Ker}(\boldsymbol{A}-\lambda_j\boldsymbol{I})^{l_j}, j=1,2,\cdots,s$。即 $\operatorname{Ker}(\boldsymbol{A}-\lambda_j\boldsymbol{I})^{l_j}$ 等于 $\boldsymbol{A}$ 的根子空间 $\operatorname{Ker}(\boldsymbol{A}-\lambda_j\boldsymbol{I})^{r_j}, j=1,2,\cdots,s$。这表明:从 $\boldsymbol{A}$ 的最小多项式 $m(\lambda)$ 的标准分解式(34)得到的 V 的直和分解式(15)与从 $\boldsymbol{A}$ 的特征多项式 $f(\lambda)$ 的标准分解式(35)得到的 V 的直和分解式是一致的。

(3) 设 $\boldsymbol{A}$ 的最小多项式 $m(\lambda)$ 在 $F[\lambda]$ 中的标准分解式为(34)式,记 $W_j=\operatorname{Ker}(\boldsymbol{A}-\lambda_j\boldsymbol{I})^{l_j}, j=1,2,\cdots,s$。则对任意正整数 t,有

$$\operatorname{Ker}(\boldsymbol{A}\mid W_j-\lambda_j\boldsymbol{I})^t = \operatorname{Ker}(\boldsymbol{A}-\lambda_j\boldsymbol{I})^t, j = 1,2,\cdots,s. \tag{36}$$

(4) 从例 19 的第(1)、(2)小题可得

$\operatorname{Ker} p_j(\boldsymbol{A}\mid W_j)\subseteq \operatorname{Ker} p_j^2(\boldsymbol{A}\mid W_j)\subseteq\cdots\subseteq \operatorname{Ker} p_j^{l_j}(\boldsymbol{A}\mid W_j) = \operatorname{Ker} p_j^{l_j+1}(\boldsymbol{A}\mid W_j)=\cdots$.

显然有 $p_j(\boldsymbol{A}|W_j)W_j\supseteq p_j^2(\boldsymbol{A}|W_j)W_j\supseteq\cdots\supseteq p_j^{l_j}(\boldsymbol{A}|W_j)W_j\supseteq p_j^{l_j+1}(\boldsymbol{A}|W_j)W_j\supseteq\cdots$. 由于 $\dim W_j=\dim(\operatorname{Ker} p_j^{l_j}(\boldsymbol{A}|W_j))+\dim(p_j^{l_j}(\boldsymbol{A}|W_j)W_j)$,且 $\operatorname{Ker} p_j^{l_j}(\boldsymbol{A}|W_j)=W_j$,因此 $p_j^{l_j}(\boldsymbol{A}|W_j)W_j=0$,从而 $p_j^{l_j}(\boldsymbol{A}|W_j)W_j=p_j^{l_j+1}(\boldsymbol{A}|W_j)W_j=\cdots$。

例 20 设 $\boldsymbol{A}$ 是域 F 上 n 维线性空间 V 上的线性变换。证明:如果 $\boldsymbol{A}$ 的特征多项式 $f(\lambda)$ 在 $F[\lambda]$ 中可以分解成

$$f(\lambda) = (\lambda-\lambda_1)^{r_1}(\lambda-\lambda_2)^{r_2}\cdots(\lambda-\lambda_s)^{r_s}, \tag{37}$$

其中 $\lambda_1,\lambda_2,\cdots,\lambda_s$ 是 F 中两两不等的元素;那么 $\boldsymbol{A}$ 的根子空间 $\operatorname{Ker}(\boldsymbol{A}-\lambda_i\boldsymbol{I})^{r_j}$ 的维数等于特征值 λ_j 的代数重数 $r_j, j=1,2,\cdots,s$。

证明 由于 $\boldsymbol{A}$ 的最小多项式 $m(\lambda)\mid f(\lambda)$,且 $m(\lambda)$ 与 $f(\lambda)$ 在 F 中有相同的根,因此

$$m(\lambda) = (\lambda-\lambda_1)^{l_1}(\lambda-\lambda_2)^{l_2}\cdots(\lambda-\lambda_s)^{l_s}, l_i\leqslant r_i, i = 1,2,\cdots,s. \tag{38}$$

据例 19 的点评中第(2)个结论得

$$\operatorname{Ker}(\boldsymbol{A}-\lambda_j\boldsymbol{I})^{r_j} = \operatorname{Ker}(\boldsymbol{A}-\lambda_j\boldsymbol{I})^{l_j}, j = 1,2,\cdots,s. \tag{39}$$

记 $W_j=\operatorname{Ker}(\boldsymbol{A}-\lambda_j\boldsymbol{I})^{l_j}, j=1,2,\cdots,s$。在 W_j 中取一个基($j=1,2,\cdots,s$),合起来成为 V 的一个基,$\boldsymbol{A}$ 在此基下的矩阵 A 是分块对角矩阵:$A=\operatorname{diag}\{A_1,A_2,\cdots,A_s\}$,其中 A_j 是 $\boldsymbol{A}|W_j$ 在 W_j 的上述基下的矩阵,因此 A_j 的级数等于 $\dim W_j$,记作 n_j,且

$$f(\lambda) = |\lambda I-A| = |\lambda I_{n_1}-A_1|\cdot|\lambda I_{n_2}-A_2|\cdots|\lambda I_{n_s}-A_s|. \tag{40}$$

记 $f_j(\lambda)=|\lambda I_{n_j}-A_j|$,它是 $\boldsymbol{A}|W_j$ 的特征多项式。在本节内容精华的最后一部分已求出

$\boldsymbol{A}|W_j$ 的最小多项式 $m_j(\lambda)=(\lambda-\lambda_j)^{l_j}$，于是 $f_j(\lambda)=(\lambda-\lambda_j)^{k_j}$ 对某个 $k_j \geqslant l_j$。由于 $f_j(\lambda)$ 的次数等于矩阵 A_j 的级数，从而等于 n_j，因此 $f_j(\lambda)=(\lambda-\lambda_j)^{n_j}$。于是

$$f(\lambda)=(\lambda-\lambda_1)^{n_1}(\lambda-\lambda_2)^{n_2}\cdots(\lambda-\lambda_s)^{n_s}, \tag{41}$$

比较(37)和(41)式，据 $F[\lambda]$ 中的唯一因式分解定理得

$$n_1=r_1, n_2=r_2, \cdots, n_s=r_s. \tag{42}$$

即 $\boldsymbol{A}$ 的根子空间 $\mathrm{Ker}(\boldsymbol{A}-\lambda_j\boldsymbol{I})^{r_j}$ 的维数等于 λ_j 的代数重数 r_j，$j=1,2,\cdots,s$。 ■

点评 例 20 的证明的关键是通过 $\boldsymbol{A}|W_j$ 的最小多项式 $m_j(\lambda)=(\lambda-\lambda_j)^{l_j}$ 来确定 $\boldsymbol{A}|W_j$ 的特征多项式 $f_j(\lambda)$ 必形如 $(\lambda-\lambda_j)^{k_j}$，然后通过 $f_j(\lambda)$ 的次数等于矩阵 A_j 的级数，从而等于 W_j 的维数 n_j，进一步定出 $f_j(\lambda)=(\lambda-\lambda_j)^{n_j}$。再利用 $f(\lambda)$ 的标准分解式唯一便定出了 $n_j=r_j$。这样就把 W_j 的维数 n_j 与 λ_j 的代数重数 r_j 联系起来了。这就是为什么本来只是涉及 $\boldsymbol{A}$ 的特征多项式 $f(\lambda)$ 的问题，却要引出 $\boldsymbol{A}$ 的最小多项式 $m(\lambda)$。当然例 19 的结论"W_j 等于根子空间 $\mathrm{Ker}(\boldsymbol{A}-\lambda_j\boldsymbol{I})^{r_j}$"也起了重要作用。例 20 也证明了：如果 $\boldsymbol{A}$ 的特征多项式 $f(\lambda)$ 在 $F[\lambda]$ 中的标准分解式为(37)式，那么 $\boldsymbol{A}|W_j$ 的特征多项式就是 $(\lambda-\lambda_j)^{r_j}$，其中 W_j 是 $\boldsymbol{A}$ 的根子空间 $\mathrm{Ker}(\boldsymbol{A}-\lambda_j\boldsymbol{I})^{r_j}$。例 20 还表明：$f(\lambda)$ 的标准分解式(37)中，$\lambda-\lambda_j$ 的幂指数 r_j 从代数的角度看，它是 λ_j 的代数重数；而从几何的角度看，它是根子空间 $\mathrm{Ker}(\boldsymbol{A}-\lambda_j\boldsymbol{I})^{r_j}$ 的维数。我们要善于从"数学是一个统一体"的观点来学习数学。

***例 21** 设 $\boldsymbol{A}$ 是域 F 上 n 维线性空间 V 上的线性变换，$\mathrm{char}\ F=0$，$\boldsymbol{A}$ 的特征多项式 $f(\lambda)$ 在 $F[\lambda]$ 中的标准分解式为

$$f(\lambda)=p_1^{r_1}(\lambda)p_2^{r_2}(\lambda)\cdots p_s^{r_s}(\lambda), \tag{43}$$

其中 $p_1(\lambda), p_2(\lambda), \cdots, p_s(\lambda)$ 是域 F 上两两不等的首一不可约多项式。证明：

$$\dim(\mathrm{Ker}\ p_j^{r_j}(\boldsymbol{A}))=r_j\deg(p_j(\lambda)), j=1,2,\cdots,s. \tag{44}$$

证明 由于在 $F[\lambda]$ 中，$\boldsymbol{A}$ 的最小多项式 $m(\lambda)\mid f(\lambda)$，且 $p_j(\lambda)(j=1,2,\cdots,s)$ 都在 F 上不可约，因此

$$m(\lambda)=p_1^{l_1}(\lambda)p_2^{l_2}(\lambda)\cdots p_s^{l_s}(\lambda), l_i\leqslant r_i, i=1,2,\cdots,s. \tag{45}$$

据例 19 得，$\mathrm{Ker}\ p_j^{l_j}(\boldsymbol{A})=\mathrm{Ker}\ p_j^{r_j}(\boldsymbol{A})$，$j=1,2,\cdots,s$。记 $W_j=\mathrm{Ker}\ p_j^{l_j}(\boldsymbol{A})$，$j=1,2,\cdots,s$。在 W_j 中取一个基，$j=1,2,\cdots,s$，合起来是 V 的一个基。$\boldsymbol{A}$ 在此基下的矩阵 A 是分块对角矩阵：$A=\mathrm{diag}\{A_1, A_2, \cdots, A_s\}$，其中 A_j 是 $\boldsymbol{A}|W_j$ 在 W_j 的上述基下的矩阵，于是 A_j 的级数等于 $\dim W_j$，记作 n_j，$j=1,2,\cdots,s$，且

$$f(\lambda)=|\lambda I-A|=|\lambda I_{n_1}-A_1|\cdot|\lambda I_{n_2}-A_2|\cdots|\lambda I_{n_s}-A_s|. \tag{46}$$

记 $f_j(\lambda)=|\lambda I_{n_j}-A_j|$，它是 $\boldsymbol{A}|W_j$ 的特征多项式。据例 18 得，$\boldsymbol{A}|W_j$ 的最小多项式 $m_j(\lambda)=p_j^{l_j}(\lambda)$。设 E 是包含 F 的代数封闭域，则 $p_j(\lambda)$ 在 $E[\lambda]$ 中可以分解成一次因式的乘积。由于 $p_j(\lambda)$ 在 F 上不可约，因此 $p_j(\lambda)$ 在 $F[\lambda]$ 中没有重因式。由于域 F 的特征为 0，因此

$p_j(\lambda)$在 $E[\lambda]$中也没有重因式。从而 $p_j(\lambda)$在 $E(\lambda)$中的标准分解式为

$$p_j(\lambda) = (\lambda - \lambda_{j1})(\lambda - \lambda_{j2})\cdots(\lambda - \lambda_{ju_j}), \tag{47}$$

其中 $\lambda_{j1},\lambda_{j2},\cdots,\lambda_{ju_j}$是 E 中两两不等的元素。由于 $\boldsymbol{A}|W_j$ 的最小多项式 $m_j(\lambda)$与特征多项式 $f_j(\lambda)$在 E 中有相同的根,因此

$$f_j(\lambda) = (\lambda - \lambda_{j1})^{k_{j1}}(\lambda - \lambda_{j2})^{k_{j2}}\cdots(\lambda - \lambda_{ju_j})^{k_{ju_j}}, \tag{48}$$

其中 $k_{ji}\geqslant l_j, i=1,2,\cdots,u_j$。代入(46)式,得

$$f(\lambda) = (\lambda - \lambda_{11})^{k_{11}}\cdots(\lambda - \lambda_{1u_1})^{k_{1u_1}}(\lambda - \lambda_{21})^{k_{21}}\cdots(\lambda - \lambda_{2u_2})^{k_{2u_2}} \cdots(\lambda - \lambda_{s1})^{k_{s1}}\cdots(\lambda - \lambda_{su_s})^{k_{su_s}}. \tag{49}$$

从(43)和(47)式得

$$f(\lambda) = (\lambda - \lambda_{11})^{r_1}\cdots(\lambda - \lambda_{1u_1})^{r_1}(\lambda - \lambda_{21})^{r_2}\cdots(\lambda - \lambda_{2u_2})^{r_2} \cdots(\lambda - \lambda_{s1})^{r_s}\cdots(\lambda - \lambda_{su_s})^{r_s}. \tag{50}$$

比较(49)和(50)式,据 $E[\lambda]$中唯一因式分解定理得

$$k_{11} = \cdots = k_{1u_1} = r_1, k_{21} = \cdots = k_{2u_2} = r_2, \cdots, k_{s1} = \cdots = k_{su_s} = r_s.$$

从而 $$f_j(\lambda)=(\lambda-\lambda_{j1})^{r_j}(\lambda-\lambda_{j2})^{r_j}\cdots(\lambda-\lambda_{ju_j})^{r_j}=p_j^{r_j}(\lambda).$$

由于 $f_j(\lambda)$的次数等于矩阵 A_j 的级数,从而等于 $\dim W_j$。因此

$$\dim W_j = \deg(f_j(\lambda)) = \deg(p_j^{r_j}(\lambda)) = r_j \deg(p_j(\lambda)), \tag{51}$$

即 $$\dim(\mathrm{Ker}\ p_j^{r_j}(\boldsymbol{A}))=r_j \deg(p_j(\lambda)), j=1,2,\cdots,s.$$ ■

点评 例 21 的证明关键也是通过 $\boldsymbol{A}|W_j$ 的最小多项式 $m_j(\lambda)=p_j^{l_j}(\lambda)$去确定 $\boldsymbol{A}|W_j$ 的特征多项式 $f_j(\lambda)$的形式为(48)式,再利用 $E[\lambda]$中的唯一因式分解定理,确定其中每个一次因式的幂指数,进而证出 $\boldsymbol{A}|W_j$ 的特征多项式 $f_j(\lambda)=p_j^{r_j}(\lambda)$。最后利用特征多项式 $f_j(\lambda)$的次数等于 A_j 的级数,从而等于 W_j 的维数,得出 $\dim W_j=r_j \deg(p_j(\lambda))$。

例 22 设 $\boldsymbol{A},\boldsymbol{B}$ 是实数域上奇数维线性空间 V 上的线性变换。证明:如果 $\boldsymbol{AB}=\boldsymbol{BA}$,那么 $\boldsymbol{A}$ 与 $\boldsymbol{B}$ 必有公共特征向量。

证明 由于 $\boldsymbol{A}$ 的特征多项式 $f(\lambda)$的次数等于 V 的维数 n,而 n 是奇数,因此 $f(\lambda)$是奇数次实系数多项式,从而 $f(\lambda)$必有实根。由于 $f(\lambda)$的虚根共轭成对出现,因此 $f(\lambda)$必有一个实根 λ_1 的重数 r_1 是奇数。据例 20 得,$\boldsymbol{A}$ 的根子空间 $W_1=\mathrm{Ker}(\boldsymbol{A}-\lambda_1\boldsymbol{I})^{r_1}$ 的维数等于 λ_1 的代数重数 r_1,从而 W_1 是奇数维的线性空间。由于 $\boldsymbol{AB}=\boldsymbol{BA}$,因此 $\boldsymbol{B}$ 与$(\boldsymbol{A}-\lambda_1\boldsymbol{I})^{r_1}$可交换。从而 $\mathrm{Ker}(\boldsymbol{A}-\lambda_1\boldsymbol{I})^{r_1}$是 $\boldsymbol{B}$ 的不变子空间。于是 $\boldsymbol{B}|W_1$ 是 W_1 上的线性变换。由于 W_1 是奇数维的,因此 $\boldsymbol{B}|W_1$ 必有特征值,取 $\boldsymbol{B}|W_1$ 的一个特征值 μ_1,把 $\boldsymbol{B}|W_1$ 的属于特征值 μ_1 的特征子空间记作$(W_1)_{\mu_1}$,据例 20 的点评知道,$\boldsymbol{A}|W_1$ 的特征多项式 $f_1(\lambda)=(\lambda-\lambda_1)^{r_1}$。令 $\boldsymbol{A}_1=\boldsymbol{A}|W_1$。由于 $\boldsymbol{A}|W_1$ 与 $\boldsymbol{B}|W_1$ 可交换,因此$(W_1)_{\mu_1}$是 $\boldsymbol{A}_1$ 的不变子空间。从而 $\boldsymbol{A}_2=\boldsymbol{A}_1|(W_1)_{\mu_1}$是$(W_1)_{\mu_1}$上的线性变换。$(W_1)_{\mu_1}$是 $\boldsymbol{A}_1$ 的非平凡不变子空间,在$(W_1)_{\mu_1}$中取一

个基，把它扩充成 W_1 的一个基，则 $\boldsymbol{A}_1$ 在此基下的矩阵 A_1 是分块上三角矩阵 $A_1=\begin{bmatrix}A_2 & A_3\\ 0 & A_4\end{bmatrix}$，其中 A_2 是 $\boldsymbol{A}_2=\boldsymbol{A}_1|(W_1)_{\mu_1}$ 在 $(W_1)_{\mu_1}$ 的上述基下的矩阵。于是 $|\lambda I_{r_1}-A_1|=|\lambda I_{t_1}-A_2||\lambda I_{r_1-t_1}-A_4|$，其中 $t_1=\dim(W_1)_{\mu_1}$。由于 $|\lambda I_{r_1}-A_1|=f_1(\lambda)=(\lambda-\lambda_1)^{r_1}$，因此 $|\lambda I_{t_1}-A_2|=(\lambda-\lambda_1)^{k_1}$，$k_1\leqslant r_1$。即 $\boldsymbol{A}_2$ 的特征多项式为 $(\lambda-\lambda_1)^{k_1}$。因此 $\boldsymbol{A}_2$ 有特征值，且特征值为 λ_1。于是存在 $\eta\in(W_1)_{\mu_1}$ 且 $\eta\neq 0$ 使得 $\boldsymbol{A}_2\eta=\lambda_1\eta$。又有 $(\boldsymbol{B}|W_1)\eta=\mu_1\eta$，因此

$$\boldsymbol{A}\eta=\boldsymbol{A}_2\eta=\lambda_1\eta,$$
$$\boldsymbol{B}\eta=(\boldsymbol{B}\mid W_1)\eta=\mu_1\eta.$$

即 η 是 $\boldsymbol{A}$ 与 $\boldsymbol{B}$ 的公共特征向量。■

点评 例 22 中 V 是奇数维线性空间保证了 $\boldsymbol{A}$ 有特征值 λ_1。为什么不把 $\boldsymbol{B}$ 限制到 V_{λ_1} 上？尽管由于 $\boldsymbol{AB}=\boldsymbol{BA}$，因此 V_{λ_1} 是 $\boldsymbol{B}$ 的不变子空间，但是 $\boldsymbol{B}|V_{\lambda_1}$ 是否有特征值无法肯定，而 $\boldsymbol{A}$ 的根子空间 $W_1=\mathrm{Ker}(\boldsymbol{A}-\lambda_1\boldsymbol{I})^{r_1}$ 的维数等于 λ_1 的代数重数 r_1，由于 r_1 是奇数，因此 $\boldsymbol{B}|W_1$ 必有特征值；又由于 $\boldsymbol{A}|W_1$ 的特征多项式是 $(\lambda-\lambda_1)^{r_1}$，因此 $\boldsymbol{A}|W_1$ 在 $\boldsymbol{B}|W_1$ 的一个特征子空间 $(W_1)_{\mu_1}$ 上的限制（记作 $\boldsymbol{A}_2$），其特征多项式形如 $(\lambda-\lambda_1)^{k_1}$，$k_1\leqslant r_1$，从而 $\boldsymbol{A}_2$ 必有特征值，且特征值就是 λ_1，这导致在 $(W_1)_{\mu_1}$ 中存在一个非零向量 η 是 $\boldsymbol{A}$ 与 $\boldsymbol{B}$ 的公共的特征向量。

例 23 设 $\boldsymbol{A}$ 是域 F 上线性空间 V 上的线性变换，$\boldsymbol{A}$ 的最小多项式 $m(\lambda)$ 在 $F[\lambda]$ 中的标准分解式为

$$m(\lambda)=p_1^{l_1}(\lambda)p_2^{l_2}(\lambda)\cdots p_s^{l_s}(\lambda), \tag{52}$$

其中 $p_1(\lambda),p_2(\lambda),\cdots,p_s(\lambda)$ 是 F 上两两不等的首一不可约多项式，令 $W_j=\mathrm{Ker}\ p_j^{l_j}(\boldsymbol{A})$，$j=1,2,\cdots,s$。用 $\boldsymbol{P}_j$ 表示平行于 $\sum\limits_{i\neq j}W_i$ 在 W_j 上的投影，$j=1,2,\cdots,s$。证明：

(1) $\boldsymbol{P}_j$ 是 $\boldsymbol{A}$ 的一个多项式，$j=1,2,\cdots,s$；

(2) 对于 $\boldsymbol{A}$ 的任一非平凡不变子空间 U，都有

$$U=(U\cap W_1)\oplus(U\cap W_2)\oplus\cdots\oplus(U\cap W_s). \tag{53}$$

证明 (1) 任意给定 $j\in\{1,2,\cdots,s\}$。由于 $p_1(\lambda),p_2(\lambda),\cdots,p_s(\lambda)$ 两两互素，因此 $\left(p_j^{l_j}(\lambda),\prod\limits_{i\neq j}p_i^{l_i}(\lambda)\right)=1$，从而存在 $u_j(\lambda),v_j(\lambda)\in F[\lambda]$，使得

$$u_j(\lambda)p_j^{l_j}(\lambda)+v_j(\lambda)\prod_{i\neq j}p_i^{l_i}(\lambda)=1. \tag{54}$$

λ 用 $\boldsymbol{A}$ 代入，从上式得

$$u_j(\boldsymbol{A})p_j^{l_j}(\boldsymbol{A})+v_j(\boldsymbol{A})\prod_{i\neq j}p_i^{l_i}(\boldsymbol{A})=\boldsymbol{I}. \tag{55}$$

由(52)式可得

$$V = \operatorname{Ker} p_1^{l_1}(\boldsymbol{A}) \oplus \operatorname{Ker} p_2^{l_2}(\boldsymbol{A}) \oplus \cdots \oplus \operatorname{Ker} p_s^{l_s}(\boldsymbol{A}) = W_1 \oplus W_2 \oplus \cdots \oplus W_s.$$

任取 $\alpha \in V$,有 $\alpha = \alpha_1 + \alpha_2 + \cdots + \alpha_s, \alpha_i \in W_i, i = 1,2,\cdots,s$。据 $\boldsymbol{P}_j$ 的定义得

$$\boldsymbol{P}_j \alpha = \alpha_j. \tag{56}$$

由于 $\alpha_i \in \operatorname{Ker} p_i^{l_i}(\boldsymbol{A})$,因此 $p_i^{l_i}(\boldsymbol{A})\alpha_i = 0, i = 1,2,\cdots,s$。从而由(55)式得

$$v_j(\boldsymbol{A}) \prod_{i \neq j} p_i^{l_i}(\boldsymbol{A}) \alpha_j = \boldsymbol{I} \alpha_j = \alpha_j. \tag{57}$$

令 $g_j(\boldsymbol{A}) = v_j(\boldsymbol{A}) \prod_{i \neq j} p_i^{l_i}(\boldsymbol{A})$,则

$$\begin{aligned} g_j(\boldsymbol{A})\alpha &= v_j(\boldsymbol{A}) \prod_{i \neq j} p_i^{l_i}(\boldsymbol{A})(\alpha_1 + \alpha_2 + \cdots + \alpha_s) \\ &= v_j(\boldsymbol{A}) \prod_{i \neq j} p_i^{l_i}(\boldsymbol{A}) \alpha_j = \alpha_j. \end{aligned} \tag{58}$$

从(56)和(58)式得,$\boldsymbol{P}_j = g_j(\boldsymbol{A})$。

(2) 由于 $U \cap W_i \subseteq U, i = 1,2,\cdots,s$,因此

$$(U \cap W_1) + (U \cap W_2) + \cdots + (U \cap W_s) \subseteq U.$$

任给 $\eta \in U$,由于 $\boldsymbol{P}_1 + \boldsymbol{P}_2 + \cdots + \boldsymbol{P}_s = \boldsymbol{I}$(据 9.1 节例 16),因此

$$\eta = \boldsymbol{P}_1(\eta) + \boldsymbol{P}_2(\eta) + \cdots + \boldsymbol{P}_s(\eta). \tag{59}$$

由于 U 是 $\boldsymbol{A}$ 的不变子空间,且 $\boldsymbol{P}_i = g_i(\boldsymbol{A})$,因此 U 也是 $\boldsymbol{P}_i$ 的不变子空间,从而 $\boldsymbol{P}_i(\eta) \in U$, $i = 1,2,\cdots,s$。又由于 $\boldsymbol{P}_i(V) = W_i$,因此 $\boldsymbol{P}_i(\eta) \in W_i, i = 1,2,\cdots,s$。于是 $\boldsymbol{P}_i(\eta) \in U \cap W_i$, $i = 1,2,\cdots,s$。从(59)式得

$$U \subseteq (U \cap W_1) + (U \cap W_2) + \cdots + (U \cap W_s).$$

因此

$$U = (U \cap W_1) + (U \cap W_2) + \cdots + (U \cap W_s).$$

由于 $W_j \cap \sum_{i \neq j} W_i = 0$,因此$(U \cap W_j) \cap \sum_{i \neq j} (U \cap W_i) = 0, j = 1,2,\cdots,s$。从而 $U = (U \cap W_1) \oplus (U \cap W_2) \oplus \cdots \oplus (U \cap W_s)$。 ■

点评 例 23 第(1)小题的证明思路是找一个 $g_j(\boldsymbol{A})$ 使得 $g_j(\boldsymbol{A})\alpha = \alpha_j$。为此利用 $p_j^{l_j}(\lambda)$ 与 $\prod_{i \neq j} p_i^{l_i}(\lambda)$ 互素得到(54)式,然后 λ 用 $\boldsymbol{A}$ 代入得到(55)式。第(2)小题的证明关键是利用 $\boldsymbol{P}_i = g_i(\boldsymbol{A})$,从而 $\boldsymbol{A}$ 的不变子空间 U 也是 $\boldsymbol{P}_i$ 不变子空间。

例 24 设 $\boldsymbol{A}$ 是域 F 上线性空间 V 上的线性变换。证明:域 F 上线性空间 $F[\boldsymbol{A}]$的维数等于 $\boldsymbol{A}$ 的最小多项式 $m(\lambda)$的次数。

证明 设 $\boldsymbol{A}$ 的最小多项式 $m(\lambda) = \lambda^r + b_{r-1}\lambda^{r-1} + \cdots + b_1\lambda + b_0$。由于 $m(\boldsymbol{A}) = \boldsymbol{0}$,因此 $\boldsymbol{A}^r = -b_{r-1}\boldsymbol{A}^{r-1} - \cdots - b_1\boldsymbol{A} - b_0\boldsymbol{I}$。从而 $F[\boldsymbol{A}]$中任一元素可以由 $\boldsymbol{I}, \boldsymbol{A}, \cdots, \boldsymbol{A}^{r-1}$线性表出。

假如 $k_0\boldsymbol{I}+k_1\boldsymbol{A}+\cdots+k_{r-1}\boldsymbol{A}^{r-1}=\boldsymbol{0}$,令 $g(\lambda)=k_0+k_1\lambda+\cdots+k_{r-1}\lambda^{r-1}$,则 $g(\lambda)$ 是 $\boldsymbol{A}$ 的一个零化多项式。于是 $m(\lambda)\mid g(\lambda)$。由于 $\deg g(\lambda)\leqslant r-1<\deg m(\lambda)$,因此 $g(\lambda)=0$,从而 $k_0=k_1=\cdots=k_{r-1}=0$。于是 $\boldsymbol{I},\boldsymbol{A},\cdots,\boldsymbol{A}^{r-1}$ 线性无关,因此它是 $F[\boldsymbol{A}]$ 的一个基。从而 $\dim F[\boldsymbol{A}]=r=\deg m(\lambda)$。 ■

点评 在 8.1 节的例 44 中我们证明了 $\dim K[A]$ 等于 A 的最小多项式 $m(x)$ 的次数,方法是一样的。

例 25 设 $\boldsymbol{A}$ 是域 F 上 n 维线性空间 V 上的线性变换,$\boldsymbol{A}$ 的所有不同的特征值为 λ_1, $\lambda_2,\cdots,\lambda_s$,属于 λ_i 的特征子空间 V_{λ_i} 的维数为 n_i,$i=1,2,\cdots,s$。设 $\boldsymbol{A}$ 可对角化。

证明:(1) $\dim \mathrm{C}(\boldsymbol{A})=\sum\limits_{i=1}^{s}n_i^2$;

(2) 若 $s<n$,则 $\mathrm{C}(\boldsymbol{A})\supsetneqq F[\boldsymbol{A}]$。

证明 (1) 由于 $\boldsymbol{A}$ 可对角化,因此 V 中存在一个基 $\alpha_1,\alpha_2,\cdots,\alpha_n$,使得 $\boldsymbol{A}$ 在此基下的矩阵 A 为对角矩阵:

$$A=\mathrm{diag}\{\lambda_1 I_{n_1},\lambda_2 I_{n_2},\cdots,\lambda_s I_{n_s}\}.$$

设线性变换 $\boldsymbol{B}$ 在基 $\alpha_1,\alpha_2,\cdots,\alpha_n$ 下的矩阵为 B,则

$$\begin{aligned}\boldsymbol{AB}=\boldsymbol{BA} &\iff AB=BA,\\ &\iff B=\mathrm{diag}\{B_1,B_2,\cdots,B_s\},\text{其中 } B_i \text{ 是 } n_i \text{ 级矩阵},i=1,2,\cdots,s。\end{aligned}$$

因此
$$\mathrm{C}(A)=\{B=\mathrm{diag}\{B_1,B_2,\cdots,B_s\}\mid B_i\in M_{n_i}(F),i=1,2,\cdots,s\}.$$

在 8.3 节内容精华的第三部分讲了线性空间的外直和。令

$$\begin{aligned}\sigma:\mathrm{C}(A)&\longrightarrow M_{n_1}(F)\dot{+}M_{n_2}(F)\dot{+}\cdots\dot{+}M_{n_s}(F)\\ B=\mathrm{diag}\{B_1,B_2,\cdots,B_s\}&\longmapsto(B_1,B_2,\cdots,B_s),\end{aligned}$$

易证 σ 是双射,且保持加法和纯量乘法运算,因此 σ 是一个同构映射。从而

$$\dim \mathrm{C}(A)=\sum_{i=1}^{s}\dim M_{n_i}(F)=\sum_{i=1}^{s}n_i^2.$$

(2) 由于 $\boldsymbol{A}$ 可对角化,因此 $\boldsymbol{A}$ 的最小多项式 $m(\lambda)$ 为

$$m(\lambda)=(\lambda-\lambda_1)(\lambda-\lambda_2)\cdots(\lambda-\lambda_s).$$

于是若 $s<n$,则

$$\dim F[\boldsymbol{A}]=\deg m(\lambda)=s<n<\sum_{i=1}^{s}n_i^2=\dim \mathrm{C}(\boldsymbol{A}).$$

又显然 $F[\boldsymbol{A}]\subseteq \mathrm{C}(\boldsymbol{A})$,因此 $F[\boldsymbol{A}]\subsetneqq \mathrm{C}(\boldsymbol{A})$。 ■

点评 例 25 表明:当 $\boldsymbol{A}$ 可对角化,但是 $\boldsymbol{A}$ 的特征多项式有重根时,$\mathrm{C}(\boldsymbol{A})\supsetneqq F[\boldsymbol{A}]$。即存在与 $\boldsymbol{A}$ 可交换的线性变换,它不能表示成 $\boldsymbol{A}$ 的多项式。

例 26 设 $\mathbf{A}$ 是数域 K 上 3 维线性空间 V 上的线性变换，它在 V 的一个基 $\alpha_1,\alpha_2,\alpha_3$ 下的矩阵 A 为

$$A=\begin{pmatrix}2&2&-2\\2&5&-4\\-2&-4&5\end{pmatrix}.$$

求 $C(\mathbf{A})$ 的维数。

解 $|\lambda I-A|=(\lambda-1)(\lambda^2-11\lambda+10)=(\lambda-1)^2(\lambda-10)$。于是 $\mathbf{A}$ 的全部特征值 1(二重)，10。

解 $(1I-A)\boldsymbol{X}=0$，得一个基础解系为 $(-2,1,0)',(2,0,1)'$。

解 $(10I-A)\boldsymbol{X}=0$，得一个基础解系为 $(1,2,-2)'$。因此 $\mathbf{A}$ 可对角化。据例 25 得

$$\dim C(\mathbf{A})=2^2+1^2=5.$$

习题 9.6

1. 求下列数域 K 上的矩阵的最小多项式，并且判断它是否可对角化。

(1) $A=\begin{pmatrix}0&0&1\\0&1&0\\1&0&0\end{pmatrix}$； (2) $B=\begin{pmatrix}1&1&0\\0&1&1\\0&0&1\end{pmatrix}$。

2. 设数域 K 上的 n 级矩阵 A 满足 $A^3=A^2+4A-4I$，判断 A 是否可对角化。

3. 设 $\mathbf{A}$ 是数域 K 上 5 维线性空间 V 上的线性变换，$\mathbf{A}$ 在 V 的一个基下的矩阵 A 为

$$A=\begin{pmatrix}&0&&&0\\&&&1&\\&&2&&\\&3&&&0\\4&&&&\end{pmatrix}.$$

判断 $\mathbf{A}$ 是否可对角化。

4. 设

$$A=\begin{pmatrix}&0&&&1\\&&&2&\\&&3&&\\&5&&&0\\4&&&&\end{pmatrix}.$$

把 A 看成有理数域 $\mathbf{Q}$ 上的矩阵，A 是否可对角化？

把 A 看成实数域 $\mathbf{R}$ 上的矩阵，A 是否可对角化？

5. 证明：对于域 F 上 n 维线性空间 V 上的任一幂零变换 $\boldsymbol{A}$，都有 $\boldsymbol{A}^n=\mathbf{0}$。

6. 定义 $\mathbf{R}^3$ 到自身的映射 $\boldsymbol{P}_1:(x,y,z)'\longmapsto(x,y,0)'$，$\boldsymbol{P}_1$ 是 $\mathbf{R}^3$ 上的一个线性变换，求 $\boldsymbol{P}_1$ 的最小多项式。

7. 设 A,B 分别是域 F 上 n 级，m 级矩阵，证明：如果 $\boldsymbol{A}$ 的最小多项式 $m_1(\lambda)$ 与 B 的最小多项式 $m_2(\lambda)$ 互素，那么矩阵方程 $XA=BX$ 只有零解。

8. 设 A,B 分别是域 F 上 n 级，m 级矩阵，它们的最小多项式分别为 $m_1(\lambda)$，$m_2(\lambda)$。证明：如果 $m_1(\lambda)$ 与 $m_2(\lambda)$ 有公共的一次因式，那么矩阵方程 $XA=BX$ 有非零解。

9. 设 $A=\mathrm{diag}\{A_1,A_2,\cdots,A_s\}$ 是数域 K 上的 n 级矩阵，其中 A_i 是主对角元都为 a_i 的 n_i 级上三角矩阵，$i=1,2,\cdots,s$。证明：A 可对角化当且仅当每个 $A_i(i=1,2,\cdots,s)$ 都是数量矩阵。

10. 设 $\boldsymbol{A}$ 是域 F 上 n 维线性空间 V 上的线性变换，它在 V 的一个基 $\alpha_1,\alpha_2,\cdots,\alpha_n$ 下的矩阵 A 为

$$A=\begin{pmatrix} 0 & 0 & \cdots & 0 & -a_0 \\ 1 & 0 & \cdots & 0 & -a_1 \\ 0 & 1 & \cdots & 0 & -a_2 \\ \vdots & \vdots & & \vdots & \vdots \\ 0 & 0 & \cdots & 0 & -a_{n-2} \\ 0 & 0 & \cdots & 1 & -a_{n-1} \end{pmatrix}.$$

证明：$\mathrm{C}(\boldsymbol{A})=F[\boldsymbol{A}]$，且 $\dim \mathrm{C}(\boldsymbol{A})=n$。

11. 设 $\boldsymbol{A}$ 是域 F 上 n 维线性空间 V 上的线性变换，且 $\boldsymbol{A}$ 的特征多项式 $f(\lambda)$ 在 $F[\lambda]$ 中可分解成一次因式的乘积。证明：如果 λ_1 是 $\boldsymbol{A}$ 的 r_1 重特征值，那么

$$\mathrm{rank}(\boldsymbol{A}-\lambda_1\boldsymbol{I})^{r_1}=n-r_1.$$

9.7 幂零变换的 Jordan 标准形

9.7.1 内容精华

在 9.6 节内容精华的最后一部分我们指出：当域 F 上 n 维线性空间 V 上的线性变换 $\boldsymbol{A}$ 的最小多项式 $m(\lambda)$ 在 $F[\lambda]$ 中能分解成一次因式的乘积时，寻找 V 的一个基使得 $\boldsymbol{A}$ 在此基下的矩阵具有最简单形式，归结为研究幂零变换的最简单形式的矩阵表示。本节就来研究这个问题。

设 $\boldsymbol{B}$ 是域 F 上 r 维线性空间 W 上的幂零变换，其幂零指数为 l。据 9.6 节例 10 得，$l\leqslant r$。

由于 $\boldsymbol{B}^l=\boldsymbol{0},\boldsymbol{B}^{l-1}\neq\boldsymbol{0}$，因此 W 中存在 $\xi\neq 0$ 使得 $\boldsymbol{B}^{l-1}\xi\neq 0,\boldsymbol{B}^l\xi=0$。此时 $\boldsymbol{B}^{l-1}\xi,\boldsymbol{B}^{l-2}\xi,\cdots,\boldsymbol{B}\xi,\xi$ 线性无关，于是它们是子空间 $\langle\boldsymbol{B}^{l-1}\xi,\boldsymbol{B}^{l-2}\xi,\cdots,\boldsymbol{B}\xi,\xi\rangle$ 的一个基。显然这个子空间是 $\boldsymbol{B}$ 的不变子空间，$\boldsymbol{B}$ 在这个子空间上的限制在此基下的矩阵为

$$\begin{pmatrix} 0 & 1 & 0 & \cdots & 0 & 0 \\ 0 & 0 & 1 & \cdots & 0 & 0 \\ 0 & 0 & 0 & \cdots & 0 & 0 \\ \vdots & \vdots & \vdots & & \vdots & \vdots \\ 0 & 0 & 0 & \cdots & 1 & 0 \\ 0 & 0 & 0 & \cdots & 0 & 1 \\ 0 & 0 & 0 & \cdots & 0 & 0 \end{pmatrix}.$$

这是主对角元为 0 的 l 级 Jordan 块 $J_l(0)$。当 $l=r$ 时，上述子空间等于 W，从而 $\boldsymbol{B}$ 在上述基下的矩阵为一个主对角为 0 的 r 级 Jordan 块 $J_r(0)$；当 $l<r$ 时，上述子空间不等于 W，它是 W 的真子空间。此时在 W 中如何寻找一个基，使得 $\boldsymbol{B}$ 在此基下的矩阵具有最简单的形式呢？直觉上猜想：能不能把 W 分解成像上述那样的一些子空间的直和，从而在每个子空间上取一个基，合起来成为 W 的一个基，于是 $\boldsymbol{B}$ 在 W 的这个基下的矩阵是由一些主对角元为 0 的 Jordan 块组成的分块对角矩阵，即 Jordan 形矩阵。为此我们首先引出一个概念：

定义 1 若 $\eta\in W$，且存在一个正整数 t 使得，$\boldsymbol{B}^{t-1}\eta\neq 0,\boldsymbol{B}^t\eta=0$，则称子空间 $\langle\boldsymbol{B}^{t-1}\eta,\boldsymbol{B}^{t-2}\eta,\cdots,\boldsymbol{B}\eta,\eta\rangle$ 是由 η 生成的 **$\boldsymbol{B}$-强循环子空间**。

显然，$\boldsymbol{B}$-强循环子空间 $\langle\boldsymbol{B}^{t-1}\eta,\boldsymbol{B}^{t-2}\eta,\cdots,\boldsymbol{B}\eta,\eta\rangle$ 是 $\boldsymbol{B}$ 的不变子空间，且 $\boldsymbol{B}^{t-1}\eta,\boldsymbol{B}^{t-2}\eta,\cdots,\boldsymbol{B}\eta,\eta$ 是一个基，$\boldsymbol{B}$ 在这个子空间上的限制在这个基下的矩阵是一个主对角元为 0 的 t 级 Jordan 块 $J_t(0)$。

定理 1 设 $\boldsymbol{B}$ 是域 F 上 r 维线性空间 W 上的幂零变换，其幂零指数为 l。则 W 能分解成 $\dim W_0$ 个 $\boldsymbol{B}$-强循环子空间的直和，其中 W_0 是 $\boldsymbol{B}$ 的属于特征值 0 的特征子空间。

定理 1 的证明的想法是：由于若线性变换 $\boldsymbol{B}$ 是 W 上的幂零变换，则 $\boldsymbol{B}$ 诱导的商空间 W/W_0 上的线性变换 $\widetilde{\boldsymbol{B}}$ 也是幂零变换，且由于 $\boldsymbol{B}$ 的属于特征值 0 的特征子空间 $W_0\neq 0$，因此商空间 W/W_0 的维数小于 W 的维数，从而可以对线性空间的维数作第二数学归纳法。在定理 1 的证明中起关键作用的是我们在 8.4 节内容精华中讲的命题 1 的证明：在商空间 V/W 中取一个基，则这个基的陪集代表组成的集合 S 是 V 中线性无关的向量集；由 S 生成的子空间记作 U，则 $V=U\oplus W$，且 S 是 U 的一个基。正是利用了这个结论，我们从运用归纳假设得到的商空间 W/W_0 的一个基出发，构造了 U，使得 $W=U\oplus W_0$，且得到了 U 的

一个基,然后设法找 W_0 的一个基。它们合起来就是 W 的一个基。从而把 W 分解成了 $\boldsymbol{B}$-强循环子空间的直和。

有了定理 1 就很容易求出幂零变换的最简单形式的矩阵表示,即下述的定理 2。

定理 2 设 $\boldsymbol{B}$ 是域 F 上 r 维线性空间 W 上的幂零变换,其幂零指数为 l,则 W 中存在一个基,使得 $\boldsymbol{B}$ 在此基下的矩阵 B 为一个 Jordan 形矩阵,其中每个 Jordan 块的主对角元都是 0,且级数不超过 l;Jordan 块的总数等于 $\dim(\operatorname{Ker}\boldsymbol{B})=r-\operatorname{rank}(\boldsymbol{B})$;$t$ 级 Jordan 块的个数 $N(t)$ 为

$$N(t)=\operatorname{rank}(\boldsymbol{B}^{t+1})+\operatorname{rank}(\boldsymbol{B}^{t-1})-2\operatorname{rank}(\boldsymbol{B}^{t}). \tag{1}$$

把 B 称为 $\boldsymbol{B}$ 的 Jordan 标准形,除了 Jordan 块的排列次序外,$\boldsymbol{B}$ 的 Jordan 标准形是唯一的。

从定理 2 立即得到下述结论:

推论 1 设 B 是域 F 上的 r 级幂零矩阵,其幂零指数为 l,则 B 相似于一个 Jordan 形矩阵,其中每个 Jordan 块的主对角元为 0,且级数不超过 l,Jordan 块的总数为

$$r-\operatorname{rank}(B), \tag{2}$$

t 级 Jordan 块的个数 $N(t)$ 为

$$N(t)=\operatorname{rank}(B^{t+1})+\operatorname{rank}(B^{t-1})-2\operatorname{rank}(B^{t}); \tag{3}$$

这个 Jordan 形矩阵称为 B 的 Jordan 标准形,除去 Jordan 块的排列次序外,B 的 Jordan 标准形是唯一的。 ■

9.7.2 典型例题

例 1 设数域 K 上的 4 级矩阵 B 为

$$B=\begin{pmatrix}-1 & 0 & -1 & -1\\ 0 & 0 & 0 & 0\\ 0 & -1 & 0 & 0\\ 1 & 1 & 1 & 1\end{pmatrix}.$$

(1) 说明 B 是幂零矩阵,求 B 的幂零指数;

(2) 求 B 的 Jordan 标准形。

解 (1) 直接计算得,$B^2=0$。因此 B 的幂零指数是 2。

(2) 由于 $\operatorname{rank}(B)=2$,因此 B 的 Jordan 标准形中 Jordan 块的总数为 $4-2=2$。又由于 B 的幂零指数为 2,因此每个 Jordan 块的级数不超过 2。从而 B 的 Jordan 标准形为

$$\operatorname{diag}\{J_2(0),J_2(0)\}.$$

例 2 证明:如果域 F 上的 n 级矩阵 B 是幂零矩阵,那么对一切正整数 k,有 $\mathrm{tr}(B^k)=0$。

证法一 由于 B 是幂零矩阵,因此 B^k 也是幂零矩阵。设 B^k 的幂零指数为 l,则 B^k 的最小多项式是 λ^l。由于 B^k 的最小多项式与 B^k 的特征多项式 $f(\lambda)$ 在包含 F 的代数封闭域中有相同的根,因此 B^k 的特征多项式 $f(\lambda)=\lambda^n$。由于 $f(\lambda)$ 的 $n-1$ 次项系数等于 $-\mathrm{tr}(B^k)$,因此 $\mathrm{tr}(B^k)=0$。 ■

证法二 由于 B^k 也是幂零矩阵,因此据推论 1 得,B^k 相似于一个 Jordan 形矩阵,其主对角元都为 0,从而迹为 0。由于相似的矩阵有相同的迹,因此 $\mathrm{tr}(B^k)=0$。 ■

例 3 证明:域 F 上的 n 级矩阵 B 是幂零矩阵当且仅当 B 有特征值 0(n 重)。

证明 必要性。设 B 是域 F 上的 n 级幂零矩阵,其幂零指数为 l,则 B 的最小多项式为 λ^l。由于 B 的最小多项式与 B 的特征多项式 $f(\lambda)$ 在包含 F 的代数封闭域中有相同的根,因此 $f(\lambda)=\lambda^n$。从而 $f(\lambda)$ 的 n 个根都是 0。于是 B 的特征值是 0(n 重)。

充分性。设域 F 上 n 级矩阵 B 有特征值 0(n 重),则 B 的特征多项式 $f(\lambda)$ 的 n 个根都是 0,于是 $f(\lambda)=\lambda^n$。从而 $B^n=f(B)=0$。因此 B 是幂零矩阵。 ■

例 4 证明:如果 n 级复矩阵 A 满足 $\mathrm{tr}(A^k)=0,k=1,2,\cdots,n$,那么 A 是幂零矩阵。

证明 设 n 级复矩阵 A 的特征多项式 $f(\lambda)$ 的 n 个复根为 $\lambda_1,\lambda_2,\cdots,\lambda_n$。它们是 A 的全部特征值。

由于 n 级复矩阵 A 一定相似于一个上三角矩阵 B(据《高等代数学习指导书(上册)》5.7节例 6),且相似的矩阵有相同的特征值(包括重数相同),因此 B 的全部特征值是 $\lambda_1,\lambda_2,\cdots,\lambda_n$。由于上三角矩阵 B 的 n 个主对角元是 B 的全部特征值,因此 B 的 n 个主对角元为 $\lambda_1,\lambda_2,\cdots,\lambda_n$。由于 $A^k\sim B^k$,因此 $\mathrm{tr}(A^k)=\mathrm{tr}(B^k)$。由于 B^k 的 n 个主对角元为 $\lambda_1^k,\lambda_2^k,\cdots,\lambda_n^k$,因此 $\mathrm{tr}(B^k)=\lambda_1^k+\lambda_2^k+\cdots+\lambda_n^k$。由已知条件 $\mathrm{tr}(A^k)=0,k=1,2,\cdots,n$,得

$$\lambda_1^k+\lambda_2^k+\cdots+\lambda_n^k=0,k=1,2,\cdots,n.$$

因此 $f(\lambda)=\lambda^n$(这从 7.10 节的例 16 得出)。从而 A 有特征值 0(n 重)。据例 3 得,A 是幂零矩阵。

例 5 设 A,B,C 都是 n 级复矩阵,且 $AB-BA=C$。证明:如果 C 与 A 可交换,那么 C 是幂零矩阵。

证明 由于 $\mathrm{tr}(AB)=\mathrm{tr}(BA)$,因此 $\mathrm{tr}(C)=0$。当 $k\geqslant 2$,有

$$\begin{aligned}\mathrm{tr}(C^k)&=\mathrm{tr}(CC^{k-1})\\&=\mathrm{tr}((AB-BA)C^{k-1})\\&=\mathrm{tr}(ABC^{k-1})-\mathrm{tr}(BAC^{k-1})\\&=\mathrm{tr}[A(BC^{k-1})]-\mathrm{tr}[(BC^{k-1})A]\\&=0.\end{aligned}$$

据例 4 的结论得，C 是幂零矩阵。■

例 6　证明：如果 n 级复矩阵 A 可对角化，且满足 $\text{tr}(A^k)=0, k=1,2,\cdots,n$，那么 $A=0$。

证明　由于 $\text{tr}(A^k)=0, k=1,2,\cdots,n$，因此据例 4 得，$A$ 是幂零矩阵。又由于 A 可对角化，因此 A 的最小多项式 $m(\lambda)=\lambda$。于是 $A=0$。■

例 7　设 A,B 都是域 F 上的 n 级矩阵。证明：如果 $AB+BA=A$，且 B 是幂零矩阵，那么 $A=0$。

证明　由于 $AB+BA=A$，因此 $BA=A(I-B)$。从而 A 是矩阵方程 $BX=X(I-B)$ 的一个解。

由于 B 是幂零矩阵，因此 B 的最小多项式 $m_1(\lambda)=\lambda^l$，其中 l 是 B 的幂零指数。

令 $H=I-B$，则 $B=I-H$。从而 $(I-H)^l=B^l=0$。于是 $(1-\lambda)^l$ 是 H 的一个零化多项式。因此 H 的最小多项式 $m_2(\lambda)=(\lambda-1)^k$，对某个 $k\leqslant l$。

由于在 $F[\lambda]$ 中，$(\lambda,\lambda-1)=1$。从而 $(\lambda^l,(\lambda-1)^k)=1$。因此据习题 9.6 的第 7 题得，矩阵方程 $BX=XH$ 只有零解。从而 $A=0$。■

点评　从例 2、例 3、例 6、例 7 的证明中再次看到：最小多项式是很有力的工具。

例 8　设 $\boldsymbol{A}$ 是域 F 上 n 维线性空间 V 上的线性变换。证明：如果 $\boldsymbol{A}$ 的最小多项式 $m(\lambda)$ 在 $F[\lambda]$ 中能分解成一次因式的乘积，那么 $\boldsymbol{A}=\boldsymbol{B}+\boldsymbol{D}$，其中 $\boldsymbol{B}$ 是幂零变换，$\boldsymbol{D}$ 是可对角化的线性变换；且 $\boldsymbol{BD}=\boldsymbol{DB}$。

证明　设 $\boldsymbol{A}$ 的最小多项式 $m(\lambda)$ 在 $F[\lambda]$ 中的标准分解式为

$$m(\lambda)=(\lambda-\lambda_1)^{l_1}(\lambda-\lambda_2)^{l_2}\cdots(\lambda-\lambda_s)^{l_s}. \tag{4}$$

则
$$V=\text{Ker}(\boldsymbol{A}-\lambda_1\boldsymbol{I})^{l_1}\oplus\text{Ker}(\boldsymbol{A}-\lambda_2\boldsymbol{I})^{l_2}\oplus\cdots\oplus\text{Ker}(\boldsymbol{A}-\lambda_s\boldsymbol{I})^{l_s}.$$

记 $W_j=\text{Ker}(\boldsymbol{A}-\lambda_j\boldsymbol{I})^{l_j}, j=1,2,\cdots,s$。令

$$\boldsymbol{B}_j=\boldsymbol{A}\mid W_j-\lambda_j\boldsymbol{I}, j=1,2,\cdots,s. \tag{5}$$

则 $\boldsymbol{B}_j$ 是 W_j 上的幂零变换，其幂零指数为 l_j（据 9.6 节内容精华的最后一部分）。

在 W_j 中取一个基，$j=1,2,\cdots,s$，把它们合起来成为 V 的一个基。$\boldsymbol{A}$ 在此基下的矩阵 $A=\text{diag}\{A_1,A_2,\cdots,A_s\}$，其中 A_j 是 $\boldsymbol{A}|W_j$ 在 W_j 的上述基下的矩阵。设 $\boldsymbol{B}_j$ 在 W_j 的这个基下的矩阵为 B_j，则从(5)式得，$B_j=A_j-\lambda_jI$。从而 $A_j=B_j+\lambda_jI, j=1,2,\cdots,s$。于是

$$A=\begin{pmatrix}B_1+\lambda_1I & & & 0\\ & B_2+\lambda_2I & & \\ & & \ddots & \\ 0 & & & B_s+\lambda_sI\end{pmatrix}=\begin{pmatrix}B_1 & & & 0\\ & B_2 & & \\ & & \ddots & \\ 0 & & & B_s\end{pmatrix}+\begin{pmatrix}\lambda_1I & & & 0\\ & \lambda_2I & & \\ & & \ddots & \\ 0 & & & \lambda_sI\end{pmatrix}.$$

记 $B=\text{diag}\{B_1,B_2,\cdots,B_s\}$，$D=\text{diag}\{\lambda_1I,\lambda_2I,\cdots,\lambda_sI\}$。则 $A=B+D$。取 $l=\max\{l_1,l_2,\cdots,l_s\}$。则 $B_j^l=0, j=1,2,\cdots,s$。从而 $B^l=0$。因此 B 是幂零矩阵，显然 D 是对角矩阵，且

$BD=DB$。定义 V 上的线性变换 $\boldsymbol{B},\boldsymbol{D}$ 使它们在 V 的上述基下的矩阵分别为 B,D,则 $\boldsymbol{B}$ 是幂零变换,$\boldsymbol{D}$ 是可对角化的线性变换,且

$$\boldsymbol{A}=\boldsymbol{B}+\boldsymbol{D},\boldsymbol{BD}=\boldsymbol{DB}.$$ ■

例 9 设 $\boldsymbol{A}$ 是域 F 上 n 维线性空间 V 上的线性变换,$n>1$。证明:如果 $\mathrm{rank}(\boldsymbol{A})=1$,那么 $\boldsymbol{A}$ 是幂零变换或者 $\boldsymbol{A}$ 为可对角化的线性变换;当 $\boldsymbol{A}$ 是幂零变换时,它不可对角化。

证明 由于 $\mathrm{rank}(\boldsymbol{A})=1<n$,因此根据《高等代数学习指导书(上册)》习题 5.5 的第 17 题得,$\boldsymbol{A}$ 的特征多项式 $f(\lambda)=\lambda^n-\mathrm{tr}(\boldsymbol{A})\lambda^{n-1}$,从而 0 是 $\boldsymbol{A}$ 的一个特征值,且 $\boldsymbol{A}$ 的属于 0 的特征子空间 $V_0=\mathrm{Ker}\,\boldsymbol{A}$ 的维数等于 $n-\mathrm{rank}(\boldsymbol{A})=n-1$。

情形 1 $\mathrm{tr}(\boldsymbol{A})\neq 0$。此时 $f(\lambda)=\lambda^{n-1}(\lambda-\mathrm{tr}(\boldsymbol{A}))$。于是 $\boldsymbol{A}$ 有 n 个线性无关的特征向量,因此 $\boldsymbol{A}$ 可对角化。

情形 2 $\mathrm{tr}(\boldsymbol{A})=0$。则 $f(\lambda)=\lambda^n$。从而 $\boldsymbol{A}^n-\boldsymbol{0}$。因此 $\boldsymbol{A}$ 是幂零变换。由于 $\boldsymbol{A}\neq 0$,因此 $\boldsymbol{A}$ 的幂零指数 $l>1$。从而 $\boldsymbol{A}$ 不可对角化。 ■

例 10 设 $\boldsymbol{B}$ 是域 F 上 n 维线性空间 V 上的幂零变换,其幂零指数为 l。证明:

$$l\leqslant 1+\mathrm{rank}(\boldsymbol{B}).$$

证明 $\boldsymbol{B}$ 的 Jordan 标准形中 Jordan 块的总数 N 等于 $n-\mathrm{rank}(\boldsymbol{B})$,于是最大的 Jordan 块的级数至多是 $n-(N-1)$(此时其他 $N-1$ 个 Jordan 块都是 1 级的)。由于 $\boldsymbol{B}^l=\boldsymbol{0}$,而 $\boldsymbol{B}^k\neq\boldsymbol{0}$,当 $k<l$,因此这个最大的 Jordan 块的 l 次幂等于 0,而 k 次幂不等于 0,当 $k<l$。又由于级数小于或等于 $n-(N-1)$ 的 Jordan 块的 $n-(N-1)$ 次幂一定等于 0,因此 $n-(N-1)\geqslant l$。于是

$$l\leqslant n-(N-1)=n+1-(n-\mathrm{rank}(\boldsymbol{B}))=1+\mathrm{rank}(\boldsymbol{B}).$$ ■

例 11 设 $A\in M_n(F)$,定义 $M_n(F)$上的一个变换 $\boldsymbol{B}$:$\boldsymbol{B}(X)=AX-XA,\forall X\in M_n(F)$。证明:

(1) $\boldsymbol{B}$ 是 $M_n(F)$上的一个线性变换;

(2) 如果 A 是幂零矩阵,那么 $\boldsymbol{B}$ 是幂零变换。

证明 (1) 任取 $X_1,X_2\in M_n(F),k\in F$,有

$$\begin{aligned}\boldsymbol{B}(X_1+X_2)&=A(X_1+X_2)-(X_1+X_2)A\\&=AX_1-X_1A+AX_2-X_2A\\&=\boldsymbol{B}(X_1)+\boldsymbol{B}(X_2),\\\boldsymbol{B}(kX_1)&=A(kX_1)-(kX_1)A\\&=k(AX_1-X_1A)\\&=k\boldsymbol{B}(X_1).\end{aligned}$$

因此 $\boldsymbol{B}$ 是 $M_n(F)$上的一个线性变换。

(2) 通过观察 $\boldsymbol{B}^2,\boldsymbol{B}^3,\boldsymbol{B}^4$ 对 X 作用的结果，猜测

$$\begin{aligned}\boldsymbol{B}^m(X)=&A^mX+(-1)C_m^1A^{m-1}XA+(-1)^2C_m^2A^{m-2}XA^2\\&+\cdots+(-1)^{m-1}C_m^{m-1}AXA^{m-1}+(-1)^mC_m^mXA^m.\end{aligned}\tag{6}$$

用数学归纳法给予证明如下：$m=1$ 时，右端 $=AX-XA$，左端 $=\boldsymbol{B}(X)$。因此 $m=1$ 时(6)式成立。

假设当 $m-1$ 时，(6)式成立，现在来看 m 的情形：

$$\begin{aligned}\boldsymbol{B}^m(X)=&\boldsymbol{B}(\boldsymbol{B}^{m-1}(X))\\=&A(A^{m-1}X+(-1)C_{m-1}^1A^{m-2}XA+\cdots+(-1)^{m-2}C_{m-1}^{m-2}AXA^{m-2}\\&+(-1)^{m-1}C_{m-1}^{m-1}XA^{m-1})-(A^{m-1}X+(-1)C_{m-1}^1A^{m-2}XA+\cdots\\&+(-1)^{m-1}C_{m-1}^{m-1}XA^{m-1})A\\=&A^mX+(-1)C_{m-1}^1A^{m-1}XA+\cdots+(-1)^{m-2}C_{m-1}^{m-2}A^2XA^{m-2}\\&+(-1)^{m-1}C_{m-1}^{m-1}AXA^{m-1}-(A^{m-1}XA+(-1)C_{m-1}^1A^{m-2}XA^2+\cdots\\&+(-1)^{m-2}C_{m-1}^{m-2}AXA^{m-1}+(-1)^{m-1}C_{m-1}^{m-1}XA^m)\\=&A^mX+(-1)C_m^1A^{m-1}XA+(-1)^2C_m^2A^{m-2}XA^2+\cdots\\&+(-1)^{m-1}C_m^{m-1}AXA^{m-1}+(-1)^mC_m^mXA^m\end{aligned}$$

根据数学归纳法原理，对一切正整数 m，(6)式成立。

设 A 的幂零指数为 l，则对任意 $X\in M_n(F)$，有

$$\begin{aligned}\boldsymbol{B}^{2l}(X)=&A^{2l}X+(-1)C_{2l}^1A^{2l-1}XA+\cdots+(-1)^lC_{2l}^lA^{2l-l}XA^l+\cdots\\&+(-1)^{2l-1}C_{2l}^{2l-1}AXA^{2l-1}+(-1)^{2l}C_{2l}^{2l}XA^{2l}\\=&0.\end{aligned}\tag{7}$$

因此 $\boldsymbol{B}^{2l}=\boldsymbol{0}$。从而 $\boldsymbol{B}$ 是幂零变换。 ■

点评 例11第(2)小题证明的关键是：通过观察 $\boldsymbol{B}^2(X),\boldsymbol{B}^3(X),\boldsymbol{B}^4(X)$，猜测有 $\boldsymbol{B}^m(X)$ 的公式(6)。至于用数学归纳法证明(6)式成立是一往直前的，其中用到组合数的公式：$C_{m-1}^k+C_{m-1}^{k-1}=C_m^k$。

例12 设 A 是 n 级实矩阵。证明：如果 A 的1阶主子式的和与2阶主子式的和都等于0，并且 A 的特征多项式的复根都是实数，那么 A 是幂零矩阵。

证明 A 的特征多项式 $f(\lambda)$ 的 $n-1$ 次项系数 b_{n-1} 等于 A 的1阶主子式的和与 -1 的乘积；$f(\lambda)$ 的 $n-2$ 次项系数 b_{n-2} 等于 A 的2阶主子式的和与 $(-1)^2$ 的乘积。设 $f(\lambda)$ 的 n 个复根为 $\lambda_1,\lambda_2,\cdots,\lambda_n$。据 Vieta 公式得

$$b_{n-1}=-(\lambda_1+\lambda_2+\cdots+\lambda_n),b_{n-2}=(-1)^2\sum_{1\leqslant j_1<j_2\leqslant n}\lambda_{j_1}\lambda_{j_2}.$$

由已知条件得

$$\lambda_1+\lambda_2+\cdots+\lambda_n=0,\quad \sum_{1\leqslant j_1<j_2\leqslant n}\lambda_{j_1}\lambda_{j_2}=0.$$

由于

$$(\lambda_1+\lambda_2+\cdots+\lambda_n)^2=\lambda_1^2+\lambda_2^2+\cdots+\lambda_n^2+2\sum_{1\leqslant j_1<_2\leqslant n}\lambda_{j_1}\lambda_{j_2},\tag{8}$$

因此

$$\lambda_1^2+\lambda_2^2+\cdots+\lambda_n^2=0.\tag{9}$$

由已知条件，$\lambda_1,\lambda_2,\cdots,\lambda_n$ 都是实数，因此从(9)式得

$$\lambda_1=\lambda_2=\cdots=\lambda_n=0.$$

于是 A 有特征值 0(n 重)。据例 3 得，A 是幂零矩阵。 ■

例 13 证明：域 F 上两个 3 级幂零矩阵相似当且仅当它们的最小多项式相同。

证明 必要性。根据相似的矩阵有相同的最小多项式立即得出。

充分性。域 F 上 3 级幂零矩阵 B 的幂零指数 $l\leqslant 3$。于是它们的最小多项式 $m(\lambda)=\lambda^3$ 或 λ^2 或 λ。

当 $m(\lambda)=\lambda^3$ 时，$l=3$。据例 10 得，$3\leqslant 1+\text{rank}(B)$。于是 $\text{rank}(B)\geqslant 2$。又由于 B 不可逆，因此 $\text{rank}(B)=2$。从而 B 的 Jordan 标准形中，Jordan 块的总数为 $3-2=1$。于是 B 的 Jordan 标准形为 $J_3(0)$。

当 $m(\lambda)=\lambda^2$ 时，$l=2$。于是 $\text{rank}(B)\geqslant 1$。结合上一段的讨论得，$\text{rank}(B)=1$。从而 B 的 Jordan 标准形中 Jordan 块的总数为 $3-1=2$。于是 B 的 Jordan 标准形为 $\text{diag}\{J_1(0),J_2(0)\}$。

当 $m(\lambda)=\lambda$ 时，$B=0$。

由于 3 级幂零矩阵的最小多项式完全决定了它的 Jordan 标准形，因此如果两个 3 级幂零矩阵有相同的最小多项式，那么它们相似(据相似的对称性和传递性)。 ■

例 14 设 B 是域 F 上的 n 级幂零矩阵。证明：如果 B 的幂零指数为 n，那么不存在域 F 上的 n 级矩阵 H，使得 $H^2=B$。

证明 由于 B 的幂零指数为 n，因此据例 10 得，$n\leqslant 1+\text{rank}(B)$，从而 $\text{rank}(B)\geqslant n-1$。又由于 B 不可逆，因此 $\text{rank}(B)=n-1$。

假如存在 $H\in M_n(F)$ 使得 $H^2=B$。则 $H^{2n}=B^n=0$。因此 H 也是幂零矩阵。设 H 的 Jordan 标准形的 Jordan 块总数为 N。由于主对角元为 0 的每个 Jordan 块有且只有一行的元素全为 0，因此主对角元为 0 的每个 Jordan 块的秩等于它的级数减去 1。又由于相似的矩阵有相同的秩，因此 $\text{rank}(H)=n-N$。又由于主对角元为 0 的每个 Jordan 块平方后，会增加一个零行，因此 $\text{rank}(H^2)<n-N$。由于 $N\geqslant 1$，因此

$$\text{rank}(H^2) < n - N \leqslant n - 1 = \text{rank}(B),$$

这与 $H^2 = B$ 矛盾。因此不存在 $H \in M_n(F)$ 使得 $H^2 = B$。 ■

例 15 在 $M_n(F)$ 中，与 $J_n(0)$ 可交换的所有矩阵组成的集合 $\mathrm{C}(J_n(0))$ 是 $M_n(F)$ 的一个子空间。证明：

$$\mathrm{C}(J_n(0)) = F(J_n(0)), \text{且} \dim(\mathrm{C}(J_n(0))) = n.$$

证明 由于

$$J_n(0) = \begin{pmatrix} 0 & 1 & 0 & \cdots & 0 & 0 \\ 0 & 0 & 1 & \cdots & 0 & 0 \\ \vdots & \vdots & \vdots & & \vdots & \vdots \\ 0 & 0 & 0 & \cdots & 0 & 1 \\ 0 & 0 & 0 & \cdots & 0 & 0 \end{pmatrix} = (0, \boldsymbol{\varepsilon}_1, \boldsymbol{\varepsilon}_2, \cdots, \boldsymbol{\varepsilon}_{n-1}),$$

因此

$$J_n(0)\boldsymbol{\varepsilon}_1 = 0, J_n(0)\boldsymbol{\varepsilon}_2 = \boldsymbol{\varepsilon}_1, \cdots, J_n(0)\boldsymbol{\varepsilon}_{n-1} = \boldsymbol{\varepsilon}_{n-2}, J_n(0)\boldsymbol{\varepsilon}_n = \boldsymbol{\varepsilon}_{n-1}.$$

从而 $\boldsymbol{\varepsilon}_{n-1} = J_n(0)\boldsymbol{\varepsilon}_n, \boldsymbol{\varepsilon}_{n-2} = J_n(0)^2\boldsymbol{\varepsilon}_n, \cdots, \boldsymbol{\varepsilon}_2 = J_n(0)^{n-2}\boldsymbol{\varepsilon}_n, \boldsymbol{\varepsilon}_1 = J_n(0)^{n-1}\boldsymbol{\varepsilon}_n$.

于是

$$\begin{aligned} I &= (\boldsymbol{\varepsilon}_1, \boldsymbol{\varepsilon}_2, \cdots, \boldsymbol{\varepsilon}_{n-1}, \boldsymbol{\varepsilon}_n) \\ &= (J_n(0)^{n-1}\boldsymbol{\varepsilon}_n, J_n(0)^{n-2}\boldsymbol{\varepsilon}_n, \cdots, J_n(0)\boldsymbol{\varepsilon}_n, \boldsymbol{\varepsilon}_n). \end{aligned}$$

任取 $B \in \mathrm{C}(J_n(0))$，设 $B = (b_{ij})$，则

$$\begin{aligned} B &= BI \\ &= (BJ_n(0)^{n-1}\boldsymbol{\varepsilon}_n, BJ_n(0)^{n-2}\boldsymbol{\varepsilon}_n, \cdots, BJ_n(0)\boldsymbol{\varepsilon}_n, B\boldsymbol{\varepsilon}_n) \\ &= (J_n(0)^{n-1}B\boldsymbol{\varepsilon}_n, J_n(0)^{n-2}B\boldsymbol{\varepsilon}_n, \cdots, J_n(0)B\boldsymbol{\varepsilon}_n, \sum_{i=1}^n b_{in}J_n(0)^{n-i}\boldsymbol{\varepsilon}_n) \\ &= (J_n(0)^{n-1}\sum_{i=1}^n b_{in}J_n(0)^{n-i}\boldsymbol{\varepsilon}_n, \cdots, J_n(0)\sum_{i=1}^n b_{in}J_n(0)^{n-i}\boldsymbol{\varepsilon}_n, \sum_{i=1}^n b_{in}J_n(0)^{n-i}\boldsymbol{\varepsilon}_n) \\ &= \sum_{i=1}^n b_{in}J_n(0)^{n-i}(J_n(0)^{n-1}\boldsymbol{\varepsilon}_n, \cdots, J_n(0)\boldsymbol{\varepsilon}_n, \boldsymbol{\varepsilon}_n) \\ &= \sum_{i=1}^n b_{in}J_n(0)^{n-i}I \\ &= \sum_{i=1}^n b_{in}J_n(0)^{n-i}. \end{aligned}$$

因此 $B \in F[J_n(0)]$。从而 $\mathrm{C}(J_n(0)) \subseteq F[J_n(0)]$。显然 $F[J_n(0)] \subseteq \mathrm{C}(J_n(0))$，因此 $\mathrm{C}(J_n(0)) = F[J_n(0)]$。

由于 $J_n(0)$ 的最小多项式 $m(\lambda)=\lambda^n$。因此据 9.6 节例 24 的结论得，$\dim F[J_n(0)]=\deg m(\lambda)=n$。从而

$$\dim C(J_n(0)) = \dim F[J_n(0)] = n. \quad ■$$

点评 例 15 中为了证 $C(J_n(0))=F[J_n(0)]$，关键是要证 $C(J_n(0))\subseteq F[J_n(0)]$，为此任取 $B\in C(J_n(0))$，要证 B 能表示成 $I,J_n(0),J_n(0)^2,\cdots,J_n(0)^{n-1}$ 的线性组合。注意到 $J_n(0)=(0,\boldsymbol{\varepsilon}_1,\boldsymbol{\varepsilon}_2,\cdots,\boldsymbol{\varepsilon}_{n-1})$，由此可得出

$$I = (J_n(0)^{n-1}\boldsymbol{\varepsilon}_n,\cdots,J_n(0)\boldsymbol{\varepsilon}_n,\boldsymbol{\varepsilon}_n).$$

于是 $B=BI=B(J_n(0)^{n-1}\boldsymbol{\varepsilon}_n,\cdots,J_n(0)\boldsymbol{\varepsilon}_n,\boldsymbol{\varepsilon}_n)$。

通过计算可得 B 能表示成 $I,J_n(0),\cdots,J_n(0)^{n-1}$ 的线性组合。直接从 $BJ_n(0)=J_n(0)B$ 解出 B 的形式也可得出这个结论。

例 16 任意给定 $a\in F$，证明：在 $M_n(F)$ 中，

$$C(J_n(a)) = F[J_n(0)],\dim C(J_n(a)) = n.$$

证明 设 $B\in M_n(F)$。由于 $J_n(a)=aI+J_n(0)$，因此

$$BJ_n(a) = J_n(a)B \quad \Leftrightarrow \quad BJ_n(0) = J_n(0)B.$$

从而 $B\in C(J_n(a)) \quad \Leftrightarrow \quad B\in C(J_n(0))$。所以

$$C(J_n(a)) = C(J_n(0)).$$

由例 15 立即得出，$C(J_n(a))=F[J_n(0)]$，$\dim C(J_n(a))=n$。 ■

例 17 设域 F 上的 n 级矩阵 $A=\mathrm{diag}\{J_t(\lambda_1),J_s(\lambda_2)\}$，其中 $\lambda_1\neq\lambda_2$，$t+s=n$。证明：

$$C(A) = \{B = \mathrm{diag}\{B_1,B_2\} \mid B_1 \in F[J_t(0)],B_2 \in F[J_s(0)]\},$$
$$\dim C(A) = n,C(A) = F[A].$$

证明 设 $B\in C(A)$，把 B 写成分块矩阵的形式，有

$$\begin{pmatrix} B_{11} & B_{12} \\ B_{21} & B_{22} \end{pmatrix}\begin{pmatrix} J_t(\lambda_1) & 0 \\ 0 & J_s(\lambda_2) \end{pmatrix} = \begin{pmatrix} J_t(\lambda_1) & 0 \\ 0 & J_s(\lambda_2) \end{pmatrix}\begin{pmatrix} B_{11} & B_{12} \\ B_{21} & B_{22} \end{pmatrix}.$$

由此得出，$B_{11}J_t(\lambda_1)=J_t(\lambda_1)B_{11}$， $B_{12}J_s(\lambda_2)=J_t(\lambda_1)B_{12}$，

$B_{21}J_t(\lambda_1)=J_s(\lambda_2)B_{21}$， $B_{22}J_s(\lambda_2)=J_s(\lambda_2)B_{22}$.

于是 $B_{11}\in C(J_t(\lambda_1))$，$B_{22}\in C(J_s(\lambda_2))$。$B_{12}$ 是矩阵方程 $XJ_s(\lambda_2)=J_t(\lambda_1)X$ 的解，由于 $J_s(\lambda_2)$，$J_t(\lambda_1)$ 的最小多项式分别为 $(\lambda-\lambda_2)^s$，$(\lambda-\lambda_1)^t$。由于 $\lambda_2\neq\lambda_1$，因此 $((\lambda-\lambda_2)^s,(\lambda-\lambda_1)^t)=1$。据习题 9.6 的第 7 题的结论得，$B_{12}=0$。同理，$B_{21}=0$。因此 $B=\mathrm{diag}\{B_{11},B_{22}\}$。据例 16 得，$C(J_t(\lambda_1))=F[J_t(0)]$，$C(J_s(\lambda_2))=F[J_s(0)]$。因此 $B_{11}\in F[J_t(0)]$，$B_{22}\in F[J_s(0)]$。

考虑 $C(A)$ 到 $F[J_t(0)]$ 与 $F[J_s(0)]$ 的外直和 $F[J_t(0)]\dot{+}F[J_s(0)]$ 的一个映射 τ：$B=\mathrm{diag}\{B_1,B_2\}\longmapsto(B_1,B_2)$。显然 τ 是单射，也是满射，从而 τ 是双射。又易验证 τ 保持

加法与纯量乘法运算(关于线性空间的外直和在8.3节内容精华的第三部分作了阐述)。因此τ是同构映射。从而

$$\mathrm{C}(A)\cong F[J_t(0)]\dotplus F[J_s(0)].$$

据例15得,$\dim F[J_t(0)]=t$,$\dim F[J_s(0)]=s$。因此

$$\dim \mathrm{C}(A)=\dim F[J_t(0)]+\dim F[J_s(0)]=t+s=n.$$

用$m(\lambda)$,$m_1(\lambda)$,$m_2(\lambda)$分别表示A,$J_t(\lambda_1)$,$J_s(\lambda_2)$的最小多项式,则

$$\begin{aligned}m(\lambda)&=[m_1(\lambda),m_2(\lambda)]\\&=[(\lambda-\lambda_1)^t,(\lambda-\lambda_2)^s]\\&=(\lambda-\lambda_1)^t(\lambda-\lambda_2)^s.\end{aligned}$$

于是

$$\dim F[A]=\deg m(\lambda)=t+s=n=\dim \mathrm{C}(A).$$

因此$F[A]=\mathrm{C}(A)$。 ■

例18 设域F上的3级矩阵$A=\mathrm{diag}\{J_2(0),J_1(0)\}$,求$\mathrm{C}(A)$和$\dim \mathrm{C}(A)$,以及$\dim F[A]$。

解

$$\begin{aligned}X\in \mathrm{C}(A)\ &\Leftrightarrow\ XA=AX\\
&\Leftrightarrow\ \begin{pmatrix}x_{11}&x_{12}&x_{13}\\x_{21}&x_{22}&x_{23}\\x_{31}&x_{32}&x_{33}\end{pmatrix}\begin{pmatrix}0&1&0\\0&0&0\\0&0&0\end{pmatrix}=\begin{pmatrix}0&1&0\\0&0&0\\0&0&0\end{pmatrix}\begin{pmatrix}x_{11}&x_{12}&x_{13}\\x_{21}&x_{22}&x_{23}\\x_{31}&x_{32}&x_{33}\end{pmatrix}\\
&\Leftrightarrow\ \begin{pmatrix}0&x_{11}&0\\0&x_{21}&0\\0&x_{31}&0\end{pmatrix}=\begin{pmatrix}x_{21}&x_{22}&x_{23}\\0&0&0\\0&0&0\end{pmatrix}\\
&\Leftrightarrow\ x_{11}=x_{22},x_{21}=0,x_{31}=0,x_{23}=0\\
&\Leftrightarrow\ X=\begin{pmatrix}x_{11}&x_{12}&x_{13}\\0&x_{11}&0\\0&x_{32}&x_{33}\end{pmatrix}\\
&\qquad\ =x_{11}(E_{11}+E_{22})+x_{12}E_{12}+x_{13}E_{13}+x_{32}E_{32}+x_{33}E_{33}\\
&\Leftrightarrow\ X\in\langle E_{11}+E_{22},E_{12},E_{13},E_{32},E_{33}\rangle,\end{aligned}$$

因此

$$\mathrm{C}(A)=\langle E_{11}+E_{22},E_{12},E_{13},E_{32},E_{33}\rangle.$$

由于$E_{11}+E_{22}$,E_{12},E_{13},E_{32},E_{33}线性无关,因此

$$\dim \mathrm{C}(A)=5.$$

由于$A=\mathrm{diag}\{J_2(0),J_1(0)\}$的最小多项式$m(\lambda)$为

$$m(\lambda)=[\lambda^2,\lambda]=\lambda^2,$$

因此

$$\dim F[A]=\deg m(\lambda)=2.$$

点评 例 18 表明，当 Jordan 形矩阵 A 的两个 Jordan 块的主对角元相等时，$\dim C(A)$ 大于矩阵的级数。$\dim C(A)$ 也大于 $\dim F[A]$，因此 $C(A)\supsetneqq F[A]$，即与 A 可交换的矩阵有的不能表示成 A 的多项式。

例 19 设域 F 上的 n 级矩阵 A 是一个 Jordan 形矩阵：

$$A=\operatorname{diag}\{J_{n_1}(\lambda_1),J_{n_2}(\lambda_2),\cdots,J_{n_s}(\lambda_s)\},$$

其中 $\lambda_1,\lambda_2,\cdots,\lambda_s$ 是 F 中两两不等的元素，$n_1+n_2+\cdots+n_s=n$。

证明：$C(A)=\{B=\operatorname{diag}\{B_1,B_2,\cdots,B_s\}\mid B_i\in F[J_{n_i}(0)],i=1,2,\cdots,s\}$，

$$\dim C(A)=n, C(A)=F[A].$$

证明 设 $B\in C(A)$，把 B 写成分块矩阵的形式，有

$$\begin{pmatrix} B_{11} & B_{12} & \cdots & B_{1s}\\ B_{21} & B_{22} & \cdots & B_{2s}\\ \vdots & \vdots & & \vdots\\ B_{s1} & B_{s2} & \cdots & B_{ss}\end{pmatrix}\begin{pmatrix} J_{n_1}(\lambda_1) & & & \\ & J_{n_2}(\lambda_2) & & 0\\ 0 & & \ddots & \\ & & & J_{n_s}(\lambda_s)\end{pmatrix}$$

$$=\begin{pmatrix} J_{n_1}(\lambda_1) & & & \\ & J_{n_2}(\lambda_2) & & 0\\ 0 & & \ddots & \\ & & & J_{n_s}(\lambda_s)\end{pmatrix}\begin{pmatrix} B_{11} & B_{12} & \cdots & B_{1s}\\ B_{21} & B_{22} & \cdots & B_{2s}\\ \vdots & \vdots & & \vdots\\ B_{s1} & B_{s2} & \cdots & B_{ss}\end{pmatrix}.$$

由此得出， $B_{ii}J_{n_i}(\lambda_i)=J_{n_i}(\lambda_i)B_{ii}$， $i=1,2,\cdots,s$；

$B_{ij}J_{n_j}(\lambda_j)=J_{n_i}(\lambda_i)B_{ij}$， $j\neq i$.

于是 $B_{ii}\in C(J_{n_i}(\lambda_i))=F[J_{n_i}(0)]$，$i=1,2,\cdots,s$。$J_{n_j}(\lambda_j)$ 的最小多项式为 $(\lambda-\lambda_j)^{n_j}$，$J_{n_i}(\lambda_i)$ 的最小多项式为 $(\lambda-\lambda_i)^{n_i}$。由于当 $i\neq j$ 时，$\lambda_i\neq\lambda_j$，因此 $((\lambda-\lambda_j)^{n_j},(\lambda-\lambda_i)^{n_i})=1$。从而当 $i\neq j$ 时，矩阵方程 $XJ_{n_j}(\lambda_j)=J_{n_i}(\lambda_i)X$ 只有零解。因此

$$B_{ij}=0, j\neq i.$$

于是 $B=\operatorname{diag}\{B_{11},B_{22},\cdots,B_{ss}\}$，其中 $B_{ii}\in F[J_{n_i}(0)]$，$i=1,2,\cdots,s$。因此

$$C(A)=\{B=\operatorname{diag}\{B_1,B_2,\cdots,B_s\}\mid B_i\in F[J_{n_i}(0)],i=1,2,\cdots,s\}.$$

与例 17 类似可证：

$$C(A)\cong F[J_{n_1}(0)]\dotplus F[J_{n_2}(0)]\dotplus\cdots\dotplus F[J_{n_s}(0)].$$

从而

$$\begin{aligned}\dim C(A)&=\dim F[J_{n_1}(0)]+\dim F[J_{n_2}(0)]+\cdots+\dim F[J_{n_s}(0)]\\ &=n_1+n_2+\cdots+n_s=n.\end{aligned}$$

用 $m(\lambda)$ 表示 A 的最小多项式，则

$$m(\lambda)=[(\lambda-\lambda_1)^{n_1},\cdots,(\lambda-\lambda_s)^{n_s}]$$
$$=(\lambda-\lambda_1)^{n_1}\cdots(\lambda-\lambda_s)^{n_s}.$$

从而 $\dim F[A]=\deg m(\lambda)=n$。于是 $\dim F[A]=\dim \mathrm{C}(A)$。因此 $F[A]=\mathrm{C}(A)$。■

例 20 设 A,B 都是数域 K 上的 n 级矩阵,其中 B 是幂零矩阵,且 $AB=BA$,证明:

$$|A+B|=|A|.$$

证明 把 A,B 都看成复数域上的矩阵,由于 $AB=BA$,因此据 9.5 节例 5 得,存在 n 级可逆复矩阵 P,使得 $P^{-1}AP,P^{-1}BP$ 都是上三角矩阵。由于上三角矩阵的主对角元是它的全部特征值,因此 $P^{-1}AP$ 的主对角元是复矩阵 A 的全部特征值 $\lambda_1,\lambda_2,\cdots,\lambda_n$。由于 B 是幂零矩阵,因此 B 的特征值为 0(n 重),从而 $P^{-1}BP$ 的主对角元都是 0。于是 $P^{-1}AP+P^{-1}BP$ 的主对角元为 $\lambda_1,\lambda_2,\cdots,\lambda_n$,且 $P^{-1}AP+P^{-1}BP$ 仍为上三角矩阵,因此

$$|A+B|=|P^{-1}(A+B)P|=|P^{-1}AP+P^{-1}BP|$$
$$=\lambda_1\lambda_2\cdots\lambda_n=|P^{-1}AP|=|A|.$$ ■

例 21 设 $\boldsymbol{A}$ 为域 F 上 n 维线性空间 V 上的线性变换,令

$$V_1=\{\alpha\in V\mid 存在正整数\ r(它依赖于\ \alpha),使得\ \boldsymbol{A}^r\alpha=0\},$$

$$V_2=\bigcap_{i=1}^{\infty}\boldsymbol{A}^iV.$$

证明:(1) V_1 和 V_2 都是 $\boldsymbol{A}$ 的不变子空间;

(2) $\boldsymbol{A}|V_1$ 是 V_1 上的幂零变换,$\boldsymbol{A}|V_2$ 是 V_2 上的可逆变换;

(3) $V=V_1\oplus V_2$。

证明 (1) 据 9.2 节的例 14,存在正整数 m 使得

$$\boldsymbol{A}^mV=\boldsymbol{A}^{m+k}V,k=1,2,3,\cdots.$$

又由于 $\boldsymbol{A}V\supseteq\boldsymbol{A}^2V\supseteq\boldsymbol{A}^3V\supseteq\cdots$,因此 $V_2=\boldsymbol{A}^mV$,即 $V_2=\mathrm{Im}(\boldsymbol{A}^m)$。因此 V_2 是 $\boldsymbol{A}$ 的不变子空间。

显然 $0\in V_1$,易验证 V_1 对加法和纯量乘法封闭,因此 V_1 是 V 的一个子空间。任取 $\alpha\in V_1$,则存在正整数 r 使得 $\boldsymbol{A}^r\alpha=0$。于是 $\boldsymbol{A}^{r-1}(\boldsymbol{A}\alpha)=0$。从而 $\boldsymbol{A}\alpha\in V_1$。因此 V_1 是 $\boldsymbol{A}$ 的不变子空间。

(2) 若 $V_1=0$,则由于 $\boldsymbol{A}0=0$,因此 $\boldsymbol{A}|V_1=\boldsymbol{0}$。

若 $V_1\neq 0$,则在 V_1 中取一个基 $\eta_1,\eta_2,\cdots,\eta_s$,于是存在正整数 r_i,使得 $\boldsymbol{A}^{r_i}\eta_i=0,i=1,2,\cdots,s$。令 $r=\max\{r_1,r_2,\cdots,r_s\}$。则 $\boldsymbol{A}^r\eta_i=0,i=1,2,\cdots,s$。任取 $\alpha\in V_1$,设 $\alpha=\sum\limits_{i=1}^{s}k_i\eta_i$,则 $\boldsymbol{A}^r\alpha=\sum\limits_{i=1}^{s}k_i\boldsymbol{A}^r\eta_i=0$,即 $(\boldsymbol{A}\mid V_1)^r\alpha=0$。因此 $(\boldsymbol{A}\mid V_1)^r=\boldsymbol{0}$。从而 $\boldsymbol{A}\mid V_1$ 是 V_1 上的幂零变换。

任取 $\delta\in V_2$，由于 $V_2=\boldsymbol{A}^mV=\boldsymbol{A}^{m+1}V$，因此存在 $\alpha\in V$，使得 $\delta=\boldsymbol{A}^{m+1}\alpha=\boldsymbol{A}(\boldsymbol{A}^m\alpha)$。由于 $\boldsymbol{A}^m\alpha\in\boldsymbol{A}^mV=V_2$，因此 $\boldsymbol{A}|V_2$ 是 V_2 到自身的满射。由于 V_2 是有限维的，因此 $\boldsymbol{A}|V_2$ 也是 V_2 到自身的单射。从而 $\boldsymbol{A}|V_2$ 是 V_2 到自身的双射。于是 $\boldsymbol{A}|V_2$ 是 V_2 上的可逆变换。

(3) 先证 $V_1\cap V_2=0$。任取 $\beta\in V_1\cap V_2$。由于 $\beta\in V_1$，因此存在正整数 r，使得 $\boldsymbol{A}^r\beta=0$。由于 $\boldsymbol{A}|V_2$ 是 V_2 上的可逆变换，因此 $(\boldsymbol{A}|V_2)^r$ 也可逆。由于 $\beta\in V_2$，因此 $(\boldsymbol{A}|V_2)^r\beta=\boldsymbol{A}^r\beta=0$。从而 $\beta=0$。所以 $V_1\cap V_2=0$，于是和 V_1+V_2 是直和 $V_1\oplus V_2$。

显然 $\operatorname{Ker}\boldsymbol{A}^m\subseteq V_1$。反之，任取 $\alpha\in V_1$，由于 V_1 是 $\boldsymbol{A}$ 的不变子空间，因此 $\boldsymbol{A}^m\alpha\in V_1$。又显然 $\boldsymbol{A}^m\alpha\in\boldsymbol{A}^mV_1$，即 $\boldsymbol{A}^m\alpha\in V_2$。从而 $\boldsymbol{A}^m\alpha\in V_1\cap V_2$。于是 $\boldsymbol{A}^m\alpha=0$。因此 $\alpha\in\operatorname{Ker}\boldsymbol{A}^m$。从而 $V_1\subseteq\operatorname{Ker}\boldsymbol{A}^m$，所以 $V_1=\operatorname{Ker}\boldsymbol{A}^m$。

由于

$$\begin{aligned}\dim(V_1\oplus V_2)&=\dim V_1+\dim V_2\\&=\dim(\operatorname{Ker}\boldsymbol{A}^m)+\dim(\operatorname{Im}\boldsymbol{A}^m)=\dim V,\end{aligned}$$

因此

$$V=V_1\oplus V_2.$$

■

习题 9.7

1. 设数域 K 上的 3 级矩阵 B 为

$$B=\begin{pmatrix}-2&1&0\\-4&2&0\\-2&1&0\end{pmatrix}.$$

(1) 说明 B 是幂零矩阵，求 B 的幂零指数；

(2) 求 B 的 Jordan 标准形。

2. 设 A,B 都是 n 级复矩阵，且 $AB-BA=A$。证明：A 是幂零矩阵。

3. 证明：对于 $K[x]_n$ 上的求导数变换 $\boldsymbol{D}$，不存在 $K[x]_n$ 上的线性变换 $\boldsymbol{H}$，使得 $\boldsymbol{H}^2=\boldsymbol{D}$。

4. 对于 $K[x]_n$ 上的求导数变换 $\boldsymbol{D}$，$K[x]_n$ 上所有与 $\boldsymbol{D}$ 可交换的线性变换组成的子空间记作 $\mathrm{C}(\boldsymbol{D})$，求 $\mathrm{C}(\boldsymbol{D})$ 及其维数。

5. 对于第 1 题中的矩阵 B，求 $\mathrm{C}(B)$ 的维数。

6. 设 $\boldsymbol{B}$ 是域 F 上 n 维线性空间 V 上的幂零变换。证明：如果 $\boldsymbol{B}$ 有两个线性无关的特征向量，那么 $\boldsymbol{B}$ 的幂零指数 $l<n$。

7. 设 V 是域 F 上的线性空间。证明：V 上的一个幂零变换 $\boldsymbol{B}$ 与任一非零数乘变换 $\boldsymbol{k}$ 的和 $\boldsymbol{B}+\boldsymbol{k}$ 是可逆变换，并且求 $(\boldsymbol{B}+\boldsymbol{k})^{-1}$。

8. 设 $\boldsymbol{B}$ 是域 F 上 n 维线性空间 V 上的幂零变换，其幂零指数为 l。证明：$\boldsymbol{B}$ 的 Jordan

标准形中一定有 l 级的 Jordan 块,并且求 l 级 Jordan 块的个数。

9. 设 $\boldsymbol{A},\boldsymbol{B}$ 是域 F 上 n 维线性空间 V 上的线性变换。证明:如果 $\boldsymbol{AB}-\boldsymbol{BA}=\boldsymbol{A}$,且 $\boldsymbol{B}$ 是幂零变换,那么 $\boldsymbol{A}=\boldsymbol{0}$。

9.8　线性变换的 Jordan 标准形

9.8.1　内容精华

按照 9.6 节内容精华的最后一部分中讲的思路,在研究了幂零变换的最简单形式的矩阵表示后,我们就可以解决最小多项式能分解成一次因式乘积的线性变换的最简单形式的矩阵表示了。

定理 1　设 $\boldsymbol{A}$ 是域 F 上 n 维线性空间 V 上的线性变换,如果 $\boldsymbol{A}$ 的最小多项式 $m(\lambda)$ 在 $F[\lambda]$ 中的标准分解式为

$$m(\lambda)=(\lambda-\lambda_1)^{l_1}(\lambda-\lambda_2)^{l_2}\cdots(\lambda-\lambda_s)^{l_s},\tag{1}$$

那么 V 中存在一个基,使得 $\boldsymbol{A}$ 在此基下的矩阵 A 为 Jordan 形矩阵,它的主对角元是 $\boldsymbol{A}$ 的全部特征值;主对角元为 λ_j 的 Jordan 块的总数 N_j 为

$$N_j=n-\operatorname{rank}(\boldsymbol{A}-\lambda_j\boldsymbol{I}),\tag{2}$$

其中 t 级 Jordan 块 $J_t(\lambda_j)$ 的个数 $N_j(t)$ 为

$$N_j(t)=\operatorname{rank}(\boldsymbol{A}-\lambda_j\boldsymbol{I})^{t+1}+\operatorname{rank}(\boldsymbol{A}-\lambda_j\boldsymbol{I})^{t-1}-2\operatorname{rank}(\boldsymbol{A}-\lambda_j\boldsymbol{I})^{t},\tag{3}$$

$t\leqslant l_j$;$j=1,2,\cdots,s$。这个 Jordan 形矩阵 A 称为 $\boldsymbol{A}$ 的 Jordan 标准形,除去 Jordan 块的排列次序外,$\boldsymbol{A}$ 的 Jordan 标准形是唯一的。

从定理 1 立即得到下述结论:

推论 1　设 A 是域 F 上的 n 级矩阵,如果 A 的最小多项式 $m(\lambda)$ 在 $F[\lambda]$ 中的标准分解式为

$$m(\lambda)=(\lambda-\lambda_1)^{l_1}(\lambda-\lambda_2)^{l_2}\cdots(\lambda-\lambda_s)^{l_s},\tag{4}$$

那么 A 相似于一个 Jordan 形矩阵,其主对角元是 A 的全部特征值;主对角元为 λ_j 的 Jordan 块的总数 N_j 为

$$N_j=n-\operatorname{rank}(A-\lambda_jI),\tag{5}$$

其中 t 级 Jordan 块的个数 $N_j(t)$ 为

$$N_j(t)=\operatorname{rank}(A-\lambda_jI)^{t+1}+\operatorname{rank}(A-\lambda_jI)^{t-1}-2\operatorname{rank}(A-\lambda_jI)^{t},\tag{6}$$

$t\leqslant l_j$；$j=1,2,\cdots,s$。这个 Jordan 形矩阵称为 $\boldsymbol{A}$ 的 Jordan 标准形，除去 Jordan 块的排列次序外，$\boldsymbol{A}$ 的 Jordan 标准形是唯一的。 ■

由于复数域上每个次数大于 0 的一元多项式都可以分解成一次因式的乘积，因此复数域上有限维线性空间的每一个线性变换都有 Jordan 标准形。从而复数域上每个方阵都有 Jordan 标准形。

Jordan 块 $J_t(\lambda_j)$ 的最小多项式为 $(\lambda-\lambda_j)^t$，根据 9.6 节的推论 4，立即得到：

推论 2 域 F 上 n 维线性空间 V 上的线性变换 $\boldsymbol{A}$ 有 Jordan 标准形当且仅当 $\boldsymbol{A}$ 的最小多项式 $m(\lambda)$ 在 $F[\lambda]$ 中可以分解成一次因式的乘积。 ■

由于 $\boldsymbol{A}$ 的最小多项式 $m(\lambda)$ 与 $\boldsymbol{A}$ 的特征多项式 $f(\lambda)$ 在 F 中以及包含 F 的域 E 中有相同的根，因此 $\boldsymbol{A}$ 的最小多项式 $m(\lambda)$ 在 $F[\lambda]$ 中可分解成一次因式的乘积当且仅当 $\boldsymbol{A}$ 的特征多项式 $f(\lambda)$ 在 $F[\lambda]$ 中可分解成一次因式的乘积。于是从推论 2 立即得到：

推论 3 域 F 上 n 维线性空间 V 上的线性变换 $\boldsymbol{A}$ 有 Jordan 标准形当且仅当 $\boldsymbol{A}$ 的特征多项式 $f(\lambda)$ 在 $F[\lambda]$ 中可分解成一次因式的乘积。 ■

推论 4 域 F 上 n 级矩阵 A 相似于一个 Jordan 形矩阵当且仅当 A 的最小多项式 $m(\lambda)$（或者 A 的特征多项式 $f(\lambda)$）在 $F[\lambda]$ 中可以分解成一次因式的乘积。 ■

据 9.6 节例 9 的点评得，一个 t 级矩阵 H 相似于一个主对角元为 a 的 Jordan 块 $J_t(a)$ 当且仅当 H 的最小多项式是 $(\lambda-a)^t$。从而得到：

命题 1 域 F 上的一个分块对角矩阵 G 相似于一个 Jordan 形矩阵当且仅当 G 的主对角线上每个子矩阵的最小多项式都是一次因式的方幂，且其幂指数等于子矩阵的级数。 ■

从命题 1 得出，如果域 F 上的 n 级矩阵 A 有 Jordan 标准形，那么 A 的 Jordan 标准形完全被它的所有 Jordan 块的最小多项式（它们都是一次因式的方幂）决定。由此受到启发，引入下述概念：

定义 1 设 A 是域 F 上的 n 级矩阵，如果 A 有 Jordan 标准形 J，那么把 J 中所有 Jordan 块的最小多项式称为 A 的**初等因子**。

从定义 1 和上面一段话得出，A 如果有 Jordan 标准形，那么 A 的 Jordan 标准形完全被 A 的初等因子决定。从而得出：

推论 5 设 $A,B\in M_n(F)$，如果 A,B 都有 Jordan 标准形，那么 A 与 B 相似当且仅当 A 与 B 有相同的初等因子。 ■

推论 6 两个 n 级复矩阵相似当且仅当它们有相同的初等因子。 ■

从推论 6 得出，在复数域上所有 n 级矩阵组成的集合 $M_n(\mathbf{C})$ 中，初等因子是相似关系下的一组完全不变量。

综上所述，我们对于最小多项式 $m(\lambda)$ 在 $F[\lambda]$ 中能分解成一次因式乘积的线性变换 $\boldsymbol{A}$，

通过把线性空间 V 分解成 $\boldsymbol{A}$ 的根子空间的直和，在 $\boldsymbol{A}$ 的每个根子空间 $W_j=\mathrm{Ker}(\boldsymbol{A}-\lambda_j\boldsymbol{I})^{l_j}$ 中取一个合适的基(通过 W_j 上的幂零变换 $\boldsymbol{B}_j=\boldsymbol{A}|W_j-\lambda_j\boldsymbol{I}$ 来找合适的基)，使得 $\boldsymbol{A}|W_j$ 在此基下的矩阵 A_j 为一个 Jordan 形矩阵；把 $W_j(j=1,2,\cdots,s)$ 的基合起来成为 V 的一个基，$\boldsymbol{A}$ 在 V 的这个基下的矩阵 $A=\mathrm{diag}\{A_1,A_2,\cdots,A_s\}$ 就是一个 Jordan 形矩阵。这样求出 $\boldsymbol{A}$ 的最简单形式的矩阵表示的方法称为线性空间 V 分解成 $\boldsymbol{A}$ 的根子空间的直和的方法，简称为空间分解的方法。

还有另一种方法求 $\boldsymbol{A}$ 的最简单形式的矩阵表示，这另一种方法通常称为 λ-矩阵的方法。设 $\boldsymbol{A}$ 在域 F 上 n 维线性空间 V 的一个基下的矩阵为 A，求 $\boldsymbol{A}$ 的最简单形式的矩阵表示，也就是要寻找 A 能相似于什么样的最简单形式的矩阵。我们已经知道，A 的特征多项式 $|\lambda I-A|$ 是相似关系下的一个不变量，但它不是完全不变量。这说明仅用 $\lambda I-A$ 的行列式这一个信息是不够的。我们应当研究矩阵 $\lambda I-A$ 的各种信息。矩阵 $\lambda I-A$ 称为 A 的特征矩阵，它的元素是 λ 的多项式。即 $F[\lambda]$ 中的多项式。我们把元素取自 $F[\lambda]$ 中的多项式的矩阵称为 λ-矩阵。在 7.2 节中我们利用 $K[\lambda]$ 中的带余除法证明了下述结论：

定理 2 任意一个非零的 n 级 λ-矩阵 $A(\lambda)$ 一定相抵于对角 λ-矩阵：

$$\mathrm{diag}\{d_1(\lambda),d_2(\lambda),\cdots,d_n(\lambda)\},\tag{7}$$

其中 $d_i(\lambda)\mid d_{i+1}(\lambda),i=1,2,\cdots,n-1$；且对于非零的 $d_i(\lambda)$，其首项系数为 1。满足这些要求的对角 λ-矩阵(13)称为 $A(\lambda)$ 的一个**相抵标准形或 Smith 标准形**。■

把数域 K 换成任一域 F，定理 2 照样成立。

定义 2 $A(\lambda)$ 的相抵标准形中主对角线上的非零元 $d_1(\lambda),d_2(\lambda),\cdots,d_r(\lambda)$ 称为 $A(\lambda)$ 的**不变因子**。

为了直接从 $A(\lambda)$ 本身来刻画它的不变因子，我们在 7.3 节中引进了下述概念。

定义 3 $s\times n$ λ-矩阵 $A(\lambda)$ 的所有 k 阶子式的首一最大公因式称为 $A(\lambda)$ 的 **k 阶行列式因子**，记作 $D_k(\lambda),1\leqslant k\leqslant\min\{s,n\}$。

定义 4 如果非零 λ-矩阵 $A(\lambda)$ 有一个 r 阶子式不为 0，而所有 $r+1$ 阶子式都为 0，那么称 $A(\lambda)$ 的**秩**为 r，零矩阵的秩规定为 0。

在 7.3 节我们证明了下述结论(把数域 K 换成域 F 仍然有此结论)：

定理 3 相抵的 λ-矩阵有相同的秩和相同的各阶行列式因子。■

由于每个非零的 n 级 λ-矩阵 $A(\lambda)$ 有相抵标准形：$\mathrm{diag}\{d_1(\lambda),d_2(\lambda),\cdots,d_r(\lambda),0,\cdots,0\}$，其中 $d_i(\lambda)\mid d_{i+1}(\lambda),i=1,2,\cdots,r-1$，且 $d_i(\lambda)$ 的首项系数为 $1(i=1,2,\cdots,r)$，因此从 $A(\lambda)$ 的相抵标准形容易计算出 $A(\lambda)$ 的各阶行列式因子：

$$\begin{aligned} &D_1(\lambda) = (d_1(\lambda), d_2(\lambda), \cdots, d_r(\lambda), 0) = d_1(\lambda), \\ &D_2(\lambda) = d_1(\lambda)d_2(\lambda), \cdots, \\ &D_r(\lambda) = d_1(\lambda)d_2(\lambda)\cdots d_r(\lambda), \\ &D_{r+1}(\lambda) = \cdots = D_n(\lambda) = 0. \end{aligned} \tag{8}$$

由此得出，$A(\lambda)$的不变因子可以由它的行列式因子决定：

$$d_1(\lambda) = D_1(\lambda), d_2(\lambda) = \frac{D_2(\lambda)}{D_1(\lambda)}, \cdots, d_r(\lambda) = \frac{D_r(\lambda)}{D_{r-1}(\lambda)}. \tag{9}$$

由于 $A(\lambda)$的各阶行列式因子是由 $A(\lambda)$完全决定的，因此从(9)式得出，$A(\lambda)$的不变因子也是由 $A(\lambda)$完全决定的，从而 $A(\lambda)$的相抵标准形是唯一的。

由于相抵的 n 级 λ-矩阵有相同的各阶行列式因子，因此有相同的不变因子。反之，如果两个 n 级 λ-矩阵有相同的各阶行列式因子，那么它们有相同的不变因子，从而它们有相同的相抵标准形，于是它们相抵。这证明了下述结论：

定理 4 两个 n 级 λ-矩阵相抵当且仅当它们有相同的不变因子，或者有相同的各阶行列式因子。 ■

数域 K 上的 n 级矩阵 A 的特征矩阵 $\lambda I - A$ 的 n 阶行列式因子 $D_n(\lambda)$就是 $\lambda I - A$ 的行列式$|\lambda I - A|$，即 A 的特征多项式。

我们在 7.6 节利用复数域上的唯一因式分解定理，把非零的 n 级 λ-矩阵 $A(\lambda)$的次数大于 0 的不变因子分解成一次因式方幂的乘积。从而引出下述概念：

定义 5 设 $A(\lambda)$是 $\mathbf{C}[\lambda]$上的 n 级非零矩阵，把 $A(\lambda)$的每个次数大于 0 的不变因子分解成互不相同的一次因式方幂的乘积，所有这些一次因式的方幂（相同的必须按出现的次数计算）称为 $A(\lambda)$的**初等因子**。

后面我们将说明定义 1 中对于 n 级矩阵 A 定义的初等因子就是 A 的特征矩阵 $\lambda I - A$ 按定义 5 所定义的初等因子。

从定义 5 看出，如果知道了 $A(\lambda)$的不变因子，那么就唯一确定出了 $A(\lambda)$的初等因子。反过来，如果知道了 $A(\lambda)$的初等因子，能否唯一确定出 $A(\lambda)$的不变因子？由于数域 K 上 n 级矩阵 A 的特征矩阵 $\lambda I - A$ 的秩为 n，因此我们仅讨论 $A(\lambda)$的秩为 n 的情形，这时 $A(\lambda)$的不变因子有 n 个，我们把 $A(\lambda)$的初等因子中同一个一次因式的各个方幂按降幂排列，当这样的方幂不到 n 个时，就在后面补 1（即一次因式的零次幂），补齐到 n 个方幂。于是有

$$\begin{matrix} (\lambda-\lambda_1)^{k_{11}}, & (\lambda-\lambda_1)^{k_{12}}, & \cdots, & (\lambda-\lambda_1)^{k_{1n}}; \\ (\lambda-\lambda_2)^{k_{21}}, & (\lambda-\lambda_2)^{k_{22}}, & \cdots, & (\lambda-\lambda_2)^{k_{2n}}; \\ \cdots & \cdots & \cdots & \cdots \\ (\lambda-\lambda_s)^{k_{s1}}, & (\lambda-\lambda_s)^{k_{s2}}, & \cdots, & (\lambda-\lambda_s)^{k_{sn}}. \end{matrix} \tag{10}$$

由于(10)式中出现的一次因式方幂(除去零次幂外)就是$A(\lambda)$的全部次数大于0的不变因子的标准分解式中的一次因式方幂，且$A(\lambda)$的n个不变因子具有性质：

$$d_i(\lambda) \mid d_{i+1}(\lambda), i = 1,2,\cdots,n-1;$$

因此(10)式的第1列中各个一次因式方幂的乘积就是$d_n(\lambda)$，第2列的一次因式方幂的乘积就是$d_{n-1}(\lambda)$，…，第n列的一次因式方幂的乘积就是$d_1(\lambda)$。这样从初等因子便唯一地确定出了$A(\lambda)$的不变因子。于是我们证明了：

定理5　$\mathbf{C}[\lambda]$上的两个满秩的n级矩阵相抵当且仅当它们有相同的初等因子。■

对于$\mathbf{C}[\lambda]$上满秩的n级矩阵$A(\lambda)$，可以直接求它的初等因子，不需要先求不变因子。这是根据下面的定理6：

定理6　设$A(\lambda)$是$\mathbf{C}[\lambda]$上的n级满秩矩阵，通过初等变换把$A(\lambda)$化成对角形，然后把主对角线上每个次数大于0的多项式分解成互不相同的一次因式的方幂的乘积，则所有这些一次因式的方幂(相同的按出现的次数计算)就是$A(\lambda)$的初等因子。■

由定理4和定理5立即得到：

定理7　复数域上两个n级矩阵的特征矩阵相抵的充分必要条件是，它们有相同的不变因子，或者它们有相同的初等因子。■

今后我们把数域K上n级矩阵A的特征矩阵$\lambda I-A$的不变因子就叫做A的**不变因子**；把复矩阵A的特征矩阵$\lambda I-A$的初等因子就叫做A的**初等因子**。

现在我们利用复矩阵A的特征矩阵$\lambda I-A$的不变因子和初等因子来研究A能够相似于什么样的最简单形式的矩阵。

定理8　数域K上两个n级矩阵A与B相似的充分必要条件是它们的特征矩阵$\lambda I-A$与$\lambda I-B$相抵。■

定理8的证明见本节内容精华的最后。

由定理4、定理7和定理8立即得到：

定理9　数域K上两个n级矩阵相似的充分必要条件是它们有相同的不变因子；两个n级复矩阵相似的充分必要条件为它们有相同的不变因子，或者有相同的初等因子。■

这样我们得到了：不变因子是$M_n(K)$在相似关系下的一组完全不变量，其中K是任意一个数域。

我们还得到了：初等因子是$M_n(\mathbf{C})$在相似关系下的一组完全不变量。

现在可以来解决任一n级复矩阵的相似标准形的问题。

首先我们来求r级Jordan块$J_r(a)$的初等因子。由于

$$\lambda I - J_r(a) = \begin{pmatrix} \lambda - a & -1 & 0 & \cdots & 0 & 0 \\ 0 & \lambda - a & -1 & \cdots & 0 & 0 \\ \vdots & \vdots & \vdots & & \vdots & \vdots \\ 0 & 0 & 0 & \cdots & \lambda - a & -1 \\ 0 & 0 & 0 & \cdots & 0 & \lambda - a \end{pmatrix}.$$

因此 $\lambda I - J_r(a)$的 r 阶行列式因子 $D_r(\lambda)=(\lambda-a)^r$。注意到 $\lambda I - J_r(a)$的右上角 $r-1$ 阶子式为$(-1)^{r-1}$，因此 $D_{r-1}(\lambda)=1$。于是从(8)式看出，$D_{r-2}(\lambda)=1, D_{r-3}(\lambda)=1, \cdots, D_1(\lambda)=1$。进而有

$$d_r(\lambda) = \frac{D_r(\lambda)}{D_{r-1}(\lambda)} = (\lambda - a)^r, d_{r-1}(\lambda) = 1, d_{r-2}(\lambda) = 1, \cdots, d_1(\lambda) = 1.$$

因此 $\lambda I - J_r(a)$的初等因子只有一个：$(\lambda-a)^r$。即 Jordan 块 $J_r(a)$的初等因子$(\lambda-a)^r$ 等于 $J_r(a)$的最小多项式。由于一个 Jordan 块完全由它的最小多项式决定，因此一个 Jordan 块完全由它的初等因子决定。

其次我们来求 n 级 Jordan 形矩阵 $J=\text{diag}\{J_{r_1}(\lambda_1), J_{r_2}(\lambda_2), \cdots, J_{r_m}(\lambda_m)\}$的初等因子，其中 $r_1+r_2+\cdots+r_m=n$，$\lambda_1, \lambda_2, \cdots, \lambda_m$ 中可能有相同的。由于 r_i 级 Jordan 块 $J_{r_i}(\lambda_i)$的初等因子是$(\lambda-\lambda_i)^{r_i}$，据定理 6，$r_i$ 级对角 λ-矩阵

$$G_i(\lambda) = \text{diag}\{1, \cdots, 1, (\lambda - \lambda_i)^{r_i}\}$$

的初等因子也是$(\lambda-\lambda_i)^{r_i}$，因此据定理 5 得，$J_{r_i}(\lambda_i)$的特征矩阵 $\lambda I_{r_i} - J_{r_i}(\lambda_i)$与 $G_i(\lambda)$相抵。于是 J 的特征矩阵 $\lambda I - J = \text{diag}\{\lambda I_{r_1} - J_{r_1}(\lambda_1), \lambda I_{r_2} - J_{r_2}(\lambda_2), \cdots, \lambda I_{r_m} - J_{r_m}(\lambda_m)\}$与 n 级对角 λ-矩阵

$$G(\lambda) = \text{diag}\{G_1(\lambda), G_2(\lambda), \cdots, G_m(\lambda)\}$$

相抵。从而据定理 6 得，$\lambda I - J$ 的初等因子为

$$(\lambda - \lambda_1)^{r_1}, (\lambda - \lambda_2)^{r_2}, \cdots, (\lambda - \lambda_m)^{r_m}.$$

这表明：Jordan 形矩阵 J 的初等因子由它的全部 Jordan 块的初等因子组成，也就是由它的全部 Jordan 块的最小多项式组成。由于一个 Jordan 块完全由它的初等因子决定，因此一个 Jordan 形矩阵除去其中 Jordan 块的排列次序外由它的初等因子唯一决定。

现在我们就可以得出 n 级复矩阵 A 的相似标准形是什么样的矩阵了。

定理 10 任意一个 n 级复矩阵 A 都与一个 Jordan 形矩阵相似，这个 Jordan 形矩阵除去其中 Jordan 块的排列次序外被 A 唯一决定，称它为 A 的 Jordan 标准形。

证明 设 n 级复矩阵 A 的初等因子为

$$(\lambda - \lambda_1)^{r_1}, (\lambda - \lambda_2)^{r_2}, \cdots, (\lambda - \lambda_m)^{r_m}, \tag{11}$$

其中 $\lambda_1, \lambda_2, \cdots, \lambda_m$ 可能有相同的。由于 A 的所有初等因子的乘积等于 $\lambda I - A$ 的所有不变

因子的乘积，而据(8)式，$d_1(\lambda)d_2(\lambda)\cdots d_n(\lambda)=D_n(\lambda)$，因此 A 的所有初等因子的乘积等于 A 的特征多项式 $|\lambda I-A|$。从而 $r_1+r_2+\cdots+r_m=n$。每一个初等因子 $(\lambda-\lambda_i)^{r_i}$ 决定一个 Jordan 块 $J_{r_i}(\lambda_i)$，所有这些 Jordan 块组成一个 Jordan 形矩阵 J：

$$J=\operatorname{diag}\{J_{r_1}(\lambda_1),J_{r_2}(\lambda),\cdots,J_{r_m}(\lambda_m)\}. \tag{12}$$

据上面一段所述，J 的初等因子也是(11)式所示。于是据定理 9 得，A 与 J 相似。

如果另一个 Jordan 形矩阵 J_1 也与 A 相似，那么 J_1 与 A 有相同的初等因子，从而 J_1 与 J 有相同的初等因子。于是 J_1 与 J 除了其中 Jordan 块的排列次序外是相同的，这证明了唯一性。 ■

由于 A 的 Jordan 标准形 J 的初等因子就是 A 的初等因子，而 J 的初等因子由它的所有 Jordan 块的最小多项式组成，因此我们在定义 1 中把 J 中所有 Jordan 块的最小多项式称为 A 的初等因子是合理的。

在定理 10 的证明过程中，Jordan 形矩阵 J 的最小多项式 $m(\lambda)$ 为

$$m(\lambda)=[(\lambda-\lambda_1)^{r_1},(\lambda-\lambda_2)^{r_2},\cdots,(\lambda-\lambda_m)^{r_m}].$$

由于 $\lambda_1,\lambda_2,\cdots,\lambda_m$ 中可能有相同的，因此在求 $(\lambda-\lambda_1)^{r_1},(\lambda-\lambda_2)^{r_2},\cdots,(\lambda-\lambda_m)^{r_m}$ 的最小公倍式时，对于相同的一次因式应当取幂指数最大的，这些一次因式方幂正好是(10)式第 1 列的那些，它们的乘积是 $d_n(x)$；又它们的乘积就是 $(\lambda-\lambda_1)^{r_1},(\lambda-\lambda_2)^{r_2},\cdots,(\lambda-\lambda_m)^{r_m}$ 的最小公倍式，即 $m(\lambda)$。这样我们证明了：

推论 7　n 级复矩阵 A 的最小多项式 $m(\lambda)$ 等于 A 的最后一个不变因子 $d_n(\lambda)$。 ■

由于数域 K 上的 n 级矩阵 A 可以看成是复矩阵，并且 A 的最小多项式以及 A 的不变因子都不随数域的扩大而改变，因此从推论 7 立即得到：

推论 8　数域 K 上 n 级矩阵 A 的最小多项式 $m(\lambda)$ 等于 A 的最后一个不变因子 $d_n(\lambda)$。 ■

据(8)式，数域 K 上 n 级矩阵 A 的特征多项式 $f(\lambda)=D_n(\lambda)=d_1(\lambda)d_2(\lambda)\cdots d_n(\lambda)$。

推论 9　数域 K 上 n 级矩阵 A 与 B 相似当且仅当把它们看成复矩阵后相似。

证明　设数域 K 上 n 级矩阵 A 的不变因子为 $d_1(\lambda),d_2(\lambda),\cdots,d_n(\lambda)$。把 A 看成复矩阵后，不变因子仍然是 $d_1(\lambda),d_2(\lambda),\cdots,d_n(\lambda)$。因此

数域 K 上的 n 级矩阵 A 与 B 相似

$\Leftrightarrow$　A 与 B 有相同的不变因子；

$\Leftrightarrow$　把 A 与 B 看成复矩阵后相似。 ■

在上述讨论中，把数域 K 换成域 F，把复数域换成包含 F 的代数封闭域，所有结论照样成立。

定义 6　设 $\mathbf{A}$ 是域 F 上 n 维线性空间 V 上的线性变换，如果 $\mathbf{A}$ 在 V 的一个基下的矩

阵是 Jordan 形矩阵，那么这个基称为 $\boldsymbol{A}$ 的一个 **Jordan 基**。

当我们已经求出了 $\boldsymbol{A}$ 的 Jordan 标准形 J 以后，为了求出 $\boldsymbol{A}$ 的一个 Jordan 基，只要把原来的基到 Jordan 基的过渡矩阵 P 求出即可。在典型例题中将介绍求过渡矩阵的方法。

下面我们来证明定理 8。我们把数域 K 换成任一域 F，探索域 F 上两个 n 级矩阵 A 与 B 相似跟它们的特征矩阵 $\lambda I-A$ 与 $\lambda I-B$ 相抵之间有什么关系。

设域 F 上 n 级矩阵 A 与 B 相似，则存在域 F 上 n 级可逆矩阵 P，使得 $B=P^{-1}AP$。从而

$$\lambda I-B=\lambda I-P^{-1}AP=P^{-1}(\lambda I-A)P.$$

由此得出，$\lambda I-A$ 与 $\lambda I-B$ 相抵。

反之，若 $\lambda I-A$ 与 $\lambda I-B$ 相抵，则 $\lambda I-A$ 经过一系列 λ-矩阵的初等行变换和初等列变换可化成 $\lambda I-B$。类似于域 F 上的矩阵的情形。把对单位矩阵 I 经过一次 λ-矩阵的初等行(列)变换得到的矩阵称为初等 λ-矩阵。同样可以证明：对 $A(\lambda)$ 作一次初等行(列)变换就相当于在 $A(\lambda)$ 左(右)边乘一个初等 λ-矩阵。初等 λ-矩阵都是可逆的。于是一些初等 λ-矩阵的乘积是可逆的 λ-矩阵。反之，可逆的 λ-矩阵 $A(\lambda)$ 可以表示成一些初等 λ-矩阵的乘积，理由如下：若 $A(\lambda)$ 可逆，则 $|A(\lambda)|=d$，其中 d 是域 F 的可逆元。于是 $A(\lambda)$ 的 n 阶行列式因子 $D_n(\lambda)=1$，这里 1 是域 F 的单位元。从而 $A(\lambda)$ 的所有不变因子 $d_i(\lambda)=1, i=1,2,\cdots,n$。因此 $A(\lambda)$ 相抵于单位矩阵 I。于是 $A(\lambda)$ 可表示成一些初等 λ-矩阵的乘积。由上述议论得出：若 $\lambda I-A$ 与 $\lambda I-B$ 相抵，则存在可逆的 λ-矩阵 $P(\lambda)$ 和 $Q(\lambda)$，使得

$$\lambda I-B=P(\lambda)(\lambda I-A)Q(\lambda). \tag{13}$$

由(13)式得出

$$P(\lambda)^{-1}(\lambda I-B)=(\lambda I-A)Q(\lambda). \tag{14}$$

为了推导出 A 与 B 相似，我们需要下述引理 1，它类似于 $F[\lambda]$ 中的带余除法。

引理 1 设 A 是域 F 上的任一非零矩阵，$G(\lambda)$ 是任意一个 n 级 λ-矩阵，则存在 n 级 λ-矩阵 $H_1(\lambda)$，$H_2(\lambda)$ 和域 F 上 n 级矩阵 T_1, T_2，使得

$$G(\lambda)=H_1(\lambda)(\lambda I-A)+T_1, \tag{15}$$

$$G(\lambda)=(\lambda I-A)H_2(\lambda)+T_2. \tag{16}$$

证明 把 $G(\lambda)$ 写成

$$G(\lambda)=\lambda^m G_m+\lambda^{m-1}G_{m-1}+\cdots+\lambda G_1+G_0, \tag{17}$$

其中 $G_m, G_{m-1}, \cdots, G_1, G_0$ 都是域 F 上的 n 级矩阵，并且 $G_m\neq 0$。若 $m=0$，则 $G(\lambda)=G_0$。取 $H_i(\lambda)=0, T_i=G_0, i=1,2$，则(15)式(16)式成立。下面设 $m\neq 0$。

比较(15)式两边的次数，受到启发，令

$$H_1(\lambda)=\lambda^{m-1}B_{m-1}+\cdots+\lambda B_1+B_0, \tag{18}$$

其中 $B_{m-1}, \cdots, B_1, B_0$ 是域 F 上待定的 n 级矩阵。于是

$$H_1(\lambda)(\lambda I - A) = \lambda^m B_{m-1} + \lambda^{m-1}(B_{m-2} - B_{m-1}A) + \cdots + \lambda(B_0 - B_1 A) - B_0 A. \quad (19)$$

为了使(15)式成立,只要取

$$\begin{aligned} B_{m-1} &= G_m, \\ B_{m-2} &= G_{m-1} + B_{m-1}A, \\ &\cdots \\ B_1 &= G_2 + B_2 A, \\ B_0 &= G_1 + B_1 A, \\ T_1 &= G_0 + B_0 A \end{aligned}$$

就可以,类似可证存在 $H_2(\lambda)$ 和 T_2,使(16)式成立。 ■

定理 11 域 F 上两个 n 级矩阵 A 与 B 相似当且仅当 $\lambda I-A$ 与 $\lambda I-B$ 相抵。

证明 必要性在前面已证。

充分性。设 $\lambda I-A$ 与 $\lambda I-B$ 相抵,则有(13)和(14)式成立。运用引理 1,存在 n 级 λ-矩阵 $H_1(\lambda)$,$H_2(\lambda)$ 和域 F 上 n 级矩阵 T_1,T_2,使得

$$Q(\lambda) = H_1(\lambda)(\lambda I - B) + T_1, \quad (20)$$

$$P(\lambda) = (\lambda I - B)H_2(\lambda) + T_2. \quad (21)$$

把(20)式代入(14)式得

$$[P(\lambda)^{-1} - (\lambda I - A)H_1(\lambda)](\lambda I - B) = (\lambda I - A)T_1. \quad (22)$$

(22)式右端的 λ-矩阵的次数等于 1 或 $T_1=0$,因此 $P(\lambda)^{-1}-(\lambda I-A)H_1(\lambda)$ 是域 F 上的矩阵,记作 S。于是

$$S = P(\lambda)^{-1} - (\lambda I - A)H_1(\lambda), \quad (23)$$

$$S(\lambda I - B) = (\lambda I - A)T_1. \quad (24)$$

从(23)、(21)和(13)式得

$$\begin{aligned} I &= P(\lambda)S + P(\lambda)(\lambda I - A)H_1(\lambda) \\ &= [(\lambda I - B)H_2(\lambda) + T_2]S + (\lambda I - B)Q(\lambda)^{-1}H_1(\lambda) \\ &= T_2 S + (\lambda I - B)[H_2(\lambda)S + Q(\lambda)^{-1}H_1(\lambda)]. \end{aligned} \quad (25)$$

(25)式右端的第二项必须是零矩阵,否则它的次数至少是 1,这与(25)式左端以及右端的第一项都是域 F 上的矩阵矛盾。于是

$$I = T_2 S. \quad (26)$$

从而 S 是可逆矩阵,从(24)式得

$$\lambda I - B = S^{-1}(\lambda I - A)T_1 = \lambda S^{-1}T_1 - S^{-1}AT_1. \quad (27)$$

从(27)式得,$I=S^{-1}T_1$,$B=S^{-1}AT_1$。因此 $B=S^{-1}AS$。即 A 与 B 相似。 ■

9.8.2 典型例题

例 1 求下列数域 K 上的矩阵 A 的 Jordan 标准形 J：

(1) $\begin{pmatrix} 2 & 3 & 2 \\ 1 & 8 & 2 \\ -2 & -14 & -3 \end{pmatrix}$；　(2) $\begin{pmatrix} 0 & 1 & 0 \\ -4 & 4 & 0 \\ -2 & 1 & 2 \end{pmatrix}$；

(3) $\begin{pmatrix} 1 & -3 & 3 \\ -2 & -6 & 13 \\ -1 & -4 & 8 \end{pmatrix}$；　(4) $\begin{pmatrix} 3 & -1 & 0 & 0 \\ 1 & 1 & 0 & 0 \\ 3 & 0 & 5 & -3 \\ 4 & -1 & 3 & -1 \end{pmatrix}$；

(5) $\begin{pmatrix} 1 & 1 & 1 & \cdots & 1 & 1 \\ 0 & 1 & 1 & \cdots & 1 & 1 \\ 0 & 0 & 1 & \cdots & 1 & 1 \\ \vdots & \vdots & \vdots & & \vdots & \vdots \\ 0 & 0 & 0 & \cdots & 1 & 1 \\ 0 & 0 & 0 & \cdots & 0 & 1 \end{pmatrix}_{n\times n}$。

解 (1) A 的特征多项式 $f(\lambda)$ 为

$$f(\lambda)=|\lambda I-A|=\begin{vmatrix} \lambda-2 & -3 & -2 \\ -1 & \lambda-8 & -2 \\ 2 & 14 & \lambda+3 \end{vmatrix}=(\lambda-1)(\lambda-3)^2,$$

于是 A 的全部特征值是 1,3(二重)。

特征值 1 的代数重数是 1,因此它在 A 的 Jordan 标准形 J 的主对角线上只出现一次。

对于特征值 3,先求 $\operatorname{rank}(A-3I)$：

$$A-3I=\begin{pmatrix} -1 & 3 & 2 \\ 1 & 5 & 2 \\ -1 & -14 & -6 \end{pmatrix}\to\begin{pmatrix} -1 & 3 & 2 \\ 0 & 8 & 4 \\ 0 & 0 & 0 \end{pmatrix}.$$

因此 $\operatorname{rank}(A-3I)=2$。从而主对角元为 3 的 Jordan 块总数为 $3-2=1$。于是 A 的 Jordan 标准形 J 为

$$J=\begin{pmatrix} 1 & 0 & 0 \\ 0 & 3 & 1 \\ 0 & 0 & 3 \end{pmatrix}.$$

(2) $|\lambda I-A|=\begin{vmatrix}\lambda & -1 & 0\\ 4 & \lambda-4 & 0\\ 2 & -1 & \lambda-2\end{vmatrix}=(\lambda-2)^3.$

于是 A 的全部特征值是 2(三重)。下面求 $\text{rank}(A-2I)$：

$$A-2I=\begin{pmatrix}-2 & 1 & 0\\ -4 & 2 & 0\\ -2 & 1 & 0\end{pmatrix}\to\begin{pmatrix}-2 & 1 & 0\\ 0 & 0 & 0\\ 0 & 0 & 0\end{pmatrix}.$$

于是 $\text{rank}(A-2I)=1$。从而主对角元为 2 的 Jordan 块总数为 $3-1=2$。因此 A 的 Jordan 标准形 J 为

$$J=\begin{pmatrix}2 & 0 & 0\\ 0 & 2 & 1\\ 0 & 0 & 2\end{pmatrix}.$$

(3) $|\lambda I-A|=\begin{vmatrix}\lambda-1 & 3 & -3\\ 2 & \lambda+6 & -13\\ 1 & 4 & \lambda-8\end{vmatrix}=(\lambda-1)^3.$

于是 A 的全部特征值是 1(三重)。

$$A-I=\begin{pmatrix}0 & -3 & 3\\ -2 & -7 & 13\\ -1 & -4 & 7\end{pmatrix}\to\begin{pmatrix}-1 & -4 & 7\\ 0 & 1 & -1\\ 0 & 0 & 0\end{pmatrix}.$$

因此主对角元为 1 的 Jordan 块总数为 $3-\text{rank}(A-I)=3-2=1$。从而 A 的 Jordan 标准形 J 为

$$J=\begin{pmatrix}1 & 1 & 0\\ 0 & 1 & 1\\ 0 & 0 & 1\end{pmatrix}.$$

(4) $|\lambda I-A|=\begin{vmatrix}\lambda-3 & 1 & 0 & 0\\ -1 & \lambda-1 & 0 & 0\\ -3 & 0 & \lambda-5 & 3\\ -4 & 1 & -3 & \lambda+1\end{vmatrix}$

$$=\begin{vmatrix}\lambda-3 & 1\\ -1 & \lambda-1\end{vmatrix}\begin{vmatrix}\lambda-5 & 3\\ -3 & \lambda+1\end{vmatrix}=(\lambda-2)^4.$$

于是 A 的全部特征值是 2(四重)。

$$A-2I=\begin{pmatrix}1&-1&0&0\\1&-1&0&0\\3&0&3&-3\\4&-1&3&-3\end{pmatrix}\rightarrow\begin{pmatrix}1&-1&0&0\\0&3&3&-3\\0&0&0&0\\0&0&0&0\end{pmatrix}.$$

因此主对角元为 2 的 Jordan 块总数为 $4-\mathrm{rank}(A-2I)=4-2=2$。由于$(A-2I)^2=0$,因此主对角元为 2 的 1 级 Jordan 块的个数为

$$\mathrm{rank}(A-2I)^2+\mathrm{rank}(A-2I)^0-2\mathrm{rank}(A-2I)=4-4=0.$$

从而 A 的 Jordan 标准形 J 为

$$J=\begin{pmatrix}2&1&0&0\\0&2&0&0\\0&0&2&1\\0&0&0&2\end{pmatrix}.$$

(5) $|\lambda I-A|=(\lambda-1)^n$。因此 A 的全部特征值是 1(n 重)。

$\mathrm{rank}(A-I)=n-1$。因此主对角元为 1 的 Jordan 块总数为 $n-\mathrm{rank}(A-I)=n-(n-1)=1$。从而 A 的 Jordan 标准形为 $J_n(1)$。

例 2 对于例 1 第(1),(2),(3),(4)小题中的矩阵 A 求可逆矩阵 P,使得 $P^{-1}AP=J$。

解 (1) 由于 $P^{-1}AP=J$,因此 $AP=PJ$。设 $P=(\boldsymbol{X}_1,\boldsymbol{X}_2,\boldsymbol{X}_3)$,则从 $AP=PJ$ 以及 $J=\mathrm{diag}\{J_1(1),J_2(3)\}$得

$$A(\boldsymbol{X}_1,\boldsymbol{X}_2,\boldsymbol{X}_3)=(\boldsymbol{X}_1,3\boldsymbol{X}_2,\boldsymbol{X}_2+3\boldsymbol{X}_3).$$

于是$(A-I)\boldsymbol{X}_1=0$,$(A-3I)\boldsymbol{X}_2=0$,$(A-3I)\boldsymbol{X}_3=\boldsymbol{X}_2$。

解齐次线性方程组$(A-I)\boldsymbol{y}=0$,得

$$\boldsymbol{X}_1=(2,0,-1)'.$$

解齐次线性方程组$(A-3I)\boldsymbol{y}=0$,得

$$\boldsymbol{X}_2=(1,-1,2)'.$$

解线性方程组$(A-3I)\boldsymbol{y}=\boldsymbol{X}_2$:

$$\begin{pmatrix}-1&3&2&1\\1&5&2&-1\\-2&-14&-6&2\end{pmatrix}\rightarrow\begin{pmatrix}1&0&-\frac{1}{2}&-1\\0&1&\frac{1}{2}&0\\0&0&0&0\end{pmatrix}$$

它的一个特解是 $\boldsymbol{Y}_0=(-1,0,0)'$。取 $\boldsymbol{X}_3=(-1,0,0)'$。则

$$\begin{pmatrix}2&1&-1\\0&-1&0\\-1&2&0\end{pmatrix}.$$

显然 P 是可逆矩阵。

(2) 设可逆矩阵 $P=(\boldsymbol{X}_1,\boldsymbol{X}_2,\boldsymbol{X}_3)$ 使得 $P^{-1}AP=J$。则

$$(A\boldsymbol{X}_1,A\boldsymbol{X}_2,A\boldsymbol{X}_3)=(2\boldsymbol{X}_1,2\boldsymbol{X}_2,\boldsymbol{X}_2+2\boldsymbol{X}_3).$$

从而 $(A-2I)\boldsymbol{X}_1=0,(A-2I)\boldsymbol{X}_2=0,(A-2I)\boldsymbol{X}_3=\boldsymbol{X}_2$。

解齐次线性方程组 $(A-2I)\boldsymbol{y}=\boldsymbol{0}$，一般解为 $y_1=\frac{1}{2}y_2$，其中 y_2,y_3 为自由未知量，一个基础解系为

$$(0,0,1)',(1,2,0)'.$$

取 $\boldsymbol{X}_1=(0,0,1)'$。设 $\boldsymbol{X}_2=\left(\frac{1}{2}y_2,y_2,y_3\right)$，$\boldsymbol{X}_2$ 的取法应使 $(A-2I)\boldsymbol{y}=\boldsymbol{X}_2$ 有解。把增广矩阵经过初等行变换化成阶梯形矩阵：

$$\begin{pmatrix}-2&1&0&\frac{1}{2}y_2\\-4&2&0&y_2\\-2&1&0&y_3\end{pmatrix}\rightarrow\begin{pmatrix}1&-\frac{1}{2}&0&-\frac{1}{4}y_2\\0&0&0&0\\0&0&0&-\frac{1}{2}y_2+y_3\end{pmatrix}.$$

为了使 $(A-2I)\boldsymbol{y}=\boldsymbol{X}_2$ 有解，应取 $y_3=\frac{1}{2}y_2$。于是取 $\boldsymbol{X}_2=(1,2,1)'$。

解线性方程组 $(A-2I)\boldsymbol{Y}=\boldsymbol{X}_2$，得一个特解 $\boldsymbol{X}_3=(-\frac{1}{2},0,0)'$，于是

$$P=\begin{pmatrix}0&1&-\frac{1}{2}\\0&2&0\\1&1&0\end{pmatrix}.$$

显然 P 是可逆矩阵。

(3) 设 $P=(\boldsymbol{X}_1,\boldsymbol{X}_2,\boldsymbol{X}_3)$。由 $AP=PJ$ 得

$$(A\boldsymbol{X}_1,A\boldsymbol{X}_2,A\boldsymbol{X}_3)=(\boldsymbol{X}_1,\boldsymbol{X}_1+\boldsymbol{X}_2,\boldsymbol{X}_2+\boldsymbol{X}_3).$$

从而
$$(A-I)\boldsymbol{X}_1=0,(A-I)\boldsymbol{X}_2=\boldsymbol{X}_1,(A-I)\boldsymbol{X}_3=\boldsymbol{X}_2.$$

解齐次线性方程组 $(A-I)\boldsymbol{y}=0$，求得 $\boldsymbol{X}_1=(3,1,1)'$。

解线性方程组 $(A-I)\boldsymbol{y}=\boldsymbol{X}_1$，求得 $\boldsymbol{X}_2=(3,-1,0)'$。

解线性方程组 $(A-I)\boldsymbol{y}=\boldsymbol{X}_2$，求得 $\boldsymbol{X}_3=(4,-1,0)'$。

于是
$$P=\begin{pmatrix}3&3&4\\1&-1&-1\\1&0&0\end{pmatrix}.$$

显然 P 是可逆矩阵。

(4) 设 $P=(\boldsymbol{X}_1,\boldsymbol{X}_2,\boldsymbol{X}_3,\boldsymbol{X}_4)$。由 $AP=PJ$ 得

$$(A\boldsymbol{X}_1,A\boldsymbol{X}_2,A\boldsymbol{X}_3,A\boldsymbol{X}_4)=(2\boldsymbol{X}_1,\boldsymbol{X}_1+2\boldsymbol{X}_2,2\boldsymbol{X}_3,\boldsymbol{X}_3+2\boldsymbol{X}_4).$$

从而 $(A-2I)\boldsymbol{X}_1=0,(A-2I)\boldsymbol{X}_2=\boldsymbol{X}_1,(A-2I)\boldsymbol{X}_3=0,(A-2I)\boldsymbol{X}_4=\boldsymbol{X}_3$。

解齐次线性方程组 $(A-2I)\boldsymbol{y}=0$,求得一个基础解系,从而得

$$\boldsymbol{X}_1=(1,1,-1,0)',\boldsymbol{X}_3=(1,1,0,1)'.$$

解线性方程组 $(A-2I)\boldsymbol{y}=\boldsymbol{X}_1$,求得 $\boldsymbol{X}_2=\left(-\frac{1}{3},-\frac{4}{3},0,0\right)'$。

解线性方程组 $(A-2I)\boldsymbol{y}=\boldsymbol{X}_3$,求得 $\boldsymbol{X}_4=(0,-1,0,0)'$。

于是
$$P=\begin{pmatrix}1 & -\frac{1}{3} & 1 & 0\\ 1 & -\frac{4}{3} & 1 & -1\\ -1 & 0 & 0 & 0\\ 0 & 0 & 1 & 0\end{pmatrix}.$$

易计算出 $|P|\neq 0$,因此 P 可逆。

点评 对例 1 的第(2)小题中的 A 求可逆矩阵 P 时,求出齐次线性方程组 $(A-2I)\boldsymbol{y}=0$ 的一个基础解系为 $(1,2,0)',(0,0,1)'$,如果取 $\boldsymbol{X}_2=(1,2,0)'$ 或 $(0,0,1)'$,都会使线性方程组 $(A-2I)\boldsymbol{y}=\boldsymbol{X}_2$ 无解。因此取 $\boldsymbol{X}_2=(1,2,1)'$。这个解是如何求出的,在解题过程中已详细讲了。

例 3 对于例 1 中各小题的矩阵 A,写出它的最小多项式。

解 (1) A 的 Jordan 标准形的最小多项式是 $(\lambda-1)(\lambda-3)^2$。由于相似的矩阵有相同的最小多项式,因此 A 的最小多项式是 $(\lambda-1)(\lambda-3)^2$。

(2) A 的最小多项式 $m(\lambda)=[\lambda-2,(\lambda-2)^2]=(\lambda-2)^2$。

(3) A 的最小多项式 $m(\lambda)=(\lambda-1)^3$。

(4) A 的最小多项式 $m(\lambda)=[(\lambda-2)^2,(\lambda-2)^2]=(\lambda-2)^2$。

(5) A 的最小多项式 $m(\lambda)=(\lambda-1)^n$。

例 4 证明:$J_n(a)\sim J_n(a)'$。

证明 由于

$$\begin{pmatrix}0 & 0 & \cdots & 0 & 1\\ 0 & 0 & \cdots & 1 & 0\\ \vdots & \vdots & & \vdots & \vdots\\ 0 & 1 & \cdots & 0 & 0\\ 1 & 0 & \cdots & 0 & 0\end{pmatrix}\begin{pmatrix}\boldsymbol{\gamma}_1\\ \boldsymbol{\gamma}_2\\ \vdots\\ \boldsymbol{\gamma}_n\end{pmatrix}=\begin{pmatrix}\boldsymbol{\gamma}_n\\ \boldsymbol{\gamma}_{n-1}\\ \vdots\\ \boldsymbol{\gamma}_2\\ \boldsymbol{\gamma}_1\end{pmatrix},$$

$$(\boldsymbol{\alpha}_1,\boldsymbol{\alpha}_2,\cdots,\boldsymbol{\alpha}_n)\begin{pmatrix}0&0&\cdots&0&1\\0&0&\cdots&1&0\\\vdots&\vdots&&\vdots&\vdots\\0&1&\cdots&0&0\\1&0&\cdots&0&0\end{pmatrix}=(\boldsymbol{\alpha}_n,\boldsymbol{\alpha}_{n-1},\cdots,\boldsymbol{\alpha}_2,\boldsymbol{\alpha}_1);$$

因此

$$\begin{pmatrix}0&0&\cdots&0&1\\0&0&\cdots&1&0\\\vdots&\vdots&&\vdots&\vdots\\0&1&\cdots&0&0\\1&0&\cdots&0&0\end{pmatrix}\begin{pmatrix}0&0&\cdots&0&1\\0&0&\cdots&1&0\\\vdots&\vdots&&\vdots&\vdots\\0&1&\cdots&0&0\\1&0&\cdots&0&0\end{pmatrix}=\begin{pmatrix}1&0&\cdots&0&0\\0&1&\cdots&0&0\\\vdots&\vdots&&\vdots&\vdots\\0&0&\cdots&1&0\\0&0&\cdots&0&1\end{pmatrix}=I$$

$$\begin{pmatrix}0&0&\cdots&0&1\\0&0&\cdots&1&0\\\vdots&\vdots&&\vdots&\vdots\\0&1&\cdots&0&0\\1&0&\cdots&0&0\end{pmatrix}^{-1}\begin{pmatrix}a&1&0&\cdots&0&0\\0&a&1&\cdots&0&0\\\vdots&\vdots&\vdots&&\vdots&\vdots\\0&0&0&\cdots&a&1\\0&0&0&\cdots&0&a\end{pmatrix}\begin{pmatrix}0&0&\cdots&0&1\\0&0&\cdots&1&0\\\vdots&\vdots&&\vdots&\vdots\\0&1&\cdots&0&0\\1&0&\cdots&0&0\end{pmatrix}$$

$$=\begin{pmatrix}0&0&\cdots&0&1\\0&0&\cdots&1&0\\\vdots&\vdots&&\vdots&\vdots\\0&1&\cdots&0&0\\1&0&\cdots&0&0\end{pmatrix}\begin{pmatrix}0&0&\cdots&0&1&a\\0&0&\cdots&1&a&0\\\vdots&\vdots&&\vdots&\vdots&\vdots\\1&a&\cdots&0&0&0\\a&0&\cdots&0&0&0\end{pmatrix}=\begin{pmatrix}a&0&\cdots&0&0&0\\1&a&\cdots&0&0&0\\\vdots&\vdots&&\vdots&\vdots&\vdots\\0&0&\cdots&1&a&0\\0&0&\cdots&0&1&a\end{pmatrix}.$$

从而

$$J_n(a)\sim J_n(a)'.$$ ■

例 5 证明任一 n 级复矩阵 A 与 A' 相似。

证明 由于 A 是复数域上的矩阵，因此 A 有 Jordan 标准形 $J=\mathrm{diag}\{J_{r_1}(\lambda_1),J_{r_2}(\lambda_2),\cdots,J_{r_m}(\lambda_m)\}$，其中 $\lambda_1,\lambda_2,\cdots,\lambda_m$ 可能有相同的，$r_1+r_2+\cdots+r_m=n$。据例 4 得，$J_{r_i}(\lambda_i)\sim J_{r_i}(\lambda_i)'$，且可逆矩阵 $P_i=\{\boldsymbol{\varepsilon}_{r_i},\boldsymbol{\varepsilon}_{r_i-1},\cdots,\boldsymbol{\varepsilon}_2,\boldsymbol{\varepsilon}_1\}$ 使得 $P_i^{-1}J_{r_i}(\lambda_i)P_i=J_{r_i}(\lambda_i)'$。令 $P=\mathrm{diag}\{P_1,P_2,\cdots,P_m\}$，则 $P^{-1}JP=J'$。从而 $J\sim J'$。由于 $A\sim J$，因此 $A'\sim J'$。从而 $A\sim A'$。 ■

例 6 证明：数域 K 上任一 n 级矩阵 A 与 A' 相似。

证明 据推论 9 得，数域 K 上 n 级矩阵 A 与 A' 相似当且仅当把 A 与 A' 看成复矩阵后相似，于是据例 5 立即得到结论。 ■

点评 我们在本节内容精华的最后指出：在上述讨论中，把数域 K 换成域 F，把复数域换成包含 F 的代数封闭域，所有结论照样成立。因此在例 6 中，对于域 F 上任一 n 级矩阵

A,有A和A'相似。

例7 设A是域F上的n级矩阵,E是包含F的代数封闭域。证明:如果A的特征多项式$f(\lambda)$在E中的全部根是$\lambda_1,\lambda_2,\cdots,\lambda_n$,那么对于任意$g(\lambda)\in F[\lambda]$,$g(A)$的特征多项式$|\lambda I-g(A)|$在$E$中的全部根是$g(\lambda_1),g(\lambda_2),\cdots,g(\lambda_n)$。从而若$\lambda_i$是$A$的$r_i$重特征值,那么$g(\lambda_i)$是$g(A)$的至少$r_i$重特征值。

证明 把A看成E上的矩阵,则A有Jordan标准形$J=\mathrm{diag}\{J_{t_{11}}(\lambda_1),\cdots,J_{t_{1u_1}}(\lambda_1),\cdots,J_{t_{s1}}(\lambda_s),\cdots,J_{t_{su_s}}(\lambda_s)\}$,其中$\lambda_1,\lambda_2,\cdots,\lambda_s$是$A$的特征多项式$f(\lambda)$在$E$中的所有不同的根,$t_{11}+t_{12}+\cdots+t_{1u_1}=r_1,\cdots,t_{s1}+\cdots+t_{su_s}=r_s,r_1+r_2+\cdots+r_s=n$。设$g(\lambda)=b_m\lambda^m+\cdots+b_1\lambda+b_0$,则

$$g(A)=b_mA^m+\cdots+b_1A+b_0I.$$

由于$A\sim J$,因此存在域E上的n级可逆矩阵P,使得$P^{-1}AP=J$。从而

$$\begin{aligned}P^{-1}g(A)P&=b_mP^{-1}A^mP+\cdots+b_1P^{-1}AP+b_0I\\&=b_m(P^{-1}AP)^m+\cdots+b_1(P^{-1}AP)+b_0I\\&=b_mJ^m+\cdots+b_1J+b_0I=g(J).\end{aligned}$$

于是在$M_n(E)$中,$g(A)\sim g(J)$。

$$\begin{aligned}g(J)&=b_mJ^m+\cdots+b_1J+b_0I\\&=b_m\,\mathrm{diag}\{J_{t_{11}}(\lambda_1)^m,\cdots,J_{t_{su_s}}(\lambda_s)^m\}+\cdots\\&\quad+b_1\,\mathrm{diag}\{J_{t_{11}}(\lambda_1),\cdots,J_{t_{su_s}}(\lambda_s)\}+b_0I\\&=\mathrm{diag}\{g(J_{t_{11}}(\lambda_1)),\cdots,g(J_{t_{su_s}}(\lambda_s))\}.\end{aligned}$$

$$\begin{aligned}g(J_{t_{ij}}(\lambda_i))&=b_mJ_{t_{ij}}(\lambda_i)^m+\cdots+b_1J_{t_{ij}}(\lambda_i)+b_0I_{t_{ij}}\\&=\begin{pmatrix}g(\lambda_i)&&&*\\&g(\lambda_i)&&\\0&&\ddots&\\&&&g(\lambda_i)\end{pmatrix}_{t_{ij}\times t_{ij}}.\end{aligned}$$

因此E上的矩阵$g(J)$的全部特征值是

$$\underbrace{g(\lambda_1),\cdots,g(\lambda_1)}_{r_1\text{个}},\cdots,\underbrace{g(\lambda_s),\cdots,g(\lambda_s)}_{r_s\text{个}};$$

而$\underbrace{\lambda_1\cdots,\lambda_1}_{r_1\text{个}},\cdots,\underbrace{\lambda_s,\cdots,\lambda_s}_{r_s\text{个}}$是$E$上矩阵$A$的全部特征值,它们就是$\lambda_1,\lambda_2,\cdots,\lambda_n$。因此$E$上矩阵$g(J)$的全部特征值是$g(\lambda_1),g(\lambda_2),\cdots,g(\lambda_n)$。由于$g(A)\sim g(J)$,因此$E$上矩阵$g(A)$的全部特征值是$g(\lambda_1),g(\lambda_2),\cdots,g(\lambda_n)$。它们是域$F$上矩阵$g(A)$的特征多项式

在 E 中的全部根。 ■

点评　例7的证明表明：在研究域 F 上矩阵 A 的某些性质时，可以把 A 看成是包含 F 的代数封闭域 E 上的矩阵，研究 E 上的矩阵 A 有没有这些性质，然后返回到域 F 上的矩阵 A。这样做的好处是可以利用代数封闭域上的 n 级矩阵有 Jordan 标准形这一结论。我们在《高等代数学习指导书（上册）》习题5.5的第13题对数域 K 上的 n 级矩阵 A 证明了例7所叙述的结论。现在例7利用 Jordan 标准形来证更容易入手，且更简捷一些。

例8　证明：对于任一 n 级复矩阵 A，存在一个可逆的复矩阵 S，使得 $S^{-1}AS=GH$，其中 G,H 都为对称矩阵，且 G 可逆。

证明　由于 A 是复矩阵，因此存在可逆的复矩阵 S，使得 $S^{-1}AS=J$，其中 $J=\operatorname{diag}\{J_{n_1}(\lambda_1),J_{n_2}(\lambda_2),\cdots,J_{n_m}(\lambda_m)\}$，其中 $\lambda_1,\lambda_2,\cdots,\lambda_m$ 可能有相同的，$n_1+n_2+\cdots+n_m=n$。记 $T_{n_i}=(\boldsymbol{\varepsilon}_{n_i},\boldsymbol{\varepsilon}_{n_i-1},\cdots,\boldsymbol{\varepsilon}_2,\boldsymbol{\varepsilon}_1)$，则 $T_{n_i}^2=I_{n_i}$，$T'_{n_i}=T_{n_i}$。从例4的证明看出：$T_{n_i}^{-1}J_{n_i}(\lambda_i)T_{n_i}=J_{n_i}(\lambda_i)'$。于是 $T_{n_i}J_{n_i}(\lambda_i)=J_{n_i}(\lambda_i)'T_{n_i}$。由于 $(T_{n_i}J_{n_i}(\lambda_i))'=J_{n_i}(\lambda_i)'T'_{n_i}=T_{n_i}J_{n_i}(\lambda_i)$，因此 $T_{n_i}J_{n_i}(\lambda_i)$ 是对称矩阵。令 $G=\operatorname{diag}\{T_{n_1},T_{n_2},\cdots,T_{n_m}\}$，则 G 是可逆的对称矩阵，且 $G^2=I$。

$$GJ=\operatorname{diag}\{T_{n_1}J_{n_1}(\lambda_1),T_{n_2}J_{n_2}(\lambda_2),\cdots,T_{n_m}J_{n_m}(\lambda_m)\}.$$

由于

$$\begin{aligned}(GJ)'&=\operatorname{diag}\{(T_{n_1}J_{n_1}(\lambda_1))',(T_{n_2}J_{n_2}(\lambda_2)',\cdots,(T_{n_m}J_{n_m}(\lambda_m))'\}\\&=\operatorname{diag}\{T_{n_1}J_{n_1}(\lambda_1),T_{n_2}J_{n_2}(\lambda_2),\cdots,T_{n_m}J_{n_m}(\lambda_m)\}\\&=GJ,\end{aligned}$$

因此 GJ 是对称矩阵，记 $H=GJ$，则

$$J=IJ=G^2J=G(GJ)=GH.$$

从而

$$S^{-1}AS=J=GH.$$ ■

例9　设 V 是域 F 上的 n 维线性空间，$\operatorname{char}F=2$，$\boldsymbol{A}$ 是 V 上的对合变换，且 $\boldsymbol{A}\neq\boldsymbol{I}$。设 $\operatorname{rank}(\boldsymbol{A}+\boldsymbol{I})=r$。试问：$\boldsymbol{A}$ 有没有 Jordan 标准形？如果有，求出 $\boldsymbol{A}$ 的 Jordan 标准形。

解　$\boldsymbol{A}^2=\boldsymbol{I}\quad\Leftrightarrow\quad\boldsymbol{A}^2-\boldsymbol{I}=\boldsymbol{0}$

于是 λ^2-1 是 $\boldsymbol{A}$ 的一个零化多项式。由于 $\operatorname{char}F=2$，因此 $\lambda^2-1=\lambda^2+1=(\lambda+1)^2$。从而 $\boldsymbol{A}$ 的最小多项式 $m(\lambda)=(\lambda+1)^2$ 或 $m(\lambda)=\lambda+1$。由于 $\boldsymbol{A}\neq\boldsymbol{I}$，因此 $m(\lambda)=(\lambda+1)^2$，从而 $\boldsymbol{A}$ 有 Jordan 标准形，且 $\boldsymbol{A}$ 的特征多项式 $f(\lambda)=(\lambda+1)^n$。于是 $\boldsymbol{A}$ 的特征值是 1（n 重）。在 $\boldsymbol{A}$ 的 Jordan 标准形 J 中，主对角元为1的 Jordan 块总数为

$$n-\operatorname{rank}(\boldsymbol{A}-\boldsymbol{I})=n-\operatorname{rank}(\boldsymbol{A}+\boldsymbol{I})=n-r;$$

其中1级 Jordan 块的个数为

$$\operatorname{rank}(\boldsymbol{A}-\boldsymbol{I})^2+\operatorname{rank}(\boldsymbol{A}-\boldsymbol{I})^0-2\operatorname{rank}(\boldsymbol{A}-\boldsymbol{I})=0+n-2r=n-2r.$$

由于 $m(\lambda)=(\lambda+1)^2$，因此 J 中每个 Jordan 块的级数不超过2。从而 J 中2级 Jordan 块的

个数为$(n-r)-(n-2r)=r$。因此 $\boldsymbol{A}$ 的 Jordan 标准形 J 为

$$J = \mathrm{diag}\left\{ \underbrace{1,\cdots,1}_{(n-2r)\text{个}}, \underbrace{\begin{pmatrix}1 & 1\\0 & 1\end{pmatrix},\cdots,\begin{pmatrix}1 & 1\\0 & 1\end{pmatrix}}_{r\text{个}} \right\}.$$

例 10 设 A 是域 F 上的 n 级矩阵，$\mathrm{char}\ F=2$。证明：A 是对合矩阵且满足 $\mathrm{rank}(A+I)+\mathrm{rank}(A-I)=n$ 的充分必要条件是：$A\sim\mathrm{diag}\left\{\begin{pmatrix}1 & 1\\0 & 1\end{pmatrix},\begin{pmatrix}1 & 1\\0 & 1\end{pmatrix},\cdots,\begin{pmatrix}1 & 1\\0 & 1\end{pmatrix}\right\}$。

证明 必要性。由于 $\mathrm{char}\ F=2$，因此 $A-I=A+I$。从而由已知条件得，$2\ \mathrm{rank}(A+I)=n$，即 n 是偶数。若 $A=I$，则 $A+I=2I=0$，矛盾，因此 $A\neq I$。据例 9 的结论，A 的 Jordan 标准形 J 中，1 级 Jordan 块的个数为 $n-2\ \mathrm{rank}(A+I)=0$。从而

$$A \sim \mathrm{diag}\left\{\begin{pmatrix}1 & 1\\0 & 1\end{pmatrix},\begin{pmatrix}1 & 1\\0 & 1\end{pmatrix},\cdots,\begin{pmatrix}1 & 1\\0 & 1\end{pmatrix}\right\}.$$

充分性。由于 $\mathrm{char}\ F=2$，因此

$$\begin{pmatrix}1 & 1\\0 & 1\end{pmatrix}^2 = \begin{pmatrix}1 & 1\\0 & 1\end{pmatrix}\begin{pmatrix}1 & 1\\0 & 1\end{pmatrix} = \begin{pmatrix}1 & 0\\0 & 1\end{pmatrix} = I.$$

从而

$$\left[\mathrm{diag}\left\{\begin{pmatrix}1 & 1\\0 & 1\end{pmatrix},\begin{pmatrix}1 & 1\\0 & 1\end{pmatrix},\cdots,\begin{pmatrix}1 & 1\\0 & 1\end{pmatrix}\right\}\right]^2 = I.$$

由于 $A\sim\mathrm{diag}\left\{\begin{pmatrix}1 & 1\\0 & 1\end{pmatrix},\begin{pmatrix}1 & 1\\0 & 1\end{pmatrix},\cdots,\begin{pmatrix}1 & 1\\0 & 1\end{pmatrix}\right\}$，因此 $A^2=I$。

$$A + I \sim \mathrm{diag}\left\{\begin{pmatrix}0 & 1\\0 & 0\end{pmatrix},\begin{pmatrix}0 & 1\\0 & 0\end{pmatrix},\cdots,\begin{pmatrix}0 & 1\\0 & 0\end{pmatrix}\right\}.$$

因此 $\mathrm{rank}(A+I)=\dfrac{n}{2}$。从而 $\mathrm{rank}(A+I)+\mathrm{rank}(A-I)=n$。 ■

例 11 设 A 是域 F 上 n 级矩阵。证明：如果 A 有 Jordan 标准形 $J=\mathrm{diag}\{J_{n_1}(\lambda_1),J_{n_2}(\lambda_2),\cdots,J_{n_s}(\lambda_s)\}$，且 $\lambda_1,\lambda_2,\cdots,\lambda_s$ 是 F 中两两不等的元素，那么 $\mathrm{C}(A)$ 的维数等于 n，且 $\mathrm{C}(A)=F[A]$。

证明 由于 $A\sim J$，因此存在域 F 上 n 级可逆矩阵 P，使得 $P^{-1}AP=J$。

$$\begin{aligned} B\in \mathrm{C}(A) \quad &\Leftrightarrow \quad BA=AB \quad \Leftrightarrow \quad (P^{-1}BP)(P^{-1}AP)=(P^{-1}AP)(P^{-1}BP) \\ &\Leftrightarrow \quad P^{-1}BP\in \mathrm{C}(J). \end{aligned}$$

从 9.7 节例 19 知道，$\dim\ \mathrm{C}(J)=n$。令 $\sigma(B)=P^{-1}BP$，则 σ 是 $M_n(F)$ 到自身的一个同构映射，且 $\sigma(\mathrm{C}(A))=\mathrm{C}(J)$。因此 $\dim\ \mathrm{C}(A)=\dim\ \mathrm{C}(J)=n$。

类似可证

$$\sigma(F[A]) = F[J].$$

由 9.7 节例 19 知道，$\mathrm{C}(J)=F[J]$。因此 $\sigma(\mathrm{C}(A))=\sigma(F[A])$。从而 $\mathrm{C}(A)=F[A]$。 ■

例 12 设 A 是域 F 上 3 级矩阵。证明：如果 A 有 Jordan 标准形 $J=\mathrm{diag}\{J_1(a),J_2(a)\}$，其中 $a\in F$，那么 $\dim \mathrm{C}(A)=5$。

证明 由于 $A\sim J$，因此存在域 F 上的 3 级可逆矩阵 P，使得 $P^{-1}AP=J$。由于 $J=aI+\mathrm{diag}\{J_1(0),J_2(0)\}$，因此

$$P^{-1}(A-aI)P=\mathrm{diag}\{J_1(0),J_2(0)\}.$$

$$\begin{aligned}B\in \mathrm{C}(A) &\Leftrightarrow BA=AB\\ &\Leftrightarrow B(A-aI)=(A-aI)B\\ &\Leftrightarrow (P^{-1}BP)(P^{-1}(A-aI)P)=(P^{-1}(A-aI)P)(P^{-1}BP)\\ &\Leftrightarrow P^{-1}BP\in \mathrm{C}(\mathrm{diag}\{J_1(0),J_2(0)\}).\end{aligned}$$

从 9.7 节例 18 知道，$\dim \mathrm{C}(\mathrm{diag}\{J_1(0),J_2(0)\})=5$。

由于 $\sigma: B\longmapsto P^{-1}BP$ 是 $M_n(F)$ 到自身的一个同构映射，且 $\sigma(\mathrm{C}(A))=\mathrm{C}(\mathrm{diag}\{J_1(0),J_2(0)\})$，因此

$$\dim \mathrm{C}(A)=\dim \mathrm{C}(\mathrm{diag}\{J_1(0),J_2(0)\})=5$$ ■

***例 13** 设 $\boldsymbol{A}$ 为域 F 上 n 维线性空间 V 上的线性变换，且 $\boldsymbol{A}$ 的最小多项式 $m(\lambda)$ 在 $F[\lambda]$ 中的标准分解式为

$$m(\lambda)=(\lambda-\lambda_1)^{l_1}(\lambda-\lambda_2)^{l_2}\cdots(\lambda-\lambda_s)^{l_s}. \tag{28}$$

令 $V_i=\{\alpha\in V\mid$ 存在正整数 r（它依赖于 α）使得 $(\boldsymbol{A}-\lambda_i\boldsymbol{I})^r\alpha=0\}$，$i=1,2,\cdots,s$。

(1) 证明：V_i 是 $\boldsymbol{A}$ 的不变子空间，$i=1,2,\cdots,s$；

(2) 证明：$V=V_1\oplus V_2\oplus\cdots\oplus V_s$；

(3) 设 $\boldsymbol{A}$ 在由 V_i 的一个基，$i=1,2,\cdots,s$ 合起来所成的 V 的一个基下的矩阵为 Jordan 形矩阵 J：

$$J=\mathrm{diag}\{J_1,J_2,\cdots,J_s\}.$$

求 $\boldsymbol{A}|V_i$ 的 Jordan 标准形，以及 $\boldsymbol{A}$ 在 V/V_i 上诱导的线性变换 $\widetilde{\boldsymbol{A}}$ 的 Jordan 标准形。

(1) **证明** 任取 $\alpha\in V_i$，则存在正整数 r，使得 $(\boldsymbol{A}-\lambda_i\boldsymbol{I})^r\alpha=0$，若 $r\leqslant l_i$，则

$$(\boldsymbol{A}-\lambda_i\boldsymbol{I})^{l_i}\alpha=(\boldsymbol{A}-\lambda_i\boldsymbol{I})^{l_i-r}(\boldsymbol{A}-\lambda_i\boldsymbol{I})^r\alpha=0.$$

于是 $\alpha\in \mathrm{Ker}(\boldsymbol{A}-\lambda_i\boldsymbol{I})^{l_i}$。若 $r>l_i$，令

$$g(\lambda)=(\lambda-\lambda_1)^{l_1}\cdots(\lambda-\lambda_{i-1})^{l_{i-1}}(\lambda-\lambda_i)^r\cdots(\lambda-\lambda_s)^{l_s},$$

则据 9.6 节例 19 第(1)小题的结论得

$$\mathrm{Ker}(\boldsymbol{A}-\lambda_i\boldsymbol{I})^r=\mathrm{Ker}(\boldsymbol{A}-\lambda_i\boldsymbol{I})^{l_i}. \tag{29}$$

从而 $\alpha\in \mathrm{Ker}(\boldsymbol{A}-\lambda_i\boldsymbol{I})^{l_i}$。因此 $V_i\subseteq \mathrm{Ker}(\boldsymbol{A}-\lambda_i\boldsymbol{I})^{l_i}$。显然，$\mathrm{Ker}(\boldsymbol{A}-\lambda_i\boldsymbol{I})^{l_i}\subseteq V_i$，所以

$$V_i=\mathrm{Ker}(\boldsymbol{A}-\lambda_i\boldsymbol{I})^{l_i},\ i=1,2,\cdots,s. \tag{30}$$

因此 V_i 是 $\boldsymbol{A}$ 的不变子空间，$i=1,2,\cdots,s$。 ■

(2) **证明** 由 $m(\lambda)$的标准分解式(28)得

$$V = \mathrm{Ker}(\boldsymbol{A} - \lambda_1 \boldsymbol{I})^{l_1} \oplus \mathrm{Ker}(\boldsymbol{A} - \lambda_2 \boldsymbol{I})^{l_2} \oplus \cdots \oplus \mathrm{Ker}(\boldsymbol{A} - \lambda_s \boldsymbol{I})^{l_s}.$$

由于 $V_i = \mathrm{Ker}(\boldsymbol{A} - \lambda_i \boldsymbol{I})^{l_i}, i=1,2,\cdots,s$。因此

$$V = V_1 \oplus V_2 \oplus \cdots \oplus V_s. \tag{31}$$

(3) **解** 由(31)式可得 ■

$$V = V_i \oplus V_1 \oplus \cdots \oplus V_{i-1} \oplus V_{i+1} \oplus \cdots \oplus V_s. \tag{32}$$

于是 $\boldsymbol{A}$ 在 $V_i, V_1, \cdots, V_{i-1}, V_{i+1}, \cdots, V_s$ 的一个基合起来所成的 V 的一个基下的矩阵为

$$\mathrm{diag}\{J_i, J_1, \cdots, J_{i-1}, J_{i+1}, \cdots, J_s\}. \tag{33}$$

据 9.5 节例 8 得,J_i 是 $\boldsymbol{A}|V_i$ 在 V_i 的一个基下的矩阵。即 J_i 是 $\boldsymbol{A}|V_i$ 的 Jordan 标准形。仍据 9.5 节例 8 得,$\tilde{\boldsymbol{A}}$ 在 V/V_i 的一个基下的矩阵为

$$\mathrm{diag}\{J_1, \cdots, J_{i-1}, J_{i+1}, \cdots, J_s\}. \tag{34}$$

即(34)是 $\tilde{\boldsymbol{A}}$ 的 Jordan 标准形。

点评 例 13 的第(1)、(2)小题由于利用了 9.6 节例 19 的结论,因此很容易地证明了 $V_i = \mathrm{Ker}(\boldsymbol{A} - \lambda_i \boldsymbol{I})^{l_i}$,从而立即得到 $V = V_1 \oplus V_2 \oplus \cdots \oplus V_s$。这说明多掌握一些理论,并且能灵活运用理论,就能找出解题思路,不至于被一些表面现象所迷惑。譬如在例 13 中,V_i 实际上就是由最小多项式的标准分解式得到的 V 的直和分解式中的 $W_i = \mathrm{Ker}(\boldsymbol{A} - \lambda_i \boldsymbol{I})^{l_i}$。例 13 的第(3)小题表明:若 $\boldsymbol{A}$ 有 Jordan 标准形(即 $\boldsymbol{A}$ 的最小多项式 $m(\lambda)$ 在 $F[\lambda]$中能分解成一次因式的乘积),则 $\boldsymbol{A}$ 在 W_i 上的限制 $\boldsymbol{A}|W_i$ 有 Jordan 标准形;$\boldsymbol{A}$ 诱导的商空间 V/W_i 上的线性变换 $\tilde{\boldsymbol{A}}$ 也有 Jordan 标准形。这个结论可以推广到 $\boldsymbol{A}$ 的任一非平凡不变子空间 W 上,即有下述例 14 的结论。

例 14 设 $\boldsymbol{A}$ 为域 F 上 n 维线性空间 V 上的线性变换。证明:如果 $\boldsymbol{A}$ 有 Jordan 标准形,那么对于 $\boldsymbol{A}$ 的任意一个非平凡不变子空间 W,都有 $\boldsymbol{A}|W$ 有 Jordan 标准形,且 $\boldsymbol{A}$ 在商空间 $V|W$ 上的诱导变换 $\tilde{\boldsymbol{A}}$ 也有 Jordan 标准形。

证明 由于 $\boldsymbol{A}$ 有 Jordan 标准形,因此据推论 2 得,$\boldsymbol{A}$ 的最小多项式 $m(\lambda)$在 $F[\lambda]$中可以分解成一次因式的乘积:

$$m(\lambda) = (\lambda - \lambda_1)^{l_1}(\lambda - \lambda_2)^{l_2}\cdots(\lambda - \lambda_s)^{l_s}. \tag{35}$$

设 $\boldsymbol{A}|W$ 的最小多项式为 $m_1(\lambda)$,则对任意 $\gamma \in W$,有

$$m(\boldsymbol{A} \mid W)\gamma = m(\boldsymbol{A})\gamma = 0.$$

从而 $m(\boldsymbol{A}|W) = \boldsymbol{0}$。因此 $m(\lambda)$是 $\boldsymbol{A}|W$ 的一个零化多项式。于是 $m_1(\lambda) | m(\lambda)$。从而$m_1(\lambda)$在 $F[\lambda]$中也可以分解成一次因式的乘积,所以 $\boldsymbol{A}|W$ 有 Jordan 标准形。

从(35)式可得出,$\boldsymbol{A}$ 的特征多项式 $f(\lambda)$可分解成一次因式的乘积。从 $m_1(\lambda)$可分解成一次因式的乘积推出:$\boldsymbol{A}|W$ 的特征多项式 $f_1(\lambda)$可分解成一次因式的乘积。设 $\tilde{\boldsymbol{A}}$ 的特征多

项式为 $f_2(\lambda)$。据 9.5 节例 9 得，

$$f(\lambda)=f_1(\lambda)f_2(\lambda).$$

从而 $f_2(\lambda)$可以分解成一次因式的乘积，因此据推论 3 得，$\widetilde{\boldsymbol{A}}$ 有 Jordan 标准形。■

例 15　设 $\boldsymbol{A}$ 为域 F 上 n 维线性空间 V 上的线性变换，W 是 $\boldsymbol{A}$ 的一个非平凡不变子空间。证明：如果 $\boldsymbol{A}|W$ 有 Jordan 标准形，且 $\boldsymbol{A}$ 在商空间 V/W 上的诱导变换 $\widetilde{\boldsymbol{A}}$ 也有 Jordan 标准形，那么 $\boldsymbol{A}$ 有 Jordan 标准形。

证明　由于 $\boldsymbol{A}|W$ 有 Jordan 标准形，因此据推论 3 得，$\boldsymbol{A}|W$ 的特征多项式 $f_1(\lambda)$在 $F[\lambda]$中可以分解成一次因式的乘积。同理，由于 $\widetilde{\boldsymbol{A}}$ 有 Jordan 标准形。因此 $\widetilde{\boldsymbol{A}}$ 的特征多项式 $f_2(\lambda)$在 $F[\lambda]$中可分解成一次因式的乘积。由于 $\boldsymbol{A}$ 的特征多项式 $f(\lambda)=f_1(\lambda)f_2(\lambda)$，因此 $f(\lambda)$在 $F[\lambda]$中可分解成一次因式的乘积。所以 $\boldsymbol{A}$ 有 Jordan 标准形。■

点评　例 15 是例 14 的逆命题。

例 16　设 $\boldsymbol{A}$ 为域 F 上 n 维线性空间 V 上的线性变换，且 $\boldsymbol{A}$ 的最小多项式 $m(\lambda)$在 $F[\lambda]$中的标准分解式为

$$m(\lambda)=(\lambda-\lambda_1)^{l_1}(\lambda-\lambda_2)^{l_2}\cdots(\lambda-\lambda_s)^{l_s}. \tag{36}$$

记 $W_j=\operatorname{Ker}(\boldsymbol{A}-\lambda_j\boldsymbol{I})^{l_j}$，$j=1,2,\cdots,s$。设 W 是 $\boldsymbol{A}$ 的一个非平凡不变子空间，且 $W=W_{i_1}\oplus W_{i_2}\oplus\cdots\oplus W_{i_u}$，其中，$i_1,i_2,\cdots,i_u\in\{1,2,\cdots,s\}$，且两两不等，如果 $\boldsymbol{A}|W$ 在由 $W_{i_1},W_{i_2},\cdots,W_{i_u}$ 的一个基合起来所成的 W 的一个基下的矩阵 B 是 Jordan 形矩阵，$\boldsymbol{A}$ 在商空间 V/W 诱导的线性变换 $\widetilde{\boldsymbol{A}}$ 在 V/W 的一个基下的矩阵 C 是 Jordan 形矩阵。求 $\boldsymbol{A}$ 的 Jordan 标准形。

解　从(36)式得

$$\begin{aligned}V&=\operatorname{Ker}(\boldsymbol{A}-\lambda_1\boldsymbol{I})^{l_1}\oplus\operatorname{Ker}(\boldsymbol{A}-\lambda_2\boldsymbol{I})^{l_2}\oplus\cdots\oplus\operatorname{Ker}(\boldsymbol{A}-\lambda_s\boldsymbol{I})^{l_s}\\&=W_1\oplus W_2\oplus\cdots\oplus W_s.\end{aligned}$$

记 $\{t_1,t_2,\cdots,t_v\}=\{1,2,\cdots,s\}\setminus\{i_1,i_2,\cdots,i_u\}$。则

$$V=W_{i_1}\oplus\cdots\oplus W_{i_u}\oplus W_{t_1}\oplus\cdots\oplus W_{t_v}=W\oplus U,$$

其中 $U=W_{t_1}\oplus W_{t_2}\oplus\cdots\oplus W_{t_v}$。显然 U 是 $\boldsymbol{A}$ 的不变子空间。据例 14 得，$\boldsymbol{A}|U$ 有 Jordan 标准形。

设 $\boldsymbol{A}|U$ 在由 $W_{t_1},W_{t_2},\cdots,W_{t_v}$ 的一个基合起来所成的 U 的一个基下的矩阵 G 是 Jordan 形矩阵，则 $\boldsymbol{A}$ 在由 W 的上述基和 U 的这个基合起来所成的 V 的基下的矩阵 $A=\operatorname{diag}\{B,G\}$，于是 A 为 Jordan 形矩阵。从而 A 是 $\boldsymbol{A}$ 的 Jordan 标准形。据 9.5 节例 8 得，$\widetilde{\boldsymbol{A}}$ 在 V/W 的一个基下的矩阵为 G，由于 G 是 Jordan 形矩阵，因此 G 是 $\widetilde{\boldsymbol{A}}$ 的 Jordan 标准形。又已知 C 是 $\widetilde{\boldsymbol{A}}$ 的 Jordan 标准形，据 Jordan 标准形的唯一性得，$G=C$，从而 $\boldsymbol{A}$ 的 Jordan 标准形 $A=\operatorname{diag}\{B,C\}$。■

点评 在例 16 中，$\boldsymbol{A}$ 的不变子空间 $W=W_{i_1}\oplus\cdots\oplus W_{i_u}$ 保证了 W 在 V 中有 $\boldsymbol{A}$ 不变补空间 $U=W_{t_1}\oplus W_{t_2}\oplus\cdots\oplus W_{t_v}$，其中 $\{t_1,t_2,\cdots,t_v\}=\{1,2,\cdots,s\}\backslash\{i_1,i_2,\cdots,i_u\}$。一般地，对于有 Jordan 标准形的线性变换 $\boldsymbol{A}$，它的任一非平凡不变子空间不一定有 $\boldsymbol{A}$ 不变补空间，我们已在 9.6 节的命题 10 中证明了：如果域 F 上 n 维线性空间 V 上的线性变换 $\boldsymbol{A}$，其特征多项式在包含 F 的代数封闭域中的全部根都在 F 中，那么对于 $\boldsymbol{A}$ 的任一不变子空间都存在 $\boldsymbol{A}$ 不变补空间当且仅当 $\boldsymbol{A}$ 可对角化。

例 17 设 $\boldsymbol{A}$ 为域 F 上 n 维线性空间 V 上的线性变换，且 $\boldsymbol{A}$ 的最小多项式 $m(\lambda)$ 在 $F[\lambda]$ 中的标准分解式为

$$m(\lambda)=(\lambda-\lambda_1)^{l_1}(\lambda-\lambda_2)^{l_2}\cdots(\lambda-\lambda_s)^{l_s}. \tag{37}$$

记 $W_j=\operatorname{Ker}(\boldsymbol{A}-\lambda_j\boldsymbol{I})^{l_j}$，$j=1,2,\cdots,s$。设 W 是 $\boldsymbol{A}$ 的一个非平凡不变子空间。证明：$W=W_{i_1}\oplus W_{i_2}\oplus\cdots\oplus W_{i_u}$ 当且仅当 $\boldsymbol{A}|W$ 的特征多项式 $f_W(\lambda)$ 与 $\boldsymbol{A}$ 在商空间 V/W 诱导的线性变换 $\widetilde{\boldsymbol{A}}$ 的特征多项式 $f_{V/W}(\lambda)$ 互素，其中，$\lambda_{i_1},\lambda_{i_2},\cdots,\lambda_{i_u}\in\{\lambda_1,\lambda_2,\cdots,\lambda_s\}$，且两两不等。

证明 必要性。从例 16 的证明中知道，此时有

$$V=W\oplus U,$$

其中 $U=W_{t_1}\oplus W_{t_2}\oplus\cdots\oplus W_{t_v}$，$\{t_1,t_2,\cdots,t_v\}$ 是 $\{i_1,i_2,\cdots,i_u\}$ 在 $\{1,2,\cdots,s\}$ 中的补集。由于 $\boldsymbol{A}|W_j$ 的最小多项式 $m_j(\lambda)=(\lambda-\lambda_j)^{l_j}$，$j=1,2,\cdots,s$。因此 $\boldsymbol{A}|W$ 的最小多项式 $m_W(\lambda)$ 为

$$\begin{aligned}m_W(\lambda)&=[m_{i_1}(\lambda),m_{i_2}(\lambda),\cdots,m_{i_u}(\lambda)]\\&=(\lambda-\lambda_{i_1})^{l_{i_1}}(\lambda-\lambda_{i_2})^{l_{i_2}}\cdots(\lambda-\lambda_{i_u})^{l_{i_u}}.\end{aligned} \tag{38}$$

$\boldsymbol{A}|U$ 的最小多项式 $m_U(\lambda)$ 为

$$\begin{aligned}m_U(\lambda)&=[m_{t_1}(\lambda),m_{t_2}(\lambda),\cdots,m_{t_v}(\lambda)]\\&=(\lambda-\lambda_{t_1})^{l_{t_1}}(\lambda-\lambda_{t_2})^{l_{t_2}}\cdots(\lambda-\lambda_{t_v})^{l_{t_v}}.\end{aligned} \tag{39}$$

于是 $m_W(\lambda)$ 与 $m_U(\lambda)$ 互素，从而 $\boldsymbol{A}|U$ 的特征多项式 $f_W(\lambda)$ 与 $\boldsymbol{A}|U$ 的特征多项式 $f_U(\lambda)$ 互素。由于 $V=W\oplus U$，因此 $\boldsymbol{A}$ 的特征多项式 $f(\lambda)=f_W(\lambda)f_U(\lambda)$。又由于

$$f(\lambda)=f_W(\lambda)f_{V/W}(\lambda), \tag{40}$$

因此 $f_U(\lambda)=f_{V/W}(\lambda)$，从而 $f_W(\lambda)$ 与 $f_{V/W}(\lambda)$ 互素。

充分性。据例 14 的证明得，$m_W(\lambda)\mid m(\lambda)$。从而

$$m_W(\lambda)=(\lambda-\lambda_{i_1})^{q_{i_1}}(\lambda-\lambda_{i_2})^{q_{i_2}}\cdots(\lambda-\lambda_{i_u})^{q_{i_u}}. \tag{41}$$

设 $\boldsymbol{A}$ 的特征多项式 $f(\lambda)$ 在 $F[\lambda]$ 中的标准分解式为

$$f(\lambda)=(\lambda-\lambda_1)^{r_1}(\lambda-\lambda_2)^{r_2}\cdots(\lambda-\lambda_s)^{r_s}, \tag{42}$$

则 $\operatorname{Ker}(\boldsymbol{A}-\lambda_j\boldsymbol{I})^{r_j}=\operatorname{Ker}(\boldsymbol{A}-\lambda_j\boldsymbol{I})^{l_j}=W_j$，$j=1,2,\cdots,s$。由于 $f_W(\lambda)$ 与 $f_{V/W}(\lambda)$ 互素，因此从 (40)、(41)、(42)式得

$$f_W(\lambda)=(\lambda-\lambda_{i_1})^{r_{i_1}}(\lambda-\lambda_{i_2})^{r_{i_2}}\cdots(\lambda-\lambda_{i_u})^{r_{i_u}}. \tag{43}$$

从(43)式得

$$W=\operatorname{Ker}(\boldsymbol{A}|W-\lambda_{i_1}\boldsymbol{I})^{r_{i_1}}\oplus\cdots\oplus\operatorname{Ker}(\boldsymbol{A}|W-\lambda_{i_u}\boldsymbol{I})^{r_{i_u}}.\tag{44}$$

由于

$$\begin{aligned}\alpha\in\operatorname{Ker}(\boldsymbol{A}|W-\lambda_{i_k}\boldsymbol{I})^{r_{i_k}}\quad&\Leftrightarrow\quad(\boldsymbol{A}|W-\lambda_{i_k}\boldsymbol{I})^{r_{i_k}}\alpha=0\\&\Leftrightarrow\quad\alpha\in W\text{ 且}(\boldsymbol{A}-\lambda_{i_k}\boldsymbol{I})^{r_{i_k}}\alpha=0\\&\Leftrightarrow\quad\alpha\in W\text{ 且 }\alpha\in\operatorname{Ker}(\boldsymbol{A}-\lambda_{i_k}\boldsymbol{I})^{r_{i_k}}=W_{i_k}\\&\Leftrightarrow\quad\alpha\in W\cap W_{i_k},\end{aligned}$$

因此 $\operatorname{Ker}(\boldsymbol{A}|W-\lambda_{i_k}\boldsymbol{I})^{r_{i_k}}=W\cap W_{i_k}$，$k=1,2,\cdots,u$。从而

$$W=(W\cap W_{i_1})\oplus(W\cap W_{i_2})\oplus\cdots\oplus(W\cap W_{i_u}).\tag{45}$$

假如有某个 $W\cap W_{i_k}\subsetneqq W_{i_k}$，则存在 W_{i_k} 的非零子空间 U_k，使得

$$W_{i_k}=(W\cap W_{i_k})\oplus U_k.\tag{46}$$

于是 $\boldsymbol{A}|U_k$ 的最小多项式 $m_{U_k}(\lambda)=(\lambda-\lambda_{i_k})^{d_k}$，其中 $1\leqslant d_k<l_{i_k}$。从而 $\boldsymbol{A}|U_k$ 的特征多项式 $f_{U_k}(\lambda)=(\lambda-\lambda_{i_k})^{e_k}$，其中 $e_k\geqslant d_k$。从(45)和(46)式得

$$W_{i_1}\oplus W_{i_2}\oplus\cdots\oplus W_{i_u}=W\oplus U_k.\tag{47}$$

从必要性证明过程可看出，$\boldsymbol{A}|(W_{i_1}\oplus W_{i_2}\oplus\cdots\oplus W_{i_u})$的特征多项式为$(\lambda-\lambda_{i_1})^{r_{i_1}}(\lambda-\lambda_{i_2})^{r_{i_2}}\cdots(\lambda-\lambda_{i_n})^{r_{i_u}}$。又 $\boldsymbol{A}|(W\oplus U_k)$的特征多项式为 $f_W(\lambda)f_{U_k}(\lambda)=(\lambda-\lambda_{i_1})^{r_{i_1}}(\lambda-\lambda_{i_2})^{r_{i_2}}\cdots(\lambda-\lambda_{i_n})^{r_{i_u}}(\lambda-\lambda_{i_k})^{e_k}$。矛盾，因此 $W\cap W_{i_k}=W_{i_k}$，$k=1,2,\cdots,u$。从而

$$W=W_{i_1}\oplus W_{i_2}\oplus\cdots\oplus W_{i_u}.$$

■

点评 例 17 的充分性证明的关键是证明

$$W=(W\cap W_{i_1})\oplus(W\cap W_{i_2})\oplus\cdots\oplus(W\cap W_{i_u});$$

然后证明 $W\cap W_{i_k}=W_{i_k}$，$k=1,2,\cdots,u$。在证明后者时用反证法，并且利用了 $\boldsymbol{A}|(W_{i_1}\oplus W_{i_2}\oplus\cdots\oplus W_{i_u})$的特征多项式去推出矛盾。这一方法是很有趣的。

从例 15、例 16、例 17 立即得到下述结论：

设 $\boldsymbol{A}$ 为域 F 上 n 维线性空间 V 上的线性变换，W 是 $\boldsymbol{A}$ 的一个非平凡不变子空间，如果 $\boldsymbol{A}|W$ 有 Jordan 标准形 B，A 在商空间 V/W 诱导的线性变换$\tilde{\boldsymbol{A}}$ 有 Jordan 标准形 C，且 $\boldsymbol{A}|W$ 的特征多项式 $f_W(\lambda)$与 $\tilde{\boldsymbol{A}}$ 的特征多项式 $f_{V/W}(\lambda)$互素，那么 $\boldsymbol{A}$ 有 Jordan 标准形 $\operatorname{diag}\{B,C\}$。

例 18 证明数域 K 上的 r 级 Jordan 块 $J_r(1)$ 与它的 k 次幂 $J_r(1)^k$ 相似，其中$2\leqslant k\leqslant r$。

证明 $J_r(1)^k$ 是主对角元都为 1 的上三角矩阵，因此 $J_r(1)^k$ 的特征多项式 $f(\lambda)=(\lambda-1)^r$。从而 $J_r(1)^k$ 有 Jordan 标准形 J。J 的主对角元为 1 的 Jordan 块的总数为 $r-\operatorname{rank}(J_r(1)^k-I)$。由于 $J_r(1)=I+J_r(0)$，因此

$$J_r(1)^k=[I+J_r(0)]^k=I+C_k^1J_r(0)+C_k^2J_r(0)^2+\cdots+C_k^kJ_r(0)^k.$$

于是

$$J_r(1)^k - I = \begin{pmatrix} 0 & k & C_k^2 & C_k^3 & \cdots & C_k^k & 0 & \cdots & 0 \\ 0 & 0 & k & C_k^2 & \cdots & C_k^{k-1} & C_k^k & \cdots & 0 \\ \vdots & \vdots & \vdots & \vdots & & \vdots & \vdots & & \vdots \\ 0 & 0 & 0 & 0 & \cdots & 0 & 0 & \cdots & k \\ 0 & 0 & 0 & 0 & \cdots & 0 & 0 & \cdots & 0 \end{pmatrix}.$$

从而
$$\operatorname{rank}(J_r(1)^k - I) = r-1.$$
因此
$$r - \operatorname{rank}(J_r(1)^k - I) = r-(r-1) = 1.$$
于是 $J_r(1)^k$ 的 Jordan 标准形 $J = J_r(1)$。所以
$$J_r(1)^k \sim J_r(1).$$ ■

例 19 设 A 是数域 K 上的 n 级矩阵。证明:如果 A 的特征多项式 $f(\lambda)=(\lambda-1)^n$,那么 $A\sim A^k$,其中 $k=2,3,\cdots,n$。

证明 由于 A 的特征多项式 $f(\lambda)=(\lambda-1)^n$,因此 A 有 Jordan 标准形 $J=\operatorname{diag}\{J_{r_1}(1),J_{r_2}(1),\cdots,J_{r_m}(1)\}$,其中 $r_1+r_2+\cdots+r_m=n$。由于 $A\sim J$,因此 $A^k\sim J^k$,其中$J^k=\operatorname{diag}\{J_{r_1}(1)^k,J_{r_2}(1)^k,\cdots,J_{r_m}(1)^k\}$。据例 18 得,$J_{r_i}(1)^k\sim J_{r_i}(1)$,$i=1,2,\cdots,m$。因此$J^k\sim J$。从而
$$A^k \sim A.$$ ■

例 20 设域 F 上的 n 级矩阵 A 有 Jordan 标准形。证明:A 可对角化当且仅当对于 A 的任一特征值 λ_i 有
$$\operatorname{rank}(A-\lambda_i I)^2 = \operatorname{rank}(A-\lambda_i I).$$

证明 A 的 Jordan 标准形 J 中,主对角元为 λ_i 的 Jordan 块总数 $N_i=n-\operatorname{rank}(A-\lambda_i I)$;主对角元为 λ_i 的 1 级 Jordan 块的个数 $N_i(1)$为
$$\begin{aligned} N_i(1) &= \operatorname{rank}(A-\lambda_i I)^2 + \operatorname{rank}(A-\lambda_i I)^0 - 2\operatorname{rank}(A-\lambda_i I) \\ &= n + \operatorname{rank}(A-\lambda_i I)^2 - 2\operatorname{rank}(A-\lambda_i I). \end{aligned}$$

A 可对角化

$\Leftrightarrow$ 对于 A 的任一特征值 λ_i 有 $N_i = N_i(1)$;

$\Leftrightarrow$ 对于 A 的任一特征值 λ_i,有
$$n-\operatorname{rank}(A-\lambda_i I) = n+\operatorname{rank}(A-\lambda_i I)^2 - 2\operatorname{rank}(A-\lambda_i I);$$

$\Leftrightarrow$ 对于 A 的任一特征值 λ_i,有
$$\operatorname{rank}(A-\lambda_i I) = \operatorname{rank}(A-\lambda_i I)^2.$$ ■

例 21 设 $\mathbf{A}$ 是域 F 上 n 维线性空间 V 上的线性变换。证明:如果 $\mathbf{A}$ 的最小多项式 $m(\lambda)$在 $F[\lambda]$中可分解成一次因式的乘积,且 $\deg m(\lambda)=n$,那么 $\mathbf{A}$ 的 Jordan 标准形 J 中各个 Jordan 块的主对角元互不相同。

证明　由于 $\deg m(\lambda)=n$，因此 $\boldsymbol{A}$ 的特征多项式 $f(\lambda)$ 等于 $m(\lambda)$。设 $f(\lambda)$ 在 $F[\lambda]$ 中的标准分解式为

$$f(\lambda)=(\lambda-\lambda_1)^{r_1}(\lambda-\lambda_2)^{r_2}\cdots(\lambda-\lambda_s)^{r_s},\tag{48}$$

其中 $\lambda_1,\lambda_2,\cdots,\lambda_s$ 是 F 中两两不等的元素。从(48)式得，

$$V=\operatorname{Ker}(\boldsymbol{A}-\lambda_1\boldsymbol{I})^{r_1}\oplus\operatorname{Ker}(\boldsymbol{A}-\lambda_2\boldsymbol{I})^{r_2}\oplus\cdots\oplus\operatorname{Ker}(\boldsymbol{A}-\lambda_s\boldsymbol{I})^{r_s}.$$

记 $W_j=\operatorname{Ker}(\boldsymbol{A}-\lambda_j\boldsymbol{I})^{r_j}$，令 $\boldsymbol{B}_j=\boldsymbol{A}|W_j-\lambda_j\boldsymbol{I}$，$j=1,2,\cdots,s$。则 $\boldsymbol{B}_j$ 是 W_j 上的幂零变换，其幂零指数为 r_j。又由于 $\boldsymbol{A}$ 的根子空间 W_j 的维数等于 λ_j 的代数重数 r_j，因此 $\boldsymbol{B}_j$ 的幂零指数 r_j 等于 $\dim W_j$。从而 $\boldsymbol{B}_j$ 在 W_j 的一个适当基下的矩阵 B_j 是一个 Jordan 块 $J_{r_j}(0)$。于是 $\boldsymbol{A}|W_j$ 在 W_j 的这个基下的矩阵 $A_j=\lambda_jI+B_j=J_{r_j}(\lambda_j)$。因此 $\boldsymbol{A}$ 在由 $W_1,W_2,\cdots,W_s$ 的一个基合起来所成的 V 的一个基下的矩阵 J 为

$$J=\operatorname{diag}\{J_{r_1}(\lambda_1),J_{r_2}(\lambda_2),\cdots,J_{r_s}(\lambda_s)\}.$$

J 是 Jordan 形矩阵，其各个 Jordan 块的主对角元互不相同。■

例 22　求 $J_n(0)^2$ 的 Jordan 标准形($n>1$)。

解　由于 $\operatorname{rank}(J_n(0)^2)=n-2$，因此 $J_n(0)^2$ 的 Jordan 标准形 J 中，主对角元为 0 的 Jordan 块总数为 $n-(n-2)=2$。$J_n(0)$的幂零指数为 n。

当 $n=2m$ 时，由于 $[J_n(0)^2]^m=J_n(0)^{2m}=0$，而 $[J_n(0)^2]^{m-1}=J_n(0)^{2m-2}\neq 0$，因此 $J_n(0)^2$ 的幂零指数为 m。于是据习题 9.7 的第 8 题得，$J_n(0)^2$ 的 Jordan 标准形 J 中有 m 级 Jordan 块 $J_m(0)$。从而 $J=\operatorname{diag}\{J_m(0),J_m(0)\}$。

当 $n=2m+1$ 时，由于 $[J_n(0)^2]^{m+1}=J_n(0)^{2m+2}=0$，而 $[J_n(0)^2]^m=J_n(0)^{2m}\neq 0$，因此 $J_n(0)^2$ 的幂零指数为 $m+1$。于是 $J_n(0)^2$ 的 Jordan 标准形 J 中有 $m+1$ 级 Jordan 块 $J_{m+1}(0)$，从而 $J=\operatorname{diag}\{J_{m+1}(0),J_m(0)\}$。

例 23　设 A 是域 F 上 n 级上三角矩阵($n\geqslant 3$)：

$$A=\begin{pmatrix} a & 0 & 1 & 0 & 0 & \cdots & 0 & 0\\ 0 & a & 0 & 1 & 0 & \cdots & 0 & 0\\ \vdots & \vdots & \vdots & \vdots & \vdots & & \vdots & \vdots\\ 0 & 0 & 0 & 0 & 0 & \cdots & a & 0\\ 0 & 0 & 0 & 0 & 0 & \cdots & 0 & a \end{pmatrix}.$$

求 A 的 Jordan 标准形。

解　$A=aI+J_n(0)^2$

当 $n=2m$ 时，据例 22 得，$J_n(0)^2\sim\operatorname{diag}\{J_m(0),J_m(0)\}$。从而 $aI+J_n(0)^2\sim aI+\operatorname{diag}\{J_m(0),J_m(0)\}$。因此 $A\sim\operatorname{diag}\{J_m(a),J_m(a)\}$。

当 $n=2m+1$ 时，$J_n(0)^2\sim\operatorname{diag}\{J_{m+1}(0),J_m(0)\}$。从而 $A\sim\operatorname{diag}\{J_{m+1}(a),J_m(a)\}$。

例 24 设 A 是域 F 上的 n 级分块上三角矩阵：

$$A=\begin{pmatrix} A_1 & A_3 \\ 0 & A_2 \end{pmatrix},$$

其中 A_1,A_2 分别是 n_1 级，n_2 级矩阵。证明：如果 A_1,A_2 分别有 Jordan 标准形 J_1,J_2，且 A_1 的特征多项式 $f_1(\lambda)$ 与 A_2 的特征多项式 $f_2(\lambda)$ 互素，那么 A 的 Jordan 标准形为 $\text{diag}\{J_1,J_2\}$。

证明 设 V 是域 F 上的 n 维线性空间，定义 V 上的一个线性变换 $\boldsymbol{A}$，使得它在 V 的一个基 $\alpha_1,\alpha_2,\cdots,\alpha_n$ 下的矩阵为 A，令 $W=\langle\alpha_1,\alpha_2,\cdots,\alpha_{n_1}\rangle$。则 W 是 $\boldsymbol{A}$ 的不变子空间，且 $\boldsymbol{A}|W$ 在 W 的基 $\alpha_1,\alpha_2,\cdots,\alpha_{n_1}$ 下的矩阵为 A_1；$\boldsymbol{A}$ 在商空间 V/W 上诱导的线性变换 $\widetilde{\boldsymbol{A}}$ 在 V/W 的一个基 $\alpha_{n_1+1}+W,\cdots,\alpha_n+W$ 下的矩阵为 A_2。由于 A_1,A_2 分别有 Jordan 标准形 J_1,J_2，因此 $\boldsymbol{A}|W,\widetilde{\boldsymbol{A}}$ 分别有 Jordan 的标准形 J_1,J_2。$\boldsymbol{A}|W$ 的特征多项式就是 A_1 的特征多项式 $f_1(\lambda)$，$\widetilde{\boldsymbol{A}}$ 的特征多项式就是 A_2 的特征多项式 $f_2(\lambda)$。由于 $f_1(\lambda)$ 与 $f_2(\lambda)$ 互素，因此据例 17 的点评中的结论得，$\boldsymbol{A}$ 的 Jordan 标准形为 $\text{diag}\{J_1,J_2\}$，这也就是 A 的 Jordan 标准形。 ■

例 25 设 a 是域 F 中非零元，求 $J_r(a)^2$ 的 Jordan 标准形。

解 $J_r(a)=aI+J_r(0)$。于是

$$[J_r(a)]^2=[aI+J_r(0)]^2=a^2I+2aJ_r(0)+J_r(0)^2.$$

从而 $J_r(a)^2$ 的特征多项式 $f(\lambda)=(\lambda-a^2)^r$。于是 $J_r(a)^2$ 有 Jordan 标准形 J。由于 $a\neq0$，因此 $\text{rank}(J_r(a)^2-a^2I)=\text{rank}(2a\,J_r(0)+J_r(0)^2)=r-1$。从而 J 中主对角元为 a^2 的 Jordan 块总数为 $r-(r-1)=1$。因此 $J=J_r(a^2)$。即 $J_r(a)^2$ 的 Jordan 标准形为 $J_r(a^2)$。

例 26 设 a 是非零复数。证明：$J_r(a)$ 有平方根，即存在 r 级复矩阵 B，使得 $B^2=J_r(a)$。

证明 据例 25 得，$J_r(\sqrt{a})^2\sim J_r(a)$。因此存在 r 级可逆复矩阵 P，使得 $P^{-1}J_r(\sqrt{a})^2P=J_r(a)$。从而

$$J_r(a)=P^{-1}J_r(\sqrt{a})P\,P^{-1}J_r(\sqrt{a})P=[P^{-1}J_r(\sqrt{a})P]^2.$$

令 $B=P^{-1}J_r(\sqrt{a})P$，则 $B^2=J_r(a)$。 ■

例 27 证明：任一 n 级可逆复矩阵 A 都有平方根。

证明 设 A 的 Jordan 标准形为

$$J=\text{diag}\{J_{r_1}(\lambda_1),J_{r_2}(\lambda_2),\cdots,J_{r_m}(\lambda_m)\}.$$

其中 $\lambda_1,\lambda_2,\cdots,\lambda_m$ 是 A 的特征值（它们中可能有相同的）。由于 A 可逆，因此 $\lambda_i\neq0,i=1,2,\cdots,m$。据例 26 得，存在 r_i 级复矩阵 B_i，使得 $B_i^2=J_{r_i}(\lambda_i),i=1,2,\cdots,m$。令 $B=\text{diag}\{B_1,B_2,\cdots,B_m\}$，则

$$\begin{aligned}B^2 &= \mathrm{diag}\{B_1^2, B_2^2, \cdots, B_m^2\}\\ &= \mathrm{diag}\{J_{r_1}(\lambda_1), J_{r_2}(\lambda_2), \cdots, J_{r_m}(\lambda_m)\}\\ &= J.\end{aligned}$$

由于 $A \sim J$，因此存在 n 级可逆复矩阵 P，使得 $A = P^{-1}JP$。从而 $A = P^{-1}B^2P = (P^{-1}BP)^2$，即 A 有平方根。■

点评　例27中利用 n 级复矩阵都有Jordan标准形，水到渠成地证明了任一 n 级可逆复矩阵 A 都有平方根，其中关键是证明复数域上主对角元不为0的Jordan块有平方根(即例26)。在9.7节例14中，我们证明了幂零指数等于级数的幂零矩阵没有平方根。由此看出，不可逆的 n 级矩阵有可能没有平方根。不可逆的 n 级复矩阵 A 需要满足什么条件才能有平方根呢？从例22看出，如果 A 的Jordan标准形 J 中，主对角元为0的Jordan块按照 $\{J_r(0), J_r(0)\}$ 或 $\{J_{r+1}(0), J_r(0)\}$ 成对出现，那么由于 $J_{2r}(0)^2 \sim \mathrm{diag}\{J_r(0), J_r(0)\}$，$J_{2r+1}(0)^2 \sim \mathrm{diag}\{J_{r+1}(0), J_r(0)\}$，因此 A 有平方根。先看下面的例28。

例28　设数域 K 上的3级矩阵 A 为

$$A = \begin{pmatrix} -2 & 1 & 0 \\ -4 & 2 & 0 \\ -2 & 1 & 0 \end{pmatrix}.$$

试问：A 是否有平方根？如果有，求出 A 的一个平方根。

解　$|\lambda I - A| = \lambda^3$，$A$ 的特征值为0(3重)。由于 $\mathrm{rank}(A - 0I) = 1$，因此 A 的Jordan标准形 J 中，主对角元为0的Jordan块总数为 $3-1=2$。于是

$$J = \begin{pmatrix} 0 & 0 & 0 \\ 0 & 0 & 1 \\ 0 & 0 & 0 \end{pmatrix}.$$

设可逆矩阵 $P = (\boldsymbol{X}_1, \boldsymbol{X}_2, \boldsymbol{X}_3)$，使得 $P^{-1}AP = J$，则

$$(A\boldsymbol{X}_1, A\boldsymbol{X}_2, A\boldsymbol{X}_3) = (0, 0, \boldsymbol{X}_2).$$

从而 $A\boldsymbol{X}_1 = 0$，$A\boldsymbol{X}_2 = 0$，$A\boldsymbol{X}_3 = \boldsymbol{X}_2$。

解齐次线性方程组 $A\boldsymbol{z} = 0$，得一个基础解系：

$$\boldsymbol{X}_1 = (0,0,1)', \boldsymbol{X}_2 = (1,2,1)'.$$

解线性方程组 $A\boldsymbol{z} = \boldsymbol{X}_2$，求出一个特解 $\boldsymbol{X}_3 = (-\frac{1}{2}, 0, 0)'$。于是

$$P = \begin{pmatrix} 0 & 1 & -\frac{1}{2} \\ 0 & 2 & 0 \\ 1 & 1 & 0 \end{pmatrix}, P^{-1} = \begin{pmatrix} 0 & -\frac{1}{2} & 1 \\ 0 & \frac{1}{2} & 0 \\ -2 & 1 & 0 \end{pmatrix}.$$

据例 22 的结论得，$J_3(0)^2 \sim J$，设 $S=(\boldsymbol{Y}_1,\boldsymbol{Y}_2,\boldsymbol{Y}_3)$使得 $S^{-1}J_3(0)^2S=J$。则

$$(J_3(0)^2\boldsymbol{Y}_1, J_3(0)^2\boldsymbol{Y}_2, J_3(0)^2\boldsymbol{Y}_3) = (0,0,\boldsymbol{Y}_2).$$

从而 $J_3(0)^2\boldsymbol{Y}_1=0$，$J_3(0)^2\boldsymbol{Y}_2=0$，$J_3(0)^2\boldsymbol{Y}_3=\boldsymbol{Y}_2$。

解齐次线性方程组 $J_3(0)^2\boldsymbol{z}=0$，得一个基础解系：

$$\boldsymbol{Y}_1 = (0,1,0)', \boldsymbol{Y}_2 = (1,0,0)'.$$

解线性方程组 $J_3(0)^2\boldsymbol{z}=\boldsymbol{Y}_2$，求出一个特解：

$$\boldsymbol{Y}_3 = (0,0,1)'.$$

于是

$$S = \begin{pmatrix} 0 & 1 & 0 \\ 1 & 0 & 0 \\ 0 & 0 & 1 \end{pmatrix}, S^{-1} = S.$$

综上所述得

$$\begin{aligned} A &= PJP^{-1} = P(S^{-1}J_3(0)^2S)P^{-1} \\ &= (PS^{-1}J_3(0)(SP^{-1})(PS^{-1})J_3(0)SP^{-1} \\ &= (PS^{-1}J_3(0)SP^{-1})^2. \end{aligned}$$

计算

$$PS^{-1}J_3(0)SP^{-1} = P\begin{pmatrix} 0 & 0 & 1 \\ 1 & 0 & 0 \\ 0 & 0 & 0 \end{pmatrix}P^{-1} = \begin{pmatrix} 0 & -\frac{1}{2} & 1 \\ 0 & -1 & 2 \\ -2 & \frac{1}{2} & 1 \end{pmatrix}. \tag{49}$$

(49)式所示的矩阵就是 A 的一个平方根。

点评 例 28 中，在解线性方程组 $A\boldsymbol{z}=\boldsymbol{X}_2$ 时，取另一个特解$(0,1,0)'$，则得到另一个可逆矩阵 P_1：

$$P_1 = \begin{pmatrix} 0 & 1 & 0 \\ 0 & 2 & 1 \\ 1 & 1 & 0 \end{pmatrix}, P_1^{-1} = \begin{pmatrix} -1 & 0 & 1 \\ 1 & 0 & 0 \\ -2 & 1 & 0 \end{pmatrix}.$$

由此计算

$$P_1S^{-1}J_3(0)SP_1^{-1} = \begin{pmatrix} -1 & 0 & 1 \\ -2 & 0 & 2 \\ -3 & 1 & 1 \end{pmatrix}. \tag{50}$$

(50)式所示的矩阵是 A 的另一个平方根，由此看出，A 的平方根不唯一。

例 29 证明:不可逆的 n 级复矩阵 A 有平方根当且仅当 A 的 Jordan 标准形 J 中主对角元为 0 的 Jordan 块按照$\{J_r(0), J_r(0)\}$或$\{J_r(0), J_{r+1}(0)\}$成对出现,只有 1 级 Jordan 块 $J_1(0)$可以单独出现。

证明 充分性。把 A 的 Jordan 标准形中主对角元为 0 的 Jordan 块调至前面,组成一个 Jordan 形矩阵 B,把主对角元不为 0 的 Jordan 块调至后面,组成一个 Jordan 形矩阵 C,则

$$J = \mathrm{diag}\{B, C\},$$

其中 B 是 n_1 级幂零矩阵,C 是 n_2 级可逆矩阵。据例 27 得,存在 n_2 级可逆复矩阵 G 使得 $G^2 = C$。已知 B 中 Jordan 块按照$\{J_r(0), J_r(0)\}$或$\{J_r(0), J_{r+1}(0)\}$成对出现,只有 $J_1(0)$可以单独出现。由于

$$J_{2r}(0)^2 \sim \mathrm{diag}\{J_r(0), J_r(0)\},$$

$$J_{2r+1}(0)^2 \sim \mathrm{diag}\{J_r(0), J_{r+1}(0)\},$$

$$J_1(0)^2 = J_1(0);$$

因此存在 n_1 级复矩阵 H,使得 $H^2 = B$,从而

$$(\mathrm{diag}\{H, G\})^2 = \mathrm{diag}\{B, C\} = J.$$

由于 $A \sim J$,因此存在 n 级复矩阵 P,使得 $A = P^{-1}JP$。从而

$$A = P^{-1}(\mathrm{diag}\{H, G\})^2 P = (P^{-1}\mathrm{diag}\{H, G\}P)^2.$$

必要性。设 A 有平方根 M,即 $M^2 = A$。设 M 的 Jordan 标准形为 J_M,把 J_M 中的主对角元为 0 的 Jordan 块调至前面组成 Jordan 形矩阵 N;其余的 Jordan 块调到后面,组成 Jordan 形矩阵 L,则 $J_M = \mathrm{diag}\{N, L\}$,其中 N 是幂零矩阵,L 是可逆矩阵。由于 $M \sim J_M$,因此 $M^2 \sim J_M^2$。从而 $A \sim J_M^2$。由于 $A \sim J$,因此 $J_M^2 \sim J$。即

$$\mathrm{diag}\{N^2, L^2\} \sim \mathrm{diag}\{B, C\}.$$

由于 N^2 是幂零矩阵,L^2 是可逆矩阵,因此 $N^2 \sim B$,$L^2 \sim C$。从而 N 是 n_1 级矩阵,L 是 n_2 级矩阵。假如 B 中有一个 u 级($u > 1$)Jordan 块 $J_u(0)$,没有另一个 Jordan 块 $J_u(0)$或 $J_{u+1}(0)$与它匹配,那么 N 中需要有一个 u 级 Jordan 块 $\tilde{J}_u(0)$,使得 $\tilde{J}_u(0)^2 \sim J_u(0)$。但是 $\mathrm{rank}(\tilde{J}_u(0)^2) = u - 2$,$\mathrm{rank}(J_u(0)) = u - 1$。这与相似的矩阵有相同的秩矛盾,因此 B 中的 Jordan 块一定是按照$\{J_r(0), J_r(0)\}$或$\{J_r(0), J_{r+1}(0)\}$成对出现,只有 $J_1(0)$可以单独出现。 ■

例 30 对于例 1 第(1)小题的 A,计算 A^{10}。

解 从例 1 第(1)小题知道,A 的 Jordan 标准形是

$$J = \mathrm{diag}\left\{(1), \begin{pmatrix} 3 & 1 \\ 0 & 3 \end{pmatrix}\right\}.$$

从例 2 第(1)小题知道,可逆矩阵

$$P=\begin{pmatrix}2 & 1 & -1\\ 0 & -1 & 0\\ -1 & 2 & 0\end{pmatrix}$$

使得 $P^{-1}AP=J$。从而 $A=PJP^{-1}$,$A^{10}=PJ^{10}P^{-1}$。计算出

$$P^{-1}=\begin{pmatrix}0 & -2 & -1\\ 0 & -1 & 0\\ -1 & -5 & -2\end{pmatrix},$$

$$\begin{aligned}\begin{pmatrix}3 & 1\\ 0 & 3\end{pmatrix}^{10} &= \left[3I+\begin{pmatrix}0 & 1\\ 0 & 0\end{pmatrix}\right]^{10}\\ &= 3^{10}I+10\cdot 3^{9}\begin{pmatrix}0 & 1\\ 0 & 0\end{pmatrix}=\begin{pmatrix}3^{10} & 10\cdot 3^{9}\\ 0 & 3^{10}\end{pmatrix}.\end{aligned}$$

因此

$$\begin{aligned}A^{10} &= P\begin{pmatrix}1 & 0 & 0\\ 0 & 3^{10} & 10\cdot 3^{9}\\ 0 & 0 & 3^{10}\end{pmatrix}P^{-1}\\ &= \begin{pmatrix}-7\cdot 3^{9} & -38\cdot 3^{9}-4 & -14\cdot 3^{9}-2\\ 10\cdot 3^{9} & 53\cdot 3^{9} & 20\cdot 3^{9}\\ -20\cdot 3^{9} & -106\cdot 3^{9}+2 & -40\cdot 3^{9}+1\end{pmatrix}.\end{aligned}$$

例 31 设

$$A=\begin{pmatrix}1 & 0 & 0\\ 1 & 0 & 1\\ 0 & 1 & 0\end{pmatrix}.$$

求 $A^{100}+2A^{90}+3A^{60}$。

解 令 $g(\lambda)=\lambda^{100}+2\lambda^{90}+3\lambda^{60}$。计算 A 的特征多项式

$$f(\lambda)=|\lambda I-A|=(\lambda-1)^{2}(\lambda+1)=\lambda^{3}-\lambda^{2}-\lambda+1.$$

用 $f(\lambda)$ 去除 $g(\lambda)$,作带余除法:

$$g(\lambda)=h(\lambda)f(\lambda)+r(\lambda),\deg r(\lambda)<\deg f(\lambda)=3. \tag{51}$$

设 $r(\lambda)=c_2\lambda^2+c_1\lambda+c_0$,其中 c_2,c_1,c_0 待定。

$$A^{100}+2A^{90}+3A^{60}=g(A)=r(A). \tag{52}$$

λ 分别用 A 的特征值 $1,-1$ 代入,从(51)式得

$$6=c_2+c_1+c_0, \tag{53}$$

$$6 = c_2 - c_1 + c_0, \tag{54}$$

在(51)式两边求导数,得

$$g'(\lambda) = h'(\lambda)f(\lambda) + h(\lambda)f'(\lambda) + r'(\lambda).$$

即

$$\begin{aligned} &100\lambda^{99} + 180\lambda^{89} + 180\lambda^{59} \\ &= h'(\lambda)f(\lambda) + h(\lambda)f'(\lambda) + 2c_2\lambda + c_1. \end{aligned} \tag{55}$$

λ 用 1 代入,注意 1 是 $f(\lambda)$的 2 重根,因此 $f'(1)=0$。从(55)式得

$$460 = 2c_2 + c_1. \tag{56}$$

联立(53),(54),(56),解得

$$c_2 = 230, c_1 = 0, c_0 = -224.$$

因此

$$A^{100} + 2A^{90} + 3A^{60} = 230A^2 - 224I.$$

$$A^2 = \begin{pmatrix} 1 & 0 & 0 \\ 1 & 0 & 1 \\ 0 & 1 & 0 \end{pmatrix}\begin{pmatrix} 1 & 0 & 0 \\ 1 & 0 & 1 \\ 0 & 1 & 0 \end{pmatrix} = \begin{pmatrix} 1 & 0 & 0 \\ 1 & 1 & 0 \\ 0 & 0 & 1 \end{pmatrix}.$$

于是

$$A^{100} + 2A^{90} + 3A^{60} = \begin{pmatrix} 6 & 0 & 0 \\ 230 & 6 & 0 \\ 230 & 0 & 6 \end{pmatrix}. \tag{57}$$

例 32 设 A 为例 31 中的 3 级矩阵。证明:当 $k \geqslant 3$ 时,有

$$A^k = A^{k-2} + A^2 - I. \tag{58}$$

然后利用这个公式计算 A^{100}, A^{90}, A^{60},以及 $A^{100} + 2A^{90} + 3A^{60}$。

证明 在例 31 中已计算出 $f(\lambda) = \lambda^3 - \lambda^2 - \lambda + 1$。因此

$$A^3 = A^2 + A - I. \tag{59}$$

于是当 $k=3$ 时,公式(58)成立。

假设 $k(\geqslant 3)$时公式(58)成立,来看 $k+1$ 的情形。

$$\begin{aligned} A^{k+1} &= A(A^{k-2} + A^2 - I) = A^{k-1} + A^3 - A \\ &= A^{k-1} + (A^2 + A - I) - A = A^{k-1} + A^2 - I. \end{aligned}$$

据数学归纳法原理,公式(58)对一切大于 2 的整数 k 成立。

$$A^4 = A^2 + A^2 - I = 2A^2 - I.$$

猜测

$$A^{2r} = rA^2 - (r-1)I. \tag{60}$$

当 $r=2$ 时,公式(60)成立。假设 $r(\geqslant 2)$ 时公式(60)成立,来看 $r+1$ 的情形:

$$\begin{aligned}A^{2(r+1)} &= A^{2r}A^2 = (rA^2-(r-1)I)A^2 \\ &= rA^4-(r-1)A^2 \\ &= r(2A^2-I)-(r-1)A^2 \\ &= (r+1)A^2-rI.\end{aligned}$$

因此对一切大于 1 的正整数 r,公式(60)成立,从而

$$A^{100} = 50A^2-49I = \begin{pmatrix}1&0&0\\50&1&0\\50&0&1\end{pmatrix},$$

$$A^{90} = 45A^2-44I = \begin{pmatrix}1&0&0\\45&1&0\\45&0&1\end{pmatrix},$$

$$A^{60} = 30A^2-29I = \begin{pmatrix}1&0&0\\30&1&0\\30&0&1\end{pmatrix},$$

$$A^{100}+2A^{90}+3A^{60} = \begin{pmatrix}6&0&0\\230&6&0\\230&0&6\end{pmatrix}.$$

点评 例 31 和例 32 给出了计算 $A^{100}+2A^{90}+3A^{60}$ 的两种方法,这两种方法都利用了 Hamilton-Cayley 定理。例 30 是利用 A 的 Jordan 标准形计算 A 的方幂。计算 A 的方幂的这 3 种方法究竟选用哪一种,应具体问题具体分析。用 Jordan 标准形计算 A 的方幂的难点在于过渡矩阵 P 有时不是很容易求出。

例 33 设 $\boldsymbol{A}$ 是域 F 上 n 维线性空间 V 上的线性变换,$\boldsymbol{A}$ 的特征多项式 $f(\lambda)$ 在 $F[\lambda]$ 中可以分解成一次因式的乘积,$\lambda_1,\lambda_2,\cdots,\lambda_s$ 是 $\boldsymbol{A}$ 的所有不同的特征值。证明:$\boldsymbol{A}$ 的 Jordan 标准形 J 恰好由 s 个 Jordan 块组成当且仅当对于 $\boldsymbol{A}$ 的每个特征值 λ_j 有 $\dim V_{\lambda_j}=1$。

证明 $\boldsymbol{A}$ 的 Jordan 标准形 J 中,主对角元为 λ_j 的 Jordan 块的总数为

$$\begin{aligned}n-\operatorname{rank}(\boldsymbol{A}-\lambda_j\boldsymbol{I}) &= n-\dim(\operatorname{Im}(\boldsymbol{A}-\lambda_j\boldsymbol{I})) \\ &= \dim\operatorname{Ker}(\boldsymbol{A}-\lambda_j\boldsymbol{I}) = \dim V_{\lambda_j}.\end{aligned}$$

因此,$\boldsymbol{A}$ 的 Jordan 标准形 J 恰好由 s 个 Jordan 块组成

$\Leftrightarrow$ J 中主对角元为 λ_j 的 Jordan 块恰有 1 个,$j=1,2,\cdots,s$

$\Leftrightarrow$ $\dim V_{\lambda_j}=1, j=1,2,\cdots,s$。 ■

例 34 设 $\boldsymbol{A}$ 是域 F 上 n 维线性空间 V 上的线性变换,且 $\boldsymbol{A}$ 有 Jordan 标准形 $J=$

$\mathrm{diag}\{J_{n_1}(\lambda_1),J_{n_2}(\lambda_2),\cdots,J_{n_s}(\lambda_s)\}$。证明：$V$ 中恰有 s 个 1 维 $\boldsymbol{A}$ 不变子空间当且仅当 λ_1，$\lambda_2,\cdots,\lambda_s$ 两两不等。

证明 V 中 1 维 $\boldsymbol{A}$ 不变子空间是由 $\boldsymbol{A}$ 的一个特征向量生成的子空间，从而它是 $\boldsymbol{A}$ 的某个特征子空间的一个 1 维子空间。

充分性。设 $\lambda_1,\lambda_2,\cdots,\lambda_s$ 两两不等。由于 $\boldsymbol{A}$ 的 Jordan 标准形 J 恰由 s 个 Jordan 块 $J_{n_1}(\lambda_1),J_{n_2},\cdots,J_{n_s}(\lambda_s)$组成，因此据例 33 的必要性得，对于 $\boldsymbol{A}$ 的每个特征值 λ_j，有 $\dim V_{\lambda_j}=1$。由于每个 1 维 $\boldsymbol{A}$ 不变子空间是某个 V_{λ_j} 的 1 维子空间，因此 1 维 $\boldsymbol{A}$ 不变子空间恰有 s 个：$V_{\lambda_1},V_{\lambda_2},\cdots,V_{\lambda_s}$。

必要性。设 V 中恰有 s 个 1 维 A 不变子空间。设 A 在 V 的一个基 $\alpha_{11},\cdots,\alpha_{1n_1},\cdots,\alpha_{s1}\cdots,\alpha_{sn_s}$ 下的矩阵为 Jordan 形矩阵 $J=\mathrm{diag}\{J_{n_1}(\lambda_1),J_{n_2},\cdots,J_{n_s}(\lambda_s)\}$。对于 Jordan 块 $J_{n_i}(\lambda_i)$，有 $\boldsymbol{A}\alpha_{i1}=\lambda_i\alpha_{i1}$，于是 α_{i1} 是 $\boldsymbol{A}$ 的属于特征值 λ_i 的一个特征向量。从而 $\langle\alpha_{i1}\rangle$ 是 1 维 $\boldsymbol{A}$ 不变子空间。因此 V 中至少有 s 个 1 维 $\boldsymbol{A}$ 不变子空间：$\langle\alpha_{11}\rangle,\langle\alpha_{21}\rangle,\cdots,\langle\alpha_{s1}\rangle$。假如 $\lambda_1,\lambda_2,\cdots,\lambda_s$ 中有相同的，不妨设 $\lambda_1=\lambda_2$。由于 $\langle\alpha_{11}\rangle\subseteq V_{\lambda_1}$，$\langle\alpha_{21}\rangle\subseteq V_{\lambda_2}=V_{\lambda_1}$，因此 $\dim V_{\lambda_1}\geqslant 2$。由于 $\alpha_{11}+\alpha_{21}\in V_{\lambda_1}$，且 $\alpha_{11}+\alpha_{21}\neq 0$，因此 $\langle\alpha_{11}+\alpha_{21}\rangle$ 也是 1 维 $\boldsymbol{A}$ 不变子空间，于是 V 中 1 维 $\boldsymbol{A}$ 不变子空间至少有 $s+1$ 个。矛盾。因此 $\lambda_1,\lambda_2,\cdots,\lambda_s$ 两两不等。 ■

点评 从例 34 的必要性的证明中看到：如果 $\boldsymbol{A}$ 在 V 的一个基 $\alpha_{11},\cdots,\alpha_{1n_1},\alpha_{21},\cdots,\alpha_{2n_2},\cdots,\alpha_{s1},\cdots,\alpha_{sn_s}$ 下的矩阵是 Jordan 形矩阵 $J=\mathrm{diag}\{J_{n_1}(\lambda_1),J_{n_2}(\lambda_2),\cdots,J_{n_s}(\lambda_s)\}$，那么对于其中的每个 Jordan 块 $J_{n_i}(\lambda_i)$，基向量 α_{i1} 是 $\boldsymbol{A}$ 的属于特征值 λ_i 的一个特征向量，$i=1,2,\cdots,s$。从而 V 中至少有 s 个一维 $\boldsymbol{A}$ 不变子空间：$\langle\alpha_{11}\rangle,\langle\alpha_{21}\rangle,\cdots,\langle\alpha_{s1}\rangle$。

习题 9.8

1. 求下列数域 K 上的矩阵 A 的 Jordan 标准形：

(1) $\begin{pmatrix}4&-5&2\\5&-7&3\\6&-9&4\end{pmatrix}$；　(2) $\begin{pmatrix}1&-3&4\\4&-7&8\\6&-7&7\end{pmatrix}$；　(3) $\begin{pmatrix}13&16&16\\-5&-7&-6\\-6&-8&-7\end{pmatrix}$；

(4) $\begin{pmatrix}3&0&8\\3&-1&6\\-2&0&-5\end{pmatrix}$；　(5) $\begin{pmatrix}3&-4&0&2\\4&-5&-2&4\\0&0&3&-2\\0&0&2&-1\end{pmatrix}$。

2. 对于第 1 题的第(1)、(2)、(4)小题中的矩阵 A，求可逆矩阵 P，使得 $P^{-1}AP=J$。

3. 设域 F 上的 n 级矩阵 A 为上三角形矩阵，其主对角元都为 a_1，且 $a_2\neq 0$，求 A 的

Jordan 标准形：

$$A=\begin{pmatrix} a_1 & a_2 & a_3 & \cdots & a_{n-1} & a_n \\ 0 & a_1 & a_2 & \cdots & a_{n-2} & a_{n-1} \\ \vdots & \vdots & \vdots & & \vdots & \vdots \\ 0 & 0 & 0 & \cdots & a_1 & a_2 \\ 0 & 0 & 0 & \cdots & 0 & a_1 \end{pmatrix}.$$

4. 设 A 是 n 级复矩阵，$n>1$。如果 $\text{rank}(A)=1$，求 A 的 Jordan 标准形。

5. 设 A 是 n 级复矩阵，$n>1$。如果 $\text{tr}(A)=\text{rank}(A)=1$，求 A 的 Jordan 标准形。

6. 对第 1 题的第(1)、(3)小题中的 A，求 A^{10}。

7. 设 $A=\begin{pmatrix} 0 & 1 \\ -1 & 2 \end{pmatrix}$，求 $A^{100}+3A^{23}+A^{20}$。

8. 设 $A=\begin{pmatrix} 2 & 2 & 1 \\ 1 & 3 & 1 \\ 1 & 2 & 2 \end{pmatrix}$，求 A^{1000}。

9. 设 $1<k<n$，求 $J_n(0)^k$ 的 Jordan 标准形。

10. 证明：如果 n_1 级复矩阵 A_1 与 n_2 级复矩阵 A_2 没有公共的特征值，那么对任意 $n_1\times n_2$ 复矩阵 B,C，有

$$\begin{pmatrix} A_1 & B \\ 0 & A_2 \end{pmatrix}\sim\begin{pmatrix} A_1 & C \\ 0 & A_2 \end{pmatrix}.$$

11. 下列复矩阵 A 有没有平方根？如果有，求出 A 的一个平方根。

(1) $\begin{pmatrix} 4 & -5 & 2 \\ 5 & -7 & 3 \\ 6 & -9 & 4 \end{pmatrix}$；　　(2) $\begin{pmatrix} 1 & -3 & 4 \\ 4 & -7 & 8 \\ 6 & -7 & 7 \end{pmatrix}$。

12. 设 $\boldsymbol{A}$ 是复数域上 n 维线性空间 V 上的一个线性变换。证明：如果 V 中只有一个 1 维 $\boldsymbol{A}$ 不变子空间，那么 V 不能分解成 $\boldsymbol{A}$ 的非平凡不变子空间的直和。

13. 证明：任一 n 级可逆复矩阵 A 都有 k 次方根，其中 k 是任一正整数(即存在 n 级复矩阵 B 使得 $B^k=A$)。

14. 设

$$B=\begin{pmatrix} 0 & 0 & \cdots & 0 & 1 \\ 0 & 0 & \cdots & 1 & 0 \\ \vdots & \vdots & & \vdots & \vdots \\ 0 & 1 & \cdots & 0 & 0 \\ 1 & 0 & \cdots & 0 & 0 \end{pmatrix}\in M_n(\mathbf{C}),$$

令 $S=\frac{1}{\sqrt{2}}(I+\mathrm{i}B)$。对于 Jordan 块 $J_n(a)\in M_n(\mathbf{C})$，证明：

$$SJ_n(a)S^{-1}=aI+\frac{1}{2}\sum_{k=1}^{n-1}[E_{k,k+1}+E_{k+1,k}+\mathrm{i}(E_{n-k+1,k+1}-E_{n-k,k})].$$

15. 证明：每一个 n 级复矩阵相似于一个对称矩阵。

*9.9 线性变换的有理标准形

9.9.1 内容精华

设 $\boldsymbol{A}$ 是域 F 上 n 维线性空间 V 上的线性变换，如表 9-1 所示。如果 $\boldsymbol{A}$ 的最小多项式 $m(\lambda)$ 在 $F[\lambda]$ 中不能分解成一次因式的乘积，那么 $\boldsymbol{A}$ 的最简单形式的矩阵表示是什么样呢？我们采取类比的方法来探讨这个问题。表 9-1 中左半部分是 $\boldsymbol{A}$ 的最小多项式 $m(\lambda)$ 在 $F[\lambda]$ 中能分解成一次因式乘积的情形；右半部分是 $m(\lambda)$ 在 $F[\lambda]$ 中不能分解成一次因式乘积的情形。右半部分所叙述的结论是根据 9.6 节的例 18、例 8 及其后面的点评。

表 9-1

设 $\boldsymbol{A}$ 是域 F 上 n 维线性空间 V 上的线性变换	
$m(\lambda)=(\lambda-\lambda_1)^{l_1}(\lambda-\lambda_2)^{l_2}\cdots(\lambda-\lambda_s)^{l_s}$，其中 $\lambda_1,\lambda_2,\cdots,\lambda_s$ 是域 F 中两两不等的元素	$m(\lambda)=p_1^{l_1}(\lambda)p_2^{l_2}(\lambda)\cdots p_s^{l_s}(\lambda)$，其中 $p_1(\lambda),p_2(\lambda),\cdots,p_s(\lambda)$ 是域 F 上两两不等的首一不可约多项式
$V=\bigoplus_{j=1}^{s}\mathrm{Ker}(\boldsymbol{A}-\lambda_j\boldsymbol{I})^{l_j}$。记 $W_j=\mathrm{Ker}(\boldsymbol{A}-\lambda_j\boldsymbol{I})^{l_j}$，$\boldsymbol{A}\|W_j$ 的最小多项式为 $(\lambda-\lambda_j)^{l_j}$	$V=\bigoplus_{j=1}^{s}\mathrm{Ker}\,p_j^{l_j}(\boldsymbol{A})$，记 $W_j=\mathrm{Ker}\,p_j^{l_j}(\boldsymbol{A})$，$\boldsymbol{A}\|W_j$ 的最小多项式为 $p_j^{l_j}(\lambda)$
令 $\boldsymbol{B}_j=\boldsymbol{A}\|W_j-\lambda_j\boldsymbol{I}$，$\boldsymbol{B}_j$ 是 W_j 上的幂零变换，其幂零指数为 l_j	令 $\boldsymbol{B}_j=p_j(\boldsymbol{A}\|W_j)$，$\boldsymbol{B}_j$ 是 W_j 上的幂零变换，其幂零指数为 l_j。令 $\boldsymbol{C}_j=\boldsymbol{A}\|W_j$，$\boldsymbol{C}_j$ 是 W_j 上的线性变换，$\boldsymbol{C}_j$ 的最小多项式为 $p_j^{l_j}(\lambda)$

在 $m(\lambda)$ 可以分解成一次因式乘积的情形，从 $\boldsymbol{B}_j$ 的表达式 $\boldsymbol{B}_j=\boldsymbol{A}|W_j-\lambda_j\boldsymbol{I}$ 可以很容易解出 $\boldsymbol{A}|W_j=\boldsymbol{B}_j+\lambda_j\boldsymbol{I}$。因此只要把 $\boldsymbol{B}_j$ 的最简单形式的矩阵表示研究清楚了，便可立即得到 $\boldsymbol{A}|W_j$ 的最简单形式的矩阵表示，进而得到 $\boldsymbol{A}$ 的最简单形式的矩阵表示。但是在 $m(\lambda)$ 不能分解成一次因式乘积的情形，从 $\boldsymbol{B}_j=p_j(\boldsymbol{A}|W_j)$ 不容易解出 $\boldsymbol{A}|W_j$，因此我们直接研究 $\boldsymbol{A}|W_j$，把它记作 $\boldsymbol{C}_j$。$\boldsymbol{C}_j$ 是 W_j 上的线性变换，$\boldsymbol{C}_j$ 的最小多项式是 $p_j^{l_j}(\lambda)$，其中 $p_j(\lambda)$ 在 F 上不可约。只要把 $\boldsymbol{C}_j$ 的最简单形式的矩阵表示研究清楚了，就可得到 $\boldsymbol{A}$ 的最简单形式的

矩阵表示。在表 9-2 中继续进行类比。

表 9-2

<table>
<tr><td colspan="2">设 W 是域 F 上 m 维线性空间</td></tr>
<tr><td>$\boldsymbol{B}$ 是 W 上的幂零变换,其幂零指数为 l。于是 $\boldsymbol{B}$ 的最小多项式 $m(\lambda)=\lambda^l$,从而 $\forall\alpha\in W$,有 $\boldsymbol{B}^l\alpha=0$</td><td>$\boldsymbol{C}$ 是 W 上的线性变换,$\boldsymbol{C}$ 的最小多项式 $m(\lambda)=p^l(\lambda)$,其中 $p(\lambda)$ 是域 F 上不可约多项式,从而 $\forall\alpha\in W$,有 $p^l(\boldsymbol{C})\alpha=0$</td></tr>
<tr><td>若存在 $\eta\in W$ 且有正整数 t,使得
$\boldsymbol{B}^{t-1}\eta\neq 0,\boldsymbol{B}^t\eta=0$,
则称子空间 $\langle\boldsymbol{B}^{t-1}\eta,\cdots,\boldsymbol{B}\eta,\eta\rangle$ 是由 η 生成的 **$\boldsymbol{B}$-强循环子空间**
$\boldsymbol{B}\vert\langle\boldsymbol{B}^{t-1}\eta,\cdots,\boldsymbol{B}\eta,\eta\rangle$ 在基 $\boldsymbol{B}^{t-1}\eta,\cdots,\boldsymbol{B}\eta,\eta$ 下的矩阵是
$$\begin{pmatrix}0&1&0&\cdots&0&0\\0&0&1&\cdots&0&0\\0&0&0&\cdots&0&0\\\vdots&\vdots&\vdots&&\vdots&\vdots\\0&0&0&\cdots&1&0\\0&0&0&\cdots&0&1\\0&0&0&\cdots&0&0\end{pmatrix},$$
称这种形式的矩阵是主对角元为 0 的一个 t 级 **Jordan 块**,记作 $J_t(0)$,它的特征多项式为 λ^t,它的最小多项式也为 λ^t</td><td>若存在 $\xi\in W$ 且有正整数 t,使得 $\xi,\boldsymbol{C}\xi,\cdots,\boldsymbol{C}^{t-1}\xi$ 线性无关,且 $\boldsymbol{C}^t\xi$ 可以由 $\xi,\boldsymbol{C}\xi,\cdots,\boldsymbol{C}^{t-1}\xi$ 线性表出,则称子空间 $\langle\xi,\boldsymbol{C}\xi,\cdots,\boldsymbol{C}^{t-1}\xi\rangle$ 是由 ξ 生成的 **$\boldsymbol{C}$-循环子空间**
$\boldsymbol{C}\vert\langle\xi,\boldsymbol{C}\xi,\cdots,\boldsymbol{C}^{t-1}\xi\rangle$ 在基 $\xi,\boldsymbol{C}\xi,\cdots,\boldsymbol{C}^{t-1}\xi$ 下的矩阵是
$$\begin{pmatrix}0&0&\cdots&0&-a_0\\1&0&\cdots&0&-a_1\\0&1&\cdots&0&-a_2\\\vdots&\vdots&&\vdots&\vdots\\0&0&\cdots&0&-a_{t-2}\\0&0&\cdots&1&-a_{t-1}\end{pmatrix},$$
其中 $\boldsymbol{C}^t\xi=-a_{t-1}\boldsymbol{C}^{t-1}\xi-\cdots-a_1\boldsymbol{C}\xi-a_0\xi$。称上述这种形式的矩阵是一个由 ξ 生成的 t 级**有理块**,记作 $C_t(\xi)$,它的特征多项式 $f_\xi(\lambda)$ 为 $f_\xi(\lambda)=\lambda^t+a_{t-1}\lambda^{t-1}+\cdots+a_1\lambda+a_0$,它的最小多项式 $m_\xi(\lambda)=f_\xi(\lambda)$。由于 $\boldsymbol{C}$ 的最小多项式 $m(\lambda)=p^l(\lambda)$,因此 $m_\xi(\lambda)=p^k(\lambda),k\leqslant l$。称上述有理块是多项式 $f_\xi(\lambda)$ 的**友矩阵**</td></tr>
<tr><td>**定理 1** 设 $\boldsymbol{B}$ 是 W 上的幂零变换,其幂零指数为 l,则 W 能分解成 $\dim W_0$ 个 $\boldsymbol{B}$-强循环子空间的直和,其中 W_0 是 $\boldsymbol{B}$ 的属于特征值 0 的特征子空间
定理 2 条件同定理 1。则 W 中存在一个基,使得 $\boldsymbol{B}$ 在此基下的矩阵是 **Jordan 形矩阵**,称它是 $\boldsymbol{B}$ 的 **Jordan 标准形**,除了 Jordan 块的排列次序外,$\boldsymbol{B}$ 的 Jordan 标准形是唯一的</td><td>**猜想 1** 设 $\boldsymbol{C}$ 是 W 上的线性变换,$\boldsymbol{C}$ 的最小多项式 $m(\lambda)=p^l(\lambda)$,其中 $p(\lambda)$ 在域 F 上不可约,则 W 能分解成 $\frac{1}{r}\dim W_0$ 个 $\boldsymbol{C}$-循环子空间的直和,其中 $r=\deg p(\lambda)$,W_0 是 $p(\boldsymbol{C})$ 的属于特征值 0 的特征子空间
猜想 2 条件同猜想 1。则 W 中存在一个基,使得 $\boldsymbol{C}$ 在此基下的矩阵是由有理块组成的分块对角矩阵,称它为 $\boldsymbol{C}$ 的**有理标准形**。除了有理块的排列次序外,$\boldsymbol{C}$ 的有理标准形是唯一的</td></tr>
</table>

下面围绕猜想 1 来讨论。

设 $\boldsymbol{C}$ 是域 F 上 m 维线性空间 W 上的线性变换，$\boldsymbol{C}$ 的最小多项式 $m(\lambda)=p^l(\lambda)$，其中 $p(\lambda)$ 是域 F 上不可约多项式，从而 $\forall\alpha\in W$，有 $p^l(\boldsymbol{C})\alpha=0$。由此受到启发，引出下述概念：

定义 1　设 W 是域 F 上的线性空间，$\boldsymbol{C}$ 是 W 上的线性变换，对于 $\alpha\in W$，如果存在 $g(\lambda)\in F[\lambda]$，使得 $g(\boldsymbol{C})\alpha=0$，那么称 $g(\lambda)$ 是 **$\boldsymbol{\alpha}$ 的一个零化多项式**。

显然，$\boldsymbol{C}$ 的最小多项式 $m(\lambda)$ 是 W 中任一向量 α 的一个零化多项式。

定义 2　条件同定义 1，α 的所有非零的零化多项式中次数最低的首一多项式称为 **$\boldsymbol{\alpha}$ 的最小多项式**，记作 $m_\alpha(\lambda)$。

利用带余除法，容易证明 α 的最小多项式 $m_\alpha(\lambda)$ 能整除 α 的任一零化多项式，特别地，$m_\alpha(\lambda)$ 能整除 $\boldsymbol{C}$ 的最小多项式 $m(\lambda)$。

对于 $\alpha\in W$ 且 $\alpha\neq0$，设 α 的最小多项式 $m_\alpha(\lambda)$ 为

$$m_\alpha(\lambda)=\lambda^r+b_{r-1}\lambda^{r-1}+\cdots+b_1\lambda+b_0. \tag{1}$$

则 $m_\alpha(\boldsymbol{C})\alpha=0$，从而

$$\boldsymbol{C}^r\alpha=-b_{r-1}\boldsymbol{C}^{r-1}\alpha-\cdots-b_1\boldsymbol{C}\alpha-b_0\alpha.$$

假如 $\alpha,\boldsymbol{C}\alpha,\cdots,\boldsymbol{C}^{r-1}\alpha$ 线性相关，则与 $m_\alpha(\lambda)$ 是 α 的最小多项式矛盾，因此 $\alpha,\boldsymbol{C}\alpha,\cdots,\boldsymbol{C}^{r-1}\alpha$ 线性无关。从而

$$\langle\alpha,\boldsymbol{C}\alpha,\cdots,\boldsymbol{C}^{r-1}\alpha\rangle$$

是一个 $\boldsymbol{C}$-循环子空间。从表 9-2 中的内容知道，$\boldsymbol{C}|\langle\alpha,\boldsymbol{C}\alpha,\cdots,\boldsymbol{C}^{r-1}\alpha\rangle$ 的特征多项式与最小多项式都等于

$$\lambda^r+b_{r-1}\lambda^{r-1}+\cdots+b_1\lambda+b_0,$$

即都等于 α 的最小多项式 $m_\alpha(\lambda)$。于是我们证明了：

命题 1　设 $\boldsymbol{C}$ 是域 F 上线性空间 W 上的线性变换。对于 $\alpha\in W$ 且 $\alpha\neq0$，如果 α 的最小多项式 $m_\alpha(\lambda)$ 为

$$m_\alpha(\lambda)=\lambda^r+b_{r-1}\lambda^{r-1}+\cdots+b_1\lambda+b_0,$$

那么子空间 $\langle\alpha,\boldsymbol{C}\alpha,\cdots,\boldsymbol{C}^{r-1}\alpha\rangle$ 是由 α 生成的 $\boldsymbol{C}$-循环空间，并且 $\boldsymbol{C}|\langle\alpha,\boldsymbol{C}\alpha,\cdots,\boldsymbol{C}^{r-1}\alpha\rangle$ 的特征多项式与最小多项式都等于生成元 α 的最小多项式 $m_\alpha(\lambda)$。 ■

利用命题 1 可以得到下述结论：

定理 1　设 $\boldsymbol{C}$ 是域 F 上 n 维线性空间 W 上的线性变换，如果 $\boldsymbol{C}$ 的最小多项式 $m(\lambda)=p(\lambda)$，其中 $p(\lambda)$ 是域 F 上的不可约多项式，那么 W 能分解成 u 个 $\boldsymbol{C}$-循环子空间的直和，其中 u 是 $\boldsymbol{C}$ 的特征多项式 $f(\lambda)=p^u(\lambda)$ 的幂指数。

证明　对线性空间的维数作第二数学归纳法，若 W 的维数 $m=1$，则 $W=\langle\alpha\rangle$。由于 $\boldsymbol{C}\alpha\in W$，因此 $\boldsymbol{C}\alpha=k\alpha$，对某个 $k\in F$。从而 $\langle\alpha\rangle$ 是 $\boldsymbol{C}$-循环子空间。由于 $\boldsymbol{C}$ 在 W 的基 α 下的矩阵

为(k)。从而$\boldsymbol{C}$的特征多项式为$\lambda-k$,于是$\boldsymbol{C}$的最小多项式也为$\lambda-k$,即 $p(\lambda)=\lambda-k$。W分解成为$\boldsymbol{C}$-循环子空间的个数1等于$\boldsymbol{C}$的特征多项式$\lambda-k$的幂指数1。于是$m=1$时,命题成立。

假设对于维数小于m的线性空间命题成立,现在来看m维线性空间W的情形。任取$\alpha\in W$,且$\alpha\neq0$。由于α的最小多项式$m_\alpha(\lambda)\mid m(\lambda)$,而$m(\lambda)=p(\lambda)$是域$F$上不可约多项式,因此$m_\alpha(\lambda)=p(\lambda)$。设$p(\lambda)=\lambda^r+b_{r-1}\lambda^{r-1}+b_1\lambda+b_0$,据命题1得,$\langle\alpha,\boldsymbol{C}\alpha,\cdots,\boldsymbol{C}^{r-1}\alpha\rangle$是由$\alpha$生成的$\boldsymbol{C}$-循环子空间,记作$W_1$,于是$\dim W/W_1=m-r<m$。$\boldsymbol{C}$在$W/W_1$上诱导的线性变换记作$\tilde{\boldsymbol{C}}$,对于任意$\beta+W_1\in W/W_1$,有

$$p(\tilde{\boldsymbol{C}})(\beta+W_1)=p(\boldsymbol{C})\beta+W_1=W_1.$$

因此$p(\tilde{\boldsymbol{C}})=\boldsymbol{0}$。从而$p(\lambda)$是$\tilde{\boldsymbol{C}}$的一个零化多项式。于是$\tilde{\boldsymbol{C}}$的最小多项式$\tilde{m}(\lambda)\mid p(\lambda)$。由于$p(\lambda)$不可约,因此$\tilde{m}(\lambda)=p(\lambda)$。由于$\boldsymbol{C}|W_1$的特征多项式和最小多项式都等于生成元$\alpha$的最小多项式$m_\alpha(\lambda)$,而$m_\alpha(\lambda)=p(\lambda)$,因此$\boldsymbol{C}|W_1$的特征多项式等于$p(\lambda)$。又于由$\boldsymbol{C}$的特征多项式$f(\lambda)=p^u(\lambda)$,因此$\tilde{\boldsymbol{C}}$的特征多项式等于$p^{u-1}(\lambda)$。记$u-1=s$。对$W/W_1$上的线性变换$\tilde{\boldsymbol{C}}$用归纳假设得,$W/W_1$能分解成$s$个$\tilde{\boldsymbol{C}}$-循环子空间的直和:

$$W/W_1=\bigoplus_{j=1}^{s}\langle\xi_j+W_1,\tilde{\boldsymbol{C}}(\xi_j+W_1),\cdots,\tilde{\boldsymbol{C}}^{t_j-1}(\xi_j+W_1)\rangle. \tag{2}$$

据命题1得,$\tilde{\boldsymbol{C}}|\langle\xi_j+W_1,\tilde{\boldsymbol{C}}(\xi_j+W_1),\cdots,\tilde{\boldsymbol{C}}_j^{t_j-1}(\xi_j+W_1)\rangle$的最小多项式等于$\xi_j+W$的最小多项式$\tilde{m}_{\xi_j}(\lambda)$,由于$\tilde{m}_{\xi_j}(\lambda)\mid\tilde{m}(\lambda)$,而$\tilde{m}(\lambda)=p(\lambda)$,因此$\tilde{m}_{\xi_j}(\lambda)=p(\lambda)$。从而$t_j=r$。于是(2)式成为

$$W/W_1=\bigoplus_{j=1}^{s}\langle\xi_j+W_1,\tilde{\boldsymbol{C}}(\xi_j+W_1),\cdots,\tilde{\boldsymbol{C}}^{r-1}(\xi_j+W_1)\rangle. \tag{3}$$

由此得出

$$\xi_1+W_1,\boldsymbol{C}\xi_1+W_1,\cdots,\boldsymbol{C}^{r-1}\xi_1+W_1,\cdots,\xi_s+W_1,\boldsymbol{C}\xi_s+W_1,\cdots,\boldsymbol{C}^{r-1}\xi_s+W_1$$

是W/W_1的一个基,令

$$U=\langle\xi_1,\boldsymbol{C}\xi_1,\cdots,\boldsymbol{C}^{r-1}\xi_1,\cdots,\xi_s,\boldsymbol{C}\xi_s,\cdots,\boldsymbol{C}^{r-1}\xi_s\rangle. \tag{4}$$

据8.4节命题1得

$$W=W_1\oplus U, \tag{5}$$

且$\xi_1,\boldsymbol{C}\xi_1,\cdots,\boldsymbol{C}^{r-1}\xi_1,\cdots,\xi_s,\boldsymbol{C}\xi,\cdots,\boldsymbol{C}^{r-1}\xi_s$是$U$的一个基。

由于$\boldsymbol{C}$的最小多项式$m(\lambda)=p(\lambda)$,因此$p(\boldsymbol{C})=\boldsymbol{0}$。从而$\forall\gamma\in W$,有$0=p(\boldsymbol{C})\gamma=\boldsymbol{C}^r\gamma+b_{r-1}\boldsymbol{C}^{r-1}\gamma+\cdots+b_1\boldsymbol{C}\gamma+b_v\gamma$。即$\boldsymbol{C}^r\gamma=-b_{r+1}\tilde{\boldsymbol{C}}^{r-1}\gamma-\cdots-b_1\boldsymbol{C}\gamma-b_0\gamma$。由此得出

$$\langle\xi_j,\boldsymbol{C}\xi_j,\cdots,\tilde{\boldsymbol{C}}^{r-1}\xi_j\rangle$$

是由 ξ_j 生成的 $\boldsymbol{C}$-循环子空间，$j=1,2,\cdots,s$。于是由(5)式和(4)式得

$$W=\langle\alpha,\boldsymbol{C}\alpha,\cdots,\boldsymbol{C}^{r-1}\alpha\rangle\oplus\langle\xi_1,\boldsymbol{C}\xi_1,\cdots,\boldsymbol{C}^{r-1}\xi_1\rangle\oplus\cdots\oplus\langle\xi_s,\boldsymbol{C}\xi_s,\cdots,\boldsymbol{C}^{r-1}\xi_s\rangle,\quad(6)$$

即 W 分解成了 $s+1$ 个 $\boldsymbol{C}$-循环子空间的直和。由于 $s+1=u$，因此分解成的 $\boldsymbol{C}$-循环子空间的个数等于 $\boldsymbol{C}$ 的特征多项式 $p^u(\lambda)$ 的幂指数 u。

据数学归纳法原理，对一切正整数 m 命题成立。■

从定理 1 的证明过程中看出，如果 W 上线性变换 $\boldsymbol{C}$ 的最小多项式是一个不可约多项式 $p(\lambda)$，那么 W 能分解成 u 个 r 维 $\boldsymbol{C}$-循环子空间的直和，其中 $r=\deg p(\lambda)$，u 是 $\boldsymbol{C}$ 的特征多项式 $p^u(\lambda)$ 的幂指数。于是 $\dim W=ru$。从而 $u=\frac{1}{r}\dim W$。由于 $W=\operatorname{Ker} p(\boldsymbol{C})$，因此 W 是 $p(\boldsymbol{C})$ 的属于特征值 0 的特征子空间。

定理 2 设 $\boldsymbol{C}$ 是域 F 上 m 维线性空间 W 上的线性变换，如果 $\boldsymbol{C}$ 的最小多项式 $m(\lambda)=p^l(\lambda)$，其中 $p(\lambda)$ 是域 F 上的 r 次不可约多项式，那么 W 能分解成 $\frac{1}{r}\dim W_0$ 个 $\boldsymbol{C}$-循环子空间的直和，其中 W_0 是 $p(\boldsymbol{C})$ 的属于特征值 0 的特征子空间。

证明可看《高等代数(下册)——大学高等代数课程创新教材》(丘维声著)第 9 章 § 9.9 的定理 2。

定理 3 设 $\boldsymbol{C}$ 是域 F 上 m 维线性空间 W 上的线性变换，如果 $\boldsymbol{C}$ 的最小多项式 $m(\lambda)=p^l(\lambda)$，其中 $p(\lambda)$ 是域 F 上的不可约多项式，那么 W 中存在一个基，使得 $\boldsymbol{C}$ 在此基下的矩阵 C 是由 $\frac{1}{r}\dim W_0$ 个有理块组成的分块对角矩阵，其中 $r=\deg p(\lambda)$，W_0 是 $p(\boldsymbol{C})$ 的属于特征值 0 的特征子空间；C 中每个有理块的级数是 r 的倍数，且不超过 lr；hr 级有理块的个数 $N(hr)$ 为

$$N(hr)=\frac{1}{r}[\operatorname{rank}(p^{h-1}(\boldsymbol{C})+\operatorname{rank}(p^{h+1}(\boldsymbol{C})-2\operatorname{rank}(p^h(\boldsymbol{C}))],\quad(7)$$

特别地，lr 级有理块的个数 $N(lr)$ 为

$$N(lr)=\frac{1}{r}\operatorname{rank}(p^{l-1}(\boldsymbol{C}));\quad(8)$$

这个分块对角矩阵 C 称为 $\boldsymbol{C}$ 的有理标准形，除了有理块的排列次序外，$\boldsymbol{C}$ 的有理标准形是唯一的。

证明可看《高等代数(下册)——大学高等代数课程创新教材》(丘维声著)第 9 章 § 9.9 的定理 3。

在定理 3 的证明中，思路是类比 9.7 节的定理 2 的证明方法，去计算 $\operatorname{rank}(p^h(\boldsymbol{C}))$。但是在求 $\operatorname{rank}(p^h(\boldsymbol{C}))$ 时无法像 9.7 节的定理 2 那样去计算，而是从另一个角度，即 $\operatorname{rank}(p^h(\boldsymbol{C}))=\dim(p^h(\boldsymbol{C})W)$。这就是去计算 $p^h(\boldsymbol{C})W$ 的维数，其中的关键是先要计算 $\dim(p^h(\boldsymbol{C})W_t(\xi))$，为此要去求 $p^h(\boldsymbol{C})\xi$ 的最小多项式。由此看出，线性变换的最小多项式

以及向量的最小多项式起着重要作用。

定理 4 设 $\boldsymbol{A}$ 是域 F 上 n 维线性空间 V 上的线性变换，$\boldsymbol{A}$ 的最小多项式 $m(\lambda)$ 在 $F[\lambda]$ 中的标准分解式为

$$m(\lambda) = p_1^{l_1}(\lambda)\, p_2^{l_2}(\lambda) \cdots p_s^{l_s}(\lambda), \tag{9}$$

其中 $\deg p_j(\lambda)=r_j, j=1,2,\cdots,s$，则 V 中存在一个基，使得 $\boldsymbol{A}$ 在此基下的矩阵 C 是由有理块组成的分块对角矩阵；C 中对应于 $p_j^{l_j}(\lambda)$ 的有理块的总数 N_j 为

$$N_j = \frac{1}{r_j}[n - \operatorname{rank}(p_j(\boldsymbol{A}))], \tag{10}$$

其中 hr_j 级有理块的个数 $N_j(hr_j)$ 为

$$N_j(hr_j) = \frac{1}{r_j}[\operatorname{rank}(p_j^{h-1}(\boldsymbol{A})) + \operatorname{rank}(p_j^{h+1}(\boldsymbol{A})) - 2\operatorname{rank}(p_j^h(\boldsymbol{A}))]; \tag{11}$$

$h \leqslant l_j; j=1,2,\cdots,s$。这个分块对角矩阵 C 称为 $\boldsymbol{A}$ 的有理标准形，除去有理块的排列次序外，$\boldsymbol{A}$ 的有理标准形是唯一的。

证明 从 $\boldsymbol{A}$ 的最小多项式 $m(\lambda)$ 的标准分解式得

$$V = \bigoplus_{j=1}^{s} \operatorname{Ker} p_j^{l_j}(\boldsymbol{A}). \tag{12}$$

记 $W_j = \operatorname{Ker} p_j^{l_j}(\boldsymbol{A})$，令 $\boldsymbol{C}_j = \boldsymbol{A}|W_j$，则 $\boldsymbol{C}_j$ 的最小多项式为 $p_j^{l_j}(\lambda), j=1,2,\cdots,s$。据定理 3 得，在 W_j 中存在一个基，使得 $\boldsymbol{C}_j$ 在此基下的矩阵 C_j 是由有理块组成的分块对角矩阵，其有理块的总数 N_j 为

$$N_j = \frac{1}{r_j}\dim(\operatorname{Ker} p_j(\boldsymbol{C}_j)) = \frac{1}{r_j}\dim(\operatorname{Ker} p_j(\boldsymbol{A} \mid W_j)). \tag{13}$$

据 9.6 节例 19 的第(2)小题，对任意正整数 t，有

$$\operatorname{Ker} p_j^t(\boldsymbol{A}|W_j) = \operatorname{Ker} p_j^t(\boldsymbol{A}), j = 1,2,\cdots,s. \tag{14}$$

于是

$$N_j = \frac{1}{r_j}\dim(\operatorname{Ker} p_j(\boldsymbol{A})) = \frac{1}{r_j}[n - \operatorname{rank}(p_j(\boldsymbol{A}))]. \tag{15}$$

其中 hr_j 级有理块的个数 $N_j(hr_j)$ 为

$$\begin{aligned}
N_j(hr_j) &= \frac{1}{r_j}[\operatorname{rank}(p_j^{h-1}(\boldsymbol{C}_j)) + \operatorname{rank}(p_j^{h+1}(\boldsymbol{C}_j)) - 2\operatorname{rank}(p_j^h(\boldsymbol{C}_j))] \\
&= \frac{1}{r_j}[\dim W_j - \dim(\operatorname{Ker} p_j^{h-1}(\boldsymbol{C}_j)) + \dim W_j - \dim(\operatorname{Ker} p_j^{h+1}(\boldsymbol{C}_j)) \\
&\quad - 2(\dim W_j - \dim(\operatorname{Ker} p_j^h(\boldsymbol{C}_j))] \\
&= \frac{1}{r_j}[2\dim(\operatorname{Ker} p_j^h(\boldsymbol{A}|W_j)) - \dim(\operatorname{Ker} p_j^{h-1}(\boldsymbol{A}|W_j)) \\
&\quad - \dim(\operatorname{Ker} p_j^{h+1}(\boldsymbol{A}|W_j))]
\end{aligned}$$

$$= \frac{1}{r_j}[2\dim(\text{Ker } p_j^h(\mathbf{A})) - \dim(\text{Ker } p_j^{h-1}(\mathbf{A})) - \dim(\text{Ker } p_j^{h+1}(\mathbf{A}))]$$

$$= \frac{1}{r_j}[\text{rank}(p_j^{h-1}(\mathbf{A})) + \text{rank}(p_j^{h+1}(\mathbf{A})) - 2\text{rank}(p_j^h(\mathbf{A}))], \tag{16}$$

$h \leqslant l_j$。

把 $W_j(j=1,2,\cdots,s)$ 的上述基合起来就成为 V 的一个基，$\mathbf{A}$ 在此基下的矩阵 $C=\text{diag}\{C_1,C_2,\cdots,C_s\}$。于是 C 是由有理块组成的分块对角矩阵，由于 C 中有理块的总数以及各种级数的有理块的个数都由 $\mathbf{A}$ 和它的最小多项式 $m(\lambda)$ 的标准分解式所决定，因此 $\mathbf{A}$ 的有理标准形除了有理块的排列次序外是唯一的。 ■

由定理 4 立即得到下述结论：

推论 1 设 A 是域 F 上的 n 级矩阵，A 的最小多项式 $m(\lambda)$ 在 $F[\lambda]$ 中的标准分解式为

$$m(\lambda) = p_1^{l_1}(\lambda)\, p_2^{l_2}(\lambda)\cdots p_s^{l_s}(\lambda), \tag{17}$$

其中 $\deg p_j(\lambda)=r_j$，则 A 相似于一个由有理块组成的分块对角矩阵 C，C 中对应于 $p_j^{l_j}(\lambda)$ 的有理块的总数 N_j 为

$$N_j = \frac{1}{r_j}[n - \text{rank}(p_j(A))]. \tag{18}$$

其中 hr_j 级有理块的个数 $N_j(hr_j)$ 为

$$N_j(hr_j) = \frac{1}{r_j}[\text{rank}(p_j^{h-1}(A)) + \text{rank}(p_j^{h+1}(A)) - 2\text{rank}(p_j^h(A))], \tag{19}$$

$h \leqslant l_j$；$j=1,2,\cdots,s$。C 称为 A 的有理标准形，除去有理块的排列次序外，A 的有理标准形是唯一的。 ■

从定理 4 的证明过程看出，$\dim W_j$ 等于 C_j 的特征多项式 $f_j(\lambda)$ 的次数，由于 C_j 的最小多项式为 $p_j^{l_j}(\lambda)$，因此 $f_j(\lambda)=p_j^{k_j}(\lambda)$，其中 $k_j \geqslant l_j$。于是 $\mathbf{A}$ 的特征多项式 $f(\lambda)$ 为

$$f(\lambda) = f_1(\lambda)f_2(\lambda)\cdots f_s(\lambda) = p_1^{k_1}(\lambda)\,p_2^{k_2}(\lambda)\cdots p_s^{k_s}(\lambda).$$

从而 $\dim W_j=\deg f_j(\lambda)=k_j\deg p_j(\lambda)$。这证明了：$\mathbf{A}$ 的根子空间 W_j 的维数等于 $p_j(\lambda)$ 的次数乘以 $\mathbf{A}$ 的特征式多项式 $f(\lambda)$ 中 $p_j(\lambda)$ 的幂指数 k_j。我们曾在 9.6 节例 21 中证明了这个结论，当时采用的证明方法要求域 F 的特征为 0。现在用定理 4 来证明这个结论，去掉了“char $F=0$”这个条件。

对于域 F 为实数域 $\mathbf{R}$ 的情形，从定理 4 和 9.8 节的定理 1 可得到下述推论 2；从推论 1 和 9.8 节的推论 1 可得到推论 3。

推论 2 设 $\mathbf{A}$ 是实数域 $\mathbf{R}$ 上 n 维线性空间 V 上的线性变换，$\mathbf{A}$ 的最小多项式 $m(\lambda)$ 在 $\mathbf{R}[\lambda]$ 中可分解成

$$m(\lambda) = (\lambda-\lambda_1)^{k_1}\cdots(\lambda-\lambda_m)^{k_m}(\lambda^2+p_1\lambda+q_1)^{l_1}\cdots(\lambda^2+p_s\lambda+q_s)^{l_s}, \tag{20}$$

其中 $\lambda_1,\cdots,\lambda_m$ 是两两不等的实数，$\lambda^2+p_1\lambda+q_1,\cdots,\lambda^2+p_s\lambda+q_s$ 是 $\mathbf{R}$ 上两两不等的不可约多项式(即 $p_j^2<4q_j, j=1,2,\cdots,s$)，$k_1,\cdots,k_m,l_1,\cdots,l_s$ 是非负整数，则 V 中存在一个基，使得 $\boldsymbol{A}$ 在此基下的矩阵 C 是由 Jordan 块和有理块组成的分块对角矩阵；当 $\boldsymbol{A}$ 有特征值 λ_i 时，主对角元为 λ_i 的 Jordan 块总数 $\widetilde{N}_i$ 为

$$\widetilde{N}_i = n - \operatorname{rank}(\boldsymbol{A}-\lambda_i\boldsymbol{I}), \tag{21}$$

其中 t 级 Jordan 块的个数 $\widetilde{N}_i(t)$ 为

$$\widetilde{N}_i(t) = \operatorname{rank}(\boldsymbol{A}-\lambda_i\boldsymbol{I})^{t+1} + \operatorname{rank}(\boldsymbol{A}-\lambda_i\boldsymbol{I})^{t-1} - 2\operatorname{rank}(\boldsymbol{A}-\lambda_i\boldsymbol{I})^{t}, \tag{22}$$

$t\leqslant k_i$；当 $m(\lambda)$ 的分解式中有二次不可约多项式 $\lambda^2+p_j\lambda+q_j$ 时，对应于它的有理块的总数 N_j 为

$$N_j = \frac{1}{2}[n - \operatorname{rank}(\boldsymbol{A}^2+p_j\boldsymbol{A}+q_j\boldsymbol{I})]. \tag{23}$$

其中 $2h$ 级有理块的个数 $N_j(2h)$ 为

$$N_j(2h) = \frac{1}{2}[\operatorname{rank}(\boldsymbol{A}^2+p_j\boldsymbol{A}+q_j\boldsymbol{I})^{h-1} + \operatorname{rank}((\boldsymbol{A}^2+p_j\boldsymbol{A}+q_j\boldsymbol{I})^{h+1}) - 2\operatorname{rank}((\boldsymbol{A}^2+p_j\boldsymbol{A}+q_j\boldsymbol{I})^{h})], \tag{24}$$

$h\leqslant l_j$；C 称为 $\boldsymbol{A}$ 的有理标准形，除去 Jordan 块和有理块的排列次序外，$\boldsymbol{A}$ 的有理标准形是唯一的。 ■

推论 3 设 A 是实数域 $\mathbf{R}$ 上的 n 级矩阵，A 的最小多项式 $m(\lambda)$ 在 $\mathbf{R}[\lambda]$ 中可分解成

$$m(\lambda) = (\lambda-\lambda_1)^{k_1}\cdots(\lambda-\lambda_m)^{k_m}(\lambda^2+p_1\lambda+q_1)^{l_1}\cdots(\lambda^2+p_s\lambda+q_s)^{l_s}, \tag{25}$$

其中 $\lambda_1,\cdots,\lambda_m$ 是两两不等的实数，$\lambda^2+p_1\lambda+q_1,\cdots,\lambda^2+p_s\lambda+q_s$ 是 $\mathbf{R}$ 上两两不等的不可约多项式(即 $p_j^2<4q_j, j=1,\cdots,s$)，$k_1,\cdots k_m,l_1,\cdots,l_s$ 是非负整数，则 A 相似于一个由 Jordan 块和有理块组成的分块对角矩阵 C。当 A 有特征值 λ_i 时，C 中主对角元为 λ_i 的 Jordan 块总数 $\widetilde{N}_i$ 为

$$\widetilde{N}_i = n - \operatorname{rank}(A-\lambda_i I). \tag{26}$$

其中 t 级 Jordan 块的个数 $\widetilde{N}_i(t)$ 为

$$\widetilde{N}_i(t) = \operatorname{rank}(A-\lambda_i I)^{t+1} + \operatorname{rank}(A-\lambda_i I)^{t-1} - 2\operatorname{rank}(A-\lambda_i I)^{t}, \tag{27}$$

$t\leqslant k_i$；当 $m(\lambda)$ 的分解式中有 $\lambda^2+p_j\lambda+q_j$ 时，C 中对应于它的有理块的总数 N_j 为

$$N_j = \frac{1}{2}[n - \operatorname{rank}(A^2+p_jA+q_jI)]. \tag{28}$$

其中 $2h$ 级有理块的个数 $N_j(2h)$ 为

$$N_j(2h) = \frac{1}{2}[\operatorname{rank}(A^2+p_jA+q_jI)^{h-1} + \operatorname{rank}((A^2+p_jA+q_jI)^{h+1}) - 2\operatorname{rank}((A^2+p_jA+q_jI)^{h})], \tag{29}$$

$h\leqslant l_j$；C 称为 A 的有理标准形，除去 Jordan 块和有理块的排列次序外，A 的有理标准形是唯一的。 ■

我们也可以用 λ-矩阵的方法求 $\boldsymbol{A}$(或矩阵 A)的有理标准形。这需要把 λ-矩阵 $A(\lambda)$的初等因子的概念加以拓宽。

定义 3　设 $A(\lambda)$是 $F[\lambda]$上的 n 级非零矩阵,$A(\lambda)$的每个次数大于 0 的不变子因子分解成两两不等的不可约多项式的方幂的乘积,所有这些不可约多项式的方幂(相同的必须按出现的次数计算)称为 $A(\lambda)$的**初等因子**。

用与 9.8 节中类似的议论可得出:满秩 λ-矩阵 $A(\lambda)$的不变因子与初等因子互相唯一确定,从而得出:

定理 5　$F[\lambda]$上两个满秩的 n 级矩阵相抵当且仅当它们有相同的初等因子。■

用与 9.8 节定理 6 类似的证明方法可证明下述结论:

定理 6　设 $A(\lambda)$是 $F[\lambda]$上的 n 级满秩矩阵,通过初等变换把 $A(\lambda)$化成对角形,然后把主对角线上的每个次数大于 0 的多项式分解成两两不等的不可约多项式的方幂的乘积,则所有这些不可约多项式的方幂(相同的按出现的次数计算)就是 $A(\lambda)$的初等因子。

由 9.8 节的定理 4 和本节的定理 5 立即得到:

定理 7　域 F 上两个 n 级矩阵的特征矩阵相抵的充分必要条件是,它们有相同的不变因子,或者它们有相同的初等因子。■

今后我们把域 F 上 n 级矩阵 A 的特征矩阵 $\lambda I-A$ 的不变因子和初等因子分别叫做 **A 的不变因子**和**初等因子**。

9.8 节定理 8 的证明对于域 F 上的 n 级矩阵也适用,因此有

定理 8　域 F 上两个 n 级矩阵 A 与 B 相似的充分必要条件是它们的特征矩阵 $\lambda I-A$ 与 $\lambda I-B$ 相抵。■

由定理 7、定理 8 立即得到:

定理 9　域 F 上两个 n 级矩阵相似的充分必要条件是它们有相同的不变因子,或者有相同的初等因子。■

这样我们得到了:在 $M_n(F)$中,不变因子是相似关系下的一组完全不变量;初等因子也是相似关系下的一组完全不变量。

设 V 是域 F 上的 n 维线性空间,$\boldsymbol{A}$ 是 V 上的线性变换,$\boldsymbol{A}$ 的最小多项式 $m(\lambda)$在 $F[\lambda]$中的标准分解式为

$$m(\lambda)=p_1^{l_1}(\lambda)p_2^{l_2}(\lambda)\cdots p_s^{l_s}(\lambda), \tag{30}$$

其中 $\deg p_j(\lambda)=r_j, j=1,2,\cdots,s$。对应于 $p_j^{l_j}(\lambda)$的一个 t 级有理块 $C_t(\xi)$,它的特征多项式和最小多项式都等于 ξ 的最小多项式 $m_\xi(\lambda)=p_j^{k_t}(\lambda), k_t\leqslant l_j$,且 $k_t=\dfrac{t}{r_j}$。于是 $|\lambda I-C_t(\xi)|=p_j^{k_t}(\lambda)$,因此 $\lambda I-C_t(\xi)$的 t 阶行列式因子 $D_t(\lambda)=p_j^{k_t}(\lambda)$。注意到 $\lambda I-C_t(\xi)$的左下角的

$t-1$ 阶子式为$(-1)^{t-1}$，因此 $D_{t-1}(\lambda)=1$，从而 $D_{t-2}(\lambda)=1,\cdots,D_1(\lambda)=1$。进而有

$$d_t(\lambda)=\frac{D_t(\lambda)}{D_{t-1}(\lambda)}=p_j^{k_t}(\lambda),d_{t-1}(\lambda)=1,\cdots,d_1(\lambda)=1.$$

因此$\lambda I-C_t(\xi)$的初等因子只有一个：$p_j^{k_t}(\lambda)$，即有理块 $C_t(\xi)$的初等因子等于它的最小多项式 $p_j^{k_t}(\lambda)$。由于一个有理块 $C_t(\xi)$完全由它的最小多项式决定，因此一个有理块完全由它的初等因子决定。

用与 9.8 节关于求 n 级 Jordan 形矩阵 J 的初等因子类似的方法可得：由有理块组成的 n 级分块对角矩阵C 的初等因子是由它的全部有理块的初等因子组成，于是矩阵 C 完全由它的初等因子唯一决定，除去其中有理块的排列次序外。

用与 9.8 节定理 10 类似的方法可证明下述结论：

定理 10 域 F 上任一 n 级矩阵 A 都相似于一个由有理块组成的分块对角矩阵 C，除去其中有理块的排列次序外，C 由 A 唯一决定，称 C 是 A 的有理标准形。 ■

用与 9.8 节推论 7 类似的证明方法可证明下述结论：

推论 4 域 F 上 n 级矩阵 A 的最小多项式 $m(\lambda)$等于 A 的最后一个不变因子 $d_n(\lambda)$。

用与 9.8 节推论 9 类似的证明方法可证明下述结论：

推论 5 设域 E 包含域 F，则域 F 上两个 n 级矩阵 A 与 B 相似当且仅当把它们看成域 E 上的矩阵后相似。 ■

推论 5 告诉我们，域 F 上 n 级矩阵之间的相似性不随域的扩大而改变。

9.9.2 典型例题

例 1 设 $\mathbf{A}$ 是实数域上 n 维线性空间 V 上的线性变换，$\mathbf{A}$ 的最小多项式 $m(\lambda)$在 $\mathbf{R}[\lambda]$中的标准分解式含有$(\lambda^2+p\lambda+q)^l$，设在 $\mathbf{A}$ 的有理标准形 C 中对应于这个不可约多项式方幂的一个有理块 $C_{2h}(\xi)$为

$$\begin{pmatrix} 0 & 0 & \cdots & 0 & -a_0 \\ 1 & 0 & \cdots & 0 & -a_1 \\ 0 & 1 & \cdots & 0 & -a_2 \\ \vdots & \vdots & & \vdots & \vdots \\ 0 & 0 & \cdots & 0 & -a_{2h-2} \\ 0 & 0 & \cdots & 1 & -a_{2h-1} \end{pmatrix}, \tag{31}$$

其中

$$\lambda^{2h}+a_{2h-1}\lambda^{2h-1}+\cdots+a_1\lambda+a_0=(\lambda^2+p\lambda+q)^h. \tag{32}$$

证明：

$$C_{2h}(\xi) \sim \begin{pmatrix} 0 & -q & & & & & \\ 1 & -p & & & & & \\ & 1 & 0 & -q & & & \\ & & 1 & -p & & & \\ & & & 1 & \ddots & & \\ & & & & & 0 & -q \\ & & & & & 1 & -p \end{pmatrix}. \tag{33}$$

证明　对应于有理块 $C_{2h}(\xi)$ 的 $\boldsymbol{A}$-循环子空间是 $\langle \xi, \boldsymbol{A}\xi, \boldsymbol{A}^2\xi, \cdots, \boldsymbol{A}^{2h-1}\xi \rangle$，把它记作 $W_{2h}(\xi)$。$\boldsymbol{A}|W_{2h}(\xi)$ 在基 $\xi, \boldsymbol{A}\xi, \cdots, \boldsymbol{A}^{2h-1}\xi$ 下的矩阵就是 $C_{2h}(\xi)$。把(33)式右端的矩阵记作 $G_{2h}(\lambda^2+p\lambda+q)$。令

$$\begin{aligned}
&\beta_1 = \xi,\ \beta_2 = \boldsymbol{A}\beta_1 = \boldsymbol{A}\xi, \\
&\beta_3 = q\beta_1 + p\beta_2 + \boldsymbol{A}\beta_2 = q\xi + p\boldsymbol{A}\xi + \boldsymbol{A}^2\xi = (\boldsymbol{A}^2 + p\boldsymbol{A} + q\boldsymbol{I})\xi, \\
&\beta_4 = \boldsymbol{A}\beta_3 = (\boldsymbol{A}^2 + p\boldsymbol{A} + q\boldsymbol{I})\boldsymbol{A}\xi, \\
&\beta_5 = q\beta_3 + p\beta_4 + \boldsymbol{A}\beta_4 = q\beta_3 + p\boldsymbol{A}\beta_3 + \boldsymbol{A}^2\beta_3 \\
&\quad = (\boldsymbol{A}^2 + p\boldsymbol{A} + q\boldsymbol{I})\beta_3 = (\boldsymbol{A}^2 + p\boldsymbol{A} + q\boldsymbol{I})^2\xi, \\
&\beta_6 = \boldsymbol{A}\beta_5 = (\boldsymbol{A}^2 + p\boldsymbol{A} + q\boldsymbol{I})^2\boldsymbol{A}\xi, \\
&\quad \cdots \\
&\beta_{2h-2} = \boldsymbol{A}\beta_{2h-3} = (\boldsymbol{A}^2 + p\boldsymbol{A} + q\boldsymbol{I})^{h-2}\boldsymbol{A}\xi, \\
&\beta_{2h-1} = q\beta_{2h-3} + p\beta_{2h-2} + \boldsymbol{A}\beta_{2h-2} \\
&\quad = q\beta_{2h-3} + p\boldsymbol{A}\beta_{2h-3} + \boldsymbol{A}^2\beta_{2h-3} \\
&\quad = (\boldsymbol{A}^2 + p\boldsymbol{A} + q\boldsymbol{I})\beta_{2h-3} = (\boldsymbol{A}^2 + p\boldsymbol{A} + q\boldsymbol{I})^{h-1}\xi, \\
&\beta_{2h} = \boldsymbol{A}\beta_{2h-1} = (\boldsymbol{A}^2 + p\boldsymbol{A} + q\boldsymbol{I})^{h-1}\boldsymbol{A}\xi,
\end{aligned}$$

由此得出，$\beta_1, \beta_2, \beta_3, \cdots, \beta_{2h}$ 可以由 $\xi, \boldsymbol{A}\xi, \boldsymbol{A}^2\xi, \cdots, \boldsymbol{A}^{2h-1}\xi$ 线性表出，且 $\xi, \boldsymbol{A}\xi, \boldsymbol{A}^2\xi, \cdots, \boldsymbol{A}^{2h-1}\xi$ 可由 $\beta_1, \beta_2, \cdots, \beta_{2h}$ 线性表出，因此

$$W_{2h}(\xi) = \langle \xi, \boldsymbol{A}\xi, \boldsymbol{A}^2\xi, \cdots, \boldsymbol{A}^{2h-1}\xi \rangle = \langle \beta_1, \beta_2, \cdots, \beta_{2h} \rangle.$$

从而 $\beta_1, \beta_2, \cdots, \beta_{2h}$ 是 $W_{2h}(\xi)$ 的一个基。由于 ξ 的最小多项式 $m_\xi(\lambda)$ 等于 $C_{2h}(\xi)$ 的特征多项式 $(\lambda^2+p\lambda+q)^h$，因此 $(\boldsymbol{A}^2+p\boldsymbol{A}+q\boldsymbol{I})^h\xi=0$。从而 $(\boldsymbol{A}^2+p\boldsymbol{A}+q\boldsymbol{I})\beta_{2h-1}=0$。于是

$$\boldsymbol{A}\beta_{2h} = \boldsymbol{A}^2\beta_{2h-1} = -p\boldsymbol{A}\beta_{2h-1} - q\beta_{2h-1} = -p\beta_{2h} - q\beta_{2h-1}. \tag{34}$$

从 $\beta_1, \beta_2, \cdots, \beta_{2h}$ 的定义以及(34)式立即得到

$$\boldsymbol{A}(\beta_1, \beta_2, \cdots, \beta_{2h}) = (\beta_1, \beta_2, \cdots, \beta_{2h})G_{2h}(\lambda^2 + p\lambda + q). \tag{35}$$

因此 $\boldsymbol{A}|W_{2h}(\xi)$ 在基 $\beta_1, \beta_2, \cdots, \beta_{2h}$ 下的矩阵是 $G_{2h}(\lambda^2+p\lambda+q)$。由于 $\boldsymbol{A}|W_{2h}(\xi)$ 在 $W_{2h}(\xi)$ 的

不同基下的矩阵是相似的，因此

$$C_{2h}(\xi) \sim G_{2h}(\lambda^2 + p\lambda + q). \qquad \blacksquare$$

点评 利用例 1 的结论，可以把本节推论 2(或推论 3)的 $\boldsymbol{A}$(或 A)的有理标准形中每一个有理块用相应的矩阵 $G_{2h}(\lambda^2+p\lambda+q)$代替。$G_{2h}(\lambda^2+p\lambda+q)$称为**广义 Jordan 块**。代替后的分块对角矩阵称为 $\boldsymbol{A}$(或 A)的**广义 Jordan 标准形**。用广义 Jordan 块代替有理块的好处是可省去计算$(\lambda^2+p\lambda+q)^h$。

例 2 设 $\boldsymbol{A}$ 是域 F 上 n 维线性空间 V 上的线性变换，如果 $\boldsymbol{A}$ 的最小多项式 $m(\lambda)$在 $F[\lambda]$中的标准分解式中含有$(\lambda-\lambda_i)^{l_i}$，即 $p_i(\lambda)=\lambda-\lambda_i$。那么 $\boldsymbol{A}$ 的有理标准形 C 中对应于 $p_i^{l_i}(\lambda)$的所有有理块组成的分块对角矩阵 C_i 可以用 Jordan 形矩阵 A_i 代替，即 $C_i \sim A_i$。

证明 在定理 4 的证明中，$W_i=\operatorname{Ker} p_i^{l_i}(\boldsymbol{A})=\operatorname{Ker}(\boldsymbol{A}-\lambda_i\boldsymbol{I})^{l_i}$，令 $\boldsymbol{C}_i=\boldsymbol{A}|W_i$，$\boldsymbol{B}_i=\boldsymbol{A}|W_i-\lambda_i\boldsymbol{I}$，则 $\boldsymbol{B}_i$ 是 W_i 上的幂零变换，其幂零指数为 l_i。据 9.7 节的定理 2 得，在 W_i 中存在一个基，使得 $\boldsymbol{B}_i$ 在此基下的矩阵 B_i 是一个 Jordan 形矩阵，其中每个 Jordan 块的主对角元为 0。于是 $\boldsymbol{C}_i=\boldsymbol{A}|W_i$ 在 W_i 的这个基下的矩阵 $A_i=B_i+\lambda_i I$ 是一个 Jordan 形矩阵，其中每个 Jordan 块的主对角元为 λ_i，又据本节定理 4 证明中指出的事实：在 W_i 中存在一个基，使得 $\boldsymbol{C}_i$ 在此基下的矩阵 C_i 是由有理块组成的分块对角矩阵，因此 $C_i \sim A_i$。从定理 4 知道，C_i 中有理块的总数 N_i 为

$$N_i = n - \operatorname{rank}(p_i(\boldsymbol{A})) = n - \operatorname{rank}(\boldsymbol{A}-\lambda_i\boldsymbol{I}),$$

据 9.8 节定理 1，这个数正好是主对角元为 λ_i 的 Jordan 块的总数。从定理 4 知道，C_i 中 h 级有理块的个数 $N_i(h)$为

$$N_i(h) = \operatorname{rank}(\boldsymbol{A}-\lambda_i\boldsymbol{I})^{h-1} + \operatorname{rank}(\boldsymbol{A}-\lambda_i\boldsymbol{I})^{h+1} - 2\operatorname{rank}(\boldsymbol{A}-\lambda_i\boldsymbol{I})^{h},$$

据 9.8 节定理 1，这个数正好是主对角为 λ_i 的 h 级 Jordan 块的个数。因此可以把 $\boldsymbol{A}$ 的有理标准形 C 中对应于 $p_i^{l_i}(\lambda)$的分块对角矩阵 C_i 用 Jordan 形矩阵 A_i 代替。 $\blacksquare$

例 3 设 $\boldsymbol{A}$ 是域 F 上 n 维线性空间 V 上的线性变换，$\boldsymbol{A}$ 的最小多项式 $m(\lambda)$在 $F[\lambda]$中的标准分解式含有 $p^l(\lambda)$，其中 $p(\lambda)=\lambda^r+b_{r-1}\lambda^{r-1}+\cdots+b_1\lambda+b_0$，$r>1$。设在 $\boldsymbol{A}$ 的有理标准形 C 中，对应于 $p^l(\lambda)$的一个有理块 $C_{hr}(\xi)$为

$$\begin{pmatrix} 0 & 0 & \cdots & 0 & -a_0 \\ 1 & 0 & \cdots & 0 & -a_1 \\ 0 & 1 & \cdots & 0 & -a_2 \\ \vdots & \vdots & & \vdots & \vdots \\ 0 & 0 & \cdots & 0 & -a_{hr-2} \\ 0 & 0 & \cdots & 1 & -a_{hr-1} \end{pmatrix}, \tag{36}$$

其中

$$\lambda^{hr} + a_{hr-1}\lambda^{hr-1} + \cdots + a_1\lambda + a_0 = p^h(\lambda). \tag{37}$$

用 $C(p(\lambda))$ 表示 $p(\lambda)$ 的友矩阵，即

$$C(p(\lambda)) = \begin{bmatrix} 0 & 0 & \cdots & 0 & -b_0 \\ 1 & 0 & \cdots & 0 & -b_1 \\ 0 & 1 & \cdots & 0 & -b_2 \\ \vdots & \vdots & & \vdots & \vdots \\ 0 & 0 & \cdots & 0 & -b_{r-2} \\ 0 & 0 & \cdots & 1 & -b_{r-1} \end{bmatrix}. \tag{38}$$

令

$$H_r = \begin{bmatrix} 0 & & 1 \\ & 0 & \\ & \ddots & \\ 0 & & 0 \end{bmatrix}, \tag{39}$$

证明：

$$C_{hr}(\xi) \sim \begin{bmatrix} C(p(\lambda)) & & & \\ H_r & C(p(\lambda)) & & \\ & \ddots & \ddots & \\ & & H_r & C(p(\lambda)) \end{bmatrix}. \tag{40}$$

证明 对应于有理块 $C_{hr}(\xi)$ 的 $\boldsymbol{A}$-循环子空间是

$$\langle \xi, \boldsymbol{A}\xi, \boldsymbol{A}^2\xi, \cdots, \boldsymbol{A}^{hr-1}\xi \rangle,$$

把它记作 $W_{hr}(\xi)$，$\boldsymbol{A}|W_{hr}(\xi)$ 在基 $\xi, \boldsymbol{A}\xi, \cdots, \boldsymbol{A}^{hr-1}\xi$ 下的矩阵就是 $C_{hr}(\xi)$。把(40)式右端的 hr 级矩阵记作 $G_{hr}(p(\lambda))$。令

$$\beta_1 = \xi,\ \beta_2 = \boldsymbol{A}\beta_1 = \boldsymbol{A}\xi,\ \beta_3 = \boldsymbol{A}\beta_2 = \boldsymbol{A}^2\xi, \cdots, \beta_r = \boldsymbol{A}\beta_{r-1} = \boldsymbol{A}^{r-1}\xi,$$

$$\begin{aligned}
\beta_{r+1} &= \boldsymbol{A}\beta_r + b_0\beta_1 + b_1\beta_2 + \cdots + b_{r-1}\beta_r \\
&= \boldsymbol{A}^r\xi + b_{r-1}\boldsymbol{A}^{r-1}\xi + \cdots + b_1\boldsymbol{A}\xi + b_0\xi = p(\boldsymbol{A})\xi, \\
\beta_{r+2} &= \boldsymbol{A}\beta_{r+1} = p(\boldsymbol{A})\boldsymbol{A}\xi, \\
\beta_{r+3} &= \boldsymbol{A}\beta_{r+2} = \boldsymbol{A}^2\beta_{r+1} = p(\boldsymbol{A})\boldsymbol{A}^2\xi, \cdots, \beta_{2r} = \boldsymbol{A}\beta_{2r-1} = \boldsymbol{A}^{r-1}\beta_{r+1} = p(\boldsymbol{A})\boldsymbol{A}^{r-1}\xi, \\
\beta_{2r+1} &= \boldsymbol{A}\beta_{2r} + b_{r-1}\beta_{2r} + b_{r-2}\beta_{2r-1} + \cdots + b_1\beta_{r+2} + b_0\beta_{r+1} \\
&= \boldsymbol{A}^r\beta_{r+1} + b_{r-1}\boldsymbol{A}^{r-1}\beta_{r+1} + \cdots + b_1\boldsymbol{A}\beta_{r+1} + b_0\beta_{r+1} \\
&= (\boldsymbol{A}^r + b_{r-1}\boldsymbol{A}^{r-1} + \cdots + b_1\boldsymbol{A} + b_0\boldsymbol{I})\beta_{r+1} = p^2(\boldsymbol{A})\xi, \\
&\cdots
\end{aligned}$$

$$\begin{aligned}\beta_{(h-1)r+1} &= \mathbf{A}\beta_{(h-1)r} + b_{r-1}\beta_{(h-1)r} + \cdots + b_1\beta_{(h-2)r+2} + b_0\beta_{(h-2)r+1} \\ &= \mathbf{A}^r\beta_{(h-2)r+1} + b_{r-1}\mathbf{A}^{r-1}\beta_{(h-2)r+1} + \cdots + b_1\mathbf{A}\beta_{(h-2)r+1} + b_0\beta_{(h-2)r+1} \\ &= p(\mathbf{A})\beta_{(h-2)r+1} = p^{h-1}(\mathbf{A})\xi, \\ \beta_{(h-1)r+2} &= \mathbf{A}\beta_{(h-1)r+1} = p^{h-1}(\mathbf{A})\mathbf{A}\xi, \\ \beta_{(h-1)r+3} &= \mathbf{A}\beta_{(h-1)r+2} = p^{h-1}(\mathbf{A})\mathbf{A}^2\xi, \\ &\cdots \\ \beta_{hr} &= \mathbf{A}\beta_{hr-1} = \mathbf{A}^{r-1}\beta_{(h-1)r+1} = p^{h-1}(\mathbf{A})\mathbf{A}^{r-1}\xi.\end{aligned}$$

由此得出，$\beta_1,\beta_2,\cdots,\beta_{hr}$ 可以由 $\xi,\mathbf{A}\xi,\cdots,\mathbf{A}^{hr-1}\xi$ 线性表出，反之亦然。因此

$$W_{hr}(\xi) = \langle \xi,\mathbf{A}\xi,\cdots,\mathbf{A}^{hr-1}\xi \rangle = \langle \beta_1,\beta_2,\cdots,\beta_{hr} \rangle.$$

从而 $\beta_1,\beta_2,\cdots,\beta_{hr}$ 是 $W_{hr}(\xi)$ 的一个基。由于 ξ 的最小多项式 $m_\xi(\lambda)$ 等于 $C_{hr}(\xi)$ 的特征多项式 $\lambda^{hr}+a_{hr-1}\lambda^{hr-1}+\cdots+a_1\lambda+a_0$，即等于 $p^h(\lambda)$，因此 $p^h(\mathbf{A})\xi=0$。于是

$$p^{h-1}(\mathbf{A})(\mathbf{A}^r\xi + b_{r-1}\mathbf{A}^{r-1}\xi + \cdots + b_1\mathbf{A}\xi + b_0\xi) = 0,$$

即

$$\mathbf{A}\beta_{hr} + b_{r-1}\beta_{hr} + \cdots + b_1\beta_{(h-1)r+2} + b_0\beta_{(h-1)r+1} = 0.$$

从而

$$\mathbf{A}\beta_{hr} = -b_{r-1}\beta_{hr} - \cdots - b_1\beta_{(h-1)r+2} - b_0\beta_{(h-1)r+1}. \tag{41}$$

从 $\beta_1,\beta_2,\cdots,\beta_{hr}$ 的定义和(41)式立即得到

$$\mathbf{A}(\beta_1,\beta_2,\cdots,\beta_{hr}) = (\beta_1,\beta_2,\cdots,\beta_{hr})G_{hr}(p(\lambda)). \tag{42}$$

因此 $\mathbf{A}|W_{hr}(\xi)$ 在基 $\beta_1,\beta_2,\cdots,\beta_{hr}$ 下的矩阵是 $G_{hr}(p(\lambda))$。所以

$$C_{hr}(\xi) \sim G_{hr}(p(\lambda)).$$

■

点评　$G_{hr}(p(\lambda))$ 称为**广义 Jordan 块**。利用例 3 的结论，可以把本节定理 4(或推论 1)的 $\mathbf{A}$(或 A)的有理标准形 C 中，对应于 $p_j^{l_j}(\lambda)$(其中 $\deg p_j(\lambda)=r_j>1$)的每一个 hr_j 级有理块用相应的广义 Jordan 块 $G_{hr_j}(p_j(\lambda))$ 代替。再利用例 2 的结论，可以把对应于 $(\lambda-\lambda_i)^{l_i}$ 的各个有理块组成的分块对角矩阵 C_i 用 Jordan 形矩阵 A_i 代替。代替后的分块对角矩阵称为 $\mathbf{A}$(或 A)的**广义 Jordan 标准形**。用广义 Jordan 标准形的好处是可以省去计算 $p_j^{l_j}(\lambda)$，当 $\deg p_j(\lambda)>1$。

例 4　求下述实矩阵 A 的有理标准形 C。

$$A = \begin{pmatrix} 6 & -3 & -2 \\ 4 & -1 & -2 \\ 10 & -5 & -3 \end{pmatrix}.$$

解

$$|\lambda I - A| = \begin{vmatrix} \lambda-6 & 3 & 2 \\ -4 & \lambda+1 & 2 \\ -10 & 5 & \lambda+3 \end{vmatrix} = \begin{vmatrix} \lambda-6 & 3 & 2 \\ -\lambda+2 & \lambda-2 & 0 \\ -10 & 5 & \lambda+3 \end{vmatrix}$$

$$=(\lambda-2)(\lambda^2+1).$$

于是实矩阵 A 恰有一个特征值 2，且 A 的最小多项式 $m(\lambda)$ 等于 A 的特征多项式 $(\lambda-2)(\lambda^2+1)$。对于 λ^2+1，有理块的级数是 2，因此只有一个 2 级有理块。于是 A 的有理标准形 C 是

$$C=\begin{pmatrix}2 & & \\ & 0 & -1 \\ & 1 & 0\end{pmatrix},$$

其中空缺位置的元素都是 0，今后同此约定。

例 5 设 n 级实矩阵 A 满足 $A^2+I=0$。

(1) 求 A 的有理标准形；

(2) 证明：n 是偶数，且

$$A\sim\begin{pmatrix}0 & -I_m \\ I_m & 0\end{pmatrix},$$

其中 $n=2m$。

(1) **解** 由于 $A^2+I=0$，因此 λ^2+1 是 A 的一个零化多项式，从而 A 的最小多项式 $m(\lambda)\mid\lambda^2+1$。由于 λ^2+1 在 $\mathbf{R}$ 上不可约，因此 $m(\lambda)=\lambda^2+1$。于是 A 的有理标准形 C 中，每一个有理块都是 2 级的，从而

$$C=\begin{pmatrix}0 & -1 & & & & & \\ 1 & 0 & & & & & \\ & & 0 & -1 & & & \\ & & 1 & 0 & & & \\ & & & & \ddots & & \\ & & & & & 0 & -1 \\ & & & & & 1 & 0\end{pmatrix}.$$

(2) **证明** 从 A 的有理标准形 C 看出：n 是偶数，记 $n=2m$。

由于 $P(i,j)P(i,j)=I$，因此 $P(i,j)^{-1}=P(i,j)=P(i,j)'$。

先看 $n=4$ 的情形：

$$C=\begin{pmatrix}0 & -1 & & \\ 1 & 0 & & \\ & & 0 & -1 \\ & & 1 & 0\end{pmatrix}\xrightarrow{(①,③)}\begin{pmatrix} & & 0 & -1 \\ 1 & 0 & & \\ 0 & -1 & & \\ & & 1 & 0\end{pmatrix}$$

$$\xrightarrow[(①,③)]{}\begin{pmatrix}0&&&-1\\&0&1&\\&-1&0&\\1&&&0\end{pmatrix}\xrightarrow{(②,③)}\begin{pmatrix}0&&&-1\\&-1&0&\\&0&1&\\1&&&0\end{pmatrix}$$

$$\xrightarrow[(②,③)]{}\begin{pmatrix}0&&&-1\\&0&-1&\\&1&0&\\1&&&0\end{pmatrix}=\begin{pmatrix}0&-I_2\\I_2&0\end{pmatrix}.$$

因此当 $n=4$ 时，

$$C\sim\begin{pmatrix}0&-I_2\\I_2&0\end{pmatrix}.$$

再看 $n=6$ 的情形：

$$C=\begin{pmatrix}0&-1&&&&\\1&0&&&&\\&&0&-1&&\\&&1&0&&\\&&&&0&-1\\&&&&1&0\end{pmatrix}\xrightarrow[(①,⑤)]{(①,⑤)}\begin{pmatrix}0&&&&&-1\\&0&&&1&\\&&0&-1&&\\&&1&0&&\\&-1&&&0&\\1&&&&&0\end{pmatrix}$$

$$\xrightarrow[(②,⑤)]{(②,⑤)}\begin{pmatrix}0&&&&&-1\\&0&&&-1&\\&&0&-1&&\\&&1&0&&\\&1&&&0&\\1&&&&&0\end{pmatrix}=\begin{pmatrix}0&-I_3\\I_3&0\end{pmatrix}.$$

再看 $n=8$ 的情形：

$$C=\begin{pmatrix}0&-1&&&&&&\\1&0&&&&&&\\&&0&-1&&&&\\&&1&0&&&&\\&&&&0&-1&&\\&&&&1&0&&\\&&&&&&0&-1\\&&&&&&1&0\end{pmatrix}\xrightarrow[(①,⑦)]{(①,⑦)}\begin{pmatrix}0&&&&&&&-1\\&0&&&&&1&\\&&0&-1&&&&\\&&1&0&&&&\\&&&&0&-1&&\\&&&&1&0&&\\&-1&&&&&0&\\1&&&&&&&0\end{pmatrix}$$

$$\xrightarrow[(②,⑦)]{(②,⑦)}\begin{pmatrix}0&&&&&&&-1\\&0&&&&&-1&\\&&0&-1&&&&\\&&1&0&&&&\\&&&&0&-1&&\\&&&&1&0&&\\&1&&&&&0&\\1&&&&&&&0\end{pmatrix}.$$

最后得到的这个矩阵的第 3, 4, 5, 6 行与第 3, 4, 5, 6 列组成的 4 级矩阵为 $\mathrm{diag}\left\{\begin{pmatrix}0&-1\\1&0\end{pmatrix},\begin{pmatrix}0&-1\\1&0\end{pmatrix}\right\}$,这是 $n=4$ 的情形,已解决。

由此受到启发,用数学归纳法来证明。当 $n=2$ 时,命题显然成立。假设对于级数小于 $2m$ 的矩阵 $\mathrm{diag}\left\{\begin{pmatrix}0&-1\\1&0\end{pmatrix},\cdots,\begin{pmatrix}0&-1\\1&0\end{pmatrix}\right\}$经过一系列成对的两行、两列互换可以化成 $\begin{pmatrix}0&-I_k\\I_k&0\end{pmatrix}$,现在来看 $2m$ 级矩阵 $C=\mathrm{diag}\left\{\begin{pmatrix}0&-1\\1&0\end{pmatrix},\cdots,\begin{pmatrix}0&-1\\1&0\end{pmatrix}\right\}$:

$$C\xrightarrow[(①,\textcircled{2m-1})]{(①,\textcircled{2m-1})}\begin{pmatrix}0&&&&&&&&-1\\&0&&&&&&1&\\&&0&-1&&&&&\\&&1&0&&&&&\\&&&&\ddots&&&&\\&&&&&0&-1&&\\&&&&&1&0&&\\&-1&&&&&&0&\\1&&&&&&&&0\end{pmatrix}$$

$$\xrightarrow[(②,\textcircled{2m-1})]{(②,\textcircled{2m-1})}\begin{pmatrix}0&&&&&&&&-1\\&0&&&&&&-1&\\&&0&-1&&&&&\\&&1&0&&&&&\\&&&&\ddots&&&&\\&&&&&0&-1&&\\&&&&&1&0&&\\&1&&&&&&0&\\1&&&&&&&&0\end{pmatrix}.$$

最后这个矩阵的第 3,4,…,$2m-2$ 行与第 3,4,…,$2m-2$ 列组成的 $2m-4$ 级矩阵为 $\mathrm{diag}\left\{\begin{pmatrix}0&-1\\1&0\end{pmatrix},\cdots,\begin{pmatrix}0&-1\\1&0\end{pmatrix}\right\}$。据归纳法假设,它可以经过一系列成对的两行、两列互换化成 $\begin{bmatrix}0&-I_{m-2}\\I_{m-2}&0\end{bmatrix}$,从而 C 经过一系列成对的两行、两列互换化成了 $\begin{bmatrix}0&-I_m\\I_m&0\end{bmatrix}$。于是

$$C\sim\begin{bmatrix}0&-I_m\\I_m&0\end{bmatrix}.$$

据数学归纳法原理,对一切正整数 m,都有 $2m$ 级矩阵 C 相似于 $\begin{bmatrix}0&-I_m\\I_m&0\end{bmatrix}$。

由于 $A\sim C$,因此 $A\sim\begin{bmatrix}0&-I_m\\I_m&0\end{bmatrix}$。 ■

点评 在例 5 的第(2)小题中,我们详细证明了 $2m$ 级分块对角矩阵 $C=\mathrm{diag}\left\{\begin{pmatrix}0&-1\\1&0\end{pmatrix},\cdots,\begin{pmatrix}0&-1\\1&0\end{pmatrix}\right\}$经过一系列成对的两行、两列互换可化成 $\begin{bmatrix}0&-I_m\\I_m&0\end{bmatrix}$,因此 C 相似于 $\begin{bmatrix}0&-I_m\\I_m&0\end{bmatrix}$。这个结论是有用的,注意 $C'=-C$,因此 C 是斜对称矩阵。

例 6 设域 F 上 n 级矩阵 G 是由有理块组成的分块对角矩阵:$G=\mathrm{diag}\{G_1,G_2,\cdots,G_s\}$,其中 G_j 是 n_j 级有理块,G_j 的最小多项式为 $m_j(\lambda)$,$j=1,2,\cdots,s$。证明:如果 $m_1(\lambda)$,$m_2(\lambda)$,…,$m_s(\lambda)$两两互素,那么

$$\mathrm{C}(G)=\{B=\mathrm{diag}\{B_1,B_2,\cdots,B_s\}\mid B_j\in F[G_j],j=1,2,\cdots,s\},$$
$$\dim\mathrm{C}(G)=n,\mathrm{C}(G)=F[G].$$

证明 设 $B\in\mathrm{C}(G)$,把 B 写成分块矩阵的形式,有

$$\begin{bmatrix}B_{11}&B_{12}&\cdots&B_{1s}\\B_{21}&B_{22}&\cdots&B_{2s}\\\vdots&\vdots&&\vdots\\B_{s1}&B_{s2}&\cdots&B_{ss}\end{bmatrix}\begin{bmatrix}G_1&&&0\\&G_2&&\\&&\ddots&\\0&&&G_s\end{bmatrix}$$
$$=\begin{bmatrix}G_1&&&0\\&G_2&&\\&&\ddots&\\0&&&G_s\end{bmatrix}\begin{bmatrix}B_{11}&B_{12}&\cdots&B_{1s}\\B_{21}&B_{22}&\cdots&B_{2s}\\\vdots&\vdots&&\vdots\\B_{s1}&B_{s2}&\cdots&B_{ss}\end{bmatrix}.$$

由此得出

$$B_{jj}G_j=G_jB_{jj},j=1,2,\cdots,s;\tag{43}$$

$$B_{ij}G_j = G_iB_{ij}, i \neq j. \tag{44}$$

于是
$$B_{jj} \in \mathrm{C}(G_j), j=1,2,\cdots,s.$$

由于 G_j 是一个 n_j 级有理块，因此据习题 9.6 的第 10 题得，$\mathrm{C}(G_j)=F[G_j]$，而且 $\dim \mathrm{C}(G_j)=n_j, j=1,2,\cdots,s$。从而

$$B_{jj} \in F[G_j], j = 1,2,\cdots,s. \tag{45}$$

当 $i\neq j$ 时，已知 $m_i(\lambda)$ 与 $m_j(\lambda)$ 互素，据习题 9.6 的第 7 题得，矩阵方程 $XG_j=G_iX$ 只有零解，因此由(44)式得

$$B_{ij} = 0, i \neq j. \tag{46}$$

从而 $B=\mathrm{diag}\{B_{11},B_{12},\cdots,B_{ss}\}$，其中 $B_{jj}\in F[G_j], j=1,2,\cdots,s$。
因此 $\mathrm{C}(G)=\{B=\mathrm{diag}\{B_1,B_2,\cdots,B_s\} \mid B_j\in F[G_j], j=1,2,\cdots,s\}$。

与 9.7 节例 19 类似可证：

$$\mathrm{C}(G) \cong F[G_1] \dotplus F[G_2] \dotplus \cdots \dotplus F[G_s].$$

从而

$$\begin{aligned}\dim C(G) &= \dim F[G_1] + \dim F[G_2] + \cdots + \dim F[G_s] \\ &= n_1 + n_2 + \cdots + n_s = n.\end{aligned}$$

由于 $m_1(\lambda),m_2(\lambda),\cdots,m_s(\lambda)$ 两两互素，因此 G 的最小多项式 $m(\lambda)$ 为

$$\begin{aligned}m(\lambda) &= [m_1(\lambda),m_2(\lambda),\cdots,m_s(\lambda)] \\ &= m_1(\lambda)m_2(\lambda)\cdots m_s(\lambda) \\ &= f_1(\lambda)f_2(\lambda)\cdots f_s(\lambda) = f(\lambda),\end{aligned}$$

其中 $f(\lambda),f_1(\lambda),\cdots,f_s(\lambda)$ 分别是 $G,G_1,\cdots,G_s$ 的特征多项式，由于 $\dim F[G]=\deg m(\lambda)=\deg f(\lambda)=n$，因此 $\dim F[G]=\dim \mathrm{C}(G)$，从而 $F[G]=\mathrm{C}(G)$。 ■

例 7 设 A 是域 F 上的 n 级矩阵，A 的有理标准形为 $G=\mathrm{diag}\{G_1,G_2,\cdots,G_s\}$，其中 G_j 是 n_j 级有理块，G_j 的最小多项式为 $m_j(\lambda)$。证明：如果 $m_1(\lambda),m_2(\lambda),\cdots,m_s(\lambda)$ 两两互素，那么 $\mathrm{C}(A)$ 的维数等于 n，且 $\mathrm{C}(A)=F[A]$。

证明 由于 $A\sim G$，因此存在域 F 上的 n 级可逆矩阵 P，使得 $P^{-1}AP=G$。

$$\begin{aligned}B \in \mathrm{C}(A) \quad &\Leftrightarrow \quad BA = AB, \\ &\Leftrightarrow \quad (P^{-1}BP)(P^{-1}AP) = (P^{-1}AP)(P^{-1}BP), \\ &\Leftrightarrow \quad P^{-1}BP \in \mathrm{C}(G).\end{aligned}$$

从例 6 知道，$\dim \mathrm{C}(G)=n$。令 $\sigma(B)=P^{-1}BP$，则 σ 是 $M_n(F)$ 到自身的一个同构映射，且 $\sigma(\mathrm{C}(A))=\mathrm{C}(G)$。因此

$$\dim \mathrm{C}(A) = \dim \mathrm{C}(G) = n.$$

类似可证：

$$B \in F[A] \quad \Leftrightarrow \quad P^{-1}BP \in F[G].$$

因此 $\sigma(F[A])=F[G]$。

由例 6 知道，$\mathrm{C}(G)=F[G]$。因此 $\sigma(\mathrm{C}(A))=\sigma(F[A])$，从而 $\mathrm{C}(A)=F[A]$。 ■

例 8 设实数域 **R** 上的 4 级矩阵 $G=\operatorname{diag}\left\{\begin{pmatrix}0 & -1\\1 & 0\end{pmatrix},\begin{pmatrix}0 & -1\\1 & 0\end{pmatrix}\right\}$，求 $\dim \mathrm{C}(G)$。

解 记 $G_1=\begin{pmatrix}0 & -1\\1 & 0\end{pmatrix}$。任取 $B\in \mathrm{C}(G)$，设

$$B=\begin{bmatrix}B_1 & B_2\\B_3 & B_4\end{bmatrix}.$$

则从 $BG=GB$ 得

$$\begin{bmatrix}B_1G_1 & B_2G_1\\B_3G_1 & B_4G_1\end{bmatrix}=\begin{bmatrix}G_1B_1 & G_1B_2\\G_1B_3 & G_1B_4\end{bmatrix}.$$

由此得出，$B_iG_1=G_1B_i$，$i=1,2,3,4$。

设 $X=(x_{ij})\in M_2(\mathbf{R})$，则 $XG_1=G_1X$ 当且仅当

$$\begin{aligned}
&\begin{bmatrix}x_{11} & x_{12}\\x_{21} & x_{22}\end{bmatrix}\begin{pmatrix}0 & -1\\1 & 0\end{pmatrix}=\begin{pmatrix}0 & -1\\1 & 0\end{pmatrix}\begin{bmatrix}x_{11} & x_{12}\\x_{21} & x_{22}\end{bmatrix}\\
\Leftrightarrow\quad &\begin{bmatrix}x_{12} & -x_{11}\\x_{22} & -x_{21}\end{bmatrix}=\begin{bmatrix}-x_{21} & -x_{22}\\x_{11} & x_{12}\end{bmatrix}\\
\Leftrightarrow\quad & x_{12}=-x_{21},\qquad x_{11}=x_{22}\\
\Leftrightarrow\quad & X=\begin{bmatrix}x_{11} & x_{12}\\-x_{12} & x_{11}\end{bmatrix}=x_{11}\begin{pmatrix}1 & 0\\0 & 1\end{pmatrix}+x_{12}\begin{pmatrix}0 & 1\\-1 & 0\end{pmatrix}.
\end{aligned}$$

记 $H=\begin{pmatrix}0 & 1\\-1 & 0\end{pmatrix}$，则从上述推导得

$$B_i=k_{i1}I+k_{i2}H,i=1,2,3,4.$$

于是

$$\begin{aligned}
B=&\begin{bmatrix}k_{11}I+k_{12}H & k_{21}I+k_{22}H\\k_{31}I+k_{32}H & k_{41}I+k_{42}H\end{bmatrix}\\
=&k_{11}\begin{pmatrix}I & 0\\0 & 0\end{pmatrix}+k_{12}\begin{pmatrix}H & 0\\0 & 0\end{pmatrix}+k_{21}\begin{pmatrix}0 & I\\0 & 0\end{pmatrix}+k_{22}\begin{pmatrix}0 & H\\0 & 0\end{pmatrix}\\
&+k_{31}\begin{pmatrix}0 & 0\\I & 0\end{pmatrix}+k_{32}\begin{pmatrix}0 & 0\\H & 0\end{pmatrix}+k_{41}\begin{pmatrix}0 & 0\\0 & I\end{pmatrix}+k_{42}\begin{pmatrix}0 & 0\\0 & H\end{pmatrix}.
\end{aligned}$$

容易验证下述8个矩阵

$$\begin{pmatrix} I & 0 \\ 0 & 0 \end{pmatrix}, \begin{pmatrix} H & 0 \\ 0 & 0 \end{pmatrix}, \begin{pmatrix} 0 & I \\ 0 & 0 \end{pmatrix}, \begin{pmatrix} 0 & H \\ 0 & 0 \end{pmatrix},$$

$$\begin{pmatrix} 0 & 0 \\ I & 0 \end{pmatrix}, \begin{pmatrix} 0 & 0 \\ H & 0 \end{pmatrix}, \begin{pmatrix} 0 & 0 \\ 0 & I \end{pmatrix}, \begin{pmatrix} 0 & 0 \\ 0 & H \end{pmatrix}$$

线性无关，且它们都与 G 可交换，因此 $\mathrm{C}(G)$ 是由这8个矩阵生成的子空间。从而

$$\dim \mathrm{C}(G) = 8.$$

点评　例8中的4级矩阵 G 是由两个相同的2级有理块组成的分块对角矩阵，我们证明了 $\dim \mathrm{C}(G)=8$，它大于矩阵 G 的级数4。由于有理块 $G_1=\begin{pmatrix} 0 & -1 \\ 1 & 0 \end{pmatrix}$ 的最小多项式 $m_1(\lambda)$ 等于特征多项式 λ^2+1。因此 G 的最小多项式 $m(\lambda)$ 为

$$m(\lambda) = [m_1(\lambda), m_1(\lambda)] = \lambda^2 + 1,$$

即 $\deg m(\lambda)=2$。据9.6节例24的结论得

$$\dim F[G] = \deg m(\lambda) = 2.$$

由此看出，$\mathrm{C}(G) \supsetneqq F[G]$。这表明与 G 可交换的矩阵有的不能表示成 G 的多项式。从例8看到，如果线性变换 $\boldsymbol{A}$ 的有理标准形 G 中，各个有理块的最小多项式是同一个不可约多项式的方幂，那么有可能 $\mathrm{C}(\boldsymbol{A}) \supsetneqq F[\boldsymbol{A}]$。我们在例10、例14中将进一步研究这种情形。为此先需要一个命题，即下面的例9。

例9　设 V 是域 F 上的线性空间，$\boldsymbol{A}$ 是 V 上的一个线性变换，设 $V=U_1 \oplus U_2 \oplus \cdots \oplus U_m$，用 $\boldsymbol{P}_j$ 表示平行于 $\bigoplus\limits_{i \neq j} U_i$ 在 U_j 上的投影。证明：

U_j 是 $\boldsymbol{A}$-子空间，$j=1,2,\cdots,m \iff \boldsymbol{P}_j \in \mathrm{C}(\boldsymbol{A})$，$j=1,2,\cdots,m$。

证明　必要性。设 U_j 是 $\boldsymbol{A}$ 不变子空间，$j=1,2,\cdots,m$。任取 $\alpha_j \in U_j$，则 $\boldsymbol{A}\alpha_j \in U_j$。从而 $\boldsymbol{P}_j(\boldsymbol{A}\alpha_j)=\boldsymbol{A}\alpha_j$。又有 $\boldsymbol{A}\boldsymbol{P}_j\alpha_j=\boldsymbol{A}\alpha_j$。因此

$$\boldsymbol{P}_j\boldsymbol{A}\alpha_j = \boldsymbol{A}\boldsymbol{P}_j\alpha_j, \forall \alpha_j \in U_j. \tag{47}$$

任取 $\alpha_i \in U_i$，其中 $i \neq j$。由 $\boldsymbol{P}_j$ 的定义知道，$\boldsymbol{P}_j\alpha_i=0$。从而 $\boldsymbol{A}(\boldsymbol{P}_j\alpha_i)=0$。由于 U_i 是 $\boldsymbol{A}$ 不变子空间，因此 $\boldsymbol{A}\alpha_i \in U_i$。于是 $\boldsymbol{P}_j(\boldsymbol{A}\alpha_i)=0$。从而

$$\boldsymbol{A}\boldsymbol{P}_j\alpha_i = \boldsymbol{P}_j\boldsymbol{A}\alpha_i, \forall \alpha_i \in U_i, i \neq j. \tag{48}$$

任取 $\alpha \in V$，设 $\alpha = \sum\limits_{k=1}^{m} \alpha_k$，$\alpha_k \in U_k$，$k = 1,2,\cdots,m$。从(47)式和(48)式得

$$\boldsymbol{A}\boldsymbol{P}_j\alpha = \sum_{k=1}^{m} \boldsymbol{A}\boldsymbol{P}_j\alpha_k = \sum_{k=1}^{m} \boldsymbol{P}_j\boldsymbol{A}\alpha_k = \boldsymbol{P}_j\boldsymbol{A}\alpha.$$

因此 $\boldsymbol{A}\boldsymbol{P}_j=\boldsymbol{P}_j\boldsymbol{A}$。即 $\boldsymbol{P}_j \in \mathrm{C}(\boldsymbol{A})$。

充分性。设 $\boldsymbol{P}_j \in \mathrm{C}(\boldsymbol{A})$，则 $\mathrm{Im}\ \boldsymbol{P}_j$ 是 $\boldsymbol{A}$ 的不变子空间，由于 $\mathrm{Im}\ \boldsymbol{P}_j = U_j$，因此 U_j 是 $\boldsymbol{A}$ 的不变子空间。 ■

点评 例 9 比 9.6 节的例 23 第(1)小题考虑了更一般的情形，指出：当 $V = U_1 \oplus \cdots \oplus U_m$ 时，若投影 $\boldsymbol{P}_j$ 与 $\boldsymbol{A}$ 可交换，则 U_j 是 $\boldsymbol{A}$ 的不变子空间。反之，若 $U_1, \cdots, U_s$ 都是 $\boldsymbol{A}$ 的不变子空间，则投影 $\boldsymbol{P}_1, \cdots, \boldsymbol{P}_s$ 都与 $\boldsymbol{A}$ 可交换。

例 10 设 $\boldsymbol{A}$ 是域 F 上线性空间 V 上的线性变换，用 $\mathrm{C}^2(\boldsymbol{A})$ 表示与 $\mathrm{C}(\boldsymbol{A})$ 中每一个线性变换可交换的线性变换组成的集合，即

$$\mathrm{C}^2(\boldsymbol{A}) = \{\boldsymbol{H} \in \mathrm{Hom}(V,V) \mid \boldsymbol{H}\boldsymbol{B} = \boldsymbol{B}\boldsymbol{H}, \forall \boldsymbol{B} \in \mathrm{C}(\boldsymbol{A})\}.$$

容易看出 $\mathrm{C}^2(\boldsymbol{A})$ 是 $\mathrm{Hom}(V,V)$ 的一个子空间。设 $\boldsymbol{A}$ 的最小多项式 $m(\lambda) = p^l(\lambda)$，其中 $p(\lambda)$ 在域 F 上不可约。证明：

$$\mathrm{C}^2(\boldsymbol{A}) = F[\boldsymbol{A}].$$

证明 任取 $f(\boldsymbol{A}) \in F[\boldsymbol{A}]$，$\forall \boldsymbol{B} \in \mathrm{C}(\boldsymbol{A})$，由于 $\boldsymbol{B}\boldsymbol{A} = \boldsymbol{A}\boldsymbol{B}$ 因此 $\boldsymbol{B}f(\boldsymbol{A}) = f(\boldsymbol{A})\boldsymbol{B}$。从而 $f(\boldsymbol{A}) \in \mathrm{C}^2(\boldsymbol{A})$。于是 $F[\boldsymbol{A}] \subseteq \mathrm{C}^2(\boldsymbol{A})$。

反之，任取 $\boldsymbol{H} \in \mathrm{C}^2(\boldsymbol{A})$，想证 $\boldsymbol{H} \in F[\boldsymbol{A}]$，即要找一个多项式 $g(\lambda)$，使得 $\boldsymbol{H} = g(\boldsymbol{A})$，想法是先把 V 分解成 $\boldsymbol{A}$ 不变子空间的直和，据本节定理 2 得，V 能分解成 $\boldsymbol{A}$-循环子空间的直和：

$$V = U_1 \oplus U_2 \oplus \cdots \oplus U_s, \tag{49}$$

其中 ξ_i 是 $\boldsymbol{A}$-循环子空间 U_i 的生成元，$i = 1, 2, \cdots, s$。记 $\boldsymbol{A}_i = \boldsymbol{A}|U_i$，用 $m_i(\lambda)$ 表示 $\boldsymbol{A}_i$ 的最小多项式，由于

$$m(\lambda) = [m_1(\lambda), \cdots, m_s(\lambda)],$$

因此至少有一个 $m_j(\lambda) = p^l(\lambda) = m(\lambda)$，不妨设 $m_1(\lambda) = m(\lambda)$，且设

$$m(\lambda) = h_i(\lambda) m_i(\lambda), i = 1, 2, \cdots, s. \tag{50}$$

用 $\boldsymbol{P}_j$ 表示平行于 $\bigoplus\limits_{i \neq j} U_i$ 在 U_j 上的投影，$j = 1, 2, \cdots, s$。由于 $U_j (j = 1, 2, \cdots, s)$ 是 $\boldsymbol{A}$ 的不变子空间，因此据例 9 得，$\boldsymbol{P}_j \in \mathrm{C}(\boldsymbol{A})$，$j = 1, 2, \cdots, s$。由于 $\boldsymbol{H}\boldsymbol{P}_j = \boldsymbol{P}_j\boldsymbol{H}$，因此 U_j 是 $\boldsymbol{H}$ 的不变子空间，$j = 1, 2, \cdots, s$。记 $\boldsymbol{H}_j = \boldsymbol{H}|U_j$，$j = 1, 2, \cdots, s$。由于 $\boldsymbol{H}\xi_i \in U_i$，因此存在 $g_i(\lambda) \in F[\lambda]$，使得

$$\boldsymbol{H}\xi_i = g_i(\boldsymbol{A})\xi_i, i = 1, 2, \cdots, s. \tag{51}$$

由于 U_i 中任一向量可表示成 $q(\boldsymbol{A})\xi_i$ 的形式，其中 $q(\lambda) \in F[\lambda]$，因此

$$\boldsymbol{H}[q(\boldsymbol{A})\xi_i] = q(\boldsymbol{A})\boldsymbol{H}\xi_i = q(\boldsymbol{A})g_i(\boldsymbol{A})\xi_i = g_i(\boldsymbol{A})[q(\boldsymbol{A})\xi_i].$$

由此得出

$$\boldsymbol{H}_i = \boldsymbol{H}|U_i = g_i(\boldsymbol{A})|U_i = g_i(\boldsymbol{A}|U_i) = g_i(\boldsymbol{A}_i). \tag{52}$$

这样我们对于 $\boldsymbol{H}_i$，找到了多项式 $g_i(\lambda)$，使得 $\boldsymbol{H}_i = g_i(\boldsymbol{A}_i) = g_i(\boldsymbol{A})$。

注意到 $m_1(\lambda)=m(\lambda)$,因此我们猜测有

$$\boldsymbol{H} = g_1(\mathbf{A}). \tag{53}$$

为了证明(53)式,我们进行探索:设 $\boldsymbol{H} = g_1(\mathbf{A})$,则对于任意 $\alpha \in V$,有 $\boldsymbol{H}\alpha = g_1(\mathbf{A})\alpha$,设 $\alpha = \sum_{i=1}^{s} \alpha_i$, $\alpha_i \in U_i$,则

$$\boldsymbol{H}\alpha = \sum_{i=1}^{s} \boldsymbol{H}\alpha_i = \sum_{i=1}^{s} g_i(\mathbf{A})\alpha_i. \tag{54}$$

又有 $g_1(\mathbf{A})\alpha = \sum_{i=1}^{s} g_1(\mathbf{A})\alpha_i$,由此推出

$$\sum_{i=1}^{s} [g_1(\mathbf{A}) - g_i(\mathbf{A})]\alpha_i = 0.$$

由于 $U_1 + \cdots + U_s$ 是直和,因此

$$[g_1(\mathbf{A}) - g_i(\mathbf{A})]\alpha_i = 0, i = 1,2,\cdots,s. \tag{55}$$

从 α 在 V 中的任意性可推出 α_i 在 U_i 中的任意性,因此由(55)式得

$$g_1(\mathbf{A}_i) - g_i(\mathbf{A}_i) = \mathbf{0}. \tag{56}$$

由此得出,$g_1(\lambda) - g_i(\lambda)$ 是 $\mathbf{A}_i$ 的一个零化多项式,因此

$$m_i(\lambda) \mid g_1(\lambda) - g_i(\lambda). \tag{57}$$

从(57)式得

$$h_i(\lambda)m_i(\lambda) \mid h_i(\lambda)[g_1(\lambda) - g_i(\lambda)], \tag{58}$$

即 $m(\lambda) \mid h_i(\lambda)[g_1(\lambda) - g_i(\lambda)]$。从而

$$m_1(\lambda) \mid h_i(\lambda)[g_1(\lambda) - g_i(\lambda)]. \tag{59}$$

由于 $m_1(\mathbf{A})\xi_1 = 0$,因此从(59)式得

$$h_i(\mathbf{A})[g_1(\mathbf{A}) - g_i(\mathbf{A})]\xi_1 = 0, \tag{60}$$

即

$$h_i(\mathbf{A})g_1(\mathbf{A})\xi_1 = h_i(\mathbf{A})g_i(\mathbf{A})\xi_1. \tag{61}$$

由于 ξ_1 是 $\mathbf{A}$-循环子空间 U_1 的生成元,因此 $h_i(\mathbf{A})\xi_1 \in U_1$。从而

$$h_i(\mathbf{A})g_1(\mathbf{A})\xi_1 = g_1(\mathbf{A})h_i(\mathbf{A})\xi_1 = \boldsymbol{H}h_i(\mathbf{A})\xi_1. \tag{62}$$

于是从(61)式和(62)式得

$$\boldsymbol{H}\, h_i(\mathbf{A})\xi_1 = g_i(\mathbf{A})h_i(\mathbf{A})\xi_1. \tag{63}$$

如果(63)式成立,那么把它反推回去就可得出(53)式成立。下面来证(63)式成立。由于 $\boldsymbol{H}|U_i = g_i(\mathbf{A})|U_i$,而 $h_i(\mathbf{A})\xi_1 \in U_1$,因此需要把 $h_i(\mathbf{A})\xi_1$ 看成 ξ_i 在某个线性变换下的象,才有可能使(63)式成立,于是产生下述想法:

对于 $i \in \{1,2,\cdots,s\}$,定义 V 上的一个变换 $\boldsymbol{G}_i$ 如下:

$$\boldsymbol{G}_i(\alpha_j)=\alpha_j,\alpha_j\in U_j,j\neq i; \tag{64}$$

$$\boldsymbol{G}_i(q(\boldsymbol{A})\xi_i)=q(\boldsymbol{A})h_i(\boldsymbol{A})\xi_1,\forall q(\lambda)\in F[\lambda]; \tag{65}$$

$$\boldsymbol{G}_i\Big(\sum_{k=1}^{s}b_k\alpha_k\Big)=\sum_{k=1}^{s}b_k\boldsymbol{G}_i(\alpha_k). \tag{66}$$

对于(65)式,需要说明它是合理的。即,设 $q_1(\boldsymbol{A})\xi_i=q_2(\boldsymbol{A})\xi_i$,要证 $q_1(\boldsymbol{A})h_i(\boldsymbol{A})\xi_1=q_2(\boldsymbol{A})h_i(\boldsymbol{A})\xi_1$。为此只要证:若 $u(\boldsymbol{A})\xi_i=0$,则 $u(\boldsymbol{A})h_i(\boldsymbol{A})\xi_1=0$。从 $u(\boldsymbol{A})\xi_i=0$ 得,$m_i(\lambda)\mid u(\lambda)$。于是

$$h_i(\lambda)m_i(\lambda)\mid h_i(\lambda)u(\lambda).$$

从而 $m(\lambda)\mid h_i(\lambda)u(\lambda)$,因此 $m_1(\lambda)\mid h_i(\lambda)u(\lambda)$。由此得出 $h_i(\boldsymbol{A})u(\boldsymbol{A})\xi_1=0$。这证明了(65)式是合理的,于是(64)、(65)、(66)式定义了 V 上的一个线性变换 $\boldsymbol{G}_i$。

任取 U_i 中的向量 $q(\boldsymbol{A})\xi_i$,有 $\boldsymbol{A}\,q(\boldsymbol{A})\xi_i\in U_i$。于是据(65)式得

$$\boldsymbol{G}_i[\boldsymbol{A}\,q(\boldsymbol{A})\xi_i]=\boldsymbol{A}\,q(\boldsymbol{A})h_i(\boldsymbol{A})\xi_1=\boldsymbol{A}\,\boldsymbol{G}_i(q(\boldsymbol{A})\,\xi_i). \tag{67}$$

任取 $\alpha_j\in U_j(j\neq i)$,有 $\boldsymbol{A}\alpha_j\in U_j$。于是据(64)式得

$$\boldsymbol{G}_i(\boldsymbol{A}\alpha_j)=\boldsymbol{A}\alpha_j=\boldsymbol{A}\,\boldsymbol{G}_i(\alpha_j). \tag{68}$$

从(67)式和(68)式可推出,$\boldsymbol{G}_i\boldsymbol{A}=\boldsymbol{A}\,\boldsymbol{G}_i$,即 $\boldsymbol{G}_i\in \mathrm{C}(\boldsymbol{A})$。于是 $\boldsymbol{H}\,\boldsymbol{G}_i=\boldsymbol{G}_i\boldsymbol{H}$。由于

$$\boldsymbol{H}\,\boldsymbol{G}_i\xi_i=\boldsymbol{H}\,h_i(\boldsymbol{A})\xi_1,$$

$$\boldsymbol{G}_i\boldsymbol{H}\,\xi_i=\boldsymbol{G}_i\,g_i(\boldsymbol{A})\xi_i=g_i(\boldsymbol{A})h_i(\boldsymbol{A})\xi_1;$$

因此从 $\boldsymbol{H}\,\boldsymbol{G}_i=\boldsymbol{G}_i\,\boldsymbol{H}$ 得出

$$\boldsymbol{H}\,h_i(\boldsymbol{A})\xi_1=g_i(\boldsymbol{A})h_i(\boldsymbol{A})\xi_1.$$

这证明了(63)式成立。从而

$$\boldsymbol{H}=g_1(\boldsymbol{A}).$$

于是 $\mathrm{C}^2(\boldsymbol{A})\subseteq F[A]$。因此 $\mathrm{C}^2(\boldsymbol{A})=F[A]$。 ■

点评 例 10 的证明是相当难的,首先要把 V 分解成 $\boldsymbol{A}$-循环子空间的直和:$V=U_1\oplus\cdots\oplus U_s$,利用投影 $\boldsymbol{P}_j(j=1,2,\cdots,s)$去证明 $\boldsymbol{H}\xi_i=g_i(\boldsymbol{A})\xi_i$,进而得出

$$\boldsymbol{H}_i=g_i(\boldsymbol{A}_i),i=1,2,\cdots,s. \tag{69}$$

有了(69)式以后,如何证明 $\boldsymbol{H}\in F[A]$呢?关键一个想法是:从 $m_1(\lambda)=m(\lambda)$大胆地猜测可能有

$$\boldsymbol{H}=g_1(\boldsymbol{A}). \tag{70}$$

又如何证明 $\boldsymbol{H}=g_1(\boldsymbol{A})$呢?我们经过探索证明了:$\boldsymbol{H}=g_1(\boldsymbol{A})$当且仅当下式成立:

$$\boldsymbol{H}\,h_i(\boldsymbol{A})\xi_1=g_i(\boldsymbol{A})h_i(\boldsymbol{A})\xi_1. \tag{71}$$

而为了证明(71)式成立,最富有创意的想法是:对于 $i\in\{1,2,\cdots s\}$,用(64)、(65)、(66)式定义 V 上的一个线性变换 $\boldsymbol{G}_i$,然后去证 $\boldsymbol{G}_i\boldsymbol{A}=\boldsymbol{A}\,\boldsymbol{G}_i$,从而得出 $\boldsymbol{H}\,\boldsymbol{G}_i=\boldsymbol{G}_i\boldsymbol{H}$。于是有 $\boldsymbol{H}\,\boldsymbol{G}_i\,\xi_i=$

$\boldsymbol{G}_i\boldsymbol{H}\,\xi_i$,进而得出(71)式,由此体会到:在解决比较难的数学问题时,进行细致的观察和深入的分析,由此产生富有创意的想法是至关重要的。

例 11 设 V 是域 F 上的线性空间,V 上的线性变换 $\boldsymbol{A}$ 称为**半单的**(semisimple),如果每一个 $\boldsymbol{A}$ 不变子空间 U 都有 $\boldsymbol{A}$ 不变补空间。设 $\boldsymbol{A}$ 是半单的,$g(\lambda)\in F[\lambda]$。证明:$g(\boldsymbol{A})$ 是幂零变换当且仅当 $g(\boldsymbol{A})=\boldsymbol{0}$。

证明 充分性是显然的,现在来证必要性。设 $g(\boldsymbol{A})$是幂零变换,其幂零指数为 l,则 $g^{l-1}(\boldsymbol{A})\neq\boldsymbol{0}$,于是 $\operatorname{Ker} g^{l-1}(\boldsymbol{A})$是 $\boldsymbol{A}$ 不变子空间,且 $\operatorname{Ker} g^{l-1}(\boldsymbol{A})\subsetneqq V$。由于 $\boldsymbol{A}$ 是半单的,因此存在 $\boldsymbol{A}$ 不变子空间 W,使得

$$V=\operatorname{Ker} g^{l-1}(\boldsymbol{A})\oplus W.$$

显然 W 也是 $g(\boldsymbol{A})$的不变子空间,任取 $g(\boldsymbol{A})\beta\in g(\boldsymbol{A})W$,由于 $g^{l}(\boldsymbol{A})\beta=0$,因此 $g^{l-1}(\boldsymbol{A})[g(\boldsymbol{A})\beta]=0$。即 $g(\boldsymbol{A})\beta\in\operatorname{Ker} g^{l-1}(\boldsymbol{A})$,从而 $g(\boldsymbol{A})W\subseteq\operatorname{Ker} g^{l-1}(\boldsymbol{A})$。于是

$$g(\boldsymbol{A})W\subseteq\operatorname{Ker} g^{l-1}(\boldsymbol{A})\cap W=0.$$

即 $W\subseteq\operatorname{Ker} g(\boldsymbol{A})$,假如 $l>1$,则 $\operatorname{Ker} g(\boldsymbol{A})\subseteq\operatorname{Ker} g^{l-1}(\boldsymbol{A})$。于是 $W\subseteq\operatorname{Ker} g^{l-1}(\boldsymbol{A})$。从而 $W=0$。由此得出 $g^{l-1}(\boldsymbol{A})=\boldsymbol{0}$。矛盾。因此 $l=1$,即 $g(\boldsymbol{A})=\boldsymbol{0}$。 ■

点评 从例 11 立即得出,若 $\boldsymbol{A}$ 既是半单的,又是幂零的,则 $\boldsymbol{A}=\boldsymbol{0}$。在 9.6 节的命题 10 中,我们证明了:域 F 上 n 维线性空间 V 上的线性变换 $\boldsymbol{A}$ 可对角化当且仅当 $\boldsymbol{A}$ 的特征多项式在包含 F 的代数封闭域中的全部 n 个根都在 F 中,且对于 $\boldsymbol{A}$ 的任一不变子空间都有 $\boldsymbol{A}$ 不变补空间。又由于 $\boldsymbol{A}$ 可对角化当且仅当 $\boldsymbol{A}$ 的最小多项式 $m(\lambda)$在 $F[\lambda]$中能分解成不同的一次因式的乘积,因此我们猜测对于半单的线性变换有下述特征,即例 12 所叙述的命题。

例 12 域 F 上线性空间 V 上的线性变换 $\boldsymbol{A}$ 是半单的当且仅当 $\boldsymbol{A}$ 的最小多项式 $m(\lambda)$ 能分解成两两不等的不可约多项式的乘积,即

$$m(\lambda)=p_1(\lambda)p_2(\lambda)\cdots p_s(\lambda),$$

其中 $p_1(\lambda),p_2(\lambda),\cdots,p_s(\lambda)$是域 F 上两两不等的不可约多项式。

证明 必要性。设 $\boldsymbol{A}$ 是半单的,设

$$m(\lambda)=p_1^{l_1}(\lambda)p_2^{l_2}(\lambda)\cdots p_s^{l_s}(\lambda),$$

其中 $p_1(\lambda),p_2(\lambda),\cdots,p_s(\lambda)$是域 F 上两两不等的不可约多项式,令

$$g(\lambda)=p_1(\lambda)p_2(\lambda)\cdots p_s(\lambda).$$

容易看出 $g(\boldsymbol{A})$是幂零变换,据例 11 得,$g(\boldsymbol{A})=\boldsymbol{0}$。于是 $g(\lambda)$是 $\boldsymbol{A}$ 的一个零化多项式。从而 $m(\lambda)\mid g(\lambda)$。又 $g(\lambda)\mid m(\lambda)$,因此 $m(\lambda)=g(\lambda)$。

充分性。设

$$m(\lambda)=p_1(\lambda)p_2(\lambda)\cdots p_s(\lambda),\tag{72}$$

其中 $p_1(\lambda),p_2(\lambda),\cdots,p_s(\lambda)$是域 F 上两两不等的不可约多项式。则

$$V=\text{Ker }p_1(\boldsymbol{A})\oplus\text{Ker }p_2(\boldsymbol{A})\oplus\cdots\oplus\text{Ker }p_s(\boldsymbol{A}).\tag{73}$$

记 $W_i=\text{Ker }p_i(\boldsymbol{A})$，且 $\boldsymbol{A}_i=\boldsymbol{A}|W_i$，则 $\boldsymbol{A}_i$ 的最小多项式 $m_i(\lambda)=p_i(\lambda)$，$i=1,2,\cdots,s$。

任取 V 的一个非平凡 $\boldsymbol{A}$ 不变子空间 U，据 9.6 节例 23 得：

$$U=(W_1\cap U)\oplus(W_2\cap U)\oplus\cdots\oplus(W_s\cap U).\tag{74}$$

由于 $\boldsymbol{A}_i$ 的最小多项式 $p_i(\lambda)$在域 F 上不可约，因此据 9.6 节例 11 得，$F[\boldsymbol{A}_i]$是一个域。显然 $F[\boldsymbol{A}_i]\supseteq F$。设

$$p_i(\lambda)=\lambda^{r_i}+b_{r_i-1}\lambda^{r_i-1}+\cdots+b_1\lambda+b_0,\tag{75}$$

则 $\boldsymbol{I},\boldsymbol{A}_i,\boldsymbol{A}_i^2,\cdots,\boldsymbol{A}_i^{r_i-1}$ 是域 F 上线性空间 $F[\boldsymbol{A}_i]$的一个基。任取 $g(\boldsymbol{A}_i)\in F[\boldsymbol{A}_i]$，则

$$g(\boldsymbol{A}_i)=c_0\boldsymbol{I}+c_1\boldsymbol{A}_i+\cdots+c_{r_i-1}\boldsymbol{A}_i^{r_i-1}.$$

对于任意 $\alpha_i\in W_i$，令

$$g(\boldsymbol{A}_i)\alpha_i=c_0\alpha_i+c_1\boldsymbol{A}_i\alpha_i+\cdots+c_{r_i-1}\boldsymbol{A}_i^{r_i-1}\alpha_i,$$

则容易验证 W_i 成为域 $F[\boldsymbol{A}_i]$上的一个线性空间。由于 U 是 $\boldsymbol{A}$ 不变子空间，因此对于任意 $\beta\in W_i\cap U$，任意 $g(\boldsymbol{A}_i)\in F[\boldsymbol{A}_i]$，有 $g(\boldsymbol{A}_i)\beta\in W_i\cap U$。从而 $W_i\cap U$ 是域 $F[\boldsymbol{A}_i]$上线性空间 W_i 的一个子空间。于是它在 W_i 中有补空间，取它的一个补空间 U_i。则

$$W_i=(W_i\cap U)\oplus U_i.\tag{76}$$

由于 U_i 是域 $F[\boldsymbol{A}_i]$上线性空间 W_i 的一个子空间，因此对于任意 $\beta_i\in U_i$，任意 $g(\boldsymbol{A}_i)\in F[\boldsymbol{A}_i]$，有 $g(\boldsymbol{A}_i)\beta_i\in U_i$。特别地有 $\boldsymbol{A}_i\beta_i\in U_i$。这表明 U_i 是 $\boldsymbol{A}_i$ 不变子空间。由于 $U_i\subseteq W_i$，因此 U_i 是 $\boldsymbol{A}$ 不变子空间。

从(73)、(74)和(76)式得

$$\begin{aligned}V&=W_1\oplus W_2\oplus\cdots\oplus W_s\\&=[(W_1\cap U)\oplus U_1]\oplus[(W_2\cap U)\oplus U_2]\oplus\cdots\oplus[(W_s\cap U)\oplus U_s]\\&=U\oplus(U_1\oplus U_2\oplus\cdots\oplus U_s).\end{aligned}\tag{77}$$

由于 $U_i(i=1,2,\cdots,s)$是 $\boldsymbol{A}$ 不变子空间，因此 $U_1\oplus U_2\oplus\cdots\oplus U_s$ 是 $\boldsymbol{A}$ 不变子空间。于是从(77)式得，$\boldsymbol{A}$ 是半单的。 ■

点评 例 12 的充分性证明的关键是把 W_i 看成域 $F[\boldsymbol{A}_i]$上的线性空间，对于它的子空间 $W_i\cap U$，存在补空间 U_i。由于 U_i 是 $F[\boldsymbol{A}_i]$上的线性空间 W_i 的子空间，因此对于任意 $\beta_i\in U_i$，有 $\boldsymbol{A}_i\beta_i\in U_i$。从而可推出 U_i 是 $\boldsymbol{A}$ 不变子空间。

例 13 设 $\boldsymbol{A}$ 是域 F 上线性空间 V 上的线性变换，设 V 能分解成 $\boldsymbol{A}$ 不变子空间的直和：

$$V=U_1\oplus U_2\oplus\cdots\oplus U_s.$$

证明：如果 $\boldsymbol{A}|U_i$ 是半单的，$i=1,2,\cdots s$，那么 $\boldsymbol{A}$ 是半单的。

证明 设 $\boldsymbol{A}, \boldsymbol{A}|U_i$ 的最小多项式分别为 $m(\lambda), m_i(\lambda)$。记 $\boldsymbol{A}_i = \boldsymbol{A}|U_i$。由于 $\boldsymbol{A}_i$ 是半单的，因此据例 12 得

$$m_i(\lambda) = p_{i1}(\lambda)p_{i2}(\lambda)\cdots p_{ir_i}(\lambda),$$

其中 $p_{i1}(\lambda), p_{i2}(\lambda), \cdots, p_{ir_i}(\lambda)$ 是域 F 上两两不等的不可约多项式，$i=1,2,\cdots,s$。由于

$$m(\lambda) = [m_1(\lambda), m_2(\lambda), \cdots, m_s(\lambda)],$$

因此 $m(\lambda)$ 是两两不等的不可约多项式的乘积。于是由例 12 得，$\boldsymbol{A}$ 是半单的。 ■

例 14 设 $\boldsymbol{A}$ 是域 F 上 n 维线性空间 V 上的线性变换，$\boldsymbol{A}$ 的最小多项式 $m(\lambda)=p(\lambda)$，其中 $p(\lambda)$ 是域 F 上的不可约多项式，$\deg p(\lambda)=r$。证明：

$$\mathrm{C}(\boldsymbol{A}) = \mathrm{Hom}_{F[\boldsymbol{A}]}(V,V), \qquad \dim_F \mathrm{C}(\boldsymbol{A}) = \frac{1}{r}(\dim_F V)^2.$$

证明 由于 $\boldsymbol{A}$ 的最小多项式 $m(\lambda)=p(\lambda)$ 在 F 上不可约，因此 $F[\boldsymbol{A}]$ 是一个域。在例 12 的证明中已证明 V 能成为域 $F[\boldsymbol{A}]$ 上的线性空间。用 $\mathrm{Hom}_{F[\boldsymbol{A}]}(V,V)$ 表示域 $F[\boldsymbol{A}]$ 上线性空间 V 上的所有线性变换组成的集合，它是域 $F[\boldsymbol{A}]$ 上的一个线性空间。

任取 $\boldsymbol{B} \in \mathrm{Hom}_{F[\boldsymbol{A}]}(V,V)$，则 $\boldsymbol{B}$ 保持 V 与 $F[\boldsymbol{A}]$ 之间的纯量乘法。于是对任意 $\alpha \in V$，任意 $g(\boldsymbol{A}) \in F[\boldsymbol{A}]$，有

$$\boldsymbol{B}[g(\boldsymbol{A})\alpha] = g(\boldsymbol{A})[\boldsymbol{B}\alpha].$$

特别地，有 $\boldsymbol{B}(\boldsymbol{A}\alpha)=\boldsymbol{A}(\boldsymbol{B}\alpha), \forall \alpha \in V$。因此 $\boldsymbol{B}\boldsymbol{A}=\boldsymbol{A}\boldsymbol{B}$，从而 $\boldsymbol{B} \in C(\boldsymbol{A})$。于是

$$\mathrm{Hom}_{F[\boldsymbol{A}]}(V,V) \subseteq \mathrm{C}(\boldsymbol{A}).$$

反之，任取 $\boldsymbol{B} \in \mathrm{C}(\boldsymbol{A})$，则 $\boldsymbol{B}\boldsymbol{A}=\boldsymbol{A}\boldsymbol{B}$。从而对任意 $g(\boldsymbol{A}) \in F[\boldsymbol{A}]$，有 $\boldsymbol{B}g(\boldsymbol{A})=g(\boldsymbol{A})\boldsymbol{B}$。于是对任意 $\alpha \in V$，有

$$\boldsymbol{B}[g(\boldsymbol{A})\alpha] = g(\boldsymbol{A})[\boldsymbol{B}\alpha].$$

这表明 $\boldsymbol{B}$ 保持 $g[\boldsymbol{A}]$ 与 V 的纯量乘法。因此 $\boldsymbol{B} \in \mathrm{Hom}_{F[\boldsymbol{A}]}(V,V)$。从而

$$\mathrm{C}(\boldsymbol{A}) \subseteq \mathrm{Hom}_{F[\boldsymbol{A}]}(V,V).$$

综上所述，$\mathrm{C}(\boldsymbol{A})=\mathrm{Hom}_{F[\boldsymbol{A}]}(V,V)$。

记 $\Omega=\mathrm{Hom}_{F[\boldsymbol{A}]}(V,V)$，$\Omega$ 是域 $F[\boldsymbol{A}]$ 上的线性空间，又由于 $F[\boldsymbol{A}]$ 可看成域 F 上的线性空间，据 8.1 节的例 39 得，Ω 可成为域 F 上的线性空间，并且

$$\dim_F \Omega = (\dim_F F[\boldsymbol{A}])(\dim_{F[\boldsymbol{A}]}\Omega). \tag{78}$$

由于 $\dim_F F[\boldsymbol{A}]=\deg p(\lambda)=r$，因此

$$\dim_F \Omega = r(\dim_{F[\boldsymbol{A}]}\Omega). \tag{79}$$

由于 $\dim_{F[\boldsymbol{A}]}\Omega=\dim_{F[\boldsymbol{A}]}(\mathrm{Hom}_{F[\boldsymbol{A}]}(V,V)=(\dim_{F[\boldsymbol{A}]}V)^2$，因此

$$\dim_F \Omega = r(\dim_{F[\boldsymbol{A}]}V)^2. \tag{80}$$

同样据 8.1 节例 39 得

$$\dim_F V = (\dim_F F[\mathbf{A}])(\dim_{F[\mathbf{A}]} V) = r(\dim_{F[\mathbf{A}]} V). \tag{81}$$

由于 $\mathrm{C}(\mathbf{A})=\Omega$，因此

$$\dim_F \mathrm{C}(\mathbf{A}) = \dim_F \Omega = \frac{1}{r} r^2 (\dim_{F[\mathbf{A}]} V)^2 = \frac{1}{r}(\dim_F V)^2. \tag{82}$$

■

点评 例 14 解决了当 V 上的线性变换 $\mathbf{A}$ 的最小多项式 $m(\lambda)=p(\lambda)$（其中 $p(\lambda)$ 在域 F 上不可约）时，$\mathrm{C}(\mathbf{A})$ 的构成以及 $\mathrm{C}(\mathbf{A})$ 的维数问题。利用例 14 可以更简捷地解决例 8 的问题。设 V 是实数域 $\mathbf{R}$ 上 4 维线性空间，设 V 上的线性变换 $\mathbf{A}$ 在 V 的一个基下的矩阵是 $G=\mathrm{diag}\left\{\begin{pmatrix}0 & -1\\1 & 0\end{pmatrix},\begin{pmatrix}0 & -1\\1 & 0\end{pmatrix}\right\}$。我们在例 8 的点评中已求出 G 的最小多项式 $m(\lambda)=\lambda^2+1$。由于 λ^2+1 在 $\mathbf{R}$ 上不可约，因此据例 14 立即得到

$$\dim_{\mathbf{R}} \mathrm{C}(G) = \dim_{\mathbf{R}} \mathrm{C}(\mathbf{A}) = \frac{1}{2}(\dim_{\mathbf{R}} V)^2 = \frac{1}{2}\times 4^2 = 8.$$

例 15 设 $\mathbf{A}$ 是域 F 上 n 维线性空间 V 上的线性变换，$\mathbf{A}$ 的最小多项式 $m(\lambda)$ 在 $F[\lambda]$ 中的标准分解式为

$$m(\lambda) = p_1^{l_1}(\lambda)p_2^{l_2}(\lambda)\cdots p_s^{l_s}(\lambda). \tag{83}$$

记 $W_i=\mathrm{Ker}\,p_i^{l_i}(\mathbf{A})$，$\mathbf{A}_i=\mathbf{A}|W_i$，$i=1,2,\cdots,s$。证明：

$$\mathrm{C}(\mathbf{A}) \cong \mathrm{C}(\mathbf{A}_1) \dotplus \mathrm{C}(\mathbf{A}_2) \dotplus \cdots \dotplus \mathrm{C}(\mathbf{A}_s), \tag{84}$$

$$\dim \mathrm{C}(\mathbf{A}) = \sum_{i=1}^{s} \dim \mathrm{C}(\mathbf{A}_i). \tag{85}$$

证明 从(83)式得

$$V = \mathrm{Ker}\ p_1^{l_1}(\mathbf{A}) \oplus \mathrm{Ker}\ p_2^{l_2}(\mathbf{A}) \oplus \cdots \oplus \mathrm{Ker}\ p_s^{l_s}(\mathbf{A}). \tag{86}$$

$\mathbf{A}_i=\mathbf{A}|W_i$ 的最小多项式 $m_i(\lambda)=p_i^{l_i}(\lambda)$，$i=1,2,\cdots,s$。在 $W_1,W_2,\cdots,W_s$ 中各取一个基，把它们合起来成为 V 的一个基，则 $\mathbf{A}$ 在 V 的这个基下的矩阵 A 为

$$A = \mathrm{diag}\{A_1, A_2, \cdots, A_s\},$$

其中 A_i 是 $\mathbf{A}_i$ 在 W_i 的上述基下的矩阵，$i=1,2,\cdots,s$。

设线性变换 $\boldsymbol{B}$ 在 V 的上述基下的矩阵为 $B=(B_{ij})$。则

$$\begin{aligned}
B\in \mathrm{C}(A) \quad &\Leftrightarrow \quad BA=AB \\
&\Leftrightarrow \begin{cases} B_{ii}A_i=A_iB_{ii}, & i=1,2,\cdots,s; \\ B_{ij}A_j=A_iB_{ij}, & i\neq j \end{cases} \\
&\Leftrightarrow \begin{cases} B_{ii}\in \mathrm{C}(A_i), & i=1,2,\cdots,s; \\ B_{ij}A_j=A_iB_{ij}, & i\neq j \end{cases}
\end{aligned}$$

由于当 $i\neq j$ 时，A_i 的最小多项式 $m_i(\lambda)=p_i^{l_i}(\lambda)$ 与 A_j 的最小多项式 $m_j(\lambda)=p_j^{l_j}(\lambda)$ 互

素，因此矩阵方程 $XA_j=A_iX$ 只有零解。从而当 $i\neq j$ 时，$B_{ij}=0$。因此

$$B\in \mathrm{C}(A) \quad\Leftrightarrow\quad B=\mathrm{diag}\{B_{11},B_{22},\cdots,B_{ss}\},B_{ii}\in \mathrm{C}(A_i),i=1,2,\cdots,s.$$

从而 $\mathrm{C}(A)=\{B=\mathrm{diag}\{B_1,B_2,\cdots,B_s\}\mid B_i\in \mathrm{C}(A_i),i=1,2,\cdots,s\}$。与 9.7 节例 19 类似可证

$$\mathrm{C}(A)\cong \mathrm{C}(A_1)\dotplus \mathrm{C}(A_2)\dotplus\cdots\dotplus \mathrm{C}(A_s).$$

由于 $\mathrm{C}(\boldsymbol{A})\cong \mathrm{C}(A)$，$\mathrm{C}(\boldsymbol{A}_i)\cong \mathrm{C}(A_i)$，$i=1,2,\cdots,s$，因此

$$\mathrm{C}(\boldsymbol{A})\cong \mathrm{C}(\boldsymbol{A}_1)\dotplus \mathrm{C}(\boldsymbol{A}_2)\dotplus\cdots\dotplus \mathrm{C}(\boldsymbol{A}_s).$$

从而 $\dim \mathrm{C}(\boldsymbol{A})=\sum\limits_{i=1}^{s}\dim \mathrm{C}(\boldsymbol{A}_i)$。 ■

例 16 设 $\boldsymbol{A}$ 是域 F 上 n 维线性空间 V 上的线性变换，设 $\boldsymbol{A}$ 是半单的，此时 $\boldsymbol{A}$ 的最小多项式 $m(\lambda)$ 为

$$m(\lambda)=p_1(\lambda)p_2(\lambda)\cdots p_s(\lambda), \tag{87}$$

其中 $p_1(\lambda),p_2(\lambda),\cdots,p_s(\lambda)$ 是域 F 上两两不等的不可约多项式，$\deg\, p_i(\lambda)=r_i$，$i=1,2,\cdots,s$。设 $\boldsymbol{A}$ 的特征多项式 $f(\lambda)$ 为

$$f(\lambda)=p_1^{k_1}(\lambda)\,p_2^{k_2}(\lambda)\cdots p_s^{k_s}(\lambda). \tag{88}$$

记 $W_i=\mathrm{Ker}\,p_i(\boldsymbol{A})$，$\boldsymbol{A}_i=\boldsymbol{A}|W_i$，$i=1,2,\cdots,s$。证明：

$$\mathrm{C}(\boldsymbol{A})\cong \mathrm{Hom}_{F[\boldsymbol{A}_1]}(W_1,W_1)\dotplus\cdots\dotplus \mathrm{Hom}_{F[\boldsymbol{A}_s]}(W_s,W_s), \tag{89}$$

$$\dim \mathrm{C}(\boldsymbol{A})=\sum_{i=1}^{s}\frac{1}{r_i}(\dim_F W_i)^2=\sum_{i=1}^{s}r_i\,k_i^2. \tag{90}$$

证明 据例 15 得

$$\mathrm{C}(\boldsymbol{A})\cong \mathrm{C}(\boldsymbol{A}_1)\dotplus \mathrm{C}(\boldsymbol{A}_2)\dotplus\cdots\dotplus \mathrm{C}(\boldsymbol{A}_s).$$

由于 $\boldsymbol{A}_i$ 的最小多项式 $m_j(\lambda)=p_i(\lambda)$ 在域 F 上不可约，因此据例 14 得

$$\mathrm{C}(\boldsymbol{A}_i)=\mathrm{Hom}_{F[\boldsymbol{A}_i]}(W_i,W_i),$$

$$\dim \mathrm{C}(\boldsymbol{A}_i)=\frac{1}{r_i}(\dim_F W_i)^2.$$

从而

$$\mathrm{C}(\boldsymbol{A})\cong \mathrm{Hom}_{F[\boldsymbol{A}_1]}(W_1,W_1)\dotplus\cdots\dotplus \mathrm{Hom}_{F[\boldsymbol{A}_s]}(W_s,W_s)$$

$$\dim \mathrm{C}(\boldsymbol{A})=\sum_{i=1}^{s}\dim \mathrm{C}(\boldsymbol{A}_i)=\sum_{i=1}^{s}\frac{1}{r_i}(\dim_F W_i)^2.$$

据定理 4 和推论 1 后面所指出的结论得

$$\dim W_i=r_ik_i.$$

因此

$$\dim \mathrm{C}(\boldsymbol{A})=\sum_{i=1}^{s}\frac{1}{r_i}(r_ik_i)^2=\sum_{i=1}^{s}r_i\,k_i^2.$$ ■

点评 例 16 对于半单线性变换 $\mathbf{A}$ 解决了 $\mathrm{C}(\mathbf{A})$ 的结构以及 $\mathrm{C}(\mathbf{A})$ 的维数问题,证明了:$\dim \mathrm{C}(\mathbf{A}) = \sum_{i=1}^{s} r_i k_i^2$,其中 r_i 是不可约多项式 $p_i(\lambda)$ 的次数,k_i 是在 $\mathbf{A}$ 的特征多项式 $f(\lambda)$ 中 $p_i(\lambda)$ 的幂指数,它们都容易求出。对于非半单的线性变换 $\mathbf{A}$,在 9.8 节例 11 中解决了一类特殊情形,即若 $\mathbf{A}$ 有 Jordan 标准形 J,且 J 中的各个 Jordan 块的主对角元两两不同,则 $\mathrm{C}(\mathbf{A}) = F[\mathbf{A}]$,且 $\dim \mathrm{C}(\mathbf{A}) = \dim V = n$。在 9.9 节的例 7 中又解决了一类特殊情形,即若 $\mathbf{A}$ 的有理标准形 G 中,各个有理块的最小多项式两两互素,则 $\mathrm{C}(\mathbf{A}) = F[\mathbf{A}]$,且 $\dim \mathrm{C}(\mathbf{A}) = \dim V = n$。对于剩下的非半单线性变换 $\mathbf{A}$,从例 15 知道,求 $\mathrm{C}(\mathbf{A})$ 的问题归结为对于 $\mathbf{A}_i$ 的最小多项式 $m_i(\lambda) = p_i^{l_i}(\lambda)$ 时去求 $\mathrm{C}(\mathbf{A}_i)$。因此剩下的问题是:当线性变换 $\mathbf{A}$ 的最小多项式 $m(\lambda) = p^l(\lambda)$(其中 $p(\lambda)$ 是域 F 上的不可约多项式)时,$\mathrm{C}(\mathbf{A})$ 的结构如何?$\mathrm{C}(\mathbf{A})$ 的维数等于多少?我们尚未完全解决这个问题。但是在例 10 中我们解决了 $\mathrm{C}^2(\mathbf{A})$ 的结构问题,证明了:$\mathrm{C}^2(\mathbf{A}) = F[\mathbf{A}]$,从而 $\dim \mathrm{C}^2[\mathbf{A}] = \dim F[\mathbf{A}] = \deg m(\lambda) = l \deg p(\lambda)$。

当域 F 上 n 维线性空间 V 上线性变换 $\mathbf{A}$ 是半单时,把 $\mathbf{A}$ 在 V 的一个基下的矩阵 A 称为**半单矩阵**。于是 A 为半单矩阵当且仅当 A 的最小多项式 $m(\lambda)=p_1(\lambda)p_2(\lambda)\cdots p_s(\lambda)$,其中 $p_1(\lambda),p_2(\lambda),\cdots,p_s(\lambda)$是域 F 上两两不等的不可约多项式。

习题 9.9

1. 求下述实矩阵 A 的有理标准形:

$$A = \begin{pmatrix} 4 & 7 & -3 \\ -2 & -4 & 2 \\ -4 & -10 & 4 \end{pmatrix}.$$

2. 对于第 1 小题中实矩阵 A,求 $\mathrm{C}(A)$以及它的维数。

3. 设数域 K 上的 3 级矩阵 A 为

$$A = \begin{pmatrix} 1 & 0 & 4 \\ 0 & 1 & 2 \\ 0 & 1 & 2 \end{pmatrix}.$$

求 $\mathrm{C}(A)$以及 $\dim \mathrm{C}(A)$。

4. 求下述有理数域上的 3 级矩阵 A 的有理标准形,并且求 $\mathrm{C}(A)$和 $\dim \mathrm{C}(A)$:

$$A = \begin{pmatrix} 0 & 0 & 1 \\ 1 & 0 & 0 \\ 4 & -2 & 1 \end{pmatrix}.$$

5. 求下述 3 级实矩阵 A 的有理标准形,并且求 $\mathrm{C}(A)$和 $\dim \mathrm{C}(A)$：

$$A=\begin{pmatrix}4 & 7 & -5\\ -4 & 5 & 0\\ 1 & 9 & -4\end{pmatrix}.$$

6. 设实数域 $\mathbf{R}$ 上的 4 级矩阵 $G=\operatorname{diag}\left\{\begin{pmatrix}0 & -13\\ 1 & 4\end{pmatrix},\begin{pmatrix}0 & -13\\ 1 & 4\end{pmatrix}\right\}$。求 $\mathrm{C}(G)$的维数和 $\mathrm{C}(G)$的一个基。

7. 设实数域 $\mathbf{R}$ 上的 6 级矩阵 A 为

$$\begin{pmatrix}0 & -1 & & & & \\ 1 & 1 & & & & \\ & & 0 & -13 & & \\ & & 1 & 4 & & \\ & & & & 0 & -13\\ & & & & 1 & 4\end{pmatrix},$$

求 $\mathrm{C}(A)$的维数和 $\mathrm{C}(A)$的一个基。

8. 设 $\mathbf{A}$ 是域 F 上 n 维线性空间 V 上的线性变换,$\mathbf{A}$ 的最小多项式 $m(\lambda)$在 $F[\lambda]$中的标准分解式为 $m(\lambda)=p_1^{l_1}(\lambda),\cdots,p_s^{l_s}(\lambda)$,其中 $\deg p_j(\lambda)=r_j,j=1,\cdots,s$。证明:若有一个 $l_j>1$,则 $\mathbf{A}$ 的有理标准形 C 中有 l_ir_j 级有理块。

9. 设 $\mathbf{A}$ 是域 F 上 n 维线性空间 V 上的一个线性变换。证明:如果 $\mathbf{A}$ 的最小多项式 $m(\lambda)$的次数等于 n,那么 $\mathrm{C}(\mathbf{A})=F[\mathbf{A}]$。

9.10　线性函数与对偶空间

9.10.1　内容精华

设 V 是域 F 上的线性空间,由于域 F 可以看成自身的线性空间,因此自然可以考虑线性空间 V 到 F 的线性映射,我们把这种线性映射称为 V 上的线性函数。详细地说有如下定义：

定义 1　设 V 是域 F 上的线性空间,V 到 F 的一个映射 f 如果满足

$$f(\alpha+\beta)=f(\alpha)+f(\beta),\forall\,\alpha,\beta\in V,\tag{1}$$

$$f(k\alpha)=kf(\alpha),\forall\,\alpha\in V,k\in F;\tag{2}$$

那么称 f 是 V 上的一个**线性函数**。

例如,令

$$\mathrm{tr}: M_n(F) \longrightarrow F$$

$$A = (a_{ij}) \longmapsto \sum_{i=1}^{n} a_{ii}. \tag{3}$$

我们已经知道,$\mathrm{tr}(A+B)=\mathrm{tr}(A)+\mathrm{tr}(B)$,$\mathrm{tr}(kA)=k\mathrm{tr}(A)$,$\forall A,B\in M_n(F)$,$k\in F$,因此 tr 是$M_n(F)$上的一个线性函数,称它为**迹函数**。

又如,设 F 是一个域,给定 $a_1,a_2,\cdots,a_n\in F$,令

$$f: F^n \longrightarrow F$$

$$\boldsymbol{\alpha} = (x_1,x_2,\cdots,x_n)' \longmapsto \sum_{i=1}^{n} a_i x_i, \tag{4}$$

容易验证:$f(\boldsymbol{\alpha}+\boldsymbol{\beta}) = f(\boldsymbol{\alpha}) + f(\boldsymbol{\beta})$,$f(k\boldsymbol{\alpha}) = kf(\boldsymbol{\alpha})$,$\forall k \in F$,$\boldsymbol{\alpha},\boldsymbol{\beta} \in F^n$,因此 $f(\boldsymbol{\alpha}) = \sum_{i=1}^{n} a_i x_i$ 是 F^n 上的一个线性函数。

(4) 式给出了 F^n 上的线性函数 f 的表达式为 $f(x_1,x_2,\cdots,x_n) = \sum_{i=1}^{n} a_i x_i$,它是 $x_1,x_2,\cdots,x_n$ 的一次齐次多项式。

一般地,域 F 上 n 维线性空间 V 上的线性函数 f 的表达式是什么样子?在 V 中取一个基 $\alpha_1,\alpha_2,\cdots,\alpha_n$。由于 V 上的线性函数 f 就是线性空间 V 到 F 的一个线性映射,因此 f 完全被它在 V 的一个基 $\alpha_1,\alpha_2,\cdots,\alpha_n$ 上的作用所决定。即只要知道 $f(\alpha_1),f(\alpha_2),\cdots,f(\alpha_n)$,就可以求出 V 中任一向量 $\alpha = \sum_{i=1}^{n} x_i\alpha_i$ 在 f 的象:

$$f(\alpha) = \sum_{i=1}^{n} f(\alpha_i)x_i. \tag{5}$$

(5) 式就是 V 上的线性函数 f 在基 $\alpha_1,\alpha_2,\cdots,\alpha_n$ 下的表达式,它是 α 在此基下的坐标 $x_1,x_2,\cdots,x_n$ 的一次齐次多项式。

反之,任意取定 $a_1,a_2,\cdots,a_n \in F$,对于 V 中任一向量 $\alpha = \sum_{i=1}^{n} x_i\alpha_i$,规定

$$f(\alpha) = \sum_{i=1}^{n} a_i x_i. \tag{6}$$

根据 9.1 节的定理 1 得,f 是 V 上的一个线性函数,并且

$$f(\alpha_i) = a_i, i = 1,2,\cdots,n. \tag{7}$$

满足(7)式的线性函数是唯一的。

综上所述，域 F 上 n 维线性空间 V 到 F 的一个映射 f 是 V 上的线性函数当且仅当 f 在 V 的一个基下的表达式是 α 在此基下的坐标 $x_1,x_2,\cdots,x_n$ 的一次齐次多项式。

设 V 是域 F 上的线性空间，由于 V 上的线性函数可看成是线性空间 V 到 F 的线性映射，因此可以把 V 上所有线性函数组成的集合记作 $\mathrm{Hom}(V,F)$，它是域 F 上的一个线性空间，称它为 V 上的**线性函数空间**。

现在设 V 是域 F 上的 n 维线性空间，则

$$\dim \mathrm{Hom}(V,F)=(\dim V)(\dim F)=n\cdot 1=n. \tag{8}$$

因此

$$\mathrm{Hom}(V,F)\cong V. \tag{9}$$

设 V 的一个基是 $\alpha_1,\alpha_2,\cdots,\alpha_n$，我们来求 $\mathrm{Hom}(V,F)$ 的一个基。任取 $f\in\mathrm{Hom}(V,F)$，由于 f 完全被它在 V 的一个基 $\alpha_1,\alpha_2,\cdots,\alpha_n$ 上的作用所决定，因此下述对应法则

$$\begin{aligned}\sigma:\mathrm{Hom}(V,F)&\longrightarrow F^n\\ f\quad&\longmapsto(f(\alpha_1),f(\alpha_2),\cdots,f(\alpha_n))'\end{aligned} \tag{10}$$

是一个映射，显然 σ 是满射、单射，且保持加法和纯量乘法运算，因此 σ 是 $\mathrm{Hom}(V,F)$ 到 F^n 的一个同构映射。从而 σ^{-1} 是 F^n 到 $\mathrm{Hom}(V,F)$ 的一个同构映射。在 F^n 中取标准基 $\boldsymbol{\varepsilon}_1,\boldsymbol{\varepsilon}_2,\cdots,\boldsymbol{\varepsilon}_n$，则 $\sigma^{-1}(\boldsymbol{\varepsilon}_1),\sigma^{-1}(\boldsymbol{\varepsilon}_2),\cdots,\sigma^{-1}(\boldsymbol{\varepsilon}_n)$ 是 $\mathrm{Hom}(V,F)$ 的一个基，记 $f_i=\sigma^{-1}(\boldsymbol{\varepsilon}_i)$，$i=1,2,\cdots,n$。则 $\sigma(f_i)=\boldsymbol{\varepsilon}_i$。由(10)式得

$$f_i(\alpha_j)=\begin{cases}1, & 当\ j=i,\\ 0, & 当\ j\neq i;\end{cases} \tag{11}$$

即

$$f_i(\alpha_j)=\delta_{ij},i=1,2,\cdots,n;j=1,2,\cdots,n. \tag{12}$$

$\mathrm{Hom}(V,F)$ 的这个基 $f_1,f_2,\cdots,f_n$ 称为 V 的基 $\alpha_1,\alpha_2,\cdots,\alpha_n$ 的**对偶基**，它满足(12)式。把 $\mathrm{Hom}(V,F)$ 称为 V 的**对偶空间**，记作 V^*。

对于 V 中任一向量 $\alpha=\sum\limits_{j=1}^{n}x_j\alpha_j$，有

$$f_i(\alpha)=\sum_{j=1}^{n}x_jf_i(\alpha_j)=x_i,i=1,2,\cdots,n, \tag{13}$$

因此

$$\alpha=\sum_{i=1}^{n}f_i(\alpha)\alpha_i, \tag{14}$$

即 α 的坐标的第 i 个分量等于 f_i 在 α 处的函数值，$i=1,2,\cdots,n$。

对于 V^* 中任一向量 $f=\sum\limits_{i=1}^{n}k_if_i$，有

$$f(\alpha_j)=\sum_{i=1}^{n}k_if_i(\alpha_j)=k_j, j=1,2,\cdots,n. \tag{15}$$

因此

$$f=\sum_{i=1}^{n}f(\alpha_i)f_i, \tag{16}$$

即 f 在对偶基下的坐标的第 i 个分量等于 f 在 α_i 处的函数值，$i=1,2,\cdots,n$。

定理 1 设 V 是域 F 上的 n 维线性空间，在 V 中取两个基：$\alpha_1,\alpha_2,\cdots,\alpha_n$ 与 $\beta_1,\beta_2,\cdots,\beta_n$；$V^*$ 中相应的对偶基分别为 $f_1,f_2,\cdots,f_n$ 与 $g_1,g_2,\cdots,g_n$。如果 V 中基 $\alpha_1,\alpha_2,\cdots,\alpha_n$ 到基 $\beta_1,\beta_2,\cdots,\beta_n$ 的过渡矩阵是 A，那么 V^* 中基 $f_1,f_2,\cdots,f_n$ 到基 $g_1,g_2,\cdots,g_n$ 的过渡矩阵 B 为

$$B=(A^{-1})'. \tag{17}$$

设 V 是域 F 上的 n 维线性空间，V 中取一个基 $\alpha_1,\alpha_2,\cdots,\alpha_n$，$V^*$ 中相应的对偶基为 $f_1,f_2,\cdots,f_n$。从 8.3 节定理 1 的证明中知道，V 到 V^* 的下述映射：

$$\sigma: V\longrightarrow V^*$$

$$\alpha=\sum_{i=1}^{n}x_i\alpha_i\longmapsto\sum_{i=1}^{n}x_if_i \tag{18}$$

是一个同构映射，把 α 在 σ 下的象记作 f_α（或 α^*）。对于 V 中任一向量 $\beta=\sum_{i=1}^{n}y_i\alpha_i$，由于 $f_i(\beta)=y_i$，因此有

$$f_\alpha(\beta)=\Big(\sum_{i=1}^{n}x_if_i\Big)\beta=\sum_{i=1}^{n}x_if_i(\beta)=\sum_{i=1}^{n}x_iy_i. \tag{19}$$

这表明 α 在 σ 下的象 f_α 在 β 处的函数值等于 α 与 β 的坐标的对应分量乘积之和。由于 α 在 V 的不同基下的坐标是不一样的，因此 α 在把 V 的一个基映成它在 V^* 中对偶基的同构映射下的象会依赖于 V 的基的选择，参看本节例 8。

上述讨论是对于域 F 上任一 n 维线性空间进行的，因此对域 F 上 n 维线性空间 V 的对偶空间 V^*，也可以考虑它的对偶空间 $(V^*)^*$，简记成 V^{**}，称 V^{**} 是 V 的**双重对偶空间**。由于 $V\cong V^*$，$V^*\cong V^{**}$，因此

$$V\cong V^{**}. \tag{20}$$

V 中取一个基 $\alpha_1,\alpha_2,\cdots,\alpha_n$，它在 V^* 中的对偶基为 $f_1,f_2,\cdots,f_n$，则根据(18) 式，V 到 V^* 有一个同构映射 σ 把 V 的基 $\alpha_1,\alpha_2,\cdots,\alpha_n$ 映成它的对偶基 $f_1,f_2,\cdots,f_n$。把 $f_1,f_2,\cdots,f_n$ 在 V^{**} 中的对偶基记作 $\alpha_1^{**},\alpha_2^{**},\cdots,\alpha_n^{**}$，同理，$V^*$ 到 V^{**} 有一个同构映射 τ，把 V^* 的基 $f_1,f_2,\cdots,f_n$ 映成它的对偶基 $\alpha_1^{**},\alpha_2^{**},\cdots,\alpha_n^{**}$。于是 V 到 V^{**} 有一个同构映射 $\tau\sigma$，把 V 的基 $\alpha_1,\alpha_2,\cdots,\alpha_n$ 映成它的对偶基的对偶基 $\alpha_1^{**},\alpha_2^{**},\cdots,\alpha_n^{**}$。任取 $\alpha\in V$，设 $\alpha=$

$\sum_{i=1}^{n} x_i\alpha_i$，把 α 在同构映射 $\tau\sigma$ 下的象记作 α^{**}，则

$$\alpha^{**}=\tau[\sigma(\alpha)]=\tau\left(\sum_{i=1}^{n} x_i f_i\right)=\sum_{i=1}^{n} x_i\alpha_i^{**}. \tag{21}$$

任给 $f\in V^*$，根据(16)式得，$f=\sum_{i=1}^{n} f(\alpha_i)f_i$。对 V^* 和 V^{**} 用(14)式得，$f=\sum_{i=1}^{n}\alpha_i^{**}(f)f_i$。从而 $\alpha_i^{**}(f)=f(\alpha_i)$。于是

$$\begin{aligned}\alpha^{**}(f)&=\left(\sum_{i=1}^{n} x_i\alpha_i^{**}\right)(f)=\sum_{i=1}^{n} x_i[\alpha_i^{**}(f)]=\sum_{i=1}^{n} x_i[f(\alpha_i)]\\&=f\left(\sum_{i=1}^{n} x_i\alpha_i\right)=f(\alpha).\end{aligned} \tag{22}$$

在 V 中取另一个基 $\beta_1,\beta_2,\cdots,\beta_n$，它在 V^* 中的对偶基为 $g_1,g_2,\cdots,g_n$，则 V 到 V^* 有一个同构映射 $\tilde{\sigma}$ 把 V 的基 $\beta_1,\beta_2,\cdots,\beta_n$ 映成它的对偶基 $g_1,g_2,\cdots,g_n$。把 $g_1,g_2,\cdots,g_n$ 在 V^{**} 中的对偶基记作 $\beta_1^{**},\beta_2^{**},\cdots,\beta_n^{**}$，则 V^* 到 V^{**} 有一个同构映射 $\tilde{\tau}$ 把 V^* 的基 $g_1,g_2,\cdots,g_n$ 映成它的对偶基 $\beta_1^{**},\beta_2^{**},\cdots,\beta_n^{**}$。于是 V 到 V^{**} 有一个同构映射 $\tilde{\tau}\tilde{\sigma}$ 把 V 的基 $\beta_1,\beta_2,\cdots,\beta_n$ 映成它的对偶基的对偶基 $\beta_1^{**},\beta_2^{**},\cdots,\beta_n^{**}$。对于 $\alpha\in V$，设 $\alpha=\sum_{i=1}^{n} y_i\beta_i$，把 α 在同构映射 $\tilde{\tau}\tilde{\sigma}$ 下的象记作 $\tilde{\alpha}^{**}$，则

$$\tilde{\alpha}^{**}=\tilde{\tau}(\tilde{\sigma}(\alpha))=\tilde{\tau}\left(\sum_{i=1}^{n} y_i g_i\right)=\sum_{i=1}^{n} y_i\beta_i^{**}. \tag{23}$$

任给 $f\in V^*$，根据(16)式得，$f=\sum_{i=1}^{n} f(\beta_i)g_i$。对 V^* 和 V^{**} 用(14)式得，$f=\sum_{i=1}^{n}\beta_i^{**}(f)g_i$。从而 $\beta_i^{**}(f)=f(\beta_i)$. 于是

$$\begin{aligned}\tilde{\alpha}^{**}(f)&=\left(\sum_{i=1}^{n} y_i\beta_i^{**}\right)(f)=\sum_{i=1}^{n} y_i[\beta_i^{**}(f)]=\sum_{i=1}^{n} y_i[f(\beta_i)]\\&=f\left(\sum_{i=1}^{n} y_i\beta_i\right)=f(\alpha).\end{aligned} \tag{24}$$

由(22)式和(24)式得，$\alpha^{**}(f)=\tilde{\alpha}^{**}(f)$，$\forall f\in V^*$。由此得出，$\alpha^{**}=\tilde{\alpha}^{**}$。这表明 V 中任一向量 α 在由 V 的一个基映成它的对偶基的对偶基的同构映射下的象不依赖于 V 的基的选择，是由 α 本身唯一决定的，因此可以把 α 在这种同构映射下的象 α^{**} 与 α 等同起

来,从而可以把 V^{**} 与 V 等同。于是 V 可以看成是 V^* 的对偶空间。这样 V 与 V^* 就互为对偶空间。这就是把 V^* 称为 V 的对偶空间的原因。

设 V 和 V'都是域 F 上的线性空间,V 到 V'的同构映射如果使得 V 中任一向量 α 的象不依赖于 V 中基的选择,那么把这种同构映射称为**自然同构**。从上一段看出,V 到 V^{**} 的把 V 的一个基映成它的对偶基的对偶基的同构映射是自然同构。

9.10.2 典型例题

例 1 设 $V=C[a,b]$,V 上的下列函数哪些是线性函数?

(1) $f(x)\longmapsto\int_a^b f(x)\mathrm{d}x$;

(2) $f(x)\longmapsto\int_a^b f(x)g(x)\mathrm{d}x$;

其中 $g(x)$ 是一个固定的连续函数。

解 (1) 任取 $f_1(x),f_2(x)\in C[a,b]$,$f_1(x)+f_2(x)$的象是

$$\int_a^b[f_1(x)+f_2(x)]\mathrm{d}x=\int_a^b f_1(x)\mathrm{d}x+\int_a^b f_2(x)\mathrm{d}x.$$

任取 $f(x)\in C[a,b]$,$k\in\mathbf{R}$,$k\,f(x)$的象是

$$\int_a^b kf(x)\mathrm{d}x=k\int_a^b f(x)\mathrm{d}x.$$

因此所给的映射:$f(x)\longmapsto\int_a^b f(x)\mathrm{d}x$ 是 $C[a,b]$上的线性函数。

(2) 任取 $f_1(x),f_2(x)\in C[a,b]$,$f_1(x)+f_2(x)$的象是

$$\int_a^b[f_1(x)+f_2(x)]g(x)\mathrm{d}x=\int_a^b f_1(x)g(x)\mathrm{d}x+\int_a^b f_2(x)g(x)\mathrm{d}x.$$

任取 $f(x)\in C[a,b]$,$k\in\mathbf{R}$,$k\,f(x)$的象是

$$\int_a^b[k\,f(x)]g(x)\mathrm{d}x=k\int_a^b f(x)g(x)\mathrm{d}x.$$

因此所给的映射:$f(x)\longmapsto\int_a^b f(x)g(x)\mathrm{d}x$ 是 $C[a,b]$ 上的线性函数。

例 2 令
$$f:\mathbf{Z}_2^2\longrightarrow\mathbf{Z}_2$$
$$(x_1,x_2)\longmapsto x_1^2+x_2^2,$$

判别 f 是不是$\mathbf{Z}_2^2$上的一个线性函数。

解 任取$(x_1,x_2),(y_1,y_2)\in\mathbf{Z}_2^2$,有

$$f[(x_1,x_2)+(y_1,y_2)]=f(x_1+y_1,x_2+y_2)$$

$$
\begin{aligned}
&= (x_1 + y_1)^2 + (x_2 + y_2)^2 = x_1^2 + y_1^2 + x_2^2 + y_2^2 \\
&= f(x_1, x_2) + f(y_1, y_2); \\
&f[1 \cdot (x_1, x_2)] = f(x_1, x_2) = 1 \cdot f(x_1, x_2), \\
&f[0 \cdot (x_1, x_2)] = f(0,0) = 0 = 0 \cdot f(x_1, x_2),
\end{aligned}
$$

因此 f 是$\mathbf{Z}_2^2$上的一个线性函数。

例 3 设 V 是域 F 上的一个 3 维线性空间,$\alpha_1,\alpha_2,\alpha_3$ 是 V 的一个基,f 是 V 上的一个线性函数。已知

$$f(\alpha_1 + 2\alpha_3) = 4, f(\alpha_2 + 3\alpha_3) = 0, f(4\alpha_1 + \alpha_2) = 5,$$

求 f 在基 $\alpha_1,\alpha_2,\alpha_3$ 下的表达式。

解 由于对任意 $\alpha=x_1\alpha_1+x_2\alpha_2+x_3\alpha_3$,有 $f(\alpha)=x_1f(\alpha_1)+x_2f(\alpha_2)+x_3f(\alpha_3)$,因此先求 $f(\alpha_1),f(\alpha_2),f(\alpha_3)$。由已知条件得

$$
\begin{cases}
f(\alpha_1) + 2f(\alpha_3) = 4, \\
f(\alpha_2) + 3f(\alpha_3) = 0, \\
4f(\alpha_1) + f(\alpha_2) = 5.
\end{cases}
$$

解这个三元一次方程组得

$$f(\alpha_1) = 2, f(\alpha_2) = -3, f(\alpha_3) = 1.$$

因此 $f(\alpha)=2x_1-3x_2+x_3$。

例 4 设 V 是域 F 上一个 3 维线性空间,$\alpha_1,\alpha_2,\alpha_3$ 是 V 的一个基,试找出一个线性函数 f,使得

$$f(3\alpha_1 + \alpha_2) = 2, f(\alpha_2 - \alpha_3) = 1, f(2\alpha_1 + \alpha_3) = 2.$$

解 设 f 是满足已知条件的线性函数,则

$$
\begin{cases}
3f(\alpha_1) + f(\alpha_2) = 2, \\
f(\alpha_2) - f(\alpha_3) = 1, \\
2f(\alpha_1) + f(\alpha_3) = 2.
\end{cases}
$$

解得,$f(\alpha_1)=-1, f(\alpha_2)=5, f(\alpha_3)=4$。

对于任意的 $\alpha=x_1\alpha_1+x_2\alpha_2+x_3\alpha_3$,令 $f(\alpha)=-x_1+5x_2+4x_3$,则 f 是所求的线性函数。

例 5 设 V 是无限域 F 上的一个线性空间。设 $f_1,f_2,\cdots,f_s$ 都是 V 上的线性函数,并且它们都不是零函数,证明:存在 $\alpha\in V$,使得

$$f_i(\alpha) \neq 0, i = 1,2,\cdots,s.$$

证明 由于 $f_i\neq 0$,因此 $\operatorname{Ker} f_i \subsetneqq V, i=1,2,\cdots,s$。于是 $\bigcup\limits_{i=1}^{s}\operatorname{Ker} f_i \subsetneqq V$。从而存在$\alpha\in V$,使得 $\alpha\notin\bigcup\limits_{i=1}^{s}\operatorname{Ker} f_i$。由此得出,$f_i(\alpha)\neq 0, i=1,2,\cdots,s$。 ■

例 6　设 V 是数域 K 上的一个 3 维线性空间，$\alpha_1,\alpha_2,\alpha_3$ 是 V 的一个基，V^* 中相应的对偶基是 f_1,f_2,f_3。设

$$\beta_1 = 2\alpha_1 + \alpha_2 + 2\alpha_3, \beta_2 = \alpha_1 + 2\alpha_2 - 2\alpha_3, \beta_3 = -2\alpha_1 + 2\alpha_2 + \alpha_3.$$

证明：β_1,β_2,β_3 是 V 的一个基，并且求 V^* 中相应的对偶基 g_1,g_2,g_3（用 f_1,f_2,f_3 表出）。

解

$$(\beta_1,\beta_2,\beta_3) = (\alpha_1,\alpha_2,\alpha_3)\begin{pmatrix} 2 & 1 & -2 \\ 1 & 2 & 2 \\ 2 & -2 & 1 \end{pmatrix}.$$

用 A 表示上式右边的 3 级矩阵，易证 A 可逆。从而 β_1,β_2,β_3 是 V 的一个基。求出 A^{-1} 为

$$A^{-1} = \frac{1}{9}\begin{pmatrix} 2 & 1 & 2 \\ 1 & 2 & -2 \\ -2 & 2 & 1 \end{pmatrix}.$$

于是据定理 1 得

$$(g_1,g_2,g_3) = (f_1,f_2,f_3)\frac{1}{9}\begin{pmatrix} 2 & 1 & -2 \\ 1 & 2 & 2 \\ 2 & -2 & 1 \end{pmatrix}.$$

例 7　设 $V=\mathbf{R}[x]_3$，对于 $g(x)\in V$，定义

$$f_1(g(x)) = \int_0^1 g(x)\mathrm{d}x, f_2(g(x)) = \int_0^2 g(x)\mathrm{d}x, f_3(g(x)) = \int_0^{-1} g(x)\mathrm{d}x.$$

证明：f_1,f_2,f_3 是 V^* 的一个基；并且求出 V 的一个基 $g_1(x),g_2(x),g_3(x)$，使得 f_1,f_2,f_3 是相应的对偶基。

解　$V=\mathbf{R}[x]_3$ 中取一个基 $1,x,x^2$，V^* 中相应的对偶基记作 $\tilde{f}_1,\tilde{f}_2,\tilde{f}_3$。由于

$$f_1(1) = \int_0^1 1\mathrm{d}x = 1, f_1(x) = \int_0^1 x\mathrm{d}x = \frac{1}{2}, f_1(x^2) = \int_0^1 x^2\mathrm{d}x = \frac{1}{3};$$

$$f_2(1) = \int_0^2 1\mathrm{d}x = 2, f_2(x) = \int_0^2 x\mathrm{d}x = 2, f_2(x^2) = \int_0^2 x^2\mathrm{d}x = \frac{8}{3};$$

$$f_3(1) = \int_0^{-1} 1\mathrm{d}x = -1, f_3(x) = \int_0^{-1} x\mathrm{d}x = \frac{1}{2}, f_3(x^2) = \int_0^{-1} x^2\mathrm{d}x = -\frac{1}{3};$$

因此

$$f_1 = f_1(1)\tilde{f}_1 + f_1(x)\tilde{f}_2 + f_1(x^2)\tilde{f}_3 = \tilde{f}_1 + \frac{1}{2}\tilde{f}_2 + \frac{1}{3}\tilde{f}_3,$$

$$f_2 = f_2(1)\tilde{f}_1 + f_2(x)\tilde{f}_2 + f_2(x^2)\tilde{f}_3 = 2\tilde{f}_1 + 2\tilde{f}_2 + \frac{8}{3}\tilde{f}_3,$$

$$f_3 = f_3(1)\widetilde{f}_1 + f_3(x)\widetilde{f}_2 + f_3(x^2)\widetilde{f}_3 = -\widetilde{f}_1 + \frac{1}{2}\widetilde{f}_2 - \frac{1}{3}\widetilde{f}_3.$$

于是

$$(f_1, f_2, f_3) = (\widetilde{f}_1, \widetilde{f}_2, \widetilde{f}_3)\begin{pmatrix} 1 & 2 & -1 \\ \frac{1}{2} & 2 & \frac{1}{2} \\ \frac{1}{3} & \frac{8}{3} & -\frac{1}{3} \end{pmatrix}.$$

用 B 表示上式右边的矩阵，易证 B 可逆，因此 f_1, f_2, f_3 是 V^* 的一个基。求出 B 的逆矩阵为

$$B^{-1} = \begin{pmatrix} 1 & 1 & -\frac{3}{2} \\ -\frac{1}{6} & 0 & \frac{1}{2} \\ -\frac{1}{3} & 1 & -\frac{1}{2} \end{pmatrix}.$$

设 V 的一个基 $g_1(x), g_2(x), g_3(x)$ 在 V^* 中的对偶基为 f_1, f_2, f_3，则

$$\begin{aligned}(g_1(x), g_2(x), g_3(x)) &= (1, x, x^2)(B^{-1})' \\ &= (1, x, x^2)\begin{pmatrix} 1 & -\frac{1}{6} & -\frac{1}{3} \\ 1 & 0 & 1 \\ -\frac{3}{2} & \frac{1}{2} & -\frac{1}{2} \end{pmatrix}.\end{aligned}$$

因此 $g_1(x) = 1 + x - \frac{3}{2}x^2$，$g_2(x) = -\frac{1}{6} + \frac{1}{2}x^2$，$g_3(x) = -\frac{1}{3} + x - \frac{1}{2}x^2$。

例 8 设 V 是域 F 上的 1 维线性空间，V 中取两个基：α_1 和 β_1，其中 $\beta_1 = a\alpha_1$，$a \in F$。α_1 和 β_1 在 V^* 中的对偶基分别为 f_1 和 g_1。V 到 V^* 的两个同构映射 σ 和 τ 分别为

$$\sigma: \alpha_1 \longmapsto f_1, \tau: \beta_1 \longmapsto g_1$$

证明：如果 $a^2 \neq 1$，那么对任给 $\alpha \in V$ 且 $\alpha \neq 0$，有 $\sigma(\alpha) \neq \tau(\alpha)$。

证明 任给 $\alpha \in V$，且 $\alpha \neq 0$，设 $\alpha = x\alpha_1$，则 $\alpha = xa^{-1}\beta_1$。根据(19)式得

$$\sigma(\alpha)(\alpha_1) = x \cdot 1 = x, \tau(\alpha)(\alpha_1) = (xa^{-1})a^{-1} = xa^{-2}.$$

由于 $a^2 \neq 1$，因此 $\sigma(\alpha)(\alpha_1) \neq \tau(\alpha)(\alpha_1)$。从而 $\sigma(\alpha) \neq \tau(\alpha)$。 ■

点评 例 8 表明：在 V 中取不同的基，任一非零向量 α 在由 V 的一个基映成它在 V^* 中的对偶基的同构映射下的象依赖于基的选择，从而 V 到 V^* 的这种同构映射不是自然同构。

例 9 设 V 是域 F 上的线性空间，char $F=0$。在 V^* 中定义乘法运算如下：

$$(f\,g)\alpha = f(\alpha)g(\alpha),\ \forall\,\alpha \in V. \tag{25}$$

证明：V^* 对于加法、纯量乘法和乘法成为域 F 上的一个代数，并且 V^* 没有非零的零因子。即如果 $fg=0$，那么 $f=0$ 或 $g=0$。

证明 (25)式定义的乘法是函数的乘法，显然它满足交换律、结合律和乘法对于加法的分配律，因此 V^* 对于加法和乘法成为一个交换环。又有

$$k(fg) = (kf)g = f(kg),\ \forall\, f,g \in V^*,k \in F; \tag{26}$$

因此 V^* 对于加法、纯量乘法和乘法成为域 F 上的一个代数。

在 V^* 中，如果 $f\neq 0,g\neq 0$，那么据例 5 得，存在 $\alpha\in V$，使得 $f(\alpha)\neq 0,g(\alpha)\neq 0$。从而 $(fg)\alpha\neq 0$。因此 $fg\neq 0$。这表明 V^* 没有非零的零因子。 ■

例 10 设 V 是域 F 上的线性空间，f 是 V 上非零的线性函数。

(1) 证明 Ker f 是 V 的极大子空间(即如果 V 的子空间 U 满足 Ker $f\subseteq U$，那么 $U=$ Ker f 或 $U=V$)；

(2) 任意给定 $\beta\notin$ Ker f，证明：V 中任一向量 α 可以唯一地表示成

$$\alpha = \eta + k\beta,\eta \in \text{Ker } f,k \in F. \tag{27}$$

证明 (1)设 U 是 V 的一个子空间且 $U\supsetneqq$ Ker f。则在 U 中存在 $\beta\notin$ Ker f。任取 $\alpha\in V$，令

$$\eta = \alpha - \frac{f(\alpha)}{f(\beta)}\beta,$$

则 $f(\eta)=f(\alpha)-\dfrac{f(\alpha)}{f(\beta)}f(\beta)=0$。从而 $\eta\in$ Ker f。于是

$$\alpha = \eta + \frac{f(\alpha)}{f(\beta)}\beta \in U.$$

因此 $U=V$。

(2) 存在性已在第(1)小题中证明。下面证唯一性。假如 $\alpha=\eta_1+k_1\beta=\eta_2+k_2\beta$，其中 $\eta_i\in$ Ker $f,k_i\in F,i=1,2$。则 $\eta_1-\eta_2=(k_2-k_1)\beta$。假如 $k_2\neq k_1$，则 $\beta\in$ Ker f。矛盾。因此 $k_2=k_1$，从而 $\eta_2=\eta_1$。 ■

例 11 设 V 是域 F 上的线性空间，证明：如果 V 上两个线性函数 f 与 g 有相同的核，那么 $f=ag$，其中 $a\in F$ 且 $a\neq 0$。

证明 若 $f=0$，则 Ker $f=V$。由已知条件得，Ker $g=$ Ker $f=V$。因此 $g=0$。从而存在 $a\in F$ 且 $a\neq 0$，使得 $f=ag$。下面设 $f\neq 0$，则 $g\neq 0$。任意取定 $\beta\notin$ Ker f，任取 $\alpha\in V$，据例 10 得，α 可以唯一地表示成

$$\alpha = \eta_1 + \frac{f(\alpha)}{f(\beta)}\beta, \eta_1 \in \text{Ker } f;$$

$$\alpha = \eta_2 + \frac{g(\alpha)}{g(\beta)}\beta, \eta_2 \in \operatorname{Ker} g.$$

由上述两个式子得

$$\eta_2 - \eta_1 = \left[\frac{f(\alpha)}{f(\beta)} - \frac{g(\alpha)}{g(\beta)}\right]\beta.$$

由于 $\eta_2 - \eta_1 \in \operatorname{Ker} f, \beta \notin \operatorname{Ker} f$，因此$\frac{f(\alpha)}{f(\beta)} - \frac{g(\alpha)}{g(\beta)} = 0$。由此得出，$f(\alpha) = \frac{f(\beta)}{g(\beta)} g(\alpha)$。于是

$f = \frac{f(\beta)}{g(\beta)} g$。 ■

点评　在例10和例11中，如果取 V 是几何空间，那么容易运用几何知识直观得出这些结论。把 V 看成 $\mathbf{R}^3$，则 V 上的线性函数 f 的表达式为

$$f(x_1, x_2, x_3) = a_1 x_1 + a_2 x_2 + a_3 x_3,$$

其中 $a_1, a_2, a_3 \in \mathbf{R}$，且它们不全为0，于是 $\operatorname{Ker} f$ 是过原点的一个平面 π：

$$a_1 x_1 + a_2 x_2 + a_3 x_3 = 0.$$

由于 $\dim \pi = 2$，因此 $\operatorname{Ker} f$ 是 V 的极大子空间。任意给定 $\beta \notin \pi$，从图9-5看出，任给$\alpha \in V$，存在平面 π 上的一个向量 η，使得 $\alpha = \eta + k\beta$。设线性函数 g 与 f 有相同的核，其中 g 的表达式为

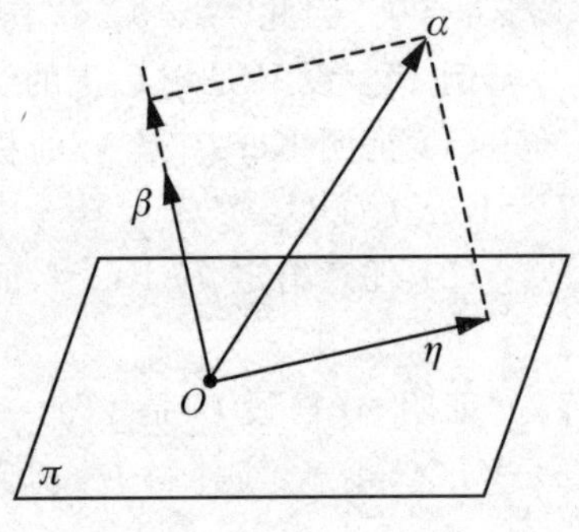

图 9-5

$$g(x_1, x_2, x_3) = b_1 x_1 + b_2 x_2 + b_3 x_3.$$

则平面 π 与平面 π' 重合：

$$\pi': b_1 x_1 + b_2 x_2 + b_3 x_3 = 0.$$

于是$(a_1, a_2, a_3) = k(b_1, b_2, b_3), k \in \mathbf{R}$ 且 $k \neq 0$。由此得出，$f = kg$。

上述点评表明：在学习高等代数时，注意运用几何直观，有助于我们对高等代数的结论的理解，而且有助于得到解题思路。

例12　设 $V = \mathbf{R}^n$ 是 n 维欧几里得空间，其内积为

$$(\boldsymbol{\alpha}, \boldsymbol{\beta}) = a_1 b_1 + a_2 b_2 + \cdots + a_n b_n,$$

其中 $\boldsymbol{\alpha} = (a_1, a_2, \cdots, a_n)', \boldsymbol{\beta} = (b_1, b_2, \cdots, b_n)'$。任给 $\boldsymbol{\alpha} \in V$，定义 V 上的一个函数 $\boldsymbol{\alpha}^*$ 如下：

$$\boldsymbol{\alpha}^*(\boldsymbol{\beta}) = (\boldsymbol{\alpha}, \boldsymbol{\beta}), \forall \boldsymbol{\beta} \in V. \tag{28}$$

(1) 证明 $\boldsymbol{\alpha}^*$ 是 V 上的一个线性函数；

(2) 证明：$\sigma: \boldsymbol{\alpha} \longmapsto \boldsymbol{\alpha}^*$ 是 V 到 V^* 的一个同构映射；

(3) 在 V 中任取一个标准正交基 $\boldsymbol{\eta}_1, \boldsymbol{\eta}_2, \cdots, \boldsymbol{\eta}_n$，$V^*$ 中相应的对偶基为 $f_1, f_2, \cdots, f_n$。令

$$\tau: V \longmapsto V^*$$
$$\sum_{i=1}^{n} x_i \boldsymbol{\eta}_i \longmapsto \sum_{i=1}^{n} x_i f_i.$$

证明：$\tau=\sigma$。

证明 (1) 任取 $\boldsymbol{\beta}_1, \boldsymbol{\beta}_2 \in V, k \in \mathbf{R}$，有

$$\boldsymbol{\alpha}^*(\boldsymbol{\beta}_1+\boldsymbol{\beta}_2)=(\boldsymbol{\alpha}, \boldsymbol{\beta}_1+\boldsymbol{\beta}_2)=(\boldsymbol{\alpha}, \boldsymbol{\beta}_1)+(\boldsymbol{\alpha}, \boldsymbol{\beta}_2)=\boldsymbol{\alpha}^*(\boldsymbol{\beta}_1)+\boldsymbol{\alpha}^*(\boldsymbol{\beta}_2),$$
$$\boldsymbol{\alpha}^*(k\boldsymbol{\beta}_1)=(\boldsymbol{\alpha}, k\boldsymbol{\beta}_1)=k(\boldsymbol{\alpha}, \boldsymbol{\beta}_1)=k\boldsymbol{\alpha}^*(\boldsymbol{\beta}_1).$$

因此 $\boldsymbol{\alpha}^*$ 是 V 上的一个线性函数。

(2) 显然 σ 是 V 到 V^* 的一个映射。设 $\boldsymbol{\alpha}, \boldsymbol{\gamma} \in V$，如果 $\boldsymbol{\alpha}^*=\boldsymbol{\gamma}^*$，那么对任意 $\boldsymbol{\beta} \in V$，有 $\boldsymbol{\alpha}^*(\boldsymbol{\beta})=\boldsymbol{\gamma}^*(\boldsymbol{\beta})$，即 $(\boldsymbol{\alpha}, \boldsymbol{\beta})=(\boldsymbol{\gamma}, \boldsymbol{\beta})$。从而 $(\boldsymbol{\alpha}-\boldsymbol{\gamma}, \boldsymbol{\beta})=0$。取 $\boldsymbol{\beta}=\boldsymbol{\alpha}-\boldsymbol{\gamma}$，则 $(\boldsymbol{\alpha}-\boldsymbol{\gamma}, \boldsymbol{\alpha}-\boldsymbol{\gamma})=0$。由内积的正定性得，$\boldsymbol{\alpha}-\boldsymbol{\gamma}=\mathbf{0}$，即 $\boldsymbol{\alpha}=\boldsymbol{\gamma}$。因此 σ 是单射。由于对任意 $\boldsymbol{\beta} \in V$，有

$$\begin{aligned}(\boldsymbol{\alpha}+\boldsymbol{\gamma})^*(\boldsymbol{\beta}) &= (\boldsymbol{\alpha}+\boldsymbol{\gamma}, \boldsymbol{\beta})=(\boldsymbol{\alpha}, \boldsymbol{\beta})+(\boldsymbol{\gamma}, \boldsymbol{\beta})=\boldsymbol{\alpha}^*(\boldsymbol{\beta})+\boldsymbol{\gamma}^*(\boldsymbol{\beta}) \\ &= (\boldsymbol{\alpha}^*+\boldsymbol{\gamma}^*)\boldsymbol{\beta},\end{aligned}$$
$$(k\boldsymbol{\alpha})^*(\boldsymbol{\beta})=(k\boldsymbol{\alpha}, \boldsymbol{\beta})=k(\boldsymbol{\alpha}, \boldsymbol{\beta})=k\boldsymbol{\alpha}^*(\boldsymbol{\beta});$$

因此 $(\boldsymbol{\alpha}+\boldsymbol{\gamma})^*=\boldsymbol{\alpha}^*+\boldsymbol{\gamma}^*, (k\boldsymbol{\alpha})^*=k\boldsymbol{\alpha}^*$，即

$$\sigma(\boldsymbol{\alpha}+\boldsymbol{\gamma})=\sigma(\boldsymbol{\alpha})+\sigma(\boldsymbol{\gamma}), \sigma(k\boldsymbol{\alpha})=k\sigma(\boldsymbol{\alpha}).$$

于是 σ 是 V 到 V^* 的一个线性映射。由于 $\dim V=\dim V^*$，且 σ 是单射，因此 σ 也是满射。从而 σ 是 V 到 V^* 的一个同构映射。

(3) 在 V 中任取 $\boldsymbol{\alpha}, \boldsymbol{\beta}$，设 $\boldsymbol{\alpha}=\sum_{i=1}^{n} x_i \boldsymbol{\eta}_i, \boldsymbol{\beta}=\sum_{i=1}^{n} y_i \boldsymbol{\eta}_i$。据定理 1 后面的一段话得

$$[\tau(\boldsymbol{\alpha})]\boldsymbol{\beta}=\sum_{i=1}^{n} x_i y_i=\boldsymbol{X}'\boldsymbol{Y},$$

其中 $\boldsymbol{X}=(x_1, x_2, \cdots, x_n)', \boldsymbol{Y}=(y_1, y_2, \cdots, y_n)'$。设

$$(\boldsymbol{\eta}_1, \boldsymbol{\eta}_2, \cdots, \boldsymbol{\eta}_n)=(\boldsymbol{\varepsilon}_1, \boldsymbol{\varepsilon}_2, \cdots, \boldsymbol{\varepsilon}_n)T, \tag{29}$$

则 $\boldsymbol{\alpha}, \boldsymbol{\beta}$ 在标准基 $\boldsymbol{\varepsilon}_1, \boldsymbol{\varepsilon}_2, \cdots, \boldsymbol{\varepsilon}_n$ 下的坐标分别为 $T\boldsymbol{X}, T\boldsymbol{Y}$，由于 $\boldsymbol{\eta}_1, \boldsymbol{\eta}_2, \cdots, \boldsymbol{\eta}_n$ 是标准正交基，因此从(29)式得，T 的列向量组 $\boldsymbol{\eta}_1, \boldsymbol{\eta}_2, \cdots, \boldsymbol{\eta}_n$ 是正交单位向量组。从而 T 是正交矩阵，于是有

$$[\tau(\boldsymbol{\alpha})]\boldsymbol{\beta}=\boldsymbol{X}'\boldsymbol{Y}=(T\boldsymbol{X})'(T\boldsymbol{Y})=(\boldsymbol{\alpha}, \boldsymbol{\beta}). \tag{30}$$

比较(30)式和(28)式得，$\tau(\boldsymbol{\alpha})=\boldsymbol{\alpha}^*$。从而 $\tau(\boldsymbol{\alpha})=\sigma(\boldsymbol{\alpha})$。因此 $\tau=\sigma$。 ■

点评 例 12 的第(3)小题表明：n 维欧几里得空间 $V=\mathbf{R}^n$ 到 V^* 的线性同构映射不依赖于 V 中标准正交基的选择。

例 13 设 $\mathbf{A}$ 是域 F 上 n 维线性空间 V 上的一个线性变换。

(1) 证明：对于 $f \in V^*$，有 $f\mathbf{A} \in V^*$；

(2) 定义 V^* 到自身的一个映射 $\mathbf{A}^*$ 为 $f \longmapsto f\mathbf{A}$，证明：$\mathbf{A}^*$ 是 V^* 上的一个线性变换；

(3) 设 $\alpha_1,\alpha_2,\cdots,\alpha_n$ 是 V 的一个基,V^* 中相应的对偶基为 $f_1,f_2,\cdots,f_n$,$\mathbf{A}$ 在基 $\alpha_1,\alpha_2,\cdots,\alpha_n$ 下的矩阵为 A,证明:$\mathbf{A}^*$ 在基 $f_1,f_2,\cdots,f_n$ 下的矩阵为 A'(把 $\mathbf{A}^*$ 称为 $\mathbf{A}$ 的**转置映射**或者 $\mathbf{A}$ 的**对偶映射**)。

证明 (1)由于 $\mathbf{A}$ 是 V 到 V 的线性映射,f 是 V 到 F 的线性映射,因此 $f\mathbf{A}$ 是 V 到 F 的线性映射。即 $f\mathbf{A}\in V^*$。

(2) 任取 $f,g\in V^*$,$k\in F$,有

$$\mathbf{A}^*(f+g)=(f+g)\mathbf{A}=f\mathbf{A}+g\mathbf{A}=\mathbf{A}^*(f)+\mathbf{A}^*(g),$$

$$\mathbf{A}^*(kf)=kf\mathbf{A}=k\mathbf{A}^*(f),$$

因此 $\mathbf{A}^*$ 是 V^* 上的一个线性变换。

(3) 已知 $\mathbf{A}(\alpha_1,\alpha_2,\cdots,\alpha_n)=(\alpha_1,\alpha_2,\cdots,\alpha_n)A$。设 $A=(a_{ij})$。据(16)式有

$$\begin{aligned} f_i\mathbf{A} &= \sum_{j=1}^{n} f_i\mathbf{A}(\alpha_j)f_j=\sum_{j=1}^{n} f_i\Big(\sum_{k=1}^{n} a_{kj}\alpha_k\Big)f_j \\ &= \sum_{j=1}^{n}\sum_{k=1}^{n} a_{kj}f_i(\alpha_k)f_j=\sum_{j=1}^{n} a_{ij}f_j, \end{aligned}$$

于是

$$\begin{aligned} \mathbf{A}^*(f_1,f_2,\cdots,f_n) &= (f_1\mathbf{A},f_2\mathbf{A},\cdots,f_n\mathbf{A}) \\ &= \Big(\sum_{j=1}^{n} a_{1j}f_j,\sum_{j=1}^{n} a_{2j}f_j,\cdots,\sum_{j=1}^{n} a_{nj}f_j\Big) \\ &= (f_1,f_2,\cdots,f_n)\begin{pmatrix} a_{11} & a_{21} & \cdots & a_{n1} \\ a_{12} & a_{22} & \cdots & a_{n2} \\ \vdots & \vdots & & \vdots \\ a_{1n} & a_{2n} & \cdots & a_{nn} \end{pmatrix} \\ &= (f_1,f_2,\cdots,f_n)A'. \end{aligned}$$

即 $\mathbf{A}^*$ 在基 $f_1,f_2,\cdots,f_n$ 下的矩阵是 A'。 ■

点评 例 13 告诉我们,从 n 维线性空间 V 上的一个线性变换 $\mathbf{A}$,如何得到 V^* 上的一个线性变换 $\mathbf{A}^*$;并且证明了如果 $\mathbf{A}$ 在 V 的基 $\alpha_1,\alpha_2,\cdots,\alpha_n$ 下的矩阵为 A,那么 $\mathbf{A}^*$ 在 V^* 的相应的对偶基 $f_1,f_2,\cdots,f_n$ 下的矩阵为 A',这体现了数学的内在规律的优美。

例 14 设 V 是域 F 上的一个线性空间,证明:

(1) 对于 $f_1,f_2,\cdots,f_s\in V^*$,下述集合

$$W=\{\alpha\in V\mid f_i(\alpha)=0,i=1,2,\cdots,s\}$$

是 V 的一个子空间,W 称为线性函数 $f_1,f_2,\cdots,f_s$ 的零化子空间;

(2) 若 V 是 n 维的,则 V 的任一 m 维子空间都是某 $n-m$ 个线性函数的零化子空间。

证明 (1) 由于 $W=\bigcap\limits_{i=1}^{s}\operatorname{Ker} f_i$,因此 W 是 V 的一个子空间。

(2) 任取 V 的一个 m 维子空间 U,在 U 中取一个基 $\alpha_1,\alpha_2,\cdots,\alpha_m$,把它扩充成 V 的一个基 $\alpha_1,\cdots\alpha_m,\alpha_{m+1},\cdots,\alpha_n$。$V^*$ 中相应的对偶基为 $f_1,f_2,\cdots,f_n$,任取 $\alpha\in V$,据(14) 式得,$\alpha=\sum\limits_{i=1}^{n}f_i(\alpha)\alpha_i$,因此

$$\begin{aligned}\alpha\in U\quad&\Leftrightarrow\quad f_{m+1}(\alpha)=0,\cdots,f_n(\alpha)=0\\&\Leftrightarrow\quad \alpha\in\bigcap_{i=m+1}^{n}\operatorname{Ker} f_i.\end{aligned}$$

于是 $U=\bigcap\limits_{i=m+1}^{n}\operatorname{Ker} f_i$,即 U 是 $f_{m+1},\cdots,f_n$ 的零化子空间。 ■

例 15 设 V 是无限域 F 上的 n 维线性空间。设 $\alpha_1,\alpha_2,\cdots,\alpha_s$ 是 V 中非零向量。证明:存在 $f\in V^*$,使得 $f(\alpha_i)\neq 0,i=1,2,\cdots,s$。

证明 据(22) 式,V 到 V^{**} 有一个同构映射 $\varpi:\alpha\longmapsto\alpha^{**}$,使得 $\alpha^{**}(f)=f(\alpha)$,$\forall f\in V^*$。由于 $\alpha_1,\alpha_2,\cdots,\alpha_s$ 是 V 中非零向量,因此 $\alpha_1^{**},\alpha_2^{**},\cdots,\alpha_s^{**}$ 是 V^{**} 中非零向量。即它们是 V^* 的非零线性函数。据例 5 得,存在 $f\in V^*$,使得 $\alpha_i^{**}(f)\neq 0,i=1,2,\cdots,s$。由于 $\alpha_i^{**}(f)=f(\alpha_i)$,因此

$$f(\alpha_i)\neq 0,i=1,2,\cdots,s.$$ ■

例 16 设 V 是域 F 上 n 维线性空间,W 是 V 的一个子空间,令

$$W'=\{f\in V^*\mid f(\beta)=0,\forall\beta\in W\}.$$

证明:(1) W' 是 V^* 的一个子空间;

(2) $\dim W+\dim W'=\dim V$;

(3) $(W')'=W$(在把 V 与 V^{**} 等同的意义下)。

证明 (1)显然 V^* 中的零向量(即 V 上的零函数)属于 W'。任取 $f,g\in W'$,$k\in F$,有

$$\begin{aligned}(f+g)\beta=f(\beta)+g(\beta)=0,\forall\beta\in W,\\(kf)\beta=k\,f(\beta)=0,\forall\beta\in W.\end{aligned}$$

因此 $f+g\in W'$,$kf\in W'$。从而 W' 是 V^* 的一个子空间。

(2) W 中取一个基 $\alpha_1,\alpha_2,\cdots,\alpha_m$,把它扩充成 V 的一个基 $\alpha_1,\cdots,\alpha_m,\alpha_{m+1},\cdots,\alpha_n$。$V^*$ 中相应的对偶基为 $f_1,f_2,\cdots,f_n$。对于任意 $f\in V^*$,据(16) 式有 $f=\sum\limits_{i=1}^{n}f(\alpha_i)f_i$。于是

$$\begin{aligned}f\in W'\quad&\Leftrightarrow\quad f(\beta)=0,\forall\beta\in W\\&\Leftrightarrow\quad f(\alpha_i)=0,i=1,2,\cdots,m\end{aligned}$$

$$\Leftrightarrow \quad f = \sum_{i=m+1}^{n} f(\alpha_i) f_i$$

$$\Leftrightarrow \quad f \in \langle f_{m+1}, \cdots, f_n \rangle.$$

因此 $W' = \langle f_{m+1}, \cdots, f_n \rangle$。从而

$$\dim W + \dim W' = m + (n-m) = n = \dim V.$$

(3) 同第(2)小题取 V 的基 $\alpha_1, \alpha_2, \cdots, \alpha_n$，$V^*$ 中相应的对偶基为 $f_1, f_2, \cdots, f_n$，V^{**} 中相应于 $f_1, f_2, \cdots, f_n$ 的对偶基为 $\alpha_1^{**}, \alpha_2^{**}, \cdots, \alpha_n^{**}$。据第(2)小题，$W' = \langle f_{m+1}, \cdots, f_n \rangle$。运用第(2)小题这个结论到 $(W')'$ 上，得

$$(W')' = \langle \alpha_1^{**}, \alpha_2^{**}, \cdots, \alpha_m^{**} \rangle.$$

由于 V 到 V^{**} 有一个自然同构：$\alpha \longmapsto \alpha^{**}$，因此可以把 V 与 V^{**} 等同，此时把 α 与 α^{**} 等同。于是

$$(W')' = \langle \alpha_1, \alpha_2, \cdots, \alpha_m \rangle = W. \qquad \blacksquare$$

点评　从例15和例16的证明中看到：在有关 V 和 V^* 的问题中，通常要取 V 的一个基 $\alpha_1, \alpha_2, \cdots, \alpha_n$ 与 V^* 中相应的对偶基 $f_1, f_2, \cdots, f_n$，并且利用(14)式和(16)式。

例17　设 V 是域 F 上 n 维线性空间，W_1, W_2 是 V 的子空间，W_1', W_2' 的含义同例16。证明：

$$(W_1 + W_2)' = W_1' \cap W_2', (W_1 \cap W_2)' = W_1' + W_2'.$$

证明　设 $\dim(W_1 \cap W_2) = m$，$\dim W_i = n_i$，$i = 1, 2$。在 $W_1 \cap W_2$ 中取一个基 $\alpha_1, \cdots, \alpha_m$，把它分别扩充成 W_1 的一个基 $\alpha_1, \cdots, \alpha_m, \beta_1, \cdots, \beta_{n_1-m}$ 和 W_2 的一个基 $\alpha_1, \cdots, \alpha_m, \delta_1, \cdots, \delta_{n_2-m}$。则 $W_1 + W_2$ 的一个基为

$$\alpha_1, \cdots, \alpha_m, \beta_1, \cdots, \beta_{n_1-m}, \delta_1, \cdots, \delta_{n_2-m}.$$

把它扩充成 V 的一个基：

$$\alpha_1, \cdots, \alpha_m, \beta_1, \cdots, \beta_{n_1-m}, \delta_1, \cdots, \delta_{n_2-m}, \gamma_1, \cdots, \gamma_{n-(n_1+n_2-m)}.$$

记 $s = n - (n_1 + n_2 - m)$。V^* 中相应的对偶基记作

$$\alpha_1^*, \cdots, \alpha_m^*, \beta_1^*, \cdots, \beta_{n_1-m}^*, \delta_1^*, \cdots, \delta_{n_2-m}^*, \gamma_1^*, \cdots, \gamma_s^*.$$

据例16第(2)小题证明中所得的结论，有

$$(W_1 \cap W_2)' = \langle \beta_1^*, \cdots, \beta_{n_1-m}^*, \delta_1^*, \cdots, \delta_{n_2-m}^*, \gamma_1^*, \cdots, \gamma_s^* \rangle,$$

$$(W_1)' = \langle \delta_1^*, \cdots, \delta_{n_2-m}^*, \gamma_1^*, \cdots, \gamma_s^* \rangle,$$

$$(W_2)' = \langle \beta_1^*, \cdots, \beta_{n_1-m}^*, \gamma_1^*, \cdots, \gamma_s^* \rangle,$$

$$(W_1 + W_2)' = \langle \gamma_1^*, \cdots, \gamma_s^* \rangle.$$

从而有

$$W_1' \cap W_2' = \langle \gamma_1^*, \cdots, \gamma_s^* \rangle,$$

$$W_1' + W_2' = \langle \delta_1^*, \cdots, \delta_{n_2-m}^*, \beta_1^*, \cdots, \beta_{n_1-m}^*, \gamma_1^*, \cdots, \gamma_s^* \rangle.$$

因此$(W_1+W_2)'=W_1'\cap W_2'$，$(W_1\cap W_2)'=W_1'+W_2'$。■

例 18 设 V 是域 F 上线性空间(不必是有限维的)，W_1,W_2 是 V 的子空间，W_1',W_2'的含义同例 16。证明：如果 $W_1\subseteq W_2$，那么 $W_1'\supseteq W_2'$。

证明 任取 $f\in W_2'$，则 $f(\beta)=0,\forall\beta\in W_2$。由于 $W_1\subseteq W_2$，因此 $f(\beta)=0,\forall\beta\in W_1$，从而 $f\in W_1'$。于是 $W_2'\subseteq W_1'$。■

点评 利用例 18 的结论，可以证明：当 V 是域 F 上线性空间(不必是有限维的)时，若 W_1,W_2 是 V 的子空间，则$(W_1+W_2)'=W_1'\cap W_2'$。证明如下：由于 $W_i\subseteq W_1+W_2$，$i=1,2$。因此 $W'_i\supseteq(W_1+W_2)'$，$i=1,2$，从而 $W_1'\cap W_2'\supseteq(W_1+W_2)'$。反之，任取 $f\in W_1'\cap W_2'$，则 $\forall\beta_i\in W_i$，有 $f(\beta_i)=0$，$i=1,2$。从而对于 W_1+W_2 中任一向量 $\beta_1+\beta_2$，有

$$f(\beta_1+\beta_2)=f(\beta_1)+f(\beta_2)=0.$$

因此 $f\in(W_1+W_2)'$。于是 $W_1'\cap W_2'\subseteq(W_1+W_2)'$。所以

$$(W_1+W_2)'=W_1'\cap W_2'.$$

例 19 设 V_1,V_2 都是域 F 上的线性空间(不必是有限维的)。证明：

$$(V_1\dot{+}V_2)^*\cong V_1^*\dot{+}V_2^*.$$

证明 任取 $f\in(V_1\dot{+}V_2)^*$，令

$$f_1(\alpha_1)=f(\alpha_1,0),\forall\alpha_1\in V_1; \tag{31}$$

$$f_2(\alpha_2)=f(0,\alpha_2),\forall\alpha_2\in V_2. \tag{32}$$

易验证 $f_1\in V_1^*$，$f_2\in V_2^*$，且有

$$\begin{aligned} f(\alpha_1,\alpha_2) &= f[(\alpha_1,0)+(0,\alpha_2)] \\ &= f(\alpha_1,0)+f(0,\alpha_2) \\ &= f_1(\alpha_1)+f_2(\alpha_2). \end{aligned} \tag{33}$$

令

$$\begin{aligned} \sigma:(V_1\dot{+}V_2)^* &\longrightarrow V_1^*\dot{+}V_2^* \\ f &\longmapsto (f_1,f_2) \end{aligned} \tag{34}$$

其中 f_1,f_2 分别由(31)、(32)式定义，显然 σ 是映射。任给$(f_1,f_2)\in V_1^*\dot{+}V_2^*$，令

$$f(\alpha_1,\alpha_2)=f_1(\alpha_1)+f_2(\alpha_2). \tag{35}$$

易验证 $f\in(V_1\dot{+}V_2)^*$，且 $\sigma(f)=(f_1,f_2)$，因此 σ 是满射。设 $\sigma(f)=(f_1,f_2)$，$\sigma(g)=(g_1,g_2)$。若 $\sigma(f)=\sigma(g)$，则 $f_1=g_1$，$f_2=g_2$。从(33)式得，$\forall(\alpha_1,\alpha_2)\in V_1\dot{+}V_2$，有

$$f(\alpha_1,\alpha_2)=f_1(\alpha_1)+f_2(\alpha_2)=g_1(\alpha_1)+g_2(\alpha_2)=g(\alpha_1,\alpha_2),$$

因此 $f=g$。从而 σ 是单射。任取 $f,g\in(V_1\dot{+}V_2)^*$,设

$$\sigma(f)=(f_1,f_2),\sigma(g)=(g_1,g_2),$$

则

$$f_1(\alpha_1)=f(\alpha_1,0),f_2(\alpha_2)=f(0,\alpha_2),$$
$$g_1(\alpha_1)=g(\alpha_1,0),g_2(\alpha_2)=g(0,\alpha_2).$$

于是

$$(f_1+g_1)(\alpha_1)=f_1(\alpha_1)+g_1(\alpha_1)=f(\alpha_1,0)+g(\alpha_1,0)=(f+g)(\alpha_1,0),$$
$$(f_2+g_2)(\alpha_2)=f_2(\alpha_2)+g_2(\alpha_2)=f(\alpha_2,0)+g(0,\alpha_2)=(f+g)(0,\alpha_2).$$

因此 $\sigma(f+g)=(f_1+g_1,f_2+g_2)=(f_1,f_2)+(g_1,g_2)=\sigma(f)+\sigma(g)$。类似可证:$\sigma(kf)=k\sigma(f)$。因此 σ 保持加法和纯量乘法运算。从而 σ 是$(V_1\dot{+}V_2)^*$ 到 $V_1^*\dot{+}V_2^*$ 的一个同构映射。于是$(V_1\dot{+}V_2)^*\cong V_1^*\dot{+}V_2^*$。 ■

点评　例 19 证明中给出的$(V_1\dot{+}V_2)^*$ 到 $V_1^*\dot{+}V_2^*$ 的同构映射 σ 不依赖于基的选择,因此 σ 是一个自然同构。

例 20　设 V 是域 F 上线性空间(不必是有限维的),$\mathbf{A}$ 是 V 上的幂等变换,$\mathbf{A}^*$ 是 $\mathbf{A}$ 的对偶映射(见例 13)。证明:

$$(\mathrm{Ker}\,\mathbf{A})'=\mathrm{Im}\,\mathbf{A}^*,\tag{36}$$

其中$(\mathrm{Ker}\,\mathbf{A})'$的含义见例 16。

证明　由于 $\mathbf{A}$ 是 V 上的幂等变换,因此据 9.2 节的命题 3 得,$V=\mathrm{Im}\,\mathbf{A}\oplus\mathrm{Ker}\,\mathbf{A}$。

任取 $f\in(\mathrm{Ker}\,\mathbf{A})'$,则 $\forall\,\delta\in\mathrm{Ker}\,\mathbf{A}$,有 $f(\delta)=0$。任取 $\alpha\in V$,有 $\alpha=\gamma+\delta,\gamma\in\mathrm{Im}\,\mathbf{A},\delta\in\mathrm{Ker}\,\mathbf{A}$。于是

$$f(\alpha)=f(\gamma+\delta)=f(\gamma)+f(\delta)=f(\gamma),$$
$$[\mathbf{A}^*(f)]\alpha=(f\mathbf{A})\alpha=f(\mathbf{A}\alpha)=f(\gamma).$$

因此$[\mathbf{A}^*(f)]\alpha=f(\alpha),\forall\,\alpha\in V$,从而 $\mathbf{A}^*(f)=f$。于是 $f\in\mathrm{Im}\,\mathbf{A}^*$。所以$(\mathrm{Ker}\,\mathbf{A})'\subseteq\mathrm{Im}\,\mathbf{A}^*$。

任取 $f\in\mathrm{Im}\,\mathbf{A}^*$,则存在 $g\in V^*$,使得 $f=\mathbf{A}^*(g)$。于是对任意 $\delta\in\mathrm{Ker}\,\mathbf{A}$ 有

$$f(\delta)=\mathbf{A}^*(g)\delta=(g\mathbf{A})\delta=g(\mathbf{A}\,\delta)=g(0)=0.$$

从而 $f\in(\mathrm{Ker}\,\mathbf{A})'$。因此 $\mathrm{Im}\,\mathbf{A}^*\subseteq(\mathrm{Ker}\,\mathbf{A})'$。

综上所述,$(\mathrm{Ker}\,\mathbf{A})'=\mathrm{Im}\,\mathbf{A}^*$。 ■

例 21　设 V 是域 F 上的 n 维线性空间,$\mathbf{A}$ 是 V 上的一个线性变换,$\mathbf{A}^*$ 是 $\mathbf{A}$ 的对偶映射(见例 13),$(\mathbf{A}^*)^*$ 是 $\mathbf{A}^*$ 的对偶映射。把 V 与 V^{**} 等同,证明:$(\mathbf{A}^*)^*=\mathbf{A}$。

证明　V 到 V^{**} 有一个同构映射 $\tau\sigma:\alpha\longmapsto\alpha^{**}$,使得 $\alpha^{**}(f)=f(\alpha),\forall\,f\in V^*$。于是

$$[(\boldsymbol{A}^*)^*(\alpha^{**})](f)=(\alpha^{**}\boldsymbol{A}^*)(f)=\alpha^{**}(\boldsymbol{A}^*(f))=[\boldsymbol{A}^*(f)](\alpha)$$
$$=[f\boldsymbol{A}](\alpha)=f(\boldsymbol{A}\alpha)=(\boldsymbol{A}\alpha)^{**}(f).$$

由此得出，$(\boldsymbol{A}^*)^*(\alpha^{**})=(\boldsymbol{A}\alpha)^{**}$。

把 V 与 V^{**} 等同，则 α 与 α^{**} 等同，$\boldsymbol{A}\alpha$ 与 $(\boldsymbol{A}\alpha)^{**}$ 等同。于是由上式得，$(\boldsymbol{A}^*)^*(\alpha)=\boldsymbol{A}\alpha$，$\forall\alpha\in V$。因此 $(\boldsymbol{A}^*)^*=\boldsymbol{A}$。 ■

例 22 设 V 和 U 都是域 F 上的线性空间（V 和 U 都不必是有限维的），$\boldsymbol{A}$ 是 V 到 U 的一个线性映射。令

$$\begin{aligned}\boldsymbol{A}^*:U^*&\longrightarrow V^*\\ f&\longmapsto f\boldsymbol{A}\end{aligned}\tag{37}$$

证明：$\boldsymbol{A}^*$ 是 U^* 到 V^* 的一个线性映射（把 $\boldsymbol{A}^*$ 称为 $\boldsymbol{A}$ 的对偶映射）。

证明 由于 $\boldsymbol{A}\in\mathrm{Hom}(V,U)$，$f\in\mathrm{Hom}(U,F)$，因此 $f\boldsymbol{A}\in\mathrm{Hom}(V,F)$，即 $f\boldsymbol{A}\in V^*$。因此 $\boldsymbol{A}^*$ 是 U^* 到 V^* 的一个映射。任取 $f,g\in U^*$，$k\in F$，有

$$\boldsymbol{A}^*(f+g)=(f+g)\boldsymbol{A}=f\boldsymbol{A}+g\boldsymbol{A}=\boldsymbol{A}^*(f)+\boldsymbol{A}^*(g),$$
$$\boldsymbol{A}^*(kf)=(kf)\boldsymbol{A}=k\,f\boldsymbol{A}=k\boldsymbol{A}^*(f).$$

因此 $\boldsymbol{A}^*$ 是 U^* 到 V^* 的一个线性映射。 ■

例 23 设 V 和 U 都是域 F 上的线性空间（V 和 U 都不必是有限维的），$\boldsymbol{A}$ 是 V 到 U 的一个线性映射，$f\in V^*$。证明：如果 $\mathrm{Ker}\,\boldsymbol{A}\subseteq\mathrm{Ker}\,f$，那么存在 $g\in U^*$，使得

$$g\boldsymbol{A}=f.\tag{38}$$

证明 令

$$\begin{aligned}\tilde{f}:V/\mathrm{Ker}\,\boldsymbol{A}&\longrightarrow F\\ \alpha+\mathrm{Ker}\,\boldsymbol{A}&\longmapsto f(\alpha).\end{aligned}\tag{39}$$

设 $\alpha+\mathrm{Ker}\,\boldsymbol{A}=\beta+\mathrm{Ker}\,\boldsymbol{A}$，则 $\alpha-\beta\in\mathrm{Ker}\,\boldsymbol{A}$。由于 $\mathrm{Ker}\,\boldsymbol{A}\subseteq\mathrm{Ker}\,f$，因此 $f(\alpha-\beta)=0$，从而 $f(\alpha)=f(\beta)$。于是用(39)式定义的 $\tilde{f}$ 是 $V/\mathrm{Ker}\,\boldsymbol{A}$ 到 F 的一个映射。易验证 $\tilde{f}$ 是线性映射。

据 9.2 节的定理 1 得，$V/\mathrm{Ker}\,\boldsymbol{A}\cong\mathrm{Im}\,\boldsymbol{A}$，且 $V/\mathrm{Ker}\,\boldsymbol{A}$ 到 $\mathrm{Im}\,\boldsymbol{A}$ 的一个同构映射为 $\sigma:\alpha+\mathrm{Ker}\,\boldsymbol{A}\longmapsto\boldsymbol{A}\alpha$。令 $g_1=\tilde{f}\sigma^{-1}$，则 g_1 是 $\mathrm{Im}\,\boldsymbol{A}$ 到 F 的一个线性映射。由于 $\mathrm{Im}\,\boldsymbol{A}$ 是 U 的一个子空间，因此 $\mathrm{Im}\,\boldsymbol{A}$ 在 U 中有补空间，取它的一个补空间 U_0，则 $U=\mathrm{Im}\,\boldsymbol{A}\oplus U_0$。对于任意 $\gamma\in U$，设 $\gamma=\gamma_1+\gamma_2$，其中 $\gamma_1\in\mathrm{Im}\,\boldsymbol{A}$，$\gamma_2\in U_0$。令

$$g(\gamma)=g_1(\gamma_1),\tag{40}$$

则 g 是 U 到 F 的一个映射。容易直接验证 g 是线性映射。于是 $g\in U^*$。从 g 的定义立即得到：$\forall\gamma_1\in\mathrm{Im}\,\boldsymbol{A}$，有 $g(\gamma_1)=g_1(\gamma_1)$。

任取 $\alpha\in V$，有

$$gA(\alpha)=g(A\alpha)=g_1(A\alpha)=\tilde{f}\sigma^{-1}(A\alpha)$$
$$=\tilde{f}(\alpha+\operatorname{Ker} A)=f(\alpha),$$

因此 $gA=f$。 ■

例 24　设 V 和 U 都是域 F 上的线性空间(V 和 U 都不必是有限维的)，A 是 V 到 U 的一个线性映射，A^* 是 A 的对偶映射。证明：

$$(\operatorname{Ker} A)'=\operatorname{Im} A^*. \tag{41}$$

证明　任取 $f\in\operatorname{Im} A^*$，则存在 $g\in U^*$，使得 $f=A^*(g)$。据 A^* 的定义(见例 22)，$A^*(g)=gA$。因此 $f=gA$。从而对任意 $\delta\in\operatorname{Ker} A$，有

$$f(\delta)=gA(\delta)=g(0)=0.$$

因此 $f\in(\operatorname{Ker} A)'$。于是 $\operatorname{Im} A^*\subseteq(\operatorname{Ker} A)'$。

任取 $f\in(\operatorname{Ker} A)'$，则 $\forall\,\delta\in\operatorname{Ker} A$ 有 $f(\delta)=0$，从而 $\delta\in\operatorname{Ker} f$。于是 $\operatorname{Ker} A\subseteq\operatorname{Ker} f$。据例 23 得，存在 $g\in U^*$，使得 $gA=f$。由于 $A^*(g)=gA$，因此 $f=A^*(g)\in\operatorname{Im} A^*$。于是 $(\operatorname{Ker} A)'\subseteq\operatorname{Im} A^*$。

综上所述，$(\operatorname{Ker} A)'=\operatorname{Im} A^*$。 ■

点评　例 24 把例 20 作了很大的推广：把 A 是 V 上的幂等变换推广成 A 是 V 到 U 的任意一个线性映射，结论照样成立：$(\operatorname{Ker} A)'=\operatorname{Im} A^*$。在证明 $\operatorname{Im} A^*\subseteq(\operatorname{Ker} A)'$ 时，例 20 的证明并未用到 A 是幂等变换，因此它的证明照样适用于例 24。在证明 $(\operatorname{Ker} A)'\subseteq\operatorname{Im} A^*$ 时，例 20 利用 A 是幂等变换很容易给出了证明，而在例 24 中，利用例 23 的结论证明了 $(\operatorname{Ker} A)'\subseteq\operatorname{Im} A^*$。这表明可以把"$A$ 是幂等变换"这个条件去掉，结论照样成立。在数学中经常遇到这样的情况，掌握了更深刻的数学理论，有可能把一些定理中的某些限制条件去掉，从而使这些定理的结论的适用范围更广。学习数学、研究数学就是要不断地探索和发现数学王国的内在客观规律，其乐无穷！

例 25　设 V 和 U 都是域 F 上线性空间(V 和 U 都不必是有限维的)，A 是 V 到 U 的一个线性映射，A^* 是 A 的对偶映射。证明：若 A 是单射，则 A^* 是满射。

证明　据例 24 得，$(\operatorname{Ker} A)'=\operatorname{Im} A^*$。

若 A 是单射，则 $\operatorname{Ker} A=0$。由于对任意 $f\in V^*$，都有 $f(0)=0$，因此 $(0)'=V^*$。于是 $\operatorname{Im} A^*=V^*$，从而 A^* 是满射。 ■

点评　从例 25 看到，若 A 是单射，则 A^* 是满射。在习题 9.10 的第 7 题将证明：若 A 是满射，则 A^* 是单射。这是很有意思的。

习题 9.10

1. 设 $V=C[a,b]$。令 $\sigma: f(x)\longmapsto f(0)$。试问:$\sigma$ 是不是 V 上的线性函数?

2. 设 V 是域 F 上的线性空间(不必是有限维的),U 是 V 的一个子空间,f_1 是 U 上的一个线性函数。试把 f_1 扩充成 V 上的一个线性函数。

3. 设 V 是域 F 上的 n 维线性空间,$\alpha_1,\alpha_2,\cdots,\alpha_n$ 是 V 的一个基,V^* 中相应的对偶基为 $f_1,f_2,\cdots,f_n$。求 f_i 在基 $\alpha_1,\alpha_2,\cdots,\alpha_n$ 下的表达式,$i=1,2,\cdots,n$。

4. 设 $V=\mathbf{R}^3$,在 V 中取一个基:

$$\boldsymbol{\alpha}_1=(1,1,-1)',\boldsymbol{\alpha}_2=(1,-1,0)',\boldsymbol{\alpha}_3=(2,0,0)'。$$

V^* 中相应的对偶基为 g_1,g_2,g_3,求 g_i 在标准基 $\boldsymbol{\varepsilon}_1,\boldsymbol{\varepsilon}_2,\boldsymbol{\varepsilon}_3$ 下的表达式,$i=1,2,3$。

5. 设 $V=M_n(K)$,其中 K 是数域。V 中取一个基 $E_{11},E_{12},\cdots,E_{1n},\cdots,E_{n1},\cdots,E_{nn}$;$V^*$ 中相应的对偶基为 $f_{11},f_{12},\cdots,f_{1n},\cdots,f_{n1},\cdots,f_{nn}$,求 f_{ij} 在基 $E_{11},E_{12},\cdots,E_{nn}$ 下的表达式,$i=1,2,\cdots,n;j=1,2,\cdots,n$。

6. 设 V 是域 F 上的线性空间(V 不必是有限维的),V_1,V_2 都是 V 的子空间。证明:$(V_1\oplus V_2)^*\cong V_1^*\dotplus V_2^*$。

7. 设 V 和 U 都是域 F 上的线性空间(V 和 U 都不必是有限维的),$\boldsymbol{A}$ 是 V 到 U 的一个线性映射,$\boldsymbol{A}^*$ 是 $\boldsymbol{A}$ 的对偶映射。证明:

(1) $\mathrm{Ker}\,\boldsymbol{A}^*=(\mathrm{Im}\,\boldsymbol{A})'$;

(2) 若 $\boldsymbol{A}$ 是满射,则 $\boldsymbol{A}^*$ 是单射。

8. 设 V 和 U 都是域 F 上的线性空间,且 V 是有限维的,$\boldsymbol{A}$ 是 V 到 U 的一个线性映射,$\boldsymbol{A}^*$ 是 $\boldsymbol{A}$ 的对偶映射。证明:$\mathrm{Ker}\,\boldsymbol{A}=(\mathrm{Im}\,\boldsymbol{A}^*)'$(在把 V 与 V^{**} 等同的意义下)。

9. 设 V 和 U 都是域 F 上的线性空间,且 U 是有限维的,$\boldsymbol{A}$ 是 V 到 U 的一个线性映射,$\boldsymbol{A}^*$ 是 $\boldsymbol{A}$ 的对偶映射。证明:$(\mathrm{Ker}\,\boldsymbol{A}^*)'=\mathrm{Im}\,\boldsymbol{A}$(在把 U 与 U^{**} 等同的意义下)。

10. 设 V 是域 F 上的线性空间(V 不必是有限维的),$\boldsymbol{A}$ 是 V 上的幂等变换。证明:$\boldsymbol{A}$ 的对偶映射 $\boldsymbol{A}^*$ 是 V^* 上的幂等变换。

11. 设 V 是域 F 上线性空间,$f,g_1,\cdots,g_s\in V^*$。证明:如果 $\mathrm{Ker}\,f\supseteq\bigcap_{j=1}^{s}\mathrm{Ker}\,g_j$,那么存在 $b_1,b_2\cdots,b_s\in F$,使得 $f=\sum_{j=1}^{s}b_jg_j$。

12. 设 V 是域 F 上的 n 维线性空间。证明:对于 V^* 的任意一个基 $f_1,\cdots,f_n$,存在 V 的唯一的一个基使得 $f_1,\cdots,f_n$ 是它的对偶基。

13. 设 V 是域 F 上的 n 维线性空间。证明：V 上的 n 个线性函数 $f_1,\cdots,f_n$ 是线性无关的当且仅当它们的核的交是零子空间。

补充题九

1. 设 A,B 分别是域 F 上 $m\times n$ 矩阵和 $l\times n$ 矩阵，用 U 表示 A 的列空间，用 W 表示 $BX=0$ 的解空间。

(1) 令 $\mathbf{A}(\boldsymbol{\alpha})=A\boldsymbol{\alpha},\forall\boldsymbol{\alpha}\in W$，证明：$\mathbf{A}$ 是 W 到 U 的一个线性映射；

(2) 证明：$\dim(\mathbf{A}W)=\operatorname{rank}\begin{pmatrix}A\\B\end{pmatrix}-\operatorname{rank}B$。

2. 设 A,B 都是 $n\times m$ 实矩阵，用 W 表示 $B'X=0$ 的解空间，取 W 的一个基 $\boldsymbol{\eta}_1,\boldsymbol{\eta}_2,\cdots,\boldsymbol{\eta}_r$，令 $C=(\boldsymbol{\eta}_1,\boldsymbol{\eta}_2,\cdots,\boldsymbol{\eta}_r)$，用 U_1,U_2 分别表示 A,B 的列空间。证明：如果 $U_1\cap U_2=0$，那么 $A'C$ 的列空间 V_2 与 A'的列空间 V_1 相等。

3. 设 A 是特征为 0 的域 F 上的 n 级矩阵。证明：如果 $\operatorname{tr}(A)=0$，那么 A 相似于一个主对角元全为 0 的矩阵。

4. 在《高等代数学习指导书(上册)》补充题五第 31 题中，从指数函数 e^x 的幂级数展开式受到启发，对于任一 n 级实矩阵 A，定义

$$\mathrm{e}^A \xlongequal{\text{def}} \sum_{m=0}^{+\infty}\frac{A^m}{m!}. \tag{1}$$

如果 n^2 个数值级数

$$\sum_{m=0}^{+\infty}\left(\frac{A^m}{m!}\right)(i;j),i,j=1,2,\cdots,n \tag{2}$$

都收敛，那么称(1)式右端的矩阵级数收敛。我们证明了：对于任意 n 级实矩阵 A，(1)式右端的矩阵级数都收敛，从而 e^A 是一个确定的 n 级实矩阵，e^A 的(i,j)元等于(2)式所给的级数。于是 $f:A\longmapsto \mathrm{e}^A$ 是 $M_n(\mathbf{R})$到自身的一个映射。通常把 $M_n(K)$的一个子集到 $M_n(K)$的映射称为**矩阵函数**，其中 K 是任一数域。把上述定义的 e^A 称为**矩阵指数函数**。类似地，从 $\sin x,\cos x$ 的幂级数展开式：

$$\begin{aligned}\sin x&=x-\frac{1}{3!}x^3+\frac{1}{5!}x^5-\cdots+(-1)^m\frac{1}{(2m+1)!}x^{2m+1}+\cdots\\&=\sum_{m=0}^{+\infty}\frac{(-1)^m}{(2m+1)!}x^{2m+1},x\in(-\infty,+\infty),\end{aligned} \tag{3}$$

$$\cos x = 1 - \frac{1}{2!}x^2 + \frac{1}{4!}x^4 - \cdots + (-1)^m \frac{1}{(2m)!}x^{2m} + \cdots$$
$$= \sum_{m=0}^{+\infty} \frac{(-1)^m}{(2m)!}x^{2m}, x \in (-\infty, +\infty), \tag{4}$$

受到启发,定义

$$\sin A \xlongequal{\text{def}} \sum_{m=0}^{+\infty} \frac{(-1)^m}{(2m+1)!}A^{2m+1} \tag{5}$$

$$\cos A \xlongequal{\text{def}} \sum_{m=0}^{+\infty} \frac{(-1)^m}{(2m)!}A^{2m}. \tag{6}$$

类似于证明(1)式右端级数收敛的方法(参看《高等代数学习指导书(上册)》补充题五第31题)可以证明:对任意 n 级实矩阵 A,(5)式、(6)式右端的级数都收敛。于是对于任意 n 级实矩阵 A,都有 $\sin A$,$\cos A$ 是确定的 n 级实矩阵,从而 $g: A \longmapsto \sin A$,$h: A \longmapsto \cos A$ 都是 $M_n(\mathbf{R})$ 到自身的映射,分别把 $\sin A$,$\cos A$ 称为**矩阵正弦函数,矩阵余弦函数**。

上述定义的 e^A,$\sin A$,$\cos A$ 的定义域都是 $M_n(\mathbf{R})$。现在我们把它们的定义域扩充到 $M_n(\mathbf{C})$。类似于把实数指数幂推广到复数指数幂的方法。对于任一 n 级复矩阵 A,把它写成 $A = A_1 + \mathrm{i}A_2$,其中 $A_1, A_2 \in M_n(\mathbf{R})$。定义

$$e^A \xlongequal{\text{def}} e^{A_1}(\cos A_2 + \mathrm{i}\sin A_2). \tag{7}$$

显然(7)式右端是一个确定的 n 级复矩阵。于是我们把矩阵指数函数的定义域从 $M_n(\mathbf{R})$ 扩充到了 $M_n(\mathbf{C})$。由于

$$e^{\mathrm{i}\theta} = \cos\theta + \mathrm{i}\sin\theta, \theta \in \mathbf{R}; \tag{8}$$

因此

$$\frac{1}{2}(e^{\mathrm{i}\theta} + e^{-\mathrm{i}\theta}) = \cos\theta, \theta \in \mathbf{R}, \tag{9}$$

$$\frac{1}{2\mathrm{i}}(e^{\mathrm{i}\theta} - e^{-\mathrm{i}\theta}) = \sin\theta, \theta \in \mathbf{R}. \tag{10}$$

从(9)、(10)式受到启发,对于任一 n 级复矩阵 A,定义

$$\cos A \xlongequal{\text{def}} \frac{1}{2}(e^{\mathrm{i}A} + e^{-\mathrm{i}A}), \tag{11}$$

$$\sin A \xlongequal{\text{def}} \frac{1}{2\mathrm{i}}(e^{\mathrm{i}A} - e^{-\mathrm{i}A}). \tag{12}$$

显然(11)、(12)式右端是一个确定的 n 级复矩阵。因此我们把矩阵余弦函数,矩阵正弦函数的定义域从 $M_n(\mathbf{R})$ 扩充到了 $M_n(\mathbf{C})$。证明:对任一 n 级复矩阵 A,有

$$\sin^2 A + \cos^2 A = I. \tag{13}$$

5. 证明：对于任一复数 z，有

$$e^{zI} = e^z I, \tag{14}$$

$$\sin(e^{zI}) = (\sin e^z) I. \tag{15}$$

6. 设 A，P 都是 n 级复矩阵，且 P 可逆，证明：

$$e^{P^{-1}AP} = P^{-1} e^A P. \tag{16}$$

7. 设 a 是任一给定的复数，对于 l 级 Jordan 块 $J_l(a)$，求 $e^{J_l(a)}$ 的特征值。

8. 设 A 是 n 级复矩阵，它的全部特征值是 $\lambda_1, \lambda_2, \cdots, \lambda_n$。证明：$e^A$ 的全部特征是 e^{λ_1}，$e^{\lambda_2}, \cdots, e^{\lambda_n}$。

9. 设 A 是 n 级复矩阵，求 e^A 的行列式。

10. 设数域中的 3 级矩阵 A 为

$$A = \begin{pmatrix} 1 & -3 & 3 \\ -2 & -6 & 13 \\ -1 & -4 & 8 \end{pmatrix}.$$

求 e^A。

第 10 章　具有度量的线性空间

迄今为止,我们对于线性空间和线性映射的研究都是围绕线性空间的加法与纯量乘法两种运算来进行的。现在我们想在线性空间中引进向量的长度,两个非零向量的夹角,两个向量之间的距离,两个向量正交等度量概念。从解析几何中知道,所有这些度量概念都可以用向量的内积来表示。而向量的内积是二元实值函数,它具有对称性、线性性和正定性等基本性质。从向量的内积的对称性和线性性可以得出双线性性,于是为了在线性空间中引进向量的内积的概念,我们在本章第 1 节首先研究双线性函数;然后在后面几节分别讨论如何在实数域、复数域、任一域上的线性空间中引进向量的内积的概念;进而研究定义了内积的这些线性空间的结构,以及它们之间与内积有关的线性映射的性质。

10.1　双线性函数

10.1.1　内容精华

一、双线性函数的定义和例子

定义 1　设 V 是域 F 上的一个线性空间,$V\times V$ 到 F 的一个映射 f 如果满足对于任意 $\alpha_1,\alpha_2,\beta_1,\beta_2,\alpha,\beta\in V,k_1,k_2\in F$,有

(i) $f(k_1\alpha_1+k_2\alpha_2,\beta)=k_1f(\alpha_1,\beta)+k_2f(\alpha_2,\beta)$;

(ii) $f(\alpha,k_1\beta_1+k_2\beta_2)=k_1f(\alpha,\beta_1)+k_2f(\alpha,\beta_2)$,

那么称 f 是 V 上的一个双线性函数,f 也可写成 $f(\alpha,\beta)$。

条件(i)表明:当 β 固定时,映射 $\alpha\longmapsto f(\alpha,\beta)$是 V 上的一个线性函数,记作 β_R。

条件(ii)表明:当 α 固定时,映射 $\beta\longmapsto f(\alpha,\beta)$是 V 上的一个线性函数,记作 α_L。

例 1　欧几里得空间 $\mathbf{R}^n$ 的标准内积(α,β)是 $\mathbf{R}^n$ 上的一个双线性函数。

例 2　设 V 是域 F 上的 n 维线性空间,V 中取一个基 $\alpha_1,\alpha_2,\cdots,\alpha_n$。设 $\alpha=\sum_{i=1}^{n}a_i\alpha_i$,

$\beta = \sum_{i=1}^{n} b_i\alpha_i$，令

$$f(\alpha,\beta) = \sum_{i=1}^{n} a_i b_i,$$

则 $f(\alpha,\beta)$是 V 上的一个双线性函数。

特别地，对于 $V=F^n$，设 $\boldsymbol{\alpha}=(a_1,a_2,\cdots,a_n)'$，$\boldsymbol{\beta}=(b_1,b_2,\cdots,b_n)'$，令

$$f(\alpha,\beta) = \sum_{i=1}^{n} a_i b_i,$$

则 $f(\alpha,\beta)$是 F^n 上的一个双线性函数，习惯上把这个双线性函数记作$(\boldsymbol{\alpha},\boldsymbol{\beta})$或者 $\boldsymbol{\alpha}\cdot\boldsymbol{\beta}$。

例 3　设 $V=M_n(F)$，令

$$f(A,B) = \operatorname{tr}(AB),\ \forall\, A,B \in M_n(F),$$

则 $f(A,B)$是 V 上的一个双线性函数。

例 4　设 $V=C[a,b]$，令

$$f(g(x),h(x)) = \int_a^b g(x)h(x)\mathrm{d}x,\ \forall\, g(x),h(x) \in C[a,b],$$

则 $f(g(x),h(x))$是 $C[a,b]$上的一个双线性函数。

二、双线性函数的表达式

设 V 是域 F 上的 n 维线性空间，V 中取一个基 $\alpha_1,\alpha_2,\cdots,\alpha_n$，设 V 中向量 α,β 在此基下的坐标分别为

$$\boldsymbol{X} = (x_1,x_2,\cdots,x_n)',\boldsymbol{Y} = (y_1,y_2,\cdots,y_n)'.$$

设 f 是 V 上的一个双线性函数，则

$$f(\alpha,\beta) = f\Big(\sum_{i=1}^{n} x_i\alpha_i,\sum_{j=1}^{n} y_j\alpha_j\Big) = \sum_{i=1}^{n}\sum_{j=1}^{n} x_i y_j\, f(\alpha_i,\alpha_j). \tag{1}$$

令

$$A = \begin{pmatrix} f(\alpha_1,\alpha_1) & f(\alpha_1,\alpha_2) & \cdots & f(\alpha_1,\alpha_n) \\ f(\alpha_2,\alpha_1) & f(\alpha_2,\alpha_2) & \cdots & f(\alpha_2,\alpha_n) \\ \vdots & \vdots & & \vdots \\ f(\alpha_n,\alpha_1) & f(\alpha_n,\alpha_2) & \cdots & f(\alpha_n,\alpha_n) \end{pmatrix}, \tag{2}$$

称 A 是双线性函数 f 在基 $\alpha_1,\alpha_2,\cdots,\alpha_n$ 下的**度量矩阵**，它是由 f 及基 $\alpha_1,\alpha_2,\cdots,\alpha_n$ 唯一决定的。

从(1)式得

$$f(\alpha,\beta) = \boldsymbol{X}'A\boldsymbol{Y}. \tag{3}$$

(3)式和(1)式都是双线性函数 f 在基 $\alpha_1,\alpha_2,\cdots,\alpha_n$ 下的表达式。

反之,任给域 F 上一个 n 级矩阵 $A=(a_{ij})$,定义 $V\times V$ 到 F 的一个映射 f 如下:

$$f(\alpha,\beta)=\boldsymbol{X}'A\boldsymbol{Y}=\sum_{i=1}^{n}\sum_{j=1}^{n}a_{ij}x_iy_j, \tag{4}$$

则 f 是 V 上的一个双线性函数,且 f 在基 $\alpha_1,\alpha_2,\cdots,\alpha_n$ 下的度量矩阵恰好是 A,这是因为

$$f(\alpha_i,\alpha_j)=\boldsymbol{\varepsilon}_i'A\boldsymbol{\varepsilon}_j=a_{ij}. \tag{5}$$

由于用(4)式定义的双线性函数的度量矩阵恰好是 A,因此若 $\boldsymbol{X}'A\boldsymbol{Y}=\boldsymbol{X}'B\boldsymbol{Y}$,$\forall\boldsymbol{X},\boldsymbol{Y}\in F^n$,则 $A=B$(理由:此时分别由 $\boldsymbol{X}'A\boldsymbol{Y}$,$\boldsymbol{X}'B\boldsymbol{Y}$ 定义的双线性函数相等,从而它们的度量矩阵相等)。

(4)式右端的表达式 $\boldsymbol{X}'A\boldsymbol{Y}$(即 $\sum_{i=1}^{n}\sum_{j=1}^{n}a_{ij}x_iy_j$)称为 $x_1,x_2,\cdots,x_n$ 与 $y_1,y_2,\cdots,y_n$ 的**双线性型**。上述内容表明:利用向量 α,β 的坐标 $x_1,x_2,\cdots,x_n$ 与 $y_1,y_2,\cdots,y_n$ 的双线性型可以诱导出 V 上的一个双线性函数。

三、双线性函数在不同基下的度量矩阵之间的关系

定理 1 设 f 是域 F 上 n 维线性空间 V 上的一个双线函数,V 中取两个基:$\alpha_1,\alpha_2,\cdots,\alpha_n$ 与 $\beta_1,\beta_2,\cdots,\beta_n$,设

$$(\beta_1,\beta_2,\cdots,\beta_n)=(\alpha_1,\alpha_2,\cdots,\alpha_n)P, \tag{6}$$

f 在这两个基下的度量矩阵分别为 A,B,则

$$B=P'AP. \tag{7}$$

定理 1 表明,V 上的双线性函数 f 在 V 的不同基下的度量矩阵是合同的。由于合同的矩阵有相同的秩,因此我们把双线性函数 f 在 V 的一个基下的度量矩阵的秩称为 f 的**矩阵秩**,记作 $\text{rank}_m f$。

什么是双线性函数 f 的秩?设 f 是域 F 上线性空间 V 上的一个双线性函数,V^* 的下述子空间

$$\langle\alpha_L,\beta_R\mid\alpha,\beta\in V\rangle \tag{8}$$

秩为 f 的**秩空间**,把 f 的秩空间的维数称为 f 的**秩**,记作 $\text{rank}\ f$。

可以证明:域 F 上 n 维线性空间 V 上的双线性函数 f 的矩阵秩不超过 f 的秩,我们将在本节内容精华的最后一部分给出证明。

设 A 和 B 都是域 F 上的 n 级矩阵,V 是域 F 上的 n 维线性空间,取 V 的一个基 $\alpha_1,\alpha_2,\cdots,\alpha_n$。任给 V 中两个向量:

$$\alpha=(\alpha_1,\alpha_2,\cdots,\alpha_n)\boldsymbol{X},$$
$$\beta=(\alpha_1,\alpha_2,\cdots,\alpha_n)\boldsymbol{Y}.$$

令 $f(\alpha,\beta)=\boldsymbol{X}'A\boldsymbol{Y}$,则 f 是 V 上的一个双线性函数,且 f 在基 $\alpha_1,\alpha_2,\cdots,\alpha_n$ 下的度量矩阵是 A。设 A 与 B 合同,则存在域 F 上 n 级可逆矩阵 P,使得 $B=P'AP$。令 $(\beta_1,\beta_2,\cdots,\beta_n)=(\alpha_1,\alpha_2,\cdots,\alpha_n)P$。则 $\beta_1,\beta_2,\cdots,\beta_n$ 也是 V 的一个基。从定理 1 的证明过程中可得出,B 是 f 在基 $\beta_1,\beta_2,\cdots,\beta_n$ 下的度量矩阵。这可证明:如果 $A\simeq B$,那么 A 与 B 可看成是 V 上同一个双线性函数 f 在 V 的不同基下的度量矩阵。

四、双线性函数的左根、右根,非退化双线性函数

定义 2 设 f 是域 F 上线性空间 V 上的一个双线性函数,V 的下述子集

$$\{\alpha\in V\mid f(\alpha,\beta)=0,\forall\beta\in V\} \tag{9}$$

称为 f 在 V 中的**左根**,记作 $\mathrm{rad}_L\,V$;V 的另一个子集

$$\{\beta\in V\mid f(\alpha,\beta)=0,\forall\alpha\in V\} \tag{10}$$

称为 f 在 V 中的**右根**,记作 $\mathrm{rad}_R\,V$。

容易验证,f 在 V 中的左根和右根都是 V 的子空间。

定义 3 如果 V 上双线性函数 f 的左根和右根都是零子空间,那么称 f 是**非退化的**。

定理 2 域 F 上 n 维线性空间 V 上的双线性函数 f 是非退化的,当且仅当 f 在 V 的一个基下的度量矩阵是满秩矩阵。

从定理 2 的证明中还可得出:n 维线性空间 V 上的双线性函数 f 在 V 中的左根等于 0 当且仅当 f 在 V 中的右根等于 0。

五、对称双线性函数与斜对称双线性函数

定义 4 设 f 是域 F 上线性空间 V 上的一个双线性函数,如果

$$f(\alpha,\beta)=f(\beta,\alpha),\forall\alpha,\beta\in V, \tag{11}$$

那么称 f 是**对称的**;如果

$$f(\alpha,\beta)=-f(\beta,\alpha),\forall\alpha,\beta\in V, \tag{12}$$

那么称 f 是**斜对称的**(或**反对称的**)。

设 f 是域 F 上 n 维线性空间 V 上的一个双线性函数,f 在 V 的一个基 $\alpha_1,\alpha_2,\cdots,\alpha_n$ 下的度量矩阵为 A。则

f 是对称的

$\Leftrightarrow\ f(\alpha_i,\alpha_j)=f(\alpha_j,\alpha_i),i,j=1,2,\cdots,n$

$\Leftrightarrow\ A(i;j)=A(j;i),i,j=1,2,\cdots,n$

$\Leftrightarrow$ A 是对称矩阵。

类似地,有

f 是斜对称的

$\Leftrightarrow$ $f(\alpha_i,\alpha_j)=-f(\alpha_j,\alpha_i),i,j=1,2,\cdots,n$

$\Leftrightarrow$ $A(i;j)=-A(j;i),i,j=1,2,\cdots,n$

$\Leftrightarrow$ A 是斜对称矩阵。

设 f 是域 F 上 n 维线性空间 V 上的一个对称双线性函数，能否找到 V 的一个基，使得 f 在此基下的度量矩阵具有最简单的形式?

定理 3 设 f 是特征不为 2 的域 F 上 n 维线性空间 V 上的对称双线性函数，则 V 中存在一个基，使得 f 在此基下的度量矩阵为对角矩阵。

定理 3 的意义之一在于可简化计算对称双线性函数 f 在任意一对向量上的函数值。由于一定存在 V 的一个基 $\eta_1,\eta_2,\cdots,\eta_n$，使得 f 在此基下的度量矩阵为对角矩阵 $D=\operatorname{diag}\{d_1,d_2,\cdots,d_n\}$，从而 $\forall\,\alpha,\beta\in V$，设

$$\alpha=(\eta_1,\eta_2,\cdots,\eta_n)\boldsymbol{x},\beta=(\eta_1,\eta_2,\cdots,\eta_n)\boldsymbol{y},$$

其中 $\boldsymbol{x}=(x_1,x_2,\cdots,x_n)'$，$\boldsymbol{y}=(y_1,y_2,\cdots,y_n)'$。则

$$f(\alpha,\beta)=\boldsymbol{x}'D\boldsymbol{y}=d_1x_1y_1+d_2x_2y_2+\cdots+d_nx_ny_n. \tag{13}$$

现在来讨论斜对称双线性函数 f 的度量矩阵具有什么样的最简单形式。

设 f 是域 F 上线性空间 V 上的一个斜对称双线性函数，则 $\forall\,\alpha\in V$，有

$$f(\alpha,\alpha)=-f(\alpha,\alpha).$$

从而有 $2f(\alpha,\alpha)=0$。当 $\operatorname{char}F\neq 2$ 时，得出：$\forall\,\alpha\in V$，有 $f(\alpha,\alpha)=0$。

先看一个例子，在平面上取一个右手直角坐标系 $[O;\boldsymbol{e}_1,\boldsymbol{e}_2]$，设 σ 是绕定点 O 转角为 $-\frac{\pi}{2}$ 的旋转。令 $f(\boldsymbol{\alpha},\boldsymbol{\beta})=\boldsymbol{\alpha}\cdot\sigma(\boldsymbol{\beta})$，易验证 f 是一个双线性函数。f 在基 $\boldsymbol{e}_1,\boldsymbol{e}_2$ 下的度量矩阵为 $\begin{pmatrix} f(\boldsymbol{e}_1,\boldsymbol{e}_1) & f(\boldsymbol{e}_1,\boldsymbol{e}_2)\\ f(\boldsymbol{e}_2,\boldsymbol{e}_1) & f(\boldsymbol{e}_2,\boldsymbol{e}_2)\end{pmatrix}=\begin{pmatrix} \boldsymbol{e}_1\cdot\sigma(\boldsymbol{e}_1) & \boldsymbol{e}_1\cdot\sigma(\boldsymbol{e}_2)\\ \boldsymbol{e}_2\cdot\sigma(\boldsymbol{e}_1) & \boldsymbol{e}_2\cdot\sigma(\boldsymbol{e}_2)\end{pmatrix}=\begin{pmatrix} 0 & 1\\ -1 & 0\end{pmatrix}$，因此 f 是斜对称的。

定理 4 设 f 是特征不为 2 的域 F 上的 n 维线性空间 V 上的斜对称双线性函数，则存在 V 的一个基，把它记成 $\delta_1,\delta_{-1},\cdots,\delta_r,\delta_{-r},\eta_1,\cdots,\eta_s$（其中 $0\leqslant r\leqslant\frac{n}{2}$，$s=n-2r$），使得 f 在这个基下的度量矩阵具有形式

$$\operatorname{diag}\left\{\begin{pmatrix} 0 & 1\\ -1 & 0\end{pmatrix},\cdots,\begin{pmatrix} 0 & 1\\ -1 & 0\end{pmatrix},0,\cdots,0\right\}. \tag{14}$$

从定理 4 得出，如果 V 上的斜对称双线性函数 f 是非退化的，那么 V 中存在一个基，使得 f 在此基下的度量矩阵为

$$\operatorname{diag}\left\{\begin{pmatrix} 0 & 1\\ -1 & 0\end{pmatrix},\begin{pmatrix} 0 & 1\\ -1 & 0\end{pmatrix},\cdots,\begin{pmatrix} 0 & 1\\ -1 & 0\end{pmatrix}\right\}, \tag{15}$$

从而 dim V 一定是偶数。

设 f 是特征为 2 的域 F 上线性空间 V 上的双线性函数，由于在特征为 2 的域 F 中，$-a=a$，因此

$$\begin{aligned} f\text{ 是斜对称的} \quad &\Leftrightarrow \quad f(\alpha,\beta)=-f(\beta,\alpha),\ \forall\,\alpha,\beta\in V \\ &\Leftrightarrow \quad f(\alpha,\beta)=f(\beta,\alpha),\ \forall\,\alpha,\beta\in V \\ &\Leftrightarrow \quad f\text{ 是对称的。} \end{aligned}$$

定理 5　设 f 是特征为 2 的域 F 上的 n 维线性空间 V 上的对称双线性函数，且 $f\neq 0$. 若存在 $\alpha_1\in V$ 使得 $f(\alpha_1,\alpha_1)\neq 0$，则 V 中存在一个基使得 f 在此基下的度量矩阵 A 为对角矩阵：

$$A=\mathrm{diag}\{d_1,\cdots,d_r,0,\cdots,0\}$$

其中 $d_i\in F$ 且 $d_i\neq 0, i=1,\cdots,r; 1\leqslant r\leqslant n$；若 $\forall\,\alpha\in V$ 都有 $f(\alpha,\alpha)=0$，则 V 中存在一个基使得 f 在此基下的度量矩阵 B 为下述形式的分块对角矩阵：

$$B=\mathrm{diag}\left\{\begin{pmatrix}0&1\\1&0\end{pmatrix},\cdots,\begin{pmatrix}0&1\\1&0\end{pmatrix},0,\cdots,0\right\}.$$

证明见参考文献 19 的第 204～207 页。

推论 1　设 f 是特征为 2 的域 F 上的 n 维线性空间 V 上的对称双线性函数。若域 F 的每个非零元都是平方元（即它能表示成一个元素的平方），且存在 $\alpha_1\in V$，使得 $f(\alpha_1,\alpha_1)\neq 0$，则 V 中存在一个基使得 f 在此基下的度量矩阵为下述形式的对角矩阵：

$$\mathrm{diag}\{I_r,0_{n-r}\}$$

其中 $1\leqslant r\leqslant n$。

证明见参考文献 19 的第 208 页。

可以证明特征为 2 的有限域中每个非零元都是平方元，因此对于特征为 2 的有限域推论 1 成立。

推论 2　设 A 是特征为 2 的域 F 上的 n 级对称矩阵。若存在 $\boldsymbol{\alpha}_1\in F^n$，使得 $\boldsymbol{\alpha}_1{}'A\boldsymbol{\alpha}_1\neq 0$，则 A 合同于一个对角矩阵；若 $\forall\,\boldsymbol{\alpha}\in F^n$ 都有 $\boldsymbol{\alpha}'A\alpha=0$，则 A 合同于一个下述形式的分块对角矩阵：

$$\mathrm{diag}\left\{\begin{pmatrix}0&1\\1&0\end{pmatrix},\cdots,\begin{pmatrix}0&1\\1&0\end{pmatrix},0\cdots,0\right\}.$$

证明　设 V 是特征为 2 的域 F 上的 n 维线性空间，V 中取一个基 $\beta_1,\cdots,\beta_n$，有 V 上的对称双线性函数 f 使得 A 是 f 在此基下的度量矩阵。

若存在 $\boldsymbol{\alpha}_1\in F^n$ 使得 $\boldsymbol{\alpha}_1{}'A\boldsymbol{\alpha}_1\neq 0$，设 $\boldsymbol{\alpha}_1$ 是 V 中向量 γ_1 在基 $\beta_1,\cdots,\beta_n$ 下的坐标，则 $f(\gamma_1,\gamma_1)=\boldsymbol{\alpha}_1{}'\boldsymbol{A}\boldsymbol{\alpha}_1\neq 0$。根据定理 5 得，$V$ 中存在一个基 $\eta_1,\cdots,\eta_n$ 使得 f 在此基下的度量矩阵为

对角矩阵 $\mathrm{diag}\{d_1,\cdots d_r,0,\cdots,0\}$，其中 $d_i\neq 0, i=1,\cdots,r;1\leqslant r\leqslant n$。由于 f 在不同基下的度量矩阵是合同的，因此 $A\simeq\mathrm{diag}\{d_1,\cdots,d_r,0,\cdots,0\}$。

若 $\forall\boldsymbol{\alpha}\in F^n$ 都有 $\boldsymbol{\alpha}'A\boldsymbol{\alpha}=0$，则 $\forall\gamma\in V$ 有 $f(\gamma,\gamma)=\boldsymbol{\alpha}'A\boldsymbol{\alpha}=0$。根据定理 5 得，$V$ 中存在一个基使得 f 在此基下的度量矩阵为 $\mathrm{diag}\left\{\begin{pmatrix}0&1\\1&0\end{pmatrix},\cdots,\begin{pmatrix}0&1\\1&0\end{pmatrix},0\cdots,0\right\}$。从而 A 合同于这个分块对角矩阵。

推论 3 设 A 是特征为 2 的域 F 上的 n 级对称矩阵。若域 F 的每个非零元都是平方元，且存在 $\boldsymbol{\alpha}_1\in F^n$ 使得 $\boldsymbol{\alpha}_1'A\boldsymbol{\alpha}_1\neq 0$，则 A 合同于一个对角矩阵 $\mathrm{diag}\{I_r,0_{n-r}\}$，其中 $1\leqslant r\leqslant n$。

证明 由推论 2 和推论 1 立即得到。

对于特征为 2 的有限域，推论 3 成立。

六、对称双线性函数与二次型的关系

定义 5 设 V 是域 F 上的一个线性空间，V 到 F 的一个映射 q 称为 V 上的**二次函数**，如果存在 V 上的一个对称双线性函数 f，使得

$$q(\alpha)=f(\alpha,\alpha),\forall\alpha\in V.\tag{16}$$

显然，给了 V 上的一个对称双线性函数 f，就有唯一的一个二次函数 q。若域 F 的特征不为 2，则反之也成立，即有下述定理：

定理 6 设 V 是特征不为 2 的域 F 上的一个线性空间，q 是 V 上的一个二次函数，则存在 V 上唯一的对称双线性函数 f，使得

$$f(\alpha,\alpha)=q(\alpha),\forall\alpha\in V.\tag{17}$$

证明 由定义 5，存在 V 上的一个对称双线性函数 f，使得 $q(\alpha)=f(\alpha,\alpha),\forall\alpha\in V$。由于 $\mathrm{char}\,F\neq 2$，因此 $\forall\alpha,\beta\in V$，有

$$\begin{aligned}&\frac{1}{2}[q(\alpha+\beta)-q(\alpha)-q(\beta)]\\=&\frac{1}{2}[f(\alpha+\beta,\alpha+\beta)-f(\alpha,\alpha)-f(\beta,\beta)]\\=&\frac{1}{2}[f(\alpha,\alpha)+2f(\alpha,\beta)+f(\beta,\beta)-f(\alpha,\alpha)-f(\beta,\beta)]\\=&f(\alpha,\beta).\end{aligned}\tag{18}$$

如果还有一个对称双线性函数 g 使得

$$g(\alpha,\alpha)=q(\alpha),\forall\alpha\in V;\tag{19}$$

那么同理 $\forall\alpha,\beta\in V$，有

$$\frac{1}{2}[q(\alpha+\beta)-q(\alpha)-q(\beta)]=g(\alpha,\beta).\tag{20}$$

比较(18)和(20)式得，$f(\alpha,\beta)=g(\alpha,\beta)$，$\forall\alpha,\beta\in V$。因此 $f=g$。■

设 V 是特征不为 2 的域 F 上 n 维线性空间，f 是 V 上的一个对称双线性函数，q 是满足(16)式的二次函数。设 f 在 V 的一个基 $\alpha_1,\alpha_2,\cdots,\alpha_n$ 下的度量矩阵为 $A=(a_{ij})$，则对于 $\alpha=(\alpha_1,\alpha_2,\cdots,\alpha_n)\boldsymbol{x}$，$\beta=(\alpha_1,\alpha_2,\cdots,\alpha_n)\boldsymbol{y}$，有

$$f(\alpha,\beta)=\boldsymbol{x}'A\boldsymbol{y}. \tag{21}$$

从而有

$$q(\alpha)=f(\alpha,\alpha)=\boldsymbol{x}'A\boldsymbol{x}. \tag{22}$$

由(22)式看到：二次函数 q 在 V 的基 $\alpha_1,\alpha_2,\cdots,\alpha_n$ 下的表达式可以由 n 元二次型诱导出来，其中对称矩阵 A 称为**二次函数 q 在基 $\alpha_1,\alpha_2,\cdots,\alpha_n$ 下的矩阵**。于是可以用二次型的理论来研究对称双线性函数，也可以用对称双线性函数来研究二次型。例如，我们可以用对称双线性函数的理论给出实二次型的惯性定理的第二个证明。

定理 7(惯性定理)　实数域上任意一个 n 元二次型都可以经过非退化线性替换化成规范形，并且规范形是唯一的。

证明　任给一个 n 元实二次型 $\boldsymbol{X}'A\boldsymbol{X}$。取实数域上的一个 n 维线性空间 V，在 V 中取一个基 $\alpha_1,\alpha_2,\cdots,\alpha_n$。对于 V 中任一向量 $\alpha=(\alpha_1,\alpha_2,\cdots,\alpha_n)\boldsymbol{\alpha}$，令

$$q(\alpha)=\boldsymbol{\alpha}'A\boldsymbol{\alpha}, \tag{23}$$

则 q 是 V 上的一个二次函数，据定理 5，存在 V 上唯一的对称双线性函数 f，使得

$$f(\alpha,\alpha)=q(\alpha)=\boldsymbol{\alpha}'A\boldsymbol{\alpha},\forall\alpha\in V. \tag{24}$$

据定理 3，V 中存在一个基 $\beta_1,\beta_2,\cdots,\beta_n$，使得 f 在此基下的度量矩阵 B 为对角矩阵。不妨设 $B=\operatorname{diag}\{d_1,\cdots,d_p,-d_{p+1},\cdots,-d_r,0,\cdots,0\}$，其中 $d_i>0$，$i=1,2,\cdots,r$。令

$$\gamma_i=\frac{1}{\sqrt{d_i}}\beta_i,i=1,2,\cdots,r;$$

$$\gamma_j=\beta_j,j=r+1,\cdots,n.$$

则 $\gamma_1,\gamma_2,\cdots,\gamma_n$ 也是 V 的一个基，且有

$$\begin{aligned}f(\gamma_i,\gamma_i)&=f\left(\frac{1}{\sqrt{d_i}}\beta_i,\frac{1}{\sqrt{d_i}}\beta_i\right)=\frac{1}{d_i}f(\beta_i,\beta_i)\\&=\begin{cases}1, & 1\leqslant i\leqslant p,\\-1, & p<i\leqslant r;\end{cases}\\f(\gamma_j,\gamma_j)&=f(\beta_j,\beta_j)=0,j=r+1,\cdots,n;\\f(\gamma_i,\gamma_j)&=0,i\neq j.\end{aligned}$$

因此 f 在 V 的基 $\gamma_1,\gamma_2,\cdots,\gamma_n$ 下的度量矩阵为

$$D=\operatorname{diag}\{\underbrace{1,\cdots,1}_{p\text{个}},\underbrace{-1,\cdots,-1}_{(r-p)\text{个}},\underbrace{0,\cdots,0}_{(n-r)\text{个}}\}. \tag{25}$$

由于 f 在 V 的基 $\alpha_1,\alpha_2,\cdots,\alpha_n$ 下的度量矩阵为 A，因此 $A\simeq D$，从而实二次型 $\boldsymbol{x}'A\boldsymbol{x}$ 经过非退化线性替换可以化成规范形 $y_1^2+\cdots+y_p^2-y_{p+1}^2-\cdots-y_r^2$。

下面来证实二次型 $\boldsymbol{x}'A\boldsymbol{x}$ 的规范形是唯一的。假如 $\boldsymbol{x}'A\boldsymbol{x}$ 还有一个规范形 $z_1^2+\cdots+z_q^2-z_{q+1}^2-\cdots-z_r^2$（注意：由于合同的矩阵有相同的秩，因此 $\boldsymbol{x}'A\boldsymbol{x}$ 的第二个规范形中系数不为 0 的平方项个数也等于 r），则

$$D\simeq \operatorname{diag}\{\underbrace{1,\cdots,1}_{q\text{个}},\underbrace{-1,\cdots,-1}_{(r-q)\text{个}},\underbrace{0,\cdots,0}_{(n-r)\text{个}}\}. \tag{26}$$

把(26)式右端的对角矩阵记作 H，由于 $D\simeq H$，因此可以把 H 看成对称双线性函数 f 在 V 的另一个基 $\delta_1,\delta_2,\cdots,\delta_n$ 下的度量矩阵。令

$$V_1=\langle\gamma_1,\gamma_2,\cdots,\gamma_p\rangle, V_2=\langle\delta_{q+1},\delta_{q+2},\cdots,\delta_n\rangle.$$

设 $\alpha\in V_1\cap V_2$，则 $\alpha=\sum_{i=1}^{p}a_i\gamma_i$，$\alpha=\sum_{j=q+1}^{n}b_j\delta_j$。于是

$$\begin{aligned}f(\alpha,\alpha)&=(a_1,\cdots,a_p,0,\cdots,0)D(a_1,\cdots,a_p,0,\cdots,0)'\\&=a_1^2+\cdots+a_p^2,\\f(\alpha,\alpha)&=(0,\cdots,0,b_{q+1},\cdots,b_n)H(0,\cdots,0,b_{q+1},\cdots,b_n)'\\&=-b_{q+1}^2-\cdots-b_r^2.\end{aligned}$$

由此得出

$$a_1^2+\cdots+a_p^2=-b_{q+1}^2-\cdots-b_r^2.$$

从而

$$a_1=\cdots=a_p=b_{q+1}=\cdots=b_r=0.$$

因此 $\alpha=0$，这表明 $V_1\cap V_2=0$。于是

$$\dim V_1+\dim V_2=\dim(V_1+V_2)\leqslant \dim V.$$

从而 $p+(n-q)\leqslant n$。因此 $p\leqslant q$。由对称性得，$q\leqslant p$，所以 $p=q$。这证明了 $\boldsymbol{X}'A\boldsymbol{X}$ 的规范形是唯一的。 ■

定理 8(Witt 消去定理的推广) 设 F 是特征不等于 2 的域，A_1 和 A_2 是域 F 上的 n 级对称矩阵，B_1 和 B_2 是域 F 上的 m 级对称矩阵。如果

$$\begin{pmatrix}A_1 & 0\\0 & B_1\end{pmatrix}\simeq\begin{pmatrix}A_2 & 0\\0 & B_2\end{pmatrix}, \tag{27}$$

且 $A_1\simeq A_2$，那么 $B_1\simeq B_2$。

证明 设 U 是域 F 上的 n 维线性空间，由于 $A_1\simeq A_2$，因此 A_1 和 A_2 可看成是 U 上同一个双线性函数 f 在 U 的不同基下的度量矩阵。由于 A_1 是对称矩阵，因此 f 是对称双线性函数。由于域 F 的特征不等于 2，因此据定理 3 得，U 中存在一个基 $\eta_1,\eta_2,\cdots,\eta_n$，使得 f 在此基下的度量矩阵为对角矩阵 D。据定理 1 得，$A_1\simeq D$，$A_2\simeq D$。从而可推出

$$\begin{bmatrix} A_1 & 0 \\ 0 & B_1 \end{bmatrix} \simeq \begin{pmatrix} D & 0 \\ 0 & B_1 \end{pmatrix}, \begin{bmatrix} A_2 & 0 \\ 0 & B_2 \end{bmatrix} \simeq \begin{pmatrix} D & 0 \\ 0 & B_2 \end{pmatrix}.$$

于是从(27)式以及合同关系的对称性和传递性得出

$$\begin{pmatrix} D & 0 \\ 0 & B_1 \end{pmatrix} \simeq \begin{pmatrix} D & 0 \\ 0 & B_2 \end{pmatrix}. \tag{28}$$

下面我们要从(28)式推导出 $B_1 \simeq B_2$。由于 D 是对角矩阵，因此只要证：当 D 是 1 级矩阵时，从(28)式可推导出 $B_1 \simeq B_2$，那么逐次用这个结论，就可对于 D 是 n 级对角矩阵时，从(28)式推导出 $B_1 \simeq B_2$。

设 $D=(d)$，其中 $d \in F$。从(28)式得，存在形如

$$\begin{pmatrix} c & \boldsymbol{\alpha}' \\ \boldsymbol{\beta} & H \end{pmatrix}$$

的可逆矩阵，其中 $c \in F, \boldsymbol{\alpha}, \boldsymbol{\beta} \in F^m, H \in M_m(F)$，使得

$$\begin{pmatrix} c & \boldsymbol{\alpha}' \\ \boldsymbol{\beta} & H \end{pmatrix}' \begin{pmatrix} d & 0 \\ 0 & B_1 \end{pmatrix} \begin{pmatrix} c & \boldsymbol{\alpha}' \\ \boldsymbol{\beta} & H \end{pmatrix} = \begin{pmatrix} d & 0 \\ 0 & B_2 \end{pmatrix}. \tag{29}$$

从(29)式得

$$\begin{cases} dc^2 + \boldsymbol{\beta}' B_1 \boldsymbol{\beta} = d, \\ cd\boldsymbol{\alpha}' + \boldsymbol{\beta}' B_1 H = 0, \\ \boldsymbol{\alpha} d \boldsymbol{\alpha}' + H' B_1 H = B_2. \end{cases} \tag{30}$$

观察(30)式中的 3 个等式，猜测存在 $\lambda \in F$，使得

$$(\lambda \boldsymbol{\beta} \boldsymbol{\alpha}' + H)' B_1 (\lambda \boldsymbol{\beta} \boldsymbol{\alpha}' + H) = B_2. \tag{31}$$

我们来求 λ 的值，把(31)式的左端展开并且用(30)式得

$$\begin{aligned} & (\lambda \boldsymbol{\beta} \boldsymbol{\alpha}' + H)' B_1 (\lambda \boldsymbol{\beta} \boldsymbol{\alpha}' + H) \\ = {} & \lambda^2 \boldsymbol{\alpha} \boldsymbol{\beta}' B_1 \boldsymbol{\beta} \boldsymbol{\alpha}' + \lambda \boldsymbol{\alpha} \boldsymbol{\beta}' B_1 H + \lambda H' B_1 \boldsymbol{\beta} \boldsymbol{\alpha}' + H' B_1 H \\ = {} & \lambda^2 \boldsymbol{\alpha} (d - dc^2) \boldsymbol{\alpha}' + \lambda \boldsymbol{\alpha} (-cd\boldsymbol{\alpha}') + \lambda(-\boldsymbol{\alpha} cd) \boldsymbol{\alpha}' - \boldsymbol{\alpha} d \boldsymbol{\alpha}' + B_2 \\ = {} & \boldsymbol{\alpha} (\lambda^2 d - \lambda^2 dc^2 - \lambda cd - \lambda cd - d) \boldsymbol{\alpha}' + B_2. \end{aligned} \tag{32}$$

为了使(31)式成立，只要在(32)式中让 λ 取的值满足

$$\lambda^2 d - \lambda^2 dc^2 - 2\lambda cd - d = 0. \tag{33}$$

当 $d=0$ 时，对于 F 中的任一元素 λ，都满足(33)式，从而(31)式成立。下面设 $d \neq 0$，从(33)式得

$$(1-c^2)\lambda^2 - 2c\lambda - 1 = 0. \tag{34}$$

把(34)式左边分解因式得

$$[(1+c)\lambda + 1][(1-c)\lambda - 1] = 0. \tag{35}$$

于是当 $c\neq 1$ 时，取 $\lambda=(1-c)^{-1}$，就有(31)式成立。即

$$((1-c)^{-1}\boldsymbol{\beta}\boldsymbol{\alpha}'+H)'B_1((1-c)^{-1}\boldsymbol{\beta}\boldsymbol{\alpha}'+H)=B_2. \tag{36}$$

当 $c=1$ 时，取 $\lambda=-(2e)^{-1}$，就有(34)式成立，其中 e 是域 F 的单位元（在其他地方我们把 e 记成 1，这里为清晰起见，不把 e 记成 1）。从而有(31)式成立。即

$$(-(2e)^{-1}\boldsymbol{\beta}\boldsymbol{\alpha}'+H)'B_1(-(2e)^{-1}\boldsymbol{\beta}\boldsymbol{\alpha}'+H)=B_2. \tag{37}$$

情形 1　B_2 可逆。则在(36)式和(37)式两边取行列式可得，$(1-c)^{-1}\boldsymbol{\beta}\boldsymbol{\alpha}'+H$，$-(2e)^{-1}\boldsymbol{\beta}\boldsymbol{\alpha}'+H$ 都是可逆矩阵，从而

$$B_1\simeq B_2.$$

情形 2　B_2 不可逆，设 $\operatorname{rank}(B_2)=r$，则据(28)式得，$\operatorname{rank}(B_1)=r$。

设 W 是域 F 上的 m 维线性空间，取 W 上的双线性函数 g_i，使得 g_i 在 W 的一个基下的度量矩阵为 B_i。由于 B_i 是对称矩阵，因此 g_i 是对称双线性函数，$i=1,2$。于是 W 中存在一个基，使得 g_1 在此基下的度量矩阵为对角矩阵 $\operatorname{diag}\{D_1,0_{m-r}\}$，其中 D_1 是 r 级对角矩阵，其主对角元全不为 0。同理 W 中存在一个基，使得 g_2 在此基下的度量矩阵为对角矩阵 $\operatorname{diag}\{D_2,0_{m-r}\}$，其中 D_2 是 r 级对角矩阵，其主对角元全不为 0。因此

$$B_1\simeq \operatorname{diag}\{D_1,0_{m-r}\},B_2\simeq \operatorname{diag}\{D_2,0_{m-r}\}. \tag{38}$$

于是

$$\begin{pmatrix} D & 0\\ 0 & B_1\end{pmatrix}\simeq\begin{pmatrix} D & 0 & 0\\ 0 & D_1 & 0\\ 0 & 0 & 0_{m-r}\end{pmatrix},\begin{pmatrix} D & 0\\ 0 & B_2\end{pmatrix}\simeq\begin{pmatrix} D & 0 & 0\\ 0 & D_2 & 0\\ 0 & 0 & 0_{m-r}\end{pmatrix}.$$

结合(28)式，得

$$\begin{pmatrix} D & 0 & 0\\ 0 & D_1 & 0\\ 0 & 0 & 0_{m-r}\end{pmatrix}\simeq\begin{pmatrix} D & 0 & 0\\ 0 & D_2 & 0\\ 0 & 0 & 0_{m-r}\end{pmatrix}. \tag{39}$$

记

$$G_1=\begin{pmatrix} D & 0\\ 0 & D_1\end{pmatrix},G_2=\begin{pmatrix} D & 0\\ 0 & D_2\end{pmatrix};$$

则(39)式可写成

$$\begin{pmatrix} G_1 & 0\\ 0 & 0_{m-r}\end{pmatrix}\simeq\begin{pmatrix} G_2 & 0\\ 0 & 0_{m-r}\end{pmatrix}. \tag{40}$$

于是存在域 F 上的 $1+m$ 级可逆矩阵 $P=\begin{pmatrix} P_{11} & P_{12}\\ P_{21} & P_{22}\end{pmatrix}$，使得

$$\begin{pmatrix} P_{11}' & P_{21}' \\ P_{12}' & P_{22}' \end{pmatrix}\begin{pmatrix} G_1 & 0 \\ 0 & 0_{m-r} \end{pmatrix}\begin{pmatrix} P_{11} & P_{12} \\ P_{21} & P_{22} \end{pmatrix}=\begin{pmatrix} G_2 & 0 \\ 0 & 0_{m-r} \end{pmatrix}. \tag{41}$$

从(41)式得出

$$P_{11}'G_1P_{11}=G_2. \tag{42}$$

当 $d\neq 0$ 时，$|G_2|\neq 0$，从而 $|P_{11}|\neq 0$，因此 P_{11} 可逆，于是 $G_1\simeq G_2$。即

$$\begin{pmatrix} D & 0 \\ 0 & D_1 \end{pmatrix}\simeq\begin{pmatrix} D & 0 \\ 0 & D_2 \end{pmatrix}.$$

由于 D_2 可逆，因此据情形 1 得，$D_1\simeq D_2$。结合(38)式得

$$B_1\simeq B_2.$$

当 $d=0$ 时，易证 $\mathrm{diag}\{0,D_i,0_{m-r}\}\simeq\mathrm{diag}\{D_i,0_{m-r+1}\}$，$i=1,2$。于是从(39)式得，$\mathrm{diag}\{D_1,0_{m-r+1}\}\simeq\mathrm{diag}\{D_2,0_{m-r+1}\}$。由于 $|D_2|\neq 0$，因此与从(40)式推出 $G_1\simeq G_2$ 一样可得出，$D_1\simeq D_2$。结合(38)式得，$B_1\simeq B_1$。■

在定理 8 中，当 A_1,A_2,B_1,B_2 都可逆时，就是 Witt 消去定理。在定理 8 的证明中，从(28)式推导出(36)和(37)式是采用了华罗庚先生证明 Witt 消去定理的思路。

利用 Witt 消去定理可以给出实二次型的惯性定理中唯一性的第三种证法。

惯性定理唯一性的证明　设 n 元实二次型 $\boldsymbol{X}'A\boldsymbol{X}$ 有两个规范形：

$$y_1^2+\cdots+y_p^2-y_{p+1}^2-\cdots-y_r^2,$$
$$z_1^2+\cdots+z_q^2-z_{q+1}^2-\cdots-z_r^2;$$

其中 $0\leqslant p\leqslant r$，$0\leqslant q\leqslant r$，$r\leqslant n$，不妨设 $p\geqslant q$，则

$$\begin{pmatrix} I_p & & \\ & -I_{r-p} & \\ & & 0_{n-r} \end{pmatrix}\simeq\begin{pmatrix} I_q & & \\ & -I_{r-q} & \\ & & 0_{n-r} \end{pmatrix}. \tag{43}$$

两次用 Witt 消去定理的推广，得

$$\begin{pmatrix} I_{p-q} & \\ & -I_{r-p} \end{pmatrix}\simeq -I_{r-q}. \tag{44}$$

于是存在 $r-q$ 级实可逆矩阵 C，使得

$$\begin{pmatrix} I_{p-q} & \\ & -I_{r-p} \end{pmatrix}=-C'I_{r-q}C.$$

假如 $p>q$，则

$$\boldsymbol{\varepsilon}_1'\begin{pmatrix} I_{p-q} & \\ & -I_{r-p} \end{pmatrix}\boldsymbol{\varepsilon}_1=1, \tag{45}$$

$$\boldsymbol{\varepsilon}_1'(-C'I_{r-q}C)\boldsymbol{\varepsilon}_1=-(C\boldsymbol{\varepsilon}_1)'(C\boldsymbol{\varepsilon}_1)\leqslant 0, \tag{46}$$

矛盾。因此 $p=q$。这证明了 $\boldsymbol{X}'A\boldsymbol{X}$ 的规范形是唯一的。 ■

七、双线性函数空间

设 V 是域 F 上的一个线性空间，我们把 V 上所有双线性函数组成的集合记作 $T_2(V)$，容易验证：$T_2(V)$对于函数的加法与纯量乘法成为域 F 上的一个线性空间。称 $T_2(V)$是 V **上的双线性函数空间**。

现在设 V 是 n 维的。V 中取定一个基 $\alpha_1,\alpha_2,\cdots,\alpha_n$。则 V 上的双线性函数 f 到它在基 $\alpha_1,\alpha_2,\cdots,\alpha_n$ 下的度量矩阵 A 的对应是 $T_2(V)$到 $M_n(F)$的一个映射，且它是单射，也是满射，从而是双射。由于

$$(f+g)(\alpha_i,\alpha_j)=f(\alpha_i,\alpha_j)+g(\alpha_i,\alpha_j), \tag{47}$$

$$(kf)(\alpha_i,\alpha_j)=k\,f(\alpha_i,\alpha_j), \tag{48}$$

因此上述双射保持加法和纯量乘法。从而这是一个同构映射。于是

$$T_2(V)\cong M_n(F),\qquad \dim T_2(V)=n^2; \tag{49}$$

又由于

$$M_n(F)\cong \mathrm{Hom}(V,V),$$

因此 $T_2(V)\cong \mathrm{Hom}(V,V)$。这表明 V 上的双线性函数与 V 上的线性变换之间存在一一对应，且此对应保持加法和纯量乘法运算。$T_2(V)$与 $\mathrm{Hom}(V,V)$之间的一一对应可以通过域 F 上的 n 级矩阵作为纽带建立起来。在 V 中取定一个基 $\alpha_1,\alpha_2,\cdots,\alpha_n$，每一个双线性函数 f 在此基下有唯一的度量矩阵；每一个线性变换 $\mathbf{A}$ 在此基下有唯一的矩阵，从而在双线性函数与线性变换之间建立了一一对应。

注意：同一个双线性函数 f 在 V 的不同基下的度量矩阵是合同的；而同一个线性变换在 V 的不同基下的矩阵是相似的。在例 27 中我们将给出 $T_2(V)$到 $\mathrm{Hom}(V,V)$的另一个同构映射(不用矩阵作为纽带)。

我们把 V 上所有对称双线性函数组成的集合记作 $S_2(V)$，把 V 上所有斜对称双线性函数组成的集合记作 $\Lambda_2(V)$。容易验证：$S_2(V)$和 $\Lambda_2(V)$都是 $T_2(V)$的子空间。

定理 9 设 V 是特征不为 2 的域 F 上的线性空间，则

$$T_2(V)=S_2(V)\oplus\Lambda_2(V).$$

证明 先证 $T_2(V)=S_2(V)+\Lambda_2(V)$。任取 $f\in T_2(V)$。令

$$g(\alpha,\beta)=\frac{1}{2}[f(\alpha,\beta)+f(\beta,\alpha)],$$

$$h(\alpha,\beta)=\frac{1}{2}[f(\alpha,\beta)-f(\beta,\alpha)].$$

这里$\frac{1}{2}$指的是$(2e)^{-1}$，其中 e 是域 F 的单位元，显然，$g\in S_2(V)$，$h\in \Lambda_2(V)$，并且

$$f(\alpha,\beta)=g(\alpha,\beta)+h(\alpha,\beta),\ \forall\, \alpha,\beta\in V.$$

因此 $T_2(V)=S_2(V)+\Lambda_2(V)$。

再证 $S_2(V)\cap\Lambda_2(V)=0$，设 $f\in S_2(V)\cap\Lambda_2(V)$，则

$$f(\alpha,\beta)=f(\beta,\alpha),\ f(\alpha,\beta)=-f(\beta,\alpha).$$

由此得出，$2f(\alpha,\beta)=0$，由于 $\operatorname{char} F\neq 2$，因此

$$f(\alpha,\beta)=0,\ \forall\, \alpha,\beta\in V.$$

从而 $f=0$，于是 $S_2(V)\cap\Lambda_2(V)=0$。

综上所述，$T_2(V)=S_2(V)\oplus\Lambda_2(V)$。 ■

* 下面我们来寻找 n 维线性空间 V 上的双线性函数空间 $T_2(V)$ 的一个基。由于 $\dim T_2(V)=n^2$，因此我们只要在 $T_2(V)$ 中找出 n^2 个线性无关的向量(它们是 V 上的双线性函数)就可以了。为了构造 V 上的双线性函数，想法是给了 V 上的两个线性函数 g,h，令

$$f(\alpha,\beta)=g(\alpha)h(\beta),\ \forall\, \alpha,\beta\in V. \tag{50}$$

容易验证 $f(\alpha,\beta)$ 是 V 上的双线性函数，把它记成 $g\otimes h$。即

$$(g\otimes h)(\alpha,\beta)\xlongequal{\text{def}}g(\alpha)h(\beta),\ \forall\, \alpha,\beta\in V. \tag{51}$$

把 $g\otimes h$ 称为**线性函数 g 与 h 的张量积**(tensor product)。

有了线性函数的张量积的概念，很自然地会想到：在 V 中取一个基 $\alpha_1,\alpha_2,\cdots,\alpha_n$，它在 V^* 中的对偶基为 $f_1,f_2,\cdots,f_n$。考虑 n^2 个双线性函数

$$f_i\otimes f_j,\ i,j=1,2,\cdots,n.$$

我们来证明它们线性无关，从而它们就是 $T_2(V)$ 的一个基。设

$$\sum_{i=1}^{n}\sum_{j=1}^{n}k_{ij}\,f_i\otimes f_j=0. \tag{52}$$

考虑(52)式两边的双线性函数在 (α_r,α_s) 上的值，得

$$\sum_{i=1}^{n}\sum_{j=1}^{n}k_{ij}\,f_i(\alpha_r)f_j(\alpha_s)=0. \tag{53}$$

由(53)式得

$$k_{rs}=0,\ r,s=1,2,\cdots n. \tag{54}$$

因此 $\{f_i\otimes f_j\mid i,j=1,2,\cdots,n\}$ 线性无关。从而它们是 $T_2(V)$ 的一个基。

任取 $f\in T_2(V)$，设 f 在 V 的基 $\alpha_1,\alpha_2,\cdots,\alpha_n$ 下的度量矩阵为 $A=(a_{ij})$。我们来求 f 在 $T_2(V)$ 的上述基下的坐标。设

$$f=\sum_{i=1}^{n}\sum_{j=1}^{n}x_{ij}(f_i\otimes f_j), \tag{55}$$

则

$$a_{rs}=f(\alpha_r,\alpha_s)=\sum_{i=1}^{n}\sum_{j=1}^{n}x_{ij}\,f_i(\alpha_r)f_j(\alpha_s)=x_{rs}. \tag{56}$$

因此

$$f=\sum_{i=1}^{n}\sum_{j=1}^{n}a_{ij}(f_i\otimes f_j). \tag{57}$$

上述我们证明了：

定理 10 设 V 是域 F 上 n 维线性空间，V 中取一个基 $\alpha_1,\alpha_2,\cdots,\alpha_n$，它在 V^* 中的对偶基为 $f_1,f_2,\cdots,f_n$，则 $\{f_i\otimes f_j\mid i,j=1,2,\cdots,n\}$ 是 $T_2(V)$ 的一个基。设 V 上的双线性函数 f 在 V 的基 $\alpha_1,\alpha_2,\cdots,\alpha_n$ 下的度量矩阵为 $A=(a_{ij})$，则 f 在 $T_2(V)$ 的基 $f_1\otimes f_1,f_1\otimes f_2,\cdots,f_1\otimes f_n,\cdots,f_n\otimes f_1,\cdots,f_n\otimes f_n$ 下的坐标为

$$(a_{11},a_{12},\cdots,a_{1n},a_{21},\cdots,a_{2n},\cdots,a_{n1},\cdots,a_{nn})', \tag{58}$$

即

$$f=\sum_{i=1}^{n}\sum_{j=1}^{n}a_{ij}(f_i\otimes f_j). \tag{59}$$

■

设 f 是域 F 上线性空间 V 上的一个双线性函数，V^* 的子空间 $\langle\alpha_L,\beta_R\mid\alpha,\beta\in V\rangle$ 称为 f 的**秩空间**，它的维数称为 f 的**秩**，记作 rank f。下面来求 f 的秩，并且讨论它与 f 的矩阵秩有什么关系。

设 $\xi_1,\xi_2,\cdots,\xi_r$ 是 V 上的一组线性函数，如果 V 上的双线性函数 f 能表示成

$$f=\sum_{i=1}^{r}\sum_{j=1}^{r}b_{ij}\xi_i\otimes\xi_j, \tag{60}$$

那么称 f 能用 $\xi_1,\xi_2,\cdots,\xi_r$ **张量形式表示**。

命题 1 如果 V 上的双线性函数 f 能用 V 上的线性函数 $\xi_1,\xi_2,\cdots,\xi_r$ 张量形式表示，那么 f 的秩空间 W 包含于 $\langle\xi_1,\xi_2,\cdots,\xi_r\rangle$，即 $W\subseteq\langle\xi_1,\xi_2,\cdots,\xi_r\rangle$。

证明 由已知条件得到(60)式成立。任取 $\alpha,\beta\in V$。

$$\begin{aligned}\alpha_L(\beta)=f(\alpha,\beta)&=\sum_{i=1}^{r}\sum_{j=1}^{r}b_{ij}\,\xi_i(\alpha)\xi_j(\beta)\\&=\sum_{j=1}^{r}\Big(\sum_{i=1}^{r}b_{ij}\xi_i(\alpha)\Big)\xi_j(\beta)\\&=\Big[\sum_{j=1}^{r}\Big(\sum_{i=1}^{r}b_{ij}\xi_i(\alpha)\Big)\xi_j\Big](\beta).\end{aligned}$$

因此 $\alpha_L=\sum_{j=1}^{r}\left(\sum_{i=1}^{r}b_{ij}\xi_i(\alpha)\right)\xi_j$，于是 $\alpha_L\in\langle\xi_1,\xi_2,\cdots,\xi_r\rangle$。同理可证 $\beta_R\in\langle\xi_1,\xi_2,\cdots,\xi_r\rangle$。因此

$$W\subseteq\langle\xi_1,\xi_2,\cdots,\xi_r\rangle.$$ ■

由命题 1 立即得到：

推论 4 如果 V 上的双线性函数 f 能用 V 上的 r 个线性函数张量形式表示，那么 f 的秩不超过 r。 ■

n 维线性空间 V 上的任一双线性函数 f 是否能用 V 上的有限多个线性函数张量形式表示呢？回答是肯定的，即我们有下述命题：

命题 2 n 维线性空间 V 上的任一双线性函数 f 能够用它的秩空间 W 的任意一个基张量形式表示。

证明 在 f 的秩空间 W 中取一个基 $\xi_1,\xi_2,\cdots,\xi_r$，把它扩充成 V^* 的一个基 $\xi_1,\xi_2,\cdots,\xi_r,\xi_{r+1},\cdots,\xi_n$。设它在 V^{**} 中的对偶基为 $\alpha_1^{**},\alpha_2^{**},\cdots,\alpha_r^{**},\alpha_{r+1}^{**},\cdots,\alpha_n^{**}$。把 V^{**} 与 V 等同，则 $\alpha_1,\alpha_2,\cdots,\alpha_r,\alpha_{r+1},\cdots,\alpha_n$ 是 V 的一个基，当 $r<j\leqslant n$ 时，对于 $1\leqslant i\leqslant r$，有

$$\xi_i(\alpha_j)=\alpha_j^{**}(\xi_i)=0. \tag{61}$$

由于 $\alpha_L\in W$，因此 $\alpha_L=k_1\xi_1+k_2\xi_2+\cdots+k_r\xi_r$。于是从(61)式得，$\alpha_L(\alpha_j)=0$，即 $f(\alpha,\alpha_j)=0$。同理，由于 $\beta_R\in W$，因此 $\beta_R(\alpha_j)=0$，即 $f(\alpha_j,\beta)=0$。从而 f 在 V 的基 $\alpha_1,\alpha_2,\cdots,\alpha_r,\alpha_{r+1},\cdots,\alpha_n$ 下的度量矩阵 $A=(a_{ij})$ 形如

$$A=\begin{pmatrix}A_1 & 0\\ 0 & 0\end{pmatrix}, \tag{62}$$

其中 A_1 是 r 级矩阵。于是据定理 10 得

$$f=\sum_{i=1}^{r}\sum_{j=1}^{r}a_{ij}(\xi_i\otimes\xi_j). \tag{63}$$

这表明 f 能用 W 的一个基 $\xi_1,\xi_2,\cdots,\xi_r$ 张量形式表示。 ■

从推论 4 和命题 2 立即得到：

推论 5 n 维线性空间 V 上的双线性函数 f 的秩等于能够用张量形式表示 f 的 V 上线性函数的最小数目。 ■

从命题 2 的证明过程中看到：

$$\operatorname{rank}_m f=\operatorname{rank}(A)=\operatorname{rank}(A_1)\leqslant r=\dim W=\operatorname{rank} f.$$

因此我们得到：

推论 6 n 维线性空间 V 上的双线性函数 f 的矩阵秩不超过 f 的秩。 ■

存在双线性函数 f，它的矩阵秩小于它的秩。例如，在 2 维线性空间 V 中取一个基 α_1,α_2，它在 V^* 中的对偶基为 f_1,f_2。考虑 $f=f_1\otimes f_2$。据定理 10 可以立即写出 f 在 V 的基

α_1,α_2 下的度量矩阵 A 为

$$A=\begin{pmatrix}0&1\\0&0\end{pmatrix},$$

因此 f 的矩阵秩是 1。由于 f 可以用 f_1,f_2 张量形式表示,因此 rank $f\leqslant 2$。假如 rank $f=1$,则 f 的秩空间 $W=\langle\xi_1\rangle$,据命题 2 得,$f=b\xi_1\otimes\xi_1$。任取 $\alpha,\beta\in V$,有

$$f(\alpha,\beta)=b\xi_1(\alpha)\xi_1(\beta)=f(\beta,\alpha),$$

于是 f 是对称双线性函数。从而 f 在基 α_1,α_2 下的度量矩阵 A 应当是对称矩阵,但是 A 不是对称矩阵。这个矛盾表明 rank $f\neq 1$。从而 rank $f=2$。

定理 11 设 f 是域 F 上 n 维线性空间 V 上的对称双线性函数,则 f 的矩阵秩等于 f 的秩。

证明 由于 f 是对称的,因此 $\forall\alpha,\beta\in V$,有

$$\beta_R(\alpha)=f(\alpha,\beta)=f(\beta,\alpha)=\beta_L(\alpha).$$

从而 $\beta_R=\beta_L$,因此 f 的秩空间 $W=\langle\alpha_L\mid\alpha\in V\rangle$。

在 V 中取一个基 $\alpha_1,\alpha_2,\cdots,\alpha_n$,设 $\alpha=\sum\limits_{i=1}^{n}x_i\alpha_i$,则

$$\alpha_L(\beta)=f(\alpha,\beta)=f\Big(\sum_{i=1}^{n}x_i\alpha_i,\beta\Big)=\sum_{i=1}^{n}x_if(\alpha_i,\beta)=\sum_{i=1}^{n}x_i(\alpha_i)_L(\beta).$$

因此 $\alpha_L=\sum\limits_{i=1}^{n}x_i(\alpha_i)_L$。从而

$$W=\langle(\alpha_1)_L,(\alpha_2)_L,\cdots,(\alpha_n)_L\rangle.\tag{64}$$

设 $\alpha_1,\alpha_2,\cdots,\alpha_n$ 在 V^* 中的对偶基为 $f_1,f_2,\cdots,f_n$,则

$$(\alpha_i)_L=\sum_{j=1}^{n}(\alpha_i)_L(\alpha_j)f_j=\sum_{j=1}^{n}f(\alpha_i,\alpha_j)f_j.\tag{65}$$

(65)式表明:$(\alpha_i)_L$ 在基 $f_1,f_2,\cdots,f_n$ 下的坐标是

$$(f(\alpha_i,\alpha_1),f(\alpha_i,\alpha_2),\cdots,f(\alpha_i,\alpha_n))'.$$

设 f 在基 $\alpha_1,\alpha_2,\cdots,\alpha_n$ 下的度量矩阵为 A,则

$$\begin{aligned}\operatorname{rank}_m f&=\operatorname{rank}(A)=\dim\langle(\alpha_1)_L,(\alpha_2)_L,\cdots,(\alpha_n)_L\rangle\\&=\dim W=\operatorname{rank} f.\end{aligned}$$

■

定理 11 对于 n 维线性空间 V 上的斜对称双线性函数也成立。证明方法几乎一样。仅有的改动之处为

$$\beta_R=(-\beta)_L.$$

10.1.2　典型例题

例 1　在 K^4 中，设 $\boldsymbol{\alpha}=(x_1,x_2,x_3,x_4)'$，$\boldsymbol{\beta}=(y_1,y_2,y_3,y_4)'$，令

$$f(\boldsymbol{\alpha},\boldsymbol{\beta})=x_1y_1+x_2y_2+x_3y_3-x_4y_4.$$

(1) 说明 f 是 K^4 上的一个双线性函数；

(2) 求 f 在标准基 $\boldsymbol{\varepsilon}_1,\boldsymbol{\varepsilon}_2,\boldsymbol{\varepsilon}_3,\boldsymbol{\varepsilon}_4$ 下的度量矩阵；

(3) 说明 f 是非退化的；

(4) 说明 f 是对称的；

(5) 求一个向量 $\boldsymbol{\alpha}\neq\boldsymbol{0}$，使得 $f(\boldsymbol{\alpha},\boldsymbol{\alpha})=0$。

解　(1) $f(\boldsymbol{\alpha},\boldsymbol{\beta})=x_1y_1+x_2y_2+x_3y_3-x_4y_4$

$$=(x_1,x_2,x_3,x_4)\begin{pmatrix}1&&&\\&1&&\\&&1&\\&&&-1\end{pmatrix}\begin{pmatrix}y_1\\y_2\\y_3\\y_4\end{pmatrix}.$$

因此 f 是 K^4 上的一个双线性函数。

(2) f 在基 $\boldsymbol{\varepsilon}_1,\boldsymbol{\varepsilon}_2,\boldsymbol{\varepsilon}_3,\boldsymbol{\varepsilon}_4$ 下的度量矩阵 A 为

$$A=\operatorname{diag}\{1,1,1,-1\}.$$

(3) 由于 $\operatorname{rank}(A)=4$，因此 f 是非退化的。

(4) 由于 A 是对称矩阵，因此 f 是对称的。

(5) 取 $\boldsymbol{\alpha}=(1,0,0,1)'$，则 $f(\boldsymbol{\alpha},\boldsymbol{\alpha})=0$。

例 2　设 $A=(a_{ij})$ 是域 F 上的一个 m 级矩阵。设 $V=M_{m\times n}(F)$。定义 $V\times V$ 到 F 的一个映射 f 为

$$f(G,H)=\operatorname{tr}(G'AH).$$

(1) 说明 f 是 $M_{m\times n}(F)$ 上的一个双线性函数。

(2) 求 f 在基 $E_{11},E_{12},\cdots,E_{1n},E_{21},\cdots,E_{2n},\cdots,E_{m1},\cdots,E_{mn}$ 下的度量矩阵。

解　(1) 任取 $G_1,G_2,G,H_1,H_2,H\in M_{m\times n}(F)$，$k_1,k_2\in F$，有

$$\begin{aligned}f(k_1G_1+k_2G_2,H)&=\operatorname{tr}[(k_1G_1+k_2G_2)'AH]=\operatorname{tr}[(k_1G_1'+k_2G_2')AH]\\&=k_1\operatorname{tr}(G_1'AH)+k_2\operatorname{tr}(G_2'AH)=k_1f(G_1,H)+k_2f(G_2,H).\end{aligned}$$

同理可证

$$f(G,k_1H_1+k_2H_2)=k_1f(G,H_1)+k_2f(G,H_2).$$

因此 f 是 $M_{m\times n}(F)$ 上的一个双线性函数。

(2) $f(E_{ik},E_{jl})=\mathrm{tr}(E'_{ik}A\,E_{jl})=\mathrm{tr}(E_{ki}A\,E_{jl})$

$$=\mathrm{tr}(a_{ij}E_{kl})=\begin{cases}a_{ij}, & 当\ k=l;\\ 0, & 当\ k\neq l.\end{cases}$$

因此 f 在基 $E_{11},E_{12},\cdots,E_{1n},E_{21},\cdots,E_{2n},\cdots E_{m1},\cdots,E_{mn}$ 下的度量矩阵 B 为

$$B=\begin{pmatrix}a_{11} & 0 & \cdots & 0 & a_{12} & 0 & \cdots & 0 & \cdots & a_{1m} & 0 & \cdots & 0\\ 0 & a_{11} & \cdots & 0 & 0 & a_{12} & \cdots & 0 & \cdots & 0 & a_{1m} & \cdots & 0\\ \vdots & \vdots & & \vdots & \vdots & \vdots & & \vdots & & \vdots & \vdots & & \vdots\\ 0 & 0 & \cdots & a_{11} & 0 & 0 & \cdots & a_{12} & \cdots & 0 & 0 & \cdots & a_{1m}\\ \vdots & \vdots & & \vdots & \vdots & \vdots & & \vdots & & \vdots & \vdots & & \vdots\\ a_{m1} & 0 & \cdots & 0 & a_{m2} & 0 & \cdots & 0 & \cdots & a_{mm} & 0 & \cdots & 0\\ 0 & a_{m1} & \cdots & 0 & 0 & a_{m2} & \cdots & 0 & \cdots & 0 & a_{mm} & \cdots & 0\\ \vdots & \vdots & & \vdots & \vdots & \vdots & & \vdots & & \vdots & \vdots & & \vdots\\ 0 & 0 & \cdots & a_{m1} & 0 & 0 & \cdots & a_{m2} & \cdots & 0 & 0 & \cdots & a_{mm}\end{pmatrix}$$

$$=\begin{pmatrix}a_{11}I_n & a_{12}I_n & \cdots & a_{1m}I_n\\ a_{21}I_n & a_{22}I_n & \cdots & a_{2m}I_n\\ \vdots & \vdots & & \vdots\\ a_{m1}I_n & a_{m2}I_n & \cdots & a_{mm}I_n\end{pmatrix}=A\otimes I_n.$$

其中 $A\otimes I_n$ 表示 A 与 I_n 的 Kronecker 积(参看《高等代数学习指导书(上册)》补充题四的第 26 题)。

例 3 定义 $M_n(F)\times M_n(F)$ 到 F 的一个映射 f 如下:

$$f(A,B)=\mathrm{tr}(AB').$$

证明:f 是 $M_n(F)$ 上的一个非退化对称双线性函数。

证明 任取 $A_1,A_2,A,B_1,B_2,B\in M_n(F),k_1,k_2\in F$,有

$$f(k_1A_1+k_2A_2,B)=\mathrm{tr}[(k_1A_1+k_2A_2)B']=\mathrm{tr}[k_1A_1B'+k_2A_2B']$$
$$=k_1\,\mathrm{tr}(A_1B')+k_2\,\mathrm{tr}(A_2B')=k_1f(A_1,B)+k_2f(A_2,B).$$

同理可证,$f(A,k_1B_1+k_2B_2)=k_1f(A,B_1)+k_2\ f(A,B_2)$,因此 f 是 $M_n(F)$ 上的一个双线性函数。由于

$$f(A,B)=\mathrm{tr}(AB')=\mathrm{tr}((BA')')=\mathrm{tr}(BA')=f(B,A),$$

因此 f 是对称的。

$$f(E_{ik},E_{jl})=\mathrm{tr}(E_{ik}\,E_{jl}{}')=\mathrm{tr}(E_{ik}E_{lj}).$$

由于

$$E_{ik}E_{lj}=\begin{cases}E_{ij}, & 当\ k=l;\\ 0, & 当\ k\neq l;\end{cases}$$

因此

$$f(E_{ik},E_{jl})=\begin{cases}1, & 当\ k=l,且\ i=j;\\ 0, & 其他.\end{cases}$$

于是 f 在基 $E_{11},E_{12},\cdots,E_{1n},\cdots,E_{n1},E_{n2},\cdots,E_{nn}$ 下的度量矩阵为 n^2 级单位矩阵 I。从而 f 是非退化的。 ■

例 4　证明:当 V 是域 F 上的有限维线性空间时,V 上的双线性函数 f 的左根与右根的维数相等,都等于

$$\dim V-\operatorname{rank}_m f.$$

证明　V 中取一个基 $\alpha_1,\alpha_2,\cdots,\alpha_n$。设 f 在此基下的度量矩阵为 A。任取 $\alpha\in V$,设 $\alpha=(\alpha_1,\alpha_2,\cdots,\alpha_n)\boldsymbol{X}$。据定理 2 的证明得,$\alpha\in\operatorname{rad}_L(V)$ 当且仅当 $\boldsymbol{X}$ 是齐次线性方程组 $A'\boldsymbol{Z}=\boldsymbol{0}$ 的解,即 $\boldsymbol{X}$ 属于 $A'\boldsymbol{Z}=\boldsymbol{0}$ 的解空间 W。由于 α 对应到它的坐标 $\boldsymbol{X}$ 是 V 到 F^n 的一个同构映射,且 $\operatorname{rad}_L(V)$ 在此映射下的象为 W,因此

$$\begin{aligned}\dim\operatorname{rad}_L(V)&=\dim W=n-\operatorname{rank}(A')=n-\operatorname{rank}(A)\\&=\dim V-\operatorname{rank}_m f.\end{aligned}$$

同理可证:$\dim\operatorname{rad}_R(V)=\dim V-\operatorname{rank}_m f$。 ■

例 5　设 f 是域 F 上 n 维线性空间 V 上的一个双线性函数。证明:

(1) 映射 $L_f:\alpha\longmapsto\alpha_L$ 是 V 到 V^* 的一个线性映射;映射 $R_f:\beta\longmapsto\beta_R$ 是 V 到 V^* 的一个线性映射;

(2) $\operatorname{Ker}L_f=\operatorname{rad}_L V,\operatorname{Ker}R_f=\operatorname{rad}_R V$;

(3) $\operatorname{rank}L_f=\operatorname{rank}_m f=\operatorname{rank}R_f$;

(4) f 是非退化的当且仅当 L_f(或 R_f)是线性空间 V 到 V^* 的一个同构映射。

证明　(1) 任取 $\alpha,\gamma\in V,k\in F,\forall\beta\in V$,有

$$\begin{aligned}L_f(\alpha+\gamma)\beta&=(\alpha+\gamma)_L\beta=f(\alpha+\gamma,\beta)=f(\alpha,\beta)+f(\gamma,\beta)\\&=\alpha_L(\beta)+\gamma_L(\beta)=(\alpha_L+\gamma_L)\beta,\end{aligned}$$

因此 $L_f(\alpha+\gamma)=\alpha_L+\gamma_L=L_f(\alpha)+L_f(\gamma)$。

$$L_f(k\alpha)\beta=(k\alpha)_L\beta=f(k\alpha,\beta)=kf(\alpha,\beta)=k\alpha_L(\beta).$$

因此 $L_f(k\alpha)=k\alpha_L=kL_f(\alpha)$。从而 L_f 是 V 到 V^* 的一个线性映射。

同理可证,R_f 是 V 到 V^* 的一个线性映射。

(2) $\alpha \in \text{Ker}\, L_f \Leftrightarrow \alpha_L = 0$

$\Leftrightarrow \alpha_L(\beta) = 0, \forall \beta \in V$

$\Leftrightarrow f(\alpha, \beta) = 0, \forall \beta \in V$

$\Leftrightarrow \alpha \in \text{rad}_L\, V.$

因此 $\text{Ker}\, L_f = \text{rad}_L\, V$。

同理可证,$\text{Ker}\, R_f = \text{rad}_R\, V$。

(3) 利用例 4 的结论可得

$$\begin{aligned}\text{rank}\, L_f &= \dim \text{Im}(L_f) = \dim V - \dim \text{Ker}(L_f)\\ &= \dim V - \dim(\text{rad}_L\, V) = \text{rank}_m\, f.\end{aligned}$$

同理可证,$\text{rank}\, R_f = \text{rank}_m\, f$。

(4) f 非退化 $\Leftrightarrow \text{rad}_L\, V = 0$

$\Leftrightarrow \text{Ker}\, L_f = 0$

$\Leftrightarrow L_f$ 是 V 到 V^* 的单射

$\Leftrightarrow L_f$ 是 V 到 V^* 的满射

$\Leftrightarrow L_f$ 是 V 到 V^* 的双射

$\Leftrightarrow L_f$ 是 V 到 V^* 的同构映射。

同理可证,f 非退化 $\Leftrightarrow R_f$ 是 V 到 V^* 的同构映射。 ■

点评 从例5的第(4)小题看到:若n维线性空间V上的一个双线性函数f是非退化的,则 $L_f: \alpha \longmapsto \alpha_L$ 是 V 到 V^* 的一个同构映射。从而当α跑遍V中所有向量时,α_L就跑遍V上的所有线性函数。这表明从V上的一个非退化的双线性函数f,可以得到V上的所有线性函数。特别地,对于F^n的点积$\boldsymbol{\alpha} \cdot \boldsymbol{\beta} = \sum_{i=1}^{n} a_i b_i$,它在标准基$\boldsymbol{\varepsilon}_1, \boldsymbol{\varepsilon}_2, \cdots, \boldsymbol{\varepsilon}_n$下的度量矩阵是单位矩阵$I$,从而它是非退化的。根据上述议论,当$\boldsymbol{\alpha}$跑遍$F^n$的所有向量时,$\boldsymbol{\alpha}_L$就跑遍$F^n$上的所有线性函数。这说明从$F^n$的点积$\boldsymbol{\alpha} \cdot \boldsymbol{\beta}$可以得到$F^n$上的所有线性函数。这个结论有实际应用。

例 6 设 V 是复数域上的 n 维线性空间,$n \geqslant 2$,f 是 V 上的一个对称双线性函数。证明:

(1) V 中存在一个基 $\delta_1, \delta_2, \cdots, \delta_n$,使得 f 在此基下的度量矩阵 $A = \text{diag}\{1, 1, \cdots, 1, 0, \cdots, 0\}$;

(2) V 中存在非零向量 ξ,使得 $f(\xi, \xi) = 0$;

(3) 如果 f 是非退化的,那么存在线性无关的向量 ξ, η,使得

$$f(\xi, \eta) = 1, f(\xi, \xi) = f(\eta, \eta) = 0.$$

证明　(1) 据定理 3,V 中存在一个基 $\eta_1,\eta_2,\cdots,\eta_n$,使得 f 在此基下的度量矩阵为

$$\text{diag}\{d_1,d_2,\cdots,d_r,0,\cdots,0\},r\leqslant n.$$

令

$$\delta_i=\frac{1}{\sqrt{d_i}}\eta_i,i=1,2,\cdots,r;$$

$$\delta_j=\eta_j,j=r+1,\cdots,n.$$

显然 $\delta_1,\delta_2,\cdots,\delta_n$ 也是 V 的一个基。由于

$$f(\delta_i,\delta_i)=f\left(\frac{1}{\sqrt{d_i}}\eta_i,\frac{1}{\sqrt{d_i}}\eta_i\right)=\frac{1}{d_i}f(\eta_i,\eta_i)=\frac{1}{d_i}d_i=1,$$

$$f(\delta_j,\delta_j)=f(\eta_j,\eta_j)=0,$$

$$f(\delta_i,\delta_j)=f\left(\frac{1}{\sqrt{d_i}}\eta_i,\eta_j\right)=0,$$

$$f(\delta_i,\delta_k)=f\left(\frac{1}{\sqrt{d_i}}\eta_i,\frac{1}{\sqrt{d_k}}\eta_k\right)=0,$$

$$f(\delta_j,\delta_l)=f(\eta_j,\eta_l)=0,$$

其中 $1\leqslant i\leqslant r,r<j\leqslant n,1\leqslant k\leqslant r,r<l\leqslant n$。因此 f 在基 $\delta_1,\delta_2,\cdots,\delta_n$ 下的度量矩阵

$$A=\text{diag}\{\underbrace{1,1,\cdots,1}_{r\text{个}},0\cdots,0\}.$$

(2) 若 $f=0$,则 $\forall\,\alpha\in V$,有 $f(\alpha,\alpha)=0$。下设 $f\neq0$。据第(1)小题,V 中存在一个基 $\delta_1,\delta_2,\cdots,\delta_n$,使得 f 在此基下的度量矩阵 $A=\text{diag}\{\underbrace{1,1,\cdots,1}_{r\text{个}},0,\cdots,0\}$。设 α,β 在基 $\delta_1,\delta_2,\cdots,\delta_n$ 下的坐标分别为

$$(x_1,x_2,\cdots,x_n)',(y_1,y_2,\cdots,y_n)',$$

则 f 在此基下的表达式为

$$f(\alpha,\beta)=x_1y_1+x_2y_2+\cdots+x_ry_r,$$

其中 $r=\text{rank}_m f$。

当 $r=1$ 时,f 的表达式为 $f(\alpha,\beta)=x_1y_1$。设 ξ 在基 $\delta_1,\delta_2,\cdots,\delta_n$ 下的坐标为$(0,1,0,\cdots,0)$,则 $f(\xi,\xi)=0$。

当 $r\geqslant2$ 时,设 ξ 在上述基下的坐标为$(1,\mathrm{i},0,\cdots,0)'$。则 $f(\xi,\xi)=1^2+\mathrm{i}^2=0$。

(3) 若 f 非退化,则 f 在上述基 $\delta_1,\delta_2,\cdots,\delta_n$ 下的度量矩阵为 I。从而 f 的表达式为

$$f(\alpha,\beta)=x_1y_1+x_2y_2+\cdots+x_ny_n.$$

设 ξ,η 在基 $\delta_1,\delta_2,\cdots,\delta_n$ 下的坐标分别为

$$\left(\frac{\sqrt{2}}{2},\frac{\sqrt{2}}{2}\mathrm{i},0,\cdots,0\right)', \qquad \left(\frac{\sqrt{2}}{2},-\frac{\sqrt{2}}{2}\mathrm{i},0,\cdots,0\right)',$$

则

$$f(\xi,\eta)=\frac{\sqrt{2}}{2}\frac{\sqrt{2}}{2}+\left(\frac{\sqrt{2}}{2}\mathrm{i}\right)\left(-\frac{\sqrt{2}}{2}\mathrm{i}\right)=\frac{1}{2}+\frac{1}{2}=1,$$

$$f(\xi,\xi)=\left(\frac{\sqrt{2}}{2}\right)^2+\left(\frac{\sqrt{2}}{2}\mathrm{i}\right)^2=0,$$

$$f(\eta,\eta)=\left(\frac{\sqrt{2}}{2}\right)^2+\left(-\frac{\sqrt{2}}{2}\mathrm{i}\right)^2=0.$$ ■

例 7 设 f 是特征不为 2 的域 F 上线性空间 V 上的双线性函数。证明：f 是斜对称的充分必要条件为“对任意 $\alpha\in V$，有 $f(\alpha,\alpha)=0$”。

证明 必要性。设 f 是斜对称的，则对任意 $\alpha\in V$，有 $f(\alpha,\alpha)=-f(\alpha,\alpha)$。从而 $2f(\alpha,\alpha)=0$，由于 $\operatorname{char} F\neq 2$，因此 $f(\alpha,\alpha)=0$。

充分性。设对任意 $\alpha\in V$，有 $f(\alpha,\alpha)=0$。则对任意 $\alpha,\beta\in V$，有

$$\begin{aligned}0&=f(\alpha+\beta,\alpha+\beta)\\&=f(\alpha,\alpha)+f(\alpha,\beta)+f(\beta,\alpha)+f(\beta,\beta)\\&=f(\alpha,\beta)+f(\beta,\alpha).\end{aligned}$$

由此得出，$f(\alpha,\beta)=-f(\beta,\alpha)$。因此 f 是斜对称的。 ■

例 8 设 f 是域 F 上线性空间 V 上的对称或斜对称双线性函数，如果 V 中两个向量 α,β 满足 $f(\alpha,\beta)=0$，那么称 α 与 β **正交**。设 f 是 V 上的双线性函数（不必是对称或斜对称的），W 是 V 的一个子空间，把 f 限制到 W 上，则 $f|W$ 是 W 上的双线性函数。W 的子集

$$\{\alpha\in W \mid f(\alpha,\beta)=0,\forall\beta\in W\}$$

称为 $f|W$ 的**左根**，记作 $\operatorname{rad}_L W$。类似地，可定义 $f|W$ 的**右根**，记作 $\operatorname{rad}_R W$。显然 $\operatorname{rad}_L W$ 和 $\operatorname{rad}_R W$ 都是 W 的子空间，当 f 是对称或斜对称的双线性函数时，$\operatorname{rad}_L W=\operatorname{rad}_R W$，记成 $\operatorname{rad} W$，简称为 $f|W$ 的**根**。

设 $\operatorname{char} F\neq 2$，$f$ 是 V 上的对称或斜对称的双线性函数，W 是 V 的一个有限维真子空间，设 $\xi\in V$，$\xi\notin W$，且 ξ 与 $\operatorname{rad} W$ 中的向量都正交。证明：在 W 的陪集 $\xi+W$ 中存在 $\eta\neq 0$，使得 $f(\eta,\beta)=0$，$\forall\beta\in W$。

证明 设 f 是 V 上的对称双线性函数，则 f 在 W 上的限制 $f|W$ 是 W 上的对称双线性函数。若 $f|W=0$，则 $\operatorname{rad} W=W$。于是对任意 $\beta\in W$，有 $f(\xi,\beta)=0$，从而对于 $\xi+W$ 中任一向量 $\xi+\gamma(\gamma\in W)$ 有

$$f(\xi+\gamma,\beta)=f(\xi,\beta)+f(\gamma,\beta)=0.$$

下面设 $f|W\neq 0$。据定理 3 得，W 中存在一个基 $\alpha_1,\alpha_2,\cdots,\alpha_m$，使得 $f|W$ 在此基下的度量

矩阵 D 为

$$D = \operatorname{diag}\{d_1, d_2, \cdots, d_r, 0, \cdots, 0\},$$

其中 $d_i \neq 0, i=1,2,\cdots,r, 1 \leqslant r \leqslant m$。令

$$\eta = \xi - \sum_{i=1}^{r} \frac{f(\xi,\alpha_i)}{f(\alpha_i,\alpha_i)}\alpha_i,$$

则当 $1 \leqslant j \leqslant r$ 时，有

$$\begin{aligned} f(\eta,\alpha_j) &= f(\xi,\alpha_j) - \sum_{i=1}^{r} \frac{f(\xi,\alpha_i)}{f(\alpha_i,\alpha_i)} f(\alpha_i,\alpha_j) \\ &= f(\xi,\alpha_j) - f(\xi,\alpha_j) = 0; \end{aligned}$$

当 $r < j \leqslant m$ 时，由于 $f(\alpha_i,\alpha_j)=0, 1 \leqslant i \leqslant m$，因此 $\alpha_j \in \operatorname{rad} W$。从而有

$$f(\eta,\alpha_j) = f(\xi,\alpha_j) = 0.$$

因此对于 W 中任一向量 $\beta = \sum_{i=1}^{m} b_i\alpha_i$，有

$$f(\eta,\beta) = f(\eta, \sum_{i=1}^{m} b_i\alpha_i) = \sum_{i=1}^{m} b_i f(\eta,\alpha_i) = 0.$$

设 f 是 V 上的斜对称双线性函数，若 $f|W=0$，则与 f 是对称双线性函数情形的证明一样，命题成立。下面设 $f|W \neq 0$。设 $\dim W = m$。据定理 4 得，W 中存在一个基

$$\delta_1, \delta_{-1}, \cdots, \delta_r, \delta_{-r}, \eta_1, \cdots, \eta_{m-2r}$$

使得 f 在此基下的度量矩阵 B 为

$$B = \operatorname{diag}\left\{\begin{pmatrix} 0 & 1 \\ -1 & 0 \end{pmatrix}, \cdots, \begin{pmatrix} 0 & 1 \\ -1 & 0 \end{pmatrix}, \underbrace{0, \cdots, 0}_{m-2r}\right\},$$

其中 $2 \leqslant 2r \leqslant m$。令

$$\eta = \xi + \sum_{i=1}^{r} [-f(\xi,\delta_{-i})\delta_i + f(\xi,\delta_i)\delta_{-i}].$$

则当 $1 \leqslant j \leqslant r$ 时，有

$$\begin{aligned} f(\eta,\delta_j) &= f(\xi,\delta_j) + \sum_{i=1}^{r} [-f(\xi,\delta_{-i})f(\delta_i,\delta_j) + f(\xi,\delta_i)f(\delta_{-i},\delta_j)] \\ &= f(\xi,\delta_j) + f(\xi,\delta_j)(-1) = 0, \end{aligned}$$

$$\begin{aligned} f(\eta,\delta_{-j}) &= f(\xi,\delta_{-j}) + \sum_{i=1}^{r} [-f(\xi,\delta_{-i})f(\delta_i,\delta_{-j}) + f(\xi,\delta_i)f(\delta_{-i},\delta_{-j})] \\ &= f(\xi,\delta_{-j}) - f(\xi,\delta_{-j}) = 0. \end{aligned}$$

当 $1 \leqslant s \leqslant m-2r$ 时，由于 $f(\eta_s,\beta)=0, \forall \beta \in W$，因此 $\eta_s \in \operatorname{rad} W$。从而 $f(\xi,\eta_s)=0$。于是

$$f(\eta,\eta_s)=f(\xi,\eta_s)+\sum_{i=1}^{r}[-f(\xi,\delta_{-i})f(\delta_i,\eta_s)+f(\xi,\delta_i)f(\delta_{-i},\eta_s)]$$
$$=0.$$

综上所述，$\forall\,\beta\in W$，有 $f(\eta,\beta)=0$。■

点评　例 8 中 η 的选取分别是受到定理 3 的证明中 $\tilde{\alpha}_i$ 的选取，定理 4 的证明中 $\tilde{\beta}_i$ 选取的启发。这是例 8 的证明的关键。

例 9　设 f 是域 F 上线性空间 V 上的对称或斜对称双线性函数，设 W 是 V 的一个子空间，令

$$W^{\perp}\xlongequal{\text{def}}\{\alpha\in V\mid f(\alpha,\beta)=0,\forall\,\beta\in W\},$$

称 $W^{\perp}$ 是 W 的正交补。证明：

(1) $W^{\perp}$ 是 V 的一个子空间；

(2) $\text{rad}\,W\subseteq W^{\perp}$，$\text{rad}\,W=W\cap W^{\perp}$。

证明　(1) 由于 $f(0,\beta)=0$，$f(0,\beta)=0$，$\forall\,\beta\in V$，因此 $0\in W^{\perp}$，从而 $W^{\perp}$ 非空集。显然 $W^{\perp}$ 对于 V 的加法和纯量乘法封闭，因此 $W^{\perp}$ 是 V 的一个子空间。

(2) 由 $\text{rad}\,W$ 与 $W^{\perp}$ 的定义立即得到：

$$\text{rad}\,W\subseteq W^{\perp},\text{rad}\,W=W\cap W^{\perp}.$$ ■

例 10　设 V 是域 F 上 n 维线性空间，f 是 V 上非退化的对称或斜对称双线性函数，W 是 V 的一个子空间。证明：

(1) $\dim W+\dim W^{\perp}=\dim V$；

(2) $(W^{\perp})^{\perp}=W$.

证明　(1) 设 f 是 V 上的非退化对称或斜对称双线性函数。在 W 中取一个基 $\alpha_1,\alpha_2,\cdots,\alpha_m$，把它扩充成 V 的一个基 $\alpha_1,\alpha_2,\cdots,\alpha_m,\alpha_{m+1},\cdots,\alpha_n$。设 f 在此基下的度量矩阵为 A。由于 f 非退化，因此 A 满秩。对于 V 中向量 $\alpha=(\alpha_1,\alpha_2,\cdots,\alpha_n)\boldsymbol{X}$，

$$\begin{aligned}\alpha\in W^{\perp}\quad&\Leftrightarrow\quad f(\alpha,\beta)=0,\forall\,\beta\in W\\&\Leftrightarrow\quad f(\alpha,\alpha_i)=0,i=1,2,\cdots,m\\&\Leftrightarrow\quad \boldsymbol{X}'A\boldsymbol{\varepsilon}_i=0,i=1,2,\cdots,m\\&\Leftrightarrow\quad \boldsymbol{X}'A(\boldsymbol{\varepsilon}_1,\boldsymbol{\varepsilon}_2,\cdots,\boldsymbol{\varepsilon}_m)=\boldsymbol{0}\\&\Leftrightarrow\quad (\boldsymbol{\varepsilon}_1,\boldsymbol{\varepsilon}_2,\cdots,\boldsymbol{\varepsilon}_m)'A'\boldsymbol{X}=\boldsymbol{0}\\&\Leftrightarrow\quad \boldsymbol{X}\text{ 是齐次线性方程组}\\&\qquad\quad (\boldsymbol{\varepsilon}_1,\boldsymbol{\varepsilon}_2,\cdots,\boldsymbol{\varepsilon}_m)'A'\boldsymbol{Z}=\boldsymbol{0}\text{ 的解}.\end{aligned}$$

把上述齐次线性方程组的解空间记作 U。则 $\alpha\in W^{\perp}$ 当且仅当 α 在上述基下的坐标 $\boldsymbol{X}\in U$。

由于 $\alpha \longmapsto \boldsymbol{X}$ 是 V 到 F^n 的一个同构映射，且 $W^{\perp}$ 在此同构映射下的象是 U，因此

$$\begin{aligned}\dim W^{\perp} = \dim U &= n - \operatorname{rank}((\boldsymbol{\varepsilon}_1, \boldsymbol{\varepsilon}_2, \cdots, \boldsymbol{\varepsilon}_m)' A') \\ &= n - \operatorname{rank}((\boldsymbol{\varepsilon}_1, \boldsymbol{\varepsilon}_2, \cdots, \boldsymbol{\varepsilon}_m)') \\ &= n - m = \dim V - \dim W.\end{aligned}$$

从而
$$\dim W + \dim W^{\perp} = \dim V.$$

(2) 任取 $\gamma \in W$，对一切 $\delta \in W^{\perp}$，有 $f(\delta, \gamma) = 0$。由于 f 是对称或斜对称的，因此 $f(\gamma, \delta) = 0$。从而 $\gamma \in (W^{\perp})^{\perp}$。于是 $W \subseteq (W^{\perp})^{\perp}$。对 $W^{\perp}$ 用第(1)小题的结论，得

$$\dim W^{\perp} + \dim (W^{\perp})^{\perp} = \dim V.$$

与第(1)小题的公式比较，得 $\dim W = \dim (W^{\perp})^{\perp}$。因此 $W = (W^{\perp})^{\perp}$。 ■

点评 例 10 的第(1)小题虽然有 $\dim W + \dim W^{\perp} = \dim V$ 成立，但是由此推不出 $W \oplus W^{\perp} = V$。例如，在 $\mathbf{R}^4$ 中，设 $\boldsymbol{\alpha} = (x_1, x_2, x_3, x_4)'$，$\boldsymbol{\beta} = (y_1, y_2, y_3, y_4)'$。令

$$f(\boldsymbol{\alpha}, \boldsymbol{\beta}) = x_1 y_1 - x_2 y_2 - x_3 y_3 - x_4 y_4.$$

由于

$$f(\boldsymbol{\alpha}, \boldsymbol{\beta}) = (x_1, x_2, x_3, x_4) \begin{pmatrix} 1 & & & \\ & -1 & & \\ & & -1 & \\ & & & -1 \end{pmatrix} \begin{pmatrix} y_1 \\ y_2 \\ y_3 \\ y_4 \end{pmatrix},$$

因此 f 是 $\mathbf{R}^4$ 上的一个双线性函数，且 f 在标准基 $\boldsymbol{\varepsilon}_1, \boldsymbol{\varepsilon}_2, \boldsymbol{\varepsilon}_3, \boldsymbol{\varepsilon}_4$ 下的度量矩阵 $A = \operatorname{diag}\{1, -1, -1, -1\}$。于是 f 是非退化的对称双线性函数。取 $\boldsymbol{\gamma} = (1,1,0,0)'$。令 $W = \langle \boldsymbol{\gamma} \rangle$。由于

$$f(\boldsymbol{\gamma}, \boldsymbol{\gamma}) = 1^2 - 1^2 - 0^2 - 0^2 = 0,$$

因此 $f(\boldsymbol{\gamma}, k\boldsymbol{\gamma}) = k f(\boldsymbol{\gamma}, \boldsymbol{\gamma}) = 0$。从而 $\boldsymbol{\gamma} \in W^{\perp}$。由此推出 $W \subseteq W^{\perp}$。于是 $W \cap W^{\perp} = W$。这表明 $W + W^{\perp}$ 不是直和，且 $W + W^{\perp} \neq \mathbf{R}^4$。

又如，在平面上取一个右手直角坐标系$[O; \boldsymbol{e}_1, \boldsymbol{e}_2]$，设 σ 是绕定点 O 转角为 $-\frac{\pi}{2}$ 的旋转。令 $f(\boldsymbol{\alpha}, \boldsymbol{\beta}) = \boldsymbol{\alpha} \cdot \sigma(\boldsymbol{\beta})$，则 f 是平面上的一个非退化斜对称双线性函数。任取 1 维子空间 $W = (\boldsymbol{\alpha})$，由于 $\sigma(\boldsymbol{\alpha})$ 与 $\boldsymbol{\alpha}$ 的夹角为 $\frac{\pi}{2}$，因此 $f(\boldsymbol{\alpha}, \boldsymbol{\alpha}) = \boldsymbol{\alpha} \cdot \sigma(\boldsymbol{\alpha}) = 0$，从而 $f(\boldsymbol{\alpha}, k\boldsymbol{\alpha}) = k f(\boldsymbol{\alpha}, \boldsymbol{\alpha}) = 0$，于是 $\alpha \in W^{\perp}$，因此 $W \subseteq W^{\perp}$。

例 11 设 V 是特征不为 2 的域 F 上的 n 维线性空间，f 是对称或斜对称的双线性函数。设 W 是 V 的一个非平凡子空间。证明：$V = W \oplus W^{\perp}$ 的充分必要条件为 f 在 W 上的限制是非退化的。

证明 据例 9 的第(2)小题得，$W \cap W^{\perp} = \operatorname{rad} W$。于是 $W \cap W^{\perp} = 0 \iff \operatorname{rad} W = 0$

$\Leftrightarrow$ $f|W$ 是非退化的。由此立即得出必要性。下面来证充分性。设 $f|W$ 是非退化的，由上述知 $W\cap W^{\perp}=0$。于是只要证 $W+W^{\perp}=V$。

先考虑 f 是对称双线性函数的情形。由于 char $F\neq 2$，且 $f|W$ 是非退化的，因此 W 中存在一个基 $\alpha_1,\alpha_2,\cdots,\alpha_m$，使得 $f|W$ 在此基下的度量矩阵 $D=\mathrm{diag}\{d_1,d_2,\cdots,d_m\}$，其中 $d_i\neq 0,i=1,2,\cdots,m$。把 $\alpha_1,\alpha_2,\cdots,\alpha_m$ 扩充成 V 的一个基 $\alpha_1,\alpha_2,\cdots,\alpha_m,\beta_1,\cdots,\beta_{n-m}$。令

$$\tilde{\beta}_i=\beta_i-\sum_{j=1}^{m}\frac{f(\beta_i,\alpha_j)}{f(\alpha_j,\alpha_j)}\alpha_j,i=1,2,\cdots,n-m.$$

则对于 $l=1,2,\cdots,m$，有

$$\begin{aligned}f(\tilde{\beta}_i,\alpha_l)&=f(\beta_i,\alpha_l)-\sum_{j=1}^{m}\frac{f(\beta_i,\alpha_j)}{f(\alpha_j,\alpha_j)}f(\alpha_j,\alpha_l)\\&=f(\beta_i,\alpha_l)-\frac{f(\beta_i,\alpha_l)}{f(\alpha_l,\alpha_l)}f(\alpha_l,\alpha_l)=0.\end{aligned}$$

从而 $\tilde{\beta}_i\in W^{\perp},i=1,2,\cdots,n-m$。从 $\tilde{\beta}_i$ 的定义可看出，$\alpha_1,\alpha_2,\cdots,\alpha_m,\tilde{\beta}_1,\cdots,\tilde{\beta}_{n-m}$ 与 $\alpha_1,\alpha_2,\cdots,\alpha_m,\beta_1,\cdots,\beta_{n-m}$ 等价，因此 $\alpha_1,\alpha_2,\cdots,\alpha_m,\tilde{\beta}_1,\cdots,\tilde{\beta}_{n-m}$ 也是 V 的一个基。从而 $V=W\oplus\langle\tilde{\beta}_1,\cdots,\tilde{\beta}_{n-m}\rangle$。于是从 $W\cap W^{\perp}=0$ 得

$$\begin{aligned}\dim(W+W^{\perp})&=\dim W+\dim W^{\perp}\geqslant\dim W+\dim\langle\tilde{\beta}_1,\cdots,\tilde{\beta}_{n-m}\rangle\\&=\dim V.\end{aligned}$$

由此得出，$\dim(W+W^{\perp})=\dim V$。因此 $W+W^{\perp}=V$，从而 $W\oplus W^{\perp}=V$。

现在考虑 f 是斜对称双线性函数的情形。由于 char $F\neq 2$，且 $f|W$ 是非退化的，因此 W 中存在一个基 $\delta_1,\delta_{-1},\cdots,\delta_r,\delta_{-r}$，使得 $f|W$ 在此基下的矩阵 D 为

$$D=\mathrm{diag}\left\{\begin{pmatrix}0&1\\-1&0\end{pmatrix},\begin{pmatrix}0&1\\-1&0\end{pmatrix},\cdots,\begin{pmatrix}0&1\\-1&0\end{pmatrix}\right\}.$$

把 W 的这个基扩充成 V 的一个基

$$\delta_1,\delta_{-1},\cdots,\delta_r,\delta_{-r},\eta_1,\cdots,\eta_{n-2r}.$$

令

$$\tilde{\eta}_j=\eta_j+\sum_{i=1}^{r}[-f(\eta_j,\delta_{-i})\delta_i+f(\eta_j,\delta_i)\delta_{-i}],$$

$j=1,2,\cdots,n-2r$。则对于 $l=1,2,\cdots,r$，有

$$\begin{aligned}f(\tilde{\eta}_j,\delta_l)&=f(\eta_j,\delta_l)+\sum_{i=1}^{r}[-f(\eta_j,\delta_{-i})f(\delta_i,\delta_l)+f(\eta_j,\delta_i)f(\delta_{-i},\delta_l)]\\&=f(\eta_j,\delta_l)+f(\eta_j,\delta_l)(-1)=0,\end{aligned}$$

$$f(\tilde{\eta}_j,\delta_{-l})=f(\eta_j,\delta_{-l})+\sum_{i=1}^{r}[-f(\eta_j,\delta_{-i})f(\delta_i,\delta_{-l})+f(\eta_j,\delta_i)f(\delta_{-i},\delta_{-l})]$$

$$= f(\eta_j,\delta_{-l}) - f(\eta_j,\delta_{-l})\cdot 1 = 0.$$

因此 $\tilde{\eta}_j \in W^{\perp}$，$j=1,2,\cdots,n-2r$。从 $\tilde{\eta}_j$ 的定义可看出，$\delta_1,\delta_{-1},\cdots,\delta_r,\delta_{-r},\tilde{\eta}_1,\cdots,\tilde{\eta}_{n-2r}$ 与 $\delta_1,\delta_{-1},\cdots,\delta_r,\delta_{-r},\eta_1,\cdots,\eta_{n-2r}$ 等价，于是 $\delta_1,\delta_{-1},\cdots,\delta_r,\delta_{-r},\tilde{\eta}_1,\cdots,\tilde{\eta}_{n-2r}$ 也是 V 的一个基。从而

$$V = W \oplus \langle \tilde{\eta}_1,\cdots,\tilde{\eta}_{n-2r}\rangle.$$

于是从 $W\cap W^{\perp}=0$ 得

$$\begin{aligned}\dim(W+W^{\perp}) &= \dim W + \dim W^{\perp} \geqslant \dim W + \dim\langle \tilde{\eta}_1,\cdots,\tilde{\eta}_{n-2r}\rangle \\ &= \dim V.\end{aligned}$$

因此 $\dim(W+W^{\perp})=\dim V$，从而 $W+W^{\perp}=V$。于是 $W\oplus W^{\perp}=V$。 ■

点评　(1) 例 11 表明：对于特征不为 2 的域 F 上 n 维线性空间 V 上的对称或斜对称双线性函数 f，不管 f 是否非退化，只要 $f|W$ 是非退化的，就有 $V=W\oplus W^{\perp}$。

(2) 对于特征为 2 的域 F 上 n 维线性空间 V 上的对称双线性函数 f，根据定理 5，结合例 11 的证明过程仍然得出，$V=W\oplus W^{\perp}$ 的充分必要条件为 $f|W$ 是非退化的。

例 12　证明：特征不为 2 的域 F 上的 n 级斜对称矩阵的行列式是 F 中某个元素的平方。

证明　设 A 是域 F 上的 n 级斜对称矩阵。设 V 是域 F 上的 n 维线性空间，V 中取一个基 $\alpha_1,\alpha_2,\cdots,\alpha_n$，对于 $\alpha=(\alpha_1,\alpha_2,\cdots,\alpha_n)\boldsymbol{x}$，$\beta=(\alpha_1,\alpha_2,\cdots,\alpha_n)\boldsymbol{y}$，令

$$f(\alpha,\beta) = \boldsymbol{x}'A\boldsymbol{y},$$

则 f 是 V 上的双线性函数。由于 f 在基 $\alpha_1,\alpha_2,\cdots,\alpha_n$ 下的度量矩阵 A 是斜对称矩阵，因此 f 是斜对称的。由于 $\operatorname{char} F\neq 2$，因此 V 中存在一个基 $\delta_1,\delta_{-1},\cdots,\delta_r,\delta_{-r},\eta_1,\cdots,\eta_{n-2r}$，使得 f 在此基下的度量矩阵 B 为

$$B = \operatorname{diag}\left\{\begin{pmatrix}0 & 1\\ -1 & 0\end{pmatrix},\cdots,\begin{pmatrix}0 & 1\\ -1 & 0\end{pmatrix},0,\cdots,0\right\}.$$

设基 $\alpha_1,\alpha_2,\cdots,\alpha_n$ 到基 $\delta_1,\delta_{-1},\cdots,\delta_r,\delta_{-r},\eta_1,\cdots,\eta_{n-2r}$ 的过渡矩阵为 P，则 $B=P'AP$。从而 $A=(P')^{-1}BP^{-1}$。于是 $|A|=|(P')^{-1}BP^{-1}|=|P^{-1}|^2|B|$。

若 $2r<n$，则 $|B|=0$，从而 $|A|=0$。

若 $2r=n$，则 $|B|=1$，从而 $|A|=|P^{-1}|^2$。 ■

例 13　证明：特征不为 2 的域 F 上两个 n 级斜对称矩阵合同的充分必要条件是它们有相同的秩。

证明　必要性是显然的，下面证充分性。

设 A 与 B 都是 n 级斜对称矩阵，且 $\operatorname{rank}(A)=\operatorname{rank}(B)$。从例 12 的证明中看到：当 $\operatorname{char} F\neq 2$ 时，n 级斜对称矩阵一定合同于下述形式的分块对角矩阵：

$$\operatorname{diag}\left\{\begin{pmatrix}0&1\\-1&0\end{pmatrix},\cdots,\begin{pmatrix}0&1\\-1&0\end{pmatrix},0,\cdots,0\right\}.$$

由于 $\operatorname{rank}(A)=\operatorname{rank}(B)$，因此 A 与 B 都合同于同一个上述形式的分块对角矩阵。从而 $A\simeq B$。■

点评 从例 13 看到：特征不为 2 的域 F 上两个 n 级斜对称矩阵只要它们的秩相等，它们就合同。因此对 n 级斜对称矩阵组成的集合进行合同分类就很容易。秩为 0 的(即零矩阵)组成一个合同类，秩为 2 的组成一个合同类，…，秩为 $2m$ 的组成一个合同类，其中 $n-1\leqslant 2m\leqslant n$。注意：从斜对称矩阵合同于上述形式的分块对角矩阵看到，斜对称矩阵的秩一定是偶数。此外，我们在《高等代数学习指导书(上册)》4.2 节的例 7 和 6.1 节例 10 后面的点评先后两次证明了"斜对称矩阵的秩一定是偶数"。

例 14 设 V 是域 F 上的线性空间，f 是 V 上的对称或斜对称双线性函数；W_1,W_2 是 V 的两个子空间。证明：

(1) 若 $W_1\subseteq W_2$，则 $W_1^{\perp}\supseteq W_2^{\perp}$；

(2) 若 f 是非退化的，且 $W_1\subsetneqq W_2$，则 $W_1^{\perp}\supsetneqq W_2^{\perp}$。

证明 (1)任取 $\alpha\in W_2^{\perp}$，则对任意 $\beta\in W_2$，有 $f(\alpha,\beta)=0$。由于 $W_1\subseteq W_2$，因此 $\alpha\in W_1^{\perp}$，从而 $W_2^{\perp}\subseteq W_1^{\perp}$。

(2) 由于 $W_1\subsetneqq W_2$，因此 $W_1^{\perp}\supseteq W_2^{\perp}$。假如 $W_1^{\perp}=W_2^{\perp}$。由于 f 非退化，因此从例 10 得，

$$W_1=(W_1^{\perp})^{\perp}=(W_2^{\perp})^{\perp}=W_2,$$

矛盾。因此 $W_1^{\perp}\supsetneqq W_2^{\perp}$。■

例 15 设 V 是域 F 上的线性空间，f 是 V 上的对称或斜对称双线性函数；W_1,W_2 是 V 的两个子空间。证明：如果 $W_1\subseteq W_2^{\perp}$，那么 $W_2\subseteq W_1^{\perp}$。

证明 由于 $W_1\subseteq W_2^{\perp}$，因此据例 14 得，$W_1^{\perp}\supseteq (W_2^{\perp})^{\perp}$。从例 10 第(2)小题的证明中看出，$W_2\subseteq (W_2^{\perp})^{\perp}$，因此 $W_1^{\perp}\supseteq W_2$。■

***例 16** 设 V 是域 F 上的线性空间，f 是 V 上的对称或斜对称双线性函数；W_1,W_2 是 V 的子空间，且 $W_1\subseteq W_2$。令

$$\sigma: W_1^{\perp}\longrightarrow W_2^{*}$$
$$\alpha\longmapsto g_{\alpha},$$

其中 $g_{\alpha}(\beta)\overset{\text{def}}{=\!=\!=}f(\alpha,\beta)$，$\forall\beta\in W_2$。证明：$\sigma$ 是 $W_1^{\perp}$ 到 W_2^{*} 的一个线性映射。

证明 设 $\alpha,\gamma\in W_1^{\perp}$，$k\in F$，有

$$\sigma(\alpha+\gamma)=g_{\alpha+\gamma},\sigma(k\alpha)=g_{k\alpha},$$

由于

$$\begin{aligned} g_{\alpha+\gamma}(\beta) &= f(\alpha+\gamma,\beta) = f(\alpha,\beta)+f(\gamma,\beta) \\ &= g_\alpha(\beta)+g_\gamma(\beta) = (g_\alpha+g_\gamma)(\beta),\ \forall\,\beta\in W_2; \\ g_{k\alpha}(\beta) &= f(k\alpha,\beta) = kf(\alpha,\beta) = kg_\alpha(\beta) \\ &= (kg_\alpha)(\beta),\ \forall\,\beta\in W_2; \end{aligned}$$

因此 $g_{\alpha+\gamma}=g_\alpha+g_\gamma, g_{k\alpha}=kg_\alpha$。从而

$$\sigma(\alpha+\gamma) = g_{\alpha+\gamma} = g_\alpha+g_\gamma = \sigma(\alpha)+\sigma(\gamma),$$

$$\sigma(k\alpha) = g_{k\alpha} = kg_\alpha = k\sigma(\alpha).$$

于是 σ 是 $W_1^\perp$ 到 W_2^* 的一个线性映射。 ■

* **例 17** 设 V 是域 F 上的 n 维线性空间，f 是 V 上非退化的对称或斜对称双线性函数；W_1,W_2 是 V 的子空间，且 $W_1\subseteq W_2$。证明：

$$W_1^\perp/W_2^\perp \cong (W_2/W_1)^*.$$

证明 令 $\tau: W_1^\perp \longrightarrow (W_2/W_1)^*$

$$\alpha \longmapsto h_\alpha,$$

其中 $h_\alpha(\beta+W_1) \overset{\text{def}}{=\!=\!=} f(\alpha,\beta), \forall\,\beta+W_1\in W_2/W_1$。如果 $\beta_1+W_1=\beta_2+W_1$，那么 $\beta_1-\beta_2\in W_1$。从而

$$\begin{aligned} h_\alpha(\beta_1+W_1)-h_\alpha(\beta_2+W_1) &= f(\alpha,\beta_1)-f(\alpha,\beta_2) \\ &= f(\alpha,\beta_1-\beta_2) = 0. \end{aligned}$$

于是 $h_\alpha(\beta_1+W_1)=h_\alpha(\beta_2+W_1)$。这证明了上述对于 h_α 的定义是合理的。

类似于例 16 的证明，可验证 τ 是 $W_1^\perp$ 到 $(W_2/W_1)^*$ 的一个线性映射。由于

$$\begin{aligned} \alpha\in \operatorname{Ker}\tau \quad &\Leftrightarrow \quad h_\alpha = 0 \\ &\Leftrightarrow \quad h_\alpha(\beta+W_1) = 0,\ \forall\,\beta+W_1\in W_2/W_1 \\ &\Leftrightarrow \quad f(\alpha,\beta) = 0,\ \forall\,\beta\in W_2 \\ &\Leftrightarrow \quad \alpha\in W_2^\perp, \end{aligned}$$

因此 $\operatorname{Ker}\tau=W_2^\perp$。由于 f 非退化，因此

$$\begin{aligned} \dim(\operatorname{Im}\tau) &= \dim W_1^\perp - \dim\operatorname{Ker}\tau = \dim W_1^\perp - \dim W_2^\perp \\ &= (\dim V-\dim W_1)-(\dim V-\dim W_2) \\ &= \dim W_2-\dim W_1 \\ &= \dim(W_2/W_1) = \dim(W_2/W_1)^*, \end{aligned}$$

从而

$$\operatorname{Im}\tau = (W_2/W_1)^*,$$

因此

$$W_1^{\perp}/W_2^{\perp} \cong (W_2/W_1)^*.$$ ■

例 18 设V是特征不为2的域F上的n维线性空间,V上的二次函数也可以如下定义:V中取一个基$\alpha_1,\alpha_2,\cdots,\alpha_n$,$V$到$F$的一个映射$q$称为$V$的一个二次函数,如果对于任意$\alpha=\sum_{i=1}^{n}x_i\alpha_i \in V$,有

$$q(\alpha) = \sum_{i=1}^{n}\sum_{j=1}^{n}a_{ij}x_ix_j, a_{ij} = a_{ji};$$

换句话说:V上的一个函数q,如果它在V的一个基下的表达式可以由n元二次型诱导出来,那么称q是V上的一个二次函数。证明:这个定义与本节定义 5 等价。

证明 设q是按照定义 5 来说的二次函数,则存在V上的一个对称双线性函数f,使得

$$q(\alpha) = f(\alpha,\alpha), \forall \alpha \in V.$$

在V中取一个基$\alpha_1,\alpha_2,\cdots,\alpha_n$,设$f$在此基下的度量矩阵为$A=(a_{ij})$。则对$V$中任意向量$\alpha = \sum_{i=1}^{n}x_i\alpha_i$,有

$$q(\alpha) = f(\alpha,\alpha) = \sum_{i=1}^{n}\sum_{j=1}^{n}a_{ij}x_ix_j.$$

由于A是对称矩阵,因此$a_{ij}=a_{ji}$。于是q是按本题给出的定义来说的二次函数。

设q是V上的一个由n元二次型诱导的函数,则它在V的一个基$\alpha_1,\alpha_2,\cdots,\alpha_n$下的表达式为$q(\alpha) = \sum_{i=1}^{n}\sum_{j=1}^{n}a_{ij}x_ix_j$,其中$a_{ij}=a_{ji}$。令$A=(a_{ij})$,且对于$\alpha=(\alpha_1,\alpha_2,\cdots,\alpha_n)\boldsymbol{X}$,$\beta=(\alpha_1,\alpha_2,\cdots,\alpha_n)\boldsymbol{Y}$,令

$$f(\alpha,\beta) = \boldsymbol{X}'A\boldsymbol{Y},$$

则f是V上的一个双线性函数,由于A是对称矩阵,因此f是对称双线性函数,且

$$f(\alpha,\alpha) = \sum_{i=1}^{n}\sum_{j=1}^{n}a_{ij}x_ix_j = q(\alpha), \forall \alpha \in V.$$

因此q是按定义 5 来说的二次函数。 ■

例 19 设q是域F上线性空间V上的一个二次函数,证明:

$$q(k\alpha) = k^2q(\alpha), \forall k \in F, \alpha \in V.$$

证明 据定义 5 得,存在V上的一个对称双线性函数f,使得$q(\alpha)=f(\alpha,\alpha)$,$\forall \alpha \in V$。从而

$$q(k\alpha) = f(k\alpha,k\alpha) = k^2f(\alpha,\alpha) = k^2q(\alpha).$$ ■

例 20　设 V 是实数域上的 n 维线性空间，q 是 V 上的二次函数。如果 $q(\xi)=0$，那么称 ξ 是 q 的**零向量**。证明：如果 q 是不定的二次型诱导的函数，那么 V 中存在由 q 的零向量组成的一个基。

证明　由于 q 是不定的二次型诱导的函数，因此 V 中存在一个基 $\alpha_1,\alpha_2,\cdots,\alpha_n$，使得对于 $\alpha=\sum\limits_{i=1}^{n}x_i\alpha_i$，有

$$q(\alpha)=x_1^2+\cdots+x_p^2-x_{p+1}^2-\cdots-x_r^2,$$

其中 $p\geqslant 1, p<r\leqslant n$，令

$$\eta_i=\alpha_i+\alpha_{p+1},\qquad i=1,2,\cdots,p;$$
$$\eta_j=-\alpha_1+\alpha_j,\qquad j=p+1,\cdots,r;$$
$$\eta_k=\alpha_k,\qquad k=r+1,\cdots,n.$$

显然，$\eta_1,\eta_2,\cdots,\eta_n$ 可以由 $\alpha_1,\alpha_2,\cdots,\alpha_n$ 线性表出，由于

$$\eta_1=\alpha_1+\alpha_{p+1},$$
$$\eta_{p+1}=-\alpha_1+\alpha_{p+1},$$

因此
$$\alpha_1=\frac{1}{2}(\eta_1-\eta_{p+1}),\alpha_{p+1}=\frac{1}{2}(\eta_1+\eta_{p+1}).$$

于是从 $\eta_i,\eta_j,\cdots,\eta_k$ 的定义式得出，$\alpha_1,\alpha_2,\cdots,\alpha_n$ 可以由 $\eta_1,\eta_2,\cdots,\eta_n$ 线性表出，从而它们等价，因此 $\eta_1,\eta_2,\cdots,\eta_n$ 是 V 的一个基。当 $i=1,2,\cdots,p$ 时，有

$$q(\eta_i)=1^2-1^2=0;$$

当 $j=p+1,\cdots,r$ 时，有 $q(\eta_j)=(-1)^2-1^2=0$；当 $k=r+1,\cdots,n$ 时，有 $q(\eta_k)=0$，因此 $\eta_1,\eta_2,\cdots,\eta_n$ 都是 q 的零向量。 ■

例 21　设 V 是实数域上的 n 维线性空间，q 是 V 上的一个二次函数，q 的所有零向量组成的集合 S 称为 q 的**零锥**。证明：q 的零锥 S 是 V 的一个子空间的充分必要条件是，q 是半正定的或者半负定的二次型诱导的函数。

证明　必要性。假如 g 不是半正定的，也不是半负定的二次型诱导的函数，则它是不定的二次型诱导的函数。据例 20，V 中存在由 q 的零向量 $\eta_1,\eta_2,\cdots,\eta_n$ 组成的一个基。由于 $\eta_1,\eta_2,\cdots,\eta_n\in S$，且已知 S 是 V 的一个子空间，因此 $\langle\eta_1,\eta_2,\cdots,\eta_n\rangle\subseteq S$。由此得出，$V=S$。从例 20 的证明中得，$\eta_1=\alpha_1+\alpha_{p+1}$，$\eta_{p+1}=-\alpha_1+\alpha_{p+1}$。从而 $\eta_1+\eta_{p+1}=2\alpha_{p+1}$。于是

$$q(\eta_1+\eta_{p+1})=-2^2=-4\neq 0.$$

因此 $\eta_1+\eta_{p+1}\notin S$，矛盾。所以 q 是半正定的，或者半负定的二次型诱导的函数。

充分性。设 q 是半正定的或半负定的二次型诱导的函数，先考虑它是半正定的情形。在 V 中存在一个基 $\alpha_1,\alpha_2,\cdots,\alpha_n$，使得对于 $\alpha=\sum\limits_{i=1}^{n}x_i\alpha_i$，有

$$q(\alpha) = x_1^2 + x_2^2 + \cdots + x_r^2,$$

其中 $r \leqslant n$。当 $r < n$ 时，

$$\begin{aligned}\alpha \in S \quad &\Leftrightarrow \quad x_1^2 + x_2^2 + \cdots + x_r^2 = 0 \\ &\Leftrightarrow \quad x_1 = x_2 = \cdots = x_r = 0 \\ &\Leftrightarrow \quad \alpha = x_{r+1}\alpha_{r+1} + \cdots + x_n\alpha_n \\ &\Leftrightarrow \quad \alpha \in \langle \alpha_{r+1}, \cdots, \alpha_n \rangle,\end{aligned}$$

因此当 $r < n$ 时，$S = \langle \alpha_{r+1}, \cdots, \alpha_n \rangle$。

当 $r = n$ 时，由上述推导过程看出：$\alpha \in S \Leftrightarrow \alpha = 0$。从而 $S = 0$。

对于 q 是半负定二次型诱导的函数的情形，证明与上述类似。■

例 22 设 q 是欧几里得空间 $\mathbf{R}^n$ 上的一个二次函数，证明：q 的零锥 S 包含 $\mathbf{R}^n$ 的一个标准正交基的充分必要条件是，q 在 $\mathbf{R}^n$ 的一个标准正交基（从而在 $\mathbf{R}^n$ 的任一标准正交基）下的矩阵的迹等于零。

证明 必要性。设 q 的零锥 S 包含 $\mathbf{R}^n$ 的一个标准正交基 $\boldsymbol{\eta}_1, \boldsymbol{\eta}_2, \cdots, \boldsymbol{\eta}_n$。据定义 5，存在 $\mathbf{R}^n$ 上的一个对称双线性函数 f，使得

$$q(\boldsymbol{\alpha}) = f(\boldsymbol{\alpha}, \boldsymbol{\alpha}), \forall \boldsymbol{\alpha} \in \mathbf{R}^n.$$

f 在基 $\boldsymbol{\eta}_1, \boldsymbol{\eta}_2, \cdots, \boldsymbol{\eta}_n$ 下的度量矩阵 $A = (f(\boldsymbol{\eta}_i, \boldsymbol{\eta}_j))$。$A$ 就是 q 在基 $\boldsymbol{\eta}_1, \boldsymbol{\eta}_2, \cdots, \boldsymbol{\eta}_n$ 下的矩阵。由于 $\boldsymbol{\eta}_i \in S$，因此 $f(\boldsymbol{\eta}_i, \boldsymbol{\eta}_i) = q(\boldsymbol{\eta}_i) = 0, i = 1, 2, \cdots, n$。从而

$$\operatorname{tr}(A) = \sum_{i=1}^{n} f(\boldsymbol{\eta}_i, \boldsymbol{\eta}_i) = 0.$$

设 $\boldsymbol{\xi}_1, \boldsymbol{\xi}_2, \cdots, \boldsymbol{\xi}_n$ 是 $\mathbf{R}^n$ 的任一标准正交基，设 $\boldsymbol{\eta}_1, \boldsymbol{\eta}_2, \cdots, \boldsymbol{\eta}_n$ 到 $\boldsymbol{\xi}_1, \boldsymbol{\xi}_2, \cdots, \boldsymbol{\xi}_n$ 的过渡矩阵是 $P = (\boldsymbol{\alpha}_1, \boldsymbol{\alpha}_2, \cdots, \boldsymbol{\alpha}_n)$。由于 $\boldsymbol{\eta}_1, \boldsymbol{\eta}_2, \cdots, \boldsymbol{\eta}_n$ 是标准正交基，因此 $(\boldsymbol{\xi}_i, \boldsymbol{\xi}_j) = \boldsymbol{\alpha}_i' \boldsymbol{\alpha}_j$。由于 $\boldsymbol{\xi}_1, \boldsymbol{\xi}_2, \cdots, \boldsymbol{\xi}_n$ 是标准正交基，因此

$$\boldsymbol{\alpha}_i' \boldsymbol{\alpha}_j = (\boldsymbol{\xi}_i, \boldsymbol{\xi}_j) = \delta_{ij}, i, j = 1, 2, \cdots, n.$$

从而 P 是正交矩阵。设 f 在基 $\boldsymbol{\xi}_1, \boldsymbol{\xi}_2, \cdots, \boldsymbol{\xi}_n$ 下的度量矩阵为 B。则 $B = P'AP = P^{-1}AP$。因此 $\operatorname{tr}(B) = \operatorname{tr}(A) = 0$。

充分性。对维数 n 作数学归纳法。$n = 1$ 时，已知 q 在 $\mathbf{R}^1$ 的一个标准正交基 $\boldsymbol{\eta}_1$ 下的矩阵 $A = (a)$ 的迹等于 0。于是 $a = 0$。由于 A 就是相应的对称双线性函数 f 在基 $\boldsymbol{\eta}_1$ 下的度量矩阵，因此 $f(\boldsymbol{\eta}_1, \boldsymbol{\eta}_1) = a = 0$。从而 $q(\boldsymbol{\eta}_1) = 0$。于是 $\boldsymbol{\eta}_1 \in S$。

假设对于 $n-1$ 维时命题为真，现在来看 $\mathbf{R}^n$ 上的二次函数 q。已知 q 在 $\mathbf{R}^n$ 的一个标准正交基 $\boldsymbol{\eta}_1, \boldsymbol{\eta}_2, \cdots, \boldsymbol{\eta}_n$ 下的矩阵 A 的迹等于 0。设 q 相应的对称双线性函数为 f，则 A 是 f 在基 $\boldsymbol{\eta}_1, \boldsymbol{\eta}_2, \cdots, \boldsymbol{\eta}_n$ 下的度量矩阵。于是

$$0 = \operatorname{tr} A = \sum_{i=1}^{n} f(\boldsymbol{\eta}_i, \boldsymbol{\eta}_i).$$

如果 $\boldsymbol{\eta}_1,\boldsymbol{\eta}_2,\cdots,\boldsymbol{\eta}_n$ 不全属于 S,那么 $f(\boldsymbol{\eta}_1,\boldsymbol{\eta}_1),\cdots,f(\boldsymbol{\eta}_n,\boldsymbol{\eta}_n)$ 不全为 0。从而存在 $\boldsymbol{\eta}_i,\boldsymbol{\eta}_j$ 使得

$$f(\boldsymbol{\eta}_i,\boldsymbol{\eta}_i)>0,f(\boldsymbol{\eta}_j,\boldsymbol{\eta}_j)<0.$$

令 $\boldsymbol{\xi}_1=\boldsymbol{\eta}_i+\lambda\boldsymbol{\eta}_j$,其中 λ 待定使得 $\boldsymbol{\xi}_1$ 为单位向量且 $\boldsymbol{\xi}_1\in S$。

$$\begin{aligned}0&=q(\boldsymbol{\eta}_i+\lambda\boldsymbol{\eta}_j)=f(\boldsymbol{\eta}_i+\lambda\boldsymbol{\eta}_j,\boldsymbol{\eta}_i+\lambda\boldsymbol{\eta}_j)\\&=f(\boldsymbol{\eta}_i,\boldsymbol{\eta}_i)+2\lambda f(\boldsymbol{\eta}_i,\boldsymbol{\eta}_j)+\lambda^2f(\boldsymbol{\eta}_j,\boldsymbol{\eta}_j).\end{aligned}$$

由于$[2f(\boldsymbol{\eta}_i,\boldsymbol{\eta}_j)]^2-4f(\boldsymbol{\eta}_j,\boldsymbol{\eta}_j)f(\boldsymbol{\eta}_i,\boldsymbol{\eta}_i)>0$,因此存在实数 λ 使得 $q(\boldsymbol{\eta}_i+\lambda\boldsymbol{\eta}_j)=0$。把 $\boldsymbol{\eta}_i+\lambda\boldsymbol{\eta}_j$ 单位化后记作 $\boldsymbol{\xi}_1$。则 $q(\boldsymbol{\xi}_1)=0$,即 $\boldsymbol{\xi}_1\in S$。把 $\boldsymbol{\xi}_1$ 扩充成 $\mathbf{R}^n$ 的一个标准正交基 $\boldsymbol{\xi}_1,\boldsymbol{\xi}_2,\cdots,\boldsymbol{\xi}_n$。令 $W=\langle\boldsymbol{\xi}_2,\cdots,\boldsymbol{\xi}_n\rangle$。则

$$\mathbf{R}^n=\langle\boldsymbol{\xi}_1\rangle\oplus W.$$

设 f 在基 $\boldsymbol{\xi}_1,\boldsymbol{\xi}_2,\cdots,\boldsymbol{\xi}_n$ 下的度量矩阵为 B,设基 $\boldsymbol{\eta}_1,\boldsymbol{\eta}_2,\cdots,\boldsymbol{\eta}_n$ 到基 $\boldsymbol{\xi}_1,\boldsymbol{\xi}_2,\cdots,\boldsymbol{\xi}_n$ 的过渡矩阵为 P。由于 $\boldsymbol{\eta}_1,\boldsymbol{\eta}_2,\cdots,\boldsymbol{\eta}_n$ 和 $\boldsymbol{\xi}_1,\boldsymbol{\xi}_2,\cdots,\boldsymbol{\xi}_n$ 都是标准正交基,因此 P 是正交矩阵。于是

$$B=P'AP=P^{-1}AP.$$

因此 $\operatorname{tr}(B)=\operatorname{tr}(A)=0$。由于 $f(\boldsymbol{\xi}_1,\boldsymbol{\xi}_1)=q(\boldsymbol{\xi}_1)$,因此 $\sum\limits_{i=2}^{n}f(\boldsymbol{\xi}_i,\boldsymbol{\xi}_i)=0$。于是 $f|W$ 在 W 的一个标准正交基 $\boldsymbol{\xi}_2,\cdots,\boldsymbol{\xi}_n$ 下的度量矩阵 C 的迹等于 0。C 就是 $q|W$ 在 W 的标准正交基 $\boldsymbol{\xi}_2,\cdots,\boldsymbol{\xi}_n$ 下的矩阵。据归纳假设,$q|W$ 的零锥包含 W 的一个标准正交基 $\boldsymbol{\delta}_2,\cdots,\boldsymbol{\delta}_n$。易知 $\boldsymbol{\xi}_1,\boldsymbol{\delta}_2,\cdots,\boldsymbol{\delta}_n$ 是 V 的一个标准正交基,且它们都属于 S。

根据数学归纳法原理,对一切正整数 n,充分性的命题为真。 ■

点评　从例 22 的必要性的证明中看到:若 $\mathbf{R}^n$ 上的一个二次函数 q 的零锥 S 包含 $\mathbf{R}^n$ 的一个基 $\boldsymbol{\eta}_1,\boldsymbol{\eta}_2,\cdots,\boldsymbol{\eta}_n$,那么 q 在这个基下的矩阵 A 的主对角元全为 0。例 22 是把解析几何中下述命题推广到 n 维的情形:在直角坐标系 $Oxyz$ 中,顶点在原点的二次锥面

$$a_{11}x^2+a_{22}y^2+a_{33}z^2+2a_{12}xy+2a_{13}xz+2a_{23}yz=0$$

有三条互相垂直的直母线的充分必要条件是 $a_{11}+a_{22}+a_{33}=0$。(参看丘维声编著《解析几何(第三版)》第 144 页的第 10 题)。

例 23　证明:n 级实对称矩阵 A 正交相似于主对角元全为 0 的矩阵当且仅当 $\operatorname{tr}(A)=0$。

证明　必要性是显然的。下面证充分性。

设 n 级实对称矩阵 $A=(a_{ij})$ 的迹等于 0。对于 $\mathbf{R}^n$ 中 $\boldsymbol{\alpha}=(x_1,x_2,\cdots,x_n)'$,$\boldsymbol{\beta}=(y_1,y_2,\cdots,y_n)'$,令

$$f(\boldsymbol{\alpha},\boldsymbol{\beta})=\sum_{i=1}^{n}\sum_{j=1}^{n}a_{ij}x_ix_j,$$

则 f 是 $\mathbf{R}^n$ 上的一个对称双线性函数。f 在基 $\boldsymbol{\varepsilon}_1,\boldsymbol{\varepsilon}_2,\cdots,\boldsymbol{\varepsilon}_n$ 下的度量矩阵为 A。

$$q(\boldsymbol{\alpha})=f(\boldsymbol{\alpha},\boldsymbol{\alpha}),\forall\,\boldsymbol{\alpha}\in\mathbf{R}^n.$$

则 q 是 $\mathbf{R}^n$ 上的一个二次函数,它在基 $\boldsymbol{\varepsilon}_1,\boldsymbol{\varepsilon}_2,\cdots,\boldsymbol{\varepsilon}_n$ 下的矩阵为 A。由于 $\mathrm{tr}(A)=0$,据例 22 的充分性得,q 的零锥 S 包含 $\mathbf{R}^n$ 的一个标准正交基 $\boldsymbol{\eta}_1,\boldsymbol{\eta}_2,\cdots,\boldsymbol{\eta}_n$。设 f 在基 $\boldsymbol{\eta}_1,\boldsymbol{\eta}_2,\cdots,\boldsymbol{\eta}_n$ 下的度量矩阵为 B,设基 $\boldsymbol{\varepsilon}_1,\boldsymbol{\varepsilon}_2,\cdots,\boldsymbol{\varepsilon}_n$ 到基 $\boldsymbol{\eta}_1,\boldsymbol{\eta}_2,\cdots,\boldsymbol{\eta}_n$ 的过渡矩阵为 P,由于这两个基都是标准正交基,因此 P 是正交矩阵。从而

$$B=P'AP=P^{-1}AP,$$

即 A 正交相似于 B。据例 22 后面的点评,由于 B 是 q 在基 $\boldsymbol{\eta}_1,\boldsymbol{\eta}_2,\cdots,\boldsymbol{\eta}_n$ 下的矩阵,因此 B 的主对角元全为 0。 ■

点评 例 23 的充分性是第 9 章补充题九第 3 题的特殊情形,但结论更强。补充题九的第 3 题是:"设 A 是域 F 上的 n 级矩阵,且 $\mathrm{char}\,F\nmid n$。证明:如果 $\mathrm{tr}(A)=0$,那么 A 相似于一个主对角元全为 0 的矩阵"。例 23 的充分性是对于实对称矩阵 A 来说的,如果 $\mathrm{tr}(A)=0$,那么 A 正交相似于主对角元全为 0 的矩阵。

例 24 设 A,B 都是 n 级正定矩阵。证明:AB 的特征值都是正数。

证明 由于 A,B 都是 n 级正定矩阵,因此存在 n 级实可逆矩阵 P、Q,使得

$$A=P'IP=P'P,B=Q'IQ=Q'Q.$$

于是 $AB=P'PQ'Q$。由于 $P'(PQ'Q)$ 与 $(PQ'Q)P'$ 有相同的非零特征值,且 $(PQ'Q)P'=(QP')'(QP')$ 是正定矩阵,因此 $P'(PQ'Q)$ 的非零特征值都是正数。又由于 $P'(PQ'Q)$ 可逆,因此 0 不是它的特征值。从而 $P'(PQ'Q)$ 的特征值都是正数。即 AB 的特征值都是正数。 ■

点评 例 24 指出,如果 A,B 都是 n 级正定矩阵,那么 AB 的特征值都是正数。虽然当 $AB\neq BA$ 时,AB 不是对称矩阵,从而 AB 不是正定矩阵,但是 AB 的特征值都是正数。这说明特征值都是正数的实矩阵不一定是正定矩阵,只有特征值都是正数的实对称矩阵才是正定矩阵。

例 25 设 V 是域 F 上的 n 维线性空间,f,g 都是 V 上的双线性函数。证明:如果 $\mathrm{rank}_m\,f=\mathrm{rank}_m\,g$,那么存在 V 上的两个可逆线性变换 $\boldsymbol{P},\boldsymbol{Q}$,使得

$$f(\boldsymbol{P}(\alpha),\boldsymbol{Q}(\beta))=g(\alpha,\beta),\forall\,\alpha,\beta\in V.$$

证明 V 中取一个基 $\alpha_1,\alpha_2,\cdots,\alpha_n$。设 f,g 在此基下的度量矩阵分别是 A,B。设需要寻找的 V 上的两个可逆线性变换 $\boldsymbol{P},\boldsymbol{Q}$ 在此基下的矩阵分别为 P,Q(待定)。任取 V 中向量 $\alpha=(\alpha_1,\alpha_2,\cdots,\alpha_n)\boldsymbol{X}$, $\beta=(\alpha_1,\alpha_2,\cdots,\alpha_n)\boldsymbol{Y}$, 有 $\boldsymbol{P}(\alpha)=(\alpha_1,\alpha_2,\cdots,\alpha_n)P\boldsymbol{X}$, $\boldsymbol{Q}(\beta)=(\alpha_1,\alpha_2,\cdots,\alpha_n)Q\boldsymbol{Y}$。由所要求的等式得

$$(P\boldsymbol{X})'A(Q\boldsymbol{Y})=\boldsymbol{X}'B\boldsymbol{Y},$$

即
$$\boldsymbol{X}'P'AQ\boldsymbol{Y}=\boldsymbol{X}'B\boldsymbol{Y}.$$
由于 $\operatorname{rank}_m f=\operatorname{rank}_m g$，因此 $\operatorname{rank}(A)=\operatorname{rank}(B)$。从而存在 n 级可逆矩阵 P,Q，使得 $P'AQ=B$。于是可定义 V 上的线性变换 $\boldsymbol{P},\boldsymbol{Q}$ 满足
$$\boldsymbol{P}(\alpha_1,\alpha_2,\cdots,\alpha_n)=(\alpha_1,\alpha_2,\cdots,\alpha_n)P,$$
$$\boldsymbol{Q}(\alpha_1,\alpha_2,\cdots,\alpha_n)=(\alpha_1,\alpha_2,\cdots,\alpha_n)Q.$$
则 $\boldsymbol{P},\boldsymbol{Q}$ 即为所求的可逆线性变换。■

例 26 设 U 和 W 是域 F 上的两个线性空间，g,h 分别是 U,W 上的双线性函数。令 $V=U\dotplus W$。定义 $V\times V$ 到 F 的一个映射 f 如下：
$$f((u_1,w_1),(u_2,w_2))\xlongequal{\text{def}}g(u_1,u_2)+h(w_1,w_2).$$
证明：(1) f 是 V 上的一个双线性函数。

(2) 设 $\operatorname{char} F\neq 2$。若 g,h 非退化，则 f 非退化。

(3) 若 g,h 是对称的，则 f 也是对称的；

若 g,h 是斜对称的，则 f 也是斜对称的。

(4) 设 $\dim U=n,\dim W=m$。若 g 在 U 的一个基 $\alpha_1,\alpha_2,\cdots,\alpha_n$ 下的度量矩阵为 B，h 在 W 的一个基 $\beta_1,\beta_2,\cdots,\beta_m$ 下的度量矩阵为 C。则 f 在 V 的一个基
$$(\alpha_1,0),(\alpha_2,0),\cdots,(\alpha_n,0),(0,\beta_1),\cdots,(0,\beta_m)$$
下的度量矩阵 A 为
$$A=\begin{pmatrix}B&0\\0&C\end{pmatrix}.$$

证明 (1) $\forall(u_1,w_1),(u_2,w_2),(u_3,w_3)\in V,k_1,k_1\in F$，有
$$\begin{aligned}&f(k_1(u_1,w_1)+k_2(u_2,w_2),(u_3,w_3))\\&=f((k_1u_1+k_2u_2,k_1w_1+k_2w_2),(u_3,w_3))\\&=g(k_1u_1+k_2u_2,u_3)+h(k_1w_1+k_2w_2,w_3)\\&=k_1g(u_1,u_3)+k_2g(u_2,u_3)+k_1h(w_1,w_3)+k_2h(w_2,w_3)\\&=k_1[g(u_1,u_3)+h(w_1,w_3)]+k_2[g(u_2,u_3)+h(w_2,w_3)]\\&=k_1(f(u_1,w_1),(u_3,w_3))+k_2(f(u_2,w_2),(u_3,w_3)).\end{aligned}$$
类似地，可证 f 对第二个变量也是线性的。因此 f 是 V 上的一个双线性函数。

(2) 设 g,h 非退化。设 $(u_1,w_1)\in\operatorname{rad}_L V$，则对于 V 中任意向量 (u_2,w_2)，有
$$\begin{aligned}0&=f((u_1,w_1),(u_2,w_2))=g(u_1,u_2)+h(w_1,w_2),\\0&=f((u_1,w_1),(u_2,-w_2))=g(u_1,u_2)+h(w_1,-w_2)\\&=g(u_1,u_2)-h(w_1,w_2).\end{aligned}$$

把上述两式分别相加、相减得

$$2g(u_1,u_2)=0, 2h(w_1,w_2)=0.$$

由于 char $F\neq 2$,因此 $g(u_1,u_2)=0$,$h(w_1,w_2)=0$。由于 u_2,w_2 分别是 U,W 中任意向量,因此 $u_1\in \mathrm{rad}_L\, U$,$w_1\in \mathrm{rad}_L\, W$。已知 g,h 非退化,于是 $u_1=0$,$w_1=0$。从而 $\mathrm{rad}_L\, V=0$。

类似地,可证 $\mathrm{rad}_R\, V=0$。因此 f 是非退化的。

(3) 设 g,h 对称,则对于任意(u_1,w_1),$(u_2,w_2)\in V$,有

$$\begin{aligned} f((u_1,w_1),(u_2,w_2)) &= g(u_1,u_2)+h(w_1,w_2) \\ &= g(u_2,u_1)+h(w_2,w_1) \\ &= f((u_2,w_2),(u_1,w_1)). \end{aligned}$$

因此 f 是对称的。

类似地可证,若 g,h 斜对称,则 f 斜对称。

(4) 由已知条件得,$B=(g(\alpha_i,\alpha_j))$,$C=(h(\beta_i,\beta_j))$。

$$f((\alpha_i,0),(\alpha_j,0)) = g(\alpha_i,\alpha_j)+h(0,0) = g(\alpha_i,\alpha_j),$$
$$f((0,\beta_i),(0,\beta_j)) = g(0,0)+h(\beta_i,\beta_j) = h(\beta_i,\beta_j),$$
$$f((\alpha_i,0),(0,\beta_j)) = g(\alpha_i,0)+h(0,\beta_j) = 0+0=0,$$
$$f((0,\beta_i),(\alpha_j,0)) = g(0,\alpha_j)+h(\beta_i,0)=0,$$

因此 f 在 V 的一个基$(\alpha_1,0)$,$(\alpha_2,0)$,…,$(\alpha_n,0)$,$(0,\beta_1)$,…,$(0,\beta_m)$下的度量矩阵 A 为

$$A=\begin{pmatrix} B & 0 \\ 0 & C \end{pmatrix}.$$

■

点评 例 26 的第(2)小题中,若 U 和 W 都是有限维的,则从第(4)小题可以推出第(2)小题的结论。因此不必加"char $F\neq 2$"的条件。但是对于 U 或 W 是无限维的情形,需要在第(2)小题加上"char $F\neq 2$"的条件。例 26 给出了从两个线性空间 U 和 W 上的双线性函数构造它们的外直和 $U\dot{+}W$ 上的双线性函数的方法。类似地,给了 V 的两个子空间 U,W 上的双线性函数 g,h,如果 $V=U\oplus W$,那么可以构造 V 上的双线性函数 f,只要令

$$f(u_1+w_1,u_2+w_2)\overset{\text{def}}{=\!=\!=} g(u_1,u_2)+h(w_1,w_2),$$

则与例 26 一样地可以证明相应的各个结论。

例 27 设 V 是域 F 上的 n 维线性空间,f 是 V 上的一个非退化双线性函数。证明:

(1) 任给 V 上的一个双线性函数 g,存在 V 上唯一的一个线性变换 $\boldsymbol{G}$,使得

$$g(\alpha,\beta)=f(\boldsymbol{G}(\alpha),\beta), \forall\, \alpha,\beta\in V;$$

(2) 令 $\sigma: g\longmapsto \boldsymbol{G}$,则 σ 是 $T_2(V)$ 到 $\mathrm{Hom}(V,V)$的一个同构映射。

证明 (1)对于 V 上的双线性函数 g,任意给定 $\alpha\in V$,可得到 V 上的一个线性函数 α_{L_g},使得 $\alpha_{L_g}(\beta)=g(\alpha,\beta)$,$\forall\,\beta\in V$。由于 f 是 V 上的非退化双线性函数,因此据例 5 的第

(4)小题得,对于 α_{L_g},存在唯一的 $\tilde{\alpha}\in V$,使得

$$\alpha_{L_g} = L_f(\tilde{\alpha}) = \tilde{\alpha}_{L_f}.$$

从而
$$g(\alpha,\beta)=f(\tilde{\alpha},\beta),\forall\beta\in V.$$

令
$$\boldsymbol{G}: V\longrightarrow V$$
$$\alpha\longmapsto\tilde{\alpha},$$

其中 $\tilde{\alpha}$ 满足 $\alpha_{L_g}=\tilde{\alpha}_{L_f}$。由上面的议论知道,$\boldsymbol{G}$ 是 V 到 V 的一个映射。现在来证 $\boldsymbol{G}$ 保持加法运算。任取 $\alpha,\gamma\in V$。设 $\alpha+\gamma=\eta$。则 $\boldsymbol{G}(\alpha+\gamma)=\boldsymbol{G}(\eta)=\tilde{\eta}$,$\boldsymbol{G}(\alpha)=\tilde{\alpha}$,$\boldsymbol{G}(\gamma)=\tilde{\gamma}$。对于任意 $\beta\in V$,有

$$\begin{aligned}\tilde{\eta}_{L_f}(\beta) &= \eta_{L_g}(\beta) = g(\eta,\beta) = g(\alpha+\gamma,\beta)\\ &= g(\alpha,\beta)+g(\gamma,\beta) = \alpha_{L_g}(\beta)+\gamma_{L_g}(\beta)\\ &= (\alpha_{L_g}+\gamma_{L_g})(\beta) = (\tilde{\alpha}_{L_f}+\tilde{\gamma}_{L_f})(\beta).\end{aligned}$$

因此 $\tilde{\eta}_{L_f}=\tilde{\alpha}_{L_f}+\tilde{\gamma}_{L_f}$。据例 5 的第(1)小题得

$$L_f(\tilde{\eta}) = L_f(\tilde{\alpha})+L_f(\tilde{\gamma}) = L_f(\tilde{\alpha}+\tilde{\gamma}).$$

据例 5 的第(4)小题得,$\tilde{\eta}=\tilde{\alpha}+\tilde{\gamma}$。于是

$$\boldsymbol{G}(\alpha+\gamma) = \boldsymbol{G}(\alpha)+\boldsymbol{G}(\gamma).$$

类似地可证:$\boldsymbol{G}(k\alpha)=k\boldsymbol{G}(\alpha)$,$\forall\alpha\in V,k\in F$。因此 $\boldsymbol{G}$ 是 V 上的一个线性变换,且使得

$$g(\alpha,\beta) = f(\boldsymbol{G}(\alpha),\beta),\forall\alpha,\beta\in V.$$

假如还有 V 上的一个线性变换 $\boldsymbol{H}$,使得

$$g(\alpha,\beta) = f(\boldsymbol{H}(\alpha),\beta),\forall\alpha,\beta\in V.$$

则
$$0=f(\boldsymbol{G}(\alpha)-\boldsymbol{H}(\alpha),\beta),\forall\alpha,\beta\in V.$$

由于 f 非退化,因此从上式得

$$\boldsymbol{G}(\alpha)-\boldsymbol{H}(\alpha) = 0,\forall\alpha\in V.$$

由此得出,$\boldsymbol{G}=\boldsymbol{H}$,因此唯一性成立。

(2) 取定 V 上的一个非退化双线性函数 f。令

$$\sigma: T_2(V)\longrightarrow \mathrm{Hom}(V,V)$$
$$g\longmapsto\boldsymbol{G},$$

其中 $\boldsymbol{G}$ 是第(1)小题中定义的线性变换,它满足

$$g(\alpha,\beta) = f(\boldsymbol{G}(\alpha),\beta),\forall\alpha,\beta\in V.$$

由第(1)小题的结论知道,σ 是 $T_2(V)$ 到 $\mathrm{Hom}(V,V)$ 的一个映射。设 $\sigma(h)=\boldsymbol{H}$,若 $\boldsymbol{H}=\boldsymbol{G}$,则

$$h(\alpha,\beta) = f(\boldsymbol{H}(\alpha),\beta) = f(\boldsymbol{G}(\alpha),\beta) = g(\alpha,\beta),\forall\alpha,\beta\in V.$$

由此得出,$h=g$,因此 σ 是单射。由于对任意 $\alpha,\beta\in V$,有

$$\begin{aligned}(g+h)(\alpha,\beta) &= g(\alpha,\beta)+h(\alpha,\beta)\\ &= f(\boldsymbol{G}(\alpha),\beta)+f(\boldsymbol{H}(\alpha),\beta)\\ &= f(\boldsymbol{G}(\alpha)+\boldsymbol{H}(\alpha),\beta)\\ &= f((\boldsymbol{G}+\boldsymbol{H})(\alpha),\beta).\end{aligned}$$

因此据 σ 的定义以及第(1)小题中的唯一性，得

$$\sigma(g+h)=\boldsymbol{G}+\boldsymbol{H}=\sigma(g)+\sigma(h).$$

类似地可证：$\sigma(kg)=k\sigma(g)$，$\forall g\in T_2(V)$，$k\in F$。因此 σ 是 $T_2(V)$ 到 $\mathrm{Hom}(V,V)$ 的一个线性映射。由于

$$\dim T_2(V)=n^2=\dim \mathrm{Hom}(V,V),$$

因此，从 σ 是单射可得 σ 是满射。从而 σ 是双射。因此 σ 是 $T_2(V)$ 到 $\mathrm{Hom}(V,V)$ 的一个同构映射。 ■

点评 例 27 在 $T_2(V)$ 与 $\mathrm{Hom}(V,V)$ 之间直接建立了一个同构映射，不用矩阵作为纽带：关键是用例 5 的第(1)小题和第(4)小题的结论，证明了对于 V 上的双线性函数 g，存在 V 上唯一的一个线性变换 $\boldsymbol{G}$，使得

$$g(\alpha,\beta)=f(\boldsymbol{G}(\alpha),\beta),\ \forall\alpha,\beta\in V.$$

从而把 g 对应到 $\boldsymbol{G}$ 的映射 σ 是 $T_2(V)$ 到 $\mathrm{Hom}(V,V)$ 的一个同构映射。

例 28 设 V 是特征不为 2 的域 F 上的 n 维线性空间，f,g 是 V 上的对称双线性函数，其中 f 是非退化的。设 $\boldsymbol{G}$ 是 V 上唯一的一个线性变换，使得

$$g(\alpha,\beta)=f(\boldsymbol{G}(\alpha),\beta),\ \forall\alpha,\beta\in V.$$

证明：V 中存在一个基使得 f,g 在此基下的度量矩阵都是对角矩阵的充分必要条件是，$\boldsymbol{G}$ 可对角化。

证明 充分性。设 $\boldsymbol{G}$ 可对角化，则

$$V=V_{\lambda_1}\oplus V_{\lambda_2}\oplus\cdots\oplus V_{\lambda_s},$$

其中 $\lambda_1,\lambda_2,\cdots,\lambda_s$ 是 $\boldsymbol{G}$ 的全部不同的特征值。当 $i\neq j$ 时，对于 $\eta_i\in V_{\lambda_i}$，$\eta_j\in V_{\lambda_j}$，有

$$\begin{aligned}g(\eta_i,\eta_j) &= f(\boldsymbol{G}(\eta_i),\eta_j)=f(\lambda_i\eta_i,\eta_j)=\lambda_i f(\eta_i,\eta_j),\\ g(\eta_i,\eta_j) &= g(\eta_j,\eta_i)=f(\boldsymbol{G}(\eta_j),\eta_i)=f(\lambda_j\eta_j,\eta_i)\\ &= \lambda_j f(\eta_j,\eta_i)=\lambda_j f(\eta_i,\eta_j).\end{aligned}$$

把上面两式相减得

$$\begin{aligned}0 &= \lambda_i f(\eta_i,\eta_j)-\lambda_j f(\eta_i,\eta_j)\\ &= (\lambda_i-\lambda_j)f(\eta_i,\eta_j).\end{aligned}$$

由于 $\lambda_i\neq\lambda_j$，因此 $f(\eta_i,\eta_j)=0$。从而 $g(\eta_i,\eta_j)=0$。

由于 $f|V_{\lambda_i}$ 是 V_{λ_i} 上的一个对称双线性函数，且 $\mathrm{char}\ F\neq 2$，因此在 V_{λ_i} 中存在一个基

$\alpha_{i1},\alpha_{i2},\cdots,\alpha_{ir_i}$，使得 $f|V_{\lambda_i}$ 在此基下的度量矩阵 $A_i=(f(\alpha_{ik},\alpha_{ij}))$ 为对角矩阵。于是当 $k\neq j$ 时，有 $f(\alpha_{ik},\alpha_{ij})=0$。此时也有

$$\begin{aligned}g(\alpha_{ik},\alpha_{ij}) &= f(\boldsymbol{G}(\alpha_{ik}),\alpha_{ij}) = f(\lambda_i\alpha_{ik},\alpha_{ij}) \\ &= \lambda_i f(\alpha_{ik},\alpha_{ij}) = 0.\end{aligned}$$

从而 $g|V_{\lambda_i}$ 在基 $\alpha_{i1},\alpha_{i2},\cdots,\alpha_{ir_i}$ 下的度量矩阵 B_i 也是对角矩阵。

把 $\alpha_{i1},\alpha_{i2},\cdots,\alpha_{ir_i}(i=1,2,\cdots,s)$ 合起来成为 V 的一个基，综上所述得，f 在此基下的度量矩阵 A 为

$$A=\operatorname{diag}\{A_1,A_2,\cdots,A_s\},$$

g 在此基下的度量矩阵 B 为

$$B=\operatorname{diag}\{B_1,B_2,\cdots,B_s\},$$

A 和 B 都是对角矩阵。

必要性。设 f 和 g 在 V 的一个基 $\alpha_1,\alpha_2,\cdots,\alpha_n$ 下的度量矩阵都是对角矩阵，则当 $i\neq j$ 时，有

$$f(\alpha_i,\alpha_j)=0, g(\alpha_i,\alpha_j)=0.$$

从 $f(\alpha_i,\alpha_j)=0$ 得出，$\alpha_i\in\langle\alpha_1,\cdots,\alpha_{i-1},\alpha_{i+1},\cdots,\alpha_n\rangle^{\perp}$。由于

$$0=g(\alpha_i,\alpha_j)=f(\boldsymbol{G}(\alpha_i),\alpha_j), i\neq j,$$

因此 $\boldsymbol{G}(\alpha_i)\in\langle\alpha_1,\cdots,\alpha_{i-1},\alpha_{i+1},\cdots,\alpha_n\rangle^{\perp}$。由于 f 是非退化的，因此据例 10 的第(1)小题的结论得

$$\begin{aligned}&\dim\langle\alpha_1,\cdots,\alpha_{i-1},\alpha_{i+1},\cdots,\alpha_n\rangle^{\perp} \\ &= \dim V-\dim\langle\alpha_1,\cdots,\alpha_{i-1},\alpha_{i+1},\cdots,\alpha_n\rangle \\ &= n-(n-1)=1.\end{aligned}$$

从而 $$\langle\alpha_1,\cdots,\alpha_{i-1},\alpha_{i+1},\cdots,\alpha_n\rangle^{\perp}=\langle\alpha_i\rangle.$$

于是存在 $\lambda_i\in F$，使得 $\boldsymbol{G}(\alpha_i)=\lambda_i\alpha_i$。这表明 λ_i 是 $\boldsymbol{G}$ 的一个特征值，α_i 是 $\boldsymbol{G}$ 的属于特征值 λ_i 的一个特征向量。从而 $\boldsymbol{G}$ 有 n 个线性无关的特征向量 $\alpha_1,\alpha_2,\cdots,\alpha_n$。因此 $\boldsymbol{G}$ 可对角化。■

例 29 设 A,B 都是特征不为 2 的域 F 上的 n 级对称矩阵，且 A 是可逆的。证明：存在 n 级可逆矩阵 P 使得 $P'AP$ 和 $P'BP$ 都为对角矩阵的充分必要条件是 $A^{-1}B$ 可对角化。

证明 设 V 是域 F 上的一个 n 维线性空间，V 中取一个基 $\alpha_1,\alpha_2,\cdots,\alpha_n$，任给 V 中的向量 $\alpha=(\alpha_1,\alpha_2,\cdots,\alpha_n)\boldsymbol{x}$，$\beta=(\alpha_1,\alpha_2,\cdots,\alpha_n)\boldsymbol{y}$。令

$$f(\alpha,\beta)=\boldsymbol{x}'A\boldsymbol{y}, g(\alpha,\beta)=\boldsymbol{x}'B\boldsymbol{y},$$

则 f 和 g 都是 V 上的对称双线性函数，它们在基 $\alpha_1,\alpha_2,\cdots,\alpha_n$ 下的度量矩阵分别为 A,B。由于 A 可逆，因此 f 是非退化的。据例 27 的第(1)小题，存在 V 上唯一的一个线性变换 $\boldsymbol{G}$，使得

$$g(\alpha,\beta) = f(\boldsymbol{G}(\alpha),\beta), \forall \alpha,\beta \in V.$$

设 $\boldsymbol{G}$ 在基 $\alpha_1,\alpha_2,\cdots,\alpha_n$ 下的矩阵为 G，则从上式得

$$\boldsymbol{x}'B\boldsymbol{y} = (G\boldsymbol{x})'A\boldsymbol{y} = \boldsymbol{x}'(G'A)\boldsymbol{y}, \forall \boldsymbol{x},\boldsymbol{y} \in F^n.$$

于是 $B=G'A$。从而 $B=AG$。因此 $G=A^{-1}B$。据例 28 得

$A^{-1}B$ 可对角化

$\Leftrightarrow$ $\boldsymbol{G}$ 可对角化

$\Leftrightarrow$ V 中存在一个基 $\eta_1,\eta_2,\cdots,\eta_n$ 使得 f,g 在此基下的度量矩阵都是对角矩阵

$\Leftrightarrow$ 存在域 F 上的 n 级可逆矩阵 P（它是基 $\alpha_1,\alpha_2,\cdots,\alpha_n$ 到基 $\eta_1,\eta_2,\cdots,\eta_n$ 的过渡矩阵），使得 $P'AP$ 和 $P'BP$ 都是对角矩阵。 ■

点评 例 29 给出了特征不为 2 的域 F 上两个 n 级对称矩阵 A 与 B（其中 A 可逆）能一齐合同对角化（指存在同一个可逆矩阵 P 使得 $P'AP$，$P'BP$ 都为对角矩阵）的充分必要条件是 $A^{-1}B$ 可对角化（指 $A^{-1}B$ 相似于一个对角矩阵）。在《高等代数学习指导书（上册）》6.1 节的例 15 和 6.3 节的例 10 中分别给出了两个 n 级实对称矩阵能一齐合同对角化的充分条件，其中例 15 指出："如果两个 n 级实对称矩阵 A 与 B 可交换，那么存在一个 n 级正交矩阵 T，使得 $T'AT$ 与 $T'BT$ 都为对角矩阵"；例 10 指出："如果 A 与 B 都是 n 级实对称矩阵，且 A 正定，那么存在 n 级实可逆矩阵 C，使得 $C'AC$ 与 $C'BC$ 都是对角矩阵。"本节的例 29 是利用对称双线性函数的知识（本节例 27 和例 28 的结论）来解决的。由此体会到：对称双线性函数、对称矩阵，还有二次函数、二次型这几个概念有着密切联系。设 V 是特征不等于 2 的域 F 上的 n 维线性空间，则图 10-1 揭示了对称双线性函数、对称矩阵、二次函数、二次型这几个概念之间的内在联系。

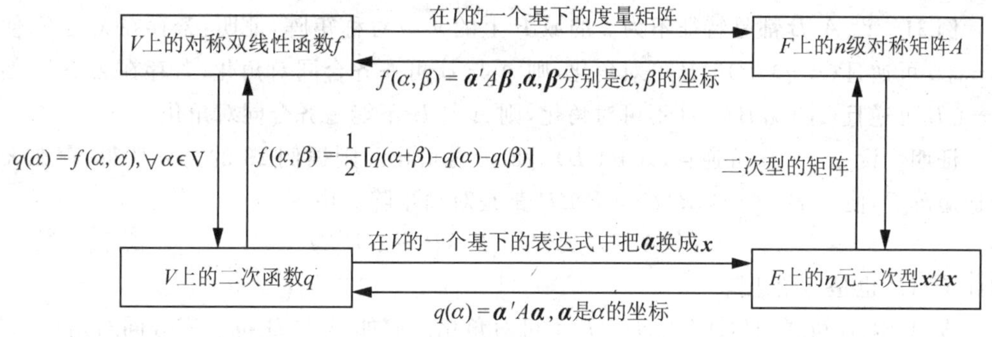

图 10-1

例 30 判断下列两个 2 级实对称矩阵 A 与 B 是否可一齐合同对角化。

$$A = \begin{pmatrix} 0 & 1 \\ 1 & 0 \end{pmatrix}, \quad B = \begin{pmatrix} 1 & 0 \\ 0 & -1 \end{pmatrix}.$$

解 由于

$$A^{-1}=\begin{pmatrix}0&1\\1&0\end{pmatrix},$$

因此

$$G=A^{-1}B=\begin{pmatrix}0&1\\1&0\end{pmatrix}\begin{pmatrix}1&0\\0&-1\end{pmatrix}=\begin{pmatrix}0&-1\\1&0\end{pmatrix}.$$

由于

$$G^2=\begin{pmatrix}0&-1\\1&0\end{pmatrix}\begin{pmatrix}0&-1\\1&0\end{pmatrix}=\begin{pmatrix}-1&0\\0&-1\end{pmatrix}=-I,$$

因此 $G^2+I=0$。从而 λ^2+1 是 G 的一个零化多项式。由于 λ^2+1 在 $\mathbf{R}$ 上不可约，因此 λ^2+1是 G 的最小多项式。由于 λ^2+1 在 $\mathbf{R}[\lambda]$中不能分解成一次因式的乘积，因此 G 不可对角化。从而据例 29 得，A 与 B 不能一齐合同对角化。

点评 例 30 中，由于

$$AB=\begin{pmatrix}0&-1\\1&0\end{pmatrix},BA=\begin{pmatrix}0&1\\-1&0\end{pmatrix},$$

因此 $AB\neq BA$。从而用《高等代数学习指导书(上册)》6.1 节的例 15 无法判断 A 与 B 是否可一齐合同对角化。由于 A 和 B 都不是正定矩阵，因此用《高等代数学习指导书(上册)》6.3 节的例 10 也无法判断 A 与 B 是否可一齐合同对角化，而利用本节例 29 却可以判断 A 与 B 不能一齐合同对角化。例 29 要求 A 与 B 至少有一个是可逆矩阵。如果 A 与 B 都是不可逆的对称矩阵，那么如何判断它们是否可一齐合同对角化呢？下面的例 31 回答了这个问题。

例 31 设 A,B 都是特征不为 2 的域 F 上的 n 级对称矩阵，证明：若存在 $\lambda_0\in F$，使得 $A+\lambda_0 B$ 可逆且$(A+\lambda_0 B)^{-1}B$ 可对角化，则 A 与 B 可一齐合同对角化；若存在 $\lambda_0\in F$，使得 $A+\lambda_0 B$ 可逆且$(A+\lambda_0 B)^{-1}B$ 不可对角化，则 A 与 B 不能一齐合同对角化。

证明 设 $A+\lambda_0 B$ 可逆且$(A+\lambda_0 B)^{-1}B$ 可对角化。则据例 29 的充分性得，存在 n 级可逆矩阵 P，使得 $P'(A+\lambda_0 B)P$ 与 $P'BP$ 都是对角矩阵。由于

$$P'(A+\lambda_0 B)P=P'AP+\lambda_0 P'BP,$$

因此 $P'AP$ 也是对角矩阵。

设 $A+\lambda_0 B$ 可逆，且$(A+\lambda_0 B)^{-1}B$ 不可对角化。假如 A 与 B 可一齐合同对角化，则存在 n 级可逆矩阵 P，使得 $P'AP$ 与 $P'BP$ 都是对角矩阵。由于

$$P'(A+\lambda_0 B)P=P'AP+\lambda_0 P'BP,$$

因此 $P'(A+\lambda_0 B)P$ 也是对角矩阵，于是据例 29 的必要性得，$(A+\lambda_0 B)^{-1}B$ 可对角化，矛盾。因此 A 与 B 不能一齐合同对角化。 ■

例 32　判断下列两个实对称矩阵 A 与 B 是否可一齐合同对角化。若可以，则求出一个可逆矩阵 P，使 $P'AP$ 与 $P'BP$ 都为对角矩阵。

$$A=\begin{pmatrix}1&1\\1&1\end{pmatrix},\qquad B=\begin{pmatrix}0&0\\0&-1\end{pmatrix}.$$

解　由于

$$A+B=\begin{pmatrix}1&1\\1&0\end{pmatrix},$$

显然 $A+B$ 可逆，且

$$G=(A+B)^{-1}B=\begin{pmatrix}0&1\\1&-1\end{pmatrix}\begin{pmatrix}0&0\\0&-1\end{pmatrix}=\begin{pmatrix}0&-1\\0&1\end{pmatrix},$$

$$|\lambda I-G|=\begin{vmatrix}\lambda&1\\0&\lambda-1\end{vmatrix}=\lambda(\lambda-1).$$

由于 $G\neq 0$，$G\neq I$，因此由上式得，G 的最小多项式 $m(\lambda)=\lambda(\lambda-1)$。从而 G 可对角化。于是据例 31 得，A 与 B 可一齐合同对角化。

$$\begin{pmatrix}1&1\\1&1\\1&0\\0&1\end{pmatrix}\xrightarrow{②+①\cdot(-1)}\begin{pmatrix}1&1\\0&0\\1&0\\0&1\end{pmatrix}\xrightarrow[②+①\cdot(-1)]{}\begin{pmatrix}1&0\\0&0\\1&-1\\0&1\end{pmatrix},$$

于是

$$P=\begin{pmatrix}1&-1\\0&1\end{pmatrix},\qquad P'AP=\begin{pmatrix}1&0\\0&0\end{pmatrix}.$$

从而

$$P'BP=\begin{pmatrix}1&0\\-1&1\end{pmatrix}\begin{pmatrix}0&0\\0&-1\end{pmatrix}\begin{pmatrix}1&-1\\0&1\end{pmatrix}=\begin{pmatrix}0&0\\0&-1\end{pmatrix}.$$

点评　例 32 的 A 与 B 不可交换，且 A 与 B 都不是正定矩阵，因此用《高等代数学习指导书(上册)》6.1 节的例 15 和 6.3 节的例 10 都无法判断 A 与 B 是否可一齐合同对角化。但是用本节的例 31 却判断出 A 与 B 可一齐合同对角化。

习题 10.1

1. 在 K^4 中，设 $\boldsymbol{\alpha}=(x_1,x_2,x_3,x_4)'$，$\boldsymbol{\beta}=(y_1,y_2,y_3,y_4)'$，定义 K^4 上的一个双线性函数

$$f(\boldsymbol{\alpha},\boldsymbol{\beta})=x_1y_2-2x_2y_1+x_3y_4-3x_4y_2.$$

求 f 在基

$$\boldsymbol{\alpha}_1=(1,2,1,1)',\boldsymbol{\alpha}_2=(2,3,1,0)',$$
$$\boldsymbol{\alpha}_3=(3,1,1,-2)',\boldsymbol{\alpha}_4=(4,2,-1,-6)'$$

下的度量矩阵。

2. 证明：$M_n(F)$上的双线性函数 $f(A,B)=\mathrm{tr}(AB)$是非退化的。

3. 设 V 是域 F 上的 n 维线性空间，f 是 V 上的一个对称或斜对称双线性函数，U,W 是 V 的两个子空间。证明：

(1) $(U+W)^{\perp}=U^{\perp}\cap W^{\perp}$；

(2) 若 f 非退化，则$(U\cap W)^{\perp}=U^{\perp}+W^{\perp}$。

4. 设 V 是域 F 上的线性空间，f 是 V 上对称或斜对称双线性函数。证明：如果有 V 上的线性函数 g,h，使得 $f(\alpha,\beta)=g(\alpha)h(\beta)$，$\forall\,\alpha,\beta\in V$，那么存在 V 上的线性函数 l 和 F 的非零元 a，使得

$$f(\alpha,\beta)=al(\alpha)l(\beta),\ \forall\,\alpha,\beta\in V.$$

5. 设 V 是 n 维实线性空间，Q 是 V 上的一个二次函数，Q 在 V 的一个基下的表达式是由正惯性指数为 p，负惯性指数为 q 的 n 元二次型诱导出来的。证明：Q 的零锥 S 包含的极大子空间的维数为$n-\max\{p,q\}$(即，S 包含一个维数为$n-\max\{p,q\}$的子空间 W，且若 $\alpha\in S,\alpha\notin W$，则$\{\alpha\}\cup W$ 生成的子空间 $U\not\subseteq S$)。

6. 设 V 是 n 维实线性空间，Q_1 和 Q_2 是 V 上的两个二次函数。证明：如果 Q_1 和 Q_2 分别在 V 的一个基下的表达式是由正惯性指数都小于$\dfrac{n}{2}$的二次型诱导出来的，那么 Q_1+Q_2 在 V 的一个基下的表达式不是正定的二次型诱导出来的。(注：$(Q_1+Q_2)(\alpha)=Q_1(\alpha)+Q_2(\alpha)$。)

7. 判断数域 K 上下列两个斜对称矩阵是否合同。

$$A=\begin{pmatrix}0&2&1&-3\\-2&0&4&5\\-1&-4&0&-1\\3&-5&1&0\end{pmatrix},\quad B=\begin{pmatrix}0&1&-4&-1\\-1&0&3&-2\\4&-3&0&11\\1&-2&-11&0\end{pmatrix}.$$

8. 判断下列 4 级实对称矩阵能否正交相似于主对角元全为 0 的矩阵。

$$A=\begin{pmatrix}1&0&4&5\\0&-2&6&-3\\4&6&3&-7\\5&-3&-7&-1\end{pmatrix},\quad B=\begin{pmatrix}3&1&0&2\\1&-5&3&6\\0&3&4&8\\2&6&8&-2\end{pmatrix}.$$

9. 下列两个实对称矩阵能否一齐合同对角化？

$$A=\begin{pmatrix}1&1\\1&0\end{pmatrix},\qquad B=\begin{pmatrix}0&1\\1&1\end{pmatrix}$$

10. 证明：秩为 1 的两个 2 级实对称矩阵一定可以一齐合同对角化。

11. 设 A 是 n 维实线性空间 V 上的非退化对称双线性函数 f 在 V 的一个基 $\alpha_1,\cdots,\alpha_n$ 下的矩阵。证明：

(1)若 n 为奇数，则 $-A$ 不是 f 在 V 的任一基下的矩阵；

(2)若 n 为偶数，则 $-A$ 是 f 在 V 的某一个基下的矩阵当且仅当 A 的正惯性指数 $p=\frac{n}{2}$。

12. 设 f 是特征不为 2 的域 F 上的线性空间 V 上的非零双线性函数。证明：如果存在 $a\in F$ 使得

$$f(\beta,\alpha)=af(\alpha,\beta),\ \forall\,\alpha,\beta\in V,$$

那么 a 等于 1 或 -1。

13. 设 f 是特征不为 2 的域 F 上的线性空间 V 上的双线性函数。证明：如果对一切 $\alpha,\beta\in V$，$f(\alpha,\beta)=0$ 蕴含 $f(\beta,\alpha)=0$，那么 f 或者是对称的，或者是斜对称的。

10.2 欧几里得空间

10.2.1 内容精华

一、实线性空间中内积的概念

现在我们在实数域上的线性空间 V 中引进度量概念。从几何空间中向量的内积具有对称性、线性性、正定性等基本性质受到启发，我们在有了对称双线函数的概念之后，还需要有正定性的概念。

定义 1 设 f 是实线性空间 V 上的对称双线性函数，如果对任意 $\alpha\in V$，有 $f(\alpha,\alpha)\geqslant 0$，等号成立当且仅当 $\alpha=0$，那么称 f 是**正定的**。

命题 1 设 f 是 n 维实线性空间 V 上的一个对称双线性函数，f 在 V 上的一个基 $\alpha_1,\alpha_2,\cdots,\alpha_n$ 下的度量矩阵是 A，则 f 是正定的当且仅当 A 是正定矩阵。

命题 2 设 f 是 n 维实线性空间 V 上的一个正定的对称双线性函数，则 V 中存在一个基 $\eta_1,\eta_2,\cdots,\eta_n$，使得 f 在此基下的度量矩阵为 I，从而 f 在此基下的表达式为

$$f(\alpha,\beta)=x_1y_1+x_2y_2+\cdots+x_ny_n, \tag{1}$$

其中 $\alpha=\sum\limits_{i=1}^{n}x_i\eta_i$，$\beta=\sum\limits_{i=1}^{n}y_i\eta_i$。

证明　由于 f 是 V 上的正定对称双线性函数，因此 V 中存在一个基 $\alpha_1,\alpha_2,\cdots,\alpha_n$，使得 f 在此基下的度量矩阵 A 为正定矩阵，从而 $A\simeq I$。于是 V 中存在一个基 $\eta_1,\eta_2,\cdots,\eta_n$ 使得 f 在此基下的度量矩阵为 I。从而 f 在此基下的表达式为

$$f(\alpha,\beta)=\boldsymbol{X}'I\boldsymbol{Y}=\boldsymbol{X}'\boldsymbol{Y}=x_1y_1+x_2y_2+\cdots+x_ny_n,$$

其中 $\alpha=(\eta_1,\eta_2,\cdots,\eta_n)\boldsymbol{X}$，$\beta=(\eta_1,\eta_2,\cdots,\eta_n)\boldsymbol{Y}$，

$$\boldsymbol{X}=(x_1,x_2,\cdots,x_n)',\boldsymbol{Y}=(y_1,y_2,\cdots,y_n)'.$$ ■

从几何空间中向量的内积的基本性质受到启发，我们在实数域上线性空间中也引进内积的概念。

定义 2　设 V 是实数域上的一个线性空间，V 上的一个正定的对称双线性函数 f 称为 V 上的一个**内积**。

习惯上把内积 f 在有序向量对 (α,β) 上的函数值 $f(\alpha,\beta)$ 简记成 (α,β)，从而把内积 f 记成（ ， ），或者记成 (α,β)。一般来说，V 上有许多内积，为了区别 V 上不同的内积可以添写下标，例如，写成 $(\ ,\ )_1$，$(\ ,\ )_2$ 等。

定义 3　设 V 是实数域上的一个线性空间，如果给定了 V 上的一个内积，那么称 V 是一个**实内积空间**。有限维的实内积空间 V 称为**欧几里得空间**，并且把线性空间 V 的维数称为欧几里得空间 V 的**维数**。

例 1　在 $\mathbf{R}^n$ 中，对于 $\boldsymbol{\alpha}=(x_1,x_2,\cdots,x_n)'$，$\boldsymbol{\beta}=(y_1,y_2,\cdots,y_n)'$，令

$$(\boldsymbol{\alpha},\boldsymbol{\beta})=x_1y_1+x_2y_2+\cdots+x_ny_n, \tag{2}$$

则 $(\boldsymbol{\alpha},\boldsymbol{\beta})$ 是 $\mathbf{R}^n$ 上的一个内积。这个内积称为 $\mathbf{R}^n$ 上的**标准内积**。$\mathbf{R}^n$ 对于这个内积成为一个 n 维欧几里得空间（参看《高等代数学习指导书（上册）》4.6 节）。

例 2　在实数域 $\mathbf{R}$ 上的线性空间 $M_n(\mathbf{R})$ 中，令

$$f(A,B)\xlongequal{\text{def}}\text{tr}(AB'). \tag{3}$$

在 10.1 节典型例题的例 3 中已证 f 是对称双线性函数，且它在基 $E_{11},E_{12},\cdots,E_{1n},\cdots,E_{n1},E_{n2},\cdots,E_{nn}$ 下的度量矩阵为 n^2 级单位矩阵 I，因此 f 是 $M_n(\mathbf{R})$ 上的一个内积。$M_n(\mathbf{R})$ 对于这个内积成为一个 n^2 维欧几里得空间。

例 3　在实数域上的线性空间 $C[a,b]$ 中，令

$$(f,g)\xlongequal{\text{def}}\int_a^b f(x)g(x)\mathrm{d}x. \tag{4}$$

据 10.1 节内容精华的例 4，(f,g) 是 $C[a,b]$ 上的一个双线性函数，显然它是对称的。又由

于对任意 $f(x)\in C[a,b]$有

$$(f,f)=\int_a^b[f(x)]^2\mathrm{d}x\geqslant 0,$$

等号成立当且仅当 $f=0$,因此(f,g)是正定的,从而它是 $C[a,b]$上的一个内积,$C[a,b]$对于这个内积成为一个实内积空间。

二、实内积空间中的度量概念

在实内积空间 V 中,由于指定了 V 上的一个内积(,),因此可以引进向量的长度,两个非零向量的夹角,向量的正交,向量之间的距离等度量概念。

定义 4 非负实数$\sqrt{(\alpha,\alpha)}$称为向量 α 的**长度**,记作$|\alpha|$(或者$\|\alpha\|$)。

根据内积的正定性,零向量的长度为 0,非零向量的长度为正数。由定义 4 和定义 2 立即得到

$$|k\alpha|=|k||\alpha|,\forall\alpha\in V,k\in\mathbf{R}. \tag{5}$$

长度为 1 的向量称为**单位向量**。如果 $\alpha\neq 0$,那么据(5)式得,$\frac{1}{|\alpha|}\alpha$ 是一个单位向量。把 α 变成$\frac{1}{|\alpha|}\alpha$ 称为把 α **单位化**。

为了在实内积空间中引进两个非零向量的夹角的概念,可以从解析几何中用内积求夹角的余弦的公式受到启发,但是首先要证明下述结论。

定理 1(Cauchy-буняковскцй-Schwarz 不等式) 在实内积空间 V 中,对于任意向量 α,β,有

$$|(\alpha,\beta)|\leqslant|\alpha||\beta|, \tag{6}$$

等号成立当且仅当 α,β 线性相关。

推论 1 对于任意两组实数 $a_1,a_2,\cdots,a_n$ 与 $b_1,b_2,\cdots,b_n$ 有

$$|a_1b_1+a_2b_2+\cdots+a_nb_n|\leqslant\sqrt{a_1^2+a_2^2+\cdots+a_n^2}\sqrt{b_1^2+b_2^2+\cdots+b_n^2}. \tag{7}$$

等号成立当且仅当$(a_1,a_2,\cdots,a_n)$与$(b_1,b_2,\cdots,b_n)$线性相关,(7)式是 **Cauchy 不等式**。 ■

推论 2 对于任意 $f,g\in C[a,b]$,有

$$\left|\int_a^b f(x)g(x)\mathrm{d}x\right|\leqslant\left(\int_a^b f^2(x)\mathrm{d}x\right)^{\frac{1}{2}}\left(\int_a^b g^2(x)\mathrm{d}x\right)^{\frac{1}{2}}. \tag{8}$$

等号成立当且仅当 f 与 g 线性相关。(8)式是 **Schwarz 不等式**。 ■

定义 5 实内积空间 V 中,两个非零向量 α 与 β 的**夹角**$\langle\alpha,\beta\rangle$规定为

$$\langle\alpha,\beta\rangle\xlongequal{\text{def}}\arccos\frac{(\alpha,\beta)}{|\alpha||\beta|}. \tag{9}$$

由定义 5 立即得到

$$0 \leqslant \langle \alpha, \beta \rangle \leqslant \pi, \tag{10}$$

$$(\alpha, \beta) = 0 \quad \Leftrightarrow \quad \langle \alpha, \beta \rangle = \frac{\pi}{2}. \tag{11}$$

于是引出下述概念：

定义 6　在实内积空间 V 中，如果$(\alpha,\beta)=0$，那么称 α 与 β **正交**，记作 $\alpha \perp \beta$。

由定义 6 以及内积的正定性得出，只有零向量才与自己正交。从而若 α 与 V 中一切向量都正交，则 α 一定是零向量，即内积是非退化的对称双线性函数（这从内积在一个基下的度量矩阵是正定矩阵也可看出来）。

推论 3　在实内积空间 V 中，**三角形不等式**成立。即对于任意 $\alpha, \beta \in V$，有

$$|\alpha + \beta| \leqslant |\alpha| + |\beta|. \tag{12}$$

推论 4　在实内积空间 V 中，**勾股定理**成立。即如果 α 与 β 正交，那么

$$|\alpha + \beta|^2 = |\alpha|^2 + |\beta|^2. \tag{13}$$

利用数学归纳法可以把勾股定理推广到多个向量的情形，即如果 $\alpha_1, \alpha_2, \cdots, \alpha_n$ 两两正交，那么

$$|\alpha_1 + \alpha_2 + \cdots + \alpha_n|^2 = |\alpha_1|^2 + |\alpha_2|^2 + \cdots + |\alpha_n|^2. \tag{14}$$

推论 5　在实内积空间 V 中，**余弦定理**成立。即设三个非零向量 α, β, γ 满足 $\gamma = \beta - \alpha$，则

$$|\gamma|^2 = |\alpha|^2 + |\beta|^2 - 2|\alpha||\beta|\cos\langle \alpha, \beta \rangle. \tag{15}$$

在数学分析课程中看到，在研究无限性的问题时，极限是重要的概念，而刻画极限要用到距离的概念。为了在实内积空间中给出距离的概念，我们首先给出距离的定义。

定义 7　设 E 是一个非空集合，d 是 $E \times E$ 到 $\mathbf{R}$ 的一个映射，如果对任意 $x, y, z \in E$，有

(i) $d(x,y) = d(y,x)$　（对称性）；

(ii) $d(x,y) \geqslant 0$，等号成立当且仅当 $x = y$　（正定性）；

(iii) $d(x,z) \leqslant d(x,y) + d(y,z)$　（三角形不等式），

那么称 d 是一个**距离**。如果集合 E 定义了一个距离 d，那么称 E 是一个**度量空间**。把 $d(x,y)$ 称为 $\boldsymbol{x}$ **与** $\boldsymbol{y}$ **之间的距离**。

命题 3　在实内积空间 V 中，对于任意 $\alpha, \beta \in V$，令

$$d(\alpha, \beta) \overset{\text{def}}{=\!=\!=} |\alpha - \beta|, \tag{16}$$

则 d 是一个距离，从而实内积空间 V 对于这个距离 d 成为一个度量空间。

证明　$d(\alpha,\beta) = |\alpha - \beta| = |-(\beta - \alpha)| = |-1||\beta - \alpha| = |\beta - \alpha| = d(\beta, \alpha)$，

$$d(\alpha, \beta) = |\alpha - \beta| \geqslant 0,$$

等号成立当且仅当 $\alpha-\beta=0$,即 $\alpha=\beta$。

$$\begin{aligned} d(\alpha,\gamma) &= |\alpha-\gamma| = |\alpha-\beta+\beta-\gamma| \\ &\leqslant |\alpha-\beta|+|\beta-\gamma| = d(\alpha,\beta)+d(\beta,\gamma). \end{aligned}$$

综上所述,由(16)式定义的 d 是一个距离。 ■

三、欧几里得空间中的标准正交基

实内积空间 V 中向量之间的关系,从加法和数量乘法运算的角度看,有线性相关与线性无关之区分;从度量的角度看,有正交与不正交之区分。这两者之间有什么联系呢?

命题 4 在实内积空间 V 中,由两两正交的非零向量组成的集合是线性无关的。

推论 6 在 n 维欧几里得空间 V 中,彼此正交的非零向量的个数不超过 n。

定义 8 在 n 维欧几里得空间 V 中,由 n 个两两正交的非零向量组成的基称为 V 的一个**正交基**;由 n 个两两正交的单位向量组成的基称为 V 的一个**标准正交基**。

由于内积是正定的对称双线性函数,因此据命题 2 得,V 中存在一个基 $\eta_1,\eta_2,\cdots,\eta_n$,使得内积在此基下的度量矩阵为单位距阵 I。从而

$$(\eta_i,\eta_j)=\delta_{ij},i,j=1,2,\cdots,n. \tag{17}$$

因此 $\eta_1,\eta_2,\cdots,\eta_n$ 是 V 的一个标准正交基。

求标准正交基的算法:取 V 的一个基 $\alpha_1,\alpha_2,\cdots,\alpha_n$,令

$$\begin{aligned} \beta_1 &= \alpha_1, \\ \beta_2 &= \alpha_2-\frac{(\alpha_2,\beta_1)}{(\beta_1,\beta_1)}\beta_1, \\ &\cdots \\ \beta_n &= \alpha_n-\sum_{j=1}^{n-1}\frac{(\alpha_n,\beta_j)}{(\beta_j,\beta_j)}\beta_j, \end{aligned} \tag{18}$$

则 $\beta_1,\beta_2,\cdots,\beta_n$ 是 V 的一个正交基。令

$$\eta_i=\frac{1}{|\beta_i|}\beta_i,i=1,2,\cdots,n, \tag{19}$$

则 $\eta_1,\eta_2,\cdots,\eta_n$ 是 V 的一个标准正交基。

上述算法的第一步称为 **Schmidt 正交化**,第二步称为**单位化**。

上述算法的证明与《高等代数学习指导书(上册)》4.6 节的定理 1 的证明一样。

由于在欧几里得空间 V 中指定了唯一的一个内积,因此把这个内积在 V 的一个基 α_1,$\alpha_2,\cdots,\alpha_n$ 下的度量矩阵也称为 $\alpha_1,\alpha_2,\cdots,\alpha_n$ 的度量矩阵。采用"度量矩阵"这个术语的原因是:若知道了内积在 V 的一个基 $\alpha_1,\alpha_2,\cdots,\alpha_n$ 下的度量矩阵为 A,则可以计算 V 中任意两个向量 α 与 β 的内积 $(\alpha,\beta)=\boldsymbol{X}'A\boldsymbol{Y}$,其中 $\boldsymbol{X},\boldsymbol{Y}$ 分别是 α,β 在基 $\alpha_1,\alpha_2,\cdots,\alpha_n$ 下的坐标;而利

用内积可以计算向量的长度，两个非零向量的夹角，两个向量之间的距离，以及判断两个向量是否垂直等，即利用内积可以解决度量问题，因此把 A 称为“度量矩阵”。

在 n 维欧几里得空间 V 中采用标准正交基有下列优越性：

命题 5　在 n 维欧几里得空间 V 中，

基 $\eta_1,\eta_2,\cdots,\eta_n$ 是 V 的一个标准正交基

$\Leftrightarrow$　$(\eta_i,\eta_j)=\delta_{ij},i,j=1,2,\cdots,n$

$\Leftrightarrow$　基 $\eta_1,\eta_2,\cdots,\eta_n$ 的度量矩阵是 I

$\Leftrightarrow$　内积在基 $\eta_1,\eta_2,\cdots,\eta_n$ 下的表达式为

$$(\alpha,\beta)=\boldsymbol{X}'\boldsymbol{Y}=x_1y_1+x_2y_2+\cdots+x_ny_n,$$

其中 $\boldsymbol{X}=(x_1,x_2,\cdots,x_n)',\boldsymbol{Y}=(y_1,y_2,\cdots,y_n)'$ 是 α,β 在基 $\eta_1,\eta_2,\cdots,\eta_n$ 下的坐标。■

从命题 5 看到，采用标准正交基可以使内积的计算比较简捷。

命题 6　设 $\eta_1,\eta_2,\cdots,\eta_n$ 是 n 维欧几里得空间 V 的一个标准正交基，则对于任意 $\alpha\in V$，有

$$\alpha=\sum_{i=1}^{n}(\alpha,\eta_i)\eta_i,\tag{20}$$

即 α 在标准正交基 $\eta_1,\eta_2,\cdots,\eta_n$ 下的坐标的第 i 个分量等于(α,η_i)，$i=1,2,\cdots,n$。

从命题 6 看到，采用标准正交基可以用内积来求向量的坐标。(20)式称为 α 的 **Fourier 展开**，其中每个系数(α,η_i)都称为 α 的 **Fourier 系数**。

在 n 维欧几里得空间 V 中，标准正交基与标准正交基之间有什么关系呢？

命题 7　设 $\eta_1,\eta_2,\cdots,\eta_n$ 是 V 的一个标准正交基，

$$(\beta_1,\beta_2,\cdots,\beta_n)=(\eta_1,\eta_2,\cdots,\eta_n)P,\tag{21}$$

则 $\beta_1,\beta_2,\cdots,\beta_n$ 是 V 的标准正交基当且仅当 P 是正交矩阵。

证明　β_j 在 V 的标准正交基 $\eta_1,\eta_2,\cdots,\eta_n$ 下的坐标 $\boldsymbol{Y}_j$ 是矩阵 P 的第 j 列。于是

$$(\beta_i,\beta_j)=\boldsymbol{Y}_i'\boldsymbol{Y}_j,i,j=1,2,\cdots,n.\tag{22}$$

从而　$\beta_1,\beta_2,\cdots,\beta_n$ 是 V 的一个标准正交基

$\Leftrightarrow$　$(\beta_i,\beta_j)=\delta_{ij},i,j=1,2,\cdots,n$

$\Leftrightarrow$　$\boldsymbol{Y}_i'\boldsymbol{Y}_j=\delta_{ij},i,j=1,2,\cdots,n$

$\Leftrightarrow$　P 的列向量组 $\boldsymbol{Y}_1,\boldsymbol{Y}_2,\cdots,\boldsymbol{Y}_n$ 是正交单位向量组

$\Leftrightarrow$　P 是正交矩阵。■

n 维欧几里得空间 V 的一个标准正交基是由 n 个两两正交的单位向量组成的。由于在 n 维欧几里得空间 V 中，彼此正交的非零向量的个数不超过 n，因此 V 的一个标准正交基是一个极大正交单位向量组。

无限维实内积空间 V 有没有标准正交基呢？从 n 维欧几里得空间的一个标准正交基是一个极大正交单位向量组受到启发，我们考虑无限维实内积空间 V 的一个极大正交规范集 S（即 S 是由两两正交的单位向量组成的集合，并且从 $V\backslash S$ 中任取一个向量 α 都有 $\{\alpha\}\cup S$ 不是正交集）。根据命题 4，S 是线性无关的。对于实线性空间 V 来说，如果 V 中每个向量可以由 S 中有限多个向量线性表出，那么 S 就是 V 的一个基。现在实内积空间 V 有了内积，从而就有了距离的概念，于是就有极限的概念，因此我们不必要求 V 中每个向量可以由 S 中有限多个向量线性表出。先考虑 S 是可数集的情形，设

$$S=\{\eta_1,\eta_2,\eta_3,\cdots\}.$$

从 n 维欧几里得空间 V 中每个向量 $\alpha=\sum\limits_{i=1}^{n}(\alpha,\eta_i)\eta_i$（其中 $\eta_1,\eta_2,\cdots,\eta_n$ 是 V 的一个标准正交基）受到启发，我们希望实内积空间 V 中每个向量 $\alpha=\sum\limits_{i=1}^{\infty}(\alpha,\eta_i)\eta_i$，这样就可以把 S 称为 V 的一个标准正交基。首先一个问题是级数 $\sum\limits_{i=1}^{\infty}(\alpha,\eta_i)\eta_i$ 是否在 V 中收敛？即这个级数的部分和组成的序列 $\{\sum\limits_{i=1}^{n}(\alpha,\eta_i)\eta_i\}$。当 $n\to+\infty$ 时是否在 V 中有极限？从实数集 $\mathbf{R}$ 受到启发，如果实数构成的数列 $\{x_n\}$ 有极限，那么任给 $\varepsilon>0$，存在正整数 N，使得对一切 $n,m>N$ 都有 $|x_n-x_m|<\varepsilon$，满足这个条件的数列 $\{x_n\}$ 称为 Cauchy 数列。反之，从实数集的连续性出发可以证明：实数集中的 Cauchy 数列一定存在实数极限。因此实数构成的数列如果有极限，那么它的极限必定是实数。这一性质称为实数集的完备性。于是为了在实内积空间 V 中，级数 $\sum\limits_{i=1}^{\infty}(\alpha,\eta_i)\eta_i$ 的部分和序列在 V 中有极限，我们应当考虑满足下述条件的实内积空间 V：V 中每一个 Cauchy 序列 $\{\alpha_n\}$（即满足：任给 $\varepsilon>0$，都存在正整数 N，使得 $\forall m,n>N$ 都有 $d(\alpha_n,\alpha_m)<\varepsilon$ 这样的序列）在 V 中有极限。满足这个条件的实内积空间 V 称为是完备的。于是对于完备的实内积空间 V，如果一个序列有极限，那么它的极限必在 V 中。

下面来研究级数 $\sum\limits_{i=1}^{\infty}(\alpha,\eta_i)\eta_i$ 的部分和序列是否有极限。由于 S 是正交规范集，因此根据参考文献 20 的第 339 页的定理 6 得，$\sum\limits_{i=1}^{\infty}(\alpha,\eta_i)\eta_i$ 的部分和序列在 V 中有极限，再根据参考文献 20 的第 340 页的命题 25 得，

$S=\{\eta_1,\eta_2,\cdots\}$ 是完备的实内积空间 V 的一个极大正交规范集，当且仅当 V 中任一向量 $\alpha=\sum\limits_{i=1}^{\infty}(\alpha,\eta_i)\eta_i$。

这样我们就可以把完备的实内积空间 V 的一个极大正交规范集 $S=\{\eta_1,\eta_2,\cdots\}$ 称为 V 的一个**标准正交基**。

若完备的实内积空间 V 的一个极大正交规范集 S 是不可数集时，根据参考文献 20 的第 340 页的命题 25，仍然有：$S=\{\eta_i \mid i\in I\}$（其中 I 是指标集）是 V 的极大正交规范集当且仅当 V 中任一向量 $\alpha=\sum\{(\alpha,\eta_i)\eta_i \mid i\in I\}$。从而仍然可以把完备实内积空间 V 的一个极大正交规范集称为 V 的一个**标准正交基**。当 $S=\{\eta_i \mid i\in I\}$ 是不可数集时，$\sum\{(\alpha,\eta_i)\eta_i \mid i\in I\}$ 是什么意思？可以看参考文献 20 的第 338 页的倒数第 1 行至第 339 页的第 1～10 行。

从上述讨论看到，完备的实内积空间 V 有标准正交基 $\{\eta_i \mid i\in I\}$ 当且仅当 V 中任一向量 $\alpha=\sum\{(\alpha,\eta_i)\eta_i \mid i\in I\}$。当指标集 I 是可数集时，V 有标准正交基 $\{\eta_1,\eta_2,\cdots\}$，当且仅当 V 中任一向量 $\alpha=\sum\limits_{i=1}^{\infty}(\alpha,\eta_i)\eta_i$。

四、实内积空间的同构

对于一个实线性空间 V，当指定不同的内积时，V 便成为不同的实内积空间。这样从同一个实线性空间 V，可以得到许多实内积空间。至于从不同的实线性空间，当然可以得到许多不同的实内积空间。对于众多的实内积空间，如何区分哪些在本质上是一样的？两个实线性空间 V 和 V'，本质上相同就是它们之间存在一一对应，并且这种一一对应保持加法运算和数量乘法运算。当 V 和 V' 分别指定了一个内积成为实内积空间之后，它们本质上相同自然应该增加一个条件：若 V 中的两个向量 α_1,α_2 分别与 V' 中两个向量 γ_1,γ_2 对应，则 $(\alpha_1,\alpha_2)=(\gamma_1,\gamma_2)$。这个条件可以简洁地说成：保持内积。从以上分析我们给出两个实内积空间本质上相同的确切含义：

定义 9　设 V 和 V' 都是实内积空间，如果存在 V 到 V' 的一个双射 σ，使得对于任意 $\alpha,\beta\in V,k\in\mathbf{R}$，有

$$\begin{aligned}&\sigma(\alpha+\beta)=\sigma(\alpha)+\sigma(\beta),\\&\sigma(k\alpha)=k\sigma(\alpha),\\&(\alpha,\beta)=(\sigma(\alpha),\sigma(\beta)),\end{aligned}$$

那么称 σ 是实内积空间 V 到 V' 的一个**同构映射**，此时称 V 与 V' 是**同构的**，记作 $V\cong V'$。

从定义 9 看出，实内积空间 V 到 V' 的一个同构映射 σ 首先是实线性空间 V 到 V' 的一个同构映射，其次 σ 还保持内积。因此 σ 既具有线性空间的同构映射的一切性质，还具有与内积有关的性质。譬如，若 V 是有限维的，则 V' 也是有限维的，而且 V 与 V' 的维数相同。又如，若 V 是有限维的，则 σ 把 V 的一个基映成 V' 的一个基；又由于 σ 保持内积，因此

σ 把 V 的一个标准正交基映成 V' 的一个标准正交基。

设 V 和 V' 是两个实内积空间，为了更清晰简明，把 V 到 V' 的保持加法和数量乘法运算的双射 σ 称为一个**线性同构**；若线性同构 σ 还保持内积，则称它为一个**保距同构**。

定理 2 两个欧几里得空间同构的充分必要条件是它们的维数相同。

从定理 2 得出，同一个 n 维实线性空间 V，虽然装备上不同的内积成为不同的欧几里得空间，但是这些欧几里得空间是同构的。而且不同的 n 维实线性空间装备上各自的内积得到的欧几里得空间也是同构的。特别地，任一 n 维欧几里得空间 V 都与装备了标准内积的欧几里得空间 $\mathbf{R}^n$ 同构，并且一个同构映射是

$$\sigma: V \longrightarrow \mathbf{R}^n$$
$$\alpha = \sum_{i=1}^{n} x_i\eta_i \longmapsto (x_1, x_2, \cdots, x_n)', \tag{23}$$

其中 $\eta_1, \eta_2, \cdots, \eta_n$ 是 V 的一个标准正交基。即让 V 中每一个向量 α 对应到它在 V 的一个标准正交基下的坐标，这个映射是 n 维欧几里得空间 V 到 $\mathbf{R}^n$ 的一个同构映射。由于 V 的标准正交基不唯一，因此 V 到 $\mathbf{R}^n$ 的同构映射也不唯一。

我们在第 8 章已经知道，线性空间的同构关系具有反身性、对称性和传递性。可以证明：实内积空间的同构关系也具有反身性、对称性和传递性。关于反身性是显然的(因为恒等映射是保距同构)。关于对称性，设 σ 是实内积空间 V 到 V' 的一个同构映射，则 σ^{-1} 是 V' 到 V 的一个线性同构。又由于对于任意 $\gamma_1, \gamma_2 \in V'$，有

$$(\gamma_1, \gamma_2) = (\sigma(\sigma^{-1}(\gamma_1)), \sigma(\sigma^{-1}(\gamma_2))) = (\sigma^{-1}(\gamma_1), \sigma^{-1}(\gamma_2)),$$

因此 σ^{-1} 是 V' 到 V 的一个保距同构。从而实内积空间 V' 与 V 同构。关于传递性，类似于对称性的证明方法可证传递性。

推论 7 设 V 是 n 维欧几里得空间，则 V 上的线性变换 σ 是保距同构当且仅当 σ 把 V 的标准正交基映成标准正交基。

证明 必要性。前面已论证过。

充分性。设 σ 把 V 的一个标准正交基 $\eta_1, \eta_2, \cdots, \eta_n$ 映成标准正交基 $\gamma_1, \gamma_2, \cdots, \gamma_n$。则对于任意 $\alpha = \sum_{i=1}^{n} x_i\eta_i$，有

$$\sigma(\alpha) = \sigma\left(\sum_{i=1}^{n} x_i\eta_i\right) = \sum_{i=1}^{n} x_i\sigma(\eta_i) = \sum_{i=1}^{n} x_i\gamma_i.$$

据定理 2 的充分性的证明得，σ 是 V 到 V 的一个保距同构。 ■

注：定义 9 可以改成"如果实内积空是 V 到 V' 有一个满射 σ 使得

$$(\sigma(\alpha), \sigma(\beta)) = (\alpha, \beta), \quad \forall\, \alpha, \beta \in V,$$

那么称 σ 是实内积空间 V 到 V' 的一个**同构映射**,此时称 V 与 V' 是**同构**的”。这是因为从 σ 保持内积不变可以推出 σ 保持向量的长度不变,从而可以证明 σ 是 V 到 V' 的一个线性映射,并且 σ 是单射。结合定义中“σ 是满射”便得出 σ 是双射。证明见参考文献 22 的第 475 页的命题 1。

10.2.2 典型例题

例 1 判断下列实线性空间中分别规定的二元函数是不是该实线性空间上的一个内积。

(1) 在 $M_n(\mathbf{R})$ 中,规定

$$f(A,B) \xlongequal{\text{def}} \operatorname{tr}(AB);$$

(2) 在 $\mathbf{R}^2$ 中,对于任意 $\boldsymbol{\alpha}=(x_1,x_2)'$,$\boldsymbol{\beta}=(y_1,y_2)'$,令

$$f(\boldsymbol{\alpha},\boldsymbol{\beta}) = x_1y_1 - x_1y_2 - x_2y_1 + 4x_2y_2;$$

(3) 设 C 是一个 n 级实可逆矩阵,在 $\mathbf{R}^n$ 中,规定

$$f(\boldsymbol{x},\boldsymbol{y}) = \boldsymbol{X}'C'C\boldsymbol{Y}.$$

解 (1) 从 10.1 节内容精华的例 3 知道,f 是 $M_n(\mathbf{R})$ 上的一个双线性函数。由于 $\operatorname{tr}(AB)=\operatorname{tr}(BA)$,因此 f 是对称的。

设 n 级矩阵 $A=\operatorname{diag}\left\{\begin{pmatrix}0&1\\0&0\end{pmatrix},0,\cdots,0\right\}$,则 $A^2=0$。于是 $f(A,A)=\operatorname{tr}(A^2)=0$。这表明 f 不是正定的。因此 f 不是 $M_n(\mathbf{R})$ 上的一个内积。

(2) 从 f 的表达式立即得出,f 是 $\mathbf{R}^2$ 上的双线性函数。f 在 $\mathbf{R}^2$ 的标准基 $\boldsymbol{\varepsilon}_1,\boldsymbol{\varepsilon}_2$ 下的度量矩阵 A 为

$$A = \begin{pmatrix}1&-1\\-1&4\end{pmatrix}.$$

由于 A 是对称矩阵,因此 f 是对称的。由于 A 的各阶顺序主子式全大于 0,因此 A 是正定矩阵。从而 f 是正定的,于是 f 是 $\mathbf{R}^2$ 上的一个内积。

(3) 从 f 的表达式立即得出,f 是 $\mathbf{R}^n$ 上的一个双线性函数,它在 $\mathbf{R}^n$ 的标准基 $\boldsymbol{\varepsilon}_1,\boldsymbol{\varepsilon}_2,\cdots,\boldsymbol{\varepsilon}_n$ 下的度量矩阵 A 为

$$A = C'C.$$

显然 A 是对称矩阵,由于 $A\simeq I$,因此 A 是正定矩阵。从而 f 是正定的对称双线性函数。于是 f 是 $\mathbf{R}^n$ 上的一个内积。

例 2 设 V 和 U 都是实线性空间,U 上指定了一个内积$(\ ,\ )_1$。设 σ 是 V 到 U 的一

个线性映射，且 σ 是单射。对于 V 中任意两个向量 α,β，规定

$$(\alpha,\beta) \xlongequal{\text{def}} (\sigma(\alpha),\sigma(\beta))_1, \tag{24}$$

证明：（ ， ）是 V 上的一个内积。

证明 任取 $\alpha_1,\alpha_2,\beta\in V, k_1, k_2\in \mathbf{R}$，有

$$\begin{aligned}(k_1\alpha_1+k_2\alpha_2,\beta) &= (\sigma(k_1\alpha_1+k_2\alpha_2),\sigma(\beta))_1 \\ &= (k_1\sigma(\alpha_1)+k_2\sigma(\alpha_2),\sigma(\beta))_1 \\ &= k_1(\sigma(\alpha_1),\sigma(\beta))_1+k_2(\sigma(\alpha_2),\sigma(\beta))_1 \\ &= k_1(\alpha_1,\beta)+k_2(\alpha_2,\beta),\end{aligned}$$

因此（ ， ）对第一个变量是线性的。同理可证它对于第二个变量也是线性的。因此（ ， ）是 V 上的一个双线性函数。由于对于任意 $\alpha,\beta\in V$，有

$$(\alpha,\beta)=(\sigma(\alpha),\sigma(\beta))_1=(\sigma(\beta),\sigma(\alpha))_1=(\beta,\alpha),$$

因此（ ， ）是对称的，对任意 $\alpha\in V$，且 $\alpha\neq 0$。由于 σ 是 V 到 U 的单射，因此 $\sigma(\alpha)\neq 0$。从而

$$(\alpha,\alpha)=(\sigma(\alpha),\sigma(\alpha))_1>0.$$

又有

$$(0,0)=(\sigma(0),\sigma(0))_1=(0,0)_1=0.$$

因此（ ， ）是正定的。从而（ ， ）是 V 上的一个内积。 ■

例 3 设 V 是 n 维实线性空间，V 中取一个基 $\alpha_1,\alpha_2,\cdots,\alpha_n$。对于 V 中任意两个向量 $\alpha=\sum\limits_{i=1}^{n}x_i\alpha_i,\beta=\sum\limits_{i=1}^{n}y_i\alpha_i$，规定

$$(\alpha,\beta)=x_1y_1+x_2y_2+\cdots+x_ny_n. \tag{25}$$

证明：(1)（ ， ）是 V 上的一个内积；

(2) 对于 V 中任意一个基 $\alpha_1,\alpha_2,\cdots,\alpha_n$，存在 V 上唯一的一个内积（ ， ），使得

$$(\alpha_i,\alpha_j)=\delta_{ij}, i,j=1,2,\cdots,n.$$

证明 (1) 从（ ， ）定义看出，它是 V 上的一个双线性函数，它在 V 的基 $\alpha_1,\alpha_2,\cdots,\alpha_n$ 下的度量矩阵是 I，因此它是 V 上正定的对称双线性函数。从而它是 V 上的一个内积。

(2) 对于 V 中任意一个基 $\alpha_1,\alpha_2,\cdots,\alpha_n$。按照第(1)小题中(25)式定义 (α,β)，得到 V 上的一个内积（ ， ），它使得 $(\alpha_i,\alpha_j)=\delta_{ij}, i,j=1,2,\cdots,n$。

假如还有 V 上的一个内积 $(\ ,\ )_1$，使得

$$(\alpha_i,\alpha_j)_1=\delta_{ij}, i,j=1,2,\cdots,n.$$

则对于 V 中任意两个向量 $\alpha=\sum\limits_{i=1}^{n}x_i\alpha_i,\beta=\sum\limits_{j=1}^{n}y_j\alpha_j$，有

$$(\alpha,\beta)_1=\Big(\sum_{i=1}^{n}x_i\alpha_i,\sum_{j=1}^{n}y_j\alpha_j\Big)_1$$

$$= \sum_{i=1}^{n}\sum_{j=1}^{n} x_i y_j (\alpha_i, \alpha_j)_1$$

$$= \sum_{i=1}^{n} x_i y_i = (\alpha, \beta).$$

因此(, $)_1$ 与(,)是相等的双线性函数。■

例 4　设 $V=C[0,1]$，考虑 V 到自身的一个映射 $\sigma: f \longmapsto \sigma f$，其中 σf 的定义为

$$(\sigma f)(t) \xlongequal{\text{def}} t\, f(t),\ \forall\, t \in [0,1]. \tag{26}$$

证明：(1) σ 是 V 上的一个线性变换，且 σ 是单射；

(2) 对于任意 $f,g\in V$，规定

$$(f,g) = \int_0^1 f(t)g(t)\, t^2\, \mathrm{d}t, \tag{27}$$

则 (f,g) 是 V 上的一个内积。

证明　(1) 任取 $f_1, f_2 \in V$，对一切 $t\in[0,1]$，有

$$\begin{aligned}(\sigma(f_1+f_2))(t) &= t(f_1+f_2)(t) = t[f_1(t)+f_2(t)] \\ &= tf_1(t)+tf_2(t) = (\sigma f_1)(t)+(\sigma f_2)(t) \\ &= (\sigma f_1+\sigma f_2)(t).\end{aligned}$$

因此 $\sigma(f_1+f_2)=\sigma f_1+\sigma f_2$。同理可证 $\sigma(kf)=k\sigma(f)$。从而 σ 是 V 上的一个线性变换。

设 $f,g\in V$，且 $\sigma(f)=\sigma(g)$，则 $tf(t)=tg(t)$，$\forall\, t\in[0,1]$。当 $t\in(0,1]$ 时，有 $f(t)=g(t)$。于是

$$\lim_{t\to 0+0} f(t) = \lim_{t\to 0+0} g(t).$$

由于 f,g 是 $[0,1]$ 上的连续函数，因此从上式得，$f(0)=g(0)$。从而 $\forall\, t\in[0,1]$，有 $f(t)=g(t)$。于是 $f=g$，即 σ 是单射。

(2) 从本节内容精华的例 3 知道，$(f,g)_1 = \int_0^1 f(t)g(t)\mathrm{d}t$ 是 $C[0,1]$ 上的一个内积。由于

$$(f,g) = \int_0^1 f(t)g(t)t^2\mathrm{d}t = (\sigma(f),\sigma(g))_1,$$

因此据例 2 得，(f,g) 是 $C[0,1]$ 上的一个内积。■

例 5　设 $V=\mathbf{R}[x]$，对于 $f(x)=\sum_{i=0}^{n} a_i x^i$，$g(x)=\sum_{j=0}^{m} b_j x^j$，规定

$$(f,g) = \sum_{i=0}^{n}\sum_{j=0}^{m} \frac{a_i b_j}{i+j+1}. \tag{28}$$

(1) 证明(,)是 $\mathbf{R}[x]$ 上的一个内积；

(2) 求第(1)小题中的内积在 $\mathbf{R}[x]_n$ 上的限制在基 $1,x,x^2,\cdots,x^{n-1}$ 下的度量矩阵。

(1) **证明** 把 $C[0,1]$ 上的内积 $(f,g)=\int_0^1 f(x)g(x)\mathrm{d}x$ 限制到 $\mathbf{R}[x]$ 中,得到 $\mathbf{R}[x]$ 上的一个内积,这个内积是

$$\begin{aligned}(f(x),g(x))&=\int_0^1 f(x)g(x)\mathrm{d}x\\&=\int_0^1\Big(\sum_{i=0}^n a_ix^i\Big)\Big(\sum_{j=0}^m b_jx^j\Big)\mathrm{d}x\\&=\sum_{i=0}^n\sum_{j=0}^m a_ib_j\int_0^1 x^ix^j\mathrm{d}x\\&=\sum_{i=0}^n\sum_{j=0}^m a_ib_j\,\frac{1}{i+j+1}.\end{aligned}$$

从而由(28)式定义的 (f,g) 是 $\mathbf{R}[x]$ 上的一个内积。

(2) **解** $(x^i,x^j)=\dfrac{1}{i+j+1}$, $0\leqslant i,j<n$。于是上述内积在基 $1,x,x^2,\cdots,x^{n-1}$ 下的度量矩阵 A 为

$$A=\begin{pmatrix}1&\frac{1}{2}&\frac{1}{3}&\cdots&\frac{1}{n}\\\frac{1}{2}&\frac{1}{3}&\frac{1}{4}&\cdots&\frac{1}{n+1}\\\vdots&\vdots&\vdots&&\vdots\\\frac{1}{n}&\frac{1}{n+1}&\frac{1}{n+2}&\cdots&\frac{1}{2n-1}\end{pmatrix}.$$

例 6 证明下述 n 级实矩阵 A 是正定矩阵。

$$A=\begin{pmatrix}1&\frac{1}{2}&\frac{1}{3}&\cdots&\frac{1}{n}\\\frac{1}{2}&\frac{1}{3}&\frac{1}{4}&\cdots&\frac{1}{n+1}\\\vdots&\vdots&\vdots&&\vdots\\\frac{1}{n}&\frac{1}{n+1}&\frac{1}{n+2}&\cdots&\frac{1}{2n-1}\end{pmatrix},$$

这个矩阵称为 Hilbert 矩阵。

证明 从例 5 得,A 是 $\mathbf{R}[x]_n$ 上的内积

$$(f,g)=\sum_{i=0}^{n-1}\sum_{j=0}^{n-1}\frac{a_ib_j}{i+j+1}$$

在基 $1,x,x^2,\cdots,x^{n-1}$ 下的度量矩阵，因此 A 是正定矩阵。■

点评　例 6 表明，判断 n 级实对称矩阵 A 是正定矩阵的一个方法：若 A 是实线性空间上一个内积在一个基下的度量矩阵，则 A 是正定矩阵。

* **例 7**　设 V 是实线性空间，判断下列二元函数是不是 V 上的内积。

(1) V 上两内积的和；

(2) V 上一个内积的正实数倍；

(3) V 上两个内积的差；

(4) V 上一个内积的负实数倍。

解　(1) 由于 V 上对称双线性函数组成的集合 $S_2(V)$ 是 V 上双线性函数空间 $T_2(V)$ 的一个子空间，因此 V 上两个内积的和是 V 上的对称双线性函数。对于 V 中任意非零向量 α，有

$$(\alpha,\alpha)_1+(\alpha,\alpha)_2>0;$$

又有 $(0,0)_1+(0,0)_2=0$，因此 V 上两个内积的和是正定的。从而它是 V 上的一个内积。

(2) V 上一个内积的正实数 k 倍是 V 上的对称双线性函数，任取 $\alpha\in V$，且 $\alpha\neq 0$，有

$$k(\alpha,\alpha)>0;$$

又有 $k(0,0)=0$。因此 $k(\ ,\ )$ 是正定的，从而它是 V 上的一个内积。

(3) V 上两个内积的差是 V 上的对称双线性函数，但是它不一定是正定的，例如，设 V 是 n 维实线性空间，V 中取一个基 $\alpha_1,\alpha_2,\cdots,\alpha_n$，任取 $\alpha=\sum_{i=1}^{n}x_i\alpha_i$，$\beta=\sum_{i=1}^{n}y_i\alpha_i$，令

$$(\alpha,\beta)_1=x_1y_1+x_2y_2+\cdots+x_ny_n,$$
$$(\alpha,\beta)_2=2x_1y_1+x_2y_2+\cdots+x_ny_n,$$

从例 3 知道，$(\ ,\ )_1$ 是 V 上的一个内积，由 $(\alpha,\beta)_2$ 的定义看出，$(\ ,\ )_2$ 是 V 上的一个双线性函数，它在基 $\alpha_1,\alpha_2,\cdots,\alpha_n$ 下的度量矩阵 $A=\mathrm{diag}\{2,1,1,\cdots,1\}$，由于 A 是正定对称矩阵，因此 $(\ ,\ )_2$ 是正定的对称双线性函数，从而 $(\ ,\ )_2$ 也是 V 上的一个内积。由于

$$(\alpha,\beta)_1-(\alpha,\beta)_2=-x_1y_1,$$

因此

$$(\alpha_1,\alpha_1)_1-(\alpha_1,\alpha_1)_2=-1.$$

这表明 $(\ ,\ )_1-(\ ,\ )$ 不是正定的。从而它不是 V 上的一个内积。

(4) V 上一个内积的负实数倍是 V 上的对称双线性函数。但是显然它不是正定的，因此它不是 V 上的一个内积。

例 8　设 V 是一个实内积空间。证明：

$$(\alpha,\beta)=\frac{1}{4}|\alpha+\beta|^2-\frac{1}{4}|\alpha-\beta|^2,\ \forall\,\alpha,\beta\in V. \tag{29}$$

这个恒等式称为**极化恒等式**。

证明

$$|\alpha+\beta|^2=(\alpha+\beta,\alpha+\beta)=|\alpha|^2+2(\alpha,\beta)+|\beta|^2, \tag{30}$$

$$|\alpha-\beta|^2=(\alpha-\beta,\alpha-\beta)=|\alpha|^2-2(\alpha,\beta)+|\beta|^2, \tag{31}$$

因此 $$(\alpha,\beta)=\frac{1}{4}[|\alpha+\beta|^2-|\alpha-\beta|^2],\forall\alpha,\beta\in V.$$ ■

例 9 设 V 是一个实内积空间,证明:

$$|\alpha+\beta|^2+|\alpha-\beta|^2=2|\alpha|^2+2|\beta|^2,\forall\alpha,\beta\in V. \tag{32}$$

当 V 是几何空间时,说明这个恒等式的几何意义。

证明 把例 8 证明中的(30)、(31)式相加,立即得到(32)式。

当 V 是几何空间时,(32)式表明:平行四边形的两条对角线长度的平方和等于四条边长度的平方和。 ■

例 10 设 V 是一个 n 维欧几里得空间,V 中取一个基 $\alpha_1,\alpha_2,\cdots,\alpha_n$。设 $c_1,c_2,\cdots,c_n$ 是任意给定的一组实数。证明:V 中存在唯一的一个向量 α,使得

$$(\alpha,\alpha_j)=c_j,j=1,2,\cdots,n.$$

证明 设基 $\alpha_1,\alpha_2,\cdots,\alpha_n$ 的度量矩阵为 A,设

$$\alpha=(\alpha_1,\alpha_2,\cdots,\alpha_n)\boldsymbol{x}$$

则

$$\begin{aligned}&(\alpha,\alpha_j)=c_j,j=1,2,\cdots,n\\ \Leftrightarrow\ &\boldsymbol{x}'A\boldsymbol{\varepsilon}_j=c_j,j=1,2,\cdots,n\\ \Leftrightarrow\ &\boldsymbol{\varepsilon}_j'A\boldsymbol{x}=c_j,j=1,2,\cdots,n\\ \Leftrightarrow\ &\begin{pmatrix}\boldsymbol{\varepsilon}_1'\\ \boldsymbol{\varepsilon}_2'\\ \vdots\\ \boldsymbol{\varepsilon}_n'\end{pmatrix}A\boldsymbol{x}=\begin{pmatrix}c_1\\ c_2\\ \vdots\\ c_n\end{pmatrix}\\ \Leftrightarrow\ &A\boldsymbol{x}=(c_1,c_2,\cdots,c_n)'.\end{aligned}$$

由于 A 是正定矩阵,因此 A 可逆。从而线性方程组

$$A\boldsymbol{x}=(c_1,c_2,\cdots,c_n)'$$

有唯一解。于是 V 中存在唯一的向量 α,使得

$$(\alpha,\alpha_j)=c_j,j=1,2,\cdots,n.$$ ■

例 11 设 $\boldsymbol{\alpha}=(x,y)',\boldsymbol{\beta}=(-y,x)\in\mathbf{R}^2$。试问:

(1) 若 $\mathbf{R}^2$ 中指定标准内积,$\boldsymbol{\alpha}$ 与 $\boldsymbol{\beta}$ 是否正交?

(2) 若 $\mathbf{R}^2$ 中指定的内积是例 1 第(2)小题的内积,$\boldsymbol{\alpha}$ 与 $\boldsymbol{\beta}$ 是否正交?写出 $\boldsymbol{\alpha}$ 与 $\boldsymbol{\beta}$ 正交

的充分必要条件。

解　(1) 由于$(\boldsymbol{\alpha},\boldsymbol{\beta})=x(-y)+yx=0$,因此$\alpha\perp\beta$。

(2) 由于
$$(\alpha,\beta)_1=x(-y)-x^2-y(-y)+4yx=-x^2+y^2+3xy,$$
因此α与β不一定正交。α与β正交当且仅当
$$-x^2+y^2+3xy=0.$$

例 12　设V是 3 维欧几里得空间,V中指定的内积在基$\alpha_1,\alpha_2,\alpha_3$下的度量矩阵$A$为
$$A=\begin{pmatrix}1&0&1\\0&10&-2\\1&-2&2\end{pmatrix}.$$
求V的一个标准正交基。

解　先作 Schmidt 正交化:令
$$\beta_1=\alpha_1,$$
$$\beta_2=\alpha_2-\frac{(\alpha_2,\beta_1)}{(\beta_1,\beta_1)}\beta_1=\alpha_2-\frac{0}{1}\alpha_1=\alpha_2,$$
$$\begin{aligned}\beta_3&=\alpha_3-\frac{(\alpha_3,\beta_1)}{(\beta_1,\beta_1)}\beta_1-\frac{(\alpha_3,\beta_2)}{(\beta_2,\beta_2)}\beta_2\\&=\alpha_3-\frac{1}{1}\alpha_1-\frac{-2}{10}\alpha_2\\&=-\alpha_1+\frac{1}{5}\alpha_2+\alpha_3;\end{aligned}$$
再单位化:令
$$\eta_1=\frac{1}{|\beta_1|}\beta_1=\frac{1}{1}\alpha_1=\alpha_1,$$
$$\eta_2=\frac{1}{|\beta_2|}\beta_2=\frac{1}{\sqrt{10}}\alpha_2=\frac{\sqrt{10}}{10}\alpha_2,$$
$$\eta_3=\frac{1}{|\beta_3|}\beta_3.$$
由于
$$(\beta_3,\beta_3)=\left(-1,\frac{1}{5},1\right)A\left(-1,\frac{1}{5},1\right)'=\frac{3}{5},$$
因此
$$\eta_3=\sqrt{\frac{5}{3}}\left(-\alpha_1+\frac{1}{5}\alpha_2+\alpha_3\right)=-\frac{\sqrt{15}}{3}\alpha_1+\frac{\sqrt{15}}{15}\alpha_2+\frac{\sqrt{15}}{3}\alpha_3.$$
于是V的一个标准正交基是

$$\alpha_1,\frac{\sqrt{10}}{10}\alpha_2,-\frac{\sqrt{15}}{3}\alpha_1+\frac{\sqrt{15}}{15}\alpha_2+\frac{\sqrt{15}}{3}\alpha_3.$$

例 13 在 $\mathbf{R}[x]_4$ 中给定一个内积为

$$(f,g)=\int_{-1}^{1}f(x)g(x)\mathrm{d}x.$$

求 $\mathbf{R}[x]_4$ 的一个正交基和一个标准正交基。

解 取 $\mathbf{R}[x]_4$ 的一个基 $1,x,x^2,x^3$。

$$(1,1)=\int_{-1}^{1}1\ \mathrm{d}x=x\Big|_{-1}^{1}=1-(-1)=2,$$

$$(x,1)=\int_{-1}^{1}x\ \mathrm{d}x=\frac{x^2}{2}\Big|_{-1}^{1}=\frac{1}{2}-\frac{(-1)^2}{2}=0,$$

$$(x,x)=\int_{-1}^{1}x^2\ \mathrm{d}x=\frac{x^3}{3}\Big|_{-1}^{1}=\frac{1}{3}-\frac{(-1)^3}{3}=\frac{2}{3},$$

$$(x^2,1)=\int_{-1}^{1}x^2\ \mathrm{d}x=\frac{2}{3},$$

$$(x^2,x)=\int_{-1}^{1}x^3\ \mathrm{d}x=\frac{x^4}{4}\Big|_{-1}^{1}=0,$$

$$(x^2,x^2)=\int_{-1}^{1}x^4\ \mathrm{d}x=\frac{x^5}{5}\Big|_{-1}^{1}=\frac{2}{5},$$

$$(x^3,1)=\int_{-1}^{1}x^3\ \mathrm{d}x=0,$$

$$(x^3,x)=\int_{-1}^{1}x^4\ \mathrm{d}x=\frac{2}{5},$$

$$(x^3,x^2)=\int_{-1}^{1}x^5\ \mathrm{d}x=\frac{x^6}{6}\Big|_{-1}^{1}=0,$$

$$(x^3,x^3)=\int_{-1}^{1}x^6\ \mathrm{d}x=\frac{x^7}{7}\Big|_{-1}^{1}=\frac{2}{7}.$$

令

$$\beta_1=1,$$

$$\beta_2=x-\frac{(x,1)}{(1,1)}\beta_1=x,$$

$$\beta_3=x^2-\frac{(x^2,1)}{(1,1)}\beta_1-\frac{(x^2,x)}{(x,x)}\beta_2=x^2-\frac{1}{3},$$

$$\beta_4 = x^3 - \frac{(x^3,1)}{(1,1)}\beta_1 - \frac{(x^3,x)}{(x,x)}\beta_2 - \frac{\left(x^3, x^2-\frac{1}{3}\right)}{\left(x^2-\frac{1}{3}, x^2-\frac{1}{3}\right)}\beta_3$$

$$= x^3 - \frac{3}{5}x.$$

因此，$\mathbf{R}[x]_4$ 的一个正交基是

$$1, x, x^2-\frac{1}{3}, x^3-\frac{3}{5}x.$$

$$\begin{aligned}(\beta_3,\beta_3) &= \left(x^2-\frac{1}{3}, x^2-\frac{1}{3}\right)\\ &= (x^2,x^2) - \frac{2}{3}(x^2,1) + \left(\frac{1}{3},\frac{1}{3}\right)\\ &= \frac{2}{5} - \frac{4}{9} + \frac{2}{9} = \frac{8}{45},\\ (\beta_4,\beta_4) &= \left(x^3-\frac{3}{5}x, x^3-\frac{3}{5}x\right)\\ &= (x^3,x^3) - \frac{6}{5}(x^3,x) + \frac{9}{25}(x,x)\\ &= \frac{2}{7} - \frac{12}{25} + \frac{6}{25} = \frac{8}{175}.\end{aligned}$$

令

$$\eta_1 = \frac{1}{|\beta_1|}\beta_1 = \frac{1}{\sqrt{2}} = \frac{\sqrt{2}}{2},$$

$$\eta_2 = \frac{1}{|\beta_2|}\beta_2 = \sqrt{\frac{3}{2}}x = \frac{\sqrt{6}}{2}x,$$

$$\eta_3 = \frac{1}{|\beta_3|}\beta_3 = \sqrt{\frac{45}{8}}\left(x^2-\frac{1}{3}\right) = \frac{3\sqrt{10}}{4}x^2 - \frac{\sqrt{10}}{4},$$

$$\eta_4 = \frac{1}{|\beta_4|}\beta_4 = \sqrt{\frac{175}{8}}\left(x^3-\frac{3}{5}x\right) = \frac{5\sqrt{14}}{4}x^3 - \frac{3\sqrt{14}}{4}x,$$

因此，$\mathbf{R}[x]_4$ 的一个标准正交基是

$$\frac{\sqrt{2}}{2}, \frac{\sqrt{6}}{2}x, \frac{3\sqrt{10}}{4}x^2 - \frac{\sqrt{10}}{4}, \frac{5\sqrt{14}}{4}x^3 - \frac{3\sqrt{14}}{4}x.$$

例 14　设 η_1,η_2,η_3 是 3 维欧几里得空间 V 的一个标准正交基，令

$$\beta_1 = \frac{1}{3}(2\eta_1 - \eta_2 + 2\eta_3),$$

$$\beta_2 = \frac{1}{3}(2\eta_1 + 2\eta_2 - \eta_3),$$

$$\beta_3 = \frac{1}{3}(\eta_1 - 2\eta_2 - 2\eta_3).$$

证明:β_1,β_2,β_3 也是 V 的一个标准正交基。

证明

$$(\beta_1,\beta_2,\beta_3) = (\eta_1,\eta_2,\eta_3)\frac{1}{3}\begin{pmatrix} 2 & 2 & 1 \\ -1 & 2 & -2 \\ 2 & -1 & -2 \end{pmatrix}. \tag{33}$$

由于

$$\frac{1}{3}\begin{pmatrix} 2 & 2 & 1 \\ -1 & 2 & -2 \\ 2 & -1 & -2 \end{pmatrix}\frac{1}{3}\begin{pmatrix} 2 & -1 & 2 \\ 2 & 2 & -1 \\ 1 & -2 & -2 \end{pmatrix} = \begin{pmatrix} 1 & 0 & 0 \\ 0 & 1 & 0 \\ 0 & 0 & 1 \end{pmatrix},$$

因此(33)式右端的 3 级矩阵是正交矩阵。于是据命题 7 得,β_1,β_2,β_3 是 V 的一个标准正交基。 ■

例 15 设 $\eta_1,\eta_2,\eta_3,\eta_4,\eta_5$ 是 5 维欧几里得空间 V 的一个标准正交基,$V_1 = \langle\alpha_1,\alpha_2,\alpha_3\rangle$,其中

$$\alpha_1 = \eta_1 + 2\eta_3 - \eta_5,$$

$$\alpha_2 = \eta_2 - \eta_3 + \eta_4,$$

$$\alpha_3 = -\eta_2 + \eta_3 + \eta_5.$$

(1) 求(α_i,α_j),$1 \leqslant i,j \leqslant 3$;

(2) 求 V_1 的一个正交基和一个标准正交基。

解 (1) $\alpha_1,\alpha_2,\alpha_3$ 在 V 的标准正交基 $\eta_1,\eta_2,\eta_3,\eta_4,\eta_5$ 下的坐标分别是

$$\boldsymbol{x}_1 = (1,0,2,0,-1)',$$

$$\boldsymbol{x}_2 = (0,1,-1,1,0)',$$

$$\boldsymbol{x}_3 = (0,-1,1,0,1)'.$$

于是

$$(\alpha_1,\alpha_1) = \boldsymbol{x}_1'\boldsymbol{x}_1 = 1^2 + 2^2 + (-1)^2 = 6,$$

$$(\alpha_1,\alpha_2) = (\alpha_2,\alpha_1) = \boldsymbol{x}_1'\boldsymbol{x}_2 = 2\cdot(-1) = -2,$$

$$(\alpha_1,\alpha_3) = (\alpha_3,\alpha_1) = \boldsymbol{x}_1'\boldsymbol{x}_3 = 2\cdot 1 + (-1)\cdot 1 = 1,$$

$$(\alpha_2,\alpha_2) = \boldsymbol{x}_2'\boldsymbol{x}_2 = 1^2 + (-1)^2 + 1^2 = 3,$$

$$(\alpha_2,\alpha_3) = (\alpha_3,\alpha_2) = \boldsymbol{x}_2'\boldsymbol{x}_3 = 1\cdot(-1) + (-1)\cdot 1 = -2,$$

$$(\alpha_3,\alpha_3)=\boldsymbol{x}_3'\boldsymbol{x}_3=(-1)^2+1^2+1^2=3.$$

(2) 5×3 矩阵$(\boldsymbol{x}_1,\boldsymbol{x}_2,\boldsymbol{x}_3)$有一个3阶子式不为0，因此它的秩为3。从而 $\boldsymbol{x}_1,\boldsymbol{x}_2,\boldsymbol{x}_3$ 线性无关，于是 $\alpha_1,\alpha_2,\alpha_3$ 线性无关。因此 $\alpha_1,\alpha_2,\alpha_3$ 是 V_1 的一个基。令

$$\beta_1=\alpha_1,$$

$$\beta_2=\alpha_2-\frac{(\alpha_2,\beta_1)}{(\beta_1,\beta_1)}\beta_1=\alpha_2-\frac{-2}{6}\alpha_1=\frac{1}{3}\alpha_1+\alpha_2,$$

$$\begin{aligned}\beta_3&=\alpha_3-\frac{(\alpha_3,\beta_1)}{(\beta_1,\beta_1)}\beta_1-\frac{(\alpha_3,\beta_2)}{(\beta_2,\beta_2)}\beta_2\\&=\alpha_3-\frac{1}{6}\alpha_1-\frac{\frac{1}{3}-2}{\frac{6}{9}-\frac{4}{3}+3}\left(\frac{1}{3}\alpha_1+\alpha_2\right)\\&=\frac{1}{14}\alpha_1+\frac{5}{7}\alpha_2+\alpha_3,\end{aligned}$$

则 V_1 的一个正交基为

$$\alpha_1,\frac{1}{3}\alpha_1+\alpha_2,\frac{1}{14}\alpha_1+\frac{5}{7}\alpha_2+\alpha_3.$$

令

$$\eta_1=\frac{1}{|\beta_1|}\beta_1=\frac{1}{\sqrt{6}}\alpha_1=\frac{\sqrt{6}}{6}\alpha_1,$$

$$\eta_2=\frac{1}{|\beta_2|}\beta_2=\sqrt{\frac{3}{7}}\left(\frac{1}{3}\alpha_1+\alpha_2\right)=\frac{\sqrt{21}}{21}\alpha_1+\frac{\sqrt{21}}{7}\alpha_2,$$

$$\begin{aligned}\eta_3&=\frac{1}{|\beta_3|}\beta_3=\sqrt{\frac{14}{23}}\left(\frac{1}{14}\alpha_1+\frac{5}{7}\alpha_2+\alpha_3\right)\\&=\frac{\sqrt{322}}{322}\alpha_1+\frac{5\sqrt{322}}{161}\alpha_2+\frac{\sqrt{322}}{23}\alpha_3,\end{aligned}$$

则 V_1 的一个标准正交基为

$$\frac{\sqrt{6}}{6}\alpha_1,\frac{\sqrt{21}}{21}\alpha_1+\frac{\sqrt{21}}{7}\alpha_2,\frac{\sqrt{322}}{322}\alpha_1+\frac{5\sqrt{322}}{161}\alpha_2+\frac{\sqrt{322}}{23}\alpha_3.$$

例 16　已知一个 3×5 实矩阵

$$A=\begin{pmatrix}1&-1&2&0&3\\2&0&-1&1&4\\-1&1&1&0&-2\end{pmatrix}.$$

求一个 5×2 实矩阵 B,使得 $AB=0$,且 B 的列向量组是正交单位向量组($\mathbf{R}^5$ 中指定标准内积)。

解 B 的每一列是齐次线性方程组 $A\boldsymbol{x}=\mathbf{0}$ 的一个非零解。为此先求 $A\boldsymbol{x}=\mathbf{0}$ 的一个基础解系：

$$\boldsymbol{\alpha}_1=(1,1,0,-2,0)',\boldsymbol{\alpha}_2=(13,-1,2,0,-6)'.$$

然后把 α_1,α_2 正交化和单位化：令

$$\boldsymbol{\beta}_1=\boldsymbol{\alpha}_1,$$

$$\boldsymbol{\beta}_2=\boldsymbol{\alpha}_2-\frac{(\boldsymbol{\alpha}_2,\boldsymbol{\beta}_1)}{(\boldsymbol{\beta}_1,\boldsymbol{\beta}_1)}\boldsymbol{\beta}_1=\boldsymbol{\alpha}_2-\frac{12}{6}\boldsymbol{\alpha}_1=-2\boldsymbol{\alpha}_1+\boldsymbol{\alpha}_2,$$

$$\boldsymbol{\eta}_1=\frac{1}{|\boldsymbol{\beta}_1|}\boldsymbol{\beta}_1=\frac{1}{\sqrt{6}}\boldsymbol{\alpha}_1=\frac{\sqrt{6}}{6}\boldsymbol{\alpha}_1,$$

$$\boldsymbol{\eta}_2=\frac{1}{|\boldsymbol{\beta}_2|}\boldsymbol{\beta}_2=\frac{1}{\sqrt{186}}(-2\boldsymbol{\alpha}_1+\boldsymbol{\alpha}_2)=-\frac{\sqrt{186}}{93}\boldsymbol{\alpha}_1+\frac{\sqrt{186}}{186}\boldsymbol{\alpha}_2,$$

因此 B 的列向量组为

$$\left(\frac{\sqrt{6}}{6},\frac{\sqrt{6}}{6},0,-\frac{\sqrt{6}}{3},0\right)',\left(\frac{11\sqrt{186}}{186},-\frac{\sqrt{186}}{62},\frac{\sqrt{186}}{93},\frac{2\sqrt{186}}{93},-\frac{\sqrt{186}}{31}\right)'.$$

例 17 设 $\alpha_1,\alpha_2,\cdots,\alpha_m$ 是 n 维欧几里得空间 V 的一组向量。令

$$A=\begin{pmatrix}(\alpha_1,\alpha_1) & (\alpha_1,\alpha_2) & \cdots & (\alpha_1,\alpha_m)\\ (\alpha_2,\alpha_1) & (\alpha_2,\alpha_2) & \cdots & (\alpha_2,\alpha_m)\\ \vdots & \vdots & & \vdots\\ (\alpha_m,\alpha_1) & (\alpha_m,\alpha_2) & \cdots & (\alpha_m,\alpha_m)\end{pmatrix}. \tag{34}$$

称 A 是向量组 $\alpha_1,\alpha_2,\cdots,\alpha_m$ 的 **Gram 矩阵**,记作 $G(\alpha_1,\alpha_2,\cdots,\alpha_m)$,把 $|A|$ 称为这个向量组的 **Gram 行列式**。证明：$|G(\alpha_1,\alpha_2,\cdots,\alpha_m)|\geqslant 0$,等号成立当且仅当 $\alpha_1,\alpha_2,\cdots,\alpha_m$ 线性相关。

证明 情形 1 $\alpha_1,\alpha_2,\cdots,\alpha_m$ 线性无关。令

$$V_1=\langle\alpha_1,\alpha_2,\cdots,\alpha_m\rangle,$$

则 $\alpha_1,\alpha_2,\cdots,\alpha_m$ 是 V_1 的一个基。把 V 的内积限制到 V_1 上成为 V_1 的一个内积,它在 V_1 的基 $\alpha_1,\alpha_2,\cdots,\alpha_m$ 下的度量矩阵正好是 A,于是 A 为正定矩阵。从而 $|A|>0$。

情形 2 $\alpha_1,\alpha_2,\cdots,\alpha_m$ 线性相关,则有不全为 0 的实数 $k_1,k_2,\cdots,k_m$,使得 $k_1\alpha_1+k_2\alpha_2+\cdots+k_m\alpha_m=0$。从而

$$A\begin{pmatrix}k_1\\k_2\\\vdots\\k_m\end{pmatrix}=\begin{pmatrix}k_1(\alpha_1,\alpha_1)+k_2(\alpha_1,\alpha_2)+\cdots+k_m(\alpha_1,\alpha_m)\\ k_1(\alpha_2,\alpha_1)+k_2(\alpha_2,\alpha_2)+\cdots+k_m(\alpha_2,\alpha_m)\\ \vdots\\ k_1(\alpha_m,\alpha_1)+k_2(\alpha_m,\alpha_2)+\cdots+k_m(\alpha_m,\alpha_m)\end{pmatrix}$$

$$
=\begin{pmatrix}(\alpha_1,k_1\alpha_1+k_2\alpha_2+\cdots+k_m\alpha_m)\\(\alpha_2,k_1\alpha_1+k_2\alpha_2+\cdots+k_m\alpha_m)\\\vdots\\(\alpha_m,k_1\alpha_1+k_2\alpha_2+\cdots+k_m\alpha_m)\end{pmatrix}=\begin{pmatrix}(\alpha_1,0)\\(\alpha_2,0)\\\vdots\\(\alpha_m,0)\end{pmatrix}=\begin{pmatrix}0\\0\\\vdots\\0\end{pmatrix}.
$$

于是齐次线性方程组 $A\boldsymbol{X}=\mathbf{0}$ 有非零解，因此 $|A|=0$。 ■

例 18　在 n 维欧几里得空间 V 中，线性无关的向量组 $\alpha_1,\alpha_2,\cdots,\alpha_m$ 张成的"m 维平行 $2m$ 面体"的体积 $V(\alpha_1,\alpha_2,\cdots,\alpha_m)$ 规定为

$$
[V(\alpha_1,\alpha_2,\cdots,\alpha_m)]^2=|G(\alpha_1,\alpha_2,\cdots,\alpha_m)|. \tag{35}
$$

当 $m=2,3$ 时，分别计算 V^2 的表达式，说明其几何意义。

解　$m=2$ 时

$$
\begin{aligned}
[V(\alpha_1,\alpha_2)]^2=|G(\alpha_1,\alpha_2)|&=\begin{vmatrix}(\alpha_1,\alpha_1)&(\alpha_1,\alpha_2)\\(\alpha_2,\alpha_1)&(\alpha_2,\alpha_2)\end{vmatrix}\\
&=|\alpha_1|^2|\alpha_2|^2-(\alpha_1,\alpha_2)^2\\
&=|\alpha_1|^2|\alpha_2|^2-|\alpha_1|^2|\alpha_2|^2\cos^2\langle\alpha_1,\alpha_2\rangle\\
&=|\alpha_1|^2|\alpha_2|^2\sin^2\langle\alpha_1,\alpha_2\rangle\\
&=(|\alpha_1||\alpha_2|\sin\langle\alpha_1,\alpha_2\rangle)^2.
\end{aligned}
$$

$[V(\alpha_1,\alpha_2)]^2$ 是平面上以 α_1,α_2 为邻边的平行四边形面积的平方。

$m=3$ 时

$$
[V(\alpha_1,\alpha_2,\alpha_3)]^2=|G(\alpha_1,\alpha_2,\alpha_3)|=\begin{vmatrix}(\alpha_1,\alpha_1)&(\alpha_1,\alpha_2)&(\alpha_1,\alpha_3)\\(\alpha_2,\alpha_1)&(\alpha_2,\alpha_2)&(\alpha_2,\alpha_3)\\(\alpha_3,\alpha_1)&(\alpha_3,\alpha_2)&(\alpha_3,\alpha_3)\end{vmatrix}.
$$

在 3 维欧几里得空间 V 中取一个标准正交基 η_1,η_2,η_3。设 $\alpha_1,\alpha_2,\alpha_3$ 在此基下的坐标分别为 $\boldsymbol{x}_1,\boldsymbol{x}_2,\boldsymbol{x}_3$。则

$$
\begin{aligned}
|G(\alpha_1,\alpha_2,\alpha_3)|&=\begin{vmatrix}\boldsymbol{x}_1'\boldsymbol{x}_1&\boldsymbol{x}_1'\boldsymbol{x}_2&\boldsymbol{x}_1'\boldsymbol{x}_3\\\boldsymbol{x}_2'\boldsymbol{x}_1&\boldsymbol{x}_2'\boldsymbol{x}_2&\boldsymbol{x}_2'\boldsymbol{x}_3\\\boldsymbol{x}_3'\boldsymbol{x}_1&\boldsymbol{x}_3'\boldsymbol{x}_2&\boldsymbol{x}_3'\boldsymbol{x}_3\end{vmatrix}=\left|\begin{pmatrix}\boldsymbol{x}_1'\\\boldsymbol{x}_2'\\\boldsymbol{x}_3'\end{pmatrix}(\boldsymbol{x}_1,\boldsymbol{x}_2,\boldsymbol{x}_3)\right|\\
&=|(\boldsymbol{x}_1,\boldsymbol{x}_2,\boldsymbol{x}_3)|^2=(\alpha_1\times\alpha_2\cdot\alpha_3)^2.
\end{aligned}
$$

上式中最后一步可参看《解析几何(第三版)》(丘维声编著)第 41 页的定理 5.1。于是 $[V(\alpha_1,\alpha_2,\alpha_3)]^2$ 是以 $\alpha_1,\alpha_2,\alpha_3$ 为邻边的平行六面体的定向体积的平方。

例 19　在实内积空间 $C[0,2\pi]$ 中，指定的内积为

$$
(f,g)=\int_0^{2\pi}f(x)g(x)\mathrm{d}x.
$$

证明:$C[0,2\pi]$的一个子集

$$S=\left\{\frac{1}{\sqrt{2\pi}},\frac{1}{\sqrt{\pi}}\cos nx,\frac{1}{\sqrt{\pi}}\sin nx \mid n\in\mathbf{Z},n\geqslant 1\right\}$$

是一个正交规范集(即 S 中每个向量是单位向量,且任意两个不同的向量都正交)。

证明 对任意 $l\in\mathbf{Z}$,且 $l\neq 0$,有

$$\int_0^{2\pi}\cos lx\ \mathrm{d}x=\frac{1}{l}\sin lx\Big|_0^{2\pi}=0,$$

$$\int_0^{2\pi}\sin lx\ \mathrm{d}x=-\frac{1}{l}\cos lx\Big|_0^{2\pi}=0.$$

于是对任意 $n,m\in\mathbf{Z}$,且 $n\geqslant 1,m\geqslant 1$,有

$$\left(\frac{1}{\sqrt{2\pi}},\frac{1}{\sqrt{\pi}}\cos nx\right)=\int_0^{2\pi}\frac{1}{\sqrt{2\pi}}\frac{1}{\sqrt{\pi}}\cos nx\ \mathrm{d}x=0,$$

$$\left(\frac{1}{\sqrt{2\pi}},\frac{1}{\sqrt{\pi}}\sin nx\right)=\int_0^{2\pi}\frac{1}{\sqrt{2\pi}}\frac{1}{\sqrt{\pi}}\sin nx\ \mathrm{d}x=0,$$

$$\begin{aligned}\left(\frac{1}{\sqrt{\pi}}\cos nx,\frac{1}{\sqrt{\pi}}\sin mx\right)&=\int_0^{2\pi}\frac{1}{\sqrt{\pi}}\frac{1}{\sqrt{\pi}}\cos nx\ \sin mx\ \mathrm{d}x\\&=\frac{1}{\pi}\int_0^{2\pi}\frac{1}{2}[\sin(n+m)x-\sin(n-m)x]\mathrm{d}x=0.\end{aligned}$$

进一步地,当 $n\neq m$ 时,有

$$\begin{aligned}\left(\frac{1}{\sqrt{\pi}}\cos nx,\frac{1}{\sqrt{\pi}}\cos mx\right)&=\int_0^{2\pi}\frac{1}{\sqrt{\pi}}\frac{1}{\sqrt{\pi}}\cos nx\ \cos mx\ \mathrm{d}x\\&=\frac{1}{\pi}\int_0^{2\pi}\frac{1}{2}[\cos(n+m)x+\cos(n-m)x]\mathrm{d}x=0,\end{aligned}$$

$$\begin{aligned}\left(\frac{1}{\sqrt{\pi}}\sin nx,\frac{1}{\sqrt{\pi}}\sin mx\right)&=\int_0^{2\pi}\frac{1}{\sqrt{\pi}}\frac{1}{\sqrt{\pi}}\sin nx\ \sin mx\ \mathrm{d}x\\&=\frac{1}{\pi}\int_0^{2\pi}-\frac{1}{2}[\cos(n+m)x-\cos(n-m)x]\mathrm{d}x=0,\end{aligned}$$

因此 S 中任意两个不同的向量都正交。由于

$$\left(\frac{1}{\sqrt{2\pi}},\frac{1}{\sqrt{2\pi}}\right)=\int_0^{2\pi}\frac{1}{\sqrt{2\pi}}\frac{1}{\sqrt{2\pi}}\mathrm{d}x=1,$$

$$\begin{aligned}\left(\frac{1}{\sqrt{\pi}}\cos nx,\frac{1}{\sqrt{\pi}}\cos nx\right)&=\int_0^{2\pi}\frac{1}{\sqrt{\pi}}\frac{1}{\sqrt{\pi}}\cos^2 nx\ \mathrm{d}x\\&=\frac{1}{\pi}\int_0^{2\pi}\frac{1}{2}(1+\cos 2nx)\mathrm{d}x=1,\end{aligned}$$

$$\left(\frac{1}{\sqrt{\pi}}\sin nx,\frac{1}{\sqrt{\pi}}\sin nx\right)=\int_0^{2\pi}\frac{1}{\sqrt{\pi}}\frac{1}{\sqrt{\pi}}\sin^2 nx\ \mathrm{d}x$$
$$=\frac{1}{\pi}\int_0^{2\pi}\frac{1}{2}(1-\cos 2nx)\mathrm{d}x=1,$$

因此 S 中每个向量都是单位向量,从而 S 是正交规范集。■

例 20　设 V 是 n 维欧几里得空间,V 中线性无关的向量组 $\alpha_1,\alpha_2,\cdots,\alpha_m$ 经过 Schmidt 正交化变成正交向量组 $\beta_1,\beta_2,\cdots,\beta_m$。证明:

$$|G(\alpha_1,\alpha_2,\cdots,\alpha_m)|=|G(\beta_1,\beta_2,\cdots,\beta_m)|=|\beta_1|^2|\beta_2|^2\cdots|\beta_m|^2. \tag{36}$$

证明　在 V 中取一个标准正交基 $\eta_1,\eta_2,\cdots,\eta_n$,设

$$(\alpha_1,\alpha_2,\cdots,\alpha_m)=(\eta_1,\eta_2,\cdots,\eta_n)P, \tag{37}$$

其中 $P=(\boldsymbol{X}_1,\boldsymbol{X}_2,\cdots,\boldsymbol{X}_m)$是 $n\times m$ 矩阵。由已知条件,得

$$(\beta_1,\beta_2,\cdots,\beta_m)=(\alpha_1,\alpha_2,\cdots,\alpha_m)A, \tag{38}$$

其中 A 是 m 级上三角矩阵,它的主对角元全为 1。从而$|A|=1$。从(38)和(37)式,得

$$(\beta_1,\beta_2,\cdots,\beta_m)=(\eta_1,\eta_2,\cdots,\eta_n)PA.$$

于是 PA 的列向量分别是 $\beta_1,\beta_2,\cdots,\beta_m$ 在基 $\eta_1,\eta_2,\cdots,\eta_n$ 下的坐标 $\boldsymbol{Y}_1,\boldsymbol{Y}_2,\cdots,\boldsymbol{Y}_m$。

$$|G(\beta_1,\beta_2,\cdots,\beta_m)|=\begin{vmatrix}\boldsymbol{Y}_1'\boldsymbol{Y}_1 & \boldsymbol{Y}_1'\boldsymbol{Y}_2 & \cdots & \boldsymbol{Y}_1'\boldsymbol{Y}_m\\ \boldsymbol{Y}_2'\boldsymbol{Y}_1 & \boldsymbol{Y}_2'\boldsymbol{Y}_2 & \cdots & \boldsymbol{Y}_2'\boldsymbol{Y}_m\\ \vdots & \vdots & & \vdots\\ \boldsymbol{Y}_m'\boldsymbol{Y}_1 & \boldsymbol{Y}_m'\boldsymbol{Y}_2 & \cdots & \boldsymbol{Y}_m'\boldsymbol{Y}_m\end{vmatrix}$$
$$=\left|\begin{pmatrix}\boldsymbol{Y}_1'\\ \boldsymbol{Y}_2'\\ \vdots\\ \boldsymbol{Y}_m'\end{pmatrix}(\boldsymbol{Y}_1,\boldsymbol{Y}_2,\cdots,\boldsymbol{Y}_m)\right|=|(PA)'(PA)|$$
$$=|A'P'PA|=|A|^2\left|\begin{pmatrix}\boldsymbol{X}_1'\\ \boldsymbol{X}_2'\\ \vdots\\ \boldsymbol{X}_m'\end{pmatrix}(\boldsymbol{X}_1,\boldsymbol{X}_2,\cdots,\boldsymbol{X}_m)\right|$$
$$=|G(\alpha_1,\alpha_2,\cdots,\alpha_m)|.$$

由于 $\beta_1,\beta_2,\cdots,\beta_m$ 是正交向量组,因此

$$|G(\beta_1,\beta_2,\cdots,\beta_m)|=|\mathrm{diag}\{(\beta_1,\beta_1),(\beta_2,\beta_2),\cdots,(\beta_m,\beta_m)\}|$$
$$=|\beta_1|^2|\beta_2|^2\cdots|\beta_m|^2.$$

■

例 21 设 $\alpha_1,\alpha_2,\cdots,\alpha_m$ 是 n 维欧几里得空间 V 的一个非零向量组。证明：

$$|G(\alpha_1,\alpha_2,\cdots,\alpha_m)|\leqslant|\alpha_1|^2|\alpha_2|^2\cdots|\alpha_m|^2, \tag{39}$$

等号成立当且仅当 $\alpha_1,\alpha_2,\cdots,\alpha_m$ 是正交向量组。

证明 情形 1 向量组 $\alpha_1,\alpha_2,\cdots,\alpha_m$ 线性无关。对向量组 $\alpha_1,\alpha_2,\cdots,\alpha_m$ 进行 Schmidt 正交化：令

$$\beta_1=\alpha_1,$$

$$\beta_2=\alpha_2-\frac{(\alpha_2,\beta_1)}{(\beta_1,\beta_1)}\beta_1,$$

$$\cdots$$

$$\beta_m=\alpha_m-\sum_{j=1}^{m-1}\frac{(\alpha_m,\beta_j)}{(\beta_j,\beta_j)}\beta_j,$$

则 $\beta_1,\beta_2,\cdots,\beta_m$ 是正交向量组。据勾股定理的推广得

$$\left|\sum_{j=1}^{i-1}\frac{(\alpha_i,\beta_j)}{(\beta_j,\beta_j)}\beta_j\right|^2=\sum_{j=1}^{i-1}\left|\frac{(\alpha_i,\beta_j)}{(\beta_j,\beta_j)}\beta_j\right|^2=\sum_{j=1}^{i-1}\frac{(\alpha_i,\beta_j)^2}{|\beta_j|^2}.$$

于是

$$\begin{aligned}|\beta_i|^2&=(\beta_i,\beta_i)\\&=\left(\alpha_i-\sum_{j=1}^{i-1}\frac{(\alpha_i,\beta_j)}{(\beta_j,\beta_j)}\beta_j,\alpha_i-\sum_{j=1}^{i-1}\frac{(\alpha_i,\beta_j)}{(\beta_j,\beta_j)}\beta_j\right)\\&=|\alpha_i|^2-2\sum_{j=1}^{i-1}\frac{(\alpha_i,\beta_j)}{(\beta_j,\beta_j)}(\alpha_i,\beta_j)+\left|\sum_{j=1}^{i-1}\frac{(\alpha_i,\beta_j)}{(\beta_j,\beta_j)}\beta_j\right|^2\\&=|\alpha_i|^2-\sum_{j=1}^{i-1}\frac{(\alpha_i,\beta_j)^2}{|\beta_j|^2}\leqslant|\alpha_i|^2.\end{aligned}$$

据例 20 得

$$|G(\alpha_1,\alpha_2,\cdots,\alpha_m)|=|\beta_1|^2|\beta_2|^2\cdots|\beta_m|^2\leqslant|\alpha_1|^2|\alpha_2|^2\cdots|\alpha_m|^2,$$

等号成立当且仅当对于 $i=2,\cdots,m$，有

$$\sum_{j=1}^{i-1}\frac{(\alpha_i,\beta_j)^2}{|\beta_j|^2}=0,$$

即 $(\alpha_i,\beta_j)=0, j=1,2,\cdots,i-1$。从而 $\beta_i=\alpha_i$。即等号成立当且仅当 $\alpha_1,\alpha_2,\cdots,\alpha_m$ 是正交向量组。

情形 2 向量组 $\alpha_1,\alpha_2,\cdots,\alpha_m$ 线性相关。此时 $|G(\alpha_1,\alpha_2,\cdots,\alpha_m)|=0$。从而

$$|G(\alpha_1,\alpha_2,\cdots,\alpha_m)|<|\alpha_1|^2|\alpha_2|^2\cdots|\alpha_m|^2.$$

■

例 22　设 $C=(c_{ij})$ 是 n 级实矩阵。证明：

$$|C|^2 \leqslant \prod_{j=1}^{n}(c_{1j}^2+c_{2j}^2+\cdots+c_{nj}^2). \tag{40}$$

这个不等式称为 **Hadamard 不等式**。

证明　设 $C=(\boldsymbol{X}_1,\boldsymbol{X}_2,\cdots,\boldsymbol{X}_n)$。若 C 有一列为 $\mathbf{0}$，则 $|C|=0$。从而(40)式显然成立。下面设 $\boldsymbol{X}_1,\boldsymbol{X}_2,\cdots,\boldsymbol{X}_n$ 都是非零向量。在 n 维欧几里得空间 $\mathbf{R}^n$（指定的内积为标准内积）中，

$$|G(\boldsymbol{X}_1,\boldsymbol{X}_2,\cdots,\boldsymbol{X}_n)|=\left|\begin{pmatrix}\boldsymbol{X}_1'\\ \boldsymbol{X}_2'\\ \vdots\\ \boldsymbol{X}_n'\end{pmatrix}(\boldsymbol{X}_1,\boldsymbol{X}_2,\cdots,\boldsymbol{X}_n)\right|=|C'C|,$$

于是据例 21 的(39)式得

$$\begin{aligned}|C|^2&=|C'C|\leqslant|\boldsymbol{X}_1|^2|\boldsymbol{X}_2|^2\cdots|\boldsymbol{X}_n|^2=\prod_{j=1}^{n}|\boldsymbol{X}_j|^2\\&=\prod_{j=1}^{n}(c_{1j}^2+c_{2j}^2+\cdots+c_{nj}^2).\end{aligned}$$ ■

点评　在《高等代数学习指导书(上册)》6.3 节的例 19 中已经证明了例 22 中的 Hadamard 不等式。那时是利用对于实可逆矩阵 C，有 $C'C$ 是正定矩阵，然后利用 n 级正定矩阵的行列式不超过它的 n 个主对角元的乘积，这个结论见《高等代数学习指导书(上册)》6.3 节例 18，便证明了 Hadamard 不等式。现在则是利用 Schimidt 正交化和向量组的 Gram 行列式(见例 21)进行证明的，二者各有特色。

例 23　在例 13 中，$\mathbf{R}[x]_4$ 给定了一个内积

$$(f,g)=\int_{-1}^{1}f(x)g(x)\mathrm{d}x.$$

把基 $1,x,x^2,x^3$ 经过 Schimidt 正交化得到了一个正交基：$1,x,x^2-\frac{1}{3},x^3-\frac{3}{5}x$。令

$$P_0(x)=1,P_k(x)=\frac{1}{2^k k!}\frac{\mathrm{d}^k}{\mathrm{d}x^k}[(x^2-1)^k],k=1,2,3.$$

具体算出 $P_1(x),P_2(x),P_3(x)$。然后把它们与上述正交基比较，你能作出什么结论？

解
$$P_1(x)=\frac{1}{2}\frac{\mathrm{d}}{\mathrm{d}x}(x^2-1)=\frac{1}{2}2x=x,$$

$$P_2(x)=\frac{1}{4\cdot 2}\frac{\mathrm{d}^2}{\mathrm{d}x^2}(x^2-1)^2=\frac{1}{8}\frac{\mathrm{d}}{\mathrm{d}x}[2(x^2-1)2x]$$

$$= \frac{1}{8} \cdot 4[2x \cdot x + (x^2 - 1)] = \frac{1}{2}(3x^2 - 1) = \frac{3}{2}\left(x^2 - \frac{1}{3}\right),$$

$$P_3(x) = \frac{1}{8 \cdot 3!} \frac{\mathrm{d}^3}{\mathrm{d}x^3}(x^2 - 1)^3 = \frac{1}{48} \frac{\mathrm{d}^2}{\mathrm{d}x^2}[3(x^2 - 1)^2 2x]$$

$$= \frac{1}{8} \frac{\mathrm{d}^2}{\mathrm{d}x^2}[x(x^2 - 1)^2] = \frac{1}{8} \frac{\mathrm{d}}{\mathrm{d}x}[(x^2 - 1)^2 + x2(x^2 - 1)2x]$$

$$= \frac{1}{8} \frac{\mathrm{d}}{\mathrm{d}x}[(x^2 - 1)(5x^2 - 1)] = \frac{1}{8}[(2x(5x^2 - 1) + (x^2 - 1)10x]$$

$$= \frac{5}{2}\left(x^3 - \frac{3}{5}x\right).$$

由此看出，$P_0(x)$，$P_1(x)$，$P_2(x)$，$P_3(x)$分别是上述正交基 $1, x, x^2 - \frac{1}{3}, x^3 - \frac{3}{5}x$ 的 1 倍，1 倍，$\frac{3}{2}$倍，$\frac{5}{2}$倍。从而 $P_0(x)$，$P_1(x)$，$P_2(x)$，$P_3(x)$也是 $\mathbf{R}[x]_4$ 的一个正交基。

点评 从例 23 受到启发，猜测有下述例 24 的结论，并且可以证明此猜测为真。

例 24 在 $\mathbf{R}[x]_{n+1}$中给定一个内积

$$(f, g) = \int_{-1}^{1} f(x)g(x)\mathrm{d}x.$$

令

$$P_0(x) = 1, P_k(x) = \frac{1}{2^k k!} \frac{\mathrm{d}^k}{\mathrm{d}x^k}[(x^2 - 1)^k], k = 1, 2, \cdots, n. \tag{41}$$

证明：$P_0(x)$，$P_1(x)$，$P_2(x)$，$\cdots$，$P_n(x)$是 $\mathbf{R}[x]_{n+1}$的一个正交基。

证明 由于 $\deg(x^2-1)^k = 2k$，因此 $\deg P_k(x) = k$。于是为了证明当 $i \neq j$ 时，$P_i(x)$与 $P_j(x)$正交，就只需证明 $P_k(x)$与 $x^i(0 \leqslant i < k)$正交，用分部积分法得

$$\int_{-1}^{1} x^i \frac{\mathrm{d}^k}{\mathrm{d}x^k}(x^2 - 1)^k \mathrm{d}x = \int_{-1}^{1} x^i \mathrm{d}\left(\frac{\mathrm{d}^{k-1}}{\mathrm{d}x^{k-1}}(x^2 - 1)^k\right)$$

$$= x^i \frac{\mathrm{d}^{k-1}}{\mathrm{d}x^{k-1}}(x^2 - 1)^k \Bigg|_{-1}^{1} - i\int_{-1}^{1} x^{i-1} \frac{\mathrm{d}^{k-1}}{\mathrm{d}x^{k-1}}(x^2 - 1)^k \mathrm{d}x$$

$$= -i\int_{-1}^{1} x^{i-1} \mathrm{d}\left(\frac{\mathrm{d}^{k-2}}{\mathrm{d}x^{k-2}}(x^2 - 1)^k\right)$$

$$= -i\, x^{i-1} \frac{\mathrm{d}^{k-2}}{\mathrm{d}x^{k-2}}(x^2 - 1)^k \Bigg|_{-1}^{1} + i(i-1)\int_{-1}^{1} x^{i-2} \frac{\mathrm{d}^{k-2}}{\mathrm{d}x^{k-2}}(x^2 - 1)^k \mathrm{d}x$$

$$= i(i-1)\int_{-1}^{1} x^{i-2} \frac{\mathrm{d}^{k-2}}{\mathrm{d}x^{k-2}}(x^2 - 1)^k \mathrm{d}x$$

$$= \cdots$$

$$= (-1)^i i(i-1)(i-2)\cdots 2\cdot 1\int_{-1}^{1} \frac{\mathrm{d}^{k-i}}{\mathrm{d}x^{k-i}}(x^2-1)^k \mathrm{d}x$$

$$= (-1)^i i!\frac{\mathrm{d}^{k-i-1}}{\mathrm{d}x^{k-i-1}}(x^2-1)^k\Big|_{-1}^{1} = 0,$$

因此,当 $i\neq j$ 时,$P_i(x)$与 $P_j(x)$正交。从而 $P_0(x),P_1(x),\cdots,P_n(x)$是 $\mathbf{R}[x]_{n+1}$的一个正交基。 ■

点评　例 24 中的 $P_0(x),P_k(x)(k=1,2,\cdots,n)$称为 **Legendre 多项式**。在 $P_k(x)$中,$\frac{\mathrm{d}^k}{\mathrm{d}x^k}(x^2-1)^k$ 的前面乘上系数$\frac{1}{2^k k!}$是为了使得 $P_k(1)=1$。我们来证明 $P_k(1)=1$。根据微积分中的莱布尼兹(Leibnitz)公式:

$$\frac{\mathrm{d}^k}{\mathrm{d}x^k}[(x-1)^k(x+1)^k] = \sum_{i=0}^{k} \mathrm{C}_k^i \frac{\mathrm{d}^i}{\mathrm{d}x^i}(x-1)^k \frac{\mathrm{d}^{k-i}}{\mathrm{d}x^{k-i}}(x+1)^k,$$

当 $x=1$ 时,上面的和式中只有 $i=k$ 这一项不为 0,其余项全为 0。于是

$$P_k(1) = \frac{1}{2^k k!}\mathrm{C}_k^k\left[\frac{\mathrm{d}^k}{\mathrm{d}x^k}(x-1)^k\right](x+1)^k\Big|_{x=1}$$

$$= \frac{1}{2^k k!}\cdot 1\cdot k!2^k = 1.$$

在例 24 的证明过程中也用到了上述莱布尼兹公式。

例 25　设 A 是 n 级实对称矩阵,证明:

(1) 如果 A 是正定的,那么

$$\boldsymbol{\alpha}'A^{-1}\boldsymbol{\alpha} \geqslant \left(\frac{\mathbf{1}_n'\boldsymbol{\alpha}}{\sqrt{\mathbf{1}_n' A\ \mathbf{1}_n}}\right)^2, \forall \alpha\in\mathbf{R}^n, \tag{42}$$

其中 $\mathbf{1}_n$ 表示元素全为 1 的 n 维列向量;

(2) 如果 A 是半正定的,那么 A 有一个广义逆 A^-,使得

$$(\boldsymbol{\alpha}'A^-\boldsymbol{\alpha})(\mathbf{1}_n'A\ \mathbf{1}_n) \geqslant (\mathbf{1}_n'AA^-\boldsymbol{\alpha})^2.$$

证明　(1) 由于 A 正定,因此 A^{-1} 也正定。于是存在 n 级实可逆矩阵 C,使得 $A^{-1}=C'C$。于是 $A=C^{-1}(C^{-1})'$。在 $\mathbf{R}^n$ 中指定标准内积。任取 $\boldsymbol{\alpha}\in\mathbf{R}^n$,有

$$\boldsymbol{\alpha}'A^{-1}\boldsymbol{\alpha} = \boldsymbol{\alpha}'C'C\boldsymbol{\alpha} = (C\boldsymbol{\alpha})'(C\boldsymbol{\alpha}) = |C\boldsymbol{\alpha}|^2$$

$$= \frac{|(C^{-1})'\mathbf{1}_n|^2\,|C\boldsymbol{\alpha}|^2}{|(C^{-1})'\mathbf{1}_n|^2} \geqslant \frac{[((C^{-1})'\mathbf{1}_n)'(C\boldsymbol{\alpha})]^2}{((C^{-1})'\mathbf{1}_n)'((C^{-1})'\mathbf{1}_n)}$$

$$= \frac{(\mathbf{1}_n'C^{-1}C\boldsymbol{\alpha})^2}{\mathbf{1}_n'C^{-1}(C^{-1})'\mathbf{1}_n} = \frac{(\mathbf{1}_n'\boldsymbol{\alpha})^2}{\mathbf{1}_n'A\mathbf{1}_n} = \left(\frac{\mathbf{1}_n'\boldsymbol{\alpha}}{\sqrt{\mathbf{1}_n'A\mathbf{1}_n}}\right)^2.$$

(2) 由于 A 半正定,因此 $A\simeq\begin{pmatrix} I_r & 0\\ 0 & 0\end{pmatrix}$,其中 $r=\mathrm{rank}(A)$。于是存在 n 级实可逆矩阵

P，使得 $A=P'\begin{pmatrix} I_r & 0 \\ 0 & 0 \end{pmatrix}P$。从而 A 有一个广义逆 A^- 为

$$A^- = P^{-1}\begin{pmatrix} I_r & 0 \\ 0 & 0 \end{pmatrix}(P')^{-1} = P^{-1}\begin{pmatrix} I_r & 0 \\ 0 & 0 \end{pmatrix}(P^{-1})'.$$

于是 A^- 也为半正定矩阵。记 $P^{-1}=(P_1,P_2)$，其中 P_1 有 r 列。则

$$A^- = (P_1,P_2)\begin{pmatrix} I_r & 0 \\ 0 & 0 \end{pmatrix}\begin{pmatrix} P_1' \\ P_2' \end{pmatrix} = P_1P_1'.$$

于是

$$A = AA^-A = AP_1P_1'A.$$

由于对任意 $\boldsymbol{\alpha}\in\mathbf{R}^n$，有

$$\boldsymbol{\alpha}'A^-\boldsymbol{\alpha} = \boldsymbol{\alpha}'P_1P_1'\boldsymbol{\alpha} = (P_1'\boldsymbol{\alpha})'(P_1'\boldsymbol{\alpha}) - |P_1'\boldsymbol{\alpha}|^2,$$
$$\mathbf{1}_nA\mathbf{1}_n = \mathbf{1}_n'AP_1P_1'A\mathbf{1}_n = (P_1'A\mathbf{1}_n)'(P_1'A\mathbf{1}_n) = |P_1'A\mathbf{1}_n|^2,$$

因此对任意 $\boldsymbol{\alpha}\in\mathbf{R}^n$，有

$$\begin{aligned}(\boldsymbol{\alpha}'A^-\boldsymbol{\alpha})(\mathbf{1}_nA\mathbf{1}_n) &= |P_1'\boldsymbol{\alpha}|^2|P_1'A\mathbf{1}_n|^2 \\ &\geqslant [(P_1'A\mathbf{1}_n)'(P_1'\boldsymbol{\alpha})]^2 \\ &= (\mathbf{1}_n'AP_1P_1'\boldsymbol{\alpha})^2 = (\mathbf{1}_n'AA^-\boldsymbol{\alpha})^2.\end{aligned}$$

■

点评 在例 25 的(1)和(2)中都用到了 Cauchy-буняковскцй-Schwarz 不等式。如果先证明第(2)小题，那么可以立即得到第(1)小题的结论(因为此时 $A^-=A^{-1}$)。

例 26 在 $\mathbf{R}^2$ 中指定一个内积为

$$(\boldsymbol{\alpha},\boldsymbol{\beta}) = x_1y_1 + 2x_2y_2,$$

其中 $\boldsymbol{\alpha}=(x_1,x_2)'$，$\boldsymbol{\beta}=(y_1,y_2)'$。这个欧几里得空间记作 V，找出 V 到指定标准内积的欧几里得空间 $\mathbf{R}^2$ 的一个同构映射。

解 取 V 的一个基 $\boldsymbol{\varepsilon}_1,\boldsymbol{\varepsilon}_2$。由于

$$(\boldsymbol{\varepsilon}_1,\boldsymbol{\varepsilon}_2) = 1\times 0 + 2\times 0\times 1 = 0,$$

因此 V 中 $\boldsymbol{\varepsilon}_1$ 与 $\boldsymbol{\varepsilon}_2$ 正交。令

$$\boldsymbol{\eta}_1 = \frac{1}{|\boldsymbol{\varepsilon}_1|}\boldsymbol{\varepsilon}_1 = \frac{1}{1} = \boldsymbol{\varepsilon}_1, \boldsymbol{\eta}_2 = \frac{1}{|\boldsymbol{\varepsilon}_2|}\boldsymbol{\varepsilon}_2 = \frac{1}{\sqrt{2}}\boldsymbol{\varepsilon}_2 = \frac{\sqrt{2}}{2}\boldsymbol{\varepsilon}_2,$$

因此 $\boldsymbol{\eta}_1,\boldsymbol{\eta}_2$(即 $\boldsymbol{\varepsilon}_1,\frac{\sqrt{2}}{2}\boldsymbol{\varepsilon}_2$)是 V 的一个标准正交基。由于

$$\boldsymbol{\alpha} = (x_1,x_2)' = x_1\boldsymbol{\varepsilon}_1 + x_2\boldsymbol{\varepsilon}_2 = x_1\boldsymbol{\varepsilon}_1 + x_2\sqrt{2}\left(\frac{\sqrt{2}}{2}\boldsymbol{\varepsilon}_2\right),$$

因此 $\boldsymbol{\alpha}$ 在 V 的一个标准正交基 $\boldsymbol{\varepsilon}_1,\frac{\sqrt{2}}{2}\boldsymbol{\varepsilon}_2$ 下的坐标为 $(x_1,\sqrt{2}x_2)'$。于是把 $\boldsymbol{\alpha}=(x_1,x_2)'$ 对应

到$(x_1,\sqrt{2}x_2)'$的映射是 V 到 $\mathbf{R}^2$ 的一个同构映射。

例 27 设 V 和 V'是两个实内积空间，证明：σ 是实内积空间 V 到 V'的一个同构映射当且仅当 σ 是 V 到 V'的一个线性映射，且 σ 是满射以及保持内积。

证明 必要性是显然的。下面来证充分性。由于

$$\begin{aligned}\alpha \in \operatorname{Ker}\sigma \quad &\Leftrightarrow \quad \sigma(\alpha)=0 \quad \Leftrightarrow \quad (\sigma(\alpha),\sigma(\alpha))=0 \\ &\Leftrightarrow \quad (\alpha,\alpha)=0 \quad \Leftrightarrow \quad \alpha=0,\end{aligned}$$

因此 $\operatorname{Ker}\sigma=0$。从而 σ 是单射，又已知 σ 是 V 到 V'的一个线性映射，且 σ 是满射以及保持内积，因此 σ 是实内积空间 V 到 V'的一个同构映射。 ■

例 28 设 V 是由 $M_3(\mathbf{R})$中所有斜对称矩阵组成的子空间，对于 $A,B\in V$，规定

$$(A,B)=\frac{1}{2}\operatorname{tr}(AB'), \tag{43}$$

证明：(1) (,)是 V 上的一个内积；

(2) 令 $\sigma:\mathbf{R}^3 \longrightarrow V$

$$\begin{pmatrix} x_1 \\ x_2 \\ x_3 \end{pmatrix} \longmapsto \begin{pmatrix} 0 & x_1 & x_2 \\ -x_1 & 0 & x_3 \\ -x_2 & -x_3 & 0 \end{pmatrix},$$

则 σ 是欧几里得空间 $\mathbf{R}^3$(指定标准内积)到 V 的一个同构映射，并且求 V 的一个标准正交基。

证明 (1) 从本节内容精华的例 2 中已经知道，$(A,B)=\operatorname{tr}(AB')$是 $M_3(\mathbf{R})$上的一个内积。把它限制到 V 上，就成为 V 上的一个内积。据例 7 的第(2)小题得，$(A,B)=\frac{1}{2}\operatorname{tr}(AB')$是 V 上的一个内积。

(2) 显然 σ 是单射，满射，易验证 σ 保持加法和数量乘法运算。下面证 σ 保持内积，任取 $\boldsymbol{\alpha}=(x_1,x_2,x_3)'$，$\boldsymbol{\beta}=(y_1,y_2,y_3)'$。则

$$(\boldsymbol{\alpha},\boldsymbol{\beta})=x_1y_1+x_2y_2+x_3y_3.$$

由于

$$\sigma(\boldsymbol{\alpha})\sigma(\boldsymbol{\beta})'=\begin{pmatrix} 0 & x_1 & x_2 \\ -x_1 & 0 & x_3 \\ -x_2 & -x_3 & 0 \end{pmatrix}\begin{pmatrix} 0 & -y_1 & -y_2 \\ y_1 & 0 & -y_3 \\ y_2 & y_3 & 0 \end{pmatrix},$$

因此

$$\begin{aligned}(\sigma(\boldsymbol{\alpha}),\sigma(\boldsymbol{\beta}))&=\frac{1}{2}\operatorname{tr}(\sigma(\boldsymbol{\alpha})\sigma(\boldsymbol{\beta})') \\ &=\frac{1}{2}[(x_1y_1+x_2y_2)+(x_1y_1+x_3y_3)+(x_2y_2+x_3y_3)]\end{aligned}$$

$$= x_1y_1 + x_2y_2 + x_3y_3 = (\boldsymbol{\alpha}, \boldsymbol{\beta}).$$

从而 σ 是欧几里得空间 $\mathbf{R}^3$ 到 V 的一个同构映射。

$\mathbf{R}^3$ 的一个标准正交基 $\boldsymbol{\varepsilon}_1, \boldsymbol{\varepsilon}_2, \boldsymbol{\varepsilon}_3$ 在 σ 下的象：

$$\begin{pmatrix} 0 & 1 & 0 \\ -1 & 0 & 0 \\ 0 & 0 & 0 \end{pmatrix}, \begin{pmatrix} 0 & 0 & 1 \\ 0 & 0 & 0 \\ -1 & 0 & 0 \end{pmatrix}, \begin{pmatrix} 0 & 0 & 0 \\ 0 & 0 & 1 \\ 0 & -1 & 0 \end{pmatrix}$$

就是 V 的一个标准正交基。 ■

习题 10.2

1. 设 $A=(a_{ij})$是一个 n 级正定矩阵。在 $\mathbf{R}^n$ 中规定

$$(\boldsymbol{x}, \boldsymbol{y}) = \boldsymbol{x}'A\boldsymbol{y}. \tag{44}$$

(1) 说明(,)是 $\mathbf{R}^n$ 上的一个内积，并且指出这个内积在 $\mathbf{R}^n$ 的标准基 $\boldsymbol{\varepsilon}_1, \boldsymbol{\varepsilon}_2, \cdots, \boldsymbol{\varepsilon}_n$ 下的度量矩阵；

(2) 具体写出这个欧几里得空间 $\mathbf{R}^n$ 的 Cauchy-буняковскци-Schwarz 不等式。

2. 设 $\alpha_1, \alpha_2, \cdots, \alpha_m$ 是 n 维欧几里得空间 V 中线性无关的向量组。证明：$G(\alpha_1, \alpha_2, \cdots, \alpha_m)$是正定矩阵。

3. 在欧几里得空间 $\mathbf{R}^2$(指定标准内积)中，设 $\boldsymbol{\alpha}=(1,2)'$，$\boldsymbol{\beta}=(-1,1)'$，求 $\boldsymbol{\gamma}$ 使得$(\boldsymbol{\alpha}, \boldsymbol{\gamma})=-1$，且$(\boldsymbol{\beta}, \boldsymbol{\gamma})=3$。

4. 在欧几里得空间 $\mathbf{R}^4$(指定标准内积)中，设

$$\boldsymbol{\alpha} = (1, -1, 4, 0)', \boldsymbol{\beta} = (3, 1, -2, 2)'.$$

求$\langle \boldsymbol{\alpha}, \boldsymbol{\beta} \rangle$。

5. 设 $\alpha_1, \alpha_2, \cdots, \alpha_n$ 是 n 维欧几里得空间 V 的一个基。证明：

(1) 如果 $\eta \in V$，使得$(\eta, \alpha_i)=0, i=1,2,\cdots,n$，那么 $\eta=0$；

(2) 如果 $\beta_1, \beta_2 \in V$ 使得对任意 $\alpha \in V$，有$(\beta_1, \alpha)=(\beta_2, \alpha)$，那么 $\beta_1=\beta_2$。

6. 设 $\mathbf{A}$ 是 $\mathbf{R}^2$ 上的一个线性变换，使得

$$\mathbf{A}\begin{pmatrix} x_1 \\ x_2 \end{pmatrix} = \begin{pmatrix} x_2 \\ -x_1 \end{pmatrix}, \forall \begin{pmatrix} x_1 \\ x_2 \end{pmatrix} \in \mathbf{R}^2,$$

在 $\mathbf{R}^2$ 中指定标准内积。证明：$(\boldsymbol{\alpha}, \mathbf{A}\boldsymbol{\alpha})=0, \forall \boldsymbol{\alpha} \in \mathbf{R}^2$；说出线性变换 $\mathbf{A}$ 的几何意义。

7. $\mathbf{R}^2$ 中指定的内积是例 1 第(2)小题中所定义的，求基 $\boldsymbol{\varepsilon}_1, \boldsymbol{\varepsilon}_2$ 的度量矩阵。

8. 求出 $\mathbf{R}^1$ 上的所有内积。

9. 在欧几里得空间 $\mathbf{R}[x]_3$ 中，其指定的内积为

$$(f,g)=\int_0^1 f(x)g(x)\mathrm{d}x,$$

求 $\mathbf{R}[x]_3$ 的一个正交基。

10. 设 V 是实内积空间，$\alpha,\beta\in V$。证明：α 与 β 正交当且仅当对任意实数 t，有

$$|\alpha+t\beta|\geqslant|\alpha|.$$

11. 设 V 是 n 维欧几里得空间。证明：对于 V 上的任一线性函数 f，存在 $\alpha\in V$，使得

$$f(\beta)=(\alpha,\beta),\forall\beta\in V.$$

12. 证明：如果 A 是 n 级正定矩阵，B 是 n 级半正定矩阵，那么

$$|A+B|\geqslant|A|+|B|;$$

等号成立当且仅当 $B=0$。

13. 证明：如果 A,B 都是 n 级半正定矩阵，且都不是正定矩阵，那么

$$|A+B|\geqslant|A|+|B|;$$

等号成立当且仅当

$$|A+B|=0.$$

14. 在 n 维欧几里得空间 V 中取一个基 $\alpha_1,\cdots,\alpha_n$，考虑 V 中的一个向量组 $f_1,\cdots,f_n$，使得

$$(f_i,\alpha_j)=\delta_{ij},\ i=1,\cdots,n;\ j=1,\cdots,n.$$

(1) 证明：$f_1,\cdots,f_n$ 是 V 的一个基，把它称为基 $\alpha_1,\cdots,\alpha_n$ 的对偶基；V 中任一向量 $\alpha=\sum\limits_{i=1}^{n}(f_i,\alpha)\alpha_i=\sum\limits_{i=1}^{n}(\alpha_i,\alpha)f_i$。

(2) 设 A 是基 $\alpha_1,\cdots,\alpha_n$ 的度量矩阵，求基 $\alpha_1,\cdots,\alpha_n$ 到它的对偶基 $f_1,\cdots,f_n$ 的过渡矩阵，并且求这个对偶基的度量矩阵。

15. 在 n 维欧几里得空间 V 中，设基 $\alpha_1,\cdots,\alpha_n$ 到基 $\beta_1,\cdots,\beta_n$ 的过渡矩阵是 P，设基 $\alpha_1,\cdots,\alpha_n$ 的对偶基为 $f_1,\cdots,f_n$；基 $\beta_1,\cdots,\beta_n$ 的对偶基为 $g_1,\cdots,g_n$。求基 $f_1,\cdots,f_n$ 到基 $g_1,\cdots,g_n$ 的过渡矩阵。

10.3 正交补，正交投影

10.3.1 内容精华

本节通过实内积空间的子空间来研究整个空间的结构。在几何空间中，一条直线 l 如

果与一个平面 π 内的所有直线都垂直，那么称直线 l 与平面 π 垂直。由此受到启发，在实内积空间 V 中，引进下述概念：

定义 1 设 V 是一个实内积空间，S 是 V 的一个非空子集。我们把 V 中与 S 的每一个向量都正交的所有向量组成的集合叫做 S 的**正交补**，记作 $S^{\perp}$。即

$$S^{\perp} \xlongequal{\text{def}} \{\alpha \in V \mid (\alpha, \beta) = 0, \forall \beta \in S\}. \tag{1}$$

由于 $(0,\beta)=0, \forall \beta\in S$，因此 $0\in S^{\perp}$。容易看出，$S^{\perp}$ 对加法和数量乘法都封闭，因此 $S^{\perp}$ 是线性空间 V 的一个子空间，把 V 上的内积限制到 $S^{\perp}$ 中，则 $S^{\perp}$ 也成为一个实内积空间，此时称 $S^{\perp}$ 是实内积空间 V 的一个子空间。

设 U_1 和 U_2 是实内积空间 V 的两个子空间，如果 $U_1\subseteq U_2^{\perp}$，那么据 10.1 节的例 15 得，$U_2\subseteq U_1^{\perp}$。此时称 U_1 与 U_2 是**互相正交的**。

在几何空间 V 中，如果 U 是过原点 O 的一个平面，W 是过原点 O 且与平面 U 垂直的直线，那么 $V=U \oplus W$。注意到 $W=U^{\perp}$。于是 $V=U \oplus U^{\perp}$，由此受到启发。我们猜测并且可以证明有下述结论：

定理 1 设 U 是实内积空间 V 的一个有限维子空间，则

$$V = U \oplus U^{\perp}. \tag{2}$$

若 V 是 n 维欧几里得空间，则由定理 1 得，对于 V 的任何一子空间 U 都有 $V=U \oplus U^{\perp}$。于是 U 的一个标准正交基与 $U^{\perp}$ 的一个标准正交基合起来就是 V 的一个标准正交基。这是把 V 分解成 U 与 $U^{\perp}$ 的直和的第一个好处。

设 U 是实内积空间 V 的一个子空间，如果 $V=U \oplus U^{\perp}$。那么有平行于 $U^{\perp}$ 在 U 上的投影 $\boldsymbol{P}_U$。我们把这个投影 $\boldsymbol{P}_U$ 称为 V 在 U 上的**正交投影**。把 α 在 $\boldsymbol{P}_U$ 下的象 α_1 称为 **$\boldsymbol{\alpha}$ 在 $\boldsymbol{U}$ 上的正交投影**。此时 $\alpha=\alpha_1+\alpha_2, \alpha_1\in U, \alpha_2\in U^{\perp}$。由此得出：

α_1 是 α 在 U 上的正交投影 $\Leftrightarrow$ $\alpha-\alpha_1\in U^{\perp}$。

如果 U 是实内积空间 V 的有限维子空间，那么从定理 1 的证明过程看到：设 $\eta_1, \eta_2, \cdots, \eta_m$ 是 U 的一个标准正交基，则 α 在 U 上的正交投影 α_1 为

$$\alpha_1 = \sum_{i=1}^{m} (\alpha, \eta_i)\eta_i. \tag{3}$$

在几何空间 V 中，设 U 是过原点 O 的一个平面，则 $U^{\perp}$ 是过原点 O 且与平面 U 垂直的直线，如图 10-2 所示。根据立体几何中的结论："从平面外一点向这平面引垂线段和斜线段，则垂线段比任何一条斜线段都短。"于是 α 在 U 上的正交投影 α_1 具有这样的性质：α_1 与 α 的距离比 U 上任一其他向量 γ 与 α 的距离都短。由此受到启发，我们猜测并且可以证明在实内积空间 V 中也有类似的结论：

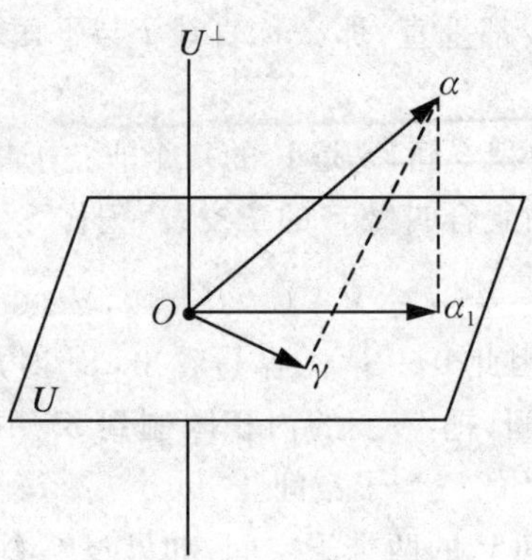

图 10-2

定理 2 设 U 是实内积空间 V 的一个子空间，且 $V=U\oplus U^{\perp}$。则对于 $\alpha\in V$，$\alpha_1\in U$ 是 α 在 U 上的正交投影的充分必要条件为

$$d(\alpha,\alpha_1)\leqslant d(\alpha,\gamma),\forall\,\gamma\in U. \tag{4}$$

从定理 2 受到启发，引出下述概念：

定义 2 设 U 是实内积空间 V 的一个子空间，对于 $\alpha\in V$，如果存在 $\delta\in U$，使得

$$d(\alpha,\delta)\leqslant d(\alpha,\gamma),\forall\,\gamma\in U, \tag{5}$$

那么称 δ 是 α 在 U 上的**最佳逼近元**。

从定理 1 和定理 2 立即得出，如果 U 是实内积空间 V 的一个有限维子空间，那么 V 中任一向量 α 在 U 上的最佳逼近元存在且唯一，它就是 α 在 U 上的正交投影。这是把 V 分解成 U 与 $U^{\perp}$ 的直和的第二个好处：由此有 V 在 U 上的正交投影，从而 V 中的每个向量 α 在 U 上有最佳逼近元 $\alpha_1=\sum\limits_{i=1}^{m}(\alpha,\eta_i)\eta_i$，其中 $\eta_1,\cdots,\eta_m$ 是 U 的一个标准正交基。

设 U 是实内积空间 V 的一个无限维子空间，如果 $\alpha\in V$ 在 U 上的最佳逼近元 δ 存在（此时必唯一），那么把 δ 称为 **$\boldsymbol{\alpha}$ 在 $\boldsymbol{U}$ 上的正交投影**。如果 V 中每个向量 α 都有在 U 上的正交投影 δ，那么把 α 对应到 δ 的映射称为 **$\boldsymbol{V}$ 在 $\boldsymbol{U}$ 上的正交投影**。（注：当 $V=U\oplus U^{\perp}$ 时，这里的正交投影的定义与前面所讲的正交投影的定义一致。）

正交投影和最佳逼近元有许多应用。下面介绍一个应用。

在许多实际问题中需要研究一个变量 y 与其他一些变量 $x_1,x_2,\cdots,x_n$ 之间的依赖关系。经过实际观测和分析，假定 y 与 $x_1,x_2,\cdots,x_n$ 之间呈线性关系：

$$y=k_1x_1+k_2x_2+\cdots+k_nx_n. \tag{6}$$

其中系数 $k_1,k_2,\cdots,k_n$ 是未知的，为了确定它们，需要观测数据 m 次，即测得 m 组数：

y	x_1	x_2	$\cdots$	x_n
b_1	a_{11}	a_{12}	$\cdots$	a_{1n}
$\vdots$	$\vdots$	$\vdots$		$\vdots$
b_m	a_{m1}	a_{m2}	$\cdots$	a_{mn}

如果观测是绝对精确的话,那么只要测量 $m=n$ 次,通过线性方程组就可解出 $k_1,k_2,\cdots,k_n$。但是任何观测都会有误差,这样就需要多观测些次数,即 $m>n$。于是得到的线性方程组

$$\begin{cases} a_{11}k_1+a_{12}k_2+\cdots+a_{1n}k_n=b_1, \\ a_{21}k_1+a_{22}k_2+\cdots+a_{2n}k_n=b_2, \\ \cdots \\ a_{m1}k_1+a_{m2}k_2+\cdots+a_{mn}k_n=b_m \end{cases} \tag{7}$$

中,方程个数 m 大于未知量个数 n。这时线性方程组(7)可能无解。这时我们想找一组数 $c_1,c_2,\cdots,c_n$,使得

$$\begin{aligned} &\sum_{i=1}^{m}[a_{i1}c_1+a_{i2}c_2+\cdots+a_{in}c_n-b_i)^2 \\ \leqslant &\sum_{i=1}^{n}[a_{i1}k_1+a_{i2}k_2+\cdots+a_{in}k_n-b_i)^2, \forall\, k_1,k_2,\cdots,k_n\in\mathbf{R}. \end{aligned} \tag{8}$$

此时我们把$(c_1,c_2,\cdots,c_n)'$称为线性方程组(7)的**最小二乘解**。

如何求线性方程组(7)的最小二乘解?(8)式左端是平方和的形式,这使人联想到它是欧几里得空间 $\mathbf{R}^n$(指定的内积是标准内积)中,某个向量的长度的平方。这个向量的第 i 个分量是

$$a_{i1}c_1+a_{i2}c_2+\cdots+a_{in}c_n-b_i, i=1,2,\cdots,m. \tag{9}$$

线性方程组(7)的系数矩阵记作 A,它的列向量组记作 $\boldsymbol{\alpha}_1,\boldsymbol{\alpha}_2,\cdots,\boldsymbol{\alpha}_n$,行向量组记作 $\boldsymbol{\gamma}_1,\boldsymbol{\gamma}_2,\cdots,\boldsymbol{\gamma}_m$。令

$$\boldsymbol{X}=(k_1,k_2,\cdots,k_n)',\boldsymbol{\beta}=(b_1,b_2,\cdots,b_m)',$$
$$\boldsymbol{\alpha}=(c_1,c_2,\cdots,c_n)',$$

则以(9)式为第 i 个分量的向量是

$$\begin{pmatrix} \boldsymbol{\gamma}_1\boldsymbol{\alpha}-b_1 \\ \boldsymbol{\gamma}_2\boldsymbol{\alpha}-b_2 \\ \vdots \\ \boldsymbol{\gamma}_m\boldsymbol{\alpha}-b_m \end{pmatrix}=\begin{pmatrix} \boldsymbol{\gamma}_1\boldsymbol{\alpha} \\ \boldsymbol{\gamma}_2\boldsymbol{\alpha} \\ \vdots \\ \boldsymbol{\gamma}_m\boldsymbol{\alpha} \end{pmatrix}-\begin{pmatrix} b_1 \\ b_2 \\ \vdots \\ b_m \end{pmatrix}=A\boldsymbol{\alpha}-\boldsymbol{\beta}. \tag{10}$$

于是(8)式的左端是向量 $A\boldsymbol{\alpha}-\boldsymbol{\beta}$ 的长度的平方,也就是 $\boldsymbol{\beta}$ 与 $A\boldsymbol{\alpha}$ 的距离的平方。令

$$U=\langle \boldsymbol{\alpha}_1,\boldsymbol{\alpha}_2,\cdots,\boldsymbol{\alpha}_n\rangle,$$

则

$$A\boldsymbol{\alpha}=c_1\boldsymbol{\alpha}_1+c_2\boldsymbol{\alpha}_2+\cdots+c_n\boldsymbol{\alpha}_n\in U,$$

$$A\boldsymbol{X}=k_1\boldsymbol{\alpha}_1+k_2\boldsymbol{\alpha}_2+\cdots+k_n\boldsymbol{\alpha}_n\in U,\forall k_1,k_2,\cdots,k_n\in \mathbf{R}.$$

于是 $\boldsymbol{\alpha}$ 是线性方程组 $A\boldsymbol{x}=\boldsymbol{\beta}$ 的最小二乘解

$\Leftrightarrow$ $|A\boldsymbol{\alpha}-\boldsymbol{\beta}|^2\leqslant|A\boldsymbol{x}-\boldsymbol{\beta}|^2,\forall \boldsymbol{x}\in\mathbf{R}^n$

$\Leftrightarrow$ $d(A\boldsymbol{\alpha},\boldsymbol{\beta})\leqslant d(\boldsymbol{\gamma},\boldsymbol{\beta}),\forall \boldsymbol{\gamma}\in U$

$\Leftrightarrow$ $A\boldsymbol{\alpha}$ 是 $\boldsymbol{\beta}$ 在 U 上的正交投影

$\Leftrightarrow$ $\boldsymbol{\beta}-A\boldsymbol{\alpha}\in U^{\perp}$

$\Leftrightarrow$ $(\boldsymbol{\beta}-A\boldsymbol{\alpha},\boldsymbol{\alpha}_j)=0,\quad j=1,2,\cdots,n$

$\Leftrightarrow$ $\boldsymbol{\alpha}_j'(\boldsymbol{\beta}-A\boldsymbol{\alpha})=0,\quad j=1,2,\cdots,n$

$\Leftrightarrow$ $A'(\boldsymbol{\beta}-A\boldsymbol{\alpha})=\mathbf{0}$

$\Leftrightarrow$ $A'A\boldsymbol{\alpha}=A'\boldsymbol{\beta}$

$\Leftrightarrow$ $\boldsymbol{\alpha}$ 是线性方程组 $A'A\boldsymbol{X}=A'\boldsymbol{\beta}$ 的解。

由于

$$\operatorname{rank}(A'A,A'\boldsymbol{\beta})=\operatorname{rank}[A'(A,\boldsymbol{\beta})]\leqslant\operatorname{rank}(A')=\operatorname{rank}(A'A),$$

$$\operatorname{rank}(A'A,A'\boldsymbol{\beta})\geqslant\operatorname{rank}(A'A),$$

因此 $\operatorname{rank}(A'A,A'\boldsymbol{\beta})=\operatorname{rank}(A'A)$。从而线性方程组

$$A'A\boldsymbol{X}=A'\boldsymbol{\beta}\tag{11}$$

一定有解。这样我们就把求线性方程组 $A\boldsymbol{x}=\boldsymbol{\beta}$ 最小二乘解的问题归结为求线性方程组 $(A'A)\boldsymbol{X}=A'\boldsymbol{\beta}$ 的解。

10.3.2 典型例题

例1 设 U 是欧几里得空间 $\mathbf{R}^4$(指定标准内积)的一个子空间,$U=\langle\boldsymbol{\alpha}_1,\boldsymbol{\alpha}_2\rangle$,其中

$$\boldsymbol{\alpha}_1=(1,1,2,1)',\boldsymbol{\alpha}_2=(1,0,0,-2)'.$$

(1) 求 $U^{\perp}$ 的维数和一个标准正交基;

(2) 求 $\boldsymbol{\alpha}=(1,-3,2,2)'$ 在 U 上的正交投影。

解 (1) 由于 $\boldsymbol{\alpha}_1,\boldsymbol{\alpha}_2$ 线性无关,因此 $\boldsymbol{\alpha}_1,\boldsymbol{\alpha}_2$ 是 U 的一个基。从而 $\dim U=2$。于是

$$\dim U^{\perp}=\dim\mathbf{R}^4-\dim U=4-2=2.$$

$$\boldsymbol{\beta}\in U^{\perp}\Leftrightarrow\ (\boldsymbol{\beta},\boldsymbol{\alpha}_i)=0,\quad i=1,2$$

$$\Leftrightarrow\ \boldsymbol{\alpha}_i'\boldsymbol{\beta}=0,\quad i=1,2$$

$$\Leftrightarrow \quad \begin{pmatrix} \boldsymbol{\alpha}_1' \\ \boldsymbol{\alpha}_2' \end{pmatrix} \boldsymbol{\beta} = \mathbf{0}$$

$$\Leftrightarrow \quad \boldsymbol{\beta} \text{ 是齐次线性方程组} \begin{pmatrix} \boldsymbol{\alpha}_1' \\ \boldsymbol{\alpha}_2' \end{pmatrix} \boldsymbol{x} = \mathbf{0} \text{ 的解。}$$

解齐次线性方程组$\begin{pmatrix} \boldsymbol{\alpha}_1' \\ \boldsymbol{\alpha}_2' \end{pmatrix} \boldsymbol{x} = \mathbf{0}$,求出一个基础解系:

$$\boldsymbol{\beta}_1 = (0,2,-1,0)', \boldsymbol{\beta}_2 = (2,-3,0,1)',$$

则 $\boldsymbol{\beta}_1, \boldsymbol{\beta}_2$ 是 $U^{\perp}$ 的一个基。把它正交化和单位化:

$$\boldsymbol{\gamma}_1 = \boldsymbol{\beta}_1,$$

$$\boldsymbol{\gamma}_2 = \boldsymbol{\beta}_2 - \frac{(\boldsymbol{\beta}_2, \boldsymbol{\gamma}_1)}{(\boldsymbol{\gamma}_1, \boldsymbol{\gamma}_1)} \boldsymbol{\gamma}_1 = \left(2, -\frac{3}{5}, -\frac{6}{5}, 1\right)',$$

$$\boldsymbol{\eta}_1 = \frac{1}{|\boldsymbol{\gamma}_1|} \boldsymbol{\gamma}_1 = \frac{1}{\sqrt{5}} \boldsymbol{\gamma}_1 = \left(0, \frac{2\sqrt{5}}{5}, -\frac{\sqrt{5}}{5}, 0\right)',$$

$$\boldsymbol{\eta}_2 = \frac{1}{|\boldsymbol{\gamma}_2|} \boldsymbol{\gamma}_2 = \sqrt{\frac{5}{34}} \boldsymbol{\gamma}_2 = \left(\frac{\sqrt{170}}{17}, -\frac{3\sqrt{170}}{170}, -\frac{3\sqrt{170}}{85}, \frac{\sqrt{170}}{34}\right)',$$

于是 $U^{\perp}$ 的一个标准正交基是

$$\boldsymbol{\eta}_1 = \left(0, \frac{2\sqrt{5}}{5}, -\frac{\sqrt{5}}{5}, 0\right)',$$

$$\boldsymbol{\eta}_2 = \left(\frac{\sqrt{170}}{17}, -\frac{3\sqrt{170}}{170}, -\frac{3\sqrt{170}}{85}, \frac{\sqrt{170}}{34}\right)'.$$

(2) 把 U 的一个基 $\boldsymbol{\alpha}_1, \boldsymbol{\alpha}_2$ 进行正交化和单位化,得

$$\boldsymbol{\delta}_1 = \left(\frac{\sqrt{7}}{7}, \frac{\sqrt{7}}{7}, \frac{2\sqrt{7}}{7}, \frac{\sqrt{7}}{7}\right)',$$

$$\boldsymbol{\delta}_2 = \left(\frac{4\sqrt{238}}{119}, \frac{\sqrt{238}}{238}, \frac{\sqrt{238}}{119}, -\frac{13\sqrt{238}}{238}\right)'.$$

据本节公式(3)得,$\boldsymbol{\alpha}$ 在 U 上的正交投影为

$$(\boldsymbol{\alpha}, \boldsymbol{\delta}_1)\boldsymbol{\delta}_1 + (\boldsymbol{\alpha}, \boldsymbol{\delta}_2)\boldsymbol{\delta}_2 = \left(0, \frac{1}{2}, 1, \frac{3}{2}\right)'.$$

例 2 设 U 是 n 维欧几里得空间 V 的一个子空间。证明:$(U^{\perp})^{\perp} = U$。

证明 由于欧几里得空间 V 中指定的内积是正定的对称双线性函数,因此据 10.1 节的例 10 得,$(U^{\perp})^{\perp} = U$。 ■

例 3 设 V_1, V_2 是 n 维欧几里得空间 V 的两个子空间,证明:

$$(V_1 + V_2)^{\perp} = V_1^{\perp} \cap V_2^{\perp}, \quad (V_1 \cap V_2)^{\perp} = V_1^{\perp} + V_2^{\perp}. \tag{12}$$

证明　由于欧几里得空间 V 中指定的内积是正定的对称双线性函数，因此据习题10.1的第 3 题得

$$(V_1+V_2)^{\perp}=V_1^{\perp}\cap V_2^{\perp},\quad (V_1\cap V_2)^{\perp}=V_1^{\perp}+V_2^{\perp}.$$ ■

例 4　证明：欧几里得空间 $\mathbf{R}^n$（指定标准内积）的任一子空间 U 是一个齐次线性方程组的解空间。

证明　在 $U^{\perp}$ 中取一个基 $\boldsymbol{\eta}_1,\boldsymbol{\eta}_2,\cdots,\boldsymbol{\eta}_m$。由于 $U=(U^{\perp})^{\perp}$，因此

$$\begin{aligned}\boldsymbol{\alpha}\in U &\Leftrightarrow (\boldsymbol{\alpha},\boldsymbol{\eta}_i)=0, i=1,2,\cdots,m\\ &\Leftrightarrow \boldsymbol{\eta}_i'\boldsymbol{\alpha}=0, i=1,2,\cdots,m\\ &\Leftrightarrow \begin{pmatrix}\boldsymbol{\eta}_1'\\ \vdots\\ \boldsymbol{\eta}_m'\end{pmatrix}\boldsymbol{\alpha}=\mathbf{0}\\ &\Leftrightarrow \boldsymbol{\alpha}\text{ 属于齐次线性方程组 }\begin{pmatrix}\boldsymbol{\eta}_1'\\ \vdots\\ \boldsymbol{\eta}_m'\end{pmatrix}\boldsymbol{x}=\mathbf{0}\text{ 的解空间。}\end{aligned}$$

从而 U 是齐次线性方程组 $\begin{pmatrix}\boldsymbol{\eta}_1'\\ \vdots\\ \boldsymbol{\eta}_m'\end{pmatrix}\boldsymbol{x}=\mathbf{0}$ 的解空间。 ■

例 5　设 U 是实内积空间 V 的一个有限维子空间。证明：V 在 U 上的正交投影 $\boldsymbol{P}$ 具有下述性质：

$$(\boldsymbol{P}\alpha,\beta)=(\alpha,\boldsymbol{P}\beta),\ \forall\,\alpha,\beta\in V.$$

证明　由于 $\alpha-\boldsymbol{P}\alpha\in U^{\perp}$，$\beta-\boldsymbol{P}\beta\in U^{\perp}$，因此

$$0=(\alpha-\boldsymbol{P}\alpha,\boldsymbol{P}\beta)=(\alpha,\boldsymbol{P}\beta)-(\boldsymbol{P}\alpha,\boldsymbol{P}\beta),$$
$$0=(\beta-\boldsymbol{P}\beta,\boldsymbol{P}\alpha)=(\beta,\boldsymbol{P}\alpha)-(\boldsymbol{P}\beta,\boldsymbol{P}\alpha).$$

把上面两个式子相减，得

$$0=(\alpha,\boldsymbol{P}\beta)-(\beta,\boldsymbol{P}\alpha).$$

于是

$$(\alpha,\boldsymbol{P}\beta)=(\boldsymbol{P}\alpha,\beta),\ \forall\,\alpha,\beta\in V.$$ ■

例 6　设 V 是一个实内积空间，W 是 V 的一个子空间（可能无限维）。设 $\alpha\in V$，证明：

(1) $\beta\in W$ 是 α 在 W 上的最佳逼近元当且仅当

$$\alpha-\beta\in W^{\perp};$$

(2) 如果 α 在 W 上的最佳逼近元存在，那么它是唯一的。

证明　(1) 充分性的证明与定理 2 必要性的证明一样。

必要性。设$\beta\in W$是α在W上的最佳逼近元,则

$$d(\alpha,\beta)\leqslant d(\alpha,\gamma),\forall \gamma\in W.$$

由于$\forall\gamma\in W$,有

$$|\alpha-\gamma|^2=|(\alpha-\beta)+(\beta-\gamma)|^2=|\alpha-\beta|^2+2(\alpha-\beta,\beta-\gamma)+|\beta-\gamma|^2,$$

因此$\forall\gamma\in W$,有

$$2(\alpha-\beta,\beta-\gamma)+|\beta-\gamma|^2\geqslant 0. \tag{13}$$

于是当$k\neq 0$时,$\beta-\gamma$用$k(\beta-\gamma)$代替,从(13)式得,$\forall\gamma\in W$,有

$$2k(\alpha-\beta,\beta-\gamma)+k^2|\beta-\gamma|^2\geqslant 0. \tag{14}$$

显然当$k=0$时,(14)式也成立。

当$\gamma\neq\beta$时,取

$$k_0=-\frac{(\alpha-\beta,\beta-\gamma)}{|\beta-\gamma|^2},$$

代入(14)式得,$\forall\gamma\in W$,且$\gamma\neq\beta$,有

$$-\frac{(\alpha-\beta,\beta-\gamma)^2}{|\beta-\gamma|^2}\geqslant 0.$$

由此得出

$$(\alpha-\beta,\beta-\gamma)=0,\forall\gamma\in W,\text{且 }\gamma\neq\beta.$$

因此$\forall\gamma\in W$,有$(\alpha-\beta,\gamma)=0$。从而$\alpha-\beta\in W^{\perp}$。

(2) 设β,δ都是α在W上的最佳逼近元,则

$$d(\alpha,\beta)=d(\alpha,\delta).$$

与定理2的充分性的证明一样,可证得$\beta=\delta$。 ■

例7 设W是实内积空间V的一个子空间(可能无限维)。证明:如果V在W上的正交投影$\boldsymbol{P}$存在,那么它是V上的一个线性变换,并且是幂等的,还有

$$\operatorname{Ker}\boldsymbol{P}=W^{\perp},\operatorname{Im}\boldsymbol{P}=W.$$

证明 任取$\alpha_1,\alpha_2\in V$,设$\boldsymbol{P}(\alpha_i)=\beta_i,i=1,2$。则据定义得,$\beta_i$是$\alpha_i$在$W$上的最佳逼近元。据例6得,$\alpha_i-\beta_i\in W^{\perp},i=1,2$。由于$W^{\perp}$是$V$的一个子空间,因此

$$(\alpha_1+\alpha_2)-(\beta_1+\beta_2)=(\alpha_1-\beta_1)+(\alpha_2-\beta_2)\in W^{\perp}.$$

据例6得,$\beta_1+\beta_2$是$\alpha_1+\alpha_2$在W上的最佳逼近元。于是

$$\boldsymbol{P}(\alpha_1+\alpha_2)=\beta_1+\beta_2=\boldsymbol{P}(\alpha_1)+\boldsymbol{P}(\alpha_2).$$

类似地可证:$\boldsymbol{P}(k\alpha)=k\boldsymbol{P}(\alpha),\forall\alpha\in V,k\in\mathbf{R}$。因此$\boldsymbol{P}$是$V$上的一个线性变换。

任取$\alpha\in V$,设$\boldsymbol{P}(\alpha)=\beta$,则$\beta$是$\alpha$在$W$上的最佳逼近元。由于$\beta-\beta=0\in W^{\perp}$,因此$\beta$是$\beta$在$W$上的最佳逼近元。从而$\boldsymbol{P}(\beta)=\beta$,于是$\boldsymbol{P}^2(\alpha)=\boldsymbol{P}(\beta)=\beta=\boldsymbol{P}(\alpha)$。由此得出,$\boldsymbol{P}^2=\boldsymbol{P}$。即$\boldsymbol{P}$是幂等的。

显然，$\operatorname{Im}\boldsymbol{P}\subseteq W$，任取 $\gamma\in W$，由于 $\boldsymbol{P}(\gamma)=\gamma$，因此 $W\subseteq\operatorname{Im}\boldsymbol{P}$。从而 $\operatorname{Im}\boldsymbol{P}=W$。

$\alpha\in\operatorname{Ker}\boldsymbol{P}\Leftrightarrow\boldsymbol{P}(\alpha)=0\Leftrightarrow\alpha-0\in W^{\perp}\Leftrightarrow\alpha\in W^{\perp}$。因此 $\operatorname{Ker}\boldsymbol{P}=W^{\perp}$。■

例 8 设 U 是实内积空间 V 的一个有限维子空间，用 $\boldsymbol{P}_U$ 表示 V 在 U 上的正交投影。证明：V 在 $U^{\perp}$ 上的正交投影存在，它等于 $\boldsymbol{I}-\boldsymbol{P}_U$，其中 $\boldsymbol{I}$ 是 V 上的恒等变换。

证明 任给 $\alpha\in V$。由于 U 是有限维的，因此

$$V=U\oplus U^{\perp}.$$

从而 $\alpha=\alpha_1+\alpha_2$，$\alpha_1\in U$，$\alpha_2\in U^{\perp}$。于是

$$\alpha-(\boldsymbol{I}-\boldsymbol{P}_U)\alpha=\boldsymbol{P}_U(\alpha)=\alpha_1\in U.$$

由于 $U\subseteq(U^{\perp})^{\perp}$，因此 $\alpha-(\boldsymbol{I}-\boldsymbol{P}_U)\alpha\in(U^{\perp})^{\perp}$。又由于 $(\boldsymbol{I}-\boldsymbol{P}_U)\alpha=\alpha-\alpha_1=\alpha_2\in U^{\perp}$，因此 $(\boldsymbol{I}-\boldsymbol{P}_U)\alpha$ 是 α 在 $U^{\perp}$ 上的最佳逼近元。于是把 α 对应到 $(\boldsymbol{I}-\boldsymbol{P}_U)\alpha$ 的映射 $\boldsymbol{I}-\boldsymbol{P}_U$ 是 V 在 $U^{\perp}$ 上的正交投影。■

例 9 设 W 是实内积空间 V 的一个子空间（可能无限维）。证明：如果 V 在 W 上的正交投影 $\boldsymbol{P}$ 存在，那么 V 在 $W^{\perp}$ 上的正交投影也存在，它等于 $\boldsymbol{I}-\boldsymbol{P}$。

证明 任取 $\alpha\in V$。已知 V 在 W 上的正交投影 $\boldsymbol{P}$ 存在，因此 $\boldsymbol{P}(\alpha)$ 是 α 在 W 上的最佳逼近元。据例 6 得，$\alpha-\boldsymbol{P}(\alpha)\in W^{\perp}$。即 $(\boldsymbol{I}-\boldsymbol{P})\alpha\in W^{\perp}$。由于

$$\alpha-(\boldsymbol{I}-\boldsymbol{P})\alpha=\boldsymbol{P}(\alpha)\in W\subseteq(W^{\perp})^{\perp},$$

因此据例 6 得，$(\boldsymbol{I}-\boldsymbol{P})\alpha$ 是 α 在 $W^{\perp}$ 上的最佳逼近元。于是把 α 对应到 $(\boldsymbol{I}-\boldsymbol{P})\alpha$ 的映射 $\boldsymbol{I}-\boldsymbol{P}$ 是 V 到 $W^{\perp}$ 的正交投影。■

例 10 设 W 是实内积空间 V 的一个子空间（可能无限维）。证明：V 在 W 上的正交投影存在的充分必要条件是 $V=W\oplus W^{\perp}$。

证明 充分性是显然的（据定理 1 后面的一段话）。

必要性。设 V 在 W 上的正交投影 $\boldsymbol{P}$ 存在。任取 $\alpha\in V$，据例 6 得，$\alpha-\boldsymbol{P}(\alpha)\in W^{\perp}$。记 $\alpha_2=\alpha-\boldsymbol{P}(\alpha)$。则

$$\alpha=\boldsymbol{P}(\alpha)+\alpha_2.$$

于是 $V=W+W^{\perp}$。据内积的正定性得，$W\cap W^{\perp}=0$。因此 $V=W\oplus W^{\perp}$。■

点评 从例 10 看到：V 在子空间 W 上的正交投影存在（也就是 V 中任一向量 α 在 W 上都有最佳逼近元）当且仅当 $V=W\oplus W^{\perp}$。从例 10 的必要性的证明和例 5 的证明看出，例 5 中“有限维”条件可以去掉。

例 11 设 U 是实内积空间 V 的一个有限维子空间，$\beta_1,\beta_2,\cdots,\beta_m$ 是 U 的一个正交基，用 $\boldsymbol{P}_U$ 表示 V 在 U 上的正交投影。证明：对于 $\alpha\in V$，有

$$\boldsymbol{P}_U(\alpha)=\sum_{i=1}^{m}\frac{(\alpha,\beta_i)}{|\beta_i|^2}\beta_i.\tag{15}$$

证明 令 $\eta_i=\frac{1}{|\beta_i|}\beta_i, i=1,2,\cdots,m$。则 $\eta_1,\eta_2,\cdots,\eta_m$ 是 U 的一个标准正交基。于是 α 在 U 上的正交投影 $\boldsymbol{P}_U(\alpha)$ 为

$$\begin{aligned}\boldsymbol{P}_U(\alpha) &= \sum_{i=1}^{m}(\alpha,\eta_i)\eta_i = \sum_{i=1}^{m}\left(\alpha,\frac{1}{|\beta_i|}\beta_i\right)\frac{1}{|\beta_i|}\beta_i \\ &= \sum_{i=1}^{m}\frac{(\alpha,\beta_i)}{|\beta_i|^2}\beta_i.\end{aligned}$$

■

例 12 可以用正交投影的术语几何地描述实内积空间 V 中对于线性无关的向量组 $\alpha_1,\alpha_2,\cdots,\alpha_m$ 施行 Schmidt 正交化的过程:令

$$W_1=0, W_i=\langle\alpha_1,\alpha_2,\cdots,\alpha_{i-1}\rangle, i=2,3,\cdots,m.$$

用 $\boldsymbol{P}_i$ 表示 V 在 W_i 上的正交投影,用 $\widetilde{\boldsymbol{P}}_i$ 表示 V 在 $W_i^{\perp}$ 上的正交投影。令

$$\beta_i=\widetilde{\boldsymbol{P}}_i(\alpha_i), i=1,2,\cdots,m. \tag{16}$$

证明:$\beta_1,\beta_2,\cdots,\beta_m$ 就是对 $\alpha_1,\alpha_2,\cdots,\alpha_m$ 施行 Schmidt 正交化得到的正交向量组。

证明 据例 8 得,$\widetilde{\boldsymbol{P}}_i=\boldsymbol{I}-\boldsymbol{P}_i, i=1,2,\cdots,m$。于是

$$\begin{aligned}\beta_1 &= (\boldsymbol{I}-\boldsymbol{P}_1)\alpha_1=\alpha_1-\boldsymbol{P}_1(\alpha_1)=\alpha_1-0=\alpha_1, \\ \beta_2 &= (\boldsymbol{I}-\boldsymbol{P}_2)\alpha_2=\alpha_2-\boldsymbol{P}_2(\alpha_2).\end{aligned}$$

由于 $W_2=\langle\alpha_1\rangle$,因此据例 11 得,$\boldsymbol{P}_2(\alpha_2)=\frac{(\alpha_2,\alpha_1)}{|\alpha_1|^2}\alpha_1$。于是

$$\beta_2=\alpha_2-\frac{(\alpha_2,\alpha_1)}{|\alpha_1|^2}\alpha_1=\alpha_2-\frac{(\alpha_2,\beta_1)}{(\beta_1,\beta_1)}\beta_1.$$

假设对于 $m-1$ 时,用(16)式得到的 $\beta_1,\beta_2,\cdots,\beta_{m-1}$ 是对 $\alpha_1,\alpha_2,\cdots,\alpha_{m-1}$ 施行 Schmidt 正交化得到的正交向量组,则 $\beta_1,\beta_2,\cdots,\beta_{m-1}$ 与 $\alpha_1,\alpha_2,\cdots,\alpha_{m-1}$ 等价。从而 $\beta_1,\beta_2,\cdots,\beta_{m-1}$ 是 W_m 的一个正交基。于是据例 11 得,

$$\begin{aligned}\beta_m &= (\boldsymbol{I}-\boldsymbol{P}_m)\alpha_m=\alpha_m-\boldsymbol{P}_m(\alpha_m) \\ &= \alpha_m-\sum_{i=1}^{m-1}\frac{(\alpha_m,\beta_i)}{|\beta_i|^2}\beta_i.\end{aligned}$$

因此 $\beta_1,\beta_2,\cdots,\beta_{m-1},\beta_m$ 就是对 $\alpha_1,\alpha_2,\cdots,\alpha_{m-1},\alpha_m$ 施行 Schmidt 正交化得到的正交向量组。

■

例 13 设 $\eta_1,\eta_2,\cdots,\eta_m$ 是实内积空间 V 的一个正交单位向量组。证明:$\forall\alpha\in V$,有

$$\sum_{i=1}^{m}(\alpha,\eta_i)^2\leqslant|\alpha|^2, \tag{17}$$

等号成立当且仅当 $\alpha=\sum_{i=1}^{m}(\alpha,\eta_i)\eta_i$。这个不等式称为 **Bessel 不等式**。

证明　令 $W=\langle\eta_1,\eta_2,\cdots,\eta_m\rangle$。则 $V=W\oplus W^{\perp}$。任取 $\alpha\in V$，有 $\alpha=\alpha_1+\alpha_2,\alpha_1\in W,\alpha_2\in W^{\perp}$。于是 α_1 是 α 在 W 上的正交投影。由于 $\eta_1,\eta_2,\cdots,\eta_m$ 是 W 的一个标准正交基，因此

$$\alpha_1=\sum_{i=1}^{m}(\alpha,\eta_i)\eta_i.$$

从而据勾股定理得

$$|\alpha|^2=|\alpha_1+\alpha_2|^2=|\alpha_1|^2+|\alpha_2|^2\geqslant|\alpha_1|^2=\sum_{i=1}^{m}(\alpha,\eta_i)^2,$$

等号成立当且仅当 $\alpha_2=0$，即 $\alpha=\alpha_1=\sum_{i=1}^{m}(\alpha,\eta_i)\eta_i$。 ■

例 14　实内积空间 $C[0,2\pi]$，其指定内积为

$$(f,g)=\int_0^{2\pi}f(x)g(x)\mathrm{d}x.$$

证明：$\forall f\in C[0,2\pi]$，有

$$\frac{1}{\pi}\sum_{k=1}^{m}\left[\left(\int_0^{2\pi}f(x)\cos kx\,\mathrm{d}x\right)^2+\left(\int_0^{2\pi}f(x)\sin kx\,\mathrm{d}x\right)^2\right]$$
$$\leqslant\int_0^{2\pi}(f(x))^2\mathrm{d}x-\frac{1}{2\pi}\left(\int_0^{2\pi}f(x)\mathrm{d}x\right)^2.\tag{18}$$

证明　据 10.2 节例 19 得

$$\left\{\frac{1}{\sqrt{2\pi}},\frac{1}{\sqrt{\pi}}\cos kx,\frac{1}{\sqrt{\pi}}\sin kx\mid 1\leqslant k\leqslant m\right\}$$

是 $C[0,2\pi]$的一个正交单位向量组。于是据例 13 得，$\forall f\in C[0,2\pi]$，有

$$\begin{aligned}|f|^2&=\int_0^{2\pi}[f(x)]^2\mathrm{d}x\\&\geqslant\left(f,\frac{1}{\sqrt{2\pi}}\right)^2+\sum_{k=1}^{m}\left[\left(f,\frac{1}{\sqrt{\pi}}\cos kx\right)^2+\left(f,\frac{1}{\sqrt{\pi}}\sin kx\right)^2\right]\\&=\frac{1}{2\pi}\left(\int_0^{2\pi}f(x)\mathrm{d}x\right)^2+\frac{1}{\pi}\sum_{k=1}^{m}\left[\left(\int_0^{2\pi}f(x)\cos kx\,\mathrm{d}x\right)^2+\left(\int_0^{2\pi}f(x)\sin kx\,\mathrm{d}x\right)^2\right].\end{aligned}$$

由此即得(18)式成立。 ■

例 15　在欧几里得空间 $\mathbf{R}[x]_4$ 中，其指定的内积为

$$(f,g)=\int_0^1 f(x)g(x)\mathrm{d}x.$$

设 W 是由零次多项式和零多项组成的子空间。求 $W^{\perp}$ 以及它的一个基。

解　由已知条件得，$W=\langle 1\rangle$。在 $\mathbf{R}[x]_4$ 中任取一个多项式 $f(x)=a_0+a_1x+a_2x^2+a_3x^3$，则

$$\begin{aligned} f \in W^{\perp} \quad &\Leftrightarrow \quad (f,1) = 0 \\ &\Leftrightarrow \quad \int_0^1 f(x)\mathrm{d}x = 0 \\ &\Leftrightarrow \quad a_0 + \frac{a_1}{2} + \frac{a_2}{3} + \frac{a_3}{4} = 0, \end{aligned}$$

因此

$$W^{\perp} = \left\{ a_0 + a_1 x + a_2 x^2 + a_3 x^3 \,\middle|\, a_0 + \frac{a_1}{2} + \frac{a_2}{3} + \frac{a_3}{4} = 0, a_i \in \mathbf{R} \right\}.$$

在 $W^{\perp}$ 中分别找出首项系数为 1 的一个 1 次、2 次和 3 次多项式,得

$$x - \frac{1}{2}, x^2 - \frac{1}{3}, x^3 - \frac{1}{4}.$$

显然这三个多项式线性无关。由于

$$\dim W^{\perp} = \dim \mathbf{R}[x]_4 - \dim W = 4 - 1 = 3,$$

因此 $x-\frac{1}{2}, x^2-\frac{1}{3}, x^3-\frac{1}{4}$ 是 $W^{\perp}$ 的一个基。

例 16 欧几里得空间 $M_n(\mathbf{R})$,其指定的内积为

$$(A,B) = \mathrm{tr}(AB').$$

设 W 是由所有 n 级实对角矩阵组成的子空间。求 $W^{\perp}$ 以及 $W^{\perp}$ 的一个标准正交基。

解 W 的一个基是 $E_{11}, E_{22}, \cdots, E_{nn}$。任取 $A=(a_{ij})\in M_n(\mathbf{R})$。

$$\begin{aligned} A \in W^{\perp} \quad &\Leftrightarrow \quad \mathrm{tr}(AE_{ii}') = 0, \quad i = 1,2,\cdots,n \\ &\Leftrightarrow \quad a_{ii} = 0, \quad i = 1,2,\cdots,n. \end{aligned}$$

因此 $W^{\perp}=\{A=(a_{ij})\in M_n(\mathbf{R}) \mid a_{ii}=0, i=1,2,\cdots,n\}$。于是当 $i\neq j$ 时,$E_{ij}\in W^{\perp}$,且有

$$(E_{ij}, E_{ij}) = \mathrm{tr}(E_{ij}E_{ij}') = \mathrm{tr}(E_{ij}E_{ji}) = \mathrm{tr}(E_{ii}) = 1,$$

当 $k\neq i$ 或 $l\neq j$ 时,有

$$(E_{ij}, E_{kl}) = \mathrm{tr}(E_{ij}E_{lk}) = 0,$$

因此 $\{E_{ij} \mid i\neq j, 1\leqslant i,j\leqslant n\}$ 是 $W^{\perp}$ 的一个正交单位向量组,其中有 n^2-n 个向量。由于

$$\dim W^{\perp} = \dim M_n(\mathbf{R}) - \dim W = n^2 - n,$$

因此 $\{E_{ij} \mid i\neq j, 1\leqslant i,j\leqslant n\}$ 是 $W^{\perp}$ 的一个标准正交基。

例 17 欧几里得空间 $M_n(\mathbf{R})$,其指定的内积为

$$(A,B) = \mathrm{tr}(AB').$$

设 U 是由所有 n 级实对称矩阵组成的子空间,求 $U^{\perp}$。

解 用 W 表示实数域上所有 n 级斜对称矩阵组成的子空间。据 8.2 节例 19 得,$M_n(\mathbf{R})=U\oplus W$。又有 $M_n(\mathbf{R})=U\oplus U^{\perp}$,因此 $\dim U^{\perp}=\dim M_n(\mathbf{R})-\dim U=\dim W$。

任取 $B\in W$，对一切 $A\in U$，有

$$(A,B)=\operatorname{tr}(AB')=\operatorname{tr}(A(-B))=-\operatorname{tr}(AB),$$
$$(A,B)=(B,A)=\operatorname{tr}(BA')=\operatorname{tr}(BA)=\operatorname{tr}(AB).$$

于是 $\operatorname{tr}(AB)=-\operatorname{tr}(AB)$，即 $2\operatorname{tr}(AB)=0$。从而 $\operatorname{tr}(AB)=0$。因此$(A,B)=0$，由此得出，$B\in U^{\perp}$，于是 $W\subseteq U^{\perp}$。又由于 $\dim W=\dim U^{\perp}$，因此 $W=U^{\perp}$，即 $U^{\perp}$ 是由 $\mathbf{R}$ 上所有 n 级斜对称矩阵组成的子空间。

例 18 设 $V=C[-1,1]$，指定内积为

$$(f,g)=\int_{-1}^{1}f(x)g(x)\mathrm{d}x.$$

设 W 是 V 中所有奇函数组成的子空间，求 $W^{\perp}$。试问：V 在 W 上的正交投影存在吗？

解 用 U 表示 V 中所有偶函数组成的子空间。据 8.2 节例 32 得，$V=W\oplus U$。

任取 $f(x)\in U$，对一切 $g(x)\in W$，有

$$\begin{aligned}(f,g)&=\int_{-1}^{1}f(x)g(x)\mathrm{d}x\\&=\int_{-1}^{0}f(x)g(x)\mathrm{d}x+\int_{0}^{1}f(x)g(x)\mathrm{d}x\\&=\int_{1}^{0}f(-t)g(-t)\mathrm{d}(-t)+\int_{0}^{1}f(x)g(x)\mathrm{d}x\\&=\int_{1}^{0}f(t)g(t)\mathrm{d}t+\int_{0}^{1}f(x)g(x)\mathrm{d}x\\&=-\int_{0}^{1}f(t)g(t)\mathrm{d}t+\int_{0}^{1}f(x)g(x)\mathrm{d}x=0.\end{aligned}$$

因此 $f(x)\in W^{\perp}$。于是 $U\subseteq W^{\perp}$。

任取 $h(x)\in W^{\perp}$。由于 $V=W\oplus U$，因此

$$h(x)=h_1(x)+h_2(x),h_1(x)\in W,h_2(x)\in U.$$

由于 $U\subseteq W^{\perp}$，因此 $h_1(x)=h(x)-h_2(x)\in W^{\perp}$。从而 $h_1(x)\in W\cap W^{\perp}$。据内积的正定性得，$W\cap W^{\perp}=0$。于是 $h_1(x)=0$。从而 $h(x)=h_2(x)\in U$。因此 $W^{\perp}\subseteq U$。

综上所述，$U=W^{\perp}$。因此 $V=W\oplus W^{\perp}$。

据例 10 得，V 在 W 上的正交投影存在。

例 19 设 S_1,S_2 是实内积空间 V 的两个子集。证明：如果 $S_1\subseteq S_2$，那么 $S_1^{\perp}\supseteq S_2^{\perp}$。

证明 任取 $\alpha\in S_2^{\perp}$，则 $\forall\gamma\in S_2$，有$(\alpha,\gamma)=0$。任取 $\eta\in S_1$，由于 $S_1\subseteq S_2$，因此 $\eta\in S_2$，于是$(\alpha,\eta)=0$。从而 $\alpha\in S_1^{\perp}$。因此 $S_2^{\perp}\subseteq S_1^{\perp}$。■

例 20 设 S 是实内积空间 V 的一个子集，用$\langle S\rangle$表示 V 中所有包含 S 的子空间的交，称它是由 S 生成的子空间，证明：

(1) $\langle S\rangle^{\perp}\subseteq S^{\perp}$;

(2) $\langle S\rangle\subseteq(S^{\perp})^{\perp}$;

(3) 如果 V 是有限维的,那么$\langle S\rangle=(S^{\perp})^{\perp}$。

证明 (1) 由于 $S\subseteq\langle S\rangle$,因此据例 19 得,$S^{\perp}\supseteq\langle S\rangle^{\perp}$。

(2) 任取 $\beta\in S$,对于任意 $\gamma\in S^{\perp}$,有$(\beta,\gamma)=0$。从而 $\beta\in(S^{\perp})^{\perp}$。于是 $S\subseteq(S^{\perp})^{\perp}$。据$\langle S\rangle$的定义得,$\langle S\rangle\subseteq(S^{\perp})^{\perp}$。

(3) 据第(1)小题得,$\langle S\rangle^{\perp}\subseteq S^{\perp}$。于是据例 19 得,$(\langle S\rangle^{\perp})^{\perp}\supseteq(S^{\perp})^{\perp}$。由于 V 是有限维的,因此据例 3 得,$(\langle S\rangle^{\perp})^{\perp}=\langle S\rangle$。从而$\langle S\rangle\supseteq(S^{\perp})^{\perp}$。又据第(2)小题得,$\langle S\rangle\subseteq(S^{\perp})^{\perp}$。因此$\langle S\rangle=(S^{\perp})^{\perp}$。 ■

例 21 设 $\boldsymbol{P}_1$ 和 $\boldsymbol{P}_2$ 分别是实内积空间 V 在子空间 U_1 和 U_2 上的正交投影。证明:$\boldsymbol{P}_2\boldsymbol{P}_1=\boldsymbol{0}$当且仅当 U_1 与 U_2 是互相正交的。

证明 必要性。设 $\boldsymbol{P}_2\boldsymbol{P}_1=\boldsymbol{0}$,则对任意 $\alpha\in V$,有 $\boldsymbol{P}_2(\boldsymbol{P}_1\alpha)=0$。于是 $\boldsymbol{P}_1\alpha\in\operatorname{Ker}\boldsymbol{P}_2$。据例 7 得,$\operatorname{Ker}\boldsymbol{P}_2=U_2^{\perp}$。因此 $\boldsymbol{P}_1\alpha\in U_2^{\perp}$。从而 $\operatorname{Im}\boldsymbol{P}_1\subseteq U_2^{\perp}$。仍据例 7 得,$\operatorname{Im}\boldsymbol{P}_1=U_1$,因此 $U_1\subseteq U_2^{\perp}$。从而 U_1 与 U_2 互相正交。

充分性。设 U_1 与 U_2 互相正交,则 $U_1\subseteq U_2^{\perp}$。据例 7 得,$\operatorname{Im}\boldsymbol{P}_1\subseteq\operatorname{Ker}\boldsymbol{P}_2$。于是对任意 $\alpha\in V$,有 $\boldsymbol{P}_2(\boldsymbol{P}_1\alpha)=0$。因此 $\boldsymbol{P}_2\boldsymbol{P}_1=\boldsymbol{0}$。 ■

点评 从例 21 得到,设 $\boldsymbol{P}_1$ 和 $\boldsymbol{P}_2$ 分别是实内积空间 V 在子空间 U_1 和 U_2 上的正交投影,则 $\boldsymbol{P}_2\boldsymbol{P}_1=\boldsymbol{0}$ 当且仅当 $\boldsymbol{P}_1\boldsymbol{P}_2=\boldsymbol{0}$。

例 22 设 W 是实内积空间 V 的一个子空间,且 $V=W\oplus W^{\perp}$。对于 $\alpha\in V$ 和 W 的一个陪集 $\gamma+W$,令

$$d(\alpha,\gamma+W)\overset{\text{def}}{=\!=\!=}\min\{d(\alpha,\gamma+\eta)\mid\eta\in W\}.\tag{19}$$

称 $d(\alpha,\gamma+W)$是 **α 到陪集 $\gamma+W$ 的距离**。设

$$\alpha-\gamma=\delta_1+\delta_2,\delta_1\in W,\delta_2\in W^{\perp}.\tag{20}$$

证明:$d(\alpha,\gamma+W)=|\delta_2|$。

证明 从(20)式得,$\alpha-\gamma$ 在 W 上的正交投影为 δ_1。于是据定理 2,得

$$d(\alpha-\gamma,\delta_1)\leqslant d(\alpha-\gamma,\eta),\ \forall\,\eta\in W.$$

从而 $$|\alpha-\gamma-\delta_1|\leqslant|\alpha-\gamma-\eta|,\ \forall\,\eta\in W,$$

即 $$|\delta_2|\leqslant d(\alpha,\gamma+\eta),\ \forall\,\eta\in W.$$

因此 $$d(\alpha,\gamma+W)=|\delta_2|.$$ ■

例 23 设 W,U 是实内积空间 V 的两个有限维子空间,对于 W 的一个陪集 $\gamma+W$ 和 U 的一个陪集 $\beta+U$,令

$$d(\gamma+W,\beta+U)\xlongequal{\text{def}}\min\{d(\gamma+\eta,\beta+\delta)\mid\eta\in W,\delta\in U\},$$

称 $d(\gamma+W,\beta+U)$ 是 $\gamma+W$ 与 $\beta+U$ 之间的距离，求 $d(\gamma+W,\beta+U)$。

解 由于 W,U 是有限维的，因此 $W+U$ 也是有限维的，从而 $V=(W+U)\oplus(W+U)^{\perp}$。设

$$\gamma-\beta=\alpha_1+\alpha_2,\alpha_1\in W+U,\alpha_2\in(W+U)^{\perp},$$

则 $\gamma-\beta$ 在 $W+U$ 上的正交投影为 α_1。于是据定理 2，得

$$d(\gamma-\beta,\alpha_1)\leqslant d(\gamma-\beta,\eta),\forall\,\eta\in W+U.$$

从而 $|\gamma-\beta-\alpha_1|\leqslant|\gamma-\beta-\eta|,\forall\,\eta\in W+U.$

即 $|\alpha_2|\leqslant|\gamma-\beta-(\eta_1+\eta_2)|,\forall\,\eta_1\in W,\eta_2\in U.$

于是 $|\alpha_2|\leqslant d(\gamma-\eta_1,\beta+\eta_2),\forall\,\eta_1\in W,\eta_2\in U;$

因此 $|\alpha_2|=d(\gamma+W,\beta+U).$

例 24 设 V 是 n 维欧几里得空间。证明：存在 V 上的一个非零线性变换 $\mathbf{A}$，使得 $\forall\,\alpha\in V$ 都有 $\mathbf{A}\alpha$ 与 α 正交。

证明 在 V 中取一个标准正交基 $\alpha_1,\alpha_2,\cdots,\alpha_n$，设线性变换 $\mathbf{A}$ 在此基下的矩阵为 A，α 在此基下的坐标为 $\boldsymbol{x}$，则

$\forall\,\alpha\in V$ 都有 $\mathbf{A}\alpha$ 与 α 正交

$\Leftrightarrow$ $(\mathbf{A}\alpha,\alpha)=0,\forall\,\alpha\in V$

$\Leftrightarrow$ $\boldsymbol{x}'A\boldsymbol{x}=0,\forall\,\boldsymbol{x}\in\mathbf{R}^n$

$\Leftrightarrow$ A 是 $\mathbf{R}$ 上的 n 级斜对称矩阵。

其中最后一个“$\Leftrightarrow$”是根据《高等代数学习指导书(上册)》6.1 节的例 7。于是任取一个 $\mathbf{R}$ 上的 n 级斜对称矩阵 $A(A\neq0)$，建立 V 上的一个线性变换 $\mathbf{A}$，使得 $\mathbf{A}$ 在 V 的一个标准正交基下的矩阵为 A，则 $\forall\,\alpha\in V$ 都有 $\mathbf{A}\alpha$ 与 α 正交。 ■

习题 10.3

1. 设 V 是一个 n 维欧几里得空间，$\alpha\in V$ 且 $\alpha\neq0$。求 $\langle\alpha\rangle^{\perp}$ 的维数。

2. 在欧几里得空间 $\mathbf{R}^3$（指定标准内积）中，设 $U=\langle\boldsymbol{\gamma}_1,\boldsymbol{\gamma}_2\rangle$，其中 $\boldsymbol{\gamma}_1=(1,2,1)',\boldsymbol{\gamma}_2=(1,0,-2)'$。求 $\boldsymbol{\alpha}=(1,-3,0)'$ 在 U 上的正交投影 $\boldsymbol{\alpha}_1$。

3. 设 A 是一个 $s\times n$ 非零实矩阵，用 W 表示 n 元齐次线性方程组 $A\boldsymbol{X}=\boldsymbol{0}$ 的解空间，$\mathbf{R}^n$ 中指定标准内积。

(1) 求 $W^{\perp}$；

(2) 试问：$W^{\perp}$ 是哪个齐次线性方程组的解空间？

4. 设 A 是一个 n 级非零实矩阵,$\boldsymbol{\beta}\in\mathbf{R}^n$。在 $\mathbf{R}^n$ 中指定标准内积。证明:n 元线性方程组 $A\boldsymbol{X}=\boldsymbol{\beta}$ 有解的充分必要条件是,$\boldsymbol{\beta}$ 属于齐次线性方程组 $A'\boldsymbol{X}=0$ 的解空间 W 的正交补 $W^{\perp}$。

5. 用 V 表示在区间$[0,2\pi]$上可积的函数组成的集合,显然 V 是 $\mathbf{R}^{[0,2\pi]}$ 的子空间,在 V 中指定内积为$(f,g)=\int_0^{2\pi}f(x)g(x)\mathrm{d}x$,令

$$U=\langle\frac{1}{\sqrt{2\pi}},\frac{1}{\sqrt{\pi}}\sin x,\frac{1}{\sqrt{\pi}}\cos x,\frac{1}{\sqrt{\pi}}\sin 2x,\frac{1}{\sqrt{\pi}}\cos 2x,\frac{1}{\sqrt{\pi}}\sin 3x,\frac{1}{\sqrt{\pi}}\cos 3x\rangle.$$

设 $f(x)=\begin{cases}1, & 0\leqslant x<\pi,\\ 0, & \pi\leqslant x\leqslant 2\pi.\end{cases}$

求 $f(x)$在 U 上的正交投影 $f_1(x)$。

6. 证明:在 n 维欧几里得空间 V 中存在 $n+1$ 个向量使得其中每两个不同向量的内积都小于 0。

7. 证明:n 维欧几里得空间 V 的任一标准正交基的向量到 m 维子空间 W 的正交投影的长度的平方和等于 m。

8. 证明:n 维欧几里得空间 V 中一个向量 γ 与具有基 $\alpha_1,\cdots,\alpha_m$ 的子空间 W 的距离的平方等于向量组 $\alpha_1,\cdots,\alpha_m,\gamma$ 的 Gram 行列式与向量组 $\alpha_1,\cdots,\alpha_m$ 的 Gram 行列式的比。

10.4 正交变换与对称变换

实内积空间是具有度量的线性空间,自然要研究与度量有关的线性变换。本节就来研究它们。

10.4.1 内容精华

一、正交变换

平面上,绕一个定点的旋转,以及关于一条直线的反射都保持向量的长度不变,保持两个非零向量的夹角不变,保持向量的内积不变,由此受到启发,引出下述概念。

定义 1 实内积空间 V 到自身的满射 $\mathbf{A}$,如果保持向量的内积不变,即

$$(\mathbf{A}\alpha,\mathbf{A}\beta)=(\alpha,\beta),\ \forall\,\alpha,\beta\in V, \tag{1}$$

那么称 $\mathbf{A}$ 是 V 上的一个**正交变换**。

实内积空间 V 上的正交变换 $\mathbf{A}$ 具有下列性质:

性质 1 正交变换 $\mathbf{A}$ 保持向量的长度不变。

性质 2　正交变换 $\boldsymbol{A}$ 保持两个非零向量的夹角不变。

性质 3　正交变换 $\boldsymbol{A}$ 保持正交性不变，即 $\alpha \perp \beta$ 当且仅当 $\boldsymbol{A}\alpha \perp \boldsymbol{A}\beta$。

性质 4　正交变换 $\boldsymbol{A}$ 一定是线性变换。

性质 5　正交变换 $\boldsymbol{A}$ 保持向量间的距离不变。

性质 6　正交变换 $\boldsymbol{A}$ 一定是单射，从而正交变换 $\boldsymbol{A}$ 是可逆的。

命题 1　实内积空间 V 上的一个变换 $\boldsymbol{A}$ 是正交变换当且仅当 $\boldsymbol{A}$ 是 V 到自身的一个同构映射。

命题 2　实内积空间 V 上两个正交变换的乘积还是正交变换，正交变换的逆变换还是正交变换。

命题 3　n 维欧几里得空间 V 到自身的一个映射 $\boldsymbol{A}$，如果保持向量的内积不变，那么 $\boldsymbol{A}$ 是正交变换。

证明　从性质 4 的证明过程看出，只要 $\boldsymbol{A}$ 保持向量的内积不变，就可得出 $\boldsymbol{A}$ 是 V 上的一个线性变换。从性质 6 的证明看出，只要 $\boldsymbol{A}$ 是线性变换且保持向量的内积不变，就可得出 $\boldsymbol{A}$ 是单射。由于 n 维线性空间 V 上的线性变换 $\boldsymbol{A}$ 如果是单射，那么 $\boldsymbol{A}$ 必然是满射。因此，$\boldsymbol{A}$ 是满射，从而 $\boldsymbol{A}$ 是 V 上的一个正交变换。■

命题 4　n 维欧几里得空间 V 上的线性变换 $\boldsymbol{A}$ 是正交变换

$\Leftrightarrow$ $\boldsymbol{A}$ 把 V 的标准正交基映成标准正交基

$\Leftrightarrow$ $\boldsymbol{A}$ 在 V 的标准正交基下的矩阵 A 是正交矩阵。

证明　根据命题 1 和 10.2 节的推论 7 立即得到第一个等价条件。

设 $\boldsymbol{A}$ 在 V 的一个标准正交基 $\eta_1, \eta_2, \cdots, \eta_n$ 下的矩阵为 A，则

$$(\boldsymbol{A}\eta_1, \boldsymbol{A}\eta_2, \cdots, \boldsymbol{A}\eta_n) = (\eta_1, \eta_2, \cdots, \eta_n)A.$$

根据 10.2 节的命题 7 得，$\boldsymbol{A}\eta_1, \boldsymbol{A}\eta_2, \cdots, \boldsymbol{A}\eta_n$ 是 V 的标准正交基 $\Leftrightarrow$ A 是正交矩阵。■

由于正交矩阵的行列式等于 1 或 -1，因此 n 维欧几里得空间 V 上的正交变换的行列式等于 1 或 -1。行列式等于 1 的正交变换称为**第一类的(或旋转)**；行列式等于 -1 的正交变换称为**第二类的**。

n 维线性空间的任意一个 $n-1$ 维子空间称为一个**超平面**。

定义 2　设 V 是 n 维欧几里得空间，η 是 V 中一个单位向量，$\boldsymbol{P}$ 是 V 在 $\langle\eta\rangle$ 上的正交投影，令

$$\boldsymbol{A} = \boldsymbol{I} - 2\boldsymbol{P}, \tag{2}$$

则 $\boldsymbol{A}$ 称为关于超平面 $\langle\eta\rangle^{\perp}$ 的**镜面反射**。

命题 5　n 维欧几里得空间 V 中，关于超平面 $\langle\eta\rangle^{\perp}$ 的镜面反射是第二类的正交变换。

命题 6　设 $\boldsymbol{A}$ 是实内积空间 V 上的一个正交变换，W 是 $\boldsymbol{A}$ 的一个有限维不变子空间，则 $W^{\perp}$ 也是 $\boldsymbol{A}$ 的不变子空间。

命题 7 设 $\boldsymbol{A}$ 是实内积空间 V 上的一个正交变换，如果 $\boldsymbol{A}$ 有特征值，那么 $\boldsymbol{A}$ 的特征值必为 1 或 -1。

证明 如果 $\boldsymbol{A}$ 有特征值 λ_1，那么 $\boldsymbol{A}$ 有属于 λ_1 的一个特征向量 ξ，于是 $\boldsymbol{A}\xi=\lambda_1\xi$。从而

$$(\xi,\xi)=(\boldsymbol{A}\xi,\boldsymbol{A}\xi)=(\lambda_1\xi,\lambda_1\xi)=\lambda_1{}^2(\xi,\xi)$$

由于 $\xi\neq 0$，因此 $(\xi,\xi)\neq 0$。于是 $\lambda_1^2=1$。由此得出，$\lambda_1=\pm 1$。 ■

命题 8 设 $\boldsymbol{A}$ 是实内积空间 V 上的一个正交变换，如果 $\boldsymbol{A}$ 有特征值，那么 $\boldsymbol{A}$ 的属于不同特征值特征向量是正交的

证明 设 λ_1,λ_2 是 $\boldsymbol{A}$ 的不同特征值，ξ_i 是 $\boldsymbol{A}$ 的属于 λ_i 的特征向量，$i=1,2$，则 $\lambda_1(\xi_1,\xi_2)=(\lambda_1\xi_1,\xi_2)=(\boldsymbol{A}\xi_1,\xi_2)=(\boldsymbol{A}\xi_1,\boldsymbol{A}\boldsymbol{A}^{-1}\xi_2)=(\xi_1,\boldsymbol{A}^{-1}\xi_2)=(\xi_1,\lambda_2{}^{-1}\xi_2)=\lambda_2{}^{-1}(\xi_1,\xi_2)$。由于 $\lambda_2{}^{-1}=\lambda_2$ 且 $\lambda_1\neq\lambda_2$，因此从上式得，$(\xi_1,\xi_2)=0$，于是 ξ_1 与 ξ_2 正交。 ■

定理 1 设 $\boldsymbol{A}$ 是 n 维欧几里得空间 V 上的一个正交变换，则存在 V 的一个标准正交基，使得 $\boldsymbol{A}$ 在这个基下的矩阵具有形式：

$$\operatorname{diag}\left\{\lambda_1,\cdots,\lambda_r,\begin{pmatrix}\cos\theta_1 & -\sin\theta_1\\ \sin\theta_1 & \cos\theta_1\end{pmatrix},\cdots,\begin{pmatrix}\cos\theta_m & -\sin\theta_m\\ \sin\theta_m & \cos\theta_m\end{pmatrix}\right\},\tag{3}$$

其中 $\lambda_i=1$ 或 -1，$i=1,2,\cdots,r,0\leqslant r\leqslant n;0<\theta_j<\pi,j=1,2,\cdots,m,0\leqslant m\leqslant\dfrac{n}{2}$。

二、对称变换

从 10.3 节例 5 和例 10 的必要性的证明看到，设 U 是实内积空间 V 的一个子空间，则 V 在 U 上的正交投影 $\boldsymbol{P}$ 具有下述性质：

$$(\boldsymbol{P}\alpha,\beta)=(\alpha,\boldsymbol{P}\beta),\ \forall\,\alpha,\beta\in V.$$

由此受到启发，我们引出下述概念：

定义 3 实内积空间 V 上的变换 $\boldsymbol{A}$ 如果满足

$$(\boldsymbol{A}\alpha,\beta)=(\alpha,\boldsymbol{A}\beta),\ \forall\,\alpha,\beta\in V,\tag{4}$$

那么称 $\boldsymbol{A}$ 是 V 上的**对称变换**。

命题 9 实内积空间 V 上的对称变换一定是线性变换。

证明 见本节典型例题的例 14。

命题 10 n 维欧几里得空间 V 上的线性变换 $\boldsymbol{A}$ 是对称变换当且仅当 $\boldsymbol{A}$ 在 V 的任意一个标准正交基下的矩阵是对称矩阵。

命题 11 设 $\boldsymbol{A}$ 是实内积空间 V 上的一个对称变换，如果 W 是 $\boldsymbol{A}$ 的不变子空间，那么 $W^{\perp}$ 也是 $\boldsymbol{A}$ 的不变子空间。

定理 2 设 $\boldsymbol{A}$ 是 n 维欧几里得空间 V 上的一个对称变换，则 V 中存在一个标准正交基，使得 $\boldsymbol{A}$ 在这个基下的矩阵为对角矩阵。

证法一　设 $\mathbf{A}$ 在 V 的一个标准正交基 $\eta_1,\eta_2,\cdots,\eta_n$ 下的矩阵为 A，则 A 是实对称矩阵，于是存在正交矩阵 T，使得 $T^{-1}AT$ 为对角矩阵。令

$$(\delta_1,\delta_2,\cdots,\delta_n)=(\eta_1,\eta_2,\cdots,\eta_n)T,$$

则 $\delta_1,\delta_2,\cdots,\delta_n$ 是 V 的一个标准正交基，且 $\mathbf{A}$ 在基 $\delta_1,\delta_2,\cdots,\delta_n$ 下的矩阵为 $T^{-1}AT$。

证法二　对欧几里得空间的维数作数学归纳法。

$n=1$ 时，命题显然成立。

假设维数为 $n-1$ 时命题为真，现在来看 n 维欧几里得空间 V 上的对称变换 $\mathbf{A}$。

因为实对称矩阵的特征多项式的复根都是实数，所以对称变换 $\mathbf{A}$ 一定有特征值。取 $\mathbf{A}$ 的一个特征值 λ_1，设 η_1 是 $\mathbf{A}$ 的属于 λ_1 的一个单位特征向量。我们有 $V=\langle\eta_1\rangle\oplus\langle\eta_1\rangle^{\perp}$。由于 $\langle\eta_1\rangle$ 是 $\mathbf{A}$ 的不变子空间，因此 $\langle\eta_1\rangle^{\perp}$ 也是 $\mathbf{A}$ 的不变子空间，于是 $\mathbf{A}|\langle\eta_1\rangle^{\perp}$ 是 $\langle\eta_1\rangle^{\perp}$ 上的对称变换。根据归纳假设，$\langle\eta_1\rangle^{\perp}$ 中存在一个标准正交基 $\eta_2,\cdots,\eta_n$，使得 $\mathbf{A}|\langle\eta_1\rangle^{\perp}$ 在此基下的矩阵为对角矩阵 $\operatorname{diag}\{\lambda_2,\cdots,\lambda_n\}$。于是 $\mathbf{A}$ 在 V 的标准正交基 $\eta_1,\eta_2,\cdots,\eta_n$ 下的矩阵为 $\operatorname{diag}\{\lambda_1,\lambda_2,\cdots,\lambda_n\}$。

据数学归纳法原理，对一切正整数 n 命题为真。 ■

10.4.2　典型例题

例 1　设 $\mathbf{A}$ 是 n 维欧几里得空间 V 上的一个正交变换。证明：$\mathbf{A}$ 的特征多项式的复根为 ±1，或 $\cos\theta\pm \mathrm{i}\sin\theta$，其中 $0<\theta<\pi$。

证明　设 $\mathbf{A}$ 在 V 的一个标准正交基下的矩阵为 A，则 A 是正交矩阵，据《高等代数学习指导书(上册)》5.7 节的第 5 题得，A 的特征多项式的复根 λ_i 的模等于 1，于是 $\lambda_i=\cos\theta+\mathrm{i}\sin\theta, 0\leqslant\theta<2\pi$。当 $\theta=0$ 时，$\lambda_i=1$；当 $\theta=\pi$ 时，$\lambda_i=-1$；当 $\pi<\theta<2\pi$ 时，令 $\alpha=2\pi-\theta$，则 $0<\alpha<\pi$，且

$$\begin{aligned}\lambda_i&=\cos\theta+\mathrm{i}\sin\theta=\cos(2\pi-\alpha)+\mathrm{i}\sin(2\pi-\alpha)\\&=\cos\alpha-\mathrm{i}\sin\alpha.\end{aligned}$$

■

例 2　设 V 是 2 维欧几里得空间，$\mathbf{A}$ 是 V 上的一个正交变换。证明：$\mathbf{A}$ 在 V 的任意一个标准正交基下的矩阵 A 是

$$\begin{pmatrix}\cos\theta&-\sin\theta\\\sin\theta&\cos\theta\end{pmatrix}\text{或}\begin{pmatrix}\cos\theta&\sin\theta\\\sin\theta&-\cos\theta\end{pmatrix},\tag{5}$$

其中 $0\leqslant\theta<2\pi$。

证明　设 $A=(a_{ij})$。由于 A 是正交矩阵，因此据《高等代数学习指导书(上册)》4.6 节的例 7 得 A 是

$$\begin{pmatrix}\cos\theta & -\sin\theta\\ \sin\theta & \cos\theta\end{pmatrix}\text{或}\begin{pmatrix}\cos\theta & \sin\theta\\ \sin\theta & -\cos\theta\end{pmatrix},$$

其中 $0\leqslant\theta<2\pi$。 ■

点评 在例 2 中，取 $V=\mathbf{R}^2$，其内积为标准内积，则正交变换 $\mathbf{A}$ 在基 $\boldsymbol{\varepsilon}_1,\boldsymbol{\varepsilon}_2$ 下的矩阵 A 是(5)式中的两个矩阵之一。当 A 为前者时，$\mathbf{A}$ 是绕原点转角为 θ 的旋转；当 A 为后者时，由于

$$\begin{pmatrix}\cos\theta & \sin\theta\\ \sin\theta & -\cos\theta\end{pmatrix}=\begin{pmatrix}\cos\theta & -\sin\theta\\ \sin\theta & \cos\theta\end{pmatrix}\begin{pmatrix}1 & 0\\ 0 & -1\end{pmatrix},$$

因此 $\mathbf{A}$ 是先作关于 x 轴的反射，接着绕原点旋转 θ 角。由此可见，$\mathbf{R}^2$ 上的正交变换或者是一个旋转，或者是一个轴反射，或者是一个轴反射与一个旋转的乘积。

例 3 证明：实内积空间 V 到自身的满射 $\mathbf{A}$ 是正交变换当且仅当 $\mathbf{A}$ 是保持向量长度不变的线性变换。

证明 必要性从正交变换的性质立即得到。

充分性。设 $\mathbf{A}$ 是 V 上的满射线性变换，且保持向量的长度不变，则对于任意 α，$\beta\in V$，有

$$(\mathbf{A}(\alpha+\beta),\mathbf{A}(\alpha+\beta))=(\alpha+\beta,\alpha+\beta).\tag{6}$$

(6)式的左边为

$$\begin{aligned}(\mathbf{A}(\alpha+\beta),\mathbf{A}(\alpha+\beta))&=(\mathbf{A}\alpha+\mathbf{A}\beta,\mathbf{A}\alpha+\mathbf{A}\beta)\\&=|\mathbf{A}\alpha|^2+2(\mathbf{A}\alpha,\mathbf{A}\beta)+|\mathbf{A}\beta|^2\\&=|\alpha|^2+2(\mathbf{A}\alpha,\mathbf{A}\beta)+|\beta|^2,\end{aligned}$$

(6)式的右边为

$$(\alpha+\beta,\alpha+\beta)=|\alpha|^2+2(\alpha,\beta)+|\beta|^2.$$

由此得出，$(\mathbf{A}\alpha,\mathbf{A}\beta)=(\alpha,\beta)$。因此 $\mathbf{A}$ 是 V 上的正交变换。 ■

例 4 设 $\mathbf{A}:\mathbf{R}[x]\longrightarrow\mathbf{R}[x]$

$$f(x)\longmapsto x\,f(x).$$

在 $\mathbf{R}[x]$ 中，对于 $f(x)=\sum_{i=0}^{n}a_ix^i,g(x)=\sum_{i=0}^{m}b_ix^i$，不妨设 $n\geqslant m$。规定

$$(f(x),g(x))=\sum_{i=0}^{n}a_ib_i.\tag{7}$$

证明：(1) $(f(x),g(x))$ 是 $\mathbf{R}[x]$ 上的一个内积；

(2) $\mathbf{A}$ 保持 $\mathbf{R}[x]$ 的上述内积不变，但 $\mathbf{A}$ 不是满射。

证明 (1) 设 $h(x)=\sum_{i=0}^{l}c_ix^i$，不妨设 $n\geqslant l$，则

$$(f(x)+h(x),g(x))=\sum_{i=0}^{n}(a_i+c_i)b_i=\sum_{i=0}^{n}a_ib_i+\sum_{i=0}^{n}c_ib_i$$
$$=(f(x),g(x))+(h(x),g(x)),$$
$$(k\,f(x),g(x))=\sum_{i=0}^{n}(ka_i)b_i=k\sum_{i=0}^{n}a_ib_i=k(f(x),g(x)),$$

因此$(f(x),g(x))$对第一个变量是线性的。同理可证,它对第二个变量也是线性的,从而它是$\mathbf{R}[x]$上的一个双线性函数,显然它是对称的。由于

$$(f(x),f(x))=\sum_{i=0}^{m}a_i^2\geqslant 0,$$

且等号成立当且仅当$a_1=a_2=\cdots=a_n=0$,即 $f(x)=0$,因此上述双线性函数是正定的。从而它是$\mathbf{R}[x]$上的一个内积。

(2) $\mathbf{A}f(x)=x\,f(x)=\sum_{i=0}^{n}a_ix^{i+1}=a_0x+a_1x^2+\cdots+a_nx^{n+1},$

$$\mathbf{A}g(x)=xg(x)=\sum_{i=0}^{m}b_ix^{i+1}=b_0x+b_1x^2+\cdots+b_mx^{m+1}.$$

不妨设 $n\geqslant m$。于是

$$(\mathbf{A}f(x),\mathbf{A}g(x))=a_0b_0+a_1b_1+\cdots+a_mb_m+\cdots+a_nb_n=\sum_{i=0}^{n}a_ib_i$$
$$=(f(x),g(x)).$$

因此 $\mathbf{A}$ 保持$\mathbf{R}[x]$的上述内积不变。

由于对任意 $f(x)\in\mathbf{R}[x]$且 $f(x)\neq 0$,有

$$\deg x\,f(x)=1+\deg f(x)\geqslant 1.$$

因此$\mathbf{R}[x]$中的零次多项式没有原象,从而 $\mathbf{A}$ 不是满射。 ■

点评 例 4 表明:在无限维实内积空间中,存在不是满射的保持内积不变的变换。由于我们希望所定义的实内积空间 V 上的正交变换是可逆的变换,因此在正交变换的定义中要加上"满射"这个条件。而对于有限维实内积空间 V,保持内积不变的变换 $\mathbf{A}$ 一定是正交变换,这是因为此时 $\mathbf{A}$ 保持内积不变蕴含了 $\mathbf{A}$ 是满射(参看命题 3)。

例 5 设 $\mathbf{A}$ 是 n 维欧几里得空间 V 上的一个正交变换,并且 1 是 $\mathbf{A}$ 的一个特征值,$\mathbf{A}$ 的属于 1 的特征子空间 V_1 的维数是 $n-1$。证明:$\mathbf{A}$ 是一个镜面反射。

证明 $V=V_1\oplus V_1^{\perp}$。由于 $\dim V_1=n-1$,因此 $\dim V_1^{\perp}=1$,从而 $V_1^{\perp}=\langle\eta\rangle$。由于 $\mathbf{A}$ 的特征子空间 V_1 是 $\mathbf{A}$ 的不变子空间,因此 $V_1^{\perp}$ 也是 $\mathbf{A}$ 的不变子空间。从而 η 是 $\mathbf{A}$ 的一个特征向量。由于 $\mathbf{A}$ 的属于 1 的特征子空间 V_1 的维数等于 $n-1$,且正交变换 $\mathbf{A}$ 的特征值等于 1 或 -1,因此 $\mathbf{A}\eta=-\eta$。

用 $\boldsymbol{P}$ 表示 V 在 $V_1^{\perp}$ 上的正交投影，则 $\boldsymbol{P}\eta=\eta$。从而

$$\boldsymbol{A}\eta = -\eta = (\boldsymbol{I}-2\boldsymbol{P})\eta.$$

在 V_1 中取一个基 $\alpha_1,\alpha_2,\cdots,\alpha_{n-1}$，则对于 $i=1,2,\cdots,n-1$，有 $\boldsymbol{P}\alpha_i=0$。从而有

$$\boldsymbol{A}\alpha_i = \alpha_i = (\boldsymbol{I}-2\boldsymbol{P})\alpha_i.$$

由于 $\alpha_1,\alpha_2,\cdots,\alpha_{n-1},\eta$ 是 V 的一个基，因此 $\boldsymbol{A}=\boldsymbol{I}-2\boldsymbol{P}$。从而 $\boldsymbol{A}$ 是关于 V_1 的镜面反射。■

例 6 设 α,β 是欧几里得空间 V 中两个不同的单位向量。证明：存在一个镜面反射 $\boldsymbol{A}$，使得 $\boldsymbol{A}\alpha=\beta$。

证明 令

$$\eta = \frac{1}{|\alpha-\beta|}(\alpha-\beta), \tag{8}$$

则 η 是单位向量，用 $\boldsymbol{P}$ 表示在 $\langle\eta\rangle$ 上的正交投影，用 $\boldsymbol{A}$ 表示关于超平面 $\langle\eta\rangle^{\perp}$ 的镜面反射。则 $\boldsymbol{A}=\boldsymbol{I}-2\boldsymbol{P}$。

从 10.3 节定理 1 的证明看出，$\boldsymbol{P}\alpha=(\alpha,\eta)\eta$。于是

$$\begin{aligned}
\boldsymbol{A}\alpha &= (\boldsymbol{I}-2\boldsymbol{P})\alpha = \alpha-2\boldsymbol{P}\alpha = \alpha-2(\alpha,\eta)\eta \\
&= \alpha-2\left(\alpha,\frac{1}{|\alpha-\beta|}(\alpha-\beta)\right)\frac{1}{|\alpha-\beta|}(\alpha-\beta) \\
&= \alpha-2\,\frac{1}{|\alpha-\beta|^2}(|\alpha|^2-(\alpha,\beta))(\alpha-\beta) \\
&= \alpha-2\,\frac{|\alpha|^2-(\alpha,\beta)}{|\alpha|^2-2(\alpha,\beta)+|\beta|^2}(\alpha-\beta) \\
&= \alpha-\frac{2(1-(\alpha,\beta))}{2-2(\alpha,\beta)}(\alpha-\beta) \\
&= \alpha-(\alpha-\beta) = \beta.
\end{aligned}$$
■

点评 例 6 的证明的关键之一：η 的取法（即，(8)式）是从几何空间中受到启发的。例 6 的证明的另一个关键是利用从 10.3 节定理 1 的证明看出的结论：α 在 $\langle\eta\rangle$ 上的正交投影等于 $(\alpha,\eta)\eta$。从例 6 的证明中 $\boldsymbol{A}\alpha$ 的计算过程看出，只要 α 和 β 满足 $|\alpha|=|\beta|$，就可证出 $\boldsymbol{A}\alpha=\beta$。由此受到启发，猜想有下述例 7 的结论。

例 7 设 $\alpha_1,\alpha_2,\cdots,\alpha_m$ 和 $\beta_1,\beta_2,\cdots,\beta_m$ 是 n 维欧几里得空间 V 的两个向量组。证明：存在 V 上的一个正交变换 $\boldsymbol{A}$ 使得 $\boldsymbol{A}\alpha_i=\beta_i(i=1,2,\cdots,m)$ 的充分必要条件是 $(\alpha_i,\alpha_j)=(\beta_i,\beta_j)$，$i,j=1,2,\cdots,m$，即

$$G(\alpha_1,\alpha_2,\cdots,\alpha_m) = G(\beta_1,\beta_2,\cdots,\beta_m). \tag{9}$$

证明 必要性。设存在 V 上的一个正交变换 $\boldsymbol{A}$，使得 $\boldsymbol{A}\alpha_i=\beta_i(i=1,2,\cdots,m)$，则对于 $i,j=1,2,\cdots,m$ 有

$$(\beta_i,\beta_j)=(\mathbf{A}\alpha_i,\mathbf{A}\alpha_j)=(\alpha_i,\alpha_j).$$

充分性。设$G(\alpha_1,\alpha_2,\cdots,\alpha_m)=G(\beta_1,\beta_2,\cdots,\beta_m)$。令

$$U=\langle\alpha_1,\alpha_2,\cdots,\alpha_m\rangle,W=\langle\beta_1,\beta_2,\cdots,\beta_m\rangle.$$

设$\alpha_{i_1},\alpha_{i_2},\cdots,\alpha_{i_r}$是向量组$\alpha_1,\alpha_2,\cdots,\alpha_m$的一个极大线性无关组,则据10.2节例17得,$|G(\alpha_{i_1},\alpha_{i_2},\cdots,\alpha_{i_r})|>0$。由已知条件得

$$G(\beta_{i_1},\beta_{i_2},\cdots,\beta_{i_r})=G(\alpha_{i_1},\alpha_{i_2},\cdots,\alpha_{i_r}),\tag{10}$$

由此推出,$\beta_{i_1},\beta_{i_2},\cdots,\beta_{i_r}$线性无关。类似的推理可得,$\beta_{i_1},\beta_{i_2},\cdots,\beta_{i_r}$是向量组$\beta_1,\beta_2,\cdots,\beta_m$的极大线性无关组,于是$\alpha_{i_1},\alpha_{i_2},\cdots,\alpha_{i_r}$和$\beta_{i_1},\beta_{i_2},\cdots,\beta_{i_r}$分别是$U$和$W$的一个基。

把$\alpha_{i_1},\alpha_{i_2},\cdots,\alpha_{i_r}$经过Schmidt正交化和单位化得$\tilde{\alpha}_{i_1},\tilde{\alpha}_{i_2},\cdots,\tilde{\alpha}_{i_r}$,则$\tilde{\alpha}_{i_1},\tilde{\alpha}_{i_2},\cdots,\tilde{\alpha}_{i_r}$是$U$的一个标准正交基,且

$$(\tilde{\alpha}_{i_1},\tilde{\alpha}_{i_2},\cdots,\tilde{\alpha}_{i_r})=(\alpha_{i_1},\alpha_{i_2},\cdots,\alpha_{i_r})B,\tag{11}$$

其中$B=(b_{ij})$是r级上三角矩阵,其主对角元都为正数。

把$\beta_{i_1},\beta_{i_2},\cdots,\beta_{i_r}$经过Schmidt正交化和单位化,得到$W$的一个标准正交基$\tilde{\beta}_{i_1},\tilde{\beta}_{i_2},\cdots,\tilde{\beta}_{i_r}$,且

$$(\tilde{\beta}_{i_1},\tilde{\beta}_{i_2},\cdots,\tilde{\beta}_{i_r})=(\beta_{i_1},\beta_{i_2},\cdots,\beta_{i_r})C,\tag{12}$$

其中C是r级上三角矩阵,其主对角元都为正数。从(10)式和Schmidt正交化的公式以及单位化的公式可得出,$C=B$。

把$\tilde{\alpha}_{i_1},\tilde{\alpha}_{i_2},\cdots,\tilde{\alpha}_{i_r}$扩充成$V$的一个标准正交基

$$\tilde{\alpha}_{i_1},\tilde{\alpha}_{i_2},\cdots,\tilde{\alpha}_{i_r},\gamma_1,\cdots,\gamma_{n-r};$$

把$\tilde{\beta}_{i_1},\tilde{\beta}_{i_2},\cdots,\tilde{\beta}_{i_r}$扩充成$V$的一个标准正交基

$$\tilde{\beta}_{i_1},\tilde{\beta}_{i_2},\cdots,\tilde{\beta}_{i_r},\delta_1,\cdots,\delta_{n-r}.$$

存在V上唯一的线性变换$\mathbf{A}$把V的基$\tilde{\alpha}_{i_1},\cdots,\tilde{\alpha}_{i_r},\gamma_1,\cdots,\gamma_{n-r}$映成$\tilde{\beta}_{i_1},\tilde{\beta}_{i_2},\cdots,\tilde{\beta}_{i_r},\delta_1,\cdots,\delta_{n-r}$。由于它们都是$V$的标准正交基,因此$\mathbf{A}$是$V$上的正交变换。由于$\tilde{\alpha}_{i_1},\cdots,\tilde{\alpha}_{i_r}$是$U$的一个标准正交基,因此

$$\alpha_j=\sum_{k=1}^{r}(\alpha_j,\tilde{\alpha}_{i_k})\tilde{\alpha}_{i_k},j=1,2,\cdots,m.$$

由于$\tilde{\beta}_{i_1},\cdots,\tilde{\beta}_{i_r}$是$W$的一个标准正交基,因此

$$\beta_j=\sum_{k=1}^{r}(\beta_j,\tilde{\beta}_{i_k})\tilde{\beta}_{i_k},j=1,2,\cdots,m.$$

从(9)、(11)、(12)式以及$B=C$得出,

$$\begin{aligned}(\alpha_j,\tilde{\alpha}_{i_k})&=(\alpha_j,\sum^{r}_{t=1}b_{tk}\alpha_{i_t})=\sum^{r}_{t=1}b_{tk}(\alpha_j,\alpha_{i_t})=\sum^{r}_{t=1}b_{tk}(\beta_j,\beta_{i_t})\\&=(\beta_j,\sum^{r}_{t=1}b_{tk}\beta_{i_t})=(\beta_j,\tilde{\beta}_{i_k}),\end{aligned}$$

因此 $\boldsymbol{A}\alpha_j = \sum_{k=1}^{r}(\alpha_j, \tilde{\alpha}_{i_k})\boldsymbol{A}\tilde{\alpha}_{i_k} = \sum_{k=1}^{r}(\beta_j, \tilde{\beta}_{i_k})\tilde{\beta}_{i_k} = \beta_j, j = 1,2,\cdots,m$。■

点评 例 7 的充分性证明的想法是：去找 V 的两个标准正交基，从而得到 V 上的一个正交变换 $\boldsymbol{A}$。为了使得 $\boldsymbol{A}\alpha_i = \beta_i, i=1,2,\cdots,m$，因此要分别从 $\alpha_1,\alpha_2,\cdots,\alpha_m$ 和 $\beta_1,\beta_2,\cdots,\beta_m$ 出发去找 V 的两个标准正交基。例 7 的充分性证明中一个重要地方是(11)式中的矩阵 B 与(12)式中的矩阵 C 相等。

例 8 设 $\boldsymbol{A}$ 是 2 维欧几里得空间 V 上的旋转(即第一类正交变换)。证明：$\boldsymbol{A}$ 能表示成 2 个轴反射的乘积。

证明 在 V 中取一个标准正交基 α_1,α_2。设 $\boldsymbol{A}\neq\boldsymbol{I}$。不妨设 $\boldsymbol{A}\alpha_1\neq\alpha_1$，令 $\xi_1=\alpha_1-\boldsymbol{A}\alpha_1$。如图10-3所示，用 $\boldsymbol{B}_1$ 表示关于 $\langle\xi_1\rangle^{\perp}$ 的轴反射，则据例 6 得，$\boldsymbol{B}_1\alpha_1=\boldsymbol{A}\alpha_1$。由于 $\boldsymbol{B}_1\alpha_1,\boldsymbol{B}_1\alpha_2$ 仍是 V 的一个标准正交基，因此 $\langle\boldsymbol{B}_1\alpha_2\rangle=\langle\boldsymbol{B}_1\alpha_1\rangle^{\perp}=\langle\boldsymbol{A}\alpha_1\rangle^{\perp}=\langle\boldsymbol{A}\alpha_2\rangle$。从而 $\boldsymbol{B}_1\alpha_2=\pm\boldsymbol{A}\alpha_2$。若 $\boldsymbol{B}_1\alpha_2=\boldsymbol{A}\alpha_2$，则 $\boldsymbol{B}_1=\boldsymbol{A}$，这与 $\boldsymbol{B}_1$ 是轴反射(第二类正交变换)矛盾。因此 $\boldsymbol{B}_1\alpha_2=-\boldsymbol{A}\alpha_2$。用 $\boldsymbol{B}_2$ 表示关于$\langle\boldsymbol{A}\alpha_1\rangle$的轴反射。则

$$(\boldsymbol{B}_2\boldsymbol{B}_1)\alpha_2=\boldsymbol{B}_2(\boldsymbol{B}_1\alpha_2)=\boldsymbol{B}_2(-\boldsymbol{A}\alpha_2)=-\boldsymbol{B}_2(\boldsymbol{A}\alpha_2)=-(-\boldsymbol{A}\alpha_2)=\boldsymbol{A}\alpha_2,$$

$$(\boldsymbol{B}_2\boldsymbol{B}_1)\alpha_1=\boldsymbol{B}_2(\boldsymbol{B}_1\alpha_1)=\boldsymbol{B}_2(\boldsymbol{A}\alpha_1)=\boldsymbol{A}\alpha_1,$$

因此 $\boldsymbol{A}=\boldsymbol{B}_2\boldsymbol{B}_1$。

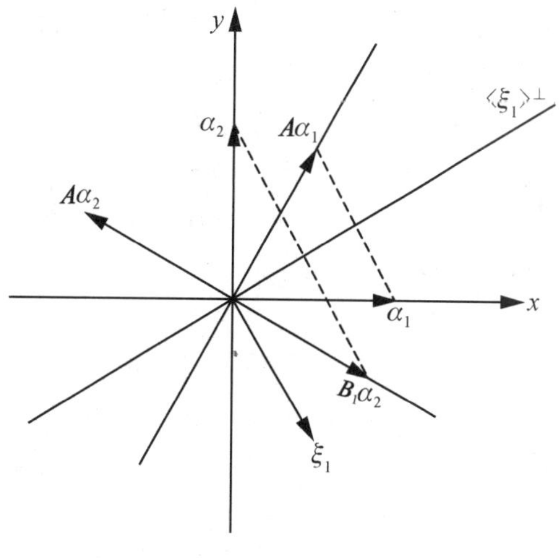

图 10-3

若 $\boldsymbol{A}=\boldsymbol{I}$，则 $\boldsymbol{A}=\boldsymbol{B}^2$，其中 $\boldsymbol{B}$ 是关于$\langle\alpha_1\rangle$的轴反射。■

例 9 设 $\boldsymbol{A}$ 是 2 维欧几里得空间 V 上的第二类正交变换，证明：$\boldsymbol{A}$ 是关于一条直线的轴反射。

证明 由于 $\boldsymbol{A}$ 是第二类正交变换，因此 $\boldsymbol{A}$ 在 V 的一个标准正交基 $\boldsymbol{e}_1,\boldsymbol{e}_2$ 下的矩阵 A 是正交矩阵，且$|A|=-1$。根据《高等代数学习指导书(上册)》4.6 节的例 7 得

$$A=\begin{pmatrix}\cos\theta & \sin\theta\\ \sin\theta & -\cos\theta\end{pmatrix},$$

其中 $0\leqslant\theta<2\pi$。取右手直角坐标系$[O;\boldsymbol{e}_1,\boldsymbol{e}_2]$，根据《解析几何(第三版)》(丘维声编著)第 207 页的第 10 题的第(1)小题得，$\boldsymbol{A}$ 是关于直线 $x\sin\frac{\theta}{2}-y\cos\frac{\theta}{2}=0$ 的反射。■

例 10 证明：n 维欧几里得空间 V 上的任一正交变换都可以表示成至多 n 个镜面反射的乘积，其中 $n\geqslant 2$。

证明　对维数 n 作数学归纳法。

$n=2$ 时，从例 8 和例 9 得，命题为真。

假设对于维数小于 n 的欧几里得空间命题为真，现在来看 n 维($n\geqslant 3$)欧几里得空间 V 上的正交变换 $\boldsymbol{A}$。

在 V 中取一个标准正交基 $\eta_1,\eta_2,\cdots,\eta_n$。

若 $\boldsymbol{A}=\boldsymbol{I}$，则考虑 V 上把标准正交基 $\eta_1,\eta_2,\cdots,\eta_n$ 映成标准正交基 $-\eta_1,\eta_2,\cdots,\eta_n$ 的线性变换 $\boldsymbol{B}$，它是正交变换，由于 $\eta_2,\cdots,\eta_n$ 都是 $\boldsymbol{B}$ 的属于特征值 1 的特征向量，而 η_1 是 $\boldsymbol{B}$ 的属于 -1 的特征向量，因此 $\boldsymbol{B}$ 的属于特征值 1 的特征子空间的维数为 $n-1$。据例 5 得，$\boldsymbol{B}$ 是关于超平面 $\langle\eta_1\rangle^{\perp}$ 的镜面反射，显然，$\boldsymbol{B}^2=\boldsymbol{I}=\boldsymbol{A}$。

若 $\boldsymbol{A}\neq\boldsymbol{I}$。此时不妨设 $\boldsymbol{A}\eta_1\neq\eta_1$。由于 $|\boldsymbol{A}\eta_1|=|\eta_1|=1$，因此据例 6 得，存在镜面反射 $\boldsymbol{B}_1$，使得 $\boldsymbol{B}_1\eta_1=\boldsymbol{A}\eta_1$。于是 $\boldsymbol{B}_1\eta_1,\boldsymbol{B}_1\eta_2,\cdots,\boldsymbol{B}_1\eta_n$ 也是 V 的一个标准正交基，又 $\boldsymbol{A}\eta_1,\boldsymbol{A}\eta_2,\cdots,\boldsymbol{A}\eta_n$ 是 V 的一个标准正交基。因此

$$\langle\boldsymbol{B}_1\eta_2,\cdots,\boldsymbol{B}_1\eta_n\rangle=\langle\boldsymbol{B}_1\eta_1\rangle^{\perp}=\langle\boldsymbol{A}\eta_1\rangle^{\perp}=\langle\boldsymbol{A}\eta_2,\cdots,\boldsymbol{A}\eta_n\rangle,$$

记 $U=\langle\boldsymbol{A}\eta_2,\cdots,\boldsymbol{A}\eta_n\rangle$。

考虑 V 上把 $\boldsymbol{A}\eta_1,\boldsymbol{A}\eta_2,\cdots,\boldsymbol{A}\eta_n$ 映成 $\boldsymbol{B}_1\eta_1,\boldsymbol{B}_1\eta_2,\cdots,\boldsymbol{B}_1\eta_n$ 的线性变换 $\boldsymbol{C}$，则 $\boldsymbol{C}$ 是 V 上的一个正交变换。由于 $\boldsymbol{C}(\boldsymbol{A}\eta_i)=\boldsymbol{B}_1\eta_i$，$i=2,3,\cdots,n$，因此 U 是 $\boldsymbol{C}$ 的一个不变子空间。从而 $\boldsymbol{C}|U$ 是 U 上的一个正交变换。据归纳假设得，存在 U 中至多 $n-1$ 个镜面反射 $\boldsymbol{C}_2,\cdots,\boldsymbol{C}_s$($s\leqslant n$)使得 $\boldsymbol{C}|U=\boldsymbol{C}_2\boldsymbol{C}_3\cdots\boldsymbol{C}_s$。把 $\boldsymbol{C}_j$ 扩充成 V 上的线性变换 $\boldsymbol{B}_j$，使得 $\boldsymbol{B}_j(\boldsymbol{A}\eta_1)=\boldsymbol{A}\eta_1$，$\boldsymbol{B}_j|U=\boldsymbol{C}_j$，其中 $j=2,3,\cdots,s$。设 $\boldsymbol{C}_j$ 是 U 中关于超平面 $\langle\delta_j\rangle^{\perp}$ 的镜面反射，其中 δ_j 是 U 中的单位向量。用 $\widetilde{\boldsymbol{P}}_j$ 表示 U 在 $\langle\delta_j\rangle$ 上的正交投影，则 $\boldsymbol{C}_j=\boldsymbol{I}-2\widetilde{\boldsymbol{P}}_j$。由于 $V=\langle\boldsymbol{A}\eta_1\rangle\oplus U=\langle\boldsymbol{A}\eta_1\rangle\oplus\langle\delta_j\rangle^{\perp}\oplus\langle\delta_j\rangle$。因此 $\langle\delta_j\rangle$ 在 V 中的正交补是 $\langle\boldsymbol{A}\eta_1\rangle\oplus\langle\delta_j\rangle^{\perp}$。用 $\boldsymbol{P}_j$ 表示 V 在 $\langle\delta_j\rangle$ 上的正交投影，则对任意 $\alpha_j\in\langle\delta_j\rangle^{\perp}$，$k\in\mathbf{R}$，有

$$\begin{aligned}\boldsymbol{B}_j(k\boldsymbol{A}\eta_1+\alpha_j)&=k\boldsymbol{B}_j(\boldsymbol{A}\eta_1)+\boldsymbol{B}_j\alpha_j=k\boldsymbol{A}\eta_1+\boldsymbol{C}_j\alpha_j\\&=k\boldsymbol{A}\eta_1+\alpha_j=(\boldsymbol{I}-2\boldsymbol{P}_j)(k\boldsymbol{A}\eta_1+\alpha_j),\\\boldsymbol{B}_j\delta_j&=\boldsymbol{C}_j\delta_j=-\delta_j=(\boldsymbol{I}-2\boldsymbol{P}_j)\delta_j.\end{aligned}$$

因此，$\boldsymbol{B}_j=\boldsymbol{I}-2\boldsymbol{P}_j$。从而 $\boldsymbol{B}_j$ 是关于超平面 $\langle\boldsymbol{A}\eta_1\rangle\oplus\langle\delta_j\rangle^{\perp}$ 的镜面反射，$j=2,3,\cdots,s$。对于 $i=2,\cdots,n$，有

$$\begin{aligned}\boldsymbol{A}\eta_i&=\boldsymbol{C}^{-1}(\boldsymbol{B}_1\eta_i)=(\boldsymbol{C}_s^{-1}\cdots\boldsymbol{C}_2^{-1})(\boldsymbol{B}_1\eta_i)=(\boldsymbol{B}_s^{-1}\cdots\boldsymbol{B}_2^{-1})\boldsymbol{B}_1\eta_i;\\\boldsymbol{A}\eta_1&=(\boldsymbol{B}_s^{-1}\cdots\boldsymbol{B}_2^{-1})(\boldsymbol{A}\eta_1)=\boldsymbol{B}_s^{-1}\cdots\boldsymbol{B}_2^{-1}\boldsymbol{B}_1\eta_1.\end{aligned}$$

因此 $\boldsymbol{A}=\boldsymbol{B}_s^{-1}\cdots\boldsymbol{B}_2^{-1}\boldsymbol{B}_1$，其中 $\boldsymbol{B}_j^{-1}$ 仍是镜面反射，$j=2,\cdots,s$。

据数学归纳原理，对一切大于 1 的正整数 n，命题为真。　■

例 11　几何空间(作为点集)的一个变换,如果保持点之间的距离不变,那么称它是**正交点变换**或**保距变换**。如果正交点变换诱导的正交向量变换是第一类的,那么称它是第一类的;否则称它是第二类的。证明:

(1) 保持一个点不动的第一类正交点变换一定是绕过这个定点的一条直线的旋转;

(2) 保持一个点不动的第二类正交点变换是一个镜面反射,或者是一个镜面反射与一个绕过这个定点的一条直线的旋转的乘积。

证明　设正交点变换 σ 保持一个点不动,把这个点作为原点 O。设 σ 诱导的正交向量变换为 $\mathbf{A}$,它是几何空间(以原点 O 为起点的所有定位向量组成的空间)V 的一个正交变换。

(1) 设 σ 是第一类的,则 $\mathbf{A}$ 是第一类的。于是 $|\mathbf{A}|=1$。据《高等代数学习指导书(上册)》5.5 节的例 8 得,1 是 $\mathbf{A}$ 的一个特征值。设 η_1 是 $\mathbf{A}$ 的属于特征值 1 的一个单位特征向量,则 $\langle\eta_1\rangle$ 是 $\mathbf{A}$ 的一个不变子空间,且

$$\mathbf{A}(k\eta_1)=k\mathbf{A}\eta_1=k\eta_1,$$

于是过原点 O 方向向量为 η_1 的直线 l_1 上每一个点都被 σ 保持不动。$\langle\eta_1\rangle^\perp$ 是 $\mathbf{A}$ 的一个不变子空间,于是 $\mathbf{A}|\langle\eta_1\rangle^\perp$ 是 $\langle\eta_1\rangle^\perp$ 上的正交变换。在 $\langle\eta_1\rangle^\perp$ 中取一个标准正交基 η_2,η_3,则 η_1,η_2,η_3 是 V 的一个标准正交基,$\mathbf{A}$ 在此基下的矩阵 A 是正交矩阵,且 $A=\operatorname{diag}\{1,A_2\}$,其中 A_2 是 $\mathbf{A}|\langle\eta_1\rangle^\perp$ 在基 η_2,η_3 下的矩阵。由于 $|A|=1$,因此 $|A_2|=1$。据例 2,得

$$A_2=\begin{pmatrix}\cos\theta & -\sin\theta\\ \sin\theta & \cos\theta\end{pmatrix},$$

其中 θ 满足 $0\leqslant\theta<2\pi$。于是 $\mathbf{A}|\langle\eta_1\rangle^\perp$ 是绕原点 O 转角为 θ 的旋转。从而 $\mathbf{A}$ 是绕直线 l_1 转角为 θ 的旋转。因此,σ 是绕直线 l_1 转角为 θ 的旋转。

(2) 设 σ 是第二类的,则 $|\mathbf{A}|=-1$。于是 -1 是 $\mathbf{A}$ 的一个特征值。设 δ_1 是 $\mathbf{A}$ 的属于特征值 -1 的一个单位特征向量,则 $\langle\delta_1\rangle$ 是 $\mathbf{A}$ 的一个不变子空间,从而 $\langle\delta_1\rangle^\perp$ 也是 $\mathbf{A}$ 的一个不变子空间。于是 $\mathbf{A}|\langle\delta_1\rangle^\perp$ 是 $\langle\delta_1\rangle^\perp$ 上的一个正交变换。在 $\langle\delta_1\rangle^\perp$ 中取一个标准正交基 δ_2,δ_3,则 $\delta_1,\delta_2,\delta_3$ 是 V 的一个标准正交基,$\mathbf{A}$ 在此基下的矩阵 $B=\operatorname{diag}\{-1,B_2\}$,于是 $|B_2|=1$。据例 2,得

$$B_2=\begin{pmatrix}\cos\theta & -\sin\theta\\ \sin\theta & \cos\theta\end{pmatrix},$$

其中 θ 满足 $0\leqslant\theta<2\pi$。若 $\theta=0$,则 $B_2=\operatorname{diag}\{1,1\}$。于是 $\mathbf{A}\delta_2=\delta_2$,$\mathbf{A}\delta_3=\delta_3$。从而 $\mathbf{A}|\langle\delta_1\rangle^\perp$ 是恒等变换。又由于 $\mathbf{A}\delta_1=-\delta_1$,因此

$$\mathbf{A}\delta_1=(\boldsymbol{I}-2\boldsymbol{P})\delta_1,$$
$$\mathbf{A}\delta_i=\delta_i=(\boldsymbol{I}-2\boldsymbol{P})\delta_i,\ i=2,3,$$

其中 $\boldsymbol{P}$ 是 V 在 $\langle\delta_1\rangle$ 上的正交投影。因此 $\boldsymbol{A}=\boldsymbol{I}-2\boldsymbol{P}$。即 $\boldsymbol{A}$ 是关于平面 $\langle\delta_1\rangle^{\perp}$ 的镜面反射，从而 σ 是关于平面 $\langle\delta_1\rangle^{\perp}$ 的镜面反射。

若 $\theta\neq0$，用 $\boldsymbol{C}$ 表示关于平面 $\langle\delta_1\rangle^{\perp}$ 的镜面反射。则 $\boldsymbol{C}\delta_1=(\boldsymbol{I}-2\boldsymbol{P})\delta_1=-\delta_1$；$\boldsymbol{C}\delta_i=(\boldsymbol{I}-2\boldsymbol{P})\delta_i=\delta_i$，$i=1,2$。于是 $\boldsymbol{C}$ 在基 $\delta_1,\delta_2,\delta_3$ 下的矩阵 $C=\operatorname{diag}\{-1,1,1\}$。由于

$$B=\begin{pmatrix}-1&0&0\\0&\cos\theta&-\sin\theta\\0&\sin\theta&\cos\theta\end{pmatrix}=\begin{pmatrix}-1&0&0\\0&1&0\\0&0&1\end{pmatrix}\begin{pmatrix}1&0&0\\0&\cos\theta&-\sin\theta\\0&\sin\theta&\cos\theta\end{pmatrix},$$

且绕过原点 O 方向向量为 δ_1 的直线 l_2，转角为 θ 的旋转 $\boldsymbol{H}$ 在基 $\delta_1,\delta_2,\delta_3$ 下的矩阵为 $\operatorname{diag}\{1,B_2\}$，因此

$$\boldsymbol{A}=\boldsymbol{C}\boldsymbol{H}.$$

即 $\boldsymbol{A}$ 等于镜面反射 $\boldsymbol{C}$ 与旋转 $\boldsymbol{H}$ 的乘积。从而 σ 是关于平面 $\langle\delta_1\rangle^{\perp}$ 的镜面反射与绕直线 l_2 转角为 θ 的旋转的乘积。 ■

点评 我们在《高等代数学习指导书(上册)》补充题五的第 4 题证明了例 11 的结论，那时是利用正交矩阵的知识和坐标变换的方法来证的。现在用正交变换的理论和空间分解的方法来证明，直观性更强一些，特别是对于转轴的刻画和镜面反射中不动平面的刻画更加清晰。从例 11 的第(1)小题的证明中看到：几何空间中第一类正交变换一定是绕某条直线的旋转。由于这个原因，我们借用几何语言，把 n 维欧几里得空间 V 上的第一类正交变换称为 V 的一个**旋转**。从例 11 的第(2)小题的证明中看到：几何空间中第二类正交变换是一个镜面反射，或者是一个镜面反射与一个绕某条直线旋转的乘积。由此受到启发，我们猜想有下述例 12 的结论。

例 12 证明：n 维欧几里得空间 V 上的第二类正交变换是一个镜面反射，或者是一个镜面反射与一个第一类正交变换的乘积。

证明 设 $\boldsymbol{A}$ 是 n 维欧几里得空间 V 上的一个第二类正交变换。则 $|\boldsymbol{A}|=-1$。据《高等代数学习指导书(上册)》5.5 节例 8 得，-1 是 $\boldsymbol{A}$ 的一个特征值。设 δ_1 是 $\boldsymbol{A}$ 的属于特征值 -1 的一个单位特征向量。则 $\langle\delta_1\rangle$ 是 $\boldsymbol{A}$ 的一个不变子空间。从而 $\langle\delta_1\rangle^{\perp}$ 也是 $\boldsymbol{A}$ 的一个不变子空间。于是 $\boldsymbol{A}|\langle\delta_1\rangle^{\perp}$ 是 $\langle\delta_1\rangle^{\perp}$ 上的一个正交变换。在 $\langle\delta_1\rangle^{\perp}$ 中取一个标准正交基 $\delta_2,\cdots,\delta_n$。则 $\delta_1,\delta_2,\cdots,\delta_n$ 是 V 的一个标准正交基。$\boldsymbol{A}$ 在此基下的矩阵 $A=\operatorname{diag}\{-1,A_2\}$，其中 A_2 是 $\boldsymbol{A}|\langle\delta_1\rangle^{\perp}$ 在基 $\delta_2,\cdots,\delta_n$ 下的矩阵。由于 $|A|=-1$，因此，$|A_2|=1$。

若 $A_2=I_{n-1}$，则 $\boldsymbol{A}\delta_i=\delta_i$，$i=2,\cdots,n$。设 $\boldsymbol{P}$ 是 V 在 $\langle\delta_1\rangle$ 上的正交投影，则

$$\boldsymbol{A}\delta_1=-\delta_1=(\boldsymbol{I}-2\boldsymbol{P})\delta_1,$$

$$\boldsymbol{A}\delta_i=\delta_i=(\boldsymbol{I}-2\boldsymbol{P})\delta_i,i=2,\cdots,n.$$

从而 $\boldsymbol{A}=\boldsymbol{I}-2\boldsymbol{P}$。因此 $\boldsymbol{A}$ 是关于超平面 $\langle\delta_1\rangle^{\perp}$ 的镜面反射。

若 $A_2\neq I_{n-1}$，则

$$A=\begin{pmatrix}-1&0\\0&A_2\end{pmatrix}=\begin{pmatrix}-1&0\\0&I_{n-1}\end{pmatrix}\begin{pmatrix}1&0\\0&A_2\end{pmatrix}. \tag{13}$$

用 $\boldsymbol{B}$ 表示关于超平面 $\langle\delta_1\rangle^{\perp}$ 的镜面反射，则 $\boldsymbol{B}$ 在 V 的基 $\delta_1,\delta_2,\cdots,\delta_n$ 下的矩阵为 $\mathrm{diag}\{-1,I_{n-1}\}$。设 $\boldsymbol{C}$ 是 V 上的线性变换，它在基 $\delta_1,\delta_2,\cdots,\delta_n$ 下的矩阵为 $\mathrm{diag}\{1,A_2\}$。则 $\boldsymbol{C}$ 是正交变换且是第一类的。从(13)式得，$\boldsymbol{A}=\boldsymbol{BC}$，即 $\boldsymbol{A}$ 是镜面反射 $\boldsymbol{B}$ 与第一类正交变换 $\boldsymbol{C}$ 的乘积。

■

例 13 设 $\boldsymbol{A}$ 是 n 维欧几里得空间 V 上的一个线性变换。证明：$\boldsymbol{A}$ 是镜面反射当且仅当 $\boldsymbol{A}$ 在 V 的任意一个标准正交基下的矩阵形如 $I-2\boldsymbol{\delta\delta}'$，其中 $\boldsymbol{\delta}$ 是 $\mathbf{R}^n$（指定内积为标准内积）中的单位向量。

证明 必要性。设 $\boldsymbol{A}$ 是关于超平面 $\langle\eta_1\rangle^{\perp}$ 的镜面反射，η_1 是单位向量，则 $\boldsymbol{A}=\boldsymbol{I}-2\boldsymbol{P}$，其中 $\boldsymbol{P}$ 是 V 在 $\langle\eta_1\rangle$ 上的正交投影。在 $\langle\eta_1\rangle^{\perp}$ 中取一个标准正交基 $\eta_2,\cdots,\eta_n$。则 $\eta_1,\eta_2,\cdots,\eta_n$ 是 V 的一个标准正交基。由于 $\boldsymbol{P}$ 在此基下的矩阵为

$$\mathrm{diag}\{1,0,\cdots,0\}=(1,0,\cdots,0)'(1,0,\cdots,0)=\boldsymbol{\varepsilon}_1\boldsymbol{\varepsilon}_1',$$

因此 $\boldsymbol{A}$ 在基 $\eta_1,\eta_2,\cdots,\eta_n$ 下的矩阵 A 为

$$A=I-2\boldsymbol{\varepsilon}_1\boldsymbol{\varepsilon}_1'.$$

设 $\beta_1,\beta_2,\cdots,\beta_n$ 是 V 的任意一个标准正交基，基 $\eta_1,\eta_2,\cdots,\eta_n$ 到基 $\beta_1,\beta_2,\cdots,\beta_n$ 的过渡矩阵为 T，则 T 是正交矩阵，且 $\boldsymbol{A}$ 在基 $\beta_1,\beta_2,\cdots,\beta_n$ 下的矩阵 B 为

$$B=T^{-1}AT=T^{-1}(I-2\boldsymbol{\varepsilon}_1\boldsymbol{\varepsilon}_1')T=I-2(T'\boldsymbol{\varepsilon}_1)(T'\boldsymbol{\varepsilon}_1)'.$$

由于 T 是正交矩阵，因此 $|T'\boldsymbol{\varepsilon}_1|=|\boldsymbol{\varepsilon}_1|=1$，即 $T'\boldsymbol{\varepsilon}_1$ 是单位向量。

充分性。设 $\boldsymbol{A}$ 在 V 的一个标准正交基 $\alpha_1,\alpha_2,\cdots,\alpha_n$ 下的矩阵 $A=I-2\boldsymbol{\delta\delta}'$，其中 $\boldsymbol{\delta}$ 是 $\mathbf{R}^n$ 中的单位向量。令 $\gamma_1=(\alpha_1,\alpha_2,\cdots,\alpha_n)\boldsymbol{\delta}$。由于把 V 中向量对应到它在标准正交基 $\alpha_1,\alpha_2,\cdots,\alpha_n$ 下的坐标的映射 σ 是欧几里得空间 V 到 $\mathbf{R}^n$ 的一个同构映射，因此 $|\gamma_1|=|\boldsymbol{\delta}|=1$。把 γ_1 扩充成 V 的一个标准正交基 $\gamma_1,\gamma_2,\cdots,\gamma_n$。设基 $\alpha_1,\alpha_2,\cdots,\alpha_n$ 到基 $\gamma_1,\gamma_2,\cdots,\gamma_n$ 的过渡矩阵为 T，则 T 是正交矩阵，且 γ_i 在基 $\alpha_1,\alpha_2,\cdots,\alpha_n$ 下的坐标 $\boldsymbol{X}_i=T\boldsymbol{\varepsilon}_i$，$i=1,2,\cdots,n$。于是 $\boldsymbol{\delta}=T\boldsymbol{\varepsilon}_1$，由于 $\boldsymbol{\delta}'\boldsymbol{\delta}=|\boldsymbol{\delta}|^2=1$，因此

$$\begin{aligned}\boldsymbol{A}\gamma_1&=\boldsymbol{A}(\alpha_1,\alpha_2,\cdots,\alpha_n)\boldsymbol{\delta}\\&=(\alpha_1,\alpha_2,\cdots,\alpha_n)A\boldsymbol{\delta}\\&=(\alpha_1,\alpha_2,\cdots,\alpha_n)(I-2\boldsymbol{\delta\delta}')\boldsymbol{\delta}\\&=(\alpha_1,\alpha_2,\cdots,\alpha_n)(\boldsymbol{\delta}-2\boldsymbol{\delta\delta}'\boldsymbol{\delta})\\&=(\alpha_1,\alpha_2,\cdots,\alpha_n)(-\boldsymbol{\delta})\\&=-\gamma_1=(\boldsymbol{I}-2\boldsymbol{P})\gamma_1,\end{aligned}$$

其中 $\boldsymbol{P}$ 是 V 在 $\langle\gamma_1\rangle$ 上的正交投影。由于当 $i=2,\cdots,n$ 时，$\boldsymbol{\varepsilon}_1'\boldsymbol{\varepsilon}_i=0$，因此当 $i=2,\cdots,n$ 时，有

$$\begin{aligned}\mathbf{A}\gamma_i&=\mathbf{A}(\alpha_1,\alpha_2,\cdots,\alpha_n)\boldsymbol{X}_i\\&=(\alpha_1,\alpha_2,\cdots,\alpha_n)AT\boldsymbol{\varepsilon}_i\\&=(\alpha_1,\alpha_2,\cdots,\alpha_n)(I-2\boldsymbol{\delta}\boldsymbol{\delta}')T\boldsymbol{\varepsilon}_i\\&=(\alpha_1,\alpha_2,\cdots,\alpha_n)[T\boldsymbol{\varepsilon}_i-2\boldsymbol{\delta}(T\boldsymbol{\varepsilon}_1)'T\boldsymbol{\varepsilon}_i]\\&=(\alpha_1,\alpha_2,\cdots,\alpha_n)[T\boldsymbol{\varepsilon}_i-2\boldsymbol{\delta}\boldsymbol{\varepsilon}_1{}'\boldsymbol{\varepsilon}_i]\\&=(\alpha_1,\alpha_2,\cdots,\alpha_n)(T\boldsymbol{\varepsilon}_i)=\gamma_i=(\boldsymbol{I}-2\boldsymbol{P})\gamma_i.\end{aligned}$$

从而 $\mathbf{A}=\boldsymbol{I}-2\boldsymbol{P}$。因此 $\mathbf{A}$ 是关于超平面 $\langle\gamma_1\rangle^{\perp}$ 的镜面反射。 ■

点评 例 13 用矩阵的语言刻画了镜面反射。

例 14 设 $\mathbf{A}$ 是实内积空间 V 上的一个变换。证明：如果对任意 $\alpha,\beta\in V$，有

$$(\mathbf{A}\alpha,\beta)=(\alpha,\mathbf{A}\beta),\tag{14}$$

那么 $\mathbf{A}$ 是 V 上的线性变换。

证明 任取 $\alpha,\beta\in V$，对于任意 $\gamma\in V$，有

$$\begin{aligned}(\mathbf{A}(\alpha+\beta),\gamma)&=(\alpha+\beta,\mathbf{A}\gamma)=(\alpha,\mathbf{A}\gamma)+(\beta,\mathbf{A}\gamma)\\&=(\mathbf{A}\alpha,\gamma)+(\mathbf{A}\beta,\gamma)=(\mathbf{A}\alpha+\mathbf{A}\beta,\gamma),\end{aligned}$$

因此 $(\mathbf{A}(\alpha+\beta)-(\mathbf{A}\alpha+\mathbf{A}\beta),\gamma)=0$。从而

$$\mathbf{A}(\alpha+\beta)-(\mathbf{A}\alpha+\mathbf{A}\beta)=0,$$

即 $\mathbf{A}(\alpha+\beta)=\mathbf{A}\alpha+\mathbf{A}\beta$。

任取 $\alpha\in V,k\in\mathbf{R}$，对于任意 $\gamma\in V$，有

$$\begin{aligned}(\mathbf{A}(k\alpha),\gamma)&=(k\alpha,\mathbf{A}\gamma)=k(\alpha,\mathbf{A}\gamma)\\&=k(\mathbf{A}\alpha,\gamma)=(k\mathbf{A}\alpha,\gamma),\end{aligned}$$

因此 $(\mathbf{A}(k\alpha)-k\mathbf{A}\alpha,\gamma)=0$。从而

$$\mathbf{A}(k\alpha)-k\mathbf{A}\alpha=0,$$

即 $\mathbf{A}(k\alpha)=k\mathbf{A}\alpha$。

综上所述，$\mathbf{A}$ 是 V 上的线性变换。

例 15 实内积空间 V 上的一个变换 $\mathbf{A}$ 称为**斜对称**的，如果对任意 $\alpha,\beta\in V$，有

$$(\mathbf{A}\alpha,\beta)=-(\alpha,\mathbf{A}\beta).\tag{15}$$

证明：V 上的斜对称变换 $\mathbf{A}$ 是线性变换。

证明 任取 $\alpha,\beta\in V$，对于任意 $\gamma\in V$，有

$$\begin{aligned}(\mathbf{A}(\alpha+\beta),\gamma)&=-(\alpha+\beta,\mathbf{A}\gamma)=-(\alpha,\mathbf{A}\gamma)-(\beta,\mathbf{A}\gamma)\\&=(\mathbf{A}\alpha,\gamma)+(\mathbf{A}\beta,\gamma)=(\mathbf{A}\alpha+\mathbf{A}\beta,\gamma).\end{aligned}$$

由此推出，$\mathbf{A}(\alpha+\beta)=\mathbf{A}\alpha+\mathbf{A}\beta$。

类似地可证 $\mathbf{A}(k\alpha)=k\mathbf{A}\alpha, \forall \alpha \in V, k \in \mathbf{R}$。因此 $\mathbf{A}$ 是线性变换。 ■

例 16 证明：n 维欧几里得空间 V 上的线性变换 $\mathbf{A}$ 是斜对称变换当且仅当 $\mathbf{A}$ 在 V 的任意一个标准正交基下的矩阵是斜对称矩阵。

证明 任取 V 的一个标准正交基 $\eta_1, \eta_2, \cdots, \eta_n$。设

$$\mathbf{A}(\eta_1, \eta_2, \cdots, \eta_n) = (\eta_1, \eta_2, \cdots, \eta_n)A,$$

则 $\mathbf{A}\eta_j$ 在标准正交基 $\eta_1, \eta_2, \cdots, \eta_n$ 下的坐标的第 i 个分量为 $a_{ij}=(\mathbf{A}\eta_j, \eta_i), i, j=1,2,\cdots,n$。因此

$\mathbf{A}$ 是 V 上的斜对称变换

$\Leftrightarrow$ $(\mathbf{A}\alpha, \beta)=-(\alpha, \mathbf{A}\beta), \forall \alpha, \beta \in V$

$\Leftrightarrow$ $(\mathbf{A}\eta_j, \eta_i)=-(\eta_j, \mathbf{A}\eta_i), 1 \leqslant i, j \leqslant n$

$\Leftrightarrow$ $a_{ij}=-a_{ji}, 1 \leqslant i, j \leqslant n$

$\Leftrightarrow$ A 是斜对称矩阵。 ■

例 17 设 $\mathbf{A}$ 是实内积空间 V 上的一个斜对称变换。证明：如果 W 是 $\mathbf{A}$ 的不变子空间，那么 $W^{\perp}$ 也是 $\mathbf{A}$ 的不变子空间。

证明 任取 $\beta \in W^{\perp}$。对任意 $\alpha \in W$，有 $\mathbf{A}\alpha \in W$。从而

$$(\alpha, \mathbf{A}\beta) = -(\mathbf{A}\alpha, \beta) = 0.$$

因此，$\mathbf{A}\beta \in W^{\perp}$。于是 $W^{\perp}$ 是 $\mathbf{A}$ 的不变子空间。 ■

例 18 证明：实内积空间 V 上的线性变换 $\mathbf{A}$ 是斜对称变换当且仅当对一切 $\alpha \in V$ 有 $(\mathbf{A}\alpha, \alpha)=0$。

证明 必要性。设 $\mathbf{A}$ 是斜对称变换，则 $\forall \alpha \in V$，有 $(\mathbf{A}\alpha, \alpha)=-(\alpha, \mathbf{A}\alpha)=-(\mathbf{A}\alpha, \alpha)$。由此推出，$(\mathbf{A}\alpha, \alpha)=0$。

充分性。设线性变换 $\mathbf{A}$ 满足 $(\mathbf{A}\alpha, \alpha)=0, \forall \alpha \in V$。任取 $\alpha, \beta \in V$，有

$$\begin{aligned} 0 &= (\mathbf{A}(\alpha+\beta), \alpha+\beta) = (\mathbf{A}\alpha+\mathbf{A}\beta, \alpha+\beta) \\ &= (\mathbf{A}\alpha, \alpha)+(\mathbf{A}\alpha, \beta)+(\mathbf{A}\beta, \alpha)+(\mathbf{A}\beta, \beta) \\ &= (\mathbf{A}\alpha, \beta)+(\mathbf{A}\beta, \alpha). \end{aligned}$$

由此推出，$(\mathbf{A}\alpha, \beta)=-(\alpha, \mathbf{A}\beta)$。因此，$\mathbf{A}$ 是斜对称变换。 ■

点评 例 18 推广了 10.3 节的例 24：把 n 维欧几里得空间推广到任意实内积空间。

例 19 设 $\mathbf{A}$ 是 n 维欧几里得空间 V 上的一个斜对称变换。证明：存在 V 的一个标准正交基，使得 $\mathbf{A}$ 在这个基下的矩阵具有如下形式：

$$\operatorname{diag}\left\{\begin{pmatrix} 0 & a_1 \\ -a_1 & 0 \end{pmatrix}, \cdots, \begin{pmatrix} 0 & a_s \\ -a_s & 0 \end{pmatrix}, 0, \cdots, 0\right\}, \tag{16}$$

其中 $a_i \neq 0, i=1,2,\cdots,s$。

证法一 对欧几里得空间的维数 n 作数学归纳法。

$n=1$ 时，V 中取一个单位向量 η，则 $V=\langle\eta\rangle$。$\boldsymbol{A}$ 在 V 的标准正交基 η 下的矩阵是1级斜对称矩阵(0)。因此，$n=1$ 时命题为真。

假设维数小于 n 时，命题为真，现在来看 n 维欧几里得空间 V 上的斜对称变换 $\boldsymbol{A}$。据《高等代数学习指导书(上册)》5.7节的例7得，$\boldsymbol{A}$ 的特征多项式的复根都是0或纯虚数。

情形1 $\boldsymbol{A}$ 有特征值。此时取 $\boldsymbol{A}$ 的属于特征值0的一个单位特征向量 η_1。则 $\langle\eta_1\rangle$ 是 $\boldsymbol{A}$ 的一个不变子空间，从而 $\langle\eta_1\rangle^{\perp}$ 也是 $\boldsymbol{A}$ 的一个不变子空间。于是 $\boldsymbol{A}|\langle\eta_1\rangle^{\perp}$ 是 $\langle\eta_1\rangle^{\perp}$ 上的斜对称变换。据归纳假设，$\langle\eta_1\rangle^{\perp}$ 中存在一个标准正交基 $\eta_2,\cdots,\eta_n$，使得 $\boldsymbol{A}|\langle\eta_1\rangle^{\perp}$ 在此基下的矩阵为

$$\operatorname{diag}\left\{\begin{pmatrix}0 & a_1\\ -a_1 & 0\end{pmatrix},\cdots,\begin{pmatrix}0 & a_s\\ -a_s & 0\end{pmatrix},0,\cdots,0\right\}.$$

于是 $\boldsymbol{A}$ 在 V 的标准正交基 $\eta_2,\cdots,\eta_n,\eta_1$ 下的矩阵为

$$\operatorname{diag}\left\{\begin{pmatrix}0 & a_1\\ -a_1 & 0\end{pmatrix},\cdots,\begin{pmatrix}0 & a_s\\ -a_s & 0\end{pmatrix},0,\cdots,0,0\right\}.$$

情形2 $\boldsymbol{A}$ 没有特征值。设 $\pm a_1\mathrm{i}$ 是 $\boldsymbol{A}$ 的特征多项式的一对共轭虚根。V 中取一个标准正交基 $\alpha_1,\alpha_2,\cdots,\alpha_n$。设 $\boldsymbol{A}$ 在此基下的矩阵为 A。把 A 看成复矩阵，则 $\pm a_1\mathrm{i}$ 是 A 的特征值，设 $\boldsymbol{X}_1+\boldsymbol{Y}_1\mathrm{i}$ 是 A 的属于特征值 $a_1\mathrm{i}$ 的一个特征向量，其中 $\boldsymbol{X}_1,\boldsymbol{Y}_1\in\mathbf{R}^n$，且 $\boldsymbol{X}_1,\boldsymbol{Y}_1$ 不全为0。则

$$A(\boldsymbol{X}_1+\mathrm{i}\boldsymbol{Y}_1)=a_1\mathrm{i}(\boldsymbol{X}_1+\mathrm{i}\boldsymbol{Y}_1).$$

由此得出，$A\boldsymbol{X}_1=-a_1\boldsymbol{Y}_1$，$A\boldsymbol{Y}_1=a_1\boldsymbol{X}_1$。

令
$$\xi_1=(\alpha_1,\alpha_2,\cdots,\alpha_n)\boldsymbol{X}_1,\xi_2=(\alpha_1,\alpha_2,\cdots,\alpha_n)\boldsymbol{Y}_1,$$
则
$$\boldsymbol{A}\xi_1=(\alpha_1,\alpha_2,\cdots,\alpha_n)A\boldsymbol{X}_1=(\alpha_1,\alpha_2,\cdots,\alpha_n)(-a_1\boldsymbol{Y}_1)=-a_1\xi_2,$$
$$\boldsymbol{A}\xi_2=(\alpha_1,\alpha_2,\cdots,\alpha_n)A\boldsymbol{Y}_1=(\alpha_1,\alpha_2,\cdots,\alpha_n)(a_1\boldsymbol{X}_1)=a_1\xi_1,$$
因此 $\langle\xi_1,\xi_2\rangle$ 是 $\boldsymbol{A}$ 的不变子空间。据例18得，

$$0=(\boldsymbol{A}\xi_1,\xi_1)=(-a_1\xi_2,\xi_1)=-a_1(\xi_1,\xi_2).$$

由于 $a_1\neq0$，因此 $(\xi_1,\xi_2)=0$。即 ξ_1 与 ξ_2 正交。由于 $(\boldsymbol{A}\xi_1,\xi_2)=-(\xi_1,\boldsymbol{A}\xi_2)$，因此

$$(-a_1\xi_2,\xi_2)=-(\xi_1,a_1\xi_1).$$

由此得出，$(\xi_2,\xi_2)=(\xi_1,\xi_1)$。从而 $|\xi_2|=|\xi_1|$。由于 $\boldsymbol{X}_1,\boldsymbol{Y}_1$ 不全为0，因此 ξ_1,ξ_2 不全为0。从而 ξ_1,ξ_2 全不为0。于是 ξ_1,ξ_2 线性无关。所以 $\langle\xi_1,\xi_2\rangle$ 的维数为2。令 $\eta_i=\dfrac{1}{|\xi_i|}\xi_i$，$i=1,2$，则 η_1,η_2 是 $\langle\xi_1,\xi_2\rangle$ 的一个标准正交基。由于

$$\boldsymbol{A}\eta_1=\frac{1}{|\xi_1|}\boldsymbol{A}\xi_1=\frac{1}{|\xi_1|}(-a_1\xi_2)=-a_1\frac{1}{|\xi_1|}|\xi_2|\eta_2=-a_1\eta_2,$$

$$\mathbf{A}\eta_2=\frac{1}{|\xi_2|}\mathbf{A}\xi_2=\frac{1}{|\xi_2|}a_1\xi_1=a_1\frac{1}{|\xi_2|}|\xi_1|\eta_1=a_1\eta_1,$$

因此 $\mathbf{A}|\langle\xi_1,\xi_2\rangle$ 在标准正交基 η_1,η_2 下的矩阵为

$$\begin{pmatrix}0 & a_1\\ -a_1 & 0\end{pmatrix}.$$

由于 $\langle\xi_1,\xi_2\rangle^{\perp}$ 也是 $\mathbf{A}$ 的一个不变子空间，因此，$\mathbf{A}|\langle\xi_1,\xi_2\rangle^{\perp}$ 是 $\langle\xi_1,\xi_2\rangle^{\perp}$ 上的斜对称变换。据归纳假设，$\langle\xi_1,\xi_2\rangle^{\perp}$ 中存在一个标准正交基 $\eta_3,\eta_4,\cdots,\eta_n$，使得 $\mathbf{A}|\langle\xi_1,\xi_2\rangle^{\perp}$ 在此基下的矩阵为

$$\operatorname{diag}\left\{\begin{pmatrix}0 & a_2\\ -a_2 & 0\end{pmatrix},\cdots,\begin{pmatrix}0 & a_s\\ -a_s & 0\end{pmatrix},0,\cdots,0\right\}.$$

从而 $\mathbf{A}$ 在 V 的标准正交基 $\eta_1,\eta_2,\eta_3,\eta_4,\cdots,\eta_n$ 下的矩阵为

$$\operatorname{diag}\left\{\begin{pmatrix}0 & a_1\\ -a_1 & 0\end{pmatrix},\begin{pmatrix}0 & a_2\\ -a_2 & 0\end{pmatrix},\cdots,\begin{pmatrix}0 & a_s\\ -a_s & 0\end{pmatrix},0,\cdots,0\right\}.$$

据数学归纳法原理，对一切正整数 n，命题为真。 ■

证法二　对欧几里得空间的维数作数学归纳法。

$n=1$ 时，从证法一的第一段知道命题为真。

假设维数小于 n 的欧几里得空间命题为真，现在来看 n 维欧几里得空间 V 上的斜对称变换 $\mathbf{A}$。令 $\mathbf{B}=\mathbf{A}^2$，则

$$(\alpha,\mathbf{B}\beta)=(\alpha,\mathbf{A}^2\beta)=-(\mathbf{A}\alpha,\mathbf{A}\beta)=(\mathbf{A}^2\alpha,\beta)=(\mathbf{B}\alpha,\beta).$$

因此 $\mathbf{B}$ 是 V 上的对称变换，据定理 2 得，V 中存在一个标准正交基 $\alpha_1,\alpha_2,\cdots,\alpha_n$，使得 $\mathbf{B}$ 在此基下的矩阵 B 为对角矩阵 $\operatorname{diag}\{\lambda_1,\lambda_2,\cdots,\lambda_n\}$。由于

$$\begin{aligned}\lambda_i&=(\alpha_i,\lambda_i\alpha_i)=(\alpha_i,\mathbf{B}\alpha_i)=(\alpha_i,\mathbf{A}^2\alpha_i)\\&=-(\mathbf{A}\alpha_i,\mathbf{A}\alpha_i)\leqslant 0,i=1,2,\cdots,n,\end{aligned}$$

因此不妨设 $\lambda_1,\cdots,\lambda_p$ 全小于 0，而 $\lambda_{p+1}=\cdots=\lambda_n=0$。

$\mathbf{A}$ 在 V 的标准正交基 $\alpha_1,\alpha_2,\cdots,\alpha_n$ 下的矩阵 A 是斜对称矩阵。据《高等代数学习指导书(上册)》4.2 节的例 7 得，$\operatorname{rank}(A)$是偶数。由于 A 是实矩阵，因此据《高等代数学习指导书(上册)》4.3 节的例 3，得

$$\operatorname{rank}(B)=\operatorname{rank}(A^2)=\operatorname{rank}(-AA')=\operatorname{rank}(AA')=\operatorname{rank}(A).$$

于是 $\operatorname{rank}(B)$为偶数，从而 p 为偶数。记 $p=2m$。令

$$\eta_1=\alpha_1,\eta_2=\frac{1}{a_1}\mathbf{A}\alpha_1,\text{其中 }a_1=\sqrt{-\lambda_1},$$

则

$$(\eta_1,\eta_2)=(\alpha_1,\frac{1}{a_1}\mathbf{A}\alpha_1)=\frac{1}{a_1}(\alpha_1,\mathbf{A}\alpha_1)=0,$$

$$(\eta_2,\eta_2)=\frac{1}{a_1^2}(\boldsymbol{A}\alpha_1,\boldsymbol{A}\alpha_1)=-\frac{1}{a_1^2}(\alpha_1,\boldsymbol{A}^2\alpha_1)$$

$$=\frac{1}{\lambda_1}(\alpha_1,\boldsymbol{B}\alpha_1)=(\alpha_1,\alpha_1)=1,$$

$$\boldsymbol{A}\eta_1=\boldsymbol{A}\alpha_1=a_1\eta_2,$$

$$\boldsymbol{A}\eta_2=\frac{1}{a_1}\boldsymbol{A}^2\alpha_1=\frac{1}{a_1}\boldsymbol{B}\alpha_1=\frac{1}{a_1}\lambda_1\alpha_1=-a_1\alpha_1=-a_1\eta_1,$$

于是$\langle\eta_1,\eta_2\rangle$是 $\boldsymbol{A}$ 的不变子空间。从而$\langle\eta_1,\eta_2\rangle^\perp$也是 $\boldsymbol{A}$ 的不变子空间,$\boldsymbol{A}|\langle\eta_1,\eta_2\rangle^\perp$是$\langle\eta_1,\eta_2\rangle^\perp$上的斜对称变换。据归纳假设得,$\langle\eta_1,\eta_2\rangle^\perp$中存在一个标准正交基 $\eta_3,\eta_4,\cdots,\eta_n$,使得 $\boldsymbol{A}|\langle\eta_1,\eta_2\rangle^\perp$在此基下的矩阵为

$$\operatorname{diag}\left\{\begin{pmatrix}0 & a_2\\ -a_2 & 0\end{pmatrix},\cdots,\begin{pmatrix}0 & a_m\\ -a_m & 0\end{pmatrix},0,\cdots,0\right\}.$$

由于 $V=\langle\eta_1,\eta_2\rangle\oplus\langle\eta_1,\eta_2\rangle^\perp$,因此,$\eta_1,\eta_2,\eta_3,\cdots,\eta_n$ 是 V 的一个标准正交基,$\boldsymbol{A}$ 在此基下的矩阵为

$$\operatorname{diag}\left\{\begin{pmatrix}0 & -a_1\\ a_1 & 0\end{pmatrix},\begin{pmatrix}0 & a_2\\ -a_2 & 0\end{pmatrix},\cdots,\begin{pmatrix}0 & a_m\\ -a_m & 0\end{pmatrix},0,\cdots,0\right\}.$$

据数学归纳法原理,对一切正整数 n,命题为真。 ■

点评 从例 19 立即得到,n 维欧几里得空间 V 上的斜对称变换的迹等于 0。

例 20 设 $\boldsymbol{A}$ 是实内积空间 V 上的斜对称变换。证明:$\operatorname{Ker}\boldsymbol{A}=(\operatorname{Im}\boldsymbol{A})^\perp$。

证明

$$\begin{aligned}\alpha\in\operatorname{Ker}\boldsymbol{A} &\Leftrightarrow \boldsymbol{A}\alpha=0\\ &\Leftrightarrow (\boldsymbol{A}\alpha,\beta)=0,\ \forall\beta\in V\\ &\Leftrightarrow -(\alpha,\boldsymbol{A}\beta)=0,\ \forall\beta\in V\\ &\Leftrightarrow \alpha\in(\operatorname{Im}\boldsymbol{A})^\perp.\end{aligned}$$

因此,$\operatorname{Ker}\boldsymbol{A}=(\operatorname{Im}\boldsymbol{A})^\perp$。 ■

例 21 设 $\boldsymbol{A},\boldsymbol{B}$ 都是 3 维欧几里得空间 V 上的斜对称变换,且 $\boldsymbol{A}\neq\boldsymbol{0}$。证明:若 $\operatorname{Ker}\boldsymbol{A}=\operatorname{Ker}\boldsymbol{B}$,则 $\boldsymbol{B}=l\boldsymbol{A},l\in\mathbf{R}$。

证明 由于 $\boldsymbol{A}\neq\boldsymbol{0}$,因此据例 19 得,$V$ 中存在一个标准正交基 η_1,η_2,η_3,使得 $\boldsymbol{A}$ 在此基下的矩阵 A 等于 $\operatorname{diag}\left\{\begin{pmatrix}0 & a\\ -a & 0\end{pmatrix},0\right\}$,其中 $a\neq0$。于是 $\operatorname{Im}\boldsymbol{A}=\langle\eta_1,\eta_2\rangle$。从而 $\operatorname{Ker}\boldsymbol{A}=(\operatorname{Im}\boldsymbol{A})^\perp=\langle\eta_1,\eta_2\rangle^\perp=\langle\eta_3\rangle$。由已知条件得,$\operatorname{Ker}\boldsymbol{B}=\operatorname{Ker}\boldsymbol{A}=\langle\eta_3\rangle$。从而 $\operatorname{Im}\boldsymbol{B}=(\operatorname{Ker}\boldsymbol{B})^\perp=\langle\eta_3\rangle^\perp=\langle\eta_1,\eta_2\rangle$。由于 $\boldsymbol{B}|\operatorname{Im}\boldsymbol{B}$ 是 $\operatorname{Im}\boldsymbol{B}$ 上的斜对称变换,因此据例 19 得,在 $\operatorname{Im}\boldsymbol{B}$ 中有一个标准正交基 δ_1,δ_2,使得 $\boldsymbol{B}|\operatorname{Im}\boldsymbol{B}$ 在此基下的矩阵为$\begin{pmatrix}0 & b\\ -b & 0\end{pmatrix}$。设 $\operatorname{Im}\boldsymbol{B}$ 中标准正交基

η_1,η_2 到标准正交基 δ_1,δ_2 的过渡矩阵为 T,则 T 是 2 级正交矩阵。于是

$$T=\begin{pmatrix}\cos\theta & -\sin\theta\\ \sin\theta & \cos\theta\end{pmatrix}\text{或 }T=\begin{pmatrix}\cos\theta & \sin\theta\\ \sin\theta & -\cos\theta\end{pmatrix}.$$

从而 $\boldsymbol{B}|\mathrm{Im}\,\boldsymbol{B}$ 在基 η_1,η_2 下的矩阵 B_1 为

$$B_1=T\begin{pmatrix}0 & b\\ -b & 0\end{pmatrix}T^{-1}.$$

直接计算,得

$$B_1=\begin{pmatrix}0 & b\\ -b & 0\end{pmatrix}\quad\text{或}\quad B_1=\begin{pmatrix}0 & -b\\ b & 0\end{pmatrix}.$$

因此 $\boldsymbol{B}$ 在基 η_1,η_2,η_3 下的矩阵 B 为

$$B=\mathrm{diag}\left\{\begin{pmatrix}0 & b\\ -b & 0\end{pmatrix},0\right\}\quad\text{或}\quad B=\mathrm{diag}\left\{\begin{pmatrix}0 & -b\\ b & 0\end{pmatrix},0\right\}.$$

由此得出,$\boldsymbol{B}=\dfrac{b}{a}\boldsymbol{A}$ 或 $\boldsymbol{B}=-\dfrac{b}{a}\boldsymbol{A}$。 ■

例 22 设 $\boldsymbol{A},\boldsymbol{B}$ 分别是 n 维欧几里得空间 V 上的对称变换,斜对称变换。证明:$\mathrm{tr}(\boldsymbol{AB})=0$。

证明 设 $\boldsymbol{A},\boldsymbol{B}$ 在 V 的标准正交基 $\alpha_1,\alpha_2,\cdots,\alpha_n$ 下的矩阵分别为 A,B,则 A 是对称矩阵,B 是斜对称矩阵。从而

$$\mathrm{tr}(AB)=\mathrm{tr}((AB)')=\mathrm{tr}(-BA)=-\mathrm{tr}(BA)=-\mathrm{tr}(AB).$$

由此得出,$\mathrm{tr}(AB)=0$,即 $\mathrm{tr}(\boldsymbol{AB})=0$。 ■

例 23 设 $f(\lambda)$ 是 n 维欧几里得空间 V 上的斜对称变换的特征多项式。证明:$f(-\lambda)=(-1)^nf(\lambda)$,从而当 k 是奇数时 $f(\lambda)$ 中 λ^{n-k} 的系数等于 0。

证明 $f(\lambda)=|\lambda I-A|$,其中 A 是 $\boldsymbol{A}$ 在 V 的一个标准正交基下的矩阵,从而 A 是斜对称矩阵,于是有

$$\begin{aligned}f(-\lambda)&=|(-\lambda)I-A|=(-1)^n|\lambda I+A|=(-1)^n|(\lambda I+A)'|\\&=(-1)^n|\lambda I-A|=(-1)^nf(\lambda).\end{aligned}$$

设 $f(\lambda)$ 的 λ^{n-k} 的系数为 b_k,则 $f(-\lambda)$ 的 λ^{n-k} 的系数为 $(-1)^{n-k}b_k$。由于 $f(-\lambda)=(-1)^nf(\lambda)$,因此 $(-1)^{n-k}b_k=(-1)^nb_k$。从而 $(-1)^{n-k}[(-1)^k-1]b_k=0$。由此得出,当 k 为奇数时,有 $b_k=0$。 ■

例 24 设 $\boldsymbol{A}$ 是 n 维欧几里得空间 V 上的斜对称变换。证明:$\boldsymbol{A}-\boldsymbol{I}$ 与 $\boldsymbol{A}+\boldsymbol{I}$ 都可逆。

证明 据例 19 得,V 中存在一个标准正交基,使得斜对称变换 $\boldsymbol{A}$ 在此基下的矩阵 A 为

$$A=\mathrm{diag}\left\{\begin{pmatrix}0 & a_1\\ -a_1 & 0\end{pmatrix},\cdots,\begin{pmatrix}0 & a_s\\ -a_s & 0\end{pmatrix},0,\cdots,0\right\},$$

其中，$a_i\neq 0, i=1,2,\cdots,s$。于是 $\boldsymbol{A}-\boldsymbol{I}$ 在此基下的矩阵为

$$A-I=\operatorname{diag}\left\{\begin{pmatrix}-1 & a_1\\ -a_1 & -1\end{pmatrix},\cdots,\begin{pmatrix}-1 & a_s\\ -a_s & -1\end{pmatrix},-1,\cdots,-1\right\},$$

从而

$$|A-I|=(1+a_1^2)\cdots(1+a_s^2)\cdot(-1)^{n-2s}\neq 0.$$

因此 $A-I$ 可逆。从而 $\boldsymbol{A}-\boldsymbol{I}$ 可逆。

同理可证 $\boldsymbol{A}+\boldsymbol{I}$ 可逆。■

例 25 设 $\boldsymbol{A}$ 是 n 维欧几里得空间 V 上的斜对称变换，令 $\boldsymbol{B}=(\boldsymbol{A}+\boldsymbol{I})(\boldsymbol{A}-\boldsymbol{I})^{-1}$。证明：$\boldsymbol{B}$ 是 V 上的正交变换。

证明 据例 24 得，$\boldsymbol{B}$ 是可逆的线性变换，任取 $\alpha\in V$。记 $(\boldsymbol{A}-\boldsymbol{I})^{-1}\alpha=\beta$，则 $\alpha=(\boldsymbol{A}-\boldsymbol{I})\beta=\boldsymbol{A}\beta-\beta$。于是据例 18，得

$$(\alpha,\alpha)=(\boldsymbol{A}\beta-\beta,\boldsymbol{A}\beta-\beta)=(\boldsymbol{A}\beta,\boldsymbol{A}\beta)+(\beta,\beta),$$

$$(\boldsymbol{B}\alpha,\boldsymbol{B}\alpha)=((\boldsymbol{A}+\boldsymbol{I})\beta,(\boldsymbol{A}+\boldsymbol{I})\beta)=(\boldsymbol{A}\beta,\boldsymbol{A}\beta)+(\beta,\beta)=(\alpha,\alpha).$$

据命题 3 得，$\boldsymbol{B}$ 是 V 上的正交变换。■

点评 例 25 中，若 $|\boldsymbol{A}|\neq 0$，则 -1 不是 $\boldsymbol{B}$ 的特征值；若 $|\boldsymbol{A}|=0$，则 -1 是 $\boldsymbol{B}$ 的特征值。理由如下：设 $\boldsymbol{A}$ 在 V 的一个标准正交基下的矩阵为 A，则

$$\begin{aligned}|(-1)I-B|&=(-1)^n\,|I+(A+I)(A-I)^{-1}|\\&=(-1)^n\,|(A-I)(A-I)^{-1}+(A+I)(A-I)^{-1}|\\&=(-1)^n\,|(A-I+A+I)(A-I)^{-1}|\\&=(-1)^n2^n\,|A|\,|(A-I)^{-1}|.\end{aligned}$$

因此，若 $|A|\neq 0$，则 -1 不是 $\boldsymbol{B}$ 的特征值；若 $|A|=0$，则 -1 是 B 的特征值。特别地，当 n 为奇数时，必有 $|A|=0$，从而 -1 是 $\boldsymbol{B}$ 的特征值。

例 26 设 $\boldsymbol{B}$ 是 n 维欧几里得空间 V 上的正交变换，且 -1 不是 $\boldsymbol{B}$ 的特征值。证明：

(1) $\boldsymbol{B}+\boldsymbol{I}$ 可逆；

(2) $\boldsymbol{A}=(\boldsymbol{B}-\boldsymbol{I})(\boldsymbol{B}+\boldsymbol{I})^{-1}$ 是 V 上的斜对称变换。

证明 (1) 设 $\boldsymbol{B}$ 在 V 的一个标准正交基下的矩阵为 B，则 $|(-1)I-B|=(-1)^n|I+B|$。由于 -1 不是 $\boldsymbol{B}$ 的特征值，因此 $|I+B|\neq 0$。从而 $\boldsymbol{B}+\boldsymbol{I}$ 可逆。

(2) 任取 $\alpha\in V$，记 $(\boldsymbol{B}+\boldsymbol{I})^{-1}\alpha=\beta$，则 $\alpha=\boldsymbol{B}\beta+\beta$。

$$\begin{aligned}(\boldsymbol{A}\alpha,\alpha)&=((\boldsymbol{B}-\boldsymbol{I})\beta,\boldsymbol{B}\beta+\beta)\\&=(\boldsymbol{B}\beta,\boldsymbol{B}\beta)+(\boldsymbol{B}\beta,\beta)-(\beta,\boldsymbol{B}\beta)-(\beta,\beta)\\&=(\beta,\beta)-(\beta,\beta)\\&=0.\end{aligned}$$

易知 $\boldsymbol{A}$ 是 V 上的线性变换，因此，据例 18 得，$\boldsymbol{A}$ 是 V 上的斜对称变换。 ■

点评 例 25 与例 26 揭示了斜对称变换与正交变换之间的联系。

例 27 设 $\boldsymbol{A}$ 是 n 维欧几里得空间 V 上的可逆线性变换，它保持正交性不变（即，若 $(\alpha,\beta)=0$，则 $(\boldsymbol{A}\alpha,\boldsymbol{A}\beta)=0$）。证明：$\boldsymbol{A}=k\boldsymbol{B}$，其中 $\boldsymbol{B}$ 是 V 上的正交变换，$k\neq 0$。

证明 V 中取一个标准正交基 $\eta_1,\eta_2,\cdots,\eta_n$。由于 $\boldsymbol{A}$ 是 V 上的可逆线性变换，因此，$\boldsymbol{A}$ 是 V 到 V 的一个同构映射，从而 $\boldsymbol{A}\eta_1,\boldsymbol{A}\eta_2,\cdots,\boldsymbol{A}\eta_n$ 是 V 的一个基。由于 $\boldsymbol{A}$ 保持正交性不变，因此 $\boldsymbol{A}\eta_1,\boldsymbol{A}\eta_2,\cdots,\boldsymbol{A}\eta_n$ 是 V 的正交基。设 $(\boldsymbol{A}\eta_i,\boldsymbol{A}\eta_i)=a_i$，显然 $a_i\neq 0$，$i=1,2,\cdots,s$。取 $\alpha=\eta_1+\eta_i$，$\beta=\eta_1-\eta_i$，其中 $i\in\{2,3,\cdots,n\}$。则

$$(\alpha,\beta)=(\eta_1+\eta_i,\eta_1-\eta_i)=(\eta_1,\eta_1)-(\eta_i,\eta_i)=0.$$

由于 $\boldsymbol{A}$ 保持正交性不变，因此

$$\begin{aligned}0=(\boldsymbol{A}\alpha,\boldsymbol{A}\beta)&=(\boldsymbol{A}\eta_1+\boldsymbol{A}\eta_i,\boldsymbol{A}\eta_1-\boldsymbol{A}\eta_i)\\&=(\boldsymbol{A}\eta_1,\boldsymbol{A}\eta_1)-(\boldsymbol{A}\eta_i,\boldsymbol{A}\eta_i)=a_1-a_i.\end{aligned}$$

从而 $a_1=a_i$，$i=2,3,\cdots,n$。于是 $\frac{1}{\sqrt{a_1}}\boldsymbol{A}\eta_i$ 是单位向量。因此 $\frac{1}{\sqrt{a_1}}\boldsymbol{A}\eta_1,\frac{1}{\sqrt{a_1}}\boldsymbol{A}\eta_2,\cdots,\frac{1}{\sqrt{a_1}}\boldsymbol{A}\eta_n$ 是 V 的一个标准正交基。从而 $\boldsymbol{B}=\frac{1}{\sqrt{a_1}}\boldsymbol{A}$ 是 V 上的正交变换（据命题 4）。于是

$$\boldsymbol{A}=\sqrt{a_1}\,\boldsymbol{B}.$$ ■

点评 例 27 的证明思路是想找一个与 $\boldsymbol{A}$ 有关的线性变换，把标准正交基 $\eta_1,\eta_2,\cdots,\eta_n$ 映成标准正交基，从而该线性变换是正交变换。由已知条件易知，$\boldsymbol{A}\eta_1,\boldsymbol{A}\eta_2,\cdots,\boldsymbol{A}\eta_n$ 是正交基。把它们改造成标准正交基的难点在于证明 $|\boldsymbol{A}\eta_1|=|\boldsymbol{A}\eta_i|$，$i=2,3,\cdots,n$。我们通过构造 $\alpha=\eta_1+\eta_i$，$\beta=\eta_1-\eta_i$ 解决了这个难点。例 27 的结论表明：保持正交性不变的可逆线性变换一定是一个正交变换的数量倍。当 $\boldsymbol{B}$ 是旋转（即第一类正交变换）且 $k>0$ 时，$k\boldsymbol{B}$ 称为**相似扩大**（homothety）。

例 28 设 $\boldsymbol{A}$ 是实内积空间 V 到自身的满射。证明：如果 $\boldsymbol{A}0=0$ 且 $\boldsymbol{A}$ 保持向量间的距离不变，那么 $\boldsymbol{A}$ 是 V 上的正交变换。

证明 任取 $\alpha,\beta\in V$。由已知条件得

$$\begin{aligned}&|\boldsymbol{A}\alpha|=|\boldsymbol{A}\alpha-0|=|\boldsymbol{A}\alpha-\boldsymbol{A}0|=|\alpha-0|=|\alpha|,\\&(\boldsymbol{A}\alpha-\boldsymbol{A}\beta,\boldsymbol{A}\alpha-\boldsymbol{A}\beta)=(\alpha-\beta,\alpha-\beta).\end{aligned}$$

由于

$$\begin{aligned}(\boldsymbol{A}\alpha-\boldsymbol{A}\beta,\boldsymbol{A}\alpha-\boldsymbol{A}\beta)&=(\boldsymbol{A}\alpha,\boldsymbol{A}\alpha)-2(\boldsymbol{A}\alpha,\boldsymbol{A}\beta)+(\boldsymbol{A}\beta,\boldsymbol{A}\beta)\\&=(\alpha,\alpha)-2(\boldsymbol{A}\alpha,\boldsymbol{A}\beta)+(\beta,\beta),\\(\alpha-\beta,\alpha-\beta)&=(\alpha,\alpha)-2(\alpha,\beta)+(\beta,\beta),\end{aligned}$$

因此$(\boldsymbol{A}\alpha,\boldsymbol{A}\beta)=(\alpha,\beta)$。从而 $\boldsymbol{A}$ 是 V 上的正交变换。■

例 29　设 $\boldsymbol{P}$ 是实内积空间 V 上的一个线性变换。证明：$\boldsymbol{P}$ 是 V 在一个子空间上的正交投影当且仅当 $\boldsymbol{P}$ 是幂等的对称变换。

证明　必要性。设 $\boldsymbol{P}$ 是 V 在子空间 U 上的正交投影，则 $\boldsymbol{P}$ 是平行于 $U^{\perp}$ 在 U 上的投影。据 9.1 节的(10)式得，$\boldsymbol{P}$ 是幂等的；据 10.3 节的例 5 和例 10 的点评得，$\boldsymbol{P}$ 是对称变换。

充分性。由于 $\boldsymbol{P}$ 是幂等的线性变换，因此据 9.2 节的命题 3 得，$V=\operatorname{Ker}\boldsymbol{P}\oplus\operatorname{Im}\boldsymbol{P}$，且 $\boldsymbol{P}$ 是平行于 $\operatorname{Ker}\boldsymbol{P}$ 在 $\operatorname{Im}\boldsymbol{P}$ 上的投影。由于 $\boldsymbol{P}$ 是对称变换，因此有

$$\begin{aligned}\alpha\in\operatorname{Ker}\boldsymbol{P}\quad&\Leftrightarrow\quad\boldsymbol{P}\alpha=0\\&\Leftrightarrow\quad(\boldsymbol{P}\alpha,\beta)=0,\forall\beta\in V\\&\Leftrightarrow\quad(\alpha,\boldsymbol{P}\beta)=0,\forall\beta\in V\\&\Leftrightarrow\quad\alpha\in(\operatorname{Im}\boldsymbol{P})^{\perp}.\end{aligned}$$

由此得出，$\operatorname{Ker}\boldsymbol{P}=(\operatorname{Im}\boldsymbol{P})^{\perp}$，因此 $\boldsymbol{P}$ 是平行于$(\operatorname{Im}\boldsymbol{P})^{\perp}$在 $\operatorname{Im}\boldsymbol{P}$ 上的投影，从而 $\boldsymbol{P}$ 是 V 在 $\operatorname{Im}\boldsymbol{P}$上的正交投影。■

点评　例 29 用幂等的对称变换来刻画正交投影，这在理论上有用，例如下面例 30 的充分性的证明以及例 33 的证明。从例 29 的充分性的证明看到：若 $\boldsymbol{P}$ 是对称变换或斜对称变换，则 $\operatorname{Ker}\boldsymbol{P}=(\operatorname{Im}\boldsymbol{P})^{\perp}$。当 $\boldsymbol{P}$ 是斜对称变换时，例 20 已证明了此结论。

例 30　设 $\boldsymbol{P}_1$ 和 $\boldsymbol{P}_2$ 分别是实内积空间 V 在子空间 U_1 和 U_2 上的正交投影。证明：$\boldsymbol{P}_1+\boldsymbol{P}_2$ 是正交投影当且仅当 U_1 和 U_2 是互相正交的，且此时 $\boldsymbol{P}_1+\boldsymbol{P}_2$ 是 V 在 $U_1\oplus U_2$ 上的正交投影。

证明　必要性。设 $\boldsymbol{P}_1+\boldsymbol{P}_2$ 是正交投影，则据 10.3 节的例 7 得，$\boldsymbol{P}_1+\boldsymbol{P}_2$ 是幂等的。同理，由已知条件得，$\boldsymbol{P}_1$ 和 $\boldsymbol{P}_2$ 都是幂等的。据 9.1 节例 15 得，$\boldsymbol{P}_1\boldsymbol{P}_2=\boldsymbol{P}_2\boldsymbol{P}_1=\boldsymbol{0}$。据 10.3 节的例 21 得，$U_1$ 和 U_2 是互相正交的。

充分性。设 U_1 与 U_2 互相正交，则据 10.3 节的例 21 得，$\boldsymbol{P}_2\boldsymbol{P}_1=\boldsymbol{P}_1\boldsymbol{P}_2=\boldsymbol{0}$。由于 $\boldsymbol{P}_1$ 和 $\boldsymbol{P}_2$ 是幂等的，因此据 9.1 节的例 15 得，$\boldsymbol{P}_1+\boldsymbol{P}_2$ 也是幂等的。由于 $\boldsymbol{P}_1$ 和 $\boldsymbol{P}_2$ 是正交投影，因此据例 29 得，$\boldsymbol{P}_1$ 和 $\boldsymbol{P}_2$ 是对称变换，从而对于任意 $\alpha,\beta\in V$，有

$$\begin{aligned}((\boldsymbol{P}_1+\boldsymbol{P}_2)\alpha,\beta)&=(\boldsymbol{P}_1\alpha,\beta)+(\boldsymbol{P}_2\alpha,\beta)=(\alpha,\boldsymbol{P}_1\beta)+(\alpha,\boldsymbol{P}_2\beta)\\&=(\alpha,\boldsymbol{P}_1\beta+\boldsymbol{P}_2\beta)=(\alpha,(\boldsymbol{P}_1+\boldsymbol{P}_2)\beta).\end{aligned}$$

因此 $\boldsymbol{P}_1+\boldsymbol{P}_2$ 是对称变换。于是据例 29 得，$\boldsymbol{P}_1+\boldsymbol{P}_2$ 是 V 在子空间 $\operatorname{Im}(\boldsymbol{P}_1+\boldsymbol{P}_2)$上的正交投影。

据 10.3 节的例 7 得，$\operatorname{Im}\boldsymbol{P}_i=U_i$，$\operatorname{Ker}\boldsymbol{P}_i=U_i^{\perp}$，$i=1,2$。由于 $U_1\subseteq U_2^{\perp}$，$U_2\subseteq U_1^{\perp}$，因此对任意 $\alpha_i\in U_i$，$i=1,2$，有

$$(\boldsymbol{P}_1+\boldsymbol{P}_2)(\alpha_1+\alpha_2)=\boldsymbol{P}_1(\alpha_1+\alpha_2)+\boldsymbol{P}_2(\alpha_1+\alpha_2)=\boldsymbol{P}_1\alpha_1+\boldsymbol{P}_2\alpha_2=\alpha_1+\alpha_2.$$

从而 $U_1+U_2\subseteq \mathrm{Im}(\boldsymbol{P}_1+\boldsymbol{P}_2)$。任取 $\gamma\in \mathrm{Im}(\boldsymbol{P}_1+\boldsymbol{P}_2)$，则存在 $\alpha\in V$，使得 $\gamma=(\boldsymbol{P}_1+\boldsymbol{P}_2)\alpha=\boldsymbol{P}_1\alpha+\boldsymbol{P}_2\alpha$。从而 $\gamma\in U_1+U_2$。因此 $\mathrm{Im}(\boldsymbol{P}_1+\boldsymbol{P}_2)\subseteq U_1+U_2$。从而 $\mathrm{Im}(\boldsymbol{P}_1+\boldsymbol{P}_2)=U_1+U_2$。由于 $U_1\subseteq U_2^{\perp}$，因此 $U_1\cap U_2\subseteq U_2^{\perp}\cap U_2=0$。从而 U_1+U_2 是直和，因此 $\boldsymbol{P}_1+\boldsymbol{P}_2$ 是 V 在 $U_1\oplus U_2$ 上的正交投影。 ■

例 31 设 $\boldsymbol{P}_1$ 和 $\boldsymbol{P}_2$ 分别是实内积空间 V 在子空间 U_1 和 U_2 上的正交投影。证明：$\boldsymbol{P}_1-\boldsymbol{P}_2$ 是正交投影当且仅当 $U_1\supseteq U_2$，且此时 $\boldsymbol{P}_1-\boldsymbol{P}_2$ 是 V 在 $U_1\cap U_2^{\perp}$ 上的正交投影。

证明 由于 $\boldsymbol{P}_1$ 是 V 在 U_1 上的正交投影，因此据 10.3 节的例 9 得，$\boldsymbol{I}-\boldsymbol{P}_1$ 是 V 在 $U_1^{\perp}$ 上的正交投影，且结合本节的例 30 得

$\boldsymbol{P}_1-\boldsymbol{P}_2$ 是正交投影

$\Leftrightarrow$ $\boldsymbol{I}-(\boldsymbol{P}_1-\boldsymbol{P}_2)$ 是正交投影

$\Leftrightarrow$ $(\boldsymbol{I}-\boldsymbol{P}_1)+\boldsymbol{P}_2$ 是正交投影

$\Leftrightarrow$ $U_1^{\perp}\subseteq U_2^{\perp}$，且 $(\boldsymbol{I}-\boldsymbol{P}_1)+\boldsymbol{P}_2$ 是 V 在 $U_1^{\perp}\oplus U_2$ 上的正交投影

$\Leftrightarrow$ $(U_1^{\perp})^{\perp}\supseteq(U_2^{\perp})^{\perp}$，且 $\boldsymbol{P}_1-\boldsymbol{P}_2$ 是 V 在 $(U_1^{\perp}\oplus U_2)^{\perp}$ 上的正交投影

$\Leftrightarrow$ $U_1\supseteq U_2$，且 $\boldsymbol{P}_1-\boldsymbol{P}_2$ 是 V 在 $U_1\cap U_2^{\perp}$ 上的正交投影。 ■

点评 由于 $(-\boldsymbol{P}_2)^2=\boldsymbol{P}_2^2=\boldsymbol{P}_2\neq-\boldsymbol{P}_2$，因此 $-\boldsymbol{P}_2$ 不是幂等变换，从而 $-\boldsymbol{P}_2$ 不是正交投影。因此不能通过 $\boldsymbol{P}_1-\boldsymbol{P}_2=\boldsymbol{P}_1+(-\boldsymbol{P}_2)$ 的途径来探究例 31 的解法。

例 32 设 $\boldsymbol{A}$ 和 $\boldsymbol{B}$ 都是实内积空间 V 上的对称变换。证明：$\boldsymbol{AB}$ 是 V 上的对称变换当且仅当 $\boldsymbol{AB}=\boldsymbol{BA}$。

证明 $\boldsymbol{AB}$ 是 V 上的对称变换

$\Leftrightarrow$ $(\boldsymbol{AB}\alpha,\beta)=(\alpha,\boldsymbol{AB}\beta)$，$\forall\,\alpha,\beta\in V$

$\Leftrightarrow$ $(\boldsymbol{B}\alpha,\boldsymbol{A}\beta)=(\alpha,\boldsymbol{AB}\beta)$，$\forall\,\alpha,\beta\in V$

$\Leftrightarrow$ $(\alpha,\boldsymbol{BA}\beta)=(\alpha,\boldsymbol{AB}\beta)$，$\forall\,\alpha,\beta\in V$

$\Leftrightarrow$ $\boldsymbol{BA}\beta=\boldsymbol{AB}\beta$，$\forall\,\beta\in V$

$\Leftrightarrow$ $\boldsymbol{BA}=\boldsymbol{AB}$。 ■

点评 由于 V 不一定是有限维的，因此我们没有采用矩阵的途径来证明例 32。

例 33 设 $\boldsymbol{P}_1,\boldsymbol{P}_2$ 分别是实内积空间 V 在子空间 U_1,U_2 上的正交投影。证明：$\boldsymbol{P}_1\boldsymbol{P}_2$ 是正交投影当且仅当 $\boldsymbol{P}_1\boldsymbol{P}_2=\boldsymbol{P}_2\boldsymbol{P}_1$，且此时 $\boldsymbol{P}_1\boldsymbol{P}_2$ 是 V 在 $U_1\cap U_2$ 上的正交投影。

证明 据例 29 得，$\boldsymbol{P}_1,\boldsymbol{P}_2$ 都是幂等的对称变换，若 $\boldsymbol{P}_1\boldsymbol{P}_2=\boldsymbol{P}_2\boldsymbol{P}_1$，则 $\boldsymbol{P}_1\boldsymbol{P}_2$ 也是幂等的，于是据例 29 和例 32 得

$\boldsymbol{P}_1\boldsymbol{P}_2$ 是正交投影 $\Leftrightarrow$ $\boldsymbol{P}_1\boldsymbol{P}_2$ 是幂等的对称变换

$\Leftrightarrow$ $\boldsymbol{P}_1\boldsymbol{P}_2=\boldsymbol{P}_2\boldsymbol{P}_1$。

由于 $\boldsymbol{P}_i$ 是 V 在 U_i 上的正交投影，因此 $\mathrm{Im}\,\boldsymbol{P}_i=U_i$，$i=1,2$。任取 $\gamma\in\mathrm{Im}\,\boldsymbol{P}_1\boldsymbol{P}_2$，则有

$\alpha\in V$,使得 $\gamma=\boldsymbol{P}_1\boldsymbol{P}_2(\alpha)$。从而 $\gamma\in \operatorname{Im}\boldsymbol{P}_1$。由于 $\boldsymbol{P}_1\boldsymbol{P}_2=\boldsymbol{P}_2\boldsymbol{P}_1$,因此 $\gamma\in \operatorname{Im}\boldsymbol{P}_2$。从而 $\gamma\in U_1\cap U_2$。所以 $\operatorname{Im}\boldsymbol{P}_1\boldsymbol{P}_2\subseteq U_1\cap U_2$。任取 $\beta\in U_1\cap U_2$,则 $\boldsymbol{P}_1\boldsymbol{P}_2\beta=\boldsymbol{P}_1\beta=\beta$。于是 $\beta\in \operatorname{Im}\boldsymbol{P}_1\boldsymbol{P}_2$。因此 $U_1\cap U_2\subseteq \operatorname{Im}\boldsymbol{P}_1\boldsymbol{P}_2$。从而 $\operatorname{Im}\boldsymbol{P}_1\boldsymbol{P}_2=U_1\cap U_2$。所以当 $\boldsymbol{P}_1\boldsymbol{P}_2=\boldsymbol{P}_2\boldsymbol{P}_1$ 时,$\boldsymbol{P}_1\boldsymbol{P}_2$ 是 V 在 $U_1\cap U_2$ 上的正交投影。 ■

例 34　设 $\boldsymbol{A}$ 是实内积空间 V 上的对称变换。证明:

(1) 若 V 有限维,则 $\boldsymbol{A}$ 的特征多项式的复根都是实数;

(2) 若 $\boldsymbol{A}$ 有特征值,则 $\boldsymbol{A}$ 的属于不同特征值的特征向量是正交的。

证明　(1)在 V 中取一个标准正交基 $\eta_1,\eta_2,\cdots,\eta_n$,则对称变换 $\boldsymbol{A}$ 在基 $\eta_1,\eta_2,\cdots,\eta_n$ 下的矩阵 A 为对称矩阵。据实对称矩阵的性质立即得到(1)的结论。

(2)设 λ_1,λ_2 是 V 上的对称变换 $\boldsymbol{A}$ 的不同特征值,ξ_i 是 $\boldsymbol{A}$ 的属于 λ_i 的特征向量,$i=1,2$。则

$$\lambda_1(\xi_1,\xi_2)=(\lambda_1\xi_1,\xi_2)=(\boldsymbol{A}\xi_1,\xi_2)=(\xi_1,\boldsymbol{A}\xi_2)=(\xi_1,\lambda_2\xi_2)=\lambda_2(\xi_1,\xi_2).$$

于是 $(\lambda_1-\lambda_2)(\xi_1,\xi_2)=0$。由于 $\lambda_1\neq\lambda_2$,因此 $(\xi_1,\xi_2)=0$。从而 ξ_1 与 ξ_2 正交。 ■

点评　从例 34 的第(1)小题得,n 维欧几里得空间 V 上的对称变换 $\boldsymbol{A}$ 有 n 个特征值(重根按重数计算)。无限维实内积空间 V 上的对称变换可能没有特征值。例如,实内积空间 $C[0,1]$上的一个变换 $\boldsymbol{A}: f\longrightarrow \boldsymbol{A}f$,其中

$$(\boldsymbol{A}f)(x)\overset{\text{def}}{=\!=}xf(x),\ \forall\, x\in[0,1].$$

任取 $f,g\in C[0,1]$,由于

$$\begin{aligned}(\boldsymbol{A}f,g)&=\int_0^1(\boldsymbol{A}f)(x)g(x)\mathrm{d}x=\int_0^1 xf(x)g(x)\mathrm{d}x=\int_0^1 f(x)xg(x)\mathrm{d}x\\&=\int_0^1 f(x)(\boldsymbol{A}g)(x)\mathrm{d}x=(f,\boldsymbol{A}g),\end{aligned}$$

因此,$\boldsymbol{A}$ 是 $C[0,1]$上的一个对称变换。假如 $\boldsymbol{A}$ 有特征值 λ_1,则存在 $f\in C[0,1]$且 $f\neq 0$,使得 $\boldsymbol{A}f=\lambda_1 f$。于是

$$xf(x)=\lambda_1 f(x),\ \forall\, x\in[0,1].$$

若 $\lambda_1\notin[0,1]$,则从上式得,$f(x)=0,\ \forall\, x\in[0,1]$。从而 $f=0$ 矛盾,若 $\lambda_1\in[0,1]$,则对于$[0,1]$中的 $x\neq\lambda_1$ 时,$f(x)=0$。由于 f 是$[0,1]$上的连续函数,因此 $\lim\limits_{x\to\lambda_1}f(x)=0$。从而 $f(\lambda_1)=0$。于是 $f=0$,矛盾。这证明了 $\boldsymbol{A}$ 没有特征值。

例 35　设 $\boldsymbol{A}$ 是 n 维欧几里得空间 V 上的对称变换,它的所有不同的特征值为 $\lambda_1,\lambda_2,\cdots,\lambda_s$,对应的特征子空间为 $V_1,V_2,\cdots,V_s$。用 $\boldsymbol{P}_i$ 表示 V 在 V_i 上的正交投影,$i=1,2,\cdots,s$。证明:

(1) $V=V_1\oplus V_2\oplus\cdots\oplus V_s$,其中当 $i\neq j$ 时,V_i 与 V_j 互相正交;

(2) $\boldsymbol{P}_i\boldsymbol{P}_j=\boldsymbol{0}$,当 $i\neq j$;

(3) $\sum_{i=1}^{s}\boldsymbol{P}_i=\boldsymbol{I}$;

(4) $\boldsymbol{A}=\sum_{i=1}^{s}\lambda_i\boldsymbol{P}_i$。

证明 (1)由于对称变换 $\boldsymbol{A}$ 可对角化,因此

$$V=V_1\oplus V_2\oplus\cdots\oplus V_s. \tag{17}$$

据例 34 得,当 $i\neq j$ 时,$V_i\subseteq V_j^{\perp}$,于是 V_i 与 V_j 互相正交。

(2) 当 $i\neq j$ 时,V_i 与 V_j 互相正交,因此根据 10.3 节的例 21 得,$\boldsymbol{P}_i\boldsymbol{P}_j=\boldsymbol{0}$。

(3) 任取 $\alpha\in V$,有

$$\alpha=\alpha_1+\alpha_2+\cdots+\alpha_s,\alpha_i\in V_i,i=1,2,\cdots,s. \tag{18}$$

由于 $\boldsymbol{P}_i$ 是 V 在 V_i 上的正交投影,因此 $\operatorname{Im}\boldsymbol{P}_i=V_i$,从而 $\boldsymbol{P}_i\alpha_i=\alpha_i,i=1,2,\cdots,s$。于是当 $j\neq i$ 时,$\boldsymbol{P}_i\alpha_j=\boldsymbol{P}_i\boldsymbol{P}_j\alpha_j=0$。从而 $\boldsymbol{P}_i\alpha=\boldsymbol{P}_i\left(\alpha_i+\sum_{j\neq i}\alpha_j\right)=\alpha_i,i=1,2,\cdots,s$。因此

$$\alpha=\boldsymbol{P}_1\alpha+\boldsymbol{P}_2\alpha+\cdots+\boldsymbol{P}_s\alpha=(\boldsymbol{P}_1+\boldsymbol{P}_2+\cdots+\boldsymbol{P}_s)\alpha.$$

由此得出,$\boldsymbol{P}_1+\boldsymbol{P}_2+\cdots+\boldsymbol{P}_s=\boldsymbol{I}$。

(4)任取 $\alpha\in V$,由第(3)小题中的有关结论得

$$\begin{aligned}\boldsymbol{A}\alpha&=\boldsymbol{A}\alpha_1+\boldsymbol{A}\alpha_2+\cdots+\boldsymbol{A}\alpha_s=\lambda_1\alpha_1+\lambda_2\alpha_2+\cdots+\lambda_s\alpha_s\\&=\lambda_1\boldsymbol{P}_1\alpha+\lambda_2\boldsymbol{P}_2\alpha+\cdots+\lambda_s\boldsymbol{P}_s\alpha=(\lambda_1\boldsymbol{P}_1+\lambda_2\boldsymbol{P}_2+\cdots+\lambda_s\boldsymbol{P}_s)\alpha.\end{aligned}$$

由此得出,$\boldsymbol{A}=\lambda_1\boldsymbol{P}_1+\lambda_2\boldsymbol{P}_2+\cdots+\lambda_s\boldsymbol{P}_s$。 ■

点评 例 35 表明:若 $\boldsymbol{A}$ 是 n 维欧几里得空间 V 上的对称变换,则 V 能分解成 $\boldsymbol{A}$ 的特征子空间的**正交直和**(即,$\boldsymbol{A}$ 的特征子空间两两正交,且它们的直和等于 V),并且 $\boldsymbol{A}$ 能分解成 $\boldsymbol{A}=\sum_{i=1}^{s}\lambda_i\boldsymbol{P}_i$,其中 $\lambda_1,\lambda_2,\cdots,\lambda_s$ 是 $\boldsymbol{A}$ 的所有不同的特征值,$\boldsymbol{P}_i$ 是 V 在属于 λ_i 的特征子空间 V_i 上的正交投影,$i=1,2,\cdots,s$。

例 36 设 $\boldsymbol{A}$ 是 n 维欧几里得空间 V 上的一个对称变换,对于任意 $\alpha\in V$ 且 $\alpha\neq0$,令

$$F(\alpha)=\frac{(\alpha,\boldsymbol{A}\alpha)}{(\alpha,\alpha)}.$$

证明:(1) $F(k\alpha)=F(\alpha),\forall k\in\mathbf{R}^*$;

(2) $F(\alpha)$在 ξ 处达到最小值,其中 ξ 是 $\boldsymbol{A}$ 的属于最小特征值的一个单位特征向量。

证明 (1)对任意非零实数 k,有

$$F(k\alpha)=\frac{(k\alpha,\boldsymbol{A}(k\alpha))}{(k\alpha,k\alpha)}=\frac{k^2(\alpha,\boldsymbol{A}\alpha)}{k^2(\alpha,\alpha)}=F(\alpha).$$

(2) 在 V 中取一个标准正交基 $\eta_1,\eta_2,\cdots,\eta_n$,则 $\boldsymbol{A}$ 在此基下的矩阵 A 为实对称矩阵。

设 α 在此基下的坐标为 $\boldsymbol{x}$，则 $F(\alpha)=\dfrac{\boldsymbol{x}'A\boldsymbol{x}}{|\boldsymbol{x}|^2}$。设 $\boldsymbol{A}$ 的 n 个特征值按照从小到大的顺序排成 $\lambda_1\leqslant\lambda_2\leqslant\cdots\leqslant\lambda_n$。则据《高等代数学习指导书(上册)》6.1 节的例 11 得，$\forall\,\alpha\in V$ 且 $\alpha\neq 0$，有

$$\lambda_1 \leqslant F(\alpha) = \frac{\boldsymbol{x}'A\boldsymbol{x}}{|\boldsymbol{x}|^2} \leqslant \lambda_n.$$

设 ξ 是 $\boldsymbol{A}$ 的属于最小特征值 λ_1 的一个单位特征向量，则

$$F(\xi) = \frac{(\xi,\boldsymbol{A}\xi)}{(\xi,\xi)} = (\xi,\lambda_1\xi) = \lambda_1(\xi,\xi) = \lambda_1.$$

因此 $F(\alpha)$ 在 ξ 处达到最小值 λ_1。 ■

点评 例 36 揭示了 $F(\alpha)$ 的最小值就是 $\boldsymbol{A}$ 的最小特征值 λ_1，且 $F(\alpha)$ 在 $\boldsymbol{A}$ 的属于 λ_1 的一个单位特征向量 ξ 处达到最小值。同理可证，$F(\alpha)$ 在 $\boldsymbol{A}$ 的属于最大特征值 λ_n 的一个单位特征向量处达到最大值 λ_n。例 36 的证明之所以很简捷，是因为引用了《高等代数学习指导书(上册)》6.1 节的例 11 的结论，而例 11 的证明的关键是利用了实对称矩阵 A 能正交相似于一个对角矩阵。例 36 是运用高等代数的理论简捷地解决函数论中最小值、最大值问题的一个例子。这表明要善于把分析与代数沟通起来。

例 37 设 V 是 n 维欧几里得空间，据 10.1 节例 27 知道，在 V 上的双线性函数空间 $T_2(V)$ 与 V 上的线性变换空间 $\mathrm{Hom}(V,V)$ 之间有一个同构映射 $\sigma: g\longmapsto \boldsymbol{G}$，其中

$$g(\alpha,\beta) = (\boldsymbol{G}\alpha,\beta),\ \forall\,\alpha,\beta\in V.$$

证明：若 g 是 V 上的对称(斜对称)双线性函数，则 g 对应的线性变换 $\boldsymbol{G}$ 是 V 上的对称(斜对称)变换。反之亦然。

证明 设 g 是 V 上的对称双线性函数，则 $\forall\,\alpha,\beta\in V$，有

$$(\boldsymbol{G}\alpha,\beta) = g(\alpha,\beta) = g(\beta,\alpha) = (\boldsymbol{G}\beta,\alpha) = (\alpha,\boldsymbol{G}\beta).$$

因此 $\boldsymbol{G}$ 是 V 上的对称变换。显然，反之亦然。

设 g 是 V 上的斜对称双线性函数，则 $\forall\,\alpha,\beta\in V$，有

$$(\boldsymbol{G}\alpha,\beta) = g(\alpha,\beta) = -g(\beta,\alpha) = -(\boldsymbol{G}\beta,\alpha) = -(\alpha,\boldsymbol{G}\beta).$$

因此 $\boldsymbol{G}$ 是 V 上的斜对称变换。显然，反之亦然。 ■

习题 10.4

1. 证明：奇数维欧几里得空间中的第一类正交变换一定以 1 作为它的一个特征值。

2. 证明：欧几里得空间中的第二类正交变换一定以 -1 作为它的一个特征值。

3. 设 $\boldsymbol{A}$ 是 n 维欧几里得空间 V 上的一个正交变换，它在 V 的一个标准正交基 $\alpha_1,\alpha_2,\cdots,\alpha_n$ 下的矩阵为 A。设 $a\pm bi$ 是 A 的特征多项式的一对共轭虚根，把 A 看成复矩阵，

$\boldsymbol{X}+\mathrm{i}\boldsymbol{Y}$是 A 的属于特征值 $a+b\mathrm{i}$ 的一个特征向量，其中 $\boldsymbol{X},\boldsymbol{Y}\in\mathbf{R}^n$，且 $\boldsymbol{X},\boldsymbol{Y}$ 不全为 0。令

$$\xi_1=(\alpha_1,\alpha_2,\cdots,\alpha_n)\boldsymbol{X},\xi_2=(\alpha_1,\alpha_2,\cdots,\alpha_n)\boldsymbol{Y}.$$

证明：ξ_1 与 ξ_2 正交，且$|\xi_1|=|\xi_2|$。

4. 设 $\boldsymbol{A}$ 是 3 维欧几里得空间 V 上的一个正交变换，$\boldsymbol{A}$ 在 V 的一个标准正交基 $\alpha_1,\alpha_2,\alpha_3$ 下的矩阵 A 为

$$A=\begin{pmatrix}\frac{2}{3}&\frac{2}{3}&\frac{1}{3}\\\frac{1}{3}&-\frac{2}{3}&\frac{2}{3}\\-\frac{2}{3}&\frac{1}{3}&\frac{2}{3}\end{pmatrix}.$$

求 V 的一个标准正交基，使得 $\boldsymbol{A}$ 在此基下的矩阵是形如(3)式的分块对角矩阵。

5. 设 $\boldsymbol{A}$ 是 2 维欧几里得空间 V 上的一个旋转，$\boldsymbol{A}$ 在 V 的一个标准正交基 α_1,α_2 下的矩阵 A 为

$$A=\begin{pmatrix}\frac{1}{\sqrt{10}}&-\frac{3}{\sqrt{10}}\\\frac{3}{\sqrt{10}}&\frac{1}{\sqrt{10}}\end{pmatrix}.$$

把 $\boldsymbol{A}$ 表示成 2 个轴反射的乘积。

6. 把第 4 题中的正交变换 $\boldsymbol{A}$ 表示成 3 个镜面反射的乘积。

7. 设 $\boldsymbol{A}$ 是第 5 题中 2 维欧几里得空间 V 上的一个正交变换，$\boldsymbol{B}$ 是关于$\langle\eta_1\rangle^{\perp}$的轴反射，其中

$$\eta_1=\frac{1}{\sqrt{5}}(2\alpha_1-\alpha_2).$$

证明：$\boldsymbol{A}^{-1}\boldsymbol{B}\boldsymbol{A}$ 是一个轴反射，并且求出它是关于哪条直线的轴反射。

8. 设 $\boldsymbol{A}$ 是 n 维欧几里得空间 V 上的一个正交变换，$\boldsymbol{B}$ 是关于超平面$\langle\eta_1\rangle^{\perp}$的镜面反射，其中 η_1 是一个单位向量。证明：$\boldsymbol{A}^{-1}\boldsymbol{B}\boldsymbol{A}$ 是一个镜面反射，并且指出它是关于哪个超平面的镜面反射。

9. 证明：n 维欧几里得空间 V 上的任意一个镜面反射都是 V 上的对称变换。

10. 设 $\boldsymbol{A}$ 是 n 维欧几里得空间 V 上的一个正交变换。证明：$|\mathrm{tr}(\boldsymbol{A})|\leqslant n$。

11. 设 $\boldsymbol{A}$ 是 n 维欧几里得空间 V 上的旋转(即第一类正交变换)，$f(\lambda)$是 $\boldsymbol{A}$ 的特征多项式。证明：

$$f(\lambda)=(-\lambda)^n f(\lambda^{-1}).$$

12. 证明：实内积空间 V 上的斜对称变换 $\boldsymbol{A}$ 如果有特征值，那么特征值必为 0。

13. 设 $\boldsymbol{A},\boldsymbol{B}$ 都是实内积空间 V 上的斜对称变换。证明：$\boldsymbol{AB}$ 是斜对称变换当且仅

当$\boldsymbol{AB}=-\boldsymbol{BA}$。

14. 证明:2 维欧几里得空间 V 上的斜对称变换 $\boldsymbol{A}$ 满足

$$(\boldsymbol{A}\alpha,\boldsymbol{A}\beta)=|\boldsymbol{A}|(\alpha,\beta),\forall\alpha,\beta\in V.$$

15. 证明:n 维欧几里得空间 V 上的任一正交变换 $\boldsymbol{A}$ 表示成关于超平面的镜面反射的乘积,其中镜面反射的最小数目等于 $n-\dim[\operatorname{Ker}(\boldsymbol{A}-\boldsymbol{I})]$。

10.5 酉空间,酉变换,Hermite 变换,正规变换

这一节我们要在复数域上的线性空间中引进度量概念,关键是要引进内积的概念。容易想到的是在复线性空间 V 中给定一个双线性函数 f,此时对任意 $\alpha\in V$ 且 $\alpha\neq0$,有

$$f(\mathrm{i}\alpha,\mathrm{i}\alpha)=\mathrm{i}^2f(\alpha,\alpha)=-f(\alpha,\alpha).\tag{1}$$

于是若 $f(\alpha,\alpha)>0$,则 $f(\mathrm{i}\alpha,\mathrm{i}\alpha)<0$。正定性不成立。为了能定义向量的长度,需要有正定性,为此应当去掉 f 对第二个变量也线性的要求。观察(1)式的推导过程,发现应当做如下修改:

$$f(\mathrm{i}\alpha,\mathrm{i}\alpha)=\mathrm{i}f(\alpha,\mathrm{i}\alpha)=\mathrm{i}\,\bar{\mathrm{i}}f(\alpha,\alpha)=f(\alpha,\alpha),\tag{2}$$

这也就是让二元函数 f 具有下述性质:

$$f(\alpha,\mathrm{i}\alpha)=\overline{f(\mathrm{i}\alpha,\alpha)}.\tag{3}$$

一般地,让二元函数 f 具有性质:

$$f(\alpha,\beta)=\overline{f(\beta,\alpha)},\tag{4}$$

这个性质称为 **Hermite 性**。由此引出了复线性空间上的内积的概念。

10.5.1 内容精华

一、复线性空间上的内积,酉空间

定义 1 复数域上线性空间 V 上的一个二元函数记作(α,β),如果它满足:$\forall\alpha,\beta,\gamma\in V,k\in\mathbf{C}$,有

1° $(\alpha,\beta)=\overline{(\beta,\alpha)}$(Hermite 性);

2° $(\alpha+\gamma,\beta)=(\alpha,\beta)+(\gamma,\beta)$(对第一个变量的线性性之一);

3° $(k\alpha,\beta)=k(\alpha,\beta)$(对第一个变量的线性性之二);

4° $(\alpha,\alpha)\geqslant0$,等号成立当且仅当 $\alpha=0$(正定性),

那么这个二元函数(α,β)称为 V 上的一个**内积**。

据内积的 Hermite 性和对第一个变量是线性的,得

$$(\alpha,k_1\beta_1+k_2\beta_2)=\overline{(k_1\beta_1+k_2\beta_2,\alpha)}=\overline{k_1(\beta_1,\alpha)}+\overline{k_2(\beta_2,\alpha)}$$
$$=\overline{k_1}(\alpha,\beta_1)+\overline{k_2}(\alpha,\beta_2).$$

内积的这条性质称为对第二个变量是**半线性的**。

定义 2 复线性空间 V 上如果指定了一个内积,那么称 V 是**复内积空间**或**酉空间**。

例如,$\mathbf{C}^n$ 中,对于任意 $\boldsymbol{X}=(x_1,x_2,\cdots,x_n)',\boldsymbol{Y}=(y_1,y_2,\cdots,y_n)'$,规定

$$(\boldsymbol{X},\boldsymbol{Y})\xlongequal{\text{def}}x_1\overline{y_1}+x_2\overline{y_2}+\cdots+x_n\overline{y_n}.\tag{5}$$

显然,$(\boldsymbol{X},\boldsymbol{Y})=\overline{(\boldsymbol{Y},\boldsymbol{X})}$,且对第一个变量是线性的,且有 $(\boldsymbol{X},\boldsymbol{X})=|x_1|^2+|x_2|^2+\cdots+|x_n|^2\geqslant0$,等号成立当且仅当 $\boldsymbol{X}=\mathbf{0}$。因此 $(\boldsymbol{X},\boldsymbol{Y})$ 是 $\mathbf{C}^n$ 上的一个内积(称为**标准内积**),$\mathbf{C}^n$ 成为一个**酉空间**。用 $\boldsymbol{Y}^*$ 表示 $\overline{\boldsymbol{Y}}'$,则(5)式可以写成

$$(\boldsymbol{X},\boldsymbol{Y})=\overline{\boldsymbol{Y}}'\boldsymbol{X}=\boldsymbol{Y}^*\boldsymbol{X}.\tag{6}$$

定义 3 酉空间 V 中,$\sqrt{(\alpha,\alpha)}$ 称为 α 的**长度**,记作 $|\alpha|$ 或者 $\|\alpha\|$。

由于 $(0,0)=0$,因此 $|0|=0$。

当 $\alpha\neq0$ 时,$|\alpha|>0$。容易证明

$$|k\alpha|=|k||\alpha|,\forall\alpha\in V,k\in\mathbf{C}.$$

为了在酉空间 V 中定义两个非零向量的夹角,需要首先证明下述不等式。

定理 1(Cauchy-буняковскций-Schwarz 不等式) 在酉空间 V 中,对于任意向量 α,β,有

$$|(\alpha,\beta)|\leqslant|\alpha||\beta|,\tag{7}$$

等号成立当且仅当 α,β 线性相关。

定义 4 酉空间 V 中,两个非零向量 α,β 的**夹角** $\langle\alpha,\beta\rangle$ 规定为

$$\langle\alpha,\beta\rangle\xlongequal{\text{def}}\arccos\frac{|(\alpha,\beta)|}{|\alpha||\beta|}.\tag{8}$$

于是

$$0\leqslant\langle\alpha,\beta\rangle\leqslant\frac{\pi}{2}.\tag{9}$$

定义 5 酉空间 V 中,如果 $(\alpha,\beta)=0$,那么称 α 与 β **正交**,记作 $\alpha\perp\beta$。

显然,α 与自己正交当且仅当 $\alpha=0$。

我们把复数 z 的实部记作 $\operatorname{Re} z$,虚部记作 $\operatorname{Im} z$。

推论 1(三角形不等式) 酉空间 V 中,有

$$|\alpha+\beta|\leqslant|\alpha|+|\beta|,\forall\alpha,\beta\in V.\tag{10}$$

推论 2(勾股定理) 酉空间 V 中,若 $\alpha\perp\beta$,则

$$|\alpha+\beta|^2=|\alpha|^2+|\beta|^2.\tag{11}$$

用数学归纳法可以把勾股定理推广为:如果 $\alpha_1,\alpha_2,\cdots,\alpha_s$ 两两正交,那么

$$|\alpha_1+\alpha_2+\cdots+\alpha_s|^2=|\alpha_1|^2+|\alpha_2|^2+\cdots+|\alpha_s|^2.\tag{12}$$

推论 3 酉空间 V 中，对于 $\alpha,\beta\in V$，规定

$$d(\alpha,\beta) \xlongequal{\text{def}} |\alpha-\beta|. \tag{13}$$

则 d 是一个距离，从而酉空间 V 对于这个距离成为一个度量空间。

二、有限维酉空间中的标准正交基

命题 1 酉空间 V 中，由两两正交的非零向量组成的集合是线性无关的。

酉空间 V 中，两两正交的单位向量组成的子集称为**正交规范集**。

推论 4 在 n 维酉空间 V 中，两两正交的非零向量的个数不超过 n。

定义 6 在 n 维酉空间 V 中，由 n 个两两正交的非零向量组成的基称为 V 的一个**正交基**；由 n 个两两正交的单位向量组成的基称为 V 的一个**标准正交基**。

定理 2 n 维酉空间 V 一定有标准正交基。

类似于 10.2 节的例 17，可以在酉空间 V 中，定义向量组 $\alpha_1,\alpha_2,\cdots,\alpha_s$ 的 **Gram 矩阵**。一个基的 Gram 矩阵也称为这个基的**度量矩阵**。

n 维酉空间 V 中，向量组 $\eta_1,\eta_2,\cdots,\eta_n$ 是 V 的一个标准正交基当且仅当

$$(\eta_i,\eta_j)=\delta_{ij},i,j=1,2,\cdots,n. \tag{14}$$

进而当且仅当 $\eta_1,\eta_2,\cdots,\eta_n$ 的 Gram 矩阵是单位矩阵。

利用标准正交基，容易计算向量的内积。设 α,β 在标准正交基 $\eta_1,\eta_2,\cdots,\eta_n$ 下的坐标分别为 $\boldsymbol{X}=(x_1,x_2,\cdots,x_n)',\boldsymbol{Y}=(y_1,y_2,\cdots,y_n)'$。则

$$\begin{aligned}(\alpha,\beta)&=\left(\sum_{i=1}^n x_i\eta_i,\sum_{j=1}^n y_j\eta_j\right)\\&=\sum_{i=1}^n\sum_{j=1}^n x_i\overline{y_j}(\eta_i,\eta_j)\\&=\sum_{i=1}^n x_i\overline{y_i}=\boldsymbol{Y}^*\boldsymbol{X}.\end{aligned} \tag{15}$$

利用标准正交基，向量的坐标的分量可以用内积表达。设 α 在标准正交基 $\eta_1,\eta_2,\cdots,\eta_n$ 下的坐标是 $(x_1,x_2,\cdots,x_n)'$。则 $\alpha=\sum\limits_{i=1}^n x_i\eta_i$，两边用 η_j 作内积，得

$$(\alpha,\eta_j)=\sum_{i=1}^n x_i(\eta_i,\eta_j)=x_j.$$

因此

$$\alpha=\sum_{i=1}^n(\alpha,\eta_i)\eta_i. \tag{16}$$

(16)式称为 α 的**傅里叶(Fourier)展开**,其中每个系数(α,η_i)称为 α 的**傅里叶(Fourier)系数**。

n 维酉空间 V 中,设 $\eta_1,\eta_2,\cdots,\eta_n$ 是 V 的一个标准正交基,向量组 $\beta_1,\beta_2,\cdots,\beta_n$ 满足

$$(\beta_1,\beta_2,\cdots,\beta_n)=(\eta_1,\eta_2,\cdots,\eta_n)P, \tag{17}$$

则 β_i 在标准正交基 $\eta_1,\eta_2,\cdots,\eta_n$ 下的坐标是 P 的第 i 列 $\boldsymbol{X}_i$,$i=1,2,\cdots,n$。于是

$$\begin{aligned}
&\beta_1,\beta_2,\cdots,\beta_n\text{ 是 }V\text{ 的一个标准正交基}\\
\Leftrightarrow\quad&(\beta_i,\beta_j)=\delta_{ij},i,j=1,2,\cdots,n\\
\Leftrightarrow\quad&\boldsymbol{X}_j^*\boldsymbol{X}_i=\delta_{ij},i,j=1,2,\cdots,n\\
\Leftrightarrow\quad&\begin{pmatrix}\boldsymbol{X}_1^*\boldsymbol{X}_1 & \boldsymbol{X}_1^*\boldsymbol{X}_2 & \cdots & \boldsymbol{X}_1^*\boldsymbol{X}_n\\ \boldsymbol{X}_2^*\boldsymbol{X}_1 & \boldsymbol{X}_2^*\boldsymbol{X}_2 & \cdots & \boldsymbol{X}_2^*\boldsymbol{X}_n\\ \vdots & \vdots & & \vdots\\ \boldsymbol{X}_n^*\boldsymbol{X}_1 & \boldsymbol{X}_n^*\boldsymbol{X}_2 & \cdots & \boldsymbol{X}_n^*\boldsymbol{X}_n\end{pmatrix}=\begin{pmatrix}1 & 0 & \cdots & 0\\ 0 & 1 & \cdots & 0\\ \vdots & \vdots & & \vdots\\ 0 & 0 & \cdots & 0\end{pmatrix}\\
\Leftrightarrow\quad&\begin{pmatrix}\boldsymbol{X}_1^*\\ \boldsymbol{X}_2^*\\ \vdots\\ \boldsymbol{X}_n^*\end{pmatrix}(\boldsymbol{X}_1\boldsymbol{X}_2\cdots\boldsymbol{X}_n)=I\\
\Leftrightarrow\quad&P^*P=I,
\end{aligned}\tag{18}$$

其中 P^* 表示 P 转置以后把其中每个元素取共轭复数。

定义 7 复数域上的 n 级矩阵 P 如果满足 $P^*P=I$,那么称 P 是**酉矩阵**。

从上面的讨论得出:

定理 3 设 $\eta_1,\eta_2,\cdots,\eta_n$ 是 n 维酉空间 V 的一个标准正交基,向量组 $\beta_1,\beta_2,\cdots,\beta_n$ 满足

$$(\beta_1,\beta_2,\cdots,\beta_n)=(\eta_1,\eta_2,\cdots,\eta_n)P, \tag{19}$$

则 $\beta_1,\beta_2,\cdots,\beta_n$ 是 V 的一个标准正交基当且仅当 P 是酉矩阵。 ■

从定义 7 得出,n 级复矩阵 P 是酉矩阵

$$\begin{aligned}
\Leftrightarrow\quad&P^*P=I\\
\Leftrightarrow\quad&P\text{ 可逆,且 }P^{-1}=P^*\\
\Leftrightarrow\quad&PP^*=I。
\end{aligned}$$

三、酉空间的同构

定义 8 设 V 和 V'都是酉空间,如果存在 V 到 V'的一个双射 σ,使得 σ 保持加法和数量乘法运算,且 σ 保持内积(即$(\sigma(\alpha),\sigma(\beta))=(\alpha,\beta)$,$\forall\,\alpha,\beta\in V$),那么称 σ 是酉空间 V 到 V'的一个**同构映射**。此时称酉空间 V 与 V'是**同构的(保距同构)**,记作 $V\cong V'$。

定理 4 两个有限维酉空间同构的充分必要条件是它们的维数相同。

特别地，任一 n 维酉空间 V 都与装备了标准内积的酉空间 $\mathbf{C}^n$ 同构，并且让 V 中每一个向量 α 对应到它在 V 中取定的一个标准正交基 $\eta_1,\eta_2,\cdots,\eta_n$ 下的坐标，这个映射是 V 到 $\mathbf{C}^n$ 的一个同构映射。

酉空间的同构关系也具有反身性、对称性和传递性。

推论 5 设 V 是 n 维酉空间，则 V 上的线性变换 σ 是保距同构当且仅当 σ 把 V 的标准正交基映成标准正交基。

注：定义 8 可改成"如果酉空间 V 到 V' 有一个满射 σ 使得

$$(\sigma(\alpha),\sigma(\beta)) = (\alpha,\beta),\ \forall\, \alpha,\beta \in V,$$

那么称 σ 是酉空间 V 到 V' 的一个**同构映射**，此时称 V 与 V' 是**保距同构**的。"这是因为从 σ 保持内积不变可以推出 σ 是线性映射，且是单射，从而是双射。

四、正交补，正交投影

与实内积空间的情形一样，酉空间中有正交补的概念。

定理 5 设 U 是酉空间 V 的一个有限维子空间，则

$$V = U \oplus U^{\perp}. \tag{20}$$

设 U 是酉空间 V 的一个子空间，如果 $V=U \oplus U^{\perp}$，那么有平行于 $U^{\perp}$ 在 U 上的投影 $\boldsymbol{P}_U$，称它为 V 在 U 上的**正交投影**。V 中任一向量 α 在 $\boldsymbol{P}_U$ 下的象 α_1 称为 **$\boldsymbol{\alpha}$ 在 $\boldsymbol{U}$ 上的正交投影**。于是

α_1 是 α 在 U 上的正交投影 $\Leftrightarrow$ $\alpha-\alpha_1 \in U^{\perp}$。

如果 U 是酉空间 V 的一个有限维子空间，那么存在 V 在 U 上的正交投影 $\boldsymbol{P}_U$，在 U 中取一个标准正交基 $\eta_1,\eta_2,\cdots,\eta_m$，从定理 5 的证明中看到，$\alpha$ 在 U 上的正交投影 α_1 为

$$\alpha_1 = \sum_{i=1}^{m} (\alpha,\eta_i)\eta_i. \tag{21}$$

定理 6 设 U 是酉空间 V 的一个子空间，且 $V=U \oplus U^{\perp}$，则对于 $\alpha\in V$，$\alpha_1\in U$ 是 α 在 U 上的正交投影当且仅当

$$d(\alpha,\alpha_1) \leqslant d(\alpha,\gamma),\ \forall\, \gamma \in U. \tag{22}$$

在酉空间 V 中，同样有向量 α 在子空间 U 上的**最佳逼近元**的概念。若 U 是有限维的，则 V 中任一向量 α 在 U 上的最佳逼近元存在且唯一，它就是 α 在 U 上的正交投影。

五、酉变换

定义 9 酉空间 V 到自身的满射 $\mathbf{A}$ 如果保持内积不变，即

$$(\mathbf{A}\alpha,\mathbf{A}\beta) = (\alpha,\beta),\ \forall\, \alpha,\beta \in V, \tag{23}$$

那么称 **A** 是 V 上的一个**酉变换**。

命题 2 酉空间 V 上的酉变换一定是线性变换，并且是单射，从而是可逆的。

从定义 9 得出，酉变换保持向量的长度不变，保持两个非零向量的夹角不变，保持正交性不变，再由命题 2 得，酉变换保持向量间的距离不变。显然有：

命题 3 酉空间 V 上的一个变换 **A** 是酉变换当且仅当 **A** 是 V 到自身的一个同构映射。

由命题 3 和同构关系的传递性和对称性立即得到：

命题 4 酉空间 V 上两个酉变换的乘积还是酉变换，酉变换的逆变换仍是酉变换。

命题 5 n 维酉空间 V 到自身的一个映射 **A** 如果保持向量的内积不变，那么 **A** 是酉变换。

命题 6 n 维酉空间 V 上的线性变换 **A** 是酉变换

$\Leftrightarrow$ **A** 把 V 的标准正交基映成标准正交基

$\Leftrightarrow$ **A** 在 V 的标准正交基下的矩阵是酉矩阵。

六、Hermite 变换（埃尔米特变换）

定义 10 酉空间 V 上的一个变换 **A** 如果满足

$$(\boldsymbol{A}\alpha,\beta)=(\alpha,\boldsymbol{A}\beta),\ \forall\,\alpha,\beta\in V, \tag{24}$$

那么称 **A** 是 V 上的一个 **Hermite 变换**或者**自伴(随)变换**。

命题 7 酉空间 V 上的 Hermite 变换 **A** 一定是线性变换。

证明 对于任意 $\alpha,\beta\in V$，任取 $\gamma\in V$，有

$$\begin{aligned}(\boldsymbol{A}(\alpha+\beta),\gamma)&=(\alpha+\beta,\boldsymbol{A}\gamma)=(\alpha,\boldsymbol{A}\gamma)+(\beta,\boldsymbol{A}\gamma)\\&=(\boldsymbol{A}\alpha,\gamma)+(\boldsymbol{A}\beta,\gamma)=(\boldsymbol{A}\alpha+\boldsymbol{A}\beta,\gamma),\end{aligned}$$

因此 $(\boldsymbol{A}(\alpha+\beta)-(\boldsymbol{A}\alpha+\boldsymbol{A}\beta),\gamma)=0$。从而 $\boldsymbol{A}(\alpha+\beta)=\boldsymbol{A}\alpha+\boldsymbol{A}\beta$。

类似地可证，$\boldsymbol{A}(k\alpha)=k\boldsymbol{A}\alpha,\ \forall\,k\in\mathbf{C}$。因此 **A** 是 V 上的一个线性变换。 ■

命题 8 n 维酉空间 V 上的线性变换 **A** 是 Hermite 变换当且仅当 **A** 在 V 的任意一个标准正交基下的矩阵 A 满足

$$A^{*}=A. \tag{25}$$

满足 $A^{*}=A$ 的 n 级复矩阵 A 称为 **Hermite 矩阵**或**自伴矩阵**。

命题 9 酉空间 V 上 Hermite 变换 **A** 如果有特征值，那么它的特征值是实数。

七、线性变换的伴随变换

设 V 是实内积空间，如果 **A** 是对称变换，那么对任意 $\alpha,\beta\in V$，有

$$(\boldsymbol{A}\alpha,\beta)=(\alpha,\boldsymbol{A}\beta); \tag{26}$$

如果 **A** 是正交变换，那么对任意 $\alpha,\beta\in V$，有

$$(\boldsymbol{A}\alpha,\beta)=(\boldsymbol{A}\alpha,\boldsymbol{A}\boldsymbol{A}^{-1}\beta)=(\alpha,\boldsymbol{A}^{-1}\beta);\tag{27}$$

如果 $\boldsymbol{A}$ 是斜对称变换,那么对任意 $\alpha,\beta\in V$,有

$$(\boldsymbol{A}\alpha,\beta)=-(\alpha,\boldsymbol{A}\beta)=(\alpha,(-\boldsymbol{A})\beta).\tag{28}$$

设 V 是酉空间,如果 $\boldsymbol{A}$ 是酉变换,那么对任意 $\alpha,\beta\in V$,有

$$(\boldsymbol{A}\alpha,\beta)=(\boldsymbol{A}\alpha,\boldsymbol{A}\boldsymbol{A}^{-1}\beta)=(\alpha,\boldsymbol{A}^{-1}\beta).\tag{29}$$

如果 $\boldsymbol{A}$ 是 Hermite 变换,那么对任意 $\alpha,\beta\in V$,有

$$(\boldsymbol{A}\alpha,\beta)=(\alpha,\boldsymbol{A}\beta).\tag{30}$$

从上述事实受到启发,引出下述概念:

定义 11 设 $\boldsymbol{A}$ 是复(实)内积空间 V 上的一个线性变换,如果存在 V 上的一个线性变换,记作 $\boldsymbol{A}^*$,满足

$$(\boldsymbol{A}\alpha,\beta)=(\alpha,\boldsymbol{A}^*\beta),\ \forall\,\alpha,\beta\in V,\tag{31}$$

那么称 $\boldsymbol{A}^*$ 是 $\boldsymbol{A}$ 的一个**伴随变换**。

从上述事实得出,实内积空间 V 中,对称变换 $\boldsymbol{A}$ 的伴随变换是它自身;正交变换 $\boldsymbol{A}$ 的伴随变换是 $\boldsymbol{A}^{-1}$;斜对称变换 $\boldsymbol{A}$ 的伴随变换是 $-\boldsymbol{A}$。酉空间 V 中,酉变换 $\boldsymbol{A}$ 的伴随变换是 $\boldsymbol{A}^{-1}$;Hermite 变换 $\boldsymbol{A}$ 的伴随变换是它自身。

对于复(实)内积空间 V 上的任意一个线性变换 $\boldsymbol{A}$ 是否都有伴随变换?如果有,$\boldsymbol{A}$ 的伴随变换是否唯一?

定理 7 对于 n 维复(实)内积空间 V 上的任一线性变换 $\boldsymbol{A}$,都存在唯一的一个伴随变换 $\boldsymbol{A}^*$。

证明 任给 $\beta\in V$,令 $\beta_R(\alpha)=(\alpha,\beta)$,$\forall\,\alpha\in V$,易证 $\beta_R\in V^*$,于是有 V 到 V^* 的一个映射 σ: $\beta\longmapsto\beta_R$,易证 σ 是单射,任给 $g\in V^*$,在 V 中取一个标准正交基 $\eta_1,\eta_2,\cdots,\eta_n$,令 $\delta=\sum\limits_{i=1}^{n}\overline{g(\eta_i)}\eta_i$,则 $\delta_R(\eta_j)=g(\eta_j)$,$j=1,2,\cdots,n$,从而 $\delta_R=g$,因此 σ 是满射。从而 σ 是 V 到 V^* 的一个双射。由于 $\beta_R\boldsymbol{A}\in V^*$,因此存在唯一的向量 $\beta'\in V$,使得 $\beta_R\boldsymbol{A}=\beta'_R$,从而 $\beta_R(\boldsymbol{A}\alpha)=\beta'_R(\alpha)$,$\forall\,\alpha\in V$。于是有

$$(\boldsymbol{A}\alpha,\beta)=(\alpha,\beta'),\ \forall\,\alpha\in V.\tag{32}$$

于是我们得到 V 到自身的一个映射 $\boldsymbol{A}^*:\beta\longmapsto\beta'$。由(32)式得

$$(\boldsymbol{A}\alpha,\beta)=(\alpha,\boldsymbol{A}^*\beta),\ \forall\,\alpha,\beta\in V.\tag{33}$$

现在来验证 $\boldsymbol{A}^*$ 是 V 上的线性变换。任取 $\alpha,\beta,\gamma\in V$,$k\in\mathbf{C}$(或 $\mathbf{R}$),有

$$\begin{aligned}(\alpha,\boldsymbol{A}^*(k\beta+\gamma))&=(\boldsymbol{A}\alpha,k\beta+\gamma)=(\boldsymbol{A}\alpha,k\beta)+(\boldsymbol{A}\alpha,\gamma)\\&=\bar{k}(\boldsymbol{A}\alpha,\beta)+(\boldsymbol{A}\alpha,\gamma)=\bar{k}(\alpha,\boldsymbol{A}^*\beta)+(\alpha,\boldsymbol{A}^*\gamma)\\&=(\alpha,k\boldsymbol{A}^*\beta)+(\alpha,\boldsymbol{A}^*\gamma)=(\alpha,k\boldsymbol{A}^*\beta+\boldsymbol{A}^*\gamma),\end{aligned}$$

因此

$$\boldsymbol{A}^*(k\beta+\gamma)=k\boldsymbol{A}^*\beta+\boldsymbol{A}^*\gamma.$$

从而 $\boldsymbol{A}^*$ 是 V 上的一个线性变换。这证明了存在性。

唯一性。假设还有线性变换 $\boldsymbol{B}$ 使得

$$(\boldsymbol{A}\alpha,\beta) = (\alpha,\boldsymbol{B}\beta),\ \forall\,\alpha,\beta \in V, \tag{34}$$

则从(33)和(34)式得

$$(\alpha,\boldsymbol{A}^*\beta) = (\alpha,\boldsymbol{B}\beta),\ \forall\,\alpha,\beta \in V.$$

由此得出,$\boldsymbol{A}^*\beta=\boldsymbol{B}\beta,\ \forall\,\beta\in V$。因此 $\boldsymbol{A}^*=\boldsymbol{B}$。■

对于无限维复(实)内积空间 V,V 上的线性变换 $\boldsymbol{A}$ 可能有、也可能没有伴随变换。从定理 7 的唯一性的证明看到:如果 $\boldsymbol{A}$ 有伴随变换,那么 $\boldsymbol{A}$ 的伴随变换是唯一的。

定理 8 设 $\boldsymbol{A}$ 是 n 维复(实)内积空间 V 上的一个线性变换,如果 $\boldsymbol{A}$ 在 V 的一个标准正交基 $\eta_1,\eta_2,\cdots,\eta_n$ 下的矩阵为 A,那么 $\boldsymbol{A}^*$ 在这个标准正交基下的矩阵是 A^*。

证明 设 $A=(a_{ij})$,且 $\boldsymbol{A}^*$ 在基 $\eta_1,\eta_2,\cdots,\eta_n$ 下的矩阵为 $B=(b_{ij})$。由于对于 $1\leqslant i,j\leqslant n$,有

$$a_{ji} = (\boldsymbol{A}\eta_i,\eta_j) = (\eta_i,\boldsymbol{A}^*\eta_j) = \overline{(\boldsymbol{A}^*\eta_j,\eta_i)} = \bar{b}_{ij},$$

因此 $A'=\overline{B}$。从而 $A^*=B$。■

定理 9 设 V 是复(实)内积空间,$\boldsymbol{A},\boldsymbol{B}$ 是 V 上的线性变换,$k\in\mathbf{C}$(或 $\mathbf{R}$)。如果 $\boldsymbol{A},\boldsymbol{B}$ 都有伴随变换,那么 $\boldsymbol{A}+\boldsymbol{B},k\boldsymbol{A},\boldsymbol{AB},\boldsymbol{A}^*$ 都有伴随变换,且

$$(\boldsymbol{A}+\boldsymbol{B})^* = \boldsymbol{A}^*+\boldsymbol{B}^*,\qquad (k\boldsymbol{A})^* = \bar{k}\boldsymbol{A}^*,$$
$$(\boldsymbol{AB})^* = \boldsymbol{B}^*\boldsymbol{A}^*,\qquad (\boldsymbol{A}^*)^* = \boldsymbol{A};$$

进一步,如果 $\boldsymbol{A}$ 可逆,且 $\boldsymbol{A}^{-1}$ 也有伴随变换,那么 $\boldsymbol{A}^*$ 也可逆,且 $(\boldsymbol{A}^*)^{-1}=(\boldsymbol{A}^{-1})^*$。

证明 任取 $\alpha,\beta\in V$,有

$$\begin{aligned}((\boldsymbol{A}+\boldsymbol{B})\alpha,\beta) &= (\boldsymbol{A}\alpha,\beta)+(\boldsymbol{B}\alpha,\beta) = (\alpha,\boldsymbol{A}^*\beta)+(\alpha,\boldsymbol{B}^*\beta)\\ &= (\alpha,(\boldsymbol{A}^*+\boldsymbol{B}^*)\beta),\\ ((k\boldsymbol{A})\alpha,\beta) &= k(\boldsymbol{A}\alpha,\beta) = k(\alpha,\boldsymbol{A}^*\beta) = (\alpha,\bar{k}\boldsymbol{A}^*\beta)\\ ((\boldsymbol{AB})\alpha,\beta) &= (\boldsymbol{B}\alpha,\boldsymbol{A}^*\beta) = (\alpha,\boldsymbol{B}^*\boldsymbol{A}^*\beta),\\ (\boldsymbol{A}^*\alpha,\beta) &= \overline{(\beta,\boldsymbol{A}^*\alpha)} = \overline{(\boldsymbol{A}\beta,\alpha)} = (\alpha,\boldsymbol{A}\beta),\end{aligned}$$

因此 $(\boldsymbol{A}+\boldsymbol{B})^*=\boldsymbol{A}^*+\boldsymbol{B}^*,(k\boldsymbol{A})^*=\bar{k}\boldsymbol{A}^*,(\boldsymbol{AB})^*=\boldsymbol{B}^*\boldsymbol{A}^*,(\boldsymbol{A}^*)^*=\boldsymbol{A}.$

若 $\boldsymbol{A}$ 可逆,则 $\boldsymbol{AA}^{-1}=\boldsymbol{A}^{-1}\boldsymbol{A}=\boldsymbol{I}$。由于 $\boldsymbol{A}^{-1}$ 也有伴随变换,因此 $(\boldsymbol{AA}^{-1})^*=(\boldsymbol{A}^{-1}\boldsymbol{A})^*=\boldsymbol{I}^*$。从而 $(\boldsymbol{A}^{-1})^*\boldsymbol{A}^*=\boldsymbol{A}^*(\boldsymbol{A}^{-1})^*=\boldsymbol{I}$。因此 $\boldsymbol{A}^*$ 可逆,且 $(\boldsymbol{A}^*)^{-1}=(\boldsymbol{A}^{-1})^*$。■

注:(1)对于任一域 F 上的 n 维线性空间 F^n,设

$$\boldsymbol{\alpha} = (a_1,a_2,\cdots,a_n)',\boldsymbol{\beta} = (b_1,b_2,\cdots,b_n)'.$$

令

$$(\boldsymbol{\alpha},\boldsymbol{\beta}) = a_1b_1+a_2b_2+\cdots+a_nb_n, \tag{35}$$

则 (α,β) 是 F 上的一个非退化对称双线性函数,依照定义 11 可以给出 F^n 上线性变换 $\boldsymbol{A}$ 的伴随变换 $\boldsymbol{A}^*$ 的定义。与定理 7 的存在性证明类似,利用 10.1 节的例 5,可以证明:F^n 上任一线性变换 $\boldsymbol{A}$ 都存在唯一的伴随变换 $\boldsymbol{A}^*$。

(2)从定理 9 的公式看出,从 $\mathbf{A}$ 过渡到 $\mathbf{A}^*$ 有点像复数 z 取共轭复数 $\bar{z}$。我们知道,一个复数 z 可以写成 $z=a+bi$,其中 $a,b\in\mathbf{R}$。而实数 a 具有性质:$\bar{a}=a$。我们现在来看一个线性变换 $\mathbf{A}$ 如果有伴随变换 $\mathbf{A}^*$,那么 $\mathbf{A}$ 能否写成 $\mathbf{A}=\mathbf{A}_1+\mathrm{i}\mathbf{A}_2$,其中 $\mathbf{A}_j^*=\mathbf{A}_j$,$j=1,2$。事实上,只要令

$$\mathbf{A}_1=\frac{1}{2}(\mathbf{A}+\mathbf{A}^*),\mathbf{A}_2=\frac{1}{2\mathrm{i}}(\mathbf{A}-\mathbf{A}^*),$$

则 $\mathbf{A}_1^*=\mathbf{A}_1$,$\mathbf{A}_2^*=\mathbf{A}_2$,且

$$\mathbf{A}=\mathbf{A}_1+\mathrm{i}\mathbf{A}_2. \tag{36}$$

即任一线性变换 $\mathbf{A}$ 都能表示成(36)式,其中 $\mathbf{A}_1$,$\mathbf{A}_2$ 都是 Hermite 变换,还可以证明 $\mathbf{A}$ 的这种表法是唯一的,参看本节典型例题的例 32。

八、正规变换

对于有限维复(实)内积空间 V 上的线性变换 $\mathbf{A}$,在什么条件下存在 V 的一个标准正交基,使得 $\mathbf{A}$ 在此基下的矩阵是对角矩阵?

首先推导必要条件:假设存在 V 的一个标准正交基 $\eta_1,\eta_2,\cdots,\eta_n$,使得 $\mathbf{A}$ 在此基下的矩阵 A 为对角矩阵

$$A=\mathrm{diag}\{\lambda_1,\lambda_2,\cdots,\lambda_n\}, \tag{37}$$

则 $\mathbf{A}$ 的伴随变换 $\mathbf{A}^*$ 在此基下的矩阵为

$$A^*=\mathrm{diag}\{\bar{\lambda}_1,\bar{\lambda}_2,\cdots,\bar{\lambda}_n\}. \tag{38}$$

从(38)式看出,若 V 是 n 维欧几里得空间,则 $A^*=A$。从而 $\mathbf{A}^*=\mathbf{A}$,即 $\mathbf{A}$ 是对称变换。在 10.4 节中已证这个条件也是充分条件。若 V 是 n 维酉空间,则从(37)和(38)式得出,$AA^*=A^*A$。于是 $\mathbf{A}\mathbf{A}^*=\mathbf{A}^*\mathbf{A}$。由此受到启发,引出下述概念:

定义 12 设 V 是复(实)内积空间,$\mathbf{A}$ 是 V 上的线性变换,如果 $\mathbf{A}$ 有伴随变换 $\mathbf{A}^*$ 且

$$\mathbf{A}^*\mathbf{A}=\mathbf{A}\mathbf{A}^*, \tag{39}$$

那么称 $\mathbf{A}$ 是**正规变换**。

定义 13 一个 n 级复(实)矩阵 A 如果满足

$$A^*A=AA^*, \tag{40}$$

那么称 A 是**正规矩阵**。

从上面的讨论知道,对于 n 维酉空间 V 上的线性变换 $\mathbf{A}$,V 中存在一个标准正交基使得 $\mathbf{A}$ 在此基下的矩阵为对角矩阵的必要条件是 $\mathbf{A}$ 为正规变换。下面来证明这也是充分条件,先证明两个引理和两个定理。

引理 1 设 $\mathbf{A}$ 是复(实)内积空间 V 上的正规变换,则对于任意向量 $\alpha\in V$,有

$$|\mathbf{A}\alpha|=|\mathbf{A}^*\alpha|. \tag{41}$$

证明 因为 $\boldsymbol{A}\boldsymbol{A}^*=\boldsymbol{A}^*\boldsymbol{A}$，所以

$$|\boldsymbol{A}\alpha|^2=(\boldsymbol{A}\alpha,\boldsymbol{A}\alpha)=(\alpha,\boldsymbol{A}^*\boldsymbol{A}\alpha)=(\alpha,\boldsymbol{A}\boldsymbol{A}^*\alpha),$$

$$|\boldsymbol{A}^*\alpha|^2=(\boldsymbol{A}^*\alpha,\boldsymbol{A}^*\alpha)=(\alpha,(\boldsymbol{A}^*)^*\boldsymbol{A}^*\alpha)=(\alpha,\boldsymbol{A}\boldsymbol{A}^*\alpha).$$

由此得出，$|\boldsymbol{A}\alpha|=|\boldsymbol{A}^*\alpha|$。 ■

引理 2 设 $\boldsymbol{A}$ 是复（实）内积空间 V 上的正规变换，c 是任一复（实）数，则 $c\boldsymbol{I}-\boldsymbol{A}$ 也是 V 上的正规变换。

证明 由于 $(c\boldsymbol{I}-\boldsymbol{A})^*=\bar{c}\boldsymbol{I}-\boldsymbol{A}^*$，因此

$$(c\boldsymbol{I}-\boldsymbol{A})(c\boldsymbol{I}-\boldsymbol{A})^*=(c\boldsymbol{I}-\boldsymbol{A})(\bar{c}\boldsymbol{I}-\boldsymbol{A}^*)=c\bar{c}\boldsymbol{I}-c\boldsymbol{A}^*-\bar{c}\boldsymbol{A}+\boldsymbol{A}\boldsymbol{A}^*,$$

$$(c\boldsymbol{I}-\boldsymbol{A})^*(c\boldsymbol{I}-\boldsymbol{A})=(\bar{c}\boldsymbol{I}-\boldsymbol{A}^*)(c\boldsymbol{I}-\boldsymbol{A})=\bar{c}c\boldsymbol{I}-\bar{c}\boldsymbol{A}-c\boldsymbol{A}^*+\boldsymbol{A}^*\boldsymbol{A}.$$

由此得出，$c\boldsymbol{I}-\boldsymbol{A}$ 是正规变换。 ■

定理 10 设 $\boldsymbol{A}$ 是复（实）内积空间 V 上的正规变换，则 λ_1 是 $\boldsymbol{A}$ 的一个特征值当且仅当 $\overline{\lambda_1}$ 是 $\boldsymbol{A}^*$ 的一个特征值；ξ 是 $\boldsymbol{A}$ 的属于特征值 λ_1 的一个特征向量当且仅当 ξ 是 $\boldsymbol{A}^*$ 的属于特征值 $\overline{\lambda_1}$ 的一个特征向量。

证明 λ_1 是 $\boldsymbol{A}$ 的特征值且 $\xi(\neq 0)$ 是 $\boldsymbol{A}$ 的属于 λ_1 的一个特征向量当且仅当 $\boldsymbol{A}\xi_1=\lambda_1\xi$，即 $(\lambda_1\boldsymbol{I}-\boldsymbol{A})\xi=0$。因此为了证明定理 10，就只要证

$$|(\lambda_1\boldsymbol{I}-\boldsymbol{A})\xi|=|(\overline{\lambda_1}\boldsymbol{I}-\boldsymbol{A}^*)\xi|. \tag{42}$$

据引理 2 得，$\lambda_1\boldsymbol{I}-\boldsymbol{A}$ 是 V 上的正规变换，由于

$$(\lambda_1\boldsymbol{I}-\boldsymbol{A})^*=\overline{\lambda_1}\boldsymbol{I}-\boldsymbol{A}^*,$$

因此据引理 1 立即得出(42)式成立。 ■

定理 11 设 $\boldsymbol{A}$ 是复（实）内积空间 V 上的任一线性变换，且 $\boldsymbol{A}$ 有伴随变换 $\boldsymbol{A}^*$。如果 W 是 $\boldsymbol{A}$ 的不变子空间，那么 $W^{\perp}$ 是 $\boldsymbol{A}^*$ 的不变子空间。

证明 任取 $\beta\in W^{\perp}$，要证 $\boldsymbol{A}^*\beta\in W^{\perp}$。任取 $\alpha\in W$，由已知条件得，$\boldsymbol{A}\alpha\in W$。于是有

$$(\alpha,\boldsymbol{A}^*\beta)=(\boldsymbol{A}\alpha,\beta)=0.$$

因此 $\boldsymbol{A}^*\beta\in W^{\perp}$。从而 $W^{\perp}$ 是 $\boldsymbol{A}^*$ 的不变子空间。 ■

现在来证明本小节的主要定理：

定理 12 设 $\boldsymbol{A}$ 是有限维酉空间 V 上的正规变换，则 V 中存在一个标准正交基，使得 $\boldsymbol{A}$ 在此基下的矩阵是对角矩阵。

证明 对酉空间的维数 n 作数学归纳法。

$n=1$ 时，命题显然成立。

假设对于 $n-1$ 维酉空间 V 上的正规变换，命题为真，现在来看 n 维酉空间 V 上的正规变换 $\boldsymbol{A}$。

由于 V 是复数域上的线性空间，因此 $\boldsymbol{A}$ 必有特征值。取 $\boldsymbol{A}$ 的一个特征值 λ_1，设 η_1 是 $\boldsymbol{A}$

的属于 λ_1 的一个单位特征向量，则据定理 10 得，η_1 是 $\boldsymbol{A}^*$ 的属于特征值$\overline{\lambda_1}$的一个单位特征向量。于是$\langle\eta_1\rangle$既是 $\boldsymbol{A}$ 的不变子空间，又是 $\boldsymbol{A}^*$ 的不变子空间。据定理 11 得，$\langle\eta_1\rangle^{\perp}$既是 $\boldsymbol{A}^*$ 的不变子空间，又是$(\boldsymbol{A}^*)^*$（即 $\boldsymbol{A}$）的不变子空间，于是有$\langle\eta_1\rangle^{\perp}$上的线性变换$\boldsymbol{A}|\langle\eta_1\rangle^{\perp}$和 $\boldsymbol{A}^*|\langle\eta_1\rangle^{\perp}$。从线性变换的伴随变换的定义可看出，$\boldsymbol{A}^*|\langle\eta_1\rangle^{\perp}$是 $\boldsymbol{A}|\langle\eta_1\rangle^{\perp}$的伴随变换。从正规变换的定义看出，$\boldsymbol{A}|\langle\eta_1\rangle^{\perp}$是$\langle\eta_1\rangle^{\perp}$上的正规变换。由于$V=\langle\eta_1\rangle\oplus\langle\eta_1\rangle^{\perp}$，因此$\langle\eta_1\rangle^{\perp}$是 $n-1$ 维的。据归纳假设，存在$\langle\eta_1\rangle^{\perp}$的一个标准正交基 $\eta_2,\cdots,\eta_n$，使得 $\boldsymbol{A}|\langle\eta_1\rangle^{\perp}$在此基下的矩阵为对角矩阵 $\text{diag}\{\lambda_2,\cdots,\lambda_n\}$。从而 $\boldsymbol{A}$ 在 V 的标准正交基 $\eta_1,\eta_2,\cdots,\eta_n$ 下的矩阵为对角矩阵 $\text{diag}\{\lambda_1,\lambda_2,\cdots,\lambda_n\}$。

据数学归纳法原理，对一切正整数 n，命题为真。 ■

从定理 12 的证明过程看出，这个命题成立是强烈地依赖于复数域的特性：每个次数大于 0 的复系数多项式都有复根。

由于容易看出（利用定理 8），在有限维复（实）内积空间 V 中，线性变换 $\boldsymbol{A}$ 是正规的当且仅当 $\boldsymbol{A}$ 在 V 的任一标准正交基下的矩阵是正规的，因此从定理 12 立即得到：

定理 13 对于复数域上的任一 n 级正规矩阵 A，存在一个酉矩阵 P，使得 $P^{-1}AP$ 为对角矩阵。 ■

显然，在酉空间中，酉变换和 Hermite 变换都是正规变换，因此定理 12 对于酉变换和 Hermite 变换都成立。显然酉矩阵和 Hermite 矩阵都是正规矩阵，因此定理 13 对于酉矩阵和 Hermite 矩阵都成立。于是 n 级酉矩阵 A 一定酉相似于一个对角矩阵 $D=\text{diag}\{\lambda_1,\lambda_2,\cdots,\lambda_n\}$，即存在一个酉矩阵 P，使得 $P^{-1}AP=D$。由于

$$DD^*=(P^{-1}AP)(P^{-1}AP)^*=P^{-1}APP^*A^*(P^{-1})^*=P^{-1}AA^*P=I,$$

因此 $\lambda_j\overline{\lambda_j}=1$，从而$|\lambda_j|=1$。于是

$$\lambda_j=\cos\theta_j+\mathrm{i}\sin\theta_j,0\leqslant\theta_j<2\pi,j=1,2,\cdots,n.$$

利用欧拉公式可以把 λ_j 写成 $\mathrm{e}^{\mathrm{i}\theta_j}$，这样我们证明了：

定理 14 任一 n 级酉矩阵 A 一定酉相似于一个对角矩阵

$$\text{diag}\{\mathrm{e}^{\mathrm{i}\theta_1},\mathrm{e}^{\mathrm{i}\theta_2},\cdots,\mathrm{e}^{\mathrm{i}\theta_n}\},\tag{43}$$

其中 $0\leqslant\theta_j<2\pi,j=1,2,\cdots,n$。 ■

同理，n 级 Hermite 矩阵 A 一定酉相似于一个对角矩阵 $D=\text{diag}\{\lambda_1,\lambda_2,\cdots,\lambda_n\}$。由于 Hermite 变换的特征值都是实数，因此 Hermite 矩阵的特征值都是实数。从而得到：

定理 15 任一 n 级 Hermite 矩阵都酉相似于一个实对角矩阵。 ■

从上面看到，由于引进了正规变换和正规矩阵的概念，因此统一地、简便地解决了酉矩阵和 Hermite 矩阵在酉相似下的标准形问题。

九、Hermite 型

我们知道,n 维欧几里得空间 V 中装备的内积是一个正定的对称双线性函数,V 中取一个基后,设内积在此基下的度量矩阵为 $A=(a_{ij})$,α 在此基下的坐标为$(x_1,x_2\cdots,x_n)$,则内积的表达式为

$$(\alpha,\alpha)=\sum_{i=1}^{n}\sum_{j=1}^{n}a_{ij}x_ix_j. \tag{44}$$

现在我们来看 n 维酉空间 V 中装备的内积。V 中取一个基 $\alpha_1,\alpha_2,\cdots,\alpha_n$,它的 Gram 矩阵记作 A,称 A 是内积在基 $\alpha_1,\alpha_2,\cdots,\alpha_n$ 下的**度量矩阵**。据内积的 Hermite 性得,$\overline{(\alpha_j,\alpha_i)}=(\alpha_i,\alpha_j)$,因此

$$A^*=A, \tag{45}$$

从而 A 是 Hermite 矩阵。设 $A=(a_{ij}),\alpha=\sum_{i=1}^{n}x_i\alpha_i,\beta=\sum_{j=1}^{n}y_j\alpha_j$ 则

$$(\alpha,\beta)=\sum_{i=1}^{n}\sum_{j=1}^{n}x_i\overline{y_j}(\alpha_i,\alpha_j)=\sum_{i=1}^{n}\sum_{j=1}^{n}a_{ij}x_i\overline{y_j}, \tag{46}$$

$$(\alpha,\alpha)=\sum_{i=1}^{n}\sum_{j=1}^{n}a_{ij}x_i\overline{x_j}. \tag{47}$$

定义 14 n 个复变量 $x_1,x_2,\cdots,x_n$ 的表达式

$$\sum_{i=1}^{n}\sum_{j=1}^{n}a_{ij}x_i\overline{x_j}, \tag{48}$$

其中 $a_{ji}=\overline{a_{ij}}$,称为一个 ***n* 元 Hermite 型**,矩阵 $A=(a_{ij})$ 称为这个 Hermite 型的矩阵,它是 Hermite 矩阵。

设 $\boldsymbol{x}=(x_1,x_2,\cdots,x_n)'$,则(48)式可以写成

$$\boldsymbol{x}^*A\boldsymbol{x}. \tag{49}$$

从上面的讨论知道,n 维酉空间 V 中给定一个基后,它装备的内积在(α,α)处的函数值的表达式(47)是 α 的坐标的 Hermite 型,这个 Hermite 型的矩阵就是内积在给定基下的度量矩阵。

由于 Hermite 型(49)的矩阵 A 是 Hermite 矩阵,因此

$$\overline{(\boldsymbol{x}^*A\boldsymbol{x})}=\boldsymbol{x}'\overline{A}\,\overline{\boldsymbol{x}}=(\boldsymbol{x}'\overline{A}\,\overline{\boldsymbol{x}})'=\boldsymbol{x}^*A^*\boldsymbol{x}=\boldsymbol{x}^*A\boldsymbol{x},$$

从而 $\boldsymbol{x}^*A\boldsymbol{x}$ 总是实数。

由于 Hermite 矩阵 A 酉相似于一个实对角矩阵,因此存在一个 n 级酉矩阵 P,使得 $P^{-1}AP=\mathrm{diag}\{\lambda_1,\lambda_2,\cdots,\lambda_n\}$。令 $\boldsymbol{x}=P\boldsymbol{y}$,其中 $\boldsymbol{y}=(y_1,y_2,\cdots,y_n)'$,则

$$\begin{aligned}\boldsymbol{x}^*A\boldsymbol{x}&=\boldsymbol{y}^*P^*AP\boldsymbol{y}=\boldsymbol{y}^*(P^{-1}AP)\boldsymbol{y}\\&=\lambda_1y_1\overline{y_1}+\lambda_2y_2\overline{y_2}+\cdots+\lambda_ny_n\overline{y_n}.\end{aligned} \tag{50}$$

这证明了：

定理 16 对于 n 元 Hermite 型 $\boldsymbol{x}^* A\boldsymbol{x}$，存在酉替换 $\boldsymbol{x}=P\boldsymbol{y}$（即 P 是酉矩阵），使得

$$\boldsymbol{x}^* A\boldsymbol{x} = \lambda_1 y_1 \overline{y_1} + \lambda_2 y_2 \overline{y_2} + \cdots + \lambda_n y_n \overline{y_n}, \tag{51}$$

其中 $\lambda_1,\lambda_2,\cdots,\lambda_n$ 是 A 的全部特征值，它们都是实数。 ■

定义 15 Hermite 型 $\boldsymbol{x}^* A\boldsymbol{x}$ 如果满足

$$\boldsymbol{x}^* A\boldsymbol{x} > 0, \forall\, \boldsymbol{x} \in \mathbf{C}^n \text{ 且 } \boldsymbol{x} \neq \mathbf{0}, \tag{52}$$

那么称 $\boldsymbol{x}^* A\boldsymbol{x}$ 是一个**正定 Hermite 型**。一个正定 Hermite 型 $\boldsymbol{x}^* A\boldsymbol{x}$ 的矩阵 A 称为**正定 Hermite 矩阵**。

正定 Hermite 矩阵与第 6 章讲的正定矩阵（正定对称矩阵）很像，不过前者是复数域上的矩阵，后者是实数域上的矩阵。

定理 17 设 A 是 n 级 Hermite 矩阵，则下列命题等价：

(1) A 是正定 Hermite 矩阵；

(2) 对于任意 n 级可逆复矩阵 B，有 $B^* AB$ 是正定 Hermite 矩阵；

(3) A 的特征值全大于 0；

(4) 存在 n 级可逆复矩阵 C，使得 $C^* AC=I$；

(5) A 可以分解成 $Q^* Q$，其中 Q 是 n 级可逆复矩阵；

(6) A 的所有顺序主子式全大于 0；

(7) A 的所有主子式全大于 0。

证明 (1)⇒(2) 对于任意 $\boldsymbol{x}\in\mathbf{C}^n$ 且 $\boldsymbol{x}\neq\mathbf{0}$，由于 B 可逆，因此 $B\boldsymbol{x}\neq 0$。由于 A 是正定 Hermite 矩阵，因此

$$\boldsymbol{x}^* (B^* AB)\boldsymbol{x} = (B\boldsymbol{x})^* A(B\boldsymbol{x}) > 0,$$

从而 $B^* AB$ 是正定 Hermite 矩阵。

(2)⇒(3) 由于 A 是 Hermite 矩阵，因此存在酉矩阵 P，使得 $P^{-1}AP=\text{diag}\{\lambda_1,\lambda_2,\cdots,\lambda_n\}$，其中 $\lambda_1,\lambda_2,\cdots,\lambda_n$ 是 A 的全部特征值，且都是实数，由假设得，$P^{-1}AP$ 是正定 Hermite 矩阵，由此得出，$\boldsymbol{\varepsilon}_i^* (P^{-1}AP)\boldsymbol{\varepsilon}_i>0$，即 $\lambda_i>0, i=1,2,\cdots,n$。

(3)⇒(4) 由于 A 是 Hermite 矩阵，因此存在酉矩阵 P，使得 $P^{-1}AP=\text{diag}\{\lambda_1,\lambda_2,\cdots,\lambda_n\}$，其中 λ_i 是实数，$i=1,2,\cdots,n$。由假设 $\lambda_i>0, i=1,2,\cdots,n$。令

$$Q = \text{diag}\{\sqrt{\lambda_1}, \sqrt{\lambda_2}, \cdots, \sqrt{\lambda_n}\},$$

则 $P^{-1}AP=QQ$，从而 $Q^{-1}P^{-1}APQ^{-1}=I$。令 $C=PQ^{-1}$，则

$$C^* = (PQ^{-1})^* = Q^{-1}P^* = Q^{-1}P^{-1},$$

于是 $C^* AC=I$。

(4)⇒(5) 由假设 $C^* AC=I$，于是 $A=(C^*)^{-1}C^{-1}$。令 $Q=C^{-1}$，则

$$Q^* = (C^{-1})^* = \overline{(C^{-1})'} = (\overline{C}^{-1})' = (C^*)^{-1},$$

因此 $A=Q^*Q$。

(5)⇒(1) 设 $A=Q^*Q$，其中 Q 可逆，则对于任意 $\boldsymbol{x}\in\mathbf{C}^n$ 且 $\boldsymbol{x}\neq\mathbf{0}$，有

$$\boldsymbol{x}^*A\boldsymbol{x} = \boldsymbol{x}^*Q^*Q\boldsymbol{x} = (Q\boldsymbol{x})^*(Q\boldsymbol{x}).$$

设 $Q\boldsymbol{x}=(a_1,a_2,\cdots,a_n)'$，则

$$\begin{aligned}\boldsymbol{x}^*A\boldsymbol{x} &= a_1\overline{a_1}+a_2\overline{a_2}+\cdots+a_n\overline{a_n}\\ &=|a_1|^2+|a_2|^2+\cdots+|a_n|^2>0,\end{aligned}$$

因此 A 是正定 Hermite 矩阵。

(1)⇔(6) 类似于《高等代数(上册)(第 3 版)》第 208 页的定理 8 的证法。

(1)⇔(7) 类似于《高等代数学习指导书(上册)》6.3 节的例 9 的证法。 ■

10.5.2 典型例题

例 1 用 $\widetilde{C}[a,b]$表示区间$[a,b]$上所有连续复值函数组成的线性空间，规定

$$(f(x),g(x)) \xlongequal{\text{def}} \int_a^b f(x)\overline{g(x)}\mathrm{d}(x). \tag{53}$$

证明：$(f(x,),g(x))$是 $\widetilde{C}[a,b]$上的一个内积。

证明 对于任意 $f(x),g(x),h(x)\in\widetilde{C}[a,b]$，$k\in\mathbf{C}$，有

$$\begin{aligned}\overline{(g(x),f(x))} &= \overline{\int_a^b g(x)\overline{f(x)}\mathrm{d}x}\\ &= \int_a^b \overline{g(x)}f(x)\mathrm{d}x\\ &= (f(x),g(x));\end{aligned}$$

$$\begin{aligned}(f(x)+h(x),g(x)) &= \int_a^b (f(x)+h(x))\overline{g(x)}\mathrm{d}x\\ &= \int_a^b f(x)\overline{g(x)}\mathrm{d}x+\int_a^b h(x)\overline{g(x)}\mathrm{d}x\\ &= (f(x),g(x))+(h(x),g(x));\end{aligned}$$

$$\begin{aligned}(kf(x),g(x)) &= \int_a^b kf(x)\overline{g(x)}\mathrm{d}x\\ &= k\int_a^b f(x)\overline{g(x)} = k(f(x),g(x));\end{aligned}$$

$$(f(x),f(x)) = \int_a^b f(x)\overline{f(x)}\mathrm{d}x$$

$$=\int_a^b |f(x)|^2 \, dx \geqslant 0,$$

等号成立当且仅当$|f(x)|^2=0(a\leqslant x\leqslant b)$，即 $f(x)=0, x\in[a,b]$。

综上所述，$(f(x),g(x))$是 $\tilde{C}[a,b]$上的一个内积。 ■

例 2 在 $M_n(\mathbf{C})$中，规定

$$(A,B) \xlongequal{\text{def}} \operatorname{tr}(AB^*). \tag{54}$$

证明：(A,B)是 $M_n(\mathbf{C})$上的一个内积。

证明 对于任意 $A,B,C\in M_n(\mathbf{C}), k\in\mathbf{C}$，有

$$\begin{aligned}\overline{(B,A)} &= \overline{\operatorname{tr}(BA^*)} = \operatorname{tr}(\overline{BA^*}) = \operatorname{tr}(\overline{B}A') \\ &= \operatorname{tr}((\overline{B}A')') = \operatorname{tr}(AB^*) = (A,B); \\ (A+C,B) &= \operatorname{tr}((A+C)B^*) = \operatorname{tr}(AB^*) + \operatorname{tr}(CB^*) \\ &= (A,B)+(C,B); \\ (kA,B) &= \operatorname{tr}((kA)B^*) = k\operatorname{tr}(AB^*) = k(A,B);\end{aligned}$$

$$\begin{aligned}(A,A) = \operatorname{tr}(AA^*) &= \sum_{i=1}^n (AA^*)(i,i) \\ &= \sum_{i=1}^n \left(\sum_{j=1}^n A(i;j)A^*(j;i)\right) \\ &= \sum_{i=1}^n \left(\sum_{j=1}^n A(i;j)\overline{A(i;j)}\right) \\ &= \sum_{i=1}^n \sum_{j=1}^n |A(i;j)|^2 \geqslant 0,\end{aligned}$$

等号成立当且仅当$|A(i;j)|=0(i,j=1,2,\cdots,n)$，即 $A=0$。

综上所述，(A,B)是 $M_n(\mathbf{C})$上的一个内积。 ■

例 3 在酉空间 V 中，由内积可诱导出 V 上的一个函数 q：

$$q(\alpha)=(\alpha,\alpha), \forall\, \alpha\in V, \tag{55}$$

称 q 是 V 上的 **Hermite 二次函数**。证明：对任意 $\alpha,\beta\in V$，有

$$(\alpha,\beta)=\frac{1}{4}q(\alpha+\beta)-\frac{1}{4}q(\alpha-\beta)+\frac{\mathrm{i}}{4}q(\alpha+\mathrm{i}\beta)-\frac{\mathrm{i}}{4}q(\alpha-\mathrm{i}\beta), \tag{56}$$

(56)式称为**极化恒等式**，它也可以写成

$$(\alpha,\beta)=\frac{1}{4}\sum_{m=1}^4 \mathrm{i}^m |\alpha+\mathrm{i}^m\beta|^2. \tag{57}$$

证明 对于复数 $z=a+b\mathrm{i}$，有 $\mathrm{i}z=-b+a\mathrm{i}$。因此 $\operatorname{Im}(z)=b=\operatorname{Re}(-\mathrm{i}z)$。从而对于任

意 $\alpha,\beta\in V$，有

$$\begin{aligned}(\alpha,\beta)&=\mathrm{Re}(\alpha,\beta)+\mathrm{i}\,\mathrm{Re}(-\mathrm{i}(\alpha,\beta))\\&=\mathrm{Re}(\alpha,\beta)+\mathrm{i}\,\mathrm{Re}(\alpha,\mathrm{i}\beta),\end{aligned}\tag{58}$$

$$\begin{aligned}q(\alpha\pm\beta)&=(\alpha\pm\beta,\alpha\pm\beta)\\&=|\alpha|^2\pm(\beta,\alpha)\pm(\alpha,\beta)+|\beta|^2\\&=|\alpha|^2\pm 2\mathrm{Re}(\alpha,\beta)+|\beta|^2,\end{aligned}\tag{59}$$

$$\begin{aligned}q(\alpha\pm\mathrm{i}\beta)&=(\alpha\pm\mathrm{i}\beta,\alpha\pm\mathrm{i}\beta)\\&=|\alpha|^2\pm(\alpha,\mathrm{i}\beta)\pm(\mathrm{i}\beta,\alpha)+|\mathrm{i}\beta|^2\\&=|\alpha|^2\pm 2\mathrm{Re}(\alpha,\mathrm{i}\beta)+|\beta|^2.\end{aligned}\tag{60}$$

从(59)和(60)式得

$$q(\alpha+\beta)-q(\alpha+\mathrm{i}\beta)=2\mathrm{Re}(\alpha,\beta)-2\mathrm{Re}(\alpha,\mathrm{i}\beta),\tag{61}$$

$$q(\alpha+\beta)-q(\alpha-\mathrm{i}\beta)=2\mathrm{Re}(\alpha,\beta)+2\mathrm{Re}(\alpha,\mathrm{i}\beta),\tag{62}$$

$$q(\alpha-\beta)-q(\alpha+\mathrm{i}\beta)=-2\mathrm{Re}(\alpha,\beta)-2\mathrm{Re}(\alpha,\mathrm{i}\beta).\tag{63}$$

(61)式减去(63)式，(61)式减去(62)式，分别得

$$q(\alpha+\beta)-q(\alpha-\beta)=4\mathrm{Re}(\alpha,\beta),\tag{64}$$

$$-q(\alpha+\mathrm{i}\beta)+q(\alpha-\mathrm{i}\beta)=-4\mathrm{Re}(\alpha,\mathrm{i}\beta).\tag{65}$$

于是从(58)，(64)，(65)式得

$$\begin{aligned}(\alpha,\beta)&=\frac{1}{4}q(\alpha+\beta)-\frac{1}{4}q(\alpha-\beta)+\frac{\mathrm{i}}{4}q(\alpha+\mathrm{i}\beta)-\frac{\mathrm{i}}{4}q(\alpha-\mathrm{i}\beta)\\&=\frac{1}{4}\sum_{m=1}^{4}\mathrm{i}^m\,|\alpha+\mathrm{i}^m\beta|^2.\end{aligned}$$

■

点评 例 3 中极化恒等式表明，酉空间中的内积完全由 Hermite 二次函数 q 决定。

例 4 设 V 和 V' 都是复数域上的线性空间，$(\ ,\ )_1$ 是 V' 上的一个内积；设 σ 是 V 到 V' 的一个线性映射，并且 σ 是单射，对于 V 中任意两个向量 α,β，规定

$$(\alpha,\beta)=(\sigma\alpha,\sigma\beta)_1,$$

证明：$(\ ,\ )$ 是 V 上的一个内积。

证明 对于任意 $\alpha,\beta,\gamma\in V$，$k\in\mathbf{C}$，有

$$\overline{(\beta,\alpha)}=\overline{(\sigma\beta,\sigma\alpha)_1}=(\sigma\alpha,\sigma\beta)_1=(\alpha,\beta),$$

$$\begin{aligned}(\alpha+\gamma,\beta)&=(\sigma(\alpha+\gamma),\sigma\beta)_1=(\sigma\alpha+\sigma\gamma,\sigma\beta)_1\\&=(\sigma\alpha,\sigma\beta)_1+(\sigma\gamma,\sigma\beta)_1=(\alpha,\beta)+(\gamma,\beta),\end{aligned}$$

$$\begin{aligned}(k\alpha,\beta)&=(\sigma(k\alpha),\sigma\beta)_1=(k\sigma\alpha,\sigma\beta)_1=k(\sigma\alpha,\sigma\beta)_1\\&=k(\alpha,\beta),\end{aligned}$$

$$(\alpha,\alpha)=(\sigma\alpha,\sigma\alpha)_1\geqslant 0,$$

等号成立当且仅当 $\sigma\alpha=0$。由于 σ 是单射，因此 $\sigma\alpha=0$ 当且仅当 $\alpha=0$。

综上所述，(,)是 V 上的一个内积。 ■

例 5 求出 $\mathbf{C}^1$ 上的所有内积。

解 $\mathbf{C}^1$ 上的内积是 $\mathbf{C}^1$ 上的二元函数，即 $\mathbf{C}^1\times\mathbf{C}^1$ 到 $\mathbf{C}$ 的一个映射，由于复线性空间上的内积对第一个变量是线性的，对第二个变量是半线性的，因此 $\mathbf{C}^1$ 上的内积(,)必形如

$$(x,y)=kx\bar{y},\forall\, x,y\in\mathbf{C}^1.$$

由于内积具有 Hermite 性，因此

$$kx\bar{y}=(x,y)=\overline{(y,x)}=\overline{ky\bar{x}}=\bar{k}x\bar{y},\forall\, x,y\in\mathbf{C}^1.$$

由此得出，$k=\bar{k}$。因此 k 是实数。

由于内积具有正定性，因此当 $x\neq0$ 时，有

$$0<(x,x)=kx\bar{x}=k\mid x\mid^2.$$

由此推出，$k>0$。综上所述，$\mathbf{C}^1$ 上的内积必形如

$$(x,y)=kx\bar{y},\forall\, x,y\in\mathbf{C}^1, \tag{66}$$

其中 k 是正实数。

反之，对于任意正实数 k，(66)式表示的二元函数都是 $\mathbf{C}^1$ 上的内积。

例 6 在酉空间 $\widetilde{C}[0,2\pi]$中，证明：它的一个子集

$$S=\left\{\frac{1}{\sqrt{2\pi}}\mathrm{e}^{\mathrm{i}nx}\,\middle|\, n=0,\pm1,\pm2,\cdots\right\}$$

是正交规范集。

证明 对于任意 $n,m\in\mathbf{Z}$，且 $n\neq m$，有

$$\left(\frac{1}{\sqrt{2\pi}}\mathrm{e}^{\mathrm{i}nx},\frac{1}{\sqrt{2\pi}}\mathrm{e}^{\mathrm{i}nx}\right)=\frac{1}{2\pi}\int_0^{2\pi}\mathrm{e}^{\mathrm{i}nx}\,\mathrm{e}^{-\mathrm{i}nx}\,\mathrm{d}x=1,$$

$$\begin{aligned}\left(\frac{1}{\sqrt{2\pi}}\mathrm{e}^{\mathrm{i}nx},\frac{1}{\sqrt{2\pi}}\mathrm{e}^{\mathrm{i}mx}\right)&=\frac{1}{2\pi}\int_0^{2\pi}\mathrm{e}^{\mathrm{i}nx}\,\mathrm{e}^{-\mathrm{i}mx}\,\mathrm{d}x\\&=\frac{1}{2\pi}\int_0^{2\pi}\mathrm{e}^{\mathrm{i}(n-m)x}\,\mathrm{d}x\\&=\frac{1}{2\pi}\left[\int_0^{2\pi}\cos(n-m)x\,\mathrm{d}x+\int_0^{2\pi}\mathrm{i}\sin(n-m)x\mathrm{d}x\right]\\&=\frac{1}{2\pi}\left[\frac{1}{(n-m)}\int_0^{2(n-m)\pi}\cos y\,\mathrm{d}y+\frac{\mathrm{i}}{(n-m)}\int_0^{2(n-m)\pi}\sin y\,\mathrm{d}y\right]\\&=0,\end{aligned}$$

因此 S 是一个正交规范集。 ■

例 7 在酉空间 $\mathbf{C}^3$(指定标准内积)中,设

$$\boldsymbol{\alpha}_1=(1,-1,\mathrm{i})',\qquad \boldsymbol{\alpha}_2=(1,0,\mathrm{i})',\qquad \boldsymbol{\alpha}_3=(1,1,1)',$$

求 $\mathbf{C}^3$ 的一个标准正交基。

解 先进行 Schmidt 正交化,令

$$\boldsymbol{\beta}_1=\boldsymbol{\alpha}_1=(1,-1,\mathrm{i})',$$

$$\boldsymbol{\beta}_2=\boldsymbol{\alpha}_2-\frac{(\boldsymbol{\alpha}_2,\boldsymbol{\beta}_1)}{(\boldsymbol{\beta}_1,\boldsymbol{\beta}_1)}\boldsymbol{\beta}_1$$

$$=\boldsymbol{\alpha}_2-\frac{2}{3}\boldsymbol{\beta}_1=\left(\frac{1}{3},\frac{2}{3},\frac{1}{3}\mathrm{i}\right)',$$

$$\boldsymbol{\beta}_3=\boldsymbol{\alpha}_3-\frac{(\boldsymbol{\alpha}_3,\boldsymbol{\beta}_1)}{(\boldsymbol{\beta}_1,\boldsymbol{\beta}_1)}\boldsymbol{\beta}_1-\frac{(\boldsymbol{\alpha}_3,\boldsymbol{\beta}_2)}{(\boldsymbol{\beta}_2,\boldsymbol{\beta}_2)}\boldsymbol{\beta}_2$$

$$=\boldsymbol{\alpha}_3-\frac{-\mathrm{i}}{3}\boldsymbol{\beta}_1-\frac{1-\frac{1}{3}\mathrm{i}}{\frac{2}{3}}\boldsymbol{\beta}_2$$

$$=\left(\frac{1+\mathrm{i}}{2},0,\frac{1-\mathrm{i}}{2}\right)'.$$

然后进行单位化,令

$$\boldsymbol{\eta}_1=\frac{1}{|\boldsymbol{\beta}_1|}\boldsymbol{\beta}_1=\frac{1}{\sqrt{3}}\boldsymbol{\beta}_1=\left(\frac{\sqrt{3}}{3},-\frac{\sqrt{3}}{3},\frac{\sqrt{3}}{3}\mathrm{i}\right)',$$

$$\boldsymbol{\eta}_2=\frac{1}{|\boldsymbol{\beta}_2|}\boldsymbol{\beta}_2=\sqrt{\frac{3}{2}}\boldsymbol{\beta}_2=\left(\frac{\sqrt{6}}{6},\frac{\sqrt{6}}{3},\frac{\sqrt{6}}{6}\mathrm{i}\right)',$$

$$\boldsymbol{\eta}_3=\frac{1}{|\boldsymbol{\beta}_3|}\boldsymbol{\beta}_3=\boldsymbol{\beta}_3=\left(\frac{1+\mathrm{i}}{2},0,\frac{1-\mathrm{i}}{2}\right)',$$

于是 $\mathbf{C}^3$ 的一个标准正交基是 η_1,η_2,η_3(如上所述)。

例 8 写出 1 级酉矩阵的形式。

解 设 $A=(a)$是酉矩阵,则 $A^*A=I$,即 $\bar{a}a=1$,于是$|a|=1$。因此 $a=\mathrm{e}^{\mathrm{i}\theta}$,从而 1 级酉矩阵形如$(\mathrm{e}^{\mathrm{i}\theta})$,其中 $0\leqslant\theta<2\pi$。

例 9 证明:酉矩阵的行列式的模为 1。

证明 设 A 是 n 级酉矩阵,从 n 级行列式的定义和共轭复数的性质立即得到,$|\overline{A}|=\overline{|A|}$。于是$|A^*|=\overline{|A|}$。从 $A^*A=I$ 得到,$1=\overline{|A|}\,|A|$。因此$|A|$的模等于 1。 ■

点评 例 9 的结论在《高等代数学习指导书(上册)》4.6 节的例 24 中已经证明过。

例 10 证明:酉空间 V 中,酉变换的特征值的模为 1。

证明 设 λ_1 是酉变换 $\mathbf{A}$ 的一个特征值,则 V 中存在非零向量 ξ,使得 $\mathbf{A}\xi=\lambda_1\xi$。于是

$$(\boldsymbol{A}\xi,\boldsymbol{A}\xi)=(\lambda_1\xi,\lambda_1\xi)=\lambda_1\overline{\lambda_1}(\xi,\xi)=|\lambda_1|^2(\xi,\xi).$$

由于 $\boldsymbol{A}$ 是酉变换,因此 $(\boldsymbol{A}\xi,\boldsymbol{A}\xi)=(\xi,\xi)$。从而

$$|\lambda_1|^2(\xi,\xi)=(\xi,\xi).$$

由于 $(\xi,\xi)\neq 0$,因此,$|\lambda_1|^2=1$,于是 $|\lambda_1|=1$。 ■

例 11 证明:上三角的酉矩阵必为对角矩阵,且其主对角元的模都等于 1。

证明 设 A 是 n 级上三角的酉矩阵,则 A 可逆且 $A^{-1}=A^*$。由于 A^{-1} 是上三角矩阵,因此 A^* 是上三角矩阵,从而 $\overline{A}=(A^*)'$ 是下三角矩阵,于是 A 是下三角矩阵。因此 A 是对角矩阵。由于 $A^*A=I$,因此 $\overline{A(i;i)}A(i;i)=1$。于是 A 的主对角元的模都等于 1。 ■

例 12 证明:任一 n 级可逆复矩阵 A 一定可以分解成 $A=PB$,其中 P 是 n 级酉矩阵,B 是主对角元都为正实数的 n 级上三角矩阵,并且这种分解法是唯一的。

证明 可分解性。利用 Schmidt 正交化和单位化的公式,详细过程与《高等代数学习指导书(上册)》4.6 节的例 3 的可分解性证明一样。

唯一性。用反证法,然后利用例 11 的结论。详细过程与《高等代数学习指导书(上册)》4.6 节的例 3 的唯一性证明类似。 ■

点评 从例 9、例 11 和例 12 看到,复数域上的酉矩阵与实数域上的正交矩阵有类似的性质。又如在《高等代数学习指导书(上册)》习题 5.7 的第 6 题证明了:"酉矩阵的特征值的模为 1";补充题五的第 9 题、第 11 题分别证明了:"n 级复矩阵 A 是酉矩阵当且仅当 A 的行(列)向量组是酉空间 $\mathbf{C}^n$ 的一个标准正交基","酉矩阵 A 的属于不同特征值的特征向量一定正交"。而从本节定理 14 与 10.4 节定理 1 的矩阵语言叙述看出,酉矩阵与正交矩阵具有不同的性质。

例 13 设 n 级复矩阵 $A=P+\mathrm{i}Q$,其中 P,Q 都是实矩阵。证明:A 是酉矩阵当且仅当 $P'Q$ 是对称矩阵且 $P'P+Q'Q=I$。

证明 $A^*=P^*+\bar{\mathrm{i}}Q^*=P'-\mathrm{i}Q'$,

$$A^*A=(P'-\mathrm{i}Q')(P+\mathrm{i}Q)=(P'P+Q'Q)+\mathrm{i}(P'Q-Q'P),$$

从而 A 是酉矩阵 $\Leftrightarrow$ $A^*A=I$

$\Leftrightarrow$ $P'P+Q'Q=I$ 且 $P'Q-Q'P=0$

$\Leftrightarrow$ $P'P+Q'Q=I$ 且 $P'Q=(P'Q)'$。

这证明了结论。 ■

例 14 设 $\boldsymbol{A}$ 是酉空间 V 的一个酉变换,W 是 $\boldsymbol{A}$ 的有限维不变子空间。证明:$W^{\perp}$ 也是 $\boldsymbol{A}$ 的不变子空间。

证明 与 10.4 节命题 6 的证明一样。 ■

点评 从例 10 和例 14 看到,酉空间中的酉变换与实内积空间中的正交变换有类似的

性质。而从定理 12 和 10.4 节的定理 1 看到，酉变换与正交变换有不同的性质。

例 15 证明：酉空间 V 中，Hermite 变换 $\boldsymbol{A}$ 的属于不同特征值的特征向量一定正交。

证明 设 λ_1,λ_2 是 Hermite 变换 $\boldsymbol{A}$ 的不同特征值，ξ_1,ξ_2 分别是 $\boldsymbol{A}$ 的属于 λ_1,λ_2 的特征向量，则

$$\lambda_1(\xi_1,\xi_2)=(\lambda_1\xi_1,\xi_2)=(\boldsymbol{A}\xi_1,\xi_2)=(\xi_1,\boldsymbol{A}\xi_2)$$
$$=(\xi_1,\lambda_2\xi_2)=\overline{\lambda_2}(\xi_1,\xi_2).$$

据命题 9，λ_2 是实数，因此由上述式子得出，$(\xi_1,\xi_2)=0$。 ■

点评 酉空间中的 Hermite 变换与实内积空间中的对称变换有类似的性质；复数域上的 Hermite 矩阵与实数域上的对称矩阵有类似的性质。

例 16 设 H 是 n 级 Hermite 矩阵，证明：

(1) $I-\mathrm{i}H$ 与 $I+\mathrm{i}H$ 都可逆；

(2) $A=(I-\mathrm{i}H)(I+\mathrm{i}H)^{-1}$ 是酉矩阵，且 -1 不是 A 的特征值。

证明 (1) 据定理 15 得，存在 n 级酉矩阵 P，使得

$$P^{-1}HP=\mathrm{diag}\{\lambda_1,\lambda_2,\cdots,\lambda_n\},$$

其中 $\lambda_1,\lambda_2,\cdots,\lambda_n$ 是 H 的全部特征值，它们都是实数。于是

$$P^{-1}(I-\mathrm{i}H)P=I-\mathrm{i}\,\mathrm{diag}\{\lambda_1,\lambda_2,\cdots,\lambda_n\}=\mathrm{diag}\{1-\lambda_1\mathrm{i},\cdots,1-\lambda_n\mathrm{i}\},$$
$$P^{-1}(I+\mathrm{i}H)P=I+\mathrm{i}\,\mathrm{diag}\{\lambda_1,\lambda_2,\cdots,\lambda_n\}=\mathrm{diag}\{1+\lambda_1\mathrm{i},\cdots,1+\lambda_n\mathrm{i}\},$$

从而 $|I\mp\mathrm{i}H|\neq0$。因此 $I\mp\mathrm{i}H$ 可逆。

(2) $P^{-1}(I+\mathrm{i}H)^{-1}P=(P^{-1}(I+\mathrm{i}H)P)^{-1}$

$$=\mathrm{diag}\left\{\frac{1}{1+\lambda_1\mathrm{i}},\frac{1}{1+\lambda_2\mathrm{i}},\cdots,\frac{1}{1+\lambda_n\mathrm{i}}\right\}.$$

由于

$$\frac{1-\lambda_j\mathrm{i}}{1+\lambda_j\mathrm{i}}\cdot\frac{1+\lambda_j\mathrm{i}}{1-\lambda_j\mathrm{i}}=1,j=1,2,\cdots,n,$$

$$P^{-1}AP=P^{-1}(I-\mathrm{i}H)PP^{-1}(I+\mathrm{i}H)^{-1}P$$
$$=\mathrm{diag}\left\{\frac{1-\lambda_1\mathrm{i}}{1+\lambda_1\mathrm{i}},\cdots,\frac{1-\lambda_n\mathrm{i}}{1+\lambda_n\mathrm{i}}\right\},$$

因此，$(P^{-1}AP)(P^{-1}AP)^*=I$。从而 $P^{-1}AP$ 是酉矩阵。由于 P 是酉矩阵，P^{-1} 也是酉矩阵，因此 A 是酉矩阵。

从 $P^{-1}AP$ 的表达式看出，A 的全部特征值是 $\frac{1-\lambda_j\mathrm{i}}{1+\lambda_j\mathrm{i}}$，$j=1,2,\cdots,n$。假如 $\frac{1-\lambda_j\mathrm{i}}{1+\lambda_j\mathrm{i}}=-1$，则得 $1=-1$，矛盾。因此 -1 不是 A 的特征值。 ■

点评 从例 16 的证明中看到，利用 Hermite 矩阵的酉相似标准形可以使证明过程很

简洁。由此体会到我们为什么那么强调研究矩阵的相似标准形。从例 16 的证明中看到，$P^{-1}(I-\mathrm{i}H)P$ 与 $P^{-1}(I+\mathrm{i}H)^{-1}P$ 可交换，从而 $I-\mathrm{i}H$ 与 $(I+\mathrm{i}H)^{-1}$ 可交换。从例 16 的第(2)小题的证明看出，类似地可证 $B=(I+\mathrm{i}H)(I-\mathrm{i}H)^{-1}$ 也是酉矩阵，且 -1 不是 B 的特征值。

例 17　设 A 是 n 级酉矩阵，且 -1 不是 A 的特征值。证明：$I+A$ 可逆，且

$$H=-\mathrm{i}(I-A)(I+A)^{-1}$$

是 Hermite 矩阵。

证明　据定理 14 得，存在 n 级酉矩阵 P，使得

$$P^{-1}AP=\mathrm{diag}\{\mathrm{e}^{\mathrm{i}\theta_1},\mathrm{e}^{\mathrm{i}\theta_2},\cdots,\mathrm{e}^{\mathrm{i}\theta_n}\},$$

其中 $0\leqslant\theta_j<2\pi, j=1,2,\cdots,n$。于是

$$P^{-1}(I+A)P=\mathrm{diag}\{1+\mathrm{e}^{\mathrm{i}\theta_1},1+\mathrm{e}^{\mathrm{i}\theta_2},\cdots,1+\mathrm{e}^{\mathrm{i}\theta_n}\}.$$

由于 -1 不是 A 的特征值，因此 $1+\mathrm{e}^{\mathrm{i}\theta_j}\neq 0, j=1,2,\cdots,n$。从而 $|I+A|\neq 0$。于是 $I+A$ 可逆。

$$P^{-1}(I-A)P=\mathrm{diag}\{1-\mathrm{e}^{\mathrm{i}\theta_1},1-\mathrm{e}^{\mathrm{i}\theta_2},\cdots,1-\mathrm{e}^{\mathrm{i}\theta_n}\},$$

$$P^{-1}(I+A)^{-1}P=(P^{-1}(I+A)P)^{-1}=\mathrm{diag}\{(1+\mathrm{e}^{\mathrm{i}\theta_1})^{-1},\cdots,(1+\mathrm{e}^{\mathrm{i}\theta_n})^{-1}\},$$

$$P^{-1}HP=\mathrm{diag}\left\{-\mathrm{i}\frac{1-\mathrm{e}^{\mathrm{i}\theta_1}}{1+\mathrm{e}^{\mathrm{i}\theta_1}},\cdots,-\mathrm{i}\frac{1-\mathrm{e}^{\mathrm{i}\theta_n}}{1+\mathrm{e}^{\mathrm{i}\theta_n}}\right\}.$$

由于

$$\overline{\left(-\mathrm{i}\frac{1-\mathrm{e}^{\mathrm{i}\theta_j}}{1+\mathrm{e}^{\mathrm{i}\theta_j}}\right)}=\mathrm{i}\frac{1-\mathrm{e}^{-\mathrm{i}\theta_j}}{1+\mathrm{e}^{-\mathrm{i}\theta_j}}=\mathrm{i}\frac{\mathrm{e}^{-\mathrm{i}\theta_j}(\mathrm{e}^{\mathrm{i}\theta_j}-1)}{\mathrm{e}^{-\mathrm{i}\theta_j}(\mathrm{e}^{\mathrm{i}\theta_j}+1)}=(-\mathrm{i})\frac{1-\mathrm{e}^{\mathrm{i}\theta_j}}{1+\mathrm{e}^{\mathrm{i}\theta_j}},$$

因此 $D=P^{-1}HP$ 满足 $D^*=D$，从而 D 是 Hermite 矩阵。由于 $H=PDP^{-1}$，且 P 是酉矩阵，因此

$$H^*=(PDP^{-1})^*=PD^*P^*=PDP^{-1}=H,$$

从而 H 是 Hermite 矩阵。 ■

点评　从例 17 的证明中看到，$P^{-1}(I-A)P$ 与 $P^{-1}(I+A)^{-1}P$ 可交换，因此 $I-A$ 与 $(I+A)^{-1}$ 可交换。例 16 建立了 n 级 Hermite 矩阵组成的集合 Ω 到不以 -1 为特征值的 n 级酉矩阵组成的集合 U 的一个映射 $\sigma: H\longmapsto(I-\mathrm{i}H)(I+\mathrm{i}H)^{-1}$。记 $A=(I-\mathrm{i}H)(I+\mathrm{i}H)^{-1}$。于是 $A(I+\mathrm{i}H)=I-\mathrm{i}H$。从而 $\mathrm{i}(A+I)H=I-A$。由于 -1 不是 A 的特征值，因此 $I+A$ 可逆。于是 $H=-\mathrm{i}(I+A)^{-1}(I-A)=-\mathrm{i}(I-A)(I+A)^{-1}$。由此看出，例 17 中把不以 -1 为特征值的酉矩阵 A 对应到 $-\mathrm{i}(I-A)(I+A)^{-1}$，是 U 到 Ω 的一个映射，它是 σ 的逆映射，因此 σ 是 Ω 与 U 之间的一个一一对应，称 σ 是 **Cayley 变换**。它类似于实数集 $\mathbf{R}$ 到复平面的单位圆(去掉 -1 对应的点)C_1 的一个映射 Φ：

$$\Phi:\mathbf{R}\longrightarrow C_1$$

$$a\longmapsto\frac{1-a\mathrm{i}}{1+a\mathrm{i}}. \tag{67}$$

由于对任意 $a\in\mathbf{R}$,都有

$$\left(\frac{1-a\mathrm{i}}{1+a\mathrm{i}}\right)\overline{\left(\frac{1-a\mathrm{i}}{1+a\mathrm{i}}\right)}=\frac{1-a\mathrm{i}}{1+a\mathrm{i}}\frac{1+a\mathrm{i}}{1-a\mathrm{i}}=1,$$

因此 $\left|\frac{1-a\mathrm{i}}{1+a\mathrm{i}}\right|=1$。显然 $\frac{1-a\mathrm{i}}{1+a\mathrm{i}}\neq-1$,因此 Φ 是 $\mathbf{R}$ 到 C_1 的一个映射。记 $z=\frac{1-a\mathrm{i}}{1+a\mathrm{i}}$,则 $z(1+a\mathrm{i})=1-a\mathrm{i}$。移项得 $(z+1)a\mathrm{i}=1-z$。由于 $z\neq-1$,因此 $a=\frac{1}{\mathrm{i}}\frac{1-z}{1+z}$。从而把模为 1 的复数 $z(\neq-1)$ 对应到 $\frac{1}{\mathrm{i}}\frac{1-z}{1+z}$ 的映射是 Φ 的逆映射。因此 Φ 是实数集 $\mathbf{R}$ 与复平面的单位圆(去掉 -1 对应的点)C_1 之间的一个一一对应。

在 10.4 节的例 25 和例 26 中,我们讨论了欧几里得空间中斜对称变换与正交变换之间的联系,它有点像现在讨论的 Hermite 矩阵与酉矩阵之间的联系。为什么不去讨论对称变换与正交变换的联系,而是讨论斜对称变换与正交变换的联系呢?这是因为对称变换的正交相似标准形是对角矩阵,而正交变换与斜对称变换的正交相似标准形都是可能含有 2 级子矩阵的分块对角矩阵。

例 18　证明:Hermite 矩阵的特征多项式是实系数多项式。

证明　设 H 是 n 级 Hermite 矩阵,则存在 n 级酉矩阵 P,使得 $P^{-1}HP=\mathrm{diag}\{\lambda_1,\lambda_2,\cdots,\lambda_n\}$,其中 $\lambda_1,\lambda_2,\cdots,\lambda_n$ 都是实数。由于相似的矩阵有相同的特征多项式,因此 H 的特征多项式 $f(\lambda)$ 为

$$f(\lambda)=(\lambda-\lambda_1)(\lambda-\lambda_2)\cdots(\lambda-\lambda_n).$$

由此看出,$f(\lambda)$ 是实系数多项式。 ■

例 19　设 $\mathbf{A}$ 是 n 维酉空间 V 上的一个酉变换。证明:$\mathbf{A}$ 的全部特征值形如 $\mathrm{e}^{\mathrm{i}\theta_1},\mathrm{e}^{\mathrm{i}\theta_2},\cdots,\mathrm{e}^{\mathrm{i}\theta_n}$,$\mathbf{A}^{-1}$ 的全部特征值为 $\mathrm{e}^{-\mathrm{i}\theta_1},\mathrm{e}^{-\mathrm{i}\theta_2},\cdots,\mathrm{e}^{-\mathrm{i}\theta_n}$,其中 $0\leqslant\theta_j<2\pi,j=1,2,\cdots,n$。

证明　据定理 14 得,酉变换 $\mathbf{A}$ 的酉相似标准形 A 形如

$$A=\mathrm{diag}\{\mathrm{e}^{\mathrm{i}\theta_1},\mathrm{e}^{\mathrm{i}\theta_2},\cdots,\mathrm{e}^{\mathrm{i}\theta_n}\},0\leqslant\theta_j<2\pi,j=1,2,\cdots,n,$$

因此 $\mathbf{A}$ 的全部特征值形如 $\mathrm{e}^{\mathrm{i}\theta_1},\mathrm{e}^{\mathrm{i}\theta_2},\cdots,\mathrm{e}^{\mathrm{i}\theta_n}$,其中 $0\leqslant\theta_j<2\pi,j=1,2,\cdots,n$。由于 $A^{-1}=\mathrm{diag}\{\mathrm{e}^{-\mathrm{i}\theta_1},\cdots,\mathrm{e}^{-\mathrm{i}\theta_n}\}$,因此 $\mathbf{A}^{-1}$ 的全部特征值为 $\mathrm{e}^{-\mathrm{i}\theta_1},\mathrm{e}^{-\mathrm{i}\theta_2},\cdots,\mathrm{e}^{-\mathrm{i}\theta_n}$。 ■

点评　注意 $\mathrm{e}^{-\mathrm{i}\theta_j}=\overline{\mathrm{e}^{\mathrm{i}\theta_j}},j=1,2,\cdots,n$。

例 20　求出所有 2 级酉矩阵。

解　设

$$A=\begin{pmatrix}a_{11}&a_{12}\\a_{21}&a_{22}\end{pmatrix}$$

是酉矩阵,则 $A^{-1}=A^*$。于是有

$$\frac{1}{|A|}\begin{pmatrix} a_{22} & -a_{12} \\ -a_{21} & a_{11} \end{pmatrix} = \begin{pmatrix} \overline{a_{11}} & \overline{a_{21}} \\ \overline{a_{12}} & \overline{a_{22}} \end{pmatrix}.$$

由此得出，$a_{22}=|A|\overline{a_{11}}$，$a_{12}=-|A|\overline{a_{21}}$。

由于 A 的列向量组是 $\mathbf{C}^2$ 的一个标准正交基，因此 $|a_{11}|^2+|a_{21}|^2=1$。从而 $(|a_{11}|, |a_{21}|)$ 是单位圆上的一个点且在第 1 象限或在 x 轴、y 轴的正半轴上，于是存在 $\theta(0\leqslant\theta\leqslant\frac{\pi}{2})$，使得 $|a_{11}|=\cos\theta$，$|a_{21}|=\sin\theta$。因此 $a_{11}=\cos\theta\,\mathrm{e}^{\mathrm{i}\theta_1}$，$a_{21}=\sin\theta\,\mathrm{e}^{\mathrm{i}\theta_2}$，其中 $0\leqslant\theta_j<2\pi$，$j=1,2$。

由于 $|A|$ 的模为 1，因此 $|A|=\mathrm{e}^{\mathrm{i}\theta_3}$，其中 $0\leqslant\theta_3<2\pi$，于是 $a_{22}=\mathrm{e}^{\mathrm{i}\theta_3}\cos\theta\,\mathrm{e}^{-\mathrm{i}\theta_1}$，$a_{12}=-\mathrm{e}^{\mathrm{i}\theta_3}\sin\theta\,\mathrm{e}^{-\mathrm{i}\theta_2}$。从而

$$A=\begin{pmatrix} \cos\theta\,\mathrm{e}^{\mathrm{i}\theta_1} & -\sin\theta\,\mathrm{e}^{\mathrm{i}\theta_3}\mathrm{e}^{-\mathrm{i}\theta_2} \\ \sin\theta\,\mathrm{e}^{\mathrm{i}\theta_2} & \cos\theta\,\mathrm{e}^{\mathrm{i}\theta_3}\mathrm{e}^{-\mathrm{i}\theta_1} \end{pmatrix}. \tag{68}$$

直接验证知道，形如(68)的矩阵都是酉矩阵。于是(68)式给出了所有的 2 级酉矩阵，其中 $0\leqslant\theta\leqslant\frac{\pi}{2}$，$0\leqslant\theta_j<2\pi$，$j=1,2,3$。

可以把(68)式的 A 写成下述形式：

$$A=\begin{pmatrix} \mathrm{e}^{-\mathrm{i}\theta_2} & 0 \\ 0 & \mathrm{e}^{-\mathrm{i}\theta_1} \end{pmatrix}\begin{pmatrix} \cos\theta & -\sin\theta \\ \sin\theta & \cos\theta \end{pmatrix}\begin{pmatrix} \mathrm{e}^{\mathrm{i}(\theta_1+\theta_2)} & 0 \\ 0 & \mathrm{e}^{\mathrm{i}\theta_3} \end{pmatrix}. \tag{69}$$

例 21 令 $\omega=\mathrm{e}^{\mathrm{i}\frac{2\pi}{n}}$，对于任意整数 m，计算

$$1+\omega^m+\omega^{2m}+\cdots+\omega^{(n-1)m};$$

由此受到启发，构造一个 n 级酉矩阵。

解
$$1+\omega^m+\omega^{2m}+\cdots+\omega^{(n-1)m}=\frac{1-(\omega^m)^n}{1-\omega^m}=0,$$

又由于 $|\omega^m|=1$，$\overline{\omega^m}=\omega^{-m}$，因此在 $\mathbf{C}^n$ 中，下述向量组

$$\begin{pmatrix} 1 \\ 1 \\ 1 \\ \vdots \\ 1 \end{pmatrix}, \begin{pmatrix} 1 \\ \omega \\ \omega^2 \\ \vdots \\ \omega^{n-1} \end{pmatrix}, \begin{pmatrix} 1 \\ \omega^2 \\ \omega^4 \\ \vdots \\ \omega^{2(n-1)} \end{pmatrix}, \cdots, \begin{pmatrix} 1 \\ \omega^{n-1} \\ \omega^{2(n-1)} \\ \vdots \\ \omega^{(n-1)^2} \end{pmatrix}$$

是正交向量组，且长度都等于 $\sqrt{n}$，从而下述矩阵

$$\frac{1}{\sqrt{n}}\begin{pmatrix} 1 & 1 & 1 & \cdots & 1 \\ 1 & \omega & \omega^2 & \cdots & \omega^{n-1} \\ 1 & \omega^2 & \omega^4 & \cdots & \omega^{2(n-1)} \\ \vdots & \vdots & \vdots & & \vdots \\ 1 & \omega^m & \omega^{2(n-1)} & \cdots & \omega^{(n-1)^2} \end{pmatrix} \tag{70}$$

是一个 n 级酉矩阵。

例 22 把迹为 0 的 2 级 Hermite 矩阵组成的集合记作 V，

(1) 写出 V 中元素的一般形式；

(2) 证明：V 是实数域上的一个线性空间；

(3) 求 V 的一个基和维数；

(4) 对于 $H_1, H_2 \in V$，设 H_i 在第(3)小题的 V 的一个基下的坐标为 $\boldsymbol{X}_i$，$i=1,2$。令

$$(H_1, H_2) = \boldsymbol{X}_1'\boldsymbol{X}_2,$$

这定义了 V 上的一个内积。设 A 是 2 级酉矩阵，令

$$\mathbf{A}(H) = AHA^{-1}, \forall H \in V,$$

证明 $\mathbf{A}$ 是 V 上的一个正交变换。

(5) 证明：对于 V 中每个非零元 H，存在行列式为 1 的酉矩阵 A，使得

$$AHA^{-1} = \begin{pmatrix} c & 0 \\ 0 & -c \end{pmatrix},$$

其中 $c>0$。

(1) **解** 设 $H=(h_{ij})$ 是迹为 0 的 2 级 Hermite 矩阵，则 $h_{11}+h_{22}=0$，且 $H^*=H$，即

$$\begin{pmatrix} \overline{h_{11}} & \overline{h_{21}} \\ \overline{h_{12}} & \overline{h_{22}} \end{pmatrix} = \begin{pmatrix} h_{11} & h_{12} \\ h_{21} & h_{22} \end{pmatrix},$$

从而 $\overline{h_{11}}=h_{11}$，$\overline{h_{21}}=h_{12}$，$h_{22}=-h_{11}$。于是

$$h_{11} = x_1, h_{22} = -x_1, h_{12} = x_2 + \mathrm{i}x_3,$$

其中 $x_j \in \mathbf{R}$，$j=1,2,3$。因此

$$H = \begin{pmatrix} x_1 & x_2 + \mathrm{i}x_3 \\ x_2 - \mathrm{i}x_3 & -x_1 \end{pmatrix}. \tag{71}$$

易验证，对任意实数 x_1, x_2, x_3，形如(71)式的矩阵 H 都是迹为 0 的 2 级 Hermite 矩阵。

(2) **证明** 显然 V 对于矩阵的加法封闭，且满足加法的 4 条法则；对任意 $a \in \mathbf{R}$，$H \in V$，有 $aH \in V$，且满足有关数量乘法的 4 条法则，因此 V 成为实数域上的一个线性空间。

(3) **解** V 中任一元素 H 可以表示成

$$H=\begin{bmatrix}x_1 & x_2+\mathrm{i}x_3\\ x_2-\mathrm{i}x_3 & -x_1\end{bmatrix}=x_1\begin{pmatrix}1&0\\0&-1\end{pmatrix}+x_2\begin{pmatrix}0&1\\1&0\end{pmatrix}+x_3\begin{pmatrix}0&\mathrm{i}\\-\mathrm{i}&0\end{pmatrix},$$

且上式等于 0 当且仅当 $x_1=x_2=x_3=0$。因此 V 的一个基为

$$\begin{pmatrix}1&0\\0&-1\end{pmatrix},\begin{pmatrix}0&1\\1&0\end{pmatrix},\begin{pmatrix}0&\mathrm{i}\\-\mathrm{i}&0\end{pmatrix},$$

从而 $\dim V=3$。上述 3 个矩阵称为 **Pauli 矩阵**。

(4) **证明** 设

$$H_1=\begin{bmatrix}x_1 & x_2+\mathrm{i}x_3\\ x_2-\mathrm{i}x_3 & -x_1\end{bmatrix},H_2=\begin{bmatrix}y_1 & y_2+\mathrm{i}y_3\\ y_2-\mathrm{i}y_3 & -y_2\end{bmatrix},$$

则 H_1,H_2 在第(3)小题中 V 的基下的坐标分别为

$$(x_1,x_2,x_3)' \qquad (y_1,y_2,y_3)',$$

从而

$$(H_1,H_2)=x_1y_1+x_2y_2+x_3y_3.$$

特别地,H_1 的长度 $\|H_1\|$ 的平方为

$$\|H_1\|^2=x_1^2+x_2^2+x_3^2,$$

而 H_1 的行列式 $|H_1|$ 为

$$\begin{aligned}|H_1|&=-x_1^2-(x_2+\mathrm{i}x_3)(x_2-\mathrm{i}x_3)=-x_1^2-x_2^2-x_3^2\\&=-\|H_1\|^2.\end{aligned}$$

设 A 是 2 级酉矩阵,则对于任意 $H\in V$,有

$$(AHA^{-1})^*=(A^{-1})^*H^*A^*=AHA^{-1},$$

$$\mathrm{tr}(AHA^{-1})=\mathrm{tr}(H)=0,$$

因此 $AHA^{-1}\in V$。从而 **A** 是 V 上的一个变换。显然 **A** 保持加法和数量乘法。因此 **A** 是 V 上的一个线性变换。由于

$$\|\mathbf{A}(H)\|^2=\|AHA^{-1}\|^2=-|AHA^{-1}|=-|H|=\|H\|^2,$$

因此 **A** 保持 V 中向量的长度不变,从而 **A** 是 V 上的一个正交变换。 ■

(5) **证明** 因为 Hermite 矩阵能酉相似于一个实对角矩阵,所以对于 $H\in V$,且$H\neq0$,存在 2 级酉矩阵 P 使得

$$PHP^{-1}=\begin{pmatrix}c&0\\0&-c\end{pmatrix},c>0.$$

由于 P 是酉矩阵,因此 $|P|$ 的模等于 1,于是存在 $\theta(0\leqslant\theta<2\pi)$ 使得 $|P|=\mathrm{e}^{\mathrm{i}\theta}$。令 $A=\mathrm{e}^{\mathrm{i}(-\frac{\theta}{2})}P$,则 $|A|=(\mathrm{e}^{\mathrm{i}(-\frac{\theta}{2})})^2|P|=\mathrm{e}^{\mathrm{i}(-\theta)}\mathrm{e}^{\mathrm{i}\theta}=1$,且

$$AA^*=\mathrm{e}^{\mathrm{i}(-\frac{\theta}{2})}P\mathrm{e}^{\mathrm{i}\frac{\theta}{2}}P^*=PP^*=I,$$

因此 A 是行列式为 1 的 2 级酉矩阵。且有

$$AHA^{-1}=\mathrm{e}^{\mathrm{i}(-\frac{\theta}{2})}PHP^{-1}\mathrm{e}^{\mathrm{i}\frac{\theta}{2}}=PHP^{-1}=\begin{pmatrix}c & 0\\ 0 & -c\end{pmatrix}.$$ ■

点评 例 22 在研究由行列式为 1 的 2 级酉矩阵组成的群 $SU(2)$ 的不可约复表示，得到由行列式为 1 的 3 级正交矩阵组成的群 $SO(3)$ 的不可约复表示时有用。有兴趣的读者可以参看参考文献 16 的第 312～320 页或参考文献 20 的第 216 页的第 13 行至 217 页的第 12 行，以及本书 10.7 节的例 5。

例 23 酉空间 V 上的一个变换 $\mathbf{A}$ 如果满足

$$(\mathbf{A}\alpha,\beta)=-(\alpha,\mathbf{A}\beta),\ \forall\,\alpha,\beta\in V, \tag{72}$$

那么称 $\mathbf{A}$ 是 V 上的一个斜 Hermite 变换。证明：

(1) V 上的斜 Hermite 变换 $\mathbf{A}$ 是线性变换；

(2) n 维酉空间 V 上的线性变换 $\mathbf{A}$ 是斜 Hermite 变换当且仅当 $\mathbf{A}$ 在 V 的任意一个标准正交基下的矩阵 A 是满足 $A^*=-A$，称此矩阵 A 是斜 Hermite 矩阵；

(3) 斜 Hermite 变换的特征值是 0 或纯虚数；

(4) n 维酉空间 V 中存在一个标准正交基，使得斜 Hermite 变换 $\mathbf{A}$ 在此基下的矩阵为对角矩阵，其主对角元为 0 或纯虚数。

证明 (1) 任取 $\alpha,\beta\in V$，对于任意 $\gamma\in V$，$k\in\mathbf{C}$，有

$$\begin{aligned}(\mathbf{A}(\alpha+\beta),\gamma)&=-(\alpha+\beta,\mathbf{A}\gamma)=-(\alpha,\mathbf{A}\gamma)-(\beta,\mathbf{A}\gamma)\\&=(\mathbf{A}\alpha,\gamma)+(\mathbf{A}\beta,\gamma)=(\mathbf{A}\alpha+\mathbf{A}\beta,\gamma),\end{aligned}$$

由此推出，$\mathbf{A}(\alpha+\beta)=\mathbf{A}\alpha+\mathbf{A}\beta$。

$$\begin{aligned}(\mathbf{A}(k\alpha),\beta)&=-(k\alpha,\mathbf{A}\beta)=-k(\alpha,\mathbf{A}\beta)=k(\mathbf{A}\alpha,\beta)\\&=(k\mathbf{A}\alpha,\beta),\end{aligned}$$

由此推出，$\mathbf{A}(k\alpha)=k\mathbf{A}\alpha$。因此 $\mathbf{A}$ 是 V 上的线性变换。

(2) 任取 V 的一个标准正交基 $\eta_1,\eta_2,\cdots,\eta_n$，设

$$\mathbf{A}(\eta_1,\eta_2,\cdots,\eta_n)=(\eta_1,\eta_2,\cdots,\eta_n)A,$$

则 $\mathbf{A}\eta_j$ 在标准正交基 $\eta_1,\eta_2,\cdots,\eta_n$ 下的坐标的第 i 个分量为 $a_{ij}=(\mathbf{A}\eta_j,\eta_i)$，$i,j=1,2,\cdots,n$。因此

$$\begin{aligned}&\mathbf{A}\text{ 是 }V\text{ 上的斜 Hermite 变换}\\\Leftrightarrow\ &(\mathbf{A}\alpha,\beta)=-(\alpha,\mathbf{A}\beta),\ \forall\,\alpha,\beta\in V\\\Leftrightarrow\ &(\mathbf{A}\eta_j,\eta_i)=-(\eta_j,\mathbf{A}\eta_i),\ 1\leqslant i,j\leqslant n\\\Leftrightarrow\ &(\mathbf{A}\eta_j,\eta_i)=-\overline{(\mathbf{A}\eta_i,\eta_j)},\ 1\leqslant i,j\leqslant n\\\Leftrightarrow\ &a_{ij}=-\overline{a_{ji}},\ 1\leqslant i,j\leqslant n\\\Leftrightarrow\ &A=-A^*\text{。}\end{aligned}$$

于是 $\mathbf{A}$ 是 V 上的斜 Hermite 变换当且仅当 $\mathbf{A}$ 在 V 的任一标准正交基下的矩阵 A 满足 $A^*=-A$，称此矩阵 A 为斜 Hermite 矩阵。

(3) 设 λ_1 是斜 Hermite 变换 $\mathbf{A}$ 的任一特征值，ξ 是 $\mathbf{A}$ 的属于 λ_1 的一个特征向量，则

$$\begin{aligned}\lambda_1(\xi,\xi)&=(\lambda_1\xi,\xi)=(\mathbf{A}\xi,\xi)=-(\xi,\mathbf{A}\xi)\\&=-(\xi,\lambda_1\xi)=-\overline{\lambda_1}(\xi,\xi),\end{aligned}$$

由此得出，$(\lambda_1+\overline{\lambda_1})(\xi,\xi)=0$。从而 $\overline{\lambda_1}=-\lambda_1$。设 $\lambda_1=a+b\mathrm{i}$，则 $\overline{\lambda_1}=a-b\mathrm{i}$。由 $\overline{\lambda_1}=-\lambda_1$ 得 $a=0$。因此 λ_1 是 0 或纯虚数。

(4) 由于斜 Hermite 变换 $\mathbf{A}$ 的伴随变换 $\mathbf{A}^*=-\mathbf{A}$，因此 $\mathbf{A}$ 是正规变换。据定理 12 得，V 中存在一个标准正交基，使得 $\mathbf{A}$ 在此基下的矩阵是对角矩阵，其主对角元为 $\mathbf{A}$ 的全部特征值，从而它们是 0 或纯虚数。■

点评　例 23 的第(1)、(2)、(3)小题表明，酉空间中的斜 Hermite 变换与实内积空间中的斜对称变换有些性质相似；而第(4)小题表明，斜 Hermite 变换与斜对称变换有些性质是不同的。

例 24　设 $\mathbf{A}$ 是 n 维酉空间 V 上的斜 Hermite 变换。证明：如果对任意 $\alpha\in V$，都有 $(\mathbf{A}\alpha,\alpha)=0$，那么 $\mathbf{A}=\mathbf{0}$。

证明　据例 23 的第(4)小题得，V 中存在一个标准正交基 $\eta_1,\eta_2,\cdots,\eta_n$，使得 $\mathbf{A}$ 在此基下的矩阵 A 为

$$A=\mathrm{diag}\{\lambda_1,\lambda_2,\cdots,\lambda_n\}.$$

$\mathbf{A}\eta_i$ 在标准正交基 $\eta_1,\eta_2,\cdots,\eta_n$ 下的坐标的第 i 个分量为 $(\mathbf{A}\eta_i,\eta_i)$，它等于 A 的 (i,i) 元 λ_i。由已知条件得，$\lambda_i=(\mathbf{A}\eta_i,\eta_i)=0, i=1,2,\cdots,n$。因此 $A=0$。从而 $\mathbf{A}=\mathbf{0}$。■

点评　例 24 表明，对于 n 维酉空间 V 上的非零斜 Hermite 变换 $\mathbf{A}$，必有 $\alpha\in V$ 使得 $(\mathbf{A}\alpha,\alpha)\neq 0$。

例 25　证明：酉空间 V 上的线性变换 $\mathbf{A}$ 是 Hermite 变换(斜 Hermite 变换)当且仅当 $\mathbf{A}^*=\mathbf{A}$ $(\mathbf{A}^*=-\mathbf{A})$。

证明　必要性已经证过，下面证充分性。

若 $\mathbf{A}^*=\mathbf{A}$，则对任意 $\alpha,\beta\in V$，有

$$(\mathbf{A}\alpha,\beta)=(\alpha,\mathbf{A}^*\beta)=(\alpha,\mathbf{A}\beta),$$

因此 $\mathbf{A}$ 是 Hermite 变换。

若 $\mathbf{A}^*=-\mathbf{A}$，则对任意 $\alpha,\beta\in V$，有

$$(\mathbf{A}\alpha,\beta)=(\alpha,\mathbf{A}^*\beta)=(\alpha,-\mathbf{A}\beta)=-(\alpha,\mathbf{A}\beta),$$

因此 $\mathbf{A}$ 是斜 Hermite 变换。■

例 26　证明：酉空间 V 上的线性变换 $\mathbf{A}$ 是酉变换当且仅当 $\mathbf{A}^*=\mathbf{A}^{-1}$。

证明 必要性已证。下面证充分性。设 V 上的线性变换 $\boldsymbol{A}$ 有伴随变换 $\boldsymbol{A}^*$,且 $\boldsymbol{A}^*=\boldsymbol{A}^{-1}$,则对任意 $\alpha,\beta\in V$,有

$$(\boldsymbol{A}\alpha,\boldsymbol{A}\beta)=(\alpha,\boldsymbol{A}^*(\boldsymbol{A}\beta))=(\alpha,\boldsymbol{A}^{-1}\boldsymbol{A}\beta)=(\alpha,\beta),$$

因此 $\boldsymbol{A}$ 是酉变换。 ■

例 27 证明:在酉空间 V 中,若 $\boldsymbol{A}$ 是 Hermite 变换(斜 Hermite 变换),则 $\mathrm{i}\boldsymbol{A}$ 是斜 Hermite 变换(Hermite 变换)。

证明 设 $\boldsymbol{A}$ 是 Hermite 变换,则 $\boldsymbol{A}^*=\boldsymbol{A}$。从而

$$(\mathrm{i}\boldsymbol{A})^*=\bar{\mathrm{i}}A^*=-\mathrm{i}A.$$

据例 25 得,$\mathrm{i}\boldsymbol{A}$ 是斜 Hermite 变换。

设 $\boldsymbol{A}$ 是斜 Hermite 变换,则 $\boldsymbol{A}^*=-\boldsymbol{A}$。从而

$$(\mathrm{i}\boldsymbol{A})^*=\bar{\mathrm{i}}\boldsymbol{A}^*=-\mathrm{i}(-\boldsymbol{A})=\mathrm{i}\boldsymbol{A}.$$

因此 $\mathrm{i}\boldsymbol{A}$ 是 Hermite 变换。 ■

例 28 设 $\boldsymbol{A},\boldsymbol{B}$ 是酉空间 V 上的两个 Hermite 变换。证明:$\boldsymbol{AB}$ 是 Hermite 变换当且仅当 $\boldsymbol{AB}=\boldsymbol{BA}$。

证明 $\boldsymbol{AB}$ 是 Hermite 变换 $\Leftrightarrow$ $(\boldsymbol{AB})^*=\boldsymbol{AB}$

$\Leftrightarrow$ $\boldsymbol{B}^*\boldsymbol{A}^*=\boldsymbol{AB}$

$\Leftrightarrow$ $\boldsymbol{BA}=\boldsymbol{AB}$。 ■

例 29 设 $\boldsymbol{A},\boldsymbol{B}$ 是酉空间 V 上的两个斜 Hermite 变换。证明:$\boldsymbol{AB}$ 是斜 Hermite 变换当且仅当 $\boldsymbol{AB}=-\boldsymbol{BA}$。

证明 $\boldsymbol{AB}$ 是斜 Hermite 变换 $\Leftrightarrow$ $(\boldsymbol{AB})^*=-\boldsymbol{AB}$

$\Leftrightarrow$ $\boldsymbol{B}^*\boldsymbol{A}^*=-\boldsymbol{AB}$

$\Leftrightarrow$ $(-\boldsymbol{B})(-\boldsymbol{A})=-\boldsymbol{AB}$

$\Leftrightarrow$ $\boldsymbol{BA}=-\boldsymbol{AB}$。 ■

例 30 设 $\boldsymbol{A},\boldsymbol{B}$ 是酉空间 V 上的两个 Hermite 变换。证明:$\boldsymbol{AB}+\boldsymbol{BA}$ 与 $\mathrm{i}(\boldsymbol{AB}-\boldsymbol{BA})$ 都是 Hermite 变换。

证明 $(\boldsymbol{AB}+\boldsymbol{BA})^*=\boldsymbol{B}^*\boldsymbol{A}^*+\boldsymbol{A}^*\boldsymbol{B}^*=\boldsymbol{BA}+\boldsymbol{AB}$,

$$(\mathrm{i}(\boldsymbol{AB}-\boldsymbol{BA}))^*=\bar{\mathrm{i}}(\boldsymbol{B}^*\boldsymbol{A}^*-\boldsymbol{A}^*\boldsymbol{B}^*)=-\mathrm{i}(\boldsymbol{BA}-\boldsymbol{AB})=\mathrm{i}(\boldsymbol{AB}-\boldsymbol{BA}),$$

因此 $\boldsymbol{AB}+\boldsymbol{BA}$ 与 $\mathrm{i}(\boldsymbol{AB}-\boldsymbol{BA})$ 都是 Hermite 变换。 ■

例 31 设 $\boldsymbol{A}$ 是酉空间 V 上的一个线性变换,证明:

(1) $\boldsymbol{A}$ 是 Hermite 变换当且仅当对任意 $\alpha\in V$,有 $(\boldsymbol{A}\alpha,\alpha)$ 是实数;

(2) $\boldsymbol{A}$ 是斜 Hermite 变换当且仅当对任意 $\alpha\in V$,有 $(\boldsymbol{A}\alpha,\alpha)$ 是 0 或纯虚数。

证明 (1)必要性。设 $\boldsymbol{A}$ 是 Hermite 变换,则

$$(\mathbf{A}\alpha,\alpha)=(\alpha,\mathbf{A}\alpha)=\overline{(\mathbf{A}\alpha,\alpha)},\ \forall\,\alpha\in V.$$

于是$(\mathbf{A}\alpha,\alpha)$是实数，$\forall\,\alpha\in V$。

充分性。任取$\alpha,\beta\in V$，由已知条件，对任意$k\in\mathbf{C}$，有

$$(\mathbf{A}(\alpha+k\beta),\alpha+k\beta)=\overline{(\mathbf{A}(\alpha+k\beta),\alpha+k\beta)},$$

于是

$$\begin{aligned}&(\mathbf{A}\alpha,\alpha)+(\mathbf{A}\alpha,k\beta)+(\mathbf{A}(k\beta),\alpha)+(\mathbf{A}(k\beta),k\beta)\\=&\overline{(\mathbf{A}\alpha,\alpha)}+\overline{(\mathbf{A}\alpha,k\beta)}+\overline{(\mathbf{A}(k\beta,\alpha)}+\overline{(\mathbf{A}(k\beta),k\beta)}.\end{aligned}$$

由已知条件，从上式得

$$\bar{k}(\mathbf{A}\alpha,\beta)+k(\mathbf{A}\beta,\alpha)=k\,\overline{(\mathbf{A}\alpha,\beta)}+\bar{k}\,\overline{(\mathbf{A}\beta,\alpha)}.$$

分别取$k=1,k=\mathrm{i}$，由上式得

$$\begin{aligned}(\mathbf{A}\alpha,\beta)+(\mathbf{A}\beta,\alpha)&=\overline{(\mathbf{A}\alpha,\beta)}+\overline{(\mathbf{A}\beta,\alpha)},\\-\mathrm{i}(\mathbf{A}\alpha,\beta)+\mathrm{i}(\mathbf{A}\beta,\alpha)&=\mathrm{i}\,\overline{(\mathbf{A}\alpha,\beta)}-\mathrm{i}\,\overline{(\mathbf{A}\beta,\alpha)},\end{aligned}$$

解得，$(\mathbf{A}\alpha,\beta)=(\alpha,\mathbf{A}\beta)$。

因此 $\mathbf{A}$ 是 Hermite 变换。

(2) 必要性。设 $\mathbf{A}$ 是斜 Hermite 变换，则

$$(\mathbf{A}\alpha,\alpha)=-(\alpha,\mathbf{A}\alpha)=-\overline{(\mathbf{A}\alpha,\alpha)},\ \forall\,\alpha\in V.$$

因此$(\mathbf{A}\alpha,\alpha)$是 0 或纯虚数，$\forall\,\alpha\in V$。

充分性。任取$\alpha,\beta\in V,k\in\mathbf{C}$，由已知条件得

$$(\mathbf{A}(\alpha+k\beta),\alpha+k\beta)=-\overline{(\mathbf{A}(\alpha+k\beta),\alpha+k\beta)},$$

于是

$$\begin{aligned}&(\mathbf{A}\alpha,\alpha)+(\mathbf{A}\alpha,k\beta)+(\mathbf{A}(k\beta),\alpha)+(\mathbf{A}(k\beta),k\beta)\\=&-\overline{(\mathbf{A}\alpha,\alpha)}-\overline{(\mathbf{A}\alpha,k\beta)}-\overline{(\mathbf{A}(k\beta),\alpha)}-\overline{(\mathbf{A}(k\beta),k\beta)}.\end{aligned}$$

由已知条件，从上式得

$$\bar{k}(\mathbf{A}\alpha,\beta)+k(\mathbf{A}\beta,\alpha)=-k\,\overline{(\mathbf{A}\alpha,\beta)}-\bar{k}\,\overline{(\mathbf{A}\beta,\alpha)}.$$

分别取$k=1,k=\mathrm{i}$，由上式得

$$\begin{cases}(\mathbf{A}\alpha,\beta)+(\mathbf{A}\beta,\alpha)=-\overline{(\mathbf{A}\alpha,\beta)}-\overline{(\mathbf{A}\beta,\alpha)},\\-\mathrm{i}(\mathbf{A}\alpha,\beta)+\mathrm{i}(\mathbf{A}\beta,\alpha)=-\mathrm{i}\,\overline{(\mathbf{A}\alpha,\beta)}+\mathrm{i}\,\overline{(\mathbf{A}\beta,\alpha)}.\end{cases}$$

解得，$(\mathbf{A}\alpha,\beta)=-(\alpha,\mathbf{A}\beta)$。

因此 $\mathbf{A}$ 是斜 Hermite 变换。 ■

例 32 证明：酉空间 V 上的线性变换 $\mathbf{A}$ 如果有伴随变换 $\mathbf{A}^*$，那么 $\mathbf{A}$ 可以唯一地表示成

$$\mathbf{A}=\mathbf{A}_1+\mathrm{i}\mathbf{A}_2,\tag{73}$$

其中 $\boldsymbol{A}_1,\boldsymbol{A}_2$ 都是 Hermite 变换。

证明 令

$$\boldsymbol{A}_1=\frac{1}{2}(\boldsymbol{A}+\boldsymbol{A}^*),\boldsymbol{A}_2=\frac{1}{2\mathrm{i}}(\boldsymbol{A}-\boldsymbol{A}^*),\tag{74}$$

则 $\boldsymbol{A}_1^*=\boldsymbol{A}_1,\boldsymbol{A}_2^*=\boldsymbol{A}_2$,且 $\boldsymbol{A}=\boldsymbol{A}_1+\mathrm{i}\boldsymbol{A}_2$。

设 $\boldsymbol{A}=\boldsymbol{B}_1+\mathrm{i}\boldsymbol{B}_2$,其中 $\boldsymbol{B}_1,\boldsymbol{B}_2$ 都是 Hermite 变换。则

$$\boldsymbol{A}^*=\boldsymbol{B}_1^*+\bar{\mathrm{i}}\boldsymbol{B}_2^*=\boldsymbol{B}_1-\mathrm{i}\boldsymbol{B}_2.$$

联立上述两个等式,解得

$$\boldsymbol{B}_1=\frac{1}{2}(\boldsymbol{A}+\boldsymbol{A}^*),\boldsymbol{B}_2=\frac{1}{2\mathrm{i}}(\boldsymbol{A}-\boldsymbol{A}^*).$$

唯一性得证。 ■

例 33 证明:酉空间 V 上的线性变换 $\boldsymbol{A}$ 如果满足下列三个条件中的任意两个,那么它满足第三个条件:

(1) $\boldsymbol{A}$ 是酉变换;

(2) $\boldsymbol{A}$ 是 Hermite 变换;

(3) $\boldsymbol{A}$ 是对合变换(即 $\boldsymbol{A}^2=\boldsymbol{I}$)。

证明 设 $\boldsymbol{A}$ 满足条件(1)和(2),则 $\boldsymbol{A}^*=\boldsymbol{A}^{-1},\boldsymbol{A}^*=\boldsymbol{A}$。从而 $\boldsymbol{A}^{-1}=\boldsymbol{A}$,因此 $\boldsymbol{A}^2=\boldsymbol{I}$。

设 $\boldsymbol{A}$ 满足条件(1)和(3),则 $\boldsymbol{A}^*=\boldsymbol{A}^{-1},\boldsymbol{A}^2=\boldsymbol{I}$。从而 $\boldsymbol{A}^*=\boldsymbol{A}^{-1}=\boldsymbol{A}$。因此 $\boldsymbol{A}$ 是 Hermite 变换。

设 $\boldsymbol{A}$ 满足条件(2)和(3),则 $\boldsymbol{A}^*=\boldsymbol{A},\boldsymbol{A}^2=\boldsymbol{I}$。从而 $\boldsymbol{A}^*=\boldsymbol{A}=\boldsymbol{A}^{-1}$。因此 $\boldsymbol{A}$ 是酉变换。 ■

例 34 在复线性空间 $M_n(\mathbf{C})$ 中,指定内积

$$(A,B)=\mathrm{tr}(B^*A),\forall A,B\in M_n(\mathbf{C}).\tag{75}$$

设 M 是一个固定的 n 级复矩阵,定义

$$\boldsymbol{L}_M(A)=MA,\forall A\in M_n(\mathbf{C}).\tag{76}$$

易看出 $\boldsymbol{L}_M$ 是 $M_n(\mathbf{C})$ 上的一个线性变换。求 $\boldsymbol{L}_M$ 的伴随变换 $\boldsymbol{L}_M^*$。

解 对于任意 $A,B\in M_n(\mathbf{C})$,有

$$\begin{aligned}(\boldsymbol{L}_M(A),B)&=(MA,B)=\mathrm{tr}(B^*MA)=\mathrm{tr}((B^*MA)')\\&=\overline{\mathrm{tr}((B^*MA)^*)}=\overline{\mathrm{tr}(A^*M^*B)}\\&=\overline{(M^*B,A)}=(A,M^*B),\end{aligned}$$

$$(\boldsymbol{L}_M(A),B)=(A,\boldsymbol{L}_M^*(B)).$$

由上述两个等式得，$\boldsymbol{L}_M^*(B)=M^*B$。因此 $\boldsymbol{L}_M$ 的伴随变换 $\boldsymbol{L}_M^*$ 为 $\boldsymbol{L}_M^*(A)=M^*A, \forall A \in M_n(\mathbf{C})$。

例 35 在例 34 中，证明：$\boldsymbol{L}_M$ 是酉变换当且仅当 M 是酉矩阵。

证明 由于 $\boldsymbol{L}_M$ 是 $\mathbf{C}$ 上 n^2 维线性空间 $M_n(\mathbf{C})$ 上的线性变换，因此 $\boldsymbol{L}_M$ 可逆 $\Leftrightarrow$ $\boldsymbol{L}_M$ 是单射 $\Leftrightarrow$ $\operatorname{Ker} \boldsymbol{L}_M=0$。又有 $A\in \operatorname{Ker} \boldsymbol{L}_M$ $\Leftrightarrow$ $\boldsymbol{L}_M(A)=0$ $\Leftrightarrow$ $MA=0$。于是若 $\boldsymbol{L}_M$ 可逆，则从 $MA=0$ 可推出 $A=0$。由此得出，M 可逆（否则，若 M 不可逆，则齐次线性方程组 $M\boldsymbol{X}=0$ 必有非零解，从而存在 $B\in M_n(\mathbf{C})$ 且 $B\neq 0$，使得 $MB=0$，矛盾）。反之，若 M 可逆，则从 $MA=0$ 可推出 $A=0$，于是 $\operatorname{Ker} \boldsymbol{L}_M=0$。从而 $\boldsymbol{L}_M$ 可逆。显然，当 $\boldsymbol{L}_M$ 可逆时，$\boldsymbol{L}_M^{-1}(B)=M^{-1}B, \forall B\in M_n(\mathbf{C})$。于是

$$
\begin{aligned}
\boldsymbol{L}_M \text{ 是酉变换} &\Leftrightarrow \boldsymbol{L}_M^*=\boldsymbol{L}_M^{-1}\\
&\Leftrightarrow \boldsymbol{L}_M^*(A)=\boldsymbol{L}_M^{-1}(A), \forall A\in M_n(\mathbf{C})\\
&\Leftrightarrow M^*A=M^{-1}A, \forall A\in M_n(\mathbf{C})\\
&\Leftrightarrow M^*=M^{-1}\\
&\Leftrightarrow M \text{ 是酉矩阵。}
\end{aligned}
$$

■

例 36 在例 34 中，证明：$\boldsymbol{L}_M$ 是 Hermite 变换（斜 Hermite 变换）当且仅当 M 是 Hermite 矩阵（斜 Hermite 矩阵）。

证明

$$
\begin{aligned}
\boldsymbol{L}_M \text{ 是 Hermite 变换} &\Leftrightarrow \boldsymbol{L}_M^*=\boldsymbol{L}_M\\
&\Leftrightarrow M^*A=MA, \forall A\in M_n(\mathbf{C})\\
&\Leftrightarrow M^*=M\\
&\Leftrightarrow M \text{ 是 Hermite 矩阵。}
\end{aligned}
$$

类似可证，$\boldsymbol{L}_M$ 是斜 Hermite 变换 $\Leftrightarrow$ M 是斜 Hermite 矩阵。 ■

例 37 在复线性空间 $M_n(\mathbf{C})$ 中，指定内积

$$(A,B) = \operatorname{tr}(B^*A), \forall A,B \in M_n(\mathbf{C}). \tag{77}$$

设 P 是一个固定的 n 级复可逆矩阵，定义

$$\boldsymbol{S}_P(A) = P^{-1}AP, \forall A \in M_n(\mathbf{C}). \tag{78}$$

易看出 $\boldsymbol{S}_P$ 是 $M_n(\mathbf{C})$ 上的一个线性变换，求 $\boldsymbol{S}_P$ 的伴随变换 $\boldsymbol{S}_P^*$。

解 对于任意 $A,B\in M_n(\mathbf{C})$，有

$$
\begin{aligned}
(\boldsymbol{S}_P(A),B) &= (P^{-1}AP,B) = \operatorname{tr}(B^*P^{-1}AP) = \operatorname{tr}(PB^*P^{-1}A)\\
&= \overline{\operatorname{tr}((PB^*P^{-1}A)^*)} = \overline{\operatorname{tr}(A^*(P^{-1})^*BP^*)}\\
&= \overline{((P^*)^{-1}BP^*,A)} = (A,(P^*)^{-1}BP^*),
\end{aligned}
$$

$$(\boldsymbol{S}_P(A),B) = (A,\boldsymbol{S}_P^*(B)).$$

因此 $\boldsymbol{S}_P^*(B)=(P^*)^{-1}BP^*, \forall B\in M_n(\mathbf{C})$。

例 38　在例 37 中，证明：

(1) $\boldsymbol{S}_P$ 是酉变换当且仅当 $P^*P=kI$，k 是复数；

(2) $\boldsymbol{S}_P$ 是 Hermite 变换当且仅当 $P^*=kP$，k 是复数。

证明　(1) 由于 $\boldsymbol{S}_P(A)=P^{-1}AP$，因此容易看出

$$\boldsymbol{S}_P^{-1}(A) = PAP^{-1}, \forall A \in M_n(\mathbf{C}).$$

$$\begin{aligned}\boldsymbol{S}_P \text{ 是酉变换} &\Leftrightarrow \boldsymbol{S}_P^*=\boldsymbol{S}_P^{-1}\\ &\Leftrightarrow \boldsymbol{S}_P^*(A)=\boldsymbol{S}_P^{-1}(A), \forall A\in M_n(\mathbf{C})\\ &\Leftrightarrow (P^*)^{-1}AP^*=PAP^{-1}, \forall A\in M_n(\mathbf{C})\\ &\Leftrightarrow AP^*P=P^*PA, \forall A\in M_n(\mathbf{C})\\ &\Leftrightarrow P^*P=kI, k\in\mathbf{C}。\end{aligned}$$

$$\begin{aligned}(2)\ \boldsymbol{S}_P \text{ 是 Hermite 变换} &\Leftrightarrow \boldsymbol{S}_P^*=\boldsymbol{S}_P\\ &\Leftrightarrow \boldsymbol{S}_P^*(A)=\boldsymbol{S}_P(A), \forall A\in M_n(\mathbf{C})\\ &\Leftrightarrow (P^*)^{-1}AP^*=P^{-1}AP, \forall A\in M_n(\mathbf{C})\\ &\Leftrightarrow AP^*P^{-1}=P^*P^{-1}A, \forall A\in M_n(\mathbf{C})\\ &\Leftrightarrow P^*P^{-1}=kI, k\in\mathbf{C}\\ &\Leftrightarrow P^*=kP, k\in\mathbf{C}。\end{aligned}$$

■

例39　在例37中，证明：对任意取定的n级可逆复矩阵P，都有$\boldsymbol{S}_P$不是斜Hermite变换。

证明
$$\begin{aligned}\boldsymbol{S}_P \text{ 是斜 Hermite 变换} &\Leftrightarrow \boldsymbol{S}_P^*=-\boldsymbol{S}_P\\ &\Leftrightarrow \boldsymbol{S}_P^*(A)=-\boldsymbol{S}_P(A), \forall A\in M_n(\mathbf{C})\\ &\Leftrightarrow (P^*)^{-1}AP^*=-P^{-1}AP, \forall A\in M_n(\mathbf{C})\\ &\Leftrightarrow AP^*P^{-1}=-P^*P^{-1}A, \forall A\in M_n(\mathbf{C})。\end{aligned}$$

容易证明：数域 K 上的一个 n 级矩阵 B 如果满足对于任意 n 级矩阵 X，都有 $XB=-BX$，那么 $B=0$。于是从"$A(P^*P^{-1})=-(P^*P^{-1})A, \forall A\in M_n(\mathbf{C})$"可推出 $P^*P^{-1}=0$，矛盾，因此 $\boldsymbol{S}_P$ 不是斜 Hermite 变换。　■

例 40　设 W 是酉空间 V 的一个子空间，对于 $\alpha\in V$，如果存在 $\delta\in W$，使得

$$d(\alpha,\delta) \leqslant d(\alpha,\gamma),\ \forall \gamma \in W, \tag{79}$$

那么称 δ 是 α 在 W 上的**最佳逼近元**。证明：

(1) $\delta\in W$ 是 α 在 W 上的最佳逼近元当且仅当

$$\alpha-\delta \in W^{\perp};$$

(2) 如果 α 在 W 上的最佳逼近元存在，那么它是唯一的。

证明　(1)充分性。对于 $\alpha\in V$，设 $\delta\in W$ 使得 $\alpha-\delta\in W^{\perp}$。则对任意 $\gamma\in W$，有$(\alpha-\delta)$

$\perp(\delta-\gamma)$。据勾股定理得

$$[d(\alpha,\gamma)]^2=|\alpha-\gamma|^2=|\alpha-\delta+\delta-\gamma|^2=|\alpha-\delta|^2+|\delta-\gamma|^2$$
$$\geqslant|\alpha-\delta|^2=(d(\alpha,\delta))^2.$$

因此 $d(\alpha,\gamma)\geqslant d(\alpha,\delta)$，$\forall\gamma\in W$。于是 δ 是 α 在 W 上的最佳逼近元。

必要性。设 δ 是 α 在 W 上的最佳逼近元。则

$$d(\alpha,\delta)\leqslant d(\alpha,\gamma),\forall\gamma\in W.$$

由于 $\forall\gamma\in W$，有

$$\begin{aligned}|\alpha-\gamma|^2&=|(\alpha-\delta)+(\delta-\gamma)|^2\\&=|\alpha-\delta|^2+(\alpha-\delta,\delta-\gamma)+(\delta-\gamma,\alpha-\delta)+|\delta-\gamma|^2\\&=|\alpha-\delta|^2+(\alpha-\delta,\delta-\gamma)+\overline{(\alpha-\delta,\delta-\gamma)}+|\delta-\gamma|^2.\end{aligned}$$

因此 $\forall\gamma\in W$，有

$$(\alpha-\delta,\delta-\gamma)+\overline{(\alpha-\delta,\delta-\gamma)}+|\delta-\gamma|^2\geqslant0.\tag{80}$$

于是当 $k\neq0$ 时，$\delta-\gamma$ 用 $k(\delta-\gamma)$ 代替，从(80)式得，$\forall\gamma\in W$，有

$$\bar{k}(\alpha-\delta,\delta-\gamma)+k\overline{(\alpha-\delta,\delta-\gamma)}+k\bar{k}|\delta-\gamma|^2\geqslant0,\tag{81}$$

显然，当 $k=0$ 时，(81)式也成立，当 $\gamma\neq\delta$ 时，取

$$k_0=-\frac{(\alpha-\delta,\delta-\gamma)}{|\delta-\gamma|^2},$$

代入(81)式得，$\forall\gamma\in W$，且 $\gamma\neq\delta$，有

$$-\frac{|(\alpha-\delta,\delta-\gamma)|^2}{|\delta-\gamma|^2}\geqslant0.\tag{82}$$

由此得出，$(\alpha-\delta,\delta-\gamma)=0$，$\forall\gamma\in W$ 且 $\gamma\neq\delta$。

因此 $(\alpha-\delta,\beta)=0$，$\forall\beta\in W$。

从而 $\alpha-\delta\in W^\perp$。

(2) 设 δ,β 都是 α 在 W 上的最佳逼近元。则 $d(\alpha,\delta)=d(\alpha,\beta)$。由第(1)小题的结论，$\alpha-\delta\in W^\perp$。由于 $\delta-\beta\in W$，因此 $(\alpha-\delta)\perp(\delta-\beta)$。从而据勾股定理得

$$|\alpha-\beta|^2=|\alpha-\delta+\delta-\beta|^2=|\alpha-\delta|^2+|\delta-\beta|^2.$$

由此得出，$|\delta-\beta|^2=0$。从而 $\delta=\beta$。 ■

点评　设 W 是酉空间 V 的一个子空间，对于 $\alpha\in V$，如果 α 在 W 上的最佳逼近元 δ 存在，那么把 δ 称为 **α 在 W 上的正交投影**。如果 V 中每个向量 α 都有在 W 上的正交投影 δ，那么把 α 对应到 δ 的映射称为 **V 在 W 上的正交投影**。此时由于 $\alpha-\delta\in W^\perp$，因此 α 可以表示成

$$\alpha=\delta+(\alpha-\delta),\delta\in W,\alpha-\delta\in W^\perp.\tag{83}$$

从而 $V=W+W^\perp$，由于 $W\cap W^\perp=0$，因此 $V=W\oplus W^\perp$。这表明：这里给出的 V 在 W 上

的正交投影的定义与定理 5 后面一段话中给出的正交投影的定义一致;并且这证明了下面例 41 的结论。

例 41 设 W 是酉空间 V 的一个子空间,则 V 在 W 上的正交投影存在当且仅当

$$V = W \oplus W^{\perp}. \qquad \blacksquare$$

例 42 设 W 是酉空间 V 的一个有限维子空间,$\alpha_1,\alpha_2,\cdots,\alpha_m$ 是 W 的一个正交基。用 $\boldsymbol{P}$ 表示 V 在 W 上的正交投影,证明:对于 $\alpha\in V$,有

$$\boldsymbol{P}(\alpha) = \sum_{i=1}^{m} \frac{(\alpha,\alpha_i)}{|\alpha_i|^2}\alpha_i. \tag{84}$$

证明 令 $\eta_i=\frac{1}{|\alpha_i|}\alpha_i,i=1,2,\cdots,m$。则 $\eta_1,\eta_2,\cdots,\eta_m$ 是 W 的一个标准正交基。从而

$$\begin{aligned}\boldsymbol{P}(\alpha) &= \sum_{i=1}^{m}(\alpha,\eta_i)\eta_i = \sum_{i=1}^{m}\left(\alpha,\frac{1}{|\alpha_i|}\alpha_i\right)\frac{1}{|\alpha_i|}\alpha_i \\ &= \sum_{i=1}^{m}\frac{(\alpha,\alpha_i)}{|\alpha_i|^2}\alpha_i.\end{aligned} \qquad \blacksquare$$

例 43 设 $\eta_1,\eta_2,\cdots,\eta_m$ 是酉空间 V 的一个正交单位向量组。证明:对任意 $\alpha\in V$,有

$$\sum_{i=1}^{m}|(\alpha,\eta_i)|^2 \leqslant |\alpha|^2, \tag{85}$$

等号成立当且仅当 $\alpha = \sum_{i=1}^{m}(\alpha,\eta_i)\eta_i$。这个不等式称为 **Bessel 不等式**。

证明 令 $W=\langle\eta_1,\eta_2,\cdots,\eta_m\rangle$。则 $V=W\oplus W^{\perp}$。用 $\boldsymbol{P}$ 表示 V 在 W 上的正交投影,对于任意 $\alpha\in W$,有

$$\boldsymbol{P}(\alpha) = \sum_{i=1}^{m}(\alpha,\eta_i)\eta_i, \tag{86}$$

由于 $\alpha-\boldsymbol{P}(\alpha)\in W^{\perp}$,因此 $\boldsymbol{P}(\alpha)\perp\alpha-\boldsymbol{P}(\alpha)$。据勾股定理得

$$\begin{aligned}|\alpha|^2 &= |\alpha-\boldsymbol{P}(\alpha)+\boldsymbol{P}(\alpha)|^2 \\ &= |\alpha-\boldsymbol{P}(\alpha)|^2+|\boldsymbol{P}(\alpha)|^2 \\ &\geqslant |\boldsymbol{P}(\alpha)|^2 = (\boldsymbol{P}(\alpha),\boldsymbol{P}(\alpha)) \\ &= \sum_{i=1}^{m}|(\alpha,\eta_i)|^2,\end{aligned}$$

等号成立当且仅当 $|\alpha-\boldsymbol{P}(\alpha)|=0$,即 $\alpha=\boldsymbol{P}(\alpha)=\sum_{i=1}^{m}(\alpha,\eta_i)\eta_i$。 $\blacksquare$

例 44 设 W 是酉空间 V 的一个子空间。证明:如果 V 在 W 上的正交投影 $\boldsymbol{P}$ 存在,那么 $\boldsymbol{P}$ 是 V 上的幂等线性变换,且

$$\operatorname{Ker} \boldsymbol{P} = W^{\perp}, \operatorname{Im} \boldsymbol{P} = W.$$

证明 设 V 在 W 上的正交投影 $\boldsymbol{P}$ 存在，则据例 41 得，$V=W \oplus W^{\perp}$，且 $\boldsymbol{P}$ 是平行于 $W^{\perp}$ 在 W 上的投影，因此 $\boldsymbol{P}$ 是 V 上的幂等线性变换，且 $\operatorname{Im} \boldsymbol{P}=W$，$\operatorname{Ker} \boldsymbol{P}=W^{\perp}$。 ■

例 45 设 $\boldsymbol{P}$ 是酉空间 V 在子空间 W 上的正交投影。证明：$\boldsymbol{P}$ 是 V 上的 Hermite 变换。

证明 对于任意 $\alpha,\beta\in V$，由于 $\alpha-\boldsymbol{P}(\alpha)\in W^{\perp}$，$\beta-\boldsymbol{P}(\beta)\in W^{\perp}$，因此

$$0=(\alpha-\boldsymbol{P}\alpha,\boldsymbol{P}\beta)=(\alpha,\boldsymbol{P}\beta)-(\boldsymbol{P}\alpha,\boldsymbol{P}\beta),$$
$$0=(\beta-\boldsymbol{P}\beta,\boldsymbol{P}\alpha)=(\beta,\boldsymbol{P}\alpha)-(\boldsymbol{P}\beta,\boldsymbol{P}\alpha),$$

于是有

$$(\boldsymbol{P}\alpha,\beta)=\overline{(\beta,\boldsymbol{P}\alpha)}=\overline{(\boldsymbol{P}\beta,\boldsymbol{P}\alpha)}=(\boldsymbol{P}\alpha,\boldsymbol{P}\beta)=(\alpha,\boldsymbol{P}\beta),$$

因此 $\boldsymbol{P}$ 是 V 上的 Hermite 变换。 ■

例 46 设 $\boldsymbol{P}$ 是酉空间 V 上的一个线性变换。证明：$\boldsymbol{P}$ 是 V 在一个子空间上的正交投影当且仅当 $\boldsymbol{P}$ 是幂等的 Hermite 变换。

证明 必要性。从例 44 和例 45 立即得到。

充分性。设 $\boldsymbol{P}$ 是幂等的 Hermite 变换，由于 $\boldsymbol{P}$ 是 V 上的幂等线性变换，因此据 9.2 节的命题 3 得

$$V=\operatorname{Ker} \boldsymbol{P} \oplus \operatorname{Im} \boldsymbol{P},$$

且 $\boldsymbol{P}$ 是平行于 $\operatorname{Ker} \boldsymbol{P}$ 在 $\operatorname{Im} \boldsymbol{P}$ 上的投影。由于 $\boldsymbol{P}$ 是 Hermite 变换，因此

$$\begin{aligned}
\alpha\in\operatorname{Ker} \boldsymbol{P} &\Leftrightarrow \boldsymbol{P}\alpha=0\\
&\Leftrightarrow (\boldsymbol{P}\alpha,\beta)=0,\forall\beta\in V\\
&\Leftrightarrow (\alpha,\boldsymbol{P}\beta)=0,\forall\beta\in V\\
&\Leftrightarrow \alpha\in(\operatorname{Im} \boldsymbol{P})^{\perp}.
\end{aligned}$$

由此得出，$\operatorname{Ker} \boldsymbol{P}=(\operatorname{Im} \boldsymbol{P})^{\perp}$。从而 $V=\operatorname{Im} \boldsymbol{P}\oplus(\operatorname{Im} \boldsymbol{P})^{\perp}$。因此 $\boldsymbol{P}$ 是 V 在 $\operatorname{Im} \boldsymbol{P}$ 上的正交投影。 ■

点评 在例 46 的充分性的证明中看到，若 $\boldsymbol{P}$ 是 Hermite 变换，则 $\operatorname{Ker} \boldsymbol{P}=(\operatorname{Im} \boldsymbol{P})^{\perp}$。与例 46 的充分性证明类似可证：若 $\boldsymbol{P}$ 是斜 Hermite 变换，则 $\operatorname{Ker} \boldsymbol{P}=(\operatorname{Im} \boldsymbol{P})^{\perp}$。例 46 用幂等的 Hermite 变换来刻画正交投影。

例 47 设 W_1,W_2 是酉空间 V 的两个子空间，证明：

(1) 若 $W_1\subseteq W_2$，则 $W_1^{\perp}\supseteq W_2^{\perp}$；

(2) $W_i\subseteq(W_i^{\perp})^{\perp}$，$i=1,2$；

(3) 若 $W_1\subseteq W_2^{\perp}$，则 $W_2\subseteq W_1^{\perp}$，此时称 W_1 与 W_2 是**互相正交的**。

证明 (1)任取 $\alpha\in W_2^{\perp}$，则对任意 $\beta\in W_2$，有$(\alpha,\beta)=0$。由于 $W_1\subseteq W_2$，因此 $\alpha\in W_1^{\perp}$。

从而 $W_2^{\perp}\subseteq W_1^{\perp}$。

(2) 任取 $\alpha\in W_i$,则对于任意 $\beta\in W_i^{\perp}$,有 $(\alpha,\beta)=0$。于是 $\alpha\in(W_i^{\perp})^{\perp}$,从而 $W_i\subseteq(W_i^{\perp})^{\perp}$。

(3) 若 $W_1\subseteq W_2^{\perp}$,则据第(1)小题得,$W_1^{\perp}\supseteq(W_2^{\perp})^{\perp}$。据第(2)小题得,$(W_2^{\perp})^{\perp}\supseteq W_2$。因此 $W_1^{\perp}\supseteq W_2$。■

例 48　设 $\boldsymbol{P}_1,\boldsymbol{P}_2$ 分别是酉空间 V 在子空间 W_1,W_2 上的正交投影。证明:$\boldsymbol{P}_2\boldsymbol{P}_1=\boldsymbol{0}$ 当且仅当 W_1 与 W_2 互相正交。

证明　必要性。设 $\boldsymbol{P}_2\boldsymbol{P}_1=\boldsymbol{0}$。则对任意 $\alpha\in V$,有 $\boldsymbol{P}_2(\boldsymbol{P}_1\alpha)=0$。于是 $\boldsymbol{P}_1\alpha\in\operatorname{Ker}\boldsymbol{P}_2$。据例 44 得,$\operatorname{Ker}\boldsymbol{P}_2=W_2^{\perp}$。因此 $\boldsymbol{P}_1\alpha\in W_2^{\perp}$。从而 $\operatorname{Im}\boldsymbol{P}_1\subseteq W_2^{\perp}$。仍据例 44 得,$\operatorname{Im}\boldsymbol{P}_1=W_1$。因此 $W_1\subseteq W_2^{\perp}$。据例 47 得,W_1 与 W_2 互相正交。

充分性。设 W_1 与 W_2 互相正交,则 $W_1\subseteq W_2^{\perp}$。据例 44 得,$\operatorname{Im}\boldsymbol{P}_1\subseteq\operatorname{Ker}\boldsymbol{P}_2$。于是对任意 $\alpha\in V$,有 $\boldsymbol{P}_2(\boldsymbol{P}_1\alpha)=0$。因此 $\boldsymbol{P}_1\boldsymbol{P}_1=\boldsymbol{0}$。■

例 49　设 W 是酉空间 V 的一个子空间。证明:若 $V=W\oplus W^{\perp}$,则 $(W^{\perp})^{\perp}=W$。

证明　例 47 第(2)小题已证,$W\subseteq(W^{\perp})^{\perp}$。

任取 $\beta\in(W^{\perp})^{\perp}$,取 $\gamma\in W^{\perp}$。记 $\alpha=\beta+\gamma$。由于 $V=W\oplus W^{\perp}$,因此 $\alpha=\alpha_1+\alpha_2,\alpha_1\in W,\alpha_2\in W^{\perp}$。于是 $\beta+\gamma=\alpha_1+\alpha_2$。从而 $\beta-\alpha_1=\alpha_2-\gamma$。由于 $W\subseteq(W^{\perp})^{\perp}$,因此 $\beta-\alpha_1\in(W^{\perp})^{\perp}$。又有 $\alpha_2-\gamma\in W^{\perp}$,由于 $W^{\perp}\cap(W^{\perp})^{\perp}=0$,因此 $\beta-\alpha_1=0$,即 $\beta=\alpha_1\in W$。从而 $(W^{\perp})^{\perp}\subseteq W$。所以 $(W^{\perp})^{\perp}=W$。■

例 50　设 W_1,W_2 是酉空间 V 的两个子空间。证明:

(1) $(W_1+W_2)^{\perp}=W_1^{\perp}\cap W_2^{\perp}$;

(2) 若 $V=W_i\oplus W_i^{\perp},i=1,2$,则 $(W_1\cap W_2)^{\perp}\supseteq W_1^{\perp}+W_2^{\perp}$;

(3) 若 V 是有限维的,则 $(W_1\cap W_2)^{\perp}=W_1^{\perp}+W_2^{\perp}$。

证明　(1) 由于 $W_i\subseteq W_1+W_2$,因此据例 47 的第(1)小题得,$W_i^{\perp}\supseteq(W_1+W_2)^{\perp}$,$i=1,2$。从而

$$W_1^{\perp}\cap W_2^{\perp}\supseteq(W_1+W_2)^{\perp}.$$

任取 $\alpha\in W_1^{\perp}\cap W_2^{\perp}$,则对于 W_1+W_2 中任一向量 $\beta_1+\beta_2$(其中 $\beta_1\in W_1,\beta_2\in W_2$),有

$$(\alpha,\beta_1+\beta_2)=(\alpha,\beta_1)+(\alpha,\beta_2)=0,$$

因此 $\alpha\in(W_1+W_2)^{\perp}$,从而 $W_1^{\perp}\cap W_2^{\perp}\subseteq(W_1+W_2)^{\perp}$。所以

$$(W_1+W_2)^{\perp}=W_1^{\perp}\cap W_2^{\perp}.$$

(2) 若 $V=W_i\oplus W_i^{\perp},i=1,2$,则 $(W_i^{\perp})^{\perp}=W_i,i=1,2$。在第(1)小题的等式中,把 W_i

用 $W_i^{\perp}$ 代替，得

$$(W_1^{\perp}+W_2^{\perp})^{\perp}=(W_1^{\perp})^{\perp}\cap(W_2^{\perp})^{\perp}=W_1\cap W_2,$$

于是

$$((W_1^{\perp}+W_2^{\perp})^{\perp})^{\perp}=(W_1\cap W_2)^{\perp}. \tag{87}$$

据例 47 的第(2)小题得，$W_1^{\perp}+W_2^{\perp}\subseteq(W_1\cap W_2)^{\perp}$。

(3) 若 V 是有限维的，则 $V=(W_1^{\perp}+W_2^{\perp})\oplus(W_1^{\perp}+W_2^{\perp})^{\perp}$，$V=W_i\oplus W_i^{\perp}$，$i=1,2$。于是从第(2)小题的(87)式得到

$$W_1^{\perp}+W_2^{\perp}=(W_1\cap W_2)^{\perp}.$$ ■

例 51　设 $\boldsymbol{P}_1$ 和 $\boldsymbol{P}_2$ 分别是酉空间 V 在子空间 W_1 和 W_2 上的正交投影。证明：$\boldsymbol{P}_1+\boldsymbol{P}_2$ 是正交投影当且仅当 W_1 与 W_2 互相正交，且此时 $\boldsymbol{P}_1+\boldsymbol{P}_2$ 是 V 在 $W_1\oplus W_2$ 上的正交投影。

证明　必要性。设 $\boldsymbol{P}_1+\boldsymbol{P}_2$ 是正交投影，则 $\boldsymbol{P}_1+\boldsymbol{P}_2$ 是幂等的，又 $\boldsymbol{P}_1$ 和 $\boldsymbol{P}_2$ 也是幂等的，于是据 9.1 节例 15 得，$\boldsymbol{P}_1\boldsymbol{P}_2=\boldsymbol{P}_2\boldsymbol{P}_1=\boldsymbol{0}$。从而据例 48 得，$W_1$ 与 W_2 互相正交。

充分性。设 W_1 与 W_2 互相正交，则据例 48 得，$\boldsymbol{P}_2\boldsymbol{P}_1=\boldsymbol{P}_1\boldsymbol{P}_2=0$。由于 $\boldsymbol{P}_1$ 和 $\boldsymbol{P}_2$ 是幂等的，因此据 9.1 节例 15 得，$\boldsymbol{P}_1+\boldsymbol{P}_2$ 也是幂等的。由于 $\boldsymbol{P}_1$ 和 $\boldsymbol{P}_2$ 是正交投影，因此它们都是 Hermite 变换。从而 $\boldsymbol{P}_1^*=\boldsymbol{P}_1$，$\boldsymbol{P}_2^*=\boldsymbol{P}_2$。于是

$$(\boldsymbol{P}_1+\boldsymbol{P}_2)^*=\boldsymbol{P}_1^*+\boldsymbol{P}_2^*=\boldsymbol{P}_1+\boldsymbol{P}_2,$$

因此 $\boldsymbol{P}_1+\boldsymbol{P}_2$ 是 Hermite 变换。据例 46 得，$\boldsymbol{P}_1+\boldsymbol{P}_2$ 是 V 在子空间 $\mathrm{Im}(\boldsymbol{P}_1+\boldsymbol{P}_2)$ 上的正交投影。

据例 44 得，$\mathrm{Im}\,\boldsymbol{P}_i=W_i$，$\mathrm{Ker}\,\boldsymbol{P}_i=W_i^{\perp}$，$i=1,2$。由于 $W_1\subseteq W_2^{\perp}$，$W_2\subseteq W_1^{\perp}$，因此对于任意 $\alpha_1\in W_1$，$\alpha_2\in W_2$，有

$$\begin{aligned}(\boldsymbol{P}_1+\boldsymbol{P}_2)(\alpha_1+\alpha_2)&=\boldsymbol{P}_1(\alpha_1+\alpha_2)+\boldsymbol{P}_2(\alpha_1+\alpha_2)\\&=\boldsymbol{P}_1\alpha_1+\boldsymbol{P}_2\alpha_2=\alpha_1+\alpha_2.\end{aligned}$$

从而 $W_1+W_2\subseteq\mathrm{Im}(\boldsymbol{P}_1+\boldsymbol{P}_2)$。任取 $\gamma\in\mathrm{Im}(\boldsymbol{P}_1+\boldsymbol{P}_2)$，则存在 $\alpha\in V$，使得 $\gamma=(\boldsymbol{P}_1+\boldsymbol{P}_2)\alpha=\boldsymbol{P}_1\alpha+\boldsymbol{P}_2\alpha$，从而 $\gamma\in W_1+W_2$，因此 $\mathrm{Im}(\boldsymbol{P}_1+\boldsymbol{P}_2)\subseteq W_1+W_2$。综上所述，$\mathrm{Im}(\boldsymbol{P}_1+\boldsymbol{P}_2)=W_1+W_2$。由于 $W_1\subseteq W_2^{\perp}$，因此 $W_1\cap W_2\subseteq W_2^{\perp}\cap W_2=0$。从而 W_1+W_2 是直和。因此 $\boldsymbol{P}_1+\boldsymbol{P}_2$ 是 V 在 $W_1\oplus W_2$ 上的正交投影。 ■

例 52　设 $\boldsymbol{P}$ 是酉空间 V 在子空间 W 上的正交投影。证明：$\boldsymbol{I}-\boldsymbol{P}$ 是 V 在 $W^{\perp}$ 上的正交投影。

证明　由于 $\boldsymbol{P}$ 是 V 在 W 上的正交投影，因此

$$V=W\oplus W^{\perp},$$

且 $\mathrm{Im}\,\boldsymbol{P}=W$。于是对于任意 $\alpha\in V$，有 $\alpha-\boldsymbol{P}\alpha\in W^{\perp}$。从而

$$\alpha=(\boldsymbol{I}-\boldsymbol{P})\alpha+\boldsymbol{P}\alpha,(\boldsymbol{I}-\boldsymbol{P})\alpha\in W^{\perp},\boldsymbol{P}\alpha\in W=(W^{\perp})^{\perp}.$$

因此 $\boldsymbol{I}-\boldsymbol{P}$ 是 V 在 $W^{\perp}$ 上的正交投影。 ■

例 53 设 $\boldsymbol{P}_1,\boldsymbol{P}_2$ 分别是酉空间 V 在子空间 W_1,W_2 上的正交投影。证明：$\boldsymbol{P}_1-\boldsymbol{P}_2$ 是正交投影当且仅当 $W_1\supseteq W_2$，且此时 $\boldsymbol{P}_1-\boldsymbol{P}_2$ 是 V 在 $W_1\cap W_2^{\perp}$ 上的正交投影。

证明 据例 52 和例 51 得

$\boldsymbol{P}_1-\boldsymbol{P}_2$ 是正交投影

$\Leftrightarrow$ $\boldsymbol{I}-(\boldsymbol{P}_1-\boldsymbol{P}_2)$是正交投影

$\Leftrightarrow$ $(\boldsymbol{I}-\boldsymbol{P}_1)+\boldsymbol{P}_2$ 是正交投影

$\Leftrightarrow$ $W_1^{\perp}\subseteq W_2^{\perp}$，且$(\boldsymbol{I}-\boldsymbol{P}_1)+\boldsymbol{P}_2$ 是 V 在 $W_1^{\perp}\oplus W_2$ 上的正交投影

$\Leftrightarrow$ $W_1\supseteq W_2$，且 $\boldsymbol{P}_1-\boldsymbol{P}_2$ 是 V 在$(W_1^{\perp}\oplus W_2)^{\perp}$上的正交投影

$\Leftrightarrow$ $W_1\supseteq W_2$，且 $\boldsymbol{P}_1-\boldsymbol{P}_2$ 是 V 在 $W_1\cap W_2^{\perp}$ 上的正交投影。 ■

例 54 设 $\boldsymbol{P}_1,\boldsymbol{P}_2$ 分别是酉空间 V 在子空间 W_1,W_2 上的正交投影。证明：$\boldsymbol{P}_1\boldsymbol{P}_2$ 是正交投影当且仅当 $\boldsymbol{P}_1\boldsymbol{P}_2=\boldsymbol{P}_2\boldsymbol{P}_1$，且此时 $\boldsymbol{P}_1\boldsymbol{P}_2$ 是 V 在 $W_1\cap W_2$ 上的正交投影。

证明 据例 46 得，$\boldsymbol{P}_1,\boldsymbol{P}_2$ 都是幂等的 Hermite 变换。于是

$\boldsymbol{P}_1\boldsymbol{P}_2$ 是正交投影 $\Leftrightarrow$ $\boldsymbol{P}_1\boldsymbol{P}_2$ 是幂等的 Hermite 变换

$\Leftrightarrow$ $\boldsymbol{P}_1\boldsymbol{P}_2=\boldsymbol{P}_2\boldsymbol{P}_1$。

由于 $\mathrm{Im}\,\boldsymbol{P}_i=W_i,i=1,2$，因此任取 $\beta\in W_1\cap W_2$，有 $\boldsymbol{P}_1\boldsymbol{P}_2\beta=\boldsymbol{P}_1\beta=\beta$。从而 $\beta\in\mathrm{Im}\,\boldsymbol{P}_1\boldsymbol{P}_2$。于是 $W_1\cap W_2\subseteq\mathrm{Im}\,\boldsymbol{P}_1\boldsymbol{P}_2$。任取 $\gamma\in\mathrm{Im}\,\boldsymbol{P}_1\boldsymbol{P}_2$，则有 $\alpha\in V$，使得 $\gamma=\boldsymbol{P}_1\boldsymbol{P}_2\alpha=\boldsymbol{P}_2\boldsymbol{P}_1\alpha$。于是 $\gamma\in W_1\cap W_2$。从而 $\mathrm{Im}\,\boldsymbol{P}_1\boldsymbol{P}_2\subseteq W_1\cap W_2$。因此 $\mathrm{Im}\,\boldsymbol{P}_1\boldsymbol{P}_2=W_1\cap W_2$。于是当 $\boldsymbol{P}_1\boldsymbol{P}_2=\boldsymbol{P}_2\boldsymbol{P}_1$ 时，$\boldsymbol{P}_1\boldsymbol{P}_2$ 是 V 在 $W_1\cap W_2$ 上的正交投影。 ■

例 55 证明：酉空间 V 上正规变换 $\boldsymbol{A}$ 的属于不同特征值的特征向量一定正交。

证明 设 λ_1,λ_2 是正规变换 $\boldsymbol{A}$ 的不同特征值，ξ_1,ξ_2 是 $\boldsymbol{A}$ 的分别属于 λ_1,λ_2 的特征向量。则据定理 10 得

$$\lambda_1(\xi_1,\xi_2)=(\lambda_1\xi_1,\xi_2)=(\boldsymbol{A}\xi_1,\xi_2)=(\xi_1,\boldsymbol{A}^*\xi_2)=(\xi_1,\overline{\lambda_2}\xi_2)=\lambda_2(\xi_1,\xi_2).$$

由于 $\lambda_1\neq\lambda_2$，因此$(\xi_1,\xi_2)=0$，即 ξ_1 与 ξ_2 正交。 ■

例 56 设 $\boldsymbol{A}$ 是 n 维酉空间 V 上的正规变换，$\lambda_1,\lambda_2,\cdots,\lambda_s$ 是 $\boldsymbol{A}$ 的所有不同的特征值，V_i 表示属于 λ_i 的特征子空间，用 $\boldsymbol{P}_i$ 表示 V 在 V_i 上的正交投影，$i=1,2,\cdots,s$。证明：

(1) $V=V_1\oplus V_2\oplus\cdots\oplus V_s$，其中 V_i 与 V_j 互相正交，当 $i\neq j$；

(2) $\boldsymbol{P}_i\boldsymbol{P}_j=\boldsymbol{0}$，当 $i\neq j$；

(3) $\sum\limits_{i=1}^{s}\boldsymbol{P}_i=\boldsymbol{I}$；

(4) $\boldsymbol{A}=\sum\limits_{i=1}^{s}\lambda_i\boldsymbol{P}_i$。

证明 (1) 据定理 12 得，n 维酉空间 V 上的正规变换 $\boldsymbol{A}$ 一定可对角化，因此

$$V = V_1 \oplus V_2 \oplus \cdots \oplus V_s. \tag{88}$$

据例 55 得，当 $i \neq j$ 时，$V_i \subseteq V_j^{\perp}$，因此 V_i 与 V_j 互相正交。

(2) 由于当 $i \neq j$ 时，V_i 与 V_j 互相正交，因此据例 48 得，$\boldsymbol{P}_i\boldsymbol{P}_j = \boldsymbol{0}$。

(3) 任取 $\alpha \in V$，据(88)式得

$$\alpha = \alpha_1 + \alpha_2 + \cdots + \alpha_s, \alpha_i \in V_i, i = 1,2\cdots,s. \tag{89}$$

由于 $\boldsymbol{P}_i$ 是 V 在 V_i 上的正交投影，因此 $\mathrm{Im}\,\boldsymbol{P}_i = V_i$，从而 $\boldsymbol{P}_i\alpha_i = \alpha_i$，$i=1,2,\cdots,s$。于是当 $j \neq i$ 时，有 $\boldsymbol{P}_i\alpha_j = \boldsymbol{P}_i\boldsymbol{P}_j\alpha_j = 0$。

$$\boldsymbol{P}_i\alpha = \boldsymbol{P}_i(\alpha_i + \sum_{j \neq i}\alpha_j) = \alpha_i, \quad i = 1,2,\cdots,s, \tag{90}$$

因此 $\alpha = \boldsymbol{P}_1\alpha + \boldsymbol{P}_2\alpha + \cdots + \boldsymbol{P}_s\alpha = (\boldsymbol{P}_1 + \boldsymbol{P}_2 + \cdots + \boldsymbol{P}_s)\alpha, \forall \alpha \in V$。由此得出，

$$\boldsymbol{P}_1 + \boldsymbol{P}_2 + \cdots + \boldsymbol{P}_s = \boldsymbol{I}.$$

(4) 任取 $\alpha \in V$，利用(89)式和第(3)小题中的(90)式得，

$$\begin{aligned}\boldsymbol{A}\alpha &= \boldsymbol{A}\alpha_1 + \boldsymbol{A}\alpha_2 + \cdots \boldsymbol{A}\alpha_s \\ &= \lambda_1\alpha_1 + \lambda_2\alpha_2 + \cdots + \lambda_s\alpha_s \\ &= \lambda_1\boldsymbol{P}_1\alpha + \lambda_2\boldsymbol{P}_2\alpha + \cdots + \lambda_s\boldsymbol{P}_s\alpha \\ &= (\lambda_1\boldsymbol{P}_1 + \lambda_2\boldsymbol{P}_2 + \cdots + \lambda_s\boldsymbol{P}_s)\alpha,\end{aligned}$$

由此得出，　$\boldsymbol{A} = \lambda_1\boldsymbol{P}_1 + \lambda_2\boldsymbol{P}_2 + \cdots + \lambda_s\boldsymbol{P}_s.$ ■

点评　例 56 表明：若 $\boldsymbol{A}$ 是 n 维酉空间 V 上的正规变换，则 V 能分解成 $\boldsymbol{A}$ 的特征子空间的**正交直和**（即，$\boldsymbol{A}$ 的特征子空间两两正交，且它们的直和等于 V）；并且 $\boldsymbol{A}$ 能分解成 $\boldsymbol{A} = \sum_{i=1}^{s}\lambda_i\boldsymbol{P}_i$，其中 $\lambda_1, \lambda_2, \cdots, \lambda_s$ 是 $\boldsymbol{A}$ 的所有不同的特征值，$\boldsymbol{P}_i$ 是 V 在属于 λ_i 的特征子空间 V_i 上的正交投影，$i = 1,2,\cdots,s$。

例 57　设酉空间 $\widetilde{C}[0,1]$（参看例 1）上的一个变换 $\boldsymbol{A}: f \longmapsto \boldsymbol{A}f$，其中

$$(\boldsymbol{A}f)(x) \xlongequal{\text{def}} x\,f(x), \forall\, x \in [0,1].$$

易看出 $\boldsymbol{A}$ 是 V 上的一个线性变换，试问：

(1) $\boldsymbol{A}$ 有没有伴随变换？如果有，$\boldsymbol{A}^*$ 是什么？

(2) $\boldsymbol{A}$ 有没有特征值？

解　(1) 任取 $f, g \in \widetilde{C}[0,1]$，则

$$\begin{aligned}(\boldsymbol{A}\,f, g) &= \int_0^1 (\boldsymbol{A}\,f)(x)\,\overline{g(x)}\mathrm{d}x \\ &= \int_0^1 x\,f(x)\,\overline{g(x)}\mathrm{d}x \\ &= \int_0^1 f(x)\,\overline{x\,g(x)}\mathrm{d}x\end{aligned}$$

$$= \int_0^1 f(x)\,\overline{(\mathbf{A}g)(x)}\,\mathrm{d}x = (f,\mathbf{A}g),$$

因此 $\mathbf{A}$ 有伴随变换，且 $\mathbf{A}^*=\mathbf{A}$。即 $\mathbf{A}$ 是 Hermite 变换。

(2) 假如 $\mathbf{A}$ 有特征值 λ_1，则存在 $f\in\widetilde{C}[0,1]$ 且 $f\neq 0$，使得 $\mathbf{A}f=\lambda_1 f$。从而 $\forall x\in[0,1]$，有 $xf(x)=\lambda_1 f(x)$，即 $(x-\lambda_1)f(x)=0$。若 $\lambda_1\notin[0,1]$，则 $\forall x\in[0,1]$，有 $f(x)=0$。从而 $f=0$，矛盾。若 $\lambda_1\in[0,1]$，则对于 $[0,1]$ 中的 $x\neq\lambda_1$ 时，有 $f(x)=0$。由于 $f(x)$ 是 $[0,1]$ 上的连续函数，因此 $\lim\limits_{x\to\lambda_1}f(x)=0$，即 $f(\lambda_1)=0$。从而 $f=0$，矛盾。这证明了 $\mathbf{A}$ 没有特征值。

点评 例 57 给出了无限维酉空间上的线性变换可能有伴随变换的例子，给出了无限维酉空间 $\widetilde{C}[0,1]$ 上的一个 Hermite 变换，并且证明了这个 Hermite 变换没有特征值。这与有限维酉空间上的 Hermite 变换区别很大。

例 58 设 V 是有限维复(实)内积空间，$\mathbf{A}$ 是 V 上的一个线性变换，且 $\mathbf{A}$ 在 V 的一个标准正交基 $\eta_1,\eta_2,\cdots,\eta_n$ 下的矩阵 A 是上三角矩阵。证明：$\mathbf{A}$ 是正规变换当且仅当 A 是对角矩阵。

证明 充分性。设 A 是对角矩阵 $\mathrm{diag}\{\lambda_1,\lambda_2,\cdots,\lambda_n\}$，则据定理 8 得，$\mathbf{A}^*$ 在基 $\eta_1,\eta_2,\cdots,\eta_n$ 下的矩阵为 $A^*=\mathrm{diag}\{\overline{\lambda_1},\overline{\lambda_2},\cdots,\overline{\lambda_n}\}$。于是 $AA^*=A^*A$。从而 $\mathbf{A}\mathbf{A}^*=\mathbf{A}^*\mathbf{A}$。即 $\mathbf{A}$ 是正规变换。

必要性。设 $\mathbf{A}$ 是正规变换，则 A 是正规矩阵。于是 $AA^*=A^*A$，设 $A=(a_{ij})$。由于 A 是上三角矩阵，因此 $a_{ki}=0$，当 $k>i$。比较 AA^* 与 A^*A 的 (i,i) 元，得

$$\sum_{k=1}^{n}|a_{ik}|^2=\sum_{k=1}^{n}|a_{ki}|^2,i=1,2,\cdots,n. \tag{91}$$

当 $i=1$ 时，(91)式可写成

$$|a_{11}|^2+|a_{12}|^2+\cdots+|a_{1n}|^2=|a_{11}|^2,$$

由此得出，$a_{12}=a_{13}=\cdots=a_{1n}=0$。

当 $i=2$ 时，(91)式可写成

$$|a_{22}|^2+|a_{23}|^2+\cdots+|a_{2n}|^2=|a_{12}|^2+|a_{22}|^2,$$

由此得出，$a_{23}=a_{24}=\cdots=a_{2n}=0$。

陆续考虑 $i=3,4,\cdots,n-1$，从(91)式可得出，$a_{34}=a_{35}=\cdots=a_{3n}=0,\cdots,a_{n-1,n}=0$。因此 A 是对角矩阵。 ■

点评 例 58 与《高等代数学习指导书(上册)》5.7 节的例 5 相似。例 58 用矩阵语言叙述就是："复(实)数域上的上三角矩阵 A 是正规矩阵当且仅当 A 是对角矩阵"。

例 59 设 V 是 n 维酉空间。证明：对于 V 上的任一线性变换 $\mathbf{A}$，V 中存在一个标准正交基，使得 $\mathbf{A}$ 在此基下的矩阵 A 是上三角矩阵。

证明 对酉空间的维数 n 作数学归纳法，$n=1$ 时命题显然成立。

假设对于 $n-1$ 维酉空间命题为真，现在来看 n 维酉空间 V 上的线性变换 $\mathbf{A}$。取 $\mathbf{A}^*$ 的一个特征值，记作 λ_n，设 η_n 是 $\mathbf{A}^*$ 的属于 λ_n 的一个单位特征向量，则 $\langle\eta_n\rangle$ 是 $\mathbf{A}^*$ 的不变子空间。据定理 11 得，$\langle\eta_n\rangle^{\perp}$ 是 $(\mathbf{A}^*)^*=\mathbf{A}$ 的不变子空间，于是 A 在 $\langle\eta_n\rangle^{\perp}$ 上的限制是 $\langle\eta_n\rangle^{\perp}$ 上的线性变换。由于 $V=\langle\eta_n\rangle\oplus\langle\eta_n\rangle^{\perp}$，于是据归纳假设，$\langle\eta_n\rangle^{\perp}$ 中存在一个标准正交基 $\eta_1,\cdots,\eta_{n-1}$，使得 $\mathbf{A}|\langle\eta_1\rangle^{\perp}$ 在此基下的矩阵 B 为上三角矩阵。显然 $\eta_1,\cdots,\eta_{n-1},\eta_n$ 是 V 的一个标准正交基。设

$$\mathbf{A}\eta_n = a_{1n}\eta_1 + \cdots + a_{nn}\eta_n,$$

则 $\mathbf{A}$ 在 $\eta_1,\cdots,\eta_{n-1},\eta_n$ 下的矩阵 A 为

$$A = \begin{pmatrix} B & \boldsymbol{\alpha} \\ 0 & a_{nn} \end{pmatrix},$$

其中 $\boldsymbol{\alpha}=(a_{1n},\cdots,a_{n-1,n})'$。因此 A 是上三角矩阵。

据数学归纳法原理，对一切正整数 n 命题为真。■

点评　例 59 的证明中不是取 $\mathbf{A}$ 的一个特征值，而是取 $\mathbf{A}^*$ 的一个特征值，这是为了保证 $\langle\eta_n\rangle^{\perp}$ 是 $\mathbf{A}$ 的不变子空间，从而可以对 $\mathbf{A}|\langle\eta_n\rangle^{\perp}$ 用归纳假设。例 59 用矩阵的语言叙述就是："任一 n 级复矩阵都酉相似于一个上三角矩阵。"《高等代数学习指导书(上册)》5.7 节的例 6 证明了："任一 n 级复矩阵一定相似于一个上三角形矩阵。"利用 Jordan 标准形的理论可以立即得到："任一 n 级复矩阵一定相似于一个 Jordan 形矩阵。"显然，Jordan 形矩阵是上三角矩阵。现在的例 59 则进一步指出：任一 n 级复矩阵酉相似于一个上三角矩阵。

例 60　复数域上的对称矩阵是不是 Hermite 矩阵？是不是正规矩阵？

解　设

$$A = \begin{pmatrix} 1 & \mathrm{i} \\ \mathrm{i} & 1 \end{pmatrix}, B = \begin{pmatrix} 1 & \mathrm{i} \\ \mathrm{i} & 0 \end{pmatrix},$$

则 A,B 都是复对称矩阵。由于

$$A^* = \begin{pmatrix} 1 & -\mathrm{i} \\ -\mathrm{i} & 1 \end{pmatrix}, B^* = \begin{pmatrix} 1 & -\mathrm{i} \\ -\mathrm{i} & 0 \end{pmatrix},$$

因此 A,B 都不是 Hermite 矩阵。由于

$$BB^* = \begin{pmatrix} 1 & \mathrm{i} \\ \mathrm{i} & 0 \end{pmatrix}\begin{pmatrix} 1 & -\mathrm{i} \\ -\mathrm{i} & 0 \end{pmatrix} = \begin{pmatrix} 2 & -\mathrm{i} \\ \mathrm{i} & 1 \end{pmatrix}, \quad B^*B = \begin{pmatrix} 2 & \mathrm{i} \\ -\mathrm{i} & 1 \end{pmatrix},$$

因此 B 不是正规矩阵。

复对称矩阵 A 是 Hermite 矩阵

$\Leftrightarrow$　$A^*=A$ 且 $A'=A$

$\Leftrightarrow$　$\overline{A}=A$ 且 $A'=A$

$\Leftrightarrow$　A 是实对称矩阵。

复对称矩阵 A 是正规矩阵

$\Leftrightarrow$ $AA^* = A^* A$ 且 $A' = A$

$\Leftrightarrow$ $A\overline{A} = \overline{A}A$ 且 $A' = A$

$\Leftrightarrow$ $A\overline{A} = \overline{A\overline{A}}$且 $A' = A$

$\Leftrightarrow$ $A\overline{A}$是实矩阵且 $A' = A$。

例 61 证明：酉空间中，正规变换与复数的乘积仍是正规变换。

证明 设 $\boldsymbol{A}$ 是正规变换，$k \in \mathbf{C}$，则

$$(k\boldsymbol{A})(k\boldsymbol{A})^* = k\boldsymbol{A}\,\bar{k}\boldsymbol{A}^* = k\bar{k}\boldsymbol{A}^*\boldsymbol{A} = (k\boldsymbol{A})^*(k\boldsymbol{A}),$$

因此 $k\boldsymbol{A}$ 是正规变换。 ■

例 62 设 $\boldsymbol{A}$ 是 n 维酉空间 V 上的正规变换。证明：若 W 是 $\boldsymbol{A}$ 的不变子空间，则 $W^{\perp}$ 也是 $\boldsymbol{A}$ 的不变子空间。

证明 在 W 中取一个标准正交基 $\alpha_1, \cdots, \alpha_m$，把它扩充成 V 的一个标准正交基 $\alpha_1, \cdots, \alpha_m, \alpha_{m+1}, \cdots, \alpha_n$. 则 $\boldsymbol{A}$ 在此基下的矩阵 A 为

$$A = \begin{pmatrix} A_1 & A_3 \\ 0 & A_2 \end{pmatrix}.$$

由于 $\boldsymbol{A}$ 是 V 上的正规变换，因此 A 是正规矩阵。从而 $AA^* = A^* A$，于是得出 $A_1 A_1^* + A_3 A_3^* = A_1^* A_1$。两边取迹，由于 $\operatorname{tr}(A_1 A_1^*) = \operatorname{tr}(A_1^* A_1)$，因此 $\operatorname{tr}(A_3 A_3^*) = 0$。由于 $\operatorname{tr}(A_3 A_3^*) = \sum_{i=1}^{m}\sum_{j=1}^{n-m} |A_3(i;j)|^2$，因此 $A_3 = 0$。从而 $\langle \alpha_{m+1}, \cdots, \alpha_n \rangle$ 是 $\boldsymbol{A}$ 的不变子空间。由于 $\langle \alpha_{m+1}, \cdots, \alpha_n \rangle \subseteq W^{\perp}$，且 $\dim\langle \alpha_{m+1}, \cdots, \alpha_n \rangle = \dim W^{\perp}$，因此 $\langle \alpha_{m+1}, \cdots, \alpha_n \rangle = W^{\perp}$，于是 $W^{\perp}$ 是 $\boldsymbol{A}$ 的不变子空间。 ■

例 63 设 $\boldsymbol{A}, \boldsymbol{B}$ 是 n 维酉空间 V 上的正规变换。证明：若 $\boldsymbol{AB} = \boldsymbol{BA}$，则 V 中存在一个标准正交基，使得 $\boldsymbol{A}, \boldsymbol{B}$ 在此基下的矩阵都是对角矩阵。

证明 对酉空间的维数 n 作数学归纳法。

$n = 1$ 时，命题显然成立。

假设对于 $n-1$ 维酉空间命题为真，现在来看 n 维酉空间上的正规变换 $\boldsymbol{A}, \boldsymbol{B}$，它们满足 $\boldsymbol{AB} = \boldsymbol{BA}$。

由于 $\boldsymbol{AB} = \boldsymbol{BA}$，因此 $\boldsymbol{A}, \boldsymbol{B}$ 至少有一个公共的特征向量 η_1，取 η_1 为单位向量。则 $V = \langle \eta_1 \rangle \oplus \langle \eta_1 \rangle^{\perp}$。由于 $\langle \eta_1 \rangle$ 是 $\boldsymbol{A}$ 不变子空间，也是 $\boldsymbol{B}$ 不变子空间，因此 $\langle \eta_1 \rangle^{\perp}$ 是 $\boldsymbol{A}$ 不变子空间，也是 $\boldsymbol{B}$ 不变子空间。于是 $\boldsymbol{A}|\langle \eta_1 \rangle^{\perp}$，$\boldsymbol{B}|\langle \eta_1 \rangle^{\perp}$ 都是 $\langle \eta_1 \rangle^{\perp}$ 上的正规变换，且它们仍可交换，因此据归纳假设得，$\langle \eta_1 \rangle^{\perp}$ 中存在一个标准正交基 $\eta_2, \cdots, \eta_n$，使得 $\boldsymbol{A}|\langle \eta_1 \rangle^{\perp}$，$\boldsymbol{B}|\langle \eta_1 \rangle^{\perp}$ 在此基下的矩阵都是对角矩阵。从而 $\boldsymbol{A}, \boldsymbol{B}$ 在 V 的标准正交基 $\eta_1, \eta_2, \cdots, \eta_n$ 下的矩阵都是对角矩阵。

据数学归纳法原理，对一切正整数 n，命题为真。■

例 64 证明：有限维酉空间上的两个正规变换如果可交换，那么它们的乘积也是正规变换。

证明 设 $\boldsymbol{A},\boldsymbol{B}$ 是 n 维酉空间 V 上的两个正规变换，且 $\boldsymbol{AB}=\boldsymbol{BA}$。据例 63 得，$V$ 中存在一个标准正交基 $\eta_1,\eta_2,\cdots,\eta_n$，使得 $\boldsymbol{A},\boldsymbol{B}$ 在此基下的矩阵 A,B 都为对角矩阵：$A=\mathrm{diag}\{\lambda_1,\lambda_2,\cdots,\lambda_n\}$，$B=\mathrm{diag}\{\mu_1,\mu_2,\cdots,\mu_n\}$。于是 $\boldsymbol{AB}$ 在此基下的矩阵为 $AB=\mathrm{diag}\{\lambda_1\mu_1,\lambda_2\mu_2,\cdots,\lambda_n\mu_n\}$。显然，$AB$ 是正规矩阵，因此 $\boldsymbol{AB}$ 是正规变换。■

点评 例 64 指出，n 维酉空间 V 上两个正规变换的乘积仍是正规变换的一个充分条件是：它们可交换。注意这个条件不是必要条件，因为 n 维酉空间 V 上任意两个酉变换的乘积仍然是酉变换，无论它们是否可交换。例如，设

$$A=\begin{pmatrix}\frac{1}{2} & -\frac{\sqrt{3}}{2}\mathrm{i}\\ \frac{\sqrt{3}}{2} & \frac{1}{2}\mathrm{i}\end{pmatrix},B=\begin{pmatrix}1 & 0\\ 0 & -1\end{pmatrix}.$$

据例 20 得，A 和 B 都是酉矩阵，容易看出

$$AB=\begin{pmatrix}\frac{1}{2} & \frac{\sqrt{3}}{2}\mathrm{i}\\ \frac{\sqrt{3}}{2} & -\frac{1}{2}\mathrm{i}\end{pmatrix},BA=\begin{pmatrix}\frac{1}{2} & -\frac{\sqrt{3}}{2}\mathrm{i}\\ -\frac{\sqrt{3}}{2} & -\frac{1}{2}\mathrm{i}\end{pmatrix},$$

于是 $AB\neq BA$，但是据例 20 得，AB 是酉矩阵。

例 65 设 $\boldsymbol{A}_1,\boldsymbol{A}_2,\cdots,\boldsymbol{A}_m$ 都是 n 维酉空间 V 上的正规变换，且它们两两可交换。证明：V 中存在一个标准正交基，使得它们在此基下的矩阵都是对角矩阵。

证明 对酉空间的维数 n 作第二数学归纳法。

$n=1$ 时，命题显然成立。

假设对于维数小于 n 的酉空间，命题为真。现在来看 n 维酉空间的情形。

由于 $\boldsymbol{A}_1$ 是 V 上的正规变换，因此据例 56 得

$$V=V_1\oplus V_2\oplus\cdots\oplus V_s,\tag{92}$$

其中 V_j 是 $\boldsymbol{A}_1$ 的属于特征值 λ_j 的特征子空间，$\lambda_1,\lambda_2,\cdots,\lambda_s$ 是 $\boldsymbol{A}_1$ 的所有不同的特征值，$V_1,V_2,\cdots,V_s$ 两两正交。若 $s=1$，则 $\boldsymbol{A}_1$ 是数乘变换，可以转而去考虑 $\boldsymbol{A}_2$，因此不妨设 $s\geqslant 2$。

由于 $\boldsymbol{A}_i$ 与 $\boldsymbol{A}_1$ 可交换，因此 $\boldsymbol{A}_1$ 的特征子空间 V_j 是 $\boldsymbol{A}_i$ 的不变子空间，$j=1,2,\cdots,s;i=1,2,\cdots,m$。于是 $\boldsymbol{A}_i|V_j$ 是 V_j 上的正规变换，且 $\boldsymbol{A}_1|V_j,\boldsymbol{A}_2|V_j,\cdots,\boldsymbol{A}_m|V_j$ 两两可交换。由于 $\dim V_j<\dim V$，因此据归纳假设，V_j 中存在一个标准正交基 $\eta_{j1},\eta_{j2},\cdots,\eta_{jr_j}$，使得 $\boldsymbol{A}_1|V_j,\boldsymbol{A}_2|V_j,\cdots,\boldsymbol{A}_m|V_j$ 在此基下的矩阵 $A_{1j},A_{2j},\cdots,A_{mj}$ 都是对角矩阵。从(92)式得，

$$\eta_{11},\eta_{12},\cdots,\eta_{1r_1},\cdots,\eta_{s1},\eta_{s2},\cdots,\eta_{sr_s}$$

是 V 的一个标准正交基,$\boldsymbol{A}_i(i=1,2,\cdots,m)$ 在此基下的矩阵 $A_i=\mathrm{diag}\{A_{i1},A_{i2},\cdots,A_{is}\}$,显然 A_i 是对角矩阵。

据第二数学归纳法原理,对一切正整数 n,命题为真。 ■

例 66 证明:酉空间上的线性变换 $\boldsymbol{A}$ 如果有伴随变换,那么 $\boldsymbol{A}$ 是正规变换当且仅当 $\boldsymbol{A}=\boldsymbol{A}_1+\mathrm{i}\boldsymbol{A}_2$,其中 $\boldsymbol{A}_1,\boldsymbol{A}_2$ 都是 Hermite 变换,且 $\boldsymbol{A}_1\boldsymbol{A}_2=\boldsymbol{A}_2\boldsymbol{A}_1$。

证明 由于 $\boldsymbol{A}$ 有伴随变换,因此据例 32 得,$\boldsymbol{A}=\boldsymbol{A}_1+\mathrm{i}\boldsymbol{A}_2$,其中 $\boldsymbol{A}_1,\boldsymbol{A}_2$ 是 Hermite 变换。

$$\begin{aligned}(\boldsymbol{A}_1+\mathrm{i}\boldsymbol{A}_2)^*(\boldsymbol{A}_1+\mathrm{i}\boldsymbol{A}_2)&=(\boldsymbol{A}_1^*+\bar{\mathrm{i}}\boldsymbol{A}_2^*)(\boldsymbol{A}_1+\mathrm{i}\boldsymbol{A}_2)\\&=\boldsymbol{A}_1^*\boldsymbol{A}_1+\mathrm{i}\boldsymbol{A}_1^*\boldsymbol{A}_2+\bar{\mathrm{i}}\boldsymbol{A}_2^*\boldsymbol{A}_1+\bar{\mathrm{i}}\mathrm{i}\boldsymbol{A}_2^*\boldsymbol{A}_2\\&=\boldsymbol{A}_1^2+\mathrm{i}\boldsymbol{A}_1\boldsymbol{A}_2+\bar{\mathrm{i}}\boldsymbol{A}_2\boldsymbol{A}_1+\boldsymbol{A}_2^2,\\(\boldsymbol{A}_1+\mathrm{i}\boldsymbol{A}_2)(\boldsymbol{A}_1+\mathrm{i}\boldsymbol{A}_2)^*&=(\boldsymbol{A}_1+\mathrm{i}\boldsymbol{A}_2)(\boldsymbol{A}_1^*+\bar{\mathrm{i}}\boldsymbol{A}_2^*)\\&=\boldsymbol{A}_1\boldsymbol{A}_1^*+\bar{\mathrm{i}}\boldsymbol{A}_1\boldsymbol{A}_2^*+\mathrm{i}\boldsymbol{A}_2\boldsymbol{A}_1^*+\mathrm{i}\,\bar{\mathrm{i}}\boldsymbol{A}_2\boldsymbol{A}_2^*\\&=\boldsymbol{A}_1^2+\bar{\mathrm{i}}\boldsymbol{A}_1\boldsymbol{A}_2+\mathrm{i}\boldsymbol{A}_2\boldsymbol{A}_1+\boldsymbol{A}_2^2.\end{aligned}$$

于是有

$$\begin{aligned}\boldsymbol{A}\text{ 是正规变换}\quad&\Leftrightarrow\quad\boldsymbol{A}^*\boldsymbol{A}=\boldsymbol{A}\boldsymbol{A}^*\\&\Leftrightarrow\quad\mathrm{i}\boldsymbol{A}_1\boldsymbol{A}_2+\bar{\mathrm{i}}\boldsymbol{A}_2\boldsymbol{A}_1=\mathrm{i}\boldsymbol{A}_2\boldsymbol{A}_1+\bar{\mathrm{i}}\boldsymbol{A}_1\boldsymbol{A}_2\\&\Leftrightarrow\quad(\mathrm{i}-\bar{\mathrm{i}})\boldsymbol{A}_1\boldsymbol{A}_2=(\mathrm{i}-\bar{\mathrm{i}})\boldsymbol{A}_2\boldsymbol{A}_1\\&\Leftrightarrow\quad\boldsymbol{A}_1\boldsymbol{A}_2=\boldsymbol{A}_2\boldsymbol{A}_1。\end{aligned}$$

■

例 67 设 $\boldsymbol{A}$ 是 n 维酉空间 V 上的正规变换。证明:

(1) $\boldsymbol{A}$ 是酉变换当且仅当 $\boldsymbol{A}$ 的特征值的模为 1;

(2) $\boldsymbol{A}$ 是 Hermite 变换当且仅当 $\boldsymbol{A}$ 的特征值都是实数;

(3) $\boldsymbol{A}$ 是斜 Hermite 变换当且仅当 $\boldsymbol{A}$ 的特征值是 0 或纯虚数。

证明 由于 $\boldsymbol{A}$ 是 V 上的正规变换,因此 V 中存在一个标准正交基,使得 $\boldsymbol{A}$ 在此基下的矩阵 A 为对角矩阵:

$$A=\mathrm{diag}\{\lambda_1,\lambda_2,\cdots,\lambda_n\},$$

其中 $\lambda_1,\lambda_2,\cdots,\lambda_n$ 是 $\boldsymbol{A}$ 的全部特征值。

$$\begin{aligned}(1)\ \boldsymbol{A}\text{ 是酉变换}\quad&\Leftrightarrow\quad A\text{ 是酉矩阵}\\&\Leftrightarrow\quad A^*=A^{-1}\\&\Leftrightarrow\quad\overline{\lambda_i}=\lambda_i^{-1},i=1,2,\cdots,n\\&\Leftrightarrow\quad|\lambda_i|=1,i=1,2,\cdots,n。\end{aligned}$$

$$\begin{aligned}(2)\ \boldsymbol{A}\text{ 是 Hermite 变换}\quad&\Leftrightarrow\quad A\text{ 是 Hermite 矩阵}\\&\Leftrightarrow\quad A^*=A\end{aligned}$$

$$\Leftrightarrow \quad \overline{\lambda_i}=\lambda_i, i=1,2,\cdots,n$$

$\Leftrightarrow$ λ_i 是实数，$i=1,2,\cdots,n$。

(3) **A** 是斜 Hermite 变换 $\Leftrightarrow$ A 是斜 Hermite 矩阵

$$\Leftrightarrow A^*=-A$$

$$\Leftrightarrow \overline{\lambda_i}=-\lambda_i, i=1,2,\cdots,n$$

$$\Leftrightarrow \operatorname{Re}\lambda_i=0, i=1,2,\cdots,n$$

$\Leftrightarrow$ λ_i 为 0 或纯虚数，$i=1,2,\cdots,n$。 ■

例 68 证明：n 维酉空间 V 上的正规幂零变换一定是零变换。

证明 设 **A** 是正规变换，且 $\boldsymbol{A}^l=\boldsymbol{0}$。则 V 中存在一个标准正交基，使得 **A** 在此基下的矩阵 A 为对角矩阵：

$$A=\operatorname{diag}\{\lambda_1,\lambda_2,\cdots,\lambda_n\}.$$

由于 $\boldsymbol{A}^l=\boldsymbol{0}$，因此 $A^l=0$。从而 $\lambda_i^l=0, i=1,2,\cdots,n$。于是 $\lambda_i=0, i=1,2,\cdots,n$。所以 $A=0$，于是 $\boldsymbol{A}=\boldsymbol{0}$。 ■

例 69 证明：n 维酉空间 V 上的正规幂等变换一定是 Hermite 变换，从而是正交投影。

证明 设 **A** 是 n 维酉空间 V 上的正规幂等变换。由于 **A** 是幂等的，因此 **A** 的特征值是 0 或 1。又由于 **A** 是正规变换，因此据例 67 的第(2)小题得，**A** 是 Hermite 变换，再据例 46 得，**A** 是正交投影。 ■

例 70 设 **A** 是酉空间 V 上的线性变换，且 **A** 有伴随变换 $\boldsymbol{A}^*$。证明：

(1) **A** 是正规变换当且仅当

$$(\boldsymbol{A}\alpha,\boldsymbol{A}\beta)=(\boldsymbol{A}^*\alpha,\boldsymbol{A}^*\beta), \forall \alpha,\beta\in V,$$

(2) **A** 是正规变换当且仅当 $|\boldsymbol{A}\alpha|=|\boldsymbol{A}^*\alpha|, \forall \alpha\in V$。

证明 (1) $(\boldsymbol{A}\alpha,\boldsymbol{A}\beta)=(\alpha,\boldsymbol{A}^*\boldsymbol{A}\beta)$,

$$(\boldsymbol{A}^*\alpha,\boldsymbol{A}^*\beta)=(\alpha,(\boldsymbol{A}^*)^*\boldsymbol{A}^*\beta)=(\alpha,\boldsymbol{A}\boldsymbol{A}^*\beta),$$

于是有

$$\begin{aligned}\boldsymbol{A}\text{ 是正规变换} &\Leftrightarrow \boldsymbol{A}^*\boldsymbol{A}=\boldsymbol{A}\boldsymbol{A}^*\\ &\Leftrightarrow (\alpha,\boldsymbol{A}^*\boldsymbol{A}\beta)=(\alpha,\boldsymbol{A}\boldsymbol{A}^*\beta), \forall \alpha,\beta\in V\\ &\Leftrightarrow (\boldsymbol{A}\alpha,\boldsymbol{A}\beta)=(\boldsymbol{A}^*\alpha,\boldsymbol{A}^*\beta), \forall \alpha,\beta\in V。\end{aligned}$$

(2) 由 $(\boldsymbol{A}\alpha,\boldsymbol{A}\beta)=(\boldsymbol{A}^*\alpha,\boldsymbol{A}^*\beta), \forall \alpha,\beta\in V$ 可推出 $|\boldsymbol{A}\alpha|=|\boldsymbol{A}^*\alpha|, \forall \alpha\in V$。

反之，设 $|\boldsymbol{A}\alpha|=|\boldsymbol{A}^*\alpha|, \forall \alpha\in V$，由于

$$\begin{aligned}(\boldsymbol{A}(\alpha+\beta),\boldsymbol{A}(\alpha+\beta)) &=|\boldsymbol{A}\alpha|^2+(\boldsymbol{A}\alpha,\boldsymbol{A}\beta)+(\boldsymbol{A}\beta,\boldsymbol{A}\alpha)+|\boldsymbol{A}\beta|^2\\ &=|\boldsymbol{A}\alpha|^2+2\operatorname{Re}(\boldsymbol{A}\alpha,\boldsymbol{A}\beta)+|\boldsymbol{A}\beta|^2,\end{aligned}$$

$$(\boldsymbol{A}^*(\alpha+\beta),\boldsymbol{A}^*(\alpha+\beta))=|\boldsymbol{A}^*\alpha|^2+2\operatorname{Re}(\boldsymbol{A}^*\alpha,\boldsymbol{A}^*\beta)+|\boldsymbol{A}^*\beta|^2$$

$$|\boldsymbol{A}(\alpha+\beta)|^2=|\boldsymbol{A}^*(\alpha+\beta)|^2,$$

因此
$$\mathrm{Re}(\boldsymbol{A}\alpha,\boldsymbol{A}\beta)=\mathrm{Re}(\boldsymbol{A}^*\alpha,\boldsymbol{A}^*\beta).$$

类似地,由于$|\boldsymbol{A}(\alpha+\mathrm{i}\beta)|^2=|\boldsymbol{A}^*(\alpha+\mathrm{i}\beta)|^2$,且

$$\begin{aligned}|\boldsymbol{A}(\alpha+\mathrm{i}\beta)|^2&=|\boldsymbol{A}\alpha|^2+\bar{\mathrm{i}}(\boldsymbol{A}\alpha,\boldsymbol{A}\beta)+\mathrm{i}(\boldsymbol{A}\beta,\boldsymbol{A}\alpha)+\mathrm{i}\,\bar{\mathrm{i}}\,|\boldsymbol{A}\beta|^2\\&=|\boldsymbol{A}\alpha|^2+\bar{\mathrm{i}}(\boldsymbol{A}\alpha,\boldsymbol{A}\beta)+\mathrm{i}\,\overline{(\boldsymbol{A}\alpha,\boldsymbol{A}\beta)}+|\boldsymbol{A}\beta|^2,\end{aligned}$$

$$|\boldsymbol{A}^*(\alpha+\mathrm{i}\beta)|^2=|\boldsymbol{A}^*\alpha|^2+\bar{\mathrm{i}}(\boldsymbol{A}^*\alpha,\boldsymbol{A}^*\beta)+\mathrm{i}\,\overline{(\boldsymbol{A}^*\alpha,\boldsymbol{A}^*\beta)}+|\boldsymbol{A}^*\beta|^2,$$

因此
$$\mathrm{Im}(\boldsymbol{A}\alpha,\boldsymbol{A}\beta)=\mathrm{Im}(\boldsymbol{A}^*\alpha,\boldsymbol{A}^*\beta).$$

综上所述,若$|\boldsymbol{A}\alpha|=|\boldsymbol{A}^*\alpha|$, $\forall\,\alpha\in V$,则可推出

$$(\boldsymbol{A}\alpha,\boldsymbol{A}\beta)=(\boldsymbol{A}^*\alpha,\boldsymbol{A}^*\beta),\ \forall\,\alpha,\beta\in V.$$

因此 $\boldsymbol{A}$ 是正规变换 $\Leftrightarrow\ (\boldsymbol{A}\alpha,\boldsymbol{A}\beta)=(\boldsymbol{A}^*\alpha,\boldsymbol{A}^*\beta),\ \forall\,\alpha,\beta\in V$

$\Leftrightarrow\ |\boldsymbol{A}\alpha|=|\boldsymbol{A}^*\alpha|,\ \forall\,\alpha\in V$。 ■

例 71 设 $\boldsymbol{A}$ 是酉空间 V 上的正规变换。证明:

(1) $\mathrm{Ker}\,\boldsymbol{A}=\mathrm{Ker}\,\boldsymbol{A}^*$;

(2) $\mathrm{Ker}\,\boldsymbol{A}=(\mathrm{Im}\,\boldsymbol{A})^{\perp}$。

证明 (1)由于 $\boldsymbol{A}$ 是正规变换,因此$|\boldsymbol{A}\alpha|=|\boldsymbol{A}^*\alpha|$。从而 $\alpha\in\mathrm{Ker}\,\boldsymbol{A}\ \Leftrightarrow\ \boldsymbol{A}\alpha=0$

$\Leftrightarrow\ \boldsymbol{A}^*\alpha=0$

$\Leftrightarrow\ \alpha\in\mathrm{Ker}\,\boldsymbol{A}^*$,

因此 $\mathrm{Ker}\,\boldsymbol{A}=\mathrm{Ker}\,\boldsymbol{A}^*$。

(2) $\beta\in\mathrm{Ker}\,\boldsymbol{A}\ \Leftrightarrow\ \beta\in\mathrm{Ker}\,\boldsymbol{A}^*$

$\Leftrightarrow\ \boldsymbol{A}^*\beta=0$

$\Leftrightarrow\ (\alpha,\boldsymbol{A}^*\beta)=0,\ \forall\,\alpha\in V$

$\Leftrightarrow\ (\boldsymbol{A}\alpha,\beta)=0,\ \forall\,\alpha\in V$

$\Leftrightarrow\ \beta\in(\mathrm{Im}\,\boldsymbol{A})^{\perp}$,

因此 $\mathrm{Ker}\,\boldsymbol{A}=(\mathrm{Im}\,\boldsymbol{A})^{\perp}$。 ■

例 72 证明:酉空间 V 上的正规幂等变换一定是 Hermite 变换。

证明 设 $\boldsymbol{A}$ 是 V 上的正规幂等变换。由于 $\boldsymbol{A}$ 是幂等的,因此据 9.2 节的命题 3 得,$V=\mathrm{Im}\,\boldsymbol{A}\oplus\mathrm{Ker}\,\boldsymbol{A}$。由于 $\boldsymbol{A}$ 是正规变换,因此据例 71 得,$\mathrm{Ker}\,\boldsymbol{A}=(\mathrm{Im}\,\boldsymbol{A})^{\perp}$。从而 $V=\mathrm{Im}\,\boldsymbol{A}\oplus(\mathrm{Im}\,\boldsymbol{A})^{\perp}$。于是 $\boldsymbol{A}$ 是 V 在 $\mathrm{Im}\,\boldsymbol{A}$ 上的正交投影。据例 45 得,$\boldsymbol{A}$ 是 Hermite 变换。 ■

点评 例 69 证明了有限维酉空间上的正规幂等变换是 Hermite 变换。例 72 证明了任意酉空间(有限维或无限维)上的正规幂等变换是 Hermite 变换。例 72 的结论比例 69 的结论深刻。例 69 用的是矩阵的方法;例 72 用的是空间分解的方法。一般地,矩阵的方法适用于有限维线性空间,而空间分解的方法既适用于有限维,又适用于无限维线性空间。

例 73 证明:酉空间 V 上的 Hermite 变换 $\boldsymbol{A}$ 如果可逆,且 A^{-1} 有伴随变换,那么 A^{-1} 也是 Hermite 变换。

证明 由于 $\boldsymbol{A}^* = \boldsymbol{A}$,因此 $(\boldsymbol{A}^{-1})^* = (\boldsymbol{A}^*)^{-1} = \boldsymbol{A}^{-1}$,从而 $\boldsymbol{A}^{-1}$ 是 Hermite 变换。 ■

例 74 设 $\boldsymbol{A}$ 是酉空间 V 上的 Hermite 变换,如果对于任意 $\alpha \in V$ 且 $\alpha \neq 0$,都有 $(\boldsymbol{A}\alpha, \alpha) > 0$,那么称 $\boldsymbol{A}$ 是正定 Hermite 变换。证明:如果 V 是有限维的,那么下列命题等价。

(1) $\boldsymbol{A}$ 是正定 Hermite 变换;

(2) $\boldsymbol{A}$ 是特征值全大于 0;

(3) 对于 V 上的任意可逆线性变换 $\boldsymbol{B}$,有 $\boldsymbol{B}^*\boldsymbol{A}\boldsymbol{B}$ 是正定 Hermite 变换;

(4) 存在 V 上的可逆线性变换 $\boldsymbol{C}$,使得 $\boldsymbol{C}^*\boldsymbol{A}\boldsymbol{C} = \boldsymbol{I}$;

(5) $\boldsymbol{A} = \boldsymbol{Q}^*\boldsymbol{Q}$,其中 $\boldsymbol{Q}$ 是可逆线性变换。

证明 在 V 中取一个标准正交基 $\eta_1, \eta_2, \cdots, \eta_n$,设 $\boldsymbol{A}$ 在此基下的矩阵为 A,设 α 在此基下的坐标为 $\boldsymbol{X}$,则 $(\boldsymbol{A}\alpha, \alpha) = \boldsymbol{X}^* A\boldsymbol{X}$。从而 $\boldsymbol{A}$ 是正定 Hermite 变换当且仅当 A 是正定 Hermite 矩阵。利用定理 17 立即得到上述 5 个命题等价。 ■

例 75 设 $\boldsymbol{A}$ 是 n 维酉空间 V 上的正定 Hermite 变换。证明:

(1) $\boldsymbol{A}^2$ 也是正定 Hermite 变换;

(2) 存在唯一的正定 Hermite 变换 $\boldsymbol{B}$,使得 $\boldsymbol{A} = \boldsymbol{B}^2$。

证明 (1) 由于 $\boldsymbol{A}^2 = \boldsymbol{A}\boldsymbol{A} = \boldsymbol{A}^*\boldsymbol{A}$,且 $\boldsymbol{A}$ 是可逆的,因此据例 74 的(5)与(1)等价得到,$\boldsymbol{A}^2$ 是正定 Hermite 变换。

(2) 由于 $\boldsymbol{A}$ 是 V 上的 Hermite 变换,因此 V 中存在一个标准正交基 $\eta_1, \eta_2, \cdots, \eta_n$,使得 $\boldsymbol{A}$ 在此基下的矩阵 A 为实对角矩阵 $\operatorname{diag}\{\lambda_1, \lambda_2, \cdots, \lambda_n\}$。由于 $\boldsymbol{A}$ 是正定的,因此 $\lambda_i > 0, i = 1, 2, \cdots, n$。令 $B = \operatorname{diag}\{\sqrt{\lambda_1}, \sqrt{\lambda_2}, \cdots, \sqrt{\lambda_n}\}$,设 $\boldsymbol{B}$ 是 V 上的线性变换,使得

$$\boldsymbol{B}(\eta_1, \eta_2, \cdots, \eta_n) = (\eta_1, \eta_2, \cdots, \eta_n)B.$$

由于 $B^* = B$,因此 B 是 Hermite 矩阵。从而 $\boldsymbol{B}$ 是 Hermite 变换。由于 $\boldsymbol{B}$ 的特征值 $\sqrt{\lambda_i}$ $(i = 1, 2, \cdots, n)$ 全大于 0,因此 $\boldsymbol{B}$ 是正定的 Hermite 变换。由于 $A = B^2$,因此 $\boldsymbol{A} = \boldsymbol{B}^2$。

唯一性。假设还有一个正定 Hermite 变换 $\boldsymbol{C}$,使得 $\boldsymbol{A} = \boldsymbol{C}^2$。$V$ 中存在一个标准正交基 $\delta_1, \delta_2, \cdots, \delta_n$,使得 $\boldsymbol{C}$ 在此基下的矩阵 $C = \operatorname{diag}\{\mu_1, \mu_2, \cdots, \mu_n\}$,其中 $\mu_1, \mu_2, \cdots, \mu_n$ 都是正实数。设标准正交基 $\eta_1, \eta_2, \cdots, \eta_n$ 到标准正交基 $\delta_1, \delta_2, \cdots, \delta_n$ 的过渡矩阵为 P,则 P 是酉矩阵,且 $\boldsymbol{C}$ 在基 $\eta_1, \eta_2, \cdots, \eta_n$ 下的矩阵为 PCP^{-1}。由于 $\boldsymbol{B}$ 在基 $\eta_1, \eta_2, \cdots, \eta_n$ 下的矩阵为 B,且 $\boldsymbol{C}^2 = \boldsymbol{A} = \boldsymbol{B}^2$,因此 $(PCP^{-1})^2 = B^2$。于是 $PC^2P^{-1} = B^2$。从而

$$P \operatorname{diag}\{\mu_1^2, \mu_2^2, \cdots, \mu_n^2\} = \operatorname{diag}\{\lambda_1, \lambda_2, \cdots, \lambda_n\}P. \tag{93}$$

设 $P = (t_{ij})$,比较(93)式两边的 (i,j) 元得

$$t_{ij}\mu_j^2 = \lambda_i t_{ij}. \tag{94}$$

若 $t_{ij}\neq 0$，则从(94)式得，$\mu_j^2=\lambda_i$，从而 $\mu_j=\sqrt{\lambda_i}$，因此

$$t_{ij}\mu_j=\sqrt{\lambda_i}t_{ij};\tag{95}$$

若 $t_{ij}=0$，则(95)式显然成立。于是有

$$P\ \mathrm{diag}\{\mu_1,\mu_2,\cdots,\mu_n\}=\mathrm{diag}\{\sqrt{\lambda_1},\sqrt{\lambda_2},\cdots,\sqrt{\lambda_n}\}P.$$

从而 $PCP^{-1}=B$，由于 PCP^{-1}，B 分别是 $\boldsymbol{C}$，$\boldsymbol{B}$ 在基 $\eta_1,\eta_2,\cdots,\eta_n$ 下的矩阵，因此 $\boldsymbol{C}=\boldsymbol{B}$。 ■

例 76 证明**极分解定理**：设 $\boldsymbol{A}$ 是 n 维酉空间 V 上的可逆线性变换，则存在一个酉变换 $\boldsymbol{P}$ 和两个正定 Hermite 变换 $\boldsymbol{H}_1$，$\boldsymbol{H}_2$，使得

$$\boldsymbol{A}=\boldsymbol{P}\boldsymbol{H}_1=\boldsymbol{H}_2\boldsymbol{P},\tag{96}$$

并且 $\boldsymbol{A}$ 的这两种分解的每一种都是唯一的。

证明 可分解性。据例 74 得，$\boldsymbol{A}^*\boldsymbol{A}$ 是正定 Hermite 变换，据例 75 得，存在正定 Hermite 变换 $\boldsymbol{H}_1$，使得

$$\boldsymbol{A}^*\boldsymbol{A}=\boldsymbol{H}_1^2,\tag{97}$$

于是 $\boldsymbol{A}=(\boldsymbol{A}^*)^{-1}\boldsymbol{H}_1^2=(\boldsymbol{A}^{-1})^*\boldsymbol{H}_1\boldsymbol{H}_1$。记 $\boldsymbol{P}=(\boldsymbol{A}^{-1})^*\boldsymbol{H}_1$，则

$$\begin{aligned}\boldsymbol{P}^*&=\boldsymbol{H}_1^*\boldsymbol{A}^{-1}=\boldsymbol{H}_1\boldsymbol{A}^{-1}=\boldsymbol{H}_1((\boldsymbol{A}^*)^{-1}\boldsymbol{H}_1^2)^{-1}\\&=\boldsymbol{H}_1\boldsymbol{H}_1^{-2}\boldsymbol{A}^*=\boldsymbol{H}_1^{-1}\boldsymbol{A}^*=\boldsymbol{P}^{-1},\end{aligned}$$

因此 $\boldsymbol{P}$ 是酉变换，且 $\boldsymbol{A}=\boldsymbol{P}\boldsymbol{H}_1$。

令 $\boldsymbol{H}_2=\boldsymbol{P}\boldsymbol{H}_1\boldsymbol{P}^{-1}$。由于 $\boldsymbol{H}_2^*=\boldsymbol{P}\boldsymbol{H}_1\boldsymbol{P}^{-1}=\boldsymbol{H}_2$，因此 $\boldsymbol{H}_2$ 是 Hermite 变换。由于，$\boldsymbol{H}_2=(\boldsymbol{P}^*)^*\boldsymbol{H}_1\boldsymbol{P}^*$，因此据例 74 得，$\boldsymbol{H}_2$ 是正定 Hermite 变换。我们有

$$\boldsymbol{A}=\boldsymbol{P}\boldsymbol{H}_1=\boldsymbol{P}\boldsymbol{H}_1\boldsymbol{P}^{-1}\boldsymbol{P}=\boldsymbol{H}_2\boldsymbol{P}.$$

唯一性。设还有一个酉变换 $\boldsymbol{Q}$ 和一个正定 Hermite 变换 $\boldsymbol{G}_1$，使得 $\boldsymbol{A}=\boldsymbol{Q}\boldsymbol{G}_1$，则

$$\boldsymbol{A}^*\boldsymbol{A}=\boldsymbol{G}^*\boldsymbol{Q}^*\boldsymbol{Q}\boldsymbol{G}_1=\boldsymbol{G}_1^2.\tag{98}$$

从(98)和(97)式，据例 75 第(2)小题的唯一性得，$\boldsymbol{G}_1=\boldsymbol{H}_1$，从而 $\boldsymbol{Q}=\boldsymbol{P}$。

类似地，考虑 $\boldsymbol{A}\boldsymbol{A}^*$ 的分解式可证得 $\boldsymbol{A}$ 的第二种分解的方式也唯一。 ■

点评 例 76 的极分解定理中，$\boldsymbol{A}=\boldsymbol{H}_2\boldsymbol{P}$ 很像非 0 复数 z 的指数式：$z=re^{i\theta}$，其中 r 是正实数，$0\leqslant\theta<2\pi$。由此看到：n 维酉空间上的 Hermite 变换可以和实数类比，正定 Hermite 变换可以和正实数类比，酉变换可以和模为 1 的复数 $e^{i\theta}$ 类比。可以这么类比的根源在于 Hermite 变换、正定 Hermite 变换和酉变换的酉相似标准形。当 $n=1$ 时，正定 Hermite 变换，酉变换的酉相似标准形分别是正实数 r，模为 1 的复数 $e^{i\theta}$；而可逆线性变换的酉相似标准形为非 0 复数 z。此时例 76 的分解式成为 $z=re^{i\theta}$。这个指数式也可以看成非 0 复数在复平面的极坐标系中的表达式，这就是极分解式这个词的由来。

例 77 设 $A=(a_{ij})$ 是 n 级正定 Hermite 矩阵，证明：

$$|A|\leqslant a_{11}a_{22}\cdots a_{nn},\tag{99}$$

等号成立当且仅当 A 是对角矩阵。

证明 取一个 n 维酉空间，n 级正定 Hermite 矩阵 A 可以看成 V 的一个基 $\alpha_1,\alpha_2,\cdots,\alpha_n$ 的度量矩阵(即 Gram 矩阵)。于是 $a_{ij}=(\alpha_i,\alpha_j)$，$1\leqslant i,j\leqslant n$。

在 V 中取一个标准正交基 $\eta_1,\eta_2,\cdots,\eta_n$。设

$$(\alpha_1,\alpha_2,\cdots,\alpha_n)=(\eta_1,\eta_2,\cdots,\eta_n)P,$$

则 α_i 在标准正交基 $\eta_1,\eta_2,\cdots,\eta_n$ 下的坐标为 P 的第 i 列 $\boldsymbol{X}_i$，$i=1,2,\cdots,n$。于是

$$a_{ij}=(\alpha_i,\alpha_j)=\boldsymbol{X}_j^*\boldsymbol{X}_i=\boldsymbol{X}_i'\overline{\boldsymbol{X}}_j,1\leqslant i,j\leqslant n,$$

从而 $A=P'\overline{P}$。

对 $\alpha_1,\alpha_2,\cdots,\alpha_n$ 进行 Schmidt 正交化，令

$$\beta_1=\alpha_1,$$

$$\beta_i=\alpha_i-\sum_{j=1}^{i-1}\frac{(\alpha_i,\beta_j)}{(\beta_j,\beta_j)}\beta_j,i=2,3,\cdots,n,$$

则$(\beta_1,\beta_2,\cdots,\beta_n)=(\alpha_1,\alpha_2,\cdots,\alpha_n)B$，其中 B 是主对角元为 1 的上三角矩阵。于是

$$(\beta_1,\beta_2,\cdots,\beta_n)=(\eta_1,\eta_2,\cdots,\eta_n)PB.$$

从而 β_i 在标准正交基 $\eta_1,\eta_2,\cdots,\eta_n$ 下的坐标为 PB 的第 i 列 $\boldsymbol{Y}_i$，$i=1,2,\cdots,n$。因此

$$(\beta_i,\beta_j)=\boldsymbol{Y}_j^*\boldsymbol{Y}_i=\boldsymbol{Y}_i'\overline{\boldsymbol{Y}}_j,1\leqslant i,j\leqslant n,$$

从而

$$\begin{aligned}|\,\mathrm{Gram}(\beta_1,\beta_2,\cdots,\beta_n)\,|&=|\,(PB)'\overline{(PB)}\,|=|\,B'P'\,\overline{P}\,\overline{B}\,|\\&=|\,B'A\,\overline{B}\,|=|\,B\,|\,|\,A\,|\,|\,\overline{B}\,|=|\,A\,|.\end{aligned}$$

由于$(\beta_i,\beta_j)=0$，当 $i\neq j$，因此

$$|\,A\,|=|\,\mathrm{Gram}(\beta_1,\beta_2,\cdots,\beta_n)\,|=|\,\beta_1\,|^2\,|\,\beta_2\,|^2\cdots|\,\beta_n\,|^2.$$

由于

$$\begin{aligned}|\,\beta_i\,|^2&=|\,\alpha_i\,|^2-\sum_{j=1}^{i-1}\frac{\overline{(\alpha_i,\beta_j)}}{(\beta_j,\beta_j)}(\alpha_i,\beta_j)-\sum_{j=1}^{i-1}\frac{(\alpha_i,\beta_j)}{(\beta_j,\beta_j)}(\beta_j,\alpha_i)\\&\quad+\sum_{j=1}^{n}\frac{(\alpha_i,\beta_j)}{(\beta_j,\beta_j)}\frac{\overline{(\alpha_i,\beta_j)}}{(\beta_j,\beta_j)}(\beta_j,\beta_j)\\&=|\,\alpha_i\,|^2-\sum_{j=1}^{i-1}\frac{|\,(\alpha_i,\beta_j)\,|^2}{|\,\beta_j\,|^2}\leqslant|\,\alpha_i\,|^2,\end{aligned}$$

因此$|A|\leqslant|\alpha_1|^2|\alpha_2|^2\cdots|\alpha_n|^2=a_{11}a_{22}\cdots a_{nn}$。

等号成立当且仅当$(\alpha_i,\beta_j)=0$，其中 $i=1,2,\cdots,n$；$j=1,2,\cdots,i-1$。从而 $\beta_i=\alpha_i$，$i=1,2,\cdots,n$。于是 A 为对角矩阵。 ■

点评 例 77 的证明的关键之一是把 n 级正定 Hermite 矩阵 A 看成 n 维酉空间 V 的

一个基$\alpha_1,\alpha_2,\cdots,\alpha_n$的度量矩阵；关键之二是为了计算内积简便，在$V$中取一个标准正交基$\eta_1,\eta_2,\cdots,\eta_n$；关键之三是把$\alpha_1,\alpha_2,\cdots,\alpha_n$进行 Schmidt 正交化，得到正交向量组$\beta_1,\beta_2,\cdots,\beta_n$，这是因为正交向量$\beta_1,\beta_2,\cdots,\beta_n$的 Gram 行列式就等于它的主对角元的乘积，即$|\beta_1|^2|\beta_2|^2\cdots|\beta_n|^2$。例 77 也可以对矩阵的级数$n$作数学归纳法，这与《高等代数学习指导书（上册）》6.3 节的例 18 的证法一样。

例 78 设A是n级可逆复矩阵，证明 Hadamard 不等式：

$$\|A\|^2\leqslant\prod_{i=1}^{n}\sum_{j=1}^{n}|a_{ji}|^2,\tag{100}$$

其中$\|A\|$表示复数$|A|$的模。

证明 由于A是n级可逆复矩阵，因此A^*A是正定 Hermite 矩阵。由于

$$A^*A(i;i)=\sum_{j=1}^{n}A^*(i;j)A(j;i)=\sum_{j=1}^{n}|a_{ji}|^2,$$

因此据例 77 得

$$\|A\|^2=|A^*A|\leqslant\prod_{i=1}^{n}(A^*A)(i;i)=\prod_{i=1}^{n}\sum_{j=1}^{n}|a_{ji}|^2.$$ ■

例 79 设A是n级可逆复矩阵，且A的每个元素的模不超过 1，证明：

$$\|A\|^2\leqslant n^n.\tag{101}$$

证明 据例 78 得

$$\|A\|^2\leqslant\prod_{i=1}^{n}\sum_{j=1}^{n}|a_{ji}|^2\leqslant\prod_{i=1}^{n}\sum_{j=1}^{n}1=n^n.$$ ■

例 80 设$\boldsymbol{A},\boldsymbol{B}$是$n$维酉空间$V$上的线性变换，且$\boldsymbol{AB}=\boldsymbol{BA}$。证明：$V$中有一个标准正交基，使得$\boldsymbol{A},\boldsymbol{B}$在此基下的矩阵都是上三角矩阵。

证明 对酉空间的维数n作数学归纳法。

$n=1$时，命题显然成立。假设对于$n-1$维酉空间命题为真，现在来看n维酉空间的情形。由于$\boldsymbol{A}^*\boldsymbol{B}^*=(\boldsymbol{BA})^*=(\boldsymbol{AB})^*=\boldsymbol{B}^*\boldsymbol{A}^*$，因此$\boldsymbol{A}^*$与$\boldsymbol{B}^*$有公共的单位特征向量$\eta_n$。于是$\langle\eta_n\rangle$是$\boldsymbol{A}^*$和$\boldsymbol{B}^*$的不变子空间，从而$\langle\eta_n\rangle^\perp$是$\boldsymbol{A}$和$\boldsymbol{B}$的不变子空间，因此$\boldsymbol{A}|\langle\eta_n\rangle^\perp$，$\boldsymbol{B}|\langle\eta_n\rangle^\perp$是$\langle\eta_n\rangle^\perp$上的线性变换，且它们可交换。由于$V=\langle\eta_n\rangle^\perp\oplus\langle\eta_n\rangle$，因此据归纳假设，$\langle\eta_n\rangle^\perp$中存在一个标准正交基$\eta_1,\eta_2,\cdots,\eta_{n-1}$，使得$\boldsymbol{A}|\langle\eta_n\rangle^\perp$，$\boldsymbol{B}|\langle\eta_n\rangle^\perp$在此基下的矩阵都为上三角矩阵。设

$$\boldsymbol{A}\eta_n=a_{1n}\eta_1+a_{2n}\eta_2+\cdots+a_{nn}\eta_n,$$
$$\boldsymbol{B}\eta_n=b_{1n}\eta_1+b_{2n}\eta_2+\cdots+b_{nn}\eta_n,$$

则$\boldsymbol{A},\boldsymbol{B}$在$V$的标准正交基$\eta_1,\eta_2,\cdots,\eta_{n-1},\eta_n$下的矩阵都是上三角矩阵。

据数学归纳法原理，对一切正整数n，命题为真。 ■

例 81　设 A,B 都是 n 级复矩阵，其中 B 是幂零矩阵，且 $AB=BA$。证明：$|A+B|=|A|$。

证明　据例 80 得，存在一个 n 级酉矩阵 P，使得 $P^{-1}AP, P^{-1}BP$ 都是上三角矩阵，它们的主对角元分别是 A 的全部特征值 $\lambda_1,\lambda_2,\cdots,\lambda_n$，以及 B 的全部特征值 $\mu_1,\mu_2,\cdots,\mu_n$，于是

$$\begin{aligned}|A+B| &= |P^{-1}(A+B)P| = |P^{-1}AP+P^{-1}BP| \\ &= (\lambda_1+\mu_1)(\lambda_2+\mu_2)\cdots(\lambda_n+\mu_n).\end{aligned}$$

由于 B 是幂零矩阵，因此 B 的特征值全为 0，从而

$$|A+B| = \lambda_1\lambda_2\cdots\lambda_n = |A|.$$

■

例 82　设 $\mathbf{A}$ 是酉空间 V 上的线性变换。证明：如果 $\mathbf{A}^*=k\mathbf{A}, k\in\mathbf{R}$，那么，$\mathbf{A}$ 是 Hermite 变换或斜 Hermite 变换。

证明　$\mathbf{A}=(\mathbf{A}^*)^*=(k\mathbf{A})^*=\bar{k}\mathbf{A}^*=k(k\mathbf{A})=k^2\mathbf{A}$，于是 $(k^2-1)\mathbf{A}=\mathbf{0}$。若 $\mathbf{A}=\mathbf{0}$，则命题显然成立；若 $\mathbf{A}\neq\mathbf{0}$，则 $k^2-1=0$。由此得出，$k=\pm1$。即 $\mathbf{A}^*=\pm\mathbf{A}$。从而 $\mathbf{A}$ 是 Hermite 变换或斜 Hermite 变换。 ■

例 83　设 A,B 都是 n 级正定 Hermite 矩阵。证明：

(1) AB 的特征值都是正实数；

(2) 若 AB 也是 Hermite 矩阵，则 AB 是正定的。

证明　(1)由于 A,B 都是 n 级正定 Hermite 矩阵，因此据定理 17 得，$A=P^*P, B=Q^*Q$，其中 P,Q 都是 n 级可逆复矩阵，于是 $AB=P^*PQ^*Q$。由于 $P^*(PQ^*Q)$ 与 $(PQ^*Q)P^*$ 有相同的非零特征值，且 $(PQ^*Q)P^*=(QP^*)^*(QP^*)$ 是正定 Hermite 矩阵，因此 $P^*(PQ^*Q)$ 的非零特征值都是正实数，又由于 $P^*(PQ^*Q)$ 是可逆矩阵，因此 0 不是它的特征值。从而 $AB=P^*PQ^*Q$ 的特征值都是正实数。

(2) 若 AB 是 Hermite 矩阵，则由于它的特征值全是正数，因此它是正定的。 ■

例 84　设 $\mathbf{A}$ 是 n 维欧几里得空间 V 上的正规变换。证明：$\mathbf{A}$ 必有 1 维或 2 维不变子空间，且它们也是 $\mathbf{A}^*$ 的不变子空间。

证明　情形 1　若 $\mathbf{A}$ 有特征值 λ_1，则 $\langle\xi_1\rangle$ 是 $\mathbf{A}$ 的 1 维不变子空间，其中 ξ_1 是 $\mathbf{A}$ 的属于特征值 λ_1 的一个特征向量。据定理 10 得，ξ_1 也是 $\mathbf{A}^*$ 的属于特征值 $\overline{\lambda_1}$ 的一个特征向量，因此 $\langle\xi_1\rangle$ 也是 $\mathbf{A}^*$ 的不变子空间。

情形 2　$\mathbf{A}$ 没有特征值，则 $\mathbf{A}$ 的特征多项式 $f(\lambda)$ 的虚根共轭成对出现，设 $z_1=a+b\mathrm{i}$ 是 $f(\lambda)$ 的一个虚根。V 中取一个标准正交基 $\alpha_1,\alpha_2,\cdots,\alpha_n$，则 $\mathbf{A}$ 在此基下的矩阵 A 是正规矩阵。把 A 看成复矩阵，$z_1=a+b\mathrm{i}$ 是 A 的一个特征值，设 $\boldsymbol{X}+\mathrm{i}\boldsymbol{Y}$ 是 A 的属于特征值 $a+b\mathrm{i}$ 的一个特征向量，$\boldsymbol{X},\boldsymbol{Y}\in\mathbf{R}^n$，则 $A(\boldsymbol{X}+\mathrm{i}\boldsymbol{Y})=(a+b\mathrm{i})(\boldsymbol{X}+\mathrm{i}\boldsymbol{Y})$。由此得出

$$AX = aX - bY, AY = bX + aY. \tag{102}$$

令 $\xi_1=(\alpha_1,\alpha_2,\cdots,\alpha_n)X, \xi_2=(\alpha_1,\alpha_2,\cdots,\alpha_n)Y.$

则

$$\boldsymbol{A}\xi_1 = (\alpha_1,\alpha_2,\cdots,\alpha_n)AX = a\xi_1 - b\xi_2, \tag{103}$$

$$\boldsymbol{A}\xi_2 = (\alpha_1,\alpha_2,\cdots,\alpha_n)AY = b\xi_1 + a\xi_2, \tag{104}$$

从而$\langle\xi_1,\xi_2\rangle$是 $\boldsymbol{A}$ 的一个不变子空间。

由于 $X+\mathrm{i}Y$ 也是 A^* 的属于特征值$\overline{z_1}=a-b\mathrm{i}$ 的一个特征向量,因此 $A^*(X+\mathrm{i}Y)=(a-b\mathrm{i})(X+\mathrm{i}Y)$。由此得出

$$A^*X = aX + bY, A^*Y = -bX + aY;$$

$$\boldsymbol{A}^*\xi_1 = (\alpha_1,\alpha_2,\cdots,\alpha_n)A^*X = a\xi_1 + b\xi_2, \tag{105}$$

$$\boldsymbol{A}^*\xi_2 = (\alpha_1,\alpha_2,\cdots,\alpha_n)A^*Y = -b\xi_1 + a\xi_2, \tag{106}$$

因此$\langle\xi_1,\xi_2\rangle$也是 $\boldsymbol{A}^*$ 的一个不变子空间。由于

$$(\boldsymbol{A}\xi_1,\xi_1) = (a\xi_1 - b\xi_2,\xi_1) = a|\xi_1|^2 - b(\xi_1,\xi_2),$$

$$(\boldsymbol{A}\xi_1,\xi_1) = (\xi_1,\boldsymbol{A}^*\xi_1) = (\xi_1,a\xi_1+b\xi_2) = a|\xi_1|^2 + b(\xi_1,\xi_2),$$

因此 $2b(\xi_1,\xi_2)=0$。由于 $b\neq 0$,因此$(\xi_1,\xi_2)=0$,即 ξ_1 与 ξ_2 正交。由于

$$(\boldsymbol{A}\xi_1,\xi_2) = (a\xi_1 - b\xi_2,\xi_2) = a(\xi_1,\xi_2) - b|\xi_2|^2$$

$$(\boldsymbol{A}\xi_1,\xi_2) = (\xi_1,\boldsymbol{A}^*\xi_2) = (\xi_1,-b\xi_1+a\xi_2) = -b|\xi_1|^2 + a(\xi_1,\xi_2),$$

因此$|\xi_2|^2=|\xi_1|^2$。由于 X,Y 不全为 0,因此 ξ_1,ξ_2 不全为 0。又由于$|\xi_1|=|\xi_2|$,因此 ξ_1,ξ_2 全不为 0。从而 ξ_1,ξ_2 是正交向量组。于是 $\dim\langle\xi_1,\xi_2\rangle=2$。 ■

例 85 设 $\boldsymbol{A}$ 是 n 维欧几里得空间 V 上的正规变换。证明:V 中存在一个标准正交基,使得 $\boldsymbol{A}$ 在此基下的矩阵 A 是形如下述的分块对角矩阵:

$$\mathrm{diag}\left\{\lambda_1,\lambda_2,\cdots,\lambda_m,\begin{pmatrix} a_1 & b_1 \\ -b_1 & a_1 \end{pmatrix},\begin{pmatrix} a_2 & b_2 \\ -b_2 & a_2 \end{pmatrix},\cdots,\begin{pmatrix} a_s & b_s \\ -b_s & a_s \end{pmatrix}\right\},$$

此矩阵称为 $\boldsymbol{A}$ 的**标准形**。

证明 对欧几里得空间 V 的维数 n 作第二数学归纳法。

$n=1$ 时,命题显然成立。

$n=2$ 时,若 $\boldsymbol{A}$ 有特征值 λ_1,则取 $\boldsymbol{A}$ 的属于 λ_1 的一个单位特征向量 η_1,于是$\langle\eta_1\rangle$是 $\boldsymbol{A}$ 的一个不变子空间,由于 η_1 也是 $\boldsymbol{A}^*$ 的属于特征值$\overline{\lambda_1}$的一个单位特征向量,因此$\langle\eta_1\rangle$也是 $\boldsymbol{A}^*$ 的一个不变子空间。从而$\langle\eta_1\rangle^\perp$是 $\boldsymbol{A}$ 的不变子空间。由于 $V=\langle\eta_1\rangle\oplus\langle\eta_1\rangle^\perp$,因此 $\dim\langle\eta_1\rangle^\perp=1$。在$\langle\eta_1\rangle^\perp$中取一个单位向量 η_2,则 $\boldsymbol{A}\eta_2=\lambda_2\eta_2$。于是 $\boldsymbol{A}$ 在 V 的标准正交基 η_1,η_2 下的矩阵为 $\mathrm{diag}\{\lambda_1,\lambda_2\}$。

若 $\mathbf{A}$ 没有特征值，则据例 84 得，$\mathbf{A}$ 有一个 2 维不变子空间 $\langle \xi_1, \xi_2 \rangle$，其中 ξ_1, ξ_2 是正交向量组，且 $|\xi_1| = |\xi_2|$，

$$\mathbf{A}\xi_1 = a\xi_1 - b\xi_2, \mathbf{A}\xi_2 = b\xi_1 + a\xi_2.$$

令 $\eta_i = \frac{1}{|\xi_i|}\xi_i, i=1,2$。则 η_1, η_2 是正交单位向量组，且

$$\mathbf{A}\eta_1 = \frac{1}{|\xi_1|}\mathbf{A}\xi_1 = \frac{a}{|\xi_1|}\xi_1 - \frac{b}{|\xi_1|}\xi_2 = a\eta_1 - b\eta_2,$$

$$\mathbf{A}\eta_2 = \frac{1}{|\xi_2|}\mathbf{A}\xi_2 = \frac{b}{|\xi_2|}\xi_1 + \frac{a}{|\xi_2|}\xi_2 = b\eta_1 + a\eta_2,$$

因此 $\mathbf{A}$ 在 V 的标准正交基 η_1, η_2 下的矩阵为

$$\begin{pmatrix} a & b \\ -b & a \end{pmatrix}.$$

假设对于维数小于 n 的欧几里得空间命题为真，现在来看 n 维欧几里得空间 V 上的正规变换 $\mathbf{A}$。

情形 1　$\mathbf{A}$ 有特征值 λ_1，设 η_1 是 $\mathbf{A}$ 的属于 λ_1 的一个单位特征向量。则 η_1 也是 $\mathbf{A}^*$ 的属于特征值 $\overline{\lambda_1}$ 的一个单位特征向量。从而 $\langle \eta_1 \rangle$ 是 $\mathbf{A}^*$ 的不变子空间。于是 $\langle \eta_1 \rangle^{\perp}$ 是 $\mathbf{A}$ 的不变子空间。$V = \langle \eta_1 \rangle \oplus \langle \eta_1 \rangle^{\perp}$。$\mathbf{A}|\langle \eta_1 \rangle^{\perp}$ 是 $\langle \eta_1 \rangle^{\perp}$ 上的正规变换，据归纳假设，$\langle \eta_1 \rangle^{\perp}$ 中存在一个标准正交基 $\eta_2, \cdots, \eta_n$，使得 $\mathbf{A}|\langle \eta_1 \rangle^{\perp}$ 在此基下的矩阵为 $\operatorname{diag}\left\{\lambda_2, \cdots, \lambda_m, \begin{pmatrix} a_1 & b_1 \\ -b_1 & a_1 \end{pmatrix}, \cdots, \begin{pmatrix} a_s & b_s \\ -b_s & a_s \end{pmatrix}\right\}$。从而 $\mathbf{A}$ 在 V 的标准正交基 $\eta_1, \eta_2, \cdots, \eta_n$ 下的矩阵为

$$\operatorname{diag}\left\{\lambda_1, \lambda_2, \cdots, \lambda_m, \begin{pmatrix} a_1 & b_1 \\ -b_1 & a_1 \end{pmatrix}, \cdots, \begin{pmatrix} a_s & b_s \\ -b_s & a_s \end{pmatrix}\right\}.$$

情形 2　$\mathbf{A}$ 没有特征值，取 $\mathbf{A}$ 的特征多项式 $f(\lambda)$ 的一个虚根 $a_1 + b_1\mathrm{i}$。据例 84 和本例题 $n=2$ 的情形得，存在正交单位向量组 η_1, η_2，使得

$$\mathbf{A}\eta_1 = a_1\eta_1 - b_1\eta_2, \mathbf{A}\eta_2 = b\eta_1 + a\eta_2.$$

令 $W = \langle \eta_1, \eta_2 \rangle$，则 W 是 $\mathbf{A}$ 的不变子空间，也是 $\mathbf{A}^*$ 的不变子空间，从而 $W^{\perp}$ 是 $\mathbf{A}$ 的不变子空间。$V = W \oplus W^{\perp}$。$\mathbf{A}|W^{\perp}$ 是 $W^{\perp}$ 上的正规变换，且 $\mathbf{A}|W^{\perp}$ 没有特征值。据归纳假设得，$W^{\perp}$ 中存在一个标准正交基 $\eta_3, \eta_4, \cdots, \eta_n$，使得 $\mathbf{A}|W^{\perp}$ 在此基下的矩阵为

$$\operatorname{diag}\left\{\begin{pmatrix} a_2 & b_2 \\ -b_2 & a_2 \end{pmatrix}, \cdots, \begin{pmatrix} a_r & b_r \\ -b_r & a_r \end{pmatrix}\right\},$$

从而 $\mathbf{A}$ 在 V 的标准正交基 $\eta_1, \eta_2, \eta_3, \eta_4, \cdots, \eta_n$ 下的矩阵为

$$\operatorname{diag}\left\{\begin{pmatrix} a_1 & b_1 \\ -b_1 & a_1 \end{pmatrix}, \begin{pmatrix} a_2 & b_2 \\ -b_2 & a_2 \end{pmatrix}, \cdots, \begin{pmatrix} a_r & b_r \\ -b_r & a_r \end{pmatrix}\right\}.$$

据第二数学归纳法原理，对一切正整数 n，命题为真。 ■

例 86 设 **A** 是 n 维欧几里得空间 V 上的正规变换，W 是 **A** 的不变子空间。证明：$W^{\perp}$ 也是 **A** 的不变子空间。

证明 在 W 中取一个标准正交基 $\alpha_1,\cdots,\alpha_m$，把它扩充成 V 的一个标准正交基 $\alpha_1,\cdots,\alpha_m,\alpha_{m+1},\cdots,\alpha_n$。则 **A** 在此基下的矩阵 A 为

$$A=\begin{pmatrix}A_1 & A_3\\ 0 & A_2\end{pmatrix}.$$

由于 **A** 是 V 上的正规变换，因此 A 是正规矩阵，从而 $AA'=A'A$，于是得出

$$A_1A'_1+A_3A'_3=A'_1A_1.$$

两边取迹，由于 $\operatorname{tr}(A_1A_1')=\operatorname{tr}(A_1'A_1)$，因此 $\operatorname{tr}(A_3A_3')=0$。由于

$$\operatorname{tr}(A_3A'_3)=\sum_{i=1}^{m}\sum_{j=1}^{n-m}[A_3(i;j)]^2,$$

因此 $A_3=0$。从而 $\langle\alpha_{m+1},\cdots,\alpha_n\rangle$ 是 **A** 的不变子空间。由于 $\langle\alpha_{m+1},\cdots,\alpha_n\rangle\subseteq W^{\perp}$，且 $\dim\langle\alpha_{m+1},\cdots,\alpha_n\rangle=n-m=\dim W^{\perp}$，因此 $\langle\alpha_{m+1},\cdots,\alpha_n\rangle=W^{\perp}$，于是 $W^{\perp}$ 是 **A** 的不变子空间。 ■

例 87 设 **A**，**B** 都是 n 维欧几里得空间 V 上的正规变换。证明：如果 **AB**＝**BA**，那么 **A** 与 **B** 有公共的 1 维或 2 维不变子空间。

证明 情形 1 设 **A** 与 **B** 有公共的特征向量 ξ，则 $\langle\xi_1\rangle$ 是 **A** 的不变子空间，也是 **B** 的不变子空间。

情形 2 设 **A** 与 **B** 没有公共的特征向量。在 V 中取一个标准正交基 $\alpha_1,\alpha_2,\cdots,\alpha_n$，**A**，**B** 在此基下的矩阵分别为 A,B，它们都是正规矩阵。由于 **AB**＝**BA**，因此 $AB=BA$，把 A,B 看成复矩阵，则它们有公共的特征向量 $\boldsymbol{X}+\mathrm{i}\boldsymbol{Y}$，其中 $\boldsymbol{X},\boldsymbol{Y}\in\mathbf{R}^n$。设它是分别属于 A 的特征值 $a+b\mathrm{i}$，B 的特征值 $c+d\mathrm{i}$ 的特征向量，则

$$A(\boldsymbol{X}+\mathrm{i}\boldsymbol{Y})=(a+b\mathrm{i})(\boldsymbol{X}+\mathrm{i}\boldsymbol{Y})=(a\boldsymbol{X}-b\boldsymbol{Y})+\mathrm{i}(b\boldsymbol{X}+a\boldsymbol{Y}),$$
$$B(\boldsymbol{X}+\mathrm{i}\boldsymbol{Y})=(c+d\mathrm{i})(\boldsymbol{X}+\mathrm{i}\boldsymbol{Y})=(c\boldsymbol{X}-d\boldsymbol{Y})+\mathrm{i}(d\boldsymbol{X}+c\boldsymbol{Y}),$$

由此得到

$$A\boldsymbol{X}=a\boldsymbol{X}-b\boldsymbol{Y},A\boldsymbol{Y}=b\boldsymbol{X}+a\boldsymbol{Y};$$
$$B\boldsymbol{X}=c\boldsymbol{X}-d\boldsymbol{Y},B\boldsymbol{Y}=d\boldsymbol{X}+c\boldsymbol{Y}.$$

令
$$\xi_1=(\alpha_1,\alpha_2,\cdots,\alpha_n)\boldsymbol{X},\xi_2=(\alpha_1,\alpha_2,\cdots,\alpha_n)\boldsymbol{Y}.$$

则

$$\boldsymbol{A}\xi_1=(\alpha_1,\alpha_2,\cdots,\alpha_n)A\boldsymbol{X}=a\xi_1-b\xi_2,\tag{107}$$
$$\boldsymbol{A}\xi_2=(\alpha_1,\alpha_2,\cdots,\alpha_n)A\boldsymbol{Y}=b\xi_1+a\xi_2,\tag{108}$$

$$\boldsymbol{B}\xi_1=(\alpha_1,\alpha_2,\cdots,\alpha_n)B\boldsymbol{X}=c\xi_1-d\xi_2, \tag{109}$$

$$\boldsymbol{B}\xi_2=(\alpha_1,\alpha_2,\cdots,\alpha_n)B\boldsymbol{Y}=d\xi_1+c\xi_2, \tag{110}$$

于是$\langle\xi_1,\xi_2\rangle$是 $\boldsymbol{A}$ 与 $\boldsymbol{B}$ 公共的不变子空间。

与例 84 的证明一样,可以证明:ξ_1,ξ_2 是正交向量,$|\xi_1|=|\xi_2|$。于是 $\dim\langle\xi_1,\xi_2\rangle=2$。 ■

例 88 设 $\boldsymbol{A},\boldsymbol{B}$ 都是 n 维欧几里得空间 V 的正规变换。证明:如果 $\boldsymbol{AB}=\boldsymbol{BA}$,那么 V 中存在一个标准正交基,使得 $\boldsymbol{A},\boldsymbol{B}$ 在此基下的矩阵都是标准形。

证明 对欧几里得空间 V 的维数作第二数学归纳法。

$n=1$ 时,命题显然成立。

$n=2$ 时,若 $\boldsymbol{A}$ 与 $\boldsymbol{B}$ 有公共的特征向量 η_1,则 $\boldsymbol{A}\eta_1=\lambda_1\eta_1,\boldsymbol{B}\eta_1=\mu_1\eta_1$。不妨取 η_1 为单位向量,则$\langle\eta_1\rangle$是 $\boldsymbol{A},\boldsymbol{B}$ 的公共不变子空间。据例 86 得,$\langle\eta_1\rangle^{\perp}$是 $\boldsymbol{A},\boldsymbol{B}$ 的不变子空间,$V=\langle\eta_1\rangle\oplus\langle\eta_1\rangle^{\perp}$。于是 $\dim\langle\eta_1\rangle^{\perp}=1$。在$\langle\eta_1\rangle^{\perp}$中取一个单位向量 η_2,则 $\boldsymbol{A}\eta_2=\lambda_2\eta_2,\boldsymbol{B}\eta_2=\mu_2\eta_2$。因此 $\boldsymbol{A},\boldsymbol{B}$ 在 V 的标准正交基 η_1,η_2 下的矩阵分别为

$$\operatorname{diag}\{\lambda_1,\lambda_2\},\operatorname{diag}\{\mu_1,\mu_2\}.$$

若 $\boldsymbol{A},\boldsymbol{B}$ 没有公共的特征向量,则据例 87 得,$\boldsymbol{A}$ 与 $\boldsymbol{B}$ 有公共的 2 维不变子空间$\langle\xi_1,\xi_2\rangle$,其中 ξ_1 与 ξ_2 是正交向量组,且长度相等,满足(107)~(110)式,把 ξ_i 单位化得 $\eta_i,i=1,2$,则 η_1,η_2 是 V 的一个标准正交基,$\boldsymbol{A},\boldsymbol{B}$ 在此基下的矩阵分别为

$$\begin{pmatrix}a&b\\-b&a\end{pmatrix},\begin{pmatrix}c&d\\-d&c\end{pmatrix}.$$

假设对于维数小于 n 的欧几里得空间 V 命题为真,现在来看 n 维欧几里得空间 V 的情形。

情形 1 $\boldsymbol{A}$ 与 $\boldsymbol{B}$ 有公共的特征向量 $\eta_1,|\eta_1|=1$。设 $\boldsymbol{A}\eta_1=\lambda_1\eta_1,\boldsymbol{B}\eta_1=\mu_1\eta_1$,则$\langle\eta_1\rangle$是 $\boldsymbol{A},\boldsymbol{B}$ 的公共不变子空间,从而$\langle\eta_1\rangle^{\perp}$也是 $\boldsymbol{A},\boldsymbol{B}$ 的公共不变子空间,$V=\langle\eta_1\rangle\oplus\langle\eta_1\rangle^{\perp}$。$\boldsymbol{A}|\langle\eta_1\rangle^{\perp},\boldsymbol{B}|\langle\eta_1\rangle^{\perp}$是$\langle\eta_1\rangle^{\perp}$上的可交换的正规变换,据归纳假设得,$\langle\eta_1\rangle^{\perp}$中存在一个标准正交基 $\eta_2,\cdots,\eta_n$,使得 $\boldsymbol{A}|\langle\eta_1\rangle^{\perp},\boldsymbol{B}|\langle\eta_1\rangle^{\perp}$在此基下的矩阵为标准形,从而 $\boldsymbol{A},\boldsymbol{B}$ 在 V 的标准正交基 $\eta_1,\eta_2,\cdots,\eta_n$ 下的矩阵都为标准形。

情形 2 $\boldsymbol{A}$ 与 $\boldsymbol{B}$ 没有公共的特征向量,据例 87 和本例题 $n=2$ 的情形得,$\boldsymbol{A}$ 与 $\boldsymbol{B}$ 有公共的 2 维不变子空间$\langle\eta_1,\eta_2\rangle$,且 $\boldsymbol{A}|\langle\eta_1,\eta_2\rangle,\boldsymbol{B}|\langle\eta_1,\eta_2\rangle$在标准正交基 η_1,η_2 下的矩阵分别为

$$\begin{pmatrix}a&b\\-b&a\end{pmatrix},\begin{pmatrix}c&d\\-d&c\end{pmatrix}.$$

令 $W=\langle\eta_1,\eta_2\rangle$,则 $V=W\oplus W^{\perp}$。据例 86 得,$W^{\perp}$是 $\boldsymbol{A},\boldsymbol{B}$ 的不变子空间。$\boldsymbol{A}|W^{\perp},\boldsymbol{B}|W^{\perp}$是 $W^{\perp}$ 上可交换的正规变换,据归纳假设得,$\boldsymbol{A}|W^{\perp},\boldsymbol{B}|W^{\perp}$在 $W^{\perp}$ 的一个标准正交基 η_3,η_4,

$\cdots,\eta_n$ 下的矩阵都为标准形。从而 $\boldsymbol{A},\boldsymbol{B}$ 在 V 的标准正交基 $\eta_1,\eta_2,\eta_3,\eta_4,\cdots,\eta_n$ 下的矩阵都为标准形。

据第二数学归纳法原理得，对一切正整数 n，命题为真。■

例 89　设 $A=(a_{ij})$ 是 n 级复矩阵，$\lambda_1,\lambda_2,\cdots,\lambda_n$ 是 A 的全部特征值。证明：A 是正规矩阵当且仅当

$$\sum_{i=1}^{n}\sum_{j=1}^{n}|a_{ij}|^2=\sum_{i=1}^{n}|\lambda_i|^2. \tag{111}$$

证明　必要性。设 A 是正规矩阵，则存在 n 级酉矩阵 P，使得 $P^{-1}AP=\operatorname{diag}\{\lambda_1,\lambda_2,\cdots,\lambda_n\}$。从而

$$A=P\operatorname{diag}\{\lambda_1,\lambda_2,\cdots,\lambda_n\}P^{-1},$$

$$AA^*=P\operatorname{diag}\{|\lambda_1|^2,|\lambda_2|^2,\cdots,|\lambda_n|^2\}P^{-1}.$$

由于 AA^* 的 (i,i) 元为

$$\sum_{j=1}^{n}A(i;j)A^*(j;i)=\sum_{j=1}^{n}a_{ij}\overline{a_{ij}}=\sum_{j=1}^{n}|a_{ij}|^2,$$

因此

$$\operatorname{tr}(AA^*)=\sum_{i=1}^{n}\sum_{j=1}^{n}|a_{ij}|^2,$$

$$\operatorname{tr}(AA^*)=\operatorname{tr}(P\operatorname{diag}\{|\lambda_1|^2,|\lambda_2|^2,\cdots,|\lambda_n|^2\}P^{-1})=\sum_{i=1}^{n}|\lambda_i|^2,$$

从而
$$\sum_{i=1}^{n}\sum_{j=1}^{n}|a_{ij}|^2=\sum_{i=1}^{m}|\lambda_i|^2.$$

充分性。设 $\sum_{i=1}^{n}\sum_{j=1}^{n}|a_{ij}|^2=\sum_{i=1}^{n}|\lambda_i|^2$，即 $\operatorname{tr}(AA^*)=\sum_{i=1}^{n}|\lambda_i|^2$。由于 A 是 n 级复矩阵，因此据例 59 的点评得，存在 n 级酉矩阵 P，使得

$$P^{-1}AP=\begin{pmatrix}\lambda_1 & d_{12} & \cdots & d_{1n}\\ 0 & \lambda_2 & \cdots & d_{2n}\\ \vdots & \vdots & & \vdots\\ 0 & 0 & \cdots & \lambda_n\end{pmatrix},$$

从而

$$\operatorname{tr}(AA^*)=\operatorname{tr}(P^{-1}AA^*P)$$

$$= \operatorname{tr}\left[\begin{pmatrix} \lambda_1 & d_{12} & \cdots & d_{1n} \\ 0 & \lambda_2 & \cdots & d_{2n} \\ \vdots & \vdots & & \vdots \\ 0 & 0 & \cdots & \lambda_n \end{pmatrix}\begin{pmatrix} \overline{\lambda_1} & 0 & \cdots & 0 \\ \overline{d_{12}} & \overline{\lambda_2} & \cdots & 0 \\ \vdots & \vdots & & \vdots \\ \overline{d_{1n}} & \overline{d_{2n}} & \cdots & \overline{\lambda_n} \end{pmatrix}\right]$$

$$= |\lambda_1|^2 + |d_{12}|^2 + \cdots + |d_{1n}|^2 + |\lambda_2|^2 + |d_{23}|^2 + \cdots + |d_{2n}|^2 + \cdots + |\lambda_n|^2.$$

由于 $\operatorname{tr}(AA^*) = \sum_{i=1}^{n} |\lambda_i|^2$，因此 $d_{12} = \cdots = d_{1n} = d_{23} = \cdots = d_{2n} = \cdots = d_{n-1,n} = 0$。从而 $P^{-1}AP$ 是对角矩阵。于是 A 是正规矩阵。■

例 90　n 级 Hermite 矩阵 A 称为半正定的，如果对任意 $\boldsymbol{x} \in \mathbf{C}^n$ 且 $\boldsymbol{x} \neq \mathbf{0}$，有 $\boldsymbol{x}^* A\boldsymbol{x} \geqslant 0$。证明：$n$ 级 Hermite 矩阵 A 是半正定的当且仅当 A 的特征值全非负。

证明　由于 A 是 Hermite 矩阵，因此存在 n 级酉矩阵 P，使得 $P^{-1}AP = \operatorname{diag}\{\lambda_1, \lambda_2, \cdots, \lambda_n\}$，其中 $\lambda_1, \lambda_2, \cdots, \lambda_n$ 是 A 的全部特征值，它们都是实数。于是

$$A = P\operatorname{diag}\{\lambda_1, \lambda_2, \cdots, \lambda_n\}P^{-1}.$$

任取 $\boldsymbol{x} \in \mathbf{C}^n$ 且 $\boldsymbol{x} \neq \mathbf{0}$，有 $P^{-1}\boldsymbol{x} \neq \mathbf{0}$。于是

$$\begin{aligned} A \text{ 是半正定的} &\Leftrightarrow \boldsymbol{x}^* A\boldsymbol{x} \geqslant 0, \forall \boldsymbol{x} \in \mathbf{C}^n \text{ 且 } \boldsymbol{x} \neq \mathbf{0} \\ &\Leftrightarrow (P^{-1}\boldsymbol{x})^* \operatorname{diag}\{\lambda_1, \lambda_2, \cdots, \lambda_n\}(P^{-1}\boldsymbol{x}) \geqslant 0, \forall \boldsymbol{x} \in \mathbf{C}^n \text{ 且 } \boldsymbol{x} \neq \mathbf{0} \\ &\Leftrightarrow \boldsymbol{y}^* \operatorname{diag}\{\lambda_1, \lambda_2, \cdots, \lambda_n\}\boldsymbol{y} \geqslant 0, \forall \boldsymbol{y} \in \mathbf{C}^n \text{ 且 } \boldsymbol{y} \neq \mathbf{0} \\ &\Leftrightarrow \lambda_1|y_1|^2 + \lambda_2|y_2|^2 + \cdots + \lambda_n|y_n|^2 \geqslant 0, \forall (y_1, y_2, \cdots, y_n)' \in \mathbf{C}^n \setminus \{\mathbf{0}\} \\ &\Leftrightarrow \lambda_i \geqslant 0, i = 1, 2, \cdots, n. \end{aligned}$$

■

例 91　设 A, B 都是 n 级 Hermite 矩阵。证明：如果 A 是正定的，B 是半正定的，那么存在一个 n 级可逆矩阵 C，使得 C^*AC 与 C^*BC 都是对角矩阵。

证明　由于 A 是正定 Hermite 矩阵，因此存在一个 n 级可逆复矩阵 C_1，使得 $C_1^*AC_1 = I$。

由于 $(C_1^*BC_1)^* = C_1^*B^*(C_1^*)^* = C_1^*BC_1$，因此 $C_1^*BC_1$ 是 Hermite 矩阵。于是存在 n 级酉矩阵 P，使得

$$P^{-1}(C_1^*BC_1)P = \operatorname{diag}\{\mu_1, \mu_2, \cdots, \mu_n\},$$

其中 $\mu_1, \mu_2, \cdots, \mu_n$ 是 $C_1^*BC_1$ 的特征值，它们都是实数。

令 $C = C_1P$，则 $C^* = P^*C_1^* = P^{-1}C_1^*$。于是 C 可逆，且

$$C^*AC = P^{-1}C_1^*AC_1P = P^{-1}IP = I,$$

$$C^*BC = \operatorname{diag}\{\mu_1, \mu_2, \cdots, \mu_n\}.$$

■

例 92　设 A, B 都是 n 级 Hermite 矩阵。证明：如果 A 是正定的，B 是半正定的，那么

$$|A+B| \geqslant |A| + |B|,$$

等号成立当且仅当 $B=0$。

证明 据例 91 的证明过程知道,存在一个 n 级可逆复矩阵 C,使得

$$C^* AC = I, C^* BC = \mathrm{diag}\{\mu_1, \mu_2, \cdots, \mu_n\},$$

其中 $\mu_1, \mu_2, \cdots, \mu_n$ 是 $C_1^* BC_1$ 的特征值。由于 B 半正定,因此 $C_1^* BC_1$ 也半正定,据例 90 得,$\mu_i \geqslant 0, i=1,2,\cdots,n$。

$$|A| = |(C^*)^{-1}C^{-1}| = |\overline{C^{-1}}||C^{-1}| = \|C^{-1}\|^2,$$

$$|B| = |(C^*)^{-1}\mathrm{diag}\{\mu_1, \mu_2, \cdots, \mu_n\}C^{-1}| = \|C^{-1}\|^2\mu_1, \mu_2, \cdots, \mu_n,$$

$$\begin{aligned}|A+B| &= |(C^*)^{-1}(I+\mathrm{diag}\{\mu_1, \mu_2, \cdots, \mu_n\})C^{-1}| \\ &= \|C^{-1}\|^2(1+\mu_1)(1+\mu_2)\cdots(1+\mu_n).\end{aligned}$$

由于

$$\begin{aligned}(1+\mu_1)(1+\mu_2)\cdots(1+\mu_n) &= 1+(\mu_1+\mu_2+\cdots+\mu_n)+(\mu_1\mu_2+\cdots+\mu_{n-1}\mu_n) \\ &\quad +\cdots+\mu_1\mu_2\cdots\mu_n \\ &\geqslant 1+\mu_1\mu_2\cdots\mu_n,\end{aligned}$$

且等号成立当且仅当 $\mu_1=\mu_2=\cdots=\mu_n=0$,因此

$$|A+B| \geqslant \|C^{-1}\|^2(1+\mu_1\mu_2\cdots\mu_n) = |A|+|B|,$$

且等号成立当且仅当 $C^* BC=0$,从而 $B=0$。 ■

点评 我们在习题 10.2 第 12 题中对于正定矩阵 A 和半正定矩阵 B 证明了与例 92 一样的结果。

例 93 证明**华罗庚不等式**(1955):设 A,B 是两个 n 级复矩阵,且 $I-AA^*$ 和 $I-BB^*$ 都是正定 Hermite 矩阵,则

$$|I-AA^*||I-BB^*| \leqslant \|I-AB^*\|^2, \tag{112}$$

等号成立当且仅当 $A=B$。

证明

$$\begin{aligned}\|I-AB^*\|^2 &= |I-AB^*||\overline{I-AB^*}| = |I-AB^*||(I-AB^*)^*| \\ &= |I-AB^*||I-BA^*|.\end{aligned} \tag{113}$$

于是(112)式等价于

$$\begin{aligned}|I-AA^*| &\leqslant |I-AB^*||I-BA^*|(|I-BB^*|)^{-1} \\ &= |I-AB^*||(I-BB^*)^{-1}||I-BA^*| \\ &= |(I-AB^*)(I-BB^*)^{-1}(I-BA^*)|.\end{aligned} \tag{114}$$

据《高等代数学习指导书(上册)》4.4 节的例 10 得,

$$(I-BB^*)^{-1} = I+B(I-B^*B)^{-1}B^*, \tag{115}$$

$$(I-B^*B)^{-1} = I+B^*(I-BB^*)^{-1}B. \tag{116}$$

由于 $I=(I-B^*B)(I-B^*B)^{-1}=(I-B^*B)^{-1}-B^*B(I-B^*B)^{-1}$,

$$I=(I-B^*B)^{-1}(I-B^*B)=(I-B^*B)^{-1}-(I-B^*B)^{-1}B^*B,$$

因此

$$I+B^*B(I-B^*B)^{-1}=(I-B^*B)^{-1}, \tag{117}$$

$$I+(I-B^*B)^{-1}B^*B=(I-B^*B)^{-1}, \tag{118}$$

从而

$$\begin{aligned}
&(I-AB^*)(I-BB^*)^{-1}(I-BA^*)-(I-AA^*)\\
&=[(I-BB^*)^{-1}-AB^*(I-BB^*)^{-1}](I-BA^*)-(I-AA^*)\\
&=(I-BB^*)^{-1}-(I-BB^*)^{-1}BA^*-AB^*(I-BB^*)^{-1}\\
&\quad+AB^*(I-BB^*)^{-1}BA^*-I+AA^*\\
&=[I+B(I-B^*B)^{-1}B^*]-[I+B(I-B^*B)^{-1}B^*]BA^*\\
&\quad-AB^*[I+B(I-B^*B)^{-1}B^*]\\
&\quad+A[B^*(I-BB^*)^{-1}B+I]A^*-I\\
&=B(I-B^*B)^{-1}B^*-BA^*-B(I-B^*B)^{-1}B^*BA^*\\
&\quad-AB^*-AB^*B(I-B^*B)^{-1}B^*+A(I-B^*B)^{-1}A^*\\
&=B(I-B^*B)^{-1}B^*-B[I+(I-B^*B)^{-1}B^*B]A^*\\
&\quad-A[I+B^*B(I-B^*B)^{-1}]B^*+A(I-B^*B)^{-1}A^*\\
&=B(I-B^*B)^{-1}B^*-B(I-B^*B)^{-1}A^*-A(I-B^*B)^{-1}B^*\\
&\quad+A(I-B^*B)^{-1}A^*\\
&=(B-A)(I-B^*B)^{-1}B^*+(A-B)(I-B^*B)^{-1}A^*\\
&=(A-B)(I-B^*B)^{-1}(A^*-B^*)\\
&=(A-B)(I-B^*B)^{-1}(A-B)^*.
\end{aligned} \tag{119}$$

于是

$$\begin{aligned}
&(I-AB^*)(I-BB^*)^{-1}(I-BA^*)\\
&=(I-AA^*)+(A-B)(I-B^*B)^{-1}(A-B)^*.
\end{aligned} \tag{120}$$

由于 Hermite 矩阵 $I-BB^*$ 是正定的,因此$(I-BB^*)^{-1}$也是正定的。从(116)式得出,$(I-B^*B)^{-1}$也是正定的。于是$(A-B)(I-B^*B)^{-1}(A-B)^*$是半正定的。又已知 $I-AA^*$ 是正定的,因此据例 92 和(120)式得

$$\begin{aligned}
&|(I-AB^*)(I-BB^*)^{-1}(I-BA^*)|\\
&\geqslant|I-AA^*|+|(A-B)(I-B^*B)^{-1}(A-B)^*|\\
&=|I-AA^*|+\|A-B\|^2|(I-B^*B)^{-1}|\\
&\geqslant|I-AA^*|,
\end{aligned} \tag{121}$$

等号成立当且仅当$(A-B)(I-B^*B)^{-1}(A-B)^*=0$,后者等价于

$$\boldsymbol{X}^*(A-B)(I-B^*B)^{-1}(A-B)^*\boldsymbol{X}=0,\ \forall\,\boldsymbol{X}\in\mathbf{C}^n \text{ 且 } \boldsymbol{X}\neq\mathbf{0}$$

$\Leftrightarrow \quad ((A-B)^* \boldsymbol{X})^* (I-B^* B)^{-1}((A-B)^* \boldsymbol{X})=0, \forall \boldsymbol{X}\in \mathbf{C}^n$ 且 $\boldsymbol{X}\neq \mathbf{0}$

$\Leftrightarrow \quad (A-B)^* \boldsymbol{X}=\mathbf{0}, \forall \boldsymbol{X}\in \mathbf{C}^n$ 且 $\boldsymbol{X}\neq \mathbf{0}$

$\Leftrightarrow \quad (A-B)^* \boldsymbol{\varepsilon}_i=\mathbf{0}, i=1,2,\cdots,n$

$\Leftrightarrow \quad (A-B)^* I=0$

$\Leftrightarrow \quad A=B$。 ■

例 94 设 $\Omega=\{1,2,\cdots,n\}$,用 $\mathbf{C}^\Omega$ 表示定义域为 Ω 的所有复值函数组成的集合,它是复数域上的一个线性空间,规定

$$(f(x),g(x)) \xlongequal{\text{def}} \sum_{j=1}^{n} f(j)\,\overline{g(j)}, \forall f(x),g(x) \in \mathbf{C}^\Omega, \tag{122}$$

(1) 证明:上述二元函数是 $\mathbf{C}^\Omega$ 上一个内积,从而 $\mathbf{C}^\Omega$ 成为一个酉空间。

(2) 对于 $k\in\{1,2,\cdots,n\}$,令

$$g_k(j) = \frac{1}{\sqrt{n}}\omega^{kj}, j \in \Omega, \tag{123}$$

其中 $\omega=\mathrm{e}^{\mathrm{i}\frac{2\pi}{n}}$。证明:$g_1(x),g_2(x),\cdots,g_n(x)$是酉空间 $\mathbf{C}^\Omega$ 的一个标准正交基。

(3) 对于 $f(x)\in\mathbf{C}^\Omega$,定义 Ω 上的一个函数 $\hat{f}(x)$,使得 $\hat{f}(k)$等于 $f(x)$在标准正交基 $g_1(x),g_2(x),\cdots,g_n(x)$下的坐标的第 k 个分量,令

$$\begin{aligned} \sigma : \mathbf{C}^\Omega &\longrightarrow \mathbf{C}^\Omega \\ f(x) &\longmapsto \hat{f}(x). \end{aligned}$$

证明:σ 是 $\mathbf{C}^\Omega$ 上的一个酉变换,并且求 σ 在标准正交基$g_1(x),g_2(x),\cdots,g_n(x)$下的矩阵。

证明 (1)对于任意 $f(x),g(x),h(x)\in\mathbf{C}^\Omega,k\in\mathbf{C}$,有

$$\begin{aligned}(g(x),f(x)) &= \sum_{j=1}^{n} g(j)\,\overline{f(j)} = \left(\overline{\sum_{j=1}^{n} \overline{g(j)}f(j)}\right) \\ &= \overline{(f(x),g(x))};\end{aligned}$$

$$\begin{aligned}(f(x)+h(x),g(x)) &= \sum_{j=1}^{n}(f(j)+h(j))\,\overline{g(j)} \\ &= (f(x),g(x))+(h(x),g(x));\end{aligned}$$

$$(kf(x),g(x)) = \sum_{j=1}^{n} kf(j)\,\overline{g(j)} = k(f(x),g(x));$$

$$(f(x),f(x)) = \sum_{j=1}^{n} f(j)\,\overline{f(j)} = \sum_{j=1}^{n} |f(j)|^2 \geqslant 0,$$

等号成立当且仅当 $f(j)=0,\forall j\in\Omega$,即 $f(x)=0$。

综上所述,(120)式定义的二元函数是 $\mathbf{C}^\Omega$ 上的一个内积。从而 $\mathbf{C}^\Omega$ 成为一个酉空间。

(2) 先求 $\mathbf{C}^{\Omega}$ 的维数，令

$$\tau: \mathbf{C}^{\Omega} \longrightarrow \mathbf{C}^{n}$$
$$f(x) \longmapsto (f(1), f(2), \cdots, f(n))'.$$

显然 τ 是 $\mathbf{C}^{\Omega}$ 到 $\mathbf{C}^{n}$ 的单射，满射，且保持加法和数量乘法，因此 τ 是一个同构映射。从而

$$\dim \mathbf{C}^{\Omega} = \dim \mathbf{C}^{n} = n.$$

再证 $g_1(x), g_2(x), \cdots, g_n(x)$ 是正交单位向量组：

$$(g_k(x), g_l(x)) = \sum_{j=1}^{n} g_k(j)\overline{g_l(j)} = \sum_{j=1}^{n} \frac{1}{\sqrt{n}}\omega^{kj} \frac{1}{\sqrt{n}}\omega^{-lj}$$
$$= \frac{1}{n}\sum_{j=1}^{n}\omega^{(k-l)j} = \delta_{kl},$$

因此 $g_1(x), g_2(x), \cdots, g_n(x)$ 是 $\mathbf{C}^{n}$ 的一个标准正交基。

(3) 由 $\hat{f}(x)$ 的定义得

$$\hat{f}(k) = (f(x), g_k(x)) = \sum_{j=1}^{n} f(j)\overline{g_k(j)} = \frac{1}{\sqrt{n}}\sum_{j=1}^{n} f(j)\omega^{-kj}.$$

任取 $f(x), h(x) \in \mathbf{C}^{\Omega}$，

$$(f(x), h(x)) = \sum_{k=1}^{n} f(k)\overline{h(k)};$$

$$(\hat{f}(x), \hat{h}(x)) = \sum_{k=1}^{n} \hat{f}(k)\hat{h}(k)$$
$$= \sum_{k=1}^{n}\left[\frac{1}{\sqrt{n}}\sum_{j=1}^{n} f(j)\omega^{-kj}\right]\left[\frac{1}{\sqrt{n}}\sum_{l=1}^{n}\overline{h(l)}\omega^{kl}\right]$$
$$= \frac{1}{n}\sum_{k=1}^{n}\sum_{j=1}^{n}\sum_{l=1}^{n} f(j)\overline{h(l)}\omega^{k(l-j)}$$
$$= \frac{1}{n}\sum_{j=1}^{n} f(j)\sum_{l=1}^{n}\overline{h(l)}\sum_{k=1}^{n}\omega^{k(l-j)}$$
$$= \frac{1}{n}\sum_{j=1}^{n} f(j)\overline{h(j)}n$$
$$= (f(x), h(x)),$$

因此 σ 是酉空间 $\mathbf{C}^{\Omega}$ 上的一个酉变换。

$$\sigma(g_l(x)) = \hat{g}_l(x) = \sum_{k=1}^{n}(\hat{g}_l(x), g_k(x))g_k(x)$$

$$
\begin{aligned}
&= \sum_{k=1}^{n}\Big(\sum_{j=1}^{n}\hat{g}_l(j)\,\overline{g_k(j)}\Big)g_k(x)\\
&= \sum_{k=1}^{n}\sum_{j=1}^{n}(g_l(x),g_j(x))\,\overline{g_k(j)}g_k(x)\\
&= \sum_{k=1}^{n}\overline{g_k(l)}g_k(x)\\
&= \sum_{k=1}^{n}\frac{1}{\sqrt{n}}\omega^{-kl}g_k(x), \qquad l=1,2,\cdots,n,
\end{aligned}
$$

因此 σ 在基 $g_1(x),g_2(x),\cdots,g_n(x)$ 下的矩阵为

$$
\frac{1}{\sqrt{n}}\begin{pmatrix}
\omega^{n-1} & \omega^{n-2} & \cdots & \omega & 1\\
\omega^{n-2} & \omega^{n-4} & \cdots & \omega^{2} & 1\\
\vdots & \vdots & & \vdots & \vdots\\
\omega & \omega^{2} & \cdots & \omega^{n-1} & 1\\
1 & 1 & \cdots & 1 & 1
\end{pmatrix}.
$$

习题 10.5

1. 在酉空间 $\mathbf{C}^3$（指定标准内积）中，设

$$\boldsymbol{\alpha}=(1,-1,1)',\boldsymbol{\beta}=(1,0,\mathrm{i})',$$

求 $|\alpha|$，$|\beta|$，α 与 β 的夹角 $\langle\boldsymbol{\alpha},\boldsymbol{\beta}\rangle$。

2. 在酉空间 $\mathbf{C}^2$（指定标准内积）中，设

$$\boldsymbol{\alpha}_1=(1,-1)',\boldsymbol{\alpha}_2=(1,\mathrm{i})',$$

求与 $\boldsymbol{\alpha}_1,\boldsymbol{\alpha}_2$ 等价的一个标准正交基。

3. 在酉空间 $\mathbf{C}^3$（指定标准内积）中，设

$$\boldsymbol{\alpha}_1=(1,-1,1),\boldsymbol{\alpha}_2=(1,0,\mathrm{i}),$$

求与 $\boldsymbol{\alpha}_1,\boldsymbol{\alpha}_2$ 等价的一个正交向量组 $\boldsymbol{\beta}_1,\boldsymbol{\beta}_2$。

4. 写出 2 级 Hermite 矩阵的形式。

5. 在 $M_n(\mathbf{C})$ 中，指定内积为 $(A,B)=\mathrm{tr}(AB^*)$。设 W 是所有 n 级复对角矩阵组成的子空间，求 $W^{\perp}$ 以及 $W^{\perp}$ 的一个标准正交基。

6. 设

$$A=\begin{pmatrix}\cos\theta & -\sin\theta\\ \sin\theta & \cos\theta\end{pmatrix},$$

其中 $0\leqslant\theta<2\pi$，把 A 看成复矩阵，求 A 的酉相似标准形。

7. 酉空间 $\mathbf{C}^2$ 中指定的是标准内积，设 $\mathbf{C}^2$ 上的线性变换 $\boldsymbol{A}$ 在基 $\boldsymbol{\varepsilon}_1,\boldsymbol{\varepsilon}_2$ 下的矩阵 A 为

$$A=\begin{pmatrix}1 & \mathrm{i}\\ \mathrm{i} & 1\end{pmatrix}.$$

说明 $\boldsymbol{A}$ 是正规变换，并且求 $\mathbf{C}^2$ 的一个标准正交基，使得 $\boldsymbol{A}$ 在这个基下的矩阵是对角矩阵。

8. 设 $\boldsymbol{A}$ 是 n 维酉空间 V 上的正规变换。证明：存在 $g(x)\in\mathbf{C}[x]$，使得 $\boldsymbol{A}^*=g(\boldsymbol{A})$。

9. 设 A 是 n 级实对称矩阵(Hermite 矩阵)。证明：存在 n 级实对称矩阵(Hermite 矩阵)B，使得

$$A=B^3.$$

10. $M_n(\mathbf{C})$是指定了内积$(A,B)=\mathrm{tr}(AB^*)$的酉空间，求下述子空间的正交补：

(1)迹为 0 的所有矩阵组成的子空间 $M_n^0(\mathbf{C})$；

(2)所有上三角矩阵组成的子空间 U。

11. 设 n 维复(实)内积空间 V 的一个基 $\alpha_1,\cdots,\alpha_n$ 的度量矩阵是 G，V 上的一个线性变换 $\boldsymbol{A}$ 在此基下的矩阵是 A，求 $\boldsymbol{A}^*$ 在此基下的矩阵。

12. 设 $\boldsymbol{A}$ 是 n 维复(实)内积空间 V 上的一个线性变换。证明：

(1)$\mathrm{rank}(\boldsymbol{A}^*)=\mathrm{rank}(\boldsymbol{A})$；

(2)如果 $\boldsymbol{A}$ 是幂等变换，那么 $\boldsymbol{A}^*$ 也是幂等变换。

13. 在平面上取一个右手直角坐标系 Oxy，设 $\boldsymbol{A}$ 是平面上平行于第一象限与第三象限的平分线在 x 轴上的投影，求 $\boldsymbol{A}^*$。

14. 设 $\boldsymbol{A}$ 是 n 维复(实)内积空间 V 上平行于子空间 V_2 在子空间 V_1 上的投影。证明：

(1)$V=V_1^{\perp}\oplus V_2^{\perp}$；

(2)$\boldsymbol{A}^*$ 是 V 上平行于$V_1^{\perp}$在$V_2^{\perp}$上的投影。

15. 设 $\boldsymbol{A}$ 是复(实)内积空间 V 上的线性变换，且 $\boldsymbol{A}$ 有伴随变换 $\boldsymbol{A}^*$。证明：

(1)$\mathrm{Ker}\,\boldsymbol{A}^*=(\mathrm{Im}\,\boldsymbol{A})^{\perp}$；

(2)$\mathrm{Im}\,\boldsymbol{A}^*\subseteq(\mathrm{Ker}\,\boldsymbol{A})^{\perp}$；当$(\mathrm{Ker}\,\boldsymbol{A})^{\perp}$有限维时，等号成立。

16. 利用第 15 题给出第 14 题的第二种证法。

*10.6　正交空间与辛空间

我们已经在实数域或复数域上的线性空间中，通过引进内积的概念，使得这些空间中有长度、角度、正交、距离等度量概念。现在要问：对于任意一个域上的线性空间能不能引进度量概念？关键是要引进内积的概念。由于在一般的域中，没有“正”元素的概念，因此

实(复)线性空间上内积的正定性很难保留到任一域上的内积概念中。然而放弃了正定性的要求,就不容易引进向量的长度,两个非零向量的夹角,以及两个向量的距离等概念。这时我们必须坚持保留两个向量正交的概念,于是对于任一域 F 上的线性空间 V,内积应当是一个二元函数 f。为了能充分利用线性空间有加法和纯量乘法这两种运算的特性,这个二元函数 f 应当是双线性函数;由于两个向量 α 与 β 正交应当是相互的,因此 f 应当满足"$f(\alpha,\beta)=0$ 当且仅当 $f(\beta,\alpha)=0$"。可以证明:满足这个要求的双线性函数 f 或者是对称的,或者是斜对称的(证明见习题10.1的第13题)。以上分析说明,任一域 F 上的线性空间 V 上的内积应当是一个对称或斜对称双线性函数,如果 V 上指定一个对称双线性函数作为内积,那么 V 称为**正交空间**;如果 V 上指定一个斜对称双线性函数作为内积,那么 V 称为**辛空间**(symplectic space)。这一节就来研究正交空间和辛空间,以及保持内积不变的线性变换。

对于实数域上的线性空间 V,在某些实际问题中也不用正定对称双线性函数作为内积,而用非退化对称双线性函数作为内积。我们在下面的第一部分来详细地阐述这一点。

10.6.1 内容精华

一、洛伦兹(Lorentz)变换与闵柯夫斯基(Minkowski)空间

任何物理量(例如距离,速度,力)都是用一组数来表示的,这组数的值一般与坐标系的选择有关。

如果一个坐标系是静止不动的或者做匀速直线运动,那么这个坐标系称为**惯性系**,否则称为**非惯性系**。

设直角坐标系 $Oxyz$ 是一个惯性系,另一个直角坐标 $O'x'y'z'$ 沿着 x 轴正向相对于 $Oxyz$ 做匀速直线运动,速度为 v。两个坐标系的原点 O 与 O' 在 $t=t'=0$ 时刻重合。一个点 P 对于时间有一个坐标,对于在空间中的位置有三个坐标,称为这个点的**时-空坐标**。设点 P 对于惯性系 $Oxyz$ 的时-空坐标是 $(t,x,y,z)'$,点 P 对于惯性系 $O'x'y'z'$ 的时-空坐标是 $(t',x',y',z')'$。当 v 远小于光速 c(记作 $v\ll c$)时坐标变换公式为

$$\begin{cases} t' = t, \\ x' = x - vt, \\ y' = y, \\ z' = z. \end{cases} \tag{1}$$

(1) 式称为**伽利略(Galileo)时-空变换**。

容易验证,如果牛顿力学规律对其中一个惯性系成立,那么对另一个惯性系也成立。这称为牛顿力学规律对伽利略时-空变换的**协变性**,也称为**力学的相对性原理**。它告诉我

们,虽然惯性系有无穷多个,但是不同的惯性系对于力学问题是完全等价的。

19 世纪末确立了电磁学的基本规律,即麦克斯韦(Maxwell)方程,这个方程对伽利略时-空变换是不协变的,即对于不同的惯性系,所得的结果不一样,爱因斯坦的狭义相对论解决了这个问题。他从光速不变原理导出了一个新的时-空坐标变换公式:

$$\begin{cases} t' = \dfrac{t - \dfrac{v}{c^2}x}{\sqrt{1-\dfrac{v^2}{c^2}}}, \\ x' = \dfrac{x - vt}{\sqrt{1-\dfrac{v^2}{c^2}}}, \\ y' = y, \\ z' = z. \end{cases} \tag{2}$$

(2)式称为**洛伦兹变换**。

爱因斯坦证明了电磁规律对洛伦兹变换是协变的。此后他又修正了牛顿力学,使它对洛伦兹变换也协变。修正的结果后被实验所证实。这说明相对性原理对于力学和电磁学都是适用的,在这基础上,爱因斯坦把它推广为一条普遍原理:

"所有的基本物理规律都应在任一惯性系中具有相同的形式。"

这个原理叫做**狭义相对性原理**。

一个点 P 在给定的惯性系 $Oxyz$ 中的时-空坐标$(t,x,y,z)'$是实数域上四维线性空间 $\mathbf{R}^4$ 的一个向量,点 P 在另一个惯性系 $O'x'y'z'$中的时-空坐标$(t',x',y'z')'$是 $\mathbf{R}^4$ 中另一个向量。同一个点 P 分别在这两个惯性系中的时-空坐标之间的关系由洛伦兹变换给出(见公式(2)),即

$$\begin{pmatrix} t' \\ x' \\ y' \\ z' \end{pmatrix} = \begin{pmatrix} \dfrac{1}{\sqrt{1-\dfrac{v^2}{c^2}}} & -\dfrac{\dfrac{v}{c^2}}{\sqrt{1-\dfrac{v^2}{c^2}}} & 0 & 0 \\ -\dfrac{v}{\sqrt{1-\dfrac{v^2}{c^2}}} & \dfrac{1}{\sqrt{1-\dfrac{v^2}{c^2}}} & 0 & 0 \\ 0 & 0 & 1 & 0 \\ 0 & 0 & 0 & 1 \end{pmatrix} \begin{pmatrix} t \\ x \\ y \\ z \end{pmatrix}. \tag{3}$$

由此可见,洛伦兹变换 σ 是 $\mathbf{R}^4$ 上的一个线性变换。设两个点 P,Q 在惯性系 $Oxyz$ 中的时-空坐标分别为

$$\alpha=(t_1,x_1,y_1,z_1)',\beta=(t_2,x_2,y_2,z_2)'.$$

现在想在实线性空间 $\mathbf{R}^4$ 中定义一个非退化对称双线性函数 f 作为内积。类比实内积空间中,两个向量 α 与 β 的距离 $d(\alpha,\beta)$ 定义为 $|\alpha-\beta|$,于是 $(\alpha-\beta,\alpha-\beta)$ 是距离 $d(\alpha,\beta)$ 的平方。由此受到启发,把 $f(\alpha-\beta,\alpha-\beta)$ 称为 α 与 β 的**时-空间隔的平方**。根据狭义相对性原理,所有的基本物理规律在任一惯性系中具有相同的形式,因此两点 P、Q 在惯性系 $Oxyz$ 中的时-空坐标的时-空间隔平方与它们在惯性系 $O'x'y'z'$ 中的时-空坐标的时-空间隔平方应当相等,即应当有

$$f(\alpha,\beta)=f(\sigma(\alpha),\sigma(\beta)).\tag{4}$$

取 $\mathbf{R}^4$ 上的一个二元函数 f:

$$f(\alpha,\beta)=-c^2t_1t_2+x_1x_2+y_1y_2+z_1z_2,\tag{5}$$

其中 c 是光速,显然 f 是一个非退化的双线性函数,把它作为 $\mathbf{R}^4$ 上的一个内积,此时称 $(\mathbf{R}^4,f)$ 是一个**闵柯夫斯基空间**。现在我们来证明:在闵柯夫斯基空间 $(\mathbf{R}^4,f)$ 中,洛伦兹变换 σ 保持任意两个向量的时-空间隔的平方不变,这只要证对任意 $\alpha\in\mathbf{R}^4$,有 $f(\alpha,\alpha)=f(\sigma(\alpha),\sigma(\alpha))$。设 $\alpha=(t,x,y,z)'$,则 $\sigma(\alpha)=(t',x',y',z')'$。于是

$$\begin{aligned}f(\sigma(\alpha),\sigma(\alpha))&=-c^2t'^2+x'^2+y'^2+z'^2\\&=-c^2\frac{\left(t-\frac{v}{c^2}x\right)^2}{1-\frac{v^2}{c^2}}+\frac{(x-vt)^2}{1-\frac{v^2}{c^2}}+y^2+z^2\\&=\frac{-c^2(c^2-v^2)t^2+(c^2-v^2)x^2}{c^2-v^2}+y^2+z^2\\&=-c^2t^2+x^2+y^2+z^2=f(\alpha,\alpha).\end{aligned}\tag{6}$$

由(6)式得出,对于任意 $\alpha,\beta\in\mathbf{R}^4$,有

$$f(\alpha-\beta,\alpha-\beta)=f(\sigma(\alpha-\beta),\sigma(\alpha-\beta)),\tag{7}$$

这证明了洛伦兹变换 σ 保持任意两个向量的时-空间隔的平方不变。进一步可证明洛伦兹变换 σ 保持闵柯夫斯基空间 $(\mathbf{R}^4,f)$ 上的内积不变,证明如下:任取 $\alpha,\beta\in V$,有

$$\begin{aligned}f(\alpha-\beta,\alpha-\beta)&=f(\alpha,\alpha)-2f(\alpha,\beta)+f(\beta,\beta),\\f(\sigma(\alpha-\beta),\sigma(\alpha-\beta))&=f(\sigma(\alpha),\sigma(\alpha))-2f(\sigma(\alpha),\sigma(\beta))+f(\sigma(\beta),\sigma(\beta))\\&=f(\alpha,\alpha)-2f(\sigma(\alpha),\sigma(\beta))+f(\beta,\beta),\end{aligned}$$

于是由(7)式得,$-2f(\alpha,\beta)=-2f(\sigma(\alpha),\sigma(\beta))$。因此

$$f(\alpha,\beta)=f(\sigma(\alpha),\sigma(\beta)).\tag{8}$$

如果在 $\mathbf{R}^4$ 中指定标准内积成为欧几里得空间,那么 $(\alpha,\beta)\neq(\sigma(\alpha),\sigma(\beta))$(这可以从(6)式的推导过程看出)。这表明洛伦兹变换 σ 不保持欧几里得空间 $\mathbf{R}^4$ 上的内积。但是洛

伦兹变换 σ 却保持闵柯夫斯基空间$(\mathbf{R}^4,f)$上的内积，这就是我们为什么要在实线性空间 V 中，指定一个非退化对称双线性函数作为内积的物理背景。

二、正交空间

定义1 域 F 上的线性空间 V 如果指定了一个对称双线性函数 f，那么称 f 是 V 上的一个**内积(或度量)**，称 V 是一个**正交空间**。用(V,f)表示指定的内积为 f 的正交空间，如果 f 是非退化的，那么(V,f)称为**正则的**，否则称为**非正则的**。

例如，闵柯夫斯基空间 $\mathbf{R}^4$ 是一个正交空间，指定的内积为(5)式所给的非退化对称双线性函数 f。

又如，在实线性空间 $\mathbf{R}^4$ 中，对于 $\boldsymbol{\alpha}=(x_1,x_2,x_3,x_4)'$，$\boldsymbol{\beta}=(y_1,y_2,y_3,y_4)'$，规定

$$f(\boldsymbol{\alpha},\boldsymbol{\beta})=x_1y_1-x_2y_2-x_3y_3-x_4y_4. \tag{9}$$

易验证 f 是一个非退化的对称双线性函数，于是 f 可作为 $\mathbf{R}^4$ 上的一个内积，此时$(\mathbf{R}^4,f)$成为一个正交空间，且它是正则的。在$(\mathbf{R}^4,f)$中，对于任意 $\boldsymbol{\alpha}\in\mathbf{R}^4$，有

$$f(\boldsymbol{\alpha},\boldsymbol{\alpha})=x_1^2-x_2^2-x_3^2-x_4^2. \tag{10}$$

于是若 $\boldsymbol{\alpha}=(2,1,0,0)'$，则 $f(\boldsymbol{\alpha},\boldsymbol{\alpha})=3$；若 $\boldsymbol{\alpha}=(1,1,0,0)'$，则 $f(\boldsymbol{\alpha},\boldsymbol{\alpha})=0$；若 $\boldsymbol{\alpha}=(0,1,0,0)'$，则 $f(\boldsymbol{\alpha},\boldsymbol{\alpha})=-1$。因此在$(\mathbf{R}^4,f)$中，没有正定性，即 $f(\boldsymbol{\alpha},\boldsymbol{\alpha})$可能是正数或0，也可能是负数；而且当 $\alpha\neq0$，有可能 $f(\boldsymbol{\alpha},\boldsymbol{\alpha})=0$。由于没有正定性，因此无法引进长度、角度、距离等度量概念。

定义2 在正交空间(V,f)中，如果 $f(\alpha,\beta)=0$，那么称 α 与 β **正交**，记作 $\alpha\perp\beta$。

由于 f 是对称双线性函数，因此 $f(\alpha,\beta)=0$ 当且仅当 $f(\beta,\alpha)=0$，从而 $\alpha\perp\beta$ 当且仅当 $\beta\perp\alpha$。即两个向量正交是相互的。

定义3 在正交空间(V,f)中有一个非零向量 α，如果 $f(\alpha,\alpha)=0$，则将该非零向量 α 称为**迷向的**(isotropic)；否则 α 称为**非迷向的**(anisotropic)。如果 V 包含了一个(非零的)迷向向量，则正交空间(V,f)称为**迷向的**；否则称为**非迷向的**。如果 V 中所有非零向量都是迷向的，那么称(V,f)是**全迷向的**。

例如，用(10)式给出的非退化对称双线性函数 f 作为内积的正交空间$(\mathbf{R}^4,f)$是迷向的，但不是全迷向的。

命题1 如果正交空间(V,f)是非迷向的，那么它一定是正则的，即 f 一定是非退化的。

证明 假如 f 是退化的，则 $\operatorname{rad}V\neq0$，于是存在 $\alpha\in\operatorname{rad}V$ 且 $\alpha\neq0$，从而 $f(\alpha,\alpha)=0$。矛盾。 ■

注意命题1的逆命题不成立，例如，在上述的$(\mathbf{R}^4,f)$中，f 是非退化的，但是$(\mathbf{R}^4,f)$是迷向的。

命题 2　设 char $F\neq2$，若正交空间(V,f)是全迷向的，则 $f=0$。

证明　任取 $\alpha,\beta\in V$，由于 V 全迷向，因此

$$0=f(\alpha+\beta,\alpha+\beta)=f(\alpha,\alpha)+2f(\alpha,\beta)+f(\beta,\beta)=2f(\alpha,\beta).$$

由于 char $F\neq2$，因此 $f(\alpha,\beta)=0$。从而 $f=0$。■

设(V,f)是一个正交空间，W 是 V 的一个线性子空间，显然 $f|W$ 是 W 上的一个对称双线性函数。从而$(W,f|W)$也是一个正交空间，称它是(V,f)的一个子空间。值得注意的是，即使(V,f)是正则的，但是它的子空间$(W,f|W)$有可能是非正则的。例如，在上述$(\mathbf{R}^4,f)$中，设 $\alpha=(1,1,0,0)'$。令 $W=\langle\alpha\rangle$。则对任意 $k\in\mathbf{R}$，有

$$f(\alpha,k\alpha)=kf(\alpha,\alpha)=0,$$

于是 $\alpha\in\operatorname{rad}W$。从而 $f|W$ 是退化的，因此$(W,f|W)$是非正则的。进一步，对任意 $k\in\mathbf{R}$，有

$$f(k\alpha,k\alpha)=k^2f(\alpha,\alpha)=0,$$

因此$(W,f|W)$是全迷向的。

定义 4　设 S 是正交空间(V,f)的一个非空子集，集合$\{\alpha\in V\mid f(\alpha,\beta)=0,\forall\beta\in S\}$称为 S 的**正交补**，记作 $S^{\perp}$。

容易看出 $S^{\perp}$ 是 V 的一个线性子空间。

定理 1　设(V,f)是域 F 上有限维正则的正交空间，W 是 V 的一个子空间，则

(1) $\dim W+\dim W^{\perp}=\dim V$；　　(11)

(2) $(W^{\perp})^{\perp}=W$。　　(12)

证明　由于 f 是非退化的对称双线性函数，因此据 10.1 节的例 10 立即得到结论。■

定义 5　域 F 上有限维正交空间(V,f)的一个基 $\alpha_1,\alpha_2,\cdots,\alpha_n$，如果 $\alpha_1,\alpha_2,\cdots,\alpha_n$ 两两正交，那么称为**正交基**。

注意：正交基的定义中，首先要求是基，然后要求基向量两两正交。这是因为在正交空间中两两正交的向量可能是线性相关的。例如，在$(\mathbf{R}^4,f)$中，设 $\boldsymbol{\alpha}=(1,1,0,0)'$，则 $\boldsymbol{\alpha}$ 与 $2\boldsymbol{\alpha}$ 是正交的，然后它们是线性相关的。

定理 2　特征不为 2 的域 F 上的 n 维正交空间(V,f)一定存在正交基。

证明　由于 f 是对称双线性函数，因此据 10.1 节的定理 3 得，V 中存在一个基 $\alpha_1,\alpha_2,\cdots,\alpha_n$，使得 f 在此基下的度量矩阵为对角矩阵，于是 $f(\alpha_i,\alpha_j)=0(i\neq j)$。从而 $\alpha_1,\alpha_2,\cdots,\alpha_n$ 是 V 的一个正交基。■

注意：当(V,f)是正则的时候，定理 2 证明中的对角矩阵是满秩矩阵（因为 f 非退化），从而主对角元 $f(\alpha_i,\alpha_i)$全不为 0，因此 α_i 是非迷向的，$i=1,2,\cdots,n$。即当(V,f)是正则时，存在由非迷向向量组成的正交基；而且它的任意一个正交基都是由非迷向向量组成的。

根据 10.1 节的定理 5，特征为 2 的域 F 上的 n 维正交空间 (V,f)，其中 $f\neq 0$，若 (V,f) 不是全迷向的，则 V 中一定存在正交基；若 (V,f) 是全迷向的，则 V 中存在一个基 δ_1,δ_{-1}，$\cdots,\delta_r,\delta_{-r},\eta_1,\eta_1\cdots,\eta_s$，使得 f 在此基下的度量矩阵为 $\operatorname{diag}\left\{\begin{pmatrix}0&1\\1&0\end{pmatrix},\cdots,\begin{pmatrix}0&1\\1&0\end{pmatrix},0_{n-2r}\right\}$，$V$ 的这个基称为辛基。

定义 6 域 F 上 n 维正交空间 (V,f) 的一个正交基 $\eta_1,\eta_2,\cdots,\eta_n$，如果

$$f(\eta_i,\eta_i)=0\text{ 或 }\pm 1, i=1,2,\cdots,n. \tag{13}$$

则称该基为**标准正交基**（或**正交规范基**）。

当域 F 取成实数域 $\mathbf{R}$ 或复数域 $\mathbf{C}$ 时，n 维正交空间 (V,f) 存在标准正交基。对于复数域 $\mathbf{C}$ 上的 n 维正交空间 (V,f)，可以使标准正交基中的每个向量 η_i 满足

$$f(\eta_i,\eta_i)=0\text{ 或 }1. \tag{14}$$

根据 10.1 节的推论 1 得，特征为 2 的域 F 上的 n 维正交空间 (V,f)，若 F 的每个非零元都是平方元，且 (V,f) 不是全迷向的，则 V 中存在标准正交基 $\eta_1,\eta_2,\cdots,\eta_n$，且 $f(\eta_i,\eta_i)=1$ 或 0。这个结论对于特征为 2 的有限域 F 上的不是全迷向的 n 维正交空间成立。

命题 3 设 (V,f) 是域 F 上的 n 维正则的正交空间，$\alpha_1,\alpha_2,\cdots,\alpha_n$ 是它的一个正交基，则对于 V 中任一向量 β，有

$$\beta=\sum_{i=1}^{n}\frac{f(\beta,\alpha_i)}{f(\alpha_i,\alpha_i)}\alpha_i. \tag{15}$$

证明 设 $\beta=\sum\limits_{i=1}^{n}b_i\alpha_i$，则对任意 $j\in\{1,2,\cdots,n\}$ 有

$$f(\beta,\alpha_j)=f\left(\sum_{i=1}^{n}b_i\alpha_i,\alpha_j\right)=\sum_{i=1}^{n}b_i f(\alpha_i,\alpha_j)=b_j f(\alpha_j,\alpha_j),$$

因此

$$b_j=\frac{f(\beta,\alpha_j)}{f(\alpha_j,\alpha_j)}, j=1,2,\cdots,n. \qquad\blacksquare$$

定理 3 设 (V,f) 是特征不为 2 的域 F 上的正交空间，如果 W 是 V 的有限维正则子空间，则

$$V=W\oplus W^{\perp}. \tag{16}$$

证明 由于 W 是正则的，因此 $f|W$ 是非退化的，从而 $\operatorname{rad}W=0$。据 10.1 节例 9 得，$W\cap W^{\perp}=\operatorname{rad}W=0$。

由于 $(W,f|W)$ 是有限维正则的正交空间，因此在 W 中可以取一个由非迷向向量组成的正交基 $\alpha_1,\alpha_2,\cdots,\alpha_m$ 对于任意 $\beta\in V$，令

$$\beta_1 = \sum_{i=1}^{m} \frac{f(\beta,\alpha_i)}{f(\alpha_i,\alpha_i)}\alpha_i,$$

则 $\beta_1 \in W$。令 $\beta_2=\beta-\beta_1$，则对于 $j\in\{1,2,\cdots,m\}$，有

$$\begin{aligned} f(\beta_2,\alpha_j) &= f(\beta,\alpha_j) - \sum_{i=1}^{m} \frac{f(\beta,\alpha_i)}{f(\alpha_i,\alpha_i)} f(\alpha_i,\alpha_j) \\ &= f(\beta,\alpha_j) - \frac{f(\beta,\alpha_j)}{f(\alpha_j,\alpha_j)} f(\alpha_j,\alpha_j) = 0, \end{aligned}$$

因此 $\beta_2\in W^{\perp}$，从而 $\beta=\beta_1+\beta_2\in W+W^{\perp}$。于是 $V=W \oplus W^{\perp}$。■

对于特征为 2 的域 F 上的正交空间 (V,f)，W 是 V 的有限维子空间，若 $(W,f|W)$ 不是全迷向的，则定理 3 仍然成立。若 $(W,f|W)$ 是全迷向的，则 W 中存在一个基 $\delta_1,\delta_{-1},\cdots,\delta_r,\delta_{-r}$，使得 $f|W$ 在此基下的度量矩阵为 $\operatorname{diag}\left\{\begin{pmatrix}0&1\\1&0\end{pmatrix},\cdots,\begin{pmatrix}0&1\\1&0\end{pmatrix}\right\}$。对于任意 $\beta\in V$，令 $\beta_1=\sum_{i=1}^{r}[f(\beta,\delta_{-i})\delta_i-f(\beta,\delta_i)\delta_{-i}]$，则 $\beta_1\in W$。令 $\beta_2=\beta-\beta_1$，通过计算得，$f(\beta_2,\delta_j)=0$，$f(\beta_2,\delta_{-j})=0$，$j=1,\cdots,r$。因此，$\beta_2\in W^{\perp}$。从而 $\beta=\beta_1+\beta_2\in W+W^{\perp}$。于是 $V=W\oplus W^{\perp}$。因此定理 3 仍然成立。

定理 3 给出了 $V=W\oplus W^{\perp}$ 的充分条件：W 是有限维的正则子空间。W 是正则子空间，也是 $V=W\oplus W^{\perp}$ 的必要条件，理由如下：设 $V=W\oplus W^{\perp}$，则 $W\cap W^{\perp}=0$。据 10.1 节例 9 得，$\operatorname{rad} W=W\cap W^{\perp}=0$。从而 $f|W$ 是非退化的，因此 W 是正则的。

从 10.1 节例 11 及其点评(2)立即得出：对于域 F 上 n 维正交空间 (V,f)，$V=W\oplus W^{\perp}$ 的充分必要条件为 W 是正则的子空间。

定义 7 设 W_1 和 W_2 是正交空间 (V,f) 的两个子空间，如果对任意 $\beta_1\in W_1$，任意 $\beta_2\in W_2$，都有 $f(\beta_1,\beta_2)=0$，那么称 W_1 与 W_2 是**正交的**。

显然，当 $W_1\subseteq W_2^{\perp}$（或 $W_2\subseteq W_1^{\perp}$）时，W_1 与 W_2 是正交的。

定理 2 的一个等价说法是：特征不为 2 的域 F 上的有限维正交空间 (V,f) 一定能分解成两两正交的 1 维子空间的直和（简称为 1 维子空间的**正交直和**）。对于特征为 2 的域 F 上的有限维正交空间 (V,f)，若它不是全迷向的，则 V 能分解成 1 维子空间的正交直和。

定义 8 设 (V_1,f_1) 和 (V_2,f_2) 是域 F 上的两个正交空间，如果存在线性空间 V_1 到 V_2 的一个同构映射 σ，且 σ 保持内积不变，即

$$f_1(\alpha,\beta) = f_2(\sigma(\alpha),\sigma(\beta)),\ \forall\, \alpha,\beta\in V, \tag{17}$$

那么称 σ 是正交空间 (V_1,f) 到 (V_2,f_2) 的一个**同构映射**，称正交空间 (V_1,f_1) 和 (V_2,f_2) 是**同构的**（或**保距同构的**(isometric)）。

容易看出，恒等映射是同构映射，同构映射的乘积是同构映射，同构映射的逆映射还是同构映射，从而域 F 上正交空间之间的同构关系具有反身性、传递性和对称性。

若域 F 上两个有限维正交空间 (V_1,f_1) 和 (V_2,f_2) 是保距同构的，则 V_1 与 V_2 是线性同构的，从而 V_1 与 V_2 的维数相同。因此域 F 上两个有限维正交空间保距同构的必要条件是它们的维数相同。这是不是充分条件？下面我们来仔细探索这一点，研究对于域 F 上两个 n 维正交空间 (V_1,f_1) 与 (V_2,f_2)，应当满足什么条件它们才保距同构？关键是对 σ 保持内积不变，即对(17)式加以分析。

在10.1节内容精华的第六部分和典型例题的例29的点评中，我们指出特征不等于2的域 F 上 n 维线性空间 V 上的对称双线性函数与 V 上的二次函数之间有一个一一对应：给了 V 上的对称双线性函数 f，有 V 上的唯一的二次函数 q 与 f 对应：$q(\alpha)=f(\alpha,\alpha)$，$\forall\alpha\in V$；反之，给了 V 上的一个二次函数 q，有 V 上的唯一的对称双线性函数 f 与 q 对应：$f(\alpha,\beta)=\dfrac{1}{2}[q(\alpha+\beta)-q(\alpha)-q(\beta)]$。我们又指出 V 上的二次函数与域 F 上的 n 元二次型之间有一个一一对应：给了 V 上的一个二次函数 q，在 V 中取定一个基 $\alpha_1,\alpha_2,\cdots,\alpha_n$ 后，有唯一的 n 元二次型 $\boldsymbol{x}'A\boldsymbol{x}$ 与 q 对应，其中 A 是 q 对应的对称双线性函数 f 在基 $\alpha_1,\alpha_2,\cdots,\alpha_n$ 下的度量矩阵；反之，给了域 F 上的一个 n 元二次型 $\boldsymbol{x}'A\boldsymbol{x}$，有 V 上唯一的二次函数 q 与它对应：$q(\alpha)=\boldsymbol{z}'A\boldsymbol{z}$，其中 $\boldsymbol{z}$ 是 α 在 V 的一个基下的坐标。于是特征不等于2的域 F 上 n 维线性空间 V_1 上的对称双线性函数 f_1 对应于 V_1 上的一个二次函数 q_1，进而对应于域 F 上的一个 n 元二次型 $\boldsymbol{x}'A\boldsymbol{x}$；而 V_2 上的对称双线性函数 f_2 对应于 V_2 上的一个二次函数 q_2，进而对应于域 F 上的另一个 n 元二次型 $\boldsymbol{y}'B\boldsymbol{y}$。$V_1$ 到 V_2 的线性同构 σ 保持内积不变当且仅当(17)式成立，这等价于

$$
\begin{aligned}
& q_1(\alpha)=q_2(\sigma(\alpha)),\ \forall\alpha\in V_1 && (18)\\
\Leftrightarrow\quad & \boldsymbol{z}'A\boldsymbol{z}=(P\boldsymbol{z})'BP\boldsymbol{z},\ \forall\boldsymbol{z}\in F^n && (19)\\
\Leftrightarrow\quad & \boldsymbol{z}'A\boldsymbol{z}=\boldsymbol{z}'P'BP\boldsymbol{z},\ \forall\boldsymbol{z}\in F^n\\
\Leftrightarrow\quad & A=P'BP\\
\Leftrightarrow\quad & \boldsymbol{x}'A\boldsymbol{x}\cong\boldsymbol{y}'B\boldsymbol{y},
\end{aligned}
$$

其中 $\boldsymbol{z}$ 是 α 在 V_1 的基 $\alpha_1,\alpha_2,\cdots,\alpha_n$ 下的坐标，P 是 σ 关于 V_1 的基 $\alpha_1,\alpha_2,\cdots,\alpha_n$ 与 V_2 的基 $\beta_1,\beta_2,\cdots,\beta_n$ 的矩阵，倒数第二个"$\Leftrightarrow$"是根据本套书上册6.1节的例8(它对于特征不为2的域上的对称矩阵也成立)。因此 V_1 到 V_2 的线性同构 σ 保持内积不变当且仅当域 F 上的 n 元二次型 $\boldsymbol{x}'A\boldsymbol{x}$ 与 $\boldsymbol{y}'B\boldsymbol{y}$ 等价。这样我们证明了下述定理：

定理4 设 (V_1,f_1) 和 (V_2,f_2) 是特征不等于2的域 F 上的两个 n 维正交空间，则 V_1 到 V_2 的线性同构 σ 是保距同构当且仅当域 F 上的 n 元二次型 $\boldsymbol{x}'A\boldsymbol{x}$ 与 $\boldsymbol{y}'B\boldsymbol{y}$ 等价，其中 A

是 f_1 在 V_1 的一个基 $\alpha_1,\alpha_2,\cdots,\alpha_n$ 下的度量矩阵，B 是 f_2 在 V_2 的一个基 $\beta_1,\beta_2,\cdots,\beta_n$ 下的度量矩阵。 ■

推论 1 设 (V_1,f_1) 和 (V_2,f_2) 是特征不等于 2 的域 F 上的两个 n 维正交空间，则 V_1 到 V_2 的线性同构 σ 是保距同构当且仅当 f_1 在 V_1 的一个基下的度量矩阵 A 与 f_2 在 V_2 的一个基下的度量矩阵 B 合同：$A=P'BP$，其中 P 是 σ 关于 V_1 的一个基和 V_2 的一个基的矩阵。 ■

这样我们就可以利用推论 1 来研究特征不等于 2 的域 F 上维数相同的两个正交空间 (V_1,f_1) 和 (V_2,f_2) 保距同构的条件。

根据"两个 n 级实对称矩阵合同的充分必要条件是它们的秩相等，且正惯性指数相等"，我们立即得到：

定理 5 实数域上两个 n 维正交空间 (V_1,f_1) 和 (V_2,f_2) 同构（即保距同构）的充分必要条件是，f_1 在 V_1 的一个基下的度量矩阵 A 与 f_2 在 V_2 的一个基下的度量矩阵 B 有相同的秩和相等的正惯性指数。 ■

对于实数域上的正交空间 (V,f)，f 在 V 的一个基下的度量矩阵的正惯性指数称为 f 的**正惯性指数**。

根据两个 n 级复对称矩阵合同的充分必要条件立即得到：

定理 6 复数域上两个 n 维正交空间 (V_1,f_1) 和 (V_2,f_2) 同构的充分必要条件是，f_1 在 V_1 的一个基下度量矩阵 A 与 f_2 在 V_2 的一个基下的度量矩阵 B 有相同的秩。 ■

三、正交空间上的正交变换

定义 9 设 (V,f) 是域 F 上 n 维正则的正交空间，V 上的一个线性变换 $\boldsymbol{T}$ 如果保持内积不变，即

$$f(\alpha,\beta)=f(\boldsymbol{T}\alpha,\boldsymbol{T}\beta),\ \forall\,\alpha,\beta\in V, \tag{20}$$

那么称 $\boldsymbol{T}$ 是 V 上的一个**正交变换**。

定理 7 设 (V,f) 是域 F 上 n 维正则的正交空间，则 $\boldsymbol{T}$ 是 V 上的正交变换当且仅当 $\boldsymbol{T}$ 是正交空间 V 到自身的同构映射。

证明 充分性是显然的，关于必要性只要证明 $\boldsymbol{T}$ 是双射就够了。设 $\alpha\in\operatorname{Ker}\boldsymbol{T}$，则 $\boldsymbol{T}\alpha=0$。从而对一切 $\beta\in V$，有

$$f(\alpha,\beta)=f(\boldsymbol{T}\alpha,\boldsymbol{T}\beta)=f(0,\boldsymbol{T}\beta)=0. \tag{21}$$

由于 f 是非退化的，因此 $\alpha=0$。于是 $\operatorname{Ker}\boldsymbol{T}=0$。从而 $\boldsymbol{T}$ 是单射。由于 V 是有限维的，因此线性变换 $\boldsymbol{T}$ 也是满射。从而 $\boldsymbol{T}$ 是双射。 ■

从同构关系的性质得出，恒等变换是正交变换，正交变换的乘积是正交变换，正交变换

的逆变换还是正交变换。

由前面讨论过程中的(18)式立即得到：

定理 8 设(V,f)是特征不为 2 的域 F 上的 n 维正则的正交空间，q 是 f 对应的二次函数，则 V 上的线性变换 $\boldsymbol{T}$ 是正交变换当且仅当下式成立：

$$q(\alpha)=q(\boldsymbol{T}\alpha),\forall\alpha\in V. \tag{22}$$ ■

定理 9 设(V,f)是特征不为 2 的域 F 上的 n 维正则的正交空间，f 在 V 的一个基 α_1，$\alpha_2,\cdots,\alpha_n$ 下的度量矩阵为 A，V 上的一个线性变换 $\boldsymbol{T}$ 在基 $\alpha_1,\alpha_2,\cdots,\alpha_n$ 下的矩阵是 T，则 $\boldsymbol{T}$ 是正交变换当且仅当 $T'AT=A$。

证明 据定理 7 和推论 1 得，$\boldsymbol{T}$ 是正交变换当且仅当下式成立：

$$T'AT=A. \tag{23}$$ ■

推论 2 条件同定理 9，正交变换 $\boldsymbol{T}$ 在 V 的任意一个基下的矩阵 T 的行列式等于 1 或 -1。

证明 由于 $T'AT=A$，因此 $|T|^2|A|=|A|$。由于 f 非退化，因此 A 是满秩矩阵。从而 $|A|\neq 0$。于是 $|T|^2=1$。由此得出，$|T|=1$ 或 -1。由于线性变换 $\boldsymbol{T}$ 在 V 的不同基下的矩阵是相似的，因此 $\boldsymbol{T}$ 在 V 的任意一个基下的矩阵的行列式等于 1 或 -1。 ■

行列式为 1 的正交变换称为**第一类的**(或**旋转**)，行列式为 -1 的正交变换称为**第二类的**。

本节第一部分中讲的闵柯夫斯基空间$(\mathbf{R}^4,f)$上的洛伦兹变换 σ 是第一类正交变换。

一般地，在实线性空间 $\mathbf{R}^4$ 中，给定一个非退化的对称双线性函数 f，如果 f 的正惯性指数为 3(或 1)，那么称正交空间$(\mathbf{R}^4,f)$为一个**闵柯夫斯基空间**，其上的第一类正交变换称为**广义洛伦兹变换**。例如，设 $\boldsymbol{\alpha}=(x_1,x_2,x_3,x_4)'$，$\boldsymbol{\beta}=(y_1,y_2,y_3,y_4)'$，令

$$f(\boldsymbol{\alpha},\boldsymbol{\beta})=-x_1y_1+x_2y_2+x_3y_3+x_4y_4. \tag{24}$$

易看出 f 是非退化的对称双线性函数，且 f 的正惯性指数为 3，因此$(\mathbf{R}^4,f)$成为一个闵柯夫斯基空间。据定理 5，内积的正惯性指数为 3 的闵柯夫斯基空间都是同构的；内积的正惯性指数为 1 的闵柯夫斯基空间也都是同构的。

四、辛空间

由于特征为 2 的域 F 上的线性空间 V 上的双线性函数 f 是斜对称的当且仅当 f 是对称的，因此在这一部分和第五部分中，域 F 的特征都不等于 2，不再声明。

定义 10 域 F 上的线性空间 V 如果指定了一个斜对称双线性函数 f，那么称 f 是 V 上的一个**内积**(或**辛内积**)。称 V 是一个**辛空间**，记作(V,f)。如果 f 是非退化的，那么(V,f)称为**正则的**；否则称为**非正则的**。

例如，$\mathbf{R}^2$ 中，对于 $\boldsymbol{\alpha}=(x_1,x_2)'$，$\boldsymbol{\beta}=(y_1,y_2)'$，规定

$$f(\boldsymbol{\alpha},\boldsymbol{\beta}) \xlongequal{\text{def}} x_1y_2 - x_2y_1. \tag{25}$$

显然，f 是 $\mathbf{R}^2$ 上的一个非退化斜对称双线性函数，于是$(\mathbf{R}^2,f)$成为一个辛空间，且是正则的。

与正交空间一样，辛空间中有向量的正交、子空间的正交、非空子集的正交补、迷向向量、迷向子空间等概念，且任一非空子集的正交补是子空间。由于 char $F\neq 2$. 因此由斜对称双线性函数的定义立即得出：$f(\alpha,\alpha)=0$，$\forall\,\alpha\in V$。从而辛空间(V,f)中每个非零向量都是迷向向量。因此辛空间是全迷向的。

从 10.1 节的定理 4 立即得出：

定理 10 域 F 上 n 维辛空间(V,f)中存在一个基 $\delta_1,\delta_{-1},\cdots,\delta_r,\delta_{-r},\eta_1,\cdots,\eta_s$，使得

$$\begin{aligned}
&f(\delta_i,\delta_{-i})=1, \quad f(\delta_{-i},\delta_i)=-1, \quad i=1,2,\cdots,r;\\
&f(\delta_i,\delta_j)=0, \quad i+j\neq 0;\\
&f(\delta_i,\eta_k)=0, \quad i=\pm 1,\cdots,\pm r, k=1,2,\cdots,s;\\
&f(\eta_j,\eta_k)=0, \quad j,k=1,2,\cdots,s,
\end{aligned}$$

这个基称为(V,f)的**辛基**。■

我们把定理 10 中的辛基重排一个次序：

$$\delta_1,\cdots,\delta_r,\delta_{-1},\cdots,\delta_{-r},\eta_1,\cdots,\eta_s, \tag{26}$$

这个基也称为辛基，容易看出，f 在这个基下的度量矩阵为

$$\begin{pmatrix} 0 & I_r & 0 \\ -I_r & 0 & 0 \\ 0 & 0 & 0 \end{pmatrix}. \tag{27}$$

从定理 10 立即得到：

推论 3 域 F 上有限维正则的辛空间一定是偶数维的。■

命题 4 设(V,f)是 n 维正则的辛空间，$n=2r$，它的一个辛基是 $\delta_1,\delta_{-1},\delta_2,\delta_{-2},\cdots,\delta_r,\cdots,\delta_{-r}$，则对于任意 $\alpha\in V$，有

$$\alpha=\sum_{i=1}^{r}[f(\alpha,\delta_{-i})\delta_i - f(\alpha,\delta_i)\delta_{-i}]. \tag{28}$$

证明 设 $\alpha=\sum_{i=1}^{r}(x_i\delta_i+y_i\delta_{-i})$，对于 $j\in\{1,2,\cdots,r\}$，有

$$\begin{aligned}
f(\alpha,\delta_j) &= \sum_{i=1}^{r}[x_if(\delta_i,\delta_j)+y_if(\delta_{-i},\delta_j)]\\
&= y_jf(\delta_{-j},\delta_j)=-y_j,
\end{aligned}$$

$$f(\alpha,\delta_{-j}) = \sum_{i=1}^{r}[x_i f(\delta_i,\delta_{-j}) + y_i f(\delta_{-i},\delta_{-j})]$$
$$= x_j f(\delta_j,\delta_{-j}) = x_j,$$

因此 $y_j = -f(\alpha,\delta_j)$，$x_j = f(\alpha,\delta_{-j})$。从而

$$\alpha = \sum_{i=1}^{r}[f(\alpha,\delta_{-i})\delta_i - f(\alpha,\delta_i)\delta_{-i}].$$ ■

由 10.1 节的例 10 立即得到：

定理 11 设(V,f)是域 F 上有限维正则的辛空间，W 是 V 的一个子空间，则

(1) $\dim W + \dim W^{\perp} = \dim V$；

(2) $(W^{\perp})^{\perp} = W$。 ■

下面的定理 12 给出了 $V = W \oplus W^{\perp}$ 的一个充分条件。

定理 12 设(V,f)是域 F 上的辛空间，W 是 V 的有限维正则子空间，则

$$V = W \oplus W^{\perp}. \tag{29}$$

证明 因为 W 是正则的，所以 $\mathrm{rad}\, W = 0$。从而 $W \cap W^{\perp} = 0$。

因为 W 是有限维的正则子空间，所以可以在 W 中取一个辛基 $\delta_1,\delta_{-1},\cdots,\delta_m,\delta_{-m}$。对于任意 $\alpha \in V$，令

$$\alpha_1 = \sum_{i=1}^{m}[f(\alpha,\delta_{-i})\delta_i - f(\alpha,\delta_i)\delta_{-i}], \tag{30}$$

则 $\alpha_1 \in W$，令 $\alpha_2 = \alpha - \alpha_1$，则对于 $j \in \{1,2,\cdots,m\}$，有

$$f(\alpha_2,\delta_j) = f(\alpha,\delta_j) - \sum_{i=1}^{m}[f(\alpha,\delta_{-i})f(\delta_i,\delta_j) - f(\alpha,\delta_i)f(\delta_{-i},\delta_j)]$$
$$= f(\alpha,\delta_j) + f(\alpha,\delta_j)f(\delta_{-j},\delta_j) = 0,$$
$$f(\alpha_2,\delta_{-j}) = f(\alpha,\delta_{-j}) - \sum_{i=1}^{m}[f(\alpha,\delta_{-i})f(\delta_i,\delta_{-j}) - f(\alpha,\delta_i)f(\delta_{-i},\delta_{-j})]$$
$$= f(\alpha,\delta_{-j}) - f(\alpha,\delta_{-j})f(\delta_j,\delta_{-j}) = 0,$$

因此 $\alpha_2 \in W^{\perp}$。从而 $\alpha = \alpha_1 + \alpha_2 \in W + W^{\perp}$。于是 $V = W \oplus W^{\perp}$。 ■

容易看出，W 既是正则的子空间，也是 $V = W \oplus W^{\perp}$ 的必要条件。当 V 是有限维的辛空间时，$V = W \oplus W^{\perp}$ 的充分必要条件为 W 是正则子空间(据 10.1 节例 11)。

从定理 12 和定理 10 立即得到：

定理 13 域 F 上有限维辛空间(V,f)一定能分解成一些 2 维正则子空间与 1 维非正则子空间的正交直和。 ■

与正交空间一样，辛空间也有同构的概念，且辛空间的同构关系具有反身性、对称性和传递性。

域 F 上两个有限维辛空间(V_1,f_1)和(V_2,f_2)如果同构，那么 V_1 与 V_2 必线性同构，从而 V_1 与 V_2 的维数相同。反之，如果 V_1 与 V_2 的维数相同，那么它们必线性同构。于是存在 V_1 与 V_2 的一个线性同构映射 σ。在 V_1 中取一个辛基：$\delta_1,\delta_{-1},\cdots,\delta_r,\delta_{-r},\eta_1,\cdots,\eta_s$；在 V_2 中取一个辛基：$\beta_1,\beta_{-1},\cdots,\beta_m,\beta_{-m},\gamma_1,\cdots,\gamma_t$，设 σ 关于 V_1 的上述基和 V_2 的上述基的矩阵是 B；f_1 在 V_1 的上述基下的度量矩阵为 A_1，f_2 在 V_2 的上述基下的度量矩阵为 A_2。任取 $\alpha,\beta\in V_1$，设 α,β 在 V_1 的上述基下的坐标分别为 $\boldsymbol{x},\boldsymbol{y}$，则 $\sigma(\alpha),\sigma(\beta)$在 V_2 的上述基下的坐标分别为 $B\boldsymbol{x},B\boldsymbol{y}$。于是

$$f_1(\alpha,\beta)=\boldsymbol{x}'A_1\boldsymbol{y},$$
$$f_2(\sigma(\alpha),\sigma(\beta))=(B\boldsymbol{x})'A_2(B\boldsymbol{y})=\boldsymbol{x}'(B'A_2B)\boldsymbol{y}.$$

据 10.1 节例 13 的结论："特征不为 2 的域 F 上两个 n 级斜对称矩阵合同的充分必要条件是它们有相同的秩"，因此有

V_1 到 V_2 的线性同构映射 σ 是保距同构

$\Leftrightarrow\quad f_1(\alpha,\beta)=f_2(\sigma(\alpha),\sigma(\beta)),\ \forall\,\alpha,\beta\in V_1$

$\Leftrightarrow\quad \boldsymbol{x}'A_1\boldsymbol{y}=\boldsymbol{x}'(B'A_2B)\boldsymbol{y},\ \forall\,\boldsymbol{x},\boldsymbol{y}\in F^n$

$\Leftrightarrow\quad A_1=B'A_2B$

$\Leftrightarrow\quad \operatorname{rank}(A_1)=\operatorname{rank}(A_2)$。　　(31)

于是我们证明了下述结论：

定理 14　域 F 上两个有限维辛空间(V_1,f_1)与(V_2,f_2)同构的充分必要条件是 V_1 与 V_2 有相同的维数，且 f_1 与 f_2 有相同的矩阵秩。■

推论 4　域 F 上两个有限维正则的辛空间同构的充分必要条件是它们有相同的维数。■

五、辛变换

定义 11　设(V,f)是域 F 上有限维正则的辛空间，V 上的一个线性变换 $\boldsymbol{B}$ 如果保持辛内积不变，那么称 $\boldsymbol{B}$ 为**辛变换**。

类似于定理 7 的证明可证得下述结论：

定理 15　设(V,f)是域 F 上有限维正则的辛空间，则 $\boldsymbol{B}$ 是 V 上的辛变换当且仅当 $\boldsymbol{B}$ 是辛空间 V 到自身的一个同构映射。■

从同构关系的性质得出，恒等变换是辛变换，辛变换的乘积是辛变换，辛变换的逆变换还是辛变换。

设 $\boldsymbol{B}$ 是 n 维正则辛空间 (V,f) 上的一个线性变换，在 V 中取一个辛基 $\delta_1,\delta_2,\cdots,\delta_r,\delta_{-1},\delta_{-2},\cdots,\delta_{-r}$，则 f 在这个基下的度量矩阵 A 为

$$A=\begin{bmatrix}0 & I_r\\ -I_r & 0\end{bmatrix}. \tag{32}$$

设 $\boldsymbol{B}$ 在这个基下的矩阵为 B，由(31)式立即得到：

定理 16　设 (V,f) 是 n 维正则辛空间，则 V 上的线性变换 $\boldsymbol{B}$ 是辛变换当且仅当

$$B'AB=A, \tag{33}$$

其中 B 是 $\boldsymbol{B}$ 在 V 的辛基 $\delta_1,\cdots,\delta_r,\delta_{-1},\cdots,\delta_{-r}$ 下的矩阵，A 形如(32)式。■

定义 12　域 F 上的 n 级矩阵($n=2r$)B 如果满足

$$B'AB=A,$$

其中 A 形如(32)式，那么称 B 为**辛矩阵**。

推论 5　域 F 上的 n 级矩阵($n=2r$)B 如果是辛矩阵，那么 $|B|=1$ 或 -1。

证明　设 B 是辛矩阵，则 $|B'AB|=|A|$。由于 $|A|=1$，因此 $|B|^2=1$。从而 $|B|=\pm1$。■

下面我们将进一步证明辛矩阵的行列式一定等于 1。

设 F_1 是 F 的最小子域，考虑域 F_1 上 n^2 元多项式环 $F_1[x_{11},x_{12},\cdots,x_{1n},\cdots,x_{n1},x_{n2},\cdots,x_{nn}]$上的斜对称矩阵 G：

$$G=\begin{bmatrix}0 & x_{12} & x_{13} & \cdots & x_{1n}\\ -x_{12} & 0 & x_{23} & \cdots & x_{2n}\\ \vdots & \vdots & \vdots & & \vdots\\ -x_{1n} & -x_{2n} & -x_{3n} & \cdots & 0\end{bmatrix}, \tag{34}$$

用 E 表示 n^2 元分式域，则 G 也可看成是域 E 上的矩阵，由于 char $F\neq2$，因此 char $F_1\neq2$。从而 char $E\neq2$。于是据 10.1 节的例 12 得，存在 $f(x_{12},x_{13},\cdots,x_{1n},\cdots,x_{n-1,n})\in E$，使得

$$\det(G)=f^2(x_{12},x_{13},\cdots,x_{1n},\cdots,x_{n-1,n}). \tag{35}$$

设

$$f(x_{12},\cdots,x_{1n},\cdots,x_{n-1,n})=\frac{g(x_{12},\cdots,x_{1n},\cdots,x_{n-1,n})}{h(x_{12},\cdots,x_{1n},\cdots,x_{n-1,n})}, \tag{36}$$

其中 $g,h\in F_1[x_{11},\cdots,x_{nn}]$，且 $(g,h)=1$，从(36)式和(35)式得 $h^2\det(G)=g^2$。从而 $h\mid g^2$。由于 $(h,g)=1$，因此 $h\mid g$。从而

$$f(x_{12},\cdots,x_{1n},\cdots,x_{n-1,n})\in F_1[x_{11},\cdots,x_{nn}]. \tag{37}$$

由于 $f(x_{12},\cdots,x_{1n},\cdots,x_{n-1,n})$是由 $\det(G)$确定的(在 f 和 $-f$ 中取定其中的一个)，因此把 $f(x_{12},\cdots,x_{1n},\cdots,x_{n-1,n})$记成 $f(G)$，于是(35)式可写成

$$f^2(G) = \det(G). \tag{38}$$

现在设 $S=(s_{ij}(x_{11},\cdots,x_{nn}))$是环 $F_1[x_{11},\cdots,x_{nn}]$上的任一 n 级矩阵，则 $S'GS$ 仍是此环上的斜对称矩阵。设

$$S'GS = \begin{pmatrix} 0 & h_{12}(x_{11},\cdots,x_{nn}) & \cdots & h_{1n}(x_{11},\cdots,x_{nn}) \\ -h_{12}(x_{11},\cdots,x_{nn}) & 0 & \cdots & h_{2n}(x_{11},\cdots,x_{nn}) \\ \vdots & \vdots & & \vdots \\ -h_{1n}(x_{11},\cdots,x_{nn}) & -h_{2n}(x_{11},\cdots,x_{nn}) & \cdots & 0 \end{pmatrix},$$

不定元 $x_{12},x_{13},\cdots,x_{n-1,n}$分别用$h_{12}(x_{11},\cdots,x_{nn}),h_{13}(x_{11},\cdots,x_{nn}),\cdots,h_{n-1,n}(x_{11},\cdots,x_{nn})$代入，从(38)式得

$$\begin{aligned} f^2(S'GS) &= \det(S'GS) = (\det S)^2(\det G) \\ &= (\det S)^2 f^2(G), \end{aligned} \tag{39}$$

于是
$$f(S'GS)=\pm(\det S)f(G). \tag{40}$$

设

$$A = \begin{pmatrix} 0 & I_r \\ -I_r & 0 \end{pmatrix}, I_n = \begin{pmatrix} I_r & 0 \\ 0 & I_r \end{pmatrix},$$

分别把 A,I_n 的(i,j)元记作 a_{ij},c_{ij}。取多项式 $s_{ij}(x_{11},\cdots,x_{nn})$，使得 $s_{ij}(a_{11},\cdots,a_{nn})=c_{ij}$，$1\leqslant i,j\leqslant n$。假如

$$f(S'GS) =-(\det S)f(G), \tag{41}$$

不定元 $x_{11},\cdots,x_{nn}$分别用$a_{11},\cdots,a_{nn}$代入，从(41)式得

$$f(I_n{}'A\,I_n) =-(\det I_n)f(A), \tag{42}$$

由此得出，$f(A)=-f(A)$，于是 $2f(A)=0$。从(38)式得，$f^2(A)=\det(A)=1$，因此 $f(A)\neq 0$。从而 $2f(A)=0$ 与 char $F\neq 2$ 矛盾。所以

$$f(S'GS) = (\det S)f(G). \tag{43}$$

设 $B=(b_{ij})$是域 F 上 $n(n=2r)$级辛矩阵，A 是形如(32)式的斜对称矩阵，记 A 的(i,j)元为 a_{ij}，取多项式 $s_{ij}(x_{11},\cdots,x_{nn})$使得 $s_{ij}(a_{11},\cdots,a_{nn})=b_{ij}$，$1\leqslant i,j\leqslant n$。不定元 $x_{11},\cdots,x_{nn}$分别用$a_{11},\cdots,a_{nn}$代入，从(43)式得

$$f(B'AB) = (\det B)f(A). \tag{44}$$

由于 $B'AB=A$，因此从(44)式得，$f(A)=(\det B)f(A)$。由于 $f(A)\neq 0$，因此 $\det B=1$，于是我们证明了：

定理 17 辛矩阵的行列式等于 1。 ■

六、小结

n 维欧几里得空间 V 上的变换 $\boldsymbol{A}$，如果保持内积不变，那么称 $\boldsymbol{A}$ 是 V 上的一个正交变换。

n 维欧几里得空间 V 上的线性变换 $\boldsymbol{A}$ 在 V 的一个标准正交基下的矩阵为 A，V 上的内积在此标准正交基下的度量矩阵为 I，则

$\boldsymbol{A}$ 是 V 上的正交变换

$\Leftrightarrow$ A 是正交矩阵

$\Leftrightarrow$ $A'IA=I$。

n 维酉空间 V 上的变换 $\boldsymbol{A}$ 如果保持内积不变，那么称 $\boldsymbol{A}$ 是 V 上的一个酉变换。

n 维酉空间 V 上的线性变换 $\boldsymbol{A}$ 在 V 的一个标准正交基下的矩阵为 A，V 上的内积在此标准正交基下的度量矩阵为 I，则

$\boldsymbol{A}$ 是 V 上的酉变换

$\Leftrightarrow$ A 是酉矩阵

$\Leftrightarrow$ $A^*IA=I$。

域 F 上 n 维正则的正交空间 (V,f) 上的一个线性变换 $\boldsymbol{T}$，如果保持内积不变，那么称 $\boldsymbol{T}$ 是 V 上的一个正交变换。

特征不为 2 的域 F 上的 n 维正则的正交空间 (V,f) 上的线性变换 $\boldsymbol{T}$ 在 V 的一个基下的矩阵为 T，f 在此基下的度量矩阵为 A，则

$$\boldsymbol{T}\text{ 是 }V\text{ 上的正交变换} \quad \Leftrightarrow \quad T'AT=A.$$

特征不为 2 的域 F 上 n 维正则的辛空间 (V,f) 上的线性变换 $\boldsymbol{B}$，如果保持辛内积不变，那么称 $\boldsymbol{B}$ 是 V 上的一个辛变换。

特征不为 2 的域 F 上 n 维正则的辛空间 (V,f) 上的线性变换 $\boldsymbol{B}$ 在 V 的辛基 $\delta_1,\cdots,\delta_r,\delta_{-1},\cdots,\delta_{-r}$ 下的矩阵为 B，f 在此辛基下的度量矩阵 $A=\begin{pmatrix}0 & I_r\\ -I_r & 0\end{pmatrix}$，则

$$\boldsymbol{B}\text{ 是 }V\text{ 上的辛变换} \Leftrightarrow B'AB=A.$$

从以上所述可以领略到数学的统一性。

10.6.2 典型例题

例 1 $\mathbf{R}^2$ 中，对于 $\boldsymbol{\alpha}=(x_1,x_2)'$，$\boldsymbol{\beta}=(y_1,y_2)'$，定义

$$f(\boldsymbol{\alpha},\boldsymbol{\beta}) = x_1y_1 - x_2y_2.$$

(1) 证明：$(\mathbf{R}^2,f)$ 是一个正则的正交空间，且 $\boldsymbol{\varepsilon}_1,\boldsymbol{\varepsilon}_2$ 是它的一个标准正交基；

(2) 设 $\boldsymbol{T}$ 是 $\mathbf{R}^2$ 上的一个线性变换，它在基 $\boldsymbol{\varepsilon}_1,\boldsymbol{\varepsilon}_2$ 下的矩阵为

$$T=\begin{bmatrix}\sqrt{2} & 1\\ 1 & \sqrt{2}\end{bmatrix},$$

证明：$\boldsymbol{T}$ 是$(\mathbf{R}^2,f)$上的正交变换，并且求 $\boldsymbol{T}$ 的全部特征值和特征向量，说明 $\boldsymbol{T}$ 的特征向量都是迷向的。

证明 (1) 显然 f 是 $\mathbf{R}^2$ 上的一个双线性函数，它在基 $\boldsymbol{\varepsilon}_1,\boldsymbol{\varepsilon}_2$ 下的度量矩阵 A 为

$$A=\begin{bmatrix}f(\boldsymbol{\varepsilon}_1,\boldsymbol{\varepsilon}_1) & f(\boldsymbol{\varepsilon}_1,\boldsymbol{\varepsilon}_2)\\ f(\boldsymbol{\varepsilon}_2,\boldsymbol{\varepsilon}_1) & f(\boldsymbol{\varepsilon}_2,\boldsymbol{\varepsilon}_2)\end{bmatrix}=\begin{pmatrix}1 & 0\\ 0 & -1\end{pmatrix}.$$

由于 A 是满秩对称矩阵，因此 f 是非退化的对称双线性函数，从而$(\mathbf{R}^2,f)$是一个正则的正交空间。

从 f 的度量矩阵 A 看出，$\boldsymbol{\varepsilon}_1,\boldsymbol{\varepsilon}_2$ 是$(\mathbf{R}^2,f)$的一个标准正交基。

(2) 由于

$$T'AT=\begin{bmatrix}\sqrt{2} & 1\\ 1 & \sqrt{2}\end{bmatrix}\begin{pmatrix}1 & 0\\ 0 & -1\end{pmatrix}\begin{bmatrix}\sqrt{2} & 1\\ 1 & \sqrt{2}\end{bmatrix}=\begin{pmatrix}1 & 0\\ 0 & -1\end{pmatrix}=A,$$

因此据定理 9 得，$\boldsymbol{T}$ 是$(\mathbf{R}^2,f)$上的正交变换。

$$\begin{aligned}|\lambda I-T|&=\begin{vmatrix}\lambda-\sqrt{2} & -1\\ -1 & \lambda-\sqrt{2}\end{vmatrix}\\ &=\lambda^2-2\sqrt{2}\lambda+1\\ &=[\lambda-(\sqrt{2}+1)][\lambda-(\sqrt{2}-1)],\end{aligned}$$

因此 $\boldsymbol{T}$ 的全部特征值是$\sqrt{2}+1,\sqrt{2}-1$。

解齐次线性方程组$((\sqrt{2}+1)I-T)\boldsymbol{x}=0$，得一个基础解系：$(1,1)'$。因此 $\boldsymbol{T}$ 的属于$\sqrt{2}+1$的全部特征向量为

$$k(1,1)',k\in\mathbf{R}\text{ 且 }k\neq 0;$$

同理可求出 $\boldsymbol{T}$ 的属于$\sqrt{2}-1$ 的全部特征向量为

$$k(1,-1)',k\in\mathbf{R}\text{ 且 }k\neq 0.$$

记 $\boldsymbol{\alpha}=k(1,1)'=(k,k)'$，$\boldsymbol{\beta}=k(1,-1)'=(k,-k)'$。有

$$f(\boldsymbol{\alpha},\boldsymbol{\alpha})=k^2-k^2=0,f(\boldsymbol{\beta},\boldsymbol{\beta})=k^2-(-k)^2=0,$$

因此 $\boldsymbol{T}$ 的所有特征向量都是迷向的。 ■

点评 从例 1 的第(2)小题看到，正交空间$(\mathbf{R}^2,f)$上的正交变换 $\boldsymbol{T}$ 的全部特征值为$\sqrt{2}+1,\sqrt{2}-1$，而欧几里得空间 V 上的正交变换如果有特征值，那么它的特征值必为 1 或 -1。由此看出：正交空间上的正交变换与欧几里得空间上的正交变换是不一样的。

例 2　设(V,f)是特征不为 2 的域 F 上的 n 维正交空间，W 是它的一个正则子空间。证明：存在平行于 $W^{\perp}$ 在 W 上的投影 $\boldsymbol{P}$。且 $\mathrm{Im}\,\boldsymbol{P}=W$，$\mathrm{Ker}\,\boldsymbol{P}=W^{\perp}$。称 $\boldsymbol{P}$ 是 V 在 W 上的**正交投影**。

证明　由于 W 是(V,f)的一个正则子空间，因此据定理 3 得 $V=W\oplus W^{\perp}$，从而存在平行于 $W^{\perp}$ 在 W 上的投影 $\boldsymbol{P}$。根据 9.2 节的推论 2 得，$\mathrm{Im}\,\boldsymbol{P}=W$，$\mathrm{Ker}\,\boldsymbol{P}=W^{\perp}$。■

例 3　设(V,f)是特征不为 2 的域 F 上的 n 维正则的正交空间，η 是一个非迷向向量，用 $\boldsymbol{P}$ 表示 V 在$\langle\eta\rangle$上的正交投影，对于任意 $\alpha\in V$，求 $\boldsymbol{P}\alpha$。

解　由于 η 是非迷向向量，因此$\langle\eta\rangle$是(V,f)的一个正则子空间。从而 $V=\langle\eta\rangle\oplus\langle\eta\rangle^{\perp}$。对于任意 $\alpha\in V$，有 $\alpha=\alpha_1+\alpha_2$，$\alpha_1\in\langle\eta\rangle$，$\alpha_2\in\langle\eta\rangle^{\perp}$。据定理 3 的证明过程得

$$\boldsymbol{P}\alpha=\frac{f(\alpha,\eta)}{f(\eta,\eta)}\eta. \tag{45}$$

例 4　条件同例 3，令

$$\boldsymbol{G}=\boldsymbol{I}-2\boldsymbol{P}. \tag{46}$$

证明：$\boldsymbol{G}$ 是(V,f)上的第二类正交变换，称 G 是关于超平面$\langle\eta\rangle^{\perp}$的**镜面反射**。

证明　显然 $\boldsymbol{G}$ 是 V 上的一个线性变换，由于$(\langle\eta\rangle^{\perp},f|\langle\eta\rangle^{\perp})$是正交空间，因此在$\langle\eta\rangle^{\perp}$中存在一个正交基 $\eta_2,\cdots,\eta_n$，从而 $\eta_1,\eta_2,\cdots,\eta_n$ 是(V,f)的一个正交基。

$$\boldsymbol{G}\eta=\boldsymbol{I}\eta-2\boldsymbol{P}\eta=\eta-2\eta=-\eta,$$

$$\boldsymbol{G}\eta_i=\boldsymbol{I}\eta_i-2\boldsymbol{P}\eta_i=\eta_i,i=2,3,\cdots,n,$$

于是 $\boldsymbol{G}$ 在(V,f)的正交基 $\eta_1,\eta_2,\cdots,\eta_n$ 下的矩阵 G 为

$$G=\mathrm{diag}\{-1,1,\cdots,1\}.$$

f 在正交基 $\eta,\eta_2,\cdots,\eta_n$ 下的度量矩阵 A 为

$$A=\mathrm{diag}\{d_1,d_2,\cdots,d_n\},$$

其中 $d_1=f(\eta,\eta)$，$d_i=f(\eta_i,\eta_i)$，$i=2,3,\cdots,n$。由于

$$G'AG=GAG=AG^2=AI=A,$$

因此 $\boldsymbol{G}$ 是(V,f)上的正交变换。由于$|G|=-1$，因此 $\boldsymbol{G}$ 是第二类的。■

例 5　设(V,f)是域 F 上 n 维正则的正交空间，$\boldsymbol{T}$ 是 V 上的一个正交变换。证明：如果 V 的子空间 W 是 $\boldsymbol{T}$ 的不变子空间，那么 $W^{\perp}$ 也是 $\boldsymbol{T}$ 的不变子空间。

证明　任取 $\alpha\in W^{\perp}$，$\boldsymbol{T}|W$ 是 W 上的一个线性变换，由于 $\boldsymbol{T}$ 是(V,f)上的正交变换，因此 $\boldsymbol{T}$ 是单射，从而 $\boldsymbol{T}|W$ 是单射。于是 $\boldsymbol{T}|W$ 也是满射。任给 $\beta\in W$，存在 $\gamma\in W$，使得 $\boldsymbol{T}\gamma=\beta$。我们有

$$f(\beta,\boldsymbol{T}\alpha)=f(\boldsymbol{T}\gamma,\boldsymbol{T}\alpha)=f(\gamma,\alpha)=0,$$

因此 $\boldsymbol{T}\alpha\in W^{\perp}$。从而 $W^{\perp}$ 是 $\boldsymbol{T}$ 的不变子空间。■

例 6　设(V,f)是特征不为 2 的域 F 上的 2 维正交空间，如果(V,f)是正则的而且是

迷向的,那么称它为一个**双曲平面**(hyperbolic plane)。证明:2 维正交空间(V,f)是双曲平面当且仅当V中存在一个基,使得f在此基下的度量矩阵A为

$$A=\begin{pmatrix}0&1\\1&0\end{pmatrix}. \tag{47}$$

证明 充分性。设V中存在一个基α_1,α_2,使得f在此基下的度量矩阵为A(见(47)式)。由于A满秩,因此f是非退化的,从而(V,f)是正则的。由于

$$f(\alpha_1,\alpha_1)=(1,0)A\begin{pmatrix}1\\0\end{pmatrix}=0,$$

因此α_1是迷向向量,从而(V,f)是迷向的。所以(V,f)是双曲平面。

必要性。设 2 维正交空间(V,f)是双曲平面。由于(V,f)迷向,因此存在$\alpha\in V$且$\alpha\neq 0$,使得$f(\alpha,\alpha)=0$。把α扩充成V的一个基α,β,则f在基α,β下的度量矩阵B为

$$B=\begin{pmatrix}0&f(\alpha,\beta)\\f(\beta,\alpha)&f(\beta,\beta)\end{pmatrix}.$$

由于(V,f)正则,因此f非退化。从而$f(\alpha,\beta)\neq 0$。设$f(\alpha,\beta)=a$,令$\gamma=a^{-1}\beta$。则

$$f(\alpha,\gamma)=f(\alpha,a^{-1}\beta)=a^{-1}f(\alpha,\beta)=a^{-1}a=1,$$

显然α,γ仍是V的一个基。若$f(\gamma,\gamma)=0$,则f在基α,γ下的度量矩阵A为

$$A=\begin{pmatrix}0&1\\1&0\end{pmatrix}.$$

若$f(\gamma,\gamma)=c\neq 0$,则令$\delta=\gamma-\frac{c}{2}\alpha$,易知$\alpha,\delta$是$V$的一个基。由于

$$f(\alpha,\delta)=f(\alpha,\gamma)-\frac{c}{2}f(\alpha,\alpha)=1,$$

$$\begin{aligned}f(\delta,\delta)&=f(\gamma,\gamma)-\frac{c}{2}f(\gamma,\alpha)-\frac{c}{2}f(\alpha,\gamma)+\frac{c}{2}\cdot\frac{c}{2}f(\alpha,\alpha)\\&=c-\frac{c}{2}\cdot 1-\frac{c}{2}\cdot 1=0,\end{aligned}$$

因此f在基α,δ下的度量矩阵为A。 ■

例 7 设(V,f)是n维正则的辛空间$(n=2r)$,$\boldsymbol{B}$是V上的一个线性变换。证明:$\boldsymbol{B}$是辛变换当且仅当$\boldsymbol{B}$把辛基变成辛基。

证明 设$\delta_1,\cdots,\delta_r,\delta_{-1},\cdots,\delta_{-r}$是$(V,f)$的一个辛基,则$f$在此基下的度量矩阵$A$为

$$A=\begin{bmatrix}0&I_r\\-I_r&0\end{bmatrix}.$$

设

$$\boldsymbol{B}(\delta_1,\cdots,\delta_r,\delta_{-1},\cdots,\delta_{-r})=(\delta_1,\cdots,\delta_r,\delta_{-1},\cdots,\delta_{-r})B. \tag{48}$$

必要性。设 $\boldsymbol{B}$ 是辛变换，则 $B'AB=A$，且 $\boldsymbol{B}$ 是辛空间 (V,f) 到自身的一个同构映射。从而 $\boldsymbol{B}\delta_1,\cdots,\boldsymbol{B}\delta_r,\boldsymbol{B}\delta_{-1},\cdots,\boldsymbol{B}\delta_{-r}$ 也是 V 的一个基，此时(48)式也表明基 $\delta_1,\cdots,\delta_r,\delta_{-1},\cdots,\delta_{-r}$ 到基 $\boldsymbol{B}\delta_1,\cdots,\boldsymbol{B}\delta_r,\boldsymbol{B}\delta_{-1},\cdots,\boldsymbol{B}\delta_{-r}$ 的过渡矩阵是 B，于是 f 在基 $\boldsymbol{B}\delta_1,\cdots,\boldsymbol{B}\delta_r,\boldsymbol{B}\delta_{-1},\cdots,\boldsymbol{B}\delta_{-r}$ 下的度量矩阵等于 $B'AB=A$。因此 $\boldsymbol{B}\delta_1,\cdots,\boldsymbol{B}\delta_r,\boldsymbol{B}\delta_{-1},\cdots,\boldsymbol{B}\delta_{-r}$ 是 (V,f) 的辛基。

充分性。设线性变换 $\boldsymbol{B}$ 把辛基 $\delta_1,\cdots,\delta_r,\delta_{-1},\cdots,\delta_{-r}$ 变成辛基 $\boldsymbol{B}\delta_1,\cdots,\boldsymbol{B}\delta_r,\boldsymbol{B}\delta_{-1},\cdots,\boldsymbol{B}\delta_{-r}$。则(48)式表明从第一个基到第二个基的过渡矩阵是 B，于是 f 在第二个基下的度量矩阵 $H=B'AB$。由于第二个基 $\boldsymbol{B}\delta_1,\cdots,\boldsymbol{B}\delta_r,\boldsymbol{B}\delta_{-1},\cdots,\boldsymbol{B}\delta_{-r}$ 也是 (V,f) 的辛基，因此 f 在第二个基下的度量矩阵也是 A。从而 $B'AB=A$。所以 $\boldsymbol{B}$ 是辛变换。■

例 8　设

$$A=\begin{pmatrix}0 & I_r\\ -I_r & 0\end{pmatrix}.$$

证明：$2r$ 级矩阵 B 是辛矩阵当且仅当 $B=-A(B^{-1})'A$。

证明　由于 $A^2=-I_{2r}$，因此 $A^{-1}=-A$。从而

B 是辛矩阵 $\Leftrightarrow$ $B'AB=A$

$\Leftrightarrow$ $B=(B'A)^{-1}A=A^{-1}(B')^{-1}A=-A(B^{-1})'A$。■

例 9　设 B 是 $2r$ 级矩阵，把 B 分块写成

$$B=\begin{pmatrix}B_{11} & B_{12}\\ B_{21} & B_{22}\end{pmatrix}, \tag{49}$$

其中 B_{ij} 是 r 级矩阵，$i,j=1,2$。证明：B 是辛矩阵的充分必要条件是

$$\begin{cases}B_{11}'B_{21}=B_{21}'B_{11},\\ B_{12}'B_{22}=B_{22}'B_{12},\\ B_{11}'B_{22}-B_{21}'B_{12}=I_r.\end{cases} \tag{50}$$

证明　B 是辛矩阵 $\Leftrightarrow$ $B'AB=A$

$$\Leftrightarrow \begin{pmatrix}B_{11}' & B_{21}'\\ B_{12}' & B_{22}'\end{pmatrix}\begin{pmatrix}0 & I_r\\ -I_r & 0\end{pmatrix}\begin{pmatrix}B_{11} & B_{12}\\ B_{21} & B_{22}\end{pmatrix}=\begin{pmatrix}0 & I_r\\ -I_r & 0\end{pmatrix}$$

$$\Leftrightarrow \begin{cases}B_{11}'B_{21}=B_{21}'B_{11},\\ B_{12}'B_{22}=B_{22}'B_{12},\\ B_{11}'B_{22}-B_{21}'B_{12}=I_r.\end{cases}$$

■

例 10 证明下列矩阵都是辛矩阵：

(1) $B=\operatorname{diag}\left\{\begin{pmatrix}0 & 1\\ -1 & 0\end{pmatrix},\cdots,\begin{pmatrix}0 & 1\\ -1 & 0\end{pmatrix}\right\}$，其中含 $2m$ 个 2 级子矩阵；

(2) $\begin{bmatrix}0 & I_r\\ -I_r & 0\end{bmatrix}$；

(3) $\begin{bmatrix}0 & -I_r\\ I_r & 0\end{bmatrix}$；

(4) $\begin{bmatrix}0 & 0 & 0 & 1\\ 0 & 0 & -1 & 0\\ 0 & -1 & 0 & 0\\ 1 & 0 & 0 & 0\end{bmatrix}$。

证明 (1) 令

$$B=\begin{pmatrix}B_{11} & B_{12}\\ B_{21} & B_{22}\end{pmatrix},$$

其中 B_{ij} 是 $2m$ 级矩阵，$i,j=1,2$，则 $B_{11}=\operatorname{diag}\left\{\begin{pmatrix}0 & 1\\ -1 & 0\end{pmatrix},\cdots,\begin{pmatrix}0 & 1\\ -1 & 0\end{pmatrix}\right\}$，其中含 m 个子矩阵，$B_{12}=B_{21}=0$，$B_{22}=B_{11}$，显然满足例 9(50)式中的第一、二个等式；关于第三个等式，由于

$$\begin{aligned}B_{11}'B_{22}&=\operatorname{diag}\left\{\begin{pmatrix}0 & -1\\ 1 & 0\end{pmatrix},\cdots,\begin{pmatrix}0 & -1\\ 1 & 0\end{pmatrix}\right\}\cdot\operatorname{diag}\left\{\begin{pmatrix}0 & 1\\ -1 & 0\end{pmatrix},\cdots,\begin{pmatrix}0 & 1\\ -1 & 0\end{pmatrix}\right\}\\ &=\operatorname{diag}\left\{\begin{pmatrix}1 & 0\\ 0 & 1\end{pmatrix},\cdots,\begin{pmatrix}1 & 0\\ 0 & 1\end{pmatrix}\right\}=I_{2m},\end{aligned}$$

因此也满足第三个等式，从而 B 是辛矩阵。

(2) 用例 9 的记号，$B_{11}=0$，$B_{12}=I_r$，$B_{21}=-I_r$，$B_{22}=0$。显然满足例 9 中(50)式，因此 $\begin{pmatrix}0 & I_r\\ -I_r & 0\end{pmatrix}$ 是辛矩阵。

(3) 用例 9 的记号，$B_{11}=0$，$B_{12}=-I_r$，$B_{21}=I_r$，$B_{22}=0$。显然满足例 9 的(50)式，因此 $\begin{pmatrix}0 & -I_r\\ I_r & 0\end{pmatrix}$ 是辛矩阵。

(4) 用例 9 的记号，$B_{11}=0$，$B_{12}=\begin{pmatrix}0 & 1\\ -1 & 0\end{pmatrix}$，$B_{21}=\begin{pmatrix}0 & -1\\ 1 & 0\end{pmatrix}$，$B_{22}=0$。显然满足例 9 的(50)式，因此所给的 4 级矩阵是辛矩阵。 ■

例 11　设 $g(\lambda)$是 $2r$ 级辛矩阵 B 的特征多项式，证明：

$$g(\lambda)=\lambda^{2r}g(\lambda^{-1}).$$

证明　据例 8 得，$B=A^{-1}(B^{-1})'A$。由于$|B|=1$，因此

$$\begin{aligned}g(\lambda)&=|\lambda I-B|=|\lambda I-A^{-1}(B^{-1})'A|=|\lambda I-(B^{-1})'|\\&=|\lambda I-B^{-1}|=\lambda^{2r}|I-\lambda^{-1}B^{-1}|=\lambda^{2r}|B^{-1}||B-\lambda^{-1}I|\\&=\lambda^{2r}(-1)^{2r}|\lambda^{-1}I-B|=\lambda^{2r}g(\lambda^{-1}).\end{aligned}$$

■

例 12　设 B 是实数域上的 $2r$ 级辛矩阵，λ_1 是 B 的特征多项式的一个复根。证明：λ_1^{-1}，$\overline{\lambda_1}$，$\overline{\lambda_1}^{-1}$都是 B 的特征多项式的复根。

证明　设 $g(\lambda)$是 B 的特征多项式，由于 B 是实矩阵，因此 $g(\lambda)\in\mathbf{R}[\lambda]$。据例 11 得，$g(\lambda)=\lambda^{2r}g(\lambda^{-1})$。由于辛矩阵 B 可逆，因此 $\lambda_1\neq 0$。于是

$$g(\lambda_1^{-1})=\lambda_1^{-2r}g(\lambda_1)=0,$$

从而 λ_1^{-1} 是 $g(\lambda)$的一个复根，显然$\overline{\lambda_1}$是 $g(\lambda)$的复根。于是$\overline{\lambda_1}^{-1}$也是 $g(\lambda)$的一个复根。■

习题 10.6

1. 设$(\mathbf{R}^2,f)$是例 1 中的正则正交空间，$\boldsymbol{T}$ 是 $\mathbf{R}^2$ 上的一个线性变换，$\boldsymbol{T}$ 在$(\mathbf{R}^2,f)$的标准正交基 $\boldsymbol{\varepsilon}_1,\boldsymbol{\varepsilon}_2$ 下的矩阵为 T。证明：$\boldsymbol{T}$ 是$(\mathbf{R}^2,f)$上的正交变换当且仅当 T 是下列 4 种形式的矩阵之一：

$$\begin{pmatrix}t & \sqrt{t^2-1}\\ \sqrt{t^2-1} & t\end{pmatrix},\begin{pmatrix}t & -\sqrt{t^2-1}\\ -\sqrt{t^2-1} & t\end{pmatrix},$$

$$\begin{pmatrix}t & -\sqrt{t^2-1}\\ \sqrt{t^2-1} & -t\end{pmatrix},\begin{pmatrix}t & \sqrt{t^2-1}\\ -\sqrt{t^2-1} & -t\end{pmatrix},$$

其中$|t|\geqslant 1$；当 T 为前两种矩阵时，$\boldsymbol{T}$ 是第一类的；当 $\boldsymbol{T}$ 为后两种矩阵时，$\boldsymbol{T}$ 是第二类的。

2. 第 1 题中的线性变换 $\boldsymbol{T}$ 为正交变换时，求 $\boldsymbol{T}$ 的全部特征值。

3. 说明例 1 中的$(\mathbf{R}^2,f)$是一个双曲平面，并且求它的一个基，使得 f 在此基下的度量矩阵 A 为$\begin{pmatrix}0 & 1\\ 1 & 0\end{pmatrix}$。

4. 求第 3 题中双曲平面$(\mathbf{R}^2,f)$的所有迷向向量。

5. 设$(\mathbf{R}^4,f)$和$(\mathbf{R}^4,g)$都是闵柯夫斯基空间，且 f 和 g 的正惯性指数都为 3(或都为 1)。$(\mathbf{R}^4,f)$到$(\mathbf{R}^4,g)$的一个同构映射为 τ。证明：若 $\boldsymbol{T}$ 是$(\mathbf{R}^4,f)$上的一个正交变换，则 $\tau\boldsymbol{T}\tau^{-1}$是$(\mathbf{R}^4,g)$上的一个正交变换。

6. 设($\mathbf{R}^4,g$)是一个闵柯夫斯基空间,内积为

$$g(\boldsymbol{\alpha},\boldsymbol{\beta})=-x_1y_1+x_2y_2+x_3y_3+x_4y_4,$$

其中 $\boldsymbol{\alpha}=(x_1,x_2,x_3,x_4)'$,$\boldsymbol{\beta}=(y_1,y_2,y_3,y_4)'$,求($\mathbf{R}^4,g$)上的一个广义洛伦兹变换。

7. 设($\mathbf{R}^2,f$)是一个实数域上的辛空间,辛内积为

$$f(\boldsymbol{\alpha},\boldsymbol{\beta})=x_1y_2-x_2y_1,$$

其中 $\boldsymbol{\alpha}=(x_1,x_2)'$,$\boldsymbol{\beta}=(y_1,y_2)'$,$\boldsymbol{B}$ 是 $\mathbf{R}^2$ 上的一个线性变换,它在基 $\boldsymbol{\varepsilon}_1,\boldsymbol{\varepsilon}_2$ 下的矩阵为 $B=(b_{ij})$。证明:$\boldsymbol{B}$ 是($\mathbf{R}^2,f$)上的辛变换当且仅当 $|B|=1$。

8. 第 7 题中实数域上的辛空间($\mathbf{R}^2,f$),其上的辛变换一定有特征值吗?

9. 设 $B=\mathrm{diag}\left\{\begin{pmatrix}0&1\\-1&0\end{pmatrix},\begin{pmatrix}0&1\\-1&0\end{pmatrix},\begin{pmatrix}0&1\\-1&0\end{pmatrix}\right\}$,试问:$B$ 是辛矩阵吗?

10. 设 V 是特征不为 2 的域 F 上的 n 维线性空间,$n\geqslant3$,f 是 V 上的一个非退化对称双线性函数。证明:如果 f 在 V 的一个 2 维子空间 U 上的限制是非零函数,那么存在 V 的一个 3 维子空间 $W\supseteq U$ 使得 f 在 W 上的限制是非退化的。

*10.7 正交群,酉群,辛群

10.7.1 内容精华

我们已经知道,n 维欧几里得空间 V 上所有正交变换组成的集合具有这些性质:正交变换的乘积还是正交变换,恒等变换是正交变换,正交变换是可逆的并且它的逆变换也是正交变换;但是正交变换的和不一定是正交变换(譬如 $\boldsymbol{I}+(-\boldsymbol{I})=0$ 不是正交变换),实数与正交变换的乘积不一定是正交变换(例如 $2\boldsymbol{I}$ 不是正交变换)。这说明 n 维欧几里得空间 V 上所有正交变换组成的集合只有一种运算:乘法;它满足结合律;恒等变换属于这个集合;这个集合的任一元素可逆且逆元素也在这个集合。类似地,n 维酉空间上所有酉变换组成的集合,域 F 上 n 维正则的正交空间上所有正交变换组成的集合,特征不为 2 的域 F 上 $2r$ 维正则辛空间上所有辛变换组成的集合都具有这样的性质。由此受到启发,抽象出群的概念:

定义 1 设 G 是一个非空集合,如果在 G 上定义了一种代数运算,叫做乘法,并且满足下列法则:

1° $a(bc)=(ab)c$,$\forall a,b,c\in G$(结合律); (1)

2° G 中有一个元素 e,使得

$$ea=ae=a,\forall a\in G;\tag{2}$$

3°　对于 G 中每一个元素 a，都有 G 中一个元素 b，使得

$$ab = ba = e, \tag{3}$$

那么 G 称为一个**群**。

容易证明，群 G 中满足(2)式的元素 e 是唯一的，称 e 是 G 的**单位元**；对于 $a \in G$，G 中满足(3)式的元素 b 是唯一的，称 b 是 a 的**逆元**，记作 a^{-1}。

如果群 G 的运算还满足交换律，即

$$ab = ba, \forall a, b \in G,$$

那么称 G 是**交换群**，或 **Abel 群**。

对于交换群 G，有时把运算叫做**加法**，此时(1)、(2)、(3)式的写法作相应的变化。例如，G 中的单位元 e 记成 0，(2)式可写成

$$0 + a = a + 0 = a, \forall a \in G.$$

由于群 G 的运算满足结合律，因此对于任意 $a \in G$，可以定义 a 的**方幂**：设 $m \in \mathbf{N}^*$，则

$$a^m \overset{\text{def}}{=\!=\!=} \underbrace{aa\cdots a}_{m\text{个}},$$

$$a^0 \overset{\text{def}}{=\!=\!=} e,$$

$$a^{-m} \overset{\text{def}}{=\!=\!=} (a^{-1})^m.$$

容易验证

$$a^n a^m = a^{n+m}, (a^n)^m = a^{nm}, n, m \in \mathbf{Z}.$$

注意：一般地，$(ab)^m \neq a^m b^m$。对于 Abel 群 G 才有 $(ab)^m = a^m b^m, \forall a, b \in G, m \in \mathbf{Z}$。

若群 G 的元素只有有限多个，则称 G 是**有限群**。此时，G 中元素的个数称为 G 的**阶**，记作 $|G|$。

n 维欧几里得空间 V 上所有正交变换组成的集合对于映射的乘法成为一个群，记作 $O(V)$；行列式为 1 的正交变换组成的集合对于映射的乘法成为一个群，记作 $SO(V)$。

n 维酉空间 V 上所有酉变换组成的集合对于映射乘法成为一个群，记作 $U(V)$；行列式为 1 的酉变换组成的集合对于映射的乘法成为一个群，记作 $SU(V)$。

域 F 上 n 维正则的正交空间 (V, f) 上所有正交变换组成的集合对于映射乘法成为一个群，记作 $O(V, f)$。

特征不为 2 的域 F 上 $2r$ 维正则辛空间 (V, f) 上所有辛变换组成的集合对于映射乘法成为一个群，记作 $Sp(V, f)$。

域 F 上 n 维线性空间 V 上所有可逆线性变换组成的集合对于映射乘法成为一个群，记作 $GL(V)$；行列式为 1 的线性变换组成的集合对于映射乘法成为一个群，记作 $SL(V)$。

域 F 上所有 n 级可逆矩阵组成的集合对于矩阵乘法成为一个群，称它为域 F 上的 n 级**一般线性群**，记作 $\mathrm{GL}(n,F)$。

域 F 上所有行列式为 1 的 n 级矩阵组成的集合对于矩阵乘法成为一个群，称它为域 F 上的 n 级**特殊线性群**，记作 $\mathrm{SL}(n,F)$。

实数域上所有 n 级正交矩阵组成的集合对于矩阵乘法成为一个群，称它为实数域上的 n 级**正交群**，记作 $\mathrm{O}(n)$。行列式为 1 的 n 级正交矩阵组成的集合对于矩阵乘法成为一个群，称它为 n 级**特殊正交群**，记作 $\mathrm{SO}(n)$。

所有 n 级酉矩阵组成的集合对于矩阵乘法成为一个群，称它为 n 级酉群，记作 $\mathrm{U}(n)$。行列式为 1 的 n 级酉矩阵组成的集合对于矩阵乘法成为一个群，称它为 n 级**特殊酉群**，记作 $\mathrm{SU}(n)$。

设域 F 的特征不为 2，取定域 F 上一个 n 级可逆对称矩阵 A，令

$$\mathrm{O}(A,F) = \{T \in \mathrm{GL}(n,F) \mid T'AT = A\},$$

则 $\mathrm{O}(A,F)$ 对于矩阵乘法成为一个群，称它为域 F 上的一个 n 级**正交群**。

当 F 取为实数域，且取 $A=\mathrm{diag}\{\underbrace{1,\cdots,1}_{p\text{个}},\underbrace{-1,\cdots,-1}_{q\text{个}}\}$，$p+q=n$，当 $q\neq 0$ 时，$\mathrm{O}(A,\mathbf{R})$ 称为 n 级**伪正交群**，记作 $\mathrm{O}(p,q)$；当 $q=0$ 时，$\mathrm{O}(A,\mathbf{R})$ 就是实数域上的 n 级正交群 $\mathrm{O}(n)$。

特征不为 2 的域 F 上 $2r$ 级辛矩阵的全体，对于矩阵乘法成为一个群，称它为 $2r$ 级**辛群**，记作 $\mathrm{Sp}(2r,F)$。

域 F 上的一般线性群 $\mathrm{GL}(n,F)$，特殊线性群 $\mathrm{SL}(n,F)$；特征不为 2 的域 F 上的正交群 $\mathrm{O}(A,F)$，辛群 $\mathrm{Sp}(2r,F)$；实数域上的正交群 $\mathrm{O}(n)$，特殊正交群 $\mathrm{SO}(n)$，以及复数域上的酉群 $\mathrm{U}(n)$，特殊酉群 $\mathrm{SU}(n)$ 都称为**典型群**。

定义 2 如果群 G 的非空子集 H 对于 G 的运算也成一个群，那么 H 称为 G 的子群，记作 $H<G$。

定理 1 群 G 的非空子集 H 是一个子群的充分必要条件是，由 $a,b\in H$，可以推出 $ab^{-1}\in H$。

显然，$\mathrm{SL}(n,F)<\mathrm{GL}(n,F)$；$\mathrm{O}(n)<\mathrm{GL}(n,\mathbf{R})$；$\mathrm{SO}(n)<\mathrm{O}(n)$；$\mathrm{U}(n)<\mathrm{GL}(n,\mathbf{C})$；$\mathrm{SU}(n)<\mathrm{U}(n)$。设 $\mathrm{char}\, F\neq 2$，则

$$\mathrm{O}(A,F) < \mathrm{GL}(n,F), \mathrm{Sp}(2r,F) < \mathrm{GL}(2r,F),$$

又有 $\mathrm{O}(p,q)<\mathrm{GL}(p+q,\mathbf{R})$。

定义 3 设 G 和 G' 是两个群，如果存在 G 到 G' 的一个双射 σ，使得

$$\sigma(ab) = \sigma(a)\sigma(b), \forall a,b \in G, \tag{4}$$

那么称 σ 是 G 到 G' 的一个**同构映射**（简称为**同构**）；此时称 G **同构于** G'，记作 $G\cong G'$。

命题 1　设 σ 是群 G 到群 G' 的一个同构映射，则

$$\sigma(e)=e';\sigma(a^{-1})=\sigma(a)^{-1},\forall a\in G.$$

不难证明，群的同构作为群之间的一种关系，具有反身性、对称性和传递性。

在域 F 上的 n 维线性空间 V 中取定一个基后，V 上可逆线性变换与它在给定基下的矩阵（n 级可逆矩阵）的对应 σ 是 $\mathrm{GL}(V)$ 到 $\mathrm{GL}(n,F)$ 的双射，且保持乘法运算，因此 σ 是 $\mathrm{GL}(V)$ 到 $\mathrm{GL}(n,F)$ 的一个同构映射，从而

$$\mathrm{GL}(V)\cong\mathrm{GL}(n,F),\mathrm{SL}(V)\cong\mathrm{SL}(n,F).$$

n 维欧几里得空间 V 中取定一个标准正交基后，V 上正交变换与它在给定的标准正交基下的矩阵（n 级正交矩阵）的对应是 $\mathrm{O}(V)$ 到 $\mathrm{O}(n)$ 的一个双射，且保持乘法运算，因此

$$\mathrm{O}(V)\cong\mathrm{O}(n),\mathrm{SO}(V)\cong\mathrm{SO}(n).$$

n 维酉空间 V 中取定一个标准正交基后，V 上酉变换与它在给定标准正交基下的矩阵（n 级酉矩阵）的对应是 $\mathrm{U}(V)$ 到 $\mathrm{U}(n)$ 的一个同构映射，因此

$$\mathrm{U}(V)\cong\mathrm{U}(n),\mathrm{SU}(V)\cong\mathrm{SU}(n).$$

在特征不为 2 的域 F 上的 n 维正则的正交空间 (V,f) 中，取定一个基后，设 f 在此基下的度量矩阵为 A，则 (V,f) 上的正交变换与它在此基下的矩阵的对应是 $\mathrm{O}(V,f)$ 到 $\mathrm{O}(A,F)$ 的一个同构映射，因此

$$\mathrm{O}(V,f)\cong\mathrm{O}(A,F).$$

在特征不为 2 的域 F 上的 $2r$ 维正则辛空间 (V,f) 中，取定一个辛基后，(V,f) 上的辛变换与它在给定辛基下的矩阵（$2r$ 级辛矩阵）的对应是 $\mathrm{Sp}(V,f)$ 到 $\mathrm{Sp}(2r,F)$ 的一个同构映射，因此

$$\mathrm{Sp}(V,f)\cong\mathrm{Sp}(2r,F).$$

设 Ω 是任一非空集合，Ω 到自身的所有双射组成的集合 $S(\Omega)$，对于映射的乘法成为一个群，称它为 Ω 上的**全变换群**。$S(\Omega)$ 的任一子群称为 Ω 上的**变换群**。当 Ω 为 n 个元素的有限集合时，Ω 到自身的一个双射称为一个 **n 元置换**，Ω 上的全变换群称为 **n 元对称群**，记作 S_n；S_n 的子群称为**置换群**。

历史上对群的研究最早是从置换群和变换群开始的，1771 年 Lagrange 自发地采用置换群以解决用根式解代数方程问题。1799 年 Ruffin，1824 年 Abel 继续这一工作，直到 1830 年，Galois 自觉地应用群的思想（群的术语就是他首先引进的）彻底解决了这个问题，证明了一般的五次和五次以上的方程不能用根式解；并且给出了五次和五次以上的方程能用根式解的充分必要条件。19 世纪中叶，出现了多种“几何”，需要弄清楚到底什么叫做几何？如何对各种几何分类？1872 年 Klein 提出了著名的 Erlangen 纲领，用变换群来对几何学分类。他指出：几何就是研究空间中的图形在某个变换群的作用下不变的性质。到

19世纪末叶，人们意识到，在数学的不同领域中独立存在的群论思想，在原则上是统一的。这种想法引起了研究抽象群的概念。Kelly，Frobenius，Dyck 等最早从事抽象群的研究，Schmidt 于 1916 年出版了《抽象群论》的书。于是群论成为代数学的一个重要分支。

下面的定理说明了抽象群与变换群的密切关系。

定理 2(Cayley 定理) 任何一个群都同构于一个变换群。

推论 1 任何一个有限群都同构于一个置换群。 ■

想了解更多关于群的知识的读者可以参看丘维声编著的《抽象代数基础(第二版)》(高等教育出版社，2015年)第一章。

大家熟知，等腰三角形是轴对称图形，底边上中线所在的直线 l 是它的对称轴，即在关于直线 l 的轴反射下，等腰三角形的像仍是这个等腰三角形，也就是等腰三角形变成与它自己重合的图形。等边三角形除了是轴对称图形(它有三条对称轴)外，还是旋转对称图形，即在绕等边三角形的中心 O 旋转 120°(或 240°，或 360°)下，等边三角形的像仍是这个等边三角形，也就是等边三角形变成与它自己重合的图形。从这些例子将抽象出度量图形的对称性的一个有力的工具：图形的对称群。

以等边三角形 ABC 为例，如图 10-4 所示。l_1,l_2,l_3 是△ABC 的三条对称轴，O 是△ABC 的中心。用 τ_i 表示平面关于直线 l_i 的轴反射，$i=1,2,3$；用 σ 表示平面绕定点 O 转角为 120°的旋转，则 $\tau_1,\tau_2,\tau_3,\sigma,\sigma^2,\sigma^3=\boldsymbol{I}$ 都使等边三角形 ABC 变成与它自己重合的图形，其中 $\boldsymbol{I}$ 表示平面上的恒等变换。令

$$G=\{\boldsymbol{I},\sigma,\sigma^2,\tau_1,\tau_2,\tau_3\}$$

平面上的旋转和轴反射都是正交变换，正交变换的乘积仍是正交变换，把等边三角形 ABC 变成与它自己重合的图形的正交变换的乘积仍具有这个性质，这样的正交变换的逆变换仍具有这个性质。因此平面上把等边三角形 ABC 变成与它自己重合的图形的所有正交变换组成的集合是 $O(V)$ 的一个子群，其中 V 表示平面，我们把这个子群称为等边三角形 ABC 的对称群。直观上看，把等边三角形 ABC 变成与它自己重合的图形的正交变换只有 $\boldsymbol{I},\sigma,\sigma^2,\tau_1,\tau_2,\tau_3$(可以证明这个结论，证明的思路如下：设 γ 是把等边三形 ABC 变成与它自己重合的图形的正交变换，且 $\gamma\neq\boldsymbol{I}$，则 γ 保持△ABC 的中心 O 不变，而保持点 O 不变的正交变换或者是绕点 O 的旋转，或者是关于经过点 O 的直线的轴反射，或者是它们的乘积，然后去证 γ 等于 σ 或 σ^2，或 $\tau_i(i=1,2,3)$)，因此这 6 个正交变换组成的集合 G 就是等边三角形 ABC 的对称群。用类似的方法可以得出：

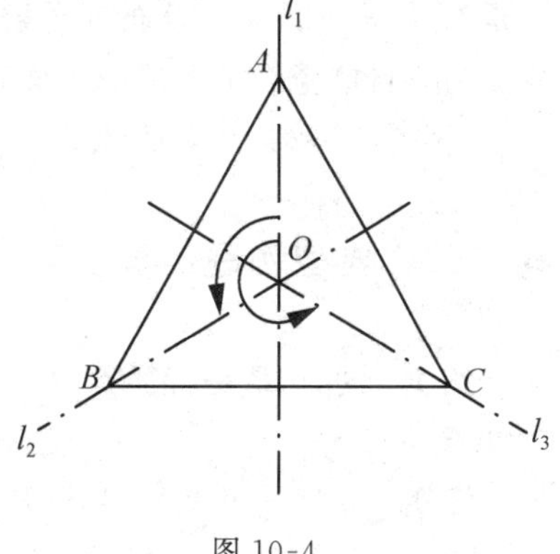

图 10-4

命题 2　设 Γ 是平面图形，把图形 Γ 变成与它自己重合的图形的所有平面正交变换组成的集合 G 是 $O(V)$ 的子群，称 G 是**图形 Γ 的对称群**，其中 V 是平面。

命题 2 表明，图形的对称群可以度量图形的对称性。例如，等边三角形的对称群 G 由 6 个正交变换组成，而等腰三角形的对称群只有两个正交变换：$\boldsymbol{I},\tau$，其中 τ 是关于底边上中线所在直线的轴反射。直观上知道，等边三角形比等腰三角形更具对称性。现在用图形的对称群的概念，等边三角形的对称群比等腰三角形的对称群“大”，由此认识到：群是认识现实世界最深刻的规律性之一——对称性的有力武器。

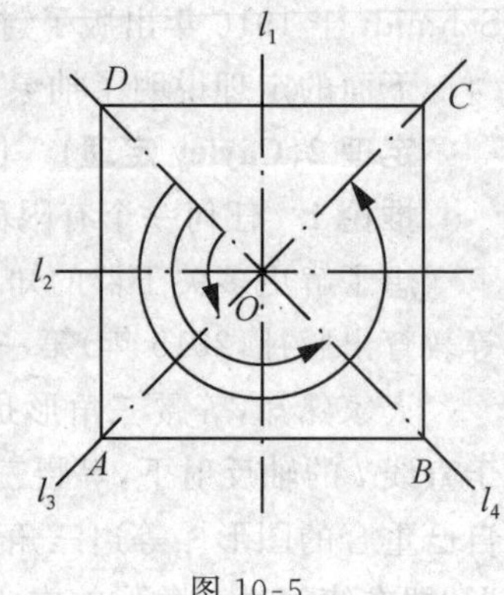

图 10-5

如图 10-5 所示，正方形 $ABCD$ 有四条对称轴，一个对称中心 O，用 τ_i 表示平面关于直线 l_i 的轴反射，$i=1,2,3,4$；用 σ 表示平面绕定点 O 转角为 $90°$ 的旋转，则可以证明把正方形 $ABCD$ 变成与它自己重合的图形的所有平面正交变换组成的集合为

$$G=\{\boldsymbol{I},\sigma,\sigma^2,\sigma^3,\tau_1,\tau_2,\tau_3,\tau_4\},$$

于是 G 为正方形 $ABCD$ 的对称群，它含有 8 个正交变换。（注：关于证明把正方形 $ABCD$ 变成与它自己重合的图形的平面正交变换 γ 一定属于 G，可参看丘维声编著的《抽象代数基础(第二版)》第 10 页例 6。）

10.7.2　典型例题

例 1　设 A,B 是特征不为 2 的域 F 上两个合同的 n 级可逆对称矩阵。证明：$O(A,F)\cong O(B,F)$。

证明　由于 n 级矩阵 A 与 B 合同，因此它们可以看成是域 F 上 n 维线性空间 V 上的同一个双线性函数 f 在 V 的不同基下的度量矩阵。由于它们是可逆对称矩阵，因此 f 是非退化的对称双线性函数，从而 (V,f) 是 n 维正则的正交空间。由于 $O(V,f)\cong O(A,F)$，$O(V,f)\cong O(B,F)$，因此 $O(A,F)\cong O(B,F)$。 ■

例 2　证明：群 $U(1)\cong SO(2)$。

证明　据 10.5 节例 8 得，

$$U(1)=\{e^{i\theta}\mid 0\leqslant\theta<2\pi\}.$$

从 10.4 节例 2 的证明中看出：

$$SO(2)=\left\{\begin{pmatrix}\cos\theta & -\sin\theta\\ \sin\theta & \cos\theta\end{pmatrix}\middle|\, 0\leqslant\theta<2\pi\right\}.$$

令

$$\sigma: \mathrm{U}(1) \longrightarrow \mathrm{SO}(2)$$
$$\mathrm{e}^{\mathrm{i}\theta} \longmapsto \begin{pmatrix} \cos\theta & -\sin\theta \\ \sin\theta & \cos\theta \end{pmatrix},$$

显然 σ 是映射，满射。假如 $\sigma(\mathrm{e}^{\mathrm{i}\theta_1})=\sigma(\mathrm{e}^{\mathrm{i}\theta_2})$，$0\leqslant\theta_1,\theta_2<2\pi$，则 $\cos\theta_1=\cos\theta_2$ 且 $\sin\theta_1=\sin\theta_2$，由此得出，$\theta_1=\theta_2$。因此 σ 是单射。从而 σ 是双射。由于

$$\begin{aligned}\sigma(\mathrm{e}^{\mathrm{i}\theta_1}\mathrm{e}^{\mathrm{i}\theta_2}) &= \sigma(\mathrm{e}^{\mathrm{i}(\theta_1+\theta_2)}) \\ &= \begin{pmatrix} \cos(\theta_1+\theta_2) & -\sin(\theta_1+\theta_2) \\ \sin(\theta_1+\theta_2) & \cos(\theta_1+\theta_2) \end{pmatrix} \\ &= \begin{pmatrix} \cos\theta_1 & -\sin\theta_1 \\ \sin\theta_1 & \cos\theta_1 \end{pmatrix}\begin{pmatrix} \cos\theta_2 & -\sin\theta_2 \\ \sin\theta_2 & \cos\theta_2 \end{pmatrix} \\ &= \sigma(\mathrm{e}^{\mathrm{i}\theta_1})\sigma(\mathrm{e}^{\mathrm{i}\theta_2}),\end{aligned}$$

因此

$$\mathrm{U}(1)\cong\mathrm{SO}(2).$$

■

点评 在复平面上，$\mathrm{e}^{\mathrm{i}\theta}$ 对应的点在单位圆上，因此 U(1)是单位圆。SO(2)的元素可以看成是绕原点 O 转角为 θ 的旋转，当 θ 从 0 逐渐增大到 2π 时，与原点的距离为 1 的动点 P 在旋转下的轨迹正好是单位圆。由此直观地看出，U(1)与 SO(2)的密切联系。

例 3 求 SU(2)。

解 据 10.5 节例 20 得，任一 2 级酉矩阵 A 形如

$$A=\begin{pmatrix} \cos\theta\cdot\mathrm{e}^{\mathrm{i}\theta_1} & -\sin\theta\cdot\mathrm{e}^{\mathrm{i}\theta_3}\mathrm{e}^{-\mathrm{i}\theta_2} \\ \sin\theta\cdot\mathrm{e}^{\mathrm{i}\theta_2} & \cos\theta\cdot\mathrm{e}^{\mathrm{i}\theta_3}\mathrm{e}^{-\mathrm{i}\theta_1} \end{pmatrix}.$$

其中 $0\leqslant\theta\leqslant\frac{\pi}{2}$，$0\leqslant\theta_j<2\pi$，$j=1,2,3$。于是

$$\begin{aligned}|A|=1 \quad &\Leftrightarrow \quad \cos^2\theta\cdot\mathrm{e}^{\mathrm{i}\theta_3}+\sin^2\theta\cdot\mathrm{e}^{\mathrm{i}\theta_3}=1, \\ &\Leftrightarrow \quad \mathrm{e}^{\mathrm{i}\theta_3}=1, \\ &\Leftrightarrow \quad \theta_3=0,\end{aligned}$$

因此 SU(2)的任一元素 A 形如

$$A=\begin{pmatrix} \cos\theta\cdot\mathrm{e}^{\mathrm{i}\theta_1} & -\sin\theta\cdot\mathrm{e}^{-\mathrm{i}\theta_2} \\ \sin\theta\cdot\mathrm{e}^{\mathrm{i}\theta_2} & \cos\theta\cdot\mathrm{e}^{-\mathrm{i}\theta_1} \end{pmatrix}, \tag{5}$$

其中 $0\leqslant\theta\leqslant\frac{\pi}{2}$，$0\leqslant\theta_j<2\pi$，$j=1,2$。

令 $\alpha=2\theta$，$\varphi=\theta_1-\theta_2+\frac{\pi}{2}$，$\psi=\theta_1+\theta_2-\frac{\pi}{2}$，则

$$A=\begin{pmatrix}\cos\frac{\alpha}{2}\cdot e^{i\frac{\varphi+\psi}{2}} & i\sin\frac{\alpha}{2}\cdot e^{i\frac{\varphi-\psi}{2}}\\ i\sin\frac{\alpha}{2}\cdot e^{i\frac{\psi-\varphi}{2}} & \cos\frac{\alpha}{2}\cdot e^{-i\frac{\varphi+\psi}{2}}\end{pmatrix},\tag{6}$$

其中 $0\leqslant\alpha\leqslant\pi,0\leqslant\varphi<2\pi,0\leqslant\psi<2\pi$（注：此时 $0\leqslant\theta_1<2\pi,-\frac{\pi}{2}\leqslant\theta_2<\frac{3\pi}{2}$，从 10.5 节例 20 的证明看出，$\theta_2$ 的取值范围也可取为 $-\frac{\theta}{2}\leqslant\theta_2<\frac{3\pi}{2}$）。容易验证：当 α,φ,ψ 在上述范围取值时，(6)式中的矩阵 A 的表法唯一，即给定了 SU(2)中的一个元素 A，用(6)式表示时，参数 α,φ,ψ 是唯一确定的，习惯上把 α 记成 θ。于是 $0\leqslant\theta\leqslant\pi$。

当 $\theta=0$ 且 $\psi=0$ 时，从(6)式得

$$\begin{pmatrix}e^{i\frac{\varphi}{2}} & 0\\ 0 & e^{-i\frac{\varphi}{2}}\end{pmatrix},\tag{7}$$

把(7)式的矩阵记作 b_φ。

当 $\varphi=\psi=0$ 时，从(6)式得

$$\begin{pmatrix}\cos\frac{\theta}{2} & i\sin\frac{\theta}{2}\\ i\sin\frac{\theta}{2} & \cos\frac{\theta}{2}\end{pmatrix},\tag{8}$$

把(8)式的矩阵记作 c_θ。

综上所述，SU(2)的任一元素 A 可以唯一写成下述形式：

$$\begin{aligned}A&=\begin{pmatrix}e^{i\frac{\varphi}{2}} & 0\\ 0 & e^{-i\frac{\varphi}{2}}\end{pmatrix}\begin{pmatrix}\cos\frac{\theta}{2} & i\sin\frac{\theta}{2}\\ i\sin\frac{\theta}{2} & \cos\frac{\theta}{2}\end{pmatrix}\begin{pmatrix}e^{i\frac{\psi}{2}} & 0\\ 0 & e^{-i\frac{\psi}{2}}\end{pmatrix}\\ &=b_\varphi c_\theta b_\psi,\end{aligned}\tag{9}$$

其中 $0\leqslant\theta\leqslant\pi,0\leqslant\varphi<2\pi,0\leqslant\psi<2\pi$。

例 4　求 SO(3)，并且指出 SO(3)的元素的几何意义。

解　任取 $A\in SO(3)$，取一个 3 维欧几里得空间 V，把 A 看成 V 上一个正交变换 $\mathbf{A}$ 在标准正交基 $\alpha_1,\alpha_2,\alpha_3$ 下的矩阵。由于 $|A|=1$，因此 1 是 $\mathbf{A}$ 的一个特征值，设 η_1 是 $\mathbf{A}$ 的属于特征值 1 的一个特征向量，则 $\langle\eta_1\rangle$ 是 $\mathbf{A}$ 的一个不变子空间，且

$$\mathbf{A}(k\eta_1)=k\mathbf{A}\eta_1=k\eta_1.$$

由于 $\langle\eta_1\rangle^\perp$ 也是 $\mathbf{A}$ 的不变子空间，因此 $\mathbf{A}|\langle\eta_1\rangle^\perp$ 是 $\langle\eta_1\rangle^\perp$ 上的一个正交变换。在 $\langle\eta_1\rangle^\perp$ 中取一个标准正交基 η_2,η_3，则 η_1,η_2,η_3 是 V 的一个标准正交基，$\mathbf{A}$ 在此标准正交基下的矩

阵 C 是正交矩阵,且 $C=\text{diag}\{1,C_1\}$,其中 C_1 是 $\mathbf{A}|\langle\eta_1\rangle^{\perp}$ 在基 η_2,η_3 下的矩阵。由于 $|C|=1$,因此 $|C_1|=1$。从而 $C_1\in SO(2)$。于是

$$C_1=\begin{pmatrix}\cos\alpha & -\sin\alpha\\ \sin\alpha & \cos\alpha\end{pmatrix}, \tag{10}$$

其中 $0\leqslant\alpha<2\pi$。于是 $\mathbf{A}$ 是绕直线 $\langle\eta_1\rangle$ 转角为 α 的旋转。由于 $SO(3)\cong SO(V)$,因此SO(3)的任一元素 A 可以看成是绕某条直线的旋转。这是 SO(3)的元素的几何意义。

由于 A 是正交变换 $\mathbf{A}$ 在标准正交基 $\alpha_1,\alpha_2,\alpha_3$ 下的矩阵,因此

$$\mathbf{A}(\alpha_1,\alpha_2,\alpha_3)=(\alpha_1,\alpha_2,\alpha_3)A. \tag{11}$$

于是 A 可看成是标准正交基 $\alpha_1,\alpha_2,\alpha_3$ 到标准正交基 $\mathbf{A}\alpha_1,\mathbf{A}\alpha_2,\mathbf{A}\alpha_3$ 的过渡矩阵。不妨把 V 取成欧几里得空间 $\mathbf{R}^3$。在 $\mathbf{R}^3$ 中直角坐标系Ⅰ到Ⅱ的坐标变换可以分 3 个阶段来完成(参看丘维声编著的《解析几何(第三版)》的第 144 页第 12 题),从而Ⅰ到Ⅱ的过渡矩阵 A 为

$$\begin{aligned}A&=\begin{pmatrix}\cos\varphi & -\sin\varphi & 0\\ \sin\varphi & \cos\varphi & 0\\ 0 & 0 & 1\end{pmatrix}\begin{pmatrix}1 & 0 & 0\\ 0 & \cos\theta & -\sin\theta\\ 0 & \sin\theta & \cos\theta\end{pmatrix}\begin{pmatrix}\cos\psi & -\sin\psi & 0\\ \sin\psi & \cos\psi & 0\\ 0 & 0 & 1\end{pmatrix}\\ &=B_\varphi C_\theta B_\psi,\end{aligned} \tag{12}$$

其中

$$B_\varphi=\begin{pmatrix}\cos\varphi & -\sin\varphi & 0\\ \sin\varphi & \cos\varphi & 0\\ 0 & 0 & 1\end{pmatrix},C_\theta=\begin{pmatrix}1 & 0 & 0\\ 0 & \cos\theta & -\sin\theta\\ 0 & \sin\theta & \cos\theta\end{pmatrix}. \tag{13}$$

(12)式的角 φ,θ,ψ 称为欧拉角,$0\leqslant\varphi<2\pi,0\leqslant\theta<\pi,0\leqslant\psi<2\pi$。这 3 个欧拉角完全确定了右手直角坐标系Ⅰ到右手直角坐标系Ⅱ的坐标变换,因此 SO(3)的任一元素 A 可唯一地表示成

$$A=B_\varphi C_\theta B_\psi, \tag{14}$$

其中 B_φ,C_θ 如(13)式所示。

点评 在指出 SO(3)的元素的几何意义时利用了 SO(3)与 SO(V)同构。关于 SO(3)的元素的表示形式,我们在《高等代数学习指导书(上册)》补充题五的第 3 题证明了:行列式为 1 的 3 级正交矩阵 A 可以表示成

$$A=T\begin{pmatrix}1 & 0 & 0\\ 0 & \cos\theta & -\sin\theta\\ 0 & \sin\theta & \cos\theta\end{pmatrix}T^{-1}, \tag{15}$$

其中 T 是 3 级正交矩阵。现在我们进一步证明了行列式为 1 的 3 级正交矩阵 A 可以表示成 $A=B_\varphi C_\theta B_\psi$,其中 B_φ,C_θ 如(13)式所示。现在得到的结论更明晰,其原因在于把 A 看成

正交变换 $\boldsymbol{A}$ 在一个标准正交基 $\alpha_1,\alpha_2,\alpha_3$ 下的矩阵，接着又把 A 看成是标准正交基 $\alpha_1,\alpha_2,\alpha_3$ 到标准正交基 $\boldsymbol{A}\alpha_1,\boldsymbol{A}\alpha_2,\boldsymbol{A}\alpha_3$ 的过渡矩阵，于是可利用解析几何中直角坐标系Ⅰ到直角坐标系Ⅱ的坐标变换可分 3 步完成的结论，把过渡矩阵 A 表示成了 3 个正交矩阵的乘积，由此体会到：要善于把代数与几何结合起来。

例 5 群 G 到群 G' 的一个映射 σ，如果保持乘法运算，即对任意 $a,b\in G$，有 $\sigma(ab)=\sigma(a)\sigma(b)$，那么称 σ 是群 G 到 G' 的一个**同态**。若 σ 还是满射，则称 σ 是群 G 到 G' 的一个**满同态**。用 e' 表示群 G' 的单位元，G 的子集

$$\{a\in G\mid\sigma(a)=e'\}\tag{16}$$

称为同态 σ 的**核**，记作 $\operatorname{Ker}\sigma$。证明：SU(2) 到 SO(3) 有一个满同态，且同态的核是 $\{\pm I\}$，其中 I 是 2 级单位矩阵。

分析 直接找 SU(2) 到 SO(3) 的一个映射，且要保持乘法运算，这不容易找到，可以先找 SU(2) 到 SO(V) 的一个映射且保持乘法运算，然后利用 $\mathrm{SO}(V)\cong\mathrm{SO}(3)$，便找到了 SU(2) 到 SO(3) 的同态。$V$ 应当是 3 维欧几里得空间，任意给定 $P\in\mathrm{SU}(2)$，如何找到 V 上的一个正交变换与 P 对应呢？这个 3 维欧几里得空间 V 应该是由什么元素组成呢？任给一个 2 级 Hermite 矩阵 H，有

$$(PHP^{-1})^*=(P^{-1})^*H^*P^*=PHP^{-1},$$

因此 PHP^{-1} 仍是 Hermite 矩阵，于是让 H 对应到 PHP^{-1} 的映射 $\boldsymbol{P}$ 是所有 2 级 Hermite 矩阵组成的集合到自身的一个映射，为了得到 3 维欧几里得空间 V，且使 $\boldsymbol{P}$ 成为 V 上的一个正交变换，经过探索发现，应当让 V 成为由所有迹为 0 的 2 级 Hermite 矩阵组成的集合。这正是 10.5 节例 22 所做的事情。

证明 把迹为 0 的 2 级 Hermite 矩阵组成的集合记作 V。据 10.5 节例 22 得，V 是一个实线性空间，V 中任一元素可表示成

$$H=\begin{bmatrix}x_1 & x_2+\mathrm{i}x_3\\ x_2-\mathrm{i}x_3 & -x_1\end{bmatrix}=x_1\begin{pmatrix}1&0\\0&-1\end{pmatrix}+x_2\begin{pmatrix}0&1\\1&0\end{pmatrix}+x_3\begin{pmatrix}0&\mathrm{i}\\-\mathrm{i}&0\end{pmatrix},$$

于是 $\dim V=3$，V 的一个基是

$$\eta_1=\begin{pmatrix}0&1\\1&0\end{pmatrix},\quad\eta_2=\begin{pmatrix}0&\mathrm{i}\\-\mathrm{i}&0\end{pmatrix},\quad\eta_3=\begin{pmatrix}1&0\\0&-1\end{pmatrix}.$$

（注：为了后面的计算简便，我们把次序调换了一下。）

设 H_1,H_2 在基 η_1,η_2,η_3 下的坐标分别为

$$(x_1,x_2,x_3)',(y_1,y_2,y_3)',$$

令

$$(H_1,H_2)=x_1y_1+x_2y_2+x_3y_3,$$

则 (H_1,H_2) 是 V 上的一个内积，于是 V 成为 3 维欧几里得空间，且 η_1,η_2,η_3 是 V 的一个标

准正交基。

任取 $P\in \mathrm{SU}(2)$，令

$$\boldsymbol{P}(H)=PHP^{-1},\forall H\in V,\tag{17}$$

在 10.5 节例 22 中已证明 $\boldsymbol{P}$ 是 V 上的一个正交变换。

令

$$\begin{aligned}\sigma:\mathrm{SU}(2)&\longrightarrow \mathrm{O}(V)\\ P&\longmapsto \boldsymbol{P},\end{aligned}\tag{18}$$

其中 $\boldsymbol{P}$ 由(17)式定义。任取 $P_1,P_2\in \mathrm{SU}(2)$，记 $P=P_1P_2$，

则

$$\begin{aligned}\boldsymbol{P}(H)&=PHP^{-1}=(P_1P_2)H(P_1P_2)^{-1}\\&=P_1(P_2HP_2^{-1})P_1^{-1}=\boldsymbol{P}_1\boldsymbol{P}_2(H),\forall H\in V,\end{aligned}$$

因此 $\boldsymbol{P}=\boldsymbol{P}_1\boldsymbol{P}_2$。从而 $\sigma(P)=\sigma(P_1)\sigma(P_2)$。即

$$\sigma(P_1P_2)=\sigma(P_1)\sigma(P_2),$$

因此 σ 是 $\mathrm{SU}(2)$ 到 $\mathrm{O}(V)$ 的一个同态。

我们来分别求 $\boldsymbol{b}_\varphi,\boldsymbol{c}_\theta,\boldsymbol{b}_\psi$ 在 V 的标准正交基 η_1,η_2,η_3 的矩阵：

$$\begin{aligned}\boldsymbol{b}_\varphi(\eta_1)&=b_\varphi\eta_1b_\varphi^{-1}\\&=\begin{bmatrix}e^{i\frac{\varphi}{2}}&0\\0&e^{-i\frac{\varphi}{2}}\end{bmatrix}\begin{pmatrix}0&1\\1&0\end{pmatrix}\begin{bmatrix}e^{-i\frac{\varphi}{2}}&0\\0&e^{i\frac{\varphi}{2}}\end{bmatrix}\\&=\begin{pmatrix}0&\cos\varphi+i\sin\varphi\\\cos\varphi-i\sin\varphi&0\end{pmatrix}\\&=\cos\varphi\eta_1+\sin\varphi\eta_2,\\\boldsymbol{b}_\varphi(\eta_2)&=b_\varphi\eta_2b_\varphi^{-1}=-\sin\varphi\eta_1+\cos\varphi\eta_2,\\\boldsymbol{b}_\varphi(\eta_3)&=b_\varphi\eta_3b_\varphi^{-1}=\eta_3,\\\boldsymbol{c}_\theta(\eta_1)&=c_\theta\eta_1c_\theta^{-1}\\&=\begin{bmatrix}\cos\frac{\theta}{2}&i\sin\frac{\theta}{2}\\i\sin\frac{\theta}{2}&\cos\frac{\theta}{2}\end{bmatrix}\begin{pmatrix}0&1\\1&0\end{pmatrix}\begin{bmatrix}\cos\frac{\theta}{2}&-i\sin\frac{\theta}{2}\\-i\sin\frac{\theta}{2}&\cos\frac{\theta}{2}\end{bmatrix}\\&=\eta_1,\\\boldsymbol{c}_\theta(\eta_2)&=c_\theta\eta_2c_\theta^{-1}=\cos\theta\eta_2+\sin\theta\eta_3,\\\boldsymbol{c}_\theta(\eta_3)&=c_\theta\eta_3c_\theta^{-1}=-\sin\theta\eta_2+\cos\theta\eta_3,\end{aligned}$$

因此 $\boldsymbol{b}_\varphi,\boldsymbol{c}_\theta$ 在基 η_1,η_2,η_3 下的矩阵分别为

$$\begin{pmatrix} \cos\varphi & -\sin\varphi & 0 \\ \sin\varphi & \cos\varphi & 0 \\ 0 & 0 & 1 \end{pmatrix}, \begin{pmatrix} 1 & 0 & 0 \\ 0 & \cos\theta & -\sin\theta \\ 0 & \sin\theta & \cos\theta \end{pmatrix},$$

即例 4 中的 B_φ, C_θ。

据例 3，SU(2)中任一元素 P 可表示成 $P=b_\varphi c_\theta b_\psi$，于是 $\sigma(P)=\sigma(b_\varphi)\sigma(c_\theta)\sigma(b_\psi)=\boldsymbol{b}_\varphi \boldsymbol{c}_\theta \boldsymbol{b}_\psi$。从而$\sigma(P)$在 V 的基 η_1,η_2,η_3 下的矩阵为 $B_\varphi C_\theta B_\psi$。于是

$$|B_\varphi C_\theta B_\psi| = |B_\varphi||C_\theta||B_\psi| = 1,$$

因此 $\sigma(P)\in SO(V)$。从而 σ 是 SU(2)到 SO(V)的一个同态。

把 SO(V)中的元素对应到它在 V 的标准正交基 η_1,η_2,η_3 下的矩阵的映射 τ 是 SO(V)到 SO(3)的同构映射。令

$$\Phi = \tau\sigma,$$

则 Φ 是 SU(2)到 SO(3)的一个同态，并且

$$\Phi(b_\varphi) = B_\varphi, \Phi(c_\theta) = C_\theta, \Phi(b_\psi) = B_\psi.$$

任给 $A\in SO(3)$，据例 4 得

$$A = B_\varphi C_\theta B_\psi = \Phi(b_\varphi)\Phi(c_\theta)\Phi(b_\psi) = \Phi(b_\varphi c_\theta b_\psi),$$

因此 Φ 是 SU(2)到 SO(3)的一个满射。从而 Φ 是满同态。

利用例 3 中 SU(2)的元素的表达式(5)式，可得

$$\begin{aligned} P \in \operatorname{Ker}\Phi \quad &\Leftrightarrow \quad P \in \operatorname{Ker}\sigma \\ &\Leftrightarrow \quad \boldsymbol{P}(H) = H, \forall H \in V \\ &\Leftrightarrow \quad PH = HP, \forall H \in V \\ &\Leftrightarrow \quad P\eta_i = \eta_i P, i = 1,2,3 \\ &\Leftrightarrow \quad \begin{pmatrix} \cos\theta\cdot e^{i\theta_1} & -\sin\theta\cdot e^{-i\theta_2} \\ \sin\theta\cdot e^{i\theta_2} & \cos\theta\cdot e^{-i\theta_1} \end{pmatrix}\eta_i = \eta_i \begin{pmatrix} \cos\theta e^{i\theta_1} & -\sin\theta e^{-i\theta_2} \\ \sin\theta e^{i\theta_2} & \cos\theta e^{-i\theta_1} \end{pmatrix} \\ &\Leftrightarrow \quad \begin{cases} \theta = 0 \text{ 或 } \pi \\ \theta_1 = 0 \end{cases} \\ &\Leftrightarrow \quad P = \pm I, \end{aligned}$$

因此
$$\operatorname{Ker}\Phi = \{\pm I\}.$$
■

例 6 探索 U(r)与 $O(2r)\cap S_p(2r,\mathbf{R})$的关系。

解 r 维复线性空间 $\mathbf{C}^r$ 中元素 $\boldsymbol{X}=(a_1+b_1 i,\cdots,a_r+b_r i)'$可以写成

$$\begin{aligned} \boldsymbol{X} &= (a_1+b_1 i)\boldsymbol{\varepsilon}_1 + (a_2+b_2 i)\boldsymbol{\varepsilon}_2 + \cdots + (a_r+b_r i)\boldsymbol{\varepsilon}_r \\ &= a_1\boldsymbol{\varepsilon}_1 + a_2\boldsymbol{\varepsilon}_2 + \cdots + a_r\boldsymbol{\varepsilon}_r + b_1 i\boldsymbol{\varepsilon}_1 + b_2 i\boldsymbol{\varepsilon}_2 + \cdots + b_r i\boldsymbol{\varepsilon}_r, \end{aligned} \tag{19}$$

于是 $\mathbf{C}^r$ 可以看成是 $2r$ 维实线性空间，记作 V，它的一个基为 $\boldsymbol{\varepsilon}_1,\boldsymbol{\varepsilon}_2,\cdots,\boldsymbol{\varepsilon}_r, i\boldsymbol{\varepsilon}_1, i\boldsymbol{\varepsilon}_2,\cdots, i\boldsymbol{\varepsilon}_r$。

于是同一个记号 $\boldsymbol{X}$ 既可表示 r 维复线性空间 $\mathbf{C}^r$ 的元素，又可表示 $2r$ 维实线性空间 V 的元素，要从上下文去判断。

任给一个 r 级复矩阵 P，可定义复线性空间 $\mathbf{C}^r$ 上的一个线性变换 $\boldsymbol{P}$：$\boldsymbol{P}(\boldsymbol{X})=P\boldsymbol{X}$，$\forall\, \boldsymbol{X}\in\mathbf{C}^r$，又可定义 $2r$ 维实线性空间 V 上的一个线性变换 $\widetilde{\boldsymbol{P}}$：

$$\widetilde{\boldsymbol{P}}(\boldsymbol{X}) = P\boldsymbol{X},\ \forall\, \boldsymbol{X}\in V, \tag{20}$$

由于从形式上看，$\widetilde{\boldsymbol{P}}(\boldsymbol{X})$ 与 $\boldsymbol{P}(\boldsymbol{X})$ 都等于 $P\boldsymbol{X}$，因此我们可以把 $\widetilde{\boldsymbol{P}}$ 也记成 $\boldsymbol{P}$，但要按照(20)式去理解，即把 $\boldsymbol{X}$ 看成 V 中元素，此时 $P\boldsymbol{X}$ 计算出来后要写成(19)式的第二个式子的形式。

在复线性空间 $\mathbf{C}^r$ 中定义标准内积（即 $(\boldsymbol{X},\boldsymbol{Y})_{\mathbf{C}}=\boldsymbol{Y}^*\boldsymbol{X}$）成为一个酉空间。

在 $2r$ 维实线性空间 V 中定义内积如下：设

$$\boldsymbol{X} = a_1\boldsymbol{\varepsilon}_1+\cdots+a_r\boldsymbol{\varepsilon}_r+b_1\mathrm{i}\boldsymbol{\varepsilon}_1+\cdots+b_r\mathrm{i}\boldsymbol{\varepsilon}_r,$$
$$\boldsymbol{Y} = c_1\boldsymbol{\varepsilon}_1+\cdots+c_r\boldsymbol{\varepsilon}_r+d_1\mathrm{i}\boldsymbol{\varepsilon}_1+\cdots+d_r\mathrm{i}\boldsymbol{\varepsilon}_r,$$

规定

$$(\boldsymbol{X},\boldsymbol{Y})_{\mathbf{R}} = a_1c_1+\cdots+a_rc_r+b_1d_1+\cdots+b_rd_r, \tag{21}$$

则 V 成为一个 $2r$ 维欧几里得空间。

在 $2r$ 维实线性空间 V 中，定义一个双线性函数 f，它在 V 的基 $\boldsymbol{\varepsilon}_1,\cdots,\boldsymbol{\varepsilon}_r,\mathrm{i}\boldsymbol{\varepsilon}_1,\cdots,\mathrm{i}\boldsymbol{\varepsilon}_r$ 下的度量矩阵 A 为

$$A=\begin{pmatrix} 0 & I_r \\ -I_r & 0 \end{pmatrix},$$

由于 A 是可逆斜对称矩阵，因此 f 是非退化的斜对称双线性函数。从而 (V,f) 成为一个 $2r$ 维正则辛空间，f 是 (V,f) 上的辛内积，对于上述 $\boldsymbol{X},\boldsymbol{Y}$，有

$$\begin{aligned} f(\boldsymbol{X},\boldsymbol{Y}) = \boldsymbol{X}'A\boldsymbol{Y} &= a_1d_1+\cdots+a_rd_r-b_1c_1-\cdots-b_rc_r \\ &= \sum_{j=1}^{r}(a_jd_j-b_jc_j), \end{aligned} \tag{22}$$

于是有

$$\begin{aligned} (\boldsymbol{X},\boldsymbol{Y})_{\mathbf{C}} = \boldsymbol{Y}^*\boldsymbol{X} &= \sum_{j=1}^{r}(a_j+b_j\mathrm{i})(c_j-d_j\mathrm{i}) \\ &= \sum_{j=1}^{r}[(a_jc_j+b_jd_j)-\mathrm{i}(a_jd_j-b_jc_j)] \\ &= (\boldsymbol{X},\boldsymbol{Y})_{\mathbf{R}}-\mathrm{i}\,f(\boldsymbol{X},\boldsymbol{Y}). \end{aligned} \tag{23}$$

设 $\boldsymbol{P}$ 是 $\mathbf{C}^r$ 上的线性变换，按前面所述，它也表示 V 上的一个线性变换，利用(23)式可以得出

$$\boldsymbol{P}\in \mathrm{U}(\mathbf{C}^r) \quad\Leftrightarrow\quad (\boldsymbol{P}(\boldsymbol{X}),\boldsymbol{P}(\boldsymbol{Y}))_{\mathbf{C}} = (\boldsymbol{X},\boldsymbol{Y})_{\mathbf{C}}$$

$$\begin{aligned}
&\Leftrightarrow\ (P\boldsymbol{X},P\boldsymbol{Y})_{\mathbf{C}}=(\boldsymbol{X},\boldsymbol{Y})_{\mathbf{C}}\\
&\Leftrightarrow\ (P\boldsymbol{X},P\boldsymbol{Y})_{\mathbf{R}}-\mathrm{i}\,f(P\boldsymbol{X},P\boldsymbol{Y})\\
&\qquad=(\boldsymbol{X},\boldsymbol{Y})_{\mathbf{R}}-\mathrm{i}\,f(\boldsymbol{X},\boldsymbol{Y})\\
&\Leftrightarrow\ \begin{cases}(P\boldsymbol{X},P\boldsymbol{Y})_{\mathbf{R}}=(\boldsymbol{X},\boldsymbol{Y})_{\mathbf{R}}\\ f(P\boldsymbol{X},P\boldsymbol{Y})=f(\boldsymbol{X},\boldsymbol{Y})\end{cases}\\
&\Leftrightarrow\ \begin{cases}(\boldsymbol{P}(\boldsymbol{X}),\boldsymbol{P}(\boldsymbol{Y}))_{\mathbf{R}}=(\boldsymbol{X},\boldsymbol{Y})_{\mathbf{R}}\\ f(\boldsymbol{P}(\boldsymbol{X}),\boldsymbol{P}(\boldsymbol{Y}))=f(\boldsymbol{X},\boldsymbol{Y})\end{cases}\\
&\Leftrightarrow\ \boldsymbol{P}\in \mathrm{O}(V)\cap \mathrm{Sp}(V,f),
\end{aligned}$$

因此在对于有两种理解的约定下，我们可以写成

$$\mathrm{U}(\mathbf{C}^r)=\mathrm{O}(V)\cap \mathrm{Sp}(V,f).$$

由于 $\mathrm{U}(\mathbf{C}^r)\cong\mathrm{U}(r)$，$\mathrm{O}(V)\cong\mathrm{O}(2r)$，$\mathrm{Sp}(V,f)\cong\mathrm{Sp}(2r,\mathbf{R})$，因此在上述约定下，可以写成

$$\mathrm{U}(r)=\mathrm{O}(2r)\cap \mathrm{Sp}(2r,\mathbf{R}).\tag{24}$$

对于(24)式的理解如下：任给一个 r 级酉矩阵 P，可以按上述方法得到一个 $2r$ 级正交矩阵 Q，并且 Q 是 $2r$ 级辛矩阵；反之，任给一个 $2r$ 级正交矩阵 Q，如果 Q 也是 $2r$ 级辛矩阵，那么可得到一个 r 级酉矩阵 P。 ■

点评 例 6 揭示了酉群 $\mathrm{U}(r)$ 与正交群 $\mathrm{O}(2r)$ 和辛群 $\mathrm{Sp}(2r,\mathbf{R})$ 之间的关系，这是很深刻的一个结果。证明的关键之一是把 r 维复线性空间 $\mathbf{C}^r$ 看成 $2r$ 维实线性空间，记作 V；关键之二是证明了(23)式，即酉空间 $\mathbf{C}^r$ 的标准内积 $(\boldsymbol{X},\boldsymbol{Y})_{\mathrm{C}}$ 与 $2r$ 维欧几里得空间 V 的内积，$2r$ 维辛空间 (V,f) 的辛内积之间的关系。为了帮助读者理解例 6 的结论，我们来看一个例子，在 $\mathrm{U}(2)$ 中取一个元素 b_φ。设 $\boldsymbol{X}=(a_1+b_1\mathrm{i},a_2+b_2\mathrm{i})'\in\mathbf{C}^2$。$\mathbf{C}^2$ 可看成 4 维实线性空间，记作 V，$\boldsymbol{X}$ 可写成

$$\boldsymbol{X}=a_1\boldsymbol{\varepsilon}_1+a_2\boldsymbol{\varepsilon}_2+b_1\mathrm{i}\boldsymbol{\varepsilon}_1+b_2\mathrm{i}\boldsymbol{\varepsilon}_2\in V,$$

$\mathbf{C}^2$ 上的线性变换 $\boldsymbol{b}_\varphi$ 的定义为 $\boldsymbol{b}_\varphi(\boldsymbol{X})=b_\varphi\boldsymbol{X}$。

$$\begin{aligned}
b_\varphi\boldsymbol{X}&=\begin{pmatrix}\mathrm{e}^{\mathrm{i}\frac{\varphi}{2}} & 0\\ 0 & \mathrm{e}^{-\mathrm{i}\frac{\varphi}{2}}\end{pmatrix}\begin{pmatrix}a_1+b_1\mathrm{i}\\ a_2+b_2\mathrm{i}\end{pmatrix}\\
&=\left(a_1\cos\frac{\varphi}{2}-b_1\sin\frac{\varphi}{2}\right)\boldsymbol{\varepsilon}_1+\left(a_2\cos\frac{\varphi}{2}+b_2\sin\frac{\varphi}{2}\right)\boldsymbol{\varepsilon}_2\\
&\quad+\left(a_1\sin\frac{\varphi}{2}+b_1\cos\frac{\varphi}{2}\right)\mathrm{i}\boldsymbol{\varepsilon}_1+\left(-a_2\sin\frac{\varphi}{2}+b_2\cos\frac{\varphi}{2}\right)\mathrm{i}\boldsymbol{\varepsilon}_2
\end{aligned}$$

$$= (\boldsymbol{\varepsilon}_1, \boldsymbol{\varepsilon}_2, \mathrm{t}\boldsymbol{\varepsilon}_1, \mathrm{i}\boldsymbol{\varepsilon}_2)\begin{pmatrix} \cos\frac{\varphi}{2} & 0 & -\sin\frac{\varphi}{2} & 0 \\ 0 & \cos\frac{\varphi}{2} & 0 & \sin\frac{\varphi}{2} \\ \sin\frac{\varphi}{2} & 0 & \cos\frac{\varphi}{2} & 0 \\ 0 & -\sin\frac{\varphi}{2} & 0 & \cos\frac{\varphi}{2} \end{pmatrix}\begin{pmatrix} a_1 \\ a_2 \\ b_1 \\ b_2 \end{pmatrix},$$

于是 V 上的线性变换 $\boldsymbol{b}_\varphi$ 在基 $\boldsymbol{\varepsilon}_1, \boldsymbol{\varepsilon}_2, \mathrm{i}\boldsymbol{\varepsilon}_1, \mathrm{i}\boldsymbol{\varepsilon}_2$ 下的矩阵为

$$\boldsymbol{Q} = \begin{pmatrix} \cos\frac{\varphi}{2} & 0 & -\sin\frac{\varphi}{2} & 0 \\ 0 & \cos\frac{\varphi}{2} & 0 & \sin\frac{\varphi}{2} \\ \sin\frac{\varphi}{2} & 0 & \cos\frac{\varphi}{2} & 0 \\ 0 & -\sin\frac{\varphi}{2} & 0 & \cos\frac{\varphi}{2} \end{pmatrix}.$$

直接计算得,$Q'Q=I, Q'AQ=A$,其中 $A=\begin{pmatrix} 0 & I_2 \\ -I_2 & 0 \end{pmatrix}$。因此 $Q\in \mathrm{O}(4)$,且 $Q\in \mathrm{Sp}(4,\mathbf{R})$。这样我们从 2 级酉矩阵 b_φ 得到了 4 级正交矩阵 Q,且 Q 是 4 级辛矩阵。

习题 10.7

1. 证明:在群 G 中,任给元素 a,b,方程

$$ax = b$$

有唯一解;方程 $ya=b$ 也有唯一解。

2. 证明:在群 G 中,消去律成立,即由 $ax=ay$ 可推出 $x=y$;由 $xa=ya$ 可推出 $x=y$。

3. 如图 10-5 所示,正方形 $ABCD$ 的 4 条对称轴记作 l_1, l_2, l_3, l_4,设 τ_i 表示平面关于直线 l_i 的轴反射,$i=1,2,3,4$;σ 表示平面绕正方形 $ABCD$ 的中心 O 转角为 $90°$的旋转。证明:在正方形 $ABCD$ 的对称群 G 中,4 个轴反射分别是 $\tau_1, \tau_1\sigma, \tau_1\sigma^2, \tau_1\sigma^3$。

4. 写出平面上正六边形的对称群的所有元素。

5. 证明:群 G 的任意多个子群的交还是 G 的子群。

6. 设 G 是一个非空集合,在 G 上面定义了一种运算,叫做乘法,它满足结合律,并且具有下列性质:

1° G 含有 1 个元素 e_R，它使得

$$ae_R = a, \forall a \in G,$$

此时称 e_R 是 G 的一个**右单位元**；

2° 对于 G 的每一个元素 a，有 G 中一个元素 b，使得 $ab=e_R$，称 b 是 a 的一个**右逆**。证明：G 是一个群。

7. 设 G 是一个非空集合，在 G 上面定义了一种运算，称为乘法，它满足结合律，并且对任意 $a,b\in G$，方程 $ax=b$ 在 G 中有解，方程 $ya=b$ 在 G 中也有解。证明：G 是一个群。

8. 设 a 是群 G 的任意给定的一个元素。证明：G 中所有与 a 可交换的元素组成的集合是 G 的一个子群，称它为 **a 在 G 里的中心化子**，记作 $C_G(a)$。

9. 设 E 是空间图形，把 E 变成与它自身重合的图形的所有旋转（即几何空间 V 上的第一类正交变换）组成的集合对于映射的乘法成为一个群，称为**图形 E 的旋转对称群**。求正四面体的旋转对称群。

10. 在数域 K 上的 n 元多项式环 $K[x_1,x_2,\cdots,x_n]$ 中，取一个多项式

$$f(x_1,x_2,\cdots,x_n) = \prod_{1\leqslant i<j\leqslant n}(x_i - x_j).$$

对于 $\sigma\in S_n$，用 $\tilde{\sigma}$ 表示置换 σ 诱导的代入，即

$$(\tilde{\sigma}f)(x_1,x_2,\cdots,x_n) = f(x_{\sigma^{-1}(1)},x_{\sigma^{-1}(2)},\cdots,x_{\sigma^{-1}(n)}),$$

显然有 $\tilde{\sigma}f=f$ 或者 $\tilde{\sigma}f=-f$。

如果 $\tilde{\sigma}f=f$，那么称 σ 是**偶置换**；如果 $\tilde{\sigma}f=-f$，那么称 σ 是**奇置换**。

(1) 证明：对于任意 $g(x_1,x_2,\cdots,x_n)\in K[x_1,x_2,\cdots,x_n]$，任意 $\sigma,\tau\in S_n$，有 $\sigma\tau$ 诱导的代入 $\widetilde{\sigma\tau}$ 使得

$$\widetilde{\sigma\tau}\, g = \tilde{\sigma}(\tilde{\tau}g).$$

(2) 证明：S_n 中全体偶置换组成 S_n 的一个子群，这个子群称为 n 元**交错群**，记作 A_n；

(3) 证明：$|A_n|=\dfrac{n!}{2}(n\geqslant 2)$。

11. 证明：每个 n 元置换都可以表示成一些对换的乘积，设 n 元置换 σ 为

$$\sigma = \begin{pmatrix} 1 & 2 & \cdots & n \\ a_1 & a_2 & \cdots & a_n \end{pmatrix},$$

则 σ 表示成对换的乘积时，对换的个数与 n 元排列 $a_1a_2\cdots a_n$ 有相同的奇偶性。从而 σ 表示成对换的乘积时，对换个数的奇偶性由 σ 本身唯一决定。

12. 证明：n 元置换 σ 为偶置换当且仅当 σ 能表示成偶数个对换的乘积。

13. 如果一个 n 元置换 σ 将 $1,2,\cdots,n$ 中某 m 个数 $a_1,a_2,\cdots,a_m$ 映成：

$$\sigma(a_1)=a_2,\quad \sigma(a_2)=a_3,\quad \cdots,\quad \sigma(a_m)=a_1,$$

而保持其余 $n-m$ 个数不变，那么 σ 称为一个**轮换**，记作：

$$\sigma=(a_1a_2a_3\cdots a_m).$$

把 m 称为轮换 σ 的长度。长度为 2 的轮换就是对换。长度为 m 的轮换称为 ***m*-轮换**。

两个轮换$(a_1a_2\cdots a_m)$与$(b_1b_2\cdots b_s)$称为**不相交**，如果 $a_k\neq b_l, k=1,2,\cdots,m; l=1,2,\cdots,s$。

容易看出，不相交的轮换对于乘法是可交换的。

证明：任一 n 元置换 σ 都可以分解成一些不相交的轮换的乘积，而且这种分解除了轮换出现的次序外是唯一的。

14. 证明：长度为 r 的轮换 τ 是偶置换当且仅当 r 是奇数。

15. 写出 A_3, A_4 的所有元素(用轮换表法)。

16. 证明：正四面体的旋转对称群与 A_4 同构。

补 充 题 十

1. $M_n(F)$中，$AB-BA$ 称为矩阵 A,B 的**换位子**，记作$[A,B]$。这样我们可以诱导出换位运算：

$$[A,B]=AB-BA,\ \forall A,B\in M_n(F).$$

证明：换位运算$[A,B]$满足下列法则。

1° 线性性(即与加法、数乘相容)

$$[A+C,B]=[A,B]+[C,B],$$
$$[A,B+C]=[A,B]+[A,C],$$
$$[kA,B]=k[A,B]=[A,kB];$$

2° 反交换律

$$[A,B]=-[B,A];$$

3° Jacobi 恒等式

$$[A,[B,C]]+[B,[C,A]]+[C,[A,B]]=0.$$

2. 从第 1 题受到启发，联想到几何空间中，向量除了有加法和数乘运算外，还有外积运算。向量的外积与加法、数乘都相容(即满足分配律和与数乘相容)，向量的外积满足反交换律和 Jacobi 恒等式。由此抽象出下述概念。

域 F 上的一个线性空间 L 如果定义了一种换位运算$[\alpha,\beta]$且它满足下列法则：

1° 线性性(即与加法、数乘相容)

$$[\alpha+\gamma,\beta]=[\alpha,\beta]+[\gamma,\beta],\ \forall \alpha,\beta,\gamma\in L,$$

$$[\alpha,\beta+\gamma]=[\alpha,\beta]+[\alpha,\gamma],\ \forall\,\alpha,\beta,\gamma\in L,$$
$$[k\alpha,\beta]=k[\alpha,\beta]=[\alpha,k\beta],\ \forall\,\alpha,\beta\in L,k\in F;$$

2° 反交换律

$$[\alpha,\beta]=-[\beta,\alpha],\ \forall\,\alpha,\beta\in L;$$

3° Jacobi 恒等式

$$[\alpha,[\beta,\gamma]]+[\beta,[\gamma,\alpha]]+[\gamma,[\alpha,\beta]]=0,$$

那么称 L 是域 F 上的一个**李代数**(Lie algebra)。线性空间 L 的维数称为李代数的**维数**。

第 1 题中,域 F 上的线性空间 $M_n(F)$连同换位运算成为域 F 上的一个李代数,这个李代数记作 $gl(n,F)$。

证明:$M_n(F)$中迹为零的矩阵组成的集合对于矩阵的加法、数乘和换位运算成为域 F 上的一个李代数,记作 $sl(n,F)$。

3. 证明:设域 F 的特征不等于 2,则 $M_n(F)$中所有斜对称矩阵组成的集合对于矩阵的加法、数乘和换位运算成为域 F 上的一个李代数,记作 $o(n,F)$。

4. 证明:所有 n 级斜 Hermite 矩阵组成的集合对于矩阵的加法、数乘和换位运算成为实数域 $\mathbf{R}$ 上的一个李代数,记作 $u(n)$。

5. 证明:迹为 0 的 n 级斜 Hermite 矩阵组成的集合对于矩阵的加法、数乘和换位运算成为实数域 $\mathbf{R}$ 上的一个李代数,记作 $su(n)$。

6. $gl(n,F),sl(n,F),o(n,F),u(n),su(n)$统称为**典型李代数**(Classical Lie algebras)。求它们的维数。

7. 证明:复矩阵指数映射在 $u(n)$上的限制是 $u(n)$到 $\mathrm{U}(n)$的满射。

* 应用天地:酉空间在量子力学中的应用

20 世纪物理学取得的两个划时代的进展是建立了相对论和量子力学。相对论的建立从根本上改变了人们原有的空间和时间的概念,并指明了牛顿力学的适用范围(适用于物体运动速度 $v\ll c$,其中 c 是真空中的光速)。量子力学的建立,开辟了人们认识微观世界的道路,原子和分子之谜被揭开了,物质的属性以及在原子水平上的物质结构这个古老而又基本的问题才原则上得以解决,在量子力学中,人们找到了化学与物理学的紧密联系。

1900 年,M. Planck 提出了一个黑体辐射公式,并且他发现,如果作如下假定,那么可以从理论上导出他的公式。这个假定是:对于一定频率 υ 的辐射,物体只能以 $h\upsilon$ 为单位吸收或发射它，h 是一个普适常数。换句话说，物体吸收或发射电磁辐射，只能以“量子”(quantum)的方式进行，每个“量子”的能量为 $\varepsilon=h\upsilon$。从经典力学来看，这种能量不连续的概念是完全不容许的，因此在相当长一段时间中这个假设并未引起人们的重视。

1905 年，A. Einstein 试图用量子假设去说明光电效应中碰到的疑难，提出了光量子(light quantum)概念。他认为辐射场就是由光量子组成。每一个光量子的能量 E 与辐射的频率 υ 的关系是 $E=h\upsilon$。采用光量子概念之后，光电效应中出现的疑难立即迎刃而解。当光照射到金属表面时，一个光量子的能量可以立刻被金属中的自由电子吸收。但只有当入射光的频率足够大(即每个光量子的能量足够大)时，电子才可能克服脱出功 A 而逸出金属表面。逸出电子的动能为

$$\frac{1}{2}mv^2 = h\upsilon - A.$$

由此看出，当 $\upsilon<\upsilon_o=\dfrac{A}{h}$ 时，电子的能量不足以克服金属表面的吸引力而逸出，因而观测不到光电子，这个 υ_o 即临界频率。

关于原子结构的模型，在 1904 年 J. J. Thomson 提出的原子模型和 1911 年 E. Rutherford提出的原子的“有核模型”之后，1913 年，N. Bohr 提出了原子的量子论。这个理论包含了下列两个极为重要的概念(假定)，它们是对大量实验事实的深刻概括：

1° 原子能够而且只能够稳定地存在于与分立的能量(E_1，E_2，…)相应的一系列的状态中，这些状态称为定态(stationary state)。因此，原子能量的任何变化，包括吸收或发射电磁辐射，都只能在两个定态之间以跃迁(transition)的方式进行。

2° 原子在两个定态(分别属于能级 E_n 和 E_m，设 $E_n>E_m$)跃迁时，发射或吸收的电磁辐射的频率 υ 由下式给出

$$h\upsilon = E_n - E_m(\text{频率条件}).$$

Bohr 量子论的核心思想有两条：一是原子的具有分立能量的定态的概念，二是两个定态之间的量子跃迁概念和频率条件。

Bohr 的量子论首次打开了认识原子结构的大门，取得了很大成功。但是它的局限性和存在的问题也逐渐被人们认识到。从理论体系来讲，能量量子化等概念与经典力学是不相容的，多少带有人为的性质，它们的物理本质还不清楚。这一切都推动早期量子论进一步发展。量子力学就是在克服早期量子论的困难和局限性中建立起来的。

量子力学理论本身是在 1923—1927 年这段时间中建立起来的，两个彼此等价的理论——矩阵力学与波动力学，几乎同时被提出。

在 W. Heisenberg，M. Born 和 P. Jordan 的矩阵力学中，赋予每一个物理量(例如粒子的坐标，动量，能量等)以一个矩阵，两个量的乘积一般不满足交换律。

在 Planck-Einstein 的光量子论和 Bohr 的原子的量子论的启发下，L. de Broglie 仔细分析了光的微粒说与波动说的发展历史，并注意到几何光学与经典粒子力学的相似性，根据类比的方法，他设想实物(静质量 $m\neq 0$ 的)粒子也可能具有波动性，即和光一样，也具有波动-粒子两重性。这两方面必有类似的关系相联系，而 planck 常数 h 必定出现在其中。他假定：与一定能量 E 和动量 p 的物质粒子相联系的波的频率和波长分别为

$$\upsilon = E/h, \lambda = h/p.$$

L. de Broglie 把原子定态(stationary state)与驻波(stationary wave)联系起来，即把粒子能量量子化的问题与有限空间中驻波的波长(或频率)的分立性联系起来。虽然从尔后建立起来的量子力学理论来看，这种联系还有不确切之处，能处理的问题也很有限，但它的物理图象是很有启发性的。由于 h 是一个很小的量，从宏观的尺度来看，物质粒子的波长一般是非常短的，因而波动性未显示出来。但到了原子世界中，物质粒子的波动性就会表现出来，此时如果仍用经典粒子力学去处理就不恰当，而必须代之以一种新的波动力学。这个任务最终由 Schrödinger 完成。物质粒子的波动性的直接实验证实是 1927 年才实现的。Davisson 和 Germer 用一束具有一定能量和动量的电子射向金属镍单晶表面，观测到了电子衍射的现象，并证实了 de Broglie 关系 $\lambda=h/p$ 是正确的。后来，无数事实都表明，不仅是电子，而且质子、中子、原子等都具有波动性，波动性是物质粒子普遍具有的。

让我们回顾一下机械波。

物体在其稳定平衡位置附近所做的往复运动称为**机械振动**，简称为**振动**。若振动的位移 $x=A\cos(\omega t+\varphi_1)$ 或 $x=A\sin(\omega t+\varphi_2)$，则称为**简谐振动**(或**谐振动**)，其最小正周期 $T=\dfrac{2\pi}{\omega}$。

无限多个质点相互之间通过弹性回复力联系在一起的介质称为**弹性介质**，弹性介质中一个质点的振动会引起邻近质点的振动，依次下去，这样使振动以一定速度在弹性介质中由近及远地传播出去，就形成**机械波**。开始做振动的质点称为**波源**。波源做一次完全振动，波前进的距离称为**波长**，记作 λ。波前进一个波长距离所需的时间称为波的**周期**，记作 T；周期的倒数称为**频率**，记作 υ。振动状态在介质中的传播速度称为**波速**，记作 μ，则

$$\mu=\frac{\lambda}{T}, \upsilon=\frac{1}{T}.$$

振动在介质中的传播过程形成波，如果所传播的是谐振动，且波所到之处，介质中各质点均做同频率、同振幅的谐振动，这样的波称为**简谐波**。

在传播过程中，任一时刻介质中各振动的相位相同的点取值成的面称为**波面**。波面为平面的波称为**平面波**。

沿波的传播方向作一些带箭头的线称为**波线**。平面波的波线是垂直于波面的平行直线。

如果简谐波的波面为平面，那么称为**平面简谐波**。对于平面简谐波，只要研究与波面

垂直的任意一条直线(即波线)上的波传播规律就可知整个波的传播规律。

设有一个平面简谐波沿 x 轴的正向传播。介质中各质点的振动沿 y 轴方向。位于一条波线(x 轴)上任一点 P(其横坐标为 x)的质点,它在任一时刻 t 的位移是多少?

设位于原点 O 处的质点的位移 y_0 为

$$y_0 = A\cos(\omega t + \varphi_0).$$

设波从点 O 传到点 P 所需时间为 $\Delta t = \frac{x}{\mu}$。在时刻 t,点 P 处的质点的位移就是点 O 处的质点在时刻 $t - \Delta t$ 的位移。因此

$$y = A\cos(\omega(t - \Delta t) + \varphi_0) = A\cos\left[\omega(t - \frac{x}{\mu}) + \varphi_0\right].$$

即
$$y(x,t) = A\cos\left[\omega(t - \frac{x}{\mu}) + \varphi_0\right].$$

$y(x,t)$ 称为平面简谐波的**波函数**。

不妨设 $\varphi_0 = 0$,则

$$\begin{aligned} y(x,t) &= A\cos\,\omega\left(t - \frac{x}{\mu}\right) = A\cos\,\frac{2\pi}{T}\left(t - \frac{x}{\mu}\right) = A\cos\,2\pi\left(\frac{t}{T} - \frac{x}{T\mu}\right) \\ &= A\cos\,2\pi\left(\upsilon t - \frac{x}{\lambda}\right). \end{aligned}$$

由于谐振动的位移也可写成 $A\sin(\omega t + \varphi_2)$,因此上述平面简谐波的波函数 $y(x,t)$ 也可以写成

$$y(x,t) = A\sin\left[2\pi(\upsilon t - \frac{x}{\lambda}) + \varphi_2\right].$$

于是平面简谐波的波函数 $y(x,t)$ 可以用下述复值函数 $\widetilde{y}(x,t)$ 的实部或虚部表示:

$$\widetilde{y}(x,t) = A\mathrm{e}^{-\mathrm{i}2\pi(\upsilon t - \frac{x}{\lambda})}.$$

平面简谐波的波长 λ 等于它的周期。由于 $T = \frac{2\pi}{\omega}$,而 ω 是唯一确定的,因此 λ 是唯一确定的。由此引出下述概念:

具有单一波长的波称为**单色波**。

平面简谐波就是单色波。

两个频率相同的平面简谐波叠加的结果仍是一个平面简谐波。例如:

$$\widetilde{y}_1(x,t) = A_1\mathrm{e}^{-\mathrm{i}2\pi(\upsilon t - \frac{x}{\lambda})},$$

$$\widetilde{y}_2(x,t) = A_2\mathrm{e}^{-\mathrm{i}2\pi(\upsilon t - \frac{x}{\lambda})},$$

则
$$\tilde{y}_1(x,t)+\tilde{y}_2(x,t)=(A_1+A_2)\mathrm{e}^{-\mathrm{i}2\pi(\upsilon t-\frac{x}{\lambda})}.$$
两个频率不同的平面简谐波叠加的结果不再是一个平面简谐波，例如，
$$\tilde{y}_1(x,t)=A_1\mathrm{e}^{-\mathrm{i}2\pi(\upsilon_1 t-\frac{x}{\lambda_1})},$$
$$\tilde{y}_2(x,t)=A_2\mathrm{e}^{-\mathrm{i}2\pi(\upsilon_2 t-\frac{x}{\lambda_2})},$$
则
$$\tilde{y}_1(x,t)+\tilde{y}_2(x,t)=A_1\mathrm{e}^{-\mathrm{i}2\pi(\upsilon t-\frac{x}{\lambda_1})}+A_2\mathrm{e}^{-\mathrm{i}2\pi(\upsilon_2 t-\frac{x}{\lambda_2})}.$$

反过来看，一个较为复杂的周期波有没有可能分解成若干个平面简谐波的和？由此受到激励：能否把一个周期函数分解成一系列频率不同的平面简谐波的和？即把$(-\infty,+\infty)$上的周期实值函数 f 表示为
$$\begin{aligned}f(x,t)&=\sum_{n=0}^{\infty}A_n\mathrm{e}^{-\mathrm{i}2\pi(\upsilon_n t-\frac{x}{\lambda_n})}\\&=\sum_{n=0}^{\infty}A_n\left[\cos 2\pi(\upsilon_n t-\frac{x}{\lambda_n})+\mathrm{i}\sin 2\pi(\upsilon_n t-\frac{x}{\lambda_n})\right].\end{aligned}$$

设 $\upsilon_n=\frac{n}{T}$，其中 $T=\frac{2\pi}{\omega}$。由于 $\lambda_n=\frac{1}{\upsilon_n}$，因此
$$f(x,t)=\sum_{n=0}^{\infty}A_n[\cos n\omega(t-x)+\mathrm{i}\sin n\omega(t-x)].$$

当 $x=0$ 时，由上式得
$$f(t)=\sum_{n=0}^{\infty}A_n[\cos n\omega t+\mathrm{i}\sin n\omega t].$$

为了研究周期函数 $f(t)$（其最小正周期为 $T=\frac{2\pi}{\omega}$）能否展开成形如上式右端的级数，我们来讲述周期函数的 Fourier 级数。

设 $f(x)$ 是$[a,b]$（包括$(-\infty,+\infty)$）上的复（实）值函数，如果$\int_a^b|f(x)|^2\mathrm{d}x<+\infty$，那么称 $f(x)$ 是一个**模平方可积函数**。令

$V=\{[a,b]$ 上模平方可积复（实）值函数$\}$，任取 $f,g\in V$，由于
$$\begin{aligned}&|f+g|^2=(f+g)\overline{(f+g)}=|f|^2+f\bar{g}+g\bar{f}+|g|^2\\&=|f|^2+|g|^2+2\mathrm{Re}(f\bar{g})\leqslant|f|^2+|g|^2+2|f\bar{g}|\\&=|f|^2+|g|^2+2|f||g|=2|f|^2+2|g|^2-(|f|^2+|g|^2-2|f||g|)\\&\leqslant 2|f|^2+2|g|^2,\end{aligned}$$
因此
$$\int_a^b|f+g|^2\mathrm{d}x\leqslant 2\int_a^b|f|^2\mathrm{d}x+2\int_a^b|g|^2\mathrm{d}x<+\infty.$$
从而
$$f+g\in V.$$

易证 $\forall k \in \mathbf{C}$,有 $kf \in V$。因此 V 是复数域上的线性空间 $\mathbf{C}^{[a,b]}$(或实数域上的线性空间 $\mathbf{R}^{[a,b]}$)的一个子空间。对于 $f,g \in V$,令

$$(f,g)=\int_a^b f(x)\,\overline{g(x)}\,\mathrm{d}x,$$

容易验证,(　,　)是 V 上的一个内积,从而 V 是一个酉空间(或实内积空间),称 V 是 $[a,b]$ 上的**模平方可积函数空间**。

$[a,b]$ 上模平方可积函数空间 V 是一个 Hilbert 空间(即,完备的酉空间或完备的实内积空间)。证明可参看参考文献 20 的第 354 ~ 355 页的定理 22。

考虑定义域为 $(-\infty,+\infty)$ 的实值周期函数,它的最小正周期为 $T=\dfrac{2\pi}{\omega}$,它在 $\left[-\dfrac{T}{2},\dfrac{T}{2}\right]$ 上有一阶导数,且它是 $\left[-\dfrac{T}{2},\dfrac{T}{2}\right]$ 上的模平方可积函数,所有这样的函数组成的集合记作 $C_T^{(1)}(-\infty,+\infty)$。这个集合对于函数的加法和数量乘法封闭,且 $\cos\omega x$ 属于这个集合,因此 $C_T^{(1)}(-\infty,+\infty)$ 是 $\left[-\dfrac{T}{2},\dfrac{T}{2}\right]$ 上模平方可积函数空间 V 的一个子空间。从而 $C_T^{(1)}(-\infty,+\infty)$ 也是 Hilbert 空间。

类似于 10.2 节的例 19 的计算可得,$C_T^{(1)}(-\infty,+\infty)$ 的下述子集

$$S=\left\{\frac{1}{\sqrt{T}},\sqrt{\frac{2}{T}}\cos n\omega x,\sqrt{\frac{2}{T}}\sin n\omega x \;\middle|\; n\in\mathbf{N}^*\right\}$$

是一个正交规范集。

命题 1　设 V 是一个酉空间或实内积空间,V 的子集 $\{\eta_1,\eta_2,\cdots\}$ 是一个正交规范集,则对于任意 $\alpha\in V$,有

$$\sum_{i=1}^{\infty}|(\alpha,\eta_i)|^2\leqslant|\alpha|^2,$$

此不等式称为 **Bessel 不等式**。

证明　级数 $\sum\limits_{i=1}^{\infty}|(\alpha,\eta_i)|^2$ 的部分和 $S_n=\sum\limits_{i=1}^{n}|(\alpha,\eta_i)|^2$,$\eta_1,\eta_2,\cdots,\eta_n$ 是 V 的一个正交单位向量组。根据 10.3 节的例 13 和 10.5 节的例 43 得

$$S_n=\sum_{i=1}^{n}|(\alpha,\eta_i)|^2\leqslant|\alpha|^2.$$

显然,当 $m>n$ 时,$S_m\geqslant S_n$,因此部分和序列 $\{S_n\}$ 是单调上升有上界的数列。根据单调有界数列收敛定理得,部分和序列 $\{S_n\}$ 有极限,从而级数 $\sum\limits_{i=1}^{\infty}|(\alpha,\eta_1)|^2$ 收敛。由于 $S_n\leqslant|\alpha|^2$,

因此两边取极限得，$\sum_{i=1}^{\infty}|(\alpha,\eta_1)|^2\leqslant|\alpha|^2$。 ■

命题 2　设 $S=\{\eta_i \mid i\in \mathbf{N}^*\}$ 是 Hilbert 空间 V 的一个正交规范集。任给 $\alpha\in V$，则 $\sum_{i=1}^{\infty}(\alpha,\eta_i)\eta_i$ 在 V 中收敛。

证明　任给 $\alpha\in V$，设

$$\{\eta\in S \mid (\alpha,\eta)\neq 0\}=\{\eta_{j_1},\eta_{j_2},\cdots\},$$

对这个正交规范集用Bessel不等式得，级数 $\sum_{i=1}^{\infty}|(\alpha,\eta_{j_i})|^2$ 收敛。于是任给 $\varepsilon>0$，存在 N 使得只要 $m,n>N$(不妨设 $m>n$) 就有

$$\sum_{i=1}^{m}|(\alpha,\eta_{j_i})|^2-\sum_{i=1}^{n}|(\alpha,\eta_{j_1})|^2<\varepsilon^2$$

即
$$\sum_{i=n+1}^{m}|(\alpha,\eta_{j_i})|^2<\varepsilon^2.$$

从而
$$\begin{aligned}&\left|\sum_{i=1}^{m}(\alpha,\eta_{j_i})\eta_{j_i}-\sum_{i=1}^{n}(\alpha,\eta_{j_i})\eta_{j_i}\right|^2\\ =&\left|\sum_{i=n+1}^{m}(\alpha,\eta_{j_i})\eta_{j_i}\right|^2=\sum_{i=n+1}^{m}|(\alpha,\eta_{j_i})\eta_{j_i}|^2\\ =&\sum_{i=n+1}^{m}|(\alpha,\eta_{j_i})|^2<\varepsilon^2.\end{aligned}$$

因此
$$\left|\sum_{i=1}^{m}(\alpha,\eta_{j_i})\eta_{j_i}-\sum_{i=1}^{n}(\alpha,\eta_{j_i})\eta_{j_i}\right|<\varepsilon.$$

于是级数 $\sum_{k=1}^{\infty}(\alpha,\eta_k)\eta_k=\sum_{i=1}^{\infty}(\alpha,\eta_{j_i})\eta_{j_i}$ 的部分和序列 $\left\{\sum_{i=1}^{n}(\alpha,\eta_{j_i})\eta_{j_i}\right\}$ 是Cauchy序列。由于 V 是 Hilbert 空间，因此这个序列在 V 中收敛。从而级数 $\sum_{k=1}^{\infty}(\alpha,\eta_k)\eta_k$ 在 V 中收敛。 ■

根据 10.2 节的内容精华第三部分最后几段指出的，完备的实内积空间 V 有极大正交规范集 $\{\eta_1,\eta_2,\cdots\}$ 当且仅当 V 中任一向量 $\alpha=\sum_{i=1}^{\infty}(\alpha,\eta_i)\eta_i$，此时把这个极大正交规范集 $\{\eta_1,\eta_2,\cdots\}$ 称为 V 的一个标准正交基。这个结论对于完备的酉空间也成立。

由于 $C_T^{(1)}(-\infty,+\infty)$ 的子集

$$S=\left\{\frac{1}{\sqrt{T}},\sqrt{\frac{2}{T}}\cos n\omega x,\sqrt{\frac{2}{T}}\sin n\omega x \mid n\in\mathbf{N}^*\right\}$$

是正交规范集，因此根据命题 2 得，任给 $f(x)\in C_T^{(1)}(-\infty,+\infty)$，下述级数在 $C_T^{(1)}(-\infty,

$+\infty$）中收敛：

$$\left(f(x),\frac{1}{\sqrt{T}}\right)\frac{1}{\sqrt{T}}+\sum_{n=1}^{\infty}\left[\left(f(x),\sqrt{\frac{2}{T}}\cos n\omega x\right)\sqrt{\frac{2}{T}}\cos n\omega x+\left(f(x),\sqrt{\frac{2}{T}}\sin n\omega x\right)\sqrt{\frac{2}{T}}\sin n\omega x\right]$$

$$=\frac{1}{T}\int_{-\frac{T}{2}}^{\frac{T}{2}}f(x)\mathrm{d}x+\sum_{n=1}^{\infty}\left[\left(\frac{2}{T}\int_{-\frac{T}{2}}^{\frac{T}{2}}f(x)\cos n\omega x\mathrm{d}x\right)\cos n\omega x+\left(\frac{2}{T}\int_{-\frac{T}{2}}^{\frac{T}{2}}f(x)\sin n\omega x\mathrm{d}x\right)\sin n\omega x\right].$$

令

$$a_0=\frac{2}{T}\int_{-\frac{T}{2}}^{\frac{T}{2}}f(x)\mathrm{d}x,a_n=\frac{2}{T}\int_{-\frac{T}{2}}^{\frac{T}{2}}f(x)\cos n\omega x\mathrm{d}x,$$

$$b_n=\frac{2}{T}\int_{-\frac{T}{2}}^{\frac{T}{2}}f(x)\sin n\omega x\mathrm{d}x,$$

则上述级数可以写成

$$\frac{a_0}{2}+\sum_{n=1}^{\infty}[a_n\cos n\omega x+b_n\sin n\omega x]. \tag{1}$$

把级数(1)称为 $f(x)$ 的 **Fourier 级数**. 下面来探索 $f(x)$ 的 Fourier 级数是否收敛于它自身？如果是，那么 $C_T^{(1)}(-\infty,+\infty)$ 的正交规范集 $S=\left\{\frac{1}{\sqrt{T}},\sqrt{\frac{2}{T}}\cos n\omega x,\sqrt{\frac{2}{T}}\sin n\omega x\mid n\in\mathbf{N}^*\right\}$就是标准正交基。为此先要有两个引理。

引理 1(Riemann — Lebesgue 引理) 设 $f(x)$ 在$[a,b]$上可积或绝对可积，则

$$\lim_{\lambda\to+\infty}\int_a^b f(x)\cos\lambda x\mathrm{d}x=0,\lim_{\lambda\to+\infty}\int_a^b f(x)\sin\lambda x\mathrm{d}x=0.$$

证明可看参考文献 23 的第 12 章定理 12.1。

引理 2 $\frac{1}{2}+\sum_{k=1}^{n}\cos kx=\dfrac{\sin\left(n+\frac{1}{2}\right)x}{2\sin\frac{x}{2}},x\neq 2m\pi,m\in\mathbf{Z}.$ (2)

证明 对 n 用数学归纳法。

$n=1$ 时，

$$\frac{\sin\left(1+\frac{1}{2}\right)x}{2\sin\frac{x}{2}}=\frac{1}{2}\frac{\sin x\cos\frac{x}{2}+\cos x\sin\frac{x}{2}}{\sin\frac{x}{2}}=\frac{1}{2}\left(2\cos^2\frac{x}{2}+\cos x\right)$$

$$=\frac{1}{2}(1+\cos x+\cos x)=\frac{1}{2}(1+2\cos x)=\frac{1}{2}+\cos x.$$

假设 $n-1$ 时命题成立，即

$$\frac{1}{2}+\sum_{k=1}^{n-1}\cos kx=\frac{\sin\left(n-1+\frac{1}{2}\right)x}{2\sin\frac{x}{2}}.$$

现在来看 n 的情形：

$$\frac{1}{2}+\sum_{k=1}^{n}\cos kx=\left[\frac{1}{2}+\sum_{k=1}^{n-1}\cos kx\right]+\cos nx=\frac{\sin\left(n-\frac{1}{2}\right)x}{2\sin\frac{x}{2}}+\cos nx$$

$$=\frac{\sin\left(n-\frac{1}{2}\right)x+2\sin\frac{x}{2}\cos nx}{2\sin\frac{x}{2}}$$

$$=\frac{\sin nx\cos\frac{x}{2}-\cos nx\sin\frac{x}{2}+2\sin\frac{x}{2}\cos nx}{2\sin\frac{x}{2}}$$

$$=\frac{\sin nx\cos\frac{x}{2}+\cos nx\sin\frac{x}{2}}{2\sin\frac{x}{2}}=\frac{\sin\left(n+\frac{1}{2}\right)x}{2\sin\frac{x}{2}}.$$

因此对一切正整数 n,(2) 式成立。 ■

定理 1(Fourier 级数的收敛定理)　设 $f(x)$ 是最小正周期为 $T=\frac{2\pi}{\omega}$ 的实值周期函数,且它在 $\left[-\frac{T}{2},\frac{T}{2}\right]$ 上有一阶导数,则

$$f(x)=\frac{a_0}{2}+\sum_{n=1}^{\infty}(a_n\cos n\omega x+b_n\sin n\omega x),\tag{3}$$

(3) 式称为 $f(x)$ 的 **Fourier 级数展开式**。

证明　任给 $x_0\in\left[-\frac{T}{2},\frac{T}{2}\right]$,当 $x=x_0$ 时,(3) 式右端级数的部分和 $S_n(x_0)$ 为

$$\begin{aligned}S_n(x_0)&=\frac{a_0}{2}+\sum_{k=1}^{n}(a_k\cos k\omega x_0+b_k\sin k\omega x_0)\\&=\frac{1}{T}\int_{-\frac{T}{2}}^{\frac{T}{2}}f(x)\mathrm{d}x+\sum_{k=1}^{n}\left[\left(\frac{2}{T}\int_{-\frac{T}{2}}^{\frac{T}{2}}f(x)\cos k\omega x\,\mathrm{d}x\right)\cos k\omega x_0\right.\\&\quad\left.+\left(\frac{2}{T}\int_{-\frac{T}{2}}^{\frac{T}{2}}f(x)\sin k\omega x\,\mathrm{d}x\right)\sin k\omega x_0\right]\end{aligned}$$

$$= \frac{1}{T}\int_{-\frac{T}{2}}^{\frac{T}{2}} f(x)\mathrm{d}x + \frac{2}{T}\sum_{k=1}^{n}\int_{-\frac{T}{2}}^{\frac{T}{2}} f(x)(\cos k\omega x\ \cos k\omega x_0 + \sin k\omega x\ \sin k\omega x_0)\mathrm{d}x$$

$$= \frac{2}{T}\int_{-\frac{T}{2}}^{\frac{T}{2}} f(x)\left[\frac{1}{2} + \sum_{k=1}^{n}\cos(k\omega x - k\omega x_0)\right]\mathrm{d}x$$

$$= \frac{2}{T}\int_{-\frac{T}{2}}^{\frac{T}{2}} f(x)\,\frac{\sin\left(n+\frac{1}{2}\right)\omega(x-x_0)}{2\sin\frac{\omega(x-x_0)}{2}}\mathrm{d}x$$

$$= \frac{2}{T}\int_{x_0-\frac{T}{2}}^{x_0+\frac{T}{2}} f(x)\,\frac{\sin\left(n+\frac{1}{2}\right)\omega(x-x_0)}{2\sin\frac{\omega(x-x_0)}{2}}\mathrm{d}x$$

$$= \frac{2}{T}\int_{-\frac{T}{2}}^{\frac{T}{2}} f(x_0+t)\,\frac{\sin\left(n+\frac{1}{2}\right)\omega t}{2\sin\frac{\omega t}{2}}\mathrm{d}t, \tag{4}$$

其中，$x - x_0 = t$。

当 $f(x)$ 是常值函数 1 时，(4) 式右端可写成

$$\frac{2}{T}\int_{-\frac{T}{2}}^{\frac{T}{2}} \frac{\sin\left(n+\frac{1}{2}\right)\omega t}{2\sin\frac{\omega t}{2}}\mathrm{d}t = \frac{2}{T}\int_{-\frac{T}{2}}^{\frac{T}{2}}\left[\frac{1}{2} + \sum_{k=1}^{n}\cos k\omega t\right]\mathrm{d}t$$

$$= \frac{2}{T}\left[\frac{1}{2}T + \sum_{k=1}^{n}\frac{1}{k\omega}\left(\sin k\omega\,\frac{T}{2} - \sin k\omega\left(-\frac{T}{2}\right)\right)\right] = 1. \tag{5}$$

于是

$$S_n(x_0) - f(x_0) = \frac{2}{T}\left[\int_{-\frac{T}{2}}^{\frac{T}{2}} f(x_0+t)\,\frac{\sin\left(n+\frac{1}{2}\right)\omega t}{2\sin\frac{\omega t}{2}}\mathrm{d}t - \int_{-\frac{T}{2}}^{\frac{T}{2}} f(x_0)\,\frac{\sin\left(n+\frac{1}{2}\right)\omega t}{2\sin\frac{\omega t}{2}}\mathrm{d}t\right]$$

$$= \frac{2}{T}\int_{-\frac{T}{2}}^{\frac{T}{2}}\left[f(x_0+t) - f(x_0)\right]\frac{\sin\left(n+\frac{1}{2}\right)\omega t}{2\sin\frac{\omega t}{2}}\mathrm{d}t.$$

令

$$g(t) = \frac{f(x_0+t) - f(x_0)}{2\sin\frac{\omega t}{2}}, t \neq 0,$$

则 $$\lim_{t\to 0} g(t) = \lim_{t\to 0} \frac{f(x_0+t)-f(x_0)}{t} \cdot \frac{\omega t}{\omega 2\sin\frac{\omega t}{2}} = \frac{1}{\omega} f'(x_0).$$

令 $g(0)=\frac{1}{\omega}f'(x_0)$。由于 $f(x_0+t)$ 是 t 的连续函数，$\sin\frac{\omega t}{2}$ 也是 t 的连续函数，因此 $g(t)$ 是 $\left[-\frac{T}{2},\frac{T}{2}\right]$ 上的连续函数，从而 $g(t)$ 在 $\left[-\frac{T}{2},\frac{T}{2}\right]$ 上可积。根据引理 1 得

$$\begin{aligned}\lim_{n\to\infty}[S_n(x_0)-f(x_0)] &= \lim_{n\to\infty}\frac{2}{T}\int_{-\frac{T}{2}}^{\frac{T}{2}} \frac{f(x_0+t)-f(x_0)}{2\sin\frac{\omega t}{2}}\sin\left(n+\frac{1}{2}\right)\omega t\,\mathrm{d}t \\ &= \lim_{n\to\infty}\frac{2}{T}\int_{-\frac{T}{2}}^{\frac{T}{2}} g(t)\sin\left(n+\frac{1}{2}\right)\omega t\,\mathrm{d}t = 0,\end{aligned}$$

即 $\lim\limits_{n\to\infty} S_n(x_0) = f(x_0)$。从而

$$f(x_0) = \frac{a_0}{2} + \sum_{n=1}^{\infty}(a_n\cos n\omega x_0 + bn\sin n\omega x_0).$$

因此(3) 式成立，即 $f(x)$ 的 Fourier 级数收敛到它自身。 ■

由定理 1 立即得到：

$$S = \left\{\frac{1}{\sqrt{T}}, \sqrt{\frac{2}{T}}\cos n\omega x, \sqrt{\frac{2}{T}}\sin n\omega x \mid n\in\mathbf{N}^*\right\}$$

是 $C_T^{(1)}(-\infty,-\infty)$ 的一个标准正交基。

注：在证明定理 1 时没有用到 $f(x)$ 是模平方可积函数的条件，从而没有用到命题 2 的结论。我们是直接去证部分和序列 $\{S_n(x_0)\}$ 的极限是 $f(x_0)$，从而既证明了 $f(x)$ 的 Fourier 级数收敛，又同时证明了 $f(x)$ 的 Fourier 级数收敛到 $f(x)$ 自身。

我们可以把定理 1 中 $f(x)$ 的 Fourier 级数展开式(3) 用复数的指数形式来写。把 $\sqrt{-1}$ 记成 j，则 $\mathrm{e}^{\mathrm{j}\theta} = \cos\theta + \mathrm{j}\sin\theta$，于是 $\mathrm{e}^{-\mathrm{j}\theta} = \cos\theta - \mathrm{j}\sin\theta$。从而

$$\cos\theta = \frac{1}{2}(\mathrm{e}^{\mathrm{j}\theta}+\mathrm{e}^{-\mathrm{j}\theta}), \sin\theta = -\frac{\mathrm{j}}{2}(\mathrm{e}^{\mathrm{j}\theta}+\mathrm{e}^{-\mathrm{j}\theta}).$$

因此(3) 式可写成

$$\begin{aligned}f(x) &= \frac{a_0}{2} + \frac{1}{2}\sum_{n=1}^{\infty}[a_n(\mathrm{e}^{\mathrm{j}n\omega x}+\mathrm{e}^{-\mathrm{j}n\omega x}) - \mathrm{j}b_n(\mathrm{e}^{\mathrm{j}n\omega x}-\mathrm{e}^{-\mathrm{j}n\omega x})] \\ &= \frac{a_0}{2} + \frac{1}{2}\sum_{n=1}^{\infty}[(a_n-\mathrm{j}b_n)\mathrm{e}^{\mathrm{j}n\omega x} + (a_n+\mathrm{j}b_n)\mathrm{e}^{-\mathrm{j}n\omega x}].\end{aligned}$$

令

$$c_0 = \frac{a_0}{2} = \frac{1}{T}\int_{-\frac{T}{2}}^{\frac{T}{2}} f(x)\,\mathrm{d}x,$$

$$c_n = \frac{1}{2}(a_n - \mathrm{j}b_n) = \frac{1}{2}\left[\frac{2}{T}\int_{-\frac{T}{2}}^{\frac{T}{2}} f(x)\cos n\omega x\,\mathrm{d}x - \mathrm{j}\,\frac{2}{T}\int_{-\frac{T}{2}}^{\frac{T}{2}} f(x)\sin n\omega x\,\mathrm{d}x\right]$$

$$= \frac{1}{T}\int_{-\frac{T}{2}}^{\frac{T}{2}} f(x)(\cos n\omega x - \mathrm{j}\sin n\omega x)\,\mathrm{d}x$$

$$= \frac{1}{T}\int_{-\frac{T}{2}}^{\frac{T}{2}} f(x)\mathrm{e}^{-\mathrm{j}n\omega x}\,\mathrm{d}x, n = 1,2,3\cdots,$$

$$c_{-n} = \frac{1}{2}(a_n + \mathrm{j}b_n) = \frac{1}{T}\int_{-\frac{T}{2}}^{\frac{T}{2}} f(x)\mathrm{e}^{\mathrm{j}n\omega x}\,\mathrm{d}x, n = 1,2,3\cdots.$$

c_0, c_n, c_{-n} 可以统一写成

$$c_n = \frac{1}{T}\int_{-\frac{T}{2}}^{\frac{T}{2}} f(x)\mathrm{e}^{-\mathrm{j}n\omega x}\,\mathrm{d}x, n = 0, \pm 1, \pm 2, \cdots.$$

于是 $f(x)$ 的 Fourier 展开式(3) 可以写成

$$f(x) = c_0 + \sum_{n=1}^{\infty}\left[c_n\mathrm{e}^{\mathrm{j}n\omega x} + c_{-n}\mathrm{e}^{-\mathrm{j}n\omega x}\right] = \sum_{n=-\infty}^{+\infty} c_n\mathrm{e}^{\mathrm{j}n\omega x}, \tag{6}$$

或者写成

$$f(x) = \frac{1}{T}\sum_{n=-\infty}^{+\infty}\left[\int_{-\frac{T}{2}}^{\frac{T}{2}} f(x)\mathrm{e}^{-\mathrm{j}n\omega x}\,\mathrm{d}x\right]\mathrm{e}^{\mathrm{j}n\omega x}. \tag{7}$$

(6) 式和(7) 式称为 $f(x)$ 的 Fourier 展开式的复指数形式。

令

$$\hat{f}(n) = \frac{1}{\sqrt{T}}\int_{-\frac{T}{2}}^{\frac{T}{2}} f(x)\mathrm{e}^{-\mathrm{j}n\omega x}\,\mathrm{d}x, \tag{8}$$

称 $\hat{f}$ 是 f 的离散 Fourier 变换。由(7) 式得

$$f(x) = \frac{1}{\sqrt{T}}\sum_{n=-\infty}^{+\infty}\hat{f}(n)\mathrm{e}^{\mathrm{j}n\omega x}. \tag{9}$$

量子力学中需要用连续的 Fourier 变换。讲连续的 Fourier 变换就需要先讲 Fourier 积分。

根据Fourier级数的收敛定理,对于周期函数 $f(x)$,它的最小正周期为 $T=\frac{2\pi}{\omega}$,若它在 $\left[-\frac{T}{2},\frac{T}{2}\right]$上有 1 阶导数,则

$$f(x) = \frac{a_0}{2} + \sum_{n=1}^{\infty}(a_n\cos n\omega x + b_n\sin n\omega x). \tag{10}$$

现在来探索 $f(x)$ 是非周期函数的情形。

例如，$f(x)=\frac{1}{2}x^2$。任给 $x_0\in(-\infty,+\infty)$，可选取正数 T 使得 $x_0\in\left[-\frac{T}{2},\frac{T}{2}\right]$，对这个 x_0，(10) 式成立。T 越大，可以有 x 越多的值使得(10) 式成立。对于同一个 x_0，T 选得不一样，系数 a_0,a_n,b_n 也随之不同，从而 $f(x)$ 的展开式不同。我们希望 $f(x)$ 有一个统一的展开式，这需要换一个思路。

设 $f(x)$ 在$(-\infty,+\infty)$ 上绝对可积，对任意实数 u，定义

$$a(u)=\frac{1}{\pi}\int_{-\infty}^{+\infty}f(t)\cos ut\,\mathrm{d}t,\ b(u)=\frac{1}{\pi}\int_{-\infty}^{+\infty}f(t)\sin ut\,\mathrm{d}t,\tag{11}$$

这两个积分都是绝对收敛的。

类比 Fourier 级数，把求和换成积分，考虑

$$\int_0^{+\infty}[a(u)\cos ux+b(u)\sin ux]\mathrm{d}u,\tag{12}$$

此积分称为 $f(x)$ 的 **Fourier 积分**。

$f(x)$ 的 Fourier 积分是否收敛?若收敛，是否收敛到 $f(x)$ 自身?

类比 Fourier 级数的部分和，对于 $f(x)$ 的 Fourier 积分考虑:对于正数 λ，令

$$S(\lambda,x)=\int_0^{\lambda}[a(u)\cos ux+b(u)\sin ux]\mathrm{d}u,\tag{13}$$

为了说明 $S(\lambda,x)$ 是有意义的，即对任意 $\lambda>0$，(13) 式右端的积分是存在的，我们先证明下述命题 3。

命题 3 设 $f(x)$ 在$(-\infty,+\infty)$ 上绝对可积，那么由(11) 式定义的 $a(u)$ 和 $b(u)$ 都在$(-\infty,+\infty)$ 上一致连续($a(u)$ 在$(-\infty,+\infty)$ 上一致连续的定义是:任给 $\varepsilon>0$，存在 $\delta>0$，使得当 $|u'-u''|<\delta$ 时，有 $|a(u')-a(u'')|<\varepsilon$)。

证明 由于 $f(x)$ 在$(-\infty,+\infty)$ 上绝对可积，因此对于任给 $\varepsilon>0$，存在 $A>0$，使得

$$\int_{-\infty}^{-A}|f(t)|\,\mathrm{d}t+\int_A^{+\infty}|f(t)|\,\mathrm{d}t<\frac{\pi}{4}\varepsilon.$$

由于 $\cos x$ 在$(-\infty,+\infty)$ 上一致连续，因此存在 $\eta>0$，使得当 $|x'-x''|<\eta$ 时，有

$$|\cos x'-\cos x''|<\frac{\varepsilon}{2}\left(\frac{1}{\pi}\int_{-A}^{A}|f(t)|\,\mathrm{d}t\right)^{-1}.$$

取 $\delta=\frac{\eta}{A}$，当 $|u'-u''|<\delta,t\in[-A,A]$ 时，由于

$$|u't-u''t|=|u'-u''||t|<A\delta=\eta,$$

因此
$$|\cos u't-\cos u''t|<\frac{\varepsilon}{2}\left(\frac{1}{\pi}\int_{-A}^{A}|f(t)|\,\mathrm{d}t\right)^{-1}.$$

于是当 $|u'-u''|<\delta$ 时，有

$$|a(u')-a(u'')|\leqslant \frac{1}{\pi}\int_{-\infty}^{+\infty}|f(t)||\cos u't-\cos u''t|\,\mathrm{d}t$$

$$\leqslant \frac{2}{\pi}\int_{-\infty}^{-A}|f(t)|\,\mathrm{d}t+\frac{2}{\pi}\int_{A}^{+\infty}|f(t)|\,\mathrm{d}t+\frac{1}{\pi}\int_{-A}^{A}|f(t)||\cos u't-\cos u''t|\,\mathrm{d}t$$

$$<\frac{\varepsilon}{2}+\frac{1}{\pi}\int_{-A}^{A}|f(t)|\frac{\varepsilon}{2}\left(\frac{1}{\pi}\int_{-A}^{A}|f(t)|\,\mathrm{d}t\right)^{-1}\mathrm{d}t$$

$$=\frac{\varepsilon}{2}+\frac{\varepsilon}{2}\left(\frac{1}{\pi}\int_{-A}^{A}|f(t)|\,\mathrm{d}t\right)^{-1}\frac{1}{\pi}\int_{-A}^{A}|f(t)|\,\mathrm{d}t=\frac{\varepsilon}{2}+\frac{\varepsilon}{2}=\varepsilon.$$

因此 $a(u)$ 在$(-\infty,+\infty)$ 上一致连续。

同理可证,$b(u)$ 在$(-\infty,+\infty)$ 上一致连续。 ■

由命题 3 得,对于任意 $\lambda>0$,$S(\lambda,x)$ 都是有意义的。

把 $a(u)$,$b(u)$ 的表达式(11) 代入到(13) 式,得

$$S(\lambda,x)=\frac{1}{\pi}\int_{0}^{\lambda}\left[\left(\int_{-\infty}^{+\infty}f(t)\cos ut\,\mathrm{d}t\right)\cos ux+\left(\int_{-\infty}^{+\infty}f(t)\sin ut\,\mathrm{d}t\right)\sin ux\right]\mathrm{d}u$$

$$=\frac{1}{\pi}\int_{0}^{\lambda}\left\{\int_{-\infty}^{+\infty}f(t)[\cos ut\cos ux+\sin ut\sin ux]\,\mathrm{d}t\right\}\mathrm{d}u$$

$$=\frac{1}{\pi}\int_{0}^{\lambda}\left[\int_{-\infty}^{+\infty}f(t)\cos u(x-t)\,\mathrm{d}t\right]\mathrm{d}u \tag{14}$$

类比 Fourier 级数的部分和 $S_n(x_0)$ 的表达式(4),我们猜测对于 $S(\lambda,x)$ 有下述命题 4。

命题 4 设 $f(x)$ 在$(-\infty,+\infty)$ 上绝对可积,则对于任意 $\lambda>0$,有

$$S(\lambda,x)=\frac{1}{\pi}\int_{-\infty}^{+\infty}f(x-t)\,\frac{\sin\lambda t}{t}\,\mathrm{d}t. \tag{15}$$

证明 如果 $S(\lambda,x)$ 的表达式(14) 中的两个积分号可以交换次序,那么

$$S(\lambda,x)=\frac{1}{\pi}\int_{-\infty}^{+\infty}\left[\int_{0}^{\lambda}f(t)\cos u(x-t)\,\mathrm{d}u\right]\mathrm{d}t$$

$$=\frac{1}{\pi}\int_{-\infty}^{+\infty}f(t)\left[\frac{1}{x-t}\sin u(x-t)\Big|_{0}^{\lambda}\right]\mathrm{d}t$$

$$=\frac{1}{\pi}\int_{-\infty}^{+\infty}f(t)\,\frac{\sin\lambda(x-t)}{x-t}\,\mathrm{d}t$$

$$=\frac{1}{\pi}\int_{+\infty}^{-\infty}-f(x-y)\,\frac{\sin\lambda y}{y}\,\mathrm{d}y$$

$$=\frac{1}{\pi}\int_{-\infty}^{+\infty}f(x-t)\,\frac{\sin\lambda t}{t}\,\mathrm{d}t.$$

现在来证(14) 式中的两个积分号可以交换次序。

对于任意正数 M,由于 $f(x)$ 在$(-\infty,+\infty)$ 上绝对可积,因此

$$\int_0^\lambda |f(t)\cos u(x-t)|\mathrm{d}u \leqslant \int_0^\lambda |f(t)|\mathrm{d}u = |f(t)|\lambda < +\infty,$$

$$\int_{-M}^{M} |f(t)\cos u(x-t)|\mathrm{d}t \leqslant \int_{-M}^{M} |f(t)\mathrm{d}t < +\infty.$$

根据 Fubini 定理(参看参考文献 20 的第 299 页的定理 11)得

$$\int_{-M}^{M}\int_0^\lambda |f(t)\cos u(x-t)|\mathrm{d}u\mathrm{d}t < +\infty,$$

并且

$$\int_{-M}^{M}\left[\int_0^\lambda f(t)\cos u(x-t)\mathrm{d}u\right]\mathrm{d}t = \int_{-M}^{M}\int_0^\lambda f(t)\cos u(x-t)\mathrm{d}u\mathrm{d}t$$

$$= \int_0^\lambda\left[\int_{-M}^{M} f(t)\cos u(x-t)\mathrm{d}t\right]\mathrm{d}u.$$

由于 $f(x)$ 在$(-\infty,+\infty)$上绝对可积,因此对于任意固定正数 λ,任给 $\varepsilon>0$,存在 $M_0>0$,使得当 $M>M_0$ 时有

$$\int_{-\infty}^{-M} |f(t)|\mathrm{d}t + \int_M^{+\infty} |f(t)|\mathrm{d}t < \frac{\varepsilon}{\lambda}.$$

从而当 $M>M_0$ 时有

$$\left|\int_0^\lambda\left[\int_{-\infty}^{+\infty} f(t)\cos u(x-t)\mathrm{d}t\right]\mathrm{d}u - \int_0^\lambda\left[\int_{-M}^{M} f(t)\cos u(x-t)\mathrm{d}t\right]\mathrm{d}u\right|$$

$$= \left|\int_0^\lambda\left[\int_{-\infty}^{-M} f(t)\cos u(x-t)\mathrm{d}t + \int_M^{+\infty} f(t)\cos u(x-t)\mathrm{d}t\right]\mathrm{d}u\right|$$

$$\leqslant \int_0^\lambda\left[\int_{-\infty}^{-M} |f(t)|\mathrm{d}t + \int_M^{+\infty} |f(t)|\mathrm{d}t\right]\mathrm{d}u$$

$$< \int_0^\lambda \frac{\varepsilon}{\lambda}\mathrm{d}u = \frac{\varepsilon}{\lambda}\lambda = \varepsilon.$$

因此

$$\lim_{M\to+\infty}\int_0^\lambda\left[\int_{-M}^{M} f(t)\cos u(x-t)\mathrm{d}t\right]\mathrm{d}u = \int_0^\lambda\left[\int_{-\infty}^{+\infty} f(t)\cos u(x-t)\mathrm{d}t\right]\mathrm{d}u.$$

又有

$$\lim_{M\to+\infty}\int_{-M}^{M}\left[\int_0^\lambda f(t)\cos u(x-t)\mathrm{d}u\right]\mathrm{d}t = \int_{-\infty}^{+\infty}\left[\int_0^\lambda f(t)\cos u(x-t)\mathrm{d}u\right]\mathrm{d}t.$$

从而

$$\int_0^\lambda\left[\int_{-\infty}^{+\infty} f(t)\cos u(x-t)\mathrm{d}t\right]\mathrm{d}u = \int_{-\infty}^{+\infty}\left[\int_0^\lambda f(t)\cos u(x-t)\mathrm{d}u\right]\mathrm{d}t.$$

因此(15)式成立。 ■

推论 1　设 $f(x)$ 在$(-\infty,+\infty)$上绝对可积,则对于任给正数 λ,有

$$S(\lambda,x) = \frac{1}{\pi}\int_0^{+\infty}[f(x+t)+f(x-t)]\frac{\sin\lambda t}{t}\mathrm{d}t. \tag{16}$$

证明 由命题 4 得

$$S(\lambda,x)=\frac{1}{\pi}\left[\int_{-\infty}^{0}f(x-t)\frac{\sin\lambda t}{t}\mathrm{d}t+\int_{0}^{+\infty}f(x-t)\frac{\sin\lambda t}{t}\mathrm{d}t\right]$$
$$=\frac{1}{\pi}\left[\int_{+\infty}^{0}-f(x+y)\frac{\sin\lambda(-y)}{-y}\mathrm{d}y+\int_{0}^{+\infty}f(x-t)\frac{\sin\lambda t}{t}\mathrm{d}t\right]$$
$$=\frac{1}{\pi}\left[\int_{0}^{+\infty}f(x+t)\frac{\sin\lambda t}{t}\mathrm{d}t+\int_{0}^{+\infty}f(x-t)\frac{\sin\lambda t}{t}\mathrm{d}t\right]$$
$$=\frac{1}{\pi}\left[\int_{0}^{+\infty}[f(x+t)+f(x-t)]\frac{\sin\lambda t}{t}\mathrm{d}t\right].$$ ■

定理 2(Fourier 积分定理) 设 f 在 $(-\infty,+\infty)$ 上绝对可积,且 f 在 x 处有广义的左右导数,即下述两个极限存在:

$$\lim_{t\to0^+}\frac{f(x+t)-f(x+0)}{t},\lim_{t\to0^+}\frac{f(x-t)-f(x-0)}{-t},$$

则

$$\frac{1}{2\pi}\int_{-\infty}^{+\infty}\left[\int_{-\infty}^{+\infty}f(t)\cos u(x-t)\mathrm{d}t\right]\mathrm{d}u=\frac{1}{2}[f(x+0)+f(x-0)];\tag{17}$$

若 f 在 x 处连续,则有

$$f(x)=\frac{1}{2\pi}\int_{-\infty}^{+\infty}\left[\int_{-\infty}^{+\infty}f(t)\cos u(x-t)\mathrm{d}t\right]\mathrm{d}u.\tag{18}$$

(18) 式称为 f 的 **Fourier 积分公式**。

证明 第一步:由于 f 在 $(-\infty,+\infty)$ 上绝对可积,因此任给 $\varepsilon>0$,存在 $M_0>1$,使得

$$\int_{M_0}^{+\infty}|f(x+t)+f(x-t)|\mathrm{d}t<\varepsilon.$$

而当 $t>M_0$ 时,有

$$\left|\frac{\sin\lambda t}{t}\right|\leqslant\frac{1}{t}<\frac{1}{M_0}<1.$$

因此对一切正数 λ,有

$$\left|\int_{M_0}^{+\infty}[f(x+t)+f(x-t)]\frac{\sin\lambda t}{t}\mathrm{d}t\right|\leqslant\int_{M_0}^{+\infty}|f(x+t)+f(x-t)|\mathrm{d}t<\varepsilon.$$

根据引理 1,对于任意正数 $h<M_0$,有

$$\lim_{\lambda\to+\infty}\int_{h}^{M_0}\frac{f(x+t)+f(x-t)}{t}\sin\lambda t\mathrm{d}t=0.$$

因此

$$\lim_{\lambda\to+\infty}\int_{h}^{+\infty}[f(x+t)+f(x-t)]\frac{\sin\lambda t}{t}\mathrm{d}t=0.\tag{19}$$

于是当 $\lambda\to+\infty$ 时，积分(16) 是否收敛，以及收敛于什么值，完全取决于积分

$$\frac{1}{\pi}\int_0^h[f(x+t)+f(x-t)]\frac{\sin\lambda t}{t}\mathrm{d}t \tag{20}$$

当 $\lambda\to+\infty$ 时的极限情况，因而仅与 f 在 x 附近的值有关。下面来探索这个问题。

第二步：由已知条件得

$$\lim_{t\to 0^+}\frac{f(x+t)-f(x+0)}{t}=d_1,\lim_{t\to 0^+}\frac{f(x-t)-f(x-0)}{-t}=d_2.$$

于是任给 $\varepsilon>0$，存在 $\delta>0$(不妨设 $\delta<1$) 使得，当 $0<t<\delta$ 时，有

$$\left|\frac{f(x+t)-f(x+0)}{t}-d_1\right|<\varepsilon,\left|\frac{f(x-t)-f(x-0)}{-t}-d_2\right|<\varepsilon.$$

从而

$$d_1-\varepsilon<\frac{f(x+t)-f(x+0)}{t}<d_1+\varepsilon,d_2-\varepsilon<\frac{f(x-t)-f(x-0)}{-t}<d_2+\varepsilon.$$

由此得出，存在 $l>0$，使得当 $0<t<\delta$ 时，有

$$\left|\frac{f(x+t)-f(x+0)}{t}\right|\leqslant l,\left|\frac{f(x-t)-f(x-0)}{-t}\right|\leqslant l.$$

因此

$\dfrac{f(x+t)-f(x+0)}{t},\dfrac{f(x-t)-f(x-0)}{-t}$ 在 $[0,\delta]$ 上绝对可积。于是根据引理 1 得

$$\lim_{\lambda\to+\infty}\int_0^\delta\left[\frac{f(x+t)-f(x+0)}{t}-\frac{f(x-t)-f(x-0)}{-t}\right]\sin\lambda t\,\mathrm{d}t=0,$$

即

$$\lim_{\lambda\to+\infty}\int_0^\delta\{[f(x+t)+f(x-t)]-[f(x+0)+f(x-0)]\}\frac{\sin\lambda t}{t}\mathrm{d}t=0. \tag{21}$$

第三步：运用 Dirichlet 积分

$$\int_0^{+\infty}\frac{\sin v}{v}\mathrm{d}v=\frac{\pi}{2}, \tag{22}$$

由于这个积分收敛，因此

$$\lim_{\lambda\to+\infty}\int_{\lambda\delta}^{+\infty}\frac{\sin v}{v}\mathrm{d}v=0. \tag{23}$$

从而由(22) 式和(23) 式得

$$\begin{aligned}\lim_{\lambda\to+\infty}\int_0^\delta\frac{\sin\lambda t}{t}\mathrm{d}t&=\lim_{\lambda\to+\infty}\int_0^\delta\frac{\lambda\sin\lambda t}{\lambda t}\mathrm{d}t=\lim_{\lambda\to+\infty}\int_0^{\lambda\delta}\frac{\sin v}{v}\mathrm{d}v\\&=\lim_{\lambda\to+\infty}\left[\int_0^{+\infty}\frac{\sin v}{v}\mathrm{d}v-\int_{\lambda\delta}^{+\infty}\frac{\sin v}{v}\mathrm{d}v\right]=\frac{\pi}{2}.\end{aligned} \tag{24}$$

第四步:由(16)、(19)、(24) 和(21) 式得

$$\begin{aligned}
&\lim_{\lambda\to+\infty}\left\{S(\lambda,x)-\frac{1}{2}[f(x+0)+f(x-0)]\right\}\\
&=\lim_{\lambda\to+\infty}\left\{\frac{1}{\pi}\int_0^{+\infty}[f(x+t)+f(x-t)]\frac{\sin\lambda t}{t}\mathrm{d}t-\frac{1}{2}[f(x+0)+f(x-0)]\right\}\\
&=\lim_{\lambda\to+\infty}\left\{\frac{1}{\pi}\int_0^{\delta}[f(x+t)+f(x-t)]\frac{\sin\lambda t}{t}\mathrm{d}t-\frac{1}{2}[f(x+0)+f(x-0)]\right\}\\
&=\lim_{\lambda\to+\infty}\left\{\frac{1}{\pi}\int_0^{\delta}[f(x+t)+f(x-t)]\frac{\sin\lambda t}{t}\mathrm{d}t-\frac{1}{2}[f(x+0)+f(x-0)]\frac{2}{\pi}\int_0^{\delta}\frac{\sin\lambda t}{t}\mathrm{d}t\right\}\\
&=\frac{1}{\pi}\lim_{\lambda\to+\infty}\int_0^{\delta}\{[f(x+t)+f(x-t)]-[f(x+0)+f(x-0)]\}\frac{\sin\lambda t}{t}\mathrm{d}t\\
&=0.
\end{aligned}$$

因此

$$\lim_{\lambda\to+\infty}S(\lambda,x)=\frac{1}{2}[f(x+0)+f(x-0)].$$

结合 $S(\lambda,x)$ 的表达式(14) 得

$$\lim_{\lambda\to+\infty}\frac{1}{\pi}\int_0^{\lambda}\left[\int_{-\infty}^{+\infty}f(x)\cos u(x-t)\mathrm{d}t\right]\mathrm{d}u=\frac{1}{2}[f(x+0)+f(x-0)].$$

从而

$$\frac{1}{\pi}\int_0^{+\infty}\left[\int_{-\infty}^{+\infty}f(t)\cos u(x-t)\mathrm{d}t\right]\mathrm{d}u=\frac{1}{2}[f(x+0)+f(x-0)].\tag{25}$$

在(25) 式中,令 $y=-u$,得

$$\frac{1}{\pi}\int_{-\infty}^{0}\left[\int_{-\infty}^{+\infty}f(t)\cos y(x-t)\mathrm{d}t\right]\mathrm{d}y=\frac{1}{2}[f(x+0)+f(x-0)].\tag{26}$$

在(26) 式中令 $y=u$,再与(25) 式相加得

$$\frac{1}{2\pi}\int_{-\infty}^{+\infty}\left[\int_{-\infty}^{+\infty}f(t)\cos u(x-t)\mathrm{d}t\right]\mathrm{d}u=\frac{1}{2}[f(x+0)+f(x-0)].\tag{27}$$

当 f 在 x 处连续时,从(27) 式得

$$f(x)=\frac{1}{2\pi}\int_{-\infty}^{+\infty}\left[\int_{-\infty}^{+\infty}f(t)\cos u(x-t)\mathrm{d}t\right]\mathrm{d}u.\tag{28}$$ ■

下面设 f 在$(-\infty,+\infty)$ 上绝对可积,且 f 在 x 处连续,则有 f 的 Fourier 积分公式(28)。我们来探索复数形式的 Fourier 积分公式。令

$$g(u)=\int_{-\infty}^{+\infty}f(t)\sin u(x-t)\mathrm{d}t.$$

由于

$$g(-u)=\int_{-\infty}^{+\infty}f(t)\sin(-u)(x-t)\mathrm{d}t=-g(u),$$

因此 $g(u)$ 是奇函数，从而 $\int_{-\infty}^{+\infty} g(u)\mathrm{d}u = 0$。于是有

$$\frac{1}{2\pi}\int_{-\infty}^{+\infty}\left[\int_{-\infty}^{+\infty} f(t)\sin u(x-t)\mathrm{d}t\right]\mathrm{d}u = 0. \tag{29}$$

用 i 乘(29) 式两边，再与(28) 式相加得

$$\begin{aligned} f(x) &= \frac{1}{2\pi}\int_{-\infty}^{+\infty}\left[\int_{-\infty}^{+\infty} f(t)\mathrm{e}^{\mathrm{i}u(x-t)}\mathrm{d}t\right]\mathrm{d}u \\ &= \frac{1}{2\pi}\int_{-\infty}^{+\infty}\left[\int_{-\infty}^{+\infty} f(t)\mathrm{e}^{-\mathrm{i}ut}\mathrm{d}t\right]\mathrm{e}^{\mathrm{i}ux}\mathrm{d}u. \end{aligned} \tag{30}$$

(30) 式是 f 的复数形式的 Fourier 积分公式。令

$$\hat{f}(u) = \frac{1}{\sqrt{2\pi}}\int_{-\infty}^{+\infty} f(t)\mathrm{e}^{-\mathrm{i}ut}\mathrm{d}t, u\in\mathbf{R}, \tag{31}$$

$\hat{f}$ 称为 f 的 **Fourier 变换**。

在 f 的连续点 x 处，有

$$f(x) = \frac{1}{\sqrt{2\pi}}\int_{-\infty}^{+\infty}\hat{f}(u)\mathrm{e}^{\mathrm{i}ux}\mathrm{d}u, \tag{32}$$

(32) 式称为 f 的 **Fourier 逆变换公式**。

1925 年奥地利物理学家 Schrödinger 首先提出用波函数 $\psi(\boldsymbol{r},t)$ 描述微观粒子的运动状态。

在势能为 0 的外力场中运动的粒子称为**自由粒子**。例如，一个沿 x 轴正向运动的，不受外力作用的自由粒子，由于能量 E 和动量 p 都是常量，因此波的频率 υ 和波长 λ 都不随时间变化，从而这个自由粒子的波是一列单色平面波。类比机械波的平面简谐波的波函数 $\widetilde{y}(x,t)$，在量子力学中，单色平面波的波函数 $\psi(x,t)$ 为

$$\psi(x,t) = \psi_0\mathrm{e}^{-\mathrm{i}2\pi(\upsilon t-\frac{x}{\lambda})} = \psi_0\mathrm{e}^{-\mathrm{i}2\pi(\frac{E}{h}t-\frac{p}{h}x)} = \psi_0\mathrm{e}^{-\mathrm{i}/\hbar(Et-px)} = \psi_0\mathrm{e}^{\frac{\mathrm{i}}{\hbar}px}\mathrm{e}^{-\frac{\mathrm{i}}{\hbar}Et}, \tag{33}$$

其中 $\hbar = \frac{h}{2\pi}$，$\psi_0\mathrm{e}^{\mathrm{i}/\hbar px}$ 称为复振幅，也称为**初始波函数**(即 $t=0$ 时的波函数) 或**波幅**。

对于一个沿 x 轴正向且在外力场中运动的粒子，它的波幅 $\psi(x)$ 是连续函数(理由将在下面给出)，因此根据复数形式的 Fourier 积分公式得，$\psi(x)$ 可以展开成许多单色平面波的叠加：

$$\psi(x) = \frac{1}{\sqrt{2\pi}}\int_{-\infty}^{+\infty}\varphi(p)\mathrm{e}^{\mathrm{i}\frac{p}{\sqrt{\hbar}}\frac{x}{\sqrt{\hbar}}}\mathrm{d}\left(\frac{p}{\sqrt{\hbar}}\right) = \frac{1}{\sqrt{2\pi\hbar}}\int_{-\infty}^{+\infty}\varphi(p)\mathrm{e}^{\mathrm{i}\frac{px}{\hbar}}\mathrm{d}p, \tag{34}$$

其中 $\varphi(p)$ 待定。取 $\varphi(p) = \hat{\psi}(p)$，则根据(31)、(32) 式得

$$\varphi(p) = \hat{\psi}(p) = \frac{1}{\sqrt{2\pi}}\int_{-\infty}^{+\infty}\psi(x)\mathrm{e}^{-\mathrm{i}\frac{p}{\sqrt{\hbar}}\frac{x}{\sqrt{\hbar}}}\mathrm{d}\left(\frac{x}{\sqrt{\hbar}}\right) = \frac{1}{\sqrt{2\pi\hbar}}\int_{-\infty}^{+\infty}\psi(x)\mathrm{e}^{-\mathrm{i}\frac{px}{\hbar}}\mathrm{d}x. \tag{35}$$

(34) 式(即 Fourier 逆变换的公式) 是把波幅 $\psi(x)$ 展开成许多单色平面波的波幅的叠加；而(35) 式(即 ψ 的 Fourier 变换) 是把 $\psi(x)$ 展开成单色平面波的叠加时，单色平面波的波幅。

现在设粒子在3维空间的外力场中运动，则它的波幅 $\psi(\boldsymbol{r})$ 可以展开成许多单色平面波的波幅的叠加：

$$\psi(\boldsymbol{r}) = \frac{1}{(\sqrt{2\pi h})^3}\int_{-\infty}^{+\infty}\int_{-\infty}^{+\infty}\int_{-\infty}^{+\infty}\varphi(\boldsymbol{p})\mathrm{e}^{p\cdot r/\hbar}\mathrm{d}^3 p, \tag{36}$$

从而

$$\varphi(\boldsymbol{p}) = \hat{\psi}(\boldsymbol{p}) = \frac{1}{(\sqrt{2\pi\hbar})^3}\int_{-\infty}^{+\infty}\int_{-\infty}^{+\infty}\int_{-\infty}^{+\infty}\psi(\boldsymbol{r})\mathrm{e}^{-\mathrm{i}p\cdot r/\hbar}d^3 r \tag{37}$$

今后我们把(36)、(37)式中的三重积分号简记成一重积分号。

量子力学提出后，许多悬而未决的问题很快得以解决。

仔细分析一下实验可以看出，电子所呈现出来的粒子性只是以具有一定的质量和电荷等属性的客体出现在实验中，但并不与“粒子有确切的轨道”的概念有什么联系。而电子呈现出的波动性，也只不过是波动最本质的东西——波的叠加性，但并不一定与某种实在的物理量在空间的波动联系在一起。把粒子性与波动性统一起来，更确切地说，把微观粒子的“原子性”与波的“叠加性”统一起来的是 M. Born(1926)提出的几率波。他认为 L. de Broglie 提出的“物质波”，或 Schrödinger 方程中的波函数所描述的，并不像经典波那样代表什么实在的物理量的波动，只不过是刻画粒子在空间的几率分布的几率波而已。电子的双缝衍射实验表明，底片上的感光点子的密度分布构成一个有规律的花样，与 X 光衍射中出现的衍射花样完全相似。就强度分布来讲，与经典波(例如声波)是相似的，而与机枪子弹在靶上的密度分布完全不同。这种现象可以解释如下：

在底片上 $\boldsymbol{r}$ 点附近衍射花样的强度

$\propto$ 在 $\boldsymbol{r}$ 点附近感光点子的数目，

$\propto$ 在 $\boldsymbol{r}$ 点附近出现的电子的数目，

$\propto$ 电子出现在 $\boldsymbol{r}$ 点附近的几率，

这里的符号“$\propto$”表示“正比例于”。设衍射波波幅用 $\psi(\boldsymbol{r})$ 描述，与光学中相似，衍射花样的强度分布则用 $|\psi(\boldsymbol{r})|^2$ 描述。但这里衍射强度 $|\psi(\boldsymbol{r})|^2$ 的意义与经典波根本不同，它是刻画电子出现在 $\boldsymbol{r}$ 点附近的几率大小的一个量。更确切地说，$|\psi(\boldsymbol{r})^2|\Delta x\Delta y\Delta z$ 表示在 $\boldsymbol{r}$ 点处的体积元 $\Delta x\Delta y\Delta z$ 中找到粒子的几率。这就是 Born 提出的波函数的几率诠释，它是量子力学的基本原理之一，它的正确性已被无数次的实验观测(例如散射粒子的角分布)所证实。按照这种理解，电子呈现出来的波动性只是反映微观客体运动的一种统计规律性，因此称为**几率波**(probability wave)。波函数 $\psi(\boldsymbol{r})$ 也常常称为**几率波幅**或**概率幅**(probability amplitude)。应该说，在非相对论的情况下(没有粒子产生和湮没现象)，几率波概念正确地把物质粒子的波动性与原子性统一了起来。

由于在时刻 t,粒子在空间的任一点出现的概率是唯一确定的,并且粒子在空间各点的概率分布是连续变化的,因此波函数 $\psi(\boldsymbol{r})$是单值的,且是连续函数。

根据波函数的统计诠释,很自然地要求该粒子(不产生,不湮灭)在空间各点的几率之总和为 1,即要求波函数 $\psi(\boldsymbol{r})$满足下列条件。

$$\int_{(全)} |\psi(\boldsymbol{r})|^2 \mathrm{d}^3 r = 1 \qquad (\mathrm{d}^3 r = \mathrm{d}x\mathrm{d}y\mathrm{d}z), \tag{38}$$

这称为波函数的归一化条件。但应该强调,对于几率分布来说,重要的是相对几率分布。不难看出,$\psi(\boldsymbol{r})$与 $C\psi(\boldsymbol{r})$(C 为常数)所描述的相对几率分布是完全相同的,因为在空间任意两点 $\boldsymbol{r}_1$ 和 $\boldsymbol{r}_2$ 处,$C\psi(\boldsymbol{r})$描述的粒子的相对几率为

$$\left|\frac{C\psi(\boldsymbol{r}_1)}{C\psi(\boldsymbol{r}_2)}\right|^2 = \left|\frac{\psi(\boldsymbol{r}_1)}{\psi(\boldsymbol{r}_2)}\right|^2,$$

与 $\psi(\boldsymbol{r})$描述的相对几率完全相同。换言之,$C\psi(\boldsymbol{r})$与 $\psi(\boldsymbol{r})$描述的是同一个几率波。所以,波函数有一个常数因子不定性。在这一点上,几率波与经典波有本质的差别。一个经典波的波幅若增大一倍,则相应的波动的能量将为原来的 4 倍,因而代表完全不同的波动状态。

还应提到,即使加上归一化条件,波函数仍然有一个模为 1 的相因子的不定性,或者说,相位(phase)不定性。这是因为假设 $\psi(\boldsymbol{r})$是归一化的波函数,则 $\mathrm{e}^{\mathrm{i}\theta}\psi(\boldsymbol{r})$($\theta$ 为实常数)也是归一化的,而 $\psi(\boldsymbol{r})$,$\mathrm{e}^{\mathrm{i}\theta}\psi(\boldsymbol{r})$描述的是同一个几率波。

以上讨论的是一个粒子的波函数。对于一个由若干个粒子组成的体系,例如,N 个粒子组成的体系,它的波函数表示为

$$\psi(\boldsymbol{r}_1, \boldsymbol{r}_2, \cdots, \boldsymbol{r}_N),$$

其中 $\boldsymbol{r}_1(x_1, y_1, z_1)$,$\boldsymbol{r}_2(x_2, y_2, z_2)$,$\cdots$,$\boldsymbol{r}_N(x_N, y_N, z_N)$分别表示各粒子的空间坐标。此时

$$|\psi(\boldsymbol{r}_1, \boldsymbol{r}_2, \cdots, \boldsymbol{r}_N)|^2 \mathrm{d}^3 r_1 \mathrm{d}^3 r_2 \cdots \mathrm{d}^3 r_N$$

表示粒子 1 出现在$(\boldsymbol{r}_1, \boldsymbol{r}_1 + \mathrm{d}\boldsymbol{r}_1)$中,同时粒子 2 出现在$(\boldsymbol{r}_2, \boldsymbol{r}_2 + \mathrm{d}\boldsymbol{r}_2)$中,$\cdots$,同时粒子 N 出现在$(\boldsymbol{r}_N + \mathrm{d}\boldsymbol{r}_N)$中的几率,归一化条件表示为

$$\int_{(全)} |\psi(\boldsymbol{r}_1, \boldsymbol{r}_2, \cdots, \boldsymbol{r}_N)|^2 \mathrm{d}^3 r_1 \mathrm{d}^3 r_2 \cdots \mathrm{d}^3 r_N = 1. \tag{39}$$

把(39)式简记成

$$\int_{(全)} |\psi(\boldsymbol{\tau})|^2 \mathrm{d}\boldsymbol{\tau} = 1, \tag{40}$$

其中$\int_{(全)} \mathrm{d}\boldsymbol{\tau}$ 表示对体系的全部坐标空间进行积分。例如,对于一维粒子,

$$\int_{(全)} \mathrm{d}\boldsymbol{\tau} = \int_{-\infty}^{+\infty} \mathrm{d}x;$$

对于 3 维粒子,

$$\int_{(全)} \mathrm{d}\boldsymbol{\tau} = \iiint_{-\infty}^{+\infty} \mathrm{d}x\mathrm{d}y\mathrm{d}z;$$

对于 N 个粒子组成的体系，

$$\int_{(全)} \mathrm{d}\boldsymbol{\tau} = \int_{-\infty}^{+\infty} \cdots \int_{+\infty}^{+\infty} \cdots \mathrm{d}x_1 \mathrm{d}y_1 \mathrm{d}z_1 \cdots \mathrm{d}x_N \mathrm{d}y_N \mathrm{d}z_N.$$

设粒子在 3 维空间的外力场中运动。由(36)式知道，$\varphi(\boldsymbol{p})$是 $\psi(\boldsymbol{r})$中含有的单色平面波 $\varphi(\boldsymbol{p})\mathrm{e}^{i\boldsymbol{p}\cdot\boldsymbol{r}/\hbar}$的波幅，$|\varphi(\boldsymbol{p})|^2$ 代表 $\psi(\boldsymbol{r})$中含有单色平面波 $\mathrm{e}^{i\boldsymbol{p}\cdot\boldsymbol{r}/\hbar}$的成分，所以粒子动量为 $\boldsymbol{p}$ 的概率与$|\varphi(\boldsymbol{p})|^2$ 成比例是自然的，即粒子动量在$(\boldsymbol{p},\boldsymbol{p}+d\boldsymbol{p})$范围中的概率为$|\varphi(\boldsymbol{p})|^2\mathrm{d}^3p$。可以证明

$$\int_{-\infty}^{+\infty} |\varphi(\boldsymbol{p})|^2 \mathrm{d}^3 p = \int_{-\infty}^{+\infty} |\psi(\boldsymbol{r})|^2 \mathrm{d}^3 r = 1. \tag{41}$$

证明中需要用 δ-函数的知识，我们来介绍 δ-函数。

Dirac 函数简记为 δ-函数。δ-函数被定义为某基本函数空间上的连续线性函数。为了方便起见，我们仅把 δ-函数看作是弱收敛函数序列的弱极限(关于弱收敛和弱极限的定义参看参考文献 20 的第 312 页的定义 7)：

设

$$\delta_\varepsilon(t) = \begin{cases} 0, & t < 0, \\ \dfrac{1}{\varepsilon}, & 0 \leqslant t \leqslant \varepsilon, \\ 0, & t > \varepsilon, \end{cases} \tag{42}$$

如果对于任何一个无穷次可微函数 $f(t)$都满足

$$\lim_{\varepsilon\to 0}\int_{-\infty}^{+\infty} \delta_\varepsilon(t) f(t)\mathrm{d}t = \int_{-\infty}^{+\infty} \delta(t) f(t)\mathrm{d}t, \tag{43}$$

那么称序列$\{\delta_\varepsilon(t)\}$的弱极限 $\delta(t)$为 **$\boldsymbol{\delta}$-函数**。

对任何 $\varepsilon>0$，有

$$\lim_{\varepsilon\to 0}\int_{-\infty}^{+\infty} \delta_\varepsilon(t)\mathrm{d}t = \lim_{\varepsilon\to 0}\int_0^{\varepsilon} \frac{1}{\varepsilon}\mathrm{d}t = 1,$$

因此

$$\int_{-\infty}^{+\infty} \delta(t)\mathrm{d}t = 1. \tag{44}$$

工程上经常将 δ-函数称为单位脉冲函数。

性质 1 若 $f(t)$为无穷次可微函数，则

$$\int_{-\infty}^{+\infty} \delta(t) f(t)\mathrm{d}t = f(0). \tag{45}$$

证明　$\int_{-\infty}^{+\infty}\delta(t)f(t)\mathrm{d}t=\lim\limits_{\varepsilon\to 0}\int_{-\infty}^{+\infty}\delta_\varepsilon(t)f(t)\mathrm{d}t=\lim\limits_{\varepsilon\to 0}\int_0^\varepsilon\frac{1}{\varepsilon}f(t)\mathrm{d}t$

$$=\lim_{\varepsilon\to 0}\frac{1}{\varepsilon}\int_0^\varepsilon f(t)\mathrm{d}t=\lim_{\varepsilon\to 0}f(\theta\varepsilon)=f(0),$$

其中 $0<\theta<1$,倒数第二个等号是根据积分中值定理。■

性质 2　若 $f(t)$ 为无穷次可微函数,则

$$\int_{-\infty}^{+\infty}\delta(t-t_0)f(t)\mathrm{d}t=f(t_0).\tag{46}$$

证明　$\int_{-\infty}^{+\infty}\delta(t-t_0)f(t)\mathrm{d}t=\int_{-\infty}^{+\infty}\delta(u)f(u+t_0)\mathrm{d}u=f(t_0)$,

其中 $u=t-t_0$,最后一个等号是根据性质 1。

δ- 函数的 Fourier 变换:根据性质 1 得

$$\hat{\delta}(u)=\frac{1}{\sqrt{2\pi}}\int_{-\infty}^{+\infty}\delta(t)\mathrm{e}^{-\mathrm{i}ut}\mathrm{d}t=\frac{1}{\sqrt{2\pi}}\mathrm{e}^{-\mathrm{i}u0}=\frac{1}{\sqrt{2\pi}}.\tag{47}$$

δ- 函数的 Fourier 逆变换公式为

$$\delta(t)=\frac{1}{\sqrt{2\pi}}\int_{-\infty}^{+\infty}\hat{\delta}(u)\mathrm{e}^{\mathrm{i}ut}\mathrm{d}u=\frac{1}{\sqrt{2\pi}}\int_{-\infty}^{+\infty}\frac{1}{\sqrt{2\pi}}\mathrm{e}^{\mathrm{i}ut}\mathrm{d}u$$

$$=\frac{1}{2\pi}\int_{+\infty}^{-\infty}-\mathrm{e}^{\mathrm{i}(-y)t}\mathrm{d}y=\frac{1}{2\pi}\int_{-\infty}^{+\infty}\mathrm{e}^{-\mathrm{i}ut}\mathrm{d}u.\tag{48}$$

从(48) 式得

$$\int_{-\infty}^{+\infty}\mathrm{e}^{\mathrm{i}ut}\mathrm{d}t=\int_{-\infty}^{+\infty}\mathrm{e}^{-\mathrm{i}ut}\mathrm{d}u=2\pi\delta(t).\tag{49}$$

现在来证明(41) 式,我们把复数 z 的共轭复数记作 z^*。

$$\int_{-\infty}^{+\infty}|\varphi(\boldsymbol{p})|^2\mathrm{d}^3p=\int_{-\infty}^{+\infty}\varphi^*(\boldsymbol{p})\varphi(\boldsymbol{p})\mathrm{d}^3p$$

$$=\int_{-\infty}^{+\infty}\left[\frac{1}{(\sqrt{2\pi\hbar})^3}\int_{-\infty}^{+\infty}\psi^*(\boldsymbol{r})\mathrm{e}^{\mathrm{i}\boldsymbol{p}\cdot\boldsymbol{r}/\hbar}\mathrm{d}^3r\right]\left[\frac{1}{(\sqrt{2\pi\hbar})^3}\int_{-\infty}^{+\infty}\psi(\boldsymbol{r}')\mathrm{e}^{-\mathrm{i}\boldsymbol{p}\cdot\boldsymbol{r}'/\hbar}\mathrm{d}^3r'\right]\mathrm{d}^3p$$

$$=\iiint_{-\infty}^{+\infty}\mathrm{d}^3p\mathrm{d}^3r\mathrm{d}^3r'\psi^*(\boldsymbol{r})\psi(\boldsymbol{r}')\frac{1}{(2\pi\hbar)^3}\mathrm{e}^{\mathrm{i}\boldsymbol{p}\cdot(\boldsymbol{r}-\boldsymbol{r}')/\hbar}.\tag{50}$$

利用(49) 式得

$$\int_{-\infty}^{+\infty}\mathrm{e}^{\mathrm{i}\boldsymbol{p}\cdot(\boldsymbol{r}-\boldsymbol{r}')/\hbar}\mathrm{d}^3p=\int_{-\infty}^{+\infty}\mathrm{e}^{\mathrm{i}\boldsymbol{p}\cdot\frac{\boldsymbol{r}-\boldsymbol{r}'}{\hbar}}\mathrm{d}^3p=(2\pi)^3\delta\left(\frac{\boldsymbol{r}-\boldsymbol{r}'}{\hbar}\right)$$

$$=(2\pi)^3\hbar^3\delta(\boldsymbol{r}-\boldsymbol{r}'),$$

代入(50) 式,并且利用性质 2 得

$$\begin{aligned}\int_{-\infty}^{+\infty} |\varphi(p)|^2 \mathrm{d}^3 p &= \iint_{-\infty}^{+\infty} \mathrm{d}^3 r \mathrm{d}^3 r' \psi^*(\boldsymbol{r})\psi(\boldsymbol{r}')\delta(\boldsymbol{r}-\boldsymbol{r}') \\ &= \int_{-\infty}^{+\infty} \mathrm{d}^3 r' \psi(\boldsymbol{r}') \left[\int_{-\infty}^{+\infty} \psi^*(\boldsymbol{r})\delta(\boldsymbol{r}-\boldsymbol{r}')\mathrm{d}^3 \boldsymbol{r}\right] \\ &= \int_{-\infty}^{+\infty} \mathrm{d}^3 r' \psi(\boldsymbol{r}')\psi^*(\boldsymbol{r}') \\ &= \int_{-\infty}^{+\infty} |\psi(\boldsymbol{r}')|^2 \mathrm{d}^3 \boldsymbol{r}' = 1.\end{aligned}$$ ■

(41) 式表明，$\varphi(\boldsymbol{p})$ 作为粒子的动量概率波的波幅满足归一化条件。由于 φ 是 ψ 的 Fourier 变换，因此粒子的动量概率波的波幅 $\varphi(\boldsymbol{p})$ 完全由粒子的位置概率波的波幅 $\psi(\boldsymbol{r})$ 决定。

质量为 m，速度为 $\boldsymbol{v}$ 的粒子的动能 $D=\frac{1}{2}m\boldsymbol{v}\cdot\boldsymbol{v}$，动量 $\boldsymbol{p}=m\boldsymbol{v}$。由于

$$\frac{1}{2}m\boldsymbol{v}\cdot\boldsymbol{v}=\frac{1}{2}m\frac{\boldsymbol{p}}{m}\cdot\frac{\boldsymbol{p}}{m}=\frac{\boldsymbol{p}\cdot\boldsymbol{p}}{2m},$$

因此粒子的动能的概率波的波幅也由粒子的位置概率波的波幅 $\psi(\boldsymbol{r})$ 决定。

设粒子的位置 $\boldsymbol{r}=(x,y,z)$，动量 $\boldsymbol{p}=(p_x,p_y,p_z)$，则粒子的角动量 $\boldsymbol{L}=\boldsymbol{r}\times\boldsymbol{p}$。设 $\boldsymbol{L}=(L_x,L_y,L_z)$，则

$$L_x=yP_z-zP_y, L_y=zP_x-xP_z, L_z=xP_y-yP_x.$$

因此粒子的角动量的概率波的波幅也由粒子的位置概率波的波幅 $\psi(\boldsymbol{r})$决定。

由上面所述得，对于一个粒子，当描述它的波函数 $\psi(\boldsymbol{r})$给定后，粒子所有力学量的测值几率分布就确定了。从这个意义上讲，$\psi(\boldsymbol{r})$完全描述了一个三维空间中粒子的量子态，所以波函数也称为**态函数**。粒子的量子态还有其他描述方式，它们彼此之间有确定的变换关系，彼此完全等价，它们描述的是同一个量子态。

在经典力学中，一个波由若干个子波叠加而成是指这个合成的波是含有各种成分(具有不同波长、振幅和相位等)的子波。在量子力学中，波的叠加性有了更深刻的含义，即态的叠加性，态叠加原理是“波的叠加性”与“波函数完全描述一个体系的量子态”两个概念的概括。例如，考虑一个用波包 $\psi(\boldsymbol{r})$ 描述的量子态，它由许多平面波叠加而成，其中每一个平面波描述具有确定动量 $\boldsymbol{p}$ 的量子态(称为动量本征态)。对于用波包描述的粒子，如测量其动量，则可能出现各种可能的结果(凡是波包中包含有的平面波所相应的 $\boldsymbol{p}$ 值，均可出现，而且出现的相对几率是确定的)。我们应怎样来理解这样的测量结果呢？这只能认为原来那个波包所描述的量子态就是粒子的许多动量本征态的某种线性叠加，而粒子部分地处于 $\boldsymbol{p}_1$ 态，部分地处于 $\boldsymbol{p}_2$ 态，…，因此测量动量时有时出现 $\boldsymbol{p}_1$，有时又出现 $\boldsymbol{p}_2$，…。

更一般地说，设体系处于 ψ_1 描述的态下，测量力学量 A 所得结果是一个确切值 a_1(此时，ψ_1 称为 A 的本征态，a_1 称为 A 的本征值)。又假设在 ψ_2 态下，测量 A 得到的结果是另

一个确切值 a_2，则在

$$\psi = c_1\psi_1 + c_2\psi_2 \tag{51}$$

所描述的状态下，测量 A 所得结果，既可能为 a_1，也可能为 a_2（但不会是另外的值），而测得结果为 a_1 或 a_2 的相对几率是完全确定的，我们称 ψ 态是 ψ_1 态和 ψ_2 态的线性叠加态。在叠加态 ψ 中，ψ_1 与 ψ_2 有确切的相对权重和相对相位，量子力学中这种态的叠加，导致叠加态下观测结果的不确定性，态叠加原理是量子力学的另一个基本原理。态叠加原理是与测量密切联系在一起的，它与经典波的叠加概念的物理含义有本质不同，是由粒子-波动两重性决定的。

从态叠加原理（参看(51)式）受到启发，任何一个量子态 ψ（可归一化），可以看成抽象的 Hilbert 空间中的一个向量（或称为矢量），即在一个量子体系的所有量子态（可归一化）组成的集合 $\mathscr{H}$ 中，规定加法运算为函数的加法，数乘运算为复数与函数的数量乘法，则 $\mathscr{H}$ 成为一个复数域上的线性空间；对于 $f(\tau), g(\tau) \in \mathscr{H}$，令

$$(f,g) = \int_{(全)} f^*(\tau)g(\tau)\mathrm{d}(\tau), \tag{52}$$

其中 $f^*(\tau)$ 表示 $f(\tau)$ 的共轭复数 $\overline{f(\tau)}$，今后不再说明。容易看出(52)式定义的 (f,g) 是复线性空间 $\mathscr{H}$ 上的一个内积（注意：对第二个变量是线性的，对第一个变量是半线性的），于是 $\mathscr{H}$ 成为一个酉空间，由于 $\mathscr{H}$ 是由模平方可积函数（即 $\int_{(全)} |f(\tau)|^2\mathrm{d}\tau$ 存在）组成的酉空间，因此 $\mathscr{H}$ 是一个 Hilbert 空间。这时归一化的条件可表示为

$$(\psi,\psi) = 1, \tag{53}$$

即归一化后的态函数 ψ 的长度为 1（前面已指出，对于任意复常数 C，$C\psi$ 与 ψ 表示同一个量子态）。

为了计算粒子在 ψ 态下测量其动量（动能，势能，角动能等）所得结果的平均值（即数学期望），需要 Nabla 算子 ∇ 和 Laplace 算子 Δ 的知识，下面进行介绍。

设 D 是 $\mathbf{R}^3$ 的一个开集，若有 f 是 D 上的实值函数，则称 f 是 D 上的一个**数量场**。

设 D 是 $\mathbf{R}^3$ 的一个开集，f 是 D 上的实值函数，$\boldsymbol{u}$ 是 $\mathbf{R}^3$ 的一个单位向量。对于 $\boldsymbol{\alpha}_0 \in D$，如果极限

$$\lim_{t\to 0}\frac{f(\boldsymbol{\alpha}_0 + t\boldsymbol{u}) - f(\boldsymbol{\alpha}_0)}{t}$$

存在且有限，那么称这个极限是函数 f 在点 $\boldsymbol{\alpha}_0$ 处沿方向 $\boldsymbol{u}$ 的**方向导数**，记为 $\dfrac{\partial f}{\partial \boldsymbol{u}}(\boldsymbol{\alpha}_0)$。

设 $\boldsymbol{\alpha}_0 = (x_0, y_0, z_0)'$，则

$$\begin{aligned}\frac{\partial f}{\partial \boldsymbol{\varepsilon}_1}(\boldsymbol{\alpha}_0) &= \lim_{t\to 0}\frac{f(\boldsymbol{\alpha}_0 + t\boldsymbol{\varepsilon}_1) - f(\boldsymbol{\alpha}_0)}{t}\\ &= \lim_{t\to 0}\frac{f(x_0 + t_1, y_0, z_0) - f(x_0, y_0, z_0)}{t} = \frac{\partial f}{\partial x}(\boldsymbol{\alpha}_0),\end{aligned}$$

同理有

$$\frac{\partial f}{\partial \boldsymbol{\varepsilon}_2}(\boldsymbol{\alpha}_0)=\frac{\partial f}{\partial y}(\boldsymbol{\alpha}_0),\frac{\partial f}{\partial(\boldsymbol{\varepsilon}_3)}(\boldsymbol{\alpha}_0)=\frac{\partial f}{\partial z}(\boldsymbol{\alpha}_0).$$

设 f 是 D 上的连续可微函数,设 $\boldsymbol{u}=(\cos\alpha,\cos\beta,\cos\gamma)'$,则根据参考文献 23 的 § 14.4 定理 14.6 可知,

$$\frac{\partial f}{\partial \boldsymbol{u}}(\boldsymbol{\alpha}_0)=\frac{\partial f}{\partial x}(\boldsymbol{\alpha}_0)\cos\alpha+\frac{\partial f}{\partial y}(\boldsymbol{\alpha}_0)\cos\beta+\frac{\partial f}{\partial z}(\boldsymbol{\alpha}_0)\cos\gamma.$$

现在问:在各个不同的方向上,沿哪一个方向的方向导数取到最大值?这个最大值等于多少?由于 $\mathbf{R}^3$ 是一个装备了标准内积的欧几里得空间,因此根据 10.2 节的定理 1 得

$$\left[\frac{\partial f}{\partial \boldsymbol{u}}(\boldsymbol{\alpha}_0)\right]^2=\left[\left(\frac{\partial f}{\partial x}(\boldsymbol{\alpha}_0),\frac{\partial f}{\partial y}(\boldsymbol{\alpha}_0),\frac{\partial f}{\partial z}(\boldsymbol{\alpha}_0)\right)'\cdot\boldsymbol{u}\right]^2$$

$$\leqslant\left[\frac{\partial f}{\partial x}(\boldsymbol{\alpha}_0)\right]^2+\left[\frac{\partial f}{\partial y}(\boldsymbol{\alpha}_0)\right]^2+\left[\frac{\partial f}{\partial z}(\boldsymbol{\alpha}_0)\right]^2=\left[\left(\frac{\partial f}{\partial x}\right)^2+\left(\frac{\partial f}{\partial y}\right)^2+\left(\frac{\partial f}{\partial z}\right)^2\right]\Bigg|\boldsymbol{\alpha}_0,$$

等号成立当且仅当 $\boldsymbol{u}$ 与向量 $\left(\frac{\partial f}{\partial x},\frac{\partial f}{\partial y},\frac{\partial f}{\partial z}\right)\Big|\boldsymbol{\alpha}_0$ 线性相关。这个向量称为 f 在 $\boldsymbol{\alpha}_0$ 的**梯度**,记作 $\mathrm{grad}f(\boldsymbol{\alpha}_0)$。于是沿着 f 的梯度的方向,f 的方向导数有最大值 $|\mathrm{grad}f(\boldsymbol{\alpha}_0)|$。由此受到启发,令

$$\nabla=\left(\frac{\partial}{\partial x},\frac{\partial}{\partial y},\frac{\partial}{\partial z}\right),$$

称为 **Nabla 算子**,规定

$$\nabla f=\left(\frac{\partial f}{\partial x},\frac{\partial f}{\partial y},\frac{\partial f}{\partial z}\right).$$

于是 f 的梯度也可以表示成 ∇f。

Nabla 运算满足下列规则:

1° $\nabla(cf)=c\nabla f$,其中 c 为常数;

2° $\nabla(f\pm g)=\nabla f\pm\nabla g$;

3° $\nabla(fg)=f\nabla(g)+g\nabla f$;

4° 设 φ 是单变量函数,则 $\nabla(\varphi o f)=(\varphi' o f)(\nabla f)$。

证明 1° ~ 3° 易证,现在证 4°。根据复合函数的求导法则得,$\forall\,\boldsymbol{\alpha}_0\in D$,有

$$\begin{aligned}\nabla(\varphi o f)(\boldsymbol{\alpha}_0)&=\varphi'(f(\boldsymbol{\alpha}_0))(\nabla f)(\boldsymbol{\alpha}_0)=(\varphi' o f)(\boldsymbol{\alpha}_0)(\nabla f)(\boldsymbol{\alpha}_0)\\&=[(\varphi' o f)(\nabla f)](\boldsymbol{\alpha}_0),\end{aligned}$$

因此

$$\nabla(\varphi o f)=(\varphi' o f)(\nabla f).$$

例 1 在 $\mathbf{R}^3$ 中,设 $\boldsymbol{\eta}=(x,y,z)'$,求 $|\boldsymbol{\eta}|$ 的梯度 $\nabla|\boldsymbol{\eta}|$.

解 $|\boldsymbol{\eta}|^2=x^2+y^2+z^2$. 根据规则 4° 得

$$2|\boldsymbol{\eta}|\nabla|\boldsymbol{\eta}| = \nabla|\boldsymbol{\eta}|^2 = \nabla(x^2+y^2+z^2) = 2(x,y,z) = 2\boldsymbol{\eta}.$$

因此当 $\boldsymbol{\eta} \neq \mathbf{0}$ 时有，

$$\nabla|\boldsymbol{\eta}| = \frac{\boldsymbol{\eta}}{|\boldsymbol{\eta}|}.$$

从规则1°和2°看出，∇是从 D 上的连续可微函数形成的实线性空间到 $\mathbf{R}^3$ 的线性映射. 设 $g = f_1 + \mathrm{i} f_2$. 其中 f_1, f_2 都是 D 上的连续可微函数。令

$$\nabla g = \nabla f_1 + \mathrm{i}\nabla f_2,$$

则

$$\nabla g = \left(\frac{\partial f_1}{\partial x}, \frac{\partial f_1}{\partial y}, \frac{\partial f_1}{\partial z}\right) + \mathrm{i}\left(\frac{\partial f_2}{\partial x}, \frac{\partial f_2}{\partial y}, \frac{\partial f_2}{\partial z}\right) = \left(\frac{\partial g}{\partial x}, \frac{\partial g}{\partial y}, \frac{\partial g}{\partial z}\right).$$

于是∇也是从 D 上的复值连续可微函数形成的空间到 $\mathbf{C}^3$ 的线性映射。

设 $D \subseteq \mathbf{R}^3$，$\boldsymbol{F}$ 是 D 到 $\mathbf{R}^3$ 的一个映射，则称 $\boldsymbol{F}$ 是 D 上的一个**向量场**。

设 $\boldsymbol{F} = (P, Q, R)$，$P, Q, R$ 有连续偏导数。令

$$\mathrm{div}\boldsymbol{F} = \frac{\partial P}{\partial x} + \frac{\partial Q}{\partial y} + \frac{\partial R}{\partial z},$$

则称 $\mathrm{div}\boldsymbol{F}$ 是 $\boldsymbol{F}$ 的散度。

利用 Nabla 算子，散度可以写成

$$\mathrm{div}\boldsymbol{F} = \nabla \cdot \boldsymbol{F}.$$

散度有以下规则：

1° $\nabla \cdot (c\boldsymbol{F}) = c\nabla \cdot \boldsymbol{F}$，其中 c 为常数；

2° $\nabla \cdot (\boldsymbol{F}_1 + \boldsymbol{F}_2) = \nabla \cdot \boldsymbol{F}_1 + \nabla \cdot \boldsymbol{F}_2$；

3° 设 φ 是 D 上的实值函数，则

$$\nabla \cdot \varphi\boldsymbol{F} = \varphi(\nabla \cdot \boldsymbol{F}) + \boldsymbol{F} \cdot \nabla\varphi.$$

证明 1°与2°易证。现在来证3°，由于

$$\varphi\boldsymbol{F} = (\varphi P, \varphi Q, \varphi R),$$

因此

$$\begin{aligned}\nabla \cdot \varphi\boldsymbol{F} &= \frac{\partial(\varphi P)}{\partial x} + \frac{\partial(\varphi Q)}{\partial y} + \frac{\partial(\varphi R)}{\partial z} \\ &= \varphi\left(\frac{\partial P}{\partial x} + \frac{\partial Q}{\partial y} + \frac{\partial R}{\partial z}\right) + P\frac{\partial \varphi}{\partial x} + Q\frac{\partial \varphi}{\partial y} + R\frac{\partial \varphi}{\partial z} \\ &= \varphi(\nabla \cdot \boldsymbol{F}) + \boldsymbol{F} \cdot \nabla\varphi.\end{aligned}$$

■

设 f 是 D 上的实值函数，且 f 有2阶连续偏导数，则

$$\nabla \cdot \nabla f = \frac{\partial}{\partial x}\left(\frac{\partial f}{\partial x}\right) + \frac{\partial}{\partial y}\left(\frac{\partial f}{\partial y}\right) + \frac{\partial}{\partial z}\left(\frac{\partial f}{\partial z}\right)$$

$$= \frac{\partial^2 f}{\partial x^2} + \frac{\partial^2 f}{\partial y^2} + \frac{\partial^2 f}{\partial z^2} = \left(\frac{\partial^2}{\partial x^2} + \frac{\partial^2}{\partial y^2} + \frac{\partial^2}{\partial z^2}\right) f.$$

令$(\nabla \cdot \nabla) f = \nabla \cdot \nabla f$,且把$\nabla \cdot \nabla$记成$\nabla^2$,则

$$\nabla^2 f = \left(\frac{\partial^2}{\partial x^2} + \frac{\partial^2}{\partial y^2} + \frac{\partial^2}{\partial z^2}\right) f.$$

引入记号 $\Delta = \nabla^2$,即

$$\Delta = \frac{\partial^2}{\partial x^2} + \frac{\partial^2}{\partial y^2} + \frac{\partial^2}{\partial z^2},$$

称 Δ 为 **Laplace 算子**。

容易看出 Δ 具有线性性,即 $\Delta(cf) = c\Delta f$,其中 c 是常数;$\Delta(f + g) = \Delta f + \Delta g$。

设 $\Omega \subseteq \mathbf{R}^3$,如果 Ω 上的实值函数 u 满足 Laplace 方程

$$\Delta u = \frac{\partial^2 u}{\partial x^2} + \frac{\partial^2 u}{\partial y^2} + \frac{\partial^2 u}{\partial z^2} = 0,$$

那么称 u 是 Ω 上的**调和函数**。

例 2 在 $\mathbf{R}^3$ 中,设 $\boldsymbol{\eta} = (x, y, z)$。证明:$\dfrac{1}{|\boldsymbol{\eta}|}$ 是 $\mathbf{R}^3 \setminus \{\mathbf{0}\}$ 上的一个调和函数。

证明 利用例 1 和散度的规则 3°,当 $\boldsymbol{\eta} \neq \mathbf{0}$ 时,有

$$\begin{aligned}
\Delta \frac{1}{|\boldsymbol{\eta}|} &= \nabla^2 \frac{1}{|\boldsymbol{\eta}|} \\
&= \nabla \cdot \nabla \frac{1}{|\boldsymbol{\eta}|} = \nabla \cdot \left(-\frac{1}{|\boldsymbol{\eta}|^2} \nabla |\boldsymbol{\eta}|\right) \\
&= \nabla \cdot \left(-\frac{\boldsymbol{\eta}}{|\boldsymbol{\eta}|^3}\right) \\
&= -\frac{1}{|\boldsymbol{\eta}|^3} \nabla \cdot \boldsymbol{\eta} + \boldsymbol{\eta} \cdot \nabla \left(-\frac{1}{|\boldsymbol{\eta}|^3}\right) \\
&= -\frac{1}{|\boldsymbol{\eta}|^3}\left(\frac{\partial x}{\partial x} + \frac{\partial y}{\partial y} + \frac{\partial z}{\partial z}\right) + \boldsymbol{\eta} \cdot 3 |\boldsymbol{\eta}|^{-4} \nabla |\boldsymbol{\eta}| \\
&= -\frac{3}{|\boldsymbol{\eta}|^3} + \boldsymbol{\eta} \cdot 3 |\boldsymbol{\eta}|^{-4} \frac{\boldsymbol{\eta}}{|\boldsymbol{\eta}|} \\
&= -\frac{3}{|\boldsymbol{\eta}|^3} + \frac{3}{|\boldsymbol{\eta}|^5} |\boldsymbol{\eta}|^2 = 0,
\end{aligned}$$

因此,$\dfrac{1}{\boldsymbol{\eta}}$ 是 $\mathbf{R}^3 \setminus \{\mathbf{0}\}$ 上的一个调和函数。 ■

粒子处于波函数 $\psi(\boldsymbol{r})$ 所描述的状态下,力学量有确定的概率分布,因而有确定的平均值(即数学期望)。

位置 $\boldsymbol{r}$ 的平均值为

$$\bar{\boldsymbol{r}} = \int_{-\infty}^{+\infty} |\psi(\boldsymbol{r})|^2 \boldsymbol{r} \mathrm{d}^3 r = \int_{-\infty}^{+\infty} \psi^*(\boldsymbol{r})\psi(\boldsymbol{r})\boldsymbol{r}\mathrm{d}^3 r = (\psi, \boldsymbol{r}\psi).$$

势能 $V(\boldsymbol{r})$ 的平均值为

$$\overline{V} = \int_{-\infty}^{+\infty} |\psi(\boldsymbol{r})|^2 V(\boldsymbol{r})\mathrm{d}^3 r = \int_{-\infty}^{+\infty} \psi^*(\boldsymbol{r})\psi(\boldsymbol{r})V(\boldsymbol{r})\mathrm{d}^3 r = (\psi, V\psi),$$

其中$(V\psi)(\boldsymbol{r}) = V(\boldsymbol{r})\psi(\boldsymbol{r})$。

动量 $\boldsymbol{p}$ 的平均值为

$$\begin{aligned}\bar{\boldsymbol{p}} &= \int_{-\infty}^{+\infty} |\varphi(\boldsymbol{p})|^2 \boldsymbol{p}\mathrm{d}^3 p = \int_{-\infty}^{+\infty} \varphi^*(\boldsymbol{p})\varphi(\boldsymbol{p})\boldsymbol{p}\mathrm{d}^3 p \\ &= \int_{-\infty}^{+\infty}\left[\frac{1}{(\sqrt{2\pi\hbar})^3}\int_{-\infty}^{+\infty}\psi^*(\boldsymbol{r})\mathrm{e}^{\mathrm{i}\boldsymbol{p}\cdot\boldsymbol{r}/\hbar}\mathrm{d}^3 r\right]\varphi(\boldsymbol{p})\boldsymbol{p}\mathrm{d}^3 p.\end{aligned}$$

我们想交换上式中积分号的次序。$|\varphi(\boldsymbol{p})|^2\boldsymbol{p}$ 的每一个分量都连续且非负，又有

$$\int_{-\infty}^{+\infty}\psi^*(\boldsymbol{r})\mathrm{e}^{\mathrm{i}\boldsymbol{p}\cdot\boldsymbol{r}/\hbar}\varphi(\boldsymbol{p})\boldsymbol{p}\mathrm{d}^3 p = \psi^*(\boldsymbol{r})\int_{-\infty}^{+\infty}\varphi(\boldsymbol{p})\mathrm{e}^{\mathrm{i}\boldsymbol{p}\cdot\boldsymbol{r}/\hbar}\boldsymbol{p}\mathrm{d}^3 p$$

的每一个分量在$(-\infty, +\infty)$ 上连续，还有

$$\begin{aligned}&\int_{-\infty}^{+\infty}\psi^*(r)\mathrm{e}^{\mathrm{i}\boldsymbol{p}\cdot\boldsymbol{r}/\hbar}\varphi(\boldsymbol{p})\boldsymbol{p}\mathrm{d}^3 r = \varphi(\boldsymbol{p})\boldsymbol{p}\int_{-\infty}^{+\infty}\psi^*(\boldsymbol{r})\mathrm{e}^{\mathrm{i}\boldsymbol{p}\cdot\boldsymbol{r}/\hbar}\mathrm{d}^3 r \\ &= \varphi(\boldsymbol{p})\boldsymbol{p}\left[\int_{-\infty}^{+\infty}\psi(\boldsymbol{r})\mathrm{e}^{-\mathrm{i}\boldsymbol{p}\cdot\boldsymbol{r}/\hbar}\mathrm{d}^3 r\right]^* = \varphi(\boldsymbol{p})\boldsymbol{p}\varphi^*(\boldsymbol{p})(\sqrt{2\pi\hbar})^3 \\ &= (\sqrt{2\pi\hbar})^3 |\varphi(\boldsymbol{p})|^2\boldsymbol{p}\end{aligned}$$

的每一个分量在$(-\infty, +\infty)$ 上连续。由这个式子得

$$\begin{aligned}&\int_{-\infty}^{+\infty}\left[\int_{-\infty}^{+\infty}\psi^*(\boldsymbol{r})\mathrm{e}^{\mathrm{i}\boldsymbol{p}\cdot\boldsymbol{r}/\hbar}\varphi(\boldsymbol{p})\boldsymbol{p}\mathrm{d}^3 r\right]\mathrm{d}^3 p \\ &= \int_{-\infty}^{+\infty}(\sqrt{2\pi\hbar})^3 |\varphi(\boldsymbol{p})|^2\boldsymbol{p}\mathrm{d}^3 p = (\sqrt{2\pi\hbar})^3\bar{\boldsymbol{p}}.\end{aligned}$$

因此根据参考文献 23 的第 356 ～ 357 页的定理 20.16 得

$$\int_{-\infty}^{+\infty}\left[\int_{-\infty}^{+\infty}\psi^*(\boldsymbol{r})\mathrm{e}^{\mathrm{i}\boldsymbol{p}\cdot\boldsymbol{r}/\hbar}\varphi(\boldsymbol{p})\boldsymbol{p}\mathrm{d}^3 p\right]\mathrm{d}^3 r$$

也收敛，且等于$\int_{-\infty}^{+\infty}\left[\int_{-\infty}^{+\infty}\psi^*(\boldsymbol{r})\mathrm{e}^{\mathrm{i}\boldsymbol{p}\cdot\boldsymbol{r}/\hbar}\varphi(\boldsymbol{p})\boldsymbol{p}\mathrm{d}^3 r\right]\mathrm{d}^3 p$。从而

$$\bar{\boldsymbol{p}} = \frac{1}{(\sqrt{2\pi\hbar})^3}\int_{-\infty}^{+\infty}\left[\int_{-\infty}^{+\infty}\psi^*(\boldsymbol{r})\mathrm{e}^{\mathrm{i}\boldsymbol{p}\cdot\boldsymbol{r}/\hbar}\varphi(\boldsymbol{p})\boldsymbol{p}\mathrm{d}^3 p\right]\mathrm{d}^3 r. \tag{54}$$

设 $\boldsymbol{p} = (p_1, p_2, p_3)'$，$\boldsymbol{r} = (x, y, z)$，则

$$\boldsymbol{p}\cdot\boldsymbol{r} = p_1 x + p_2 y + p_3 z.$$

用 Nabla 算子∇的规则 4° 得

$$\nabla \mathrm{e}^{\mathrm{i}\boldsymbol{p}\cdot\boldsymbol{r}/\hbar} = \mathrm{i}/\hbar \quad \mathrm{e}^{\mathrm{i}\boldsymbol{p}\cdot\boldsymbol{r}/\hbar}(p_1, p_2, p_3) = \mathrm{i}/\hbar\, \boldsymbol{p}\mathrm{e}^{\mathrm{i}\boldsymbol{p}\cdot\boldsymbol{r}/\hbar}$$

从而

$$\boldsymbol{p}\mathrm{e}^{\mathrm{i}\boldsymbol{p}\cdot\boldsymbol{r}/\hbar} = -\mathrm{i}\hbar\nabla \mathrm{e}^{\mathrm{i}\boldsymbol{p}\cdot\boldsymbol{r}/\hbar}. \tag{55}$$

把(55)式代入(54)式，用 Nabla 算子的规则 1°、2°，以及(36)式得

$$\begin{aligned}\overline{\boldsymbol{p}} &= \frac{1}{(\sqrt{2\pi\hbar})^3}\int_{-\infty}^{+\infty}\psi^*(\boldsymbol{r})\left[\int_{-\infty}^{+\infty}\varphi(\boldsymbol{p})(-\mathrm{i}\hbar)\nabla \mathrm{e}^{\mathrm{i}\boldsymbol{p}\cdot\boldsymbol{r}/\hbar}\mathrm{d}^3 p\right]\mathrm{d}^3 r \\ &= \int_{-\infty}^{+\infty}\psi^*(\boldsymbol{r})(-\mathrm{i}\hbar\nabla)\left[\frac{1}{(\sqrt{2\pi\hbar})^3}\int_{-\infty}^{+\infty}\varphi(\boldsymbol{p})\mathrm{e}^{\mathrm{i}\boldsymbol{p}\cdot\boldsymbol{r}/\hbar}\mathrm{d}^3 p\right]\mathrm{d}^3 r \\ &= \int_{-\infty}^{+\infty}\psi^*(\boldsymbol{r})(-\mathrm{i}\hbar\nabla)\psi(\boldsymbol{r})\mathrm{d}^3 r.\end{aligned} \tag{56}$$

把 $-\mathrm{i}\hbar\nabla$ 记作 $\hat{\boldsymbol{p}}$，称 $\hat{\boldsymbol{p}}$ 为动量算符。则(56)式为

$$\overline{\boldsymbol{p}} = \int_{-\infty}^{+\infty}\psi^*(\boldsymbol{r})\hat{\boldsymbol{p}}\psi(\boldsymbol{r})\mathrm{d}^3 r = (\psi, \hat{\boldsymbol{p}}\psi). \tag{57}$$

把 $\frac{\partial}{\partial x}, \frac{\partial}{\partial y}, \frac{\partial}{\partial z}$ 分别记作 $\nabla_1, \nabla_2, \nabla_3$，则

$$\hat{\boldsymbol{p}}\psi = -\mathrm{i}\hbar\nabla\psi = (-\mathrm{i}\hbar\nabla_1\psi, -\mathrm{i}\hbar\nabla_2\psi, -\mathrm{i}\hbar\nabla_3\psi). \tag{58}$$

从而

$$\overline{\boldsymbol{p}} = (\psi, \hat{\boldsymbol{p}}\psi) = ((\psi, -\mathrm{i}\hbar\nabla_1\psi), (\psi, -\mathrm{i}\hbar\nabla_2\psi), (\psi, -\mathrm{i}\hbar\nabla_3\psi)). \tag{59}$$

由于 ∇_j 保持加法和数量乘法运算，因此 $-\mathrm{i}\hbar\nabla_j$ 是粒子的所有量子态形成的酉空间 $\mathscr{H}$ 上的线性变换。由于对粒子的任一量子态 $\psi(\boldsymbol{r})$，都有粒子的动量 $\boldsymbol{p}$ 的平均值 $\overline{\boldsymbol{p}}$ 的每个分量是实数，因此 $(\psi, -\mathrm{i}\hbar\nabla_j)$ 是实数。于是根据 10.5 节例 31 的第(1)小题得，$-\mathrm{i}\hbar\nabla_j$ 是 $\mathscr{H}$ 上的 Hermite 变换，$j = 1,2,3$。在这个意义上也可以说动量算符 $\hat{\boldsymbol{p}}$ 是 $\mathscr{H}$ 上的 Hermite 变换。

粒子处于波函数 $\psi(\boldsymbol{r})$ 所描述的状态下，动能 $D = \frac{\boldsymbol{p}\cdot\boldsymbol{p}}{2m}$ 的平均值 $\overline{D} = \frac{1}{2m}\overline{\boldsymbol{p}\cdot\boldsymbol{p}}$，从而

$$\begin{aligned}\overline{D} &= \frac{1}{2m}\int_{-\infty}^{+\infty}|\varphi(\boldsymbol{p})|^2\boldsymbol{p}\cdot\boldsymbol{p}\mathrm{d}^3 p \\ &= \frac{1}{2m}\int_{-\infty}^{+\infty}\varphi^*(\boldsymbol{p})\varphi(\boldsymbol{p})\boldsymbol{p}\cdot\boldsymbol{p}\mathrm{d}^3 p \\ &= \frac{1}{2m}\frac{1}{(\sqrt{2\pi\hbar})^3}\int_{-\infty}^{+\infty}\left[\int_{-\infty}^{+\infty}\psi^*(\boldsymbol{r})\mathrm{e}^{\mathrm{i}\boldsymbol{p}\cdot\boldsymbol{r}/\hbar}\mathrm{d}^3 r\right]\varphi(\boldsymbol{p})\boldsymbol{p}\cdot\boldsymbol{p}\mathrm{d}^3 p \\ &= \frac{1}{2m}\frac{1}{(\sqrt{2\pi\hbar})^3}\int_{-\infty}^{+\infty}\psi^*(\boldsymbol{r})\left[\int_{-\infty}^{+\infty}\varphi(\boldsymbol{p})\mathrm{e}^{\mathrm{i}\boldsymbol{p}\cdot\boldsymbol{r}/\hbar}\boldsymbol{p}\cdot\boldsymbol{p}\mathrm{d}^3 p\right]\mathrm{d}^3 r.\end{aligned} \tag{60}$$

根据(55)式和散度的规则 3° 得，

$$\Delta \mathrm{e}^{\mathrm{i}\boldsymbol{p}\cdot\boldsymbol{r}/\hbar} = \nabla\cdot\nabla \mathrm{e}^{\mathrm{i}\boldsymbol{p}\cdot\boldsymbol{r}/\hbar} = \nabla\cdot\mathrm{i}/\hbar\,\boldsymbol{p}\mathrm{e}^{\mathrm{i}\boldsymbol{p}\cdot\boldsymbol{r}/\hbar}$$

$$= \mathrm{i}/\hbar\, \mathrm{e}^{\mathrm{i}\boldsymbol{p}\cdot\boldsymbol{r}/\hbar}(\nabla\cdot\boldsymbol{p}) + \boldsymbol{p}\cdot\nabla(\mathrm{i}/\hbar\, \mathrm{e}^{\mathrm{i}\boldsymbol{p}\cdot\boldsymbol{r}/\hbar})$$

$$= \mathrm{i}/\hbar\, \mathrm{e}^{\mathrm{i}\boldsymbol{p}\cdot\boldsymbol{r}/\hbar}\left(\frac{\partial p_1}{\partial x} + \frac{\partial p_2}{\partial y} + \frac{\partial p_3}{\partial z}\right) + \boldsymbol{p}\cdot\mathrm{i}/\hbar\,\mathrm{i}/\hbar\,\boldsymbol{p}\mathrm{e}^{\mathrm{i}\boldsymbol{p}\cdot\boldsymbol{r}/\hbar}$$

$$= -\frac{1}{\hbar^3}\mathrm{e}^{\mathrm{i}\boldsymbol{p}\cdot\boldsymbol{r}/\hbar}\boldsymbol{p}\cdot\boldsymbol{p}. \tag{61}$$

把(61) 式代入(60) 式，利用 Laplace 算子 Δ 的线性性得

$$\overline{D} = \frac{1}{2m}\frac{1}{(\sqrt{2\pi\hbar})^3}\int_{-\infty}^{+\infty}\psi^*(\boldsymbol{r})\left[\int_{-\infty}^{+\infty}\varphi(\boldsymbol{p})(-\hbar^2)\Delta\mathrm{e}^{\mathrm{i}\boldsymbol{p}\cdot\boldsymbol{r}/\hbar}\mathrm{d}^3p\right]\mathrm{d}^3r$$

$$= \frac{1}{2m}\frac{1}{(\sqrt{2\pi\hbar})^3}\int_{-\infty}^{+\infty}\psi^*(\boldsymbol{r})(-\hbar^2)\Delta\left[\int_{-\infty}^{+\infty}\varphi(\boldsymbol{p})\mathrm{e}^{\mathrm{i}\boldsymbol{p}\cdot\boldsymbol{r}/\hbar}\mathrm{d}^3p\right]\mathrm{d}^3r$$

$$= \int_{-\infty}^{+\infty}\psi^*(\boldsymbol{r})\left(-\frac{\hbar^2}{2m}\Delta\right)\psi(\boldsymbol{r})\mathrm{d}^3r. \tag{62}$$

把 $-\frac{\hbar^2}{2m}\Delta$ 记作 $\hat{D}$，称 $\hat{D}$ 为**动能算符**。则(62) 式可写成

$$\overline{D} = \int_{-\infty}^{+\infty}\psi^*(\boldsymbol{r})\hat{D}\psi(\boldsymbol{r})\mathrm{d}^3r = (\psi, \hat{D}\psi). \tag{63}$$

由于 Laplace 算子 Δ 具有线性性，因此 $\hat{D} = -\frac{\hbar^2}{2m}\Delta$ 是酉空间 $\mathscr{H}$ 上的线性变换。由于对于粒子的任一量子态 $\psi(\boldsymbol{r})$ 都有粒子的动能的平均值 $\overline{D}$ 是实数，因此 $(\psi, \hat{D}\psi)$ 是实数，从而动能算符 $\hat{D}$ 是 $\mathscr{H}$ 上的 Hermite 变换.

粒子处于波函数 $\psi(\boldsymbol{r})$ 所描述的状态下，角动量 $\boldsymbol{L} = \boldsymbol{r}\times\boldsymbol{p}$ 的平均值 $\overline{\boldsymbol{L}}$ 为

$$\overline{\boldsymbol{L}} = \int_{-\infty}^{+\infty}|\varphi(\boldsymbol{p})|^2(\boldsymbol{r}\times\boldsymbol{p})\mathrm{d}^3p = \int_{-\infty}^{+\infty}\varphi^*(\boldsymbol{p})\varphi(\boldsymbol{p})(\boldsymbol{r}\times\boldsymbol{p})\mathrm{d}^3p$$

$$= \frac{1}{(\sqrt{2\pi\hbar})^3}\int_{-\infty}^{+\infty}\left[\int_{-\infty}^{+\infty}\psi^*(\boldsymbol{r})\mathrm{e}^{\mathrm{i}\boldsymbol{p}\cdot\boldsymbol{r}/\hbar}\mathrm{d}^3r\right]\varphi(\boldsymbol{p})(\boldsymbol{r}\times\boldsymbol{p})\mathrm{d}^3p$$

$$= \frac{1}{(\sqrt{2\pi\hbar})^3}\int_{-\infty}^{+\infty}\psi^*(\boldsymbol{r})\left[\int_{-\infty}^{+\infty}\mathrm{e}^{\mathrm{i}\boldsymbol{p}\cdot\boldsymbol{r}/\hbar}(\boldsymbol{r}\times\boldsymbol{p})\varphi(\boldsymbol{p})\mathrm{d}^3p\right]\mathrm{d}^3r$$

$$= \frac{1}{(\sqrt{2\pi\hbar})^3}\Big(\int_{-\infty}^{+\infty}\psi^*(\boldsymbol{r})\left[\int_{-\infty}^{+\infty}\mathrm{e}^{\mathrm{i}\boldsymbol{p}\cdot\boldsymbol{r}/\hbar}(yp_z - zp_y)\varphi(\boldsymbol{p})\mathrm{d}^3p\right]\mathrm{d}^3r,$$

$$\int_{-\infty}^{+\infty}\psi^*(\boldsymbol{r})\left[\int_{-\infty}^{+\infty}\mathrm{e}^{\mathrm{i}\boldsymbol{p}\cdot\boldsymbol{r}/\hbar}(zp_x - xp_z)\varphi(\boldsymbol{p})\mathrm{d}^3p\right]\mathrm{d}^3r,$$

$$\int_{-\infty}^{+\infty}\psi^*(\boldsymbol{r})\left[\int_{-\infty}^{+\infty}\mathrm{e}^{\mathrm{i}\boldsymbol{p}\cdot\boldsymbol{r}/\hbar}(xp_y - yp_x)\varphi(\boldsymbol{p})\mathrm{d}^3p\right]\mathrm{d}^3r\Big). \tag{64}$$

根据(55) 式得

$$-\mathrm{i}\hbar\nabla \mathrm{e}^{\mathrm{i}\boldsymbol{p}\cdot\boldsymbol{r}/\hbar}\cdot(0,-z,y)=\mathrm{e}^{\mathrm{i}\boldsymbol{p}\cdot\boldsymbol{r}/\hbar}(p_x,p_y,p_z)\cdot(0,-z,y)$$
$$=\mathrm{e}^{\mathrm{i}\boldsymbol{p}\cdot\boldsymbol{r}/\hbar}(yp_z-zp_y). \tag{65}$$

又有

$$-\mathrm{i}\hbar\nabla \mathrm{e}^{\mathrm{i}\boldsymbol{p}\cdot\boldsymbol{r}/\hbar}\cdot(0,-z,y)=-\mathrm{i}\hbar(y\frac{\partial}{\partial z}-z\frac{\partial}{\partial y})\mathrm{e}^{\mathrm{i}\boldsymbol{p}\cdot\boldsymbol{r}/\hbar}, \tag{66}$$

把 $-\mathrm{i}\hbar(y\frac{\partial}{\partial z}-z\frac{\partial}{\partial y})$ 记作 $\hat{L}_x$,则从(65)、(66) 式得

$$\mathrm{e}^{\mathrm{i}\boldsymbol{p}\cdot\boldsymbol{r}/\hbar}(yp_z-zp_y)=\hat{L}_x\mathrm{e}^{\mathrm{i}\boldsymbol{p}\cdot\boldsymbol{r}/\hbar}. \tag{67}$$

同理,把 $-\mathrm{i}\hbar\left(z\frac{\partial}{\partial x}-x\frac{\partial}{\partial z}\right)$记作 $\hat{L}_y$,$-\mathrm{i}\hbar\left(x\frac{\partial}{\partial y}-y\frac{\partial}{\partial x}\right)$记作 $\hat{L}_z$。容易看出 $\hat{L}_x,\hat{L}_y,\hat{L}_z$ 都具有线性性,因此从(64) 式得

$$\overline{\boldsymbol{L}}=((\psi,\hat{L}_x\psi),(\psi,\hat{L}_y\psi),(\psi,\hat{L}_z\psi)). \tag{68}$$

$\hat{L}_x,\hat{L}_y,\hat{L}_z$ 都是 $\mathscr{H}$ 上的线性变换。由于对于粒子的任一量子态 $\psi(\boldsymbol{r})$,都有粒子的角动量 $\boldsymbol{L}$ 的平均值的各个分量都是实数,因此$(\psi,\hat{L}_x\psi)$,$(\psi,\hat{L}_y\psi)$,$(\psi,\hat{L}_z\psi)$ 都是实数。从而 $\hat{L}_x,\hat{L}_y$,$\hat{L}_z$ 都是 $\mathscr{H}$ 上的 Hermite 变换。令

$$\hat{\boldsymbol{L}}=(\hat{L}_x,\hat{L}_y,\hat{L}_z),$$

把 $\hat{\boldsymbol{L}}$ 称为**角动量算符**。于是(68) 式可以写成

$$\overline{\boldsymbol{L}}=(\psi,\hat{\boldsymbol{L}}\psi). \tag{69}$$

由于 $\hat{L}_x,\hat{L}_y,\hat{L}_z$ 都是 $\mathscr{H}$ 上的 Hermite 变换,因此可以把角动量算符 $\hat{\boldsymbol{L}}$ 也看成是 $\mathscr{H}$ 上的 Hermite 变换。

根据(58) 式和 $\hat{L}_x,\hat{L}_y,\hat{L}_z$ 的定义得

$$\boldsymbol{r}\times\hat{\boldsymbol{p}}=(x,y,z)\times(-\mathrm{i}\hbar\nabla_1,-\mathrm{i}\hbar\nabla_2,-\mathrm{i}\hbar\nabla_3)$$
$$=-\mathrm{i}\hbar(y\nabla_3-z\nabla_2,z\nabla_1-x\nabla_3,x\nabla_2-y\nabla_1)$$
$$=-\mathrm{i}\hbar\left(y\frac{\partial}{\partial z}-z\frac{\partial}{\partial y},z\frac{\partial}{\partial x}-x\frac{\partial}{\partial z},x\frac{\partial}{\partial y}-y\frac{\partial}{\partial x}\right)$$
$$=(\hat{L}_x,\hat{L}_y,\hat{L}_z)=\hat{\boldsymbol{L}}. \tag{70}$$

综上所述,一个量子体系的力学量(如位置、动量、角动量、动能、势能等)A 的平均值(即 A 的数学期望)可如下求出(已归一化):

$$\overline{A}=\int_{(全)}\psi^*(\tau)\hat{A}\psi(\tau)\mathrm{d}\tau=(\psi,\hat{A}\psi), \tag{71}$$

其中$\hat{A}$是与力学量 A 相应的算符。与位置、动量、角动量、动能、势能相应的算符都是酉空间 $\mathscr{H}$ 上 Hermite 变换。

假设一体系处于量子态 ψ，当人们去测量力学量 A 时，一般说来，可能出现各种不同的结果，各有一定的几率，对于都用 ψ 来描述其状态的大量的完全相同的体系，如进行多次测量，所得结果的平均将趋于一个确定值(即数学期望)。而每一次测量的结果则围绕平均值有一个涨落，涨落(即方差)记作$\overline{\Delta A^2}$，它的定义为

$$\overline{\Delta A^2} = \overline{(A-\overline{A})^2}, \tag{72}$$

其中$\overline{(A-\overline{A})^2}$表示$(A-\overline{A})^2$ 的平均值(即数学期望)。由于$\hat{A}$是 Hermite 变换，因此$\overline{A}=(\psi,\hat{A}\psi)$是实数。从而有

$$(\hat{A}-\overline{A}\boldsymbol{I})^* = \hat{A}^* - (\overline{A}\boldsymbol{I})^* = \hat{A}-\overline{A}\boldsymbol{I}.$$

因此$\hat{A}-\overline{A}\boldsymbol{I}$ 仍是 Hermite 变换。于是$(\hat{A}-\overline{A}\boldsymbol{I})^2$ 也是 Hermite 变换，从而与力学量$(A-\overline{A}\boldsymbol{I})^2$相应的算符是$(\hat{A}-\overline{A}\boldsymbol{I})^2$，从(72)、(71)式得(设 ψ 已归一化)

$$\overline{\Delta A^2} = (\psi,(\hat{A}-\overline{A}\boldsymbol{I})^2\psi) = ((\hat{A}-\overline{A}\boldsymbol{I})\psi,(\hat{A}-\overline{A}\boldsymbol{I})\psi) \geqslant 0. \tag{73}$$

然而如果体系处于一种特殊的状态下，测量 A 所得结果是唯一确定的，即方差$\overline{\Delta A^2}=0$，称这种状态为力学量 A 的本征态。从(73)式得

$$\begin{aligned}\overline{\Delta A^2} = 0 \quad &\Leftrightarrow \quad (\hat{A}-\overline{A}\boldsymbol{I})\psi = 0 \\ &\Leftrightarrow \quad \hat{A}\psi = \overline{A}\psi.\end{aligned} \tag{74}$$

于是 ψ(已归一化)是力学量 A 的本征态当且仅当 ψ 是相应的算符$\hat{A}$的属于特征值$\overline{A}$的一个特征向量，ψ 作为力学量的本征态，还要满足物理上的一些要求。量子力学中的一个基本假定是：测量力学量 A 时所有可能出现的值，都是相应的算符$\hat{A}$(它是 Hermite 变换)的本征值(即特征值)。当体系处于$\hat{A}$的本征态 ψ，则每次测量所得结果都是相应的本征值，通常把力学量 A 的本征态记作 ψ_n，相应的本征值记作 A_n。

设 $\mathscr{H}_1$ 是 Hilbert 空间 $\mathscr{H}$ 的一个 m 维子空间，$\hat{A}_1,\hat{A}_2,\cdots,\hat{A}_s$ 是 $\mathscr{H}_1$ 上的两两可交换的 Hermite 算符，则据 10.5 节例 65 得，$\mathscr{H}_1$ 中存在一个标准正交基 $\psi_1,\psi_2,\cdots,\psi_m$，使得$\hat{A}_1,\hat{A}_2,\cdots,\hat{A}_s$ 在这个基下的矩阵都是对角矩阵。于是 $\psi_1,\psi_2,\cdots,\psi_m$ 是$\hat{A}_1,\hat{A}_2,\cdots,\hat{A}_s$ 的公共特征向量(即共同的本征态)。对于任意一个状态 $\psi\in\mathscr{H}_1$，且 ψ 已归一化，有

$$\psi = \sum_{k=1}^{m} a_k\psi_k, \tag{75}$$

其中 $a_k=(\psi_k,\psi)$。由于 ψ 已归一化，因此

$$1 = (\psi,\psi) = \sum_{k=1}^{m} |\ a_k\ |^2. \tag{76}$$

给定 $j\in\{1,2,\cdots,s\}$，设$\hat{A}_j$ 在基 $\psi_1,\psi_2,\cdots,\psi_m$ 下的矩阵 $D_j=\mathrm{diag}\{\lambda_{j1},\lambda_{j2},\cdots,\lambda_{jm}\}$。由于$\hat{A}_j$ 是 Hermite 变换，因此 $\lambda_{j1},\lambda_{j2},\cdots,\lambda_{jm}$ 都是实数，ψ_k 是$\hat{A}_j$ 的属于特征值 λ_{jk} 的一个特征向量。于是在$\hat{A}_j$ 的本征态 ψ_k 下测量力学量 A_j 所得结果是 λ_{jk}，$k=1,2,\cdots,m$。由于

$$\begin{aligned}\overline{A}_j &= (\psi,\hat{A}_j\psi)\\ &= \Big(\sum_{k=1}^{m}a_k\psi_k,\hat{A}_j\Big(\sum_{l=1}^{m}a_l\psi_l\Big)\Big)\\ &= \sum_{k=1}^{m}\sum_{l=1}^{m}\overline{a}_k a_l(\psi_k,\hat{A}_j\psi_l)\\ &= \sum_{k=1}^{m}\sum_{l=1}^{m}\overline{a}_k a_l(\psi_k,\lambda_{jl}\psi_l)\\ &= \sum_{k=1}^{m}\sum_{l=1}^{m}\overline{a}_k a_l\lambda_{jl}(\psi_k,\psi_l)\\ &= \sum_{k=1}^{m}|a_k|^2\lambda_{jk},\end{aligned}\tag{77}$$

因此根据数学期望的定义得，在 ψ 态下测量 A_j 得到 λ_{jk} 的几率（即概率）为 $|a_k|^2$。由于

$$|a_k|^2=|(\psi_k,\psi)|^2=\left|\frac{(\psi_k,\psi)}{|\psi_k||\psi|}\right|^2=\cos^2\langle\psi_k,\psi\rangle,\tag{78}$$

因此 $\cos^2\langle\psi_k,\psi\rangle$ 是在 ψ 态下测量 A_j 得到 λ_{jk} 的概率，这就是在酉空间 $\mathscr{H}_1$ 中，$\cos^2\langle\psi_k,\psi\rangle$ 的物理意义。

所谓**力学量完全集** $A(A_1,A_2,\cdots)$ 是指量子体系的一组力学量，它们相应的 Hermite 算符$\hat{A}_1,\hat{A}_2,\cdots$两两可交换（也称彼此对易），并且它们的共同本征态（simultaneous eigenstate）又足以把体系的量子态完全确定下来，即这个体系的任何一个状态 ψ 可以表示成

$$\psi=\sum_k a_k\psi_k,\tag{79}$$

其中 $\psi_1,\psi_2,\psi_3,\cdots$是$\hat{A}_1,\hat{A}_2,\cdots$的共同本征态（这里假定$\hat{A}_1,\hat{A}_2,\cdots$的本征值是分立的，即离散的），且 $\psi_1,\psi_2,\psi_3,\cdots$两两正交，且已归一化。由于 $\mathscr{H}$ 是 Hilbert 空间，因此根据命题 2 下面的一段话得，$\psi_1,\psi_2,\cdots$是 $\mathscr{H}$ 的一个标准正交基，从而 $a_k=(\psi_k,\psi)$。若 ψ 已归一化，则

$$1=(\psi,\psi)=\sum_k|a_k|^2.\tag{80}$$

任意给定 $j\in\{1,2,\cdots\}$，设$\hat{A}_j$ 的特征值为 $\lambda_{j1},\lambda_{j2},\cdots$由于$\hat{A}_j$ 是 Hermite 变换，因此 $\lambda_{j1},\lambda_{j2},\cdots$都是实数，设 ψ_k 是$\hat{A}_j$ 的属于特征值 λ_{jk} 的一个特征向量，则类似于(77)式的推导得，$|a_k|^2$表示在 ψ 态下测量 A_j 得到 λ_{jk} 的几率（即概率）。

在量子力学的理论表述中，常采用 Dirac 符号。量子体系的一切可能状态构成一个 Hilbert 空间 $\mathscr{H}$。空间中的一个向量（也称矢量，即一个量子态）用一个右矢 $|\rangle$ 表示。若要标记某个特殊的态，则在右矢内标上某种记号，例如 $|\psi\rangle$ 表示用波函数 ψ 描述的状态。对于本征态，常用本征值（或相应的量子数）标在右矢内。例如，$|x'\rangle$ 表示坐标的本征态（x' 是本征值）；$|p'\rangle$ 表示动量本征态（本征值 p'）；$|E_n\rangle$ 或 $|n\rangle$ 表示能量本征态（本征值为 E_n）等。与 $|\rangle$ 相应，左矢 $\langle|$ 表示共轭空间中的一个抽象态矢，例如 $\langle\psi|$ 是 $|\psi\rangle$ 的共轭态矢，态矢 $|\varphi\rangle$ 与 $|\psi\rangle$ 的标积（即酉空间 $\mathscr{H}$ 中，向量 φ 与 ψ 的内积 (φ,ψ)）记成 $\langle\varphi|\psi\rangle$，而

$$\langle\varphi \mid \psi\rangle^* = \langle\psi \mid \varphi\rangle. \tag{81}$$

设 A 是一组力学量完全集里的一个力学量，则体系的任何一个量子态 $|\psi\rangle$ 均可表示成这个力学量完全集的共同本征态 $\psi_1,\psi_2,\cdots$（假定本征值是分立的，即离散的）的线性叠加（即线性组合），即

$$|\psi\rangle = \sum_n c_n \mid n\rangle, \tag{82}$$

其中 $c_n=\langle n|\psi\rangle$。(82)式就是(79)式的 Dirac 符号写法。$\psi_1,\psi_2,\cdots$ 两两正交且已归一化可记成

$$\langle k \mid j\rangle = \delta_{kj}. \tag{83}$$

ψ_n 是 $\hat{A}$ 的属于特征值 A_n 的一个特征向量（即 $\hat{A}\psi_n=A_n\psi_n$），记成

$$\hat{A} \mid n\rangle = A_n \mid n\rangle. \tag{84}$$

在21世纪，直接基于量子力学原则的技术部门会成为影响到每个人日常生活的技术。在量子力学新的应用领域中，首当其冲的是信息科学。量子特性在信息领域中有着独特的功能，有可能突破现有的经典信息系统的极限。于是便诞生了一门新的学科分支——量子信息科学。现有的经典信息以比特(bit)作为信息单元，从物理角度讲，比特是个两态系统。在数字计算机中电容器平板之间的电压可表示信息比特，有电荷代表1，无电荷代表0。量子信息的单元称为量子比特(qubit)，它是两个逻辑态的叠加态：

$$|\psi\rangle = c_o \mid 0\rangle + c_1 \mid 1\rangle, \tag{85}$$

其中 $|c_0|^2+|c_1|^2=1$。经典比特可以看成量子比特的特例（$c_0=0$ 或 $c_1=0$）。用量子态来表示信息是量子信息的出发点。在实验中任何两态的量子系统都可以用来制备成量子比特。常见的有：光子的正交偏振态，电子或原子核的自旋，原子或量子点的能级等。信息一旦量子化，量子力学的特性便成为量子信息的物理基础。

*第 11 章　多重线性代数

这一章我们介绍多重线性代数,其主要工具是张量积的概念。线性空间的张量积是从小的线性空间构造大的线性空间的又一种方法(在 8.3 节我们曾介绍了线性空间的外直和,它也是从小的线性空间构造大的线性空间的一种方法)。多重线性代数在微分几何、群表示论和量子力学等领域有重要的应用。

11.1　多重线性映射

11.1.1　内容精华

在第 9 章我们研究了一个线性空间 V 到另一个线性空间 V'(V'可以等于 V)的线性映射。很自然地可以把它推广到多个线性空间的笛卡儿积到一个线性空间的多重线性映射。

定义 1　设 $V_1,V_2,\cdots,V_r$ 与 W 都是域 F 上的线性空间,$\boldsymbol{A}$ 是 $V_1\times V_2\times\cdots\times V_r$ 到 W 的一个映射,如果对任意的 $\alpha_i,\beta_i\in V_i,i=1,2,\cdots,r$,任意的 $k\in F$,有

1°　$\boldsymbol{A}(\alpha_1,\cdots,\alpha_i+\beta_i,\cdots,\alpha_r)=\boldsymbol{A}(\alpha_1,\cdots,\alpha_i,\cdots,\alpha_r)+\boldsymbol{A}(\alpha_1,\cdots,\beta_i,\cdots,\alpha_r)$,

2°　$\boldsymbol{A}(\alpha_1,\cdots,k\alpha_i,\cdots,\alpha_r)=k\boldsymbol{A}(\alpha_1,\cdots,\alpha_i,\cdots,\alpha_r)$,

其中 $i=1,2,\cdots,r$,那么称 $\boldsymbol{A}$ 是从 $V_1\times V_2\times\cdots\times V_r$ 到 W 的一个**多重线性映射**。

在定义 1 中,若 W 取成 F(把 F 看成域 F 上的 1 维线性空间),则 $\boldsymbol{A}$ 称为 $V_1\times V_2\times\cdots\times V_r$ 上的一个**多重线性函数**。当 $r=2$ 时,$\boldsymbol{A}$ 称为 $V_1\times V_2$ 上的一个**双线性函数**。

在定义 1 中,当 $r=2$ 时,$\boldsymbol{A}$ 称为从 $V_1\times V_2$ 到 W 的一个**双线性映射**。

从定义 1 看到,从 $V_1\times V_2\times\cdots\times V_r$ 到 W 的一个多重线性映射 $\boldsymbol{A}$ 对每一个变元都是线性的,当其他变元固定时。

例如,n 阶行列式函数 det 是从 $\underbrace{F^n\times F^n\times\cdots\times F^n}_{n个}$ 到 F 的一个多重线性函数,这是由行

列式的性质 3 和性质 2(对于列来用)得出的。

与线性映射类似,多重线性映射被它在 $V_1,V_2,\cdots,V_r$ 的取定基下的作用所唯一决定,即设 $V_1,V_2,\cdots,V_r$ 都是域 F 上的有限维线性空间,W 是域 F 上的一个线性空间,$\boldsymbol{A}$ 是 $V_1\times V_2\times\cdots\times V_r$ 到 W 的一个多重线性映射,在 V_i 中取一个基 $\alpha_{i1},\alpha_{i2},\cdots,\alpha_{in_i}(i=1,2,\cdots,r)$,则 $\boldsymbol{A}$ 完全被它在取定的基向量的组合处的作用

$$\boldsymbol{A}(\alpha_{1j_1},\alpha_{2j_2},\cdots,\alpha_{rj_r})=\beta_{j_1j_2\cdots j_r}\in W$$

所决定,其中 $1\leqslant j_1\leqslant n_1,1\leqslant j_2\leqslant n_2,\cdots,1\leqslant j_r\leqslant n_r$,换句话说,如果 $\boldsymbol{A}$ 和 $\boldsymbol{B}$ 都是 $V_1\times V_2\times\cdots\times V_r$ 到 W 的多重线性映射,且满足

$$\boldsymbol{A}(\alpha_{1j_1},\alpha_{2j_2},\cdots,\alpha_{rj_r})=\boldsymbol{B}(\alpha_{1j_1},\alpha_{2j_2},\cdots,\alpha_{rj_r}),$$

其中 $1\leqslant j_1\leqslant n_1,1\leqslant j_2\leqslant n_2,\cdots,1\leqslant j_r\leqslant n_r$,那么 $\boldsymbol{A}=\boldsymbol{B}$。

多重线性映射是否存在?看下面的定理:

定理 1　设 $V_1,V_2,\cdots,V_r$ 都是域 F 上的有限维线性空间,在 V_i 中取一个基 $\alpha_{i1},\alpha_{i2},\cdots,\alpha_{in_i}(i=1,2,\cdots,r)$;$W$ 是域 F 上的一个线性空间,在 W 中任取 $n_1n_2\cdots n_r$ 个向量 $\beta_{j_1j_2\cdots j_r}$,$1\leqslant j_k\leqslant n_k(k=1,2,\cdots,r)$,则存在 $V_1\times V_2\times\cdots\times V_r$ 到 W 的唯一的一个多重线性映射 $\boldsymbol{A}$,使得

$$\boldsymbol{A}(\alpha_{1j_1},\alpha_{2j_2},\cdots,\alpha_{rj_r})=\beta_{j_1j_2\cdots j_r},\tag{1}$$

其中 $1\leqslant j_k\leqslant n_k(k=1,2,\cdots,r)$。

证明　令

$$\boldsymbol{A}: V_1\times V_2\times\cdots\times V_r\longrightarrow W$$

$$\left(\sum_{j_1=1}^{n_1}a_{1j_1}\alpha_{1j_1},\cdots,\sum_{j_r=1}^{n_r}a_{rj_r}\alpha_{rj_r}\right)\longmapsto\sum_{j_1=1}^{n_1}\cdots\sum_{j_r=1}^{n_r}a_{1j_1}\cdots a_{rj_r}\beta_{j_1j_2\cdots j_r},$$

显然 $\boldsymbol{A}$ 是映射。对于 $i\in\{1,2,\cdots,r\}$,有

$$\begin{aligned}
&\boldsymbol{A}\left(\sum_{j_1=1}^{n_1}a_{1j_1}\alpha_{1j_1},\cdots,\sum_{j_i=1}^{n_i}a_{ij_i}\alpha_{ij_i}+\sum_{j_i=1}^{n_i}c_{ij_i}\alpha_{ij_i},\cdots,\sum_{j_r=1}^{n_r}a_{rj_r}\alpha_{rj_r}\right)\\
&=\sum_{j_1=1}^{n_1}\cdots\sum_{j_i=1}^{n_i}\cdots\sum_{j_r=1}^{n_r}a_{1j_1}\cdots(a_{ij_i}+c_{ij_i})\cdots a_{rj_r}\beta_{j_1j_2\cdots j_r}\\
&=\sum_{j_1=1}^{n_1}\cdots\sum_{j_i=1}^{n_i}\cdots\sum_{j_r=1}^{n_r}a_{1j_1}\cdots a_{ij_i}\cdots a_{rj_r}\beta_{j_1j_2\cdots j_r}\\
&\quad+\sum_{j_1=1}^{n_1}\cdots\sum_{j_i=1}^{n_i}\cdots\sum_{j_r=1}^{n_r}a_{1j_1}\cdots c_{ij_i}\cdots a_{rj_r}\beta_{j_1j_2\cdots j_r}
\end{aligned}$$

$$=\boldsymbol{A}\Big(\sum_{j_1=1}^{n_1}a_{1j_1}\alpha_{1j_1},\cdots,\sum_{j_i=1}^{n_i}a_{ij_i}\alpha_{ij_i},\cdots,\sum_{j_r=1}^{n_r}a_{rj_r}\alpha_{rj_r}\Big)$$

$$+\boldsymbol{A}\Big(\sum_{j_1=1}^{n_1}a_{1j_1}\alpha_{1j_1},\cdots,\sum_{j_i=1}^{n_i}c_{ij_i}\alpha_{ij_i},\cdots,\sum_{j_r=1}^{n_r}a_{rj_r}\alpha_{rj_r}\Big).$$

同理可证，$\boldsymbol{A}$ 对每一个变元保持纯量乘法，因此 $\boldsymbol{A}$ 是从 $V_1\times V_2\times\cdots\times V_r$ 到 W 的一个多重线性映射。显然 $\boldsymbol{A}$ 满足(1)式。

如果 $\boldsymbol{B}$ 也是从 $V_1\times V_2\times\cdots\times V_r$ 到 W 的一个线性映射，且 $\boldsymbol{B}$ 使得

$$\boldsymbol{B}(\alpha_{1j_1},\alpha_{2j_2},\cdots,\alpha_{rj_r})=\beta_{j_1j_2\cdots j_r},$$

其中 $1\leqslant j_k\leqslant n_k(k=1,2,\cdots,r)$，则据定理 1 前面指出的多重线性映射的性质得，$\boldsymbol{A}=\boldsymbol{B}$。■

推论 1 设 $V_1,V_2,\cdots,V_r$ 都是域 F 上的有限维线性空间，在 V_i 中取一个基 $\alpha_{i1},\alpha_{i2},\cdots,\alpha_{in_i}(i=1,2,\cdots,r)$，在 F 中任取 $n_1n_2\cdots n_r$ 个元素 $b_{j_1j_2\cdots j_r}$，$1\leqslant j_k\leqslant n_k(k=1,2,\cdots,r)$，则存在 $V_1\times V_2\times\cdots\times V_r$ 上的唯一的一个多重线性函数 f，使得

$$f(\alpha_{1j_1},\alpha_{2j_2},\cdots,\alpha_{rj_r})=b_{j_1j_2\cdots j_r},\tag{2}$$

其中 $1\leqslant j_k\leqslant n_k(k=1,2,\cdots,r)$。■

设 $V_1,V_2,\cdots,V_r,W$ 都是域 F 上的线性空间，我们用 $\mathscr{P}(V_1,V_2,\cdots,V_r;W)$ 表示从 $V_1\times V_2\times\cdots\times V_r$ 到 W 的所有多重线性映射组成的集合。在这个集合中可以定义加法如下：对于 $\boldsymbol{A},\boldsymbol{B}\in\mathscr{P}(V_1,V_2,\cdots,V_r;W)$，规定

$$(\boldsymbol{A}+\boldsymbol{B})(\alpha_1,\alpha_2,\cdots,\alpha_r)=\boldsymbol{A}(\alpha_1,\alpha_2,\cdots,\alpha_r)+\boldsymbol{B}(\alpha_1,\alpha_2,\cdots,\alpha_r).$$

还可以定义域 F 与 $\mathscr{P}(V_1,V_2,\cdots,V_r;W)$ 的纯量乘法如下：对于 $k\in F,\boldsymbol{A}\in\mathscr{P}(V_1,V_2,\cdots,V_r;W)$，规定

$$(k\boldsymbol{A})(\alpha_1,\alpha_2,\cdots,\alpha_r)=k\boldsymbol{A}(\alpha_1,\alpha_2,\cdots,\alpha_r).$$

容易验证，$\mathscr{P}(V_1,V_2,\cdots,V_r;W)$ 成为域 F 上的一个线性空间，当 $W=F$ 时，把这个线性空间简记成 $\mathscr{P}(V_1,V_2,\cdots,V_r)$，它是 $V_1\times V_2\times\cdots\times V_r$ 上的所有多重线性函数组成的线性空间。

设 $V_1,V_2,\cdots,V_r$ 都是域 F 上的有限维线性空间，V_i 的维数为 $n_i(i=1,2,\cdots,r)$。试问：$\mathscr{P}(V_1,V_2,\cdots,V_r)$ 的维数是多少？为了回答这个问题，先找出一个基。

对于任意给定的一组下标 $k_1,k_2,\cdots,k_r$，在推论 1 中取

$$b_{j_1j_2\cdots j_r}=\delta_{j_1k_1}\delta_{j_2k_2}\cdots\delta_{j_rk_r},\tag{3}$$

其中 $1\leqslant j_i\leqslant n_i(i=1,2,\cdots,r)$。据推论 1 的结论得，存在 $V_1\times V_2\times\cdots\times V_r$ 上的唯一的一个多重线性函数 $f_{k_1k_2\cdots k_r}$，使得

$$f_{k_1k_2\cdots k_r}(\alpha_{1j_1},\alpha_{2j_2},\cdots,\alpha_{rj_r})=\delta_{j_1k_1}\delta_{j_2k_2}\cdots\delta_{j_rk_r},\tag{4}$$

其中 $1\leqslant j_i\leqslant n_i(i=1,2,\cdots,r)$。于是

$$f_{k_1k_2\cdots k_r}(\alpha_{1k_1},\alpha_{2k_2},\cdots,\alpha_{rk_r})=1,$$

而 $f_{k_1k_2\cdots k_r}$ 在基向量的其他组合处取值全为零。容易证明 $\mathscr{P}(V_1,V_2,\cdots,V_r)$ 的子集

$$\{f_{k_1k_2\cdots k_r} \mid 1 \leqslant k_i \leqslant n_i, i=1,2,\cdots,r\}$$

线性无关（设 $\sum_{k_1=1}^{n_1}\cdots\sum_{k_r=1}^{n_r} c_{k_1k_2\cdots k_r} f_{k_1k_2\cdots k_r}=0$，考虑左右两边的多重线性函数在基向量的各种组合处的函数值，去证所有系数 $c_{k_1k_2\cdots k_r}$ 全为 0）。任取一个多重线性函数 g，设

$$g(\alpha_{1j_1},\alpha_{2j_2},\cdots,\alpha_{rj_r})=a_{j_1j_2\cdots j_r}, 1\leqslant j_i\leqslant n_i (i=1,2,\cdots,r),$$

由于

$$\begin{aligned}
&\sum_{k_1=1}^{n_1}\cdots\sum_{k_r=1}^{n_r} a_{k_1k_2\cdots k_r} f_{k_1k_2\cdots k_r}(\alpha_{1j_1},\alpha_{2j_2},\cdots,\alpha_{rj_r})\\
&=\sum_{k_1=1}^{n_1}\cdots\sum_{k_r=1}^{n_r} a_{k_1k_2\cdots k_r}\delta_{j_1k_1}\delta_{j_2k_2}\cdots\delta_{j_rk_r}\\
&=a_{j_1j_2\cdots j_r},
\end{aligned}$$

因此

$$g=\sum_{k_1=1}^{n_1}\cdots\sum_{k_r=1}^{n_r} a_{k_1k_2\cdots k_r} f_{k_1k_2\cdots k_r}.$$

综上所述，$\{f_{k_1k_2\cdots k_r} \mid 1\leqslant k_i\leqslant n_i, i=1,2,\cdots,r\}$ 是线性空间 $\mathscr{P}(V_1,V_2,\cdots,V_r)$ 的一个基。于是我们证明了：

定理 2　设 $V_1,V_2,\cdots,V_r$ 都是域 F 上有限维线性空间，V_i 的维数为 n_i，在 V_i 中取一个基 $\alpha_{i1},\alpha_{i2},\cdots,\alpha_{in_i}(i=1,2,\cdots,r)$：利用(4)式定义的多重线性函数 $f_{k_1k_2\cdots k_r}$，当 $1\leqslant k_i\leqslant n_i$ $(i=1,2,\cdots,r)$ 时，它们形成 $\mathscr{P}(V_1,V_2,\cdots,V_r)$ 的一个基，从而

$$\dim \mathscr{P}(V_1,V_2,\cdots,V_r)=n_1n_2\cdots n_r. \tag{5}$$

■

对于 $V\times U$ 上的所有双线性函数组成的线性空间 $\mathscr{P}(V,U)$，我们可以用另一种方法求出 $\mathscr{P}(V,U)$ 的一个基。这是从 10.1 节内容精华的第七部分受到启发。在那里我们对于域 F 上的 n 维线性空间 V，找出了 V 上所有双线性函数组成的线性空间 $T_2(V)$ 的一个基，其关键想法是给了 V 上的两个线性函数 g,h，令

$$f(\alpha,\beta)=g(\alpha)h(\beta), \forall\alpha,\beta\in V,$$

容易验证 $f(\alpha,\beta)$ 是 V 上的一个双线性函数，把它记成 $g\otimes h$，即

$$g\otimes h(\alpha,\beta)\xlongequal{\text{def}} g(\alpha)h(\beta), \forall\alpha,\beta\in V.$$

类似地，设 V,U 分别是域 F 上 n 维，m 维线性空间，对于 $g\in V^*$，$h\in U^*$，我们定义

$$g\otimes h(\alpha,\beta)=g(\alpha)h(\beta), \alpha\in V, \beta\in U. \tag{6}$$

容易验证，$g\otimes h$ 是 $V\times U$ 上的一个双线性函数，于是存在一个映射 σ：

$$\sigma: V^* \times U^* \longrightarrow \mathscr{P}(V,U)$$
$$(g,h) \longmapsto g \otimes h, \tag{7}$$

在 V 中取一个基 $\alpha_1,\alpha_2,\cdots,\alpha_n$，它在 V^* 中的对偶基为 $g_1,g_2,\cdots,g_n$；在 U 中取一个基 $\beta_1,\beta_2,\cdots,\beta_m$，它在 U^* 中的对偶基为 $h_1,h_2,\cdots,h_m$。考虑 nm 个双线性函数

$$g_i \otimes h_j, i=1,2,\cdots,n; j=1,2,\cdots,m, \tag{8}$$

容易证明它们线性无关。由于从定理 2 得，

$$\dim \mathscr{P}(V,U) = nm, \tag{9}$$

因此(8)式给出的 nm 个双线性函数是 $\mathscr{P}(V,U)$ 的一个基，于是我们证明了：

定理 3 设 V,U 分别是域 F 上 n 维，m 维线性空间，V 的一个基 $\alpha_1,\alpha_2,\cdots,\alpha_n$ 在 V^* 中的对偶基为 $g_1,g_2,\cdots,g_n$；U 的一个基 $\beta_1,\beta_2,\cdots,\beta_m$ 在 U^* 中的对偶基为 $h_1,h_2,\cdots,h_m$，则

$$g_i \otimes h_j, i=1,2,\cdots,n; j=1,2,\cdots,m$$

是 $\mathscr{P}(V,U)$ 的一个基。 ■

现在我们对 V^*,U^* 运用上述结论。从 9.10 节知道，V^* 的对偶空间记作 V^{**}，V 到 V^* 有一个同构映射，V^* 到 V^{**} 也有一个同构映射。$\alpha \in V$ 在这相继的两个同构映射下的象记作 $\alpha^{**} \in V^{**}$。对于任意 $f \in V^*$，有

$$\alpha^{**}(f) = f(\alpha). \tag{10}$$

V 到 V^{**} 的同构映射 $\alpha: \longmapsto \alpha^{**}$ 不依赖于基的选择，因此可以把 α 与 α^{**} 等同起来。从而可以把 V 与 V^{**} 等同，于是对 V^* 和 U^* 运用(6)式得，对于 $\alpha \in V$，$\beta \in U$，有

$$\alpha \otimes \beta(g,h) = \alpha^{**}(g)\beta^{**}(h) = g(\alpha)h(\beta), \quad g \in V^*, h \in U^*. \tag{11}$$

$\alpha \otimes \beta$ 是 $V^* \times U^*$ 上的一个双线性函数，于是存在一个映射 τ：

$$\tau: V \times U \longrightarrow \mathscr{P}(V^*,U^*)$$
$$(\alpha,\beta) \longmapsto \alpha \otimes \beta. \tag{12}$$

设 $\alpha_1,\alpha_2,\cdots,\alpha_n$ 是 V 的一个基，它在 V^* 中的对偶基为 $g_1,g_2,\cdots,g_n$，而 $g_1,g_2,\cdots,g_n$ 在 V^{**} 中的对偶基为 $\alpha_1^{**},\alpha_2^{**},\cdots,\alpha_n^{**}$；设 $\beta_1,\beta_2,\cdots,\beta_m$ 是 U 的一个基，它在 U^* 中的对偶基为 $h_1,h_2,\cdots,h_m$，而 $h_1,h_2,\cdots,h_m$ 在 V^{**} 中的对偶基为 $\beta_1^{**},\beta_2^{**},\cdots,\beta_m^{**}$。对于 V^*,U^* 运用定理 3 得

$$\alpha_i^{**} \otimes \beta_j^{**}, i=1,2,\cdots,n; j=1,2,\cdots,m \tag{13}$$

是 $\mathscr{P}(V^*,U^*)$ 的一个基，把 α_i^{**} 与 α_i 等同，β_j^{**} 与 β_j 等同，则

$$\alpha_i \otimes \beta_j, i=1,2,\cdots,n; j=1,2,\cdots,m \tag{14}$$

是 $\mathscr{P}(V^*,U^*)$ 的一个基，$\dim \mathscr{P}(V^*,U^*)=nm$。

与 V 上的双线性函数有表达式类似，$V \times U$ 上的双线性函数也有表达式。

设 V,U 分别是域 F 上的 n 维，m 维线性空间，f 是 $V \times U$ 上的一个双线性函数，在 V

中取一个基 $\alpha_1,\alpha_2,\cdots,\alpha_n$；在 U 中取一基 $\beta_1,\beta_2,\cdots,\beta_m$。任取 $\alpha\in V,\beta\in U$，设 $\alpha=(\alpha_1,\alpha_2,\cdots,\alpha_n)\boldsymbol{X},\beta=(\beta_1,\beta_2,\cdots,\beta_m)\boldsymbol{Y}$。其中 $\boldsymbol{X}=(x_1,x_2,\cdots,x_n)',\boldsymbol{Y}(y_1,y_1,\cdots,y_m)'$，则

$$f(\alpha,\beta)=f\Big(\sum_{i=1}^{n}x_i\alpha_i,\sum_{j=1}^{m}y_j\beta_j\Big)=\sum_{i=1}^{n}\sum_{j=1}^{m}x_iy_j\,f(\alpha_i,\beta_j).\tag{15}$$

令

$$A=\begin{pmatrix}f(\alpha_1,\beta_1) & f(\alpha_1,\beta_2) & \cdots & f(\alpha_1,\beta_m)\\ f(\alpha_2,\beta_1) & f(\alpha_2,\beta_2) & \cdots & f(\alpha_2,\beta_m)\\ \vdots & \vdots & & \vdots\\ f(\alpha_n,\beta_1) & f(\alpha_n,\beta_2) & \cdots & f(\alpha_n,\beta_m)\end{pmatrix},\tag{16}$$

称 A 是 f 在 V 的基 $\alpha_1,\alpha_2,\cdots,\alpha_n$ 和 U 的基 $\beta_1,\beta_2,\cdots,\beta_m$ 下的度量矩阵，则(15)式可写成

$$f(\alpha,\beta)=\boldsymbol{X}'A\boldsymbol{Y}.\tag{17}$$

(17)式就是 $V\times U$ 上的双线性函数 f 的表达式。

11.1.2 典型例题

例 1　设 F 是一个域，令

$$f(A,B)=\mathrm{tr}(AB),\forall A\in M_{s\times n}(F),B\in M_{n\times s}(F).$$

证明：f 是 $M_{s\times n}(F)\times M_{n\times s}(F)$ 上的一个双线性函数。

证明　由于对任意 $A,C\in M_{s\times n}(F),B\in M_{n\times s}(F)$ 有

$$\begin{aligned}f(A+C,B)&=\mathrm{tr}[(A+C)B]=\mathrm{tr}(AB+CB)=\mathrm{tr}(AB)+\mathrm{tr}(CB)\\&=f(A,B)+f(C,B),\end{aligned}$$

$$f(kA,B)=\mathrm{tr}[(kA)B]=k\,\mathrm{tr}(AB)=kf(A,B),$$

因此 f 对第一个变元是线性的，同理可证，f 对第二个变元也是线性的，因此 f 是 $M_{s\times n}(F)\times M_{n\times s}(F)$ 上的双线性函数。 ■

例 2　设 F 是一个域，求 $\mathscr{P}(M_{m\times n}(F),M_{n\times m}(F))$ 的一个基。

解　据定理 2 得，

$$\dim\mathscr{P}(M_{m\times n}(F),M_{n\times m}(F))=(mn)(nm)=n^2m^2.$$

在 $M_{m\times n}(F)$ 中取一个基 $E_{11},\cdots,E_{1n},\cdots,E_{m1},\cdots,E_{mn}$，把它们记成 $\alpha_1,\alpha_2,\cdots,\alpha_{mn}$；在 $M_{n\times m}(F)$ 中取一个基 $\tilde{E}_{11},\cdots,\tilde{E}_{1m},\cdots,\tilde{E}_{n1},\cdots,\tilde{E}_{nm}$，其中 $\tilde{E}_{ij}$ 是 (i,j) 元为 1，其余元全为 0 的 $n\times m$ 矩阵，把它们记成 $\beta_1,\beta_2,\cdots,\beta_{nm}$。任给 $k_1,k_2(1\leqslant k_1\leqslant mn,1\leqslant k_2\leqslant nm)$，令

$$f_{k_1k_2}(\alpha_{j_1},\beta_{j_2})=\delta_{j_1k_1}\delta_{j_2k_2},1\leqslant j_i\leqslant nm(i=1,2),$$

则 $f_{k_1k_2},1\leqslant k_i\leqslant mn(i=1,2)$ 成为 $\mathscr{P}(M_{m\times n}(F),M_{n\times m}(F))$ 的一个基。

例 3 求 $\mathscr{P}(F_2^3, F_2^2)$的一个基。

解 在 F_2^3 中取一个基 $\boldsymbol{\varepsilon}_1=(\bar{1},\bar{0},\bar{0})'$, $\boldsymbol{\varepsilon}_2=(\bar{0},\bar{1},\bar{0})'$, $\boldsymbol{\varepsilon}_3=(\bar{0},\bar{0},\bar{1})'$；在 F_2^2 中取一个基 $\tilde{\boldsymbol{\varepsilon}}_1=(\bar{1},\bar{0})'$, $\tilde{\boldsymbol{\varepsilon}}_2=(\bar{0},\bar{1})'$。任给 $k_1,k_2(1\leqslant k_1\leqslant 3, 1\leqslant k_2\leqslant 2)$。令

$$f_{k_1k_2}(\boldsymbol{\varepsilon}_{j_1},\tilde{\boldsymbol{\varepsilon}}_{j_2})=\delta_{j_1k_1}\delta_{j_2k_2}, 1\leqslant j_1\leqslant 3, 1\leqslant j_2\leqslant 2,$$

则 $f_{k_1k_2}$, $1\leqslant k_1\leqslant 3$, $1\leqslant k_2\leqslant 2$，成为 $\mathscr{P}(F_2^3, F_2^2)$的一个基。

例 4 设 V,U 是域 F 上的两个有限维线性空间。对于 $f\in\mathscr{P}(V,U)$，令

$$V^{\circ}=\{\alpha\in V \mid f(\alpha,\beta)=0, \forall\beta\in U\} \tag{18}$$

$$U^{\circ}=\{\beta\in U \mid f(\alpha,\beta)=0, \forall\alpha\in V\} \tag{19}$$

证明：(1) V°，U°分别是 V,U 的一个子空间。

(2) 若 $V^{\circ}=0$，则 $\dim V\leqslant\dim U$；若 $U^{\circ}=0$，则 $\dim U\leqslant\dim V$；

(3) 若对于商空间 V/V°与 U/U°的元素 $\alpha+V^{\circ}$与 $\beta+U^{\circ}$，定义

$$\bar{f}(\alpha+V^{\circ},\beta+U^{\circ})=f(\alpha,\beta), \tag{20}$$

则这个定义是合理的，且$\bar{f}\in\mathscr{P}(V/V^{\circ},U/U^{\circ})$；

(4) $\dim(V/V^{\circ})=\dim(U/U^{\circ})$。 (21)

证明 (1) 由于 $f(0,\beta)=0f(0,\beta)=0$, $\forall\beta\in U$，因此 $0\in V^{\circ}$。显然 V°对于加法和纯量乘法封闭，因此 V°是 V 的一个子空间。同理，U°是 U 的一个子空间。

(2) 在 V 中取一个基 $\alpha_1,\alpha_2,\cdots,\alpha_n$，在 U 中取一个基 $\beta_1,\beta_2,\cdots,\beta_m$，设 f 在这两个基下的度量矩阵为 A，它是 $n\times m$ 矩阵。任取 $\alpha=(\alpha_1,\alpha_2,\cdots,\alpha_n)\boldsymbol{x}$, $\beta=(\beta_1,\beta_2,\cdots,\beta_m)\boldsymbol{y}$，则

$$\begin{aligned}
\alpha\in V^{\circ} &\Leftrightarrow f(\alpha,\beta)=0, \forall\beta\in U\\
&\Leftrightarrow \boldsymbol{x}'A\boldsymbol{y}=0, \forall\boldsymbol{y}\in F^m\\
&\Leftrightarrow \boldsymbol{x}'A\boldsymbol{\varepsilon}_i=0, i=1,2,\cdots,m\\
&\Leftrightarrow \boldsymbol{x}'A(\boldsymbol{\varepsilon}_1,\boldsymbol{\varepsilon}_2,\cdots,\boldsymbol{\varepsilon}_m)=0\\
&\Leftrightarrow \boldsymbol{x}'AI_m=0\\
&\Leftrightarrow \boldsymbol{A}'\boldsymbol{x}=0\\
&\Leftrightarrow \boldsymbol{x}\text{ 是齐次线性方程组 }\boldsymbol{A}'\boldsymbol{z}=0\text{ 的解}.
\end{aligned}$$

于是

$$\begin{aligned}
V^{\circ}=0 &\Leftrightarrow \boldsymbol{A}'\boldsymbol{z}=0\text{ 只有零解}\\
&\Leftrightarrow \operatorname{rank}(A')=n\\
&\Leftrightarrow n\leqslant m,
\end{aligned}$$

因此若 $V^{\circ}=0$，则 $\dim V\leqslant\dim U$。

同理可证，若 $U^{\circ}=0$，则 $\dim U\leqslant\dim V$。

(3) 设 $\alpha+V^{\circ}=\gamma+V^{\circ}$, $\beta+U^{\circ}=\eta+U^{\circ}$，则

$$\alpha-\gamma\in V^{\circ}, \beta-\eta\in U^{\circ},$$

于是
$$\alpha=\gamma+\alpha_0,\beta=\eta+\beta_0,\alpha_0\in V^\circ,\beta_0\in U^\circ.$$
从而
$$\begin{aligned}f(\alpha,\beta)&=f(\gamma+\alpha_0,\eta+\beta_0)=f(\gamma,\eta)+f(\gamma,\beta_0)+f(\alpha_0,\eta+\beta_0)\\&=f(\gamma,\eta),\end{aligned}$$
因此
$$\overline{f}(\alpha+V^\circ,\beta+U^\circ)=\overline{f}(\gamma+V^\circ,\eta+U^\circ).$$
这证明了(20)式给出的定义是合理的。由于
$$\begin{aligned}\overline{f}((\alpha+V^\circ)+(\gamma+V^\circ),\beta+U^\circ)&=\overline{f}(\alpha+\gamma+V^\circ,\beta+U^\circ)\\&=f(\alpha+\gamma,\beta)=f(\alpha,\beta)+f(\gamma,\beta)\\&=\overline{f}(\alpha+V^\circ,\beta+U^\circ)+\overline{f}(\gamma+V^\circ,\beta+U^\circ),\\ \overline{f}(k(\alpha+V^\circ),\beta+U^\circ)&=\overline{f}(k\alpha+V^\circ,\beta+U^\circ)\\&=f(k\alpha,\beta)=kf(\alpha,\beta)\\&=k\overline{f}(\alpha+V^\circ,\beta+U^\circ),\end{aligned}$$
因此$\overline{f}$对第一个变元是线性的,同理可证$\overline{f}$对第二个变元也是线性的,所以$\overline{f}\in\mathscr{T}(V/V^\circ,U/U^\circ)$。

(4) 从第(2)小题的证明过程看出,$\alpha\in V^\circ\iff$ $\boldsymbol{x}$ 是 $\boldsymbol{A}'\boldsymbol{z}=0$ 的解。

因此
$$\dim V^\circ=n-\text{rank}(A')=n-\text{rank}(A),$$
从而
$$\dim(V/V^\circ)=n-\dim V^\circ=\text{rank}(A);$$
类似地,$\beta\in U^\circ$当且仅当 $\boldsymbol{y}$ 是 $A\boldsymbol{z}=0$ 的解。

因此
$$\dim U^\circ=m-\text{rank}(A),$$
从而
$$\dim(U/U^\circ)=m-\dim U^\circ=\text{rank}(A),$$
所以
$$\dim(V/V^\circ)=\dim(U/U^\circ).$$
■

点评　例 4 的第(2)、(4)小题的解题关键是利用了 f 的度量矩阵 A 和 f 的表达式,从而与齐次线性方程组产生了联系,于是可以运用齐次线性方程组的解空间的维数公式来解决有关的维数问题。

例 5　设 V,U 分别是域 F 上的 n 维,m 维线性空间,令
$$\begin{aligned}\sigma:V^*\times U^*&\longrightarrow\mathscr{T}(V,U)\\(g,h)&\longmapsto g\otimes h.\end{aligned}$$
证明:σ 是 $V^*\times U^*$ 到 $\mathscr{T}(V,U)$的一个双线性映射。

证明　任取 $g_1,g_2\in V^*,h\in U^*$,由于对任意 $\alpha\in V,\beta\in U$,有
$$\begin{aligned}[(g_1+g_2)\otimes h](\alpha,\beta)&=[(g_1+g_2)(\alpha)]h(\beta)\\&=[g_1(\alpha)+g_2(\alpha)]h(\beta)\\&=g_1(\alpha)h(\beta)+g_2(\alpha)h(\beta)\end{aligned}$$

$$= (g_1 \otimes h)(\alpha,\beta) + (g_2 \otimes h)(\alpha,\beta)$$
$$= (g_1 \otimes h + g_2 \otimes h)(\alpha,\beta),$$

因此

$$\sigma(g_1 + g_2, h) = (g_1 + g_2) \otimes h = g_1 \otimes h + g_2 \otimes h$$
$$= \sigma(g_1, h) + \sigma(g_2, h).$$

任取 $g \in V^*, h \in U^*, k \in F$，容易证明

$$\sigma(kg, h) = k\sigma(g, h),$$

因此 σ 对第一个变元是线性的。同理可证 σ 对第二个变元也是线性的，所以 σ 是 $V^* \times U^*$ 到 $\mathscr{P}(V,U)$ 的一个双线性映射。 ■

点评 在例 5 中，对 V^*, U^* 来用所得的结论，并且把 V^{**} 和 V 等同，把 U^{**} 和 U 等同，则得到映射

$$\tau: V \times U \longrightarrow \mathscr{P}(V^*, U^*)$$
$$(\alpha,\beta) \longmapsto \alpha \otimes \beta$$

是 $V \times U$ 到 $\mathscr{P}(V^*, U^*)$ 的一个双线性映射。

11.2 线性空间的张量积

11.2.1 内容精华

一、线性空间的张量积的概念

从 11.1 节例 5 的点评知道，设 V, U 分别是域 F 上的 n 维，m 维线性空间，则存在 $V \times U$ 到 $\mathscr{P}(V^*, U^*)$ 的双线性映射：

$$\tau: V \times U \longrightarrow \mathscr{P}(V^*, U^*)$$
$$(\alpha,\beta) \longmapsto \alpha \otimes \beta. \tag{1}$$

由于 $\dim \mathscr{P}(V^*, U^*) = nm$，因此从 V, U 得到了一个大的线性空间 $\mathscr{P}(V^*, U^*)$，它们的维数之间的关系为

$$\dim \mathscr{P}(V^*, U^*) = (\dim V)(\dim U). \tag{2}$$

任取 $\alpha \in V, \beta \in U$，可得到 $\mathscr{P}(V^*, U^*)$ 的唯一确定的元素 $\alpha \otimes \beta$，它是 $V^* \times U^*$ 上的一个双线性函数，满足

$$\alpha \otimes \beta(g, h) = g(\alpha)h(\beta), g \in V^*, h \in U^*, \tag{3}$$

由此看到，(α,β) 与 $\alpha \otimes \beta$ 之间的联系不太直观。因此我们的注意力应放在挖掘 $\alpha \otimes \beta$ 有关

运算的信息，以及从 $V\times U$ 到 $\mathscr{P}(V^*,U^*)$ 的这个双线性映射 τ 的性质。由于

$$\tau(\alpha+\gamma,\beta)=\tau(\alpha,\beta)+\tau(\gamma,\beta),\alpha,\gamma\in V,\beta\in U,$$

$$\tau(\alpha,\beta+\eta)=\tau(\alpha,\beta)+\tau(\alpha,\eta),\alpha\in V,\beta,\eta\in U,$$

$$\tau(k\alpha,\beta)=k\,\tau(\alpha,\beta),\alpha\in V,\beta\in U,k\in F,$$

$$\tau(\alpha,k\beta)=k\,\tau(\alpha,\beta),\alpha\in V,\beta\in U,k\in F,$$

因此

$$(\alpha+\gamma)\otimes\beta=\alpha\otimes\beta+\gamma\otimes\beta,\alpha,\gamma\in V,\beta\in U,\tag{4}$$

$$\alpha\otimes(\beta+\eta)=\alpha\otimes\beta+\alpha\otimes\eta,\alpha\in V,\beta,\eta\in U,\tag{5}$$

$$(k\alpha)\otimes\beta=k(\alpha\otimes\beta)=\alpha\otimes k\beta,\alpha\in V,\beta\in U,k\in F.\tag{6}$$

设 $\alpha_1,\alpha_2,\cdots,\alpha_n$ 是 V 的一个基，$\beta_1,\beta_2,\cdots,\beta_m$ 是 U 的一个基，从 11.1 节定理 3 后面一段话的(14)式知道，

$$\alpha_i\otimes\beta_j,i=1,2,\cdots,n;\quad j=1,2,\cdots,m\tag{7}$$

是 $\mathscr{P}(V^*,U^*)$ 的一个基，于是

$$\mathscr{P}(V^*,U^*)=\langle\alpha_i\otimes\beta_j\mid i=1,2,\cdots,n;j=1,2,\cdots,m\rangle.\tag{8}$$

设 W 是域 F 上任意一个线性空间，$\mathbf{A}$ 是 $V\times U$ 到 W 的任意一个双线性映射。设

$$\mathbf{A}(\alpha_i,\beta_j)=\gamma_{ij},i=1,2,\cdots,n;j=1,2,\cdots,m.\tag{9}$$

由于 $\mathscr{P}(V^*,U^*)$ 和 W 都是域 F 上的线性空间，且(7)式中的 nm 个向量是 $\mathscr{P}(V^*,U^*)$ 的一个基，因此对于 W 中的 nm 个向量 $\gamma_{ij}(i=1,2,\cdots,n;j=1,2,\cdots,m)$，存在 $\mathscr{P}(V^*,U^*)$ 到 W 的唯一的线性映射 φ，使得

$$\varphi(\alpha_i\otimes\beta_j)=\gamma_{ij},i=1,2,\cdots,n;j=1,2,\cdots,m,\tag{10}$$

从而对于 $i=1,2,\cdots,n;j=1,2,\cdots,m$，有

$$\mathbf{A}(\alpha_i,\beta_j)=\gamma_{ij}=\varphi(\alpha_i\otimes\beta_j)=\varphi\tau(\alpha_i,\beta_j).\tag{11}$$

由于 $\mathbf{A}$ 和 $\varphi\tau$ 都是从 $V\times U$ 到 W 的双线性映射，因此从(11)式可进一步得到

$$\mathbf{A}(\alpha,\beta)=\varphi\tau(\alpha,\beta),\forall\,\alpha\in V,\beta\in U,\tag{12}$$

于是

$$\mathbf{A}=\varphi\tau.\tag{13}$$

这表明从 $V\times U$ 到 $\mathscr{P}(V^*,U^*)$ 的双线性映射 τ 具有这样的性质：对于从 $V\times U$ 到域 F 上任一线性空间 W 的任一双线性映射 $\mathbf{A}$，存在 $\mathscr{P}(V^*,U^*)$ 到 W 的一个线性映射 φ，使得 $\mathbf{A}=\varphi\tau$。如图 11-1 所示。

如果还有一个从 $\mathscr{P}(V^*,U^*)$ 到 W 的线性映射 φ_1 也适合 $\mathbf{A}=\varphi_1\tau$，那么对于 $i=1,2,\cdots,n,j=1,2,\cdots,m$，有

$$\varphi\tau(\alpha_i,\beta_j)=\mathbf{A}(\alpha_i,\beta_j)=\varphi_1\tau(\alpha_i,\beta_j),\tag{14}$$

即

$$\varphi(\alpha_i \otimes \beta_j) = \varphi_1(\alpha_i \otimes \beta_j). \tag{15}$$

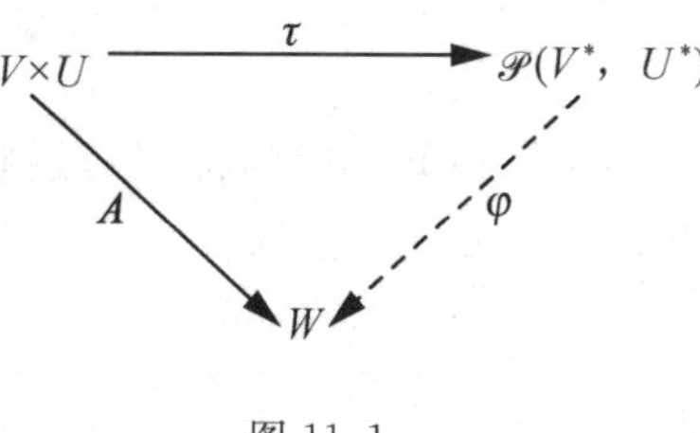

图 11-1

于是 φ 和 φ_1 在 $\mathscr{P}(V^*,U^*)$ 的一个基上的作用相同，从而 $\varphi=\varphi_1$，因此对于从 $V\times U$ 到 W 的任一双线性映射 $\mathbf{A}$，存在 $\mathscr{P}(V^*,U^*)$ 到 W 的唯一的线性映射 φ，使得 $\mathbf{A}=\varphi\tau$。于是我们证明了：

命题 1 设 V,U 分别是域 F 上的 n 维，m 维线性空间，则有 $V\times U$ 到 $\mathscr{P}(V^*,U^*)$ 的双线性映射 $\tau:(\alpha,\beta)\longmapsto \alpha\otimes\beta$，且 $\mathscr{P}(V^*,U^*)$ 和 τ 具有下述性质：设 W 是域 F 上任一线性空间，对于 $V\times U$ 到 W 的任一双线性映射 $\mathbf{A}$，存在 $\mathscr{P}(V^*,U^*)$ 到 W 的唯一的线性映射 φ，使得 $\mathbf{A}=\varphi\tau$。 ■

读者自然要问：具有上述性质的线性空间和从 $V\times U$ 到这个线性空间的双线性映射除了 $\mathscr{P}(V^*,U^*)$ 和 τ 外，还有没有其他的？如果有，它们之间的关系是什么？

设 M 是域 F 上的一个线性空间，τ_1 是 $V\times U$ 到 M 的一个双线性映射，它具有上述性质。我们来探讨 M 与 $\mathscr{P}(V^*,U^*)$ 之间的关系。

由于 $\mathscr{P}(V^*,U^*)$ 和 τ 具有上述性质，因此对于 $V\times U$ 到 M 的双线性映射 τ_1，存在 $\mathscr{P}(V^*,U^*)$ 到 M 的唯一的线性映射 ψ_1，使得 $\tau_1=\psi_1\tau$，如图 11-2 所示。

由于 M 和 τ_1 具有上述性质，因此对于 $V\times U$ 到 $\mathscr{P}(V^*,U^*)$ 的双线性映射 τ，存在 M 到 $\mathscr{P}(V^*,U^*)$ 的唯一的线性映射 ψ_2，使得 $\tau=\psi_2\tau_1$，如图 11-3 所示。从而

$$\tau = \psi_2\psi_1\tau. \tag{16}$$

显然，$\mathscr{P}(V^*,U^*)$ 上的恒等变换 $\boldsymbol{I}$ 使得

$$\tau = \boldsymbol{I}\tau. \tag{17}$$

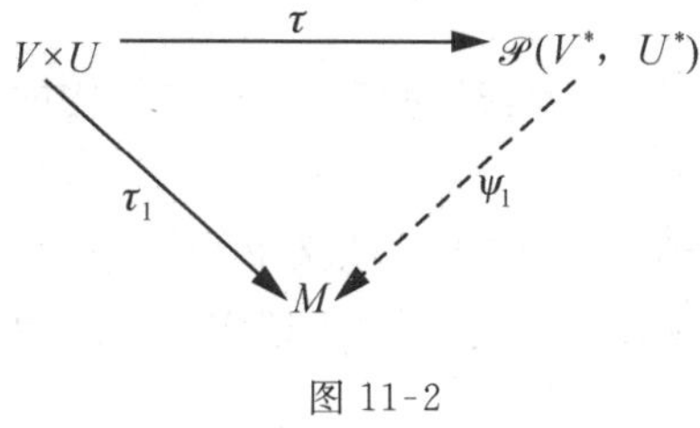

图 11-2

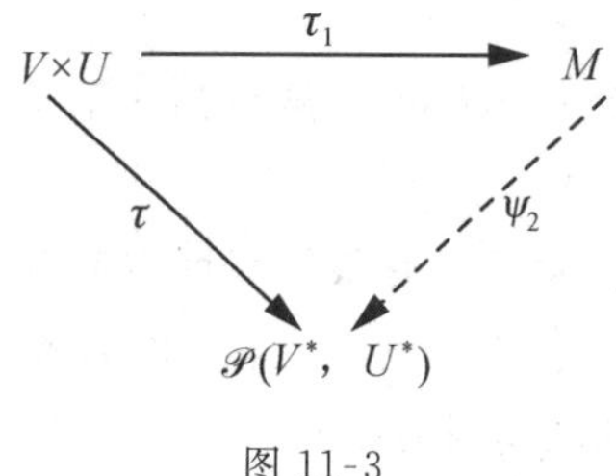

图 11-3

由于 $\mathscr{P}(V^*,U^*)$ 和 τ 具有上述性质，因此对于从 $V\times U$ 到 $\mathscr{P}(V^*,U^*)$ 的双线性映射 τ，存在 $\mathscr{P}(V^*,U^*)$ 到自身的唯一的线性映射，使得 τ 等于这个线性映射与 τ 的乘积。于是从(16)和(17)式得

$$\psi_2\psi_1 = \boldsymbol{I}, \tag{18}$$

同理可得

$$\psi_1\psi_2 = \boldsymbol{I}_M. \tag{19}$$

从(18)式和(19)式得,ψ_1 是可逆映射,从而 ψ_1 是双射。又由于 ψ_1 是 $\mathscr{P}(V^*,U^*)$到 M 的线性映射,因此 ψ_1 是 $\mathscr{P}(V^*,U^*)$到 M 的一个同构映射,从而

$$\mathscr{P}(V^*,U^*)\cong M, \tag{20}$$

且

$$\tau_1 = \psi_1\tau. \tag{21}$$

这表明:如果还有域 F 上的线性空间 M 和从 $V\times U$ 到 M 的双线性映射 τ_1 具有上述性质,那么 M 与 $\mathscr{P}(V^*,U^*)$同构。由此受到启发,我们引进下述重要概念:

定义 1　设 V,U 是域 F 上的线性空间,如果存在域 F 上的线性空间 T 和从 $V\times U$ 到 T 的双线性映射 σ,且 T 和 σ 具有下述性质:对于域 F 上任一线性空间 W,从 $V\times U$ 到 W 的任一双线性映射 $\mathbf{A}$,都存在 T 到 W 的唯一的线性映射 ψ,使得

$$\mathbf{A} = \psi\sigma \tag{22}$$

即图 11-4 可交换,那么称二元组(T,σ)是 V 与 U 的一个**张量积**。为简单起见,也说 T 是 V 与 U 的一个张量积。

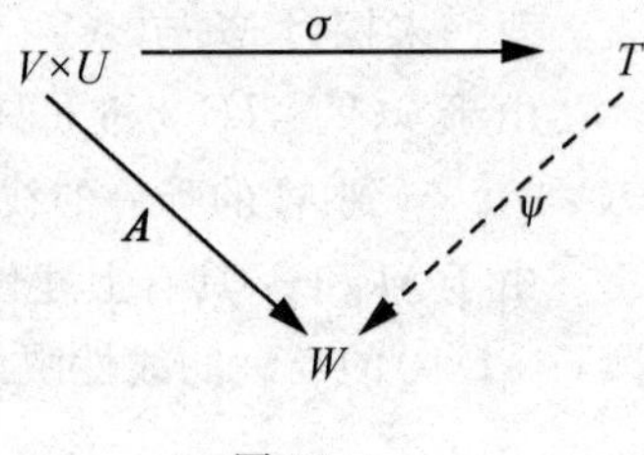

图 11-4

从定义 1 看到,V 与 U 的张量积是指域 F 上的线性空间 T 和从 $V\times U$ 到 T 的双线性映射 σ,且 T 和 σ 要满足定义 1 中所说的性质,这性质称为**张量积的特征性质**。

设 V,U 是域 F 上的有限维线性空间,从命题 1 得出,$\mathscr{P}(V^*,U^*)$就是 V 与 U 的一个张量积。从定义 1 前面的讨论知道,如果 M 也是 V 与 U 的一个张量积,那么 M 与 $\mathscr{P}(V^*,U^*)$同构,于是我们证明了下述定理:

定理 1　设 V,U 是域 F 上有限维线性空间,则 V 与 U 的张量积存在,且在同构的意义下是唯一的。 ■

对于域 F 上有限维线性空间 V,U,由于它们的张量积在同构的意义下是唯一的,因此我们用 $V\otimes U$ 表示 V 与 U 的张量积。对于任意 $\alpha\in V,\beta\in U$,把 $\sigma(\alpha,\beta)$记作 $\alpha\otimes\beta$,由于 σ 是双线性映射,因此有

$$(\alpha+\gamma)\otimes\beta=\alpha\otimes\beta+\gamma\otimes\beta,\alpha,\gamma\in V,\beta\in U; \tag{23}$$

$$\alpha\otimes(\beta+\eta)=\alpha\otimes\beta+\alpha\otimes\eta,\alpha\in V,\beta,\eta\in U; \tag{24}$$

$$(k\alpha)\otimes\beta=k(\alpha\otimes\beta)=\alpha\otimes k\beta,\alpha\in V,\beta\in U,k\in F. \tag{25}$$

在本节一开始,我们曾经对于 $\mathscr{P}(V^*,U^*)$的元素证明了这三个恒等式。

定理 2　设 V,U 分别是域 F 上的 n 维,m 维线性空间,V 中取一个基 $\alpha_1,\alpha_2,\cdots,\alpha_n$,$U$

中取一个基 $\beta_1,\beta_2,\cdots,\beta_m$，则

$$\alpha_i \otimes \beta_j, i = 1,2,\cdots,n; j = 1,2,\cdots,m \tag{26}$$

是 $V \otimes U$ 的一个基，且

$$\dim V \otimes U = nm = (\dim V)(\dim U). \tag{27}$$

证明 由于 V 的一个基是 $\alpha_1,\alpha_2,\cdots,\alpha_n$，$U$ 的一个基是 $\beta_1,\beta_2,\cdots,\beta_m$，因此 $\alpha_i\otimes\beta_j$ $(i=1,2,\cdots,n;j=1,2,\cdots,m)$是 $\mathscr{P}(V^*,U^*)$的一个基，且 $\dim\mathscr{P}(V^*,U^*)=nm$。由于 V 与 U 的任意一个张量积都与 $\mathscr{P}(V^*,U^*)$同构，设 $\mathscr{P}(V^*,U^*)$到 $V\otimes U$ 的一个同构映射为 φ，则$\{\varphi(\alpha_i\otimes\beta_j)\mid i=1,2,\cdots,n;j=1,2,\cdots,m\}$是 $V\otimes U$ 的一个基，把 $\varphi(\alpha_i\otimes\beta_j)$与 $\alpha_i\otimes\beta_j$ 等同，因此 $V\otimes U$ 的一个基是 $\alpha_i\otimes\beta_j(i=1,2,\cdots,n;j=1,2,\cdots,m)$，且 $\dim V\otimes U=nm$。

■

从定理 2 和(23)、(24)、(25)式得，$V\otimes U$ 的任一元素可表示成

$$\sum_{l=1}^{r} k_l(\gamma_l \otimes \eta_l) \tag{28}$$

的形式，其中 $\gamma_l\in V,\eta_l\in U,k_l\in F,l=1,2,\cdots,r$。

在本节典型例题的例 2 及其点评中指出：当 V 与 U 不必是有限维时，$V\otimes U$ 也存在，且它的任一元素也可表示成(28)式的形式。

由于 σ 是 $V\times U$ 到 $V\otimes U$ 的双线性映射，因此

$$\sigma(0,\beta) = \sigma(0\cdot 0,\beta) = 0\,\sigma(0,\beta) = 0, \sigma(\alpha,0) = 0,$$

从而 $0\otimes\beta=0,\alpha\otimes 0=0,\forall\alpha\in V,\beta\in U$。这表明 $V\otimes U$ 中零元的表法不唯一，从而 $V\otimes U$ 的任一元素表示成(28)式的形式时表法不唯一。

当 $U=V$ 时，对于 $\alpha,\beta\in V$，一般地，$\alpha\otimes\beta\neq\beta\otimes\alpha$。这是因为 $V\times V$ 到 $V\otimes V$ 的双线性映射 σ 不具有对称性，即

$$\alpha\otimes\beta = \sigma(\alpha,\beta) \neq \sigma(\beta,\alpha) = \beta\otimes\alpha.$$

可以证明，对于域 F 上任意两个线性空间 V,U(不必都是有限维的)，V 与 U 的张量积都存在，且在同构的意义下是唯一的。关于唯一性的证明与前面证明 M 与 $\mathscr{P}(V^*,U^*)$同构的方法一样。关于存在性的证明见本节典型例题的例 2。

域 F 上线性空间 V 与 U 的张量积的概念是比较抽象的，我们不要把关注点放在 $V\otimes U$ 的元素的具体含义是什么，而应当关注 $V\otimes U$ 的元素的有关运算的性质(即(23)、(24)、(25)式)，$V\otimes U$ 的结构(它是域 F 上的一个线性空间，当 V 与 U 分别是 n 维，m 维时，$\dim V\otimes U=nm$，设 $\alpha_1,\alpha_2,\cdots,\alpha_n$ 是 V 的一个基，$\beta_1,\beta_2,\cdots,\beta_m$ 是 U 的一个基，则 $\alpha_i\otimes\beta_j(i=1,2,\cdots,n;j=1,2,\cdots,m)$是 $V\otimes U$ 的一个基，$V\otimes U$ 的元素可表示成有限和(28)式的形式)，以及 $V\otimes U$ 和从 $V\times U$ 到 $V\otimes U$ 的双线性映射 σ 所具有的特征性质：对于从 $V\times$

U 到域 F 上任一线性空间 W 的任一双线性映射 $\mathbf{A}$，存在 $V \otimes U$ 到 W 的唯一的线性映射 ψ，使得 $\mathbf{A}=\psi\sigma$。

二、张量积满足的运算法则

设 V,U 是域 F 上的有限维线性空间，则有域 F 上的一个有限维线性空间 $V \otimes U$，因此张量积是域 F 上有限维线性空间组成的集合上的一种运算。它满足什么运算法则呢？

定理 3　设 V_1,V_2,V_3 是域 F 上有限维线性空间，则存在 $V_1\otimes V_2$ 到 $V_2\otimes V_1$ 的一个同构映射 ψ_1，使得

$$\psi_1(\alpha \otimes \beta) = \beta \otimes \alpha, \alpha \in V_1, \beta \in V_2; \tag{29}$$

还存在 $(V_1\otimes V_2)\otimes V_3$ 到 $V_1\otimes (V_2\otimes V_3)$ 的一个同构映射 ψ_2，使得

$$\psi_2((\alpha \otimes \beta) \otimes \gamma) = \alpha \otimes (\beta \otimes \gamma), \alpha \in V_1, \beta \in V_2, \gamma \in V_3. \tag{30}$$

证明　在 V_1,V_2,V_3 中分别取一个基：

$$\alpha_1,\alpha_2,\cdots,\alpha_{n_1};\beta_1,\beta_2,\cdots,\beta_{n_2};\gamma_1,\gamma_2,\cdots,\gamma_{n_3},$$

则 $\alpha_i \otimes \beta_j (i=1,2,\cdots,n_1;j=1,2,\cdots,n_2)$ 是 $V_1 \otimes V_2$ 的一个基；$\beta_j \otimes \alpha_i (j=1,2,\cdots,n_2;i=1,2,\cdots,n_1)$ 是 $V_2 \otimes V_1$ 的一个基。我们知道，$\dim V_1 \otimes V_2 = n_1 n_2 = \dim V_2 \otimes V_1$。任取 $\alpha = \sum_{i=1}^{n_1} a_i\alpha_i$，$\beta = \sum_{j=1}^{n_2} b_j\beta_j$，则

$$\alpha \otimes \beta = \left(\sum_{i=1}^{n_1} a_i\alpha_i\right) \otimes \left(\sum_{j=1}^{n_2} b_j\beta_j\right) = \sum_{i=1}^{n_1}\sum_{j=1}^{n_2} a_i b_j (\alpha_i \otimes \beta_j).$$

令

$$\psi_1 : V_1 \otimes V_2 \longrightarrow V_2 \otimes V_1$$

$$\alpha \otimes \beta = \sum_{i=1}^{n_1}\sum_{j=1}^{n_2} a_i b_j (\alpha_i \otimes \beta_j) \longmapsto \sum_{i=1}^{n_1}\sum_{j=1}^{n_2} a_i b_j (\beta_j \otimes \alpha_i),$$

则据 8.3 节定理 1 的充分性证明得，ψ_1 是 $V_1\otimes V_2$ 到 $V_2\otimes V_1$ 的一个同构映射。由于

$$\begin{aligned}\sum_{i=1}^{n_1}\sum_{j=1}^{n_2} a_i b_j (\beta_j \otimes \alpha_i) &= \sum_{i=1}^{n_1}\sum_{j=1}^{n_2} (b_j\beta_j \otimes a_i\alpha_i) \\ &= \sum_{j=1}^{n_2}\sum_{i=1}^{n_1} (b_j\beta_j \otimes a_i\alpha_i) \\ &= \left(\sum_{j=1}^{n_2} b_j\beta_j\right) \otimes \left(\sum_{i=1}^{n_1} a_i\alpha_i\right) = \beta \otimes \alpha,\end{aligned}$$

因此

$$\psi_1(\alpha \otimes \beta) = \beta \otimes \alpha.$$

易知，$(\alpha_i\otimes \beta_j)\otimes \gamma_k (i=1,2,\cdots,n_1;j=1,2,\cdots,n_2;k=1,2,\cdots,n_3)$ 是 $(V_1\otimes V_2)\otimes V_3$ 的一个基；$\alpha_i\otimes (\beta_j\otimes \gamma_k)(i=1,2,\cdots,n_1;j=1,2,\cdots,n_2;k=1,2,\cdots,n_3)$ 是 $V_1\otimes (V_2\otimes V_3)$

的一个基，

$$\dim(V_1 \otimes V_2) \otimes V_3 = n_1 n_2 n_3 = \dim V_1 \otimes (V_2 \otimes V_3).$$

任取 $\alpha = \sum_{i=1}^{n_1} a_i\alpha_i, \beta = \sum_{j=1}^{n_2} b_j\beta_j, \gamma = \sum_{k=1}^{n_3} c_k\gamma_k$，则

$$\begin{aligned}(\alpha \otimes \beta) \otimes \gamma &= \left(\left(\sum_{i=1}^{n_1} a_i\alpha_i\right) \otimes \left(\sum_{j=1}^{n_2} b_j\beta_j\right)\right) \otimes \left(\sum_{k=1}^{n_3} c_k\gamma_k\right)\\ &= \left(\sum_{i=1}^{n_1}\sum_{j=1}^{n_2} a_i b_j \alpha_i \otimes \beta_j\right) \otimes \left(\sum_{k=1}^{n_3} c_k\gamma_k\right)\\ &= \sum_{i=1}^{n_1}\sum_{j=1}^{n_2}\sum_{k=1}^{n_3} a_i b_j c_k (\alpha_i \otimes \beta_j) \otimes \gamma_k.\end{aligned}$$

令

$$\psi_2:(V_1 \otimes V_2) \otimes V_3 \longrightarrow V_1 \otimes (V_2 \otimes V_3)$$

$$(\alpha \otimes \beta) \otimes \gamma \longmapsto \sum_{i=1}^{n_1}\sum_{j=1}^{n_2}\sum_{k=1}^{n_3} a_i b_j c_k \alpha_i \otimes (\beta_j \otimes \gamma_k),$$

则 ψ_2 是$(V_1 \otimes V_2) \otimes V_3$ 到 $V_1 \otimes (V_2 \otimes V_3)$的一个同构映射，且

$$\psi_2((\alpha \otimes \beta) \otimes \gamma) = \alpha \otimes (\beta \otimes \gamma).$$ ■

从定理 3 知道，$V_1 \otimes V_2$ 到 $V_2 \otimes V_1$ 有一个同构映射 ψ_1，使得 $\psi_1(\alpha \otimes \beta) = \beta \otimes \alpha$。在这样理解下，我们可以记

$$V_1 \otimes V_2 = V_2 \otimes V_1, \tag{31}$$

这表明张量积满足交换律。同理，在类似的理解下，我们可记

$$(V_1 \otimes V_2) \otimes V_3 = V_1 \otimes (V_2 \otimes V_3), \tag{32}$$

这表明张量积满足结合律。

由于张量积满足结合律，因此对于多个有限维线性空间 $V_1, V_2, \cdots, V_s$，有张量积，$V_1 \otimes V_2 \otimes \cdots \otimes V_s$。它的任意元素可以表示成形如

$$\gamma_1 \otimes \gamma_2 \otimes \cdots \otimes \gamma_s, \gamma_i \in V_i, i = 1, 2, \cdots, s$$

的元素的线性组合，但是它的表法不唯一。

三、线性变换的张量积

设 V, U 是域 F 上的线性空间，$\boldsymbol{A}, \boldsymbol{B}$ 分别是 V, U 上的线性变换。考虑 $V \times U$ 到 $V \otimes U$ 的映射 $\boldsymbol{C}$：

$$\boldsymbol{C}:(\alpha, \beta) \longmapsto \boldsymbol{A}\alpha \otimes \boldsymbol{B}\beta, \alpha \in V, \beta \in U,$$

容易验证 $\boldsymbol{C}$ 对每一个变元都是线性的，因此 $\boldsymbol{C}$ 是 $V \times U$ 到 $V \otimes U$ 的一个双线性映射。据张量积的定义得，存在 $V \otimes U$ 到 $V \otimes U$ 的唯一的线性映射，记作 $\boldsymbol{A} \otimes \boldsymbol{B}$，使得

$$\boldsymbol{C}=(\boldsymbol{A}\otimes\boldsymbol{B})\sigma. \tag{33}$$

从而对于任意 $\alpha\in V,\beta\in U$，有

$$\boldsymbol{C}(\alpha,\beta)=(\boldsymbol{A}\otimes\boldsymbol{B})\sigma(\alpha,\beta),$$

即

$$(\boldsymbol{A}\otimes\boldsymbol{B})(\alpha\otimes\beta)=\boldsymbol{A}\alpha\otimes\boldsymbol{B}\beta. \tag{34}$$

于是我们证明了下述定理：

定理 4　设 V,U 是域 F 上线性空间，$\boldsymbol{A},\boldsymbol{B}$ 分别是 V,U 上的线性变换，则存在 $V\otimes U$ 上的唯一的线性变换，记作 $\boldsymbol{A}\otimes\boldsymbol{B}$，使得

$$(\boldsymbol{A}\otimes\boldsymbol{B})(\alpha\otimes\beta)=\boldsymbol{A}\alpha\otimes\boldsymbol{B}\beta,\alpha\in V,\beta\in U, \tag{35}$$

把 $\boldsymbol{A}\otimes\boldsymbol{B}$ 称为 $\boldsymbol{A}$ 与 $\boldsymbol{B}$ 的**张量积**。■

与定理 4 完全一样的证法可证得下述命题 2：

命题 2　设 V,U,V',U' 都是域 F 上的线性空间，$\boldsymbol{A}\in \mathrm{Hom}(V,V')$，$\boldsymbol{B}\in \mathrm{Hom}(U,U')$，则存在 $V\otimes U$ 到 $V'\otimes U'$ 的唯一的线性映射，记作 $\boldsymbol{A}\otimes\boldsymbol{B}$，使得

$$\boldsymbol{A}\otimes\boldsymbol{B}(\alpha\otimes\beta)=\boldsymbol{A}\alpha\otimes\boldsymbol{B}\beta,\alpha\in V,\beta\in U,$$

把 $\boldsymbol{A}\otimes\boldsymbol{B}$ 称为 $\boldsymbol{A}$ 与 $\boldsymbol{B}$ 的**张量积**。

我们来讨论线性变换的张量积的基本性质。

定理 5　设 V,U 是域 F 上的线性空间，$\boldsymbol{A},\boldsymbol{A}_1,\boldsymbol{A}_2$ 是 V 上的线性变换，$\boldsymbol{B},\boldsymbol{B}_1,\boldsymbol{B}_2$ 是 U 上的线性变换，$\boldsymbol{I}_V,\boldsymbol{I}_U,\boldsymbol{I}_{V\otimes U}$ 分别表示 $V,U,V\otimes U$ 上的恒等变换，则

(1) $(\boldsymbol{A}_1+\boldsymbol{A}_2)\otimes\boldsymbol{B}=\boldsymbol{A}_1\otimes\boldsymbol{B}+\boldsymbol{A}_2\otimes\boldsymbol{B}$；

(2) $\boldsymbol{A}\otimes(\boldsymbol{B}_1+\boldsymbol{B}_2)=\boldsymbol{A}\otimes\boldsymbol{B}_1+\boldsymbol{A}\otimes\boldsymbol{B}_2$；

(3) $(\boldsymbol{A}_1\otimes\boldsymbol{B}_1)(\boldsymbol{A}_2\otimes\boldsymbol{B}_2)=\boldsymbol{A}_1\boldsymbol{A}_2\otimes\boldsymbol{B}_1\boldsymbol{B}_2$；

(4) $(k\boldsymbol{A})\otimes\boldsymbol{B}=\boldsymbol{A}\otimes(k\boldsymbol{B})=k(\boldsymbol{A}\otimes\boldsymbol{B}),k\in F$；

(5) $\boldsymbol{I}_V\otimes\boldsymbol{I}_U=\boldsymbol{I}_{V\otimes U}$；

(6) 从 $\boldsymbol{A},\boldsymbol{B}$ 可逆可以推出 $\boldsymbol{A}\otimes\boldsymbol{B}$ 也可逆，且

$$(\boldsymbol{A}\otimes\boldsymbol{B})^{-1}=\boldsymbol{A}^{-1}\otimes\boldsymbol{B}^{-1}.$$

证明　由于 $V\otimes U$ 中任一向量都可以表示成形如 $\alpha\otimes\beta$ 的有限多个向量的线性组合，因此只要证明 $V\otimes U$ 上的两个线性变换在 $\alpha\otimes\beta$ 上的作用相同，就可以得出这两个线性变换相等。

(1)
$$\begin{aligned}[(\boldsymbol{A}_1+\boldsymbol{A}_2)\otimes\boldsymbol{B}](\alpha\otimes\beta)&=(\boldsymbol{A}_1+\boldsymbol{A}_2)\alpha\otimes\boldsymbol{B}\beta\\&=(\boldsymbol{A}_1\alpha+\boldsymbol{A}_2\alpha)\otimes\boldsymbol{B}\beta=\boldsymbol{A}_1\alpha\otimes\boldsymbol{B}\beta+\boldsymbol{A}_2\alpha\otimes\boldsymbol{B}\beta\\&=\boldsymbol{A}_1\otimes\boldsymbol{B}(\alpha\otimes\beta)+\boldsymbol{A}_2\otimes\boldsymbol{B}(\alpha\otimes\beta)\\&=(\boldsymbol{A}_1\otimes\boldsymbol{B}+\boldsymbol{A}_2\otimes\boldsymbol{B})(\alpha\otimes\beta),\end{aligned}$$

因此 $$(\boldsymbol{A}_1+\boldsymbol{A}_2)\otimes\boldsymbol{B}=\boldsymbol{A}_1\otimes\boldsymbol{B}+\boldsymbol{A}_2\otimes\boldsymbol{B}.$$

(2) 与第(1)个公式的证法类似。

(3) $[(\boldsymbol{A}_1\otimes\boldsymbol{B}_1)(\boldsymbol{A}_2\otimes\boldsymbol{B}_2)](\alpha\otimes\beta)=(\boldsymbol{A}_1\otimes\boldsymbol{B}_1)(\boldsymbol{A}_2\alpha\otimes\boldsymbol{B}_2\beta)$

$=\boldsymbol{A}_1(\boldsymbol{A}_2\alpha)\otimes\boldsymbol{B}_1(\boldsymbol{B}_2\beta)=(\boldsymbol{A}_1\boldsymbol{A}_2)\alpha\otimes(\boldsymbol{B}_1\boldsymbol{B}_2)\beta=(\boldsymbol{A}_1\boldsymbol{A}_2\otimes\boldsymbol{B}_1\boldsymbol{B}_2)(\alpha\otimes\beta)$,

因此 $$(\boldsymbol{A}_1\otimes\boldsymbol{B}_1)(\boldsymbol{A}_2\otimes\boldsymbol{B}_2)=\boldsymbol{A}_1\boldsymbol{A}_2\otimes\boldsymbol{B}_1\boldsymbol{B}_2.$$

(4) $[(k\boldsymbol{A})\otimes\boldsymbol{B}](\alpha\otimes\beta)=(k\boldsymbol{A})\alpha\otimes\boldsymbol{B}\beta=k\,\boldsymbol{A}\alpha\otimes\boldsymbol{B}\beta$

$=k(\boldsymbol{A}\alpha\otimes\boldsymbol{B}\beta)=k(\boldsymbol{A}\otimes\boldsymbol{B})(\alpha\otimes\beta)$,

因此 $$(k\boldsymbol{A})\otimes\boldsymbol{B}=k(\boldsymbol{A}\otimes\boldsymbol{B}).$$

同理可证 $$\boldsymbol{A}\otimes k\boldsymbol{B}=k(\boldsymbol{A}\otimes\boldsymbol{B}).$$

(5) $(\boldsymbol{I}_V\otimes\boldsymbol{I}_U)(\alpha\otimes\beta)=\boldsymbol{I}_V\alpha\otimes\boldsymbol{I}_U\beta=\alpha\otimes\beta=\boldsymbol{I}_{V\otimes U}(\alpha\otimes\beta)$,因此 $\boldsymbol{I}_V\otimes\boldsymbol{I}_U=\boldsymbol{I}_{V\otimes U}$。

(6)设 $\boldsymbol{A},\boldsymbol{B}$ 可逆,则存在 $\boldsymbol{A}^{-1},\boldsymbol{B}^{-1}$,于是有

$$(\boldsymbol{A}\otimes\boldsymbol{B})(\boldsymbol{A}^{-1}\otimes\boldsymbol{B}^{-1})=\boldsymbol{A}\boldsymbol{A}^{-1}\otimes\boldsymbol{B}\boldsymbol{B}^{-1}=\boldsymbol{I}_V\otimes\boldsymbol{I}_U=\boldsymbol{I}_{V\otimes U}.$$

类似可证,$(\boldsymbol{A}^{-1}\otimes\boldsymbol{B}^{-1})(\boldsymbol{A}\otimes\boldsymbol{B})=\boldsymbol{I}_{V\otimes U}$。因此 $\boldsymbol{A}\otimes\boldsymbol{B}$ 可逆,

且 $$(\boldsymbol{A}\otimes\boldsymbol{B})^{-1}=\boldsymbol{A}^{-1}\otimes\boldsymbol{B}^{-1}.$$ ■

现在我们来讨论线性变换的张量积的矩阵表示。

设 V,U 分别是域 F 上的 n 维,m 维线性空间,$\boldsymbol{A},\boldsymbol{B}$ 分别是 V,U 上的线性变换,在 V 中取一个基 $\alpha_1,\alpha_2,\cdots,\alpha_n$,在 U 中取一个基 $\beta_1,\beta_2,\cdots,\beta_m$,设

$$\boldsymbol{A}(\alpha_1,\alpha_2,\cdots,\alpha_n)=(\alpha_1,\alpha_2,\cdots,\alpha_n)A,\tag{36}$$

$$\boldsymbol{B}(\beta_1,\beta_2,\cdots,\beta_m)=(\beta_1,\beta_2,\cdots,\beta_m)B,\tag{37}$$

其中 $A=(a_{ij}),B=(b_{ij})$。我们知道,

$$\alpha_1\otimes\beta_1,\cdots,\alpha_1\otimes\beta_m,\cdots,\alpha_n\otimes\beta_1,\cdots,\alpha_n\otimes\beta_m$$

是 $V\otimes U$ 的一个基,考虑 $\boldsymbol{A}\otimes\boldsymbol{B}$ 在这个基下的矩阵 C 是什么样子。

$$(\boldsymbol{A}\otimes\boldsymbol{B})(\alpha_i\otimes\beta_j)=\boldsymbol{A}\alpha_i\otimes\boldsymbol{B}\beta_j=\left(\sum_{l=1}^{n}a_{li}\alpha_l\right)\otimes\left(\sum_{k=1}^{m}b_{kj}\beta_k\right)$$

$$=\sum_{l=1}^{n}\sum_{k=1}^{m}a_{li}b_{kj}\alpha_l\otimes\beta_k.\tag{38}$$

把矩阵 C 分块:C 的行分成 n 组,每组有 m 行;C 的列分成 n 组,每组有 m 列,从(38)式得,C 的(p,q)块为下述 m 级矩阵:

$$\begin{pmatrix} a_{pq}b_{11} & a_{pq}b_{12} & \cdots & a_{pq}b_{1m} \\ a_{pq}b_{21} & a_{pq}b_{22} & \cdots & a_{pq}b_{2m} \\ \vdots & \vdots & & \vdots \\ a_{pq}b_{m1} & a_{pq}b_{m2} & \cdots & a_{pq}b_{mm} \end{pmatrix}=a_{pq}B,\tag{39}$$

因此 $\boldsymbol{A}\otimes\boldsymbol{B}$ 在上述基下的矩阵 C 为下述分块矩阵：

$$C=\begin{pmatrix} a_{11}B & a_{12}B & \cdots & a_{1n}B \\ a_{21}B & a_{22}B & \cdots & a_{2n}B \\ \vdots & \vdots & & \vdots \\ a_{n1}B & a_{n2}B & \cdots & a_{nn}B \end{pmatrix}. \tag{40}$$

(40)式右端的矩阵称为 A 与 B 的 **Kronecker** 积，记作 $A\otimes B$。

我们在《高等代数学习指导书（上册）》补充题四的第 26 题证明了矩阵 A 与 B 的 Kronecker 积 $A\otimes B$ 的一些性质。这些性质也可以从线性变换的张量积的性质（即定理5)立即得出。

四、线性空间的张量积与直和的关系

定理 6　设 V,U 是域 F 上的线性空间，U_1 和 U_2 是 U 的子空间，且 $U=U_1\oplus U_2$，则有线性空间的同构：

$$V\otimes U\cong V\otimes U_1\dotplus V\otimes U_2. \tag{41}$$

证明　由于 $U=U_1\oplus U_2$，因此有平行于 U_2 在 U_1 上的投影 $\boldsymbol{P}_1$ 和平行于 U_1 在 U_2 上的投影 $\boldsymbol{P}_2$，且

$$\boldsymbol{P}_1+\boldsymbol{P}_2=\boldsymbol{I}_U,\boldsymbol{P}_1^2=\boldsymbol{P}_1,\boldsymbol{P}_2^2=\boldsymbol{P}_2,\boldsymbol{P}_1\boldsymbol{P}_2=\boldsymbol{P}_2\boldsymbol{P}_1=\boldsymbol{0}. \tag{42}$$

令 $\theta_i=\boldsymbol{I}_V\otimes\boldsymbol{P}_i,i=1,2$。$\theta_i$ 是 $V\otimes U$ 上的线性变换，且

$$\theta_1+\theta_2=\boldsymbol{I}_V\otimes\boldsymbol{P}_1+\boldsymbol{I}_V\otimes\boldsymbol{P}_2=\boldsymbol{I}_V\otimes(\boldsymbol{P}_1+\boldsymbol{P}_2)=\boldsymbol{I}_V\otimes\boldsymbol{I}_U=\boldsymbol{I}_{V\otimes U},$$

$$\theta_i^2=(\boldsymbol{I}_V\otimes\boldsymbol{P}_i)(\boldsymbol{I}_V\otimes\boldsymbol{P}_i)=\boldsymbol{I}_V\boldsymbol{I}_V\otimes\boldsymbol{P}_i\boldsymbol{P}_i=\boldsymbol{I}_V\otimes\boldsymbol{P}_i=\theta_i,$$

$$\theta_1\theta_2=(\boldsymbol{I}_V\otimes\boldsymbol{P}_1)(\boldsymbol{I}_V\otimes\boldsymbol{P}_2)=\boldsymbol{I}_V\boldsymbol{I}_V\otimes\boldsymbol{P}_1\boldsymbol{P}_2=\boldsymbol{I}_V\otimes\boldsymbol{0}=\boldsymbol{0},$$

同理，$\theta_2\theta_1=\boldsymbol{0}$。

令 $T_i=\theta_i(V\otimes U),i=1,2$。我们来证

$$V\otimes U=T_1\oplus T_2. \tag{43}$$

由于 $V\otimes U$ 的任一元素可以表示成形如 $\alpha\otimes\beta$ 的有限多个元素的线性组合，因此只要考虑形如 $\alpha\otimes\beta$ 的元素。由于

$$\begin{aligned}\alpha\otimes\beta&=\boldsymbol{I}_{V\otimes U}(\alpha\otimes\beta)=(\theta_1+\theta_2)(\alpha\otimes\beta)\\&=\theta_1(\alpha\otimes\beta)+\theta_2(\alpha\otimes\beta),\end{aligned}$$

因此 $V\otimes U=T_1+T_2$。

任取 $x\in T_1\cap T_2$，由于 $x\in T_1$，因此存在 $y\in V\otimes U$，使得 $x=\theta_1(y)$。由于 $x\in T_2$，因此存在 $z\in V\otimes U$，使得 $x=\theta_2(z)$。从而 $\theta_1(x)=\theta_1\theta_2(z)=\boldsymbol{0}(z)=0$。于是

$$x=\theta_1(y)=\theta_1^2(y)=\theta_1(x)=0,$$

因此 $T_1 \cap T_2 = 0$。从而 $V \otimes U = T_1 \oplus T_2$。

现在来证 $T_1 \cong V \otimes U_1$，为此只要证 T_1 也是 V 与 U_1 的张量积。这需要找出 $V \times U_1$ 到 T_1 的一个双线性映射，且证明它具有定义 1 中所说的特征性质，令 $\sigma_1 = \sigma | V \times U_1$，由于 σ 是 $V \times U$ 到 $V \otimes U$ 的双线性映射，因此 σ_1 是 $V \times U_1$ 到 $V \otimes U$ 的双线性映射。任取 $(\alpha, \beta_1) \in V \times U_1$，由于

$$\begin{aligned}
\sigma_1(\alpha, \beta_1) &= \alpha \otimes \beta_1 = \boldsymbol{I}_{V \otimes U}(\alpha \otimes \beta_1) = (\theta_1 + \theta_2)(\alpha \otimes \beta_1) \\
&= \theta_1(\alpha \otimes \beta_1) + \theta_2(\alpha \otimes \beta_1) \\
&= \theta_1(\alpha \otimes \beta_1) + (\boldsymbol{I}_V \otimes \boldsymbol{P}_2)(\alpha \otimes \beta_1) \\
&= \theta_1(\alpha \otimes \beta_1) + \boldsymbol{I}_V\alpha \otimes \boldsymbol{P}_2\beta_1 \\
&= \theta_1(\alpha \otimes \beta_1) + \alpha \otimes 0 \\
&= \theta_1(\alpha \otimes \beta_1) \in T_1,
\end{aligned}$$

因此 σ_1 是 $V \times U_1$ 到 T_1 的双线性映射。

任取域 F 上的一个线性空间 W，任取 $V \times U_1$ 到 W 的一个双线性映射 $\boldsymbol{A}$。对于 $(\alpha, \beta) \in V \times U$，定义

$$(\boldsymbol{I}_V \times \boldsymbol{P}_1)(\alpha, \beta) = (\alpha, \boldsymbol{P}_1\beta), \tag{44}$$

则 $\boldsymbol{A}(\boldsymbol{I}_V \times \boldsymbol{P}_1)$ 是 $V \times U$ 到 W 的一个映射，易验证它是一个双线性映射，于是存在 $V \otimes U$ 到 W 的唯一的一个线性映射 ψ，使得 $\boldsymbol{A}(\boldsymbol{I}_V \times \boldsymbol{P}_1) = \psi\sigma$。令 $\psi_1 = \psi | T_1$。于是 ψ_1 是 T_1 到 W 的一个线性映射，下面来证 $\boldsymbol{A} = \psi_1\sigma_1$。任取 $(\alpha, \beta_1) \in V \times U_1$，由于

$$\begin{aligned}
\psi_1\sigma_1(\alpha, \beta_1) &= \psi_1(\alpha \otimes \beta_1) = \psi(\alpha \otimes \beta_1) = \psi\sigma(\alpha, \beta_1) \\
&= \boldsymbol{A}(\boldsymbol{I}_V \times \boldsymbol{P}_1)(\alpha, \beta_1) = \boldsymbol{A}(\alpha, \boldsymbol{P}_1\beta_1) \\
&= \boldsymbol{A}(\alpha, \beta_1),
\end{aligned}$$

因此 $\psi_1\sigma_1 = \boldsymbol{A}$。从而 (T_1, σ_1) 是 V 与 U_1 的张量积。于是

$$T_1 \cong V \otimes U_1.$$

同理可证，$T_2 \cong V \otimes U_2$。于是结合(43)式得

$$V \otimes U \cong V \otimes U_1 \dotplus V \otimes U_2.$$

■

定理 6 中，若 $V = V_1 \oplus V_2$，则

$$V \otimes U \cong V_1 \otimes U \dotplus V_2 \otimes U. \tag{45}$$

定理 6 可推广到 U(或者 V)是有限多个子空间的直和的情形。

下面一个结果是经常要用的。

定理 7 设 V 是域 F 上的线性空间，则

$$V \otimes F \cong V. \tag{46}$$

证明 任取 $\alpha \in V, k \in F$，令

$$\boldsymbol{A}(\alpha,k)=k\alpha,\tag{47}$$

易验证 $\boldsymbol{A}$ 是 $V\times F$ 到 V 的一个双线性映射。于是存在 $V\otimes F$ 到 V 的唯一的线性映射 ψ，使得 $\boldsymbol{A}=\psi\sigma$。于是

$$\psi(\alpha\otimes k)=\psi\sigma(\alpha,k)=\boldsymbol{A}(\alpha,k)=k\alpha.\tag{48}$$

另一方面，令 $\varphi:\alpha\longmapsto\alpha\otimes 1$，易验证 φ 是 V 到 $V\otimes F$ 的一个线性映射。对于任意 $\alpha\in V,k\in F$，有

$$\varphi\psi(\alpha\otimes k)=\varphi(k\alpha)=k\alpha\otimes 1=\alpha\otimes k,$$
$$\psi\varphi(\alpha)=\psi(\alpha\otimes 1)=1\alpha=\alpha,$$

由此可推出，$\varphi\psi=\boldsymbol{I}_{V\otimes F}$，$\psi\varphi=\boldsymbol{I}_V$。因此 ψ 是可逆映射，从而 ψ 是双射，于是 ψ 是 $V\otimes F$ 到 V 的一个同构映射。因此 $V\otimes F\cong V$。■

五、线性空间的基域的扩张

定理 8　设 V 是域 K 上线性空间，域 F 包含域 K，则 $F\otimes V$ 是域 F 上的线性空间。

证明　由于 F,V 都是域 K 上的线性空间，因此 $F\otimes V$ 是域 K 上的一个线性空间。于是 $F\otimes V$ 有加法运算，且满足线性空间的定义中关于加法运算的 4 条法则。下面来给出域 F 与 $F\otimes V$ 的纯量乘法运算。对于 $a\in F$，令 $\boldsymbol{A}:(b,\alpha)\longmapsto ab\otimes\alpha$，容易验证 $\boldsymbol{A}$ 是 $F\times V$ 到 $F\otimes V$ 的一个双线性映射。于是存在 $F\otimes V$ 到 $F\otimes V$ 的唯一的线性映射 ψ_a，使得 $\boldsymbol{A}=\psi_a\sigma$。从而

$$\psi_a(b\otimes\alpha)=\psi_a\sigma(b,\alpha)=\boldsymbol{A}(b,\alpha)=ab\otimes\alpha.\tag{49}$$

现在规定

$$a\left(\sum_{i=1}^{r}b_i\otimes\alpha_i\right)\xlongequal{\text{def}}\psi_a\left(\sum_{i=1}^{r}b_i\otimes\alpha_i\right).\tag{50}$$

由于 ψ_a 是线性映射，因此从(50)和(49)式得

$$a\left(\sum_{i=1}^{r}b_i\otimes\alpha_i\right)=\sum_{i=1}^{r}ab_i\otimes\alpha_i,\tag{51}$$

于是(51)式给出了域 F 与 $F\otimes V$ 的纯量乘法。容易验证，它满足线性空间的定义中关于纯量乘法的 4 条法则，因此 $F\otimes V$ 成为域 F 上的一个线性空间。■

注意：不能直接用(51)式定义 F 与 $F\otimes V$ 的纯量乘法，这是因为 $F\otimes V$ 的任一元素表示成 $\sum\limits_{i=1}^{r}b_i\otimes\alpha_i$ 时表法不唯一。我们通过 ψ_a 来定义纯量乘法(即(50)式)，这样虽然 $F\otimes V$ 的同一个元素表示成 $\sum\limits_{i=1}^{r}b_i\otimes\alpha_i$ 时表法不唯一，但是既然它们表示同一个元素，因此它们在 ψ_a 下的象是相同的，这样用(50)式定义的纯量乘法就不依赖于元素的表法的选取。如果直

接用(51)式定义纯量乘法，那么很难证明它不依赖于元素表法的选取。

定理 9 设 V 是域 K 上的 n 维线性空间，域 F 包含域 K，在 V 中取一个基 $\alpha_1,\alpha_2,\cdots,\alpha_n$，则 $1\otimes\alpha_1,1\otimes\alpha_2,\cdots,1\otimes\alpha_n$ 是域 F 上线性空间 $F\otimes V$ 的一个基，且

$$\dim_F(F\otimes V)=n=\dim_K V. \tag{52}$$

证明 由于 $\alpha_1,\alpha_2,\cdots,\alpha_n$ 是 V 的一个基，因此

$$V=\langle\alpha_1\rangle\oplus\langle\alpha_2\rangle\oplus\cdots\oplus\langle\alpha_n\rangle.$$

据定理 6 和定理 7 得，有域 K 上的线性空间的同构：

$$\begin{aligned}F\otimes V&\cong F\otimes\langle\alpha_1\rangle\dotplus F\otimes\langle\alpha_2\rangle\dotplus\cdots\dotplus F\otimes\langle\alpha_n\rangle\\&\cong F\otimes K\dotplus F\otimes K\dotplus\cdots\dotplus F\otimes K\\&\cong F\dotplus F\dotplus\cdots\dotplus F,\end{aligned}$$

因此

$$\dim_K(F\otimes V)=n\dim_K F.$$

又由于 $\dim_K(F\otimes V)=[\dim_F(F\otimes V)][\dim_K F]$，因此 $\dim_F(F\otimes V)=n$。

任取 $b\in F,\alpha\in V$，设 $\alpha=\sum_{i=1}^{n}k_i\alpha_i,k_i\in K,i=1,2\cdots,n$。则

$$\begin{aligned}b\otimes\alpha&=b\otimes\left(\sum_{i=1}^{n}k_i\alpha_i\right)=\sum_{i=1}^{n}(b\otimes k_i\alpha_i)\\&=\sum_{i=1}^{n}bk_i\otimes\alpha_i=\sum_{i=1}^{n}bk_i(1\otimes\alpha_i).\end{aligned}\tag{53}$$

由于 $F\otimes V$ 中任一元素可表示成 $\sum_{j=1}^{r}b_j\otimes\gamma_j$，因此从(53)式可得出，$F\otimes V$ 中任一元素可表示成 $1\otimes\alpha_1,1\otimes\alpha_2,\cdots,1\otimes\alpha_n$ 的线性组合，又由于 $\dim_F(F\otimes V)=n$，因此

$$1\otimes\alpha_1,1\otimes\alpha_2,\cdots,1\otimes\alpha_n$$

是域 F 上线性空间 $F\otimes V$ 的一个基。 ■

由定理 9 立即得到：

推论 1 设 V 是实数域 $\mathbf{R}$ 上的 n 维线性空间，$\alpha_1,\alpha_2,\cdots,\alpha_n$ 是 V 的一个基，则 $1\otimes\alpha_1,1\otimes\alpha_2,\cdots,1\otimes\alpha_n$ 是复数域 $\mathbf{C}$ 上的线性空间 $\mathbf{C}\otimes V$ 的一个基，且

$$\dim_{\mathbf{C}}(\mathbf{C}\otimes V)=n=\dim_{\mathbf{R}}V.$$ ■

在定理 9 中，考虑 $F\otimes V$ 的子集

$$S=\left\{\sum_{i=1}^{n}k_i(1\otimes\alpha_i)\,\middle|\,k_i\in K,i=1,2,\cdots,n\right\},\tag{54}$$

易看出 S 是域 K 上向量空间 $F\otimes V$ 的一个子空间。令

$$\Phi:V\longrightarrow S$$

$$\alpha = \sum_{i=1}^{n} k_i \alpha_i \longmapsto \sum_{i=1}^{n} k_i (1 \otimes \alpha_i),$$

则 Φ 是 V 到 S 的一个映射。显然 Φ 是满射，易证 Φ 是单射，并且 Φ 保持加法和纯量乘法。因此 Φ 是 V 到 S 的一个同构映射，从而域 K 上的线性空间 V 与 S 同构。把 V 与 S 等同，即把 V 看成 $F \otimes V$ 的一个子集，此时可以把 α_i 与 $1 \otimes \alpha_i$ 等同，$i=1,2,\cdots,n$。由于 $F \otimes V$ 的任一元素可唯一地表示成 $\sum_{i=1}^{n} f_i(1 \otimes \alpha_i)$，因此 $F \otimes V$ 的任一元素可唯一地表示成 $\sum_{i=1}^{n} f_i \alpha_i$，其中 $f_i \in F, i=1,2,\cdots,n$。

在推论 1 中，$\mathbf{C} \otimes V$ 的任一元素可唯一地表示成 $\sum_{i=1}^{n} c_i \alpha_i$，其中 $c_i \in \mathbf{C}, i=1,2,\cdots,n$。$V$ 可看成 $\mathbf{C} \otimes V$ 的一个子集，V 的任一元素可唯一地表示成 $\sum_{i=1}^{n} k_i \alpha_i$，其中 $k_i \in \mathbf{R}, i=1,2,\cdots,n$。$\mathbf{C} \otimes V$ 称为**复化**，即把实数域上的线性空间 V 扩充成一个复数域上的线性空间 $\mathbf{C} \otimes V$。

在定理 9 中，设 $\mathbf{A}$ 是域 K 上线性空间 V 上的一个线性变换，它在 V 的一个基 $\alpha_1, \alpha_2, \cdots, \alpha_n$ 下的矩阵为 $A=(a_{ij})$。对于域 F 上线性空间 $F \otimes V$ 的任一元素 $\sum_{i=1}^{n} f_i \alpha_i$，规定

$$\mathbf{A}^F \left(\sum_{i=1}^{n} f_i \alpha_i\right) = \sum_{i=1}^{n} f_i \mathbf{A} \alpha_i. \tag{55}$$

易验证 $\mathbf{A}^F$ 是 $F \otimes V$ 上的一个线性变换，并且易看出 $\mathbf{A}^F$ 在 $F \otimes V$ 的一个基 $\alpha_1, \alpha_2, \cdots, \alpha_n$（已把 $1 \otimes \alpha_i$ 与 α_i 等同）下的矩阵是 A，此时把 A 看成域 F 上的矩阵。

11.2.2　典型例题

例 1　设 V, U 是域 F 上的有限维线性空间。证明：在 $V \otimes U$ 中若 $\alpha \otimes \beta = 0$，则 $\alpha = 0$ 或 $\beta = 0$。

证明　假如 $\alpha \neq 0$ 且 $\beta \neq 0$，则 α 可扩充成 V 的一个基 $\alpha, \alpha_2, \cdots, \alpha_n$；$\beta$ 可扩充成 U 的一个基 $\beta, \beta_2, \cdots, \beta_m$。从而 $\alpha \otimes \beta$ 是 $V \otimes U$ 的一个基向量，于是 $\alpha \otimes \beta \neq 0$。因此若 $\alpha \otimes \beta = 0$，则 $\alpha = 0$ 或 $\beta = 0$。　■

例 2　设 V, U 是域 F 上的线性空间（不必是有限维的）。证明：V 与 U 的张量积存在。

证明　令

$$M = \left\{ \sum_{(\alpha,\beta) \in V \times U} k_{(\alpha,\beta)} (\alpha, \beta) \,\middle|\, k_{(\alpha,\beta)} \in F, \text{且只有有限多个 } k_{(\alpha,\beta)} \neq 0 \right\},$$

规定 M 中两个元素相等当且仅当它们的对应系数相等，并且规定 M 中两个元素相加为对应的系数相加，且规定

$$s\left(\sum k_{(\alpha,\beta)}(\alpha,\beta)\right)\xlongequal{\text{def}}\sum sk_{(\alpha,\beta)}(\alpha,\beta),s\in F,$$

易验证 M 满足线性空间定义中的 8 条法则，从而 M 成为域 F 上的线性空间。

设 M_0 是由下述形式的向量生成的子空间：

$$(\alpha_1+\alpha_2,\beta)-(\alpha_1,\beta)-(\alpha_2,\beta),\tag{56}$$

$$(\alpha,\beta_1+\beta_2)-(\alpha,\beta_1)-(\alpha,\beta_2),\tag{57}$$

$$(\alpha,k\beta)-k(\alpha,\beta),(k\alpha,\beta)-k(\alpha,\beta),\tag{58}$$

其中 $\alpha_1,\alpha_2,\alpha\in V,\beta_1,\beta_2,\beta\in U,k\in F$。

设 T 是商空间 M/M_0，定义从 $V\times U$ 到 T 的一个映射 $\sigma:(\alpha,\beta)\longmapsto(\alpha,\beta)+M_0$。因为(56)、(57)和(58)式列出的和都在 M_0 里，所以在 T 中有

$$\begin{aligned}
&\sigma(\alpha_1+\alpha_2,\beta)-\sigma(\alpha_1,\beta)-\sigma(\alpha_2,\beta)\\
&=[(\alpha_1+\alpha_2,\beta)+M_0]-[(\alpha_1,\beta)+M_0]-[(\alpha_2,\beta)+M_0]\\
&=[(\alpha_1+\alpha_2,\beta)-(\alpha_1,\beta)-(\alpha_2,\beta)]+M_0\\
&=M_0,\\
&\sigma(\alpha,\beta_1+\beta_2)-\sigma(\alpha,\beta_1)-\sigma(\alpha,\beta_2)=M_0,\\
&\sigma(\alpha,k\beta)-k\sigma(\alpha,\beta)=[(\alpha,k\beta)+M_0]-k[(\alpha,\beta)+M_0]\\
&\qquad\qquad=[(\alpha,k\beta)+M_0]-[k(\alpha,\beta)+M_0]\\
&\qquad\qquad=[(\alpha,k\beta)-k(\alpha,\beta)]+M_0=M_0,\\
&\sigma(k\alpha,\beta)-k\sigma(\alpha,\beta)=M_0,
\end{aligned}$$

其中 M_0 是商空间 M/M_0 的零向量，因此

$$\sigma(\alpha_1+\alpha_2,\beta)=\sigma(\alpha_1,\beta)+\sigma(\alpha_2,\beta),$$

$$\sigma(\alpha,\beta_1+\beta_2)=\sigma(\alpha,\beta_1)+\sigma(\alpha,\beta_2),$$

$$\sigma(\alpha,k\beta)=k\sigma(\alpha,\beta)=\sigma(k\alpha,\beta),$$

从而 σ 是 $V\times U$ 到 T 的一个双线性映射。

设 W 是域 F 上任一线性空间，$\boldsymbol{A}$ 是 $V\times U$ 到 W 的任一双线性映射。令

$$\boldsymbol{B}:M\longrightarrow W$$

$$\sum_i k_i(\alpha_i,\beta_i)\longmapsto\sum_i k_i\boldsymbol{A}(\alpha_i,\beta_i),$$

容易验证 $\boldsymbol{B}$ 是 M 到 W 的一个线性映射，由于

$$\begin{aligned}
&\boldsymbol{B}[(\alpha_1+\alpha_2,\beta)-(\alpha_1,\beta)-(\alpha_2,\beta)]\\
&=\boldsymbol{B}(\alpha_1+\alpha_2,\beta)-\boldsymbol{B}(\alpha_1,\beta)-\boldsymbol{B}(\alpha_2,\beta)\\
&=\boldsymbol{A}(\alpha_1+\alpha_2,\beta)-\boldsymbol{A}(\alpha_1,\beta)-\boldsymbol{A}(\alpha_2,\beta)\\
&=\boldsymbol{A}(\alpha_1,\beta)+\boldsymbol{A}(\alpha_2,\beta)-\boldsymbol{A}(\alpha_1,\beta)-\boldsymbol{A}(\alpha_2,\beta)=0,
\end{aligned}$$

$$\begin{aligned}
&\boldsymbol{B}[(\alpha,\beta_1+\beta_2)-(\alpha,\beta_1)-(\alpha,\beta_2)]=0,\\
&\boldsymbol{B}[(\alpha,k\beta)-k(\alpha,\beta)]=\boldsymbol{B}(\alpha,k\beta)-\boldsymbol{B}[k(\alpha,\beta)]\\
&=\boldsymbol{A}(\alpha,k\beta)-k\boldsymbol{B}(\alpha,\beta)=k\boldsymbol{A}(\alpha,\beta)-k\boldsymbol{A}(\alpha,\beta)=0,\\
&\boldsymbol{B}=[(k\alpha,\beta)-k(\alpha,\beta)]=0,
\end{aligned}$$

因此对于 M_0 的任一向量 γ_0，有 $\boldsymbol{B}(\gamma_0)=0$。从而有

$$\begin{aligned}
(\alpha,\beta)+M_0=(\gamma,\eta)+M_0 \quad &\Leftrightarrow \quad (\alpha,\beta)-(\gamma,\eta)\in M_0,\\
&\Rightarrow \quad \boldsymbol{B}[(\alpha,\beta)-(\gamma,\eta)]=0,\\
&\Leftrightarrow \quad \boldsymbol{B}(\alpha,\beta)=\boldsymbol{B}(\gamma,\eta).
\end{aligned}$$

令

$$\psi: M/M_0 \longrightarrow W$$

$$\sum k_i(\alpha_i,\beta_i)+M_0 \longmapsto \boldsymbol{B}\left(\sum k_i(\alpha_i,\beta_i)\right),$$

则 ψ 是 M/M_0 到 W 的一个映射，且容易验证 ψ 是线性映射。由于对任意 $(\alpha,\beta)\in V\times U$，有

$$\psi\sigma(\alpha,\beta)=\psi((\alpha,\beta)+M_0)=\boldsymbol{B}(\alpha,\beta)=\boldsymbol{A}(\alpha,\beta),$$

因此 $\psi\sigma=\boldsymbol{A}$。

假如还有一个从 $T=M/M_0$ 到 W 的线性映射 ψ_1，使得 $\psi_1\sigma=\boldsymbol{A}$，则 $\psi\sigma=\psi_1\sigma$。从而对任意 $(\alpha,\beta)\in V\times U$，有

$$\psi\sigma(\alpha,\beta)=\psi_1\sigma(\alpha,\beta),$$

于是

$$\psi[(\alpha,\beta)+M_0]=\psi_1[(\alpha,\beta)+M_0],$$

由此得出

$$\psi\left[\sum_i k_i(\alpha_i,\beta_i)+M_0\right]=\psi_1\left[\sum_i k_i(\alpha_i,\beta_i)+M_0\right],$$

因此 $\psi=\psi_1$。

据张量积的定义得，(T,σ) 是 V 与 U 的一个张量积。■

点评　例 2 的证明的关键是要找一个域 F 上的线性空间 T，且 $V\times U$ 到 T 有一个双线性映射 σ 具有定义 1 中所说的特征性质。想法是先构造域 F 上的一个线性空间 M，然后根据双线性映射 σ 的性质，巧妙地构造一个子空间 M_0，最后商空间 M/M_0 就是我们要找的线性空间 T。在证明 (T,σ) 具有定义 1 中所说的特征性质时，先构造一个从 M 到 W 的线性映射 $\boldsymbol{B}$，证明对任意 $\gamma_0\in M_0$ 有 $\boldsymbol{B}(\gamma_0)=0$，从而由 $\boldsymbol{B}$ 可诱导出商空间 M/M_0 到 W 的线性映射 ψ，进而证明 $\boldsymbol{A}=\psi\sigma$。最后证明假如还有一个从 M/M_0 到 W 的线性映射 ψ_1，使得 $\boldsymbol{A}=\psi_1\sigma$，则 $\psi_1=\psi$。于是据定义 1 得，(T,σ) 是 V 与 U 的一个张量积，$T=M/M_0$ 中任一元素可表示为

$$\begin{aligned}
\sum_i k_i(\alpha_i,\beta_i)+M_0&=\sum_i k_i[(\alpha_i,\beta_i)+M_0]\\
&=\sum_i k_i\sigma(\alpha_i,\beta_i).
\end{aligned}$$

把 $\sigma(\alpha_i,\beta_i)$简记成 $\alpha_i\otimes\beta_i$，则 T 中任一元素可表示为

$$\sum_i k_i(\alpha_i\otimes\beta_i), \tag{59}$$

(59)式中的和是有限和。由于 $\alpha_i\otimes\beta_i=(\alpha_i,\beta_i)+M_0$，因此 $\alpha_i\otimes\beta_i$ 的表法不唯一。从而 T 中任一元素表示成(59)式的形式时表法不唯一。

例 3 设 V,U 分别是域 F 上 n 维，m 维线性空间，$n\geqslant 2,m\geqslant 2$。$V$ 中取一个基 $\alpha_1,\alpha_2,\cdots,\alpha_n$；$U$ 中取一个基 $\beta_1,\beta_2,\cdots,\beta_m$。证明：对于任意 $\alpha\in V,\beta\in U$，$\alpha\otimes\beta$ 与 $\alpha_1\otimes\beta_1+\alpha_2\otimes\beta_2$ 不相等。

证明 假如有 $\alpha=\sum\limits_{i=1}^{n}a_i\alpha_i\in V,\beta=\sum\limits_{j=1}^{m}b_j\beta_j\in U$，使得

$$\alpha\otimes\beta=\alpha_1\otimes\beta_1+\alpha_2\otimes\beta_2,$$

则

$$\left(\sum_{i=1}^{n}a_i\alpha_i\right)\otimes\left(\sum_{j=1}^{m}b_j\beta_j\right)=\alpha_1\otimes\beta_1+\alpha_2\otimes\beta_2,$$

由此得出

$$a_1b_1=1,a_1b_2=0,a_2b_2=1,$$

从而 $a_1\neq 0,b_2=0$。于是 $a_2b_2=0$。矛盾。因此 $\alpha\otimes\beta$ 不等于 $\alpha_1\otimes\beta_1+\alpha_2\otimes\beta_2$，$\forall\alpha\in V,\beta\in U$。■

例 4 条件同例 3。证明：对于任意 $\alpha\in V,\beta\in U$，$\alpha\otimes\beta$ 不能表示成两个或两个以上的形如 $\alpha_i\otimes\beta_i$ 的基向量的和。

证明 假如有 $\alpha=\sum\limits_{i=1}^{n}a_i\alpha_i\in V,\beta=\sum\limits_{j=1}^{m}b_j\beta_j\in U$，使得

$$\alpha\otimes\beta=\sum_{l=1}^{r}\alpha_{i_l}\otimes\beta_{i_l},r\geqslant 2,$$

则

$$\sum_{i=1}^{n}\sum_{j=1}^{m}a_ib_j(\alpha_i\otimes\beta_j)=\sum_{l=1}^{r}\alpha_{i_l}\otimes\beta_{i_l},$$

由此得出

$$a_{i_1}b_{i_1}=1,a_{i_1}b_{i_2}=0,a_{i_2}b_{i_2}=1,$$

从而 $a_{i_1}\neq 0,b_{i_2}=0$。于是 $a_{i_2}b_{i_2}=0$。矛盾。因此对于任意 $\alpha\in V,\beta\in U$，$\alpha\otimes\beta$ 不能表示成两个或两个以上的形如 $\alpha_i\otimes\beta_i$ 的基向量的和。■

点评 例 4 表明，对于任意 $i_1\neq i_2$，$\alpha_{i_1}\otimes\beta_{i_1}+\alpha_{i_2}\otimes\beta_{i_2}$ 不能写成 $\alpha\otimes\beta$ 的形式。同样的方法可证，$\alpha_{i_1}\otimes\beta_{i_1}-\alpha_{i_2}\otimes\beta_{i_2}$，$\alpha_{i_1}\otimes\beta_{i_2}\pm\alpha_{i_2}\otimes\beta_{i_1}$ 也不能表示成 $\alpha\otimes\beta$ 的形式。这个结论在

量子力学中有用。

例 5　设 V 是域 F 上的 n 维线性空间。证明：存在 $V^* \otimes V$ 到 $\mathrm{Hom}(V,V)$ 的一个同构映射 ψ，满足

$$[\psi(f \otimes \alpha)]\beta = f(\beta)\alpha,\ \forall\, \alpha,\beta \in V, f \in V^*; \tag{60}$$

$$\mathrm{tr}[\psi(f \otimes \alpha)] = f(\alpha). \tag{61}$$

证明　在 V 中取一个基 $\alpha_1,\alpha_2,\cdots,\alpha_n$，对于任意给定的 $(f,\alpha) \in V^* \times V$，其中 $\alpha = \sum_{i=1}^{n} a_i\alpha_i$，定义 V 上的一个线性变换 $\mathbf{A}_{(f,\alpha)}$，使得

$$\mathbf{A}_{(f,\alpha)}(\alpha_1,\alpha_2,\cdots,\alpha_n) = (\alpha_1,\alpha_2,\cdots,\alpha_n)\begin{pmatrix} f(\alpha_1)a_1 & f(\alpha_2)a_1 & \cdots & f(\alpha_n)a_1 \\ f(\alpha_1)a_2 & f(\alpha_2)a_2 & \cdots & f(\alpha_n)a_2 \\ \vdots & \vdots & & \vdots \\ f(\alpha_1)a_n & f(\alpha_2)a_n & \cdots & f(\alpha_n)a_n \end{pmatrix}.$$

把上式右端的 n 级矩阵记作 A，令

$$\mathbf{A}: V^* \times V \longrightarrow \mathrm{Hom}(V,V)$$
$$(f,\alpha) \longmapsto \mathbf{A}_{(f,\alpha)}.$$

容易直接验证 $\mathbf{A}$ 是 $V^* \times V$ 到 $\mathrm{Hom}(V,V)$ 的一个双线性映射。据张量积的特征性质得，存在 $V^* \otimes V$ 到 $\mathrm{Hom}(V,V)$ 的唯一的线性映射 ψ，使得 $\mathbf{A} = \psi\sigma$。于是对任意 $f \in V^*$，$\alpha = \sum_{i=1}^{n} a_i\alpha_i \in V$，有

$$\psi(f \otimes \alpha) = \psi\sigma(f,\alpha) = \mathbf{A}(f,\alpha) = \mathbf{A}_{(f,\alpha)}, \tag{62}$$

$$\begin{aligned}[\psi(f \otimes \alpha)]\beta &= \mathbf{A}_{(f,\alpha)}(\beta) = \mathbf{A}_{(f,\alpha)}\Big(\sum_{j=1}^{n} b_j\alpha_j\Big) \\ &= \sum_{j=1}^{n} b_j\mathbf{A}_{(f,\alpha)}(\alpha_j) \\ &= \sum_{j=1}^{n} b_j\Big(\sum_{i=1}^{n} f(\alpha_j)a_i\alpha_i\Big) \\ &= \sum_{i=1}^{n}\Big(\sum_{j=1}^{n} b_j f(\alpha_j)\Big)a_i\alpha_i \\ &= \sum_{i=1}^{n} f\Big(\sum_{j=1}^{n} b_j\alpha_j\Big)a_i\alpha_i = \sum_{i=1}^{n} f(\beta)a_i\alpha_i \\ &= f(\beta)\sum_{i=1}^{n} a_i\alpha_i = f(\beta)\alpha,\ \forall\, \beta \in V,\end{aligned} \tag{63}$$

$$\begin{aligned}\operatorname{tr}[\psi(f\otimes\alpha)]&=\operatorname{tr}(\boldsymbol{A}_{(f,\alpha)})=\operatorname{tr}(A)\\&=\sum_{i=1}^{n}f(\alpha_i)a_i=f\left(\sum_{i=1}^{n}a_i\alpha_i\right)=f(\alpha).\end{aligned}\tag{64}$$

下面来证 ψ 是满射，任取 $\boldsymbol{H}\in\operatorname{Hom}(V,V)$，设 $\boldsymbol{H}$ 在 V 的基 $\alpha_1,\alpha_2,\cdots,\alpha_n$ 下的矩阵为 H，设 H 的秩为 r，则 $H=H_1+H_2+\cdots+H_r$，其中 H_i 的秩为 $1,i=1,2,\cdots,r$。据《高等代数学习指导书(上册)》4.5 节典型例题的例 5 得，$H_i=\boldsymbol{X}_i\boldsymbol{Y}_i'$，其中 $\boldsymbol{X}_i=(x_{i1},x_{i2},\cdots,x_{in})'$，$\boldsymbol{Y}_i=(y_{i1},y_{i2},\cdots,y_{in})'$。令 $\eta_i=\sum\limits_{j=1}^{n}x_{ij}\alpha_j$，定义 V 上的一个线性函数 g_i，使得 $g_i(\alpha_j)=y_{ij}$，$j=1,2,\cdots,n$。则

$$H_i=\begin{pmatrix}x_{i1}g_i(\alpha_1)&x_{i1}g_i(\alpha_2)&\cdots&x_{i1}g_i(\alpha_n)\\x_{i2}g_i(\alpha_1)&x_{i2}g_i(\alpha_2)&\cdots&x_{i2}g_i(\alpha_n)\\\vdots&\vdots&&\vdots\\x_{in}g_i(\alpha_1)&x_{in}g_i(\alpha_2)&\cdots&x_{in}g_i(\alpha_n)\end{pmatrix}.$$

定义 V 上的线性变换 $\boldsymbol{H}_i$，使得 $\boldsymbol{H}_i$ 在基 $\alpha_1,\alpha_2,\cdots,\alpha_n$ 下的矩阵为 H_i，则

$$\boldsymbol{H}_i=\boldsymbol{A}_{(g_i,\eta_i)}=\psi(g_i\otimes\eta_i),i=1,2,\cdots,r.$$

于是

$$\boldsymbol{H}=\sum_{i=1}^{r}\boldsymbol{H}_i=\sum_{i=1}^{r}\psi(g_i\otimes\eta_i)=\psi\left(\sum_{i=1}^{r}g_i\otimes\eta_i\right),$$

因此 ψ 是满射。由于

$$\dim V^*\otimes V=(\dim V^*)(\dim V)=n^2=\dim\operatorname{Hom}(V,V),$$

因此 $V^*\otimes V$ 到 $\operatorname{Hom}(V,V)$ 的线性映射 ψ 也是单射，从而 ψ 是双射，所以 ψ 是 $V^*\otimes V$ 到 $\operatorname{Hom}(V,V)$ 的一个同构映射。 ■

例 6 设 V_1,V_2,U_1,U_2 都是域 F 上的有限维线性空间，令

$$\begin{aligned}\boldsymbol{A}:\mathscr{P}(V_1,V_2)\times\mathscr{P}(U_1,U_2)&\longrightarrow\mathscr{P}(V_1,V_2,U_1,U_2)\\(f,g)&\longmapsto\boldsymbol{A}(f,g),\end{aligned}$$

其中，$\boldsymbol{A}(f,g)(\alpha_1,\alpha_2,\beta_1,\beta_2)=f(\alpha_1,\alpha_2)g(\beta_1,\beta_2)$，$\alpha_i\in V_i$，$\beta_i\in U_i$，$i=1,2$。 (65)

证明：

$$\mathscr{P}(V_1,V_2)\otimes\mathscr{P}(U_1,U_2)\cong\mathscr{P}(V_1,V_2,U_1,U_2).\tag{66}$$

证明 容易验证 $\boldsymbol{A}$ 是 $\mathscr{P}(V_1,V_2)\times\mathscr{P}(U_1,U_2)$ 到 $\mathscr{P}(V_1,V_2,U_1,U_2)$ 的一个双线性映射，据张量积的特征性质得，存在 $\mathscr{P}(V_1,V_2)\otimes\mathscr{P}(U_1,U_2)$ 到 $\mathscr{P}(V_1,V_2,U_1,U_2)$ 的唯一的线性映射 ψ，使得 $\boldsymbol{A}=\psi\sigma$。于是对任意 $f\in\mathscr{P}(V_1,V_2)$，$g\in\mathscr{P}(U_1,U_2)$，有

$$\psi(f\otimes g)=\psi\sigma(f,g)=\boldsymbol{A}(f,g),$$

$$\psi(f\otimes g)(\alpha_1,\alpha_2,\beta_1,\beta_2)=f(\alpha_1,\alpha_2)g(\beta_1,\beta_2),$$

其中 $\alpha_i\in V_i,\beta_i\in U_i,i=1,2$。

在 V_i 中取一个基 $\alpha_{i1},\alpha_{i2},\cdots,\alpha_{in_i}(i=1,2)$；在 U_i 中取一个基 $\beta_{i1},\beta_{i2},\cdots,\beta_{im_i}(i=1,2)$。据 11.1 节定理 2 得，$\mathscr{P}(V_1,V_2)$ 的一个基为 $f_{k_1k_2}(1\leqslant k_i\leqslant n_i,i=1,2)$，其中

$$f_{k_1k_2}(\alpha_{1j_1},\alpha_{2j_2})=\delta_{j_1k_1}\delta_{j_2k_2};$$

$\mathscr{P}(U_1,U_2)$ 的一个基为 $g_{k_3k_4}(1\leqslant k_3\leqslant m_1,1\leqslant k_4\leqslant m_2)$，其中

$$g_{k_3k_4}(\beta_{1j_3},\beta_{2j_4})=\delta_{j_3k_3}\delta_{j_4k_4};$$

$\mathscr{P}(V_1,V_2,U_1,U_2)$ 的一个基为 $h_{k_1k_2k_3k_4}(1\leqslant k_1\leqslant n_1,1\leqslant k_2\leqslant n_2,1\leqslant k_3\leqslant m_1,1\leqslant k_4\leqslant m_2)$，其中

$$h_{k_1k_2k_3k_4}(\alpha_{1j_1},\alpha_{2j_2},\beta_{1j_3},\beta_{2j_4})=\delta_{j_1k_1}\delta_{j_2k_2}\delta_{j_3k_3}\delta_{j_4k_4}.$$

从而 $\mathscr{P}(V_1,V_2)\otimes\mathscr{P}(U_1,U_2)$ 的一个基为

$$f_{k_1k_2}\otimes g_{k_3k_4}(1\leqslant k_1\leqslant n_1,1\leqslant k_2\leqslant n_2,1\leqslant k_3\leqslant m_1,1\leqslant k_4\leqslant m_2).$$

由于对于 $1\leqslant j_1\leqslant n_1,1\leqslant j_2\leqslant n_2,1\leqslant j_3\leqslant m_1,1\leqslant j_4\leqslant m_2$，有

$$\begin{aligned}&[\psi(f_{k_1k_2}\otimes g_{k_3k_4})](\alpha_{1j_1},\alpha_{2j_2},\beta_{1j_3},\beta_{2j_4})\\=&f_{k_1k_2}(\alpha_{1j_1},\alpha_{2j_2})g_{k_3k_4}(\beta_{1j_3},\beta_{2j_4})\\=&\delta_{j_1k_1}\delta_{j_2k_2}\delta_{j_3k_3}\delta_{j_4k_4}\\=&h_{k_1k_2k_3k_4}(\alpha_{1j_1},\alpha_{2j_2},\beta_{1j_3},\beta_{2j_4}),\end{aligned}$$

因此

$$\psi(f_{k_1k_2}\otimes g_{k_3k_4})=h_{k_1k_2k_3k_4},$$

其中 $1\leqslant k_1\leqslant n_1,1\leqslant k_2\leqslant n_2,1\leqslant k_3\leqslant m_1,1\leqslant k_4\leqslant m_2$，从而 ψ 把 $\mathscr{P}(V_1,V_2)\otimes\mathscr{P}(U_1,U_2)$ 的一个基映成 $\mathscr{P}(V_1,V_2,U_1,U_2)$ 的一个基。因此线性映射 ψ 是一个同构映射。于是

$$\mathscr{P}(V_1,V_2)\otimes\mathscr{P}(U_1,U_2)\cong\mathscr{P}(V_1,V_2,U_1,U_2).$$ ■

例 7　设 A,B 分别是域 F 上的 n 级，m 级矩阵。证明：$A\otimes B$ 与 $B\otimes A$ 相似。

证明　设 V,U 分别是域 F 上的 n 维，m 维线性空间，V 中取一个基 $\alpha_1,\alpha_2,\cdots,\alpha_n$，$U$ 中取一个基 $\beta_1,\beta_2,\cdots,\beta_m$。设 $\boldsymbol{A}$ 是 V 上的一个线性变换，它在基 $\alpha_1,\alpha_2,\cdots,\alpha_n$ 下的矩阵为 A；$\boldsymbol{B}$ 是 U 上的一个线性变换，它在基 $\beta_1,\beta_2,\cdots,\beta_m$ 下的矩阵为 B，则 $\boldsymbol{A}\otimes\boldsymbol{B}$ 是 $V\otimes U$ 上的一个线性变换，它在 $V\otimes U$ 的一个基

$$\alpha_1\otimes\beta_1,\cdots,\alpha_1\otimes\beta_m,\cdots,\alpha_n\otimes\beta_1,\cdots,\alpha_n\otimes\beta_m$$

下的矩阵为 $A\otimes B$。设 $\boldsymbol{A}\otimes\boldsymbol{B}$ 在 $V\otimes U$ 的一个基

$$\alpha_1\otimes\beta_1,\cdots,\alpha_n\otimes\beta_1,\cdots,\alpha_1\otimes\beta_m,\cdots,\alpha_n\otimes\beta_m$$

下的矩阵为 H，把 H 分块：H 的行分成 m 组，每组有 n 行；H 的列分成 m 组，每组有 n 列，从(38)式得，H 的 (p,q) 块为下述 n 级矩阵：

$$\begin{pmatrix} b_{pq}a_{11} & b_{pq}a_{12} & \cdots & b_{pq}a_{1n} \\ b_{pq}a_{21} & b_{pq}a_{22} & \cdots & b_{pq}a_{2n} \\ \vdots & \vdots & & \vdots \\ b_{pq}a_{n1} & b_{pq}a_{n2} & \cdots & b_{pq}a_{nn} \end{pmatrix} = b_{pq}A,$$

于是

$$H = \begin{pmatrix} b_{11}A & b_{12}A & \cdots & b_{1m}A \\ b_{21}A & b_{22}A & \cdots & b_{2m}A \\ \vdots & \vdots & & \vdots \\ b_{m1}A & b_{m2}A & \cdots & b_{mm}A \end{pmatrix} = B \otimes A. \tag{67}$$

由于 $\boldsymbol{A} \otimes \boldsymbol{B}$ 在 $V \otimes U$ 的不同基下的矩阵是相似的,因此

$$A \otimes B \sim B \otimes A.$$ ■

例 8 设 V,U 分别是域 F 上的 n 维,m 维线性空间,$\boldsymbol{A},\boldsymbol{B}$ 分别是 V,U 上的线性变换。证明:如果 $\boldsymbol{A},\boldsymbol{B}$ 分别可对角化,那么 $\boldsymbol{A} \otimes \boldsymbol{B}$ 也可对角化。

证明 V 中取一个基 $\alpha_1,\alpha_2,\cdots,\alpha_n$;$U$ 中取一个基 $\beta_1,\beta_2,\cdots,\beta_m$,则 $\boldsymbol{A} \otimes \boldsymbol{B}$ 在 $V \otimes U$ 的基

$$\alpha_1 \otimes \beta_1,\cdots,\alpha_1 \otimes \beta_m,\cdots,\alpha_n \otimes \beta_1,\cdots,\alpha_n \otimes \beta_m$$

下的矩阵为 $A \otimes B$,由于 $\boldsymbol{A},\boldsymbol{B}$ 分别可对角化,因此 A,B 分别可对角化。从而存在域 F 上 n 级,m 级可逆矩阵 P,Q,使得

$$P^{-1}AP = D_1, Q^{-1}BQ = D_2,$$

其中 D_1,D_2 分别是 n 级,m 级对角矩阵,其主对角元分别是 $d_{11},d_{12},\cdots,d_{1n};d_{21},d_{22},\cdots,d_{2m}$。于是

$$\begin{aligned}(P \otimes Q)^{-1}(A \otimes B)(P \otimes Q) &= (P^{-1} \otimes Q^{-1})(AP \otimes BQ) \\ &= P^{-1}AP \otimes Q^{-1}BQ = D_1 \otimes D_2.\end{aligned}$$

容易看出,$D_1 \otimes D_2$ 是 nm 级对角矩阵,其主对角元为

$$d_{11}d_{21},d_{11}d_{22},\cdots,d_{11}d_{2m},\cdots,d_{1n}d_{21},\cdots,d_{1n}d_{2m}$$

因此 $A \otimes B$ 可对角化,从而 $\boldsymbol{A} \otimes \boldsymbol{B}$ 可对角化。 ■

例 9 条件同例 8,设 $\boldsymbol{A},\boldsymbol{B}$ 分别可对角化,且 $\boldsymbol{A}$ 的全部特征值为 $\lambda_1,\lambda_2,\cdots,\lambda_n$;$\boldsymbol{B}$ 的全部特征值为 $\mu_1,\mu_2,\cdots,\mu_m$。求 $\boldsymbol{A} \otimes \boldsymbol{B}$ 的全部特征值。

解 由例 8 知道,$\boldsymbol{A} \otimes \boldsymbol{B}$ 也可对角化。$\boldsymbol{A}$ 的相似标准形 $D_1 = \operatorname{diag}\{\lambda_1,\lambda_2,\cdots,\lambda_n\}$;$\boldsymbol{B}$ 的相似标准形 $D_2 = \operatorname{diag}\{\mu_1,\mu_2,\cdots,\mu_m\}$。从例 8 知道,$\boldsymbol{A} \otimes \boldsymbol{B}$ 的相似标准形为 $D_1 \otimes D_2 = \operatorname{diag}\{\lambda_1\mu_1,\cdots,\lambda_1\mu_m,\cdots,\lambda_n\mu_1,\cdots,\lambda_n\mu_m\}$。因此 $\boldsymbol{A} \otimes \boldsymbol{B}$ 的全部特征值为

$$\lambda_1\mu_1,\lambda_1\mu_2,\cdots,\lambda_1\mu_m,\cdots,\lambda_n\mu_1,\cdots,\lambda_n\mu_m.$$ ■

例 10 设 V 是域 F 上的线性空间,$\boldsymbol{A},\boldsymbol{B}$ 都是 V 上的线性变换。证明:存在 $V \otimes V$ 上的唯一的线性变换,记作 $\boldsymbol{A} \circ \boldsymbol{B}$,使得

$$(\boldsymbol{A}\circ\boldsymbol{B})(\alpha\otimes\beta)=\boldsymbol{B}\alpha\otimes\boldsymbol{A}\beta,\forall\,\alpha,\beta\in V.\tag{68}$$

证明　定义 $V\times V$ 到 $V\otimes V$ 的一个映射 $\boldsymbol{G}$ 如下：

$$\boldsymbol{G}(\alpha,\beta)=\boldsymbol{B}\alpha\otimes\boldsymbol{A}\beta,\forall\,\alpha,\beta\in V,\tag{69}$$

容易直接验证 $\boldsymbol{G}$ 是一个双线性映射。从而据张量积的特征性质得，存在 $V\otimes V$ 到 $V\otimes V$ 的唯一的线性映射 ψ，使得 $\boldsymbol{G}=\psi\sigma$。于是对任意 $\alpha,\beta\in V$，有

$$\psi(\alpha\otimes\beta)=\psi\sigma(\alpha,\beta)=\boldsymbol{G}(\alpha,\beta)=\boldsymbol{B}\alpha\otimes\boldsymbol{A}\beta,$$

把 ψ 记作 $\boldsymbol{A}\circ\boldsymbol{B}$，便得到(68)式。■

点评　从例 10 的证明再一次看到张量积的特征性质是张量积这个概念的精髓。

例 11　设 V_r 是域 F 上的线性空间，$r=1,2,\cdots$。考虑下述形式的无穷序列：

$$(\alpha_1,\alpha_2,\cdots),\quad\alpha_i\in V_i,i=1,2,\cdots\tag{70}$$

在只有有限多个分量不为零的形如(70)的无穷序列组成的集合中，规定

$$(\alpha_1,\alpha_2,\cdots)+(\beta_1,\beta_2,\cdots)=(\alpha_1+\beta_1,\alpha_2+\beta_2,\cdots)$$
$$k(\alpha_1,\alpha_2,\cdots)=(k\alpha_1,k\alpha_2,\cdots)$$

显然这是这个集合的加法运算，以及域 F 中元素与这个集合的元素的纯量乘法运算。容易看出，它们满足线性空间定义中 8 条运算法则。因此只有有限多个分量不为零的形如(70)式的无穷序列组成的集合成为域 F 上一个线性空间，称它为 $V_1,V_2,\cdots$ 的**外直和**，记作

$$V_1\dot{+}V_2\dot{+}\cdots=\dot{\sum_{i=1}^{\infty}}V_i.\tag{71}$$

在 $\dot{\sum\limits_{i=1}^{\infty}}V_i$ 中，除去第 i 个分量外全为零的序列组成的子集显然是一个子空间，记作 V_i'。证明：

$$V_i'\cong V_i,\tag{72}$$

并且 $\dot{\sum\limits_{i=1}^{\infty}}V_i$ 中的元素 α 可以唯一地表示成

$$\alpha=\alpha_{i_1}+\alpha_{i_2}+\cdots+\alpha_{i_t},$$

其中 $\alpha_{i_j}\in V_{i_j}'$，$j=1,2,\cdots,t$。

证明　令

$$\tau_i:V_i'\longrightarrow V_i$$
$$(0,\cdots,0,\alpha_i,0,\cdots,0)\longmapsto\alpha_i,$$

显然 τ_i 是 V_i' 到 V_i 的一个映射，且 τ_i 是单射，满射，从而 τ_i 是双射。容易看出 τ_i 保持加法和纯量乘法运算，因此 τ_i 是 V_i' 到 V_i 的一个同构映射，从而 $V_i'\cong V_i$。

显然 $\dot{\sum\limits_{i=1}^{\infty}}V_i$ 中任一元素 α 可以唯一地表示成

$$\alpha=\alpha_{i_1}+\alpha_{i_2}+\cdots+\alpha_{i_t},$$

其中 $\alpha_{i_j}\in V_{i_j}'$，$j=1,2,\cdots,t$。■

点评 在例 11 中，由于 $V_i'\cong V_i$，因此为简单起见，可以把 V_i' 与 V_i 等同，从而把 $(0,\cdots,0,\alpha_i,0,\cdots,0)$ 与 α_i 等同，于是 $\dot{\sum\limits_{i=1}^{\infty}}V_i$ 中任一元素 α 可以唯一表示成

$$\alpha=\alpha_{i_1}+\alpha_{i_2}+\cdots+\alpha_{i_t},\alpha_{i_j}\in V_{i_j},j=1,2,\cdots,t.$$

为了便于书写，把 $\dot{\sum\limits_{i=1}^{\infty}}V_i$ 写成 $\bigoplus\limits_{i=1}^{\infty}V_i$。

例 12 设 V_r 是域 F 上 n_r 维线性空间，$\alpha_{r1},\alpha_{r2},\cdots,\alpha_{m_r}$ 是 V_r 的一个基，$r=1,2,\cdots$，证明：

$$S=\{\alpha_{r1},\alpha_{r2},\cdots,\alpha_{m_r}\}(r=1,2,\cdots)$$

是 $\bigoplus\limits_{r=1}^{\infty}V_r$ 的一个基。

证明 由于 $\alpha_{r1},\alpha_{r2},\cdots,\alpha_{m_r}$ 是 V_r 的一个基，且 α_{rj} 表示第 r 个分量为 α_{rj}，其余分量全为 0 的无穷序列，因此容易证明 S 中任意一个有限子集是线性无关的，从而 S 是线性无关的。$\bigoplus\limits_{r=1}^{\infty}V_r$ 中任一元素 α 可表示成

$$\alpha=\alpha_{i_1}+\alpha_{i_2}+\cdots+\alpha_{i_t},\alpha_{i_j}\in V_{i_j},j=1,2,\cdots,t,$$

而 α_{i_j} 可以表示成 V_{i_j} 中基向量的线性组合，因此 α 可以表示成 S 中有限多个向量的线性组合。于是 S 是 $\bigoplus\limits_{r=1}^{\infty}V_r$ 的一个基。■

11.3 张量代数

11.3.1 内容精华

一、张量的概念

设 V 是域 F 上的 n 维线性空间，q 个 V 的张量积

$$T^q(V)=V\otimes\cdots\otimes V \tag{1}$$

中任一元素称为 V 上的一个 **q 秩反变张量**(q-contravariant tensor)；p 个 V^* 的张量积

$$T_p(V)=V^*\otimes\cdots\otimes V^* \tag{2}$$

中任一元素称为 V 上的一个 **p 秩协变张量**(p-covariant tensor)；p 个 V^* 与 q 个 V 的张量积

$$T_p^q(V)=V^*\otimes\cdots\otimes V^*\otimes V\otimes\cdots\otimes V \tag{3}$$

中任一元素称为 V 上的一个**(p,q) 型张量**，也称为 V 上的一个 **p 秩协变且 q 秩反变的混合张量**(p-covariant and q-contravariant mixed tensor)。

V 中取定一个基 $\alpha_1,\alpha_2,\cdots,\alpha_n$；$V^*$ 中的对偶基记作 $\alpha^1,\alpha^2,\cdots,\alpha^n$(注意这里的上指标不是指数)。$T^q(V)$(或 $T_p(V)$，或 $T_p^q(V)$)中的张量表示成一个基的线性组合如何简洁地记？当基变换时，坐标变换如何简洁紧凑地描述？先看 $T^1(V)=V$，以及 $T_1(V)=V^*$ 的情形。

任给 $\alpha\in V$，设 $\alpha=\sum\limits_{i=1}^{n}a_i\alpha_i$。由于基向量 α_i 用的是下指标，因此系数 a_i 改用上指标 a^i(注意 i 不是指数)。于是写成 $\alpha=\sum\limits_{i=1}^{n}a^i\alpha_i$。为了紧凑起见，把连加号省略不写出，即写成 $\alpha=a^i\alpha_i$。α 在基 $\alpha_1,\alpha_2,\cdots,\alpha_n$ 下的坐标为 $(a^1,a^2,\cdots,a^n)'$，也可写成 $\{a^i\mid i=1,2,\cdots,n\}$。

在 V 中取另一个基 $\eta_1,\eta_2,\cdots,\eta_n$。采用上述写法，则

$$\eta_j=a_j^i\alpha_i,\ j=1,2,\cdots,n. \tag{4}$$

于是基 $\alpha_1,\alpha_2,\cdots,\alpha_n$ 到基 $\eta_1,\eta_2,\cdots,\eta_n$ 的过渡矩阵 A 为

$$A=\begin{pmatrix} a_1^1 & a_2^1 & \cdots & a_n^1 \\ a_1^2 & a_2^2 & \cdots & a_n^2 \\ \vdots & \vdots & & \vdots \\ a_1^n & a_2^n & \cdots & a_n^n \end{pmatrix}. \tag{5}$$

任给 $f\in V^*$，设 $f=\sum\limits_{i=1}^{n}b_i\alpha^i$(由于基向量 α^i 用的是上指标，因此系数 b_i 用下指标)，把连加号省略不写出，记成 $f=b_i\alpha^i$。V 的基 $\eta_1,\eta_2,\cdots,\eta_n$ 在 V^* 中的对偶基记成 $\eta^1,\eta^2,\cdots,\eta^n$，$V^*$ 中基 $\alpha^1,\alpha^2,\cdots,\alpha^n$ 到基 $\eta^1,\eta^2,\cdots,\eta^n$ 的过渡矩阵记作 B。设

$$\eta^j=b_i^j\alpha^i,\ j=1,2,\cdots,n, \tag{6}$$

则

$$B=\begin{pmatrix} b_1^1 & b_1^2 & \cdots & b_1^n \\ b_2^1 & b_2^2 & \cdots & b_2^n \\ \vdots & \vdots & & \vdots \\ b_n^1 & b_n^2 & \cdots & b_n^n \end{pmatrix}. \tag{7}$$

据 9.10 节定理 1，$B=(A^{-1})'$。由于

$$(\alpha_1,\alpha_2,\cdots,\alpha_n)=(\eta_1,\eta_2,\cdots,\eta_n)A^{-1}=(\eta_1,\eta_2,\cdots,\eta_n)B',$$
$$(\alpha^1,\alpha^2,\cdots,\alpha^n)=(\eta^1,\eta^2,\cdots,\eta^n)B^{-1}=(\eta^1,\eta^2,\cdots,\eta^n)A',$$

因此 V 中的基变换公式和 V^* 中的基变换公式分别为

$$\alpha_j=b_j^i\eta_i,\ j=1,2,\cdots,n; \tag{8}$$

$$\alpha^j = a_i^j \eta^i, j = 1,2,\cdots,n. \tag{9}$$

现在来看 V 中的向量 α 在上述基变换(8)下的坐标变换公式如何简洁紧凑地描述?

$$\alpha = x^i \alpha_i, \alpha = y^i \eta_i.$$

据坐标变换公式 $\boldsymbol{x}=A\boldsymbol{y}$,以及 $\boldsymbol{y}=A^{-1}\boldsymbol{x}$,分别得

$$x^i = a_l^i y^l, i = 1,2,\cdots,n; \tag{10}$$

$$y^i = b_l^i x^l, i = 1,2,\cdots,n. \tag{11}$$

(10)、(11) 式右端都省略未写出连加号 $\sum\limits_{l=1}^{n}$,这样就简洁紧凑地表示了 V 中向量 α 在不同基下的坐标之间的关系。

现在考虑一般情形,先看 $T^q(V)$,它的两个基分别为

$$\alpha_{i_1} \otimes \alpha_{i_2} \otimes \cdots \otimes \alpha_{i_q}, 1 \leqslant i_l \leqslant n, l = 1,2,\cdots,q;$$

$$\eta_{j_1} \otimes \eta_{j_2} \otimes \cdots \otimes \eta_{j_q}, 1 \leqslant j_t \leqslant n, t = 1,2,\cdots,q.$$

$T^q(V)$中任一张量 $\boldsymbol{\alpha}$ 分别由上述两个基线性表出,紧凑地写成

$$\boldsymbol{\alpha} = a^{i_1 i_2 \cdots i_q} \alpha_{i_1} \otimes \alpha_{i_2} \otimes \cdots \otimes \alpha_{i_q}, \tag{12}$$

$$\boldsymbol{\alpha} = \tilde{a}^{j_1 j_2 \cdots j_q} \eta_{j_1} \otimes \eta_{j_2} \otimes \cdots \otimes \eta_{j_q}, \tag{13}$$

把 V 中基变换的公式(8)代入(12)式,得

$$\begin{aligned}\boldsymbol{\alpha} &= a^{i_1 i_2 \cdots i_q} (b_{i_1}^{j_1} \eta_{j_1}) \otimes (b_{i_2}^{j_2} \eta_{j_2}) \otimes \cdots \otimes (b_{i_q}^{j_q} \eta_{j_q}) \\ &= b_{i_1}^{j_1} b_{i_2}^{j_2} \cdots b_{i_q}^{j_q} a^{i_1 i_2 \cdots i_q} \eta_{j_1} \otimes \eta_{j_2} \otimes \cdots \otimes \eta_{j_q}.\end{aligned} \tag{14}$$

从(13)、(14)式得

$$\tilde{a}^{j_1 j_2 \cdots j_q} = b_{i_1}^{j_1} b_{i_2}^{j_2} \cdots b_{i_q}^{j_q} a^{i_1 i_2 \cdots i_q}. \tag{15}$$

(15) 式刻画了 $T^q(V)$ 中任一张量 $\boldsymbol{\alpha}$ 在不同基下的坐标之间的关系(注意(15) 式是一个简洁紧凑的写法,实际上其右端有 q 个连加号:$\sum\limits_{i_1=1}^{n}\sum\limits_{i_2=1}^{n}\cdots\sum\limits_{i_q=1}^{n}$)。

$T^q(V)$ 中一个张量 $\boldsymbol{\alpha}$ 在取定的一个基 $\alpha_{i_1} \otimes \alpha_{i_2} \otimes \cdots \otimes \alpha_{i_q} (1 \leqslant i_l \leqslant n, l = 1,2,\cdots,q)$ 下的坐标

$$\{a^{i_1 i_2 \cdots i_q} \mid 1 \leqslant i_l \leqslant n, l = 1,2,\cdots,q\} \tag{16}$$

也称为 V 上的一个 **q 秩反变张量**,它的分量随着 V 中的基变换 $\alpha_j = b_j^i \eta_i (j=1,2,\cdots,n)$,按照(15)式变换。

类似地,考虑 p 个 V^* 的张量积:

$$T_p(V) = V^* \otimes \cdots \otimes V^*, \tag{17}$$

它的两个基分别为

$$\alpha^{i_1} \otimes \alpha^{i_2} \otimes \cdots \otimes \alpha^{i_p}, 1 \leqslant i_l \leqslant n, l = 1,2,\cdots,p; \tag{18}$$

$$\eta^{j_1} \otimes \eta^{j_2} \otimes \cdots \otimes \eta^{j_p}, 1 \leqslant j_t \leqslant n, t = 1,2,\cdots,p. \tag{19}$$

任取 $\boldsymbol{f} \in T_p(V)$，设

$$\boldsymbol{f} = b_{i_1 i_2 \cdots i_p} \alpha^{i_1} \otimes \alpha^{i_2} \otimes \cdots \otimes \alpha^{i_p}, \tag{20}$$

$$\boldsymbol{f} = \tilde{b}_{j_1 j_2 \cdots j_p} \eta^{j_1} \otimes \eta^{j_2} \otimes \cdots \otimes \eta^{j_p}, \tag{21}$$

把 V^* 基变换的公式(9)代入(20)式，得

$$\begin{aligned} \boldsymbol{f} &= b_{i_1 i_2 \cdots i_p} (a_{j_1}^{i_1} \eta^{j_1}) \otimes (a_{j_2}^{i_2} \eta^{j_2}) \otimes \cdots \otimes (a_{j_p}^{i_p} \eta^{j_p}) \\ &= a_{j_1}^{i_1} a_{j_2}^{i_2} \cdots a_{j_p}^{i_p} b_{i_1 i_2 \cdots i_p} \eta^{j_1} \otimes \eta^{j_2} \otimes \cdots \otimes \eta^{j_p}. \end{aligned} \tag{22}$$

从(21)和(22)式得

$$\tilde{b}_{j_1 j_2 \cdots j_p} = a_{j_1}^{i_1} a_{j_2}^{i_2} \cdots a_{j_p}^{i_p} b_{i_1 i_2 \cdots i_p}. \tag{23}$$

(23)式刻画了 $T_p(V)$ 中任一张量 $\boldsymbol{f}$ 在不同基下的坐标之间的关系(注意(23)式右端省略了 p 个连加号未写出)。

$T_p(V)$ 中一个张量 $\boldsymbol{f}$ 在取定的一个基(由(18)式给出)下的坐标

$$\{b_{i_1 i_2 \cdots i_p} \mid 1 \leqslant i_l \leqslant n, l = 1,2,\cdots,p\} \tag{24}$$

也称为 V 上的一个 **p 秩协变张量**，它的分量随着 V^* 中由(9)式给出的基变换，按照(23)式变换。

最后，考虑 p 个 V^* 与 q 个 V 的张量积：

$$T_p^q(V) = V^* \otimes \cdots \otimes V^* \otimes V \otimes \cdots \otimes V, \tag{25}$$

它的两个基分别为

$$\alpha^{j_1} \otimes \alpha^{j_2} \otimes \cdots \otimes \alpha^{j_p} \otimes \alpha_{i_1} \otimes \alpha_{i_2} \otimes \cdots \otimes \alpha_{i_q}, \tag{26}$$

其中 $1 \leqslant j_t \leqslant n, t=1,2,\cdots,p; 1 \leqslant i_l \leqslant n, l=1,2,\cdots,q$;

$$\eta^{k_1} \otimes \eta^{k_2} \otimes \cdots \otimes \eta^{k_p} \otimes \eta_{r_1} \otimes \eta_{r_2} \otimes \cdots \otimes \eta_{r_q}, \tag{27}$$

其中 $1 \leqslant k_t \leqslant n, t=1,2,\cdots,p; 1 \leqslant r_l \leqslant n, l=1,2,\cdots,q$; $T_p^q(V)$ 中任一张量表示成

$$c_{j_1 j_2 \cdots j_p}^{i_1 i_2 \cdots i_q} \alpha^{j_1} \otimes \alpha^{j_2} \otimes \cdots \otimes \alpha^{j_p} \otimes \alpha_{i_1} \otimes \alpha_{i_2} \otimes \cdots \otimes \alpha_{i_q}, \tag{28}$$

又可表示成

$$\tilde{c}_{k_1 k_2 \cdots k_p}^{r_1 r_2 \cdots r_q} \eta^{k_1} \otimes \eta^{k_2} \otimes \cdots \otimes \eta^{k_p} \otimes \eta_{r_1} \otimes \eta_{r_2} \otimes \cdots \otimes \eta_{r_q}. \tag{29}$$

分别把 V 中基变换的公式(8)和 V^* 中基变换的公式(9)代入(28)式，得

$$\begin{aligned} & c_{j_1 j_2 \cdots j_p}^{i_1 i_2 \cdots i_q} (a_{k_1}^{j_1} \eta^{k_1}) \otimes \cdots \otimes (a_{k_p}^{j_p} \eta^{k_p}) \otimes (b_{i_1}^{r_1} \eta_{r_1}) \otimes \cdots \otimes (b_{i_q}^{r_q} \eta_{r_q}) \\ &= a_{k_1}^{j_1} \cdots a_{k_p}^{j_p} b_{i_1}^{r_1} \cdots b_{i_q}^{r_q} c_{j_1 j_2 \cdots j_p}^{i_1 i_2 \cdots i_q} \eta^{k_1} \otimes \cdots \otimes \eta^{k_p} \otimes \eta_{r_1} \otimes \cdots \otimes \eta_{r_q}. \end{aligned} \tag{30}$$

从(29)和(30)式得

$$\tilde{c}_{k_1 k_2 \cdots k_p}^{r_1 r_2 \cdots r_q} = a_{k_1}^{j_1} \cdots a_{k_p}^{j_p} b_{i_1}^{r_1} \cdots b_{i_q}^{r_q} c_{j_1 j_2 \cdots j_p}^{i_1 i_2 \cdots i_q}. \tag{31}$$

(31)式刻画了 $T_p^q(V)$ 中任一张量在不同基下的坐标之间的关系(注意在(31)式右端省略了 $p+q$ 个连加号)。

$T_p^q(V)$ 中一个张量在取定的一个基(由(26)式给出)下的坐标

$$\{c_{j_1j_2\cdots j_p}^{i_1i_2\cdots i_q} \mid 1\leqslant j_t\leqslant n, t=1,2,\cdots,p; 1\leqslant i_l\leqslant n, l=1,2,\cdots,q\} \tag{32}$$

也称为 V 上的一个 **p 秩协变、q 秩反变的混合张量**,或简称为 (p,q) 型**张量**,它的分量随着 V^* 中由(9)式给出的基变换和 V 中由(8)式给出的基变换,按照(31)式变换。

二、张量代数

现在来研究张量的运算。

为统一起见,$T^q(V)$ 可记成 $T_0^q(V)$;$T_p(V)$ 可记成 $T_p^0(V)$,此外,规定

$$T_0^0(V)=F. \tag{33}$$

由于 $T_p^q(V)$ 是域 F 上的线性空间,因此它有加法和纯量乘法运算。在取定一个基下,用坐标表示的张量的加法是把对应分量相加,因此可以用下式来表示 (p,q) 型张量的加法:

$$(c+d)_{j_1j_2\cdots j_p}^{i_1i_2\cdots i_q}=c_{j_1j_2\cdots j_p}^{i_1i_2\cdots i_q}+d_{j_1j_2\cdots j_p}^{i_1i_2\cdots i_q}; \tag{34}$$

类似地,可以用下式表示 (p,q) 型张量的纯量乘法:

$$(kc)_{j_1j_2\cdots j_p}^{i_1i_2\cdots i_q}=kc_{j_1j_2\cdots j_p}^{i_1i_2\cdots i_q}. \tag{35}$$

张量能不能做乘法?由于线性空间的张量积满足交换律和结合律(在同构的意义下),因此

$$T_p^q(V)\otimes T_r^s(V)\cong T_{p+r}^{q+s}(V). \tag{36}$$

设同构映射为 ψ,任给 $\boldsymbol{f}\in T_p^q(V)$,$\boldsymbol{g}\in T_r^s(V)$,规定 $\boldsymbol{f}$ 与 $\boldsymbol{g}$ 的乘积为

$$\psi(\boldsymbol{f}\otimes\boldsymbol{g})\in T_{p+r}^{q+s}(V), \tag{37}$$

把 $\boldsymbol{f}$ 与 $\boldsymbol{g}$ 的乘积仍记成 $\boldsymbol{f}\otimes\boldsymbol{g}$。于是有了张量的乘积,即 $T_p^q(V)$ 中的张量与 $T_r^s(V)$ 中的张量的乘积为 T_{p+r}^{q+s} 中的张量。在 V 中取一个基,分别得到 $T_p^q(V)$,$T_r^s(V)$,$T_{p+r}^{q+s}(V)$ 的一个基,在相应的这些基下,用坐标表示的张量的乘法,乘积的分量为

$$(c\otimes d)_{j_1j_2\cdots j_pk_1k_2\cdots k_r}^{i_1i_2\cdots i_ql_1l_2\cdots l_s}=c_{j_1j_2\cdots j_s}^{i_1i_2\cdots i_q}d_{k_1k_2\cdots k_r}^{l_1l_2\cdots l_s}, \tag{38}$$

张量的乘法显然满足结合律,即对于 $\boldsymbol{f}\in T_p^q(V)$,$\boldsymbol{g}\in T_r^s(V)$,$\boldsymbol{h}\in T_u^w(V)$,有

$$(\boldsymbol{f}\otimes\boldsymbol{g})\otimes\boldsymbol{h}=\boldsymbol{f}\otimes(\boldsymbol{g}\otimes\boldsymbol{h}); \tag{39}$$

张量的乘法不满足交换律,这是因为一般说来,

$$\psi(\boldsymbol{f}\otimes\boldsymbol{g})\neq\varphi(\boldsymbol{g}\otimes\boldsymbol{f}),$$

其中 φ 是 $T_r^s(V)\otimes T_p^q(V)$ 到 $T_{r+p}^{s+q}(V)$ 的一个同构映射。事实上,我们在 11.2 节中指出,在 $V\otimes V$ 中,$\alpha\otimes\beta\neq\beta\otimes\alpha$。

张量的乘法显然满足分配律,即对于 $\boldsymbol{f},\boldsymbol{f}_1,\boldsymbol{f}_2\in T_p^q(V)$,$\boldsymbol{g},\boldsymbol{g}_1,\boldsymbol{g}_2\in T_r^s(V)$,有

$$(\boldsymbol{f}_1+\boldsymbol{f}_2)\otimes \boldsymbol{g}=\boldsymbol{f}_1\otimes \boldsymbol{g}+\boldsymbol{f}_2\otimes \boldsymbol{g}, \tag{40}$$

$$\boldsymbol{f}\otimes (\boldsymbol{g}_1+\boldsymbol{g}_2)=\boldsymbol{f}\otimes \boldsymbol{g}_1+\boldsymbol{f}\otimes \boldsymbol{g}_2. \tag{41}$$

由于(p,q)型张量与(r,s)型张量的乘积是$(p+r,q+s)$型张量，因此在考虑由张量组成的代数系统时，自然而然应当考虑所有形如 $T_p^q(V)$的线性空间的外直和。即令

$$T(V)=\bigoplus_{p,q=0}^{\infty} T_p^q(V). \tag{42}$$

据 11.2 节例 11 得，$T(V)$是域 F 上的一个线性空间，$T(V)$中任一元素 $\boldsymbol{f}$ 可唯一表示成

$$\boldsymbol{f}=\boldsymbol{f}_{i_1}+\boldsymbol{f}_{i_2}+\cdots+\boldsymbol{f}_{i_t}, \tag{43}$$

其中 $\boldsymbol{f}_{i_l}$ 属于某一个 $T_p^q(V)$，$l=1,2,\cdots,t$。由于张量的乘法满足分配律，因此可以在 $T(V)$中定义乘法：对于 $T(V)$中任意两个元素，

$$\boldsymbol{f}=\boldsymbol{f}_{i_1}+\boldsymbol{f}_{i_2}+\cdots+\boldsymbol{f}_{i_t}, \boldsymbol{g}=\boldsymbol{g}_{j_1}+\boldsymbol{g}_{j_2}+\cdots+\boldsymbol{g}_{j_u},$$

规定

$$\boldsymbol{f}\otimes \boldsymbol{g}=\boldsymbol{f}_{i_1}\otimes \boldsymbol{g}_{j_1}+\boldsymbol{f}_{i_1}\otimes \boldsymbol{g}_{j_2}+\cdots+\boldsymbol{f}_{i_1}\otimes \boldsymbol{g}_{j_u}+\cdots+\boldsymbol{f}_{i_t}\otimes \boldsymbol{g}_{j_1}+\cdots+\boldsymbol{f}_{i_t}\otimes \boldsymbol{g}_{j_u}. \tag{44}$$

显然 $T(V)$中的乘法满足结合律，但不满足交换律。$T(V)$还满足乘法对于加法的分配律。用 1 表示域 F 的单位元，从 11.2 节的定理 7 得，$1\otimes \boldsymbol{g}_j=\boldsymbol{g}_j$，$\boldsymbol{f}_i\otimes 1=\boldsymbol{f}_i$，其中 $\boldsymbol{g}_j$，$\boldsymbol{f}_i$ 都是某个 $T_p^q(V)$中的元素。于是从(44)式得，$(1,0,0,\cdots)$是 $T(V)$的单位元，简记成 **1**。因此 $T(V)$对于加法和乘法成为一个有单位元的环。显然，对于 $\boldsymbol{f},\boldsymbol{g}\in T(V)$，$k\in F$，有

$$(k\boldsymbol{f})\otimes \boldsymbol{g}=k(\boldsymbol{f}\otimes \boldsymbol{g})=\boldsymbol{f}\otimes (k\boldsymbol{g}), \tag{45}$$

因此 $T(V)$成为域 F 上的一个代数，称它为线性空间 V 的**张量代数**。

11.3.2　典型例题

例 1　设 V 是域 F 上的 n 维线性空间，$\alpha_1,\alpha_2,\cdots,\alpha_n$ 是 V 的一个基，说明 V 上的一个 2 秩协变张量

$$\{b_{ij}\mid i,j=1,2,\cdots,n\},$$

是 V 上一个双线性函数 $\boldsymbol{f}$ 在基 $\alpha_1,\alpha_2,\cdots,\alpha_n$ 下的度量矩阵 M 的元素。于是把 V 上的 2 秩协变张量称为**度量张量**。

解　$T_2(V)=V^*\otimes V^*$，任给 $\boldsymbol{f}\in T_2(V)$，据 10.1 节的定理 9 得，$\boldsymbol{f}$ 是 V 上的一个双线性函数。设 $\boldsymbol{f}$ 在 $T_2(V)$的基$\{\alpha^i\otimes \alpha^j\mid i,j=1,2,\cdots,n\}$下的坐标为

$$\{b_{ij}\mid i,j=1,2,\cdots,n\},$$

则 $\boldsymbol{f}=\sum\limits_{i,j=1}^{n} b_{ij}\alpha^i\otimes \alpha^j$。从而 $\boldsymbol{f}$ 在 V 的基 $\alpha_1,\alpha_2,\cdots,\alpha_n$ 下的度量矩阵 M 的(k,l)元为

$$f(\alpha_k,\alpha_l)=\sum_{i,j=1}^{n}b_{ij}\alpha^i\otimes\alpha^j(\alpha_k,\alpha_l)$$
$$=\sum_{i,j=1}^{n}b_{ij}\alpha^i(\alpha_k)\alpha^j(\alpha_l)=b_{kl},$$

因此 $\boldsymbol{f}$ 在 V 的基 $\alpha_1,\alpha_2,\cdots,\alpha_n$ 下的度量矩阵 $M=(b_{ij})$。

例 2 设 V 是域 F 上的 n 维线性空间，$\alpha_1,\alpha_2,\cdots,\alpha_n$ 是 V 的一个基。说明 V 上的一个(1,1)型张量是 V 上的一个线性变换 $\boldsymbol{A}$ 在基 $\alpha_1,\alpha_2,\cdots,\alpha_n$ 下的矩阵的元素。于是把(1,1)型张量称为**矩阵张量**。

解 $T_1^1(V)=V^*\otimes V$，任给 $f\in V^*$，$\alpha\in V$。设 $\alpha=\sum_{i=1}^{n}a^i\alpha_i$，据 9.10 节的(16)式得，$f=\sum_{j=1}^{n}f(\alpha_j)\alpha^j$。于是

$$f\otimes\alpha=\left(\sum_{j=1}^{n}f(\alpha_j)\alpha^j\right)\otimes\left(\sum_{i=1}^{n}a^i\alpha_i\right)$$
$$=\sum_{j=1}^{n}\sum_{i=1}^{n}f(\alpha_j)a^i\alpha^j\otimes\alpha_i,\tag{46}$$

因此一个(1,1)型张量是

$$\{f(\alpha_j)a^i\mid i,j=1,2,\cdots,n\}.\tag{47}$$

据 11.2 节的例 5 得，存在 $V^*\otimes V$ 到 $\mathrm{Hom}(V,V)$ 的一个同构映射 ψ，使得 $\psi(f\otimes\alpha)=\boldsymbol{A}_{(f,\alpha)}$，且 $\boldsymbol{A}_{(f,\alpha)}$ 在 V 的基 $\alpha_1,\alpha_2,\cdots,\alpha_n$ 下的矩阵 A 的 (i,j) 元为 $f(\alpha_j)a^i$。

例 3 与例 2 的条件相同，令

$$\delta_j^i=\begin{cases}1 & \text{当 } j=i;\\ 0 & \text{当 } j\neq i.\end{cases}\tag{48}$$

说明：$\{\delta_j^i\mid i,j=1,2,\cdots,n\}$ 是(1,1)型张量，称它是 **Kronecker 张量**。

解 V 上的恒等变换 $\boldsymbol{I}$ 在基 $\alpha_1,\alpha_2,\cdots,\alpha_n$ 下的矩阵是单位矩阵 I，其 (i,j) 元为 δ_j^i。据 11.2 节的例 5 得，$\psi^{-1}(\boldsymbol{I})\in V^*\otimes V=T_1^1(V)$。据例 2 得，$\psi^{-1}(\boldsymbol{I})$ 在 $T_1^1(V)$ 的基 $\{\alpha^j\otimes\alpha_i\mid i,j=1,2,\cdots,n\}$ 下的坐标为

$$\{\delta_j^i\mid i,j=1,2,\cdots,n\},\tag{49}$$

因此(49)式是(1,1)型张量（注：$\psi^{-1}(\boldsymbol{I})=\sum_{i=1}^{n}\alpha^i\otimes\alpha_i$）。

例 4 设 V 是域 F 上的有限维线性空间。证明：V 的张量代数 $T(V)$ 没有非零的零因子。

证明 由于 V 是域 F 上的有限维线性空间，因此 $T_p^q(V)$ 也是域 F 上的有限维线性空间，$p,q=0,1,2,\cdots$。任取 $\boldsymbol{f},\boldsymbol{g}\in T(V)$，若 $\boldsymbol{f}\neq\boldsymbol{0},\boldsymbol{g}\neq\boldsymbol{0}$，则 $\boldsymbol{f}$ 至少有一个分量 $\boldsymbol{f}_{i_l}\neq\boldsymbol{0}$，$\boldsymbol{g}$ 至少

有一个分量 $\boldsymbol{g}_{j_k}\neq\boldsymbol{0}$。由于 $\boldsymbol{f}_{i_l},\boldsymbol{g}_{j_k}$ 分别属于 $T_p^q(V),T_r^s(V)$，因此 $\boldsymbol{f}_{i_l}\otimes\boldsymbol{g}_{j_k}\in T_p^q(V)\otimes T_r^s(V)$。据 11.2 节例 1 得，$\boldsymbol{f}_{i_l}\otimes\boldsymbol{g}_{j_k}\neq\boldsymbol{0}$。从而 $\boldsymbol{f}\otimes\boldsymbol{g}\neq\boldsymbol{0}$。因此 $T(V)$ 中没有非零的零因子。 ■

11.4 外代数

11.4.1 内容精华

本节假定域 F 的特征为 0。

一、$T^q(V)$上的交错化变换及其象集

设 V 是域 F 上的 n 维线性空间，$T^q(V)=V\otimes\cdots\otimes V,q\geqslant1$。

先看一般情形，设 $V_1,V_2,\cdots,V_q$ 都是域 F 上的有限维线性空间(它们中可能有相同的)，用 S_q 表示 q 元对称群，任给 $\tau\in S_q$，令

$$\begin{aligned}\boldsymbol{A}_\tau:V_1\times\cdots\times V_q&\longrightarrow V_{\tau(1)}\otimes\cdots\otimes V_{\tau(q)}\\(\gamma_1,\cdots,\gamma_q)&\longmapsto\gamma_{\tau(1)}\otimes\cdots\otimes\gamma_{\tau(q)},\end{aligned}\tag{1}$$

容易验证 $\boldsymbol{A}_\tau$ 是一个 q 重线性映射。于是据张量积的特征性质得，存在 $V_1\otimes\cdots\otimes V_q$ 到 $V_{\tau(1)}\otimes\cdots\otimes V_{\tau(q)}$ 的唯一的线性映射 ψ_τ，使得 $\boldsymbol{A}_\tau=\psi_\tau\sigma$，其中 σ 是 $V_1\times\cdots\times V_q$ 到 $V_1\otimes\cdots\otimes V_q$ 的 q 重线性映射。于是对任意 $\gamma_i\in V_i,i=1,\cdots,q$，有

$$\begin{aligned}\psi_\tau(\gamma_1\otimes\cdots\otimes\gamma_q)&=\psi_\tau\sigma(\gamma_1,\cdots,\gamma_q)=\boldsymbol{A}_\tau(\gamma_1,\cdots,\gamma_q)\\&=\gamma_{\tau(1)}\otimes\cdots\otimes\gamma_{\tau(q)},\end{aligned}\tag{2}$$

显然 ψ_τ 把 $V_1\otimes\cdots\otimes V_q$ 的一个基映成一个基，因此 ψ_τ 是一个同构映射。任给 $\tau_1,\tau_2\in S_q$，显然有

$$\psi_{\tau_2}\psi_{\tau_1}=\psi_{\tau_2\tau_1}.\tag{3}$$

现在考虑 $V_1=V_2=\cdots=V_q=V$ 的特殊情形。按照上一段的讨论知道，任给 $\tau\in S_q$，存在 $T^q(V)$上的一个线性变换 ψ_τ，使得对任意 $\gamma_i\in V,i=1,\cdots,q$，有

$$\psi_\tau(\gamma_1\otimes\cdots\otimes\gamma_q)=\gamma_{\tau(1)}\otimes\cdots\otimes\gamma_{\tau(q)}.\tag{4}$$

用 $\operatorname{sgn}(\tau)$表示**置换 τ 的符号**即

$$\operatorname{sgn}(\tau)=\begin{cases}1, & \text{当 }\tau\text{ 为偶置换；}\\-1, & \text{当 }\tau\text{ 为奇置换.}\end{cases}$$

定义 1　设 V 是域 F 上的有限维线性空间，$T^q(V)(q\geqslant1)$中的张量 $\boldsymbol{f}$ 如果满足对一切

$\tau\in S_q$,都有

$$\psi_\tau(\boldsymbol{f})=\operatorname{sgn}(\tau)\boldsymbol{f},\tag{5}$$

那么称 $\boldsymbol{f}$ 是**斜对称(或反对称)张量**。

显然,$T^q(V)$中所有斜对称张量组成的集合成为 $T^q(V)$的一个子空间,记作$\wedge^q(V)$。

我们来构造 $T^q(V)$上的一个线性变换,使得它的象集为$\wedge^q(V)$。令

$$\mathrm{Alt}_q=\frac{1}{q!}\sum_{\tau\in S_q}\operatorname{sgn}(\tau)\psi_\tau.\tag{6}$$

由于 ψ_τ 是 $T^q(V)$上的线性变换,且线性变换有加法和纯量乘法运算,因此 Alt_q 也是 $T^q(V)$上的一个线性变换,称它为**交错化变换**。

定理 1 设 V 是域 F 上的有限维线性空间。证明:

(1) 对任意 $\sigma\subset S_q$,Alt_q 与 ψ_σ 可交换;

(2) Alt_q 是幂等变换;

(3) $\mathrm{Im}(\mathrm{Alt}_q)=\wedge^q(V)$。

证明 (1)任取 $\boldsymbol{f}\in T^q(V)$,对于任意 $\sigma\in S_q$,由(3)式得

$$\begin{aligned}(\psi_\sigma\mathrm{Alt}_q)(\boldsymbol{f})&=\psi_\sigma\left[\frac{1}{q!}\sum_{\tau\in S_q}\operatorname{sgn}(\tau)\psi_\tau(\boldsymbol{f})\right]\\&=\frac{1}{q!}\sum_{\tau\in S_q}\operatorname{sgn}(\tau)\psi_\sigma\psi_\tau(\boldsymbol{f})\\&=\operatorname{sgn}(\sigma)\frac{1}{q!}\sum_{\tau\in S_q}\operatorname{sgn}(\sigma)\operatorname{sgn}(\tau)\psi_{\sigma\tau}(\boldsymbol{f})\\&=\operatorname{sgn}(\sigma)\frac{1}{q!}\sum_{\tau\in S_q}\operatorname{sgn}(\sigma\tau)\psi_{\sigma\tau}(\boldsymbol{f})\\&=\operatorname{sgn}(\sigma)\mathrm{Alt}_q(\boldsymbol{f}),\end{aligned}$$

因此

$$\psi_\sigma\mathrm{Alt}_q=\operatorname{sgn}(\sigma)\mathrm{Alt}_q.\tag{7}$$

同理可证,

$$\mathrm{Alt}_q\psi_\sigma=\operatorname{sgn}(\sigma)\mathrm{Alt}_q.\tag{8}$$

因此 Alt_q 与 ψ_σ 可交换。

(2)

$$\begin{aligned}(\mathrm{Alt}_q)^2&=\frac{1}{(q!)^2}\Big(\sum_{\tau\in S_q}\operatorname{sgn}(\tau)\psi_\tau\Big)\Big(\sum_{\sigma\in S_q}\operatorname{sgn}(\sigma)\psi_\sigma\Big)\\&=\frac{1}{(q!)^2}\sum_{\tau\in S_q}\sum_{\sigma\in S_q}\operatorname{sgn}(\tau\sigma)\psi_{\tau\sigma}\\&=\frac{1}{q!}\sum_{\tau\in S_q}\frac{1}{q!}\sum_{\rho\in S_q}\operatorname{sgn}(\rho)\psi_\rho\\&=\frac{1}{q!}\sum_{\tau\in S_q}\mathrm{Alt}_q\end{aligned}$$

$$= \frac{1}{q!}\mathrm{Alt}_q \cdot q! = \mathrm{Alt}_q,$$

因此 Alt_q 是幂等变换。

(3) 任取 $\boldsymbol{f} \in T^q(V)$，对任意 $\sigma \in S_q$，据(7)式得

$$\psi_\sigma[\mathrm{Alt}_q(\boldsymbol{f})] = \mathrm{sgn}(\sigma)\mathrm{Alt}_q(\boldsymbol{f}),$$

因此 $\mathrm{Alt}_q(\boldsymbol{f}) \in \wedge^q(V)$。于是 $\mathrm{Im}(\mathrm{Alt}_q) \subseteq \wedge^q(V)$。

任取 $\boldsymbol{g} \in \wedge^q(V)$，由(5)、(6)式得

$$\begin{aligned}\mathrm{Alt}_q(\boldsymbol{g}) &= \frac{1}{q!}\sum_{\tau \in S_q}\mathrm{sgn}(\tau)\psi_\tau(\boldsymbol{g}) \\ &= \frac{1}{q!}\sum_{\tau \in S_q}\mathrm{sgn}(\tau)\mathrm{sgn}(\tau)\boldsymbol{g} \\ &= \frac{1}{q!}\sum_{\tau \in S_q}\boldsymbol{g} = \frac{1}{q!}\boldsymbol{g} \cdot q! = \boldsymbol{g},\end{aligned} \tag{9}$$

因此 $\boldsymbol{g} \in \mathrm{Im}(\mathrm{Alt}_q)$。从而 $\wedge^q(V) \subseteq \mathrm{Im}(\mathrm{Alt}_q)$。所以

$$\mathrm{Im}(\mathrm{Alt}_q) = \wedge^q(V). \tag{10}$$

■

从定理 1 立即得到，Alt_q 是平行于 $\mathrm{Ker}(\mathrm{Alt}_q)$ 在 $\wedge^q(V)$ 上的投影；$\boldsymbol{f} \in T^q(V)$ 是斜对称张量当且仅当 $\mathrm{Alt}_q(\boldsymbol{f}) = \boldsymbol{f}$。

设 $\alpha_1, \alpha_2, \cdots, \alpha_n$ 是 V 的一个基，则

$$\{\alpha_{i_1} \otimes \alpha_{i_2} \otimes \cdots \otimes \alpha_{i_q} \mid 1 \leqslant i_l \leqslant n, l = 1, 2, \cdots, q\} \tag{11}$$

是 $T^q(V)$ 的一个基，由于 Alt_q 是 $T^q(V)$ 上的一个线性变换，并且 $\mathrm{Im}(\mathrm{Alt}_q) = \wedge^q(V)$，因此 $\wedge^q(V)$ 由下述张量集生成：

$$\{\mathrm{Alt}_q(\alpha_{i_1} \otimes \alpha_{i_2} \otimes \cdots \otimes \alpha_{i_q}) \mid 1 \leqslant i_l \leqslant n, l = 1, 2, \cdots, q\}. \tag{12}$$

我们引进一个记号：

$$\alpha_{i_1} \wedge \alpha_{i_2} \wedge \cdots \wedge \alpha_{i_q} \xlongequal{\mathrm{def}} \mathrm{Alt}_q(\alpha_{i_1} \otimes \alpha_{i_2} \otimes \cdots \otimes \alpha_{i_q}), \tag{13}$$

符号 $\wedge$ 表示**“外乘”**(exterior multiplication)。把(13)式中任意两个向量 α_{i_a} 与 α_{i_b} 对换，由于对换 $(a\quad b)$ 是奇置换，因此它的符号为 -1。由于 Alt_q 与 $\psi_{(ab)}$ 可交换，因此从(4)、(10)、(5)式得

$$\begin{aligned}\alpha_{i_1} \wedge \cdots \wedge \alpha_{i_b} \wedge \cdots \wedge \alpha_{i_a} \wedge \cdots \wedge \alpha_{i_q} &= \mathrm{Alt}_q(\alpha_{i_1} \otimes \cdots \otimes \alpha_{i_b} \otimes \cdots \otimes \alpha_{i_a} \otimes \cdots \otimes \alpha_{i_q}) \\ &= \mathrm{Alt}_q[\psi_{(ab)}(\alpha_{i_1} \otimes \cdots \otimes \alpha_{i_a} \otimes \cdots \otimes \alpha_{i_b} \otimes \cdots \otimes \alpha_{i_q})] \\ &= \psi_{(ab)}[\mathrm{Alt}_q(\alpha_{i_1} \otimes \cdots \otimes \alpha_{i_a} \otimes \cdots \otimes \alpha_{i_b} \otimes \cdots \otimes \alpha_{i_q})] \\ &= -\mathrm{Alt}_q(\alpha_{i_1} \otimes \cdots \otimes \alpha_{i_a} \otimes \cdots \otimes \alpha_{i_b} \otimes \cdots \otimes \alpha_{i_q})\end{aligned}$$

$$= -\alpha_{i_1} \wedge \cdots \wedge \alpha_{i_a} \wedge \cdots \wedge \alpha_{i_b} \wedge \cdots \alpha_{i_q}, \tag{14}$$

于是当 $\alpha_{i_a} = \alpha_{i_b}$ 时，由于 char $F \neq 2$，因此有

$$\alpha_{i_1} \wedge \cdots \wedge \alpha_{i_a} \wedge \cdots \wedge \alpha_{i_a} \wedge \cdots \wedge \alpha_{i_q} = 0. \tag{15}$$

又由于对任意 q 元置换 τ，从(4)、(5)式得

$$\begin{aligned}\alpha_{i_{\tau(1)}} \wedge \alpha_{i_{\tau(2)}} \wedge \cdots \wedge \alpha_{i_{\tau(q)}} &= \mathrm{Alt}_q(\alpha_{i_{\tau(1)}} \otimes \alpha_{i_{\tau(2)}} \otimes \cdots \otimes \alpha_{i_{\tau(q)}}) \\ &= \mathrm{Alt}_q[\psi_\tau(\alpha_{i_1} \otimes \alpha_{i_2} \otimes \cdots \otimes \alpha_{i_q})] \\ &= \psi_\tau[\mathrm{Alt}_q(\alpha_{i_1} \otimes \alpha_{i_2} \otimes \cdots \otimes \alpha_{i_q})] \\ &= \mathrm{sgn}(\tau)\mathrm{Alt}_q(\alpha_{i_1} \otimes \alpha_{i_2} \otimes \cdots \otimes \alpha_{i_q}) \\ &= \mathrm{sgn}(\tau)(\alpha_{i_1} \wedge \alpha_{i_2} \wedge \cdots \wedge \alpha_{i_q}),\end{aligned} \tag{16}$$

因此 $\wedge^q(V)$ 由下述张量集生成：

$$\{\alpha_{i_1} \wedge \alpha_{i_2} \wedge \cdots \wedge \alpha_{i_q} \mid 1 \leqslant i_1 < i_2 < \cdots < i_q \leqslant n\}, \tag{17}$$

于是当 $q > n$ 时，$\alpha_{i_1} \wedge \alpha_{i_2} \wedge \cdots \wedge \alpha_{i_q}$ 中无论下标怎样取，从 $\{\alpha_1, \alpha_2, \cdots, \alpha_n\}$ 中取出 $q(>n)$ 个向量，总有两个向量 α_{i_a} 与 α_{i_b} 是相同的，从而 $\alpha_{i_1} \wedge \alpha_{i_2} \wedge \cdots \wedge \alpha_{i_q} = 0$。因此

$$\wedge^q(V) = 0, \text{当 } q > n. \tag{18}$$

定理 2 设 $\alpha_1, \alpha_2, \cdots, \alpha_n$ 是域 F 上线性空间 V 的一个基，则当 $1 \leqslant q \leqslant n$ 时，

$$\{\alpha_{i_1} \wedge \alpha_{i_2} \wedge \cdots \wedge \alpha_{i_q} \mid 1 \leqslant i_1 < i_2 < \cdots < i_q \leqslant n\} \tag{19}$$

是 $\wedge^q(V)$ 的一个基，从而 $\dim \wedge^q(V) = \mathrm{C}_n^q$。

证明 由于(19)式给出的集合生成 $\wedge^q(V)$，因此只要证明它是线性无关的就可以了。假设

$$\sum_{1 \leqslant i_1 < \cdots < i_q \leqslant n} a^{i_1 i_2 \cdots i_q} \alpha_{i_1} \wedge \alpha_{i_2} \wedge \cdots \wedge \alpha_{i_q} = 0, \tag{20}$$

则

$$\mathrm{Alt}_q\Big(\sum_{1 \leqslant i_1 < \cdots < i_q \leqslant n} a^{i_1 i_2 \cdots i_q} \alpha_{i_1} \otimes \alpha_{i_2} \otimes \cdots \otimes \alpha_{i_q}\Big) = 0, \tag{21}$$

即

$$\frac{1}{q!}\sum_{\tau \in S_q} \mathrm{sgn}(\tau)\psi_\tau\Big(\sum_{1 \leqslant i_1 < \cdots < i_q \leqslant n} a^{i_1 i_2 \cdots i_q} \alpha_{i_1} \otimes \alpha_{i_2} \otimes \cdots \otimes \alpha_{i_q}\Big) = 0,$$

于是

$$\sum_{\tau \in S_q} \mathrm{sgn}(\tau) \sum_{1 \leqslant i_1 < \cdots < i_q \leqslant n} a^{i_1 i_2 \cdots i_q} \alpha_{i_{\tau(1)}} \otimes \alpha_{i_{\tau(2)}} \otimes \cdots \otimes \alpha_{i_{\tau(q)}} = 0,$$

即

$$\sum_{1 \leqslant i_1 < \cdots < i_q \leqslant n} a^{i_1 i_2 \cdots i_q} \sum_{\tau \in S_q} \mathrm{sgn}(\tau)(\alpha_{i_{\tau(1)}} \otimes \alpha_{i_{\tau(2)}} \otimes \cdots \otimes \alpha_{i_{\tau(q)}}) = 0. \tag{22}$$

由于 $1 \leqslant i_1 < \cdots < i_q \leqslant n$，因此 $i_{\tau(1)}, i_{\tau(2)}, \cdots, i_{\tau(q)}$ 两两不同。从而 $\sum\limits_{\tau \in S_q} \mathrm{sgn}(\tau)(\alpha_{i_{\tau(1)}} \otimes \alpha_{i_{\tau(2)}} \otimes \cdots \otimes \alpha_{i_{\tau(q)}})$ 是 $T^q(V)$ 的一个基中两两不同的基向量的代数和。于是(22) 式左端是 $T^q(V)$ 的两两不同的基向量的线性组合，其系数形如 $\pm a^{i_1 i_2 \cdots i_q}$。因此从(22) 式得

$$\pm a^{i_1 i_2 \cdots i_q} = 0, 1 \leqslant i_1 < i_2 < \cdots < i_q \leqslant n. \tag{23}$$

这证明了(19)式给出的集合是线性无关的，从而它是 $\wedge^q(V)$ 的一个基。于是 $\dim \wedge^q(V) = \mathrm{C}_n^q$。 ■

$\wedge^q(V)$ 是域 F 上的线性空间，它有加法运算和纯量乘法运算，$\wedge^q(V)$ 中的元素称为 **q-向量**。由于 $\wedge^q(V)$ 是 $T^q(V)$ 的一个子空间，并且据 11.3 节第二部分，$T^q(V)$ 的张量与 $T^s(V)$ 的张量可以做乘法运算，其乘积是 $T^{q+s}(V)$ 的张量，因此 $\wedge^q(V)$ 的张量与 $\wedge^s(V)$ 的张量的乘积是 $T^{q+s}(V)$ 中的张量。一般来说，$\wedge^q(V)$ 的张量与 $\wedge^s(V)$ 的张量的乘积不一定是 $T^{q+s}(V)$ 中的斜对称张量。这促使我们思考应该如何来定义 $\wedge^q(V)$ 的张量与 $\wedge^s(V)$ 的张量的乘法，使得其乘积是 $T^{q+s}(V)$ 中的斜对称张量，即使得乘积属于 $\wedge^{q+s}(V)$？本节的第二部分内容来讨论这个问题，由此将引出一个重要的代数系统。

二、外代数

设 V 是域 F 上的 n 维线性空间，$1 \leqslant q, s \leqslant n$。我们现在来定义 $\wedge^q(V)$ 的张量 $\boldsymbol{f}$ 与 $\wedge^s(V)$ 的张量 $\boldsymbol{g}$ 的乘法运算，使得其乘积是 $T^{q+s}(V)$ 中的斜对称张量，由于按照张量的乘法运算，有 $\boldsymbol{f} \otimes \boldsymbol{g} \in T^{q+s}(V)$，且 Alt_{q+s} 的象集是 $\wedge^{q+s}(V)$，因此自然而然地应当规定 $\boldsymbol{f}$ 与 $\boldsymbol{g}$ 的乘法(其乘积记作 $f \wedge g$)为

$$\boldsymbol{f} \wedge \boldsymbol{g} \xlongequal{\text{def}} \mathrm{Alt}_{q+s}(\boldsymbol{f} \otimes \boldsymbol{g}), \tag{24}$$

这个运算称为**外乘**。

定理 3　设 V 是域 F 上的 n 维线性空间，$1 \leqslant q, s, r \leqslant n$。则对于任意 $\boldsymbol{f}, \boldsymbol{f}_1, \boldsymbol{f}_2 \in \wedge^q(V)$，$\boldsymbol{g}, \boldsymbol{g}_1, \boldsymbol{g}_2 \in \wedge^s(V)$，$h \in \wedge^r(V)$，有

1°　$\boldsymbol{f} \wedge \boldsymbol{g} = (-1)^{qs} \boldsymbol{g} \wedge \boldsymbol{f}$　(斜交换律)；　(25)

2°　$(\boldsymbol{f} \wedge \boldsymbol{g}) \wedge \boldsymbol{h} = \boldsymbol{f} \wedge (\boldsymbol{g} \wedge \boldsymbol{h})$　(结合律)；　(26)

3°　$(\boldsymbol{f}_1 + \boldsymbol{f}_2) \wedge \boldsymbol{g} = \boldsymbol{f}_1 \wedge \boldsymbol{g} + \boldsymbol{f}_2 \wedge \boldsymbol{g}$　(右分配律)；　(27)

$\boldsymbol{f} \wedge (\boldsymbol{g}_1 + \boldsymbol{g}_2) = \boldsymbol{f} \wedge \boldsymbol{g}_1 + \boldsymbol{f} \wedge \boldsymbol{g}_2$　(左分配律)。　(28)

证明　我们首先证明对于任意 $\boldsymbol{T}_1 \in \boldsymbol{T}^q(V)$，$\boldsymbol{T}_2 \in \boldsymbol{T}^s(V)$，有

$$\begin{aligned} \mathrm{Alt}_{q+s}[\mathrm{Alt}_q(\boldsymbol{T}_1) \otimes \boldsymbol{T}_2] &= \mathrm{Alt}_{q+s}(\boldsymbol{T}_1 \otimes \boldsymbol{T}_2) \\ &= \mathrm{Alt}_{q+s}(\boldsymbol{T}_1 \otimes \mathrm{Alt}_s \boldsymbol{T}_2). \end{aligned} \tag{29}$$

由于

$$\begin{aligned}\mathrm{Alt}_q(\boldsymbol{T}_1)\otimes\boldsymbol{T}_2&=\left[\frac{1}{q!}\sum_{\tau\in S_q}\mathrm{sgn}(\tau)\psi_\tau(\boldsymbol{T}_1)\right]\otimes\boldsymbol{T}_2\\&=\frac{1}{q!}\sum_{\tau\in S_q}\mathrm{sgn}(\tau)(\psi_\tau(\boldsymbol{T}_1)\otimes\boldsymbol{T}_2),\end{aligned}\tag{30}$$

因此

$$\mathrm{Alt}_{q+s}[\mathrm{Alt}_q(\boldsymbol{T}_1)\otimes\boldsymbol{T}_2]=\frac{1}{q!}\sum_{\tau\in S_q}\mathrm{sgn}(\tau)\mathrm{Alt}_{q+s}(\psi_\tau(\boldsymbol{T}_1)\otimes\boldsymbol{T}_2).\tag{31}$$

考虑 S_q 到 S_{q+s} 的嵌入映射：$\tau\longmapsto\tilde{\tau}$，其中

$$\tilde{\tau}(i)=\begin{cases}\tau(i), & 当\ 1\leqslant i\leqslant q;\\ i, & 当\ q<i\leqslant q+s,\end{cases}\tag{32}$$

于是 $\psi_\tau(\boldsymbol{T}_1)\otimes\boldsymbol{T}_2=\psi_{\tilde{\tau}}(\boldsymbol{T}_1\otimes\boldsymbol{T}_2)$。由于 Alt_{q+s} 与 $\psi_{\tilde{\tau}}$ 可交换，因此

$$\begin{aligned}\mathrm{Alt}_{q+s}(\psi_\tau(\boldsymbol{T}_1)\otimes\boldsymbol{T}_2)&=\mathrm{Alt}_{q+s}[\psi_{\tilde{\tau}}(\boldsymbol{T}_1\otimes\boldsymbol{T}_2)]\\&=\psi_{\tilde{\tau}}[\mathrm{Alt}_{q+s}(\boldsymbol{T}_1\otimes\boldsymbol{T}_2)]\\&=\mathrm{sgn}(\tilde{\tau})\mathrm{Alt}_{q+s}(\boldsymbol{T}_1\otimes\boldsymbol{T}_2).\end{aligned}\tag{33}$$

显然，$\mathrm{sgn}(\tilde{\tau})=\mathrm{sgn}(\tau)$，因此从(31)和(33)式得

$$\begin{aligned}\mathrm{Alt}_{q+s}[\mathrm{Alt}_q(\boldsymbol{T}_1)\otimes\boldsymbol{T}_2]&=\left[\frac{1}{q!}\sum_{\tau\in S_q}\mathrm{sgn}(\tau)\mathrm{sgn}(\tau)\mathrm{Alt}_{q+s}(\boldsymbol{T}_1\otimes\boldsymbol{T}_2)\right]\\&=\frac{1}{q!}\mathrm{Alt}_{q+s}(\boldsymbol{T}_1\otimes\boldsymbol{T}_2)\cdot q!\\&=\mathrm{Alt}_{q+s}(\boldsymbol{T}_1\otimes\boldsymbol{T}_2).\end{aligned}\tag{34}$$

同理可证

$$\mathrm{Alt}_{q+s}[\boldsymbol{T}_1\otimes\mathrm{Alt}_s(\boldsymbol{T}_2)]=\mathrm{Alt}_{q+s}(\boldsymbol{T}_1\otimes\boldsymbol{T}_2).\tag{35}$$

现在来分别证 1°，2°，3°的结论，设 $\alpha_1,\alpha_2,\cdots,\alpha_n$ 是 V 的一个基。

1° 对于 $\boldsymbol{f}\in\wedge^q(V)$，$\boldsymbol{g}\in\wedge^s(V)$，由于 $\boldsymbol{f},\boldsymbol{g}$ 分别可表示成 $\wedge^q(V)$，$\wedge^s(V)$ 的基向量的线性组合，且 Alt_{q+s}，Alt_q，Alt_s 分别是 $T^{q+s}(V)$，$T^q(V)$，$T^s(V)$ 上的线性变换，因此只要对于 $\wedge^q(V)$ 中任一基向量 $\alpha_{i_1}\wedge\alpha_{i_2}\wedge\cdots\wedge\alpha_{i_q}$ $(1\leqslant i_1<i_2<\cdots<i_q\leqslant n)$，$\wedge^s(V)$ 中任一基向量 $\alpha_{j_1}\wedge\alpha_{j_2}\wedge\cdots\wedge\alpha_{j_s}$ 来证明斜交换律。

$$\begin{aligned}&(\alpha_{i_1}\wedge\alpha_{i_2}\wedge\cdots\wedge\alpha_{i_q})\wedge(\alpha_{j_1}\wedge\alpha_{j_2}\wedge\cdots\wedge\alpha_{j_s})\\&=\mathrm{Alt}_{q+s}[(\alpha_{i_1}\wedge\alpha_{i_2}\wedge\cdots\wedge\alpha_{i_q})\otimes(\alpha_{j_1}\wedge\alpha_{j_2}\wedge\cdots\wedge\alpha_{j_s})]\\&=\mathrm{Alt}_{q+s}[\mathrm{Alt}_q(\alpha_{i_1}\otimes\cdots\otimes\alpha_{i_q})\otimes(\alpha_{j_1}\wedge\cdots\wedge\alpha_{j_s})]\\&=\mathrm{Alt}_{q+s}[(\alpha_{i_1}\otimes\cdots\otimes\alpha_{i_q})\otimes\mathrm{Alt}_s(\alpha_{j_1}\otimes\cdots\otimes\alpha_{j_s})]\\&=\mathrm{Alt}_{q+s}[(\alpha_{i_1}\otimes\cdots\otimes\alpha_{i_q})\otimes(\alpha_{j_1}\otimes\cdots\otimes\alpha_{j_s})].\end{aligned}\tag{36}$$

若 $q+s>n$，则 $\wedge^{q+s}(V)=0$。于是(36)式等于 0。从而斜交换律成立。下设 $q+s\leqslant n$。若 $\{\alpha_{i_1},\cdots,\alpha_{i_q}\}\cap\{\alpha_{j_1},\cdots,\alpha_{j_s}\}\neq\varnothing$，则

$$\begin{aligned}&\mathrm{Alt}_{q+s}[(\alpha_{i_1}\otimes\cdots\otimes\alpha_{i_q})\otimes(\alpha_{j_1}\otimes\cdots\otimes\alpha_{j_s})]\\&=\alpha_{i_1}\wedge\cdots\wedge\alpha_{i_q}\wedge\alpha_{j_1}\wedge\cdots\wedge\alpha_{j_s}=0,\end{aligned}$$

从而斜交换律成立，下设 $\{\alpha_{i_1},\cdots,\alpha_{i_q}\}\cap\{\alpha_{j_1},\cdots,\alpha_{j_s}\}=\varnothing$。此时 $\alpha_{i_1}\otimes\cdots\otimes\alpha_{i_q}\otimes\alpha_{j_1}\otimes\cdots\otimes\alpha_{j_s}$ 经过一系列相邻两个向量的对换，可变成 $\alpha_{j_1}\otimes\cdots\otimes\alpha_{j_s}\otimes\alpha_{i_1}\otimes\cdots\otimes\alpha_{i_q}$，这一共需要作 qs 次对换，把下标的这 qs 个对换的乘积记作 σ，则

$$\psi_\sigma(\alpha_{i_1}\otimes\cdots\otimes\alpha_{i_q}\otimes\alpha_{j_1}\otimes\cdots\otimes\alpha_{j_s})=\alpha_{j_1}\otimes\cdots\otimes\alpha_{j_s}\otimes\alpha_{i_1}\otimes\cdots\otimes\alpha_{i_q}.\tag{37}$$

类似于(36)式，并且利用(37)、(36)式得

$$\begin{aligned}&(\alpha_{j_1}\wedge\alpha_{j_2}\wedge\cdots\wedge\alpha_{j_s})\wedge(\alpha_{i_1}\wedge\alpha_{i_2}\wedge\cdots\wedge\alpha_{i_q})\\&=\mathrm{Alt}_{q+s}(\alpha_{j_1}\otimes\cdots\otimes\alpha_{j_s}\otimes\alpha_{i_1}\otimes\cdots\otimes\alpha_{i_q})\\&=\mathrm{Alt}_{q+s}[\psi_\sigma(\alpha_{i_1}\otimes\cdots\otimes\alpha_{i_q}\otimes\alpha_{j_1}\otimes\cdots\otimes\alpha_{j_s})]\\&=\psi_\sigma[\mathrm{Alt}_{q+s}(\alpha_{i_1}\otimes\cdots\otimes\alpha_{i_q}\otimes\alpha_{j_1}\otimes\cdots\otimes\alpha_{j_s})]\\&=\mathrm{sgn}(\sigma)\mathrm{Alt}_{q+s}(\alpha_{i_1}\otimes\cdots\otimes\alpha_{i_q}\otimes\alpha_{j_1}\otimes\cdots\otimes\alpha_{j_s})\\&=(-1)^{qs}(\alpha_{i_1}\wedge\cdots\wedge\alpha_{i_q})\wedge(\alpha_{j_1}\wedge\cdots\wedge\alpha_{j_s}).\end{aligned}\tag{38}$$

上述推导过程的最后一步是由于 σ 是 qs 个对换的乘积，而对换是奇置换，因此

$$\mathrm{sgn}(\sigma)=(-1)^{qs}.\tag{39}$$

从(38)式可得出

$$\boldsymbol{g}\wedge\boldsymbol{f}=(-1)^{qs}\boldsymbol{f}\wedge\boldsymbol{g}.\tag{40}$$

2° 对于 $\boldsymbol{f}\in\wedge^q(V),\boldsymbol{g}\in\wedge^s(V),\boldsymbol{h}\in\wedge^r(V)$，由(34)、(35)式得

$$\begin{aligned}(\boldsymbol{f}\wedge\boldsymbol{g})\wedge\boldsymbol{h}&=\mathrm{Alt}_{q+s+r}[\mathrm{Alt}_{q+s}(\boldsymbol{f}\otimes\boldsymbol{g})\otimes\boldsymbol{h}]\\&=\mathrm{Alt}_{q+s+r}[(\boldsymbol{f}\otimes\boldsymbol{g})\otimes\boldsymbol{h}],\end{aligned}\tag{41}$$

$$\begin{aligned}\boldsymbol{f}\wedge(\boldsymbol{g}\wedge\boldsymbol{h})&=\mathrm{Alt}_{q+s+r}[\boldsymbol{f}\otimes\mathrm{Alt}_{s+r}(\boldsymbol{g}\otimes\boldsymbol{h})]\\&=\mathrm{Alt}_{q+s+r}(\boldsymbol{f}\otimes(\boldsymbol{g}\otimes\boldsymbol{h})),\end{aligned}\tag{42}$$

因此

$$(\boldsymbol{f}\wedge\boldsymbol{g})\wedge\boldsymbol{h}=\boldsymbol{f}\wedge(\boldsymbol{g}\wedge\boldsymbol{h}).\tag{43}$$

3° 对于 $\boldsymbol{f}_1,\boldsymbol{f}_2\in\wedge^q(V),\boldsymbol{g}\in\wedge^s(V)$，有

$$\begin{aligned}(\boldsymbol{f}_1+\boldsymbol{f}_2)\wedge\boldsymbol{g}&=\mathrm{Alt}_{q+s}[(\boldsymbol{f}_1+\boldsymbol{f}_2)\otimes\boldsymbol{g}]\\&=\mathrm{Alt}_{q+s}(\boldsymbol{f}_1\otimes\boldsymbol{g}+\boldsymbol{f}_2\otimes\boldsymbol{g})\\&=\mathrm{Alt}_{q+s}(\boldsymbol{f}_1\otimes\boldsymbol{g})+\mathrm{Alt}_{q+s}(\boldsymbol{f}_2\otimes\boldsymbol{g})\\&=\boldsymbol{f}_1\wedge\boldsymbol{g}+\boldsymbol{f}_2\wedge\boldsymbol{g}.\end{aligned}\tag{44}$$

同理可证，对于 $\boldsymbol{f}\in\wedge^{q}(V)$，$\boldsymbol{g}_1,\boldsymbol{g}_2\in\wedge^{s}(V)$，有

$$\boldsymbol{f}\wedge(\boldsymbol{g}_1+\boldsymbol{g}_2)=\boldsymbol{f}\wedge\boldsymbol{g}_1+\boldsymbol{f}\wedge\boldsymbol{g}_2. \tag{45}$$

■

从外乘的定义知道，$\wedge^{q}(V)$的张量与$\wedge^{s}(V)$的张量的外乘积是$\wedge^{q+s}(V)$的张量。因此在考虑由斜对称张量组成的代数系统时，自然应当考虑$\wedge^{q}(V)(q=0,1,\cdots,n)$的外直和，即令

$$\wedge(V)=\bigoplus_{q=0}^{n}\wedge^{q}(V), \tag{46}$$

其中 n 是 V 的维数。为方便起见，把域 F 中的元素都看成斜对称张量，于是 $\wedge^{0}(V)=T^{0}(V)=F$。

据外直和的定义，$\wedge(V)$是域 F 上的一个线性空间。从定理 3 知道，斜对称张量的外乘满足分配律，于是据外直和中元素的表法得出，$\wedge(V)$中有外乘运算。从定理 3 得出，$\wedge(V)$的外乘运算满足结合律，但不满足交换律，外乘运算还满足分配律。从 $T(V)$的单位元是 $\mathbf{1}$(即$(1,0,\cdots)$)可知，$\wedge(V)$的单位元是 $\mathbf{1}$，即$(1,0,0,\cdots,0)$，因此$\wedge(V)$对于加法和外乘运算成为一个有单位元的环，又由于对于 $k\in F$，$\boldsymbol{f}\in\wedge^{q}(V)$，$\boldsymbol{g}\in\wedge^{s}(V)$，有

$$\begin{aligned}(k\boldsymbol{f})\wedge\boldsymbol{g}&=\mathrm{Alt}_{q+s}[(k\boldsymbol{f})\otimes\boldsymbol{g}]=\mathrm{Alt}_{q+s}[k(\boldsymbol{f}\otimes\boldsymbol{g})]\\&=k\,\mathrm{Alt}_{q+s}(\boldsymbol{f}\otimes\boldsymbol{g})=k(\boldsymbol{f}\wedge\boldsymbol{g}).\end{aligned} \tag{47}$$

类似地可证，$\boldsymbol{f}\wedge(k\boldsymbol{g})=k(\boldsymbol{f}\wedge\boldsymbol{g})$。由此得出，$\wedge(V)$的外乘运算与纯量乘法运算是相容的，因此$\wedge(V)$成为域 F 上的一个代数，称它为线性空间 V 上的**外代数**(exterior algebra)或者**格拉斯曼代数**(Grassmann algebra)。

$$\dim\wedge(V)=\sum_{q=0}^{n}\dim\wedge^{q}(V)=\sum_{q=0}^{n}\mathrm{C}_n^q=2^n.$$

外代数在现代分析、微分几何和量子力学中是必不可少的工具。读者在学到相应的课程时将会遇到。

当 $q=1$ 时，$T^{1}(V)=V$。由交错化变换的定义得，Alt_1 就是 V 上的恒等变换，因此

$$\wedge^{1}(V)=\mathrm{Im}(\mathrm{Alt}_1)=V, \tag{48}$$

于是$\wedge^{1}(V)$中的元素就是 V 中的向量。从定理 3 得，对于任意 $\alpha,\beta,\gamma,\alpha_1,\alpha_2,\beta_1,\beta_2\in V$，有

$$\alpha\wedge\beta=-\beta\wedge\alpha;$$
$$(\alpha\wedge\beta)\wedge\gamma=\alpha\wedge(\beta\wedge\gamma);$$
$$(\alpha_1+\alpha_2)\wedge\beta=\alpha_1\wedge\beta+\alpha_2\wedge\beta;$$
$$\alpha\wedge(\beta_1+\beta_2)=\alpha\wedge\beta_1+\alpha\wedge\beta_2,$$

因此 V 中任意两个向量可以做外乘，它满足反交换律、结合律和分配律。但是要注意：$\alpha\wedge\beta$已经不是 V 中的向量，而是$\wedge^{2}(V)$中的向量，即 2-向量。所以不能把外乘说成是

V 的一种运算。

在解析几何课程中知道，几何空间（可看成是实数域上的 3 维线性空间）V 中，向量有叉乘运算（即向量的外积）：对于任意 $\alpha,\beta\in V$，有 $\alpha\times\beta\in V$。向量的外积满足反交换律，分配律，但是不满足结合律，而是满足 Jacobi 恒等式：

$$\alpha\times(\beta\times\gamma)+\beta\times(\gamma\times\alpha)+\gamma\times(\alpha\times\beta)=0.$$

由此可见，几何空间 V 中向量的外积（叉乘运算）与向量的外乘是不同的概念：几何空间 V 中向量的外积是 V 的一种运算，而 V 中两个向量的外乘不是 V 的一种运算；几何空间 V 中向量的外积不满足结合律，满足 Jacobi 恒等式，而 V 中向量的外乘满足结合律。

11.4.2　典型例题

例 1　设 V 是域 F 上的 n 维线性空间。证明：$T^2(V^*)$ 的张量 $\boldsymbol{f}$ 是斜对称的当且仅当 f 是 V 上的斜对称双线性函数。

证明　任取 $\boldsymbol{f}\in T^2(V^*)$，则 $\boldsymbol{f}$ 是 V 上的双线性函数，且 $\boldsymbol{f}$ 可以表示成

$$\boldsymbol{f}=\sum_{i_1,i_2=1}^{n}b_{i_1i_2}f_{i_1}\otimes f_{i_2},\tag{49}$$

其中 $f_1,\cdots,f_n\in V^*$ 的一个基，$1\leqslant i_1,i_2\leqslant n$。2 元对称群 $S_2=\{(1),(12)\}$，记 $\tau=(12)$。由于 ψ_τ 是 $T^2(V^*)$ 上的线性变换，因此

$$\begin{aligned}\psi_\tau(\boldsymbol{f})&=\sum_{i_1,i_2=1}^{n}b_{i_1i_2}\psi_\tau(f_{i_1}\otimes f_{i_2})\\&=\sum_{i_1,i_2=1}^{n}b_{i_1i_2}f_{i_2}\otimes f_{i_1}.\end{aligned}\tag{50}$$

于是　　$\boldsymbol{f}$ 是斜对称的　$\Leftrightarrow$　$\psi_\tau(\boldsymbol{f})=\operatorname{sgn}(\tau)\boldsymbol{f}$

$$\Leftrightarrow\quad\sum_{i_1,i_2=1}^{n}b_{i_1i_2}f_{i_2}\otimes f_{i_1}=-\sum_{i_1,i_2=1}^{n}b_{i_1i_2}f_{i_1}\otimes f_{i_2}$$

$$\Leftrightarrow\quad\sum_{i_1,i_2=1}^{n}b_{i_1i_2}f_{i_2}\otimes f_{i_1}(\alpha,\beta)=-\sum_{i_1,i_2=1}^{n}b_{i_1i_2}f_{i_1}\otimes f_{i_2}(\alpha,\beta),\ \forall\,\alpha,\beta\in V$$

$$\Leftrightarrow\quad\sum_{i_1,i_2=1}^{n}b_{i_1i_2}f_{i_2}(\alpha)f_{i_1}(\beta)=-\sum_{i_1,i_2=1}^{n}b_{i_1i_2}f_{i_1}(\alpha)f_{i_2}(\beta),\ \forall\,\alpha,\beta\in V$$

$$\Leftrightarrow\quad\sum_{i_1,i_2=1}^{n}b_{i_1i_2}f_{i_1}\otimes f_{i_2}(\beta,\alpha)=-\sum_{i_1,i_2=1}^{n}b_{i_1i_2}f_{i_1}\otimes f_{i_2}(\alpha,\beta),\ \forall\,\alpha,\beta\in V$$

$$\Leftrightarrow\quad\boldsymbol{f}(\beta,\alpha)=-\boldsymbol{f}(\alpha,\beta),\ \forall\,\alpha,\beta\in V$$

$\Leftrightarrow$ f 是 V 上的斜对称双线性函数。 ■

例 2 设 V 是域 F 上的 n 维线性空间。证明:对于 $\alpha_1,\alpha_2,\cdots,\alpha_q\in V$,$\alpha_1\wedge\alpha_2\wedge\cdots\wedge\alpha_q=0$ 当且仅当 $\alpha_1,\alpha_2,\cdots,\alpha_q$ 线性相关。

证明 $q=1$ 时,显然有 $\alpha_1=0$ 当且仅当 α_1 线性相关。下设 $q>1$。先证充分性,设 $\alpha_1,\alpha_2,\cdots,\alpha_q$ 线性相关,则不妨设 α_q 可以由 $\alpha_1,\cdots,\alpha_{q-1}$ 线性表出:

$$\alpha_q=a_1\alpha_1+\cdots+a_{q-1}\alpha_{q-1},$$

则

$$\begin{aligned}\alpha_1\wedge\cdots\wedge\alpha_{q-1}\wedge\alpha_q&=\alpha_1\wedge\cdots\wedge\alpha_{q-1}\wedge(a_1\alpha_1+\cdots+a_{q-1}\alpha_{q-1})\\&=\alpha_1\wedge\cdots\wedge\alpha_{q-1}\wedge(a_1\alpha_1)+\cdots+\alpha_1\wedge\cdots\wedge\alpha_{q-1}\wedge(a_{q-1}\alpha_{q-1})\\&=a_1(\alpha_1\wedge\cdots\wedge\alpha_{q-1}\wedge\alpha_1)\\&\quad+\cdots+a_{q-1}(\alpha_1\wedge\cdots\wedge\alpha_{q-1}\wedge\alpha_{q-1}).\end{aligned}\tag{51}$$

类似于本节(15)式的证明方法,可证得对于 V 中 q 个向量 $\gamma_1,\cdots,\gamma_q$,若 $\gamma_a=\gamma_b$,则

$$\gamma_1\wedge\cdots\wedge\gamma_a\wedge\cdots\wedge\gamma_b\wedge\cdots\wedge\gamma_q=0,\tag{52}$$

于是从(51)式得

$$\alpha_1\wedge\cdots\wedge\alpha_{q-1}\wedge\alpha_q=0.\tag{53}$$

必要性。用反证法,假如 $\alpha_1,\alpha_2,\cdots,\alpha_q$ 线性无关,那么它可以扩充成 V 的一个基:$\alpha_1,\alpha_2,\cdots,\alpha_q,\alpha_{q+1},\cdots,\alpha_n$。据定理 2 得,$\alpha_1\wedge\alpha_2\wedge\cdots\wedge\alpha_q$ 是 $\wedge^q(V)$的一个基中的向量,因此 $\alpha_1\wedge\alpha_2\wedge\cdots\wedge\alpha_q\neq0$。 ■

例 3 设 V 是域 F 上的 n 维线性空间,W 是 V 的一个子空间,$\eta_1,\cdots,\eta_r$ 是 W 的一个基。证明:

(1) 若 $\gamma_1,\cdots,\gamma_r$ 是 W 的另一个基,则

$$\gamma_1\wedge\cdots\wedge\gamma_r=c(\eta_1\wedge\cdots\wedge\eta_r),$$

其中 c 是域 F 中一个非零元;

(2) $W=\{\alpha\in V\mid\alpha\wedge(\eta_1\wedge\cdots\wedge\eta_r)=0\}$。

证明 (1) 任取 $\tau\in S_r$,设 r 元排列 $\tau(1)\tau(2)\cdots\tau(r)$ 可以经过 m 次对换变成 $12\cdots r$。由本节(14)式得

$$\eta_1\wedge\cdots\wedge\eta_a\wedge\cdots\wedge\eta_b\wedge\cdots\wedge\eta_r=-\eta_1\wedge\cdots\wedge\eta_b\wedge\cdots\wedge\eta_a\wedge\cdots\wedge\eta_r,$$

由此得出

$$\eta_{\tau(1)}\wedge\cdots\wedge\eta_{\tau(r)}=(-1)^m\eta_1\wedge\cdots\wedge\eta_r.\tag{54}$$

设 $\gamma_1,\cdots,\gamma_r$ 是 W 的另一个基,则

$$\gamma_1=a_{11}\eta_1+\cdots+a_{1r}\eta_r,$$

$$\cdots$$

$$\gamma_r = a_{r1}\eta_1 + \cdots + a_{rr}\eta_r,$$

于是据(52)、(54)式得

$$\begin{aligned}\gamma_1 \wedge \cdots \wedge \gamma_r &= (a_{11}\eta_1 + \cdots + a_{1r}\eta_r) \wedge \cdots \wedge (a_{r1}\eta_1 + \cdots + a_{rr}\eta_r) \\ &= (a_{11}\eta_1) \wedge (a_{22}\eta_2) \wedge \cdots \wedge (a_{rr}\eta_r) \\ &\quad + (a_{11}\eta_1) \wedge (a_{23}\eta_3) \wedge (a_{32}\eta_2) \wedge \cdots \wedge (a_{rr}\eta_r) \\ &\quad + \cdots \\ &\quad + (a_{1r}\eta_r) \wedge (a_{2,r-1}\eta_{r-1}) \wedge \cdots \wedge (a_{r1}\eta_1) \\ &= c(\eta_1 \wedge \eta_2 \wedge \cdots \wedge \eta_r).\end{aligned} \tag{55}$$

由于 $\gamma_1,\cdots,\gamma_r$ 线性无关,因此据例 2 得,$\gamma_1 \wedge \cdots \wedge \gamma_r \neq 0$。从而 $c \neq 0$。

(2) 据例 2 得,$\alpha \in W \quad \Leftrightarrow \quad \alpha$ 可由 $\eta_1,\eta_2,\cdots,\eta_r$ 线性表出,

$\Leftrightarrow \quad \alpha \wedge \eta_1 \wedge \cdots \wedge \eta_r = 0$。 ■

点评　例 3 表明,设 $\eta_1,\cdots,\eta_r$ 是 W 的一个基,则 $\eta_1 \wedge \cdots \wedge \eta_r$ 完全决定了子空间 W(除去相差域 F 中一个非零元素倍)。设 $\alpha_1,\alpha_2,\cdots,\alpha_n$ 是 V 的一个基,则

$$\{\alpha_{i_1} \wedge \alpha_{i_2} \wedge \cdots \wedge \alpha_{i_r} \mid 1 \leqslant i_1 < i_2 < \cdots < i_r \leqslant n\}$$

是 $\wedge^r(V)$的一个基。于是

$$\eta_1 \wedge \cdots \wedge \eta_r = \sum_{1 \leqslant i_1 < \cdots < i_r \leqslant n} b^{i_1 i_2 \cdots i_r} \alpha_{i_1} \wedge \alpha_{i_2} \wedge \cdots \wedge \alpha_{i_r}. \tag{56}$$

把 $\wedge^r(V)$的上述基向量按一定顺序排好,数组

$$b^{i_1 i_2 \cdots i_r}, 1 \leqslant i_1 < i_2 < \cdots < i_r \leqslant n$$

称为子空间 W 的**普吕克**(Plücker)**坐标**。上述讨论表明,V 中取定一个基后,子空间完全被它的普吕克坐标决定,而普吕克坐标可以相差域 F 中一个非零元素倍。

例 4　设 V 是域 F 上的 n 维线性空间,$\mathbf{A}$ 是 V 上的一个线性变换。证明:$\wedge^q(V)$是 $T^q(V)$上的线性变换 $\mathbf{A} \otimes \cdots \otimes \mathbf{A}$ 的不变子空间。

证明　由于 $\wedge^q(V) = \mathrm{Im}(\mathrm{Alt}_q)$,因此只要证 Alt_q 与 $\mathbf{A} \otimes \cdots \otimes \mathbf{A}$ 可交换,则 $\wedge^q(V)$就是 $\mathbf{A} \otimes \cdots \otimes \mathbf{A}$ 的不变子空间,设 $\alpha_1,\alpha_2,\cdots,\alpha_n$ 是 V 的一个基。则

$$\{\alpha_{i_1} \otimes \alpha_{i_2} \otimes \cdots \otimes \alpha_{i_q} \mid 1 \leqslant i_l \leqslant n, l = 1,2,\cdots,n\}$$

是 $T^q(V)$的一个基,由于 $\mathbf{A} \otimes \cdots \otimes \mathbf{A}$ 和 Alt_q 都是 $T^q(V)$上的线性变换,因此只要考虑它们在 $T^q(V)$的任意一个基向量 $\alpha_{i_1} \otimes \cdots \otimes \alpha_{i_q}$ 上的作用。

$$\begin{aligned}&[(\mathbf{A} \otimes \cdots \otimes \mathbf{A})\mathrm{Alt}_q](\alpha_{i_1} \otimes \cdots \otimes \alpha_{i_q}) \\ &= (\mathbf{A} \otimes \cdots \otimes \mathbf{A}) \frac{1}{q!} \sum_{\tau \in S_q} \mathrm{sgn}(\tau) \psi_\tau (\alpha_{i_1} \otimes \cdots \otimes \alpha_{i_q}) \\ &= \frac{1}{q!} \sum_{\tau \in S_q} \mathrm{sgn}(\tau) (\mathbf{A} \otimes \cdots \otimes \mathbf{A})(\alpha_{i_{\tau(1)}} \otimes \cdots \otimes \alpha_{i_{\tau(q)}})\end{aligned}$$

$$= \frac{1}{q!}\sum_{\tau\in S_q}\operatorname{sgn}(\tau)(\boldsymbol{A}\alpha_{i_{\tau(1)}}\otimes\cdots\otimes\boldsymbol{A}\alpha_{i_{\tau(q)}}). \tag{57}$$

由于$\{\alpha_{i_1},\cdots,\alpha_{i_q}\}=\{\alpha_{i_{\tau(1)}},\cdots,\alpha_{i_{\tau(q)}}\}$，因此$\{\boldsymbol{A}\alpha_{i_1},\cdots,\boldsymbol{A}\alpha_{i_q}\}$与$\{\boldsymbol{A}\alpha_{i_{\tau(1)}},\cdots,\boldsymbol{A}\alpha_{i_{\tau(q)}}\}$是相等的集合，从而

$$\boldsymbol{A}\alpha_{i_{\tau(1)}}\otimes\cdots\otimes\boldsymbol{A}\alpha_{i_{\tau(q)}}=\psi_\tau(\boldsymbol{A}\alpha_{i_1}\otimes\cdots\otimes\boldsymbol{A}\alpha_{i_q}), \tag{58}$$

于是从(57)式得

$$\begin{aligned}&[(\boldsymbol{A}\otimes\cdots\otimes\boldsymbol{A})\mathrm{Alt}_q](\alpha_{i_1}\otimes\cdots\otimes\alpha_{i_q})\\ =&\frac{1}{q!}\sum_{\tau\in S_q}\operatorname{sgn}(\tau)\psi_\tau(\boldsymbol{A}\alpha_{i_1}\otimes\cdots\otimes\boldsymbol{A}\alpha_{i_q})\\ =&\mathrm{Alt}_q[(\boldsymbol{A}\otimes\cdots\otimes\boldsymbol{A})(\alpha_{i_1}\otimes\cdots\otimes\alpha_{i_q})].\end{aligned} \tag{59}$$

从(59)式得出

$$(\boldsymbol{A}\otimes\cdots\otimes\boldsymbol{A})\mathrm{Alt}_q=\mathrm{Alt}_q[\boldsymbol{A}\otimes\cdots\otimes\boldsymbol{A}], \tag{60}$$

因此$\wedge^q(V)$是$\boldsymbol{A}\otimes\cdots\otimes\boldsymbol{A}$的不变子空间。 ■

点评 从例4得，$\boldsymbol{A}\otimes\cdots\otimes\boldsymbol{A}$在$\wedge^q(V)$上的限制是$\wedge^q(V)$上的一个线性变换，把它记作

$$\boldsymbol{A}\wedge\boldsymbol{A}\wedge\cdots\wedge\boldsymbol{A}. \tag{61}$$

例5 设V是域F上的n维线性空间，$\boldsymbol{A},\boldsymbol{B}$是$V$上的线性变换。证明：

(1) $(\boldsymbol{A}\wedge\cdots\wedge\boldsymbol{A})(\boldsymbol{B}\wedge\cdots\wedge\boldsymbol{B})=\boldsymbol{AB}\wedge\cdots\wedge\boldsymbol{AB}$； (62)

(2) $\boldsymbol{I}\wedge\cdots\wedge\boldsymbol{I}$是$\wedge^q(V)$上的恒等变换；

(3) 若$\boldsymbol{A}$可逆，则$\boldsymbol{A}\wedge\cdots\wedge\boldsymbol{A}$也可逆，且

$$(\boldsymbol{A}\wedge\cdots\wedge\boldsymbol{A})^{-1}=\boldsymbol{A}^{-1}\wedge\cdots\wedge\boldsymbol{A}^{-1}. \tag{63}$$

证明 由线性变换的张量积的性质(即11.2节的定理5)得

$$\begin{aligned}(\boldsymbol{A}\wedge\cdots\wedge\boldsymbol{A})(\boldsymbol{B}\wedge\cdots\wedge\boldsymbol{B})&=(\boldsymbol{A}\otimes\cdots\otimes\boldsymbol{A})(\boldsymbol{B}\otimes\cdots\otimes\boldsymbol{B})\mid\wedge^q(V)\\&=(\boldsymbol{AB}\otimes\cdots\otimes\boldsymbol{AB})\mid\wedge^q(V)=\boldsymbol{AB}\wedge\cdots\wedge\boldsymbol{AB},\\ \boldsymbol{I}\wedge\cdots\wedge\boldsymbol{I}&=(\boldsymbol{I}\otimes\cdots\otimes\boldsymbol{I})\mid\wedge^q(V)\\&=(\boldsymbol{I}_{T^q(V)})\mid\wedge^q(V),\end{aligned}$$

因此$\boldsymbol{I}\wedge\cdots\wedge\boldsymbol{I}$是$\wedge^q(V)$上的恒等变换。

若$\boldsymbol{A}$可逆，则$\boldsymbol{A}\otimes\cdots\otimes\boldsymbol{A}$可逆，且

$$(\boldsymbol{A}\otimes\cdots\otimes\boldsymbol{A})^{-1}=\boldsymbol{A}^{-1}\otimes\cdots\otimes\boldsymbol{A}^{-1}.$$

由此即得第(3)小题的结论。 ■

例6 设V是域F上的n维线性空间。证明：

$$\wedge^q(V^*)\cong[\wedge^q(V)]^*, \tag{64}$$

并且找出一个同构映射，其中$1\leqslant q\leqslant n$。

证明　$\dim V^*=\dim V=n$。由于

$$\dim[\wedge^q(V)]^* = \dim \wedge^q(V) = \mathrm{C}_n^q = \dim \wedge^q(V^*),$$

因此线性空间$[\wedge^q(V)]^*$与$\wedge^q(V^*)$同构。

在 V 中取一个基 $\alpha_1,\alpha_2,\cdots,\alpha_n$，它在 V^* 中的对偶基为 $\alpha^1,\alpha^2,\cdots,\alpha^n$，于是 $T^q(V)$的一个基为

$$\{\alpha_{i_1}\otimes\cdots\otimes\alpha_{i_q} \mid 1\leqslant\alpha_l\leqslant n, l=1,2,\cdots,n\}, \tag{65}$$

$T^q(V^*)$的一个基为

$$\{\alpha^{i_1}\otimes\cdots\otimes\alpha^{i_q} \mid 1\leqslant\alpha_l\leqslant n, l=1,2,\cdots,n\}, \tag{66}$$

$\wedge^q(V)$的一个基为

$$\{\alpha_{i_1}\wedge\cdots\wedge\alpha_{i_q} \mid 1\leqslant i_1<\cdots<i_q\leqslant n\}, \tag{67}$$

$\wedge^q(V^*)$的一个基为

$$\{\alpha^{i_1}\wedge\cdots\wedge\alpha^{i_q} \mid 1\leqslant i_1<\cdots<i_q\leqslant n\}. \tag{68}$$

为了找出$\wedge^q(V^*)$到$[\wedge^q(V)]^*$的一个同构映射，只要在$\wedge^q(V^*)$的一个基与$[\wedge^q(V)]^*$的一个基之间建立一个双射就可以了，现在$\wedge^q(V^*)$的一个基在(68)式已给出，需要找出$[\wedge^q(V)]^*$的一个基。自然想到应当取$\wedge^q(V)$的一个基(它由(67)式给出)在$[\wedge^q(V)]^*$中的对偶基，如何求出它？

首先我们需要找出 $T^q(V)$上的线性函数，类似于 11.2 节关于线性变换的张量积的讨论方法(在运用张量积的特征性质时，把 W 取成 F)。对于 $f_1,f_2,\cdots,f_q\in V^*$，可以得到 $T^q(V)$上的唯一的线性函数，记作 $f_1\otimes f_2\otimes\cdots\otimes f_q$，使得

$$(f_1\otimes f_2\otimes\cdots\otimes f_q)(\gamma_1\otimes\gamma_2\otimes\cdots\otimes\gamma_q) = f_1(\gamma_1)f_2(\gamma_2)\cdots f_q(\gamma_q), \tag{69}$$

其中 $\gamma_1,\gamma_2,\cdots,\gamma_q\in V$。容易验证，这里得到的线性函数 $f_1\otimes f_2\otimes\cdots\otimes f_q$ 具有张量积的有关运算的性质，以及张量积的特征性质，因此它是 $T^q(V^*)$中的元素(在同构的意义下)。这就是我们把这个线性函数记作 $f_1\otimes\cdots\otimes f_q$ 的原因。由此自然猜想：

$$\{\alpha^{j_1}\wedge\cdots\wedge\alpha^{j_q} \mid 1\leqslant j_1<\cdots<j_q\leqslant n\}$$

有可能与$\wedge^q(V)$的基$\{\alpha_{i_1}\wedge\cdots\wedge\alpha_{i_q} \mid 1\leqslant i_1<\cdots<i_q\leqslant n\}$在$[\wedge^q(V)]^*$中的对偶基有关。我们来计算

$$\begin{aligned}
&(\alpha^{j_1}\wedge\cdots\wedge\alpha^{j_q})(\alpha_{i_1}\wedge\cdots\wedge\alpha_{i_q})\\
&=(\alpha^{j_1}\wedge\cdots\wedge\alpha^{j_q})\mathrm{Alt}_q(\alpha_{i_1}\otimes\cdots\otimes\alpha_{i_q})\\
&=(\alpha^{j_1}\wedge\cdots\wedge\alpha^{j_q})\left[\frac{1}{q!}\sum_{\tau\in S_q}\mathrm{sgn}(\tau)\psi_\tau(\alpha_{i_1}\otimes\cdots\otimes\alpha_{i_q})\right]\\
&=\frac{1}{q!}\sum_{\tau\in S_q}\mathrm{sgn}(\tau)(\alpha^{j_1}\wedge\cdots\wedge\alpha^{j_q})(\alpha_{i_{\tau(1)}}\otimes\cdots\otimes\alpha_{i_{\tau(q)}})
\end{aligned}$$

$$= \frac{1}{q!}\sum_{i\in S_q}\operatorname{sgn}(\tau)\left[\frac{1}{q!}\sum_{\sigma\in S_q}\operatorname{sgn}(\sigma)\psi_\sigma(\alpha^{j_1}\otimes\cdots\otimes\alpha^{j_q})\right](\alpha_{i_{\tau(1)}}\otimes\cdots\otimes\alpha_{i_{\tau(q)}})$$

$$= \frac{1}{q!}\sum_{\tau\in S_q}\operatorname{sgn}(\tau)\left[\frac{1}{q!}\sum_{\sigma\in S_q}\operatorname{sgn}(\sigma)(\alpha^{j_{\sigma(1)}}\otimes\cdots\otimes\alpha^{j_{\sigma(q)}})\right](\alpha_{i_{\tau(1)}}\otimes\cdots\otimes\alpha_{i_{\tau(q)}})$$

$$= \frac{1}{q!}\sum_{\tau\in S_q}\operatorname{sgn}(\tau)\left[\frac{1}{q!}\sum_{\sigma\in S_q}\operatorname{sgn}(\sigma)\alpha^{j_{\sigma(1)}}(\alpha_{i_{\tau(1)}})\cdots\alpha^{j_{\sigma(q)}}(\alpha_{i_{\tau(q)}})\right].$$

当 τ 给定时

$$\sum_{\sigma\in S_q}\operatorname{sgn}(\sigma)\alpha^{j_{\sigma(1)}}(\alpha_{i_{\tau(1)}})\cdots\alpha^{j_{\sigma(q)}}(\alpha_{i_{\tau(q)}})$$

$$=\begin{cases}\operatorname{sgn}(\tau), & \text{当}(j_{\sigma(1)},\cdots,j_{\sigma(q)})=(i_{\tau(1)},\cdots,i_{\tau(q)});\\ 0, & \text{当}(j_{\sigma(1)},\cdots,j_{\sigma(q)})\neq(i_{\tau(1)},\cdots,i_{\tau(q)}).\end{cases}$$

由于$\{i_{\tau(1)},\cdots,i_{\tau(q)}\}=\{i_1,\cdots,i_q\}$;$\{j_{\sigma(1)},\cdots,j_{\sigma(q)}\}=\{j_1,\cdots,j_q\}$,且 $i_1<\cdots<i_q$,$j_1<\cdots<j_q$,因此上式的条件也就是$(j_1,\cdots,j_q)$与$(i_1,\cdots,i_q)$相等或不相等。从而当$(j_1,\cdots,j_q)=(i_1,\cdots,i_q)$时,有

$$(\alpha^{j_1}\wedge\cdots\wedge\alpha^{j_q})(\alpha_{i_1}\wedge\cdots\wedge\alpha_{i_q})=\frac{1}{q!}\sum_{\tau\in S_q}\operatorname{sgn}(\tau)\frac{1}{q!}\operatorname{sgn}(\tau)$$

$$=\frac{1}{(q!)^2}\sum_{\tau\in S_q}[\operatorname{sgn}(\tau)]^2$$

$$=\frac{1}{(q!)^2}q!=\frac{1}{q!}.$$

当$(j_1,\cdots,j_q)\neq(i_1,\cdots,i_q)$时,有

$$(\alpha^{j_1}\wedge\cdots\wedge\alpha^{j_q})(\alpha_{i_1}\wedge\cdots\wedge\alpha_{i_q})=0,$$

于是

$$[(\sqrt[q]{q!}\alpha^{j_1})\wedge\cdots\wedge(\sqrt[q]{q!}\alpha^{j_q})](\alpha_{i_1}\wedge\cdots\wedge\alpha_{i_q})$$

$$=\begin{cases}1, & \text{当}(j_1,\cdots,j_q)=(i_1,\cdots,i_q);\\ 0, & \text{当}(j_1,\cdots,j_q)\neq(i_1,\cdots,i_q),\end{cases}$$

因此$\wedge^q(V)$的基$\{\alpha_{i_1}\wedge\cdots\wedge\alpha_{i_q}\mid 1\leqslant i_1<\cdots<i_q\leqslant n\}$在$[\wedge^q(V)]^*$中的对偶基为

$$\{(\sqrt[q]{q!}\alpha^{i_1})\wedge\cdots\wedge(\sqrt[q]{q!}\alpha^{i_q})\mid 1\leqslant i_1<\cdots<i_q\leqslant n\}.$$

于是把$\wedge^q(V^*)$的基$\{\alpha^{j_1}\wedge\cdots\wedge\alpha^{j_q}\mid 1\leqslant j_1<\cdots<j_q\leqslant n\}$映成$[\wedge^q(V)]^*$的基$\{(\sqrt[q]{q!}\alpha^{j_1})\wedge\cdots\wedge(\sqrt[q]{q!}\alpha^{j_q})\mid 1\leqslant j_1<\cdots<j_q\leqslant n\}$就给出了$\wedge^q(V^*)$到$[\wedge^q(V)]^*$的一个同构映射。 ■

点评 例 6 建立了$\wedge^q(V^*)$到$[\wedge^q(V)]^*$的一个同构映射,以后我们常常按这个同构

映射把 $\wedge^q(V^*)$ 与 $[\wedge^q(V)]^*$ 等同起来。$\wedge^q(V^*)$ 的元素称为线性空间 V 上的**外 q-形式**(exterior q-forms)。特别地,V 上的外 1-形式就是 V 上的线性函数。

例 7　设 V 是域 F 上的 n 维线性空间,$\alpha_1,\alpha_2,\cdots,\alpha_n$ 是 V 的一个基。$0<q<n$。证明:

(1) 任意取定 $\boldsymbol{f}\in\wedge^{n-q}(V)$,对于任意 $\boldsymbol{g}\in\wedge^q(V)$,存在域 F 中唯一的元素,记作 $c_f(\boldsymbol{g})$,使得

$$\boldsymbol{f}\wedge\boldsymbol{g}=c_f(\boldsymbol{g})(\alpha_1\wedge\alpha_2\wedge\cdots\wedge\alpha_n);\tag{70}$$

(2) c_f 是 $\wedge^q(V)$ 上的一个线性函数;

(3) 映射 $\Phi:\boldsymbol{f}\longmapsto c_f$ 是 $\wedge^{n-q}(V)$ 到 $\wedge^q(V^*)$ 的一个同构映射。

证明　(1) 由于 $\dim(\wedge^n(V))=\mathrm{C}_n^n=1$,因此 $\wedge^n(V)$ 的一个基是 $\alpha_1\wedge\alpha_2\wedge\cdots\wedge\alpha_n$。由于 $\boldsymbol{f}\wedge\boldsymbol{g}\in\wedge^n(V)$,因此域 F 中存在唯一的元素,记作 $c_f(\boldsymbol{g})$,使得

$$\boldsymbol{f}\wedge\boldsymbol{g}=c_f(\boldsymbol{g})(\alpha_1\wedge\alpha_2\wedge\cdots\wedge\alpha_n).$$

(2) 任给 $\boldsymbol{g}_1,\boldsymbol{g}_2\in\wedge^q(V)$,由于

$$\boldsymbol{f}\wedge(\boldsymbol{g}_1+\boldsymbol{g}_2)=c_f(\boldsymbol{g}_1+\boldsymbol{g}_2)(\alpha_1\wedge\alpha_2\wedge\cdots\wedge\alpha_n),$$

$$\begin{aligned}\boldsymbol{f}\wedge(\boldsymbol{g}_1+\boldsymbol{g}_2)&=\boldsymbol{f}\wedge\boldsymbol{g}_1+\boldsymbol{f}\wedge\boldsymbol{g}_2\\&=c_f(\boldsymbol{g}_1)(\alpha_1\wedge\alpha_2\wedge\cdots\wedge\alpha_n)+c_f(\boldsymbol{g}_2)(\alpha_1\wedge\alpha_2\wedge\cdots\wedge\alpha_n)\\&=[c_f(\boldsymbol{g}_1)+c_f(\boldsymbol{g}_2)](\alpha_1\wedge\alpha_2\wedge\cdots\wedge\alpha_n),\end{aligned}$$

因此,$c_f(\boldsymbol{g}_1+\boldsymbol{g}_2)=c_f(\boldsymbol{g}_1)+c_f(\boldsymbol{g}_2)$。

同理可证,对于 $k\in F$,有

$$c_f(k\boldsymbol{g})=k\,c_f(\boldsymbol{g}),$$

因此 c_f 是 $\wedge^q(V)$ 上的一个线性函数。

(3) $\wedge^{n-q}(V)$ 的一个基是 $\{\alpha_{i_1}\wedge\cdots\wedge\alpha_{i_{n-q}}\mid 1\leqslant i_1<\cdots<i_{n-q}\leqslant n\}$。可以把 $\wedge^q(V^*)$ 与 $[\wedge^q(V)]^*$ 等同,于是 c_f 可看成是 $\wedge^q(V^*)$ 的一个元素。因此 $\Phi:\boldsymbol{f}\longmapsto c_f$ 是 $\wedge^{n-q}(V)$ 到 $\wedge^q(V^*)$ 的一个映射。考察 Φ 把 $\wedge^{n-q}(V)$ 的基向量 $\alpha_{i_1}\wedge\cdots\wedge\alpha_{i_{n-q}}$ 映成 $\wedge^q(V^*)$ 的哪个元素。记 $\boldsymbol{f}_0=\alpha_{i_1}\wedge\cdots\wedge\alpha_{i_{n-q}}$。则 $\Phi(\boldsymbol{f}_0)=c_{f_0}$。考虑 c_{f_0} 把 $\wedge^q(V)$ 的基向量 $\alpha_{j_1}\wedge\cdots\wedge\alpha_{j_q}$ 映成域 F 的哪个元素。由于当 $\{i_1,\cdots,i_{n-q},j_1,\cdots,j_q\}=\{1,2,\cdots,n\}$ 时,有

$$\begin{aligned}\boldsymbol{f}_0\wedge(\alpha_{j_1}\wedge\cdots\wedge\alpha_{j_q})&=(\alpha_{i_1}\wedge\cdots\wedge\alpha_{i_{n-q}})\wedge(\alpha_{j_1}\wedge\cdots\wedge\alpha_{j_q})\\&=(-1)^m(\alpha_1\wedge\alpha_2\wedge\cdots\wedge\alpha_n),\end{aligned}\tag{71}$$

其中 m 是把 n 元排列 $i_1\cdots i_{n-q}j_1\cdots j_q$ 变成 $12\cdots n$ 所作对换的个数。因此,

$$c_{f_0}(\alpha_{j_1}\wedge\cdots\wedge\alpha_{j_q})=(-1)^m.\tag{72}$$

当 $\{i_1,\cdots,i_{n-q}\}\cap\{j_1,\cdots,j_q\}\neq\varnothing$ 时,有

$$\boldsymbol{f}_0\wedge(\alpha_{j_1}\wedge\cdots\wedge\alpha_{j_q})=(\alpha_{i_1}\wedge\cdots\wedge\alpha_{i_{n-q}})\wedge(\alpha_{j_1}\wedge\cdots\wedge\alpha_{j_q})=0,$$

此时 $c_{f_0}(\alpha_{j_1}\wedge\cdots\wedge\alpha_{j_q})=0$。

据例 6 得，

$$[(\sqrt[q]{q!}\alpha^{i_1})\wedge\cdots\wedge(\sqrt[q]{q!}\alpha^{i_q})](\alpha_{j_1}\wedge\cdots\wedge\alpha_{j_q})$$
$$=\begin{cases}1, & 当(i_1,\cdots,i_q)=(j_1,\cdots,j_q);\\ 0, & 当(i_1,\cdots,i_q)\neq(j_1,\cdots,j_q).\end{cases} \tag{73}$$

把(72)式和(73)式比较，得

$$c_{f_0}=(-1)^m q!(\alpha^{j_1}\wedge\cdots\wedge\alpha^{j_q}), \tag{74}$$

这表明 Φ 把 $\wedge^{n-q}(V)$ 的基向量 $\alpha_{i_1}\wedge\cdots\wedge\alpha_{i_{n-q}}$ 映成 $\wedge^q(V^*)$ 的基向量 $(-1)^m q!(\alpha^{j_1}\wedge\cdots\wedge\alpha^{j_q})$，其中

$$\{i_1,\cdots,i_{n-q},j_1,\cdots,j_q\}=\{1,2,\cdots,n\},$$

因此 $\Phi: f\longmapsto c_f$ 是 $\wedge^{n-q}(V)$ 到 $\wedge^q(V^*)$ 的一个同构映射。 ■

例 8 设 V 是域 F 上有限维线性空间，$q\geqslant 1$。$T^q(V)$ 的张量 $\boldsymbol{f}$ 如果满足对一切 $\tau\in S_q$，有

$$\psi_\tau(\boldsymbol{f})=\boldsymbol{f}, \tag{75}$$

那么称 $\boldsymbol{f}$ 是**对称张量**。显然，$T^q(V)$ 中所有对称张量组成的集合成为 $T^q(V)$ 的一个子空间，记作 $S^q(V)$。令

$$\mathrm{Sym}_q=\frac{1}{q!}\sum_{\tau\in S_q}\psi_\tau, \tag{76}$$

显然，Sym_q 是 $T^q(V)$ 上的一个线性变换，称它为**对称化变换**。证明：

(1) 对任意 $\sigma\in S_q$，Sym_q 与 ψ_σ 可交换；

(2) Sym_q 是幂等变换；

(3) $\mathrm{Im}(\mathrm{Sym}_q)=S^q(V)$。

证明 (1)任取 $\boldsymbol{f}\in T^q(V)$，对于任意 $\sigma\in S_q$，

$$\begin{aligned}(\psi_\sigma\,\mathrm{Sym}_q)(\boldsymbol{f})&=\psi_\sigma\left[\frac{1}{q!}\sum_{\tau\in S_q}\psi_\tau(\boldsymbol{f})\right]\\&=\frac{1}{q!}\sum_{\tau\in S_q}\psi_\sigma\psi_\tau(\boldsymbol{f})\\&=\frac{1}{q!}\sum_{\tau\in S_q}\psi_{\sigma\tau}(\boldsymbol{f})\\&=\mathrm{Sym}_q(\boldsymbol{f}),\end{aligned}$$

因此

$$\psi_\sigma\mathrm{Sym}_q=\mathrm{Sym}_q. \tag{77}$$

同理可证，

$$\mathrm{Sym}_q\psi_\sigma=\mathrm{Sym}_q.$$

所以 Sym_q 与 ψ_σ 可交换。

$$\begin{aligned}(2)\ (\mathrm{Sym}_q)^2 &= \frac{1}{(q!)^2}\Big(\sum_{\tau\in S_q}\psi_\tau\Big)\Big(\sum_{\sigma\in S_q}\psi_\sigma\Big)\\ &= \frac{1}{(q!)^2}\sum_{\tau\in S_q}\sum_{\sigma\in S_q}\psi_\tau\psi_\sigma\\ &= \frac{1}{(q!)^2}\sum_{\tau\in S_q}\sum_{\sigma\in S_q}\psi_{\tau\sigma}\\ &= \frac{1}{q!}\sum_{\tau\in S_q}\mathrm{Sym}_q\\ &= \frac{1}{q!}\mathrm{Sym}_q\cdot q! = \mathrm{Sym}_q,\end{aligned}$$

因此 Sym_q 是幂等变换。

(3) 任取 $\boldsymbol{f}\in T^q(V)$，对任意 $\sigma\in S_q$，据(77)式得

$$\psi_\sigma[\mathrm{Sym}_q(\boldsymbol{f})] = \mathrm{Sym}_q(\boldsymbol{f}),$$

因此 $\mathrm{Sym}_q(\boldsymbol{f})\in S^q(V)$。从而 $\mathrm{Im}(\mathrm{Sym}_q)\subseteq S^q(V)$。

任取 $\boldsymbol{g}\in S^q(V)$。由(75)、(76)式得

$$\mathrm{Sym}_q(\boldsymbol{g}) = \frac{1}{q!}\sum_{\tau\in S_q}\psi_\tau(\boldsymbol{g}) = \frac{1}{q!}\sum_{\tau\in S_q}\boldsymbol{g} = \frac{1}{q!}\boldsymbol{g}\cdot q! = \boldsymbol{g},$$

因此 $\boldsymbol{g}\in\mathrm{Im}(\mathrm{Sym}_q)$。从而 $S^q(V)\subseteq\mathrm{Im}(\mathrm{Sym}_q)$。所以

$$\mathrm{Im}(\mathrm{Sym}_q) = S^q(V). \tag{78}$$

■

点评　从例 8 得，Sym_q 是平行于 $\mathrm{Ker}(\mathrm{Sym}_q)$ 在 $S^q(V)$ 上的投影；$\boldsymbol{f}\in T^q(V)$ 是对称张量当且仅当 $\mathrm{Sym}_q(\boldsymbol{f})=\boldsymbol{f}$。

＊应用天地：张量积在量子隐形传态中的应用

一个量子体系的所有可能的量子态(可归一化)组成的集合 $\mathscr{H}$ 是一个 Hilbert 空间，它的一组力学量相应的 Hermite 算符 $\hat{A}_1,\hat{A}_2,\cdots,\hat{A}_s$ 如果两两可交换，那么 $\mathscr{H}$(设它是有限维的)中存在一个标准正交基 $\psi_1,\psi_2,\cdots,\psi_n$，使得 $\hat{A}_1,\hat{A}_2,\cdots,\hat{A}_s$ 在这个基下的矩阵都是对角矩阵。于是 $\psi_1,\psi_2,\cdots,\psi_n$ 是 $\hat{A}_1,\hat{A}_2,\cdots,\hat{A}_s$ 的公共特征向量，称它们为 $\hat{A}_1,\hat{A}_2,\cdots,\hat{A}_s$ 的共同的本征态。

现在考虑两个量子体系 A 和 B，它们的所有可能的量子态分别形成的 Hilbert 空间记作 $\mathscr{H}_1,\mathscr{H}_2$。设 $\mathscr{H}_1$ 的一个标准正交基是 $\psi_1,\psi_2,\cdots,\psi_n$；$\mathscr{H}_2$ 的一个标准正交基是 $\varphi_1,\varphi_2,\cdots,\varphi_m$，

则 $\mathscr{H}_1 \otimes \mathscr{H}_2$ 的一个基是

$$\{\psi_i \otimes \varphi_j \mid 1 \leqslant i \leqslant n, 1 \leqslant j \leqslant m\}.$$

对于 $\mathscr{H}_1 \otimes \mathscr{H}_2$ 中任意两个元素 $\sum_{i=1}^{n}\sum_{j=1}^{m} a_{ij}\psi_i \otimes \varphi_j$，$\sum_{i=1}^{n}\sum_{j=1}^{m} b_{ij}\psi_i \otimes \varphi_j$ 规定

$$\left(\sum_{i=1}^{n}\sum_{j=1}^{m} a_{ij}\psi_i \otimes \varphi_j, \sum_{i=1}^{n}\sum_{j=1}^{m} b_{ij}\psi_i \otimes \varphi_j\right) = \sum_{i=1}^{n}\sum_{j=1}^{m} \bar{a}_{ij} b_{ij},$$

容易验证这是复线性空间 $\mathscr{H}_1 \otimes \mathscr{H}_2$ 上的一个内积。于是 $\mathscr{H}_1 \otimes \mathscr{H}_2$ 成为一个酉空间，$\mathscr{H}_1 \otimes \mathscr{H}_2$ 的上述基成为一个标准正交基。

$\mathscr{H}_1 \otimes \mathscr{H}_2$ 中的元素如果能表示成 $f \otimes g$ 的形式，其中 $f \in \mathscr{H}_1, g \in \mathscr{H}_2$，那么称这个元素是**非纠缠态**；否则称为**纠缠态**(entangled state)。

1925 年荷兰莱顿大学学生 G. E. Uhlonbeck 和 S. A. Goudsmit 根据一系列实验事实提出了大胆的假设：电子不是点电荷，它除了轨道运动外还有自旋运动。所谓**电子自旋**(electron spin)**假设**，可以概括为：每个电子都具有**自旋角动量 $\boldsymbol{S}$**，它在空间任一方向上的投影 s_z，只能取两个值，即

$$s_z = \pm \frac{1}{2}\hbar, \tag{1}$$

其中 $\hbar = \frac{h}{2\pi}$，h 是普适常数。实验结果表明，电子不是一个只具有三个自由度(在空间中的位置)的粒子，它还具有自旋这个自由度。为了对电子的状态作出完全的描述，还必须考虑其自旋态(spin state)。在描写它的波函数中还应该包含自旋投影这个变量，记作 $\boldsymbol{\psi}(\boldsymbol{r}, s_z)$。由于 s_z 只取 $\pm\hbar/2$ 两个值，因此可以把 $\boldsymbol{\psi}(\boldsymbol{r}, s_z)$ 表示成

$$\boldsymbol{\psi}(\boldsymbol{r}, s_z) = \begin{pmatrix} \boldsymbol{\psi}(\boldsymbol{r}, \hbar/2) \\ \boldsymbol{\psi}(\boldsymbol{r}, -\hbar/2) \end{pmatrix}, \tag{2}$$

称它为**旋量波函数**(spinor wave function)。其中，$|\boldsymbol{\psi}(\boldsymbol{r}, \hbar/2)|^2$ 表示电子自旋向上(即 $s_z = \hbar/2$)且位置在 $\boldsymbol{r}$ 处的概率密度，$|\boldsymbol{\psi}(\boldsymbol{r}, -\hbar/2)|^2$ 表示电子自旋向下(即 $s_z = -\hbar/2$)且位置在 $\boldsymbol{r}$ 处的概率密度。考虑下述情形：$\boldsymbol{\psi}(\boldsymbol{r}, s_z)$ 可以表示成

$$\boldsymbol{\psi}(\boldsymbol{r}, s_z) = \Phi(\boldsymbol{r})\chi(s_z), \tag{3}$$

其中 $\chi(s_z)$ 是描述自旋态的波函数，它的一般形式为

$$\chi(s_z) = \begin{pmatrix} a \\ b \end{pmatrix}, \tag{4}$$

其中 $|a|^2$ 和 $|b|^2$ 分别代表电子的 s_z 等于 $\hbar/2$ 和 $-\hbar/2$ 的概率。此时归一化条件可以表示为

$$|a|^2 + |b|^2 = 1. \tag{5}$$

通常把 s_z 的本征态 $\chi_{m_s}(s_z)$ 记为 α 和 β，它们所属的本征值(特征值)为 $m_s\hbar = \pm\hbar/2$，即

$$\alpha = \chi_{\frac{1}{2}}(s_z) = \begin{pmatrix} 1 \\ 0 \end{pmatrix}, \tag{6}$$

$$\beta = \chi_{-\frac{1}{2}}(s_z) = \begin{pmatrix} 0 \\ 1 \end{pmatrix}. \tag{7}$$

α 和 β 构成了电子自旋态空间的一个标准正交基,(4)式表示的一般的电子自旋态可以表示成

$$\chi(s_z) = \begin{pmatrix} a \\ b \end{pmatrix} = a\alpha + b\beta, \tag{8}$$

于是(2)式所表示的电子旋量波函数可以表示为

$$\boldsymbol{\psi}(\boldsymbol{r}, s_z) = \boldsymbol{\psi}(\boldsymbol{r}, \hbar/2)\alpha + \boldsymbol{\psi}(\boldsymbol{r}, -\hbar/2)\beta. \tag{9}$$

采用 Dirac 符号,电子的两个自旋本征态 α,β 可以用它的本征值 $\pm\hbar/2$ 来标记,分别记为

$$|\hbar/2\rangle = |\uparrow\rangle, \qquad |-\hbar/2\rangle = |\downarrow\rangle, \tag{10}$$

于是电子的自旋态可以表示为

$$\begin{aligned} |\psi\rangle &= a|\uparrow\rangle + b|\downarrow\rangle \\ &= \begin{pmatrix} a \\ b \end{pmatrix}, \ |a|^2 + |b|^2 = 1. \end{aligned} \tag{11}$$

现在考虑自旋为 $\hbar/2$ 的两个粒子组成的体系的自旋态,第一个粒子的所有可能的自旋态形成的 Hilbert 空间记作 $\mathscr{H}_1$,第二个粒子的所有可能的自旋态形成的 Hilbert 空间记作 $\mathscr{H}_2$。则这两个粒子组成的体系的所有自旋态形成的空间为 $\mathscr{H}_1 \otimes \mathscr{H}_2$。由于 $\mathscr{H}_i$ 的一个标准正交基为

$$|\uparrow\rangle_i, \qquad |\downarrow\rangle_i, \tag{12}$$

其中 $i=1,2$,因此 $\mathscr{H}_1 \otimes \mathscr{H}_2$ 的一个标准正交基基为

$$|\uparrow\rangle_1 \otimes |\uparrow\rangle_2, |\uparrow\rangle_1 \otimes |\downarrow\rangle_2, |\downarrow\rangle_1 \otimes |\uparrow\rangle_2, |\downarrow\rangle_1 \otimes |\downarrow\rangle_2, \tag{13}$$

这 4 个基向量都不是纠缠态。(注:在量子力学的文献中,把符号 $\otimes$ 省略不写出,为了清晰起见,我们仍写出 $\otimes$ 。)我们来构造 4 个自旋纠缠态(参看 11.2 节例 4 及其点评):

$$|\psi^{\pm}\rangle_{12} = \frac{1}{\sqrt{2}}[|\uparrow\rangle_1 \otimes |\downarrow\rangle_2 \pm |\downarrow\rangle_1 \otimes |\uparrow\rangle_2], \tag{14}$$

$$|\varphi^{\pm}\rangle_{12} = \frac{1}{\sqrt{2}}[|\uparrow\rangle_1 \otimes |\uparrow\rangle_2 \pm |\downarrow\rangle_1 \otimes |\downarrow\rangle_2], \tag{15}$$

容易验证,$|\psi^{+}\rangle_{12}, |\psi^{-}\rangle_{12}, |\varphi^{+}\rangle_{12}, |\varphi^{-}\rangle_{12}$,两两正交,且长度都等于 1。因此它是 $\mathscr{H}_1 \otimes \mathscr{H}_2$ 的一个标准正交基,称它为 **Bell 基**。

纠缠态对于了解量子力学的基本概念有很重要的意义。长期以来,对量子力学基本原理的激烈争论从未停止过。争论的焦点是:真实世界是否确实如同量子力学所预言的那

样？在对量子力学质疑的问题中最著名的是爱因斯坦(Einstein)等人(1935)提出的 EPR 佯谬。它是爱因斯坦用来与玻尔(M. Born)做最重要的一次争论的假想实验,这个实验所预示的结果完全遵从量子力学原理,但是却令人难以接受。设想有一对总自旋为零的粒子(称为 **EPR 对**),两个粒子随后在空间中分开,假定粒子 A 在地球上,而粒子 B 在月球上。量子力学预言,若单独测量 A(或 B)的自旋,则自旋可能向上,也可能向下,各自概率为$\frac{1}{2}$。但若地球上已测得粒子 A 的自旋向上(下),那么月球上的粒子 B 不管测量与否,必然会处在自旋向下(上)的本征态上。爱因斯坦认定真实世界绝非如此,月球上的粒子 B 决不会受到地球上对 A 测量的任何影响。因此毛病出在量子力学理论不完备,即不足以正确地描述真实的世界。玻尔则持完全相反的看法,他认为粒子 A 和 B 之间存在着量子关联,不管它们在空间上分得多开,对其中一个粒子实行局域操作(如上述的测量),必然同时导致另一个粒子状态的改变,这是量子力学的非局域性。这场争论的本质在于:真实世界是遵从爱因斯坦的局域实在论,还是玻尔的非局域性理论。长期以来这个争论停留在哲学上,难以判断“孰是孰非”。直到 Bell 基于爱因斯坦的隐参数理论而推导出著名的 Bell 不等式,人们才有可能在实验上寻找判定这场争论的依据。法国学者首先在实验上证实 Bell 不等式可以被违背,支持了玻尔的看法。之后,随着量子光学的发展,有更多的实验支持了这个结论。1997 年瑞士学者更直截了当地在 10km 光纤中测量到作为 EPR 对的两个光子之间的量子关联。因此量子力学是正确的;非局域性是量子力学的基本性质。事实上,EPR 粒子对处在如下的纠缠态上:

$$|\psi^-\rangle_{AB}=\frac{1}{\sqrt{2}}[|\uparrow\rangle_A\otimes|\downarrow\rangle_B-|\downarrow\rangle_A\otimes|\uparrow\rangle_B]. \tag{16}$$

这个量子态最大地违背 Bell 不等式,有着奇特的性质:我们无法单独地确定某个粒子处在什么量子态上,这个纠缠态给出的唯一信息是两个粒子之间的关联这类整体的特性。现在实验上已成功地制备这类纠缠态。(注:关于 Bell 不等式可参看《量子力学新进展(第一辑)》(曾谨言,裴寿镛主编,北京大学出版社 2000 年出版)第 20 页。)

纠缠态近十几年来已在一些前沿领域中得到广泛的应用,特别是量子信息方面。1993 年 C. H. Bennett 等人提出了利用纠缠态来远程传送一个量子态信息的方案,即**量子隐形传态**(quantum teleportation)方案。下面作一介绍。

在科幻电影或神话小说中,常常有这样的场面:某人突然在某地消失掉,其后却在别的地方莫名其妙地显现出来,“teleportation”一词就来源于此,这是指一种无影无踪的传送过程。量子隐形传态的原理如图 11-5 所示。

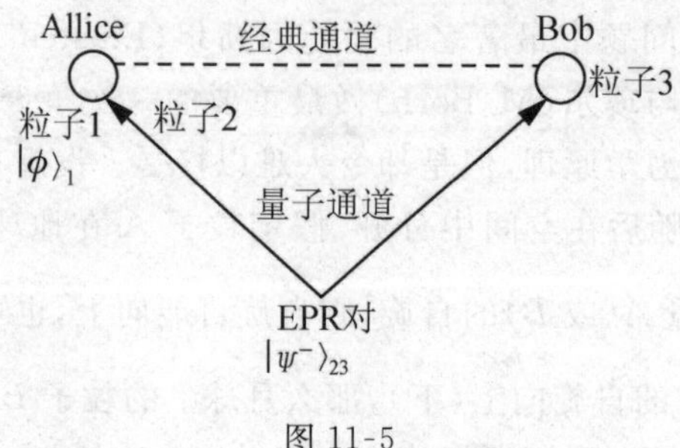

图 11-5

任务　Allice 有粒子 1(自旋为$\hbar/2$)处于自旋态:

$$|\varphi\rangle_1 = a|\uparrow\rangle_1 + b|\downarrow\rangle_1 = \begin{pmatrix} a \\ b \end{pmatrix}_1, |a|^2 + |b|^2 = 1. \tag{17}$$

她想将此量子态传送给 Bob,但粒子 1 本身不被传送,而且 Allice 本人对于要传送的这个量子态$|\varphi\rangle_1$可能一无所知(即对于 a 和 b 等于多少,不知道)。但是 Allice 与 Bob 之间有一个经典的通信道(例如电话),可交换测量过程中的技术上的信息。

传送方案:

(1) 制备粒子 1 处于$|\varphi\rangle_1$态,放在 Allice 处。

(2) 把粒子 2 和 3(自旋都为$\hbar/2$)制备成为 EPR 对处于纠缠态:

$$|\psi^-\rangle_{23} = \frac{1}{\sqrt{2}}[|\uparrow\rangle_2 \otimes |\downarrow\rangle_3 - |\downarrow\rangle_2 \otimes |\uparrow\rangle_3], \tag{18}$$

然后把粒子 2 传送给 Allice,同时把粒子 3 传送给 Bob。由于粒子 2 和 3 处于纠缠态,对粒子 2 的任何操作,必然导致粒子 3 发生相应的演变,因此这个 EPR 对构成 Allice 和 Bob 之间的量子通道。

(3) Allice 采用可以识别 Bell 基的装置对粒子 1 和 2 实施联合测量。由于粒子 1 和 2 的自旋态空间 $\mathscr{H}_1$ 和 $\mathscr{H}_2$ 的张量积 $\mathscr{H}_1 \otimes \mathscr{H}_2$ 中任一元素可由 Bell 基线性表出,因此测量结果可能是 Bell 基中的某一个,出现的概率都是$\frac{1}{4}$(理由见下面)。**与此同时**,Bob 测量粒子 3 的自旋态。粒子 1 和 EPR 对构成三粒子体系,其量子态为

$$|\psi\rangle_{123} = |\varphi\rangle_1 \otimes |\psi^-\rangle_{23}. \tag{19}$$

我们把(19)式具体计算出来,为了简便清晰,我们把$|\uparrow\rangle$记成$|0\rangle$,把$|\downarrow\rangle$记成$|1\rangle$,把$|0\rangle_2 \otimes |1\rangle_3$记成$|01\rangle_{23}$,把$|0\rangle_1 \otimes |0\rangle_2 \otimes |0\rangle_3$ 记成$|000\rangle_{123}$,等等。于是

$$|\psi\rangle_{123} = (a|0\rangle_1 + b|1\rangle_1) \otimes \frac{1}{\sqrt{2}}(|01\rangle_{23} - |10\rangle_{23})$$

$$\begin{aligned}
&= \frac{1}{\sqrt{2}}[a\mid 001\rangle_{123} - a\mid 010\rangle_{123} + b\mid 101\rangle_{123} - b\mid 110\rangle_{123}]\\
&= \frac{1}{2}[\mid \psi^-\rangle_{12} \otimes (-a\mid 0\rangle_3 - b\mid 1\rangle_3)\\
&\quad + \mid \psi^+\rangle_{12} \otimes (-a\mid 0\rangle_3 + b\mid 1\rangle_3)\\
&\quad + \mid \varphi^-\rangle_{12} \otimes (b\mid 0\rangle_3 + a\mid 1\rangle_3)\\
&\quad + \mid \varphi^+\rangle_{12} \otimes (-b\mid 0\rangle_3 + a\mid 1\rangle_3)].
\end{aligned} \tag{20}$$

由于在$|\psi\rangle_{123}$的展开式中，$|\psi^-\rangle_{12}$，$|\psi^+\rangle_{12}$，$|\varphi^-\rangle_{12}$，$|\varphi^+\rangle_{12}$的系数都是$\frac{1}{2}$，因此当 Allice 对粒子 1 和 2 实施联合测量时，测量结果可能为$|\psi^-\rangle_{12}$，$|\psi^+\rangle_{12}$，$|\varphi^-\rangle_{12}$，$|\varphi^+\rangle_{12}$中的某一个，其概率都等于$(\frac{1}{2})^2=\frac{1}{4}$。由于在$|\psi\rangle_{123}$的展开式中，粒子 3 的可能状态只有下述 4 种：

$$-a\mid 0\rangle_3 - b\mid 1\rangle_3 = \begin{pmatrix}-a\\-b\end{pmatrix}_3,$$

$$-a\mid 0\rangle_3 + b\mid 1\rangle_3 = \begin{pmatrix}-a\\b\end{pmatrix}_3,$$

$$b\mid 0\rangle_3 + a\mid 1\rangle_3 = \begin{pmatrix}b\\a\end{pmatrix}_3,$$

$$-b\mid 0\rangle_3 + a\mid 1\rangle_3 = \begin{pmatrix}-b\\a\end{pmatrix}_3,$$

因此 Bob 测量粒子 3 所处的自旋态只有上述 4 种可能。

(4) Allice 立即通过经典通道，把测量结果告诉 Bob。例如，Allice 测得的结果为$|\varphi^-\rangle_{12}$，由于在$|\psi\rangle_{123}$的展开式中，与$|\varphi^-\rangle_{12}$作张量积的粒子 3 的自旋态为$b|0\rangle_3+a|1\rangle_3=\begin{pmatrix}b\\a\end{pmatrix}_3$，因此 Bob 测量粒子 3 的自旋态的结果必然为$b|0\rangle_3+a|1\rangle_3=\begin{pmatrix}b\\a\end{pmatrix}_3$。由于粒子 3 的自旋态空间$\mathscr{H}_3$上的酉变换(量子力学文献中称酉变换为幺正变换)不改变度量性质，因此 Bob 可以对所测得的粒子 3 的自旋态$\begin{pmatrix}b\\a\end{pmatrix}_3$作一个酉变换，即用酉矩阵$\begin{pmatrix}0&1\\1&0\end{pmatrix}$乘以$\begin{pmatrix}b\\a\end{pmatrix}_3$：

$$\begin{pmatrix}0&1\\1&0\end{pmatrix}\begin{pmatrix}b\\a\end{pmatrix}_3 = \begin{pmatrix}a\\b\end{pmatrix}_3$$

这就将粒子 3 制备成与粒子 1 原先的自旋态一样的态 $a|0\rangle_3+b|1\rangle_3=\begin{pmatrix}a\\b\end{pmatrix}_3$。粒子 1 原先的自旋态 $|\varphi\rangle_1=a|0\rangle_1+b|1\rangle_1=\begin{pmatrix}a\\b\end{pmatrix}_1$ 在 Allice 实施测量之后不再处于这个态了。这便实现了把粒子 1 的未知自旋态 $|\varphi\rangle_1$ 隐形传送给粒子 3。在这个传送过程中，传送的仅仅是粒子 1 的自旋态 $|\varphi\rangle_1$，而不是粒子 1 本身。在传送过程中，粒子 1 原来的自旋态 $|\varphi\rangle_1$ 已被破坏，粒子 1 与粒子 2 发生了纠缠。

习题答案与提示

第7章　一元和 n 元多项式环

习题 7.1

1. 不一定。举例略。

2. 设 a 是 R 中的可逆元，如果有 $b\in R$，使得 $ab=0$，那么两边左乘 a^{-1}，得 $a^{-1}ab=a^{-1}0$，即 $b=0$。因此 a 不是左零因子。同理可证，a 不是右零因子。

3. 设 H 如同例 10 中那样，则

$$A = I + bH + b^2H^2 + \cdots + b^{n-1}H^{n-1}.$$

在 $K[x]$中，有

$$(1-x)(1+x+\cdots+x^{n-1}) = 1-x^n, \tag{1}$$

x 用 bH 代入，从(1)式得

$$(I-bH)(I+bH+\cdots+b^{n-1}H^{n-1}) = I-b^nH^n = I,$$

因此 $A=I+bH+\cdots+b^{n-1}H^{n-1}$ 可逆，且

$$A^{-1} = I-bH.$$

4. x 用 $-\frac{k}{a}B$ 代入，从第 3 题的(1)式(取 $n=l$)，得

$$\left[I-\left(-\frac{k}{a}B\right)\right]\left[I+\left(-\frac{k}{a}B\right)+\left(-\frac{k}{a}B\right)^2+\cdots+\left(-\frac{k}{a}B\right)^{l-1}\right]=I-\left(-\frac{k}{a}B\right)^l. \tag{2}$$

由于 $B^l=0$，因此从(2)式得

$$(aI+kB)\left[\frac{1}{a}I-\frac{k}{a^2}B+\frac{k^2}{a^3}B^2+\cdots+(-1)^{l-1}\frac{k^{l-1}}{a^l}B^{l-1}\right]=I,$$

从而 $A=aI+kB$ 可逆，并且

$$A^{-1}=\frac{1}{a}I-\frac{k}{a^2}B+\frac{k^2}{a^3}B^2+\cdots+(-1)^{l-1}\frac{k^{l-1}}{a^l}B^{l-1}.$$

5. 在 $K[x]$中,有

$$(1+x)^m=1+C_m^1x+C_m^2x^2+\cdots+C_m^mx^m, \tag{3}$$

x 用 A 代入,从(3)式得

$$(I+A)^m=I+C_m^1A+C_m^2A^2+\cdots+C_m^mA^m.$$

6. 设 $\omega=\frac{-1+\sqrt{3}\mathrm{i}}{2}$,则 $1,\omega,\omega^2$ 是所有的 3 次单位根。由于 $1+\omega+\omega^2=0$,因此直接计算可得

$$(\lambda I-A)(\lambda I-\omega A)(\lambda I-\omega^2A)=\lambda^3I-A^3.$$

利用例 11 的结论,得

$$\begin{aligned}|\lambda^3I-A^3|&=|\lambda I-A||\lambda I-\omega A||\lambda I-\omega^2A|\\&=(\lambda-\lambda_1)^{l_1}(\lambda-\lambda_2)^{l_2}\cdots(\lambda-\lambda_s)^{l_s}\\&\quad\cdot(\lambda-\omega\lambda_1)^{l_1}(\lambda-\omega\lambda_2)^{l_2}\cdots(\lambda-\omega\lambda_s)^{l_s}\\&\quad\cdot(\lambda-\omega^2\lambda_1)^{l_1}(\lambda-\omega^2\lambda_2)^{l_2}\cdots(\lambda-\omega^2\lambda_s)^{l_s}\\&=(\lambda^3-\lambda_1^3)^{l_1}(\lambda^3-\lambda_2^3)^{l_2}\cdots(\lambda^3-\lambda_s^3)^{l_s}.\end{aligned} \tag{4}$$

(4)式左端完全展开后是 λ^3 的多项式,于是(4)式是 $K[\lambda^3]$中的一个等式,λ^3 用 $K[\lambda]$中元素 λ 代入,把(4)式左端展开成 λ^3 的多项式后,从此式得到

$$|\lambda I-A^3|=(\lambda-\lambda_1^3)^{l_1}(\lambda-\lambda_2^3)^{l_2}\cdots(\lambda-\lambda_s^3)^{l_s}. \tag{5}$$

若 λ_i 是 A 的 l_i 重特征值,则从(5)式看到,λ_i^3 是 A^3 的至少 l_i 重特征值。

7. 设 $\xi=\mathrm{e}^{\mathrm{i}\frac{2\pi}{m}}$,则 $1,\xi,\xi^2,\cdots,\xi^{m-1}$ 是所有的 m 次单位根,由于 $1+\xi+\xi^2+\cdots+\xi^{m-1}=\frac{1-\xi^m}{1-\xi}=0$,因此直接计算可得

$$(\lambda I-A)(\lambda I-\xi A)(\lambda I-\xi^2A)\cdots(\lambda I-\xi^{m-1}A)=\lambda^mI-A^m, \tag{6}$$

$$(\lambda-\lambda_i)(\lambda-\xi\lambda_i)(\lambda-\xi^2\lambda_i)\cdots(\lambda-\xi^{m-1}\lambda_i)=\lambda^m-\lambda_i^m, \tag{7}$$

其中 $i=1,2,\cdots,s$。

利用例 11 的结论,从(6)、(7)式得

$$\begin{aligned}|\lambda^mI-A^m|&=|\lambda I-A||\lambda I-\xi A||\lambda I-\xi^2A|\cdots|\lambda I-\xi^{m-1}A|\\&=(\lambda-\lambda_1)^{l_1}(\lambda-\lambda_2)^{l_2}\cdots(\lambda-\lambda_s)^{l_s}\\&\quad\cdot(\lambda-\xi\lambda_1)^{l_1}(\lambda-\xi\lambda_2)^{l_2}\cdots(\lambda-\xi\lambda_s)^{l_s}\cdots\\&\quad\cdot(\lambda-\xi^{m-1}\lambda_1)^{l_1}(\lambda-\xi^{m-1}\lambda_2)^{l_2}\cdots(\lambda-\xi^{m-1}\lambda_s)^{l_s}\\&=(\lambda^m-\lambda_1^m)^{l_1}(\lambda^m-\lambda_2^m)^{l_2}\cdots(\lambda^m-\lambda_s^m)^{l_s}.\end{aligned} \tag{8}$$

(8)式左端展开后是 λ^m 的多项式，于是(8)式是 $K[\lambda^m]$ 中的一个等式。λ^m 用 $K[\lambda]$ 中元素 λ 代入，把(8)式左端展开成 λ^m 的多项式后，从此式得

$$|\lambda I - A^m| = (\lambda - \lambda_1^m)^{l_1}(\lambda - \lambda_2^m)^{l_2}\cdots(\lambda - \lambda_s^m)^{l_s}. \tag{9}$$

若 λ_i 是 A 的 l_i 重特征值，则从(9)式看到，λ_i^m 是 A^m 的至少 l_i 重特征值。

习题 7.2

1. (1) 商式是 x^2+2x-4，余式是 $-20x+19$；

(2) 商式是 $\frac{1}{3}x^2+\frac{4}{9}x-\frac{2}{27}$，余式是 $-\frac{80}{27}x+\frac{85}{27}$。

2. $g(x)\mid f(x)$ 当且仅当 $a_1=3$ 且 $a_0=-1$。

3. (1) 商式是 $3x^3+12x^2+43x+174$，余式是 695；

(2) 商式是 $5x^2-10x+17$，余式是 -30。

4. 从第 3 题的第(2)小题的结果知，

$$h_1(x)=5x^2-10x+17, r_1=-30.$$

用综合除法，得

$$h_1(x) = (5x-20)(x+2)+57,$$
$$h_2(x) = 5x-20 = 5(x+2)-30,$$

因此

$$f(x)=5(x+2)^3-30(x+2)^2+57(x+2)-30.$$

5. 用整除的定义可推出(1)～(4)的结论。

6. 令 $f(x)=x^3-4x^2+7x-1$，$g(x)=x-2$。作综合除法，得

$$f(x) = (x^2-2x+3)(x-2)+5,$$

x 用 A 代入，从上式得

$$f(A) = (A^2-2A+3I)(A-2I)+5I,$$

于是 $h(A)=A^2-2A+3I$，$r(A)=5I$。

7. (1) $\begin{pmatrix} 1 & 0 & 0 \\ 0 & \lambda-2 & 0 \\ 0 & 0 & (\lambda-2)^2 \end{pmatrix}$；

(2) $\begin{pmatrix} 1 & 0 & 0 \\ 0 & 1 & 0 \\ 0 & 0 & \lambda^2(\lambda-1) \end{pmatrix}$。

8. 在 $K[x]$ 中有 $x^m-1=(x-1)(x^{m-1}+x^{m-2}+\cdots+x+1)$。$x$ 用 $\frac{x}{a}$ 代入得一个等式，

然后两边乘 a^m 可证得结论。商式为 $x^{m-1}+ax^{m-2}+\cdots+a^{m-2}x+a^{m-1}$。

9. 在 $K[x]$中有 $x^{2m+1}-1=(x-1)(x^{2m}+x^{2m-1}+\cdots+x+1)$，$x$ 用 $-\frac{x}{a}$代入得一个等式，两边乘 $-a^{2m+1}$。商式为 $x^{2m}-ax^{2m-1}+\cdots+a^{2m-2}x^2-a^{2m-1}x+a^{2m}$。

习题 7.3

1. (1) $(f(x),g(x))=x+3$，

$x+3=\left(\frac{3}{5}x-1\right)f(x)-\frac{1}{5}(x^2-2x)g(x)$。

(2) $(f(x),g(x))=x-1$，

$x-1=\frac{1}{300}(x+10)f(x)-\frac{1}{300}(x^2+15x+46)g(x)$。

2. 去证 $f(x)$与 $g(x)$的任一公因式 $c(x)$能整除 $d(x)$。

3. 存在 $u(x),v(x)\in K[x]$，使得

$$u(x)f(x)+v(x)g(x)=(f(x),g(x)),$$

从而
$$(f(x),g(x))h(x)=u(x)f(x)h(x)+v(x)g(x)h(x),$$

由于
$$(f(x),g(x))h(x)\mid f(x)h(x),(f(x),g(x))h(x)\mid g(x)h(x),$$

因此据第 2 题的结论得，$(f(x),g(x))h(x)$是 $f(x)h(x)$与 $g(x)h(x)$的一个最大公因式。特别地，若 $h(x)$的首项系数为 1，则

$$(f(x)h(x),g(x)h(x))=(f(x),g(x))h(x).$$

4. 由已知条件得

$$u(x)\frac{f(x)}{(f(x),g(x))}+v(x)\frac{g(x)}{(f(x),g(x))}=1,$$

因此$(u(x),v(x))=1$。

5. 由于$(f_i(x),g_j(x))=1,i=1,2,\cdots,s$，因此

$$(f_1(x)f_2(x)\cdots f_s(x),g_j(x))=1,j=1,2,\cdots,m,$$

从而

$$(f_1(x)f_2(x)\cdots f_s(x),g_1(x)g_2(x)\cdots g_m(x))=1.$$

6. 必要性。由于 $f(x)\neq 0$，因此可设 $f(x)=f_1(x)(f(x),g(x))$，$g(x)=g_1(x)(f(x),g(x))$。由此得出

$$g_1(x)f(x)=g_1(x)f_1(x)(f(x),g(x))=f_1(x)g(x).$$

由于 $f(x)$与 $g(x)$不互素，因此$(f(x),g(x))\neq 1$。从而

$$\deg f_1(x) < \deg f(x), \deg g_1(x) < \deg g(x).$$

取 $u(x)=g_1(x), v(x)=f_1(x)$，必要性得证。

充分性。假如 $f(x)$ 与 $g(x)$ 互素，则从 $f(x)\mid v(x)g(x)$ 得，$f(x)\mid v(x)$。于是 $\deg f(x)\leqslant \deg v(x)$，矛盾。

7. 设 $f(x)=f_1(x)(f(x),g(x)), g(x)=g_1(x)(f(x),g(x))$。由于 $f(x)\mid h(x)$，因此存在 $p(x)\in K[x]$，使得

$$h(x) = p(x)f(x) = p(x)f_1(x)(f(x),g(x)).$$

由于 $g(x)\mid h(x)$，因此 $g_1(x)(f(x),g(x))\mid p(x)f_1(x)(f(x),g(x))$。从而 $g_1(x)\mid p(x)f_1(x)$。由于 $(f_1(x),g_1(x))=1$，因此 $g_1(x)\mid p(x)$。从而存在 $q(x)\in K[x]$，使得 $p(x)=q(x)g_1(x)$。于是

$$h(x) = q(x)g_1(x)f(x).$$

由此得出，
$$\begin{aligned}h(x)(f(x),g(x)) &= q(x)g_1(x)f(x)(f(x),g(x)) \\ &= q(x)f(x)g(x),\end{aligned}$$

因此
$$f(x)g(x)\mid h(x)(f(x),g(x)).$$

8. 根据同余的定义可直接验证。

9. 任给 $i\in\{1,2,\cdots,s\}$，由于 $f_1(x),f_2(x),\cdots,f_s(x)$ 两两互素，因此 $(f_i(x),\prod\limits_{j\neq i}f_j(x))=1$。从而存在 $u_i(x),v_i(x)\in K[x]$，使得

$$u_i(x)f_i(x)+v_i(x)\prod_{j\neq i}f_j(x) = 1.$$

首先考虑简单的同余方程组

$$\begin{cases} g(x)\equiv 0 & (\bmod f_1(x)), \\ \cdots & \cdots \\ g_{i-1}(x)\equiv 0 & (\bmod f_{i-1}(x)), \\ g_i(x)\equiv 1 & (\bmod f_i(x)), \\ g_{i+1}(x)\equiv 0 & (\bmod f_{i+1}(x)), \\ \cdots & \cdots \\ g_s(x)\equiv 0 & (\bmod f_s(x)). \end{cases}$$

由于
$$1-u_i(x)f_i(x)\equiv 1(\bmod f_i(x)),$$

$$1-u_i(x)f_i(x) = v_i(x)\prod_{j\neq i}f_j(x)\equiv 0 \quad (\bmod f_l(x)),$$

其中 $l\neq i$。因此 $1-u_i(x)f_i(x)$ 是上述简单的同余方程组的一个解，令

$$g(x) = \sum_{j=1}^{s}r_j(x)(1-u_j(x)f_j(x)),$$

则

$$\begin{aligned}g(x)&=r_1(x)(1-u_1(x)f_1(x))+\cdots+r_i(x)(1-u_i(x)f_i(x))\\&\quad+\cdots+r_s(x)(1-u_s(x)f_s(x))\\&\equiv r_i(x)\pmod{f_i(x)},\end{aligned}$$

其中 $i\in\{1,2,\cdots,s\}$。因此 $g(x)=\sum_{j=1}^{s}r_j(x)(1-u_j(x)f_j(x))$ 是原同余方程组的一个解。

如果 $\tilde{g}(x)$ 也是原同余方程组的一个解，那么

$$\tilde{g}(x)\equiv g(x),\quad (\bmod f_i(x)), i=1,2,\cdots,s,$$

于是
$$f_i(x)\mid\tilde{g}(x)-g(x), i=1,2,\cdots,s.$$

由于 $f_1(x),f_2(x),\cdots,f_s(x)$ 两两互素，因此

$$f_1(x)f_2(x)\cdots f_s(x)\mid\tilde{g}(x)-g(x).$$

于是存在 $l(x)\in K[x]$，使得

$$\tilde{g}(x)-g(x)=l(x)f_1(x)f_2(x)\cdots f_s(x),$$

因此原同余方程组的全部解是

$$\sum_{j=1}^{s}r_j(x)[1-u_j(x)f_j(x)]+l(x)f_1(x)f_2(x)\cdots f_s(x),$$

其中 $l(x)\in K[x]$，且

$$u_j(x)f_j(x)+v_j(x)\prod_{l\neq j}f_l(x)=1.$$

由此得出，如果 $c(x)$ 和 $d(x)$ 都是原同余方程组的解，那么

$$c(x)\equiv d(x)\pmod{f_1(x)f_2(x)\cdots f_s(x)}.$$

10. (1) $A(\lambda)$ 有一个 1 阶子式为 -1，因此 $D_1(\lambda)=1$；

$A(\lambda)$ 的非零的 2 阶子式有：$(\lambda-2)^2,-(\lambda-2)$，因此 $D_2(\lambda)=\lambda-2$；

$A(\lambda)$ 的 3 阶子式只有一个：$|A(\lambda)|=(\lambda-2)^3$，因此 $D_3(\lambda)=(\lambda-2)^3$。

$A(\lambda)$ 的不变因子有

$$d_1(\lambda)=D_1(\lambda)=1,$$

$$d_2(\lambda)=\frac{D_2(\lambda)}{D_1(\lambda)}=\lambda-2,$$

$$d_3(\lambda)=\frac{D_3(\lambda)}{D_2(\lambda)}=(\lambda-2)^2.$$

(2) $B(\lambda)$ 的行列式因子为 $D_1(\lambda)=1,D_2(\lambda)=1,D_3(\lambda)=(\lambda-1)(\lambda-5)^2$。$B(\lambda)$ 的不变因子有：

$$d_1(\lambda)=1,d_2(\lambda)=1,d_3(\lambda)=(\lambda-1)(\lambda-5)^2.$$

11. 由定理 1 得，存在 $u(x),v(x)\in K[x]$，使得

$$u(x)f(x)+v(x)g(x)=d(x).$$

设 $f(x)=f_1(x)d(x)$，$g(x)=g_1(x)d(x)$，则从上式得

$$u(x)f_1(x)+v(x)g_1(x)=1.$$

于是 $(f_1(x),g_1(x))=1$。根据例 8 得，存在唯一的一对多项式 $u(x),v(x)$ 使得 $u(x)f_1(x)+v(x)g_1(x)=1$，其中

$\deg u(x)<\deg g_1(x)=\deg g(x)-\deg d(x)$，$\deg v(x)<\deg f_1(x)=\deg f(x)-\deg d(x)$.

习题 7.4

1. (1) 假如 x^2+1 在实数域上可约，则

$$x^2+1=(x+a)(x+b),a,b\in\mathbf{R}.$$

此式也可看成是 x^2+1 在复数域上的一个不可约因式分解。另一方面，在 $\mathbf{C}[x]$ 中有

$$x^2+1=(x+\mathrm{i})(x-\mathrm{i}),$$

据唯一因式分解定理得，$a=\mathrm{i}$，$b=-\mathrm{i}$，矛盾，因此 x^2+1 在 $\mathbf{R}$ 上不可约。

同理可证 x^2+1 在 $\mathbf{Q}$ 上不可约。

(2) 类似于第(1)小题的证法。

2. (1)
$$\begin{aligned}x^4+1&=(x^2)^2+2x^2-2x^2+1\\&=(x^2+1)^2-(\sqrt{2}x)^2\\&=(x^2+1+\sqrt{2}x)(x^2+1-\sqrt{2}x)\\&=\left[x-\left(-\frac{\sqrt{2}}{2}+\frac{\sqrt{2}}{2}\mathrm{i}\right)\right]\left[x-\left(-\frac{\sqrt{2}}{2}-\frac{\sqrt{2}}{2}\mathrm{i}\right)\right]\\&\quad\left[x-\left(\frac{\sqrt{2}}{2}+\frac{\sqrt{2}}{2}\mathrm{i}\right)\right]\left[x-\left(\frac{\sqrt{2}}{2}-\frac{\sqrt{2}}{2}\mathrm{i}\right)\right],\end{aligned}$$

因此在复数域上

$$\begin{aligned}x^4+1=&\left[x+\left(\frac{\sqrt{2}}{2}-\frac{\sqrt{2}}{2}\mathrm{i}\right)\right]\left[x+\left(\frac{\sqrt{2}}{2}+\frac{\sqrt{2}}{2}\mathrm{i}\right)\right]\\&\left[x-\left(\frac{\sqrt{2}}{2}+\frac{\sqrt{2}}{2}\mathrm{i}\right)\right]\left[x-\left(\frac{\sqrt{2}}{2}-\frac{\sqrt{2}}{2}\mathrm{i}\right)\right];\end{aligned}$$

在实数域上

$$x^4+1=(x^2+\sqrt{2}x+1)(x^2-\sqrt{2}x+1);$$

在有理数域上，x^4+1 不可约。

(2) $x^4+4=(x^2)^2+4x^2-4x^2+4$

$=(x^2+2)^2-(2x)^2$

$=(x^2+2+2x)(x^2+2-2x)$

$=[x-(-1+\mathrm{i})][x-(-1-\mathrm{i})][x-(1+\mathrm{i})](x-(1-\mathrm{i})]$,

因此在复数域上

$$x^4+4=[x+(1-\mathrm{i})][x+(1+\mathrm{i})][x-(1+\mathrm{i})](x-(1-\mathrm{i})];$$

在实数域上

$$x^4+4=(x^2+2x+2)(x^2-2x+2);$$

在有理数域上

$$x^4+4=(x^2+2x+2)(x^2-2x+2).$$

3. 充分性是显然的。必要性:设 $f(x),g(x)$的标准分解式分别为

$$f(x)=ap_1^{l_1}(x)p_2^{l_2}(x)\cdots p_s^{l_s}(x),$$

$$g(x)=bq_1^{r_1}(x)q_2^{r_2}(x)\cdots q_m^{r_m}(x),$$

由于 $g^2(x)\mid f^2(x)$,因此

$$a^2p_1^{2l_1}(x)p_2^{2l_2}(x)\cdots p_s^{2l_s}(x)=h(x)b^2q_1^{2r_1}(x)q_2^{2r_2}(x)\cdots q_m^{2r_m}(x),$$

从而对每个 $j\in\{1,2,\cdots,m\}$,有

$$q_j(x)\sim p_i(x),\text{对某个 } i\in\{1,2,\cdots,s\}.$$

由于它们首一,因此 $q_j(x)=p_i(x)$。于是不妨设

$$q_j(x)=p_j(x),j=1,2,\cdots,m,$$

从而 $g(x)$的标准分解式为

$$g(x)=bp_1^{r_1}(x)p_2^{r_2}(x)\cdots p_m^{r_m}(x),m\leqslant s.$$

由于 $g^2(x)\mid f^2(x)$,因此 $2r_j\leqslant 2l_j,j=1,2,\cdots,m$。从而 $r_j\leqslant l_j,j=1,2,\cdots,m$。所以

$$g(x)\mid f(x).$$

4. 设 $f(x),g(x)$的标准分解式分别为

$$f(x)=ap_1^{l_1}(x)p_2^{l_2}(x)\cdots p_s^{l_s}(x),$$

$$g(x)=bp_1^{r_1}(x)p_2^{r_2}(x)\cdots p_n^{r_n}(x)q_1^{t_1}(x)\cdots q_u^{t_u}(x),n\leqslant s.$$

记 $e_i=\min\{l_i,r_i\},i=1,2,\cdots,n$,则

$$(f(x),g(x))=p_1^{e_1}(x)p_2^{e_2}(x)\cdots p_n^{e_n}(x),$$

又有 $f^m(x),g^m(x)$的标准分解式为

$$f^m(x)=a^mp_1^{l_1m}(x)p_2^{l_2m}(x)\cdots p_s^{l_sm}(x),$$

$$g^m(x)=b^mp_1^{r_1m}(x)p_2^{r_2m}(x)\cdots p_n^{r_nm}(x)q_1^{t_1m}(x)\cdots q_u^{t_um}(x).$$

由于 $\min\{l_i m, r_i m\}=e_i m$，因此

$$(f^m(x),g^m(x)) = p_1^{e_1 m}(x)p_2^{e_2 m}(x)\cdots p_n^{e_n m}(x) = (f(x),g(x))^m.$$

5. (1)
$$\begin{aligned} x^4+m &= (x^2)^2+2\sqrt{m}x^2-2\sqrt{m}x^2+(\sqrt{m})^2 \\ &= (x^2+\sqrt{m})^2-(\sqrt{2}\sqrt[4]{m}x)^2 \\ &= (x^2+\sqrt{m}+\sqrt{2}\sqrt[4]{m}x)(x^2+\sqrt{m}-\sqrt{2}\sqrt[4]{m}x). \end{aligned}$$

由于$(\pm\sqrt{2}\sqrt[4]{m})^2-4\sqrt{m}=2\sqrt{m}-4\sqrt{m}<0$，因此上式右端的每一个 2 次多项式在 $\mathbf{R}[x]$中不能分解成一次因式的乘积。从而 x^4+m 在 $\mathbf{R}[x]$中的标准分解式为

$$x^4+m = (x^2+\sqrt{2}\sqrt[4]{m}x+\sqrt{m})(x^2-\sqrt{2}\sqrt[4]{m}x+\sqrt{m}).$$

(2) 由第(1)小题知，x^4+m 在 $\mathbf{R}[x]$中没有一次因式，从而 x^4+m 在 $\mathbf{Q}[x]$中也没有一次因式。于是 x^4+m 可约当且仅当下式成立：

$$x^4+m = (x^2+b_1x+c_1)(x^2+b_2x+c_2),$$

其中 $b_1,b_2,c_1,c_2\in\mathbf{Q}$。比较上式两边的多项式的系数得

$$\begin{cases} b_1+b_2=0, \\ c_1+b_1b_2+c_2=0, \\ b_2c_1+b_1c_2=0, \\ c_1c_2=m. \end{cases}$$

由第一式得，$b_2=-b_1$。由第二式得，$c_1+c_2=b_1^2$。由第三式得，$b_1(c_2-c_1)=0$，于是 $b_1=0$ 或 $c_2=c_1$。若 $b_1=0$，则 $c_1+c_2=0$，从而 $c_2=-c_1$，于是 $m=-c_1^2$，矛盾。因此 $c_2=c_1$，由此得出，$m=c_1^2$，$2c_1=b_1^2$。于是 $m=\dfrac{b_1^4}{4}$，即 $4m=b_1^4$。从而 b_1 是整数，且 $b_1=\pm\sqrt[4]{4m}$，由此得出，$m=4k^4$，其中 $k\in\mathbf{Z}^*$（注：$\mathbf{Z}^*$ 表示所有非零整数组成的集合）。因此 x^4+m 在 $\mathbf{Q}$ 上可约当且仅当 $m=4k^4$，$k\in\mathbf{Z}^*$。此时，x^4+m 的标准分解式为

$$x^4+m = (x^2+2kx+2k^2)(x^2-2kx+2k^2).$$

6. 由于$|\lambda I-A|=f(\lambda)$，因此 $D_n(\lambda)=f(\lambda)=p^4(\lambda)$。由于 $D_{n-1}(\lambda)\mid D_n(\lambda)$，$\deg D_{n-1}(\lambda)<n$，且 $p(\lambda)$不可约，因此 $D_{n-1}(\lambda)$有且只有 4 种可能：$1,p(\lambda),p^2(\lambda),p^3(\lambda)$。

情形 1　$D_{n-1}(\lambda)=1$，此时 $D_{n-2}(\lambda)=\cdots=D_1(\lambda)=1$。从而 $d_1(\lambda)=d_2(\lambda)=\cdots=d_{n-1}(\lambda)=1$，$d_n(\lambda)=p^4(\lambda)$。于是 $\lambda I-A$ 的相抵标准形为

$$\mathrm{diag}\{1,\cdots,1,p^4(\lambda)\}.$$

情形 2　$D_{n-1}(\lambda)=p(\lambda)$，此时 $d_n(\lambda)=p^3(\lambda)$。由于

$$d_i(\lambda)\mid d_{i+1}(\lambda)\quad (i=1,2,\cdots,n-1),$$
$$d_1(\lambda)d_2(\lambda)\cdots d_n(\lambda)=|\lambda I-A|=p^4(\lambda),$$

因此，$d_{n-1}(\lambda)=p(\lambda)$，$d_{n-2}(\lambda)=\cdots=d_1(\lambda)=1$。

此时 $D_{n-2}(\lambda)=\dfrac{D_{n-1}(\lambda)}{d_{n-1}(\lambda)}=1$，$D_{n-3}(\lambda)=\cdots=D_1(\lambda)=1$。$\lambda I-A$ 的相抵标准形为

$$\mathrm{diag}\{1,\cdots,1,p(\lambda),p^3(\lambda)\}.$$

情形 3　$D_{n-1}(\lambda)=p^2(\lambda)$，此时 $d_n(\lambda)=p^2(\lambda)$。

① $d_{n-1}(\lambda)=p^2(\lambda)$，$d_{n-2}(\lambda)=\cdots=d_1(\lambda)=1$。此时 $D_{n-2}(\lambda)=1$，$D_{n-3}(\lambda)=\cdots=D_1(\lambda)=1$。$\lambda I-A$ 的相抵标准形为

$$\mathrm{diag}\{1,\cdots,1,p^2(\lambda),p^2(\lambda)\}.$$

② $d_{n-1}(\lambda)=p(\lambda)$，$d_{n-2}(\lambda)=p(\lambda)$，$d_{n-3}(\lambda)=\cdots=d_1(\lambda)=1$。此时 $D_{n-2}(\lambda)=p(\lambda)$，$D_{n-3}(\lambda)=1$，$D_{n-4}(\lambda)=\cdots=D_1(\lambda)=1$。$\lambda I-A$ 的相抵标准形为

$$\mathrm{diag}\{1,\cdots,1,p(\lambda),p(\lambda),p^2(\lambda)\}.$$

情形 4　$D_{n-1}(\lambda)=p^3(\lambda)$。此时 $d_n(\lambda)=p(\lambda)$。从而 $d_{n-1}(\lambda)=p(\lambda)$，$d_{n-2}(\lambda)=p(\lambda)$，$d_{n-3}(\lambda)=p(\lambda)$，$d_{n-4}(\lambda)=\cdots=d_1(\lambda)=1$。从而

$$D_{n-2}(\lambda)=p^2(\lambda),D_{n-3}(\lambda)=p(\lambda),D_{n-4}(\lambda)=\cdots=D_1(\lambda)=1,$$

$\lambda I-A$ 的相抵标准形为

$$\mathrm{diag}\{1,\cdots,1,p(\lambda),p(\lambda),p(\lambda),p(\lambda)\}.$$

习题 7.5

1. (1) 用辗转相除法求出 $(f(x),f'(x))=x-2$。因此，$f(x)$ 有重因式。用 $(f(x),f'(x))$ 去除 $f(x)$ 所得商式为

$$g(x)=x^2-x-2.$$

$g(x)$ 与 $f(x)$ 有完全相同的不可约因式(不计重数)，且 $g(x)$ 没有重因式。

(2) 用辗转相除法求出 $(f(x),f'(x))=1$，因此 $f(x)$ 没有重因式。

2. $f(x)=x^3-3x^2+4=(x^2-x-2)(x-2)=(x+1)(x-2)^2$。

3. 解法一　(1) 用辗转相除法求出 $(f(x),f'(x))=(x-1)^3$。用 $(x-1)^3$ 去除 $f(x)$ 得商式 $g(x)=x^2-1=(x+1)(x-1)$。

(2) $f(x)=g(x)(x-1)^3=(x+1)(x-1)^4$。

解法二　采用综合除法，用 $x-1$ 去除 $f(x)$，接着用 $x-1$ 去除所得的商式，依次下去可得

$$f(x)=(x+1)(x-1)^4.$$

从而

$$g(x)=(x+1)(x-1)=x^2-1.$$

4. 例如 $f(x)=x^k+1(k\geqslant 2)$，则 $f'(x)=kx^{k-1}$。于是 x 是 $f'(x)$ 的 $k-1$ 重因式，但是 x 不是 $f(x)$ 的因式。

5. 已知 $p(x)$ 是 $f(x)$ 的因式，设 $p(x)$ 是 $f(x)$ 的 t 重因式（$t\geqslant 1$），则 $p(x)$ 是 $f'(x)$ 的 $t-1$ 重因式。由已知条件得，$t-1=k-1$，因此 $t=k$。

6. 必要性由定理 1 得到。充分性利用第 5 题的结论。

7. (1) $f'(x)=4x^3+2ax$。设 $a\neq 0$，用辗转相除法求 $(f(x),f'(x))$，可得出 $f(x)$ 有重因式 $\Leftrightarrow a^2-4b=0$ 或 $b=0$。当 $a=0$ 时，显然 $f(x)$ 有重因式当且仅当 $b=0$。因此 $f(x)$ 有重因式的充分必要条件是 $a^2-4b=0$ 或者 $b=0$。

(2) 用类似于第(1)小题的方法可求出 $f(x)$ 有重因式的充分必要条件为 $27c^4-256d^3=0$。

(3) $f(x)$ 有重因式的充分必要条件为 $27c^4-256d=0$ 或 $d=0$。

习题 7.6

1. 用综合除法知，$x+2$ 能整除 $f(x)$，接着用 $x+2$ 去除所得的商式，依次下去可知，-2 是 $f(x)$ 的 3 重根。

2. $f(x)$ 在 $\mathbf{Q}$ 中有重根当且仅当 $a=4$ 或 $a=-\frac{17}{27}$。当 $a=4$ 时，2 是 $f(x)$ 的 2 重根；当 $a=-\frac{17}{27}$ 时，$\frac{1}{3}$ 是 $f(x)$ 的 2 重根。

3. $f(x)$ 与 $g(x)$ 恰有一个公共复根：2。

4. 3 是 $f(x)$ 的 2 重根当且仅当 $a=4$ 且 $b=3$。

5. 类似于例 4 的方法。

6. 类似于例 6 的方法。

7. 利用例 11 的结论。

8. 对 $a_n^{-1}f(x)$ 用 Vieta 公式，可求出数域 K 上以 $bc_1,bc_2,\cdots,bc_n$ 为复根的多项式与下述多项式相伴：

$$g(x)=a_nx^n+ba_{n-1}x^{n-1}+\cdots+b^{n-1}a_1x+b^na_0.$$

9. A 的特征多项式 $f(\lambda)=|\lambda I-A|$ 中，λ^{n-k} 的系数 b_{n-k} 为 A 的所有 k 阶主子式的和乘以 $(-1)^k$。设 $\mathrm{pr}(A)=s$。则 A 有 s 阶主子式不为 0，而所有阶数大于 s 的主子式全为 0。因此 $f(\lambda)=\lambda^n+b_{n-1}\lambda^{n-1}+\cdots+b_{n-s}\lambda^{n-s}=\lambda^{n-s}(\lambda^s+b_{n-1}\lambda^{s-1}+\cdots+b_{n-s})$。从而 0 是 A 的至少 $n-s$ 重特征值。于是 A 的非零特征值的个数（重根按重数计算）不超过 s，即不超过 $\mathrm{pr}(A)$。由于 $\mathrm{pr}(A)\leqslant\mathrm{rank}(A)$，因此也不超过 $\mathrm{rank}(A)$。

10. 设 A 的特征多项式的 n 个复根为 $c_1,c_2,\cdots,c_n$。则 $c_1+c_2+\cdots+c_n=\text{tr}(A)$。由于 A 的主对角元全为正数,因此 $\text{tr}(A)>0$。从而 $c_1+c_2+\cdots+c_n>0$。于是 $c_1,c_2,\cdots,c_n$ 的实部不能都是 0 或负数。

11. (1) A 的初等因子是 $\lambda-2,(\lambda-2)^2$;

(2) A 的初等因子是 $(\lambda-1)^3$。

12. $$f(x)=2-5(x-1)+\frac{9}{2}(x-1)(x-2)-\frac{11}{6}(x-1)(x-2)(x-3)$$
$$=-\frac{11}{6}x^3+\frac{31}{2}x^2-\frac{116}{3}x+27。$$

13. $f(x)=2x^2-x+3$。

习题 7.7

1. 利用本节例 1 的结论,不定元 x 用 $\frac{x}{a}$ 代入,当 $n=2m+1$ 时,有

$$\left(\frac{x}{a}\right)^{2m+1}-1=\left(\frac{x}{a}-1\right)\prod_{k=1}^{m}\left[\left(\frac{x}{a}\right)^2-2\,\frac{x}{a}\cos\frac{2k\pi}{2m+1}+1\right],$$

由此得出

$$x^{2m+1}-a^{2m+1}=(x-a)\prod_{k=1}^{m}\left(x^2-2ax\ \cos\frac{2k\pi}{2m+1}+a^2\right);$$

当 $n=2m$ 时,有

$$x^{2m}-a^{2m}=(x-a)(x+a)\prod_{k=1}^{m-1}\left(x^2-2ax\ \cos\frac{k\pi}{m}+a^2\right).$$

2. 利用本节例 2 的结论,x 用 $\frac{x}{a}$ 代入,当 $n=2m+1$ 时,可得

$$x^{2m+1}+a^{2m+1}=(x+a)\prod_{k=1}^{m}\left(x^2-2ax\ \cos\frac{(2k-1)\pi}{2m+1}+a^2\right);$$

当 $n=2m$ 时,可得

$$x^{2m}+a^{2m}=\prod_{k=1}^{m}\left(x^2-2ax\ \cos\frac{(2k-1)\pi}{2m}+a^2\right).$$

3. 利用 $\cos(\frac{\pi}{2}-\alpha)=\sin\alpha$,从例 4 的结论可得;或者仿照例 4 的证法,$x$ 用 -1 代入可得。

4. 利用 $\sin(\frac{\pi}{2}-\alpha)=\cos\alpha$,从例 3 的结论可得;或者在例 2 的(10)式中,x 用 1 代入可得。

5. 从例1的(7)式以及下式

$$x^{2m+1}-1=(x-1)(x^{2m}+x^{2m-1}+\cdots+x+1)$$

得出，$\prod_{k=1}^{m}\left(x^2-2x\cos\frac{2k\pi}{2m+1}+1\right)=x^{2m}+x^{2m-1}+\cdots+x+1$。在此式中，$x$ 用1代入可得本题的结论。

6. 从第5题的结论可得；或者从例2的(10)式以及下式：$x^{2m+1}+1=(x+1)(x^{2m}-x^{2m-1}+\cdots+x^2-x+1)$，得 $\prod_{k=1}^{m}\left(x^2-2x\cos\frac{(2k-1)\pi}{2m+1}+1\right)=x^{2m}-x^{2m-1}+\cdots+x^2-x+1$。在此式中，$x$ 用 -1 代入可得本题的结论。

7. 例2的(9)式中，x 用1代入可得本题的结论。

8. 从第7题的结论可得；或者在例2的(11)式中，x 用 -1 代入可得本题的结论。

9. 由于 $M=\max\{0,12,5,9\}=12$，$-1-\frac{M}{1}=-13$，$1+\frac{M}{1}=13$，因此 $f(x)$ 的实根都在 $(-13,13)$ 内，对 $f(x)$ 和 $f'(x)=4x^3+24x+5$ 作略加修改的辗转相除法，得到 $f(x)$ 的标准序列：

$$f_0=f(x),f_1=f'(x),f_2=-6x^2-\frac{15}{4}x+9,$$

$$f_3=-\frac{505}{16}x-\frac{5}{4},f_4=-\frac{93228}{10201},$$

由此看出，$f(x)$ 没有重根，计算 $V_{-13}=3$，$V_{13}=1$。因此 $f(x)$ 有两个不同的实根。

由于 $f(0)<0$，$f(1)>0$，因此 $f(x)$ 在 $(0,1)$ 内有一个实根。由于 $f(-1)<0$，$f(-2)>0$，因此 $f(x)$ 在 $(-2,-1)$ 内有一个实根。

10. $f(x)$ 的实根都在 $(-9,9)$ 内，$f(x)$ 的标准序列为

$$f_0=f(x),f_1=f'(x),f_2=\frac{2}{9}x+\frac{32}{9},f_3=-936,$$

$f(x)$ 没有重根。计算 $V_{-9}=2$，$V_9=1$。因此 $f(x)$ 只有一个实根。计算：$V_0=2$，$V_4=1$，$V_2=2$，$V_3=2$。因此 $f(x)$ 的唯一实根在 $(3,4)$ 内。

11. 证明见《高等代数学习指导书(上册)》5.4节的例16。

12. $(f(x),f'(x))=1$，从而 $f(x)$ 在 $\mathbf{Q}[x]$ 中没有重因式。于是 $f(x)$ 在 $\mathbf{C}[x]$ 中没有重因式。因此 $f(x)$ 在 $\mathbf{C}$ 中没有重根，$f(x)$ 的不同的实根的个数为1。

13. (1) $(x-1)^2(x-2)(x^2-2x+2)$；

(2) $(x^2+1)^2(x^2+2x+2)$。

习题 7.8

1. (1) $\frac{1}{2}$;　　(2) $1,-\frac{1}{2},3,-3$。

2. (1) 取素数 2,判断为不可约;

(2) $\pm1,\pm3$ 都不是根,判断为不可约;

(3) $\pm1,\pm2$ 都不是根,判断为不可约;

(4) $-\frac{1}{2}$是根,因此可约;

(5) 用素数 3,判断为不可约;

(6) x 用 $x+1$ 代入,然后用素数 2,判断为不可约;

(7) x 用 $x-1$ 代入,用素数 5,判断为不可约;

(8) x 用 $x-1$ 代入,用素数 p,判断为不可约;

(9) x 用 $x-1$ 代入,用素数 p,判断为不可约;

(10) 先证 x^4-5x+1 没有有理根,从而它没有一次因式,再用反证法证明 x^4-5x+1 不能分解成两个二次多项式的乘积,从而它在 $\mathbf{Q}$ 上不可约。

3. 类似于例 7 的证法。此题是例 7 当 $t=n$ 时的特殊情形,为了训练分析问题能力,请读者不要直接用例 7 的结论一步得出此题。

4. 类似于例 8 的证法。

5. 由已知得,$a+b$ 与 c 都是奇数,然后用例 12 的结论。

6. 如果 $f(x)$是 $\mathbf{Q}$ 上不可约多项式,那么结论显然成立。下面设 $f(x)$在 $\mathbf{Q}$ 上可约,则 $f(x)$能分解成在 $\mathbf{Q}$ 上不可约的整系数多项式的乘积(从性质 4 容易推导出这一结论)。由于这些不可约因式的常数项的乘积等于 a_0,已知 $p|a_0$,$p^2\nmid a_0$,因此恰好有一个不可约因式的常数项能被 p 整除,把它记作 $g(x)$,设它的次数为 m,于是

$$f(x)=g(x)h(x)=(b_mx^m+\cdots+b_1x+b_0)(c_lx^l+\cdots+c_1x+c_0),$$

其中 $m<n,l<n,m+l=n,b_0,\cdots,b_m,c_0,\cdots,c_l\in\mathbf{Z},b_m\neq0,c_l\neq0,p|b_0,p\nmid c_0$。由于 $p\nmid a_n$,因此 $p\nmid b_m$。由于

$$a_r=b_0c_r+b_1c_{r-1}+\cdots+b_rc_0,$$

且 $p\nmid a_r$,因此存在 $k(0<k\leqslant r,k\leqslant m)$,使得

$$p\mid b_0,\cdots,p\mid b_{k-1},p\nmid b_k.$$

由于 $a_k=b_0c_k+b_1c_{k-1}+\cdots+b_{k-1}c_1+b_kc_0$,且 $p\nmid c_0$,因此 $p\nmid b_kc_0$,从而 $p\nmid a_k$,结合已知条件得,$k=r$。由于 $k\leqslant m$,因此 $r\leqslant m$。

7. 假如 $f(x)$ 在 $\mathbf{Q}$ 上可约，则

$$f(x)=(b_mx^m+\cdots+b_1x+b_0)(c_lx^l+\cdots+c_1x+c_0),$$

其中 $b_0,\cdots,b_m,c_0,\cdots,c_l\in\mathbf{Z},b_m\neq0,c_l\neq0,m<2n+1,l<2n+1,m+l=2n+1$。

由于 $p|a_0$，因此 $p|b_0$ 或 $p|c_0$，不妨设 $p|b_0$。由于 $p\nmid a_{2n+1}$，因此 $p\nmid b_m$。于是存在 $k(0<k\leqslant m)$，使得

$$p\mid b_0,p\mid b_1,\cdots,p\mid b_{k-1},p\nmid b_k.$$

由于 $a_k=b_0c_k+b_1c_{k-1}+\cdots+b_{k-1}c_1+b_kc_0$，且 $p|a_k$，因此 $p|c_0$。记 $r=2n+1-k$。由于 $a_{k+1}=b_0c_{k+1}+\cdots+b_{k-1}c_2+b_kc_1+b_{k+1}c_0$，且 $p|a_{k+1}$，因此 $p|c_1$。依此类推，可得 $p|c_2,\cdots,p|c_{r-2}$，最后由于

$$a_{k+r-1}=b_0c_{k+r-1}+\cdots+b_{k-1}c_r+b_kc_{r-1}+b_{k+1}c_{r-2}+\cdots+b_{k+r-1}c_0,$$

且 $p|a_{2n}(2n=k+r-1)$，因此 $p|c_{r-1}$。由于

$$a_{2n+1}=a_{k+r}=b_0c_{k+r}+\cdots+b_{k-1}c_{r+1}+b_kc_r+b_{k+1}c_{r-1}+\cdots+b_{k+r}c_0,$$

且 $p\nmid a_{2n+1}$，因此 $p\nmid c_r$。

情形 1　$k\leqslant n$。此时 $r=2n+1-k\geqslant n+1>k$。因此 $p|c_k,p|c_{k-1},\cdots,p|c_1,p|c_0$。由于 $p^2|a_k$，因此 $p^2|c_0$。从而 $p^3|b_0c_0$。即 $p^3|a_0$，矛盾。

情形 2　$k>n$。此时 $r=2n+1-k\leqslant n$，从而 $r<k$。于是 $p|b_r,p|b_{r-1},\cdots,p|b_0$。由于

$$a_r=b_0c_r+b_1c_{r-1}+\cdots+b_{r-1}c_1+b_rc_0,$$

且 $p^2|a_r$，因此 $p^2|b_0c_r$。由于 $p\nmid c_r$，因此 $p^2|b_0$。从而 $p^3|b_0c_0$。即 $p^3|a_0$，矛盾。

综上所述得，$f(x)$ 在 $\mathbf{Q}$ 上不可约。

8. 假如 $f(x)$ 有整数根 m，则 $a_nm^n+\cdots+a_1m+a_0=0$。若 m 能被 3 整除，则由上式得，a_0 能被 3 整除，矛盾；若 m 被 3 除后余数为 1，则由上式得，$a_n+\cdots+a_1+a_0$ 被 3 除后余数为 0，矛盾；若 m 被 3 除后余数为 -1，则由上式得，$a_n(-1)^n+\cdots+a_1(-1)+a_0$ 被 3 除后余数为 0，矛盾，因此 $f(x)$ 没有整数根。

9. 在 $Q[x]$ 中

$$x^8+x^7+x^6+x^5+x^4+x^3+x^2+x+1=(x^6+x^3+1)(x^2+x+1).$$

去证 x^2+x+1 和 x^6+x^3+1 都在 $\mathbf{Q}$ 上不可约。

10. 由于 n 不是素数，因此 $n=n_1n_2$，其中 $0<n_i<n,i=1,2$。于是

$$\begin{aligned}g(x)&=(1+x+\cdots+x^{n_1-1})+(x^{n_1}+x^{n_1+1}+\cdots+x^{2n_1-1})+(x^{2n_1}+x^{2n_1+1}+\cdots+x^{3n_1-1})\\&\quad+\cdots+(x^{(n_2-1)n_1}+x^{(n_2-1)n_1+1}+\cdots+x^{n_2n_1-1})\\&=(1+x+\cdots+x^{n_1-1})\cdot(1+x^{n_1}+x^{2n_1}+\cdots+x^{(n_2-1)n_1}),\end{aligned}$$

因此 $g(x)$ 在 $\mathbf{Q}$ 上可约。

11. 假如 $x^{105}-9$ 在 $\mathbf{Q}$ 上可约，则 $x^{105}-9=g(x)h(x)$，其中 $g(x),h(x)\in\mathbf{Z}[x]$，且 $\deg g(x)=k<105$。记 $a=\sqrt[105]{9}$。根据 7.6 节的例 13 得，

$$g(x)=(x-a\xi^{i_1})(x-a\xi^{i_2})\cdots(x-a\xi^{i_k}),$$

其中 $\xi=\mathrm{e}^{\mathrm{i}\frac{2\pi}{105}}$，从而 $|g(0)|=a^k|\xi^{i_1}\xi^{i_2}\cdots\xi^{i_k}|=a^k$，于是 $a^k\in\mathbf{Z}$。由于 $k<105$，因此 $a^k\mid a^{105}$，即 $a^k\mid 9$。从而 $a^k=1$ 或 $a^k=3$，这都是不可能的。因此 $x^{105}-9$ 在 $\mathbf{Q}$ 上不可约.

习题 7.9

1. (1) $-x_1^3x_2+2x_2^4x_3x_4+5x_2x_3x_4+x_3^4x_4$；

(2) $x_1^3-5x_1^2x_3x_4^2+3x_1x_2^2x_4-2x_2^3x_3+x_3^2$。

2. $f(x_1,x_2,x_3)=(x_1+x_2+x_3)(x_1^2+x_2^2+x_3^2-x_1x_2-x_1x_3-x_2x_3)$。

3. 证明方法与例 5 的证法类似。

4. 由整除的定义容易证得结论。

5. 充分性由相伴的定义立即得到。必要性利用数域 K 上 n 元多项式环是无零因子环，以及乘积多项式的次数公式容易证得。

6. 类似于例 6 的证法。

7. 类似于例 6 的证法。

8. (1) $f(x,y,z)$的矩阵 A 的秩为 2，符号差为 0，据例 7 的结论得，$f(x,y,z)$可约。与例 9 的解法类似可得

$$f(x,y,z)=(3x-y)(x+2y+z).$$

(2) $g(x,y,z)$的矩阵的秩为 3，据例 7 的结论得，$g(x,y,z)$不可约。

9. (1) $I_2<0, I_3=0$。因此 $f(x,y)$可约

$$f(x,y)=(2x-y+3)(x+3y-1).$$

(2) $I_2<0, I_3\neq 0$，因此 $g(x,y)$不可约。

10. 由于 $p(x_1,\cdots,x_n)$不可约，因此$(p(x_1,\cdots,x_n),f(x_1,\cdots,x_n))$等于 1，或者与 $p(x_1,\cdots,x_n)$相伴。前者表明 $p(x_1,\cdots,x_n)$与 $f(x_1,\cdots,x_n)$互素，后者可推出 $p(x_1,\cdots,x_n)\mid f(x_1,\cdots,x_n)$。

11. 对于 $f(x,y)$，$I_2=0, I_3\neq 0$，因此 $f(x,y)$不可约，显然 $f(x,y)$不能整除 $g(x,y)$，因此 $f(x,y)$与 $g(x,y)$互素。

习题 7.10

1. $f(x_1,x_3,x_2)=x_1^3x_3^2+x_1^3x_2^2+x_1^2x_3^3+x_1^2x_2^3+x_3^3x_2^2+x_3^2x_2^3$

$$=f(x_1,x_2,x_3).$$

类似地去计算 $f(x_2,x_1,x_3)$，$f(x_2,x_3,x_1)$，$f(x_3,x_1,x_2)$，$f(x_3,x_2,x_1)$，可得出它们都等于 $f(x_1,x_2,x_3)$，因此 $f(x_1,x_2,x_3)$是对称多项式。

另一证法：若 3 元对称多项式含有一项 $x_1^3x_2^2$，则它应含有 $x_1^3x_3^2$，$x_2^3x_1^2$，$x_2^3x_3^2$，$x_3^3x_1^2$，$x_3^3x_2^2$。由此看出，$f(x_1,x_2,x_3)$是对称多项式。

2. $x_1^3x_2+x_1^3x_3+x_2^3x_1+x_2^3x_3+x_3^3x_1+x_3^3x_2$。

3. (1) $\sigma_1^2\sigma_2-2\sigma_2^2-\sigma_1\sigma_3$；

(2) $\sigma_1^4-4\sigma_1^2\sigma_2+2\sigma_2^2+4\sigma_1\sigma_3$；

(3) $\sigma_1^3\sigma_3+\sigma_2^3-6\sigma_1\sigma_2\sigma_3+8\sigma_3^2$。

4. (1) $\sigma_1^3-3\sigma_1\sigma_2+3\sigma_3$；

(2) $n=3$ 时，$\sigma_2\sigma_3$；$n=4$ 时，$\sigma_2\sigma_3-3\sigma_1\sigma_4$；$n\geqslant 5$ 时，$\sigma_2\sigma_3-3\sigma_1\sigma_4+5\sigma_5$。

5. 设 $x^3+a_2x^2+a_1x+a_0=0$ 的 3 个复根为 c_1,c_2,c_3，这 3 个复根成等比数列当且仅当下式成立：

$$(c_1^2-c_2c_3)(c_2^2-c_1c_3)(c_3^2-c_1c_2)=0.$$

把对称多项式 $f(x_1,x_2,x_3)=(x_1^2-x_2x_3)(x_2^2-x_1x_3)(x_3^2-x_1x_2)$用初等对称多项式 $\sigma_1,\sigma_2,\sigma_3$ 的多项式表示，然后 x_1,x_2,x_3 分别用 c_1,c_2,c_3 代入，且用 Vieta 公式就可以证得结论。

6. 把对称多项式

$$f(x_1,x_2,x_3)=(x_1^2+x_1x_2+x_2^2)(x_2^2+x_2x_3+x_3^2)(x_3^2+x_3x_1+x_1^2)$$

用初等对称多项式 $\sigma_1,\sigma_2,\sigma_3$ 的多项式表示，然后 x_1,x_2,x_3 分别用 c_1,c_2,c_3 代入，且用 Vieta 公式可得

$$\begin{aligned}&(c_1^2+c_1c_2+c_2^2)(c_2^2+c_2c_3+c_3^2)(c_3^2+c_3c_1+c_1^2)\\=&\ a_2^2a_1^2-a_2^3a_0-a_1^3.\end{aligned}$$

7. $s_2=\sigma_1^2-2\sigma_2$，$s_3=\sigma_1^3-3\sigma_1\sigma_2+3\sigma_3$，$s_4=\sigma_1^4-4\sigma_1^2\sigma_2+4\sigma_1\sigma_3+2\sigma_2^2$。

8. $\mathrm{D}(f)=-27a_1^4+256a_0^3$。

9. 由于 $\mathrm{D}(f)\neq 0$，因此 $f(x)$无重根，设 $f(x)$的 n 个复根为 $c_1,\bar{c}_1,c_2,\bar{c}_2,\cdots,c_l,\bar{c}_l$，$c_{2l+1},\cdots,c_n$，其中 $c_1,\cdots,c_l$ 为虚数，$c_{2l+1},\cdots,c_n$ 为实数。

若 $i,j\geqslant 2l+1$，则$(c_i-c_j)^2>0$。

若 $i\leqslant l,j\geqslant 2l+1$，则 c_i-c_j 与$\bar{c}_i-c_j$ 是共轭复数，从而$(c_i-c_j)(\bar{c}_i-c_j)=|c_i-c_j|^2$。于

是$(c_i-c_j)^2(\bar{c}_i-c_j)^2>0$。

若$i,j\leqslant l$,则c_i-c_j与$\bar{c}_i-\bar{c}_j$是共轭复数,$\bar{c}_i-c_j$与$c_i-\bar{c}_j$是共轭复数,从而

$$(c_i-c_j)(\bar{c}_i-\bar{c}_j)(\bar{c}_i-c_j)(c_i-\bar{c}_j)=|c_i-c_j|^2|\bar{c}_i-c_j|^2,$$

于是,$(c_i-c_j)^2(\bar{c}_i-\bar{c}_j)^2(\bar{c}_i-c_j)^2(c_i-\bar{c}_j)^2>0$。

又有$c_i-\bar{c}_i$是纯虚数,从而$(c_i-\bar{c}_i)^2<0$。

综上所述得,若$\mathrm{D}(f)>0$,则$f(x)$有偶数对共轭虚根;若$\mathrm{D}(f)<0$,则$f(x)$有奇数对共轭虚根。

10. $f(x)=x^n+bx^{n-1}+\frac{1}{2!}b^2x^{n-2}+\cdots+\frac{1}{k!}b^kx^{n-k}+\cdots+\frac{1}{(n-1)!}b^{n-1}x+\frac{b^n}{n!}$,其中$b=-(c_1+c_2+\cdots+c_n)$,$c_1,c_2,\cdots,c_n$是$f(x)$的$n$个复根。

11. 设$f(x)$的n个复根为$c_1,c_2,\cdots,c_n$,则$g(x)$的复根为$a,c_1,c_2,\cdots,c_n$。于是

$$\begin{aligned}\mathrm{D}(g)&=\prod_{1\leqslant j<i\leqslant n}(c_i-c_j)^2\prod_{k=1}^{n}(c_k-a)^2\\&=\mathrm{D}(f)\prod_{k=1}^{n}(a-c_k)^2=\mathrm{D}(f)f(a)^2.\end{aligned}$$

12. 只要证$f(x_1,x_2,\cdots,x_n)$诱导的n元多项式函数f是零函数,那么根据7.9节的定理4的逆否命题得,$f(x_1,x_2,\cdots,x_n)=0$。为此任给$(b_1,b_2\cdots,b_n)\in K^n$,令$\varphi(x)=x^n-b_1x^{n-1}+\cdots+(-1)^kb_kx^{n-k}+\cdots+(-1)^nb_n$。设$\varphi(x)$的$n$个复根$c_1,c_2,\cdots,c_n$,则根据Vieta公式得,$b_1=\sigma_1(c_1,\cdots,c_n)\cdots,b_k=\sigma_k(c_1,\cdots,c_n),\cdots,b_n=\sigma_n(c_1\cdots c_n)$,由已知条件$f(\sigma_1,\cdots,\sigma_n)=0$,$x_1,\cdots,x_n$分别用$c_1,\cdots,c_n$代入,得$0=f(\sigma_1(c_1\cdots,c_n),\cdots,\sigma_n(c_1\cdots,c_n))=f(b_1,\cdots,b_n)$,因此$f$是零函数。

习题 7.11

1. 由于$\mathrm{Res}(f,g)=0$,因此$f(x)$与$g(x)$有公共复根。

2. (1) $\mathrm{Res}_x(f,g)=32y(y-1)(y+2)^2$,它的所有根为$0,1,-2$(二重)。原方程组的全部解是:

$$(-1,0),(2,1),(1,-2),(1,-2).$$

(2) $\mathrm{Res}_x(f,g)=4(5y^2-1)(y^2-1)$,它的所有根为$1,-1,\frac{\sqrt{5}}{5},-\frac{\sqrt{5}}{5}$。原方程组的全部解是:

$$(-1,1),(-3,-1),\left(-2+\frac{3}{5}\sqrt{5},\frac{\sqrt{5}}{5}\right),\left(-2-\frac{3}{5}\sqrt{5},-\frac{\sqrt{5}}{5}\right).$$

3. (1) $\mathrm{Res}(f,g)=8$。

(2) $g(x)$的两个根是 3，-2，从而

$$\mathrm{Res}(f,g)=(-1)^{2n}f(3)f(-2)=(-1)^n[6^n+7\cdot 2^n]-3^{n+1}-21.$$

(3) $g(x)$的根是 1(n 重)，从而

$$\mathrm{Res}(f,g)=(-1)^{n\cdot n}[f(1)]^n=(-1)^{n^2}3^n=(-1)^n3^n.$$

(4) 由于$(x-1)f(x)=(x-1)(x^4+x^3+x^2+x+1)=x^5-1$，因此 $f(x)$的 4 个复根是 ξ,ξ^2,ξ^3,ξ^4，其中 $\xi=\mathrm{e}^{\mathrm{i}\frac{2\pi}{5}}$，从而

$$\mathrm{Res}(f,g)=g(\xi)g(\xi^2)g(\xi^3)g(\xi^4).$$

注意：$\xi^5=1$，$1+\xi+\xi^2+\xi^3+\xi^4=0$，计算得

$$\mathrm{Res}(f,g)=(\xi+1)(\xi^2+1)(\xi^3+1)(\xi^4+1)=1.$$

4. $\mathrm{Res}(f,x-a)=(-1)^nf(a)$。

5. $f'(x)=3a_0x^2+2a_1x+a_2$。用定义 1 计算

$$\mathrm{Res}(f,f')=-a_0(18a_0a_1a_2a_3-4a_0a_2^3-27a_0^2a_3^2+a_1^2a_2^2-4a_1^3a_3).$$

从而

$$\begin{aligned}\mathrm{D}(f)&=(-1)^{\frac{3(3-1)}{2}}a_0^{-1}\mathrm{Res}(f,f')\\&=18a_0a_1a_2a_3-4a_0a_2^3-27a_0^2a_3^2+a_1^2a_2^2-4a_1^3a_3.\end{aligned}$$

6. $f(x)$的 2 个复根是 $\mathrm{i},-\mathrm{i}$。于是

$$\mathrm{Res}(f,g)=g(\mathrm{i})g(-\mathrm{i})=2[1+(-1)^m].$$

当 m 为偶数时，$\mathrm{Res}(f,g)=4\neq 0$，因此 $f(x)$与 $g(x)$没有公共复根，从而它们在 $\mathbf{C}[x]$中互素，于是它们在 $K[x]$中也互素。当 m 为奇数时，$\mathrm{Res}(f,g)=0$，因此 $f(x)$与 $g(x)$有公共复根，从而它们在 $\mathbf{C}[x]$中不互素，于是它们在 $K[x]$中也不互素。

7. (1) 令 $f(t)=t^2-t-x$，$g(t)=2t^2+t-2-y$。由于 $f(t)$中 t^2 的系数为 1，因此

点 $P(x,y)$在所给曲线上 $\Leftrightarrow$ $f(t)$与 $g(t)$有公共实根，

$\Leftrightarrow$ $\mathrm{Res}(f,g)=0$。

其中第二步的"$\Leftarrow$"需用到 $f(t)$与 $g(t)$不相伴。用定义 1 计算：

$\mathrm{Res}(f,g)=4x^2-4xy+y^2-11x+y-2$。因此所给曲线的直角坐标方程为

$$4x^2-4xy+y^2-11x+y-2=0.$$

(2) 令 $f(t)=(t^2+1)x-2t-1=xt^2-2t+x-1$，

$$g(t)=(t^2+1)y-t^2-2t+1=(y-1)t^2-2t+y+1.$$

点 $P(x,y)$在所给曲线上 $\Leftrightarrow$ $f(t)$与 $g(t)$有公共实根，

$\Rightarrow$ $\mathrm{Res}(f,g)=0$。

若 $\mathrm{Res}(f,g)=0$，则 $x=0=y-1$，或 $f(t)$与 $g(t)$不互素。在前一情形，容易直接验证点 $M(0,1)$不在所给曲线上；在后一情形，$f(t)$与 $g(t)$有公共一次因式，从而它们

有公共实根。

计算 $\mathrm{Res}(f,g)=8x^2-4xy+5y^2-8x+2y-7$。

综上所述，所给曲线的直角坐标方程为

$$8x^2-4xy+5y^2-8x+2y-7=0,$$

并且$(x,y)\neq(0,1)$。

8. 把方程组左端的 3 个多项式 $f(x,y,z)$，$g(x,y,z)$，$h(x,y,z)$分别按 x 的降幂排列写出(第一个方程两边乘-1)：

$$f(x,y,z)=x-y^2-z^2-2yz+y-z-3,$$
$$g(x,y,z)=x^2+(z+1)x-y+z^2+z+1,$$
$$h(x,y,z)=x^2+(y-1)x-y^2+y-z-1.$$

求出 $\mathrm{R}_x(f,g)=y^4+y^3(4z-2)+y^2(6z^2-z+8)+y(4z^3+4z^2+11z-8)$
$+(z^4+3z^3+10z^2+11z+13)$,

$$\mathrm{R}_x(f,h)=y^4+y^3(4z-1)+y^2(6z^2+4)+y(4z^3+3z^2+9z-1)+(z^4+2z^3+6x^2+4z+5).$$

记 $p(y,z)=\mathrm{R}_x(f,g)$，$q(y,z)=\mathrm{R}_x(f,h)$，用数学软件(譬如 Maple)求出

$$\mathrm{R}_y(p,q)=16z^8+100z^7+271z^6+437z^5+510z^4+467z^3+299z^2+108z+16.$$

用数学软件求出 $\mathrm{R}_y(p,q)$的两个实根为

$$-1,-1.283990953,$$

其余 3 对共轭虚根分别为

$$-1.585227417\pm0.5941675057\mathrm{i},$$
$$-0.4826358422\pm0.08645076966\mathrm{i},$$
$$0.08485873533\pm1.059783915\mathrm{i}.$$

把 $z=-1$ 分别代入 $\mathrm{R}_x(f,g)$，$\mathrm{R}_x(f,h)$中，去解方程组：

$$\begin{cases}y^4-6y^3+15y^2-19y+10=0,\\ y^4-5y^3+10y^2-11y+6=0,\end{cases}$$

第二个方程减去第一个方程得

$$y^3-5y^2+8y-4=0.$$

解得，$y=2$(二重)，$y=1$，其中 $y=1$ 不是第一、二个方程的解，应当舍去，而 $y=2$ 是上述方程组的解。

把 $y=2$ 和 $z=-1$ 代入 $f(x,y,z)=0$ 中，求出 $x=1$。容易看出，$x=1,y=2,z=-1$是原方程组的一个解。

把 $z=-1.283990953$ 分别代入 $\mathrm{R}_x(f,g)$，$\mathrm{R}_x(f,h)$ 中，用数学软件分别求 $\mathrm{R}_x(f,g)=0$，$\mathrm{R}_x(f,h)=0$ 的解。由此看出，它们组成的方程组有一个解：$y=1.38436772$。

把 $z=-1.283990953$ 和 $y=1.38436772$ 代入原方程组，求出 $x=0.34171683$。因此原方程组的另一个实数解为

$$(0.34171683,1.38436772,-1.283990953).$$

原方程组还有 6 个虚数解。

也可以用 Maple 软件直接求原方程组的解，得出两个实数解和 6 个虚数解。

习题 7.12

1. 容易直接验证。

2. 把分母因式分解：它的有理根只可能是 ±1。作综合除法得，1 是 $x^4-3x^3+4x^2-3x+1$ 的二重根，且

$$x^4-3x^3+4x^2-3x+1=(x-1)^2(x^2-x+1).$$

由于 $(-1)^2-4<0$，因此 x^2-x+1 在 $\mathbf{R}$ 上不可约，令

$$\frac{x^3+x-1}{x^4-3x^3+4x^2-3x+1}=\frac{A_1}{x-1}+\frac{A_2}{(x-1)^2}+\frac{Bx+C}{x^2-x+1},$$

两边同乘 $(x-1)^2(x^2-x+1)$，得

$$x^3+x-1=A_1(x-1)(x^2-x+1)+A_2(x^2-x+1)+(Bx+C)(x-1)^2.$$

解得 $A_1=3,A_2=1,B=-2,C=1$。于是

$$\frac{x^3+x-1}{x^4-3x^3+4x^2-3x+1}=\frac{3}{x-1}+\frac{1}{(x-1)^2}+\frac{-2x+1}{x^2-x+1}.$$

3. $\mathbf{Z}_5,\mathbf{Z}_{17}$ 是域；$\mathbf{Z}_{10},\mathbf{Z}_{12}$ 不是域。

$\mathbf{Z}_5$ 中，$\overline{1}^{-1}=\overline{1},\overline{2}^{-1}=\overline{3},\overline{3}^{-1}=\overline{2},\overline{4}^{-1}=\overline{4}$；

$\mathbf{Z}_{10}$ 中，可逆元为 $\overline{1},\overline{3},\overline{7},\overline{9}$，它们的逆元分别为 $\overline{1},\overline{7},\overline{3},\overline{9}$；

$\mathbf{Z}_{12}$ 中，可逆元为 $\overline{1},\overline{5},\overline{7},\overline{11}$，它们的逆元分别为 $\overline{1},\overline{5},\overline{7},\overline{11}$；

$\mathbf{Z}_{17}$ 中，$\overline{1}^{-1}=\overline{1}$，$\overline{2}$ 与 $\overline{9}$ 互为逆元，$\overline{3}$ 与 $\overline{6}$ 互为逆元，$\overline{4}$ 与 $\overline{13}$ 互为逆元，$\overline{5}$ 与 $\overline{7}$ 互为逆元，$\overline{8}$ 与 $\overline{15}$ 互为逆元，$\overline{10}$ 与 $\overline{12}$ 互为逆元，$\overline{11}$ 与 $\overline{14}$ 互为逆元，$\overline{16}$ 的逆元为 $\overline{16}$。

4. F 对于矩阵的减法与乘法封闭，因此 F 是实数域上 2 级全矩阵环 $M_2(\mathbf{R})$ 的一个子环。易验证 F 的乘法满足交换律，显然，I_2 是 F 的元素，因此 F 是有单位元的交换环。由于 $\begin{vmatrix} a & b \\ -b & a \end{vmatrix}=a^2+b^2$，因此 F 中每个非零矩阵都可逆，从而 F 是一个域。令

$$\sigma: F \longrightarrow \mathbf{C}$$

$$\begin{pmatrix} a & b \\ -b & a \end{pmatrix} \longmapsto a+b\mathrm{i},$$

显然 σ 是映射、单射和满射，从而 σ 是双射。易证 σ 保持加法和乘法，因此 σ 是 F 到 $\mathbf{C}$ 的一个同构映射，从而 $F \cong \mathbf{C}$。

5. $2007^7 \equiv 2007 \pmod 7$，又 $2007 \equiv 5 \pmod 7$，因此 $2007^7 \equiv 5 \pmod 7$。

6. 类似于例 14 的方法，可判断 $f(x)$ 在 $\mathbf{Q}$ 上不可约。

7. 类似于例 14 的方法，可判断 $f(x)$ 在 $\mathbf{Q}$ 上不可约。

8. 类似于例 15 的方法，可判断 $f(x)$ 在 $\mathbf{Q}$ 上不可约。

9. 类似于例 16 的方法，可判断 $f(x)$ 在 $\mathbf{Q}$ 上不可约。

10. 设 $g(x)=\bar{a}x^2+\bar{b}x+\bar{c}$，则 $g(\bar{0})=\bar{c}, g(\bar{1})=\bar{a}+\bar{b}+\bar{c}, g(\bar{2})=\bar{a}+\bar{2}\,\bar{b}+\bar{c}$。由于 $f(\bar{0})=\bar{1}, f(\bar{1})=\bar{2}, f(\bar{2})=\bar{2}$。因此 $f=g$ 当且仅当 $\bar{c}=\bar{1}, \bar{a}+\bar{b}+\bar{c}=\bar{2}, \bar{a}+\bar{2}\,\bar{b}+\bar{c}=\bar{2}$，解得 $\bar{a}=\bar{1}, \bar{b}=\bar{0}, \bar{c}=\bar{1}$，因此 $g(x)=x^2+\bar{1}$。

11. 与例 25 的充分性的证明一样。

12. 第 11 题的逆命题不成立，例如，$f_x(y)=(x+1)y^n+x(x+1)$。由于 $x \mid x(x+1)$，$x \nmid (x+1)$，$x^2 \nmid x(x+1)$，因此 $f_x(y)$ 在 $F[y]$ 中不可约。但是 $f_x(y)$ 作为 $K[x,y]$ 中的多项式，由于

$$f_x(y)=(x+1)y^n+x(x+1)=(x+1)(y^n+x),$$

因此 $f_x(y)$ 在 $K[x,y]$ 中是可约的。

13. 令 $F=K(y)$，把 $f(x,y)$ 按 x 的降幂排列写成

$$f(x,y)=x^2+yx+(y^3-y).$$

取 $K[y]$ 中的不可约多项式 y，由于 $y \mid (y^3-y), y \mid y, y \nmid 1, y^2 \nmid (y^3-y)$，因此 $f(x,y)$ 在 $F[x]$ 中不可约。由于 $f(x,y)$ 是 $F[x]$ 中的本原多项式，因此 $f(x,y)$ 在 $K[x,y]$ 中不可约。

14. 令 $F=\mathbf{R}(x)$，$f(x,y)=y^2-(x^3-x+1)$。由于

$$\mathrm{D}(x^3-x+1)=-4\cdot(-1)^3-27\cdot 1^2=-23<0,$$

因此 x^3-x+1 有一个实根和一对共轭虚根。把这个实根记作 a，$x-a$ 在 $\mathbf{R}[x]$ 中不可约，且

$$x-a \mid x^3-x+1, x-a \nmid 1, (x-a)^2 \nmid x^3-x+1,$$

因此 $f(x,y)=y^2-(x^3-x+1)$ 在 $F[y]$ 中不可约。由于 $f(x,y)$ 是 $F[y]$ 中的本原多项式，因此 $f(x,y)$ 在 $\mathbf{R}[x,y]$ 中不可约。

15. 令 $F=\mathbf{R}(y)$。把 $f(x,y)$ 按 x 的降幂排列写出：

$$f(x,y)=x^2-(4y+6)x+(2y^2+8y-5).$$

x用$x+2y+3$代入，从上式得

$$\begin{aligned} f(x+2y+3,y) &= (x+2y+3)^2-(4y+6)(x+2y+3)+(2y^2+8y-5) \\ &= x^2-2(y^2+2y+7). \end{aligned}$$

由于y^2+2y+7的判别式$\Delta=2^2-4\times 7<0$，因此y^2+2y+7在$\mathbf{R}[y]$中不可约。又由于y^2+2y+7满足例23的条件，因此$f(x+2y+3,y)$在$F[x]$中不可约。从而$f(x,y)$在$F[x]$中不可约。由于$f(x,y)$是$F[x]$中的本原多项式，因此$f(x,y)$在$\mathbf{R}[x,y]$中不可约。

16. 这个连的士兵有127人。

17. 类似于例32的方法，可求出在$\mathbf{Z}_{143}$中，$\overline{1}$的平方根恰有四个：$\pm\overline{1},\pm\overline{12}$；$\overline{3}$的平方根恰有四个：$\pm\overline{17},\pm\overline{61}$。

18. 在$\mathbf{Z}_{143}$中，$\overline{a}$是$\overline{2}$的平方根 $\Leftrightarrow\ a^2\equiv 2 \pmod{143}$

$$\Leftrightarrow \begin{cases} a^2\equiv 2 \pmod{11} \\ a^2\equiv 2 \pmod{13}. \end{cases}$$

在$\mathbf{Z}_{11}$中，$\overline{2}$的平方根不存在，因此在$\mathbf{Z}_{143}$中，$\overline{2}$的平方根不存在。

19. 把$f(x)$的各项系数模3得到$\mathbf{Z}_3$上的多项式$\tilde{f}(x)$。说明$\tilde{f}(x)$在$\mathbf{Z}_3$中没有根，从而它没有一次因式，用反证法证明$\tilde{f}(x)$没有二次因式。从而$\tilde{f}(x)$在$\mathbf{Z}_3$上不可约，于是$f(x)\mathbf{Q}$上不可约。

20. 对于$n>1$，n的正因数d，只当$d=1$或d是不同的素数的乘积时才有$\mu(d)\neq 0$。设$p_1,\cdots,p_k$是n的不同的素因子，则

$$\begin{aligned} \sum_{d\mid n}\mu(d) &= \mu(1)+\sum_{i=1}^{k}\mu(p_i)+\sum_{1\leqslant i_1<i_2<k}\mu(p_{i_1}p_{i_2})+\cdots+\mu(p_1\cdots p_k) \\ &= 1+C_k^1(-1)+C_k^2(-1)^2+\cdots+C_k^k(-1)^k \\ &= [1+(-1)]^k=0. \end{aligned}$$

$n=1$时，$\sum_{d\mid 1}\mu(d)=\mu(1)=1$。

21. 必要性。设$g(n)=\sum_{d\mid n}f(d)$，则利用第20题得

$$\begin{aligned} \sum_{d\mid n}\mu(d)g\left(\frac{n}{d}\right) &= \sum_{d\mid n}\mu(d)\sum_{c\mid \frac{n}{d}}f(c)=\sum_{c\mid n}\sum_{d\mid \frac{n}{c}}\mu(d)f(c) \\ &= \sum_{d\mid 1}\mu(d)f(n)+\sum_{\substack{c<n\\ c\mid n}}\Big[\sum_{d\mid \frac{n}{c}}\mu(d)\Big]f(c)=f(n)+\sum_{\substack{c<n\\ c\mid n}}0\cdot f(c)=f(n). \end{aligned}$$

充分性。设$f(n)=\sum_{d\mid n}\mu(d)g\left(\frac{n}{d}\right)$，则

$$\sum_{d|n} f(d) = \sum_{d|n}\sum_{c|d}\mu(c)g(\frac{d}{c}) = \sum_{c|n}\sum_{d|\frac{n}{c}}\mu(d)g(c)$$

$$= g(n) + \sum_{\substack{c<n \\ c|n}} 0 \cdot g(c) = g(n).$$

22. $N_q(2) = \frac{1}{2}q(q-1)$;

$N_q(3) = \frac{1}{3}q(q+1)(q-1)$。

23. $N_2(2) = 1, N_2(3) = 2$;

$N_3(2) = 3, N_3(3) = 8$。

补充题七

1. 与数域 K 上一元多项式环 $K[x]$ 中有带余除法的证明一样。
2. 从整除的定义容易证出结论。
3. 从整除的定义容易证出结论。
4. 与数域 K 上一元多项式环 $K[x]$ 中的相应命题的证明一样。
5. 与 $K[x]$ 中的相应定理的证明一样。
6. 与 $K[x]$ 中的相应定理的证明一样。
7. 与 $K[x]$ 中的相应命题的证明一样。
8. 与 $K[x]$ 中的相应命题的证明一样。
9. 与 $K[x]$ 中的相应命题的证明一样。
10. 与 $K[x]$ 中的相应定理的证明一样。
11. 与 $K[x]$ 中有唯一因式分解定理的证明一样。
12. 与 $K[x]$ 中有关命题的证明一样。
13. $f'(x)=na_nx^{n-1}+(n-1)a_{n-1}x^{n-2}+\cdots+a_1$。

(1) 若 $\operatorname{char} F\nmid n$,则 $na_n\neq 0$,从而 $\deg f'(x)=n-1$;

(2) 若 $\operatorname{char} F| n$,则 $na_n=0$,从而 $\deg f'(x)<n-1$。

14. 设不可约多项式 $p(x)$是 $f(x)$的 k 重因式($k\geqslant 1$),则 $f(x)=p^k(x)g(x)$,其中 $p(x)\nmid g(x)$,我们有

$$\begin{aligned} f'(x) &= k\,p^{k-1}(x)p'(x)g(x) + p^k(x)g'(x) \\ &= p^{k-1}(x)[k\,p'(x)g(x) + p(x)g'(x)]. \end{aligned}$$

(1) 若 char $F=0$，则 $p(x)\nmid k\,p'(x)$。从而 $p(x)\nmid k\,p'(x)g(x)$。于是 $p(x)\nmid[k\,p'(x)g(x)+p(x)g'(x)]$。因此 $p(x)$是 $f'(x)$的 $k-1$ 重因式。特别地，当 $k=1$ 时，$p(x)$是 $f'(x)$的 0 重因式，即 $p(x)$不是 $f'(x)$的因式。

(2) 若 char $F\neq 0$，设 char $F=p$(p 是素数)。如果 $p\nmid k$ 且 $p'(x)\neq 0$，那么 $p(x)\nmid k\,p'(x)$，此时 $p(x)$是 $f'(x)$的 $k-1$ 重因式。如果 $p|k$ 或 $p'(x)=0$，那么 $k\,p'(x)=0$。此时 $p(x)$是 $f'(x)$的至少 k 重因式。(当 $p(x)\nmid g'(x)$时，$p(x)$是 $f'(x)$的 k 重因式。)

15. 假如 $f(x)$有 k 重因式 $p(x)$，其中 $k\geqslant 2$。据第 14 题的结论得，$p(x)$是 $f'(x)$的至少 $k-1$ 重因式，从而 $p(x)$是 $f(x)$与 $f'(x)$的公因式，因此$(f(x),f'(x))\neq 1$。这与已知条件矛盾。所以 $f(x)$没有重因式。

16. 设 char $F=0$。由已知条件得，$f(x)$的任意一个不可约因式 $p(x)$都是单因式，从而据第 14 题的第(1)小题得，$f(x)$的任意一个不可约因式 $p(x)$都不是 $f'(x)$的因式，于是 $f(x)$与 $f'(x)$没有次数大于 0 的公因式，因此$(f(x),f'(x))=1$。

17. 设 char $F\neq 0$，且 $f(x)$没有重因式。如果 $f(x)$的任意一个单因式 $p(x)$都使得 $p'(x)\neq 0$，那么由于 char $F\nmid 1$，因此据第 14 题的第(2)小题得，$p(x)$不是 $f'(x)$的因式，从而 $f(x)$与 $f'(x)$没有次数大于 0 的公因式，因此$(f(x),f'(x))=1$。

18. 取 F 为 $\mathbf{Z}_p$ 上的一元分式域 $\mathbf{Z}_p(y)$，令 $f(x)=x^p+y$。7.12 节典型例题的例 18 至例 26 的结论，把数域 K 换成模 p 剩余类域 $\mathbf{Z}_p$ 时仍然成立。现在取 y，它是 $\mathbf{Z}_p[y]$中的不可约多项式，且 y 满足例 23 的条件，因此 $f(x)$在 $F[x]$中是不可约的，即 $f(x)$是 $f(x)$的单因式，从而 $f(x)$没有重因式。由于域 F 的特征为 p，因此 $f'(x)=p\,x^{p-1}=0$。从而 $(f(x),f'(x))=f(x)$，于是 $f(x)$与 $f'(x)$不互素。

19. 与 $K[x]$中相应命题的证明一样。

20. 与 $K[x]$中 Bezout 定理的证明一样。

21. 由 $F[x]$中的唯一因式分解定理和第 20 题的结论容易证得。

22. 检查 7.12 节典型例题中例 18 至例 26 的证明可以看出：把数域 K 换成任一域 L 时，证明照样通过。在证明中的 K^* 表示 K 中所有非零数组成的集合。把 K 换成 L 后，L^* 表示 L 中所有非零元组成的集合。

23. 与数域 K 上的 n 元多项式环 $K[x_1,x_2,\cdots,x_n]$一样，用字典排列法排出一个 n 元多项式中各个单项式的次序，其第一个系数不为 0 的单项式称为首项，证明在 $F[x_1,x_2,\cdots,x_n]$中两个非零多项式的乘积的首项等于它们的首项的乘积，从而两个非零多项式的乘积仍是非零多项式，即 $F[x_1,x_2,\cdots,x_n]$是无零因子环。从而消去律成立。

24. 与数域 K 上的 n 元多项式环 $K[x_1,x_2,\cdots,x_n]$一样，引进齐次多项式的概念，显然两个齐次多项式的乘积还是齐次多项式，把一个非零的 n 元多项式表示成它的齐次成分的和，然后就可以证明两个非零的多项式的乘积的次数等于它们的次数的和。

25. 证明的关键是由于 $F[x_1,x_2,\cdots,x_n]$中一个 n 元多项式 $f(x_1,x_2,\cdots,x_n)$的表法唯一，因此把 $x_1,x_2,\cdots,x_n$ 用R 中元素 $t_1,t_2,\cdots,t_n$ 代入是$F[x_1,x_2,\cdots,x_n]$到R 的一个映射，容易验证这个映射保持加法和乘法运算。

26. 在 $\mathbf{Z}_2[x_1,x_2,\cdots,x_n]$中，设

$$f(x_1,x_2,\cdots,x_n)=x_1^2+x_2^2+\cdots+x_n^2,$$
$$g(x_1,x_2,\cdots,x_n)=x_1+x_2+\cdots+x_n,$$

显然，$f(x_1,x_2,\cdots,x_n)\neq g(x_1,x_2,\cdots,x_n)$。由于对任意$(c_1,c_2,\cdots,c_n)\in\mathbf{Z}_2^n$，有

$$\begin{aligned}f(c_1,c_2,\cdots,c_n)&=c_1^2+c_2^2+\cdots+c_n^2=c_1+c_2+\cdots+c_n\\&=g(c_1,c_2,\cdots,c_n).\end{aligned}$$

因此 n 元多项式函数 f 与 g 相等。

27. 对于不定元的个数 n 作数学归纳法。$n=1$ 时，从 7.12 节典型例题的例 17 第(2)小题的证明过程看到：$\mathbf{Z}_p$ 上次数小于 p 的两个一元多项式如果不相等，那么它们诱导的多项式函数也不相等。因此若次数小于 p 的多项式 $h(x_1)$不是零多项式，那么它诱导的一元多项式函数 h 不是零函数，从而当 $n=1$ 时，命题为真。

假设不定元个数为 $n-1$ 时命题为真，现在来看 $\mathbf{Z}_p$ 上的 n 元多项式 $h(x_1,x_2,\cdots,x_n)$，它是 S 中的非零多项式，把 $h(x_1,x_2,\cdots,x_n)$按照 x_n 的降幂排列写成：

$$h(x_1,\cdots,x_{n-1},x_n)=u_s(x_1,\cdots,x_{n-1})x_n^s+\cdots+u_1(x_1,\cdots,x_{n-1})x_n+u_0(x_1,\cdots,x_{n-1})$$

其中 $u_i(x_1,\cdots,x_{n-1})$是 $\mathbf{Z}_p[x_1,\cdots,x_{n-1}]$中每个单项式的每个不定元的次数小于 p 的多项式，$i=0,1,\cdots,s$，其中 $s<p$，且 $u_s(x_1,\cdots,x_{n-1})\neq 0$。据归纳假设，$u_s(x_1,\cdots,x_{n-1})$诱导的 $n-1$元多项式函数 u_s 不是零函数，因此存在$(c_1,\cdots,c_{n-1})\in\mathbf{Z}_p^{n-1}$，使得 $u_s(c_1,\cdots,c_{n-1})\neq 0$。不定元 $x_1,\cdots,x_{n-1},x_n$ 用 $c_1,\cdots,c_{n-1},x_n$ 代入，从 $h(x_1,\cdots,x_{n-1},x_n)$的表示式得到

$$h(c_1,\cdots,c_{n-1},x_n)=u_s(c_1,\cdots,c_{n-1})x_n^s+\cdots+u_1(c_1,\cdots,c_{n-1})x_n+u_0(c_1,\cdots,c_{n-1})$$

这是 x_n 的一元多项式，且它的次数 $s<p$，且它是非零多项式，从而它诱导的一元多项式函数不是零函数，于是存在 $c_n\in\mathbf{Z}_p$ 使得 $h(c_1,\cdots,c_{n-1},c_n)\neq 0$。因此 S 中的非零多项式 $h(x_1,\cdots,x_{n-1},x_n)$诱导的函数 h 不是零函数。

据数学归纳法原理，对于不定元个数为任一正整数 n，命题为真。

28. 用 $\mathbf{Z}_2^n$ 表示 $\mathbf{Z}_2$ 上的所有 n 元有序组组成的集合，今后同此约定。$\mathbf{Z}_2^n$ 的元素形如$(a_1,a_2,\cdots,a_n)$，其中 $a_i\in\mathbf{Z}_2$，$i=1,2,\cdots,n$。因此$|\mathbf{Z}_2^n|=2^n$。把 $\mathbf{Z}_2^n$ 的 2^n 个元素记成 $\alpha_0,\alpha_1,\cdots,\alpha_{2^n-1}$。则 $\mathbf{Z}_2^n$ 到 $\mathbf{Z}$ 的每一个映射 f 完全由 $\mathbf{Z}_2$ 上的 2^n 元有序组$(f(\alpha_0),f(\alpha_1),\cdots,f(\alpha_{2^n-1}))$决定，于是 $\mathbf{Z}_2$ 上的所有 n 元函数组成的集合 Ω 到 $\mathbf{Z}_2$ 上的 2^n 元有序组组成的集合 $\mathbf{Z}_2^{2^n}$ 有一个映射 $\sigma:f\longmapsto(f(\alpha_0),f(\alpha_1),\cdots,f(\alpha_{2^n-1}))$。显然 σ 是单射，且 σ 是满射，从

而 σ 是双射，因此

$$|\Omega| = |\mathbf{Z}_2^{2^n}| = 2^{2^n}.$$

$\mathbf{Z}_2$ 上的每一个 n 元多项式函数是由 $\mathbf{Z}_2$ 上的 n 元多项式诱导的函数，考虑 $\mathbf{Z}_2$ 上每个单项式中每个不定元的次数小于 2 的 n 元多项式组成的集合 W。

$$W = \left\{ \sum_{k=1}^{n} \sum_{1\leqslant i_1<\cdots<i_k\leqslant n} a_{i_1\cdots i_k} x_{i_1} x_{i_2} \cdots x_{i_k} \,\middle|\, a_{i_1\cdots i_k} \in \mathbf{Z}_2 \right\}.$$

W 的每个多项式有 $\mathrm{C}_n^1 + \mathrm{C}_n^2 + \cdots + \mathrm{C}_n^n = 2^n$ 项(包括系数为 0 的项)，每一项的系数有两种取法：$\bar{0}$ 或 $\bar{1}$，因此 $|W| = 2^{2^n}$。在 W 中任取两个多项式 $f(x_1, x_2, \cdots, x_n)$ 与 $g(x_1, x_2, \cdots, x_n)$，令 $h(x_1, x_2, \cdots, x_n) = f(x_1, x_2, \cdots, x_n) - g(x_1, x_2, \cdots, x_n)$，则 $h(x_1, x_2, \cdots, x_n) \in W$。如果 $f(x_1, x_2, \cdots, x_n)$ 与 $g(x_1, x_2, \cdots, x_n)$ 诱导的 n 元多项式函数 f 与 g 相等，那么 $\forall (c_1, c_2, \cdots, c_n) \in \mathbf{Z}_2^n$，有 $h(c_1, c_2, \cdots, c_n) = f(c_1, c_2, \cdots, c_n) - g(c_1, c_2, \cdots, c_n) = 0$，即 h 是零函数，据第 27 题的结论得，$h(x_1, x_2, \cdots, x_n) = 0$。从而 $f(x_1, x_2, \cdots, x_n) = g(x_1, x_2, \cdots, x_n)$。因此 W 中不相等的多项式诱导的函数也不相等，于是由 W 中多项式诱导的 n 元多项式函数共有 2^{2^n} 个。这正好是 $\mathbf{Z}_2$ 上所有 n 元函数的个数。因此 $\mathbf{Z}_2$ 上的每一个 n 元函数都可以唯一地表示成每个变量的次数都小于 2 的 n 元多项式函数，从而 $\mathbf{Z}_2$ 上的每一个 n 元函数都是 n 元多项式函数。

29. 与 $K[x_1, x_2, \cdots, x_n]$ 中相应命题的证明一样，参看 7.9 节命题 1 的证明。

30. 从《近世代数》(丘维声著)§3.2 的推论 4 立即得到。

31. $F(x)$ 的一个子集是 $F[x]$，由于 $F[x]$ 中非零多项式的次数 n 可以是任意非负整数，因此 $F[x]$ 含有无穷多个元素，从而 $F(x)$ 含有无穷多个元素，即 $F(x)$ 是无限域。由于域 F 的单位元 e 也是 $F(x)$ 中的单位元，因此由域 F 的特征为 p 可推出 $F(x)$ 的特征也为 p。

32. 与第 31 题的证法类似。

33. 据第 22 题的结论，把 7.12 节中例 23 中的 K 换成 L，x 换成 x_{n-1}，由于 x_{n-1} 是 $L[x_{n-1}]$ 中的不可约多项式，且 $x_{n-1} \mid x_1 x_2 \cdots x_{n-1}$，$x_{n-1} \nmid 1$，$x_{n-1}^2 \nmid x_1 x_2 \cdots x_{n-1}$，因此

$$f(x_1, \cdots, x_{n-1}, y) = y^m + x_1 x_2 \cdots x_{n-1}$$

在 $F[y]$ 中不可约。

34. 令 $L = K(x_1, \cdots, x_{n-2})$，$F = L(x_{n-1})$。据第 33 题的结论得，对于任意正整数 m，都有 $x_n^m + x_1 x_2 \cdots x_{n-1}$ 在 $F[x_n]$ 中不可约。显然 $x_n^m + x_1 x_2 \cdots x_{n-1}$ 是 $F[x_n]$ 中的本原多项式。用类似于 7.12 节例 25 的必要性的证法可证得，$x_n^m + x_1 x_2 \cdots x_{n-1}$ 在 $K[x_1, \cdots, x_{n-1}, x_n]$ 中不可约。

第8章 线性空间

习题 8.1

1. (1) 不是。因为两个 n 次多项式的和有可能是次数小于 n 的多项式,例如,$(x^n+x)+(-x^n+x^2)=x^2+x$。

(2) 是。因为 W 对多项式的加法和数量乘法都封闭,且满足线性空间定义中的 8 条运算法则。

(3) 是。因为 $[a,b]$ 上两个连续函数的和仍是连续函数,实数与连续函数的乘积仍是连续函数,且满足线性空间定义中的 8 条运算法则。

(4) 不是。因为 $(-2)(-\sqrt{3})=2\sqrt{3}\notin \mathbf{R}^-$,即 $\mathbf{R}^-$ 对于数量乘法不封闭。

(5) 是。因为 $\mathbf{Q}(\pi)$ 对于加法和数量乘法都封闭,且满足线性空间定义中的 8 条运算法则。

2. (1)是。因为这个子集对于加法和纯量乘法都封闭,且满足线性空间定义中的 8 条运算法则。

(2) 不是。因为 $0(0,e,e,\cdots)=(0,0,0,\cdots)$,即这个子集对纯量乘法不封闭;又 $(0,e,e,\cdots)+(0,-e,-e,\cdots)=(0,0,0,\cdots)$,即这个子集对加法也不封闭,这里 e 表示域 F 的单位元。

(3) 当 $|F|>2$ 时,不是。因为 $a^{-1}(a,0,0,\cdots)=(e,0,0,\cdots)$,即这个子集对纯量乘法不封闭,这里 $a\in F$ 且 $a\neq 0,a\neq e$。当 $|F|=2$ 时,这个子集只有一个元素:$(0,0,0,\cdots)$,于是这个子集对加法和纯量乘法都封闭,且满足线性空间定义中的 8 条运算法则,因此它是域 F 上的一个线性空间。

3. (1) 是。设 $(a_1,a_2,\cdots)$ 和 $(b_1,b_2,\cdots)$ 都是有界序列,其中 $|a_i|<b,|b_i|<d,\forall i$,则

$$|a_i+b_i|\leqslant|a_i|+|b_i|<b+d,\forall i,$$
$$|ka_i|=|k||a_i|<|k|b,\forall i,k\neq 0,$$
$$|0a_i|=0,\forall i,$$

因此 $(a_1,a_2,\cdots)+(b_1,b_2,\cdots),k(a_1,a_2,\cdots)$ 仍是有界的无限序列。即有界无限序列组成的子集对加法和数量乘法都封闭,又显然满足线性空间定义中的 8 条运算法则。

(2) 是。设 $(a_1,a_2,\cdots)$ 和 $(b_1,b_2,\cdots)$ 都满足 Hilbert 条件,则 $\sum\limits_{n=1}^{\infty}|a_n|^2$ 和 $\sum\limits_{n=1}^{\infty}|b_n|^2$ 都收敛,由于

$$|a_n+b_n|^2\leqslant(|a_n|+|b_n|)^2=|a_n|^2+2|a_n||b_n|+|b_n|^2$$
$$\leqslant|a_n|^2+|a_n|^2+|b_n|^2+|b_n|^2=2|a_n|^2+2|b_n|^2,$$

根据正项级数收敛的充分必要条件是它的部分和数列有上界，得出$\sum\limits_{n=1}^{\infty}|a_n+b_n|^2$收敛，从而$(a_1+b_1,a_2+b_2,\cdots)$仍满足 Hilbert 条件，于是所考虑的子集对加法封闭。由于当$k\neq 0$时，

$$|ka_n|^2=|k|^2|a_n|^2,n=1,2,3,\cdots$$

此时$|k|^2>0$，根据正项级数的比较判别法得，$\sum\limits_{n=1}^{\infty}|ka_n|^2$收敛，从而$(ka_1,ka_2,\cdots)$也满足 Hilbert 条件，$k=0$时，显然满足此条件，于是所考虑的子集对数量乘法也封闭。又它满足线性空间定义中的 8 条运算法则。

4. (1) 是。因为若$f(a)=0$，且$g(a)=0$，则$(f+g)(a)=0$，且$(kf)(a)=0$。从而所给集合对于加法与纯量乘法封闭；显然满足线性空间定义中的 8 条运算法则。

(2) 不是，因为这个集合对纯量乘法不封闭，例如，设$f(a)=k$，取$u\in F$且u不是单位元，则$(uf)(a)=uk\neq k$。于是uf不属于所给的集合。

(3) 是。因为所给的集合对加法和纯量乘法都封闭，且满足线性空间定义中的 8 条运算法则。

(4) 不是。因为所给的集合对加法不封闭。例如，设$a,b\in X_0$，且$a\neq b$，取两个函数f，g，满足：$f(a)=0$，$f(x)\neq 0$，$\forall x\in X_0\setminus\{a\}$；$g(b)=0$，$g(x)\neq 0$，$\forall x\in X_0\setminus\{b\}$，且$f(x)\neq -g(x)$，$\forall x\in X_0\setminus\{a,b\}$，则$(f+g)(a)=f(a)+g(a)=g(a)\neq 0$，$(f+g)(b)=f(b)+g(b)\neq 0$，$(f+g)(x)=f(x)+g(x)\neq 0$，$\forall x\in X_0\setminus\{a,b\}$。于是$f+g$不属于所给的集合。

5. (1) 是。因为所给集合对加法和数量乘法封闭，且满足线性空间定义中的 8 条运算法则。

(2) 不是。因为所给集合对加法和数量乘法都不封闭。

(3) 是。因为所给集合对加法和数量乘法都封闭，且满足线性空间定义中的 8 条运算法则。

6. 是。显然满足加法交换律。由于

$$[(a_1,b_1)\oplus(a_2,b_2)]\oplus(a_3,b_3)=(a_1+a_2,b_1+b_2+a_1a_2)\oplus(a_3,b_3)$$
$$=(a_1+a_2+a_3,b_1+b_2+a_1a_2+b_3+(a_1+a_2)a_3),$$
$$(a_1,b_1)\oplus[(a_2,b_2)\oplus(a_3,b_3)]=(a_1,b_1)\oplus(a_2+a_3,b_2+b_3+a_2a_3)$$
$$=(a_1+a_2+a_3,b_1+b_2+b_3+a_2a_3+a_1(a_2+a_3)),$$

因此加法结合律成立，显然$(0,0)$是零元，由于

$$(a,b)\oplus(-a,a^2-b)=(a+(-a),b+(a^2-b)+a(-a))=(0,0),$$

因此(a,b)有负元$(-a,a^2-b)$。显然$1\circ(a,b)=(a,b)$,

$$\begin{aligned}k\circ[l\circ(a,b)]&=k\circ\left(la,lb+\frac{l(l-1)}{2}a^2\right)\\&=\left(kla,klb+\frac{kl(l-1)}{2}a^2+\frac{k(k-1)}{2}l^2a^2\right)\\&=\left(kla,klb+\frac{kl(kl-1)}{2}a^2\right)\\&=(kl)\circ(a,b),\end{aligned}$$

$$\begin{aligned}[k\circ(a,b)]\oplus[l\circ(a,b)]&=\left(ka,kb+\frac{k(k-1)}{2}a^2\right)\oplus\left(la,lb+\frac{l(l-1)}{2}a^2\right)\\&=\left(ka+la,kb+\frac{k(k-1)}{2}a^2+lb+\frac{l(l-1)}{2}a^2+(ka)(la)\right)\\&=\left((k+l)a,(k+l)b+\frac{(k+l)(k+l-1)}{2}a^2\right)\\&=(k+l)\circ(a,b),\end{aligned}$$

$$\begin{aligned}k\circ[(a_1,b_1)\oplus(a_2,b_2)]&=k\circ(a_1+a_2,b_1+b_2+a_1a_2)\\&=\Big(k(a_1+a_2),k(b_1+b_2+a_1a_2)\\&\quad+\frac{k(k-1)}{2}(a_1+a_2)^2\Big)\\&=\Big(ka_1+ka_2,kb_1+kb_2+ka_1a_2+k(k-1)a_1a_2\\&\quad+\frac{k(k-1)}{2}(a_1^2+a_2^2)\Big)\\&=\left(ka_1+ka_2,kb_1+kb_2+k^2a_1a_2+\frac{k(k-1)}{2}(a_1^2+a_2^2)\right),\end{aligned}$$

$$\begin{aligned}[k\circ(a_1,b_1)]\oplus[k\circ(a_2,b_2)]&=\left(ka_1,kb_1+\frac{k(k-1)}{2}a_1^2\right)\\&\quad\oplus\left(ka_2,kb_2+\frac{k(k-1)}{2}a_2^2\right)\\&=\Big(ka_1+ka_2,kb_1+\frac{k(k-1)}{2}a_1^2+kb_2\\&\quad+\frac{k(k-1)}{2}a_2^2+(ka_1)(ka_2)\Big),\end{aligned}$$

因此 $k\circ[(a_1,b_1)\oplus(a_2,b_2)]=[k\circ(a_1,b_1)]\oplus[k\circ(a_2,b_2)]$。至此已验证完线性空间定

义中的 8 条运算法则都成立。所以 $\mathbf{R}\times\mathbf{R}$ 对于所给的加法和数量乘法构成实数域上的一个线性空间。

7. 不是。因为不满足 $(k+l)\circ\alpha=k\circ\alpha+l\circ\alpha$。例如，

$$(1+2)\circ\alpha=3\circ\alpha=\frac{1}{3}\alpha, 1\circ\alpha+2\circ\alpha=\alpha+\frac{1}{2}\alpha=\frac{3}{2}\alpha.$$

8. (1) 线性相关。这是因为 $\cos 2x=2\cos^2 x-1$，所以 $1-2\cos^2 x+\cos 2x=0$，由此得出，$1,\cos^2 x,\cos 2x$ 线性相关。考虑 $1,\cos 2x$，它的 Wronsky 行列式为

$$W(x)=\begin{vmatrix}1 & \cos 2x\\ 0 & -2\sin 2x\end{vmatrix}=-2\sin 2x.$$

由于 $W\left(\frac{\pi}{4}\right)=-2\sin\frac{\pi}{2}=-2\neq 0$，因此 $1,\cos 2x$ 线性无关。从而 $\operatorname{rank}\{1,\cos^2 x,\cos 2x\}=2$。

(2) 线性无关。因为 $W\left(\frac{\pi}{2}\right)\neq 0$，或者设

$$k_0+k_1\cos x+k_2\cos 2x+k_3\cos 3x=0,$$

让 x 分别取值 $0,\frac{\pi}{3},\frac{\pi}{2},\pi$，得出的 4 元齐次线性方程组的系数行列式不等于 0，因此只有零解。这个函数组的秩为 4。

(3) 线性无关。对 n 作数学归纳法，$n=1$ 时，$\sin x$ 线性无关。假设 $n-1$ 时命题为真，来看 n 的情形。设

$$k_1\sin x+k_2\sin 2x+\cdots+k_n\sin nx=0. \tag{1}$$

在(1)式两边分别求 1 阶和 2 阶导数，得

$$k_1\cos x+2k_2\cos 2x+\cdots+nk_n\cos nx=0, \tag{2}$$

$$-k_1\sin x-4k_2\sin 2x-\cdots-n^2k_n\sin nx=0. \tag{3}$$

(1)式两边乘 n^2，与(3)式相加得

$$(n^2-1)k_1\sin x+(n^2-4)k_2\sin 2x+\cdots+[n^2-(n-1)^2]k_{n-1}\sin(n-1)x=0,$$

据归纳假设得

$$(n^2-1)k_1=0,(n^2-4)k_2=0,\cdots,[n^2-(n-1)^2]k_{n-1}=0,$$

由此得出，$k_1=0,k_2=0,\cdots,k_{n-1}=0$。代入(1)式得，$k_n\sin nx=0$。由于 $\sin nx$ 不是零函数，因此 $k_n=0$。从而 $\sin x,\sin 2x,\cdots,\sin nx$ 线性无关。它的秩为 n。

(4) 线性无关。对 n 作数学归纳法，$n=1$ 时，在例 18 中已证 $1,\sin x,\cos x$ 线性无关。假设 $n-1$ 时命题为真，来看 n 的情形，设

$$k_0+k_{11}\cos x+k_{12}\sin x+\cdots+k_{n-1,1}\cos(n-1)x+k_{n-1,2}\sin(n-1)x$$

$$+k_{n1}\cos nx+k_{n2}\sin nx=0. \tag{4}$$

在(4)式两边分别求1阶和2阶导数，得

$$-k_{11}\sin x+k_{12}\cos x+\cdots-(n-1)k_{n-1,1}\sin(n-1)x+(n-1)k_{n-1,2}\cos(n-1)x$$
$$-nk_{n1}\sin nx+nk_{n2}\cos nx=0, \tag{5}$$
$$-k_{11}\cos x-k_{12}\sin x+\cdots-(n-1)^2k_{n-1,1}\cos(n-1)x-(n-1)^2k_{n-1,2}\sin(n-1)x$$
$$-n^2k_{n1}\cos nx-n^2k_{n2}\sin nx=0. \tag{6}$$

(4) 式两边乘 n^2，与(6)式相加得

$$n^2k_0+(n^2-1)k_{11}\cos x+(n^2-1)k_{12}\sin x+\cdots+[n^2-(n-1)^2]k_{n-1,1}\cos(n-1)x$$
$$+[n^2-(n-1)^2]k_{n-1,2}\sin(n-1)x=0,$$

据归纳假设得

$$n^2k_0=0,(n^2-1)k_{11}=0,(n^2-1)k_{12}=0,\cdots,[n^2-(n-1)^2]k_{n-1,1}=0,$$
$$[n^2-(n-1)^2]k_{n-1,2}=0,$$

由此得出，$k_0=0,k_{11}=0,k_{12}=0,\cdots,k_{n-1,1}=0,k_{n-1,2}=0$。代入(4)式得，$k_{n1}\cos nx+k_{n2}\sin nx=0$。让 x 分别取值 $0,\frac{\pi}{2n}$，得 $k_{n1}=0,k_{n2}=0$。因此

$$1,\cos x,\sin x,\cdots,\cos nx,\sin nx$$

线性无关，从而它的秩为 $2n+1$。

(5) 线性无关。设

$$k_0+k_1\cos x+k_2\cos^2x+\cdots+k_n\cos^nx=0. \tag{7}$$

让 x 分别取值 $\frac{1}{n+1}\frac{\pi}{2},\frac{2}{n+1}\frac{\pi}{2},\cdots,\frac{n+1}{n+1}\frac{\pi}{2}$，从(7)式得

$$\begin{cases} k_0+k_1\cos\dfrac{1}{n+1}\dfrac{\pi}{2}+k_2\cos^2\dfrac{1}{n+1}\dfrac{\pi}{2}+\cdots+k_n\cos^n\dfrac{1}{n+1}\dfrac{\pi}{2}=0,\\ k_0+k_1\cos\dfrac{2}{n+1}\dfrac{\pi}{2}+k_2\cos^2\dfrac{2}{n+1}\dfrac{\pi}{2}+\cdots+k_n\cos^n\dfrac{2}{n+1}\dfrac{\pi}{2}=0,\\ \cdots\\ k_0+k_1\cos\dfrac{n+1}{n+1}\dfrac{\pi}{2}+k_2\cos^2\dfrac{n+1}{n+1}\dfrac{\pi}{2}+\cdots+k_n\cos^n\dfrac{n+1}{n+1}\dfrac{\pi}{2}=0. \end{cases} \tag{8}$$

$n+1$ 元齐次线性方程组(8)的系数行列式是范德蒙行列式的转置，由于 $\cos\frac{1}{n+1}\frac{\pi}{2}$，$\cos\frac{2}{n+1}\frac{\pi}{2},\cdots,\cos\frac{n+1}{n+1}\frac{\pi}{2}$ 两两不等，因此这个行列式的值不等于0。从而方程组(8)只有零解，即 $k_0=k_1=k_2=\cdots=k_n=0$。因此 $1,\cos x,\cos^2x,\cdots,\cos^nx$ 线性无关，它的秩为 $n+1$。

9. 线性无关。假如 $f_1(x),f_2(x),f_3(x)$线性相关,则其中有一个多项式能由其他两个多项式线性表出,不妨设 $f_3(x)=k_1f_1(x)+k_2f_2(x)$。由已知条件知道,$(f_1(x),f_2(x))\neq 1$。由于$(f_1(x),f_2(x))\mid f_i(x),i=1,2$,因此$(f_1(x),f_2(x))\mid f_3(x)$。这与 $f_1(x),f_2(x),f_3(x)$互素矛盾。

10. 设 $k_1\alpha_1+\cdots+k_{i-1}\alpha_{i-1}+k_i\beta+k_{i+1}\alpha_{i+1}+\cdots+k_s\alpha_s=0$。则 $k_1\alpha_1+\cdots+k_{i-1}\alpha_{i-1}+k_i(b_1\alpha_1+\cdots+b_s\alpha_s)+k_{i+1}\alpha_{i+1}+\cdots+k_s\alpha_s=0$。整理得

$$(k_1+k_ib_1)\alpha_1+\cdots+(k_{i-1}+k_ib_{i-1})\alpha_{i-1}+k_ib_i\alpha_i+(k_{i+1}+k_ib_{i+1})\alpha_{i+1}+\cdots+(k_s+k_ib_s)\alpha_s=0. \tag{9}$$

由于 $\alpha_1,\cdots,\alpha_s$ 线性无关,因此由(9)式得

$$k_1+k_ib_1=0,\cdots,k_{i-1}+k_ib_{i-1}=0,k_ib_i=0,k_{i+1}+k_ib_{i+1}=0,\cdots,\\ k_s+k_ib_s=0.$$

由于 $b_i\neq 0$,因此 $k_i=0$,从而 $k_1=0,\cdots,k_{i-1}=0,k_{i+1}=0,\cdots,k_s=0$。于是 $\alpha_1,\cdots,\alpha_{i-1},\beta,\alpha_{i+1},\cdots,\alpha_s$ 线性无关。

11. 线性无关。设

$$k_1e^x\cos x+k_2e^x\sin x+k_3xe^x\cos x+k_4xe^x\sin x=0, \tag{10}$$

让 x 分别取值 $0,\frac{\pi}{2},\pi,-\frac{\pi}{2}$,从(10)式得

$$\begin{cases} k_1 & & & =0, \\ & k_2e^{\frac{\pi}{2}} & & +k_4\frac{\pi}{2}e^{\frac{\pi}{2}} =0, \\ -k_1e^{\pi} & & -k_3\pi e^{\pi} & =0, \\ & -k_2e^{-\frac{\pi}{2}} & & +k_4\frac{\pi}{2}e^{-\frac{\pi}{2}} =0. \end{cases} \tag{11}$$

解方程组(11)得,$k_1=0,k_3=0,k_2=0,k_4=0$。因此 $e^x\cos x,e^x\sin x,xe^x\cos x,xe^x\sin x$ 线性无关。

12. 线性无关。假如 $1,\sqrt[n]{b},\sqrt[n]{b^2},\cdots,\sqrt[n]{b^{n-1}}$ 线性相关,则有不全为 0 的有理数 $a_0,a_1,\cdots,a_{n-1}$,使得

$$a_0+a_1\sqrt[n]{b}+a_2\sqrt[n]{b^2}+\cdots+a_{n-1}\sqrt[n]{b^{n-1}}=0,$$

从而$\sqrt[n]{b}$是有理系数多项式 $f(x)=a_0+a_1x+a_2x^2+\cdots+a_{n-1}x^{n-1}$的一个实根。又$\sqrt[n]{b}$是有理系数多项式 $g(x)=x^n-b$ 的一个实根。因此把 $f(x)$与 $g(x)$看成实数域上的多项式时,它们有公共的一次因式 $x-\sqrt[n]{b}$,从而它们不互素。由于互素性不随数域的扩大而改变,因此在$\mathbf{Q}[x]$中,$f(x)$与 $g(x)$也不互素,由于 $g(x)=x^n-pq^2$,因此素数 p 符合 Eisenstein 判断

法的条件，从而 $g(x)$ 在 $\mathbf{Q}$ 上不可约。于是在 $\mathbf{Q}[x]$ 中，$g(x)\mid f(x)$。由此推出，$\deg g(x)\leqslant \deg f(x)$，即 $n\leqslant \deg f(x)\leqslant n-1$ 矛盾，所以 $1,\sqrt[n]{b},\sqrt[n]{b^2},\cdots,\sqrt[n]{b^{n-1}}$ 线性无关。

13. (1) 显然 $\mathbf{Q}(\omega)$ 对于加法和数量乘法都封闭，且满足线性空间定义中的 8 条运算法则。

(2) $\mathbf{Q}(\omega)$ 中任一元素都可表示成 $a+b\omega$ 的形式，其中 $a,b\in\mathbf{Q}$，假设 $k_0 1+k_1\omega=0$，$k_0,k_1\in\mathbf{Q}$，则 $(k_0-\frac{1}{2}k_1)+\frac{\sqrt{3}}{2}k_1\mathrm{i}=0$。由此得出，$k_0-\frac{1}{2}k_1=0$，$\frac{\sqrt{3}}{2}k_1=0$。从而 $k_1=0$，$k_0=0$。于是 $1,\omega$ 线性无关。因此 $1,\omega$ 是 $\mathbf{Q}(\omega)$ 的一个基，从而 $\dim \mathbf{Q}(\omega)=2$。

(3) 由于 $\overline{\omega}=\frac{-1-\sqrt{3}\mathrm{i}}{2}=-1-\frac{-1+\sqrt{3}\mathrm{i}}{2}=-1-\omega$，$-\sqrt{3}\mathrm{i}=-1-2\,\frac{-1+\sqrt{3}\mathrm{i}}{2}=-1-2\omega$，因此 $\overline{\omega},-\sqrt{3}\mathrm{i}\in\mathbf{Q}(\omega)$。由于 $\dim\mathbf{Q}(\omega)=2$，因此 $\omega,\overline{\omega},-\sqrt{3}\mathrm{i}$ 线性相关。由于 $1=-\omega-\overline{\omega}$，因此 $1,\omega$ 可以由 $\omega,\overline{\omega}$ 线性表出，从而 $\mathrm{rank}\{1,\omega\}\leqslant\mathrm{rank}\{\omega,\overline{\omega}\}$。于是 $\mathrm{rank}\{\omega,\overline{\omega}\}=2$。因此 $\omega,\overline{\omega}$ 线性无关。由此得出，$\mathrm{rank}\{\omega,\overline{\omega},-\sqrt{3}\mathrm{i}\}=2$。

14. 设 $\boldsymbol{\alpha}$ 在基 $\boldsymbol{\alpha}_1,\boldsymbol{\alpha}_2,\boldsymbol{\alpha}_3,\boldsymbol{\alpha}_4$ 下的坐标为 $(x_1,x_2,x_3,x_4)'$，则

$$\boldsymbol{\alpha}=(\boldsymbol{\alpha}_1,\boldsymbol{\alpha}_2,\boldsymbol{\alpha}_3,\boldsymbol{\alpha}_4)\begin{pmatrix}x_1\\x_2\\x_3\\x_4\end{pmatrix},$$

即

$$\begin{pmatrix}1&1&1&1\\1&1&1&0\\1&1&0&0\\1&0&0&0\end{pmatrix}\begin{pmatrix}x_1\\x_2\\x_3\\x_4\end{pmatrix}=\begin{pmatrix}2\\-1\\3\\4\end{pmatrix},$$

解这个线性方程组，得 $(x_1,x_2,x_3,x_4)'=(4,-1,-4,3)'$。

15. (1) 显然 V 对于矩阵的加法以及实数和矩阵的数量乘法封闭，因此它们是 V 的加法与数量乘法。容易看出它们满足线性空间定义中的 8 条运算法则，因此 V 成为实数域 $\mathbf{R}$ 上的一个线性空间。

(2) V 中任一矩阵可表示成

$$\begin{aligned}\begin{pmatrix}a+b\mathrm{i}&c+d\mathrm{i}\\-c+d\mathrm{i}&a-b\mathrm{i}\end{pmatrix}&=\begin{pmatrix}a&0\\0&a\end{pmatrix}+\begin{pmatrix}b\mathrm{i}&0\\0&-b\mathrm{i}\end{pmatrix}+\begin{pmatrix}0&c\\-c&0\end{pmatrix}+\begin{pmatrix}0&d\mathrm{i}\\d\mathrm{i}&0\end{pmatrix}\\&=a\begin{pmatrix}1&0\\0&1\end{pmatrix}+b\begin{pmatrix}\mathrm{i}&0\\0&-\mathrm{i}\end{pmatrix}+c\begin{pmatrix}0&1\\-1&0\end{pmatrix}+d\begin{pmatrix}0&\mathrm{i}\\\mathrm{i}&0\end{pmatrix},\end{aligned}\tag{12}$$

容易看出

$$\begin{pmatrix}1&0\\0&1\end{pmatrix},\begin{pmatrix}\mathrm{i}&0\\0&-\mathrm{i}\end{pmatrix},\begin{pmatrix}0&1\\-1&0\end{pmatrix},\begin{pmatrix}0&\mathrm{i}\\\mathrm{i}&0\end{pmatrix}\qquad(13)$$

是 V 中的矩阵，设(12)式右端等于 0，则可得出

$$a+b\mathrm{i}=0,c+d\mathrm{i}=0,$$

从而 $a=0,b=0,c=0,d=0$，因此(13)中的 4 个矩阵线性无关，于是它们是 V 的一个基，从而 $\dim V=4$。

从(12)式看出，V 中任一矩阵

$$\begin{pmatrix}a+b\mathrm{i}&c+d\mathrm{i}\\-c+d\mathrm{i}&a-b\mathrm{i}\end{pmatrix}$$

在(13)式给出的基下的坐标为 $(a,b,c,d)'$。

注：直接计算可得 V 的上述基中后 3 个矩阵有如下关系：

$$\begin{pmatrix}\mathrm{i}&0\\0&-\mathrm{i}\end{pmatrix}^2=-I,\begin{pmatrix}0&1\\-1&0\end{pmatrix}^2=-I,\begin{pmatrix}0&\mathrm{i}\\\mathrm{i}&0\end{pmatrix}^2=-I,$$

$$\begin{pmatrix}\mathrm{i}&0\\0&-\mathrm{i}\end{pmatrix}\begin{pmatrix}0&1\\-1&0\end{pmatrix}=\begin{pmatrix}0&\mathrm{i}\\\mathrm{i}&0\end{pmatrix},\begin{pmatrix}0&1\\-1&0\end{pmatrix}\begin{pmatrix}0&\mathrm{i}\\\mathrm{i}&0\end{pmatrix}=\begin{pmatrix}\mathrm{i}&0\\0&-\mathrm{i}\end{pmatrix},$$

$$\begin{pmatrix}0&\mathrm{i}\\\mathrm{i}&0\end{pmatrix}\begin{pmatrix}\mathrm{i}&0\\0&-\mathrm{i}\end{pmatrix}=\begin{pmatrix}0&1\\-1&0\end{pmatrix}.$$

16. (1) 设基 $\boldsymbol{\alpha}_1,\boldsymbol{\alpha}_2,\boldsymbol{\alpha}_3,\boldsymbol{\alpha}_4$ 到基 $\boldsymbol{\beta}_1,\boldsymbol{\beta}_2,\boldsymbol{\beta}_3,\boldsymbol{\beta}_4$ 的过渡矩阵为 T，则 $(\boldsymbol{\beta}_1,\boldsymbol{\beta}_2,\boldsymbol{\beta}_3,\boldsymbol{\beta}_4)=(\boldsymbol{\alpha}_1,\boldsymbol{\alpha}_2,\boldsymbol{\alpha}_3,\boldsymbol{\alpha}_4)T$。由于 $(\boldsymbol{\alpha}_1,\boldsymbol{\alpha}_2,\boldsymbol{\alpha}_3,\boldsymbol{\alpha}_4)=I$，因此 $T=(\boldsymbol{\beta}_1,\boldsymbol{\beta}_2,\boldsymbol{\beta}_3,\boldsymbol{\beta}_4)$，即

$$T=\begin{pmatrix}1&2&3&0\\1&3&1&1\\-1&1&-2&-1\\1&1&0&2\end{pmatrix}.$$

设 $\boldsymbol{\alpha}=(x_1,x_2,x_3,x_4)'$ 在基 $\boldsymbol{\beta}_1,\boldsymbol{\beta}_2,\boldsymbol{\beta}_3,\boldsymbol{\beta}_4$ 下的坐标为 $(y_1,y_2,y_3,y_4)'$，则

$$\boldsymbol{\alpha}=(\boldsymbol{\beta}_1,\boldsymbol{\beta}_2,\boldsymbol{\beta}_3,\boldsymbol{\beta}_4)\begin{pmatrix}y_1\\y_2\\y_3\\y_4\end{pmatrix}.$$

把 y_1,y_2,y_3,y_4 的线性方程组的增广矩阵经过初等行变换化成简化行阶梯形：

$$\begin{pmatrix} 1 & 2 & 3 & 0 & x_1 \\ 1 & 3 & 1 & 1 & x_2 \\ -1 & 1 & -2 & -1 & x_3 \\ 1 & 1 & 0 & 2 & x_4 \end{pmatrix} \longrightarrow \begin{pmatrix} 1 & 0 & 0 & 0 & -13x_1+17x_2-11x_3-14x_4 \\ 0 & 1 & 0 & 0 & x_1-x_2+x_3+x_4 \\ 0 & 0 & 1 & 0 & 4x_1-5x_2+3x_3+4x_4 \\ 0 & 0 & 0 & 1 & 6x_1-8x_2+5x_3+7x_4 \end{pmatrix},$$

因此 $\boldsymbol{\alpha}=(x_1,x_2,x_3,x_4)'$在基 $\boldsymbol{\beta}_1,\boldsymbol{\beta}_2,\boldsymbol{\beta}_3,\boldsymbol{\beta}_4$ 下的坐标为

$$\begin{pmatrix} -13x_1+17x_2-11x_3-14x_4 \\ x_1-x_2+x_3+x_4 \\ 4x_1-5x_2+3x_3+4x_4 \\ 6x_1-8x_2+5x_3+7x_4 \end{pmatrix}.$$

(2) 设基 $\boldsymbol{\alpha}_1,\boldsymbol{\alpha}_2,\boldsymbol{\alpha}_3,\boldsymbol{\alpha}_4$ 到基 $\boldsymbol{\beta}_1,\boldsymbol{\beta}_2,\boldsymbol{\beta}_3,\boldsymbol{\beta}_4$ 的过渡矩阵为 T,则

$$(\boldsymbol{\beta}_1,\boldsymbol{\beta}_2,\boldsymbol{\beta}_3,\boldsymbol{\beta}_4)=(\boldsymbol{\alpha}_1,\boldsymbol{\alpha}_2,\boldsymbol{\alpha}_3,\boldsymbol{\alpha}_4)T.$$

记 $$B=(\boldsymbol{\beta}_1,\boldsymbol{\beta}_2,\boldsymbol{\beta}_3,\boldsymbol{\beta}_4),A=(\boldsymbol{\alpha}_1,\boldsymbol{\alpha}_2,\boldsymbol{\alpha}_3,\boldsymbol{\alpha}_4),$$

则 $B=AT$,为了解这个矩阵方程,把(A,B)经过初等行变换,当左半边为 I 时,右半边就是 $A^{-1}B=T$。

$$\begin{pmatrix} 1 & 4 & -3 & 2 & 1 & 0 & 1 & -1 \\ 0 & 1 & 2 & -3 & 1 & 3 & 1 & 4 \\ 0 & 0 & 1 & 2 & 8 & 7 & 6 & -1 \\ 0 & 0 & 0 & 1 & 3 & 2 & 2 & -1 \end{pmatrix} \longrightarrow \begin{pmatrix} 1 & 0 & 0 & 0 & -23 & -7 & -9 & 8 \\ 0 & 1 & 0 & 0 & 6 & 3 & 3 & -1 \\ 0 & 0 & 1 & 0 & 2 & 3 & 2 & 1 \\ 0 & 0 & 0 & 1 & 3 & 2 & 2 & -1 \end{pmatrix},$$

因此

$$T=\begin{pmatrix} -23 & -7 & -9 & 8 \\ 6 & 3 & 3 & -1 \\ 2 & 3 & 2 & 1 \\ 3 & 2 & 2 & -1 \end{pmatrix}.$$

设 $\boldsymbol{\alpha}=(1,4,2,3)'$在基 $\boldsymbol{\alpha}_1,\boldsymbol{\alpha}_2,\boldsymbol{\alpha}_3,\boldsymbol{\alpha}_4$ 下的坐标为$(x_1,x_2,x_3,x_4)'$,则

$$\boldsymbol{\alpha}=(\boldsymbol{\alpha}_1,\boldsymbol{\alpha}_2,\boldsymbol{\alpha}_3,\boldsymbol{\alpha}_4)\begin{pmatrix} x_1 \\ x_2 \\ x_3 \\ x_4 \end{pmatrix}.$$

把这个线性方程组的增广矩阵经过初等行变换化成简化行阶梯形:

$$\begin{pmatrix} 1 & 4 & -3 & 2 & 1 \\ 0 & 1 & 2 & -3 & 4 \\ 0 & 0 & 1 & 2 & 2 \\ 0 & 0 & 0 & 1 & 3 \end{pmatrix} \longrightarrow \begin{pmatrix} 1 & 0 & 0 & 0 & -101 \\ 0 & 1 & 0 & 0 & 21 \\ 0 & 0 & 1 & 0 & -4 \\ 0 & 0 & 0 & 1 & 3 \end{pmatrix},$$

因此 $\boldsymbol{\alpha}=(1,4,2,3)'$在基 $\boldsymbol{\alpha}_1,\boldsymbol{\alpha}_2,\boldsymbol{\alpha}_3,\boldsymbol{\alpha}_4$ 下的坐标为$(-101,21,-4,3)'$。

(3) 类似于第(2)小题的解法,可求出过渡矩阵 T 为

$$T=\begin{pmatrix} \frac{3}{4} & \frac{7}{4} & \frac{1}{2} & -\frac{1}{4} \\ \frac{1}{4} & -\frac{1}{4} & \frac{1}{2} & \frac{3}{4} \\ -\frac{1}{4} & \frac{3}{4} & 0 & -\frac{1}{4} \\ \frac{1}{4} & -\frac{1}{4} & 0 & -\frac{1}{4} \end{pmatrix},$$

设 $\boldsymbol{\alpha}=(1,0,0,-1)'$在基 $\boldsymbol{\beta}_1,\boldsymbol{\beta}_2,\boldsymbol{\beta}_3,\boldsymbol{\beta}_4$ 下的坐标为$(y_1,y_2,y_3,y_4)'$,则

$$\boldsymbol{\alpha}=(\boldsymbol{\beta}_1,\boldsymbol{\beta}_2,\boldsymbol{\beta}_3,\boldsymbol{\beta}_4)\begin{pmatrix} y_1 \\ y_2 \\ y_3 \\ y_4 \end{pmatrix}.$$

解这个线性方程组得,$(y_1,y_2,y_3,y_4)'=(-2,-\frac{1}{2},4,-\frac{3}{2})'$。因此 $\boldsymbol{\alpha}=(1,0,0,-1)'$在基 $\boldsymbol{\beta}_1,\boldsymbol{\beta}_2,\boldsymbol{\beta}_3,\boldsymbol{\beta}_4$ 下的坐标为$(-2,-\frac{1}{2},4,-\frac{3}{2})'$。

17. 在第16题的第(1)小题中已求出 $\boldsymbol{\alpha}=(x_1,x_2,x_3,x_4)'$在基 $\boldsymbol{\beta}_1,\boldsymbol{\beta}_2,\boldsymbol{\beta}_3,\boldsymbol{\beta}_4$ 下的坐标,又 α 在基 $\alpha_1,\alpha_2,\alpha_3,\alpha_4$ 下的坐标为$(x_1,x_2,x_3,x_4)'$。据题意得

$$\begin{cases} -13x_1+17x_2-11x_3-14x_4=x_1, \\ x_1-x_2+x_3+x_4=x_2, \\ 4x_1-5x_2+3x_3+4x_4=x_3, \\ 6x_1-8x_2+5x_3+7x_4=x_4. \end{cases}$$

解这个齐次线性方程组得一般解为

$$\begin{cases} x_1=-x_4, \\ x_2=0, \\ x_3=0, \end{cases}$$

其中 x_4 是自由未知量,让 x_4 取值-1,得一个非零解为$(1,0,0,-1)'$,这个向量即为所求的向量。

18. 据二项式定理得

$$(x-a)^l=x^l+C_l^1x^{l-1}(-a)+C_l^2x^{l-2}(-a)^2+\cdots$$
$$+C_l^ix^{l-i}(-a)^i+\cdots+C_l^{l-1}x(-a)^{l-1}+(-a)^l$$

$$=x^l-lax^{l-1}+C_l^2a^2x^{l-2}+\cdots+(-1)^iC_l^ia^ix^{l-i}+\cdots$$
$$+(-1)^{l-1}la^{l-1}x+(-1)^la^l.$$

设基 $1,x,x^2,\cdots,x^{n-1}$ 到基 $1,x-a,(x-a)^2,\cdots,(x-a)^{n-1}$ 的过渡矩阵为 T,则

$$(1,x-a,(x-a)^2,\cdots,(x-a)^{n-1})=(1,x,x^2,\cdots,x^{n-1})T,$$

因此

$$T=\begin{pmatrix}1 & -a & a^2 & \cdots & (-1)^{n-1}a^{n-1}\\ 0 & 1 & -2a & \cdots & (-1)^{n-2}(n-1)a^{n-2}\\ 0 & 0 & 1 & \cdots & (-1)^{n-3}C_{n-1}^2a^{n-3}\\ \vdots & \vdots & \vdots & & \vdots\\ 0 & 0 & 0 & \cdots & C_{n-1}^2a^2\\ 0 & 0 & 0 & \cdots & -(n-1)a\\ 0 & 0 & 0 & \cdots & 1\end{pmatrix}.$$

19. (1) $u(n)=3\cdot 2^n-5$;　　(2) $u(n)=(-1)^n(2n-1)$。

20. 充分性。利用线性无关的定义可证得结论。

必要性。对 n 作数学归纳法。$n=1$ 时,由于 f_1 线性无关,因此 $f_1\neq 0$。从而存在实数 $a_1\in X$,使得 $f_1(a_1)\neq 0$。假设对于 $n-1$ 个线性无关的函数命题成立,现在来看 n 个线性无关的函数 $f_1,\cdots,f_n$。由于 $f_1\neq 0$,因此存在 $a_1\in X$ 使得 $f_1(a_1)\neq 0$。去证函数组

$$f_2-\frac{f_2(a_1)}{f_1(a_1)}f_1,\cdots,f_n-\frac{f_n(a_1)}{f_1(a_1)}f_1$$

线性无关。从而可用归纳假设。最后把 $|A|$ 的第 1 列的适当倍数分别加到第 $2,\cdots,n$ 列,可证得 $|A|\neq 0$。

习题 8.2

1. (1)不是,因为解集对加法不封闭,例如,取

$$\boldsymbol{\alpha}=(1,0,\cdots,0,1)',\boldsymbol{\beta}=(-1,0,\cdots,0,1)',$$

则 $\boldsymbol{\alpha}$ 和 $\boldsymbol{\beta}$ 都属于解集,但是 $\boldsymbol{\alpha}+\boldsymbol{\beta}=(0,0,\cdots,0,2)$ 不属于解集。(2) 是。

2. 由已知条件得,V_1 可看成是 V_2 的子空间。于是用本节内容精华中所讲的子空间的维数与整个空间的维数之间的关系立即得到结论。

3. 由于 $k_1k_2\neq 0$,因此 α 可由 β,γ 线性表出,β 可由 α,γ 线性表出。从而 $\{\alpha,\gamma\}\cong\{\beta,\gamma\}$。于是 $\langle\alpha,\gamma\rangle=\langle\beta,\gamma\rangle$。

4. 维数为 3,一个基为 $\alpha_1,\alpha_2,\alpha_3$。

5. 是。理由如下：$\sum_{i=1}^{n} x_i^p = 0$ 的解集 W 包含零向量，设 $\alpha = (a_1, \cdots, a_n)'$，$\beta = (b_1, \cdots, b_n)' \in W$。由于

$$\sum_{i=1}^{n}(a_i + b_i)^p = \sum_{i=1}^{n}(a_i^p + b_i^p) = \sum_{i=1}^{n} a_i^p + \sum_{i=1}^{n} b_i^p = 0,$$

因此 $\alpha+\beta \in W$。易证 $k\alpha \in W$，$\forall k \in \mathbf{Z}_p$，因此 W 是 $\mathbf{Z}_p^n$ 的一个子空间。

$\mathbf{Z}_3$ 上二元方程组 $\sum_{i=1}^{2} x_i^3 = 0$ 的解集 W 为

$$\{(\overline{0},\overline{0})'(\overline{1},\overline{2})',(\overline{2},\overline{1})'\}.$$

由前面证得的一般结论知，它是 $\mathbf{Z}_3^2$ 的一个子空间，由于

$$(\overline{0},\overline{0})' = \overline{0}(\overline{1},\overline{2})',(\overline{2},\overline{1})' = \overline{2}(\overline{1},\overline{2})',$$

因此 $(\overline{1},\overline{2})'$ 是 W 的一个基，从而 $\dim W=1$。

6. 据《高等代数学习指导书(上册)》习题 4.1 的第 10 题第(4)小题的解答，$X=(x_{ij})$ 与 A 可交换当且仅当

$$X=\begin{pmatrix} x_{11} & -2x_{11}-2x_{32}+2x_{33} & 4x_{32} \\ 0 & -x_{32}+x_{33} & 2x_{32} \\ 0 & x_{32} & x_{33} \end{pmatrix}$$

$$= x_{11}\begin{pmatrix} 1 & -2 & 0 \\ 0 & 0 & 0 \\ 0 & 0 & 0 \end{pmatrix} + x_{32}\begin{pmatrix} 0 & -2 & 4 \\ 0 & -1 & 2 \\ 0 & 1 & 0 \end{pmatrix} + x_{33}\begin{pmatrix} 0 & 2 & 0 \\ 0 & 1 & 0 \\ 0 & 0 & 1 \end{pmatrix}.$$

分别用 B_1, B_2, B_3 表示上式中的 3 个矩阵，易证它们线性无关。因此 B_1, B_2, B_3 是 $C(A)$的一个基。从而 $\dim C(A)=3$。(注：我们将在习题 9.9 第 3 题的解答中给出此题的更简捷的解法。)

7. 据 8.1 节典型例题例 19 的结论，$\sin x, \cos x, \sin^2 x, \cos^2 x, \sin^3 x, \cos^3 x$ 线性无关。因此它们就是由自身生成的子空间的一个基，于是此子空间的维数为 6。

8. 用 W_1, W_2, W 分别表示数域 K 上 n 元齐次线性方程组 $A\boldsymbol{X}=\mathbf{0}$，$(I-A)\boldsymbol{X}=\mathbf{0}$，$A(I-A)\boldsymbol{X}=\mathbf{0}$的解空间，令

$$f_1(x) = x, f_2(x) = 1-x, f(x) = x(1-x),$$

显然，$f(x)=f_1(x)f_2(x)$，且$(f_1(x), f_2(x))=1$。于是据本节典型例题例 24 的结论得，$W=W_1 \oplus W_2$，因此有

$$\begin{aligned} n\text{ 级矩阵 } A \text{ 是幂等矩阵} \quad &\Leftrightarrow \quad A^2=A \\ &\Leftrightarrow \quad A-A^2=0 \\ &\Leftrightarrow \quad \operatorname{rank}[A(I-A)]=0 \end{aligned}$$

$$\Leftrightarrow \quad \dim W = n$$
$$\Leftrightarrow \quad \dim(W_1 \oplus W_2) = n$$
$$\Leftrightarrow \quad \dim W_1 + \dim W_2 = n$$
$$\Leftrightarrow \quad (n - \operatorname{rank}(A)) + (n - \operatorname{rank}(I - A)) = n$$
$$\Leftrightarrow \quad \operatorname{rank}(A) + \operatorname{rank}(I - A) = n.$$

(注：此证法利用例 24 的结论：$W = W_1 \oplus W_2$，把《高等代数学习指导书(上册)》4.5 节例 3 的证法二简化了。由此体会到研究线性空间的结构可以使我们把问题看得更透彻。)

9. 用 W_1, W_2, W 分别表示 n 元齐次线性方程组 $(I+A)\boldsymbol{X}=\boldsymbol{0}$，$(I-A)\boldsymbol{X}=\boldsymbol{0}$，$(I-A^2)\boldsymbol{X}=\boldsymbol{0}$ 的解空间。令 $f_1(x)=1+x$，$f_2(x)=1-x$，$f(x)=1-x^2$，显然有

$$f(x) = f_1(x) f_2(x), (f_1(x), f_2(x)) = 1,$$

于是据本节例 24 的结论得，$W = W_1 \oplus W_2$，后半部分的证明类似于第 8 题的后半部分的证法。

10. 用 W 表示 $(I-A)\boldsymbol{X}=\boldsymbol{0}$ 的解空间，据第 8 题结论得

$$\dim W = n - \operatorname{rank}(I - A) = \operatorname{rank}(A) = r.$$

11. 设 A 的行向量组为 $\boldsymbol{\alpha}_1, \boldsymbol{\alpha}_2, \cdots, \boldsymbol{\alpha}_s$；$B$ 的行向量组为 $\boldsymbol{\beta}_1, \boldsymbol{\beta}_2, \cdots, \boldsymbol{\beta}_m$。用 W 表示 n 元齐次线性方程组 $\begin{pmatrix} A \\ B \end{pmatrix} \boldsymbol{X} = \boldsymbol{0}$ 的解空间。

必要性。设 $W_1 = W_2$。对于 $\boldsymbol{\eta} \in F^n$，有

$$\begin{pmatrix} A \\ B \end{pmatrix} \boldsymbol{\eta} = \boldsymbol{0} \quad \Leftrightarrow \quad \begin{pmatrix} A\boldsymbol{\eta} \\ B\boldsymbol{\eta} \end{pmatrix} = \boldsymbol{0} \quad \Leftrightarrow \quad A\boldsymbol{\eta} = \boldsymbol{0} \text{ 且 } B\boldsymbol{\eta} = \boldsymbol{0},$$

因此 $W \subseteq W_1$。又已知 $W_1 = W_2$，因此从 $A\boldsymbol{\eta} = \boldsymbol{0}$ 可推出 $\begin{pmatrix} A \\ B \end{pmatrix} \boldsymbol{\eta} = \boldsymbol{0}$。于是 $W_1 \subseteq W$。从而 $W_1 = W$。由此得出，$\operatorname{rank}(A) = \operatorname{rank}\begin{pmatrix} A \\ B \end{pmatrix}$。于是

$$\operatorname{rank}\{\boldsymbol{\alpha}_1, \boldsymbol{\alpha}_2, \cdots, \boldsymbol{\alpha}_s\} = \operatorname{rank}\{\boldsymbol{\alpha}_1, \cdots, \boldsymbol{\alpha}_s, \boldsymbol{\beta}_1, \cdots, \boldsymbol{\beta}_m\}.$$

又 $\boldsymbol{\alpha}_1, \boldsymbol{\alpha}_2, \cdots, \boldsymbol{\alpha}_s$ 可以由 $\boldsymbol{\alpha}_1, \boldsymbol{\alpha}_2, \cdots, \boldsymbol{\alpha}_s, \boldsymbol{\beta}_1, \boldsymbol{\beta}_2, \cdots, \boldsymbol{\beta}_m$ 线性表出，因此 $\{\boldsymbol{\alpha}_1, \boldsymbol{\alpha}_2, \cdots, \boldsymbol{\alpha}_s\} \cong \{\boldsymbol{\alpha}_1, \boldsymbol{\alpha}_2, \cdots, \boldsymbol{\alpha}_s, \boldsymbol{\beta}_1, \boldsymbol{\beta}_2, \cdots, \boldsymbol{\beta}_m\}$。从而 $\{\boldsymbol{\alpha}_1, \boldsymbol{\alpha}_2, \cdots, \boldsymbol{\alpha}_s\} \cong \{\boldsymbol{\beta}_1, \boldsymbol{\beta}_2, \cdots, \boldsymbol{\beta}_m\}$。

充分性。设 $\{\boldsymbol{\alpha}_1, \boldsymbol{\alpha}_2, \cdots, \boldsymbol{\alpha}_s\} \cong \{\boldsymbol{\beta}_1, \boldsymbol{\beta}_2, \cdots, \boldsymbol{\beta}_m\}$，则 $\operatorname{rank}(A) = \operatorname{rank}(B)$。从而 $\dim W_1 = \dim W_2$。任取 $\boldsymbol{\eta} \in W_1$，则 $A\boldsymbol{\eta} = \boldsymbol{0}$。即 $\begin{pmatrix} \boldsymbol{\alpha}_1 \\ \boldsymbol{\alpha}_2 \\ \vdots \\ \boldsymbol{\alpha}_s \end{pmatrix} \boldsymbol{\eta} = \boldsymbol{0}$。于是 $\boldsymbol{\alpha}_i \boldsymbol{\eta} = 0, i = 1, 2, \cdots, s$。由于 $\boldsymbol{\beta}_j =$

$k_{j1}\boldsymbol{\alpha}_1+\cdots+k_{js}\boldsymbol{\alpha}_s$，因此

$$\boldsymbol{\beta}_j\boldsymbol{\eta}=k_{j1}\boldsymbol{\alpha}_1\boldsymbol{\eta}+\cdots+k_{js}\boldsymbol{\alpha}_s\boldsymbol{\eta}=0, j=1,2,\cdots,m,$$

从而 $B\boldsymbol{\eta}=\begin{pmatrix}\boldsymbol{\beta}_1\\ \vdots\\ \boldsymbol{\beta}_m\end{pmatrix}\boldsymbol{\eta}=\begin{pmatrix}\boldsymbol{\beta}_1\boldsymbol{\eta}\\ \vdots\\ \boldsymbol{\beta}_m\boldsymbol{\eta}\end{pmatrix}=\mathbf{0}$。于是 $\boldsymbol{\eta}\in W_2$，因此 $W_1\subseteq W_2$ 又 $\dim W_1=\dim W_2$，所以$W_1=W_2$。

（注：在证明必要性时，为了找出 A 的行向量组与 B 的行向量组之间的关系，因此考虑齐次线性方程组 $\begin{pmatrix}A\\B\end{pmatrix}\boldsymbol{X}=\mathbf{0}$。这一步是关键的想法。在证明充分性时，关键是去证明 $W_1\subseteq W_2$，在这里，用矩阵的分块乘法使证明变得简捷。）

12. 按照本节典型例题例 9 的方法来做此题，由于

$$\begin{pmatrix}1&1&1\\0&1&-2\\-1&-1&-1\\1&1&1\end{pmatrix}\longrightarrow\begin{pmatrix}1&1&1\\0&1&-2\\0&0&0\\0&0&0\end{pmatrix},$$

因此 $\operatorname{rank}\{\boldsymbol{\alpha}_1,\boldsymbol{\alpha}_2,\boldsymbol{\alpha}_3\}=2$，且 $\boldsymbol{\alpha}_1,\boldsymbol{\alpha}_2$ 是 $\boldsymbol{\alpha}_1,\boldsymbol{\alpha}_2,\boldsymbol{\alpha}_3$ 的一个极大线性无关组。于是 $\boldsymbol{\alpha}_1,\boldsymbol{\alpha}_2$ 是 $U=\langle\boldsymbol{\alpha}_1,\boldsymbol{\alpha}_2,\boldsymbol{\alpha}_3\rangle$的一个基。令 $H=(\boldsymbol{\alpha}_1,\boldsymbol{\alpha}_2)$，考虑 4 元齐次线性方程组 $H'\boldsymbol{y}=\mathbf{0}$。由于

$$\begin{pmatrix}1&0&-1&1\\1&1&-1&1\end{pmatrix}\longrightarrow\begin{pmatrix}1&0&-1&1\\0&1&0&0\end{pmatrix},$$

因此 $H'\boldsymbol{Y}=\mathbf{0}$ 的一个基础解系为

$$\boldsymbol{\eta}_1=(1,0,1,0)', \boldsymbol{\eta}_2=(1,0,0,-1)'.$$

令 $A=(\boldsymbol{\eta}_1,\boldsymbol{\eta}_2)$。则

$$H'A=H'(\boldsymbol{\eta}_1,\boldsymbol{\eta}_2)=(H'\boldsymbol{\eta}_1,H'\boldsymbol{\eta}_2)=0,$$

从而 $A'H=0$。因此 $\boldsymbol{\alpha}_1,\boldsymbol{\alpha}_2$ 都是 4 元齐次线性方程组 $A'\boldsymbol{x}=\mathbf{0}$ 的解。由于 $A'\boldsymbol{x}=\mathbf{0}$的解空间 W 的维数为

$$\dim W=4-\operatorname{rank}(A')=4-\operatorname{rank}A=4-2=2,$$

且 $\boldsymbol{\alpha}_1,\boldsymbol{\alpha}_2\in W$，因此 $W=\langle\boldsymbol{\alpha}_1,\boldsymbol{\alpha}_2\rangle=\langle\boldsymbol{\alpha}_1,\boldsymbol{\alpha}_2,\boldsymbol{\alpha}_3\rangle=U$。即 4 元齐次线性方程组 $A'\boldsymbol{x}=\mathbf{0}$ 的解空间等于 U。

13. 据例 16 的结论，$V_1\cup V_2\cup\cdots\cup V_s\neq V$。因此 V 中存在 $\alpha_1\notin V_1\cup V_2\cup\cdots\cup V_s$。同理，$V$ 中存在 $\alpha_2\notin V_1\cup V_2\cup\cdots\cup V_s\cup\langle\alpha_1\rangle$；$V$ 中存在 α_3 使得 $\alpha_3\notin V_1\cup V_2\cup\cdots\cup V_s\cup\langle\alpha_1,\alpha_2\rangle$。依此类推，$V$ 中存在 α_n 使得

$$\alpha_n\notin V_1\cup V_2\cup\cdots\cup V_s\cup\langle\alpha_1,\alpha_2,\cdots,\alpha_{n-1}\rangle.$$

由于 $\alpha_2 \notin \langle \alpha_1 \rangle$，因此 α_1, α_2 线性无关。由于 $\alpha_3 \notin \langle \alpha_1, \alpha_2 \rangle$，因此 $\alpha_1, \alpha_2, \alpha_3$ 线性无关。依此类推，由于 $\alpha_n \notin \langle \alpha_1, \alpha_2, \cdots, \alpha_{n-1} \rangle$，因此 $\alpha_1, \alpha_2, \cdots, \alpha_{n-1}, \alpha_n$ 线性无关。由于 $\dim V = n$，因此 $\alpha_1, \alpha_2, \cdots, \alpha_{n-1}, \alpha_n$ 是 V 的一个基，且其中每个 $\alpha_i \notin V_1 \cup V_2 \cup \cdots \cup V_s$。

14. $V_1 + V_2$ 的一个基是 $\boldsymbol{\alpha}_1, \boldsymbol{\alpha}_2, \boldsymbol{\beta}_1$，$\dim(V_1 + V_2) = 3$；$V_1 \cap V_2$ 的一个基是 $(0,1,1,-1)'$，$\dim(V_1 \cap V_2) = 1$。

15. $V_1 + V_2$ 的一个基是 $\boldsymbol{\alpha}_1, \boldsymbol{\alpha}_2, \boldsymbol{\beta}_1$，$\dim(V_1 + V_2) = 3$；$V_1 \cap V_2$ 的一个基是 $(5,-1,5,2)'$，$\dim(V_1 \cap V_2) = 1$。

16.

$$\begin{pmatrix} 1 & 0 & 1 & 1 & 0 & 0 \\ 0 & 0 & -1 & 2 & 1 & 2 \\ -1 & 1 & 0 & -1 & -1 & 1 \\ 0 & -1 & 0 & 2 & 0 & -1 \end{pmatrix} \xrightarrow{\text{初等行变换}} \begin{pmatrix} 1 & 0 & 0 & 0 & 1 & \frac{1}{2} \\ 0 & 1 & 0 & 0 & 0 & 2 \\ 0 & 0 & 1 & 0 & -1 & -1 \\ 0 & 0 & 0 & 1 & 0 & \frac{1}{2} \end{pmatrix}.$$

从简化行阶梯形矩阵看出：$\boldsymbol{\alpha}_1, \boldsymbol{\alpha}_2, \boldsymbol{\alpha}_3, \boldsymbol{\beta}_1$ 是 $\boldsymbol{\alpha}_1, \boldsymbol{\alpha}_2, \boldsymbol{\alpha}_3, \boldsymbol{\beta}_1, \boldsymbol{\beta}_2, \boldsymbol{\beta}_3$ 的一个极大线性无关组，从而 $\boldsymbol{\alpha}_1, \boldsymbol{\alpha}_2, \boldsymbol{\alpha}_3, \boldsymbol{\beta}_1$ 是 $V_1 + V_2$ 的一个基，于是 $\dim(V_1 + V_2) = 4$。从简化行阶梯形矩阵还看出：$\boldsymbol{\alpha}_1, \boldsymbol{\alpha}_2, \boldsymbol{\alpha}_3$ 线性无关，$\boldsymbol{\beta}_1, \boldsymbol{\beta}_2, \boldsymbol{\beta}_3$ 线性无关（因为后 3 列有一个 3 阶子式不为 0），因此 $\dim V_1 = 3$，$\dim V_2 = 3$。于是 $\dim(V_1 \cap V_2) = 3 + 3 - 4 = 2$。从简化行阶梯形矩阵还看出：

$$\boldsymbol{\beta}_2 = \boldsymbol{\alpha}_1 - \boldsymbol{\alpha}_3, \boldsymbol{\beta}_3 = \frac{1}{2}\boldsymbol{\alpha}_1 + 2\boldsymbol{\alpha}_2 - \boldsymbol{\alpha}_3 + \frac{1}{2}\boldsymbol{\beta}_1,$$

因此 $\boldsymbol{\beta}_2 = \boldsymbol{\alpha}_1 - \boldsymbol{\alpha}_3 \in V_1 \cap V_2$，$2\boldsymbol{\beta}_3 - \boldsymbol{\beta}_1 = \boldsymbol{\alpha}_1 + 4\boldsymbol{\alpha}_2 - 2\boldsymbol{\alpha}_3 \in V_1 \cap V_2$。由于 $\boldsymbol{\beta}_2, 2\boldsymbol{\beta}_3 - \boldsymbol{\beta}_1$ 线性无关（从 $\boldsymbol{\beta}_1, \boldsymbol{\beta}_2, \boldsymbol{\beta}_3$ 线性无关可推出这个结论），因此 $\boldsymbol{\beta}_2, 2\boldsymbol{\beta}_3 - \boldsymbol{\beta}_1$ 是 $V_1 \cap V_2$ 的一个基，即 $(0,1,-1,0)'$，$(-1,2,3,-4)'$ 是 $V_1 \cap V_2$ 的一个基。

17. 任取 $\alpha \in (U + W_1) \cap (U + W_2)$，则

$$\alpha = \gamma_1 + \delta_1 = \gamma_2 + \delta_2, \gamma_1, \gamma_2 \in U, \delta_1 \in W_1, \delta_2 \in W_2.$$

于是 $\delta_2 = (\gamma_1 - \gamma_2) + \delta_1 \in (U + W_1) \cap W_2$，因此 $\alpha \in U + (U + W_1) \cap W_2$。由此得出，

$$(U + W_1) \cap (U + W_2) \subseteq U + (U + W_1) \cap W_2.$$

任取 $\beta \in U + (U + W_1) \cap W_2$，则 $\beta = \gamma + \delta$，其中 $\delta \in (U + W_1) \cap W_2$。于是 $\delta = \gamma_1 + \delta_1$，$\gamma_1 \in U$，$\delta_1 \in W_1$，因此 $\beta = \gamma + \gamma_1 + \delta_1 \in U + W_1$，且 $\beta = \gamma + \delta \in U + W_2$。于是 $\beta \in (U + W_1) \cap (U + W_2)$，由此得出，$U + (U + W_1) \cap W_2 \subseteq (U + W_1) \cap (U + W_2)$。综上所述得，

$$(U + W_1) \cap (U + W_2) = U + (U + W_1) \cap W_2.$$

18. 由已知条件得，$W_1 \cap W_2 = 0$。于是

$$\dim(W_1 + W_2) = \dim W_1 + \dim W_2 = n_1 + n_2 = n = \dim F^n,$$

从而 $W_1+W_2=F^n$。因此 $F^n=W_1\oplus W_2$。由此得出，F^n 中任一向量 $\boldsymbol{\alpha}$ 可以唯一表示成 $\boldsymbol{\alpha}=\boldsymbol{\alpha}_1+\boldsymbol{\alpha}_2$，$\boldsymbol{\alpha}_1\in W_1$，$\boldsymbol{\alpha}_2\in W_2$。

19. 显然 $\boldsymbol{\alpha}_1,\boldsymbol{\alpha}_2$ 线性无关，把它扩充成 K^3 的一个基，取 $\boldsymbol{\alpha}_3=(1,0,-2)'$，由于矩阵 $A=(\boldsymbol{\alpha}_1,\boldsymbol{\alpha}_2,\boldsymbol{\alpha}_3)$ 的行列式不为 0，因此 $\boldsymbol{\alpha}_1,\boldsymbol{\alpha}_2,\boldsymbol{\alpha}_3$ 线性无关，从而它是 K^3 的一个基。于是 $K^3=\langle\boldsymbol{\alpha}_1,\boldsymbol{\alpha}_2\rangle\oplus\langle\boldsymbol{\alpha}_3\rangle$。由此得出，$\langle\boldsymbol{\alpha}_3\rangle$ 是 V_1 在 K^3 中的一个补空间。

20. (1) 易知 $0\in V_2$，且 V_2 对于 V 的加法和数乘封闭，因此 V_2 是 V 的一个子空间。

(2) 第一步证明 $V=V_1+V_2$，任取 $\alpha\in V$，设 $\alpha=\sum_{i=1}^{n}a_i\alpha_i$ 想把 α 分解成 $\alpha=\delta_1+\delta_2$，其中 $\delta_i\in V_i$，$i=1,2$。由于 $\delta_1\in V_1$，因此可设 $\delta_1=b(\alpha_1+\alpha_2+\cdots+\alpha_n)$，于是 $\delta_2=\alpha-\delta_1=(a_1-b)\alpha_1+(a_2-b)\alpha_2+\cdots+(a_n-b)\alpha_n$。要求 $\delta_2\in V_2$，则 $\sum_{i=1}^{n}(a_i-b)=0$。即 $\sum_{i=1}^{n}a_i=nb$。于是取 $b=\frac{1}{n}\sum_{i=1}^{n}a_i$，则

$$\alpha=b(\alpha_1+\alpha_2+\cdots+\alpha_n)+\sum_{i=1}^{n}(a_i-b)\alpha_i,$$

其中 $b(\alpha_1+\alpha_2+\cdots+\alpha_n)\in V_1$，$\sum_{i=1}^{n}(a_i-b)\alpha_i\in V_2$，因此 $V\subseteq V_1+V_2$。从而 $V=V_1+V_2$。

第二步证明 $V_1\cap V_2=0$，任取 $\beta\in V_1\cap V_2$。由于 $\beta\in V_1$，因此 $\beta=b(\alpha_1+\alpha_2+\cdots+\alpha_n)$，对某个 $b\in K$。由于 $\beta\in V_2$，因此 $nb=0$，即 $b=0$，从而 $\beta=0$，因此 $V_1\cap V_2=0$。

综上所述，$V=V_1\oplus V_2$。

习题 8.3

1. 由于 $\alpha_1,\alpha_2,\alpha_3,\alpha_4$ 线性无关，因此它是子空间 $U=\langle\alpha_1,\alpha_2,\alpha_3,\alpha_4\rangle$ 的一个基，显然 $W\subseteq U$。把 U 中每一个向量对应到它在基 $\alpha_1,\alpha_2,\alpha_3,\alpha_4$ 下的坐标，这个映射是 U 到 F^4 的一个同构映射。$\alpha_1+\alpha_2,\alpha_2+\alpha_3,\alpha_3+\alpha_4,\alpha_4+\alpha_1$ 线性无关当且仅当它们的坐标线性无关，求 W 的一个基和维数，只要先求出 $\sigma(W)$ 的一个基和维数。为此把下述矩阵经过初等行变换化成阶梯形矩阵：

$$\begin{pmatrix}1&0&0&1\\1&1&0&0\\0&1&1&0\\0&0&1&1\end{pmatrix}\longrightarrow\begin{pmatrix}1&0&0&1\\0&1&0&-1\\0&0&1&1\\0&0&0&0\end{pmatrix},$$

由此看出，$\alpha_1+\alpha_2,\alpha_2+\alpha_3,\alpha_3+\alpha_4,\alpha_4+\alpha_1$ 线性相关。$\alpha_1+\alpha_2,\alpha_2+\alpha_3,\alpha_3+\alpha_4$ 是 W 的一个基，$\dim W=3$。

2. 显然 σ^{-1} 是 V' 到 V 的双射。任取 $\beta_1,\beta_2\in V'$，则存在 $\alpha_1,\alpha_2\in V$，使得 $\beta_i=\sigma(\alpha_i)$，$i=1$，2。从而 $\sigma^{-1}(\beta_i)=\alpha_i$，$i=1,2$。因此

$$\begin{aligned}\sigma^{-1}(\beta_1+\beta_2)&=\sigma^{-1}(\sigma(\alpha_1)+\sigma(\alpha_2))=\sigma^{-1}(\sigma(\alpha_1+\alpha_2))\\&=(\sigma^{-1}\sigma)(\alpha_1+\alpha_2)=1_V(\alpha_1+\alpha_2)=\alpha_1+\alpha_2\\&=\sigma^{-1}(\beta_1)+\sigma^{-1}(\beta_2),\\\sigma^{-1}(k\beta_1)&=\sigma^{-1}(k\sigma(\alpha_1))=\sigma^{-1}(\sigma(k\alpha_1))=(\sigma^{-1}\sigma)(k\alpha_1)\\&=1_V(k\alpha_1)=k\alpha_1=k\sigma^{-1}(\beta_1),\end{aligned}$$

其中 $k\in F$。于是 σ^{-1} 是 V' 到 V 的一个同构映射。

3. 显然 $\tau\sigma$ 是 V 到 V'' 的双射，任取 $\alpha,\beta\in V$，$k\in F$，有

$$\begin{aligned}(\tau\sigma)(\alpha+\beta)&=\tau(\sigma(\alpha+\beta))=\tau(\sigma(\alpha)+\sigma(\beta))\\&=\tau(\sigma(\alpha))+\tau(\sigma(\beta))=(\tau\sigma)(\alpha)+(\tau\sigma)(\beta),\\(\tau\sigma)(k\alpha)&=\tau(\sigma(k\alpha))=\tau(k\sigma(\alpha))\\&=k\tau(\sigma(\alpha))=k(\tau\sigma)(\alpha),\end{aligned}$$

因此 $\tau\sigma$ 是 V 到 V'' 的一个同构映射。

4. 设 $F_q=\{x_1,x_2,\cdots,x_q\}$。$F_q$ 上的所有一元函数组成的集合 $F_q^{F_q}$ 是域 F_q 上的一个线性空间，据本节典型例题例 8 的结论得，$F_q^{F_q}\cong F_q^q$。从而

$$\dim F_q^{F_q}=q,\ |F_q^{F_q}|=|F_q^q|=q^q.$$

由于 $F_q[x]_q\cong F_q^q$，因此 $|F_q[x]_q|=|F_q^q|=q^q$。对于 $F_q[x]_q$ 中两个多项式 $f(x),g(x)$。假如它们分别诱导的多项式函数 f 与 g 相等，则

$$f(x_i)=g(x_i),i=1,2,\cdots,q,$$

从而 $f(x)-g(x)$ 在 F_q 中有 q 个不同的根。由于 $f(x)-g(x)\in F_q[x]_q$，因此 $\deg(f(x)-g(x))<q$。由此推出，$f(x)-g(x)=0$，即 $f(x)=g(x)$。这表明 $F_q[x]_q$ 中不相等的多项式，它们诱导的多项式函数也不相等。从而 F_q 上所有次数小于 q 的一元多项式函数组成的集合 S 有 q^q 个元素，由于 $S\subseteq F_q^{F_q}$，因此 $S=F_q^{F_q}$，即 F_q 上的一元函数都是多项式函数，且 F_q 上的每个一元函数可以唯一地表示成 F_q 上的次数小于 q 的一元多项式函数。

5. $\mathbf{Q}(\sqrt[n]{3})$ 中每个元素可以表示成

$$a_0\cdot 1+a_1\sqrt[n]{3}+a_2\sqrt[n]{3^2}+\cdots+a_{n-1}\sqrt[n]{3^{n-1}}.$$

据 8.1 节典型例题例 20 的结论，$1,\sqrt[n]{3},\sqrt[n]{3^2},\cdots,\sqrt[n]{3^{n-1}}$ 线性无关，因此它们就是 $\mathbf{Q}(\sqrt[n]{3})$ 的一个基，从而 $\dim\mathbf{Q}(\sqrt[n]{3})=n$。当 $n\neq m$ 时，$\dim\mathbf{Q}(\sqrt[n]{3})\neq\dim\mathbf{Q}(\sqrt[m]{3})$。因此 $\mathbf{Q}(\sqrt[n]{3})$ 与 $\mathbf{Q}(\sqrt[m]{3})$ 不同构。

6. 由于从 $a+bi=0$，可推出 $a=b=0$，因此 $1,\mathrm{i}$ 线性无关。于是 $1,\mathrm{i}$ 是 $\mathbf{Q}(\mathrm{i})$ 的一个基。从而 $\dim \mathbf{Q}(\mathrm{i})=2$。又 $\dim \mathbf{Q}(\sqrt{2})=2$，因此 $\mathbf{Q}(\mathrm{i})\cong\mathbf{Q}(\sqrt{2})$，令

$$\sigma: a+b\mathrm{i}\longmapsto a+b\sqrt{2},$$

则 σ 是 $\mathbf{Q}(\mathrm{i})$ 到 $\mathbf{Q}(\sqrt{2})$ 的一个同构映射。

7. 设 A,B 都是 n 级实对称矩阵且它们有相同的特征多项式，据《高等代数学习指导书(上册)》5.7 节命题 2 的证明下面的一段话知道，A 与 B 正交相似。于是存在 n 级正交矩阵 T 使得 $B=T^{-1}AT$。令

$$\sigma(\boldsymbol{\alpha}) = T'\boldsymbol{\alpha}, \forall \boldsymbol{\alpha} \in \mathbf{R}^n,$$

则 $$(\sigma(\boldsymbol{\alpha}))'B(\sigma(\boldsymbol{\alpha}))=\boldsymbol{\alpha}'TBT'\boldsymbol{\alpha}=\boldsymbol{\alpha}'TBT^{-1}\boldsymbol{\alpha}=\boldsymbol{\alpha}'A\boldsymbol{\alpha}, \forall \boldsymbol{\alpha}\in \mathbf{R}^n.$$

易证 σ 是单射和满射(由于 T' 可逆)，显然 σ 保持加法和数量乘法运算，因此 σ 是 $\mathbf{R}^n$ 到自身的一个同构映射。

8. 由于 $V=V_1\oplus V_2$，因此 V 中任一向量 α 可以唯一地表示成 $\alpha=\alpha_1+\alpha_2$，其中 $\alpha_1\in V_1,\alpha_2\in V_2$。于是

$$\sigma: V\longrightarrow V_1 \dotplus V_2$$
$$\alpha\longmapsto(\alpha_1,\alpha_2)$$

是 V 到 $V_1\dotplus V_2$ 的一个映射，容易看出 σ 是单射，也是满射，从而 σ 是双射，易验证 σ 保持加法和纯量乘法，因此 σ 是同构映射，从而 $V\cong V_1\dotplus V_2$。

9. 由于 $V\cong F^n$，因此 $|V|=|F^n|=q^n$。

由于 V 的每一个基都是由 n 个线性无关的向量组成，因此 V 的基的个数为 $(q^n-1)(q^n-q)\cdots(q^n-q^{n-1})$。

习题 8.4

1. 这是本节内容精华第二部分“余维数”中一个例子的特殊情形。直接用那个例子的结论得，W 是 V 的一个子空间，W 的一个基是 $x,x^2,\cdots,x^m,\cdots$；商空间 V/W 的一个基是 $1+W$；$\dim(V/W)=1$。

2. 由已知条件得，$V_1+V_2=V$。于是任给 $\alpha\in V$，有 $\alpha=\alpha_1+\alpha_2,\alpha_1\in V_1,\alpha_2\in V_2$，从而 $\alpha=\alpha_1-(-\alpha_2)$。因此 α 可以作这样的分解。从例 8 的第(2)小题的求解过程知道，

$$\alpha=\alpha_1-\alpha_2,\alpha_1\in V_1,\alpha_2\in V_2$$
$$\Leftrightarrow \quad \alpha_1\in V_1\cap(\alpha+V_2)。$$

因此 α 的分解式组成的集合的基数等于 $|V_1\cap(A+V_2)|$。

3. V 的基 $\delta_1,\cdots,\delta_m,\alpha_{m+1},\cdots,\alpha_n$ 到基 $\delta_1,\cdots,\delta_m,\beta_{m+1},\cdots,\beta_n$ 的过渡矩阵 P 具有下述形式：

$$P=\begin{pmatrix} I_m & B_1 \\ 0 & B_2 \end{pmatrix},$$

其中 B_1, B_2 分别是域 F 上 $m\times(n-m)$，$(n-m)\times(n-m)$ 矩阵，

$$\beta_j = b_{j1}\delta_1+\cdots+b_{jm}\delta_m+b_{j,m+1}\alpha_{m+1}+\cdots+b_{jn}\alpha_n,$$

其中 $j=m+1,\cdots,n$。于是

$$\beta_j+W=b_{j,m+1}(\alpha_{m+1}+W)+\cdots+b_{jn}(\alpha_n+W),$$

因此商空间 V/W 的基 $\alpha_{m+1}+W,\cdots,\alpha_n+W$ 到基 $\beta_{m+1}+W,\cdots,\beta_n+W$ 的过渡矩阵是 B_2。

4.(1)

$$A\longrightarrow\begin{pmatrix} 1 & -1 & 2 \\ 0 & 1 & -3 \end{pmatrix}\longrightarrow\begin{pmatrix} 1 & 0 & -1 \\ 0 & 1 & -3 \end{pmatrix},$$

于是 $A\boldsymbol{X}=\mathbf{0}$ 的解空间 W 的一个基为

$$\boldsymbol{\eta}_1=(1,3,1)'.$$

(2) $\dim(K^3/W)=\dim K^3-\dim W=3-1=2$。

把 $\boldsymbol{\eta}_1$ 扩充成 K^3 的一个基：

$$\boldsymbol{\eta}_1=(1,3,1)',\boldsymbol{\alpha}_2=(0,1,0)',\boldsymbol{\alpha}_3=(0,0,1)'.$$

从本节定理 1 的证明过程可知道，$\boldsymbol{\alpha}_2+W$，$\boldsymbol{\alpha}_3+W$ 是商空间 K^3/W 的一个基。

5.(1) 显然 W 非空集。容易看出 W 对于加法和数量乘法封闭，因此 W 是 V 的一个子空间。

(2) 商空间 V/W 的任一元素为 $f(x)+W$。作带余除法：

$$f(x)=h(x)(x^2+1)+r(x),\deg r(x)<2.$$

设 $r(x)=a_0+a_1x$，其中 $a_0,a_1\in\mathbf{R}$，则

$$\begin{aligned} f(x)+W &= (h(x)(x^2+1)+W)+((a_0+a_1x)+W) \\ &= W+(a_0(1+W)+a_1(x+W)) \\ &= a_0(1+W)+a_1(x+W), \end{aligned}$$

因此商空间 V/W 的元素形如 $a_0(1+W)+a_1(x+W)$，其中 $a_0,a_1\in\mathbf{R}$。

设 $k_0(1+W)+k_1(x+W)=W$。则 $k_0+k_1x\in W$。从而 $k_0+k_1x=(x^2+1)h(x)$，对某个 $h(x)\in\mathbf{R}[x]$。比较等式两边的多项式的次数可推出 $h(x)=0$。从而 $k_0=k_1=0$。因此 $1+W$，$x+W$ 线性无关。于是它们是商空间 V/W 的一个基，从而 $\dim(V/W)=2$。

补充题八

1.(1) **证明** 任取 $\alpha\in S$，在 V 中任取包含 S 的子空间 W，则 $\alpha\in W$。从而 $\alpha\in\bigcap W$，其

中 W 取遍 V 中包含 S 的所有子空间。于是 $\alpha\in\langle S\rangle$。因此 $S\subseteq\langle S\rangle$。 ■

(2) **证明** 在 S 里任取 $\alpha_1,\alpha_2,\cdots,\alpha_m$。由(1)得,$\alpha_i\in\langle S\rangle,i=1,2,\cdots,m$。由于$\langle S\rangle$是 V 的一个子空间,因此对于任意 $k_1,k_2,\cdots,k_m\in F$,有 $k_1\alpha_1+k_2\alpha_2+\cdots+k_m\alpha_m\in\langle S\rangle$。从而$T\subseteq\langle S\rangle$。

显然 T 非空集。容易看出,T 对于 V 的加法和纯量乘法封闭,因此 T 是 V 的一个子空间,由 T 的定义立即得到:$T\supseteq S$,由$\langle S\rangle$的定义得,$T\supseteq\langle S\rangle$。

综上所述,$T=\langle S\rangle$。 ■

(3) **解** 设 $S=\{\alpha_1,\alpha_2,\cdots,\alpha_r\}$,容易看出,$T$ 与 8.2 节中由(3)式定义的向量组 $\alpha_1,\alpha_2,\cdots,\alpha_r$ 生成的子空间一致,又由于 $T=\langle S\rangle$,因此$\langle S\rangle$与 8.2 节中由(3)式定义的向量组 $\alpha_1,\alpha_2,\cdots,\alpha_r$ 生成的子空间一致。

2. **证明** 用 T 表示由 $V_1\cup V_2$ 里的任意有限多个向量的所有线性组合组成的集合,据第 1 题的第(2)小题得,$T=\langle V_1\cup V_2\rangle$。由于 T 中任一元素可写成 $\alpha_1+\alpha_2$,其中,$\alpha_1\in V_1,\alpha_2\in V_2$,因此 $T\subseteq V_1+V_2$。另一方面,V_1+V_2 中任一向量 $\alpha_1+\alpha_2(\alpha_1\in V_1,\alpha_2\in V_2)$显然属于 T,因此 $V_1+V_2\subseteq T$,从而 $V_1+V_2=T$。因此 $V_1+V_2=\langle V_1\cup V_2\rangle$。 ■

3. **证明** (1) 显然 V_i 非空集,任取 $A,B\in M_{m\times n}(F)$,任取 $k\in F$,有

$$AE_{ii}+BE_{ii}=(A+B)E_{ii},k(AE_{ii})=(kA)E_{ii}.$$

这表明 V_i 对矩阵的加法和纯量乘法封闭,因此 V_i 是 $M_{m\times n}(F)$的子空间,$i=1,2,\cdots,n$。

在 $M_{m\times n}(F)$中任取 $A=(a_{ij})$,有

$$AE_{ii}=\begin{pmatrix}0&\cdots&0&a_{1i}&0&\cdots&0\\0&\cdots&0&a_{2i}&0&\cdots&0\\\vdots&&\vdots&\vdots&\vdots&&\vdots\\0&\cdots&0&a_{mi}&0&\cdots&0\end{pmatrix}=a_{1i}E_{1i}+a_{2i}E_{2i}+\cdots+a_{mi}E_{mi}.$$

又 $E_{1i},E_{2i},\cdots,E_{mi}$ 线性无关,因此它是 V_i 的一个基,从而 $\dim V_i=m$。

(2)由于 V_1 的一个基 $E_{11},E_{21},\cdots,E_{m1},V_2$ 的一个基 $E_{12},E_{22},\cdots,E_{m2},\cdots,V_n$ 的一个基 $E_{1n},E_{2n},\cdots,E_{mn}$ 合起来是 $M_{m\times n}(F)$的一个基,因此 $M_{m\times n}(F)=V_1\oplus V_2\oplus\cdots\oplus V_n$。 ■

4. **解** 令

$$W=\{a_nx^n+a_{n+1}x^{n+1}+\cdots+a_{n+s}x^{n+s}\mid s\in\mathbf{N},a_i\in F,i=n,\cdots,n+s\}.$$

显然 W 非空集。容易看出 W 对于加法和纯量乘法都封闭,因此 W 是 $F[x]$的一个子空间。

任取 $f(x)\in F[x]$,有 $f(x)=f_1(x)+f_2(x)$,其中 $f_1(x)\in F[x]_n,f_2(x)\in W$,因此 $F[x]=F[x]_n+W$。

任取 $g(x)\in F[x]_n\cap W$,假如 $g(x)\neq 0$,则 $\deg g(x)<n$,又 $\deg g(x)\geqslant n$,矛盾。因此 $g(x)=0$。从而 $F[x]_n\cap W=0$。

综上所述，$F[x]=F[x]_n\oplus W$，于是 W 就是 $F[x]_n$ 在 $F[x]$中的补空间。

5. **证明**　设 $A=(a_{ij})$的列向量组是 $\alpha_1,\alpha_2,\cdots,\alpha_n$。则

$$U=\langle\alpha_1,\alpha_2,\cdots,\alpha_n\rangle,$$

$$AA'=(\alpha_1,\alpha_2,\cdots,\alpha_n)\begin{pmatrix}a_{11}&a_{21}&\cdots&a_{m1}\\a_{12}&a_{22}&\cdots&a_{m2}\\\vdots&\vdots&&\vdots\\a_{1n}&a_{2n}&\cdots&a_{mn}\end{pmatrix}$$

$$=(a_{11}\alpha_1+a_{12}\alpha_2+\cdots+a_{1n}\alpha_n,\cdots,a_{m1}\alpha_1+a_{m2}\alpha_2+\cdots+a_{mn}\alpha_n).$$

从而 $W=\langle a_{11}\alpha_1+a_{12}\alpha_2+\cdots+a_{1n}\alpha_n,\cdots,a_{m1}\alpha_1+a_{m2}\alpha_2+\cdots+a_{mn}\alpha_n\rangle$，于是 $W\subseteq U$。又由于 A 是实矩阵，因此 $\operatorname{rank}(A)=\operatorname{rank}(AA')$。从而

$$\dim U=\dim W.$$

因此 $W=U$。 ■

6. **证明**　(1) 任取 $\boldsymbol{\alpha}\in W$，则 $A_{12}\boldsymbol{\alpha}=\mathbf{0}$。从而

$$\begin{pmatrix}\mathbf{0}_{k\times1}\\\boldsymbol{\alpha}\end{pmatrix}=A^{-1}A\begin{pmatrix}\mathbf{0}_{k\times1}\\\boldsymbol{\alpha}\end{pmatrix}=A^{-1}\begin{pmatrix}A_{11}&A_{12}\\A_{21}&A_{22}\end{pmatrix}\begin{pmatrix}\mathbf{0}_{k\times1}\\\boldsymbol{\alpha}\end{pmatrix}=A^{-1}\begin{pmatrix}\mathbf{0}_{l\times1}\\A_{22}\boldsymbol{\alpha}\end{pmatrix}$$

$$=\begin{pmatrix}B_{11}&B_{12}\\B_{21}&B_{22}\end{pmatrix}\begin{pmatrix}\mathbf{0}_{l\times1}\\A_{22}\boldsymbol{\alpha}\end{pmatrix}=\begin{pmatrix}B_{12}A_{22}\boldsymbol{\alpha}\\B_{22}A_{22}\boldsymbol{\alpha}\end{pmatrix}\begin{matrix}k\\n-k\end{matrix}.$$

由此得出，$B_{12}A_{22}\boldsymbol{\alpha}=\mathbf{0}$，于是 $A_{22}\boldsymbol{\alpha}\in U$。令

$$\begin{aligned}\sigma:W&\longrightarrow U\\\boldsymbol{\alpha}&\longmapsto A_{22}\boldsymbol{\alpha},\end{aligned}$$

则 σ 是 W 到 U 的一个映射。设 $\boldsymbol{\beta}\in W$，如果 $A_{22}\boldsymbol{\alpha}=A_{22}\boldsymbol{\beta}$，那么 $A_{22}(\boldsymbol{\alpha}-\boldsymbol{\beta})=\mathbf{0}$。又由于 $A_{12}\boldsymbol{\alpha}=\mathbf{0}$，$A_{12}\boldsymbol{\beta}=\mathbf{0}$，因此 $A_{12}(\boldsymbol{\alpha}-\boldsymbol{\beta})=0$。从而

$$\begin{pmatrix}A_{12}\\A_{22}\end{pmatrix}(\boldsymbol{\alpha}-\boldsymbol{\beta})=\begin{pmatrix}A_{12}(\boldsymbol{\alpha}-\boldsymbol{\beta})\\A_{22}(\boldsymbol{\alpha}-\boldsymbol{\beta})\end{pmatrix}=\begin{pmatrix}\mathbf{0}_{l\times1}\\\mathbf{0}_{(n-l)\times1}\end{pmatrix}.$$

由于 A 可逆，因此 $\begin{pmatrix}A_{12}\\A_{22}\end{pmatrix}$ 的列向量组线性无关。于是由上式推出 $\boldsymbol{\alpha}-\boldsymbol{\beta}=\mathbf{0}$，即 $\boldsymbol{\alpha}=\boldsymbol{\beta}$。这证明了 σ 是单射。

任给 $\boldsymbol{\gamma}\in U$，则 $B_{12}\boldsymbol{\gamma}=\mathbf{0}_{k\times1}$从而

$$\begin{pmatrix}\mathbf{0}_{l\times1}\\\boldsymbol{\gamma}\end{pmatrix}=AA^{-1}\begin{pmatrix}\mathbf{0}_{l\times1}\\\boldsymbol{\gamma}\end{pmatrix}=A\begin{pmatrix}B_{11}&B_{12}\\B_{21}&B_{22}\end{pmatrix}\begin{pmatrix}\mathbf{0}_{l\times1}\\\boldsymbol{\gamma}\end{pmatrix}=A\begin{pmatrix}\mathbf{0}_{k\times1}\\B_{22}\boldsymbol{\gamma}\end{pmatrix}$$

$$=\begin{pmatrix}A_{11}&A_{12}\\A_{21}&A_{22}\end{pmatrix}\begin{pmatrix}\mathbf{0}_{k\times1}\\B_{22}\boldsymbol{\gamma}\end{pmatrix}=\begin{pmatrix}A_{12}B_{22}\boldsymbol{\gamma}\\A_{22}B_{22}\boldsymbol{\gamma}\end{pmatrix}\begin{matrix}l\\n-l\end{matrix}.$$

由此推出，$A_{12}B_{22}\boldsymbol{\gamma}=\mathbf{0}$，$A_{22}B_{22}\boldsymbol{\gamma}=\boldsymbol{\gamma}$。于是 $B_{22}\boldsymbol{\gamma}\in W$，且 $\sigma(B_{22}\boldsymbol{\gamma})=A_{22}(B_{22}\boldsymbol{\gamma})=\boldsymbol{\gamma}$。因此 σ 是满射。从而 σ 是双射。

显然 σ 保持加法和纯量乘法运算，因此 σ 是 W 到 U 的一个同构映射。于是 $W\cong U$。

(2) 由于 $W\cong U$，因此 $\dim W=\dim U$。 ■

点评　第 6 题中的 W 是 F^{n-k} 的一个子空间，U 是 F^{n-l} 的一个子空间，我们证明了 $W\cong U$，$\dim W=\dim U$。证明的关键有两点：第一点是利用 $A^{-1}A=I$，通过用 $A^{-1}A$ 左乘分块矩阵 $\begin{pmatrix}\mathbf{0}\\ \boldsymbol{\alpha}\end{pmatrix}$ 推导出 $B_{12}A_{22}\boldsymbol{\alpha}=\mathbf{0}$，从而 $A_{22}\boldsymbol{\alpha}\in U$。这启发我们考虑映射 $\sigma:\boldsymbol{\alpha}\longmapsto A_{22}\boldsymbol{\alpha}$，$\forall\,\boldsymbol{\alpha}\in W$。第二点是利用 $AA^{-1}=I$，通过用 AA^{-1} 左乘 $\begin{pmatrix}\mathbf{0}\\ \boldsymbol{\gamma}\end{pmatrix}$ 推导出 $A_{12}B_{22}\boldsymbol{\gamma}=\mathbf{0}$ 且 $A_{22}B_{22}\boldsymbol{\gamma}=\boldsymbol{\gamma}$，由此证明 σ 是满射。进而证明 σ 是同构映射。由 $W\cong U$ 推导出 $\dim W=\dim U$。这个结论在直观上不容易猜出，需要经过探索和逻辑推理才能得出，这个结论是有趣的：把 n 级可逆矩阵 A 和它的逆矩阵 A^{-1} 如(3)式那样分块，使得 A 的列(行)的分法与 A^{-1} 的行(列)的分法一致，则 $A_{12}\boldsymbol{X}=\mathbf{0}$ 的解空间 W 与 $B_{12}\boldsymbol{Y}=\mathbf{0}$ 的解空间 U 的维数相等。类似地可以证明：$A_{21}\boldsymbol{X}=\mathbf{0}$ 的解空间与 $B_{21}\boldsymbol{Y}=\mathbf{0}$ 的解空间的维数相等。类似地，还可以证明：$A'_{11}\boldsymbol{X}=\mathbf{0}$ 的解空间与 $B'_{22}\boldsymbol{Y}=\mathbf{0}$ 的解空间的维数相等。对 A^{-1} 用这个结论(注意 $(A^{-1})^{-1}=A$)立即得到：$A'_{22}\boldsymbol{X}=\mathbf{0}$ 的解空间与 $B'_{11}\boldsymbol{Y}=\mathbf{0}$ 的解空间的维数相等。

7. **证明**　把 A^{-1} 如下分块：

$$A^{-1}=\begin{array}{c}\begin{matrix}\quad n-k & \qquad k\end{matrix}\\ \begin{pmatrix}B_{11} & B_{12}\\ B_{21} & B_{22}\end{pmatrix}\begin{matrix}k\\ n-k\end{matrix}\end{array}.$$

由于 $A^{*}=|A|A^{-1}$，因此 $|A|B_{12}$ 是由 A_{21} 中元素的代数余子式组成的。据已知条件得，$B_{12}=0$。然后据《高等代数学习指导书(上册)》2.2 节例 5 得，$k+k\leqslant n$。于是 $k\leqslant\frac{n}{2}$。

据第 6 题的结论得，$A_{12}\boldsymbol{X}=\mathbf{0}$ 的解空间 W 与 $B_{12}\boldsymbol{Y}=\mathbf{0}$ 的解空间 U 的维数相等，由于 $B_{12}=0$，因此 $U=F^{k}$，从而

$$(n-k)-\operatorname{rank}(A_{12})=k.$$

由此得出，$\operatorname{rank}(A_{12})=n-2k$。 ■

8. **解**　由于 $H=(A\quad -I)$，其中 I 是 $n-k$ 级单位矩阵，因此 H 有一个 $n-k$ 阶子式不为 0。于是 $\operatorname{rank}(H)\geqslant n-k$。又由于 H 只有 $n-k$ 行，因此 $\operatorname{rank}(H)=n-k$。从而 n 元齐次线性方程组的解空间的维数为 $n-(n-k)=k$，于是 $\dim C=k$。这表明 (n,k) 线性码 C 的参数 k 既是码字的信息位的位数，又是码 C 的维数；而 n 是码 C 中每个码字的长度，也

是编码映射 σ 的陪域$\mathbf{Z}_2^n$的维数。

9. **解** $\boldsymbol{\alpha}$ 与 $\boldsymbol{\beta}$ 有相同的校验子

$\Leftrightarrow$ $H\boldsymbol{\alpha}'=H\boldsymbol{\beta}'$,

$\Leftrightarrow$ $H(\boldsymbol{\alpha}-\boldsymbol{\beta})'=0$,

$\Leftrightarrow$ $\boldsymbol{\alpha}-\boldsymbol{\beta}\in C$,

$\Leftrightarrow$ $\boldsymbol{\alpha}+C=\boldsymbol{\beta}+C$.

这表明 $\boldsymbol{\alpha}$ 与 $\boldsymbol{\beta}$ 有相同的校验子当且仅当 $\boldsymbol{\alpha}$ 与 $\boldsymbol{\beta}$ 属于码 C 的同一个陪集。

10. **解** 码 C 在$\mathbf{Z}_2^n$中陪集的个数等于商空间$\mathbf{Z}_2^n/C$ 的元素个数。由于 $\dim(\mathbf{Z}_2^n/C)=\dim \mathbf{Z}_2^n-\dim C=n-k$，因此$\mathbf{Z}_2{}^n/C\cong\mathbf{Z}_2^{n-k}$，从而

$$|\mathbf{Z}_2^n/C|=|\mathbf{Z}_2^{n-k}|=2^{n-k}.$$

于是译码表中有 2^{n-k}行。

第 9 章 线性映射

习题 9.1

1. 当 $\delta=0$ 时，$\mathbf{A}$ 是 V 上的线性变换。

当 $\delta\neq 0$ 时，$\mathbf{A}(\alpha+\beta)=a(\alpha+\beta)+\delta=a\alpha+a\beta+\delta$,

$$\begin{aligned}\mathbf{A}(\alpha)+\mathbf{A}(\beta)&=a\alpha+\delta+a\beta+\delta=a\alpha+a\beta+\delta+\delta\\&=\mathbf{A}(\alpha+\beta)+\delta\neq\mathbf{A}(\alpha+\beta),\end{aligned}$$

因此 $\mathbf{A}$ 不是 V 上的线性变换。

2. 当 $\mathbf{C}$ 看作 $\mathbf{R}$ 上的线性空间时，对任意 $z_1,z_2\in\mathbf{C}$，$k\in\mathbf{R}$，有

$$\mathbf{A}(z_1+z_2)=\overline{z_1+z_2}=\overline{z_1}+\overline{z_2}=\mathbf{A}(z_1)+\mathbf{A}(z_2),$$
$$\mathbf{A}(kz_1)=\overline{kz_1}=\overline{k}\,\overline{z_1}=k\,\overline{z_1}=k\mathbf{A}(z_1),$$

因此 $\mathbf{A}$ 是 $\mathbf{R}$ 上线性空间 $\mathbf{C}$ 上的一个线性变换。

当 $\mathbf{C}$ 看作自身上的线性空间时，对于 $z\in\mathbf{C}$，且 $z\neq 0$，有

$$\mathbf{A}(\mathrm{i}z)=\overline{\mathrm{i}z}=\overline{\mathrm{i}}\,\overline{z}=-\mathrm{i}\,\overline{z}\neq\mathrm{i}\,\overline{z}=\mathrm{i}\mathbf{A}(z),$$

因此 $\mathbf{A}$ 不是 $\mathbf{C}$ 上线性空间的一个线性变换。

3. (1) 不是； (2) 是。

4. 由于域 F_{2^m} 的特征为 2，因此

$$f(x+y)=(x+y)^2=x^2+y^2=f(x)+f(y),$$

F_2 中只有两个元素：0，e(单位元)。

$$f(0x)=f(0)=0^2=0=0f(x),$$
$$f(ex)=f(x)=e\,f(x),$$

因此 f 是 F_{2^m} 上的线性变换。

5. 任取 $f(x),g(x)\in C[a,b],k\in\mathbf{R}$，有

$$\begin{aligned}\mathbf{A}(f(x)+g(x))&=\int_a^x(f(t)+g(t))\mathrm{d}t\\&=\int_a^x f(t)\mathrm{d}t+\int_a^x g(t)\mathrm{d}t\\&=\mathbf{A}(f(x))+\mathbf{A}(g(x)),\end{aligned}$$
$$\mathbf{A}(k\,f(x))=\int_a^x kf(t)\mathrm{d}t=k\int_a^x f(t)\mathrm{d}t=k\,\mathbf{A}(f(x)),$$

因此 $\mathbf{A}$ 是 $C[a,b]$ 上的一个线性变换。

6. $\boldsymbol{\alpha}=-2\boldsymbol{\varepsilon}_1+5\boldsymbol{\varepsilon}_2+6\boldsymbol{\varepsilon}_3$。于是

$$\begin{aligned}\mathbf{A}(\boldsymbol{\alpha})&=-2\mathbf{A}(\boldsymbol{\varepsilon}_1)+5\mathbf{A}(\boldsymbol{\varepsilon}_2)+6\mathbf{A}(\boldsymbol{\varepsilon}_3)\\&=-2\boldsymbol{\gamma}_1+5\boldsymbol{\gamma}_2+6\boldsymbol{\gamma}_3\\&=-2(1,-3,2)'+5(-2,1,4)'+6(0,-5,8)'\\&=(-12,-19,64)'.\end{aligned}$$

7. $A^2=\begin{pmatrix}1&-1&-1\\0&3&0\\2&1&-2\end{pmatrix}\begin{pmatrix}1&-1&-1\\0&3&0\\2&1&-2\end{pmatrix}=\begin{pmatrix}-1&-5&1\\0&9&0\\-2&-1&2\end{pmatrix}$，

$$A^2-I=\begin{pmatrix}-2&-5&1\\0&8&0\\-2&-1&1\end{pmatrix}\longrightarrow\begin{pmatrix}1&0&-\frac{1}{2}\\0&1&0\\0&0&0\end{pmatrix}.$$

$(A^2-I)X=0$ 的一个基础解系是

$$\boldsymbol{\eta}=(1,0,2)'.$$

由于 $\frac{1}{2}(A+I)-\frac{1}{2}(A-I)=I$，因此

$$\boldsymbol{\eta}=I\boldsymbol{\eta}=\frac{1}{2}(A+I)\boldsymbol{\eta}-\frac{1}{2}(A-I)\boldsymbol{\eta}.$$

令 $\boldsymbol{\eta}_1=-\frac{1}{2}(A-I)\boldsymbol{\eta},\boldsymbol{\eta}_2=\frac{1}{2}(A+I)\boldsymbol{\eta}$，

则 $\boldsymbol{\eta}_1\in W_1,\boldsymbol{\eta}_2\in W_2,\boldsymbol{\eta}=\boldsymbol{\eta}_1+\boldsymbol{\eta}_2$.

从而 $\boldsymbol{P}_{W_1}(\boldsymbol{\eta})=\boldsymbol{\eta}_1=-\dfrac{1}{2}(A-I)\boldsymbol{\eta}=(1,0,2)'=\boldsymbol{\eta}$,

$$\boldsymbol{P}_{W_2}(\boldsymbol{\eta})=0.$$

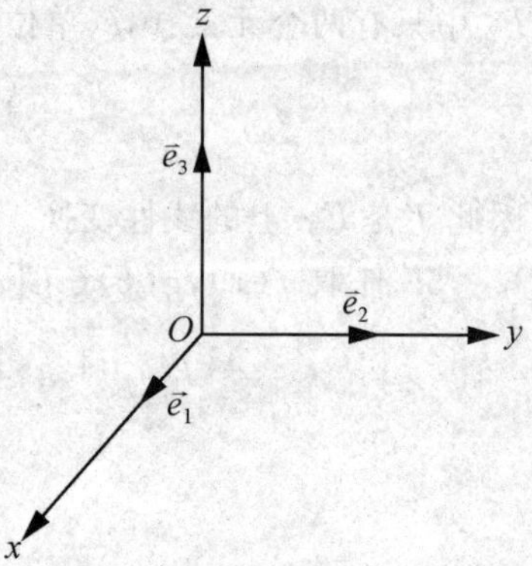

8. 如图 9-6 所示,$\boldsymbol{A}^4$ 表示绕 x 轴右旋 360°的变换,因此 $\boldsymbol{A}^4=\boldsymbol{I}$,同理,$\boldsymbol{B}^4=\boldsymbol{C}^4=\boldsymbol{I}$。用$\vec{e}_1,\vec{e}_2,\vec{e}_3$ 分别表示 x 轴,y 轴,z 轴上的单位向量,则

$$\boldsymbol{A}(\vec{e}_1)=\vec{e}_1,\boldsymbol{A}(\vec{e}_2)=\vec{e}_3,\boldsymbol{A}(\vec{e}_3)=-\vec{e}_2,$$
$$\boldsymbol{B}(\vec{e}_1)=-\vec{e}_3,\boldsymbol{B}(\vec{e}_2)=\vec{e}_2,\boldsymbol{B}(\vec{e}_3)=\vec{e}_1,$$

图 9-6

于是

$$(\boldsymbol{A}\boldsymbol{B})(\vec{e}_1)=\boldsymbol{A}(-\vec{e}_3)=\vec{e}_2,$$
$$(\boldsymbol{B}\boldsymbol{A})(\vec{e}_1)=\boldsymbol{B}(\vec{e}_1)=-\vec{e}_3,$$

由于$(\boldsymbol{A}\boldsymbol{B})(\vec{e}_1)\neq(\boldsymbol{B}\boldsymbol{A})(\vec{e}_1)$,因此 $\boldsymbol{A}\boldsymbol{B}\neq\boldsymbol{B}\boldsymbol{A}$。

$$(\boldsymbol{A}^2\boldsymbol{B}^2)(\vec{e}_1)=\boldsymbol{A}^2\boldsymbol{B}(-\vec{e}_3)=\boldsymbol{A}^2(-\vec{e}_1)=\boldsymbol{A}(-\vec{e}_1)=-\vec{e}_1,$$
$$(\boldsymbol{A}^2\boldsymbol{B}^2)(\vec{e}_2)=\boldsymbol{A}^2\boldsymbol{B}(\vec{e}_2)=\boldsymbol{A}^2(\vec{e}_2)=\boldsymbol{A}(\vec{e}_3)=-\vec{e}_2,$$
$$(\boldsymbol{A}^2\boldsymbol{B}^2)(\vec{e}_3)=\boldsymbol{A}^2\boldsymbol{B}(\vec{e}_1)=\boldsymbol{A}^2(-\vec{e}_3)=\boldsymbol{A}(\vec{e}_2)=\vec{e}_3,$$
$$(\boldsymbol{B}^2\boldsymbol{A}^2)(\vec{e}_1)=\boldsymbol{B}^2(\vec{e}_1)=-\vec{e}_1,$$
$$(\boldsymbol{B}^2\boldsymbol{A}^2)(\vec{e}_2)=\boldsymbol{B}^2(-\vec{e}_2)=-\vec{e}_2,$$
$$(\boldsymbol{B}^2\boldsymbol{A}^2)(\vec{e}_3)=\boldsymbol{B}^2\boldsymbol{A}(-\vec{e}_2)=\boldsymbol{B}^2(-\vec{e}_3)=\boldsymbol{B}(-\vec{e}_1)=\vec{e}_3,$$

因此$(\boldsymbol{A}^2\boldsymbol{B}^2)(\vec{e}_i)=(\boldsymbol{B}^2\boldsymbol{A}^2)(\vec{e}_i)$,$i=1,2,3$。

由于绕一条直线的旋转是线性变换(参看丘维声编著的《解析几何(第三版)》第六章§6),且$\vec{e}_1,\vec{e}_2,\vec{e}_3$ 是 V 的一个基,因此

$$\boldsymbol{A}^2\boldsymbol{B}^2=\boldsymbol{B}^2\boldsymbol{A}^2.$$

由于 $(\boldsymbol{A}\boldsymbol{B})^2(\vec{e}_1)=(\boldsymbol{A}\boldsymbol{B})(\boldsymbol{A}\boldsymbol{B})(\vec{e}_1)=\boldsymbol{A}\boldsymbol{B}\boldsymbol{A}(-\vec{e}_3)=\boldsymbol{A}\boldsymbol{B}(\vec{e}_2)=\boldsymbol{A}(\vec{e}_2)=\vec{e}_3,$

$$(\boldsymbol{A}^2\boldsymbol{B}^2)(\vec{e}_1)=-\vec{e}_1,$$

因此$(\boldsymbol{A}\boldsymbol{B})^2\neq\boldsymbol{A}^2\boldsymbol{B}^2$。

9. 如图 9-7 所示,不妨设 δ,γ 都是单位向量。任取 $\alpha\in V$,有

$$\boldsymbol{P}_\delta(\alpha)=(\alpha,\delta)\delta,$$
$$\boldsymbol{P}_\gamma(\alpha)=(\alpha,\gamma)\gamma,$$

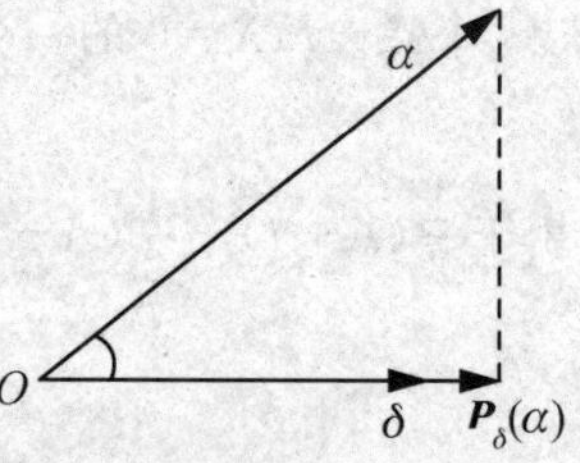

图 9-7

于是

$$\boldsymbol{P}_\delta\boldsymbol{P}_\gamma(\alpha)=\boldsymbol{P}_\delta(\alpha,\gamma)\gamma=(\alpha,\gamma)\boldsymbol{P}_\delta(\gamma)=(\alpha,\gamma)(\gamma,\delta)\delta.$$

必要性。设 δ 与 γ 垂直,则$(\gamma,\delta)=0$,从而 $\forall\alpha\in V$ 有

$$\boldsymbol{P}_\delta\boldsymbol{P}_\gamma(\alpha)=(\alpha,\gamma)(\gamma,\delta)\delta=0,$$

因此 $\boldsymbol{P}_\delta\boldsymbol{P}_\gamma=\boldsymbol{0}$。

充分性。设 $\boldsymbol{P}_\delta\boldsymbol{P}_\gamma=\boldsymbol{0}$。选取 α 使得 α 与 γ 不垂直。则 $(\alpha,\gamma)\neq0$。由于

$$0=\boldsymbol{0}(\alpha)=\boldsymbol{P}_\delta\boldsymbol{P}_\gamma(\alpha)=(\alpha,\gamma)(\gamma,\delta)\delta,$$

因此 $(\gamma,\delta)=0$，于是 $\delta\perp\gamma$。

10. 由于域 F 上线性空间 $M_n(F)$ 的维数等于 n^2，因此域 F 上代数 $M_n(F)$ 的维数等于 n^2。

11. 设 $\boldsymbol{A}_1,\boldsymbol{A}_2,\cdots,\boldsymbol{A}_s$ 是两两正交的幂等变换，则

$$\begin{aligned}(\boldsymbol{A}_1+\boldsymbol{A}_2+\cdots+\boldsymbol{A}_s)^2&=(\boldsymbol{A}_1+\boldsymbol{A}_2+\cdots+\boldsymbol{A}_s)(\boldsymbol{A}_1+\boldsymbol{A}_2+\cdots+\boldsymbol{A}_s)\\&=\boldsymbol{A}_1^2+\boldsymbol{A}_1\boldsymbol{A}_2+\cdots+\boldsymbol{A}_1\boldsymbol{A}_s+\boldsymbol{A}_2\boldsymbol{A}_1+\boldsymbol{A}_2^2+\cdots+\boldsymbol{A}_2\boldsymbol{A}_s+\cdots\\&\quad+\boldsymbol{A}_s\boldsymbol{A}_1+\boldsymbol{A}_s\boldsymbol{A}_2+\cdots+\boldsymbol{A}_s\boldsymbol{A}_{s-1}+\boldsymbol{A}_s^2\\&=\boldsymbol{A}_1+\boldsymbol{A}_2+\cdots+\boldsymbol{A}_s,\end{aligned}$$

因此 $\boldsymbol{A}_1+\boldsymbol{A}_2+\cdots+\boldsymbol{A}_s$ 是幂等变换。

12. 任取 $A\in M_n(F)$，设 $A=(a_{ij})$，则

$$f(A)=f\Big(\sum_{i=1}^n\sum_{j=1}^n a_{ij}E_{ij}\Big)=\sum_{i=1}^n\sum_{j=1}^n a_{ij}f(E_{ij}).$$

由于 $f(E_{ij})=f(E_{i1}E_{1j})=f(E_{1j}E_{i1})=\begin{cases}0, & 当\ j\neq i;\\ f(E_{11}), & 当\ j=i,\end{cases}$

因此 $$f(A)=\sum_{i=1}^n a_{ii}f(E_{11})=f(E_{11})\mathrm{tr}(A).$$

从而 $$f=f(E_{11})\mathrm{tr}.$$

13. 几何空间 V 中，平行于 W 在 U_2 上的投影 $\boldsymbol{P}_{U_2}$ 在 U_1 上的限制 $\boldsymbol{P}_{U_2}|U_1$ 把 $\overrightarrow{OA}$ 映成 $\overrightarrow{OA'}$。U_2 上任取一点 B'，过点 B' 作与 W 平行的直线，它与 U_1 交于唯一的一点 B，因此 $\overrightarrow{OB'}$ 在 $\boldsymbol{P}_{U_2}|U_1$ 下有唯一的原象。从而 $\boldsymbol{P}_{U_2}|U_1$ 是 U_1 到 U_2 的可逆线性映射。又 $\tau(\overrightarrow{OA})=\overrightarrow{OA'}$，因此 $\tau=\boldsymbol{P}_{U_2}|U_1$。

14. 任取 $A=(a_{ij})\in M_n(K)$，有

$$A=\begin{pmatrix}0 & -a_{21} & -a_{31} & \cdots & -a_{n1}\\ a_{21} & 0 & -a_{32} & \cdots & -a_{n2}\\ a_{31} & a_{32} & 0 & \cdots & -a_{n3}\\ a_{n1} & a_{n2} & a_{n3} & \cdots & 0\end{pmatrix}+\begin{pmatrix}a_{11} & a_{12}+a_{21} & a_{13}+a_{31} & \cdots & a_{1n}+a_{n1}\\ 0 & a_{22} & a_{23}+a_{32} & \cdots & a_{2n}+a_{n2}\\ 0 & 0 & a_{33} & \cdots & a_{3n}+a_{n3}\\ \vdots & \vdots & \vdots & & \vdots\\ 0 & 0 & 0 & \cdots & a_{nn}\end{pmatrix},$$

因此 $M_n(K)=V_2+U$. 任取 $B=(b_{ij})\in V_2\cap U$，则

$$B=\begin{pmatrix}0 & b_{12} & b_{13} & \cdots & b_{1n}\\ -b_{12} & 0 & b_{23} & \cdots & b_{2n}\\ -b_{13} & -b_{23} & 0 & \cdots & b_{3n}\\ -b_{1n} & -b_{2n} & -b_{3n} & \cdots & 0\end{pmatrix},$$

从而 $b_{11}=b_{22}=\cdots=b_{nn}=0$。又由于 B 是上三角矩阵，因此 $B=0$。从而 $V_2\cap U=0$。于是 $M_n(K)=V_2\oplus U$。

当 $i\leqslant j$ 时，E_{ij} 在 $\boldsymbol{P}_{V_2}$ 下的象为 0，在 $\boldsymbol{P}_U$ 下的象为 E_{ij}；当 $i>j$ 时，E_{ij} 在 $\boldsymbol{P}_{V_2}$ 下的象为 $E_{ij}-E_{ji}$，在 $\boldsymbol{P}_U$ 下的象为 E_{ji}。

15. 类似于第 12 题可证得 $M_n(K)=V_2+U$。但是对角矩阵既是对称矩阵，又是上三角矩阵，因此 $V_1\cap U\neq 0$，从而 V_1+U 不是直和。

16. 利用本节定理 1 及其证明下面的一段话可得：

(1) q^{ns}；

(2) 要求 $n\leqslant s$，此时有 $(q^s-1)(q^s-q)\cdots(q^s-q^{n-1})$；

(3) 要求 $n\geqslant s$，此时有 $(q^s-1)(q^s-q)\cdots(q^s-q^{s-1})q^{s(n-s)}$。

习题 9.2

1. $$\boldsymbol{A}\begin{pmatrix}x_1\\x_2\\x_3\\x_4\end{pmatrix}=\begin{pmatrix}1 & -3 & 1 & -2\\ 2 & 1 & -1 & 3\\ -1 & 10 & -4 & 9\\ 3 & -2 & 0 & 1\\ 4 & 9 & -5 & 13\end{pmatrix}\begin{pmatrix}x_1\\x_2\\x_3\\x_4\end{pmatrix},$$

因此 $\boldsymbol{A}$ 是 K^4 到 K^5 的一个线性映射。用 A 表示上式右端的 5×4 矩阵，Ker $\boldsymbol{A}$ 等于 $A\boldsymbol{X}=0$ 的解空间，Im $\boldsymbol{A}$ 等于矩阵 A 的列空间，把 A 经过初等行变换化成简化行阶梯形。

$$A\longrightarrow\begin{pmatrix}1 & -3 & 1 & -2\\ 0 & 7 & -3 & 7\\ 0 & 7 & -3 & 7\\ 0 & 7 & -3 & 7\\ 0 & 21 & -9 & 21\end{pmatrix}\longrightarrow\begin{pmatrix}1 & 0 & -\frac{2}{7} & 1\\ 0 & 1 & -\frac{3}{7} & 1\\ 0 & 0 & 0 & 0\\ 0 & 0 & 0 & 0\\ 0 & 0 & 0 & 0\end{pmatrix},$$

于是 $A\boldsymbol{X}=0$ 的一个基础解系是

$$\boldsymbol{\eta}_1=(2,3,7,0)',\boldsymbol{\eta}_2=(1,1,0,-1)',$$

从而 Ker $\boldsymbol{A}=\langle(2,3,7,0)',(1,1,0,-1)'\rangle$。

A 的列向量组的一个极大线性无关组为

$$\boldsymbol{\alpha}_1=(1,2,-1,3,4)',\boldsymbol{\alpha}_2=(-3,1,10,-2,9)',$$

因此 Im $\boldsymbol{A}=\langle(1,2,-1,3,4)',(-3,1,10,-2,9)'\rangle$。

把 Im $\boldsymbol{A}$ 的一个基 $\boldsymbol{\alpha}_1,\boldsymbol{\alpha}_2$,扩充成 K^5 的一个基:

$$\boldsymbol{\alpha}_1=\begin{pmatrix}1\\2\\-1\\3\\4\end{pmatrix},\boldsymbol{\alpha}_2=\begin{pmatrix}-3\\1\\10\\-2\\9\end{pmatrix},\boldsymbol{\beta}_1=\begin{pmatrix}1\\0\\0\\0\\0\end{pmatrix},\boldsymbol{\beta}_2=\begin{pmatrix}0\\1\\0\\0\\0\end{pmatrix},\boldsymbol{\beta}_3=\begin{pmatrix}0\\0\\1\\0\\0\end{pmatrix},$$

则 $\beta_1+\text{Im}\,\boldsymbol{A},\beta_2+\text{Im}\,\boldsymbol{A},\beta_3+\text{Im}\,\boldsymbol{A}$ 是 $K^5/\text{Im}\,\boldsymbol{A}$ 的一个基,从而

$$\text{Coker}\,\boldsymbol{A}=\langle(1,0,0,0,0)'+\text{Im}\,\boldsymbol{A},(0,1,0,0,0)'+\text{Im}\,\boldsymbol{A},(0,0,1,0,0)'+\text{Im}\,\boldsymbol{A}\rangle.$$

2. 据 9.1 节例 2,$\boldsymbol{T}_a$ 是 $F[x]$上的一个线性变换,设 $f(x),g(x)\in F[x]$,若 $\boldsymbol{T}_a(f(x))=\boldsymbol{T}_a(g(x))$,则 $f(x+a)=g(x+a)$。x 用 $x-a$ 代入,从上式得,$f(x)=g(x)$。因此 $\boldsymbol{T}_a$ 是单射,从而 Ker $\boldsymbol{T}_a=0$。任取 $h(x)\in F[x]$。令 $g(x)=h(x-a)$,则

$$\boldsymbol{T}_a(g(x))=g(x+a)=h(x+a-a)=h(x),$$

因此 $\boldsymbol{T}_a$ 是满射,从而 Im $\boldsymbol{T}_a=F[x]$。于是 Coker $\boldsymbol{T}_a=0$。

3. 任取 $f(x),g(x)\in\mathbf{R}[x]_{n-1},k\in\mathbf{R}$。设

$$f(x)=a_0+a_1x+\cdots+a_{n-2}x^{n-2},$$
$$g(x)=b_0+b_1x+\cdots+b_{n-2}x^{n-2},$$

则　$f(x)+g(x)=(a_0+b_0)+(a_1+b_1)x+\cdots+(a_{n-2}+b_{n-2})x^{n-2}$,于是

$$\begin{aligned}\boldsymbol{B}(f(x)+g(x))&=(a_0+b_0)x+\frac{a_1+b_1}{2}x^2+\cdots+\frac{a_{n-2}+b_{n-2}}{n-1}x^{n-1}\\&=\left(a_0x+\frac{a_1}{2}x^2+\cdots+\frac{a_{n-2}}{n-1}x^{n-1}\right)\\&\quad+\left(b_0x+\frac{b_1}{2}x^2+\cdots+\frac{b_{n-2}}{n-1}x^{n-1}\right)\\&=\boldsymbol{B}(f(x))+\boldsymbol{B}(g(x)),\\\boldsymbol{B}(k\,f(x))&=ka_0x+\frac{ka_1}{2}x^2+\cdots+\frac{ka_{n-2}}{n-1}x^{n-1}\\&=k\,\boldsymbol{B}(f(x)),\end{aligned}$$

因此 $\boldsymbol{B}$ 是 $\mathbf{R}[x]_{n-1}$ 到 $\mathbf{R}[x]_n$ 的一个线性映射。

$$f(x)\in\text{Ker}\,\boldsymbol{B}\quad\Leftrightarrow\quad a_0x+\frac{a_1}{2}x^2+\cdots+\frac{a_{n-2}}{n-1}x^{n-1}=0,$$

$$\Leftrightarrow \quad a_0 = a_1 = \cdots = a_{n-2} = 0,$$
$$\Leftrightarrow \quad f(x) = 0,$$

因此 Ker $\boldsymbol{B}=0$。于是

$$\dim(\mathrm{Im}\,\boldsymbol{B}) = \dim(\mathbf{R}[x]_{n-1}) - \dim(\mathrm{Ker}\,\boldsymbol{B}) = n-1.$$

任取 $f(x)=a_0+a_1x+\cdots+a_{n-2}x^{n-2}\in\mathbf{R}[x]_{n-1}$,有 $\boldsymbol{B}(f(x))=a_0x+\frac{a_1}{2}x^2+\cdots+\frac{a_{n-2}}{n-1}x^{n-1}$,因此 Im $\boldsymbol{B}$ 的一个基是 $x,x^2,\cdots,x^{n-1}$。从而 Im $\boldsymbol{B}=\langle x,x^2,\cdots,x^{n-1}\rangle$。

把 Im $\boldsymbol{B}$ 的上述基扩充成 $\mathbf{R}[x]_n$ 的一个基:

$$x,x^2,\cdots,x^{n-1},1,$$

则 $\mathbf{R}[x]_n/\mathrm{Im}\,\boldsymbol{B}$ 的一个基是 $1+\mathrm{Im}\,\boldsymbol{B}$。从而 Coker $\boldsymbol{B}=\langle 1+\mathrm{Im}\,\boldsymbol{B}\rangle$。

4. 在第 1 题中已经求出 Ker $\boldsymbol{A}$ 的一个基是

$$\boldsymbol{\eta}_1 = (2,3,7,0)',\boldsymbol{\eta}_2 = (1,1,0,-1)'.$$

把它扩充成 K^4 的一个基:

$$\boldsymbol{\eta}_1 = \begin{pmatrix}2\\3\\7\\0\end{pmatrix},\quad \boldsymbol{\eta}_2 = \begin{pmatrix}1\\1\\0\\-1\end{pmatrix},\quad \boldsymbol{\delta}_1 = \begin{pmatrix}1\\0\\0\\0\end{pmatrix},\quad \boldsymbol{\delta}_2 = \begin{pmatrix}0\\1\\0\\0\end{pmatrix},$$

于是 $K^4/\mathrm{Ker}\,\boldsymbol{A}$ 的一个基是:$(1,0,0,0)'+\mathrm{Ker}\,\boldsymbol{A},(0,1,0,0)'+\mathrm{Ker}\,\boldsymbol{A}$。

5. 任取 $f(x)\in K[x]_n$,设 $f(x)=a_0+a_1x+\cdots+a_{n-2}x^{n-2}+a_{n-1}x^{n-1}$。

则 $$f(x)=(a_0+a_1x+\cdots+a_{n-2}x^{n-2})+a_{n-1}x^{n-1}.$$

因此 $$K[x]_n=K[x]_{n-1}+\langle x^{n-1}\rangle.$$

显然 $K[x]_{n-1}\cap\langle x^{n-1}\rangle=0$,因此 $K[x]_n=K[x]_{n-1}\oplus\langle x^{n-1}\rangle$。

从而 $K[x]_{n-1}$ 在 $K[x]_n$ 中的一个补空间是 $\langle x^{n-1}\rangle$。于是据本节推论 2 得,平行于 $\langle x^{n-1}\rangle$ 在 $K[x]_{n-1}$ 上的投影 $\boldsymbol{P}$ 的象为 $K[x]_{n-1}$,核为 $\langle x^{n-1}\rangle$。

$$\mathrm{Coker}\,\boldsymbol{P} = K[x]_n/\mathrm{Im}\,\boldsymbol{P} = K[x]_n/K[x]_{n-1}.$$

把 $K[x]_{n-1}$ 的一个基 $1,x,\cdots,x^{n-2}$ 扩充成 $K[x]_n$ 的一个基:

$$1,x,\cdots,x^{n-2},x^{n-1},$$

于是 $K[x]_n/K[x]_{n-1}$ 的一个基是 $x^{n-1}+K[x]_{n-1}$。从而

$$\mathrm{Coker}\,\boldsymbol{P} = \langle x^{n-1}+K[x]_{n-1}\rangle.$$

6. 据 9.1 节典型例题的例 6,$g(x)=\sum_{i=0}^{m}b_ix^{p^i}$ 诱导的多项式函数 g 是域 F_p 上线性空间 F_q 上的一个线性变换。从而 $g(0)=0$。即 $g(x)$ 在 F_q 中至少有一个根 0。

$g(x)$是 F_q 上的一个置换多项式

$\Leftrightarrow$ 多项式函数 g 是 F_q 到自身的双射

$\Leftrightarrow$ 线性变换 g 是单射

$\Leftrightarrow$ $\mathrm{Ker}(g)=0$

$\Leftrightarrow$ $g(x)$在 F_q 中有且只有一个根 0。

7.（1）$\boldsymbol{A}|W$ 是 W 到 $\boldsymbol{A}W$ 的一个线性映射。据本节典型例题的例 1 得，

$$\dim W = \dim(\boldsymbol{A}W) + \dim((\mathrm{Ker}\ \boldsymbol{A}) \cap W) \leqslant \dim(\boldsymbol{A}W) + \dim(\mathrm{Ker}\boldsymbol{A}),$$

因此 $\dim(\boldsymbol{A}W) \geqslant \dim W - \dim(\mathrm{Ker}\ \boldsymbol{A})$，且 $\dim W \geqslant \dim(\boldsymbol{A}W)$。

（2）由于 $0 \in W$，且 $\boldsymbol{A}(0)=0$，因此 $0 \in \boldsymbol{A}^{-1}W$，任取 $\alpha,\beta \in \boldsymbol{A}^{-1}W$，则 $\boldsymbol{A}\alpha,\boldsymbol{A}\beta \in W$。从而

$$\boldsymbol{A}(\alpha+\beta) - \boldsymbol{A}\alpha + \boldsymbol{A}\beta \in W, \boldsymbol{A}(k\alpha) = k\boldsymbol{A}\alpha \in W,$$

因此 $\alpha+\beta \in \boldsymbol{A}^{-1}W, k\alpha \in \boldsymbol{A}^{-1}W, k \in F$。从而 $\boldsymbol{A}^{-1}W$ 是 V 的一个子空间。

$\boldsymbol{A}$ 在 $\boldsymbol{A}^{-1}W$ 上的限制 $\boldsymbol{A}|\boldsymbol{A}^{-1}W$ 是 $\boldsymbol{A}^{-1}W$ 到 W 的一个线性映射，由线性映射的核与象的维数公式得　$\dim[\mathrm{Im}(\boldsymbol{A}|\boldsymbol{A}^{-1}W)] + \dim[\mathrm{Ker}(\boldsymbol{A}|\boldsymbol{A}^{-1}W)] = \dim(\boldsymbol{A}^{-1}W)$，

于是 $\dim(\boldsymbol{A}^{-1}W) \leqslant \dim W + \dim(\mathrm{Ker}\ \boldsymbol{A})$。

（3）若 $\boldsymbol{A}V \supseteq W$，则 W 中每一个向量都是 V 中某个向量在 $\boldsymbol{A}$ 下的象，从而 $\mathrm{Im}(\boldsymbol{A}|\boldsymbol{A}^{-1}W) = W$，于是从维数公式得，$\dim W + \dim[\mathrm{Ker}(\boldsymbol{A}|\boldsymbol{A}^{-1}W)] = \dim(\boldsymbol{A}^{-1}W)$。因此 $\dim W \leqslant \dim(\boldsymbol{A}^{-1}W)$。

8. 利用本节定理 2 以及商空间的维数公式。

9. 由已知条件可设 $\boldsymbol{A}V = \boldsymbol{B}V = \langle \eta \rangle$。由定理 2 得，$\dim(\mathrm{Ker}\ \boldsymbol{A}) = n-1$。于是可设 $\mathrm{Ker}\ \boldsymbol{A} = \mathrm{Ker}\ \boldsymbol{B} = \langle \beta_1, \cdots, \beta_{n-1} \rangle$。

情形 1　$\eta, \beta_1, \cdots, \beta_{n-1}$ 线性无关。则

$$V = \langle \eta \rangle \oplus \langle \beta_1, \cdots, \beta_{n-1} \rangle.$$

设 $\boldsymbol{A}\eta = a\eta, \boldsymbol{B}\eta = b\eta$。任取 $\alpha \in V$，则 $\alpha = \alpha_1 + \alpha_2$，其中 $\alpha_1 \in \langle \eta \rangle, \alpha_2 \in \langle \beta_1, \cdots, \beta_{n-1} \rangle$。设 $\alpha_1 = k\eta$，则

$$(\boldsymbol{AB})\alpha = \boldsymbol{A}(\boldsymbol{B}\alpha) = \boldsymbol{A}(\boldsymbol{B}\alpha_1) = \boldsymbol{A}(k\boldsymbol{B}\eta) = k\boldsymbol{A}(b\eta) = kba\eta,$$

$$(\boldsymbol{BA})\alpha = \boldsymbol{B}(\boldsymbol{A}\alpha) = \boldsymbol{B}(\boldsymbol{A}\alpha_1) = \boldsymbol{B}(k\boldsymbol{A}\eta) = k\boldsymbol{B}(a\eta) = kab\eta.$$

于是 $(\boldsymbol{AB})\alpha = (\boldsymbol{B}A)\alpha$，因此 $\boldsymbol{AB} = \boldsymbol{BA}$。

情形 2　$\eta, \beta_1, \cdots, \beta_{n-1}$ 线性相关。则

$$\eta = k_1\beta_1 + \cdots + k_{n-1}\beta_{n-1}.$$

从而 $\boldsymbol{A}\eta = 0, \boldsymbol{B}\eta = 0$。任取 $\alpha \in V$，有 $\boldsymbol{A}\alpha \in \langle \eta \rangle, \boldsymbol{B}\alpha \in \langle \eta \rangle$。

设 $\boldsymbol{A}\alpha = c\eta, \boldsymbol{B}\alpha = d\eta$，则

$$(\boldsymbol{AB})\alpha = \boldsymbol{A}(\boldsymbol{B}\alpha) = \boldsymbol{A}(d\eta) = d\boldsymbol{A}\eta = 0,$$

$$(\boldsymbol{BA})\alpha=\boldsymbol{B}(\boldsymbol{A}\alpha)=\boldsymbol{B}(c\eta)=c\boldsymbol{B}\eta=0.$$

于是$(\boldsymbol{AB})\alpha=(\boldsymbol{BA})\alpha$。因此 $\boldsymbol{AB}=\boldsymbol{BA}$。

10. 任取 $\alpha\in\operatorname{Ker}\boldsymbol{A}$，则 $\boldsymbol{A}\alpha=0$。从而$(\boldsymbol{A}-\boldsymbol{I})\alpha=-\alpha$，于是$-\alpha\in\operatorname{Im}(\boldsymbol{A}-\boldsymbol{I})$，因此 $\alpha\in\operatorname{Im}(\boldsymbol{A}-\boldsymbol{I})$。从而 $\operatorname{Ker}A\subseteq\operatorname{Im}(\boldsymbol{A}-\boldsymbol{I})$。

习题 9.3

1. 在 8.1 节例 12 中已证 f_1,f_2 线性无关，从而 f_1,f_2 是 V 的一个基。由于

$$\boldsymbol{D}(f_1)=\boldsymbol{D}(\mathrm{e}^{ax}\cos bx)=a\mathrm{e}^{ax}\cos bx-\mathrm{e}^{ax}b\sin bx=af_1-bf_2,$$

$$\boldsymbol{D}(f_2)=\boldsymbol{D}(\mathrm{e}^{ax}\sin bx)=a\mathrm{e}^{ax}\sin bx+\mathrm{e}^{ax}b\cos bx=bf_1+af_2,$$

因此 $\boldsymbol{D}$ 是 V 到自身的一个映射，从而 $\boldsymbol{D}$ 是 V 上的一个线性变换，且 $\boldsymbol{D}$ 在基 f_1,f_2 下的矩阵 D 为

$$D=\begin{pmatrix}a & b\\ -b & a\end{pmatrix}.$$

2. 在 9.1 节内容精华的最后一段指出，平移 $\boldsymbol{T}_a: f(x)\longmapsto f(x+a)$ 是 $\mathbf{R}[x]_n$ 上的一个线性变换，且有

$$\boldsymbol{T}_a=\boldsymbol{I}+a\boldsymbol{D}+\frac{a^2}{2!}\boldsymbol{D}^2+\cdots+\frac{a^{n-1}}{(n-1)!}\boldsymbol{D}^{n-1}.$$

由于对任意 $f(x)\in\mathbf{R}[x]_n$，有

$$\boldsymbol{A}(f(x))=f(x+a)-f(x)=\boldsymbol{T}_a(f(x))-\boldsymbol{I}(f(x))=(\boldsymbol{T}_a-\boldsymbol{I})(f(x)),$$

因此 $\boldsymbol{A}=\boldsymbol{T}_a-\boldsymbol{I}$。从而 $\boldsymbol{A}$ 是 $\mathbf{R}[x]_n$ 上的一个线性变换，且

$$\boldsymbol{A}=a\boldsymbol{D}+\frac{a^2}{2!}\boldsymbol{D}^2+\cdots+\frac{a^{n-1}}{(n-1)!}\boldsymbol{D}^{n-1}.$$

据本节典型例题的例 4 得，$\boldsymbol{D}$ 在 $\mathbf{R}[x]_n$ 的基 $1,x-a,\frac{1}{2!}(x-a)^2,\cdots,\frac{1}{(n-1)!}(x-a)^{n-1}$下的矩阵 D 为

$$D=\begin{pmatrix}0 & 1 & 0 & \cdots & 0 & 0\\ 0 & 0 & 1 & \cdots & 0 & 0\\ \vdots & \vdots & \vdots & & \vdots & \vdots\\ 0 & 0 & 0 & \cdots & 0 & 1\\ 0 & 0 & 0 & \cdots & 0 & 0\end{pmatrix},$$

于是 $\boldsymbol{A}=a\boldsymbol{D}+\frac{a^2}{2!}\boldsymbol{D}^2+\cdots+\frac{a^{n-1}}{(n-1)!}\boldsymbol{D}^{n-1}$在上述基下的矩阵 A 为

$$A=a\begin{pmatrix}0&1&0&\cdots&0&0\\0&0&1&\cdots&0&0\\\vdots&\vdots&\vdots&&\vdots&\vdots\\0&0&0&\cdots&0&1\\0&0&0&\cdots&0&0\end{pmatrix}+\frac{a^2}{2!}\begin{pmatrix}0&0&1&0&\cdots&0&0\\0&0&0&1&\cdots&0&0\\\vdots&\vdots&\vdots&\vdots&&\vdots&\vdots\\0&0&0&0&\cdots&0&1\\0&0&0&0&\cdots&0&0\\0&0&0&0&\cdots&0&0\end{pmatrix}$$

$$+\cdots+\frac{a^{n-1}}{(n-1)!}\begin{pmatrix}0&\cdots&0&1\\0&\cdots&0&0\\\vdots&&\vdots&\vdots\\0&\cdots&0&0\\0&\cdots&0&0\end{pmatrix}$$

$$=\begin{pmatrix}0&a&\frac{a^2}{2!}&\frac{a^3}{3!}&\cdots&\frac{a^{n-1}}{(n-1)!}\\0&0&a&\frac{a^2}{2!}&\cdots&\frac{a^{n-2}}{(n-2)!}\\\vdots&\vdots&\vdots&\vdots&&\vdots\\0&0&0&0&\cdots&\frac{a^2}{2!}\\0&0&0&0&\cdots&a\\0&0&0&0&\cdots&0\end{pmatrix}.$$

注：此题也可直接计算

$$\mathbf{A}(1)=1-1=0,$$

$$\mathbf{A}(x-a)=[(x+a)-a]-(x-a)=a,$$

$$\mathbf{A}\left[\frac{1}{2!}(x-a)^2\right]=\frac{1}{2!}(x+a-a)^2-\frac{1}{2!}(x-a)^2$$

$$=\frac{1}{2!}(2ax-a^2)=\frac{1}{2!}a^2+a(x-a),$$

$$\cdots$$

但是这样去求 $\mathbf{A}$ 的矩阵计算量较大。

3. $\mathbf{B}(1)=x,\mathbf{B}(x)=\frac{1}{2}x^2,B(x^2)=\frac{1}{3}x^3,\cdots,\mathbf{B}(x^{n-2})=\frac{1}{n-1}x^{n-1}$。

因此 $\mathbf{B}$ 在 $\mathbf{R}[x]_{n-1}$ 的一个基 $1,x,x^2,\cdots,x^{n-2}$ 和 $\mathbf{R}[x]_n$ 的一个基 $1,x,x^2,\cdots,x^{n-2},x^{n-1}$ 下的矩阵 B 为

$$B=\begin{pmatrix}0&0&0&\cdots&0\\1&0&0&\cdots&0\\0&\frac{1}{2}&0&\cdots&0\\0&0&\frac{1}{3}&\cdots&0\\\vdots&\vdots&\vdots&&\vdots\\0&0&0&\cdots&\frac{1}{n-1}\end{pmatrix}_{n\times(n-1)}.$$

4. $\boldsymbol{A}(\boldsymbol{\alpha}_1,\boldsymbol{\alpha}_2,\boldsymbol{\alpha}_3)=(\boldsymbol{\gamma}_1,\boldsymbol{\gamma}_2,\boldsymbol{\gamma}_3)$。

设 $\boldsymbol{\gamma}_1,\boldsymbol{\gamma}_2,\boldsymbol{\gamma}_3$ 在 K^2 中的基 $\boldsymbol{\eta}_1,\boldsymbol{\eta}_2$ 下的坐标列向量分别为 $\boldsymbol{X}_1,\boldsymbol{X}_2,\boldsymbol{X}_3$,则

$$(\boldsymbol{\gamma}_1,\boldsymbol{\gamma}_2,\boldsymbol{\gamma}_3)=(\boldsymbol{\eta}_1,\boldsymbol{\eta}_2)(\boldsymbol{X}_1,\boldsymbol{X}_2,\boldsymbol{X}_3),$$

从而

$$\begin{aligned}(\boldsymbol{X}_1,\boldsymbol{X}_2,\boldsymbol{X}_3)&=(\boldsymbol{\eta}_1,\boldsymbol{\eta}_2)^{-1}(\boldsymbol{\gamma}_1,\boldsymbol{\gamma}_2,\boldsymbol{\gamma}_3)\\&=\begin{pmatrix}1&1\\0&1\end{pmatrix}^{-1}\begin{pmatrix}1&0&2\\-1&1&-1\end{pmatrix}=\begin{pmatrix}1&-1\\0&1\end{pmatrix}\begin{pmatrix}1&0&2\\-1&1&-1\end{pmatrix}\\&=\begin{pmatrix}2&-1&3\\-1&1&-1\end{pmatrix}.\end{aligned}$$

由于 $\boldsymbol{A}(\boldsymbol{\alpha}_1,\boldsymbol{\alpha}_2,\boldsymbol{\alpha}_3)=(\boldsymbol{\eta}_1,\boldsymbol{\eta}_2)(\boldsymbol{X}_1,\boldsymbol{X}_2,\boldsymbol{X}_3)$,因此 $\boldsymbol{A}$ 在 K^3 中的基 $\boldsymbol{\alpha}_1,\boldsymbol{\alpha}_2,\boldsymbol{\alpha}_3$ 和 K^2 中的基 $\boldsymbol{\eta}_1,\boldsymbol{\eta}_2$ 下的矩阵为

$$\begin{pmatrix}2&-1&3\\-1&1&-1\end{pmatrix}.$$

5. $(\boldsymbol{\eta}_1,\boldsymbol{\eta}_2,\boldsymbol{\eta}_3)=(\boldsymbol{\varepsilon}_1,\boldsymbol{\varepsilon}_2,\boldsymbol{\varepsilon}_3)\begin{pmatrix}2&3&1\\3&4&2\\1&1&2\end{pmatrix}$

求出过渡矩阵 S 的逆矩阵为

$$S^{-1}=\begin{pmatrix}-6&5&-2\\4&-3&1\\1&-1&1\end{pmatrix},$$

从而

$$B=S^{-1}AS=\begin{pmatrix}-6&5&-2\\8&-6&2\\3&-3&3\end{pmatrix}\begin{pmatrix}2&3&1\\3&4&2\\1&1&2\end{pmatrix}$$

$$=\begin{pmatrix}1&0&0\\0&2&0\\0&0&3\end{pmatrix}.$$

6. (1) $\mathbf{A}\alpha_2=a_{12}\alpha_1+a_{22}\alpha_2+a_{32}\alpha_3=a_{22}\alpha_2+a_{32}\alpha_3+a_{12}\alpha_1$,

$\mathbf{A}\alpha_3=a_{13}\alpha_1+a_{23}\alpha_2+a_{33}\alpha_3=a_{23}\alpha_2+a_{33}\alpha_3+a_{13}\alpha_1$,

$\mathbf{A}\alpha_1=a_{11}\alpha_1+a_{21}\alpha_2+a_{31}\alpha_3=a_{21}\alpha_2+a_{31}\alpha_3+a_{11}\alpha_1$,

因此 $\mathbf{A}$ 在基 $\alpha_2,\alpha_3,\alpha_1$ 下的矩阵为

$$\begin{pmatrix}a_{22}&a_{23}&a_{21}\\a_{32}&a_{33}&a_{31}\\a_{12}&a_{13}&a_{11}\end{pmatrix}.$$

(2) $\mathbf{A}(k\alpha_1)=k\mathbf{A}\alpha_1=k(a_{11}\alpha_1+a_{21}\alpha_2+a_{31}\alpha_3)$

$=a_{11}(k\alpha_1)+ka_{21}\alpha_2+ka_{31}\alpha_3$,

$\mathbf{A}(\alpha_2)=a_{12}\alpha_1+a_{22}\alpha_2+a_{32}\alpha_3=k^{-1}a_{12}(k\alpha_1)+a_{22}\alpha_2+a_{32}\alpha_3$,

$\mathbf{A}(\alpha_3)=a_{13}\alpha_1+a_{23}\alpha_2+a_{33}\alpha_3=k^{-1}a_{13}(k\alpha_1)+a_{23}\alpha_2+a_{33}\alpha_3$,

因此 $\mathbf{A}$ 在基 $k\alpha_1,\alpha_2,\alpha_3$ 下的矩阵为 $\begin{pmatrix}a_{11}&k^{-1}a_{12}&k^{-1}a_{13}\\ka_{21}&a_{22}&a_{23}\\ka_{31}&a_{32}&a_{33}\end{pmatrix}$.

(3) $\mathbf{A}\alpha_1=a_{11}\alpha_1+a_{21}\alpha_2+a_{31}\alpha_3=(a_{11}-a_{21})\alpha_1+a_{21}(\alpha_1+\alpha_2)+a_{31}\alpha_3$,

$\mathbf{A}(\alpha_1+\alpha_2)=\mathbf{A}\alpha_1+\mathbf{A}\alpha_2=(a_{11}+a_{12})\alpha_1+(a_{21}+a_{22})\alpha_2+(a_{31}+a_{32})\alpha_3$

$=(a_{11}+a_{12}-a_{21}-a_{22})\alpha_1+(a_{21}+a_{22})(\alpha_1+\alpha_2)+(a_{31}+a_{32})\alpha_3$,

$\mathbf{A}\alpha_3=a_{13}\alpha_1+a_{23}\alpha_2+a_{33}\alpha_3=(a_{13}-a_{23})\alpha_1+a_{23}(\alpha_1+\alpha_2)+a_{33}\alpha_3$,

因此 $\mathbf{A}$ 在基 $\alpha_1,\alpha_1+\alpha_2,\alpha_3$ 下的矩阵为

$$\begin{pmatrix}a_{11}-a_{21}&a_{11}+a_{12}-a_{21}-a_{22}&a_{13}-a_{23}\\a_{21}&a_{21}+a_{22}&a_{23}\\a_{31}&a_{31}+a_{32}&a_{33}\end{pmatrix}.$$

7. 设 A 与 B 相似,则存在域 F 上 n 级可逆矩阵 S 使得 $B=S^{-1}AS$。取域 F 上一个 n 维线性空间 V,V 中取一个基 $\alpha_1,\alpha_2,\cdots,\alpha_n$,定义 V 上的一个线性变换 $\mathbf{A}$ 满足:

$$\mathbf{A}(\alpha_1,\alpha_2,\cdots,\alpha_n)=(\alpha_1,\alpha_2,\cdots,\alpha_n)A.$$

令
$$(\beta_1,\beta_2,\cdots,\beta_n)=(\alpha_1,\alpha_2,\cdots,\alpha_n)S.$$

由于 S 可逆,因此 $\beta_1,\beta_2,\cdots,\beta_n$ 是 V 的一个基,且 $\mathbf{A}$ 在基 $\beta_1,\beta_2,\cdots,\beta_n$ 下的矩阵为 $S^{-1}AS=B$。

8. $\mathbf{A}(\alpha_1,\alpha_2,\cdots,\alpha_n)=(\eta_1,\eta_2,\cdots,\eta_s)A$,

$\mathbf{A}(\beta_1,\beta_2,\cdots,\beta_n)=(\delta_1,\delta_2,\cdots,\delta_s)B$,

$$(\beta_1,\beta_2,\cdots,\beta_n)=(\alpha_1,\alpha_2,\cdots,\alpha_n)P,$$
$$(\delta_1,\delta_2,\cdots,\delta_s)=(\eta_1,\eta_2,\cdots,\eta_s)Q.$$

于是

$$\begin{aligned}\boldsymbol{A}(\beta_1,\beta_2,\cdots,\beta_n)&=\boldsymbol{A}[(\alpha_1,\alpha_2,\cdots,\alpha_n)P]\\&=[\boldsymbol{A}(\alpha_1,\alpha_2,\cdots,\alpha_n)]P\\&=[(\eta_1,\eta_2,\cdots,\eta_s)A]P\\&=(\eta_1,\eta_2,\cdots,\eta_s)(AP)\\&=[(\delta_1,\delta_2,\cdots,\delta_s)Q^{-1}](AP)\\&=(\delta_1,\delta_2,\cdots,\delta_s)(Q^{-1}AP).\end{aligned}$$

因此 $$B=Q^{-1}AP.$$

9. 在 V 中取一个基 $\alpha_1,\alpha_2,\cdots,\alpha_n$,在 V' 中取一个基 $\eta_1,\eta_2,\cdots,\eta_s$,设 $\boldsymbol{A}$ 在这一对基下的矩阵为 A,则

$$\text{rank}(A)=\text{rank}(\boldsymbol{A})=r.$$

据《高等代数学习指导书(上册)》5.2 节的定理 1 得,存在域 F 上 S 级可逆矩阵 Q 和 n 级可逆矩阵 P,使得

$$QAP=\begin{pmatrix}I_r & 0\\ 0 & 0\end{pmatrix}.$$

令

$$(\beta_1,\beta_2,\cdots,\beta_n)=(\alpha_1,\alpha_2,\cdots,\alpha_n)P,$$
$$(\delta_1,\delta_2,\cdots,\delta_s)=(\eta_1,\eta_2,\cdots,\eta_s)Q^{-1},$$

则 $\beta_1,\beta_2,\cdots,\beta_n$ 是 V 的一个基,$\delta_1,\delta_2,\cdots,\delta_s$ 是 V'的一个基。据第 8 题的结论得,$\boldsymbol{A}$ 在 V 的基 $\beta_1,\beta_2,\cdots,\beta_n$ 和 V'的基 $\delta_1,\delta_2,\cdots,\delta_s$ 下的矩阵为

$$(Q^{-1})^{-1}AP=QAP=\begin{pmatrix}I_r & 0\\ 0 & 0\end{pmatrix}.$$

10. 由于 $\mathbf{0}\in U$,且 U 对线性变换的加法和纯量乘法封闭,因此 U 是 $\text{Hom}(V,V)$的一个子空间。从而 U 是 F 上的一个线性空间。在 V 中取一个基,设 $\boldsymbol{A},\boldsymbol{X}$ 在这个基下的矩阵分别是 A,X。则 $\boldsymbol{X}\in U \iff \boldsymbol{AX}=\mathbf{0} \iff AX=0$。设 $X=(\boldsymbol{X}_1,\boldsymbol{X}_2\cdots,\boldsymbol{X}_n)$,则

$$\begin{aligned}AX=0 &\iff \boldsymbol{X}_1\cdots,\boldsymbol{X}_n \text{ 属于齐次线性方程组 } Az=\mathbf{0} \text{ 的解空间 } W\\ &\iff X=(\boldsymbol{X}_1,\cdots,\boldsymbol{X}_n)\in W\dot{+}\cdots\dot{+}W。\end{aligned}$$

因此使 $AX=0$ 的 n 级矩阵 X 组成的集合是 $W\dot{+}\cdots\dot{+}W$。由于 $\dim W=n-r$,其中 $r=\text{rank}(A)$,因此 $W\dot{+}\cdots\dot{+}W$ 的维数是 $n(n-r)$。由于把 V 上的线性变换对应到它在 V 的一个基下的矩阵是 $\text{Hom}(V,V)$ 到 $M_n(F)$ 的一个同构映射 σ,且 $\sigma(U)=W\dot{+}\cdots\dot{+}W$,因此 $\dim U=n(n-r)$。

注：在第 10 题中，求 $AX=0$ 的解集的维数的另一种方法如下。

令 $\mathscr{A}: M_n(K) \longrightarrow AM_n(K)$

$$X \longmapsto AX,$$

则 $\mathscr{A}$ 是 $M_n(K)$ 到 $AM_n(K)$ 的一个线性映射，且 $\mathscr{A}$ 是满射，于是 $\mathrm{Im}(\mathscr{A})=AM_n(K)$。

根据 8.3 节的例 19，$\dim[AM_n(K)]=rn$，其中 $r=\mathrm{rank}(A)$。$AX=0$ 的解集是 $\mathrm{Ker}\,\mathscr{A}$，

$$\dim(\mathrm{Ker}\,\mathscr{A})=\dim(M_n(K))-\dim(\mathrm{Im}\,\mathscr{A})=n^2-rn=n(n-r).$$

习题 9.4

1. (1) $\boldsymbol{A}$ 的全部特征值是 1（二重），10。

$\boldsymbol{A}$ 的属于特征值 1 的全部特征向量是

$$\{k_1(-2\alpha_1+\alpha_2)+k_2(2\alpha_1+\alpha_3)\mid k_1,k_2\in K, \text{且 } k_1,k_2 \text{ 不全为 } 0\};$$

$\boldsymbol{A}$ 的属于特征值 10 的全部特征向量是

$$\{k(\alpha_1+2\alpha_2-2\alpha_3)\mid k\in K, \text{且 } k\neq 0\}.$$

$\boldsymbol{A}$ 可对角化，$\boldsymbol{A}$ 在 V 的基 $-2\alpha_1+\alpha_2, 2\alpha_1+\alpha_3, \alpha_1+2\alpha_2-2\alpha_3$ 下的矩阵为

$$\begin{pmatrix} 1 & 0 & 0 \\ 0 & 1 & 0 \\ 0 & 0 & 10 \end{pmatrix}.$$

(2) $\boldsymbol{A}$ 的全部特征值是 1，3（二重）。

$\boldsymbol{A}$ 的属于特征值 1 的全部特征向量是

$$\{k(-2\alpha_1+\alpha_3)\mid k\in K, \text{且 } k\neq 0\};$$

$\boldsymbol{A}$ 的属于特征值 3 的全部特征向量是

$$\{k(\alpha_1-\alpha_2+2\alpha_3)\mid k\in K, \text{且 } k\neq 0\};$$

由于 $\boldsymbol{A}$ 只有两个线性无关的特征向量，因此 $\boldsymbol{A}$ 不可对角化。

2. 对 $\boldsymbol{A}$ 的不同特征值的个数 s 作数学归纳法。

$s=1$ 时，$\xi_{11},\xi_{12},\cdots,\xi_{1r_1}$ 线性无关，于是命题成立。

假设当 $s-1$ 时命题为真，来看 s 的情形，设

$$k_{11}\xi_{11}+\cdots+k_{1r_1}\xi_{1r_1}+k_{21}\xi_{21}+\cdots+k_{2r_2}\xi_{2r_2}+\cdots+k_{s1}\xi_{s1}+\cdots+k_{sr_s}\xi_{sr_s}=0, \quad (1)$$

两边用 $\boldsymbol{A}$ 作用，得

$$k_{11}\lambda_1\xi_{11}+\cdots+k_{1r_1}\lambda_1\xi_{1r_1}+k_{21}\lambda_2\xi_{21}+\cdots+k_{2r_2}\lambda_2\xi_{2r_2}+\cdots+k_{s1}\lambda_s\xi_{s1}+\cdots+k_{sr_s}\lambda_s\xi_{sr_s}=0. \quad (2)$$

(1)式两边乘 λ_1，得

$$k_{11}\lambda_1\xi_{11}+\cdots+k_{1r_1}\lambda_1\xi_{1r_1}+k_{21}\lambda_1\xi_{21}+\cdots+k_{2r_2}\lambda_1\xi_{2r_2}+\cdots+k_{s1}\lambda_1\xi_{s1}+\cdots+k_{sr_s}\lambda_1\xi_{sr_s}=0. \quad (3)$$

(2)式减去(3)式，得

$$k_{21}(\lambda_2-\lambda_1)\xi_{21}+\cdots+k_{2r_2}(\lambda_2-\lambda_1)\xi_{2r_2}+\cdots$$
$$+k_{s1}(\lambda_s-\lambda_1)\xi_{s1}+\cdots+k_{sr_s}(\lambda_s-\lambda_1)\xi_{sr_s}=0. \tag{4}$$

据归纳假设得，$\xi_{21},\cdots,\xi_{2r_2},\cdots,\xi_{s1},\cdots,\xi_{sr_s}$ 线性无关，因此从(4)式得

$$k_{21}(\lambda_2-\lambda_1)=0,\cdots,k_{2r_2}(\lambda_2-\lambda_1)=0,\cdots,k_{s1}(\lambda_s-\lambda_1)=0,\cdots,k_{sr_s}(\lambda_s-\lambda_1)=0.$$

由于 λ_1 与 $\lambda_2,\cdots,\lambda_s$ 都不相等，因此

$$k_{21}=0,\cdots,k_{2r_2}=0,\cdots,k_{s1}=0,\cdots,k_{sr_s}=0.$$

代入(1)式得，$k_{11}\xi_{11}+\cdots+k_{1r_1}\xi_{1r_1}=0$。从而 $k_{11}=\cdots=k_{1r_1}=0$。

因此 $\xi_{11},\cdots,\xi_{1r_1},\xi_{21},\cdots,\xi_{2r_2},\cdots,\xi_{s1},\cdots,\xi_{sr_s}$ 线性无关。

3. 据 9.1 节的例 11，$\mathbf{A}(f(x))=xf(x)$ 是 $\mathbf{R}[x]$ 上的一个线性变换，因此 $\mathbf{A}$ 是 $\mathbf{R}[x]_n$ 到 $\mathbf{R}[x]_{n+1}$ 的一个线性映射。从而 $\boldsymbol{D}\mathbf{A}$ 是 $\mathbf{R}[x]_n$ 上的一个线性变换，$\mathbf{A}\boldsymbol{D}$ 是 $\mathbf{R}[x]_{n+1}$ 上的一个线性变换。

(1) 在 $\mathbf{R}[x]_n$ 中取一个基：$1,x,\cdots,x^{n-1}$。由于

$$(\boldsymbol{D}\mathbf{A})(1)=\boldsymbol{D}(x)=1,$$
$$(\boldsymbol{D}\mathbf{A})(x)=\boldsymbol{D}(xx)=\boldsymbol{D}(x^2)=2x,$$
$$\cdots$$
$$(\boldsymbol{D}\mathbf{A})(x^{n-1})=\boldsymbol{D}(x\,x^{n-1})=\boldsymbol{D}(x^n)=n\,x^{n-1},$$

因此 $\boldsymbol{D}\mathbf{A}$ 在 $\mathbf{R}[x]_n$ 的基 $1,x,\cdots,x^{n-1}$ 下的矩阵为

$$\begin{pmatrix}1 & & & 0\\ & 2 & & \\ & & \ddots & \\ 0 & & & n\end{pmatrix},$$

从而 $\boldsymbol{D}\mathbf{A}$ 的全部特征值是 $1,2,\cdots,n$。

(2) 据本节例 9 第(1)小题得，$\mathbf{A}\boldsymbol{D}$ 与 $\boldsymbol{D}\mathbf{A}$ 有相同的非零特征值，因此 $1,2,\cdots,n$ 是 $\mathbf{A}\boldsymbol{D}$ 的全部非零特征值。由于 $\mathbf{A}\boldsymbol{D}(1)=\mathbf{A}(0)=0$，因此 0 也是 $\mathbf{A}\boldsymbol{D}$ 的一个特征值。于是 $\mathbf{A}\boldsymbol{D}$ 的全部特征值是：$0,1,2,\cdots,n$。

4. $\mathbf{A}(1)=f'(\omega_0)\cdot 1=f'(\omega_0)=3\omega_0^2+a_1,$

$$\mathbf{A}(\omega_0)=f'(\omega_0)\omega_0=(3\omega_0^2+a_1)\omega_0=3\omega_0^3+a_1\omega_0$$
$$=3(-a_1\omega_0-a_0)+a_1\omega_0=-2a_1\omega_0-3a_0,$$
$$\mathbf{A}(\omega_0^2)=f'(\omega_0)\omega_0^2=(3\omega_0^2+a_1)\omega_0^2=3\omega_0^4+a_1\omega_0^2$$
$$=3\omega_0(-a_1\omega_0-a_0)+a_1\omega_0^2=-2a_1\omega_0^2-3a_0\omega_0,$$

因此 $\mathbf{A}$ 在 $\operatorname{Im}\boldsymbol{B}$ 的基 $1,\omega_0,\omega_0^2$ 下的矩阵 A 为

$$A=\begin{pmatrix}a_1 & -3a_0 & 0\\ 0 & -2a_1 & -3a_0\\ 3 & 0 & -2a_1\end{pmatrix}.$$

$$|\lambda I-A|=\lambda^3+3a_1\lambda^2-4a_1^3-27a_0^2.$$

记 $g(\lambda)=|\lambda I-A|$，λ 用 $\lambda-a_1$ 代入，得

$$\begin{aligned}g(\lambda-a_1)&=(\lambda-a_1)^3+3a_1(\lambda-a_1)^2-4a_1^3-27a_0^2\\&=\lambda^3-3a_1^2\lambda-2a_1^3-27a_0^2.\end{aligned}$$

$g(\lambda-a_1)$ 的判别式为

$$-4(-3a_1^2)^3-27(-2a_1^3-27a_0^2)^2=729a_0^2(-4a_1^3-27a_0^2).$$

由于 $f(x)=x^3+a_1x+a_0$ 在 $\mathbf{Q}$ 上不可约，因此 $a_0\neq0$，且 $f(x)$ 在 $\mathbf{Q}[x]$ 中没有重因式，从而 $f(x)$ 在 $\mathbf{C}[x]$ 中也没有重因式。因此 $f(x)$ 的判别式 $D(f)=-4a_1^3-27a_0^2\neq0$。从而 $g(\lambda-a_1)$ 的判别式不等于 0。于是 $g(\lambda-a_1)$ 在复数域中没有重根。因此 $g(\lambda)$ 在 $\mathbf{C}$ 中没有重根。即$(\lambda I-A)$在 $\mathbf{C}$ 中没有重根。从而复矩阵 A 可对角化。

5.（1）设

$$k_0+k_1x+k_2x^2+\cdots+k_{n-2}x^{n-2}+k_{n-1}f(x)=0.$$

比较 $n-1$ 次项系数，得 $k_{n-1}a_{n-1}=0$。由于 $a_{n-1}\neq0$，因此 $k_{n-1}=0$。从而

$$k_0+k_1x+k_2x^2+\cdots+k_{n-2}x^{n-2}=0.$$

于是 $k_0=k_1=k_2=\cdots=k_{n-2}=0$。所以 $1,x,x^2,\cdots,x^{n-2},f(x)$ 线性无关。又 $\dim K[x]_n=n$，因此 $1,x,\cdots,x^{n-2},f(x)$ 是 $K[x]_n$ 的一个基。令

$$U=\langle 1,x,x^2,\cdots,x^{n-2}\rangle,$$

则 $K[x]_n=U\oplus\langle f(x)\rangle$。因此$\langle f(x)\rangle$在 $K[x]_n$ 中的一个补空间 $U=\langle 1,x,x^2,\cdots,x^{n-2}\rangle$。

（2）由于 $K[x]_n=U\oplus\langle f(x)\rangle$，因此 $U=\operatorname{Im}\boldsymbol{P}_U$，$\langle f(x)\rangle=\operatorname{Ker}\boldsymbol{P}_U$。

$$\boldsymbol{P}_U(x^i)=x^i,\ i=0,1,2,\cdots,n-2;$$

$$\boldsymbol{P}_U(f(x))=0,$$

从而 $\boldsymbol{P}_U$ 在 $K[x]_n$ 中的一个基 $1,x,x^2,\cdots,x^{n-2},f(x)$下的矩阵为

$$\begin{pmatrix}I_{n-1} & 0\\ 0 & 0\end{pmatrix}.$$

6. $|\lambda I-A|=\lambda^n-a^n=(\lambda-a)(\lambda-a\xi)\cdots(\lambda-a\xi^{n-1})$，其中 $\xi=e^{i\frac{2\pi}{n}}$。由于 A 的特征多项式有 n 个不同的根，因此 A 可对角化。

$$A\sim\begin{pmatrix}a & & & 0\\ & a\xi & & \\ & & \ddots & \\ 0 & & & a\xi^{n-1}\end{pmatrix}.$$

7. 根据《高等代数学习指导书(上册)》5.5 节例 13 得，A 的全部特征值是 $f(1),f(\xi),\cdots,f(\xi^{n-1})$，其中 $f(x)=a_1+a_2x+\cdots+a_nx^{n-1}$，$\xi=\mathrm{e}^{\mathrm{i}\frac{2\pi}{n}}$，根据本节例 17 得，$|A|=f(1)f(\xi)\cdots f(\xi^{n-1})$。

8. (1) 设实数 λ_0 是 $\boldsymbol{A}$ 的一个特征值，X 是 $\boldsymbol{A}$ 的属于 λ_0 的一个特征向量，则 $\boldsymbol{A}X=\lambda_0X$，即 $X'=\lambda_0X$。设 $X=(x_{ij})$。

情形 1　存在 $x_{ii}\neq0$。由于 $x_{ii}=\lambda_0x_{ii}$，因此 $\lambda_0=1$。从而 $X'=X$。的确 1 是 $\boldsymbol{A}$ 的一个特征值，非零的对称矩阵都是 A 的属于特征值 1 的特征向量。

情形 2　对于一切 $i\in\{1,2,\cdots,n\}$ 都有 $x_{ii}=0$。由于 $X\neq0$，因此存在 $x_{ij}\neq0$。由于 $X'(j;i)=X(i;j)$，因此

$$x_{ij}=\lambda_0x_{ji}=\lambda_0[X'(i;j)]=\lambda_0(\lambda_0x_{ij})=\lambda_0^2x_{ij}.$$

由此得出，$\lambda_0^2=1$。从而 $\lambda_0=\pm1$。若 $\lambda_0=1$，则 X 是非零对称矩阵。若 $\lambda_0=-1$，则从 $X'=-X$得，X 是非零的斜对称矩阵。的确 -1 也是 $\boldsymbol{A}$ 的一个特征值，非零的斜对称矩阵是 $\boldsymbol{A}$ 的属于特征值 -1 的特征向量。

综上所述，$\boldsymbol{A}$ 的全部特征值是 $1,-1$，$\boldsymbol{A}$ 的属于特征值 1 的特征向量是非零对称矩阵；$\boldsymbol{A}$ 的属于特征值 -1 的特征向量是非零斜对称矩阵。

(2) $f(x)=a_mx^m+\cdots+a_1x+a_0\,(a_m\neq0)$ 是 $\boldsymbol{B}$ 的属于特征值 λ_0 的一个特征向量

$\Leftrightarrow\quad xf'(x)=\lambda_0f(x)$

$\Leftrightarrow\quad a_mmx^m+a_{m-1}(m-1)x^{m-1}+\cdots+2a_2x^2+a_1x$
$\qquad=\lambda_0a_mx^m+\lambda_0a_{m-1}x^{m-1}+\cdots+\lambda_0a_2x^2+\lambda_0a_1x+\lambda_0a_0$

$\Leftrightarrow\quad ma_m=\lambda_0a_m,(m-1)a_{m-1}=\lambda_0a_{m-1},\cdots,2a_2=\lambda_0a_2,a_1=\lambda_0a_1,0=\lambda_0a_0$

$\Leftrightarrow\quad \lambda_0=m,a_{m-1}=0,\cdots,a_2=0,a_1=0,a_0=0$

$\Leftrightarrow\quad m$ 是 $\boldsymbol{B}$ 的一个特征值，$a_mx^m(a_m\neq0)$ 是 $\boldsymbol{B}$ 的属于特征值 m 的一个特征向量。

因此 $\boldsymbol{B}$ 的全部特征值是 $0,1,2,\cdots,n-1$；$\boldsymbol{B}$ 的属于特征值 m 的特征向量是 m 次单项式 a_mx^m，其中 $a_m\in\mathbf{R}^*$。

(3) $f(x)=a_mx^m+\cdots+a_1x+a_0\,(a_m\neq0)$ 是 $\boldsymbol{C}$ 的属于特征值 λ_0 的一个特征向量

$\Leftrightarrow\quad \dfrac{1}{x}\displaystyle\int_0^x f(t)\mathrm{d}t=\lambda_0f(x)$

$\Leftrightarrow\quad \dfrac{1}{m+1}a_mx^m+\dfrac{1}{m}a_{m-1}x^{m-1}+\cdots+\dfrac{1}{2}a_1x+a_0=\lambda_0(a_mx^m+a_{m-1}x^{m-1}+\cdots a_1x+a_0)$

$\Leftrightarrow\quad \lambda_0=\dfrac{1}{m+1},a_{m-1}=0,\cdots,a_1=0,a_0=0$

$\Leftrightarrow\quad \dfrac{1}{m+1}$是 $\boldsymbol{C}$ 的一个特征值，m 次单项式 a_mx^m 是 $\boldsymbol{C}$ 的属于特征值 $\dfrac{1}{m+1}$的一个特征向量。

因此 $\boldsymbol{C}$ 的全部特征值是 $1,\frac{1}{2},\frac{1}{3},\cdots,\frac{1}{n}$；$\boldsymbol{C}$ 的属于特征值 $\frac{1}{m+1}$ 的特征向量是 m 次单项式 $a_m x^m$，其中 $a_m \in \mathbf{R}^*$。

9. 设 $\alpha_1,\cdots,\alpha_n$ 是复线性空间 V 的一个基，则 V 作为实线性空间的一个基是 $\alpha_1\cdots,\alpha_n$，$\mathrm{i}\alpha_1,\cdots,\mathrm{i}\alpha_n$。于是 V 中任一向量 β 可以表示成

$$\beta=k_1\alpha_1+\cdots+k_n\alpha_n+l_1(\mathrm{i}\alpha_1)+\cdots+l_n(\mathrm{i}\alpha_n)=\beta_1+\mathrm{i}\beta_2,$$

其中 $\beta_1=k_1\alpha_1+\cdots+k_n\alpha_n$，$\beta_2=l_1\alpha_1+\cdots+l_n\alpha_n$。

设 $\xi_j=\xi_{j1}+\mathrm{i}\xi_{j2}$ 是复线性空间 V 上的线性变换 $\boldsymbol{A}$ 属于特征值 $\lambda_j=a_j+\mathrm{i}b_j$ 的一个特征向量。则

$$\boldsymbol{A}(\xi_j)=\lambda_j\xi_j=(a_j+\mathrm{i}b_j)(\xi_{j1}+\mathrm{i}\xi_{j2})=(a_j\xi_{j1}-b_j\xi_{j2})+\mathrm{i}(a_j\xi_{j2}+b_j\xi_{j1}),$$

$$\boldsymbol{A}(\xi_j)=\boldsymbol{A}(\xi_{j1}+\mathrm{i}\xi_{j2})=\boldsymbol{A}\xi_{j1}+\mathrm{i}\boldsymbol{A}\xi_{j2}.$$

于是
$$\boldsymbol{A}\xi_{j1}=a_j\xi_{j1}-b_j\xi_{j2},\quad \boldsymbol{A}\xi_{j2}=a_j\xi_{j2}+b_j\xi_{j1}.$$

令 $\bar{\xi}_j=\xi_{j1}-\mathrm{i}\xi_{j2}$。则

$$\boldsymbol{A}(\bar{\xi}_j)=\boldsymbol{A}\xi_{j1}-\mathrm{i}\boldsymbol{A}\xi_{j2}=(a_j\xi_{j1}-b_j\xi_{j2})-\mathrm{i}(a_j\xi_{j2}+b_j\xi_{j1}).$$

又有
$$\bar{\lambda}_j\bar{\xi}_j=(a_j-\mathrm{i}b_j)(\xi_{j1}-\mathrm{i}\xi_{j2})=(a_j\xi_{j1}-b_j\xi_{j2})-\mathrm{i}(a_j\xi_{j2}+b_j\xi_{j1}).$$

因此
$$\boldsymbol{A}(\bar{\xi}_j)=\bar{\lambda}_j\bar{\xi}_j.$$

设 $\boldsymbol{A}$ 在 V 的基 $\alpha_1,\cdots,\alpha_n,\mathrm{i}\alpha_1\cdots,\mathrm{i}\alpha_n$ 下的矩阵为 A，A 是实矩阵，$\xi_j,\bar{\xi}_j$ 在 V 的此基下的坐标分别为 $\boldsymbol{X}_j,\boldsymbol{Y}_j$ 把 A 看成复矩阵，则

$\boldsymbol{A}\xi_j=\lambda_j\xi_j \Leftrightarrow A\boldsymbol{X}_j=\lambda_j\boldsymbol{X}_j \Leftrightarrow \lambda_j(I-A)\boldsymbol{X}_j=\mathbf{0}$

$\Leftrightarrow$　λ_j 是 A 的特征多项式 $|\lambda I-A|$ 的一个复根。

$\boldsymbol{A}\bar{\xi}_j=\bar{\lambda}_j\bar{\xi}_j \Leftrightarrow A\boldsymbol{Y}_j=\bar{\lambda}_j\boldsymbol{Y}_j \Leftrightarrow (\bar{\lambda}_j I-A)\boldsymbol{Y}_j=\mathbf{0}$

$\Leftrightarrow$　$\bar{\lambda}_j$ 是 A 的特征多项式 $|\lambda I-A|$ 的一个复根。

综上所述，$\lambda_1,\cdots,\lambda_n,\bar{\lambda}_1,\cdots,\bar{\lambda}_n$ 是 $\boldsymbol{A}$ 的特征多项式的 $2n$ 个复根。由于 $\boldsymbol{A}$ 的特征多项式是 $2n$ 次多项式，因此它们就是 $\boldsymbol{A}$ 的特征多项式的全部复根。

10. (1) 由于 A' 与 A 有相同的特征多项式，因此 A' 的全部特征值也是 $\lambda_1,\cdots,\lambda_n$. 设 $\boldsymbol{\alpha}_i$，$\boldsymbol{\alpha}_j$ 分别是 A' 的属于特征值 λ_i,λ_j 的一个特征向量，则 $A'\boldsymbol{\alpha}_i=\lambda_i\boldsymbol{\alpha}_i$，$A'\boldsymbol{\alpha}_j=\lambda_j\boldsymbol{\alpha}_j$。从而

$$A'\boldsymbol{\alpha}_i\boldsymbol{\alpha}'_jA=(\lambda_i\boldsymbol{\alpha}_i)(\lambda_j\boldsymbol{\alpha}'_j)=\lambda_i\lambda_j(\boldsymbol{\alpha}_i\boldsymbol{\alpha}'_j).$$

因此
$$\boldsymbol{A}(\boldsymbol{\alpha}_i\boldsymbol{\alpha}'_j)=A'(\boldsymbol{\alpha}_i\boldsymbol{\alpha}'_j)A=\lambda_i\lambda_j(\boldsymbol{\alpha}_i\boldsymbol{\alpha}'_j).$$

于是
$$\lambda_i\lambda_j \text{ 是 } \boldsymbol{A} \text{ 的特征值},\ i=1,\cdots,n;\ j=1,\cdots,n.$$

由于 $\dim(M_n(\mathbf{R}))=n^2$，因此 $\boldsymbol{A}$ 的特征多项式是 n^2 次多项式，从而 $\lambda_i\lambda_j(i=1,\cdots,n;j=1,\cdots,n)$ 是 $\boldsymbol{A}$ 的全部特征值。

(2) 由于 A 可逆，因此$\frac{1}{\lambda_1},\cdots,\frac{1}{\lambda_n}$是 A^{-1} 的全部特征值。设 $\boldsymbol{\alpha}_i$ 是 A' 的属于特征值 λ_i 的一个特征向量，$\boldsymbol{\beta}_j$ 是 A^{-1} 的属于特征值$\frac{1}{\lambda_j}$的一个特征向量，则

$$A^{-1}\boldsymbol{\beta}_j\boldsymbol{\alpha}'_iA=\left(\frac{1}{\lambda_j}\boldsymbol{\beta}_j\right)(\lambda_i\boldsymbol{\alpha}'_i)=\frac{\lambda_i}{\lambda_j}(\boldsymbol{\beta}_j\boldsymbol{\alpha}'_i).$$

于是

$$\boldsymbol{B}(\boldsymbol{\beta}_j\boldsymbol{\alpha}'_i)=A^{-1}(\boldsymbol{\beta}_j\boldsymbol{\alpha}'_i)A=\frac{\lambda_i}{\lambda_j}(\boldsymbol{\beta}_j\boldsymbol{\alpha}'_i).$$

从而$\frac{\lambda_i}{\lambda_j}$是 $\boldsymbol{B}$ 的特征值($i=1,\cdots,n;j=1,\cdots,n$)，它们是 $\boldsymbol{B}$ 的全部特征值。

11. 由于 $\boldsymbol{B}$ 是伪反射，因此 $\dim(\mathrm{Im}(\boldsymbol{B}-\boldsymbol{I}))=1$。

(1) 根据 9.2 节的定理 2 得，$\dim(\mathrm{Ker}(\boldsymbol{B}-\boldsymbol{I}))=n-1$。从而 $\dim(\mathrm{Ker}(\boldsymbol{I}-\boldsymbol{B}))=n-1$。因此 $\boldsymbol{B}$ 有属于特征值 1 特征子空间，并且是 $n-1$ 维的。

(2) 根据习题 9.2 的第 10 题，$\mathrm{Ker}\,\boldsymbol{B}\subseteq\mathrm{Im}(\boldsymbol{B}-\boldsymbol{I})$。因此 $\dim(\mathrm{Ker}\,\boldsymbol{B})=0$ 或 1。当 $\dim(\mathrm{Ker}\,\boldsymbol{B})=0$ 时，$\boldsymbol{B}$ 是单射，从而 $\boldsymbol{B}$ 也是满射，于是 $\boldsymbol{B}$ 是双射，因此 $\boldsymbol{B}$ 是可逆变换。当 $\dim(\mathrm{Ker}\,\boldsymbol{B})=1$ 时，$\mathrm{Ker}\,\boldsymbol{B}=\langle\eta\rangle$。从而 $\boldsymbol{B}\eta=0$。于是 η 是 $\boldsymbol{B}$ 的属于特征值 0 的一个特征向量。在 $\mathrm{Ker}(\boldsymbol{B}-\boldsymbol{I})$ 中取一个基 $\beta_1,\cdots,\beta_{n-1}$，它们是 $\boldsymbol{B}$ 的属于特征值 1 的特征向量，因此 $\beta_1,\cdots,\beta_{n-1},\eta$ 线性无关。从而它们是 V 的一个基。于是 $V=\mathrm{Ker}(\boldsymbol{B}-\boldsymbol{I})\oplus\langle\eta\rangle$。用 $\boldsymbol{P}$ 表示平行于 $\langle\eta\rangle$ 在 $\mathrm{Ker}(\boldsymbol{B}-\boldsymbol{I})$ 上的投影。任取 $\alpha\in V$，有 $\alpha=\alpha_1+\alpha_2$，其中 $\alpha_1\in\mathrm{Ker}(\boldsymbol{B}-\boldsymbol{I})$，$\alpha_2\in\langle\eta\rangle$. 则 $\boldsymbol{P}\alpha=\alpha_1$。由于 $\boldsymbol{B}\alpha=\boldsymbol{B}\alpha_1+\boldsymbol{B}\alpha_2=\boldsymbol{B}\alpha_1=\alpha_1$，因此 $\boldsymbol{B}=\boldsymbol{P}$。于是 $\boldsymbol{B}$ 是平行于 $\langle\eta\rangle$ 在 $\mathrm{Ker}(\boldsymbol{B}-\boldsymbol{I})$ 上的投影。

现在设 $\boldsymbol{B}$ 是可逆变换，设 $\mathrm{Im}(\boldsymbol{B}-\boldsymbol{I})=\langle\gamma\rangle$，则 $(\boldsymbol{B}-\boldsymbol{I})\gamma=a\gamma$，对某个 $a\in F$. 于是 $\boldsymbol{B}\gamma=(a+1)\gamma$。从而 γ 是 $\boldsymbol{B}$ 的属于 $a+1$ 的一个特征向量。

情形 1　$a\neq0$，则 $\beta_1,\cdots,\beta_{n-1},\gamma$ 线性无关，从而它们是 V 的一个基。$\boldsymbol{B}$ 在此基下的矩阵为$\begin{pmatrix}I_{n-1} & \boldsymbol{0}\\ \boldsymbol{0}' & a+1\end{pmatrix}$。

情形 2　$a=0$。此时 $\gamma\in\mathrm{Ker}(\boldsymbol{B}-\boldsymbol{I})$。把 $\mathrm{Ker}(\boldsymbol{B}-\boldsymbol{I})$ 的一个基 $\beta_1,\cdots,\beta_{n-1}$ 扩充成 V 的一个基 $\beta_1\cdots,\beta_{n-1},\delta$，则 $\boldsymbol{B}$ 在此基下的矩阵为$\begin{pmatrix}I_{n-1} & \boldsymbol{\beta}\\ \boldsymbol{0}' & b\end{pmatrix}$，其中 $b\neq0$，且"$b\neq1$ 或 $\boldsymbol{\beta}\neq\boldsymbol{0}$"(假如 $b=1$ 且 $\boldsymbol{\beta}=\boldsymbol{0}$，则 $\boldsymbol{B}-\boldsymbol{I}$ 在此基下的矩阵为 0，矛盾)。

12. 根据第 11 题，$\boldsymbol{B}$ 或者是可逆变换，或者 $\dim(\mathrm{Ker}\,\boldsymbol{B})=1$。由于 $\dim(\mathrm{Ker}(\boldsymbol{B}-\boldsymbol{I}))=1$，因此在 $\mathrm{Ker}(\boldsymbol{B}-\boldsymbol{I})$ 中可取一个基 $\boldsymbol{\beta}$。平面上取定一点 O，过点 O 且方向向量为 $\boldsymbol{\beta}$ 的直线记作 l。由于 $\boldsymbol{B}\boldsymbol{\beta}=\boldsymbol{\beta}$，因此 $\boldsymbol{B}$ 保持直线 l 上每个点不动。

当 $\dim(\mathrm{Ker}\,\boldsymbol{B})=1$ 时，设 $\mathrm{Ker}\,\boldsymbol{B}=\langle\boldsymbol{d}\rangle$。则 $\boldsymbol{B}$ 是沿方向 $\boldsymbol{d}$ 在直线 l 上的投影。

当 $\boldsymbol{B}$ 是可逆变换时,根据参考文献 14 的第六章§3 的定理 3.2 和习题 6.3 的第 14 题得,$\boldsymbol{B}$ 是以直线 l 为轴的错切;或者 $\boldsymbol{B}$ 是向着直线 l 的压缩,其压缩系数不等 1;或者是关于直线 l 的斜反射;或者是一个压缩系数不等于 1 的压缩与一个斜反射的乘积。

13. 对线性空间的维数 n 作数学归纳法。

$n=2$ 时,任取 2 维线性空间 V 上的一个线性变换 $\boldsymbol{A}$。

情形 1 $\boldsymbol{A}$ 是可逆变换。在 V 中选取一个基 α_1,α_2 使得 $\boldsymbol{A}$ 在此基下的矩阵 $A=(a_{ij})$,其中 $a_{11}\neq 0$(理由:由于 $\boldsymbol{A}$ 在 V 的任一基下的矩阵是可逆矩阵,因此 A 的第 1 列不全为 0,假如 $a_{11}=0$,由于 $|A|=-a_{12}a_{21}\neq 0$,因此 $a_{12}\neq 0$。于是 $\boldsymbol{A}$ 在基 $\alpha_1+\alpha_2,\alpha_2$ 的(1,1)元为 $a_{12}\neq 0$。从而可取基 $\alpha_1+\alpha_2,\alpha_2$)。由于

$$A\xrightarrow{②+①(-\frac{a_{21}}{a_{11}})}\begin{pmatrix}a_{11} & a_{12}\\ 0 & a_{22}-\frac{a_{21}}{a_{11}}a_{12}\end{pmatrix}\xrightarrow{①\cdot\frac{1}{a_{11}}}\begin{pmatrix}1 & \frac{a_{12}}{a_{11}}\\ 0 & \frac{|A|}{a_{11}}\end{pmatrix},$$

因此

$$\begin{pmatrix}\frac{1}{a_{11}} & 0\\ 0 & 1\end{pmatrix}\begin{pmatrix}1 & 0\\ -\frac{a_{21}}{a_{11}} & 1\end{pmatrix}A=\begin{pmatrix}1 & \frac{a_{12}}{a_{11}}\\ 0 & \frac{|A|}{a_{11}}\end{pmatrix}.$$

$$A=\begin{pmatrix}1 & 0\\ \frac{a_{21}}{a_{11}} & 1\end{pmatrix}\begin{pmatrix}a_{11} & 0\\ 0 & 1\end{pmatrix}\begin{pmatrix}1 & \frac{a_{12}}{a_{11}}\\ 0 & \frac{|A|}{a_{11}}\end{pmatrix}=\begin{pmatrix}a_{11} & 0\\ a_{21} & 1\end{pmatrix}\begin{pmatrix}1 & \frac{a_{12}}{a_{11}}\\ 0 & \frac{|A|}{a_{11}}\end{pmatrix}.$$

等号右边两个矩阵分别对应的线性变换依次记作 $\boldsymbol{B}_1,\boldsymbol{B}_2$。当 $a_{11}\neq 1$ 或 $a_{21}\neq 0$ 时,$\boldsymbol{B}_1$ 是伪反射;否则,$\boldsymbol{B}_1=\boldsymbol{I}$。当 $a_{12}\neq 0$ 或 $a_{22}\neq 1$ 时,$\boldsymbol{B}_2$ 是伪反射;否则 $\boldsymbol{B}_2=\boldsymbol{I}$。当 $a_{11}=1,a_{21}=0,a_{12}=0,a_{22}=1$ 时,$\boldsymbol{A}=I$。取一个非 0 数 $a\neq 1$,

$$A=I=\begin{pmatrix}\frac{1}{a} & 0\\ 0 & 1\end{pmatrix}\begin{pmatrix}a & 0\\ 0 & 1\end{pmatrix},$$

等号右边的两个矩阵分别对应的线性变换都是伪反射。因此当 $\boldsymbol{A}$ 可逆时,$\boldsymbol{A}$ 是至多两个伪反射的乘积。

情形 2 $\boldsymbol{A}$ 不可逆,且 $\boldsymbol{A}\neq\boldsymbol{0}$。此时 $\boldsymbol{A}$ 有特征值 0,取 $\boldsymbol{A}$ 的属于特征值 0 的一个特征向量 α_1,把它扩充或 V 的一个基 α_1,α_2。$\boldsymbol{A}$ 在此基下的矩阵 $A=(a_{ij})$的第 1 列全为 0. 由于 $\boldsymbol{A}\neq\boldsymbol{0}$,因此 a_{12} 与 a_{22} 不全为 0。若 $a_{22}\neq 0$,则

$$A=\begin{pmatrix}0 & a_{12}\\0 & a_{22}\end{pmatrix}\xrightarrow[\text{②}\cdot\frac{1}{a_{22}}]{}\begin{pmatrix}0 & \frac{a_{12}}{a_{22}}\\0 & 1\end{pmatrix}.$$

于是

$$A=\begin{pmatrix}0 & \frac{a_{12}}{a_{22}}\\0 & 1\end{pmatrix}\begin{pmatrix}1 & 0\\0 & a_{22}\end{pmatrix}$$

等于右边两个矩阵分别对应的线性变换依次记作 $\boldsymbol{C}_1,\boldsymbol{C}_2$。$\boldsymbol{C}_1$ 是伪反射。当 $a_{22}\neq1$ 时,$\boldsymbol{C}_2$ 是伪反射;当 $a_{22}=1$ 时,$\boldsymbol{C}_2=\boldsymbol{I}$。此时 $\boldsymbol{A}$ 是至多两个伪反射的乘积,并且当 $\boldsymbol{A}$ 是两个伪反射的乘积时,第 2 个伪反射是可逆的。若 $a_{22}=0$,则 $a_{12}\neq0$。此时

$$A=\begin{pmatrix}0 & a_{12}\\0 & 0\end{pmatrix}\xrightarrow[\text{②}\cdot\frac{1}{a_{12}}]{}\begin{pmatrix}0 & 1\\0 & 0\end{pmatrix}\xrightarrow{\text{①}+\text{②}}\begin{pmatrix}1 & 1\\0 & 0\end{pmatrix}.$$

从而

$$A=\begin{pmatrix}1 & 1\\0 & 0\end{pmatrix}\begin{pmatrix}1 & 0\\-1 & a_{12}\end{pmatrix}.$$

等于右边两个矩阵分别对应的线性变换依次记作 $\boldsymbol{D}_1,\boldsymbol{D}_2$。它们都是伪反射。因此 A 是两个伪反射的乘积,且第 2 个伪反射 $\boldsymbol{D}_2$ 可逆。

情形 3　$\boldsymbol{A}=\boldsymbol{0}$。取 V 的一个基 α_1,α_2,则 $V=\langle\alpha_1\rangle\oplus\langle\alpha_2\rangle$。用 $\boldsymbol{P}_1$ 表示平行于 $\langle\alpha_2\rangle$ 在 $\langle\alpha_1\rangle$ 上的投影,用 $\boldsymbol{P}_2$ 表示平行于 $\langle\alpha_1\rangle$ 在 $\langle\alpha_2\rangle$ 上的投影。根据第 12 题,$\boldsymbol{P}_1,\boldsymbol{P}_2$ 都是伪反射。由于 $\boldsymbol{P}_1\boldsymbol{P}_2=\boldsymbol{0}=\boldsymbol{A}$,因此 $\boldsymbol{A}$ 是两个伪反射的乘积。

假设对于 $n-1$ 维线性空间($n>2$)命题成立,现在来看 n 维线性空间 V 上的线性变换 $\boldsymbol{A}$。

情形 1　$\boldsymbol{A}$ 可逆。若 $\boldsymbol{A}$ 在 V 的一个基 $\alpha_1,\alpha_2\cdots,\alpha_n$ 下的矩阵 $A=(a_{ij})$ 的(1,1)元 $a_{11}=0$,由于 $|A|\neq0$,因此 A 的第 1 行中有一个元素 $a_{1i}\neq0$。于是 $\boldsymbol{A}$ 在 V 的基 $\alpha_1+\alpha_i,\alpha_2,\cdots,\alpha_n$ 下的矩阵的(1,1)元为 $a_{1i}\neq0$。从而 $\boldsymbol{A}$ 在 V 的基 $\frac{1}{a_{1i}}(\alpha_1+\alpha_2),\alpha_2,\cdots,\alpha_n$ 下的矩阵的(1,1)元为 $\frac{a_{1i}}{a_{1i}}=1$。因此我们可以在 V 中取一个基,使得 $\boldsymbol{A}$ 在此基下的矩阵 $A=(a_{ij})$ 的(1,1)元 $a_{11}=1$。

$$A\xrightarrow{\substack{\text{②}+\text{①}\cdot(-a_{21})\\ \cdots\\ \text{ⓝ}+\text{①}\cdot(-a_{n1})}}\begin{pmatrix}1 & a_{12} & \cdots & a_{1n}\\0 & a_{22}-a_{21}a_{12} & \cdots & a_{2n}-a_{21}a_{1n}\\ \vdots & \vdots & & \vdots\\0 & a_{n2}-a_{n1}a_{12} & \cdots & a_{nn}-a_{n1}a_{1n}\end{pmatrix},$$

箭头右边的右下角的 $n-1$ 级子矩阵记作 A_1。以 A_1 为矩阵的 $n-1$ 维线性空间上的线性变换记作 $\boldsymbol{A}_1$。由于 $|A_1|\neq0$,因此 $\boldsymbol{A}_1$ 可逆。根据归纳假设得,$\boldsymbol{A}_1=\boldsymbol{B}_1\boldsymbol{B}_2\cdots\boldsymbol{B}_s$,其中 $s\leqslant n-1$。$\boldsymbol{B}_i$

矩阵记作 $B_i, i=1,\cdots,s$，则 $A_1=B_1B_2\cdots B_s$。记 $\boldsymbol{\beta}'=(a_{12}\cdots,a_{1n})$，$\boldsymbol{\delta}=(a_{21},\cdots,a_{n1})'$则

$$A=\begin{pmatrix}1 & \mathbf{0}' \\ \boldsymbol{\delta} & I_{n-1}\end{pmatrix}\begin{pmatrix}1 & \mathbf{0}' \\ \mathbf{0} & B_1\end{pmatrix}\cdots\begin{pmatrix}1 & \mathbf{0}' \\ \mathbf{0} & B_{s-1}\end{pmatrix}\begin{pmatrix}1 & \boldsymbol{\beta}' \\ \mathbf{0} & B_s\end{pmatrix}.$$

等号右边的 $s+1$ 个矩阵分别对应的 V 上的线性变换依次记作 $\widetilde{\boldsymbol{B}}_0,\widetilde{\boldsymbol{B}}_1,\cdots,\widetilde{\boldsymbol{B}}_{s-1},\widetilde{\boldsymbol{B}}_s$，当 $\boldsymbol{\delta}\neq\mathbf{0}$ 时，$\widetilde{\boldsymbol{B}}_0$ 是伪反射，当 $\boldsymbol{\delta}=\mathbf{0}$ 时，$\widetilde{\boldsymbol{B}}_0=\boldsymbol{I}$。$\widetilde{\boldsymbol{B}}_i$ 是伪反射，$i=1,\cdots,s-1$。当 $\boldsymbol{\beta}=\mathbf{0}$ 时，$\widetilde{\boldsymbol{B}}_s$ 是伪反射。下面考虑 $\boldsymbol{\beta}\neq\mathbf{0}$ 的情形。根据第 11 题，$\boldsymbol{B}_s$ 在某个基下的矩阵为 $\begin{pmatrix}I_{n-2} & \boldsymbol{\gamma} \\ \mathbf{0}' & b\end{pmatrix}$，其中 $\boldsymbol{\gamma}=(c_1,\cdots,c_{n-2})'$，$b\neq 0$，并且 $b\neq 1$ 或 $\boldsymbol{\gamma}\neq\mathbf{0}$。不妨设 B_s 为这个矩阵(这不影响结论，因为相似的矩阵可以看成是同一个线性变换的矩阵)。记 $\boldsymbol{\beta}'_1=(a_{12},\cdots,a_{1,n-1})$。

$$\begin{pmatrix}1 & \boldsymbol{\beta}' \\ \mathbf{0} & B_s\end{pmatrix}=\begin{bmatrix}1 & \boldsymbol{\beta}_1' & a_{1n} \\ \mathbf{0} & I_{n-2} & \boldsymbol{\gamma} \\ 0 & \mathbf{0}' & b\end{bmatrix}\xrightarrow{ⓝ\cdot\frac{1}{b}}\begin{bmatrix}1 & \boldsymbol{\beta}_1' & a_{1n} \\ \mathbf{0}' & I_{n-2} & \boldsymbol{\gamma} \\ 0 & \mathbf{0}' & 1\end{bmatrix}$$

$$\xrightarrow[\substack{②+ⓝ\cdot(-c_1) \\ \cdots \\ (n-1)+ⓝ\cdot(-c_{n-2})}]{①+ⓝ\cdot(-a_{1n})}\begin{bmatrix}1 & \boldsymbol{\beta}_1' & 0 \\ \mathbf{0} & I_{n-2} & \mathbf{0} \\ 0 & \mathbf{0}' & 1\end{bmatrix}=:D.$$

从而

$$\begin{pmatrix}1 & \boldsymbol{\beta}' \\ \mathbf{0} & B_s\end{pmatrix}=\begin{pmatrix}I_{n-1} & b\tilde{\boldsymbol{\gamma}} \\ \mathbf{0}' & b\end{pmatrix}D,$$

其中 $\tilde{\boldsymbol{\gamma}}=(a_{1n},c_1,\cdots c_{n-2})'$。当 $\boldsymbol{\beta}_1'\neq\mathbf{0}$ 时，以 D 为矩阵的线性变换 $\boldsymbol{D}$ 是伪反射；当 $\boldsymbol{\beta}_1'=\mathbf{0}$ 时，$\boldsymbol{D}=\boldsymbol{I}$。根据第 11 题，$\boldsymbol{B}_{s-1}$ 在某个基下的矩阵为 $\begin{pmatrix}I_{n-2} & \boldsymbol{\eta} \\ \mathbf{0}' & k\end{pmatrix}$，其中 $\boldsymbol{\eta}=(e_1,\cdots,e_{n-2})'$，$k\neq 0$，并且 $k\neq 1$ 或 $\boldsymbol{\eta}\neq\mathbf{0}$。不妨设 B_{s-1} 为这个矩阵。于是

$$\begin{pmatrix}1 & \mathbf{0}' \\ \mathbf{0} & B_{s-1}\end{pmatrix}\begin{pmatrix}I_{n-1} & b\tilde{\boldsymbol{\gamma}} \\ \mathbf{0}' & b\end{pmatrix}=\begin{bmatrix}1 & \mathbf{0}' & 0 \\ \mathbf{0}' & I_{n-2} & \boldsymbol{\eta} \\ 0 & \mathbf{0}' & k\end{bmatrix}\begin{bmatrix}1 & \mathbf{0}' & ba_{1n} \\ \mathbf{0}' & I_{n-2} & b\boldsymbol{\gamma} \\ 0 & \mathbf{0}' & b\end{bmatrix}$$

$$=\begin{bmatrix}1 & \mathbf{0}' & ba_{1n} \\ \mathbf{0} & I_{n-2} & b\boldsymbol{\gamma}+b\boldsymbol{\eta} \\ 0 & \mathbf{0}' & kb\end{bmatrix}=:E.$$

当 $a_{1n}\neq 0$ 或 $\boldsymbol{\gamma}+\boldsymbol{\eta}\neq 0$ 或 $kb\neq 1$ 时，以 E 为矩阵的线性变换 $\boldsymbol{E}$ 是伪反射；否则，$\boldsymbol{E}=\boldsymbol{I}$。由于

$$A=\begin{pmatrix}1 & \mathbf{0}' \\ \boldsymbol{\delta} & I_{n-1}\end{pmatrix}\begin{pmatrix}1 & \mathbf{0}' \\ \mathbf{0} & B_1\end{pmatrix}\cdots\begin{pmatrix}1 & \mathbf{0}' \\ \mathbf{0} & B_{s-2}\end{pmatrix}ED,$$

因此 $\boldsymbol{A}$ 是至多 $s+1$ 个伪反射的乘积。由于 $s\leqslant n-1$，因此 $\boldsymbol{A}$ 是至多 n 个伪反射的乘积。

情形 2　$\boldsymbol{A}$ 不可逆且 $\boldsymbol{A}\neq\boldsymbol{0}$。则 $\boldsymbol{A}$ 有特征值 0。取 $\boldsymbol{A}$ 的属于特征值 0 的特征子空间 V_0 中一个向量 α_n。由于 $\boldsymbol{A}\neq\boldsymbol{0}$，因此 V 中存在向量不属于 V_0。从而可以把 α_n 扩充成 V 的一个基 $\alpha_1,\alpha_2,\cdots,\alpha_n$，使得 A 在此基下的矩阵 $A=(a_{ij})$ 的 $(1,1)$ 元 $a_{11}=1$。

$$A=\begin{pmatrix}1 & a_{12} & \cdots & a_{1,n-1} & 0\\ a_{21} & a_{22} & \cdots & a_{2,n-1} & 0\\ \vdots & \vdots & & \vdots & \vdots\\ a_{n1} & a_{n2} & \cdots & a_{n,n-1} & 0\end{pmatrix}\xrightarrow[\textcircled{n}+\textcircled{1}\cdot(-a_{n1})]{\textcircled{2}+\textcircled{1}\cdot(-a_{21})\ \cdots}\begin{pmatrix}1 & a_{12} & \cdots & 0\\ 0 & a_{22}-a_{21}a_{12} & \cdots & 0\\ \vdots & \vdots & & \vdots\\ 0 & a_{n2}-a_{n1}a_{12} & \cdots & 0\end{pmatrix},$$

把箭头右边的矩阵的右下角的 $n-1$ 级子矩阵记作 A_2。由于 $|A|=0$，因此 $|A_2|=0$. 从而以 A_2 为矩阵的 $n-1$ 维线性空间上的线性变换 $\boldsymbol{A}_2$ 不可逆。先考虑 $\boldsymbol{A}_2\neq\boldsymbol{0}$ 的情形。根据归纳假设得，$\boldsymbol{A}_2=\boldsymbol{C}_1\boldsymbol{C}_2\cdots\boldsymbol{C}_s$，其中 $s\leqslant n-1$，并且若 $s=n-1$，则 $\boldsymbol{C}_s$ 可逆。$\boldsymbol{C}_i$ 的矩阵记作 C_i，$i=1,\cdots,s$。则 $A_2=C_1C_2\cdots C_s$。记 $\boldsymbol{\beta}'=(a_{12},\cdots,a_{1,n-1},0)$，$\boldsymbol{\delta}=(a_{21},\cdots,a_{n1})'$。则

$$A=\begin{pmatrix}1 & \boldsymbol{0}'\\ \boldsymbol{\delta} & I_{n-1}\end{pmatrix}\begin{pmatrix}1 & \boldsymbol{0}'\\ \boldsymbol{0} & C_1\end{pmatrix}\cdots\begin{pmatrix}1 & \boldsymbol{0}'\\ \boldsymbol{0} & C_{s-1}\end{pmatrix}\begin{pmatrix}1 & \boldsymbol{\beta}'\\ \boldsymbol{0} & C_s\end{pmatrix}。$$

等号右边的 $s+1$ 个矩阵分别对应的 V 上的线性变换依次记作 $\tilde{\boldsymbol{C}}_0,\tilde{\boldsymbol{C}}_1,\cdots,\tilde{\boldsymbol{C}}_{s-1},\tilde{\boldsymbol{C}}_s$。当 $\boldsymbol{\delta}\neq\boldsymbol{0}$ 时，$\tilde{\boldsymbol{C}}_0$ 是伪反射；当 $\boldsymbol{\delta}=\boldsymbol{0}$ 时，$\tilde{\boldsymbol{C}}_0=\boldsymbol{I}$。当 $i=1,\cdots,s-1$ 时，$\tilde{\boldsymbol{C}}_i$ 是伪反射。当 $\boldsymbol{\beta}=\boldsymbol{0}$ 时，$\tilde{\boldsymbol{C}}_s$ 是伪反射。下面考虑 $\boldsymbol{\beta}\neq\boldsymbol{0}$ 的情形。

当 $|C_s|\neq 0$ 且 $|C_{s-1}|\neq 0$ 时，与情形 1 的议论一样可得，$\boldsymbol{A}$ 是至多 n 个伪反射的乘积，并且当 $\boldsymbol{A}$ 是 n 个伪反射的乘积时，第 n 个伪反射是可逆的。

当 $|C_s|\neq 0$ 且 $|C_{s-1}|=0$ 时，可设 $C_s=\begin{pmatrix}I_{n-2} & \boldsymbol{\gamma}\\ \boldsymbol{0}' & b\end{pmatrix}$，其中 $\boldsymbol{\gamma}=(c_1,\cdots,c_{n-2})'$，$b\neq 0$，并且 $b\neq 1$ 或 $\boldsymbol{\gamma}\neq\boldsymbol{0}$。记 $\boldsymbol{\beta}_1{}'=(a_{12},\cdots,a_{1,n-1})$。

$$\begin{pmatrix}1 & \boldsymbol{\beta}'\\ \boldsymbol{0} & C_s\end{pmatrix}=\begin{pmatrix}1 & \boldsymbol{\beta}_1{}' & 0\\ \boldsymbol{0} & I_{n-2} & \boldsymbol{\gamma}\\ 0 & \boldsymbol{0}' & b\end{pmatrix}\xrightarrow{\textcircled{n}\cdot\frac{1}{b}}\begin{pmatrix}1 & \boldsymbol{\beta}_1{}' & 0\\ \boldsymbol{0} & I_{n-2} & \boldsymbol{\gamma}\\ 0 & \boldsymbol{0}' & 1\end{pmatrix}\xrightarrow[\textcircled{n-1}+\textcircled{n}\cdot(-c_{n-2})]{\textcircled{2}+\textcircled{n}\cdot(-c_1)\ \cdots}\begin{pmatrix}1 & \boldsymbol{\beta}_1{}' & 0\\ \boldsymbol{0} & I_{n-2} & \boldsymbol{0}\\ 0 & \boldsymbol{0}' & 1\end{pmatrix},$$

把最后一个箭头右边的矩阵记作 D。当 $\boldsymbol{\beta}_1{}'\neq\boldsymbol{0}$ 时，以 D 为矩阵的 V 上的线性变换 $\boldsymbol{D}$ 是伪反射；当 $\boldsymbol{\beta}_1{}'=\boldsymbol{0}$ 时，$\boldsymbol{D}=\boldsymbol{I}$。从上式得

$$\begin{pmatrix}1 & \boldsymbol{\beta}'\\ \boldsymbol{0} & C_s\end{pmatrix}=\begin{pmatrix}I_{n-1} & \tilde{\boldsymbol{\gamma}}\\ \boldsymbol{0}' & b\end{pmatrix}D,$$

其中 $\tilde{\boldsymbol{\gamma}}=(0,c_1,\cdots,c_{n-2})'$。由于 $|C_{s-1}|=0$，因此 $\boldsymbol{C}_{s-1}$ 不可逆。根据第 11 题，$\boldsymbol{C}_{s-1}$ 在适当基

下的矩阵为$\begin{pmatrix} I_{n-2} & 0 \\ 0 & 0 \end{pmatrix}$，不妨设 C_{s-1} 为这个矩阵。于是

$$\begin{pmatrix} 1 & \mathbf{0}' \\ \mathbf{0} & C_{s-1} \end{pmatrix}\begin{pmatrix} I_{n-1} & \tilde{\boldsymbol{\gamma}} \\ \mathbf{0}' & b \end{pmatrix} = \begin{pmatrix} 1 & \mathbf{0}' & 0 \\ \mathbf{0} & I_{n-2} & 0 \\ 0 & \mathbf{0}' & 0 \end{pmatrix}\begin{pmatrix} 1 & \mathbf{0}' & 0 \\ \mathbf{0} & I_{n-2} & \boldsymbol{\gamma} \\ 0 & \mathbf{0}' & b \end{pmatrix} = \begin{pmatrix} 1 & \mathbf{0}' & 0 \\ \mathbf{0} & I_{n-2} & \boldsymbol{\gamma} \\ 0 & \mathbf{0}' & 0 \end{pmatrix} =: H$$

以 H 为矩阵的 V 上的线性变换 $\boldsymbol{H}$ 是伪反射。由于

$$A = \begin{pmatrix} 1 & \mathbf{0}' \\ \boldsymbol{\delta} & I_{n-1} \end{pmatrix}\begin{pmatrix} 1 & \mathbf{0}' \\ \mathbf{0} & C_1 \end{pmatrix}\cdots\begin{pmatrix} 1 & \mathbf{0}' \\ \mathbf{0} & C_{s-2} \end{pmatrix} HD,$$

因此 $\boldsymbol{A}$ 是至多 $s+1$ 个伪反射的乘积。由于 $s \leqslant n-1$，因此 $\boldsymbol{A}$ 是至多 n 个伪反射的乘积，并且当 $\boldsymbol{A}$ 是 n 个伪反射的乘积时，第 n 个伪反射 $\boldsymbol{D}$ 是可逆的。

当 $|C_s| = 0$ 时，C_s 不可逆，此时 $s < n-1$。根据第 11 题可设 $C_s = \begin{pmatrix} I_{n-2} & \mathbf{0} \\ \mathbf{0}' & 0 \end{pmatrix}$。

$$\begin{pmatrix} 1 & \boldsymbol{\beta}' \\ 0 & C_s \end{pmatrix} = \begin{pmatrix} 1 & \boldsymbol{\beta}_1' & 0 \\ \mathbf{0} & I_{n-2} & \mathbf{0} \\ 0 & \mathbf{0}' & 0 \end{pmatrix} \xrightarrow[\textcircled{\scriptsize n-1} + \textcircled{1} \cdot (-a_{1,n-1})]{\textcircled{2} + \textcircled{1} \cdot (-a_{12}) \ \cdots} \begin{pmatrix} 1 & \mathbf{0}' & 0 \\ \mathbf{0} & I_{n-2} & \mathbf{0} \\ 0 & \mathbf{0}' & 0 \end{pmatrix} =: G,$$

于是

$$\begin{pmatrix} 1 & \boldsymbol{\beta}' \\ \mathbf{0} & C_s \end{pmatrix} = G \begin{pmatrix} 1 & \boldsymbol{\beta}_1' & 0 \\ \mathbf{0} & I_{n-2} & \mathbf{0} \\ 0 & \mathbf{0}' & 1 \end{pmatrix}.$$

把等号右边的第 2 个矩阵记作 M，则以 M 为矩阵的 V 上的线性变换 $\boldsymbol{M}$ 是伪反射。以 G 为矩阵的 V 上的线性变换 $\boldsymbol{G}$ 是伪反射。由于

$$A = \begin{pmatrix} 1 & \mathbf{0}' \\ \boldsymbol{\delta} & I_{n-1} \end{pmatrix}\begin{pmatrix} 1 & \mathbf{0} \\ \mathbf{0} & C_1 \end{pmatrix}\cdots\begin{pmatrix} 1 & \mathbf{0}' \\ \mathbf{0} & C_{s-1} \end{pmatrix} GM,$$

因此 A 是至多 $s+2$ 个伪反射的乘积。由于 $s < n-1$，因此 $\boldsymbol{A}$ 是至多 n 个伪反射的乘积，并且当 $\boldsymbol{A}$ 是 n 个伪反射的乘积时，第 n 个伪反射 $\boldsymbol{M}$ 是可逆的。

现在考虑 $\boldsymbol{A}_2 = \mathbf{0}$ 的情形，此时

$$A = \begin{pmatrix} 1 & a_{12} & \cdots & a_{1,n-1} & 0 \\ a_{21} & a_{21}a_{12} & \cdots & a_{21}a_{1,n-1} & 0 \\ \vdots & \vdots & & \vdots & \vdots \\ a_{n1} & a_{n1}a_{12} & \cdots & a_{n1}a_{1,n-1} & 0 \end{pmatrix} \xrightarrow[\textcircled{\scriptsize n-1} + \textcircled{1}(-a_{1,n-1})]{\textcircled{2} + \textcircled{1}(-a_{12}) \ \cdots} \begin{pmatrix} 1 & \mathbf{0}' \\ \boldsymbol{\delta} & 0 \end{pmatrix}.$$

于是

$$A=\begin{pmatrix}1 & \mathbf{0}' \\ \boldsymbol{\delta} & 0\end{pmatrix}\begin{pmatrix}1 & \boldsymbol{\beta}' \\ \mathbf{0} & I_{n-1}\end{pmatrix}.$$

把等号右边的第 2 个矩阵记作 W，以 W 为矩阵的 V 上的线性变换记作 $\boldsymbol{W}$，$\boldsymbol{W}$ 是可逆的。当 $\boldsymbol{\beta}\neq\mathbf{0}$ 时，$\boldsymbol{W}$ 是伪反射；当 $\boldsymbol{\beta}=\mathbf{0}$ 时，$\boldsymbol{W}=\boldsymbol{I}$。

$$\begin{pmatrix}1 & \mathbf{0}' \\ \boldsymbol{\delta} & 0\end{pmatrix}=\begin{pmatrix}1 & 0 & 0 & \cdots & 0 & 0 \\ a_{21} & 0 & 0 & \cdots & 0 & 0 \\ 0 & 0 & 1 & \cdots & 0 & 0 \\ \vdots & \vdots & \vdots & & \vdots & \vdots \\ 0 & 0 & 0 & \cdots & 1 & 0 \\ 0 & 0 & 0 & \cdots & 0 & 1\end{pmatrix}\cdots\begin{pmatrix}1 & 0 & 0 & \cdots & 0 & 0 \\ 0 & 1 & 0 & \cdots & 0 & 0 \\ 0 & 0 & 1 & \cdots & 0 & 0 \\ \vdots & \vdots & \vdots & & \vdots & \vdots \\ 0 & 0 & 0 & \cdots & 1 & 0 \\ a_{n1} & 0 & 0 & \cdots & 0 & 0\end{pmatrix}.$$

等号右边的 $n-1$ 个矩阵分别对应的线性变换依次记作 $Q_1,\cdots,Q_{n-1}$，$Q_1,\cdots,Q_{n-1}$ 都是伪反射。因此 $\mathbf{A}$ 是至多 n 个伪反射的乘积，并且当 $\mathbf{A}$ 是 n 个伪反射的乘积时，第 n 个伪反射 $\boldsymbol{W}$ 是可逆的。

情形 3　$\mathbf{A}=\mathbf{0}$。由于

$$0=\begin{pmatrix}0 & & & & & \\ & 1 & & & & \\ & & 1 & & & \\ & & & \ddots & & \\ & & & & & 1\end{pmatrix}\begin{pmatrix}1 & & & & & \\ & 0 & & & & \\ & & 1 & & & \\ & & & \ddots & & \\ & & & & & 1\end{pmatrix}\cdots\begin{pmatrix}1 & & & & & \\ & 1 & & & & \\ & & 1 & & & \\ & & & \ddots & & \\ & & & & & 0\end{pmatrix},$$

并且等号右边的 n 个矩阵分别对应的 V 上的线性变换都是伪反射，因此 $\mathbf{A}=\mathbf{0}$ 是 n 个伪反射的乘积。

根据数学归纳法原理，对一切大于 1 的正整数 n，命题成立。

习题 9.5

1. A 的特征多项式为

$$|\lambda I-A|=(\lambda-2)[\lambda-(1+\mathrm{i})][\lambda-(1-\mathrm{i})],$$

因此 A 的全部特征值是 $2,1+\mathrm{i},1-\mathrm{i}$。

分别解齐次线性方程组 $(2I-A)\boldsymbol{x}=\mathbf{0}$，$[(1+\mathrm{i})I-A]\boldsymbol{x}=\mathbf{0}$，求出它们的一个基础解系，由此得出 A 的全部特征子空间如下：

$$V_2 = \langle(2,-1,-1)'\rangle,$$
$$V_{1+i} = \langle(1-2i,-1+i,-2)'\rangle,$$
$$V_{1-i} = \langle(1+2i,-1-i,-2)'\rangle,$$

容易看出,$\boldsymbol{A}$ 在 $\mathbf{C}^3$ 的标准基 $\boldsymbol{\varepsilon}_1,\boldsymbol{\varepsilon}_2,\boldsymbol{\varepsilon}_3$ 下的矩阵是 A,于是 $\boldsymbol{A}$ 的全部特征子空间就是 V_2,V_{1+i},V_{1-i}。

据本节例 14 的结论得,$\boldsymbol{A}$ 的所有不变子空间为

$$0,V_2,V_{1+i},V_{1-i},V_2\oplus V_{1+i},V_2\oplus V_{1-i}$$
$$V_{1+i}\oplus V_{1-i},\mathbf{C}^3.$$

2. $|\lambda I-A|=\lambda^2+a^2$。

情形 1 把 A 看成实矩阵,由于 λ^2+a^2 没有实根,因此 A 没有特征值,从而 A 没有特征向量,于是 $\boldsymbol{A}$ 没有特征向量,因此 $\boldsymbol{A}$ 没有 1 维的不变子空间,所以 $\mathbf{R}^2$ 上的线性变换 $\boldsymbol{A}$ 只有平凡的不变子空间:0 和 $\mathbf{R}^2$。

情形 2 把 A 看成复矩阵,它的全部特征值是 ai,$-ai$。求 $((ai)I-A)\boldsymbol{x}=\mathbf{0}$ 的一个基础解系,由此得出 A 的全部特征子空间为

$$V_{ai}=\langle(1,i)'\rangle,V_{-ai}=\langle(1,-i)'\rangle.$$

$\boldsymbol{A}$ 在 $\mathbf{C}^2$ 的标准基 $\boldsymbol{\varepsilon}_1,\boldsymbol{\varepsilon}_2$ 下的矩阵是 A。于是 $\boldsymbol{A}$ 的全部特征子空间就是 V_{ai},V_{-ai}。

据例 14 的结论得,$\boldsymbol{A}$ 的所有不变子空间为

$$0,V_{ai},V_{-ai},\mathbf{C}^2.$$

3. $\boldsymbol{A}$ 是 K^3 上的线性变换,它在 K^3 的标准基 $\boldsymbol{\varepsilon}_1,\boldsymbol{\varepsilon}_2,\boldsymbol{\varepsilon}_3$ 下的矩阵就是 A。据本节例 12 第(4)小题的结论得,$\boldsymbol{A}$ 的所有不变子空间是

$$0,\langle\boldsymbol{\varepsilon}_1\rangle,\langle\boldsymbol{\varepsilon}_1,\boldsymbol{\varepsilon}_2\rangle,K^3.$$

*4. $\boldsymbol{A}$ 在 $\mathbf{Z}_2^3$ 的标准基 $\boldsymbol{\varepsilon}_1,\boldsymbol{\varepsilon}_2,\boldsymbol{\varepsilon}_3$ 下的矩阵就是 A。由于 A 是对角矩阵,因此 $\boldsymbol{A}$ 的全部特征值是 a(二重),b。由于 $\boldsymbol{A}\boldsymbol{\varepsilon}_1=a\boldsymbol{\varepsilon}_1$,$\boldsymbol{A}\boldsymbol{\varepsilon}_2=a\boldsymbol{\varepsilon}_2$,$\boldsymbol{A}\boldsymbol{\varepsilon}_3=b\boldsymbol{\varepsilon}_3$,且 $\dim V_a=2$,$\dim V_b=1$,因此 $V_a=\langle\boldsymbol{\varepsilon}_1,\boldsymbol{\varepsilon}_2\rangle$,$V_b=\langle\boldsymbol{\varepsilon}_3\rangle$。$\boldsymbol{A}$ 的属于特征值 a 的全部特征向量为

$$\{k_1\boldsymbol{\varepsilon}_1+k_2\boldsymbol{\varepsilon}_2\mid k_1,k_2\in\mathbf{Z}_2,\text{且 }k_1,k_2\text{ 不全为 }0\}$$
$$=\{\boldsymbol{\varepsilon}_1,\boldsymbol{\varepsilon}_2,\boldsymbol{\varepsilon}_1+\boldsymbol{\varepsilon}_2\}.$$

由于 $\boldsymbol{A}$ 的 1 维不变子空间一定是由 $\boldsymbol{A}$ 的一个特征向量生成的子空间,因此 $\boldsymbol{A}$ 的 1 维不变子空间有且只有下列 4 个:

$$\langle\boldsymbol{\varepsilon}_1\rangle,\langle\boldsymbol{\varepsilon}_2\rangle,\langle\boldsymbol{\varepsilon}_1+\boldsymbol{\varepsilon}_2\rangle,\langle\boldsymbol{\varepsilon}_3\rangle.$$

由于 $\boldsymbol{A}$ 的不变子空间的和仍为 $\boldsymbol{A}$ 的不变子空间,因此

$$\langle\boldsymbol{\varepsilon}_1\rangle\oplus\langle\boldsymbol{\varepsilon}_2\rangle=\langle\boldsymbol{\varepsilon}_1,\boldsymbol{\varepsilon}_2\rangle,\langle\boldsymbol{\varepsilon}_1\rangle\oplus\langle\boldsymbol{\varepsilon}_1+\boldsymbol{\varepsilon}_2\rangle=\langle\boldsymbol{\varepsilon}_1,\boldsymbol{\varepsilon}_2\rangle,$$
$$\langle\boldsymbol{\varepsilon}_2\rangle\oplus\langle\boldsymbol{\varepsilon}_1+\boldsymbol{\varepsilon}_2\rangle=\langle\boldsymbol{\varepsilon}_1,\boldsymbol{\varepsilon}_2\rangle,\langle\boldsymbol{\varepsilon}_1\rangle\oplus\langle\boldsymbol{\varepsilon}_3\rangle=\langle\boldsymbol{\varepsilon}_1,\boldsymbol{\varepsilon}_3\rangle,$$

$$\langle \boldsymbol{\varepsilon}_2 \rangle \oplus \langle \boldsymbol{\varepsilon}_3 \rangle = \langle \boldsymbol{\varepsilon}_2, \boldsymbol{\varepsilon}_3 \rangle, \langle \boldsymbol{\varepsilon}_1 + \boldsymbol{\varepsilon}_2 \rangle \oplus \langle \boldsymbol{\varepsilon}_3 \rangle = \langle \boldsymbol{\varepsilon}_1 + \boldsymbol{\varepsilon}_2, \boldsymbol{\varepsilon}_3 \rangle$$

都是 $\mathbf{A}$ 的 2 维不变子空间。设 W 是 A 的任一 2 维不变子空间，W 中取一个基 $\boldsymbol{\beta}_1, \boldsymbol{\beta}_2$，设

$$\boldsymbol{\beta}_1 = k_1\boldsymbol{\varepsilon}_1 + k_2\boldsymbol{\varepsilon}_2 + k_3\boldsymbol{\varepsilon}_3, \boldsymbol{\beta}_2 = l_1\boldsymbol{\varepsilon}_1 + l_2\boldsymbol{\varepsilon}_2 + l_3\boldsymbol{\varepsilon}_3,$$

情形 1　k_3 与 l_3 不全为 0，不妨设 $k_3 \neq 0$。由于

$$\begin{aligned}\mathbf{A}\boldsymbol{\beta}_1 &= k_1 a\boldsymbol{\varepsilon}_1 + k_2 a\boldsymbol{\varepsilon}_2 + k_3 b\boldsymbol{\varepsilon}_3 \\ &= a(k_1\boldsymbol{\varepsilon}_1 + k_2\boldsymbol{\varepsilon}_2) + bk_3\boldsymbol{\varepsilon}_3 \\ &= a(\boldsymbol{\beta}_1 - k_3\boldsymbol{\varepsilon}_3) + bk_3\boldsymbol{\varepsilon}_3 \\ &= a\boldsymbol{\beta}_1 + k_3(b-a)\boldsymbol{\varepsilon}_3 \in W,\end{aligned}$$

因此 $k_3(b-a)\boldsymbol{\varepsilon}_3 \in W$。由于 $k_3 \neq 0, b \neq a$，因此 $\boldsymbol{\varepsilon}_3 \in W$。从而 $k_1\boldsymbol{\varepsilon}_1 + k_2\boldsymbol{\varepsilon}_2 = \boldsymbol{\beta}_1 - k_3\boldsymbol{\varepsilon}_3 \in \boldsymbol{W}$。

1.1) 若 $\boldsymbol{k}_1, \boldsymbol{k}_2$ 不全为 0，则 $\boldsymbol{k}_1\boldsymbol{\varepsilon}_1 + k_2\boldsymbol{\varepsilon}_2$ 与 $\boldsymbol{\varepsilon}_3$ 线性无关（$\mathbf{A}$ 的属于不同特征值的特征向量线性无关）。从而 $W = \langle k_1\boldsymbol{\varepsilon}_1 + k_2\boldsymbol{\varepsilon}_2, \boldsymbol{\varepsilon}_3 \rangle$。即

$$W = \langle \boldsymbol{\varepsilon}_1, \boldsymbol{\varepsilon}_3 \rangle \text{ 或 } W = \langle \boldsymbol{\varepsilon}_2, \boldsymbol{\varepsilon}_3 \rangle \text{ 或 } W = \langle \boldsymbol{\varepsilon}_1 + \boldsymbol{\varepsilon}_2, \boldsymbol{\varepsilon}_3 \rangle.$$

1.2) 若 $k_1 = k_2 = 0$。则 $\beta_1 = k_3\boldsymbol{\varepsilon}_3 = \boldsymbol{\varepsilon}_3$。此时 l_1 与 l_2 不全为 0（否则 $\boldsymbol{\beta}_2$ 与 $\boldsymbol{\beta}_1$ 线性相关，矛盾）。若 $l_3 \neq 0$，则与情形 1.1)类似，有 $W = \langle l_1\boldsymbol{\varepsilon}_1 + l_2\boldsymbol{\varepsilon}_2, \boldsymbol{\varepsilon}_3 \rangle$。若 $l_3 = 0$，则 $\beta_2 = l_1\boldsymbol{\varepsilon}_1 + l_2\boldsymbol{\varepsilon}_2$，$\boldsymbol{\beta}_1 = \boldsymbol{\varepsilon}_3$，从而 $W = \langle l_1\boldsymbol{\varepsilon}_1 + l_2\boldsymbol{\varepsilon}_2, \boldsymbol{\varepsilon}_3 \rangle$。

情形 2　$k_3 = l_3 = 0$。则 $\boldsymbol{\beta}_1 = k_1\boldsymbol{\varepsilon}_1 + k_2\boldsymbol{\varepsilon}_2, \boldsymbol{\beta}_2 = l_1\boldsymbol{\varepsilon}_1 + l_2\boldsymbol{\varepsilon}_2$，于是 $W = \langle \boldsymbol{\beta}_1, \boldsymbol{\beta}_2 \rangle \subseteq \langle \boldsymbol{\varepsilon}_1, \boldsymbol{\varepsilon}_2 \rangle$，由于 $\dim W = 2$，因此 $W = \langle \boldsymbol{\varepsilon}_1, \boldsymbol{\varepsilon}_2 \rangle$。

综上所述，$\mathbf{A}$ 的 2 维不变子空间有且只有 4 个：

$$\langle \boldsymbol{\varepsilon}_1, \boldsymbol{\varepsilon}_2 \rangle, \langle \boldsymbol{\varepsilon}_1, \boldsymbol{\varepsilon}_3 \rangle, \langle \boldsymbol{\varepsilon}_2, \boldsymbol{\varepsilon}_3 \rangle, \langle \boldsymbol{\varepsilon}_1 + \boldsymbol{\varepsilon}_2, \boldsymbol{\varepsilon}_3 \rangle,$$

因此 $\mathbf{A}$ 的所有不变子空间为

$$0, \langle \boldsymbol{\varepsilon}_1 \rangle, \langle \boldsymbol{\varepsilon}_2 \rangle, \langle \boldsymbol{\varepsilon}_1 + \boldsymbol{\varepsilon}_2 \rangle, \langle \boldsymbol{\varepsilon}_3 \rangle$$
$$\langle \boldsymbol{\varepsilon}_1, \boldsymbol{\varepsilon}_2 \rangle, \langle \boldsymbol{\varepsilon}_1, \boldsymbol{\varepsilon}_3 \rangle, \langle \boldsymbol{\varepsilon}_2, \boldsymbol{\varepsilon}_3 \rangle, \langle \boldsymbol{\varepsilon}_1 + \boldsymbol{\varepsilon}_2, \boldsymbol{\varepsilon}_3 \rangle, \mathbf{Z}_2^3,$$

一共有 10 个。

5. 对任意 $\alpha \in V$ 有 $\boldsymbol{k}\alpha = k\alpha$，即 $(\boldsymbol{k} - k\boldsymbol{I})\alpha = 0$。因此 $\boldsymbol{k} - k\boldsymbol{I} = \mathbf{0}$。从而 $x - k$ 是 $\boldsymbol{k}$ 的一个零化多项式。

6. 设 $a_1x + a_0$ 是 $\mathbf{A}$ 的一个零化多项式，其中 $a_1 \neq 0$，则 $a_1\mathbf{A} + a_0\boldsymbol{I} = \mathbf{0}$。从而 $\mathbf{A} = -\frac{a_0}{a_1}\boldsymbol{I}$。因此 $\mathbf{A}$ 是数乘变换。

7. $|\lambda I - A| = (\lambda - 1)^2$，于是 $(\lambda - 1)^2$ 是 A 的一个零化多项式。

8. 与例 26 的充分性的证明一样。

9. 与例 26 的必要性的证明一样。

10. (1) 在 $F[x]$ 中，$x^2 - 1 = (x+1)(x-1)$。由于 $\operatorname{char} F \neq 2$，因此 $(x+1, x-1) = 1$，

据本节定理 2,得

$$\operatorname{Ker}(\boldsymbol{A}^2-\boldsymbol{I})=\operatorname{Ker}(\boldsymbol{A}+\boldsymbol{I})\oplus\operatorname{Ker}(\boldsymbol{A}-\boldsymbol{I}),$$

从而　$\dim(\operatorname{Ker}(\boldsymbol{A}^2-\boldsymbol{I}))=\dim(\operatorname{Ker}(\boldsymbol{A}+\boldsymbol{I}))+\dim(\operatorname{Ker}(\boldsymbol{A}-\boldsymbol{I}))$,

于是　$n-\operatorname{rank}(\boldsymbol{A}^2-\boldsymbol{I})=[n-\operatorname{rank}(\boldsymbol{A}+\boldsymbol{I})]+[n-\operatorname{rank}(\boldsymbol{A}-\boldsymbol{I})]$,

因此　$\operatorname{rank}(\boldsymbol{A}+\boldsymbol{I})+\operatorname{rank}(\boldsymbol{A}-\boldsymbol{I})=n+\operatorname{rank}(\boldsymbol{A}^2-\boldsymbol{I})$。

(2) 在 $F[x]$中,$x^4-1=(x-1)(x+1)(x^2+1)$。由于 $\operatorname{char} F\neq 2$,因此 $x-1,x+1,x^2+1$两两互素。

据本节定理 3,得

$$\operatorname{Ker}(\boldsymbol{A}^4-\boldsymbol{I})=\operatorname{Ker}(\boldsymbol{A}-\boldsymbol{I})\oplus\operatorname{Ker}(\boldsymbol{A}+\boldsymbol{I})\oplus\operatorname{Ker}(\boldsymbol{A}^2+\boldsymbol{I}),$$

于是

$$n-\operatorname{rank}(\boldsymbol{A}^4-\boldsymbol{I})=n-\operatorname{rank}(\boldsymbol{A}-\boldsymbol{I})+n-\operatorname{rank}(\boldsymbol{A}+\boldsymbol{I})+n-\operatorname{rank}(\boldsymbol{A}^2+\boldsymbol{I}),$$

因此

$$\operatorname{rank}(\boldsymbol{A}-\boldsymbol{I})+\operatorname{rank}(\boldsymbol{A}+\boldsymbol{I})+\operatorname{rank}(\boldsymbol{A}^2+\boldsymbol{I})=2n+\operatorname{rank}(\boldsymbol{A}^4-\boldsymbol{I}).$$

11. 由于在 $F[\lambda]$中,$\lambda^2-\lambda_0{}^2=(\lambda-\lambda_0)(\lambda+\lambda_0)$,且 $\lambda-\lambda_0$ 与 $\lambda+\lambda_0$ 互素(这是因为域 F 的特征不为 2),因此根据本节定理 2 得

$$\operatorname{Ker}(\boldsymbol{A}^2-\lambda_0{}^2\boldsymbol{I})=\operatorname{Ker}(\boldsymbol{A}-\lambda_0\boldsymbol{I})\oplus\operatorname{Ker}(\boldsymbol{A}+\lambda_0\boldsymbol{I}).$$

由于 $\boldsymbol{A}^2$ 有一个特征值 λ_0^2,因此 $\boldsymbol{A}^2$ 的属于特征值 λ_0^2 的特征子空间 $\operatorname{Ker}(\boldsymbol{A}^2-\lambda_0^2\boldsymbol{I})\neq 0$。从而 $\operatorname{Ker}(\boldsymbol{A}-\lambda_0\boldsymbol{I})\neq 0$ 或者 $\operatorname{Ker}(\boldsymbol{A}+\lambda_0\boldsymbol{I})\neq 0$。于是 λ_0 或 $-\lambda_0$ 是 $\boldsymbol{A}$ 的一个特征值。

12. 假如 $\boldsymbol{A}$ 有非平凡的不变子空间 W,则根据本节例 9 得,$\boldsymbol{A}$ 的特征多项式 $f(\lambda)=f_1(\lambda)f_2(\lambda)$,其中 $f_1(\lambda)$是 $\boldsymbol{A}|W$ 的特征多项式,$f_2(\lambda)$是 $\boldsymbol{A}$ 在商空间 V/W 诱导的线性变换 $\widetilde{A}$ 的特征多项式,并且 $\deg f_1(\lambda)<n,\deg f_2(\lambda)<n$。这与 $\boldsymbol{A}$ 的特征多项式 $|\lambda I-A|=\lambda^n+a_{n-1}\lambda^{n-1}+\cdots+a_1\lambda+a_0$ 在 F 上不可约矛盾。因此 $\boldsymbol{A}$ 没有非平凡的不变子空间。

13. 根据本书 9.4 节的例 1,$\boldsymbol{A}$ 的全部特征值是 3(二重),-6. 属于特征值 3 的特征子空间 V_3 为 $V_3=\langle-2\alpha_1+\alpha_2,2\alpha_1+\alpha_3\rangle$;属于特征值$-6$ 的特征子空间 $V_{-6}=\langle\alpha_1+2\alpha_2-2\alpha_3\rangle$。于是 $\boldsymbol{A}$ 可对角化。从而 $V=V_3\oplus V_{-6}$。因此 $\boldsymbol{A}$ 有下述不变子空间:

$$\begin{aligned}&0,V,V_3,V_{-6},\langle k_1(-2\alpha_1+\alpha_2)+k_2(2\alpha_1+\alpha_3)\rangle,\\&\langle k_1(-2\alpha_1+\alpha_2)+k_2(2\alpha_1+\alpha_3),\alpha_1+2\alpha_2-2\alpha_3\rangle,\end{aligned}\tag{1}$$

其中 k_1,k_2 是 K 中不全为 0 的数。

设 W 是$\boldsymbol{A}$ 的任一 1 维不变子空间,则 $W=\langle\beta\rangle$,且 $\boldsymbol{A}\beta=l\beta$。于是 l 是$\boldsymbol{A}$ 的一个特征值。从而 $l=3$ 或-6。因此 $\beta\in V_3$ 或 $\beta\in V_{-6}$。于是 $W\subseteq V_3$ 或 $W=V_{-6}$。

设 W 是$\boldsymbol{A}$ 的任一 2 维不变子空间,且 $W\neq V_3$,则 $W=\langle\gamma_1,\gamma_2\rangle$,于是

$$\gamma_1=\delta_1+\delta_2,\gamma_2=\eta_1+\eta_2,$$

其中 $\delta_1,\eta_1\in V_3,\delta_2,\eta_2\in V_{-6}$. $\delta_2\neq 0$ 或 $\eta_2\neq 0$. 由于

$$\boldsymbol{A}\gamma_1=\boldsymbol{A}\delta_1+\boldsymbol{A}\delta_2=3\delta_1-6\delta_2\in(\delta_1,\delta_2),$$

$$\boldsymbol{A}\gamma_2=\boldsymbol{A}\eta_1+\boldsymbol{A}\eta_2=3\eta_1-6\eta_2\in\langle\eta_1,\eta_2\rangle$$

因此 $W=\langle k_1(-2\alpha_1+\alpha_2)+k_2(2\alpha_1+\alpha_3),\alpha_1+2\alpha_2-2\alpha_3\rangle$,其中 k_1,k_2 是 K 中某一对不全为 0 的数。

综上所述,$\boldsymbol{A}$ 的所有不变子空间为(1)式中所述。

习题 9.6

1. (1) 由于 $A^2=I$,因此 λ^2-1 是 A 的一个零化多项式。由于 $A\neq\pm I$,因此 λ^2-1 是 A 的最小多项式。由于 $\lambda^2-1=(\lambda+1)(\lambda-1)$,因此 A 可对角化。

(2) $B=J_3(1)$,因此 B 的最小多项式是$(\lambda-1)^3$。从而 B 不可对角化。

2. A 的一个零化多项式是

$$g(\lambda)=\lambda^3-\lambda^2-4\lambda+4=\lambda^2(\lambda-1)-4(\lambda-1)=(\lambda-1)(\lambda+2)(\lambda-2).$$

由于 $m(\lambda)\mid g(\lambda)$,因此 $m(\lambda)$也可分解成不同的一次因式的乘积,从而 A 可对角化。

3. 据例 17 的结论,由于 $\lambda^2-a_1a_5=\lambda^2$,因此 $\boldsymbol{A}$ 不可对角化。

4. $\lambda^2-a_1a_5=\lambda^2-4=(\lambda+2)(\lambda-2)$,

$\lambda^2-a_2a_4=\lambda^2-10=(\lambda+\sqrt{10})(\lambda-\sqrt{10})$,

据例 17 的结论得,$\mathbf{Q}$ 上的矩阵 A 不可对角化,$\mathbf{R}$ 上的矩阵 A 可对角化。

5. 据例 10 得,n 维线性空间 V 上的幂零变换 $\boldsymbol{A}$ 的幂零指数 $l\leqslant n$,因此,从 $\boldsymbol{A}^l=\boldsymbol{0}$ 可得 $\boldsymbol{A}^n=\boldsymbol{0}$。

6. 由于 $\mathbf{R}^3=\langle\boldsymbol{\varepsilon}_1\rangle\oplus\langle\boldsymbol{\varepsilon}_2\rangle\oplus\langle\boldsymbol{\varepsilon}_3\rangle$,因此 $\boldsymbol{P}_1$ 是平行于$\langle\boldsymbol{\varepsilon}_3\rangle$在$\langle\boldsymbol{\varepsilon}_1\rangle\oplus\langle\boldsymbol{\varepsilon}_2\rangle$上的投影。从而 $\boldsymbol{P}_1$ 是 $\mathbf{R}^3$ 上的幂等变换,由于 $\boldsymbol{P}_1\neq\boldsymbol{0},\boldsymbol{P}_1\neq\boldsymbol{I}$,因此 $\boldsymbol{P}_1$ 的最小多项式是 $\lambda^2-\lambda$。

7. 由于$(m_1(\lambda),m_2(\lambda))=1$,因此存在 $u_1(\lambda),u_2(\lambda)\in F[\lambda]$,使得 $u_1(\lambda)m_1(\lambda)+u_2(\lambda)m_2(\lambda)=1$。从而 $u_2(A)m_2(A)=I$,因此 $m_2(A)$可逆。设 $m_2(\lambda)=\lambda^r+b_{r-1}\lambda^{r-1}+\cdots+b_1\lambda+b_0$,则

$$m_2(A)=A^r+b_{r-1}A^{r-1}+\cdots+b_1A+b_0I.$$

设 C 是 $XA=BX$ 的一个解,则 $CA=BC$,从而

$$Cm_2(A)=CA^r+b_{r+1}CA^{r-1}+\cdots+b_1CA+b_0CI=m_2(B)C=0,$$

由此得出,$C=0$。

8. 设 $m_1(\lambda)$与 $m_2(\lambda)$在 $F[\lambda]$中有公共的一次因式 $\lambda-\lambda_1$,则 λ_1 是 A 与 B 的公共的特征值,据 9.5 节例 26 的必要性立得结论。

9. 充分性是显然的。必要性用反证法。假如某个 A_j 不是数量矩阵，则 A_j 的最小多项式 $m_j(\lambda)$ 不是一个一次因式，又由于 A_j 是 n_j 级上三角矩阵，其主对角元均为 a_j。因此 A_j 的特征多项式 $f_j(\lambda)=(\lambda-a_j)^{n_j}$，从而 $m_j(\lambda)=(\lambda-a_j)^{k_j}$，其中 $k_j\leqslant n_j$，又由于 $m_j(\lambda)$ 不是一次因式，因此 $k_j\geqslant 2$。由于 A 的最小多项式 $m(\lambda)=[m_1(\lambda),\cdots,m_j(\lambda),\cdots,m_s(\lambda)]$，因此 $m(\lambda)$ 的标准分解式中 $\lambda-\lambda_j$ 的幂指数大于 1。从而 A 不可对角化。

10. 证法一 由于 $\boldsymbol{A}\alpha_1=\alpha_2,\boldsymbol{A}\alpha_2=\alpha_3,\cdots,\boldsymbol{A}\alpha^{n-1}=\alpha_n$，因此 V 的一个基是 $\alpha_1,\boldsymbol{A}\alpha_1,\boldsymbol{A}^2\alpha_1,\cdots,\boldsymbol{A}^{n-1}\alpha_1$。

任取 $\boldsymbol{B}\in C(\boldsymbol{A})$，设 $\boldsymbol{B}\alpha_1=\sum_{j=0}^{n-1}b_j\boldsymbol{A}^j\alpha_1$。任取 $\alpha\in V$，设 $\alpha=\sum_{i=0}^{n-1}d_i\boldsymbol{A}^i\alpha_1$，则

$$\begin{aligned}\boldsymbol{B}\alpha&=\sum_{i=0}^{n-1}d_i\boldsymbol{B}\,\boldsymbol{A}^i\alpha_1=\sum_{i=0}^{n-1}d_i\boldsymbol{A}^i\boldsymbol{B}\alpha_1=\sum_{i=0}^{n-1}d_i\boldsymbol{A}^i\Big(\sum_{j=0}^{n-1}b_j\boldsymbol{A}^j\alpha_1\Big)\\&=\sum_{j=0}^{n-1}b_j\boldsymbol{A}^j\Big(\sum_{i=0}^{n-1}d_i\boldsymbol{A}^i\alpha_1\Big)=\sum_{j=0}^{n-1}b_j\boldsymbol{A}^j\alpha.\end{aligned}$$

记 $g(\boldsymbol{A})=\sum_{j=0}^{n-1}b_j\boldsymbol{A}^j$，则由上式得，$\boldsymbol{B}\alpha=g(\boldsymbol{A})\alpha$，因此 $\boldsymbol{B}=g(\boldsymbol{A})$。从而 $C(\boldsymbol{A})\subseteq F[\boldsymbol{A}]$，显然 $F[\boldsymbol{A}]\subseteq C(\boldsymbol{A})$，因此 $C(\boldsymbol{A})=F[\boldsymbol{A}]$。

据例 8 的结论得，$\boldsymbol{A}$ 的最小多项式 $m(\lambda)$ 为

$$m(\lambda)=\lambda^n+a_{n-1}\lambda^{n-1}+\cdots+a_1\lambda+a_0.$$

据例 24 的结论，$\dim(F[\boldsymbol{A}])=\deg m(\lambda)=n$。

因此 $$\dim(C(\boldsymbol{A}))=\dim(F[\boldsymbol{A}])=n.$$

证法二 设 $\boldsymbol{B}$ 是 V 上的线性变换，它在 V 的基 $\alpha_1,\alpha_2,\cdots,\alpha_n$ 下的矩阵是 B，则 $\boldsymbol{AB}=\boldsymbol{BA}\Leftrightarrow AB=BA$。因此 $\boldsymbol{B}\in C(\boldsymbol{A})\Leftrightarrow B\in C(A)$。

任取 $B\in C(A)$，设 $B=(b_{ij})$。用 $\boldsymbol{\varepsilon}_1,\boldsymbol{\varepsilon}_2,\cdots,\boldsymbol{\varepsilon}_n$ 表示 F^n 的标准基。由于

$$A=\Big(\boldsymbol{\varepsilon}_2,\boldsymbol{\varepsilon}_3,\cdots,\boldsymbol{\varepsilon}_n,-\sum_{i=0}^{n-1}a_i\boldsymbol{\varepsilon}_{i+1}\Big),$$

因此 $A\boldsymbol{\varepsilon}_1=\boldsymbol{\varepsilon}_2,A\boldsymbol{\varepsilon}_2=\boldsymbol{\varepsilon}_3,\cdots,A\boldsymbol{\varepsilon}_{n-1}=\boldsymbol{\varepsilon}_n$，从而 $\boldsymbol{\varepsilon}_2=A\boldsymbol{\varepsilon}_1,\boldsymbol{\varepsilon}_3=A^2\boldsymbol{\varepsilon}_1,\cdots,\boldsymbol{\varepsilon}_n=A^{n-1}\boldsymbol{\varepsilon}_1$，于是

$$I=(\boldsymbol{\varepsilon}_1,\boldsymbol{\varepsilon}_2,\cdots,\boldsymbol{\varepsilon}_n)=(\boldsymbol{\varepsilon}_1,A\boldsymbol{\varepsilon}_1,A^2\boldsymbol{\varepsilon}_1,\cdots,A^{n-1}\boldsymbol{\varepsilon}_1),$$

从而

$$\begin{aligned}B=BI&=(B\boldsymbol{\varepsilon}_1,BA\boldsymbol{\varepsilon}_1,BA^2\boldsymbol{\varepsilon}_1,\cdots,BA^{n-1}\boldsymbol{\varepsilon}_1)\\&=\Big(\sum_{i=1}^{n}b_{i1}\boldsymbol{\varepsilon}_i,AB\boldsymbol{\varepsilon}_1,A^2B\boldsymbol{\varepsilon}_1,\cdots,A^{n-1}B\boldsymbol{\varepsilon}_1\Big)\\&=\Big(\sum_{i=1}^{n}b_{i1}A^{i-1}\boldsymbol{\varepsilon}_1,\sum_{i=1}^{n}b_{i1}AA^{i-1}\boldsymbol{\varepsilon}_1,\sum_{i=1}^{n}b_{i1}A^2A^{i-1}\boldsymbol{\varepsilon}_1,\cdots,\sum_{i=1}^{n}b_{i1}A^{n-1}A^{i-1}\boldsymbol{\varepsilon}_1\Big)\end{aligned}$$

$$= \sum_{i=1}^{n} b_{i1} A^{i-1} (\boldsymbol{\varepsilon}_1, A\boldsymbol{\varepsilon}_1, A^2\boldsymbol{\varepsilon}_1, \cdots, A^{n-1}\boldsymbol{\varepsilon}_1)$$
$$= \sum_{i=1}^{n} b_{i1} A^{i-1} I$$
$$= \sum_{i=1}^{n} b_{i1} A^{i-1},$$

因此 $B \in F[A]$。于是 $\mathrm{C}(A) \subseteq F[A]$。从而 $\mathrm{C}(\boldsymbol{A}) \subseteq F[\boldsymbol{A}]$。显然 $F[\boldsymbol{A}] \subseteq \mathrm{C}(\boldsymbol{A})$，因此 $\mathrm{C}(\boldsymbol{A}) = F[\boldsymbol{A}]$。

关于 $\dim \mathrm{C}(\boldsymbol{A}) = n$ 的证法同证法一的相应内容。

11. 设 $f(\lambda) = (\lambda - \lambda_1)^{r_1} (\lambda - \lambda_2)^{r_2} \cdots (\lambda - \lambda_s)^{r_s}$，其中 $\lambda_1, \lambda_2, \cdots, \lambda_s$ 是 F 中两两不等的元素，据例 20 的结论得，

$$\dim \mathrm{Ker}(\boldsymbol{A} - \lambda_1 \boldsymbol{I})^{r_1} = r_1,$$

从而

$$\begin{aligned} \mathrm{rank}(\boldsymbol{A} - \lambda_1 \boldsymbol{I})^{r_1} &= \dim(\mathrm{Im}(\boldsymbol{A} - \lambda_1 \boldsymbol{I})^{r_1}) \\ &= \dim V - \dim(\mathrm{Ker}(\boldsymbol{A} - \lambda_1 \boldsymbol{I})^{r_1}) \\ &= n - r_1. \end{aligned}$$

习题 9.7

1. (1) 计算得，$B^2 = 0$，因此 B 是幂零矩阵，其幂零指数为 2。

(2) $\mathrm{rank}(B) = 1$，因此 B 的 Jordan 标准形中 Jordan 的总数为 $3 - 1 = 2$。于是 B 的 Jordan 标准形为 $J = \mathrm{diag}\{J_2(0), J_1(0)\}$。

2. 据本节例 5 立即得到结论。

3. 求导数 $\boldsymbol{D}$ 在 $K[x]_n$ 的一个基 $1, x, \frac{1}{2!}x^2, \cdots, \frac{1}{(n-1)!}x^{n-1}$ 下的矩阵 D 是

$$D = \begin{pmatrix} 0 & 1 & 0 & \cdots & 0 \\ 0 & 0 & 1 & \cdots & 0 \\ 0 & 0 & 0 & \cdots & 0 \\ \vdots & \vdots & \vdots & & \vdots \\ 0 & 0 & 0 & \cdots & 1 \\ 0 & 0 & 0 & \cdots & 0 \end{pmatrix}.$$

D 的幂零指数为 n，据例 14 得，不存在数域 K 上的 n 级矩阵 H，使得 $H^2 = D$。从而不存在 $K[x]_n$ 上的线性变换 $\boldsymbol{H}$，使得 $\boldsymbol{H}^2 = \boldsymbol{D}$。

4. 由于 $\boldsymbol{D}$ 在 $K[x]_n$ 的一个基 $1, x, \frac{1}{2!}x^2, \cdots, \frac{1}{(n-1)!}x^{n-1}$ 下的矩阵是一个 n 级 Jordan 块 $J_n(0)$。据例 15 的结论得，$\mathrm{C}(J_n(0))=F[J_n(0)]$，$\dim \mathrm{C}(J_n(0))=n$。设 $K[x]_n$ 上的线性变换 $\boldsymbol{B}$ 在 $K[x]_n$ 的上述基下的矩阵为 B，则 $B\in \mathrm{C}(J_n(0))$ 当且仅当 $\boldsymbol{B}\in \mathrm{C}(\boldsymbol{D})$。因此 $\mathrm{C}(\boldsymbol{D})=F[\boldsymbol{D}]$，$\dim \mathrm{C}(\boldsymbol{D})=n$。

5. 在第 1 题中已求出 B 的 Jordan 标准形为

$$J = \mathrm{diag}\{J_2(0), J_1(0)\},$$

于是存在数域 K 上的 3 级可逆矩阵 P，使得 $P^{-1}BP=J$。由于

$$\begin{aligned} X\in \mathrm{C}(B) \quad &\Leftrightarrow \quad XB=BX \\ &\Leftrightarrow \quad (P^{-1}XP)(P^{-1}BP)=(P^{-1}BP)(P^{-1}XP) \\ &\Leftrightarrow \quad P^{-1}XP\in \mathrm{C}(J), \end{aligned}$$

在例 18 中已求出 $\dim \mathrm{C}(J)=5$。

由于把 X 映成 $P^{-1}XP$ 的映射 τ 是 $M_3(K)$ 到自身的一个同构映射，且 $\tau(\mathrm{C}(B))=\mathrm{C}(J)$，因此 $\dim \mathrm{C}(B)=\dim \mathrm{C}(J)=5$。

6. 假如 $l=n$，那么据例 10 得，$\mathrm{rank}(\boldsymbol{B})\geqslant n-1$。由于 $\boldsymbol{B}$ 不可逆，因此 $\mathrm{rank}(\boldsymbol{B})=n-1$。从而 $\boldsymbol{B}$ 的 Jordan 标准形中 Jordan 块的总数为 $n-(n-1)=1$。于是 $\boldsymbol{B}$ 的属于特征值 0 的特征子空间 V_0 的维数等于 1。又由于 $\boldsymbol{B}$ 的特征值只有 0，因此 $\boldsymbol{B}$ 没有两个线性无关的特征向量。

7. 设 $\boldsymbol{B}$ 的幂零指数为 l，则 $\boldsymbol{B}^l=\boldsymbol{0}$，在 $F[x]$ 中，有

$$(1-x)(1+x+x^2+\cdots+x^{l-1}) = 1-x^l.$$

x 用 $-k^{-1}\boldsymbol{B}$ 代入，从上式得

$$(\boldsymbol{I}+k^{-1}\boldsymbol{B})(\boldsymbol{I}-k^{-1}\boldsymbol{B}+k^{-2}\boldsymbol{B}^2+\cdots+(-1)^{l-1}k^{-(l-1)}\boldsymbol{B}^{l-1}) = \boldsymbol{I},$$

从而 $$(k\boldsymbol{I}+\boldsymbol{B})(k^{-1}\boldsymbol{I}-k^{-2}\boldsymbol{B}+k^{-3}\boldsymbol{B}^2+\cdots+(-1)^{l-1}k^{-l}\boldsymbol{B}^{l-1})=\boldsymbol{I},$$

因此 $k\boldsymbol{I}+\boldsymbol{B}$ 可逆，且

$$(k\boldsymbol{I}+\boldsymbol{B})^{-1} = k^{-1}\boldsymbol{I}-k^{-2}\boldsymbol{B}+k^{-3}\boldsymbol{B}^2+\cdots+(-1)^{l-1}k^{-l}\boldsymbol{B}^{l-1}.$$

8. 据定理 2 得，$\boldsymbol{B}$ 的 Jordan 标准形中，l 级 Jordan 块的个数 $N(l)=\mathrm{rank}\ \boldsymbol{B}^{l+1}+\mathrm{rank}\ \boldsymbol{B}^{l-1}-2\mathrm{rank}\ \boldsymbol{B}^l=\mathrm{rank}\ \boldsymbol{B}^{l-1}$。由于 $\boldsymbol{B}^{l-1}\neq\boldsymbol{0}$，因此 $\mathrm{rank}\ \boldsymbol{B}^{l-1}>0$。

9. 类似于例 7 的证法。

习题 9.8

1. (1) $$|\lambda I-A|=\begin{vmatrix} \lambda-4 & 5 & -2 \\ -5 & \lambda+7 & -3 \\ -6 & 9 & \lambda-4 \end{vmatrix} \xlongequal[\text{①}+\text{③}\cdot 1]{\text{①}+\text{②}\cdot 1} \begin{vmatrix} \lambda-1 & 5 & -2 \\ \lambda-1 & \lambda+7 & -3 \\ \lambda-1 & 9 & \lambda-4 \end{vmatrix}$$

$$=\lambda^2(\lambda-1),$$

于是 A 的全部特征值是 0(二重),1。

对于特征值 0,$\text{rank}(A-0I)=\text{rank}(A)=2$。因此,$A$ 的 Jordan 标准形 J 中主对角元为 0 的 Jordan 块总数为 $3-2=1$。于是 $J=\text{diag}\{J_2(0),J_1(1)\}$,即

$$J=\begin{pmatrix}0&1&0\\0&0&0\\0&0&1\end{pmatrix}.$$

(2) $|\lambda I-A|=(\lambda+1)^2(\lambda-3)$。$A$ 的全部特征值为 -1(二重),3。由于 $\text{rank}(A-(-1)I)=2$,因此 A 的 Jordan 标准形 J 中主对角元为 -1 的 Jordan 块总数为 $3-2=1$。从而

$$J=\begin{pmatrix}-1&1&0\\0&-1&0\\0&0&3\end{pmatrix}.$$

(3)

$$\begin{aligned}|\lambda I-A|&=\begin{vmatrix}\lambda-13&-16&-16\\5&\lambda+7&6\\6&8&\lambda+7\end{vmatrix}=\begin{vmatrix}\lambda-13&-16&-16\\5&\lambda+7&6\\1&-\lambda+1&\lambda+1\end{vmatrix}\\&=\begin{vmatrix}\lambda-13&-32&-16\\5&\lambda+13&6\\1&2&\lambda+1\end{vmatrix}=\begin{vmatrix}\lambda-13&-2\lambda-6&-16\\5&\lambda+3&6\\1&0&\lambda+1\end{vmatrix}\\&=\begin{vmatrix}\lambda-3&0&-4\\5&\lambda+3&6\\1&0&\lambda+1\end{vmatrix}=(\lambda+3)\begin{vmatrix}\lambda-3&-4\\1&\lambda+1\end{vmatrix}\\&=(\lambda+3)(\lambda^2-2\lambda+1)=(\lambda+3)(\lambda-1)^2,\end{aligned}$$

A 的全部特征值为 -3,1(二重)。

由于 $\text{rank}(A-1\cdot I)=2$,因此 A 的 Jordan 标准形 J 为

$$J=\begin{pmatrix}-3&0&0\\0&1&1\\0&0&1\end{pmatrix}.$$

(4) $|\lambda I-A|=(\lambda+1)^3$。$A$ 的全部特征值为 -1(三重)。由于 $\text{rank}(A-(-1)I)=1$,因此 A 的 Jordan 标准形 J 为

$$J = \begin{pmatrix} -1 & 0 & 0 \\ 0 & -1 & 1 \\ 0 & 0 & -1 \end{pmatrix}.$$

(5) A 的左上角 2 级子矩阵 A_1 的特征多项式 $f_1(\lambda)=|\lambda I-A_1|=(\lambda+1)^2$。于是 A_1 的特征值为 -1(二重)。由于 $\text{rank}(A_1-(-1)I)=1$，因此 A_1 的 Jordan 标准形 $J_1=\begin{pmatrix} -1 & 1 \\ 0 & -1 \end{pmatrix}$。$A$ 的右下角 2 级子矩阵 A_2 的特征多项式 $f_2(\lambda)=|\lambda I-A_2|=(\lambda-1)^2$。由于 $\text{rank}(A_2-I)=1$，因此 A_2 的 Jordan 标准形 $J_2=\begin{pmatrix} 1 & 1 \\ 0 & 1 \end{pmatrix}$。由于$(f_1(\lambda),f_2(\lambda))=1$，因此据例 24 的结论得，$A$ 的 Jordan 标准形 $J=\text{diag}\left\{\begin{pmatrix} -1 & 1 \\ 0 & -1 \end{pmatrix},\begin{pmatrix} 1 & 1 \\ 0 & 1 \end{pmatrix}\right\}$。

2. 第(1)小题：设 $P=(\boldsymbol{X}_1,\boldsymbol{X}_2,\boldsymbol{X}_3)$使得 $P^{-1}AP=J$，则

$$(A\boldsymbol{X}_1,A\boldsymbol{X}_2,A\boldsymbol{X}_3)=(\boldsymbol{0},\boldsymbol{X}_1,\boldsymbol{X}_3),$$

从而 $A\boldsymbol{X}_1=\boldsymbol{0}$，$A\boldsymbol{X}_2=\boldsymbol{X}_1$，$A\boldsymbol{X}_3=\boldsymbol{X}_3$。

解齐次线性方程组 $A\boldsymbol{y}=\boldsymbol{0}$，得一个基础解系：

$$\boldsymbol{X}_1=(1,2,3)'.$$

解线性方程组 $A\boldsymbol{y}=\boldsymbol{X}_1$，求出一个特解：$\boldsymbol{X}_2=(-1,-1,0)'$。

解齐次线性方程组$(A-I)\boldsymbol{y}=\boldsymbol{0}$，得一个基础解系：

$$\boldsymbol{X}_3=(1,1,1)',$$

于是

$$P=\begin{pmatrix} 1 & -1 & 1 \\ 2 & -1 & 1 \\ 3 & 0 & 1 \end{pmatrix}.$$

第(2)小题：

$$P=\begin{pmatrix} 1 & -1 & 1 \\ 2 & -1 & 2 \\ 1 & 0 & 2 \end{pmatrix}.$$

第(4)小题：$(A\boldsymbol{X}_1,A\boldsymbol{X}_2,A\boldsymbol{X}_3)=(-\boldsymbol{X}_1,-\boldsymbol{X}_2,\boldsymbol{X}_2-\boldsymbol{X}_3)$。从而 $A\boldsymbol{X}_1=-\boldsymbol{X}_1$，$A\boldsymbol{X}_2=-\boldsymbol{X}_2$，$A\boldsymbol{X}_3=\boldsymbol{X}_2-\boldsymbol{X}_3$。于是 $\boldsymbol{X}_1,\boldsymbol{X}_2$ 是齐次线性方程组$(A+I)\boldsymbol{y}=\boldsymbol{0}$ 的两个线性无关的解；$\boldsymbol{X}_3$ 是线性方程组$(A+I)\boldsymbol{y}=\boldsymbol{X}_2$ 的一个解。解齐次线性方程组$(A+I)\boldsymbol{y}=\boldsymbol{0}$，一般解为 $y_1=-2y_3$，其中 y_2,y_3 是自由未知量，求出一个基础解系为

$$(0,1,0)',(2,0,-1)'.$$

取 $\boldsymbol{X}_1=(0,1,0)'$，至于取 $\boldsymbol{X}_2$ 是哪个解向量，应保证线性方程组 $(A+I)\boldsymbol{y}=\boldsymbol{X}_2$ 有解。设 $\boldsymbol{X}_2=(-2y_3,y_2,y_3)'$。把 $(A+I)\boldsymbol{y}=\boldsymbol{X}_2$ 的增广矩阵经过初等行变换化成阶梯形矩阵

$$\begin{pmatrix}4&0&8&-2y_3\\3&0&6&y_2\\-2&0&-4&y_3\end{pmatrix}\longrightarrow\begin{pmatrix}4&0&8&-2y_3\\3&0&6&y_2\\1&0&2&-\frac{1}{2}y_3\end{pmatrix}$$

$$\longrightarrow\begin{pmatrix}1&0&2&-\frac{1}{2}y_3\\0&0&0&y_2+\frac{3}{2}y_3\\0&0&0&0\end{pmatrix}.$$

由此看出，为了使 $(A+I)\boldsymbol{y}=\boldsymbol{X}_2$ 有解，应当使 $y_2+\frac{3}{2}y_3=0$，即 $y_2=-\frac{3}{2}y_3$。于是取 $y_3=-2$，得 $y_1=4,y_2=3$。从而 $\boldsymbol{X}_2=(4,3,-2)'$。此时 $(A+I)\boldsymbol{y}=\boldsymbol{X}_2$ 的一个特解为 $\boldsymbol{X}_3=(1,0,0)'$。从而

$$P=\begin{pmatrix}0&4&1\\1&3&0\\0&-2&0\end{pmatrix}.$$

3. $|\lambda I-A|=(\lambda-a_1)^n$。$A$ 的特征值为 a_1（n 重）。由于 $a_2\neq0$，因此 $\operatorname{rank}(A-a_1I)=n-1$。从而 A 的 Jordan 标准形 $J=J_n(a_1)$。

4. 由于 $\operatorname{rank}(A)=1<n$，因此根据《高等代数学习指导书（上册）》习题 5.5 的第 17 题得，A 的特征多项式 $f(\lambda)=\lambda^n-\operatorname{tr}(A)\lambda^{n-1}$。从而 A 有特征值 0。由于 $\operatorname{rank}(A-0I)=1$，因此 A 的 Jordan 标准形 J 中主对角元为 0 的 Jordan 块总数为 $n-1$。

情形 1　$\operatorname{tr}(A)=0$，则 $f(\lambda)=\lambda^n$，于是 A 的 Jordan 标准形 J 中 Jordan 块的主对角元均为 0。从而

$$J=\operatorname{diag}\left\{\begin{pmatrix}0&1\\0&0\end{pmatrix},\underbrace{(0),(0),\cdots,(0)}_{(n-2)\text{个}}\right\}.$$

情形 2　$\operatorname{tr}(A)\neq0$。则 $f(\lambda)=\lambda^{n-1}(\lambda-\operatorname{tr}(A))$。从而 A 有一个非 0 的特征值 $\operatorname{tr}(A)$，且它的代数重数为 1。于是

$$J=\operatorname{diag}\{(\operatorname{tr}(A)),\underbrace{(0),(0),\cdots,(0)}_{(n-1)\text{个}}\}.$$

5. 据第 4 题的结果，且由于 $\operatorname{tr}(A)=1$，因此 A 的 Jordan 标准形 $J=\operatorname{diag}\{(1),(0),\cdots,(0)\}$。

6. 第(1)小题:A 的特征多项式 $f(\lambda)=\lambda^3-\lambda^2$。从而 $A^3=A^2$。于是 $A^{10}=A^2$。因此

$$A^{10}=A^2=\begin{pmatrix}3 & -3 & 1\\ 3 & -3 & 1\\ 3 & -3 & 1\end{pmatrix}.$$

第(3)小题:A 的特征多项式 $f(\lambda)=(\lambda+3)(\lambda-1)^2=\lambda^3+\lambda^2-5\lambda+3$。令 $g(\lambda)=\lambda^{10}$。对$g(\lambda)$,$f(\lambda)$作带余除法。

$$g(\lambda)=h(\lambda)f(\lambda)+r(\lambda),\deg r(\lambda)<\deg f(\lambda)=3.$$

设 $r(\lambda)=c_2\lambda^2+c_2\lambda+c_0$。$g'(\lambda)=h'(\lambda)f(\lambda)+h(\lambda)f'(\lambda)+r'(\lambda)$。于是有

$$\begin{cases}(-3)^{10}=9c_2-3c_1+c_0,\\ 1=c_2+c_1+c_0,\\ 10=2c_2+c_1,\end{cases}$$

解得 $$c_2=\frac{1}{16}\cdot 3^{10}+\frac{19}{8},c_1=-\frac{1}{8}\cdot 3^{10}+\frac{21}{4},c_0=\frac{1}{16}\cdot 3^{10}-\frac{45}{8},$$

从而

$$A^{10}=g(A)=r(A)=c_2A^2+c_1A+c_0I,$$

$$A^2=\begin{pmatrix}-7 & -32 & 0\\ 6 & 17 & 4\\ 4 & 16 & 1\end{pmatrix},$$

于是

$$A^{10}=\begin{pmatrix}-2\cdot 3^{10}+46 & -4\cdot 3^{10}+8 & -2\cdot 3^{10}+84\\ 3^{10}-12 & 2\cdot 3^{10}-2 & 3^{10}-22\\ 3^{10}-22 & 2\cdot 3^{10}-4 & 3^{10}-40\end{pmatrix}.$$

7. $f(\lambda)=|\lambda I-A|=(\lambda-1)^2$。令 $g(\lambda)=\lambda^{100}+3\lambda^{23}+\lambda^{20}$,

$g(\lambda)=h(\lambda)f(\lambda)+r(\lambda),r(\lambda)=c_1\lambda+c_0$,

$g'(\lambda)=h'(\lambda)f(\lambda)+h(\lambda)f'(\lambda)+r'(\lambda)$,

$$\begin{cases}1+3+1=c_1+c_0,\\ 100+69+20=c_1,\end{cases}$$

于是 $$A^{100}+3A^{23}+A^{20}=g(A)=r(A)=c_1A+c_0I=189A-184I$$

$$=\begin{pmatrix}-184 & 189\\ -189 & 194\end{pmatrix}.$$

8. $f(\lambda)=|\lambda I-A|=(\lambda-1)^2(\lambda-5)$。令 $g(\lambda)=\lambda^{1000}$,

$g(\lambda)=h(\lambda)f(\lambda)+r(\lambda),r(\lambda)=c_2\lambda^2+c_1\lambda+c_0$,

$$g'(\lambda)=h'(\lambda)f(\lambda)+h(\lambda)f'(\lambda)+r'(\lambda),$$

$$\begin{cases}5^{1000}=25c_2+5c_1+c_0,\\1=c_2+c_1+c_0,\\1000=2c_2+c_1.\end{cases}$$

解得，$c_2=\frac{1}{16}\cdot5^{1000}-\frac{4001}{16}$，$c_1=-\frac{1}{8}\cdot5^{1000}-\frac{12001}{8}$，$c_0=\frac{1}{16}\cdot5^{1000}-\frac{19985}{16}$。

$$A^{1000}=g(A)=r(A)=c_2A^2+c_1A+c_0A,$$

$$A^2=\begin{pmatrix}7&12&6\\6&13&6\\6&12&7\end{pmatrix}.$$

于是

$$A^{1000}=\begin{pmatrix}7c_2+2c_1+c_0&12c_2+2c_1&6c_2+c_1\\6c_2+c_1&13c_2+3c_1+c_0&6c_2+c_1\\6c_2+c_1&12c_2+2c_1&7c_2+2c_1+c_0\end{pmatrix}$$

$$=\begin{pmatrix}\frac{1}{4}\cdot5^{1000}+\frac{3}{4}&\frac{1}{2}\cdot5^{1000}-\frac{1}{2}&\frac{1}{4}\cdot5^{1000}-\frac{1}{4}\\\frac{1}{4}\cdot5^{1000}-\frac{1}{4}&\frac{1}{2}\cdot5^{1000}+\frac{1}{2}&\frac{1}{4}\cdot5^{1000}-\frac{1}{4}\\\frac{1}{4}\cdot5^{1000}-\frac{1}{4}&\frac{1}{2}\cdot5^{1000}-\frac{1}{2}&\frac{1}{4}\cdot5^{1000}+\frac{3}{4}\end{pmatrix}.$$

9. 由于 $\operatorname{rank}(J_n(0)^k-0I)=n-k$，因此 $J_n(0)^k$ 的 Jordan 标准形 J 中主对角元为 0 的 Jordan 块总数为

$$n-(n-k)=k.$$

记 $B=J_n(0)^k$。设 $n=km+i, 0\leqslant i<k$。由于

$$B^{m+1}=J_n(0)^{km+k}=J_n(0)^{n+(k-i)}=0,$$

$$B^m=J_n(0)^{km}=J_n(0)^{n-i},$$

$$B^{m-1}=J_n(0)^{km-k}=J_n(0)^{n-i-k}\neq0,$$

因此当 $i\neq0$ 时，B 的幂零指数为 $m+1$；当 $i=0$ 时，B 的幂零指数为 m。

情形 1　设 $n=km$。此时据习题 9.7 第 8 题得，J 有 m 级 Jordan 块，且 m 级 Jordan 块的个数为

$$\operatorname{rank}B^{m-1}=\operatorname{rank}J_n(0)^{km-k}=\operatorname{rank}J_n(0)^{n-k}=n-(n-k)=k,$$

于是

$$J=\operatorname{diag}\{\underbrace{J_m(0),J_m(0),\cdots,J_m(0)}_{k\text{个}}\}.$$

情形 2　设 $n=km+i$，其中 $0<i<k$，此时 J 中 $m+1$ 级 Jordan 块的个数为

$$\operatorname{rank} B^{(m+1)-1}=\operatorname{rank} J_n(0)^{km}=\operatorname{rank} J_n(0)^{n-i}=n-(n-i)=i.$$

J 中 m 级 Jordan 块的个数为

$$\begin{aligned}&\operatorname{rank} B^{m+1}+\operatorname{rank} B^{m-1}-2\operatorname{rank} B^{m}\\&=\operatorname{rank} J_n(0)^{km+k}+\operatorname{rank} J_n(0)^{km-k}-2\operatorname{rank} J_n(0)^{km}\\&=0+[n-(km-k)]-2(n-km)=k-i,\end{aligned}$$

因此

$$J=\operatorname{diag}\{\underbrace{J_{m+1}(0),\cdots,J_{m+1}(0)}_{i\text{个}},\underbrace{J_m(0),\cdots,J_m(0)}_{(k-i)\text{个}}\}.$$

10. 由于 A_1 与 A_2 没有公共的特征值，因此据例 24，得

$$\begin{pmatrix}A_1 & B\\0 & A_2\end{pmatrix}\sim\begin{pmatrix}J_1 & 0\\0 & J_2\end{pmatrix},\begin{pmatrix}A_1 & C\\0 & A_2\end{pmatrix}\sim\begin{pmatrix}J_1 & 0\\0 & J_2\end{pmatrix},$$

其中 J_i 是 A_i 的 Jordan 标准形，$i=1,2$。由此得出

$$\begin{pmatrix}A_1 & B\\0 & A_2\end{pmatrix}\sim\begin{pmatrix}A_1 & C\\0 & A_2\end{pmatrix}.$$

11. (1) 据第 1 题的第(1)小题知道，A 的 Jordan 标准形 $J=\operatorname{diag}\{J_2(0),J_1(1)\}$。由于主对角元为 0 的 2 级 Jordan 块 $J_2(0)$ 单独出现，因此据例 29 得，A 没有平方根。

(2) 据第 1 题的第(2)小题知道，A 的 Jordan 标准形 $J=\operatorname{diag}\{J_2(-1),J_1(3)\}$，因此 A 有平方根。据第 2 题得，

$$P=\begin{pmatrix}1 & -1 & 1\\2 & -1 & 2\\1 & 0 & 2\end{pmatrix},P^{-1}=\begin{pmatrix}-2 & 2 & -1\\-2 & 1 & 0\\1 & -1 & 1\end{pmatrix},$$

使得 $P^{-1}AP=J$。据例 26 得，$J_2(\sqrt{-1})^2\sim J_2(-1)$，$J_1(\sqrt{3})^2\sim J_1(3)$，设 $S=(\boldsymbol{Y}_1,\boldsymbol{Y}_2)$ 使得 $S^{-1}J_2(\sqrt{-1})^2S=J_2(-1)$。则 $(J_2(\sqrt{-1})^2\boldsymbol{Y}_1,J_2(\sqrt{-1})^2\boldsymbol{Y}_2)=(-\boldsymbol{Y}_1,\boldsymbol{Y}_1-\boldsymbol{Y}_2)$。从而

$$(J_2(\sqrt{-1})^2+I)\boldsymbol{Y}_1=0,(J_2(\sqrt{-1})^2+I)\boldsymbol{Y}_2=\boldsymbol{Y}_1.$$

解齐次线性方程组 $(J_2(\sqrt{-1})^2+I)\boldsymbol{z}=\boldsymbol{0}$，求得一个基础解系：

$$\boldsymbol{Y}_1=(1,0)';$$

解线性方程组 $(J_2(\sqrt{-1})^2+I)\boldsymbol{z}=\boldsymbol{Y}_1$，得一个特解：$\boldsymbol{Y}_2=(1,-\frac{1}{2}\mathrm{i})'$ 于是

$$S=\begin{pmatrix}1 & 1\\0 & -\frac{1}{2}\mathrm{i}\end{pmatrix},S^{-1}=\begin{pmatrix}1 & -2\mathrm{i}\\0 & 2\mathrm{i}\end{pmatrix}.$$

显然 $J_1(\sqrt{3})^2=J_1(3)$。令 $Q=\begin{pmatrix}S & 0\\ 0 & 1\end{pmatrix}$，则

$$Q^{-1}\begin{bmatrix}J_2(\sqrt{-1})^2 & 0\\ 0 & 3\end{bmatrix}Q=\begin{pmatrix}J_2(-1) & 0\\ 0 & 3\end{pmatrix}=J.$$

于是
$$A=PJP^{-1}=PQ^{-1}\begin{bmatrix}J_2(\sqrt{-1})^2 & 0\\ 0 & 3\end{bmatrix}QP^{-1}$$
$$=\left[PQ^{-1}\begin{bmatrix}J_2(\sqrt{-1}) & 0\\ 0 & \sqrt{3}\end{bmatrix}QP^{-1}\right]^2.$$

令

$$B=PQ^{-1}\begin{bmatrix}J_2(\sqrt{-1}) & 0\\ 0 & \sqrt{3}\end{bmatrix}QP^{-1}=\begin{bmatrix}\sqrt{3}+\mathrm{i} & -\sqrt{3}+\frac{1}{2}\mathrm{i} & \sqrt{3}-\mathrm{i}\\ 2\sqrt{3} & -2\sqrt{3}+2\mathrm{i} & 2\sqrt{3}-2\mathrm{i}\\ 2\sqrt{3}-\mathrm{i} & -2\sqrt{3}+\frac{3}{2}\mathrm{i} & 2\sqrt{3}-\mathrm{i}\end{bmatrix},$$

则 B 是 A 的一个平方根。

12. 由于 V 是复线性空间，因此 $\boldsymbol{A}$ 有 Jordan 标准形 J。由于 V 中只有一个 1 维 $\boldsymbol{A}$ 不变子空间，因此根据本节例 34 得，$\boldsymbol{A}$ 的 Jordan 标准形 J 恰有一个 Jordan 块：

$$J=\begin{bmatrix}\lambda_1 & 1 & 0 & \cdots & 0 & 0\\ 0 & \lambda_1 & 1 & \cdots & 0 & 0\\ \vdots & \vdots & \vdots & & \vdots & \vdots\\ 0 & 0 & 0 & \cdots & \lambda_1 & 1\\ 0 & 0 & 0 & \cdots & 0 & \lambda_1\end{bmatrix}.$$

从而根据本书 9.5 节的例 12 得，V 不能分解成 A 的非平凡不变子空间的直和。

13. 先证对于任一非零复数 a，$J_r(a)^k$ 的 Jordan 标准形为 $J_r(a^k)$。当 $k=1$ 时，结论显然成立。下面设 $k\geqslant 2$。

$$[J_r(a)]^k=[aI+J_r(0)]^k=a^kI+C_k^1a^{k-1}J_r(0)+\cdots+J_r(0)^k.$$

从而 $[J_r(a)]^k$ 的特征值为 a^k（r 重）。由于 $a\neq 0$，因此

$$\operatorname{rank}[J_r(a)^k-a^kI]=\operatorname{rank}[C_k^1a^{k-1}J_r(0)+\cdots+J_r(0)^k]=r-1.$$

于是 $J_r(a)^k$ 的 Jordan 标准形只有一个 Jordan 块 $J_r(a^k)$。因此 $J_r(a)^k\sim J_r(a^k)$。

现在考虑任一 n 级可逆复矩阵 $\boldsymbol{A}$。设 A 的 Jordan 标准形为 $J=J=\mathrm{diag}\{J_{r_1}(\lambda_1),\cdots,J_{r_m}(\lambda_m)\}$，其中 $\lambda_1,\cdots,\lambda_m$ 是 A 的特征值（它们中可能有相同的）。由于 A 可逆，因此 $\lambda_i\neq 0$，$i=1,\cdots,m$。用 $\sqrt[k]{\lambda_i}$ 表示复数 λ_i 的一个 k 次方根，则 $J_{r_i}(\sqrt[k]{\lambda_i})^k\sim J_{r_i}(\lambda_i)$。从而存在 r_i 级可

逆复矩阵 P_i 使得 $J_{r_i}(\lambda_i)=[P_i^{-1}J_{r_i}(\sqrt[k]{\lambda_i})P_i]^k$，因此

$$J=\{\mathrm{diag}\{[P_1^{-1}J_{r_1}(\sqrt[k]{\lambda_1})P_1],\cdots,[P_m^{-1}J_{r_m}(\sqrt[k]{\lambda_m})P_m]\}\}^k.$$

$$A=P^{-1}JP=\{P^{-1}\mathrm{diag}\{[P_1^{-1}J_{r_1}(\sqrt[k]{\lambda_1})P_1],\cdots,[P_m^{-1}J_{r_m}(\sqrt[k]{\lambda_m})P_m]\}P\}^k.$$

14. $S^{-1}=\frac{1}{\sqrt{2}}(I-\mathrm{i}B)$。从本节例 4 的证明过程看到 $J_n(a)B=BJ_n(a)'$。利用这个公式直接计算即得所要证的等式。

15. 每个 n 级复矩阵 A 都有 Jordan 标准形 J。利用第 14 题可得，J 相似于一个对称矩阵，从而 A 相似于一个对称矩阵(根据相似关系的传递性)。

习题 9.9

1. $|\lambda I-A|=(\lambda-2)(\lambda^2-2\lambda+2)$。于是 A 的最小多项式 $m(\lambda)=(\lambda-2)(\lambda^2-2\lambda+2)$。从而 A 的有理标准形是

$$\begin{pmatrix}2&&\\&0&-2\\&1&2\end{pmatrix}.$$

2. 由于 A 的有理标准形是两个有理块组成的，且它们的最小多项式 $\lambda-2$ 与 $\lambda^2-2\lambda+2$ 互素，因此据例 7 得，$C(A)=\mathbf{R}[A]$，且 $\dim C(A)=3$。

3. $|\lambda I-A|=(\lambda-1)(\lambda-3)\lambda$。于是 A 的有理标准形为 $G=\mathrm{diag}\{1,3,0\}$，其中 3 个有理块的最小多项式分别为 $\lambda-1,\lambda-3,\lambda$，它们两两互素，因此据例 7 得，$C(A)=K[A]$，$\dim C(A)=3$。(注：在《高等代数学习指导书(上册)》习题 4.1 第 10 题的第(4)小题的解答中曾求出了 $C(A)$ 里矩阵的形式。现在利用 A 的有理标准形更简捷地求出了 $C(A)$。这表明：多掌握一些深刻的理论可以大大简化计算量。)

4. $f(\lambda)=|\lambda I-A|=\lambda^3-\lambda^2-4\lambda+2$。由于 $\pm1,\pm2$ 都不是 $f(\lambda)$ 的根，因此 $f(\lambda)$ 在 $\mathbf{Q}$ 上不可约。于是 $m(\lambda)=f(\lambda)$。据定理 1 得，A 的有理标准形 G 为

$$G=\begin{pmatrix}0&0&-2\\1&0&4\\0&1&1\end{pmatrix}.$$

据习题 9.6 第 10 题和本节例 7 得，$C(A)=\mathbf{Q}[A]$，$\dim C(A)=3$。(注：我们曾在 8.2 节例 6 求出了 $C(A)$ 和 $\dim C(A)$。现在利用 A 的有理标准形很简捷地求出了 $C(A)$ 和 $\dim C(A)$。)

5.

$$|\lambda I-A|=\begin{vmatrix}\lambda-4 & -7 & 5\\ 4 & \lambda-5 & 0\\ -1 & -9 & \lambda+4\end{vmatrix}\xlongequal[\text{①}+\text{③}]{\text{①}+\text{②}}\begin{vmatrix}\lambda-6 & -7 & 5\\ \lambda-1 & \lambda-5 & 0\\ \lambda-6 & -9 & \lambda+4\end{vmatrix}$$

$$=\begin{vmatrix}\lambda-6 & -7 & 5\\ \lambda-1 & \lambda-5 & 0\\ 0 & -2 & \lambda-1\end{vmatrix}\xlongequal{\text{①}+\text{②}(-1)}\begin{vmatrix}-5 & -\lambda-2 & 5\\ \lambda-1 & \lambda-5 & 0\\ 0 & -2 & \lambda-1\end{vmatrix}$$

$$\xlongequal{\text{①}+\text{③}}\begin{vmatrix}0 & -\lambda-2 & 5\\ \lambda-1 & \lambda-5 & 0\\ \lambda-1 & -2 & \lambda-1\end{vmatrix}$$

$$=(\lambda-1)(\lambda^2-4\lambda+13),$$

于是 $m(\lambda)=f(\lambda)=(\lambda-1)(\lambda^2-4\lambda+13)$。$\lambda^2-4\lambda+13$ 在 $\mathbf{R}$ 上不可约，于是 A 的有理标准形 G 为

$$G=\begin{pmatrix}1 & & \\ & 0 & -13\\ & 1 & 4\end{pmatrix}.$$

由于 G 的两个有理块的最小多项式分别为 $\lambda-1$，$\lambda^2-4\lambda+13$，它们互素，因此据例 7 得，$\mathrm{C}(A)=\mathbf{R}[A]$，$\dim \mathrm{C}(A)=3$。

6. G 是由两个相同有理块 $G_1=\begin{pmatrix}0 & -13\\ 1 & 4\end{pmatrix}$ 组成的分块对角矩阵，G 的最小多项式 $m(\lambda)=[\lambda^2-4\lambda+13,\lambda^2-4\lambda+13]=\lambda^2-4\lambda+13$。$\lambda^2-4\lambda+13$ 在 $\mathbf{R}$ 上不可约，于是据例 14 得，$\dim \mathrm{C}(G)=\frac{1}{2}\times 4^2=8$。

$$G_1^{-1}=\begin{pmatrix}0 & -13\\ 1 & 4\end{pmatrix}^{-1}=\begin{pmatrix}\frac{4}{13} & 1\\ -\frac{1}{13} & 0\end{pmatrix},$$

易知下述 8 个 4 级矩阵都与 G 可交换：

$$\begin{pmatrix}I & 0\\ 0 & 0\end{pmatrix},\begin{pmatrix}G_1^{-1} & 0\\ 0 & 0\end{pmatrix},\begin{pmatrix}0 & I\\ 0 & 0\end{pmatrix},\begin{pmatrix}0 & G_1^{-1}\\ 0 & 0\end{pmatrix},$$

$$\begin{pmatrix}0 & 0\\ I & 0\end{pmatrix},\begin{pmatrix}0 & 0\\ G_1^{-1} & 0\end{pmatrix},\begin{pmatrix}0 & 0\\ 0 & I\end{pmatrix},\begin{pmatrix}0 & 0\\ 0 & G_1^{-1}\end{pmatrix},$$

易验证它们线性无关，因此它们是 $\mathrm{C}(G)$ 的一个基。

7. A 是由三个有理块 $G_1=\begin{pmatrix}0 & -1\\ 1 & 1\end{pmatrix}$，$G_2=G_3=\begin{pmatrix}0 & -13\\ 1 & 4\end{pmatrix}$ 组成的分块对角矩阵，G_1 的最小多项式为 $\lambda^2-\lambda+1$，G_2 和 G_3 的最小多项式为 $\lambda^2-4\lambda+13$，它们都在 $\mathbf{R}$ 上不可约。A 的最小多项式 $m(\lambda)=(\lambda^2-\lambda+1)(\lambda^2-4\lambda+13)$。于是 A 是半单的，A 的特征多项式 $f(\lambda)=(\lambda^2-\lambda+1)(\lambda^2-4\lambda+13)^2$。据例 16 得

$$\dim \mathrm{C}(A)=2\times 1^2+2\times 2^2=10.$$

$$G_2^{-1}=\begin{pmatrix}\frac{4}{13} & 1\\ -\frac{1}{13} & 0\end{pmatrix},$$

由于 $\mathrm{C}(G_1)=2$，因此 $\mathrm{C}(G_1)$ 的一个基是：I,G_1。在第 5 题已对于 $G-\mathrm{diag}\{G_2,G_3\}$，求出 $\mathrm{C}(G)$ 的一个基由 8 个 4 级矩阵组成。据 8.3 节内容精华的第三部分“线性空间的外直和”所讲的结论可得出 $\mathrm{C}(G_1)\dotplus\mathrm{C}(G)$ 的一个基，然后据例 16 得，$\mathrm{C}(A)$ 的一个基为

$$\begin{pmatrix}I & & \\ & 0 & 0\\ & 0 & 0\end{pmatrix},\begin{pmatrix}G_1 & & \\ & 0 & 0\\ & 0 & 0\end{pmatrix},\begin{pmatrix}0 & & \\ & I & 0\\ & 0 & 0\end{pmatrix},\begin{pmatrix}0 & & \\ & G_2^{-1} & 0\\ & 0 & 0\end{pmatrix},$$

$$\begin{pmatrix}0 & & \\ & 0 & I\\ & 0 & 0\end{pmatrix},\begin{pmatrix}0 & & \\ & 0 & G_2^{-1}\\ & 0 & 0\end{pmatrix},\begin{pmatrix}0 & & \\ & 0 & 0\\ & I & 0\end{pmatrix},\begin{pmatrix}0 & & \\ & 0 & 0\\ & G_2^{-1} & 0\end{pmatrix},$$

$$\begin{pmatrix}0 & & \\ & 0 & 0\\ & 0 & I\end{pmatrix},\begin{pmatrix}0 & & \\ & 0 & 0\\ & 0 & G_2^{-1}\end{pmatrix}.$$

8. 记 $W_j=\mathrm{Ker}\ p_j^{l_j}(\boldsymbol{A})$，令 $\boldsymbol{C}_j=\boldsymbol{A}|W_j$，则 $\boldsymbol{C}_j$ 的最小多项式为 $p_j^{l_j}(\lambda)$。C 中 l_jr_j 级有理块的个数 $N_j(l_jr_j)=\frac{1}{r_j}[\mathrm{rank}(p_j^{l_j-1}(\boldsymbol{C}_j))+\mathrm{rank}(p_j^{l_j-1}(\boldsymbol{C}_j))]-2\mathrm{rank}(p_j^{l_j-1}(\boldsymbol{C}_j))=\frac{1}{r_j}\mathrm{rank}(p_j^{l_j-1}(\boldsymbol{C}_j))$。由于 $p_j^{l_j-1}(\boldsymbol{C}_j)\neq\boldsymbol{0}$，因此 $N_j(l_jr_j)>0$。

9. 情形 1 $\boldsymbol{A}$ 有 Jordan 标准形 J。假如 J 中有两个 Jordan 块为 $J_{n_1}(\lambda_i)$，$J_{n_2}(\lambda_i)$，不妨设 $n_1\leqslant n_2$，则分块对角矩阵 $\mathrm{diag}\{J_{n_1}(\lambda_i),J_{n_2}(\lambda_i)\}$ 的最小多项式为

$$[(\lambda-\lambda_i)^{n_1},(\lambda-\lambda_i)^{n_2}]=(\lambda-\lambda_i)^{n_2}.$$

从而 $\deg m(\lambda)<n$ 矛盾。因此 J 中各个 Jordan 块的主对角元两两不同。于是根据本书 9.8 节的例 11 得，$\mathrm{C}(\boldsymbol{A})=F[\boldsymbol{A}]$.

情形 2 $\boldsymbol{A}$ 没有 Jordan 标准形，则 $\boldsymbol{A}$ 有有理标准形 $G=\mathrm{diag}\{G_1,G_2,\cdots,G_s\}$，其中 G_j 是 n_j 级有理块，G_j 的最小多项式为 $m_j(\lambda)$。假如 $m_k(\lambda)$ 与 $m_l(\lambda)$ 不互素，则 $\mathrm{diag}\{G_k,G_l\}$ 的

最小多项式$[m_k(\lambda),m_l(\lambda)]$的次数$<\deg[m_k(\lambda)m_l(\lambda)]=n_k+n_l$。从而

$$\deg m(\lambda)=\deg[m_1(\lambda),\cdots,m_s(\lambda)]<n_1+\cdots+n_s=n,$$

与已知条件矛盾。因此$m_1(\lambda),\cdots,m_s(\lambda)$两两互素。于是根据本节例7得,$\mathrm{C}(\boldsymbol{A})=F[\boldsymbol{A}]$.

习题 9.10

1. 直接按照定义验证要σ是V上的一个线性函数。

2. 取U在V中的一个补空间W,则$V=U\oplus W$。任取$\alpha\in V$,设$\alpha=\alpha_1+\alpha_2,\alpha_1\in U$,$\alpha_2\in W$。令$f(\alpha)=f_1(\alpha_1)$,则$f$是$V$到$F$的一个映射。设$\beta=\beta_1+\beta_2,\beta_1\in U,\beta_2\in W$,则$\alpha+\beta=(\alpha_1+\beta_1)+(\alpha_2+\beta_2),\alpha_1+\beta_1\in U,\alpha_2+\beta_2\in W$。于是

$$f(\alpha+\beta)=f_1(\alpha_1+\beta_1)=f_1(\alpha_1)+f_1(\beta_1)=f(\alpha)+f(\beta),$$
$$f(k\alpha)=f(k\alpha_1+k\alpha_2)=f_1(k\alpha_1)=kf_1(\alpha_1)=kf(\alpha),$$

因此f是线性映射,即f是V上的一个线性函数。

3. 任取V中一个向量$\alpha=x_1\alpha_1+x_2\alpha_2+\cdots+x_n\alpha_n$。据(13)式得

$$f_i(\alpha)=x_i,i=1,2,\cdots,n.$$

4. 解法一 V中的标准基为$\boldsymbol{\varepsilon}_1,\boldsymbol{\varepsilon}_2,\boldsymbol{\varepsilon}_3$,$V^*$中相应的对偶基为$f_1,f_2,f_3$。对于$V$中任一向量

$$\boldsymbol{\alpha}=(x_1,x_2,x_3)'=\sum_{i=1}^{3}x_i\boldsymbol{\varepsilon}_i.$$

据(13)式得,$f_i(\boldsymbol{\alpha})=x_i,i=1,2,3$。由于

$$(\boldsymbol{\alpha}_1,\boldsymbol{\alpha}_2,\boldsymbol{\alpha}_3)=(\boldsymbol{\varepsilon}_1,\boldsymbol{\varepsilon}_2,\boldsymbol{\varepsilon}_3)\begin{pmatrix}1&1&2\\1&-1&0\\-1&0&0\end{pmatrix},$$

因此V的基$\boldsymbol{\varepsilon}_1,\boldsymbol{\varepsilon}_2,\boldsymbol{\varepsilon}_3$到基$\boldsymbol{\alpha}_1,\boldsymbol{\alpha}_2,\boldsymbol{\alpha}_3$的过渡矩阵$A$是上式右端的矩阵。据定理1得,$V^*$中相应的对偶基$f_1,f_2,f_3$到$g_1,g_2,g_3$的过渡矩阵为$(A^{-1})'$。求出

$$A^{-1}=\begin{pmatrix}0&0&-1\\0&-1&-1\\\frac{1}{2}&\frac{1}{2}&1\end{pmatrix},$$

于是

$$(g_1,g_2,g_3)=(f_1,f_2,f_3)\begin{pmatrix}0 & 0 & \frac{1}{2}\\ 0 & -1 & \frac{1}{2}\\ -1 & -1 & 1\end{pmatrix},$$

因此 $g_1=-f_3,g_2=-f_2-f_3,g_3=\frac{1}{2}f_1+\frac{1}{2}f_2+f_3.$

从而
$$g_1(\boldsymbol{\alpha})=-f_3(\boldsymbol{\alpha})=-x_3,$$
$$g_2(\boldsymbol{\alpha})=-f_2(\boldsymbol{\alpha})-f_3(\boldsymbol{\alpha})=-x_2-x_3,$$
$$g_3(\boldsymbol{\alpha})=\frac{1}{2}f_1(\boldsymbol{\alpha})+\frac{1}{2}f_2(\boldsymbol{\alpha})+f_3(\boldsymbol{\alpha})=\frac{1}{2}x_1+\frac{1}{2}x_2+x_3.$$

解法二 对于 V 中任一向量 $\boldsymbol{\alpha}=(x_1,x_2,x_3)'$。设 $\boldsymbol{\alpha}=y_1\boldsymbol{\alpha}_1+y_2\boldsymbol{\alpha}_2+y_3\boldsymbol{\alpha}_3$，则据(13)式得，$g_1(\boldsymbol{\alpha})=y_1,g_2(\boldsymbol{\alpha})=y_2,g_3(\boldsymbol{\alpha})=y_3$。下面来求 y_1,y_2,y_3：从 $\boldsymbol{\alpha}=y_1\boldsymbol{\alpha}_1+y_2\boldsymbol{\alpha}_2+y_3\boldsymbol{\alpha}_3$，得

$$\begin{pmatrix}x_1\\x_2\\x_3\end{pmatrix}=y_1\begin{pmatrix}1\\1\\-1\end{pmatrix}+y_2\begin{pmatrix}1\\-1\\0\end{pmatrix}+y_3\begin{pmatrix}2\\0\\0\end{pmatrix},$$

解关于 y_1,y_2,y_3 的线性方程组，把它的增广矩阵经过初等行变换化成简化阶梯形矩阵：

$$\begin{pmatrix}1 & 1 & 2 & x_1\\ 1 & -1 & 0 & x_2\\ -1 & 0 & 0 & x_3\end{pmatrix}\longrightarrow\begin{pmatrix}1 & 0 & 0 & -x_3\\ 0 & 1 & 0 & -x_2-x_3\\ 0 & 0 & 1 & \frac{1}{2}x_1+\frac{1}{2}x_2+x_3\end{pmatrix}.$$

因此，$y_1=-x_3,y_2=-x_2-x_3,y_3=\frac{1}{2}x_1+\frac{1}{2}x_2+x_3$。

从而

$$g_1(\boldsymbol{\alpha})=-x_3,$$
$$g_2(\boldsymbol{\alpha})=-x_2-x_3,$$
$$g_3(\boldsymbol{\alpha})=\frac{1}{2}x_1+\frac{1}{2}x_2+x_3.$$

5. $M_n(K)$中任取一个矩阵 $A=(x_{ij})$。由(13)式得

$$f_{ij}(A)=x_{ij},i=1,2,\cdots,n;j=1,2,\cdots,n.$$

6. 任取 $f\in(V_1\oplus V_2)^*$，令 $f_1=f|V_1,f_2=f|V_2$。则 $f_i\in V_i^*,i=1,2$；且对于 $\alpha_1+\alpha_2\in V_1\oplus V_2$，有

$$f(\alpha_1+\alpha_2)=f(\alpha_1)+f(\alpha_2)=f_1(\alpha_1)+f_2(\alpha_2).$$

令 $$\sigma:(V_1\oplus V_2)^*\longrightarrow V_1^*\dot{+}V_2^*$$

$$f \longmapsto (f_1, f_2),$$

其中 $f_1 = f|V_1, f_2 = f|V_2$。显然 σ 是映射。任给 $(f_1, f_2) \in V_1^* \dot{+} V_2^*$，令 $f(\alpha_1 + \alpha_2) = f_1(\alpha_1) + f_2(\alpha_2), \alpha_1 \in V_1, \alpha_2 \in V_2$。易验证 $f \in (V_1 \oplus V_2)^*$，且 $f|V_1 = f_1, f|V_2 = f_2$。因此 $\sigma(f) = (f_1, f_2)$，从而 σ 是满射。若 $\sigma(f) = \sigma(g)$，则直接计算可得，$f = g$，从而 σ 是单射。易验证 σ 保持加法和纯量乘法，因此 σ 是一个同构映射，从而 $(V_1 \oplus V_2)^* \cong V_1^* \dot{+} V_2^*$。

7. (1) 任取 $f \in \operatorname{Ker} \boldsymbol{A}^*$，则 $\boldsymbol{A}^*(f) = 0$。在 $\operatorname{Im} \boldsymbol{A}$ 中任取一个向量 $\boldsymbol{A}\alpha$，有

$$f(\boldsymbol{A}\alpha) = (f\boldsymbol{A})\alpha = \boldsymbol{A}^*(f)\alpha = 0(\alpha) = 0,$$

因此 $f \in (\operatorname{Im} \boldsymbol{A})'$。从而 $\operatorname{Ker} \boldsymbol{A}^* \subseteq (\operatorname{Im} \boldsymbol{A})'$。

任取 $f \in (\operatorname{Im} \boldsymbol{A})'$，对于任意 $\alpha \in V$，由于 $\boldsymbol{A}\alpha \in \operatorname{Im} \boldsymbol{A}$，因此

$$0 = f(\boldsymbol{A}\alpha) = (f\boldsymbol{A})\alpha = \boldsymbol{A}^*(f)\alpha,$$

于是 $\boldsymbol{A}^*(f)$ 是 V 上的零函数，从而 $f \in \operatorname{Ker} \boldsymbol{A}^*$。因此 $(\operatorname{Im} \boldsymbol{A})' \subseteq \operatorname{Ker} \boldsymbol{A}^*$。

综上所述，$\operatorname{Ker} \boldsymbol{A}^* = (\operatorname{Im} \boldsymbol{A})'$。

(2) 若 $\boldsymbol{A}$ 是满射，则 $\operatorname{Im} \boldsymbol{A} = U$。显然 $U' = \{0\}$。于是由第(1)小题得，$\operatorname{Ker} \boldsymbol{A}^* = \{0\}$。从而 $\boldsymbol{A}^*$ 是单射。

8. 据例 24 得，$(\operatorname{Ker} \boldsymbol{A})' = \operatorname{Im} \boldsymbol{A}^*$。由于 V 是有限维的，且 $\operatorname{Ker} \boldsymbol{A}$ 是 V 的一个子空间，因此据例 16 得，$((\operatorname{Ker} \boldsymbol{A})')' = \operatorname{Ker} \boldsymbol{A}$（在把 V 与 V^{**} 等同的意义下）。从而由 $(\operatorname{Ker} \boldsymbol{A})' = \operatorname{Im} \boldsymbol{A}^*$ 得，$\operatorname{Ker} \boldsymbol{A} = (\operatorname{Im} \boldsymbol{A}^*)'$。

9. 据第 7 题的第(1)小题得，$\operatorname{Ker} \boldsymbol{A}^* = (\operatorname{Im} \boldsymbol{A})'$。由于 $\operatorname{Im} \boldsymbol{A}$ 是 U 的一个子空间，且 U 是有限维的，因此据例 16 得，$((\operatorname{Im} \boldsymbol{A})')' = \operatorname{Im} \boldsymbol{A}$（在把 U 与 U^{**} 等同的意义下）。从而由 $\operatorname{Ker} \boldsymbol{A}^* = (\operatorname{Im} \boldsymbol{A})'$ 得，$(\operatorname{Ker} \boldsymbol{A}^*)' = \operatorname{Im} \boldsymbol{A}$。

10. 任取 $f \in V^*$，有 $\boldsymbol{A}^*(f) = f\boldsymbol{A}$，由于 $\boldsymbol{A}^2 = \boldsymbol{A}$，因此有

$$(\boldsymbol{A}^*)^2(f) = \boldsymbol{A}^*(\boldsymbol{A}^*(f)) = \boldsymbol{A}^*(f\boldsymbol{A}) = (f\boldsymbol{A})\boldsymbol{A} = f\boldsymbol{A}^2 = f\boldsymbol{A} = \boldsymbol{A}^*(f),$$

从而 $(\boldsymbol{A}^*)^2 = \boldsymbol{A}^*$。即 $\boldsymbol{A}^*$ 是 V^* 上的幂等变换。

11. 不失一般性可以假设：对于 $1 \leqslant i \leqslant s$，有 $\bigcap\limits_{j \neq i} \operatorname{Ker} g_j \supsetneqq \bigcap\limits_{j=1}^{s} \operatorname{Ker} g_j$。于是存在 $\beta_i \in \bigcap\limits_{j \neq i} \operatorname{Ker} g_j$ 且 $\beta_i \notin \bigcap\limits_{j=1}^{s} \operatorname{Ker} g_j$；设 $\alpha_i = [g_i(\beta_i)]^{-1}\beta_i$，则 $g_i(\alpha_i) = 1$ 且 $g_j(\alpha_i) = 0$ 当 $j \neq i$。记 $f(\alpha_i) = b_i$. 任给 $\alpha \in V$，设 $\beta = \alpha - \sum\limits_{i=1}^{s} g_i(\alpha)\alpha_i$，计算得 $g_j(\beta) = 0, j = 1, \cdots, s$。于是 $\beta \in \bigcap\limits_{j=1}^{s} \operatorname{Ker} g_j \subseteq \operatorname{Ker} f$。从而 $f(\beta) = 0$。于是

$$0 = f(\alpha) - \sum_{i=1}^{s} g_i(\alpha) f(\alpha_i) = f(\alpha) - \sum_{i=1}^{s} g_i(\alpha) b_i = \left(f - \sum_{i=1}^{s} b_i g_i\right)\alpha, \forall \alpha \in V$$

因此 $f = \sum\limits_{i=1}^{s} b_i g_i$。

12. V 中任取一个基 $\beta_1,\cdots,\beta_n$。根据本节的公式(14)(易证(14)式的充分性也成立)得，V 的一个基 $\alpha_1,\cdots,\alpha_n$ 的对偶基为 $f_1,\cdots,f_n$

$$\Leftrightarrow \quad (\beta_1,\cdots,\beta_n)=(\alpha_1,\cdots,\alpha_n)\begin{pmatrix} f_1(\beta_1)\cdots f_1(\beta_n) \\ \vdots \quad\quad \vdots \\ f_n(\beta_1)\cdots f_n(\beta_n)\end{pmatrix},$$

$$\Leftrightarrow \quad (\alpha_1,\cdots,\alpha_n)=(\beta_1,\cdots,\beta_n)\begin{pmatrix} f_1(\beta_1)\cdots f_1(\beta_n) \\ \vdots \quad\quad \vdots \\ f_n(\beta_1)\cdots f_n(\beta_n)\end{pmatrix}^{-1}.$$

13. V^* 中取一个基 $g_1,\cdots,g_n$. 设

$$(f_1,\cdots,f_n)=(g_1,\cdots,g_n)B,$$

其中 $B=(b_{ij})$,则 $f_j=\sum_{i=1}^{n}b_{ij}g_i,j=1,\cdots,n$。根据第12题,$V$ 中存在一个基 $\beta_1,\cdots,\beta_n$ 使得它的对偶基为 $g_1,\cdots,g_n$. 于是对于 V 中任一向量 α 有 $\alpha=\sum_{i=1}^{n}g_i(\alpha)\beta_i$。从而

$$\begin{aligned}\alpha\in\bigcap_{j=1}^{n}\operatorname{Ker} f_j \quad &\Leftrightarrow \quad f_j(\alpha)=0,j=1,\cdots,n;\\ &\Leftrightarrow \quad \sum_{i=1}^{n}b_{ij}g_i(\alpha)=0,j=1,\cdots,n;\\ &\Leftrightarrow \quad (g_1(\alpha),\cdots,g_n(\alpha))' \text{ 是 } B'\boldsymbol{x}=\boldsymbol{0} \text{ 的解。}\end{aligned}$$

因此

$$\bigcap_{j=1}^{n}\operatorname{Ker} f_j=0$$

$\Leftrightarrow$ $B'\boldsymbol{x}=\boldsymbol{0}$ 只有零解 $\Leftrightarrow|B|\neq0$,

$\Leftrightarrow$ $f_1,\cdots,f_n$ 是 V^* 的一个基,

$\Leftrightarrow$ $f_1,\cdots,f_n$ 线性无关。

补充题九

1. **证明** (1) 设 A 的列向量组为 $\boldsymbol{\alpha}_1,\boldsymbol{\alpha}_2,\cdots,\boldsymbol{\alpha}_n$,对于 W 中任一向量 $\boldsymbol{\alpha}=(c_1,c_2,\cdots,c_n)'$,有

$$\mathbf{A}(\boldsymbol{\alpha})=A\boldsymbol{\alpha}=(\boldsymbol{\alpha}_1,\boldsymbol{\alpha}_2,\cdots,\boldsymbol{\alpha}_n)\begin{pmatrix}c_1\\c_2\\\vdots\\c_n\end{pmatrix}=c_1\boldsymbol{\alpha}_1+c_2\boldsymbol{\alpha}_2+\cdots+c_n\boldsymbol{\alpha}_n.$$

因此 $\mathbf{A}(\boldsymbol{\alpha})\in U$。从而 $\mathbf{A}$ 是 W 到 U 的一个映射，显然 $\mathbf{A}$ 是线性映射。

(2) $\dim(\mathbf{A}W)=\dim W-\dim(\operatorname{Ker}\mathbf{A})$

$=n-\operatorname{rank}B-\dim(\operatorname{Ker}\mathbf{A})$.

$$\begin{aligned}\boldsymbol{\alpha}\in\operatorname{Ker}\mathbf{A}\quad&\Leftrightarrow\quad \mathbf{A}(\boldsymbol{\alpha})=\mathbf{0},\quad \boldsymbol{\alpha}\in W\\&\Leftrightarrow\quad A\boldsymbol{\alpha}=\mathbf{0},\quad B\boldsymbol{\alpha}=\mathbf{0}\\&\Leftrightarrow\quad \begin{pmatrix}A\\B\end{pmatrix}\boldsymbol{\alpha}=\mathbf{0}.\end{aligned}$$

于是 $\dim(\operatorname{Ker}\mathbf{A})=n-\operatorname{rank}\begin{pmatrix}A\\B\end{pmatrix}$，从而

$$\begin{aligned}\dim(\mathbf{A}W)&=n-\operatorname{rank}B-\left[n-\operatorname{rank}\begin{pmatrix}A\\B\end{pmatrix}\right]\\&=\operatorname{rank}\begin{pmatrix}A\\B\end{pmatrix}-\operatorname{rank}B.\end{aligned}$$ ■

2. **证明** 由于 $A'C$ 的列向量组可以由 A' 的列向量组线性表出，因此 $V_2\subseteq V_1$。下面来证 $\dim V_2=\dim V_1$。

$$A'C=A'(\boldsymbol{\eta}_1,\boldsymbol{\eta}_2,\cdots,\boldsymbol{\eta}_r)=(A'\boldsymbol{\eta}_1,A'\boldsymbol{\eta}_2,\cdots,A'\boldsymbol{\eta}_r).$$

对于任意 $\boldsymbol{\alpha}\in W$，有 $\boldsymbol{\alpha}=k_1\boldsymbol{\eta}_1+k_2\boldsymbol{\eta}_2+\cdots+k_r\boldsymbol{\eta}_r$。于是

$$A'\boldsymbol{\alpha}=k_1A'\boldsymbol{\eta}_1+k_2A'\boldsymbol{\eta}_2+\cdots+k_rA'\boldsymbol{\eta}_r\in V_2.$$

反之，对于 V_2 中任一向量 $\boldsymbol{\gamma}$，有

$$\begin{aligned}\boldsymbol{\gamma}&=a_1A'\boldsymbol{\eta}_1+a_2A'\boldsymbol{\eta}_2+\cdots+a_rA'\boldsymbol{\eta}_r\\&=A'(a_1\boldsymbol{\eta}_1+a_2\boldsymbol{\eta}_2+\cdots+a_r\boldsymbol{\eta}_r).\end{aligned}$$

因此 $V_2=\{A'\boldsymbol{\alpha}\mid\boldsymbol{\alpha}\in W\}$。令 $\mathbf{A}(\boldsymbol{\alpha})=A'\boldsymbol{\alpha}$，$\forall\,\boldsymbol{\alpha}\in W$，则 $\mathbf{A}W=V_2$。据第 1 题得，$\mathbf{A}$ 是 W 到 V_1 的一个线性映射，且

$$\begin{aligned}\dim V_2=\dim(\mathbf{A}W)&=\operatorname{rank}\begin{pmatrix}A'\\B'\end{pmatrix}-\operatorname{rank}B'\\&=\operatorname{rank}[(A\quad B)']-\operatorname{rank}B\\&=\operatorname{rank}(A\quad B)-\operatorname{rank}B.\end{aligned}$$

设 A 的列向量组为 $\boldsymbol{\alpha}_1,\boldsymbol{\alpha}_2,\cdots,\boldsymbol{\alpha}_m$；$B$ 的列向量组为 $\boldsymbol{\beta}_1,\boldsymbol{\beta}_2,\cdots,\boldsymbol{\beta}_m$。则 $(A\quad B)$ 的列向量组为 $\boldsymbol{\alpha}_1,\boldsymbol{\alpha}_2,\cdots,\boldsymbol{\alpha}_m,\boldsymbol{\beta}_1,\boldsymbol{\beta}_2,\cdots,\boldsymbol{\beta}_m$。由于 $U_1=\langle\boldsymbol{\alpha}_1,\cdots,\boldsymbol{\alpha}_m\rangle$，$U_2=\langle\boldsymbol{\beta}_1,\cdots,\boldsymbol{\beta}_m\rangle$，且 $U_1\cap U_2=0$，因此

$$\begin{aligned}\dim U_1+\dim U_2&=\dim(U_1+U_2)\\&=\dim(\langle\boldsymbol{\alpha}_1,\cdots,\boldsymbol{\alpha}_m,\boldsymbol{\beta}_1,\cdots,\boldsymbol{\beta}_m\rangle)\\&=\operatorname{rank}(A\quad B).\end{aligned}$$

从而 $\operatorname{rank}(A \quad B)=\dim U_1+\dim U_2=\operatorname{rank} A+\operatorname{rank} B.$

于是

$$\begin{aligned}\dim V_2 &= \operatorname{rank}(A \quad B)-\operatorname{rank} B=\operatorname{rank} A \\ &= \operatorname{rank} A'=\dim V_1.\end{aligned}$$

因此 $V_2=V_1$。■

3. **证明** 对矩阵的级数 n 作数学归纳法。

$n=1$ 时，$A=(a)$，已知 $\operatorname{tr}(A)=0$，于是 $a=0$。从而 $A=(0)$。命题显然成立。

假设对于 $n-1$ 级矩阵命题为真，来看 n 级矩阵 A 的情形，设 $\operatorname{tr}(A)=0$。如果能证明 A 相似于下述形式的分块矩阵

$$\begin{pmatrix} 0 & \boldsymbol{\alpha}' \\ \boldsymbol{\beta} & B \end{pmatrix}, \tag{1}$$

那么 $\operatorname{tr}(A)=\operatorname{tr}(B)$，从而 $\operatorname{tr}(B)=0$。由归纳假设，存在域 F 上的 $n-1$ 级可逆矩阵 Q，使得 $Q^{-1}BQ$ 是主对角元都为 0 的矩阵。于是

$$\begin{pmatrix} 1 & 0 \\ 0 & Q \end{pmatrix}^{-1}\begin{pmatrix} 0 & \boldsymbol{\alpha}' \\ \boldsymbol{\beta} & B \end{pmatrix}\begin{pmatrix} 1 & 0 \\ 0 & Q \end{pmatrix}=\begin{pmatrix} 0 & \boldsymbol{\alpha}'Q \\ Q^{-1}\boldsymbol{\beta} & Q^{-1}BQ \end{pmatrix}. \tag{2}$$

(2)式右端的矩阵是主对角元全为 0 的矩阵，从而 A 相似于主对角元全为 0 的矩阵。下面来证明 A 一定能相似于形如(1)式的分块矩阵。设 A 的最小多项式 $m(\lambda)$ 在 $F[\lambda]$ 中的标准分解式为

$$m(\lambda)=p_1^{l_1}(\lambda)\ p_2^{l_2}(\lambda)\cdots\ p_s^{l_s}(\lambda). \tag{3}$$

情形 1 设 $p_1(\lambda),p_2(\lambda),\cdots,p_s(\lambda)$ 中至少有一个的次数大于 1。不妨设 $\deg\ p_1(\lambda)=r_1>1$，则 A 的有理标准形 C 中有一个 hr_1 级有理块$(h\geqslant 1)$。从而 C 可以写成下述形式的分块矩阵：

$$C=\begin{pmatrix} 0 & \boldsymbol{\alpha}' \\ \boldsymbol{\beta} & B \end{pmatrix}. \tag{4}$$

于是 A 相似于形如(1)式的分块矩阵。

情形 2 设 $p_1(\lambda),p_2(\lambda),\cdots,p_s(\lambda)$ 的次数都等于 1，则

$$m(\lambda)=(\lambda-\lambda_1)^{l_1}(\lambda-\lambda_2)^{l_2}\cdots(\lambda-\lambda_s)^{l_s}.$$

此时 A 有 Jordan 标准形 J。

2.1) $s=1$。即 $m(\lambda)=(\lambda-\lambda_1)^{l_1}$。于是 A 的特征值为 λ_1(n 重)。从而 A 的 Jordan 标准形 J 的主对角元全为 λ_1。于是 $0=\operatorname{tr}(A)=\operatorname{tr}(J)=n\lambda_1$。由于 $\operatorname{char} F\nmid n$，因此 $\lambda_1=0$。这得出 A 相似于主对角元全为 0 的矩阵 J。当然有 A 相似于形如(1)式的分块矩阵 J。

2.2) $s>1$，且存在 $l_i>1$，不妨设 $l_1>1$。于是 A 的 Jordan 标准形 J 有一个 l_1 级 Jordan

块 $J_{l_1}(\lambda_1)$。从而 J 可以写成

$$J=\begin{pmatrix}\lambda_1 & 1 & \\ 0 & \lambda_1 & H \\ & 0 & R\end{pmatrix}.$$

对 J 作下述初等行变换和初等列变换：

$$J\xrightarrow{②+①\cdot\lambda_1}\begin{pmatrix}\lambda_1 & 1 & \\ \lambda_1^2 & 2\lambda_1 & H_1 \\ & 0 & R\end{pmatrix}\xrightarrow[①+②(-\lambda_1)]{}\begin{pmatrix}0 & 1 & \\ -\lambda_1^2 & 2\lambda_1 & H_1 \\ & 0 & R\end{pmatrix},$$

于是

$$\begin{pmatrix}1 & 0 & \\ \lambda_1 & 1 & 0 \\ & 0 & I_{n-2}\end{pmatrix}\begin{pmatrix}\lambda_1 & 1 & \\ 0 & \lambda_1 & H \\ & 0 & R\end{pmatrix}\begin{pmatrix}1 & 0 & \\ -\lambda_1 & 1 & 0 \\ & 0 & I_{n-2}\end{pmatrix}$$

$$=\begin{pmatrix}0 & 1 & \\ -\lambda_1^2 & 2\lambda_1 & H_1 \\ & 0 & R\end{pmatrix}.$$

从而 A 相似于形如(1)式的分块矩阵。

2.3) $s>1$，且 $l_i=1, i=1,2,\cdots,s$。即

$$m(\lambda)=(\lambda-\lambda_1)(\lambda-\lambda_2)\cdots(\lambda-\lambda_s).$$

此时 A 可对角化，从而 A 相似于下述形式的对角矩阵 D：

$$D=\begin{pmatrix}\lambda_1 & 0 & \\ 0 & \lambda_2 & 0 \\ & 0 & D_1\end{pmatrix}.$$

对 D 作初等行变换和初等列变换：

$$D\xrightarrow{②+①\lambda_1}\begin{pmatrix}\lambda_1 & 0 & \\ \lambda_1^2 & \lambda_2 & 0 \\ & 0 & D_1\end{pmatrix}\xrightarrow[①+②(-\lambda_1)]{}\begin{pmatrix}\lambda_1 & 0 & \\ \lambda_1^2-\lambda_1\lambda_2 & \lambda_2 & 0 \\ & 0 & D_1\end{pmatrix}$$

$$\xrightarrow{①+②\left(-\frac{1}{\lambda_1-\lambda_2}\right)}\begin{pmatrix}0 & -\dfrac{\lambda_2}{\lambda_1-\lambda_2} & 0 \\ \lambda_1(\lambda_1-\lambda_2) & \lambda_2 & \\ & 0 & D_1\end{pmatrix}$$

$$\xrightarrow{②+①\left(\frac{1}{\lambda_1-\lambda_2}\right)}\begin{pmatrix} 0 & -\frac{\lambda_2}{\lambda_1-\lambda_2} & 0 \\ \lambda_1(\lambda_1-\lambda_2) & \lambda_1+\lambda_2 & \\ & 0 & D_1 \end{pmatrix},$$

于是

$$\begin{pmatrix} 1 & -\frac{1}{\lambda_1-\lambda_2} & 0 \\ 0 & 1 & \\ & 0 & I_{n-2} \end{pmatrix}\begin{pmatrix} 1 & 0 & 0 \\ \lambda_1 & 1 & \\ & 0 & I_2 \end{pmatrix}\begin{pmatrix} \lambda_1 & 0 & 0 \\ 0 & \lambda_2 & \\ & 0 & D_1 \end{pmatrix}$$

$$\begin{pmatrix} 1 & 0 & 0 \\ -\lambda_1 & 1 & \\ & 0 & I_{n-2} \end{pmatrix}\begin{pmatrix} 1 & \frac{1}{\lambda_1-\lambda_2} & 0 \\ 0 & 1 & \\ & 0 & I_{n-2} \end{pmatrix}$$

$$=\begin{pmatrix} 0 & -\frac{\lambda_2}{\lambda_1-\lambda_2} & 0 \\ \lambda_1(\lambda_1-\lambda_2) & \lambda_1+\lambda_2 & \\ & 0 & D_1 \end{pmatrix}.$$

从而 A 相似于形如(1)式的分块矩阵。

综上所述,A 一定能相似于形如(1)式的分块矩阵。从而 A 能相似于主对角元全为 0 的矩阵。

据数学归纳法原理,对一切正整数 n 命题成立。■

4. **证明**　对于补充题九中用(7)式定义的 e^A,可以证明:

$$\mathrm{e}^A = I + A + \frac{1}{2!}A^2 + \frac{1}{3!}A^3 + \cdots = \sum_{m=0}^{+\infty}\frac{A^m}{m!}, \tag{5}$$

其中 A 是任一复矩阵,与《高等代数学习指导书(上册)》补充题五第 32 题的证法一样可得,若 n 级复矩阵 A 与 B 可交换,则 $\mathrm{e}^A\mathrm{e}^B=\mathrm{e}^{A+B}$。从而有 $\mathrm{e}^A\mathrm{e}^B=\mathrm{e}^B\mathrm{e}^A$。于是

$$\begin{aligned}\sin^2 A &= -\frac{1}{4}(\mathrm{e}^{2iA}-2\mathrm{e}^{iA}\mathrm{e}^{-iA}+\mathrm{e}^{-2iA}) \\ &= -\frac{1}{4}(\mathrm{e}^{2iA}-2I+\mathrm{e}^{-2iA}).\end{aligned}$$

$$\cos^2 A = \frac{1}{4}(\mathrm{e}^{2iA}+2I+\mathrm{e}^{-2iA}).$$

由此得出,$\sin^2 A+\cos^2 A=I$。■

5. **证明**　从补充题九中的(12)式和本解答中的(5)式立即得到,对于任一复矩阵 A,有

$$\sin A = A - \frac{1}{3!}A^3 + \frac{1}{5!}A^5 - \cdots = \sum_{m=0}^{+\infty} \frac{(-1)^m}{(2m+1)!}A^{2m+1}; \tag{6}$$

又对于复数 z,有

$$e^z = 1 + z + \frac{1}{2!}z^2 + \frac{1}{3!}z^3 + \cdots = \sum_{m=0}^{+\infty} \frac{z^m}{m!} \tag{7}$$

$$\sin z = z - \frac{1}{3!}z^3 + \frac{1}{5!}z^5 - \cdots = \sum_{m=0}^{+\infty} \frac{(-1)^m}{(2m+1)!}z^{2m+1}. \tag{8}$$

于是

$$\begin{aligned} e^{zI} &= I + (zI) + \frac{1}{2!}(zI)^2 + \frac{1}{3!}(zI)^3 + \cdots \\ &= \left(1 + z + \frac{1}{2!}z^2 + \frac{1}{3!}z^3 + \cdots\right)I = e^z I; \end{aligned}$$

$$\begin{aligned} \sin(e^{zI}) &= \sin(e^z I) = (e^z I) - \frac{1}{3!}(e^z I)^3 + \frac{1}{5!}(e^z I)^5 + \cdots \\ &= \left(e^z - \frac{1}{3!}(e^z)^3 + \frac{1}{5!}(e^z)^5 - \cdots\right)I = (\sin e^z)I. \end{aligned}$$

■

注:从补充题九中的(11)式和本解答中的(5)式立即得到,对于任一复矩阵 A,有

$$\cos A = \sum_{m=0}^{+\infty} \frac{(-1)^m}{(2m)!}A^{2m}. \tag{9}$$

6. **证明** 据(5)式,

$$e^A = I + A + \frac{1}{2!}A^2 + \frac{1}{3!}A^3 + \cdots = \sum_{m=0}^{+\infty} \frac{A^m}{m!}.$$

与《高等代数学习指导书(上册)》补充题五第 36 题的证法一样。 ■

7. **解** 由于 $J_l(a)$是主对角元为 a 的上三角矩阵,因此 $J_l^m(a)$是主对角元为 a^m 的上三角矩阵,由于

$$e^{J_l(a)} = \sum_{m=0}^{+\infty} \frac{J_l^m(a)}{m!},$$

因此 $e^{J_l(a)}$ 是主对角元为 $1+a+\frac{1}{2!}a^2+\frac{1}{3!}a^3+\cdots=e^a$ 的上三角矩阵。从而 $e^{J_l(a)}$ 的特征值为 e^a(l 重)。

8. **证明** 设 A 的 Jordan 标准形为 J。则存在 n 级可逆复矩阵 P,使得 $A=P^{-1}JP$,于是 J 的全部特征是 $\lambda_1,\lambda_2,\cdots,\lambda_n$,从而 J 的主对角元是 $\lambda_1,\lambda_2,\cdots,\lambda_n$。由于 J 是由 Jordan 块组成的分块对角矩阵,因此据第 7 题得,e^J 的全部特征值为 $e^{\lambda_1},e^{\lambda_2},\cdots,e^{\lambda_n}$。据第 6 题得

$$e^A = e^{P^{-1}JP} = P^{-1}e^J P.$$

从而 $e^A \sim e^J$，因此 e^A 的全部特征值是 $e^{\lambda_1}, e^{\lambda_2}, \cdots, e^{\lambda_n}$。■

9. **解**　设 A 的全部特征值是 $\lambda_1, \lambda_2, \cdots, \lambda_n$。由于 n 级复矩阵 e^A 的行列式等于 e^A 的 n 个特征值的乘积，因此据第 8 题得

$$|e^A| = e^{\lambda_1} e^{\lambda_2} \cdots e^{\lambda_n} = e^{\lambda_1+\lambda_2+\cdots+\lambda_n} = e^{\operatorname{tr}(A)}.$$

10. **解**　据 9.8 节例 1 和例 2 的第(3)小题得，A 的 Jordan 标准形 J 为

$$J = \begin{pmatrix} 1 & 1 & 0 \\ 0 & 1 & 1 \\ 0 & 0 & 1 \end{pmatrix}.$$

可逆矩阵 P 为

$$P = \begin{pmatrix} 3 & 3 & 4 \\ 1 & -1 & -1 \\ 1 & 0 & 0 \end{pmatrix}.$$

它使得 $P^{-1}AP = J$。求出

$$P^{-1} = \begin{pmatrix} 0 & 0 & 1 \\ -1 & -4 & 7 \\ 1 & 3 & -6 \end{pmatrix}.$$

由于

$$\begin{aligned} J^m &= [I + J_3(0)]^m = I^m + C_m^1 I^{m-1} J_3(0) + C_m^2 I^{m-2} J_3^2(0) \\ &= \begin{pmatrix} 1 & C_m^1 & C_m^2 \\ 0 & 1 & C_m^1 \\ 0 & 0 & 1 \end{pmatrix}. \end{aligned}$$

因此

$$\begin{aligned} e^J = \sum_{m=0}^{+\infty} \frac{J^m}{m!} &= \begin{pmatrix} \sum\limits_{m=0}^{+\infty} \frac{1}{m!} & \sum\limits_{m=0}^{+\infty} \frac{m}{m!} & \sum\limits_{m=0}^{+\infty} \frac{m(m-1)}{2m!} \\ 0 & \sum\limits_{m=0}^{+\infty} \frac{1}{m!} & \sum\limits_{m=0}^{+\infty} \frac{m}{m!} \\ 0 & 0 & \sum\limits_{m=0}^{+\infty} \frac{1}{m!} \end{pmatrix} \\ &= \begin{pmatrix} e & e & \frac{1}{2}e \\ 0 & e & e \\ 0 & 0 & e \end{pmatrix}. \end{aligned}$$

从而

$$e^A = e^{PJP^{-1}} = Pe^J P^{-1} = e\begin{pmatrix} \frac{5}{2} & \frac{3}{2} & -6 \\ -\frac{3}{2} & -\frac{9}{2} & 10 \\ -\frac{1}{2} & -\frac{5}{2} & 5 \end{pmatrix}.$$

第 10 章　具有度量的线性空间

习题 10.1

1. f 在标准基 $\boldsymbol{\varepsilon}_1, \boldsymbol{\varepsilon}_2, \boldsymbol{\varepsilon}_3, \boldsymbol{\varepsilon}_4$ 下的度量矩阵 A 为

$$A = \begin{pmatrix} 0 & 1 & 0 & 0 \\ -2 & 0 & 0 & 0 \\ 0 & 0 & 0 & 1 \\ 0 & -3 & 0 & 0 \end{pmatrix},$$

基 $\boldsymbol{\varepsilon}_1, \boldsymbol{\varepsilon}_2, \boldsymbol{\varepsilon}_3, \boldsymbol{\varepsilon}_4$ 到基 $\boldsymbol{\alpha}_1, \boldsymbol{\alpha}_2, \boldsymbol{\alpha}_3, \boldsymbol{\alpha}_4$ 的过渡矩阵 P 为

$$P = \begin{pmatrix} 1 & 2 & 3 & 4 \\ 2 & 3 & 1 & 2 \\ 1 & 1 & 1 & -1 \\ 1 & 0 & -2 & -6 \end{pmatrix},$$

从而 f 在基 $\boldsymbol{\alpha}_1, \boldsymbol{\alpha}_2, \boldsymbol{\alpha}_3, \boldsymbol{\alpha}_4$ 下的度量矩阵 B 为

$$B = P'AP = \begin{pmatrix} -7 & -14 & -16 & -26 \\ -1 & -6 & -18 & -26 \\ 17 & 23 & 1 & 4 \\ 39 & 58 & 12 & 34 \end{pmatrix}.$$

2. 由于 $$E_{ik}E_{jl} = \begin{cases} E_{il} & 当\ k=j, \\ 0 & 当\ k\neq j, \end{cases}$$

因此

$$f(E_{ik}, E_{jl}) = \mathrm{tr}(E_{ik}E_{jl}) = \begin{cases} 1 & 当\ k=j\ 且\ i=l, \\ 0 & 其他, \end{cases}$$

即 $f(E_{ij},E_{ji})=1$，其余情况 $f(E_{ik},E_{jl})=0$。

于是 f 在 $M_n(F)$的一个基

$$E_{11},E_{12},\cdots,E_{1n},E_{21},E_{22},\cdots,E_{2n},\cdots,E_{n1},E_{n2},\cdots,E_{nn}$$

下的度量矩阵 A 的每一行只有一个元素是 1，其余元素全为 0(因为给定一个基向量 E_{ij}，只有 $f(E_{ij},E_{ji})=1$，其余 $f(E_{ij},E_{kl})=0$)。A 的每一列也只有一个元素是 1，其余元素全为 0(因为给定一个基向量 E_{ij}，只有 $f(E_{ji},E_{ij})=1$，其余 $f(E_{kl},E_{ij})=0$)，从而 A 是一个 n^2 级置换矩阵。因此 A 可逆(参看《高等代数学习指导书(上册)》5.4 节例 7)。于是 f 非退化。

3. (1) 由于 $U+W\supseteq U$，且 $U+W\supseteq W$，因此据例 14 得，$(U+W)^{\perp}\subseteq U^{\perp}$，且$(U+W)^{\perp}\subseteq W^{\perp}$。于是

$$(U+W)^{\perp}\subseteq U^{\perp}\cap W^{\perp}.$$

任取 $\alpha\in U^{\perp}\cap W^{\perp}$，对于 $U+W$ 中任一向量 $u+w$，有

$$f(\alpha,u+w)=f(\alpha,u)+f(\alpha,w)=0+0=0,$$

于是 $\alpha\in(U+W)^{\perp}$。从而 $U^{\perp}\cap W^{\perp}\subseteq(U+W)^{\perp}$。因此

$$(U+W)^{\perp}=U^{\perp}\cap W^{\perp}.$$

(2) 由于 $U^{\perp}$，$W^{\perp}$都是 V 的子空间，因此对 $U^{\perp}$ 和 $W^{\perp}$ 用第(1)小题的结论得

$$(U^{\perp}+W^{\perp})^{\perp}=(U^{\perp})^{\perp}\cap(W^{\perp})^{\perp}.$$

由于 f 非退化，因此据例 10 的第(2)小题，从上式得

$$((U^{\perp}+W^{\perp})^{\perp})^{\perp}=(U\cap W)^{\perp},$$

即

$$U^{\perp}+W^{\perp}=(U\cap W)^{\perp}.$$

4. 若 $f=0$，则结论显然成立。下面设 $f\neq 0$。任取 $\alpha\in \mathrm{Ker}(g)$，则 $g(\alpha)=0$。从而 $\forall\beta\in V$，有

$$f(\alpha,\beta)=g(\alpha)h(\beta)=0\,h(\beta)=0,$$

因此 $\alpha\in \mathrm{rad}_L V$，于是 $\mathrm{Ker}(g)\subseteq \mathrm{rad}_L V$。

任取 $\alpha\in \mathrm{rad}_L V$，则 $\forall\beta\in V$，有

$$0=f(\alpha,\beta)=g(\alpha)h(\beta).$$

由于 $f\neq 0$，因此 $h\neq 0$。从而存在 $\eta\in V$ 使得 $h(\eta)\neq 0$。于是从上式得，$g(\alpha)=0$，因此 $\alpha\in \mathrm{Ker}(g)$。即 $\mathrm{rad}_L V\subseteq \mathrm{Ker}(g)$。综上所述，$\mathrm{Ker}(g)=\mathrm{rad}_L V$。

同理可证，$\mathrm{Ker}(h)=\mathrm{rad}_R V$。

任取 $\alpha\in \mathrm{rad}_L V$，则 $\forall\beta\in V$，有 $f(\alpha,\beta)=0$。由于 f 是对称或斜对称的，因此也有 $f(\beta,\alpha)=0$。从而 $\alpha\in \mathrm{rad}_R V$。于是 $\mathrm{rad}_L V\subseteq \mathrm{rad}_R V$。同理可证，$\mathrm{rad}_R V\subseteq \mathrm{rad}_L(V)$。因此，$\mathrm{rad}_L V=\mathrm{rad}_R V$。于是

$$\mathrm{Ker}(g)=\mathrm{rad}_L V=\mathrm{rad}_R V=\mathrm{Ker}(h).$$

据 9.10 节的例 11 得，$g=ah$，其中 $a\in F$ 且 $a\neq 0$。于是

$$f(\alpha,\beta)=g(\alpha)h(\beta)=a\,h(\alpha)h(\beta),\forall\,\alpha,\beta\in V.$$

(注：第 4 题的解题思路的关键是要联想到 9.10 节例 11 的结论。)

5. 在 V 中存在一个基 $\eta_1,\eta_2,\cdots,\eta_n$，使得 Q 在此基下的表达式为

$$x_1^2+x_2^2+\cdots+x_p^2-x_{p+1}^2-\cdots-x_{p+q}^2.$$

情形 1　$p\geqslant q$。与 8.2 节例 12 的证明一样可得，S 包含一个子空间 W，其维数为 $n-p$，它是

$$W=\langle\eta_1+\eta_{p+1},\eta_2+\eta_{p+2},\cdots,\eta_q+\eta_{p+q},\eta_{p+q+1},\cdots,\eta_n\rangle.$$

任取 $\alpha\in S$，设 $\alpha=\sum\limits_{i=1}^{n}a_i\eta_i$，则

$$0=Q(\alpha)=a_1^2+\cdots+a_p^2-a_{p+1}^2-\cdots-a_{p+q}^2.$$

由于

$$\alpha\in W\quad\Leftrightarrow\quad a_i=a_{p+i}(1\leqslant i\leqslant q),且\ a_{q+1}=\cdots=a_p=0,$$

因此 $\alpha\notin W\Leftrightarrow$存在 $i(1\leqslant i\leqslant q)$使得 $a_i\neq a_{p+i}$，或者 $a_{q+1},\cdots,a_p$ 不全为 0。

设 $\alpha\notin W$，把$\{\alpha\}\cup W$ 生成的子空间记作 U。

情形 1.1　存在 $i(1\leqslant i\leqslant q)$使得 $a_i\neq a_{p+i}$，令

$$\beta=\eta_i+\eta_{p+i}+\alpha,$$

则 β 在基 $\eta_1,\eta_2,\cdots,\eta_n$ 下的坐标为

$$(a_1,\cdots,1+a_i,\cdots,a_{p+i-1},1+a_{p+i},\cdots,a_n),$$

于是

$$\begin{aligned}Q(\beta)&=a_1^2+\cdots+a_{i-1}^2+(1+a_i)^2+a_{i+1}^2+\cdots+a_p^2\\&\quad-a_{p+1}^2-\cdots-(1+a_{p+i})^2-\cdots-a_{p+q}^2,\\&=(1+2a_i)-(1+2a_{p+i})=2(a_i-a_{p+i})\neq 0,\end{aligned}$$

从而 $\beta\notin S$。但是 $\beta\in U$，因此，$U\nsubseteq S$。从而 W 是 S 包含的极大子空间。

情形 1.2　$a_i=a_{p+i}(1\leqslant i\leqslant q)$而 $a_{q+1},\cdots,a_p$不全为 0。此时

$$\begin{aligned}Q(\alpha)&=a_1^2+\cdots+a_q^2+a_{q+1}^2+\cdots+a_p^2-a_{p+1}^2-\cdots-a_{p+q}^2\\&=a_{q+1}^2+\cdots+a_p^2\neq 0,\end{aligned}$$

这与 $\alpha\in S$ 矛盾。因此情形 1.2 不可能发生。

情形 2　$p<q$。令

$$W=\langle\eta_1+\eta_{p+1},\cdots,\eta_p+\eta_{2p},\eta_{p+q+1},\cdots,\eta_n\rangle,$$

则 W 中任一向量 $\gamma=c_1(\eta_1+\eta_{p+1})+\cdots+c_p(\eta_p+\eta_{2p})+c_{p+q+1}\eta_{p+q+1}+\cdots+c_n\eta_n$，

$$Q(\gamma)=c_1^2+\cdots+c_p^2-c_1^2-\cdots-c_p^2=0,$$

因此 $\gamma\in S$。从而 $W\subseteq S$。$\dim W=p+[n-(p+q)]=n-q$。

与情形1一样可证 W 是 S 包含的极大子空间。

6. 在 V 中存在一个基 $\alpha_1,\alpha_2,\cdots,\alpha_n$，使得 Q_1 在此基下的表达式为

$$x_1^2+x_2^2+\cdots+x_p^2-x_{p+1}^2-\cdots-x_{p+q}^2.$$

在 V 中存在一个基 $\beta_1,\beta_2,\cdots,\beta_n$，使得 Q_2 在此基下的表达式为

$$y_1^2+y_2^2+\cdots+y_u^2-y_{u+1}^2-\cdots-y_{u+v}^2,$$

其中 $p<\frac{n}{2}$，$u<\frac{n}{2}$，令

$$W_1=\langle\alpha_{p+1},\alpha_{p+2},\cdots,\alpha_n\rangle,$$
$$W_2=\langle\beta_{u+1},\beta_{u+2},\cdots,\beta_n\rangle,$$

则

$$\begin{aligned}\dim(W_1\cap W_2)&=\dim W_1+\dim W_2-\dim(W_1+W_2)\\&=(n-p)+(n-u)-\dim(W_1+W_2)\\&\geqslant 2n-p-u-n=n-p-u\\&>n-\frac{n}{2}-\frac{n}{2}=0,\end{aligned}$$

因此 $W_1\cap W_2\neq 0$。从而存在 $\gamma\in W_1\cap W_2$，且 $\gamma\neq 0$。由于 $\gamma\in W_1$，因此，$\gamma=c_1\alpha_{p+1}+c_2\alpha_{p+2}+\cdots+c_{n-p}\alpha_n$。从而

$$Q_1(\gamma)=-c_1^2-c_2^2-\cdots-c_q^2\leqslant 0.$$

由于 $\gamma\in W_2$，因此 $\gamma=d_1\beta_{u+1}+d_2\beta_{u+2}+\cdots+d_{n-u}\beta_n$。从而

$$Q_2(\gamma)=-d_1^2-d_2^2-\cdots-d_v^2\leqslant 0,$$

因此
$$(Q_1+Q_2)(\gamma)=Q_1(\gamma)+Q_2(\gamma)\leqslant 0,$$

于是 Q_1+Q_2 在 V 的一个基下的表达式不是正定二次型诱导出来的。

7. 由于 $\operatorname{rank}(A)=4$，$\operatorname{rank}(B)=2$，因此据例13得，A 与 B 不合同。

8. 由于 $\operatorname{tr}(A)=1$，$\operatorname{tr}(B)=0$，因此据例23得，A 不能正交相似于主对角元全为0的矩阵，而 B 能正交相似于主对角元全为0的矩阵。

9. $A^{-1}B=\begin{pmatrix}0&1\\1&-1\end{pmatrix}\begin{pmatrix}0&1\\1&1\end{pmatrix}=\begin{pmatrix}1&1\\-1&0\end{pmatrix}$,

$$|\lambda I-A^{-1}B|=\begin{vmatrix}\lambda-1&-1\\1&\lambda\end{vmatrix}=\lambda^2-\lambda+1.$$

由于 $\lambda^2-\lambda+1$ 没有实根，因此 $A^{-1}B$ 没有特征值。从而 $A^{-1}B$ 不能对角化。于是据例29得，A 与 B 不能一齐合同对角化。

10. 设 A 与 B 都是秩为 1 的 2 级实对称矩阵。

$$\operatorname{rank}\left(\begin{pmatrix} a_1 & a_2 \\ a_2 & a_3 \end{pmatrix}\right)=1$$

$\Leftrightarrow$ $a_1a_3-a_2^2=0$，且 a_1,a_2,a_3 不全为 0

$\Leftrightarrow$ 当 $a_1\neq 0$ 时，$a_3=\dfrac{a_2^2}{a_1}$；当 $a_1=0$ 时，$a_2=0,a_3\neq 0$。

情形 1　$a_1\neq 0,b_1\neq 0$，此时

$$A=\begin{pmatrix} a_1 & a_2 \\ a_2 & \dfrac{a_2^2}{a_1} \end{pmatrix},B=\begin{pmatrix} b_1 & b_2 \\ b_2 & \dfrac{b_2^2}{b_1} \end{pmatrix},$$

$$\begin{aligned}|A+B|&=\begin{vmatrix} a_1+b_1 & a_2+b_2 \\ a_2+b_2 & \dfrac{a_2^2}{a_1}+\dfrac{b_2^2}{b_1} \end{vmatrix}\\&=(a_1+b_1)\left(\frac{a_2^2}{a_1}+\frac{b_2^2}{b_1}\right)-(a_2+b_2)^2\\&=\frac{1}{a_1b_1}(a_1b_2-a_2b_1)^2.\end{aligned}$$

当 $a_1b_2=a_2b_1$ 时，$b_2=\dfrac{a_2}{a_1}b_1$。从而

$$B=\begin{pmatrix} b_1 & \dfrac{a_2}{a_1}b_1 \\ \dfrac{a_2}{a_1}b_1 & \dfrac{a_2^2}{a_1^2}b_1 \end{pmatrix}=\frac{b_1}{a_1}\begin{pmatrix} a_1 & a_2 \\ a_2 & \dfrac{a_2^2}{a_1} \end{pmatrix}=\frac{b_1}{a_1}A,$$

于是 A 与 B 可一齐合同对角化。

当 $a_1b_2\neq a_2b_1$ 时，$A+B$ 可逆，且

$$\begin{aligned}(A+B)^{-1}B&=\frac{a_1b_1}{(a_1b_2-a_2b_1)^2}\begin{pmatrix} \dfrac{a_2^2}{a_1}+\dfrac{b_2^2}{b_1} & -(a_2+b_2) \\ -(a_2+b_2) & a_1+b_1 \end{pmatrix}\begin{pmatrix} b_1 & b_2 \\ b_2 & \dfrac{b_2^2}{b_1} \end{pmatrix}\\&=\frac{1}{a_1b_2-a_2b_1}\begin{pmatrix} -a_2b_1 & -a_2b_2 \\ a_1b_1 & a_1b_2 \end{pmatrix},\end{aligned}$$

于是

$$|\lambda I-(A+B)^{-1}B|=\lambda^2-\lambda=\lambda(\lambda-1),$$

从而 $(A+B)^{-1}B$ 的最小多项式在 $\mathbf{R}[\lambda]$ 中能分解成不同的一次因式的乘积。因此 $(A+B)^{-1}B$ 可对角化。据例 31 得，A 与 B 可一齐合同对角化。

情形 2　$a_1\neq 0, b_1=0$。此时

$$A=\begin{pmatrix} a_1 & a_2 \\ a_2 & \frac{a_2^2}{a_1} \end{pmatrix}, B=\begin{pmatrix} 0 & 0 \\ 0 & b \end{pmatrix},$$

其中 $b\neq 0$。

$$|A+B|=\begin{vmatrix} a_1 & a_2 \\ a_2 & \frac{a_2^2}{a_1}+b \end{vmatrix}=a_1 b\neq 0,$$

$$(A+B)^{-1}B=\frac{1}{a_1 b}\begin{pmatrix} \frac{a_2^2}{a_1}+b & -a_2 \\ -a_2 & a_1 \end{pmatrix}\begin{pmatrix} 0 & 0 \\ 0 & b \end{pmatrix}=\begin{pmatrix} 0 & -\frac{a_2}{a_1} \\ 0 & 1 \end{pmatrix},$$

$$|\lambda I-(A+B)^{-1}B|=\lambda^2-\lambda=\lambda(\lambda-1),$$

从而 $(A+B)^{-1}B$ 的最小多项式在 $\mathbf{R}[\lambda]$ 中能分解成不同的一次因式的乘积，因此 $(A+B)^{-1}B$ 可对角化。于是 A 与 B 可一齐合同对角化。

情形 3　$a_1=0, b_1\neq 0$。由情形 2 得，$(A+B)^{-1}A$ 可对角化，从而 A 与 B 可一齐合同对角化。

情形 4　$a_1=0, b_1=0$。此时

$$A=\begin{pmatrix} 0 & 0 \\ 0 & a \end{pmatrix}, B=\begin{pmatrix} 0 & 0 \\ 0 & b \end{pmatrix},$$

其中 $a\neq 0, b\neq 0$。从而 $B=\frac{b}{a}A$。于是 A 与 B 可一齐合同对角化。

11. $-A$ 是 f 在 V 的某一个基下的矩阵，当且仅当 $-A$ 与 A 合同。由于 A 是可逆实对称矩阵，因此根据本套书上册的习题 6.2 的第 7 题立即得到结论.

12. 令 $g(\alpha,\beta)=\frac{1}{2}[f(\alpha,\beta)+f(\beta,\alpha)], \forall \alpha,\beta\in V$;

$$h(\alpha,\beta)=\frac{1}{2}[f(\alpha,\beta)-f(\beta,\alpha)], \forall \alpha,\beta\in V;$$

则　$g(\beta,\alpha)=g(\alpha,\beta), h(\beta,\alpha)=-h(\alpha,\beta), \forall \alpha,\beta\in V$;

并且　$f(\alpha,\beta)=g(\alpha,\beta)+h(\alpha,\beta), \forall \alpha,\beta\in V$;

于是　$f(\beta,\alpha)=g(\beta,\alpha)+h(\beta,\alpha), \forall \alpha,\beta\in V$.

由已知条件和上述几个等式得

$$af(\alpha,\beta)=g(\alpha,\beta)-h(\alpha,\beta), \forall \alpha,\beta\in V.$$

从而　$a[g(\alpha,\beta)+h(\alpha,\beta)]=g(\alpha,\beta)-h(\alpha,\beta), \forall \alpha,\beta\in V$,

于是 $$(a-1)g(\alpha,\beta)=-(a+1)h(\alpha,\beta),\ \forall\,\alpha,\beta\in V.$$
也有 $$(a-1)g(\beta,\alpha)=-(a+1)h(\beta,\alpha),\ \forall\,\alpha,\beta\in V.$$
上述两式相加得
$$2(a-1)g(\alpha,\beta)=0,\ \forall\,\alpha,\beta\in V.$$

若 $g\neq 0$,则由上式得,$a=1$.

若 $g=0$,则由 $g(\alpha,\beta)$ 的定义式得,$f(\beta,\alpha)=-f(\alpha,\beta)$,此时 $a=-1$。

13. 任取 $\alpha,\beta,\gamma\in V$,令 $\eta=f(\alpha,\beta)\gamma-f(\alpha,\gamma)\beta$。则

$f(\alpha,\eta)=0$ 蕴含 $f(\eta,\alpha)=0,\ \forall\,\alpha,\eta\in V$

$\Leftrightarrow$ $f(\alpha,\beta)f(\alpha,\gamma)-f(\alpha,\gamma)f(\alpha,\beta)=0$ 蕴含 $f(\alpha,\beta)f(\gamma,\alpha)-f(\alpha,\gamma)f(\beta,\alpha)=0$, $\forall\,\alpha,\beta,\gamma\in V$

$\Leftrightarrow$ $f(\alpha,\beta)f(\gamma,\alpha)=f(\alpha,\gamma)f(\beta,\alpha),\ \forall\,\alpha,\beta,\gamma\in V.$ (1)

在(1)式中令 $\beta=\alpha$,得
$$f(\alpha,\alpha)[f(\gamma,\alpha)-f(\alpha,\gamma)]=0,\ \forall\,\alpha,\gamma\in V. \tag{2}$$
我们断言:或者 $\forall\,\alpha,\gamma\in V$。有 $f(\gamma,\alpha)=f(\alpha,\gamma)$,或者 $\forall\,\alpha\in V$ 有 $f(\alpha,\alpha)=0$。用反证法来证此结论。否则,存在 $\mu,v\in V$ 使得 $f(v,\mu)\neq f(\mu,v)$,并且存在 $w\in V$ 使得 $f(w,w)\neq 0$。在(2)式中,取 $\alpha=\mu,\gamma=v$ 得 $f(\mu,\mu)=0$;取 $\alpha=v,\gamma=\mu$ 得 $f(v,v)=0$;取 $\alpha=w,\gamma=\mu$ 得 $f(\mu,w)=f(w,\mu)$;取 $\alpha=w,\gamma=v$ 得 $f(v,w)=f(w,v)$。在(1)式中取 $\alpha=\mu,\beta=v,\gamma=w$ 得,$f(\mu,v)f(w,\mu)=f(\mu,w)f(v,\mu)$。由于 $f(\mu,v)\neq f(v,\mu)$,因此 $f(w,\mu)=f(\mu,w)=0$。类似地可有,$f(w,v)=f(v,w)=0$。于是
$$f(\mu,w+v)=f(\mu,w)+f(\mu,v)=f(\mu,v)\neq f(v,\mu)=f(w+v,\mu).$$
在(2)式中取 $\alpha=w+v,\gamma=\mu$ 得
$$f(w+v,w+v)[f(\mu,w+v)-f(w+v,\mu)]=0.$$
从而 $f(w+v,w+v)=0$。但是
$$\begin{aligned}f(w+v,w+v)&=f(w,w)+f(w,v)+f(v,w)+f(v,v)\\&=f(w,w)\neq 0.\end{aligned}$$
矛盾。因此或者 $\forall\alpha,\gamma\in V$ 有 $f(\gamma,\alpha)=f(\alpha,\gamma)$,此时 f 是对称的;或者 $\forall\alpha\in V$ 有 $f(\alpha,\alpha)=0$,此时根据本节例 7 得,f 是斜对称的。

习题 10.2

1. (1) 从$(\boldsymbol{x},\boldsymbol{y})$的定义看出,它是 $\mathbf{R}^n$ 上的一个双线性函数,且它在 $\mathbf{R}^n$ 的标准基 $\boldsymbol{\varepsilon}_1$, $\boldsymbol{\varepsilon}_2,\cdots,\boldsymbol{\varepsilon}_n$ 下的度量矩阵就是A。由于A是正定矩阵,因此$(\boldsymbol{x},\boldsymbol{y})$是 $\mathbf{R}^n$ 上的正定的对称双线

性函数，从而它是 $\mathbf{R}^n$ 上的一个内积。

(2) 任取 $\boldsymbol{x}=(x_1,x_2,\cdots,x_n)'$，$\boldsymbol{y}=(y_1,y_2,\cdots,y_n)'$，有

$$\left|\sum_{i=1}^{n}\sum_{j=1}^{n}a_{ij}x_iy_j\right|\leqslant\sqrt{\sum_{i=1}^{n}\sum_{j=1}^{n}a_{ij}x_ix_j}\sqrt{\sum_{i=1}^{n}\sum_{j=1}^{n}a_{ij}y_iy_j}\ .$$

2. 由例 17 的证明中情形 1 立即得到。

3. 设 $\boldsymbol{\gamma}=(x_1,x_2)'$，由已知条件得

$$x_1+2x_2=-1,\ -x_1+x_2=3,$$

解得 $x_1=-\dfrac{7}{3}$，$x_2=\dfrac{2}{3}$，于是 $\boldsymbol{\gamma}=\left(-\dfrac{7}{3},\dfrac{2}{3}\right)'$。

4. $\cos\langle\boldsymbol{\alpha},\boldsymbol{\beta}\rangle=\dfrac{(\boldsymbol{\alpha},\boldsymbol{\beta})}{|\boldsymbol{\alpha}|\,|\boldsymbol{\beta}|}=\dfrac{3-1-8}{\sqrt{1+1+4^2}\sqrt{3^2+1+(-2)^2+2^2}}=-\dfrac{1}{3}$,

于是

$$\langle\boldsymbol{\alpha},\boldsymbol{\beta}\rangle=\arccos\left(-\frac{1}{3}\right).$$

5. (1) 设 $\eta=\sum\limits_{i=1}^{n}c_i\alpha_i$，则

$$(\eta,\eta)=\left(\eta,\sum_{i=1}^{n}c_i\alpha_i\right)=\sum_{i=1}^{n}c_i(\eta,\alpha_i)=0,$$

因此 $\eta=0$。

(2) 由于对任意 $\alpha\in V$，有 $(\beta_1,\alpha)=(\beta_2,\alpha)$，因此 $(\beta_1-\beta_2,\alpha)=0$。从而 $(\beta_1-\beta_2,\beta_1-\beta_2)=0$。于是 $\beta_1-\beta_2=0$。

6. 设 $\boldsymbol{\alpha}=(x_1,x_2)'$，则 $\mathbf{A}\boldsymbol{\alpha}=(x_2,-x_1)'$，从而

$$(\boldsymbol{\alpha},\mathbf{A}\boldsymbol{\alpha})=x_1x_2+x_2(-x_1)=0.$$

由于

$$\mathbf{A}(\boldsymbol{\varepsilon}_1,\boldsymbol{\varepsilon}_2)=(\boldsymbol{\varepsilon}_1,\boldsymbol{\varepsilon}_2)\begin{pmatrix}0&1\\-1&0\end{pmatrix}=(-\boldsymbol{\varepsilon}_2,\boldsymbol{\varepsilon}_1),$$

因此 $\mathbf{A}$ 是平面上绕原点 O 转角为 $-\dfrac{\pi}{2}$ 的旋转。

7. $(\boldsymbol{\varepsilon}_1,\boldsymbol{\varepsilon}_1)=1$，$(\boldsymbol{\varepsilon}_2,\boldsymbol{\varepsilon}_1)=(\boldsymbol{\varepsilon}_1,\boldsymbol{\varepsilon}_2)=-1$，$(\boldsymbol{\varepsilon}_2,\boldsymbol{\varepsilon}_2)=4$，

因此 $\boldsymbol{\varepsilon}_1,\boldsymbol{\varepsilon}_2$ 的度量矩阵是 $\begin{pmatrix}1&-1\\-1&4\end{pmatrix}$。

8. $\mathbf{R}^1$ 上任一双线性函数 f 在基 $\boldsymbol{\varepsilon}_1$ 下的表达式为 $f(x,y)=axy$。显然 f 是对称的。f 是正定的当且仅当 f 在基 $\boldsymbol{\varepsilon}_1$ 下的度量矩阵 (a) 是正定矩阵，即 $a>0$。因此 $\mathbf{R}^1$ 上的所有内积为 $f(x,y)=axy$，$a>0$。

9. 把 $\mathbf{R}[x]_3$ 的一个基 $1,x,x^2$ 正交化：令

$$\beta_1=1,$$

$$\beta_2=x-\frac{(x,\beta_1)}{(\beta_1,\beta_1)}\beta_1=x-\frac{\int_0^1 x\mathrm{d}x}{\int_0^1 1\mathrm{d}x}=x-\frac{1}{2},$$

$$\beta_3=x^2-\frac{(x^2,\beta_1)}{(\beta_1,\beta_1)}\beta_1-\frac{(x^2,\beta_2)}{(\beta_2,\beta_2)}\beta_2$$

$$=x^2-\frac{\int_0^1 x^2\mathrm{d}x}{1}-\frac{\int_0^1 x^2\left(x-\frac{1}{2}\right)\mathrm{d}x}{\int_0^1\left(x-\frac{1}{2}\right)^2\mathrm{d}x}\left(x-\frac{1}{2}\right)$$

$$=x^2-\frac{1}{3}-\frac{\frac{1}{12}}{\frac{1}{12}}\left(x-\frac{1}{2}\right)$$

$$=x^2-x+\frac{1}{6},$$

因此 $\mathbf{R}[x]_3$ 的一个正交基是 $1,x-\frac{1}{2},x^2-x+\frac{1}{6}$。

10. $\alpha\perp\beta \iff (\alpha,\beta)=0 \iff (\alpha,t\beta)=0,\forall t\in\mathbf{R}$
$\Rightarrow |\alpha+t\beta|^2=|\alpha|^2+|t\beta|^2\geqslant|\alpha|^2,\forall t\in\mathbf{R}$
$\iff |\alpha+t\beta|\geqslant|\alpha|,\forall t\in\mathbf{R}.$

上面证出了必要性。现在来证充分性。

$$|\alpha+t\beta|^2=|\alpha|^2+2t(\alpha,\beta)+|t\beta|^2.$$

由于$|\alpha+t\beta|\geqslant|\alpha|,\forall t\in\mathbf{R}$,因此由上式得

$$2t(\alpha,\beta)+t^2|\beta|^2\geqslant 0,\forall t\in\mathbf{R}.$$

若 $\beta=0$,则$(\alpha,\beta)=0$,下设 $\beta\neq 0$。由上式得,二次多项式$|\beta|^2x^2+2(\alpha,\beta)x$ 的判别式 $\Delta\leqslant 0$。即$4(\alpha,\beta)^2\leqslant 0$。由此得出,$(\alpha,\beta)=0$,即 α 与 β 正交。

11. 由于欧几里得空间 V 指定的内积是正定的对称双线性函数,因此据 10.1 节例 5 后面的点评得出,对于 V 上任一线性函数 f,存在 $\alpha\in V$,使得 $f=\alpha_L$,即

$$f(\beta)=\alpha_L(\beta)=(\alpha,\beta),\forall\beta\in V.$$

12. 由于 A 正定,B 半正定,因此据《高等代数学习指导书(上册)》6.3 节例 10 的证明过程知道,存在 n 级实可逆矩阵 C,使得

$$C'AC=I,C'BC=\mathrm{diag}\{\mu_1,\mu_2,\cdots,\mu_n\}=D.$$

由于 B 半正定,因此 $\mu_i \geqslant 0, i=1,2,\cdots,n$。于是

$$\begin{aligned}|A+B| &= |(C')^{-1}IC^{-1}+(C')^{-1}DC^{-1}| = |C^{-1}|^2 \, |I+D| \\ &= |C^{-1}|^2(1+\mu_1)(1+\mu_2)\cdots(1+\mu_n), \\ |A| &= |C^{-1}|^2, \ |B| = |C^{-1}|^2\mu_1\mu_2\cdots\mu_n.\end{aligned}$$

由于

$$\begin{aligned}&(1+\mu_1)(1+\mu_2)\cdots(1+\mu_n) \\ =\ &1+(\mu_1+\mu_2+\cdots+\mu_n)+(\mu_1\mu_2+\cdots+\mu_1\mu_n+\mu_2\mu_1+\cdots+u_{n-1}\mu_n) \\ &+\cdots+\mu_1\mu_2\cdots\mu_n \\ \geqslant\ &1+\mu_1\mu_2\cdots\mu_n,\end{aligned}$$

因此 $$|A+B| \geqslant |C^{-1}|^2(1+\mu_1\mu_2\cdots\mu_n) = |A|+|B|.$$

若等号成立,则

$$\mu_1+\mu_2+\cdots+\mu_n+(\mu_1\mu_2+\cdots+\mu_{n-1}\mu_n)+\cdots+\mu_2\mu_3\cdots\mu_n = 0.$$

由此推出,$\mu_1=\mu_2=\cdots=\mu_n=0$。从而 $B=0$。

显然,当 $B=0$ 时,等号成立。

注:第 12 题推广了《高等代数学习指导书(上册)》6.3 节例 15 的结果。

13. 设 A,B 都不是正定矩阵,只是半正定矩阵。因为 A 是实对称矩阵,所以存在 n 级正交矩阵 T,使得 $A=T\,\mathrm{diag}\{\lambda_1,\lambda_2,\cdots,\lambda_n\}T'$,其中 $\lambda_1,\lambda_2,\cdots,\lambda_n$ 是 A 的全部特征值。由于 A 半正定,因此 $\lambda_i \geqslant 0, i=1,2,\cdots,n$。由于 A 不是正定的,因此存在 $\lambda_j=0$。从而 $|A|=0$。同理 $|B|=0$。由于 $A+B$ 也是半正定,因此 $|A+B|\geqslant 0$。从而 $|A+B|\geqslant|A|+|B|$。显然,等号成立当且仅当 $|A+B|=0$。

14. (1) 设 $k_1f_1+\cdots+k_nf_n=0$,则

$$(k_1f_1+\cdots+k_nf_n,\alpha_j)=0, j=1,2,\cdots,n.$$

由此得出,$k_j=0, j=1,2,\cdots,n$。因此 $f_1,\cdots,f_n$ 线性无关,从而它是 V 的一个基。

设 $\alpha=\sum_{i=1}^n x_i\alpha_i$,则 $(f_j,\alpha)=\sum_{i=1}^n x_i(f_j,\alpha_i)=x_j$,

因此 $$\alpha=\sum_{i=1}^n (f_i,\alpha)\alpha_i.$$

设 $\alpha=\sum_{i=1}^n y_if_i$,则 $(\alpha_j,\alpha)=\sum_{i=1}^n y_i(\alpha_j,f_i)=y_i$,因此 $\alpha=\sum_{i=1}^n(\alpha_i,\alpha)f_i$.

(2) 设 $(f_1,\cdots,f_n)=(\alpha_1,\cdots,\alpha_n)B$,其中 $B=(b_{ij})$,则

$$f_i=b_{1i}\alpha_1+b_{2i}\alpha_2+\cdots+b_{ni}\alpha_n.$$

从而 $$(f_i,\alpha_j)=b_{1i}(\alpha_1,\alpha_j)+b_{2i}(\alpha_2,\alpha_j)+\cdots+b_{ni}(\alpha_n,\alpha_j).$$

于是

$$\boldsymbol{\varepsilon}_i=\begin{pmatrix}(f_i,\alpha_1)\\(f_i,\alpha_2)\\\vdots\\(f_i,\alpha_n)\end{pmatrix}=\begin{pmatrix}(\alpha_1,\alpha_1)(\alpha_2,\alpha_1)\cdots(\alpha_n,\alpha_1)\\(\alpha_1,\alpha_2)(\alpha_2,\alpha_2)\cdots(\alpha_n,\alpha_2)\\\vdots\quad\quad\vdots\quad\quad\quad\vdots\\(\alpha_1,\alpha_n)(\alpha_2,\alpha_n)\cdots(\alpha_n,\alpha_n)\end{pmatrix}\begin{pmatrix}b_{1i}\\b_{2i}\\\vdots\\b_{ni}\end{pmatrix}.$$

把矩阵 B 的第 i 列记作 B_i，则由上式得

$$\boldsymbol{\varepsilon}_i=A'B_i=AB_i,\ i=1,2,\cdots,n.$$

因此
$$B=(A^{-1}\boldsymbol{\varepsilon}_1,A^{-1}\boldsymbol{\varepsilon}_2,\cdots,A^{-1}\boldsymbol{\varepsilon}_n)=A^{-1}I=A^{-1}.$$

设对偶基 $f_1,\cdots,f_n$ 的度量矩阵为 $C=(c_{ij})$，则

$$c_{ji}=(f_j,f_i)=(f_j,b_{1i}\alpha_1+\cdots+b_{ni}\alpha_n)=b_{ji},$$

因此
$$C=B=A^{-1}.$$

15. 设 $(g_1,\cdots,g_n)=(f_1,\cdots,f_n)Q,Q=(q_{ij})$，则 $g_i=\sum\limits_{j=1}^{n}q_{ji}f_j$.

又根据第 14 题的第(1)小题得，$g_i=\sum\limits_{j=1}^{n}(\alpha_j,g_i)f_j$，因此

$$q_{ji}=(\alpha_j,g_i)=(g_i,\alpha_j).$$

由已知条件得，$(\alpha_1,\cdots,\alpha_n)=(\beta_1,\cdots,\beta_n)P^{-1}$，记 $P^{-1}=(p_{ij})$，则 $\alpha_j=\sum\limits_{i=1}^{n}p_{ij}\beta_i$。又有 $\alpha_j=\sum\limits_{i=1}^{n}(g_i,\alpha_j)\beta_i$，因此 $p_{ij}=(g_i,\alpha_j)$。综上所述得，$q_{ji}=p_{ij}$，

即 $Q'(i,j)=P^{-1}(i,j)$。因此 $Q=(P^{-1})'$。

习题 10.3

1. 由于 $V=\langle\alpha\rangle\oplus\langle\alpha\rangle^{\perp}$，因此 $\dim\langle\alpha\rangle^{\perp}=n-1$。

2. 把 U 的一个基 $\boldsymbol{\gamma}_1,\boldsymbol{\gamma}_2$ 进行正交化和单位化：令

$$\boldsymbol{\beta}_1=\boldsymbol{\gamma}_1,$$

$$\boldsymbol{\beta}_2=\boldsymbol{\gamma}_2-\frac{(\boldsymbol{\gamma}_2,\boldsymbol{\beta}_1)}{(\boldsymbol{\beta}_1,\boldsymbol{\beta}_1)}\boldsymbol{\beta}_1=\boldsymbol{\gamma}_2-\frac{-1}{6}\boldsymbol{\beta}_1=\left(\frac{7}{6},\frac{1}{3},-\frac{11}{6}\right)';$$

$$\boldsymbol{\eta}_1=\frac{1}{|\boldsymbol{\beta}_1|}\boldsymbol{\beta}_1=\frac{1}{\sqrt{6}}\boldsymbol{\beta}_1=\left(\frac{\sqrt{6}}{6},\frac{\sqrt{6}}{3},\frac{\sqrt{6}}{6}\right)',$$

$$\boldsymbol{\eta}_2=\frac{1}{|\boldsymbol{\beta}_2|}\boldsymbol{\beta}_2=\frac{6}{\sqrt{174}}\boldsymbol{\beta}_2=\left(\frac{7}{\sqrt{174}},\frac{2}{\sqrt{174}},-\frac{11}{\sqrt{174}}\right)',$$

则 $\boldsymbol{\eta}_1,\boldsymbol{\eta}_2$ 是 U 的一个标准正交基，于是 $\boldsymbol{\alpha}$ 在 U 上的正交投影 $\boldsymbol{\alpha}_1$ 为

$$\boldsymbol{\alpha}_1=\sum_{i=1}^{2}(\boldsymbol{\alpha},\boldsymbol{\eta}_i)\boldsymbol{\eta}_i=-\frac{5\sqrt{6}}{6}\boldsymbol{\eta}_1+\frac{1}{\sqrt{174}}\boldsymbol{\eta}_2$$
$$=\left(-\frac{23}{29},-\frac{48}{29},-\frac{26}{29}\right)'.$$

3. (1) 设 A 的行向量组为 $\boldsymbol{\gamma}_1,\boldsymbol{\gamma}_2,\cdots,\boldsymbol{\gamma}_s$。任取 $\boldsymbol{\beta}\in W$。则 $A\boldsymbol{\beta}=\mathbf{0}$。从而 $\boldsymbol{\gamma}_i\boldsymbol{\beta}=0,i=1,2,\cdots,s$。即

$$(\boldsymbol{\gamma}_i',\boldsymbol{\beta})=0,\quad i=1,2,\cdots,s,$$

于是 $\boldsymbol{\gamma}_i'\in W^{\perp},i=1,2,\cdots,s$。因此

$$\langle\boldsymbol{\gamma}_1',\boldsymbol{\gamma}_2',\cdots,\boldsymbol{\gamma}_s'\rangle\subseteq W^{\perp}.$$

由于 $\mathbf{R}^n=W\oplus W^{\perp}$，因此

$$\dim W^{\perp}=n-\dim W=n-(n-\operatorname{rank}(A))=\operatorname{rank}(A).$$

又由于 $\dim\langle\boldsymbol{\gamma}_1',\boldsymbol{\gamma}_2',\cdots,\boldsymbol{\gamma}_s'\rangle=\operatorname{rank}(A)$，因此 $\dim\langle\boldsymbol{\gamma}_1',\boldsymbol{\gamma}_2',\cdots,\boldsymbol{\gamma}_s'\rangle=\dim W^{\perp}$。从而

$$W^{\perp}=\langle\boldsymbol{\gamma}_1',\boldsymbol{\gamma}_2',\cdots,\boldsymbol{\gamma}_s'\rangle.$$

(2) 取 W 的一个基 $\boldsymbol{\eta}_1,\boldsymbol{\eta}_2,\cdots,\boldsymbol{\eta}_{n-r}$，其中 $r=\operatorname{rank}(A)$。令

$$B=(\boldsymbol{\eta}_1,\boldsymbol{\eta}_2,\cdots,\boldsymbol{\eta}_{n-r}).$$

由于 $W=(W^{\perp})^{\perp}$，因此根据本节例 4 得，$W^{\perp}$ 是齐次线性方程组 $B'\boldsymbol{x}=\mathbf{0}$ 的解空间。

4. 设 A 的列向量组是 $\boldsymbol{\alpha}_1,\boldsymbol{\alpha}_2,\cdots,\boldsymbol{\alpha}_n$。则 A' 的行向量组是 $\boldsymbol{\alpha}_1',\boldsymbol{\alpha}_2',\cdots,\boldsymbol{\alpha}_n'$。据第 3 题的第(1)小题的结论得，

$$\begin{aligned}A\boldsymbol{x}=\boldsymbol{\beta}\text{ 有解}\quad&\Leftrightarrow\quad\boldsymbol{\beta}\in\langle\boldsymbol{\alpha}_1,\boldsymbol{\alpha}_2,\cdots,\boldsymbol{\alpha}_n\rangle,\\&\Leftrightarrow\quad\boldsymbol{\beta}\in\langle(\boldsymbol{\alpha}_1')',(\boldsymbol{\alpha}_2')',\cdots,(\boldsymbol{\alpha}_n')'\rangle,\\&\Leftrightarrow\quad\boldsymbol{\beta}\in W^{\perp},\end{aligned}$$

其中 W 是齐次线性方程组 $A'\boldsymbol{x}=\mathbf{0}$ 的解空间。

5. 据 10.2 节的例 19 得，U 的一个标准正交基是

$$\frac{1}{\sqrt{2\pi}},\frac{1}{\sqrt{\pi}}\sin x,\frac{1}{\sqrt{\pi}}\cos x,\frac{1}{\sqrt{\pi}}\sin 2x,\frac{1}{\sqrt{\pi}}\cos 2x,\frac{1}{\sqrt{\pi}}\sin 3x,\frac{1}{\sqrt{\pi}}\cos 3x.$$

于是 $f(x)$ 在 U 上的正交投影 $f_1(x)$ 为

$$f_1(x)=\left(f(x),\frac{1}{\sqrt{2\pi}}\right)\frac{1}{\sqrt{2\pi}}+\sum_{k=1}^{3}\left(f(x),\frac{1}{\sqrt{\pi}}\sin kx\right)\frac{1}{\sqrt{\pi}}\sin kx$$
$$+\sum_{k=1}^{3}\left(f(x),\frac{1}{\sqrt{\pi}}\cos kx\right)\frac{1}{\sqrt{\pi}}\cos kx.$$

由于

$$\left(f(x),\frac{1}{\sqrt{2\pi}}\right)=\frac{1}{\sqrt{2\pi}}\int_0^{2\pi}f(x)\mathrm{d}x=\frac{1}{\sqrt{2\pi}}\int_0^{\pi}1\mathrm{d}x=\sqrt{\frac{\pi}{2}},$$

$$\left(f(x),\frac{1}{\sqrt{\pi}}\sin kx\right)=\frac{1}{\sqrt{\pi}}\int_0^{2\pi}f(x)\sin kx\,\mathrm{d}x=\frac{1}{\sqrt{\pi}}\int_0^{\pi}\sin kx\,\mathrm{d}x$$

$$=\frac{1}{\sqrt{\pi}}\frac{1}{k}(-\cos kx)\Big|_0^{\pi}=-\frac{1}{k\sqrt{\pi}}(\cos k\pi-1),$$

$$\left(f(x),\frac{1}{\sqrt{\pi}}\cos kx\right)=\frac{1}{\sqrt{\pi}}\int_0^{\pi}\cos kx\,\mathrm{d}x=\frac{1}{k\sqrt{\pi}}\sin kx\Big|_0^{\pi}=0,$$

因此

$$f_1(x)=\frac{1}{2}+\frac{2}{\pi}\sin x+\frac{2}{3\pi}\sin 3x.$$

6. 对欧几里得空间的维数 n 作数学归纳法。$n=1$ 时，$V=\langle\eta\rangle$，有 $(\eta,-\eta)=(-1)(\eta,\eta)<0$. 假设对于 $n-1$ 维欧几里得空间命题为真。现在来看 n 维欧几里得空间 V。取一个单位向量 η，则 $V=\langle\eta\rangle\oplus\langle\eta\rangle^{\perp}$。根据归纳假设，$\langle\eta\rangle^{\perp}$ 中存在 n 个向量 $\beta_1\cdots,\beta_n$ 使得 $(\beta_i,\beta_j)<0$，当 $i\neq j$。记 $k=\min\{\sqrt{-(\beta_i,\beta_j)}\mid 1\leqslant i,j\leqslant n \text{ 且 } i\neq j\}$。

令 $\gamma_i=-\frac{k}{2}\eta+\beta_i,i=1,\cdots,n$，有 $(\gamma_i,\eta)=\left(-\frac{k}{2}\eta+\beta_i,\eta\right)=-\frac{k}{2}<0$。

当 $i\neq j$ 时，$(\gamma_i,\gamma_j)=\left(-\frac{k}{2}\eta+\beta_i,-\frac{k}{2}\eta+\beta_j\right)=\frac{k^2}{4}+(\beta_i,\beta_j)\leqslant\frac{1}{4}[-(\beta_i,\beta_j)]+(\beta_i,\beta_j)<0$. 于是 $\eta,\gamma_1,\cdots,\gamma_n$ 中每两个不同向量的内积都小于 0。

7. 任取 V 的一个标准正交基 $\alpha_1,\cdots,\alpha_n$. 在 W 中取一个标准正交基 $\eta_1,\cdots,\eta_m$. 则 α_i 在 W 上的正交投影 α_{i1} 为

$$\alpha_{i1}=\sum_{j=1}^{m}(\alpha_i,\eta_j)\eta_j.$$

从而

$$\sum_{i=1}^{n}|\alpha_{i1}|^2=\sum_{i=1}^{n}(\alpha_{i1},\alpha_{i1})=\sum_{i=1}^{n}\left(\sum_{j=1}^{m}(\alpha_i,\eta_j)\eta_j,\sum_{l=1}^{m}(\alpha_i,\eta_l)\eta_l\right)$$

$$=\sum_{i=1}^{n}\sum_{j=1}^{m}\sum_{l=1}^{m}(\alpha_i,\eta_j)(\alpha_i,\eta_l)(\eta_j,\eta_l)$$

$$=\sum_{i=1}^{n}\sum_{j=1}^{m}(\alpha_i,\eta_j)^2=\sum_{j=1}^{m}\sum_{i=1}^{n}(\alpha_i,\eta_j)^2.$$

由于 $\eta_j=\sum_{k=1}^{n}(\eta_j,\alpha_k)\alpha_k$，因此

$$1=|\eta_j|^2=(\eta_j,\eta_j)=\left(\sum_{k=1}^{n}(\eta_j,\alpha_k)\alpha_k,\sum_{p=1}^{n}(\eta_j,\alpha_p)\alpha_p\right)$$
$$=\sum_{k=1}^{n}\sum_{p=1}^{n}(\eta_j,\alpha_k)(\eta_j,\alpha_p)(\alpha_k,\alpha_p)=\sum_{k=1}^{n}(\eta_j,\alpha_k)^2.$$

从而

$$\sum_{i=1}^{n}|\alpha_{i1}|^2=\sum_{j=1}^{m}\sum_{k=1}^{n}(\alpha_k,\eta_j)^2=\sum_{j=1}^{m}1=m.$$

8. $V=W\oplus W^{\perp}$，于是 $\gamma=\gamma_1+\gamma_2,\gamma_1\in W,\gamma_2\in W^{\perp}$。根据本节例 22 的结论得，$d(\gamma,W)=|\gamma_2|$。把线性无关的向量组 $\alpha_1,\cdots,\alpha_m$ 经过 Schmidt 正交化变成正交向量组 $\beta_1,\cdots,\beta_m$。根据 10.2 节的例 20 的结论得

$$|G(\alpha_1,\cdots,\alpha_m)|-|G(\beta_1,\cdots,\beta_m)|=|\beta_1|^2\cdots|\beta_m|^2.$$

设 $\gamma_2\neq 0$。由于 $\gamma_2\perp W$，因此向量组 $\alpha_1,\cdots,\alpha_m,\gamma_2$ 线性无关，且经过 Schmidt 正交化变成正交向量组 $\beta_1,\cdots,\beta_m,\gamma_2$。于是

$$|G(\alpha_1,\cdots,\alpha_m,\gamma_2)=|G(\beta_1,\cdots,\beta_m,\gamma_2)|=|\beta_1|^2\cdots|\beta_m|^2|\gamma_2|^2.$$

综上所述得，$|\gamma_2|^2=|G(\alpha_1,\cdots,\alpha_m,\gamma_2)|/|G(\alpha_1,\cdots,\alpha_m)|$。若 $\gamma_2=0$，此式也成立。

习题 10.4

1. 设 $\boldsymbol{A}$ 是 n 维欧几里得空间 V 上的第一类正交变换，其中 n 是奇数。则 $\boldsymbol{A}$ 在 V 的一个标准正交基下的矩阵 A 是 n 级正交矩阵。由于 $|A|=1$，且 n 是奇数，因此据《高等代数学习指导书(上册)》5.5 节的例 8 得，1 是 A 的一个特征值。

2. 设 $\boldsymbol{A}$ 是 n 维欧几里得空间 V 上的第二类正交变换，则 $|\boldsymbol{A}|=-1$。据《高等代数学习指导书(上册)》5.5 节的例 8 得，-1 是 $\boldsymbol{A}$ 的一个特征值。

3. 由于 $A(\boldsymbol{X}+\mathrm{i}\boldsymbol{Y})=(a+b\mathrm{i})(\boldsymbol{X}+\mathrm{i}\boldsymbol{Y})$，因此

$$A\boldsymbol{X}=a\boldsymbol{X}-b\boldsymbol{Y},A\boldsymbol{Y}=b\boldsymbol{X}+a\boldsymbol{Y},$$

从而 $\boldsymbol{A}\xi_1=(\alpha_1,\alpha_2,\cdots,\alpha_n)A\boldsymbol{X}=(\alpha_1,\alpha_2,\cdots,\alpha_n)(a\boldsymbol{X}-b\boldsymbol{Y})$

$=a(\alpha_1,\alpha_2,\cdots,\alpha_n)\boldsymbol{X}-b(\alpha_1,\alpha_2,\cdots,\alpha_n)\boldsymbol{Y}=a\xi_1-b\xi_2,$

$\boldsymbol{A}\xi_2=(\alpha_1,\alpha_2,\cdots,\alpha_n)A\boldsymbol{Y}=b\xi_1+a\xi_2$。

于是

$$\xi_1=a\boldsymbol{A}^{-1}\xi_1-b\boldsymbol{A}^{-1}\xi_2,$$
$$\xi_2=b\boldsymbol{A}^{-1}\xi_1+a\boldsymbol{A}^{-1}\xi_2.$$

由此得出，$\boldsymbol{A}^{-1}\xi_1=\dfrac{1}{a^2+b^2}(a\xi_1+b\xi_2)$，$\boldsymbol{A}^{-1}\xi_2=\dfrac{1}{a^2+b^2}(a\xi_2-b\xi_1)$。据例 1 得，$a=\cos\theta$，$b=\pm\sin\theta$，$(0<\theta<\pi)$因此

$$\mathbf{A}^{-1}\xi_1 = a\xi_1 + b\xi_2, \mathbf{A}^{-1}\xi_2 = -b\xi_1 + a\xi_2.$$

于是
$$\begin{aligned}(\mathbf{A}\xi_1,\xi_1) &= (\mathbf{A}\xi_1,\mathbf{A}\mathbf{A}^{-1}\xi_1) = (\xi_1,\mathbf{A}^{-1}\xi_1)\\ &= (\xi_1,a\xi_1+b\xi_2) = a(\xi_1,\xi_1)+b(\xi_1,\xi_2),\\ (\mathbf{A}\xi_1,\xi_1) &= (a\xi_1-b\xi_2,\xi_1) = a(\xi_1,\xi_1)-b(\xi_2,\xi_1).\end{aligned}$$

由此得出 $2b(\xi_1,\xi_2)=0$。由于 $b\neq 0$,因此 $(\xi_1,\xi_2)=0$。从而

$$(\mathbf{A}\xi_1,\mathbf{A}\xi_2) = (a\xi_1 - b\xi_2, b\xi_1 + a\xi_2) = ab\mid\xi_1\mid^2 - ab\mid\xi_2\mid^2.$$

若 $a\neq 0$,则由上式得出,$|\xi_1|=|\xi_2|$;若 $a=0$,则 $\theta=\frac{\pi}{2}$。于是 $\sin\theta=\pm 1$,从而 $\mathbf{A}\xi_1=\mp\xi_2$。因此

$$|\xi_1| = |\mathbf{A}\xi_1| = |\mp\xi_2| = |\xi_2|.$$

4. $|\lambda I-A|=(\lambda+1)(\lambda^2-\frac{5}{3}\lambda+1)$。于是 A 的特征多项式的复根为 $-1,\frac{1}{6}(5\pm\sqrt{11}\mathrm{i})$。

解齐次线性方程根 $(-I-A)\boldsymbol{x}=\mathbf{0}$。求得一个基础解系为 $(1,-3,1)'$。令 $\xi_1=\alpha_1-3\alpha_2+\alpha_3$。把 ξ_1 单位化得

$$\eta_1 = \frac{1}{\sqrt{11}}\xi_1 = \frac{1}{\sqrt{11}}(\alpha_1 - 3\alpha_2 + \alpha_3).$$

解齐次线性方程组 $(1,-3,1)\boldsymbol{x}=\mathbf{0}$,得基础解系为

$$(3,1,0)',(1,0,-1)'.$$

把它们正交化和单位化,得

$$\left(\frac{3}{\sqrt{22}},\frac{2}{\sqrt{22}},\frac{3}{\sqrt{22}}\right)',\left(\frac{1}{\sqrt{2}},0,-\frac{1}{\sqrt{2}}\right)',$$

令 $\eta_2=\frac{3}{\sqrt{22}}\alpha_1+\frac{2}{\sqrt{22}}\alpha_2+\frac{3}{\sqrt{22}}\alpha_3,\eta_3=\frac{1}{\sqrt{2}}\alpha_1-\frac{1}{\sqrt{2}}\alpha_3$,

则 $\langle\eta_1\rangle^{\perp}=\langle\eta_2,\eta_3\rangle$。于是 η_1,η_2,η_3 是 V 的一个标准正交基。通过解有关的线性方程组可求出

$$\mathbf{A}\eta_2 = \frac{5}{6}\eta_2 + \frac{\sqrt{11}}{6}\eta_3, \mathbf{A}\eta_3 = \frac{-\sqrt{11}}{6}\eta_2 + \frac{5}{6}\eta_3.$$

于是 $\mathbf{A}$ 在基 η_1,η_2,η_3 下的矩阵为

$$\begin{bmatrix}-1 & 0 & 0\\ 0 & \frac{5}{6} & -\frac{\sqrt{11}}{6}\\ 0 & \frac{\sqrt{11}}{6} & \frac{5}{6}\end{bmatrix}.$$

5. $\boldsymbol{A}\alpha_1$ 在基 α_1,α_2 下的坐标为

$$A\boldsymbol{\varepsilon}_1=\left(\frac{1}{\sqrt{10}},\frac{3}{\sqrt{10}}\right)',$$

于是 $\alpha_1-\boldsymbol{A}\alpha_1$ 在基 α_1,α_2 下的坐标为 $\left(1-\frac{1}{\sqrt{10}},-\frac{3}{\sqrt{10}}\right)'$。令 $\xi_1=\alpha_1-\boldsymbol{A}\alpha_1$。解齐次线性方程组

$$\left(1-\frac{1}{\sqrt{10}}\right)x_1-\frac{3}{\sqrt{10}}x_2=0$$

求出一个基础解系为$(3,\sqrt{10}-1)'$，于是

$$\langle\xi_1\rangle^{\perp}=\langle 3\alpha_1+(\sqrt{10}-1)\alpha_2\rangle.$$

设 $\boldsymbol{B}_1$ 是关于直线$\langle\xi_1\rangle^{\perp}$的轴反射，$\boldsymbol{B}_2$ 是关于直线$\langle\boldsymbol{A}\alpha_1\rangle$的轴反射。据例 8 得，$\boldsymbol{A}=\boldsymbol{B}_2\boldsymbol{B}_1$，其中直线$\langle\xi_1\rangle^{\perp}$，直线$\langle\boldsymbol{A}\alpha_1\rangle$的方程分别为

$$y=\frac{\sqrt{10}-1}{3}x,y=3x.$$

6. 在第 4 题的解答中已求出 V 的一个标准正交基 η_1,η_2,η_3，其中 $\eta_1=\frac{1}{\sqrt{11}}(\alpha_1-3\alpha_2+\alpha_3)$，$\eta_2=\frac{1}{\sqrt{22}}(3\alpha_1+2\alpha_2+3\alpha_3)$，$\eta_3=\frac{1}{\sqrt{2}}(\alpha_1-\alpha_3)$，使得正交变换 $\boldsymbol{A}$ 在基 η_1,η_2,η_3 下的矩阵为

$$\begin{pmatrix}-1 & 0 & 0\\ 0 & \frac{5}{6} & -\frac{\sqrt{11}}{6}\\ 0 & \frac{\sqrt{11}}{6} & \frac{5}{6}\end{pmatrix}.$$

由此受到启发，先作关于平面$\langle\eta_1\rangle^{\perp}=\langle\eta_2,\eta_3\rangle$的镜面反射 $\boldsymbol{B}_1$，则 $\boldsymbol{B}_1\eta_1=-\eta_1$，$\boldsymbol{B}_1\eta_2=\eta_2$，$\boldsymbol{B}_1\eta_3=\eta_3$。令 $\xi_1=\eta_2-\boldsymbol{A}\eta_2=\frac{1}{6}\eta_2-\frac{\sqrt{11}}{6}\eta_3$。在平面$\langle\eta_2,\eta_3\rangle$中作关于$\langle\xi_1\rangle^{\perp}$的镜面反射 $\widetilde{\boldsymbol{B}}_2$。则据例 6 得，$\widetilde{\boldsymbol{B}}_2\eta_2=\boldsymbol{A}\eta_2$。接着作关于$\langle\boldsymbol{A}\eta_2\rangle$的镜面反射 $\widetilde{\boldsymbol{B}}_3$，则据例 8 得，

$$\boldsymbol{A}\mid\langle\eta_2,\eta_3\rangle=\widetilde{\boldsymbol{B}}_3\widetilde{\boldsymbol{B}}_2.$$

把 $\widetilde{\boldsymbol{B}}_2,\widetilde{\boldsymbol{B}}_3$ 分别扩充成 V 上的线性变换 $\boldsymbol{B}_2,\boldsymbol{B}_3$，使得

$$\boldsymbol{B}_2\eta_1=\eta_1,\boldsymbol{B}_2\mid\langle\eta_2,\eta_3\rangle=\widetilde{\boldsymbol{B}}_2;\boldsymbol{B}_3\eta_1=\eta_1,\boldsymbol{B}_3\mid\langle\eta_2,\eta_3\rangle=\widetilde{\boldsymbol{B}}_3.$$

据例 10 得，$\boldsymbol{B}_2$ 是关于平面$\langle\boldsymbol{A}\eta_1\rangle\oplus\langle\xi_1\rangle^{\perp}=\langle\eta_1,\xi_2\rangle$的镜面反射，其中 ξ_2 是$\langle\eta_1,\eta_2\rangle$中与 ξ_1 正交的向量，即 $\xi_2\in\langle\eta_1,\xi_1\rangle^{\perp}$；$\boldsymbol{B}_3$ 是关于平面$\langle\eta_1,\boldsymbol{A}\eta_2\rangle$的镜面反射，具有

$$\boldsymbol{A}=\boldsymbol{B}_3^{-1}\boldsymbol{B}_2^{-1}\boldsymbol{B}_1=\boldsymbol{B}_3\boldsymbol{B}_2\boldsymbol{B}_1.$$

下面来求 ξ_2：由于 $\xi_2 \perp \eta_1$，且 $\xi_2 \perp \xi_1$，$\xi_1 = \dfrac{1}{3\sqrt{22}}(-4\alpha_1 + \alpha_2 + 7\alpha_3)$，因此考虑齐次线性方程程组

$$\begin{cases} x_1 - 3x_2 + x_3 = 0, \\ -4x_1 + x_2 + 7x_3 = 0, \end{cases}$$

求得一个基础解系：$(2,1,1)'$，取 $\xi_2 = 2\alpha_1 + \alpha_2 + \alpha_3$。

据第 4 题得，$\boldsymbol{A}\eta_2 = \dfrac{5}{6}\eta_2 + \dfrac{\sqrt{11}}{6}\eta_3 = \dfrac{1}{3\sqrt{22}}(13\alpha_1 + 5\alpha_2 + 2\alpha_3)$。

7. 设 $\boldsymbol{B}$ 在基 α_1, α_2 下的矩阵为 B，则 $\boldsymbol{A}^{-1}\boldsymbol{BA}$ 在基 α_1, α_2 下的矩阵为 $A^{-1}BA$。由于 $\boldsymbol{B}$ 是轴反射，因此 $\boldsymbol{B}$ 是第二类正交变换，从而 $|B| = -1$。于是 $|A^{-1}BA| = -1$。由于 $\boldsymbol{A}^{-1}\boldsymbol{BA}$ 仍是 V 上的正交变换，因此据第 2 题得，-1 是 $\boldsymbol{A}^{-1}\boldsymbol{BA}$ 的一个特征值。从而 1 也是 $\boldsymbol{A}^{-1}\boldsymbol{BA}$ 的一个特征值。于是 $\boldsymbol{A}^{-1}\boldsymbol{BA}$ 的属于 1 的特征子空间的维数为 1。据例 5 得，$\boldsymbol{A}^{-1}\boldsymbol{BA}$ 是一个轴反射。设 $\boldsymbol{A}^{-1}\boldsymbol{BA}$ 属于 1 和 -1 的一个特征向量分别为 ξ_1, ξ_2，则 $\boldsymbol{A}^{-1}\boldsymbol{BA}$ 在基 ξ_1, ξ_2 下的矩阵为 $\operatorname{diag}\{1, -1\}$。由此看出，$\boldsymbol{A}^{-1}\boldsymbol{BA}$ 是关于 $\langle \xi_1 \rangle$ 的轴反射，下面来求 ξ_1。用 $\boldsymbol{P}$ 表示 V 在 $\langle \eta_1 \rangle$ 上的正交投影，则 $\boldsymbol{P}\alpha_1 = (\alpha_1, \eta_1)\eta_1 = \dfrac{2}{5}(2\alpha_1 - \alpha_2)$，$\boldsymbol{P}\alpha_2 = -\dfrac{1}{5}(2\alpha_1 - \alpha_2)$。由于 $\boldsymbol{B}$ 是关于 $\langle \eta_1 \rangle^{\perp}$ 的轴反射，因此 $\boldsymbol{B} = \boldsymbol{I} - 2\boldsymbol{P}$。从而

$$\boldsymbol{B}\alpha_1 = -\frac{3}{5}\alpha_1 + \frac{4}{5}\alpha_2, \boldsymbol{B}\alpha_2 = \frac{4}{5}\alpha_1 + \frac{3}{5}\alpha_2,$$

于是

$$B = \begin{pmatrix} -\dfrac{3}{5} & \dfrac{4}{5} \\ \dfrac{4}{5} & \dfrac{3}{5} \end{pmatrix},$$

由此得出

$$A^{-1}BA = \begin{pmatrix} \dfrac{24}{25} & -\dfrac{7}{25} \\ -\dfrac{7}{25} & -\dfrac{24}{25} \end{pmatrix}.$$

求出 $A^{-1}BA$ 的属于特征值 1 的一个特征向量 ξ_1 为

$$\xi_1 = 7\alpha_1 - \alpha_2.$$

于是 $\boldsymbol{A}^{-1}\boldsymbol{BA}$ 是关于直线 $\langle \xi_1 \rangle$ 的轴反射。

8. 用 $\boldsymbol{P}$ 表示 V 在 $\langle \eta_1 \rangle$ 上的正交投影，则 $\boldsymbol{B} = \boldsymbol{I} - 2\boldsymbol{P}$。在 $\langle \eta_1 \rangle^{\perp}$ 中取一个标准正交基：$\eta_2, \cdots, \eta_n$，则 $\eta_1, \eta_2, \cdots, \eta_n$ 是 V 的一个标准正交基。由于 $\boldsymbol{P}$ 在基 $\eta_1, \eta_2, \cdots, \eta_n$ 下的矩阵

$P=\mathrm{diag}\{1,0,\cdots,0\}=\boldsymbol{\varepsilon}_1\boldsymbol{\varepsilon}_1'$，因此 $\boldsymbol{B}$ 在基 $\eta_1,\eta_2,\cdots,\eta_n$ 下的矩阵 $B=I-2\boldsymbol{\varepsilon}_1\boldsymbol{\varepsilon}_1'$。设 $\boldsymbol{A}$ 在基 $\eta_1,\eta_2,\cdots,\eta_n$ 下的矩阵为 A，则 $\boldsymbol{A}^{-1}\boldsymbol{BA}$ 在此标准正交基下的矩阵为

$$A^{-1}BA=A'(I-2\boldsymbol{\varepsilon}_1\boldsymbol{\varepsilon}_1')A=I-2(A'\boldsymbol{\varepsilon}_1)(A'\boldsymbol{\varepsilon}_1)'.$$

由于 $A'\boldsymbol{\varepsilon}_1$ 是 $\mathbf{R}^n$ 中的单位向量，因此据例 13 得，$\boldsymbol{A}^{-1}\boldsymbol{BA}$ 是一个镜面反射。令 $\gamma_1=(\eta_1,\eta_2,\cdots,\eta_n)A'\boldsymbol{\varepsilon}_1$，即 $\gamma_1=\boldsymbol{A}^{-1}\eta_1$，则从例 13 的充分性的证明中看到，$\boldsymbol{A}^{-1}\boldsymbol{BA}$ 是关于超平面 $\langle\boldsymbol{A}^{-1}\eta_1\rangle^{\perp}$ 的镜面反射。

9. 设 $\boldsymbol{B}$ 是 V 上关于超平面 $\langle\eta_1\rangle^{\perp}$ 的镜面反射。在 $\langle\eta_1\rangle^{\perp}$ 中取一个标准正交基 $\eta_2,\cdots,\eta_n$。则据例 13 得，$\boldsymbol{B}$ 在 V 的标准正交基 $\eta_1,\eta_2,\cdots,\eta_n$ 下的矩阵 B 为 $B=I-2\boldsymbol{\varepsilon}_1\boldsymbol{\varepsilon}_1'$。由于 $B'=I-2\boldsymbol{\varepsilon}_1\boldsymbol{\varepsilon}_1'=B$，因此 B 是对称矩阵。从而 $\boldsymbol{B}$ 是对称变换。（注：也可用 $\boldsymbol{P}$ 表示 V 在 $\langle\eta_1\rangle$ 上的正交投影，于是 $\boldsymbol{P}$ 是对称变换。由于 $\boldsymbol{B}=\boldsymbol{I}-2\boldsymbol{P}$，因此 $\boldsymbol{B}$ 也是对称变换。）

10. 据定理 1 得，V 中存在一个标准正交基，使得 $\boldsymbol{A}$ 在此基下的矩阵 A 为

$$A=\mathrm{diag}\left\{\lambda_1,\cdots,\lambda_r,\begin{pmatrix}\cos\theta_1 & -\sin\theta_1\\ \sin\theta_1 & \cos\theta_1\end{pmatrix},\cdots,\begin{pmatrix}\cos\theta_m & -\sin\theta_m\\ \sin\theta_m & \cos\theta_m\end{pmatrix}\right\},$$

其中 $\lambda_i=1$ 或 -1，$i=1,2,\cdots,r$；$0<\theta_j<\pi$，$j=1,2,\cdots,m$；$r+2m=n$。于是

$$|\operatorname{tr}(\boldsymbol{A})|=|\operatorname{tr}(A)|=|\lambda_1+\cdots+\lambda_r+2\cos\theta_1+\cdots+2\cos\theta_m|$$

$$\leqslant\sum_{i=1}^{r}|\lambda_i|+2\sum_{j=1}^{m}|\cos\theta_j|\leqslant r+2m=n.$$

11. 由于 $\boldsymbol{A}$ 是第一类正交变换，因此 $|A|=1$。从而 $\lambda_1,,\cdots,\lambda_r$ 中 -1 的个数为偶数 $2l$。于是

$$f(\lambda)=(\lambda-1)^{r-2l}(\lambda+1)^{2l}\prod_{j=1}^{m}(\lambda^2-2\lambda\cos\theta_j+1),$$

$$\begin{aligned}\lambda^n f(\lambda^{-1})&=(1-\lambda)^{r-2l}(1+\lambda)^{2l}\prod_{j=1}^{m}(1-2\lambda\cos\theta_j+\lambda^2)\\&=(-1)^{r-2l}(\lambda-1)^{r-2l}(\lambda+1)^{2l}\prod_{j=1}^{m}(\lambda^2-2\lambda\cos\theta_j+1)\\&=(-1)^r f(\lambda).\end{aligned}$$

由于 $r+2m=n$，因此 $f(\lambda)=(-\lambda)^n f(\lambda^{-1})$。

12. 设 λ_0 是斜对称变换 $\boldsymbol{A}$ 的一个特征值。ξ 是 $\boldsymbol{A}$ 的属于 λ_0 的一个单位特征向量，则

$$\lambda_0=(\lambda_0\xi,\xi)=(\boldsymbol{A}\xi,\xi)=-(\xi,\boldsymbol{A}\xi)=-(\xi,\lambda_0\xi)=-\lambda_0.$$

由此得出，$\lambda_0=0$。

13. 证明方法类似于例 32 的证法。

14. V 中存在一个标准正交基 η_1,η_2，使得 $\boldsymbol{A}$ 在此基下的矩阵 $A=\begin{pmatrix}0 & a\\ -a & 0\end{pmatrix}$。设 α,β

在此基下的坐标分别为$\boldsymbol{X},\boldsymbol{Y}$,由于$A^2=-a^2I$,因此

$$(\boldsymbol{A}\alpha,\boldsymbol{A}\beta)=(A\boldsymbol{X})'(A\boldsymbol{Y})=\boldsymbol{X}'A'A\boldsymbol{Y}=-\boldsymbol{X}'A^2\boldsymbol{Y}=\boldsymbol{X}'(a^2I)\boldsymbol{Y}$$
$$=a^2\boldsymbol{X}'\boldsymbol{Y}=a^2(\alpha,\beta)=|A|(\alpha,\beta).$$

15. 设$\boldsymbol{A}=\boldsymbol{A}_1\boldsymbol{A}_2\cdots\boldsymbol{A}_s$,其中$\boldsymbol{A}_i$是关于超平面$\langle\delta_i\rangle^{\perp}$的镜面反射,$i=1,2,\cdots,s$。若$\alpha\in\bigcap\limits_{i=1}^{s}\text{Ker}(\boldsymbol{A}_i-\boldsymbol{I})$,则$\boldsymbol{A}_i\alpha=\alpha,i=1,2,\cdots,s$。从而

$$\boldsymbol{A}\alpha=\boldsymbol{A}_1\boldsymbol{A}_2\cdots\boldsymbol{A}_s\alpha=\boldsymbol{A}_1\boldsymbol{A}_2\cdots\boldsymbol{A}_{s-1}\alpha\cdots=\alpha.$$

于是 $\alpha\in\text{Ker}(\boldsymbol{A}-\boldsymbol{I})$。因此 $\bigcap\limits_{i=1}^{s}\text{Ker}(\boldsymbol{A}_i-\boldsymbol{I})\subseteq\text{Ker}(\boldsymbol{A}-\boldsymbol{I})$。

由于$\boldsymbol{A}_i$是关于超平面$\langle\delta_i\rangle^{\perp}$的镜面反射,因此$\boldsymbol{A}_i=\boldsymbol{I}-2\boldsymbol{P}_i$,其中$\boldsymbol{P}_i$是$V$在$\langle\delta_i\rangle$上的正交投影。于是

$$\boldsymbol{A}_i-\boldsymbol{I}=(\boldsymbol{I}-2\boldsymbol{P}_i)-\boldsymbol{I}=-2\boldsymbol{P}_i.$$

从而$\text{Ker}(\boldsymbol{A}_i-\boldsymbol{I})=\text{Ker}\boldsymbol{P}_i=\langle\delta_i\rangle^{\perp},i=1,2,\cdots,s$。

根据10.3节的例2得,$\langle\delta_1\rangle^{\perp}\cap\langle\delta_2\rangle^{\perp}=(\langle\delta_1\rangle+\langle\delta_2\rangle)^{\perp}=\langle\delta_1,\delta_2\rangle^{\perp}$。由此可推出,$\bigcap\limits_{i=1}^{s}\langle\delta_i\rangle^{\perp}=\langle\delta_1,\delta_2,\cdots,\delta_s\rangle^{\perp}$。因此

$$\dim\left[\bigcap_{i=1}^{s}\text{Ker}(\boldsymbol{A}_i-\boldsymbol{I})\right]=\dim\langle\delta_1,\delta_2\cdots,\delta_s\rangle^{\perp}=n-\dim\langle\delta_1,\delta_2\cdots,\delta_s\rangle\geqslant n-s.$$

又有 $\dim\left[\bigcap\limits_{i=1}^{s}\text{Ker}(\boldsymbol{A}_i-\boldsymbol{I})\right]\leqslant\dim[\text{Ker}(\boldsymbol{A}-\boldsymbol{I})]$。从而

$$n-s\leqslant\dim[\text{Ker}(\boldsymbol{A}-\boldsymbol{I})].$$

因此

$$s\geqslant n-\dim[\text{Ker}(\boldsymbol{A}-\boldsymbol{I})]$$

利用本节定理1可以证明上述不等式能取到等号。因此$\boldsymbol{A}$分解成关于超平面的镜面反射的乘积时,镜面反射的最小数目等于$n-\dim[\text{Ker}(\boldsymbol{A}-\boldsymbol{I})]$。

习题 10.5

1. $|\alpha|=\sqrt{3},|\beta|=\sqrt{2},(\alpha,\beta)=1-\mathrm{i}$。

$$\cos\langle\alpha,\beta\rangle=\frac{|(\alpha,\beta)|}{|\alpha||\beta|}=\frac{|1-\mathrm{i}|}{\sqrt{3}\sqrt{2}}=\frac{\sqrt{2}}{\sqrt{3}\sqrt{2}}=\frac{\sqrt{3}}{3},$$

于是$\langle\alpha,\beta\rangle=\arccos\dfrac{\sqrt{3}}{3}$。

2. 先进行Schmidt正交化,得$\beta_1=(1,-1)',\beta_2=\left(\dfrac{1+\mathrm{i}}{2},\dfrac{1+\mathrm{i}}{2}\right)'$。然后单位化得,

$\eta_1=\left(\frac{\sqrt{2}}{2},-\frac{\sqrt{2}}{2}\right)'$，$\eta_2=\left(\frac{1+\mathrm{i}}{2},\frac{1+\mathrm{i}}{2}\right)'$。

3. $\beta_1=(1,-1,1)'$，$\beta_2=\left(\frac{2-\mathrm{i}}{3},\frac{1+\mathrm{i}}{3},\frac{-1+2\mathrm{i}}{3}\right)'$。

4. 2 级 Hermite 矩阵形如

$$\begin{pmatrix} a & b+c\mathrm{i} \\ b-c\mathrm{i} & d \end{pmatrix}, a,b,c,d\in\mathbf{R}.$$

5. $(E_{ij},E_{ij})=\mathrm{tr}(E_{ij}E_{ij}^*)=\mathrm{tr}(E_{ij}E_{ji})=\mathrm{tr}(E_{ii})=1$，当 $k\neq i$ 或 $l\neq j$ 时，$(E_{ij}E_{kl})=\mathrm{tr}(E_{ij}E_{kl}^*)=\mathrm{tr}(E_{ij}E_{lk})=0$。因此 $E_{11},E_{12},\cdots,E_{1n},E_{21},E_{22},\cdots,E_{2n},\cdots,E_{n1},E_{n2},\cdots,E_{nn}$ 是酉空间 $M_n(\mathbf{C})$的一个标准正交基。记 $V=M_n(\mathbf{C})$，于是

$$V=\langle E_{11},E_{22},\cdots,E_{nn}\rangle\oplus\langle E_{ij}\mid i\neq j,1\leqslant i,j\leqslant n\rangle,$$

且$\langle E_{ij}\mid i\neq j,1\leqslant i,j\leqslant n\rangle\subseteq\langle E_{11},E_{22},\cdots,E_{nn}\rangle^{\perp}$。

由于 $W=\langle E_{11},E_{22},\cdots,E_{nn}\rangle$，且 $V=W\oplus W^{\perp}$，因此

$$W^{\perp}=\langle E_{ij}\mid i\neq j,1\leqslant i,j\leqslant n\rangle,$$

$W^{\perp}$ 的一个标准正交基是$\{E_{ij}\mid i\neq j,1\leqslant i,j\leqslant n\}$。

6. 由于 $A^*=A'=A^{-1}$，因此把 A 看成复矩阵时，它是酉矩阵。

$$|\lambda I-A|=\begin{vmatrix} \lambda-\cos\theta & \sin\theta \\ -\sin\theta & \lambda-\cos\theta \end{vmatrix}=\lambda^2-2\lambda\cos\theta+1,$$

于是 A 的全部特征值是 $\cos\theta\pm\mathrm{i}\sin\theta$，即 $\mathrm{e}^{\mathrm{i}\theta},\mathrm{e}^{-\mathrm{i}\theta}$。从而 A 的酉相似标准形为 $\mathrm{diag}\{\mathrm{e}^{\mathrm{i}\theta},\mathrm{e}^{-\mathrm{i}\theta}\}$。

7. 显然 $\boldsymbol{\varepsilon}_1,\boldsymbol{\varepsilon}_2$ 是酉空间 $\mathbf{C}^2$ 的一个标准正交基，由于

$$AA^*=\begin{pmatrix} 1 & \mathrm{i} \\ \mathrm{i} & 1 \end{pmatrix}\begin{pmatrix} 1 & -\mathrm{i} \\ -\mathrm{i} & 1 \end{pmatrix}=\begin{pmatrix} 2 & 0 \\ 0 & 2 \end{pmatrix}=A^*A,$$

因此 A 是正规矩阵，从而 $\mathbf{A}$ 是正规变换。

$$|\lambda I-A|=\begin{pmatrix} \lambda-1 & -\mathrm{i} \\ -\mathrm{i} & \lambda-1 \end{pmatrix}=\lambda^2-2\lambda+2,$$

于是 A 的全部特征值是 $1\pm\mathrm{i}$。

解齐次线性方程组$((1+\mathrm{i})I-A)\boldsymbol{x}=0$，得一个基础解系为$(1,1)'$，从而 $\mathbf{A}$ 的属于 $1+\mathrm{i}$ 的一个特征向量 $\boldsymbol{\beta}_1$ 为 $\boldsymbol{\beta}_1=\boldsymbol{\varepsilon}_1+\boldsymbol{\varepsilon}_2$。单位化得，$\boldsymbol{\eta}_1=\frac{1}{\sqrt{2}}(\boldsymbol{\varepsilon}_1+\boldsymbol{\varepsilon}_2)=\left(\frac{1}{\sqrt{2}},\frac{1}{\sqrt{2}}\right)'$。

解方程组$((1-\mathrm{i})I-A)\boldsymbol{x}=0$，得一个基础解系为$(1,-1)'$，从而 $\mathbf{A}$ 的属于 $1-i$ 的一个特征向量 $\boldsymbol{\beta}_2=\boldsymbol{\varepsilon}_1-\boldsymbol{\varepsilon}_2$。单位化得，$\boldsymbol{\eta}_2=\frac{1}{\sqrt{2}}(\boldsymbol{\varepsilon}_1-\boldsymbol{\varepsilon}_2)=\left(\frac{1}{\sqrt{2}},-\frac{1}{\sqrt{2}}\right)'$。

$\mathbf{A}$ 在 $\mathbf{C}^2$ 的一个标准正交基 $\boldsymbol{\eta}_1,\boldsymbol{\eta}_2$ 下的矩阵为

$$\begin{pmatrix} 1+\mathrm{i} & 0 \\ 0 & 1-\mathrm{i} \end{pmatrix}.$$

8. 由于 $\mathbf{A}$ 是 V 上的正规变换，因此 V 中存在一个标准正交基 $\eta_1,\eta_2,\cdots,\eta_n$，使得 $\mathbf{A}$ 在此基下的矩阵 A 为对角矩阵：$A=\mathrm{diag}\{\lambda_1 I_{n_1},\lambda_2 I_{n_2},\cdots,\lambda_s I_{n_s}\}$，其中 $\lambda_1,\lambda_2,\cdots,\lambda_s$ 是 $\mathbf{A}$ 的所有不同的特征值，n_i 是 $\mathbf{A}$ 的属于 λ_i 的特征子空间 V_i 的维数，$i=1,2,\cdots,s$。根据定理 8 得，$\mathbf{A}^*$ 在标准正交基 $\eta_1,\eta_2,\cdots,\eta_n$ 下的矩阵为 $A^*=\mathrm{diag}\{\bar{\lambda}_1 I_{n_1},\bar{\lambda}_2 I_{n_2},\cdots,\bar{\lambda}_s I_{n_s}\}$。

根据本书 7.6 节的定理 11 得，存在唯一的 $g(x)=a_0+a_1x+\cdots+a_{s-1}x^{s-1}\in\mathbf{C}[x]$，使得

$$a_0+a_1\lambda_i+\cdots+a_{s-1}\lambda_i^{s-1}=\bar{\lambda}_i,\ i=1,2,\cdots,s.$$

于是

$$A^*=\begin{pmatrix} \bar{\lambda}_1 I_{n_1} & & & 0 \\ & \lambda_2 I_{n_2} & & \\ & & \ddots & \\ 0 & & & \lambda_s I_{n_s} \end{pmatrix}=\begin{pmatrix} g(\lambda_1) I_{n_1} & & & 0 \\ & g(\lambda_2) I_{n_2} & & \\ & & \ddots & \\ 0 & & & g(\lambda_s) I_{n_s} \end{pmatrix}$$

$$=a_0 I+a_1 A+\cdots+a_{s-1}A^{s-1}=g(A).$$

9. 设 A 是 n 级实对称矩阵，则存在 n 级正交矩阵 T，使得 $T^{-1}AT=\mathrm{diag}\{\lambda_1,\lambda_2,\cdots,\lambda_n\}$，令 $B=T\,\mathrm{diag}\{\sqrt[3]{\lambda_1},\sqrt[3]{\lambda_2},\cdots,\sqrt[3]{\lambda_n}\}T^{-1}$，则

$$A=T\,\mathrm{diag}\{\lambda_1,\lambda_2,\cdots,\lambda_n\}T^{-1}=B^3,$$

且 $B'=(T^{-1})'\mathrm{diag}\{\sqrt[3]{\lambda_1},\sqrt[3]{\lambda_2},\cdots,\sqrt[3]{\lambda_n}\}T'=B$。因此 B 是实对称矩阵。

设 A 是 n 级 Hermite 矩阵，则存在 n 级酉矩阵 P，使得 $P^{-1}AP$ 为实对角矩阵：$\mathrm{diag}\{\lambda_1,\lambda_2,\cdots,\lambda_n\}$。令 $B=P\,\mathrm{diag}\{\sqrt[3]{\lambda_1},\sqrt[3]{\lambda_2},\cdots,\sqrt[3]{\lambda_n}\}P^{-1}$，则同理可得，$A=B^3$。且 $B^*=(P^{-1})^*\,\mathrm{diag}\{\sqrt[3]{\lambda_1},\sqrt[3]{\lambda_2},\cdots,\sqrt[3]{\lambda_s}\}P^*=B$，因此 B 是 n 级 Hermite 矩阵。

10. (1) 根据 8.2 节的例 21，$M_n(\mathbf{C})=\langle I\rangle\oplus M_n^0(\mathbf{C})$。任取 $B\in M_n^0(\mathbf{C})$，则 $\mathrm{tr}(B)=0$，从而 $\mathrm{tr}(B^*)=0$. 于是 $(kI,B)=\mathrm{tr}((kI)B^*)=k\,\mathrm{tr}(B^*)=0$，因此 $kI\in M_n^0(\mathbf{C})^\perp$。于是 $\langle I\rangle\subseteq M_n^0(\mathbf{C})^\perp$。又由于 $\dim(M_n^0(\mathbf{C})^\perp)=n^2-\dim(M_n^0(\mathbf{C}))=1=\dim\langle I\rangle$，因此 $\langle I\rangle=M_n^0(\mathbf{C})^\perp$。

(2) 所有 n 级幂零下三角复矩阵组成的集合 W 是 $M_n^0(\mathbf{C})$ 的一个子空间。任一 n 级复矩阵 $A=(a_{ij})$ 可以表示成

$$A=\begin{pmatrix} a_{11} & a_{12} & \cdots & a_{1n} \\ 0 & a_{22} & \cdots & a_{2n} \\ \vdots & \vdots & & \vdots \\ 0 & 0 & \cdots & a_{nn} \end{pmatrix}+\begin{pmatrix} 0 & 0 & \cdots & 0 \\ a_{21} & 0 & \cdots & 0 \\ \vdots & \vdots & & \vdots \\ a_{n1} & a_{n2} & \cdots & 0 \end{pmatrix}.$$

根据本套书上册 4.2 节的例 9 得，下三角矩阵是幂零矩阵，当且仅当它的主对角元全为 0。因此从上式得，$A\in U+W$。从而 $M_n^0(\mathbf{C})=U+W$。由于

$$\dim(U)+\dim(W)=\frac{(n+1)n}{2}+\frac{n(n-1)}{2}=n^2=\dim M_n(\mathbf{C})=\dim(U+W).$$

因此 $U+W$ 是直和。从而 $M_n(\mathbf{C})=U\oplus W$。

任取 n 级上三角复矩阵 $B=(b_{ij})$，任取 n 级幂零下三角复矩阵 $D=(d_{ij})$，则 $d_{ii}=0,i=1,2,\cdots,n$。从而

$$(B,D)=\operatorname{tr}(BD^*)=\sum_{i=1}^{n}(BD^*)(i;i)=\sum_{i=1}^{n}a_{ii}d_{ii}=0.$$

因此 $D\in U^{\perp}$。从而 $W\subseteq U^{\perp}$。又由于

$$\dim W=\frac{n(n-1)}{2}=n^2-\frac{(n+1)n}{2}=n^2-\dim U=\dim U^{\perp},$$

因此 $W=U^{\perp}$，即所有上三角矩阵组成的子空间 U 的正交补等于幂零下三角矩阵组成的子空间。

11. $\mathbf{A}^*$ 在基 $\alpha_1,\cdots,\alpha_n$ 下的矩阵为 $\overline{G}^{-1}A^*\overline{G}$。理由如下：

V 中取一个标准正交基 $\eta_1,\cdots,\eta_n$，设 $\mathbf{A}$ 在基 $\eta_1,\cdots,\eta_n$ 下的矩阵为 B，则根据本节定理 8，$\mathbf{A}^*$ 在基 $\eta_1,\cdots,\eta_n$ 下的矩阵是 B^*。设 $\mathbf{A}^*$ 在基 $\alpha_1,\cdots,\alpha_n$ 下的矩阵为 H。

设 $(\alpha_1,\cdots,\alpha_n)=(\eta_1,\cdots,\eta_n)P$，则根据 9.3 节的定理 3 得，$A=P^{-1}BP,H=P^{-1}B^*P$。设 P 的列向量组为 $\boldsymbol{P}_1,\cdots,\boldsymbol{P}_n$，则 P^* 的行向量组为 $\boldsymbol{P}_1{}^*,\cdots,\boldsymbol{P}_n{}^*$。由于 α_j 在标准正交基 $\eta_1,\cdots,\eta_n$ 下的坐标为 $\boldsymbol{P}_j,j=1,\cdots,n$，因此 $(\alpha_j,\alpha_i)=\boldsymbol{P}_i{}^*\boldsymbol{P}_j=P^*P(i;j)$。又有 $(\alpha_j,\alpha_i)=\overline{(\alpha_i,\alpha_j)}=\overline{G}(i;j)$，于是 $P^*P=\overline{G}$. 从而

$$H=P^{-1}B^*P=P^{-1}(PAP^{-1})^*P=P^{-1}(P^{-1})^*A^*P^*P=(P^*P)^{-1}A^*(P^*P)=\overline{G}^{-1}A^*\overline{G}.$$

12. V 中取一个基 $\alpha_1,\cdots,\alpha_n$，设此基的度量矩阵是 G，$\mathbf{A}$ 在此基下的矩阵是 A，则 $\mathbf{A}^*$ 在此基下的矩阵为 $\overline{G}^{-1}A^*\overline{G}$。

(1) $\operatorname{rank}(\mathbf{A}^*)=\operatorname{rank}(\overline{G}^{-1}A^*\overline{G})=\operatorname{rank}(A^*)=\operatorname{rank}(\overline{A})$。

对于任一复数 $z=a+bi$ 有 $z=0\quad\Leftrightarrow\quad a=b=0\quad\Leftrightarrow\quad\overline{z}=0$。对于任一 m 级复矩阵 B，有 $|\overline{B}|=\overline{|B|}$。从而 $|\overline{B}|=0\quad\Leftrightarrow\quad|B|=0$。于是 $\operatorname{rank}(\overline{A})=\operatorname{rank}(A)$。综上所述得，$\operatorname{rank}(\mathbf{A}^*)=\operatorname{rank}(\mathbf{A})$。

(2)若 $\mathbf{A}$ 是幂等变换，则 $A^2=A$，从而 $(A^*)^2=(\overline{A})'(\overline{A})'=(\overline{A}\,\overline{A})'=(\overline{A^2})'=(A^2)^*$。于是

$$(\overline{G}^{-1}A^*\overline{G})^2=\overline{G}^{-1}(A^*)^2\overline{G}=\overline{G}^{-1}(A^2)^*\overline{G}=\overline{G}^{-1}A^*\overline{G}.$$

因此 $\overline{G}^{-1}A^*\overline{G}$ 是幂等矩阵。从而 $\mathbf{A}^*$ 是幂等变换。

13. 设 x 轴，y 轴的单位向量分别为 $\mathbf{e}_1,\mathbf{e}_2$。平面是 $\langle\mathbf{e}_1,\mathbf{e}_2\rangle$，$x$ 轴是 $\langle\mathbf{e}_1\rangle$，第一与第三象

限的平分线是$\langle \mathbf{e}_1+\mathbf{e}_2\rangle$。由于$\boldsymbol{A}$是平面上平行于$\langle \mathbf{e}_1+\mathbf{e}\rangle$在$\langle \mathbf{e}_1\rangle$上的投影，因此$\boldsymbol{A}$是幂等变换，且$\boldsymbol{A}\mathbf{e}_1=\mathbf{e}_1$，$\boldsymbol{A}(\mathbf{e}_1+\mathbf{e}_2)=0$。从而$\boldsymbol{A}\mathbf{e}_2=-\boldsymbol{A}\mathbf{e}_1=-\mathbf{e}_1$。于是$\boldsymbol{A}$在标准正交基$\mathbf{e}_1,\mathbf{e}_2$下的矩阵$A=\begin{pmatrix}1 & -1\\ 0 & 0\end{pmatrix}$。因此$\boldsymbol{A}^*$在此基下的矩阵为$A^*=\begin{pmatrix}1 & 0\\ -1 & 0\end{pmatrix}$。从而$\boldsymbol{A}^*\mathbf{e}_1=\mathbf{e}_1-\mathbf{e}_2$，$\boldsymbol{A}^*\mathbf{e}_2=0$。

于是$\mathbf{e}_2\in \mathrm{Ker}\ \boldsymbol{A}^*$，由此得出$\langle \mathbf{e}_2\rangle\subseteq \mathrm{Ker}\ \boldsymbol{A}^*$。由于$\mathrm{Ker}\ \boldsymbol{A}^*\neq\langle \mathbf{e}_1,\mathbf{e}_2\rangle$。因此$\dim(\mathrm{Ker}\ \boldsymbol{A}^*)=1$。从而$\langle \mathbf{e}_2\rangle=\mathrm{Ker}\ \boldsymbol{A}^*$。由于$\boldsymbol{A}^*$也是幂等变换，因此根据9.2节的命题3得，$\langle \mathbf{e}_1,\mathbf{e}_2\rangle=\mathrm{Im}\ \boldsymbol{A}^*\oplus \mathrm{Ker}\ \boldsymbol{A}^*$，并且$\boldsymbol{A}^*$是平面上平行于$\mathrm{Ker}\ \boldsymbol{A}^*$在$\mathrm{Im}\ \boldsymbol{A}^*$上的投影。由于$\boldsymbol{A}^*(\mathbf{e}_1-\mathbf{e}_2)=\boldsymbol{A}^*\mathbf{e}_1-\boldsymbol{A}^*\mathbf{e}_2=\mathbf{e}_1-\mathbf{e}_2$，因此$\mathbf{e}_1-\mathbf{e}_2\in \mathrm{Im}\ \boldsymbol{A}^*$，从而$\langle \mathbf{e}_1-\mathbf{e}_2\rangle\subseteq \mathrm{Im}\ \boldsymbol{A}^*$。又由于$\dim(\mathrm{Im}\ \boldsymbol{A}^*)=\mathrm{rank}(\boldsymbol{A}^*)=1$，因此$\langle \mathbf{e}_1-\mathbf{e}_2\rangle=\mathrm{Im}\ \boldsymbol{A}^*$。$\langle \mathbf{e}_1-\mathbf{e}_2\rangle$是第二与第四象限的平分线，$\langle \mathbf{e}_2\rangle$是$y$轴，于是$\boldsymbol{A}^*$是平面上平行于$y$轴在第二与第四象限的平分线上的投影。

14. 由于$\boldsymbol{A}$是V上平行于V_2在V_1上的投影，因此$V=V_1\oplus V_2$且$\boldsymbol{A}$是幂等变换。

(1)任取$\gamma\in V_1^{\perp}\cap V_2^{\perp}$，由于$V=V_1+V_2$，因此$\gamma=\gamma_1+\gamma_2$，其中$\gamma_1\in V_1,\gamma_2\in V_2$。由于$\gamma\in V_1^{\perp}$且$\gamma\in V_2^{\perp}$，因此

$$(\gamma,\gamma)=(\gamma,\gamma_1+\gamma_2)=(\gamma,\gamma_1)+(\gamma,\gamma_2)=0.$$

从而$\gamma=0$。于是$V_1^{\perp}\cap V_2^{\perp}=0$，因此$V_1^{\perp}+V_2^{\perp}$是直和。从而

$$\begin{aligned}\dim(V_1^{\perp}\oplus V_2^{\perp})&=\dim V_1^{\perp}+\dim V_2^{\perp}=(n-\dim V_1)+(n-\dim V_2)\\&=2n-(\dim V_1+\dim V_2)=2n-\dim V=n=\dim V.\end{aligned}$$

因此$V=V_1^{\perp}\oplus V_2^{\perp}$。

(2)根据第12题，$\boldsymbol{A}^*$也是幂等变换。于是根据9.2节的命题3得，$V=\mathrm{Im}\ \boldsymbol{A}^*\oplus \mathrm{Ker}\ \boldsymbol{A}^*$，并且$\boldsymbol{A}^*$是$V$上平行于$\mathrm{Ker}\ \boldsymbol{A}^*$在$\mathrm{Im}\ \boldsymbol{A}^*$上的投影。

任取$\beta\in \mathrm{Im}\ \boldsymbol{A}^*$，则存在$\alpha\in V$使得$\beta=\boldsymbol{A}^*\alpha$。任取$\alpha_2\in V_2$，有

$$(\alpha_2,\beta)=(\alpha_2,\boldsymbol{A}^*\alpha)=(A\alpha_2,\alpha)=(0,\alpha)=0$$

因此$\beta\in V_2^{\perp}$，从而$\mathrm{Im}\ \boldsymbol{A}^*\subseteq V_2^{\perp}$. 由于

$$\dim(\mathrm{Im}\ \boldsymbol{A}^*)=\mathrm{rank}(\boldsymbol{A}^*)=\mathrm{rank}(\boldsymbol{A})=\dim V_1=n-\dim V_2=\dim(V_2^{\perp}),$$

因此$\mathrm{Im}\boldsymbol{A}^*=V_2^{\perp}$。

任取$\delta\in \mathrm{Ker}\ \boldsymbol{A}^*$，则$\boldsymbol{A}^*\delta=0$。任取$\alpha_1\in V_1$，有$\boldsymbol{A}\alpha_1=\alpha_1$。于是

$$(\alpha_1,\delta)=(\boldsymbol{A}\alpha_1,\delta)=(\alpha_1,\boldsymbol{A}^*\delta)=(\alpha_1,0)=0.$$

因此$\delta\in V_1^{\perp}$，从而$\mathrm{Ker}\ \boldsymbol{A}^*\subseteq V_1^{\perp}$。由于

$$\dim(\mathrm{Ker}\ \boldsymbol{A}^*)=\dim V-\dim(\mathrm{Im}\ \boldsymbol{A}^*)=n-\dim V_1=\dim(V_1^{\perp}),$$

因此$\mathrm{Ker}\ \boldsymbol{A}^*=V_1^{\perp}$。综上所述得，$\boldsymbol{A}^*$是$V$上平行于$V_1^{\perp}$在$V_2^{\perp}$上的投影。

15. (1) $\delta \in \operatorname{Ker} \boldsymbol{A}^* \quad \Leftrightarrow \quad \boldsymbol{A}^* \delta = 0 \quad \Leftrightarrow \quad (\alpha, \boldsymbol{A}^* \delta) = 0, \forall \alpha \in V$

$$\Leftrightarrow \quad (\boldsymbol{A}\alpha, \delta) = 0, \forall \alpha \in V \quad \Leftrightarrow \quad \delta \in (\operatorname{Im} \boldsymbol{A})^{\perp}.$$

因此 $\operatorname{Ker} \boldsymbol{A}^* = (\operatorname{Im} \boldsymbol{A})^{\perp}$。

(2)由第(1)小题得,$\operatorname{Ker} \boldsymbol{A} = \operatorname{Ker}(\boldsymbol{A}^*)^* = (\operatorname{Im} \boldsymbol{A}^*)^{\perp}$. 于是$(\operatorname{Ker} \boldsymbol{A})^{\perp} = [(\operatorname{Im} \boldsymbol{A}^*)^{\perp}]^{\perp}$. 根据本节例 47 的第(2)小题得

$$\operatorname{Im} \boldsymbol{A}^* \subseteq [(\operatorname{Im} \boldsymbol{A}^*)^{\perp}]^{\perp} = (\operatorname{Ker} \boldsymbol{A})^{\perp}.$$

当$(\operatorname{Ker} \boldsymbol{A})^{\perp}$有限维时,$\operatorname{Im} \boldsymbol{A}^*$ 也有限维。从而根据本节的定理 5 得,$V = \operatorname{Im} \boldsymbol{A}^* \oplus (\operatorname{Im} \boldsymbol{A}^*)^{\perp}$。于是根据本节的例 49 得,$[(\operatorname{Im} \boldsymbol{A}^*)^{\perp}]^{\perp} = \operatorname{Im} \boldsymbol{A}^*$。因此 $\operatorname{Im} \boldsymbol{A}^* = (\operatorname{Ker} \boldsymbol{A})^{\perp}$。

16. 由于 $\boldsymbol{A}$ 是 V 上平行于 V_2 在 V_1 上的投影,因此 $\boldsymbol{A}$ 是幂等变换,且 $\operatorname{Ker} \boldsymbol{A} = V_2$, $\operatorname{Im} \boldsymbol{A} = V_1$. 从而 $\boldsymbol{A}^*$ 也是幂等变换,于是 $V = \operatorname{Ker} \boldsymbol{A}^* \oplus \operatorname{Im} \boldsymbol{A}^*$,且 $\boldsymbol{A}^*$ 是 V 上平行于 $\operatorname{Ker} \boldsymbol{A}^*$ 在 $\operatorname{Im} \boldsymbol{A}^*$ 上的投影。由第 15 题得,$\operatorname{Ker} \boldsymbol{A}^* = (\operatorname{Im} \boldsymbol{A}^*)^{\perp} = V_1^{\perp}$, $\operatorname{Im} \boldsymbol{A}^* = (\operatorname{Ker} \boldsymbol{A})^{\perp} = V_2^{\perp}$。因此 $\boldsymbol{A}^*$ 是 V 上平行于 $V_1^{\perp}$ 在 $V_2^{\perp}$ 上的投影,并且 $V = V_1^{\perp} \oplus V_2^{\perp}$。

习题 10.6

1. 据例 1 得,f 在基 $\boldsymbol{\varepsilon}_1, \boldsymbol{\varepsilon}_2$ 下的度量矩阵 A 为

$$A = \begin{pmatrix} 1 & 0 \\ 0 & -1 \end{pmatrix}.$$

$\boldsymbol{T}$ 是$(\mathbf{R}^2, f)$上的正交变换 $\quad \Leftrightarrow \quad T'AT = A,$

$$\Leftrightarrow \quad \begin{cases} t_{11}^2 - t_{21}^2 = 1, \\ t_{11} t_{12} = t_{21} t_{22}, \\ t_{12}^2 - t_{22}^2 = -1. \end{cases}$$

假如 $t_{22} = 0$,则 $t_{12}^2 = -1$,矛盾。因此 $t_{22} \neq 0$。于是 $t_{21} = \dfrac{t_{11} t_{12}}{t_{22}}$。从而

$$1 = t_{11}^2 - \frac{t_{11}^2 t_{12}^2}{t_{22}^2} = t_{11}^2 \frac{t_{22}^2 - t_{12}^2}{t_{22}^2} = \frac{t_{11}^2}{t_{22}^2},$$

因此 $t_{22} = \pm t_{11}$。从而 $t_{12} = \pm t_{21}$。显然 $t_{11}^2 \geqslant 1$,且有 $t_{21}^2 = t_{11}^2 - 1$。于是 $t_{21} = \pm \sqrt{t_{11}^2 - 1}$。记 $t = t_{11}$,则 T 为下列 4 种形式的矩阵之一:

$$\begin{pmatrix} t & \sqrt{t^2 - 1} \\ \sqrt{t^2 - 1} & t \end{pmatrix}, \begin{pmatrix} t & -\sqrt{t^2 - 1} \\ -\sqrt{t^2 - 1} & t \end{pmatrix},$$

$$\begin{pmatrix} t & -\sqrt{t^2-1} \\ \sqrt{t^2-1} & -t \end{pmatrix}, \begin{pmatrix} t & \sqrt{t^2-1} \\ -\sqrt{t^2-1} & -t \end{pmatrix},$$

逐一验证它们都满足 $T'AT=A$。

当 T 为前两种形式时，$|T|=1$，因此 $\boldsymbol{T}$ 是第一类的。当 T 为后两种形式时，$|T|=-1$，因此 $\boldsymbol{T}$ 是第二类的。

2. 当 $\boldsymbol{T}$ 为第一类正交变换时，

$$|\lambda I-T|=(\lambda-t)^2-(t^2-1)=\lambda^2-2t\lambda+1,$$

于是 $\boldsymbol{T}$ 的全部特征值是 $t\pm\sqrt{t^2-1}$。

当 $\boldsymbol{T}$ 为第二类正交变换时，

$$|\lambda I-T|=(\lambda-t)(\lambda+t)+(t^2-1)=\lambda^2-1,$$

于是 $\boldsymbol{T}$ 的全部特征值是 ±1。

3. 设 $\boldsymbol{\alpha}=(1,1)'$，则 $f(\boldsymbol{\alpha},\boldsymbol{\alpha})=1^2-1^2=0$，因此 $\boldsymbol{\alpha}$ 是一个迷向向量，从而 $(\mathbf{R}^2,f)$ 是迷向的。又它是正则的，因此据例 6 得，$(\mathbf{R}^2,f)$ 是一个双曲平面。按照例 6 的方法，取 $\boldsymbol{\beta}=(1,0)'$，则 $f(\boldsymbol{\beta},\boldsymbol{\beta})=1$，$f(\boldsymbol{\alpha},\boldsymbol{\beta})=1$，令 $\boldsymbol{\delta}=\boldsymbol{\beta}-\frac{1}{2}\boldsymbol{\alpha}=(\frac{1}{2},-\frac{1}{2})'$，易知 $\boldsymbol{\alpha},\boldsymbol{\delta}$ 是 $\mathbf{R}^2$ 的一个基，且

$$f(\alpha,\delta)=\frac{1}{2}-\left(-\frac{1}{2}\right)=1,$$

$$f(\delta,\delta)=\frac{1}{4}-\left(-\frac{1}{2}\right)^2=0,$$

因此 f 在基 $\boldsymbol{\alpha}=(1,1)'$，$\boldsymbol{\delta}=(\frac{1}{2},-\frac{1}{2})'$ 下的度量矩阵 A 为

$$\begin{pmatrix} 0 & 1 \\ 1 & 0 \end{pmatrix}.$$

4. $\boldsymbol{\alpha}=(x_1,x_2)'$ 是 $(\mathbf{R}^2,f)$ 的迷向向量

$\Leftrightarrow$ $x_1^2-x_2^2=0$

$\Leftrightarrow$ $x_2=\pm x_1$

$\Leftrightarrow$ $\boldsymbol{\alpha}=(x_1,x_1)'$ 或 $\boldsymbol{\alpha}=(x_1,-x_1)'$，$x_1\in\mathbf{R}$。

5. 由于 τ 是 $(\mathbf{R}^4,f)$ 到 $(\mathbf{R}^4,g)$ 的一个同构映射，因此 τ^{-1} 是 $(\mathbf{R}^4,g)$ 到 $(\mathbf{R}^4,f)$ 的一个同构映射。由于 $\boldsymbol{T}$ 是 $(\mathbf{R}^4,f)$ 上的一个正交变换，因此 $\boldsymbol{T}$ 是 $(\mathbf{R}^4,f)$ 到自身的一个同构映射，从而 $\tau\boldsymbol{T}\tau^{-1}$ 是 $(\mathbf{R}^4,g)$ 到自身的一个同构映射。于是 $\tau\boldsymbol{T}\tau^{-1}$ 是 $(\mathbf{R}^4,g)$ 上的一个正交变换。

6. 本节第一部分指出的闵柯夫斯基空间 $(\mathbf{R}^4,f)$ 上的洛伦兹变换 σ 在基 $\boldsymbol{\varepsilon}_1,\boldsymbol{\varepsilon}_2,\boldsymbol{\varepsilon}_3,\boldsymbol{\varepsilon}_4$ 下的矩阵 H 为本节内容精华中(3)式右端的 4 级矩阵。令

$$\tau:(\mathbf{R}^4,f)\longrightarrow(\mathbf{R}^4,g)$$

$$(t, x_2, x_3, x_4)' \longmapsto (ct, x_2, x_3, x_4)',$$

则 τ 是$(\mathbf{R}^4, f)$到$(\mathbf{R}^4, g)$的一个线性映射，且 $\tau(\boldsymbol{\varepsilon}_1)=c\boldsymbol{\varepsilon}_1, \tau(\boldsymbol{\varepsilon}_i)=\boldsymbol{\varepsilon}_i, i=2,3,4$。从而 $\tau^{-1}(\boldsymbol{\varepsilon}_1)=\frac{1}{c}\boldsymbol{\varepsilon}_1, \tau^{-1}(\boldsymbol{\varepsilon}_i)=\boldsymbol{\varepsilon}_i, i=2,3,4$。于是据本节的公式(3)，得

$$\begin{aligned}
\tau\sigma\tau^{-1}(\boldsymbol{\varepsilon}_1) &= \tau\sigma\left(\frac{1}{c}\boldsymbol{\varepsilon}_1\right) \\
&= \frac{1}{c}\tau\left(\frac{1}{\sqrt{1-\frac{v^2}{c^2}}}\boldsymbol{\varepsilon}_1 - \frac{v}{\sqrt{1-\frac{v^2}{c^2}}}\boldsymbol{\varepsilon}_2\right) \\
&= \frac{1}{\sqrt{1-\frac{v^2}{c^2}}}\boldsymbol{\varepsilon}_1 - \frac{\frac{v}{c}}{\sqrt{1-\frac{v^2}{c^2}}}\boldsymbol{\varepsilon}_2,
\end{aligned}$$

$$\begin{aligned}
\tau\sigma\tau^{-1}(\boldsymbol{\varepsilon}_2) = \tau\sigma(\boldsymbol{\varepsilon}_2) &= \tau\left(-\frac{\frac{v}{c^2}}{\sqrt{1-\frac{v^2}{c^2}}}\boldsymbol{\varepsilon}_1 + \frac{1}{\sqrt{1-\frac{v^2}{c^2}}}\boldsymbol{\varepsilon}_2\right) \\
&= -\frac{\frac{v}{c}}{\sqrt{1-\frac{v^2}{c^2}}}\boldsymbol{\varepsilon}_1 + \frac{1}{\sqrt{1-\frac{v^2}{c^2}}}\boldsymbol{\varepsilon}_2,
\end{aligned}$$

$$\tau\sigma\tau^{-1}(\boldsymbol{\varepsilon}_3) = \tau\sigma(\boldsymbol{\varepsilon}_3) = \tau(\boldsymbol{\varepsilon}_3) = \boldsymbol{\varepsilon}_3,$$

$$\tau\sigma\tau^{-1}(\boldsymbol{\varepsilon}_4) = \tau\sigma(\boldsymbol{\varepsilon}_4) = \tau(\boldsymbol{\varepsilon}_4) = \boldsymbol{\varepsilon}_4,$$

于是 $\tau\sigma\tau^{-1}$ 在基 $\boldsymbol{\varepsilon}_1, \boldsymbol{\varepsilon}_2, \boldsymbol{\varepsilon}_3, \boldsymbol{\varepsilon}_4$ 下的矩阵 T 为

$$T = \begin{pmatrix}
\frac{1}{\sqrt{1-\frac{v^2}{c^2}}} & -\frac{\frac{v}{c}}{\sqrt{1-\frac{v^2}{c^2}}} & 0 & 0 \\
-\frac{\frac{v}{c}}{\sqrt{1-\frac{v^2}{c^2}}} & \frac{1}{\sqrt{1-\frac{v^2}{c^2}}} & 0 & 0 \\
0 & 0 & 1 & 0 \\
0 & 0 & 0 & 1
\end{pmatrix}.$$

据例 5 得，$\tau\sigma\tau^{-1}$ 是$(\mathbf{R}^4, g)$上的一个正交变换。由于 $|T|=1$，因此 $\tau\sigma\tau^{-1}$ 是第一类的正交变换。从而 $\tau\sigma\tau^{-1}$ 是$(\mathbf{R}^4, g)$上的一个广义洛伦兹变换。

7. f 在基 $\boldsymbol{\varepsilon}_1,\boldsymbol{\varepsilon}_2$ 下的度量矩阵 $A=\begin{pmatrix}0 & 1\\ -1 & 0\end{pmatrix}$。于是

$$\begin{aligned}\boldsymbol{B}\text{ 是}(\mathbf{R}^2,f)\text{上的辛变换} \quad &\Leftrightarrow \quad B'AB=A\\ &\Leftrightarrow \quad b_{11}b_{22}-b_{12}b_{21}=1\\ &\Leftrightarrow \quad |B|=1。\end{aligned}$$

8. 不一定。例如，设 $\mathbf{R}^2$ 上的线性变换 $\boldsymbol{B}$ 在基 $\boldsymbol{\varepsilon}_1,\boldsymbol{\varepsilon}_2$ 下的矩阵 B 为

$$B=\begin{pmatrix}\cos\theta & -\sin\theta\\ \sin\theta & \cos\theta\end{pmatrix},$$

其中 $0<\theta<2\pi$，且 $\theta\neq\pi$。由于 $|B|=1$，因此 $\boldsymbol{B}$ 是$(\mathbf{R}^2,f)$上的一个辛变换，但是 $\boldsymbol{B}$ 没有特征值。

9. 把 B 分块写成例 9 中的(49)式，则

$$B_{11}=\begin{bmatrix}0 & 1 & 0\\ -1 & 0 & 0\\ 0 & 0 & 0\end{bmatrix},\qquad B_{12}=\begin{bmatrix}0 & 0 & 0\\ 0 & 0 & 0\\ 1 & 0 & 0\end{bmatrix},$$

$$B_{21}=\begin{bmatrix}0 & 0 & -1\\ 0 & 0 & 0\\ 0 & 0 & 0\end{bmatrix},\qquad B_{22}=\begin{bmatrix}0 & 0 & 0\\ 0 & 0 & 1\\ 0 & -1 & 0\end{bmatrix}.$$

计算

$$B_{11}'B_{21}=\begin{bmatrix}0 & 0 & 0\\ 0 & 0 & -1\\ 0 & 0 & 0\end{bmatrix},\qquad B_{21}'B_{11}=\begin{bmatrix}0 & 0 & 0\\ 0 & 0 & 0\\ 0 & -1 & 0\end{bmatrix},$$

于是 $B_{11}'B_{21}\neq B_{21}'B_{11}$。据例 9 得，$B$ 不是辛矩阵。

10. 由于 $f|U$ 是对称双线性函数，因此 U 中存在一个基 α_1,α_2 使得 $f|U$ 在此基下的度量矩阵为

$$\begin{pmatrix}f(\alpha_1,\alpha_1) & 0\\ 0 & f(\alpha_2,\alpha_2)\end{pmatrix}.$$

由于 $f|U\neq0$，因此 $f(\alpha_1,\alpha_1)$与 $f(\alpha_2,\alpha_2)$不全为 0。不妨设 $f(\alpha_1,\alpha_1)\neq0$。

情形 1　$f(\alpha_2,\alpha_2)\neq0$。由于 $f|U$ 是非退化的，从而 $V=U\oplus U^{\perp}$。由于 f 是非退化的，因此$(U^{\perp})^{\perp}=U$。从而 $f|U^{\perp}$ 是非退化的。于是在 $U^{\perp}$ 可取到一个向量 α_3 使得 $f(\alpha_3,\alpha_3)\neq0$。令 $W=\langle\alpha_1,\alpha_2,\alpha_3\rangle$，则 $f|W$ 在 W 的一个基 $\alpha_1,\alpha_2,\alpha_3$ 下的度量矩阵为 $\operatorname{diag}\{f(\alpha_1,\alpha_2),f(\alpha_2,\alpha_2),f(\alpha_3,\alpha_3)\}$。从而 $f|W$ 非退化。

情形 2　$f(\alpha_2,\alpha_2)=0$。由于 $f|\langle\alpha_1\rangle$非退化，因此 $V=\langle\alpha_1\rangle\oplus\langle\alpha_1\rangle^{\perp}$。在$\langle\alpha_1\rangle^{\perp}$中可选取

β_3 与 α_2 线性无关并且使得 $f(\alpha_2,\beta_3)\neq 0$（由于 f 非退化，因此这能办到）。令 $W=\langle\alpha_1,\alpha_2,\beta_3\rangle$，则 $f|W$ 在 W 的基 $\alpha_1,\alpha_2,\beta_3$ 下的度量矩阵为

$$\operatorname{diag}\left\{f(\alpha_1,\alpha_1),\begin{pmatrix}0 & f(\alpha_2,\beta_3)\\ f(\alpha_2,\beta_3) & f(\beta_3,\beta_3)\end{pmatrix}\right\}.$$

从而 $f|W$ 是非退化的。

习题 10.7

1. $ax=b \iff a^{-1}(ax)=a^{-1}b \iff x=a^{-1}b$，因此方程 $ax=b$ 在群 G 中有唯一解 $x=a^{-1}b$。

$ya=b \iff (ya)a^{-1}=ba^{-1} \iff y=ba^{-1}$，因此方程 $ya=b$ 在群 G 中有唯一解 $y=ba^{-1}$。

2. $ax=ay \Rightarrow a^{-1}(ax)=a^{-1}(ay) \Rightarrow x=y$，

$xa=ya \Rightarrow (xa)a^{-1}=(ya)a^{-1} \Rightarrow x=y$。

3. σ 把正方形的边 AB 变成边 BC，于是 $\tau_1\sigma$ 把边 AB 变成 AD，τ_3 也把边 AB 变成边 AD。类似地，$\tau_1\sigma$ 和 τ_3 都把边 BC 变成边 DC，把边 CD 变成边 CB，把边 DA 变成边 BA，因此 $\tau_1\sigma=\tau_3$。同理可证，$\tau_1\sigma^2=\tau_2$，$\tau_1\sigma^3=\tau_4$。

4. 正六边形有 6 条对称轴：3 条对角线所在的直线，3 组对边中点的连线，把它们分别记作 l_1,l_2,l_3,l_4,l_5,l_6。用 τ_i 表示平面关于直线 l_i 的轴反射，$i=1,2,3,4,5,6$；用 σ 表示平面绕正六边形的中心 O 转角为 $60°$ 的旋转，则正六边形的对称群 G 含有 $\boldsymbol{I},\sigma,\sigma^2,\sigma^3,\sigma^4,\sigma^5,\tau_1,\tau_2,\tau_3,\tau_4,\tau_5,\tau_6$。类似于正方形的对称群的讨论，可以证明正六边形的对称群 G 恰好含有上述 12 个元素。即

$$G=\{\boldsymbol{I},\sigma,\sigma^2,\sigma^3,\sigma^4,\sigma^5,\tau_1,\tau_2,\tau_3,\tau_4,\tau_5,\tau_6\}.$$

5. 设 $H_i,i\in I$（I 是指标集）都是 G 的子群。由于 G 的单位元 $e\in H_i(i\in I)$，因此 $\bigcap_{i\in I}H_i$ 非空集。任取 $a,b\in\bigcap_{i\in I}H_i$，则 $a,b\in H_i(i\in I)$，从而 $ab^{-1}\in H_i(i\in I)$。因此 $ab^{-1}\in\bigcap_{i\in I}H_i$。于是 $\bigcap_{i\in I}H_i$ 是 G 的子群。

6. 任取 $a\in G$，由性质 $2°$，存在 $b\in G$，使得 $ab=e_R$ 仍由性质 $2°$，存在 $c\in G$，使得 $bc=e_R$。于是由性质 $1°$ 和结合律，得

$$(ba)b=b(ab)=be_R=b.$$

上式两边右乘 c，得 $(ba)bc=bc$，即 $(ba)e_R=e_R$。于是由性质 $1°$ 得，$ba=e_R$。从而

$$e_Ra=(ab)a=a(ba)=ae_R=a,$$

因此 e_R 是 G 的单位元，记作 e，上面已证，$ab=e$，$ba=e$，因此 a 有逆元 b。从而 G 是一个群。

7. 在 G 中取一个元素 a，由于方程 $ax=a$ 在 G 中有解，因此存在 $e\in G$ 使得 $ae=a$。

任取 $b\in G$。由于方程 $ya=b$ 有解，因此存 $c\in G$ 使得 $ca=b$。于是

$$be=(ca)e=c(ae)=ca=b,$$

这表明 e 是 G 的右单位元。由于 $bx=e$ 在 G 中有解，因此存在 $d\in G$ 使得 $bd=e$。从而 G 中每个元素都有右逆。据第 6 题的结论得，G 是一个群。

8. 由于 $ea=ae$，因此 $e\in \mathrm{C}_G(a)$。任给 $b,d\in \mathrm{C}_G(a)$，则 $(bd)a=b(da)=b(ad)=(ba)d=(ab)d=a(bd)$。因此 $bd\in \mathrm{C}_G(a)$。显然 $a^{-1}\mathrm{C}_G(a)$。由于

$$ba=ab \iff bab^{-1}=a \iff ba^{-1}b^{-1}=a^{-1} \iff ba^{-1}=a^{-1}b \iff ab^{-1}=b^{-1}a,$$

因此 $b^{-1}\in \mathrm{C}_G(a)$。从而 $\mathrm{C}_G(a)$ 是 G 的一个子群。

9. 正四面体 $A_1A_2A_3A_4$，用 σ_i 表示绕经过顶点 A_i 与对面中心的直线 l_i 转角为 120°的旋转，显然 σ_i,σ_i^2 都使正面体 $A_1A_2A_3A_4$ 变成与它自身重合的图形，因此 σ_i,σ_i^2 属于正四面体 $A_1A_2A_3A_4$ 的旋转对称群 $G,i=1,2,3,4$。用 γ_j 表示绕对棱中点连线转角为 180°的旋转，容易证明 $\gamma_j\in G,j=1,2,3$。于是

$$G\supseteq\{\boldsymbol{I},\sigma_i,\sigma_i^2,\gamma_j \mid i=1,2,3,4;j=1,2,3\}.$$

不妨设 $A_1A_2A_3A_4$ 成右手螺旋方向，则 G 中任一元素 γ 使 $A_1A_2A_3A_4$ 或者仍成右手螺旋方向，或者成左手螺旋方向，由此去证 γ 或者为某个 σ_i 或 σ_i^2，或者为某个 γ_j，从而 G 恰好由上述 12 个元素组成。

10. (1) $(\widetilde{\sigma\tau}g)(x_1,\cdots,x_n)=g(x_{(\sigma\tau)^{-1}(1)},\cdots,x_{(\sigma\tau)^{-1}(n)})=g(x_{\tau^{-1}(\sigma^{-1}(1))},\cdots,x_{\tau^{-1}(\sigma^{-1}(n))})=(\tilde{\tau}g)(x_{\sigma^{-1}(1)},\cdots,x_{\sigma^{-1}(n)})=[\tilde{\sigma}(\tilde{\tau}g)](x_1,\cdots,x_n)$。

因此，$\widetilde{\sigma\tau}g=\tilde{\sigma}(\tilde{\tau}g)$。

(2) 显然恒等置换是偶置换，设 σ_1 和 σ_2 都是偶置换，则 $\tilde{\sigma}_1 f=f,\tilde{\sigma}_2 f=f$。据第(1)小题的结论得，$\widetilde{\sigma_1\sigma_2} f=\tilde{\sigma}_1(\tilde{\sigma}_2 f)=\tilde{\sigma}_1 f=f$。因此 $\sigma_1\sigma_2$ 是偶置换。设 σ 是偶置换，τ 是奇置换，则

$$\widetilde{\sigma\tau}f=\tilde{\sigma}(\tilde{\tau}f)=\tilde{\sigma}(-f)=-\tilde{\sigma}f=-f.$$

于是 $\sigma\tau$ 是奇置换，由此推出，σ^{-1} 必为偶置换（否则，$\sigma\sigma^{-1}$ 为奇置换，矛盾）。综上所述得，S_n 中全体偶置换组成 S_n 的一个子群。

(3) 用 B_n 表示 S_n 中全体奇置换组成的集合。显然

$$\tau=\begin{pmatrix}1 & 2 & 3 & \cdots & n\\ 2 & 1 & 3 & \cdots & n\end{pmatrix}\in B_n.$$

令

$$\Phi: A_n \longrightarrow B_n$$

$$\sigma \longmapsto \sigma\tau,$$

则 Φ 是 A_n 到 B_n 的一个映射，显然 Φ 是单射，任取 $\gamma\in B_n$，易证奇置换与奇置换的乘积是偶

置换，于是 $\gamma\tau^{-1}=\gamma\tau$ 是偶置换，由于 $\Phi(\gamma\tau)=(\gamma\tau)\tau=\gamma\tau^2=\gamma$，因此 Φ 是满射。从而 Φ 是 A_n 到 B_n 的一个双射。于是 $|A_n|=|B_n|$ 由于 $A_n\cup B_n=S_n$，且 $A_n\cap B_n=\varnothing$，因此 $|A_n|+|B_n|=|S_n|$。由此得出，$|A_n|=\frac{1}{2}|S_n|=\frac{1}{2}n!$。

11. 对 n 元排列 $a_1,a_2,\cdots,a_n$ 作的一次对换 (a_i,a_j)，相当于 S_n 中一个对换 τ：

$$\tau=\begin{pmatrix}1 & 2 & \cdots & a_i & \cdots & a_j & \cdots & n\\ 1 & 2 & \cdots & a_j & \cdots & a_i & \cdots & n\end{pmatrix}.$$

由于 n 元自然序排到 $12\cdots n$ 可以经过一系列对换变成 n 元排列 $a_1a_2\cdots a_n$，因此 S_n 中的恒等置换 e 乘以一系列对换可以变成 σ。即 $e\tau_1\tau_2\cdots\tau_k=\sigma$，其中 τ_i 是对换，$i=1,2,\cdots,k$。对换的个数 k 与 n 元排列 $a_1a_2\cdots a_n$ 有相同的奇偶性，因此 k 由 σ 本身唯一决定。

12. 设 $\sigma=\tau_1\tau_2\cdots\tau_k$，其中 τ_i 是对换，$i=1,2,\cdots,k$。由于 $\tilde{\tau}_if=-f$，因此

$$\begin{aligned}\sigma\text{是偶置换}\quad &\Leftrightarrow\quad \tilde{\sigma}f=f\\ &\Leftrightarrow\quad (\widetilde{\tau_1\tau_2\cdots\tau_k})f=f\\ &\Leftrightarrow\quad \tilde{\tau}_1(\tilde{\tau}_2(\cdots(\tilde{\tau}_kf)))=f\\ &\Leftrightarrow\quad (-1)^kf=f\\ &\Leftrightarrow\quad k\text{ 是偶数。}\end{aligned}$$

13. 设 $\sigma\in S_n$ 且 $\sigma\neq e$，于是在 $\Omega=\{1,2,\cdots,n\}$ 中至少有一个 i_1 使得 $\sigma(i_1)\neq i_1$，设 $\sigma(i_1)=i_2,\sigma(i_2)=i_3,\cdots$，由于 $|\Omega|=n$，因此在有限步后所得的像必与前面的重复。设 i_r 是第一个与前面出现的像有重复的元素，设 $i_r=i_j$，$j<r$。我们断言 $j=1$，假如 $j>1$，我们有

$$\sigma^{r-1}(i_1)=i_r=i_j=\sigma^{j-1}(i_1).$$

在上式两边用 σ^{-1} 作用，得

$$\sigma^{r-2}(i_1)=\sigma^{j-2}(i_1),$$

即 $i_{r-1}=i_{j-1}$。这与 i_r 的选择矛盾。因此 $j=1$。从而 $i_r=i_1$。于是得到一个轮换 $\sigma_1=(i_1i_2\cdots i_r)$。

在 $\Omega\setminus\{i_1,i_2,\cdots,i_r\}$ 中重复上述步骤，便可得到 σ 的轮换分解式：$\sigma=\sigma_1\sigma_2\cdots\sigma_s$。从上述作法可知，$\sigma_1,\sigma_2,\cdots,\sigma_s$ 两两不相交。

唯一性。假如还有 $\sigma=\tau_1\tau_2\cdots\tau_m$，其中 $\tau_1,\tau_2,\cdots,\tau_m$ 是两两不相交的轮换，任取在 σ 下变动的元素 a，则在 $\sigma_1,\sigma_2,\cdots,\sigma_s$ 中存在唯一的 σ_i，使得 $\sigma_i(a)\neq a$，同理，在 $\tau_1,\tau_2,\cdots,\tau_m$ 中存在唯一的 τ_j，使得 $\tau_j(a)\neq a$。我们有

$$\sigma_i^t(a)=\sigma^t(a)=\tau_j^t(a),t=0,1,2,\cdots.$$

由于 $\sigma_i=(a\quad\sigma_i(a),\sigma_i^2(a)\quad\cdots)$，$\tau_j=(a\quad\tau_j(a)\quad\tau_j^2(a)\cdots)$，因此 $\sigma_i=\tau_j$。继续这样的讨论，可得 $s=m$，并且在适当排列 $\tau_1,\tau_2,\cdots,\tau_m$ 的次序后，有 $\sigma_i=\tau_i$，$i=1,2,\cdots,s$。从而唯一性成立。

14. 设 $\tau=(i_1i_2\cdots i_r)$。直接计算可得

$$(i_1i_r)(i_1i_{r-1})\cdots(i_1i_2)=(i_1i_2\cdots i_r).$$

据第 12 题的结论得，τ 是偶置换当且仅当 $r-1$ 是偶数，即 r 是奇数。

15. $|A_3|=\frac{3!}{2}=3$，据第 14 题的结论，2-轮换(即对换)是奇置换，3-轮换是偶置换，因此

$$A_3=\{(1),(123),(132)\},$$

其中(1)表示恒等置换。

$|A_4|=\frac{4!}{2}=12$。据第 12 题和第 14 题的结论，得

$$A_4=\{(1),(123),(132),(124),(142),(134),(143),\\(234),(243),(12)(34),(13)(24),(14)(23)\}.$$

16. 正四面体 $B_1B_2B_3B_4$ 的旋转对称群 G 为

$$G=\{\boldsymbol{I},\sigma_i,\sigma_i^2,\gamma_j\mid=1,2,3,4;j=1,2,3\},$$

其中 σ_i 是绕顶点 B_i 与对面中心连线转角为 120°的旋转，$i=1,2,3,4$；γ_j 是绕对棱中点连线转角为 180°的旋转，$j=1,2,3$。G 中每个元素引起了正四面体的顶点集合 $\Omega=\{B_1,B_2,B_3,B_4\}$上的一个置换，其对应关系如表 10-1 所示。

表 10-1

G	S_4
$\boldsymbol{I}$	(1)
σ_1	(234)
σ_1^2	(243)
σ_2	(143)
σ_2^2	(134)
σ_3	(142)
σ_3^2	(124)
σ_4	(132)
σ_4^2	(123)
γ_1	(23)(14)
γ_2	(12)(34)
γ_3	(13)(24)

由表 10-1 看出：G 与 A_4 之间有一个双射 ψ，对于任意 $g_1,g_2\in G$。显然 $g_1g_2(B_i)=g_1(g_2(B_i))$，$i=1,2,3,4$。因此 ψ 保持乘法运算（也可具体列出 G 的乘法运算表和 A_4 的乘法运算表，与表 10-1 结合起来，从中看出 ψ 保持乘法运算）。因此 ψ 是 G 到 A_4 的一个同构映射，从而 $G\cong A_4$，如图 10-6 所示。

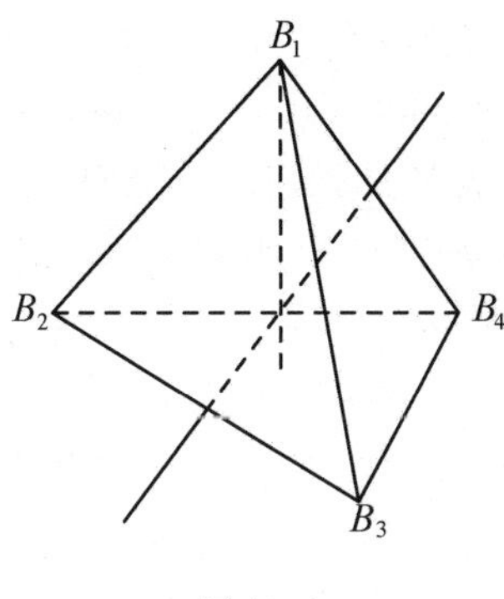

图 10-6

补充题十

1. **证明**　1°　$[A+C,B]=(A+C)B-B(A+C)$

$$=(AB-BA)+(CB-BC)=[A,B]+[C,B],$$

同理可证，$[A,B+C]=[A,B]+[A,C]$。

$$[kA,B]=(kA)B-B(kA)=k(AB-BA)=k[A,B],$$

同理可证，$[A,kB]=k[A,B]$。

2°　$[A,B]=AB-BA=-(BA-AB)=-[B,A]$。

3°　$[A,[B,C]]=A[B,C]-[B,C]A$

$$=A(BC-CB)-(BC-CB)A$$

$$=ABC+CBA-ACB-BCA,$$

$$[A,[B,C]]+[B,[C,A]]+[C,[A,B]]$$

$$=(ABC+CBA-ACB-BCA)+(BCA+ACB-BAC-CAB)$$

$$+(CAB+BAC-CBA-ABC)=0。$$ ■

2. **证明**　$M_n(F)$中迹为零的矩阵组成的集合显然是线性空间 $M_n(F)$的一个子空间。设 $\mathrm{tr}(A)=0$，$\mathrm{tr}(B)=0$，则

$$\mathrm{tr}[A,B]=\mathrm{tr}(AB-BA)=\mathrm{tr}(AB)-\mathrm{tr}(BA)=0.$$

因此迹为 0 的矩阵组成的集合对于换位运算封闭，从而矩阵的换位运算是迹为 0 的矩阵组

成的集合上的一种二元运算,它显然满足线性性、反交换律和 Jacobi 恒等式,因此迹为 0 的矩阵组成的集合成为一个域 F 上的李代数。 ■

3. **证明** $M_n(F)$中所有斜对称矩阵组成的集合是域 F 上线性空间 $M_n(F)$的一个子空间,设 A,B 都是 n 级斜对称矩阵,则

$$\begin{aligned}[A,B]' &= (AB-BA)' = B'A'-A'B' = (-B)(-A)-(-A)(-B) \\ &= BA-AB = -(AB-BA) = -[A,B],\end{aligned}$$

从而$[A,B]$仍是斜对称矩阵,因此矩阵的换位运算是斜对称矩阵组成的集合上的一个二元运算。又显然它满足线性性、反交换律和 Jacobi 恒等式。从而 $M_n(F)$中所有斜对称矩阵组成的集合成为域 F 上的一个李代数。 ■

4. **证明** 设 A,B 都是 n 级斜 Hermite 矩阵,$k\in\mathbf{R}$,则

$$(A+B)^* = A^*+B^* = (-A)+(-B) = -(A+B),$$

$$(kA)^* = \bar{k}A^* = k(-A) = -(kA),$$

$$\begin{aligned}[A,B]^* &= (AB-BA)^* = B^*A^*-A^*B^* = (-B)(-A)-(-A)(-B) \\ &= BA-AB = -(AB-BA) = -[A,B].\end{aligned}$$

因此 $A+B,kA,[A,B]$都是斜 Hermite 矩阵。从而矩阵的加法和换位运算都是斜 Hermite 矩阵组成的集合 Ω 上的二元运算,实数与矩阵的数量乘法是 $\mathbf{R}\times\Omega$ 到 Ω 的一个映射。线性空间定义中的 8 条运算法则,以及换位运算满足的 3 条法则在 Ω 中显然成立。因此 Ω 成为实数域 $\mathbf{R}$ 上的一个李代数。 ■

5. **证明** 显然,迹为 0 的 n 级斜 Hermite 矩阵组成的集合 W 是实线性空间 $u(n)$的一个子空间,又显然 W 对于矩阵的换位运算封闭。因此 W 成为 $\mathbf{R}$ 上的一个李代数。 ■

6. **解** $\dim gl(n,F)=\dim M_n(F)=n^2$。

由于 $M_n(F)=\langle I\rangle\oplus sl(n,F)$,因此 $\dim sl(n,F)=n^2-1$。

由于域 F 上 n 级斜对称矩阵组成的线性空间的维数为$\dfrac{n(n-1)}{2}$,因此 $\dim o(n,F)=\dfrac{n(n-1)}{2}$。

设 A 是 n 级斜 Hermite 矩阵,则 A 形如

$$A=\begin{pmatrix} \mathrm{i}a_{11} & a_{12}+\mathrm{i}b_{12} & \cdots & a_{1n}+\mathrm{i}b_{1n} \\ -(a_{12}-\mathrm{i}b_{12}) & \mathrm{i}a_{22} & \cdots & a_{2n}+\mathrm{i}b_{2n} \\ \vdots & \vdots & & \vdots \\ -(a_{1n}-\mathrm{i}b_{1n}) & -(a_{2n}-\mathrm{i}b_{2n}) & \cdots & \mathrm{i}a_{nn} \end{pmatrix},$$

其中 $a_{ij}\in\mathbf{R},i\leqslant j,j=1,2,\cdots,n$。于是 $u(n)$的一个基为

$$\mathrm{i}E_{11},E_{12}-E_{21},\mathrm{i}(E_{12}+E_{21}),\cdots,E_{1n}-E_{n1},\mathrm{i}(E_{1n}+E_{n1}),\cdots,\mathrm{i}E_{nn},$$

因此 $\dim u(n)=n^2$。

由于 A 是迹为 0 的斜 Hermite 矩阵当且仅当

$$\mathrm{i}a_{11}+\mathrm{i}a_{22}+\cdots+\mathrm{i}a_{nn}=0,$$

由此得出，$a_{nn}=-a_{11}-a_{22}-\cdots-a_{n-1,n-1}$。

因此 $su(n)$ 的一个基为

$$\begin{aligned}&\mathrm{i}(E_{11}-E_{nn}),E_{12}-E_{21},\mathrm{i}(E_{12}+E_{21}),\cdots,E_{1n}-E_{n1},\mathrm{i}(E_{1n}+E_{n1}),\\&\mathrm{i}(E_{22}-E_{nn}),E_{23}-E_{32},\mathrm{i}(E_{23}-E_{32}),\cdots,E_{2n}-E_{n2},\mathrm{i}(E_{2n}+E_{n2}),\\&\quad\cdots,\mathrm{i}(E_{n-1,n-1}-E_{nn}),E_{n-1,n}-E_{n,n-1},\mathrm{i}(E_{n-1,n}+E_{n,n-1}),\end{aligned}$$

从而 $\dim su(n)=n^2-1$。

7. **证明**　$u(n)$ 中任一元素是 n 级斜 Hermite 矩阵，它可以写成形式 $\mathrm{i}A$，其中 A 是 Hermite 矩阵。在补充题九的第 4 题中，我们定义了复矩阵的指数函数（参看补充题九的公式(7)）。把任一 n 级复矩阵 Q 对应到 e^Q 的映射称为**复矩阵指数映射**，对于任意 $\mathrm{i}A\in u(n)$，据补充题九的答案中的(5)式得

$$\mathrm{e}^{\mathrm{i}A}=\sum_{m=0}^{+\infty}\frac{(\mathrm{i}A)^m}{m!},$$

从而

$$(\mathrm{e}^{\mathrm{i}A})^*=\sum_{m=0}^{+\infty}\frac{[(\mathrm{i}A)^m]^*}{m!}=\sum_{m=0}^{+\infty}\frac{(\bar{\mathrm{i}}A^*)^m}{m!}=\sum_{m=0}^{+\infty}\frac{[(\mathrm{i}A)^*]^m}{m!}=\mathrm{e}^{(\mathrm{i}A)^*}.$$

据补充题九的答案的第 4 题证明中第一段得到的公式，得

$$\begin{aligned}\mathrm{e}^{\mathrm{i}A}(\mathrm{e}^{\mathrm{i}A})^*&=\mathrm{e}^{\mathrm{i}A}\mathrm{e}^{(\mathrm{i}A)^*}=\mathrm{e}^{\mathrm{i}A}\mathrm{e}^{\bar{\mathrm{i}}A^*}=\mathrm{e}^{\mathrm{i}A}\mathrm{e}^{\bar{\mathrm{i}}A}\\&=\mathrm{e}^{\mathrm{i}A+\bar{\mathrm{i}}A}=\mathrm{e}^0=I,\end{aligned}$$

因此 $\mathrm{e}^{\mathrm{i}A}\in \mathrm{U}(n)$。从而复矩阵的指数映射在 $u(n)$ 上的限制是 $u(n)$ 到 $\mathrm{U}(n)$ 的一个映射，下面来证它是满射。

任给 $B\in\mathrm{U}(n)$，在酉空间 $\mathbf{C}^n$ 中存在一个酉变换 $\boldsymbol{B}$，使得

$$\boldsymbol{B}(\boldsymbol{\varepsilon}_1,\boldsymbol{\varepsilon}_2,\cdots,\boldsymbol{\varepsilon}_n)=(\boldsymbol{\varepsilon}_1,\boldsymbol{\varepsilon}_2,\cdots,\boldsymbol{\varepsilon}_n)B.$$

由于 $\boldsymbol{B}$ 是 $\mathbf{C}^n$ 的一个酉变换，因此 $\mathbf{C}^n$ 中存在一个标准正交基 $\boldsymbol{\eta}_1,\boldsymbol{\eta}_2,\cdots,\boldsymbol{\eta}_n$，使得 $\boldsymbol{B}$ 在基 $\boldsymbol{\eta}_1,\boldsymbol{\eta}_2,\cdots,\boldsymbol{\eta}_n$ 下的矩阵为

$$D=\mathrm{diag}\{\mathrm{e}^{\mathrm{i}\theta_1},\mathrm{e}^{\mathrm{i}\theta_2},\cdots,\mathrm{e}^{\mathrm{i}\theta_n}\},\theta_i\in\mathbf{R},1\leqslant i\leqslant n.$$

设 $\mathbf{C}^n$ 上的线性变换 $\boldsymbol{H}$ 在标准正交基 $\boldsymbol{\eta}_1,\boldsymbol{\eta}_2,\cdots,\boldsymbol{\eta}_n$ 下的矩阵为 $H_1=\mathrm{diag}\{\theta_1,\theta_2,\cdots,\theta_n\}$。由于 $H_1^*=H$，因此 $\boldsymbol{H}$ 是 $\mathbf{C}^n$ 上的 Hermite 变换。从而 $\mathrm{i}\boldsymbol{H}$ 是斜 Hermite 变换。$\mathrm{i}\boldsymbol{H}$ 在标准正交基 $\boldsymbol{\eta}_1,\boldsymbol{\eta}_2,\cdots,\boldsymbol{\eta}_n$ 下的矩阵是 $\mathrm{i}H_1=\mathrm{diag}\{\mathrm{i}\theta_1,\mathrm{i}\theta_2,\cdots,\mathrm{i}\theta_n\}$。于是

$$\mathrm{e}^{\mathrm{i}H_1}=\sum_{m=0}^{+\infty}\frac{(\mathrm{i}H_1)^m}{m!}=\mathrm{diag}\{\mathrm{e}^{\mathrm{i}\theta_1},\mathrm{e}^{\mathrm{i}\theta_2},\cdots,\mathrm{e}^{\mathrm{i}\theta_n}\}=D.$$

类似于复矩阵指数函数的定义，我们可以定义复线性空间上线性变换的指数函数，并且可以证明：若 i$\boldsymbol{H}$ 在 $\mathbf{C}^n$ 的标准正交基 $\boldsymbol{\eta}_1,\boldsymbol{\eta}_2,\cdots,\boldsymbol{\eta}_n$ 下的矩阵为 iH_1，则 $\mathrm{e}^{\mathrm{i}\boldsymbol{H}}$在此基下的矩阵为 $\mathrm{e}^{\mathrm{i}H_1}$，由于 $\mathrm{e}^{\mathrm{i}H_1}=D$，因此 $\mathrm{e}^{\mathrm{i}\boldsymbol{H}}=\boldsymbol{B}$。设i$\boldsymbol{H}$在 $\mathbf{C}^n$ 的标准正交基 $\boldsymbol{\varepsilon}_1,\boldsymbol{\varepsilon}_2,\cdots,\boldsymbol{\varepsilon}_n$ 下的矩阵为 H_2，则 $\mathrm{e}^{\mathrm{i}\boldsymbol{H}}$在基 $\boldsymbol{\varepsilon}_1,\boldsymbol{\varepsilon}_2,\cdots,\boldsymbol{\varepsilon}_n$ 下的矩阵为 $\mathrm{e}^{\mathrm{i}H_2}$。从而 $\mathrm{e}^{\mathrm{i}H_2}=B$。由于i$\boldsymbol{H}$是斜 Hermite 变换，因此 i$H_2$ 是斜 Hermite 矩阵。这证明了酉矩阵 B 在复矩阵的指数映射下有原象 iH_2。因此复矩阵指数映射在 $u(n)$上的限制是 $u(n)$到 $\mathrm{U}(n)$的一个满射。 ■

点评 第 7 题在证明满射时，关键是把酉矩阵 B 看成一个酉变换 $\boldsymbol{B}$ 在 $\mathbf{C}^n$ 的标准正交基 $\boldsymbol{\varepsilon}_1,\boldsymbol{\varepsilon}_2,\cdots,\boldsymbol{\varepsilon}_n$ 下的矩阵，利用酉变换可以对角化，以及利用线性变换的矩阵表示，找到了一个斜 Hermite 矩阵 iH_2，使得 $\mathrm{e}^{\mathrm{i}H_2}=B$。由此体会到灵活运用线性变换与矩阵的关系是很重要的。

参考文献

1. 丘维声.高等代数(上册、下册).北京:高等教育出版社,1996

2. 丘维声.高等代数(上册、下册).第 2 版.北京:高等教育出版社,2002,2003

3. 丘维声.高等代数学习指导书(上册).北京:清华大学出版社,2005

4. W Greub. *Linear Algebra*. Fourth Edition. New York:Springer-Verlag,1981

5. A I Kostrikin, Y I Manin. *Linear Algebra and Geometry*. New York:Gordon and Breach Science Publishers,1986

6. T A Carter. *An Introduction to Linear Algebra for Pre-Calculas Students*. Publications-CEEE Home-Rice Home,1995

7. 万哲先.代数导引.北京:科学出版社,2004

8. 聂灵沼,丁石孙.代数学引论.第 2 版.北京:高等教育出版社,2000

9. 许甫华,张贤科.高等代数解题方法.北京:清华大学出版社,2001

10. 姚慕生.高等代数.上海:复旦大学出版社,2002

11. 曾谨言.量子力学导论.第 2 版.北京:北京大学出版社,1998

12. 曾谨言,裴寿镛.量子力学新进展(第一辑).北京:北京大学出版社,2000

13. 陆果.基础物理学(下卷).北京:高等教育出版社,1997

14. 丘维声.解析几何.第 3 版.北京:北京大学出版社,2015

15. 丘维声.抽象代数基础.第二版.北京:高等教育出版社,2015

16. 丘维声.有限群和紧群的表示论.北京:北京大学出版社,1997

17. 阿·伊·柯斯特利金.代数学引论(下册).蓝以中,丘维声,张顺燕,译.北京:高等教育出版社,1988

18. 丘维声.高等代数(上册、下册)——大学高等代数课程创新教材.北京:清华大学出版社,2010

19. 丘维声.高等代数(上册、下册).第 3 版.北京:高等教育出版社,2015

20. 丘维声.群表示论.北京:高等教育出版社,2011

21. 丘维声.近世代数.北京:北京大学出版社,2015

22. 丘维声.高等代数.北京:科学出版社,2013

23. 常庚哲,史济怀.数学分析教程(下册).北京,高等教育出版社,2003